Non-Stop High-Pass

소방설비기사 필기
(전기분야)

소방기술사/소방시설관리사/전기안전기술사

김 상 현 저

동일출판사

Preface • 머리말

산업의 급격한 발전, 일상생활의 풍요함과 안락함을 추구하는 인간 본능에 따라 모든 설비가 첨단화되고 복잡해졌으며 또한 건물도 고층화 및 밀집화가 되었습니다. 따라서 이러한 주변 환경 속에서 사소한 실수나 설비의 결함은 대규모의 인명피해와 재산상의 피해로 이어지는 경우가 많이 발생하게 되었으며 이러한 대규모의 피해를 사전에 방지하기 위하여서는 소방분야에서 보다 유능한 인력이 많이 필요하게 되었습니다.

이에 본 저자는 다년간의 강의경험과 수험생들이 최단시간 내에, 효율적으로 소방설비기사 자격증을 취득할 수 있도록 다음과 같이 본 도서를 집필하였습니다.

남과는 다른! 남보다 앞서가는! 눈부신 미래를 위한 첫걸음! 함께 하겠습니다.

본서의 특징

- 출제경향을 철저히 분석하여 집필한 소방설비기사 Non-Stop-High-Pass 시리즈
- 굵은 글씨체와 별 표시(★★★, ★★, ★)로 중요사항을 정리하였습니다.
- 3성(★★★) 위주로 학습 시 단기간 시험 준비가 가능하도록 하였습니다.
- 문제에는 **출제년도와 출제빈도**가 표시되어 있어 수험생 스스로 **중요문제를 구별**할 수 있도록 하였습니다.
- **최근에 개정된 화재안전기준 및 소방관계법규**에 준하여 기 출제된 문제를 수정·보완 하였습니다.
- 해설을 상세하게 수록함으로서 설혹 문제가 조금 바뀌어 출제되더라도 수험생들이 충분히 해결할 수 있는 능력을 배양할 수 있도록 하였습니다.
- 다년간의 집필경험과 강의경험(기술사, 관리사, 기사)을 바탕으로 시험에 최적화된 교재를 완성하였습니다.

본 교재에 대한 오타신고, 개선사항 및 질의사항은 아래 홈페이지에 올려주시면 감사하겠습니다. 또한, 교재 정오표 및 보충자료는 아래 배울학 홈페이지 자료실과 동일출판사 홈페이지의 정오표란에 게시하도록 하겠습니다.

동일출판사 홈페이지 : www.dongilbok.co.kr
유료동영상 홈페이지 : **배울학**(www.baeulhak.com)

본 수험서가 소방설비기사 시험에 합격하는데 많은 도움이 되었으면 하는 바람을 가져 봅니다. 최적의 수험서가 될 수 있도록 최선의 노력을 다하겠습니다.

끝으로 본 교재가 출판되기까지 도움을 주신 동일출판사 관계자 분들과 물심양면으로 도움을 준 사랑하는 아내와 두 아이에게 미안함과 고마움을 전합니다.

저자 김상현 드림
現 배울학 소방분야 대표교수
91회 소방기술사
11회 소방시설관리사
92회 전기안전기술사

Contents • 목 차

제1편
소방원론

01. 연소 및 연소현상 ·· 2
   ▶ 출제예상문제 ·· 28
02. 화재 및 화재현상 ·· 50
   ▶ 출제예상문제 ·· 57
03. 건축물의 화재현상 ·· 64
   ▶ 출제예상문제 ·· 77
04. 위험물 안전관리 ·· 90
   ▶ 출제예상문제 ·· 107
05. 소방안전관리 ·· 118
   ▶ 출제예상문제 ·· 128
06. 소화론 및 소화약제 ·· 134
   ▶ 출제예상문제 ·· 150

제2편
소방전기일반

01. 직류회로 ·· 170
   ▶ 출제예상문제 ·· 183
02. 정전용량과 자기회로 ·· 193
   ▶ 출제예상문제 ·· 215
03. 교류회로 ·· 227
   ▶ 출제예상문제 ·· 251
04. 전기기기 ·· 270
   ▶ 출제예상문제 ·· 283
05. 전기계측 ·· 293
   ▶ 출제예상문제 ·· 297
06. 자동제어의 기초 ·· 304
   ▶ 출제예상문제 ·· 310
07. 시퀀스 제어회로 ·· 319
   ▶ 출제예상문제 ·· 322
08. 전자회로 ·· 330
   ▶ 출제예상문제 ·· 334

제3편
소방관계법규

01. 목적 및 용어정리★ ·· 340
   ▶ 출제예상문제 ·· 343
02. 벌칙정리 ·· 346
   ▶ 출제예상문제 ·· 353

03. 소방기본법·시행령·시행규칙 ··· 358
   ▶ 출제예상문제 ·· 368
04. 화재의 예방 및 안전관리에 관한 법률·시행령·시행규칙 ······ 377
   ▶ 출제예상문제 ·· 395
05. 소방시설 설치 및 안전관리에 관한 법률·시행령·시행규칙 ·· 409
   ▶ 출제예상문제 ·· 447
06. 소방시설공사업법·시행령·시행규칙 ································ 466
   ▶ 출제예상문제 ·· 476
07. 위험물안전관리법·시행령·시행규칙 ································ 483
   ▶ 출제예상문제 ·· 506

제4편 소방전기시설의 구조 및 원리

01. 소방시설의 종류 ··· 520
02. 비상경보설비 및 단독경보형감지기(NFTC 201) ············· 523
   ▶ 출제예상문제 ·· 527
03. 비상방송설비(NFTC 202) ··· 536
   ▶ 출제예상문제 ·· 540
04. 자동화재탐지설비 및 시각경보장치(NFTC 203) ············· 550
   ▶ 출제예상문제 ·· 579
05. 자동화재속보설비(NFTC 204) ·· 609
   ▶ 출제예상문제 ·· 612
06. 누전경보기(NFTC 205) ··· 618
   ▶ 출제예상문제 ·· 622
07. 유도등 및 유도표지(NFTC 303) ······································ 632
   ▶ 출제예상문제 ·· 641
08. 비상조명등설비(NFTC 304) ·· 653
   ▶ 출제예상문제 ·· 657
09. 비상콘센트설비(NFTC 504) ·· 665
   ▶ 출제예상문제 ·· 669
10. 무선통신보조설비(NFTC 505) ··· 678
   ▶ 출제예상문제 ·· 682
11. 기타 소방전기시설 ··· 691
   ▶ 출제예상문제 ·· 707

2016~2025 과년도 출제문제 및 CBT 복원문제

2016년 소방설비기사 1회 ··· 716
2016년 소방설비기사 2회 ··· 733
2016년 소방설비기사 4회 ··· 751
2017년 소방설비기사 1회 ··· 769
2017년 소방설비기사 2회 ··· 789
2017년 소방설비기사 4회 ··· 809

구분	페이지
2018년 소방설비기사 1회	828
2018년 소방설비기사 2회	848
2018년 소방설비기사 4회	868
2019년 소방설비기사 1회	887
2019년 소방설비기사 2회	908
2019년 소방설비기사 4회	927
2020년 소방설비기사 1,2회	947
2020년 소방설비기사 3회	967
2020년 소방설비기사 4회	985
2021년 소방설비기사 1회	1003
2021년 소방설비기사 2회	1021
2021년 소방설비기사 4회	1041
2022년 소방설비기사 1회	1059
2022년 소방설비기사 2회	1079
2022년 소방설비기사(CBT) 4회	1098
2023년 소방설비기사(CBT) 1회	1118
2023년 소방설비기사(CBT) 2회	1137
2023년 소방설비기사(CBT) 4회	1157
2024년 소방설비기사(CBT) 1회	1175
2024년 소방설비기사(CBT) 2회	1194
2024년 소방설비기사(CBT) 3회	1212
2025년 소방설비기사(CBT) 1회	1231
2025년 소방설비기사(CBT) 2회	1249
2025년 소방설비기사(CBT) 3회	1268

Information • 소방설비기사 과목별 출제기준

직무 분야	안전관리	중직무 분야	안전관리	자격 종목	소방설비기사(전기분야)	적용 기간	2023.1.1 ~ 2025.12.31

○ **직무내용**
소방시설(전기)의 설계, 공사, 감리 및 점검업체 등에서 설계 도서류를 작성하거나 소방설비 도서류를 바탕으로 공사 관련 업무를 수행하고, 완공된 소방설비의 점검 및 유지관리업무와 소방계획수립을 통해 소화, 화재통보 및 피난 등의 훈련을 실시하는 소방안전관리자로서의 주요사항을 수행하는 직무

필기검정방법	객관식	문제수	80	시험 시간	2시간

필기과목명	문제수	주요항목	세부항목	세세항목
소방원론	20	1. 연소이론	1. 연소 및 연소현상	1. 연소의 원리와 성상 2. 연소생성물과 특성 3. 열 및 연기의 유동의 특성 4. 열에너지원과 특성 5. 연소물질의 성상 6. LPG, LNG의 성상과 특성
		2. 화재현상	1. 화재 및 화재현상	1. 화재의 정의, 화재의 원인과 영향 2. 화재의 종류, 유형 및 특성 3. 화재 진행의 제요소와 과정
			2. 건축물의 화재현상	1. 건축물의 종류 및 화재현상 2. 건축물의 내화성상 3. 건축구조와 건축내장재의 연소 특성 4. 방화구획 5. 피난공간 및 동선계획 6. 연기확산과 대책
		3. 위험물	1. 위험물 안전관리	1. 위험물의 종류 및 성상 2. 위험물의 연소특성 3. 위험물의 방호계획
		4. 소방안전	1. 소방안전관리	1. 가연물·위험물의 안전관리 2. 화재시 소방 및 피난계획 3. 소방시설물의 관리유지 4. 소방안전관리계획 5. 소방시설물 관리
			2. 소화론	1. 소화원리 및 방식 2. 소화부산물의 특성과 영향 3. 소화설비의 작동원리 및 점검
			3. 소화약제	1. 소화약제이론 2. 소화약제 종류와 특성 및 적응성 3. 약제유지관리

필기과목명	문제수	주요항목	세부항목	세세항목
소방전기 일반	20	1. 전기회로	1. 직류회로	1. 전압과 전류 2. 전력과 열량 3. 전기저항 4. 전류의 열작용과 화학작용
			2. 정전용량과 자기회로	1. 콘덴서와 정전용량 2. 전계와 자계 3. 자기회로 4. 전자력과 전자유도 5. 전자파
			3. 교류회로	1. 단상 교류회로 2. 3상 교류회로
		2. 전기기기	1. 전기기기	1. 직류기 2. 변압기 3. 유도기 4. 동기기 5. 소형교류전동기, 교류정류기 6. 전력용 반도체에 의한 전기기기제어
			2. 전기계측	1. 전기계측기기의 구조 및 원리 2. 전기요소의 측정
		3. 제어회로	1. 자동제어의 기초	1. 자동제어의 개요 2. 제어계의 요소 및 구성 3. 블록선도 4. 전달함수
			2. 시퀀스 제어회로	1. 불대수의 기본정리 및 응용 2. 무 접점논리회로 3. 유 접점회로
			3. 제어기기 및 응용	1. 제어기기의 구성요소 2. 제어의 종류 및 특성
		4. 전자회로	1. 전자회로	1. 전자현상 및 전자소자 2. 정전압 전원회로 및 정류회로 3. 증폭회로 및 발진회로 4. 전자회로의 응용

필기과목명	문제수	주요항목	세부항목	세세항목
소방관계 법규	20	1. 소방기본법	1. 소방기본법, 시행령, 시행규칙	1. 소방기본법 2. 소방기본법 시행령 3. 소방기본법 시행규칙
		2. 화재의 예방 및 안전관리에 관한 법	1. 화재의 예방 및 안전관리에 관한 법, 시행령, 시행규칙	1. 화재의 예방 및 안전관리에 관한 법률 2. 화재의 예방 및 안전관리에 관한 법률 시행령 3. 화재의 예방 및 안전관리에 관한 법률 시행규칙
		3. 소방시설 설치 및 관리에 관한 법	1. 소방시설 설치 및 관리에 관한 법, 시행령, 시행규칙	1. 소방시설 설치 및 관리에 관한 법률 2. 소방시설 설치 및 관리에 관한 법률 시행령 3. 소방시설 설치 및 관리에 관한 법률 시행규칙
		4. 소방시설 공사업법	1. 소방시설공사업법, 시행령, 시행규칙	1. 소방시설공사업법 2. 소방시설공사업법 시행령 3. 소방시설공사업법 시행규칙
		5. 위험물 안전관리법	1. 위험물안전관리법, 시행령, 시행규칙	1. 위험물안전관리법 2. 위험물안전관리법 시행령 3. 위험물안전관리법 시행규칙

필기과목명	문제수	주요항목	세부항목	세세항목
소방전기시설의 구조 및 원리	20	1. 소방전기시설 및 화재안전기준	1. 비상경보설비 및 단독경보형감지기	1. 설치대상과 기준, 종류, 특징, 동작원리, 배선 2. 화재안전기준 등 기타 관련사항
			2. 비상방송설비	1. 설치대상과 기준, 구성, 기능, 동작원리, 배선 2. 화재안전기준 등 기타 관련사항
			3. 자동화재 탐지설비 및 시각경보장치	1. 설치대상, 경계구역, 비화재보 원인과 대책, 화재안전기준 2. 각 구성기기의 종류 및 특징, 화재안전기준 등 기타 관련사항
			4. 자동화재 속보설비	1. 설치대상과 기준, 구성과 종류 2. 화재안전기준 등 기타 관련사항
			5. 누전경보기	1. 설치대상과 기준, 종류, 구성, 특징, 동작원리, 변류기 설치와 결선 2. 화재안전기준 등 기타 관련사항
			6. 유도등 및 유도표지	1. 설치대상과 기준, 구성, 기능, 동작원리, 전원, 배선 시험 2. 화재안전기준 등 기타 관련사항
			7. 비상조명등	1. 설치대상과 기준, 구성, 전원, 배선, 시험 2. 화재안전기준 등 기타 관련사항
			8. 비상콘센트	1. 설치대상과 기준, 구조, 기능, 비상콘센트설비의 전원 및 보호함, 배선 2. 화재안전기준 등 기타 관련사항
			9. 무선통신보조설비	1. 설치대상과 기준, 구조, 기능, 사용방법, 누설동축케이블 2. 화재안전기준 등 기타 관련사항
			10. 기타 소방전기시설	1. 화재안전기준 등 기타 관련사항

Engineer Fire Protection System - Electrical

Part 01

소방원론

01 연소 및 연소현상

1. 연소 이론

1. 연소의 정의 ★★★

1) 가연물이 산소 중에서 산화반응을 하여 열과 빛을 내는 현상

연소는 원인계(반응물질)에 일정한 활성화에너지가 공급되면 활성상태(활성화물질)에 도달하고 안정한 에너지 상태를 유지하기 위해 에너지를 방출하면서 생성계(생성물질)로 이동하는 화학적인 변화를 말한다.

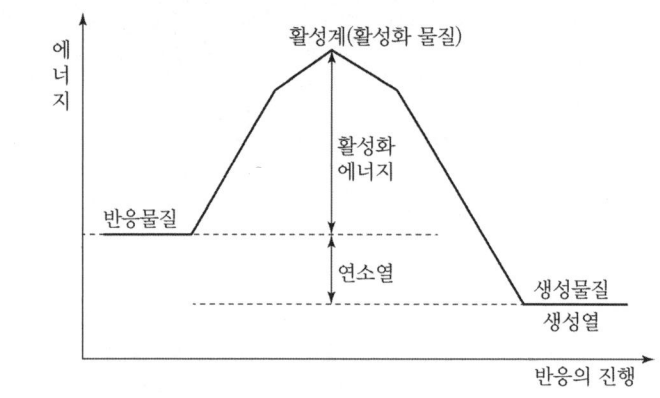

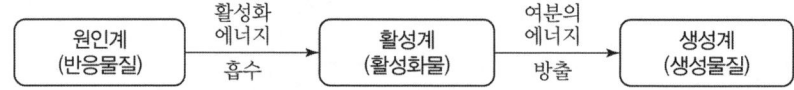

2) 산화와 환원반응은 동시에 일어난다.

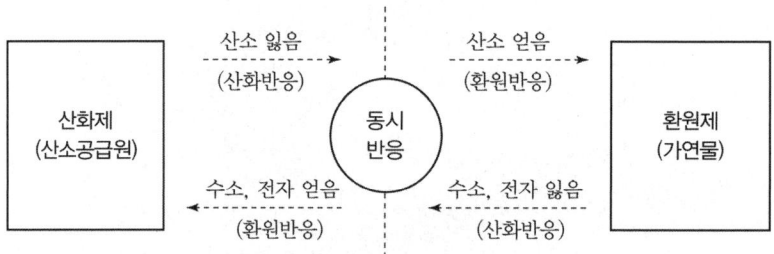

3) 연소의 색과 온도

색	암적색 (진홍색)	적색	휘적색	황적색	백적색 (백색)	휘백색
온도[℃]	700~750	850	925~950	1,100	1,200~1,300	1,500

2. 연소의 3요소 ★

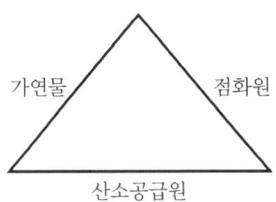

가연물이 연소하기 위해서는 산소공급원 및 점화원이 있어야 정상적인 연소의 화학반응을 유지할 수 있다.

1) **가연물** : 탈 수 있는 물질
2) **산소공급원** : 공기, 조연성(지연성) 가스, 산화제(제1류, 제6류 위험물, 오존), 자기반응성 물질
3) **점화원** : 기계적 점화원, 전기적 점화원, 화학적 점화원
   ※ 점화원이 될 수 없는 것 : 기화열, 흡착열, 융해열

3. 연소의 4요소 ★★★

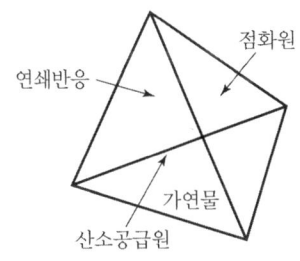

가연물, 산소공급원, 점화원 및 순조로운 연쇄반응을 말한다.

1) 가연물, 산소공급원, 점화원, 순조로운 연쇄반응
2) 연소의 4요소와 소화효과

구분	연소의 4요소	소화효과
①	가연물	제거효과
②	산소공급원	질식효과
③	점화원	냉각효과
④	연쇄반응	부촉매효과

4. 가연물

1) 가연물의 구비조건 ★★★

구비조건	내용
활성화에너지가 작을 것	화염연소를 주도하는 라디칼(radical)을 생성하는 데 필요한 활성화 에너지가 작아야 쉽게 착화된다.
발열량이 클 것	발열량이 클수록 산화되기 쉽다.
발열반응일 것	가연물이 산소와 반응 시 발열반응이어야 반응이 지속된다.
연쇄반응을 수반할 것	연쇄반응이 일어나야 연소가 지속된다.
표면적이 클 것	산소와의 접촉면적이 클수록 연소가 쉽다. 표면적이 큰 순서는 기체 > 액체 > 고체이다.
열전도도가 작을 것	열전도도가 작을수록 열 축적이 쉬워 열분해가 잘 된다. 열전도도가 작은 순서는 기체 > 액체 > 고체이다.

2) 가연물의 형상에 따른 위험도

기체 > 액체 > 고체

3) 가연물이 될 수 없는 물질(불연성 물질)

구분	내용
주기율표의 0족 원소(불활성가스)	헬륨(He), 아르곤(Ar), 네온(Ne), 크세논(Xe), 라돈(Rn), 크립톤(Kr)
산소와 반응 시 흡열반응	질소(N_2)
이미 산소와 결합하여 더 이상 산소와 화학반응을 일으킬 수 없는 물질	이산화탄소(CO_2), 오산화인(P_2O_5), 물(H_2O)

5. 산소공급원

1) 공기

① 연소에 필요한 산소는 공기 중에 약 체적비로 21vol%로 존재하고 있다.
② 공기량이 적으면 가연물은 완전연소 할 수 없다. 그러나 공학적으로는 공기량이 너무 많아도 연소가스의 온도가 낮아져 열효율이 저하된다.

구분	질소(N_2)	산소(O_2)	아르곤(Ar)	이산화탄소(CO_2)
체적(V)%	78.03	20.99	0.95	0.03

③ 공기의 평균 분자량 :
$14 \times 2 \times 0.7803 + 16 \times 2 \times 0.2099 + 40 \times 0.0095 + 44 \times 0.0003$
$= 28.96 = 29$
④ 공기비 = 실제 공기량 / 이론 공기량

연료의 종류에 따른 적정 공기비

종류	적정 공기비
기체	1.1~1.3
액체	1.2~1.4
고체	1.4~2.0

⑤ **이론공기량** : 어느 연료를 이론적으로 완전 연소시키는 데 소요되는 최소공기량

$$이론공기량 = \frac{산소몰수}{0.21}$$

⑥ **이론산소량** : 가연물질을 연소시키기 위해서 필요한 최소의 산소량이다.

$$이론산소량 = 이론공기량 \times \frac{21}{100}$$

2) 산화제(산화성 물질)

분자 내에 다량의 산소를 함유하고 있는 물질을 말한다.
① 제1류 위험물(산화성 고체)
② 제6류 위험물(산화성 액체)
③ 오존(O_3)

3) 자기반응성 물질(연소성 물질)

① 제5류 위험물
② 열적으로 불안정하여 산소의 공급이 없어도 강렬하게 발열 분해하기 쉬운 고체 · 액체 물질이나 혼합물을 말한다.
③ 연소속도가 빠르고 폭발적으로 연소하는 특성이 있다.

6. 점화원

1) 기계적 점화원

분류	종류
단열압축	단열압축은 단열 된 상태에서 기체를 압축하면 열이 발생·축적되는데, 이 열이 발화의 에너지원으로 작용한다. ① 밸브의 급속한 열림 조작에 의한 고압가스의 발열 ② 액체 내부 기포의 충격압에 의한 발열
충격 및 마찰	① 배관 내과의 마찰에 의해 생성되는 고온 스케일(Scale) 입자 ② 주철제 공구 사용 시 충격 불꽃 ③ 회전 부분의 마찰면

2) 열적 점화원

분류	종류
고온표면	① 가스절단의 불꽃 ② 가열로, 배기관, 전열기, 연도 등의 고온부 ③ 용융금속, 슬러지(Slug) 등의 고온 물질
나화	① 가스냉장고의 작은 화염 ② 난방, 난로, 담배 등의 나화 ③ 보일러, 토치램프 등의 나화

3) 전기적 점화원

분류	종류
전기 발열	① 낙뢰, 열적경과, 접속부 과열 등에 의한 발열 ② 과전류, 단락, 지락, 누전, 절연 불량 등에 의한 발열
전기불꽃	① 전기활선의 단락 및 지락 ② 절환 스위치의 폐쇄 ③ 자동제어장치의 전기접점 ④ 전구의 파괴
정전기 불꽃	① 가연성 가스의 분출 ② 노즐에서의 수류 충격압 ③ 습기가 있는 스팀의 누설 ④ 석유류의 유동 또는 여과

4) 화학적 점화원

분류	설명
연소열	가연물이 산소와 반응하여 발열반응 할 때 만들어지는 열량
분해열	가연물이 분해반응 시 발생하는 열량
중합열	산화에틸렌, 시안화수소 등의 물질이 중합반응 시 발생하는 열량

※ 점화원이 아닌 것 : 흡열, 잠열(기화열, 융해열), 단열팽창

7. 주요 물질의 원자량 ★★★

기호	H	C	N	O	F	Na	Cl	Br	I
명칭	수소	탄소	질소	산소	불소	나트륨	염소	브로민 (브롬)	아이오딘 (요오드)
원자량	1	12	14	16	19	23	35.5	79.9	126.9

8. 온도

1) 섭씨온도 : 1기압 하에서 물의 빙점(어는점)을 0℃, 비점(끓는점)을 100℃로 하여 100등분 한 것

2) 화씨온도 : 1기압 하에서 물의 빙점(어는점)을 32°F, 비점(끓는점)을 212°F로 하

여 180등분 한 것

3) **섭씨온도와 화씨온도와의 관계** ★★★

① 섭씨온도 $℃ = \dfrac{5}{9}(°F - 32)$

② 화씨온도 $°F = \dfrac{9}{5}℃ + 32$

4) 절대온도[K] : [℃]+273.15

5) **임계온도** : 아무리 큰 압력을 가해도 **액화시킬 수 없는 최저온도**로 압력 조건에 관계없이 그 값은 일정하다.

6) 켈빈(Kelvin)온도 : 1기압에서 물의 빙점을 273.15[K], 비점을 373.15[K]로 한 것

7) 랭킨온도 $R = °F + 460$

9. 압력

1) **절대압 = 대기압 + 게이지(계기)압 = 대기압 − 진공압**
2) **표준대기압** ★★

$$1[atm] = 760\,[mmHg] = 1.0332[kgf/cm^2] = 10.332[m]$$
$$= 10.332[mmAq] = 10.332[mmH_2O] = 101.325[kPa]$$
$$= 0.101325[MPa] = 1.013[bar]$$

10. 기체 관련 법칙

1) **보일의 법칙** ★★★

온도가 일정할 때 기체의 부피는 절대압력에 반비례

$$P_1 V_1 = P_2 V_2$$

$P_1,\ P_2$: 절대압력[atm], $V_1,\ V_2$: 부피[m³]

2) **샤를의 법칙** ★★

압력이 일정할 때 기체의 부피는 절대온도에 비례

$$\dfrac{V_1}{T_1} = \dfrac{V_2}{T_2}$$

$T_1,\ T_2$: 절대온도[K=273+℃], $V_1,\ V_2$: 부피[m³]

3) 보일-샤를의 법칙 ★★

기체의 부피는 압력에 반비례하며 절대 온도에 비례

$$\frac{P_1 V_1}{T_1} = \frac{P_2 V_2}{T_2}$$

P_1, P_2 : 절대압력[atm], V_1, V_2 : 부피[m³], T_1, T_2 : 절대온도[K=273+℃])

4) 그레이엄의 확산속도 법칙 ★★ : 확산속도는 분자량의 제곱근에 반비례한다.

$$\frac{V_B}{V_A} = \sqrt{\frac{M_A}{M_B}}$$

V_A, V_B : 확산속도 [m/s], M_A, M_B : 분자량

5) 이상기체 상태방정식 ★★

$$PV = nRT = \frac{W}{M} RT$$

P : 절대압력[atm], V : 체적[m³], n : 몰수$\left(\frac{질량(W)}{분자량(M)}\right)$,
T : 절대온도[K](℃+273), R : 기체상수(0.082atm·m³/kmol·K)

6) 증기-공기밀도

① 어떤 온도에서 액체와 평형상태에 있는 공기와 혼합기체의 증기밀도
② 증기-공기밀도의 산출

$$증기-공기밀도 = \frac{P_2 d}{P_1} + \frac{P_1 - P_2}{P_1}$$

여기서, P_1 : 대기압, P_2 : 주변온도에서의 증기압, d : 증기밀도

2. 인화점, 연소점 및 발화점

1. 인화점(flash point)

1) 개념

① 외부 에너지(점화원) 존재 시에 발화하기 시작하는 최저온도
② 인화성액체가 점화원에 의해 가열되면서 형성된 가연성 혼합기가 발화하기

시작하는 최저의 온도
③ 액체의 증기압은 액체의 온도에 의존하며 인화점에서 액체의 증기압은 연소 하한계와 같다.
④ 인화점은 액체 가연물의 화재 및 폭발 위험성을 평가하는 중요한 척도
⑤ 연소 하한계와 포화증기압선도가 만나는 점을 인화점 또는 하부인화점이라 한다.

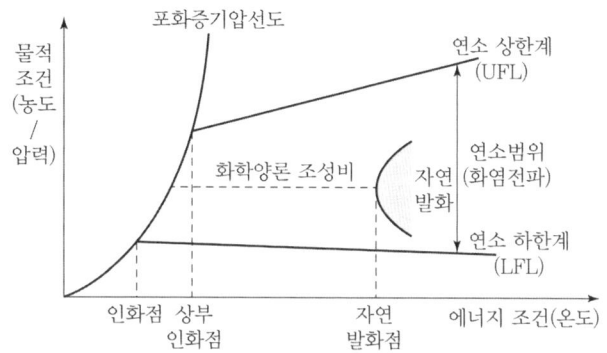

2) 주요물질의 인화점 ★★★

물질	인화점(℃)	물질	인화점(℃)
다이에틸에터	-45	메틸알코올	11
휘발유	-43 ~ -20	에틸알코올	13
아세트알데하이드	-38	등유	30~60
산화프로필렌	-37	중유	60~150
이황화탄소	-30	크레오소트유	74
아세톤, 시안화수소	-18	나이트로벤젠	87.8
초산에틸	-4	글리세린	160
톨루엔	4.5	방청유	200

2. 연소점(Fire Point)

1) 발화 후 지속적인 연소를 하려면 연쇄반응이 계속될 수 있도록 인화점보다 높은 온도로 에너지를 공급하여야 하는데 이때의 온도
2) 외부 점화원을 제거하여도 발열반응에 의한 연소열로 미반응 원인 물질을 활성화시켜 연쇄반응을 지속시킬 수 있는 온도
3) 연소 메커니즘은 원인 물질이 에너지를 공급받아 활성화 상태에 도달한 후 안정한 상태의 생성물질로 변화하는 일련의 과정

4) 연소점은 일반적으로 인화점보다 5 ~ 10℃ 높은 온도를 말한다.
5) 인화점 < 연소점 < 발화점

3. 발화점(Ignition Point)

1) 개념
   ① 가연성의 혼합기체에 열 등의 에너지를 받아 점화원이 존재하지 않아도 스스로 연소를 시작하는 최저온도
   ② 자연발화 최저온도는 자연 발화선과 양론 계수선이 만나는 지점의 온도
   ③ 발화온도는 발화 지연시간, 가연성 증기의 농도, 환경적 영향(산소농도, 압력 등), 촉매 물질 등에 따라 달라진다.
   ④ 발화점이 낮을수록 발화의 위험성이 크다.
   ⑤ 파라핀계 탄화수소는 분자량이 클수록 발화점은 낮아지고, 화학 양론 조성비에서 가장 낮은 발화점을 갖는다.

2) 주요물질의 발화점 ★★★

물질	발화점(℃)	물질	발화점(℃)
황린	34	목탄	320~400
황화인, 이황화탄소	100	프로판	423
셀룰로이드	180	산화에틸렌	429
헥산	223	목재	400~450
적린	260	고무	400~450
휘발유	300	메탄	537
암모니아	351	일산화탄소	609
에틸알코올	363	견사	650
부탄	365	탄소	800

> **인화점, 연소점, 발화점**
> • 인화점 : 점화원에 의해 발화하기 시작하는 최저온도
> • 연소점 : 점화원을 제거해도 자력으로 연소를 지속할 수 있는 최저온도
> • 발화점 : 스스로 점화할 수 있는 최저온도

3. 연소범위

1. 개념
1) 연소범위란 연소가 일어나는데 필요한 가연성 가스나 가연성 증기의 농도 범위
2) 연소를 일으킬 수 있는 최저농도를 연소 하한계, 최고농도를 연소 상한계라 한다.

2. 연소 상한계와 연소 하한계
1) 연소 상한계(Upper Flammability Limit, UFL)
   ① 공기 중 가장 높은 농도에서 연소할 수 있는 부피
   ② 가연물의 최대 용량비
   ③ 연소할 수 있는 가연성 혼합기체의 상한의 한계값, 이 값 이상에서는 연소 불가(가연성가스는 많고 지연성 가스는 적은 상태)
2) 연소 하한계(Lower Flammability Limit, LFL)
   ① 공기 중 가장 낮은 농도에서 연소할 수 있는 부피
   ② 가연물의 최저 용량비
   ③ 연소할 수 있는 가연성 혼합기체의 하한의 한계값, 이 값 이하에서는 연소 불가(가연성가스는 적고 지연성 가스는 많은 상태)

3. 연소한계곡선

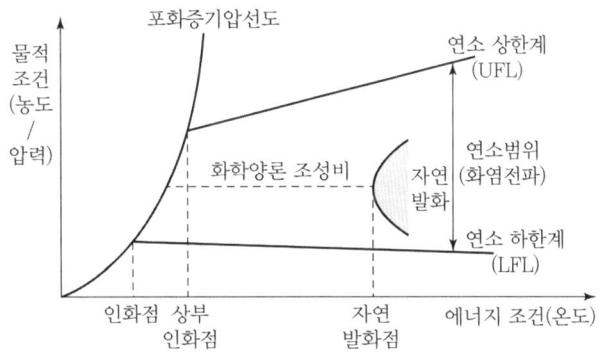

4. 주요가스의 연소범위

명 칭	분자식	연소범위(%) 하한계	연소범위(%) 상한계	암기법
아세틸렌	C_2H_2	2.5	81	이오팔일 아
산화에틸렌	C_2H_4O	3	80	산화 삼팔공
수소	H_2	4	75	사칠오 수
일산화탄소	CO	12.5	74	십이오칠사 일
아세트알데하이드	CH_3CHO	4	57	아세 사오칠
다이에틸에터	$(CH_3CH_2)_2O$	1.7	48	다이에 일칠사팔
이황화탄소	CS_2	1.2	44	이황 일이사사
시안화수소	HCN	6	41	육사일 시
에틸렌	C_2H_4	2.7	36	에이칠삼육
메탄(methane)	CH_4	5	15	메 오십오
에탄(ethane)	C_2H_6	3	12.4	에탄 삼 십이사
프로판(propane)	C_3H_8	2.1	9.5	프 둘일구오
부탄(butane)	C_4H_{10}	1.8	8.4	부 일팔팔사
휘발유	-	1.4	7.6	휘 일사칠육
암모니아	NH_3	15	28	암 십오이팔
메틸알코올	CH_3OH	7	37	메알 칠삼칠
에틸알코올	C_2H_5OH	4.3	19	에알 사삼십구
아세톤	CH_3COCH_3	2	13	아세 이십삼

5. 위험도 ★★★

1) 가연성 혼합기체의 연소범위를 연소 하한계로 나눈 값으로 연소범위가 클수록 연소 하한계가 낮을수록 위험도는 커진다.

$$H = \frac{UFL - LFL}{LFL}$$

UFL : 연소 상한계(%)
LFL : 연소 하한계(%)

2) 가연성 물질의 위험도 기준

가연성 기체	발화에너지
가연성 액체	발화온도(인화점, 연소점, 발화점)
가연성 고체	충격 감도

6. 연소범위 관련 수식

1) 르샤트리에(Le chatelier) 수식

혼합가스 성분의 연소범위를 구하는 식으로 연소 상한계와 연소 하한계를 구할 수 있다.

① 연소 하한계

$$\frac{100}{L} = \frac{V_1}{L_1} + \frac{V_2}{L_2} + \frac{V_3}{L_3} + \cdots$$

L : 혼합가스의 연소 하한계(%)
V_1, V_2, V_3 : 각 성분의 체적(vol%)
L_1, L_2, L_3 : 각 성분의 연소 하한계(vol%)

② 연소 상한계

$$\frac{100}{U} = \frac{V_1}{U_1} + \frac{V_2}{U_2} + \frac{V_3}{U_3} + \cdots$$

U : 혼합가스의 연소 상한계(%)
V_1, V_2, V_3 : 각 성분의 체적(vol%)
U_1, U_2, U_3 : 각 성분의 연소 상한계(vol%)

③ 계산 시 주의사항
- 각 성분의 체적의 합은 100(%)이다.
- 가연성가스와 불연성 가스의 혼합기체인 경우 가연성 가스만을 백분율로 환산하여 그 합이 100(%)가 되도록 계산한다.

2) 존스(Jones) 수식

단일가스 성분의 연소범위를 구할 때 사용한다.

연소 하한계 $LFL = 0.55 C_{st}$
연소 상한계 $UFL = 3.5 C_{st}$

$$C_{st} = \frac{연료몰수}{연료몰수 + 공기몰수} \times 100(\%)$$

7. 온도와 압력의 변화에 따른 연소범위 ★★

1) **온도가 상승**하면 **연소범위가 넓어진다.**
2) **압력이 상승**하면 **연소범위가 넓어진다.**
   (단, 일산화탄소 및 수소는 압력이 상승하면 연소범위가 좁아진다)
3) 불활성 기체를 첨가하면 **연소범위는 좁아진다.**

8. 완전연소 반응식(미정계수법)

알케인(alkane) 탄화수소 : $C_m H_n + (m + \frac{n}{4})O_2 \rightarrow mCO_2 + \frac{n}{2}H_2O$

1) 메테인(메탄) : $CH_4 + 2O_2 \rightarrow CO_2 + 2H_2O$
2) 에테인(에탄) : $C_2H_6 + 3.5O_2 \rightarrow 2CO_2 + 3H_2O$
3) 프로페인(프로판) : $C_3H_8 + 5O_2 \rightarrow 3CO_2 + 4H_2O$
4) 뷰테인(부탄) : $C_4H_{10} + 6.5O_2 \rightarrow 4CO_2 + 5H_2O$

9. 몰분율

두 성분 이상의 물질계에서 전체성분에 대한 몰수와 각 성분에 대한 몰수의 비

$$몰분율 : \frac{각\ 기체의\ 몰수}{전체기체의\ 몰수}$$

4. 연소의 형태

1. 연소의 진행과정

1) 개념도

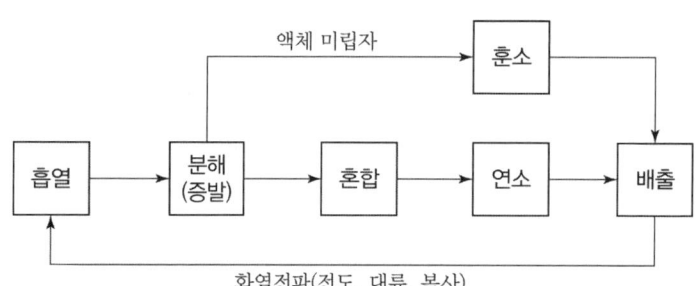

2) 연소의 진행단계

(1) 흡열 : 열을 흡수
(2) 분해 : 가연성 고체(열분해), 가연성 액체(증발), 가연성 기체(휘발)
(3) 혼합 : 가연성 기체 + 공기 → 가연성 혼합기체를 형성
(4) 연소 : 점화원 또는 발화점 이상 시 연소가 시작된다.
(5) 배출
  ① 흡열 → 분해 → 혼합 → 연소 → 배출을 통한 연소생성물과 훈소의 연소 형태인 흡열 → 분해 → 배출을 통한 분해생성물이 있다.
  ② 완전연소일 경우 CO_2, H_2O 발생, 불완전연소일 경우 CO가 발생한다.

2. 가연물 상태변화에 따른 구분

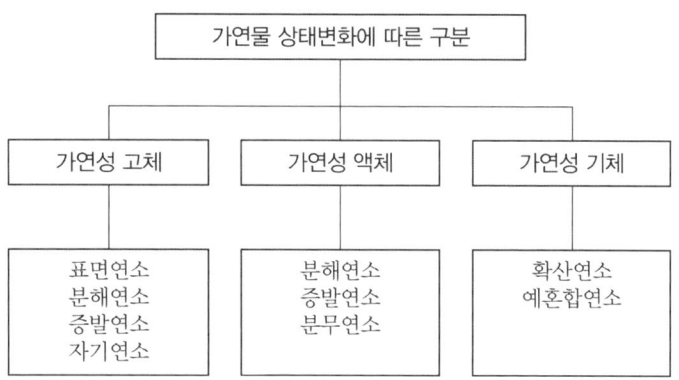

3. 고체의 연소형태

1) 표면연소

고체의 일반적인 연소형태이다. **숯, 목탄, 코크스, 금속분** 등의 가연물이 표면에서 산화 반응하여 빛과 열을 내며 연소하는 것이다. 열분해 반응이 없기 때문에 불꽃이 없는 연소형태이다. 무염연소라고도 한다.

2) 분해연소

종이, 목재, 석탄, 플라스틱 등의 고체 가연물의 열분해 반응 시 생성된 가연성 가스가 공기와 혼합된 상태에서 연소하는 것이다. 가연성 혼합기의 연소가 진행되면 반응열에 의해 고체 가연물은 열분해 과정을 거치게 된다.

3) 증발연소

황, 나프탈렌, 파라핀(양초) 등 열분해를 하지 않고 증발한 가연성 증기가 공기와 혼합된 상태에서 연소하는 것이다.

4) 자기연소

셀룰로이드, 트리니트로톨루엔 등의 제5류 위험물은 분자 내 산소를 가지고 있어 가열, 충격, 마찰 등에 의해 외부의 산소공급원 없이도 점화원의 존재 하에서 쉽게 폭발적으로 연소한다.

4. 액체의 연소형태

1) 증발연소

액체의 가장 일반적인 연소형태로 **휘발유, 등유, 경유, 알코올** 등의 인화성 액체에서 발생한 가연성 증기가 공기와 혼합된 상태에서 연소하는 형태

2) 분해연소

중유 등 휘발성이 적은 액체 가연물의 열분해 반응 시 생성된 가연성 가스가 공기와 혼합된 상태에서 연소하는 형태

3) 액적연소

점도가 높고 비휘발성인 액체를 가열 등의 방법으로 점도를 낮추어 분무기를 사용하여 액체의 입자를 안개 상으로 분출, 표면적을 넓게 하여 발화시켜 연소하는 형태

4) 분무연소(Spray Combustion)

벙커C유 등 액체연료를 미세하게 액적화(미립화)하여 표면적을 크게 하고 공기와의 혼합을 좋게 하여 연소하는 것으로서 휘발성이 낮고 점도가 높은 중질유 연소에 이용된다.

5. 기체의 연소형태

1) 예혼합연소

기체연료가 공기와 미리 혼합하여 가연성 혼합기를 형성하고 점화원에 의해 연소하는 형태

2) 확산연소

메탄, 프로판, 부탄, 수소, 아세틸렌 등의 가연성 가스가 확산하여 생성된 혼합가스가 연소하는 형태로 불꽃연소라고도 한다.

6. 불꽃연소와 작열연소

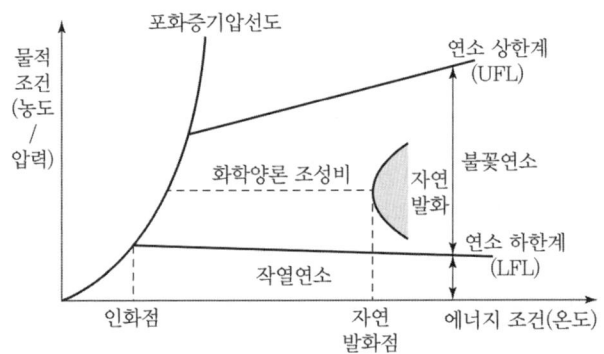

구분	불꽃연소(표면화재)	작열연소(표면연소, 심부화재)
연소특성	고체의 열분해, 액체의 증발에 따른 기체의 확산 등 연소양상이 매우 복잡하다.	고비점 액체생성물과 타르가 응축되어 공기 중에서 무상의 연기를 형성한다. 휘발분이나 열분해 생성물이 거의 함유되지 않은 가연물에서 주로 발생
불꽃여부	발생한다.	발생하지 않는다.
화재구분	표면화재	심부화재
연기형태	검은색 연기	밝은색 연기
연소속도	연소속도가 매우 빠르다.	연소속도가 느리다.
방출열량	시간당 방출열량이 많다.	시간당 방출열량이 적다.
연쇄반응	연쇄반응이 일어난다.	연쇄반응이 일어나지 않는다.
적응화재	A, B, C급 화재 적응성	A급 화재 적응성
연소가스	CO_2 발생량 증가 CO 발생량 감소	CO_2 발생량 감소 CO 발생량 증가
에너지	고에너지 화재	저에너지 화재
연소물질	• 열가소성 합성수지류 • 가솔린, 석유류의 인화성 액체 • 메탄, 프로판, 수소, 아세틸렌 등의 가연성 가스	• 열경화성 합성수지류 • 종이, 목재, 섬유류, 연탄, 전분, 코크스, 목탄(숯) 및 금속분
소화대책	물리적 소화(냉각·질식·제거) + 화학적 소화(연쇄반응의 억제)	물리적 소화(냉각·질식·제거)

5. 연소생성물과 특성

1. 연소생성물의 종류 ★

1) 연기
2) 불꽃(화염)
3) 열
4) 연소가스

2. 열과 화상

화상의 분류	내용
1도 화상	화상의 부위가 분홍색, 가벼운 **부음**과 통증을 수반
2도 화상	화상의 부위가 분홍색, **분비액**이 많이 분비되며, 물집이 생긴다.
3도 화상	화상의 부위가 벗겨지고, 검게 된다.
4도 화상	전기화재에서 입은 화상으로 피부가 탄화되고, 뼈까지 손상을 입는다.

3. 주요 독성가스의 특징 ★★★

가스	주요특징	연소물질
아크롤레인 (CH_2CHCHO)	① 허용농도 0.1ppm ② 맹독성 가스로 인체에 치명적	석유제품, 유지류(기름성분) 등이 연소시 발생
포스겐 ($COCl_2$)	① 허용농도 0.1ppm ② CO와 염소가 반응하여 생성된다. ③ 염소화합물, 사염화탄소와 화염접촉 시 생성된다. ④ 인명 살상용 독가스로 사용됨	PVC 등 염소함유물이 고온 연소시 발생
불화수소 (HF)	① 허용농도 3ppm ② 무색으로 유독성이 강한 자극성 기체	불소계 수지
염화수소 (HCl)	① 허용농도 5ppm ② 금속에 대한 부식성 ③ 기도와 눈에 자극, 무색의 자극성, 호흡기 장애로 폐혈관계 손상	PVC(폴리염화비닐, 전선) 등 염소계 화합물이 탈 때 발생
이산화질소 (NO_2)	① 허용농도 2ppm ② 흡입시 인후통 발생	플라스틱 등 질소함유물질의 고온 연소시 발생
염소 (Cl_2)	① 허용농도 1ppm ② 1,000ppm에서 약간 호흡 시 사망 ③ 황록색, 부식성이 강한 산성기체	—
시안화수소 (HCN)	① 허용농도 10ppm ② 맹독성 가스로 0.3% 이상의 농도에서 즉사 ③ 기체는 청산가스	질소 함유물질의 불완전 연소시 발생
황화수소 (H_2S)	① 허용농도 10ppm ② 달걀 썩은 냄새, 신경계통에 영향	고무, 동물의 털과 가죽 등 황 함유물질이 불완전연소 시 발생
암모니아 (NH_3)	① 허용농도 10ppm ② 혈액 중에 흡수되어 순환계통 장애 ③ 피부나 점막에 자극성 및 부식성 ④ 냉동시설의 냉매로 사용	질소 함유물질인 수지류, 나무 등이 탈 때 발생
아황산가스 또는 이산화황 (SO_2)	① 허용농도 5ppm ② 공기보다 무겁고 무색의 자극성 냄새 ③ 0.05% 농도에서 단시간 노출시 위험	고무, 동물의 털과 가죽 등 황 함유물질이 완전 연소시 발생
일산화탄소 (CO)	① 허용농도 50ppm ② 무색, 무미, 무취의 환원성 기체 ③ 헤모글로빈과 결합하여 산소운반기능 저하 ④ 염소와 반응하여 포스겐 생성	탄소성분 함유물질
이산화탄소 (CO_2)	① 무색, 무취, 무미의 불연성 기체 ② 다량 존재 시 호흡속도 증가	탄소성분 함유물질

※ 황화수소, 암모니아 : 가연성가스이면서 독성가스

4. 일산화탄소 (CO) ★★★

1) 혈액 중의 **헤모글로빈과 결합**하여 카복시헤모글로빈(COHb) 생성.
2) 상온에서 염소와 반응시 포스겐을 생성
3) 농도와 인체의 반응

공기 중의 농도		중독증상
ppm	%	
2,000	0.2	2시간이면 사망(위험상태)
4,000	0.4	1시간 내 사망(치사상태)

5. 이산화탄소 (CO_2) ★

CO_2(%)	인 체 반 응
5	30분 만에 두통, 귀울림, 혈압상승, 구토
6	**호흡수의 현저한 증가**
8	호흡곤란, 혼수상태 또는 인사불성
9	명백한 호흡곤란, 4시간 후에 사망
10	시력장애, 2~3분 동안 흡입 시 의식 상실
20	**치사 농도(중추신경 마비로 인한 사망)**

5. 열전달 특성

열전달이란 온도차로 열이 높은 곳에서 낮은 곳으로 이동하는 현상이다.
열전달 방법 : 전도, 대류 및 복사
연소(화재) 확대 요인 : 접염, 비화, 복사열

1. 전도(Conduction) ★★★

물체를 통해서 전달되는 것으로 고체 또는 정지상태의 유체(액체, 기체) 내에서 이루어진다.

1) 물질의 각 분자가 지니고 있는 운동에너지가 인접한 분자에 이동해 나가는 현상으로 열이 전달되는 형태
2) **푸리에의 전도법칙**

3) 열전달(열유동률), 물질을 통해 전달되는 열량(W, J/s)

$$q = \frac{kA \triangle T}{\ell} = \frac{kA(T_2 - T_1)}{\ell}$$

q : 열전달[W], k : 열전도율[W/m·℃], $\triangle T$: 온도차[℃]
ℓ : 벽체의 두께[m], A : 단면적[m²]

4) 완전 진공상태에서 열전달은 없다.
5) 고체는 기체보다 열전도율이 좋다.

2. 대류(Convection) ★★

유체(액체, 기체)입자의 유동에 의해 열에너지가 전달되는 현상
화재의 이동경로, 연소확대, 화재의 특성이나 형태에 가장 큰 영향

1) 고체 벽에 유체가 접촉하고 있을 때 유체의 일부에 온도변화가 발생하면 동시에 밀도변화가 발생되고 이 밀도변화에 의해 유체가 서로 이동하는 현상에 의해 열전달
2) **뉴턴(Newton)의 냉각법칙**
3) 대류열류

$$q = hA \triangle T = hA(T_2 - T_1)$$

q : 대류열류[W], A : 단면적[m²], h : 대류전열계수[W/m²·℃], $\triangle T$: 온도차[℃]

3. 복사(Radiation) ★★★

전자파의 형태로 에너지를 전달하는 것

1) 전도, 대류와 같이 물질을 매개체로 하여 열에너지가 전달되는 것이 아니고 서로 떨어져 있는 두 물체 사이에 열에너지가 **전자파 형태로 전달**되는 현상
2) **스테판-볼츠만의 복사법칙**
3) 복사열 : 열복사량은 **절대온도의 4승에 비례**하고 열전달면적에 비례한다.

$$q = \phi \varepsilon A \sigma T^4$$

q : 복사열[W], A : 열전달 면적[m²], ϕ : 배치계수(형태계수), ε : 복사능,
T : 절대온도[K] = ℃ + 273,
σ : 스테판-볼츠만 상수($\sigma = 5.67 \times 10^{-8}$ W/m² · K⁴)

4) 복사열은 일직선으로 이동

5) 화염직경의 2배 이상 떨어진 목표물에 대한 복사열 계산

$$q = \frac{X_r Q}{4\pi r^2}$$

q : 복사열[W], X_r : 총 방출에너지 중 복사된 에너지 분율(0.15~0.6),
r : 화재중심과 목표물과의 거리(m)
Q : 화재의 연소에너지 방출[kW]
$4\pi r^2$: 구의 표면적[m²]

4. 열전도와 관계있는 것
   1) 열전도율   2) 비열   3) 밀도

6. 연기유동의 특성

1. 연기의 특징 ★
1) 연기를 눈으로 볼 수 있는 이유 : **탄소 및 타르입자**
2) 연기입자의 크기 : **0.1~10 [μm] 정도**
3) 연기 중 액체미립자계만 유독성이다.
4) **탄소**를 많이 함유한 가연물일수록 **검은 연기**가 많이 나온다.
5) **공기가 부족**하면 불완전 연소상태로 되어 **짙은 연기 발생**
6) 연기는 대류에 의해 전파된다.
7) 연소에 필요한 공기는 연기의 이동방향과 반대방향으로 이동한다.
8) 연기는 공기보다 고온으로 통로의 상부를 따라 이동한다.
9) 연기는 발화 층부터 상층으로 확산된다.
10) 연기의 이동속도 : **수직 이동속도**가 수평 이동속도보다 **빠르다.**

2. 건물 내의 연기 유동 ★★★

연기의 이동속도

장소 및 방향	속도 [m/s]
수평방향	0.5~1
수직방향	2~3
계 단	3~5

3. 연기의 유동을 일으키는 요인 및 연돌효과(Stack effect) 영향인자 ★

연기의 유동을 일으키는 요인	연돌효과(Stack effect) 영향인자
① 온도상승에 의한 가스팽창 ② 굴뚝(연돌) 효과 ③ 외부 풍압의 영향 ④ 건물 내·외의 온도차 ⑤ 비중차 ⑥ 공조 설비에 의한 강제적인 공기이동 ⑦ 부력	① 건물의 높이 ② 건물 내·외의 온도차 ③ 화재실의 온도 ④ 외벽의 기밀도 ⑤ 각 층간의 공기누설

4. 감광계수 ★★★

연기의 농도에 따른 빛의 투과량으로부터 계산한 농도

$$C_S = \frac{1}{L} \ln \frac{I_0}{I}$$

C_S : 감광계수 $[m^{-1}]$, L : 광원과 수광체 간의 거리 $[m]$
I_0 : 연기가 없을 때의 빛의 세기 $[lx]$, I : 연기가 있을 때의 빛의 세기 $[lx]$

감광계수	가시거리	상황
0.1	20~30	**연기감지기의 작동농도** 건물 내 **미숙지자의 피난 한계농도**
0.3	5	건물 내 **숙지자**의 피난한계농도
0.5	3	어두침침함을 느낄 정도의 농도
1	1~2	거의 앞이 보이지 않을 정도의 농도
10	0.2~0.5	**화재 최성기** 때의 연기농도
30	–	출화실에서 연기가 분출할 때의 연기농도

5. 연기농도의 표시법 ★★

1) **중량농도법** : 단위 체적당의 연기 입자의 중량 $[mg/m^3]$
2) **입자농도법** : 단위 체적당의 연기입자의 개수 $[개/cm^3]$
3) **투과율법** : 연기 속을 투과한 빛의 양으로 구하는 광학적 농도 표시

6. 제연방식

구분	주요특징	개념도
자연제연	학교 등 개구부가 충분히 확보된 건축물에 적용	
스모크타워 (Smoke tower)제연 ★★	실내·외의 온도차에 의한 부력을 이용하여 제연 하는 것으로 고층빌딩에 적합	
제1종 기계제연 ★★	배출기와 송풍기 사용	
제2종 기계제연	송풍기만 사용	
제3종 기계제연	배출기만 사용	

7. 열에너지원과 특성

기계적	• 마찰열 : 마찰시 발생하는 열 • 마찰스파크 : 금속과 고체를 마찰시킬 때 발생하는 불꽃 • 압축열 : 기체를 압축할 때 발생하는 열
전기적	• 저항가열 : 백열전구의 발열 • **유도가열 : 도체 주위 자장(자계)에 의해 발생** • **유전가열 : 누설전류에 의해 발생** • 아크가열, 정전기가열 등
화학적	• 연소열 : 가연물이 산화되는 과정에서 발생 • 분해열 : 가연물이 열 분해될 때 발생 • **용해열 : 농황산을 물에 넣었을 때 열이 발생** • 중합열 : 시안화수소나 산화에틸렌 등이 중합반응 시 발생 • 자연발열 : 외부 점화원의 공급 없이 축적된 열에 의해 발열

8. 정전기 방지대책 ★★★

1. 공기 중의 상대습도를 **70 [%] 이상**으로 유지한다.
2. **접지**한다.
3. 공기를 **이온화**한다.
4. 제전기에 의한 대전방지

9. 최소점화에너지 ★

점화원에 의해 가연물을 점화시킬 수 있는 최소의 에너지를 최소점화에너지라 하며 이는 가연물의 종류에 따라 다르다.

종 류	점화에너지 [mJ]	종 류	점화에너지 [mJ]
수 소 (H_2)	0.02	부탄 (C_4H_{10})	0.3
메 탄 (CH_4)	0.3	폴리프로필렌	30
에 탄 (C_2H_6)	0.3	소맥분	160
프로판 (C_3H_8)	0.3		

10. 자연발화

1. 정의

자연발화라 하는 것은 물질이 공기 중에서 발화온도보다 낮은 온도에서 **스스로 발열**하여 그 열이 장시간 축적, 발화점에 도달하여 연소에 이르는 현상

2. 자연발화 조건

1) 주위의 온도가 높을 것
2) 발열량이 클 것
3) 열전도율이 작을 것
4) 표면적이 넓을 것
5) 통풍이 잘 안될 것

3. 자연발화의 종류

발화의 종류	가 연 물
분해열	셀룰로이드, 니트로셀룰로오스
산화열	석탄, 건성유(정어리유, 해바라기유), 반건성유(대두유 등), 고무분말, 원면
미생물(발효)	퇴비, 먼지, 곡물
흡착열	목탄, 활성탄

4. 자연발화 방지대책

1) 통풍이나 환기 방법을 고려하여 **열의 축적을 방지**
2) 황린은 물속에서 보관
3) 저장실 및 주위의 **온도를 낮게** 유지
4) 공기와의 접촉면적을 작게 유지
5) 습도가 높은 곳을 피할 것

5. 자연발화가 쉬운 물질의 보관방법 ★★★

물질	보관방법
칼륨, 나트륨, 리튬	석유류(등유) 속에 저장한다.
니트로셀룰로오스 (나이트로셀룰로스)	알코올 속에 저장한다.
황린, 이황화탄소	**물속**에 저장한다.
아세틸렌	아세톤 속에 저장한다.
알킬알루미늄	공기와의 접촉을 차단하기 위하여 밀폐용기에 저장한다.

11. 연소시 발생하는 이상현상

1. 역화(Back-fire)현상 ★★★

가스의 분출 속도가 연소속도보다 느리게 되어 버너 내부에서 연소하게 되는 현상 **(연소속도 > 분출속도)**

2. 선화(Lifting)

가스의 분출속도가 연소속도보다 빨라서 불꽃이 노즐에서 떨어져 노즐에 정착되지 못하고 불꽃이 공간에서 연소하는 현상**(연소속도 < 분출속도)**

3. 블로우-오프(Blow-Off)

가스가 노즐에서 나가는 속도가 연소속도보다 빠르게 되어 불꽃이 버너의 노즐에서 떨어져 꺼지는 현상**(연소속도 ≪ 분출속도)**

4. 황염(Yellow Tip)

염공에서 연료가스의 연소시 공기량의 조절이 적정하지 못하여 불꽃의 색상이 황색으로 되는 현상, 1차 공기가 부족할 때 발생

12. 가스

1. 가스의 종류

분류	내용	가스의 종류
가연성 가스	• 폭발한계 농도의 하한이 10 [%] 이하 • 상·하한의 차가 20 [%] 이상인 가스	• 수소, 아세틸렌, 에틸렌, 메탄, 프로판, 부탄 등 • 기타 섭씨 15 [℃], 1기압에서 기체 상태인 가연성 가스
불연성 가스	**스스로 연소하지 못하며 다른 물질을 연소시키는 성질도 갖지 않은 가스**를 말한다.	**질소**, 프레온가스, **이산화탄소**, 아르곤 등
압축 가스	상온에서 압축하여도 쉽게 액화되지 않는 가스	질소, 수소, 산소 등
액화 가스	상온에서 낮은 압력에서 액화되는 가스	암모니아, 부탄, 프로판 등
조연성 가스	**자신은 연소하지 않고 연소를 도와주는 가스**	**산소**, 공기, 염소, 오존, 불소 등

2. LNG와 LPG 특성 비교 ★

구분	LNG	LPG
주성분	메탄 (CH_4) 액화천연가스	프로판(C_3H_8)과 부탄(C_4H_{10}) 액화석유가스
물성	• 공기보다 가벼워 누출시 확산되어 화재, 폭발의 위험성이 낮다. • 불꽃조절이 쉬워 열효율이 높다. • 무색, 무취이나 누출시 쉽게 감지할 수 있도록 착취제를 첨가 • 배관으로 공급되므로 별도의 연료 저장시설이 불필요	• 액화 및 기화가 쉽다. • 액체상태에서는 물보다 가볍고, 기체상태에서는 공기보다 무겁다. • 연소하한이 낮아 누출되면 화재, 폭발 위험이 증가 • 무색, 무취, 무미이나 누출시 감지할 수 있도록 착취제를 첨가
용도	도시가스, 산업용 연료	프로판 : 가정, 요식업소 부탄 : 자동차, 산업용, 석유화학 연료
특징	• 누설시 폭발위험이 적다. • 가스공급이 중단되지 않는다. • 연소조절이 쉽다. • 시설이 간단하나 초기설치비용이 많이 든다.	• 발열량이 크고 연소조절이 쉽다. • 운반이 쉽다. • 시설 설치비용이 저렴하다. • 비중이 공기보다 커 누출시 폭발사고 위험 • 사용 중 공급중단의 우려
연소특성	• 연소시 상대적으로 적은 공기 필요 • 연소하한이 LPG보다 높다. • 연소온도가 약 2,050℃	• 연소시 많은 공기 필요 • 연소하한이 낮아 폭발위험 • 연소온도 약 2,150℃

01 출제예상문제

연소 및 연소현상

01 ★★ 출제년도【16.】
공기 중 산소의 농도는 약 몇 vol.%인가?
① 10   ② 13
③ 18   ④ 21

해설 공기의 조성:

구분	질소 (N_2)	산소 (O_2)	아르곤 (Ar)	이산화탄소 (CO_2)
체적(V)%	78.03	20.99	0.95	0.03

02 ★★★ 출제년도【20.】
다음 중 고체 가연물이 덩어리보다 가루일 때 연소되기 쉬운 이유로 가장 적합한 것은?
① 발열량이 작아지기 때문이다.
② 공기와 접촉면이 커지기 때문이다.
③ 열전도율이 커지기 때문이다.
④ 활성에너지가 커지기 때문이다.

해설 ① 고체 가연물이 덩어리보다 가루일 때 연소되기 쉬운 이유는 공기와 접촉면이 커지기 때문이다.
② 표면적의 크기 : 고체 < 액체 < 기체

03 ★★ 출제년도【20.】
다음 중 연소와 가장 관련 있는 화학반응은?
① 중화반응   ② 치환반응
③ 환원반응   ④ 산화반응

해설 연소 : 빛과 열을 수반하는 급격한 **산화반응**

04 ★ 출제년도【13.】
다음 중 인화성 액체의 발화원으로 가장 거리가 먼 것은?
① 전기불꽃   ② 냉매
③ 마찰스파크   ④ 화염

해설 열에너지(열원의 종류)
1) 화학적 에너지(화학열)
   ① **연소열** ② 자연발열 ③ 분해열 ④ 용해열
2) 전기적 에너지(전기열)
   ① 저항열 ② 유도열 ③ 유전열 ④ 정전기열
   ⑤ **아크열** ⑥ 낙뢰에 의한 열
3) 기계적 에너지(기계열)
   ① **마찰** 및 충격 ② 단열 및 압축
※ 냉매는 발화원이 아니다.

05 ★★★ 출제년도【10. 12. 21.】
조연성 가스에 해당하는 것은?
① 수소   ② 일산화탄소
③ 산소   ④ 에탄

해설 • 조연성 가스 : 연소를 도와주는 가스로 산소가 이에 해당한다.
• 수소 : 연소범위 4 - 75%의 가연성가스
• 일산화탄소 : 연소범위 12.5~74%의 가연성가스
• 에탄 : 연소범위 3~12.5%의 가연성가스

06 ★★ 출제년도【14】
다음 중 조연성 가스에 해당하는 것은?
① 일산화탄소   ② 산소
③ 수소   ④ 부탄

해설

분류	성질	종류
지연성 가스 (조연성 가스)	그 가스가 존재하는 경우에 다른 가연성 물질을 연소시킬 수 있는 가스를 말한다.	산소, 공기, 염소, 오존, 불소 등

정답 01.④ 02.② 03.④ 04.② 05.③ 06.②

07 ★★★ 출제년도 【16, 21.】
조연성가스로만 나열되어 있는 것은?
① 질소, 불소, 수증기
② 산소, 불소, 염소
③ 산소, 이산화탄소, 오존
④ 질소, 이산화탄소, 염소

해설
① 조연성 가스 : 자신은 연소하지 않고 연소를 도와주는 가스
② 종류 : 산소, 공기, 염소, 오존, 불소 등
※ 불연성 가스 : 질소, 이산화탄소

08 ★★★ 출제년도 【12, 21.】
다음 중 착화온도가 가장 낮은 것은?
① 아세톤
② 휘발유
③ 이황화탄소
④ 벤젠

해설 착화온도 : 공기 중에서 서서히 가열하면 직접 화기를 근접시키지 않아도 불을 일으키기 시작하는 최저온도

물 질	착화온도[℃]
아세톤	538
휘발유	300
이황화탄소	100
벤젠	562

09 ★★★ 출제년도 【10, 12, 17.】
다음 중 착화온도가 가장 낮은 것은?
① 에틸알코올
② 톨루엔
③ 등유
④ 가솔린

해설 착화온도 : 공기 중에서 서서히 가열하면 직접 화기를 근접시키지 않아도 불을 일으키기 시작하는 최저온도

구분	에틸알코올	톨루엔	등유	가솔린
착화온도	363℃	480℃	254℃	280~470℃ (약 300℃)

10 ★★★ 출제년도 【12.】
다음 중 발화점이 가장 낮은 것은?
① 황화린
② 적린
③ 황린
④ 유황

해설 발화점 : 가연성 물질에 불꽃을 접하지 아니하였을 때 연소가 가능한 최저온도

품명	황화린	적린	황린	유황
발화점	100[℃]	260[℃]	30~50[℃]	168~188[℃]

11 ★★★ 출제년도 【18.】
다음 중 발화점이 가장 낮은 물질은?
① 휘발유
② 이황화탄소
③ 적린
④ 황린

해설 보기설명
① 휘발유 : 300℃
② 이황화탄소 : 100℃
③ 적린 : 260℃
④ 황린 : 34℃

12 ★★★ 출제년도 【14】
가연성 액체에서 발생하는 증기와 공기의 혼합기체에 불꽃을 대었을 때 연소가 일어나는 최저온도를 무엇이라고 하는가?
① 발화점
② 인화점
③ 연소점
④ 착화점

해설 인화점의 정의
① 점화원의 존재 하에 연소가 시작되는 최저온도
② 가연성혼합기를 형성할 수 있는 최저의 온도

13 ★★★ 출제년도 【05, 13.】
다음 중 인화점이 가장 낮은 물질은?
① 메틸에틸케톤
② 벤젠
③ 에탄올
④ 다이에틸에터

해설

종 류	인화점[℃]
메틸에틸케톤	-9
벤 젠	-11
에 탄 올	13
다이에틸에터	-45

정답 07. ② 08. ③ 09. ③ 10. ③ 11. ④ 12. ② 13. ④

14 인화점이 낮은 것부터 높은 순서로 옳게 나열된 것은?

① 에틸알코올 < 이황화탄소 < 아세톤
② 이황화탄소 < 에틸알코올 < 아세톤
③ 에틸알코올 < 아세톤 < 이황화탄소
④ 이황화탄소 < 아세톤 < 에틸알코올

해설 주요물질(액체 가연물)의 인화점

물질	인화점(℃)	물질	인화점(℃)
다이에틸에터	-45	메틸알코올	11
휘발유	-43~-20	에틸알코올	13
아세트알데하이드	-38	등유	30~60
산화프로필렌	-37	중유	60~150
이황화탄소	-30	크레오소트유	74
아세톤, 시안화수소	-18	나이트로벤젠	87.8
초산에틸	-4	글리세린	160
톨루엔	4.5	방청유	200

15 다음 중 인화점이 가장 낮은 물질은?

① 산화프로필렌 ② 이황화탄소
③ 메틸알코올   ④ 등유

해설
1) 인화점의 정의
  ① 점화원의 존재 하에 연소가 시작되는 최저의 온도
  ② 가연성의 혼합기체를 형성할 수 있는 최저의 온도
2) 보기설명
  ① 산화프로필렌 : -37℃
  ② 이황화탄소 : -30℃
  ③ 메틸알코올 : 11℃
  ④ 등유 : 30~60℃

16 다음 중 인화점이 가장 낮은 물질은?

① 경유   ② 메틸알코올
③ 이황화탄소 ④ 등유

해설 주요물질(액체 가연물)의 인화점

물질	인화점(℃)	물질	인화점(℃)
다이에틸에터	-45	메틸알코올	11
휘발유	-43~-20	에틸알코올	13
아세트알데하이드	-38	등유	30~60
산화프로필렌	-37	중유	60~150
이황화탄소	-30	크레오소트유	74
아세톤, 시안화수소	-18	나이트로벤젠	87.8
초산에틸	-4	글리세린	160
톨루엔	4.5	방청유	200

17 연소시 암적색 불꽃의 온도는 약 몇 [℃] 정도인가?

① 700   ② 950
③ 1100 ④ 1300

해설 연소의 색과 온도

색	암적색(진홍색)	적색	휘적색(주황색)	황적색	백적색(백색)	휘백색
온도[℃]	700~750	850	925~950	1,100	1,200~1,300	1,500

18 연소시 백적색의 온도는 약 몇 [℃] 정도 되는가?

① 400   ② 650
③ 750   ④ 1300

해설 연소의 색과 온도

색	암적색(진홍색)	적색	휘적색(주황색)	황적색	백적색(백색)	휘백색
온도[℃]	700~750	850	925~950	1,100	1,200~1,300	1,500

19 일반적인 화재에서 연소 불꽃 온도가 1500[℃] 이었을 때의 연소 불꽃의 색상은?

① 적색   ② 휘백색
③ 휘적색 ④ 암적색

정답 14. ④ 15. ① 16. ③ 17. ① 18. ④ 19. ②

[해설] 연소의 색과 온도

색	암적색(진홍색)	적색	휘적색(주황색)	황적색	백적색(백색)	휘백색
온도[℃]	700~750	850	925~950	1,100	1,200~1,300	1,500

20 ★ 출제년도 【14】
다음 중 가연성 물질에 해당하는 것은?
① 질소
② 이산화탄소
③ 아황산가스
④ 일산화탄소

[해설] 가스의 종류

분류	가스의 종류
가연성 가스	• 수소, 아세틸렌, 에틸렌, 메탄, 프로판, 부탄, 일산화탄소 등 • 기타 섭씨 15[℃], 1기압에서 기체 상태인 가연성 가스
불연성 가스	질소, 프레온가스, **이산화탄소**, 아르곤 등
조연성 가스	산소, 공기, 염소, 오존, 불소 등

※ 일산화탄소는 가연성가스로서 연소범위는 12.5~74%

21 ★★ 출제년도 【16, 17】
가연성의 가스가 아닌 것은?
① 프로판
② 수소
③ 일산화탄소
④ 아르곤

[해설] 아르곤은 불활성가스이다.

22 ★★★ 출제년도 【20】
다음 중 가연성 가스가 아닌 것은?
① 일산화탄소
② 프로판
③ 아르곤
④ 메탄

[해설] ① 일산화탄소 : 연소범위 12.5~74%
② 프로판 : 연소범위 2.1~9.5%
③ 메탄 : 연소범위 5~15%

23 ★ 출제년도 【19】
불활성가스에 해당하는 것은?
① 수증기
② 일산화탄소
③ 아르곤
④ 아세틸렌

[해설] ① 불활성 가스(기체)의 종류 : 헬륨(He), 네온(Ne), 아르곤(Ar), 크립톤(Kr), 제논(Xe), 라돈(Rn)
② 일산화탄소 : 가연성가스로서 연소범위 12.5~74%
③ 아세틸렌 : 가연성가스로서 연소범위 2.5~81%
④ 수증기(Vapor 또는 steam) : 물이 증발하여 기체 상태로 존재하는 것

24 ★ 출제년도 【13】
기온이 20[℃]인 실내에서 인화점이 70[℃]인 가연성의 액체표면에 성냥불 한 개를 던지면 어떻게 되는가?
① 즉시 불이 붙는다.
② 불이 붙지 않는다.
③ 즉시 폭발한다.
④ 즉시 불이 붙고 3~5초 후에 폭발한다.

[해설] 가연성의 액체는 증발연소(가연성 증기와 공기의 혼합 상태에서 연소하는 형태로 표면연소(가연물의 표면에서 산소와 반응하여 연소)하지 않으므로 불이 붙지 않는다.

25 ★ 출제년도 【07, 13】
발화온도 500[℃]에 대한 설명으로 다음 중 가장 옳은 것은?
① 500[℃]로 가열하면 산소 공급없이 인화한다.
② 500[℃]로 가열하면 공기 중에서 스스로 타기 시작한다.
③ 500[℃]로 가열하여도 점화원이 없으면 타지 않는다.
④ 500[℃]로 가열하면 마찰열에 의하여 연소한다.

정답 20. ④ 21. ④ 22. ③ 23. ③ 24. ② 25. ②

해설 착화온도(**발화온도**) : 공기 중에서 서서히 가열하면 직접 화기를 근접시키지 않아도 불을 일으키기 시작하는 최저온도

26 ★ 출제년도 [14]
점화원이 될 수 없는 것은?

① 정전기 ② 기화열
③ 금속성 불꽃 ④ 전기 스파크

해설 점화원

분류	종류
화학적 에너지	연소열, 자연발열, 분해열, 용해열, 생성열, 중화열
전기적 에너지	저항열, 유도열, 유전열, 정전기열, 아크열, 낙뢰에 의한 열
기계적 에너지	마찰 및 충격, 단열 및 압축

※ 기화열(증발열)은 점화원이 될 수 없다.

27 ★★ 출제년도 [13, 22.]
물질의 연소시 산소 공급원이 될 수 없는 것은?

① 탄화칼슘 ② 과산화나트륨
③ 질산나트륨 ④ 압축공기

해설 **탄화칼슘**(CaC_2)은 제3류 위험물로서 가연물에 해당하며, 과산화나트륨과 질산나트륨은 제1류 위험물로서 산소공급원이다.

28 ★ 출제년도 [12, 17.]
섭씨 30도는 랭킨(Rankine)온도로 나타내면 몇 도인가?

① 546도 ② 515도
③ 498도 ④ 463도

해설 1) 화씨[°F] = 섭씨[℃] × 1.8 + 32
        = 30[℃] × 1.8 + 32
        = 86[°F]
2) 랭킨온도 = 화씨[°F] + 460 = 86 + 460 = 546

29 ★ 출제년도 [11, 16.]
화씨 95도를 켈빈(Kelvin)온도로 나타내면 몇 K인가?

① 178 ② 252
③ 308 ④ 368

해설 ① 화씨 °F = 1.8℃ + 32의 관계에서
$95°F = 1.8℃ + 32$, $℃ = \dfrac{95-32}{1.8} = 35$
② 절대온도 = ℃ + 273 = 35 + 273 = 308K

30 ★★★ 출제년도 [17.]
인화성 액체의 연소점, 인화점, 발화점을 온도가 높은 것부터 옳게 나열한 것은?

① 발화점 > 연소점 > 인화점
② 연소점 > 인화점 > 발화점
③ 인화점 > 발화점 > 연소점
④ 인화점 > 연소점 > 발화점

해설 인화점, 연소점, 발화점
1) 인화점 : 점화원의 존재하에 연소가 시작되는 최저온도
2) 연소점 : 가연성 액체가 개방된 상태에서 증기를 계속 발생하면서 연소가 지속될 수 있는 최저온도로서 외부 점화원을 제거하여도 연쇄반응을 지속시킬 수 있는 온도
3) 발화점 : 점화원이 존재하지 않아도 연소를 시작하는 최저온도
4) 온도 : 인화점 < 연소점 < 발화점

31 ★★★ 출제년도 [12, 17.]
질소 79.2[%], 산소 20.8[%]로 이루어진 공기의 평균분자량은? (단, 질소 및 산소의 원자량은 각각 14 및 16이다.)

① 15.44 ② 20.21
③ 28.83 ④ 36.00

해설 질소(N_2)와 산소(O_2)로 이루어진 공기의 평균분자량
= 14 × 2 × 0.792 + 16 × 2 × 0.208
= 28.832

정답 26. ② 27. ① 28. ① 29. ③ 30. ① 31. ③

chapter 01. 연소 및 연소현상 출제예상문제

32 ★ 출제년도【17.】
다음 중 열전도율이 가장 작은 것은?

① 알루미늄
② 철재
③ 은
④ 암면(광물섬유)

해설 열전도율 (W/m·k)

구분	알루미늄	철재	은	암면(광물섬유)
열전도율	1.95	0.79	4.12	0.037~0.038

※ 암면 : 단열재, 흡음재 및 방화재로 사용

33 ★★ 출제년도【18.】
비열이 가장 큰 물질은?

① 구리
② 수은
③ 물
④ 철

해설 비열 : 물질 1kg의 온도를 1℃ 높이는데 필요한 열량 (kcal)
① 구리 : 0.092
② 수은 : 0.033
③ 물 : 1
④ 철 : 0.113

34 ★★ 출제년도【03. 12.】
연소를 위한 가연물의 조건으로 옳지 않은 것은?

① 산소와 친화력이 크고, 발열량이 클 것
② 열전도율이 작을 것
③ 연소시 흡열반응 할 것
④ 활성화 에너지가 작을 것

해설 가연물의 구비조건
1) 열전도율이 적을 것.
2) 활성화 에너지(점화에너지)가 작을 것.
3) 발열량이 클 것.
4) 열의 축척이 용이할 것.
5) 가연물의 표면적이 커야 한다.
  (산소와의 접촉 면적이 클 것)

35 ★★ 출제년도【14.】
가연물이 되기 위한 조건으로 가장 거리가 먼 것은?

① 열전도율이 클 것
② 산소와 친화력이 좋을 것
③ 비표면적이 넓을 것
④ 활성화에너지가 작을 것

해설 가연물의 구비조건
① 열전도율이 작을 것
② 활성화 에너지가(점화에너지) 작을 것
③ 발열량이 클 것
④ 열의 축척이 용이할 것
⑤ 가연물의 표면적이 커야 한다.
  (산소와의 접촉 면적이 클 것)

36 ★★★ 출제년도【17,20.】
가연물이 연소가 잘 되기 위한 구비조건으로 틀린 것은?

① 열전도율이 클 것
② 산소와 화학적으로 친화력이 클 것
③ 표면적이 클 것
④ 활성화 에너지가 작을 것

해설 연소가 잘 되기 위한 구비조건
① 열전도율이 작을 것
② 산소와 화학적으로 친화력이 클 것
③ 표면적이 클 것
④ 활성화 에너지가 작을 것

37 ★★★ 출제년도【13. 15.】
가연물이 되기 쉬운 조건이 아닌 것은?

① 발열량이 커야 한다.
② 열전도율이 커야 한다.
③ 산소와 친화력이 좋아야 한다.
④ 활성화에너지가 작아야 한다.

해설 가연물의 구비조건
① 열전도율이 작을 것
② 활성화 에너지가(점화에너지) 작을 것
③ 발열량이 클 것

정답 32. ④ 33. ③ 34. ③ 35. ① 36. ① 37. ②

④ 열의 축척이 용이할 것
⑤ 가연물의 표면적이 커야 한다. (산소와의 접촉 면적이 클 것)

38. 연소에 대한 설명으로 옳은 것은?
① 환원반응이 이루어진다.
② 산소를 발생한다.
③ 빛과 열을 수반한다.
④ 연소생성물은 액체이다.

해설 연소 : 가연물이 공기 중에 있는 산소와 반응하여 **열과 빛을 동반**하며 급격하게 산화반응하는 현상

39. 자연발화가 일어나기 쉬운 조건이 아닌 것은?
① 열전도율이 클 것
② 적당량의 수분이 존재할 것
③ 주위의 온도가 높을 것
④ 표면적이 넓을 것

해설 물질이 공기 중에서 발화온도 보다 낮은 온도에서 스스로 발열하여 그 열이 장기간 축적, 발화점에 도달하여 연소에 이르는 현상으로 발화점이 낮을수록 자연발화가 더 용이하게 일어난다. **자연발화의 조건은 다음과 같다.**
1) 주위의 온도가 높을 것
2) 발열량이 클 것
3) **열전도율이 작을 것**
4) 표면적이 넓을 것
5) 통풍이 잘 안될 것

40. 일반적인 자연발화 예방대책으로 옳지 않은 것은?
① 습도를 높게 유지한다.
② 통풍을 양호하게 한다.
③ 열의 축적을 방지한다.
④ 주위 온도를 낮게 한다.

해설 자연발화 방지대책
① 통풍이나 환기 방법을 고려하여 열의 축적을 방지
② 황린은 물속에서 보관
③ 저장실 및 주위의 온도를 낮게 유지
④ 가능한 입자를 크게 하여 공기와의 접촉면적을 적게 유지
⑤ 습도가 높은 곳을 피할 것

41. 일반적인 자연발화의 방지법으로 옳지 않은 것은?
① 습도를 높일 것
② 저장실의 온도를 낮출 것
③ 정촉매 작용을 하는 물질을 피할 것
④ 통풍을 원활하게 하여 열축적을 방지할 것

해설 자연발화 방지법
① 습도를 낮출 것
② 저장실의 온도를 낮출 것
③ 정촉매 작용을 하는 물질을 피할 것
④ 통풍을 원활하게 하여 열축적을 방지할 것

42. 자연발화의 예방을 위한 대책이 아닌 것은?
① 열의 축적을 방지한다.
② 주위 온도를 낮게 유지한다.
③ 열전도성을 나쁘게 한다.
④ 산소와의 접촉을 차단한다.

해설 자연발화 방지대책
① 통풍이나 환기 방법을 고려하여 열의 축적을 방지
② 황린은 물속에서 보관
③ 저장실 및 주위의 온도를 낮게 유지
④ 공기와의 접촉면적을 작게 유지
⑤ 습도가 높은 곳을 피할 것

43. 가연물이 공기 중에서 산화되어 산화열의 축적으로 발화되는 현상은?
① 분해연소   ② 자기연소
③ 자연발화   ④ 폭굉

정답 38.③ 39.① 40.① 41.① 42.③ 43.③

[해설] 자연발화라 하는 것은 물질이 공기 중에서 발화온도보다 낮은 온도에서 스스로 발열하여 그 열이 장시간 축적, 발화점에 도달하여 연소에 이르는 현상을 말한다.

44 ★★★ 출제년도 【12, 19.】
프로판가스의 연소범위(vol%)에 가장 가까운 것은?

① 9.8 ~ 28.4
② 2.5 ~ 81
③ 4.0 ~ 75
④ 2.1 ~ 9.5

[해설] 주요 물질의 연소범위

종류	에틸렌	프로판	메탄	수소
연소범위 (vol%)	3.1~32	2.1~9.5	5~15	4~75

45 ★★ 출제년도 【15.】
공기 중에서 연소상한값이 가장 큰 물질은?

① 아세틸렌
② 수소
③ 가솔린
④ 프로판

[해설] 연소범위
① 아세틸렌 : 2.5~81%
② 수소 : 4~75%
③ 프로판 : 2.2~9.5%
④ 가솔린(휘발유) : 1.4~7.6%

46 ★★★ 출제년도 【17.】
공기 중에서 연소범위가 가장 넓은 물질은?

① 수소
② 이황화탄소
③ 아세틸렌
④ 에테르

[해설] 연소범위

명칭	분자식	연소범위(%)	
		하한계	상한계
아세틸렌	C_2H_2	2.5	81
수소	H_2	4	75
(디에틸)에테르	$C_2H_5OC_2H_5$	1.9	48
이황화탄소	CS_2	1.2	44

47 ★★ 출제년도 【09. 10. 16.】
공기 중에서 수소의 연소범위는?

① 0.4~4 vol.%
② 1~12.5 vol.%
③ 4~75 vol.%
④ 67~92 vol.%

[해설] 수소
1) 연소범위 : 4~75 vol.%
2) 위험도 : $H = \dfrac{UFL - LFL}{LFL} = \dfrac{75-4}{4} = 17.75$

48 ★★★ 출제년도 【96, 98, 01, 02, 04, 06, 08, 13, 22.】
다음 물질 중 공기 중에서의 연소범위가 가장 넓은 것은?

① 부탄
② 프로판
③ 메탄
④ 수소

[해설] 연소범위

물질	부탄	프로판	메탄	수소
연소범위	1.8~8.4[%]	2.1~9.5[%]	5~15[%]	4~75[%]

49 ★ 출제년도 【14】
에테르의 공기 중 연소범위를 1.9~48vol%라 할 때 이에 대한 설명으로 틀린 것은?

① 공기 중 에테르 증기가 48vol%를 넘으면 연소한다.
② 연소범위의 상한점이 48vol%이다.
③ 공기 중 에테르 증기가 1.9~48vol% 범위에 있을 때 연소한다.
④ 연소범위의 하한점이 1.9vol%이다.

[해설] ① 에테르의 연소범위 : 하한점 1.9vol%, 상한점 48vol% 이 범위에 있을 때 연소한다.
② 제4류 위험물중 특수인화물에 해당한다.

정답 44. ④ 45. ① 46. ③ 47. ③ 48. ③ 49. ①

50 분자 자체 내에 포함하고 있는 산소를 이용하여 연소하는 형태를 무슨 연소라고 하는가?

① 증발연소　　② 자기연소
③ 분해연소　　④ 표면연소

해설

연소의 종류	특 징	물질의 종류
증발연소	• 가연성 증기와 공기의 혼합 상태에서 연소하는 형태 • 불꽃이 없다	황, 왁스, 파라핀, 나프탈렌, 가솔린, 등유, 경유, 알코올, 아세톤
분해연소	• 열분해 반응을 일으켜 생성된 가연성 증기와 공기가 혼합하여 연소하는 형태	석탄, 종이, 고무, 목재, 플라스틱, 아스팔트
표면연소	• 가연물의 표면에서 산소와 반응하여 연소 • 불꽃이 없다	숯, 목탄, 금속분, 코크스
자기연소 (내부연소)	• 공기 중의 산소를 필요로 하지 않는 연소 • 연소속도가 빠르다. • 폭발적인 연소	니트로셀룰로오스, TNT, 피크린산, 니트로글리세린, 질산에스테르류, 셀룰로이드류

51 공기 중의 산소를 필요로 하지 않고 물질 자체에 포함되어 있는 산소에 의하여 연소하는 것은?

① 확산연소　　② 분해연소
③ 자기연소　　④ 표면연소

해설 연소의 종류

연소의 종류	특　　징
확산연소	• 화염의 안정범위가 넓고 조작이 용이하며 역화의 위험이 없는 연소
분해연소	• 열분해 반응을 일으켜 생성된 가연성 증기와 공기가 혼합하여 연소하는 형태
자기연소 (내부연소)	• 공기 중의 산소를 필요로 하지 않는 연소 • 연소속도가 빠르다. • 폭발적인 연소
표면연소	• 가연물의 표면에서 산소와 반응하여 연소 • 불꽃이 없다

52 주된 연소의 형태가 분해연소인 물질은?

① 코크스　　② 알코올
③ 목재　　　④ 나프탈렌

해설

연소의 종류	특 징	물질의 종류
분해연소	열분해 반응을 일으켜 생성된 가연성 증기와 공기가 혼합하여 연소하는 형태	석탄, 종이, 고무, **목재**, 플라스틱, 아스팔트

53 주된 연소 형태가 표면연소인 가연물로만 나열된 것은?

① 숯, 목탄
② 석탄, 종이
③ 나프탈렌, 파라핀
④ 니트로셀룰로오스, 질화면

해설

연소의 종류	특징	물질의 종류
표면연소	가연물의 표면에서 산소와 반응하여 연소하는 현상으로 휘발성분이 없어 가연성 증기증발도 없고 열분해 반응도 없기 때문에 불꽃이 없는 것이 특징이다.	숯, 목탄, 금속분, 코크스

54 주된 연소의 형태가 표면연소에 해당하는 물질이 아닌 것은?

① 숯　　　　② 나프탈렌
③ 목탄　　　④ 금속분

해설

연소의 종류	특 징	물질의 종류
증발연소	• 가연성 증기와 공기의 혼합 상태에서 연소하는 형태 • 불꽃이 없다	황, 왁스, 파라핀, **나프탈렌**, 가솔린, 등유, 경유, 알코올, 아세톤

정답 50. ②　51. ③　52. ③　53. ①　54. ②

연소의 종류	특 징	물질의 종류
분해연소	• 열분해 반응을 일으켜 생성된 가연성 증기와 공기가 혼합하여 연소하는 형태	석탄, 종이, 고무, 목재, 플라스틱, 아스팔트
표면연소	• 가연물의 표면에서 산소와 반응하여 연소 • 불꽃이 없다	숯, 목탄, 금속분, 코크스
자기연소 (내부연소)	• 공기 중의 산소를 필요로 하지 않는 연소 • 연소속도가 빠르다. • 폭발적인 연소	니트로셀룰로오스, TNT, 피크린산, 니트로글리세린, 질산에스테르류, 셀룰로이드류

55 ★ 출제년도 【14.】
촛불의 주된 연소형태에 해당하는 것은?
① 표면연소 ② 분해연소
③ 증발연소 ④ 자기연소

해설 촛불 연소형태 : 확산연소, 증발연소

56 ★★ 출제년도 【15.】
착화에너지가 충분하지 않아 가연물이 발화되지 못하고 다량의 연기가 발생되는 연소형태는?
① 훈소 ② 표면연소
③ 분해연소 ④ 증발연소

해설 훈소는 공기 중에 존재하는 산소와 고체 표면간에 발생하는 상대적으로 느린 연소 과정

57 ★★ 출제년도 【15.】
표준상태에서 메탄가스의 밀도는 몇 g/L인가?
① 0.21 ② 0.4
③ 0.71 ④ 0.91

해설 단위가 g/L이면 (분자량/22.4L) 적용
메탄 CH_4의 분자량은 12 + 4 = 16g
16g/22.4L = 0.714g/L

58 ★★★ 출제년도 【17, 22.】
이산화탄소 20 g은 몇 mol 인가?
① 0.23 ② 0.45
③ 2.2 ④ 4.4

해설 이산화탄소(CO_2)의 분자량 : 44g
몰(mol) 수 : $\dfrac{질량(g)}{분자량(g)} = \dfrac{20g}{44g} = 0.45$

59 ★★★ 출제년도 【96, 99, 01, 03, 07, 09, 16.】
증기비중의 정의로 옳은 것은?(단, 보기에서 분자, 분모의 단위는 모두 g/mol이다.)
① $\dfrac{분자량}{100}$ ② $\dfrac{분자량}{29}$
③ $\dfrac{분자량}{44.8}$ ④ $\dfrac{분자량}{22.4}$

해설 증기비중 : $\dfrac{분자량}{29}$

60 ★★★ 출제년도 【96, 99, 01, 03, 07, 12.】
공기를 기준으로 한 CO_2가스 비중은 약 얼마인가?
① 0.81 ② 1.52
③ 2.02 ④ 2.51

해설 증기밀도(증기비중) = $\dfrac{분자량}{29}$
증기비중 = $\dfrac{44}{29} = 1.52$ (∵ CO_2 분자량 : 44)

61 ★★★ 출제년도 【96, 99, 01, 03, 08, 13.】
Halon 1301의 증기 비중은 약 얼마인가? (단, 원자량은 C 12, F 19, Br 80, Cl 35.5 이고, 공기의 평균분자량은 29이다.)
① 4.14 ② 5.14
③ 6.14 ④ 7.14

해설 Halon 1301의 화학식 : CF_3Br
Halon 1301의 분자량 = 12+19×3+80 = 149
증기밀도(증기비중) = $\dfrac{분자량}{29} = \dfrac{149}{29} = 5.137 ≒ 5.14$

정답 55. ③ 56. ① 57. ③ 58. ② 59. ② 60. ② 61. ②

62 ★★★ 출제년도【17.】

할론 가스 45kg과 함께 기동가스로 질소 2kg을 충전하였다. 이때 질소가스의 몰분율은? (단, 할론가스의 분자량은 149이다.)

① 0.19 ② 0.24
③ 0.31 ④ 0.39

해설 mol 수 = $\dfrac{\text{질량[kg]}}{\text{분자량[kg/mol]}}$ 이므로,

1) 할론 가스 mol 수 = $\dfrac{45}{149}$ = 0.302

2) 질소 가스 mol 수 = $\dfrac{2}{28}$ = 0.071

∴ 질소가스의 몰분율 = $\dfrac{\text{질소의 mol수}}{\text{전체 mol수}}$

= $\dfrac{0.071}{0.071+0.302}$ = 0.19

63 ★★★ 출제년도【08. 13.】

가스 A가 40[vol%], 가스 B가 60[vol%]로 혼합된 가스의 연소하한계는 몇 [vol%] 인가? (단, 가스 A의 연소하한계는 4.9[vol%] 이며, 가스 B의 연소하한계는 4.15[vol%] 이다.)

① 1.82 ② 2.02
③ 3.22 ④ 4.42

해설 $\dfrac{100}{L} = \dfrac{V_1}{L_1} + \dfrac{V_2}{L_2} + \dfrac{V_3}{L_3} + \cdots + \dfrac{V_n}{L_n}$

여기서, L : 혼합가스의 폭발하한계[vol%]
L_1, L_2, L_3, L_n : 가연성 가스의 폭발하한계[vol%]
V_1, V_2, V_3, V_n : 가연성 가스의 용량[vol%]

혼합가스의 폭발하한계는

$\dfrac{100}{L} = \dfrac{V_1}{L_1} + \dfrac{V_2}{L_2}$

$\dfrac{100}{L} = \dfrac{40}{4.9} + \dfrac{60}{4.15}$

∴ $L = \dfrac{100}{\dfrac{40}{4.9}+\dfrac{60}{4.15}}$ ≒ 4.42[vol%]

64 ★★★ 출제년도【17. 21.】

프로판 50vol%, 부탄 40vol%, 프로필렌 10vol%로 된 혼합가스의 폭발하한계는 약 몇 vol%인가?(단, 각 가스의 폭발하한계는 프로판은 2.2vol%, 부탄은 1.9vol%, 프로필렌은 2.4vol%이다.)

① 0.83 ② 2.09
③ 5.05 ④ 9.44

해설 폭발하한계(연소하한계)

$L = \dfrac{100}{\dfrac{V_1}{L_1}+\dfrac{V_2}{L_2}+\dfrac{V_3}{L_3}} = \dfrac{100}{\dfrac{50}{2.2}+\dfrac{40}{1.9}+\dfrac{10}{2.4}}$ = 2.09%

혼합가스의 연소범위(르샤틀리에 공식)

$$L = \dfrac{100}{\dfrac{V_1}{L_1}+\dfrac{V_2}{L_2}+\dfrac{V_3}{L_3}+\cdots}$$

(단, $V_1 + V_2 + V_3 + \cdots + V_n = 100$)

① L : 혼합가스의 연소하한계(%)
② $L_1, L_2, L_3, \cdots$: 각 성분의 연소하한계(%)
③ $V_1, V_2, V_3, \cdots$: 각 성분의 체적(%)

65 ★★★ 출제년도【17.】

물질의 연소범위와 화재 위험도에 대한 설명으로 틀린 것은?

① 연소범위의 폭이 클수록 화재 위험이 높다.
② 연소범위의 하한계가 낮을수록 화재 위험이 높다.
③ 연소범위의 상한계가 높을수록 화재 위험이 높다.
④ 연소범위의 하한계가 높을수록 화재 위험이 높다.

해설 화재 위험도는 연소범위의 하한계가 낮을수록, 연소범위가 클수록 화재 위험이 높다.

위험도 $H = \dfrac{UFL-LFL}{LFL} = \dfrac{\text{연소범위}}{\text{연소 하한계}}$

여기서, UFL : 연소상한계
LFL : 연소하한계

정답 62. ① 63. ④ 64. ② 65. ④

66 다음의 가연성 물질 중 위험도가 가장 높은 것은?

① 수소 ② 에틸렌
③ 아세틸렌 ④ 이황화탄소

해설

구분	연소범위	위험도
① 수소	4~75%	$H = \dfrac{75-4}{4} = 17.75$
② 에틸렌	3.1~32%	$H = \dfrac{32-3.1}{3.1} = 9.32$
③ 아세틸렌	2.5~81%	$H = \dfrac{81-2.5}{2.5} = 31.4$
④ 이황화탄소	1.2~44%	$H = \dfrac{44-1.2}{1.2} = 35.67$

67 공기와 접촉되었을 때 위험도(H)가 가장 큰 것은?

① 에테르 ② 수소
③ 에틸렌 ④ 부탄

해설 위험도 $H = \dfrac{UFL - LFL}{LFL}$
(UFL : 연소 상한계, LFL : 연소 하한계)
① 에테르 : $\dfrac{48-1.9}{1.9} = 24.26$
② 수소 : $\dfrac{75-4}{4} = 17.75$
③ 에틸렌 : $\dfrac{32-3.1}{3.1} = 9.32$
④ 부탄 : $\dfrac{8.4-1.8}{1.8} = 3.67$

68 다음 중 공기에서의 연소범위를 기준으로 했을 때 위험도(H) 값이 가장 큰 것은?

① 다이에틸에터 ② 수소
③ 에틸렌 ④ 부탄

해설 ① 다이에틸에터 : 연소범위 1.9~48%,
위험도 $H = \dfrac{48-1.9}{1.9} = 24.26$

② 수소 : 연소범위 4~75%,
위험도 $H = \dfrac{75-4}{4} = 17.75$

③ 에틸렌 : 연소범위 3.1~32%,
위험도 $H = \dfrac{32-3.1}{3.1} = 9.32$

④ 부탄 : 연소범위 1.8~8.4%,
위험도 $H = \dfrac{8.4-1.8}{1.8} = 3.67$

69 다음 중 연소범위를 근거로 계산한 위험도 값이 가장 큰 물질은?

① 이황화탄소 ② 메탄
③ 수소 ④ 일산화탄소

해설 위험도 $H = \dfrac{UFL - LFL}{LFL}$
(UFL : 연소 상한계, LFL : 연소 하한계)
① 이황화탄소 : 연소범위 1.2~44%
위험도 $H = \dfrac{44-1.2}{1.2} = 35.67$

② 메탄 : 연소범위 5~15%
위험도 $H = \dfrac{15-5}{5} = 2$

③ 수소 : 연소범위 4~75%
위험도 $H = \dfrac{75-4}{4} = 17.75$

④ 일산화탄소 : 연소범위 12.5~74%
위험도 $H = \dfrac{74-12.5}{12.5} = 4.92$

70 메탄이 완전연소할 때의 연소생성물을 옳게 나열한 것은?

① H_2O, HCl
② SO_2, CO_2
③ SO_2, HCl
④ CO_2, H_2O

해설 메탄의 완전 연소반응식
$CH_4 + 2O_2 \rightarrow CO_2 + 2H_2O$

정답 66. ④ 67. ① 68. ① 69. ① 70. ④

71 수소 1kg이 완전연소할 때 필요한 산소량은 몇 kg인가?

① 4
② 8
③ 16
④ 32

해설 수소의 완전연소반응식
$$2H_2 + O_2 \rightarrow 2H_2O$$
분자량 4kg 32kg
질 량 1kg $x$kg
산소량 $x = \dfrac{1kg \times 32kg}{4kg} = 8kg$
(H의 원자량: 1kg, O의 원자량: 16kg)

72 0℃ 1atm 상태에서 부탄(C_4H_{10}) 1mol을 완전 연소시키기 위해 필요한 산소의 mol 수는?

① 2
② 4
③ 5.5
④ 6.5

해설 미정계수법
$$C_mH_n + (m + \dfrac{n}{4})O_2 \rightarrow mCO_2 + \dfrac{n}{2}H_2O$$
에 대입하면 m=4, n=10이므로
$$C_4H_{10} + (4 + \dfrac{10}{4})O_2 \rightarrow 4CO_2 + \dfrac{10}{2}H_2O$$
$C_4H_{10} + 6.5O_2 \rightarrow 4CO_2 + 5H_2O$에서 산소의 몰수는 6.5mol이 된다.
※ 표준상태(0℃, 1atm 상태), atm(대기압) : atmospheric pressure

73 다음 가연성 기체 1몰이 완전연소하는데 필요한 이론공기량으로 틀린 것은?
(단, 체적비로 계산하며 공기 중 산소의 농도를 21 vol.%로 한다.)

① 수소 – 약 2.38몰
② 메탄 – 약 9.52몰
③ 아세틸렌 – 약 16.91몰
④ 프로판 – 약 23.81몰

해설 보기설명

구분	완전연소반응식	이론공기량
① 수소	$2H_2 + O_2 \rightarrow 2H_2O$, $H_2 + \dfrac{1}{2}O_2 \rightarrow H_2O$	$\dfrac{\frac{1}{2}}{0.21} = 2.38$몰
② 메탄	$CH_4 + 2O_2 \rightarrow CO_2 + 2H_2O$	$\dfrac{2}{0.21} = 9.52$몰
③ 아세틸렌	$C_2H_2 + 2.5O_2 \rightarrow 2CO_2 + H_2O$	$\dfrac{2.5}{0.21} = 11.9$몰
④ 프로판	$C_3H_8 + 5O_2 \rightarrow 3CO_2 + 4H_2O$	$\dfrac{5}{0.21} = 23.81$몰

74 TLV(Threshold Limit Value)가 가장 높은 가스는?

① 시안화수소
② 포스겐
③ 일산화탄소
④ 이산화탄소

해설 TLV(Threshold Limit Value) : 허용한계농도, 최대허용농도
독성물질의 섭취량과 사람에 대한 반응정도를 나타내는 관계에서 손상을 입히지 않는 농도
① 시안화수소 : 10ppm

75 화재시 발생하는 연소가스에 대한 설명으로 가장 옳은 것은?

① 물체가 열분해 또는 연소할 때 발생할 수 있다.
② 주로 산소를 발생한다.
③ 완전연소 할 때만 발생할 수 있다.
④ 대부분 유독성이 없다.

해설 연소가스로는 일산화탄소, 이산화탄소, 황화수소, 암모니아, 시안화수소, 염화수소 등이 있으며, 불완전연소 시에도 발생, 유독성을 가지고 있다.

정답 71. ② 72. ④ 73. ③ 74. ④ 75. ①

76 ★★★ 출제년도 [14.]
화재 시 발생하는 연소가스 중 인체에서 혈액의 산소운반을 저해하고 두통, 근육조절의 장애를 일으키는 것은?

① CO_2　　② CO
③ HCN　　④ H_2S

해설) 일산화탄소(CO) : 혈액 중의 헤모글로빈과 결합하여 카복시헤모글로빈(COHb) 생성하며 두통, 현기증, 구토 증세가 나타난다.

77 ★★★ 출제년도 [14.]
위험물 탱크에 압력이 0.3MPa이고 온도가 0℃인 가스가 들어 있을 때 화재로 인하여 100℃까지 가열되었다면 압력은 약 몇 MPa인가?(단, 이상기체로 가정한다.)

① 0.41　　② 0.52
③ 0.63　　④ 0.74

해설) 보일-샤를의 법칙 $\dfrac{P_1 V_1}{T_1} = \dfrac{P_2 V_2}{T_2}$

$P_2 = P_1 \times \dfrac{T_2}{T_1} \times \dfrac{V_2}{V_1}$
$= 0.3[\text{MPa}] \times \dfrac{(100+273)\text{K}}{(0+273)\text{K}}$
$= 0.41[\text{MPa}]$

※ T_1, T_2 : 절대온도(℃+273)

78 ★ 출제년도 [21.]
IG-541이 15℃에서 내용적 50리터 압력용기에 155 kgf/cm²으로 충전되어 있다. 온도가 30℃가 되었다면 IG-541 압력은 약 몇 kgf/cm²가 되겠는가?
(단, 용기의 팽창은 없다고 가정한다.)

① 78　　② 155
③ 163　　④ 310

해설) 보일-샤를의 법칙
$\dfrac{P_1 V_1}{T_1} = \dfrac{P_2 V_2}{T_2}$, $\dfrac{155 \times 50}{273+15} = \dfrac{P_2 \times 50}{273+30}$
$P_2 = 163.07 \text{ kgf/cm}^2$

79 ★★★ 출제년도 [15.]
건물 내에서 화재가 발생하여 실내온도가 20℃에서 600℃까지 상승했다면 온도 상승만으로 건물 내의 공기 부피는 처음의 약 몇 배 정도 팽창하는가?

① 3　　② 9
③ 15　　④ 30

해설) 샤를의 법칙
$\dfrac{V_1}{T_1} = \dfrac{V_2}{T_2}$
$V_2 = \dfrac{T_2}{T_1} \times V_1 = \dfrac{(273+600)}{(273+20)} \times V_1 = 2.98 V_1$
여기서, T : 절대온도(℃+273)

80 ★★★ 출제년도 [13, 18.]
실내에서 화재가 발생하여 실내의 온도가 21[℃]에서 650[℃]로 되었다면, 공기의 팽창은 처음의 약 몇 배가 되는가? (단, 대기압은 공기가 유동하여 화재 전후가 같다고 가정한다.)

① 3.14　　② 4.27
③ 5.69　　④ 6.01

해설) 샤를의 법칙 $\dfrac{V_1}{T_1} = \dfrac{V_2}{T_2}$
여기서, T_1, T_2 : 절대온도[K=273+℃]
V_1, V_2 : 부피[m³]
$\dfrac{V_1}{T_1} = \dfrac{V_2}{T_2}$, $\dfrac{V_1}{(21+273)} = \dfrac{V_2}{(650+273)}$
$V_2 = \dfrac{(650+273)}{(21+273)} \times V_1 = 3.14 V_1$

81 ★★★ 출제년도 [97, 06, 12, 18.]
표준상태에서 11.2[l]의 기체 질량이 22[g]이었다면 이 기체의 분자량은 얼마인가? (단, 이상기체를 가정한다.)

① 22　　② 35
③ 44　　④ 56

정답 76. ② 77. ① 78. ③ 79. ① 80. ① 81. ③

해설 이상기체 상태방정식 $PV = nRT$
여기서, P : 기압[atm], V : 부피[l]
n : 몰수 (n = $\frac{W (질량[kg])}{M (분자량)}$)
R : 기체상수(0.082[atm·l/mol·K])
T : 절대온도[K]
$PV = \frac{W}{M}RT$ 에서 $M = \frac{WRT}{PV}$
$= \frac{22[g] \times 0.082[atm·l/mol·K] \times 273[K]}{1[atm] \times 11.2[l]} = 44$

82. ★★★ 출제년도【97, 06, 12, 14, 18.】
0℃, 1기압에서 11.2l의 기체질량이 22g이었다면 이 기체의 분자량은 얼마인가? (단, 이상기체를 가정한다.)

① 22　　② 35
③ 44　　④ 56

해설 이상기체상태방정식
$PV = nRT = \frac{W}{M}RT$
분자량 $M = \frac{WRT}{PV} = \frac{22[g] \times 0.082 \times 273}{1 \times 11.2[l]} = 43.97$
여기서, P : 절대압력(atm), W : 질량(g)
V : 체적(l), T : 절대온도(℃+273)
R : 기체상수(0.082atm·l/mol·k)

83. ★ 출제년도【13.】
1기압, 0[℃]의 어느 밀폐된 공간 1[m³] 내에 Halon 1301약제가 0.32[kg] 방사되었다. 이때 Halon 1301의 농도는 약 몇 vol% 인가? (단, 원자량은 C 12, F 19, Br 80, Cl 35.5 이다.)

① 4.6[%]　　② 5.5[%]
③ 8[%]　　④ 10[%]

해설 1) Halon 1301의 화학식 : CF₃Br
Halon 1301의 분자량 = 12+19×3+80 = 149
2) 이상기체상태방정식 $PV = \frac{WRT}{M}$ 에서
$V = \frac{WRT}{PM}$
여기서, P : 절대압력[atm], V : 부피[m³]

W : 질량[kg], M : 분자량
R : 기체상수(0.082), T : 절대온도[K]
$V = \frac{0.32kg \times 0.082atm·m^3/kmol· \times (273+0)K}{1atm \times 149kg/kmol}$
$= 0.048[m^3]$

3) Halon 1301 농도
$= \frac{방출가스량(부피)}{방출가스량(부피) + 방호구역체적} \times 100$
$= \frac{0.048m^3}{0.048m^3 + 1m^3} \times 100 = 4.58[\%]$

84. ★★ 출제년도【20.】
0℃, 1기압에서 44.8m³의 용적을 가진 이산화탄소를 액화하여 얻을 수 있는 액화탄산가스의 무게는 약 몇 kg인가?

① 88　　② 44
③ 22　　④ 11

해설 이상기체상태방정식
$PV = nRT = \frac{W}{M}RT$ 에서
무게 $W = \frac{PVM}{RT}$
$= \frac{1atm \times 44.8m^3 \times 44kg/kmol}{0.082atm·m^3/kmol·K \times (273+0)K}$
$= 88.06kg$
P : 절대압력(atm), V : 체적(m³),
n : 몰수($\frac{질량(W)}{분자량(M)}$),
T : 절대온도 [K](=℃+273),
R : 기체상수(0.082 atm·m³/kmol·K)

85. ★★★ 출제년도【12, 17.】
공기와 할론 1301의 혼합기체에서 할론 1301에 비해 공기의 확산속도는 약 몇 배 인가? (단, 공기의 평균분자량은 29, 할론 1301의 분자량은 149이다.)

① 2.27배　　② 3.85배
③ 5.17배　　④ 6.46배

해설 그레이엄의 확산속도 법칙 $\frac{V_A}{V_B} = \sqrt{\frac{M_B}{M_A}}$

정답 82. ③　83. ①　84. ①　85. ①

즉, 확산속도는 분자량 제곱근에 반비례 하므로

공기의 확산속도 = $\sqrt{\dfrac{149}{29}}$ × 할론 1301의 확산속도
= 2.27 × 할론 1301의 확산속도

86 ★★★ 출제년도【02, 07, 12.】
다음 중 연소속도와 가장 관계가 깊은 것은?

① 증발속도 ② 환원속도
③ 산화속도 ④ 혼합속도

해설 연소란 화학반응의 일종으로 가연물이 산소 중에서 산화반응을 하여 열과 빛을 내는 현상을 말하며 **연소의 진행속도와 산화속도는 직접 관계된다.**

87 ★★★ 출제년도【99, 02, 12.】
연기 농도에서 감광계수 0.1[m⁻¹]은 어떤 현상을 의미하는가?

① 출화실에서 연기가 분출될 때의 연기농도
② 화재 최성기의 연기 농도
③ 연기감지기가 작동하는 정도의 농도
④ 거의 앞이 보이지 않을 정도의 농도

해설 연기의 농도와 가시거리

감광계수	가시거리 [m]	상 황
0.1	20~30	연기 감지기가 작동할 정도
0.3	5	건물내부에 익숙한 사람이 피난에 지장을 느낄 정도의 농도
0.5	3	어두침침한 것을 느낄 정도의 농도
1.0	1~2	거의 앞이 보이지 않을 정도의 농도
10	0.2~0.5	최성기 때의 연기농도로 유도등이 보이지 않는 정도의 농도
30	–	출화실에서 연기가 분출될 때의 연기 농도

88 ★★★ 출제년도【06, 12.】
연기감지기가 작동할 정도이고 가시거리가 20~30[m]에 해당하는 감광계수는 얼마인가?

① 0.1[m⁻¹] ② 1.0[m⁻¹]
③ 2.0[m⁻¹] ④ 10[m⁻¹]

해설 연기의 농도와 가시거리

감광계수	가시거리 [m]	상 황
0.1	20~30	연기 감지기가 작동할 정도
0.3	5	건물내부에 익숙한 사람이 피난에 지장을 느낄 정도의 농도
0.5	3	어두침침한 것을 느낄 정도의 농도
1.0	1~2	거의 앞이 보이지 않을 정도의 농도
10	0.2~0.5	최성기 때의 연기농도로 유도등이 보이지 않는 정도의 농도
30		출화실에서 연기가 분출될 때의 연기 농도

89 ★★★ 출제년도【13.】
건물 내부의 화재시 발생한 연기의 농도(감광계수)와 가시거리의 관계를 나타낸 것으로 틀린 것은?

① 감광계수 0.1일 때 가시거리는 20~30[m]이다.
② 감광계수 0.3일 때 가시거리는 10~20[m]이다.
③ 감광계수 1.0일 때 가시거리는 1~2[m]이다.
④ 감광계수 10일 때 가시거리는 0.2~0.5[m]이다.

해설 연기의 농도와 가시거리

감광계수	가시거리 [m]	상 황
0.1	20~30	연기 감지기가 작동할 정도
0.3	5	건물내부에 익숙한 사람이 피난에 지장을 느낄 정도의 농도
0.5	3	어두침침한 것을 느낄 정도의 농도
1.0	1~2	거의 앞이 보이지 않을 정도의 농도
10	0.2~0.5	최성기 때의 연기농도로 유도등이 보이지 않는 정도의 농도
30		출화실에서 연기가 분출될 때의 연기 농도

정답 86. ③ 87. ③ 88. ① 89. ②

90 연기의 감광계수(m⁻¹)에 대한 설명으로 옳은 것은?

① 0.5는 거의 앞이 보이지 않을 정도이다.
② 10은 화재 최성기 때의 농도이다.
③ 0.5는 가시거리가 20~30[m] 정도이다.
④ 10은 연기감지기가 작동하기 직전의 농도이다.

해설 감광계수와 가시거리의 관계

감광계수	가시거리	상황
0.1	20~30	연기감지기의 작동농도 건물 내 미숙지자의 피난 한계농도
0.3	5	건물 내 숙지자의 피난한계농도
0.5	3	어두침침함을 느낄 정도의 농도
1	1~2	거의 앞이 보이지 않을 정도의 농도
10	0.2~0.5	화재 최성기 때의 연기농도
30	-	출화실에서 연기가 분출할 때의 연기농도

91 화재 최성기 때의 농도로 유도등이 보이지 않을 정도의 연기농도로 옳은 것은?(단, 감광계수로 나타낸다)

① 0.1 m⁻¹
② 1 m⁻¹
③ 10 m⁻¹
④ 30 m⁻¹

해설 감광계수

감광계수	가시거리	상황
0.1	20~30	연기감지기의 작동농도 건물 내 미숙지자의 피난 한계농도
0.3	5	건물 내 숙지자의 피난한계농도
0.5	3	어두침침함을 느낄 정도의 농도
1	1~2	거의 앞이 보이지 않을 정도의 농도
10	0.2~0.5	화재 최성기 때의 연기농도
30	-	출화실에서 연기가 분출할 때의 연기농도

92 Fourier법칙(전도)에 대한 설명으로 틀린 것은?

① 이동열량은 전열체의 단면적에 비례한다.
② 이동열량은 전열체의 두께에 비례한다.
③ 이동열량은 전열체의 열전도도에 비례한다.
④ 이동열량은 전열체 내·외부의 온도차에 비례한다.

해설 푸리에의 전도법칙
① 열량 $q = \frac{\lambda}{l} A \triangle T$ [W]
 (λ : 열전도도(열전도율), l : 두께, A : 단면적, $\triangle T$: 온도차)
② 열량은 열전도도, 단면적 및 온도차에 비례하고, 두께에 반비례한다.

93 열전도도(thermal conductivity)를 표시하는 단위에 해당하는 것은?

① J/m² · h
② kcal/h · ℃²
③ W/m · K
④ J · K/m³

해설 전도열류 $q = \frac{k}{l} A \triangle T$ [W]에서
열전도도 $k = \frac{q \times l}{A \times \triangle T} \left[\frac{W \times m}{m^2 \times ℃} = \frac{W}{m \times ℃} \right]$
온도의 단위를 섭씨온도(℃)에서 절대온도(K)로 바꾸면
[W/m · ℃]=[W/m · K]

94 열의 전달현상 중 복사현상과 가장 관계 깊은 것은?

① 푸리에 법칙
② 스테판-볼쯔만의 법칙
③ 뉴톤의 법칙
④ 옴의 법칙

해설 열의 전달형태
① 전도 : 푸리에의 법칙
② 대류 : 뉴턴의 냉각법칙
③ 복사 : 스테판-볼쯔만의 법칙

95 ★★★ 출제년도 【14.】
열전달의 대표적인 3가지 방법에 해당하지 않는 것은?
① 전도　　② 복사
③ 대류　　④ 대전

해설 열전달 방법 : 전도, 대류, 복사

96 ★★★ 출제년도 【16, 21.】
스테판-볼쯔만의 법칙에 의해 복사열과 절대온도와의 관계를 옳게 설명한 것은?
① 복사열은 절대온도의 제곱에 비례한다.
② 복사열은 절대온도의 4제곱에 비례한다.
③ 복사열은 절대온도의 제곱에 반비례한다.
④ 복사열은 절대온도의 4제곱에 반비례한다.

해설 스테판-볼츠만의 복사법칙
열복사량은 **절대온도의 4승에 비례**하고 열전달면적에 비례한다.

97 ★★★ 출제년도 【12.】
표면온도가 300[℃]에서 안전하게 작동하도록 설계된 히터의 표면온도가 360[℃]로 상승하면 300[℃]대 방출하는 복사열에 비해 약 몇 배의 복사열을 방출하는가?
① 1.2　　② 1.5
③ 2　　④ 2.5

해설 스테판-볼츠만의 법칙 : **열복사량은 절대온도의 4승에 비례**하고 열전달면적에 비례한다.
- 절대온도[K] = 섭씨온도[℃] + 273
- 온도 상승 후 복사열 = $\left(\dfrac{273+360}{273+300}\right)^4 = 1.4893$배

98 ★★★ 출제년도 【19.】
화재 표면온도(절대온도)가 2배로 되면 복사에너지는 몇 배로 증가 되는가?
① 2　　② 4
③ 8　　④ 16

해설 복사에너지는 절대온도의 4승에 비례하므로 $2^4 = 16$배

99 ★★★ 출제년도 【01, 08, 13.】
물체의 표면온도가 250[℃]에서 650[℃]로 상승하면 열복사량은 약 몇 배 정도 상승하는가?
① 2.5　　② 5.7
③ 7.5　　④ 9.7

해설 스테판-볼츠만의 법칙 : 열복사량은 절대온도의 4승에 비례하고 열전달면적에 비례한다.
절대온도[K] = 섭씨온도[℃] + 273
250[℃]에서의 열량을 H_1, 650[℃]에서의 열량을 H_2라 하면 $\dfrac{H_2}{H_1} = \dfrac{(273+650)^4}{(273+250)^4} = 9.7$

100 ★★★ 출제년도 【13.】
표면온도가 350[℃] 인 전기히터의 표면온도를 750[℃]로 상승시킬 경우, 복사에너지는 처음보다 약 몇 배로 상승되는가?
① 1.64　　② 2.14
③ 4.58　　④ 7.27

해설 스테판-볼츠만의 법칙 : 열복사량은 절대온도의 4승에 비례하고 열전달면적에 비례한다.
절대온도[K] = 섭씨온도[℃] + 273
350[℃]에서의 열량을 H_1, 750[℃]에서의 열량을 H_2라 하면
$\dfrac{H_2}{H_1} = \dfrac{(273+750)^4}{(273+350)^4} = 7.27$

정답 95. ④　96. ②　97. ②　98. ④　99. ④　100. ④

101 굴뚝효과에 관한 설명으로 틀린 것은?

① 건물 내·외부의 온도차에 따른 공기의 흐름현상이다.
② 굴뚝효과는 고층건물에서는 잘 나타나지 않고 저층건물에서 주로 나타난다.
③ 평상시 건물 내의 기류분포를 지배하는 중요요소이며 화재 시 연기의 이동에 큰 영향을 미친다.
④ 건물외부의 온도가 내부의 온도보다 높은 경우 저층부에서는 내부에서 외부로 공기의 흐름이 생긴다.

해설 굴뚝효과(연돌효과)
① 건물 내·외부의 온도차에 따른 공기의 흐름현상
② 굴뚝효과는 주로 고층건물에서는 잘 나타난다.
③ 연기의 유동을 일으키는 요인 및 연돌효과(Stack effect) 영향인자

연기의 유동을 일으키는 요인	연돌효과 영향인자
① 온도상승에 의한 가스팽창	① 건물의 높이
② 굴뚝(연돌) 효과	② 건물 내·외의 온도차
③ 외부 풍압의 영향	③ 화재실의 온도
④ 건물 내·외의 온도차	④ 외벽의 기밀도
⑤ 비중차	⑤ 각 층간의 공기누설
⑥ 공조 설비에 의한 강제적인 공기이동	
⑦ 부력	

102 고층 건축물 내 연기거동 중 굴뚝효과에 영향을 미치는 요소가 아닌 것은?

① 건물 내·외의 온도차
② 화재실의 온도
③ 건물의 높이
④ 층의 면적

해설 굴뚝효과(연돌효과)
1) 정의 : 건축물 내·외부 온도차에 의한 압력의 차이로 건축물 내부의 기류가 상승 또는 하강하는 현상
2) 굴뚝효과에 영향을 미치는 요소
　① 건물의 높이
　② 건물 내·외의 온도차
　③ 화재실의 온도
　④ 외벽의 기밀도
　⑤ 각 층간의 공기누설

103 화재발생 시 발생하는 연기에 대한 설명으로 틀린 것은?

① 연기의 유동속도는 수평방향이 수직방향보다 빠르다.
② 동일한 가연물에 있어 환기지배형 화재가 연료지배형 화재에 비하여 연기발생량이 많다.
③ 고온상태의 연기는 유동확산이 빨라 화재 전파의 원인이 되기도 한다.
④ 연기는 일반적으로 불완전 연소시에 발생한 고체, 액체, 기체 생성물의 집합체이다.

해설 연기의 이동속도
① 수평방향 : 0.5~1m/s
② 수직방향 : 2~3m/s
③ 계단, 승강로 : 3~5m/s

104 열원으로서 화학적 에너지에 해당되지 않는 것은?

① 연소열　　　② 분해열
③ 마찰열　　　④ 용해열

해설 열에너지(열원의 종류)
1) 화학적 에너지(화학열)
　① 연소열　② 자연발열
　③ 분해열　④ 용해열
2) 전기적 에너지(전기열)
　① 저항열　② 유도열
　③ 유전열　④ 정전기열
　⑤ 아크열　⑥ 낙뢰에 의한 열
3) **기계적 에너지(기계열)**
　① **마찰 및 충격** ② 단열 및 압축

정답 101. ②　102. ④　103. ①　104. ③

105 다음 점화원 중 기계적인 원인으로만 구성된 것은?

① 산화, 중합 ② 산화, 분해
③ 중합, 화합 ④ 충격, 마찰

해설 점화원

분 류	종 류
화학적 에너지	연소열, 자연발열, 분해열, 용해열, 생성열, 중화열
전기적 에너지	저항열, 유도열, 유전열, 정전기열, 아크열, 낙뢰에 의한 열
기계적 에너지	**마찰 및 충격, 단열 및 압축**

106 전기에너지에 의하여 발생되는 열원이 아닌 것은?

① 저항가열 ② 마찰 스파크
③ 유도가열 ④ 유전가열

해설 점화원

분 류	종 류
화학적 에너지	연소열, 자연발열, 분해열, 용해열, 생성열, 중화열
전기적 에너지	**저항열, 유도열, 유전열,** 정전기열, 아크열, 낙뢰에 의한 열
기계적 에너지	**마찰 및 충격,** 단열 및 압축

107 백열전구가 발열하는 원인이 되는 열은?

① 아크열 ② 유도열
③ 저항열 ④ 정전기열

해설 보기설명
① 아크열 : 스위치 개폐(on, off)에 따른 아크 때문에 발생하는 열
② 유도열 : 도체 주위에 자장이 존재할 때 전류가 흘러 발생하는 열
③ 저항열 : 저항을 갖는 도체에 전류가 흐를 때 발생하는 열
④ 정전기열 : 정전기가 방전할 때 발생하는 열

108 불포화 섬유지나 석탄에 자연발화를 일으키는 원인은?

① 분해열 ② 산화열
③ 발효열 ④ 중합열

해설 자연발화성 물질
① 분해열 : 니트로셀룰로오스, 셀룰로이드류, 니트로글리세린 등
② 산화열 : 건성유 및 반건성유, 원면, 석탄, 금속분, 고무조각 등
③ 발효열(미생물열) : 퇴비, 먼지, 건초 등
④ 흡착열 : 목탄, 활성탄, 유연탄 등
⑤ 중합열 : 시안화수소, 아크릴로니트릴, 스티렌, 초산비닐, 산화에틸렌 등

109 대두유가 침적된 기름 걸레를 쓰레기통에 장시간 방치한 결과 자연발화에 의하여 화재가 발생한 경우 그 이유로 옳은 것은?

① 융해열 축적 ② 산화열 축적
③ 증발열 축적 ④ 발효열 축적

해설 대두유(콩기름)는 동식물유류 중 반건성유에 해당하는 물질로 기름걸레를 장기간 방치할 경우 산화열 축적에 의해 화재발생 가능성이 있다.

110 목재 연소 시 일반적으로 발생할 수 있는 연소가스로 가장 관계가 먼 것은?

① 포스겐 ② 수증기
③ CO_2 ④ CO

해설 포스겐($COCl_2$)은 매우 독성이 강한 가스로서 **연소시에는 거의 발생하지 않으며** 사염화탄소약제 사용시 발생한다.

정답 105. ④ 106. ② 107. ③ 108. ② 109. ② 110. ①

111 ★★★ 출제년도 【19.】
석유, 고무, 동물의 털, 가죽 등과 같이 황성분을 함유하고 있는 물질이 불완전연소될 때 발생하는 연소가스로 계란 썩는 듯한 냄새가 나는 기체는?
① 아황산가스 ② 시안화수소
③ 황화수소   ④ 암모니아

해설 황화수소(H₂S)
① 허용농도 10ppm
② 달걀 썩은 냄새, 신경계통에 영향
③ 가연성가스이면서 독성가스

112 ★★★ 출제년도 【21.】
가연성 가스이면서도 독성가스인 것은?
① 질소   ② 수소
③ 염소   ④ 황화수소

해설 황화수소(H₂S)
① 허용농도 10ppm
② 달걀 썩은 냄새, 신경계통에 영향
③ 가연성 가스이면서 독성가스

113 ★★ 출제년도 【19.】
독성이 매우 높은 가스로서 석유제품, 유지(油脂) 등이 연소할 때 생성되는 알데히드 계통의 가스는?
① 시안화수소 ② 암모니아
③ 포스겐   ④ 아크롤레인

해설

가스	주요특징	연소물질
아크로레인 (CH₂CHCHO)	① 허용농도 0.1ppm ② 맹독성 가스로 인체에 치명적	석유제품, 유지류 (기름성분)
포스겐 (COCl₂)	① 허용농도 0.1ppm ② CO와 염소가 반응하여 생성된다. ③ 염소화합물, 사염화탄소와 화염접촉 시 생성된다.	PVC, 수지류, 염소계화합물

가스	주요특징	연소물질
시안화수소 (HCN)	① 허용농도 10ppm ② 맹독성 가스로 0.3%의 농도에서 즉사	질소 함유물질
암모니아 (NH₃)	① 허용농도 10ppm ② 혈액 중에 흡수되어 순환계통 장애 ③ 피부나 점막에 자극성 및 부식성	질소 함유물질

114 ★ 출제년도 【20.】
다음 물질 중 연소하였을 때 시안화수소를 가장 많이 발생시키는 물질은?
① Polyethylene
② Polyurethane
③ Polyvinyl chloride
④ Polystyrene

해설 Polyurethane(폴리우레탄)
① 매트리스, 전기절연체, 구조체 등에 사용
② 연소하였을 때 시안화수소를 가장 많이 발생시키는 물질

115 ★★★ 출제년도 【21.】
다음 연소생성물 중 인체에 독성이 가장 높은 것은?
① 이산화탄소 ② 일산화탄소
③ 수증기   ④ 포스겐

해설 보기설명

가스	주요특징	연소물질
CO₂ (이산화탄소)	① 무색, 무미, 무취의 불연성 기체 ② 다량 존재 시 호흡속도 증가	탄소성분 함유 물질
CO (일산화탄소)	① 허용농도 10ppm ② 무색, 무미, 무취의 환원성 기체 ③ 헤모글로빈과 결합하여 산소운반기능 저하 ④ 염소와 반응하여 포스겐 생성	탄소성분 함유 물질
COCl₂ (포스겐)	① 허용농도 0.1ppm ② CO와 염소가 반응하여 생성 ③ 염소화합물, 사염화탄소와 화염접촉시 생성	PVC, 수지류, 염소계화합물

정답 111. ③ 112. ④ 113. ④ 114. ② 115. ④

116. 상온에서 무색의 기체로서 암모니아와 유사한 냄새를 가지는 물질은?

① 에틸벤젠 ② 에틸아민
③ 산화프로필렌 ④ 사이클로프로판

해설 에틸아민($C_2H_5NH_2$)
제4류 위험물 중 특수인화물에 속한다.
강한 암모니아와 같은 냄새를 가진 무색의 화합물

117. 화재 시 발생하는 연소가스 중 인체에서 헤모글로빈과 결합하여 혈액의 산소운반을 저해하고 두통, 근육조절의 장애를 일으키는 것은?

① CO_2 ② CO
③ HCN ④ H_2S

해설 보기설명

가스	주요특징	연소물질
CO_2 (이산화탄소)	① 무색, 무미, 무취의 불연성 기체 ② 다량 존재 시 호흡속도 증가	탄소성분 함유 물질
CO (일산화탄소)	① 허용농도 10ppm ② 무색, 무미, 무취의 환원성 기체 ③ 헤모글로빈과 결합하여 산소운반기능 저하 ④ 염소와 반응하여 포스겐 생성	탄소성분 함유 물질
HCN (시안화수소)	① 허용농도 10ppm ② 맹독성 가스로 0.3% 농도에서 즉사	질소 함유 물질
H_2S (황화수소)	① 허용농도 10ppm ② 달걀 썩은 냄새, 신경계통에 영향 ③ 가연성가스이면서 독성가스	석유, 고무, 동물의 털, 가죽 등과 같이 황성분을 함유 물질

118. LNG와 LPG에 대한 설명으로 틀린 것은?

① LNG는 증기비중은 1보다 크기 때문에 유출되면 바닥에 가라앉는다.
② LNG의 주성분은 메탄이고, LPG의 주성분은 프로판이다.
③ LPG는 원래 냄새가 없으나 누설시 쉽게 알 수 있도록 부취제를 넣는다.
④ LNG는 Liquefied Natural Gas의 약자이다.

해설 LNG와 LPG 특성 비교

종류	주성분	증기밀도	비 고
LNG	메탄(CH_4)	0.55	LNG는 공기보다 0.5배 가볍다.
LPG	프로판(C_3H_8)과 부탄(C_4H_{10})	1.5~2	LPG는 공기보다 1.5~2배 무겁다.

119. 액화석유가스(LPG)에 대한 성질로 틀린 것은?

① 주성분은 프로판, 부탄이다.
② 천연고무를 잘 녹인다.
③ 물에 녹지 않으나 유기용매에 용해된다.
④ 공기보다 1.5배 가볍다.

해설 주성분은 프로판(C_3H_8), 부탄(C_4H_{10})으로 공기보다 1.5배 무겁다.

정답 116. ② 117. ② 118. ① 119. ④

02 화재 및 화재현상

1. 화재

1. 화재 ★★
1) 사람의 의도에 반하거나 고의에 의하여 발생하는 연소현상
2) 불을 사용하는 사람의 부주의와 불안정한 상태에서 발생되는 것을 말한다.
3) 불로 인하여 사람의 신체, 생명 및 재산상의 손실을 가져다주는 재앙을 말한다.
4) 실화, 방화로 발생하는 연소현상, 사람에게 유익하지 못한 해로운 불을 말한다.
5) **화재의 일반적 특성 : 확대성, 우발성, 불안정성**

2. 화재의 통계
1) 계절별 : 겨울 〉 봄 〉 가을 〉 여름
2) 발화 요인별
  : **부주의** 〉 **전기적 요인** 〉 **기계적 요인** 〉 **방화** 〉 교통사고 〉 화학적 요인 〉 가스누출
3) 장소별 : **비주거** 〉 **주거** 〉 **차량** 〉 **임야** 〉 **철도**, 선박, 항공기 등 〉 기타
4) 발화 열원별 : **전기적 요인** 〉 **담뱃불** 〉 **방화** 〉 **불꽃**, 불티 〉 기타
5) 전기적 요인별 ★
  단락 〉 과부하, 과전류 〉 트래킹(Tracking) 〉 누전, 지락 〉 기타

3. 가연물의 종류에 따른 화재의 분류 ★★★

구 분	명 칭	가연물의 종류	표시
A급화재	일반화재	종이, 목재, 섬유류 등의 일반 가연물	백색
B급화재	유류화재	유류(가연성 액체 포함)	황색
C급화재	전기화재	통전 중인 전기설비	청색
D급화재	금속화재	칼륨, 나트륨 등의 가연성금속	무색
E급화재	가스화재	가연성가스(폭발 하한계가 10% 이하, 연소범위 또는 폭발범위가 20% 이상인 것)	황색
F급화재	식용유화재	식용유에 의한 화재	-
K급화재	주방화재	주방에서 동식물유를 취급하는 조리기구에서 일어나는 화재	-

4. 산림화재의 형태 ★★

1) 지중화 : 나무가 썩어서 그 유기물이 타는 것
2) 지표화 : 나무 주위에 떨어져 있는 낙엽 등이 타는 것
3) 수간화 : 나무 기둥부터 타는 것
4) 수관화 : 나뭇가지부터 타는 것

5. 전기화재의 발생원인

1) **누전(절연저항 감소)**에 의한 발화
2) **과전류(과부하)**에 의한 발화
3) **단락**에 의한 발화
4) 불꽃방전(스파크)에 의한 발화
5) 도체 접속부 과열에 의한 발화
6) 지락에 의한 발화
7) 용접 불꽃에 의한 발화

2. 이재정도에 의한 화재분류

구분	소손정도	내용
전소	70% 이상	건축물의 70% 이상이 소손된 것
반소	30% 이상 70% 미만	건축물의 30% 이상 70% 미만이 소손된 것
부분소	30% 미만	전소 및 반소를 제외한 것
즉소		화재발생시 즉시 소화되고 인명피해가 없으며 재산피해액이 경미한 정도

3. 폭발

폭발(Explosion)이란 급격한 상변화, 핵분열에 의한 에너지의 방출 또는 화학적 반응열(산화열, 분해열, 중합열, 축합열 등)에 의한 **급격한 압력상승으로 물리적 파열 및 충격** 등이 발생하는 현상

1. 폭발의 분류

1) 공정별(Process)분류

핵폭발	원자핵의 분열 또는 융합에 의한 강력한 에너지의 방출 현상
물리적 폭발	액체나 기체의 상변화, 팽창 등의 물리적 현상이 압력 발생의 원인이 되는 것으로 압력방출에 의한 폭발, 수증기폭발, 과열액체 증기폭발, 저온 액화가스 증기폭발이 이에 해당한다.
화학적 폭발	연소, 분해, 중합 등의 화학반응에 의해 압력이 상승하는 것으로 가스폭발, 화약류의 고체 폭발, 아세틸렌 등의 분해폭발, 금속분 등의 분진폭발 등이 이에 해당한다.
물리·화학적 폭발	물리적 폭발과 화학적 폭발이 동시에 수반되는 폭발 현상을 말한다.

2) 반응속도에 따른 분류
① 균일반응 폭발
② 전파반응 폭발

3) 원인물질의 상태에 의한 분류 ★★★

기상폭발 (화학적폭발)	가스폭발, 분무폭발, 분진폭발, 산화폭발, 분해폭발
응상폭발 (물리적폭발)	수증기폭발, 증기폭발, 고상 간 전이에 의한 폭발, 전선폭발

4) 폭발에 영향을 주는 인자(변수) ★
① 주위의 온도
② 주위의 압력
③ 폭발성 물질의 조성
④ 폭발성 물질의 물리적 성질
⑤ 착화원의 성질 : 형태, 에너지, 지속시간
⑥ 주위의 기하학적 조건 : 개방 또는 밀폐
⑦ 가연성 물질의 양
⑧ 가연성 물질의 유동상태 : 난류
⑨ 착화 지연시간
⑩ 가연성 물질이 방출되는 속도

2. 폭연(Deflagration)과 폭굉(Detonation)

1) 폭연(Deflagration) : 화염전파속노가 **음속 미만**(아음속)
2) 폭굉(Detonation) : 화염전파속도가 **음속보다 빠른 것(초음속)**으로 1,000~3,500 [m/s] 정도
3) 폭연과 폭굉의 비교 ★★★

구분	폭연	폭굉
연소형태	확산연소	예혼합연소
계(환경)	개방계	밀폐계
전달에너지	열전달 (전도, 대류, 복사)	충격파 (충격에너지)
화염 전파속도	약 0.1~10m/s	약 1,000~3,500m/s
압력상승	초기압력의 10배 이하	초기압력의 10배 이상
특징	난류확산영향 → 폭굉으로 전이 가능	충격파 → 반응 후에 온도, 밀도 및 압력이 불연속적으로 급상승
상태도	온도, 압력, 밀도 (그래프)	온도, 압력, 밀도 (그래프)

4) 폭연-폭굉 전이(DDT) 조건 ★★★
   ① 가연성 혼합기의 농도가 폭발범위 이내일 것
   ② 혼합기가 들어있는 용기나 파이프(배관)의 길이가 배관 직경의 10배 이상일 것
   ③ 파이프(배관)의 직경이 최소 12mm 이상일 것

5) 폭굉 유도거리(DID) ★★

개념	최초의 완만한 연소에서 폭굉까지 발전하는데 필요한 거리를 말한다.
DID가 짧아질 수 있는 요인	① 점화 에너지가 강할수록 짧아진다. ② 연소속도가 큰 가스일수록 짧아진다. ③ 배관경이 가늘거나 관속에 이물질이 있을 경우 짧아진다. ④ 압력이 높을수록, 배관 내면의 거칠기가 클수록, 혼합물의 반응성이 클수록 폭굉 유도거리는 짧아진다.
폭굉 발생에 유리한 환경조건	① 폐쇄 공간이 있어야 한다. ② 압력파가 중첩되기 위해선 일정한 질주거리가 필요하다.

3. 분진폭발(Dust explosion)

1) 개념
폭발범위 내의 분진운에 일정 크기의 착화원이 가해져 분진이 공기 중의 산소와 반응하여 연소 반응대를 형성하고 분진운 속을 화염이 전파함으로써 압력이 발생하는 현상을 말한다.

2) 분진폭발의 조건 ★
① 폭연성 또는 가연성의 분진일 것.
② 미분상태($10^{-3} \sim 10^{-5}$ cm 이하)일 것
③ 화염전파를 개시하는 충분한 에너지의 점화원이 있을 것
④ 충분한 산소가 존재해야 하며, 가연성 가스(공기)중에서 교반과 유동이 일어나야 한다.
⑤ 분진의 농도가 폭발범위 이내일 것

3) 분진폭발 물질 ★★★

분진폭발을 일으키는 물질	분진폭발을 일으키지 않는 물질
① 금속분(알루미늄, 마그네슘, 아연분말)	① 시멘트
② 플라스틱	② **생석회(CaO)**
③ 농산물	③ **석회석**
④ 황	④ **탄산칼슘($CaCO_3$)**

4. 물리적 폭발과 화학적 폭발

화학적 폭발(기상폭발)	가스폭발, 분진폭발, 산화폭발, 중합폭발, 분해폭발, 증기운(UVCE) 폭발 등
물리적 폭발(응상폭발)	수증기폭발, 전선폭발, 상전이 폭발 등

5. 최소산소농도(MOC : Minimum Oxygen Concentration)

1) 화염을 전파하기 위해서는 최소한의 산소농도가 요구되며 이를 최소산소농도(MOC : Minimum Oxygen Concentration)라 한다.
2) 폭발 및 화재는 연료의 농도에 무관하게 산소의 농도를 감소시켜 방지할 수 있으며 불활성가스를 가연성혼합기에 첨가하면 MOC는 감소된다.
3) 최소 산소농도는 폭발 및 화재 방지에 유용한 기준이 된다.
4) MOC는 공기와 연료의 혼합기 중 산소의 부피를 나타내며 vol%의 단위를 갖는다.

5) 최소산소농도의 계산

계산식	비고
$MOC = LFL \times \dfrac{O_2[mol]}{Fuel[mol]}$	LFL : 연소하한계 $O_2[mol]$: 산소몰수 $Fuel[mol]$: 연료몰수

6. 방폭구조

1) 내압 방폭구조(d, 耐壓)

점화원이 될 우려가 있는 부분을 **전폐구조**에 넣어 내부에서 폭발이 발생하여도 외부로 화염이 방출되지 않도록 한 구조

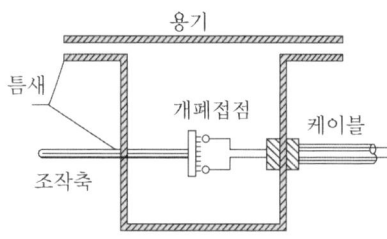

2) 압력 방폭구조(p)

점화원(전기불꽃, 아크 등)이 될 우려가 있는 부분을 용기 안에 넣고 **공기 또는 불활성가스**를 주입하여 외부의 폭발성가스가 용기 내로 침입하지 못하도록 한 구조

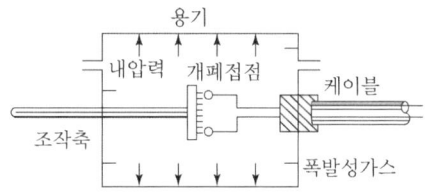

3) 유입 방폭구조(o)

점화원이 될 우려가 있는 부분을 **절연유** 속에 넣어 폭발성가스와 접촉하지 않도록 한 구조

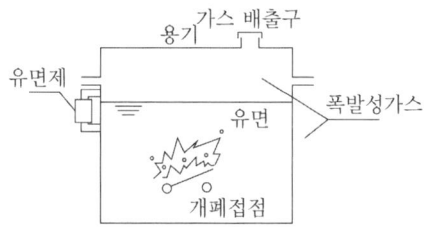

4) 안전증방폭구조(e)

정상운전 시 불꽃, 아크, 열 등이 발생하지 않도록 **안전도를 증가**시킨 구조

5) 본질안전방폭구조(ia, ib)

폭발성가스를 **착화시킬 수 있는 에너지보다 작은 전류를 사용**하여 본질적으로 폭발성가스를 착화시키지 않도록 한 구조

02 출제예상문제

화재 및 화재현상

01 ★★★ 출제년도【15, 19.】
화재의 일반적 특성이 아닌 것은?
① 확대성 ② 정형성
③ 우발성 ④ 불안정성

해설 화재는 시간의 추이에 따라 확산되며 언제 어떻게 어디서 발생할지 예측하기가 어렵다. 또한 불안정한 특성을 갖으나, 정형성을 갖지는 않는다.

02 ★★ 출제년도【15.】
화재에 대한 건축물의 손실정도에 따른 화재형태를 설명한 것으로 옳지 않은 것은?
① 부분소 화재란 전소화재, 반소화재에 해당하지 않는 것을 말한다.
② 반소화재란 건축물에 화재가 발생하여 건축물의 30% 이상 70% 미만 소실된 상태를 말한다.
③ 전소화재란 건축물에 화재가 발생하여 건축물의 70% 이상이 소실된 상태를 말한다.
④ 훈소화재란 건축물에 화재가 발생하여 건축물의 10% 이하가 소실된 상태를 말한다.

해설 훈소화재란 공기 중에 존재하는 산소와 고체 표면간에 발생하는 상대적으로 느린 연소 과정.
공간이 밀폐되어 있어서 산소 공급이 부족하게 되는 등의 일이 있으면, 가연성 혼합기체가 형성되지 않아 발염 되지 않고, 다량의 연기만(액체 미립자 계통) 직접 계외로 배출된다.

03 ★ 출제년도【13.】
가연물질의 종류에 따라 분류하면 섬유류 화재는 무슨 화재에 속하는가?
① A급 화재 ② B급 화재
③ C급 화재 ④ D급 화재

해설 일반화재(A급 화재 : 백색) : 연소 후 재를 남기는 화재

가 연 물	면화류, 목재 및 가공물, 종이, 볏짚, 고무, 석탄, **합성섬유**, 고분자물질
소화대책	다량의 물을 이용한 냉각소화
특 징	가연물질이 폭넓게 존재하므로 화재발생건수가 많다

04 ★★★ 출제년도【99. 04. 12.】
화재의 분류방법 중 유류화재를 나타내는 것은?
① A급 화재 ② B급 화재
③ C급 화재 ④ D급 화재

해설 화재의 분류

구분\등급	A급	B급	C급	D급	E급
화재 종류	일반화재	**유류화재**	전기화재	금속화재	가스화재
표시 색상	백색	**황색**	청색	무색	황색

05 ★★ 출제년도【11. 13.】
화재에 관한 설명으로 옳은 것은?
① PVC 저장창고에서 발생한 화재는 D급 화재이다.
② PVC 저장창고에서 발생한 화재는 B급 화재이다.
③ 연소의 색상과 온도와의 관계를 고려할 때 일반적으로 암적색보다는 휘적색의

정답 01.② 02.④ 03.① 04.② 05.③

온도가 높다.
④ 연소의 색상과 온도와의 관계를 고려할 때 일반적으로 휘백색보다는 휘적색의 온도가 높다.

해설 1) PVC나 폴리에틸렌의 저장창고에서 발생한 화재는 A급 화재이다
2) 연소의 색과 온도

색	암적색(진홍색)	적색	휘적색(주황색)	황적색	백적색(백색)	휘백색
온도[℃]	700~750	850	925~950	1,100	1,200~1,300	1,500

06 ★★★ 출제년도【13.】
화재 분류에서 C급 화재에 해당하는 것은?
① 전기화재
② 차량화재
③ 일반화재
④ 유류화재

해설 화재의 분류

구분\등급	A급	B급	C급	D급	E급
화재 종류	일반화재	유류화재	전기화재	금속화재	가스화재
표시 색상	백색	황색	청색	무색	황색

07 ★★★ 출제년도【16.】
화재의 종류에 따른 표시 색 연결이 틀린 것은?
① 일반화재 - 백색
② 전기화재 - 청색
③ 금속화재 - 흑색
④ 유류화재 - 황색

해설 가연물의 종류에 따른 화재의 분류

구분	명칭	가연물의 종류	표시
A급화재	일반화재	종이, 목재, 섬유류 등의 일반 가연물	백색
B급화재	유류화재	유류(가연성 액체 포함)	황색
C급화재	전기화재	통전중인 전기설비	청색
D급화재	금속화재	칼륨, 나트륨 등의 가연성금속	무색
E급화재	가스화재	가연성가스(폭발 하한계가 10% 이하, 연소범위 또는 폭발범위가 20% 이상인 것)	황색
K(F)급화재	식용유화재	식용유	-

08 ★★★ 출제년도【19.】
화재의 유형별 특성에 관한 설명으로 옳은 것은?
① A급 화재는 무색으로 표시하며, 감전의 위험이 있으므로 주수소화를 엄금한다.
② B급 화재는 황색으로 표시하며, 질식소화를 통해 화재를 진압한다.
③ C급 화재는 백색으로 표시하며, 가연성이 강한 금속의 화재이다.
④ D급 화재는 청색으로 표시하며, 연소 후에 재를 남긴다.

해설 화재의 분류

구분	명칭	가연물의 종류	표시
A급화재	일반화재	종이, 목재, 섬유류 등의 일반 가연물	백색
B급화재	유류화재	유류(가연성 액체 포함)	황색
C급화재	전기화재	통전중인 전기설비	청색
D급화재	금속화재	칼륨, 나트륨 등의 가연성금속	무색
E급화재	가스화재	가연성가스(폭발 하한계가 10% 이하, 연소범위 또는 폭발범위가 20% 이상인 것)	황색
K(F)급화재	식용유화재	식용유	-

09 ★ 출제년도【14.】
화재에 대한 설명으로 옳지 않은 것은?
① 인간이 제어하여 인류의 문화, 문명의 발달을 가져오게 한 근본적인 존재를 말한다.
② 불을 사용하는 사람의 부주의와 불안정한 상태에서 발생되는 것을 말한다.

정답 06. ① 07. ③ 08. ② 09. ①

③ 불로 인하여 사람의 신체, 생명 및 재산상의 손실을 가져다주는 재앙을 말한다.
④ 실화, 방화로 발생하는 연소현상을 말하며 사람에게 유익하지 못한 해로운 불을 말한다.

해설 화재란 인간의 통제를 벗어난 원하지 않는 연소현상으로 불을 사용하는 인간의 부주의와 불안정한 상태에서 발생하여 인간의 신체, 생명 및 재산상의 손실을 가져오는 재앙을 말한다.

10 ★ 출제년도 【22.】
화재의 정의로 옳은 것은?

① 가연성물질과 산소와의 격렬한 산화반응이다.
② 사람의 과실로 인한 실화나 고의에 의한 방화로 발생하는 연소현상으로서 소화할 필요성이 있는 연소현상이다.
③ 가연물과 공기와의 혼합물이 어떤 점화원에 의하여 활성화되어 열과 빛을 발하면서 일으키는 격렬한 발열반응이다.
④ 인류의 문화와 문명의 발달을 가져오게 한 근본 존재로서 인간의 제어수단에 의하여 컨트롤 할 수 있는 연소현상이다.

해설 보기설명
① 가연성물질과 산소와의 격렬한 산화반응이다. → 연소
③ 가연물과 공기와의 혼합물이 어떤 점화원에 의하여 활성화되어 열과 빛을 발하면서 일으키는 격렬한 발열반응이다. → 연소
④ 인류의 문화와 문명의 발달을 가져오게 한 근본 존재로서 인간의 제어수단에 의하여 컨트롤 할 수 있는 연소현상이다. → 불

11 ★★★ 출제년도 【21.】
전기화재의 원인으로 거리가 먼 것은?

① 단락 ② 과전류
③ 누전 ④ 절연 과다

해설 전기화재의 발생원인
① 누전(절연저항 감소)에 의한 발화
② 과전류(과부하)에 의한 발화
③ 단락에 의한 발화
④ 불꽃방전(스파크)에 의한 발화
⑤ 도체 접속부 과열에 의한 발화
⑥ 지락에 의한 발화
⑦ 용접 불꽃에 의한 발화

12 ★ 출제년도 【19.】
산불화재의 형태로 틀린 것은?

① 지중화 형태 ② 수평화 형태
③ 지표화 형태 ④ 수관화 형태

해설 산불화재의 형태
① 지중화 : 나무가 썩어서 그 유기물이 타는 것
② 지표화 : 나무 주위에 떨어져 있는 낙엽 등이 타는 것
③ 수간화 : 나무기둥부터 타는 것
④ 수관화 : 나뭇가지부터 타는 것

13 ★★★ 출제년도 【16, 22.】
폭굉(Detonation)에 관한 설명으로 틀린 것은?

① 연소속도가 음속보다 느릴 때 나타난다.
② 온도의 상승은 충격파의 압력에 기인한다.
③ 압력상승은 폭연의 경우보다 크다.
④ 폭굉의 유도거리는 배관의 지름과 관계가 있다.

해설 폭연(Deflagration)과 폭굉(Detonation)
① 폭연(Deflagration) : 화염전파속도가 음속 미만(아음속)
② 폭굉(Detonation) : 화염전파속도가 음속보다 빠른 것(초음속)으로 1,000~3,500 [m/s] 정도
③ 폭연과 폭굉의 비교

구 분	폭연(Deflagration)	폭굉(Detonation)
발생속도	① 음속 미만(아음속) ② 0.1~10m/s	① 음속 이상(초음속) ② 1,000~3,500m/s
온도상승	열전달 (전도, 대류, 복사)	충격파

정답 10. ② 11. ④ 12. ② 13. ①

14. 폭연에서 폭굉으로 전이되기 위한 조건에 대한 설명으로 틀린 것은?

① 정상연소속도가 작은 가스일수록 폭굉으로 전이가 용이하다.
② 배관내에 장애물이 존재할 경우 폭굉으로 전이가 용이하다.
③ 배관의 관경이 가늘수록 폭굉으로 전이가 용이하다.
④ 배관내 압력이 높을수록 폭굉으로 전이가 용이하다.

해설 정상연소속도가 큰 가스일수록 폭굉으로 전이가 용이하다.

15. 폭발의 형태 중 화학적 폭발이 아닌 것은?

① 분해폭발   ② 가스폭발
③ 수증기폭발   ④ 분진폭발

해설 폭발의 형태

화학적 폭발	가스폭발, 분진폭발, 산화폭발, 중합폭발, 분해폭발 등
물리적 폭발	수증기폭발, 전선폭발, 상전이 폭발 등

16. 물리적 폭발에 해당하는 것은?

① 분해 폭발   ② 분진 폭발
③ 증기운 폭발   ④ 수증기 폭발

해설
① 물리적 폭발(응상폭발) : 수증기 폭발, 증기 폭발, 전선 폭발 등
② 화학적 폭발(기상폭발) : 분해 폭발, 중합 폭발, 분진 폭발, 증기운(UVCE) 폭발, 연소 폭발 등

17. 물리적 폭발에 해당하는 것은?

① 분해 폭발   ② 분진 폭발
③ 중합 폭발   ④ 수증기 폭발

해설 폭발의 형태

화학적 폭발	가스폭발, 분진폭발, 산화폭발, 중합폭발, 분해폭발 등
물리적 폭발	수증기폭발, 전선폭발, 상전이 폭발 등

18. 블레비(BLEVE) 현상과 관계가 없는 것은?

① 핵분열
② 가연성액체
③ 화구(Fire ball)의 형성
④ 복사열의 대량 방출

해설 블레비(BLEVE) 현상
① 비등액체 팽창 증기폭발
② 가연성 액화가스(가연성 액체)의 용기가 과열로 파손되어 가스가 분출된 후 불이 붙어 폭발하는 현상으로 Fire ball의 형성 및 복사열을 대량으로 방출한다.

19. BLEVE 현상을 설명한 것으로 가장 옳은 것은?

① 물이 뜨거운 기름표면 아래에서 끓을 때 화재를 수반하지 않고 over flow 되는 현상
② 물이 연소유의 뜨거운 표면에 들어갈 때 발생되는 over flow 현상
③ 탱크 바닥에 물과 기름의 에멀젼이 섞여 있을 때 물의 비등으로 인하여 급격하게 over flow 되는 현상
④ 탱크 주위 화재로 탱크 내 인화성 액체가 비등하고 가스부분의 압력이 상승하여 탱크가 파괴되고 폭발을 일으키는 현상

해설 보기설명
① 프로스 오버 : 물이 뜨거운 기름표면 아래에서 끓을 때 화재를 수반하지 않고 over flow 되는 현상
② 슬롭 오버 : 물이 연소유의 뜨거운 표면에 들어갈 때 발생되는 over flow 현상

③ 보일 오버 : 탱크 바닥에 물과 기름의 에멀젼이 섞여있을 때 물의 비등으로 인하여 급격하게 over flow 되는 현상
④ 블레비(BLEVE) 현상 : 비등액체 팽창 증기폭발을 말하며, 탱크 주위 화재로 탱크 내 인화성 액체가 비등하고 가스부분의 압력이 상승하여 탱크가 파괴되고 폭발을 일으키는 현상

20 ★★★ 출제년도 [09.12.18.]
분진폭발의 위험성이 가장 낮은 것은?

① 알루미늄분 ② 유황
③ 팽창질석   ④ 소맥분

해설 팽창질석은 간이소화용구의 한 종류로서 소화약제로 사용된다.
분진폭발을 일으키지 않는 물질 : 시멘트, 생석회, 석회석, 탄산칼슘

21 ★★★ 출제년도 [15.]
분진폭발을 일으키는 물질이 아닌 것은?

① 시멘트 분말 ② 마그네슘 분말
③ 석탄 분말   ④ 알루미늄 분말

해설
- 분진폭발 : 가연성 고체의 미분이 공기 중에 부유하고 있을 때 어떤 착화원에 의해 에너지가 주어지면 폭발하는 현상
- 분진폭발

분진폭발을 일으키는 물질	분진폭발을 일으키지 않는 물질
① 금속분(알루미늄, 마그네슘, 아연분말)	① 시멘트
② 플라스틱	② 생석회(CaO)
③ 농산물	③ 석회석
④ 황	④ 탄산칼슘($CaCO_3$)

22 ★★★ 출제년도 [18. 22.]
다음 중 분진폭발의 위험성이 가장 낮은 것은?

① 소석회   ② 알루미늄분
③ 석탄분말 ④ 밀가루

해설 분진폭발

분진폭발을 일으키는 물질	분진폭발을 일으키지 않는 물질
① 금속분 (알루미늄, 마그네슘, 아연분말)	① 시멘트
② 플라스틱	② 생석회(CaO), 소석회(Ca(OH)$_2$)
③ 농산물, 석탄분말	③ 석회석
④ 황	④ 탄산칼슘($CaCO_3$)

23 ★ 출제년도 [12.]
일반적인 방폭구조의 종류에 해당하지 않는 것은?

① 내압방폭구조   ② 유입방폭구조
③ 내화방폭구조   ④ 안전증방폭구조

해설 방폭구조의 기호

	구 분	기 호
방폭구조의 종류	내압 방폭구조	d
	유입 방폭구조	o
	압력 방폭구조	p
	안전증 방폭구조	e
	본질안전 방폭구조	ia, ib
	특수 방폭구조	s

24 ★★★ 출제년도 [17. 22.]
전기불꽃, 아크 등이 발생하는 부분을 기름 속에 넣어 폭발을 방지하는 방폭구조는?

① 내압방폭구조
② 유입방폭구조
③ 안전증방폭구조
④ 특수방폭구조

해설 방폭구조의 종류
1) 내압 방폭구조(d, 耐壓)
점화원이 될 우려가 있는 부분을 **전폐구조**에 넣어 내부에서 폭발이 발생하여도 외부로 화염이 방출되지 않도록 한 구조

정답 20. ③ 21. ① 22. ① 23. ③ 24. ②

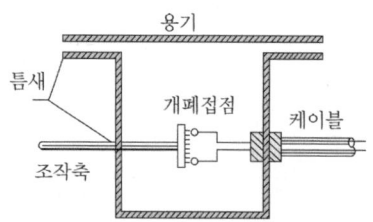

2) 압력 방폭구조(p)
점화원(전기불꽃, 아크 등)이 될 우려가 있는 부분을 용기 안에 넣고 **공기** 또는 **불활성 가스**를 주입하여 외부의 폭발성 가스가 용기 내로 침입하지 못하도록 한 구조

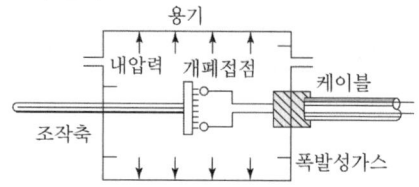

3) 유입 방폭구조(o)
점화원이 될 우려가 있는 부분을 **절연유** 속에 넣어 폭발성가스와 접촉하지 않도록 한 구조

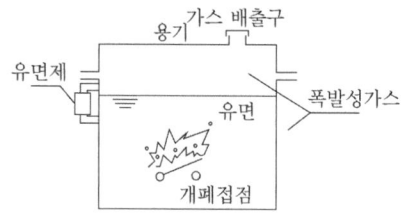

4) 안전증방폭구조(e)
정상운전 시 불꽃, 아크, 열 등이 발생하지 않도록 안전도를 증가시킨 구조

25 ★★ 출제년도【19.】
인화점이 40℃ 이하인 위험물을 저장, 취급하는 장소에 설치하는 전기설비는 방폭구조로 설치하는데, 용기의 내부에 기체를 압입하여 압력을 유지하도록 함으로써 폭발성가스가 침입하는 것을 방지하는 구조는?

① 압력 방폭구조
② 유입 방폭구조
③ 안전증 방폭구조
④ 본질안전 방폭구조

해설 방폭구조의 종류
① 내압 방폭구조 : 점화원이 될 우려가 있는 부분을 **전폐구조**에 넣어 내부에서 폭발이 발생하여도 외부로 화염이 방출되지 않도록 한 구조
② 압력 방폭구조 : 용기의 내부에 기체를 압입하여 **압력을 유지**하도록 함으로써 폭발성가스가 침입하는 것을 방지하는 구조
③ 유입 방폭구조 : 점화원이 될 우려가 있는 부분을 **절연유** 속에 넣어 폭발성가스와 접촉하지 않도록 한 구조
④ 안전증 방폭구조 : 정상운전 시 불꽃, 아크, 열 등이 발생하지 않도록 안전도를 증가시킨 구조
⑤ 본질안전방폭구조 : 폭발성 가스를 착화시킬 수 있는 에너지보다 작은 전류를 사용하여 **본질적으로 폭발성 가스를 착화시키지 않도록** 한 구조

26 ★ 출제년도【16.】
화재 및 폭발에 관한 설명으로 틀린 것은?

① 메탄가스는 공기보다 무거우므로 가스탐지부는 가스기구의 직하부에 설치한다.
② 옥외저장탱크의 방유제는 화재 시 화재의 확대를 방지하기 위한 것이다.
③ 가연성 분진이 공기 중에 부유하면 폭발할 수도 있다.
④ 마그네슘의 화재 시 주수 소화는 화재를 확대할 수 있다.

해설 메탄가스는 공기보다 가벼우므로 가스탐지부는 가스기구의 직상부(천장으로부터 30[cm] 이하)에 설치한다.

27 ★ 출제년도【18.】
MOC (Minimum Oxygen Concentration : 최소 산소 농도)가 가장 작은 물질은?

① 메탄
② 에탄
③ 프로판
④ 부탄

해설 최소산소농도(MOC)
1. 정의 : 화염전파를 하기 위하여 필요한 최소한의 산소농도
$$MOC : LFL \times \frac{O_2(mol)}{Fuel(mol)}$$

정답 25. ① 26. ① 27. ①

2. 보기계산
① 메탄 : 연소범위 5~15%
완전연소 반응식 : $CH_4 + 2O_2 \rightarrow CO_2 + 2H_2O$
MOC : $LFL \times \dfrac{O_2(mol)}{Fuel(mol)} = 5\% \times \dfrac{2}{1} = 10\%$

② 에탄 : 연소범위 3~12.4%
완전연소 반응식 :
$C_2H_6 + 3.5O_2 \rightarrow 2CO_2 + 3H_2O$
MOC : $LFL \times \dfrac{O_2(mol)}{Fuel(mol)} = 3\% \times \dfrac{3.5}{1} = 10.5\%$

③ 프로판 : 연소범위 2.1~9.5%
완전연소 반응식 : $C_3H_8 + 5O_2 \rightarrow 3CO_2 + 4H_2O$
MOC : $LFL \times \dfrac{O_2(mol)}{Fuel(mol)} = 2.1\% \times \dfrac{5}{1} = 10.5\%$

④ 부탄 : 연소범위 1.8~8.4%
완전연소 반응식 :
$C_4H_{10} + 6.5O_2 \rightarrow 4CO_2 + 5H_2O$
MOC : $LFL \times \dfrac{O_2(mol)}{Fuel(mol)} = 1.8\% \times \dfrac{6.5}{1} = 11.7\%$

28 ★★★ 출제년도【19. 22.】
화재에 관련된 국제적인 규정을 제정하는 단체는?

① IMO(International Maritime Organization)
② SFPE(Society of Fire Protection Engineers)
③ NFPA(Nation Fire Protection Association)
④ ISO (International Organization for Standardization) TC 92

해설 보기설명
① IMO(International Matritime Organization) : 국제해사기구
② SFPE(Society of Fire Protection Engineers) : 미국소방기술사회
③ NFPA(Nation Fire Protection Association) : 미국방화협회
④ ISO(International Organization for Standardization) TC 92 : 국제표준화기구 화재안전기술위원회

정답 28. ④

03 건축물의 화재현상

1. 목재 건축물의 화재성상

1. 목재 건축물의 화재 진행

1) 화재 진행과정 ★★★

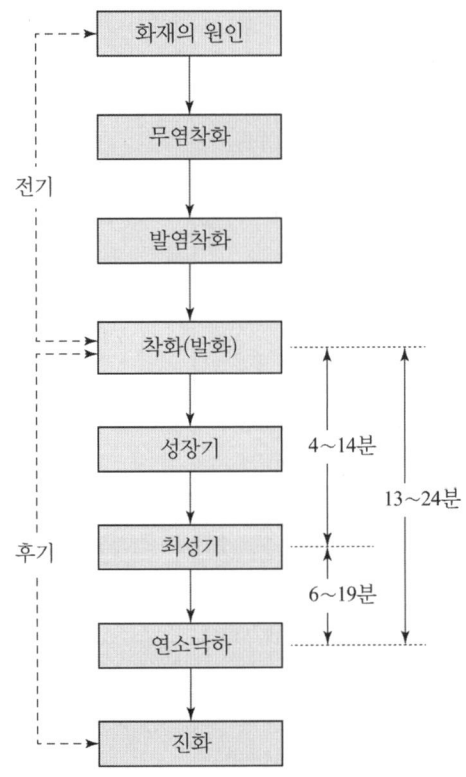

2) 최성기 온도 : 1,100~1,300℃
3) **고온단기형 화재** 양상
4) 목재의 열전도율은 콘크리트보다 작다.
5) 목재의 수분함유량이 **15% 이상**이면 착화하기 어렵다.

2. 목조건축물의 출화 ★

구분	내용
옥내출화	• 천장 속, 벽 속 등에서 발염착화 • 가옥구조의 천장 면에서 발염착화 • 불연천장이나 불연성 벽체의 경우 실내 그 뒷면에서 발염착화
옥외출화	• 외부의 벽, 지붕, 추녀 밑에서 발염착화 • 창, 출입구 등에서 발염착화

3. 목재의 상태에 따른 연소특성 ★

구분	빠르다	늦다
형상	각이 진 것	둥근 것
두께, 굵기	얇고 가는 것	두껍고 굵은 것
표면	거친 것	매끈한 것
수분함량	적은 것	많은 것
색상	검은 색	흰 색
페인트	칠한 것	칠하지 않은 것
내화성 및 방화성	없는 것	있는 것

4. 목조건축물의 화재원인

진행과정	화재 성상
접염	• 화염 또는 열의 직접적인 접촉으로 발생
복사열	• 복사열은 온도가 높을수록, 화염의 크기가 클수록 복사열의 전파거리는 길어진다. • 복사열의 지속시간이 길어지면 약 100m까지 열이 전달될 수 있다.
비화	• 불꽃 등이 먼 거리에 있는 지역까지 날아가 착화되는 현상 • 바람이 강하고 온도가 낮은 조건에서 비화에 의해 연소가 일어나기 쉽다. • 화점으로부터 풍화 방향이 10~25° 범위에서 가장 위험하고, 800m 전후의 지역에서 발생하기 쉽다.

5. 목조건축물의 화재특성

1) 습도가 낮을수록 연소확대가 빠르다.
2) 화재 최성기 이후 비화에 의해 화재확대의 위험성이 높다.
3) 고온 단기형 화재, 화재 최성기 때의 온도(약 1,300℃)는 내화건축물 화재 때보다 높으며, 화세도 대단히 강하다.
4) 바람의 세기가 강할수록 풍하측으로 연소확대가 빠르다.
5) 횡방향보다 종방향의 화재성장이 빠른 특성이 있다.
6) 화염의 분출면적이 크고 복사열이 커서 접근하기가 어렵다.

2. 내화건축물의 화재성상

1. 내화건축물의 화재진행 ★★★

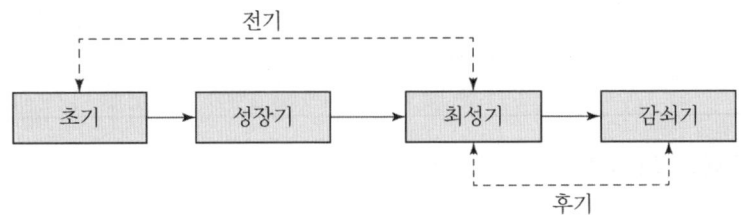

진행과정	화재 성상
초기	• 기밀성이 좋아서 연소가 완만하고 산소량이 감소하여 연소가 약해지며 불완전연소 진행 • 이 상태에서 창이나 문 등을 개방하면 다량의 공기가 일시에 유입되어 급격한 연소 확대 가능성
성장기	• 실내온도 상승으로 인한 공기의 열팽창 등으로 창 등의 개구부가 손상되어 개구부를 통해 검은 연기 및 화염등이 분출 • 실내 전체가 한순간에 화염으로 휩싸이는 플래시오버(Flash Over) 발생
최성기	• 실내온도가 약 1,000℃로 최고온도에 도달, 화세가 가장 강한 시기 • 목조건축물에 비해 저온 장시간으로 화재 진행, 폭렬현상 발생 가능성
감쇠기	• 화세가 점점 약해지며 가연성 물질이 거의 소진되는 시기로 연기의 양도 줄어든다. • 실내온도는 높지만 점차적으로 온도가 감소하는 시기

2. 환기지배형 화재와 연료지배형 화재 ★★★

구분	환기지배형 화재	연료지배형 화재
지배조건	① **환기량에 의해 지배**	① **연료량에 의해 지배**
발생장소	① 지하공간, 무창층 ② 밀폐된 건축물 ③ **내화건축물**	① 개방된 공간 ② 큰 개방형 창문이 있는 건축물 ③ **목조건축물**
연소속도	① **연소속도가 느리다.**	① **연소속도가 빠르다.**
화재가혹도	① 크다	① 작다
발생 시기	① 플래시오버 이후, 최성기	① 플래시오버 이전, 성장기
환기요소 ($A\sqrt{H}$)	① 영향을 받는다. 　A : 개구부의 면적 　H : 개구부의 높이	① 영향을 받지 않는다. 　A : 개구부의 면적 　H : 개구부의 높이

3. 내화건축물의 화재특성

1) 연기 등 연소생성물이 계단이나 복도 등을 따라 상층부로 이동하는 경향이 있어 인명피해가 더욱 커진다.
2) 공기의 유입이 불충분하여 발염연소가 억제
3) 열이 외부로 방출되는 방열보다 축적되는 축열이 더 크므로 화재 발생초기부터 발열량이 대단히 크다.
4) 목조건축물에 비해 저온 장기형 화재특성을 갖는다.

4. 내화건축물과 목조건축물의 표준화재 온도곡선

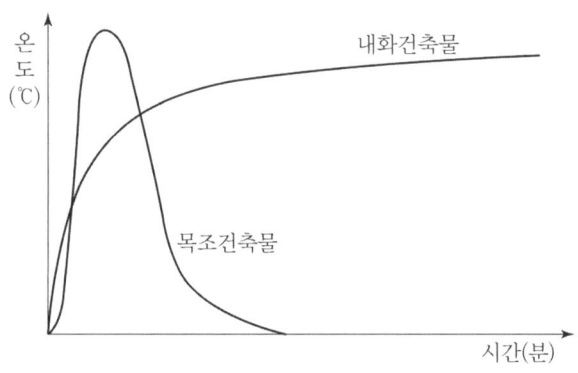

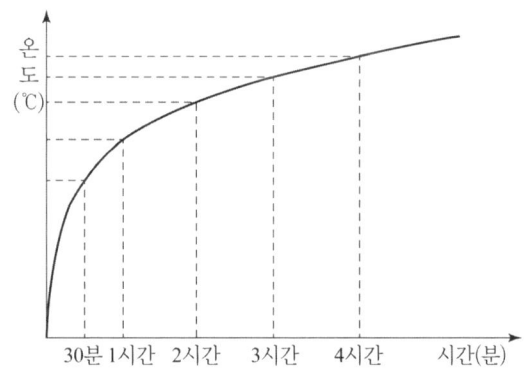

구분	온도
30분	840
1시간	925
2시간	1,010
3시간	1,050
4시간	1,093

5. 내화건축물과 목조건축물의 화재성상 비교 ★★★

구분	목조 건축물	내화건축물
화재성상	• 고온 단기형	• 저온 장기형
최고온도	• 약 1,300℃	• 약 900~1,000℃

3. 플래시 오버와 백 드래프트

1. Flash over 개념
구획 내 가연성재료의 전 표면이 불로 덮이는 전이 현상 즉, 화재가 발생하는 과정에 있어서 화원 근처에 한정되어 있던 연소영역이 조금씩 확대된다. 이 단계에서 발생한 가연성가스는 천장 근처에 체류한다. 이 가스 농도가 증가하여 연소범위 내의 농도에 도달하면 착화하여 화염에 쌓이게 된다. 그 이후에는 천장면으로부터의 복사열에 의해서 바닥면 위의 가연물이 급속히 가열 착화하여 바닥면 전체가 화염으로 덮이게 된다.

2. Back draft 개념
소방대가 소화활동을 위하여 화재실의 문을 개방할 때 신선한 공기가 유입되어 실내에 축적되었던 가연성가스가 단시간에 폭발적으로 연소함으로써 화재가 폭풍을 동반하여 실외로 분출되는 현상

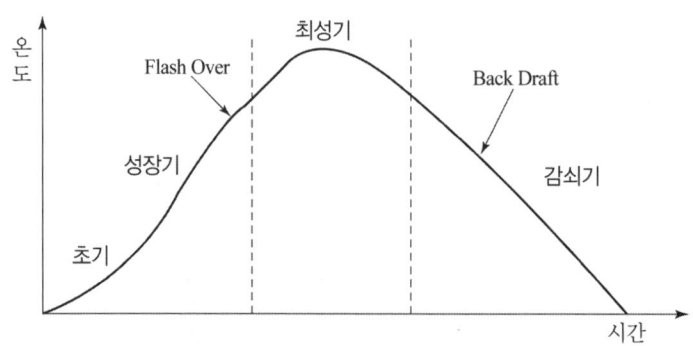

3. 플래시오버(Flash over)의 주요 특징 ★★★
1) **순간적 또는 폭발적인 연소 확대현상**으로 고온의 복사열에 의해 바닥의 가연물이 동시에 열 분해되어 동시에 **실내 전체가 화염에 휩싸이는 현상**

2) **성장기와 최성기 사이**에 발생
3) 플래시오버 도달 시 실내온도 : **800~900**℃
4) 플래시오버 발생조건
   실내온도 500~600℃, 산소농도 10%, 복사열 20~40[kW/m^2]

4. 플래시오버(flash over)와 백 드래프트(back draft)의 비교 ★★★

구분	Flash Over	Back Draft
조건	• 평균온도 : 500℃ 전후 • 바닥면의 복사 수열량 : 20~40[kW/m^2] • 산소농도 : 10% • CO_2/CO = 150	• 실내가 충분히 가열 • 다량의 가연성가스가 축적 • (CO 연소범위 12.5~74%) • 연기층의 온도 : 600℃
폭풍 혹은 충격파	없다.	수반한다.
발생시기	성장기~최성기	최성기~감쇠기
공급요인	열의 공급	산소의 공급
피해	개구부에서 농연 혹은 화염의 분출이 시작되고 상층 또는 인접 건물에 대한 연소 위험이 높아진다.	농연의 분출, Fire Ball의 형성, 건물의 벽체붕괴
방지대책	• 천장의 불연화 • 개구부의 제한 • 가연물량의 제한 • 화원의 억제	• 폭발력의 억제 • 환기 • 소화 • 격리

4. 재료의 종류 ★

구분	개념	종류
내화구조	화재에 견딜 수 있는 성능을 가진 구조로서 수리하여 재사용할 수 있는 구조	철근콘크리트조, 벽돌조, 석조, 철골조, 철골철근콘크리트조, 철재보강 콘크리트블록조, 무근콘크리트조
방화구조	화염의 확산을 막을 수 있는 성능을 가진 구조	철망 모르타르 바르기, 회반죽 바르기
불연재료	불에 타지 않는 성질을 가진 재료	콘크리트, 석재, 벽돌, **기와, 유리**, 철강, 알루미늄, 시멘트모르타르, **회**
준불연재료	불연재료에 준하는 성능을 가진 재료	**석고보드**
난연재료	불에 잘 타지 아니하는 성능을 가진 재료	난연합판, 난연 프라스틱판

5. 피난계획 시 고려해야 할 인간의 본능 ★★★

구분	내용
추종본능	피난 시에는 군중이 한 사람의 리더를 추종하려는 경향
귀소본능	피난 시 늘 사용하는 경로에 의해 탈출을 도모
퇴피본능	화재 발생장소에서 벗어나려는 경향
좌회본능	막다른 길에서 오른손잡이인 경우 왼쪽으로 가려는 경향
지광본능	주위가 어두워지면 밝은 곳으로 피난하려는 경향

6. 피난시설 계획 시 고려해야 할 원칙 ★★★

항목	대책	예시
피난경로	간단, 명료	core형태의 피난경로 회피
피난수단	원시적 방법	문자보다는 모양, 색상 활용
피난로	피난 방향 표시	유도등을 이용
피난대책	Fool proof, Fail Safe	유도등의 색, 피난방향으로의 문 열림, 소화설비 및 경보설비의 자동 및 수동 겸용
피난구	잠금장치 해제	화재 시 자동으로 문 열림
피난설비	고정설비	완강기, 피난사다리 등의 고정

7. 피난동선, 피난시설계획

1. 피난동선 ★

1) 가급적 단순형태
2) 피난동선 : 수평동선, 수직동선
3) 어느 부분에서도 2방향 이상으로 피난이 가능한 구조

2. 피난시간 계산 시 유의사항 ★★★

1) 피난 대상자는 실내에 **균등하게 분포**해 있는 것으로 간주한다.
2) 피난은 **일제히** 이루어지며, 피난자는 **지정 통로**를 거쳐 피난한다.
3) 다수의 출입구인 경우 가장 **가까운 출입구**로부터 대피가 이루어진다.

4) **보행속도는 일정**하며, 추월 또는 역행은 없다.
5) 피난 집단은 출입구 등의 폭에 의해 규제된다.

3. 피난방법을 고려한 시설계획 ★★★

구분		피난 방향
가장 확실	X형	↕↔
	Y형	Y모양
양호	T형	⊥
	Z형	Z모양
패닉 발생 우려	H형	H모양
	CO형	→□←

8. 건축물의 구조

1. 건축법상 주요구조부(건축법 제2조) ★★★

1) 주요구조부 : **내력벽, 기둥, 바닥, 보, 지붕틀 및 주계단**
2) 제외되는 것 : 사이 기둥, 최하층 바닥, 작은 보, 차양, 옥외 계단

2. 지하층의 정의(건축법 제2조) ★

건축물의 바닥이 지표면 아래에 있는 층으로서 바닥에서 지표면까지 평균높이가 해당 층 높이의 2분의 1 이상인 것

9. 내화구조 기준(건축물의 피난·방화구조 등의 기준에 관한 규칙 제3조)

1. 벽 ★★★

1) 철근콘크리트조 또는 철골철근콘크리트조로서 두께가 10센티미터 이상인 것
2) 골구를 철골조로 하고 그 양면을 두께 4센티미터 이상의 철망모르타르(그 바름바탕을 불연재료로 한 것으로 한정한다. 이하 이 조에서 같다) 또는 두께 5센티미터 이상의 콘크리트블록·벽돌 또는 석재로 덮은 것
3) 철재로 보강된 콘크리트블록조·벽돌조 또는 석조로서 철재에 덮은 콘크리트블록등의 두께가 5센티미터 이상인 것
4) 벽돌조로서 두께가 19센티미터 이상인 것
5) 고온·고압의 증기로 양생된 경량기포 콘크리트패널 또는 경량기포 콘크리트블록조로서 두께가 10센티미터 이상인 것

2. 외벽중 비내력벽 ★★

1) 철근콘크리트조 또는 철골철근콘크리트조로서 두께가 7센티미터 이상인 것
2) 골구를 철골조로 하고 그 양면을 두께 3센티미터 이상의 철망모르타르 또는 두께 4센티미터 이상의 콘크리트블록·벽돌 또는 석재로 덮은 것
3) 철재로 보강된 콘크리트블록조·벽돌조 또는 석조로서 철재에 덮은 콘크리트블록등의 두께가 4센티미터 이상인 것
4) 무근콘크리트조·콘크리트블록조·벽돌조 또는 석조로서 그 두께가 7센티미터 이상인 것

3. 기둥 ★★

작은 지름이 **25cm 이상**인 것으로 다음 각목의 1에 해당하는 것.
1) 철근콘크리트조 또는 철골철근콘크리트조
2) 철골을 두께 6센티미터(경량골재를 사용하는 경우에는 5센티미터)이상의 철망모르타르 또는 두께 7센티미터 이상의 콘크리트블록·벽돌 또는 석재로 덮은 것
3) 철골을 두께 5센티미터 이상의 콘크리트로 덮은 것

4. 바닥 ★

1) 철근콘크리트조 또는 철골철근콘크리트조로서 두께가 10센티미터 이상인 것
2) 철재로 보강된 콘크리트블록조·벽돌조 또는 석조로서 철재에 덮은 콘크리트블록등의 두께가 5센티미터 이상인 것
3) 철재의 양면을 두께 5센티미터 이상의 철망모르타르 또는 콘크리트로 덮은 것

5. 지붕

1) 철근콘크리트조 또는 철골철근콘크리트조
2) 철재로 보강된 콘크리트블록조·벽돌조 또는 석조
3) 철재로 보강된 유리블록 또는 망입유리(두꺼운 판유리에 철망을 넣은 것을 말한다)로 된 것

6. 계단

1) 철근콘크리트조 또는 철골철근콘크리트조
2) 무근콘크리트조·콘크리트블록조·벽돌조 또는 석조
3) 철재로 보강된 콘크리트블록조·벽돌조 또는 석조
4) 철골조

10. 방화구조(건축물의 피난·방화구조 등의 기준에 관한 규칙) ★★★

철망모르타르	바름 두께가 **2센티미터 이상**인 것
석고판위에 시멘트모르타르 또는 회반죽을 바른 것 시멘트모르타르위에 타일을 붙인 것	두께의 합계가 **2.5센티미터 이상**인 것
심벽에 흙으로 맞벽치기한 것	

11. 방화벽의 구조(건축물의 피난·방화구조 등의 기준에 관한 규칙 제21조) ★★

1. 내화구조로서 홀로 설 수 있는 구조일 것.
2. 방화벽의 양쪽 끝과 윗쪽 끝을 건축물의 외벽면 및 지붕면으로부터 **0.5m 이상** 튀어나오게 할 것.
3. 방화벽에 설치하는 출입문의 너비 및 높이는 각각 **2.5m 이하**로 하고, 해당 출입문에는 **60 + 방화문 또는 60분 방화문**을 설치할 것.

12. 방화구획 설치기준(건축물의 피난·방화구조 등의 기준에 관한 규칙 제14조) ★★★

10층 이하의 층	바닥면적 **1천제곱미터**(스프링클러 기타 이와 유사한 자동식소화설비를 설치한 경우에는 바닥면적 **3천제곱미터**) 이내마다 구획
매 층마다 구획할 것. 다만, 지하 1층에서 지상으로 직접 연결하는 경사로 부위는 제외	
11층 이상의 층	바닥면적 **200제곱미터**(스프링클러 기타 이와 유사한 자동식소화설비를 설치한 경우에는 **600제곱미터**) 이내마다 구획할 것. 다만, 마감을 **불연재료**로 한 경우에는 바닥면적 **500제곱미터**(스프링클러 기타 이와 유사한 자동식소화설비를 설치한 경우에는 **1천500제곱미터**) 이내마다 구획

13. 방화셔터(건축물의 피난·방화구조등의 기준에 관한 규칙 제14조)

1. 자동방화셔터의 요건 ★★

1) 피난이 가능한 60분+ 방화문 또는 60분 방화문으로부터 **3미터 이내**에 별도로 설치할 것
2) 전동방식이나 수동방식으로 개폐할 수 있을 것
3) 불꽃감지기 또는 연기감지기 중 하나와 열감지기를 설치할 것
4) **불꽃이나 연기를 감지한 경우 일부 폐쇄**되는 구조일 것
5) **열을 감지한 경우 완전 폐쇄**되는 구조일 것

14. 방화문의 구분(건축법 시행령 제64조)

1. **60분 + 방화문** : 연기 및 불꽃을 차단할 수 있는 시간이 **60분 이상**이고, 열을 차단할 수 있는 시간이 **30분 이상**인 방화문
2. **60분 방화문** : 연기 및 불꽃을 차단할 수 있는 시간이 **60분 이상**인 방화문
3. **30분 방화문** : 연기 및 불꽃을 차단할 수 있는 시간이 **30분 이상 60분 미만**인 방화문

15. 초고층 건축물의 피난안전구역(건축물의 피난·방화구조 등의 기준에 관한 규칙 제8조의2)

1. 초고층 건축물의 정의 ★★★
층수가 50층 이상이거나 높이가 200미터 이상인 건축물

2. 피난안전구역 ★★★
1) 해당 건축물의 **1개 층**을 대피공간으로 한다.
2) 피난안전구역의 수량
   지상층으로부터 최대 **30개 층**마다 1개소 이상 설치하여야 한다.

16. 지하층의 비상탈출구 적합기준 ★★

1. 비상탈출구의 유효너비는 **0.75미터 이상**, 유효높이는 **1.5미터 이상**으로 할 것
2. 비상탈출구의 문은 **피난방향**으로 열리도록 하고, 실내에서 항상 열 수 있는 구조로 하여야 하며, 내부 및 외부에는 비상탈출구의 표시를 할 것
3. 비상탈출구는 출입구로부터 **3미터 이상** 떨어진 곳에 설치할 것
4. 지하층의 바닥으로부터 비상탈출구의 아랫부분까지의 높이가 **1.2미터 이상**이 되는 경우에는 벽체에 발판의 너비가 20센티미터 이상인 사다리를 설치할 것
5. 비상탈출구는 피난층 또는 지상으로 통하는 복도나 직통계단에 직접 접하거나 통로 등으로 연결될 수 있도록 설치하여야 하며, 피난층 또는 지상으로 통하는 복도나 직통계단까지 이르는 피난통로의 유효너비는 0.75미터 이상으로 하고, 피난통로의 실내에 접하는 부분의 마감과 그 바탕은 불연재료로 할 것
6. 비상탈출구의 진입부분 및 피난통로에는 통행에 지장이 있는 물건을 방치하거나 시설물을 설치하지 아니할 것

17. 옥외계단 설치기준 ★★★

1. 계단의 유효 너비는 **0.9[m] 이상**으로 할 것
2. 계단은 내화구조로 하고 지상까지 직접 연결되도록 할 것
3. 건축물의 내부에서 계단으로 통하는 출입구에는 **60+방화문** 또는 **60분 방화문**을 설치할 것

4. 계단은 그 계단으로 통하는 출입구외의 창문등(망이 들어 있는 유리의 붙박이창으로서 그 면적이 각각 1제곱미터이하인 것을 제외)으로부터 **2[m] 이상**의 거리를 두고 설치할 것

18. 직통계단의 설치기준 ★★

구 분	기 준
일반 건축물	보행거리 30 [m] 이하
주요구조부가 내화구조 또는 불연재료로 된 건축물	보행거리 50 [m] 이하
층수가 16층 이상인 공동주택의 경우 16층 이상의 층	보행거리 40 [m] 이하

03 출제예상문제

건축물의 화재현상

01 ★★★ 출제년도 【21.】
건축법령상 내력벽, 기둥, 바닥, 보, 지붕틀 및 주계단을 무엇이라 하는가?
① 내진구조부 ② 건축설비부
③ 보조구조부 ④ 주요구조부

해설 주요구조부 : 내력벽, 기둥, 바닥, 보, 지붕틀 및 주계단

02 ★★★ 출제년도 【96, 97, 99, 00, 03, 08, 13, 17.】
건물의 주요구조부에 해당되지 않는 것은?
① 바닥 ② 천장
③ 기둥 ④ 주계단

해설
1) 주요구조부
① 내력벽 ② 지붕틀 ③ 주 계단 ④ 보
⑤ 바닥 ⑥ 기둥
2) 주요구조부 제외부분
① 사이기둥 ② 최하층의 바닥 ③ 작은 보
④ 차양 ⑤ 옥외계단

03 ★★★ 출제년도 【96, 97, 99, 00, 03, 08, 13.】
건축물에서 주요구조부가 아닌 것은?
① 차양 ② 주계단
③ 내력벽 ④ 기둥

해설
1) 주요구조부
① 내력벽 ② 지붕틀 ③ 주 계단 ④ 보
⑤ 바닥 ⑥ 기둥
2) 주요구조부 제외부분
① 사이기둥 ② 최하층의 바닥 ③ 작은 보
④ 차양 ⑤ 옥외계단

04 ★★★ 출제년도 【15.】
건축물의 주요 구조부에 해당되지 않는 것은?
① 기둥 ② 작은 보
③ 지붕틀 ④ 바닥

해설 주요 구조부 : 벽, 기둥, 바닥, 보, 지붕, 주계단

05 ★★★ 출제년도 【00, 03, 12, 15.】
불티가 바람에 날리거나 또는 화재 현장에서 상승하는 열기류 중심에 휩쓸려 원거리 가연물에 착화하는 현상을 무엇이라 하는가?
① 비화 ② 전도
③ 대류 ④ 복사

해설 비화 : 화재로 인하여 발생된 불꽃이 먼 곳으로 날아가 다른 건축물에 발화하는 현상

06 ★★ 출제년도 【16.】
화재발생 시 건축물의 화재를 확대시키는 주요인이 아닌 것은?
① 복사열
② 비화
③ 화염의 접촉(접염)
④ 흡착열에 의한 발화

해설 화재를 확대시키는 주요인
1) 복사열 2) 비화 3) 화염의 접촉(접염)

07 ★★ 출제년도 【19.】
건축물의 화재를 확산시키는 요인이라 볼 수 없는 것은?
① 비화(飛火)
② 복사열(輻射熱)
③ 자연발화(自然發火)
④ 접염(接炎)

정답 01. ④ 02. ② 03. ① 04. ② 05. ① 06. ④ 07. ③

해설	화재를 확산시키는 요인
접염	목조건축물에 화염이 직접 접촉하는 경우에 발생한다.
비화	불꽃 등이 먼 거리까지 날아가서 발화하는 현상으로 바람이 강하고 습도가 낮을수록 비화에 의한 발화가능성이 크다.
복사열	목조건축물 주변에서 화재가 발생하여 생긴 복사열에 의해 화재가 발생한다. 복사열은 온도가 높을수록, 화염의 크기가 클수록 커진다. 복사열은 **절대온도의 4승에 비례**한다.

08 ★★★ 출제년도 【14.】
내화건축물과 비교한 목조건축물 화재의 일반적인 특징을 옳게 나타낸 것은?

① 고온, 단시간형
② 저온, 단시간형
③ 고온, 장시간형
④ 저온, 장시간형

해설 건축물의 구조, 형태에 따른 화재진행 현상

건축물	화재성상	최고온도
목재 건축물	고온 단기형	1,300[℃]
내화 건축물	저온 장기형	900~1,000[℃]

09 ★★★ 출제년도 【19.】
화재의 지속시간 및 온도에 따라 목재건물과 내화건물을 비교했을 때, 목재건물의 화재성상으로 가장 적합한 것은?

① 저온장기형이다.
② 저온단기형이다.
③ 고온장기형이다.
④ 고온단기형이다.

해설 화재성상
목재건축물 : 고온단기형
내화건축물 : 저온장기형

10 ★★★ 출제년도 【16.】
건축물의 화재성상 중 내화 건축물의 화재성상으로 옳은 것은?

① 저온 장기형
② 고온 단기형
③ 고온 장기형
④ 저온 단기형

해설 ① 내화 건축물의 화재성상 : 저온 장기형
② 목조 건축물의 화재성상 : 고온 단기형

11 ★★★ 출제년도 【13.】
내화건축물 화재의 진행과정으로 가장 옳은 것은?

① 화원→최성기→성장기→감퇴기
② 화원→감퇴기→성장기→최성기
③ 초기→성장기→최성기→감퇴기→종기
④ 초기→감퇴기→최성기→성장기→종기

해설 1) 내화 건축물의 화재
초기 → 성장기 → 최성기 → 감퇴기 → 종기
2) 목조 건축물의 화재 진행상황
화재원인 → 무염착화 → 발염착화 → 발화(출화) → 최성기 → 연소낙하 → 진화

12 ★★ 출제년도 【19.】
목조건축물의 화재 진행상황에 관한 설명으로 옳은 것은?

① 화원 - 발염착화 - 무염착화 - 출화 - 최성기 - 소화
② 화원 - 발염착화 - 무염착화 - 소화 - 연소낙하
③ 화원 - 무염착화 - 발염착화 - 출화 - 최성기 - 소화
④ 화원 - 무염착화 - 출화 - 발염착화 - 최성기 - 소화

해설 목조건축물의 화재 진행
1. 진행과정 : 화원 - 무염착화 - 발염착화 - 발화(출화) - 성장기 - 최성기 - 연소낙하 - 소화
2. 고온단기형 화재 양상

chapter 03. 건축물의 화재현상 출제예상문제

13 목재건축물의 화재 진행과정을 순서대로 나열한 것은?
① 무염착화 – 발염착화 – 발화 – 최성기
② 무염착화 – 최성기 – 발염착화 – 발화
③ 발염착화 – 발화 – 최성기 – 무염착
④ 발염착화 – 최성기 – 무염착화 – 발화

해설 목재건축물의 화재 진행과정
화재원인-무염착화-발염착화-발화(출화)-성장기-최성기-연소낙하-진화

14 그림에서 내화구조 건물의 표준 화재 온도-시간 곡선은?
① a
② b
③ c
④ d

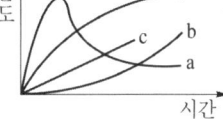

해설
① a : 목조건축물
② d : 내화구조 건축물
③ 건물재료의 화재에 대한 내력을 알기 위하여 가열 시험용으로 표준화한 것

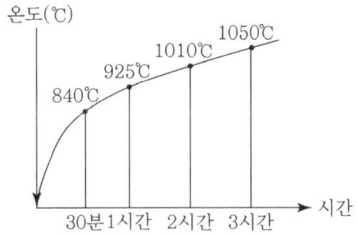

15 건물화재의 표준시간-온도곡선에서 화재 발생 후 1시간이 경과할 경우 내부온도는 약 몇 ℃ 정도 되는가?
① 225 ② 625
③ 840 ④ 925

해설 표준시간-온도곡선 상 내화시간

시간	30분	1시간	2시간	3시간
온도(℃)	840	925	1,010	1,050

16 건축물 화재에서 플래시 오버(Flash over) 현상이 일어나는 시기는?
① 초기에서 성장기로 넘어가는 시기
② 성장기에서 최성기로 넘어가는 시기
③ 최성기에서 감쇠기로 넘어가는 시기
④ 감쇠기에서 종기로 넘어가는 시기

해설 플래시오버 : 성장기와 최성기 사이에 발생
백드래프트 : 최성기와 감쇠기 사이에 발생

17 건축물에 화재가 발생하여 일정 시간이 경과하게 되면 일정 공간 안에 열과 가연성가스가 축적되고 한순간에 폭발적으로 화재가 확산되는 현상을 무엇이라 하는가?
① 보일오버현상
② 플래시오버현상
③ 패닉현상
④ 리프팅현상

해설 플래시오버(Flash over : F.O)
Flash-over 현상은 발화 후 5~6분 경과 후 화재 성장과정에서 발생하는 것으로 화재로 생긴 가연성 가스가 일시에 인화하여 화염이 충만해지는 과정을 말하는 것으로 폭발적인 착화현상과 폭발적인 화재확대 현상을 일으킨다.
플래시오버(F·O) 시점에서의 실내온도는 실내의 가연물질에 따라 달라지지만 보통 800[℃]~900[℃] 정도이다.

18 실내화재에서 화재의 최성기에 돌입하기 전에 다량의 가연성 가스가 동시에 연소되면서 급격한 온도상승을 유발하는 현상은?

정답 13. ① 14. ④ 15. ④ 16. ② 17. ② 18. ④

① 패닉(Panic) 현상
② 스택(Stack) 현상
③ 화이어 볼(Fire Ball) 현상
④ 플래시 오버(Flash Over) 현상

[해설] Flash-over 현상은 발화 후 5~6분 경과 후 화재 성장과정에서 발생하는 것으로 화재로 생긴 가연성 가스가 일시에 인화하여 화염이 충만해지는 과정을 말하는 것으로 폭발적인 착화현상과 폭발적인 화재확대 현상을 일으킨다.
플래시오버(F·O) 시점에서의 실내온도는 실내의 가연물질에 따라 달라지지만 보통 800[℃]~900[℃] 정도이다.

19 ★★★ 출제년도【14.】
다음 중 Flash over를 가장 옳게 표현한 것은?

① 소화현상의 일종이다.
② 건물 외부에서 연소가스의 소멸현상이다.
③ 실내에서 폭발적인 화재의 확대현상이다.
④ 폭발로 인한 건물의 붕괴현상이다.

[해설] Flash-over 현상은 발화 후 5~6분 경과 후 화재 성장과정에서 발생하는 것으로 화재로 생긴 가연성 가스가 일시에 인화하여 화염이 충만해지는 과정을 말하는 것으로 폭발적인 착화현상과 폭발적인 화재확대 현상을 일으킨다.
플래시오버(F·O) 시점에서의 실내온도는 실내의 가연물질에 따라 달라지지만 보통 800[℃]~900[℃] 정도이다.
※ T_1, T_2 : 절대온도(℃+273)

20 ★★★ 출제년도【13.22.】
다음 중 플래시 오버(flash over)를 가장 옳게 설명한 것은?

① 도시가스의 폭발적 연소를 말한다.
② 휘발유 등 가연성 액체가 넓게 흘러서 발화한 상태를 말한다.
③ 옥내화재가 서서히 진행하여 열 및 가연성 기체가 축적되었다가 일시에 연소하여 화염이 크게 발생하는 상태를 말한다.
④ 화재층의 불이 상부층으로 올라가는 현상을 말한다.

[해설] Flash-over 현상은 발화 후 5~6분 경과 후 발생하는 것으로 화재로 생긴 **가연성 가스가 일시에 인화하여 화염이 충만해지는 과정**을 말한다.

21 ★★★ 출제년도【15.】
플래시 오버(Flash over)현상에 대한 설명으로 틀린 것은?

① 산소의 농도와 무관하다.
② 화재공간의 개구율과 관계가 있다.
③ 화재공간내의 가연물의 양과 관계가 있다.
④ 화재실내의 가연물의 종류와 관계가 있다.

[해설] 플래시오버 발생조건
① 실내온도 500~600℃, 산소농도 10%
② 복사열 20~40[kW/m²]
※ 산소의 농도가 최소 10%는 있어야 플래시 오버 현상이 발생된다.

22 ★★ 출제년도【16.20.】
밀폐된 내화건물의 실내에 화재가 발생했을 때 그 실내의 환경변화에 대한 설명 중 틀린 것은?

① 기압이 강하한다.
② 산소가 감소한다.
③ 일산화탄소가 증가한다.
④ 이산화탄소가 증가한다.

[해설] 밀폐된 내화건물의 실내에 화재시 실내의 환경변화
① 기압이 상승한다.
② 산소가 감소한다.
③ 일산화탄소가 증가한다.
④ 이산화탄소가 증가한다.

정답 19. ③ 20. ③ 21. ① 22. ①

23. 목조건축물에서 발생하는 옥내출화 시기를 나타낸 것으로 옳지 않은 것은?

① 천장 속, 벽속 등에서 발염 착화할 때
② 창, 출입구 등에 발염 착화할 때
③ 가옥의 구조에는 천장면에 발염 착화할 때
④ 불연 벽체나 불연 천장인 경우 실내의 그 뒷면에 발염 착화할 때

해설 옥내출화
1) 가옥구조시 **천장면**에 발염착화 한 때
2) 불연 **천장**인 경우 실내의 그 뒷면 판에 발염착화 한 때
3) **천장** 속 벽속 등에서 발염착화 한 때

24. 목조건축물에서 발생하는 옥외출화 시기를 나타낸 것으로 옳은 것은?

① 창, 출입구 등에 발염 착화한 때
② 천장 속, 벽 속 등에서 발염 착화한 때
③ 불연천장인 경우 실내의 그 뒷면에 발염 착화한 때
④ 가옥구조에서는 천장면에 발염 착화한 때

해설 옥내출화와 옥외출화
1) 옥내출화
  ① 가옥 구조 시 천장 면에 발염착화한 때
  ② 불연천장인 경우 실내의 그 뒷면 판에 발염착화한 때
  ③ 천장 속, 벽 속 등에서 발염착화한 때
2) 옥외출화
  ① 가옥의 벽, 지붕, 추녀 밑에 발염착화한 때
  ② 창, 출입구 등에 발염착화한 때

25. 건축물의 내화구조 바닥이 철근콘크리조 또는 철골 철근콘크리트조인 경우 두께가 몇 [cm] 이상이어야 하는가?

① 4   ② 5
③ 7   ④ 10

해설 내화구조 기준
1) 바닥 : 철근콘크리트조 또는 철골철근콘크리트조로서 두께가 **10센티미터** 이상인 것
2) 벽 :
  ① 철근콘크리트조 또는 철골철근 콘크리트조로서 두께가 **10센티미터** 이상인 것
  ② 벽돌조로서 두께가 **19센티미터** 이상인 것
  ③ 고온·고압의 증기로 양생된 경량기포 콘크리트패널 또는 경량기포 콘크리트블록조로서 두께가 **10센티미터** 이상인 것

26. 건축물의 내화구조에서 바닥의 경우에는 철근 콘크리트조의 두께가 몇 [cm] 이상이어야 하는가?

① 7   ② 10
③ 12   ④ 15

해설 건축물의 내화구조 : 바닥의 경우
① 철근콘크리트조 또는 철골철근콘크리트조로서 두께가 10센티미터 이상인 것
② 철재로 보강된 콘크리트블록조·벽돌조 또는 석조로서 철재에 덮은 콘크리트블록등의 두께가 5센티미터 이상인 것
③ 철재의 양면을 두께 5센티미터 이상의 철망모르타르 또는 콘크리트로 덮은 것

27. 「건축물의 피난·방화구조 등의 기준에 관한 규칙」에 따른 바닥의 내화구조 기준으로 ( )에 알맞은 수치는?

> 철근콘크리트조 또는 철골철근콘크리트조로서 두께가 ( )[cm] 이상인 것

① 4   ② 5
③ 7   ④ 10

정답 23.② 24.① 25.④ 26.② 27.④

해설 건축물의 내화구조

구조부분	내화 구조의 기준
바닥	• 철근콘크리트조로 두께 10[cm] 이상인 것 • 철재의 양면을 두께 5[cm] 이상의 철망모르타르 또는 콘크리트로 덮은 것
보	• 철골을 두께 6[cm] 이상의 철망 모르타르 또는 두께 5[cm] 이상의 콘크리트로 덮은 것

28 ★ 출제년도 [17.]
내화구조의 기준 중 벽의 경우 벽돌조로서 두께가 최소 몇 cm이상이어야 하는가?
① 5   ② 10
③ 12   ④ 19

해설 내력벽의 내화구조 기준
① 철근콘크리트조 또는 철골철근콘크리트조로서 두께가 10센티미터 이상인 것
② 벽돌조로서 두께가 19센티미터 이상인 것
③ 고온·고압의 증기로 양생된 경량기포 콘크리트패널 또는 경량기포 콘크리트블록조로서 두께가 10센티미터 이상인 것

29 ★ 출제년도 [18.]
내화구조에 해당하지 않는 것은?
① 철근콘크리트조로 두께 10 cm 이상인 벽
② 철근콘크리트조로 두께가 5 cm 이상인 외벽 중 비 내력벽
③ 벽돌조로서 두께가 19 cm 이상인 벽
④ 철골철근콘크리트조로서 두께가 10 cm 이상인 벽

해설 외벽 중 비내력벽의 내화구조
① 철근콘크리트조 또는 철골철근콘크리트조로서 두께가 7센티미터 이상인 것
② 골구를 철골조로 하고 그 양면을 두께 3센티미터 이상의 철망모르타르 또는 두께 4 센티미터 이상의 콘크리트블록·벽돌 또는 석재로 덮은 것
③ 철재로 보강된 콘크리트블록조·벽돌조 또는 석조로서 철재에 덮은 콘크리트블록등의 두께가 4센티미터 이상인 것
④ 무근콘크리트조·콘크리트블록조·벽돌조 또는 석조로서 그 두께가 7 센티미터 이상인 것

30 ★★ 출제년도 [05. 12.]
지하층이라 함은 건축물의 바닥이 지표면 아래에 있는 층으로서 바닥에서 지표면까지의 평균높이가 해당 층 높이의 얼마 이상인 것을 말하는가?
① $\frac{1}{2}$ ② $\frac{1}{3}$
③ $\frac{1}{4}$ ④ $\frac{1}{5}$

해설 지하층 : 건축물의 바닥이 지표면 아래 있는 층으로서 그 바닥으로부터 지표면까지의 평균 높이가 **당해 층 높이의 1/2 이상**인 것을 말한다.

31 ★★★ 출제년도 [17.]
연소확대 방지를 위한 방화구획과 관계없는 것은?
① 일반 승강기의 승강장 구획
② 층 또는 면적별 구획
③ 용도별 구획
④ 방화댐퍼

해설 연소확대 방지를 위한 방화구획
① 층 또는 면적별 구획
② 승강기의 **승강로 구획**
③ 위험용도별 구획
④ 방화 댐퍼 설치

32 ★★★ 출제년도 [18.]
건축물에 설치하는 방화구획의 설치기준 중 스프링클러설비를 설치한 11층 이상의 층은 바닥면적 몇 m² 이내마다 방화구획을 하여야 하는가? (단, 벽 및 반자의 실내에 접하는 부분의 마감은 불연재료가 아닌 경우이다.)

정답 28. ④ 29. ② 30. ① 31. ① 32. ②

① 200   ② 600
③ 1000   ④ 3000

해설 방화구획 적합기준

10층 이하의 층	바닥면적 1,000m²(스프링클러설비 설치시 3,000m²) 이내마다 구획
11층 이상의 층	바닥면적 200m²(스프링클러설비 설치시 600m²) 이내마다 구획. 다만, 마감을 불연재료로 한 경우 500m²(스프링클러설비 설치시 1,500m²) 이내마다 구획

33 ★★★ 출제년도 【19.】
방화구획의 설치기준 중 스프링클러 기타 이와 유사한 자동식소화설비를 설치한 10층 이하의 층은 몇 m² 이내마다 구획하여야 하는가?

① 1,000   ② 1,500
③ 2,000   ④ 3,000

해설 방화구획 적합기준

10층 이하의 층	바닥면적 1천제곱미터(스프링클러를 설치한 경우에는 바닥면적 3천제곱미터)이내마다 구획
매 층마다 구획할 것. 다만, 지하 1층에서 지상으로 직접 연결하는 경사로 부위는 제외	
11층 이상의 층	바닥면적 200제곱미터(스프링클러를 설치한 경우에는 600제곱미터)이내마다 구획할 것. 다만, 마감을 불연재료로 한 경우에는 바닥면적 500제곱미터(스프링클러를 설치한 경우에는 1천500제곱미터)이내마다 구획

34 ★★★ 출제년도 【22.】
건축물의 피난·방화구조 등의 기준에 관한 규칙상 방화구획의 설치기준 중 스프링클러를 설치한 10층 이하의 층은 바닥면적 몇 m² 이내마다 방화구획을 구획하여야 하는가?

① 1,000   ② 1,500
③ 2,000   ④ 3,000

해설 방화구획 적합기준

10층 이하의 층	바닥면적 1천제곱미터(스프링클러를 설치한 경우에는 바닥면적 3천제곱미터)이내마다 구획

매 층마다 구획할 것. 다만, 지하 1층에서 지상으로 직접 연결하는 경사로 부위는 제외

11층 이상의 층	바닥면적 200제곱미터(스프링클러를 설치한 경우에는 600제곱미터)이내마다 구획할 것. 다만, 마감을 불연재료로 한 경우에는 바닥면적 500제곱미터(스프링클러를 설치한 경우에는 1천500제곱미터)이내마다 구획

35 ★★★ 출제년도 【12,18.】
건축물 내 방화벽에 설치하는 출입문의 너비 및 높이의 기준은 각각 몇 m 이하인가?

① 2.5   ② 3.0
③ 3.5   ④ 4.0

해설 방화벽
① 내화구조로 홀로 설 수 있는 구조
② 방화벽의 양쪽 끝과 위쪽 끝을 건축물의 외벽면 및 지붕면으로부터 0.5 m 이상 튀어나오게 할 것
③ 방화벽에 설치하는 출입문의 너비 및 높이는 각각 2.5 m 이하, 출입문에는 60분+방화문 또는 60분 방화문을 설치할 것

36 ★★ 출제년도 【08. 13.】
연면적이 1000 m² 이상인 건축물에 설치하는 방화벽이 갖추어야 할 기준으로 틀린 것은?

① 내화구조로서 홀로 설 수 있는 구조일 것
② 방화벽의 양쪽 끝과 위쪽 끝을 건축물의 외벽면 및 지붕면으로부터 0.1 m 이상 튀어 나오게 할 것
③ 방화벽에 설치하는 출입문의 너비는 2.5 m 이하로 할 것
④ 방화벽에 설치하는 출입문의 높이는 2.5 m 이하로 할 것

정답 33. ④   34. ④   35. ①   36. ②

해설 방화벽의 구조
1) 내화구조로서 홀로 설수 있는 구조로 할 것
2) 방화벽의 양단 및 상단은 건축물의 외벽면 및 지붕면으로부터 0.5[m] 이상 튀어나오게 할 것
3) 방화벽에 설치하는 출입문의 너비 및 높이는 각각 2.5[m] 이하로 하고 60분+방화문 또는 60분 방화문을 설치할 것

37 ★★★ 출제년도【19.】
연면적이 1000m² 이상인 건축물에 설치하는 방화벽이 갖추어야 할 기준으로 틀린 것은?

① 내화구조로서 홀로 설 수 있는 구조일 것
② 방화벽의 양쪽 끝과 윗쪽 끝을 건축물의 외벽면 및 지붕면으로부터 0.1m 이상 튀어나오게 할 것
③ 방화벽에 설치하는 출입문의 너비는 2.5m 이하로 할 것
④ 방화벽에 설치하는 출입문의 높이는 2.5m 이하로 할 것

해설 방화벽의 구조
① 내화구조로서 홀로 설 수 있는 구조일 것.
② 방화벽의 양쪽 끝과 윗쪽 끝을 건축물의 외벽면 및 지붕면으로부터 0.5m 이상 튀어나오게 할 것.
③ 방화벽에 설치하는 출입문의 너비 및 높이는 각각 2.5m 이하로 하고, 당해 출입문에는 60분+방화문 또는 60분 방화문을 설치할 것.

38 ★★★ 출제년도【19.】
방화벽의 구조 기준 중 다음 ( ) 안에 알맞은 것은?

- 방화벽의 양쪽 끝과 윗쪽 끝을 건축물의 외벽면 및 지붕면으로부터 (㉠)m 이상 튀어나오게 할 것
- 방화벽에 설치하는 출입문의 너비 및 높이는 각각 (㉡)m 이하로 하고, 해당 출입문에는 갑종방화문을 설치할 것

① ㉠ 0.3, ㉡ 2.5
② ㉠ 0.3, ㉡ 3.0
③ ㉠ 0.5, ㉡ 2.5
④ ㉠ 0.5, ㉡ 3.0

해설 방화벽의 구조(건축물의 피난·방화구조 등의 기준에 관한 규칙 제21조)
① 내화구조로서 홀로 설 수 있는 구조일 것.
② 방화벽의 양쪽 끝과 윗쪽 끝을 건축물의 외벽면 및 지붕면으로부터 0.5m 이상 튀어나오게 할 것.
③ 방화벽에 설치하는 출입문의 너비 및 높이는 각각 2.5m 이하로 하고, 당해 출입문에는 60분+방화문 또는 60분 방화문을 설치할 것.

39 ★★★ 출제년도【08. 13.】
방화구조에 대한 기준으로 틀린 것은?

① 철망모르타르로서 그 바름두께가 2[cm] 이상인 것
② 석고판 위에 시멘트모르타르를 바른 것으로서 그 두께의 합계가 2.5[cm] 이상인 것
③ 시멘트모르타르 위에 타일을 붙인 것으로서 그 두께의 합계가 2[cm] 이상인 것
④ 심벽에 흙으로 맞벽치기 한 것

해설 건축물의 방화구조

시 공 방 법	기 준
• 철망모르타르 바르기	바름 두께가 2[cm] 이상
• 석고판 위에 시멘트 모르타르 또는 회반죽을 바른 것	두께의 합계가 2.5[cm] 이상
• 시멘트모르타르 위에 타일을 붙인 것	두께의 합계가 2.5[cm] 이상
• 심벽에 흙으로 맞벽치기한 것	—

40 ★★★ 출제년도【11.18.】
건축물의 피난 · 방화구조 등의 기준에 관한 규칙에 따른 철망모르타르로서 그 바름두께가 최소 몇 cm 이상인 것을 방화구조로 규정하는가?

① 2 ② 2.5 ③ 3 ④ 3.5

정답 37. ② 38. ③ 39. ③ 40. ①

해설 방화구조

철망모르타르	바름 두께가 2센티미터 이상인 것
• 석고판 위에 시멘트모르타르 또는 회반죽을 바른 것 • 시멘트모르타르 위에 타일을 붙인 것	두께의 합계가 2.5센티미터 이상인 것
심벽에 흙으로 맞벽치기한 것	

41 ★★★ 출제년도【15.】
방화구조의 기준으로 틀린 것은?

① 심벽에 흙으로 맞벽치기한 것
② 철망모르타르로서 그 바름 두께가 2cm 이상인 것
③ 시멘트모르타르 위에 타일을 붙인 것으로서 그 두께의 합계가 1.5cm이상인 것
④ 석고판 위에 시멘트 모르타르 또는 회반죽을 바른 것으로서 그 두께의 합계가 2.5cm이상인 것

해설 건축물의 방화구조

시 공 방 법	기 준
• 철망 모르타르 바르기	• 바름 두께가 2[cm] 이상
• 석고판 위에 시멘트 모르타르 또는 회반죽을 바른 것 • 시멘트 모르타르 위에 타일을 붙인 것	• 두께의 합계가 2.5[cm] 이상
• 심벽에 흙으로 맞벽치기한 것 • 방화 2급 이상	• 모두 인정

42 ★★★ 출제년도【18.】
피난로의 안전구획 중 2차 안전구획에 속하는 것은?

① 복도
② 계단부속실(계단전실)
③ 계단
④ 피난층에서 외부와 직면한 현관

해설 안전구획
1차 : 복도,
2차 : 계단부속실(계단전실)
3차 : 계단

43 ★★★ 출제년도【10. 18.】
건축물의 바깥쪽에 설치하는 피난계단의 구조 기준 중 계단의 유효너비는 몇 m 이상으로 하여야 하는가?

① 0.6
② 0.7
③ 0.8
④ 0.9

해설 옥외 피난계단의 유효너비는 0.9m 이상

44 ★★★ 출제년도【19.】
주요구조부가 내화구조로된 건축물에서 거실 각 부분으로부터 하나의 직통계단에 이르는 보행거리는 피난자의 안전상 몇 m 이하이어야 하는가?

① 50
② 60
③ 70
④ 80

해설 직통계단 설치기준

구 분	기 준
일반 건축물	보행거리 30m 이하
내화구조 또는 불연재료로 된 건축물	보행거리 50m 이하
16층 이상의 공동주택	보행거리 40m 이하

45 ★★★ 출제년도【05. 12.】
다음 중 피난자의 집중으로 패닉현상이 일어날 우려가 가장 큰 형태는?

① T형
② X형
③ Z형
④ H형

정답 41. ③ 42. ② 43. ④ 44. ① 45. ④

해설 피난로의 유형 및 특징

구 분	특 징
• X형 • Y형	확실한 피난 로가 보장된다.
• T형 • I형	방향이 확실하여 분간하기 쉽다.
• Z형 • ZZ형	중앙복도형에서 중앙 core식 중 양호하다.
• H형 • CO형	중앙 core식으로 피난자들의 집중으로 패닉현상이 일어날 우려가 있다.

46 ★ 출제년도【12.】
피난동선에 대한 계획으로 옳지 않은 것은?

① 피난동선은 가급적 일상 동선과 다르게 계획한다.
② 피난동선은 적어도 2개소의 안전장소를 확보한다.
③ 피난동선의 말단은 안전장소이어야 한다.
④ 피난동선은 간단명료해야 한다.

해설 피난동선은 피난전용의 통행구조로서 복도, 통로 및 계단 등이 포함되며 엘리베이터는 포함되지 않는다.
피난동선의 구비조건
1) 가급적 단순형태가 좋다.
2) 어느 곳에서도 2개 이상의 방향으로 피난할 수 있어야 한다.
3) 피난동선이 말단은 화재로부터 안전한 장소이어야 한다.
4) 수평동선(복도)과 수직 동선(계단)으로 구분된다.
5) 피난동선은 가급적 상호 반대 방향으로 다수의 출구와 연결되는 것이 좋다.
6) **피난동선은 일상생활의 동선과 일치시킨다.** 피난동선에는 비상의 통로, 계단을 이용하도록 한다.

47 ★★★ 출제년도【03, 08, 09, 10, 12.】
건축물의 화재발생시 인간의 피난 특성으로 틀린 것은?

① 평상시 사용하는 출입구나 통로를 사용하는 경향이 있다.
② 화재의 공포감으로 인하여 빛을 피해 어두운 곳으로 몸을 숨기는 경향이 있다.
③ 화염, 연기에 대한 공포감으로 발화지점의 반대방향으로 이동하는 경향이 있다.
④ 화재시 최초로 행동을 개시한 사람을 따라 전체가 움직이는 경향이 있다.

해설 인간의 본능적 피난행동
1) 귀소본능 : 피난 시 인간은 평소에 사용하는 문, 길, 통로를 사용한다.
2) 퇴피본능 : 화세의 급격한 확대로 각자의 공포심이 증가하면 발화지점의 반대방향으로 이동한다.
3) **지광본능** : 화재 시 발생되는 연기 또는 정전 등으로 가시거리가 짧아져 시야가 흐려지면 인간은 어두운 곳에서 개구부, 조명부 등의 **밝은 불빛을 따라 행동**한다.
4) 추종본능 : 판단력의 약화로 한명의 지도자에 의해 최초로 행동을 함으로서 전체가 이끌려지는 습성이다.
5) 좌회본능 : 좌측통행을 하고 시계 반대방향으로 회전하려는 본능

48 ★★★ 출제년도【16.】
화재 발생 시 인간의 피난 특성으로 틀린 것은?

① 본능적으로 평상시 사용하는 출입구를 사용한다.
② 최초로 행동을 개시한 사람을 따라서 움직인다.
③ 공포감으로 인해서 빛을 피하여 어두운 곳으로 몸을 숨긴다.
④ 무의식중에 발화 장소의 반대쪽으로 이동한다.

해설 피난계획시 고려해야 할 인간의 본능

구분	내용
추종본능	피난 시에는 군중이 한 사람의 리더를 추종하려는 경향
귀소본능	피난 시 늘 사용하는 경로에 의해 탈출을 도모한다.
퇴피본능	화재 발생장소에서 벗어나려는 경향
좌회본능	막다른 길에서 오른손잡이인 경우 왼쪽으로 가려는 경향

정답 46. ① 47. ② 48. ③

구분	내용
지광본능	주위가 어두워지면 밝은 곳으로 피난하려는 경향

49 화재 시 나타나는 인간의 피난특성으로 볼 수 없는 것은?

① 어두운 곳으로 대피한다.
② 최초로 행동한 사람을 따른다.
③ 발화지점의 반대방향으로 이동한다.
④ 평소에 사용하던 문, 통로를 사용한다.

해설 피난특성(피난계획시 고려해야 할 인간의 본능)

구분	내용
추종본능	피난 시에는 군중이 한 사람의 리더를 추종하려는 경향
귀소본능	피난 시 늘 사용하는 경로에 의해 탈출을 도모한다.
퇴피본능	화재 발생장소에서 벗어나려는 경향
좌회본능	막다른 길에서 오른손잡이인 경우 왼쪽으로 가려는 경향
지광본능	주위가 어두워지면 밝은 곳으로 피난하려는 경향

50 화재 발생 시 인간의 피난 특성으로 틀린 것은?

① 본능적으로 평상 시 사용하는 출입구를 사용한다.
② 최초로 행동을 개시한 사람을 따라서 움직인다.
③ 공포감으로 인해서 빛을 피하여 어두운 곳으로 몸을 숨긴다.
④ 무의식 중에 발화 장소의 반대쪽으로 이동한다.

해설 보기설명
① 본능적으로 평상 시 사용하는 출입구를 사용한다.

→ 귀소본능
② 최초로 행동을 개시한 사람을 따라서 움직인다.
→ 추종본능
③ 무의식 중에 발화 장소의 반대쪽으로 이동한다.
→ 퇴피본능

51 건물의 피난동선에 대한 설명으로 옳지 않은 것은?

① 피난동선은 가급적 단순한 형태가 좋다.
② 피난동선은 가급적 상호 반대방향으로 다수의 출구와 연결되는 것이 좋다.
③ 피난동선은 수평동선과 수직동선으로 구분된다.
④ 피난동선은 복도, 계단을 제외한 엘리베이터와 같은 피난전용의 통행구조를 말한다.

해설 피난동선은 피난전용의 통행구조로서 복도, 통로 및 계단 등이 포함되며 **엘리베이터는 포함되지 않는다**.
피난동선의 구비조건
1) 가급적 단순형태가 좋다.
2) 어느 곳에서도 2개 이상의 방향으로 피난할 수 있어야 한다.
3) 피난동선의 말단은 화재로부터 안전한 장소이어야 한다.
4) 수평동선(복도)과 수직 동선(계단)으로 구분된다.
5) 피난동선은 가급적 상호 반대 방향으로 다수의 출구와 연결되는 것이 좋다.

52 건물 내 피난 동선의 조건으로 옳지 않은 것은?

① 2개 이상의 방향으로 피난할 수 있어야 한다.
② 가급적 단순한 형태로 한다.
③ 통로의 말단은 안전한 장소이어야 한다.
④ 수직동선은 금하고 수평동선만 고려한다.

정답 49. ① 50. ③ 51. ④ 52. ④

해설 피난동선의 구비조건
1) 가급적 단순형태가 좋다.
2) 어느 곳에서도 2개 이상의 방향으로 피난할 수 있어야 한다.
3) 피난동선의 말단은 화재로부터 안전한 장소이어야 한다.
4) 수평동선(복도)과 수직 동선(계단)으로 구분된다.
5) 피난동선은 가급적 상호 반대 방향으로 다수의 출구와 연결되는 것이 좋다.
6) **피난동선은 일상생활의 동선과 일치시킨다.** 피난동선에는 비상의 통로, 계단을 이용하도록 한다. 수직동선 및 수평동선을 고려하여 설정한다.

53 ★★★ 출제년도【20.】
피난 시 하나의 수단이 고장 등으로 사용이 불가능하더라도 다른 수단 및 방법을 통해서 피난할 수 있도록 하는 것으로 2방향 이상의 피난통로를 확보하는 피난대책의 일반원칙은?

① Risk-down 원칙
② Feed-back 원칙
③ Fool-proof 원칙
④ Fail-safe 원칙

해설 Fail-safe
피난 시 하나의 수단이 고장 등으로 사용이 불가능하더라도 다른 수단 및 방법을 통해서 피난할 수 있도록 하는 것으로 2방향 이상의 피난통로를 확보하는 피난대책

54 ★★★ 출제년도【11.14.16.】
피난계획의 일반원칙 중 fool proof 원칙에 해당하는 것은?

① 저지능인 상태에서도 쉽게 식별이 가능하도록 그림이나 색체를 이용하는 원칙
② 피난설비를 반드시 이동식으로 하는 원칙
③ 한 가지 피난기구가 고장이 나도 다른 수단을 이용할 수 있도록 고려하는 원칙
④ 피난설비를 첨단화된 전자식으로 하는 원칙

해설 fool proof 원칙 : 저지능인 상태에서도 쉽게 식별이 가능하도록 그림이나 색채를 이용하는 것을 말한다.

55 ★★★ 출제년도【98.01.04.11.16.21.】
건축물의 화재 시 패닉(panic)의 발생원인과 직접적인 관계가 없는 것은?

① 유독가스에 의한 호흡 장애
② 연기에 의한 시계 제한
③ 외부와 단절되어 고립
④ 불연 내장재의 사용

해설 패닉의 발생원인
① 유독가스에 의한 호흡 장애
② 연기에 의한 시계 제한
③ 외부와 단절되어 고립

56 ★★★ 출제년도【17.21.】
건축물의 화재 시 피난자들의 집중으로 패닉(panaic) 현상이 일어날 수 있는 피난방향은?

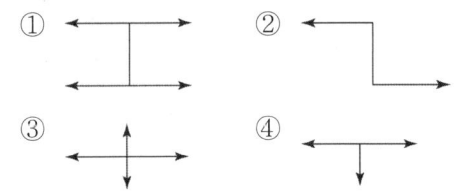

해설 피난방법을 고려한 시설계획

구분		피난방향의 종류
피난방향 명확	가장 확실	X형
		Y형
	양호	T형
		I형
		Z형

정답 53. ④ 54. ① 55. ④ 56. ①

구분		피난방향의 종류
패닉 발생 우려	H형	←→
	CO형	→☐←

57. 다음 중 피난자의 집중으로 패닉현상이 일어날 우려가 가장 큰 형태는?

★★★ 출제년도 【05. 12. 21.】

① T형
② X형
③ Z형
④ H형

해설 피난방향을 고려한 시설계획

구분			피난방향의 종류
피난방향 명확	가장 확실	X형	←↕→
		Y형	↓
	양호	T형	←→
		I형	→
		Z형	⤵
패닉 발생 우려		H형	←→
		CO형	→☐←

58. 피난층에 대한 정의로 옳은 것은?

★★★ 출제년도 【17.】

① 지상으로 통하는 피난계단이 있는 층
② 비상용 승강기의 승강장이 있는 층
③ 비상용 출입구가 설치되어 있는 층
④ 직접 지상으로 통하는 출입구가 있는 층

해설 피난층 : 직접 지상으로 통하는 출입구가 있는 층

04 위험물 안전관리

1. 위험물의 분류

1. 위험물의 정의 ★★★

구분	정의
가연성 고체	고체로서 화염에 의한 발화의 위험성 또는 인화의 위험성을 판단하기 위하여 고시로 정하는 시험에서 고시로 정하는 성질과 상태를 나타내는 것
유황	순도가 60중량퍼센트 이상인 것
철분	철의 분말로서 53마이크로미터의 표준체를 통과하는 것이 50중량퍼센트 미만인 것은 제외
금속분	알칼리금속·알칼리토류금속·철 및 마그네슘외의 금속의 분말을 말하고, 구리분·니켈분 및 150마이크로미터의 체를 통과하는 것이 50중량퍼센트 미만인 것은 제외
마그네슘 및 마그네슘을 함유하는 것	다음 각 목의 1에 해당하는 것은 제외 가. 2밀리미터의 체를 통과하지 아니하는 덩어리 상태의 것 나. 지름 2밀리미터 이상의 막대 모양의 것
인화성고체	고형알코올 그 밖에 1기압에서 인화점이 섭씨 40도 미만인 고체
특수인화물	이황화탄소, 다이에틸에터(디에틸에테르) 그 밖에 1기압에서 발화점이 섭씨 100도 이하 또는 인화점이 섭씨 영하 20도 이하이고 비점이 섭씨 40도 이하
제1석유류	아세톤, 휘발유 그 밖에 1기압에서 인화점이 섭씨 21도 미만
제2석유류	등유, 경유 그 밖에 1기압에서 인화점이 섭씨 21도 이상 70도 미만
제3석유류	중유, 크레오소트유 그 밖에 1기압에서 인화점이 섭씨 70도 이상 섭씨 200도 미만
제4석유류	기어유, 실린더유 그 밖에 1기압에서 인화점이 섭씨 200도 이상 섭씨 250도 미만
알코올류	1분자를 구성하는 탄소원자의 수가 1개부터 3개까지인 포화1가 알코올(변성알코올을 포함한다)
동식물유류	동물의 지육(枝肉: 머리, 내장, 다리를 잘라 내고 아직 부위별로 나누지 않은 고기를 말한다) 등 또는 식물의 종자나 과육으로부터 추출한 것으로서 1기압에서 인화점이 섭씨 250도 미만인 것

구분	정의
자연발화성 물질 및 금수성물질	고체 또는 액체로서 공기 중에서 발화의 위험성이 있거나 물과 접촉하여 발화하거나 가연성가스를 발생하는 위험성이 있는 것
자기반응성 물질	고체 또는 액체로서 폭발의 위험성 또는 가열분해의 격렬함을 판단하기 위하여 고시로 정하는 시험에서 고시로 정하는 성질과 상태를 나타내는 것
산화성액체	액체로서 산화력의 잠재적인 위험성을 판단하기 위하여 고시로 정하는 시험에서 고시로 정하는 성질과 상태를 나타내는 것
과산화수소	농도가 36중량퍼센트 이상인 것
질산	비중이 1.49 이상인 것

2. 위험물의 유별 성질 ★★★

구분	내용
제1류 위험물	산화성고체 (산소공급원)
제2류 위험물	가연성고체 (가연물)
제3류 위험물	자연발화성 및 금수성 물질 (가연물)
제4류 위험물	인화성액체 (가연물)
제5류 위험물	자기반응성물질 (가연물+산소공급원)
제6류 위험물	산화성액체 (산소공급원)

3. 유별을 달리하는 위험물의 혼재기준(대각선과 2,4,5) ★★★

위험물의 구분	제1류	제2류	제3류	제4류	제5류	제6류
제1류		×	×	×	×	○
제2류	×		×	○	○	×
제3류	×	×		○	×	×
제4류	×	○	○		○	×
제5류	×	○	×	○		×
제6류	○	×	×	×	×	

1) 이 표는 지정수량의 1/10 이하의 위험물에 대하여는 적용하지 아니한다.
2) "×"표시는 혼재할 수 없음을 표시한다.
3) "○"표시는 혼재할 수 있음을 표시한다.

2. 제1류 위험물

1. 품명 및 지정수량, 위험등급

위험물			지정수량	위험등급
유별	성질	품명		
제1류	산화성 고체	1. 아염소산염류	50킬로그램	I
		2. 염소산염류	50킬로그램	
		3. 과염소산염류	50킬로그램	
		4. 무기과산화물	50킬로그램	
		5. 브롬산염류(브로민산염류)	300킬로그램	II
		6. 질산염류	300킬로그램	
		7. 요오드산염류(아이오딘산염류)	300킬로그램	
		8. 과망간산염류(과망가니즈산염류)	1,000킬로그램	III
		9. 중크롬산염류(다이크로뮴산염류)	1,000킬로그램	
		10. 그 밖에 행정안전부령으로 정하는 것 11. 제1호 내지 제10호의 1에 해당하는 어느 하나 이상을 함유한 것	50킬로그램, 300킬로그램 또는 1,000킬로그램	-

2. 일반적 성질

1) 가열, 충격, 마찰 등에 의해 분해되어 산소를 방출하는 지연성(支燃性) 물질
2) 대부분 무기화합물, 일반적으로 무색 결정 또는 백색의 분말이다.
3) 불연성 물질이며 가연성 물질의 연소를 돕는다.
4) 무기과산화물(알칼리금속의 과산화물)은 물과 반응하여 산소를 발생하고 발열한다.
5) 분해할 경우에 분자 내의 산소 체적이 증가하여 위험하다.
6) 비중은 1보다 크며 물에 녹는 것이 많다.
7) 조해성(潮解性)이 있는 물질이 있으며 수용액 상태에서도 산화성을 나타낸다.

3. 저장 및 취급방법

1) 가열, 충격, 마찰을 피하여야 하고 직사광선 및 화기를 차단하여야 한다.
2) 강산류와의 접촉을 피한다.
3) 용기의 가열, 파손, 전도를 방지하고 취급 중 내용물의 누출을 방지한다.
4) 무기과산화물은 습기 및 물과의 접촉을 피한다.
5) 저장, 운반 시 가연성 물질, 제2류~제5류 위험물과의 접촉 및 혼합을 피한다.
6) 통풍, 환기가 잘되는 냉암소에 저장한다.

7) 조해성(물에 잘 녹는 고체 물질이 공기 중의 수분을 흡수하여 스스로 녹는 현상) 물질은 방습하고 용기는 밀전한다.

4. 위험성

1) 쉽게 산소를 방출하고 연소를 지속시키는 지연성이 강하다.
2) 단독으로 분해 폭발하는 경우는 적지만 가열, 충격, 마찰에 의해 분해하고 가연물이 혼합하고 있을 때는 연소, 폭발한다.
3) 알칼리금속의 과산화물(무기과산화물)은 물과 반응하여 산소를 방출하고 발열한다.

5. 예방대책

1) 조해성 물질은 방습 처리하고, 용기는 밀전한다.
2) 충격, 마찰 등 기계적 점화에너지가 부여되지 않도록 주의한다.
3) 용기의 가열 방지, 누출 방지, 파손, 전도 방지
4) 공기, 습기, 물, 가연성 물질과의 혼합, 혼재 방지
5) 이물질(異物質)과의 접촉 방지
6) 강산류와의 접촉 방지
7) 운반 시 다른 종류별 위험물과 혼재 불가
8) 가열, 충격, 마찰을 피하여야 하고 직사광선 및 화기를 차단하여야 한다.

6. 소화방법

1) 가연물과 혼합연소 시 가연물과 격리한다. 격리가 곤란한 경우 가연물이 물과의 반응성이 아니라면 다량의 물로 냉각 소화가 가능하다.
2) 가연물과 혼합 시 예민한 폭발성으로 된 경우에는 폭발의 우려가 있으므로 소화 작업 시 충분히 안전거리를 확보해야 한다.
3) 이산화탄소, 포(form), 할론, 분말에 의한 질식 소화는 효과가 작으므로 사용에 주의해야 한다.
4) 무기과산화물(알칼리금속의 과산화물)은 물과 반응하여 산소와 열을 발생하므로 주수(물을 방수)해서는 안되며, 마른 모래 등의 살포에 의한 질식 소화 방법을 이용하여야 한다.

3. 제2류 위험물(가연성 고체)

1. 위험물의 품명 및 지정수량

위험물			지정수량	위험등급
유별	성질	품명		
제2류	가연성 고체	1. 황화린(황화인)	100킬로그램	Ⅱ
		2. 적 린	100킬로그램	
		3. 유황(황)	100킬로그램	
		4. 철분	500킬로그램	Ⅲ
		5. 금속분	500킬로그램	
		6. 마그네슘	500킬로그램	
		7. 그 밖에 행정안전부령으로 정하는 것 8. 제1호 내지 제7호의 1에 해당하는 어느 하나 이상을 함유한 것	100킬로그램 또는 500킬로그램	
		9. 인화성고체	1,000킬로그램	Ⅲ

2. 일반적 성질

1) 대부분 무기화합물로 비중은 1보다 크고 물에 녹지 않는 비수용성이다.
2) 연소속도가 빠르며 발열량이 크다.
3) 산화제와 혼합 시 마찰, 충격 등에 의해 폭발 위험성이 있다.
4) 비교적 낮은 온도에서 착화하기 쉬운 가연성 고체이다.
5) 마그네슘, 철분, 금속분은 물 또는 산과 접촉 시 수소가스를 발생한다.

3. 저장 및 취급방법

1) 제1류 및 제6류 위험물과 같은 산화제와의 혼합 및 혼촉을 금지한다.
2) 열, 불꽃, 불티, 고온체 등과 같은 점화원을 주의한다.
3) 직사광선을 피하여야 하고 통풍이 잘되는 냉암소에 보관하여야 한다.
4) 철분, 마그네슘, 금속분은 물, 습기 및 산과의 접촉을 피하여 저장한다.
5) 저장용기는 밀봉하고 용기의 파손, 누출에 주의하여야 한다.

4. 위험성

1) 비교적 저온에서 발화가 쉽고 다량의 빛과 열을 낸다. 금속분은 습기와 접촉할 때 자연발화의 위험이 있다.
2) 연소 시 다량의 유독성 가스를 발생하고 금속분 화재인 경우 물을 뿌리면 수소가스가 발생하여 2차 피해를 초래한다.
3) 금속분, 유황 분말, 철분은 밀폐된 공간 내에서 공기 중에 부유할 때 점화원이 있으면 분진폭발의 위험성이 있다.
4) 강산화성 물질과 혼합한 것은 가열, 충격, 마찰에 의해 발화 또는 폭발의 위험이 있다.
5) 연소 시 발생하는 기체는 독성이 있다.

5. 예방대책

1) 화기엄금, 가열엄금, 고온체와의 접촉방지
2) 강산화성 물질(제1류 위험물, 제6류 위험물)과 혼합을 피한다.
3) 금속분의 경우는 물 또는 산과의 접촉을 피한다.
4) 저장용기를 밀폐하고 위험물의 누출을 방지한다.
5) 통풍이 잘 되는 냉암소에 저장한다.

6. 소화방법

1) 금속분, 철분, 마그네슘, 황화린은 마른모래, 건조분말에 의한 질식 소화를 한다.
2) 대부분 다량의 물을 이용한 냉각소화가 유효하다.
3) 제2류 위험물 화재 시는 다량의 열과 유독성의 연기를 발생하므로 반드시 방호복과 공기호흡기를 착용하여야 한다.
4) 분진폭발이 우려되는 경우는 충분히 안전거리를 확보하여야 한다.

4. 제3류 위험물(자연발화성 및 금수성물질)

1. 품명 및 지정수량

위험물			지정수량	위험등급
유별	성질	품명		
제3류	자연발화성물질 및 금수성물질	1. 칼륨	10킬로그램	I
		2. 나트륨		
		3. 알킬알루미늄		
		4. 알킬리튬		
		5. 황린	20킬로그램	
		6. 알칼리금속(칼륨 및 나트륨을 제외한다) 및 알칼리토금속	50킬로그램	II
		7. 유기금속화합물(알킬알루미늄 및 알킬리튬을 제외한다)		
		8. 금속의 수소화물	300킬로그램	III
		9. 금속의 인화물		
		10. 칼슘 또는 알루미늄의 탄화물		
		11. 그 밖에 행정안전부령으로 정하는 것 12. 제1호 내지 제11호의 1에 해당하는 어느 하나 이상을 함유한 것	10킬로그램, 20킬로그램, 50킬로그램 또는 300킬로그램	

2. 일반적 성질

1) 칼륨, 나트륨, 알킬알루미늄 및 알킬리튬은 물보다 가볍고 나머지는 물보다 무겁다.
2) 알킬알루미늄, 알킬리튬 및 유기금속화합물을 제외한 나머지는 무기화합물이다.
3) 액체 또는 고체로 공기와 접촉하여 자연발화 하거나, 물과 접촉하여 발화하거나 가연성가스를 발생한다.

3. 저장 및 취급방법

1) 알킬알루미늄, 알킬리튬 및 유기금속화합물류는 화기를 엄금하고 용기의 내압 상승을 방지하여야 한다.
2) 산화성 물질 및 강산류와의 혼합을 금지한다.

3) 황린은 물속에 저장하고, 칼륨, 나트륨은 등유, 경유 등의 석유류에 저장한다.
4) 저장용기는 완전밀폐하여 공기와의 접촉을 방지한다. 또한, 물과 수분의 침투 및 접촉을 금지한다.
5) 자연발화성 물질은 불꽃, 불티 또는 고온체와의 접촉을 피한다.
6) 다량으로 저장 시 위험하므로 소분하여 저장한다.

4. 위험성

1) 모두(황린 제외) 물과 반응하여 가연성가스를 생성하며 폭발한다.
2) 황린은 공기 중에 노출되면 자연 발화한다.(발화온도 약 34℃)
3) 일부는 물과 접촉하여 발화한다.
4) 가열하거나 강산화성 물질, 강산류와 접촉하면 현저히 위험성이 증가한다.
5) 물과 반응할 때 부식성 물질을 만드는 것도 있다.

5. 예방대책

1) 저장용기는 완전히 밀전하고 공기 또는 물과의 접촉을 방지한다.
2) 강산화제, 강산류 및 기타 약품과 접촉되지 않도록 주의한다.
3) 저장용기가 가열되지 않도록 하고 보호액이 들어있는 것은 용기 밖으로 누출되지 않도록 한다.
4) 알킬알루미늄, 알킬리튬, 유기금속 화합물류는 화기를 엄금하고 용기 내 압력이 상승하지 않도록 해야 한다.

6. 소화방법

1) 황린을 제외한 주수소화를 엄금한다.
2) 분말소화약제(주성분이 인산염인 것은 제외) 적용 가능, 이산화탄소(칼륨, 나트륨은 제외) 적용 가능
3) 화재 초기에 마른 모래, 팽창질석(또는 소화질석), 팽창 진주암 등으로 피복하여 질식 소화하는 것이 적절하다.
4) 칼륨(K), 나트륨(Na)은 적절한 소화약제가 없으므로 연소 확대 방지에 주력해야 한다.

5. 제4류 위험물(인화성 액체)

1. 위험물의 품명 및 지정수량

유별	성질	품명		지정수량	위험등급
제4류	인화성 액체	1. 특수인화물		50리터	I
		2. 제1석유류	비수용성액체	200리터	II
			수용성액체	400리터	
		3. 알코올류		400리터	
		4. 제2석유류	비수용성액체	1,000리터	III
			수용성액체	2,000리터	
		5. 제3석유류	비수용성액체	2,000리터	
			수용성액체	4,000리터	
		6. 제4석유류		6,000리터	
		7. 동식물유류		10,000리터	

2. 제4류 위험물(인화성액체)의 분류 ★

구분	종류
특수인화물	다이에틸에터(에틸에터), **산화프로필렌**, **아세트알데하이드**, 이황화탄소
제1석유류	**아세톤**, 휘발유(가솔린), **벤젠**, **톨루엔**, 메틸에틸케톤, 피리딘, 초산에스테르류
제2석유류	초산, **등유**, 의산, **경유**, 테레핀유, 크실렌, 스틸렌, 장뇌유, 클로로벤젠
제3석유류	중유, 크레오소트유, **글리세린**, **에틸렌글리콜**, 나이트로벤젠, 아닐린
제4석유류	기어유, 실린더유

3. 일반적 성질

1) 대부분 물보다 가볍고 물에 녹지 않는 비수용성의 물질이 많다.
2) 증발하기 쉬운 인화성 액체(Flammable liquid)로 점화원에 의해 인화, 폭발의 위험성이 큰 물질이다.
3) 증기 비중이 1보다 커서 유증기가 바닥에 체류하므로 화재 위험성이 크다.
4) 대다수 유기화합물이다.
5) 인화점, 발화점이 낮을수록 위험성이 높다.

4. 저장 및 취급방법

1) 직사광선을 피하고 통풍이 잘되는 냉암소에 보관한다.
2) 정전기 발생에 유의, 정전기를 예방할 수 있는 안전조치를 취하여야 한다.
3) 저장용기는 밀전, 밀봉하고 액체나 증기의 누설을 방지하여야 한다.
4) 액체 상태의 물질은 유동성이 좋으므로 화재 시 화재 확산방지 대책을 수립하여야 한다.
5) 특수인화물인 이황화탄소(CS_2)는 가연성 증기의 발생을 억제하기 위하여 물속에 저장한다.
6) 위험물 제조소등 및 운반용기의 외부 주의사항 표시 : "화기엄금"

5. 위험성

1) 발화점(착화온도)가 낮을수록 위험성이 증가한다. 고온체와의 접촉 또는 가열이 있는 경우 비교적 낮은 온도에서 발화할 수 있다.
2) 발생증기는 가연성으로 공기보다 무거워서 낮은 곳에 체류하기 쉽다.
3) 발생증기는 주변의 공기와 혼합하여 가연성의 혼합기체가 되고 연소범위를 형성한다. 연소범위가 넓을수록 연소범위의 하한이 낮을수록 위험성이 높다.
4) 비전도체로서 정전기의 축적이 쉽고 점화원이 되는 경우가 많다.
5) 일반적으로 물보다 가볍고 물에 잘 녹지 않으므로 화재 중 물을 방수하면 오히려 화재면적을 확대시키는 결과를 초래한다.
6) 유동하는 액체화재는 연소 확대의 위험성이 크고 소화가 곤란하다.
7) 다량의 복사열, 대류열로 인하여 화재가 확대되고 화재진압이 매우 곤란해진다.
8) 인화성이 강한 물질이다.

6. 예방대책

1) 화기 또는 가열을 피하며, 고온체와의 접근을 방지하여야 한다.
2) 저온상태를 유지하고 냉암소에 저장한다.
3) 직사광선을 차단하고 통풍과 발생 증기의 배출에 노력해야 한다.
4) 정전기의 발생, 축적, 스파크(Spark)의 발생을 억제하여야 한다.
5) 수용성과 비수용성, 물보다 무거운 것과 물보다 가벼운 것으로 구분하여 화재진압에 쉬운 방법과 연계하는 것이 좋다.
6) 인화점이 낮은 석유류에는 불연성 가스를 봉입하여 혼합기체의 형성을 억제하여야 한다.

7. 소화대책

1) 4류 위험물의 소량 누설이나 작은 액면의 화재에는 물을 제외한 소화약제로 질식소화하는 것이 효과적이며, 대량의 경우에는 포소화약제에 의한 질식소화가 유효하다.
2) 수용성액체의 화재인 경우 알콜형포를 사용하여야 한다.
3) 대규모 화재의 경우는 방사열(복사열) 때문에 접근이 곤란하므로 충분한 안전거리를 확보하고 방수포 등을 활용하여 소화한다.
4) 대형 탱크화재 시에는 Boil-over, Slop-over에 대비하여 신중하게 소화한다.
5) 지면에 누설된 액체의 화재는 앞에서부터 순차적으로 소화한다.
6) 할론, 이산화탄소 소화약제로 소화 시 완전히 소화되지 않은 상태에서 방사가 중단되지 않도록 주의하여야 한다.(중단되는 경우 화재가 확대)

6. 제5류 위험물(자기반응성 물질)

1. 위험물의 품명 및 지정수량

유별	성질	품명	지정수량	위험등급
제5류	자기 반응성 물질	1. 유기과산화물 2. 질산에스테르류(질산에스터류) 3. 니트로화합물(나이트로화합물) 4. 니트로소화합물(나이트로소화합물) 5. 아조화합물 6. 디아조화합물(다이아조화합물) 7. 히드라진 유도체(하이드라진 유도체) 8. 히드록실아민(하이드록실아민) 9. 히드록실아민염류(하이드록실아민염류) 10. 그 밖에 행정안전부령으로 정하는 것 11. 제1호 내지 제10호의 1에 해당하는 어느 하나 이상을 함유한 것	제1종 : 10 kg 제2종 : 100 kg	I (지정수량이 10 kg인 것) II (지정수량이 100 kg인 것)

2. 일반적 성질

1) 외부로부터 산소공급이 없어도 가열, 충격 등에 의해 연소·폭발을 일으킬 수 있는 자기반응성 물질(自己反應性 物質)이다.
2) 연소 시 연소속도가 매우 빨라 폭발적으로 연소한다.
3) 대부분이 고체이며 일부는 액체로 모두 물보다 무겁다.
4) 대부분이 물에 잘 녹지 않으며 물과 반응하는 물질은 없다.
5) 가연물과 산소공급원이 혼합되어 있는 상태이므로 점화원을 피해야 한다.

3. 저장 및 취급방법

1) 불티, 불꽃 등 점화원과 가열, 충격, 마찰 등을 금지한다.
2) 직사광선을 차단하여야 하며, 적정한 온도와 습도가 유지될 수 있는 통풍이 잘 되는 냉암소에 보관하여야 한다.
3) 강산화제, 강산류, 기타 물질이 혼입되지 않도록 주의하여야 한다.
4) 가급적 소분하여 저장하고 용기파손 및 위험물의 누설을 방지한다.
5) 용기는 밀전, 밀봉한다.
6) 위험물제조소등 및 운반용기의 외부 주의사항 표시 : "화기엄금" 및 "충격주의"

4. 위험성

1) 외부로부터의 산소공급이 없어도 연소하고, 연소속도가 빠르며 폭발적이다.
2) 불안정한 물질로서 공기 중 장기간 저장 시 분해하여 분해열이 축적되는 분위기에서는 자연발화의 위험이 있다.
3) 가열, 충격, 마찰 등에 민감하며 강산화제 또는 강산류와 접촉 시 위험성이 현저히 증가한다.
4) 연소가스는 유독하여 밀폐된 건물 내에서 화재 발생 시 대단히 위험하다.
5) 유기과산화물류는 구조가 독특하며 매우 불안정한 물질로서 농도가 높은 것은 가열, 직사광선, 충격, 마찰에 의해 폭발한다.

5. 예방대책

1) 직사광선을 차단하고, 강산화제, 강산류와의 접촉을 방지한다.
2) 화염, 불꽃 등 점화원의 엄격한 통제 및 기계적인 충격, 마찰, 타격 등 요인을 사전에 제거한다.
3) 안정제가 함유되어 있는 것은 안정제의 증발을 막고 증발되었을 때는 즉시 보충한다.
4) 가급적 작게 나누어서 저장하고 용기파손 및 위험물의 누출을 방지한다.

6. 소화대책

1) 자기연소성 물질이므로 다량의 물로 냉각소화를 하는 것이 적합하다.
2) 초기화재 또는 소량화재 시에는 분말로 일시에 화염을 제거하여 소화할 수 있으나 재발화 우려가 있으므로 최종적으로는 물을 이용한 냉각소화를 해야 한다.
3) 밀폐공간 내에서 화재발생 시에는 반드시 공기호흡기를 착용하여 유독가스에 의한 질식사고를 방지하여야 한다.
4) 화재 시 폭발위험이 상존하므로 화재진압 시에는 충분히 안전거리를 유지하고 접근 시에는 엄폐물을 이용한다.

7. 제6류 위험물(산화성 액체)

1. 위험물의 품명 및 지정수량

위험물			지정수량	위험등급
유별	성질	품명		
제6류	산화성 액체	1. 과염소산	300킬로그램	I
		2. 과산화수소	300킬로그램	
		3. 질산	300킬로그램	
		4. 그 밖에 행정안전부령으로 정하는 것	300킬로그램	
		5. 제1호 내지 제4호의 1에 해당하는 어느 하나 이상을 함유한 것	300킬로그램	

2. 일반적 성질

1) 산화성 액체이다.
2) 모두 무기화합물로 산소를 함유하고 있으며 물보다 무겁다.
3) 과산화수소를 제외한 강산성 물질이다.
4) 증기는 유독하며 피부와 접촉 시 점막을 부식시킨다.
5) 불연성 물질이다.

3. 저장 및 취급방법

1) 직사광선과 화기를 피하고, 가연물과의 접촉을 피하여 저장하여야 한다.
2) 물, 가연물, 염기 및 산화제와의 접촉을 피하여야 한다.
3) 용기의 밀전, 파손, 전도 및 변형에 주의를 요한다.
4) 가열에 의한 유독성 가스의 발생에 주의하여야 한다.

5) 흡습성이 강하므로 내산성 용기에 보관하여야 한다.
6) 증기는 유독하므로 취급 시에는 안전보호장구를 착용하며, 취급장소 부근에는 세척설비를 갖추어 피부에 닿는 즉시 세척하여야 한다.
7) 위험물제조소등 및 운반용기의 외부 주의사항 표시 : "가연물 접촉 주의"

4. 위험성

1) 물과 접촉할 때 발열한다. 분해 시 다량의 산소를 발생시킨다.
2) 자신은 불연성 물질이지만 산화성이 커서 다른 물질의 연소를 돕는 지연성 물질이다.
3) 강산성 물질과 접촉 시 발열하고 폭발한다.

5. 예방대책

1) 용기의 파손, 변형, 전도 방지
2) 용기 내 물 및 습기의 침투 방지
3) 가연성 물질과의 접촉 방지, 강산화제, 강산류와의 접촉을 방지한다.
4) 가열에 의한 유독성 가스의 발생을 방지한다.

6. 소화대책

1) 자신은 불연성이지만 연소를 돕는 물질이므로 화재 시에는 가연물과 접촉을 방지하여야 한다.
2) 소량 화재 시는 다량의 물로 희석할 수 있으나 원칙적으로 물 사용을 피하는 것이 좋다.
3) 화재진압 시는 공기호흡기, 방호의, 고무장갑, 고무장화 등 보호장구는 반드시 착용한다.
4) 마른 모래(건조사), 이산화탄소 소화약제를 사용하는 것이 좋다.

8. 제4류 위험물(인화성 액체)의 화재(폭발)현상

1. 보일오버(Boil Over) 현상

원유나 중질유 등의 유류저장탱크에 화재가 발생하여 장시간 진행되면 비점이나 비중이 작은 성분은 유류 표면층에서 먼저 증발 연소되고, 비점이나 비중이 큰 성분은 가열 축적되어 열류층(heat layer)을 형성하게 된다. 이러한 열류층은 화재 진행과 더불어 점차 탱크의 저부로 내려와 탱크 저부의 수분을 비등시켜 연소 상태의 상부유류를 비산·분출하게 되는데 이러한 현상을 보일오버 현상이라 한다. 보일오버 현상이 발생하면 화재가 확대되고 진화작업에도 큰 지장을 초래한다.

2. 슬롭오버(Slop Over) 현상

점성이 큰 중질유와 같은 유류에 화재가 발생하면 유류의 액 표면 온도가 물의 비점 이상으로 상승하게 되는데, 이때 소화용수나 포소화약제가 연소유의 뜨거운 액 표면에 유입되면 급 비등으로 부피팽창을 일으켜 탱크 외부로 유류를 분출시키는 현상을 슬롭오버 현상이라 한다. 보일오버 현상과 마찬가지로 화재의 확대 및 진화작업에 장애 요인이 되며 물이나 포소화약제를 방사할 경우 발생하는 현상이다.

3. 블레비(BLEVE) 현상

블레비(BLEVE : Boiling Liquid Expanding Vapor Explosion) 현상이란 비등 액체 팽창 증기폭발이라고도 하며, 휘발유와 같은 인화점이나 비점이 낮은 인화성 액체(유류)가 가득 차 있지 않는 저장탱크 주위에 화재가 발생하여 저장탱크 벽면이 장시간 화염에 노출되면 윗 부분의 온도가 매우 상승하여 재질의 인장력이 저하되고, 내부의 비등현상으로 인한 압력상승으로 저장탱크 벽면이 파열되는 현상

> **[블레비 발생과정]**
> 1단계 : 화재발생 및 탱크가열 2단계 : 액온상승 및 압력증가
> 3단계 : 연성파괴 및 액격현상 4단계 : 취성파괴 및 화구(Fire Ball) 형성

4. 오일오버 현상

저장탱크 내에 저장된 유류 저장량이 내용적의 50% 이하로 충전되어 있을 때 화재로 인하여 탱크가 폭발하는 현상

5. 풀 파이어(Pool Fire) 현상

액면화재라고도 하며 개방된 용기에 휘발유, 등유, 경유와 같은 제4류 위험물이 저장된 상태에서 형성된 유증기에 발생한 화재를 말한다.
화재 발생 초기에 화재진화에 실패할 경우에는 보일오버나 슬롭오버로 발전하여 위험을 초래할 수 있다.

6. 분출화재(Jet Fire)

4류 위험물을 이송하는 배관이나 저장용기에서 위험물이 빠르게 누출될 경우 점화되어 발생하는 난류 확산형 화재를 말한다. 이 화재에 의해 발생한 복사열에 의해 주변의 가연물을 점화시켜 화재가 더욱 확산될 수 있다.

9. 기타

1. 위험물질별 보관방법 ★★★

보관방법	종류
물 속	황린(P_4), 이황화탄소(CS_2)
알코올 속	니트로셀룰로오스(나이트로셀룰로스)
석유류(등유) 속	칼륨(K), 나트륨(Na), 리튬(Li)

2. 탄화칼슘 및 인화칼슘이 물과 반응시 반응생성물

품 명	반응생성물
탄화칼슘(CaC_2)	소석회(수산화칼슘, $Ca(OH)_2$)
	아세틸렌(C_2H_2)
인화칼슘(Ca_3P_2)	소석회(수산화칼슘, $Ca(OH)_2$)
	포스핀(인화수소, PH_3)

〈물과 반응식〉

1) 탄화칼슘 : $CaC_2 + 2H_2O \rightarrow Ca(OH)_2 + C_2H_2$
2) 인화칼슘 : $Ca_3P_2 + 6H_2O \rightarrow 3Ca(OH)_2 + 2PH_3$

3. 주수소화 시 특성

1) **마그네슘(Mg)은 물과 반응하면 수소가스를 발생**하여 위험 ★★★
   $Mg + 2H_2O \rightarrow Mg(OH)_2 + H_2 \uparrow$
2) 금속분 : 물과 작용하면 **수소(H_2)를 발생**
3) **제4류 위험물(인화성 액체) : 연소면이 확대**
4) 무기과산화물(과산화칼륨, 과산화나트륨 등) : 산소발생

4. 가연물의 특성과 화재 위험도와의 관계 ★★

항 목	위험도
온도, 압력	높을수록 위험
인화점, 융점, 비등점, 착화점	낮을수록 위험
연소범위	넓을수록 위험
하한계	낮을수록 위험
비중, 점성	낮을수록 위험

10. 위험물 운반용기에 수납하는 경우 위험물에 따른 주의사항표시

제1류 위험물	알칼리금속의 과산화물	화기 · 충격주의, 물기엄금 및 가연물접촉주의
	그 밖	화기 · 충격주의 및 가연물접촉주의
제2류 위험물	철분 · 금속분 · 마그네슘	화기주의 및 물기엄금
	인화성고체	화기엄금
	그 밖	화기주의
제3류 위험물	자연발화성물질	화기엄금 및 공기접촉엄금
	금수성물질	물기엄금
제4류 위험물	화기엄금	
제5류 위험물	화기엄금, 충격주의	
제6류 위험물	가연물접촉주의	

04 출제예상문제

위험물 안전관리

01 ★★★ 출제년도 【18.】
위험물안전관리법령에서 정하는 위험물의 한계에 대한 정의로 틀린 것은?

① 유황은 순도가 60 중량퍼센트 이상인 것
② 인화성고체는 고형알코올 그 밖에 1기압에서 인화점이 섭씨 40도 미만인 고체
③ 과산화수소는 그 농도가 35 중량퍼센트 이상인 것
④ 제 1석유류는 아세톤, 휘발유 그 밖에 1기압에서 인화점이 섭씨 21도 미만인 것

해설 과산화수소는 그 농도가 36 중량퍼센트 이상인 것

02 ★★ 출제년도 【18.】
위험물안전관리법령상 지정된 동식물유류의 성질에 대한 설명으로 틀린 것은?

① 요오드가가 작을수록 자연발화의 위험성이 크다.
② 상온에서 모두 액체이다.
③ 물에는 불용성이지만 에테르 및 벤젠 등의 유기용매에는 잘 녹는다.
④ 인화점은 1기압하에서 250℃ 미만이다.

해설 ① 요오드가가 클수록 자연발화의 위험성이 크다.
② 요오드가 : 유지 100g에 포함되어 있는 요오드의 g수

03 ★★★ 출제년도 【07. 12.】
다음 중 위험물별 성질로서 옳지 않은 것은?

① 제1류 : 산화성 고체
② 제2류 : 가연성 고체
③ 제4류 : 인화성 액체
④ 제6류 : 인화성 고체

해설 관련법 : 위험물안전관리법 시행령 별표1
(위험물 및 지정수량)

유 별	성 질
제1류	산화성고체
제2류	가연성고체
제3류	자연발화성 물질 및 금수성물질
제4류	인화성액체
제5류	자기반응성 물질
제6류	**산화성액체**

04 ★★★ 출제년도 【10. 12,15.】
위험물의 유별 성질이 가연성 고체인 위험물은 제 몇 류 위험물인가?

① 제1류 위험물
② 제2류 위험물
③ 제3류 위험물
④ 제4류 위험물

해설

유 별	성 질
제1류	산화성고체
제2류	**가연성고체**
제3류	자연발화성 물질 및 금수성물질
제4류	인화성액체
제5류	자기반응성 물질
제6류	산화성액체

정답 01. ③ 02. ① 03. ④ 04. ②

05 위험물의 유별에 따른 대표적인 성질의 연결이 옳지 않은 것은?

① 제1류 : 산화성 고체
② 제2류 : 가연성 고체
③ 제4류 : 인화성 액체
④ 제5류 : 산화성 액체

해설 유별성질
(1) 제1류 위험물 : 산화성고체 (산소공급원)
(2) 제2류 위험물 : 가연성고체 (가연물)
(3) 제3류 위험물 : 자연발화성 및 금수성 물질 (가연물)
(4) 제4류 위험물 : 인화성액체 (가연물)
(5) 제5류 위험물 : 자기반응성물질
　　(가연물+산소공급원)
(6) 제6류 위험물 : 산화성액체 (산소공급원)

06 제4류 위험물의 성질에 해당하는 것은?

① 가연성 고체
② 산화성 고체
③ 인화성 액체
④ 자기반응성 물질

해설 위험물안전관리법 : 위험물의 성질

위험물의 종류	성 질
제1류 위험물	산화성고체
제2류 위험물	가연성고체
제3류 위험물	자연발화 및 금수성 물질
제4류 위험물	**인화성액체**
제5류 위험물	자기연소성물질
제6류 위험물	산화성액체

07 과산화칼륨이 물과 접촉하였을 때 발생하는 것은?

① 산소   ② 수소
③ 메탄   ④ 아세틸렌

해설 과산화칼륨
① 제1류 위험물 중 알칼리금속의 과산화물에 해당하며 물과 접촉시 산소를 발생한다.
② 반응식 : $2K_2O_2 + 4H_2O \rightarrow 4KOH + O_2$

08 다음 중 제1류 위험물로 그 성질이 산화성고체인 것은?

① 황린   ② 아염소산염류
③ 금속분류   ④ 유황

해설 보기설명
① 황린 : 제3류 위험물
② 아염소산염류 : 제1류 위험물
③ 금속분류 : 제2류 위험물
④ 유황 : 제2류 위험물

09 다음 중 위험물안전관리법령상 제1류 위험물에 해당하는 것은?

① 염소산나트륨   ② 과염소산
③ 나트륨   ④ 황린

해설
① 염소산나트륨 – 제1류 위험물
② 과염소산 – 제6류 위험물
③ 나트륨 – 제3류 위험물
④ 황린 – 제3류 위험물

10 마그네슘의 화재에 주수하였을 때 물과 마그네슘의 반응으로 인하여 생성되는 가스는?

① 일산화탄소
② 이산화탄소
③ 수소
④ 산소

해설 마그네슘(Mg)은 물과 반응하면 수소가스를 발생하므로 주수소화하면 위험하다.
$Mg + 2H_2O \rightarrow Mg(OH)_2 + H_2 \uparrow$

정답 05. ④　06. ③　07. ①　08. ②　09. ①　10. ③

11. 마그네슘의 화재시 이산화탄소 소화약제를 사용하면 안 되는 주된 이유는?

① 마그네슘과 이산화탄소가 반응하여 흡열 반응을 일으키기 때문이다.
② 마그네슘과 이산화탄소가 반응하여 가연성의 탄소가 생성되기 때문이다.
③ 마그네슘이 이산화탄소에 녹기 때문이다.
④ 이산화탄소에 의한 질식의 우려가 있기 때문이다.

해설 마그네슘은 이산화탄소와 반응하여 산화마그네슘과 가연성의 탄소를 생성시킨다.
$2Mg + CO_2 \rightarrow 2MgO + C$

12. 칼륨에 화재가 발생할 경우에 주수를 하면 안되는 이유로 가장 옳은 것은?

① 수소가 발생하기 때문에
② 산소가 발생하기 때문에
③ 질소가 발생하기 때문에
④ 수증기가 발생하기 때문에

해설 금속 칼륨 등은 물과 반응하여 폭발성 가스인 수소를 생성하므로 물에 의한 냉각소화를 하면 안 된다.

13. 칼륨에 화재가 발생할 경우에 주수를 하면 안 되는 이유로 가장 옳은 것은?

① 산소가 발생하기 때문에
② 질소가 발생하기 때문에
③ 수소가 발생하기 때문에
④ 수증기가 발생하기 때문에

해설
① 칼륨과 물의 화학반응식 :
$2K + 2H_2O \rightarrow 2KOH + H_2$
② 칼륨화재에 물을 방사하면 수소가 발생하여 폭발한다.

14. 제2류 위험물에 해당하지 않는 것은?

① 유황   ② 황화린
③ 적린   ④ 황린

해설

유별	성질	품명
제2류	가연성 고체 (환원성 물질)	황화린(황화인)
		적린
		유황
		철분
		마그네슘
		금속분류
		인화성고체

황린은 제3류 위험물에 해당한다.

15. 제2류 위험물에 해당하는 것은?

① 유황   ② 질산칼륨
③ 칼륨   ④ 톨루엔

해설
① 유황-제2류 위험물
② 질산칼륨-제1류 위험물
③ 칼륨-제3류 위험물
④ 톨루엔-제4류 위험물

16. 위험물안전관리법령에 의한 제2류 위험물이 아닌 것은?

① 철분   ② 유황
③ 적린   ④ 황린

해설

분류	성질	종류	
제2류	가연성 고체 (환원성 물질)	• 황화린 • 유황 • 마그네슘 • 인화성고체	• 적린 • 철분 • 금속분류

정답 11. ② 12. ① 13. ③ 14. ④ 15. ① 16. ④

17 ★★★ 출제년도 【13.】
화재발생시 주수소화를 할 수 없는 물질은?

① 부틸리튬
② 질산에틸
③ 니트로셀룰로오스
④ 적린

해설 부틸리튬(C_4H_9Li)은 무색의 가연성 액체로 자연발화의 위험이 있다. **화재 시 주수소화**와 포, CO_2, 할로겐화합물 소화약제의 **사용을 금하며** 마른 모래, 건조 분말을 사용하여 소화한다.

18 ★★★ 출제년도 【16.】
화재발생 시 주수소화가 적합하지 않은 물질은?

① 유황
② 마그네슘 분말
③ 과염소산칼륨
④ 적린

해설 제2류 위험물 중 마그네슘분말에 주수소화(물을 방사)하면 수소가 발생되어 폭발하므로 마른모래, 팽창질석, 팽창진주암 또는 금속화재용 소화약제를 사용하여, 질식소화하여야 한다.

19 ★★★ 출제년도 【18.】
주수소화 시 가연물에 따라 발생하는 가연성 가스의 연결이 틀린 것은?

① 탄화칼슘 – 아세틸렌
② 탄화알루미늄 – 프로판
③ 인화칼슘 – 포스핀
④ 수소화리튬 – 수소

해설 탄화알루미늄과 물과의 반응식
$Al_4C_3 + 12H_2O \rightarrow 4Al(OH)_3 + 3CH_4$ 에서 메탄(CH_4)이 발생한다.

20 ★ 출제년도 【12.】
인화점이 20[℃]인 액체위험물을 보관하는 창고의 인화 위험성에 대한 설명 중 옳은 것은?

① 여름철에 창고 안이 더워질수록 인화의 위험성이 커진다.
② 겨울철에 창고 안이 추워질수록 인화의 위험성이 커진다.
③ 20[℃]에서 가장 안전하고 20[℃]보다 높아지거나 낮아질수록 인화의 위험성이 커진다.
④ 인화의 위험성은 계절의 온도와는 상관없다.

해설 위험물과 화재와의 상호관계

항 목	위험도
온도, 압력	높을수록 위험
인화점, 융점, 비등점, 착화점	낮을수록 위험
연소범위	넓을수록 위험
하한계	낮을수록 위험
비중, 점성	낮을수록 위험

21 ★★ 출제년도 【98. 04. 05. 13.】
화재의 위험에 대한 설명으로 옳지 않은 것은?

① 인화점 및 착화점이 낮을수록 위험하다.
② 착화 에너지가 작을수록 위험하다.
③ 비점 및 융점이 높을수록 위험하다.
④ 연소범위는 넓을수록 위험하다.

해설 위험물과 화재와의 상호관계

항 목	위험도
온도, 압력	높을수록 위험
인화점, **융점, 비등점,** 착화점	**낮을수록 위험**
연소범위	넓을수록 위험
하한계	낮을수록 위험
비중, 점성	낮을수록 위험

정답 17. ① 18. ② 19. ② 20. ① 21. ③

22. 제4류 위험물의 물리·화학적 특성에 대한 설명으로 틀린 것은?

출제년도 [18.]

① 증기비중은 공기보다 크다.
② 정전기에 의한 화재발생위험이 있다.
③ 인화성 액체이다.
④ 인화점이 높을수록 증기발생이 용이하다.

해설 인화점은 가연성의 혼합기체를 만드는 최저의 온도로서 인화점이 낮을수록 증기발생이 쉽다.

23. 물과 반응하여 가연성 기체를 발생하지 않는 것은?

출제년도 [05.08.13.18.]

① 칼륨   ② 인화아연
③ 산화칼슘   ④ 탄화알루미늄

해설
① 산화칼슘은 생석회라고도 하며 물과 반응하여 수산화칼슘(소석회)를 만든다.
② 칼륨 : 수소가스 발생
③ 인화아연 : 인화수소(포스핀) 발생
④ 탄화알루미늄 : 메탄가스 발생

24. 알칼리금속의 과산화물을 취급할 때 주의사항으로 옳지 않은 것은?

출제년도 [12.]

① 충격·마찰을 피한다.
② 가연물질과의 접촉을 피한다.
③ 분진 발생을 방지하기 위해 분무상의 물을 뿌려준다.
④ 강한 산성류와의 접촉을 피한다.

해설 관련법 : 위험물안전관리법 시행규칙 별표4

류 별	색 상	문 구
제1류 위험물(알칼리금속의 과산화물) 제3류 위험물(금수성 물품)	청색바탕에 백색문자	물기엄금
제2류 위험물(인화성 고체 제외)	적색바탕에 백색문자	화기주의

류 별	색 상	문 구
제2류 위험물(인화성 고체) 제3류 위험물(자연발화성 물질) 제4류 위험물 제5류 위험물	적색바탕에 백색문자	화기엄금

25. 인화칼슘과 물이 반응할 때 생성되는 가스는?

출제년도 [14.]

① 아세틸렌   ② 황화수소
③ 황산   ④ 포스핀

해설 물과 자연 발화성 및 금수성 물질인 제3류 위험물과 반응 시 반응생성물

품 명	반응생성물
탄화칼슘	소 석 회(수산화칼슘)
	아세틸렌
인화칼슘	소 석 회(수산화칼슘)
	포스핀(인화수소)

26. 탄화칼슘이 물과 반응할 때 발생되는 기체는?

출제년도 [17.]

① 일산화탄소   ② 아세틸렌
③ 황화수소   ④ 수소

해설 탄화칼슘(CaC_2) : 제3류 위험물, 물과 반응하여 아세틸렌(C_2H_2)을 발생
반응식 : $CaC_2 + 2H_2O \rightarrow Ca(OH)_2 + C_2H_2$

27. 탄화칼슘이 물과 반응 시 발생하는 가연성 가스는?

출제년도 [11.18.]

① 메탄   ② 포스핀
③ 아세틸렌   ④ 수소

해설 물과의 반응
① 탄화칼슘 : 아세틸렌(C_2H_2)
② 인화칼슘 : 포스핀(인화수소, PH_3)

정답 22. ④ 23. ③ 24. ③ 25. ④ 26. ② 27. ③

28 탄화칼슘의 화재 시 물을 주수하였을 때 발생하는 가스로 옳은 것은?

① C_2H_2 ② H_2
③ O_2 ④ C_2H_6

해설 탄화칼슘(CaC_2)과 물과의 반응식
$CaC_2 + 2H_2O \rightarrow Ca(OH)_2 + C_2H_2$
$Ca(OH)_2$: 소석회, C_2H_2 : 아세틸렌

29 황린의 보관 방법으로 옳은 것은?

① 물속에 보관
② 수산화칼륨 속에 보관
③ 이황화탄소 속에 보관
④ 통풍이 잘 되는 공기 중에 보관

해설 황린은 제3류 위험물로서 자연발화성물질이므로 물속에 보관한다.

30 pH 9 정도의 물을 보호액으로 하여 보호액 속에 저장하는 물질은?

① 나트륨 ② 탄화칼슘
③ 칼륨 ④ 황린

해설 황린
① 제3류 위험물
② 자연발화성물질로서 물속에 저장한다.
③ 발화온도 : 34℃
※ 나트륨, 칼륨 : 물과 반응 시 수소 폭발하므로 석유(등유)속에 저장

31 알킬알루미늄 화재에 적합한 소화약제는?

① 물 ② 이산화탄소
③ 팽창질석 ④ 할로겐화합물

해설 알킬알루미늄은 제3류 위험물로서 자연발화성 및 금수성 물질에 해당하므로 팽창질석, 팽창진주암을 사용하여 질식소화 하여야 한다.

32 공기 중에서 자연발화 위험성이 높은 물질은?

① 벤젠
② 톨루엔
③ 이황화탄소
④ 트리에틸알루미늄

해설 보기설명
① 벤젠 : 제4류 위험물 중 제1석유류(인화성 액체)
② 톨루엔 : 제4류 위험물 중 제1석유류(인화성 액체)
③ 이황화탄소 : 제4류 위험물 중 특수인화물(인화성 액체)
④ 트리에틸알루미늄 : 제3류 위험물 중 알킬알루미늄에 해당하며, 자연발화성 및 금수성 물질이다.

33 제3류 위험물로서 자연발화성만 있고 금수성이 없기 때문에 물속에 보관하는 물질은?

① 염소산암모늄 ② 황린
③ 칼륨 ④ 질산

해설 보기설명
① 염소산암모늄 : 제1류 위험물
② 황린 : 제3류 위험물 중 자연발화성 물질, 물속에 보관
③ 칼륨 : 제3류 위험물 중 금수성물질
④ 질산 : 제6류 위험물

34 휘발유 화재시 물을 사용하여 소화할 수 없는 이유로 가장 옳은 것은?

① 인화점이 물보다 낮기 때문이다.
② 비중이 물보다 작아 연소면을 확대되기 때문이다.
③ 수용성이므로 물에 녹아 폭발이 일어나기 때문이다.
④ 물과 반응하여 수소가스를 발생하기 때문이다.

정답 28. ① 29. ① 30. ④ 31. ③ 32. ④ 33. ② 34. ②

해설 주수소화 시 위험한 물질

종류	위험한 이유
무기과산화물류	산소발생
금속분류·마그네슘	수소발생
가연성 액체의 유류화재 (알코올은 제외)	연소면 확대로 화재확대
변전실화재와 같은 전기화재	감전의 위험 및 피해확대

35 ★ 출제년도【16.】
제4류 위험물의 화재 시 사용되는 주된 소화방법은?

① 물을 뿌려 냉각한다.
② 연소물을 제거한다.
③ 포를 사용하여 질식 소화한다.
④ 인화점 이하로 냉각한다.

해설 제4류 위험물 소화방법

성질	인화성 액체	
종류	• 특수인화물류 • 제1, 제2, 제3, 제4석유류 • 알코올류 • 동식물유류	인화성물질
성상	1. 인화의 위험이 높다. 2. 증기는 공기보다 무겁다.	
소화방법	포(포말), CO_2, 할로겐화합물, 분말에 의한 질식소화(수용성 액체는 내알코올형포로 소화)	

36 ★★★ 출제년도【14.】
위험물안전관리법령 상 인화성액체인 클로로벤젠은 몇 석유류에 해당되는가?

① 제1석유류   ② 제2석유류
③ 제3석유류   ④ 제4석유류

해설 석유류

품 명	물 질
특수인화물	다이에틸에터, 아세트알데하이드, 이황화탄소, 산화프로필렌
제1석유류	휘발유, 아세톤, 벤젠, 크실렌
제2석유류	등유, 경유, **클로로벤젠**
제3석유류	중유, 나이트로벤젠, 글리세린
제4석유류	기어유, 실린더유

37 ★★ 출제년도【15.】
위험물안전관리법령상 제4류 위험물인 알코올류에 속하지 않는 것은?

① C_2H_5OH
② C_4H_9OH
③ CH_3OH
④ C_3H_7OH

해설 알코올의 종류 : 메틸알코올, 에틸알코올, 프로필알코올
① 에틸알코올(C_2H_5OH)
② 부틸알코올(C_4H_9OH)
③ 메틸알코올(CH_3OH)
④ 프로필알코올(C_3H_7OH)

38 ★★★ 출제년도【13.】
다음 위험물 중 물과 접촉시 위험성이 가장 높은 것은?

① $NaClO_3$
② P
③ TNT
④ Na_2O_2

해설 관련법 : 위험물안전관리법 시행령 별표1
(위험물 및 지정수량)

유별	성 질	품 명
제3류	자연발화성 물질 및 금수성물질	• 칼륨 • 나트륨 • 알킬알루미늄 • 알킬리튬 • 황린 • 금속의 수소화물

1) Na_2O_2(과산화나트륨)의 화학식
   $Na_2O_2 + H_2O \rightarrow 2Na_2OH + O + 열$
2) 과산화나트륨은 물과 반응하면 열과 산소를 발생시키므로 화재의 위험성이 높다.

정답 35. ③ 36. ② 37. ② 38. ④

39. 니트로셀룰로오스에 대한 설명으로 잘못된 것은?
① 질화도가 낮을수록 위험성이 크다.
② 물을 첨가하여 습윤시켜 운반한다.
③ 화약의 원료로 쓰인다.
④ 고체이다.

해설 니트로셀룰로오스의 특성
① **질화도**(니트로셀룰로오스 중 질소의 함유율)가 클수록 폭발성이 강하다.
② **물(20%) 또는 알코올(30%)을 첨가 습윤** 시켜 냉암소에 저장
③ 화재 시 다량의 물을 이용하여 주수소화
④ 제5류 위험물 중 질산에스테르류에 해당한다.

40. 제6류 위험물의 공통성질이 아닌 것은?
① 산화성 액체이다.
② 모두 유기화합물이다.
③ 불연성 물질이다.
④ 대부분 비중이 1보다 크다.

해설 제6류 위험물의 공통성상
(1) 비중은 1보다 크고, 물보다 무거우며, 물에 잘 녹고 강산화제이다.
(2) 상온에서 무색의 액체 상태이며, 불연성이다.
(3) 증기는 독성이 강하며, 피부와 접촉시 점막을 부식시킨다.
(4) 분해시 인체에 유해한 가스 발생, **모두 무기화합물**
(5) 과산화수소를 제외한 강산성 물질이다.
(6) 물과 접촉시 발열하며 피부 접촉시 위험하다.
(7) 가열하면 쉽게 분해하여 산소를 방출한다.
(8) 가연물, 유기물과의 접촉시 발화위험성

41. 위험물안전관리법령상 위험물에 해당하지 않는 물질은?
① 질산   ② 과염소산
③ 황산   ④ 과산화수소

해설 황산은 위험물에 해당하지 않는다.

유별	성질	품명
제6류	산화성액체	과염소산, 과산화수소, 질산

42. 위험물안전관리법령에 따른 위험물의 유별 분류가 나머지 셋과 다른 것은?
① 트리에틸알루미늄
② 황린
③ 칼륨
④ 벤젠

해설
① 트리에틸알루미늄 - 제3류
② 황린 - 제3류
③ 칼륨 - 제3류
④ 벤젠 - 제4류

43. 다음 중 pH 9 정도의 물을 보호액으로 하여 보호액 속에 저장하는 물질은?
① 나트륨   ② 탄화칼슘
③ 칼륨   ④ 황린

해설 황린, 이황화탄소는 물속에, 칼륨, 나트륨, 리튬 등은 석유류 속에 저장

44. 위험물안전관리법상 위험물의 지정수량이 틀린 것은?
① 과산화나트륨 - 50kg
② 적린 - 100kg
③ 트리니트로톨루엔 - 200kg
④ 탄화알루미늄 - 400kg

해설 보기설명
① 과산화나트륨 : 제1류 위험물, 무기과산화물(알칼리금속의 과산화물), 지정수량 50kg
② 적린 : 제2류 위험물, 지정수량 100kg

정답 39. ① 40. ② 41. ③ 42. ④ 43. ④ 44. ④

③ 트리니트로톨루엔 : 제5류 위험물, 니트로화합물, 지정수량 200kg(2024.7.4. 기준 개정으로 지정수량이 제1종 : 10gk, 제2종 : 100kg으로 변경됨)
④ 탄화알루미늄 : 제3류 위험물, 알루미늄의 탄화물, 지정수량 300kg

45 ★★★ 출제년도 【16.】
물을 사용하여 소화가 가능한 물질은?

① 트리메틸알루미늄
② 나트륨
③ 칼륨
④ 적린

[해설] ① 트리메틸알루미늄 : 물과 반응하여 메탄(CH_4)을 발생, 폭발하므로 팽창질석, 팽창진주암 등을 이용하여 질식소화
② 나트륨 : 물과 반응시 수소를 발생하여 폭발
③ 칼륨 : 물과 반응시 수소를 발생하여 폭발
④ 적린 : 물을 사용하여 냉각소화

46 ★★★ 출제년도 【22.】
과산화수소 위험물의 특성이 아닌 것은?

① 비수용성이다.
② 무기화합물이다.
③ 불연성 물질이다.
④ 비중은 물보다 무겁다.

[해설] 과산화수소 위험물
제6류 위험물, 지정수량 : 300kg
무기화합물로서 비중은 물보다 무겁다.(1보다 크다)
불연성 물질, 수용성(물에 잘 녹는다), 강산화제

47 ★★ 출제년도 【13. 16.】
위험물안전관리법상 위험물의 적재 시 혼재기준 중 혼재가 가능한 위험물로 짝지어진 것은? (단, 각 위험물은 지정수량의 10배로 가정한다.)

① 질산칼륨과 가솔린
② 과산화수소와 황린
③ 철분과 유기과산화물
④ 등유와 과염소산

[해설] ① 질산칼륨(제1류 위험물)과 가솔린(휘발유, 제4류 위험물) : 혼재 불가능
② 과산화수소(제6류 위험물)와 황린(제3류 위험물) : 혼재 불가능
③ 철분(제2류 위험물)과 유기과산화물(제5류 위험물) : 혼재 가능
④ 등유(제4류 위험물)와 과염소산(제6류 위험물) : 혼재 불가능
위험물의 혼재기준(○ : 혼재가능)

위험물의 구분	제1류	제2류	제3류	제4류	제5류	제6류
제1류		×	×	×	×	○
제2류	×		×	○	○	×
제3류	×	×		○	×	×
제4류	×	○	○		○	×
제5류	×	○	×	○		×
제6류	○	×	×	×	×	

48 ★★★ 출제년도 【17.】
위험물의 저장 방법으로 틀린 것은?

① 금속나트륨 - 석유류에 저장
② 이황화탄소 - 수조 물탱크에 저장
③ 알킬 알루미늄 - 벤젠액에 희석하여 저장
④ 산화프로필렌 - 구리 용기에 넣고 불연성 가스를 봉입하여 저장

[해설] 산화프로필렌은 구리, 은, 마그네슘 등의 금속과 접촉을 피하여야 하고 용기에 수납할 때에는 질소 등 불연성가스 채워 두어야 한다.

49 ★★ 출제년도 【17.】
다음 중 연소 시 아황산가스를 발생시키는 것은?

① 적린
② 유황
③ 트리에틸알루미늄
④ 황린

정답 45. ④ 46. ① 47. ③ 48. ④ 49. ②

해설 보기설명
① 적린 : 제2류 위험물, 연소시 흰색의 오산화인(P_2O_5)을 발생
② 유황 : 제2류 위험물, 연소시 이산화황(또는 아황산가스 ; SO_2)를 발생
③ 트리에틸알루미늄 : 제3류 위험물, 물 또는 염산과 반응하여 에탄을 발생, 공기 중 자연발화의 가능성
④ 황린 : 제3류 위험물, 발화온도가 약 34℃, 연소시 오산화인(P_2O_5)을 발생

50 ★ 출제년도 【18.】
염소산염류, 과염소산염류, 알카리 금속의 과산화물, 질산염류, 과망간산염류의 특징과 화재 시 소화방법에 대한 설명 중 틀린 것은?
① 가열 등에 의해 분해하여 산소를 발생하고 화재 시 산소의 공급원 역할을 한다.
② 가연물, 유기물, 기타 산화하기 쉬운 물질과 혼합물은 가열, 충격, 마찰 등에 의해 폭발하는 수도 있다.
③ 알카리금속의 과산화물을 제외하고 다량의 물로 냉각소화한다.
④ 그 자체가 가연성이며 폭발성을 지니고 있어 화약류 취급 시와 같이 주의를 요한다.

해설 염소산염류, 과염소산염류, 알카리 금속의 과산화물, 질산염류, 과망간산염는 제1류 위험물에 해당하며 자체적으로 불연성 물질이다.

51 ★★★ 출제년도 【19. 22.】
물질의 취급 또는 위험성에 대한 설명 중 틀린 것은?
① 융해열은 점화원이다.
② 질산은 물과 반응시 발열 반응하므로 주의를 해야한다.
③ 네온, 이산화탄소, 질소는 불연성 물질로 취급한다.
④ 암모니아를 충전하는 공업용 용기의 색상은 백색이다.

해설 융해열은 고체가 액체가 될 때 필요한 잠열로 점화원이 될 수 없다.
물의 융해열은 약 80kcal/kg

52 ★★★ 출제년도 【14.18.】
유류 탱크의 화재 시 탱크 저부의 물이 뜨거운 열류층에 의하여 수증기로 변하면서 급작스런 부피 팽창을 일으켜 유류가 탱크 외부로 분출하는 현상은?
① 슬롭 오버(Slop Over)
② 블레비(BLEVE)
③ 보일 오버(Boil Over)
④ 파이어 볼(Fire Ball)

해설 보일오버
① 탱크 저부의 물이 급격히 증발하여 기름이 탱크 밖으로 화재를 동반하여 방출하는 현상
② 유류 저장탱크의 화재 시 유면에서 발생한 열이 서서히 탱크 아래쪽으로 전파하여 탱크 하부의 물이 급격히 증발함으로써 상층의 유류를 밀어 올려 거대한 화염을 불러일으키며 다량의 기름을 탱크 밖으로 불이 붙은 채로 방출하는 현상

53 ★★★ 출제년도 【19.】
탱크화재 시 발생되는 보일오버(Boil Over)의 방지방법으로 틀린 것은?
① 탱크 내용물의 기계적 교반
② 물의 배출
③ 과열방지
④ 위험물 탱크내의 하부에 냉각수 저장

해설 보일오버
1. 개념 : 탱크 저부의 물이 급격히 증발하여 기름이 탱크 밖으로 화재를 동반하여 방출하는 현상
2. 방지방법
① 탱크 내용물의 기계적 교반
② 물의 배출
③ 과열방지

정답 50. ④ 51. ① 52. ③ 53. ④

54 유류탱크 화재 시 기름 표면에 물을 살수하면 기름이 탱크 밖으로 비산하여 화재가 확대되는 현상은?

① 슬롭 오버(Slop over)
② 플래시 오버(Flash over)
③ 프로스 오버(Froth over)
④ 블레비(BLEVE)

해설
① 슬롭 오버(Slop over) : 유류탱크 화재 시 기름 표면에 물을 살수하면 기름이 탱크 밖으로 비산하여 화재가 확대되는 현상
② 플래시 오버(Flash over) : 순간적 또는 폭발적인 연소 확대현상으로 고온의 복사열에 의해 바닥의 가연물이 동시에 열 분해되어 동시에 실내 전체가 화염에 휩싸이는 현상
③ 프로스 오버(Froth over) : 저장탱크 속의 물이 점성을 가진 뜨거운 기름의 표면 아래에서 끓을 때 화재를 수반하지 않고 기름이 넘쳐흐르는 현상
④ 블레비(BLEVE) : 가연성 액화가스의 용기가 과열로 파손되어 가스가 분출된 후 불이 붙어 폭발하는 현상

55 도장작업 공정에서의 위험도를 설명한 것으로 틀린 것은?

① 도장작업 그 자체 못지않게 건조공정도 위험하다.
② 도장작업에서는 인화성 용제가 쓰이지 않으므로 폭발의 위험이 없다.
③ 도장작업장은 폭발시를 대비하여 지붕을 시공한다.
④ 도장실의 환기덕트를 주기적으로 청소하여 도료가 덕트 내에 부착되지 않게 한다.

해설 도장작업 공정시 주의사항
① 도장작업 그 자체 못지않게 건조공정도 위험하다.
② 도장작업에서는 인화성 용제가 쓰이므로 폭발의 위험이 있다.
③ 도장작업장은 폭발시를 대비하여 지붕을 시공한다.
④ 도장실의 환기덕트를 주기적으로 청소하여 도료가 덕트 내에 부착되지 않게 한다.

56 동식물유류에서 "요오드값이 크다"라는 의미를 옳게 설명한 것은?

① 불포화도가 높다
② 불건성유이다.
③ 자연발화성이 낮다.
④ 산소와의 결합이 어렵다.

해설
① 동식물유류 : 동물의 지육 등 또는 식물의 종자나 과육으로부터 추출한 것으로서 1기압에서 인화점이 섭씨 250도 미만인 것
② 요오드값 : 유지 100g당 포함되어 있는 요오드의 g 수
③ 요오드값이 클수록 불포화도가 높고, 자연발화가 쉬워진다.

57 위험물안전관리법령상 제6류 위험물을 수납하는 운반용기의 외부에 주의사항을 표시하여야 할 경우, 어떤 내용을 표시하여야 하는가?

① 물기엄금
② 화기엄금
③ 화기주의·충격주의
④ 가연물접촉주의

해설 수납하는 위험물에 따른 주의사항

제1류 위험물	알칼리금속의 과산화물	화기·충격주의, 물기엄금 및 가연물접촉주의
	그 밖	화기·충격주의 및 가연물접촉주의
제2류 위험물	철분·금속분 마그네슘	화기주의 및 물기엄금
	인화성고체	화기엄금
	그 밖	화기주의
제3류 위험물	자연발화성물질	화기엄금 및 공기접촉엄금
	금수성물질	물기엄금
제4류 위험물	화기엄금	
제5류 위험물	화기엄금, 충격주의	
제6류 위험물	가연물접촉주의	

정답 54. ① 55. ② 56. ① 57. ④

05 소방 안전관리

1. 건축물의 방화계획

1. 공간적 대응(수동적 방화) ★★★

구분	내용
대항성	건축물의 내화성능, 방화구획 성능, 화재방어 대응성, 방연성능, 배연성능, 초기소화 대응력
회피성	난연화, 불연화, 내장재 제한, 방화훈련 등 화재예방 방안
도피성	피난, 부지 및 도로 등

2. 설비적 대응(능동적 방화)

구분	내용
대항성	자동소화설비, 제연설비, 자동화재탐지설비, 방화문, 방화셔터
회피성	마감재료에 대한 방염처리
도피성	피난설비, 피난기구 등을 활용한 피난성능의 확보

2. 건축물의 방재계획

1. 건축물의 기본 방재계획 ★

구분	내용
부지선정 및 배치계획	소화활동이나 구조 활동에 대한 충분한 부지내의 통로 및 공간 확보
평면계획	수평적 화재확대방지를 위한 면적별 방화구획, 조닝(zoning), 안전구획 등
단면계획 ★★★	**건물 내** 계단 등 수직통로를 통한 상층부로의 화재확대 방지를 위한 수직방화구획, 피난안전구역
입면계획 ★★★	**건물 외벽**을 통한 상층부로의 화재확대 방지를 위한 계획
재료계획	내장재, 외장재, 내부 마감재 등은 화재예방 및 연소확대 방지를 위하여 불연성능과 내화성능을 확보

2. 건축물 화재의 예방 및 피해 방지대책

1) 화재의 예방 : 방화관리체계 구성 및 초기소화 대책 강구
2) 연소의 확대방지를 위한 방화계획(방화구획) ★★★
   ① **수평계획** : 방화구획을 통한 화재규모 최소화
   ② **수직구획** : 발코니, 스팬드럴 등을 설치
   ③ **용도구획** : 용도가 다른 각 실마다 구획

3. 건축물의 안전구획 ★★

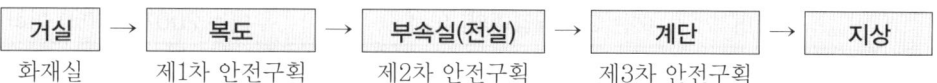

거실 → 복도 → 부속실(전실) → 계단 → 지상
화재실　제1차 안전구획　제2차 안전구획　제3차 안전구획

4. 특수가연물의 품명 및 지정수량

1. 품명 및 지정수량

품명		수량
면화류		200kg 이상
나무껍질 및 대팻밥		400kg 이상
넝마 및 종이부스러기		1,000kg 이상
사류(絲類)		1,000kg 이상
볏짚류		1,000kg 이상
가연성고체류		3,000kg 이상
석탄·목탄류		10,000kg 이상
가연성액체류		$2m^3$ 이상
목재가공품 및 나무부스러기		$10m^3$ 이상
합성수지류	발포시킨 것	$20m^3$ 이상
	그 밖의 것	3,000kg 이상

2. 특수가연물의 저장 및 취급기준

(1) 특수가연물의 저장·취급 기준

특수가연물은 다음 각 목의 기준에 따라 쌓아 저장해야 한다. 다만, **석탄·목탄류를 발전용(發電用)으로 저장하는 경우는 제외**한다.

가. 품명별로 구분하여 쌓을 것

나. 다음의 기준에 맞게 쌓을 것

구분	살수설비를 설치하거나 방사능력 범위에 해당 특수가연물이 포함되도록 대형수동식소화기를 설치하는 경우	그 밖의 경우
높이	15미터 이하	10미터 이하
쌓는 부분의 바닥면적	200제곱미터(석탄·목탄류의 경우에는 300제곱미터) 이하	50제곱미터(석탄·목탄류의 경우에는 200제곱미터) 이하

다. 실외에 쌓아 저장하는 경우 쌓는 부분이 대지경계선, 도로 및 인접 건축물과 최소 **6미터 이상** 간격을 둘 것. 다만, 쌓는 높이보다 **0.9미터 이상** 높은 **내화구조 벽체**를 설치한 경우는 그렇지 않다.

라. 실내에 쌓아 저장하는 경우 주요구조부는 **내화구조이면서 불연재료**여야 하고, 다른 종류의 특수가연물과 같은 공간에 보관하지 않을 것. 다만, 내화구조의 벽으로 분리하는 경우는 그렇지 않다.

마. 쌓는 부분 바닥면적의 사이는 **실내의 경우 1.2미터 또는 쌓는 높이의 1/2 중 큰 값 이상**으로 간격을 두어야 하며, **실외의 경우 3미터 또는 쌓는 높이 중 큰 값 이상**으로 간격을 둘 것

(2) 특수가연물 표지

가. 특수가연물을 저장 또는 취급하는 장소에는 **품명, 최대저장수량, 단위부피당 질량 또는 단위체적당 질량, 관리책임자 성명·직책, 연락처 및 화기취급의 금지표시**가 포함된 특수가연물 표지를 설치해야 한다.

나. 특수가연물 표지의 규격은 다음과 같다.

특수가연물	
화기엄금	
품 명	합성수지류
최대저장수량 (배수)	000톤(00배)
단위부피당 질량 (단위체적당 질량)	000 kg/m^3
관리책임자 (직 책)	홍길동 팀장
연락처	02-000-0000

1) 특수가연물 표지는 **한 변의 길이가 0.3미터 이상, 다른 한 변의 길이가 0.6 미터 이상**인 직사각형으로 할 것
2) 특수가연물 표지의 **바탕은 흰색으로, 문자는 검은색**으로 할 것. 다만, "화기엄금" 표시 부분은 제외한다.
3) 특수가연물 표지 중 **화기엄금** 표시 부분의 바탕은 **붉은색**으로, 문자는 **백색**으로 할 것

다. 특수가연물 표지는 특수가연물을 저장하거나 취급하는 장소 중 보기 쉬운 곳에 설치해야 한다.

5. 열가소성, 열경화성 합성수지류

구분	열가소성 합성수지류	열경화성 합성수지류
개념	열을 가하면 용융하고, 냉각시키면 경화되는 것으로 재성형이 가능하다.	열을 가하면 경화되며, 재성형이 불가능하다.
종류	메틸펜텐 폴리머 나일론(포리아미드) 폴리카보네이트 폴리에틸렌, 폴리이미드 폴리페닐렌 옥시드 폴리프로필렌, 폴리스티렌 폴리술폰, 염화비닐리덴 수지 폴리염화비닐 수지(PVC)	우레아 수지 멜라민 수지 에폭시 수지 페놀 수지 불포화 폴리에스텔 수지 실리콘 수지 폴리우레탄

6. 화재하중 ★★★

1. 화재하중

1) 화재구획에서의 단위 면적당 등가 가연물량 (kg/m^2)

$$Q = \frac{\sum(G \times H)}{H_0 \cdot A} = \frac{\sum(G \times H)}{4,500A} \text{ (kg/m}^2\text{)}$$

여기서, Q : 화재하중 (kg/m^2)
G : 가연물중량 (kg)
H : 가연물의 단위발열량 (kcal/kg)
H_0 : 목재의 단위발열량 (=4,500kcal/kg)
A : 화재구획의 바닥면적 (m^2)

2) 화재하중이 크면 단위면적당의 발열량이 크다.
3) 화재하중이 크다는 것은 화재구획의 공간이 좁다는 것이다.
4) 화재하중이 같더라도 물질의 상태에 따라 가혹도는 달라진다.
5) 화재하중은 화재구획실내의 가연물 총량을 목재 중량당비로 환산하여 면적으로 나눈 수치이다.

2. 건축물 용도에 따른 화재하중

건축물 용도	화재하중[kg/m^2]	건축물 용도	화재하중[kg/m^2]
호텔	5~15	백화점	100~200
병원	10~15	도서관	250
사무실	10~20	창고	200~1000
주택, 아파트	30~60		

3. 화재하중을 줄이는 방법

1) 건물의 불연화, 난연화
   ① 주요구조부 : 불연재료 사용(콘크리트, 석재, 벽돌, 기와, 석면 등)
   ② 내장재 : 불연재, 난연재(벽, 천장 등)
2) 가연물 수납 : 불연화가 불가능한 가연물을 불연성 밀폐용기에 보관
3) 가연물 제한 : 가연물을 필요한 최소단위로 보관하여 가연물의 양을 줄임

7. 화재가혹도(화재심도) ★★

1. 개념
1) 방호공간 안에서 화재의 세기를 나타내고 화재가 진행되는 과정에서 온도에 따라 변하는 것으로 온도-시간 곡선으로 표시
2) 화재가혹도는 발생한 화재가 해당 건물과 그 내부의 수용재산 등을 파괴하거나 손상을 입히는 능력의 정도로서 방호공간 내에서 화재의 세기를 나타내는 개념이다.

2. 화재가혹도의 해석

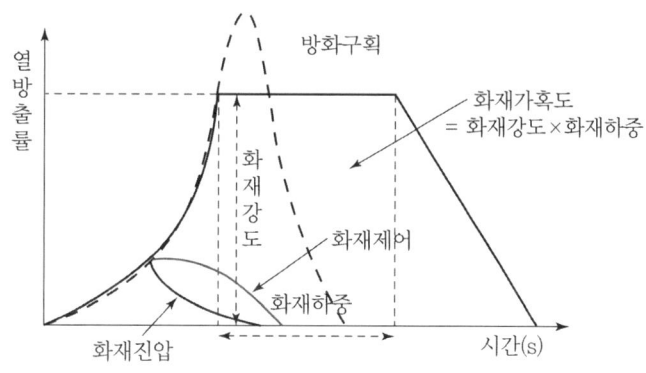

〈화재가혹도 개념곡선〉

1) 화재가혹도 : 화재발생으로 인한 건축물 내 수용재산 및 건축물 자체에 손상을 입히는 정도
2) 화재가혹도 = 최고온도 × 지속시간 = 화재강도 × 화재하중
3) 화재강도(Fire Intensity) : 최고온도를 뜻하며, 주수율($L/m^2 \cdot min$)을 결정하는 인자로 가연물의 비표면적, 화재실의 구조, 가연물의 발열량, 개구부의 위치 및 크기등이 영향을 준다.
4) 화재하중(Fire Load) : 최고온도의 지속시간을 뜻하며, 주수시간(min)을 결정하는 인자

8. 소방시설의 종류(소방시설법 시행령)

소화설비	물 또는 그 밖의 소화약제를 사용하여 소화하는 기계·기구 또는 설비로서 다음 각 목의 것
	가. 소화기구
	   1) 소화기
	   2) 간이소화용구: 에어로졸식 소화용구, 투척용 소화용구, 소공간용 소화용구 및 소화약제 외의 것을 이용한 간이소화용구(**마른모래, 팽창질석, 팽창진주암**)
	   3) 자동확산소화기
	나. 자동소화장치
	   1) 주거용 주방자동소화장치
	   2) 상업용 주방자동소화장치
	   3) 캐비닛형 자동소화장치
	   4) 가스자동소화장치
	   5) 분말자동소화장치
	   6) 고체에어로졸자동소화장치
	다. 옥내소화전설비(호스릴옥내소화전설비를 포함한다)
	라. 스프링클러설비등
	   1) 스프링클러설비
	   2) 간이스프링클러설비(캐비닛형 간이스프링클러설비를 포함한다)
	   3) 화재조기진압용 스프링클러설비
	마. 물분무등소화설비
	   1) 물 분무 소화설비
	   2) 미분무소화설비
	   3) 포소화설비
	   4) 이산화탄소소화설비
	   5) 할론소화설비
	   6) 할로겐화합물 및 불활성기체(다른 원소와 화학 반응을 일으키기 어려운 기체를 말한다. 이하 같다) 소화설비
	   7) 분말소화설비
	   8) 강화액소화설비
	   9) 고체에어로졸소화설비
	바. 옥외소화전설비

경보설비	화재발생 사실을 통보하는 기계·기구 또는 설비로서 다음 각 목의 것
	가. 단독경보형 감지기
	나. 비상경보설비
	   1) 비상벨설비
	   2) 자동식사이렌설비
	다. 자동화재탐지설비
	라. 시각경보기
	마. 화재알림설비(2023.12.1. 시행)

	바. 비상방송설비 사. 자동화재속보설비 아. 통합감시시설 자. 누전경보기 차. 가스누설경보기

피난구조설비	화재가 발생할 경우 피난하기 위하여 사용하는 기구 또는 설비로서 다음 각 목의 것
	가. **피난기구**
	  1) **피난사다리**
	  2) **구조대**
	  3) **완강기**
	  4) 간이완강기
	  5) 그 밖에 화재안전기준으로 정하는 것(**미끄럼대, 피난교, 다수인피난장비, 승강식피난기, 피난용트랩, 공기안전매트**)
	나. **인명구조기구**
	  1) 방열복, 방화복(안전모, 보호장갑 및 안전화를 포함한다)
	  2) 공기호흡기
	  3) 인공소생기
	다. 유도등
	  1) 피난유도선
	  2) 피난구유도등
	  3) 통로유도등
	  4) 객석유도등
	  5) 유도표지
	라. 비상조명등 및 휴대용비상조명등

소화활동설비	화재를 진압하거나 인명구조활동을 위하여 사용하는 설비로서 다음 각 목의 것 가. 제연설비 나. 연결송수관설비 다. 연결살수설비 라. 비상콘센트설비 마. **무선통신보조설비** 바. 연소방지설비
소화용수설비	화재를 진압하는 데 필요한 물을 공급하거나 저장하는 설비로서 다음 각 목의 것 가. 상수도소화용수설비 나. 소화수조ㆍ저수조, 그 밖의 소화용수설비

9. 특정소방대상물의 관계인과 소방안전관리자의 업무(화재예방법)

특정소방대상물(소방안전관리대상물은 제외한다)의 관계인의 업무	소방안전관리대상물의 소방안전관리자의 업무
1. 피난계획에 관한 사항과 대통령령으로 정하는 사항이 포함된 소방계획서의 작성 및 시행 2. 자위소방대(自衛消防隊) 및 초기대응체계의 구성, 운영 및 교육 3. 피난시설, 방화구획 및 방화시설의 관리 4. 소방시설이나 그 밖의 소방 관련 시설의 관리 5. 제37조에 따른 소방훈련 및 교육 6. 화기(火氣) 취급의 감독 7. 행정안전부령으로 정하는 바에 따른 소방안전관리에 관한 업무수행에 관한 기록·유지(제3호·제4호 및 제6호의 업무를 말한다) 8. 화재발생 시 초기대응 9. 그 밖에 소방안전관리에 필요한 업무	**1. 피난계획에 관한 사항과 대통령령으로 정하는 사항이 포함된 소방계획서의 작성 및 시행** **2. 자위소방대(自衛消防隊) 및 초기대응체계의 구성, 운영 및 교육** **5. 소방훈련 및 교육** 7. 행정안전부령으로 정하는 바에 따른 소방안전관리에 관한 업무수행에 관한 기록·유지(제3호·제4호 및 제6호의 업무를 말한다)

10. 무창층 및 피난층(소방시설법 시행령)

구분	내용
무창층(無窓層)	• 지상층 중 다음 각 목의 요건을 모두 갖춘 개구부(건축물에서 채광·환기·통풍 또는 출입 등을 위하여 만든 창·출입구, 그 밖에 이와 비슷한 것을 말한다)의 면적의 합계가 해당 층의 바닥면적의 **30분의 1 이하**가 되는 층 • 크기는 지름 **50센티미터 이상**의 원이 내접(內接)할 수 있는 크기일 것 • 해당 층의 바닥면으로부터 개구부 밑부분까지의 높이가 **1.2미터 이내**일 것 • 도로 또는 차량이 진입할 수 있는 빈터를 향할 것 • 화재 시 건축물로부터 쉽게 피난할 수 있도록 창살이나 그 밖의 장애물이 설치되지 아니할 것 • 내부 또는 외부에서 쉽게 부수거나 열 수 있을 것
피난층	• 곧바로 지상으로 갈 수 있는 출입구가 있는 층

11. 소방계획서에 포함되어야 하는 사항(소방시설법 시행령)

1. 소방안전관리대상물의 위치·구조·연면적·용도 및 수용인원 등 일반 현황
2. 소방안전관리대상물에 설치한 소방시설·방화시설(防火施設), 전기시설·가스시설 및 위험물시설의 현황
3. **화재 예방을 위한 자체점검계획 및 진압대책**
4. 소방시설·피난시설 및 방화시설의 점검·정비계획
5. 피난층 및 피난시설의 위치와 피난경로의 설정, 장애인 및 노약자의 피난계획 등을 포함한 피난계획
6. 방화구획, 제연구획, 건축물의 내부 마감재료(불연재료·준불연재료 또는 난연재료로 사용된 것을 말한다) 및 방염물품의 사용현황과 그 밖의 방화구조 및 설비의 유지·관리계획
7. **소방훈련 및 교육에 관한 계획**
8. 특정소방대상물의 근무자 및 거주자의 자위소방대 조직과 대원의 임무(**장애인 및 노약자의 피난 보조 임무를 포함한다**)에 관한 사항
9. 화기 취급 작업에 대한 사전 안전조치 및 감독 등 공사 중 소방안전관리에 관한 사항
10. 공동 및 분임 소방안전관리에 관한 사항
11. 소화와 연소 방지에 관한 사항
12. **위험물의 저장·취급에 관한 사항(예방규정을 정하는 제조소등은 제외한다)**
13. 그 밖에 소방안전관리를 위하여 소방본부장 또는 소방서장이 소방안전관리대상물의 위치·구조·설비 또는 관리 상황 등을 고려하여 소방안전관리에 필요하여 요청하는 사항

05 출제예상문제

소방 안전관리

01 ★★★ 출제년도【15.】
건축물의 방재 계획 중에서 공간적 대응 계획에 해당되지 않는 것은?

① 도피성 대응
② 대항성 대응
③ 회피성 대응
④ 소방시설방재 대응

해설 공간적인 대응
공간적 대응이란 화재 등 각종 위해요소로부터 불특정 다수인을 조기에 쉽게 피난시킴과 동시에 화재 진압을 고려하여야 하며 구체적으로는 대항성, 회피성, 도피성의 3가지 기능을 가져야 한다.

02 ★★★ 출제년도【17.】
건축방화계획에서 건축구조 및 재료를 불연화하여 화재를 미연에 방지하고자 하는 공간적 대응방법은?

① 회피성 대응
② 도피성 대응
③ 대항성 대응
④ 설비적 대응

해설 공간적 대응(수동적 방화)

구분	내 용
대항성	건축물의 내화성능, 방화구획 성능, 화재방어 대응성, 방연성능, 배연성능, 초기소화 대응력
회피성	난연화, 불연화, 내장제 제한, 방화훈련 등 화재예방 방안
도피성	피난, 부지 및 도로 등

03 ★★★ 출제년도【18.】
피난로의 안전구획 중 2차 안전구획에 속하는 것은?

① 복도
② 계단부속실(계단전실)
③ 계단
④ 피난층에서 외부와 직면한 현관

해설 안전구획
1차 : 복도, 2차 : 계단부속실(계단전실)
3차 : 계단

04 ★★ 출제년도【96. 06. 07. 13. 20.】
일반적인 플라스틱 분류상 열경화성 플라스틱에 해당하는 것은?

① 폴리에틸렌
② 폴리염화비닐
③ 페놀수지
④ 폴리스티렌

해설 열가소성, 열경화성

구분	열가소성 합성수지류	열경화성 합성수지류
개념	열을 가하면 용융하고, 냉각시키면 경화되는 것으로 재성형이 가능하다.	열을 가하면 경화되며, 재성형이 불가능하다.
종류	메틸펜텐 폴리머 나일론(포리아미드) 폴리카보네이트 폴리에틸렌, 폴리이미드 폴리페닐렌 옥시드 폴리프로필렌, 폴리스티렌 폴리술폰, 염화비닐리덴 수지 폴리염화비닐 수지(PVC)	우레아 수지 멜라민 수지 에폭시 수지 페놀 수지 불포화 폴리에스텔 수지 실리콘 수지 폴리우레탄

05 ★★ 출제년도【19.】
특정소방대상물(소방안전관리대상물은 제외)의 관계인과 소방안전관리대상물의 소방안전관리자의 업무가 아닌 것은?

정답 01. ④ 02. ① 03. ② 04. ③ 05. ②

① 화기 취급의 감독
② 자체소방대의 운용
③ 소방 관련 시설의 유지·관리
④ 피난시설, 방화구획 및 방화시설의 유지·관리

해설 특정소방대상물의 관계인과 소방안전관리자의 업무 (화재예방법 제24조)

특정소방대상물(소방안전관리대상물은 제외한다)의 관계인의 업무	소방안전관리대상물의 소방안전관리자의 업무
1. 피난계획에 관한 사항과 대통령령으로 정하는 사항이 포함된 소방계획서의 작성 및 시행 2. 자위소방대(自衛消防隊) 및 초기대응체계의 구성, 운영 및 교육 3. 피난시설, 방화구획 및 방화시설의 관리 4. 소방시설이나 그 밖의 소방 관련 시설의 관리 5. 소방훈련 및 교육 6. 화기(火氣) 취급의 감독 7. 행정안전부령으로 정하는 바에 따른 소방안전관리에 관한 업무수행에 관한 기록·유지(제3호·제4호 및 제6호의 업무를 말한다) 8. 화재발생 시 초기대응 9. 그 밖에 소방안전관리에 필요한 업무	1. 피난계획에 관한 사항과 대통령령으로 정하는 사항이 포함된 소방계획서의 작성 및 시행 2. 자위소방대(自衛消防隊) 및 초기대응체계의 구성, 운영 및 교육 5. 소방훈련 및 교육 7. 행정안전부령으로 정하는 바에 따른 소방안전관리에 관한 업무수행에 관한 기록·유지(제3호·제4호 및 제6호의 업무를 말한다)

06 ★★★ 출제년도 【11, 16, 21.】
소화기구 및 자동소화장치의 화재안전기준에 따르면 소화기구(자동확산소화기는 제외)는 거주자 등이 손쉽게 사용할 수 있는 장소에 바닥으로부터 높이 몇 m 이하의 곳에 비치하여야 하는가?
① 0.5 ② 1.0
③ 1.5 ④ 2.0

해설 소화기구는 바닥으로부터 높이 1.5[m] 이하의 곳에 비치하여야 한다.

07 ★ 출제년도 【10.】
소화기구의 구분에서 간이소화용구에 해당되지 않는 것은?
① 이산화탄소소화기
② 마른모래
③ 팽창질석
④ 팽창진주암

해설 간이소화용구 : 마른모래, 팽창질석, 팽창진주암

08 ★★ 출제년도 【19.】
다음 중 인명구조기구에 속하지 않는 것은?
① 방열복 ② 공기안전매트
③ 공기호흡기 ④ 인공소생기

해설 인명구조기구의 종류
① 방열복 또는 방화복
② 공기호흡기
③ 인공소생기

09 ★★★ 출제년도 【01, 04, 11, 21.】
화재발생 시 피난기구로 직접 활용할 수 없는 것은?
① 완강기 ② 무선통신보조설비
③ 피난사다리 ④ 구조대

해설 무선통신보조설비는 소화활동설비이다.
피난기구의 종류 : 완강기, 간이완강기, 피난사다리, 구조대, 미끄럼대, 피난용승강기, 다수인피난장비, 공기안전매트, 피난교, 피난용트랩

10 ★★★ 출제년도 【22.】
제연설비의 화재안전기준상 예상제연구역에 공기가 유입되는 순간의 풍속은 몇 m/s 이하가 되도록 하여야 하는가?
① 2 ② 3
③ 4 ④ 5

정답 06. ③ 07. ① 08. ② 09. ② 10. ④

[해설] 예상제연구역에 공기가 유입되는 순간의 풍속은 5 m/s 이하가 되도록 하고, 유입구의 구조는 유입공기를 하향 60° 이내로 분출할 수 있도록 하여야 한다.

11. 소화약제의 형식승인 및 제품검사의 기술기준상 강화액 소화약제의 응고점은 몇 ℃ 이하이어야 하는가?

① 0 ② -20
③ -25 ④ -30

[해설] 강화액 소화약제
① 알카리 금속염류의 수용액인 경우에는 알카리성 반응을 나타내어야 한다.
② 강화액소화약제의 응고점은 -20 ℃ 이하이어야 한다.

12. 화재하중에 대한 설명 중 틀린 것은?

① 화재하중이 크면 단위면적당의 발열량이 크다.
② 화재하중이 크다는 것은 화재구획의 공간이 넓다는 것이다.
③ 화재하중이 같더라도 물질의 상태에 따라 가혹도는 달라진다.
④ 화재하중은 화재구획실내의 가연물 총량을 목재 중량당비로 환산하여 면적으로 나눈 수치이다.

[해설] 화재하중
① 화재구획에서의 단위 면적당 등가 가연물량 kg/m²

$$Q = \frac{\Sigma(G \times H)}{H_0 \cdot A} = \frac{\Sigma(G \times H)}{4,500A} \text{kg/m}^2$$

여기서, Q : 화재하중 kg/m²
G : 가연물중량 kg
H : 가연물의 단위발열량 kcal/kg
H_0 : 목재의 단위발열량 = 4,500kcal/kg
A : 화재구획의 바닥면적 m²

② 화재하중이 크면 단위면적당의 발열량이 크다.
③ 화재하중이 크다는 것은 화재구획의 공간이 좁다는 것이다.
④ 화재하중이 같더라도 물질의 상태에 따라 가혹도는 달라진다.
⑤ 화재하중은 화재구획실내의 가연물 총량을 목재 중량당비로 환산하여 면적으로 나눈 수치이다.

13. 화재하중의 단위로 옳은 것은?

① kg/m² ② ℃/m²
③ kg·L/m³ ④ ℃·L/m³

[해설] 화재하중
① 단위면적당 등가 가연물량
② 화재하중 $Q = \frac{\Sigma(G \times H)}{4,500A}$ [kg/m²]

여기서, G : 가연물 중량[kg]
H : 가연물의 단위 발열량[kcal/kg]
A : 화재구획 바닥면적[m²]

14. 다음 중 화재하중을 나타내는 단위는?

① [kcal/kg] ② [℃/m²]
③ [kg/m²] ④ [kg/kcal]

[해설] 화재하중은 화재구획에서의 단위 면적당 등가 가연물량 [kg/m²]

$$Q = \frac{\Sigma(G_i \cdot H_i)}{H_0 \cdot A} \text{[kg/m}^2\text{]}$$

여기서, Q : 화재하중[kg/m²]
G_i : 가연물중량[kg],
H_i : 가연물의 단위발열량[kcal/kg],
H_0 : 목재의 단위발열량 (4500[kcal/kg]),
A : 화재구획의 바닥면적[m²]

15. 화재하중 계산 시 목재의 단위발열량은 약 kcal/kg인가?

① 3000 ② 4500
③ 9000 ④ 12000

[해설] 목재의 단위발열량[=4,500kcal/kg]

정답 11. ② 12. ② 13. ① 14. ③ 15. ②

16 ★★ 출제년도 【16.】
화재실 혹은 화재공간의 단위 바닥면적에 대한 등가 가연물량의 값을 화재하중이라 하며 식으로 표시할 경우에는 $Q = \dfrac{\sum(Gt \cdot Ht)}{H \cdot A}$ 와 같이 표현할 수 있다. 여기에서 H는 무엇을 나타내는가?

① 목재의 단위발열량
② 가연물의 단위발열량
③ 화재실내 가연물의 전체 발열량
④ 목재의 단위발열량과 가연물의 단위발열량을 합한 것

해설 화재하중
$$Q = \dfrac{\sum(G \times H)}{H_0 \cdot A} = \dfrac{\sum(G \times H)}{4,500A}\,[\text{kg/m}^2]$$
여기서, Q : 화재하중 [kg/m²]
G : 가연물중량 [kg]
H : 가연물의 단위발열량 [kcal/kg]
H_0 : 목재의 단위발열량 [=4,500kcal/kg]
A : 화재구획의 바닥면적 [m²]

17 ★★★ 출제년도 【19.】
화재강도(Fire Intensity)와 관계가 없는 것은?

① 가연물의 비표면적
② 발화원의 온도
③ 화재실의 구조
④ 가연물의 발열량

해설 ① 화재가혹도 : 화재발생으로 인한 건축물 내 수용재산 및 건축물 자체에 손상을 입히는 정도
② 화재가혹도=화재강도×화재하중
③ 화재강도(Fire Intensity) : 최고온도를 뜻하며, 주수율을 결정하는 인자로 가연물의 비표면적, 화재실의 구조, 가연물의 발열량, 개구부의 위치 및 크기등이 영향을 준다.
④ 화재하중 : 최고온도의 지속시간을 뜻하며, 주수시간을 결정하는 인자

18 ★★★ 출제년도 【19.】
방호공간 안에서 화재의 세기를 나타내고 화재가 진행되는 과정에서 온도에 따라 변하는 것으로 온도-시간 곡선으로 표시할 수 있는 것은?

① 화재저항
② 화재가혹도
③ 화재하중
④ 화재플럼

해설 화재가혹도(화재심도)
① 방호공간 안에서 화재의 세기를 나타내고 화재가 진행되는 과정에서 온도에 따라 변하는 것으로 온도-시간 곡선으로 표시
② 화재가혹도=화재강도×화재하중
③ 화재강도 : 최고온도, 화재하중 : 최고온도의 지속시간

19 ★ 출제년도 【19.】
화재발생 시 인명피해 방지를 위한 건물로 적합한 것은?

① 피난설비가 없는 건물
② 특별피난계단의 구조로 된 건물
③ 피난기구가 관리되고 있지 않은 건물
④ 피난구 폐쇄 및 피난구유도등이 미비되어 있는 건물

해설 화재발생 시 인명피해 방지를 위한 건물
① 피난설비가 있는 건물
② 특별피난계단의 구조로 된 건물
③ 피난기구가 관리되고 있는 건물
④ 피난구 개방 및 피난구유도등이 설치되어 있는 건물

20 ★ 출제년도 【20.】
이산화탄소 소화약제 저장용기의 설치장소에 대한 설명 중 옳지 않은 것은?

① 반드시 방호구역 내의 장소에 설치한다.
② 온도의 변화가 적은 곳에 설치한다.
③ 방화문으로 구획된 실에 설치한다.
④ 해당 용기가 설치된 곳임을 표시하는 표지를 한다.

정답 16. ① 17. ② 18. ② 19. ② 20. ①

해설 방호구역외의 장소에 설치할 것. 다만, 방호구역내에 설치할 경우에는 피난 및 조작이 용이하도록 피난구 부근에 설치하여야 한다.

21 ★ 출제년도【16.】
정전기에 의한 발화과정으로 옳은 것은?

① 방전 → 전하의 축적 → 전하의 발생 → 발화
② 전하의 발생 → 전하의 축적 → 방전 → 발화
③ 전하의 발생 → 방전 → 전하의 축적 → 발화
④ 전하의 축적 → 방전 → 전하의 발생 → 발화

해설 정전기에 의한 발화과정 :
전하의 발생→전하의 축적→방전→발화

22 ★★ 출제년도【22.】
정전기로 인한 화재를 줄이고 방지하기 위한 대책 중 틀린 것은?

① 공기 중 습도를 일정값 이상으로 유지한다.
② 기기의 전기 절연성을 높이기 위하여 부도체로 차단공사를 한다.
③ 공기 이온화 장치를 설치하여 가동시킨다.
④ 정전기 축적을 막기 위해 접지선을 이용하여 대지로 연결작업을 한다.

해설 정전기 제거방법
접지에 의한 방법
공기 중의 상대습도를 70% 이상으로 하는 방법
공기를 이온화하는 방법

23 ★★★ 출제년도【04. 06. 07. 09. 10.】
정전기로 인한 피해발생의 방지대책이 아닌 것은?

① 접지실시
② 공기의 이온화
③ 부도체 사용
④ 70[%] 이상의 상대습도 유지

해설 정전기로 인한 피해발생의 방지대책
① 공기 중의 상대습도를 70[%] 이상으로 유지한다.
② 접지 또는 본딩에 의한 대전방지
③ 공기를 이온화한다.
④ 제전기에 의한 대전방지
⑤ 인체의 대전방지

24 ★★★ 출제년도【19. 22.】
물질의 취급 또는 위험성에 대한 설명 중 틀린 것은?

① 융해열은 점화원이다.
② 질산은 물과 반응 시 발열 반응하므로 주의를 해야 한다.
③ 네온, 이산화탄소, 질소는 불연성 물질로 취급한다.
④ 암모니아를 충전하는 공업용 용기의 색상은 백색이다.

해설 ① 융해열은 고체가 액체가 될 때 필요한 잠열로 점화원이 될 수 없다.
② 물의 융해열은 약 80kcal/kg

25 ★★★ 출제년도【01. 03. 05. 10. 16.】
무창층 여부를 판단하는 개구부로서 갖추어야 할 조건으로 옳은 것은?

① 해당층의 바닥면으로부터 개구부 밑 부분까지의 높이가 1.5m인 것
② 개구부 크기가 지름 30cm의 원이 내접할 수 있는 것
③ 내부 또는 외부에서 쉽게 파괴 또는 개방할 수 있을 것
④ 창에 방범을 위하여 40cm 간격으로 창살을 설치할 것

해설 무창층(無窓層)
지상층 중 다음 각 목의 요건을 모두 갖춘 개구부(건

정답 21. ② 22. ② 23. ③ 24. ① 25. ③

축물에서 채광·환기·통풍 또는 출입 등을 위하여 만든 창·출입구)의 면적의 합계가 해당 층의 바닥면적의 30분의 1 이하가 되는 층을 말한다.

가. 크기는 지름 50센티미터 이상의 원이 내접(內接)할 수 있는 크기일 것
나. 해당 층의 바닥면으로부터 개구부 밑 부분까지의 높이가 1.2미터 이내일 것
다. 도로 또는 차량이 진입할 수 있는 빈터를 향할 것
라. 화재 시 건축물로부터 쉽게 피난할 수 있도록 창살이나 그 밖의 장애물이 설치되지 아니할 것
마. 내부 또는 외부에서 쉽게 부수거나 열 수 있을 것

06 소화론 및 소화약제

1. 소화원리 ★★★

1. 소화원리

연소의 4요소	소화원리	소화방법	비고
가연물	가연물의 제거	제거소화	물리적 소화
산 소	산소희석, 산소차단	질식소화	
점화원	연소점 이하로 냉각	냉각소화	
순조로운 연쇄반응	연쇄반응의 억제	억제소화(부촉매 소화)	화학적 소화

2. 제거소화

연소의 구성요소 중 가연물을 제거함으로써 연소반응을 중지시켜 소화하는 방법
1) 가스 화재 시 가스 밸브를 폐쇄시켜 가스공급을 중단
2) 가연물 직접 제거하는 방법
3) 촛불을 입으로 강하게 불어 가연성 증기를 순간적으로 날려 보내는 방법
4) 산불화재 시 진행 방향의 나무 등 가연물 제거하는 방법

3. 질식소화

연소의 구성요소 중 산소공급원을 차단하여 소화하는 방법으로 일반적인 화재에서 공기 중의 산소농도를 15% 이하로 낮추어 연소반응을 억제시키는 방법
1) 불연성 기체를 이용하여 가연물을 덮는 방법
2) 불연성 포(Foam)로 가연물을 덮는 방법
3) 불연성 고체로 가연물을 덮는 방법

4. 냉각소화

연소의 구성요소 중 연소하고 있는 가연물의 온도를 낮추어 소화하는 방법
1) 주수(물을 방사)에 의한 냉각작용
2) 이산화탄소 소화약제에 의한 냉각작용
3) 비열, 기화열을 이용하여 점화원을 인화점 또는 발화점 이하로 냉각시키는 방법
4) 물은 비열 및 잠열이 커서 냉각능력이 뛰어나다.

5. 부촉매(억제) 소화

연소의 4요소 중 연쇄반응을 억제시켜 연소가 계속되는 것을 불가능하게 하여 소화하는 것으로 화학적 작용에 의한 소화 방법이다.

1) 할론, 할로겐화합물 소화약제에 의한 억제(부촉매) 작용
2) 분말 소화약제에 의한 억제(부촉매) 작용

2. 물 소화약제

1. 물의 상평형도

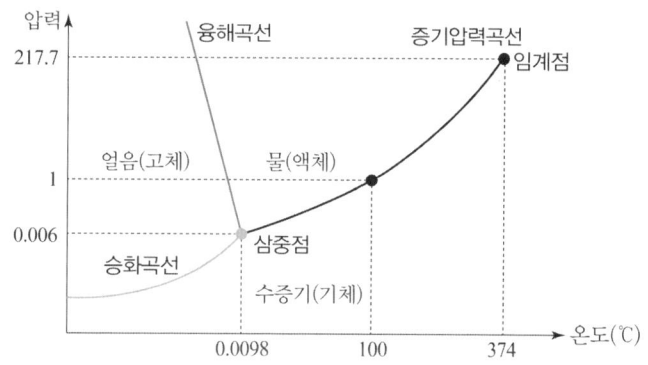

1) 물의 삼중점 :

고체, 액체, 기체의 3상이 평형을 이루어 공존하는 점을 말하며, 삼중점일 때 온도는 약 0.01℃, 압력은 약 0.01기압(atm)이다.

2) 물의 임계점 : 374℃

액체와 기체의 상태가 같아지기 시작하는 점을 말하며, 임계온도는 약 374℃, 임계압력은 약 218기압(atm)이다.

2. 물의 상태변화

1) 기화 : 액체가 기체로 변하는 현상.
   ① 증발 : 액체 표면에서 기화
   ② 비등 : 액체 표면 + 내부에서 기화
2) 액화(응축) : 기체가 액체로 변하는 현상
   ① 임계온도 : 액화시킬 수 있는 가장 높은

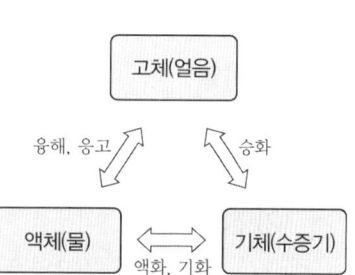

온도

② 임계압력 : 임계온도에서 기체를 액화시킬 수 있는 가장 낮은 압력

3) 융해 : 고체가 액체로 변하는 현상

4) 응고 : 액체가 고체로 변하는 현상

5) 승화 : 고체가 액체를 거치지 않고 직접 기체화
또는 기체가 액체를 거치지 않고 직접 고체로 변하는 현상.

3. 물의 수소결합

1) 물 분자간의 결합은 쌍극자-쌍극자 힘에 의한 수소결합이다.

 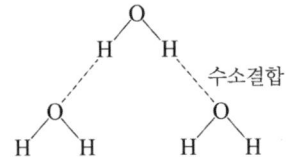

2) 수소결합의 특성

① 녹는점과 끓는점이 높다.
다른 물질에 비해 분자간의 인력이 커서 이를 끊어내는데 많은 에너지가 필요로 한다. 이러한 이유로 다른 물질에 비해 융해열과 기화열이 크다.

② 비열이 크다.
물질 1g의 온도를 1℃ 높이는데 필요한 열량으로 다른 물질에 비해 온도를 변화시키는 데는 많은 열이 필요로 한다.

③ 표면장력이 크다.
수소결합에 의해 강한 분자간의 힘이 있어 표면장력이 크다.

④ 물의 밀도가 변화한다.

4. 물의 열량

1) 비열의 개념

물 1[g]을 14.5[℃]에서 15.5[℃]로 1[℃] 높이는데 필요한 열량

2) 비열

① 물의 비열 1[cal/g·℃]

② 얼음의 비열 0.5[cal/g·℃]

3) 잠열

① 융해열과 응고열은 같으며 물의 경우는 80[kcal/kg]

② 물의 기화(증발)열은 539[kcal/kg]

4) 열량정리

구분	열량
기화(증발)잠열	539[cal/g]
융해잠열	80[cal/g]
100℃의 물 1g이 100℃의 수증기로 되는데 필요한 열량	539[cal/g]
0℃의 물 1g이 100℃의 수증기로 되는데 필요한 열량	639[cal/g]

5. 물의 물리·화학적 특성

물리적 특성	화학적 특성
• 무색, 무취, 무독성, 비가연성의 액체이다. • 비중 = 1, 밀도 = 1,000[kg/m^3]이다. • 비중량 = 9.8[kN/m^3], • 비체적 = 1000[m^3/kg]이다. • 응고점 0[℃], 비등점 100[℃] • 응고열(융해열) : 80[kcal/kg] • 증발열(기화열) : 539[kcal/kg]	• 수소와 산소의 화합물이다. • 극성 공유결합이며, 수소결합이다. • 대단히 적게 해리된다.(중성 pH = 7) • 화학적으로 매우 안정적이다. 공유결합으로서 결합력이 대단히 크다.

6. 소화수로서의 물의 특성

1) 비열이 크고 증발잠열이 크므로 냉각효과가 매우 크다.
2) 봉상주수, 적상주수, 무상주수 등 방사형태가 다양하다.
3) 화학적으로 매우 안정된 유체이므로 부동액, 침투제, 증점제, 밀도 개질제, 강화액, 유화제 등 다양한 첨가제 사용이 가능하다.
4) 비압축성 유체이므로 펌프이송이 쉽고, 관리도 편리하다.
5) 경제성이 좋다(쉽게 구할 수 있고 가격이 저렴하다.)
6) 증발하면 부피가 약 1,650배 증가하므로 질식효과가 매우 크다.
7) 겨울철에는 동파할 수 있으므로 이에 대한 대책이 필요하다.
8) 금수성 물질, C급 화재 적응성 없다. 수손피해가 크다.

7. 물 소화약제의 방사특성

1) 적응화재 및 소화효과

주수방법	소화효과	적응화재	설비
봉상주수	냉각, 타격, 파괴	A	옥내, 옥외소화전설비
적상주수	질식, 냉각	A	스프링클러설비
무상주수	질식, 냉각, 유화	A, B, C	미분무소화설비, 물분무소화설비

2) 물의 동결 방지대책
① 건물 내 난방법
② 보온법
③ 열선(정온전선), 메탈히터(Metal Heater) 사용
④ 물의 유동
⑤ 냉풍차단, 부동액 사용 등

3. 물의 소화능력 향상을 위한 첨가제

1. 부동액(Anti freeze Agent)

1) 첨가목적
① 물은 동결 시 약 9%의 체적팽창과 17~25[MPa]의 압력이 발생하여 배관 등을 손상시킨다.
② 물의 응고 현상을 방지, 동결 방지용으로 사용
③ 인체에 유해하여 겨울철 배관 시험에만 적용

2) 종류
① 유기물 계통 : 에틸렌글리콜, 프로필렌글리콜, 디에틸렌글리콜, 글리세린
② 무기물 계통 : CaCl(염화칼슘)

2. Wetting Agent(침투제, 침윤제, 습윤제)

1) 첨가목적
① 표면장력 및 점성을 감소시킴, 화면에 침투성을 증가
② 물의 침투가 원활하지 않은 산림화재, 심부화재에 효과적

2) 특징
① 소화효율의 향상 : 사용 시간, 사용량의 단축
② 표면장력의 약화 : 침투능력, 확산능력, 유화능력이 향상
③ A급 화재, B급 화재에 적용 시 질식효과가 증가한다.
④ 흡수 속도가 빨라지고, 고체에 흡착성이 높아진다.

3. 강화액(Wet chemical agent)

1) 첨가목적
   ① 물의 소화 능력을 증가시키기 위해 알칼리 금속염류를 첨가하여 만든 소화약제
   ② 물의 냉각, 질식 효과와 첨가제의 부촉매 효과를 갖는다.

2) 특징
   ① 용도로는 강화액 소화기로 주로 사용
   ② 알칼리 금속염의 중탄산나트륨, 탄산칼륨, 인산암모늄 등

4. 증점제(Thicking Agent 또는 Viscosity Agent)

1) 첨가목적
   ① 가연물에 물의 착상도를 높인다.
   ② 화재 면에 물방울의 도착률을 높인다.(주수율 향상)

2) 특징
   ① 점도를 높이는 첨가제 사용하여, 가연물의 표면에 상당 기간 착상시킨다.
   ② 주로 산림화재에 적용한다. 바람, 기류 등에 의한 영향을 적게 받는다.
   ③ 가연물의 표면에 붙어 밀착되는 능력이 커진다.

5. 밀도 개질제

1) 첨가목적
   ① 유류는 물보다 가벼워 물을 방사하여도 연소면만 확대된다.
   ② 유류화재를 진압하기 위해서는 유류보다 밀도가 작은 소화약제를 표면에 방사하여, 가연성가스의 발생을 억제하여야 한다.

2) 특징
   ① 밀도가 작은 소화약제를 만들기 위하여 첨가하는 첨가제
   ② 포 소화약제가 대표적이다.

6. 산-알칼리제

1) 산과 알칼리의 화학반응을 이용한 소화약제
2) 산으로는 황산, 알칼리로는 탄산수소나트륨이 사용
3) 반응식 : $2NaHCO_3 + H_2SO_4 \rightarrow Na_2SO_4 + 2H_2O + 2CO_2$
   CO_2 : 질식효과,
   Na_2SO_4, $2H_2O$: 냉각효과

4. 이산화탄소 소화약제

1. 약제 방출방식

혼합장치	내용
전역방출방식	소화약제 공급장치에 배관 및 분사헤드 등을 설치하여 밀폐 방호구역 전체에 소화약제를 방출하는 방식
국소방출방식	소화약제 공급장치에 배관 및 분사헤드를 등을 설치하여 직접 화점에 소화약제를 방출하는 방식
호스릴방식	소화수 또는 소화약제 저장용기 등에 연결된 호스릴을 이용하여 사람이 직접 화점에 소화수 또는 소화약제를 방출하는 방식

2. 이산화탄소의 상평형도

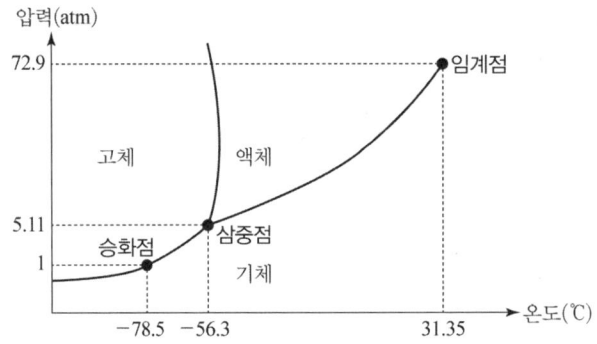

1) 삼중점 : 고체, 액체, 기체의 3상이 평형을 이루어 공존하는 점을 말한다.
2) 임계점 : 액체와 기체의 상태가 같아지기 시작하는 점을 말한다.
3) 승화점 : 고체가 바로 기체가 되는 점을 말한다.

3. 이산화탄소의 물성 ★★

1) 무색, 무취의 기체이며 불연성이다.
2) 상온에서 가압하면 쉽게 액화하여 액체 상태로 저장, 운반할 수 있다.

구분	비고
분자량	44
증기비중	1.52
삼중점	−56.3℃
임계온도	31.3℃
임계압력	72.9atm
승화점	−78.5℃

4. 이산화탄소 소화약제의 장·단점

장점	단점
① 가연물 내부에서 연소하는 화재인 심부화재에 적합하다. ② 비전도성이므로 전기화재(C급 화재)에 적응성이 있다. ③ 피연소물에 피해가 적다. ④ 화재진화 후 깨끗하다. ⑤ 질식소화, 냉각소화 작용이 있다. ⑥ 약제의 수명이 반영구적이며, 소화약제의 값이 저렴하다.	① 사람에게 질식의 우려가 있어 사람이 상주하는 장소에는 적용할 수 없다. ② 방사 시 동상의 우려와 소음이 크다. ③ 설비가 고압으로 특별한 주의와 관리가 필요하다. ④ 소화약제 방사 시 연무(煙霧, haze)를 만들어 피난 시 시야를 가릴 수 있다.

5. 소화효과

1) 질식소화

① 산소의 농도를 15% 이하로 낮추어 소화하는 방법

② 이산화탄소의 농도의 계산

$$CO_2(\%) = \frac{21 - O_2}{21} \times 100 \text{ (단, } O_2 : \text{한계산소농도(\%))}$$

③ 최소설계농도 : 34vol%

2) 냉각작용 :

① 이산화탄소 방출 시 줄-톰슨효과에 따른 기화열에 의한 냉각으로 소화시키는 방법

② 유류탱크 화재 시 냉각된 유류가 가연성증기의 발생을 억제하여 재연소를 방지

3) 피복작용

① 상온에서 공기의 평균분자량을 29라 하면 이산화탄소의 비중은 공기보다 약 1.5배 정도 더 무겁다.

② 가연물이나 화염의 표면을 덮어 공기의 공급을 차단하는 작용을 한다.

6. 가연성액체 또는 가연성가스의 소화에 필요한 설계농도

방호대상물	설계농도(%)
수소(Hydrogen)	75
아세틸렌(Acetylene)	66
일산화탄소(Carbon Monoxide)	64
산화에틸렌(Ethylene Oxide)	53
에틸렌(Ethylene)	49
에탄(Ethane)	40
석탄가스, 천연가스(Coal gas, Natural gas)	37
사이크로 프로판(Cyclo Propane)	37
이소부탄(Iso Butane)	36
프로판(Propane)	36
부탄(Butane)	34
메탄(Methane)	34

7. 이산화탄소소화설비의 분사헤드 설치제외 장소

1) 방재실·제어실 등 사람이 상시 근무하는 장소
2) 니트로셀룰로스·셀룰로이드제품 등 자기연소성물질을 저장·취급하는 장소
3) 나트륨·칼륨·칼슘 등 활성금속물질을 저장·취급하는 장소
4) 전시장 등의 관람을 위하여 다수인이 출입·통행하는 통로 및 전시실 등

5. 포소화약제

1. 포의 주요성질

성질	내용
내열성	① 화염 및 화열에 대한 내력이 강해야 화재 시 포가 파괴되지 않는다. 내열성이 좋지 않으면 윤화(Ring Fire)가 발생하므로 탱크화재에 부적합하다. ② 발포 배율이 낮을수록, 환원시간이 길수록 내열성이 우수하다.
내유성	① 내유성이 없으면 약제가 오염되어 표면하주입식으로의 사용이 불가능하다. ② 불화단백포는 내유성 및 내열성이 강하여 탱크화재에 주로 적용한다.
유동성	① 포의 유동성이 나쁘면 소화 속도가 느려진다. ② 환원시간이 길수록 내열성과 안전성은 증가하나 유동성은 감소한다.
점착성	① 점착성이 클수록 포가 표면에 잘 부착되어 질식 효과를 극대화한다. ② 고팽창포의 경우 저팽창포에 비해 수분이 적어 점착성이 약해진다.

성질	내용
환원시간	① 발포상태에서 포가 파괴되어 원래의 포 수용액으로 환원되는 시간 ② 25% 환원시간 : 합성계면 활성제포 180초 이상, 단백포 및 수성막포 60초 이상 유지하면 되므로 합성계면 활성제포에 비해 단백포 및 수성막포가 소화 성능이 우수하다.

2. 주요 포소화약제의 특성

구분	단백포	합성계면 활성제포	불화단백포	수성막포
주성분	동식물성 단백질의 가수분해 생성물 + 안정제 첨가	계면활성제 + 기포안정제	단백포 + 불소계 계면활성제	불소계습윤제 + 안정제
내유성	작다	작다	크다	크다
사용농도	3%, 6%	1%, 1.5%, 2%	3%, 6%	3%, 6%
내열성	크다	작다	크다	작다
유동성	작다	크다	크다	크다
안정성	크다	크다	크다	크다
부패, 변질	쉽다	어렵다	어렵다	어렵다
고발포	사용 불가	사용 가능	사용 불가	사용 불가
친수성	○	○	○	○
친유성	○	○	×	×
표면하주입방식	불가	불가	가능	가능

3. 포소화설비

설비	내용
포헤드설비	포헤드를 사용하는 포소화설비
포워터 스프링클러설비	포워터스프링클러헤드를 사용하는 포소화설비
고정포방출설비	고정포방출구를 사용하는 설비
호스릴포소화설비	호스릴포방수구·호스릴 및 이동식 포노즐을 사용하는 설비
포소화전설비	포소화전방수구·호스 및 이동식포노즐을 사용하는 설비

4. 팽창비 ★★★

1) 팽창비 : 최종 발생한 포 체적을 원래 포 수용액 체적으로 나눈 값

$$팽창비 = \frac{최종\ 발생한\ 포체적}{원래\ 포수용액의\ 체적}$$

2) 고발포 : 팽창비 80~1,000배 미만
　① 제 1종 기계포 : 80~250배 미만
　② 제 2종 기계포 : 250~500배 미만
　③ 제 3종 기계포 : 500~1,000배 미만

3) 저발포 : 팽창비가 20배 이하

5. 소화약제의 구비조건

1) 독성이 적고 유동성이 좋아야 한다.
2) 포의 안정성이 좋아야 한다.
3) 유류와 잘 접착하여야 한다.
4) 사용이 간편하며, 저렴하여야 한다.

6. 포 혼합장치의 종류 ★★★

혼합장치	내용
라인프로포셔너 방식(관로혼합방식)	펌프와 발포기의 중간에 설치된 **벤추리관의 벤추리작용**에 따라 포 소화약제를 흡입·혼합하는 방식
펌프프로포셔너 방식(펌프혼합방식)	펌프의 토출관과 흡입관 사이의 배관도중에 설치한 흡입기에 펌프에서 토출된 물의 일부를 보내고, **농도 조정밸브**에서 조정된 포 소화약제의 필요량을 포 소화약제 저장탱크에서 펌프 흡입측으로 보내어 이를 혼합하는 방식
프레셔사이드 프로포셔너방식 (압입혼합방식)	펌프와 발포기의 중간에 설치된 **벤추리관의 벤추리작용과 펌프 가압수**의 포 소화약제 저장탱크에 대한 압력에 따라 포 소화약제를 흡입·혼합하는 방식
프레셔프로포셔너방식 (차압혼합방식)	펌프의 토출관에 압입기를 설치하여 포 소화약제 **압입용펌프**로 포 소화약제를 압입시켜 혼합하는 방식
압축공기포 믹싱챔버방식	물, 포 소화약제 및 공기를 **믹싱챔버로 강제주입**시켜 챔버 내에서 포수용액을 생성한 후 포를 방사하는 방식

7. 포소화약제의 소화원리

1) 질식작용 : 공기 중의 산소의 공급을 포에 의해 차단하여 화재를 소화
2) 냉각작용 : 포소화약제가 일부 증발할 때, 화재장소로부터 열을 흡수함으로서 주위의 온도를 연소점 이하로 낮추어 화재를 소화한다.
3) 유화작용 : 포소화약제를 4류 위험물에 방사하면, 유류표면에 엷은 막을 형성하여 화재를 소화한다.
4) 희석작용 : 알코올, 에테르 등의 수용성액체 화재 시 다량의 포를 일시에 방사하여 수용성액체의 농도를 연소하한계 이하로 묽게 하여 화재를 소화한다.

8. 할론 소화약제 ★★

1. 약제 방출방식

혼합장치	내용
전역방출방식	소화약제 공급장치에 배관 및 분사헤드 등을 설치하여 밀폐 방호구역 전체에 소화약제를 방출하는 방식
국소방출방식	소화약제 공급장치에 배관 및 분사헤드를 등을 설치하여 직접 화점에 소화약제를 방출하는 방식
호스릴방식	소화수 또는 소화약제 저장용기 등에 연결된 호스릴을 이용하여 사람이 직접 화점에 소화수 또는 소화약제를 방출하는 방식

2. 화학식 ★★

할로겐화합물	화학식	C	F	Cl	Br
Halon 1301	CF_3Br	1	3	0	1
Halon 1211	CF_2ClBr	1	2	1	1
Halon 2402	$C_2F_4Br_2$	2	4	0	2
Halon 104	CCl_4	1	0	4	-

1) **오존파괴지수** : 1301 > 1211 > 2402 > 104
2) 소화효과 : 1301 > 1211 > 2402 > 104
3) 독성 : 1301 < 1211 < 2402 < 104

3. 할론 소화약제 종류

종류	분자식	상온·상압에서 상태
하론 1301	CF_3Br	기체상태
하론 1211	CF_2ClBr	기체상태
하론 2402	$C_2F_4Br_2$	액체상태
하론 1011	CH_2ClBr	액체상태

9. 분말소화약제

1. 약제 방출방식

혼합장치	내용
전역방출방식	소화약제 공급장치에 배관 및 분사헤드 등을 설치하여 밀폐 방호구역 전체에 소화약제를 방출하는 방식
국소방출방식	소화약제 공급장치에 배관 및 분사헤드를 등을 설치하여 직접 화점에 소화약제를 방출하는 방식
호스릴방식	소화수 또는 소화약제 저장용기 등에 연결된 호스릴을 이용하여 사람이 직접 화점에 소화수 또는 소화약제를 방출하는 방식

2. 분말소화약제의 성상 ★★★

종 별	주성분	화학식	착색	적응화재
제1종	탄산수소나트륨(중탄산나트륨)	$NaHCO_3$	백색	BC급
제2종	탄산수소칼륨(중탄산칼륨)	$KHCO_3$	담자색 또는 담회색	BC급
제3종	인산염(제일인산암모늄)	$NH_4H_2PO_4$	담홍색 또는 황색	ABC급
제4종	탄산수소칼륨+요소	$KHCO_3+(NH_2)_2CO$	회색	BC급

3. 열분해 반응식

1) 제1종 분말 소화약제 ★★★

① 1차 열분해반응식(270℃) : $2NaHCO_3 \rightarrow Na_2CO_3 + CO_2 + H_2O$

② 2차 열분해반응식(850℃) : $2NaHCO_3 \rightarrow Na_2O + 2CO_2 + H_2O$

2) 제2종 분말 소화약제

① 1차 열분해반응식(190℃) : $2KHCO_3 \rightarrow K_2CO_3 + CO_2 + H_2O$

② 2차 열분해반응식(890℃) : $2KHCO_3 \rightarrow K_2O + 2CO_2 + H_2O$

3) 제3종 분말 소화약제 ★★

① 1차 열분해반응식(190℃) : $NH_4H_2PO_4 \rightarrow H_3PO_4 + NH_3$

② 2차 열분해반응식(300℃) : $NH_4H_2PO_4 \rightarrow HPO_3 + NH_3 + H_2O$

※ HPO_3 : 메타인산, H_3PO_4 : 오르토(ortho) 인산

10. 할로겐화합물 및 불활성 기체 소화약제

"할로겐화합물 및 불활성기체소화약제"란 할로겐화합물(할론 1301, 할론 2402, 할론 1211 제외) 및 불활성기체로서 전기적으로 비전도성이며 휘발성이 있거나 증발 후 잔여물을 남기지 않는 소화약제를 말한다.

1. 할로겐화합물 소화약제 ★★★

1) 정의
   불소(플루오린), 염소, 브롬(브로민) 또는 **요오드(아이오딘)** 중 하나 이상의 원소를 포함하고 있는 유기화합물을 기본성분으로 하는 소화약제

2) 할로겐화합물 소화약제의 소화효과
   질식작용, 냉각작용, 부촉매작용에 의하여 소화를 행하며, 주된 소화작용은 **부촉매작용**이다.

3) 할로겐화합물 소화약제의 종류, 설계농도, 화학식 ★★★

소화약제	최대허용 설계농도(%)	화학식
퍼플루오로 부탄(FC-3-1-10)	40	C_4F_{10}
하이드로클로로 플루오로카본혼화제 (HCFC BLEND A)	10	HCFC-123($CHCl_2CF_3$) : 4.75% HCFC-22($CHClF_2$) : 82% HCFC-124($CHClFCF_3$) : 9.5% $C_{10}H_{16}$: 3.75%
클로로테트라플루오르에탄 (HCFC-124)	1	$CHClCF_3$
펜타플루오로에탄 (HFC-125)	11.5	CHF_2CF_3
헵타플루오로프로판(HFC-227ea)	10.5	CF_3CHFCF_3
트리플루오로메탄(HFC-23)	30	CHF_3
헥사플루오로프로판(HFC-236fa)	12.5	$CF_3CH_2CF_3$
트리플루오로이오다이드(FIC-13I1)	0.3	CF_3I
도데카플루오로-2-메틸 펜탄-3-원(FK-5-1-12)	10	$CF_3CF_2C(O)CF(CF_3)_2$

4) "**소화농도**"란 규정된 실험 조건의 화재를 소화하는데 필요한 소화약제의 농도(형식승인대상의 소화약제는 형식승인된 소화농도)

5) "**설계농도**"란 방호대상물 또는 방호구역의 소화약제 저장량을 산출하기 위한 농도로서 소화농도에 안전율을 고려하여 설정한 농도

6) "**최대허용 설계농도**"란 사람이 상주하는 곳에 적용하는 소화약제의 설계농도로서, 인체의 안전에 영향을 미치지 않는 농도

2. 불활성기체 소화약제

1) 정의

    헬륨, 네온, 아르곤 또는 **질소가스** 중 하나 이상의 원소를 기본성분으로 하는 소화약제를 말한다.

2) 불활성기체 소화약제의 소화효과

    질식, 냉각작용에 의하여 소화를 행하며, 주된 소화작용은 **질식작용**이다.

3) 불활성기체 소화약제의 종류, 품명, 화학식

소화약제	품명	화학식	최대허용 설계농도(%)
(IG-01)	Argon	Ar	43
(IG-100)	Nitrogen	N_2	
(IG-541)	Inergen	N_2 : 52%, Ar : 40% CO_2 : 8%	
(IG-55)	Argonite	N_2 : 50%, Ar : 50%	

3. 할로겐화합물 및 불활성기체 소화약제의 구비조건 ★★

① ODP(오존파괴지수)가 0일 것
② 소화능력이 우수할 것
③ 독성이 낮을 것
④ GWP(지구온난화지수)가 낮을 것
⑤ 적정한 가격일 것

4. Soaking Time(설계농도유지시간) ★

할로겐화합물 및 불활성기체 소화약제는 표면화재에 주로 사용하나, 심부화재에 적용할 경우에는 소화가 가능한 고농도(설계농도)로 일정시간 유지시켜 주어야 하는데, 이때 필요한 시간을 말한다.

5. 방출시간의 정의 ★★

최소설계농도에 도달하는데 필요한 약제량의 95%를 노즐로부터 방출하는데 필요한 시간이다.

1) 불활성기체 소화약제 : A, C급 2분 이내, B급 1분 이내
2) **할로겐화합물 소화약제 : 10초 이내**

6. 설치제외

1) 사람이 상주하는 곳으로써 최대허용 설계농도를 초과하는 장소
2) 제3류 위험물 및 제5류 위험물을 저장·보관·사용하는 장소. 다만, 소화성능이 인정되는 위험물은 제외한다.

06 출제예상문제

소화론 및 소화약제

01 ★ 출제년도【13.】
소화의 원리로 가장 거리가 먼 것은?

① 가연성 물질을 제거한다.
② 불연성 가스의 공기 중 농도를 높인다.
③ 가연성 물질을 냉각시킨다.
④ 산소의 공급을 원활히 한다.

해설 소화원리

연소의 4요소	소화원리	소화방법
가 연 물	가연물의 제거	제거소화
산 소	산소의 희석, 차단	질식소화
점 화 원	연소점 이하로 냉각	냉각소화
순조로운 연쇄반응	연쇄반응의 억제	부촉매 효과

02 ★★★ 출제년도【18.】
소화의 방법으로 틀린 것은?

① 가연성 물질을 제거한다.
② 불연성 가스의 공기 중 농도를 높인다.
③ 산소의 공급을 원활히 한다.
④ 가연성 물질을 냉각시킨다.

해설 ① 질식소화 : 가연성 물질을 제거한다.
② 제거소화 : 불연성 가스의 공기 중 농도를 높인다.
③ 질식소화 : 산소의 공급을 차단한다.
④ 냉각소화 : 가연성 물질을 냉각시킨다.

03 ★★★ 출제년도【15, 21.】
물리적 소화방법이 아닌 것은?

① 연쇄반응의 억제에 의한 방법
② 냉각에 의한 방법
③ 공기와의 접촉 차단에 의한 방법
④ 가연물 제거에 의한 방법

해설 보기설명
물리적소화 : 질식소화, 냉각소화, 제거소화
① 연쇄반응의 억제에 의한 방법-화학적소화(부촉매소화)
② 냉각에 의한 방법-냉각소화
③ 공기와의 접촉 차단에 의한 방법-질식소화
④ 가연물 제거에 의한 방법-제거소화

04 ★★★ 출제년도【16.】
화학적 소화방법에 해당하는 것은?

① 모닥불을 모래로 덮어 소화
② 모닥불에 물을 뿌려 소화
③ 유류화재를 할론 1301로 소화
④ 지하실 화재를 이산화탄소로 소화

해설 물리적 소화와 화학적 소화
1) 물리적소화 : 질식, 냉각, 제거소화
2) 화학적소화 : 부촉매(억제) 소화
3) 보기설명
 ① 모닥불을 모래로 덮어 소화 : 질식소화
 ② 모닥불에 물을 뿌려 소화 : 냉각소화
 ③ 유류화재를 할론 1301로 소화 : 부촉매(억제) 소화
 ④ 지하실 화재를 이산화탄소로 소화 : 질식소화

05 ★★★ 출제년도【16, 20.】
증발잠열을 이용하여 가연물의 온도를 떨어뜨려 화재를 진압하는 소화방법은?

① 제거소화
② 억제소화
③ 질식소화
④ 냉각소화

정답 01. ④ 02. ③ 03. ① 04. ③ 05. ④

해설 소화원리

연소의 4요소	소화원리	소화방법	비고
가연물	가연물의 제거	제거소화	물리적 소화
산소	산소희석, 산소차단	질식소화	
점화원	연소점 이하로 냉각 (증발잠열 이용)	냉각소화	
순조로운 연쇄반응	연쇄반응의 억제	억제소화 (부촉매 소화)	화학적 소화

06 ★★★ 출제년도【17, 22.】
목재 화재 시 다량의 물을 뿌려 소화할 경우 기대되는 주된 소화효과는?

① 제거효과 ② 냉각효과
③ 부촉매효과 ④ 희석효과

해설 다량의 물을 뿌려 소화할 경우에는 냉각효과를 기대할 수 있다.

소화원리에 따른 소화방법

연소의 4요소	소화원리	소화방법	비고
가연물	가연물의 제거	제거소화	물리적 소화
산소	산소희석, 산소차단	질식소화	
점화원	연소점 이하로 냉각	냉각소화	
순조로운 연쇄반응	연쇄반응의 억제	억제소화 (부촉매 소화)	화학적 소화

07 ★ 출제년도【14】
소화작용을 크게 4가지로 구분할 때 이에 해당하지 않은 것은?

① 질식소화 ② 제거소화
③ 기압소화 ④ 냉각소화

해설 소화작용
1) 물리적 소화 : 질식소화, 냉각소화, 제거소화
2) 화학적 소화 : 부촉매소화(억제소화)

08 ★★★ 출제년도【20, 21.】
소화약제로 사용하는 물의 증발잠열로 기대할 수 있는 소화효과는?

① 냉각소화 ② 질식소화
③ 제거소화 ④ 촉매소화

해설 냉각소화
① 증발잠열을 이용하여 가연물의 온도를 떨어뜨려 화재를 진압하는 소화방법
② 소화제(물을 포함한다)의 냉각효과에 의하여 연소물을 냉각시키고 그 온도를 발화점 이하로 내려 소화하는 방법

09 ★★★ 출제년도【20.】
제거소화의 예에 해당하지 않는 것은?

① 밀폐 공간에서의 화재 시 공기를 제거한다.
② 가연성가스 화재 시 가스의 밸브를 닫는다.
③ 산림화재 시 확산을 막기 위하여 산림의 일부를 벌목한다.
④ 유류탱크 화재 시 연소되지 않은 기름을 다른 탱크로 이동시킨다.

해설 밀폐 공간에서의 화재 시 공기를 제거하는 것은 질식소화이다.

10 ★★★ 출제년도【16.】
제거소화의 예에 해당하지 않는 것은?

① 유류화재 시 다량의 포를 방사한다.
② 가연성가스 화재 시 가스의 밸브를 닫는다.
③ 전기화재 시 신속하게 전원을 차단한다.
④ 산림화재 시 확산을 막기 위하여 산림의 일부를 벌목한다.

해설 유류화재 시 다량의 포를 방사하는 것은 질식소화 방법이다.

11 ★★ 출제년도【16.】
다음 중 제거소화 방법과 무관한 것은?

① 산불의 확산방지를 위하여 산림의 일부를 벌채한다.
② 화학반응기의 화재 시 원료 공급관의 밸브를 잠근다.
③ 유류화재 시 가연물을 포로 덮는다.
④ 유류탱크 화재 시 주변에 있는 유류탱크의 유류를 다른 곳으로 이동시킨다.

정답 06. ② 07. ③ 08. ① 09. ① 10. ① 11. ③

해설
1) 유류화재 시 가연물을 포로 덮는 것은 질식소화이다.
2) 제거소화의 방법
   ① 촛불의 화염을 입김으로 불어 날려 보냄
   ② 유전 화재 시 질소폭탄을 이용하여 증기를 날려 보냄
   ③ 전기화재시 전원을 차단하여 전기공급 중단
   ④ 산불화재 시 화재 진행방향의 나무를 제거
   ⑤ 가스화재시 가스 공급 밸브를 닫아 가스 공급을 중지
   ⑥ 수용성 가연물에 물을 혼합하여 농도를 희석시켜 연소범위 하한계 이하로 내림
   ⑦ 가연성 액체의 농도를 저하 시키는 방법은 가연물 제거로 본다.

12 ★★★ 출제년도 【19. 22.】
다음 중 가연물의 제거를 통한 소화 방법과 무관한 것은?
① 산불의 확산방지를 위하여 산림의 일부를 벌채한다.
② 화학반응기의 화재 시 원료 공급관의 밸브를 잠근다.
③ 전기실 화재시 IG-541 약제를 방출한다.
④ 유류탱크 화재 시 주변에 있는 유류탱크의 유류를 다른 곳으로 이동시킨다.

해설 전기실 화재시 IG-541 약제를 방출하는 것은 질식소화이다.

13 ★★ 출제년도 【16.】
연쇄반응을 차단하여 소화하는 약제는?
① 물
② 포
③ 할론 1301
④ 이산화탄소

해설 주된 소화작용
① 물 : 냉각소화
② 포 : 질식소화, 냉각소화, 희석소화
③ 할론 1301 : 부촉매소화(화학적소화)
④ 이산화탄소 : 질식소화, 냉각소화, 피복소화

14 ★★★ 출제년도 【18.】
연소의 4요소 중 자유활성기(free radical)의 생성을 저하시켜 연쇄반응을 중지시키는 소화방법은?
① 제거소화   ② 냉각소화
③ 질식소화   ④ 억제소화

해설 억제소화(부촉매소화) : 자유활성기(free radical)의 생성을 저하시켜 연쇄반응을 중지시키는 소화

15 ★★★ 출제년도 【18,20.】
산소의 농도를 낮추어 소화하는 방법은?
① 냉각소화   ② 질식소화
③ 제거소화   ④ 억제소화

해설 소화원리

연소의 4요소	소화원리	소화방법	비고
가연물	가연물의 제거	제거소화	물리적 소화
산소	산소희석, 산소차단	질식소화	
점화원	연소점 이하로 냉각	냉각소화	
순조로운 연쇄반응	연쇄반응의 억제	억제소화 (부촉매 소화)	화학적 소화

16 ★★★ 출제년도 【20.】
질식소화 시 공기 중의 산소농도는 일반적으로 약 몇 vol% 이하로 하여야 하는가?
① 25   ② 21
③ 19   ④ 15

해설 질식소화 시 공기 중의 산소농도 : 15% 이하

17 ★★★ 출제년도 【97. 02. 04. 08. 11. 21.】
일반적으로 공기 중 산소농도를 몇 vol% 이하로 감소시키면 연소속도의 감소 및 질식소화가 가능한가?
① 15   ② 21
③ 25   ④ 31

정답 12. ③ 13. ③ 14. ④ 15. ② 16. ④ 17. ①

[해설] 질식소화법 : 공기 중의 산소농도(21[%])를 연소한계농도(15[%]) 이하로 떨어뜨려 소화하는 방법으로 일반적으로 10~15[%] 이하로 하여 질식 소화한다.

18 ★★ 출제년도 【20.】
화재의 소화원리에 따른 소화방법의 적용으로 틀린 것은?

① 냉각소화 : 스프링클러설비
② 질식소화 : 이산화탄소 소화설비
③ 제거소화 : 포소화설비
④ 억제소화 : 할로겐화합물 소화설비

[해설] 포소화설비 : 질식소화 작용, 냉각소화 작용, 유화소화 작용, 희석소화 작용

19 ★★★ 출제년도 【20.】
불연성 기체나 고체 등으로 연소물을 감싸 산소공급을 차단하는 소화방법은?

① 질식소화
② 냉각소화
③ 연쇄반응차단소화
④ 제거소화

[해설] ① 질식 소화법 : 공기 중의 산소농도 (21[%])를 연소한계농도(15[%]) 이하로 떨어뜨려 소화하는 방법
② 희석 소화법 : 기체, 액체, 고체에서 나오는 분해가스의 농도를 낮추어 연소를 중지시키는 방법
③ 제거 소화법 : 연소물이나 화원을 제거하여 소화하는 방법
④ 냉각 소화법 : 소화제(물을 포함한다)의 냉각효과에 의하여 연소물을 냉각시키고 그 온도를 발화점 이하로 내려 소화하는 방법
⑤ 억제소화(부촉매소화) : 불꽃연소에 한하여 사용할 수 있는 방법으로 연쇄반응을 억제시켜 소화하는 방법

20 ★★ 출제년도 【16.】
가연성의 가스나 산소의 농도를 낮추어 소화하는 방법을 무엇이라 하는가?

① 질식소화   ② 제거소화
③ 냉각소화   ④ 억제소화

[해설] 소화방법

연소의 4요소	소화원리	소화방법	비고
가연물	가연물의 제거	제거소화	물리적 소화
산 소	산소희석, 산소차단	질식소화	
점화원	연소점 이하로 냉각	냉각소화	
순조로운 연쇄반응	연쇄반응의 억제	억제소화 (부촉매 소화)	화학적 소화

21 ★★★ 출제년도 【18.】
소화약제로 물을 사용하는 주된 이유는?

① 촉매역할을 하기 때문에
② 증발잠열이 크기 때문에
③ 연소작용을 하기 때문에
④ 제거작용을 하기 때문에

[해설] 물은 극성공유결합과 수소결합을 하고 있어 증발잠열이 크고 냉각능력이 우수하다.

22 ★★ 출제년도 【21.】
소화약제로 사용되는 물에 관한 소화성능 및 물성에 대한 설명으로 틀린 것은?

① 비열과 증발잠열이 커서 냉각소화 효과가 우수하다.
② 물(15℃)의 비열은 약 1 cal/g·℃
③ 물(100℃)의 증발잠열은 439.6 cal/g 이다.
④ 물의 기화에 의한 팽창된 수증기는 질식소화 작용을 할 수 있다.

[해설] 물(100℃)의 증발잠열은 539.6cal/g(일반적으로 539 cal/g을 사용함) 이다.

23 ★ 출제년도 【13. 22.】
물이 소화약제로서 사용되는 장점으로 가장 거리가 먼 것은?

① 가격이 저렴하다.
② 많은 양을 구할 수 있다.

정답 18. ③ 19. ① 20. ① 21. ② 22. ③ 23. ④

③ 증발잠열이 크다.
④ 가연물과 화학반응이 일어나지 않는다.

해설 물을 소화약제로 사용하는 이유
1) 가격이 싸고 쉽게 구할 수 있다.
2) 비열이 크기 때문에 가열물질에 주수하면 흡수열량이 크고
3) 기화잠열이 539[kcal/kg]으로 크며
4) 물을 증발시키면 부피가 약 1,600배로 팽창하여 산소농도의 희석, 즉 질식효과도 기대할 수 있다.

24 ★★★ 출제년도【15.】
소화약제로서 물에 관한 설명으로 틀린 것은?
① 수소결합을 하므로 증발잠열이 작다.
② 가스계 소화약제에 비해 사용 후 오염이 크다.
③ 무상으로 주수하면 중질유 화재에도 사용할 수 있다.
④ 타 소화약제에 비해 비열이 크기 때문에 냉각효과가 우수하다.

해설 물은 비열 및 증발잠열이 커서 냉각능력이 우수

25 ★ 출제년도【19.】
물의 소화력을 증대시키기 위하여 첨가하는 첨가제 중 물의 유실을 방지하고 건물, 임야 등의 입체 면에 오랫동안 잔류하게 하기 위한 것은?
① 증점제   ② 강화액
③ 침투제   ④ 유화제

해설 증점제
물의 소화력을 증대시키기 위하여 첨가하는 첨가제 중 물의 유실을 방지하고 건물, 임야 등의 입체 면에 오랫동안 잔류하게 하기 위한 것

26 ★★★ 출제년도【17.】
1기압, 100℃ 에서의 물 1g의 기화잠열은 약 몇 cal인가?
① 425   ② 539   ④ 647   ④ 734

해설 물의 기화잠열 및 융해잠열
1) 기화잠열 539cal/g
2) 융해잠열 80cal/g

27 ★★ 출제년도【19.】
물 소화약제를 어떠한 상태로 주수할 경우 전기화재의 진압에서도 소화능력을 발휘할 수 있는가?
① 물에 의한 봉상주수
② 물에 의한 적상주수
③ 물에 의한 무상주수
④ 어떤 상태의 주수에 의해서도 효과가 없다.

해설 무상주수 : 안개처럼 분무형태로 방사하여 소화하는 방법으로 주된 소화효과는 질식소화이다.

소화설비	소화효과	적응화재
물 소화설비	냉각효과	A급 일반화재
물분무 소화설비 (무상주수)	냉각효과 질식효과 희석효과 유화효과	A급 일반화재 B급 유류화재 C급 전기화재

28 ★ 출제년도【16.】
물의 물리·화학적 성질로 틀린 것은?
① 증발잠열은 539.6[cal/g]으로 다른 물질에 비해 매우 큰 편이다.
② 대기압 하에서 100[℃]의 물이 액체에서 수증기로 바뀌면 체적은 약 1603배 정도 증가한다.
③ 수소 1분자와 산소 1/2분자로 이루어져 있으며 이들 사이의 화학결합은 극성 공유결합이다.
④ 분자간의 결합은 쌍극자-쌍극자 상호작용의 일종인 산소결합에 의해 이루어진다.

정답 24. ① 25. ① 26. ② 27. ③ 28. ④

해설 물의 화학적 특성

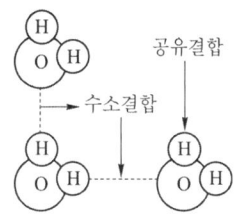

(1) 수소와 산소의 화합물이다.
(2) **극성 공유결합**이며, **수소결합**이다.
(3) 화학적으로 매우 안정적이다. 공유결합으로서 결합력이 대단히 크다.

29 ★★★ 출제년도【14.19.】
물의 기화열이 539cal인 것은 어떤 의미인가?

① 0℃의 물 1g이 얼음으로 변화하는데 539cal의 열량이 필요하다.
② 0℃의 얼음 1g이 물로 변화하는데 539cal의 열량이 필요하다.
③ 0℃의 물 1g이 100℃의 물로 변화하는데 539cal의 열량이 필요하다.
④ 100℃의 물 1g이 수증기로 변화하는데 539cal의 열량이 필요하다.

해설 물의 특징

구 분	열 량
기화(증발)잠열	539 cal/g
융해잠열	80 cal/g
100℃의 물 1g이 100℃의 수증기로 되는데 필요한 열량	539 cal/g
0℃의 물 1g이 100℃의 수증기로 되는데 필요한 열량	639 cal/g

30 ★★★ 출제년도【18.】
1 기압 상태에서 100℃ 물 1g이 모두 기체로 변할 때 필요한 열량은 몇 cal인가?

① 429   ② 499
③ 539   ④ 639

해설 100℃ 물 1g이 모두 기체로 변할 때 필요한 열량을 기화 또는 증발잠열이라 하고 539 cal가 필요하다.

31 ★★★ 출제년도【15】
부촉매소화에 대한 설명으로 옳은 것은?

① 산소의 농도를 낮추어 소화하는 방법이다.
② 화학반응으로 발생한 탄산가스에 의한 소화방법이다.
③ 활성기(Free radical)의 생성을 억제하는 소화방법이다.
④ 용융잠열에 의한 냉각효과를 이용하여 소화하는 방법이다.

해설 부촉매효과 : 연소의 4요소 중 하나인 순조로운 연쇄반응을 일으키는 활성화된 수산기 및 수소기의 산소결합을 억제 및 차단하여 더 이상의 연쇄반응이 일어나지 않도록 하여 화재를 소화한다.

32 ★★★ 출제년도【11.18.20.】
이산화탄소에 대한 설명으로 틀린 것은?

① 임계온도는 97.5℃이다.
② 고체의 형태로 존재할 수 있다.
③ 불연성가스로 공기보다 무겁다.
④ 드라이아이스와 분자식이 동일하다.

해설 이산화탄소(CO_2)의 물성
① 무색, 무취의 기체이며 불연성이다.
② 상온(기체상태)에서 가압하면 쉽게 액화하여 액체 상태로 저장, 운반할 수 있다.

구분	비고
분자량	44
증기비중	1.52
삼중점	-56.3℃
임계온도	31.35℃
임계압력	72.9atm
승화점	-78.5℃

정답 29. ④ 30. ③ 31. ③ 32. ①

33 이산화탄소(CO_2)에 대한 설명으로 옳지 않은 것은?

① 임계온도는 97.5℃이다.
② 불연성가스로 공기보다 무겁다.
③ 상온, 상압에서 기체상태로 존재한다.
④ 고체의 형태로 존재할 수 있다.

해설 이산화탄소의 물성
① 무색, 무취의 기체이며 불연성이다.
② 상온에서 가압하면 쉽게 액화하여 액체 상태로 저장, 운반할 수 있다.
③ 액화이산화탄소를 냉각시키거나 급격히 기화시키면 드라이아이스를 얻을 수 있다.

구분	비고
분자량	44
증기비중	1.52
삼중점	−56.3℃
임계온도	31.35℃
임계압력	72.9atm
승화점	−78.5℃

34 이산화탄소의 질식 및 냉각 효과에 대한 설명 중 틀린 것은?

① 이산화탄소의 증기비중이 산소보다 크기 때문에 가연물과 산소의 접촉을 방해한다.
② 액체 이산화탄소가 기화되는 과정에서 열을 흡수한다.
③ 이산화탄소는 불연성 가스로서 가연물의 연소반응을 방해한다.
④ 이산화탄소는 산소와 반응하며 이 과정에서 발생한 연소열을 흡수하므로 냉각효과를 나타낸다.

해설 이산화탄소는 완전연소 시 생성되는 물질로서 더 이상 산소와 반응하지 않는다.

35 다음 중 이산화탄소의 3중점에 가장 가까운 온도는?

① −48℃ ② −57℃
③ −62℃ ④ −75℃

해설 이산화탄소 삼중점 : 고체, 액체 및 기체가 공존하는 점으로 온도는 −56.3℃이다.

36 이산화탄소 소화약제의 임계온도로 옳은 것은?

① 24.4℃ ② 31.4℃
③ 56.4℃ ④ 78.2℃

해설 이산화탄소의 물성

구분	비고
분자량	44
증기비중	1.52
삼중점	−56.3℃
임계온도	31.35℃
임계압력	72.9atm
승화점	−78.5℃

37 소화약제로 사용되는 이산화탄소에 대한 설명으로 옳은 것은?

① 산소와 반응 시 흡열반응을 일으킨다.
② 산소와 반응하여 불연성 물질을 발생시킨다.
③ 산화하지 않으나 산소와는 반응한다.
④ 산소와 반응하지 않는다.

해설 이산화탄소는 완전연소 시 생성되는 물질로서 더 이상 산소와 반응하지 않는다.

정답 33. ① 34. ④ 35. ② 36. ② 37. ④

chapter 06. 소화론 및 소화약제 출제예상문제

38 ★ 출제년도 【12.】
CO₂ 소화약제의 장점으로 가장 거리가 먼 것은?

① 한냉지에서도 사용이 가능하다.
② 자체 압력으로도 방사가 가능하다.
③ 전기적으로 비전도성이다.
④ 인체에 무해하고 GWP가 0이다.

해설 지구온난화지수(Global Warming Potential : GWP)는 각각의 온실가스가 지구온난화에 기여하는 정도를 이산화탄소를 기준(GWP=1)으로 수치화 한 것이다.

39 ★★★ 출제년도 【13.21.】
이산화탄소의 물성으로 옳은 것은?

① 임계온도 : 31.35℃, 증기비중 : 0.529
② 임계온도 : 31.35℃, 증기비중 : 1.529
③ 임계온도 : 0.35℃, 증기비중 : 1.529
④ 임계온도 : 0.35℃, 증기비중 : 0.529

해설 이산화탄소의 물성

구 분	물 성
분자량	44
비 중	1.52
삼중점	-56.3[℃]
임계온도	31.35[℃]
비 점	-78.5[℃]

40 ★★★ 출제년도 【15. 22.】
이산화탄소 소화약제의 주된 소화효과는?

① 제거소화   ② 억제소화
③ 질식소화   ④ 냉각소화

해설 소화약제의 주된 소화 작용

소화약제	주된 소화 작용
물	냉각효과
포, 분말, 이산화탄소	질식효과
할로겐화합물	부촉매 효과, 화염억제작용

41 ★★★ 출제년도 【14】
소화를 하기 위한 산소농도를 알 수 있다면 CO₂ 소화약제 사용 시 최소 소화농도를 구하는 식은?

① $CO_2[\%] = 21 \times (\frac{100 - O_2\%}{100})$

② $CO_2[\%] = (\frac{21 - O_2\%}{21}) \times 100$

③ $CO_2[\%] = 21 \times (\frac{O_2\%}{100} - 1)$

④ $CO_2[\%] = (\frac{21 \times O_2\%}{100} - 1)$

해설 CO_2 농도 계산 : $CO_2[\%] = \frac{21 - O_2}{21} \times 100[\%]$

42 ★★★ 출제년도 【07. 11. 13. 20.】
밀폐된 공간에 이산화탄소를 방사하여 산소의 체적 농도를 12% 되게 하려면 상대적으로 방사된 이산화탄소의 농도는 얼마가 되어야 하는가?

① 25.40%   ② 28.70%
③ 38.35%   ④ 42.86%

해설 이산화탄소의 농도
$CO_2 = \frac{21 - O_2}{21} \times 100 = \frac{21 - 12}{21} \times 100 = 42.86\%$

43 ★★★ 출제년도 【07. 11. 12.】
이산화탄소를 방출하여 산소농도가 13[%] 되었다면 공기 중 이산화탄소의 농도는 약 몇 [%]인가?

① 0.095[%]   ② 0.3809[%]
③ 9.5[%]   ④ 38.09[%]

해설 이산화탄소의 농도 $= \frac{21[\%] - O_2[\%]}{21[\%]} \times 100$
$= \frac{21 - 13}{21} \times 100 = 38.09[\%]$

정답 38. ④ 39. ② 40. ③ 41. ② 42. ④ 43. ④

44. 가연성물질별 소화에 필요한 이산화탄소 소화약제의 설계농도로 틀린 것은?

① 메탄 : 34 vol%
② 천연가스 : 37 vol%
③ 에틸렌 : 49 vol%
④ 아세틸렌 : 53 vol%

해설 아세틸렌 - 66 vol%

방호대상물	설계농도(%)
수소	75
아세틸렌	66
일산화탄소	64
산화에틸렌	53
에틸렌	49
에탄	40
석탄가스, 천연가스	37
사이크로프로판	37
이소부탄, 프로판	36
부탄, 메탄	34

45. 다음 중 소화에 필요한 이산화탄소 소화약제의 최소 설계농도 값이 가장 높은 물질은?

① 메탄   ② 에틸렌
③ 천연가스   ④ 아세틸렌

해설 가연성 액체 또는 가연성 가스의 소화에 필요한 설계농도(NFSC 106)

방호대상물	설계농도(%)
수소(Hydrogen)	75
아세틸렌(Acetylene)	**66**
일산화탄소(Carbon Monoxide)	64
산화에틸렌(Ethylene Oxide)	53
에틸렌(Ethylene)	49
에탄(Ethane)	40
석탄가스, 천연가스(Coal, Natural gas)	37
사이크로 프로판(Cyclo Propane)	37
이소부탄(Iso Butane)	36
프로판(Propane)	36
부탄(Butane)	34
메탄(Methane)	34

46. 다음 중 상온·상압에서 액체인 것은?

① 탄산가스   ② 할론 1301
③ 할론 2402   ④ 할론 1211

해설
① 탄산가스 : 상온·상압에서 기체
② 할론 1301 : 상온·상압에서 기체
③ 할론 2402 : 상온·상압에서 액체
④ 할론 1211 : 상온·상압에서 기체

47. 제1종 분말소화약제의 주성분으로 옳은 것은?

① $KHCO_3$ ② $NaHCO_3$
③ $NH_4H_2PO_4$ ④ $Al_2(SO_4)_3$

해설 분말소화약제의 성상

종별	주성분	화학식	색	적용화재
제1종	탄산수소나트륨 (중탄산나트륨)	$NaHCO_3$	백색	BC급
제2종	탄산수소칼륨 (중탄산칼륨)	$KHCO_3$	담자색	BC급
제3종	인산염 (제일인산암모늄)	$NH_4H_2PO_4$	담홍색	ABC급
제4종	탄산수소칼륨+요소	$KHCO_3+(NH_2)_2CO$	회색	BC급

48. 탄산수소나트륨이 주성분인 분말 소화약제는?

① 제1종 분말   ② 제2종 분말
③ 제3종 분말   ④ 제4종 분말

해설 분말소화약제

종별	주성분	화학식	색	적용화재
제1종	탄산수소나트륨 (중탄산나트륨)	$NaHCO_3$	백색	BC급
제2종	탄산수소칼륨 (중탄산칼륨)	$KHCO_3$	담자색	BC급
제3종	인산염 (제일인산암모늄)	$NH_4H_2PO_4$	담홍색	ABC급
제4종	탄산수소칼륨+요소	$KHCO_3+(NH_2)_2CO$	회색	BC급

정답 44. ④ 45. ④ 46. ③ 47. ② 48. ①

49. 제1종 분말소화약제인 탄산수소나트륨은 어떤 색으로 착색되어 있는가?

① 담회색 ② 담홍색
③ 회색   ④ 백색

해설 분말소화약제의 화재성상

종별	주성분	화학식	색	적용화재
제1종	탄산수소나트륨 (중탄산나트륨)	$NaHCO_3$	백색	BC급
제2종	탄산수소칼륨 (중탄산칼륨)	$KHCO_3$	담자색	BC급
제3종	인산염 (제일인산암모늄)	$NH_4H_2PO_4$	담홍색	ABC급
제4종	탄산수소칼륨+요소	$KHCO_3+(NH_2)_2CO$	회색	BC급

50. 제2종 분말소화약제의 주성분으로 옳은 것은?

① NaH_2PO_4 ② KH_2PO_4
③ $NaHCO_3$ ④ $KHCO_3$

해설

종별	주성분	화학식	색	적용화재
제1종	탄산수소나트륨 (중탄산나트륨)	$NaHCO_3$	백색	BC급
제2종	탄산수소칼륨 (중탄산칼륨)	$KHCO_3$	담자색	BC급
제3종	인산염 (제일인산암모늄)	$NH_4H_2PO_4$	담홍색	ABC급
제4종	탄산수소칼륨+요소	$KHCO_3+(NH_2)_2CO$	회색	BC급

51. $NH_4H_2PO_4$를 주성분으로 한 분말소화약제는 제 몇 종 분말소화약제인가?

① 제1종   ② 제2종
③ 제3종   ④ 제4종

해설 분말소화약제의 성상

종별	주성분	화학식	색	적용화재
제1종	탄산수소나트륨 (중탄산나트륨)	$NaHCO_3$	백색	BC급
제2종	탄산수소칼륨 (중탄산칼륨)	$KHCO_3$	담자색	BC급
제3종	인산염 (제일인산암모늄)	$NH_4H_2PO_4$	담홍색	ABC급
제4종	탄산수소칼륨+요소	$KHCO_3+(NH_2)_2CO$	회색	BC급

52. 제3종 분말소화약제의 주성분은?

① 인산암모늄
② 탄산수소칼륨
③ 탄산수소나트륨
④ 탄산수소칼륨과 요소

해설 분말소화약제의 성상

종별	주성분	화학식	색	적용화재
제1종	탄산수소나트륨 (중탄산나트륨)	$NaHCO_3$	백색	BC급
제2종	탄산수소칼륨 (중탄산칼륨)	$KHCO_3$	담자색	BC급
제3종	인산염 (제일인산암모늄)	$NH_4H_2PO_4$	담홍색	ABC급
제4종	탄산수소칼륨+요소	$KHCO_3+(NH_2)_2CO$	회색	BC급

53. 분말소화약제 중 A급, B급, C급 화재에 모두 사용할 수 있는 것은?

① 제1종 분말
② 제2종 분말
③ 제3종 분말
④ 제4종 분말

해설 A급, B급, C급 화재에 모두 사용할 수 있는 것은 제3종 분말이다.

정답 49. ④ 50. ④ 51. ③ 52. ① 53. ③

분말소화약제의 성상

종별	주성분	화학식	색	적용화재
제1종	탄산수소나트륨 (중탄산나트륨)	$NaHCO_3$	백색	BC급
제2종	탄산수소칼륨 (중탄산칼륨)	$KHCO_3$	담자색	BC급
제3종	인산염 (제일인산암모늄)	$NH_4H_2PO_4$	담홍색	ABC급
제4종	탄산수소칼륨+요소	$KHCO_3+(NH_2)_2CO$	회색	BC급

54 ★ 출제년도【20.】
열분해에 의해 가연물 표면에 유리상의 메타인산 피막을 형성하여 연소에 필요한 산소의 유입을 차단하는 분말약제는?

① 요소
② 탄산수소칼륨
③ 제1인산암모늄
④ 탄산수소나트륨

해설 제1인산암모늄(인산염)
① 제3종분말 소화약제
② 주성분 : $NH_4H_2PO_4$
③ 적용화재 : A급화재, B급화재, C급화재
④ 열분해에 의해 메타인산(HPO_3), 올토인산 (H_3PO_4) 및 피로인산($H_4P_2O_7$)을 발생시킨다.

55 ★★★ 출제년도【17.】
주성분이 인산염류인 제 3종 분말소화약제가 다른 분말소화약제와 다르게 A급 화재에 적용할 수 있는 이유는?

① 열분해 생성물이 CO_2가 열을 흡수하므로 냉각에 의하여 소화된다.
② 열분해 생성물인 수증기가 산소를 차단하여 탈수작용을 한다.
③ 열분해 생성물인 메타인산(HPO_3)이 산소의 차단 역할을 하므로 소화가 된다.
④ 열분해 생성물인 암모니아가 부촉매작용을 하므로 소화가 된다.

해설 제3종 분말이 A급 화재에 적용할 수 있는 이유는 열분해생성물인 메타인산(HPO_3)과 올토인산(H_3PO_4)이 발생하여 산소공급을 차단하는 역할을 하기 때문이다.

56 ★★★ 출제년도【13.】
담홍색으로 착색된 분말소화약제의 주성분은?

① 황산알루미늄
② 탄산수소나트륨
③ 제1인산암모늄
④ 과산화나트륨

해설 분말소화약제

종별	구성물질	색	적용화재	비고
제1종	탄산수소나트륨	백색	BC급	식용유 및 지방질유의 화재에 적합
제2종	탄산수소칼륨	담자색	BC급	
제3종	인산암모늄	담홍색	ABC급	차고, 주차장 화재에 적합
제4종	탄산수소칼륨+요소	회(백)색	BC급	

57 ★★ 출제년도【15.】
분말 소화약제의 열분해 반응식 중 옳은 것은?

① $2KHCO_3 \rightarrow KCO_3 + 2CO_2 + H_2O$
② $2NaHCO_3 \rightarrow NaCO_3 + 2CO_2 + H_2O$
③ $NH_4H_2PO_4 \rightarrow HPO_3 + NH_3 + H_2O$
④ $2KHCO_3 + (NH_2)_2CO$
   $\rightarrow K_2CO_3 + NH_2 + CO_2$

해설 열분해반응식
(1) 제1종 분말 소화약제
　① 1차 열분해반응식(270℃) :
　　$2NaHCO_3 \rightarrow Na_2CO_3 + CO_2 + H_2O$
　② 2차 열분해반응식(850℃) :
　　$2NaHCO_3 \rightarrow Na_2O + 2CO_2 + H_2O$
(2) 제2종 분말 소화약제
　① 1차 열분해반응식(190℃) :
　　$2KHCO_3 \rightarrow K_2CO_3 + CO_2 + H_2O$
　② 2차 열분해반응식(890℃) :
　　$2KHCO_3 \rightarrow K_2O + 2CO_2 + H_2O$
(3) 제3종 분말 소화약제
　① 1차 열분해반응식(190℃) :
　　$NH_4H_2PO_4 \rightarrow H_3PO_4 + NH_3$
　② 2차 열분해반응식(300℃) :
　　$NH_4H_2PO_4 \rightarrow HPO_3 + NH_3 + H_2O$

정답　54. ③　55. ③　56. ③　57. ③

chapter 06. 소화론 및 소화약제 출제예상문제

58 ★★★ 출제년도【11.16.】

제1종 분말 소화약제의 열분해 반응식으로 옳은 것은?

① $2NaHCO_3 \rightarrow Na_2CO_3 + CO_2 + H_2O$
② $2KHCO_3 \rightarrow K_2CO_3 + CO_2 + H_2O$
③ $2NaHCO_3 \rightarrow Na_2CO_3 + 2CO_2 + H_2O$
④ $2KHCO_3 \rightarrow K_2CO_3 + 2CO_2 + H_2O$

해설 제1종 분말 소화약제의 열분해 반응식
① 1차 열분해반응식(270℃):
$2NaHCO_3 \rightarrow Na_2CO_3 + CO_2 + H_2O$
② 2차 열분해반응식(850℃):
$2NaHCO_3 \rightarrow Na_2O + 2CO_2 + H_2O$

59 ★★★ 출제년도【11.12.16.】

다음 분말소화약제의 열분해 반응식에서 ( ) 안에 알맞은 화학식은?

$2NaHCO_3 \rightarrow Na_2CO_3 + H_2O + ($ $)$

① CO
② CO_2
③ Na
④ Na_2

해설 제1종 분말 소화약제
① 1차 열분해반응식(270℃):
$2NaHCO_3 \rightarrow Na_2CO_3 + CO_2 + H_2O$
② 2차 열분해반응식(850℃):
$2NaHCO_3 \rightarrow Na_2O + 2CO_2 + H_2O$

60 ★★★ 출제년도【14.】

제3종 분말소화약제의 열분해 시 생성되는 물질과 관계없는 것은?

① NH_3
② HPO_3
③ H_2O
④ CO_2

해설 제3종 분말소화약제 열분해
$NH_4H_2PO_4 \rightarrow HPO_3 + NH_3 + H_2O$
　　　　　(메타인산)(암모니아)(물)

61 ★★★ 출제년도【20.】

Halon 1301의 분자식은?

① CH_3Cl
② CH_3Br
③ CF_3Cl
④ CF_3Br

해설 할론 소화약제

종류	분자식	상온·상압에서 상태
하론 1301	CF_3Br	기체상태
하론 1211	CF_2ClBr	기체상태
하론 2402	$C_2F_4Br_2$	액체상태
하론 101	CH_2ClBr	액체상태

62 ★★★ 출제년도【10.12.】

할론 1301의 화학식에 해당하는 것은?

① CF_3Br
② CBr_2F_2
③ $CBrClF_2$
④ $CBrClF_3$

해설 할로겐화합물의 종류

구분	화학식	C	F	Cl	Br
1301	CF_3Br	1	3	0	1
1211	CF_2ClBr	1	2	1	1
2402	$C_2F_4Br_2$	2	4	0	2

63 ★★ 출제년도【18.】

다음의 소화약제 중 오존 파괴 지수(ODP)가 가장 큰 것은?

① 할론 104
② 할론 1301
③ 할론 1211
④ 할론 2402

해설 오존파괴지수가 큰 순서
할론 1301 > 할론 1211 > 할론 2402 > 할론 104

64 ★★★ 출제년도【12.】

상온, 상압상태에서 기체로 존재하는 할로겐화합물 Halon 번호로만 나열된 것은?

① 2402, 1211
② 1211, 1011
③ 1301, 1011
④ 1301, 1211

정답 58. ① 59. ② 60. ④ 61. ④ 62. ① 63. ② 64. ④

해설 상온, 상압 상태에서 할로겐 화합물

기체 상태	액체 상태
할론 1211 할론 1301	할론 1011 할론 104 할론 2402

65. 분자식이 CF_2BrCl 인 할로겐화합물 소화약제는?

① Halon 1301　② Halon 1211
③ Halon 2402　④ Halon 2021

해설 할론 소화약제의 종류

	분자식	C	F	Cl	Br
Halon 1301	CF_3Br	1	3	0	1
Halon 1211	CF_2ClBr	1	2	1	1
Halon 2402	$C_2F_4Br_2$	2	4	0	2

66. Halon 1211의 화학식에 해당하는 것은?

① CH_2BrCl　② CF_2ClBr
③ CH_2BrF　④ CF_2HBr

해설 하론 소화설비

	분자식	C	F	Cl	Br
Halon 1301	CF_3Br	1	3	0	1
Halon 1211	CF_2ClBr	1	2	1	1
Halon 2402	$C_2F_4Br_2$	2	4	0	2
Halon 104	CCl_4	1	0	4	-

67. Halon 1211의 성질에 관한 설명으로 틀린 것은?

① 상온, 상압에서 기체이다.
② 전기의 전도성이 없다.
③ 공기보다 무겁다.
④ 짙은 갈색을 나타낸다.

해설 Halon 1211
① 무색투명한 색
② 분자식 : CF_2ClBr

68. 다음 중 증기 비중이 가장 큰 것은?

① Halon 1301　② Halon 2402
③ Halon 1211　④ Halon 104

해설 할론 소화약제의 종류

종류	분자식	증기비중	상온·상압에서 상태
하론 1301	CF_3Br	$\frac{148.9}{29}=5.13$	기체상태
하론 1211	CF_2ClBr	$\frac{165.4}{29}=5.7$	
하론 2402	$C_2F_4Br_2$	$\frac{259.8}{29}=8.96$	액체상태
하론 101	CH_2ClBr	$\frac{129.4}{29}=4.46$	

69. 다음 중 증기비중이 가장 큰 것은?

① 이산화탄소　② 할론 1301
③ 할론 1211　④ 할론 2402

해설 ① 이산화탄소 : 44/29 = 1.52
② 할론 1301(CF_3Br) : 148.9/29 = 5.13
③ 할론 1211(CF_2ClBr) : 165.4/29 = 5.7
④ 할론 2402($C_2F_4Br_2$) : 259.8/29 = 8.96

70. Halon 2402의 화학식은?

① $C_2H_4Cl_2$　② $C_2Br_4F_2$
③ $C_2Cl_4Br_2$　④ $C_2F_4Br_2$

해설 할론 번호는 네 자리 수로서 그 분자구성을 나타낸다. 첫째자리부터 차례로 탄소(C), 불소(F), 염소(Cl), 브롬(Br)의 수를 표시하고 있다. 따라서, Halon 2402은 탄소 2개, 불소 4개, 염소 0개, 브롬 2개를 나타내므로 $C_2F_4Br_2$가 된다.

정답 65. ② 66. ② 67. ④ 68. ② 69. ④ 70. ④

71 할로겐화합물 소화약제에 관한 설명으로 옳지 않은 것은?

① 연쇄반응을 차단하여 소화한다.
② 할로겐족 원소가 사용된다.
③ 전기에 도체이므로 전기화재에 효과가 있다.
④ 소화약제의 변질 분해 위험성이 낮다.

[해설] 할로겐화합물 소화약제는 전기에 비도전성(부도체)이므로 전기화재에 효과가 있다.

72 할로겐화합물 소화약제에 관한 설명으로 틀린 것은?

① 비열, 기화열이 작기 때문에 냉각효과는 물보다 작다.
② 할로겐 원자는 활성기의 생성을 억제하여 연쇄반응을 차단한다.
③ 사용 후에도 화재현장을 오염시키지 않기 때문에 통신기기실 등에 적합하다.
④ 약제의 분자 중에 포함되어 있는 할로겐 원자의 소화효과는 F > Cl > Br > I의 순이다.

[해설] 부촉매효과(소화능력) :
I(요오드) 〉 Br(브롬) 〉 Cl(염소) 〉 F(플루오르)

73 다음 중 할로겐화합물 소화약제의 가장 주된 소화효과에 해당하는 것은?

① 냉각효과 ② 제거효과
③ 부촉매효과 ④ 분해효과

[해설] 소화약제의 주된 소화작용

소화약제	주된 소화 작용
물	냉각효과
포, 분말, 이산화탄소	질식효과
할로겐화합물	부촉매 효과, 화염억제작용

74 "FM200"이라는 상품명을 가지며 오존파괴지수(ODP)가 0인 할론 대체 소화약제는 어느 계열인가?

① HFC 계열
② HCFC 계열
③ FC 계열
④ Blend 계열

[해설] 헵타플루오로프로판(HFC-227ea) 할로겐화합물 소화약제는 FM 200이라고도 하며 최대허용 설계농도는 10.5%이다.

75 소화약제 중 HFC-125의 화학식으로 옳은 것은?

① CHF_2CF_3 ② CHF_3
③ CF_3CHFCF_3 ④ CF_3I

[해설] 펜타플루오로에탄(HFC-125)
화학식 : CHF_2CF_3
설계농도 : 11.5%

76 할론계 소화약제의 주된 소화효과 및 방법에 대한 설명으로 옳은 것은?

① 소화약제의 증발잠열에 의한 소화방법이다.
② 산소의 농도를 15% 이하로 낮게 하는 소화방법이다.
③ 소화약제의 열분해에 의해 발생하는 이산화탄소에 의한 소화방법이다.
④ 자유활성기(free radical)의 생성을 억제하는 소화방법이다.

[해설] 할론계 소화약제의 주된 소화효과 : 부촉매 소화(화학적 소화, 억제소화)

정답 71. ③ 72. ④ 73. ③ 74. ① 75. ① 76. ④

77 할로겐화합물소화약제 중 HCFC-22를 82% 포함하고 있는 것은?

① IG-541 ② HFC-227ea
③ IG-55 ④ HCFC BLEND A

해설

소화약제	설계농도(%)	화학식
하이드로클로로 플루오로카본혼화제 (HCFC BLEND A)	10	HCFC-123($CHCl_2CF_3$) : 4.75% HCFC-22($CHClF_2$) : 82% HCFC-124($CHClFCF_3$) : 9.5% $C_{10}H_{16}$: 3.75%

78 소화약제인 IG-541의 성분이 아닌 것은?

① 질소 ② 아르곤
③ 헬륨 ④ 이산화탄소

해설 IG-541의 성분
질소 N_2 : 52%, 아르곤 Ar : 40%,
이산화탄소 CO_2 : 8%

79 불활성가스 소화약제인 IG-541의 성분이 아닌 것은?

① 질소 ② 아르곤
③ 헬륨 ④ 이산화탄소

해설 IG-541의 성분
질소 N_2 : 52%, 아르곤 Ar : 40%,
이산화탄소 CO_2 : 8%

80 할로겐화합물 소화약제는 일반적으로 열을 받으면 할로겐족이 분해되어 가연물질의 연소 과정에서 발생하는 활성종과 화합하여 연소의 연쇄반응을 차단한다. 연쇄반응의 차단과 가장 거리가 먼 소화약제는?

① FC-3-1-10 ② HFC-125
③ IG-541 ④ FIC-13I1

해설 IG-541은 불활성기체 소화약제로서 주된 소화작용은 질식작용이다.

81 소화효과를 고려하였을 경우 화재 시 사용할 수 있는 물질이 아닌 것은?

① 이산화탄소 ② 아세틸렌
③ Halon 1211 ④ Halon 1301

해설 아세틸렌(C_2H_2)은 가연물로 연소범위 : 2.5~81%

82 다음 원소 중 전기 음성도가 가장 큰 것은?

① F ② Br
③ Cl ④ I

해설 전기 음성도
① 원자가 전자를 공유할 때 끌어당기는 힘을 말한다.
② 전기 음성도의 크기 : F > Cl > Br > I

83 다음 원소 중 할로겐족 원소인 것은?

① Ne ② Ar
③ Cl ④ Xe

해설 할로겐족 원소 : F, Cl, Br, I

84 다음 원소 중 수소와의 결합력이 가장 큰 것은?

① F ② Cl
③ Br ④ I

해설
• 전기 음성도의 크기 : F > Cl > Br > I
• 결합력은 전기음성도가 클수록 크다
따라서, 결합력의 크기는 F > Cl > Br > I 가 된다.

chapter 06. 소화론 및 소화약제 출제예상문제

85 ★★★ 출제년도【12.】
다음 할로겐원소 중 원자번호가 가장 작은 것은?
① F
② Cl
③ Br
④ I

해설

할로겐원소	F	Cl	Br	I
원자번호	9	17	35	53

86 ★★ 출제년도【12.】
할로겐원소에 해당하지 않는 것은?
① 불소
② 염소
③ 요오드
④ 비소

해설 할로겐은 주기율표의 17족에 속하는 원소들로, 플루오린(불소), 염소, 브롬(브로민), 요오드(아이오딘), 아스타틴이 있다.

87 ★★★ 출제년도【17.】
할로겐원소의 소화효과가 큰 순서대로 배열된 것은?
① I > Br > Cl > F
② Br > I > F > Cl
③ Cl > F > I > Br
④ F > Cl > Br > I

해설 할로겐원소
① 전기음성도(산소와의 친화력) : F > Cl > Br > I
② 소화효과 : I > Br > Cl > F
또는 F < Cl < Br < I

88 ★ 출제년도【12.】
포소화설비의 주된 소화작용은?
① 질식작용
② 희석작용
③ 유화작용
④ 촉매작용

해설 소화약제의 주된 소화 작용

소화약제	주된 소화 작용
물	냉각효과
포, 분말, 이산화탄소	질식효과
할로겐화합물	부촉매 효과, 화염억제작용

89 ★★ 출제년도【18.】
포소화약제의 적응성이 있는 것은?
① 칼륨 화재
② 알킬리튬 화재
③ 가솔린 화재
④ 인화알루미늄 화재

해설 포소화약제의 적응성 : 가솔린 등의 유류화재에 적응성이 있다.

90 ★ 출제년도【10, 13.】
포소화설비의 국가화재안전기준에서 정한 포의 종류 중 저발포라 함은?
① 팽창비가 20 이하인 것
② 팽창비가 120 이하인 것
③ 팽창비가 250 이하인 것
④ 팽창비가 1000 이하인 것

해설

팽창비율에 따른 포의 종류	포방출구의 종류
팽창비가 20 이하인 것(저발포)	포헤드, 압축공기포헤드
팽창비가 80 이상 1,000 미만인 것 (고발포)	고발포용 고정포방출구

91 ★★★ 출제년도【17.】
포소화약제 중 고팽창포로 사용할 수 있는 것은?
① 단백포
② 불화단백포
③ 내알코올포
④ 합성계면활성제포

정답 85. ① 86. ④ 87. ① 88. ① 89. ③ 90. ① 91. ④

해설 합성계면활성제포는 저팽창포와 고팽창포를 사용할 수 있다.

구분	소화약제의 농도
저팽창포	3%, 6%
고팽창포	1%, 1.5%, 2%

92 ★ 출제년도【15.】
저팽창포와 고팽창포에 모두 사용할 수 있는 포 소화약제는?
① 단백포 소화약제
② 수성막포 소화약제
③ 불화단백포 소화약제
④ 합성계면활성제포 소화약제

해설 합성계면활성제포 - 저팽창포와 고팽창포 모두 사용 가능

93 ★★★ 출제년도【18.】
수성막포 소화약제의 특성에 대한 설명으로 틀린 것은?
① 내열성이 우수하여 고온에서 수성막의 형성이 용이하다.
② 기름에 의한 오염이 적다.
③ 다른 소화약제와 병용하여 사용이 가능하다.
④ 불소계 계면활성제가 주성분이다.

해설 수성막포는 내열성이 약하여 고온에서 수성막의 형성이 어려워 윤화(ring fire)현상이 발생한다.

94 ★ 출제년도【15.】
같은 원액에서 만들어진 포의 특성에 관한 설명으로 옳지 않는 것은?
① 발포배율이 커지면 환원시간은 짧아진다.
② 환원시간이 길면 내열성 떨어진다.
③ 유동성이 좋으면 내열성이 떨어진다.
④ 발포배율이 작으면 유동성이 떨어진다.

해설 환원시간이 길면 내열성이 크다. 환원시간이란 포가 원래의 포수용액으로 돌아가는 시간을 말한다.

95 ★★ 출제년도【18.】
포소화약제가 갖추어야 할 조건이 아닌 것은?
① 부착성이 있을 것
② 유동성과 내열성이 있을 것
③ 응집성과 안정성이 있을 것
④ 소포성이 있고 기화가 용이할 것

해설 소포성이란 포의 거품이 사라져 원래의 포 수용액으로 돌아가는 성질로서 포의 거품이 사라지면 포의 주된 소화작용인 질식소화 성능이 사라지게 된다.

96 ★★★ 출제년도【13.】
Twin agent system으로 분말소화약제와 병용하여 소화효과를 증진 시킬 수 있는 소화약제로 다음 중 가장 적합한 것은?
① 수성막포
② 이산화탄소
③ 단백포
④ 합성계면활성제포

해설 ① **수성막포소화약제는 불소계 계면활성제**로 유류화재에 대해 질식·냉각·유화소화작용을 한다.
② Twin agent system : 계면활성제를 분말소화약제**와 함께 방출**하여 유류화재가 발생하였을 때 빠른 시간 내에 화재를 소화하며, 유류표면에 재인화(재착화)를 방지한다.

97 ★★ 출제년도【15.】
화재 시 분말 소화약제와 병용하여 사용할 수 있는 포 소화약제는?
① 수성막포 소화약제
② 단백포 소화약제
③ 알콜형포 소화약제
④ 합성계면활성제포 소화약제

해설 Twin Agent System
(1) TWIN 20/20 :
ABC 분말약제 20kg + 수성막포 20ℓ
(2) TWIN 40/40 :
ABC 분말약제 40kg + 수성막포 40ℓ

98 ★★ 출제년도 [14]
다음 중 증발잠열(KJ/kg)이 가장 큰 것은?

① 질소 ② 할론 1301
③ 이산화탄소 ④ 물

해설 증발잠열
① 질소 : 47.8 cal/g, 200.1 kJ/kg
② 할론 1301 : 28 cal/g, 117.2 kJ/kg
③ 이산화탄소 : 56.1 cal/g, 234.8 kJ/kg
④ 물 : 539 cal/g, 2256 kJ/kg

99 ★★★ 출제년도 [14, 18]
다음 중 소화약제로 사용할 수 없는 것은?

① $KHCO_3$ ② $NaHCO_3$
③ CO_2 ④ NH_3

해설 보기설명
① $KHCO_3$: 탄산소소칼륨
② $NaHCO_3$: 탄산수소나트륨
③ CO_2 : 이산화탄소
④ NH_3 : 암모니아로서 소화약제가 아니다.

100 ★ 출제년도 [15.]
고비점유 화재 시 무상주수하여 가연성 증기의 발생을 억제함으로써 기름의 연소성을 상실시키는 소화효과는?

① 억제효과 ② 제거효과
③ 유화효과 ④ 파괴효과

해설 ① 유화효과 : 유류화재시 불용성의 가연성액체표면에 불연성의 유막을 형성하여 소화
② 제거효과 : 가연물을 제거하여 소화
③ 억제효과(부촉매 효과) : 연쇄반응을 차단하여 소화

101 ★★★ 출제년도 [17.]
화재의 소화원리에 따른 소화방법의 적용으로 틀린 것은?

① 냉각소화 : 스프링클러설비
② 질식소화 : 이산화탄소 소화설비
③ 제거소화 : 포소화설비
④ 억제소화 : 할로겐화합물 소화설비

해설 포소화설비는 주된 소화작용이 질식소화이다.
소화약제에 따른 주요 소화방법

소화약제	주요 소화작용
물	냉각소화
이산화탄소, 분말, 포	질식소화
할로겐화합물	억제소화(부촉매 소화)

102 ★★★ 출제년도 [17.]
화재 시 소화에 관한 설명으로 틀린 것은?

① 내알코올포 소화약제는 수용성용제의 화재에 적합하다.
② 물은 불에 닿을 때 증발하면서 다량의 열을 흡수하여 소화한다.
③ 제3종 분말소화약제는 식용유화재에 적합하다.
④ 할로겐화합물 소화약제는 연쇄반응을 억제하여 소화한다.

해설 제1종 분말소화약제는 비누화 반응을 일으켜 질식작용을 하므로 식용유화재에 적합하다.
분말소화약제의 종류

종별	주성분	화학식	색	적용화재
제1종	탄산수소나트륨 (중탄산나트륨)	$NaHCO_3$	백색	BC급
제2종	탄산수소칼륨 (중탄산칼륨)	$KHCO_3$	담자색	BC급
제3종	인산염 (제일인산암모늄)	$NH_4H_2PO_4$	담홍색	ABC급
제4종	탄산수소칼륨+요소	$KHCO_3+(NH_2)_2CO$	회색	BC급

정답 98. ④ 99. ④ 100. ③ 101. ③ 102. ③

103 ★★ 출제년도【18.】 산림화재 시 소화효과를 증대시키기 위해 물에 첨가하는 증점제로서 적합한 것은?

① Ethylene Glycol
② Potassium Carbonate
③ Ammonium Phosphate
④ Sodium Carboxy Methyl Cellulose

해설 Sodium Carboxy Methyl Cellulose은 CMC 소화약제라고도 하며 산림화재시 사용하는 증점제이다.

104 ★★ 출제년도【12.】 22[℃]의 물 1톤을 소화약제로 사용하여 모두 증발시켰을 때 얻을 수 있는 냉각효과는 몇 [kcal]인가?

① 539 ② 617
③ 539,000 ④ 617,000

해설 100[℃]의 물 1[kg]이 100[℃]의 수증기로 되는데 필요한 열량이 539[kcal], 1톤=1,000[kg]이므로 열량
$Q = mC\Delta T + mr$
$= 1,000\text{kg} \times 1\text{kcal/kg} \cdot ℃ \times (100-22)℃$
$\quad + 1,000\text{kg} \times 539\text{kcal/kg}$
$= 617,000\text{kcal}$

정답 103. ④ 104. ④

Engineer Fire Protection System - Electrical

Part 02

소방전기일반

01 직류회로

1. 전기회로의 기초

1. 단위정리

약호	명칭	약호	명칭
A	암페어(ampere)	S	지멘스(siemens)
AT	암페어 턴(ampere turn)	T	턴(turn)
C	쿨롱(coulomb)	V	볼트(volt)
F	패럿(farad)	VA	볼트암페어(volt ampere)
H	헨리(henry)	Var	volt ampere reactive
Hz	헤르츠(hertz)	W	와트(watt)
J	줄(joule)	Wb	웨버(weber)
K	켈빈(kelvin)	W·s	와트세크(watt sec)
N	뉴턴(newton)	W·h	와트아우어(watt hour)
N·m	뉴턴 미터(newton meter)		

2. 그리스 문자표

기호	명명	기호	명명
α	alpha(알파)	ν	nu(뉴)
β	beta(베타)	ξ	xi(크사이)
γ	gamma(감마)	o	omicron(오미크론)
δ	delta(델타)	π	pi(파이)
ε	epsilon(입실론)	ρ	rho(로우)
ζ	zeta(제타)	σ	sigma(시그마)
η	eta(에타)	τ	tau(타우)
θ	theta(세타)	υ	upsilon(읍실론)
ι	iota(이오타)	ϕ	phi(프아이)
κ	kappa(카파)	χ	chi(카이)
λ	lambda(람다)	ψ	psi(프사이)
μ	mu(뮤)	ω	omega(오메가)

3. SI 단위 접두어 및 배수

접두어	배수	접두어	배수
T(테라)	10^{12}	d(데시)	10^{-1}
G(기가)	10^{9}	c(센티)	10^{-2}
M(메가)	10^{6}	m(밀리)	10^{-3}
k(킬로)	10^{3}	μ(마이크로)	10^{-6}
h(헥토)	10^{2}	n(나노)	10^{-9}
da(데카)	10^{1}	p(피코)	10^{-12}

4. 단위환산

길이	1 m = 100 cm = 10^2 cm, 1 m = 1,000 mm = 10^3 mm, 1 cm = 10 mm
질량	1 kg = 1,000 g
시간	1 hr = 60 min, 1 min = 60 s, 1 hr = 3,600 s
면적	1 m^2 = 10^4 cm^2 = 10^6 mm^2
체적	1 m^3 = 1,000 L

5. MKS와 CGS 단위계

구분	MKS	CGS
길이	m(미터)	cm(센티미터)
무게	kg(킬로그램)	g(그램)
시간	s(초)	s(초)
힘	N(뉴턴)	dyn(dyne)
일	J(줄)	erg
전기량	C(쿨롱)	esu(electrostatic units)
전력	W(와트)	erg/s

2. 전하 (전기량)

1. 대전(electrification)
동일한 크기의 (+)전하량과 (−)전하량을 갖는 물질에 마찰 또는 충격에 의해 전자의 이동에 따라서 물체가 (+)전기 또는 (−)전기를 갖게 되는 현상

2. 전하 : 대전된 물질이 갖는 전기의 양
① 정전하(양전하) : 전자의 과부족에 의해 물질이 갖는 전기의 양
② 부전하(음전하) : 전자의 과잉에 의해 물질이 갖는 전기의 양
③ 동일극성의 전하 : 반발력(척력), 다른극성의 전하 : 흡인력(인력)

3. 전기의 본질
① 전자(electron)의 전하량 $e = -1.602 \times 10^{-19}[C]$
② 전자(electron)의 질량 $m_e = 9.109 \times 10^{-31}[kg]$
③ 양자의 질량 $m_p = 1.67261 \times 10^{-27}[kg]$

4. 전하량의 계산 ★★★

$$Q = C \times V = n \times e = I \times t$$

Q : 전하량[C], V : 전압[V], I : 전류[A], t : 시간[s], n : 전자 수,
e : 전자 1개의 전기량[C], C : 정전용량 또는 Capacitance[F]

3. 전류와 전압

1. 전류

1) 개념
① 전자의 흐름이다.
② 단위시간당 이동한 전기의 양을 말한다.
③ 단위 : Ampere(암페어)[A]
④ 직류식 표현 $I = \dfrac{Q}{t}[A]$
⑤ 교류식 표현 $i = \dfrac{dq}{dt}[A]$, $q = \int i dt [C]$

2) 산출식

$$전류\ I = \frac{Q}{t} = \frac{V}{R}[A][C/s]$$

Q : 전기량[C], t : 시간[s], V : 전압[V], R : 저항[Ω]

2. 전압

1) 개념

① 도체의 양단에 일정한 전류를 계속 흐르게 하는 전기적 힘
② Q[C]의 전기량이 이동하여 W[J ; joule]만큼 행한 일의 양
③ 단위 : Volt(볼트)[V]
④ 직류식 표현 $V = \frac{W}{Q}[J/C]$, $W = QV[J]$
⑤ 교류식 표현 $v = \frac{dw}{dq}$, $w = \int v dq[J]$
⑥ 심벌 : ─┤├─

2) 산출식 ★★★

$$전압\ V = \frac{W}{Q} = IR[V][J/C]$$

W : 일 또는 전력량[J], Q : 전기량[C], I : 전류[A], R : 저항[Ω]

4. 옴의 법칙

전류는 저항에는 반비례하고, 전압에는 비례한다.

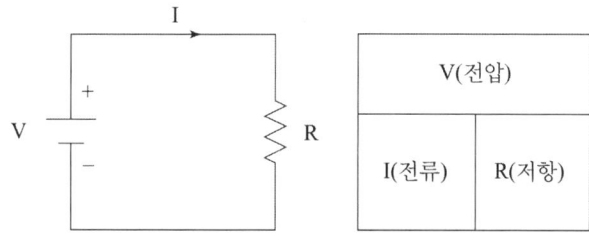

$$V = RI\,[\text{V}], \quad I = \frac{V}{R}\,[\text{A}], \quad R = \frac{V}{I}\,[\Omega]$$

여기서, 저항의 역수를 **컨덕턴스(conductance)**라 하며, 단위는 [℧], [S], [Ω^{-1}] 등을 사용한다.

5. 전기저항

1. 저항

1) 개념
   ① 전류의 흐름을 방해하는 물리량으로서 저항이 클수록 전류는 작아지며, 저항이 작을수록 전류는 증가한다.
   ② 일반적으로 도체의 전기저항은 재질의 종류 및 온도에 따라 다르다.
   ③ 단위 : ohm(옴)[Ω]
   ④ 심벌 : ─/\/\/─
   ⑤ 컨덕턴스의 역수 : $R = \dfrac{1}{G}$, G : 컨덕턴스[℧, mho]

2) 산출식 ★★★

$$R = \frac{V}{I} = \rho\frac{l}{S} = \rho\frac{l}{\frac{\pi}{4}\times D^2} = \frac{l}{kS}\,[\Omega]$$

ρ : 고유저항[$\Omega \cdot$m], l : 도체의 길이[m], S : 도체의 단면적[m²]
k : 도전율[℧/m], D : 도체의 직경[m]

2. 온도변화에 따른 저항 값 산출 ★★★

$$R_T = R_t \times [1 + \alpha_t(T - t)]$$

R_T : T[℃]일 때 저항 값[Ω], R_t : t[℃]일 때 저항 값[Ω]
α_t : 저항온도계수($\alpha_t = 1/(234.5+t)$), T : 변환 후 온도[℃], t : 변환 전 온도[℃]

3. 저항의 직렬연결 ★★★

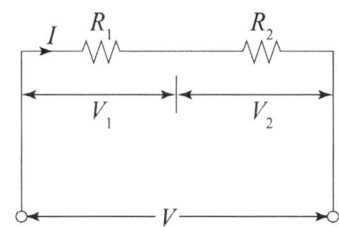

1) 합성전압(전전압) : $V = IR_T = V_1 + V_2$
2) 합성전류(전전류) : $I = \dfrac{V}{R_T} = \dfrac{V}{R_1 + R_2}$
3) 합성저항 : $R_T = R_1 + R_2$
4) 분압법칙 : ① $V_1 = \dfrac{R_1}{R_1 + R_2} \times V$ ② $V_2 = \dfrac{R_2}{R_1 + R_2} \times V$

4. 저항의 병렬연결 ★★★

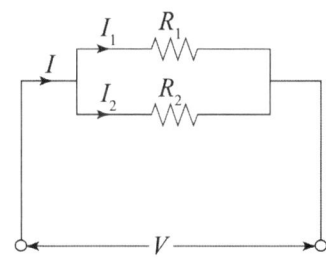

1) 합성전압(전전압) : $V = IR_T = V_1 = V_2$
2) 합성전류(전전류) : $I = \dfrac{V}{R_T} = I_1 + I_2$
3) 합성저항 : $R_T = \dfrac{1}{\dfrac{1}{R_1} + \dfrac{1}{R_2}} = \dfrac{R_1 \times R_2}{R_1 + R_2}$
4) 분류법칙 : ① $I_1 = \dfrac{R_2}{R_1 + R_2} \times I$ ② $I_2 = \dfrac{R_1}{R_1 + R_2} \times I$

5. 전선의 체적이 일정할 때 길이를 nl배 늘렸을 때 저항은 처음 저항의 몇 배 길이를 nl배 늘리면 면적은 $\dfrac{1}{n}S$로 감소한다.

따라서 저항은 $R = \rho \dfrac{l}{S}$ 에서 $\dfrac{R'}{R} = \dfrac{\rho \dfrac{nl}{S}}{\rho \dfrac{l}{S}} = n^2$ 가 된다.

6. 합성저항의 배수관계 ★★★

동일 크기의 저항 R을 n개 직렬연결 시 합성저항은 n개 병렬연결 시 합성저항의 배수

1) 직렬연결 시 합성저항 : $R_{직렬} = nR$

2) 병렬연결 시 합성저항 : $R_{병렬} = \dfrac{R}{n}$

3) 배수관계 : $\dfrac{R_{직렬}}{R_{병렬}} = \dfrac{nR}{\dfrac{R}{n}} = n^2$, $R_{직렬} = n^2 R_{병렬}$

6. 컨덕턴스(conductance)

1. 개념

① 전류의 흐름을 도와주는 물리량으로서 저항의 역수
② 단위 : mho(모)[℧], 또는 지멘스(siemens)[S]

2. 산출식

$$G = \dfrac{1}{R} = \dfrac{I}{V}$$

여기서, R : 저항[Ω], V : 전압[V], I : 전류[A]

7. 키르히호프의 법칙

1. 전류법칙 ★★

"회로망 중에서 임의의 한 점에서 들어오는 전류의 합은 나가는 전류의 합과 같다. 즉, 임의의 한 점에서 전류의 총합은 0이 된다."

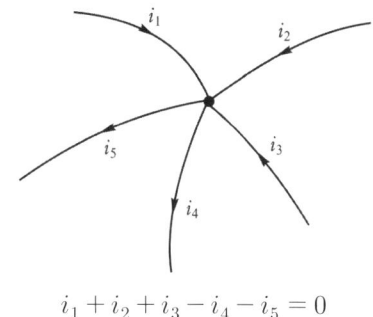

$$i_1 + i_2 + i_3 - i_4 - i_5 = 0$$

2. 전압법칙 ★

1) 임의의 폐회로망 내에서 각 지로에 유기되는 기전력의 총합은 그 지로 내에 발생한 전압강하의 총합과 같다.

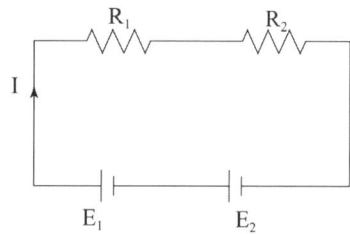

2) 계산식 : $\sum E = \sum IR$, $E_1 + E_2 = IR_1 + IR_2$

8. 전력과 전력량

1. 전력 ★★★

1) 개념
   ① 단위시간당 한 일의 양
   ② 단위 : Watt(와트)[W]

2) 계산

$$\text{전력 } P = \frac{W}{t} = VI = I^2 R = \frac{V^2}{R} [\text{W}]$$

W : 전력량[W·s], t : 시간[s], V : 전압[V], I : 전류[A], R : 저항[Ω]

2. 전력량(電力量)

1) 개념
   ① 전력에 사용시간을 곱한 값
   ② 단위 : Joule(줄)[J] 또는 [W·s]

2) 전력량 계산

$$전력량\ W = QV = Pt = VIt = I^2Rt = \frac{V^2}{R}t$$

Q : 전하[C], V : 전압[V], P : 전력[W], t : 시간[s], V : 전압[V], I : 전류[A], R : 저항[Ω]

3) 단위 환산
   ① 1[kW] = 1,000[W]
   ② 1[W] = 1[J/s]
   ③ 1[J] = 0.2389 ≒ 0.24[cal]
   1[kW·h] = 3,600 × 1000[W·s] = 3,600 × 1000[J/s·s]
   = 3,600,000[J] = 0.2389 × 3,600,000[cal] ≒ **860[kcal]**

9. 열량의 계산

1. 줄의 법칙

일정시간 동안 저항 R에 전류 I가 흐를 때 저항 R에서 소비되는 에너지 $W[J]$는 열에너지 $H[cal]$(칼로리)로 변환되며 이것을 **줄의 법칙**이라 한다.

2. 열량의 계산 ★★★

$$H = 0.24 \times Pt = 0.24 \times VIt = 0.24 \times I^2Rt = 0.24 \times \frac{V^2}{R}t[cal]$$
$$= mc\Delta t = mc(t_2 - t_1)$$

여기서, P : 전력[W], t : 시간[s], m : 질량[g],
c : 비열[cal/g·℃](물의 비열은 1이다.)
t_1 : 처음온도[℃], t_2 : 나중온도[℃]

10. 전지의 접속

1. 직렬접속

① 합성기전력 $E_T = nE[\text{V}]$

② 합성저항 $R_T = R + nr[\Omega]$

③ 전 전류 $I = \dfrac{E_T}{R_T} = \dfrac{nE}{nr+R}[\text{A}]$

여기서, n : 전지의 직렬연결 수
 R : 부하저항
 r : 전지 내부저항
 E : 전지 1개의 기전력[V]

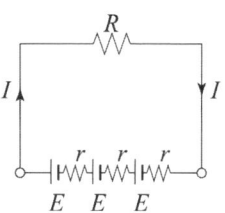

2. 병렬접속

① 합성기전력 $E_T = E[\text{V}]$

② 합성저항 $R_T = R + \dfrac{r}{m}[\Omega]$

③ 전 전류 $I = \dfrac{E_T}{R_T} = \dfrac{E}{\dfrac{r}{m}+R}[\text{A}]$

여기서, m : 전지의 병렬연결 수
 R : 부하저항
 r : 전지 내부저항
 E : 전지 1개의 기전력[V]

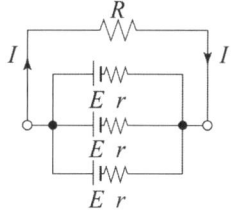

3. 직병렬접속 ★★★

① 합성기전력 $E_T = nE[\text{V}]$

② 합성저항 $R_T = R + \dfrac{nr}{m}[\Omega]$

③ 전 전류 $I = \dfrac{E_T}{R_T} = \dfrac{nE}{\dfrac{nr}{m}+R}[\text{A}]$

여기서, m : 전지의 병렬연결 수
 n : 전지의 직렬연결 수
 R : 부하저항
 r : 전지 내부저항
 E : 전지 1개의 기전력[V]

11. 열전 효과

1. 제어백(seebeck) 효과 ★★★

1) 정의

제벡 효과라고도 하며, **두 종류의 금속**을 접속하여 폐회로를 만들고 두 접속점에 **온도의 차이**를 주면 기전력이 발생하여 전류가 흐르는 현상

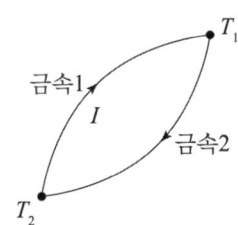

2) 응용

차동식 스포트형 감지기(열기전력식), 차동식 분포형 감지기(열전대식), 열전온도계 등

2. 펠티에(peltier) 효과 ★★★

1) 정의

두 종류의 금속의 접속점에 **전류**를 흘리면 열의 흡수 또는 발생이 나타나는 현상

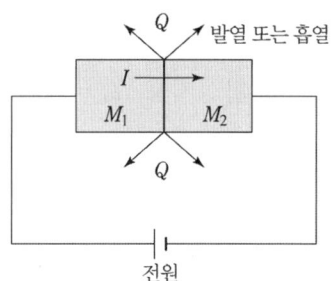

2) 응용 : 전자냉동기 등

3. 톰슨효과

1) 동일한 금속에 온도차를 주고 전류의 차를 주면 열의 흡수·발생이 나타나는 현상

2) 하나의 균질도체에 온도차가 생기면 이에 따른 열기전력이 발생하여 열전류가 흐르는 현상

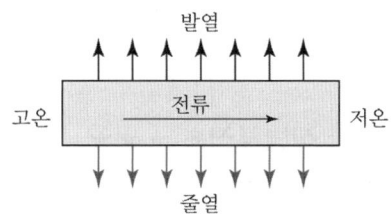

4. 기타효과 ★

1) 핀치(pinch)효과

직류전압을 인가하면 전류는 도선의 중심 쪽으로 흐르려고 하는 현상

2) 홀(Hall)효과

전류가 흐르고 있는 도체에 **자계**를 가하면 도체 측면에 전위차가 발생

12. 전기화학

1. 연축전지 화학 반응식 ★★★

$$PbO_2 + 2H_2SO_4 + Pb \underset{충전}{\overset{방전}{\rightleftarrows}} PbSO_4 + 2H_2O + PbSO_4$$

  (+)　　(전해액)　(−)　　　　　(+)　　(물)　(−)

1) **전해액 : 묽은 황산(H_2SO_4)**
2) 비중 : 1.2~1.3
3) 극판의 색상 : 충전시(적갈색), 방전시(회백색)

2. 알칼리축전지와 연축전지의 비교 ★★★

구 분	연 축전지	알칼리 축전지
공칭전압	2[V/cell]	1.2[V/cell]
방전시간율	10[h]	5[h]
방전종지전압	1.6V	0.96V
기전력	2.05~2.08[V/cell]	1.32[V/cell]
기계적강도	약하다	강하다
과충방전	약하다	강하다
충전시간	길다	짧다
수명	5~15년	15~20년

3. 전지의 국부작용

1) 전극 사이 불순물로 인하여 전지의 기전력이 점차 감소하는 현상
2) **장기간 보관시 기전력이 감소**하는 현상

4. 전지의 분극작용 ★

1) 전지에 부하를 걸면 양극 표면에 수소(H_2)가스가 발생하고, 이 때 생성된 수소가 전기의 흐름을 방해하는 현상
2) **전지를 사용하면서 기전력이 감소**하는 현상

5. 패러데이(Faraday)의 법칙 ★★

전기분해작용으로 인해 전극에 석출되는 물질의 양은 전해액을 통과하는 전기량에 비례하고, 전기량이 같으면 그 물질의 화학당량에 비례한다.

$$W = kQ = kIt \text{[g]}$$

W : 석출되는 물질의 양[g], k : 물질의 화학당량
Q : 전해액을 통과하는 총 전기량[C], I : 전류[A], t : 시간[s]

13. 충전방식

1. 보통 충전
필요할 때마다 표준 시간율로 소정의 충전을 하는 방식이다.

2. 급속 충전
비교적 단시간에 보통 전류의 2~3배의 전류로 충전하는 방식이다.

3. 부동 충전 ★★★
축전지의 자기 방전을 보충함과 동시에 상용 부하에 대한 전력 공급은 충전기가 부담하도록 하되 충전기가 부담하기 어려운 일시적인 대전류 부하는 축전지로 하여금 부담하게 하는 방식이다. 부하와 충전기를 병렬로 접속하여 충전하는 방식이다.

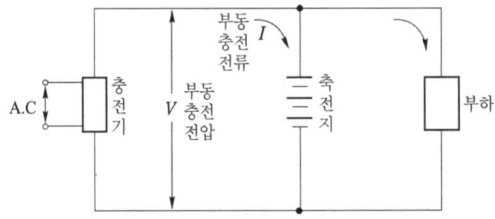

$$\text{충전기 2차 충전 전류 [A]} = \frac{\text{축전지 용량 [Ah]}}{\text{정격 방전율 [h]}} + \frac{\text{상시 부하 용량 [VA]}}{\text{표준 전압 [V]}}$$

4. 세류 충전
자기 방전량만을 항상 충전하는 부동 충전 방식의 일종이다.

5. 균등 충전
부동 충전 방식에 의하여 사용할 때 각 전해조에서 일어나는 전위차를 보정하기 위하여 1~3개월마다 1회씩 정전압으로 10~12시간 충전하여 각 전해조의 용량을 균일화하기 위한 방식이다.

01 출제예상문제

직류회로

01 ★ 출제년도【14.】
1[C/sec]는 다음 중 어느 것과 같은가?
① 1[J]　　　② 1[V]
③ 1[A]　　　④ 1[W]

해설 전류
1[A](암페어) = 전하량 1[C](쿨롱) / 1[s](초)

02 ★★★ 출제년도【14.】
일정 전압의 직류전원에 저항 R을 접속하면 전류가 흐른다. 이때 저항 R을 변화시켜 전류값을 20[%] 증가시키려면 저항값을 어떻게 하면 되는가?
① 64%로 줄인다.
② 83%로 줄인다.
③ 120%로 증가시킨다.
④ 125%로 증가시킨다.

해설 저항 $R = \dfrac{V}{I} = \dfrac{V}{(1+0.2)I} = 0.83\dfrac{V}{I}$
따라서, 저항값을 83%로 줄인다.

03 ★★★ 출제년도【16.】
일정전압의 직류전원에 저항을 접속하고 전류를 흘릴 때 전류의 값을 20% 감소시키기 위한 저항값은 처음의 몇 배인가?
① 0.05　　　② 0.83
③ 1.25　　　④ 1.5

해설 저항 $R = \dfrac{V}{I}$ 의 관계에서
$R = \dfrac{V}{(1-0.2)I} = 1.25\dfrac{V}{I}$

04 ★ 출제년도【12.】
키르히호프의 법칙을 이용하여 방정식을 세우는 방법으로 옳지 않은 것은?
① 도선의 접속점에서 키르히호프 제1법칙을 적용한다.
② 각 폐회로에서 키르히호프 제2법칙을 적용한다.
③ 계산 결과 전류가 +로 표시된 것은 처음에 정한 방향과 반대방향임을 나타낸다.
④ 각 회로의 전류를 문자로 나타내고 방향을 가정한다.

해설 키르히호프의 법칙
1) 전류법칙
"회로망 중에서 임의의 한점에서 들어오는 전류의 합은 나가는 전류의 합과 같다. 즉, 임의의 한점에서 전류의 총합은 0이 된다."
$i_1 + i_2 + i_3 - i_4 - i_5 = 0$
여기서, −부호는 처음에 가정했던 전류의 방향과 반대임을 의미한다.
2) 전압법칙
"회로망 중에서 임의의 한 폐회로에서 기전력의 합은 전압강하의 합과 같다. 즉, 임의의 한 폐회로를 따라 존재하는 모든 전압(전압원 + 전압 강하)의 대수적 합은 0이다."

05 ★★ 출제년도【12.】
기전력이 1.5[V]이고 내부저항이 10[Ω]인 건전지 4개를 직렬연결하고 20[Ω]의 저항 R을 접속하는 경우, 저항 R에 흐르는 ㉠ 전류 I[A]와 ㉡ 단자전압 V[V]는?
① ㉠ 0.1[A], ㉡ 2[V]
② ㉠ 0.3[A], ㉡ 6[V]
③ ㉠ 0.1[A], ㉡ 6[V]
④ ㉠ 0.3[A], ㉡ 2[V]

정답 01. ③　02. ②　03. ③　04. ③　05. ①

해설 기전력 E[V], 내부저항 r[Ω], 외부저항 R[Ω]이라 하면,
1) 전류 $I = \dfrac{nE}{nr+R} = \dfrac{4 \times 1.5}{4 \times 10 + 20} = 0.1$[A]
2) 단자전압 $V = IR = 0.1 \times 20 = 2$[V]

06 ★★★ 출제년도 [17.]
어떤 전지의 부하로 6Ω을 사용하니 3A의 전류가 흐르고, 이 부하에 직렬로 4Ω을 연결했더니 2A가 흘렀다. 이 전지의 기전력은 몇 V인가?
① 8　　② 16　　③ 24　　④ 32

해설 기전력 $E = I(R+r)$의 관계에서,
$E = 3 \times (6+r) = 2 \times (6+4+r)$
$18 + 3r = 20 + 2r$, $r = 2$Ω
기전력 $E = 3 \times (6+2) = 24$V

07 ★★★ 출제년도 [14. 18. 21.]
1개의 용량이 25[W]인 객석유도등 10개가 연결되어 있다. 이 회로에 흐르는 전류는 약 몇 [A]인가? (단, 전원 전압은 220[V]이고, 기타 선로손실 등은 무시한다.)
① 0.88 A　　② 1.14 A　　③ 1.25 A　　④ 1.36 A

해설 전류 $I = \dfrac{P}{V} = \dfrac{25W \times 10개}{220V} = 1.14$

08 ★★ 출제년도 [14.]
부하저항 R에 5[A]의 전류가 흐를 때 소비전력이 500[W]이었다. 부하저항 R은?
① 4[Ω]　　② 10[Ω]　　③ 20[Ω]　　④ 100[Ω]

해설 소비전력 $P = I^2 R$[W]
I : 전류[A], R : 저항[Ω]
$R = \dfrac{P}{I^2} = \dfrac{500}{5^2} = 20$

09 ★★ 출제년도 [20.]
지하 1층, 지상 2층, 연면적이 1,500m²인 기숙사에서 지상 2층에 설치된 차동식 스포트형감지기가 작동하였을 때 전 층의 지구경종이 동작되었다. 각 층 지구경종의 정격전류가 60mA이고, 24V가 인가되고 있을 때 모든 지구경종에서 소비되는 총 전력(W)는?
① 4.23　　② 4.32　　③ 5.67　　④ 5.76

해설 경종의 동작전류
$I = 60mA \times 3개층 = 180mA = 0.18A$
총 전력 $P = VI = 24 \times 0.18 = 4.32$W

10 ★★ 출제년도 [01. 07. 09. 12.]
200[V] 전원에 접속하면 1[kW]의 전력을 소비하는 저항을 100[V] 전원에 접속하면 소비전력은?
① 250[W]　　② 500[W]　　③ 750[W]　　④ 900[W]

해설 전력 $P = \dfrac{V^2}{R}$ 이므로
$\dfrac{P'}{P} = \dfrac{\frac{V'^2}{R}}{\frac{V^2}{R}}$ 에서 $\dfrac{P'}{1000} = \dfrac{\frac{100^2}{R}}{\frac{200^2}{R}} = 0.25$
∴ $P' = 0.25 \times 1000 = 250$[W]

11 ★★★ 출제년도 [14.]
10kΩ 저항의 허용전력은 10kW라 한다. 이때의 허용전류는 몇 A인가?
① 100A　　② 10A　　③ 1A　　④ 0.1A

해설 소비전력 $P = I^2 R$에서
전류 $I = \sqrt{\dfrac{P}{R}} = \sqrt{\dfrac{10 \times 10^3}{10 \times 10^3}} = 1$[A]

정답　06. ③　07. ②　08. ③　09. ②　10. ①　11. ③

12
★ 출제년도 【19.】

100V, 1kW의 니크롬선을 3/4의 길이로 잘라서 사용할 때 소비전력은 약 몇 W인가?

① 1000　　② 1333
③ 1430　　④ 2000

해설 소비전력 $P = \dfrac{V^2}{R}$, 저항 $R = \rho \dfrac{l}{A}$ 의 관계에서

$$P = \dfrac{V^2}{R} = \dfrac{V^2}{\rho \dfrac{l}{A}} = \dfrac{AV^2}{\rho l}$$

(여기서, A : 단면적 m^2, l : 길이 m, V : 전압 V, ρ : 고유저항 $\Omega \cdot m$)

소비전력 P는 길이 l에 반비례하므로 비례식을 적용한다.

$$P' = P \times \dfrac{l}{l'} = 1000 \times \dfrac{1}{\dfrac{3}{4}} = 1000 \times \dfrac{4}{3} = 1333.33 \text{ W}$$

13
★ 출제년도 【19.】

1 W · s 와 같은 것은?

① 1 J　　② 1 kg · m
③ 1 kWh　　④ 860 kcal

해설 전력량(에너지) $W = P \times t$ = 전력 × 시간 [W · s][J]

14
★ 출제년도 【15.】

지멘스(siemens)는 무엇의 단위인가?

① 비저항　　② 도전율
③ 컨덕턴스　　④ 자속

해설 컨덕턴스(G)
① 저항의 역수
② 단위 : 모[℧], 지멘스(siemens)[S]

15
★ 출제년도 【16.】

국제 표준 연동 고유저항은 몇 [$\Omega \cdot m$]인가?

① 1.7241×10^{-9}　　② 1.7241×10^{-8}
③ 1.7241×10^{-7}　　④ 1.7241×10^{-6}

해설 국제 표준 연동 고유저항

$$\rho = \dfrac{1}{58} \times 10^{-6} = 1.7241 \times 10^{-8} [\Omega \cdot m]$$

16
★ 출제년도 【12.】

저항을 설명한 다음 문항 중 틀린 것은?

① 기호는 R, 단위는 [Ω]이다.
② 오옴의 법칙은 $R = \dfrac{V}{I}$ 이다.
③ R의 역수는 서셉턴스이며 단위는 [℧]이다.
④ 전류의 흐름을 방해하는 작용을 저항이라 한다.

해설 저항(R)의 역수는 컨덕턴스(G), 리액턴스(X)의 역수는 서셉턴스(B)이며, 단위는 모두 [℧]이다.

17
★★ 출제년도 【13.】

동일한 저항을 가진 감지기배선 2가닥을 병렬로 접속하였을 때의 합성저항은?

① 한 가닥 배선의 2배가 된다.
② 한 가닥 배선의 1/2배가 된다.
③ 한 가닥 배선의 1/3배가 된다.
④ 한 가닥 배선과 동일하다.

해설 동일한 저항을 병렬연결 시

합성저항 $R_o = \dfrac{R \times R}{R + R} = \dfrac{1}{2} R [\Omega]$

이므로 한 가닥 배선의 1/2배가 된다.

18
★ 출제년도 【15.】

2Ω의 저항 5개를 직렬로 연결하면 병렬연결 때의 몇 배가 되는가?

① 2　　② 5
③ 10　　④ 25

해설
① 직렬연결 : $2[\Omega] \times 5$개 $= 10[\Omega]$
② 병렬연결 : $\dfrac{2[\Omega]}{5개} = 0.4[\Omega]$
③ 배수 : $\dfrac{직렬}{병렬} = \dfrac{10}{0.4} = 25$배

정답 12. ②　13. ①　14. ③　15. ②　16. ③　17. ②　18. ④

19 200[Ω]의 저항을 가진 경종 10개와 50[Ω]의 저항을 가진 표시등 3개가 있다. 이들을 모두 직렬로 접속할 때의 합성저항은 몇 [Ω]인가?

① 250
② 1250
③ 1750
④ 2150

해설 합성저항 $R = 200[\Omega] \times 10개 + 50[\Omega] \times 3개 = 2150[\Omega]$

20 직류회로에서 도체를 균일한 체적으로 길이를 10배 늘이면 도체의 저항은 몇 배가 되는가?(단, 도체의 전체 체적은 변함이 없다.)

① 10
② 20
③ 100
④ 1000

해설 전기저항 $R = \rho\dfrac{l}{A}$의 관계에서 체적의 변함이 없으므로

체적 $V = A \times l = A' \times l' = \dfrac{A}{10} \times 10l$이 된다.

$R' = \rho\dfrac{l'}{A'} = \rho\dfrac{10l}{\dfrac{A}{10}} = 100\rho\dfrac{l}{A} = 100R$

21 배전선에 6000 V의 전압을 가하였더니 2 mA의 누설전류가 흘렀다. 이 배전선의 절연저항은 몇 MΩ 인가?

① 3
② 6
③ 8
④ 12

해설 절연저항 $R = \dfrac{V}{I} = \dfrac{6000}{2 \times 10^{-3}} = 3 \times 10^6 \Omega = 3\text{M}\Omega$

여기서, I : 전류[A], V : 전압[V]

22 어떤 옥내배선에 380V의 전압을 가하였더니 0.2mA의 누설전류가 흘렀다. 이 배선의 절연저항은 몇 MΩ인가?

① 0.2
② 1.9
③ 3.8
④ 7.6

해설 절연저항
$R = \dfrac{V}{I} = \dfrac{380}{0.2 \times 10^{-3}} \times 10^{-6} = 1.9\text{M}\Omega$
$(1\text{M}\Omega = 10^6 \Omega)$

23 지름 1.2m, 저항 7.6Ω의 동선에서 이 동선의 저항률을 0.0172Ω·m라고 하면 동선의 길이는 약 몇 m 인가?

① 200
② 300
③ 400
④ 500

해설 전기저항 $R = \rho\dfrac{l}{S} = \rho\dfrac{l}{\dfrac{\pi D^2}{4}}$의 관계에서

동선의 길이 $l = \dfrac{\pi D^2}{4\rho} \times R = \dfrac{\pi \times 1.2^2}{4 \times 0.0172} \times 7.6$
$= 499.73\text{m}$

여기서, D : 지름(또는 직경)(m),
ρ : 고유저항(Ω·m), R : 저항(Ω)

24 어느 도선의 길이를 2배로 하고 전기 저항을 5배로 하려면 도선의 단면적은 몇 배로 되는가?

① 10배
② 0.4배
③ 2배
④ 2.5배

해설 전기저항 $R = \rho\dfrac{l}{S}$의 관계식에서

단면적 $S = \rho\dfrac{l}{R}$이므로 조건을 대입하면

$S = \rho\dfrac{l}{R} = \rho\dfrac{2l}{5R} = 0.4\rho\dfrac{l}{S}$

정답 19. ④ 20. ③ 21. ① 22. ② 23. ④ 24. ②

25
0℃에서 저항이 10 Ω이고, 저항의 온도계수가 0.0043인 전선이 있다. 30 ℃에서 이 전선의 저항은 약 몇 Ω인가?

① 0.013　　② 0.68
③ 1.4　　　④ 11.3

해설 저항
$$R_T = R_t\,[1+\alpha_t(T-t)]$$
$$= 10[1+0.0043(30-0)] = 11.29[\Omega]$$

26
온도 t ℃에서 저항이 R_1, R_2이고 저항의 온도계수가 각각 α_1, α_2인 두 개의 저항을 직렬로 접속했을 때 합성저항 온도계수는?

① $\dfrac{R_1\alpha_2 + R_2\alpha_1}{R_1+R_2}$　　② $\dfrac{R_1\alpha_1 + R_2\alpha_2}{R_1R_2}$

③ $\dfrac{R_1\alpha_1 + R_2\alpha_2}{R_1+R_2}$　　④ $\dfrac{R_1\alpha_2 + R_2\alpha_1}{R_1R_2}$

해설 합성저항 온도계수 : $\dfrac{R_1\alpha_1 + R_2\alpha_2}{R_1+R_2}$

27
20Ω과 40Ω의 병렬회로에서 20Ω에 흐르는 전류가 10A라면, 이 회로에 흐르는 총 전류는 몇 A인가?

① 5　　② 10
③ 15　④ 20

해설 병렬회로의 경우에는 저항에 걸리는 전압이 같아야 한다.
20Ω에 걸리는 전압 $V=10\mathrm{A}\times 20\Omega=200\mathrm{V}$
40Ω에 흐르는 전류 $I=\dfrac{V}{R}=\dfrac{200}{40}=5\mathrm{A}$
총 전류=10A+5A=15A

28
그림과 같은 회로에서 a-b간의 합성저항은?

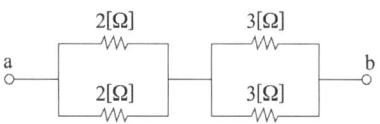

① 2.5[Ω]　　② 5[Ω]
③ 7.5[Ω]　　④ 10[Ω]

해설 합성저항 계산
$$R_t = \dfrac{2\times 2}{2+2}+\dfrac{3\times 3}{3+3}=2.5[\Omega]$$

별해 두 개의 동일한 저항을 병렬연결하면 하나일 때의 1/2배가 되므로,
합성저항 $R_o = 2\times\dfrac{1}{2}+3\times\dfrac{1}{2}=2.5\,[\Omega]$

29
그림과 같은 회로에서 R_1과 R_2가 각각 2 [Ω] 및 3 [Ω]이었다. 합성저항이 4 [Ω]이면 R_3는 몇 [Ω]인가?

① 5　② 6　③ 7　④ 8

해설 합성저항 $R_T = R_1 + \dfrac{R_2\times R_3}{R_2+R_3}$ 에서
주어진 값을 대입하면
$4 = 2 + \dfrac{3\times R_3}{3+R_3}$
$(4-2)\times(3+R_3) = 3\times R_3$
$6+2R_3 = 3R_3$
$R_3 = 6[\Omega]$

30. ★★★ 출제년도 【21.】
회로에서 a와 b 사이의 합성저항(Ω)은?

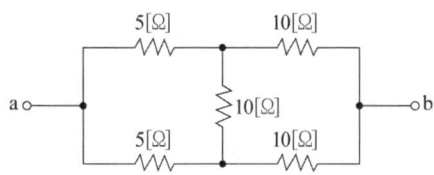

① 5 ② 7.5
③ 15 ④ 30

해설 휘스톤 브리지 평형조건을 만족하므로
($5 \times 10 = 5 \times 10 = 50[\Omega]$)

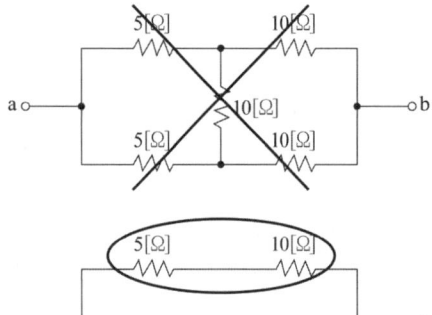

합성저항 $R_{ab} = \dfrac{(5+10) \times (5+10)}{(5+10) + (5+10)} = 7.5[\Omega]$

31. ★★★ 출제년도 【13.】
2개의 저항을 직렬로 연결하여 30[V]의 전압을 가하면 6[A]의 전류가 흐르고, 병렬로 연결하여 동일 전압을 가하면 25[A]의 전류가 흐른다. 두 저항값은 각각 몇 [Ω]인가?

① 2, 3 ② 3, 5
③ 4, 5 ④ 5, 6

해설 ① 직렬연결 시 합성저항
$R = R_1 + R_2 = \dfrac{V}{I} = \dfrac{30}{6} = 5[\Omega]$
② 병렬연결 시 합성저항
$R' = \dfrac{R_1 R_2}{R_1 + R_2} = \dfrac{V}{I} = \dfrac{30}{25} = \dfrac{6}{5}[\Omega]$

2개의 저항은 더했을 경우 5[Ω], 곱했을 경우 6[Ω]의 값을 가져야 하므로
∴ $R_1 = 2[\Omega]$, $R_2 = 3[\Omega]$

32. ★★★ 출제년도 【16.】
그림과 같은 회로에서 2[Ω]에 흐르는 전류는 몇 [A]인가? (단, 저항의 단위는 모두 [Ω]이다.)

① 0.8
② 1.0
③ 1.2
④ 2.0

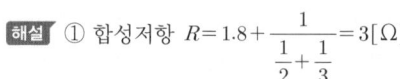

해설 ① 합성저항 $R = 1.8 + \dfrac{1}{\frac{1}{2} + \frac{1}{3}} = 3[\Omega]$

② 전전류 $I = \dfrac{V}{R} = \dfrac{6}{3} = 2[A]$

③ 2[Ω]에 흐르는 전류 $I = \dfrac{3}{2+3} \times 2 = 1.2[A]$

33. ★ 출제년도 【19.】
그림과 같은 회로에서 A-B 단자에 나타나는 전압은 몇 V 인가?

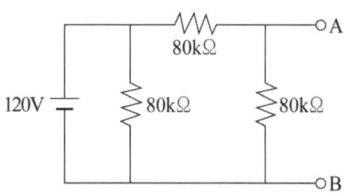

① 20 ② 40
③ 60 ④ 80

해설 그림을 등가 변환하면

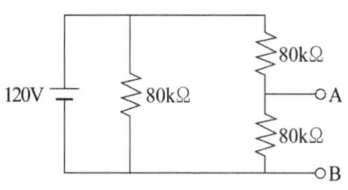

$V_{AB} = \dfrac{80}{80+80} \times 120 = 60V$

정답 30. ② 31. ① 32. ③ 33. ③

34 ★★ 출제년도【17. 20.】

100V, 500W의 전열선 2개를 같은 전압에서 직렬로 접속한 경우와 병렬로 접속한 경우의 전력은 각각 몇 W 인가?

① 직렬: 250, 병렬: 500
② 직렬: 250, 병렬: 1000
③ 직렬: 500, 병렬: 500
④ 직렬: 500, 병렬: 1000

해설 저항의 계산 $R = \dfrac{V^2}{P} = \dfrac{100^2}{500} = 20\,\Omega$

직렬로 접속한 경우 합성저항 : $20 + 20 = 40\,\Omega$

병렬로 접속한 경우 합성저항 : $\dfrac{20 \times 20}{20+20} = 10\,\Omega$

직렬로 접속한 경우 전력 : $P = \dfrac{V^2}{R} = \dfrac{100^2}{40} = 250\,W$

병렬로 접속한 경우 전력 : $P = \dfrac{V^2}{R} = \dfrac{100^2}{10} = 1,000\,W$

35 ★★ 출제년도【17. 20.】

자동화재탐지설비의 감지기 회로의 길이가 500m이고, 종단에 8kΩ의 저항이 연결되어 있는 회로에 24V의 전압이 가해졌을 경우 도통 시험 시 전류는 약 몇 mA인가? (단, 동선의 저항률은 $1.69 \times 10^{-8}\,\Omega \cdot m$이며, 동선의 단면적은 $1.5mm^2$이고, 접촉저항등은 없다고 본다.)

① 2.4   ② 3.0
③ 4.8   ④ 6.0

해설 선로의 저항 $R = \rho \dfrac{l}{S}$

여기서, ρ : 고유저항
　　　　l : 전선의 길이
　　　　S : 전선의 단면적

$R = \rho \dfrac{l}{S} = 1.69 \times 10^{-8} \times \dfrac{500}{1.5 \times 10^{-6}} = 5.63\,[\Omega]$

도통 시험시 전류

$I = \dfrac{\text{수신기의 전압}}{\text{선로의 저항} + \text{릴레이 저항} + \text{종단저항}}$

$= \dfrac{24}{5.63 + 0 + 8,000} = 2.997 \times 10^{-3} ≒ 3\,[mA]$

(수신기의 전압은 일반적으로 직류 24V, 종단저항은 8kΩ=8,000Ω, 릴레이저항은 주어지지 않았으므로 무시한다)

36 ★★★ 출제년도【17.】

동선의 저항이 20℃일 때 0.8Ω이라 하면 60℃일 때의 저항은 약 몇 Ω 인가? (단, 동선의 20℃의 온도계수는 0.0039이다.)

① 0.034   ② 0.925
③ 0.644   ④ 2.4

해설 온도변화시 저항값
$R_T = R_t [1 + \alpha_t (T - t)]$
$= 0.8 \times [1 + 0.0039(60 - 20)] = 0.9248$

여기서, R_t : 처음저항, α_t : 저항온도계수,
　　　　T : 나중온도, t : 처음온도

37 ★ 출제년도【12. 22.】

그림과 같은 회로의 AB 사이의 합성저항은?

① $\dfrac{9}{10}R$

② $\dfrac{7}{10}R$

③ $\dfrac{10}{7}R$

④ $\dfrac{10}{9}R$

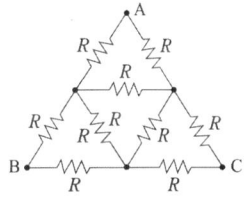

해설 △결선된 저항을 Y결선으로 변환하면 저항값은 $\dfrac{1}{3}$배가 되므로

1) △결선된 ①, ②, ③을 Y로 변환하면

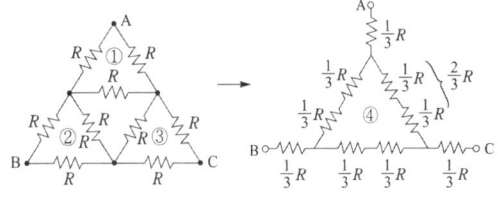

정답 34. ② 35. ② 36. ② 37. ④

2) △결선된 ④를 Y로 변환하면

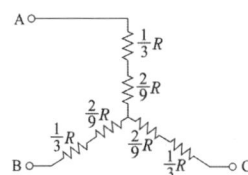

따라서, AB 사이의 합성저항
$$R_{AB} = \frac{1}{3}R + \frac{2}{9}R + \frac{2}{9}R + \frac{1}{3}R = \frac{10}{9}R$$

38 ★★★ 출제년도【21.】
그림과 같이 접속된 회로에서 a, b 사이의 합성저항은 몇 Ω인가?

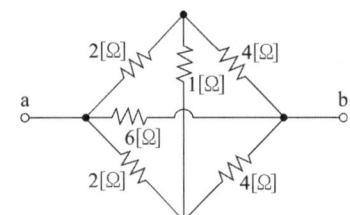

① 1   ② 2
③ 3   ④ 4

해설 휘스톤브리지 평형조건에 의해 1Ω을 무시하면

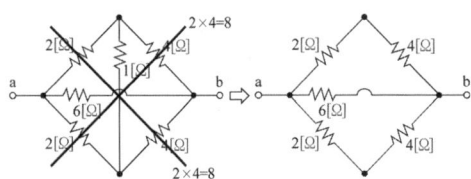

a, b 사이의 합성저항은 (2Ω+4Ω), 6Ω, (2Ω+4Ω)이 병렬 연결이므로

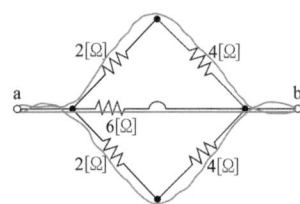

합성저항 $R_{ab} = \dfrac{1}{\dfrac{1}{2+4} + \dfrac{1}{6} + \dfrac{1}{2+4}} = 2$

39 ★★ 출제년도【12.】
그림과 같이 저항 3개가 병렬로 연결된 회로에 흐르는 가지전류 I_1, I_2, I_3는 몇 [A]인가?

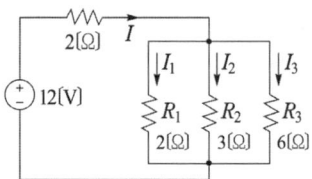

① $I_1 = 2,\ I_2 = \dfrac{4}{3},\ I_3 = \dfrac{2}{3}$

② $I_1 = \dfrac{2}{3},\ I_2 = \dfrac{4}{3},\ I_3 = 2$

③ $I_1 = 3,\ I_2 = 2,\ I_3 = 1$

④ $I_1 = 1,\ I_2 = 2,\ I_3 = 3$

해설 병렬부분의 합성저항값은
$$R = \frac{1}{\dfrac{1}{R_1} + \dfrac{1}{R_2} + \dfrac{1}{R_3}} = \frac{1}{\dfrac{1}{2} + \dfrac{1}{3} + \dfrac{1}{6}} = 1[\Omega]$$ 이므로,

병렬 회로에는 전압분배법칙에 의해
$$\frac{1}{2+1} \times 12 = 4[V]$$
의 전압이 인가된다. 따라서, 가지전류는
$$I_1 = \frac{V}{R_1} = \frac{4}{2} = 2[A]$$
$$I_2 = \frac{V}{R_2} = \frac{4}{3}[A]$$
$$I_3 = \frac{V}{R_3} = \frac{4}{6} = \frac{2}{3}[A]$$

40 ★★★ 출제년도【17.】
지름 8mm의 경동선 1km의 저항을 측정 하였더니 0.63536Ω 이었다. 같은 재료로 지름 2mm, 길이 500m의 경동선의 저항은 약 몇 Ω 인가?

① 2.8   ② 5.1
③ 10.2   ④ 20.4

해설 전기저항
$R = \rho \dfrac{l}{S} = \rho \dfrac{l}{\dfrac{\pi D^2}{4}}$ 의 관계에서 전기저항은 길이(l)에

정답 38. ② 39. ① 40. ②

비례하고, 지름(D)의 제곱에 반비례한다. 문제에서 지름은 8mm에서 2mm로 1/4배 감소, 길이는 1km 에서 500m로 1/2배 감소하였으므로 비례식을 이용 하면

전기저항 $R = 0.63536 \times \dfrac{\frac{1}{2}}{\left(\frac{1}{4}\right)^2} = 5.08 = 5.1\,\Omega$

41 ★★★ 출제년도【15.】
저항이 있는 도체에 전류를 흘리면 열이 발생되는 법칙은?

① 옴의 법칙
② 플레밍의 법칙
③ 줄의 법칙
④ 키르히호프의 법칙

해설 줄의 법칙
저항이 있는 도체에 전류를 흘리면 I^2RT[J]에 해당 하는 열이 발생한다.

42 ★★ 출제년도【19.】
줄의 법칙에 관한 수식으로 틀린 것은?

① $H = I^2 Rt$ J
② $H = 0.24 I^2 Rt$ cal
③ $H = 0.12 VIt$ J
④ $H = \dfrac{1}{4.2} I^2 Rt$ cal

해설 줄의 법칙
$H = VIt = I^2 Rt = \dfrac{V^2}{R}t$ J
(V : 전압 V, I : 전류 A, R : 저항 Ω, t : 시간 s)
$H = 0.24 VIt = 0.24 I^2 Rt = 0.24 \dfrac{V^2}{R} t$ cal
$1\,J = \dfrac{1}{4.2} = 0.24$ cal, 1 cal $= 4.2$ J

43 ★★★ 출제년도【12.】
동일 금속에 온도 구배가 있을 경우 여기에 전류를 흘리면 열을 흡수 또는 발생하는 현 상을 무엇이라 하는가?

① 제벡 효과
② 톰슨 효과
③ 펠티에 효과
④ 홀 효과

해설
1) 제벡 효과(Seebeck effect) : 두 종류의 금속 접속 면에 온도차가 있으면 기전력이 발생하는 효과
2) **톰슨 효과**(Thomson effect) : **동일한 금속** 도선의 두 점간에 **온도차**를 주고 고온쪽에서 저온쪽으로 전류를 흘리면 도선 속에서 **열이 발생되거나 흡수**가 일어나는 현상
3) 펠티에 효과(Peltier effect) : 두 종류의 금속 접속면에 전류를 흘리면 접속점에서 열의 흡수, 발생이 일어나는 효과
4) 홀 효과(Hall effect) : 전류가 흐르고 있는 도체에 자계를 가하면 플레밍의 왼손 법칙에 의하여 도체 내부의 전하가 횡방향으로 힘을 모아 도체 측면에 (+), (−)의 전하가 나타나는 현상

44 ★★★ 출제년도【15.】
두 종류의 금속으로 폐회로를 만들어 전류를 흘리면 양 접속점에서 한 쪽 온도가 올 라가고 다른 쪽은 온도가 내려가는 현상은?

① 펠티에 효과
② 제벡 효과
③ 톰슨 효과
④ 홀 효과

해설 펠티에 효과
두 종류의 금속으로 폐회로를 만들어 전류를 흘리면 양 접속점에서 한 쪽은 온도가 올라가고 다른 쪽은 온도가 내려가는 현상

45 ★★★ 출제년도【16.】
서로 다른 두 개의 금속도선 양 끝을 연결하여 폐회로를 구성한 후, 양단에 온도차를 주었을 때 두 접점 사이에서 기전력이 발생하는 효과는?

① 톰슨 효과
② 제어백 효과
③ 펠티에 효과
④ 핀치 효과

해설
① 제어백(seebeck) 효과 : **두 종류의 금속**을 접속하여 폐회로를 만들고 두 접속점에 **온도의 차이**를 주면 기전력이 발생하여 전류가 흐르는 현상
② 펠티에(peltier) 효과 : **두 종류의 금속**의 접속점에 **전류**를 흘리면 열의 흡수 또는 발생이 나타나는 현상

③ 핀치(pinch)효과 : 직류전압을 인가하면 전류는 도선의 중심 쪽으로 흐르려고 하는 현상

46 ★ 출제년도 【17.】
20℃의 물 2L를 64℃가 되도록 가열하기 위해 400W의 온수기를 20분 사용하였을 때 이 온수기의 효율은 약 몇 %인가?

① 27 ② 59
③ 77 ④ 89

해설 효율
$$\eta = \frac{mc\Delta t}{0.24Pt} = \frac{2{,}000 \times 1 \times (64-20)}{0.24 \times 400 \times 20분 \times 60초}$$
$$= 0.7638 = 76.38\%$$
(질량 $m = 2L = 2{,}000ml = 2{,}000g$)
여기서, m : 질량(g 또는 ml)
c : 비열(cal/g·℃)
Δt : 온도차(℃)
P : 전력(W), t : 시간(초)

47 ★ 출제년도 【16.】
알칼리 축전지의 음극 재료는?

① 연 ② 카드뮴
③ 수산화니켈 ④ 이산화연

해설 알칼리 축전지의 반응식
$2NiO(OH)$(양극) + $2H_2O$ (전해액) + Cd (음극)
$\rightleftarrows$ $2Ni(OH)_2$ + $Cd(OH)_2$ (음극)

48 ★ 출제년도 【19.】
수신기에 내장된 축전지의 용량이 6 Ah인 경우 0.4 A의 부하전류로는 몇 시간 동안 사용할 수 있는가?

① 2.4 시간
② 15 시간
③ 24 시간
④ 30 시간

해설 축전지 용량 $C = I \times t [Ah]$
시간 $t = \dfrac{6Ah}{0.4A} = 15h$

49 ★★★ 출제년도 【16. 22.】
축전지의 자기 방전을 보충함과 동시에 상용부하에 대한 전력 공급은 충전기가 부담하도록 하되, 충전기가 부담하기 어려운 일시적인 대전류 부하는 축전지로 하여금 부담하게 하는 충전방식은?

① 균등충전 ② 급속충전
③ 부동충전 ④ 세류충전

해설 부동충전
축전지의 자기 방전을 보충함과 동시에 상용 부하에 대한 전력 공급은 충전기가 부담하도록 하되 충전기가 부담하기 어려운 일시적인 대 전류 부하는 축전지로 하여금 부담하게 하는 방식

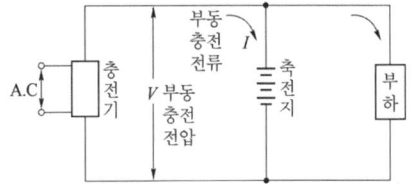

50 ★★★ 출제년도 【02. 04. 06. 08. 12.】
그림은 비상시에 대비한 예비전원의 공급회로이다. 직류 전압을 일정하게 유지하기 위하여 콘덴서를 설치한다면 그 위치로 적당한 곳은?

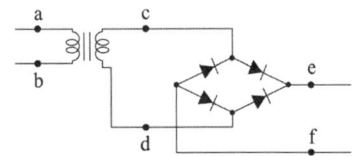

① a와 b 사이 ② c와 d 사이
③ e와 f 사이 ④ c와 e 사이

해설 콘덴서(condenser)는 Bridge 회로에서 정류된 직류 전압을 평활하게 하기 위하여 **정류회로의 출력 단, 즉 e와 f 사이에 설치**한다.

02 정전용량과 자기회로

1. 콘덴서와 정전용량

1. 콘덴서(condenser)
1) 축전기, 커패시터라(capacitor)고도 하며, 전하를 축적하는 장치를 말한다.
2) 전압이 높으면 전하를 축적하고, 전압이 낮으면 전하를 방전한다.

2. 정전용량(capacitance)
1) 전위차에 대한 전기량(전하량)의 비
2) 단위 : [F], farad(패럿)

$$C = \frac{Q}{V}$$

C : 정전용량[F], Q : 전기량[C], V : 전위차 또는 전압[V]

3. 콘덴서 연결에 따른 정전용량의 계산

1) 직렬접속★★★

① 합성 정전용량

$$C = \frac{1}{\frac{1}{C_1} + \frac{1}{C_2}} = \frac{C_1 C_2}{C_1 + C_2}$$

② 분압법칙

$$V_1 = \frac{C_2}{C_1 + C_2} \times V$$

$$V_2 = \frac{C_1}{C_1 + C_2} \times V$$

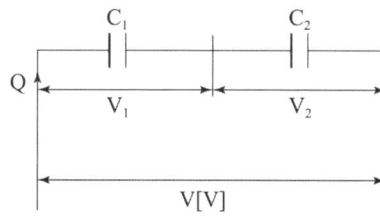

2) 병렬접속 ★★★

① 합성 정전용량

$C = C_1 + C_2$

② 전기량 분배법칙

$Q_1 = \dfrac{C_1}{C_1 + C_2} \times Q$

$Q_2 = \dfrac{C_2}{C_1 + C_2} \times Q$

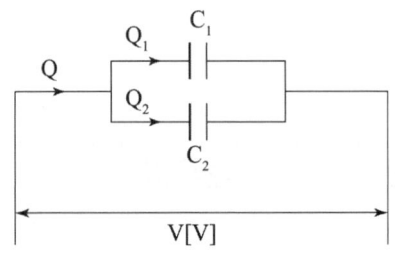

3) 동일용량의 콘덴서 $C[F]$를 직병렬로 n개 연결시 합성 정전용량의 비 ★★★

① 직렬 합성 정전용량 : $C_{직렬} = \dfrac{C}{n}$

② 병렬 합성 정전용량 : $C_{병렬} = nC$

③ $C_{병렬} = n^2 C_{직렬}$

4. 3개의 콘덴서 직렬연결시 특성 해석 ★★★

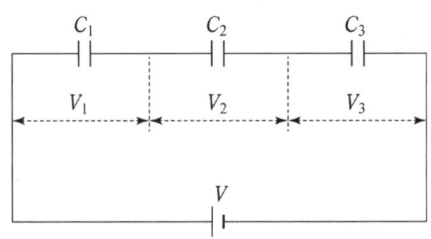

1) 가장 먼저 파괴되는 콘덴서

전체 내압을 서서히 증가시키면 축적되는 전하량이 가장 작은 콘덴서가 제일 먼저 파괴된다.

2) C_1이 가장 먼저 파괴시 C_1에 걸리는 전압

$V_1 = \dfrac{\dfrac{1}{C_1}}{\dfrac{1}{C_1} + \dfrac{1}{C_2} + \dfrac{1}{C_3}} \times V$

5. 구도체의 정전용량

$$C = 4\pi\varepsilon_0 a = \frac{a}{9 \times 10^9} [F]$$

여기서, C : 정전용량[F]
a : 반지름[m]

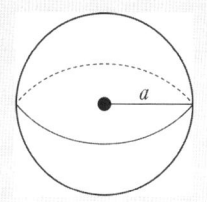

6. 정전에너지(콘덴서에 저장되는 에너지) ★★★

1) 전하이동시 전하가 하는 일(에너지)

$$W = QV [J]$$

여기서, W : 에너지(일), Q : 전하량[C], V : 전위차[V]

2) 축적되는 에너지

$$W = \frac{1}{2}CV^2 = \frac{1}{2}QV = \frac{Q^2}{2C} [J]$$

여기서, W : 콘덴서에 저장되는 에너지, C : 정전용량[F]
V : 콘덴서에 가해지는 전압[V], Q : 전하량[C]

7. 평행판 콘덴서의 정전용량 ★★★

유전율과 극판의 면적에는 비례, 극판의 간격에는 반비례한다.

$$C = \frac{\varepsilon S}{d} = \frac{\varepsilon_0 \varepsilon_s \times S}{d} [F]$$

여기서, ε : 유전율[F/m]
S : 면적[m^2]
d : 극판의 간격[m]

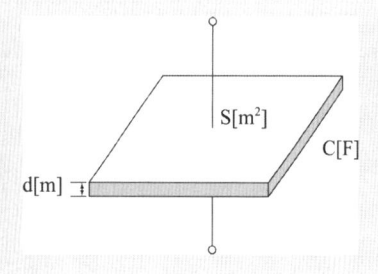

8. 정전흡인력

정전 흡인력은 **전압의 제곱에 비례**하며, 면적에 비례하며, 극판 간격의 제곱에 반비례한다.

$$F = \frac{\epsilon S V^2}{2d^2}$$

F : 정전흡인력 [N], ϵ : 진공의 유전율 [F/m], E : 전계의 세기 [V/m], S : 단면적 [m^2], V : 전압 [V], d : 극판 간격

2. 유전율(permittivity)

1. 개념

1) 유전체에서 전하를 유도하는 정도.
2) 외부에서 전계를 가할 때 유전체의 유전율이 클수록 전기분극이 많이 발생하며, 유전율이 낮을수록 전기분극은 조금 발생하고, 진공상태에서는 전기분극이 일어나지 않는다.
3) 유전율이 클수록 많은 전하를 축전지에 저장할 수 있다.

2. 유전율의 표현

$$\varepsilon = \varepsilon_0 \varepsilon_s \, [\text{F/m}]$$

여기서, ε_0 : 진공중의 유전율(=8.855×10^{-12}), ε_s : 비유전율($\varepsilon_s = \frac{\varepsilon}{\varepsilon_0}$)

3. 쿨롱의 법칙(정전계)

1. 동일 극성의 전하 사이에는 반발력, 다른 극성의 전하 사이에는 흡인력이 작용한다.
2. 두 점전하 사이에 작용하는 힘은 **두 전하의 곱에 비례**하고, 상호 **거리의 제곱에 반비례**한다.
3. 쿨롱의 힘(전하 사이에 작용하는 힘)

$$F = \frac{Q_1 Q_2}{4\pi\epsilon_0 r^2} = 9 \times 10^9 \frac{Q_1 Q_2}{r^2}$$

F : 전하 사이에 작용하는 힘 [N], Q_1, Q_2 : 두 대전체가 갖는 전기량 [C]
r : 두 대전체 사이의 거리 [m], ϵ_0 : 진공의 유전율 [F/m]

1) 동일 극성의 전하사이 : 반발력
2) 다른 극성의 전하사이 : 흡인력

4. 진공의 유전율 ϵ_0는

$$\epsilon_0 = \frac{1}{4\pi \times 9 \times 10^9} = \frac{10^7}{4\pi c^2} = \frac{1}{\mu_0 c^2} = \frac{1}{120\pi c} = 8.855 \times 10^{-12} \ [\text{F/m}]$$

c : 광속(3×10^8 m/s)

5. 쿨롱의 법칙을 이용한 장치

정전 고전압계, 고압 집진기, 콘덴서 스피커

6. 정전계

전계에너지가 최소로 되는 전하 분포의 전계를 말한다.

4. 전기력선의 성질 및 전기력선 수

1. 전기력선의 성질
1) 전기력선의 방향=전계의 방향, 전기력선 밀도=그 점에서의 전계의 크기
2) 정전하에서 시작하여 부전하에서 끝난다.
3) 전하가 없는 곳에서는 전기력선의 발생, 소멸이 없고 연속적이다.
4) 전위가 높은 점에서 낮은 점으로 향한다.
5) 그 자신만으로 폐곡선이 되는 일은 없다.
6) 전계가 0이 아닌 곳에서는 2개의 전기력선은 교차하지 않는다.
7) 도체 내부에는 전기력선이 없다.
8) 수직 단면의 전기력선 밀도는 전계의 세기이고 전기력선의 접선 방향은 전계의 방향이다.
9) 도체면(등전위면)에서는 전기력선은 수직으로 출입한다.

> ※ 등전위면 : 전위가 같은 점들을 이어 만든 면(전위가 일정한 면)
> ① 전기력선은 등전위면에 수직(직교)
> ② 전하를 폐곡면을 따라 일주시키면 일에너지는 "0"이다.

10) 단위 전하 ± 1 [C]에는 $1/\epsilon_0$개의 전기력선이 출입한다.

2. 전기력선 수

1) 전기력선 수 $N = \int_s E \cdot dS = \dfrac{Q}{\epsilon} = \dfrac{Q}{\epsilon_0 \epsilon_s}$ 개

2) 진공 중(공기 중)일 때 전기력선 수 $= \dfrac{Q}{\epsilon_0}$ 개

5. 전계의 세기

1. 개념

1) 전계 내 임의의 한 점에 단위 전하 +1[C]을 놓았을 때 +1[C]에 작용하는 힘으로서 전기장의 방향은 단위 전하가 받는 힘의 방향과 같다.

2) 전계의 세기 $E = \dfrac{F}{Q}$ [V/m], [N/C]

3) 가우스의 법칙
   ① 전기력선밀도를 이용하여 주로 대칭 정전계의 세기를 구하기 위해 이용되는 법칙
   ② 폐곡면을 통하는 전속과 폐곡면 내부의 전하와의 상관관계를 나타낸 법칙

4) 단위의 변환
$$\left[\dfrac{N}{C}\right] = \left[\dfrac{N \cdot m}{C \cdot m}\right] = \left[\dfrac{J}{C \cdot m}\right] = \left[\dfrac{V}{m}\right] = \left[\dfrac{A \cdot \Omega}{m}\right]$$

5) 전하 Q[C]에 작용하는 힘

$$F = QE$$

여기서, Q : 전하[C], E : 전계의 세기[V/m]

2. 주요 도체의 전계의 세기

1) 점전하에 의한 전계

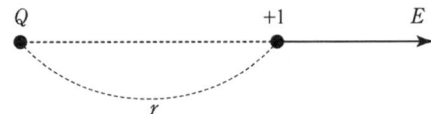

전계의 세기는 거리 제곱에 반비례한다.

$$E = \frac{Q}{4\pi\epsilon_0 r^2} = 9 \times 10^9 \frac{Q}{r^2} \, [\text{V/m}]$$

여기서, Q : 전하(전기량)[C], r : 거리[m]

2) 무한 평판(또는 무한 평면) 도체의 전계

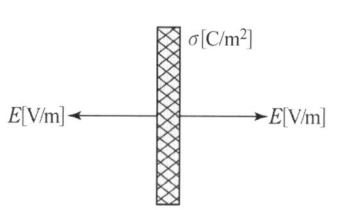

전계의 세기 $E = \dfrac{\sigma}{2\varepsilon_0} \, [\text{V/m}]$

σ : 면 전하밀도[C/m^2]

3) 도체 표면에서의 전계

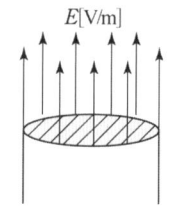

전계의 세기 $E = \dfrac{\sigma}{\varepsilon_0} \, [\text{V/m}]$

σ : 면 전하밀도[C/m^2]

4) 무한장 직선도체에 의한 전계의 세기

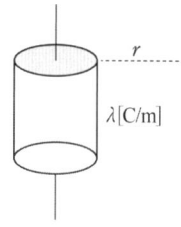

전계의 세기
$E = \dfrac{\lambda}{2\pi\varepsilon_0 r} = 18 \times 10^9 \times \dfrac{\lambda}{r} \, [\text{V/m}]$

r : 거리[m], λ : 선 전하밀도[C/m]

6. 전속밀도

1. 전속의 개념

1) 전하에서 매질에 관계없이 일정하게 나오는 선속으로 전하가 Q[C]일 때 Q[C]개의 전속선이 나온다. (전속수=전하수)
2) 전속밀도란 단위면적당의 전속의 밀도를 말한다.

2. 전속밀도의 계산

$$D = \frac{Q}{S} = \varepsilon E = \varepsilon_0 \varepsilon_s E \ [\text{C/m}^2]$$

D : 전속밀도[C/m²], ε_0 : 진공중의 유전율[F/m], μ_s : 비유전율[F/m],
E : 전계의 세기[V/m], S : 구의 표면적[m²] $= 4\pi r^2$

7. 투자율(permeability)

1. 개념
1) 물질의 자기적 성질을 나타내는 양
2) 외부에서 물질에 자계를 가할 때 그 물질이 자화되기 쉬운 정도 또는 물질에 자기력선이 통과하기 쉬운 정도

2. 투자율의 표현

$$\mu = \mu_0 \mu_s \ [\text{H/m}]$$

여기서, u_0 : 진공 중의 투자율($= 4\pi \times 10^{-7}$), μ_s : 비투자율($\mu_s = \frac{\mu}{\mu_0}$)

8. 쿨롱의 법칙(정자계)

1. 동일 극성의 자극 사이에는 반발력, 다른 극성의 자극 사이에는 흡인력이 작용한다.
2. 두 점자극 사이에 작용하는 힘은 두 자극의 곱에 비례하고, 상호 거리의 제곱에 반비례한다.
3. 쿨롱의 힘

$$F = \frac{m_1 m_2}{4\pi \mu_0 r^2} = 6.33 \times 10^4 \frac{m_1 m_2}{r^2}$$

F : 두 자극 간에 작용하는 힘 [N], m_1, m_2 : 점자극의 세기 [Wb]
r : 두 대전체 사이의 거리 [m], μ_0 : 진공의 투자율[H/m]

4. 진공의 투자율 μ_0

$$\mu_0 = \frac{1}{4\pi \times 6.33 \times 10^4} = 4\pi \times 10^{-7} = 12.56 \times 10^{-7} [\text{H/m}]$$

9. 자기력선

자기력선의 개념
자기장의 모양을 나타낸 선으로서 자기력선이 조밀할수록 자기력이 세다.

2. 자기력선의 성질
1) 자기력선은 N극에서 시작하여 S극으로 끝난다.
2) 자기력선은 모든 물질을 통과한다.
3) 자기력선은 서로 교차하지 않는다.
4) 자기력선 수와 자속 수

① 자력선의 총수 : $\dfrac{m}{\mu}$

② 자속 수 : $m[\text{Wb}]$

10. 자계의 세기

1. 개념
단위 자극에 작용하는 힘

2. 점자극에 의한 자계의 세기계산

$$H = \frac{F}{m} = \frac{m}{4\pi\mu_0 r^2} = 6.33 \times 10^4 \times \frac{m}{r^2} [\text{AT/m}]$$

H : 자계의 세기 [AT/m], m_1, m_2 : 점자극의 세기 [Wb]
r : 두 대전체 사이의 거리 [m], μ_0 : 진공의 투자율[H/m]
F : 힘[N], m : 자극의 세기[Wb]

3. 단위
[N/Wb], [AT/m]

11. 자속밀도

1. 전속의 개념
1) 자하(자극)에서 매질에 관계없이 일정하게 나오는 선속으로 자하가 m[Wb]일 때 m[Wb]개의 자속선이 나온다. (자속수=자하수)
2) 자속밀도란 단위면적당의 자속의 밀도를 말한다.

2. 자속밀도의 계산

$$B = \frac{\phi}{S} = \mu H = \mu_0 \mu_s H \, [\text{Wb/m}^2]$$

B : 자속밀도[Wb/m²], μ_0 : 진공중의 투자율[H/m], μ_s : 비투자율[H/m], H : 자계의 세기[AT/m], ϕ : 자속[Wb], S : 면적[m²]

12. 전류에 의한 자계의 계산

1. 자화력(자기장의 세기)

$$H = \frac{NI}{l} [\text{AT/m}]$$

N : 감은 수, I : 전류[A], l : 길이[m]

2. 무한장 직선 전류에 의한 자계의 세기 ★
전류(I)에 비례하고 거리(r)에 반비례한다.

$$H = \frac{I}{2\pi r}$$

여기서, I : 전류[A], r : 거리[m]

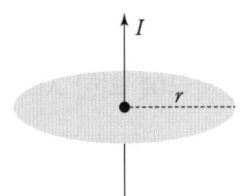

3. 원형코일 중심 자계의 세기 ★★★

$$H = \frac{N \times I}{2a}$$

N : 권수, I : 전류[A], a : 반지름[m]

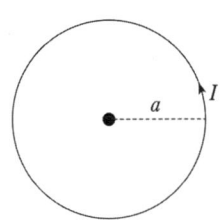

4. 반원형 코일 중심 자계의 세기 ★

$$H = \frac{N \times I}{4a}$$

N : 권수, I : 전류[A], a : 반지름[m]

5. 원주상 중심자계 ★★

$$H = \frac{I\theta}{4\pi r}$$

I : 전류[A], r : 반지름[m]

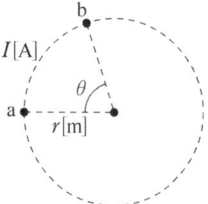

6. 정삼각형 중심자계 ★★★

$$H = \frac{9I}{2\pi l}$$

I : 전류[A], l : 한변의 길이[m]

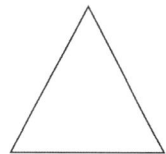

7. 정사각형(정방형) 중심자계 ★★★

$$H = \frac{2\sqrt{2}\,I}{\pi l}$$

I : 전류[A], l : 한변의 길이[m]

8. 정육각형 중심자계

$$H = \frac{\sqrt{3}\,I}{\pi l}$$

I : 전류[A], l : 한변의 길이[m]

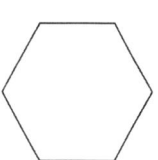

9. 무한장 솔레노이드 ★★★

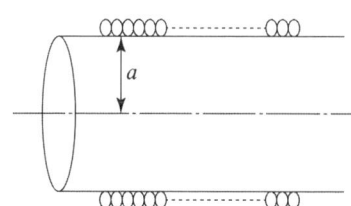

내부 자계의 세기 $H = \dfrac{NI}{l} = nI$ [AT/m] (단, n : 단위길이 당 권수)

외부 자계의 세기 $H = 0$

1) 전류의 세기(I)에 비례한다.
2) 코일의 권수(N)에 비례한다.
3) 솔레노이드 내부에서의 자계의 세기는 위치에 관계 없이 일정한 평등자계이다.

10. 환상 솔레노이드 ★

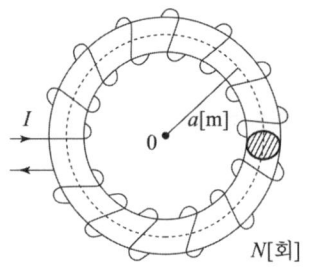

내부자계의 세기 $H = \dfrac{NI}{l} = \dfrac{NI}{2\pi a}$ [AT/m]

(단, a : 반지름[m], N : 권수, I : 전류[A])

외부, 중심자계의 세기 $H = 0$

13. 전류와 자계 사이의 작용을 나타내는 법칙 ★★★

1) 앙페르의 오른손 법칙 :
전류에 의하여 발생하는 자계의 회전방향은 오른나사의 진행방향과 같다.

2) 비오-사바르의 법칙 :
전류에 의해 발생하는 **자계의 크기**를 결정

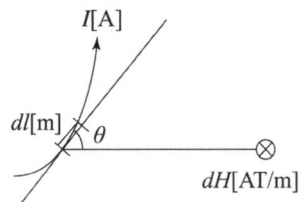

미소 자계의 크기 $dH = \dfrac{Idl\sin\theta}{4\pi r^2}$ [AT/m]

I : 전류[A], dl : 미소길이[m], r : 거리[m]

14. 자기회로

1. 전기회로

전류가 흐르는 통로, 전로(electric circuit)라 한다.

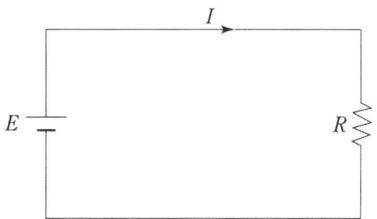

1) 전기저항

$$R = \dfrac{l}{\sigma S} = \dfrac{E}{I} \text{[AT/Wb]}$$

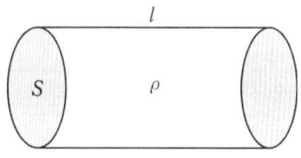

여기서, σ : 도전율[℧/m], S : 단면적[m²],
l : 도체의 길이[m], E : 기전력[V],
R : 전기저항[Ω], I : 전류[A]

2) 기전력

전류를 흐르게 하는 원천이 되는 힘 또는 두 점 사이의 전위차

기전력 $E = R \times I$ [V]

여기서, R : 전기저항[Ω], I : 전류[A]

2. 자기회로

자속이 흐르는 통로, 자로(magnetic circuit)라 한다.

1) 자기저항

$$R_m = \frac{l}{\mu S} = \frac{F}{\phi} \text{[AT/Wb]}$$

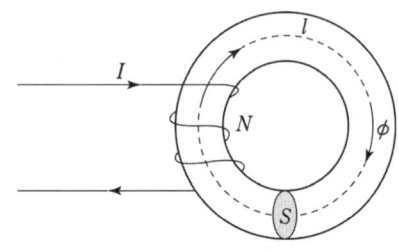

여기서, μ : 투자율[H/m],
 S : 단면적[m²],
 l : 평균 자로의 길이[m]
 F : 기자력[AT]

2) 기자력

자속을 흐르게 하는 원천이 되는 힘 또는 자속을 만드는 힘

$$\text{기자력 } F = N \times I = \phi \times R_m \text{[AT]}$$

여기서, N : 권수(감은 수), I : 전류[A], ϕ : 자속[Wb], R_m : 자기저항[AT/Wb]

3. 전기회로와 자기회로의 대응(비교)

전기회로		자기회로	
기전력	E[V]	기자력	F[AT]
전류	I[A]	자속	ϕ[Wb]
전계	E[V/m]	자계	H[AT/m]
전기저항	R[Ω]	자기저항	R_m[AT/Wb]
도전율	σ[℧/m]	투자율	μ[H/m]
옴의법칙	$E = RI$ $I = \dfrac{E}{R}$	옴의 법칙	$F = \phi R_m$ $\phi = \dfrac{F}{R_m}$

15. 플레밍의 법칙

1. 플레밍의 왼손법칙

1) 정의

① 자속밀도 B[Wb/m²]의 평등자계 안에 길이 l[m]의 도체를 자계와 직각으로 놓고 전류 I[A]를 보내면, 전류의 흐름에 따른 전자력(F)이 발생하여 일정한 방향으로 회전하게 된다.

② 전동기의 기본원리
③ 엄지 : 전자력(힘), 검지 : 자속밀도, 중지 : 전류

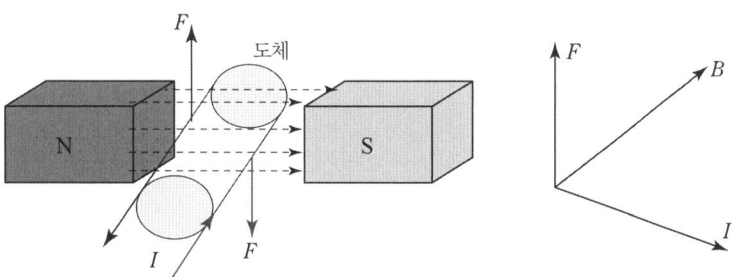

2) 산출식

전자력(힘) $F = IBl\sin\theta$ [N]

여기서, I : 전류[A], B : 자속밀도[Wb/m^2], l : 도체의 길이[m]

2. 플레밍의 오른손법칙

1) 정의
① 자속밀도 B[Wb/m^2]의 평등자계 안에 길이 l[m]의 도체를 자계와 직각으로 놓고 도체를 v[m/s]의 속도로 회전시키면 도체가 자속을 끊으면서 기전력이 유도된다.
② 발전기의 기본원리
③ 엄지 : 운동방향, 검지 : 자속밀도, 중지 : 기전력의(전류) 방향

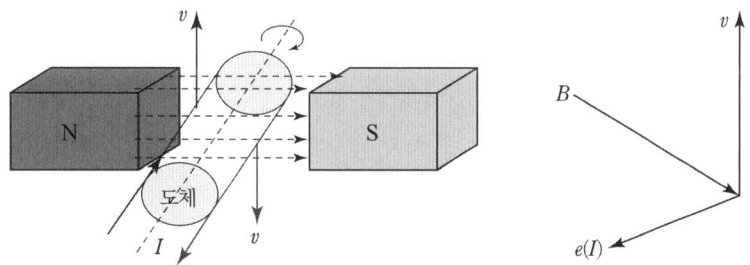

2) 산출식

전자력(힘) $e = vBl\sin\theta$ [N]

여기서, v : 운동속도[m/s], B : 자속밀도[Wb/m^2], l : 도체의 길이[m]

16. 두 평행도선에 작용하는 힘 ★★★

1) 두 평행도선에 작용하는 힘은 두 전류의 곱에 비례, 떨어진 거리에 반비례
2) **전류가 동일방향 : 흡인력**, 전류가 반대방향 : 반발력

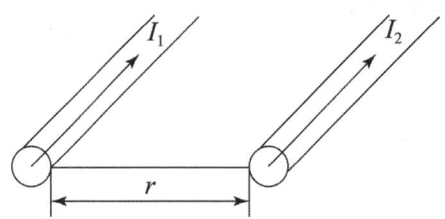

$$F = \frac{\mu_0 I_1 I_2}{2\pi r} = \frac{2 I_1 I_2}{r} \times 10^{-7} \ [\text{N/m}]$$

μ_0 : 진공중의 투자율[H/m], r : 두 도선 사이의 거리[m], I_1, I_2 : 전류[A]

17. 히스테리시스곡선 ★★★

1. 히스테리시스 곡선

외부자계 H를 (+) 방향으로 증가하면 자성체는 자기포화되어 a점에 도달, 반대인 −방향으로 H를 가하면 곡선 ab로 이동하여 자속밀도 B가 감소하고 자계의 세기 H가 0이 되어도 자속밀도 B는 B_r이 된다. 이 때의 B_r을 잔류자기라 한다.

자계를 (−) 방향으로 계속 가하면 자속밀도는 곡선 bc를 따라 계속 감소하여 $B=0$이 된다. 이때의 자계의 세기 H_c를 보자력이라 한다.

더욱 자계를 (−) 방향으로 증가시키면 자기포화되어 d점에 이르고, 다시 (+) 방향으로 자계를 증가시키면 자속밀도가 감소하여 곡선 de를 따라 감소한다. e점에서 자계를 (+)방향으로 더욱 증가시키면 자속밀도는 곡선 efa를 따라 원래의 상태로 되돌아 간다. 다시 일주시켜도 항상 최초로 자화된 경로를 따라서 이동하기 때문에 일정한 루프를 나타낸다.

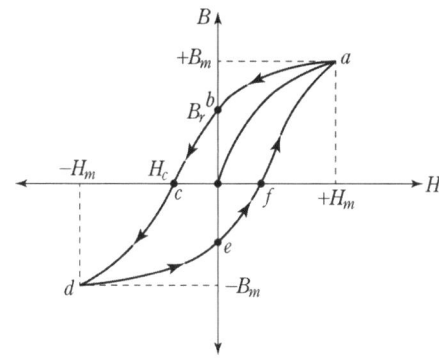

1) 잔류자기 B_r

   자계의 세기 $H = 0$이 되어도 자성체 내부에 남아있는 잔류 자속밀도의 크기

2) 보자력 H_c

   잔류자기를 0으로 하기 위해 처음에 가한 자계의 크기와 반대방향으로 가한 자계의 크기로서 $B_r = 0$이 되도록 가한 자계의 크기

2. 재질에 따른 히스테리시스 곡선

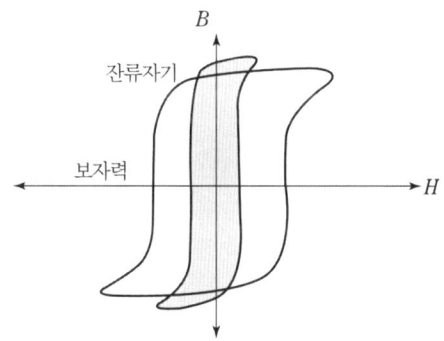

구분	영구자석	자심재료
보자력	대	소
잔류자기	대	대
히스테리시스 면적	대	소
비고	경철(hard iron)	연철(soft iron)

18. 패러데이 및 렌츠의 법칙

1. 패러데이의 법칙

1) 정의
   ① 유도기전력(또는 유기기전력)의 크기는 코일 속을 쇄교하는 자속의 시간변화 감쇄율에 비례한다.
   ② 유도기전력의 크기를 결정

2) 산출식

$$e = \frac{d\Phi}{dt} = \frac{Nd\phi}{dt}$$

Φ : 쇄교자속 수, N : 권수, $d\phi$: 자속의 변화[Wb], dt : 시간의 변화[s]

2. 렌츠의 법칙

1) 정의
   ① 전자유도에 의해 발생하는 기전력은 자속의 변화를 방해하는 반대방향으로 생성된다.
   ② 유도기전력의 방향을 결정

2) 산출식

$$e = -\frac{Nd\phi}{dt} = -L\frac{di}{dt}$$

L : 인덕턴스[H], N : 권수, $d\phi$: 자속의 변화[Wb],
dt : 시간의 변화[s], di : 전류의 변화[A]

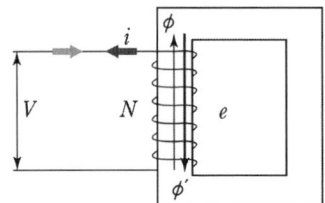

ϕ' : ϕ와 반대되는 자속
i : 기전력 e에 의해 흐르는 전류

19. 인덕턴스의 접속

1. 직렬접속

1) 가동결합(가극성, 동일방향, 최댓값) ★★★

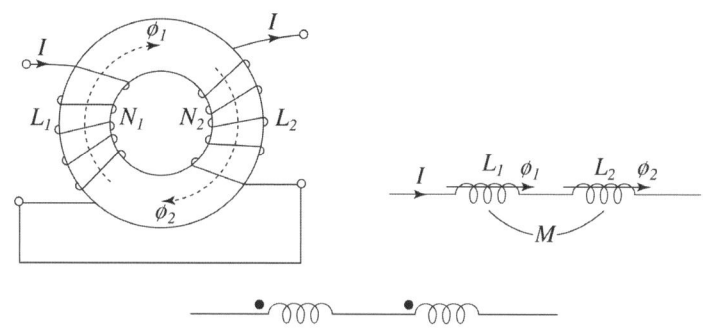

합성인덕턴스 $L = L_1 + L_2 + 2M$

2) 차동결합(감극성, 반대방향, 최소값) ★★★

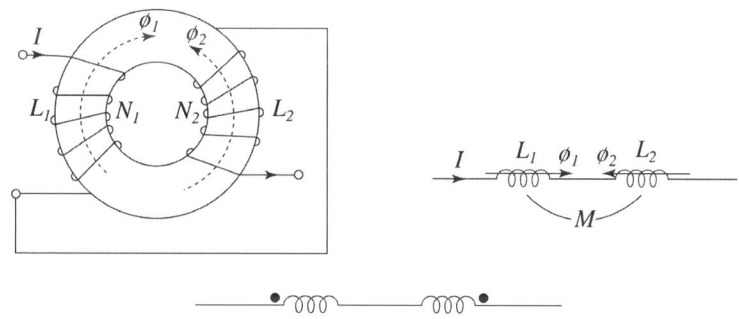

합성인덕턴스 $L = L_1 + L_2 - 2M$

2. 병렬접속

1) 가동결합

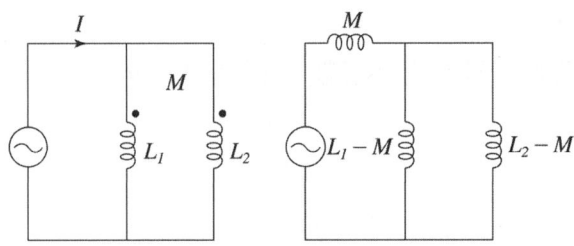

합성인덕턴스 $L = \dfrac{L_1 L_2 - M^2}{L_1 + L_2 - 2M}$

2) 차동결합

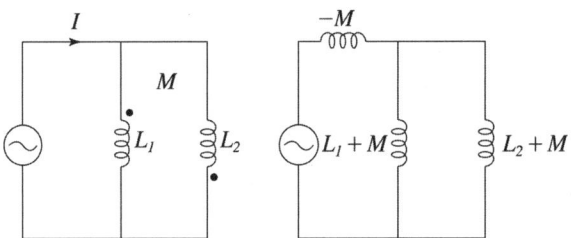

합성인덕턴스 $L = \dfrac{L_1 L_2 - M^2}{L_1 + L_2 + 2M}$

3) 병렬연결 시 합성인덕턴스(상호유도 없는 경우)

$L = \dfrac{L_1 L_2}{L_1 + L_2}$

3. 결합계수 ★★★

결합계수 $k = \dfrac{M}{\sqrt{L_1 L_2}}$

여기서, k : 결합계수(이상결합인 경우 $k=1$), M : 상호인덕턴스, $L_1 L_2$: 자기인덕턴스

4. 자계 축적에너지 (코일에 저장되는 에너지) ★★★

자기 인덕턴스에 비례하고 전류의 제곱에 비례한다.

$$W = \frac{1}{2}LI^2 \text{ [J], 전류 } I = \sqrt{\frac{2W}{L}} \text{ [A]}$$

L : 인덕턴스[H], I : 전류[A]

20. 전자파

1. 전자파의 성질 ★

1) 전계 E와 자계 H는 진행방향에 대해 항상 수직으로 존재한다.
2) 전계 E와 자계 H의 크기(성분) 관계는 서로 $90°$ 이다.
3) 전계 E와 자계 H의 위상은 서로 같다.(동위상)
4) 전계 E와 자계 H는 항상 공존하며 진행한다.
5) 전자파의 진행방향은 $E \times H$ 방향과 같다.

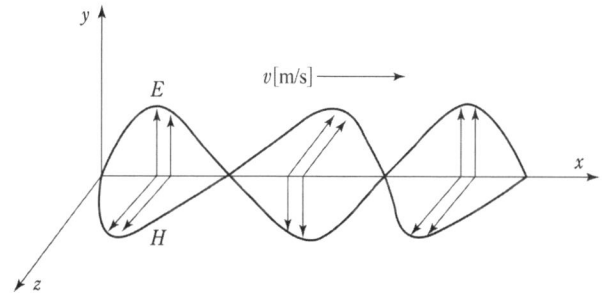

2. 전파속도

1) 전파속도 ★★★

$$v = f\lambda = \frac{w}{\beta} = \frac{1}{\sqrt{\varepsilon\mu}} = \frac{3 \times 10^8}{\sqrt{\varepsilon_s \mu_s}} \text{ [m/s]}$$

여기서, f : 주파수, λ : 파장[m], w : 각 주파수, β : 위상정수,
ε : 유전율[F/m], μ : 투자율[H/m]

2) 진공(공기) 중의 전파속도=빛의 속도

$$v_0 = c = \frac{1}{\sqrt{\varepsilon_0 \mu_0}} = 3 \times 10^8 \text{[m/s]}$$

3. 포인팅 벡터

1) 개념
　① 전자계 내 한 점을 통과하는 단위 면적당의 전력을 벡터로 표시한 것
　② 단위시간당 단위면적을 지나는 에너지[J/s·m²], [W/m²]

2) 포인팅 벡터 ★★★

$$P = \frac{P}{S} = E \times H = 377H^2 = \frac{E^2}{377} \,[\text{W/m}^2]$$

여기서, S : 면적, E : 전계의 세기[V/m], H : 자계의 세기[AT/m]

4. 고유 임피던스(또는 특성임피던스) ★

1) $\eta = \dfrac{E}{H} = \dfrac{\sqrt{\mu}}{\sqrt{\varepsilon}} \,[\Omega]$

　E : 전계의 세기[V/m], H : 자계의 세기[AT/m], ε : 유전율[F/m]
　μ : 투자율[H/m]

2) 자유공간 또는 진공의 고유임피던스

$$\eta = \frac{E}{H} = \frac{\sqrt{\mu_0}}{\sqrt{\varepsilon_0}} = \frac{\sqrt{4\pi \times 10^{-7}}}{\sqrt{\dfrac{10^{-9}}{36\pi}}} = 120\pi \fallingdotseq 377$$

02 출제예상문제

정전용량과 자기회로

01 ★★★ 출제년도 【16.】
콘덴서와 정전유도에 관한 설명으로 틀린 것은?

① 콘덴서에서 전압을 가하는 순간 콘덴서 단락상태가 된다.
② 정전용량이란 콘덴서가 전하를 축적하는 능력을 말한다.
③ 같은 부호의 전하끼리는 반발력이 생긴다.
④ 정전유도에 의하여 작용하는 힘은 반발력이다.

해설 정전유도에 의하여 작용하는 힘은 흡인력(인력)이다.

02 ★★★ 출제년도 【19.】
50F의 콘덴서 2개를 직렬로 연결하면 합성 정전용량은 몇 F인가?

① 25
② 50
③ 100
④ 1000

해설 합성 정전용량
1. 직렬연결 : $\dfrac{1}{\dfrac{1}{50}+\dfrac{1}{50}}=25\text{F}$
2. 병렬연결 : $50+50=100\text{F}$

03 ★★★ 출제년도 【13.】
그림과 같은 회로에서 b-d 사이의 전압을 50[V]로 하려면 콘덴서 C의 정전용량은 몇 [μF]인가?

① 5.6[μF]
② 0.56[μF]
③ 0.056[μF]
④ 0.0056[μF]

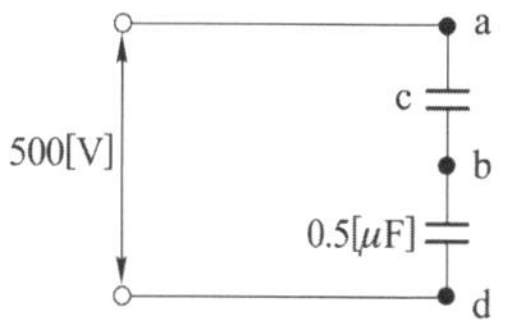

해설 직렬접속 시 각 콘덴서의 전하량은 동일하므로
$C_1 V_1 = C_2 V_2$
$C \times (500-50) = 0.5 \times 50$
$\therefore C = 25 \times \dfrac{1}{45} = 0.056[\mu\text{F}]$

04 ★★★ 출제년도 【15,18.】
용량 0.02 μF 콘덴서 2개와 0.01 μF 콘덴서 1개를 병렬로 접속하여 24 V의 전압을 가하였다. 합성용량은 몇 μF이며, 0.01 μF 콘덴서에 축적되는 전하량은 몇 C인가?

① 0.05, 0.12 × 10⁻⁶
② 0.05, 0.24 × 10⁻⁶
③ 0.03, 0.12 × 10⁻⁶
④ 0.03, 0.24 × 10⁻⁶

해설 ① 합성정전용량 : 병렬연결이므로 합산하면 된다.
$C_T = 0.02 \times 2개 + 0.01 \times 1개 = 0.05\,\mu\text{F}$
② 충전되는 전기량
$Q = CV = 0.01 \times 10^{-6} \times 24 = 0.24 \times 10^{-6}\,\text{C}$

05 ★★★ 출제년도 【21.】
정전용량이 0.02[μF]인 커패시터 2개와 정전용량이 0.01[μF]인 커패시터 1개를 모두 병렬로 접속하여 24[V]의 전압을 가하였다. 이 병렬회로의 합성 정전용량[μF]과, 0.01 μF의 커패시터에 축적되는 전하량[C]은?

정답 01. ④ 02. ③ 03. ③ 04. ② 05. ②

① 0.05, 0.12 × 10⁻⁶
② 0.05, 0.24 × 10⁻⁶
③ 0.03, 0.12 × 10⁻⁶
④ 0.03, 0.24 × 10⁻⁶

해설 합성 정전용량(μF)=0.02[μF]×2개+0.01[μF]
=0.05[μF]
전기량 $Q = CV = 0.01 \times 10^{-6} \times 24 = 0.24 \times 10^{-6}$[C]

06 ★★★ 출제년도 【99, 01, 02, 17, 22】

정전용량이 각각 1μF, 2μF, 3μF이고, 내압이 모두 동일한 3개의 커패시터가 있다. 이 커패시터들을 직렬로 연결하여 양단에 전압을 인가한 후 전압을 상승시키면 가장 먼저 절연이 파괴되는 커패시터는? (단, 커패시터의 재질이나 형태는 동일하다.)

① 1 μF ② 2 μF
③ 3 μF ④ 3개 모두

해설 $V_1 = \frac{Q}{C_1}$, $V_2 = \frac{Q}{C_2}$, $V_3 = \frac{Q}{C_3}$

내전압이 같은 콘덴서를 직렬로 연결한 경우 각 콘덴서 양단간에 걸리는 전압은 정전용량에 반비례하므로 용량이 제일 작은 1[μF]의 콘덴서가 제일 먼저 파괴된다.

07 ★★★ 출제년도 【17, 22】

그림과 같은 회로의 A,B 양단에 전압을 인가하여 서서히 상승시킬 때 제일 먼저 파괴되는 콘덴서는?(단, 유전체의 재질 및 두께는 동일한 것으로 한다.)

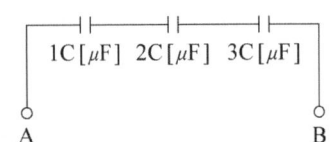

① 1C ② 2C
③ 3C ④ 모두

해설 $V_1 = \frac{Q}{C_1}$, $V_2 = \frac{Q}{C_2}$, $V_3 = \frac{Q}{C_3}$

내전압이 같은 콘덴서를 직렬로 연결한 경우 각 콘덴서 양단간에 걸리는 전압은 정전용량에 반비례하므로 용량이 제일 작은 1[μF]의 콘덴서가 제일 먼저 파괴된다.

08 ★★★ 출제년도 【21】

내압이 1.0 kV이고 정전용량이 각각 0.01μF, 0.02 μF, 0.04 μF인 3개의 커패시터를 직렬로 연결했을 때 전체 내압은 몇 V인가?

① 1500 ② 1750
③ 2000 ④ 2200

해설 전압 $V = \frac{Q}{C}$에서 정전용량(C)에 반비례하므로
각 콘덴서에 가해지는 전압
$V_1 : V_2 : V_3 = \frac{1}{0.01} : \frac{1}{0.02} : \frac{1}{0.04}$
$= 10 : 5 : 2.5$

전체 내압은 정전용량이 가장 작은 콘덴서를 기준으로 하므로
$V_1 = \frac{10}{17.5} \times V_{max}$
$1000 = \frac{10}{17.5} \times V_{max}$
$V_{max} = \frac{17.5}{10} \times 1000 = 1750$[V]

09 ★ 출제년도 【12】

한쪽 극판의 면적이 0.01[m²], 극판간격이 1.5[mm]인 공기 콘덴서의 정전용량은?

① 약 59[pF] ② 약 118[pF]
③ 약 344[pF] ④ 약 1334[pF]

해설 $C = \frac{\epsilon_0 S}{d} = \frac{8.855 \times 10^{-12} \times 0.01}{1.5 \times 10^{-3}} ≒ 59 \times 10^{-12}$[F]
$= 59$[pF]

10 ★ 출제년도 【12】

대전된 전기의 양을 전하량(전하)이라고 하며, 정(+)전하와 부(-)전하로 나뉜다. 정전하와 부전하의 두 전하 사이에 작용하는 힘을 무엇이라고 하는가?

정답 06. ① 07. ① 08. ② 09. ① 10. ④

① 정전기   ② 정전용량
③ 전기장   ④ 정전력

해설 정전력 : 정전하와 부전하의 두 전하 사이에 작용하는 힘

11 ★ 출제년도 【19.】
공기 중에 2m의 거리에 $10\mu C$, $20\mu C$의 두 점전하가 존재할 때 이 두 전하 사이에 작용하는 정전력은 약 몇 N인가?

① 0.45   ② 0.9
③ 1.8   ④ 3.6

해설 쿨롱의 법칙 : 두 전하사이에 작용하는 힘

$$F = 9 \times 10^9 \times \frac{Q_1 Q_2}{r^2}$$
$$= 9 \times 10^9 \times \frac{10 \times 10^{-6} \times 20 \times 10^{-6}}{2^2}$$
$$= 0.45 \, N$$

(Q_1, Q_2 : 전하 C, r : 거리 m , $1\mu C = 10^{-6} C$)

12 ★ 출제년도 【14.】
$Q[C]$의 전하에서 나오는 전기력선의 총수는? 단, ε 및 E는 유전율 및 전계의 세기를 나타낸다.

① $\frac{\varepsilon}{Q}$ ② $\frac{Q}{\varepsilon}$
③ EQ ④ Q

해설 전기력선의 총수 $N = \frac{Q}{\varepsilon}$

13 ★ 출제년도 【17.】
진공 중에 놓인 $5\mu C$의 점전하에서 2m 되는 점의 전계는 몇 V/m인가?

① 11.25×10^3
② 16.25×10^3
③ 22.25×10^3
④ 28.25×10^3

해설 전계의 세기

$$E = \frac{F}{Q} = \frac{Q}{4\pi\varepsilon_0 r^2} = 9 \times 10^9 \times \frac{Q}{r^2}[V/m]$$
$$= 9 \times 10^9 \times \frac{5 \times 10^{-6}}{2^2} = 11,250[V/m]$$
$$= 11.25 \times 10^3[V/m]$$

(전하 $Q = 5[\mu C] = 5 \times 10^{-6}[C]$)
여기서, Q : 전하[C], r : 거리[m],
ε_0 : 진공(공기)중의 유전율($= 8.855 \times 10^{-12}[F/m]$)

14 ★★★ 출제년도 【22.】
진공 중에서 원점에 $10^{-8} C$의 전하가 있을 때 점(1, 2, 2)m에서의 전계의 세기는 약 몇 V/m 인가?

① 0.1   ② 1
③ 10   ④ 100

해설 거리벡터 $\vec{r} = i + 2j + 2k$
거리 $r = \sqrt{1^2 + 2^2 + 2^2} = 3m$
전계의 세기 $E = 9 \times 10^9 \times \frac{Q}{r^2} = 9 \times 10^9 \times \frac{10^{-8}}{3^2}$
$= 10 V/m$

15 ★ 출제년도 【16.】
공기 중에 $1 \times 10^{-7}[C]$의 (+)전하가 있을 때, 이 전하로부터 15[cm]의 거리에 있는 점의 전장의 세기는 몇 [V/m]인가?

① 1×10^4 ② 2×10^4
③ 3×10^4 ④ 4×10^4

해설 전장의 세기

$$E = 9 \times 10^9 \times \frac{Q}{r^2} = 9 \times 10^9 \times \frac{1 \times 10^{-7}}{(0.15m)^2} = 4 \times 10^4$$

16 ★★★ 출제년도 【21.】
자유공간에서 무한히 넓은 평면에 면전하밀도 $\sigma(C/m^2)$가 균일하게 분포되어 있는 경우 전계의 세기(E)는 몇 V/m인가?
(단, ϵ_0는 진공의 유전율이다.)

정답 11. ① 12. ② 13. ① 14. ③ 15. ④ 16. ②

① $E = \dfrac{\sigma}{\epsilon_0}$ ② $E = \dfrac{\sigma}{2\epsilon_0}$

③ $E = \dfrac{\sigma}{2\pi\epsilon_0}$ ④ $E = \dfrac{\sigma}{4\pi\epsilon_0}$

해설 무한평면(무한평판) 전계의 세기 $E = \dfrac{\sigma}{2\epsilon_0}$

도체 표면에서의 전계의 세기 $E = \dfrac{\sigma}{\epsilon_0}$

---

17 ★ 출제년도 【20.】

진공 중 대전된 도체의 표면에 면전하밀도 σ(C/m²)가 균일하게 분포되어 있을 때, 이 도체 표면에서의 전계의 세기 E(V/m)는? (단, ϵ_0는 진공의 유전율이다.)

① $E = \dfrac{\sigma}{\epsilon_0}$ ② $E = \dfrac{\sigma}{2\epsilon_0}$

③ $E = \dfrac{\sigma}{2\pi\epsilon_0}$ ④ $E = \dfrac{\sigma}{4\pi\epsilon_0}$

해설 도체 표면에서의 전계의 세기

$$E = \dfrac{\sigma}{\epsilon_0} [\text{V/m}]$$

여기에서 σ : 면 전하밀도[C/m²]
ϵ_0 : 진공의 유전율[F/m]

---

18 ★ 출제년도 【15.】

다음 중 등전위면의 성질로 적당치 않은 것은?

① 전위가 같은 점들을 연결해 형성된 면이다.
② 등전위면간의 밀도가 크면 전기장의 세기는 커진다.
③ 항상 전기력선과 수평을 이룬다.
④ 유전체의 유전률이 일정하면 등전위면은 동심원을 이룬다.

해설 등전위면 : 전위의 크기가 일정한 선으로 둘러싸인 면적으로 전기력선이 수직으로 출입한다.

---

19 ★★★ 출제년도 【16,18,21.】

무한장 솔레노이드에서 자계의 세기에 대한 설명으로 틀린 것은?

① 솔레노이드 내부에서의 자계의 세기는 전류의 세기에 비례한다.
② 솔레노이드 내부에서의 자계의 세기는 코일의 권수에 비례한다.
③ 솔레노이드 내부에서의 자계의 세기는 위치에 관계없이 일정한 평등 자계이다.
④ 자계의 방향과 암페어 적분 경로가 서로 수직인 경우 자계의 세기가 최대이다.

해설 무한장 솔레노이드

자계의 세기 $H = \dfrac{NI}{l} [\text{AT/m}]$

I : 전류[A], N : 권수, l : 길이[m]
① 코일의 권수에 비례한다.
② 전류의 세기에 비례한다.
③ 솔레노이드 내부에서의 자계의 세기는 평등자계이다.

---

20 ★★★ 출제년도 【18.】

무한장 솔레노이드 자계의 세기에 대한 설명으로 틀린 것은?

① 전류의 세기에 비례한다.
② 코일의 권수에 비례한다.
③ 솔레노이드 내부에서의 자계의 세기는 위치에 관계없이 일정한 평등자계이다.
④ 자계의 방향과 암페어 경로 간에 서로 수직인 경우 자계의 세기가 최고이다.

해설 무한장 솔레노이드 자계의 세기

$$H = \dfrac{NI}{l} [\text{AT/m}]$$

① 전류의 세기(I)에 비례한다.
② 코일의 권수(N)에 비례한다.
③ 솔레노이드 내부에서의 자계의 세기는 위치에 관계없이 일정한 평등자계이다.

정답 17. ① 18. ③ 19. ④ 20. ④

21
길이 1 cm마다 감은 권선수가 50회인 무한장 솔레노이드에 500 mA의 전류를 흘릴 때 솔레노이드 내부에서의 자계의 세기는 몇 AT/m인가?

① 1250 ② 2500
③ 12500 ④ 25000

해설 자계의 세기
$$H = \frac{NI}{l} = \frac{50 \times 500 \times 10^{-3}}{0.01} = 2500 [\text{AT/m}]$$

22
전류에 의한 자계의 세기를 구하는 법칙은?

① 쿨롱의 법칙
② 패러데이의 법칙
③ 비오사바르의 법칙
④ 렌츠의 법칙

해설
① 비오-사바르의 법칙 : 전류에 의해 발생하는 **자계의 크기를 결정**
② 패러데이의 법칙 : 유도기전력의 크기를 결정
③ 렌츠의 법칙 : 전자유도 현상에서 코일에 생기는 **유도기전력의 방향을 결정**

23
반지름 20 cm, 권수 50회인 원형코일에 2A의 전류를 흘려주었을 때 코일 중심에서 자계(자기장)의 세기(AT/m)는?

① 70 ② 100
③ 125 ④ 250

해설 원형코일 중심의 자계
$$H = \frac{NI}{2a} = \frac{50 \times 2}{2 \times 0.2} = 250 \text{ AT/m}$$
여기서, N : 권수
I : 전류(A)
a : 반지름(m)

24
반지름이 1m인 원형 코일에서 중심점에서의 자계의 세기가 1AT/m라면 흐르는 전류는 몇 A인가?

① 1 ② 2
③ 3 ④ 4

해설 원형코일 중심 자계 $H = \frac{NI}{2a}$
$$I = \frac{2aH}{N} = \frac{2 \times 1 \times 1}{1} = 2[\text{A}]$$
여기서, a : 반지름(m), N : 권수, I : 전류(A)

25
길이 l의 도체로 원형코일을 만들어 일정한 전류를 흘릴 때 M회 감았을 때의 중심의 자계는 N회 감았을 때의 중심의 자계의 몇 배인가?

① $\frac{M}{N}$ ② $\frac{M^2}{N^2}$
③ $\frac{N}{M}$ ④ $\frac{N^2}{M^2}$

해설 전체 길이는 동일하므로 $l = M(2\pi a_M) = N(2\pi a_N)$
$$a_M = \frac{l}{2\pi M}, \quad a_N = \frac{l}{2\pi N}$$
$$H_M = \frac{M \cdot I}{2a_M} = \frac{M \cdot I}{2 \cdot \frac{l}{2\pi M}} = \frac{\pi M^2 I}{l}$$
$$H_N = \frac{N \cdot I}{2a_N} = \frac{N \cdot I}{2 \cdot \frac{l}{2\pi N}} = \frac{\pi N^2 I}{l}$$
$$\therefore \frac{H_M}{H_N} = \frac{\frac{\pi M^2 I}{l}}{\frac{\pi N^2 I}{l}} = \frac{M^2}{N^2}$$

정답 21. ② 22. ③ 23. ④ 24. ② 25. ②

26 그림과 같이 반지름 r[m]인 원의 원주상 임의의 2점 a, b 사이에 전류 I[A]가 흐른다. 원의 중심에서의 자계의 세기는 몇 [A/m]인가?

① $\dfrac{I\theta}{4\pi r}$

② $\dfrac{I\theta}{4\pi r^2}$

③ $\dfrac{I\theta}{2\pi r}$

④ $\dfrac{I\theta}{4\pi r^2}$

해설 자계의 세기 $H = \dfrac{I}{2r} \times \dfrac{\theta}{2\pi} = \dfrac{I\theta}{4\pi r}$

27 한 변의 길이가 150mm인 정방형 회로에 1A의 전류가 흐를 때 회로 중심에서의 자계의 세기는 약 몇 AT/m인가?

① 5　② 6　③ 9　④ 21

해설 정방형(정사각형) 중심에서의 자계의 세기
$H = \dfrac{2\sqrt{2}\,I}{\pi l} = \dfrac{2\sqrt{2} \times 1}{\pi \times 0.15} = 6\text{AT/m}$

정삼각형 중심에서의 자계의 세기 : $H = \dfrac{9I}{2\pi l}$

정육각형 중심에서의 자계의 세기 : $H = \dfrac{\sqrt{3}\,I}{\pi l}$

28 히스테리시스 곡선의 종축과 횡축은?

① 종축 : 자속밀도, 횡축 : 투자율
② 종축 : 자계의 세기, 횡축 : 투자율
③ 종축 : 자계의 세기, 횡축 : 자속밀도
④ 종축 : 자속밀도, 횡축 : 자계의 세기

해설 히스테리시스 곡선

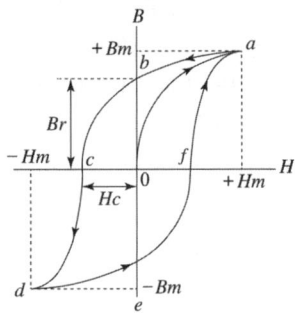

B : 자속밀도[Wb/m²]
H : 자계의 세기[AT/m](횡축)
Br : 잔류자기(종축)
Hc : 보자력

① 영구자석의 구비조건
 • 잔류자기 및 보자력이 클 것
 • 히스테리면적이 클 것
② 전자석의 구비조건
 • 잔류자기가 클 것
 • 보자력 및 히스테리면적이 작을 것

29 원형 단면적이 S[m²], 평균자로의 길이가 l[m], 1m당 권선수가 N회인 공심 환상솔레노이드에 I[A]의 전류를 흘릴 때 철심 내의 자속은?

① $\dfrac{NI}{l}$　② $\dfrac{\mu_0 SNI}{l}$

③ $\mu_0 SNI$　④ $\dfrac{\mu_0 SN^2 I}{l}$

해설 자속 $\phi = \dfrac{F}{R_m} = \dfrac{NI}{\dfrac{l}{\mu S}} = \dfrac{\mu SNI}{l}$ 의 관계에서

공심일 때 투자율 $\mu = \mu_0 \mu_s = \mu_0$
(공심일 때 비투자율 $\mu_s = 1$),
1m당 권선수가 N회이므로
자속 $\phi = \mu_0 SNI$

정답 26. ① 27. ② 28. ④ 29. ③

30. 코일에 전류가 흐를 때 생기는 자력의 세기를 설명한 것 중 옳은 것은?

① 자력의 세기와 전류와는 무관하다.
② 자력의 세기와 전류는 반비례한다.
③ 자력의 세기는 전류에 비례한다.
④ 자력의 세기는 전류의 2승에 비례한다.

해설 기자력 $F = NI$[AT]
단, F : 기자력, N : 권수, I : 전류
기자력(자력의 세기)은 권수와 전류의 곱에 비례하며, 권수가 일정할 경우 **전류에 비례**한다.

31. 코일의 감긴 수와 전류와의 곱을 무엇이라 하는가?

① 기전력   ② 전자력
③ 기자력   ④ 보자력

해설 기자력 $F = NI$[AT]
단, F : 기자력, N : 권수, I : 전류
기자력(자력의 세기)은 권수와 전류의 곱에 비례하며, 권수가 일정할 경우 전류에 비례한다.

32. 길이 1m의 철심(비투자율 $\mu_s = 700$) 자기회로에 2mm의 공극이 생겼다면 자기저항은 몇 배 증가하는가? (단, 각 부의 단면적은 일정하다.)

① 1.4   ② 1.7
③ 2.4   ④ 2.7

해설 공극이 없을 때의 자기저항
$$R_m = \frac{l}{\mu S} = \frac{l}{\mu_0 \mu_s S}$$
공극이 있을 때의 자기저항
$$R_g = R_m + R_0 = \frac{l}{\mu_0 \mu_s S} + \frac{l_g}{\mu_0 S}$$
자기저항의 비
$$\frac{R_g}{R_m} = \frac{R_m + R_o}{R_m} = 1 + \frac{R_0}{R_m}$$
$$= 1 + \frac{\frac{l_g}{\mu_0 S}}{\frac{l}{\mu_0 \mu_s S}} = 1 + \mu_s \frac{l_g}{l}$$
$$= 1 + 700 \times \frac{2 \times 10^{-3} m}{1 m} = 2.4$$
여기서, l_g : 공극의 길이(m), l : 전체 길이(m)

33. 비투자율 $\mu_s = 500$, 평균 자로의 길이 1 m의 환상 철심 자기회로에 2 mm의 공극을 내면 전체의 자기저항은 공극이 없을 때의 약 몇 배가 되는가?

① 5   ② 2.5
③ 2   ④ 0.5

해설 ① 공극이 없을 때의 자기저항
$$R_m = \frac{l}{\mu S} = \frac{l}{\mu_0 \mu_s S}$$
② 공극이 있을 때의 자기저항
$$R_g = R_m + R_0 = \frac{l}{\mu_0 \mu_s S} + \frac{l_g}{\mu_0 S}$$
③ 자기저항의 비
$$\frac{R_g}{R_m} = \frac{R_m + R_o}{R_m} = 1 + \frac{R_0}{R_m} = 1 + \frac{\frac{l_g}{\mu_0 S}}{\frac{l}{\mu_0 \mu_s S}}$$
$$= 1 + \mu_s \frac{l_g}{l} = 1 + 500 \times \frac{2 \times 10^{-3} m}{1 m} = 2$$
여기서, l_g : 공극의 길이[m], l : 전체 길이(m)

34. 자기장 내에 있는 도체에 전류를 흘리면 힘이 작용한다. 이 힘을 무엇이라고 하는가?

① 자속력   ② 기전력
③ 전기력   ④ 전자력

해설 전자력 $F = BIl\sin\theta$[N]
여기서, I : 전류[A]
l : 도체의 길이[m]
B : 자속밀도[Wb/m^2]

정답 30. ③ 31. ③ 32. ③ 33. ③ 34. ④

35 ★★★ 출제년도 【12.】
동일한 전류가 흐르는 두 개의 평행도체가 있다. 도체간의 거리를 1/2로 하면 그 작용하는 힘은 몇 배로 되는가?
① 2　　　　② 4
③ 8　　　　④ 16

해설 간격(거리)을 r[m]라 할 때, 평행도선 단위길이당 작용하는 힘 $F = \dfrac{\mu_0 I_1 I_2}{2\pi r} \propto \dfrac{1}{r}$ 이므로 도체간의 거리를 $\dfrac{1}{2}$로 하면 그 작용하는 힘은 2배로 된다.

36 ★★★ 출제년도 【14.】
평행한 두 도체 사이의 거리가 2배로 되면 그 작용력은 어떻게 되는가?
① $\dfrac{1}{4}$　　　　② $\dfrac{1}{2}$
③ 2　　　　④ 4

해설 평행도선 사이에 작용하는 힘
$F = \dfrac{\mu_0 I_1 I_2}{2\pi r} = \dfrac{2 I_1 I_2}{r} \times 10^{-7}$ [N/m]에서
힘은 거리(r)에 반비례하므로 $\dfrac{1}{2}$배가 된다.

37 ★★★ 출제년도 【22.】
동일한 전류가 흐르는 두 평행 도선 사이에 작용하는 힘이 F_1이다. 두 도선 사이의 거리를 2.5배로 늘였을 때 두 도선 사이 작용하는 힘 F_2는?
① $F_2 = \dfrac{1}{2.5}F_1$　　② $F_2 = \dfrac{1}{2.5^2}F_1$
③ $F_2 = 2.5F_1$　　④ $F_2 = 6.25F_1$

해설 두 평행 도선 사이에 작용하는 힘
$F = \dfrac{\mu_0 I_1 I_2}{2\pi r} \propto \dfrac{1}{r}$ 이므로
힘 $F_2 = \dfrac{\dfrac{1}{2.5r}}{\dfrac{1}{r}} \times F_1 = \dfrac{1}{2.5} \times F_1$

38 ★★★ 출제년도 【21.】
평행한 두 도선 사이의 거리가 r이고 각 도선에 흐르는 전류에 의해 두 도선 간의 작용력이 F_1일 때, 두 도선 사이의 거리를 $2r$로 하면 두 도선 간의 작용력 F_2는?
① $F_2 = \dfrac{1}{4}F_1$　　② $F_2 = \dfrac{1}{2}F_1$
③ $F_2 = 2F_1$　　④ $F_2 = 4F_1$

해설 두 도선간의 작용력 $F = \dfrac{2I_1 I_2}{r} \times 10^{-7}$ [N/m]를 이용하여 정리하면
$F_1 : \dfrac{1}{r} = F_2 : \dfrac{1}{2r}$, $\dfrac{F_2}{r} = \dfrac{F_1}{2r}$, $F_2 = \dfrac{1}{2}F_1$

39 ★★★ 출제년도 【20.】
평행한 왕복 전선에 10 A의 전류가 흐를 때 전선 사이에 작용하는 전자력(N/m)은? (단, 전선의 간격은 40 cm이다.)
① 5×10^{-5} N/m, 서로 반발하는 힘
② 5×10^{-5} N/m, 서로 흡인하는 힘
③ 7×10^{-5} N/m, 서로 반발하는 힘
④ 7×10^{-5} N/m, 서로 흡인하는 힘

해설 전선 사이에 작용하는 전자력
$F = \dfrac{2I_1 I_2}{r} \times 10^{-7} = \dfrac{2 \times 10 \times 10}{0.4} \times 10^{-7}$
$= 5 \times 10^{-5}$ N/m
왕복도선에는 서로 반발하는 힘(반발력, 척력), 평행도선에는 서로 흡인하는 힘(흡인력, 인력)이 작용한다.

40 ★★★ 출제년도 【17.】
발전기에서 유도기전력의 방향을 나타내는 법칙은?
① 페러데이의 전자유도법칙
② 플레밍의 오른손법칙
③ 암페어의 오른나사법칙
④ 플레밍의 왼손법칙

정답 35. ①　36. ②　37. ①　38. ②　39. ①　40. ②

해설 보기설명
1) 패러데이의 전자유도법칙 : 자속변화에 의한 **유기 기전력의 크기를 결정**하는 법칙
2) 암페어의 오른나사법칙 : 전류가 흐를 때 자기장의 방향은 오른나사의 진행방향과 같다는 법칙
3) 플레밍의 오른손 법칙 : 평등자계내 도체를 회전시키면 유도기전력이 발생하는 현상으로 도체의 운동에 따른 **기전력의 방향을 결정, 발전기의 원리**
4) 플레밍의 왼손법칙 : 평등자계내 도체에 전류를 흘리면 전류의 출입방향에 따라 정반대의 전자력이 발생하여 회전력(토크)이 발생한다. 전동기의 원리

41 ★★★ 출제년도【99. 03. 11.】
전자유도현상에 의하여 생기는 유도기전력의 크기를 정의하는 법칙은?

① 렌츠의 법칙
② 페러데이의 법칙
③ 앙페에르의 법칙
④ 플레밍의 오른손법칙

해설 전류와 자계 사이의 작용을 나타내는 법칙
1) 렌츠의 법칙 : 자속변화에 의한 유기기전력의 방향을 결정하는 법칙
2) **패러데이의 전자유도법칙** : 자속변화에 의한 **유기기전력의 크기를 결정**하는 법칙
3) 앙페르의 법칙 : 전류의 진행방향에 대한 자력선의 방향을 결정하는 법칙
4) 플레밍의 오른손 법칙 : 자계 내에서 도체가 운동하면 유도기전력이 도체에 발생하게 되며 이때 이 유도기전력의 방향을 결정하는 법칙

42 ★★★ 출제년도【99. 01. 12.】
코일을 지나가는 자속이 변화하면 코일에 기전력이 발생한다. 이때 유기되는 기전력의 방향을 결정하는 법칙은?

① 렌츠의 법칙
② 플레밍의 왼손법칙
③ 키르히호프의 제2법칙
④ 플레밍의 오른손법칙

해설 1) 렌츠의 법칙 : 자속변화에 의한 유기기전력의 방향

을 결정하는 법칙
2) 플레밍의 왼손법칙 : 자계내에서 도체에 전류를 흘리면 전자력이 발생하게 되며 이때 이 전자력의 방향을 결정하는 법칙
3) 키르히호프의 제2법칙 (전압법칙) : 회로망 중에서 임의의 한 폐회로에서 기전력의 합은 전압강하의 합과 같다. 즉, 임의의 한 폐회로를 따라 존재하는 모든 전압(전압원 + 전압 강하)의 대수적 합은 0이다.
4) 플레밍의 오른손 법칙 : 자계 내에서 도체가 운동하면 유도기전력이 도체에 발생하게 되며 이때 이 유도기전력의 방향을 결정하는 법칙

43 ★★★ 출제년도【22.】
균일한 자기장 내에서 운동하는 도체에 유도된 기전력의 방향을 나타내는 법칙은?

① 플레밍의 왼손 법칙
② 플레밍의 오른손 법칙
③ 암페어의 오른나사 법칙
④ 패러데이의 전자유도 법칙

해설 보기설명
1) 패러데이의 전자유도 법칙 : 자속변화에 의한 **유기기전력의 크기를 결정**하는 법칙
2) 암페어의 오른나사 법칙 : 전류가 흐를 때 자기장의 방향은 오른나사의 진행방향과 같다는 법칙
3) 플레밍의 오른손 법칙 : 평등자계내 도체를 회전시키면 유도기전력이 발생하는 현상으로 도체의 운동에 따른 **기전력의 방향을 결정, 발전기의 원리**
4) 플레밍의 왼손법칙 : 평등자계내 도체에 전류를 흘리면 전류의 출입방향에 따라 정반대의 전자력이 발생하여 회전력(토크)이 발생한다. 전동기의 원리

44 ★★ 출제년도【22.】
권선수가 100회인 코일에 유도되는 기전력의 크기가 e_1이다. 이 코일의 권선수를 200회로 늘렸을 때 유도되는 기전력의 크기(e_2)는?

① $e_2 = \dfrac{1}{4}e_1$
② $e_2 = \dfrac{1}{2}e_1$
③ $e_2 = 2e_1$
④ $e_2 = 4e_1$

정답 41. ② 42. ① 43. ② 44. ④

해설
① 인덕턴스 $L=\dfrac{\mu AN^2}{l}$ 의 관계에서 인덕턴스 L은 N^2(권수의 제곱)에 비례
② 유도기전력 $e=-L\dfrac{di}{dt}$ 의 관계에서 e는 인덕턴스(L)에 비례
③ 유도기전력 e는 N^2(권수의 제곱)에 비례하므로
④ $e_2=(\dfrac{N_2}{N_1})^2\times e_1=(\dfrac{200}{100})^2\times e_1=4e_1$

45 ★★★ 출제년도【15.】
한 코일의 전류가 매초 150A의 비율로 변화할 때 다른 코일에 10V의 기전력이 발생하였다면 두 코일의 상호 인덕턴스(H)는?
① 1/3   ② 1/5
③ 1/10   ④ 1/15

해설 기전력 $e=M\dfrac{di}{dt}$ 에서 $10[V]=M\times 150[A/s]$
상호인덕턴스 $M=\dfrac{10}{150}=\dfrac{1}{15}$
여기서, di : 전류의 변화량(A)
dt : 시간의 변화(s)

46 ★★★ 출제년도【14.】
A-B 양단에서 본 합성 인덕턴스는?
(단, 코일간의 상호 유도는 없다고 본다.)

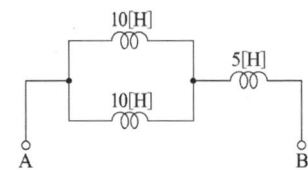

① 2.5[H]   ② 5[H]
③ 10[H]   ④ 15[H]

해설 합성인덕턴스: 10[H]와 10[H]는 병렬연결, 5[H]와는 직렬연결이므로
$L=\dfrac{10\times 10}{10+10}+5=10$
(상호유도는 없으므로 인덕턴스의 병렬합성은 저항 병렬합성과 같은 방법으로 계산한다.)

47 ★★★ 출제년도【18.】
다음과 같은 결합회로의 합성인덕턴스로 옳은 것은?

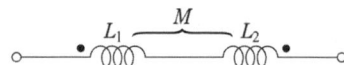

① L_1+L_2+2M ② L_1+L_2-2M
③ L_1+L_2-M ④ L_1+L_2+M

해설 인덕턴스의 직렬접속시 합성인덕턴스
① 가동결합시 $L=L_1+L_2+2M$

② 차동결합시 $L=L_1+L_2-2M$

48 ★★★ 출제년도【06.13.14.21.】
자기 인덕턴스 L_1, L_2가 각각 4[mH], 9[mH]인 두 코일이 이상적인 결합이 되었다면 상호 인덕턴스는 몇 [mH]인가?
(단, 결합계수는 1이다.)
① 6   ② 12
③ 24   ④ 36

해설 상호 인덕턴스
$M=k\times\sqrt{L_1\times L_2}=1\times\sqrt{4\times 9}=6\text{mH}$
k : 결합계수, L_1, L_2 : 자기 인덕턴스

49 ★★★ 출제년도【18.】
두 개의 코일 L_1과 L_2를 동일방향으로 직렬 접속하였을 때 합성인덕턴스가 140 mH이고, 반대방향으로 접속 하였더니 합성 인덕턴스가 20 mH이었다. 이때, $L_1=40$ mH 이면 결합계수 K는?
① 0.38   ② 0.5
③ 0.75   ④ 1.3

해설
① 동일방향 접속 $140\text{mH} = L_1 + L_2 + 2M \to$ ①
② 반대방향 접속 $20\text{mH} = L_1 + L_2 - 2M \to$ ②
③ 상호인덕턴스의 계산 ①-② :
  $140\text{mH} - 20\text{mH} = 2M - (-2M)$
④ $120\text{mH} = 4M$, $M = 30\text{mH}$
⑤ L_2 계산 :
  $140\text{mH} = 40\text{mH} + L_2 + 2 \times 30\text{mH}$ 에서
  $L_2 = 40\text{mH}$
⑥ 결합계수 $k = \dfrac{M}{\sqrt{L_1 \times L_2}} = \dfrac{30}{\sqrt{40 \times 40}} = 0.75$

50 ★★★ 출제년도【12.】
자체 인덕턴스가 각각 160[mH], 250[mH]의 두 코일이 있다. 두 코일 사이의 상호 인덕턴스가 150[mH]이라면 결합계수는?

① 0.5
② 0.75
③ 0.86
④ 1.0

해설 결합계수 $k = \dfrac{M}{\sqrt{L_1 L_2}}$
여기서, k : 결합계수,
  M : 상호인덕턴스
  L_1, L_2 : 자기인덕턴스
∴ $k = \dfrac{M}{\sqrt{L_1 L_2}} = \dfrac{150}{\sqrt{160 \times 250}} = 0.75$

51 ★★★ 출제년도【17,20.】
공기 중에서 50kW 방사 전력이 안테나에서 사방으로 균일하게 방사될 때, 안테나에서 1km 거리에 있는 점에서의 전계의 실효값은 약 몇 V/m 인가?

① 0.87
② 1.22
③ 1.73
④ 3.98

해설 단위면적당의 전력(포인팅 벡터)
$P = \dfrac{P_s}{S} = \dfrac{P_s}{4\pi r^2}$ 에서
$P = \dfrac{50 \times 10^3}{4 \times 3.14 \times (10^3)^2} = 3.98 \times 10^{-3}$ W/m²
$P = E \times H = \dfrac{E^2}{377}$ 에서
$E = \sqrt{377 \times P} = \sqrt{377 \times 3.98 \times 10^{-3}} = 1.22$ V/m

52 ★★ 출제예상
자유공간에서의 고유임피던스 $\sqrt{\dfrac{\mu_0}{\varepsilon_0}}$ 의 값은?

① 60π
② 80π
③ 100π
④ 120π

해설 자유공간에서의 고유임피던스
$\eta = \sqrt{\dfrac{\mu_0}{\varepsilon_0}} = 120\pi \fallingdotseq 377[\Omega]$
여기서, $\mu_0 = 4\pi \times 10^{-7}$ [H/m]
$\varepsilon_0 = \dfrac{10^{-9}}{36\pi} = 8.855 \times 10^{-12}$ [F/m]

53 ★★ 출제예상
유전율 ε, 투자율 μ의 공간을 전파하는 전자파의 전파속도 v[m/s]의 표현식으로 옳은 것은?

① $v = \sqrt{\varepsilon\mu}$
② $v = \sqrt{\dfrac{\varepsilon}{\mu}}$
③ $v = \sqrt{\dfrac{\mu}{\varepsilon}}$
④ $v = \dfrac{1}{\sqrt{\varepsilon\mu}}$

해설 전파속도
$v = f\lambda = \dfrac{1}{\sqrt{\varepsilon\mu}} = \dfrac{3 \times 10^8}{\sqrt{\varepsilon_s \mu_s}}$ [m/s]
여기서, 유전율 ε[F/m], 투자율 μ[H/m]
  f : 주파수[Hz], λ : 파장[m]

54 ★★ 출제예상
주파수 6[MHz]인 전자파의 파장[m]은?

① 2
② 10
③ 50
④ 300

해설 파장
$\lambda = \dfrac{v}{f} = \dfrac{3 \times 10^8}{6 \times 10^6} = 50$[m]
광속(빛의 속도) $v = 3 \times 10^8$[m/s]

정답 50. ② 51. ② 52. ④ 53. ④ 54. ③

55 전자파는?

① 자계만 존재한다.
② 전계만 존재한다.
③ 전계와 자계가 동시에 존재한다.
④ 전계와 자계가 동시에 존재하되 위상이 90° 다르다.

해설 전자파의 특징
전자파의 진행방향은 $E \times H$ 방향과 같다.
전계 E와 자계 H의 위상은 서로 같다.(동위상)
전계 E와 자계 H는 항상 공존하며 진행한다.

정답 55. ③

03 교류회로

1. 복소수 및 위상의 표현

1. 복소수

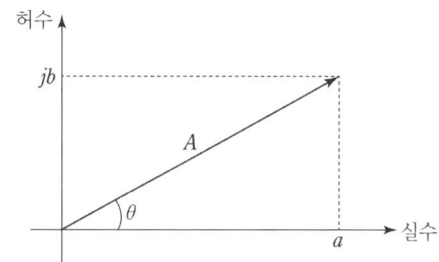

1) 실수부와 허수부로 구성된다.
2) 허수를 제곱하면 음수가 된다.
3) 복소수는 $A = a + jb$의 형태로 표시된다.
4) 거리와 방향을 나타내는 벡터량으로 표시한다.

2. 위상의 표현

1) 지상 : 시간적으로 느린 상태. 즉, θ만큼 느리다(뒤진다)
2) 진상 : 시간적으로 빠른 상태. 즉, θ만큼 빠르다(앞선다)
3) 동상(동위상) : 시간적 차이가 없는 상태

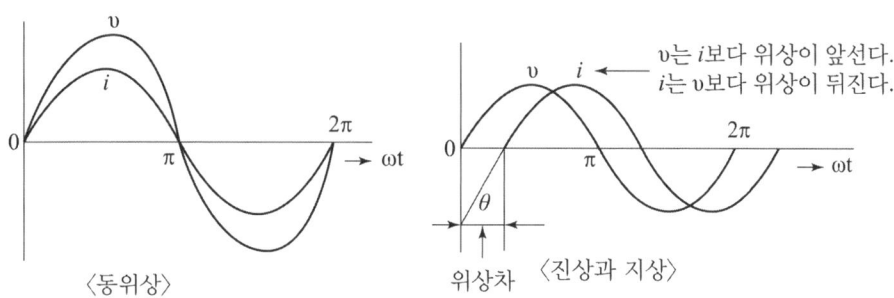

〈동위상〉　　　위상차　〈진상과 지상〉

4) 위상차 $\theta = wt = |\theta_1 - \theta_2|$ (두 위상차의 절댓값으로 표현)

2. 위상각

$\theta = \omega t$ 에서

$$t = \frac{\theta}{\omega}[\text{s}], \quad \omega = 2\pi f[\text{rad/s}]$$

θ : 위상차 [rad], ω : 각속도 [rad/s], f : 주파수 [Hz], t : 시간 [s]

3. 각속도 ★

정현파 교류는 발전기 코일의 회전에 의해서 발생되므로 코일의 이동을 회전각도로 표시하여 사용한다. 이 회전 각도를 **각속도** 또는 각 주파수(angular frequency) ω 라 한다.

$$\omega = \frac{2\pi}{T} = 2\pi f$$

ω : 각속도[rad/s], π : 3.14, f : 주파수 [Hz], T : 주기[s]

4. 교류의 표현방법

1. 순시값

1) 정의

순간순간 변하는 교류의 임의의 시간에 있어서 전압이나 전류의 값

2) 순시값의 기본 표현법

순시값 = 최댓값 $\times \sin(\omega t + \theta)$

① 전압 $v = V_m \sin(\omega t + \theta)[\text{V}]$

② 전류 $i = I_m \sin(\omega t + \theta)[\text{A}]$

2. 평균값

1) 정의

어떤 함수의 1주기에 대한 곡선의 면적을 구하여 그것을 다시 주기로 나눈 값

2) 평균값의 기본 표현법

① 전압 $V_a = \dfrac{1}{T}\displaystyle\int_0^T v\,dt\,[\text{V}]$

② 전류 $I_a = \dfrac{1}{T}\displaystyle\int_0^T i\,dt\,[\text{A}]$

3. 실효값

1) 정의

   직류의 크기와 같은 일을 하는 교류의 크기 값으로 순시치의 제곱에 대한 1사이클 간의 평균값의 제곱근으로 나타낸다.

2) 실효값의 기본 표현법

① 전압 $V = \sqrt{\dfrac{1}{T}\displaystyle\int_0^T v^2\,dt}\,[\text{V}]$

② 전류 $I = \sqrt{\dfrac{1}{T}\displaystyle\int_0^T i^2\,dt}\,[\text{A}]$

4. 파형률과 파고율 ★★★

파형률	파고율
$\dfrac{\text{실효값}}{\text{평균값}}$	$\dfrac{\text{최댓값}}{\text{실효값}}$

5. 파형에 따른 실효값, 평균값, 파고율 ★★★

구분	파형	실효값	평균값	파형률	파고율
정현파		$\dfrac{\text{최댓값}}{\sqrt{2}}$	$\dfrac{2}{\pi} \times$ 최댓값	1.11	$\sqrt{2}$
반파정류		$\dfrac{\text{최댓값}}{2}$	$\dfrac{1}{\pi} \times$ 최댓값	1.57	2
구형파		최댓값	최댓값	1	1

구분	파형	실효값	평균값	파형률	파고율
구형반파		$\dfrac{최댓값}{\sqrt{2}}$	$\dfrac{최댓값}{2}$	1.414	$\sqrt{2}$
삼각파		$\dfrac{최댓값}{\sqrt{3}}$	$\dfrac{최댓값}{2}$	1.155	$\sqrt{3}$

5. 임피던스(Impedance) ★★

1. 정의

1) 교류에서 전류의 흐름을 방해하는 것으로 저항과 리액턴스의 벡터 합
2) 임피던스

$$Z = \frac{1}{Y} = \frac{V}{I} = R \pm jX [\Omega]$$

R : 저항[Ω], X : 리액턴스[Ω], Y : 어드미턴스[℧], V : 전압[V], I : 전류[A]

3) 리액턴스(X) : L 또는 C에서 전류의 흐름을 방해하는 물리량

2. 임피던스의 계산

1) 크기 $Z = \sqrt{R^2 + X^2}$
2) 위상 $\theta = \pm tan^{-1} \dfrac{X}{R}$
3) 저항 $R = \sqrt{Z^2 - X^2}$
4) 리액턴스 $X = \sqrt{Z^2 - R^2}$
5) 역률 $\cos\theta = \dfrac{R}{Z}$
6) 무효율 $\sin\theta = \dfrac{X}{Z}$

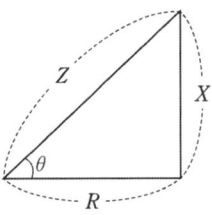

6. 어드미턴스(Admittance)

1. 정의
교류에서 전류의 흐름을 도와주는 것으로 컨덕턴스(conductance)와 서셉턴스(susceptance)의 벡터 합

2. 임피던스의 역수이다.

$$Y = \frac{1}{임피던스(Z)}$$

3. 어드미턴스

$$Y = \frac{1}{Z} = \frac{I}{V} = G \mp jB [\mho]$$

G : 컨덕턴스[℧], B : 서셉턴스[℧], Z : 임피던스[Ω], V : 전압[V], I : 전류[A]

4. 컨덕턴스(G) : 저항(R)의 역수, $G = \dfrac{1}{R}$

5. 서셉턴스(B) : 리액턴스(X)의 역수, $B = \dfrac{1}{X}$

7. R-L-C 단일회로

1. 위상비교

부하의 종류	위상관계
저항(R) 부하	전압과 전류가 동상
인덕턴스(L) 부하	전류가 전압보다 90° 뒤진다. = 전압이 전류보다 90° 앞선다.
콘덴서(C) 부하	전류가 전압보다 90° 앞선다. = 전압이 전류보다 90° 뒤진다.

2. R(저항)만의 회로 ★

1) 임피던스 $Z = R[\Omega]$
2) 위상관계 : 동상
3) 전압 $V = IR[\text{V}]$, 전류 $I = \dfrac{V}{R}[\text{A}]$

3. L(인덕턴스)만의 회로 ★★★

1) 임피던스 $Z = jX_L[\Omega]$

2) 유도성 리액턴스 $X_L = \omega L = 2\pi f L [\Omega]$

    (L : 인덕턴스(inductance)[H], f : 주파수[Hz])

4. C(정전용량) 회로 ★★★

1) 특징

    ① 전류 i가 콘덴서 C에 흐를 때 전류가 전압보다 90°만큼 빠르다.

    ② 전류가 빠른 진상전류이다.(용량성)

2) 회로의 해석

    ① 임피던스 $Z = -jX_c[\Omega]$

    ② 용량성 리액턴스 $X_c = \dfrac{1}{\omega C} = \dfrac{1}{2\pi f C}[\Omega]$

        (C : 정전용량(capacitance)[F], f : 주파수[Hz])

    ③ 전류 $I = \dfrac{V}{X_c}[A]$, 전압 $V = IX_c[V]$

8. RL 직렬회로의 해석

1. 임피던스 회로의 해석 ★★★

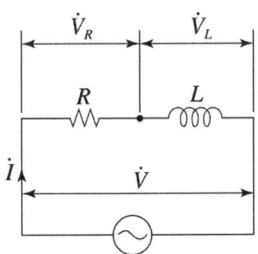

1) 합성임피던스 $Z = R + jX_L = R + j\omega L [\Omega]$

2) 위상 $\theta = \tan^{-1}\dfrac{X_L}{R}$, 크기 $Z = \sqrt{R^2 + X_L^2}\,[\Omega]$

3) 역률 $\cos\theta = \dfrac{R}{Z} = \dfrac{R}{\sqrt{R^2 + X_L^2}}$, 무효율 $\sin\theta = \dfrac{X_L}{Z} = \dfrac{X_L}{\sqrt{R^2 + X_L^2}}$

2. 전압의 계산

　　1) 전전압 $V = V_R + jV_L = \sqrt{V_R^2 + V_L^2}$

　　2) R 양단 전압 $V_R = IR$

　　3) X_L 양단 전압 $V_L = IX_L$

　　4) 역률 $\cos\theta = \dfrac{V_R}{V}$, 무효율 $\sin\theta = \dfrac{V_L}{V}$

9. RC 직렬회로의 해석

1. 임피던스회로의 해석 ★

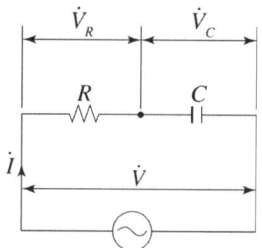

　　1) 합성임피던스 $Z = R - jX_c = R - j\dfrac{1}{\omega C}\,[\Omega]$

　　2) 위상 $\theta = -\tan^{-1}\dfrac{X_c}{R}$, 크기 $Z = \sqrt{R^2 + X_c^2}\,[\Omega]$

　　3) 역률 $\cos\theta = \dfrac{R}{Z} = \dfrac{R}{\sqrt{R^2 + X_c^2}}$, 무효율 $\sin\theta = \dfrac{X_c}{Z} = \dfrac{X_c}{\sqrt{R^2 + X_c^2}}$

2. 전압의 계산

　　1) 전전압 $V = V_R - jV_c = \sqrt{V_R^2 + V_c^2}$

　　2) R 양단 전압 $V_R = IR$

　　3) X_c 양단 전압 $V_c = IX_c$

　　4) 역률 $\cos\theta = \dfrac{V_R}{V}$, 무효율 $\sin\theta = \dfrac{V_c}{V}$

10. RLC 직렬회로의 해석

1. 임피던스회로의 해석 ★★★

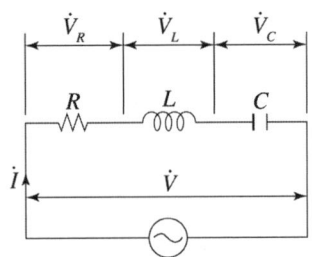

1) 합성임피던스 $Z = R + j(X_L - X_c) = R + j(\omega L - \frac{1}{\omega C})[\Omega]$

2) 위상 $\theta = \tan^{-1} \frac{X_L - X_c}{R}$, 크기 $Z = \sqrt{R^2 + (X_L - X_c)^2}\,[\Omega]$

2. 위상의 해석

1) $X_L > X_c$: 유도성 부하, 전류가 전압보다 지상(늦다)
2) $X_L = X_c$: 직렬공진
3) $X_L < X_c$: 용량성 부하, 전류가 전압보다 진상(빠르다)

3. 직렬공진 ★★★

1) 직렬공진 발생조건
   ① 임피던스의 허수부가 0인 조건
   ② $Z = R + j(\omega L - \frac{1}{\omega C})$에서 $(\omega L - \frac{1}{\omega C}) = 0$

2) 직렬공진의 특성
   ① 임피던스가 최소가 된다.
   ② **전류가 최대**가 된다.
   ③ **직렬공진 주파수**(resonance frequency) $f = \frac{1}{2\pi\sqrt{LC}}[Hz]$

   (L : 인덕턴스[H], C : 정전용량[F])

4. 선택도(전압확대율, 첨예도, 저항에 대한 리액턴스 비) ★★★

$$Q = \frac{f_r}{f_2 - f_1} = \frac{V_L}{V} = \frac{V_C}{V} = \frac{wL}{R} = \frac{1}{wCR} = \frac{1}{R}\sqrt{\frac{L}{C}}$$

f_r : 공진주파수[Hz], f_2 : 고주파수, f_1 : 저주파수
R : 저항[Ω], L : 인덕턴스[H], C : 정전용량[F]

11. RL 병렬회로의 해석

1. 어드미턴스회로의 해석 ★

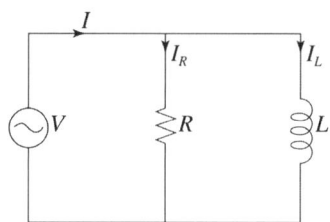

1) 합성어드미턴스 $Y = \dfrac{1}{R} - j\dfrac{1}{X_L}$ [℧]

2) 위상 $\theta = -\tan^{-1}\dfrac{R}{X_L}$, 크기 $Y = \sqrt{\dfrac{1}{R^2} + \dfrac{1}{X_L^2}}$ [℧]

3) 위상관계 : 전류가 전압보다 θ만큼 뒤진다.(지상)

4) 역률 $\cos\theta = \dfrac{G}{Y} = \dfrac{X_L}{\sqrt{R^2 + X_L^2}}$, 무효율 $\sin\theta = \dfrac{B}{Y} = \dfrac{R}{\sqrt{R^2 + X_L^2}}$

2. 전류의 계산 ★

1) 전전류 $I = I_R - jI_L = \sqrt{I_R^2 + I_L^2}$

2) R에 흐르는 전류 $I_R = \dfrac{V}{R}$

3) X_L에 흐르는 전류 $I_L = \dfrac{V}{X_L}$

4) 역률 $\cos\theta = \dfrac{I_R}{I}$, 무효율 $\sin\theta = \dfrac{I_L}{I}$

12. RC 병렬회로

1. 어드미턴스회로의 해석 ★

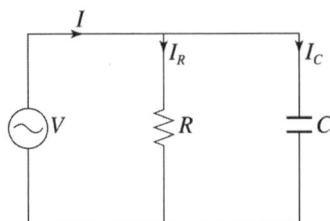

1) 합성어드미턴스 $Y = \dfrac{1}{R} + j\dfrac{1}{X_c} = \dfrac{1}{R} + j\omega C \;[\mho]$

2) 위상 $\theta = \tan^{-1}\dfrac{R}{X_c}$, 크기 $Y = \sqrt{\dfrac{1}{R^2} + \dfrac{1}{X_c^2}}\;[\mho]$

3) 위상관계 : 전류가 전압보다 θ만큼 빠르다.(진상)

4) 역률 $\cos\theta = \dfrac{G}{Y} = \dfrac{X_c}{\sqrt{R^2 + X_c^2}}$

5) 무효율 $\sin\theta = \dfrac{B}{Y} = \dfrac{R}{\sqrt{R^2 + X_c^2}}$

2. 전류의 계산 ★

1) 전전류 $I = I_R + jI_c = \sqrt{I_R^2 + I_c^2}$

2) R에 흐르는 전류 $I_R = \dfrac{V}{R}$

3) X_c에 흐르는 전류 $I_c = \dfrac{V}{X_c} = \omega CV$

13. RLC 병렬회로의 해석

1. 어드미턴스 회로의 해석

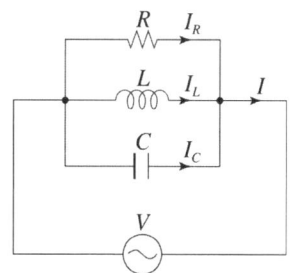

1) 합성어드미턴스 $Y = \dfrac{1}{R} + j(\dfrac{1}{X_c} - \dfrac{1}{X_L}) = \dfrac{1}{R} + j(\omega C - \dfrac{1}{\omega L})\,[\mho]$

2) 크기 $Y = \sqrt{(\dfrac{1}{R})^2 + (\dfrac{1}{X_c} - \dfrac{1}{X_L})^2}\,[\mho]$

2. 전류의 계산

1) 전전류 $I = I_R + j(I_c - I_L) = \sqrt{I_R^2 + (I_c - I_L)^2}$

2) $I = YV$

3. 병렬공진 ★★

1) 병렬공진 발생조건

① 어드미턴스의 허수부가 0인 조건

② $Y = \dfrac{1}{R} + j(\dfrac{1}{X_c} - \dfrac{1}{X_L}) = \dfrac{1}{R} + j(\omega C - \dfrac{1}{\omega L})$ 에서 $(\omega C - \dfrac{1}{\omega L}) = 0$

2) 병렬공진의 특성

① 임피던스가 최대가 된다.(어드미턴스가 최소가 된다.)

② 전류가 최소가 된다.

③ 병렬공진 주파수 $f = \dfrac{1}{2\pi\sqrt{LC}}\,[\text{Hz}]$

14. 단상 교류회로의 전력

1. 피상전력(Apparent Power)

$$P_a = VI = I^2 Z = \frac{V^2}{Z} = \sqrt{P^2 + P_r^2} \, [\text{VA}]$$

V : 전압[V], I : 전류[A], Z : 임피던스[Ω]

2. 유효전력(Real Power ; 소비전력, 평균전력, 일률) ★★★

$$P = I^2 R = \frac{V^2}{R} = P_a \cos\theta = VI\cos\theta = \sqrt{P_a^2 - P_r^2} \, [\text{W}]$$

V : 전압[V], I : 전류[A], R : 저항[Ω], $\cos\theta$: 역률

3. 무효전력(Reactive Power) ★

1) 부하에서 소모되지 않는다.
2) 전원과 부하 사이를 왕복하기만 하고 부하에 유효하게 사용되지 않는 에너지이다.

$$P_r = I^2 X = \frac{V^2}{X} = P_a \sin\theta = VI\sin\theta = \sqrt{P_a^2 - P^2} \, [\text{Var}]$$

V : 전압[V], I : 전류[A], X : 리액턴스[Ω], $\sin\theta$: 무효율

4. 전력과 역률, 무효율과의 관계 ★★★

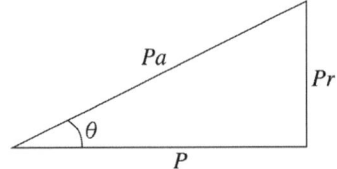

1) 역률
① 개념 : 피상전력에 대한 유효전력의 비를 말한다.
② 역률의 계산 : $\cos\theta = \dfrac{P}{P_a} = \dfrac{P}{\sqrt{P^2 + P_r^2}} = \dfrac{P}{VI}$

2) 무효율

① 개념 : 피상전력에 대한 무효전력의 비를 말한다.

② 무효율의 계산 : $\sin\theta = \dfrac{P_r}{P_a} = \dfrac{P_r}{\sqrt{P^2 + P_r^2}} = \dfrac{P_r}{VI}$

15. 복소전력 ★★

부하의 R성분에 의한 유효전력과 X성분에 의한 무효전력을 실수부와 허수부로 나누어 표시한 것을 **복소전력**(complex power)이라 한다. 일반적으로 전압의 벡터에 공액복소수를 취하여 계산한다.

$$P_a = \overline{V}I = P \pm jP_r$$

$\overline{V}$: 전압의 공액복소수, I : 전류, P : 유효전력[W] P_r : 무효전력[Var]
$P_r > 0$: 용량성 부하, $P_r < 0$: 유도성 부하

16. 최대전력 전송

1. 저항부하 ★★★

1) 최대전력 전송조건

① 부하저항(R_L)과 전원의 내부저항(r)이 같을 때 최대전력이 전송된다.

$$R_L = r$$

② 등가회로

2) 최대전력 $P_{\max} = \dfrac{V^2}{4R_L}$ (R_L : 부하저항, V : 전압)

2. L 또는 C의 단독부하 ★

　　1) L 부하 $P_{\max} = \dfrac{V^2}{2X_L}$

　　2) C 부하 $P_{\max} = \dfrac{V^2}{2X_C} = \dfrac{1}{2}wCV^2$

17. 전압, 전류가 순시값일 때 전력계산

전압 $v(t) = \sqrt{2}\,V\sin(wt+\theta_1) = V_m\sin(wt+\theta_1)$

전류 $i(t) = \sqrt{2}\,I\sin(wt+\theta_2) = I_m\sin(wt+\theta_2)$

1. 피상전력

$$P_a = VI = \dfrac{1}{2}V_m I_m\,[\text{VA}]$$

여기서, V_m : 전압의 최댓값, I_m : 전류의 최댓값

2. 유효전력(평균전력, 소비전력) ★★★

① 전력 $P = VI\cos\theta = \dfrac{1}{2}V_m I_m \cos\theta\,[\text{W}]$

② 위상차 $\theta = |\theta_1 - \theta_2|$

3. 무효전력

① 전력 $P = VI\sin\theta = \dfrac{1}{2}V_m I_m \sin\theta\,[\text{Var}]$

② 위상차 $\theta = |\theta_1 - \theta_2|$

18. 과도현상

1. 시정수(시상수) ★

1) 의미
   ① 과도현상의 길고 짧음을 나타낸 값
   ② 전원인가 시 : 정상값의 63.2%에 도달하는데 걸리는 시간을 1 시정수
   ③ 전원차단 시 : 정상값의 36.8%로 감소하는데 걸리는 시간을 1 시정수
   ④ 단위 : 초[s]

2) 시정수가 크다는 표현 ★
   ① 정상값에 늦게 도달한다.
   ② 과도현상이 오랫동안 지속된다.
   ③ 과도전류가 천천히 사라진다.

3) 주요회로의 시정수 ★★★

구분	RL	RC
시정수	$\tau = \dfrac{L}{R}$	$\tau = RC$

2. 과도현상의 해석

1) R-L 직렬회로

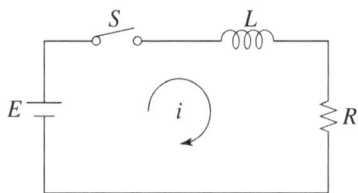

S/W ON(전원인가 시)	S/W OFF(전원제거 시)
① 전류 $i(t) = \dfrac{E}{R}\left(1 - e^{-\frac{R}{L}t}\right) = 0.632\dfrac{E}{R}$ ② R양단 전압 $V_R = E\left(1 - e^{-\frac{R}{L}t}\right)$ ③ L양단 전압 $V_L = Ee^{-\frac{R}{L}t}$	전류 $i(t) = \dfrac{E}{R}e^{-\frac{R}{L}t} = 0.368\dfrac{E}{R}$

2) R-C 직렬회로

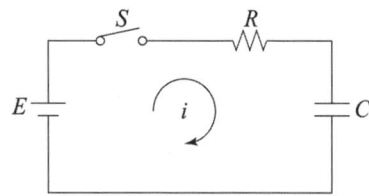

전원인가 시(충전 중)	전원제거 시(방전 중)
① 전류 $i(t) = \dfrac{E}{R} e^{-\frac{1}{RC}t} = 0.368 \dfrac{E}{R}$ ② R양단 전압 $V_R = E e^{-\frac{1}{RC}t}$ ③ C양단 전압 $V_c = E(1 - e^{-\frac{1}{RC}t})$	① 전류 $i(t) = \dfrac{E}{R} e^{-\frac{1}{RC}t} = 0.368 \dfrac{E}{R}$ ② C양단 전압 $V_c = E e^{-\frac{1}{RC}t}$

3. R-L-C 직렬 합성회로 ★★

1) $R^2 > 4\dfrac{L}{C}$, $\delta > 1$의 경우 : 과제동, 과감쇠, 비진동적

2) $R^2 = 4\dfrac{L}{C}$, $\delta = 1$의 경우 : 임계제동, 임계감쇠, 임계진동

3) $R^2 < 4\dfrac{L}{C}$, $\delta < 1$의 경우 : 부족제동, 미흡감쇠, 진동

19. 브리지 회로 (Bridge circuit) ★

브리지의 평형조건 $R_1 R_4 = R_2 R_3$

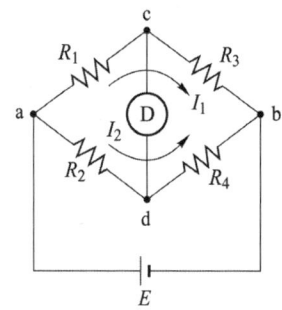

20. 3상 교류

1. 3상 교류의 발생과 표시법

1) 평형 3상 교류의 조건 :
   ① 기전력의 크기가 같다.
   ② 각상의 임피던스가 같다.
   ③ 각 상간에 $120°\left(\dfrac{2\pi}{3}\right)$의 위상차가 발생한다.

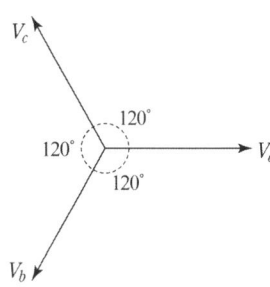

2) 대칭 3상 교류

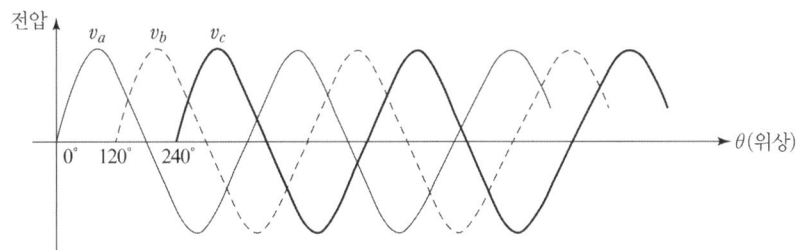

$$v_a = \sqrt{2}\,V\sin wt$$
$$v_b = \sqrt{2}\,V\sin(wt - 120°)$$
$$v_c = \sqrt{2}\,V\sin(wt + 120°)$$
$$v_a + v_b + v_c = 0\,(순시전압의\ 총합은\ 0이다.)$$

2. Y결선 (성형결선, 스타결선) ★★★

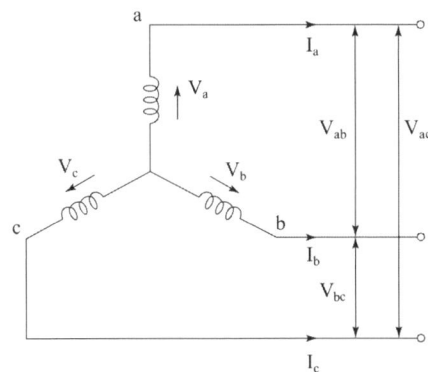

상전압 : V_a, V_b, V_c
선간전압 : V_{ab}, V_{bc}, V_{ac}
선전류=상전류 : I_a, I_b, I_c

1) 선간전압(단자전압, 정격전압)
   ① 선간전압은 상전압 보다 30° 앞선다. ($V_\ell = \sqrt{3} \times V_p \angle 30°$)
   ② 선간전압의 계산

$$V_\ell = \sqrt{3} \times V_p = \sqrt{3} \times I_p \times Z [\text{V}]$$

(V_P : 상전압[V], I_P : 상전류[A], Z : 임피던스[Ω])

2) 선전류(부하전류, 정격전류)

$$I_\ell = I_p = \frac{V_p}{Z} = \frac{V_\ell}{\sqrt{3} \times Z}[\text{A}]$$

2. △결선(델타 결선) ★★

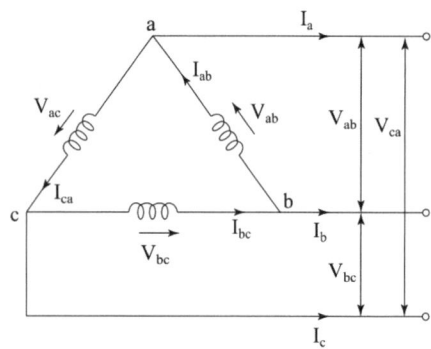

선간전압 = 상전압 : V_{ab}, V_{bc}, V_{ac}
선전류 : I_a, I_b, I_c
상전류 : I_{ab}, I_{bc}, I_{ac}

1) 선간전압(단자전압, 정격전압)

$$V_\ell = V_p = I_p \times Z [\text{V}]$$

(V_P : 상전압[V], I_P : 상전류[A], Z : 임피던스[Ω])

2) 선전류(부하전류, 정격전류)
   ① 선전류는 상전류보다 30° 뒤진다.(지상)
   ② $I_\ell = \sqrt{3} I_p = \sqrt{3} \times \frac{V_p}{Z} = \sqrt{3} \times \frac{V_\ell}{Z}[\text{A}]$

3. V결선의 주요특성 ★★

1) V결선 시의 출력 $P_v = \sqrt{3} \times P = \sqrt{3}\, VI\,[\text{VA}]$

2) V결선 시의 이용률 $\dfrac{\sqrt{3}\,P}{2P} = 0.866$

3) V결선 시 고장전의 출력비 $\dfrac{\sqrt{3}\,P}{3P} = 0.577 = \dfrac{1}{\sqrt{3}}$

4. Y ↔ △ 등가변환 ★★★

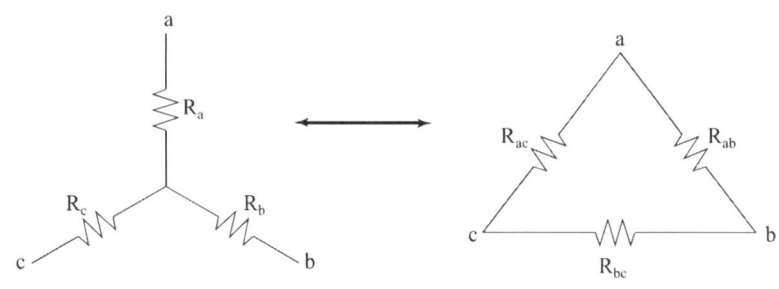

구분	임피던스	저항	선전류	유효전력
Y → △	3	3	3	3
△ → Y	$\dfrac{1}{3}$	$\dfrac{1}{3}$	$\dfrac{1}{3}$	$\dfrac{1}{3}$

21. 3상회로의 전력

1. 피상전력 P_a[VA]

$$P_a = 3 \times V_P I_P = 3 \times I_P^2 Z = 3 \times \dfrac{V_P^2}{Z}$$
$$= \sqrt{3} \times V_\ell I_\ell = \sqrt{P^2 + P_r^2} \; [\text{VA}]$$

V_p : 상전압[V], I_p : 상전류[A], Z : 임피던스[Ω], V_ℓ : 선간전압[V], I_ℓ : 선전류[A]

2. 유효전력(소비전력, 평균전력, 소모전력) P[W] ★★

$$P = 3 \times I_P^2 R = 3 \times \dfrac{V_p^2}{R} = \sqrt{3} \times V_\ell I_\ell \cos\theta = \sqrt{P_a^2 - P_r^2} \; [\text{W}]$$

V_p : 상전압[V], I_P : 상전류[A], R : 저항[Ω],
V_ℓ : 선간전압[V], I_ℓ : 선전류[A], $\cos\theta$: 역률

3. 무효전력 P_r[Var]

$$P_r = 3 \times I_p^2 X = 3 \times \frac{V_p^2}{X} = \sqrt{3} \times V_\ell I_\ell \sin\theta = \sqrt{P_a^2 - P^2} \text{ [Var]}$$

V_p : 상전압[V], I_p : 상전류[A], X : 리액턴스[Ω],
V_ℓ : 선간전압[V], I_ℓ : 선전류[A], $\sin\theta$: 무효율

4. 역률 계산 ★★★

$$\cos\theta = \frac{P}{P_a} = \frac{P}{\sqrt{P^2 + P_r^2}} = \frac{P}{\sqrt{3}\, V_l I_l}$$

5. 무효율 계산

$$\sin\theta = \frac{P_r}{P_a} = \frac{P_r}{\sqrt{P^2 + P_r^2}} = \frac{P_r}{\sqrt{3}\, V_l I_l}$$

22. 비정현파(왜형파) 교류

1. 푸리에급수 ★★

1) 개념
   ① 푸리에 분석 : 비 정현파를 여러 개의 정현파의 합으로 표시하는 방법
   ② 주기적인 구형파 신호의 성분 : **무수히 많은 주파수의 합성**

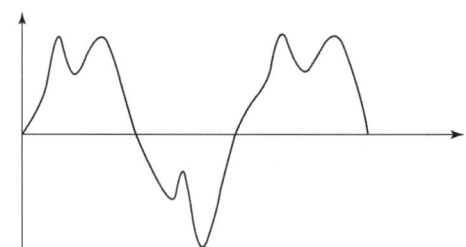

2) 비 정현파를 발생하는 원인
   ① 맴돌이(와류) 손실
   ② 히스테리시스 현상
   ③ 자기포화

3) 비정현파 = 직류분 + 기본파 + 고조파

4) 함수 $f(t) = a_0 + \sum_{n=1}^{\infty} a_n \cos n\omega t + \sum_{n=1}^{\infty} b_n \sin n\omega t$

(a_0 : 직류분, a_n : 우수항(짝수), b_n : 기수항(홀수))

2. 비정현파의 계산

1) 비정현파의 실효값 ★★★

① 각 **고조파의 실효값의 제곱의 합의 제곱근**

② 전압 $V = \sqrt{V_0^2 + V_1^2 + V_2^2 + \cdots}$

(V_0 : 직류분, V_1 : 기본파 실효값, V_2 : 2고조파 실효값)

③ 전류 $I = \sqrt{I_0^2 + I_1^2 + I_2^2 + \cdots}$

(I_0 : 직류분, I_1 : 기본파 실효값, I_2 : 2고조파 실효값)

2) 왜형률 ★★★

① 기본파 실효값에 대한 전고조파 실효값의 비로 파형의 일그러짐 정도

② 왜형률 $= \dfrac{\text{전고조파의 실효값}}{\text{기본파 실효값}} = \dfrac{\sqrt{V_2^2 + V_3^2 + \cdots}}{V_1}$

23. 역률개선 ★

1. 역률

1) 개념

① 전압과 전류는 θ 만큼의 위상차를 갖게 되며 이때 $\cos\theta$ 를 역률이라 한다. 역률이 저하되면 전압변동 및 전력손실이 증가하게 된다.

② 역률의 일반적인 표현방법

③ $\cos\theta = \dfrac{P(\text{유효전력})}{P_a(\text{피상전력})}$, $\cos\theta = \dfrac{P(\text{유효전력})}{V(\text{전압}) \times I(\text{전류})}$

2) **역률의 범위** : $0 \leq \cos\theta \leq 1$

3) **지상역률** : 전류의 위상이 전압보다 뒤진 지상전류인 유도성 회로의 역률

4) **진상역률** : 전류의 위상이 전압보다 앞선 진상전류인 용량성 회로의 역률

2. 역률개선의 원리

전력 부하는 저항과 유도리액턴스로 조합되어 전압과 전류는 θ만큼의 위상차로 인해 지상전류가 흐르게 된다. 이에 전력용콘덴서(Static Capacitor)를 병렬로 설치하여 진상전류가 흐르게 되면 위상차는 줄어들게 되고 전력용콘덴서를 설치하기 전에 비해 역률($\cos\theta$)은 1에 가까워진다. 이를 역률개선이라 한다.

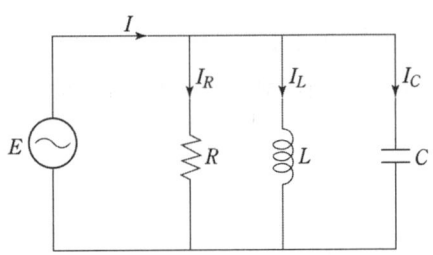

역률개선용 콘덴서의 용량

$$Q_c = P_r - P_r{'} = P\left(\frac{\sin\theta_1}{\cos\theta_1} - \frac{\sin\theta_2}{\cos\theta_2}\right)[\text{kVA}]$$

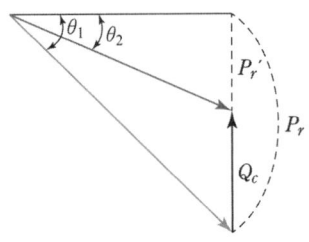

Q_c : 콘덴서 용량[kVA]
P : 유효전력(소비전력)[kW]
$\cos\theta_1$: 개선전 역률
$\cos\theta_2$: 개선후 역률
$\sin\theta_1 = \sqrt{1-\cos\theta_1^2}$
$\sin\theta_2 = \sqrt{1-\cos\theta_2^2}$

24. 중첩의 원리 ★★

"회로망에 다수의 전압원과 전류원이 존재하는 경우 임의의 한 점에 흐르는 전류는 이들의 전압원(V)이나 전류원(I)이 각각 단독으로 존재할 경우의 전류분포의 합($I{'}$)과 같다. 이 경우 제거하는 전압원은 단락하고 전류원은 개방한다."

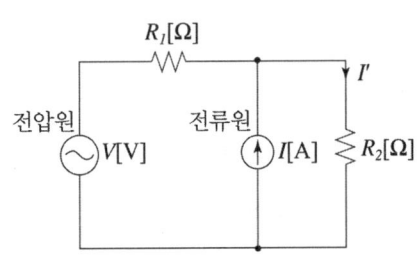

1) 전압원 단락시 R_2에 흐르는 전류 : I_1[A]

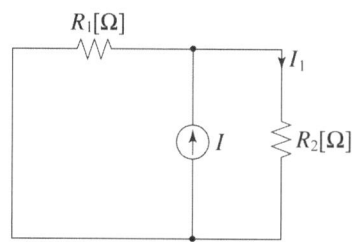

$$I_1 = \frac{R_1}{R_1 + R_2} \times I \text{ [A]}$$

2) 전류원 개방시 R_2에 흐르는 전류 : I_2[A]

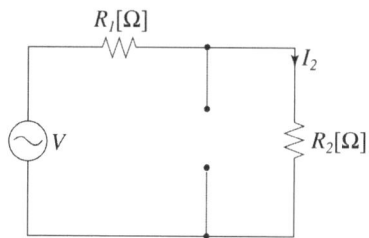

$$I_2 = \frac{V}{R_1 + R_2} \text{ [A]}$$

3) 합성전류 : $I' = I_1 + I_2$[A]

25. 테브낭(Thevenin's theorem)의 정리 ★★

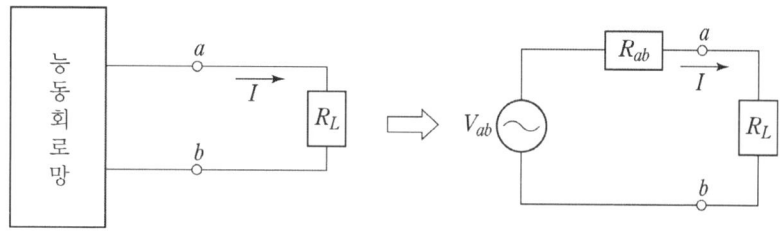

〈등가변환〉

V_{ab} : a, b양단에 걸리는 전압[V]

R_{ab} : 능동회로망 내 **전압원은 단락, 전류원은 개방**한 상태에서 a, b 양단에서 능동회로망측으로 바라본 합성저항[Ω]

R_L : 부하저항[Ω]

$$I = \frac{V_{ab}}{R_{ab} + R_L}[\text{A}]$$

26. 밀만의 원리 ★★

크기가 다른 전압원이 다수 병렬로 접속시 전체 병렬회로에 걸리는 공통전압(V_{ab})을 산출할 수 있다.

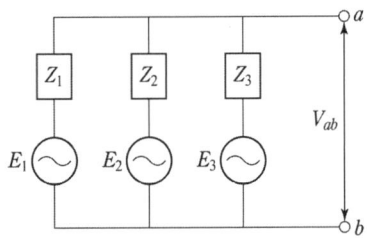

$$V_{ab} = \frac{\dfrac{E_1}{Z_1} + \dfrac{E_2}{Z_2} + \dfrac{E_3}{Z_3}}{\dfrac{1}{Z_1} + \dfrac{1}{Z_2} + \dfrac{1}{Z_3}}$$

03 출제예상문제

교류회로

01 ★★★ 출제년도 【16.】
$V = 141\sin 377t$[V]인 정현파 전압의 주파수는 몇 [Hz]인가?

① 50
② 55
③ 60
④ 65

해설 각주파수 $w = 2\pi f$에서 $f = \dfrac{w}{2\pi} = \dfrac{377}{2\pi} = 60$[Hz]

02 ★★ 출제년도 【15.】
그림과 같은 정현파에서 $v = V_m \sin(\omega t + \theta)$의 주기 T로 옳은 것은?

① $\dfrac{4\pi}{\omega}$
② $\dfrac{2\pi}{\omega}$
③ $\dfrac{\omega^2}{2\pi}$
④ $4\pi f^2$

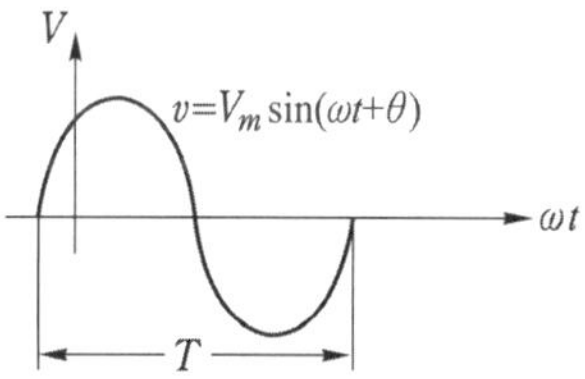

해설 각속도(각주파수) $w = 2\pi f = \dfrac{2\pi}{T}$
주기 $T = \dfrac{2\pi}{w}$

03 ★★ 출제년도 【16.】
$i = 50\sin\omega t$인 교류전류의 평균값은 약 몇 [A]인가?

① 25
② 31.8
③ 35.9
④ 50

해설 평균값 $I_a = \dfrac{2}{\pi} \times I_m = \dfrac{2}{\pi} \times 50 = 31.83$[A]

04 ★★★ 출제년도 【15.】
반파 정류 정현파의 최댓값이 1일 때, 실효값과 평균값은?

① $\dfrac{1}{\sqrt{2}}, \dfrac{2}{\pi}$
② $\dfrac{1}{2}, \dfrac{\pi}{2}$
③ $\dfrac{1}{\sqrt{2}}, \dfrac{\pi}{2\sqrt{2}}$
④ $\dfrac{1}{2}, \dfrac{1}{\pi}$

해설 파형에 따른 실효값과 평균값

구분	파형	실효값	평균값
정현파	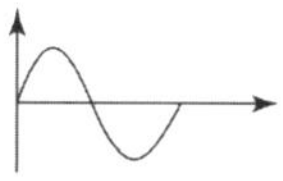	$\dfrac{최댓값}{\sqrt{2}}$	$\dfrac{2}{\pi} \times 최댓값$
반파정류	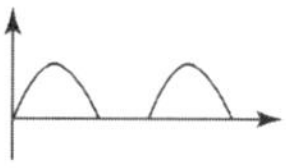	$\dfrac{최댓값}{2}$	$\dfrac{1}{\pi} \times 최댓값$
구형파	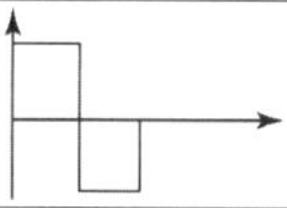	최댓값	최댓값
구형반파	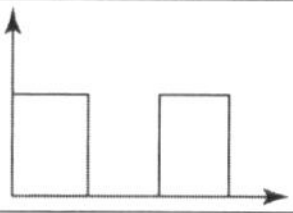	$\dfrac{최댓값}{\sqrt{2}}$	$\dfrac{최댓값}{2}$
삼각파	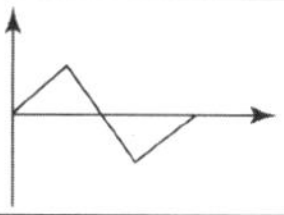	$\dfrac{최댓값}{\sqrt{3}}$	$\dfrac{최댓값}{2}$

05 ★★★ 출제년도 【18.】
삼각파의 파형률 및 파고율은?

① 1.0, 1.0
② 1.04, 1.226
③ 1.11, 1.414
④ 1.155, 1.732

해설 삼각파
① 파형률 $= \dfrac{실효값}{평균값}$: 1.155
② 파고율 $= \dfrac{최댓값}{실효값}$: 1.732

정답 01. ③ 02. ② 03. ② 04. ④ 05. ④

06. 정현파 전압의 평균값과 최댓값과의 관계식 중 옳은 것은?

① $V_{av} = 0.707 V_m$
② $V_{av} = 0.840 V_m$
③ $V_{av} = 0.637 V_m$
④ $V_{av} = 0.956 V_m$

해설

파 형	정현파	정현반파	삼각파	구형반파	구형파
실효값	$\dfrac{I_m}{\sqrt{2}}$	$\dfrac{I_m}{2}$	$\dfrac{I_m}{\sqrt{3}}$	$\dfrac{I_m}{\sqrt{2}}$	I_m
평균값	$\dfrac{2I_m}{\pi}$	$\dfrac{I_m}{\pi}$	$\dfrac{I_m}{2}$	$\dfrac{I_m}{2}$	I_m

정현파의 평균값 $V_{av} = \dfrac{2I_m}{\pi}$, $V_{av} = 0.637 I_m$

여기서, V_{av} : 전압의 평균값 [V],
V_m : 전압의 최댓값 [V]

07. 정현파 교류회로에서 최댓값은 V_m, 평균값은 V_{av}일 때 실효값(V)은?

① $\dfrac{\pi}{\sqrt{2}} V_m$
② $\dfrac{\pi}{2\sqrt{2}} V_{av}$
③ $\dfrac{\pi}{2\sqrt{2}} V_m$
④ $\dfrac{1}{\pi} V_m$

해설 실효값 V, 최댓값 V_m, 평균값 V_{av}라 하면 정현파 교류의

$V = \dfrac{V_m}{\sqrt{2}}, \quad V_{av} = \dfrac{2}{\pi} V_m, \quad V_m = \dfrac{\pi}{2} V_{av}$

$V = \dfrac{V_m}{\sqrt{2}} = \dfrac{1}{\sqrt{2}} \times \dfrac{\pi}{2} V_{av} = \dfrac{\pi}{2\sqrt{2}} V_{av}$

08. 정현파 교류전압의 최댓값이 V_m(V)이고, 평균값이 V_{av}(V)일 때 이 전압의 실효값 V_{rms}(V)는?

① $V_{rms} = \dfrac{\pi}{\sqrt{2}} V_m$
② $V_{rms} = \dfrac{\pi}{2\sqrt{2}} V_{av}$
③ $V_{rms} = \dfrac{\pi}{2\sqrt{2}} V_m$
④ $V_{rms} = \dfrac{1}{\pi} V_m$

해설 전압의 평균값 $V_{av} = \dfrac{2V_m}{\pi}$

전압의 실효값 $V_{rms} = \dfrac{V_m}{\sqrt{2}} = \dfrac{\frac{\pi V_{av}}{2}}{\sqrt{2}} = \dfrac{\pi}{2\sqrt{2}} V_{av}$

09. 정현파교류의 최댓값이 100V인 경우 평균값은 몇 V인가?

① 45.04
② 50.64
③ 63.69
④ 68.34

해설 정현파 교류의 실효값과 평균값

구분	파형	실효값	평균값
정현파		$\dfrac{최댓값}{\sqrt{2}}$	$\dfrac{2}{\pi} \times 최댓값$

평균값 : $\dfrac{2}{\pi} \times 최댓값 = \dfrac{2}{\pi} \times 100 = 63.69 \text{V}$

실효값 : $\dfrac{최댓값}{\sqrt{2}} = \dfrac{100}{\sqrt{2}} = 70.71 \text{V}$

10. 정현파 전압의 평균값이 150 V이면 최댓값은 약 몇 V인가?

① 235.6
② 212.1
③ 106.1
④ 95.5

해설 평균값 $= \dfrac{2}{\pi} \times 최댓값$

최댓값 $= \dfrac{\pi}{2} \times 150 = 235.62 \text{V}$

정답 06. ③ 07. ② 08. ② 09. ③ 10. ①

11 교류의 파고율은?

① $\dfrac{실효값}{평균값}$ ② $\dfrac{최댓값}{실효값}$
③ $\dfrac{최댓값}{평균값}$ ④ $\dfrac{실효값}{최댓값}$

해설 파고율 = $\dfrac{최댓값}{실효값}$, 파형률 = $\dfrac{실효값}{평균값}$

12 교류에서 파형의 개략적인 모습을 알기 위해 사용하는 파고율과 파형률에 대한 설명으로 옳은 것은?

① 파고율 = $\dfrac{실효값}{평균값}$, 파형률 = $\dfrac{평균값}{실효값}$
② 파고율 = $\dfrac{최댓값}{실효값}$, 파형률 = $\dfrac{실효값}{평균값}$
③ 파고율 = $\dfrac{실효값}{최댓값}$, 파형률 = $\dfrac{평균값}{실효값}$
④ 파고율 = $\dfrac{최댓값}{평균값}$, 파형률 = $\dfrac{평균값}{실효값}$

해설 파고율 = $\dfrac{최댓값}{실효값}$, 파형률 = $\dfrac{실효값}{평균값}$

13 $v = \sqrt{2}\,V\sin\omega t$ [V]인 전압에서 $\omega t = \dfrac{\pi}{6}$ [rad] 일 때의 크기가 70.7[V]이면 이 전원의 실효값은 몇 [V]가 되는가?

① 100[V] ② 200[V]
③ 300[V] ④ 400[V]

해설 $v = \sqrt{2}\,V\sin\omega t$
$= \sqrt{2}\,V\sin\dfrac{\pi}{6} = \sqrt{2}\,V\sin 30° = 70.7[V]$
$\therefore V = \dfrac{70.7}{\sqrt{2}\sin 30°} \fallingdotseq 100[V]$

14 정전용량이 0.5F인 커패시터 양단에 $V = 10\angle -60°$ V 인 전압을 가하였을 때 흐르는 전류의 순시값은 몇 A인가? (단, $\omega = 30$rad/s 이다.)

① $i = 150\sqrt{2}\sin(30t + 30°)$
② $i = 150\sin(30t - 30°)$
③ $i = 150\sqrt{2}\sin(30t + 60°)$
④ $i = 150\sin(30t - 60°)$

해설 커패시터는 전류가 전압보다 90° 앞선다.
전류 $i = \omega C V_m \sin(\omega t + 90°)$
$i = 30 \times 0.5 \times 10\sqrt{2}\sin(30t - 60° + 90°)$
$i = 150\sqrt{2}\sin(30t + 30°)$

15 $i = I_m \sin\omega t$인 정현파에서 순시값과 실효값이 같아지는 위상은 몇 도인가?

① 30° ② 45°
③ 50° ④ 60°

해설 실효값은 $\dfrac{I_m}{\sqrt{2}}$, 순시값은 $i = I_m \sin\omega t$
$\dfrac{I_m}{\sqrt{2}} = I_m \sin\omega t$, $\sin 45° = \dfrac{1}{\sqrt{2}} = \sin\omega t = \sin\theta$
$\theta = 45°$

16 콘덴서와 코일에서 실제적으로 급격히 변화할 수 없는 것이 있다면 어느 것인가?

① 코일에서 전압, 콘덴서에서 전류
② 코일에서 전류, 콘덴서에서 전압
③ 코일, 콘덴서 모두 전압
④ 코일, 콘덴서 모두 전류

해설 $v_L = L\dfrac{di}{dt}$ 에서 i가 급격히 ($t=0$인 순간) 변화하면 v_L이 ∞가 되는 모순이 생기고, $i_c = C\dfrac{dv}{dt}$ 에서 v가 급격히 변화하면 i_c가 ∞가 되는 모순이 생긴다. 즉, 코일에서는 전류, 콘덴서에서는 전압이 급격히 변화할 수 없다.

정답 11. ② 12. ② 13. ① 14. ① 15. ② 16. ②

17 42.5mH의 코일에 60Hz, 220V의 교류를 가할 때 유도 리액턴스는 몇 Ω인가?

① 16Ω ② 20Ω
③ 32Ω ④ 43Ω

해설 $X_L = 2\pi fL = 2\pi \times 60 \times 42.5 \times 10^{-3} = 16.02$

18 주파수 60Hz, 인덕턴스 50mH인 코일의 유도리액턴스는 몇 Ω인가?

① 14.14 ② 18.85
③ 22.12 ④ 26.86

해설 유도리액턴스
$X_L = 2\pi fL = 2 \times \pi \times 60 \times 50 \times 10^{-3} = 18.85[\Omega]$

19 인덕턴스가 0.5H인 코일의 리액턴스가 753.6Ω일 때 주파수는 약 몇 Hz인가?

① 120 ② 240
③ 360 ④ 480

해설 주파수 $f = \dfrac{X_L}{2\pi L} = \dfrac{753.6}{2\pi \times 0.5} = 239.88 \text{Hz}$
여기에서, X_L : 유도성리액턴스(Ω)
     L : 인덕턴스(H)

20 복소수로 표시된 전압 $10-j$ V를 어떤 회로에 가하는 경우 $5+j$ A의 전류가 흘렀다면 이 회로의 저항은 약 몇 Ω인가?

① 1.88 ② 3.6
③ 4.5 ④ 5.46

해설 임피던스 $Z = \dfrac{V}{I} = \dfrac{10-j}{5+j} = 1.88 - j0.58$
여기에서, 저항은 1.88Ω, 리액턴스는 0.58Ω이 된다.

21 R-L 직렬 회로의 설명으로 옳은 것은?

① v, i는 각 다른 주파수를 가지는 정현파이다.
② v는 i보다 위상이 $\theta = \tan^{-1}\left(\dfrac{wL}{R}\right)$만큼 앞선다.
③ v와 i의 최댓값과 실효값의 비는 $\sqrt{R^2 + \left(\dfrac{1}{X_L}\right)^2}$이다.
④ 용량성 회로이다.

해설 $R-L$ 직렬 회로
① 유도성 회로 : 전압이 전류보다 θ만큼 앞선다.
② 임피던스 $Z = R + jX_L = \sqrt{R^2 + X_L^2}$
③ 위상차 $\theta = \tan^{-1}\dfrac{X_L}{R} = \tan^{-1}\dfrac{wL}{R}$

22 $R = 10\Omega$, $\omega L = 20\Omega$인 직렬회로에 $220\angle 0°$ V의 교류 전압을 가하는 경우 이 회로에 흐르는 전류는 약 몇 A인가?

① $24.5\angle -26.5°$ ② $9.8\angle -63.4°$
③ $12.2\angle -13.2°$ ④ $73.6\angle -79.6°$

해설 ① 임피던스의 크기 $Z = \sqrt{10^2 + 20^2} = 10\sqrt{5}$
② 위상 $\theta = \tan^{-1}\dfrac{X_L}{R} = \tan^{-1}\dfrac{20}{10} = 63.43°$
③ 전류 $I = \dfrac{V}{Z} = \dfrac{220\angle 0°}{10\sqrt{5}\angle 63.43°} = 9.84\angle -63.43°$

23 R-L-C 회로의 전압과 전류 파형의 위상차에 대한 설명으로 틀린 것은?

① R-L 병렬회로 : 전압과 전류는 동상이다.
② R-L 직렬회로 : 전압이 전류보다 θ만큼 앞선다.
③ R-C 병렬회로 : 전류가 전압보다 θ만큼 앞선다.
④ R-C 직렬회로 : 전류가 전압보다 θ만큼 앞선다.

정답 17.① 18.② 19.② 20.① 21.② 22.② 23.①

해설 전압과 전류는 동상인 것은 저항만의 회로이다.

회로의 종류	위상관계
R-L 병렬회로	전류가 전압보다 θ만큼 뒤진다.
R-L 직렬회로	전압이 전류보다 θ만큼 앞선다. (전류가 전압보다 θ만큼 뒤진다.)
R-C 병렬회로	전류가 전압보다 θ만큼 앞선다.
R-C 직렬회로	전류가 전압보다 θ만큼 앞선다.

24 ★ 출제년도 【12.】
그림과 같은 회로의 역률은 얼마인가?
① 0.24
② 0.59
③ 0.8
④ 0.97

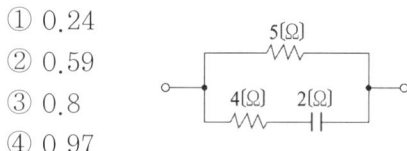

해설 회로의 임피던스 Z는
$$Z = \frac{5(4-j2)}{5+(4-j2)} = \frac{20-j10}{9-j2} = \frac{40}{17} - j\frac{10}{17}$$
$$\therefore |Z| = \sqrt{\left(\frac{40}{17}\right)^2 + \left(\frac{10}{17}\right)^2} \fallingdotseq 2.43[\Omega]$$
회로의 역률은 $\cos\theta = \frac{R}{Z} = \frac{\frac{40}{17}}{2.43} \fallingdotseq 0.97$

25 ★★★ 출제년도 【08. 12.】
다음 그림과 같은 회로에서 $R = 16[\Omega]$, $L = 180[mH]$, $\omega = 100[rad/s]$일 때 합성 임피던스는?

① 약 3[Ω]
② 약 5[Ω]
③ 약 24[Ω]
④ 약 34[Ω]

해설 임피던스 $Z = R + j\omega L[\Omega]$에서
$Z = 16 + j100 \times 180 \times 10^{-3}$
$= 16 + j18$
$= \sqrt{16^2 + 18^2}$
$\fallingdotseq 24[\Omega]$ 이 된다.

26 ★★ 출제년도 【16. 18.】
저항 6[Ω]과 유도리액턴스 8[Ω]이 직렬로 접속된 회로에 100[V]의 교류전압을 가할 때 흐르는 전류의 크기는 몇 [A]인가?
① 10
② 30
③ 50
④ 80

해설 전류 $I = \frac{V}{Z} = \frac{V}{\sqrt{R^2 + X_L^2}} = \frac{100}{\sqrt{6^2+8^2}} = 10[A]$

27 ★ 출제년도 【18.】
$R = 10\Omega$, $\omega L = 20\Omega$인 직렬회로에 220 V의 전압을 가하는 경우 전류와 전압과 전류의 위상각은 각각 어떻게 되는가?
① 24.5A, 26.5°
② 9.8A, 63.4°
③ 12.2A, 13.2°
④ 73.6A, 79.6°

해설 ① 전류의 크기 $I = \frac{V}{Z} = \frac{220}{\sqrt{10^2+20^2}} = 9.84$ A
② 위상각 $\theta = \tan^{-1}\frac{\omega L}{R} = \tan^{-1}\frac{20}{10} = 63.43°$

28 ★★ 출제년도 【99. 00. 03. 12.】
그림과 같은 회로에서 전압계 Ⓥ의 지시값은?

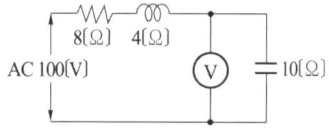

① 10[V]
② 50[V]
③ 80[V]
④ 100[V]

해설 전체전류
$I = \frac{V}{Z} = \frac{V}{\sqrt{R^2+(X_C-X_L)^2}}$
$= \frac{100}{\sqrt{8^2+(10-4)^2}}$
$= 10[A]$
전압계 Ⓥ의 지시값
$V = IX_C = 10 \times 10 = 100[V]$

정답 24. ④ 25. ③ 26. ① 27. ② 28. ④

29 회로에서 전압계 Ⓥ가 지시하는 전압의 크기는 몇 V인가?

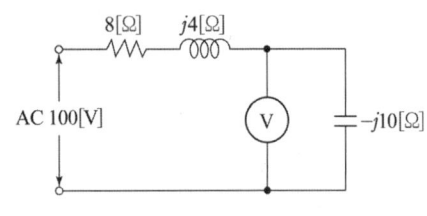

① 10   ② 50
③ 80   ④ 100

[해설] 합성 임피던스
$Z = 8 + j4 - j10 = 8 - j6 = \sqrt{8^2 + 6^2} = 10\ \Omega$
전류 $I = \dfrac{V}{Z} = \dfrac{100}{10} = 10\ A$
전압계 Ⓥ가 지시하는 전압의 크기
$V = 10 \times (-j10) = -j100\ V$

30 저항이 R, 유도리액턴스가 X_L, 용량리액턴스가 X_C인 R-L-C 직렬회로에서의 $\dot Z$와 Z 값으로 옳은 것은?

① $\dot Z = R + j(X_L - X_C)$,
  $Z = \sqrt{R^2 + (X_L - X_C)^2}$
② $\dot Z = R + j(X_L + X_C)$,
  $Z = \sqrt{R + (X_L + X_C)^2}$
③ $\dot Z = R + j(X_C - X_L)$,
  $Z = \sqrt{R^2 + (X_C - X_L)^2}$
④ $\dot Z = R + j(X_C + X_L)$,
  $Z = \sqrt{R^2 + (X_C + X_L)^2}$

[해설] R-L-C 직렬회로
합성임피던스 $\dot Z = R + j(X_L - X_c)$
$= R + j\left(\omega L - \dfrac{1}{\omega C}\right)[\Omega]$
크기 $Z = \sqrt{R^2 + (X_L - X_c)^2}\ [\Omega]$

31 어떤 회로에 $v(t) = 150\sin\omega t$[V]의 전압을 가하니 $i(t) = 6\sin(\omega t - 30)$[A]의 전류가 흘렀다. 이 회로의 소비전력은?

① 약 390[W]   ② 약 450[W]
③ 약 780[W]   ④ 약 900[W]

[해설] $P = VI\cos\theta = \dfrac{V_m}{\sqrt{2}} \cdot \dfrac{I_m}{\sqrt{2}} \cos\theta$ 이므로
$\therefore P = \dfrac{150}{\sqrt{2}} \times \dfrac{6}{\sqrt{2}} \times \cos 30° = 389.71[W]$

32 그림과 같은 회로에서 전원의 주파수를 2배로 할 때, 소비전력은 몇 [W]인가?

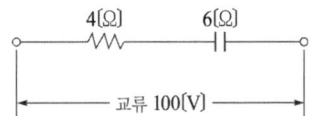

① 250[W]   ② 769[W]
③ 816[W]   ④ 1600[W]

[해설] 용량성 리액턴스 $X_c = \dfrac{1}{\omega C} = \dfrac{1}{2\pi fC} \propto \dfrac{1}{f}$ 이므로, 주파수를 2배로 하면 용량성 리액턴스는 $\dfrac{1}{2}$배가 된다. 그러므로, 주파수를 2배로 할 때 용량성 리액턴스 $= \dfrac{6}{2} = 3[\Omega]$이다.
또한 $I = \dfrac{V}{\sqrt{R^2 + X^2}} = \dfrac{100}{\sqrt{3^2 + 4^2}} = 20[A]$이므로,
소비전력 $P = I^2 R = 20^2 \times 4 = 1600[W]$

33 그림과 같은 RL 직렬회로에서 소비되는 전력은 몇 W인가?

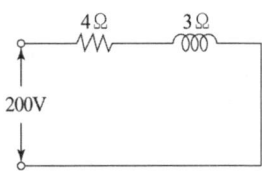

① 6400　② 8800
③ 10000　④ 12000

해설 소비전력
$$P = I^2 R = \frac{V^2}{R^2 + X^2} R = \frac{200^2}{4^2 + 3^2} \times 4 = 6400\,\text{W}$$

34 ★ 출제년도【18.22.】
어떤 코일의 임피던스를 측정하고자 직류전압 30 V를 가했더니 300 W가 소비되고, 교류전압 100 V를 가했더니 1200 W가 소비되었다. 이 코일의 리액턴스는 몇 Ω인가?

① 2　② 4
③ 6　④ 8

해설
① 저항 $R = \dfrac{V^2}{P} = \dfrac{30^2}{300} = 3\,\Omega$
② 소비전력 $P = I^2 R$의 관계에서
③ $1200 = I^2 \times 3$, 전류 $I = \sqrt{\dfrac{P}{R}} = \sqrt{\dfrac{1200}{3}} = 20\,\text{A}$
④ 임피던스 $Z = \dfrac{V}{I} = \dfrac{100}{20} = \sqrt{3^2 + X^2}$
⑤ 리액턴스 $X = 4\,\Omega$

35 ★ 출제년도【21.】
200[V]의 교류전압에서 30[A]의 전류가 흐르는 부하가 4.8[kW]의 유효전력을 소비하고 있을 때 이 부하의 리액턴스[Ω]는?

① 6.6　② 5.3
③ 4.0　④ 3.3

해설 피상전력 $P_a = VI = 200 \times 30 = 6{,}000\,[\text{VA}]$
유효전력 $P = 4.8[\text{kW}] = 4{,}800[\text{W}]$
무효전력 $P_r = \sqrt{P_a^2 - P^2} = \sqrt{6{,}000^2 - 4{,}800^2}$
$\qquad\qquad = 3{,}600[\text{Var}]$
리액턴스 $X = \dfrac{P_r}{I^2} = \dfrac{3{,}600}{30^2} = 4[\Omega]$

36 ★ 출제년도【12.】
$10 + j20$[V]의 전압이 $16 + j9$[Ω]의 임피던스에 인가되면 유효전력은 약 몇 [W]인가?

① 6.25[W]
② 17.17[W]
③ 23.74[W]
④ 31.25[W]

해설 전압 $V = \sqrt{10^2 + 20^2} = 22.36[\text{V}]$
전류 $I = \dfrac{V}{\sqrt{R^2 + X^2}} = \dfrac{22.36}{\sqrt{16^2 + 9^2}} = 1.218[\text{A}]$
유효전력 $P = 1.218^2 \times 16 = 23.74[\text{W}]$

37 ★★★ 출제년도【99. 02. 12.】
어떤 회로에 $V = 100 + j20$[V]인 전압을 가했을 때 $I = 8 + j6$[A]인 전류가 흘렀다. 이 회로의 소비전력은 몇 [W]인가?

① 800[W]　② 920[W]
③ 1200[W]　④ 1400[W]

해설 복소전력은 전압의 벡터나 전류의 벡터중 하나를 공액복소수를 취하여 계산한다.
복소전력 $P_a = V^* I = (100 - j20)(8 + j6)$
$\qquad\qquad = 800 + j600 - j160 + 120$
$\qquad\qquad = 920 + j440$
여기서, 소비전력(유효전력)은 920[W]이며 무효전력은 440[Var]이다. (V^*은 V의 공액복소수이다).

38 ★ 출제년도【14】
교류전압 $V = 100$[V]와 전류 $I = 3 + j4$[A]가 주어졌을 때 유효전력은 몇 W인가?

① 300　② 400
③ 500　④ 600

해설 피상전력 $P_a = VI = 100 \times (3 + j4) = 300 + j400$
유효전력 : 300[W]
무효전력 : 400[Var]

정답 34. ②　35. ③　36. ③　37. ②　38. ①

39 5Ω의 저항과 2Ω의 유도성 리액턴스를 직렬로 접속한 회로에 5A의 전류를 흘렸을 때 이 회로의 복소전력(VA)은?

① $25+j10$　　② $10+j25$
③ $125+j50$　　④ $50+j125$

해설　전압 $V=IZ=5\times(5+j2)=25+j10$
　　　복소전력 $P_a=VI=(25+j10)\times 5=125+j50$

40 전압 $v=50\sqrt{2}\sin(\omega t+\theta)$[V],
전류 $i=10\sqrt{2}\sin(\omega t+\theta-\dfrac{\pi}{6})$[A]
일 때 무효전력은?

① 100[Var]　　② 150[Var]
③ 200[Var]　　④ 250[Var]

해설　$P_r=VI\sin\theta=50\times 10\times sin\dfrac{\pi}{6}$
$=50\times 10\times sin\dfrac{180°}{6}$
$=250[\text{Var}]$

41 어떤 회로에 $v(t)=150\sin wt$ [V]의 전압을 가하니 $i(t)=6\sin(wt-30°)$[A]의 전류가 흘렀다. 이 회로의 소비전력(유효전력)은 약 몇 W 인가?

① 390　　② 450
③ 780　　④ 900

해설　소비전력
$P=VI\cos\theta=\dfrac{1}{2}V_m I_m\cos\theta$
$=\dfrac{1}{2}\times 150\times 6\times cos30°=389.7\text{W}$

여기서, V, I : 전압, 전류의 실효값
　　　V_m, I_m : 전압, 전류의 최댓값
　　　θ : 전압, 전류의 위상차

42 어떤 회로에 $v(t)=150\sin\omega t$ [V]의 전압을 가하니 $i(t)=12\sin(\omega t-30°)$[A]의 전류가 흘렀다. 이 회로의 소비전력(유효전력)은 약 몇 [W]인가?

① 390　　② 450
③ 780　　④ 900

해설　소비전력
$P=VI\cos\theta=\dfrac{150}{\sqrt{2}}\times\dfrac{12}{\sqrt{2}}\times\cos30°=779.42[\text{W}]$

43 저항이 4Ω 인덕턴스가 8 mH인 코일을 직렬로 연결하고 100 V, 60 Hz인 전압을 공급할 때 유효전력은 약 몇 kW인가?

① 0.8　　② 1.2
③ 1.6　　④ 2.0

해설　유효전력 $P=I^2R=\dfrac{V^2}{R^2+X_L^2}R$
$=\dfrac{100^2}{4^2+(2\pi\times 60\times 8\times 10^{-3})^2}\times 4$
$=1593.89\text{ W}=1.59\text{kW}$

44 $R=9[\Omega]$, $X_L=10[\Omega]$, $X_C=5[\Omega]$인 직렬부하회로에 220[V]의 정현파 전압을 인가시켰을 때의 유효전력은 약 몇 [kW]인가?

① 4.1　　② 2.77
③ 2.41　　④ 1.98

해설　유효전력
전류 $I=\dfrac{V}{Z}=\dfrac{V}{\sqrt{R^2+(X_L-X_C)^2}}$
$=\dfrac{220}{\sqrt{9^2+(10-5)^2}}=21.37[\text{A}]$
유효전력
$P=I^2R=21.37^2\times 9=4,110[\text{W}]=4.11[\text{kW}]$

정답　39. ③　40. ④　41. ①　42. ③　43. ③　44. ①

chapter 03. 교류회로 출제예상문제

45 ★★★ 출제년도【12.】
단상 200[V]의 교류전압을 회로에 인가할 때 $\frac{\pi}{6}$[rad]만큼 위상이 뒤진 10[A]의 전류가 흐른다고 한다. 이 회로의 역률은 몇 [%]인가?

① 86.6   ② 89.6
③ 92.6   ④ 95.6

해설 역률 $\cos\theta = \cos\frac{\pi}{6} = \cos\frac{180°}{6} = \cos 30°$
$= 0.866 = 86.6[\%]$

46 ★★★ 출제년도【15.】
A, B 두 개의 코일에 동일 주파수, 동일 전압을 가하면 두 코일의 전류는 같고, 코일 A는 역률이 0.96, 코일 B는 역률이 0.80인 경우 코일 A에 대한 코일 B의 저항비는 얼마인가?

① 0.833   ② 1.544
③ 3.211   ④ 7.621

해설 저항비
$\frac{R_B}{R_A} = \frac{Z\cos\theta_B}{Z\cos\theta_A} = \frac{\cos\theta_B}{\cos\theta_A} = \frac{0.8}{0.96} = 0.83$

47 ★★★ 출제년도【12.】
교류회로에서 8[Ω]의 저항과 6[Ω]의 유도리액턴스가 병렬로 연결되었다면, 역률은?

① 0.4   ② 0.5
③ 0.6   ④ 0.8

해설 $R-L$ 병렬회로에서 역률
$\cos\theta = \frac{X}{Z} = \frac{X}{\sqrt{R^2+X^2}} = \frac{6}{\sqrt{8^2+6^2}} = 0.6$

48 ★★ 출제년도【14.】
교류전압과 전류의 곱 형태로 된 전력값은?

① 유효전력   ② 무효전력
③ 소비전력   ④ 피상전력

해설 전력
① 피상전력=전압×전류
② 유효전력=전압×전류×역률
③ 무효전력=전압×전류×무효율

49 ★ 출제년도【12.】
무효전력 $P_r = Q$일 때 역률이 0.6이면 피상전력은?

① $0.6Q$ ② $0.8Q$
③ $1.25Q$ ④ $1.67Q$

해설 $P_r = P_a\sin\theta$이므로,
$\therefore P_a = \frac{P_r}{\sin\theta} = \frac{P_r}{\sqrt{1-\cos^2\theta}} = \frac{Q}{\sqrt{1-0.6^2}} = 1.25Q$

50 ★★ 출제년도【19.】
역률 80%, 유효전력 80kW일 때, 무효전력 kVar은?

① 10   ② 16
③ 60   ④ 64

해설 피상전력 $P_a = \sqrt{P^2+P_r^2} = \frac{P}{\cos\theta} = \frac{80}{0.8} = 100$kVA
무효전력 $P_r = \sqrt{P_a^2-P^2} = \sqrt{100^2-80^2} = 60$kVar

별해 무효전력 $P_r = P \times \frac{\sin\theta}{\cos\theta} = 80 \times \frac{\sqrt{1-0.8^2}}{0.8} = 60$kVar

51 ★★★ 출제년도【20.】
역률 0.8인 전동기에 200V의 교류전압을 가하였더니 10A의 전류가 흘렀다. 피상전력은 몇 VA인가?

① 1000   ② 1200
③ 1600   ④ 2000

해설 ① 피상전력 $P_a = VI = 200 \times 10 = 2000$VA
② 유효전력 $P = VI\cos\theta = 200 \times 10 \times 0.8 = 1600$W
③ 무효전력 $P_r = VI\sin\theta = 200 \times 10 \times 0.6 = 1200$Var

정답 45. ① 46. ① 47. ③ 48. ④ 49. ③ 50. ③ 51. ④

52 50Hz의 주파수에서 유도성 리액턴스가 1 Ω인 커패시터와 4 Ω의 저항이 모두 직렬로 연결되어 있다. 이 회로에 100 V, 50 Hz의 교류전압을 인가했을 때 무효전력(Var)은?

① 1,000
② 1,200
③ 1,400
④ 1,600

해설 합성임피던스
$Z = R + jX_L - jX_C$
$= 4 + j4 - j1 = 4 + j3 \ [\Omega]$
$= \sqrt{4^2 + 3^2} = 5 [\Omega]$
전류 $I = \dfrac{V}{Z} = \dfrac{100}{5} = 20 \ [A]$
무효전력 $P_r = I^2 X = 20^2 \times 3 = 1,200 \ [Var]$

53 그림과 같은 브리지 회로가 평형이 되기 위한 Z의 값은 몇 [Ω]인가? (단, 그림의 임피던스 단위는 모두 [Ω]이다.)

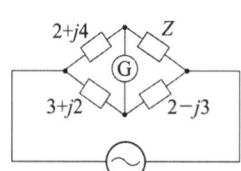

① $4 - j2$
② $2 - j4$
③ $-2 + j4$
④ $4 + j2$

해설 브리지 평형조건에서
$(2+j4)(2-j3) = Z \times (3+j2)$
$Z = \dfrac{4 + j8 - j6 + 12}{3 + j2} = \dfrac{16 + j2}{3 + j2}$
$= \dfrac{(16+j2)(3-j2)}{(3+j2)(3-j2)}$
$= \dfrac{48 + j6 - j32 + 4}{13} = 4 - j2$

54 그림과 같은 교류브리지의 평형조건으로 옳은 것은?

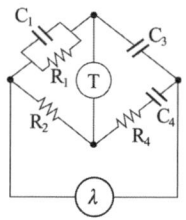

① $R_2 C_4 = R_1 C_3$, $R_2 C_1 = R_4 C_3$
② $R_1 C_1 = R_4 C_4$, $R_2 C_3 = R_1 C_1$
③ $R_2 C_4 = R_4 C_3$, $R_1 C_3 = R_2 C_1$
④ $R_1 C_1 = R_4 C_4$, $R_2 C_3 = R_1 C_4$

해설 C_1, R_1의 합성 임피던스 Z_1은
$Z_1 = \dfrac{1}{\dfrac{1}{R_1} + j\omega C_1} = \dfrac{R_1}{1 + j\omega C_1 R_1}$

브리지의 평형조건을 적용하면
$\dfrac{R_1}{1 + j\omega C_1 R_1} \cdot \left(R_4 + \dfrac{1}{j\omega C_4}\right) = R_2 \cdot \dfrac{1}{j\omega C_3}$
$R_1 R_4 \cdot (j\omega)^2 C_3 C_4 + R_1 \cdot j\omega C_3$
$\quad = R_1 R_2 \cdot (j\omega)^2 C_1 C_4 + R_2 \cdot j\omega C_4$
$-\omega^2 R_1 R_4 C_3 C_4 + j\omega R_1 C_3 = -\omega^2 R_1 R_2 C_1 C_4 + j\omega R_2 C_4$
① 실수에서 $R_2 C_1 = R_4 C_3$
② 허수에서 $R_2 C_4 = R_1 C_3$

55 그림과 같은 브리지 회로의 평형조건은?

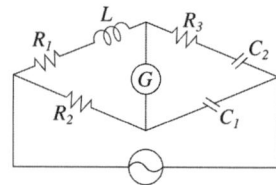

① $R_1 C_1 = R_2 C_2$, $R_2 R_3 = C_1 L$
② $R_1 C_1 = R_2 C_2$, $R_2 R_3 C_1 = L$
③ $R_1 C_2 = R_2 C_1$, $R_2 R_3 = C_1 L$
④ $R_1 C_2 = R_2 C_1$, $L = R_2 R_3 C_1$

해설 브리지회로의 평형조건
$$R_2 \times (R_3 + \frac{1}{jwC_2}) = (R_1 + jwL) \times \frac{1}{jwC_1}$$
$$R_2R_3 + \frac{R_2}{jwC_2} = \frac{R_1}{jwC_1} + \frac{L}{C_1}$$ 에서
실수부와 허수부는 각각 같아야 하므로
$$R_2R_3 = \frac{L}{C_1}, \quad C_1R_2R_3 = L$$
$$\frac{R_2}{jwC_2} = \frac{R_1}{jwC_1}, \quad R_1C_2 = R_2C_1$$

56. RLC 직렬회로에서 일반적인 공진조건으로 옳지 않은 것은?

① 리액턴스 성분이 0이 되는 조건
② 임피던스가 최대가 되어 전류가 최소로 되는 조건
③ 임피던스의 허수부가 0이 되는 조건
④ 전압과 전류가 동상이 되는 상태

해설 직렬공진은 리액턴스 성분이 0인 조건이므로, 전압과 전류는 동상이 되고 전류는 최대로 된다.

57. $L-C$ 직렬회로의 공진조건은?

① $\omega L = \frac{1}{\omega C}$ ② $\omega L = \omega C$
③ $\omega L + \omega C = 0$ ④ $\omega L + \omega C = 1$

해설 공진은 허수부 = 0,
즉 리액턴스 성분 $X = 0$이 되는 조건이므로
$\omega_r L - \frac{1}{\omega_r C} = 0$ (즉, $\omega_r L = \frac{1}{\omega_r C}$)

58. 공진작용과 관계가 없는 것은?

① C급 증폭회로 ② 발진회로
③ LC 병렬회로 ④ 변조회로

해설 공진
① 회로의 리액턴스(또는 허수부)가 0이 될 때 발생하는 것으로, 기본적인 공진조건은
$\omega_r L = \frac{1}{\omega_r C}$, 공진주파수 $f_r = \frac{1}{2\pi\sqrt{LC}}$[Hz]
② 공진특성을 이용한 회로 : C급 증폭회로, 발진회로, LC 병렬회로

59. $R = 10\,\Omega$, $C = 33\mu$F, $L = 20$mH인 RLC 직렬회로의 공진주파수는 약 몇 Hz 인가?

① 169 ② 176
③ 196 ④ 206

해설 공진주파수
$$f = \frac{1}{2\pi\sqrt{LC}} = \frac{1}{2\pi\sqrt{33\times10^{-6}\times20\times10^{-3}}}$$
$= 195.9$Hz
여기서, L : 인덕턴스[H], C : 정전용량[F]

60. 인덕턴스가 1H인 코일과 정전용량이 0.2μF인 콘덴서를 직렬로 접속할 때 이 회로의 공진주파수는 약 몇 Hz인가?

① 89 ② 178
③ 267 ④ 356

해설 공진주파수
$$f_r = \frac{1}{2\pi\sqrt{LC}} = \frac{1}{2\pi\sqrt{1\times0.2\times10^{-6}}} = 355.88$$
여기에서, L : 인덕턴스 H, C : 정전용량 F

61. 그림과 같은 회로에서 단자 a, b 사이에 주파수 f[Hz]의 정현파 전압을 가했을 때 전류계 A_1, A_2의 값이 같았다. 이 경우 f, L, C 사이의 관계로 옳은 것은?

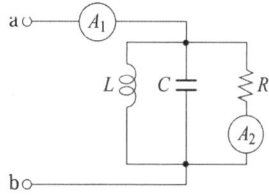

① $f = \dfrac{1}{2\pi^2 LC}$ ② $f = \dfrac{1}{4\pi\sqrt{LC}}$

③ $f = \dfrac{1}{\sqrt{2\pi^2 LC}}$ ④ $f = \dfrac{1}{2\pi\sqrt{LC}}$

해설 전류계 A_1과 A_2에 흐르는 전류가 같은 경우는 병렬공진의 경우이다.

즉, $Y_0 = \dfrac{1}{R} + j\left(\dfrac{1}{X_C} - \dfrac{1}{X_L}\right)$에서 허수부가 0이어야 하므로 $\dfrac{1}{X_C} = \dfrac{1}{X_L}$, $\omega C = \dfrac{1}{\omega L}$, $\omega^2 LC = 1$

$\therefore f = \dfrac{1}{2\pi\sqrt{LC}}$ [Hz]

62 ★★★ 출제년도【14, 18.】
RLC 직렬공진회로에 제 n 고조파의 공진주파수(f_n)는?

① $\dfrac{1}{\pi n \sqrt{LC}}$ ② $\dfrac{1}{2\pi\sqrt{nLC}}$

③ $\dfrac{n}{\pi n \sqrt{LC}}$ ④ $\dfrac{1}{2\pi n \sqrt{LC}}$

해설 n고조파 RLC 직렬공진회로의 임피던스

$$Z_n = R + j\left(n\omega L - \dfrac{1}{n\omega C}\right)$$

의 관계에서 공진발생조건은 임피던스의 허수부가 0일 때이므로

$$n\omega L - \dfrac{1}{n\omega C} = 0,\ n\omega L = \dfrac{1}{n\omega C}$$

$$\omega^2 = \dfrac{1}{n^2 LC},\ (2\pi f_n)^2 = \dfrac{1}{n^2 LC}$$

공진주파수 $f_n = \dfrac{1}{2\pi n \sqrt{LC}}$

여기에서, n : 고조파 차수, L : 인덕턴스[H]
 C : 정전용량[F]

63 ★ 출제년도【20.】
$R = 4\Omega$, $\dfrac{1}{\omega C} = 9\Omega$인 RC 직렬회로에 전압 $e(t)$를 인가할 때, 제3고조파 전류의 실효값의 크기는 몇 A인가?

(단, $e(t) = 50 + 10\sqrt{2}\sin\omega t + 120\sqrt{2}\sin 3\omega t$ [V])

① 4.4   ② 12.2
③ 24   ④ 34

해설 ① 제3고조파 임피던스

$$Z_3 = R - j\dfrac{1}{3\omega C} = 4 - j\dfrac{9}{3} = 4 - j3\,[\Omega]$$

② 제3고조파 전류

$$I_3 = \dfrac{V_3}{Z_3} = \dfrac{120\sqrt{2}/\sqrt{2}}{4 - j3} = \dfrac{120}{\sqrt{4^2 + 3^2}} = 24\,[\text{A}]$$

64 ★★★ 출제년도【06, 12, 15】
회로에서 공진상태의 임피던스는 몇 [Ω]인가?

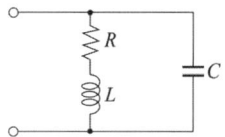

① $\dfrac{L}{CR}$ ② $\dfrac{CR}{L}$

③ $\dfrac{CL}{R}$ ④ $\dfrac{R}{CL}$

해설 공진상태의 임피던스
1) 합성 어드미턴스

$$Y = \dfrac{1}{R + j\omega L} + j\omega C$$

$$= \dfrac{R}{R^2 + (\omega L)^2} + j\left\{\omega C - \dfrac{\omega L}{R^2 + (\omega L)^2}\right\}$$

2) 공진 발생조건

$$\omega C = \dfrac{\omega L}{R^2 + (\omega L)^2} \rightarrow R^2 + (\omega L)^2 = \dfrac{L}{C}$$

3) 공진상태의 임피던스

$$Z = \dfrac{1}{Y} = \dfrac{1}{\dfrac{R}{R^2 + (\omega L)^2}} = \dfrac{R^2 + (\omega L)^2}{R}$$

$$= \dfrac{\dfrac{L}{C}}{R} = \dfrac{L}{RC}$$

정답 62. ④ 63. ③ 64. ①

65 그림과 같은 회로에서 a, b단자에 흐르는 전류 I가 인가전압 E와 동위상이 되었다. 이때 L값은?

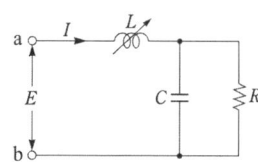

① $\dfrac{R}{1+\omega CR}$ ② $\dfrac{R^2}{1+(\omega CR)^2}$

③ $\dfrac{CR^2}{1+\omega CR}$ ④ $\dfrac{CR^2}{1+(\omega CR)^2}$

[해설] 합성임피던스

$Z = jwL + \dfrac{\dfrac{R}{jwC}}{R+\dfrac{1}{jwC}} = jwL + \dfrac{R}{1+jwCR}$

$= jwL + \dfrac{R(1-jwCR)}{(1+jwCR)(1-jwCR)}$

$= jwL + \dfrac{R}{1+(wCR)^2} - \dfrac{jwCR^2}{1+(wCR)^2}$

$= \dfrac{R}{1+(wCR)^2} + j(wL - \dfrac{jwCR^2}{1+(wCR)^2})$

임피던스의 허수부가 0인 조건이므로

$(wL - \dfrac{wCR^2}{1+(wCR)^2}) = 0$

$wL = \dfrac{wCR^2}{1+(wCR)^2}$

$L = \dfrac{CR^2}{1+(wCR)^2}$

66 이상적인 전압원 및 전류원에 대한 설명이 옳은 것은?

① 전압원의 내부저항은 ∞이고, 전류원은 0이다.
② 전압원의 내부저항은 0이고, 전류원은 ∞이다.
③ 전압원이나 전류원의 내부저항은 흐르는 전류에 따라 변한다.
④ 전압원의 내부 저항은 일정하고, 전류원의 내부저항은 일정하지 않다.

[해설] ① 이상적인 전압원은 내부저항이 적을수록 좋다. ⇒ 내부저항이 적을수록 내부전압강하가 적어진다.
② 이상적인 전류원의 내부저항은 클수록 좋다. ⇒ 내부저항이 클수록 내부저항에 흐르는 전류가 적어진다.

67 대칭 n상의 환상결선에서 선전류와 상전류(환상전류) 사이의 위상차는?

① $\dfrac{n}{2}\left(1-\dfrac{2}{\pi}\right)$ ② $\dfrac{n}{2}\left(1-\dfrac{\pi}{2}\right)$

③ $\dfrac{\pi}{2}\left(1-\dfrac{2}{n}\right)$ ④ $\dfrac{\pi}{2}\left(1-\dfrac{n}{2}\right)$

[해설] 대칭 n상 위상차

$\theta = \left(\dfrac{\pi}{2} - \dfrac{\pi}{n}\right) = \dfrac{\pi}{2}\left(1-\dfrac{2}{n}\right)$

68 저항 $R[\Omega]$ 3개를 △결선한 부하에 3상 전압 $E[V]$를 인가한 경우 선전류는 몇 [A]인가?

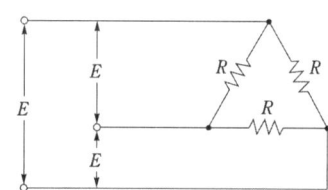

① $\dfrac{E}{3R}$ ② $\dfrac{E}{\sqrt{3}R}$

③ $\dfrac{\sqrt{3}E}{R}$ ④ $\dfrac{3E}{R}$

[해설] $I_p = \dfrac{E}{R}$, $I_l = \sqrt{3}I_p$ 이므로 $I_l = \dfrac{\sqrt{3}E}{R}$

69 3상 평형부하가 있다. 선간전압 3000[V], 선전류 30[A], 역률 0.9(뒤짐)이다. 부하가 Y결선일 때 한 상의 저항은 몇 [Ω]인가?

① 90[Ω] ② 51.96[Ω]
③ 173.20[Ω] ④ 4676.53[Ω]

해설 한 상의 임피던스

$$Z = \frac{E}{I} = \frac{3000/\sqrt{3}}{30} = \frac{100}{\sqrt{3}}[\Omega]$$

한 상의 저항

$$R = Z\cos\theta = \frac{100}{\sqrt{3}} \times 0.9 = 51.96[\Omega]$$

70 △결선된 부하를 Y결선으로 바꾸면 소비전력은 어떻게 되는가? (단, 선간전압은 일정하다.)

① 3배로 늘어난다.
② 9배로 늘어난다.
③ $\frac{1}{3}$로 줄어든다.
④ $\frac{1}{9}$로 줄어든다.

해설 1) △결선시 소비전력은

$$P_\triangle = 3I^2R = 3\left(\frac{V}{R}\right)^2 R = 3 \cdot \frac{V^2}{R}$$

2) Y결선시 상전압은 선간 전압의 $\frac{1}{\sqrt{3}}$이므로

$$P_Y = 3 \cdot \frac{\left(\frac{V}{\sqrt{3}}\right)^2}{R} = \frac{V^2}{R} \quad \therefore P_Y = \frac{1}{3}P_\triangle$$

71 선간전압이 일정한 경우 △결선된 부하를 Y결선으로 바꾸면 소비전력은 어떻게 되는가?

① $\frac{1}{3}$로 감소한다. ② $\frac{1}{9}$로 감소한다.
③ 3배로 증가한다. ④ 9배로 증가한다.

해설 Y-△ 등가변환

구분	임피던스	저항	선전류	유효전력
Y→△	3	3	3	3
△→Y	$\frac{1}{3}$	$\frac{1}{3}$	$\frac{1}{3}$	$\frac{1}{3}$

※ △에서 Y로 바꾸면 $\frac{1}{3}$로 감소한다.

72 100Ω인 저항 3개를 같은 전원에 △결선으로 접속할 때와 Y 결선으로 접속할 때, 선전류의 크기의 비는?

① 3 ② $\frac{1}{3}$
③ $\sqrt{3}$ ④ $\frac{1}{\sqrt{3}}$

해설 ① Y결선시의 선전류 $I_Y = \frac{V_\ell}{\sqrt{3} \times Z}$

② △결선시의 선전류 $I_\triangle = \sqrt{3} \times \frac{V_\ell}{Z}$

③ 선전류의 비 $\frac{I_Y}{I_\triangle} = \frac{\frac{V_\ell}{\sqrt{3} \times Z}}{\sqrt{3} \times \frac{V_\ell}{Z}} = \frac{1}{(\sqrt{3})^2} = \frac{1}{3}$

$\therefore I_\triangle = 3I_Y$

73 회로에서 a, b간의 합성저항[Ω]은? (단, $R_1 = 3[\Omega]$, $R_2 = 9[\Omega]$이다.)

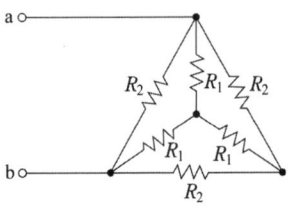

① 3 ② 4
③ 5 ④ 6

해설 Y결선을 △결선으로 변환하면 저항이 3배로 증가하므로 $R_1 = 3 \times 3 = 9[\Omega]$

정답 69. ② 70. ③ 71. ① 72. ① 73. ①

R_1과 R_2가 병렬연결이므로 $\frac{9 \times 9}{9+9} = 4.5[\Omega]$

a, b간의 합성저항(Ω) $R_{ab} = \frac{4.5 \times (4.5 + 4.5)}{4.5 + (4.5 + 4.5)} = 3$

74 ★★★ 출제년도 【16.】
전원과 부하가 다같이 △결선된 3상 평형회로가 있다. 전원전압이 200[V], 부하 1상의 임피던스가 $4 + j3[\Omega]$인 경우 선전류는 몇 [A]인가?

① $\frac{40}{\sqrt{3}}$ ② $\frac{40}{3}$
③ 40 ④ $40\sqrt{3}$

해설 $I_l = \sqrt{3} \times \frac{V_l}{Z} = \sqrt{3} \times \frac{200}{4 + j3}$
$= \sqrt{3} \times \frac{200}{\sqrt{4^2 + 3^2}} = 40\sqrt{3}$

75 ★★★ 출제년도 【21.】
선간전압의 크기가 $100\sqrt{3}$ [V]인 대칭 3상 전원에 각 상의 임피던스가 $Z = 30 + j40$ [Ω]인 Y결선의 부하가 연결되었을 때 이 부하로 흐르는 선전류[A]의 크기는?

① 2 ② $2\sqrt{3}$
③ 5 ④ $5\sqrt{3}$

해설 Y결선시 선전류
$I_l = \frac{V}{\sqrt{3} Z} = \frac{100\sqrt{3}}{\sqrt{3} \times \sqrt{30^2 + 40^2}} = 2[A]$

76 ★★★ 출제년도 【18.】
대칭 3상 Y부하에서 각 상의 임피던스는 20 Ω이고, 부하 전류가 8 A일 때 부하의 선간전압은 약 몇 V인가?

① 160 ② 226
③ 277 ④ 480

해설 Y결선시 선간전압
$V_l = \sqrt{3} V_P = \sqrt{3} I_P Z$

여기서, V_P : 상전압[V], I_P : 상전류[A],
Z : 임피던스[Ω]
$= \sqrt{3} \times 8 \times 20 = 160\sqrt{3} = 277.13[V]$
※ △ 결선시 선간전압
$V_l = V_P = I_P Z$

77 ★★ 출제년도 【18.】
한 상의 임피던스가 $Z = 16 + j12 \, \Omega$인 Y결선 부하에 대칭 3상 선간전압 380 V를 가할 때 유효전력은 약 몇 kW인가?

① 5.8 ② 7.2
③ 17.3 ④ 21.6

해설 상전류 계산
$I_p = \frac{V_l}{\sqrt{3} Z} = \frac{380}{\sqrt{3} \times \sqrt{16^2 + 12^2}} = \frac{19\sqrt{3}}{3}$

유효전력 $P = 3I_p^2 R = 3 \times \left(\frac{19\sqrt{3}}{3}\right)^2 \times 16$
$= 5776W = 5.78kW$

78 ★★★ 출제년도 【20.】
평형 3상 부하의 선간전압이 200 V, 전류가 10 A, 역률이 70.7 %일 때 무효전력은 약 몇 Var인가?

① 2880 ② 2450
③ 2000 ④ 1410

해설 무효전력 $P_r = \sqrt{3} VI \sin\theta$
$= \sqrt{3} \times 200 \times 10 \times \sqrt{1 - 0.707^2}$
$= 2,449.86 \, Var$
여기서, V : 선간전압[V], I : 전류[A], $\sin\theta$: 무효율

79 ★ 출제년도 【20.】
평형 3상 회로에서 측정된 선간전압과 전류의 실효값이 각각 28.87V, 10A이고 역률이 0.8일 때 3상 무효전력의 크기는 약 몇 Var인가?

① 400 ② 300
③ 231 ④ 173

정답 74. ④ 75. ① 76. ③ 77. ① 78. ② 79. ②

해설 무효전력 $P_r = \sqrt{3}\,VI\sin\theta$
$= \sqrt{3} \times 28.87 \times 10 \times \sqrt{1-0.8^2}$
$= 300.03[\text{Var}]$

80 ★★★ 출제년도 【21.】
그림과 같은 회로에 평형 3상 전압 200 V를 인가한 경우 소비된 유효전력(kW)은?
(단, $R = 20\,\Omega$, $X = 10\,\Omega$)

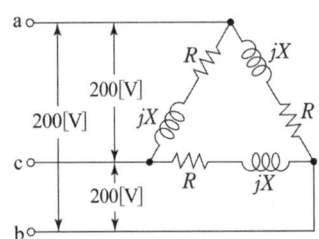

① 1.6   ② 2.4
③ 2.8   ④ 4.8

해설 유효전력
$P = 3I_p^2 R = 3 \times \dfrac{V_p^2}{R^2 + X^2} \times R$
$= 3 \times \dfrac{200^2}{20^2 + 10^2} \times 20 = 4800[\text{W}] = 4.8[\text{kW}]$

81 ★ 출제년도 【20.】
평형 3상 회로에서 측정된 선간전압과 전류의 실효값이 각각 28.87 V, 10 A 이고 역률이 0.8일 때 3상 유효전력의 크기는 약 몇 W 인가?

① 400   ② 300
③ 231   ④ 173

해설 유효전력 $P_r = \sqrt{3}\,VI\cos\theta$
$= \sqrt{3} \times 28.87 \times 10 \times 0.8$
$= 400.03[\text{W}]$

82 ★ 출제년도 【20.】
3상 유도 전동기의 출력이 25HP, 전압이 220V, 역률 및 효율이 85%일 때, 이 전동기로 흐르는 전류는 약 몇 A인가?
(단, 1 HP = 0.746 kW)

① 40   ② 45
③ 68   ④ 70

해설 전류
$I = \dfrac{P}{\sqrt{3}\,VI\cos\theta\eta} = \dfrac{25 \times 0.746 \times 10^3}{\sqrt{3} \times 220 \times 0.85 \times 0.85}$
$= 67.74[\text{A}]$

83 ★★★ 출제년도 【97, 04, 13.】
단상변압기(용량 100[kVA]) 3대를 △결선으로 운전하던 중 한 대가 고장이 생겨 V결선하였다면 출력은 몇 [kVA] 인가?

① 200   ② 300
③ $200\sqrt{3}$ ④ $100\sqrt{3}$

해설 V결선의 출력 $P_v = \sqrt{3}\,P_1[\text{kVA}]$이므로
$P_v = \sqrt{3} \times 100 = 173.2[\text{kVA}]$

84 ★ 출제년도 【19.】
상순이 a, b, c 인 경우 V_a, V_b, V_c를 3상 불평형 전압이라 하면 정상분 전압은?
(단, $\alpha = e^{j2\pi/3} = 1\angle 120°$)

① $\dfrac{1}{3}(V_a + V_b + V_c)$

② $\dfrac{1}{3}(V_a + \alpha V_b + \alpha^2 V_c)$

③ $\dfrac{1}{3}(V_a + \alpha^2 V_b + \alpha V_c)$

④ $\dfrac{1}{3}(V_a + \alpha V_b + \alpha V_c)$

해설 대칭좌표법
① 영상분 전압 : $\dfrac{1}{3}(V_a + V_b + V_c)$
② 정상분 전압 : $\dfrac{1}{3}(V_a + \alpha V_b + \alpha^2 V_c)$

정답 80. ④ 81. ① 82. ③ 83. ④ 84. ②

③ 역상분 전압 : $\frac{1}{3}(V_a + \alpha^2 V_b + \alpha V_c)$

85 각 전류의 대칭분 I_0, I_1, I_2가 모두 같게 되는 고장의 종류는?

① 1선 지락 ② 2선 지락
③ 2선 단락 ④ 3선 단락

해설 ① 1선 지락 : 각 전류의 대칭분 I_0, I_1, I_2가 모두 같게 되는 고장을 말한다.
② 2선 지락 : 각 전압의 대칭분 V_0, V_1, V_2가 모두 같게 되는 고장을 말한다.

86 비사인파의 일반적인 구성이 아닌 것은?

① 직류분 ② 기본파
③ 삼각파 ④ 고조파

해설 비사인파(비정현파) = 직류분 + 기본파 + 고조파

87 저항 R_1, R_2와 인덕턴스 L이 직렬로 연결된 회로에서 시정수[s]는?

① $\frac{R_1 + R_2}{L}$ ② $-\frac{R_1 + R_2}{L}$
③ $\frac{L}{R_1 + R_2}$ ④ $\frac{-L}{R_1 + R_2}$

해설 $R_1 + R_2$를 R이라 하면 $R-L$ 직렬 회로와 같다.
$R-L$ 직렬 회로에서 시정수 $\tau = \frac{L}{R}$[s]이므로,
∴ $\tau = \frac{L}{R} = \frac{L}{R_1 + R_2}$

88 그림과 같은 R-C 필터회로에서 리플 함유율을 가장 효과적으로 줄일 수 있는 방법은?

① R을 크게 한다.
② C를 크게 한다.
③ C와 R을 크게 한다.
④ C와 R을 작게 한다.

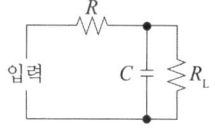

해설 1) 리플 함유율 : 직류분에 대해 맥동분이 어느 정도의 비로 포함되어 있는지를 나타내는 것
2) RC 필터는 저주파 통과 필터로 교류 입력전압을 평활한 직류전압으로 변환할 수 있으며, 시정수(RC)가 클수록 리플 함유율을 크게 감소시킬 수 있다.

89 2차계에서 무제동으로 무한 진동이 일어나는 감쇠율(damping ratio) δ는 어떤 경우인가?

① $\delta = 0$ ② $\delta > 1$
③ $\delta = 1$ ④ $0 < \delta < 1$

해설 제동비
① $\delta = 0$: 무제동 ② $\delta > 1$: 과제동
③ $\delta = 1$: 임계제동 ④ $\delta < 1$: 부족제동

90 구동점 임피던스(driving point impedance) 함수에서 극점(pole)이란 무엇을 의미하는가?

① 개방회로상태를 의미한다.
② 단락회로상태를 의미한다.
③ 전류가 많이 흐르는 상태를 의미한다.
④ 접지상태를 의미한다.

해설 1) 극점이란 구동점 임피던스 함수 $Z(s)$ 값이 무한대가 되는 것으로 회로의 개방상태를 의미한다.
2) 영점이란 구동점 임피던스 함수 $Z(s)$ 값이 0이 되는 것으로 회로의 단락상태를 의미한다.

정답 85. ① 86. ③ 87. ③ 88. ③ 89. ① 90. ①

91 그림에서 1[Ω]의 저항 단자에 걸리는 전압의 크기는?

① 40[V]
② 60[V]
③ 100[V]
④ 140[V]

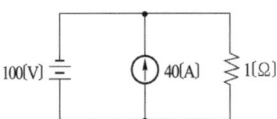

해설 중첩의 원리에 의하여
1) 전류원에 의해 흐르는 전류 I_1 : 전압원 단락
   전압원을 단락하면 전류는 단락점으로 흐르고 1[Ω]의 저항에는 흐르지 않는다. 즉, $I_1 = 0$
2) 전압원에 의해 흐르는 전류 I_2 : 전류원 개방
   100[V]에 의한 전류 : $I_2 = \dfrac{100}{1} = 100[A]$
3) 1[Ω]에 흐르는 전류
   $\therefore I = I_1 + I_2 = 0 + 100 = 100[A]$
4) 1[Ω]에 걸리는 전압 $V = 100 \times 1 = 100[V]$

92 회로에서 저항 20[Ω]에 흐르는 전류[A]는?

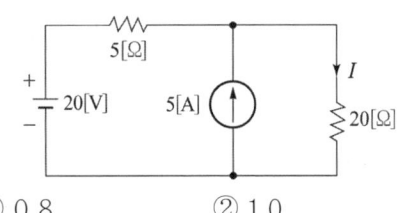

① 0.8
② 1.0
③ 1.8
④ 2.8

해설 중첩의 원리
① 전압원 단락 $I_1 = \dfrac{5}{5+20} \times 5 = 1[A]$
② 전류원 개방 $I_2 = \dfrac{20}{5+20} = 0.8[A]$
③ 합성전류 : $1 + 0.8 = 1.8[A]$

93 회로에서 저항 5 Ω의 양단 전압 V_R(V)은?

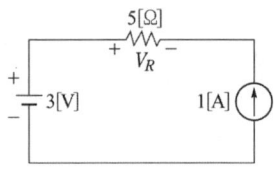

① −5
② −2
③ 3
④ 8

해설 중첩의 원리 적용
• 전압원 단락시 5 Ω에 흐르는 전류 : −1 A
  (처음에 정한 방향과 반대 방향이므로)
• 전류원 개방시 5 Ω에 흐르는 전류 : 0 A

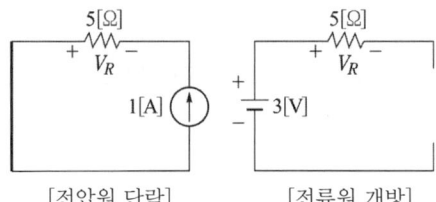

[전압원 단락]   [전류원 개방]

5Ω에 흐르는 전류의 합 : −1 A + 0 A = −1 A
5Ω 양단의 전압 : −1 A × 5 = −5 V

94 테브난의 정리를 이용하여 그림 (a)의 회로를 그림 (b)와 같은 등가회로로 만들고자 할 때 V_{th}[V]와 R_{th}[Ω]은?

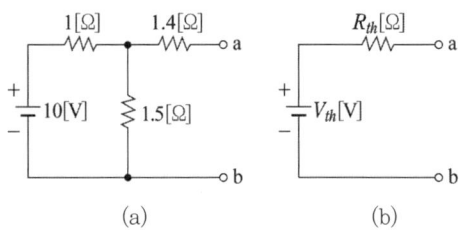

(a)   (b)

① 5[V], 2[Ω]
② 5[V], 3[Ω]
③ 6[V], 2[Ω]
④ 6[V], 3[Ω]

해설 $V_{th} = \dfrac{1.5}{1+1.5} \times 10 = 6[V]$

$R_{th} = 1.4 + \dfrac{1 \times 1.5}{1+1.5} = 2[\Omega]$

95 회로에서 a와 b 사이에 나타나는 전압 V_{ab}(V)는?

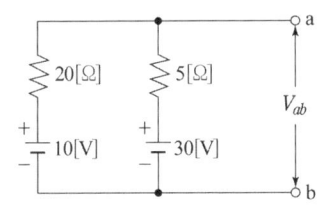

① 20
② 23
③ 26
④ 28

해설 밀만의 정리

$$V_{ab} = \frac{\frac{V_1}{R_1} + \frac{V_2}{R_2}}{\frac{1}{R_1} + \frac{1}{R_2}}, \quad V_{ab} = \frac{\frac{10}{20} + \frac{30}{5}}{\frac{1}{20} + \frac{1}{5}} = 26$$

96 3상3선식 전원으로부터 80m 떨어진 장소에 50A 전류가 필요해서 14mm² 전선으로 배선하였을 경우 전압강하는 몇 V인가? (단, 리액턴스 및 역률은 무시한다.)

① 10.17
② 9.6
③ 8.8
④ 5.08

해설 전압강하

$$e = \frac{30.8LI}{1,000A} = \frac{30.8 \times 80m \times 50A}{1,000 \times 14mm^2} = 8.8[V]$$

여기서, L : 길이, I : 전류(A), A : 전선의 단면적(mm²)

97 4단자 정수 $A = \frac{5}{3}$, $B = 800$, $C = \frac{1}{450}$, $D = \frac{5}{3}$일 때 영상 임피던스 Z_{01}과 Z_{02}는 각각 몇 [Ω]인가?

① $Z_{01}=300$, $Z_{02}=300$
② $Z_{01}=600$, $Z_{02}=600$
③ $Z_{01}=800$, $Z_{02}=800$
④ $Z_{01}=1000$, $Z_{02}=1000$

해설

$$Z_{01} = \sqrt{\frac{AB}{CD}} = \sqrt{\frac{\frac{5}{3} \times 800}{\frac{1}{450} \times \frac{5}{3}}} = 600$$

$$Z_{02} = \sqrt{\frac{BD}{AC}} = \sqrt{\frac{800 \times \frac{5}{3}}{\frac{5}{3} \times \frac{1}{450}}} = 600$$

정답 95. ③ 96. ③ 97. ②

04 전기기기

1. 직류 발전기

1. 직류발전기의 구조 ★

1) 전기자(Armature) : 기전력을 발생하는 부분, 전기자권선과 전기자 철심으로 구성
   ① 철심두께 : 0.35~0.5mm
   ② 철심을 규소강판으로 성층하여 사용하는 이유 : 철손감소
      →규소강판 : 히스테리시스손실 감소
      →성층철심 : 와류손(맴돌이손, 와전류손) 감소
   ③ 규소 함유량 : 1~2% 정도

2) 계자(field magnet) : 주 자속을 발생하는 부분, 계자권선과 계자 철심으로 구성

3) 정류자(Commutator) : 전기자에 의해 발생된 기전력을 직류로 변환

4) 브러시(Brush)
   ① 정류자와 접촉하여 전기자 권선과 외부 회로를 연결하는 역할
   ② 접촉저항이 큰 탄소브러시 사용 : 양호한 정류를 하기 위해

2. 전기자 권선법 : 고상권, 폐로권, 이층권(중권, 파권)

비교 항목	단중 중권	단중 파권
전기자의 병렬 회로수	극수와 같다.	항상 2이다.
브러시 수	극수와 같다.	항상 2이다.
권선방법		
용도	저전압, 대전류	고전압, 소전류
균압환	4극 이상이면 균압 접속을 하여야 한다.	균압 접속은 필요 없다.

3. 유도(유기) 기전력 ★★★

$$E = \frac{PZ}{a}\phi\frac{N}{60} = K\phi N$$

Z : 전기자 도체수, ϕ : 극당 자속수[Wb], N : 회전속도[rpm]
K : 비례 상수($K = \frac{PZ}{60a}$), P : 극 수, a : 병렬회로 수

4. 직류전동기의 속도제어 ★★★

1) 회전속도 $N = k\dfrac{V - I_a R_a}{\phi}$ [rps]

2) 속도제어

구분	특징
전압제어	① **광범위한 속도제어** ② 정토크 제어 ③ 종류 　워드레오나드(Word Leonard) 방식 : 제철소의 압연기, 고속 엘리베이터의 제어에 사용 　일그너 방식(부하 급변하는 곳) ④ 직·병렬 제어
계자제어	**정출력 제어** 속도조정범위가 좁다.
저항제어	역률 및 효율이 불량

3) 자속과 회전수의 관계
　① 자속증가 : 회전수 감소
　② 자속감소 : 회전수 증가

4) 속도변동률의 계산

$$\varepsilon = \frac{N_0 - N_n}{N_n} \times 100 \quad (N_0 : \text{무부하시 회전속도[rpm]},\ N_n : \text{정격속도[rpm]})$$

① $N_0 = (1 + \varepsilon) \times N_n$
② $N_n = \dfrac{N_0}{(1 + \varepsilon)}$

5. 직류전동기 제동법 ★★

구분	내용
역상제동 (플러깅=역전제동)	전동기를 역회전, 역방향 토크를 발생시켜 급제동
발전제동	전동기를 발전기로 동작시켜 발생하는 전기자의 역기전력을 전기자에 병렬로 접속된 외부저항에서 **열에너지(줄열)**를 발생시켜 제동. **저항의 주된 용도 : 전력의 소비**
회생제동	전동기를 전원에서 분리하여 발전기로 동작시켜 **발생된 전력을 제동용 전원으로 사용**하여 제동

6. 직류전동기의 회전력

1) 중권, 파권

$$T = \frac{pZ\phi}{2\pi a} I_a = k\phi I_a \; [\text{N}\cdot\text{m}]$$

p : 극수, Z : 총도체 수, ϕ : 1극당 자속[Wb], I_a : 전기자전류[A]
a : 병렬회로 수(중권 $a=P$, 파권 $a=2$)

① 직권 전동기 : $T \alpha I_a^2 \alpha \dfrac{1}{N^2}$ ★★★

(부하전류의 제곱에 비례, 회전속도의 제곱에 반비례)

② 분권 전동기 : $T \alpha I_a \alpha \dfrac{1}{N}$

(부하전류에 비례, 회전속도에 반비례)

2) 전동기 출력인 경우

$$T = 0.975 \frac{P_m}{N} = 0.975 \times \frac{E_b I_a}{N} \; [\text{kg}\cdot\text{m}]$$

P_m : 전동기의 출력[W]
E_b : 역기전력[V]
I_a : 전기자 전류[A]

2. 변압기

1. 변압기(transformer)의 원리

1) 원리

한 쪽의 권선에 교류전압을 인가하면 **전자유도작용**에 의하여 다른 쪽 권선에 유도기전력이 발생

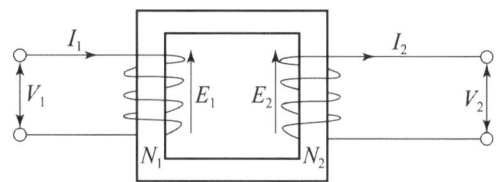

2) 유기기전력

① 1차 유기기전력 $E_1 = 4.44 \times f\phi_m N_1 [V]$

② 2차 유기기전력 $E_2 = 4.44 \times f\phi_m N_2 [V]$

f : 주파수[Hz], ϕ_m : 최대자속[Wb], N_1 : 1차 권수, N_2 : 2차 권수

③ 변압기의 자속 :

최대자속 $\phi_m = \dfrac{E}{4.44 f N_1}$ 의 관계에서 전압(유기기전력) E에 비례하고,

주파수 f에 반비례한다.

3) 권수비 ★★★

$$a = n = \frac{E_1}{E_2} = \frac{V_1}{V_2} = \frac{I_2}{I_1} = \frac{N_1}{N_2} = \sqrt{\frac{Z_1}{Z_2}}$$

① V_1, V_2 : 정격 1차 전압, 정격 2차 전압[V]
② I_1, I_2 : 정격 1차 전류, 정격 2차 전류[A]
③ N_1, N_2 : 1차 권수, 2차 권수
④ Z_1, Z_2 : 1차 임피던스, 2차 임피던스[Ω]

2. 변압기의 누설리액턴스 ★★★

$$L = \frac{N\phi}{I} = \frac{\mu S N^2}{\ell} \alpha N^2$$ (누설리액턴스는 권수의 제곱에 비례)

3. 여자전류(I_0) ★

변압기가 무부하인 경우 1차 권선에 흐르는 전류

$$I_0 = I_i + jI_\phi = \sqrt{I_i^2 + I_\phi^2} = Y_0 V_1 = (G_0 + jB_0)V_1$$

① 철손전류 : 철손을 만드는 전류

$$I_i = \frac{P_i}{V_1}[A] \quad P_i : 철손[W](=G_0 V_1^2), \ V_1 : 정격 1차전압[V]$$

② 자화전류(I_ϕ) : 자속을 만드는 전류
③ 여자 어드미턴스 : Y_0
④ 여자 컨덕턴스 : G_0
⑤ 여자 서셉턴스 : B_0
⑥ 제3고조파가 가장 많이 포함되어 있다.

4. 변압기유 구비조건 ★★

1) 절연내력이 클 것.
2) 점도가 낮고 비열이 커서 냉각효과가 클 것.
3) **인화점이 높고, 응고점은 낮을 것.**
4) 고온에서 산화하지 않고 석출물이 없을 것.
5) 열 팽창계수가 작을 것, 열전도율이 클 것.

5. 변압기의 효율 ★

1) 전부하시 효율

① 효율의 계산

$$\eta = \frac{P_n \cos\theta}{P_n \cos\theta + (P_i + P_c)} \times 100[\%]$$

P_n : 변압기의 용량[VA]
$\cos\theta$: 역률
P_i : 철손[W]
P_c : 동손[W]

② 최대효율 조건 : 철손=동손

2) $\dfrac{1}{m}$ 부하시 효율

① 효율의 계산

$$\eta_{\frac{1}{m}} = \dfrac{\dfrac{1}{m}P_n\cos\theta}{\dfrac{1}{m}P_n\cos\theta + P_i + \left(\dfrac{1}{m}\right)^2 P_c} \times 100[\%]$$

P_n : 변압기의 용량[VA], $\cos\theta$: 역률, P_i : 철손[W], P_c : 동손[W]

② 최대효율 조건(철손 = 동손)

$P_i = \left(\dfrac{1}{m}\right)^2 P_c$ 에서 최대효율 발생부하 $\dfrac{1}{m} = \sqrt{\dfrac{P_i}{P_c}}$

3) 전일효율 $\eta_{day} = \dfrac{T \times \dfrac{1}{m}P_n\cos\theta}{T \times \dfrac{1}{m}P_n\cos\theta + 24P_i + T \times \left(\dfrac{1}{m}\right)^2 P_c} \times 100[\%]$

6. 계기용 변압기(PT : Potential Transformer) ★★

1) 2차측 정격전압 : 110[V]
2) **2차측 점검 시 : PT 2차측 개방**
3) 심벌 : ⋛
4) 용도 : 고전압을 저전압으로 변환

7. 변류기(CT : Current Transformer) ★★★

1) 2차측 정격전류 : 5[A]
2) **2차측 점검 시 : CT 2차측 단락 → 2차측 절연보호**
3) 심벌 : ⋛
4) 용도 : 대전류를 소전류로 변환

8. 변압기 내부고장 검출용 ★★★

1) **비율 차동 계전기 : 내부고장 보호용**

변압기의 내부 고장 발생 시에 CT 2차측의 억제코일에 흐르는 전류차가 일정비율 이상이 되었을 때 동작

2) 브흐홀쯔 계전기

절연유의 온도상승으로 인해 발생하는 유증기를 검출하여 경보

9. 절연물의 허용 최고온도 ★

절연물 종류	Y	A	E	B	F	H	C
허용최고온도(℃)	90	105	120	130	155	180	180 이상

10. 변압기의 시험 및 항목 ★★

시험	항목
개방회로 시험	무부하전류, 철손, 여자 어드미턴스, 와류손, 히스테리시스손
단락시험	**동손, 임피던스 와트, 임피던스전압**
등가회로	단락시험, 무부하시험, 저항측정시험

11. 변압기의 상변환 ★★

3상에서 2상으로의 변환	3상에서 6상으로의 변환
1) 스코트(scott)결선(T결선) 　① T결선 이용률 : 86.6[%] 　② T좌 변압기 권수비 $a_T = \frac{\sqrt{3}}{2}a$ 　　a : 주좌 변압기 권수비 2) 메이어(Meyer)결선 3) 우드 브리지(Wood bridge)결선	1) 환상결선 2) 포크결선(6상측의 부하가 수은정류기일 때 주로 사용) 3) 대각결선 4) 2중 Y결선 5) 2중 △결선

12. 단권변압기 ★★

1) 승압 후 전압 $V_h = (1 + \frac{1}{a})V_\ell$

　여기서, a : 권수비, V_ℓ : 승압 전 전압

2) 용량계산

구분	Y 결선	V 결선	△ 결선
용량계산	$\dfrac{w}{W} = \dfrac{V_h - V_\ell}{V_h}$	$\dfrac{w}{W} = \dfrac{V_h - V_\ell}{\frac{\sqrt{3}}{2}V_h}$	$\dfrac{w}{W} = \dfrac{V_h^2 - V_\ell^2}{\sqrt{3}\,V_h V_\ell}$

① w : 자기용량, 등가용량, 변압기 용량
② W : 부하용량, 선로용량

3. 유도전동기

1. 유도전동기의 특징

1) 원리

3상전류 공급→3상 회전자계 발생→플레밍의 오른손법칙에 따라 기전력 발생→플레밍의 왼손법칙에 따라 유도전류 및 전자력 발생→회전력(토크)를 발생시켜 전동기가 회전

2) 특징

① 구조가 간단하고 튼튼하며, 취급이 용이하다.
② 효율이 우수, 보수가 용이하다.
③ 운전이 용이하고, 부하변동에 비해 정속도 특성을 갖는다.
④ 값이 저렴하고 기계적으로 견고하다.

3) 동기속도, 슬립 및 회전속도 ★★★

① 동기속도 $N_s = \dfrac{120}{P}f$ (여기서, f : 주파수[Hz], P : 극수)
② 회전속도 $N = (1-s)N_s$ (여기서, N_s : 동기속도[rpm], s : 슬립)
③ 슬립(slip) $s = \dfrac{N_s - N}{N_s} \times 100[\%]$

(여기서, N_s : 동기속도[rpm], N : 회전속도[rpm])

④ 슬립의 범위
- 유도전동기 : $0 < s < 1$
- 유도발전기 : $-1 < s < 0$
- 유도제동기 : $1 < s < 2$
- 전동기 정지 상태, 기동 시(슬립이 가장 크다.) : $s = 1$
- 전동기가 동기속도로 회전($N = N_s$), 무부하시 : $s = 0$

4) 유도전동기의 종류

① 3상 : 권선형, 농형, 특수농형(이중형, 심구형)
② 단상 : 반발기동형, 반발유도형, 콘덴서기동형, 분상기동형, 세이딩코일형

5) 회전시 2차전압 및 2차 주파수

① **회전시 2차전압** $E_{2s} = sE_2$ [V], s : 슬립, E_2 : 정지시 2차전압[V]
② 회전시 2차 주파수 $f_{2s} = sf_1$ [Hz], s : 슬립, f_1 : 1차 주파수[Hz]

2. 유도전동기의 기동법

1) 권선형 유도전동기
① 2차 저항 기동법 ★★★
비례추이를 이용하여 기동하는 방법
② **비례추이**
2차 저항을 조절하여 기동토크를 증가, 기동전류를 감소시키는 방법

2) 농형 유도전동기
① 직입기동(전전압 기동)법
5[kW]미만의 소형 전동기에 적용하는 것으로 전압을 인가하여 기동
② Y-△기동법 ★★★
기동 시 Y결선하여 기동전류를 **1/3로 감소**시키고, 기동완료 후 △결선하여 운전하는 방식으로 보통 5~15[kW] 전동기에 적용, △ 기동시에 비하여 **기동전류 및 기동토크를 1/3로 감소**
③ 리액터기동법
기동 시 리액터에 의한 전압강하를 이용하여 기동전류를 제한
④ 기동보상기 기동법
단권변압기의 탭 변환을 이용하여 기동 시 전압을 감압시켜 기동하는 방식으로 15kW 이상의 전동기에 적용
⑤ 콘돌퍼 기동법
기동보상기 기동법의 단점을 보완한 것으로 기동시에는 단권변압기를 감압시켜 감전압으로 기동하고 운전시 전전압으로 절환하는 방식

3) 단상유도전동기 기동법 ★★★
① 반발기동형 : 기동토크가 가장 크다.
② 반발유도형
③ 콘덴서기동형
④ 분상기동형
⑤ 세이딩코일형
⑥ **기동토크가 큰 순서** : ① > ② > ③ > ④ > ⑤

3. 유도전동기의 속도제어

1) 권선형 유도 전동기 ★★★
① **2차 저항제어**
3상 권선형 유도전동기의 비례추이를 이용한 것으로 2차저항을 조절하여 속

도 제어하는 방법으로 구조 및 조작이 간단하며, 고장이 적고 신뢰도가 높다. 기동토크는 크나 효율이 불량한 단점이 있다.

② **2차 여자법**

전동기의 2차회로에 2차 주파수와 같은 주파수를 가진 전원을 외부에서 공급하여 속도를 제어하는 방법이다. **회전자 기전력과 동일한 주파수 전압을 인가하여 속도제어.**

2) 농형 유도 전동기

① 주파수 변환법
- **선박의 전기추진기, 인견 공업의 포트 모터**
- **인버터를 이용한 주파수를 변환시켜 속도제어 하는 방식**
- **VVVF(가변전압 가변주파수 제어)**

② 극수 변환법
극수가 다른 권선 2개를 이용하여 동기속도를 제어(불연속 속도제어)

③ 전압 제어법
토크가 전압의 제곱에 비례하여 변화하는 성질을 이용하여 슬립 변화로 속도 제어.

4. 유도전동기의 제동법

제동법	내용
직류제동	전동기를 전원에서 끊어 고정자 권선에 직류를 흘려 발전기로 기동시켜 제동력 발생
역상제동	① **3선중 2선의 접속을 바꾸어 역회전 토크 발생시켜 전동기 급제동** ② 회전방향을 바꾸기 위한 방법 : 전동기에 가해지는 3개의 단자 중 어느 2개의 단자를 서로 바꾼다. ③ 3상 유도전동기의 운전 중 급속 정지가 필요할 때 사용
회생제동	동기속도 이상으로 회전시켜 발전기로 구동, 발생 전력을 전원으로 되돌려 제동

5. 유도전동기의 회전력 ★★

1) $T = \dfrac{P_2}{2\pi \dfrac{N_s}{60}} [\text{N} \cdot \text{m}] = 0.975 \times \dfrac{P_2}{N_s} [\text{kg} \cdot \text{m}]$

2) $T = \dfrac{P_0}{2\pi \dfrac{N}{60}} [\text{N} \cdot \text{m}] = 0.975 \times \dfrac{P_0}{N} [\text{kg} \cdot \text{m}]$

3) $T = K \dfrac{s E_2^2 r_2}{r_2^2 + (sx_2)^2}[\text{N}\cdot\text{m}]$

① 토크는 전압의 제곱에 비례

② 최대 토크 $T = K \dfrac{E_2^2}{2x_2}[\text{N}\cdot\text{m}]$ (최대 토크는 2차 저항과 무관)

③ 슬립(s)은 전압의 제곱에 반비례

6. 전동기의 출력 ★★★

1) 펌프용 전동기 1

$$P = \dfrac{9.8HQK}{\eta}[\text{kW}]$$

P : 전동기 용량 [kW], K : 전달계수, H : 전양정 [m], Q : 토출량 [m³/s]

2) 펌프용 전동기 2

$$P = \dfrac{0.163HQK}{\eta}[\text{kW}]$$

P : 전동기 용량 [kW], K : 전달계수, H : 전양정 [m], Q : 토출량 [m³/min]

4. 동기기

1. 동기발전기의 병렬운전 조건 ★★★

병렬운전 조건	같지 않을 경우
기전력의 크기가 같을 것	**무효횡류(무효순환전류)가 흐른다.**
기전력의 위상이 같을 것.	**유효횡류(동기화전류)가 흐른다.**
기전력의 주파수가 같을 것.	난조발생
기전력의 파형이 같을 것.	고조파 무효순환전류가 흐른다.
상회전 방향이 같을 것.	동기 검정기가 점등된다.

2. 동기전동기의 특성

1) 원리
고정자의 3상 권선에 교류전류를 인가하면 고정자는 시계방향으로 회전하는 회전자계를 발생하여 회전자계의 속도가 동기속도에 달하게 되고 이때 회전자에 기동토크를 가하면 회전자가 동기속도로 운전하게 된다.

2) 장점 ★★★
① **정속도 전동기**
② 공극이 넓어 기계적으로 견고하다.
③ 공급전압의 변화에 비해 토크 변화가 작다.(토크는 전압에 정비례)
④ **역률 조정이 가능**하고, 효율이 좋다.

3) 단점
① 기동 시 기동토크를 얻기가 어렵다.
② 기동토크가 없고 속도조정이 불가능하다.
③ 별도의 직류 여자기를 필요로 한다.
④ 구조가 복잡하고, 난조 발생이 쉽다.

4) 용도
시멘트 공장의 분쇄기, 송풍기, 압축기, 동기조상기 등

5. 단상 정류회로 ★★★

1. 단상반파 정류회로

1) 직류전압 $E_d = \dfrac{\sqrt{2}}{\pi}E - e = 0.45E - e$

2) 직류전류 $I_d = 0.45I = \dfrac{E_d}{R} = 0.45\dfrac{E}{R}$ [A]

   I : 교류전류[A], R : 저항[Ω]
   E : 교류전압[V], e : 전압강하[V]

3) 최대 역전압(역방향 최대전압)

$$PIV = \sqrt{2}\,E = \pi \times E_d$$

여기서, E_d : 직류전압[V]

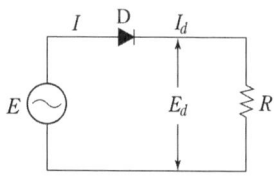

2. 단상전파(또는 브리지정류) 정류회로

1) 직류전압 $E_d = \dfrac{2\sqrt{2}}{\pi}E - e = 0.9E - e$

2) 직류전류 $I_d = 0.9I = \dfrac{E_d}{R} = 0.9\dfrac{E}{R}$ [A]

I : 교류전류[A], R : 저항[Ω]
E : 교류전압[V], e : 전압강하[V]

3) 최대 역전압(역방향 최대전압)
① 전파정류회로 $PIV = 2\sqrt{2}\,E = \pi \times E_d$
② 브리지정류회로 $PIV = \sqrt{2}\,E = \pi \times E_d$

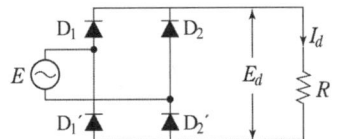

6. 맥동주파수, 맥동률, 정류 효율 ★★★

1. 맥동률의 계산

$$맥동률 = \dfrac{교류분}{직류분} \times 100$$

2. 맥동주파수, 맥동률 및 정류 효율

구분		단상 반파	단상 전파	3상 반파	3상 전파
맥동 주파수 [Hz]		f	$2f$	$3f$	$6f$
		50	100	150	300
		60	120	180	360
맥동률 [%]		121	48	17	4
정류 효율 [%]		40.6	81.2	96.7	99.8

7. 단상 직권 정류자전동기 ★★

1. 용량이 작은 전동기로 직류와 교류를 겸용할 수 있는 전동기
2. **약계자, 강전기자형**
3. 보상권선 : 역률개선, 저항도선 : 정류개선
4. **만능전동기(전동공구용, 가정용 기기)**
5. 회전속도가 증가할수록 역률이 개선

04 출제예상문제

전기기기

01 ★★ 출제년도 【11, 13, 22.】
직류 발전기의 자극수 4, 전기자 도체 수 500, 각 자극의 유효자속 수 0.01[Wb], 회전수 1800[rpm]인 경우 유기기전력은 얼마인가? (단, 전기자 권선은 파권이다.)

① 100[V] ② 150[V]
③ 200[V] ④ 300[V]

해설 파권이므로 병렬회로수 $a=2$이다.
$$\therefore E = \frac{pZ}{a}\phi\frac{N}{60} = \frac{4\times 500}{2}\times 0.01 \times \frac{1800}{60}$$
$$= 300[V]$$

02 ★★★ 출제년도 【17.】
정속도 운전의 직류발전기로 작은 전력의 변화를 큰 전력의 변화로 증폭하는 발전기는?

① 앰플리다인 ② 로젠베르그발전기
③ 솔레노이드 ④ 서보전동기

해설 증폭특성을 이용한 발전기 : 앰플리다인, 로토트롤, HT 다이너모

03 ★★ 출제년도 【13,18.】
입력신호와 출력신호가 모두 직류(DC)로서 출력이 최대 5 kW까지로 견고성이 좋고 토크가 에너지원이 되는 전기식 증폭기기는?

① 계전기 ② SCR
③ 자기증폭기 ④ 앰플리다인

해설 • 앰플리다인(amplidyne) : 직류발전기로 작은 전력의 변화를 큰 전력의 변화로 증폭하는 발전기

• 증폭특성 이용 : 로토트롤, 앰플리다인, HT 다이너모

04 ★ 출제년도 【06, 13.】
직류전동기의 회전수는 자속이 감소하면 어떻게 되는가?

① 속도가 저하한다.
② 불변이다.
③ 전동기가 정지한다.
④ 속도가 상승한다.

해설 $n = K\dfrac{V-I_aR_a}{\phi}$ 에서
자속이 감소하면 속도는 상승한다.

05 ★★★ 출제년도 【11,15,20.】
다음 중 직류전동기의 제동법이 아닌 것은?

① 회생제동 ② 정상제동
③ 발전제동 ④ 역전제동

해설 직류전동기의 제동법
① 회생제동 : 위치에너지를 이용하여 발전기로 구동시켜 발생 전력을 전원에 되돌려 제동
② 역전제동(역상제동, pluuging) : 전동기를 역회전시켜 급제동
③ 발전제동 : 저항 내에서 열에너지(줄열)를 발생시켜 제동

06 ★★ 출제년도 【14.】
전기기기에서 생기는 손실 중 권선의 저항에 의하여 생기는 손실은?

① 철손 ② 동손
③ 표유부하손 ④ 유전체손

해설 전기기기의 손실
1) 고정손(무부하손)

정답 01. ④ 02. ① 03. ④ 04. ④ 05. ② 06. ②

① 철손 : 히스테리시스손실, 와류손실
② 기계손 : 마찰손, 풍손, 베어링손
2) 가변손(부하손)
① **동손** : **권선의 저항**에 의해 생기는 손실로 전기자동손, 브러시동손, 계자동손이 있다.
② 표유부하손 : 부하변동에 따라서 급변하는 손실로서 측정이 불가능

07 ★ 출제년도【20.】
전기자 제어 직류 서보 전동기에 대한 설명으로 옳은 것은?

① 교류 서보 전동기에 비하여 구조가 간단하여 소형이고 출력이 비교적 낮다.
② 제어 권선과 콘덴서가 부착된 여자권선으로 구성된다.
③ 전기적 신호를 계자 권선의 입력전압으로 한다.
④ 계자 권선의 전류가 일정하다.

해설 서보 전동기의 비교

교류(BLDC)	직류(DC)
회전 계자형	회전 전기자형
제어가 쉽다.	제어가 편리하다.
전기 및 기계적 소음이 없다.	전기 및 기계적 소음이 생긴다.
고속운전이 쉽다.	고속운전이 어렵다.
출력밀도가 높다.	출력 밀도가 낮다.
소형화 가능하다.	소형화 어렵다.
수명이 길다.	브러시 마모로 수명이 짧다.

08 ★ 출제년도【14.】
변압기와 관련된 설명으로 옳지 않은 것은?

① 2개의 코일 사이에 작용하는 전자유도작용에 의해 변압하는 기능이다.
② 1차측과 2차측의 전압비를 변압비라 한다.
③ 자속을 발생시키기 위해 필요한 전류를 유도기전력이라 한다.
④ 변류비는 권수비와 반비례한다.

해설 자속의 변화에 의하여 생기는 기전력을 유도기전력이라 한다.

09 ★★★ 출제년도【16.】
변압기의 철심구조를 여러 겹으로 성층시켜 사용하는 이유는 무엇인가?

① 와전류로 인한 전력손실을 감소시키기 위해
② 전력공급 능력을 높이기 위해
③ 변압비를 크게 하기 위해
④ 변압기의 중량을 적게 하기 위해

해설 ① 성층철심 사용 : 와전류로 인한 전력손실을 감소시키기 위해
② 규소강판 사용 : 히스테리시스손실을 감소시키기 위해

10 ★★★ 출제년도【08. 12.】
변압기의 1차 권수가 10회, 2차 권수가 300회인 경우 2차 단자에서 1500[V]의 전압을 얻고자 하는 경우 1차 단자에서 인가하여야 할 전압은?

① 50[V]   ② 100[V]
③ 220[V] ④ 380[V]

해설 $a = \dfrac{n_1}{n_2} = \dfrac{V_1}{V_2}$ 에서

$V_1 = \dfrac{n_1}{n_2} \times V_2 = \dfrac{10}{300} \times 1500 = 50[V]$

11 ★★ 출제년도【08. 12.】
그림과 같은 오디오회로에서 스피커 저항이 8[Ω]이고, 증폭기 회로의 저항이 288[Ω]이다. 이 변압기의 권수비는?

① 6
② 7
③ 36
④ 42

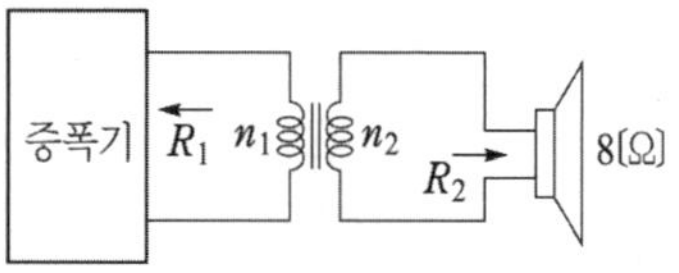

해설 이상 변압기의 권수비
$a = \sqrt{\dfrac{R_1}{R_2}} = \sqrt{\dfrac{288}{8}} = 6$

12 ★★★ 출제년도 [08.12.18.]

변압기의 1차 권수가 10회, 2차 권수가 300회인 경우 2차 단자에서 1500[V]의 전압을 얻고자 하는 경우 1차 단자에서 인가하여야 할 전압은?

① 50[V]　　② 100[V]
③ 220[V]　　④ 380[V]

해설 권수비(권선비)
$$a = \frac{N_1}{N_2} = \frac{V_1}{V_2}$$
N_1, N_2 : 1, 2차 권수
V_1, V_2 : 1, 2차 전압
$$\frac{10}{300} = \frac{V_1}{1500}$$
1차 단자전압 $V_1 = \frac{10}{300} \times 1500 = 50\text{V}$

13 ★★★ 출제년도 [13.]

1차 전압 6600[V], 권수비 60인 단상 변압기가 전등부하에 40[A]를 공급할 때 1차 전류는 몇 [A]인가?

① $\frac{1}{2}$　　② $\frac{2}{3}$
③ $\frac{5}{6}$　　④ $\frac{4}{11}$

해설 $I_1 = \frac{1}{a} \times I_2 = \frac{1}{60} \times 40 = \frac{2}{3}$ [A]
권수비 $a = \frac{I_2}{I_1}$ (I_1 : 1차 전류, I_2 : 2차 전류)

14 ★★★ 출제년도 [00. 01. 13.]

단상 변압기 3대를 △결선하여 부하에 전력을 공급하고 있는데, 변압기 1대의 고장으로 V결선을 한 경우 고장전의 몇 [%] 출력을 낼 수 있는가?

① 50[%]　　② 57.7[%]
③ 66.7[%]　　④ 86.6[%]

해설 V결선

1) 출력비 = $\frac{\text{고장 후 용량}}{\text{고정 전 용량}} = \frac{\sqrt{3}P}{3P} = \frac{\sqrt{3}}{3} = 0.577$

2) 변압기 이용률 = $\frac{V\text{결선시 용량}}{2\text{대의 용량}}$
$= \frac{\sqrt{3}P}{2P} = \frac{\sqrt{3}}{2} = 0.866$

15 ★★★ 출제년도 [00,01,13,16.]

단상 변압기 3대를 △결선하여 부하에 전력을 공급하고 있는데, 변압기 1대의 고장으로 V결선을 한 경우 고장 전의 몇 [%] 출력을 낼 수 있는가?

① 51.6　　② 53.6
③ 55.7　　④ 57.7

해설 V결선의 주요 특성
① V결선 시의 출력 $P_v = \sqrt{3} \times P = \sqrt{3}\, VI$[VA]
② V결선 시의 이용률 $\frac{\sqrt{3}P}{2P} = 0.866$
③ V결선 시 고장전의 출력비 $\frac{\sqrt{3}P}{3P} = 0.577 = \frac{1}{\sqrt{3}}$

16 ★★★ 출제년도 [97. 04. 13.]

단상변압기(용량 100[kVA]) 3대를 △결선으로 운전하던 중 한 대가 고장이 생겨 V결선하였다면 출력은 몇 [kVA] 인가?

① 200　　② 300
③ $200\sqrt{3}$　　④ $100\sqrt{3}$

해설 V결선의 출력 $P_v = \sqrt{3}\,P_1$[kVA]이므로
$P_v = \sqrt{3} \times 100 = 173.2$[kVA]

17 ★★★ 출제년도 [18. 21.]

자기용량이 10 kVA인 단권변압기를 그림과 같이 접속하였을 때 역률 80 %의 부하에 몇 kW의 전력을 공급할 수 있는가?

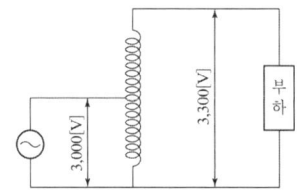

정답 12. ①　13. ②　14. ②　15. ④　16. ④　17. ④

① 8　　② 54
③ 80　② 88

해설 부하용량

$$W = \frac{V_h}{V_h - V_l} \times w = \frac{3300}{3300 - 3000} \times 10 = 110[\text{kVA}]$$

부하전력 : 110[kVA] × 0.8 = 88[kW]

18 ★ 출제년도【11, 21.】

0.5 kVA의 수신기용 변압기가 있다. 이 변압기의 철손은 7.5 W이고, 전부하동손은 16 W이다. 화재가 발생하여 처음 2시간은 전부하로 운전되고, 다음 2시간은 1/2의 부하로 운전되었다고 한다. 4시간에 걸친 이 변압기의 전손실 전력량은 몇 Wh인가?

① 62　　② 70
③ 78　　④ 94

해설 전손실 = 철손 + 동손

$$= T \times P_i + T \times \left(\frac{1}{m}\right)^2 P_c$$
$$= 7.5 \times 4 + \left\{16 + \left(\frac{1}{2}\right)^2 \times 16\right\} \times 2$$
$$= 70[\text{Wh}]$$

(여기서, T : 시간, P_i : 철손, P_c : 동손)

19 ★ 출제년도【15】

3상 전원에서 6상 전압을 얻을 수 있는 변압기의 결선방법은?

① 우드브릿지 결선
② 메이어 결선
③ 스코트 결선
④ 환상결선

해설 3상전원에서 6상 전압을 얻고자 할 때는 포크결선, 2중 성형결선, 2중 3각결선, 환상결선이 있다.

20 ★ 출제년도【16.】

변류기에 결선된 전류계가 고장이 나서 교환하는 경우 옳은 방법은?

① 변류기의 2차를 개방시키고 한다.
② 변류기의 2차를 단락시키고 한다.
③ 변류기의 2차를 접지시키고 한다.
④ 변류기에 피뢰기를 달고 한다.

해설 계기용 변류기(CT : Current Transformer)
① 2차측 정격전류 : 5[A]
② 2차측 점검 시 CT 2차측을 단락하는 이유 : 2차측 절연보호
③ 심벌 : ⧫
④ 용도 : 대전류를 소전류로 변환

21 ★★★ 출제년도【98. 99. 01. 07. 12.】

발전기나 변압기의 내부회로 보호용으로 가장 적합한 것은?

① 과전류계전기
② 접지계전기
③ 비율차동계전기
④ 온도계전기

해설 1) 과전류계전기 : 과부하 및 단락사고 검출용
2) 접지계전기 : 지락사고 검출용
3) **비율차동계전기** : 발전기나 변압기의 내부고장 검출용
4) 온도계전기 : 기기의 온도검출용

22 ★★★ 출제년도【98. 99. 01. 12.】

변압기의 내부고장 보호에 사용되는 계전기는 다음 중 어느 것인가?

① 차동 계전기
② 저전압 계전기
③ 고전압 계전기
④ 압력 계전기

해설 발전기나 변압기의 내부고장 검출용으로는 **비율차동계전기**가 사용된다.

정답 18. ② 19. ④ 20. ② 21. ③ 22. ①

23
★★★ 출제년도 【98, 99, 01, 12, 16.】

변압기의 내부고장 보호에 사용되는 계전기는 다음 중 어느 것인가?

① 저전압 계전기
② 고전압 계전기
③ 비율차동 계전기
④ 압력 계전기

해설 비율차동 계전기 : 변압기의 내부고장 보호용

24
★★★ 출제년도 【16.】

변압기의 내부회로 고장검출용으로 사용되는 계전기는?

① 비율차동계전기
② 과전류계전기
③ 온도계전기
④ 접지계전기

해설 변압기 내부고장 검출용
① **비율 차동 계전기** : 내부 고장 보호용
변압기의 내부 고장 발생 시에 CT 2차측의 억제코일에 흐르는 전류차가 일정비율 이상이 되었을 때 동작
② 브흐홀쯔 계전기
절연유의 온도상승으로 인해 발생하는 유증기를 검출하여 경보

25
★ 출제년도 【19.】

변압기의 임피던스 전압을 구하기 위하여 행하는 시험은?

① 단락시험
② 유도저항시험
③ 무부하 통전시험
④ 무극성시험

해설
• 단락시험 : 임피던스 전압, 임피던스 와트(동손), 단락전류
• 무부하시험 : 철손, 무부하전류, 여자전류, 여자어드미턴스

26
★★★ 출제년도 【13.】

동기발전기의 병렬운전 조건으로서 옳지 않은 것은?

① 상회전 방향이 같을 것
② 발생전압의 크기가 같을 것
③ 기전력의 위상이 같을 것
④ 회전수가 같을 것

해설 동기 발전기의 병렬 운전 조건은 다음과 같다.
① **기전력의 크기**가 같을 것
② **기전력의 위상**이 같을 것
③ 기전력의 주파수가 같을 것
④ 기전력의 파형이 같을 것
⑤ **상회전 방향**이 같을 것

27
★★★ 출제년도 【17, 20.】

동기발전기의 병렬조건으로 틀린 것은?

① 기전력의 크기가 같을 것
② 기전력의 위상이 같을 것
③ 기전력의 주파수가 같을 것
④ 극수가 같을 것

해설 동기 발전기의 병렬 운전 조건
① 기전력의 크기가 같을 것
② 기전력의 위상이 같을 것
③ 기전력의 주파수가 같을 것
④ 기전력의 파형이 같을 것
⑤ 상회전 방향이 같을 것

28
★★★ 출제년도 【21.】

60 Hz, 4극의 3상 유도전동기가 정격 출력일 때 슬립이 2 %이다. 이 전동기의 동기속도(rpm)은?

① 1200
② 1764
③ 1800
④ 1836

해설 동기속도 $N_s = \dfrac{120f}{P} = \dfrac{120 \times 60}{4} = 1800 [rpm]$
전동기의 회전속도
$N = (1-s)N_s = (1-0.02) \times 1800 = 1764 [rpm]$

정답 23. ③ 24. ① 25. ① 26. ④ 27. ④ 28. ③

29.
단상 유도전동기의 Slip은 5.5%, 회전자의 속도가 1700 r/min인 경우 동기속도(N_s)는?

① 3090 r/min
② 9350 r/min
③ 1799 r/min
④ 1750 r/min

해설 회전자 속도 $N = (1-s)N_s$
여기에서, s : 슬립, N_s : 동기속도[r/min]
$1700 = (1 - \frac{5.5}{100}) \times N_s$
$N_s = 1798.94$ r/min

30.
다음 단상 유도전동기 중 기동토크가 가장 큰 것은?

① 세이딩 코일형
② 콘덴서 기동형
③ 분상 기동형
④ 반발 기동형

해설 기동토크가 큰 순서
반발기동형 > 반발유도형 > 콘덴서기동형 > 분상기동형 > 세이딩코일형

31.
다음 중 3상 유도전동기에 속하는 것은?

① 권선형 유도전동기
② 세이딩코일형 전동기
③ 분상기동형 전동기
④ 콘덴서기동형 전동기

해설 유도전동기

단상유도전동기	반발기동형, 반발유도형, 콘덴서기동형, 분상기동형, 세이딩코일형
3상유도전동기	권선형 유도전동기, 농형유도전동기

32.
3상 유도전동기의 회전자 철손이 작은 이유는?

① 효율, 역률이 나쁘다.
② 성층 철심을 사용한다.
③ 주파수가 낮다.
④ 2차가 권선형이다.

해설 3상 유도전동기의 회전자는 슬립 s로 회전한다. 이 경우 2차 주파수 $f_2 = sf_1$의 관계로 주파수가 낮아지고, 따라서 회전자 철손도 작아진다.

33.
3상 유도전동기에 있어서 권선형 회전자에 비교한 농형 회전자의 장점이 아닌 것은?

① 구조가 간단하고 튼튼하다.
② 취급이 쉽고 효율도 좋다.
③ 보수가 용이한 이점이 있다.
④ 속도조정이 용이하고 기동토크가 크다.

해설
- 농형 유도 전동기는 중, 소형 유도 전동기에 널리 사용되며, 권선형에 비해 구조가 간단하며 튼튼하다.
- 기동토크가 큰 것은 권선형 회전자의 장점이다.

34.
3상 유도전동기의 출력이 25HP, 전압이 220V, 효율이 85%일 때, 이 전동기로 흐르는 전류는 약 몇 A인가?
(단, 1 HP = 0.746 kW)

① 40 ② 45
③ 68 ④ 70

해설 전류
$I = \dfrac{P}{\sqrt{3}\,VI\cos\theta\eta} = \dfrac{25 \times 0.746 \times 10^3}{\sqrt{3} \times 220 \times 0.85 \times 0.85}$
$= 67.74$ [A]

35 ★★★ 출제년도 【21.】
3상 유도전동기의 특성에서 토크, 2차 입력, 동기속도의 관계로 옳은 것은?

① 토크는 2차 입력과 동기속도에 비례한다.
② 토크는 2차 입력에 비례하고 동기속도에 반비례한다.
③ 토크는 2차 입력에 반비례하고 동기속도에 비례한다.
④ 토크는 2차 입력의 제곱에 비례하고 동기속도의 제곱에 반비례한다.

해설 토크 $T=0.975\dfrac{P_2}{N_s}[\text{kg}\cdot\text{m}]$에서 2차입력($P_2$)에 비례, 동기속도($N_s$)에 반비례

36 ★★★ 출제년도 【14】
3상 유도전동기의 기동법 중에서 2차 저항 제어법은 무엇을 이용하는가?

① 전자유도작용
② 플레밍의 법칙
③ 비례추이
④ 게르게스 현상

해설 2차 저항을 m배 변화시키면 슬립도 m배 변화되는 특성을 비례추이라 하며 2차저항을 변화시켜 속도제어를 할 수 있다.

37 ★★★ 출제년도 【97. 04. 13. 17.】
3상 유도전동기의 기동법이 아닌 것은?

① Y-△ 기동법
② 기동 보상기법
③ 1차 저항 기동법
④ 전전압 기동법

해설 3상유도전동기의 기동법
1) 권선형 유도전동기
   ① 2차 저항 기동법 : 비례추이를 이용하여 기동하는 방법
   ② 비례추이 : 2차 저항을 조절하여 기동토크를 증가, 기동전류를 감소시키는 방법
2) 농형 유도전동기
   ① 직입기동(전전압 기동)법 : 5.5[kW]이하
   ② Y-△기동법
      보통 5~15[kW] 전동기에 적용, 기동전류 및 기동토크를 1/3로 감소
   ③ 리액터기동
   ④ 기동보상기 기동법

38 ★★★ 출제년도 【99. 14】
3상 유도전동기를 기동하기 위하여 권선을 Y결선하면 △ 결선하였을 때보다 토크는 어떻게 되는가?

① $\dfrac{1}{\sqrt{3}}$로 감소
② $\dfrac{1}{3}$로 감소
③ 3배로 증가
④ $\sqrt{3}$ 배로 증가

해설 유도전동기의 토크는 전압의 제곱에 비례한다. 유도전동기를 Y로 기동 시 전압은 $\dfrac{1}{\sqrt{3}}$로 감소하므로 토크는 $T=(\dfrac{1}{\sqrt{3}})^2=\dfrac{1}{3}$, △결선 운전시 토크는 Y 기동 시보다 토크가 3배 크다.

39 ★★★ 출제년도 【20.】
3상 유도전동기를 Y결선으로 기동할 때 전류의 크기($|I_Y|$)와 △결선으로 기동할 때 전류의 크기($|I_\triangle|$)의 관계로 옳은 것은?

① $|I_Y|=\dfrac{1}{3}|I_\triangle|$
② $|I_Y|=\sqrt{3}|I_\triangle|$
③ $|I_Y|=\dfrac{1}{\sqrt{3}}|I_\triangle|$
④ $|I_Y|=\dfrac{\sqrt{3}}{2}|I_\triangle|$

해설 $\dfrac{I_Y}{I_\triangle}=\dfrac{\dfrac{V}{\sqrt{3}Z}}{\sqrt{3}\dfrac{V}{Z}}=\dfrac{1}{(\sqrt{3})^2}=\dfrac{1}{3}$

$I_Y=\dfrac{1}{3}I_\triangle$

정답 34. ③ 35. ② 36. ③ 37. ③ 38. ② 39. ①

★★★ 출제년도 [18.]

40 3상유도전동기 Y-△ 기동회로의 제어요소가 아닌 것은?

① MCCB ② THR
③ MC ④ ZCT

해설 영상변류기(ZCT)는 누전차단기의 내부 또는 누전경보기에 설치되어 누설전류를 검출하는 장치이다.
① MCCB : 배선용차단기
② THR : 열동계전기
③ MC : 전자접촉기
④ ZCT : 영상변류기

★★ 출제년도 [19.]

41 제연용으로 사용되는 3상 유도전동기를 Y-△ 기동 방식으로 하는 경우, 기동을 위해 제어회로에서 사용되는 것과 거리가 먼 것은?

① 타이머
② 영상변류기
③ 전자접촉기
④ 열동계전기

해설 Y-△ 기동 방식으로 하는 경우 사용하는 것
타이머, 전자접촉기(MC), 릴레이, 열동계전기(THR) 또는 전자식과 전류계전기(EOCR) 등

★ 출제년도 [19.]

42 3상 유도전동기가 중부하로 운전되던 중 1선이 절단되면 어떻게 되는가?

① 전류가 감소한 상태에서 회전이 계속된다.
② 전류가 증가한 상태에서 회전이 계속된다.
③ 속도가 증가하고 부하전류가 급상승한다.
④ 속도가 감소하고 부하전류가 급상승한다.

해설 경부하로 운전 중 1선이 절단되면 전류가 증가한 상태에서 회전이 계속되며, 중부하로 운전 중 1선이 절단되면 속도가 감소하고 부하전류가 급상승하게 되고 전동기가 소손될 수 있다.

★ 출제년도 [16.]

43 단상 반파 정류회로에서 출력되는 전력은?

① 입력전압의 제곱에 비례한다.
② 입력전압에 비례한다.
③ 부하저항에 비례한다.
④ 부하임피던스에 비례한다.

해설 출력 $P = E_d \times I_d = E_d \times \frac{E_d}{R} = \frac{E_d^2}{R}$
여기서, E_d : 직류전압[V], I_d : 직류전류[A]
직류전압 $E_d = 0.45E$의 관계에 있으므로 대입하면
$P = \frac{(0.45E)^2}{R} = 0.2025\frac{E^2}{R}$
여기서, E는 교류전압(입력전압)이므로 출력은 입력전압의 제곱에 비례한다.

★★★ 출제년도 [00. 07. 11. 16.]

44 그림과 같은 정류회로에서 부하 R에 흐르는 직류전류의 크기는 약 몇 [A]인가? (단, $V = 200$[V], $R = 20\sqrt{2}$[Ω]이며, 이상적인 다이오드이다.)

① 3.2
② 3.8
③ 4.4
④ 5.2

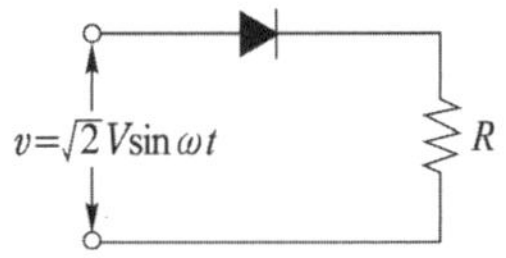

해설 직류전류 $I_d = 0.45\frac{E}{R} = 0.45 \times \frac{200}{20\sqrt{2}} = 3.18$[A]

★★ 출제년도 [16.20.]

45 단상변압기 권수비 $a = 8$이고, 1차 교류전압은 110[V]이다. 변압기 2차 전압을 단상 반파정류회로를 이용하여 정류했을 때 발생하는 직류전압의 평균치는 약 몇 [V]인가?

① 6.19 ② 6.29
③ 6.39 ④ 6.88

해설 ① 2차 교류전압
$E_2 = \frac{E_1}{a} = \frac{110}{8} = 13.75$[V]

정답 40. ④ 41. ② 42. ④ 43. ① 44. ② 45. ①

② 직류전압
$$E_d = 0.45E_2 = 0.45 \times 13.75 = 6.1875 = 6.19[V]$$

해설 중간변압기(또는 직렬변압기) : 고정자 권선과 회전자 권선 사이에 직렬로 접속되어 있다.
중간변압기의 사용목적
① 회전자 상수의 증가
② 경부하시 속도의 이상 상승 방지
③ 실효 권수비의 조정
④ 정류자 전압의 조정

46 ★★ 출제년도【19.】
단상 반파 정류회로에서 교류 실효값 220V 를 정류하면 직류 평균전압은 약 몇 V인가? (단, 정류기의 전압강하는 무시한다.)
① 58 ② 73
③ 88 ④ 99

해설 단상 반파정류
$E_d = 0.45E_a - e = 0.45 \times 220 - 0 = 99$ V
여기서, E_a : 교류전압 V, e : 전압강하 V

47 ★ 출제년도【21.】
단상 반파 정류회로를 통해 평균 26 V의 직류 전압을 출력하는 경우, 정류 다이오드에 인가되는 역방향 최대 전압은 약 몇 V인가? (단, 직류 측에 평활회로(필터)가 없는 정류회로이고, 다이오드의 순방향 전압은 무시한다.)
① 26 ② 37
③ 58 ④ 82

해설 단상 반파 정류회로의 역방향 최대 전압
$PIV = \sqrt{2}\,E = \pi \times E_d = \pi \times 26 = 81.68[V]$
여기서, E : 실효값(교류)
E_d : 직류전압의 평균값

48 ★ 출제년도【17.20.】
3상 직권 정류자 전동기에서 중간 변압기를 사용하는 이유 중 틀린 것은?
① 경부하시 속도의 이상 상승 방지
② 실효 권수비 선정 조정
③ 전원전압의 크기에 관계없이, 정류에 알맞은 회전자 전압 선택
④ 회전자 상수의 감소

49 ★★★ 출제년도【04. 05. 09. 12. 15.】
60[Hz]의 3상 전압을 전파정류하면 맥동주파수는?
① 120[Hz] ② 240[Hz]
③ 360[Hz] ④ 720[Hz]

해설

구분	단상 반파	단상 전파	3상 반파	3상 전파
맥동 주파수 [Hz]	f	$2f$	$3f$	$6f$

3상 전파의 경우 맥동주파수는 $6f$이므로
$6 \times 60 = 360[Hz]$가 된다.

50 ★★★ 출제년도【20.】
50Hz의 3상 전압을 전파 정류하였을 때 리플(맥동) 주파수(Hz)는?
① 50 ② 100
③ 150 ④ 300

해설

구분	단상 반파	단상 전파	3상 반파	3상 전파
맥동주파수	f	$2f$	$3f$	$6f$
50Hz인 경우	50	100	150	300
60Hz인 경우	60	120	180	360

51 ★★ 출제년도【15.】
전압변동률이 25%인 정류회로에서 무부하 전압이 24V인 경우 부하 전압은 몇 V인가?
① 19.2 ② 20.3
③ 21.6 ④ 22.6

정답 46. ④ 47. ④ 48. ④ 49. ③ 50. ④ 51. ①

해설 전압변동률 = $\dfrac{\text{무부하전압} - \text{부하전압}}{\text{부하전압}} \times 100[\%]$

부하전압 = $\dfrac{\text{무부하전압}}{1 + \text{전압변동률}} = \dfrac{24}{1 + 0.25} = 19.2$

05 전기계측

1. 계측기 동작원리에 따른 분류 ★★

구분	회로	지시값	적용계기	비고
가동코일형	직류	평균값	전압계 전류계	자계와 전류사이의 전자력을 이용
가동철편형	교류	실효값	전압계 전류계	① 고정코일과 가동철편 사이의 전자력을 이용 ② 흡인형, 반발형, 반발흡인형
유도형	교류	실효값	전력량계	① 회전자계와 와류사이 작용하는 전자력을 이용 ② **적산전력계 : 잠동현상** 발생
정류기형	교류	실효값	전압계 전류계	① 정류기와 가동코일을 조합 ② 파형의 영향을 받기 쉽다.
전류력계형	직류·교류	실효값	전압계 전류계	고정코일과 가동코일 사이의 전자력을 이용
정전형	직류·교류	실효값 평균값	**전압계**	충전된 대전체 사이 **정전력**을 이용
열전형	직류·교류	실효값 평균값	고주파 전류계	열전대와 가동코일형을 조합

2. 오차율과 보정률 ★★★

① 오차율 $= \dfrac{M-T}{T} \times 100(\%)$

여기서, M : 지시값, T : 참값

② 보정률 $= \dfrac{T-M}{M} \times 100(\%)$

여기서, M : 지시값, T : 참값

3. 저항 등의 측정 ★★

① 굵은 나전선의 저항 : 캘빈더블 브리지
② **가는 전선의 저항**, 검류계의 내부저항 : **휘트스톤 브리지**
③ **전해액의 저항 : 코올라시 브리지**
④ **절연저항 : 메거**(megger)
⑤ 전기기기 권선저항, 백열전구의 필라멘트 : 전압강하법(전압전류계법)

4. 전압과 전류의 측정 ★

① 전압계 : 부하에 병렬로 접속
② 전류계 : 부하에 직렬로 접속
③ 배율기 : 전압의 측정범위를 확대
④ 분류기 : 전류의 측정범위를 확대

5. 배율기와 분류기

1. 배율기(Multiplier) ★★★

1) 정의
전압의 측정범위를 확대시키기 위하여 전압계와 직렬로 접속한 저항

2) 배율기 저항

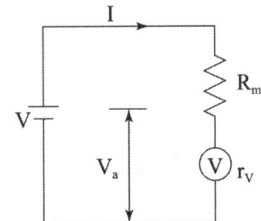

$$R_m = (m-1) \times r_v [\Omega]$$

m : 배율($m = \dfrac{V}{V_a}$), r_v : 전압계 내부저항[Ω],
V : 확대하고자 하는 전압[V], V_a : 전압계 지시값[V]

2. 분류기(Shunt) ★★★

전류계의 측정범위의 확대를 위해 전류계와 병렬로 연결한 저항

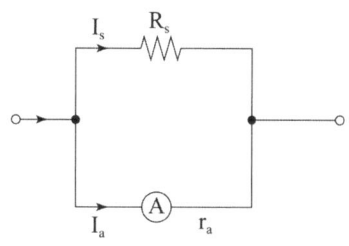

$$R_s = \frac{1}{(m-1)} \times r_a [\Omega]$$

m : 배율($m = \dfrac{I}{I_a} = 1 + \dfrac{r_a}{R_s}$), r_a : 전류계 내부저항$[\Omega]$,
I : 확대하고자 하는 전류$[A]$, I_a : 전류계 지시값$[A]$

6. 역률의 측정 ★★

역률 = $\dfrac{유효전력}{전압 \times 전류}$ 이므로 이를 측정하려면 **전력계와 전압계, 전류계**가 필요하다.

7. 3전압계법 및 3전류계법 ★★★

1. 3전압계법

1) 역률 $\cos\theta = \dfrac{V_3^2 - V_1^2 - V_2^2}{2V_1 V_2}$

2) 소비전력 $P = V_1 I \cos\theta$

$\qquad = V_1 \cdot \dfrac{V_2}{R} \cdot \dfrac{V_3^2 - V_1^2 - V_2^2}{2V_1 V_2}$

$\qquad = \dfrac{1}{2R}(V_3^2 - V_1^2 - V_2^2)$

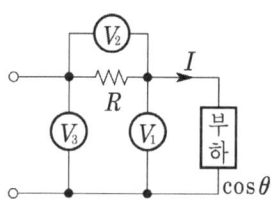

2. 3전류계법

1) 역률 $\cos\theta = \dfrac{I_1^2 - I_2^2 - I_3^2}{2I_2I_3}$

2) 소비전력 $P = I_2 R \times I_3 \cos\theta$

$\qquad = I_2 I_3 R \times \dfrac{I_1^2 - I_2^2 - I_3^2}{2I_2I_3} = \dfrac{R}{2}(I_1^2 - I_2^2 - I_3^2)$

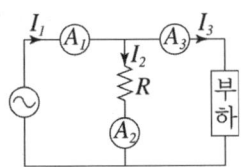

8. 1전력계법과 2전력계법

1. 전력계법의 비교 ★★★

전력계법	접속도	전 류
1전력계법		$I = \dfrac{2W}{\sqrt{3}\,E}$
2전력계법		$I = \dfrac{W_1 + W_2}{\sqrt{3}\,E}$

여기서, I : 전류 [A], W : 전력계의 지시값 [W], E : 선간전압 [V]

2. 2전력계법의 해석 ★★★

1) 유효전력 $P = W_1 + W_2$ [W]

2) 무효전력 $P_r = \sqrt{3}\,(W_1 - W_2)$ [Var]

3) 피상전력 $P_a = \sqrt{P^2 + P_r^2}$ [VA]

4) 역률 $\cos\theta = \dfrac{P}{P_a} = \dfrac{P}{\sqrt{P^2 + P_r^2}} = \dfrac{W_1 + W_2}{2 \times \sqrt{W_1^2 + W_2^2 - W_1 W_2}}$

① 전력계 지시값 중의 하나가 0일 때 역률 : 0.5
② 전력계 지시값이 2배의 차일 때 역률 : 0.866
③ 전력계 지시값이 3배의 차일 때 역률 : 0.76

05 출제예상문제

전기계측

01 ★★★ 출제년도 [16.]
지시계기에 대한 동작원리가 틀린 것은?
① 열전형 계기-대전된 도체 사이에 작용하는 정전력을 이용
② 가동 철편형 계기-전류에 의한 자기장이 연철편에 작용하는 힘을 이용
③ 전류력계형 계기-전류 상호간에 작용하는 힘을 이용
④ 유도형 계기-회전 자기장 또는 이동 자기장과 이것에 의한 유도전류와의 상호 작용을 이용

해설
① 열전형 : 다른 종류의 금속체 사이에 발생되는 기전력을 이용, 직·교류에 사용한다.
② 계기별 측정 가능한 전압의 종류 및 지시값

구분	전압의 종류	지시값
가동코일형	직류	평균값
정전형, 열전형	직류, 교류	평균값, 실효값
유도형	교류	실효값

02 ★ 출제년도 [17.]
균등 눈금을 사용하며 소비전력이 적게 소요되고 정확도가 높은 지시계기는?
① 가동 코일형 계기
② 전류력계형 계기
③ 정전형 계기
④ 열전형 계기

해설 가동 코일형 계기의 특징
① 감도와 정확성이 높다.
② 구동 토크가 크다.
③ 소비 전력이 적게 소요된다.
④ 균등 눈금을 사용, 측정 범위를 간단히 변경시킬 수 있다.

03 ★★★ 출제년도 [96, 97, 99, 01, 02, 06, 11,13,16,21.]
어떤 측정계기의 지시값을 M, 참값을 T라 할 때 보정률(%)은?
① $\dfrac{T-M}{M}\times 100\%$ ② $\dfrac{M}{M-T}\times 100\%$
③ $\dfrac{T-M}{T}\times 100\%$ ④ $\dfrac{T}{M-T}\times 100\%$

해설 보정률 : $\dfrac{T-M}{M}\times 100\%$
오차율 : $\dfrac{M-T}{T}\times 100\%$

04 ★★★ 출제년도 [96, 97, 99, 01, 02, 14.]
참값이 4.8A인 전류를 측정하였더니 4.65A 이었다. 이 때 보정 백분율(%)은 약 얼마인가?
① +1.6 ② -1.6
③ +3.2 ④ -3.2

해설 보정률 = $\dfrac{T-M}{M}\times 100(\%)$,
오차율 = $\dfrac{M-T}{T}\times 100(\%)$
여기서, M : 지시값, T : 참값
보정률 = $\dfrac{T-M}{M}\times 100 = \dfrac{4.8-4.65}{4.65}\times 100$
= +3.225 ≒ +3.2[%]

05 ★ 출제년도 [15.]
전류계의 오차율 ±2%, 전압계의 오차율 ±1%인 계기로 저항을 측정하면 저항의 오차율은 몇 %인가?

정답 01. ① 02. ① 03. ① 04. ③ 05. ③

① ±0.5% ② ±1%
③ ±3% ④ ±7%

해설
1) 전류계의 오차율이 ±2%이므로
   전류계의 범위는 0.98~1.02
2) 전압계의 오차율 ±1%이므로
   전압계의 범위는 0.99~1.01
3) 저항의 오차율 계산
   ① 가장 작은 범위 : $\frac{0.99}{1.02}=0.97$이므로 -3%
   ② 가장 큰 범위 : $\frac{1.01}{0.98}=1.03$이므로 $+3\%$
   ③ 오차율의 범위 : ±3%

---

06 ★★★ 출제년도【18, 21.】
회로의 전압과 전류를 측정하기 위한 계측기의 연결방법으로 옳은 것은?

① 전압계: 부하와 직렬, 전류계: 부하와 병렬
② 전압계: 부하와 직렬, 전류계: 부하와 직렬
③ 전압계: 부하와 병렬, 전류계: 부하와 병렬
④ 전압계: 부하와 병렬, 전류계: 부하와 직렬

해설
① 전압계 : 부하와 병렬연결
② 전류계 : 부하와 직렬연결

---

07 ★★ 출제년도【17.】
전압 및 전류측정방법에 대한 설명 중 틀린 것은?

① 전압계를 저항 양단에 병렬로 접속한다.
② 전류계는 저항에 직렬로 접속한다.
③ 전압계의 측정범위를 확대하기 위하여 배율기는 전압계와 직렬로 접속한다.
④ 전류계의 측정범위를 확대하기 위하여 저항분류기는 전류계와 직렬로 접속한다.

해설 전류계의 측정범위를 확대하기 위하여 분류기는 전류계와 **병렬**로 접속한다.

---

08 ★★★ 출제년도【00, 01, 02, 04, 10, 12, 15, 17, 20.】
단상교류회로에 연결되어 있는 부하의 역률을 측정하고자 한다. 이 때 필요한 계측기의 구성으로 옳은 것은?

① 전압계, 전력계, 회전계
② 상순계, 전력계, 전류계
③ 전압계, 전류계, 전력계
④ 전류계, 전압계, 주파수계

해설 역률 $=\frac{유효전력}{전압 \times 전류}$이므로 이를 측정하려면 **전력계와 전압계, 전류계**가 필요하다.

---

09 ★ 출제년도【12.】
교류전압계의 지침이 지시하는 전압은 다음 중 어느 것인가?

① 실효값 ② 평균값
③ 최댓값 ④ 순시값

해설 교류 계측기는 실효값을 지시한다.

---

10 ★★ 출제년도【04, 13.】
어떤 전압계의 측정 범위를 10배로 하자면 배율기의 저항은 내부저항 보다 어떻게 하여야 하는가?

① 9배로 한다. ② 10배로 한다.
③ $\frac{1}{9}$배로 한다. ④ $\frac{1}{10}$배로 한다.

해설 **배율기** : 전압계의 측정범위를 확대하기 위해 전압계와 직렬로 연결한 저항

$$V_0 = V\left(\frac{R_m}{R}+1\right)$$

배율기 배율 $m = \frac{V_0}{V} = \frac{R_m}{R}+1$

여기서, R_m : 배율기 저항, R : 전압계 내부저항,
V : 전압계 최대눈금

$10 = \frac{R_m}{R}+1$

$\therefore R_m = 9R$

정답 06. ④ 07. ④ 08. ③ 09. ① 10. ①

11
★★ 출제년도 【21.】

최대 눈금이 150 V이고, 내부저항이 30 kΩ인 전압계가 있다. 이 전압계로 750 V까지 측정하기 위해 필요한 배율기의 저항(kΩ)은?

① 120 ② 150
③ 300 ④ 800

해설 배율기의 저항

$$R_m = (m-1)r_v = \left(\frac{750}{150} - 1\right) \times 30 = 120 [\text{k}\Omega]$$

배율 $m = \dfrac{V}{V_a}$

(V_a : 전압계 눈금 또는 지시값,
 V : 확대하고자 하는 전압)

12
★★★ 출제년도 【17.】

최대눈금이 70V인 직류전압계에 5kΩ의 배율기를 접속하여 전압의 최대측정치가 350V라면 내부 저항은 몇 kΩ인가?

① 0.8   ② 1
③ 1.25 ④ 20

해설 배율기의 저항

$$R_m = (m-1)r_v = \left(\frac{V}{V_a} - 1\right)r_v$$

m : 배율, V : 확대전압[V], V_a : 지시전압[V]
r_v : 전압계 내부저항[Ω]

$$r_v = \frac{R_m}{\left(\frac{V}{V_a} - 1\right)} = \frac{5 \times 10^3}{\frac{350}{70} - 1} = 1250 [\Omega] = 1.25 [\text{k}\Omega]$$

13
★★★ 출제년도 【14】

최대눈금 100[mV], 내부저항 20[Ω]의 직류 전압계에 10[kΩ]의 배율기를 접속하면 약 몇 [V]까지 측정할 수 있는가?

① 50[V]   ② 80[V]
③ 100[V] ④ 200[V]

해설 배율기의 저항

$$R_m = (m-1)r_v = \left(\frac{V}{V_a} - 1\right)r_v$$

m : 배율, V : 확대전압[V], V_a : 지시전압[V]
r_v : 전압계 내부저항[Ω]

$$V = \left(1 + \frac{R_m}{r_v}\right) \times V_a = \left(1 + \frac{10 \times 10^3}{20}\right) \times 100 \times 10^{-3}$$

$$V = 50.1 [\text{V}]$$

14
★★ 출제년도 【14.17.】

직류 전압계의 내부저항이 500Ω, 최대 눈금이 50V라면, 이 전압계에 3kΩ의 배율기를 접속하여 전압을 측정할 때 최대 측정치는 몇 V인가?

① 250 ② 300
③ 350 ④ 500

해설 배율기 저항

$$R_m = (m-1)r_v = \left(\frac{V}{V_a} - 1\right)r_v$$

여기서, m : 배율, r_v : 전압계 내부저항[Ω]
V_a : 측정전압[V], V : 확대전압[V]

최대전압 $V = \left(1 + \dfrac{R_m}{r_v}\right) \times V_a$

$$V = \left(1 + \frac{R_m}{r_v}\right) \times V_a = \left(1 + \frac{3 \times 10^3}{500}\right) \times 50 = 350$$

15
★★★ 출제년도 【20.】

최고 눈금 50 mV, 내부 저항이 100 Ω인 직류 전압계에 1.2 MΩ의 배율기를 접속하면 측정할 수 있는 최대 전압은 약 몇 V인가?

① 3   ② 60
③ 600 ④ 1200

해설 배율기 저항 $R_m = (m-1)r_v$,

$R_m = \left(\dfrac{V}{V_a} - 1\right)r_v$에 대입하면

$$1.2 \times 10^6 = \left(\frac{V}{50 \times 10^{-3}} - 1\right) \times 100,$$

$V = 600.05$ V

여기에서, m : 배율 $\left(= \dfrac{\text{확대하고자 하는 전압}}{\text{전압계 지시값}}\right)$

정답 11. ① 12. ③ 13. ① 14. ③ 15. ③

16 측정기의 측정범위 확대를 위한 방법의 설명으로 옳지 않은 것은?

① 전류의 측정범위 확대를 위하여 분류기를 사용하고, 전압의 측정범위 확대를 위하여 배율기를 사용한다.
② 분류기는 계기에 직렬로 배율기는 병렬로 접속한다.
③ 측정기 내부 저항을 R_a, 분류기 저항을 R_s라 할 때 분류기의 배율은 $1+\dfrac{R_a}{R_s}$로 표시된다.
④ 측정기 내부 저항을 R_v, 배율기 저항을 R_m라 할 때 배율기의 배율은 $1+\dfrac{R_m}{R_v}$로 표시된다.

해설 분류기는 전류계와 병렬로, 배율기는 전압계와 직렬로 접속한다.
① 분류기 저항 $R_s = \dfrac{1}{(m-1)}r_a$
  m : 배율$(=1+\dfrac{r_a}{R_s})$, r_a : 전류계 내부저항
② 배율기 저항 $R_m = (m-1)r_v$
  m : 배율$(=1+\dfrac{R_m}{r_v})$, r_v : 전압계 내부저항

17 전류 측정 범위를 확대시키기 위하여 전류계와 병렬로 연결해야만 되는 것은?

① 배율기 ② 분류기
③ 중계기 ④ CT

해설 배율기와 분류기
① 배율기 : 전압의 측정 범위를 확대시키기 위하여 전압계와 직렬로 연결
② 분류기 : 전류의 측정 범위를 확대시키기 위하여 전류계와 병렬로 연결

18 내부저항이 200[Ω]이며 직류 120[mA]인 전류계를 6[A]까지 측정할 수 있는 전류계로 사용하고자 한다. 어떻게 하면 되겠는가?

① 24[Ω]의 저항을 전류계와 직렬로 연결한다.
② 12[Ω]의 저항을 전류계와 병렬로 연결한다.
③ 약 6.24[Ω]의 저항을 전류계와 직렬로 연결한다.
④ 약 4.08[Ω]의 저항을 전류계와 병렬로 연결한다.

해설 분류기 : 전류계의 측정범위의 확대를 위해 전류계와 병렬로 연결한 저항
$I_0 = I\left(\dfrac{R}{R_s}+1\right)$에서
(여기서, R_s : 배율기 저항, R : 전류계 내부저항, I : 전류계 최대눈금)
분류기 저항
$R_s = \dfrac{R}{\dfrac{I_0}{I}-1} = \dfrac{200}{\dfrac{6}{0.12}-1} \fallingdotseq 4.08[\Omega]$

19 분류기를 사용하여 전류를 측정하는 경우에 전류계의 내부저항이 0.28Ω이고 분류기의 저항이 0.07Ω이라면, 이 분류기의 배율은?

① 4 ② 5
③ 6 ④ 7

해설 배율 $m = 1 + \dfrac{r_a}{R_s} = 1 + \dfrac{0.28}{0.07} = 5$
여기서, R_s : 분류기 저항[Ω]
  r_a : 전류계 내부저항[Ω]

정답 16. ② 17. ② 18. ④ 19. ②

20 ★★ 출제년도 [20.]
최대눈금이 200 mA, 내부저항이 0.8 Ω인 전류계가 있다. 8 mΩ의 분류기를 사용하여 전류계의 측정범위를 넓히면 몇 A까지 측정할 수 있는가?

① 19.6
② 20.2
③ 21.4
④ 22.8

해설 배율 계산 :
$$m = 1 + \frac{r_a}{R_s} = 1 + \frac{0.8}{8 \times 10^{-3}} = 101$$
측정 가능한 전류 :
$$I = m \times I_a = 101 \times 200 \times 10^{-3} = 20.2 \text{A}$$

21 ★★★ 출제년도 [16. 21.]
분류기를 사용하여 내부 저항이 R_A인 전류계의 배율을 9로 하기 위한 분류기의 저항 $R_S[\Omega]$은?

① $R_S = \frac{1}{8} R_A$
② $R_S = \frac{1}{9} R_A$
③ $R_S = 8 R_A$
④ $R_S = 9 R_A$

해설 분류기의 저항
$$R_s = \frac{1}{m-1} r = \frac{1}{9-1} \times r = \frac{r}{8}$$
여기에서, m : 배율, r : 전류계의 내부저항

22 ★★ 출제년도 [18.]
측정기의 측정범위 확대를 위한 방법의 설명으로 틀린 것은?

① 전류의 측정범위 확대를 위하여 분류기를 사용하고, 전압의 측정범위 확대를 위하여 배율기를 사용한다.
② 분류기는 계기에 직렬로 배율기는 병렬로 접속한다.
③ 측정기 내부 저항을 R_a, 분류기 저항을 R_s라고 할 때, 분류기의 배율은 $1 + \frac{R_a}{R_s}$로 표시된다.
④ 측정기 내부 저항을 R_v, 배율기 저항을 R_m라고 할 때, 배율기의 배율은 $1 + \frac{R_m}{R_v}$로 표시된다.

해설 분류기는 전류계와 병렬로 배율기는 전압계와 직렬로 접속한다.

23 ★★★ 출제년도 [19.]
배선의 절연저항은 어떤 측정기를 사용하여 측정하는가?

① 전압계
② 전류계
③ 메거
④ 서미스터

해설 메거(절연저항계) : 배선의 절연저항 측정

24 ★★★ 출제년도 [20.]
메거(megger)는 어떤 저항을 측정하기 위한 장치인가?

① 절연저항
② 접지저항
③ 전지의 내부저항
④ 궤조저항

해설 메거(megger) : 절연저항을 측정하는 장치

25 ★ 출제년도 [13.]
축전지 용액의 저항을 측정할 때 사용하는 것은?

① 절연저항계
② 콜라우시브리지
③ 회로시험기
④ 용액비중측정기

해설
1) 굵은 나전선의 저항 : 캘빈더블 브리지
2) 수천 옴의 가는 전선의 저항 : 휘트스톤 브리지
3) **전해액의 저항 : 콜라우시 브리지**
4) 옥내 전등선의 절연저항 : 메거

정답 20. ② 21. ① 22. ② 23. ③ 24. ① 25. ②

26 **계측방법이 잘못된 것은?**

① 후크 온 메타에 의한 전류 측정
② 회로시험기에 의한 저항 측정
③ 메거에 의한 접지저항 측정
④ 전류계, 전압계, 전력계에 의한 역률 측정

[해설] 메거에 의한 절연저항 측정, 접지저항은 접지저항계로 측정한다.

27 **전지의 내부 저항이나 전해액의 도전율 측정에 사용되는 것은?**

① 접지저항계
② 캘빈 더블 브리지법
③ 콜라우시 브리지법
④ 메거

[해설] 측정
① 굵은 나전선의 저항 : 캘빈더블 브리지
② 가는 전선의 저항, 검류계의 내부저항 : 휘트스톤 브리지
③ 전지의 내부저항, 전해액의 도전율 측정 : 콜라우시 브리지
④ 절연저항 : 메거(megger)

28 **그림과 같은 회로에서 전압계 3개로 단상 전력을 측정하고자 할 때의 유효전력은?**

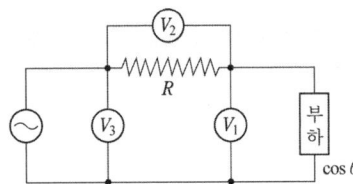

① $P = \dfrac{R}{2}(V_3^2 - V_1^2 - V_2^2)$

② $P = \dfrac{1}{2R}(V_3^2 - V_1^2 - V_2^2)$

③ $P = \dfrac{R}{2}(V_3^2 + V_1^2 + V_2^2)$

④ $P = \dfrac{1}{2R}(V_3^2 + V_1^2 + V_2^2)$

[해설] 3전압계법
① 역률 $\cos\theta = \dfrac{V_3^2 - V_1^2 - V_2^2}{2V_1V_2}$
② 소비전력 $P = V_1 I \cos\theta = \dfrac{1}{2R}(V_3^2 - V_1^2 - V_2^2)$

29 **그림과 같이 전압계 V_1, V_2, V_3와 5[Ω]의 저항 R을 접속하였다. 전압계의 지시가 $V_1 = 20$[V], $V_2 = 40$[V], $V_3 = 50$[V]라면 부하전력은 몇 [W]인가?**

① 50
② 100
③ 150
④ 200

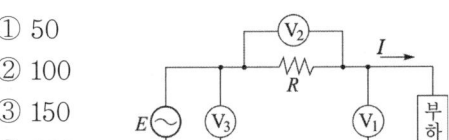

[해설] 부하전력
$P = \dfrac{1}{2R}(V_3^2 - V_2^2 - V_1^2)$
$P = \dfrac{1}{2 \times 5}(50^2 - 40^2 - 20^2) = 50$[W]

30 **선간전압 E V의 3상 평형전원에 대칭 3상 저항부하 R Ω이 그림과 같이 접속되었을 때, a, b 두 상간에 접속된 전력계의 지시값이 W W라면 C상의 전류는?**

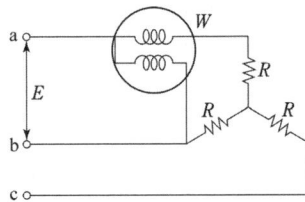

① $\dfrac{2W}{\sqrt{3}\,E}$
② $\dfrac{3W}{\sqrt{3}\,E}$
③ $\dfrac{W}{\sqrt{3}\,E}$
④ $\dfrac{\sqrt{3}\,W}{\sqrt{E}}$

정답 26. ③ 27. ③ 28. ② 29. ① 30. ①

[해설] 전류 $I = \dfrac{2W}{\sqrt{3}\,E}$

여기서, W : 전력계 지시값[W]
E : 선간전압 [V]

31 ★ 출제년도 【19.】

그림과 같은 회로에서 각 계기의 지시값이 ⓥ는 180V, Ⓐ는 5A, W는 720W라면 이 회로의 무효전력(Var)은?

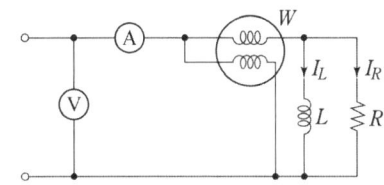

① 480　　② 540
③ 960　　④ 1200

[해설] ① 피상전력 $P_a = VI = 180 \times 5 = 900 \text{ VA}$
② 유효전력 $P = 720 \text{ W}$
③ 무효전력 $P_r = \sqrt{900^2 - 720^2} = 540 \text{ Var}$

정답 31. ②

06 자동제어의 기초

1. 폐루프 제어계 ★★★

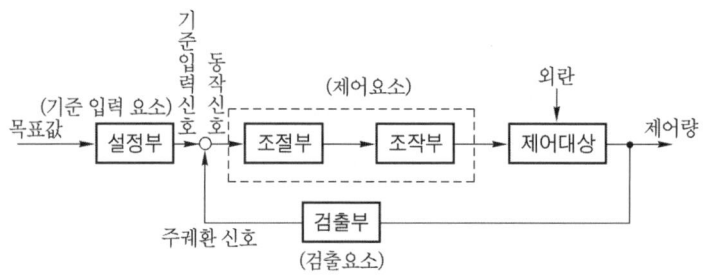

1. 제어요소의 특징

① 동작신호 : 기준입력과 주 궤환신호의 차로서 제어 동작을 일으키는 신호로 제어 편차 또는 제어오차라고도 한다.
② 제어요소는 **조절부와 조작부**로 구성. **동작신호를 받아 조작량으로 변환**
  ㉠ 조절부 : 제어계가 작용을 하는데 필요한 신호를 만든다.
  ㉡ 조작부 : 조절부로 받은 신호를 조작량으로 변환한다.
③ **조작량** : **제어요소가 제어 대상에 주는 제어 신호**
④ 제어량 : 제어를 받는 제어 시스템의 출력량
⑤ **피드백신호** : 제어량의 값을 목표값과 비교하여 동작 신호를 얻기 위해 궤환되는 신호

2. 피드백 제어회로 ★★★

① 입력과 출력을 비교하는 장치가 필요하다.
② 대역폭이 증가하고, 정확성이 증가한다.
③ 비용이 증가한다.
④ 계의 특성변화에 대한 전체이득(입력 대 출력비의 감도)가 감소한다.

2. 제어량의 종류에 의한 분류 ★★★

1. **프로세스(공정) 제어** : 제어량이 **온도, 유량, 압력** 등으로서 프로세스에 가해지는 외란의 억제를 주목적으로 한다.
2. **서보 기구** : 물체의 **위치, 방위, 자세** 등의 **기계적 변위를 제어량**으로 해서 목표값의 임의의 변화에 추종하도록 구성된 제어계
3. **자동 조정** : **전압, 전류, 주파수, 회전 속도**, 힘 등 전기적, 기계적 양을 주로 제어하는 것으로써, **응답 속도가 대단히 빠르다.**
4. **시퀀스 제어** : 미리 정해 놓은 순서 또는 일정한 논리에 의하여 정해진 순서에 따라 제어의 각 단계를 순서적으로 진행하는 제어
   ① 정해진 순서에 따라 동작신호를 가했을 때 원하는 출력이 발생하는 회로
   ② 회로를 구성하는 성분이 일시에 동작할 수 없다.
   ③ 미리 정해 놓은 순서에 따라서 각 단계가 순차적으로 진행되는 제어방식

3. 제어 목적에 의한 분류 ★

1. 정치제어 : 목표값이 시간에 관계없이 일정. (프로세스제어, 자동조정)
2. 추종제어 : 목표값이 임의의 시간변화를 하는 경우 제어량을 그 값에 추종시켜 제어하는 방식
3. **프로그램제어 : 목표값이 미리 정해진 시간변화**
4. 비율제어 : 목표값이 일정한 비율을 가지고 변화한다.

4. 조절부 동작에 의한 분류 ★★★

구분	약호	특징
비례동작	P	잔류편차 발생, 응답속도 지연
미분동작	D	**오차가 커지는 것을 미리 방지, 진동을 억제하는데 가장 효과적**
적분동작	I	**잔류편차 제거, 정상특성 개선**
비례미분동작	PD	응답성(속응성) 개선

구분	약호	특징
비례적분동작	PI	① 잔류편차 제거 ② 제어계의 **정상 특성 개선**에 많이 사용 ③ 제어 동작 중 가장 정밀한 제어 ④ **지상요소** ⑤ 잔류편차와 사이클링이 없어 널리 사용
비례적분미분동작	PID	잔류편차 제거, 응답성의 개선, 가장 이상적인 제어

5. 블록선도

1. 정의

제어계 중에 포함된 각 요소의 신호가 어떻게 전달되는지를 나타내는 선도로서 전달요소, 화살표, 가산점, 인출점으로 구성되어 있다.

2. 블록선도의 구성

1) 전달요소 : ★★★
① 입력신호($R(s)$)를 받아 변환된 출력신호($C(s)$)를 만드는 요소
② 전달요소 $G(s)$ = 출력/입력 = $C(s)/R(s)$

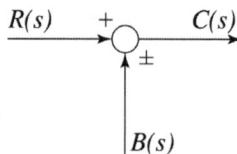

2) 화살표 : 신호의 흐름을 표시

3) 가산점(가합점)
① 두 가지 이상의 신호가 있을 때 신호의 합(+) 또는 차(−)를 표시하는 요소
② 출력 $C(s) = R(s) \pm B(s)$

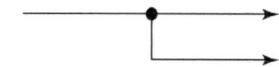

4) 인출점 : 하나의 신호를 여러 부분으로 분기하는 요소

3. 블록선도의 직렬(종속) 접속

종합전달함수 $G = G_1 \cdot G_2$

4. 블록선도의 병렬접속

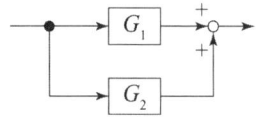

종합전달함수 $G = G_1 + G_2$

5. 피드백(feedback) 종합전달함수의 해석 ★★★

1) $\dfrac{C(s)}{R(s)} = \dfrac{전향경로의\ 합}{1 - 루프이득의\ 합} = \dfrac{G(s)}{1 - [\pm G(s)H(s)]} = \dfrac{G(s)}{1 \mp G(s)H(s)}$

2) 종합전달함수 $= \dfrac{전향경로의\ 합}{1 - 루프이득의\ 합}$ $\dfrac{C(s)}{R(s)} = \dfrac{G_1}{1 + G_1 G_2}$

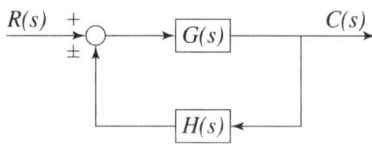

6. 전달함수

1. 정의 ★★★

1) 모든 초기조건을 0으로 하였을 때 입력에 대한 출력의 비를 말한다.
2) 전달함수 $G(s) = \dfrac{출력}{입력} = \dfrac{Y(s)}{X(s)} = \dfrac{C(s)}{R(s)}$

2. 전달함수의 성질

1) 전달함수는 선형 시불변 시스템에서 정의되고 비선형 시스템에서는 정의되지 않는다.
2) 시스템의 초기 조건은 0으로 한다.

3. 제어요소의 전달함수 ★

구분	전달함수
비례요소	$G(s) = \dfrac{Y(s)}{X(s)} = K_p$
미분요소	$G(s) = \dfrac{Y(s)}{X(s)} = sK_p$
적분요소	$G(s) = \dfrac{Y(s)}{X(s)} = \dfrac{K_p}{s}$
1차 지연요소	$G(s) = \dfrac{Y(s)}{X(s)} = \dfrac{K_p}{1+Ts}$
부동작시간요소	$G(s) = \dfrac{Y(s)}{X(s)} = K_p e^{-sL}$

4. 비례적분미분동작

$$x_0 = K_p(x_i + \frac{1}{T_I} \int x_i dt + T_D \frac{dx_i}{dt})$$

x_0 : 출력, x_i : 입력, K_p : 비례이득(비례감도),
T_I : 적분시간[s], T_D : 미분시간(rate 시간)[s]

7. 입력이 $r(t)$이고, 출력이 $c(t)$인 제어시스템의 전달함수 ★★★

$A\dfrac{d^2c(t)}{dt^2} + B\dfrac{dc(t)}{dt} + Cc(t) = D\dfrac{dr(t)}{dt} + Er(t)$ 인 경우

$As^2C(s) + BsC(s) + CC(s) = DsR(s) + ER(s)$ 에서

시스템의 전달함수 $\dfrac{C(s)}{R(s)} = \dfrac{Ds+E}{As^2+Bs+C}$

여기서, $\dfrac{d}{dt} = s$, $\dfrac{d^2}{dt^2} = s^2$, $\dfrac{d^3}{dt^3} = s^3$, $\dfrac{d^4}{dt^4} = s^4$

$r(t) = R(s)$, $c(t) = C(s)$

8. 변환요소 ★★

변환량	변환요소
압력 → 변위	다이어프램, 벨로우즈, 스프링
변위 → 압력	**유압분사관**, 노즐 플래퍼, 스프링
변위 → 전압	차동변압기, 포텐셔미터, 전위차계
온도 → 임피던스	**정온식감지선형 감지기**, 측온 저항(열선, 서미스터)
온도 → 전압	**열전대**

06 출제예상문제

자동제어의 기초

01 ★★★ 출제년도 【00. 02. 03. 04. 11. 12. 13.】
궤환제어계에서 제어요소에 대한 설명으로 옳은 것은?
① 조작부와 검출부로 구성되어 있다.
② 제어량을 검출하는 작용을 한다.
③ 목표값에 비례하는 신호를 발생하는 제어이다.
④ 동작신호를 조작량으로 변화시키는 요소이다.

해설 제어요소는 조절부와 조작부로 구성되며 **동작신호를 받아 조작량으로 변환**하여 제어대상에 공급한다.

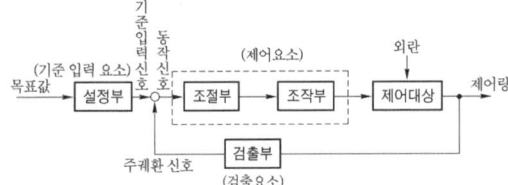

02 ★★★ 출제년도 【20.】
제어 대상에서 제어량을 측정하고 검출하여 주궤환 신호를 만드는 것은?
① 조작부 ② 출력부
③ 검출부 ④ 제어부

해설 검출부 : 제어 대상에서 제어량을 측정하고 검출하여 주궤환 신호를 만드는 것

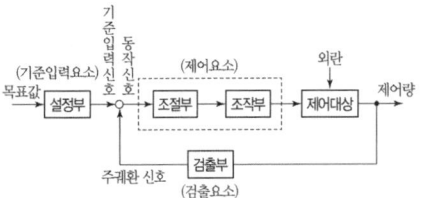

03 ★★ 출제년도 【15.】
피드백제어계의 일반적인 특성으로 옳은 것은?
① 계의 정확성이 떨어진다.
② 계의 특성변화에 대한 입력 대 출력비의 감도가 감소한다.
③ 비선형과 왜형에 대한 효과가 증대된다.
④ 대역폭이 감소된다.

해설 피드백제어의 일반 특성
① 계의 정확도가 증가한다.
② 대역폭이 증가
③ 계의 특성변화에 대한 입력 대 출력비의 감도가 감소한다.

04 ★★★ 출제년도 【17.】
폐루프 제어의 특징에 대한 설명으로 옳은 것은?
① 외부의 변화에 대한 영향을 증가시킬 수 있다.
② 제어기 부품의 성능 차이에 따라 영향을 많이 받는다.
③ 대역폭이 증가한다.
④ 정확도와 전체 이득이 증가한다.

해설 피드백 제어(폐회로 제어, 폐루프 제어)
입력과 출력을 비교하는 장치가 필요하다.
대역폭이 증가하고, 정확성이 증가한다.
비용이 증가한다.
계의 특성변화에 대한 전체이득(입력 대 출력비의 감도)가 감소한다.
비선형성과 외형에 대한 효과의 감소

정답 01. ④ 02. ③ 03. ② 04. ③

05. 다음과 같은 특성을 갖는 제어계는?

- 발진을 일으키고 불안정한 상태로 되어가는 경향성을 보인다.
- 정확성과 감대폭이 증가한다.
- 계의 특성변화에 대한 입력 대 출력비의 감도가 감소한다.

① 프로세스제어 ② 피드백제어
③ 프로그램제어 ④ 추종제어

해설 피드백 제어의 특징
1) 입력과 출력을 비교하는 장치가 반드시 있어야 한다.
2) **정확성이 증가한다.**
3) 시스템이 복잡하고 설치비용이 높다.
4) 발진을 일으키고 불안정한 상태로 되어가는 경향성을 보인다.
5) 감대폭이 증가한다.
6) 계의 특성변화에 대한 입력 대 출력비의 감도가 감소한다.

06. 제어요소의 구성으로 옳은 것은?

① 조절부와 조작부
② 비교부와 검출부
③ 설정부와 검출부
④ 설정부와 비교부

해설 제어요소
조절부와 조작부로 구성, 동작신호를 받아 조작량으로 변환
① 조절부 : 제어계가 작용을 하는데 필요한 신호를 만든다.
② 조작부 : 조절부로 받은 신호를 조작량으로 변환한다.

07. 제어요소가 제어 대상에 가하는 제어 신호로 제어장치의 출력인 동시에 제어 대상의 입력이 되는 것은?

① 조작량 ② 제어량
③ 기준입력 ④ 동작신호

해설 조작량 : 제어요소가 제어 대상에 주는 제어 신호

08. 제어요소는 동작신호를 무엇으로 변환하는 요소인가?

① 제어량 ② 비교량
③ 검출량 ④ 조작량

해설 제어요소 :
조절부 + 조작부로 구성
동작신호를 조작량으로 변환하는 요소

09. 조작량(manipulated variable)은 제어요소에서 무엇에 인가되는 양인가?

① 조작대상 ② 제어대상
③ 측정대상 ④ 입력대상

해설 조작량 : 제어요소가 제어대상에 주는 양

10. 목표값이 다른 양과 일정한 비율 관계를 가지고 변화하는 제어방식은?

① 정치제어
② 추종제어
③ 프로그램제어
④ 비율제어

해설 목표값에 의한 분류
① 정치제어 : 목표 값이 시간에 관계없이 일정. (프로세스제어, 자동조정)
② 추종제어 : 목표 값이 임의의 시간변화를 하는 경우 제어량을 그 값에 추종시켜 제어하는 방식
③ 프로그램제어 : 목표 값이 미리 정해진 시간변화
④ 비율제어 : 목표 값이 일정한 비율을 가지고 변화한다.

정답 05. ② 06. ① 07. ① 08. ④ 09. ② 10. ④

11 공업공정의 상태량을 제어량으로 하는 제어를 어떤 제어라 하는가?
① 프로세스제어 ② 프로그램제어
③ 비율제어 ④ 정치제어

해설 공업 공정의 상태량을 제어량으로 하는 제어를 프로세스(공정) 제어라고 한다.

12 제어량이 온도, 압력 유량 및 액면 등과 같은 일반 공업량일 때의 제어방식은?
① 추종제어
② 공정제어
③ 프로그램제어
④ 시퀀스제어

해설 프로세스(공정) 제어 : 제어량이 온도, 유량, 압력, 액위, 농도, 밀도 등의 플랜트나 생산 공정 중의 상태량을 제어량으로 하는 제어로서 프로세스에 가해지는 외란의 억제를 주목적으로 한다. 그 예로 온도, 압력 제어 장치 등이 있다.

13 미지의 임의 시간적 변화를 하는 목표값에 제어량을 추종시키는 것을 목적으로 하는 제어는?
① 추종제어
② 프로그래밍제어
③ 비율제어
④ 정치제어

해설 목표값에 의한 분류
① 정치제어 : 목표 값이 시간에 관계없이 일정. (프로세스제어, 자동조정)
② 추종제어 : 목표 값이 임의의 시간변화를 하는 경우 제어량을 그 값에 추종시켜 제어하는 방식
③ 프로그램제어 : 목표 값이 미리 정해진 시간변화
④ 비율제어 : 목표 값이 일정한 비율을 가지고 변화한다.

14 제어 목표에 의한 분류 중 미지의 임의 시간적 변화를 하는 목표값에 제어량을 추종시키는 것을 목적으로 하는 제어법은?
① 정치 제어 ② 비율 제어
③ 추종 제어 ④ 프로그램 제어

해설 제어목적에 의한 분류
① 정치제어 : 목표 값이 시간에 관계없이 일정. (프로세스제어, 자동조정)
② 추종제어 : 목표 값이 임의의 시간변화를 하는 경우 제어량을 그 값에 추종시켜 제어
③ 프로그램제어 : 목표 값이 미리 정해진 시간변화
④ 비율제어 : 목표 값이 일정한 비율을 가지고 변화

15 제어량에 따라 분류되는 자동제어로 옳은 것은?
① 정치(fixed value) 제어
② 비율(ratio) 제어
③ 프로세스(process) 제어
④ 시퀀스(sequence) 제어

해설 제어량에 의한 분류
① 프로세스 제어 : 온도, 유량, 압력, 농도 등
② 서보기구 : 위치, 방향, 자세, 각도 등
③ 자동조정 : 전압, 속도, 주파수, 장력 등(응답속도가 빠르다.)

16 자동제어계를 제어목적에 의해 분류한 경우를 설명한 것 중 틀린 것은?
① 정치제어 : 제어량을 주어진 일정목표로 유지시키기 위한 제어
② 추종제어 : 목표치가 시간에 따라 일정한 변화를 하는 제어
③ 프로그램제어 : 목표치가 프로그램대로 변하는 제어
④ 서보제어 : 선박의 방향제어계인 서보제어는 정치제어와 같은 성질

정답 11. ① 12. ② 13. ① 14. ③ 15. ③ 16. ④

해설 제어목적에 의한 분류
① 정치제어 : 목표 값이 시간에 관계없이 일정. (프로세스제어, 자동조정)
② 추종제어 : 목표 값이 임의의 시간변화를 하는 경우 제어량을 그 값에 추종시켜 제어하는 방식
③ 프로그램제어 : 목표 값이 미리 정해진 시간변화
④ 비율제어 : 목표 값이 일정한 비율을 가지고 변화한다.

17 ★★★ 출제년도 【17.】
추종제어에 대한 설명으로 가장 옳은 것은?
① 제어량의 종류에 의하여 분류한 자동제어의 일종
② 목표값이 시간에 따라 임의로 변하는 제어
③ 제어량이 공업 프로세스의 상태량일 경우의 제어
④ 정치제어의 일종으로 주로 유량, 위치, 주파수, 전압 등을 제어

해설 추종 제어 : 미지의 임의 시간적 변화를 하는 목표값에 제어량을 추종시키는 것을 목적으로 하는 제어법

18 ★ 출제년도 【15】
다음 중 피드백제어계에서 반드시 필요한 장치는?
① 증폭도를 향상시키는 장치
② 응답속도를 개선시키는 장치
③ 기어장치
④ 입력과 출력을 비교하는 장치

해설 오차를 자동적으로 정정하게 하는 자동제어 방식을 피드백 제어라고 하며, 이 제어 회로가 폐회로로 형성되어 있으므로 이것을 폐회로 제어라고도 한다. 피드백 제어계에는 **입력과 출력을 비교하는 장치**가 필수적이다.

19 ★ 출제년도 【22.】
적분 시간이 3 sec이고, 비례 감도가 5인 PI(비례적분) 제어 요소가 있다. 이 제어 요소의 전달함수는?

① $\dfrac{5s+5}{3s}$ ② $\dfrac{15s+5}{3s}$
③ $\dfrac{3s+3}{5s}$ ④ $\dfrac{15s+3}{5s}$

해설 비례 적분제어의 전달함수
$= K_P(1+\dfrac{1}{T_I s}) = 5(1+\dfrac{1}{3s}) = 5(\dfrac{3s+1}{3s}) = \dfrac{15s+5}{3s}$
여기서, K_P : 비례감도, T_I : 적분시간[s]

20 ★★★ 출제년도 【22.】
잔류편차가 있는 제어 동작은?
① 비례 제어
② 적분 제어
③ 비례 적분 제어
④ 비례 적분 미분 제어

해설 조절부의 동작에 의한 분류

구분	약호	특징
비례동작	P	잔류편차 발생
적분동작	I	잔류편차 제거
미분동작	D	오차가 커지는 것을 미리 방지
비례적분동작	PI	**잔류편차 제거**, 정상특성 개선
비례미분동작	PD	응답 속응성의 개선
비례적분미분동작	PID	잔류편차 제거, 응답 속응성의 개선 응답의 오버슈트 감소, 최적제어

21 ★ 출제년도 【16.】
계단변화에 대하여 잔류편차가 없는 것이 장점이며, 간헐현상이 있는 제어계는?
① 비례제어계
② 비례미분제어계
③ 비례적분제어계
④ 비례적분미분제어계

정답 17. ② 18. ④ 19. ② 20. ① 21. ③

해설 조절부의 동작에 의한 분류

구분	약호	특징
비례동작	P	잔류편차 발생
적분동작	I	잔류편차 제거
미분동작	D	오차가 커지는 것을 미리 방지
비례적분동작	PI	**잔류편차 제거**, 정상특성 개선
비례미분동작	PD	응답 속응성의 개선
비례적분미분동작	PID	잔류편차 제거, 응답 속응성의 개선 응답의 오버슈트 감소, 최적제어

22. 진동이 발생되는 장치의 진동을 억제시키는 데 가장 효과적인 제어동작은?

① 온오프동작 ② 미분동작
③ 적분동작 ④ 비례동작

해설 조절부 동작에 의한 분류

구분	약호	특징
비례동작	P	잔류편차 발생
미분동작	D	신호의 크기가 증가하려 할 때 정상값으로 조정하여 **오차가 커지는 것을 미리 방지**
적분동작	I	잔류편차 제거
비례미분동작	PD	응답성(속응성) 개선
비례적분동작	PI	잔류편차 제거, 제어결과가 진동이 될 가능성
비례적분미분동작	PID	잔류편차 제거, 응답성의 개선, 가장 이상적인 제어

※ 진동을 억제시키는데 가장 효과적인 제어동작은 미분동작이다.

23. PD(비례 미분) 제어 동작의 특징으로 옳은 것은?

① 잔류편차 제거
② 간헐현상 제거
③ 불연속 제어
④ 응답 속응성 개선

해설 조절부의 동작에 의한 분류

구분	약호	특징
비례동작	P	잔류편차 발생
적분동작	I	잔류편차 제거
미분동작	D	오차가 커지는 것을 미리 방지
비례적분동작	PI	① 잔류편차 제거 ② 제어계의 정상특성 개선 ③ 제어동작 중 가장 정밀한 제어 ④ 지상요소 ⑤ 잔류편차와 사이클링이 없어 널리 사용
비례미분동작	PD	**응답 속응성의 개선**
비례적분미분동작	PID	① 잔류편차 제거 ② 응답선의 개선 ③ 응답의 오버슈트 감소 ④ 가장 이상적인 제어

24. 부궤환 증폭기의 장점에 해당되는 것은?

① 전력이 절약된다.
② 안정도가 증진된다.
③ 증폭도가 증가된다.
④ 능률이 증대된다.

해설 부궤환(negative feedback) 증폭기의 장점은 **안정도 증진**에 있다.

25. 다음과 같은 블록선도의 전체 전달함수는?

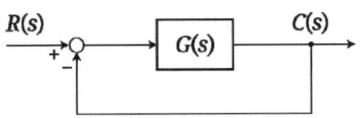

① $\dfrac{C(s)}{R(s)} = \dfrac{G(s)}{1+G(s)}$

② $\dfrac{C(s)}{R(s)} = \dfrac{G(s)}{1-G(s)}$

③ $\dfrac{C(s)}{R(s)} = 1 + G(s)$

④ $\dfrac{C(s)}{R(s)} = 1 - G(s)$

해설 종합전달함수 $= \dfrac{\text{전향경로의 합계}}{1 - \text{루프이득의 합계}}$
$= \dfrac{G(s)}{1-(-G(s))} = \dfrac{G(s)}{1+G(s)}$

26 블록선도에서 외란 $D(s)$의 입력에 대한 출력 $C(s)$의 전달함수 $\left(\dfrac{C(s)}{D(s)}\right)$는?

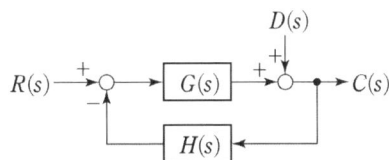

① $\dfrac{G(s)}{H(s)}$ ② $\dfrac{1}{1+G(s)H(s)}$

③ $\dfrac{H(s)}{G(s)}$ ④ $\dfrac{G(s)}{1+G(s)H(s)}$

해설 출력 $C(s) = D(s) - C(s)G(s)H(s)$
$C(s) + C(s)G(s)H(s) = D(s)$
$C(s)[1+G(s)H(s)] = D(s)$
$\dfrac{C(s)}{D(s)} = \dfrac{1}{[1+G(s)H(s)]}$

27 그림의 블록선도에서 $\dfrac{C(s)}{R(s)}$을 구하면?

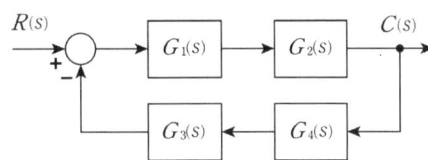

① $\dfrac{G_1(s) + G_2(s)}{1 + G_1(s)G_2(s) + G_3(s)G_4(s)}$

② $\dfrac{G_1(s)G_2(s)}{1 + G_1(s)G_2(s)G_3(s)G_4(s)}$

③ $\dfrac{G_3(s)G_4(s)}{1 + G_1(s)G_2(s)G_3(s)G_4(s)}$

④ $\dfrac{G_1(s)G_2(s)}{1 + G_1(s)G_2(s) + G_3(s)G_4(s)}$

해설 $\dfrac{C(s)}{R(s)} = \dfrac{\text{전향경로의 합}}{1 - \text{루프이득의 합}}$
$= \dfrac{G_1(s)G_2(s)}{1 - [G_1(s)G_2(s)G_3(s)G_4(s)]}$
$= \dfrac{G_1(s)G_2(s)}{1 + G_1(s)G_2(s)G_3(s)G_4(s)}$

28 그림과 같은 블록선도의 전달함수 $\dfrac{C(s)}{R(s)}$는?

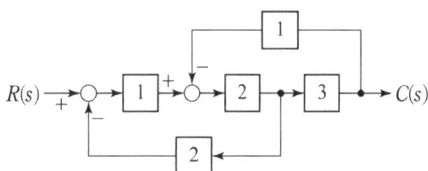

① $\dfrac{6}{23}$ ② $\dfrac{6}{17}$

③ $\dfrac{6}{15}$ ④ $\dfrac{6}{11}$

해설 $\dfrac{C(s)}{R(s)} = \dfrac{\text{전향경로의 합}}{1 - \text{루프이득의 합}}$
$= \dfrac{1 \times 2 \times 3}{1 - (-1 \times 2 \times 2 - 2 \times 3 \times 1)}$
$= \dfrac{6}{1-(-10)} = \dfrac{6}{11}$

29 그림과 같은 블록선도에서 C는?

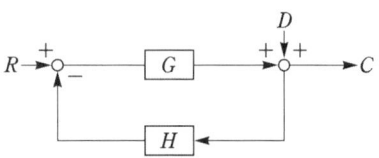

① $\dfrac{G}{1+HG}R + \dfrac{G}{1+HG}D$

② $\dfrac{1}{1+HG}R + \dfrac{1}{1+HG}D$

③ $\dfrac{G}{1+HG}R + \dfrac{1}{1+HG}D$

④ $\dfrac{1}{1+HG}R + \dfrac{G}{1+HG}D$

해설 출력
$C = D + RG - CHG$
$C + CHG = D + RG$
$C(1+HG) = D + RG$
$C = \dfrac{D}{(1+HG)} + \dfrac{RG}{(1+HG)}$

30 ★ 출제년도 【20.】
그림의 블록선도와 같이 표현되는 제어시스템의 전달함수 $G(s)$는?

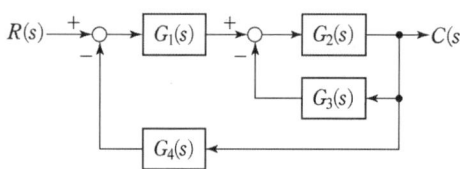

① $\dfrac{G_1(s)G_2(s)}{1+G_2(s)G_3(s)+G_1(s)G_2(s)G_4(s)}$

② $\dfrac{G_3(s)G_4(s)}{1+G_2(s)G_3(s)+G_1(s)G_2(s)G_4(s)}$

③ $\dfrac{G_1(s)G_2(s)}{1+G_1(s)G_2(s)+G_1(s)G_2(s)G_3(s)}$

④ $\dfrac{G_3(s)G_4(s)}{1+G_1(s)G_2(s)+G_1(s)G_2(s)G_3(s)}$

해설 루프이득의 합 : $-G_2(s)G_3(s) - G_1(s)G_2(s)G_4(s)$
전향경로의 합 : $G_1(s)G_2(s)$
전달함수 $G(s) = \dfrac{\text{전향경로의 합}}{1-\text{루프이득의 합}}$
$= \dfrac{G_1(s)G_2(s)}{1-[-G_2(s)G_3(s)-G_1(s)G_2(s)G_4(s)]}$
$= \dfrac{G_1(s)G_2(s)}{1+G_2(s)G_3(s)+G_1(s)G_2(s)G_4(s)}$

31 ★★ 출제년도 【21.】
블록선도의 전달함수 $\left(\dfrac{C(s)}{R(s)}\right)$는?

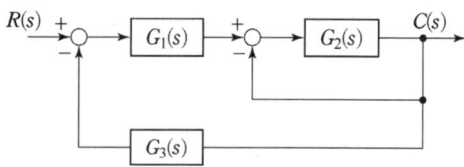

① $\dfrac{G_1(s)G_2(s)}{1+G_1(s)G_2(s)G_3(s)}$

② $\dfrac{G_1(s)G_2(s)}{1+G_1(s)+G_1(s)G_2(s)G_3(s)}$

③ $\dfrac{G_1(s)G_2(s)}{1+G_2(s)+G_1(s)G_2(s)G_3(s)}$

④ $\dfrac{G_1(s)G_2(s)}{1+G_3(s)+G_1(s)G_2(s)G_3(s)}$

해설 전달함수
$\dfrac{C(s)}{R(s)} = \dfrac{\text{전향경로의 합}}{1-\text{루프이득의 합}}$
$= \dfrac{G_1(s)G_2(s)}{1-(-G_1(s)G_2(s)G_3(s)-G_2(s))}$
$= \dfrac{G_1(s)G_2(s)}{1+G_2(s)+G_1(s)G_2(s)G_3(s)}$

32 ★ 출제년도 【21.】
그림 (a)와 그림 (b)의 각 블록선도가 등가인 경우 전달함수 G(s)는?

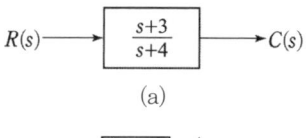

(a)

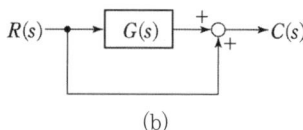

(b)

① $\dfrac{1}{s+4}$ ② $\dfrac{2}{s+4}$

③ $\dfrac{-1}{s+4}$ ④ $\dfrac{-2}{s+4}$

정답 30. ① 31. ③ 32. ③

해설 (a)의 전달함수 : $\dfrac{s+3}{s+4}$
(b)의 전달함수 : $G(s)+1$
$\dfrac{s+3}{s+4} = G(s)+1$,
$G(s) = \dfrac{s+3}{s+4} - 1 = \dfrac{s+3}{s+4} - \dfrac{s+4}{s+4} = \dfrac{-1}{s+4}$

33 다음 그림과 같은 회로에서 전달함수로 옳은 것은?

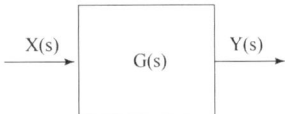

① $X(s) + Y(s)$ ② $X(s)\,Y(s)$
③ $Y(s)/X(s)$ ④ $X(s)/Y(s)$

해설 전달함수
입력($X(s)$)에 대한 출력($Y(s)$)의 비
전달함수 $G(s) = \dfrac{Y(s)}{X(s)}$

34 정현파 신호 $\sin t$의 전달함수는?

① $\dfrac{1}{s^2+1}$ ② $\dfrac{1}{s^2-1}$
③ $\dfrac{s}{s^2+1}$ ④ $\dfrac{s}{s^2-1}$

해설 전달함수 $\mathcal{L}[\sin t] = \dfrac{1}{s^2+1^2} = \dfrac{1}{s^2+1}$
$\sin \omega t$의 라플라스 변환 값 : $\dfrac{w}{s^2+w^2}$

35 입력이 $r(t)$이고, 출력이 $c(t)$인 제어시스템이 다음의 식과 같이 표현될 때 이 제어시스템의 전달함수 ($G(s) = \dfrac{C(s)}{R(s)}$)는?
(단, 초기값은 0이다.)

$$2\dfrac{d^2c(t)}{dt^2} + 3\dfrac{dc(t)}{dt} + c(t) = 3\dfrac{dr(t)}{dt} + r(t)$$

① $\dfrac{3s+1}{2s^2+3s+1}$ ② $\dfrac{2s^2+3s+1}{s+3}$
③ $\dfrac{3s+1}{s^2+3s+2}$ ④ $\dfrac{s+3}{s^2+3s+2}$

해설 $2\dfrac{d^2c(t)}{dt^2} + 3\dfrac{dc(t)}{dt} + c(t) = 3\dfrac{dr(t)}{dt} + r(t)$
$2s^2 C(s) + 3s C(s) + C(s) = 3s R(s) + R(s)$
$\dfrac{C(s)}{R(s)} = \dfrac{3s+1}{2s^2+3s+1}$

36 다음 변환요소의 종류 중 변위를 임피던스로 변환하여 주는 것은?
① 벨로우즈
② 노즐 플래퍼
③ 가변 저항기
④ 전자 코일

해설

변환량	변환요소
압력 → 변위	벨로우즈, 다이어프램, 스프링
변위 → 압력	노즐 플래퍼, 유압 분사관, 스프링
변위 → 임피던스	가변 저항기, 용량형 변환기, 가변 저항 스프링
변위 → 전압	포텐셔미터, 차동 변압기, 전위차계
전압 → 변위	전자석, 전자 코일

37 변위를 전압으로 변환시키는 장치가 아닌 것은?
① 포텐셔미터
② 차동변압기
③ 전위차계
④ 측온저항체

정답 33. ③ 34. ① 35. ① 36. ③ 37. ④

해설 변환요소

변환량	변환요소
압력 → 변위	다이어프램, 벨로즈, 스프링
변위 → 압력	유압분사관, 노즐 플래퍼, 스프링
변위 → 전압	차동변압기, 포텐셔미터, 전위차계
온도 → 임피던스	정온식감지선형 감지기, 측온 저항(열선, 서미스터)
온도 → 전압	열전대

38 ★★★ 출제년도 [18, 21.]
변위를 압력으로 변환하는 장치로 옳은 것은?

① 다이어프램   ② 가변 저항기
③ 벨로우즈   ④ 노즐 플래퍼

해설 변환요소

변환량	변환요소
압력 → 변위	다이어프램, 벨로즈, 스프링
변위 → 압력	유압분사관, 노즐 플래퍼, 스프링
변위 → 전압	차동변압기, 포텐셔미터, 전위차계
온도 → 임피던스	정온식감지선형 감지기, 측온 저항(열선, 서미스터)
온도 → 전압	열전대

39 ★ 출제년도 [19.]
비례 + 적분 + 미분동작(PID 동작)식을 바르게 나타낸 것은?

① $x_0 = K_p(x_i + \dfrac{1}{T_I}\int x_i dt + T_D \dfrac{dx_i}{dt})$

② $x_0 = K_p(x_i - \dfrac{1}{T_I}\int x_i dt - T_D \dfrac{dx_i}{dt})$

③ $x_0 = K_p(x_i + \dfrac{1}{T_I}\int x_i dt + T_D \dfrac{dt}{dx_i})$

④ $x_0 = K_p(x_i - \dfrac{1}{T_I}\int x_i dt - T_D \dfrac{dt}{dx_i})$

해설 비례적분미분동작

$$x_0 = K_p(x_i + \dfrac{1}{T_I}\int x_i dt + T_D \dfrac{dx_i}{dt})$$

K_p : 비례이득, T_I : 적분시간
T_D : 미분시간(rate 시간)
[답]

07 시퀀스 제어회로

1. 무접점 논리회로 ★★★

회로	유접점	무접점	논리회로	진리표
AND (논리곱) 회로			$X = A \cdot B$	A B X / 0 0 0 / 0 1 0 / 1 0 0 / 1 1 1
OR (논리합) 회로			$X = A + B$	A B X / 0 0 0 / 0 1 1 / 1 0 1 / 1 1 1
NOT (부정) 회로			$X = \overline{A}$	A X / 0 1 / 1 0
NAND (부정논리곱) 회로			$X = \overline{A \cdot B}$	A B X / 0 0 1 / 0 1 1 / 1 0 1 / 1 1 0
NOR (부정논리합) 회로			$X = \overline{A + B}$	A B X / 0 0 1 / 0 1 0 / 1 0 0 / 1 1 0
배타적 논리합회로 (exclusive -OR 회로)		—	$X = \overline{A} \cdot B + A \cdot \overline{B} = A \oplus B$	A B X / 0 0 0 / 0 1 1 / 1 0 1 / 1 1 0

2. 불대수의 기본정리 ★★★

1. 드모르간의 법칙

① $\overline{A \cdot B} = \overline{A} + \overline{B}$ ② $\overline{A + B} = \overline{A} \cdot \overline{B}$

2. 불대수의 정리

논리합	논리곱
$X + 0 = X$	$X \cdot 0 = 0$
$X + 1 = 1$	$X \cdot 1 = X$
$X + X = X$	$X \cdot X = X$
$X + \overline{X} = 1$	$X \cdot \overline{X} = 0$

3. 기본정리

① $A + AB = A(1 + B) = A$ ② $\overline{A} + AB = \overline{A} + B$
③ $AB + AC = A(B + C)$ ④ $A + \overline{A}B = A + B$

3. 릴레이 시퀀스회로

번 호	명 칭	회 로	기 능
1)	AND 회로		입력 단자 A, B, C 모두 ON 되어야 출력이 ON되는 회로
2)	OR 회로		입력 단자 A, B, C중 어느 하나 이상이 ON 되면 출력이 ON이 되는 회로
3)	NOT 회로		입력이 ON 되면 출력이 OFF되고, 입력이 OFF되면 출력이 ON되는 회로

번호	명칭	회로	기능
4)	한시 동작 회로	A — T — L (T접점)	입력이 ON 되면 일정 시간 후 출력이 ON 되는 회로
5)	자기 유지 회로	A, X 병렬 — X — L	입력이 ON 되면 출력이 ON 되고, 이 때 입력이 OFF 되어도 계속 출력이 ON 되도록 유지하는 회로

07 출제예상문제

시퀀스 제어회로

01 ★★★ 출제년도 【18.】
불대수의 기본정리에 관한 설명으로 틀린 것은?
① A+A=A
② A+1=1
③ A·0=1
④ A+0=A

해설 ① · : 직렬연결을 의미, + : 병렬연결을 의미
② 0 : 개방상태, 1 : 단락상태
③ A·0=0

02 ★★★ 출제년도 【19.】
다음 논리식 중 틀린 것은?
① $X+X=X$
② $X \cdot X = X$
③ $X+\overline{X}=1$
④ $X \cdot \overline{X}=1$

해설 ① $X \cdot \overline{X}=0$
② $X+1=1$
③ $X \cdot 1 = X$
④ $X+XY=X$

03 ★★★ 출제년도 【19.】
논리식 $X \cdot (X+Y)$ 를 간략화하면?
① X
② Y
③ X+Y
④ X·Y

해설 $X \cdot (X+Y) = XX + XY = X + XY = X(1+Y) = X$

04 ★ 출제년도 【15.】
논리식 $(\overline{A \cdot A})$를 간략화한 것은?
① $\overline{A}$
② A
③ 0
④ $\varPhi$

해설 $\overline{A \cdot A} = \overline{A}$ $(A \cdot A = A)$

05 ★★★ 출제년도 【07. 13. 17.】
논리식 $F = \overline{A \cdot B}$와 같은 것은?
① $F = \overline{A} + \overline{B}$
② $F = A + B$
③ $F = \overline{A} \cdot \overline{B}$
④ $F = A \cdot B$

해설 드모르간의 정리
① $F = \overline{A+B} = \overline{A} \cdot \overline{B}$
② $F = \overline{A \cdot B} = \overline{A} + \overline{B}$

06 ★★★ 출제년도 【21.】
논리식 $A \cdot (A+B)$를 간단히 표현하면?
① A
② B
③ A·B
④ A+B

해설 $A \cdot (A+B) = AA + AB = A(1+B) = A \cdot 1 = A$
AA=A와 같다.

07 ★★★ 출제년도 【09. 12. 19.】
논리식 $X + \overline{X}Y$를 간단히 하면?
① X
② $X\overline{Y}$
③ $\overline{X}Y$
④ X+Y

해설 1) $X + \overline{X}Y = X(Y+\overline{Y}) + \overline{X}Y$
$= XY + X\overline{Y} + \overline{X}Y$
$= X(Y+\overline{Y}) + Y(X+\overline{X})$
$= X + Y$
2) 흡수법칙
① $X+XY=X$
② $X(X+Y)=X$
③ $X+\overline{X}Y=X+Y$
④ $X(\overline{X}+Y)=XY$

정답 01. ③ 02. ④ 03. ① 04. ① 05. ① 06. ① 07. ④

08 ★★★ 출제년도【15,19.】
논리식 $\overline{X}+XY$를 간략화 한 것은?

① $\overline{X}+Y$
② $X+\overline{Y}$
③ $\overline{X}Y$
④ $X\overline{Y}$

해설
$\overline{X}+XY = \overline{X}(Y+\overline{Y})+XY = \overline{X}Y+\overline{X}\overline{Y}+XY$
$\quad = \overline{X}(Y+\overline{Y})+Y(\overline{X}+X) = \overline{X}+Y$

09 ★★★ 출제년도【16.】
논리식 $X \cdot (X+Y)$를 간략화 하면?

① X
② Y
③ $X+Y$
④ $X \cdot Y$

해설
$X \cdot (X+Y) = XX+XY = X+XY$
$\quad = X(1+Y) = X \cdot 1 = X$

10 ★★★ 출제년도【21.】
논리식 $(X+Y)(X+\overline{Y})$을 간단히 하면?

① 1
② XY
③ X
④ Y

해설
$(X+Y)(X+\overline{Y}) = XX+X\overline{Y}+XY+Y\overline{Y}$
$\quad = X(1+\overline{Y}+Y) = X$

11 ★★ 출제년도【22.】
논리식 $Y = \overline{A}\overline{B}C + A\overline{B}\overline{C} + A\overline{B}C$를 간단히 표현한 것은?

① $\overline{A} \cdot (B+C)$
② $\overline{B} \cdot (A+C)$
③ $\overline{C} \cdot (A+B)$
④ $C \cdot (A+\overline{B})$

해설
$Y = \overline{A}\overline{B}C + A\overline{B}\overline{C} + A\overline{B}C$
$\quad = \overline{A}\overline{B}C + A\overline{B}\overline{C} + A\overline{B}C + A\overline{B}C$
$\quad = \overline{B}C(A+\overline{A})+A\overline{B}(\overline{C}+C)$
$\quad = \overline{B}C+A\overline{B}$
$\quad = \overline{B}(A+C)$

12 ★★ 출제년도【.22.】
다음의 논리식을 간단히 표현한 것은?

$$Y = \overline{A}\overline{B}C + \overline{A}B\overline{C} + \overline{A}BC$$

① $\overline{A} \cdot (B+C)$
② $\overline{B} \cdot (A+C)$
③ $\overline{C} \cdot (A+B)$
④ $C \cdot (A+\overline{B})$

해설
$Y = \overline{A}\overline{B}C + \overline{A}B\overline{C} + \overline{A}BC$
$\quad = \overline{A}\overline{B}C + \overline{A}B\overline{C} + \overline{A}BC + \overline{A}BC$
$\quad = \overline{A}C(\overline{B}+B)+\overline{A}B(C+\overline{C})$
$\quad = \overline{A}B+\overline{A}C = \overline{A}(B+C)$

13 ★★ 출제년도【18.】
논리식 $X = AB\overline{C} + \overline{A}BC + \overline{A}B\overline{C}$을 가장 간소화하면?

① $B(\overline{A}+\overline{C})$
② $B(\overline{A}+A\overline{C})$
③ $B(\overline{A}C+\overline{C})$
④ $B(A+C)$

해설
$X = AB\overline{C}+\overline{A}BC+\overline{A}B\overline{C}$
$\quad = AB\overline{C}+\overline{A}BC+\overline{A}B\overline{C}+\overline{A}B\overline{C}$
$\quad = B\overline{C}(A+\overline{A})+\overline{A}B(C+\overline{C})$
$\quad = B\overline{C}+\overline{A}B = B(\overline{A}+\overline{C})$

14 ★★ 출제년도【16.】
논리식을 간략화한 것 중 그 값이 다른 것은?

① $AB+A\overline{B}$
② $A(\overline{A}+B)$
③ $A(A+B)$
④ $(A+B)(A+\overline{B})$

해설 논리식을 간략화
① $AB+A\overline{B} = A(B+\overline{B}) = A$
② $A(\overline{A}+B) = A\overline{A}+AB = AB$
③ $A(A+B) = A+AB = A(1+B) = A$
④ $(A+B)(A+\overline{B}) = A+A\overline{B}+AB+B\overline{B}$
$\qquad = A(1+\overline{B}+B) = A$

정답 08. ① 09. ① 10. ③ 11. ② 12. ① 13. ① 14. ②

15 다음의 논리식들 중 틀린 것은?

① $(\overline{A}+B) \cdot (A+B) = B$
② $(A+B) \cdot \overline{B} = A\overline{B}$
③ $\overline{AB+AC} + \overline{A} = \overline{A} + \overline{B}\overline{C}$
④ $\overline{(\overline{A}+B)+CD} = A\overline{B}(C+D)$

해설 논리식의 간소화

① $(\overline{A}+B) \cdot (A+B) = \overline{A}A + \overline{A}B + AB + B$
$= B(\overline{A}+A+1) = B$
② $(A+B) \cdot \overline{B} = A\overline{B} + B\overline{B} = A\overline{B}$
③ $\overline{AB+AC} + \overline{A} = \overline{AB} \cdot \overline{AC} + \overline{A}$
$= (\overline{A}+\overline{B}) \cdot (\overline{A}+\overline{C}) + \overline{A}$
$= \overline{A} + \overline{AC} + \overline{AB} + \overline{BC} + \overline{A}$
$= \overline{A}(1+\overline{C}+\overline{B}) + \overline{BC}$
$= \overline{A} + \overline{BC}$
④ $\overline{(\overline{A}+B)+CD} = \overline{(\overline{A}+B)} \cdot \overline{CD}$
$= \overline{\overline{A}} \cdot \overline{B} \cdot (\overline{C}+\overline{D})$
$= A \cdot \overline{B} \cdot (\overline{C}+\overline{D})$

※ 보충설명
$A \cdot \overline{A} = 0$, $A+\overline{A}=1$, $\overline{\overline{A}} = A$

16 시퀀스제어에 관한 설명 중 옳지 않은 것은?

① 기계적 계전기접점이 사용된다.
② 논리회로가 조합 사용된다.
③ 시간 지연요소가 사용된다.
④ 전체시스템에 연결된 접점들이 일시에 동작할 수 있다.

해설 시퀀스란 「현상이 일어나는 순서」를 말하며, 또한 시퀀스 제어란 「미리 정해 놓은 순서 또는 일정한 논리에 의하여 정해진 순서에 따라 제어의 각 단계를 순서적으로 진행하는 제어」로 되어 있다. 즉, **전체 시스템에 연결된 접점들이 일시에 동작할 수 없다.**

17 시퀀스 제어계의 신호전달 계통도이다. 빈 칸에 들어갈 알맞은 내용은?

① 제어대상　② 제어장치
③ 제어요소　④ 제어량

해설
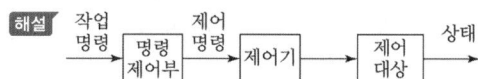

18 그림과 같은 계전기 접점회로를 논리식으로 나타내면?

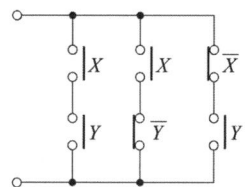

① $XY + X\overline{Y} + \overline{X}Y$
② $(XY) + (X\overline{Y})(\overline{X}Y)$
③ $(X+Y)(X+\overline{Y})(\overline{X}+Y)$
④ $(X+Y) + (X+\overline{Y}) + (\overline{X}+Y)$

해설 그림의 왼쪽부터 X와 Y는 직렬이므로 XY, X와 $\overline{Y}$는 직렬이므로 $X\overline{Y}$, $\overline{X}$와 Y는 직렬이므로 $\overline{X}Y$이고, 각각의 회로가 병렬로 연결되어 있으므로 논리식은 $XY + X\overline{Y} + \overline{X}Y$

19 그림의 시퀀스(계전기 접점)회로를 논리식으로 표현하면?

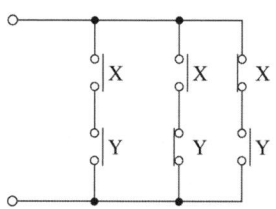

정답 15. ④　16. ④　17. ①　18. ①　19. ①

① X + Y
② (XY) + (X$\overline{Y}$)($\overline{X}$Y)
③ (X + Y)(X + $\overline{Y}$)($\overline{X}$ + Y)
④ (X + Y) + (X + $\overline{Y}$) + ($\overline{X}$ + Y)

[해설] 논리식 = XY + X$\overline{Y}$ + $\overline{X}$Y
= X(Y + $\overline{Y}$) + Y(X + $\overline{X}$) = X + Y

20 ★ 출제년도【09, 16.】
그림과 같은 릴레이 시퀀스회로의 출력식을 간략화한 것은?

① $\overline{AB}$
② $\overline{A+B}$
③ AB
④ $A+B$

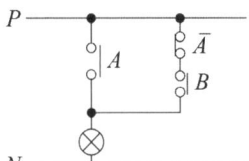

[해설] 출력식 $X = A + \overline{A}B = A(B + \overline{B}) + \overline{A}B$
$= AB + A\overline{B} + \overline{A}B$
$= A(B + \overline{B}) + B(\overline{A} + A) = A + B$

21 ★ 출제년도【21.】
시퀀스회로를 논리식으로 표현하면?

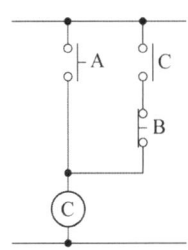

① $C = A + \overline{B} \cdot C$
② $C = A + \overline{B} + C$
③ $C = A \cdot C + \overline{B}$
④ $C = A \cdot C + \overline{B} \cdot C$

[해설] 논리식 $C = A + \overline{B} \cdot C$
푸시버튼 A를 눌렀다 놓으면 릴레이 C가 여자되고, 푸시버튼 B를 눌렀다 놓으면 릴레이 C는 소자된다.

22 ★★★ 출제년도【22.】
시퀀스회로를 논리식으로 표현하면?

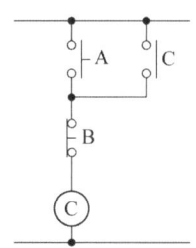

① $C = A + \overline{B} \cdot C$ ② $C = A \cdot \overline{B}C$
③ $C = A \cdot C + \overline{B}$ ④ $C = (A + C) \cdot \overline{B}$

[해설] A와 C는 병렬연결, $\overline{B}$와는 직렬연결이므로
출력 $C = (A + C) \cdot \overline{B}$

23 ★★★ 출제년도【96,98,00,01,02,03,04,05,11,14,17,20.】
그림과 같은 유접점 회로의 논리식은?

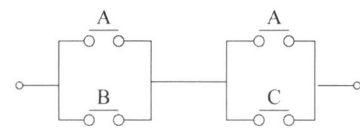

① A + BC   ② AB + C
③ B + AC   ④ AB + BC

[해설] 논리식
A와 B는 병렬연결, A와 C가 병렬연결이고 직렬로 연결되어 있으므로
$= (A+B)(A+C) = A + AC + AB + BC$
$= A(1 + C + B) + BC = A + BC$

24 ★★ 출제년도【10, 11.】
다음은 타이머 코일을 사용한 접점과 그의 타임차트를 나타낸다. 이 접점은?
(단, t는 타이머의 설정값이다.)

	기 호	타임차트
타이머 코일	(T)	무여자 / 여자 / 무여자
접 점		off / on / off

정답 20. ④ 21. ① 22. ④ 23. ① 24. ②

① 한시동작 순시복귀 a접점
② 순시동작 한시복귀 a접점
③ 한시동작 순시복귀 b접점
④ 순시동작 한시복귀 b접점

해설

순시동작 한시복귀 a접점	순시동작 한시복귀 b접점	한시동작 순시복귀 a접점	한시동작 순시복귀 b접점

	Loggic 회로	A○──┐ B○──┤ ⊃──○X
	무접점 회로	+V / R / A○─▷├─●─○X / B○─▷├─
	유접점 회로	○│A / ○│B / (X)┄┄○│X-a
	진리표	A B X / 0 0 0 / 0 1 0 / 1 0 0 / 1 1 1

25 다음 그림을 논리식으로 표현한 것은?

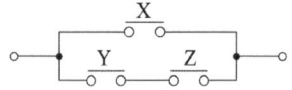

① X(Y+Z)   ② XYZ
③ XY+ZY   ④ (X+Y)(X+Z)

해설 YZ는 직렬연결, X와는 병렬연결이므로
논리식은 X+YZ가 된다.
(X+Y)(X+Z) = X+XZ+XY+YZ
            = X(1+Y+Z)+YZ
            = X+YZ

26 다음 그림과 같은 논리회로로 옳은 것은?

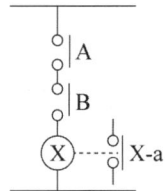

① OR회로   ② AND회로
③ NOT회로   ④ NOR회로

해설 AND회로 : 입력단자 A, B중 모두 ON되어야 출력이 ON되고 그 중 어느 한 단자라도 OFF되면 출력이 OFF되는 회로로 **논리식(출력식) X = A · B 이다.**

27 그림과 같은 다이오드 논리회로의 명칭은?

① NOT 회로
② AND 회로
③ OR 회로
④ NAND 회로

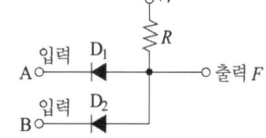

해설 논리곱 회로(AND 회로)
① 논리식(출력식) X = A · B
② 주요특성

유접점	무접점
○│A ○│X-a / ○│B / (X) (L)	V / R / A○─▷├D_1─●─○X / B○─▷├D_2─

논리회로	진리표
A○──┐ B○──┤⊃─○X X=A·B	A B X / 0 0 0 / 0 1 0 / 1 0 0 / 1 1 1

정답 25. ④ 26. ② 27. ②

chapter 07. 시퀀스 제어회로 출제예상문제

28 ★★★ 출제년도【05, 08, 10, 18.】
그림과 같은 게이트의 명칭은?

① AND
② OR
③ NOR
④ NAND

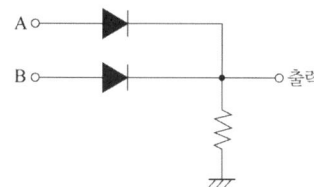

해설 OR 게이트
① 출력식(논리식) : A+B
② 입력 A, B 중 어느 하나라도 ON이 되면 출력이 발생하는 회로

29 ★★★ 출제년도【96, 99, 00, 02, 04, 06, 11, 13, 16, 19.】
그림과 같은 무접점회로는 어떤 논리회로인가?

① NOR
② OR
③ NAND
④ AND

해설

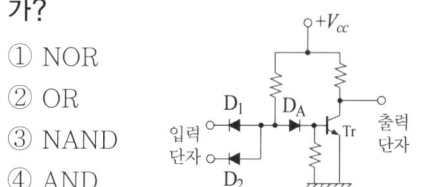

① 입력신호 A, B 중 어느 하나가 OFF일 때 출력이 발생하는 회로
② 논리식(출력식) $X = \overline{A \cdot B} = \overline{A} + \overline{B}$

30 ★★★ 출제년도【11, 13, 18, 21.】
그림과 같은 다이오드 게이트 회로에서 출력전압은? (단, 다이오드내의 전압강하는 무시한다.)

① 10[V]
② 5[V]
③ 1[V]
④ 0[V]

해설 그림의 다이오드 게이트 회로는 OR게이트 회로로서, 입력의 어느 하나가 1이면, 출력도 1인 회로이다. 따라서, 입력이 5[V]이므로, 출력도 5[V]이다.

31 ★★ 출제년도【20.】
다음 회로에서 출력전압은 몇 V인가?
(단, A = 5 V, B = 0 V인 경우이다.)

① 0
② 5
③ 10
④ 15

해설 그림의 다이오드 게이트 회로는 AND 게이트 회로로서, 입력이 모두 1이면, 출력이 1인 회로이다. 따라서 입력이 A=5 V, B=0 V이므로 출력은 0V가 된다.

32 ★★★ 출제년도【15.】
그림과 같은 게이트의 명칭은?

① AND
② OR
③ NOR
④ NAND

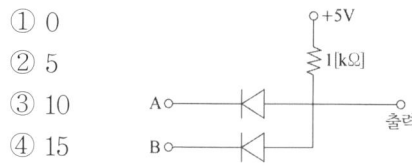

해설 OR회로(논리합 회로)
① 정의
입력단자 A, B중 어느 하나라도 ON되면 출력이 ON되고 A, B 모든 단자가 OFF되어야 출력이 OFF되는 회로
② 회로의 해석
논리식(출력식) X = A + B

정답 28. ② 29. ③ 30. ② 31. ① 32. ②

33 그림의 논리회로와 등가인 논리 게이트는?

① NOR
② NAND
③ NOT
④ OR

해설 NOR(부정 논리합) 회로
논리식 $Y = \overline{A} \cdot \overline{B} = \overline{A+B}$

34 그림의 논리회로와 등가인 논리게이트는?

① NOR
② NAND
③ NOT
④ OR

해설 NAND 게이트

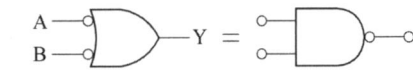

논리식(출력식) $Y = \overline{A} + \overline{B} = \overline{A \cdot B}$

35 그림과 같은 논리회로의 출력 Y는?

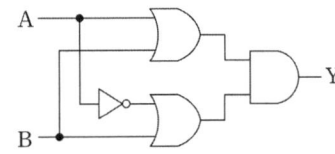

① AB
② A + B
③ A
④ B

해설 출력 $Y = (A+B) \cdot (\overline{A} + B)$
$= A\overline{A} + AB + \overline{A}B + B$
$= B(A + \overline{B} + 1) = B$
$A\overline{A} = 0$, $A + \overline{B} + 1 = 1$

36 그림과 같은 논리회로의 출력 X는?

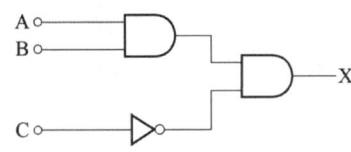

① $AB + \overline{C}$
② $A + B + \overline{C}$
③ $(A+B)\overline{C}$
④ $AB\overline{C}$

해설

회로	논리회로
AND 회로	$X = A \cdot B$
OR 회로	$X = A + B$
NOT 회로	$X = \overline{A}$

입력 A와 B는 AND, $\overline{C}$와는 AND이므로 논리식
$X = A \cdot B \cdot \overline{C}$

37 두 개의 입력신호 중 한 개의 입력만이 1일 때 출력신호가 1이 되는 논리 게이트는?

① EXCLUSIVE NOR
② NAND
③ EXCLUSIVE OR
④ AND

해설 배타적 논리합 회로(EXCLUSIVE OR Gate)

유접점 회로	진리표	논리식(출력식)
	A B X 0 0 0 0 1 1 1 0 1 1 1 0	$X = A\overline{B} + \overline{A}B$

정답 33. ① 34. ② 35. ④ 36. ④ 37. ③

38

입력신호 A, B가 동시에 "0"이거나 "1"일 때만 출력신호 X가 "1"이 되는 게이트의 명칭은?

① EXCLUSIVE NOR
② EXCLUSIVE OR
③ NAND
④ AND

해설

회로명	EXCLUSIVE NOR 회로(일치회로)
기능	입력신호 X_1, X_2가 동시에 0이거나 1일 때만 출력 Y가 1이 된다.
논리식	$Y = X_1 X_2 + \overline{X_1}\,\overline{X_2}$
논리기호	X_1 X_2 ─⊐○─ Y

39

그림의 논리기호를 표시한 것으로 옳은 식은?

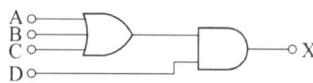

① $X = (A \cdot B \cdot C) \cdot D$
② $X = (A + B + C) \cdot D$
③ $X = (A \cdot B \cdot C) + D$
④ $X = A + B + C + D$

해설 A, B, C는 3입력 OR 회로로서 논리식은 A+B+C로 표현할 수 있다. 또한, D와는 2입력 AND회로로 연결되어 있으므로 논리식은 다음과 같다.
출력 $X = (A + B + C) \cdot D$

40

그림과 같은 논리회로의 출력 L을 간략화한 것은?

① L = X
② L = Y
③ L = $\overline{X}$
④ L = $\overline{Y}$

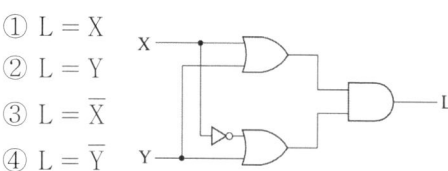

해설 출력
$L = (X+Y)(\overline{X}+Y)$
$= X\overline{X} + XY + \overline{X}Y + Y$
$= Y(X + \overline{X} + 1) = Y$

41

그림과 같은 논리회로의 출력 Y를 간략화한 것은?

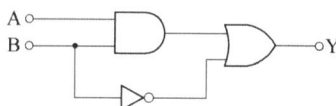

① $\overline{A}B$
② $A \cdot B + \overline{B}$
③ $\overline{A \cdot B} + B$
④ $\overline{A + B} \cdot B$

해설 A와 B는 AND, $\overline{B}$와는 OR 회로이므로
출력 $Y = AB + \overline{B}$

08 전자회로

1. 전력용 반도체

1. 반도체의 종류
1) 진성반도체 : 불순물을 포함하지 않는다. 실리콘, 게르마늄 등
2) 불순물반도체 : 불순물을 포함한다. P형 반도체, N형 반도체

2. P형 반도체와 N형 반도체
1) P형 반도체 ★★

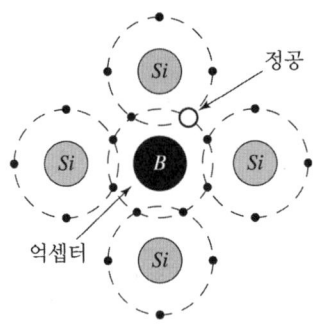

① 진성반도체인 4가 원소(실리콘(Si))에 불순물인 **3가** 원소(갈륨(Ga), 인듐(In), 붕소(B) 등)를 첨가
② P형 반도체를 만들기 위해서 사용되는 **불순물을 억셉터(acceptor)**
③ 불순물에 의해서 형성되는 준위 : 억셉터 준위
④ **정공 : 캐리어(전하 운반자)**

2) N형 반도체 ★★

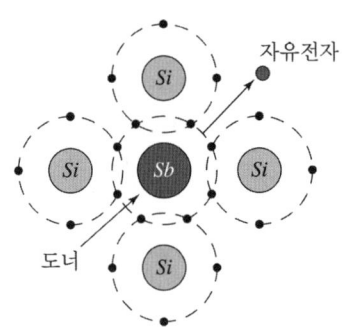

① 진성반도체인 4가 원소(실리콘(Si))에 불순물인 **5가** 원소(안티몬(Sb), 비소(As), 인(P) 등)를 첨가
② N형 반도체를 만들기 위해서 사용되는 **불순물을 도너(donor)**
③ 불순물에 의해서 형성되는 준위 : 도너준위
④ **자유전자 : 캐리어(전하 운반자)**

3. 다이오드 ★★★

1) 구성
① PN 접합구조로 되어 있으며, 주된 기능은 **정류작용**이다.
② P형 반도체와 N형 반도체를 조합하여 구성

A : 애노드 K : 캐소드

2) 다이오드의 종류
① **제너다이오드 : 정전압 정류작용**, 전원전압을 일정하게 유지
② 터널다이오드 : 증폭작용, 발진작용, 개폐(스위칭)작용
③ **발광다이오드(LED)**
PN접합에서 P층을 얇게 만들어 순방향 전압을 가하면 발광하는 특성을 이용한 다이오드이다.

> 1) **응답속도가 매우 빠르다.**
> 2) **발열이 적다.**
> 3) PN 접합에 순방향 전류를 흘려 발광된다.
> 4) 수명이 길고 진동이 강하다.
> 5) 발광다이오드에는 비소화갈륨(GaAs), 인화갈륨(GaP) 등이 금속화합물이 사용된다.

3) 다이오드의 보호
① 다이오드의 **직렬연결 : 과전압** 방지
② **다이오드의 병렬연결** : 과전류 방지

4. 실리콘 정류기(SCR) ★★★

1) 특징
① 아크가 생기지 않으므로 열의 발생이 적다.

② 과전압에 약하다.
③ 게이트 신호를 인가할 때부터 **도통할 때까지의 시간이 짧다**.
④ 전류가 흐르고 있을 때 **양극의 전압강하가 작다**.
⑤ 정류기능을 갖는 **단방향성 3단자 소자**이다.
⑥ 브레이크오버 전압이 되면 애노드 전류가 갑자기 커진다.
⑦ 역내전압이 크다. 효율은 가장 우수
⑧ 온도에 의한 영향이 작다.(**최고 허용온도 140∼200℃**)
⑨ 유지전류 : 턴 온(Turn on)된 후 ON상태를 유지하기 위한 최소전류
⑩ 도통 상태에서 게이트 전류를 차단시켜도 도통 상태를 유지한다.
⑪ SCR의 소호 : 소자에 역전압이 걸려 흐르던 전류가 멈추면 소호된다. 일단 소호상태에서 순방향 전압을 가해도 도통되지 않는다.
⑫ 래칭전류 : SCR이 ON이 되기 위해 애노드에서 캐소드로 흘려야 할 최소의 전류

2) 심벌

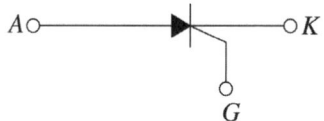

A : 애노드(+), K : 캐소드(−), G : 게이트(+)

5. GTO(gate turn off thyristor) ★★

① **단방향성 3단자** 소자
② 초퍼 직류 스위치에 적용
③ **소호기능**(게이트에 (+)의 신호를 가하면 도통, (−)의 신호를 가하면 차단)

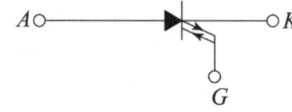

6. SCS(silicon controled switch) ★★

① **단방향성 4단자(역저지 4극)** 소자
② 제어 게이트 전극이 2개

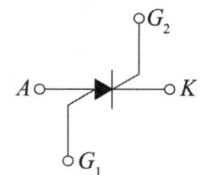

7. SSS(silicon symmetrical switch)

① **쌍방향성 2단자** 소자, NPNPN의 5층 구조
② 제어 게이트 전극이 없다.

8. TRIAC(triode AC switch) ★★★

① **쌍방향성 3단자** 소자
② **2개의 SCR을 역병렬 접속**한 구조
③ 용도 : 조광장치, 교류 전력의 제어용
④ 심벌

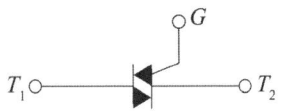

9. DIAC(diode Alternating current sw) ★★★

① **쌍방향성 2단자** 소자, PNPN 4층 구조
② 용도 : 교류전원에서 트리거 펄스를 얻는 회로에 사용
③ 심벌

10. 기타

1) **바리스터**(varistor) ★★★
   ① 전압에 따라 저항 값이 현저하게 비직선형으로 변화하는 2극 반도체
   ② **서지 전압을 흡수**하여 전자 회로를 보호.
   ③ 전기접점의 **불꽃을 소거**하거나 반도체 정류기 등을 서지전압으로부터 보호하는데 사용

2) **서미스터**(thermistor) ★★★
   일반적인 금속과는 달리, **온도가 높아지면 저항값이 감소**하는 부저항온도계수(負抵抗溫度係數)의 특성을 가지고 있는데 이것을 NTC(negative temperature coefficient thermistor)라 한다. 구조적으로 직열형(直熱形)·방열형(傍熱形)·지연형(遲延形)으로 분류되는데, 외형은 깨알만한 것에서부터 동전 크기만 한 것까지 여러 종류가 있다.
   ① 온도에 의해 저항값이 변화하는 반도체로 **온도보상용**, 온도 계측용으로 사용.
   ② 아주 작은 온도의 변화로 전기 저항이 대폭으로 변하는 반도체의 성질을 이용

2. 전력변환 ★

구분	내용
인버터(역변환 장치)	직류를 교류로 변환 반도체 사이리스터에 의한 전동기의 속도 제어 중 주파수 제어
컨버터(순변환 장치)	교류를 직류로 변환
초퍼형 인버터	직류전압을 직접 제어 직류-직류 전압 제어장치

08 출제예상문제

전자회로

01 ★★ 출제년도 【18.】
집적회로(IC)의 특징으로 옳은 것은?
① 시스템이 대형화된다.
② 신뢰성이 높으나, 부품의 교체가 어렵다.
③ 열에 강하다.
④ 마찰에 의한 정전기 영향에 주의해야 한다.

해설 집적회로(IC)의 특징
① 시스템이 소형화(회로의 소형화)
② 신뢰성이 높으나, 부품의 교체가 쉽다.
③ 열에 약하다.(납땜 시 주의를 요한다.)
④ 마찰에 의한 정전기 영향에 주의해야 한다.

02 ★★★ 출제년도 【00,01,02,12,18,21.】
다음 소자 중에서 온도 보상용으로 쓰이는 것은?
① 서미스터
② 바리스터
③ 제너다이오드
④ 터널다이오드

해설

종 류	특 성	적 용
서미스터	온도의 변화에 따라 저항값이 변화하는 반도체로 부 온도특성이 있다.	온도보상용, 온도계측용
바리스터	서지전압에 대한 보호용	스위치 및 계전기의 접점 개폐시, 불꽃제어용
제너다이오드	정전압 정류작용(전원 전압을 일정하게 유지)	정전압회로용, 미터기 보호용

03 ★★★ 출제년도 【19.】
열감지기의 온도감지용으로 사용하는 소자는?
① 서미스터
② 바리스터
③ 제너다이오드
④ 발광다이오드

해설 서미스터
① 온도가 높아지면 저항값이 감소하는 특성을 갖는 반도체
② 부저항온도계수의 특성
③ 온도보상용, 온도감지용, 온도 계측용으로 사용

04 ★★★ 출제년도 【18.】
터널다이오드를 사용하는 목적이 아닌 것은?
① 스위칭작용
② 증폭작용
③ 발진작용
④ 정전압 정류작용

해설 ① 터널다이오드 : 스위칭작용, 증폭작용, 발진작용
② 제너다이오드 : 정전압 정류작용

05 ★★★ 출제년도 【17.】
제어기기 및 전자회로에서 반도체소자별 용도에 대한 설명 중 틀린 것은?
① 서미스트 : 온도 보상용으로 사용
② 사이리스터 : 전기신호를 빛으로 변환
③ 제너다이오드 : 정전압소자(전원전압을 일정하게 유지)
④ 바리스터 : 계전기 접점에서 발생하는 불꽃소거에 사용

해설

종 류	특 성	적 용
서미스터	온도의 변화에 따라 저항값이 변화하는 반도체로 부 온도특성이 있다.	온도보상용, 온도계측용
LED	전기신호를 빛으로 변환	비상조명등, 유도등, 시각경보기 등

정답 01. ④ 02. ① 03. ① 04. ④ 05. ②

종류	특성	적용
바리스터	서지전압에 대한 보호용	스위치 및 계전기의 접점 개폐시, 불꽃제어용
제너 다이오드	정전압 소자	전원전압을 일정하게 유지

06 ★★★ 출제년도 【99, 02, 04, 12, 15】
그림과 같은 1[kΩ]의 저항과 실리콘다이오드의 직렬회로에서 양단간의 전압 V_D는 약 몇 [V]인가?

① 0
② 0.2
③ 12
④ 24

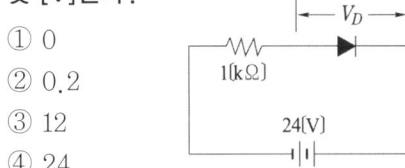

해설 그림은 다이오드(Diode)에 역방향 바이어스 전압이 가해진 상태(비도통 상태)이므로 **다이오드의 양단에는 입력전압과 같은 전압**이 나타난다.(개방단 전압)

07 ★★ 출제년도 【14, 17】
빛이 닿으면 전류가 흐르는 다이오드로 광량의 변화를 전류값으로 대치하므로 광센서에 주로 사용하는 다이오드는?

① 제너다이오드
② 터널다이오드
③ 발광다이오드
④ 포토다이오드

해설 포토다이오드
빛에너지를 전기에너지로 변환하는 광센서의 일종으로서 PN 접합부에 광검출 기능을 추가한 다이오드

08 ★★★ 출제년도 【09, 11, 21】
빛이 닿으면 전류가 흐르는 다이오드로서 들어온 빛에 대해 직선적으로 전류가 증가하는 다이오드는?

① 제너다이오드 ② 터널다이오드
③ 발광다이오드 ④ 포토다이오드

해설 ① 포토다이오드 : 빛이 닿으면 전류가 흐르는 다이오드로서 들어온 빛에 대해 직선적으로 전류가 증가하는 다이오드
② 터널다이오드 : 증폭작용, 발진작용, 개폐(스위칭)작용
③ 제너다이오드 : 정전압 정류작용, 전원전압을 일정하게 유지
④ 발광다이오드 : PN접합에서 P층을 얇게 만들어 순방향 전압을 가하면 발광하는 특성 이용

09 ★★★ 출제년도 【14, 17】
다이오드를 여러 개 병렬로 접속하는 경우에 대한 설명으로 옳은 것은?

① 과전류로부터 보호할 수 있다.
② 과전압으로부터 보호할 수 있다.
③ 부하측의 맥동률을 감소시킬 수 있다.
④ 정류기의 역방향 전류를 감소시킬 수 있다.

해설 다이오드의 연결
직렬연결 : 과전압으로부터 보호
병렬연결 : 과전류로부터 보호

10 ★★★ 출제년도 【98, 01, 02, 03, 05, 14】
다이오드를 사용한 정류회로에서 과대한 부하전류에 의하여 다이오드가 파손될 우려가 있을 경우의 적당한 대책은?

① 다이오드를 직렬로 추가한다.
② 다이오드를 병렬로 추가한다.
③ 다이오드의 양단에 적당한 값의 저항을 추가한다.
④ 다이오드의 양단에 적당한 값의 콘덴서를 추가한다.

해설 1) 다이오드 직렬연결 : 과전압 방지

2) 다이오드 병렬연결 : 과전류 방지

정답 06. ④ 07. ④ 08. ④ 09. ① 10. ②

11 다이오드를 사용한 정류회로에서 과전압방지를 위한 대책으로 가장 알맞은 것은?

① 다이오드를 직렬로 추가한다.
② 다이오드를 병렬로 추가한다.
③ 다이오드의 양단에 적당한 값의 저항을 추가한다.
④ 다이오드의 양단에 적당한 값의 콘덴서를 추가한다.

해설

직렬연결	과전압으로부터 보호
병렬연결	과전류로부터 보호

12 주로 정전압 회로용으로 사용하는 소자는?

① 터널다이오드
② 포토다이오드
③ 제너다이오드
④ 메트릭스다이오드

해설 제너다이오드(정전압 다이오드)
전원전압을 일정하게 유지하는 역할

13 전원 전압을 일정하게 유지하기 위하여 사용하는 다이오드는?

① 쇼트키다이오드
② 터널다이오드
③ 제너다이오드
④ 버랙터다이오드

해설
① 쇼트키다이오드 : 반도체+금속의 구조, 저전압 대전류 정류, 고속정류 가능
② 터널다이오드 : 증폭작용, 발진작용, 개폐(스위치)작용
③ 제너다이오드 : 정전압 다이오드, 전원 전압을 일정하게 유지
④ 버랙터다이오드 : 가변용량 다이오드

14 실리콘 정류기(SCR)의 애노드 전류가 5A일 때 게이트 전류를 2배로 증가시키면 애노드 전류[A]는?

① 2.5
② 5
③ 10
④ 20

해설 실리콘 정류기(SCR)가 통전상태에 이르면 게이트의 전류에 관계없이 애노드 전류가 흐른다. 애노드 전류는 변화가 없으므로 5A가 흐르게 된다.

15 자동화재탐지설비의 수신기에서 교류 220V를 직류 24V로 정류 시 필요한 구성요소가 아닌 것은?

① 변압기
② 트랜지스터
③ 정류 다이오드
④ 평활 콘덴서

해설 정류시 필요한 구성요소
① 변압기 : 220V를 24V로 변환하는 역할
② 정류 다이오드 : 교류를 직류로 변환하는 역할
③ 평활 콘덴서 : 정류 다이오드에서 변환된 맥류를 직류로 하기 위한 평활 회로에 사용되는 콘덴서

16 단방향 대전류의 전력용 스위칭 소자로서 교류의 위상 제어용으로 사용되는 정류소자는?

① 서미스터
② SCR
③ 제너다이오드
④ UJT

해설
① 서미스터 : 온도에 의해 저항값이 변화하는 반도체로 온도 보상용, 온도 계측용으로 사용
② SCR : 실리콘 제어정류기, 단방향 대전류의 전력용 스위칭 소자로서 교류의 위상 제어용
③ 제너다이오드 : 정전압 정류작용
④ UJT : 단접합 트랜지스터

정답 11. ① 12. ③ 13. ③ 14. ② 15. ② 16. ②

17
PNPN 4층 구조로 되어 있는 소자가 아닌 것은?

① SCR ② TRIAC
③ Diode ④ GTO

해설
① SCR : 실리콘제어정류기, 단방향성 3단자, PNPN 4층 구조
② TRIAC : 트라이액, 쌍방향성 3단자, SCR 2개를 역병렬로 접속한 구조, PNPN 4층 구조
③ Diode : PN 접합구조, 정류기능
④ GTO : 단방향성 3단자, 자기 소호기능, PNPN 4층 구조

18
다음 중 쌍방향성 전력용 반도체 소자인 것은?

① SCR ② IGBT
③ TRIAC ④ DIODE

해설
① 단방향 전류 소자 : Diode, SCR(실리콘 정류기, 단방향성 3단자), GTO(단방향성 3단자), BJT, MOSFET, IGBT, SCS(단방향성 4단자)
② 쌍방향 전류 소자 : DIAC(다이액, 쌍방향성 2단자), TRIAC(트라이액, 쌍방향성 3단자)

19
SCR를 턴온시킨 후 게이트 전류를 0으로 하여도 온(ON)상태를 유지하기 위한 최소의 애노드 전류를 무엇이라 하는가?

① 래칭전류 ② 스텐드온전류
③ 최대전류 ④ 순시전류

해설 래칭전류
① SCR이 ON이 되기 위해 애노드에서 캐소드로 흘려야 할 최소의 전류
② SCR를 턴온시킨 후 게이트 전류를 0으로 하여도 온(ON)상태를 유지하기 위한 최소의 애노드 전류

20
SCR(silicon-controlled rectifier)에 대한 설명으로 틀린 것은?

① PNPN 소자이다.
② 스위칭 반도체 소자이다.
③ 양방향 사이리스터이다.
④ 교류의 전력제어용으로 사용된다.

해설 SCR(silicon-controlled rectifier)
단방향 사이리스터(역저지 3극 사이리스터), 단방향성 3단자 소자이다.

21
그림과 같은 트랜지스터를 사용한 정전압회로에서 Q_1의 역할로서 옳은 것은?

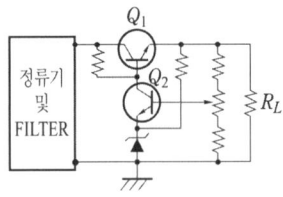

① 증폭용 ② 비교부용
③ 제어용 ④ 기준부용

해설 Q_1 : 전압제어용 트랜지스터
Q_2 : 증폭트랜지스터

Engineer Fire Protection System - Electrical

Part 03

소방관계법규

01 목적 및 용어정리 ★

1. 목적정리

소방기본법	① 화재 예방, 경계하거나 진압 ② 구조, 구급활동 등을 통하여 국민의 생명, 신체 및 재산의 보호 ③ 공공의 안녕 및 질서 유지와 복리증진에 이바지
화재의 예방 및 안전관리에 관한 법률 (약칭 : 화재예방법)	① 화재의 예방과 안전관리에 필요한 사항을 규정 ② 화재로부터 국민의 생명·신체 및 재산을 보호 ③ 공공의 안전과 복리 증진에 이바지함
소방시설 설치 및 관리에 관한 법률 (약칭 : 소방시설법)	① 특정소방대상물 등에 설치하여야 하는 소방시설등의 설치·관리와 소방용품 성능관리에 필요한 사항을 규정 ② 국민의 생명·신체 및 재산을 보호 ③ 공공의 안전과 복리 증진에 이바지함
소방시설공사업법	① 소방시설공사 및 소방기술의 관리에 필요한 사항을 규정 ② 소방시설업을 건전하게 발전시키고 소방기술을 진흥시켜 화재로부터 공공의 안전을 확보 ③ 국민경제에 이바지
위험물안전관리법	① 위험물의 저장·취급 및 운반과 이에 따른 안전관리에 관한 사항을 규정 ② 위험물로 인한 위해를 방지하여 공공의 안전을 확보

2. 용어정리

■ 소방기본법

소방기본법	소방대상물 ★★★	건축물, 차량, 선박(**항구에 매어둔 선박만 해당**한다), 선박 건조 구조물, 산림, 인공 구조물 또는 물건
	관계지역	소방대상물이 있는 장소 및 그 이웃 지역으로서 화재의 예방·경계·진압, 구조·구급 등의 활동에 필요한 지역
	관계인	소방대상물의 **소유자·관리자 또는 점유자**
	소방본부장 ★	특별시·광역시·특별자치시·도 또는 특별자치도(이하 "시·도"라 한다)에서 화재의 예방·경계·진압·조사 및 구조·구급 등의 업무를 담당하는 부서의 장
	소방대 ★	화재를 진압하고 화재, 재난·재해, 그 밖의 위급한 상황에서 구조·구급 활동 등을 하기 위하여 구성된 조직체 : **소방공무원, 의무소방원, 의용소방대원**
	소방대장 ★★	소방본부장 또는 소방서장 등 화재, 재난·재해, 그 밖의 위급한 상황이 발생한 현장에서 소방대를 지휘하는 사람

■ 화재예방법

화재예방법	예방	화재의 위험으로부터 사람의 생명·신체 및 재산을 보호하기 위하여 화재발생을 사전에 제거하거나 방지하기 위한 모든 활동
	안전관리 ★★	화재로 인한 피해를 최소화하기 위한 예방, 대비, 대응 등의 활동
	화재안전조사 ★	소방청장, 소방본부장 또는 소방서장(이하 "소방관서장"이라 한다)이 소방대상물, 관계지역 또는 관계인에 대하여 소방시설등이 소방 관계 법령에 적합하게 설치·관리되고 있는지, 소방대상물에 화재의 발생 위험이 있는지 등을 확인하기 위하여 실시하는 현장조사·문서열람·보고요구 등을 하는 활동
	화재예방안전진단 ★	화재가 발생할 경우 사회·경제적으로 피해 규모가 클 것으로 예상되는 소방대상물에 대하여 화재위험요인을 조사하고 그 위험성을 평가하여 개선대책을 수립하는 것

■ 소방시설법

소방시설법	소방시설	소화설비, 경보설비, 피난구조설비, 소화용수설비, 소화활동설비, 그 밖에 소화활동설비로서 대통령령으로 정하는 것
	소방시설등	소방시설과 비상구(非常口), 그 밖에 소방 관련 시설로서 대통령령으로 정하는 것 〈소방시설과 비상구(非常口), 방화문 및 방화셔터〉
	특정소방대상물	건축물 등의 **규모·용도 및 수용인원** 등을 고려하여 소방시설을 설치하여야 하는 소방대상물로서 대통령령으로 정하는 것
	화재안전성능	**화재를 예방하고 화재발생 시 피해를 최소화하기 위하여 소방대상물의 재료, 공간 및 설비 등에 요구되는 안전성능**
	성능위주설계	건축물 등의 재료, 공간, 이용자, 화재 특성 등을 종합적으로 고려하여 공학적 방법으로 화재 위험성을 평가하고 그 결과에 따라 화재안전성능이 확보될 수 있도록 특정소방대상물을 설계하는 것
	화재안전기준	소방시설 설치 및 관리를 위한 다음 각 목의 기준을 말한다. 가. 성능기준: 화재안전 확보를 위하여 재료, 공간 및 설비 등에 요구되는 안전성능으로서 소방청장이 고시로 정하는 기준 나. 기술기준: 가목에 따른 성능기준을 충족하는 상세한 규격, 특정한 수치 및 시험방법 등에 관한 기준으로서 행정안전부령으로 정하는 절차에 따라 소방청장의 승인을 받은 기준
	소방용품	소방시설등을 구성하거나 소방용으로 사용되는 제품 또는 기기로서 대통령령으로 정하는 것
	무창층(無窓層)	지상층 중 다음 각 목의 요건을 모두 갖춘 개구부(건축물에서 채광·환기·통풍 또는 출입 등을 위하여 만든 창·출입구, 그 밖에 이와 비슷한 것을 말한다)의 면적의 합계가 해당 층의 바닥면적의 30분의 1 이하가 되는 층을 말한다. 가. 크기는 지름 50센티미터 이상의 원이 내접(內接)할 수 있는 크기일 것

		나. 해당 층의 바닥면으로부터 개구부 밑부분까지의 높이가 1.2미터 이내일 것 다. 도로 또는 차량이 진입할 수 있는 빈터를 향할 것 라. 화재 시 건축물로부터 쉽게 피난할 수 있도록 창살이나 그 밖의 장애물이 설치되지 아니할 것 마. 내부 또는 외부에서 쉽게 부수거나 열 수 있을 것
	피난층	곧바로 지상으로 갈 수 있는 출입구가 있는 층

■ 소방시설공사업법 ★

소방시설공사업법	소방시설업	소방시설설계업	소방시설공사에 기본이 되는 공사계획, 설계도면, 설계 설명서, 기술계산서 및 이와 관련된 서류를 작성하는 영업
		소방시설공사업	설계도서에 따라 소방시설을 신설, 증설, 개설, 이전 및 정비하는 영업
		소방공사감리업	소방시설공사에 관한 발주자의 권한을 대행하여 소방시설공사가 설계도서와 관계 법령에 따라 적법하게 시공되는지를 확인하고, 품질·시공관리에 대한 기술지도를 하는 영업
		방염처리업	방염대상물품에 대하여 방염처리하는 영업 ① 섬유류 방염업 ② 합성수지류 방염업 ③ 합판·목재류 방염업
	소방시설업자		소방시설업을 경영하기 위하여 소방시설업을 등록한 자
	감리원		소방공사감리업자에 소속된 소방기술자로서 해당 소방시설공사를 감리하는 사람
	발주자		소방시설의 설계, 시공, 감리 및 방염을 소방시설업자에게 도급하는 자

■ 위험물안전관리법

위험물안전관리법	위험물 ★★	인화성 또는 발화성 등의 성질을 가지는 것으로서 대통령령이 정하는 물품
	지정수량 ★★	위험물의 종류별로 위험성을 고려하여 대통령령이 정하는 수량으로서 제조소등의 설치허가 등에 있어서 최저의 기준이 되는 수량
	제조소등	제조소·저장소 및 취급소
	제조소	위험물을 제조할 목적으로 지정수량 이상의 위험물을 취급하기 위하여 허가를 받은 장소
	저장소	지정수량 이상의 위험물을 저장하기 위한 대통령령이 정하는 장소로서 허가를 받은 장소
	취급소	지정수량 이상의 위험물을 제조외의 목적으로 취급하기 위한 대통령령이 정하는 장소로서 허가를 받은 장소를 말한다.
	적용제외 ★★★	항공기·선박·철도 및 궤도에 의한 위험물의 저장·취급 및 운반

01 출제예상문제

목적 및 용어정리

01 ★★★ 출제년도 【21.】
소방기본법 제1장 총칙에서 정하는 목적의 내용으로 거리가 먼 것은?
① 구조, 구급 활동 등을 통하여 공공의 안녕 및 질서 유지
② 풍수해의 예방, 경계, 진압에 관한 계획, 예산 지원 활동
③ 구조, 구급 활동 등을 통하여 국민의 생명, 신체, 재산 보호
④ 화재, 재난, 재해 그 밖의 위급한 상황에서의 구조, 구급 활동

해설 소방기본법의 목적

소방기본법	① 화재 예방, 경계하거나 진압 ② 구조, 구급활동 등을 통하여 국민의 생명, 신체 및 재산의 보호 ③ 공공의 안녕 및 질서 유지와 복리증진에 이바지
화재의 예방 및 안전관리에 관한 법률 (약칭 : 화재예방법)	① 화재의 예방과 안전관리에 필요한 사항을 규정 ② 화재로부터 국민의 생명·신체 및 재산을 보호 ③ 공공의 안전과 복리 증진에 이바지함

02 ★★★ 출제년도 【21.】
소방기본법의 정의상 소방대상물의 관계인이 아닌 자는?
① 감리자 ② 관리자
③ 점유자 ④ 소유자

해설 소방대상물의 관계인 : 점유자, 관리자, 소유자

03 ★★★ 출제년도 【96, 97, 98, 00, 01, 05, 08, 12, 13, 15, 21,】
소방기본법에서 정의하는 소방대상물에 해당되지 않는 것은?
① 산림 ② 차량
③ 건축물 ④ 항해 중인 선박

해설 관련법 : 소방기본법 제2조(정의)
소방대상물이라 함은 건축물, 차량, 선박(항구 안에 매어둔 선박에 한한다.), 선박건조구조물, 산림 그 밖의 인공구조물 또는 물건을 말한다.

04 ★★ 출제년도 【19.】
소방대라 함은 화재를 진압하고 화재, 재난·재해 그 밖의 위급한 상황에서 구조·구급 활동 등을 하기 위하여 구성된 조직체를 말한다. 소방대의 구성원으로 틀린 것은?
① 소방공무원 ② 소방안전관리원
③ 의무소방원 ④ 의용소방대원

해설 소방대의 구성원
① 소방공무원
② 의용소방대원
③ 의무소방원

05 ★★★ 출제년도 【21.】
소방기본법에서 정의하는 소방대의 조직구성원이 아닌 것은?
① 의무소방원
② 소방공무원
③ 의용소방대원
④ 공항소방대원

해설 화재를 진압하고 화재, 재난·재해, 그 밖의 위급한 상황에서 구조·구급 활동 등을 하기 위하여 구성된 조직체 : 소방공무원, 의무소방원, 의용소방대원

정답 01. ② 02. ① 03. ④ 04. ② 05. ④

06 ★★ 출제년도 【19.】
소방기본법상 소방대의 구성원에 속하지 않는 자는?

① 소방공무원법에 따른 소방공무원
② 의용소방대 설치 및 운영에 관한 법률에 따른 의용소방대원
③ 위험물안전관리법에 따른 자체소방대원
④ 의무소방대설치법에 따라 임용된 의무소방원

해설 소방대(소방기본법)
화재를 진압하고 화재, 재난·재해, 그 밖의 위급한 상황에서 구조·구급 활동 등을 하기 위하여 구성된 조직체 : **소방공무원, 의무소방원, 의용소방대원**

07 ★ 출제년도 【22.】
다음 소방기본법령상 용어 정의에 대한 설명으로 옳은 것은?

① 소방대상물이란 건축물, 차량, 선박(항구에 매어둔 선박은 제외) 등을 말한다.
② 관계인이란 소방대상물의 점유예정자를 포함한다.
③ 소방대란 소방공무원, 의무소방원, 의용소방대원으로 구성된 조직체이다.
④ 소방대장이란 화재, 재난·재해, 그 밖의 위급한 상황이 발생한 현장에서 소방대를 지휘하는 사람(소방서장은 제외)이다.

해설
① 소방대상물 : 건축물, 차량, 선박(항구에 매어둔 선박만 해당한다), 선박 건조 구조물, 산림, 그 밖의 인공 구조물 또는 물건
② 관계인 : 소방대상물의 소유자·관리자 또는 점유자
③ 소방대장(消防隊長) : 소방본부장 또는 소방서장 등 화재, 재난·재해, 그 밖의 위급한 상황이 발생한 현장에서 소방대를 지휘하는 사람

08 ★ 출제년도 【18.】
소방시설 설치 및 관리에 관한 법령상 용어의 정의 중 다음 ( )안에 알맞은 것은?

> 특정소방대상물이란 소방시설을 설치하여야 하는 소방대상물로서 ( )으로 정하는 것을 말한다.

① 행정안전부령
② 국토교통부령
③ 고용노동부령
④ 대통령령

해설 특정소방대상물이란 소방시설을 설치하여야 하는 소방대상물로서 대통령령으로 정하는 것을 말한다.

09 ★★★ 출제년도 【21.】
소방시설 설치 및 관리에 관한 법령상 용어의 정의 중 ( ) 안에 알맞은 것은?

> 특정소방대상물이란 소방시설을 설치하여야 하는 소방대상물로서 ( )으로 정하는 것을 말한다.

① 대통령령
② 국토교통부령
③ 행정안전부령
④ 고용노동부령

해설 특정소방대상물이란 소방시설을 설치하여야 하는 소방대상물로서 (대통령령)으로 정하는 것을 말한다.

10 ★ 출제년도 【20.】
소방시설공사업법령상 정의된 업종 중 소방시설업의 종류에 해당되지 않는 것은?

① 소방시설설계업
② 소방시설공사업
③ 소방시설정비업
④ 소방공사감리업

정답 06. ③ 07. ③ 08. ④ 09. ① 10. ③

해설 소방시설업의 종류

소방시설 설계업	소방시설공사에 기본이 되는 공사계획, 설계도면, 설계 설명서, 기술계산서 및 이와 관련된 서류(이하 "설계도서"라 한다)를 작성(이하 "설계"라 한다)하는 영업
소방시설 공사업	설계도서에 따라 소방시설을 신설, 증설, 개설, 이전 및 정비(이하 "시공"이라 한다)하는 영업
소방공사 감리업	소방시설공사에 관한 발주자의 권한을 대행하여 소방시설공사가 설계도서와 관계법령에 따라 적법하게 시공되는지를 확인하고, 품질·시공 관리에 대한 기술지도를 하는(이하 "감리"라 한다) 영업
방염 처리업	방염대상물품에 대하여 방염처리(이하 "방염"이라 한다)하는 영업

02 벌칙정리

■ 소방기본법

구분	내용
5년 이하의 징역 또는 5천만원 이하의 벌금 ★★★	1. 제16조제2항을 위반하여 다음 각 목의 어느 하나에 해당하는 행위를 한 사람 가. 위력(威力)을 사용하여 출동한 소방대의 화재진압·인명구조 또는 구급활동을 방해하는 행위 나. 소방대가 화재진압·인명구조 또는 구급활동을 위하여 현장에 출동하거나 현장에 출입하는 것을 고의로 방해하는 행위 다. 출동한 소방대원에게 폭행 또는 협박을 행사하여 화재진압·인명구조 또는 구급활동을 방해하는 행위 라. 출동한 소방대의 소방장비를 파손하거나 그 효용을 해하여 화재진압·인명구조 또는 구급활동을 방해하는 행위 2. 제21조제1항을 위반하여 **소방자동차의 출동을 방해한 사람** [제21조제1항] ① 모든 차와 사람은 소방자동차(지휘를 위한 자동차와 구조·구급차를 포함한다. 이하 같다)가 화재진압 및 구조·구급 활동을 위하여 출동을 할 때에는 이를 방해하여서는 아니 된다. 3. 제24조제1항에 따른 사람을 구출하는 일 또는 불을 끄거나 불이 번지지 아니하도록 하는 일을 방해한 사람 4. 제28조를 위반하여 정당한 사유 없이 소방용수시설 또는 비상소화장치를 사용하거나 소방용수시설 또는 비상소화장치의 효용을 해치거나 그 정당한 사용을 방해한 사람
3년 이하의 징역 또는 3천만원 이하의 벌금	소방본부장, 소방서장 또는 소방대장이 사람을 구출하거나 불이 번지는 것을 막기 위하여 필요할 때 화재가 발생하거나 불이 번질 우려가 있는 소방대상물 및 토지를 일시적으로 사용하거나 그 사용의 제한 또는 소방활동에 필요한 처분을 하고자 할 때 이에 따른 처분을 방해한 자 또는 정당한 사유 없이 그 처분에 따르지 아니한 자
300만원 이하의 벌금	제25조제2항 및 제3항에 따른 처분을 방해한 자 또는 정당한 사유 없이 그 처분에 따르지 아니한 자 [제25조제2항] 　소방본부장, 소방서장 또는 소방대장은 사람을 구출하거나 불이 번지는 것을 막기 위하여 긴급하다고 인정할 때에는 제1항에 따른 소방대상물 또는 토지 외의 소방대상물과 토지에 대하여 제1항에 따른 처분을 할 수 있다. [제25조제3항] 　소방본부장, 소방서장 또는 소방대장은 소방활동을 위하여 긴급하게 출동할 때에는 소방자동차의 통행과 소방활동에 방해가 되는 주차 또는 정차된 차량 및 물건 등을 제거하거나 이동시킬 수 있다.
100만원 이하의 벌금	1. 제16조의3제2항을 위반하여 정당한 사유 없이 소방대의 생활안전활동을 방해한 자 2. 제20조제1항을 위반하여 **정당한 사유 없이 소방대가 현장에 도착할 때까지 사람을 구출하는 조치 또는 불을 끄거나 불이 번지지 아니하도록 하는 조치를 하지 아니한 사람**

	3. 제26조제1항에 따른 **피난 명령을 위반한 사람** 4. 제27조제1항을 위반하여 정당한 사유 없이 물의 사용이나 수도의 개폐장치의 사용 또는 조작을 하지 못하게 하거나 방해한 자 5. 제27조제2항에 따른 조치를 정당한 사유 없이 방해한 자
500만원 이하의 과태료	1. 제19조제1항을 위반하여 **화재 또는 구조·구급이 필요한 상황을 거짓으로 알린 사람** 2. 정당한 사유 없이 제20조제2항을 위반하여 **화재, 재난·재해, 그 밖의 위급한 상황을 소방본부, 소방서 또는 관계 행정기관에 알리지 아니한 관계인**
200만원 이하의 과태료	1. 제17조의6제5항을 위반하여 한국119청소년단 또는 이와 유사한 명칭을 사용한 자 2. 제21조제3항을 위반하여 **소방자동차의 출동에 지장을 준 자** [제21조제3항] ③ 모든 차와 사람은 소방자동차가 화재진압 및 구조·구급 활동을 위하여 제2항에 따라 사이렌을 사용하여 출동하는 경우에는 다음 각 호의 행위를 하여서는 아니 된다. 　1. 소방자동차에 진로를 양보하지 아니하는 행위 　2. 소방자동차 앞에 끼어들거나 소방자동차를 가로막는 행위 　3. 그 밖에 소방자동차의 출동에 지장을 주는 행위 3. 제23조제1항을 위반하여 **소방활동구역을 출입한 사람** 4. 제44조의3을 위반하여 한국소방안전원 또는 이와 유사한 명칭을 사용한 자
100만원 이하의 과태료	제21조의2제2항을 위반하여 **전용구역에 차를 주차하거나 전용구역에의 진입을 가로막는 등의 방해행위를 한 자**
20만원 이하의 과태료	① 화재로 오인할 만한 우려가 있는 불을 피우거나 연막(煙幕) 소독을 하려는 자가 신고를 하지 아니하여 소방자동차를 출동하게 한 자 ② **소방본부장 또는 소방서장**이 부과·징수

■ 화재예방법

구분	내용
3년 이하의 징역 또는 3천만원 이하의 벌금 ★★★	1. 제14조제1항 및 제2항(화재안전조사 결과에 따른 조치명령)에 따른 조치명령을 정당한 사유 없이 위반한 자 2. 제28조제1항 및 제2항(소방안전관리자 선임명령)에 따른 명령을 정당한 사유 없이 위반한 자 3. 제41조제5항(화재예방안전진단)에 따른 보수·보강 등의 조치명령을 정당한 사유 없이 위반한 자 4. 거짓이나 그 밖의 부정한 방법으로 제42조제1항(화재예방안전진단기관)에 따른 진단기관으로 지정을 받은 자
1년 이하의 징역 또는 1천만원 이하의 벌금 ★★★	1. 제12조제2항을 위반하여 관계인의 정당한 업무를 방해하거나, 조사업무를 수행하면서 취득한 자료나 알게 된 비밀을 다른 사람 또는 기관에게 제공 또는 누설하거나 목적 외의 용도로 사용한 자 2. 제30조제4항을 위반하여 **자격증을 다른 사람에게 빌려 주거나 빌리거나 이를 알선한 자** 3. 제41조제1항을 위반하여 **진단기관으로부터 화재예방안전진단을 받지 아니한 자**

구분	내용
300만원 이하의 벌금 ★★★	1. 제7조제1항에 따른 **화재안전조사를 정당한 사유 없이 거부·방해 또는 기피한 자** 2. 제17조제2항(화재의 예방조치) 각 호의 어느 하나에 따른 명령을 정당한 사유 없이 따르지 아니하거나 방해한 자 3. 제24조제1항·제3항, 제29조제1항 및 제35조제1항·제2항을 위반하여 **소방안전관리자, 총괄소방안전관리자 또는 소방안전관리보조자를 선임하지 아니한 자** 4. 제27조제3항을 위반하여 **소방시설·피난시설·방화시설 및 방화구획 등이 법령에 위반된 것을 발견하였음에도 필요한 조치를 할 것을 요구하지 아니한 소방안전관리자** 5. 제27조제4항을 위반하여 **소방안전관리자에게 불이익한 처우를 한 관계인** 6. 제41조제6항 및 제48조제3항을 위반하여 업무를 수행하면서 알게 된 비밀을 이 법에서 정한 목적 외의 용도로 사용하거나 다른 사람 또는 기관에 제공하거나 누설한 자
300만원 이하의 과태료 ★	1. 정당한 사유 없이 제17조제1항 각 호의 어느 하나에 해당하는 행위를 한 자 2. 제24조제2항을 위반하여 소방안전관리자를 겸한 자 3. 제24조제5항에 따른 소방안전관리업무를 하지 아니한 특정소방대상물의 관계인 또는 소방안전관리대상물의 소방안전관리자 4. 제27조제2항을 위반하여 소방안전관리업무의 지도·감독을 하지 아니한 자 5. 제29조제2항에 따른 건설현장 소방안전관리대상물의 소방안전관리자의 업무를 하지 아니한 소방안전관리자 6. 제36조제3항을 위반하여 **피난유도 안내정보를 제공하지 아니한 자** 7. 제37조제1항을 위반하여 **소방훈련 및 교육을 하지 아니한 자** 8. 제41조제4항을 위반하여 화재예방안전진단 결과를 제출하지 아니한 자
200만원 이하의 과태료	1. 제17조제4항에 따른 불을 사용할 때 지켜야 하는 사항 및 같은 조 제5항에 따른 특수가연물의 저장 및 취급 기준을 위반한 자 2. 제18조제4항에 따른 **소방설비등의 설치 명령을 정당한 사유 없이 따르지 아니한 자** 3. 제26조제1항을 위반하여 기간 내에 선임신고를 하지 아니하거나 소방안전관리자의 성명 등을 게시하지 아니한 자 4. 제29조제1항을 위반하여 기간 내에 선임신고를 하지 아니한 자 5. 제37조제2항을 위반하여 기간 내에 소방훈련 및 교육 결과를 제출하지 아니한 자
100만원 이하의 과태료	제34조제1항제2호를 위반하여 실무교육을 받지 아니한 소방안전관리자 및 소방안전관리보조자

[과태료 부과·징수] : 소방청장, 시·도지사, 소방본부장 또는 소방서장

■ 소방시설법

구분	내용
10년 이하의 징역 또는 1억원 이하의 벌금 ★★★	특정소방대상물의 관계인이 소방시설을 유지·관리할 때 소방시설의 기능과 성능에 지장을 줄 수 있는 폐쇄(잠금을 포함)·차단 등의 행위를 하여 사망에 이르게 한 때

구분	내용
7년 이하의 징역 또는 7천만원 이하의 벌금 ★★★	특정소방대상물의 관계인이 소방시설을 유지·관리할 때 소방시설의 기능과 성능에 지장을 줄 수 있는 폐쇄(잠금을 포함)·차단 등의 행위를 하여 사람을 상해에 이르게 한 때
5년 이하의 징역 또는 5천만원 이하의 벌금 ★★★	특정소방대상물의 관계인이 소방시설을 유지·관리할 때 소방시설의 기능과 성능에 지장을 줄 수 있는 폐쇄(잠금을 포함)·차단 등의 행위를 한 때
3년 이하의 징역 또는 3천만원 이하의 벌금 ★★	1. 제12조제2항, 제15조제3항, 제16조제2항, 제20조제2항, 제23조제6항, 제37조제7항 또는 제45조제2항에 따른 명령을 정당한 사유 없이 위반한 자 2. 제29조제1항을 위반하여 관리업의 등록을 하지 아니하고 영업을 한 자 3. 제37조제1항, 제2항 및 제10항을 위반하여 **소방용품의 형식승인을 받지 아니하고 소방용품을 제조하거나 수입한 자** 또는 거짓이나 그 밖의 부정한 방법으로 형식승인을 받은 자 4. 제37조제3항을 위반하여 제품검사를 받지 아니한 자 또는 거짓이나 그 밖의 부정한 방법으로 제품검사를 받은 자 5. 제37조제6항을 **위반하여 소방용품을 판매·진열하거나 소방시설공사에 사용한 자** 6. 제40조제1항 및 제2항을 위반하여 거짓이나 그 밖의 부정한 방법으로 성능인증 또는 제품검사를 받은 자 7. 제40조제5항을 위반하여 제품검사를 받지 아니하거나 합격표시를 하지 아니한 소방용품을 판매·진열하거나 소방시설공사에 사용한 자 8. 제45조제3항을 위반하여 구매자에게 명령을 받은 사실을 알리지 아니하거나 필요한 조치를 하지 아니한 자 9. 거짓이나 그 밖의 부정한 방법으로 제46조제1항에 따른 전문기관으로 지정을 받은 자
1년 이하의 징역 또는 1천만원 이하의 벌금 ★★	1. 제22조제1항을 위반하여 **소방시설등에 대하여 스스로 점검을 하지 아니하거나 관리업자등으로 하여금 정기적으로 점검하게 하지 아니한 자** 2. 제25조제7항을 위반하여 **소방시설관리사증을 다른 사람에게 빌려주거나 빌리거나 이를 알선한 자** 3. 제25조제8항을 위반하여 **동시에 둘 이상의 업체에 취업한 자** 4. 제28조에 따라 자격정지처분을 받고 그 자격정지기간 중에 관리사의 업무를 한 자 5. 제33조제2항을 위반하여 관리업의 등록증이나 등록수첩을 다른 자에게 빌려주거나 빌리거나 이를 알선한 자 6. 제35조제1항에 따라 영업정지처분을 받고 그 영업정지기간 중에 관리업의 업무를 한 자 7. 제37조제3항에 따른 제품검사에 합격하지 아니한 제품에 합격표시를 하거나 합격표시를 위조 또는 변조하여 사용한 자 8. 제38조제1항을 위반하여 형식승인의 변경승인을 받지 아니한 자 9. 제40조제5항을 위반하여 제품검사에 합격하지 아니한 소방용품에 성능인증을 받았다는 표시 또는 제품검사에 합격하였다는 표시를 하거나 성능인증을 받았다는 표시 또는 제품검사에 합격하였다는 표시를 위조 또는 변조하여 사용한 자 10. 제41조제1항을 위반하여 성능인증의 변경인증을 받지 아니한 자

구분	내용
	11. 제43조제1항에 따른 우수품질인증을 받지 아니한 제품에 우수품질인증 표시를 하거나 우수품질인증 표시를 위조하거나 변조하여 사용한 자 12. 제52조제3항을 위반하여 관계인의 정당한 업무를 방해하거나 출입·검사 업무를 수행하면서 알게 된 비밀을 다른 사람에게 누설한 자
300만원 이하의 벌금 ★	1. 제9조제2항 및 제50조제7항을 위반하여 업무를 수행하면서 알게 된 비밀을 이 법에서 정한 목적 외의 용도로 사용하거나 다른 사람 또는 기관에 제공하거나 누설한 자 2. 제21조를 위반하여 방염성능검사에 합격하지 아니한 물품에 합격표시를 하거나 합격표시를 위조하거나 변조하여 사용한 자 3. 제21조제2항을 위반하여 거짓 시료를 제출한 자 4. 제23조제1항 및 제2항을 **위반하여 필요한 조치를 하지 아니한 관계인 또는 관계인에게 중대위반사항을 알리지 아니한 관리업자등**
300만원 이하의 과태료 ★★	1. 제12조제1항을 위반하여 **소방시설을 화재안전기준에 따라 설치·관리하지 아니한 자** 2. 제15조제1항을 위반하여 **공사 현장에 임시소방시설을 설치·관리하지 아니한 자** 3. 제16조제1항을 위반하여 **피난시설, 방화구획 또는 방화시설의 폐쇄·훼손·변경 등의 행위를 한 자** 4. 제20조제1항을 위반하여 방염대상물품을 방염성능기준 이상으로 설치하지 아니한 자 5. 제22조제1항 전단을 위반하여 점검능력 평가를 받지 아니하고 점검을 한 관리업자 6. 제22조제1항 후단을 위반하여 관계인에게 점검 결과를 제출하지 아니한 관리업자등 7. 제22조제2항에 따른 **점검인력의 배치기준 등 자체점검 시 준수사항을 위반한 자** 8. 제23조제3항을 위반하여 **점검 결과를 보고하지 아니하거나 거짓으로 보고한 자** 9. 제23조제4항을 위반하여 이행계획을 기간 내에 완료하지 아니한 자 또는 이행계획 완료 결과를 보고하지 아니하거나 거짓으로 보고한 자 10. 제24조제1항을 위반하여 점검기록표를 기록하지 아니하거나 특정소방 대상물의 출입자가 쉽게 볼 수 있는 장소에 게시하지 아니한 관계인 11. 제31조 또는 제32조제3항을 위반하여 신고를 하지 아니하거나 거짓으로 신고한 자 12. 제33조제3항을 위반하여 지위승계, 행정처분 또는 휴업·폐업의 사실을 특정소방대상물의 관계인에게 알리지 아니하거나 거짓으로 알린 관리업자 13. 제33조제4항을 위반하여 소속 기술인력의 참여 없이 자체점검을 한 관리업자 14. 제34조제2항에 따른 점검실적을 증명하는 서류 등을 거짓으로 제출한 자 15. 제52조제1항에 따른 명령을 위반하여 보고 또는 자료제출을 하지 아니하거나 거짓으로 보고 또는 자료제출을 한 자 또는 정당한 사유 없이 관계 공무원의 출입 또는 검사를 거부·방해 또는 기피한 자

[과태료 부과·징수] : 소방청장, 시·도지사, 소방본부장 또는 소방서장

■ 소방시설공사업법

구분	내용
3년 이하의 징역 또는 3천만원 이하의 벌금 ★★★	1. 제4조제1항을 위반하여 소방시설업 등록을 하지 아니하고 영업을 한 자 2. 제21조의5를 위반하여 부정한 청탁을 받고 재물 또는 재산상의 이익을 취득하거나 부정한 청탁을 하면서 재물 또는 재산상의 이익을 제공한 자
1년 이하의 징역 또는 1천만원 이하의 벌금 ★	① 제9조제1항을 위반하여 **영업정지처분을 받고 그 영업정지 기간에 영업을 한 자** ② 제11조나 제12조제1항을 위반하여 설계나 시공을 한 자 ③ 제16조제1항을 위반하여 감리를 하거나 거짓으로 감리한 자 ④ 제17조제1항을 위반하여 공사감리자를 지정하지 아니한 자 ⑤ 제20조에 따른 공사감리 결과의 통보 또는 공사감리 결과보고서의 제출을 거짓으로 한 자 ⑥ 제21조제1항을 위반하여 해당 소방시설업자가 아닌 자에게 소방시설공사 등을 도급한 자 ⑦ 제22조제1항 본문을 위반하여 도급받은 소방시설의 설계, 시공, 감리를 하도급한 자 ⑧ 제22조제2항을 위반하여 하도급받은 소방시설공사를 다시 하도급한 자
300만원 이하의 벌금	① 제8조제1항을 위반하여 다른 자에게 자기의 성명이나 상호를 사용하여 소방시설공사등을 수급 또는 시공하게 하거나 소방시설업의 등록증이나 등록수첩을 빌려준 자 ② 소방시설공사 현장에 감리원을 배치하지 아니한 자 ③ 감리업자의 보완 요구에 따르지 아니한 자 ④ 공사감리 계약을 해지하거나 대가 지급을 거부하거나 지연시키거나 불이익을 준 자 ⑤ 자격수첩 또는 경력수첩을 빌려 준 사람 ⑥ **동시에 둘 이상의 업체에 취업한 사람** ⑦ 관계공무원(시·도지사, 소방본부장, 소방서장)이 관계인의 정당한 업무를 방해하거나 업무상 알게 된 비밀을 누설한 사람
100만원 이하의 벌금	정당한 사유 없이 관계 공무원의 출입 또는 검사·조사를 거부·방해 또는 기피한 자
200만원 이하의 과태료	① 관계인에게 지위승계, 행정처분 또는 휴업·폐업의 사실을 거짓으로 알린 자 ② 소방기술자를 공사 현장에 배치하지 아니한 자 ③ 완공검사를 받지 아니한 자 ④ 3일 이내에 하자를 보수하지 아니하거나 하자보수계획을 관계인에게 거짓으로 알린 자 ⑤ 방염성능기준 미만으로 방염을 한 자 ⑥ 도급계약 체결 시 의무를 이행하지 아니한 자(하도급 계약의 경우에는 하도급 받은 소방시설업자는 제외한다) ⑦ 하도급 등의 통지를 하지 아니한 자
과태료 부과징수	**시·도지사, 소방본부장 또는 소방서장**

■ 위험물안전관리법

구분	내용
1년 이상 10년 이하의 징역 ★★★	제조소등 또는 제6조 제1항에 따른 허가를 받지 않고 지정수량 이상의 위험물을 저장 또는 취급하는 장소에서 위험물을 유출·방출 또는 확산시켜 **사람의 생명·신체 또는 재산에 대하여 위험을 발생**시킨 자
무기 또는 3년 이상의 징역 ★★★	제조소등에서 위험물을 유출·방출 또는 확산시켜 **사람을 상해(傷害)에 이르게 한 때**
무기 또는 5년 이상의 징역 ★★★	제조소등에서 위험물을 유출·방출 또는 확산시켜 **사람을 사망에 이르게 한 때**
7년 이하의 금고 또는 7천만원 이하의 벌금 ★★★	업무상 과실로 제조소등에서 위험물을 유출·방출 또는 확산시켜 사람의 생명·신체 또는 재산에 대하여 위험을 발생시킨 자
10년 이하의 징역 또는 금고나 1억원 이하의 벌금 ★★★	업무상 과실로 제조소등에서 위험물을 유출·방출 또는 확산시켜 사람을 사상(死傷)에 이르게 한 자
5년 이하의 징역 또는 1억원 이하의 벌금 ★★	제조소등의 설치허가를 받지 아니하고 제조소등을 설치한 자
3년 이하의 징역 또는 3천만원 이하의 벌금	저장소 또는 제조소등이 아닌 장소에서 지정수량 이상의 위험물을 저장 또는 취급한 자
1년 이하의 징역 또는 1천만원 이하의 벌금	① 탱크시험자로 등록하지 아니하고 탱크시험자의 업무를 한 자 ② 제조소등에 대한 긴급 사용정지·제한명령을 위반한 자
1천500만원 이하의 벌금	① 위험물의 저장 또는 취급에 관한 중요기준에 따르지 아니한 자 ② 변경허가를 받지 아니하고 제조소등을 변경한 자 ③ 제조소등의 완공검사를 받지 아니하고 위험물을 저장·취급한 자 ④ 제조소등의 사용정지명령을 위반한 자
1천만원 이하의 벌금	① 위험물의 취급에 관한 안전관리와 감독을 하지 아니한 자 ② 안전관리자 또는 그 대리자가 참여하지 아니한 상태에서 위험물을 취급한 자 ③ **위험물의 운반에 관한 중요기준에 따르지 아니한 자** ④ **규정을 위반한 위험물운송자(운송책임자 및 이동탱크저장소 운전자)**

02 출제예상문제

벌칙정리

01 ★★★ 출제년도 [21.]

소방기본법령상 출동한 소방대원에게 폭행 또는 협박을 행사하여 화재진압·인명구조 또는 구급활동을 방해한 사람에 대한 벌칙 기준은?

① 500만원 이하의 과태료
② 1년 이하의 징역 또는 1000만원 이하의 벌금
③ 3년 이하의 징역 또는 3000만원 이하의 벌금
④ 5년 이하의 징역 또는 5000만원 이하의 벌금

해설 5년 이하의 징역 또는 5천만원 이하의 벌금
1. 제16조제2항을 위반하여 다음 각 목의 어느 하나에 해당하는 행위를 한 사람
    가. 위력(威力)을 사용하여 출동한 소방대의 화재진압·인명구조 또는 구급활동을 방해하는 행위
    나. 소방대가 화재진압·인명구조 또는 구급활동을 위하여 현장에 출동하거나 현장에 출입하는 것을 고의로 방해하는 행위
    다. 출동한 소방대원에게 폭행 또는 협박을 행사하여 화재진압·인명구조 또는 구급활동을 방해하는 행위
    라. 출동한 소방대의 소방장비를 파손하거나 그 효용을 해하여 화재진압·인명구조 또는 구급활동을 방해하는 행위

02 ★★★ 출제년도 [18.]

소방기본법에 따른 벌칙의 기준이 다른 것은?

① 정당한 사유 없이 불장난, 모닥불, 흡연, 화기 취급, 풍등 등 소형 열기구 날리기, 그 밖에 화재예방상 위험하다고 인정되는 행위의 금지 또는 제한에 따른 명령에 따르지 아니하거나 이를 방해한 사람
② 소방활동 종사 명령에 따른 사람을 구출하는 일 또는 불을 끄거나 불이 번지지 아니하도록 하는 일을 방해한 사람
③ 정당한 사유 없이 소방용수시설 또는 비상소화장치를 사용하거나 소방용수시설 또는 비상소화장치의 효용을 해치거나 그 정당한 사용을 방해한 사람
④ 출동한 소방대의 소방장비를 파손하거나 그 효용을 해하여 화재진압·인명구조 또는 구급활동을 방해하는 행위를 한 사람

해설 보기 ②~④는 5년 이하의 징역 또는 5천만원 이하의 벌금에 해당한다.

03 ★★★ 출제년도 [20.]

소방기본법령상 시장지역에서 화재로 오인할 만한 우려가 있는 불을 피우거나 연막소독을 하려는 자가 신고를 하지 아니하여 소방자동차를 출동하게 한 자에 대한 과태료 부과·징수권자는?

① 국무총리
② 시·도지사
③ 행정안전부 장관
④ 소방본부장 또는 소방서장

해설 소방기본법
① 화재로 오인할 만한 우려가 있는 불을 피우거나 연막(煙幕) 소독을 하려는 자가 신고를 하지 아니하여 소방자동차를 출동하게 한 자
② 소방본부장 또는 소방서장이 부과·징수
③ 20만원 이하의 과태료

정답 01. ④ 02. ① 03. ④

04
화재의 예방 및 안전관리에 관한 법령상 정당한 사유 없이 화재의 예방조치에 관한 명령에 따르지 아니한 경우에 대한 벌칙은?

① 100만 원 이하의 벌금
② 200만 원 이하의 벌금
③ 300만 원 이하의 벌금
④ 500만 원 이하의 벌금

해설 300만원 이하의 벌금
제17조제2항(화재의 예방조치) 각 호의 어느 하나에 따른 명령을 정당한 사유 없이 따르지 아니하거나 방해한 자

05
화재의 예방 및 안전관리에 관한 법령상 정당한 사유 없이 화재안전조사 결과에 따른 조치명령을 위반한 자에 대한 벌칙으로 옳은 것은?

① 100만원 이하의 벌금
② 300만원 이하의 벌금
③ 1년 이하의 징역 또는 1천만원 이하의 벌금
④ 3년 이하의 징역 또는 3천만원 이하의 벌금

해설 3년 이하의 징역 또는 3천만원 이하의 벌금
1. 제14조제1항 및 제2항(화재안전조사 결과에 따른 조치명령)에 따른 조치명령을 정당한 사유 없이 위반한 자
2. 제28조제1항 및 제2항(소방안전관리자 선임명령)에 따른 명령을 정당한 사유 없이 위반한 자
3. 제41조제5항(화재예방안전진단)에 따른 보수·보강 등의 조치명령을 정당한 사유 없이 위반한 자
4. 거짓이나 그 밖의 부정한 방법으로 제42조제1항(화재예방안전진단기관)에 따른 진단기관으로 지정을 받은 자

06
소방시설 설치 및 관리에 관한 법률상 소방용품의 형식승인을 받지 아니하고 소방용품을 제조하거나 수입한 자에 대한 벌칙 기준은?

① 100만 원 이하의 벌금
② 300만 원 이하의 벌금
③ 1년 이하의 징역 또는 1천만 원 이하의 벌금
④ 3년 이하의 징역 또는 3천만 원 이하의 벌금

해설 3년 이하의 징역 또는 3천만원 이하의 벌금
소방용품의 형식승인을 받지 아니하고 소방용품을 제조하거나 수입한 자 또는 거짓이나 그 밖의 부정한 방법으로 형식승인을 받은 자

07
소방시설 설치 및 관리에 관한 법률상 소방시설 등에 대하여 스스로 점검을 하지 아니하거나 관리업자 등으로 하여금 정기적으로 점검하게 하지 아니한 자에 대한 벌칙 기준으로 옳은 것은?

① 6개월 이하의 징역 또는 1000만원 이하의 벌금
② 1년 이하의 징역 또는 1000만원 이하의 벌금
③ 3년 이하의 징역 또는 1500만원 이하의 벌금
④ 3년 이하의 징역 또는 3000만원 이하의 벌금

해설 1년 이하의 징역 또는 1000만원 이하의 벌금 : 소방시설등에 대하여 스스로 점검을 하지 아니하거나 관리업자 등으로 하여금 정기적으로 점검하게 하지 아니한 자

08
소방시설 설치 및 관리에 관한 법상 소방시설 등에 대하여 스스로 점검을 하지 아니하거나 관리업자 등으로 하여금 정기적으로 점검하게 하지 아니한 자에 대한 벌칙 기준으로 옳은 것은?

① 1년 이하의 징역 또는 1000만원 이하의 벌금

정답 04. ③ 05. ④ 06. ④ 07. ② 08. ①

② 3년 이하의 징역 또는 1500만원 이하의 벌금

③ 3년 이하의 징역 또는 3000만원 이하의 벌금

④ 6개월 이하의 징역 또는 1000만원 이하의 벌금

해설 1년 이하의 징역 또는 1천만원 이하의 벌금(소방시설법)
1. 제22조제1항을 위반하여 소방시설등에 대하여 스스로 점검을 하지 아니하거나 관리업자등으로 하여금 정기적으로 점검하게 하지 아니한 자
2. 제25조제7항을 위반하여 소방시설관리사증을 다른 사람에게 빌려주거나 빌리거나 이를 알선한 자
3. 제25조제8항을 위반하여 동시에 둘 이상의 업체에 취업한 자
4. 제28조에 따라 자격정지처분을 받고 그 자격정지기간 중에 관리사의 업무를 한 자
5. 제33조제2항을 위반하여 관리업의 등록증이나 등록수첩을 다른 자에게 빌려주거나 빌리거나 이를 알선한 자
6. 제35조제1항에 따라 영업정지처분을 받고 그 영업정지기간 중에 관리업의 업무를 한 자

09 ★ 출제년도【20.】
소방시설 설치 및 관리에 관한 법령상 1년 이하의 징역 또는 1천만원 이하의 벌금 기준에 해당하는 경우는?

① 소방용품의 형식승인을 받지 아니하고 소방용품을 제조하거나 수입한 자
② 형식승인을 받은 소방용품에 대하여 제품검사를 받지 아니한 자
③ 거짓이나 그 밖의 부정한 방법으로 제품검사 전문기관으로 지정을 받은 자
④ 소방용품에 대하여 형상 등의 일부를 변경한 후 형식승인의 변경승인을 받지 아니한 자

해설 보기 ①, ②, ③은 3년 이하의 징역 또는 3천만원 이하의 벌금에 해당한다.

10 ★★★ 출제년도【20.】
소방시설 설치 및 관리에 관한 법령상 정당한 사유없이 피난시설, 방화구획 및 방화시설의 유지·관리에 필요한 조치 명령을 위반한 경우 이에 대한 벌칙기준으로 옳은 것은?

① 200만원 이하의 벌금
② 300만원 이하의 벌금
③ 1년 이하의 징역 또는 1000만원 이하의 벌금
④ 3년 이하의 징역 또는 3000만원 이하의 벌금

해설 정당한 사유없이 피난시설, 방화구획 및 방화시설의 유지·관리에 필요한 조치 명령을 위반한 경우 3년 이하의 징역 또는 3천만원 이하의 벌금에 처한다.

11 ★ 출제년도【21.】
소방시설 설치 및 관리에 관한 법령상 관리업자가 소방시설등의 점검을 마친 후 점검기록표에 기록하고 이를 해당 특정소방대상물에 부착하여야 하나 이를 위반하고 점검기록표를 거짓으로 작성하거나 해당 특정소방대상물에 부착하지 아니하였을 경우 벌칙기준은?

① 100만원 이하의 벌금
② 200만원 이하의 벌금
③ 300만원 이하의 벌금
④ 500만원 이하의 벌금

해설 300만원 이하의 벌금 : 점검기록표를 거짓으로 작성하거나 해당 특정소방대상물에 부착하지 아니한 자

12 ★★★ 출제년도【15. 18.】
소방시설 설치 및 관리에 관한 법상 특정소방대상물의 피난시설, 방화구획 또는 방화시설의 폐쇄·훼손·변경 등의 행위를 한 자에 대한 과태료 기준으로 옳은 것은?

① 200만원 이하의 과태료
② 300만원 이하의 과태료
③ 500만원 이하의 과태료
④ 600만원 이하의 과태료

해설 300만원 이하의 과태료
특정소방대상물의 피난시설, 방화구획 또는 방화시설의 폐쇄·훼손·변경 등의 행위를 한 자

13 ★ 출제년도【20.】
소방시설공사업법상 도급을 받은 자가 제3자에게 소방시설공사의 시공을 하도급한 경우에 대한 벌칙 기준으로 옳은 것은? (단, 대통령령으로 정하는 경우는 제외한다.)

① 100만원 이하의 벌금
② 300만원 이하의 벌금
③ 1년 이하의 징역 또는 1000만원 이하의 벌금
④ 3년 이하의 징역 또는 1500만원 이하의 벌금

해설 도급을 받은 자가 제3자에게 소방시설공사의 시공을 하도급한 경우 1년 이하의 징역 또는 1천만원 이하의 벌금에 처한다.

14 ★★ 출제년도【21. 22.】
소방시설공사업법령상 소방시설업 등록을 하지 아니하고 영업을 한 자에 대한 벌칙은?

① 500만원 이하의 벌금
② 1년 이하의 징역 또는 1,000만원 이하의 벌금
③ 3년 이하의 징역 또는 3,000만원 이하의 벌금
④ 5년 이하의 징역

해설 제4조제1항을 위반하여 소방시설업 등록을 하지 아니하고 영업을 한 자 : 3년 이하의 징역 또는 3천만원 이하의 벌금

15 ★★ 출제년도【21.】
소방시설공사업법령상 소방시설공사업자가 소속 소방기술자를 소방시설공사 현장에 배치하지 않았을 경우의 과태료 기준은?

① 100만원 이하 ② 200만원 이하
③ 300만원 이하 ④ 400만원 이하

해설 200만원 이하의 과태료 : 소속 소방기술자를 소방시설공사 현장에 배치하지 아니한 자

16 ★★★ 출제년도【18.】
위험물안전관리법상 업무상 과실로 제조소등에서 위험물을 유출·방출 또는 확산시켜 사람의 생명·신체 또는 재산에 대하여 위험을 발생시킨 자에 대한 벌칙 기준으로 옳은 것은?

① 10년 이하의 징역 또는 금고나 1억원 이하의 벌금
② 7년 이하의 금고 또는 7천만원 이하의 벌금
③ 5년 이하의 징역 또는 1억원 이하의 벌금
④ 3년 이하의 징역 또는 3천만원 이하의 벌금

해설 업무상 과실로 제조소등에서 위험물을 유출·방출 또는 확산시켰을 경우
① 사람의 생명·신체 또는 재산에 대하여 위험을 발생시킨 자 : 7년 이하의 금고 또는 7천만원 이하의 벌금
② 사람을 사상에 이르게 한 자 : 10년 이하의 징역 또는 금고나 1억원 이하의 벌금

17 ★★★ 출제년도【18. 21.】
위험물안전관리법상 업무상 과실로 제조소등에서 위험물을 유출·방출 또는 확산시켜 사람의 생명·신체 또는 재산에 대하여 위험을 발생시킨 자에 대한 벌칙 기준은?

① 5년 이하의 금고 또는 2,000만원 이하의 벌금

정답 13. ③ 14. ③ 15. ② 16. ② 17. ④

② 5년 이하의 금고 또는 7,000만원 이하의 벌금
③ 7년 이하의 금고 또는 2,000만원 이하의 벌금
④ 7년 이하의 금고 또는 7,000만원 이하의 벌금

해설 업무상 과실로 제조소등에서 위험물을 유출 · 방출 또는 확산시켰을 경우
① 사람의 생명 · 신체 또는 재산에 대하여 위험을 발생시킨 자 : 7년 이하의 금고 또는 7천만원 이하의 벌금
② 사람을 사상에 이르게 한 자 : 10년 이하의 징역 또는 금고나 1억원 이하의 벌금

18 ★ 출제년도【20.】
위험물안전관리법령상 다음의 규정을 위반하여 위험물의 운송에 관한 기준을 따르지 아니한 자에 대한 과태료 기준은?

> 위험물운송자는 이동탱크저장소에 의하여 위험물을 운송하는 때에는 행정안전부령으로 정하는 기준을 준수하는 등 당해 위험물의 안전확보를 위하여 세심한 주의를 기울여야 한다.

① 50만원 이하   ② 100만원 이하
③ 200만원 이하 ④ 300만원 이하

해설 제21조3항의 규정을 위반하여 위험물의 운송에 관한 기준을 따르지 아니한 자는 200만원 이하의 과태료에 처한다.
제21조3항 : 위험물운송자는 이동탱크저장소에 의하여 위험물을 운송하는 때에는 행정안전부령으로 정하는 기준을 준수하는 등 당해 위험물의 안전확보를 위하여 세심한 주의를 기울여야 한다.

19 ★★ 출제년도【19.】
위험물운송자 자격을 취득하지 아니한 자가 위험물 이동탱크저장소 운전 시의 벌칙으로 옳은 것은?

① 100만원 이하의 벌금
② 300만원 이하의 벌금
③ 500만원 이하의 벌금
④ 1000만원 이하의 벌금

해설 제21조 제1항 또는 제2항의 규정을 위반한 위험물운송자 : 1천만원 이하의 벌금
위험물안전관리법 제21조(위험물의 운송)
① 이동탱크저장소에 의하여 위험물을 운송하는 자(운송책임자 및 **이동탱크저장소운전자**를 말하며, 이하 "위험물운송자"라 한다)는 당해 위험물을 취급할 수 있는 국가기술자격자 또는 안전교육을 받은 자이어야 한다.
② 대통령령이 정하는 위험물의 운송에 있어서는 운송책임자(위험물 운송의 감독 또는 지원을 하는 자를 말한다. 이하 같다)의 감독 또는 지원을 받아 이를 운송하여야 한다. 운송책임자의 범위, 감독 또는 지원의 방법 등에 관한 구체적인 기준은 행정안전부령으로 정한다.

20 ★ 출제년도【20.】
화재의 예방 및 안전관리에 관한 법령상 특수가연물의 저장 및 취급기준을 2회 위반한 경우 과태료 부과기준은?

① 50만원   ② 100만원
③ 150만   ④ 200만원

해설 특수가연물의 저장 및 취급기준 위반시 과태료

위반횟수	1회	2회	3회	4회이상
과태료	20만원	50만원	100만원	100만원

03 소방기본법·시행령·시행규칙

■ 소방기관의 설치 등

소방업무	시·도의 화재 예방·경계·진압 및 조사, 소방안전교육·홍보와 화재, 재난·재해, 그 밖의 위급한 상황에서의 구조·구급 등의 업무
시·도지사의 지휘와 감독	소방업무를 수행하는 소방본부장 또는 소방서장
소방청장	화재 예방 및 대형 재난 등 필요한 경우 시·도 소방본부장 및 소방서장을 지휘·감독

■ 119종합상황실의 설치와 운영 ★★

119종합상황실을 설치·운영권자	소방청장, 소방본부장 및 소방서장
종합상황실	소방청과 특별시·광역시·특별자치시·도 또는 특별자치도(이하 "시·도"라 한다)의 소방본부 및 소방서에 각각 설치·운영
운영체제	24시간
종합상황실장의 업무	1. 화재, 재난·재해 그 밖에 구조·구급이 필요한 상황(이하 "재난상황"이라 한다)의 발생의 신고접수 2. 접수된 재난상황을 검토하여 가까운 소방서에 인력 및 장비의 동원을 요청하는 등의 사고수습 3. 하급소방기관에 대한 출동지령 또는 동급 이상의 소방기관 및 유관기관에 대한 지원요청 4. 재난상황의 전파 및 보고 5. 재난상황이 발생한 현장에 대한 지휘 및 피해현황의 파악 6. 재난상황의 수습에 필요한 정보수집 및 제공
종합상황실 실장의 보고업무 ★★★	소방서의 종합상황실 → 소방본부의 종합상황실 → 소방청의 종합상황실에 각각 보고 1. 다음 각목의 1에 해당하는 화재 　가. 사망자가 5인 이상 발생하거나 사상자가 10인 이상 발생한 화재 　나. 이재민이 100인 이상 발생한 화재 　다. 재산피해액이 50억원 이상 발생한 화재 　라. 관공서·학교·정부미도정공장·문화재·지하철 또는 지하구의 화재 　마. 관광호텔, 층수가 11층 이상인 건축물, 지하상가, 시장, 백화점, 지정수량의 3천배 이상의 위험물의 제조소·저장소·취급소, 층수가 5층 이상이거나 객실이 30실 이상인 숙박시설, 층수가 5층 이상이거나 병상이 30개 이상인 종합병원·정신병원·한방병원·요양소, 연면적 1만5천제곱미터 이상인 공장 또는 소방기본법 시행령에 따른 화재경계지구에서 발생한 화재 　바. 철도차량, 항구에 매어둔 총 톤수가 1천톤 이상인 선박, 항공기, 발전소 또는 변전소에서 발생한 화재

	사. 가스 및 화약류의 폭발에 의한 화재
	아. 다중이용업소의 화재
	2. 통제단장의 현장지휘가 필요한 재난상황
	3. 언론에 보도된 재난상황
	4. 그 밖에 소방청장이 정하는 재난상황

■ 소방박물관 등의 설립과 운영 ★★★

구분	소방박물관	소방체험관
설립운영	소방청장	시·도지사
관련규정	행정안전부령	시·도의 조례

■ 소방업무에 관한 종합계획의 수립·시행 ★

시행권자	수립·시행주기
소방청장	5년마다

■ 소방의 날 제정과 운영 ★

소방의 날	소방청장 또는 시·도지사
11월 9일	소방의 날 행사에 관하여 필요한 사항

■ 소방장비 등에 대한 국고보조 ★

국고보조 대상사업의 범위	1. 다음 각 목의 소방활동장비와 설비의 구입 및 설치 　가. 소방자동차 　나. 소방헬리콥터 및 소방정 　다. 소방전용통신설비 및 전산설비 　라. 그 밖에 방화복 등 소방활동에 필요한 소방장비 2. 소방관서용 청사의 건축

■ 소방용수시설의 설치 및 관리 ★★★

소방용수시설의 종류	소화전(消火栓)·급수탑(給水塔)·저수조(貯水槽)
유지관리	시·도지사 다만, 「수도법」에 따라 소화전을 설치하는 일반수도사업자는 관할 소방서장과 사전협의를 거친 후 소화전을 설치하여야 하며, 설치 사실을 관할 소방서장에게 통지하고, 그 소화전을 유지·관리

소방용수시설
설치기준
	1. 공통기준(수평거리)
	  1) **주거지역, 상업지역, 공업지역 : 100미터** 이하
	  2) 기타 : 140미터 이하
	2. 소방용수시설별 설치기준
	  1) 소화전 연결금속구의 구경 : **65mm**
	  2) 급수탑 설치기준
	    ① 급수배관의 구경 : **100mm이상**
	    ② **개폐밸브 : 지상에서 1.5~1.7m** 이하
	  3) 저수조 설치기준
	    ① 지면으로부터 **낙차가 4.5m** 이하
	    ② 흡수부분의 수심 : **0.5m 이상**
	    ③ 흡수관 투입구 : 사각형 또는 원형으로 한 변의 길이 또는 지름이 60cm 이상
	    ④ 저수조에 물을 공급하는 방법 : 상수도에 연결하여 자동으로 급수되는 구조
	    ⑤ 소방펌프자동차가 쉽게 접근할 수 있도록 할 것
	    ⑥ 흡수에 지장이 없도록 토사 및 쓰레기 등을 제거할 수 있는 설비

비상소화장치의 구성	비상소화장치함, 소화전, 소방호스(소화전의 방수구에 연결하여 소화용수를 방수하기 위한 도관으로서 호스와 연결금속구로 구성되어 있는 소방용릴호스 또는 소방용고무내장호스를 말한다), 관창
소방용수시설 또는 비상소화장치의 사용금지	1. 정당한 사유 없이 소방용수시설 또는 비상소화장치를 사용하는 행위 2. 정당한 사유 없이 손상·파괴, 철거 또는 그 밖의 방법으로 소방용수시설 또는 비상소화장치의 효용을 해치는 행위 3. 소방용수시설 또는 비상소화장치의 정당한 사용을 방해하는 행위
비상소화장치의 설치대상 지역	1. 화재경계지구 2. 시·도지사가 비상소화장치의 설치가 필요하다고 인정하는 지역
소방용수시설 또는 비상소화장치의 사용금지	누구든지 다음 각 호의 어느 하나에 해당하는 행위를 하여서는 아니 된다. 1. 정당한 사유 없이 소방용수시설 또는 비상소화장치를 사용하는 행위 2. 정당한 사유 없이 손상·파괴, 철거 또는 그 밖의 방법으로 소방용수시설 또는 비상소화장치의 효용(效用)을 해치는 행위 3. 소방용수시설 또는 비상소화장치의 정당한 사용을 방해하는 행위

■ 소방업무의 응원 ★★

소방본부장이나 소방소장	소방활동을 할 때에 긴급한 경우에는 이웃한 소방본부장 또는 소방서장에게 소방업무의 응원(應援)을 요청
소방업무의 응원 요청을 받은 소방본부장 또는 소방서장	정당한 사유 없이 그 요청을 거절하여서는 아니 된다.
소방업무의 응원을 위하여 파견된 소방대원	응원을 요청한 소방본부장 또는 소방서장의 지휘에 따라야 한다.

시·도지사	소방업무의 응원을 요청하는 경우를 대비하여 출동 대상지역 및 규모와 필요한 경비의 부담 등에 관하여 필요한 사항을 행정안전부령으로 정하는 바에 따라 이웃하는 시·도지사와 협의하여 미리 규약(規約)으로 정하여야 한다.

소방업무의 상호응원협정	1. 다음 각목의 소방활동에 관한 사항
	   가. 화재의 경계·진압활동
	   나. 구조·구급업무의 지원
	   다. 화재조사활동
	2. 응원출동대상지역 및 규모
	3. 다음 각 목의 소요경비의 부담에 관한 사항
	   가. 출동대원의 수당·식사 및 의복의 수선
	   나. 소방장비 및 기구의 정비와 연료의 보급
	   다. 그 밖의 경비
	4. 응원출동의 요청방법
	5. 응원출동훈련 및 평가

■ 소방력의 동원 ★

소방청장	1. 해당 시·도의 소방력만으로는 소방활동을 효율적으로 수행하기 어려운 화재, 재난·재해, 그 밖의 구조·구급이 필요한 상황이 발생하거나 특별히 국가적 차원에서 소방활동을 수행할 필요가 인정될 때에는 각 시·도지사에게 행정안전부령으로 정하는 바에 따라 소방력을 동원할 것을 요청 2. 시·도지사에게 동원된 소방력을 화재, 재난·재해 등이 발생한 지역에 지원·파견하여 줄 것을 요청하거나 필요한 경우 직접 소방대를 편성하여 화재진압 및 인명구조 등 소방에 필요한 활동을 하게 할 수 있다.
동원 요청을 받은 시·도지사	정당한 사유 없이 요청을 거절하여서는 아니 된다.
동원된 소방대원의 지휘	동원된 소방대원이 다른 시·도에 파견·지원되어 소방활동을 수행할 때에는 특별한 사정이 없으면 화재, 재난·재해 등이 발생한 지역을 관할하는 소방본부장 또는 소방서장의 지휘에 따라야 한다. 다만, 소방청장이 직접 소방대를 편성하여 소방활동을 하게 하는 경우에는 소방청장의 지휘
경비부담	화재, 재난·재해나 그 밖의 구조·구급이 필요한 상황이 발생한 시·도에서 부담하는 것을 원칙으로 하며, 구체적인 내용은 해당 시·도가 서로 협의
보상	동원된 민간 소방 인력이 소방활동을 수행하다가 사망하거나 부상을 입은 경우 화재, 재난·재해 또는 그 밖의 구조·구급이 필요한 상황이 발생한 시·도가 해당 시·도의 조례로 정하는 바에 따라 보상한다.

■ 소방활동 ★

소방청장, 소방본부장 또는 소방서장	화재, 재난·재해, 그 밖의 위급한 상황이 발생하였을 때에는 소방대를 현장에 신속하게 출동시켜 화재진압과 인명구조·구급 등 소방에 필요한 활동(이하 이 조에서 "소방활동"이라 한다)을 하게 하여야 한다.
소방대장	소방활동구역의 설정

소방활동구역의 출입자	1. 소방활동구역 안에 있는 소방대상물의 소유자·관리자 또는 점유자 2. 전기·가스·수도·통신·교통의 업무에 종사하는 사람으로서 원활한 소방활동을 위하여 필요한 사람 3. 의사·간호사 그 밖의 구조·구급업무에 종사하는 사람 4. 취재인력 등 보도업무에 종사하는 사람 5. 수사업무에 종사하는 사람 6. 그 밖에 소방대장이 소방활동을 위하여 출입을 허가한 사람

■ 소방지원활동 ★★★

지시권자	소방청장·소방본부장 또는 소방서장
범위	소방활동 수행에 지장을 주지 아니하는 범위

소방지원활동	1. **산불에 대한 예방·진압 등 지원활동**
	2. **자연재해에 따른 급수·배수 및 제설 등 지원활동**
	3. 집회·공연 등 각종 행사 시 사고에 대비한 근접대기 등 지원활동
	4. 화재, 재난·재해로 인한 피해복구 지원활동
	5. 그 밖에 행정안전부령으로 정하는 활동
	  ① 군·경찰 등 유관기관에서 실시하는 훈련지원 활동
	  ② 소방시설 오작동 신고에 따른 조치활동
	  ③ 방송제작 또는 촬영 관련 지원활동

■ 생활안전활동 ★★★

지시권자	소방청장·소방본부장 또는 소방서장
생활안전활동	1. 붕괴, 낙하 등이 우려되는 고드름, 나무, 위험 구조물 등의 제거활동 2. 위해동물, 벌 등의 포획 및 퇴치 활동 3. 끼임, 고립 등에 따른 위험제거 및 구출 활동 4. **단전사고 시 비상전원 또는 조명의 공급** 5. 그 밖에 방치하면 급박해질 우려가 있는 위험을 예방하기 위한 활동

■ 소방안전교육사 ★

시험의 시행	2년마다 1회 시행(소방청장이 횟수 증감)
공고	소방안전교육사시험의 시행일 90일 전까지 소방청의 인터넷 홈페이지 등에 공고
응시자격심사 위원 및 시험위원	① 소방 관련 학과, 교육학과 또는 응급구조학과 박사학위 취득자 ② 소방 관련 학과, 교육학과 또는 응급구조학과에서 조교수 이상으로 2년 이상 재직한 자 ③ 소방위이상의 소방공무원 ④ 소방안전교육사 자격을 취득한 자
결격사유	① 피성년후견인 ② 금고 이상의 실형을 선고받고 그 집행이 끝나거나(집행이 끝난 것으로 보는 경우를 포함) 집행이 면제된 날부터 2년이 지나지 아니한 사람

	③ 금고 이상의 형의 집행유예를 선고받고 그 유예기간 중에 있는 사람 ④ 법원의 판결 또는 다른 법률에 따라 자격이 정지되거나 상실된 사람
소방안전교육 사의 배치	① 소방청, 소방본부 또는 소방서 ② 한국소방안전원 ③ 한국소방산업기술원

■ 소방신호의 종류 및 방법

소방신호의 종류 ★	1. **경계신호** : 화재예방상 필요하다고 인정되거나 화재위험 경보시 발령 2. **발화신호** : 화재가 발생한 때 발령 3. **해제신호** : 소화활동이 필요없다고 인정되는 때 발령 4. **훈련신호** : 훈련상 필요하다고 인정되는 때 발령
소방신호의 종류별 소방신호의 방법 ★★★	<table><tr><th>신호방법 종별</th><th>타종신호</th><th>싸이렌 신호</th></tr><tr><td>경계신호</td><td>1타와 연2타를 반복</td><td>5초 간격을 두고 30초씩 3회</td></tr><tr><td>발화신호</td><td>난타</td><td>5초 간격을 두고 5초씩 3회</td></tr><tr><td>해제신호</td><td>상당한 간격을 두고 1타씩 반복</td><td>1분간 1회</td></tr><tr><td>훈련신호</td><td>연3타 반복</td><td>10초 간격을 두고 1분씩 3회</td></tr></table>[비고] 1. 소방신호의 방법은 그 전부 또는 일부를 함께 사용할 수 있다. 2. 게시판을 철거하거나 통풍대 또는 기를 내리는 것으로 소방활동이 해제되었음을 알린다. 3. 소방대의 비상소집을 하는 경우에는 훈련신호를 사용할 수 있다.

■ 화재 등의 통지 ★

화재 현장 또는 구조·구급이 필요한 사고 현장을 발견한 사람	그 현장의 상황을 소방본부, 소방서 또는 관계 행정기관에 지체 없이 알려야 한다.
다음 각 호의 어느 하나에 해당하는 지역 또는 장소에서 화재로 오인할 만한 우려가 있는 불을 피우거나 연막(煙幕) 소독을 하려는 자는 시·도의 조례로 정하는 바에 따라 관할 소방본부장 또는 소방서장에게 신고	1. 시장지역 2. 공장·창고가 밀집한 지역 3. 목조건물이 밀집한 지역 4. 위험물의 저장 및 처리시설이 밀집한 지역 5. 석유화학제품을 생산하는 공장이 있는 지역 6. 그 밖에 시·도의 조례로 정하는 지역 또는 장소

■ 관계인의 소방활동 등 ★

관계인	1. 소방대상물에 화재, 재난·재해, 그 밖의 위급한 상황이 발생한 경우에는 소방대가 현장에 도착할 때까지 경보를 울리거나 대피를 유도하는 등의 방법으로 사람을 구출하는 조치 또는 불을 끄거나 불이 번지지 아니하도록 필요한 조치를 하여야 한다. 2. 소방대상물에 화재, 재난·재해, 그 밖의 위급한 상황이 발생한 경우에는 이를 소방본부, 소방서 또는 관계 행정기관에 지체 없이 알려야 한다.

■ 자체소방대의 설치·운영(시행 2023.5.16.)

자체소방대	1. 화재를 진압하거나 구조·구급 활동을 하기 위하여 상설 조직체(「위험물안전관리법」 제19조 및 그 밖의 다른 법령에 따라 설치된 자체소방대를 포함하며, 이하 이 조에서 "자체소방대"라 한다)를 설치·운영할 수 있다. 2. 자체소방대는 소방대가 현장에 도착한 경우 소방대장의 지휘·통제에 따라야 한다. 3. 소방청장, 소방본부장 또는 소방서장은 자체소방대의 역량 향상을 위하여 필요한 교육·훈련 등을 지원할 수 있다. 4. 교육·훈련 등의 지원에 필요한 사항은 행정안전부령

■ 소방자동차의 우선통행

소방자동차	① 모든 차와 사람은 소방자동차(지휘를 위한 자동차와 구조·구급차를 포함한다. 이하 같다)가 화재진압 및 구조·구급 활동을 위하여 출동을 할 때에는 이를 방해하여서는 아니 된다.
	② 소방자동차가 화재진압 및 구조·구급 활동을 위하여 출동하거나 훈련을 위하여 필요할 때에는 사이렌을 사용할 수 있다.
	③ 모든 차와 사람은 소방자동차가 화재진압 및 구조·구급 활동을 위하여 사이렌을 사용하여 출동하는 경우에는 다음 각 호의 행위를 하여서는 아니 된다.
	  1. 소방자동차에 진로를 양보하지 아니하는 행위
	  2. 소방자동차 앞에 끼어들거나 소방자동차를 가로막는 행위
	  3. 그 밖에 소방자동차의 출동에 지장을 주는 행위
	④ 제3항의 경우를 제외하고 소방자동차의 우선 통행에 관하여는 「도로교통법」에서 정하는 바에 따른다.

■ 소방자동차 전용구역 ★★

설치권자 및 설치대상	다음 각호의 어느 하나에 해당하는 공동주택의 건축주 다만, 하나의 대지에 하나의 동(棟)으로 구성되고 「도로교통법」에 따라 정차 또는 주차가 금지된 편도 2차선 이상의 도로에 직접 접하여 소방자동차가 도로에서 직접 소방활동이 가능한 공동주택은 제외 1. 아파트 중 세대수가 100세대 이상인 아파트 2. 기숙사 중 3층 이상의 기숙사
전용구역의 설치방법	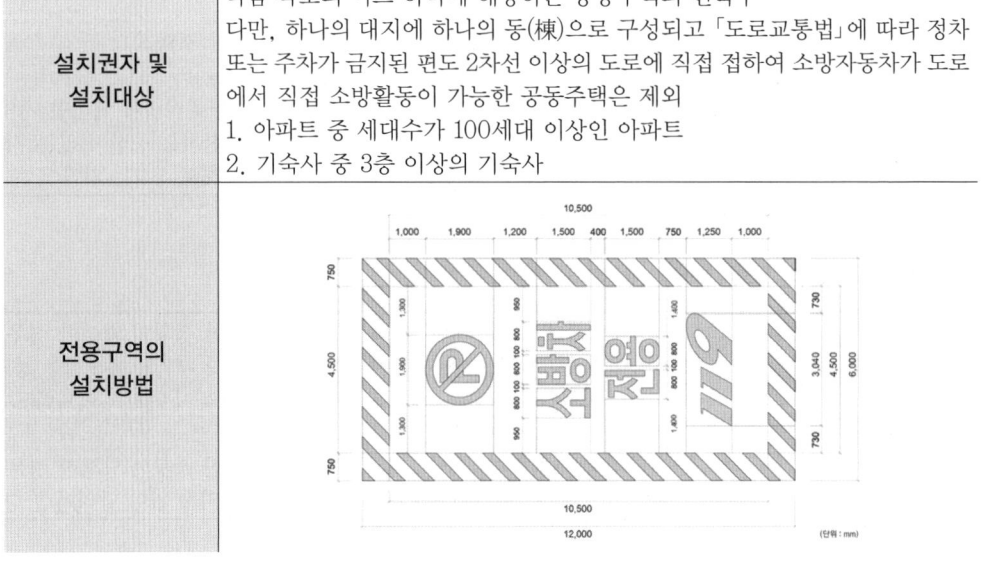

	1. 전용구역 노면표시 외곽선 : 빗금무늬 표시, 빗금 두께는 30cm로 하고, 50cm 간격으로 표시 2. 노면표시 도료의 색채 : 황색, 문자(P, 소방차 전용)는 백색
전용구역 방해행위의 기준	1. 전용구역에 물건 등을 쌓거나 주차하는 행위 2. 전용구역의 앞면, 뒷면 또는 양 측면에 물건 등을 쌓거나 주차하는 행위. 다만, 부설주차장의 주차구획 내에 주차하는 경우는 제외한다. 3. 전용구역 진입로에 물건 등을 쌓거나 주차하여 전용구역으로의 진입을 가로막는 행위 4. 전용구역 노면표지를 지우거나 훼손하는 행위 5. 그 밖의 방법으로 소방자동차가 전용구역에 주차하는 것을 방해하거나 전용구역으로 진입하는 것을 방해하는 행위

■ **소방대의 긴급통행**

화재, 재난·재해, 그 밖의 위급한 상황이 발생한 현장에 신속하게 출동하기 위하여 긴급할 때에는 일반적인 통행에 쓰이지 아니하는 도로·빈터 또는 물 위로 통행할 수 있다.

■ **소방활동 종사명령** ★

종사명령	① 소방본부장, 소방서장 또는 소방대장은 화재, 재난·재해, 그 밖의 위급한 상황이 발생한 현장에서 소방활동을 위하여 필요할 때에는 그 관할구역에 사는 사람 또는 그 현장에 있는 사람으로 하여금 사람을 구출하는 일 또는 불을 끄거나 불이 번지지 아니하도록 하는 일을 하게 할 수 있다. 이 경우 소방본부장, 소방서장 또는 소방대장은 소방활동에 필요한 보호장구를 지급하는 등 안전을 위한 조치를 하여야 한다. ② 명령에 따라 소방활동에 종사한 사람은 시·도지사로부터 소방활동의 비용을 지급받을 수 있다. 다만, **다음 각 호의 어느 하나에 해당하는 사람의 경우에는 그러하지 아니하다.** 1. 소방대상물에 화재, 재난·재해, 그 밖의 위급한 상황이 발생한 경우 그 관계인 2. 고의 또는 과실로 화재 또는 구조·구급 활동이 필요한 상황을 발생시킨 사람 3. 화재 또는 구조·구급 현장에서 물건을 가져간 사람

■ **강제처분 등** ★

강제처분	① **강제처분 명령권자 : 소방본부장, 소방서장 또는 소방대장** ② 사람을 구출하거나 불이 번지는 것을 막기 위하여 필요할 때에는 화재가 발생하거나 불이 번질 우려가 있는 소방대상물 및 토지를 일시적으로 사용하거나 그 사용의 제한 또는 소방활동에 필요한 처분을 할 수 있다. ③ 사람을 구출하거나 불이 번지는 것을 막기 위하여 긴급하다고 인정할 때에는 제1항에 따른 소방대상물 또는 토지 외의 소방대상물과 토지에 대하여

	제1항에 따른 처분을 할 수 있다. ④ 소방활동을 위하여 긴급하게 출동할 때에는 소방자동차의 통행과 소방활동에 방해가 되는 주차 또는 정차된 차량 및 물건 등을 제거하거나 이동시킬 수 있다. ⑤ 소방활동에 방해가 되는 주차 또는 정차된 차량의 제거나 이동을 위하여 관할 지방자치단체 등 관련 기관에 견인차량과 인력 등에 대한 지원을 요청할 수 있고, 요청을 받은 관련 기관의 장은 정당한 사유가 없으면 이에 협조하여야 한다.
시·도지사	견인차량과 인력 등을 지원한 자에게 시·도의 조례로 정하는 바에 따라 비용을 지급할 수 있다.

■ 피난 명령 ★

피난명령	① **소방본부장, 소방서장 또는 소방대장**은 화재, 재난·재해, 그 밖의 위급한 상황이 발생하여 사람의 생명을 위험하게 할 것으로 인정할 때에는 일정한 구역을 지정하여 그 구역에 있는 사람에게 그 구역 밖으로 피난할 것을 명할 수 있다. ② 소방본부장, 소방서장 또는 소방대장은 제1항에 따른 명령을 할 때 필요하면 관할 경찰서장 또는 자치경찰단장에게 협조를 요청할 수 있다.

■ 위험시설 등에 대한 긴급조치 ★

긴급조치	① 소방본부장, 소방서장 또는 소방대장은 화재 진압 등 소방활동을 위하여 필요할 때에는 소방용수 외에 댐·저수지 또는 수영장 등의 물을 사용하거나 수도(水道)의 개폐장치 등을 조작할 수 있다. ② 소방본부장, 소방서장 또는 소방대장은 화재 발생을 막거나 폭발 등으로 화재가 확대되는 것을 막기 위하여 가스·전기 또는 유류 등의 시설에 대하여 위험물질의 공급을 차단하는 등 필요한 조치를 할 수 있다.

■ 한국소방안전원 ★

업무	1. 소방기술과 안전관리에 관한 교육 및 조사연구 2. 소방기술과 안전관리에 관한 각종 간행물 발간 3. 화재 예방과 안전관리의식 고취를 위한 대국민 홍보 4. 소방업무에 관하여 행정기관이 위탁하는 업무 5. 소방안전에 관한 국제 협력 6. 그 밖에 회원에 대한 기술지원등 정관으로 정하는 사항

■ 손실보상

보상권자	소방청장 또는 시·도지사
보상대상	1. 제16조의3제1항에 따른 조치로 인하여 손실을 입은 자 2. 제24조제1항 전단에 따른 **소방활동 종사로 인하여 사망하거나 부상을 입은 자** 3. 제25조제2항 또는 제3항에 따른 처분으로 인하여 손실을 입은 자. 다만, 같은 조 제3항에 해당하는 경우로서 **법령을 위반하여 소방자동차의 통행과 소방활동에 방해가 된 경우는 제외한다.** 4. 제27조제1항 또는 제2항에 따른 조치로 인하여 손실을 입은 자 5. 그 밖에 소방기관 또는 소방대의 적법한 소방업무 또는 소방활동으로 인하여 손실을 입은 자

■ 소방대원에게 실시할 소방교육·훈련의 종류

1. 교육·훈련의 종류 및 교육·훈련을 받아야 할 대상자 ★

종류	교육·훈련을 받아야 할 대상자
가. 화재진압훈련	1) 화재진압업무를 담당하는 소방공무원 2) 「의무소방대설치법 시행령」에 따른 임무를 수행하는 의무소방원 3) 「의용소방대 설치 및 운영에 관한 법률」에 따라 임명된 의용소방대원
나. 인명구조훈련	1) 구조업무를 담당하는 소방공무원 2) 「의무소방대설치법 시행령」에 따른 임무를 수행하는 의무소방원 3) 「의용소방대 설치 및 운영에 관한 법률」에 따라 임명된 의용소방대원
다. 응급처치훈련	1) 구급업무를 담당하는 소방공무원 2) 「의무소방대설치법」에 따라 임용된 의무소방원 3) 「의용소방대 설치 및 운영에 관한 법률」에 따라 임명된 의용소방대원
라. 인명대피훈련	1) 소방공무원 2) 「의무소방대설치법」에 따라 임용된 의무소방원 3) 「의용소방대 설치 및 운영에 관한 법률」에 따라 임명된 의용소방대원
마. 현장지휘훈련	소방공무원 중 다음의 계급에 있는 사람 1) 소방정 2) 소방령 3) 소방경 4) 소방위

2. 교육·훈련 횟수 및 기간 ★★★

횟수	기간
2년마다 1회	2주 이상

03 출제예상문제

소방기본법·시행령·시행규칙

01 ★★★ 출제년도【18.】
소방기본법령상 소방본부 종합상황실 실장이 소방청의 종합상황실에 서면·모사전송 또는 컴퓨터통신 등으로 보고하여야 하는 화재의 기준 중 틀린 것은?

① 항구에 매어둔 총 톤수가 1000 톤 이상인 선박에서 발생한 화재
② 층수가 5층 이상기거나 병상이 30개 이상인 종합병원·정신병원·한방병원·요양소에서 발생한 화재
③ 지정수량의 1000 배 이상의 위험물의 제조소·저장소·취급소에서 발생한 화재
④ 연면적 15000 m² 이상인 공장 또는 화재경계지구에서 발생한 화재

해설 소방기본법 시행규칙(종합상황실의 실장의 업무 등)
1. 다음 각목의 1에 해당하는 화재
  가. 사망자가 5 인 이상 발생하거나 사상자가 10인 이상 발생한 화재
  나. 이재민이 100 인 이상 발생한 화재
  다. 재산피해액이 50 억원 이상 발생한 화재
  라. 관공서·학교·정부미도정공장·문화재·지하철 또는 지하구의 화재
  마. 관광호텔, 층수가 11층 이상인 건축물, 지하상가, 시장, 백화점, 지정수량의 3천배 이상의 위험물의 제조소·저장소·취급소, 층수가 5층 이상이거나 객실이 30실 이상인 숙박시설, 층수가 5층 이상이거나 병상이 30개 이상인 종합병원·정신병원·한방병원·요양소, 연면적 1만5천 제곱미터 이상인 공장 또는 화재경계지구에서 발생한 화재
  바. 철도차량, 항구에 매어둔 총 톤수가 1천톤 이상인 선박, 항공기, 발전소 또는 변전소에서 발생한 화재
  사. 가스 및 화약류의 폭발에 의한 화재
  아. 다중이용업소의 화재
2. 통제단장의 현장지휘가 필요한 재난상황
3. 언론에 보도된 재난상황

02 ★★★ 출제년도【19.】
소방기본법령상 소방본부 종합상황실 실장이 소방청의 종합상황실에 서면·모사전송 또는 컴퓨터통신 등으로 보고하여야 하는 화재의 기준에 해당하지 않는 것은?

① 항구에 매어둔 총 톤수가 1,000톤 이상인 선박에서 발생한 화재
② 연면적 15,000m² 이상인 공장 또는 화재경계지구에서 발생한 화재
③ 지정수량의 1,000배 이상의 위험물의 제조소·저장소·취급소 에서 발생한 화재
④ 층수가 5층 이상이거나 병상이 30개 이상인 종합병원·정신병원·한방병원·요양소에서 발생한 화재

해설 종합상황실 실장의 업무 보고사항(소방기본법 시행규칙 제3조)
1. 다음 각목의 1에 해당하는 화재
  가. 사망자가 5인 이상 발생하거나 사상자가 10인 이상 발생한 화재
  나. 이재민이 100인 이상 발생한 화재
  다. 재산피해액이 50억원 이상 발생한 화재
  라. 관공서·학교·정부미도정공장·문화재·지하철 또는 지하구의 화재
  마. 관광호텔, 층수가 11층 이상인 건축물, 지하상가, 시장, 백화점, 지정수량의 **3천배 이상**의 위험물의 제조소·저장소·취급소, 층수가 5층 이상이거나 객실이 30실 이상인 숙박시설, 층수가 5층 이상이거나 병상이 30개 이상인 종합병원·정신병원·한방병원·요양소, 연면적 1만5천제곱미터 이상인 공장 또는 화재경계지구에서 발생한 화재
  바. 철도차량, 항구에 매어둔 총 톤수가 1천톤 이

정답 01. ③ 02. ③

상인 선박, 항공기, 발전소 또는 변전소에서 발생한 화재
사. 가스 및 화약류의 폭발에 의한 화재
아. 다중이용업소의 화재
2. 통제단장의 현장지휘가 필요한 재난상황
3. 언론에 보도된 재난상황
4. 그 밖에 소방청장이 정하는 재난상황

04 ★★★ 출제년도 【18.】
소방기본법상 소방활동구역의 설정권자로 옳은 것은?

① 소방본부장 ② 소방서장
③ 소방대장 ④ 시·도지사

해설 소방활동구역의 설정권자 : 소방대장

03 ★★★ 출제년도 【21.】
소방기본법령상 소방본부 종합상황실의 실장이 서면·팩스 또는 컴퓨터통신 등으로 소방청 종합상황실에 보고하여야 하는 화재의 기준이 아닌 것은?

① 이재민이 100인 이상 발생한 화재
② 재산피해액이 50억원 이상 발생한 화재
③ 사망자가 3인 이상 발생하거나 사상자가 5인 이상 발생한 화재
④ 층수가 5층 이상이거나 병상이 30개 이상인 종합병원에서 발생한 화재

해설 종합상황실 실장의 보고업무
1. 다음 각목의 1에 해당하는 화재
   가. **사망자가 5인 이상 발생하거나 사상자가 10인 이상 발생한 화재**
   나. 이재민이 100인 이상 발생한 화재
   다. 재산피해액이 50억원 이상 발생한 화재
   라. 관공서·학교·정부미도정공장·문화재·지하철 또는 지하구의 화재
   마. 관광호텔, 층수가 11층 이상인 건축물, 지하상가, 시장, 백화점, 지정수량의 3천배 이상의 위험물의 제조소·저장소·취급소, 층수가 5층 이상이거나 객실이 30실 이상인 숙박시설, 층수가 5층 이상이거나 병상이 30개 이상인 종합병원·정신병원·한방병원·요양소, 연면적 1만5천제곱미터 이상인 공장 또는 화재경계지구에서 발생한 화재
   바. 철도차량, 항구에 매어둔 총 톤수가 1천톤 이상인 선박, 항공기, 발전소 또는 변전소에서 발생한 화재
   사. 가스 및 화약류의 폭발에 의한 화재
   아. 다중이용업소의 화재
2. 통제단장의 현장지휘가 필요한 재난상황
3. 언론에 보도된 재난상황
4. 그 밖에 소방청장이 정하는 재난상황

05 ★★★ 출제년도 【19.】
소방기본법령상 소방활동구역의 출입자에 해당되지 않는 자는?

① 소방활동구역 안에 있는 소방대상물의 소유자·관리자 또는 점유자
② 전기·가스·수도·통신·교통의 업무에 종사하는 사람으로서 원활한 소방활동을 위하여 필요한자
③ 화재건물과 관련 있는 부동산업자
④ 취재인력 등 보도업무에 종사하는 자

해설 소방활동구역의 출입자
1. 소방활동구역 안에 있는 소방대상물의 소유자·관리자 또는 점유자
2. **전기·가스·수도·통신·교통**의 업무에 종사하는 사람으로서 원활한 소방활동을 위하여 필요한 사람
3. **의사·간호사** 그 밖의 구조·구급업무에 종사하는 사람
4. **취재인력** 등 보도업무에 종사하는 사람
5. 수사업무에 종사하는 사람
6. 그 밖에 소방대장이 소방활동을 위하여 출입을 허가한 사람

06 ★★★ 출제년도 【19.】
소방기본법상 화재 현장에서의 피난 등을 체험할 수 있는 소방체험관의 설립·운영권자는?

① 시·도지사
② 행정안전부장관
③ 소방본부장 또는 소방서장
④ 소방청장

정답 03. ③ 04. ③ 05. ③ 06. ①

해설 소방박물관 등의 설립과 운영

구분	소방박물관	소방체험관
설립운영	소방청장	시·도지사
관련규정	행정안전부령	시·도의 조례

07 소방기본법상 소방업무의 응원에 대한 설명 중 틀린 것은?

① 소방본부장이나 소방서장은 소방활동을 할 때에 긴급한 경우에는 이웃한 소방본부장 또는 소방서장에게 소방업무의 응원을 요청할 수 있다.
② 소방업무의 응원 요청을 받은 소방본부장 또는 소방서장은 정당한 사유 없이 그 요청을 거절하여서는 아니 된다.
③ 소방업무의 응원을 위하여 파견된 소방대원은 응원을 요청한 소방본부장 또는 소방서장의 지휘에 따라야 한다.
④ 시·도지사는 소방업무의 응원을 요청하는 경우를 대비하여 출동 대상지역 및 규모와 필요한 경비의 부담 등에 관하여 필요한 사항을 대통령령으로 정하는 바에 따라 이웃하는 시·도지사와 협의하여 미리 규약으로 정하여야 한다.

해설 시·도지사는 소방업무의 응원을 요청하는 경우를 대비하여 출동 대상지역 및 규모와 필요한 경비의 부담 등에 관하여 필요한 사항을 행정안전부령으로 정하는 바에 따라 이웃하는 시·도지사와 협의하여 미리 규약으로 정하여야 한다.

08 소방기본법상 명령권자가 소방본부장, 소방서장 또는 소방대장에게 있는 사항은?

① 소방 활동을 할 때에 긴급한 경우에는 이웃한 소방본부장 또는 소방서장에게 소방업무의 응원을 요청할 수 있다.
② 화재, 재난·재해, 그 밖의 위급한 상황이 발생한 현장에서 소방활동을 위하여 필요할 때에는 그 관할구역에 사는 사람 또는 그 현장에 있는 사람으로 하여금 사람을 구출하는 일 또는 불을 끄거나 불이 번지지 아니하도록 하는 일을 하게 할 수 있다.
③ 수사기관이 방화 또는 실화의 혐의가 있어서 이미 피의자를 체포하였거나 증거물을 압수하였을 때에 화재조사를 위하여 필요한 경우에는 수사에 지장을 주지 아니하는 범위에서 그 피의자 또는 압수된 증거물에 대한 조사를 할 수 있다.
④ 화재, 재난·재해, 그 밖의 위급한 상황이 발생하였을 때에는 소방대를 현장에 신속하게 출동시켜 화재진압과 인명구조·구급 등 소방에 필요한 활동을 하게 하여야 한다.

해설 보기설명
① 소방업무의 응원요청 : 소방본부장 또는 소방서장
② 소방활동 종사명령 : 소방본부장, 소방서장 또는 소방대장
③ 수사기관에 체포된 사람에 대한 조사 : 소방청장, 소방본부장, 소방서장
④ 소방활동 : 소방청장, 소방본부장, 소방서장

09 소방기본법령상 소방업무 상호응원협정 체결 시 포함되어야 하는 사항이 아닌 것은?

① 응원출동의 요청방법
② 응원출동훈련 및 평가
③ 응원출동대상지역 및 규모
④ 응원출동 시 현장지휘에 관한 사항

해설 소방업무의 상호응원 협정
1. 다음 각목의 소방활동에 관한 사항
   가. 화재의 경계·진압활동
   나. 구조·구급업무의 지원
   다. 화재조사활동
2. 응원출동대상지역 및 규모

정답 07. ④ 08. ② 09. ④

3. 다음 각목의 소요경비의 부담에 관한 사항
　가. 출동대원의 수당·식사 및 피복의 수선
　나. 소방장비 및 기구의 정비와 연료의 보급
　다. 그 밖의 경비
4. 응원출동의 요청방법

10 ★★★ 출제년도 【96, 97, 98, 99, 00, 01, 02, 03, 04, 12.】
소방신호의 종류가 아닌 것은?

① 진화신호　　② 발화신호
③ 경계신호　　④ 해제신호

해설 관련법 : 소방기본법 시행규칙
(소방신호의 종류 및 방법)
1) **경계신호** : 화재예방 상 필요하다고 인정 되거나 화재위험경보 시 발령
2) **발화신호** : 화재가 발생한 때 발령
3) **해제신호** : 소화활동이 필요 없다고 인정되는 때 발령
4) **훈련신호** : 훈련 상 필요하다고 인정되는 때 발령

11 ★★★ 출제년도 【21.】
소방기본법령상 소방신호의 방법으로 틀린 것은?

① 타종에 의한 훈련신호는 연 3타 반복
② 싸이렌에 의한 발화신호는 5초 간격을 두고 10초씩 3회
③ 타종에 의한 해제신호는 상당한 간격을 두고 1타씩 반복
④ 싸이렌에 의한 경계신호는 5초 간격을 두고 30초씩 3회

해설 소방신호의 방법

신호방법 종별	타종신호	싸이렌신호
경계신호	1타와 연2타를 반복	5초 간격을 두고 30초씩 3회
발화신호	난타	5초 간격을 두고 5초씩 3회
해제신호	상당한 간격을 두고 1타씩 반복	1분간 1회
훈련신호	연3타 반복	10초 간격을 두고 1분씩 3회

12 ★ 출제년도 【18.】
소방기본법상 소방본부장, 소방서장 또는 소방대장의 권한이 아닌 것은?

① 화재, 재난·재해, 그 밖의 위급한 상황이 발생한 현장에서 소방활동을 위하여 필요할 때에는 그 관할구역에 사는 사람 또는 그 현장에 있는 사람으로 하여금 사람을 구출하는 일 또는 불을 끄거나 불이 번지지 아니하도록 하는 일을 하게 할 수 있다.
② 소방활동을 할 때에 긴급한 경우에는 이웃한 소방본부장 또는 소방서장에게 소방업무의 응원을 요청할 수 있다.
③ 사람을 구출하거나 불이 번지는 것을 막기 위하여 필요할 때에는 화재가 발생하거나 불이 번질 우려가 있는 소방대상물 및 토지를 일시적으로 사용하거나 그 사용의 제한 또는 소방활동에 필요한 처분을 할 수 있다.
④ 소방활동을 위하여 긴급하게 출동할 때에는 소방자동차의 통행과 소방활동에 방해가 되는 주차 또는 정차된 차량 및 물건 등을 제거하거나 이동시킬 수 있다.

해설 소방기본법 제11조(소방업무의 응원) 제1항
소방본부장이나 소방서장은 소방활동을 할 때에 긴급한 경우에는 이웃한 소방본부장 또는 소방서장에게 소방업무의 응원(應援)을 요청할 수 있다. 따라서, 소방대장의 권한에는 해당하지 않는다.

13 ★★ 출제년도 【18.】
소방기본법에 따른 소방력의 기준에 따라 관할구역의 소방력을 확충하기 위하여 필요한 계획을 수립하여 시행하여야 하는 자는?

① 소방서장　　② 소방본부장
③ 시·도지사　　④ 행정안전부장관

해설 시·도지사 : 소방력의 기준에 따라 관할구역의 소방력을 확충하기 위하여 필요한 계획을 수립하여 시행

정답 10. ① 11. ② 12. ② 13. ③

14 ★★★ 출제년도 【98,03,04,10,20.】

소방기본법령에 따라 주거지역·상업지역 및 공업지역에 소방용수시설을 설치하는 경우 소방대상물과의 수평거리를 몇 m 이하가 되도록 해야 하는가?

① 50 ② 100
③ 150 ④ 200

해설 소방용수시설의 설치기준 중 공통기준
가. 주거지역·상업지역 및 공업지역에 설치하는 경우 : 소방대상물과의 수평거리를 100미터 이하
나. 가목 외의 지역에 설치하는 경우 : 소방대상물과의 수평거리를 140미터 이하

15 ★★★ 출제년도 【17,20.】

소방기본법령에 따른 소방용수시설 급수탑 개폐밸브의 설치기준으로 맞는 것은?

① 지상에서 1.0m 이상 1.5m 이하
② 지상에서 1.2m 이상 1.8m 이하
③ 지상에서 1.5m 이상 1.7m 이하
④ 지상에서 1.5m 이상 2.0m 이하

해설 급수탑의 설치기준 : 급수배관의 구경은 100밀리미터 이상으로 하고, 개폐밸브는 지상에서 1.5미터 이상 1.7미터 이하의 위치에 설치하도록 할 것

16 ★★★ 출제년도 【21.】

소방기본법령상 소방용수시설의 설치기준 중 급수탑의 급수배관의 구경은 최소 몇 mm 이상이어야 하는가?

① 100 ② 150
③ 200 ④ 250

해설 소방용수시설의 설치기준
① 소화전의 설치기준 : 상수도와 연결하여 지하식 또는 지상식의 구조로 하고, 소방용호스와 연결하는 소화전의 연결금속구의 구경은 65밀리미터로 할 것
② 급수탑의 설치기준 : **급수배관의 구경은 100밀리미터 이상**으로 하고, 개폐밸브는 지상에서 1.5미터 이상 1.7미터 이하의 위치에 설치하도록 할 것

17 ★★★ 출제년도 【18.】

소방기본법령상 소방용수시설별 설치기준 중 틀린 것은?

① 급수탑 개폐밸브는 지상에서 1.5m 이상 1.7m 이하의 위치에 설치하도록 할 것
② 소화전은 상수도와 연결하여 지하식 또는 지상식의 구조로 하고, 소방용호스와 연결하는 소화전의 연결금속구의 구경은 100mm로 할 것
③ 저수조 흡수관의 투입구가 사각형의 경우에는 한변의 길이가 60cm 이상, 원형의 경우에는 지름이 60cm 이상일 것
④ 저수조는 지면으로부터의 낙차가 4.5m 이하일 것

해설 소방기본법 시행규칙 [별표3] 소방용수시설별 설치기준
가. 소화전의 설치기준 : 상수도와 연결하여 지하식 또는 지상식의 구조, 소방용호스와 연결하는 소화전의 연결금속구의 구경은 **65 밀리미터**로 할 것
나. 급수탑의 설치기준 : 급수배관의 구경은 100 밀리미터 이상, 개폐밸브는 지상에서 1.5 미터 이상 1.7 미터 이하의 위치에 설치
다. 저수조의 설치기준
 (1) 지면으로부터의 낙차가 4.5 미터 이하
 (2) 흡수부분의 수심이 0.5 미터 이상
 (3) 소방펌프자동차가 쉽게 접근
 (4) 흡수에 지장이 없도록 토사 및 쓰레기 등을 제거할 수 있는 설비
 (5) 흡수관의 투입구가 사각형의 경우 한 변의 길이가 60 센티미터 이상, 원형의 경우 지름이 60 센티미터 이상
 (6) 저수조에 물을 공급하는 방법은 상수도에 연결하여 자동으로 급수되는 구조

18 ★★★ 출제년도 【19.】

소방용수시설 중 소화전과 급수탑의 설치기준으로 틀린 것은?

① 급수탑 급수배관의 구경은 100mm이상으로 할 것

② 소화전은 상수도와 연결하여 지하식 또는 지상식으로 할 것
③ 소방용호스와 연결하는 소화전의 연결금속구의 구경은 65mm로 할 것
④ 급수탑의 개폐밸브는 지상에서 1.5m이상 1.8m이하의 위치에 설치할 것

해설 소방용수시설의 설치기준
① 소화전의 설치기준 : 상수도와 연결하여 지하식 또는 지상식의 구조로 하고, 소방용호스와 연결하는 소화전의 연결금속구의 구경은 65밀리미터로 할 것
② 급수탑의 설치기준 : 급수배관의 구경은 100밀리미터 이상으로 하고, 개폐밸브는 지상에서 **1.5미터 이상 1.7미터 이하**의 위치에 설치하도록 할 것

---

19 ★★★ 출제년도【18.】
소방기본법령상 소방용수시설별 설치기준 중 옳은 것은?

① 저수조는 지면으로부터의 낙차가 4.5 m 이상일 것
② 소화전은 상수도와 연결하여 지하식 또는 지상식의 구조로 하고, 소방용호스와 연결하는 소화전의 연결금속구의 구경은 50 mm로 할 것
③ 저수조 흡수관의 투입구가 사각형의 경우에는 한 변의 길이가 60 cm 이상일 것
④ 급수탑 급수배관의 구경은 65 mm 이상으로 하고, 개폐밸브는 지상에서 0.8 m 이상 1.5 m 이하의 위치에 설치하도록 할 것

해설 ① 저수조는 지면으로부터의 낙차가 4.5m 이하일 것
② 소화전은 상수도와 연결하여 지하식 또는 지상식의 구조로 하고, 소방용호스와 연결하는 소화전의 연결금속구의 구경은 65 mm로 할 것
③ 저수조 흡수관의 투입구가 사각형의 경우에는 한 변의 길이가 60 cm 이상일 것
④ 급수탑 급수배관의 구경은 100 mm 이상으로 하고, 개폐밸브는 지상에서 1.5 m 이상 1.7 m 이하의 위치에 설치하도록 할 것

---

20 ★★★ 출제년도【21.】
소방기본법령상 저수조의 설치기준으로 틀린 것은?

① 지면으로부터의 낙차가 4.5[m] 이상일 것
② 흡수부분의 수심이 0.5[m] 이상일 것
③ 흡수에 지장이 없도록 토사 및 쓰레기 등을 제거할 수 있는 설비를 갖출 것
④ 흡수관의 투입구가 사각형의 경우에는 한 변의 길이가 60[cm] 이상, 원형의 경우에는 지름이 60[cm] 이상일 것

해설 관련법 : 소방기본법 시행규칙 별표3
(소방용수시설의 설치기준)
저수조의 설치기준
1) 지면으로부터의 낙차가 4.5[m] 이하일 것
2) 흡수부분의 수심이 0.5[m] 이상일 것
3) 소방펌프 자동차가 쉽게 접근할 수 있도록 할 것
4) 흡수에 지장이 없도록 토사 및 쓰레기 등을 제거할 수 있는 설비를 갖출 것
5) 흡수관의 투입구가 사각형의 경우 한 변의 길이가 60[cm] 이상, 원형의 경우에는 지름이 60[cm] 이상일 것
6) 저수조에 물을 공급하는 방법은 상수도에 연결하여 자동으로 급수되는 구조일 것

---

21 ★★ 출제년도【19.】
소방기본법령상 국고보조 대상사업의 범위 중 소방활동장비와 설비에 해당하지 않는 것은?

① 소방자동차
② 소방헬리콥터 및 소방정
③ 소화용수설비 및 피난구조설비
④ 방화복 등 소방활동에 필요한 소방장비

해설 국고보조 대상사업의 범위(소방기본법 시행령)
1. 다음 각 목의 소방활동장비와 설비의 구입 및 설치
 가. 소방자동차
 나. 소방헬리콥터 및 소방정
 다. 소방전용통신설비 및 전산설비
 라. 그 밖에 방화복 등 소방활동에 필요한 소방장비
2. 소방관서용 청사의 건축(「건축법」 제2조제1항제8호에 따른 건축을 말한다)

정답 19. ③ 20. ① 21. ③

22. 소방기본법령상 소방활동장비와 설비의 구입 및 설치 시 국고보조의 대상이 아닌 것은?

① 소방자동차
② 사무용 집기
③ 소방헬리콥터 및 소방정
④ 소방전용통신설비 및 전산설비

해설 국고보조 대상사업의 범위(소방기본법 시행령)
1. 다음 각 목의 소방활동장비와 설비의 구입 및 설치
   가. 소방자동차
   나. 소방헬리콥터 및 소방정
   다. 소방전용통신설비 및 전산설비
   라. 그 밖에 방화복 등 소방활동에 필요한 소방장비
2. 소방관서용 청사의 건축(「건축법」 제2조제1항제8호에 따른 건축을 말한다)

23. 소방기본법에 따라 화재 등 그 밖의 위급한 상황이 발생한 현장에서 소방활동을 위하여 필요한 때에는 그 관할구역에 사는 사람 또는 그 현장에 있는 사람으로 하여금 사람을 구출하는 일 또는 불을 끄는 등의 일을 하도록 명령할 수 있는 권한이 없는 사람은?

① 소방서장
② 소방대장
③ 시·도지사
④ 소방본부장

해설 소방본부장, 소방서장 또는 소방대장은 화재, 재난·재해, 그 밖의 위급한 상황이 발생한 현장에서 소방활동을 위하여 필요할 때에는 그 관할구역에 사는 사람 또는 그 현장에 있는 사람으로 하여금 사람을 구출하는 일 또는 불을 끄거나 불이 번지지 아니하도록 하는 일을 하게 할 수 있다. 이 경우 소방본부장, 소방서장 또는 소방대장은 소방활동에 필요한 보호장구를 지급하는 등 안전을 위한 조치를 하여야 한다.

24. 소방기본법령상 소방대장의 권한이 아닌 것은?

① 화재 현장에 대통령령으로 정하는 사람외에는 그 구역에 출입하는 것을 제한할 수 있다.
② 화재 진압 등 소방활동을 위하여 필요할 때에는 소방용수 외에 댐·저수지 등의 물을 사용할 수 있다.
③ 국민의 안전의식을 높이기 위하여 소방박물관 및 소방체험관을 설립하여 운영할 수 있다.
④ 불이 번지는 것을 막기 위하여 필요할 때에는 불이 번질 우려가 있는 소방대상물 및 토지를 일시적으로 사용할 수 있다.

해설 소방박물관 등의 설립과 운영

구분	소방박물관	소방체험관
설립운영	소방청장	시·도지사
관련규정	행정안전부령	시·도의 조례

25. 소방기본법령에 따른 소방대원에게 실시할 교육·훈련 횟수 및 기간의 기준 중 다음 ( ) 안에 알맞은 것은?

횟수	기간
(㉠)년마다 1회	(㉡)주 이상

① ㉠ 2, ㉡ 2
② ㉠ 2, ㉡ 4
③ ㉠ 1, ㉡ 2
④ ㉠ 1, ㉡ 4

해설 교육·훈련횟수 및 기간

횟수	기간
2년마다 1회	2주 이상

정답 22. ② 23. ③ 24. ③ 25. ①

26. 다음 중 한국소방안전원의 업무에 해당하지 않는 것은?

① 소방용 기계·기구의 형식승인
② 소방업무에 관하여 행정기관이 위탁하는 업무
③ 화재 예방과 안전관리의식 고취를 위한 대국민 홍보
④ 소방기술과 안전관리에 관한 교육, 조사·연구 및 각종 간행물 발간

해설 소방용 기계·기구의 형식승인은 한국소방산업기술원의 업무이다.
한국소방산업기술원의 업무
1. 방염성능검사 중 대통령령으로 정하는 검사
2. **소방용품의 형식승인**
3. 형식승인의 변경승인, 형식승인의 취소
4. 성능인증 및 성능인증의 취소
5. 성능인증의 변경인증
6. 우수품질인증 및 그 취소

27. 국민의 안전의식과 화재에 대한 경각심을 높이고 안전문화를 정착시키기 위한 소방의 날은 몇 월 며칠인가?

① 1월 19일   ② 10월 9일
③ 11월 9일   ④ 12월 19일

해설 소방기본법(소방의 날 제정과 운영 등)
국민의 안전의식과 화재에 대한 경각심을 높이고 안전문화를 정착시키기 위하여 매년 **11월 9일**을 소방의 날로 정하여 기념행사를 한다.

28. 소방기본법상 소방대장의 권한이 아닌 것은?

① 소방활동을 할 때에 긴급한 경우에는 이웃한 소방본부장 또는 소방서장에게 소방업무의 응원을 요청할 수 있다.
② 화재, 재난·재해, 그 밖의 위급한 상황이 발생한 현장에서 소방활동을 위하여 필요한 때에는 그 관할구역에 사는 사람 또는 그 현장에 있는 사람으로 하여금 사람을 구출하는 일 또는 불을 끄거나 불이 번지지 아니하도록 하는 일을 하게 할 수 있다.
③ 사람을 구출하거나 불이 번지는 것을 막기 위하여 필요할 때에는 화재가 발생하거나 불이 번질 우려가 있는 소방대상물 및 토지를 일시적으로 사용하거나 그 사용의 제한 또는 소방활동에 필요한 처분을 할 수 있다.
④ 소방활동을 위하여 긴급하게 출동할 때에는 소방자동차의 통행과 소방활동에 방해가 되는 주차 또는 정차된 차량 및 물건 등을 제거하거나 이동시킬 수 있다.

해설 **소방본부장이나 소방서장**은 소방활동을 할 때에 긴급한 경우에는 이웃한 소방본부장 또는 소방서장에게 소방업무의 응원(應援)을 요청할 수 있다.

29. 소방기본법령상 소방안전교육사의 배치대상별 배치기준으로 틀린 것은?

① 소방청 : 2명 이상 배치
② 소방서 : 1명 이상 배치
③ 소방본부 : 2명 이상 배치
④ 한국소방안전협회(본회) : 1명 이상 배치

해설 소방안전교육사 배치대상별 배치기준

배치대상	배치기준(단위 : 명)
1. 소방청	2이상
2. 소방본부	2이상
3. 소방서	1이상
4. 한국소방안전협회	본회 : 2이상 시·도지부 : 1이상
5. 한국소방산업기술원	2 이상

정답 26. ① 27. ③ 28. ① 29. ④

30 ★★★ 출제년도【21.】

소방기본법령상 소방대장은 화재, 재난·재해 그 밖의 위급한 상황이 발생한 현장에 소방활동구역을 정하여 소방활동에 필요한 자로서 대통령령으로 정하는 사람 외에는 그 구역에의 출입을 제한할 수 있다. 다음 중 소방활동구역에 출입할 수 없는 사람은?

① 소방활동구역 안에 있는 소방대상물의 소유자·관리자 또는 점유자
② 전기·가스·수도·통신·교통의 업무에 종사하는 사람으로서 원활한 소방활동을 위하여 필요한 사람
③ 시·도지사가 소방활동을 위하여 출입을 허가한 사람
④ 의사·간호사 그 밖의 구조·구급업무에 종사하는 사람

[해설] 소방활동구역의 출입자
1. 소방활동구역 안에 있는 소방대상물의 소유자·관리자 또는 점유자
2. 전기·가스·수도·통신·교통의 업무에 종사하는 사람으로서 원활한 소방활동을 위하여 필요한 사람
3. 의사·간호사 그 밖의 구조·구급업무에 종사하는 사람
4. 취재인력 등 보도업무에 종사하는 사람
5. 수사업무에 종사하는 사람
6. 그 밖에 **소방대장이 소방활동을 위하여 출입을 허가**한 사람

31 ★ 출제년도【22.】

다음 중 소방기본법령상 한국소방안전원의 업무가 아닌 것은?

① 소방기술과 안전관리에 관한 교육 및 조사·연구
② 위험물탱크 성능시험
③ 소방기술과 안전관리에 관한 각종 간행물 발간
④ 화재 예방과 안전관리의식 고취를 위한 대국민 홍보

[해설] 안전원의 업무
1. 소방기술과 안전관리에 관한 교육 및 조사·연구
2. 소방기술과 안전관리에 관한 각종 간행물 발간
3. 화재 예방과 안전관리의식 고취를 위한 대국민 홍보
4. 소방업무에 관하여 행정기관이 위탁하는 업무
5. 소방안전에 관한 국제협력
6. 그 밖에 회원에 대한 기술지원 등 정관으로 정하는 사항

정답 30. ③ 31. ②

04 화재의 예방 및 안전관리에 관한 법률·시행령·시행규칙

■ 화재안전조사 ★

구분	내용
조사권자	소방관서장(소방청장, 소방본부장 또는 소방서장)
화재안전조사 위원회의 위원	1. 과장급 직위 이상의 소방공무원 2. 소방기술사 3. 소방시설관리사 4. 소방 관련 분야의 석사학위 이상을 취득한 사람 5. 소방 관련 법인 또는 단체에서 소방 관련 업무에 5년 이상 종사한 사람 6. 소방공무원 교육기관, 「고등교육법」 제2조의 학교 또는 연구소에서 소방과 관련한 교육 또는 연구에 5년 이상 종사한 사람
조사하는 경우	다만, 개인의 주거(실제 주거용도로 사용되는 경우에 한정한다)에 대한 화재안전조사는 관계인의 승낙이 있거나 화재발생의 우려가 뚜렷하여 긴급한 필요가 있는 때에 한정한다. 1. 「소방시설 설치 및 관리에 관한 법률」 제22조에 따른 자체점검이 불성실하거나 불완전하다고 인정되는 경우 2. 화재예방강화지구 등 법령에서 화재안전조사를 하도록 규정되어 있는 경우 3. 화재예방안전진단이 불성실하거나 불완전하다고 인정되는 경우 4. 국가적 행사 등 주요 행사가 개최되는 장소 및 그 주변의 관계 지역에 대하여 소방안전관리 실태를 조사할 필요가 있는 경우 5. 화재가 자주 발생하였거나 발생할 우려가 뚜렷한 곳에 대한 조사가 필요한 경우 6. 재난예측정보, 기상예보 등을 분석한 결과 소방대상물에 화재의 발생 위험이 크다고 판단되는 경우 7. 제1호부터 제6호까지에서 규정한 경우 외에 화재, 그 밖의 긴급한 상황이 발생할 경우 인명 또는 재산 피해의 우려가 현저하다고 판단되는 경우
화재안전조사의 방법·절차	① 소방관서장은 화재안전조사를 조사의 목적에 따라 화재안전조사의 항목 전체에 대하여 종합적으로 실시하거나 특정 항목에 한정하여 실시할 수 있다. ② 소방관서장은 화재안전조사를 실시하려는 경우 사전에 관계인에게 조사대상, 조사기간 및 조사사유 등을 우편, 전화, 전자메일 또는 문자전송 등을 통하여 통지하고 이를 대통령령으로 정하는 바에 따라 인터넷 홈페이지나 전산시스템 등을 통하여 공개하여야 한다. 다만, 다음 각 호의 어느 하나에 해당하는 경우에는 그러하지 아니하다. 　1. 화재가 발생할 우려가 뚜렷하여 긴급하게 조사할 필요가 있는 경우 　2. 제1호 외에 화재안전조사의 실시를 사전에 통지하거나 공개하면 조사목적을 달성할 수 없다고 인정되는 경우 ③ 화재안전조사는 **관계인의 승낙 없이 소방대상물의 공개시간 또는 근무시간 이외에는 할 수 없다.** 다만, 제2항제1호에 해당하는 경우에는 그러하지 아니하다. ④ 제2항에 따른 통지를 받은 관계인은 천재지변이나 그 밖에 대통령령으로 정하는 사유로 화재안전조사를 받기 곤란한 경우에는 화재안전조사를 통지한 소방관서장에게 대통령령으로 정하는 바에 따라 화재안전조사를 연기하

	여 줄 것을 신청할 수 있다. 이 경우 소방관서장은 연기신청 승인 여부를 결정하고 그 결과를 조사 시작 전까지 관계인에게 알려 주어야 한다.
조치명령	① **소방관서장**은 화재안전조사 결과에 따른 소방대상물의 위치·구조·설비 또는 관리의 상황이 화재예방을 위하여 보완될 필요가 있거나 화재가 발생하면 인명 또는 재산의 피해가 클 것으로 예상되는 때에는 행정안전부령으로 정하는 바에 따라 관계인에게 그 소방대상물의 개수(改修)·이전·제거, 사용의 금지 또는 제한, 사용폐쇄, 공사의 정지 또는 중지, 그 밖에 필요한 조치를 명할 수 있다. ② **소방관서장**은 화재안전조사 결과 소방대상물이 법령을 위반하여 건축 또는 설비되었거나 소방시설등, 피난시설·방화구획, 방화시설 등이 법령에 적합하게 설치 또는 관리되고 있지 아니한 경우에는 관계인에게 제1항에 따른 조치를 명하거나 관계 행정기관의 장에게 필요한 조치를 하여 줄 것을 요청할 수 있다.
화재안전조사의 연기	1. 「재난 및 안전관리 기본법」 제3조제1호에 해당하는 재난이 발생한 경우 2. 관계인의 질병, 사고, 장기출장의 경우 3. 권한 있는 기관에 자체점검기록부, 교육·훈련일지 등 화재안전조사에 필요한 장부·서류 등이 압수되거나 영치(領置)되어 있는 경우 4. 소방대상물의 증축·용도변경 또는 대수선 등의 공사로 화재안전조사를 실시하기 어려운 경우
화재안전조사의 연기신청	**화재안전조사 3일 전**까지 화재안전조사를 받기 곤란함을 증명할 수 있는 서류를 첨부하여 소방청장, 소방본부장 또는 소방서장(이하 "소방관서장"이라 한다)에게 제출

■ 화재안전조사단 편성·운영 ★

편성·운영	① 소방관서장은 화재안전조사를 효율적으로 수행하기 위하여 대통령령으로 정하는 바에 따라 소방청에는 중앙화재안전조사단을, 소방본부 및 소방서에는 지방화재안전조사단을 편성하여 운영할 수 있다. ② 소방관서장은 제1항에 따른 중앙화재안전조사단 및 지방화재안전조사단의 업무 수행을 위하여 필요한 경우에는 관계 기관의 장에게 그 소속 공무원 또는 직원의 파견을 요청할 수 있다. 이 경우 공무원 또는 직원의 파견 요청을 받은 관계 기관의 장은 특별한 사유가 없으면 이에 협조하여야 한다.

■ 화재안전조사 결과 공개 ★

공개내용	1. 소방대상물의 위치, 연면적, 용도 등 현황 2. 소방시설등의 설치 및 관리 현황 3. 피난시설, 방화구획 및 방화시설의 설치 및 관리 현황 4. 그 밖에 대통령령으로 정하는 사항

■ 화재의 예방조치 ★

예방조치	누구든지 화재예방강화지구 및 이에 준하는 대통령령으로 정하는 장소에서는 다음 각 호의 어느 하나에 해당하는 행위를 하여서는 아니 된다. 다만, 행정안전부령으로 정하는 바에 따라 안전조치를 한 경우에는 그러하지 아니한다. 1. 모닥불, 흡연 등 화기의 취급 2. 풍등 등 소형열기구 날리기 3. 용접·용단 등 불꽃을 발생시키는 행위 4. 그 밖에 대통령령으로 정하는 화재 발생 위험이 있는 행위

■ 옮긴 물건 등의 보관기간 및 보관기간 경과 후 처리

옮긴물건등을 보관하는 경우 그날부터 해당 소방관서의 홈페이지에 그 사실을 공고하는 기간	14일
옮긴물건등의 보관기간	공고기간 종료일 다음 날부터 7일
보관기간이 종료된 때	보관하고 있는 옮긴물건을 매각

■ 소방훈련·교육 결과 제출의 대상

제출대상	1. 특급 소방안전관리대상물 2. 1급 소방안전관리대상물
소방훈련·교육	관계인이 **연 1회 이상** 실시
소방훈련과 교육을 실시했을 때 보관기한	소방훈련 및 교육을 실시한 날부터 **2년간 보관**
소방훈련 및 교육 실시 결과의 제출	소방훈련 및 교육을 실시한 날부터 **30일 이내**, 소방본부장 또는 소방서장에게 제출

■ 소방안전교육 대상자

대상자	1. 소화기 또는 비상경보설비가 설치된 공장·창고 등의 특정소방대상물 2. 그 밖에 관할 소방본부장 또는 소방서장이 화재에 대한 취약성이 높다고 인정하는 특정소방대상물
통보기한	소방안전교육을 실시하려는 경우에는 교육일 10일 전까지

■ 불시 소방훈련·교육의 대상

대상	1. 의료시설 2. 교육연구시설 3. 노유자 시설 4. 그 밖에 화재 발생 시 불특정 다수의 인명피해가 예상되어 소방본부장 또는 소방서장이 소방훈련·교육이 필요하다고 인정하는 특정소방대상물

불시 소방훈련 및 교육 사전통지	소방본부장 또는 소방서장, 불시 소방훈련·교육 실시 10일 전까지

■ 보일러 등의 설비 또는 기구 등의 위치·구조 및 관리와 화재예방을 위하여 불을 사용할 때 지켜야 하는 사항 ★★★

종류	내용

보일러	가. 가연성 벽·바닥 또는 천장과 접촉하는 증기기관 또는 연통의 부분은 규조토 등 **난연성 또는 불연성 단열재**로 덮어씌워야 한다.
	나. 경유·등유 등 액체연료를 사용할 때에는 다음 사항을 지켜야 한다.
	  1) 연료탱크는 보일러 본체로부터 수평거리 **1미터 이상**의 간격을 두어 설치할 것
	  2) 연료탱크에는 화재 등 긴급상황이 발생하는 경우 연료를 차단할 수 있는 개폐밸브를 연료탱크로부터 **0.5미터 이내**에 설치할 것
	  3) 연료탱크 또는 보일러 등에 연료를 공급하는 배관에는 **여과장치**를 설치할 것
	  4) 사용이 허용된 연료 외의 것을 사용하지 않을 것
	  5) 연료탱크가 넘어지지 않도록 받침대를 설치하고, 연료탱크 및 연료탱크 받침대는 불연재료로 할 것
	다. 기체연료를 사용할 때에는 다음 사항을 지켜야 한다.
	  1) 보일러를 설치하는 장소에는 환기구를 설치하는 등 가연성 가스가 머무르지 않도록 할 것
	  2) 연료를 공급하는 배관은 금속관으로 할 것
	  3) 화재 등 긴급 시 연료를 차단할 수 있는 개폐밸브를 연료용기 등으로부터 **0.5미터 이내**에 설치할 것
	  4) 보일러가 설치된 장소에는 **가스누설경보기**를 설치할 것
	라. 화목(火木) 등 고체연료를 사용할 때에는 다음 사항을 지켜야 한다.
	  1) 고체연료는 보일러 본체와 수평거리 **2미터 이상** 간격을 두어 보관하거나 불연재료로 된 별도의 구획된 공간에 보관할 것
	  2) 연통은 천장으로부터 **0.6미터** 떨어지고, 연통의 배출구는 건물 밖으로 **0.6미터 이상** 나오도록 설치할 것
	  3) 연통의 배출구는 보일러 본체보다 **2미터 이상** 높게 설치할 것
	  4) 연통이 관통하는 벽면, 지붕 등은 불연재료로 처리할 것
	  5) 연통재질은 불연재료로 사용하고 연결부에 청소구를 설치할 것
	마. 보일러 본체와 벽·천장 사이의 거리는 **0.6미터 이상**이어야 한다.
	바. 보일러를 실내에 설치하는 경우에는 콘크리트바닥 또는 금속 외의 불연재료로 된 바닥 위에 설치해야 한다.

난로	가. 연통은 천장으로부터 **0.6미터** 이상 떨어지고, 연통의 배출구는 건물 밖으로 **0.6미터 이상** 나오게 설치해야 한다.
	나. 가연성 벽·바닥 또는 천장과 접촉하는 연통의 부분은 규조토 등 난연성 또는 불연성의 단열재로 덮어씌워야 한다.
	다. 이동식난로는 다음의 장소에서 사용해서는 안 된다. 다만, 난로가 쓰러지지 않도록 받침대를 두어 고정시키거나 쓰러지는 경우 즉시 소화되고 연료의 누출을 차단할 수 있는 장치가 부착된 경우에는 그렇지 않다.
	  1) 다중이용업소
	  2) 학원

	3) 독서실 4) 숙박업, 목욕장업 및 세탁업의 영업장 5) 의원·치과의원·한의원, 조산원 및 병원·치과병원·한방병원·요양병원·정신병원·종합병원 6) 식품접객업의 영업장 7) 영화상영관 8) 공연장 9) 박물관 및 미술관 10) 상점가 11) 가설건축물 12) 역·터미널
건조설비	1. 건조설비와 벽·천장 사이의 거리는 **0.5미터 이상** 되도록 하여야 한다. 2. 건조물품이 열원과 직접 접촉하지 않도록 하여야 한다. 3. 실내에 설치하는 경우에 벽·천장 및 바닥은 **불연재료**로 하여야 한다.

수소가스를 넣는 기구	1. 연통 그 밖의 화기를 사용하는 시설의 부근에서 띄우거나 머물게 하여서는 아니된다.
	2. 건축물의 지붕에서 띄워서는 아니된다. 다만, 지붕이 불연재료로 된 평지붕으로서 그 넓이가 기구 지름의 2배 이상인 경우에는 그러지 아니하다.
	3. 다음 각목의 장소에서 운반하거나 취급하여서는 아니된다.
	   가. 공연장 : 극장·영화관·연예장·음악당·서커스장 그 밖의 이와 비슷한 것
	   나. 집회장 : 회의장·공회장·예식장 그 밖의 이와 비슷한 것
	   다. 관람장 : 운동경기관람장(운동시설에 해당하는 것을 제외한다)·경마장·자동차경주장 그 밖의 이와 비슷한 것
	   라. 전시장 : 박물관·미술관·과학관·기념관·산업전시장·박람회장 그 밖의 이와 비슷한 것
	4. 수소가스를 넣거나 빼는 때에는 다음 각목의 사항을 지켜야 한다.
	   가. 통풍이 잘 되는 옥외의 장소에서 할 것
	   나. 조작자 외의 사람이 접근하지 아니하도록 할 것
	   다. 전기시설이 부착된 경우에는 전원을 차단하고 할 것
	   라. 마찰 또는 충격을 주는 행위를 하지 말 것
	   마. 수소가스를 넣을 때에는 기구 안에 수소가스 또는 공기를 제거한 후 감압기를 사용할 것
	5. 수소가스는 용량의 **90퍼센트 이상**을 유지하여야 한다.
	6. 띄우거나 머물게 하는 때에는 감시인을 두어야 한다. 다만, 건축물 옥상에서 띄우거나 머물게 하는 경우에는 그러하지 아니하다.
	7. 띄우는 각도는 지표면에 대하여 **45도 이하**로 유지하고 바람이 **초속 7미터 이상** 부는 때에는 띄워서는 아니된다.

불꽃을 사용하는 용접·용단 기구	용접 또는 용단 작업장에서는 다음 각 호의 사항을 지켜야 한다. 다만, 「산업안전보건법」 제38조의 적용을 받는 사업장의 경우에는 적용하지 않는다. 1. 용접 또는 용단 작업자로부터 반경 **5m 이내**에 소화기를 갖추어 둘 것 2. 용접 또는 용단 작업장 주변 반경 **10m 이내**에는 가연물을 쌓아두거나 놓아두지 말 것. 다만, 가연물의 제거가 곤란하여 방지포 등으로 방호조치를 한 경우는 제외한다.
전기시설	1. 전류가 통하는 전선에는 과전류차단기를 설치하여야 한다. 2. 전선 및 접속기구는 내열성이 있는 것으로 하여야 한다.

노 · 화덕설비	가. 실내에 설치하는 경우에는 흙바닥 또는 금속 외의 불연재료로 된 바닥에 설치하여야 한다.
	나. 노 또는 화덕을 설치하는 장소의 벽 · 천장은 불연재료로 된 것이어야 한다.
	다. 노 또는 화덕의 주위에는 녹는 물질이 확산되지 아니하도록 높이 0.1미터 이상의 턱을 설치하여야 한다.
	라. 시간당 열량이 30만킬로칼로리 이상인 노를 설치하는 경우에는 다음 각목의 사항을 지켜야 한다.
	   1) 주요구조부는 **불연재료** 이상으로 할 것
	   2) 창문과 출입구는 60분+ 방화문 또는 60분 방화문으로 설치할 것
	   3) 노 주위에는 **1미터 이상** 공간을 확보할 것

음식조리를 위하여 설치하는 설비	식품접객업 중 일반음식점 주방에서 조리를 위하여 불을 사용하는 설비를 설치하는 경우에는 다음 각 목의 사항을 지켜야 한다. 가. 주방설비에 부속된 배출덕트(공기 배출통로)는 **0.5밀리미터 이상**의 아연도금강판 또는 이와 동등 이상의 내식성 불연재료로 설치할 것 나. 주방시설에는 동물 또는 식물의 기름을 제거할 수 있는 필터 등을 설치할 것 다. 열을 발생하는 조리기구는 반자 또는 선반으로부터 **0.6미터 이상** 떨어지게 할 것 라. 열을 발생하는 조리기구로부터 **0.15미터 이내**의 거리에 있는 가연성 주요구조부는 석면판 또는 단열성이 있는 **불연재료**로 덮어 씌울 것
비고	1. "보일러"란 사업장 또는 영업장 등에서 사용하는 것을 말하며, 주택에서 사용하는 가정용 보일러는 제외한다. 2. "건조설비"란 산업용 건조설비를 말하며, 주택에서 사용하는 건조설비는 제외한다. 3. "노 · 화덕설비"란 제조업 · 가공업에서 사용되는 것을 말하며, 주택에서 조리용도로 사용되는 화덕은 제외한다. 4. 보일러, 난로, 건조설비, 불꽃을 사용하는 용접 · 용단기구 및 노 · 화덕설비가 설치된 장소에는 소화기 1개 이상을 갖추어 두어야 한다.

■ 특수가연물(特殊可燃物)의 저장 및 취급 기준 ★★★

	품명		수량
특수가연물	면화류		200킬로그램 이상
	나무껍질 및 대팻밥		400킬로그램 이상
	넝마 및 종이부스러기		1,000킬로그램 이상
	사류(絲類)		1,000킬로그램 이상
	볏짚류		1,000킬로그램 이상
	가연성고체류		3,000킬로그램 이상
	석탄·목탄류		10,000킬로그램 이상
	가연성액체류		2세제곱미터 이상
	목재가공품 및 나무부스러기		10세제곱미터 이상
	합성수지류	발포시킨 것	20세제곱미터 이상
		그 밖의 것	3,000킬로그램 이상

	[비고] "가연성 고체류"란 고체로서 다음 각 목에 해당하는 것을 말한다. 　　가. 인화점이 섭씨 40도 이상 100도 미만인 것 　　나. 인화점이 섭씨 100도 이상 200도 미만이고, 연소열량이 1그램당 8킬로칼로리 이상인 것 　　다. 인화점이 섭씨 200도 이상이고 연소열량이 1그램당 8킬로칼로리 이상인 것으로서 녹는점(융점)이 100도 미만인 것 　　라. 1기압과 섭씨 20도 초과 40도 이하에서 액상인 것으로서 인화점이 섭씨 70도 이상 섭씨 200도 미만이거나 나목 또는 다목에 해당하는 것
특수가연물의 저장 및 취급기준	1. 특수가연물의 저장·취급 기준 특수가연물은 다음 각 목의 기준에 따라 쌓아 저장해야 한다. 다만, **석탄·목탄류를 발전용(發電用)으로 저장하는 경우는 제외**한다. 　가. 품명별로 구분하여 쌓을 것 　나. 다음의 기준에 맞게 쌓을 것 | 구분	살수설비를 설치하거나 방사능력 범위에 해당 특수가연물이 포함되도록 대형수동식소화기를 설치하는 경우	그 밖의 경우
---	---	---
높이	15미터 이하	10미터 이하
쌓는 부분의 바닥면적	200제곱미터(석탄·목탄류의 경우에는 300제곱미터) 이하	50제곱미터(석탄·목탄류의 경우에는 200제곱미터) 이하 | 　다. 실외에 쌓아 저장하는 경우 쌓는 부분이 대지경계선, 도로 및 인접 건축물과 최소 **6미터 이상** 간격을 둘 것. 다만, 쌓는 높이보다 **0.9미터 이상** 높은 **내화구조 벽체**를 설치한 경우는 그렇지 않다. 　라. 실내에 쌓아 저장하는 경우 주요구조부는 **내화구조이면서 불연재료**여야 하고, 다른 종류의 특수가연물과 같은 공간에 보관하지 않을 것. 다만, 내화구조의 벽으로 분리하는 경우는 그렇지 않다. 　마. 쌓는 부분 바닥면적의 사이는 **실내의 경우 1.2미터 또는 쌓는 높이의 1/2 중 큰 값 이상**으로 간격을 두어야 하며, **실외의 경우 3미터 또는 쌓는 높이 중 큰 값 이상**으로 간격을 둘 것 2. 특수가연물 표지 　가. 특수가연물을 저장 또는 취급하는 장소에는 **품명, 최대저장수량, 단위부피당 질량 또는 단위체적당 질량, 관리책임자 성명·직책, 연락처 및 화기취급의 금지표시**가 포함된 특수가연물 표지를 설치해야 한다. 　나. 특수가연물 표지의 규격은 다음과 같다. | 특수가연물	
화기엄금	
품 명	합성수지류
최대저장수량 (배수)	000톤(00배)
단위부피당 질량 (단위체적당 질량)	000kg/m³
관리책임자 (직책)	홍길동 팀장
연락처	02-000-0000	

	1) 특수가연물 표지는 **한 변의 길이가 0.3미터 이상, 다른 한 변의 길이가 0.6 미터 이상**인 직사각형으로 할 것
	2) 특수가연물 표지의 **바탕은 흰색으로, 문자는 검은색**으로 할 것. 다만, "화기 엄금" 표시 부분은 제외한다.
	3) 특수가연물 표지 중 **화기엄금 표시 부분의 바탕은 붉은색으로, 문자는 백색** 으로 할 것
다. 특수가연물 표지는 특수가연물을 저장하거나 취급하는 장소 중 보기 쉬운 곳에 설치해야 한다.	

■ 피난유도 안내정보의 제공

정보제공 방법	1. 연 2회 피난안내 교육을 실시하는 방법 2. 분기별 1회 이상 피난안내방송을 실시하는 방법 3. 피난안내도를 층마다 보기 쉬운 위치에 게시하는 방법 4. 엘리베이터, 출입구 등 시청이 용이한 장소에 피난안내영상을 제공하는 방법

■ 화재예방강화지구 ★★★

지정권자	시·도지사
지정대상	1. 시장지역 2. 공장·창고가 밀집한 지역 3. 목조건물이 밀집한 지역 4. 노후·불량건축물이 밀집한 지역 5. 위험물의 저장 및 처리 시설이 밀집한 지역 6. 석유화학제품을 생산하는 공장이 있는 지역 7. 「산업입지 및 개발에 관한 법률」 제2조제8호에 따른 산업단지 8. 소방시설·소방용수시설 또는 소방출동로가 없는 지역 9. 「물류시설의 개발 및 운영에 관한 법률」 제2조제6호에 따른 물류단지 10. 그 밖에 제1호부터 제9호까지에 준하는 지역으로서 소방관서장이 화재예방 강화지구로 지정할 필요가 있다고 인정하는 지역
소방청장은 해당 시·도지사에게 해당 지역의 화재예방강화지구 지정을 요청	시·도지사가 화재예방강화지구로 지정할 필요가 있는 지역을 화재예방강화지구로 지정하지 아니하는 경우
화재예방강화지구 의 관리	1. 소방관서장은 화재예방강화지구 안의 소방대상물의 위치·구조 및 설비 등에 대한 **화재안전조사를 연 1회 이상** 실시하여야 한다. 2. 소방관서장은 화재예방강화지구 안의 관계인에 대하여 소방상 필요한 **훈련 및 교육을 연 1회 이상** 실시할 수 있다. 3. **소방관서장**은 소방상 필요한 훈련 및 교육을 실시하고자 하는 때에는 화재예 방강화지구 안의 관계인에게 훈련 또는 교육 **10일 전**까지 그 사실을 통보하여 야 한다.

■ 화재 위험경보

위험경보	소방관서장은 「기상법」에 따른 기상현상 및 기상영향에 대한 예보·특보·태풍예보에 따라 화재의 발생 위험이 높다고 분석·판단되는 경우에는 행정안전부령으로 정하는 바에 따라 화재에 관한 위험경보를 발령하고 그에 따른 필요한 조치를 할 수 있다.

■ 화재안전영향평가

소방청장	화재발생 원인 및 연소과정을 조사·분석하는 등의 과정에서 법령이나 정책의 개선이 필요하다고 인정되는 경우 그 법령이나 정책에 대한 화재 위험성의 유발요인 및 완화 방안에 대한 평가(이하 "화재안전영향평가"라 한다)를 실시할 수 있다.
화재안전 영향평가심의회	위원장 1명을 포함한 12명 이내의 위원으로 구성

■ 특급 소방안전관리대상물 ★★★

특급 소방안전관리 대상물	1) **50층 이상**(지하층은 제외)이거나 지상으로부터 높이가 **200미터 이상**인 아파트 2) **30층 이상**(지하층을 포함한다)이거나 지상으로부터 높이가 **120미터 이상**인 특정소방대상물(아파트는 제외) 3) 연면적이 **10만제곱미터 이상**인 특정소방대상물(아파트는 제외)
특급 소방안전관리자 자격	다음의 어느 하나에 해당하는 사람으로서 특급 소방안전관리자 자격증을 발급받은 사람 1) 소방기술사 또는 소방시설관리사의 자격이 있는 사람 2) **소방설비기사의 자격을 취득한 후 5년 이상** 1급 소방안전관리대상물의 소방안전관리자로 근무한 실무경력(법 제24조제3항에 따라 소방안전관리자로 선임되어 근무한 경력은 제외한다. 이하 이 표에서 같다)이 있는 사람 3) **소방설비산업기사의 자격을 취득한 후 7년 이상** 1급 소방안전관리대상물의 소방안전관리자로 근무한 실무경력이 있는 사람 4) **소방공무원으로 20년 이상** 근무한 경력이 있는 사람 5) 소방청장이 실시하는 특급 소방안전관리대상물의 소방안전관리에 관한 시험에 합격한 사람
선임인원	1명 이상

■ 1급 소방안전관리대상물 ★★★

1급 소방안전관리 대상물	1) **30층 이상**(지하층은 제외한다)이거나 지상으로부터 높이가 **120미터 이상**인 아파트 2) **연면적 1만5천제곱미터 이상**인 특정소방대상물(아파트 및 연립주택은 제외한다)

	3) 2)에 해당하지 않는 특정소방대상물로서 **지상층의 층수가 11층 이상**인 특정소방대상물(아파트는 제외한다) 4) **가연성 가스를 1천톤 이상** 저장·취급하는 시설
1급 소방안전관리자 선임자격	다음의 어느 하나에 해당하는 사람으로서 1급 소방안전관리자 자격증을 발급받은 사람 또는 제1호에 따른 특급 소방안전관리대상물의 소방안전관리자 자격증을 발급받은 사람 1) **소방설비기사 또는 소방설비산업기사**의 자격이 있는 사람 2) **소방공무원으로 7년 이상** 근무한 경력이 있는 사람 3) 소방청장이 실시하는 1급 소방안전관리대상물의 소방안전관리에 관한 시험에 합격한 사람
선임인원	1명 이상

[비고] 1. 동·식물원, 철강 등 불연성 물품을 저장·취급하는 창고, 위험물 저장 및 처리 시설 중 제조소등과 지하구는 특급 소방안전관리대상물 및 1급 소방안전관리대상물에서 제외한다.

■ 2급 소방안전관리대상물 ★★

2급 소방안전관리 대상물	다음의 어느 하나에 해당하는 것(제1호에 따른 특급 소방안전관리대상물 및 제2호에 따른 1급 소방안전관리대상물은 제외한다) 1) **옥내소화전설비, 스프링클러설비 또는 물분무등소화설비**[화재안전기준에 따라 **호스릴(hose reel) 방식의 물분무등소화설비**만을 설치할 수 있는 특정소방대상물은 **제외**한다]를 설치해야 하는 특정소방대상물 2) 가스 제조설비를 갖추고 도시가스사업의 허가를 받아야 하는 시설 또는 가연성 가스를 100톤 이상 1천톤 미만 저장·취급하는 시설 3) 지하구 4) 공동주택(옥내소화전설비 또는 스프링클러설비가 설치된 공동주택으로 한정한다) 5) 보물 또는 국보로 지정된 목조건축물
2급 소방안전관리자 선임자격	다음의 어느 하나에 해당하는 사람으로서 2급 소방안전관리자 자격증을 발급받은 사람, 특급 소방안전관리대상물 또는 1급 소방안전관리대상물의 소방안전관리자 자격증을 발급받은 사람 1) **위험물기능장·위험물산업기사 또는 위험물기능사 자격**이 있는 사람 2) **소방공무원으로 3년 이상** 근무한 경력이 있는 사람 3) 소방청장이 실시하는 2급 소방안전관리대상물의 소방안전관리에 관한 시험에 합격한 사람 4)「기업활동 규제완화에 관한 특별조치법」제29조, 제30조 및 제32조에 따라 소방안전관리자로 선임된 사람(소방안전관리자로 선임된 기간으로 한정한다)
선임인원	1명 이상

■ 3급 소방안전관리대상물 ★

3급 소방안전관리 대상물	다음의 어느 하나에 해당하는 것(특급 소방안전관리대상물, 1급 소방안전관리대상물 및 2급 소방안전관리대상물은 제외한다) 1) **간이스프링클러설비**(주택전용 간이스프링클러설비는 제외한다)를 설치해야 하는 특정소방대상물 2) **자동화재탐지설비**를 설치해야 하는 특정소방대상물
3급 소방안전관리자 선임자격	다음의 어느 하나에 해당하는 사람으로서 3급 소방안전관리자 자격증을 발급받은 사람 또는 특급 소방안전관리대상물, 1급 소방안전관리대상물 또는 2급 소방안전관리대상물의 소방안전관리자 자격증을 발급받은 사람 1) 소방공무원으로 1년 이상 근무한 경력이 있는 사람 2) 소방청장이 실시하는 3급 소방안전관리대상물의 소방안전관리에 관한 시험에 합격한 사람 3) 「기업활동 규제완화에 관한 특별조치법」 제29조, 제30조 및 제32조에 따라 소방안전관리자로 선임된 사람(소방안전관리자로 선임된 기간으로 한정한다)
선임인원	1명 이상

■ 소방안전관리보조자를 두어야 하는 특정소방대상물 ★★★

대상	최소 선임기준
아파트(300세대 이상인 아파트만 해당)	1명 다만, 초과되는 300세대마다 1명 이상을 추가로 선임
연면적이 1만5천제곱미터 이상인 특정소방대상물 (아파트 및 연립주택은 제외)	1명 다만, 초과되는 연면적 1만5천제곱미터(특정소방대상물의 방재실에 자위소방대가 24시간 상시 근무하고 소방자동차 중 소방펌프차, 소방물탱크차, 소방화학차 또는 무인방수차를 운용하는 경우에는 3만제곱미터로 한다)마다 1명 이상을 추가로 선임해야 한다.
1) 공동주택 중 기숙사 2) 의료시설 3) 노유자시설 4) 수련시설 5) 숙박시설(숙박시설로 사용되는 바닥면적의 합계가 1천500제곱미터 미만이고 관계인이 24시간 상시 근무하고 있는 숙박시설은 제외)	1명 다만, 해당 특정소방대상물이 소재하는 지역을 관할하는 소방서장이 야간이나 휴일에 해당 특정소방대상물이 이용되지 않는다는 것을 확인한 경우에는 소방안전관리보조자를 선임하지 않을 수 있다.

■ 소방안전관리보조자의 자격

자격	가. 특급 소방안전관리대상물, 1급 소방안전관리대상물, 2급 소방안전관리대상물 또는 3급 소방안전관리대상물의 소방안전관리자 자격이 있는 사람 나. 국가기술자격의 직무분야 중 **건축, 기계제작, 기계장비설비·설치, 화공, 위험물, 전기, 전자 및 안전관리**에 해당하는 국가기술자격이 있는 사람 다. 「공공기관의 소방안전관리에 관한 규정」 제5조제1항제2호나목에 따른 강습교육을 수료한 사람 라. 법 제34조제1항제1호에 따른 강습교육 중 이 영 제33조제1호부터 제4호까지에 해당하는 사람을 대상으로 하는 강습교육을 수료한 사람 마. 소방안전관리대상물에서 **소방안전 관련 업무에 2년 이상** 근무한 경력이 있는 사람

■ 자위소방대

자위소방대의 기능	1. 화재 발생 시 비상연락, 초기소화 및 피난유도 2. 화재 발생 시 인명·재산피해 최소화를 위한 조치
편성된 근무자에 대한 소방교육 실시	소방안전관리대상물의 소방안전관리자는 **연 1회 이상** 자위소방대를 소집하여 그 편성 상태 및 초기대응체계를 점검하고, 편성된 근무자에 대한 소방교육을 실시
자위소방대의 조직	1. 대장은 자위소방대를 총괄 지휘한다. 2. 부대장은 대장을 보좌하고 대장이 부득이한 사유로 임무를 수행할 수 없는 때에는 그 임무를 대행한다. 3. **비상연락팀**은 화재사실의 전파 및 신고 업무를 수행한다. 4. **초기소화팀**은 화재 발생 시 초기화재 진압 활동을 수행한다. 5. **피난유도팀**은 재실자(在室者) 및 장애인, 노인, 임산부, 영유아 및 어린이 등 이동이 어려운 사람(이하 "피난약자"라 한다)을 안전한 장소로 대피시키는 업무를 수행한다. 6. **응급구조팀**은 인명을 구조하고, 부상자에 대한 응급조치를 수행한다. 7. **방호안전팀**은 화재확산방지 및 위험시설의 비상정지 등 방호안전 업무를 수행한다.

■ 특정소방대상물의 소방안전관리 ★★★

소방안전관리대상물의 관계인이 소방안전관리자 또는 소방안전관리보조자를 선임한 경우	**14일 이내**에 소방본부장이나 소방서장에게 신고
소방안전관리대상물의 소방안전관리업무 수행에 관한 기록	**월 1회 이상** 작성·관리
기록보관 기한	업무수행에 관한 기록을 작성한 날부터 **2년간 보관**

특정소방대상물의 관계인은 소방안전관리자를 다음 각 호의 어느 하나에 해당하는 날부터 30일 이내에 선임	1. 신축·증축·개축·재축·대수선 또는 용도변경으로 해당 특정소방대상물의 소방안전관리자를 신규로 선임하여야 하는 경우 : 해당 특정소방대상물의 완공일(건축물의 경우에는 건축물을 사용할 수 있게 된 날을 말한다.) 2. 증축 또는 용도변경으로 인하여 특정소방대상물이 소방안전관리대상물로 된 경우 : 증축공사의 완공일 또는 용도변경 사실을 건축물관리대장에 기재한 날 3. 특정소방대상물을 양수하거나 경매, 환가, 압류재산의 매각 그 밖에 이에 준하는 절차에 의하여 관계인의 권리를 취득한 경우 : 해당 권리를 취득한 날 또는 관할 소방서장으로부터 소방안전관리자 선임 안내를 받은 날. 다만, 새로 권리를 취득한 관계인이 종전의 특정소방대상물의 관계인이 선임신고한 소방안전관리자를 해임하지 아니하는 경우를 제외한다. 4. 법 제21조에 따른 특정소방대상물의 경우 : 소방본부장 또는 소방서장이 공동 소방안전관리 대상으로 지정한 날 5. 소방안전관리자를 해임한 경우 : 소방안전관리자를 해임한 날 6. 소방안전관리업무를 대행하는 자를 감독하는 자를 소방안전관리자로 선임한 경우로서 그 업무대행 계약이 해지 또는 종료된 경우: 소방안전관리업무 대행이 끝난 날

■ 특정소방대상물(소방안전관리대상물은 제외한다)의 관계인과 소방안전관리대상물의 소방안전관리자의 업무 ★★★

특정소방대상물의 관계인의 업무	소방안전관리대상물의 소방안전관리자의 업무
1. 제36조에 따른 피난계획에 관한 사항과 대통령령으로 정하는 사항이 포함된 소방계획서의 작성 및 시행 2. 자위소방대(自衛消防隊) 및 초기대응체계의 구성, 운영 및 교육 3. 「소방시설 설치 및 관리에 관한 법률」 제16조에 따른 피난시설, 방화구획 및 방화시설의 관리 4. 소방시설이나 그 밖의 소방 관련 시설의 관리 5. 제37조에 따른 소방훈련 및 교육 6. 화기(火氣) 취급의 감독 7. 행정안전부령으로 정하는 바에 따른 소방안전관리에 관한 업무수행에 관한 기록·유지(제3호·제4호 및 제6호의 업무를 말한다) 8. 화재발생 시 초기대응 9. 그 밖에 소방안전관리에 필요한 업무	1. 피난계획에 관한 사항과 대통령령으로 정하는 사항이 포함된 소방계획서의 작성 및 시행 2. 자위소방대(自衛消防隊) 및 초기대응체계의 구성, 운영 및 교육 3. 소방훈련 및 교육 4. 행정안전부령으로 정하는 바에 따른 소방안전관리에 관한 업무수행에 관한 기록·유지(제3호·제4호 및 제6호의 업무를 말한다)

■ 소방안전관리 업무의 대행 대상 및 업무 ★★

대행 대상물	1. 지상층의 층수가 11층 이상인 1급 소방안전관리대상물(연면적 1만5천제곱미터 이상인 특정소방대상물과 아파트는 제외한다) 2. 2급 소방안전관리대상물 3. 3급 소방안전관리대상물
대행 업무	1. 피난시설, 방화구획 및 방화시설의 관리 2. 소방시설이나 그 밖의 소방 관련 시설의 관리

■ 건설현장 소방안전관리 ★

선임기간	건설현장 소방안전관리대상물을 신축·증축·개축·재축·이전·용도변경 또는 대수선 하는 경우에는 소방시설공사 착공 신고일부터 건축물 사용승인일까지 선임
선임신고	**공사시공자**는 같은 항에 따라 소방안전관리자를 선임한 경우에는 선임한 날부터 **14일 이내**에 소방본부장 또는 소방서장에게 신고

건설현장 소방안전관리 대상물	1. 신축·증축·개축·재축·이전·용도변경 또는 대수선을 하려는 부분의 연면적의 합계가 1만5천제곱미터 이상인 것
	2. 신축·증축·개축·재축·이전·용도변경 또는 대수선을 하려는 부분의 연면적이 5천제곱미터 이상인 것으로서 다음 각 목의 어느 하나에 해당하는 것
	  가. 지하층의 층수가 2개 층 이상인 것
	  나. 지상층의 층수가 11층 이상인 것
	  다. 냉동창고, 냉장창고 또는 냉동·냉장창고

건설현장 소방안전관리 대상물의 소방안전관리자의 업무	1. 건설현장의 소방계획서의 작성 2. 임시소방시설의 설치 및 관리에 대한 감독 3. 공사진행 단계별 피난안전구역, 피난로 등의 확보와 관리 4. 건설현장의 작업자에 대한 소방안전 교육 및 훈련 5. 초기대응체계의 구성·운영 및 교육 6. 화기취급의 감독, 화재위험작업의 허가 및 관리 7. 그 밖에 건설현장의 소방안전관리와 관련하여 소방청장이 고시하는 업무

■ 소방안전관리대상물의 소방계획서에 포함되어야 하는 사항 ★

1. 소방안전관리대상물의 위치·구조·연면적·용도 및 수용인원 등 일반 현황
2. 소방안전관리대상물에 설치한 소방시설, 방화시설, 전기시설, 가스시설 및 위험물시설의 현황
3. 화재 예방을 위한 자체점검계획 및 대응대책
4. 소방시설·피난시설 및 방화시설의 점검·정비계획
5. 피난층 및 피난시설의 위치와 피난경로의 설정, 화재안전취약자의 피난계획 등을 포함한 피난계획
6. 방화구획, 제연구획(除煙區劃), 건축물의 내부 마감재료 및 방염대상물품의 사용 현황과 그 밖의 방화구조 및 설비의 유지·관리계획
7. 법 제35조제1항에 따른 관리의 권원이 분리된 특정소방대상물의 소방안전관리에 관한 사항
8. 소방훈련·교육에 관한 계획

9. 법 제37조를 적용받는 소방안전관리대상물의 근무자 및 거주자의 자위소방대 조직과 대원의 임무(화재안전취약자의 피난 보조 임무를 포함한다)에 관한 사항
10. 화기 취급 작업에 대한 사전 안전조치 및 감독 등 공사 중 소방안전관리에 관한 사항
11. 소화에 관한 사항과 연소 방지에 관한 사항
12. 위험물의 저장·취급에 관한 사항(「위험물안전관리법」 제17조에 따라 **예방규정을 정하는 제조소등은 제외**한다)
13. 소방안전관리에 대한 업무수행에 관한 기록 및 유지에 관한 사항
14. 화재발생 시 화재경보, 초기소화 및 피난유도 등 초기대응에 관한 사항

■ 소방안전관리업무 전담 대상물

전담 대상물	1. 특급 소방안전관리대상물 2. 1급 소방안전관리대상물
소방훈련 및 교육 결과제출	소방훈련 및 교육을 한 날부터 30일 이내 소방본부장 또는 소방서장에게 제출

■ 소방안전관리자 자격의 정지 및 취소 ★

1. 자격의 정지 및 취소

취소	1. 거짓이나 그 밖의 부정한 방법으로 소방안전관리자 자격증을 발급받은 경우 2. 소방안전관리자 자격증을 다른 사람에게 빌려준 경우
1년 이하의 기간을 정하여 그 자격을 정지	1. 소방안전관리업무를 게을리한 경우 2. 실무교육을 받지 아니한 경우 3. 이 법 또는 이 법에 따른 명령을 위반한 경우

2. 개별기준

위반사항	근거법령	행정처분기준		
		1차 위반	2차 위반	3차 이상 위반
가. 거짓이나 그 밖의 부정한 방법으로 소방안전관리자 자격증을 발급받은 경우	법 제31조 제1항제1호	자격취소		
나. 법 제24조제5항에 따른 **소방안전관리업무를 게을리한 경우**	법 제31조 제1항제2호	경고 (시정명령)	자격정지 (3개월)	자격정지 (6개월)
다. 법 제30조제4항을 위반하여 소방안전관리자 자격증을 다른 사람에게 빌려준 경우	법 제31조 제1항제3호	자격취소		
라. 제34조에 따른 **실무교육을 받지 않는 경우**	법 제31조 제1항제4호	경고 (시정명령)	자격정지 (3개월)	자격정지 (6개월)

■ 관리의 권원이 분리된 특정소방대상물의 소방안전관리 ★★★

대상	1. 복합건축물(지하층을 제외한 층수가 11층 이상 또는 연면적 3만제곱미터 이상인 건축물) 2. 지하가(지하의 인공구조물 안에 설치된 상점 및 사무실, 그 밖에 이와 비슷한 시설이 연속하여 지하도에 접하여 설치된 것과 그 지하도를 합한 것을 말한다) 3. 그 밖에 대통령령으로 정하는 특정소방대상물 [판매시설 중 도매시장, 소매시장 및 전통시장]

관리의 권원별 소방안전관리자 선임 및 조정 기준	① 관리의 권원이 분리되어 있는 특정소방대상물의 관계인은 소유권, 관리권 및 점유권에 따라 각각 소방안전관리자를 선임해야 한다. 다만, 둘 이상의 소유권, 관리권 또는 점유권이 동일인에게 귀속된 경우에는 하나의 관리 권원으로 보아 소방안전관리자를 선임할 수 있다.
	② 제①항에도 불구하고 다음 각 호의 어느 하나에 해당하는 경우에는 해당 호에서 정하는 바에 따라 소방안전관리자를 선임할 수 있다.
	  1. 법령 또는 계약 등에 따라 공동으로 관리하는 경우: 하나의 관리 권원으로 보아 소방안전관리자 1명 선임
	  2. 화재 수신기 또는 소화펌프(가압송수장치를 포함한다. 이하 이 항에서 같다)가 별도로 설치되어 있는 경우: 설치된 화재 수신기 또는 소화펌프가 화재를 감지·소화 또는 경보할 수 있는 부분을 각각 하나의 관리 권원으로 보아 각각 소방안전관리자 선임
	  3. 하나의 화재 수신기 및 소화펌프가 설치된 경우: 하나의 관리 권원으로 보아 소방안전관리자 1명 선임

■ 소방안전 특별관리시설물의 안전관리 ★

1. 공항시설
2. 철도시설
3. 도시철도시설
4. 항만시설
5. 「문화재보호법」 제2조제3항의 지정문화재 및 「자연유산의 보존 및 활용에 관한 법률」에 따른 천연기념물·명승, 시·도자연유산인 시설(시설이 아닌 지정문화재 및 천연기념물·명승, 시·도자연유산을 보호하거나 소장하고 있는 시설을 포함한다)
6. 산업기술단지
7. 산업단지
8. 초고층 건축물 및 지하연계 복합건축물
9. 영화상영관 중 수용인원 1천명 이상인 영화상영관
10. 전력용 및 통신용 지하구
11. 석유비축시설
12. 천연가스 인수기지 및 공급망
13. 전통시장으로서 대통령령으로 정하는 전통시장(점포가 500개 이상인 전통시장)

14. 그 밖에 대통령령으로 정하는 시설물

1. 발전사업자가 가동 중인 발전소
2. 물류창고로서 연면적 10만제곱미터 이상인 것
3. 가스공급시설

■ 화재예방안전진단

진단범위	1. 화재위험요인의 조사에 관한 사항 2. 소방계획 및 피난계획 수립에 관한 사항 3. 소방시설등의 유지·관리에 관한 사항 4. 비상대응조직 및 교육훈련에 관한 사항 5. 화재 위험성 평가에 관한 사항 6. 그 밖에 화재예방진단을 위하여 대통령령으로 정하는 사항 　① 화재 등의 재난 발생 후 재발방지 대책의 수립 및 그 이행에 관한 사항 　② 지진 등 외부 환경 위험요인 등에 대한 예방·대비·대응에 관한 사항 　③ 화재예방안전진단 결과 보수·보강 등 개선요구 사항 등에 대한 이행 여부
화재예방 안전진단의 대상	1. 공항시설 중 여객터미널의 **연면적이 1천제곱미터 이상**인 공항시설 2. 철도시설 중 역 시설의 **연면적이 5천제곱미터 이상**인 철도시설 3. 도시철도시설 중 역사 및 역 시설의 **연면적이 5천제곱미터 이상**인 도시철도시설 4. 항만시설 중 여객이용시설 및 지원시설의 **연면적이 5천제곱미터 이상**인 항만시설 5. 전력용 및 통신용 지하구 중 「국토의 계획 및 이용에 관한 법률」 제2조제9호에 따른 공동구 6. 천연가스 인수기지 및 공급망 중 「소방시설 설치 및 관리에 관한 법률 시행령」 별표 2 제17호나목에 따른 가스시설 7. 발전소 중 **연면적이 5천제곱미터 이상**인 발전소 8. 가스공급시설 중 가연성 가스 탱크의 **저장용량의 합계가 100톤 이상**이거나 **저장용량이 30톤 이상인 가연성 가스 탱크**가 있는 가스공급시설
화재예방 안전진단의 실시 절차	① 최초 화재예방안전진단 : 사용승인 또는 완공검사를 받은 날부터 5년이 경과한 날이 속하는 해 ② 화재예방안전진단을 받은 소방안전 특별관리시설물의 관계인은 안전등급에 따라 정기적으로 화재예방안전진단을 실시 　1. 안전등급이 **우수**인 경우: 안전등급을 통보받은 날부터 **6년**이 경과한 날이 속하는 해 　2. 안전등급이 **양호·보통**인 경우: 안전등급을 통보받은 날부터 **5년**이 경과한 날이 속하는 해 　3. 안전등급이 **미흡·불량**인 경우: 안전등급을 통보받은 날부터 **4년**이 경과한 날이 속하는 해
화재예방안전진단 기관의 취소	1. 거짓이나 그 밖의 부정한 방법으로 지정을 받은 경우 2. 업무정지기간에 화재예방안전진단 업무를 한 경우
6개월 이내 업무의 일부 또는 전부를 정지	1. 화재예방안전진단 결과를 소방본부장 또는 소방서장, 관계인에게 제출하지 아니한 경우 2. 지정기준에 미달하게 된 경우

■ 화재예방안전진단 결과에 따른 안전등급 기준

안전등급	화재예방안전진단 대상물의 상태
우수(A)	화재예방안전진단 실시 결과 문제점이 발견되지 않은 상태
양호(B)	화재예방안전진단 실시 결과 문제점이 일부 발견되었으나 대상물의 화재안전에는 이상이 없으며 대상물 일부에 대해 법 제41조제5항에 따른 보수·보강 등의 조치명령(이하 이 표에서 "조치명령"이라 한다)이 필요한 상태
보통(C)	화재예방안전진단 실시 결과 문제점이 다수 발견되었으나 대상물의 전반적인 화재안전에는 이상이 없으며 대상물에 대한 다수의 조치명령이 필요한 상태
미흡(D)	화재예방안전진단 실시 결과 광범위한 문제점이 발견되어 대상물의 화재안전을 위해 조치명령의 즉각적인 이행이 필요하고 대상물의 사용 제한을 권고할 필요가 있는 상태
불량(E)	화재예방안전진단 실시 결과 중대한 문제점이 발견되어 대상물의 화재안전을 위해 조치명령의 즉각적인 이행이 필요하고 대상물의 사용 중단을 권고할 필요가 있는 상태

■ 청문

청문권자	소방청장 또는 시·도지사
청문내용	1. 소방안전관리자의 자격 취소 2. 진단기관의 지정 취소

04 출제예상문제

화재의 예방 및 안전관리에 관한 법률·시행령·시행규칙

01 ★★★ 출제년도 [18.]
화재의 예방 및 안전관리에 관한 법률상 공동 소방안전관리자 선임대상 특정소방대상물의 기준 중 틀린 것은?

① 판매시설 중 상점
② 고층 건축물 (지하층을 제외한 층수가 11층 이상인 건축물만 해당)
③ 지하가 (지하의 인공구조물 안에 설치된 상점 및 사무실, 그 밖에 이와 비슷한 시설이 연속하여 지하도에 접하여 설치된 것과 그 지하도를 합한 것)
④ 복합건축물로서 연면적이 5000 m² 이상인 것 또는 층수가 5층 이상인 것

해설 관리의 권원이 분리된 특정소방대상물의 소방안전관리[(구) 공동소방안전관리]
1. 복합건축물(지하층을 제외한 층수가 11층 이상 또는 연면적 3만제곱미터 이상인 건축물)
2. 지하가(지하의 인공구조물 안에 설치된 상점 및 사무실, 그 밖에 이와 비슷한 시설이 연속하여 지하도에 접하여 설치된 것과 그 지하도를 합한 것을 말한다)
3. 그 밖에 대통령령으로 정하는 특정소방대상물
   가. 복합건축물로서 연면적이 5천제곱미터 이상인 것 또는 층수가 5층 이상인 것
   나. 도매시장, 소매시장 및 전통시장
   다. 소방본부장 또는 소방서장이 지정하는 것

02 ★★★ 출제년도 [18.]
화재의 예방 및 안전관리에 관한 법률상 소방안전 특별관리시설물의 대상기준 중 틀린 것은?

① 수련시설
② 항만시설
③ 전력용 및 통신용 지하구
④ 지정문화재인 시설 (시설이 아닌 지정문화재를 보호하거나 소장하고 있는 시설을 포함)

해설 소방안전 특별관리시설물의 안전관리
1. 공항시설
2. 철도시설
3. 도시철도시설
4. 항만시설
5. 지정문화재인 시설(시설이 아닌 지정문화재를 보호하거나 소장하고 있는 시설을 포함한다)
6. 산업기술단지
7. 산업단지
8. 초고층 건축물 및 지하연계 복합건축물
9. 영화상영관 중 수용인원 1천명 이상인 영화상영관
10. 전력용 및 통신용 지하구
11. 석유비축시설
12. 천연가스 인수기지 및 공급망
13. 전통시장으로서 대통령령으로 정하는 전통시장 (점포가 500개 이상)
14. 그 밖에 대통령령으로 정하는 시설물

03 ★★★ 출제년도 [18.]
소방기본법령상 특수가연물의 저장 및 취급의 기준 중 다음 ( ) 안에 알맞은 것은? (단, 석탄·목탄류를 발전용으로 저장하는 경우는 제외한다.)

[보기]
살수설비를 설치하거나, 방사능력범위에 해당 특수가연물이 포함되도록 대형수동식소화기를 설치하는 경우에는 쌓는 높이를 (㉠) m 이하, 석탄·목탄류의 경우에는 쌓는 부분의 바닥면적을 (㉡) m² 이하로 할 수 있다.

정답 01. ① 02. ① 03. ④

① ㉠ 10, ㉡ 50
② ㉠ 10, ㉡ 200
③ ㉠ 15, ㉡ 200
④ ㉠ 15, ㉡ 300

해설 관련법 : 소방기본법 → 화재의 예방 및 안전관리에 관한 법률로 이관됨(2022.12.1.)
특수가연물의 저장 및 취급기준
① 쌓는 높이 10 m 이하, 쌓는 부분 바닥면적 50 m² (석탄·목탄류는 200 m²) 이하
② 살수설비를 설치하거나, 대형수동식소화기를 설치하는 경우에는 쌓는 높이를 15m 이하, 쌓는 부분의 바닥면적 200 m²(석탄·목탄류의 경우에는 300 m²) 이하로 할 수 있다.

04 ★★★ 출제년도【18.】
화재의 예방 및 안전관리에 관한 법률상 특수가연물의 저장 및 취급 기준 중 다음 (   ) 안에 알맞은 것은? (단, 석탄·목탄류를 발전용으로 저장하는 경우는 제외한다.)

> 살수설비를 설치하거나, 방사능력 범위에 해당 특수가연물이 포함되도록 대형수동식 소화기를 설치하는 경우에는 쌓는 높이를 (㉠)m 이하, 쌓는 부분의 바닥면적을 (㉡)m² 이하로 할 수 있다.

① ㉠ 10, ㉡ 30   ② ㉠ 10, ㉡ 50
③ ㉠ 15, ㉡ 100   ④ ㉠ 15, ㉡ 200

해설 특수가연물의 저장 및 취급의 기준
1. 특수가연물을 저장 또는 취급하는 장소에는 품명·최대수량 및 화기취급의 금지표지를 설치할 것
2. 다음 각 목의 기준에 따라 쌓아 저장할 것. 다만, 석탄·목탄류를 발전(發電)용으로 저장하는 경우에는 그러하지 아니하다.
   가. 품명별로 구분하여 쌓을 것
   나. 쌓는 높이는 10 미터 이하가 되도록 하고, 쌓는 부분의 바닥면적은 50 제곱미터(석탄·목탄류의 경우에는 200 제곱미터) 이하가 되도록 할 것. 다만, 살수설비를 설치하거나, 방사능력 범위에 해당 특수가연물이 포함되도록 대형수동식소화기를 설치하는 경우에는 쌓는 높이를 15 미터 이하, 쌓는 부분의 바닥면적을 200제곱미터(석탄·목탄류의 경우에는 300 제곱미터) 이하로 할 수 있다.
   다. 쌓는 부분의 바닥면적 사이는 1 미터 이상이 되도록 할 것

05 ★★★ 출제년도【19.】
화재의 예방 및 안전관리에 관한 법률상 특수가연물의 저장 및 취급 기준 중 석탄·목탄류를 발전용으로 저장하지 않는 경우 쌓는 부분의 바닥면적은 몇 m² 이하인가? (단, 살수설비를 설치하거나, 방사능력 범위에 해당 특수가연물이 포함되도록 대형수동식소화기를 설치하는 경우이다.)

① 200   ② 250
③ 300   ④ 350

해설 특수가연물의 저장 및 취급의 기준
1. 특수가연물을 저장 또는 취급하는 장소에는 품명·최대수량 및 화기취급의 금지표지를 설치할 것
2. 다음 각 목의 기준에 따라 쌓아 저장할 것. 다만, 석탄·목탄류를 발전(發電)용으로 저장하는 경우에는 그러하지 아니하다.
   가. 품명별로 구분하여 쌓을 것
   나. 쌓는 높이는 10미터 이하, 쌓는 부분의 바닥면적은 50제곱미터(석탄·목탄류의 경우에는 200제곱미터) 이하. 다만, 살수설비를 설치하거나, 방사능력 범위에 해당 특수가연물이 포함되도록 대형수동식소화기를 설치하는 경우에는 쌓는 높이를 15미터 이하, 쌓는 부분의 바닥면적을 200제곱미터(**석탄·목탄류의 경우에는 300제곱미터**) 이하
   다. 쌓는 부분의 바닥면적 사이는 1미터 이상

06 ★★★ 출제년도【19.】
소방기본법상 보일러, 난로, 건조설비, 가스·전기시설, 그 밖에 화재 발생 우려가 있는 설비 또는 기구 등의 위치·구조 및 관리와 화재 예방을 위하여 불을 사용할 때 지켜야 하는 사항은 무엇으로 정하는가?

정답 04. ④ 05. ③ 06. ②

① 소방청 고시
② 대통령령
③ 시·도 조례
④ 행정안전부령

해설 불을 사용하는 설비 등의 관리와 특수가연물의 저장·취급 → 화재의 예방 및 안전관리에 관한 법률로 이관됨(2022.12.1.)
① 보일러, 난로, 건조설비, 가스·전기시설, 그 밖에 화재 발생 우려가 있는 설비 또는 기구 등의 위치·구조 및 관리와 화재 예방을 위하여 불을 사용할 때 지켜야 하는 사항은 **대통령령**으로 정한다.
② 화재가 발생하는 경우 불길이 빠르게 번지는 고무류·면화류·석탄 및 목탄 등 대통령령으로 정하는 특수가연물(特殊可燃物)의 저장 및 취급 기준은 **대통령령**으로 정한다.

07 ★★★ 출제년도 [08. 12.]
보일러 등의 위치·구조 및 관리와 화재예방을 위하여 불의 사용에 있어서 지켜야 하는 사항으로 잘못된 것은?

① 보일러와 벽·천장 사이의 거리는 0.5미터 이상 되도록 하여야 한다.
② 가연성 벽·바닥 또는 천장과 접촉하는 증기기관 또는 연통의 부분은 규조토·석면 등 난연성 단열재로 덮어 씌워야 한다.
③ 기체연료를 사용하는 경우 보일러가 설치된 장소에는 가스누설경보기를 설치하여야 한다.
④ 경유·등유 등 액체연료를 사용하는 경우 연료탱크는 보일러 본체로부터 수평거리 1미터 이상의 간격을 두어 설치하여야 한다.

해설 불을 사용하는 설비의 관리기준 등

종류	내 용

보일러	1. 가연성 벽·바닥 또는 천장과 접촉하는 증기기관 또는 연통의 부분은 규조토 등 난연성 또는 불연성의 단열재로 덮어씌워야 한다.
	2. 경유·등유 등 액체연료를 사용하는 경우에는 다음 각목의 사항을 지켜야 한다.
	  가. 연료탱크는 보일러본체로부터 수평거리 **1미터 이상**의 간격을 두어 설치할 것
	  나. 연료탱크에는 화재 등 긴급상황이 발생하는 경우 연료를 차단할 수 있는 개폐밸브를 연료탱크로부터 **0.5미터 이내**에 설치할 것
	  다. 연료탱크 또는 연료를 공급하는 배관에는 여과장치를 설치할 것
	  라. 사용이 허용된 연료 외의 것을 사용하지 아니할 것
	  마. 연료탱크가 넘어지지 않도록 받침대를 설치하고, 연료탱크 및 연료탱크 받침대는 불연재료로 할 것
	3. 기체연료를 사용하는 경우에는 다음 각목에 의한다.
	  가. 보일러를 설치하는 장소에는 환기구를 설치하는 등 가연성가스가 머무르지 아니하도록 할 것
	  나. 연료를 공급하는 배관은 금속관으로 할 것
	  다. 화재 등 긴급시 연료를 차단할 수 있는 개폐밸브를 연료용기 등으로부터 **0.5미터 이내**에 설치할 것
	  라. 보일러가 설치된 장소에는 가스누설경보기를 설치할 것
	4. 보일러와 벽·천장 사이의 거리는 **0.6미터 이상** 되도록 하여야 한다.
	5. 보일러를 실내에 설치하는 경우에는 콘크리트바닥 또는 금속 외의 불연재료로 된 바닥 위에 설치하여야 한다.

정답 07. ①

08. ★★★ 출제년도 [18.]

소방기본법령상 일반음식점에서 조리를 위하여 불을 사용하는 설비를 설치하는 경우 지켜야 하는 사항 중 다음 ( ) 안에 알맞은 것은?

- 주방설비에 부속된 배출덕트는 (㉠)mm 이상의 아연도금강판 또는 이와 동등 이상의 내식성 불연재료로 설치할 것
- 열을 발생하는 조리기구로부터 (㉡)m 이내의 거리에 있는 가연성 주요구조부는 석면판 또는 단열성이 있는 불연재료로 덮어 씌울 것

① ㉠ 0.5, ㉡ 0.15
② ㉠ 0.5, ㉡ 0.6
③ ㉠ 0.6, ㉡ 0.15
④ ㉠ 0.6, ㉡ 0.5

해설 [관련법] 소방기본법→화재의 예방 및 안전관리에 관한 법률로 이관됨(2022.12.1.)
가. 주방설비에 부속된 배출덕트(공기 배출통로)는 **0.5밀리미터 이상**의 아연도금강판 또는 이와 동등 이상의 내식성 불연재료로 설치할 것
나. 주방시설에는 동물 또는 식물의 기름을 제거할 수 있는 필터 등을 설치할 것
다. 열을 발생하는 조리기구는 반자 또는 선반으로부터 **0.6미터 이상** 떨어지게 할 것
라. 열을 발생하는 조리기구로부터 **0.15미터 이내**의 거리에 있는 가연성 주요구조부는 석면판 또는 단열성이 있는 불연재료로 덮어 씌울 것

09. ★★★ 출제년도 [12.]

특정소방대상물의 관계인은 그 특정소방대상물에 대하여 소방안전관리 업무를 수행하여야 한다. 그 업무에 속하지 않는 것은?

① 피난시설·방화구획 및 방화시설의 유지·관리
② 화재에 관한 위험 경보
③ 화기취급의 감독
④ 소방시설이나 그 밖의 소방 관련 시설의 유지·관리

해설 특정소방대상물의 소방안전관리
특정소방대상물(소방안전관리대상물은 제외)의 관계인과 소방안전관리대상물의 **소방안전관리자의 업무**
1. 피난계획에 관한 사항과 대통령령으로 정하는 사항이 포함된 소방계획서의 작성 및 시행
2. 자위소방대(自衛消防隊) 및 초기대응체계의 구성, 운영 및 교육
3. **피난시설, 방화구획 및 방화시설의 관리**
4. 소방시설이나 그 밖의 소방 관련 시설의 관리
5. 소방훈련 및 교육
6. **화기(火氣) 취급의 감독**
7. 행정안전부령으로 정하는 바에 따른 소방안전관리에 관한 업무수행에 관한 기록·유지
8. 화재발생 시 초기대응
9. 그 밖에 소방안전관리에 필요한 업무

10. ★★★ 출제년도 [18.]

화재의 예방 및 안전관리에 관한 법률상 소방안전관리대상물의 소방안전관리자 업무가 아닌 것은?

① 소방훈련 및 교육
② 자위소방대 및 초기대응체계의 구성·운영·교육
③ 피난시설, 방화구획 및 방화시설의 유지·관리
④ 피난계획에 관한 사항과 대통령령으로 정하는 사항이 포함된 소방계획서의 작성 및 시행

해설
1. 피난계획에 관한 사항과 대통령령으로 정하는 사항이 포함된 소방계획서의 작성 및 시행
2. 자위소방대(自衛消防隊) 및 초기대응체계의 구성, 운영 및 교육
3. 소방훈련 및 교육
4. 행정안전부령으로 정하는 바에 따른 소방안전관리에 관한 업무수행에 관한 기록·유지(제3호·제4호 및 제6호의 업무를 말한다)

정답 08. ① 09. ② 10. ③

11. ★★★ 출제년도 [19.]
화재의 예방 및 안전관리에 관한 법률상 소방안전관리대상물의 소방안전관리자 업무가 아닌 것은?

① 소방훈련 및 교육
② 피난시설, 방화구획 및 방화시설의 유지·관리
③ 자위소방대 및 초기대응체계의 구성·운영·교육
④ 피난계획에 관한 사항과 대통령령으로 정하는 사항이 포함된 소방계획서의 작성 및 시행

해설 소방안전관리대상물의 소방안전관리자의 업무
1. 피난계획에 관한 사항과 대통령령으로 정하는 사항이 포함된 소방계획서의 작성 및 시행
2. 자위소방대(自衛消防隊) 및 초기대응체계의 구성, 운영 및 교육
3. 소방훈련 및 교육
4. 행정안전부령으로 정하는 바에 따른 소방안전관리에 관한 업무수행에 관한 기록·유지(제3호·제4호 및 제6호의 업무를 말한다)

12. ★★★ 출제년도 [21.]
화재의 예방 및 안전관리에 관한 법령상 특정소방대상물의 관계인이 수행하여야 하는 소방안전관리 업무가 아닌 것은?

① 소방훈련의 지도·감독
② 화기(火氣) 취급의 감독
③ 피난시설, 방화구획 및 방화시설의 유지·관리
④ 소방시설이나 그 밖의 소방 관련 시설의 유지·관리

해설 특정소방대상물의 관계인의 소방안전관리자의 업무
1. 제36조에 따른 피난계획에 관한 사항과 대통령령으로 정하는 사항이 포함된 소방계획서의 작성 및 시행
2. 자위소방대(自衛消防隊) 및 초기대응체계의 구성, 운영 및 교육
3. 「소방시설 설치 및 관리에 관한 법률」 제16조에 따른 피난시설, 방화구획 및 방화시설의 관리
4. 소방시설이나 그 밖의 소방 관련 시설의 관리
5. 제37조에 따른 소방훈련 및 교육
6. 화기(火氣) 취급의 감독
7. 행정안전부령으로 정하는 바에 따른 소방안전관리에 관한 업무수행에 관한 기록·유지(제3호·제4호 및 제6호의 업무를 말한다)
8. 화재발생 시 초기대응
9. 그 밖에 소방안전관리에 필요한 업무

13. ★★★ 출제년도 [20.]
화재의 예방 및 안전관리에 관한 법률상 소방안전관리대상물의 소방 안전관리자의 업무가 아닌 것은?

① 소방시설 공사
② 소방훈련 및 교육
③ 소방계획서의 작성 및 시행
④ 자위소방대의 구성·운영·교육

해설 소방안전관리대상물의 소방안전관리자의 업무
1. 피난계획에 관한 사항과 대통령령으로 정하는 사항이 포함된 소방계획서의 작성 및 시행
2. 자위소방대(自衛消防隊) 및 초기대응체계의 구성, 운영 및 교육
3. 소방훈련 및 교육
4. 행정안전부령으로 정하는 바에 따른 소방안전관리에 관한 업무수행에 관한 기록·유지(제3호·제4호 및 제6호의 업무를 말한다)

14. ★★★ 출제년도 [18.]
화재의 예방 및 안전관리에 관한 법령상 특수가연물의 품명별 수량 기준으로 틀린 것은?

① 합성수지류 (발포시킨 것): $20\,m^3$ 이상
② 가연성 액체류: $2\,m^3$ 이상
③ 넝마 및 종이부스러기: $400\,kg$ 이상
④ 볏짚류: $1000\,kg$ 이상

해설 [관련법] 소방기본법→화재의 예방 및 안전관리에 관한 법률로 이관됨(2022.12.1.)
넝마 및 종이부스러기: $1000\,kg$ 이상

정답 11. ② 12. ① 13. ① 14. ③

15 다음 중 화재의 예방 및 안전관리에 관한 법령상 특수가연물에 해당하는 품별 기준수량으로 틀린 것은?

① 사류 1,000 kg 이상
② 면화류 200 kg 이상
③ 나무껍질 및 대팻밥 400 kg 이상
④ 넝마 및 종이부스러기 500 kg 이상

해설 넝마 및 종이부스러기 : 1,000 kg 이상

16 화재의 예방 및 안전관리에 관한 법령상 특수가연물의 품명과 지정수량 기준의 연결이 틀린 것은?

① 사류-1000kg 이상
② 볏짚류-3000kg 이상
③ 석탄·목탄류-10000kg 이상
④ 합성수지류 중 발포시킨 것-20m³ 이상

해설 특수가연물의 품명 및 지정수량

품명	수량
면화류	200킬로그램 이상
나무껍질 및 대팻밥	400킬로그램 이상
넝마 및 종이부스러기	1,000킬로그램 이상
사류(絲類)	1,000킬로그램 이상
볏짚류	**1,000킬로그램 이상**
가연성고체류	3,000킬로그램 이상
석탄·목탄류	10,000킬로그램 이상
가연성액체류	2세제곱미터 이상
목재가공품 및 나무부스러기	10세제곱미터 이상
합성수지류 발포시킨 것	20세제곱미터 이상
합성수지류 그 밖의 것	3,000킬로그램 이상

17 화재의 예방 및 안전관리에 관한 법령에 따른 특수가연물의 기준 중 다음 ( ) 안에 알맞은 것은?

품명	수량
나무껍질 및 대팻밥	(㉠) kg 이상
면화류	(㉡) kg 이상

① ㉠ 200, ㉡ 400
② ㉠ 200, ㉡ 1000
③ ㉠ 400, ㉡ 200
④ ㉠ 400, ㉡ 1000

해설
품명	수량
나무껍질 및 대팻밥	(400) kg 이상
면화류	(200) kg 이상

18 화재의 예방 및 안전관리에 관한 법령상 특수가연물의 저장 및 취급기준이 아닌 것은? (단, 석탄·목탄류를 발전용으로 저장하는 경우는 제외)

① 품명별로 구분하여 쌓는다.
② 쌓는 높이는 20 m 이하가 되도록 한다.
③ 쌓는 부분의 바닥면적 사이는 1 m 이상이 되도록 한다.
④ 특수가연물을 저장 또는 취급하는 장소에는 품명·최대수량 및 화기취급의 금지표지를 설치해야 한다.

해설 특수가연물의 저장 및 취급의 기준
1. 특수가연물을 저장 또는 취급하는 장소에는 **품명·최대수량 및 화기취급의 금지표지**를 설치할 것
2. 다음 각 목의 기준에 따라 쌓아 저장할 것. 다만, 석탄·목탄류를 발전(發電)용으로 저장하는 경우에는 그러하지 아니하다.
  가. 품명별로 구분하여 쌓을 것
  나. 쌓는 높이는 **10미터 이하**가 되도록 하고, 쌓는 부분의 바닥면적은 50제곱미터(석탄·목탄류의 경우에는 200제곱미터) 이하가 되도록 할 것. 다만, 살수설비를 설치하거나, 방사능력 범위에 해당 특수가연물이 포함되도록 대형수동식소화기를 설치하는 경우에는 쌓는 높이를 15미터 이하, 쌓는 부분의 바닥면적을

정답 15. ④ 16. ② 17. ③ 18. ②

200제곱미터(석탄·목탄류의 경우에는 300제곱미터) 이하로 할 수 있다.
다. 쌓는 부분의 바닥면적 사이는 1미터 이상이 되도록 할 것

19 ★★★ 출제년도 [21.]
화재의 예방 및 안전관리에 관한 법령상 특수가연물의 수량 기준으로 옳은 것은?

① 면화류 : 200kg 이상
② 가연성고체류 : 500kg 이상
③ 나무껍질 및 대팻밥 : 300kg 이상
④ 넝마 및 종이부스러기 : 400kg 이상

해설 보기설명
② 가연성고체류 : 3,000kg 이상
③ 나무껍질 및 대팻밥 : 400kg 이상
④ 넝마 및 종이부스러기 : 1,000kg 이상

20 ★★★ 출제년도 [18.]
화재의 예방 및 안전관리에 관한 법률상 시·도지사가 화재예방강화지구로 지정할 필요가 있는 지역을 화재예방강화지구로 지정하지 아니하는 경우 해당 시·도지사에게 해당 지역의 화재예방강화지구 지정을 요청할 수 있는 자는?

① 행정안전부장관
② 소방청장
③ 소방본부장
④ 소방서장

해설 소방기본법에서 화재의 예방 및 안전관리에 관한 법률로 이관됨(2022.12.1.)
화재예방강화지구의 지정
시·도지사가 화재예방강화지구로 지정할 필요가 있는 지역을 화재예방강화지구로 지정하지 아니하는 경우 소방청장은 해당 시·도지사에게 해당 지역의 화재예방강화지구 지정을 요청할 수 있다.

21 ★★★ 출제년도 [20.]
화재의 예방 및 안전관리에 관한 법률상 화재예방강화지구의 지정권자는?

① 소방서장
② 시·도지사
③ 소방본부장
④ 행정자치부장관

해설 화재예방강화지구의 지정
1) 시·도지사는 화재의 발생 우려가 높거나 화재 발생시 그 피해가 클 것으로 예상되는 일정한 구역을 화재예방강화지구로 지정할 수 있다.
2) 소방본부장이나 소방서장은 화재예방강화지구안의 소방대상물의 위치, 구조 및 설비 등에 대해 화재안전조사를 하여야 한다.

22 ★★★ 출제년도 [19.]
화재예방강화지구로 지정할 수 있는 대상이 아닌 것은?

① 시장지역
② 소방출동로가 있는 지역
③ 공장·창고가 밀집한 지역
④ 목조건물이 밀집한 지역

해설 화재예방강화지구의 지정

지정권자	시·도지사
화재예방강화지구의 지정	1. 시장지역 2. 공장·창고가 밀집한 지역 3. 목조건물이 밀집한 지역 4. 노후·불량건축물이 밀집한 지역 5. 위험물의 저장 및 처리 시설이 밀집한 지역 6. 석유화학제품을 생산하는 공장이 있는 지역 7. 「산업입지 및 개발에 관한 법률」 제2조제8호에 따른 산업단지 8. 소방시설·소방용수시설 또는 소방출동로가 없는 지역 9. 그 밖에 제1호부터 제8호까지에 준하는 지역으로서 소방관서장이 화재예방강화지구로 지정할 필요가 있다고 인정하는 지역

정답 19. ① 20. ② 21. ② 22. ②

23 화재의 예방 및 안전관리에 관한 법상 화재예방강화지구의 지정대상이 아닌 것은? (단, 소방청장·소방본부장 또는 소방서장이 화재예방강화지구로 지정할 필요가 있다고 인정하는 지역은 제외한다.)
① 시장지역
② 농촌지역
③ 목조건물이 밀집한 지역
④ 공장·창고가 밀집한 지역

해설 화재예방강화지구의 지정

지정권자	시·도지사
화재예방강화지구의 지정	1. 시장지역 2. 공장·창고가 밀집한 지역 3. 목조건물이 밀집한 지역 4. 노후·불량건축물이 밀집한 지역 5. 위험물의 저장 및 처리 시설이 밀집한 지역 6. 석유화학제품을 생산하는 공장이 있는 지역 7. 산업단지 8. 소방시설·소방용수시설 또는 소방출동로가 없는 지역

24 소방기본법령상 위험물 또는 물건의 보관기간은 소방본부 또는 소방서의 게시판에 공고하는 기간의 종료일 다음 날부터 며칠로 하는가?
① 3 ② 4
③ 5 ④ 7

해설 화재의 예방조치
[관련법] 소방기본법에서 화재의 예방 및 안전관리에 관한 법률로 이관됨

위험물 또는 물건을 보관하는 경우 게시판에 공고하는 기간	14일
게시판에 공고하는 기간의 종료일 다음 날부터 보관기간	7일
매각되거나 폐기된 위험물 또는 물건의 소유자가 보상을 요구하는 경우 보상권자	소방본부장 또는 소방서장

25 화재의 예방 및 안전관리에 관한 법령에 따른 소방안전 특별관리시설물의 안전관리 대상 전통시장의 기준 중 다음 ( ) 안에 알맞은 것은?

> 전통시장으로서 대통령령으로 정하는 전통시장 : 점포가 ( )개 이상인 전통시장

① 100 ② 300
③ 500 ④ 600

해설 전통시장으로서 대통령령으로 정하는 전통시장 : 점포가 500개 이상인 전통시장

26 화재의 예방 및 안전관리에 관한 법률에 따른 화재예방강화지구의 관리기준 중 다음 ( ) 안에 알맞은 것은?

> • 소방본부장 또는 소방서장은 화재예방강화지구 안의 소방대상물의 위치·구조 및 설비 등에 대한 화재안전조사를 (㉠)회 이상 실시하여야 한다.
> • 소방본부장 또는 소방서장은 소방상 필요한 훈련 및 교육을 실시하고자 하는 때에는 화재예방강화지구 안의 관계인에게 훈련 또는 교육 (㉡)일 전까지 그 사실을 통보하여야 한다.

① ㉠ 월 1, ㉡ 7   ② ㉠ 월 1, ㉡ 10
③ ㉠ 연 1, ㉡ 7   ④ ㉠ 연 1, ㉡ 10

해설 화재안전조사([구] 소방특별조사)
① 조사권자 : 소방관서장
② 실시 : 년 1회 이상 실시
③ 화재안전조사 시 관계인에게 서면통보 : 7일 전
④ 화재안전조사의 연기기한 : 화재안전조사 시작 3일 전까지

정답 23. ② 24. ④ 25. ③ 26. ④

27 화재의 예방 및 안전관리에 관한 법령상 소방관서장이 화재안전조사를 하려면 관계인에게 조사대상, 조사기간 및 조사사유 등을 최대 며칠 전에 서면으로 알려야 하는가? (단, 긴급하게 조사할 필요가 있는 경우와 사전에 통지하면 조사목적을 달성할 수 없다고 인정되는 경우는 제외한다.)

① 7 ② 10
③ 12 ④ 14

해설 ① 소방관서장은 화재안전조사를 하려면 7일 전에 관계인에게 조사대상, 조사기간 및 조사사유 등을 서면으로 알려야 한다. 다만, 다음 각 호의 어느 하나에 해당하는 경우에는 그러하지 아니하다.
1. 화재, 재난·재해가 발생할 우려가 뚜렷하여 긴급하게 조사할 필요가 있는 경우
2. 화재안전조사의 실시를 사전에 통지하면 조사목적을 달성할 수 없다고 인정되는 경우

28 화재안전조사 결과 소방대상물의 위치·구조·설비 또는 관리의 상황이 화재나 재난·재해 예방을 위하여 보완될 필요가 있거나 화재가 발생하면 인명 또는 재산의 피해가 클 것으로 예상되는 때에 관계인에게 그 소방대상물의 개수·이전·제거, 사용의 금지 또는 제한, 사용 폐쇄, 공사의 정지 또는 중지, 그 밖의 필요한 조치를 명할 수 있는 자로 틀린 것은?

① 시·도지사
② 소방서장
③ 소방청장
④ 소방본부장

해설 화재안전조사 조사권자, 화재안전조사 결과에 따른 조치명령 : 소방관서장

29 화재의 예방 및 안전관리에 관한 법률에 따른 용접 또는 용단 작업장에서 불꽃을 사용하는 용접·용단기구 사용에 있어서 작업자로부터 반경 몇 m 이내에 소화기를 갖추어야 하는가? (단, 산업안전보건법에 따른 안전조치의 적용을 받는 사업장의 경우는 제외한다.)

① 1 ② 3
③ 5 ④ 7

해설 불꽃을 사용하는 용접·용단기구
용접 또는 용단 작업장에서는 다음 각 호의 사항을 지켜야 한다. 다만, 「산업안전보건법」의 적용을 받는 사업장의 경우에는 적용하지 아니한다.
1. 용접 또는 용단 작업자로부터 반경 5m 이내에 소화기를 갖추어 둘 것
2. 용접 또는 용단 작업장 주변 반경 10m 이내에는 가연물을 쌓아두거나 놓아두지 말 것. 다만, 가연물의 제거가 곤란하여 방지포 등으로 방호조치를 한 경우는 제외한다.

30 화재의 예방 및 안전관리에 관한 법령상 불꽃을 사용하는 용접·용단 기구의 용접 또는 용단 작업장에서 지켜야 하는 사항 중 다음 ( ) 안에 알맞은 것은?

- 용접 또는 용단 작업자로부터 반경 (㉠) m 이내에 소화기를 갖추어 둘 것
- 용접 또는 용단 작업장 주변 반경 (㉡) m 이내에는 가연물을 쌓아두거나 놓아두지 말 것. 다만, 가연물의 제거가 곤란하여 방지포 등으로 방호조치를 한 경우는 제외한다.

① ㉠ 3, ㉡ 5 ② ㉠ 5, ㉡ 3
③ ㉠ 5, ㉡ 10 ④ ㉠ 10, ㉡ 5

해설 불꽃을 사용하는 용접·용단기구
1. 용접 또는 용단 작업자로부터 반경 5 m 이내에 소화기를 갖추어 둘 것

정답 27. ① 28. ① 29. ③ 30. ③

2. 용접 또는 용단 작업장 주변 반경 10 m 이내에는 가연물을 쌓아두거나 놓아두지 말 것. 다만, 가연물의 제거가 곤란하여 방지포 등으로 방호조치를 한 경우는 제외한다.

31 ★★★ 출제년도 【19.】
1급 소방안전관리대상물이 아닌 것은?

① 15층인 특정소방대상물(아파트는 제외)
② 가연성가스를 2,000톤 저장 · 취급하는 시설
③ 21층인 아파트로서 300세대인 것
④ 연면적 20,000m²인 문화 및 집회시설, 운동시설

[해설] 1급 소방안전관리대상물
동 · 식물원, 철강 등 불연성 물품을 저장 · 취급하는 창고, 위험물 저장 및 처리 시설 중 위험물 제조소등, 지하구를 제외
① 30층 이상(지하층은 제외한다)이거나 지상으로부터 높이가 120미터 이상인 아파트
② 연면적 15,000제곱미터 이상(아파트 제외)
③ 지상층의 층수가 11층 이상
④ 가연성가스 **1,000톤** 이상 저장, 취급하는 시설

32 ★★ 출제년도 【20.】
화재의 예방 및 안전관리에 관한 법령상 1급 소방안전관리 대상물에 해당하는 건축물은?

① 지하구
② 층수가 15층인 공공업무시설
③ 연면적 15000m² 이상인 동물원
④ 층수가 20층이고, 지상으로부터 높이가 100미터인 아파트

[해설] 1. 층수가 15층인 공공업무시설은 층수가 11층 이상인 특정소방대상물에 해당하므로 1급 소방안전관리 대상물이다.
2. 1급 소방안전관리대상물
① 30층 이상(지하층은 제외한다)이거나 지상으로부터 높이가 120미터 이상인 아파트

② 연면적 1만5천제곱미터 이상인 특정소방대상물(아파트는 제외한다)
③ 지상층의 층수가 11층 이상인 특정소방대상물(아파트는 제외한다)
④ 가연성 가스를 1천톤 이상 저장 · 취급하는 시설

33 ★★ 출제년도 【19.】
특정소방대상물의 관계인이 소방안전관리자를 해임한 경우 재선임 신고를 해야 하는 기준은? (단, 해임한 날부터를 기준일로 한다.)

① 10일 이내
② 20일 이내
③ 30일 이내
④ 40일 이내

[해설] 소방안전관리자의 선임신고 등
특정소방대상물의 관계인은 소방안전관리자를 다음 각 호의 어느 하나에 해당하는 날부터 **30일 이내**에 선임
1. 신축 · 증축 · 개축 · 재축 · 대수선 또는 용도변경으로 해당 특정소방대상물의 소방안전관리자를 신규로 선임하여야 하는 경우 : 해당 특정소방대상물의 완공일
2. 증축 또는 용도변경으로 인하여 특급 소방안전관리대상물, 1급 소방안전관리대상물 또는 2급 소방안전관리대상물로 된 경우 : 증축공사의 완공일 또는 용도변경 사실을 건축물관리대장에 기재한 날
3. 특정소방대상물을 양수하거나 경매, 환가, 압류재산의 매각 그 밖에 이에 준하는 절차에 의하여 관계인의 권리를 취득한 경우 : 해당 권리를 취득한 날 또는 관할 소방서장으로부터 소방안전관리자 선임 안내를 받은 날.
4. 소방본부장 또는 소방서장이 공동 소방안전관리 대상으로 지정한 날
5. **소방안전관리자를 해임한 경우 : 소방안전관리자를 해임한 날**
6. 소방안전관리업무를 대행하는 자를 감독하는 자를 소방안전관리자로 선임한 경우로서 그 업무대행 계약이 해지 또는 종료된 경우: 소방안전관리업무 대행이 끝난 날

34 ★★ 출제년도 【19, 21.】
화재의 예방 및 안전관리에 관한 법령상 화재안전조사위원회의 위원에 해당하지 아니하는 사람은?

① 소방기술사
② 소방시설관리사
③ 소방 관련 분야의 석사학위 이상을 취득한 사람
④ 소방 관련 법인 또는 단체에서 소방 관련 업무에 3년 이상 종사한 사람

해설 화재안전조사위원회의 위원
1. 과장급 직위 이상의 소방공무원
2. 소방기술사
3. 소방시설관리사
4. 소방 관련 분야의 석사학위 이상을 취득한 사람
5. 소방 관련 법인 또는 단체에서 소방 관련 업무에 5년 이상 종사한 사람
6. 소방공무원 교육기관, 「고등교육법」 제2조의 학교 또는 연구소에서 소방과 관련한 교육 또는 연구에 5년 이상 종사한 사람

35 ★★★ 출제년도 【19.】
화재가 발생하는 경우 인명 또는 재산의 피해가 클 것으로 예상되는 때 소방대상물의 개수·이전·제거, 사용금지 등의 필요한 조치를 명할 수 있는 자는?

① 시·도지사
② 의용소방대장
③ 기초자치단체장
④ 소방관서장

해설 화재안전조사 결과에 따른 조치명령
① 소방관서장은 화재안전조사 결과에 따른 소방대상물의 위치·구조·설비 또는 관리의 상황이 화재예방을 위하여 보완될 필요가 있거나 화재가 발생하면 인명 또는 재산의 피해가 클 것으로 예상되는 때에는 행정안전부령으로 정하는 바에 따라 관계인에게 그 소방대상물의 개수(改修)·이전·제거, 사용의 금지 또는 제한, 사용폐쇄, 공사의 정지 또는 중지, 그 밖에 필요한 조치를 명할 수 있다.

② 소방관서장은 화재안전조사 결과 소방대상물이 법령을 위반하여 건축 또는 설비되었거나 소방시설등, 피난시설·방화구획, 방화시설 등이 법령에 적합하게 설치 또는 관리되고 있지 아니한 경우에는 관계인에게 제1항에 따른 조치를 명하거나 관계 행정기관의 장에게 필요한 조치를 하여 줄 것을 요청할 수 있다.

36 ★★★ 출제년도 【20.】
화재의 예방 및 안전관리에 관한 법령상 화재안전조사 결과 소방대상물의 위치 상황이 화재 예방을 위하여 보완될 필요가 있을 것으로 예상되는 때에 소방대상물의 개수·이전·제거, 그 밖의 필요한 조치를 관계인에게 명령할 수 있는 사람은?

① 소방관서장
② 경찰청장
③ 시·도지사
④ 해당구청장

해설 소방관서장은 화재안전조사 결과에 따른 소방대상물의 위치·구조·설비 또는 관리의 상황이 화재예방을 위하여 보완될 필요가 있거나 화재가 발생하면 인명 또는 재산의 피해가 클 것으로 예상되는 때에는 행정안전부령으로 정하는 바에 따라 관계인에게 그 소방대상물의 개수(改修)·이전·제거, 사용의 금지 또는 제한, 사용폐쇄, 공사의 정지 또는 중지, 그 밖에 필요한 조치를 명할 수 있다.

37 ★★ 출제년도 【19.】
화재의 예방 및 안전관리에 관한 법률상 소방본부장 또는 소방서장은 소방상 필요한 훈련 및 교육을 실시하고자 하는 때에는 화재경계지구 안의 관계인에게 훈련 또는 교육 며칠 전까지 그 사실을 통보하여야 하는가?

① 5
② 7
③ 10
④ 14

해설 화재예방강화지구의 관리
1. 소방본부장 또는 소방서장은 화재예방강화지구 안의 소방대상물의 위치·구조 및 설비 등에 대한 화재안전조사를 연 1회 이상 실시하여야 한다.

2. 소방본부장 또는 소방서장은 화재예방강화지구 안의 관계인에 대하여 소방상 필요한 훈련 및 교육을 연 1회 이상 실시할 수 있다.
3. 소방본부장 또는 소방서장은 소방상 필요한 훈련 및 교육을 실시하고자 하는 때에는 화재예방강화지구 안의 관계인에게 훈련 또는 교육 10일 전까지 그 사실을 통보하여야 한다.

| 매각되거나 폐기된 위험물 또는 물건의 소유자가 보상을 요구하는 경우 보상권자 | 소방본부장 또는 소방서장 |

38 ★★★ 출제년도【19.】
소방본부장 또는 소방서장은 화재예방강화지구 안의 관계인에 대하여 소방상 필요한 훈련 및 교육은 연 몇 회 이상 실시할 수 있는가?

① 1 ② 2
③ 3 ④ 4

해설 화재예방강화지구의 관리
① 소방본부장 또는 소방서장은 화재예방강화지구 안의 소방대상물의 위치·구조 및 설비 등에 대한 소방특별조사를 **연 1회 이상** 실시하여야 한다.
② 소방본부장 또는 소방서장은 화재예방강화지구 안의 관계인에 대하여 소방상 필요한 훈련 및 교육을 **연 1회 이상** 실시할 수 있다.
③ 소방본부장 또는 소방서장은 소방상 필요한 훈련 및 교육을 실시하고자 하는 때에는 화재예방강화지구 안의 관계인에게 훈련 또는 **교육 10일 전**까지 그 사실을 통보하여야 한다.

39 ★★★ 출제년도【19.】
소방기본법령상 위험물 또는 물건의 보관기간은 소방본부 또는 소방서의 게시판에 공고하는 기간의 종료일 다음 날부터 며칠로 하는가?

① 3일 ② 5일
③ 7일 ④ 14일

해설 화재의 예방조치 → 화재의 예방 및 안전관리에 관한 법률로 이관됨(2022.12.1.)

| 위험물 또는 물건을 보관하는 경우 게시판에 공고하는 기간 | 14일 |
| 게시판에 공고하는 기간의 종료일 다음 날부터 보관기간 | 7일 |

40 ★★ 출제년도【19.】
화재의 예방 및 안전관리에 관한 법령상 소방청장, 소방본부장 또는 소방서장은 관할 구역에 있는 소방대상물에 대하여 화재안전조사를 실시할 수 있다. 화재안전조사 대상과 거리가 먼 것은? (단, 개인 주거에 대하여는 관계인의 승낙을 득한 경우이다.)

① 화재예방강화지구에 대한 화재안전조사 등 다른 법률에서 화재안전조사를 실시하도록 한 경우
② 관계인이 법령에 따라 실시하는 소방시설 등, 방화시설, 피난시설 등에 대한 자체점검 등이 불성실하거나 불완전하다고 인정되는 경우
③ 화재가 발생할 우려는 없으나 소방대상물의 정기점검이 필요한 경우
④ 국가적 행사 등 주요 행사가 개최되는 장소에 대하여 소방안전관리 실태를 점검할 필요가 있는 경우

해설 화재안전조사를 실시하는 경우
① 관계인이 이 법 또는 다른 법령에 따라 실시하는 소방시설등, 방화시설, 피난시설 등에 대한 자체점검 등이 불성실하거나 불완전하다고 인정되는 경우
② 화재예방강화지구에 대한 화재안전조사 등 다른 법률에서 화재안전조사를 실시하도록 한 경우
③ 국가적 행사 등 주요 행사가 개최되는 장소 및 그 주변의 관계 지역에 대하여 소방안전관리 실태를 점검할 필요가 있는 경우
④ 화재가 자주 발생하였거나 발생할 우려가 뚜렷한 곳에 대한 점검이 필요한 경우
⑤ 재난예측정보, 기상예보 등을 분석한 결과 소방대상물에 화재, 재난·재해의 발생 위험이 높다고 판단되는 경우
⑥ 화재, 재난·재해, 그 밖의 긴급한 상황이 발생할 경우 인명 또는 재산 피해의 우려가 현저하다고 판단되는 경우

정답 38. ① 39. ③ 40. ③

41 화재의 예방 및 안전관리에 관한 법령상 동 관리의 권원이 분리된 특정소방대상물의 소방안전관리자를 선임해야 하는 특정소방대상물이 아닌 것은?

① 판매시설 중 도매시장 및 소매시장
② 복합건축물로서 층수가 11층 이상인 것
③ 지하층을 제외한 층수가 7층 이상인 고층건축물
④ 복합건축물로서 연면적이 30,000m² 이상인 것

해설 관리의 권원이 분리된 특정소방대상물의 소방안전관리
1. 복합건축물(**지하층을 제외한 층수가 11층 이상 또는 연면적 3만제곱미터 이상**인 건축물)
2. 지하가(지하의 인공구조물 안에 설치된 상점 및 사무실, 그 밖에 이와 비슷한 시설이 연속하여 지하도에 접하여 설치된 것과 그 지하도를 합한 것을 말한다)
3. 그 밖에 대통령령으로 정하는 특정소방대상물
   가. 도매시장, 소매시장 및 전통시장
   나. 소방본부장 또는 소방서장이 지정하는 것

42 화재의 예방 및 안전관리에 관한 법령상 화재의 예방상 위험하다고 인정되는 행위를 하는 사람에게 행위의 금지 또는 제한 명령을 할 수 있는 사람은?

① 소방관서장
② 시·도지사
③ 의용소방대원
④ 소방대상물의 관리자

해설 화재안전조사 결과에 따른 조치명령
① **소방관서장**은 화재안전조사 결과에 따른 소방대상물의 위치·구조·설비 또는 관리의 상황이 화재예방을 위하여 보완될 필요가 있거나 화재가 발생하면 인명 또는 재산의 피해가 클 것으로 예상되는 때에는 행정안전부령으로 정하는 바에 따라 관계인에게 그 소방대상물의 개수(改修)·이전·제거, 사용의 금지 또는 제한, 사용폐쇄, 공사의 정지 또는 중지, 그 밖에 필요한 조치를 명할 수 있다.

43 화재의 예방 및 안전관리에 관한 법령상 천재지변 및 그 밖에 대통령령으로 정하는 사유로 화재안전조사를 받기 곤란하여 화재안전조사의 연기를 신청하려는 자는 화재안전조사 시작 최대 며칠 전까지 연기신청서 및 증명서류를 제출해야 하는가?

① 3
② 5
③ 7
④ 10

해설 화재안전조사의 연기신청
화재안전조사의 연기를 신청하려는 자는 화재안전조사 시작 3일 전까지 화재안전조사 연기신청서(전자문서로 된 신청서를 포함)에 화재안전조사를 받기가 곤란함을 증명할 수 있는 서류(전자문서로 된 서류를 포함)를 첨부하여 소방청장, 소방본부장 또는 소방서장에게 제출하여야 한다.

44 화재의 예방 및 안전관리에 관한 법령상 2급 소방안전관리대상물의 소방안전관리자 선임대상 기준 중 ( ) 안에 알맞은 내용은?

소방공무원으로 ( ) 근무한 경력이 있는 사람

① 1년 이상
② 3년 이상
③ 5년 이상
④ 7년 이상

해설 소방공무원으로 3년 이상 근무한 경력이 있는 사람

정답 41. ③ 42. ① 43. ① 44. ②

45 화재의 예방 및 안전관리에 관한 법령상 위험물 또는 물건의 보관기간은 소방본부 또는 소방서의 게시판에 공고하는 기간의 종료일 다음 날부터 며칠로 하는가?

① 3
② 4
③ 5
④ 7

해설 화재의 예방조치

위험물 또는 물건을 보관하는 경우 게시판에 공고하는 기간	14일
게시판에 공고하는 기간의 종료일 다음 날부터 보관기간	7일
매각되거나 폐기된 위험물 또는 물건의 소유자가 보상을 요구하는 경우 보상권자	소방본부장 또는 소방서장

정답 45. ④

05 소방시설 설치 및 안전관리에 관한 법률·시행령·시행규칙

■ 건축허가등의 동의 ★★★

※ 건축허가등 : 건축물 등의 신축·증축·개축·재축(再築)·이전·용도변경 또는 대수선(大修繕)의 허가·협의 및 사용승인

건축허가 등의 동의요구	소방본부장 또는 소방서장
건축허가등의 동의 신청시 첨부서류	1. 건축허가신청서, 건축허가서 또는 건축·대수선·용도변경신고서 등 건축허가등을 확인할 수 있는 서류의 사본. 2. 다음 각 목의 설계도서. 다만, 가목 및 나목2)·4)의 설계도서는 소방시설공사 착공신고 대상에 해당되는 경우에만 제출한다. 　가. 건축물 설계도서 1) 건축물 개요 및 배치도 2) 주단면도 및 입면도(立面圖: 물체를 정면에서 본 대로 그린 그림을 말한다. 이하 같다) 3) 층별 평면도(용도별 기준층 평면도를 포함한다. 이하 같다) 4) 방화구획도(창호도를 포함한다) 5) 실내·실외 마감재료표 6) 소방자동차 진입 동선도 및 부서 공간 위치도(조경계획을 포함한다) 　나. 소방시설 설계도서 1) 소방시설(기계·전기 분야의 시설을 말한다)의 계통도(시설별 계산서를 포함한다) 2) 소방시설별 층별 평면도 3) 실내장식물 방염대상물품 설치 계획(건축물의 마감재료는 제외한다) 4) 소방시설의 내진설계 계통도 및 기준층 평면도(내진 시방서 및 계산서 등 세부 내용이 포함된 상세 설계도면은 제외한다) 3. 소방시설 설치계획표 4. 임시소방시설 설치계획서(설치시기·위치·종류·방법 등 임시소방시설의 설치와 관련된 세부 사항을 포함한다) 5. 소방시설설계업등록증과 소방시설을 설계한 기술인력의 기술자격증 사본 6. 소방시설설계 계약서 사본
건축허가등의 동의여부 회신기한	5일(특급소방안전관리대상물의 경우에는 10일) 이내
동의 요구서 및 첨부서류의 보완 기한	4일 이내
건축허가등의 취소시 통보기한	7일 이내
건축허가등의 동의대상물의 범위	1. 연면적이 400제곱미터 이상인 건축물이나 시설. 다만, 다음 각 목의 어느 하나에 해당하는 건축물이나 시설은 해당 목에서 정한 기준 이상인 건축물이나 시설로 한다. 　가. 학교시설: 100제곱미터 　나. 노유자(老幼者) 시설 및 수련시설: 200제곱미터 　다. 정신의료기관(입원실이 없는 정신건강의학과 의원은 제외하며, 이하 "정신의료기관"이라 한다): 300제곱미터 　라. 장애인 의료재활시설(이하 "의료재활시설"이라 한다): 300제곱미터

	2. 지하층 또는 무창층이 있는 건축물로서 바닥면적이 150제곱미터(공연장의 경우에는 100제곱미터) 이상인 층이 있는 것
	3. 차고·주차장 또는 주차 용도로 사용되는 시설로서 다음 각 목의 어느 하나에 해당하는 것
	   가. 차고·주차장으로 사용되는 바닥면적이 200제곱미터 이상인 층이 있는 건축물이나 주차시설
	   나. 승강기 등 기계장치에 의한 주차시설로서 자동차 20대 이상을 주차할 수 있는 시설
	4. 층수가 6층 이상인 건축물
	5. 항공기 격납고, 관망탑, 항공관제탑, 방송용 송수신탑
	6. 의원(입원실이 있는 것으로 한정한다)·조산원·산후조리원, 위험물 저장 및 처리 시설, 발전시설 중 풍력발전소·전기저장시설, 지하구(地下溝)
	7. 제1호나목에 해당하지 않는 노유자 시설 중 다음 각 목의 어느 하나에 해당하는 시설. 다만, 가목2) 및 나목부터 바목까지의 시설 중 「단독주택 또는 공동주택에 설치되는 시설은 제외한다.
	   가. 노인 관련 시설 중 다음의 어느 하나에 해당하는 시설 1)「노인복지법」제31조제1호에 따른 노인주거복지시설, 같은 조 제2호에 따른 노인의료복지시설 및 같은 조 제4호에 따른 재가노인복지시설 2)「노인복지법」제31조제7호에 따른 학대피해노인 전용쉼터
	   나. 아동복지시설(아동상담소, 아동전용시설 및 지역아동센터는 제외한다)
	   다. 장애인 거주시설
	   라. 정신질환자 관련 시설(공동생활가정을 제외한 재활훈련시설과 종합시설 중 24시간 주거를 제공하지 않는 시설은 제외한다)
	   마. 노숙인 관련 시설 중 노숙인자활시설, 노숙인재활시설 및 노숙인요양시설
	   바. 결핵환자나 한센인이 24시간 생활하는 노유자 시설
	8. 요양병원. 다만, 의료재활시설은 제외한다.
	9. 공장 또는 창고시설로서 「화재의 예방 및 안전관리에 관한 법률 시행령」 별표 2에서 정하는 수량의 750배 이상의 특수가연물을 저장·취급하는 것
	10. 가스시설로서 지상에 노출된 탱크의 저장용량의 합계가 100톤 이상인 것

건축허가등의 동의대상에서 제외	1. 소화기구, 자동소화장치, 누전경보기, 단독경보형감지기, 가스누설경보기 및 피난구조설비(비상조명등은 제외한다)가 화재안전기준에 적합한 경우 해당 특정소방대상물 2. 건축물의 증축 또는 용도변경으로 인하여 해당 특정소방대상물에 추가로 소방시설이 설치되지 않는 경우 해당 특정소방대상물 3. 소방시설공사의 착공신고 대상에 해당하지 않는 경우 해당 특정소방대상물

■ **내진설계를 적용하는 소방설비** ★★★

옥내소화전설비, 스프링클러설비, 물분무등소화설비

■ 성능위주설계 ★★★

성능위주설계	특정소방대상물(신축하는 것만 해당한다)에 소방시설을 설치하려는 자는 그 용도, 위치, 구조, 수용 인원, 가연물(可燃物)의 종류 및 양 등을 고려하여 설계
성능위주설계를 해야 하는 특정소방대상물의 범위	1. 연면적 20만제곱미터 이상인 특정소방대상물. 다만, 아파트등(이하 "아파트등"이라 한다)은 제외한다. 2. 50층 이상(지하층은 제외한다)이거나 지상으로부터 높이가 200미터 이상인 아파트등 3. 30층 이상(지하층을 포함한다)이거나 지상으로부터 높이가 120미터 이상인 특정소방대상물(아파트등은 제외한다) 4. 연면적 3만제곱미터 이상인 특정소방대상물로서 다음 각 목의 어느 하나에 해당하는 특정소방대상물 　가. 철도 및 도시철도 시설 　나. 공항시설 5. 창고시설 중 연면적 10만제곱미터 이상인 것 또는 지하층의 층수가 2개 층 이상이고 지하층의 바닥면적의 합계가 3만제곱미터 이상인 것 6. 하나의 건축물에 **영화상영관이 10개 이상**인 특정소방대상물 7. 지하연계 복합건축물에 해당하는 특정소방대상물 8. 터널 중 **수저(水底)터널 또는 길이가 5천미터 이상**인 것

■ 주택용소방시설(주택에 설치하는 소방시설)

설치대상	1. 단독주택 2. 공동주택(아파트 및 기숙사는 제외한다)
소방시설	소화기, 단독경보형감지기
시·도의 조례	주택용소방시설의 설치기준 및 자율적인 안전관리 등에 관한 사항

■ 소방시설기준 적용의 특례

1. 강화된 기준 적용대상 ★★★

강화된 기준 적용대상	1. 다음 각 목의 소방시설 중 대통령령 또는 화재안전기준으로 정하는 것 　가. 소화기구 　나. 비상경보설비 　다. 자동화재탐지설비 　라. 자동화재속보설비 　마. 피난구조설비 2. 다음 각 목의 특정소방대상물에 설치하는 소방시설 중 대통령령 또는 화재안전기준으로 정하는 것 　가. 공동구 　나. 전력 및 통신사업용 지하구 　다. 노유자(老幼者) 시설 　라. 의료시설

공동구	소화기, 자동소화장치, 자동화재탐지설비, 통합감시시설, 유도등 및 연소방지설비
전력 및 통신사업용 지하구	소화기, 자동소화장치, 자동화재탐지설비, 통합감시시설, 유도등 및 연소방지설비
노유자시설	간이스프링클러설비, 자동화재탐지설비 및 단독경보형감지기
의료시설	스프링클러설비, 간이스프링클러설비, 자동화재탐지설비 및 자동화재속보설비

2. 증축 또는 용도변경 시의 소방시설기준 적용의 특례★★

1) 특정소방대상물이 증축되는 경우에는 기존 부분을 포함한 특정소방대상물의 전체에 대하여 증축 당시의 소방시설의 설치에 관한 대통령령 또는 화재안전기준을 적용

다만, 기존 부분에 대해서는 증축 당시의 소방시설의 설치에 관한 대통령령 또는 화재안전기준을 적용하지 않는다.	1. 기존 부분과 증축 부분이 내화구조(耐火構造)로 된 바닥과 벽으로 구획된 경우 2. 기존 부분과 증축 부분이 자동방화셔터 또는 60분+ 방화문으로 구획되어 있는 경우 3. 자동차 생산공장 등 화재 위험이 낮은 특정소방대상물 내부에 연면적 33제곱미터 이하의 직원 휴게실을 증축하는 경우 4. 자동차 생산공장 등 화재 위험이 낮은 특정소방대상물에 캐노피(기둥으로 받치거나 매달아 놓은 덮개를 말하며, 3면 이상에 벽이 없는 구조의 것을 말한다)를 설치하는 경우

2) 특정소방대상물이 용도변경되는 경우에는 용도변경되는 부분에 대해서만 용도변경 당시의 소방시설의 설치에 관한 대통령령 또는 화재안전기준을 적용

다만, 특정소방대상물 전체에 대하여 용도변경 전에 해당 특정소방대상물에 적용되던 소방시설의 설치에 관한 대통령령 또는 화재안전기준을 적용	1. 특정소방대상물의 구조·설비가 화재연소 확대 요인이 적어지거나 피난 또는 화재진압활동이 쉬워지도록 변경되는 경우 2. 용도변경으로 인하여 천장·바닥·벽 등에 고정되어 있는 가연성 물질의 양이 줄어드는 경우

■ 특정소방대상물의 소방시설 설치의 면제기준 ★

설치가 면제되는 소방시설	설치가 면제되는 기준
1. 자동소화장치	자동소화장치(주거용 주방자동소화장치 및 상업용 주방자동소화장치는 제외한다)를 설치해야 하는 특정소방대상물에 **물분무등소화설비**를 화재안전기준에 적합하게 설치한 경우
2. 옥내소화전설비	소방본부장 또는 소방서장이 옥내소화전설비의 설치가 곤란하다고 인정하는 경우로서 **호스릴 방식의 미분무소화설비 또는 옥외소화전설비**를 화재안전기준에 적합하게 설치한 경우
3. 스프링클러설비	가. 스프링클러설비를 설치해야 하는 특정소방대상물(**발전시설 중 전기저장시설은 제외**한다)에 적응성 있는 **자동소화장치 또는 물분무등소화설비**를 화재안전기준에 적합하게 설치한 경우 나. 스프링클러설비를 설치해야 하는 전기저장시설에 소화설비를 소방청장이 정하여 고시하는 방법에 따라 설치한 경우
4. 간이스프링클러 설비	간이스프링클러설비를 설치해야 하는 특정소방대상물에 **스프링클러설비, 물분무소화설비 또는 미분무소화설비**를 화재안전기준에 적합하게 설치한 경우
5. 물분무등소화설비	물분무등소화설비를 설치해야 하는 차고·주차장에 **스프링클러설비**를 화재안전기준에 적합하게 설치한 경우
6. 옥외소화전설비	옥외소화전설비를 설치해야 하는 문화재인 목조건축물에 **상수도소화용수설비**를 화재안전기준에서 정하는 방수압력·방수량·옥외소화전함 및 호스의 기준에 적합하게 설치한 경우
7. 비상경보설비	비상경보설비를 설치해야 할 특정소방대상물에 **단독경보형 감지기를 2개 이상의 단독경보형 감지기와 연동**하여 설치한 경우
8. 비상경보설비 또는 단독경보형 감지기	비상경보설비 또는 단독경보형 감지기를 설치해야 하는 특정소방대상물에 **자동화재탐지설비 또는 화재알림설비**를 화재안전기준에 적합하게 설치한 경우
9. 자동화재탐지설비	**자동화재탐지설비의 기능(감지·수신·경보기능을 말한다)과 성능을 가진 화재알림설비, 스프링클러설비 또는 물분무등소화설비**를 화재안전기준에 적합하게 설치한 경우
10. 화재알림설비	화재알림설비를 설치해야 하는 특정소방대상물에 **자동화재탐지설비**를 화재안전기준에 적합하게 설치한 경우
11. 비상방송설비	비상방송설비를 설치해야 하는 특정소방대상물에 **자동화재탐지설비 또는 비상경보설비와 같은 수준 이상의 음향을 발하는 장치를 부설한 방송설비**를 화재안전기준에 적합하게 설치한 경우
12. 자동화재속보설비	자동화재속보설비를 설치해야 하는 특정소방대상물에 **화재알림설비**를 화재안전기준에 적합하게 설치한 경우
13. 누전경보기	누전경보기를 설치해야 하는 특정소방대상물 또는 그 부분에 **아크경보기**(옥내 배전선로의 단선이나 선로 손상 등으로 인하여 발생하는 아크를 감지하고 경보하는 장치를 말한다) 또는 전기 관련 법령에 따른 지락차단장치를 설치한 경우
14. 피난구조설비	피난구조설비를 설치해야 하는 특정소방대상물에 그 위치·구조 또는 설비의 상황에 따라 피난상 지장이 없다고 인정되는 경우

설치가 면제되는 소방시설	설치가 면제되는 기준
15. 비상조명등	비상조명등을 설치해야 하는 특정소방대상물에 **피난구유도등 또는 통로유도등**을 화재안전기준에 적합하게 설치한 경우
16. 상수도소화용수설비	가. 상수도소화용수설비를 설치해야 하는 특정소방대상물의 각 부분으로부터 **수평거리 140m 이내에 공공의 소방을 위한 소화전**이 화재안전기준에 적합하게 설치되어 있는 경우 나. 소방본부장 또는 소방서장이 상수도소화용수설비의 설치가 곤란하다고 인정하는 경우로서 화재안전기준에 적합한 **소화수조 또는 저수조**가 설치되어 있거나 이를 설치하는 경우
17. 제연설비	가. 제연설비를 설치해야 하는 특정소방대상물에 다음의 어느 하나에 해당하는 설비를 설치한 경우 　1) **공기조화설비**를 화재안전기준의 제연설비기준에 적합하게 설치하고 공기조화설비가 화재 시 제연설비기능으로 자동전환되는 구조로 설치되어 있는 경우 　2) 직접 외부 공기와 통하는 배출구의 면적의 합계가 해당 제연구역[제연경계(제연설비의 일부인 천장을 포함한다)에 의하여 구획된 건축물 내의 공간을 말한다] 바닥면적의 100분의 1 이상이고, 배출구부터 각 부분까지의 수평거리가 30m 이내이며, 공기유입구가 화재안전기준에 적합하게(외부 공기를 직접 자연 유입할 경우에 유입구의 크기는 배출구의 크기 이상이어야 한다) 설치되어 있는 경우 나. 제연설비를 설치해야 하는 특정소방대상물 중 **노대(露臺)와 연결된 특별피난계단, 노대가 설치된 비상용 승강기의 승강장 또는 배연설비가 설치된 피난용 승강기의 승강장**
18. 연결송수관설비	연결송수관설비를 설치해야 하는 소방대상물에 **옥외에 연결송수구 및 옥내에 방수구가 부설된 옥내소화전설비, 스프링클러설비, 간이스프링클러설비 또는 연결살수설비**를 화재안전기준에 적합하게 설치한 경우에는 그 설비의 유효범위에서 설치가 면제된다. 다만, 지표면에서 최상층 방수구의 높이가 70m 이상인 경우에는 설치해야 한다.
19. 연결살수설비	가. 연결살수설비를 설치해야 하는 특정소방대상물에 **송수구를 부설한 스프링클러설비, 간이스프링클러설비, 물분무소화설비 또는 미분무소화설비**를 화재안전기준에 적합하게 설치한 경우에는 그 설비의 유효범위에서 설치가 면제된다. 나. 가스 관계 법령에 따라 설치되는 물분무장치 등에 소방대가 사용할 수 있는 **연결송수구가 설치되거나 물분무장치 등에 6시간 이상 공급할 수 있는 수원(水源)이 확보된 경우**에는 설치가 면제된다.
20. 무선통신보조설비	무선통신보조설비를 설치해야 하는 특정소방대상물에 **이동통신 구내 중계기 선로설비 또는 무선이동중계기** 등을 화재안전기준의 무선통신보조설비기준에 적합하게 설치한 경우에는 설치가 면제된다.
21. 연소방지설비	연소방지설비를 설치해야 하는 특정소방대상물에 **스프링클러설비, 물분무소화설비 또는 미분무소화설비**를 화재안전기준에 적합하게 설치한 경우에는 그 설비의 유효범위에서 설치가 면제된다.

■ 특정소방대상물의 공사 현장에 설치하는 임시소방시설의 유지 · 관리 ★★★

시공자	임시소방시설의 설치 및 유지 · 관리
화재위험작업	1. 인화성·가연성·폭발성 물질을 취급하거나 가연성 가스를 발생시키는 작업 2. 용접·용단(금속·유리·플라스틱 따위를 녹여서 절단하는 일을 말한다) 등 불꽃을 발생시키거나 화기(火氣)를 취급하는 작업 3. 전열기구, 가열전선 등 열을 발생시키는 기구를 취급하는 작업 4. 알루미늄, 마그네슘 등을 취급하여 폭발성 부유분진(공기 중에 떠다니는 미세한 입자를 말한다)을 발생시킬 수 있는 작업
임시소방시설의 종류 [별표8]	가. 소화기 나. 간이소화장치: 물을 방사(放射)하여 화재를 진화할 수 있는 장치로서 소방청장이 정하는 성능을 갖추고 있을 것 다. 비상경보장치: 화재가 발생한 경우 주변에 있는 작업자에게 화재사실을 알릴 수 있는 장치로서 소방청장이 정하는 성능을 갖추고 있을 것 라. **가스누설경보기**: 가연성 가스가 누설되거나 발생된 경우 이를 탐지하여 경보하는 장치로서 법 제37조에 따른 형식승인 및 제품검사를 받은 것 〈시행 2023.7.1.〉 마. 간이피난유도선: 화재가 발생한 경우 피난구 방향을 안내할 수 있는 장치로서 소방청장이 정하는 성능을 갖추고 있을 것 바. **비상조명등**: 화재가 발생한 경우 안전하고 원활한 피난활동을 할 수 있도록 자동 점등되는 조명장치로서 소방청장이 정하는 성능을 갖추고 있을 것 〈시행 2023.7.1.〉 사. **방화포**: 용접·용단 등의 작업 시 발생하는 불티로부터 가연물이 점화되는 것을 방지해주는 천 또는 불연성 물품으로서 소방청장이 정하는 성능을 갖추고 있을 것 〈시행 2023.7.1.〉

임시소방시설을 설치하여야 하는 공사의 종류와 규모
[별표8]
	가. 소화기: 소방본부장 또는 소방서장의 동의를 받아야 하는 특정소방대상물의 신축·증축·개축·재축·이전·용도변경 또는 대수선 등을 위한 공사 중 화재위험작업현장에 설치한다.
	나. 간이소화장치: 다음의 어느 하나에 해당하는 공사의 화재위험작업현장에 설치한다.
	  1) **연면적 3천m² 이상**
	  2) **지하층, 무창층 또는 4층 이상의 층. 이 경우 해당 층의 바닥면적이 600m² 이상인 경우**만 해당한다.
	다. 비상경보장치: 다음의 어느 하나에 해당하는 공사의 화재위험작업현장에 설치한다.
	  1) **연면적 400m² 이상**
	  2) **지하층 또는 무창층. 이 경우 해당 층의 바닥면적이 150m² 이상인 경우**만 해당한다.
	라. 가스누설경보기: 바닥면적이 150m² 이상인 지하층 또는 무창층의 화재위험작업현장에 설치한다. 〈시행 2023.7.1.〉
	마. **간이피난유도선: 바닥면적이 150m² 이상인 지하층 또는 무창층의 화재위험작업현장**에 설치한다.
	바. 비상조명등: 바닥면적이 150m² 이상인 지하층 또는 무창층의 화재위험작업현장에 설치한다. 〈시행 2023.7.1.〉

시공자	임시소방시설의 설치 및 유지·관리
	사. 방화포: 용접·용단 작업이 진행되는 화재위험작업현장에 설치한다. 〈시행 2023.7.1.〉
임시소방시설과 기능 및 성능이 유사한 소방시설로서 임시소방시설을 설치한 것으로 보는 소방시설[별표8]	가. 간이소화장치를 설치한 것으로 보는 소방시설: 소방청장이 정하여 고시하는 기준에 맞는 소화기(연결송수관설비의 방수구 인근에 설치한 경우로 한정한다) 또는 옥내소화전설비 나. 비상경보장치를 설치한 것으로 보는 소방시설: **비상방송설비 또는 자동화재탐지설비** 다. 간이피난유도선을 설치한 것으로 보는 소방시설: **피난유도선, 피난구유도등, 통로유도등 또는 비상조명등**

■ 소방용품의 내용연수 ★★★

소방용품	분말형태의 소화약제를 사용하는 소화기
소방용품의 내용연수	10년
소방용품의 성능확인 검사	소방용품의 내용연한이 도래한 날의 다음 달부터 1년 이내
성능확인 검사에 합격한 소방용품	3년 동안 사용 후 교체

■ 소방기술심의위원회 ★★★

중앙소방기술 심의위원회 (중앙위원회) 심의사항	1. 화재안전기준에 관한 사항
	2. 소방시설의 구조 및 원리 등에서 공법이 특수한 설계 및 시공에 관한 사항
	3. 소방시설의 설계 및 공사감리의 방법에 관한 사항
	4. **소방시설공사의 하자를 판단하는 기준에 관한 사항**
	5. 신기술·신공법 등 검토·평가에 고도의 기술이 필요한 경우로서 중앙위원회에 심의를 요청한 사항
	6. 그 밖에 소방기술 등에 관하여 대통령령으로 정하는 사항
	   가. **연면적 10만제곱미터 이상**의 특정소방대상물에 설치된 소방시설의 설계·시공·감리의 하자 유무에 관한 사항
	   나. 새로운 소방시설과 소방용품 등의 도입 여부에 관한 사항
	   다. 그 밖에 소방기술과 관련하여 소방청장이 심의에 부치는 사항

지방소방기술 심의위원회 (지방위원회) 심의사항	1. **소방시설에 하자가 있는지의 판단에 관한 사항**
	2. 그 밖에 소방기술 등에 관하여 **대통령령**으로 정하는 사항
	   가. **연면적 10만제곱미터 미만**의 특정소방대상물에 설치된 소방시설의 설계·시공·감리의 하자 유무에 관한 사항
	   나. 소방본부장 또는 소방서장이 화재안전기준 또는 위험물 제조소등의 시설기준의 적용에 관하여 기술검토를 요청하는 사항
	   다. 그 밖에 소방기술과 관련하여 시·도지사가 심의에 부치는 사항

■ 소방대상물의 방염 ★★

방염성능기준 이상의 실내장식물 등을 설치해야 하는 특정소방대상물	1. 근린생활시설 중 의원, 조산원, 산후조리원, 체력단련장, 공연장 및 종교집회장
	2. 건축물의 옥내에 있는 시설로서 다음 각 목의 시설
	  가. 문화 및 집회시설
	  나. 종교시설
	  다. 운동시설(수영장은 제외한다)
	3. 의료시설 4. 교육연구시설 중 합숙소
	5. 노유자 시설 6. 숙박이 가능한 수련시설
	7. 숙박시설 8. 방송통신시설 중 방송국 및 촬영소
	9. 다중이용업소
	10. 제1호부터 제9호까지의 시설에 해당하지 않는 것으로서 **층수가 11층 이상인 것**(아파트는 제외한다)

방염대상물품	1. 제조 또는 가공 공정에서 방염처리를 한 다음 각 목의 물품
	  가. 창문에 설치하는 커튼류(블라인드를 포함한다)
	  나. 카펫
	  다. **벽지류(두께가 2밀리미터 미만인 종이벽지는 제외한다)**
	  라. 전시용 합판·목재 또는 섬유판, 무대용 합판·목재 또는 섬유판(합판·목재류의 경우 불가피하게 설치 현장에서 방염처리한 것을 포함한다)
	  마. 암막·무대막(영화상영관에 설치하는 스크린과 가상체험 체육시설업에 설치하는 스크린을 포함한다)
	  바. 섬유류 또는 합성수지류 등을 원료로 하여 제작된 소파·의자(단란주점영업, 유흥주점영업 및 노래연습장업의 영업장에 설치하는 것으로 한정한다)
	2. 건축물 내부의 천장이나 벽에 부착하거나 설치하는 다음 각 목의 것. 다만, 가구류(옷장, 찬장, 식탁, 식탁용 의자, 사무용 책상, 사무용 의자, 계산대, 그 밖에 이와 비슷한 것을 말한다. 이하 이 조에서 같다)와 너비 10센티미터 이하인 반자돌림대 등과 내부 마감재료는 제외한다.
	  가. **종이류(두께 2밀리미터 이상**인 것을 말한다)·합성수지류 또는 섬유류를 주원료로 한 물품
	  나. 합판이나 목재
	  다. 공간을 구획하기 위하여 설치하는 간이 칸막이(접이식 등 이동 가능한 벽체나 천장 또는 반자가 실내에 접하는 부분까지 구획하지 않는 벽체를 말한다)
	  라. 흡음(吸音)을 위하여 설치하는 흡음재(흡음용 커튼을 포함한다)
	  마. 방음(防音)을 위하여 설치하는 방음재(방음용 커튼을 포함한다)

방염성능기준	1. 버너의 불꽃을 제거한 때부터 불꽃을 올리며 연소하는 상태가 그칠 때까지 시간은 **20초 이내**일 것 2. 버너의 불꽃을 제거한 때부터 불꽃을 올리지 않고 연소하는 상태가 그칠 때까지 시간은 **30초 이내**일 것 3. 탄화(炭化)한 **면적은 50제곱센티미터 이내, 탄화한 길이는 20센티미터 이내**일 것 4. 불꽃에 의하여 완전히 녹을 때까지 불꽃의 접촉 횟수는 **3회 이상**일 것

	5. 소방청장이 정하여 고시한 방법으로 발연량(發煙量)을 측정하는 경우 최대연기밀도는 **400 이하**일 것
시·도지사가 실시하는 방염성능검사	1. 전시용 합판·목재 또는 무대용 합판·목재 중 설치 현장에서 방염처리를 하는 합판·목재류 2. 방염대상물품 중 설치 현장에서 방염처리를 하는 합판·목재류

■ 소방시설등의 자체점검 ★★★

1. 자체점검의 구분

자체점검의 구분	작동점검	소방시설등을 인위적으로 조작하여 소방시설이 정상적으로 작동하는지를 소방청장이 정하여 고시하는 소방시설등 작동점검표에 따라 점검하는 것
	종합점검	소방시설등의 작동점검을 포함하여 소방시설등의 설비별 주요 구성 부품의 구조기준이 화재안전기준과 「건축법」 등 관련 법령에서 정하는 기준에 적합한 지 여부를 소방청장이 정하여 고시하는 소방시설등 종합점검표에 따라 점검하는 것 1) 최초점검: 소방시설이 새로 설치되는 경우 「건축법」 제22조에 따라 건축물을 사용할 수 있게 된 날부터 **60일 이내** 점검하는 것을 말한다. 2) 그 밖의 종합점검: 최초점검을 제외한 종합점검을 말한다.

2. 작동점검의 실시

작동점검 대상	영 제5조에 따른 특정소방대상물을 대상으로 한다. 다만, **다음의 어느 하나에 해당하는 특정소방대상물은 제외**한다. 1) 특정소방대상물 중 「화재의 예방 및 안전관리에 관한 법률」 제24조제1항에 해당하지 않는 특정소방대상물(소방안전관리자를 선임하지 않는 대상을 말한다) 2) 제조소등 3) 특급소방안전관리대상물
작동점검의 기술인력	1) 영 별표 4 제1호마목의 간이스프링클러설비(주택전용 간이스프링클러설비는 제외한다) 또는 같은 표 제2호다목의 자동화재탐지설비가 설치된 특정소방대상물 　가) 관계인 　나) 관리업에 등록된 기술인력 중 소방시설관리사 　다) 「소방시설공사업법 시행규칙」 별표 4의2에 따른 특급점검자 　라) 소방안전관리자로 선임된 소방시설관리사 및 소방기술사 2) 1)에 해당하지 않는 특정소방대상물 　가) 관리업에 등록된 소방시설관리사 　나) 소방안전관리자로 선임된 소방시설관리사 및 소방기술사
작동점검의 점검 횟수	연 1회 이상 실시
작동점검의 점검 시기	1) 종합점검 대상은 종합점검을 받은 달부터 **6개월이 되는 달**에 실시한다. 2) 1)에 해당하지 않는 특정소방대상물은 특정소방대상물의 **사용승인일**(건축물의 경우에는 건축물관리대장 또는 건물 등기사항증명서에 기재되어 있는

	날, 시설물의 경우에는 「시설물의 안전 및 유지관리에 관한 특별법」 제55조 제1항에 따른 시설물통합정보관리체계에 저장·관리되고 있는 날을 말하며, 건축물관리대장, 건물 등기사항증명서 및 시설물통합정보관리체계를 통해 확인되지 않는 경우에는 소방시설완공검사증명서에 기재된 날을 말한다)**이 속하는 달의 말일까지 실시**한다. 다만, 건축물관리대장 또는 건물 등기사항증명서 등에 기입된 날이 서로 다른 경우에는 건축물관리대장에 기재되어 있는 날을 기준으로 점검한다.

3. 종합점검의 실시

종합점검의 대상	1) 법 제22조제1항제1호에 해당하는 특정소방대상물 2) **스프링클러설비가 설치된 특정소방대상물** 물분무등소화설비[호스릴(Hose Reel) 방식의 물분무등소화설비만을 설치한 경우는 제외]가 설치된 연면적 5,000m² 이상인 특정소방대상물(제조소 등은 제외) 3) 영화상영관, 비디오물감상실업, 복합영상물제공업, 노래연습장업, 산후조리업, 고시원업, 안마시술소의 영업장이 설치된 특정소방대상물로 연면적이 2,000m² 이상 4) 제연설비가 설치된 터널 5) 공공기관 중 연면적(터널·지하구의 경우 그 길이와 평균 폭을 곱하여 계산된 값을 말한다)이 **1,000m² 이상인 것으로서 옥내소화전설비 또는 자동화재탐지설비**가 설치된 것. 다만, 「소방기본법」 제2조제5호에 따른 소방대가 근무하는 공공기관은 제외한다.
종합점검의 기술인력	1) 관리업에 등록된 소방시설관리사 2) 소방안전관리자로 선임된 소방시설관리사 및 소방기술사
종합점검의 점검 횟수	1) 연 1회 이상(특급 소방안전관리대상물은 반기에 1회 이상) 실시한다. 2) 1)에도 불구하고 소방본부장 또는 소방서장은 소방청장이 소방안전관리가 우수하다고 인정한 특정소방대상물에 대해서는 3년의 범위에서 소방청장이 고시하거나 정한 기간 동안 종합점검을 면제할 수 있다. 다만, 면제기간 중 화재가 발생한 경우는 제외한다.
종합점검의 점검 시기	1) 가목1)에 해당하는 특정소방대상물은 「건축법」 제22조에 따라 건축물을 사용할 수 있게 된 날부터 **60일 이내** 실시한다. 2) 1)을 제외한 특정소방대상물은 건축물의 **사용승인일이 속하는 달에 실시**한다. 다만, 학교의 경우에는 해당 건축물의 사용승인일이 1월에서 6월 사이에 있는 경우에는 6월 30일까지 실시할 수 있다. 3) 건축물 사용승인일 이후 가목3)에 따라 종합점검 대상에 해당하게 된 경우에는 그 다음 해부터 실시한다. 4) 하나의 대지경계선 안에 2개 이상의 자체점검 대상 건축물 등이 있는 경우에는 그 건축물 중 사용승인일이 가장 빠른 연도의 건축물의 사용승인일을 기준으로 점검할 수 있다.

4. 공공기관의 외관점검

공공기관의 장은 공공기관에 설치된 소방시설등의 유지·관리상태를 맨눈 또는 신체감각을 이용하여 점검하는 외관점검을 월 1회 이상 실시(작동점검 또는 종합점검을 실시한 달에는 실시하지 않을 수 있다)하고, 그 점검 결과를 2년간 자체 보관해야 한다. 이 경우 외관점검의 점검자는 해당 특정소방대상물의 관계인, 소방안전관리자 또는 관리업자(소방시설관리사를 포함하여 등록된 기술인력을 말한다)로 해야 한다.

5. 공동주택(아파트등으로 한정한다) 세대별 점검방법

점검방법	가. 관리자(관리소장, 입주자대표회의 및 소방안전관리자를 포함한다. 이하 같다) 및 입주민(세대 거주자를 말한다)은 **2년 이내 모든 세대에 대하여 점검**을 해야 한다. 나. 가목에도 불구하고 아날로그감지기 등 특수감지기가 설치되어 있는 경우에는 수신기에서 원격 점검할 수 있으며, 점검할 때마다 모든 세대를 점검해야 한다. 다만, 자동화재탐지설비의 선로 단선이 확인되는 때에는 단선이 난 세대 또는 그 경계구역에 대하여 현장점검을 해야 한다. 다. 관리자는 수신기에서 원격 점검이 불가능한 경우 **매년 작동점검만 실시하는 공동주택은 1회 점검 시 마다 전체 세대수의 50퍼센트 이상, 종합점검을 실시하는 공동주택은 1회 점검 시 마다 전체 세대수의 30퍼센트 이상 점검**하도록 자체점검 계획을 수립·시행해야 한다. 라. 관리자 또는 해당 공동주택을 점검하는 관리업자는 입주민이 세대 내에 설치된 소방시설등을 스스로 점검할 수 있도록 소방청 또는 사단법인 한국소방시설관리협회의 홈페이지에 게시되어 있는 공동주택 세대별 점검 동영상을 입주민이 시청할 수 있도록 안내하고, 점검서식(소방시설 외관점검표를 말한다)을 사전에 배부해야 한다. 마. 입주민은 점검서식에 따라 스스로 점검하거나 관리자 또는 관리업자로 하여금 대신 점검하게 할 수 있다. 입주민이 스스로 점검한 경우에는 그 점검 결과를 관리자에게 제출하고 관리자는 그 결과를 관리업자에게 알려주어야 한다. 바. 관리자는 관리업자로 하여금 세대별 점검을 하고자 하는 경우에는 사전에 점검 일정을 입주민에게 사전에 공지하고 세대별 점검 일자를 파악하여 관리업자에게 알려주어야 한다. 관리업자는 사전 파악된 일정에 따라 세대별 점검을 한 후 관리자에게 점검 현황을 제출해야 한다. 사. 관리자는 관리업자가 점검하기로 한 세대에 대하여 입주민의 사정으로 점검을 하지 못한 경우 입주민이 스스로 점검할 수 있도록 다시 안내해야 한다. 이 경우 입주민이 관리업자로 하여금 다시 점검받기를 원하는 경우 관리업자로 하여금 추가로 점검하게 할 수 있다. 아. 관리자는 세대별 점검현황(입주민 부재 등 불가피한 사유로 점검을 하지 못한 세대 현황을 포함한다)을 작성하여 자체점검이 끝난 날부터 2년간 자체 보관해야 한다.

6. 소방시설등의 자체점검 시 점검인력의 배치기준 〈2024.12.1. 시행〉

점검인력 1단위	1. 관리업자가 점검하는 경우에는 소방시설관리사 또는 특급점검자 1명과 보조 기술인력 2명을 점검인력 1단위로 하되, 점검인력 1단위에 2명(같은 건축물을 점검할 때는 4명) 이내의 보조 기술인력을 추가할 수 있다. 2. 소방안전관리자로 선임된 소방시설관리사 및 소방기술사가 점검하는 경우에는 소방시설관리사 또는 소방기술사 중 1명과 보조 기술인력 2명을 점검인력 1단위로 하되, 점검인력 1단위에 2명 이내의 보조 기술인력을 추가할 수 있다. 다만, 보조 기술인력은 해당 특정소방대상물의 관계인 또는 소방안전관리보조자로 할 수 있다. 3. 관계인 또는 소방안전관리자가 점검하는 경우에는 관계인 또는 소방안전관리자 1명과 보조 기술인력 2명을 점검인력 1단위로 하되, 보조 기술인력은 해당 특정소방대상물의 관리자, 점유자 또는 소방안전관리보조자로 할 수 있다.
관리업자가 점검하는 경우 특정소방대상물의 규모 등에 따른 점검인력의 배치기준	<table><tr><th>구분</th><th>주된 기술인력</th><th>보조 기술인력</th></tr><tr><td>가. 50층 이상 또는 성능위주설계를 한 특정소방대상물</td><td>소방시설관리사 경력 5년 이상 1명 이상</td><td>고급점검자 이상 1명 이상 및 중급점검자 이상 1명 이상</td></tr><tr><td>나. 특급 소방안전관리대상물(가목의 특정소방대상물은 제외한다)</td><td>소방시설관리사 경력 3년 이상 1명 이상</td><td>고급점검자 이상 1명 이상 및 초급점검자 이상 1명 이상</td></tr><tr><td>다. 1급 또는 2급 소방안전관리대상물</td><td>소방시설관리사 1명 이상</td><td>중급점검자 이상 1명 이상 및 초급점검자 이상 1명 이상</td></tr><tr><td>라. 3급 소방안전관리대상물</td><td>소방시설관리사 1명 이상</td><td>초급점검자 이상의 기술인력 2명 이상</td></tr></table>[비고] 1. 라목에는 주된 기술인력으로 특급점검자를 배치할 수 있다. 2. 보조 기술인력의 등급구분(특급점검자, 고급점검자, 중급점검자, 초급점검자)은 「소방시설공사업법 시행규칙」 별표 4의2에서 정하는 기준에 따른다.
점검한도 면적	점검인력 1단위가 하루 동안 점검할 수 있는 특정소방대상물의 연면적(이하 "점검한도 면적"이라 한다)은 다음 각 목과 같다. 가. 종합점검: 8,000 m² 나. 작동점검: 10,000 m²
추가 면적	점검인력 1단위에 보조 기술인력을 1명씩 추가할 때마다 종합점검의 경우에는 2,000 m², 작동점검의 경우에는 2,500 m²씩을 점검한도 면적에 더한다. 다만, 하루에 2개 이상의 특정소방대상물을 배치할 경우 1일 점검 한도면적은 특정소방대상물별로 투입된 점검인력에 따른 점검 한도면적의 평균값으로 적용하여 계산한다.
점검인력의 배치	점검인력은 하루에 5개의 특정소방대상물에 한하여 배치할 수 있다. 다만 2개 이상의 특정소방대상물을 2일 이상 연속하여 점검하는 경우에는 배치기한을 초과해서는 안 된다.

점검면적	관리업자등이 하루 동안 점검한 면적은 실제 점검면적(지하구는 그 길이에 폭의 길이 1.8m를 곱하여 계산된 값을 말하며, 터널은 3차로 이하인 경우에는 그 길이에 폭의 길이 3.5m를 곱하고, 4차로 이상인 경우에는 그 길이에 폭의 길이 7m를 곱한 값을 말한다. 다만, 한쪽 측벽에 소방시설이 설치된 4차로 이상인 터널의 경우에는 그 길이와 폭의 길이 3.5m를 곱한 값을 말한다. 이하 같다)에 다음의 각 목의 기준을 적용하여 계산한 면적(이하 "점검면적"이라 한다)으로 하되, 점검면적은 점검한도 면적을 초과해서는 안 된다. 가. 실제 점검면적에 다음의 가감계수를 곱한다. | 구분	대상용도	가감계수
---	---	---
1류	문화 및 집회시설, 종교시설, 판매시설, 의료시설, 노유자시설, 수련시설, 숙박시설, 위락시설, 창고시설, 교정시설, 발전시설, 지하가, 복합건축물	1.1
2류	공동주택, 근린생활시설, 운수시설, 교육연구시설, 운동시설, 업무시설, 방송통신시설, 공장, 항공기 및 자동차 관련 시설, 군사시설, 관광휴게시설, 장례시설, 지하구	1.0

3류	위험물 저장 및 처리시설, 문화재, 동물 및 식물 관련 시설, 자원순환 관련 시설, 묘지 관련 시설	0.9	
			
			나. 점검한 특정소방대상물이 다음의 어느 하나에 해당할 때에는 다음에 따라 계산된 값을 가목에 따라 계산된 값에서 뺀다.
			  1) 스프링클러설비가 설치되지 않은 경우: 가목에 따라 계산된 값에 0.1을 곱한 값
			  2) 물분무등소화설비(호스릴 방식의 물분무등소화설비는 제외한다)가 설치되지 않은 경우: 가목에 따라 계산된 값에 0.1을 곱한 값
			  3) 제연설비가 설치되지 않은 경우: 가목에 따라 계산된 값에 0.1을 곱한 값
			다. 2개 이상의 특정소방대상물을 하루에 점검하는 경우에는 특정소방대상물 상호간의 좌표 최단거리 5 km마다 점검 한도면적에 0.02를 곱한 값을 점검 한도면적에서 뺀다.

아파트등의 점검	아파트등(공용시설, 부대시설 또는 복리시설은 포함하고, 아파트등이 포함된 복합건축물의 아파트등 외의 부분은 제외한다. 이하 이 표에서 같다)를 점검할 때에는 다음 각 목의 기준에 따른다. 가. 점검인력 1단위가 하루 동안 점검할 수 있는 아파트등의 세대수(이하 "점검한도 세대수"라 한다)는 종합점검 및 작동점검에 관계없이 250세대로 한다. 나. 점검인력 1단위에 보조 기술인력을 1명씩 추가할 때마다 60세대씩을 점검한도 세대수에 더한다. 다. 관리업자등이 하루 동안 점검한 세대수는 실제 점검 세대수에 다음의 기준을 적용하여 계산한 세대수(이하 "점검세대수"라 한다)로 하되, 점검세대수는 점검한도 세대수를 초과해서는 안 된다. 1) 점검한 아파트등이 다음의 어느 하나에 해당할 때에는 다음에 따라 계산된 값을 실제 점검 세대수에서 뺀다.

	가) 스프링클러설비가 설치되지 않은 경우: 실제 점검 세대수에 0.1을 곱한 값 나) 물분무등소화설비(호스릴 방식의 물분무등소화설비는 제외한다)가 설치되지 않은 경우: 실제 점검 세대수에 0.1을 곱한 값 다) 제연설비가 설치되지 않은 경우: 실제 점검 세대수에 0.1을 곱한 값 2) 2개 이상의 아파트를 하루에 점검하는 경우에는 아파트 상호간의 좌표 최단거리 5 km마다 점검 한도세대수에 0.02를 곱한 값을 점검한도 세대수에서 뺀다.
기타	1. 아파트등과 아파트등 외 용도의 건축물을 하루에 점검할 때에는 종합점검의 경우 계산된 값에 32, 작동점검의 경우 계산된 값에 40을 곱한 값을 점검대상 연면적으로 보고 적용한다. 2. 종합점검과 작동점검을 하루에 점검하는 경우에는 작동점검의 점검대상 연면적 또는 점검대상 세대수에 0.8을 곱한 값을 종합점검 점검대상 연면적 또는 점검대상 세대수로 본다. 3. 계산된 값은 소수점 이하 둘째 자리에서 반올림한다.

7. 자체점검 결과의 조치

해당 특정소방대상물의 소방시설등이 신설된 경우: 건축물을 사용할 수 있게 된 날부터 **60일이내** 관계인에게 제출

자체점검 결과의 조치	① 관리업자 또는 소방안전관리자로 선임된 소방시설관리사 및 소방기술사(이하 "관리업자등")는 점검이 끝난 날부터 **10일 이내**에 관계인에게 제출
	② 자체점검 실시결과 보고서를 제출받거나 스스로 자체점검을 실시한 관계인은 자체점검이 끝난 날부터 **15일 이내** 소방본부장 또는 소방서장에게 제출, 첨부서류
	  1. 점검인력 배치확인서(관리업자가 점검한 경우만 해당한다)
	  2. 소방시설등의 자체점검 결과 이행계획서
	③ 관계인은 소방시설등 자체점검 실시결과 보고서(소방시설등점검표를 포함한다)를 점검이 끝난 날부터 **2년간 자체 보관**
	④ 소방시설등의 자체점검 결과 이행계획서를 보고받은 소방본부장 또는 소방서장은 다음 각 호의 구분에 따라 이행계획의 완료 기간을 정하여 관계인에게 통보해야 한다. 다만, 소방시설등에 대한 수리·교체·정비의 규모 또는 절차가 복잡하여 다음 각 호의 기간 내에 이행을 완료하기가 어려운 경우에는 그 기간을 달리 정할 수 있다.
	  1. 소방시설등을 구성하고 있는 기계·기구를 수리하거나 정비하는 경우: 보고일부터 10일 이내
	  2. 소방시설등의 전부 또는 일부를 철거하고 새로 교체하는 경우: 보고일부터 20일 이내
	⑤ 완료기간 내에 이행계획을 완료한 관계인은 이행을 완료한 날부터 **10일 이내**에 소방시설등의 자체점검 결과 이행완료 보고서(전자문서로 된 보고서를 포함한다)에 다음 각 호의 서류(전자문서를 포함한다)를 첨부하여 소방본부장 또는 소방서장에게 보고해야 한다.
	  1. 이행계획 건별 전·후 사진 증명자료
	  2. 소방시설공사 계약서

소방시설등의 자체점검의 면제 또는 연기	1. 「재난 및 안전관리 기본법」 제3조제1호에 해당하는 재난이 발생한 경우 2. 경매 등의 사유로 소유권이 변동 중이거나 변동된 경우 3. 관계인의 질병, 사고, 장기출장의 경우 4. 그 밖에 관계인이 운영하는 사업에 부도 또는 도산 등 중대한 위기가 발생하여 자체점검을 실시하기 곤란한 경우
자체점검의 면제 또는 연기신청	자체점검의 면제 또는 연기를 신청하려는 특정소방대상물의 관계인은 자체점검의 실시 만료일 **3일 전**까지 소방본부장 또는 소방서장에게 제출
중대위반사항	1. 소화펌프(가압송수장치를 포함한다. 이하 같다), 동력·감시 제어반 또는 소방시설용 전원(비상전원을 포함한다)의 고장으로 소방시설이 작동되지 않는 경우 2. 화재 수신기의 고장으로 화재경보음이 자동으로 울리지 않거나 화재 수신기와 연동된 소방시설의 작동이 불가능한 경우 3. 소화배관 등이 폐쇄·차단되어 소화수(消火水) 또는 소화약제가 자동 방출되지 않는 경우 4. 방화문 또는 자동방화셔터가 훼손되거나 철거되어 본래의 기능을 못하는 경우

자체점검 결과의 게시	소방본부장 또는 소방서장에게 자체점검 결과 보고를 마친 관계인은 보고한 날부터 **10일 이내**에 소방시설등 자체점검기록표를 작성하여 특정소방대상물의 출입자가 쉽게 볼 수 있는 장소에 **30일 이상 게시**해야 한다. **소방시설등 자체점검기록표** • 대상물명 : • 주　　소 : • 점검구분 :　　[ ] 작동점검　　　　[ ] 종합점검 • 점 검 자 : • 점검기간 :　　　년　월　일　~　년　월　일 • 불량사항 : [ ] 소화설비　[ ] 경보설비　[ ] 피난구조설비 　　　　　　[ ] 소화용수설비　[ ] 소화활동설비　[ ] 기타설비　[ ] 없음 • 정비기간 :　　　년　월　일　~　년　월　일 　　　　　　　　　　　　　　　　　　　　　　　년　월　일 「소방시설 설치 및 관리에 관한 법률」 제24조제1항 및 같은 법 시행규칙 제25조에 따라 소방시설등 자체점검결과를 게시합니다.
자체점검 결과의 공개	① 소방본부장 또는 소방서장은 자체점검 결과를 공개하는 경우 **30일 이상** 전산시스템 또는 인터넷 홈페이지 등을 통해 공개해야 한다. ② 소방본부장 또는 소방서장은 제1항에 따라 자체점검 결과를 공개하려는 경우 공개 기간, 공개 내용 및 공개 방법을 해당 특정소방대상물의 관계인에게 미리 알려야 한다. ③ 특정소방대상물의 관계인은 제2항에 따라 공개 내용 등을 통보받은 날부터 **10일 이내**에 관할 소방본부장 또는 소방서장에게 이의신청을 할 수 있다. ④ 소방본부장 또는 소방서장은 제3항에 따라 이의신청을 받은 날부터 **10일 이내**에 심사·결정하여 그 결과를 지체 없이 신청인에게 알려야 한다.

■ 소방시설별 점검장비[별표3] ★★

소방시설	장비	규격
모든 소방시설	방수압력측정계, 절연저항계(절연저항측정기), 전류전압측정계	
소화기구	저울	
옥내소화전설비 옥외소화전설비	소화전밸브압력계	
스프링클러설비, 포소화설비	헤드결합렌치 (볼트, 너트, 나사 등을 죄거나 푸는 공구)	
이산화탄소소화설비 분말소화설비 할론소화설비 할로겐화합물 및 불활성기체 소화설비	**검량계, 기동관누설시험기**, 그 밖에 소화약제의 저장량을 측정할 수 있는 점검기구	
자동화재탐지설비 시각경보기	열감지기시험기, 연(煙)감지기시험기, 공기주입시험기, 감지기시험기연결막대, 음량계	

소방시설	장비	규격
누전경보기	누전계	누전전류 측정용
무선통신보조설비	무선기	통화시험용
제연설비	풍속풍압계, 폐쇄력측정기, 차압계(압력차 측정기)	
통로유도등 비상조명등	조도계(밝기 측정기)	최소눈금이 0.1 럭스 이하인 것

[비고] 1. 신축·증축·개축·재축·이전·용도변경 또는 대수선 등으로 소방시설이 새로 설치된 경우에는 해당 특정소방대상물의 소방시설 전체에 대하여 실시한다.
2. 작동점검 및 종합점검(최초점검은 제외한다)은 건축물 사용승인 후 그 다음 해부터 실시한다.
3. 특정소방대상물이 증축·용도변경 또는 대수선 등으로 사용승인일이 달라지는 경우 사용승인일이 빠른 날을 기준으로 자체점검을 실시한다.

■ 소방시설관리사 ★★

시험응시자격	1. 소방기술사·위험물기능장·건축사·건축기계설비기술사·건축전기설비기술사 또는 공조냉동기계기술사
	2. **소방설비기사 자격 + 2년 이상** 소방실무경력
	3. 소방설비산업기사 자격 + 3년 이상 소방실무경력
	4. 이공계 분야를 전공한 사람으로서 다음 각 목의 어느 하나에 해당하는 사람
	  가. 이공계 분야의 박사학위를 취득한 사람
	  나. 이공계 분야의 석사학위를 취득한 후 2년 이상 소방실무경력이 있는 사람
	  다. 이공계 분야의 학사학위를 취득한 후 3년 이상 소방실무경력이 있는 사람
	5. 소방안전공학(소방방재공학, 안전공학을 포함한다) 분야를 전공한 후 다음 각 목의 어느 하나에 해당하는 사람
	  가. 해당 분야의 석사학위 이상을 취득한 사람
	  나. 2년 이상 소방실무경력이 있는 사람
	6. 위험물산업기사 또는 위험물기능사 자격 + 3년 이상 소방실무경력
	7. **소방공무원 + 5년 이상** 근무한 경력
	8. 소방안전 관련 학과의 학사학위를 취득 + 3년 이상 소방실무경력
	9. 산업안전기사 자격을 취득+3년 이상 소방실무경력
	10. 다음 각 목의 어느 하나에 해당하는 사람
	  가. 특급소방안전관리자 + 2년 이상
	  나. 1급 소방안전관리자 + 3년 이상
	  다. 2급 소방안전관리자 + 5년 이상
	  라. 3급 소방안전관리자 + 7년 이상
	  마. 10년 이상 소방실무경력이 있는 사람

시험위원	1. 소방 관련 분야의 박사학위를 가진 사람 2. 대학에서 소방안전 관련 학과 조교수 이상으로 2년 이상 재직한 사람 3. 소방위 또는 지방소방위 이상의 소방공무원 4. 소방시설관리사 5. 소방기술사

시험의 시행	관리사시험은 1년마다 1회 시행하는 것을 원칙
시험의 공고	**90일 전**
결격사유	1. 피성년후견인 2. 이 법, 「소방기본법」, 「화재의 예방 및 안전관리에 관한 법률」, 「소방시설공사업법」 또는 「위험물안전관리법」을 위반하여 금고 이상의 실형을 선고받고 그 집행이 끝나거나(집행이 끝난 것으로 보는 경우를 포함한다) 집행이 면제된 날부터 2년이 지나지 아니한 사람 3. 이 법, 「소방기본법」, 「화재의 예방 및 안전관리에 관한 법률」, 「소방시설공사업법」 또는 「위험물안전관리법」을 위반하여 금고 이상의 형의 집행유예를 선고받고 그 유예기간 중에 있는 사람 4. 자격이 취소(이 조 제1호에 해당하여 자격이 취소된 경우는 제외한다)된 날부터 2년이 지나지 아니한 사람
자격의 취소	1. 거짓이나 그 밖의 부정한 방법으로 시험에 합격한 경우 2. 소방시설관리사증을 다른 사람에게 빌려준 경우 3. 동시에 둘 이상의 업체에 취업한 경우 4. 결격사유에 해당하게 된 경우
자격의 정지	1. 대행인력의 배치기준·자격·방법 등 준수사항을 지키지 아니한 경우 2. 점검을 하지 아니하거나 거짓으로 한 경우 3. 성실하게 자체점검 업무를 수행하지 아니한 경우

■ 소방시설관리업 ★★★

관리업의 등록, 등록사항의 변경신고	시·도지사
등록사항의 변경신고 사항	1. **명칭·상호 또는 영업소소재지** 2. **대표자** 3. **기술인력**

등록사항의
변경신고시 첨부서류
	1. 명칭·상호 또는 영업소소재지를 변경하는 경우 : 소방시설관리업등록증 및 등록수첩
	2. 대표자를 변경하는 경우 : 소방시설관리업등록증 및 등록수첩
	3. **기술인력을 변경**하는 경우
	   가. 소방시설관리업등록수첩
	   나. 변경된 기술인력의 기술자격증(자격수첩)
	   다. 기술인력연명부

등록사항의 변경 신고기한	변경일로부터 30일 이내

관리업의 등록기준	1. 주된 기술인력: 소방시설관리사 1명 이상
	2. 보조 기술인력: 다음의 어느 하나에 해당하는 사람 2명 이상.
	※ 나~라는 소방기술 인정 자격수첩을 발급받은 사람
	   가. 소방설비기사 또는 소방설비산업기사
	   나. 소방공무원으로 3년 이상 근무한 사람
	   다. 소방 관련 학과의 학사학위를 취득한 사람
	   라. 소방기술과 관련된 자격·경력 및 학력이 있는 사람

등록의 결격사유	1. 피성년후견인 2. 이 법, 「소방기본법」, 「화재의 예방 및 안전관리에 관한 법률」, 「소방시설공사업법」 또는 「위험물안전관리법」을 위반하여 금고 이상의 실형을 선고받고 그 집행이 끝나거나(집행이 끝난 것으로 보는 경우를 포함한다) 집행이 면제된 날부터 2년이 지나지 아니한 사람 3. 이 법, 「소방기본법」, 「화재의 예방 및 안전관리에 관한 법률」, 「소방시설공사업법」 또는 「위험물안전관리법」을 위반하여 금고 이상의 형의 집행유예를 선고받고 그 유예기간 중에 있는 사람 4. 관리업의 등록이 취소(제1호에 해당하여 등록이 취소된 경우는 제외한다)된 날부터 2년이 지나지 아니한 자 5. 임원 중에 제1호부터 제4호까지의 어느 하나에 해당하는 사람이 있는 법인
관리업자의 지위승계	1. 관리업자가 사망한 경우 그 상속인 2. 관리업자가 그 영업을 양도한 경우 그 양수인 3. 법인인 관리업자가 합병한 경우 합병 후 존속하는 법인이나 합병으로 설립되는 법인
지위승계 신고기한	30일 이내
관계인에게 지체없이 통보하여야 하는 경우	1. 관리업자의 지위를 승계한 경우 2. 관리업의 등록취소 또는 영업정지처분을 받은 경우 3. 휴업 또는 폐업을 한 경우
등록의 취소	1. 거짓이나 그 밖의 부정한 방법으로 등록을 한 경우 2. 각 호의 어느 하나에 해당하게 된 경우. 다만, 법인으로서 결격사유에 해당하게 된 날부터 2개월 이내에 그 임원을 결격사유가 없는 임원으로 바꾸어 선임한 경우는 제외한다. 3. 위반하여 등록증 또는 등록수첩을 빌려준 경우
영업정지	1. 점검을 하지 아니하거나 거짓으로 한 경우 2. 등록기준에 미달하게 된 경우 3. 점검능력 평가를 받지 아니하고 자체점검을 한 경우

■ 소방용품 ★★

소화설비를 구성하는 제품 또는 기기	가. **소화기구**(소화약제 외의 것을 이용한 간이소화용구는 제외한다) 나. 자동소화장치 다. 소화설비를 구성하는 소화전, **관창**(菅槍), **소방호스**, 스프링클러헤드, 기동용 수압개폐장치, 유수제어밸브 및 가스관선택밸브
경보설비를 구성하는 제품 또는 기기	가. 누전경보기 및 가스누설경보기 나. 경보설비를 구성하는 발신기, 수신기, 중계기, **감지기** 및 음향장치(경종만 해당한다)
피난구조설비를 구성하는 제품 또는 기기	가. 피난사다리, 구조대, 완강기(지지대를 포함한다) 및 간이완강기(지지대를 포함한다) 나. 공기호흡기(충전기를 포함한다) 다. 피난구유도등, 통로유도등, 객석유도등 및 예비 전원이 내장된 비상조명등

소화설비를 구성하는 제품 또는 기기	가. **소화기구**(소화약제 외의 것을 이용한 간이소화용구는 제외한다) 나. 자동소화장치 다. 소화설비를 구성하는 소화전, **관창**(菅槍), **소방호스**, 스프링클러헤드, 기동용 수압개폐장치, 유수제어밸브 및 가스관선택밸브
경보설비를 구성하는 제품 또는 기기	가. 누전경보기 및 가스누설경보기 나. 경보설비를 구성하는 발신기, 수신기, 중계기, **감지기** 및 음향장치(경종만 해당한다)
피난구조설비를 구성하는 제품 또는 기기	가. 피난사다리, 구조대, 완강기(지지대를 포함한다) 및 간이완강기(지지대를 포함한다) 나. 공기호흡기(충전기를 포함한다) 다. 피난구유도등, 통로유도등, 객석유도등 및 예비 전원이 내장된 비상조명등
소화용으로 사용하는 제품 또는 기기	가. 소화약제 나. **방염제**(**방염액·방염도료** 및 방염성물질을 말한다)

■ 소방용품의 형식승인 등 ★

소방용품을 판매하거나 판매 목적으로 진열하거나 소방시설공사에 사용 불가한 경우	1. 형식승인을 받지 아니한 것 2. 형상등을 임의로 변경한 것 3. 제품검사를 받지 아니하거나 합격표시를 하지 아니한 것
형식승인의 취소	1. 거짓이나 그 밖의 부정한 방법으로 형식승인을 받은 경우 2. 거짓이나 그 밖의 부정한 방법으로 제품검사를 받은 경우 3. 변경승인을 받지 아니하거나 거짓이나 그 밖의 부정한 방법으로 변경승인을 받은 경우
성능인증의 취소	1. 거짓이나 그 밖의 부정한 방법으로 성능인증을 받은 경우 2. 거짓이나 그 밖의 부정한 방법으로 제품검사를 받은 경우 3. 변경인증을 받지 아니하고 해당 소방용품에 대하여 형상 등의 일부를 변경하거나 거짓이나 그 밖의 부정한 방법으로 변경인증을 받은 경우

■ 청문 ★★★

실시권자	소방청장 또는 시·도지사
실시사유	1. 관리사 자격의 취소 및 정지 2. 관리업의 등록취소 및 영업정지 3. 소방용품의 형식승인 취소 및 제품검사 중지 4. 성능인증의 취소 5. 우수품질인증의 취소 6. 전문기관의 지정취소 및 업무정지

■ 권한의 위임·위탁 ★

한국소방산업기술원	1. 방염성능검사 중 대통령령으로 정하는 검사 2. 소방용품의 형식승인 3. 형식승인의 변경승인 4. 형식승인의 취소 5. 성능인증 및 성능인증의 취소 6. 성능인증의 변경인증 7. 우수품질인증 및 그 취소

■ 소방시설 ★

소화설비 (물 또는 그 밖의 소화약제를 사용하여 소화하는 기계·기구 또는 설비)	소화기구	1) 소화기 2) 간이소화용구: 에어로졸식 소화용구, 투척용 소화용구, 소공간용소화용구 및 소화약제 외의 것을 이용한 간이소화용구 3) 자동확산소화기
	자동소화장치	1) 주거용 주방자동소화장치 2) 상업용 주방자동소화장치 3) 캐비닛형 자동소화장치 4) 가스자동소화장치 5) 분말자동소화장치 6) 고체에어로졸자동소화장치
	옥내소화전설비(호스릴옥내소화전설비를 포함한다)	
	스프링클러 설비등	1) 스프링클러설비 2) 간이스프링클러설비(캐비닛형 간이스프링클러설비를 포함한다) 3) 화재조기진압용 스프링클러설비
	물분무등소화 설비	1) 물 분무 소화설비 2) 미분무소화설비 3) 포소화설비 4) 이산화탄소소화설비 5) 할론소화설비 6) 할로겐화합물 및 불활성기체(다른 원소와 화학 반응을 일으키기 어려운 기체를 말한다. 이하 같다) 소화설비 7) 분말소화설비 8) 강화액소화설비 9) 고체에어로졸소화설비
	옥외소화전설비	
경보설비 (화재발생 사실을 통보하는 기계·기구 또는 설비)	단독경보형 감지기	
	비상경보설비	1) 비상벨설비 2) 자동식사이렌설비
	자동화재탐지설비	
	시각경보기	

	화재알림설비(2023.12.1. 시행)	
	비상방송설비	
	자동화재속보설비	
	통합감시시설	
	누전경보기	
	가스누설경보기	
피난구조설비 (화재가 발생할 경우 피난하기 위하여 사용하는 기구 또는 설비)	피난기구	1) 피난사다리 2) 구조대 3) 완강기 4) 간이완강기 5) 그 밖에 화재안전기준으로 정하는 것
	인명구조기구	1) 방열복, 방화복(안전모, 보호장갑 및 안전화를 포함) 2) 공기호흡기 3) 인공소생기
	유도등	1) 피난유도선 2) 피난구유도등 3) 통로유도등 4) 객석유도등 5) 유도표지
	비상조명등 및 휴대용비상조명등	
소화용수설비 (화재를 진압하는 데 필요한 물을 공급하거나 저장하는 설비)	상수도소화용수설비	
	소화수조·저수조, 그 밖의 소화용수설비	
소화활동설비 (화재를 진압하거나 인명구조활동을 위하여 사용하는 설비)	가. 제연설비 나. 연결송수관설비 다. 연결살수설비 라. 비상콘센트설비 마. 무선통신보조설비 바. 연소방지설비	

■ 특정소방대상물

1. 공동주택

가. **아파트등 : 주택으로 쓰이는 층수가 5층 이상인 주택**
나. 연립주택: 주택으로 쓰는 1개 동의 바닥면적(2개 이상의 동을 지하주차장으로 연결하는 경우에는 각각의 동으로 본다) 합계가 660m²를 초과하고, 층수가 4개 층 이하인 주택〈2024.12.1. 시행〉
다. 다세대주택: 주택으로 쓰는 1개 동의 바닥면적(2개 이상의 동을 지하주차장으로 연결하는 경우에는 각각의 동으로 본다) 합계가 660m² 이하이고, 층수가 4개 층 이하인 주택〈2024.12.1. 시행〉
라. **기숙사** : 학교 또는 공장 등의 학생 또는 종업원 등을 위하여 쓰는 것으로서 1개 동의 공동취사시설 이용 세대 수가 전체의 50퍼센트 이상인 것

2. 근린생활시설 ★★★

대상	바닥면적의 합계
슈퍼마켓과 일용품(식품, 잡화, 의류, 완구, 서적, 건축자재, 의약품, 의료기기 등) 등의 소매점으로서 같은 건축물	1천m^2 미만
휴게음식점, 제과점, 일반음식점, 기원(棋院), 노래연습장 및 단란주점(바닥면적의 합계가 150m^2 미만인 것만 해당)	-
이용원, 미용원, 목욕장 및 세탁소	-
의원, 치과의원, 한의원, 침술원, 접골원(接骨院), 조산원(산후조리원을 포함) 및 안마원(안마시술소를 포함)	-
탁구장, 테니스장, 체육도장, 체력단련장, 에어로빅장, 볼링장, 당구장, 실내낚시터, 골프연습장, 물놀이형 시설	500m^2 미만
공연장(극장, 영화상영관, 연예장, 음악당, 서커스장, 비디오물감상실업의 시설, 비디오물소극장업의 시설) 또는 **종교집회장**[교회, 성당, 사찰, 기도원, 수도원, 수녀원, 제실(祭室), 사당]	**300m^2 미만**
금융업소, 사무소, 부동산중개사무소, 결혼상담소 등 소개업소, 출판사, 서점	500m^2 미만
제조업소, 수리점	500m^2 미만
청소년게임제공업 및 일반게임제공업의 시설, 인터넷컴퓨터게임시설제공업의 시설 및 복합유통게임제공업의 시설	500m^2 미만
사진관, 표구점, 학원(바닥면적의 합계가 500m^2 미만인 것만 해당, 자동차학원 및 무도학원은 제외), 독서실, 고시원(다중이용업 중 고시원업의 시설로서 독립된 주거의 형태를 갖추지 않은 것으로서 같은 건축물에 해당 용도로 쓰는 바닥면적의 합계가 500m^2 미만인 것), 장의사, 동물병원, 총포판매사	-
의약품 판매소, 의료기기 판매소 및 자동차영업소	1천m^2 미만

3. 의료시설 ★★

가. 병원: 종합병원, 병원, 치과병원, 한방병원, 요양병원
나. 격리병원: 전염병원, 마약진료소, 그 밖에 이와 비슷한 것
다. 정신의료기관
라. **장애인 의료재활시설**

4. 문화 및 집회시설 ★★

가. 공연장으로서 근린생활시설에 해당하지 않는 것
나. 집회장: 예식장, 공회당, 회의장, 마권(馬券) 장외 발매소, 마권 전화투표소, 그 밖에 이와 비슷한 것으로서 근린생활시설에 해당하지 않는 것
다. 관람장: 경마장, 경륜장, 경정장, 자동차 경기장, 그 밖에 이와 비슷한 것과 체육관 및 운동장으로서 관람석의 바닥면적의 합계가 1천m^2 이상인 것
라. 전시장: 박물관, 미술관, 과학관, 문화관, 체험관, 기념관, 산업전시장, 박람회장, 견본주택, 그 밖에 이와 비슷한 것
마. 동·식물원: 동물원, 식물원, 수족관, 그 밖에 이와 비슷한 것

5. 운수시설 ★

가. 여객자동차터미널
나. 철도 및 도시철도 시설[정비창(整備廠) 등 관련 시설을 포함한다]
다. 공항시설(항공관제탑을 포함한다)
라. 항만시설 및 종합여객시설

6. 교육연구시설

가. 학교
　1) 초등학교, 중학교, 고등학교, 특수학교 : 교사, 체육관, 급식시설, 합숙소
　　※ **병설유치원은 노유자시설에 해당**한다.
　2) 대학, 대학교 : 교사 및 합숙소
나. 교육원(연수원)
다. 직업훈련소
라. 학원(근린생활시설에 해당하는 것과 자동차운전학원·정비학원 및 무도학원은 제외)
마. 연구소(연구소에 준하는 시험소와 계량계측소를 포함)
바. 도서관

7. 노유자 시설 ★★★

가. 노인 관련 시설: 노인주거복지시설, 노인의료복지시설, 노인여가복지시설, 주·야간보호서비스나 단기보호서비스를 제공하는 재가노인복지시설(장기요양기관을 포함한다), 노인보호전문기관, 노인일자리지원기관, 학대피해노인 전용쉼터
나. 아동 관련 시설: 아동복지시설, 어린이집, 유치원에 따른 학교의 교사 중 병설유치원으로 사용되는 부분을 포함)
다. 장애인 관련 시설: 장애인 거주시설, 장애인 지역사회재활시설(장애인 심부름센터, 한국수어통역센터, 점자도서 및 녹음서 출판시설 등 장애인이 직접 그 시설 자체를 이용하는 것을 주된 목적으로 하지 않는 시설은 제외한다), 장애인 직업재활시설
라. 정신질환자 관련 시설: 정신재활시설(생산품판매시설은 제외한다), 정신요양시설,
마. 노숙인 관련 시설: 노숙인복지시설(노숙인일시보호시설, 노숙인자활시설, 노숙인재활시설, 노숙인요양시설 및 쪽방상담소만 해당한다), 노숙인종합지원센터
바. 사회복지시설 중 결핵환자 또는 한센인 요양시설 등 다른 용도로 분류되지 않는 것

8. 수련시설 ★

가. 생활권 수련시설: 청소년수련관, 청소년문화의집, 청소년특화시설
나. 자연권 수련시설: 청소년수련원, 청소년야영장
다. **유스호스텔**

9. 업무시설 ★★★

가. 공공업무시설: 국가 또는 지방자치단체의 청사와 외국공관의 건축물
나. 일반업무시설: 금융업소, 사무소, 신문사, **오피스텔**
다. 주민자치센터(동사무소), 경찰서, 지구대, 파출소, 소방서, 119안전센터, 우체국, 보건소, 공공도서관, 국민건강보험공단

라. 마을회관, 마을공동작업소, 마을공동구판장
마. 변전소, 양수장, 정수장, 대피소, 공중화장실

10. 위락시설 ★★★

가. 단란주점으로서 근린생활시설에 해당하지 않는 것
나. 유흥주점, 그 밖에 이와 비슷한 것
다. 유원시설업(遊園施設業)의 시설, 그 밖에 이와 비슷한 시설(근린생활시설에 해당하는 것은 제외)
라. **무도장 및 무도학원**
마. 카지노영업소

11. 창고시설(위험물 저장 및 처리 시설 또는 그 부속용도에 해당하는 것은 제외)

가. 창고(물품저장시설로서 냉장·냉동 창고를 포함한다)
나. 하역장
다. 물류터미널
라. 집배송시설

12. 항공기 및 자동차 관련 시설(건설기계 관련 시설을 포함) ★

가. 항공기격납고
나. 차고, 주차용 건축물, 철골 조립식 주차시설(바닥면이 조립식이 아닌 것을 포함한다) 및 기계장치에 의한 주차시설
다. 세차장   라. 폐차장
마. 자동차 검사장   바. 자동차 매매장
사. 자동차 정비공장   아. **운전학원·정비학원**
자. 다음의 건축물을 제외한 건축물의 내부(필로티와 건축물 지하를 포함)에 설치된 주차장
  1) 단독주택
  2) 공동주택 중 50세대 미만인 연립주택 또는 50세대 미만인 다세대주택
차. 차고 및 주기장(駐機場)

13. 자원순환 관련 시설

가. 하수 등 처리시설
나. 고물상
다. 폐기물재활용시설
라. 폐기물처분시설
마. 폐기물감량화시설

14. 관광 휴게시설

가. 야외음악당   나. 야외극장
다. 어린이회관   라. 관망탑
마. 휴게소
바. 공원·유원지 또는 관광지에 부수되는 건축물

15. 지하가와 지하구 ★★

지하가	가. 지하상가 나. 터널: 차량(궤도차량용은 제외한다) 등의 통행을 목적으로 지하, 해저 또는 산을 뚫어서 만든 것
지하구	가. 전력·통신용의 전선이나 가스·냉난방용의 배관 또는 이와 비슷한 것을 집합 수용하기 위하여 설치한 지하 인공구조물로서 사람이 점검 또는 보수를 하기 위하여 출입이 가능한 것 중 다음의 어느 하나에 해당하는 것 　1) 전력 또는 통신사업용 지하 인공구조물로서 전력구(케이블 접속부가 없는 경우는 제외) 또는 통신구 방식으로 설치된 것 　2) 1)외의 지하 인공구조물로서 **폭이 1.8 m 이상**이고 **높이가 2 m 이상**이며 **길이가 50 m 이상** 나. 공동구

16. 비고

1. 내화구조로 된 하나의 특정소방대상물이 개구부(건축물에서 채광·환기·통풍·출입 등을 위하여 만든 창이나 출입구를 말한다)가 없는 내화구조의 바닥과 벽으로 구획되어 있는 경우에는 그 구획된 부분을 각각 별개의 특정소방대상물로 본다.
2. 둘 이상의 특정소방대상물이 다음 각 목의 어느 하나에 해당되는 구조의 복도 또는 통로(이하 이 표에서 "연결통로"라 한다)로 연결된 경우에는 이를 하나의 소방대상물로 본다.
   가. 내화구조로 된 연결통로가 다음의 어느 하나에 해당되는 경우
      1) **벽이 없는 구조로서 그 길이가 6m 이하인 경우**
      2) 벽이 있는 구조로서 그 길이가 10m 이하인 경우. 다만, 벽 높이가 바닥에서 천장까지의 높이의 2분의 1 이상인 경우에는 벽이 있는 구조로 보고, 벽 높이가 바닥에서 천장까지의 높이의 2분의 1 미만인 경우에는 벽이 없는 구조로 본다.
   나. 내화구조가 아닌 연결통로로 연결된 경우
   다. 컨베이어로 연결되거나 플랜트설비의 배관 등으로 연결되어 있는 경우
   라. 지하보도, 지하상가, 지하가로 연결된 경우
   마. 방화셔터 또는 60분+방화문 또는 60분 방화문이 설치되지 않은 피트로 연결된 경우
   바. 지하구로 연결된 경우
3. 제2호에도 불구하고 연결통로 또는 지하구와 특정 소방대상물의 양쪽에 다음 각 목의 어느 하나에 적합한 경우에는 각각 별개의 특정 소방대상물로 본다.
   가. 화재 시 경보설비 또는 자동소화설비의 작동과 연동하여 자동으로 닫히는 방화셔터 또는 60분+방화문 또는 60분 방화문이 설치된 경우

나. 화재 시 자동으로 방수되는 방식의 드렌처설비 또는 개방형 스프링클러헤드가 설치된 경우
4. 특정소방대상물의 지하층이 지하가와 연결되어 있는 경우 해당 지하층의 부분을 지하가로 본다. 다만, 다음 지하가와 연결되는 지하층에 지하층 또는 지하가에 설치된 방화문이 자동폐쇄장치·자동화재탐지설비 또는 자동소화설비와 연동하여 닫히는 구조이거나 그 윗부분에 드렌처설비가 설치된 경우에는 지하가로 보지 않는다.

■ 수용인원의 산정방법 ★★★

숙박시설이 있는 특정소방대상물	침대가 있는 숙박시설	종사자 수+침대 수(2인용 침대는 2개로 산정)
	침대가 없는 숙박시설	종사자 수+$\dfrac{\text{바닥면적의 합계}(m^2)}{3m^2}$
기타	강의실·교무실·상담실·실습실·휴게실 용도	$\dfrac{\text{바닥면적의 합계}(m^2)}{1.9m^2}$
	강당, 문화 및 집회시설, 운동시설, 종교시설	① $\dfrac{\text{바닥면적의 합계}(m^2)}{4.6m^2}$ ② 관람석이 있는 경우 : 고정식 의자 수 또는 긴의자의 정면너비÷0.45m
	그 밖의 특정소방대상물	$\dfrac{\text{바닥면적의 합계}(m^2)}{3m^2}$
비고	바닥면적 산정시 제외 : **복도, 계단 및 화장실**의 바닥면적 계산결과 소수점 이하 반올림	

■ 연소 우려가 있는 건축물의 구조 ★★

연소 우려가 있는 건축물의 구조	1. 건축물대장의 건축물 현황도에 표시된 대지경계선 안에 둘 이상의 건축물이 있는 경우 2. 각각의 건축물이 다른 건축물의 외벽으로부터 수평거리가 1층의 경우에는 6미터 이하, 2층 이상의 층의 경우에는 10미터 이하인 경우 3. 개구부(영 제2조제1호에 따른 개구부를 말한다)가 다른 건축물을 향하여 설치되어 있는 경우

■ 특정소방대상물의 관계인이 특정소방대상물의 규모·용도 및 수용인원 등을 고려하여 갖추어야 하는 소방시설의 종류

1. 소화설비

1) 소화기구 및 자동소화장치

소화기구	1) 연면적 33m^2 이상. 다만, 노유자 시설의 경우에는 투척용 소화용구 등을 화재안전기준에 따라 산정된 소화기 수량의 2분의 1 이상으로 설치할 수 있다. 2) 1)에 해당하지 않는 시설로서 가스시설, 발전시설 중 전기저장시설 및 국가유산 3) 터널 4) 지하구	
자동소화장치 (이 경우 후드 및 덕트가 설치되어 있는 주방에만 설치할 수 있다.)	주거용 주방자동소화장치	아파트등 및 30층 이상 오피스텔의 모든 층
	상업용 주방자동소화장치 〈시행 2023.12.1.〉	가) 판매시설 중 대규모점포에 입점해 있는 일반음식점 나) 집단급식소
	캐비닛형 자동소화장치, 가스자동소화장치, 분말자동소화장치 또는 고체에어로졸자동소화장치	화재안전기준에서 정하는 장소

2) 옥내소화전설비

1) 연면적	3천m^2 이상	
1) 지하층·무창층(축사는 제외한다) 또는 층수가 4층 이상인 것	바닥면적이 600m^2 이상인 층	모든층
2) 지하가중 터널로서 다음에 해당하는 터널	가) 길이가 1천m 이상 나) 예상교통량, 경사도 등 터널의 특성을 고려하여 행정안전부령으로 정하는 터널	
3) 1)에 해당하지 않는 근린생활시설, 판매시설, 운수시설, 의료시설, 노유자시설, 업무시설, 숙박시설, 위락시설, 공장, 창고시설, 항공기 및 자동차 관련 시설, 교정 및 군사시설 중 국방·군사시설, 방송통신시설, 발전시설, 장례식장 또는 복합건축물	연면적 1천5백m^2 이상	모든층
3) 지하층·무창층 또는 층수가 4층 이상인 층	바닥면적이 300m^2 이상인 층	모든층
4) 건축물의 옥상에 설치된 차고 또는 주차장으로서 차고 또는 주차의 용도로 사용되는 부분의 면적	200m^2 이상	
5) 공장 또는 창고시설	지정수량의 750배 이상의 특수가연물을 저장·취급	

3) 스프링클러설비 ★★★

문화 및 집회시설(동·식물원은 제외), 종교시설(주요구조부가 목조인 것은 제외), 운동시설(물놀이형 시설은 제외) 가) **수용인원이 100명 이상**인 것 나) 영화상영관의 용도로 쓰이는 층의 바닥면적이 지하층 또는 무창층인 경우에는 500㎡ 이상, 그 밖의 층의 경우에는 1천㎡ 이상인 것 다) 무대부가 지하층·무창층 또는 4층 이상의 층에 있는 경우에는 무대부의 면적이 300㎡ 이상인 것 라) 무대부가 다) 외의 층에 있는 경우에는 무대부의 면적이 500㎡ 이상인 것		모든층
판매시설, 운수시설 및 창고시설(물류터미널에 한정한다)	바닥면적의 합계가 5천㎡ 이상이거나 수용인원이 500명 이상	모든층
층수가 6층 이상		**모든층**
바닥면적의 합계가 600㎡ 이상 가) 의료시설 중 정신의료기관 나) 의료시설 중 종합병원, 병원, 치과병원, 한방병원 및 요양병원 다) 노유자 시설 라) 숙박이 가능한 수련시설 마) 근린생활시설 중 조산원 및 산후조리원		모든층
창고시설(물류터미널은 제외한다)	바닥면적 합계가 5천㎡ 이상	모든층
지하층·무창층(축사는 제외한다) 또는 층수가 4층 이상인 층	바닥면적이 1천㎡ 이상인 층	
지하가(터널은 제외한다)	**연면적 1천㎡ 이상**	
기숙사(교육연구시설·수련시설 내에 있는 학생 수용을 위한 것을 말한다) 또는 복합건축물	연면적 5천㎡ 이상	모든층
특정소방대상물에 부속된 보일러실 또는 연결통로 등, 발전시설 중 전기저장시설		

4) 간이스프링클러설비

근린생활시설 중 다음의 어느 하나에 해당하는 것	근린생활시설로 사용하는 부분의 바닥면적 합계가 1천㎡ 이상 모든 층	
	의원, 치과의원 및 한의원으로서 입원실이 있는 시설	
	조산원 및 산후조리원으로서 연면적이 600㎡ 미만인 시설	
교육연구시설 내에 합숙소	연면적 100㎡ 이상인 경우에는 모든 층	
공동주택 중 연립주택 및 다세대주택(연립주택 및 다세대주택에 설치하는 간이스프링클러설비는 화재안전기준에 따른 주택전용 간이스프링클러설비를 설치한다)		
숙박시설	바닥면적의 합계가 300㎡ 이상 600㎡ 미만	
복합건축물	연면적 1천㎡ 이상	모든층
의료시설 중 다음의 어느 하나에 해당하는 시설	가) 종합병원, 병원, 치과병원, 한방병원 및 요양병원(의료재활시설은 제외한다)으로 사용되는 바닥면적의 합계가 600㎡ 미만인 시설 나) 정신의료기관 또는 의료재활시설로 사용되는 바닥면적의 합계가 300㎡ 이상 600㎡ 미만인 시설	

	다) 정신의료기관 또는 의료재활시설로 사용되는 바닥면적의 합계가 300m² 미만이고, 창살(철재·플라스틱 또는 목재 등으로 사람의 탈출 등을 막기 위하여 설치한 것을 말하며, 화재 시 자동으로 열리는 구조로 되어 있는 창살은 제외한다)이 설치된 시설
노유자 시설	가) 노유자 생활시설 나) 가)에 해당하지 않는 노유자 시설로 해당 시설로 사용하는 바닥면적의 합계가 300m² 이상 600m² 미만인 시설 다) 가)에 해당하지 않는 노유자 시설로 해당 시설로 사용하는 바닥면적의 합계가 300m² 미만이고, 창살(철재·플라스틱 또는 목재 등으로 사람의 탈출 등을 막기 위하여 설치한 것을 말하며, 화재 시 자동으로 열리는 구조로 되어 있는 창살은 제외한다)이 설치된 시설

5) 물분무등 소화설비 ★★★

항공기 및 자동차 관련 시설 중 **항공기격납고**	
차고, 주차용 건축물 또는 철골 조립식 주차시설	**연면적 800m² 이상**
건축물의 내부에 설치된 차고·주차장으로서 차고 또는 주차의 용도로 사용되는 면적이 200m² 이상인 경우 해당 부분(50세대 미만 연립주택 및 다세대주택은 제외한다)	
기계식 주차장치를 이용하여 **20대 이상**의 차량을 주차할 수 있는 시설	
전기실·발전실·변전실·축전지실·통신기기실 또는 전산실	바닥면적이 **300m² 이상**
소화수를 수집·처리하는 설비가 설치되어 있지 않은 중·저준위방사성폐기물의 저장시설	이산화탄소소화설비, 할론소화설비 또는 할로겐화합물 및 불활성기체 소화설비
지하가 중 예상 교통량, 경사도 등 터널의 특성을 고려하여 행정안전부령으로 정하는 터널	물분무소화설비
국가유산 중 「문화유산의 보존 및 활용에 관한 법률」에 따른 지정문화유산(문화유산자료를 제외한다) 또는 「자연유산의 보존 및 활용에 관한 법률」에 따른 천연기념물등(자연유산자료를 제외한다)으로서 소방청장이 국가유산청장과 협의하여 정하는 것	

2. 경보설비

1) 단독경보형 감지기 ★★★

교육연구시설 내에 있는 기숙사 또는 합숙소	연면적 2천m² 미만
수련시설 내에 있는 기숙사 또는 합숙소	연면적 2천m² 미만
수련시설(숙박시설이 있는 것만 해당)	
유치원	연면적 400m² 미만
공동주택 중 연립주택 및 다세대주택 → 연동형으로 설치	

2) 비상경보설비 ★★★

연면적	400m² 이상인 것은 모든 층
지하층 또는 무창층의 바닥면적	150m²(공연장의 경우 100m²) 이상인 것은 모든층
지하가 중 터널	길이가 500m 이상
50명 이상의 근로자가 작업하는 옥내 작업장	

3) 자동화재탐지설비 ★★★

공동주택 중 아파트등·기숙사 및 숙박시설의 경우	모든 층
층수가 6층 이상인 건축물	
근린생활시설(목욕장은 제외), **의료시설**(정신의료기관 또는 요양병원은 제외), **위락시설, 장례시설 및 복합건축물**	**연면적 600m²** 이상
공동주택, **목욕장**, 문화 및 집회시설, 종교시설, 판매시설, 운수시설, **운동시설**, 업무시설, 공장, 창고시설, 위험물 저장 및 처리 시설, 항공기 및 자동차 관련 시설, 국방·군사시설, 방송통신시설, 발전시설, 관광 휴게시설, **지하가**(터널은 제외)	연면적 1천m² 이상
교육연구시설(교육시설 내에 있는 기숙사 및 합숙소를 포함), 수련시설(숙박시설이 있는 수련시설은 제외), 동물 및 식물 관련 시설(기둥과 지붕만으로 구성되어 외부와 기류가 통하는 장소는 제외한다), 자원순환 관련 시설, **교정 및 군사시설**(국방·군사시설은 제외) 또는 묘지 관련 시설	연면적 2천m² 이상
노유자 생활시설	모든 층
지하구, 근린생활시설 중 조산원 및 산후조리원, 발전시설 중 전기저장시설	
지하가 중 **터널**	길이가 **1천 m 이상**
판매시설 중 전통시장	
노유자시설	연면적 400m² 이상
숙박시설이 있는 수련시설	수용인원 100명 이상
공장 및 창고시설	지정수량의 **500배 이상**의 특수가연물을 저장·취급
의료시설 중 정신의료기관 또는 요양병원 가) 요양병원(의료재활시설은 제외) 나) 정신의료기관 또는 의료재활시설로 사용되는 바닥면적의 합계가 300m² 이상인 시설 다) 정신의료기관 또는 의료재활시설로 사용되는 바닥면적의 합계가 300m² 미만이고, 창살이 설치된 시설	

4) 시각경보기

1) 근린생활시설, 문화 및 집회시설, 종교시설, 판매시설, 운수시설, 의료시설, 노유자 시설
2) 운동시설, 업무시설, 숙박시설, 위락시설, 창고시설 중 물류터미널, 발전시설 및 장례시설
3) 교육연구시설 중 도서관, 방송통신시설 중 방송국
4) 지하가 중 지하상가

5) 화재알림설비 〈2023.12.1. 시행〉

판매시설 중 전통시장

6) 비상방송설비 ★★

연면적	3천5백m² 이상	
층수	11층 이상	모든 층
지하층의 층수	3층 이상	

7) 자동화재속보설비 ★★

다만, 방재실 등 화재 수신기가 설치된 장소에 24시간 화재를 감시할 수 있는 사람이 근무하고 있는 경우에는 자동화재속보설비를 설치하지 않을 수 있다.

노유자 생활시설	
노유자시설	바닥면적이 **500m² 이상**인 층
수련시설(숙박시설이 있는 건축물만 해당한다)	바닥면적이 500m² 이상인 층
보물 또는 국보로 지정된 목조건축물	
근린생활시설 중 다음의 어느 하나에 해당하는 시설 가) 의원, 치과의원 및 한의원으로서 입원실이 있는 시설 나) 조산원 및 산후조리원	
의료시설 중 다음의 어느 하나에 해당하는 것 가) 종합병원, 병원, 치과병원, 한방병원 및 요양병원(의료재활시설은 제외한다) 나) 정신병원 및 의료재활시설로 사용되는 바닥면적의 합계가 500m² 이상인 층이 있는 것	
판매시설 중 전통시장	

8) 누전경보기, 가스누설경보기(가스시설이 설치된 경우만 해당) 및 통합감시시설

가스누설경보기	수련시설, 운동시설, 숙박시설, 창고시설 중 물류터미널, 장례시설
	문화 및 집회시설, 종교시설, 판매시설, 운수시설, 의료시설, 노유자 시설
통합감시시설	지하구
누전경보기	계약전류용량(같은 건축물에 계약 종류가 다른 전기가 공급되는 경우에는 그 중 최대계약전류용량을 말한다)이 100암페어를 초과하는 특정소방대상물

3. 피난구조설비

1) 피난기구

특정소방대상물의 모든 층에 화재안전기준에 적합한 것으로 설치해야 한다.	다만, 피난층, 지상 1층, 지상 2층(노유자 시설 중 피난층이 아닌 지상 1층과 피난층이 아닌 지상 2층은 제외한다), 층수가 11층 이상인 층과 위험물 저장 및 처리시설 중 가스시설, 지하가 중 터널 및 지하구의 경우에는 그렇지 않다.

2) 인명구조기구 ★★★

방열복 또는 방화복(안전모, 보호장갑 및 안전화를 포함), 인공소생기 및 공기호흡기	지하층을 포함 층수가 7층 이상인 것 중 관광호텔 용도로 사용하는 층
방열복 또는 방화복(안전모, 보호장갑 및 안전화를 포함) 및 공기호흡기	지하층을 포함 층수가 5층 이상인 것 중 병원 용도로 사용하는 층
공기호흡기	가) 수용인원 100명 이상인 문화 및 집회시설 중 영화상영관 나) 판매시설 중 대규모점포 다) 운수시설 중 지하역사 라) 지하가 중 지하상가 마) 이산화탄소소화설비(호스릴이산화탄소소화설비는 제외한다) 설치 특정소방대상물

3) 유도등

피난구유도등, 통로유도등 및 유도표지	특정소방대상물에 설치한다. 다만, 다음의 어느 하나에 해당하는 경우는 제외한다. 가) 동물 및 식물 관련 시설 중 축사로서 가축을 직접 가두어 사육하는 부분 나) 지하가 중 터널
객석유도등	가) 유흥주점영업시설(유흥주점영업 중 손님이 춤을 출 수 있는 무대가 설치된 카바레, 나이트클럽 또는 그 밖에 이와 비슷한 영업시설만 해당한다) 나) 문화 및 집회시설 다) 종교시설 라) 운동시설
피난유도선	화재안전기준에서 정하는 장소

4) 비상조명등

지하층을 포함하는 층수가 5층 이상인 건축물	연면적 3천m² 이상인 경우에는 모든 층
지하층 또는 무창층의 바닥면적이 450m² 이상	해당 층
지하가 중 터널	길이가 500m 이상

5) 휴대용비상조명등 ★★

숙박시설

수용인원 **100명 이상**의 영화상영관, 판매시설 중 대규모점포, 철도 및 도시철도 시설 중 지하역사, 지하가 중 지하상가

4. 소화용수설비

1) 상수도소화용수설비

다만, 상수도소화용수설비를 설치해야 하는 특정소방대상물의 대지 경계선으로부터 180m 이내에 지름 75mm 이상인 상수도용 배수관이 설치되지 않은 지역의 경우에는 화재안전기준에 따른 소화수조 또는 저수조를 설치해야 한다.

연면적 5천m² 이상. 다만, 위험물 저장 및 처리 시설 중 가스시설, 지하가 중 터널 또는 지하구의 경우에는 제외한다.
가스시설로서 지상에 노출된 탱크의 저장용량의 합계가 100톤 이상
자원순환 관련 시설 중 폐기물재활용시설 및 폐기물처분시설

5. 소화활동설비

1) 제연설비 ★

문화 및 집회시설, 종교시설, 운동시설	무대부의 바닥면적이 200m² 이상인 경우에는 해당 무대부
영화상영관	**수용인원 100명 이상인 경우에는 해당 영화상영관**
지하층이나 무창층에 설치된 근린생활시설, 판매시설, 운수시설, 숙박시설, 위락시설, 의료시설, 노유자 시설 또는 창고시설(물류터미널로 한정)	바닥면적의 합계가 1천m² 이상인 경우 해당 부분
운수시설 중 시외버스정류장, 철도 및 도시철도 시설, 공항시설 및 항만시설의 대기실 또는 휴게시설	지하층 또는 무창층의 바닥면적이 1천m² 이상인 경우에는 모든 층
지하가(터널은 제외)	**연면적 1천m² 이상**
지하가 중 예상 교통량, 경사도 등 터널의 특성을 고려하여 행정안전부령으로 정하는 터널	
특정소방대상물(갓복도형 아파트등은 제외)에 부설된 특별피난계단, 비상용 승강기의 승강장 또는 피난용 승강기의 승강장	

2) 연결송수관설비

층수가 5층 이상	연면적 6천m² 이상인 경우에는 모든 층
지하층을 포함하는 층수가 7층 이상인 경우	모든 층
지하층의 층수가 3층 이상이고 지하층의 바닥면적의 합계	1천m² 이상인 경우에는 모든 층
지하가 중 터널	길이가 1천m 이상

3) 연결살수설비

판매시설, 운수시설, 창고시설 중 물류터미널	바닥면적의 합계가 1천m² 이상인 경우에는 해당 시설
지하층(피난층으로 주된 출입구가 도로와 접한 경우는 제외)	바닥면적의 합계가 150m² 이상인 경우에는 지하층의 모든 층

국민주택규모 이하인 아파트등의 지하층(대피시설로 사용하는 것만 해당)과 교육연구시설 중 학교의 지하층	바닥면적의 합계가 700m^2 이상인 것은 지하층의 모든 층
가스시설 중 지상에 노출된 탱크의 용량	30톤 이상인 탱크시설
특정소방대상물에 부속된 연결통로	

4) 비상콘센트설비 ★★★

층수가 11층 이상인 특정소방대상물	11층 이상의 층
지하층의 층수가 3층 이상이고 지하층의 바닥면적의 합계가 1천m^2 이상	지하층의 모든 층
지하가 중 터널	길이가 500m 이상

5) 무선통신보조설비 ★★★

지하가(터널은 제외한다)	연면적 1천m^2 이상	
지하층의 바닥면적의 합계	3천m^2 이상	
지하층의 층수가 3층 이상이고 지하층의 바닥면적의 합계	1천m^2 이상	지하 모든층
층수가 30층 이상	16층 이상 부분의 모든 층	
지하가 중 터널	길이가 500m 이상	
지하구 중 공동구		

■ 소방시설을 설치하지 않을 수 있는 특정소방대상물 및 소방시설의 범위 ★★★

구분	특정소방대상물	소방시설
1. 화재 위험도가 낮은 특정소방대상물	석재, 불연성금속, 불연성 건축재료 등의 가공공장·기계조립공장 또는 불연성 물품을 저장하는 창고	옥외소화전 및 연결살수설비
2. 화재안전기준을 적용하기 어려운 특정소방대상물	펄프공장의 작업장, 음료수 공장의 세정 또는 충전을 하는 작업장, 그 밖에 이와 비슷한 용도로 사용하는 것	스프링클러설비, 상수도소화용수설비 및 연결살수설비
	정수장, 수영장, 목욕장, 농예·축산·어류양식용 시설, 그 밖에 이와 비슷한 용도로 사용되는 것	자동화재탐지설비, 상수도소화용수설비 및 연결살수설비
3. 화재안전기준을 달리 적용해야 하는 특수한 용도 또는 구조를 가진 특정소방대상물	원자력발전소, 중·저준위방사성폐기물의 저장시설	연결송수관설비 및 연결살수설비
4. 「위험물 안전관리법」 제19조에 따른 자체소방대가 설치된 특정소방대상물	자체소방대가 설치된 위험물 제조소등에 부속된 사무실	옥내소화전설비, 소화용수설비, 연결살수설비 및 연결송수관설비

- **임시소방시설의 종류와 설치기준**

    1. 임시소방시설의 종류 ★
        가. **소화기**
        나. **간이소화장치**: 물을 방사(放射)하여 화재를 진화할 수 있는 장치로서 소방청장이 정하는 성능을 갖추고 있을 것
        다. **비상경보장치**: 화재가 발생한 경우 주변에 있는 작업자에게 화재사실을 알릴 수 있는 장치로서 소방청장이 정하는 성능을 갖추고 있을 것
        라. **가스누설경보기**: 가연성 가스가 누설되거나 발생된 경우 이를 탐지하여 경보하는 장치로서 법 제37조에 따른 형식승인 및 제품검사를 받은 것
        〈시행 2023.7.1.〉
        마. **간이피난유도선**: 화재가 발생한 경우 피난구 방향을 안내할 수 있는 장치로서 소방청장이 정하는 성능을 갖추고 있을 것
        바. **비상조명등**: 화재가 발생한 경우 안전하고 원활한 피난활동을 할 수 있도록 자동 점등되는 조명장치로서 소방청장이 정하는 성능을 갖추고 있을 것
        〈시행 2023.7.1.〉
        사. **방화포**: 용접·용단 등의 작업 시 발생하는 불티로부터 가연물이 점화되는 것을 방지해주는 천 또는 불연성 물품으로서 소방청장이 정하는 성능을 갖추고 있을 것〈시행 2023.7.1.〉

    2. 임시소방시설을 설치해야 하는 공사의 종류와 규모 ★★★
        가. 소화기: 소방본부장 또는 소방서장의 동의를 받아야 하는 특정소방대상물의 신축·증축·개축·재축·이전·용도변경 또는 대수선 등을 위한 작업현장에 설치한다.
        나. 간이소화장치: 다음의 어느 하나에 해당하는 공사의 작업현장에 설치한다.
            1) **연면적 3천m² 이상**
            2) 지하층, 무창층 또는 4층 이상의 층. 이 경우 해당 층의 바닥면적이 600m² 이상인 경우만 해당한다.
        다. 비상경보장치: 다음의 어느 하나에 해당하는 공사의 작업현장에 설치한다.
            1) **연면적 400m² 이상**
            2) 지하층 또는 무창층. 이 경우 해당 층의 바닥면적이 150m² 이상인 경우만 해당한다.
        라. 가스누설경보기: 바닥면적이 150m² 이상인 지하층 또는 무창층의 작업현장에 설치한다.〈시행 2023.7.1.〉
        마. 간이피난유도선: **바닥면적이 150m² 이상**인 지하층 또는 무창층의 작업현장에 설치한다.

바. 비상조명등: 바닥면적이 150m^2 이상인 지하층 또는 무창층의 작업현장에 설치한다. 〈시행 2023.7.1.〉

사. 방화포: 용접·용단 작업이 진행되는 작업현장에 설치한다. 〈시행 2023.7.1.〉

3. 임시소방시설과 기능 및 성능이 유사한 소방시설로서 임시소방시설을 설치한 것으로 보는 소방시설

   가. 간이소화장치를 설치한 것으로 보는 소방시설: 소방청장이 정하여 고시하는 기준에 맞는 소화기(연결송수관설비의 방수구 인근에 설치한 경우로 한정한다) 또는 옥내소화전설비

   나. 비상경보장치를 설치한 것으로 보는 소방시설: 비상방송설비 또는 자동화재탐지설비

   다. 간이피난유도선을 설치한 것으로 보는 소방시설: 피난유도선, 피난구유도등, 통로유도등 또는 비상조명등

05 출제예상문제

소방시설 설치 및 안전관리에 관한 법률·시행령·시행규칙

01 ★★★ 출제년도 【21.】
소방시설 설치 및 관리에 관한 법령상 건축허가등의 동의대상물의 범위 기준 중 틀린 것은?

① 건축등을 하려는 학교시설 : 연면적 200 m² 이상
② 노유자시설 : 연면적 200 m² 이상
③ 정신의료기관(입원실이 없는 정신건강의학과 의원은 제외) : 연면적 300 m² 이상
④ 장애인 의료재활시설 : 연면적 300 m² 이상

해설 건축허가등의 동의대상물의 범위
1. 연면적이 400제곱미터 이상
 가. 학교시설: 100제곱미터 이상
 나. **노유자시설(老幼者施設) 및 수련시설: 200제곱미터 이상**
 다. 정신의료기관(입원실이 없는 정신건강의학과 의원은 제외): 300제곱미터 이상
 라. 장애인 의료재활시설(이하 "의료재활시설"이라 한다): 300제곱미터 이상
1의2. 층수가 6층이상인 건축물
2. 차고·주차장 또는 주차용도로 사용되는 시설로서 다음 각 목의 어느 하나에 해당하는 것
 가. **차고·주차장**으로 사용되는 바닥면적이 **200제곱미터** 이상인 층이 있는 건축물이나 주차시설
 나. 승강기 등 기계장치에 의한 주차시설로서 자동차 **20대** 이상을 주차할 수 있는 시설
3. 항공기격납고, 관망탑, 항공관제탑, 방송용 송수신탑
4. **지하층 또는 무창층**이 있는 건축물로서 바닥면적이 **150제곱미터(공연장의 경우에는 100제곱미터)** 이상인 층이 있는 것
5. **조산원, 산후조리원**, 위험물 저장 및 처리시설, 발전시설 중 **전기저장시설**, 지하구
6. **요양병원**. 다만, 정신병원과 의료재활시설은 제외한다.

02 ★ 출제년도 【20.】
소방시설 설치 및 관리에 관한 법령상 소방시설이 아닌 것은?

① 소화설비   ② 경보설비
③ 방화설비   ④ 소화활동설비

해설 소방시설의 종류
소화설비, 경보설비, 피난구조설비, 소화활동설비, 소화용수설비

03 ★ 출제년도 【96, 99, 05, 07, 08, 12.】
소방시설의 종류 중 경보설비에 속하지 않는 것은?

① 비화재보방지기   ② 자동화재속보설비
③ 통합감시시설   ④ 가스누설경보기

해설 관련법 : 소방시설 설치 및 관리에 관한 법률 시행령 별표1(소방시설)

구 분	시설의 종류
경보 설비	비상벨설비, 자동식사이렌설비, 단독경보형감지기, 비상방송설비, 누전경보기, 자동화재탐지설비 및 시각경보기, **자동화재속보설비, 가스누설경보기, 통합감시시설**

04 ★ 출제년도 【19.】
소방시설을 구분하는 경우 소화설비에 해당되지 않는 것은?

① 스프링클러설비   ② 제연설비
③ 자동확산소화기   ④ 옥외소화전설비

해설 제연설비는 소화활동설비이다.

정답 01. ① 02. ③ 03. ① 04. ②

05 다음 소방시설 중 경보설비가 아닌 것은?

① 통합감시시설
② 가스누설경보기
③ 비상콘센트설비
④ 자동화재속보설비

해설 비상콘센트설비는 소화활동설비이다.

06 다음 중 화재가 발생할 경우 피난하기 위하여 사용하는 기구 또는 설비인 피난구조설비에 속하지 않는 것은?

① 완강기
② 인공소생기
③ 피난유도선
④ 연소방지설비

해설 관련법 : 소방시설 설치 및 관리에 관한 법률 시행령 별표1(소방시설)

구분	시설의 종류
피난구조설비	미끄럼대, 피난사다리, 구조대, 완강기, 간이완강기, 피난용트랩, 피난교, 승강식피난기, 다수인피난장비, 공기안전매트, 방화복 또는 방열복, 공기호흡기, 유도등 및 유도표지, 비상조명등 및 휴대용비상조명등
소화활동설비	제연설비, 연결송수관 설비, 연결살수설비, 비상콘센트설비, 무선통신보조설비, **연소방지설비**

07 화재예방, 소방시설 설치·유지 및 안전관리에 관한 법령상 소방시설의 종류에 대한 설명으로 옳은 것은?

① 소화기구, 옥외소화전설비는 소화설비에 해당된다.
② 유도등, 비상조명등은 경보설비에 해당된다.
③ 소화수조, 저수조는 소화활동설비에 해당 된다.
④ 연결송수관설비는 소화용수설비에 해당 된다.

해설 보기설명
② 유도등, 비상조명등은 피난구조설비에 해당된다.
③ 소화수조, 저수조는 소화용수설비에 해당된다.
④ 연결송수관설비는 소화활동설비에 해당된다.

08 소방시설 설치 및 관리에 관한 법령상 특정소방대상물의 관계인이 특정소방대상물의 규모·용도 및 수용인원 등을 고려하여 갖추어야 하는 소방시설의 종류에 대한 기준 중 다음 ( ) 안에 알맞은 것은?

화재안전기준에 따라 소화기구를 설치하여야 하는 특정소방대상물은 연면적 (㉠)m² 이상인 것. 다만, 노유자시설의 경우에는 투척용 소화용구 등을 화재안전기술기준에 따라 산정된 소화기 수량의 (㉡) 이상으로 설치할 수 있다.

① ㉠ 33, ㉡ $\frac{1}{2}$
② ㉠ 33, ㉡ $\frac{1}{5}$
③ ㉠ 50, ㉡ $\frac{1}{2}$
④ ㉠ 50, ㉡ $\frac{1}{5}$

해설 화재안전기준에 따라 소화기구를 설치하여야 하는 특정소방대상물은 연면적 (33) m² 이상인 것. 다만, 노유자시설의 경우에는 투척용 소화용구 등을 화재안전기술기준에 따라 산정된 소화기 수량의 ($\frac{1}{2}$) 이상으로 설치할 수 있다.

09 다음 ( )안에 들어갈 숫자로 알맞은 것은?

인명구조기구는 지하층을 포함하는 층수가 (㉠)층 이상인 관광호텔 및 (㉡)층 이상인 병원에 설치하여야 한다.

① ㉠ 11, ㉡ 7
② ㉠ 7, ㉡ 7
③ ㉠ 7, ㉡ 5
④ ㉠ 5, ㉡ 5

정답 05. ③ 06. ④ 07. ① 08. ① 09. ③

해설 관련법 : 소방시설 설치 및 관리에 관한 법률 시행령 [별표5]
인명구조기구는 지하층을 포함하는 층수가 7층 이상인 관광호텔 및 5층 이상인 병원에 설치하여야 한다.

10 ★★ 출제년도【18.】
소방시설 설치 및 관리에 관한 법령상 단독경보형감지기를 설치하여야 하는 특정소방대상물의 기준 중 옳은 것은?

① 연면적 600 m² 미만의 아파트 등
② 연면적 400 m² 미만의 유치원
③ 연면적 1000 m² 미만의 숙박시설
④ 교육연구시설 또는 수련시설 내에 있는 합숙소 또는 기숙사로서 연면적 1000 m² 미만인 것

해설 단독경보형감지기 설치 특정소방대상물

교육연구시설 내에 있는 기숙사 또는 합숙소	연면적 2천m² 미만
수련시설 내에 있는 기숙사 또는 합숙소 수련시설(숙박시설이 있는 것만 해당)	연면적 2천m² 미만
유치원	연면적 400m² 미만
공동주택 중 연립주택 및 다세대주택 → 연동형으로 설치	

11 ★★★ 출제년도【20.】
소방시설 설치 및 관리에 관한 법령상 단독경보형 감지기를 설치하여야 하는 특정소방대상물의 기준으로 옳은 것은?

① 연면적 600m² 미만의 기숙사
② 연면적 600m² 미만의 숙박시설
③ 연면적 1000m² 미만의 아파트등
④ 교육연구시설 또는 수련시설 내에 있는 합숙소 또는 기숙사로서 연면적 2000m² 미만인 것

해설 단독경보형 감지기 설치대상

교육연구시설 내에 있는 기숙사 또는 합숙소	연면적 2천m² 미만
수련시설 내에 있는 기숙사 또는 합숙소 수련시설(숙박시설이 있는 것만 해당)	연면적 2천m² 미만
유치원	연면적 400m² 미만
공동주택 중 연립주택 및 다세대주택 → 연동형으로 설치	

12 ★★★ 출제년도【18.】
소방시설 설치 및 관리에 관한 법령상 비상경보설비를 설치하여야 할 특정소방대상물의 기준 중 옳은 것은? (단, 지하구, 모래·석재 등 불연재료 창고 및 위험물 저장·처리 시설 중 가스시설은 제외한다.)

① 지하층 또는 무창층의 바닥면적이 50 m² 이상인 것
② 연면적 400 m² 이상인 것
③ 지하가 중 터널로서 길이가 300 m 이상인 것
④ 30명 이상의 근로자가 작업하는 옥내 사업장

해설 비상경보설비를 설치하여야 할 특정소방대상물의 기준

교육연구시설 내에 있는 기숙사 또는 합숙소	연면적 2천m² 미만
수련시설 내에 있는 기숙사 또는 합숙소 수련시설(숙박시설이 있는 것만 해당)	연면적 2천m² 미만
유치원	연면적 400m² 미만
공동주택 중 연립주택 및 다세대주택 → 연동형으로 설치	

13 ★★★ 출제년도【18.】
소방시설 설치 및 관리에 관한 법령상 스프링클러설비를 설치하여야 하는 특정소방대상물의 기준 중 틀린 것은? (단, 위험물 저장 및 처리 시설 중 가스시설 또는 지하구는 제외한다.)

① 숙박이 가능한 수련시설 용도로 사용되는 시설의 바닥면적의 합계가 600 m² 이상인 것은 모든 층
② 창고시설(물류터미널은 제외)로서 바닥면적 합계가 5000 m² 이상인 경우에는 모든 층

정답 10. ② 11. ④ 12. ② 13. ④

③ 판매시설, 운수시설 및 창고시설(물류터미널에 한정)로서 바닥면적의 합계가 5000 m² 이상이거나 수용인원이 500 명 이상인 경우에는 모든 층

④ 복합건축물로서 연면적이 3000 m² 이상인 경우에는 모든 층

해설 스프링클러설비 설치 특정소방대상물
① 기숙사(교육연구시설·수련시설 내에 있는 학생 수용을 위한 것) 또는 복합건축물로서 연면적이 5000 m² 이상인 경우에는 모든 층
② 층수가 6층 이상인 특정소방대상물의 경우에는 모든 층
③ 판매시설, 운수시설 및 창고시설(물류터미널에 한정)로서 바닥면적의 합계가 5천 m² 이상이거나 수용인원이 500 명 이상인 경우에는 모든 층

14 ★★★ 출제년도【19.】
아파트로 층수가 20층인 특정소방대상물에서 스프링클러 설비를 하여야 하는 층수는? (단, 아파트는 신축을 실시하는 경우이다.)

① 모든 층
② 15층 이상
③ 11층 이상
④ 6층 이상

해설 스프링클러설비를 설치하여야 하는 특정소방대상물 중 층수가 **6층 이상**인 특정소방대상물의 경우에는 모든 층에 설치하여야 한다.

15 ★ 출제년도【20.】
소방시설 설치 및 관리에 관한 법령상 스프링클러설비를 설치하여야 하는 특정소방대상물의 기준으로 틀린 것은? (단, 위험물 저장 및 처리 시설 중 가스시설 또는 지하구는 제외한다.)

① 복합건축물로서 연면적 3500m² 이상인 경우에는 모든 층
② 창고시설(물류터미널은 제외)로서 바닥면적 합계가 5000m² 이상인 경우에는 모든 층
③ 숙박이 가능한 수련시설 용도로 사용되는 시설의 바닥면적의 합계가 600m² 이상인 것은 모든 층
④ 판매시설, 운수시설 및 창고시설(물류터미널에 한정)로서 바닥면적의 합계가 5000m² 이상이거나 수용인원이 500명 이상인 경우에는 모든 층

해설 관련법 소방시설법 시행령 [별표5]
기숙사(교육연구시설·수련시설 내에 있는 학생 수용을 위한 것을 말한다) 또는 **복합건축물로서 연면적 5천m² 이상**인 경우에는 모든 층

16 ★★ 출제년도【21.】
소방시설 설치 및 관리에 관한 법령상 지하가는 연면적이 최소 몇 m² 이상이어야 스프링클러설비를 설치하여야 하는 특정소방대상물에 해당하는가? (단, 터널은 제외한다.)

① 100
② 200
③ 1,000
④ 2,000

해설 지하가는 연면적이 1,000 m² 이상

17 ★★★ 출제년도【19.】
소방시설 설치 및 관리에 관한 법령상 간이스프링클러설비를 설치하여야 하는 특정소방대상물의 기준으로 옳은 것은?

① 근린생활시설로 사용하는 부분의 바닥면적 합계가 1000 m² 이상인 것은 모든 층
② 교육연구시설 내에 있는 합숙소로서 연면적 500 m² 이상인 것
③ 정신병원과 의료재활시설을 제외한 요양병원으로 사용되는 바닥면적의 합계가 300 m² 이상 600 m² 미만인 시설
④ 정신의료기관 또는 의료재활시설로 사용되는 바닥면적의 합계가 600 m² 미만인 시설

[해설] 간이스프링클러설비 설치 특정소방대상물(소방시설법 시행령 별표4) 중 일부
1) 근린생활시설 중 다음의 어느 하나에 해당하는 것
   가) 근린생활시설로 사용하는 부분의 바닥면적 합계가 1천 m² 이상인 것은 모든 층
   나) 의원, 치과의원 및 한의원으로서 입원실이 있는 시설
2) **교육연구시설 내에 합숙소로서 연면적 100 m² 이상인 것**
3) 의료시설 중 다음의 어느 하나에 해당하는 시설
   가) 종합병원, 병원, 치과병원, 한방병원 및 요양병원(정신병원과 의료재활시설은 제외한다)으로 사용되는 **바닥면적의 합계가 600m² 미만인 시설**
   나) 정신의료기관 또는 의료재활시설로 사용되는 바닥면적의 합계가 **300m² 이상 600m² 미만인 시설**
   다) 정신의료기관 또는 의료재활시설로 사용되는 바닥면적의 합계가 300m² 미만이고, 창살(철재·플라스틱 또는 목재 등으로 사람의 탈출 등을 막기 위하여 설치한 것을 말하며, 화재 시 자동으로 열리는 구조로 되어 있는 창살은 제외한다)이 설치된 시설

18 ★★★ 출제년도【21.】
소방시설 설치 및 관리에 관한 법령상 자동화재탐지설비를 설치하여야 하는 특정소방대상물에 대한 기준 중 ( )에 알맞은 것은?

> 근린생활시설(목욕장 제외), 의료시설(정신의료기관 또는 요양병원 제외), 위락시설, 장례시설 및 복합건축물로서 연면적 ( )m² 이상인 것

① 400　　② 600
③ 1,000　　④ 3,500

[해설] 근린생활시설(목욕장은 제외), 의료시설(정신의료기관 또는 요양병원은 제외), 위락시설, 장례시설 및 복합건축물 : 연면적 600 m² 이상

19 ★ 출제년도【20.】
소방시설 설치 및 관리에 관한 법령상 지하가 중 터널로서 길이가 1천미터일 때 설치하지 않아도 되는 소방시설은?

① 인명구조기구
② 옥내소화전설비
③ 연결송수관설비
④ 무선통신보조설비

[해설] ① 옥내소화전설비, 연결송수관설비, 자동화재탐지설비 : 터널의 길이가 1,000m 이상
② 무선통신보조설비, 비상경보설비, 비상콘센트설비 : 터널의 길이가 500m 이상

20 ★★ 출제년도【21.】
소방시설 설치 및 관리에 관한 법령상 특정소방대상물의 소방시설 설치의 면제기준 중 다음 ( )안에 알맞은 것은?

> 물분무등소화설비를 설치하여야 하는 차고·주차장에 ( )를 화재안전기술기준에 적합하게 설치한 경우에는 그 설비의 유효범위에서 설치가 면제된다.

① 옥내소화전설비
② 스프링클러설비
③ 간이스프링클러설비
④ 청정소화약제소화설비

[해설] 물분무등소화설비를 설치하여야 하는 차고·주차장에 (스프링클러설비)를 화재안전기술기준에 적합하게 설치한 경우에는 그 설비의 유효범위에서 설치가 면제된다.

21 ★ 출제년도【21.】
소방시설 설치 및 관리에 관한 법령상 스프링클러설비를 설치하여야 할 특정소방대상물에 다음 중 어떤 소방시설을 화재안전기술기준에 적합하게 설치하면 면제 받을 수 있는가?

[정답] 18. ② 19. ① 20. ② 21. ②

① 포소화설비
② 물분무등소화설비
③ 간이스프링클러설비
④ 이산화탄소소화설비

해설 소방시설법 시행령 [별표6] 특정소방대상물의 소방시설 설치의 면제기준

설치가 면제되는 소방시설	설치면제 기준
1. 스프링클러설비	스프링클러설비를 설치하여야 하는 특정소방대상물에 **물분무등소화설비**를 화재안전기술기준에 적합하게 설치한 경우에는 그 설비의 유효범위(해당 소방시설이 화재를 감지·소화 또는 경보할 수 있는 부분을 말한다. 이하 같다)에서 설치가 면제된다.

22 ★★★ 출제년도【22.】
소방시설 설치 및 관리에 관한 법령상 특정소방대상물의 소방시설 설치의 면제기준에 따라 연결살수설비를 설치면제 받을 수 있는 경우는?

① 송수구를 부설한 간이스프링클러설비를 설치하였을 때
② 송수구를 부설한 옥내소화전설비를 설치하였을 때
③ 송수구를 부설한 옥외소화전설비를 설치하였을 때
④ 송수구를 부설한 연결송수관설비를 설치하였을 때

해설 연결살수설비를 설치하여야 하는 특정소방대상물에 송수구를 부설한 스프링클러설비, 간이스프링클러설비, 물분무소화설비 또는 미분무소화설비를 화재안전기술기준에 적합하게 설치한 경우 그 설비의 유효범위에서 설치가 면제된다.

23 ★★ 출제년도【19.】
소방시설 설치 및 관리에 관한 법령상 특정소방대상물 중 오피스텔은 어느 시설에 해당하는가?

① 숙박시설   ② 일반업무시설
③ 공동주택   ④ 근린생활시설

해설 ① 숙박시설 : 일반형 숙박시설, 생활형 숙박시설
② 일반업무시설 : 금융업소, 사무소, 신문사, 오피스텔
③ 공동주택 : 아파트등, 기숙사
④ 근린생활시설

24 ★ 출제년도【19.】
항공기격납고는 특정소방대상물 중 어느 시설에 해당하는가?

① 위험물 저장 및 처리 시설
② 항공기 및 자동차 관련 시설
③ 창고시설
④ 업무시설

해설 항공기 및 자동차 관련 시설
가. 항공기격납고
나. 차고, 주차용 건축물, 철골 조립식 주차시설(바닥면이 조립식이 아닌 것을 포함한다) 및 기계장치에 의한 주차시설
다. 세차장   라. 폐차장
마. 자동차 검사장   바. 자동차 매매장
사. 자동차 정비공장   아. **운전학원·정비학원**
자. 주차장   차. 차고 및 주기장(駐機場)

25 ★ 출제년도【20.】
소방시설 설치 및 관리에 관한 법령상 특정소방대상물로서 숙박시설에 해당되지 않는 것은?

① 오피스텔
② 일반형 숙박시설
③ 생활형 숙박시설
④ 근린생활시설에 해당하지 않는 고시원

해설 오피스텔은 업무시설이다.

26. ★★★ 출제년도 [12.]
특정소방대상물에 설치하는 소방시설등의 유지·관리 등에 있어 대통령령 또는 화재안전기술기준의 변경으로 그 기준이 강화되는 경우 변경전의 대통령령 또는 화재안전기준이 적용되지 않고 강화된 기준이 적용되는 것은?

① 자동화재속보설비
② 옥내소화전설비
③ 간이스프링클러설비
④ 옥외소화전설비

해설
1. 다음 각 목의 소방시설 중 대통령령 또는 화재안전기준으로 정하는 것
   가. 소화기구
   나. 비상경보설비
   다. 자동화재탐지설비
   라. 자동화재속보설비
   마. 피난구조설비
2. 다음 각 목의 특정소방대상물에 설치하는 소방시설 중 대통령령 또는 화재안전기준으로 정하는 것
   가. 공동구
   나. 전력 및 통신사업용 지하구
   다. 노유자(老幼者) 시설
   라. 의료시설

노유자(老幼者)시설	간이스프링클러설비, 자동화재탐지설비 및 단독경보형 감지기
의료시설	스프링클러설비, 간이스프링클러설비, 자동화재탐지설비 및 자동화재속보설비

27. ★★★ 출제년도 [17, 21.]
소방시설 설치 및 관리에 관한 법령상 대통령령 또는 화재안전기술기준이 변경되어 그 기준이 강화되는 경우 기존 특정소방대상물의 소방시설 중 강화된 기준을 적용하여야 하는 소방시설은?

① 비상경보설비   ② 비상방송설비
③ 비상콘센트설비 ④ 옥내소화전설비

해설 강화된 기준을 적용해야 하는 소방시설
1. 다음 각 목의 소방시설 중 대통령령 또는 화재안전기준으로 정하는 것
   가. 소화기구
   나. 비상경보설비
   다. 자동화재탐지설비
   라. 자동화재속보설비
   마. 피난구조설비
2. 다음 각 목의 특정소방대상물에 설치하는 소방시설 중 대통령령 또는 화재안전기준으로 정하는 것
   가. 공동구
   나. 전력 및 통신사업용 지하구
   다. 노유자(老幼者) 시설
   라. 의료시설

노유자(老幼者)시설	간이스프링클러설비, 자동화재탐지설비 및 단독경보형 감지기
의료시설	스프링클러설비, 간이스프링클러설비, 자동화재탐지설비 및 자동화재속보설비

28. ★★★ 출제년도 [21.]
소방시설 설치 및 관리에 관한 법령상 대통령령 또는 화재안전기준이 변경되어 그 기준이 강화되는 경우 기존 특정소방대상물의 소방시설 중 강화된 기준을 설치장소와 관계없이 항상 적용하여야 하는 것은? (단, 건축물의 신축·개축·재축·이전 및 대수선 중인 특정소방대상물을 포함한다.)

① 제연설비
② 비상경보설비
③ 옥내소화전설비
④ 화재조기진압용 스프링클러설비

해설 강화된 기준을 적용
1. 다음 각 목의 소방시설 중 대통령령 또는 화재안전기준으로 정하는 것
   가. 소화기구
   나. 비상경보설비
   다. 자동화재탐지설비
   라. 자동화재속보설비
   마. 피난구조설비
2. 다음 각 목의 특정소방대상물에 설치하는 소방시설 중 대통령령 또는 화재안전기준으로 정하는 것

정답 26. ① 27. ① 28. ②

가. 공동구
나. 전력 및 통신사업용 지하구
다. 노유자(老幼者) 시설
라. 의료시설

노유자(老幼者)시설	간이스프링클러설비, 자동화재탐지설비 및 단독경보형 감지기
의료시설	스프링클러설비, 간이스프링클러설비, 자동화재탐지설비 및 자동화재속보설비

29 ★★★ 출제년도【12.】
특정소방대상물의 방염 등에 있어 방염대상 물품에 해당되지 않는 것은?

① 목재 책상
② 카펫
③ 창문에 설치하는 커튼류
④ 전시용 합판

해설 관련법 : 소방시설 설치 및 관리에 관한 법률 시행령 제20조(방염대상물품 및 방염성능기준)
방염대상 물품
1) 창문에 설치하는 커튼류(블라인드 포함)
2) 카펫
3) 벽지류(두께가 2[mm] 미만인 종이벽지는 제외한다.)
4) 전시용 합판 또는 섬유판, 무대용 합판 또는 섬유판
5) 암막, 무대막 (영화상영관에 설치하는 스크린 포함)
※ 가구류와 10㎝이하의 반자돌림대는 방염대상물품에서 제외

30 ★★★ 출제년도【06. 10. 12.】
소방청의 중앙소방기술심의위원회의 심의사항에 해당 하지 않는 것은?

① 소방시설공사의 하자를 판단하는 기준에 관한 사항
② 소방시설에 하자가 있는지의 판단에 관한 사항
③ 소방시설의 설계 및 공사감리의 방법에 관한 사항
④ 소방시설의 구조와 원리 등에서 공법이 특수한 설계 및 시공에 관한 사항

해설 관련법 : 소방시설설치 및 관리에 관한 법률 (소방기술심의위원회)
[중앙소방기술심의위원회 심의사항]
1) 화재안전기술기준에 관한 사항
2) 소방시설의 구조와 원리 등에서 **공법이 특수한 설계 및 시공에 관한 사항**
3) 소방시설의 **설계 및 공사감리의 방법에 관한 사항**
4) 소방시설공사의 하자를 판단하는 기준에 관한 사항
[지방소방기술심의위원회 심의사항]
1) 소방시설에 하자가 있는지의 판단에 관한 사항
2) 그 밖에 소방기술 등에 관하여 대통령령으로 정하는 사항

31 ★★★ 출제년도【18.】
소방시설 설치 및 관리에 관한 법률상 중앙소방기술심의위원회의 심의사항이 아닌 것은?

① 화재안전기술기준에 관한 사항
② 소방시설의 설계 및 공사감리의 방법에 관한 사항
③ 소방시설에 하자가 있는지의 판단에 관한 사항
④ 소방시설공사의 하자를 판단하는 기준에 관한 사항

해설 중앙소방기술심의위원회의 심의사항
① 화재안전기술기준에 관한 사항
② 소방시설의 설계 및 공사감리의 방법에 관한 사항
③ **소방시설공사의 하자를 판단하는 기준에 관한 사항**
④ 연면적 10만제곱미터 이상의 특정소방대상물에 설치된 소방시설의 설계 시공 감리의 하자 유무에 관한 사항
⑤ 새로운 소방시설과 소방용품 등의 도입 여부에 관한 사항
⑥ 소방시설의 구조 및 원리에서 공법이 특수한 설계 및 시공에 관한 사항

32 ★★★ 출제년도【18.】
소방시설 설치 및 관리에 관한 법령상 화재안전기술기준을 달리 적용하여야 하는 특수한 용도 또는 구조를 가진 특정소방대상물인 원자력발전소에 설치하지 아니할 수 있는 소방시설은?

정답 29. ① 30. ② 31. ③ 32. ④

① 물분무등소화설비
② 스프링클러설비
③ 상수도소화용수설비
④ 연결살수설비

해설 소방시설을 설치하지 아니하는 특정소방대상물의 범위

특정소방대상물	소방시설
펄프공장의 작업장, 음료수 공장의 세정 또는 충전을 하는 작업장, 그 밖에 이와 비슷한 용도로 사용하는 것	스프링클러설비, 상수도소화용수설비 및 연결살수설비
정수장, 수영장, 목욕장, 농예·축산·어류양식용 시설, 그 밖에 이와 비슷한 용도로 사용되는 것	자동화재탐지설비, 상수도소화용수설비 및 연결살수설비
원자력발전소, 핵폐기물처리시설	연결송수관설비 및 연결살수설비

33 ★★★ 출제년도【18.】
소방시설 설치 및 관리에 관한 법령에 따른 화재안전기술기준을 달리 적용하여야 하는 특수한 용도 또는 구조를 가진 특정소방대상물 중 핵폐기물처리시설에 설치하지 아니할 수 있는 소방시설은?

① 소화용수설비
② 옥외소화전설비
③ 물분무등소화설비
④ 연결송수관설비 및 연결살수설비

해설 소방시설을 설치하지 아니하는 특정소방대상물의 범위

구분	특정소방대상물	소방시설
화재안전기술기준을 적용하기 어려운 특정소방대상물	펄프공장의 작업장, 음료수 공장의 세정 또는 충전을 하는 작업장	스프링클러설비, 상수도소화용수설비 및 연결살수설비
	정수장, 수영장, 목욕장, 농예·축산·어류양식용 시설	자동화재탐지설비, 상수도소화용수설비 및 연결살수설비
화재안전기술기준을 달리 적용하여야 하는 특수한 용도 또는 구조를 가진 특정소방대상물	원자력발전소, 핵폐기물처리시설	연결송수관설비 및 연결살수설비

34 ★★★ 출제년도【21.】
소방시설 설치 및 관리에 관한 법령상 펄프공장의 작업장, 음료수 공장의 충전을 하는 작업장 등과 같이 화재 안전기준을 적용하기 어려운 특정소방대상물에 설치하지 아니할 수 있는 소방시설의 종류가 아닌 것은?

① 상수도소화용수설비
② 스프링클러설비
③ 연결송수관설비
④ 연결살수설비

해설 소방시설법 시행령 [별표7] 소방시설을 설치하지 아니할 수 있는 특정소방대상물 및 소방시설의 범위

2. 화재안전기술기준을 적용하기 어려운 특정소방대상물	펄프공장의 작업장, 음료수 공장의 세정 또는 충전을 하는 작업장, 그 밖에 이와 비슷한 용도로 사용하는 것	스프링클러설비, 상수도소화용수설비 및 연결살수설비
	정수장, 수영장, 목욕장, 농예·축산·어류양식용 시설, 그 밖에 이와 비슷한 용도로 사용되는 것	자동화재탐지설비, 상수도소화용수설비 및 연결살수설비

35 ★ 출제년도【18.】
소방시설 설치 및 관리에 관한 법령상 소방안전관리대상물의 소방계획서에 포함되어야 하는 사항이 아닌 것은?

① 예방규정을 정하는 제조소 등의 위험물 저장·취급에 관한 사항
② 소방시설·피난시설 및 방화시설의 점검·정비계획

정답 33. ④ 34. ③ 35. ①

③ 특정소방대상물의 근무자 및 거주자의 자위소방대 조직과 대원의 임무에 관한 사항
④ 방화구획, 제연구획, 건축물의 내부 마감재료(불연재료·준불연재료 또는 난연재료로 사용된 것) 및 방염물품의 사용현황과 그 밖의 방화구조 및 설비의 유지·관리계획

해설 소방안전관리대상물의 소방계획서에 포함되어야 하는 사항(소방시설법 시행령)
1. 소방안전관리대상물의 위치·구조·연면적·용도 및 수용인원 등 일반 현황
2. 소방안전관리대상물에 설치한 소방시설·방화시설(防火施設), 전기시설·가스시설 및 위험물시설의 현황
3. 화재 예방을 위한 자체점검계획 및 진압대책
4. 소방시설·피난시설 및 방화시설의 점검·정비계획
5. 피난층 및 피난시설의 위치와 피난경로의 설정, 장애인 및 노약자의 피난계획 등을 포함한 피난계획
6. 방화구획, 제연구획, 건축물의 내부 마감재료(불연재료·준불연재료 또는 난연재료로 사용된 것을 말한다) 및 방염물품의 사용현황과 그 밖의 방화구조 및 설비의 유지·관리계획
7. 소방훈련 및 교육에 관한 계획
8. 특정소방대상물의 근무자 및 거주자의 자위소방대 조직과 대원의 임무(장애인 및 노약자의 피난보조 임무를 포함한다)에 관한 사항
9. 증축·개축·재축·이전·대수선 중인 특정소방대상물의 공사장 소방안전관리에 관한 사항
10. 공동 및 분임 소방안전관리에 관한 사항
11. 소화와 연소 방지에 관한 사항
12. 위험물의 저장·취급에 관한 사항(**예방규정을 정하는 제조소등은 제외**한다)

36 ★ 출제년도 [21.]

소방시설 설치 및 관리에 관한 법령상 소방안전관리대상물의 소방계획서에 포함되어야 하는 사항이 아닌 것은?

① 소방시설·피난시설 및 방화시설의 점검·정비계획
② 위험물안전관리법에 따라 예방규정을 정하는 제조소등의 위험물 저장·취급에 관한 사항
③ 특정소방대상물의 근무자 및 거주자의 자위소방대 조직과 대원의 임무에 관한 사항
④ 방화구획, 제연구획, 건축물의 내부 마감재료(불연재료·준불연재료 또는 난연재료로 사용된 것) 및 방염물품의 사용현황과 그 밖의 방화구조 및 설비의 유지·관리계획

해설 소방안전관리대상물의 소방계획서에 포함되어야 하는 사항
1. 소방안전관리대상물의 위치·구조·연면적·용도 및 수용인원 등 일반 현황
2. 소방안전관리대상물에 설치한 소방시설·방화시설(防火施設), 전기시설·가스시설 및 위험물시설의 현황
3. 화재 예방을 위한 자체점검계획 및 진압대책
4. 소방시설·피난시설 및 방화시설의 점검·정비계획
5. 피난층 및 피난시설의 위치와 피난경로의 설정, 장애인 및 노약자의 피난계획 등을 포함한 피난계획
6. 방화구획, 제연구획, 건축물의 내부 마감재료(불연재료·준불연재료 또는 난연재료로 사용된 것을 말한다) 및 방염물품의 사용현황과 그 밖의 방화구조 및 설비의 유지·관리계획
7. 소방훈련 및 교육에 관한 계획
8. 특정소방대상물의 근무자 및 거주자의 자위소방대 조직과 대원의 임무(장애인 및 노약자의 피난보조 임무를 포함한다)에 관한 사항
9. 증축·개축·재축·이전·대수선 중인 특정소방대상물의 공사장 소방안전관리에 관한 사항
10. 공동 및 분임 소방안전관리에 관한 사항
11. 소화와 연소 방지에 관한 사항
12. **위험물의 저장·취급에 관한 사항(예방규정을 정하는 제조소등은 제외**한다)

정답 36. ②

37 ★★★ 출제년도 [19.]
소방시설 설치 및 관리에 관한 법령상 소방시설 등의 자체점검 시 점검인력 배치기준 중 종합정밀점검에 대한 점검인력 1단위가 하루 동안 점검할 수 있는 특정소방대상물의 연면적 기준으로 옳은 것은? (단, 보조 인력을 추가하는 경우는 제외한다.)

① 3500 m² ② 7000 m²
③ 10000 m² ④ 12000 m²

해설 점검한도면적
① 종합정밀점검 : 10,000 m²
② 작동기능점검 : 12,000m²
　(소규모점검의 경우에는 3,500m²)

38 ★★ 출제년도 [20.]
화재예방, 소방시설 설치·유지 및 안전관리에 관한 법률상 소방시설 등에 대한 자체점검 중 종합정밀점검 대상인 것은?

① 제연설비가 설치되지 않은 터널
② 스프링클러설비가 설치된 연면적이 5000 m²이고, 12층인 아파트
③ 물분무등소화설비가 설치된 연면적 5000 m²인 위험물 제조소
④ 호스릴 방식의 물분무등소화설비만을 설치한 연면적 3000m²인 특정소방대상물

해설 종합정밀점검 대상
1) 스프링클러설비가 설치된 특정소방대상물
2) 물분무등소화설비[호스릴(Hose Reel) 방식의 물분무등소화설비만을 설치한 경우는 제외]가 설치된 연면적 5,000m² 이상인 특정소방대상물(위험물 제조소등은 제외)
3) 영화상영관, 비디오물감상실업, 단란주점영업, 유흥주점영업, 복합영상물제공업, 노래연습장업, 산후조리업, 고시원업, 안마시술소의 다중이용업의 영업장이 설치된 특정소방대상물로서 연면적이 2,000m² 이상인 것
4) 제연설비가 설치된 터널
5) 공공기관 중 연면적이 1,000m² 이상인 것으로서 옥내소화전설비 또는 자동화재탐지설비가 설치된 것. 다만, 소방대가 근무하는 공공기관은 제외한다.

39 ★★★ 출제년도 [21, 22.]
소방시설 설치 및 관리에 관한 법령상 소방시설등의 종합정밀점검 대상 기준에 맞게 (　)에 들어갈 내용으로 옳은 것은?

> 물분무등소화설비[호스릴 방식의 물분무등소화설비만을 설치한 경우는 제외]가 설치된 연면적 (　)m² 이상인 특정소방대상물(위험물 제조소등은 제외)

① 2000 ② 3000
③ 4000 ④ 5000

해설 종합정밀점검 대상
1) 스프링클러설비가 설치된 특정소방대상물
2) 물분무등소화설비[호스릴(Hose Reel) 방식의 물분무등소화설비만을 설치한 경우는 제외한다]가 설치된 **연면적 5,000 m² 이상**인 특정소방대상물(위험물 제조소등은 제외한다)
3) 단란주점영업과 유흥주점영업, 영화상영관·비디오물감상실업·복합영상물제공업(비디오물소극장업은 제외한다)·노래연습장업·산후조리업·고시원업 및 안마시술소의 다중이용업의 영업장이 설치된 특정소방대상물로서 연면적이 2,000 m² 이상인 것
4) 제연설비가 설치된 터널
5) 공공기관 중 연면적(터널·지하구의 경우 그 길이와 평균폭을 곱하여 계산된 값을 말한다)이 1,000 m² 이상인 것으로서 옥내소화전설비 또는 자동화재탐지설비가 설치된 것. 다만, 소방대가 근무하는 공공기관은 제외한다.

40 ★★ 출제년도 [20.]
소방시설 설치 및 관리에 관한 법령상 소방시설등의 자체점검 중 종합정밀점검을 받아야 하는 특정소방대상물 대상 기준으로 틀린 것은?

정답 37. ③　38. ②　39. ④　40. ④

① 제연설비가 설치된 터널
② 스프링클러설비가 설치된 특정소방대상물
③ 공공기관 중 연면적이 1000m² 이상인 것으로서 옥내소화전설비 또는 자동화재탐지설비가 설치된 것(단, 소방대가 근무하는 공공기관은 제외한다.)
④ 호스릴 방식의 물분무등소화설비만이 설치된 연면적 5000 이상인 특정소방대상물(단, 위험물 제조소등은 제외한다.)

해설 종합정밀점검 대상
① **스프링클러설비가 설치된 특정소방대상물**
② **물분무등소화설비**[호스릴(Hose Reel) 방식의 물분무등소화설비만을 설치한 경우는 제외]가 설치된 연면적 **5,000m² 이상**인 특정소방대상물(위험물 제조소등은 제외)
③ 제연설비가 설치된 터널
④ 공공기관 중 **연면적이 1,000m² 이상**인 것으로서 **옥내소화전설비 또는 자동화재탐지설비**가 설치된 것. 다만, 소방대가 근무하는 공공기관은 제외
⑤ 영화상영관, 비디오물감상실업, 복합영상물제공업, 노래연습장업, 산후조리업, 고시원업, 안마시술소의 영업장이 설치된 특정소방대상물로 연면적이 2,000m² 이상

41 ★★★ 출제년도【18.】
소방시설 설치 및 관리에 관한 법령상 소방용품이 아닌 것은?
① 소화약제 외의 것을 이용한 간이소화용구
② 자동소화장치
③ 가스누설경보기
④ 소화용으로 사용하는 방염제

해설 소방용품
1. 소화설비를 구성하는 제품 또는 기기
  가. 별표 1 제1호가목의 소화기구(**소화약제 외의 것을 이용한 간이소화용구는 제외**한다)
  나. 별표 1 제1호나목의 자동소화장치
  다. 소화설비를 구성하는 소화전, 관창(管槍), 소방호스, 스프링클러헤드, 기동용 수압개폐장치, 유수제어밸브 및 가스관선택밸브

2. 경보설비를 구성하는 제품 또는 기기
  가. 누전경보기 및 가스누설경보기
  나. 경보설비를 구성하는 발신기, 수신기, 중계기, 감지기 및 음향장치(경종만 해당한다)
3. 피난구조설비를 구성하는 제품 또는 기기
  가. 피난사다리, 구조대, 완강기(간이완강기 및 지지대를 포함한다)
  나. 공기호흡기(충전기를 포함한다)
  다. 피난구유도등, 통로유도등, 객석유도등 및 예비 전원이 내장된 비상조명등
4. 소화용으로 사용하는 제품 또는 기기
  가. 소화약제(별표 1 제1호나목2)와 3)의 자동소화장치와 같은 호 마목3)부터 8)까지의 소화설비용만 해당한다)
  나. 방염제(방염액·방염도료 및 방염성물질을 말한다)

42 ★★ 출제년도【18.】
소방시설 설치 및 관리에 관한 법상 특정소방대상물에 소방시설이 화재안전기술기준에 따라 설치 또는 유지·관리되어 있지 아니할 때 해당 특정소방대상물의 관계인에게 필요한 조치를 명할 수 있는 자는?
① 소방본부장   ② 소방청장
③ 시·도지사   ④ 행정안전부장관

해설 **소방본부장이나 소방서장**은 소방시설이 화재안전기술기준에 따라 설치 또는 유지·관리되어 있지 아니할 때에는 해당 특정소방대상물의 관계인에게 필요한 조치를 명할 수 있다.

43 ★★★ 출제년도【18.】
소방시설 설치 및 관리에 관한 법령에 따른 특정소방대상물의 수용인원의 산정방법 기준 중 틀린 것은?
① 침대가 있는 숙박시설의 경우는 해당 특정소방대상물의 종사자 수에 침대 수(2인용 침대는 2인으로 산정)를 합한 수
② 침대가 없는 숙박시설의 경우는 해당 특정소방대상물의 종사자 수에 숙박시설

정답 41. ① 42. ① 43. ④

바닥면적의 합계를 3 m²로 나누어 얻은 수를 합한 수
③ 강의실 용도로 쓰이는 특정소방대상물의 경우는 해당 용도로 사용하는 바닥면적의 합계를 1.9 m²로 나누어 얻은 수
④ 문화 및 집회시설의 경우는 해당 용도로 사용하는 바닥면적의 합계를 2.6 m²로 나누어 얻은 수

해설 수용인원 산정방법

숙박시설이 있는 특정소방대상물	침대가 있는 숙박시설	종사자 수+침대 수(2인용 침대는 2개로 산정)
	침대가 없는 숙박시설	종사자 수+ $\frac{\text{바닥면적의 합계}(m^2)}{3m^2}$
기타	강의실·교무실·상담실·실습실·휴게실 용도	$\frac{\text{바닥면적의 합계}(m^2)}{1.9m^2}$
	강당, 문화 및 집회시설, 운동시설, 종교시설	① $\frac{\text{바닥면적의 합계}(m^2)}{4.6m^2}$ ② 관람석이 있는 경우 : 고정식 의자 수 또는 긴의자의 정면 너비÷0.45m
	그 밖의 특정소방대상물	$\frac{\text{바닥면적의 합계}(m^2)}{3m^2}$
비고	1. 바닥면적 산정시 제외 : **복도, 계단 및 화장실**의 바닥면적 2. 계산결과 소수점 이하 반올림 할 것	

44 ★★★ 출제년도【19.】
소방시설 설치 및 관리에 관한 법령상, 종사자 수가 5명이고, 숙박시설이 모두 2인용 침대이며 침대수량은 50개인 청소년 시설에서 수용인원은 몇 명인가?
① 55   ② 75
③ 85   ④ 105

해설 수용인원 = 종사자 수 + 침대수(2인용은 2명)
= 5명 + 50개 × 2인
= 105명

45 ★★ 출제년도【20.】
소방시설 설치 및 관리에 관한 법령상 수용인원 산정 방법 중 다음과 같은 시설의 수용인원 산정 방법 중 다음과 같은 시설의 수용인원은 몇 명인가?

숙박시설이 있는 특정소방대상물로서 종사자는 5명, 숙박시설은 모두 2인용 침대이며 침대수량은 50개이다.

① 55   ② 75
③ 85   ④ 105

해설 수용인원 : 종사자 수+침대수량(2인용은 2명)
= 5명 + 50개 × 2명 = 105명

46 ★★★ 출제년도【19.】
다음 조건을 참고하여 숙박시설이 있는 특정소방대상물의 수용인원 산정 수로 옳은 것은?

침대가 있는 숙박시설로서 1인용 침대의 수는 20개이고, 2인용 침대의 수는 10개이며, 종업원의 수는 3명이다.

① 33명   ② 40명
③ 43명   ④ 46명

해설 수용인원의 산정
수용인원 = 종사자 수+침대수(2인용은 2명)
= 3명+1인용 20개+2인용×10개
= 43명

숙박시설이 있는 특정 소방대상물	침대가 있는 숙박시설	종사자 수+침대 수 (2인용 침대는 2개로 산정)
	침대가 없는 숙박시설	종사자 수+ $\frac{\text{바닥면적의 합계}(m^2)}{3m^2}$

정답 44. ④ 45. ④ 46. ③

47 소방시설 설치 및 관리에 관한 법령상 수용인원 산정 방법 중 침대가 없는 숙박시설로서 해당 특정소방대상물의 종사자의 수는 5명, 복도, 계단 및 화장실의 바닥면적을 제외한 바닥 면적이 158m²인 경우의 수용인원은 약 몇 명인가?

① 37 ② 45
③ 58 ④ 84

해설 수용인원 $= 5명 + \dfrac{158\,m^2}{3\,m^2} = 57.67 = 58명$

48 피난시설, 방화구획 또는 방화시설을 폐쇄·훼손·변경 등의 행위를 3차 이상 위반한 경우에 대한 과태료 부과기준으로 옳은 것은?

① 200만원 ② 300만원
③ 500만원 ④ 1000만원

해설 소방시설법 시행령 [별표10] 과태료의 부과기준

위반행위	과태료 금액(단위: 만원)		
	1차 위반	2차 위반	3차 이상 위반
법 제10조제1항을 위반하여 피난시설, 방화구획 또는 방화시설을 폐쇄·훼손·변경하는 등의 행위를 한 경우	100	200	300

49 소방시설 설치 및 관리에 관한 법령에 따른 소방안전관리대상물의 관계인 및 소방안전관리자를 선임하여야 하는 공공기관의 장은 작동기능점검을 실시한 경우 며칠 이내에 소방시설등 작동기능점검 실시 결과 보고서를 소방본부장 또는 소방서장에게 제출하여야 하는가?

① 7일 ② 15일
③ 30일 ④ 60일

해설 점검결과보고서의 제출(시행 2020.8.14)
① 작동기능점검 : 7일 이내, 2년간 자체 보관
② 종합정밀점검 : 7일 이내

50 소방시설 설치 및 관리에 관한 법령에 따른 임시소방시설 중 간이소화 장치를 설치하여야 하는 공사의 작업현장의 규모의 기준 중 다음 ( ) 안에 알맞은 것은?

- 연면적 (㉠) m² 이상
- 지하층, 무창층 또는 (㉡)층 이상의 층 이 경우 해당 층의 바닥면적이 (㉢) m² 이상인 경우만 해당

① ㉠ 1000, ㉡ 6, ㉢ 150
② ㉠ 1000, ㉡ 6, ㉢ 600
③ ㉠ 3000, ㉡ 4, ㉢ 150
④ ㉠ 3000, ㉡ 4, ㉢ 600

해설 간이소화장치 : 다음의 어느 하나에 해당하는 공사의 작업현장
1) 연면적 3천 m² 이상
2) 지하층, 무창층 또는 4층 이상의 층. 이 경우 해당 층의 바닥면적이 600 m² 이상인 경우만 해당

51 소방대상물의 방염 등과 관련하여 방염성능기준은 무엇으로 정하는가?

① 대통령령 ② 행정안전부령
③ 소방청훈령 ④ 소방청예규

해설 소방시설법
① 대통령령으로 정하는 특정소방대상물에 실내장식 등의 목적으로 설치 또는 부착하는 물품으로서 대통령령으로 정하는 물품(이하 "방염대상물품"이라 한다)은 방염성능기준 이상의 것으로 설치하여야 한다.

정답 47. ③ 48. ② 49. ① 50. ④ 51. ①

② **소방본부장**이나 **소방서장**은 방염대상물품이 제1항에 따른 방염성능기준에 미치지 못하거나 제13조 제1항에 따른 방염성능검사를 받지 아니한 것이면 소방대상물의 관계인에게 방염대상물품을 제거하도록 하거나 방염성능검사를 받도록 하는 등 필요한 조치를 명할 수 있다.
③ 제1항에 따른 **방염성능기준은 대통령령**으로 정한다.

52 ★★★ 출제년도【18.】
소방시설 설치 및 관리에 관한 법령에 따른 방염성능기준 이상의 실내장식물 등을 설치하여야 하는 특정소방대상물의 기준 중 틀린 것은?

① 건축물의 옥내에 있는 시설로서 종교시설
② 층수가 11층 이상인 아파트
③ 의료시설
④ 노유자시설

해설 방염성능기준 이상의 실내장식물 등을 설치하여야 하는 특정소방대상물
① 근린생활시설 중 의원, 조산원, 산후조리원, 체력단련장, 공연장 및 종교집회장
② 건축물의 옥내에 있는 시설로서 다음 각 목의 시설
  가. 문화 및 집회시설
  나. 종교시설
  다. 운동시설(수영장은 제외한다)
③ 의료시설
④ 노유자시설
⑤ 다중이용업소
⑥ 층수가 11층 이상인 것(아파트는 제외한다)
⑦ 교육연구시설 중 합숙소
⑧ 숙박이 가능한 수련시설
⑨ 방송통신시설 중 방송국 및 촬영소
⑩ 숙박시설

53 ★★★ 출제년도【17,20.】
소방시설 설치 및 관리에 관한 법률상 방염성능기준 이상의 실내장식물 등을 설치해야 하는 특정소방대상물이 아닌 것은?

① 숙박이 가능한 수련시설
② 층수가 11층 이상인 아파트
③ 건축물 옥내에 있는 종교시설
④ 방송통신시설 중 방송국 및 촬영소

해설 방염성능기준 이상의 실내장식물 등을 설치해야 하는 특정소방대상물
1. 근린생활시설 중 의원, 조산원, 산후조리원, 체력단련장, 공연장 및 종교집회장
2. 건축물의 옥내에 있는 시설로서 다음 각 목의 시설
  가. 문화 및 집회시설
  나. 종교시설
  다. 운동시설(수영장은 제외한다)
3. 의료시설
4. 교육연구시설 중 합숙소
5. 노유자시설
6. 숙박이 가능한 수련시설
7. 숙박시설
8. 방송통신시설 중 방송국 및 촬영소
9. 다중이용업소
10. 층수가 11층 이상인 것(아파트는 제외한다)

54 ★★★ 출제년도【19.】
소방시설 설치 및 관리에 관한 법령상 건축허가등의 동의를 요구한 기관이 그 건축허가등을 취소하였을 때, 취소한 날부터 최대 며칠 이내에 건축물 등의 시공지 또는 소재지를 관할하는 소방본부장 또는 소방서장에게 그 사실을 통보하여야 하는가?

① 3일   ② 4일
③ 7일   ④ 10일

해설 건축허가 등의 동의

건축허가 등의 동의요구	소방본부장 또는 소방서장
건축허가등의 동의여부 회신기한	5일(특급소방안전관리대상물의 경우에는 10일) 이내
동의 요구서 및 첨부서류의 보완 기한	4일 이내
건축허가등의 취소시 통보 기한	7일 이내

정답 52. ② 53. ② 54. ③

55
소방본부장 또는 소방서장은 건축허가등의 동의요구 서류를 접수한 날부터 최대 며칠 이내에 건축허가등의 동의여부를 회신하여야 하는가?(단, 허가 신청한 건축물은 지상으로부터 높이가 200m인 아파트이다.)

① 5일
② 7일
③ 10일
④ 15일

해설 건축허가 등의 동의

건축허가 등의 동의요구	소방본부장 또는 소방서장
건축허가등의 신청시 첨부서류	① 건축허가신청서 및 건축허가서 또는 건축·대수선·용도변경신고서 등 건축허가등을 확인할 수 있는 서류의 사본. ② 다음 각 목의 설계도서. 　가. 건축물의 단면도 및 주단면 상세도(내장재료를 명시한 것에 한한다) 　나. 소방시설(기계·전기분야의 시설을 말한다)의 층별 평면도 및 층별 계통도(시설별 계산서를 포함한다) 　다. 창호도 ③ 소방시설 설치계획표 ④ 임시소방시설 설치계획서(설치 시기·위치·종류·방법 등 임시소방시설의 설치와 관련한 세부사항을 포함한다) ⑤ 소방시설설계업등록증 사본과 소방시설을 설계한 기술인력자의 기술자격증 사본
건축허가등의 동의여부 회신기한	5일(특급소방안전관리대상물의 경우에는 10일) 이내
동의 요구서 및 첨부서류의 보완기한	4일 이내
건축허가등의 취소시 통보기한	7일 이내

56
소방시설 설치 및 관리에 관한 법률상 건축허가 등의 동의대상물이 아닌 것은?

① 항공기 격납고
② 연면적이 300m²인 공연장
③ 바닥면적이 300m²인 차고
④ 연면적이 300m²인 노유자 시설

해설 건축허가등의 동의대상물의 범위
1. 연면적이 400제곱미터 이상
   가. 학교시설: 100제곱미터 이상
   나. **노유자시설(老幼者施設) 및 수련시설: 200제곱미터 이상**
   다. 정신의료기관(입원실이 없는 정신건강의학과 의원은 제외): 300제곱미터 이상
   라. 장애인 의료재활시설(이하 "의료재활시설"이라 한다): 300제곱미터 이상
1의2. 층수가 6층이상인 건축물
2. 차고·주차장 또는 주차용도로 사용되는 시설로서 다음 각 목의 어느 하나에 해당하는 것
   가. **차고·주차장**으로 사용되는 바닥면적이 **200제곱미터** 이상인 층이 있는 건축물이나 주차시설
   나. 승강기 등 기계장치에 의한 주차시설로서 자동차 **20대** 이상을 주차할 수 있는 시설
3. 항공기격납고, 관망탑, 항공관제탑, 방송용 송수신탑
4. **지하층 또는 무창층**이 있는 건축물로서 바닥면적이 **150제곱미터**(공연장의 경우에는 100제곱미터) 이상인 층이 있는 것
5. **조산원, 산후조리원**, 위험물 저장 및 처리시설, 발전시설 중 **전기저장시설**, 지하구
6. 노유자시설 중 다음 각 목의 어느 하나에 해당하는 시설. 다만, 가목2) 및 나목부터 바목까지 시설 중 단독주택 또는 공동주택에 설치되는 시설 제외
   가. 노인 관련 시설(1) 노인주거복지시설, 노인의료복지시설 및 재가노인복지시설 2) 학대피해노인 전용 쉼터
   나. 아동복지시설(아동상담소, 아동전용시설 및 지역아동센터는 제외한다)
   다. 장애인 거주시설
   라. 정신질환자 관련 시설(공동생활가정을 제외한 재활훈련시설과 종합시설 중 24시간 주거를 제공하지 아니하는 시설은 제외한다)
   마. 노숙인 관련 시설 중 노숙인자활시설, 노숙인재활시설 및 노숙인요양시설
   바. 결핵환자나 한센인이 24시간 생활하는 노유자시설
7. **요양병원**. 다만, 정신병원과 의료재활시설은 제외한다.

57
소방시설 설치 및 관리에 관한 법령상 건축허가등의 동의대상물의 범위로 틀린 것은?

정답 55. ③ 56. ② 57. ④

① 항공기 격납고
② 방송용 송·수신탑
③ 연면적이 400제곱미터 이상인 건축물
④ 지하층 또는 무창층이 있는 건축물로서 바닥면적이 50제곱미터 이상인 층이 있는 것

해설 건축허가등의 동의 대상물의 범위
1. 연면적이 400제곱미터 이상인 건축물
   가. 학교시설: 100제곱미터
   나. 노유자시설(老幼者施設) 및 수련시설: 200제곱미터
   다. 정신의료기관(입원실이 없는 정신건강의학과 의원은 제외): 300제곱미터
   라. 장애인 의료재활시설: 300제곱미터
1의2. 층수가 6층 이상인 건축물
2. 차고·주차장 또는 주차용도로 사용되는 시설로서 다음 각 목의 어느 하나에 해당하는 것
   가. 차고·주차장으로 사용되는 바닥면적이 200제곱미터 이상인 층이 있는 건축물이나 주차시설
   나. 승강기 등 기계장치에 의한 주차시설로서 자동차 20대 이상을 주차할 수 있는 시설
3. 항공기격납고, 관망탑, 항공관제탑, 방송용 송수신탑
4. **지하층 또는 무창층이 있는 건축물로서 바닥면적이 150제곱미터(공연장의 경우에는 100제곱미터) 이상인 층이 있는 것**
5. 조산원, 산후조리원, 위험물 저장 및 처리 시설, 전기저장시설, 지하구
6. 요양병원. 다만, 정신의료기관 중 정신병원과 의료재활시설은 제외한다.

58 ★ 출제년도 【19.】
소방시설관리업자가 기술인력을 변경하는 경우, 시·도지사에게 제출하여야 하는 서류로 틀린 것은?

① 소방시설관리업 등록수첩
② 변경된 기술인력의 기술자격증(자격수첩)
③ 기술인력 연명부
④ 사업자등록증 사본

해설 소방시설법 시행규칙(소방시설관리업자의 등록사항의 변경신고)
1. 명칭·상호 또는 영업소소재지를 변경하는 경우 : 소방시설관리업등록증 및 등록수첩
2. 대표자를 변경하는 경우 : 소방시설관리업등록증 및 등록수첩
3. 기술인력을 변경하는 경우
   가. 소방시설관리업등록수첩
   나. 변경된 기술인력의 기술자격증(자격수첩)
   다. 기술인력연명부

59 ★★ 출제년도 【19.】
다음 중 품질이 우수하다고 인정되는 소방용품에 대하여 우수품질인증을 할 수 있는 자는?

① 산업통상자원부장관
② 시·도지사
③ 소방청장
④ 소방본부장 또는 소방서장

해설 우수품질인증권자 : 소방청장

60 ★★★ 출제년도 【19.】
소방시설 설치 및 관리에 관한 법령상 둘 이상의 특정소방대상물이 내화구조로 된 연결통로가 벽이 없는 구조로서 그 길이가 몇 m 이하인 경우 하나의 소방대상물로 보는가?

① 6
② 9
③ 10
④ 12

해설 둘 이상의 특정소방대상물이 다음 각 목의 어느 하나에 해당되는 구조의 복도 또는 통로(이하 "연결통로"라 한다)로 연결된 경우에는 이를 하나의 소방대상물로 본다.
가. 내화구조로 된 연결통로가 다음의 어느 하나에 해당되는 경우
   1) 벽이 없는 구조로서 그 길이가 6m 이하인 경우
   2) 벽이 있는 구조로서 그 길이가 10m 이하인 경우. 다만, 벽 높이가 바닥에서 천장까지의 높이의 2분의 1 이상인 경우에는 벽이 있는 구조로 보고, 벽 높이가 바닥에서 천장까지의 높이

정답 58. ④ 59. ③ 60. ①

의 2분의 1 미만인 경우에는 벽이 없는 구조로 본다.

해설 소방시설관리업의 등록이 취소된 날부터 2년이 경과된 자는 소방시설관리업을 등록할 수 있다.

61 소방시설 설치 및 관리에 관한 법률상 화재위험도가 낮은 특정소방대상물 중 소방대가 조직되어 24시간 근무하고 있는 청사 및 차고에 설치하지 아니할 수 있는 소방시설이 아닌 것은?

① 피난기구
② 비상방송설비
③ 연결송수관설비
④ 자동화재탐지설비

해설

구분	특정소방대상물	소방시설
화재 위험도가 낮은 특정소방 대상물	석재, 불연성금속, 불연성 건축재료 등의 가공공장·기계조립공장·주물공장 또는 불연성 물품을 저장하는 창고	옥외소화전 및 연결살수설비
	소방대(消防隊)가 조직되어 24시간 근무하고 있는 청사 및 차고	옥내소화전설비, 스프링클러설비, 물분무등소화설비, 비상방송설비, 피난기구, 소화용수설비, 연결송수관설비, 연결살수설비

63 소방시설 설치 및 관리에 관한 법령상 시·도지사가 소방시설등의 자체점검을 하지 아니한 관리업자에게 영업정지를 명할 수 있으나, 이로 인해 국민에게 심한 불편을 줄 때에는 영업정지 처분을 갈음하여 과징금 처분을 한다. 과징금의 기준은?

① 1000만원 이하
② 2000만원 이하
③ 3000만원 이하
④ 5000만원 이하

해설 시·도지사는 영업정지를 명하는 경우로서 그 영업정지가 국민에게 심한 불편을 주거나 그 밖에 공익을 해칠 우려가 있을 때에는 영업정지처분을 갈음하여 **3천만원 이하**의 과징금을 부과할 수 있다.

64 소방시설 설치 및 관리에 관한 법령상 소화설비를 구성하는 제품 또는 기기에 해당하지 않는 것은?

① 가스누설경보기
② 소방호스
③ 스프링클러헤드
④ 분말자동소화장치

해설 소방시설법 시행령 [별표3] 소방용품 기준 중 일부
1. 소화설비를 구성하는 제품 또는 기기
   가. 소화기구(소화약제 외의 것을 이용한 간이소화용구는 제외한다)
   나. 자동소화장치
   다. 소화설비를 구성하는 소화전, 관창(菅槍), 소방호스, 스프링클러헤드, 기동용 수압개폐장치, 유수제어밸브 및 가스관선택밸브
2. 경보설비를 구성하는 제품 또는 기기
   가. **누전경보기 및 가스누설경보기**
   나. 경보설비를 구성하는 발신기, 수신기, 중계기, 감지기 및 음향장치(경종만 해당한다)

62 다음 중 소방시설 설치 및 관리에 관한 법령상 소방시설관리업을 등록할 수 있는 자는?

① 피성년후견인
② 소방시설관리업의 등록이 취소된 날부터 2년이 경과된 자
③ 금고 이상의 형의 집행유예를 선고받고 그 유예기간 중에 있는 자
④ 금고 이상의 실형을 선고받고 그 집행이 면제된 날부터 2년이 지나지 아니한 자

정답 61. ④ 62. ② 63. ③ 64. ①

65 소방시설 설치 및 관리에 관한 법령상 분말 형태의 소화약제를 사용하는 소화기의 내용연수로 옳은 것은? (단, 소방용품의 성능을 확인받아 그 사용기한을 연장하는 경우는 제외한다.)

① 3년 ② 5년
③ 7년 ④ 10년

해설 10년 : 분말형태의 소화약제를 사용하는 소화기의 내용연수

정답 65. ④

06 소방시설공사업법 · 시행령 · 시행규칙

■ 소방시설업 ★★★

시·도지사	1. **소방시설업의 등록** 2. 등록사항의 변경신고 3. 휴업·폐업 등의 신고 4. 소방시설업자의 지위승계신고 5. 영업정지처분을 갈음하여 **2억원 이하의 과징금** 부과
등록의 결격사유	1. 피성년후견인 2. 이 법,「소방기본법」,「화재의 예방 및 안전관리에 관한 법률」,「소방시설 설치 및 관리에 관한 법률」또는「위험물안전관리법」에 따른 금고 이상의 실형을 선고받고 그 집행이 끝나거나(집행이 끝난 것으로 보는 경우를 포함한다) 면제된 날부터 2년이 지나지 아니한 사람 3. 이 법,「소방기본법」,「화재의 예방 및 안전관리에 관한 법률」,「소방시설 설치 및 관리에 관한 법률」또는「위험물안전관리법」에 따른 금고 이상의 형의 집행유예를 선고받고 그 유예기간 중에 있는 사람 4. 등록하려는 소방시설업 등록이 취소(제1호에 해당하여 등록이 취소된 경우는 제외한다)된 날부터 2년이 지나지 아니한 자 5. 법인의 대표자가 제1호부터 제5호까지의 규정에 해당하는 경우 그 법인 6. 법인의 임원이 제3호부터 제5호까지의 규정에 해당하는 경우 그 법인
등록사항의 변경	**변경신고 사항**: 1. 상호(명칭) 또는 영업소 소재지 2. 대표자 3. 기술인력 **변경신고 기한**: 변경일부터 30일 이내 **첨부서류**: 1. **상호(명칭) 또는 영업소 소재지가 변경된 경우**: 소방시설업 등록증 및 등록수첩 2. 대표자가 변경된 경우: 다음 각 목의 서류 　가. 소방시설업 등록증 및 등록수첩 　나. 변경된 대표자의 성명, 주민등록번호 및 주소지 등의 인적사항이 적힌 서류 3. **기술인력이 변경**된 경우: 다음 각 목의 서류 　가. 소방시설업 등록수첩 　나. 기술인력 증빙서류
등록취소	1. 거짓이나 그 밖의 부정한 방법으로 등록한 경우 2. 등록 결격사유에 해당하게 된 경우 3. 영업정지 기간 중에 소방시설공사등을 한 경우
지위승계	1. 소방시설업자가 사망한 경우 그 상속인 2. 소방시설업자가 그 영업을 양도한 경우 그 양수인 3. 법인인 소방시설업자가 다른 법인과 합병한 경우 합병 후 존속하는 법인이나 합병으로 설립되는 법인
등록신청 서류의 보완 기한	10일 이내

30일 이내	1. 소방시설업의 휴업·폐업 등의 신고 2. 지위승계 신고 3. 등록사항의 변경신고	
과징금처분	영업정지가 그 이용자에게 불편을 주거나 그 밖에 공익을 해칠 우려가 있을 때에는 영업정지처분을 갈음하여 **2억원 이하**의 과징금을 부과할 수 있다.	
소방기술용역의 대가 산정 기준 산정방식	소방시설설계의 대가	통신부문에 적용하는 공사비 요율에 따른 방식
	소방공사감리의 대가	실비정액 가산방식

■ 소방시설업의 업종별 등록기준 및 영업범위

1. 소방시설설계업 ★★★

업종별	항목	기술인력	영업범위
전문 소방시설 설계업		가. 주된 기술인력: **소방기술사 1명** 이상 나. 보조기술인력: **1명 이상**	모든 특정소방대상물에 설치되는 소방시설의 설계
일반 소방 시설 설계업	기계 분야	가. 주된 기술인력: 소방기술사 또는 기계분야 소방설비기사 1명 이상 나. 보조기술인력: **1명 이상**	가. 아파트에 설치되는 기계분야 소방시설(제연설비는 제외한다)의 설계 나. **연면적 3만제곱미터(공장의 경우에는 1만제곱미터) 미만**의 특정소방대상물(제연설비가 설치되는 특정소방대상물은 제외한다)에 설치되는 기계분야 소방시설의 설계 다. 위험물제조소등에 설치되는 기계분야 소방시설의 설계
	전기 분야	가. 주된 기술인력: 소방기술사 또는 전기분야 소방설비기사 1명 이상 나. 보조기술인력: **1명 이상**	가. 아파트에 설치되는 전기분야 소방시설의 설계 나. **연면적 3만제곱미터(공장의 경우에는 1만제곱미터) 미만**의 특정소방대상물에 설치되는 전기분야 소방시설의 설계 다. 위험물제조소등에 설치되는 전기분야 소방시설의 설계

2. 소방시설공사업 ★★★

업종별	항목	기술인력	자본금 (자산평가액)	영업범위
전문 소방시설 공사업		가. 주된 기술인력: 소방기술사 또는 기계분야와 전기분야의 소방설비기사 각 1명(기계분야 및 전기분야의 자격을 함께 취득한 사람 1명) 이상 나. 보조기술인력: **2명 이상**	가. **법인: 1억원 이상** 나. **개인: 자산평가액 1억원 이상**	특정소방대상물에 설치되는 기계분야 및 전기분야 소방시설의 공사·개설·이전 및 정비

업종별		항목	기술인력	자본금 (자산평가액)	영업범위
일반 소방 시설 공사업	기계 분야		가. 주된 기술인력: 소방기술사 또는 기계분야 소방설비기사 1명 이상 나. 보조기술인력: **1명 이상**	가. 법인: 1억원 이상 나. 개인: 자산평가액 1억원 이상	가. **연면적 1만제곱미터 미만**의 특정소방대상물에 설치되는 기계분야 소방시설의 공사·개설·이전 및 정비 나. 위험물제조소등에 설치되는 기계분야 소방시설의 공사·개설·이전 및 정비
	전기 분야		가. 주된 기술인력 : 소방기술사 또는 전기분야 소방설비 기사 1명 이상 나. 보조기술인력: 1명 이상	가. **법인: 1억원 이상** 나. **개인: 자산평가액 1억원 이상**	가. **연면적 1만제곱미터 미만**의 특정소방대상물에 설치되는 전기분야 소방시설의 공사·개설·이전·정비 나. 위험물제조소등에 설치되는 전기분야 소방시설의 공사·개설·이전·정비

3. 소방공사감리업 ★

업종별		항목	기술인력	영업범위
전문 소방공사감리업			가. 소방기술사 1명 이상 나. 기계분야 및 전기분야의 특급 감리원 각 1명(기계분야 및 전기분야의 자격을 함께 가지고 있는 사람이 있는 경우에는 그에 해당하는 사람 1명) 이상 다. 기계분야 및 전기분야의 고급 감리원 이상의 감리원 각 1명 이상 라. 기계분야 및 전기분야의 중급 감리원 이상의 감리원 각 1명 이상 마. 기계분야 및 전기분야의 초급 감리원 이상의 감리원 각 1명 이상	모든 특정소방대상물에 설치되는 소방시설 공사 감리
일반 소방 공사 감리업	기계 분야		가. 기계분야 특급 감리원 1명 이상 나. 기계분야 고급 감리원 또는 중급 감리원 이상의 감리원 1명 이상 다. 기계분야 초급 감리원 이상의 감리원 1명 이상	가. **연면적 3만제곱미터(공장의 경우에는 1만제곱미터) 미만**의 특정소방대상물(제연설비가 설치되는 특정소방대상물은 제외한다)에 설치되는 기계분야 소방시설의 감리 나. 아파트에 설치되는 기계분야 소방시설(제연설비는 제외한다)의 감리 다. 위험물제조소등에 설치되는 기계분야 소방시설의 감리

항목 업종별		기술인력	영업범위
	전기 분야	가. 전기분야 특급 감리원 1명 이상 나. 전기분야 고급 감리원 또는 중급 감리원 이상의 감리원 1명 이상 다. 전기분야 초급 감리원 이상의 감리원 1명 이상	가. **연면적 3만제곱미터(공장의 경우에는 1만제곱미터) 미만**의 특정소방대상물에 설치되는 전기분야 소방시설의 감리 나. 아파트에 설치되는 전기분야 소방시설의 감리 다. 위험물제조소등에 설치되는 전기분야 소방시설의 감리

■ 시공

1. 소방기술자 배치기준 ★★★

소방기술자의 배치기준	소방시설공사 현장의 기준
특급기술자인 소방기술자 (기계분야 및 전기분야)	가. **연면적 20만제곱미터 이상**인 특정소방대상물의 공사 현장 나. **지하층을 포함한 층수가 40층 이상**인 특정소방대상물의 공사 현장
고급기술자 이상의 소방기술자 (기계분야 및 전기분야)	가. **연면적 3만제곱미터 이상 20만제곱미터 미만**인 특정소방대상물(아파트는 제외한다)의 공사 현장 나. **지하층을 포함한 층수가 16층 이상 40층 미만**인 특정소방대상물의 공사 현장
중급기술자 이상의 소방기술자 (기계분야 및 전기분야)	가. **물분무등소화설비**(호스릴 방식의 소화설비는 제외한다) 또는 **제연설비**가 설치되는 특정소방대상물의 공사 현장 나. **연면적 5천제곱미터 이상 3만제곱미터 미만**인 특정소방대상물(아파트는 제외한다)의 공사 현장 다. **연면적 1만제곱미터 이상 20만제곱미터 미만**인 아파트의 공사 현장
초급기술자 이상의 소방기술자 (기계분야 및 전기분야)	가. **연면적 1천제곱미터 이상 5천제곱미터 미만**인 특정소방대상물(아파트는 제외한다)의 공사 현장 나. **연면적 1천제곱미터 이상 1만제곱미터 미만**인 아파트의 공사 현장 다. 지하구(地下溝)의 공사 현장
자격수첩을 발급받은 소방기술자	**연면적 1천제곱미터 미만**인 특정소방대상물의 공사 현장

2. 시공 ★★★

소방본부장 또는 소방서장	1. 착공신고 2. 완공검사
착공신고의 변경신고 사항	1. 시공자 2. 설치되는 소방시설의 종류 3. 책임시공 및 기술관리 소방기술자
착공신고 대상 중 3호(소방시설공사업법 시행령 제4조)	특정소방대상물에 설치된 소방시설등을 구성하는 다음 각 목의 어느 하나에 해당하는 것의 전부 또는 일부를 개설(改設), 이전(移轉) 또는 정비(整備)하는 공사. 다만, 고장 또는 파손 등으로 인하여 작동시킬 수 없는 소방시설을 긴급히 교체하거나 보수하여야 하는 경우에는 신고하지 않을 수 있다.

	가. 수신반(受信盤) 나. 소화펌프 다. 동력(감시)제어반

착공신고시 첨부서류	1. 공사업자의 소방시설업 등록증 사본 1부 및 등록수첩 사본 1부
	2. 해당 소방시설공사의 책임시공 및 기술관리를 하는 기술인력의 기술등급을 증명하는 서류 사본 1부
	3. 소방시설공사계약서 사본 1부
	4. 설계도서 1부
	5. 소방시설공사를 하도급하는 경우 다음 각 목의 서류
	   가. 소방시설공사등의 하도급통지서 사본 1부
	   나. 하도급대금 지급에 관한 다음의 어느 하나에 해당하는 서류
	      1) 공사대금 지급을 보증한 경우에는 하도급대금 지급보증서 사본 1부
	      2) 보증이 필요하지 않거나 보증이 적합하지 않다고 인정되는 경우에는 이를 증빙하는 서류 사본 1부

하자보수 불이행 통보	관계인은 공사업자가 다음 각 호의 어느 하나에 해당하는 경우에는 소방본부장이나 소방서장에게 그 사실을 통보 1. 제3항에 따른 기간에 하자보수를 이행하지 아니한 경우 2. 제3항에 따른 기간에 하자보수계획을 서면으로 알리지 아니한 경우 3. 하자보수계획이 불합리하다고 인정되는 경우
하자보수 대상 소방시설과 하자보수 보증기간	2년 피난기구, 유도등, 유도표지, 비상경보설비, 비상조명등, 비상방송설비 및 무선통신보조설비 3년 자동소화장치, 옥내소화전설비, 스프링클러설비, 간이스프링클러설비, 물분무등소화설비, 옥외소화전설비, 자동화재탐지설비, 상수도소화용수설비 및 소화활동설비(무선통신보조설비는 제외)
하자보수 통보기한	3일

3. 소방시설공사 착공신고 대상

1. 특정소방대상물(「위험물 안전관리법」에 따른 제조소등은 제외한다.)에 다음 각 목의 어느 하나에 해당하는 설비를 신설하는 공사
   가. 옥내소화전설비(호스릴옥내소화전설비를 포함), 옥외소화전설비, 스프링클러설비·간이스프링클러설비(캐비닛형 간이스프링클러설비를 포함) 및 화재조기진압용 스프링클러설비(이하 "스프링클러설비등"), 물분무소화설비·포소화설비·이산화탄소소화설비·할론소화설비·할로겐화합물 및 불활성기체 소화설비·미분무소화설비·강화액소화설비 및 분말소화설비(이하 "물분무등소화설비"), 연결송수관설비, 연결살수설비, 제연설비(소방용 외의 용도와 겸용되는 제연설비를 기계설비·가스공사업자가 공사하는 경우는 제외), 소화용수설비(소화용수설비를 기계설비·가스공사업자 또는 상·하수도설비공사업자가 공사하는 경우는 제외) 또는 연소방지설비
   나. 자동화재탐지설비, 비상경보설비, 비상방송설비(소방용 외의 용도와 겸용되는 비상방송설비를 정보통신공사업자가 공사하는 경우는 제외), 비상콘센트설비(비상콘센트설비를 전기공사업자가 공사하는 경우는 제외) 또는 무선통신보조설비(소방용 외의 용도와 겸용되는 무선통신보조설비를 정보통신공사업자가 공사하는 경우는 제외)
2. 특정소방대상물에 다음 각 목의 어느 하나에 해당하는 설비 또는 구역 등을 증설하는 공사
   가. 옥내·옥외소화전설비

나. 스프링클러설비·간이스프링클러설비 또는 물분무등소화설비의 방호구역, 자동화재탐지설비의 경계구역, 제연설비의 제연구역(소방용 외의 용도와 겸용되는 제연설비를 「기계설비·가스공사업자가 공사하는 경우는 제외), 연결살수설비의 살수구역, 연결송수관설비의 송수구역, 비상콘센트설비의 전용회로, 연소방지설비의 살수구역
3. 특정소방대상물에 설치된 소방시설등을 구성하는 다음 각 목의 어느 하나에 해당하는 것의 전부 또는 일부를 개설(改設), 이전(移轉) 또는 정비(整備)하는 공사. 다만, 고장 또는 파손 등으로 인하여 작동시킬 수 없는 소방시설을 긴급히 교체하거나 보수하여야 하는 경우에는 신고하지 않을 수 있다.
    가. 수신반(受信盤)
    나. 소화펌프
    다. 동력(감시)제어반

4. 완공검사를 위한 현장확인 대상 ★★★

1. 문화 및 집회시설, 종교시설, 판매시설, 노유자(老幼者)시설, 수련시설, 운동시설, 숙박시설, 창고시설, 지하상가 및 「다중이용업소의 안전관리에 관한 특별법」에 따른 다중이용업소
2. 다음 각 목의 어느 하나에 해당하는 설비가 설치되는 특정소방대상물
    가. 스프링클러설비등
    나. 물분무등소화설비(호스릴 방식의 소화설비는 제외한다)
3. 연면적 1만제곱미터 이상이거나 11층 이상인 특정소방대상물(아파트는 제외한다)
4. 가연성가스를 제조·저장 또는 취급하는 시설 중 지상에 노출된 가연성가스탱크의 저장용량 합계가 1천톤 이상인 시설

5. 시공능력의 평가방법

1. 시공능력평가액 = 실적평가액 + 자본금평가액 + 기술력평가액 + 경력평가액 ± 신인도평가액
   실적평가액=연평균공사실적액
2. 자본금평가액 = (실질자본금 × 실질자본금의 평점 + 소방청장이 지정한 금융회사 또는 소방산업공제조합에 출자·예치·담보한 금액) × 70/100
3. 기술력평가액 = 전년도 공사업계의 기술자1인당 평균생산액 × 보유기술인력 가중치합계 × 30/100 + 전년도 기술개발투자액
4. 경력평가액 = 실적평가액 × 공사업 경영기간 평점 × 20/100
5. 신인도평가액 = (실적평가액 + 자본금평가액 + 기술력평가액 + 경력평가액) × 신인도 반영비율 합계

■ 감리

1. 감리의 업무 ★★

1. 소방시설등의 설치계획표의 적법성 검토
2. 소방시설등 설계도서의 적합성(적법성과 기술상의 합리성을 말한다. 이하 같다) 검토
3. 소방시설등 설계 변경 사항의 적합성 검토
4. 「소방시설 설치 및 관리에 관한 법률」 제2조제1항제7호의 소방용품의 위치·규격 및 사용 자재의 적합성 검토
5. 공사업자가 한 소방시설등의 시공이 설계도서와 화재안전기준에 맞는지에 대한 지도·감독

6. 완공된 소방시설등의 성능시험
7. 공사업자가 작성한 시공 상세 도면의 적합성 검토
8. 피난시설 및 방화시설의 적법성 검토
9. 실내장식물의 불연화(不燃化)와 방염 물품의 적법성 검토

2. 공사감리자 지정대상 ★

1. 옥내소화전설비를 신설·개설 또는 증설할 때
2. 스프링클러설비등(캐비닛형 간이스프링클러설비는 제외한다)을 신설·개설하거나 방호·방수 구역을 증설할 때
3. 물분무등소화설비(호스릴 방식의 소화설비는 제외한다)를 신설·개설하거나 방호·방수 구역을 증설할 때
4. 옥외소화전설비를 신설·개설 또는 증설할 때
5. 자동화재탐지설비를 신설 또는 개설할 때
5의2. 비상방송설비를 신설 또는 개설할 때
6. 통합감시시설을 신설 또는 개설할 때
6의2. 비상조명등을 신설 또는 개설할 때
7. 소화용수설비를 신설 또는 개설할 때
8. 다음 각 목에 따른 소화활동설비에 대하여 각 목에 따른 시공을 할 때
　가. 제연설비를 신설·개설하거나 제연구역을 증설할 때
　나. 연결송수관설비를 신설 또는 개설할 때
　다. 연결살수설비를 신설·개설하거나 송수구역을 증설할 때
　라. 비상콘센트설비를 신설·개설하거나 전용회로를 증설할 때
　마. 무선통신보조설비를 신설 또는 개설할 때
　바. 연소방지설비를 신설·개설하거나 살수구역을 증설할 때

3. 소방감리자의 지정신고 등 ★★

지정신고시 첨부서류	1. 소방공사감리업 등록증 사본 1부 및 등록수첩 사본 1부 2. 해당 소방시설공사를 감리하는 소속 감리원의 감리원 등급을 증명하는 서류(전자문서를 포함한다) 각 1부 3. 소방공사감리계획서 1부 4. 소방시설설계 계약서 사본(건축허가등의 동의요구서에 소방시설설계 계약서가 첨부되지 않았거나 첨부된 서류 중 소방시설설계 계약서가 변경된 경우에만 첨부한다) 1부 및 소방공사감리 계약서 사본 1부
공사감리자의 변경신고 기한	변경일부터 30일 이내
공사감리자의 지정신고 또는 변경신고시 처리기한	2일 이내
공사감리 결과의 통보 기한	공사가 완료된 날부터 7일 이내
감리결과의 통보시 첨부서류	1. 소방청장이 정하여 고시하는 소방시설 성능시험조사표 1부 2. 착공신고 후 변경된 소방시설설계도면(변경사항이 있는 경우에만 첨부하되, 법 제11조에 따른 설계업자가 설계한 도면만 해당된다) 1부

	3. 소방공사 감리일지(소방본부장 또는 소방서장에게 보고하는 경우에만 첨부한다) 1부 4. 특정소방대상물의 사용승인 신청서 등 사용승인 신청을 증빙할 수 있는 서류 1부
감리결과의 통보	특정소방대상물의 관계인, 소방시설공사의 도급인, 공사를 감리한 건축사에게 서면으로 알리고, 소방본부장 또는 소방서장에게 공사감리 결과보고서를 제출

4. 소방공사 감리의 종류, 방법 및 대상 ★★

종류	대상	방법
상주 공사감리	1. **연면적 3만제곱미터 이상**의 특정소방대상물(아파트는 제외)에 대한 소방시설의 공사 2. **지하층을 포함한 층수가 16층 이상으로서 500세대 이상인 아파트**에 대한 소방시설의 공사	1. 감리원은 공사 현장에 상주하여 업무를 수행하고 감리일지에 기록해야 한다. 2. 감리원이 부득이한 사유로 **1일 이상** 현장을 이탈하는 경우에는 감리일지 등에 기록하여 발주청 또는 발주자의 확인을 받아야 한다.
일반 공사감리	상주 공사감리에 해당하지 않는 소방시설의 공사	1. 감리원은 공사 현장에 배치되어 업무를 수행한다. 2. 감리원은 **주 1회 이상** 공사 현장에 배치되어 업무를 수행하고 감리일지에 기록해야 한다. 3. 감리업자는 감리원이 부득이한 사유로 **14일 이내**의 범위에서 업무를 수행할 수 없는 경우에는 업무대행자를 지정하여 그 업무를 수행하게 해야 한다. 4. 업무대행자는 **주 2회 이상** 공사 현장에 배치되어 업무를 수행하며, 그 업무수행 내용을 감리원에게 통보하고 감리일지에 기록해야 한다.

5. 소방공사 감리원의 배치기준 ★★

감리원의 배치기준		소방시설공사 현장의 기준
책임감리원	보조감리원	
1. **특급감리원** 중 소방기술사	초급감리원 이상의 소방공사 감리원 (기계분야 및 전기분야)	가. 연면적 20만제곱미터 이상인 특정소방대상물의 공사 현장 나. 지하층을 포함한 층수가 40층 이상인 특정소방대상물의 공사 현장
2. 특급감리원 이상의 소방공사 감리원 (기계분야 및 전기분야)	초급감리원 이상의 소방공사 감리원 (기계분야 및 전기분야)	가. 연면적 3만제곱미터 이상 20만제곱미터 미만인 특정소방대상물(아파트는 제외한다)의 공사 현장 나. 지하층을 포함한 층수가 16층 이상 40층 미만인 특정소방대상물의 공사 현장
3. **고급감리원** 이상의 소방공사 감리원 (기계분야 및 전기분야)	초급감리원 이상의 소방공사 감리원 (기계분야 및 전기분야)	가. **물분무등소화설비**(호스릴 방식의 소화설비는 제외한다) 또는 **제연설비**가 설치되는 특정소방대상물의 공사 현장 나. **연면적 3만제곱미터 이상 20만제곱미터 미만**인 아파트의 공사 현장

감리원의 배치기준		소방시설공사 현장의 기준
책임감리원	보조감리원	
4. **중급감리원** 이상의 소방공사 감리원 (기계분야 및 전기분야)		**연면적 5천제곱미터 이상 3만제곱미터 미만**인 특정소방대상물의 공사 현장
5. 초급감리원 이상의 소방공사 감리원 (기계분야 및 전기분야)		가. 연면적 5천제곱미터 미만인 특정소방대상물의 공사 현장 나. 지하구의 공사 현장

6. 감리원의 세부 배치기준

상주 공사감리 대상	가. 기계분야의 감리원 자격을 취득한 사람과 전기분야의 감리원 자격을 취득한 사람 각 1명 이상을 감리원으로 배치할 것. 다만, 기계분야 및 전기분야의 감리원 자격을 함께 취득한 사람이 있는 경우에는 그에 해당하는 사람 1명 이상을 배치할 수 있다. 나. 소방시설용 배관(전선관을 포함한다. 이하 같다)을 설치하거나 매립하는 때부터 소방시설 완공검사증명서를 발급받을 때까지 소방공사감리현장에 감리원을 배치할 것
일반 공사감리 대상인 경우	가. 기계분야의 감리원 자격을 취득한 사람과 전기분야의 감리원 자격을 취득한 사람 각 1명 이상을 감리원으로 배치할 것. 다만, 기계분야 및 전기분야의 감리원 자격을 함께 취득한 사람이 있는 경우에는 그에 해당하는 사람 1명 이상을 배치할 수 있다. 나. 감리원은 주 1회 이상 소방공사감리현장에 배치되어 감리할 것 다. 1명의 감리원이 담당하는 소방공사감리현장은 5개 이하(자동화재탐지설비 또는 옥내소화전설비 중 어느 하나만 설치하는 2개의 소방공사감리현장이 최단 차량주행거리로 30킬로미터 이내에 있는 경우에는 1개의 소방공사감리현장으로 본다)로서 감리현장 연면적의 총 합계가 10만제곱미터 이하일 것. 다만, 일반 공사감리 대상인 아파트의 경우에는 연면적의 합계에 관계없이 1명의 감리원이 5개 이내의 공사현장을 감리할 수 있다.

■ **도급**

공사의 도급	1. 특정소방대상물의 관계인 또는 발주자는 해당 소방시설업자에게 도급 2. 소방시설공사는 다른 업종의 공사와 분리하여 도급하여야 한다. 다만, 공사의 성질상 또는 기술관리상 분리하여 도급하는 것이 곤란한 경우로서 대통령령으로 정하는 경우에는 다른 업종의 공사와 분리하지 아니하고 도급할 수 있다.
임금에 대한 압류의 금지	공사업자가 도급받은 소방시설공사의 도급금액 중 그 공사(하도급한 공사를 포함한다)의 근로자에게 지급하여야 할 임금에 해당하는 금액은 압류할 수 없다.
하도급의 제한	1. 도급을 받은 자는 소방시설의 설계, 시공, 감리를 제3자에게 하도급할 수 없다. 다만, 시공의 경우에는 대통령령으로 정하는 바에 따라 도급받은 소방시설공사의 일부를 다른 공사업자에게 하도급할 수 있다. 2. 하수급인은 제1항 단서에 따라 하도급받은 소방시설공사를 제3자에게 다시 하도급할 수 없다.

도급계약의 해지	1. 소방시설업이 등록취소되거나 영업정지된 경우 2. 소방시설업을 휴업하거나 폐업한 경우 3. 정당한 사유 없이 **30일 이상** 소방시설공사를 계속하지 아니하는 경우 4. 제22조의2제2항에 따른 요구에 정당한 사유 없이 따르지 아니하는 경우
공사업자의 감리 제한	1. 공사업자와 감리업자가 같은 자인 경우 2. 기업집단의 관계인 경우 3. 법인과 그 법인의 임직원의 관계인 경우 4. 친족관계인 경우

■ 소방기술자의 의무 ★

1. 소방기술자는 다른 사람에게 자격증[소방기술 경력 등을 인정받은 사람의 경우에는 소방기술 인정 자격수첩(이하 "자격수첩"이라 한다)과 소방기술자 경력수첩(이하 "경력수첩"이라 한다)을 말한다]을 빌려 주어서는 아니 된다.
2. 소방기술자는 동시에 둘 이상의 업체에 취업하여서는 아니 된다. 다만, 제1항에 따른 소방기술자 업무에 영향을 미치지 아니하는 범위에서 근무시간 외에 소방시설업이 아닌 다른 업종에 종사하는 경우는 제외한다.

■ 소방기술자의 실무교육 ★★

교육횟수	2년마다 1회 이상
교육 통보	교육 10일 전

■ 소방시설업자 협회의 업무

1. 소방시설업의 기술발전과 소방기술의 진흥을 위한 조사·연구·분석 및 평가
2. 소방산업의 발전 및 소방기술의 향상을 위한 지원
3. 소방시설업의 기술발전과 관련된 국제교류·활동 및 행사의 유치
4. 이 법에 따른 위탁 업무의 수행

■ 청문

소방시설업 등록취소처분이나 영업정지처분 또는 소방기술 인정 자격취소처분

06 출제예상문제

소방시설공사업법·시행령·시행규칙

01 ★★★ 출제년도 [18.]

소방시설공사업법령상 소방시설공사 완공검사를 위한 현장 확인 대상 특정소방대상물의 범위가 아닌 것은?

① 위락시설 ② 판매시설
③ 운동시설 ④ 창고시설

해설 완공검사를 위한 현장 확인 대상
1. 문화 및 집회시설, 종교시설, 판매시설, 노유자(老幼者)시설, 수련시설, 운동시설, 숙박시설, 창고시설, 지하상가 및 「다중이용업소의 안전관리에 관한 특별법」에 따른 다중이용업소
2. 다음 각 목의 어느 하나에 해당하는 설비가 설치되는 특정소방대상물
   가. 스프링클러설비등
   나. 물분무등소화설비(호스릴 방식의 소화설비는 제외한다)
3. 연면적 1만제곱미터 이상이거나 11층 이상인 특정소방대상물(아파트는 제외한다)
4. 가연성가스를 제조·저장 또는 취급하는 시설 중 지상에 노출된 가연성가스탱크의 저장용량 합계가 1천톤 이상인 시설

02 ★★★ 출제년도 [20.]

소방시설공사업법령상 소방시설공사의 하자보수 보증기간이 3년이 아닌 것은?

① 자동소화장치
② 무선통신보조설비
③ 자동화재탐지설비
④ 간이스프링클러설비

해설 관련법 : 소방시설공사업법 시행령(하자보수대상 소방시설과 하자보수보증기간)

소화설비	보수기간
피난기구, 유도등, 유도표지, 비상경보설비, 비상조명등, 비상방송설비, **무선통신보조설비**	2년
자동소화장치, 옥내,옥외소화전설비, 스프링클러설비, 간이스프링클러설비, 물분무등소화설비, 자동화재탐지설비, 상수도소화용수설비, 소화활동설비(무선통신보조설비 제외)	3년

03 ★★★ 출제년도 [21.]

소방시설공사업법령상 하자보수를 하여야 하는 소방시설 중 하자보수 보증기간이 3년이 아닌 것은?

① 자동소화장치
② 비상방송설비
③ 스프링클러설비
④ 상수도소화용수설비

해설 하자보수 대상과 보증기간

2년	피난기구, 유도등, 유도표지, 비상경보설비, 비상조명등, **비상방송설비** 및 무선통신보조설비
3년	자동소화장치, 옥내소화전설비, 스프링클러설비, 간이스프링클러설비, 물분무등소화설비, 옥외소화전설비, 자동화재탐지설비, 상수도소화용수설비 및 소화활동설비(무선통신보조설비는 제외한다)

04 ★ 출제년도 [18.]

소방공사업법령상 공사감리자 지정대상 특정 소방대상물의 범위가 아닌 것은?

① 캐비닛형 간이스프링클러설비를 신설·개설하거나 방호·방수 구역을 증설할 때
② 물분무등소화설비(호스릴 방식의 소화설비는 제외)를 신설·개설하거나 방호·방수 구역을 증설할 때

정답 01. ① 02. ② 03. ② 04. ①

③ 제연설비를 신설·개설하거나 제연구역을 증설할 때
④ 연소방지설비를 신설·개설하거나 살수구역을 증설할 때

[해설] 소방시설공사업법 시행령 제10조(공사감리자 지정 특정소방대상물의 범위)
1. 옥내소화전설비를 신설·개설 또는 증설할 때
2. 스프링클러설비등(캐비닛형 간이스프링클러설비는 제외한다)을 신설·개설하거나 방호·방수 구역을 증설할 때
3. 물분무등소화설비(호스릴 방식의 소화설비는 제외한다)를 신설·개설하거나 방호·방수 구역을 증설할 때
4. 옥외소화전설비를 신설·개설 또는 증설할 때
5. 자동화재탐지설비를 신설·개설하거나 경계구역을 증설할 때
6. 통합감시시설을 신설 또는 개설할 때
7. 소화용수설비를 신설 또는 개설할 때
8. 다음 각 목에 따른 소화활동설비에 대하여 각 목에 따른 시공을 할 때
   가. 제연설비를 신설·개설하거나 제연구역을 증설할 때
   나. 연결송수관설비를 신설 또는 개설할 때
   다. 연결살수설비를 신설·개설하거나 송수구역을 증설할 때
   라. 비상콘센트설비를 신설·개설하거나 전용회로를 증설할 때
   마. 무선통신보조설비를 신설 또는 개설할 때
   바. 연소방지설비를 신설·개설하거나 살수구역을 증설할 때

05 ★★★ 출제년도【18.】
소방시설공사업법령상 상주 공사감리 대상 기준 중 다음 ( ) 안에 알맞은 것은?

> 연면적 (㉠) m² 이상의 특정소방 대상물(아파트는 제외)에 대한 소방시설의 공사 지하층을 포함한 총수가 (㉡)층 이상으로서 (㉢)세대 이상인 아파트에 대한 소방시설의 공사

① ㉠ 10000, ㉡ 11, ㉢ 600
② ㉠ 10000, ㉡ 16, ㉢ 500
③ ㉠ 30000, ㉡ 11, ㉢ 600
④ ㉠ 30000, ㉡ 16, ㉢ 500

[해설] 상주 공사감리 대상
① 연면적 3만 m² 이상의 특정소방 대상물(아파트는 제외)에 대한 소방시설의 공사
② 지하층을 포함한 총수가 16층 이상으로서 500세대 이상인 아파트에 대한 소방시설의 공사

06 ★★★ 출제년도【17. 18.】
소방시설공사업법령에 따른 소방시설공사 중 특정소방대상물에 설치된 소방시설등을 구성하는 것의 전부 또는 일부를 개설, 이전 또는 정비하는 공사의 착공신고 대상이 아닌 것은?

① 수신반
② 소화펌프
③ 동력(감시)제어반
④ 제연설비의 제연구역

[해설] 착공신고 대상
특정소방대상물에 설치된 소방시설등을 구성하는 다음 각 목의 어느 하나에 해당하는 것의 전부 또는 일부를 개설(改設), 이전(移轉) 또는 정비(整備)하는 공사. 다만, 고장 또는 파손 등으로 인하여 작동시킬 수 없는 소방시설을 긴급히 교체하거나 보수하여야 하는 경우에는 신고하지 않을 수 있다.
가. 수신반(受信盤)
나. 소화펌프
다. 동력(감시)제어반

07 ★★★ 출제년도【18.】
소방시설공사업법령에 따른 성능위주설계를 할 수 있는 자의 설계범위 기준 중 틀린 것은?

① 연면적 30000 m² 이상인 특정소방대상물로서 공항시설

② 연면적 100000 m² 이상인 특정소방대상물 (단, 아파트 등은 제외)
③ 지하층을 포함한 층수가 30층 이상인 특정소방대상물 (단, 아파트 등은 제외)
④ 하나의 건축물에 영화상영관이 10개 이상인 특정소방대상물

해설 성능위주설계를 하여야 하는 특정소방대상물의 범위
1. 연면적 **20만제곱미터 이상**인 특정소방대상물. 다만, 공동주택 중 주택으로 쓰이는 층수가 5층 이상인 주택(이하 이 조에서 "아파트등"이라 한다)은 제외한다.
2. 다음 각 목의 어느 하나에 해당하는 특정소방대상물.
   가. **50층 이상(지하층 제외)**이거나 지상으로부터 **높이가 200미터 이상인 아파트등**
   나. **30층 이상(지하층 제외)**이거나 지상으로부터 **높이가 120미터 이상인 특정소방대상물(아파트등은 제외)**
3. **연면적 3만제곱미터 이상**인 특정소방대상물로서 다음 각 목의 어느 하나에 해당하는 특정소방대상물
   가. 철도 및 도시철도 시설
   나. 공항시설
4. 하나의 건축물에 **영화상영관이 10개 이상**인 특정소방대상물
5. 「초고층 및 지하연계 복합건축물 재난관리에 관한 특별법」 제2조제2호에 따른 지하연계 복합건축물에 해당하는 특정소방대상물

08 ★★ 출제년도 【19.】
소방시설공사업법령상 상주 공사감리 대상 기준 중 다음 ㉠, ㉡, ㉢에 알맞은 것은?

- 연면적 (㉠)m² 이상의 특정소방대상물(아파트 제외)에 대한 소방시설의 공사
- 지하층을 포함한 층수가 (㉡)층 이상으로서 (㉢)세대 이상인 아파트에 대한 소방시설의 공사

① ㉠ 10,000, ㉡ 11, ㉢ 600
② ㉠ 10,000, ㉡ 16, ㉢ 500
③ ㉠ 30,000, ㉡ 11, ㉢ 600
④ ㉠ 30,000, ㉡ 16, ㉢ 500

해설 상주공사감리대상(소방시설공사업법 시행령 별표3)
1. 연면적 3만제곱미터 이상의 특정소방대상물(아파트는 제외한다)에 대한 소방시설의 공사
2. 지하층을 포함한 층수가 16층 이상으로서 500세대 이상인 아파트에 대한 소방시설의 공사

09 ★ 출제년도 【19.】
다음 중 고급기술자에 해당하는 학력·경력 기준으로 옳은 것은?

① 박사학위를 취득한 후 2년 이상 소방 관련 업무를 수행한 사람
② 석사학위를 취득한 후 6년 이상 소방 관련 업무를 수행한 사람
③ 학사학위를 취득한 후 8년 이상 소방 관련 업무를 수행한 사람
④ 고등학교를 졸업한 후 10년 이상 소방 관련 업무를 수행한 사람

해설 소방시설공사업법 시행규칙 [별표4의2]
소방기술과 관련된 자격·학력 및 경력의 인정 범위 (제24조 관련)

등 급	학력·경력자
특급 기술자	· 박사학위를 취득한 후 3년 이상 소방 관련 업무를 수행한 사람 · 석사학위를 취득한 후 9년 이상 소방 관련 업무를 수행한 사람 · 학사학위를 취득한 후 12년 이상 소방 관련 업무를 수행한 사람 · 전문학사학위를 취득한 후 15년 이상 소방 관련 업무를 수행한 사람
고급 기술자	· 박사학위를 취득한 후 1년 이상 소방 관련 업무를 수행한 사람 · 석사학위를 취득한 후 6년 이상 소방 관련 업무를 수행한 사람 · 학사학위를 취득한 후 9년 이상 소방 관련 업무를 수행한 사람 · 전문학사학위를 취득한 후 12년 이상 소방 관련 업무를 수행한 사람 · 고등학교를 졸업한 후 15년 이상 소방 관련 업무를 수행한 사람

정답 08. ④ 09. ②

등급	학력·경력자
중급 기술자	· 박사학위를 취득한 사람 · 석사학위를 취득한 후 3년 이상 소방 관련 업무를 수행한 사람 · 학사학위를 취득한 후 6년 이상 소방 관련 업무를 수행한 사람 · 전문학사학위를 취득한 후 9년 이상 소방 관련 업무를 수행한 사람 · 고등학교를 졸업한 후 12년 이상 소방 관련 업무를 수행한 사람

10 ★★★ 출제년도【19.】

다음 중 상주 공사감리를 하여야 할 대상의 기준으로 옳은 것은?

① 지하층을 포함한 층수가 16층 이상으로서 300세대 이상인 아파트에 대한 소방시설의 공사
② 지하층을 포함한 층수가 16층 이상으로서 500세대 이상인 아파트에 대한 소방시설의 공사
③ 지하층을 포함하지 않은 층수가 16층 이상으로서 300세대 이상인 아파트에 대한 소방시설의 공사
④ 지하층을 포함하지 않은 층수가 16층 이상으로서 500세대 이상인 아파트에 대한 소방시설의 공사

해설 상주 공사감리 대상(소방시설공사업법)

종류	대상
상주 공사감리	1. 연면적 3만제곱미터 이상의 특정소방대상물(아파트는 제외)에 대한 소방시설의 공사 2. 지하층을 포함한 층수가 16층 이상으로서 500세대 이상인 아파트에 대한 소방시설의 공사

11 ★★★ 출제년도【20.】

소방시설공사업법령에 따른 소방시설업 등록이 가능한 사람은?

① 피성년후견인
② 위험물안전관리법에 따른 금고 이상의 형의 집행유예를 선고받고 그 유예기간 중에 있는 사람
③ 등록하려는 소방시설업 등록이 취소된 날부터 3년이 지난 사람
④ 소방기본법에 따른 금고 이상의 실형을 선고받고 그 집행이 면제된 날부터 1년이 지난 사람

해설 등록의 결격사유
1. 피성년후견인
2. 삭제〈2015. 7. 20.〉
3. 이 법,「소방기본법」,「화재의 예방 및 안전관리에 관한 법률」,「소방시설 설치 및 관리에 관한 법률」또는「위험물안전관리법」에 따른 금고 이상의 실형을 선고받고 그 집행이 끝나거나(집행이 끝난 것으로 보는 경우를 포함한다) 면제된 날부터 2년이 지나지 아니한 사람
4. 이 법,「소방기본법」,「화재의 예방 및 안전관리에 관한 법률」,「소방시설 설치 및 관리에 관한 법률」또는「위험물안전관리법」에 따른 금고 이상의 형의 집행유예를 선고받고 그 유예기간 중에 있는 사람
5. 등록하려는 소방시설업 등록이 취소(제1호에 해당하여 등록이 취소된 경우는 제외한다)된 날부터 2년이 지나지 아니한 자
6. 법인의 대표자가 제1호부터 제5호까지의 규정에 해당하는 경우 그 법인
7. 법인의 임원이 제3호부터 제5호까지의 규정에 해당하는 경우 그 법인

12 ★ 출제년도【20.】

소방시설공사업법령상 소방공사감리를 실시함에 있어 용도와 구조에서 특별히 안전성과 보안성이 요구되는 소방대상물로서 소방시설물에 대한 감리를 감리업자가 아닌 자가 감리할 수 있는 장소는?

① 정보기관의 청사
② 교도소 등 교정관련시설
③ 국방 관계시설 설치장소
④ 원자력안전법상 관계시설이 설치되는 장소

정답 10. ② 11. ③ 12. ④

해설 감리업자가 아닌 자가 감리할 수 있는 보안성 등이 요구되는 소방대상물의 시공 장소
원자력안전법상 관계시설이 설치되는 장소

13 소방시설공사업법령에 따른 소방시설업의 등록권자는?

① 국무총리
② 소방서장
③ 시·도지사
④ 한국소방안전협회장

해설 특정소방대상물의 소방시설공사등을 하려는 자는 업종별로 자본금(개인인 경우에는 자산 평가액을 말한다), 기술인력 등 대통령령으로 정하는 요건을 갖추어 특별시장·광역시장·특별자치시장·도지사 또는 특별자치도지사(이하 "시·도지사"라 한다)에게 소방시설업을 등록하여야 한다.

14 소방시설공사업법령상 공사감리자 지정대상 특정소방대상물의 범위가 아닌 것은?

① 제연설비를 신설·개설하거나 제연구역을 증설할 때
② 연소방지설비를 신설·개설하거나 살수구역을 증설할 때
③ 캐비닛형 간이스프링클러설비를 신설·개설하거나 방호·방수 구역을 증설할 때
④ 물분무등소화설비(호스릴 방식의 소화설비 제외)를 신설·개설하거나 방호·방수 구역을 증설할 때

해설 소방시설공사업법 시행령 제10조(공사감리자 지정 특정소방대상물의 범위)
1. 옥내소화전설비를 신설·개설 또는 증설할 때
2. 스프링클러설비등(캐비닛형 간이스프링클러설비는 제외한다)을 신설·개설하거나 방호·방수 구역을 증설할 때
3. 물분무등소화설비(호스릴 방식의 소화설비는 제외한다)를 신설·개설하거나 방호·방수 구역을 증설할 때
4. 옥외소화전설비를 신설·개설 또는 증설할 때
5. 자동화재탐지설비를 신설·개설할 때
6. 통합감시시설을 신설 또는 개설할 때
7. 소화용수설비를 신설 또는 개설할 때
8. 다음 각 목에 따른 소화활동설비에 대하여 각 목에 따른 시공을 할 때
   가. 제연설비를 신설·개설하거나 제연구역을 증설할 때
   나. 연결송수관설비를 신설 또는 개설할 때
   다. 연결살수설비를 신설·개설하거나 송수구역을 증설할 때
   라. 비상콘센트설비를 신설·개설하거나 전용회로를 증설할 때
   마. 무선통신보조설비를 신설 또는 개설할 때
   바. 연소방지설비를 신설·개설하거나 살수구역을 증설할 때

15 소방시설공사업법령상 공사감리자 지정대상 특정소방대상물의 범위가 아닌 것은?

① 물분무등소화설비(호스릴 방식의 소화설비는 제외)를 신설·개설하거나 방호·방수 구역을 증설할 때
② 제연설비를 신설·개설하거나 제연구역을 증설할 때
③ 연소방지설비를 신설·개설하거나 살수구역을 증설할 때
④ 캐비닛형 간이스프링클러설비를 신설·개설 하거나 방호·방수 구역을 증설할 때

해설 특정소방대상물의 범위)
1. 옥내소화전설비를 신설·개설 또는 증설할 때
2. 스프링클러설비등(**캐비닛형 간이스프링클러설비는 제외**한다)을 신설·개설하거나 방호·방수 구역을 증설할 때
3. 물분무등소화설비(호스릴 방식의 소화설비는 제외한다)를 신설·개설하거나 방호·방수 구역을 증설할 때

정답 13. ③ 14. ③ 15. ④

4. 옥외소화전설비를 신설·개설 또는 증설할 때
5. 자동화재탐지설비를 신설·개설할 때
6. 통합감시시설을 신설 또는 개설할 때
7. 소화용수설비를 신설 또는 개설할 때
8. 다음 각 목에 따른 소화활동설비에 대하여 각 목에 따른 시공을 할 때
   가. 제연설비를 신설·개설하거나 제연구역을 증설할 때
   나. 연결송수관설비를 신설 또는 개설할 때
   다. 연결살수설비를 신설·개설하거나 송수구역을 증설할 때
   라. 비상콘센트설비를 신설·개설하거나 전용회로를 증설할 때

16 ★★★ 출제년도【21.】
소방시설공사업법령에 따른 완공검사를 위한 현장확인 대상 특정소방대상물의 범위 기준으로 틀린 것은?

① 연면적 1만제곱미터 이상이거나 11층 이상인 특정소방대상물(아파트는 제외)
② 가연성가스를 제조·저장 또는 취급하는 시설 중 지상에 노출된 가연성가스탱크의 저장용량 합계가 1천톤 이상인 시설
③ 호스릴 방식의 소화설비가 설치되는 특정소방대상물
④ 문화 및 집회시설, 종교시설, 판매시설, 노유자시설, 수련시설, 운동시설, 숙박시설, 창고시설, 지하상가

해설 완공검사를 위한 현장확인 대상 특정소방대상물의 범위
1. 문화 및 집회시설, 종교시설, 판매시설, 노유자(老幼者)시설, 수련시설, 운동시설, 숙박시설, 창고시설, 지하상가 및「다중이용업소의 안전관리에 관한 특별법」에 따른 다중이용업소
2. 다음 각 목의 어느 하나에 해당하는 설비가 설치되는 특정소방대상물
   가. 스프링클러설비등
   나. **물분무등소화설비(호스릴 방식의 소화설비는 제외**한다)
3. 연면적 1만제곱미터 이상이거나 11층 이상인 특정소방대상물(아파트는 제외한다)

4. 가연성가스를 제조·저장 또는 취급하는 시설 중 지상에 노출된 가연성가스탱크의 저장용량 합계가 1천톤 이상인 시설

17 ★ 출제년도【21.】
소방시설공사업법령상 전문 소방시설공사업의 등록기준 및 영업범위의 기준에 대한 설명으로 틀린 것은?

① 법인인 경우 자본금은 최소 1억원 이상이다.
② 개인인 경우 자산평가액은 최소 1억원 이상이다.
③ 주된 기술인력 최소 1명 이상, 보조기술인력 최소 3명 이상을 둔다.
④ 영업범위는 특정소방대상물에 설치되는 기계분야 및 전기분야 소방시설의 공사·개설·이전 및 정비이다.

해설 관련법 : 소방시설공사업법 시행령 별표1(소방시설업의 업종별 등록기준 및 영업범위)

업종별	기술인력	자본금
전문 소방시설 공사업	1) 주된기술인력 : 소방기술사 또는 기계분야와 전기분야의 소방설비기사 각 1명 이상 2) 보조기술인력 : 2명 이상	• 법인 : 자본금 1억원 이상 • 개인 : 자산평가액 1억원 이상

18 ★★ 출제년도【22.】
소방시설공사업법령상 소방공사감리업을 등록한 자가 수행하여야 할 업무가 아닌 것은?

① 완공된 소방시설등의 성능시험
② 소방시설등 설계 변경 사항의 적합성 검토
③ 소방시설등의 설치계획표의 적법성 검토
④ 소방용품 형식승인 및 제품검사의 기술기준에 대한 적합성 검토

해설 소방공사감리업자의 업무
1. 소방시설등의 설치계획표의 적법성 검토
2. 소방시설등 설계도서의 적합성(적법성과 기술상의 합리성을 말한다. 이하 같다) 검토
3. 소방시설등 설계 변경 사항의 적합성 검토
4. 「소방시설 설치 및 관리에 관한 법률」제2조제1항 제7호의 소방용품의 위치·규격 및 사용 자재의 적합성 검토
5. 공사업자가 한 소방시설등의 시공이 설계도서와 화재안전기술기준에 맞는지에 대한 지도·감독
6. 완공된 소방시설등의 성능시험
7. 공사업자가 작성한 시공 상세 도면의 적합성 검토
8. 피난시설 및 방화시설의 적법성 검토
9. 실내장식물의 불연화(不燃化)와 방염 물품의 적법성 검토

19 ★ 출제년도【22.】
소방시설공사업법령상 감리업자는 소방시설공사가 설계도서 또는 화재안전기술기준에 적합하지 아니한 때에는 가장 먼저 누구에게 알려야 하는가?

① 감리업체 대표자   ② 시공자
③ 관계인   ④ 소방서장

해설 소방시설공사업법 제19조(위반사항에 대한 조치)
① 감리업자는 감리를 할 때 소방시설공사가 설계도서나 화재안전기술기준에 맞지 아니할 때에는 관계인에게 알리고, 공사업자에게 그 공사의 시정 또는 보완 등을 요구하여야 한다.

정답 19. ③

07 위험물안전관리법·시행령·시행규칙

■ 위험물안전관리법 개론 ★★★

적용제외 대상	항공기·선박·철도 및 궤도에 의한 위험물의 저장·취급 및 운반
지정수량 미만인 위험물의 저장·취급	시·도의 조례
임시로 저장 또는 취급하는 장소에서의 저장 또는 취급의 기준과 임시로 저장 또는 취급하는 장소의 위치·구조 및 설비의 기준 1. **관할소방서장**의 승인을 받아 지정수량 이상의 위험물을 **90일** 이내의 기간 동안 임시로 저장 또는 취급하는 경우 2. 군부대가 지정수량 이상의 위험물을 군사목적으로 임시로 저장 또는 취급하는 경우	시·도의 조례
제조소등을 설치하고자 하는 자	시·도지사의 허가
제조소등의 위치·구조 또는 설비의 변경없이 해당 제조소등에서 저장하거나 취급하는 위험물의 품명·수량 또는 지정수량의 배수를 변경하고자 하는 자	변경하고자 하는 날의 1일 전까지 시·도지사에게 신고
허가를 받지 아니하고 해당 제조소등을 설치하거나 그 위치·구조 또는 설비를 변경할 수 있으며, 신고를 하지 아니하고 위험물의 품명·수량 또는 지정수량의 배수를 변경할 수 있는 경우	1. **주택의 난방시설**(공동주택의 중앙난방시설을 제외한다)을 위한 저장소 또는 취급소 2. **농예용·축산용 또는 수산용**으로 필요한 난방시설 또는 건조시설을 위한 지정수량 **20배** 이하의 저장소
군용위험물시설의 설치 및 변경에 대한 특례	1. 군사목적 또는 군부대시설을 위한 제조소등을 설치하거나 그 위치·구조 또는 설비를 변경하고자 하는 군부대의 장은 관할 **시·도지사**와 협의 2. 군부대의 장이 제조소등의 소재지를 관할하는 시·도지사와 협의한 경우에는 규정에 따른 허가를 받은 것으로 본다.
제조소등 설치자의 지위승계	1. 승계한 날부터 **30일** 이내 2. **시·도지사**에게 신고
제조소등의 폐지	1. 폐지한 날부터 **14일** 이내 2. 시·도지사에게 신고
제조소등의 관계인은 제조소등의 사용을 중지하거나 중지한 제조소등의 사용을 재개하려는 경우	해당 제조소등의 사용을 중지하려는 날 또는 재개하려는 날의 14일 전까지 행정안전부령으로 정하는 바에 따라 제조소등의 사용 중지 또는 재개를 시·도지사에게 신고
과징금처분	1. **2억원** 이하의 과징금 부과 2. 과징금 부과 : 시·도지사

안전관리자를 선임한 제조소등의 관계인	안전관리자를 해임하거나 안전관리자가 퇴직한 때에는 해임하거나 퇴직한 날부터 **30일 이내**에 다시 안전관리자를 선임
제조소등의 관계인	안전관리자를 선임한 경우에는 선임한 날부터 **14일 이내**에 행정안전부령으로 정하는 바에 따라 소방본부장 또는 소방서장에게 신고
안전관리자가 여행·질병 그 밖의 사유로 인하여 일시적으로 직무를 수행할 수 없거나 안전관리자의 해임 또는 퇴직과 동시에 다른 안전관리자를 선임하지 못하는 경우	위험물의 취급에 관한 자격취득자 또는 위험물안전에 관한 기본지식과 경험이 있는 자로서 행정안전부령이 정하는 자를 대리자(代理者)로 지정하여 그 직무를 대행하게 하여야 한다. 이 경우 대리자가 안전관리자의 직무를 대행하는 기간은 **30일**을 초과할 수 없다.
안전관리자의 대리자	1. 안전교육을 받은 자 2. 제조소등의 위험물 안전관리업무에 있어서 안전관리자를 지휘·감독하는 직위에 있는 자
1. 제조소등의 위치·구조 및 설비의 수리·개조 또는 이전 명령권자 2. 위험물 누출 등의 사고 조사 3. 탱크시험자에 대한 명령 4. 무허가장소의 위험물에 대한 조치명령 5. 제조소 등에 대한 긴급 사용정지명령 6. 저장·취급기준 준수명령	시·도지사, 소방본부장 또는 소방서장
정기점검을 한 제조소등의 관계인	점검한 날로부터 **30일 이내** 점검결과를 시·도지사에게 제출
제조소등의 설치 및 변경의 허가	시·도지사

■ 위험물의 저장 및 취급의 제한 ★★★

① 지정수량 이상의 위험물을 저장소가 아닌 장소에서 저장하거나 제조소등이 아닌 장소에서 취급하여서는 아니된다.
② 다음 각 호의 어느 하나에 해당하는 경우에는 제조소등이 아닌 장소에서 지정수량 이상의 위험물을 취급할 수 있다. 이 경우 임시로 저장 또는 취급하는 장소에서의 저장 또는 취급의 기준과 임시로 저장 또는 취급하는 장소의 위치·구조 및 설비의 기준은 **시·도의 조례**로 정한다.
  1. 시·도의 조례가 정하는 바에 따라 관할소방서장의 승인을 받아 지정수량 이상의 위험물을 **90일 이내의 기간동안 임시로 저장 또는 취급**하는 경우
  2. 군부대가 지정수량 이상의 위험물을 군사목적으로 임시로 저장 또는 취급하는 경우
③ 둘 이상의 위험물을 같은 장소에서 저장 또는 취급하는 경우에 있어서 해당 장소에서 저장 또는 취급하는 각 위험물의 수량을 그 위험물의 지정수량으로 각각 나누어 얻은 수의 **합계가 1 이상**인 경우 해당 위험물은 지정수량 이상의 위험물로 본다.

■ 제조소등의 종류 및 규모에 따라 선임하여야 하는 안전관리자의 자격 ★

제조소등의 종류 및 규모			안전관리자의 자격
제조소	1. 제4류 위험물만을 취급하는 것으로서 지정수량 5배 이하의 것		위험물기능장, 위험물산업기사, 위험물기능사, 안전관리자교육 이수자 또는 소방공무원경력자
	2. 제1호에 해당하지 아니하는 것		위험물기능장, 위험물산업기사 또는 2년 이상의 실무경력이 있는 위험물기능사
저장소	1. 옥내저장소	제4류 위험물만을 저장하는 것으로서 지정수량 5배 이하의 것	위험물기능장, 위험물산업기사, 위험물기능사, 안전관리자교육 이수자 또는 소방공무원경력자
		제4류 위험물 중 알코올류·제2석유류·제3석유류·제4석유류·동식물유류만을 저장하는 것으로서 지정수량 40배 이하의 것	
	2. 옥외탱크 저장소	제4류 위험물만 저장하는 것으로서 지정수량 5배 이하의 것	
		제4류 위험물 중 제2석유류·제3석유류·제4석유류·동식물유류만을 저장하는 것으로서 지정수량 40배 이하의 것	
	3. 옥내탱크 저장소	제4류 위험물만을 저장하는 것으로서 지정수량 5배 이하의 것	
		제4류 위험물 중 제2석유류·제3석유류·제4석유류·동식물유류만을 저장하는 것	
	4. 지하탱크 저장소	제4류 위험물만을 저장하는 것으로서 지정수량 40배 이하의 것	
		제4류 위험물 중 제1석유류·알코올류·제2석유류·제3석유류·제4석유류·동식물유류만을 저장하는 것으로서 지정수량 250배 이하의 것	
	5. 간이탱크저장소로서 제4류 위험물만을 저장하는 것		
	6. 옥외저장소 중 제4류 위험물만을 저장하는 것으로서 지정수량의 40배 이하의 것		
	7. 보일러, 버너 그 밖에 이와 유사한 장치에 공급하기 위한 위험물을 저장하는 탱크저장소		
	8. 선박주유취급소, 철도주유취급소 또는 항공기주유취급소의 고정주유설비에 공급하기 위한 위험물을 저장하는 탱크저장소로서 지정수량의 250배(제1석유류의 경우에는 지정수량의 100배)이하의 것		
	9. 제1호 내지 제8호에 해당하지 아니하는 저장소		위험물기능장, 위험물산업기사 또는 2년 이상의 실무경력이 있는 위험물기능사

제조소등의 종류 및 규모			안전관리자의 자격
취급소	1. 주유취급소		위험물기능장, 위험물산업기사, 위험물기능사, 안전관리자교육이수자 또는 소방공무원경력자
	2. 판매취급소	제4류 위험물만을 취급하는 것으로서 지정수량 5배 이하의 것	
		제4류 위험물 중 제1석유류·알코올류·제2석유류·제3석유류·제4석유류·동식물유류만을 취급하는 것	
	3. 제4류 위험물 중 제1류 석유류·알코올류·제2석유류·제3석유류·제4석유류·동식물유류만을 지정수량 50배 이하로 취급하는 일반취급소(제1석유류·알코올류의 취급량이 지정수량의 10배 이하인 경우에 한한다)로서 다음 각목의 어느 하나에 해당하는 것 가. 보일러, 버너 그 밖에 이와 유사한 장치에 의하여 위험물을 소비하는 것 나. 위험물을 용기 또는 차량에 고정된 탱크에 주입하는 것		
	4. 제4류 위험물만을 취급하는 일반취급소로서 지정수량 10배 이하의 것		
	5. 제4류 위험물 중 제2석유류·제3석유류·제4석유류·동식물유류만을 취급하는 일반취급소로서 지정수량 20배 이하의 것		
	6. 「농어촌 전기공급사업 촉진법」에 따라 설치된 자가발전시설에 사용되는 위험물을 취급하는 일반취급소		
	7. 제1호 내지 제6호에 해당하지 아니하는 취급소		위험물기능장, 위험물산업기사 또는 2년 이상의 실무경력이 있는 위험물기능사

■ 탱크시험자(위험물탱크안전성능시험자) ★

	1. 구비사항 : **기술능력·시설 및 장비** 2. 등록 : **시·도지사**	
탱크시험자의 등록	첨부서류	1. 기술능력자 연명부 및 기술자격증 2. 안전성능시험장비의 명세서 3. 보유장비 및 시험방법에 대한 기술검토를 기술원으로부터 받은 경우에는 그에 대한 자료 4. 방사성 동위원소 이동사용허가증 또는 방사선 발생장치 이동사용허가증의 사본 1부 5. 사무실의 확보를 증명할 수 있는 서류
등록사항의 변경신고	첨부서류	1. 영업소 소재지의 변경 : 사무소의 사용을 증명하는 서류와 위험물탱크안전성능시험자등록증 2. 기술능력의 변경 : 변경하는 기술인력의 자격증과 위험물탱크안전성능시험자등록증 3. 대표자의 변경 : 위험물탱크안전성능시험자 등록증 4. 상호 또는 명칭의 변경 : 위험물탱크안전성능시험자 등록증
	기한	30일 이내

탱크시험자로 등록하거나 탱크시험자의 업무에 종사할 수 없는 사람	1. 피성년후견인 2. 이 법, 「소방기본법」, 「화재의 예방 및 안전관리에 관한 법률」, 「소방시설 설치 및 관리에 관한 법률」 또는 「소방시설공사업법」에 따른 금고 이상의 실형의 선고를 받고 그 집행이 종료(집행이 종료된 것으로 보는 경우를 포함한다)되거나 집행이 면제된 날부터 2년이 지나지 아니한 자 3. 이 법, 「소방기본법」, 「화재의 예방 및 안전관리에 관한 법률」, 「소방시설 설치 및 관리에 관한 법률」 또는 「소방시설공사업법」에 따른 금고 이상의 형의 집행유예 선고를 받고 그 유예기간 중에 있는 자 4. 탱크시험자의 등록이 취소(제1호에 해당하여 자격이 취소된 경우는 제외한다)된 날부터 2년이 지나지 아니한 자 5. 법인으로서 그 대표자가 제1호 내지 제4호의 1에 해당하는 경우
탱크시험자에 대한 명령	시·도지사, 소방본부장 또는 소방서장

탱크안전성능검사의 대상이 되는 탱크 등	1. **기초·지반검사** : 옥외탱크저장소의 액체위험물탱크 중 그 용량이 **100만 리터 이상**인 탱크
	2. **충수(充水)·수압검사** : 액체위험물을 저장 또는 취급하는 탱크. 다만, 다음 각 목의 어느 하나에 해당하는 탱크는 제외한다.
	  가. 제조소 또는 일반취급소에 설치된 탱크로서 용량이 지정수량 미만인 것
	  나. 특정설비에 관한 검사에 합격한 탱크
	  다. 안전인증을 받은 탱크
	3. **용접부검사** : 제1호에 따른 탱크. 다만, 탱크의 저부에 관계된 변경공사(탱크의 옆판과 관련되는 공사를 포함하는 것을 제외한다)시에 행하여진 법 제18조제3항에 따른 정기검사에 의하여 용접부에 관한 사항이 행정안전부령으로 정하는 기준에 적합하다고 인정된 탱크를 제외한다.
	4. **암반탱크검사** : 액체위험물을 저장 또는 취급하는 암반내의 공간을 이용한 탱크

탱크안전성능검사의 신청시기	1. 기초·지반검사 : 위험물탱크의 기초 및 지반에 관한 공사의 개시 전 2. 충수·수압검사 : 위험물을 저장 또는 취급하는 탱크에 배관 그 밖의 부속설비를 부착하기 전 3. 용접부검사 : 탱크본체에 관한 공사의 개시 전 4. 암반탱크검사 : 암반탱크의 본체에 관한 공사의 개시 전

■ 관계인이 예방규정을 정하여야 하는 제조소등 ★★★

1. 지정수량의 **10배 이상**의 위험물을 취급하는 **제조소**
2. 지정수량의 **100배 이상**의 위험물을 저장하는 **옥외저장소**
3. 지정수량의 **150배 이상**의 위험물을 저장하는 **옥내저장소**
4. 지정수량의 **200배 이상**의 위험물을 저장하는 **옥외탱크저장소**
5. 암반탱크저장소
6. 이송취급소
7. 지정수량의 **10배 이상**의 위험물을 취급하는 **일반취급소**. 다만, 제4류 위험물(특수인화물을 제외한다)만을 지정수량의 50배 이하로 취급하는 일반취급소(제1석유류·알코올류의 취급량이 지정수량의 10배 이하인 경우에 한한다)로서 다음 각목의 어느 하나에 해당하는 것을 제외한다.
  가. 보일러·버너 또는 이와 비슷한 것으로서 위험물을 소비하는 장치로 이루어진 일반취급소
  나. 위험물을 용기에 옮겨 담거나 차량에 고정된 탱크에 주입하는 일반취급소

■ 정기점검 및 정기검사

정기점검의 대상인 제조소등	1. 제15조(관계인이 예방규정을 정하여야 하는 제조소등) 각호의 1에 해당하는 제조소등 2. 지하탱크저장소 3. 이동탱크저장소 4. 위험물을 취급하는 탱크로서 지하에 매설된 탱크가 있는 제조소·주유취급소 또는 일반취급소
정기점검의 횟수	**연 1회 이상**
정기점검 실시자	안전관리자 또는 위험물운송자(이동탱크저장소의 경우에 한한다) 안전관리대행기관(특정·준특정옥외탱크저장소의 정기점검은 제외한다) 또는 탱크시험자에게 정기점검을 의뢰하여 실시
정기점검의 기록 보존	1. 옥외저장탱크의 구조안전점검에 관한 기록 : 25년(특정·준특정옥외저장탱크에 안전조치를 한 후 구조안전점검시기 연장신청을 하여 해당 안전조치가 적정한 것으로 인정받은 경우에는 30년) 2. 제1호에 해당하지 아니하는 정기점검의 기록 : 3년
특정·준특정옥외탱크저장소(저장 또는 취급 위험물 최대수량 50만리터 이상)은 정기점검외 구조안전점검을 1회이상 실시	1. 특정·준특정옥외탱크저장소의 설치허가에 따른 완공검사합격확인증을 발급받은 날부터 12년 2. 최근의 정밀정기검사를 받은 날부터 11년 3. 특정·준특정옥외저장탱크에 안전조치를 한 후 구조안전점검시기 연장신청을 하여 해당 안전조치가 적정한 것으로 인정받은 경우에는 최근의 정밀정기검사를 받은 날부터 13년
정기검사	1. 정밀정기검사 : 다음 각 목의 어느 하나에 해당하는 기간 내에 1회 　가. 특정·준특정옥외탱크저장소의 설치허가에 따른 완공검사합격확인증을 발급받은 날부터 12년 　나. 최근의 정밀정기검사를 받은 날부터 11년 2. 중간정기검사 : 다음 각 목의 어느 하나에 해당하는 기간 내에 1회 　가. 특정·준특정옥외탱크저장소의 설치허가에 따른 완공검사합격확인증을 발급받은 날부터 4년 　나. 최근의 정밀정기검사 또는 중간정기검사를 받은 날부터 4년

■ 자체소방대

1. 설치대상 및 설치제외 대상 ★★★

자체소방대를 설치하여야 하는 사업소	1. 제4류 위험물을 취급하는 제조소 또는 일반취급소. 다만, 보일러로 위험물을 소비하는 일반취급소 등 행정안전부령으로 정하는 일반취급소는 제외한다. 2. 제4류 위험물을 저장하는 옥외탱크저장소
자체소방대를 설치하여야 하는 위험물의 수량	1. 제조소 또는 일반취급소에서 취급하는 제4류 위험물의 최대수량의 합이 지정수량의 3천배 이상 2. 옥외탱크저장소에 저장하는 제4류 위험물의 최대수량이 지정수량의 50만배 이상

자체소방대의 설치 제외대상인 일반취급소	1. 보일러, 버너 그 밖에 이와 유사한 장치로 위험물을 소비하는 일반취급소 2. 이동저장탱크 그 밖에 이와 유사한 것에 위험물을 주입하는 일반취급소 3. 용기에 위험물을 옮겨 담는 일반취급소 4. 유압장치, 윤활유순환장치 그 밖에 이와 유사한 장치로 위험물을 취급하는 일반취급소 5. 「광산보안법」의 적용을 받는 일반취급소

2. 자체소방대에 두는 화학소방자동차 및 인원 ★★★

사업소의 구분	화학소방자동차	자체소방대원의 수
1. 제조소 또는 일반취급소에서 취급하는 제4류 위험물의 최대수량의 합이 지정수량의 **3천배 이상 12만배 미만**인 사업소	1대	5인
2. 제조소 또는 일반취급소에서 취급하는 제4류 위험물의 최대수량의 합이 지정수량의 **12만배 이상 24만배 미만**인 사업소	2대	10인
3. 제조소 또는 일반취급소에서 취급하는 제4류 위험물의 최대수량의 합이 지정수량의 **24만배 이상 48만배 미만**인 사업소	3대	15인
4. 제조소 또는 일반취급소에서 취급하는 제4류 위험물의 최대수량의 합이 지정수량의 **48만배 이상**인 사업소	4대	20인
5. 옥외탱크저장소에 저장하는 **제4류 위험물**의 최대수량이 지정수량의 **50만배 이상**인 사업소	2대	10인

3. 화학소방자동차에 갖추어야 하는 소화능력 및 설비의 기준 ★

화학소방자동차의 구분	소화능력 및 설비의 기준
포수용액 방사차	포수용액의 방사능력이 **매분 2,000L 이상**일 것
	소화약액탱크 및 소화약액혼합장치를 비치할 것
	10만L 이상의 포수용액을 방사할 수 있는 양의 소화약제를 비치할 것
분말 방사차	분말의 방사능력이 **매초 35kg 이상**일 것
	분말탱크 및 가압용가스설비를 비치할 것
	1,400kg 이상의 분말을 비치할 것
할로젠화합물 방사차	할로젠화합물의 방사능력이 **매초 40kg 이상**일 것
	할로젠화합물탱크 및 가압용가스설비를 비치할 것
	1,000kg 이상의 할로젠화합물을 비치할 것
이산화탄소 방사차	이산화탄소의 방사능력이 **매초 40kg 이상**일 것
	이산화탄소 저장용기를 비치할 것
	3,000kg 이상의 이산화탄소를 비치할 것
제독차	가성소다 및 규조토를 각각 **50kg 이상** 비치할 것

■ 위험물의 운반

위험물운반자	1. 「국가기술자격법」에 따른 위험물 분야의 자격을 취득할 것 2. 안전교육을 수료할 것

■ 위험물의 운송 ★★

위험물운송자(운송책임자 및 이동탱크저장소운전자)	1. 「국가기술자격법」에 따른 위험물 분야의 자격을 취득할 것 2. 안전교육을 수료할 것
운송책임자의 자격	1. 해당 위험물의 취급에 관한 국가기술자격을 취득하고 관련 업무에 1년 이상 종사한 경력이 있는 자 2. 위험물의 운송에 관한 안전교육을 수료하고 관련 업무에 2년 이상 종사한 경력이 있는 자
운송책임자의 감독·지원을 받아 운송하여야 하는 위험물	1. 알킬알루미늄 2. 알킬리튬 3. 제1호 또는 제2호의 물질을 함유하는 위험물

■ 1인의 안전관리자를 중복하여 선임할 수 있는 경우

1. 보일러·버너 또는 이와 비슷한 것으로서 위험물을 소비하는 장치로 이루어진 7개 이하의 일반취급소와 그 일반취급소에 공급하기 위한 위험물을 저장하는 저장소[일반취급소 및 저장소가 모두 동일구내(같은 건물 안 또는 같은 울 안을 말한다. 이하 같다)에 있는 경우에 한한다. 이하 제2호에서 같다]를 동일인이 설치한 경우
2. 위험물을 차량에 고정된 탱크 또는 운반용기에 옮겨 담기 위한 5개 이하의 일반취급소[일반취급소 간의 보행거리가 300미터 이내인 경우에 한한다]와 그 일반취급소에 공급하기 위한 위험물을 저장하는 저장소를 동일인이 설치한 경우
3. 동일구내에 있거나 상호 100미터 이내의 보행거리에 있는 저장소로서 저장소의 규모, 저장하는 위험물의 종류 등을 고려하여 **행정안전부령이 정하는 저장소를 동일인이 설치한 경우**

   > **행정안전부령이 정하는 저장소 ★★★**
   > 1. 10개 이하의 옥내저장소
   > 2. 30개 이하의 옥외탱크저장소
   > 3. 옥내탱크저장소
   > 4. 지하탱크저장소
   > 5. 간이탱크저장소
   > 6. 10개 이하의 옥외저장소
   > 7. 10개 이하의 암반탱크저장소

4. 다음 각목의 기준에 모두 적합한 5개 이하의 제조소등을 동일인이 설치한 경우
   가. 각 제조소등이 동일구내에 위치하거나 상호 100미터 이내의 보행거리에 있을 것
   나. 각 제조소등에서 저장 또는 취급하는 위험물의 최대수량이 지정수량의 3천배 미만일 것. 다만, 저장소의 경우에는 그러하지 아니하다.
5. 그 밖에 제1호 또는 제2호의 규정에 의한 제조소등과 비슷한 것으로서 행정안전부령이 정하는 제조소등을 동일인이 설치한 경우

■ 명령 ★

시·도지사, 소방본부장 또는 소방서장	1. 탱크시험자에 대한 명령 2. 무허가장소의 위험물에 대한 조치명령 3. 제조소등에 대한 긴급 사용정지명령 등 4. 저장·취급기준 준수명령 등
제조소등의 관계인	응급조치·통보 및 조치명령

■ 안전교육대상자 ★★

대상자	1. 안전관리자로 선임된 자 2. 탱크시험자의 기술인력으로 종사하는 자 3. 위험물운반자로 종사하는 자 4. 위험물운송자로 종사하는 자

■ 청문 ★

청문실시	시·도지사, 소방본부장 또는 소방서장
청문사유	1. 제조소등 설치허가의 취소 2. 탱크시험자의 등록취소

■ 위험물 및 지정수량

1. 제1류 ★★★

위험물			지정수량
유별	성질	품명	
제1류	산화성 고체	1. 아염소산염류	50킬로그램
		2. 염소산염류	50킬로그램
		3. 과염소산염류	50킬로그램
		4. 무기과산화물	50킬로그램
		5. 브로민산염류(브로민산염류)	300킬로그램
		6. 질산염류	300킬로그램
		7. 아이오딘산염류(요드산염류)	300킬로그램
		8. 과망가니즈산염류(과망간산염류)	1,000킬로그램
		9. 다이크로뮴산염류(중크로뮴산염류)	1,000킬로그램
		10. 그 밖에 행정안전부령으로 정하는 것 ① **과아이오딘산염류** ② **과아이오딘산** ③ **크로뮴**, 납 또는 **아이오딘**의 산화물 ④ 아질산염류 ⑤ 차아염소산염류 ⑥ **염소화아이소사이아누르산** ⑦ 퍼옥소이황산염류 ⑧ 퍼옥소붕산염류	50킬로그램, 300킬로그램 또는 1,000킬로그램

2. 제2류 ★★

위험물			지정수량
유별	성질	품명	
제2류	가연성 고체	1. **황화인**	100킬로그램
		2. 적 린	100킬로그램
		3. **황**	100킬로그램
		4. 철분	500킬로그램
		5. 금속분	500킬로그램
		6. 마그네슘	500킬로그램
		7. 그 밖에 행정안전부령으로 정하는 것 8. 제1호 내지 제7호의 1에 해당하는 어느 하나 이상을 함유한 것	100킬로그램 또는 500킬로그램
		9. 인화성고체	1,000킬로그램

3. 제3류 ★★

위험물			지정수량
유별	성질	품명	
제3류	자연 발화성 물질 및 금수성 물질	1. 칼륨	10킬로그램
		2. 나트륨	10킬로그램
		3. 알킬알루미늄	10킬로그램
		4. 알킬리튬	10킬로그램
		5. **황린**	**20킬로그램**
		6. 알칼리금속(칼륨 및 나트륨을 제외한다) 및 알칼리토금속	50킬로그램
		7. 유기금속화합물(알킬알루미늄 및 알킬리튬을 제외한다)	50킬로그램
		8. 금속의 수소화물	300킬로그램
		9. 금속의 인화물	300킬로그램
		10. 칼슘 또는 알루미늄의 탄화물	300킬로그램
		11. 그 밖에 행정안전부령으로 정하는 것 ① **염소화규소화합물**	10킬로그램, 20킬로그램, 50킬로그램 또는 300킬로그램

4. 제4류 ★★

유별	성질	위험물 품명		지정수량
제4류	인화성 액체	1. 특수인화물		50리터
		2. 제1석유류	비수용성액체	200리터
			수용성액체	400리터
		3. 알코올류		400리터
		4. 제2석유류	비수용성액체	1,000리터
			수용성액체	2,000리터
		5. 제3석유류	비수용성액체	2,000리터
			수용성액체	4,000리터
		6. 제4석유류		6,000리터
		7. 동식물유류		10,000리터

5. 제5류 ★

유별	성질	위험물 품명	지정수량

제5류	자기 반응성 물질	1. 유기과산화물
		2. 질산에스터류(질산에스테르류)
		3. 나이트로화합물(니트로화합물)
		4. 나이트로소화합물(니트로소화합물)
		5. 아조화합물
		6. 다이아조화합물(디아조화합물)
		7. 하이드라진 유도체(히드라진 유도체)
		8. 하이드록실아민(히드록실아민)
		9. 하이드록실아민염류(히드록실아민염류)
		10. 그 밖에 행정안전부령으로 정하는 것
		    ① 금속의 아지화합물
		    ② 질산구아니딘
			제1종 : 10킬로그램
			제2종 : 100킬로그램

6. 제6류 ★★★

유별	성질	위험물 품명	지정수량
제6류	산화성 액체	1. 과염소산	300킬로그램
		2. 과산화수소	300킬로그램
		3. 질산	300킬로그램
		4. 그 밖에 행정안전부령으로 정하는 것 ① 할로젠간 화합물	300킬로그램

7. 용어 정의 ★★

구분	정의
산화성고체	고체[액체(1기압 및 섭씨 20도에서 액상인 것 또는 섭씨 20도 초과 섭씨 40도 이하에서 액상인 것을 말한다. 이하 같다)또는 기체(1기압 및 섭씨 20도에서 기상인 것을 말한다)외의 것을 말한다. 이하 같다]로서 산화력의 잠재적인 위험성 또는 충격에 대한 민감성을 판단하기 위하여 소방청장이 정하여 고시(이하 "고시"라 한다)하는 시험에서 고시로 정하는 성질과 상태를 나타내는 것
가연성고체	고체로서 화염에 의한 발화의 위험성 또는 인화의 위험성을 판단하기 위하여 고시로 정하는 시험에서 고시로 정하는 성질과 상태를 나타내는 것
황	**순도가 60중량퍼센트 이상**
철분	철의 분말로서 53마이크로미터의 표준체를 통과하는 것이 50중량퍼센트 미만인 것은 제외
금속분	알칼리금속·알칼리토류금속·철 및 마그네슘외의 금속의 분말을 말하고, 구리분·니켈분 및 150마이크로미터의 체를 통과하는 것이 50중량퍼센트 미만인 것은 제외
마그네슘	다음 각목의 1에 해당하는 것은 제외한다. 가. 2밀리미터의 체를 통과하지 아니하는 덩어리 상태의 것 나. 지름 2밀리미터 이상의 막대 모양의 것
인화성고체	고형알코올 그 밖에 1기압에서 인화점이 섭씨 40도 미만인 고체
자연발화성 물질 및 금수성물질	고체 또는 액체로서 공기 중에서 발화의 위험성이 있거나 물과 접촉하여 발화하거나 가연성가스를 발생하는 위험성이 있는 것
인화성액체	액체(제3석유류, 제4석유류 및 동식물유류의 경우 1기압과 섭씨 20도에서 액체인 것만 해당한다)로서 인화의 위험성이 있는 것
특수인화물	**이황화탄소, 다이에틸에터** 그 밖에 1기압에서 발화점이 섭씨 100도 이하인 것 또는 인화점이 섭씨 영하 20도 이하이고 비점이 섭씨 40도 이하
제1석유류	**아세톤, 휘발유** 그 밖에 1기압에서 인화점이 섭씨 21도 미만
알코올류	1분자를 구성하는 탄소원자의 수가 1개부터 3개까지인 포화1가 알코올(변성알코올을 포함) 가. 1분자를 구성하는 탄소원자의 수가 1개 내지 3개의 포화1가 알코올의 함유량이 60중량퍼센트 미만인 수용액 나. 가연성액체량이 60중량퍼센트 미만이고 인화점 및 연소점(태그개방식인화점측정기에 의한 연소점을 말한다. 이하 같다)이 에틸알코올 60중량퍼센트 수용액의 인화점 및 연소점을 초과하는 것
제2석유류	**등유, 경유** 그 밖에 1기압에서 인화점이 섭씨 21도 이상 70도 미만. 다만, 도료류 그 밖의 물품에 있어서 가연성 액체량이 40중량퍼센트 이하이면서 인화점이 섭씨 40도 이상인 동시에 연소점이 섭씨 60도 이상인 것은 제외한다.
제3석유류	**중유, 크레오소트유** 그 밖에 1기압에서 인화점이 섭씨 70도 이상 섭씨 200도 미만. 다만, 도료류 그 밖의 물품은 가연성 액체량이 40중량퍼센트 이하인 것은 제외한다.
제4석유류	기어유, 실린더유 그 밖에 1기압에서 인화점이 섭씨 200도 이상 섭씨 250도 미만. 다만 도료류 그 밖의 물품은 가연성 액체량이 40중량퍼센트 이하인 것은 제외한다.
동식물유류	동물의 지육 등 또는 식물의 종자나 과육으로부터 추출한 것으로서 1기압에서 인화점이 섭씨 250도 미만

구분	정의
자기반응성 물질	고체 또는 액체로서 폭발의 위험성 또는 가열분해의 격렬함을 판단하기 위하여 고시로 정하는 시험에서 고시로 정하는 성질과 상태를 나타내는 것
산화성액체	액체로서 산화력의 잠재적인 위험성을 판단하기 위하여 고시로 정하는 시험에서 고시로 정하는 성질과 상태를 나타내는 것
과산화수소	농도가 36중량퍼센트 이상
질산	비중이 1.49 이상

■ 완공검사의 신청 시기

대상	신청시기
지하탱크가 있는 제조소등의 경우	해당 지하탱크를 매설하기 전
이동탱크저장소의 경우	이동저장탱크를 완공하고 상치장소를 확보한 후
이송취급소의 경우	이송배관 공사의 전체 또는 일부를 완료한 후. 다만, 지하·하천 등에 매설하는 이송배관의 공사의 경우에는 이송배관을 매설하기 전
전체 공사가 완료된 후에는 완공검사를 실시하기 곤란한 경우	다음 각목에서 정하는 시기 가. 위험물설비 또는 배관의 설치가 완료되어 기밀시험 또는 내압시험을 실시하는 시기 나. 배관을 지하에 설치하는 경우에는 시·도지사, 소방서장 또는 기술원이 지정하는 부분을 매몰하기 직전 다. 기술원이 지정하는 부분의 비파괴시험을 실시하는 시기
기타 제조소등의 경우	제조소등의 공사를 완료한 후

■ 탱크 용적의 산정기준 ★★

탱크용량	탱크의 내용적에서 공간용적을 뺀 용적
탱크의 내용적 및 공간용적 계산	1. 타원형 탱크의 내용적 　가. 양쪽이 볼록한 것 내용적 $= \dfrac{\pi ab}{4}\left(l + \dfrac{l_1 + l_2}{3}\right)$

탱크용량	탱크의 내용적에서 공간용적을 뺀 용적
탱크의 내용적 및 공간용적 계산	나. 한쪽은 볼록하고 다른 한쪽은 오목한 것 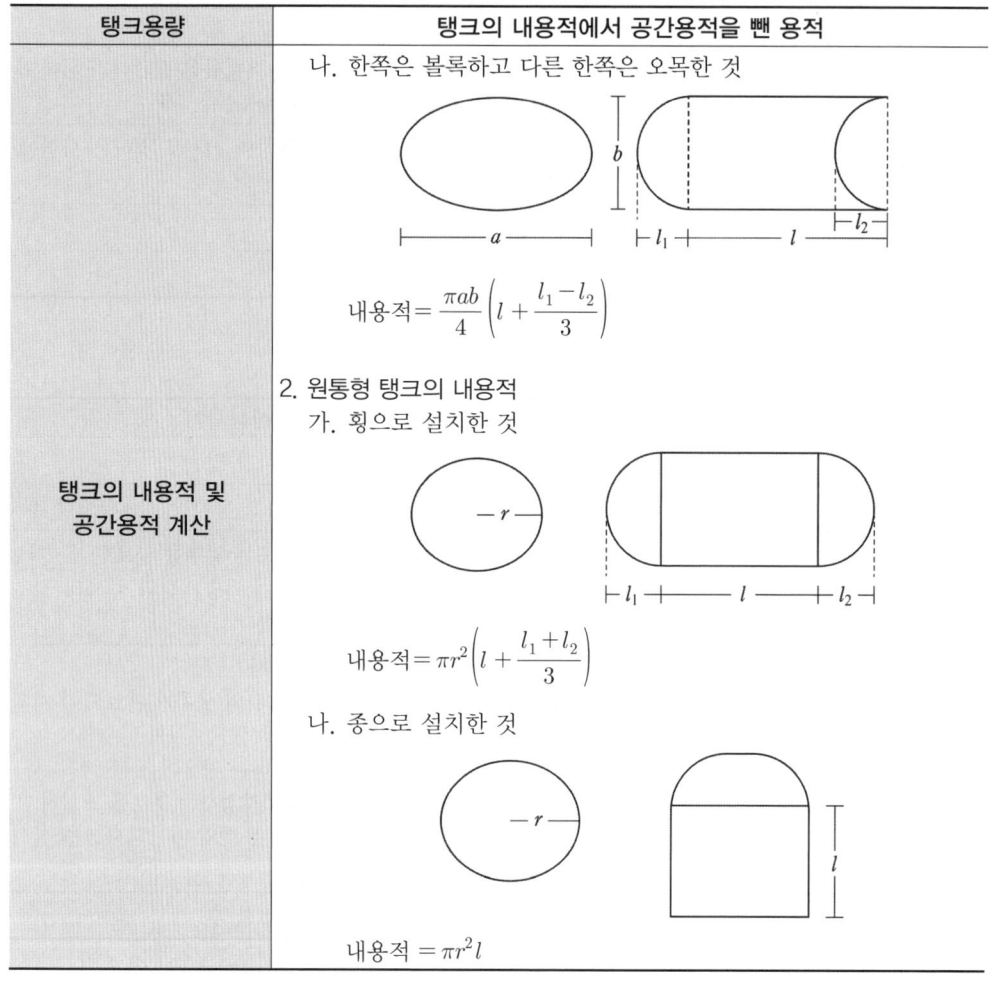 내용적 = $\dfrac{\pi ab}{4}\left(l + \dfrac{l_1 - l_2}{3}\right)$ 2. 원통형 탱크의 내용적 가. 횡으로 설치한 것 내용적 = $\pi r^2\left(l + \dfrac{l_1 + l_2}{3}\right)$ 나. 종으로 설치한 것 내용적 = $\pi r^2 l$

■ 제조소의 위치 · 구조 및 설비의 기준

1. 안전거리 ★★★

주거용	10m 이상
학교 · 병원 · 극장 그 밖에 다수인을 수용하는 시설 1) 학교 2) 병원급 의료기관 3) **공연장, 영화상영관 : 3백명 이상** 4) 아동복지시설, 노인복지시설, 장애인복지시설, 한부모가족복지시설, 어린이집, 성매매피해자등을 위한 지원시설, 정신보건시설 : 20명 이상	30m 이상
유형문화재와 기념물 중 지정문화재	**50m 이상**
고압가스, 액화석유가스 또는 도시가스를 저장 또는 취급하는 시설	20m 이상
사용전압이 7,000V 초과 **35,000V 이하** 특고압가공전선	**3m 이상**
사용전압이 35,000V를 초과 특고압가공전선	5m 이상

2. 보유공지 ★★★

1) 보유공지

취급하는 위험물의 최대수량	공지의 너비
지정수량의 10배 이하	3m 이상
지정수량의 10배 초과	5m 이상

2) 제조소의 작업공정이 다른 작업장의 작업공정과 연속되어 있어, 제조소의 건축물 그 밖의 공작물의 주위에 공지를 두게 되면 그 제조소의 작업에 현저한 지장이 생길 우려가 있는 경우 해당 제조소와 다른 작업장 사이에 다음 각목의 기준에 따라 **방화상 유효한 격벽(隔壁)을 설치한 때**에는 해당 제조소와 다른 작업장 사이에 제1호의 규정에 의한 공지를 보유하지 아니할 수 있다.

   가. 방화벽은 내화구조로 할 것. 다만 취급하는 위험물이 **제6류 위험물인 경우에는 불연재료**로 할 수 있다.

   나. 방화벽에 설치하는 출입구 및 창 등의 개구부는 가능한 한 **최소**로 하고, 출입구 및 창에는 **자동폐쇄식의 60분+방화문**을 설치할 것

   다. 방화벽의 양단 및 상단이 외벽 또는 지붕으로부터 **50cm 이상** 돌출하도록 할 것

3. 표지 및 게시판 ★★★

위험물 제조소		1. 표지 : 한변의 길이가 0.3m 이상, 다른 한변의 길이가 0.6m 이상 2. 표지의 바탕 : 백색, 문자 : 흑색
게시판		1. 한변의 길이가 0.3m 이상, 다른 한변의 길이가 0.6m 이상 2. 게시판 기재사항 : 위험물의 유별·품명 및 저장최대수량 또는 취급최대수량, 지정수량의 배수 및 안전관리자의 성명 또는 직명 3. 게시판의 바탕은 백색으로, 문자는 흑색
주의사항	물기엄금	1. 제1류 위험물 중 알칼리금속의 과산화물 또는 제3류 위험물 중 금수성물질 2. **청색바탕에 백색문자**
	화기주의	제2류 위험물(인화성고체를 제외)
	화기엄금	1. 제2류 위험물 중 인화성고체, 제3류 위험물 중 자연발화성물질, 제4류 위험물 또는 제5류 위험물 2. **적색바탕에 백색문자**

4. 채광·조명 및 환기설비 ★★

1) 채광설비

불연재료로 하고, 연소의 우려가 없는 장소에 설치하되 **채광면적을 최소**로 할 것

2) 조명설비
① 가연성가스 등이 체류할 우려가 있는 장소의 조명등은 방폭등(防爆燈)으로 할 것
② 전선은 **내화·내열전선**으로 할 것
③ 점멸스위치는 **출입구 바깥부분**에 설치할 것. 다만, 스위치의 스파크로 인한 화재·폭발의 우려가 없을 경우에는 그러하지 아니하다.

3) 환기설비
① 환기는 자연배기방식
② 급기구 : 실의 **바닥면적 150m²마다 1개 이상, 급기구의 크기는 800cm² 이상**
바닥면적이 150m² 미만인 경우에는 다음의 크기

바닥면적	급기구의 면적
60m² 미만	150cm² 이상
60m² 이상 90m² 미만	300cm² 이상
90m² 이상 120m² 미만	450cm² 이상
120m² 이상 150m² 미만	600cm² 이상

③ 급기구 : 낮은 곳에 설치, 가는 눈의 구리망 등으로 인화방지망을 설치
④ 환기구 : 지붕위 또는 지상 **2m 이상**의 높이에 회전식 고정벤티레이터 또는 루프팬 방식(roof fan: 지붕에 설치하는 배기장치)으로 설치

5. 배출설비 ★★★
가연성의 증기 또는 미분이 체류할 우려가 있는 건축물에는 그 증기 또는 미분을 옥외의 높은 곳으로 배출

1) **배출설비 : 국소방식으로 할 것.**
   다만, 전역방식으로 할 수 있는 경우
   가. 위험물취급설비가 배관이음 등으로만 된 경우
   나. 건축물의 구조·작업장소의 분포 등의 조건에 의하여 전역방식이 유효한 경우
2) 배출설비는 배풍기(오염된 공기를 뽑아내는 통풍기)·배출 덕트(공기 배출통로)·후드 등을 이용하여 강제적으로 배출하는 것
3) **배출능력 : 1시간당 배출장소 용적의 20배 이상, 전역방식의 경우 : 바닥면적 1m²당 18m³ 이상**
4) 배출설비의 급기구 및 배출구 기준
   가. 급기구는 높은 곳에 설치하고, 가는 눈의 구리망 등으로 인화방지망을 설치할 것

나. 배출구는 **지상 2m 이상**으로서 연소의 우려가 없는 장소에 설치하고, 배출 덕트가 관통하는 벽부분의 바로 가까이에 화재시 자동으로 폐쇄되는 방화댐퍼(화재 시 연기 등을 차단하는 장치)를 설치할 것

5) 배풍기는 강제배기방식으로 하고, 옥내 덕트의 내압이 대기압 이상이 되지 아니하는 위치에 설치하여야 한다.

6. 옥외설비의 바닥

옥외에서 액체위험물을 취급하는 설비의 바닥은 다음 각호의 기준에 의하여야 한다.

1) 바닥의 둘레에 높이 **0.15m 이상**의 턱을 설치하는 등 위험물이 외부로 흘러나가지 아니하도록 하여야 한다.
2) 바닥은 콘크리트 등 위험물이 스며들지 아니하는 재료로 하고, 제1호의 턱이 있는 쪽이 낮게 경사지게 하여야 한다.
3) 바닥의 최저부에 **집유설비**를 하여야 한다.
4) 위험물(**온도 20℃의 물 100g에 용해되는 양이 1g 미만인 것**에 한한다)을 취급하는 설비에 있어서는 해당 위험물이 직접 배수구에 흘러들어가지 아니하도록 집유설비에 **유분리장치**를 설치하여야 한다.

7. 기타설비

가열건조설비	위험물을 가열 또는 건조하는 설비는 직접 불을 사용하지 아니하는 구조로 하여야 한다. 다만, 해당 설비가 방화상 안전한 장소에 설치되어 있거나 화재를 방지할 수 있는 부대설비를 한 때에는 그러하지 아니하다.
압력계 및 안전장치 ★★★	위험물을 가압하는 설비 또는 그 취급하는 위험물의 압력이 상승할 우려가 있는 설비에는 압력계 및 다음 각목의 1에 해당하는 안전장치를 설치하여야 한다. 다만, 라목의 파괴판은 위험물의 성질에 따라 안전밸브의 작동이 곤란한 가압설비에 한한다. 가. 자동적으로 압력의 상승을 정지시키는 장치 나. 감압측에 안전밸브를 부착한 감압밸브 다. 안전밸브를 겸하는 경보장치 라. 파괴판
정전기 제거설비 ★★★	가. 접지에 의한 방법 나. 공기 중의 상대습도를 70% 이상으로 하는 방법 다. 공기를 이온화하는 방법
피뢰설비 ★★★	**지정수량의 10배 이상의 위험물을 취급하는 제조소**(제6류 위험물을 취급하는 위험물제조소를 제외한다)에는 피뢰침을 설치하여야 한다. 다만, 제조소의 주위의 상황에 따라 안전상 지장이 없는 경우에는 피뢰침을 설치하지 아니할 수 있다.

8. 위험물 취급탱크 방유제

　방유제의 용량 : 해당 탱크용량의 50% 이상, 2 이상의 취급탱크 주위에 하나의 방유제를 설치하는 경우 그 **방유제의 용량**은 해당 탱크 중 **용량이 최대인 것 × 50% + 나머지 탱크용량 합계 × 10% 이상**

9. 배관

　1) 배관의 재질은 **강관** 그 밖에 이와 유사한 금속성으로 하여야 한다. 다만, 다음 각 목의 기준에 적합한 경우에는 그러하지 아니하다.

　　가. 배관의 재질은 한국산업규격의 **유리섬유강화플라스틱 · 고밀도폴리에틸렌 또는 폴리우레탄**으로 할 것

　　나. 배관의 구조는 **내관 및 외관의 이중**으로 하고, 내관과 외관의 사이에는 틈새공간을 두어 누설여부를 외부에서 쉽게 확인할 수 있도록 할 것. 다만, 배관의 재질이 취급하는 위험물에 의해 쉽게 열화될 우려가 없는 경우에는 그러하지 아니하다.

　2) 다음 각 호의 구분에 따른 압력으로 내압시험(불연성의 액체 또는 기체를 이용하여 실시하는 시험을 포함한다)을 실시하여 누설 그 밖의 이상이 없는 것으로 하여야 한다.

　　가. **액체를 이용하는 경우에는 최대상용압력의 1.5배 이상**

　　나. **기체를 이용하는 경우에는 최대상용압력의 1.1배 이상**

■ 옥외탱크저장소의 위치 · 구조 및 설비의 기준

1. 보유공지

저장 또는 취급하는 위험물의 최대수량	공지의 너비
지정수량의 500배 이하	3m 이상
지정수량의 500배 초과 1,000배 이하	5m 이상
지정수량의 1,000배 초과 2,000배 이하	9m 이상
지정수량의 2,000배 초과 3,000배 이하	12m 이상
지정수량의 3,000배 초과 4,000배 이하	15m 이상
지정수량의 4,000배 초과	해당 탱크의 수평단면의 최대지름(횡형인 경우에는 긴 변)과 높이 중 큰 것과 같은 거리 이상. 다만, 30m 초과의 경우에는 30m 이상으로 할 수 있고, 15m 미만의 경우에는 15m 이상으로 하여야 한다.

2. 방유제 ★★★

대상	인화성액체위험물(이황화탄소를 제외)의 **옥외탱크저장소**의 탱크 주위
용량	1. 설치된 탱크가 하나인 때에는 그 **탱크 용량의 110% 이상** 2. 2기 이상인 때에는 그 탱크 중 용량이 최대인 것의 용량의 110% 이상
방유제 구조	높이 0.5m 이상 3m 이하, 두께 0.2m 이상, 지하매설깊이 1m 이상
방유제내의 면적	8만m² 이하
방유제내의 설치하는 옥외저장탱크의 수	10(방유제내에 설치하는 모든 옥외저장탱크의 용량이 20만 L 이하이고, 해당 옥외저장탱크에 저장 또는 취급하는 위험물의 인화점이 70℃ 이상 200℃ 미만인 경우에는 20) 이하
방유제 외면의 2분의 1 이상	자동차 등이 통행할 수 있는 3m 이상의 노면폭을 확보한 구내도로(옥외저장탱크가 있는 부지내의 도로를 말한다. 이하 같다)에 직접 접하도록 할 것. 다만, 방유제내에 설치하는 옥외저장탱크의 용량합계가 20만 L 이하인 경우에는 소화활동에 지장이 없다고 인정되는 3m 이상의 노면폭을 확보한 도로 또는 공지에 접하는 것으로 할 수 있다.
옥외저장탱크의 지름에 따라 그 탱크의 옆판으로부터 다음에 정하는 거리를 유지	다만, 인화점이 200℃ 이상인 위험물을 저장 또는 취급하는 것에 있어서는 그러하지 아니하다. 1) 지름이 15m 미만인 경우에는 탱크 높이의 3분의 1 이상 2) 지름이 15m 이상인 경우에는 탱크 높이의 2분의 1 이상
해당 탱크마다 간막이 둑 설치	용량이 1,000만 L 이상인 옥외저장탱크의 주위에 설치하는 방유제 1) 간막이 둑의 높이는 0.3m(방유제내에 설치되는 옥외저장탱크의 용량의 합계가 2억 L를 넘는 방유제에 있어서는 1m)이상으로 하되, 방유제의 높이보다 0.2m 이상 낮게 할 것 2) 간막이 둑은 흙 또는 철근콘크리트로 할 것 3) 간막이 둑의 용량은 간막이 둑안에 설치된 탱크의 용량의 10% 이상일 것
높이가 1m를 넘는 방유제 및 간막이 둑의 안팎	방유제내에 출입하기 위한 계단 또는 경사로를 약 50m마다 설치할 것

■ 소화설비, 경보설비 및 피난설비의 기준

1. 소화난이도등급 Ⅰ의 제조소등에 설치하여야 하는 소화설비

제조소등의 구분	소화설비
제조소 및 일반취급소	옥내소화전설비, 옥외소화전설비, 스프링클러설비 또는 물분무등소화설비(화재발생시 연기가 충만할 우려가 있는 장소에는 스프링클러설비 또는 이동식 외의 물분무등소화설비에 한한다)
주유취급소	스프링클러설비(건축물에 한정한다), 소형수동식소화기등(능력단위의 수치가 건축물 그 밖의 공작물 및 위험물의 소요단위의 수치에 이르도록 설치할 것)

제조소등의 구분			소화설비
옥내 저장 소	처마높이가 6m 이상인 단층건물 또는 다른 용도의 부분이 있는 건축물에 설치한 옥내저장소		스프링클러설비 또는 이동식 외의 물분무등소화설비
	그 밖의 것		옥외소화전설비, 스프링클러설비, 이동식 외의 물분무등소화설비 또는 이동식 포소화설비(포소화전을 옥외에 설치하는 것)
옥외 탱크 저장 소	황만을 저장 취급하는 것		물분무소화설비
	지중탱크 또는 해상탱크 외의 것	인화점 70℃ 이상의 제4류 위험물만을 저장취급하는 것	물분무소화설비 또는 고정식 포소화설비
		그 밖의 것	고정식 포소화설비(포소화설비가 적응성이 없는 경우에는 분말소화설비)
	지중탱크		고정식 포소화설비, 이동식 이외의 불활성가스소화설비 또는 이동식 이외이 할로젠화합물소화설비
	해상탱크		고정식 포소화설비, 물분무소화설비, 이동식이외의 불활성가스소화설비 또는 이동식 이외의 할로젠화합물소화설비
옥내 탱크 저장 소	황만을 저장취급하는 것		물분무소화설비
	인화점 70℃ 이상의 제4류 위험물만을 저장취급하는 것		물분무소화설비, 고정식 포소화설비, 이동식 이외의 불활성가스소화설비, 이동식 이외의 할로젠화합물소화설비 또는 이동식 이외의 분말소화설비
	그 밖의 것		고정식 포소화설비, 이동식 이외의 불활성가스소화설비, 이동식 이외의 할로젠화합물소화설비 또는 이동식 이외의 분말소화설비
옥외저장소 및 이송취급소			옥내소화전설비, 옥외소화전설비, 스프링클러설비 또는 물분무등소화설비(화재발생시 연기가 충만할 우려가 있는 장소에는 스프링클러설비 또는 이동식 이외의 물분무등소화설비에 한한다)
암반 탱크 저장 소	황만을 저장취급하는 것		물분무소화설비
	인화점 70℃ 이상의 제4류 위험물만을 저장취급하는 것		물분무소화설비 또는 고정식 포소화설비
	그 밖의 것		고정식 포소화설비(포소화설비가 적응성이 없는 경우에는 분말소화설비)

2. 소화난이도 등급Ⅲ의 제조소등에 설치하여야 하는 소화설비

제조소등의 구분	소화설비	설치기준	
지하탱크저장소	소형 수동식소화기등	능력단위의 수치가 3 이상	2개 이상

3. 소화설비의 설치기준 ★★★

전기설비	면적 100m²마다 소형수동식소화기를 1개 이상	
소요단위	소화설비의 설치대상이 되는 건축물 그 밖의 공작물의 규모 또는 위험물의 양의 기준단위	
능력단위	소화설비의 소화능력의 기준단위	
소요단위 계산	제조소 또는 취급소	외벽이 내화구조 : 연면적/100m²
		외벽이 비내화구조 : 연면적/50m²
	저장소	1. 외벽이 내화구조 : 연면적/150m²
		2. 외벽이 비내화구조 : 연면적/75m²
	위험물	지정수량/10배

4. 기타 소화설비의 능력단위 ★★

소화설비	용량	능력단위
소화전용(轉用)물통	8 L	0.3
수조(소화전용물통 3개 포함)	80 L	1.5
수조(소화전용물통 6개 포함)	190 L	2.5
마른 모래(삽 1개 포함)	50 L	0.5
팽창질석 또는 팽창진주암(삽 1개 포함)	160 L	1.0

5. 피난설비

1) 주유취급소 중 건축물의 2층 이상의 부분을 점포·휴게음식점 또는 전시장의 용도로 사용하는 것에 있어서는 해당 건축물의 2층 이상으로부터 주유취급소의 부지 밖으로 통하는 출입구와 해당 출입구로 통하는 통로·계단 및 출입구에 **유도등**을 설치하여야 한다.
2) 옥내주유취급소에 있어서는 해당 사무소 등의 출입구 및 피난구와 해당 피난구로 통하는 **통로·계단 및 출입구**에 유도등을 설치하여야 한다.
3) 유도등에는 비상전원을 설치하여야 한다.

6. 제조소등별로 설치하여야 하는 경보설비의 종류 ★★

제조소등의 구분	제조소등의 규모, 저장 또는 취급하는 위험물의 종류 및 최대수량 등	경보설비
1. 제조소 및 일반취급소	· 연면적 500m² 이상인 것 · 옥내에서 지정수량의 100배 이상을 취급하는 것	자동화재탐지설비
2. 옥내저장소	· 지정수량의 100배 이상을 저장 또는 취급하는 것 · 저장창고의 연면적이 150m²를 초과하는 것 · 처마높이가 6m 이상인 단층건물의 것	
3. 옥내탱크저장소	단층 건물 외의 건축물에 설치된 옥내탱크저장소로서 소화난이도등급Ⅰ에 해당하는 것	
4. 주유취급소	옥내주유취급소	
5. 옥외탱크저장소	특수인화물, 제1석유류 및 알코올류를 저장 또는 취급하는 탱크의 용량이 1,000만리터 이상인 것	· 자동화재탐지설비 · 자동화재속보설비
6. 자동화재탐지설비 설치 대상에 해당하지 아니하는 제조소등	지정수량의 10배 이상을 저장 또는 취급하는 것	자동화재 탐지설비, 비상경보설비, 확성장치 또는 비상방송설비중 1종 이상

■ 위험물의 운반에 관한 기준

1. 적재방법 ★

적재방법	1. **고체위험물** : 운반용기 내용적의 **95% 이하**의 수납률 2. **액체위험물** : 운반용기 내용적의 **98% 이하**의 수납률, 55도의 온도에서 누설되지 아니하도록 충분한 공간용적 3. **알킬알루미늄**등 : 운반용기의 내용적의 **90% 이하**의 수납률로 수납하되, 50℃의 온도에서 5% 이상의 공간용적

2. 수납하는 위험물에 따른 주의사항 ★★

제1류 위험물	알칼리금속의 과산화물	화기·충격주의, **물기엄금** 및 가연물접촉주의
	그 밖	화기·충격주의 및 가연물접촉주의
제2류 위험물	철분·금속분·마그네슘	화기주의 및 물기엄금
	인화성고체	화기엄금
	그 밖	화기주의
제3류 위험물	자연발화성물질	화기엄금 및 공기접촉엄금
	금수성물질	물기엄금
제4류 위험물	화기엄금	
제5류 위험물	화기엄금, 충격주의	
제6류 위험물	가연물접촉주의	

3. 유별을 달리하는 위험물의 혼재기준 ★★

위험물의 구분	제1류	제2류	제3류	제4류	제5류	제6류
제1류		×	×	×	×	○
제2류	×		×	○	○	×
제3류	×	×		○	×	×
제4류	×	○	○		○	×
제5류	×	○	×	○		×
제6류	○	×	×	×	×	

[비고] 1. "×"표시는 혼재할 수 없음을 표시한다.
      2. "○"표시는 혼재할 수 있음을 표시한다.
      3. 이 표는 지정수량의 1/10 이하의 위험물에 대하여는 적용하지 않는다.

07 출제예상문제

위험물안전관리법·시행령·시행규칙

01 ★★ 출제년도【21.】
위험물안전관리법령상 위험물의 유별 저장·취급의 공통기준 중 다음 ( )안에 알맞은 것은?

> ( ) 위험물은 산화제와의 접촉·혼합이나 불티·불꽃·고온체와의 접근 또는 과열을 피하는 한편, 철분·금속분·마그네슘 및 이를 함유한 것에 있어서는 물이나 산과의 접촉을 피하고 인화성 고체에 있어서는 함부로 증기를 발생시키지 아니하여야 한다.

① 제1류 ② 제2류
③ 제3류 ④ 제4류

[해설] (제2류) 위험물은 산화제와의 접촉·혼합이나 불티·불꽃·고온체와의 접근 또는 과열을 피하는 한편, 철분·금속분·마그네슘 및 이를 함유한 것에 있어서는 물이나 산과의 접촉을 피하고 인화성 고체에 있어서는 함부로 증기를 발생시키지 아니하여야 한다.

02 ★ 출제년도【20.】
위험물안전관리법령상 위험물취급소의 구분에 해당하지 않는 것은?

① 이송취급소 ② 관리취급소
③ 판매취급소 ④ 일반취급소

[해설] 관련법 ; 위험물안전관리법
① 취급소 : 지정수량 이상의 위험물을 제조외의 목적으로 취급하기 위한 대통령령이 정하는 장소로서 규정에 따른 허가를 받은 장소를 말한다.
② 종류 : 주유취급소, 판매취급소, 이송취급소, 일반취급소

03 ★★★ 출제년도【18.】
위험물안전관리법상 지정수량 미만인 위험물의 저장 또는 취급에 관한 기술상의 기준은 무엇으로 정하는가?

① 대통령령
② 국무총리령
③ 시·도의 조례
④ 행정안전부령

[해설] 지정수량 미만인 위험물의 저장 또는 취급에 관한 기술상의 기준 : 시·도의 조례

04 ★★★ 출제년도【18.】
위험물안전관리법상 위험물시설의 설치 및 변경 등에 관한 기준 중 다음 ( ) 안에 알맞은 것은?

> 제조소등의 위치·구조 또는 설비의 변경 없이 당해 제조소등에서 저장하거나 취급하는 위험물의 품명·수량 또는 지정수량의 배수를 변경하고자 하는 자는 변경하고자 하는 날의 (㉠)일 전까지 (㉡)이 정하는 바에 따라 (㉢)에게 신고하여야 한다.

① ㉠ 1, ㉡ 행정안전부령, ㉢ 시·도지사
② ㉠ 1, ㉡ 대통령령, ㉢ 소방본부장·소방서장
③ ㉠ 14, ㉡ 행정안전부령, ㉢ 시·도지사
④ ㉠ 14, ㉡ 대통령령, ㉢ 소방본부장·소방서장

[해설] 위험물안전관리법 제6조(위험물시설의 설치 및 변경 등) 제2항
제조소등의 위치·구조 또는 설비의 변경없이 당해 제조소등에서 저장하거나 취급하는 위험물의 품명·수량 또는 지정수량의 배수를 변경하고자 하는 자는

정답 01. ② 02. ② 03. ③ 04. ①

변경하고자 하는 날의 1일 전까지 행정안전부령이 정하는 바에 따라 시·도지사에게 신고하여야 한다.

05 ★★★ 출제년도【17, 20.】
위험물안전관리법령상 위험물시설의 설치 및 변경 등에 관한 기준 중 다음 ( ) 안에 들어갈 내용으로 옳은 것은?

> 제조소등의 위치·구조 또는 설비의 변경 없이 당해 제조소등에서 저장하거나 취급하는 위험물의 품명·수량 또는 지정수량의 배수를 변경하고자 하는 자는 변경하고자 하는 날의 (㉠)일 전까지 (㉡)이 정하는 바에 따라 (㉢)에게 신고하여야 한다.

① ㉠ : 1, ㉡ : 대통령령, ㉢ : 소방본부장
② ㉠ : 1, ㉡ : 행정안전부령, ㉢ : 시·도지사
③ ㉠ : 14, ㉡ : 대통령령, ㉢ : 소방서장
④ ㉠ : 14, ㉡ : 행정안전부령, ㉢ : 시·도지사

해설 제조소등의 위치·구조 또는 설비의 변경없이 당해 제조소등에서 저장하거나 취급하는 위험물의 품명·수량 또는 지정수량의 배수를 변경하고자 하는 자는 변경하고자 하는 날의 1일 전까지 행정안전부령이 정하는 바에 따라 시·도지사에게 신고하여야 한다.

06 ★★★ 출제년도【20.】
위험물안전관리법령에 따라 위험물안전관리자를 해임하거나 퇴직한 때에는 해임하거나 퇴직한 날부터 며칠 이내에 다시 안전관리자를 선임하여야 하는가?

① 30일
② 35일
③ 40일
④ 55일

해설 위험물안전관리자
1. 안전관리자를 선임한 제조소등의 관계인은 그 안전관리자를 해임하거나 안전관리자가 퇴직한 때에는 해임하거나 퇴직한 날부터 30일 이내에 다시 안전관리자를 선임하여야 한다.
2. 제조소등의 관계인은 안전관리자를 선임한 경우에는 선임한 날부터 14일 이내에 행정안전부령으로 정하는 바에 따라 소방본부장 또는 소방서장에게 신고하여야 한다.

07 ★★★ 출제년도【19.】
위험물안전관리법령상 제조소등이 아닌 장소에서 지정수량 이상의 위험물을 취급할 수 있는 기준 중 다음 ( ) 안에 알맞은 것은?

> 시·도의 조례가 정하는 바에 따라 관할 소방서장의 승인을 받아 지정수량 이상의 위험물을 ( )일 이내의 기간 동안 임시로 저장 또는 취급하는 경우

① 15
② 30
③ 60
④ 90

해설

지정수량 미만인 위험물의 저장·취급	시·도의 조례
임시로 저장 또는 취급하는 장소에서의 저장 또는 취급의 기준과 임시로 저장 또는 취급하는 장소의 위치·구조 및 설비의 기준 1. 관할소방서장의 승인을 받아 지정수량 이상의 위험물을 **90일** 이내의 기간 동안 임시로 저장 또는 취급하는 경우 2. 군부대가 지정수량 이상의 위험물을 군사목적으로 임시로 저장 또는 취급하는 경우	시·도의 조례

08 ★★★ 출제년도【20.】
위험물안전관리법령상 제조소등이 아닌 장소에서 지정수량 이상의 위험물을 취급할 수 있는 경우에 대한 기준으로 맞는 것은? (단, 시·도의 조례가 정하는 바에 따른다.)

① 관할 소방서장의 승인을 받아 지정수량 이상의 위험물을 60일 이내의 기간 동안

정답 05. ② 06. ① 07. ④ 08. ③

임시로 저장 또는 취급하는 경우
② 관할 소방대장의 승인을 받아 지정수량 이상의 위험물을 60일 이내의 기간 동안 임시로 저장 또는 취급하는 경우
③ 관할 소방서장의 승인을 받아 지정수량 이상의 위험물을 90일 이내의 기간 동안 임시로 저장 또는 취급하는 경우
④ 관할 소방대장의 승인을 받아 지정수량 이상의 위험물을 90일 이내의 기간 동안 임시로 저장 또는 취급하는 경우

해설 다음 각 호의 어느 하나에 해당하는 경우에는 제조소 등이 아닌 장소에서 지정수량 이상의 위험물을 취급할 수 있다. 이 경우 임시로 저장 또는 취급하는 장소에서의 저장 또는 취급의 기준과 임시로 저장 또는 취급하는 장소의 위치·구조 및 설비의 기준은 시·도의 조례로 정한다.
1. 시·도의 조례가 정하는 바에 따라 관할소방서장의 승인을 받아 지정수량 이상의 위험물을 **90일 이내**의 기간동안 임시로 저장 또는 취급하는 경우
2. 군부대가 지정수량 이상의 위험물을 군사목적으로 임시로 저장 또는 취급하는 경우

09 ★★★ 출제년도【07. 12.】
다음 중 위험물별 성질로서 옳지 않은 것은?

① 제1류 : 산화성 고체
② 제2류 : 가연성 고체
③ 제4류 : 인화성 액체
④ 제6류 : 인화성 고체

해설 관련법 : 위험물안전관리법 시행령 별표1 (위험물 및 지정수량)

유별	성 질
제1류	산화성고체
제2류	가연성고체
제3류	자연발화성 물질 및 금수성물질
제4류	인화성액체
제5류	자기반응성 물질
제6류	산화성액체

10 ★★★ 출제년도【07. 12. 21.】
위험물안전관리법령상 위험물별 성질로서 틀린 것은?

① 제1류 : 산화성 고체
② 제2류 : 가연성 고체
③ 제4류 : 인화성 액체
④ 제6류 : 인화성 고체

해설 위험물 류별 성질

유별	성 질
제1류	산화성고체
제2류	가연성고체
제3류	자연발화성 물질 및 금수성물질
제4류	인화성액체
제5류	자기반응성 물질
제6류	산화성액체

11 ★★★ 출제년도【12. 20.】
제4류 위험물의 지정수량을 나타낸 것으로 잘못된 것은?

① 특수인화물 - 50리터
② 알코올류 - 400리터
③ 동식물유류 - 1000리터
④ 제4석유류 - 6000리터

해설 관련법 : 위험물안전관리법 시행령 별표1 (위험물 및 지정수량)

유별	성질	품명		지정 수량
제4류	인화성액체	1. 특수인화물		50 리터
		2. 제1석유류	비수용성 액체	200 리터
			수용성 액체	400 리터
		3. 알코올류		400 리터
		4. 제2석유류	비수용성 액체	1000 리터
			수용성 액체	2000 리터
		5. 제3석유류	비수용성 액체	2000 리터
			수용성 액체	4000 리터
		6. 제4석유류		6000 리터
		7. 동식물유류		10000 리터

12. 위험물안전관리법령상 위험물 중 제1석유류에 속하는 것은?
① 경유 ② 등유
③ 중유 ④ 아세톤

해설
- 경유 : 제2석유류
- 등유 : 제2석유류
- 중유 : 제3석유류
- 아세톤 : 제1석유류

13. 위험물안전관리법령상 제4류 위험물 중 경유의 지정수량은 몇 리터인가?
① 500 ② 1,000
③ 1,500 ④ 2,000

해설 경유는 제4류 위험물 중 제2석유류(비수용성)에 해당하며 지정수량은 1,000리터 이다.

14. 위험물안전관리법상 시·도지사의 허가를 받지 아니하고 당해 제조소등을 설치할 수 있는 기준 중 다음 ( ) 안에 알맞은 것은?

[보기]
농예용·축산용 또는 수산용으로 필요한 난방시설 또는 건조시설을 위한 지정수량 ( )배 이하의 저장소.

① 20 ② 30
③ 40 ④ 50

해설 위험물안전관리법상 시·도지사의 허가를 받지 아니하고 당해 제조소등을 설치할 수 있거나 그 위치 구조 또는 설비를 변경할 수 있으며 신고를 하지 않고 위험물의 품명 수량 또는 지정수량의 배수를 변경할 수 있는 경우
① 주택의 난방시설(공동주택의 중앙난방시설을 제외)을 위한 저장소 또는 취급소
② 농예용·축산용 또는 수산용으로 필요한 **난방시설 또는 건조시설**을 위한 지정수량 **20배** 이하의 저장소

15. 위험물안전관리법상 시·도지사의 허가를 받지 아니하고 당해 제조소등을 설치할 수 있는 기준 중 다음 ( )안에 알맞은 것은?

농예용·축산용 또는 수산용으로 필요한 난방시설 또는 건조시설을 위한 지정수량 ( )배 이하의 저장소

① 20 ② 30
③ 40 ④ 50

해설 위험물안전관리법상 시·도지사의 허가를 받지 아니하고 당해 제조소등을 설치할 수 있거나 그 위치 구조 또는 설비를 변경할 수 있으며 신고를 하지 않고 위험물의 품명 수량 또는 지정수량의 배수를 변경할 수 있는 경우
① 주택의 난방시설(공동주택의 중앙난방시설을 제외)을 위한 저장소 또는 취급소
② 농예용·축산용 또는 수산용으로 필요한 난방시설 또는 건조시설을 위한 지정수량 20배 이하의 저장소

16. 옥내주유취급소에 있어서 당해 사무소 등의 출입구 및 피난구와 당해 피난구로 통하는 통로·계단 및 출입구에 설치하여야 하는 피난설비는?
① 유도등 ② 자동식사이렌설비
③ 제연설비 ④ 수동식소화기

해설 관련법 : 위험물안전관리법 시행규칙 별표 17 (소화설비, 경보설비 및 **피난설비**의 기준)
옥내주유취급소에 있어서는 당해 사무소 등의 출입구 및 피난구와 당해 피난구로 통하는 통로·계단 및 출입구에 **유도등을 설치**하여야 한다.

17. 위험물 제조소 등의 용도를 폐지한 때에는 용도를 폐지한 날부터 며칠 이내에 시·도지사에게 신고하여야 하는가?
① 7일 ② 14일 ③ 21일 ④ 30일

정답 12. ④ 13. ② 14. ① 15. ① 16. ① 17. ②

해설 관련법: 위험물안전관리법 제11조(제조소 등의 폐지)
제조소 등의 관계인(소유자·점유자 또는 관리자를 말한다. 이하 같다)은 당해 제조소 등의 용도를 폐지(장래에 대하여 위험물시설로서의 기능을 완전히 상실시키는 것을 말한다)한 때에는 행정안전부령이 정하는 바에 따라 제조소 등의 **용도를 폐지한 날부터 14일 이내**에 시·도지사에게 신고하여야 한다.

18 ★★★ 출제년도 【18.】
위험물안전관리법령상 제조소의 위치·구조 및 설비의 기준 중 위험물을 취급하는 건축물 그 밖의 시설의 주위에는 그 취급하는 위험물의 최대수량이 지정수량의 10배 이하인 경우 보유하여야 할 공지의 너비는 몇 m 이상이어야 하는가?

① 3 ② 5
③ 8 ④ 10

해설 보유공지

취급하는 위험물의 최대수량	공지의 너비
지정수량의 10배 이하	3m 이상
지정수량의 10배 초과	5m 이상

19 ★★★ 출제년도 【18. 21.】
위험물안전관리법령상 취급하는 위험물의 최대수량이 지정수량의 10배 이하인 경우 공지의 너비 기준은?

① 2 m 이하 ② 2 m 이상
③ 3 m 이하 ④ 3 m 이상

해설

취급하는 위험물의 최대수량	공지의 너비
지정수량의 10배 이하	3 m 이상
지정수량의 10배 초과	5 m 이상

20 ★★★ 출제년도 【19.】
문화재보호법의 규정에 의한 유형문화재와 지정문화재에 있어서는 제조소 등과의 수평거리를 몇 m 이상 유지하여야 하는가?

① 20 ② 30
③ 50 ④ 70

해설 제조소의 위치·구조 및 설비의 기준 중 안전거리

주거용	10m 이상
학교·병원·극장 그 밖에 다수인을 수용하는 시설 1) 학교 2) 병원급 의료기관 3) 공연장, 영화상영관: 3백명 이상 4) 아동복지시설, 노인복지시설, 장애인복지시설, 한부모가족복지시설, 어린이집, 성매매피해자등을 위한 지원시설, 정신보건시설: 20명 이상	30m 이상
유형문화재와 기념물 중 지정문화재	50m 이상
고압가스, 액화석유가스 또는 도시가스를 저장 또는 취급하는 시설	20m 이상
사용전압이 7,000V 초과 35,000V 이하 특고압가공전선	3m 이상
사용전압이 35,000V를 초과 특고압가공전선	5m 이상

21 ★★ 출제년도 【20.】
위험물안전관리법령상 제조소의 기준에 따라 건축물의 외벽 또는 이에 상당하는 공작물의 외측으로부터 제조소의 외벽 또는 이에 상당하는 공작물의 외측까지의 안전거리 기준으로 틀린 것은? (단, 제6류 위험물을 취급하는 제조소를 제외하고, 건축물에 불연재료로 된 방화상 유효한 담 또는 벽을 설치하지 않은 경우이다.)

① 의료법에 의한 종합병원에 있어서는 30 m 이상
② 도시가스사업법에 의한 가스공급시설에 있어서는 20m 이상
③ 사용전압 35,000V를 초과하는 특고압가공전선에 있어서는 5m 이상
④ 문화재보호법에 의한 유형문화재와 기념물 중 지정문화재에 있어서는 30m 이상

정답 18. ① 19. ④ 20. ③ 21. ④

해설 안전거리

주거용	10m 이상
학교·병원·극장 그 밖에 다수인을 수용하는 시설 1) 학교 2) 병원급 의료기관 3) 공연장, 영화상영관 : 3백명 이상 4) 아동복지시설, 노인복지시설, 장애인복지시설, 한부모가족복지시설, 어린이집, 성매매피해자등을 위한 지원시설, 정신보건시설 : 20명 이상	30m 이상
유형문화재와 기념물 중 지정문화재	50m 이상
고압가스, 액화석유가스 또는 도시가스를 저장 또는 취급하는 시설	20m 이상
사용전압이 7,000V 초과 35,000V 이하 특고압가공전선	3m 이상
사용전압이 35,000V를 초과 특고압가공전선	5m 이상

22 ★★ 출제년도【18.】
위험물안전관리법령상 위험물의 안전관리와 관련된 업무를 수행하는 자로서 소방청장이 실시하는 안전교육대상자가 아닌 것은?

① 안전관리자로 선임된 자
② 탱크시험자의 기술인력으로 종사하는 자
③ 위험물운송자로 종사하는 자
④ 제조소등의 관계인

해설 위험물안전관리법 시행령 안전교육대상자
1. 안전관리자로 선임된 자
2. 탱크시험자의 기술인력으로 종사하는 자
3. 위험물운반자로 종사하는 자
4. 위험물운송자로 종사하는 자

23 ★★★ 출제년도【18.】
위험물안전관리법령상 인화성액체위험물(이황화탄소를 제외)의 옥외탱크저장소의 탱크 주위에 설치하여야 하는 방유제의 설치 기준 중 틀린 것은?

① 방유제 내의 면적은 60000 m² 이하로 하여야 한다.

② 방유제는 높이 0.5 m 이상 3 m 이하, 두께 0.2 m 이상, 지하매설깊이 1 m 이상으로 할 것. 다만, 방유제와 옥외저장탱크 사이의 지반면 아래에 불침윤성 구조물을 설치하는 경우에는 지하매설깊이를 해당 불침윤성 구조물까지로 할 수 있다.
③ 방유제의 용량은 방유제안에 설치된 탱크가 하나인 때에는 그 탱크 용량의 110% 이상, 2기 이상인 때에는 그 탱크 중 용량이 최대인 것의 용량의 110% 이상으로 하여야 한다.
④ 방유제는 철근콘크리트로 하고, 방유제와 옥외저장탱크 사이의 지표면은 불연성과 불침윤성이 있는 구조 (철근콘크리트 등)로 할 것. 다만, 누출된 위험물을 수용할 수 있는 전용유조 및 펌프 등의 설비를 갖춘 경우에는 방유제와 옥외저장탱크 사이의 지표면을 흙으로 할 수 있다.

해설 방유제 내의 면적은 80,000 m² 이하

24 ★★★ 출제년도【18.】
위험물안전관리법령에 따른 인화성액체 위험물(이황화탄소를 제외)의 옥외탱크 저장소의 탱크 주위에 설치하는 방유제의 설치 기준 중 옳은 것은?

① 방유제의 높이는 0.5 m 이상 2.0 m 이하로 할 것
② 방유제내의 면적은 100000m² 이하로 할 것
③ 방유제의 용량은 방유제안에 설치된 탱크가 2기 이상인 때에는 그 탱크 중 용량이 최대인 것의 용량의 120% 이상으로 할 것
④ 높이가 1 m를 넘는 방유제 및 간막이 둑의 안팎에는 방유제내에 출입하기 위한 계단 또는 경사로를 약 50m마다 설치할 것

정답 22. ④ 23. ① 24. ④

[해설] 방유제

대상	인화성액체위험물(이황화탄소를 제외)의 **옥외탱크저장소**의 탱크 주위
용량	1. 설치된 탱크가 하나인 때에는 그 **탱크 용량**의 110% 이상 2. 2기 이상인 때에는 그 탱크 중 용량이 최대인 것의 용량의 110% 이상
구조	높이 0.5m 이상 3m 이하, 두께 0.2m 이상, 지하매설깊이 1m 이상
면적	8만 m² 이하
방유제 내 옥외저장 탱크의 수	10 이하

25 ★★★ 출제년도【21.】
위험물안전관리법령상 인화성액체위험물(이황화탄소를 제외)의 옥외탱크저장소의 탱크 주위에 설치하여야 하는 방유제의 기준 중 틀린 것은?

① 방유제의 용량은 방유제안에 설치된 탱크가 하나인 때에는 그 탱크 용량의 110% 이상으로 할 것
② 방유제의 용량은 방유제안에 설치된 탱크가 2기 이상인 때에는 그 탱크 중 용량이 최대인 것의 용량의 110% 이상으로 할 것
③ 방유제는 높이 1m 이상 2m 이하, 두께 0.2m 이상, 지하매설깊이 0.5m 이상으로 할 것
④ 방유제내의 면적은 80,000m² 이하로 할 것

[해설] 방유제의 높이 0.5m 이상 3m 이하, 두께 0.2m 이상, 지하매설깊이 1m 이상

26 ★★ 출제년도【18.】
위험물안전관리법령에 따른 정기점검의 대상인 제조소 등의 기준 중 틀린 것은?

① 암반탱크저장소
② 지하탱크저장소
③ 이동탱크저장소
④ 지정수량의 150배 이상의 위험물을 저장하는 옥외탱크저장소

[해설] 지정수량의 **200배 이상**의 위험물을 저장하는 **옥외탱크저장소**

27 ★★★ 출제년도【18.】
위험물안전관리법령에 따른 위험물제조소의 옥외에 있는 위험물취급탱크 용량이 100 m³ 및 180m³인 2개의 취급탱크 주위에 하나의 방유제를 설치하는 경우 방유제의 최소 용량은 몇 m³이어야 하는가?

① 100 ② 140
③ 180 ④ 280

[해설] 위험물 취급탱크 방유제
방유제의 용량 : 180 m³ × 0.5 + 100m³ × 0.1
  = 100m³
방유제의 용량 : 당해 탱크용량의 50% 이상, 2 이상의 취급탱크 주위에 하나의 방유제를 설치하는 경우 그 방유제의 용량은 당해 탱크 중 용량이 최대인 것 × 50% + 나머지 탱크용량 합계 × 10% 이상

28 ★★★ 출제년도【16.18.】
위험물 안전관리법령에 따른 소화난이도등급 I의 옥내탱크저장소에서 유황만을 저장·취급할 경우 설치하여야 하는 소화설비로 옳은 것은?

① 물분무소화설비
② 스프링클러설비
③ 포소화설비
④ 옥내소화전설비

[해설] 소화난이도등급 I의 옥내탱크저장소
① 유황만 저장취급 : 물분무소화설비
② 인화점 70℃이상 제4류 위험물 : 물분무소화설비, 고정식 포소화설비, 이동식 외의 CO_2 및 할로겐화합물 및 분말소화설비

정답 25. ③ 26. ④ 27. ① 28. ①

29 ★★ 출제년도【19.】
경유의 저장량이 2,000리터, 중유의 저장량이 4,000리터, 등유의 저장량이 2,000리터인 저장소에 있어서 지정수량의 배수는?

① 동일 ② 6배
③ 3배 ④ 2배

해설 경유의 지정수량이 1000리터, 중유의 지정수량이 2000리터, 등유의 지정수량이 1000리터이므로 지정수량의 배수를 산출하면
$$= \frac{2000}{1000} + \frac{4000}{2000} + \frac{2000}{1000} = 6배$$

30 ★★ 출제년도【19.】
제3류 위험물 중 금수성 물품에 적응성이 있는 소화약제는?

① 물
② 강화액
③ 팽창질석
④ 인산염류분말

해설 소화설비의 적응성(위험물안전관리법 시행규칙 별표17)
① 분말소화설비(탄산수소나트륨, 탄산수소칼륨)
② 건조사
③ 팽창질석 또는 팽창진주암

31 ★★★ 출제년도【19.】
산화성고체인 제1류 위험물에 해당되는 것은?

① 질산염류
② 특수인화물
③ 과염소산
④ 유기과산화물

해설 보기설명
① 질산염류 : 제1류 위험물, 산화성고체
② 특수인화물 : 제4류 위험물, 인화성고체
③ 과염소산 : 제6류 위험물, 산화성액체
④ 유기과산화물 : 제5류 위험물, 자기연소성 물질

32 ★★★ 출제년도【19.】
제6류 위험물에 속하지 않는 것은?

① 질산 ② 과산화수소
③ 과염소산 ④ 과염소산염류

해설 과염소산염류는 제1류 위험물이다.

위험물			지정수량
유별	성질	품명	
제6류	산화성 액체	1. 과염소산	300킬로그램
		2. 과산화수소	300킬로그램
		3. 질산	300킬로그램

33 ★★ 출제년도【19.】
지정수량의 최소 몇 배 이상의 위험물을 취급하는 제조소에는 피뢰침을 설치해야 하는가? (단, 제6류 위험물을 취급하는 위험물제조소는 제외하고, 제조소 주위의 상황에 따라 안전상 지장이 없는 경우도 제외한다.)

① 5배 ② 10배
③ 50배 ④ 100배

해설 피뢰설비
지정수량의 10배 이상의 위험물을 취급하는 제조소(제6류 위험물을 취급하는 위험물제조소를 제외한다)에는 피뢰침을 설치하여야 한다. 다만, 제조소의 주위의 상황에 따라 안전상 지장이 없는 경우에는 피뢰침을 설치하지 아니할 수 있다.

34 ★★★ 출제년도【19. 22.】
제4류 위험물을 저장·취급하는 제조소에 "화기엄금"이란 주의사항을 표시하는 게시판을 설치할 경우 게시판의 색상은?

① 청색바탕에 백색문자
② 적색바탕에 백색문자
③ 백색바탕에 적색문자
④ 백색바탕에 흑색문자

해설 ① 화기엄금 : 적색바탕에 백색문자
② 물기엄금 : 청색바탕에 백색문자

정답 29. ② 30. ③ 31. ① 32. ④ 33. ② 34. ②

35 위험물안전관리법상 청문을 실시하여 처분해야 하는 것은?

① 제조소등 설치허가의 취소
② 제조소등 영업정지 처분
③ 탱크시험자의 영업정지 처분
④ 과징금 부과 처분

해설 위험물안전관리법 제29조(청문)
① 실시권자 : 시·도지사, 소방본부장 또는 소방서장
② 사유
　1. 제조소등 설치허가의 취소
　2. 탱크시험자의 등록취소

36 위험물안전관리법령상 제조소등의 관계인은 위험물의 안전관리에 관한 직무를 수행하게 하기 위하여 제조소등마다 위험물의 취급에 관한 자격이 있는 자를 위험물안전관리자로 선임하여야 한다. 이 경우 제조소등의 관계인이 지켜야 할 기준으로 틀린 것은?

① 제조소등의 관계인은 안전관리자를 해임하거나 안전관리자가 퇴직한 때에는 해임하거나 퇴직한 날부터 15일 이내에 다시 안전관리자를 선임하여야 한다.
② 제조소등의 관계인이 안전관리자를 선임한 경우에는 선임한 날부터 14일 이내에 소방본부장 또는 소방서장에게 신고하여야 한다.
③ 제조소등의 관계인은 안전관리자가 여행·질병 그 밖의 사유로 인하여 일시적으로 직무를 수행할 수 없는 경우에는 국가기술자격법에 따른 위험물의 취급에 관한 자격취득자 또는 위험물안전에 관한 기본지식과 경험이 있는 자를 대리자로 지정하여 그 직무를 대행하게 하여야 한다. 이 경우 대행하는 기간은 30일을 초과할 수 없다.
④ 안전관리자는 위험물을 취급하는 작업을 하는 때에는 작업자에게 안전관리에 관한 필요한 지시를 하는 등 위험물의 취급에 관한 안전관리와 감독을 하여야 하고, 제조소등의 관계인은 안전관리자의 위험물 안전관리에 관한 의견을 존중하고 그 권고에 따라야 한다.

해설 위험물안전관리자(위험물안전관리법)

안전관리자를 해임하거나 안전관리자가 퇴직한 때 재선임	기한 : 30일 이내
안전관리자를 선임한 경우 선임신고	기한 : 14일 이내 신고 : 소방본부장 또는 소방서장
대리자가 안전관리자의 직무를 대행하는 기간	30일 초과 불가
안전교육 대상자	1. 안전관리자로 선임된 자 2. 탱크시험자의 기술인력으로 종사하는 자 3. 위험물운송자로 종사하는 자

37 제조소등의 위치·구조 또는 설비의 변경없이 당해 제조소등에서 저장하거나 취급하는 위험물의 품명·수량 또는 지정수량의 배수를 변경하고자 할 때는 누구에게 신고해야 하는가?

① 국무총리　　② 시·도지사
③ 관할소방서장　④ 행정안전부장관

해설

제조소등을 설치하고자 하는 자	시·도지사의 허가
제조소등의 위치·구조 또는 설비의 변경없이 당해 제조소등에서 저장하거나 취급하는 위험물의 품명·수량 또는 **지정수량의 배수를 변경**하고자 하는 자	행정안전부령으로 정하는 바에 따라 변경하고자 하는 날의 **1일** 전까지 **시·도지사**에게 신고

38 ★ 출제년도 【20.】
위험물안전관리법령상 제조소등의 경보설비 설치기준에 대한 설명으로 틀린 것은?

① 제조소 및 일반취급소의 연면적이 500 m² 이상인 것에는 자동화재탐지설비를 설치한다.
② 자동신호장치를 갖춘 스프링클러설비 또는 물분무등소화설비를 설치한 제조소등에 있어서는 자동화재탐지설비를 설치한 것으로 본다.
③ 경보설비는 자동화재탐지설비·비상경보설비(비상벨장치 또는 경종 포함)·확성장치(휴대용확성기 포함) 및 비상방송설비로 구분한다.
④ 지정수량의 10배 이상의 위험물을 저장 또는 취급하는 제조소등(이동탱크저장소를 포함한다)에는 화재발생시 이를 알릴 수 있는 경보설비를 설치하여야 한다.

해설 위험물안전관리법 시행규칙 제42조(경보설비의 기준) 제1항
지정수량의 10배 이상의 위험물을 저장 또는 취급하는 제조소등(이동탱크저장소를 제외한다)에는 화재발생시 이를 알릴 수 있는 경보설비를 설치하여야 한다.

39 ★★ 출제년도 【20.】
위험물안전관리법령상 정기검사를 받아야 하는 특정·준특정옥외탱크저장소의 관계인은 특정·준특정옥외탱크저장소의 설치허가에 따른 완공검사필증을 발급받은 날부터 몇 년 이내에 정기검사를 받아야 하는가?

① 9
② 10
③ 11
④ 12

해설 특정·준특정옥외탱크저장소(저장 또는 취급 위험물 최대수량 50만리터 이상)은 정기점검외 구조안전점검을 1회이상 실시
1. 특정·준특정옥외탱크저장소의 설치허가에 따른 완공검사합격확인증을 발급받은 날부터 12년
2. 최근의 정밀정기검사를 받은 날부터 11년
3. 특정·준특정옥외저장탱크에 안전조치를 한 후 구조안전점검시기 연장신청을 하여 해당 안전조치가 적정한 것으로 인정받은 경우에는 최근의 정밀정기검사를 받은 날부터 13년

40 ★★★ 출제년도 【20.】
위험물안전관리법령상 허가를 받지 아니하고 당해 제조소등을 설치하거나 그 위치·구조 또는 설비를 변경할 수 있으며, 신고를 하지 아니하고 위험물의 품명·수량 또는 지정수량의 배수를 변경할 수 있는 기준으로 옳은 것은?

① 축산용으로 필요한 건조시설을 위한 지정수량 40배 이하의 저장소
② 수산용으로 필요한 건조시설을 위한 지정수량 30배 이하의 저장소
③ 농예용으로 필요한 난방시설을 위한 지정수량 40배 이하의 저장소
④ 주택의 난방시설(공동주택의 중앙난방시설 제외)을 위한 저장소

해설 위험물안전관리법 제6조(위험물 시설의 설치 및 변경 등)
다음 각호의 1에 해당하는 제조소 등의 경우에는 허가를 받지 아니하고 당해 제조소 등을 설치하거나 그 위치·구조 또는 설비를 변경할 수 있으며, 신고를 하지 아니하고 위험물의 품명·수량 또는 지정수량의 배수를 변경할 수 있다.
1) 주택의 난방시설(공동주택의 중앙난방시설을 제외한다)을 위한 저장소 또는 취급소
2) 농예용·축산용 또는 수산용으로 필요한 난방시설 또는 건조시설을 위한 지정수량 20배 이하의 저장소

정답 38. ④ 39. ④ 40. ④

41
위험물안전관리법령상 관계인이 예방규정을 정하여야 하는 위험물을 취급하는 제조소의 지정수량 기준으로 옳은 것은?

① 지정수량의 10배 이상
② 지정수량의 100배 이상
③ 지정수량의 150배 이상
④ 지정수량의 200배 이상

해설 관련법 : 위험물안전관리법 시행령 제15조
(관계인이 예방규정을 정하여야 하는 제조소 등)

배수	배수 없음	10배 이상	100배 이상	150배 이상	200배 이상
제조·저장·취급소	• 이송취급소 • 암반탱크저장소	• 제조소 • 일반취급소	옥외저장소	옥내저장소	옥외탱크저장소

42
위험물안전관리법령상 제조소 또는 일반 취급소에서 취급하는 제4류 위험물의 최대 수량의 합이 지정수량의 48만배 이상인 사업소의 자체소방대에 두는 화학소방자동차 및 인원기준으로 다음 ( ) 안에 알맞은 것은?

화학소방자동차	자체소방대원의 수
(㉠)	(㉡)

① ㉠ 1대, ㉡ 5인
② ㉠ 2대, ㉡ 10인
③ ㉠ 3대, ㉡ 15인
④ ㉠ 4대, ㉡ 20인

해설 자체소방대에 두는 화학소방자동차 및 인원

사업소의 구분	화학소방자동차	자체소방대원의 수
1. 제조소 또는 일반취급소에서 취급하는 제4류 위험물의 최대수량의 합이 지정수량의 3천배 이상 12만배 미만인 사업소	1대	5인
2. 제조소 또는 일반취급소에서 취급하는 제4류 위험물의 최대수량의 합이 지정수량의 12만배 이상 24만배 미만인 사업소	2대	10인
3. 제조소 또는 일반취급소에서 취급하는 제4류 위험물의 최대수량의 합이 지정수량의 24만배 이상 48만배 미만인 사업소	3대	15인
4. 제조소 또는 일반취급소에서 취급하는 제4류 위험물의 최대수량의 합이 **지정수량의 48만배 이상인 사업소**	**4대**	**20인**
5. 옥외탱크저장소에 저장하는 **제4류 위험물의 최대수량이 지정수량의 50만배 이상**인 사업소	2대	10인

43
위험물안전관리법령상 소화난이도등급 Ⅰ의 옥내탱크저장소에서 유황만을 저장·취급할 경우 설치하여야 하는 소화설비로 옳은 것은?

① 물분무소화설비
② 스프링클러설비
③ 포소화설비
④ 옥내소화전설비

해설

	유황만을 저장취급하는 것	물분무소화설비
옥내탱크저장소	인화점 70℃ 이상의 제4류 위험물만을 저장취급하는 것	물분무소화설비, 고정식 포소화설비, 이동식 이외의 불활성가스소화설비, 이동식 이외의 할로겐화합물소화설비 또는 이동식 이외의 분말소화설비
	그 밖의 것	고정식 포소화설비, 이동식 이외의 불활성가스소화설비, 이동식 이외의 할로겐화합물소화설비 또는 이동식 이외의 분말소화설비

정답 41. ① 42. ④ 43. ①

44
위험물안전관리법령상 제조소등에 설치하여야 할 자동화재탐지설비의 설치기준 중 ( ) 안에 알맞은 내용은? (단, 광전식분리형 감지기 설치는 제외한다.)

> 하나의 경계구역의 면적은 (㉠)m² 이하로 하고 그 한 변의 길이는 (㉡)m 이하로 할 것. 다만, 당해 건축물 그 밖의 공작물의 주요한 출입구에서 그 내부의 전체를 볼 수 있는 경우에 있어서는 그 면적은 1,000 m² 이하로 할 수 있다.

① ㉠ 300, ㉡ 20
② ㉠ 400, ㉡ 30
③ ㉠ 500, ㉡ 40
④ ㉠ 600, ㉡ 50

해설 관련법 : 관련법 : 위험물안전관리법 시행규칙 별표 17(소화설비, 경보설비 및 피난설비의 기준)
자동화재탐지설비의 설치기준
하나의 경계구역의 면적은 600 m² 이하로 하고 그 한 변의 길이는 50 m(광전식분리형 감지기를 설치할 경우에는 100 m)이하로 할 것. 다만, 당해 건축물 그 밖의 공작물의 주요한 출입구에서 그 내부의 전체를 볼 수 있는 경우에 있어서는 그 면적을 1,000 m² 이하로 할 수 있다.

45
위험물안전관리법령상 정기점검의 대상인 제조소등의 기준으로 틀린 것은?

① 지하탱크저장소
② 이동탱크저장소
③ 지정수량의 10배 이상의 위험물을 취급하는 제조소
④ 지정수량의 20배 이상의 위험물을 저장하는 옥외탱크저장소

해설 제16조(정기점검의 대상인 제조소 등)
1. 관계인이 예방규정을 정하여야 하는 제조소 등
   ① 지정수량의 10배 이상의 위험물을 취급하는 제조소
   ② 지정수량의 100배 이상의 위험물을 저장하는 옥외저장소
   ③ 지정수량의 150배 이상의 위험물을 저장하는 옥내저장소
   ④ 지정수량의 200배 이상의 위험물을 저장하는 옥외탱크저장소
   ⑤ 암반탱크저장소
   ⑥ 이송취급소
   ⑦ 지정수량의 10배 이상의 위험물을 취급하는 일반취급소
2. 지하탱크저장소
3. 이동탱크저장소
4. 위험물을 취급하는 탱크로서 지하에 매설된 탱크가 있는 제조소·주유취급소 또는 일반취급소

46
위험물안전관리법령상 위험물을 취급함에 있어서 정전기가 발생할 우려가 있는 설비에 설치할 수 있는 정전기 제거설비 방법이 아닌 것은?

① 접지에 의한 방법
② 공기를 이온화하는 방법
③ 자동적으로 압력의 상승을 정지시키는 방법
④ 공기 중의 상대습도를 70% 이상으로 하는 방법

해설 정전기 제거설비
1) 접지에 의한 방법
2) 공기 중의 상대습도를 70% 이상으로 하는 방법
3) 공기를 이온화하는 방법

47
위험물안전관리법령상 유별을 달리하는 위험물을 혼재하여 저장할 수 있는 것으로 짝지어진 것은?

① 제1류-제2류
② 제2류-제3류
③ 제3류-제4류
④ 제5류-제6류

정답 44. ④ 45. ④ 46. ③ 47. ③

해설 유별을 달리하는 위험물의 혼재기준

위험물의 구분	제1류	제2류	제3류	제4류	제5류	제6류
제1류		×	×	×	×	○
제2류	×		×	○	○	×
제3류	×	×		○	×	×
제4류	×	○	○		○	×
제5류	×	○	×	○		×
제6류	○	×	×	×	×	

48 ★ 출제년도 【22.】
위험물안전관리법령상 위험물 및 지정수량에 대한 기준 중 다음 ( ) 안에 알맞은 것은?

> 금속분이라 함은 알칼리금속·알칼리토류금속·철 및 마그네슘의 금속의 분말을 말하고, 구리분·니켈분 및 (㉠)마이크로미터의 체를 통과하는 것이 (㉡)중량 퍼센트 미만인 것은 제외한다.

① ㉠ 150, ㉡ 50
② ㉠ 53, ㉡ 50
③ ㉠ 50, ㉡ 150
④ ㉠ 50, ㉡ 53

해설 금속분 : 알칼리금속·알칼리토류금속·철 및 마그네슘외의 금속의 분말을 말하고, 구리분·니켈분 및 150마이크로미터의 체를 통과하는 것이 50중량퍼센트 미만인 것은 제외한다.

49 ★★ 출제년도 【12. 22.】
위험물안전관리법령상 옥내주유취급소에 있어서 당해 사무소 등의 출입구 및 피난구와 당해 피난구로 통하는 통로·계단 및 출입구에 설치해야 하는 피난설비는?

① 유도등
② 구조대
③ 피난사다리
④ 완강기

해설 관련법 : 위험물안전관리법 시행규칙 별표 17 (소화설비, 경보설비 및 **피난설비**의 기준)
옥내주유취급소에 있어서는 당해 사무소 등의 출입구 및 피난구와 당해 피난구로 통하는 통로·계단 및 출입구에 **유도등을 설치**하여야 한다.

Engineer Fire Protection System - Electrical

Part 04

소방전기시설의 구조 및 원리

01 소방시설의 종류

1. 소화설비

물 또는 그 밖의 소화약제를 사용하여 소화하는 기계·기구 또는 설비로서 다음 각 목의 것

① 소화기구
  1) 소화기
  2) 간이소화용구 : 에어로졸식 소화용구, 투척용 소화용구, 소공간용 소화용구 및 소화약제 외의 것을 이용한 간이소화용구
  3) 자동확산소화기
② 자동소화장치
  1) 주거용 주방자동소화장치
  2) 상업용 주방자동소화장치
  3) 캐비닛형 자동소화장치
  4) 가스자동소화장치
  5) 분말자동소화장치
  6) 고체에어로졸자동소화장치
③ 옥내소화전설비(호스릴옥내소화전설비를 포함한다)
④ 스프링클러설비등
  1) 스프링클러설비
  2) 간이스프링클러설비(캐비닛형 간이스프링클러설비를 포함한다)
  3) 화재조기진압용 스프링클러설비
⑤ 물분무등소화설비
  1) 물분무 소화설비
  2) 미분무소화설비
  3) 포소화설비
  4) 이산화탄소소화설비
  5) 할론소화설비
  6) 할로겐화합물 및 불활성기체 소화설비
  7) 분말소화설비

    8) 강화액소화설비
    9) 고체에어로졸소화설비
⑥ 옥외소화전설비

2. 경보설비 ★★★

화재발생 사실을 통보하는 기계·기구 또는 설비로서 다음 각 목의 것
① 단독경보형 감지기
② 비상경보설비
    1) 비상벨설비
    2) 자동식사이렌설비
③ 시각경보기
④ 자동화재탐지설비
⑤ 비상방송설비
⑥ 자동화재속보설비
⑦ 통합감시시설
⑧ 누전경보기
⑨ 가스누설경보기
⑩ 화재알림설비

3. 피난구조설비

화재가 발생할 경우 피난하기 위하여 사용하는 기구 또는 설비로서 다음 각 목의 것
① 피난기구
    1) 피난사다리
    2) 구조대
    3) 완강기
    4) 간이완강기
    5) 그 밖에 화재안전기준으로 정하는 것
② 인명구조기구
    1) 방열복 또는 방화복(안전모, 보호장갑 및 안전화를 포함한다)

2) 공기호흡기
   3) 인공소생기
  ③ 유도등 ★★
   1) 피난유도선
   2) 피난구유도등
   3) 통로유도등
   4) 객석유도등
   5) 유도표지
  ④ 비상조명등 및 휴대용비상조명등

4. 소화용수설비

화재를 진압하는 데 필요한 물을 공급하거나 저장하는 설비로서 다음 각 목의 것
① 상수도소화용수설비
② 소화수조·저수조, 그 밖의 소화용수설비

5. 소화활동설비 ★★★

화재를 진압하거나 인명구조활동을 위하여 사용하는 설비로서 다음 각 목의 것
① 제연설비
② 연결송수관설비
③ 연결살수설비
④ 비상콘센트설비
⑤ 무선통신보조설비
⑥ 연소방지설비

02 비상경보설비 및 단독경보형감지기 (NFTC 201)

1. 설치대상

1. 비상경보설비 ★★★

1) **연면적 400m² 이상**은 모든층
2) 지하층 또는 무창층의 바닥면적이 150m²(공연장의 경우 100m²) 이상은 모든 층
3) 지하가 중 터널로서 길이가 **500m 이상**인 것
4) **50명** 이상의 근로자가 작업하는 옥내 작업장

2. 단독경보형감지기 ★★★

1) 교육연구시설 내에 있는 기숙사 또는 합숙소로서 연면적 2천m² 미만
2) 수련시설 내에 있는 기숙사 또는 합숙소로서 연면적 2천m² 미만인 것
3) 수련시설(숙박시설이 있는 것만 해당한다)
4) 연면적 400m² 미만의 유치원
5) 공동주택 중 연립주택 및 다세대주택

2. 용어정의

용어	정의
단독경보형감지기	화재발생 상황을 단독으로 감지하여 자체에 내장된 음향장치로 경보하는 감지기
비상벨설비	화재발생 상황을 경종으로 경보하는 설비
자동식사이렌설비	화재발생 상황을 사이렌으로 경보하는 설비
발신기	화재발생 신호를 수신기에 수동으로 발신하는 장치
수신기	발신기에서 발하는 화재신호를 직접 수신하여 화재의 발생을 표시 및 경보하여 주는 장치
신호처리방식	화재신호 및 상태신호 등(이하 "화재신호 등"이라 한다)을 송수신하는 방식으로서 다음의 방식 ① "**유선식**"은 화재신호 등을 배선으로 송·수신하는 방식의 것 ② "**무선식**"은 화재신호 등을 전파에 의해 송·수신하는 방식의 것 ③ "**유·무선식**"은 유선식과 무선식을 겸용으로 사용하는 방식의 것

3. 비상벨설비 또는 자동식사이렌설비

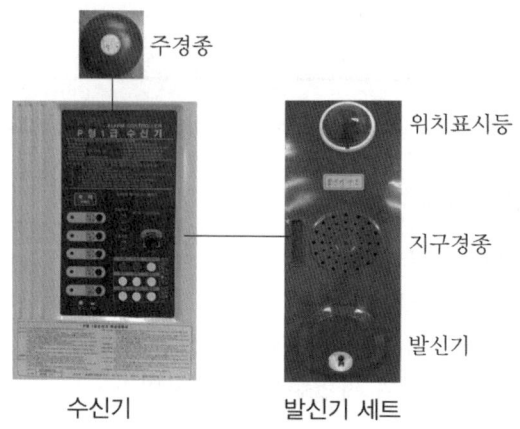

수신기   발신기 세트

1. **지구음향장치** ★★★
    1) 층마다 설치
    2) 하나의 음향장치까지의 수평거리가 **25m 이하**

2. **음향장치** ★★

    정격전압의 **80%** 전압에서 음향을 발할 수 있도록 할 것. 다만, 건전지를 주전원으로 사용하는 음향장치는 그러하지 아니하다.

3. **음향장치 음향의 크기** ★★

    부착된 음향장치의 중심으로부터 1m 떨어진 위치에서 **90dB 이상**

4. **발신기 설치 기준** ★★★

    1) 조작스위치 : 바닥으로부터 **0.8m 이상 1.5m 이하**
    2) 층마다 설치, 하나의 발신기까지의 **수평거리가 25m 이하.** 다만, 복도 또는 별도로 구획된 실로서 보행거리가 40 m 이상일 경우에는 추가로 설치해야 한다.
    3) 발신기의 위치표시등은 함의 **상부**, 그 불빛은 부착 면으로부터 **15° 이상**의 범위 안에서 부착지점으로부터 **10m 이내**의 어느 곳에서도 쉽게 식별할 수 있는 **적색등**

[그림] 발신기세트 옥내소화전 내장형

5. 상용전원

축전지설비, 전기저장장치(외부 전기에너지를 저장해 두었다가 필요한 때 전기를 공급하는 장치) 또는 교류전압의 **옥내 간선**으로 하고, 전원까지의 배선은 전용으로 할 것

6. 비상전원 설치 ★★★

설비에 대한 감시상태를 **60분간** 지속한 후 유효하게 **10분 이상** 경보할 수 있는 **축전지설비**(수신기에 내장하는 경우를 포함한다) 또는 **전기저장장치**(외부 전기에너지를 저장해 두었다가 필요한 때 전기를 공급하는 장치)를 설치하여야 한다. 다만, 상용전원이 축전지설비인 경우 또는 건전지를 주전원으로 사용하는 무선식 설비인 경우에는 그러하지 아니하다.

7. 절연저항 ★★★

부속회로의 전로와 대지사이 및 배선 상호간의 절연저항은 **1경계구역**마다 **직류 250V**의 절연저항측정기를 사용하여 측정한 절연저항이 **0.1MΩ 이상**

4. 단독경보형감지기 ★★★

1. 각 실(이웃하는 실내의 바닥면적이 각각 **30 m² 미만**이고 벽체의 상부의 부분 또는 일부가 개방되어 이웃하는 실내와 공기가 상호 유통되는 경우에는 이를 1개의 실로 본다)마다 설치하되, 바닥면적이 **150 m²를 초과하는** 경우에는 150 m² 마다 1개 이상 설치할 것

$$감지기의 \ 수량 = \frac{바닥면적[m^2]}{150[m^2]} \ (소수점 \ 이하 \ 절상)$$

2. 계단실은 최상층의 계단실 천장(외기가 상통하는 계단실의 경우를 제외)에 설치할 것
3. 건전지를 주전원으로 사용하는 단독경보형감지기는 정상적인 작동상태를 유지할 수 있도록 주기적으로 건전지를 교환할 것
4. 상용전원을 주전원으로 사용하는 단독경보형감지기의 2차전지는 법 제40조에 따라 제품검사에 합격한 것을 사용할 것

5. 도로터널의 비상경보설비 ★★

1. 발신기는 주행차로 한쪽 측벽에 **50 m 이내**의 간격으로 설치하며, 편도 2차선 이상의 양방향 터널이나 4차로 이상의 일방향 터널의 경우에는 양쪽의 측벽에 각각 50m 이내의 간격으로 엇갈리게 설치. 발신기는 **바닥면으로부터 0.8 m 이상 1.5 m 이하**의 높이에 설치할 것
2. 음향장치의 음량은 부착된 음향장치의 중심으로부터 **1 m 떨어진 위치에서 90 dB 이상**이 되도록 하고, 터널 내부 전체에 동시에 경보를 발하도록 할 것
3. 시각경보기는 주행차로 한쪽 측벽에 **50 m 이내**의 간격으로 비상경보설비의 상부 직근에 설치하고, 설치된 전체 시각경보기는 동기방식에 의해 작동될 수 있도록 할 것

02 출제예상문제

비상경보설비 및 단독경보형감지기

01 ★★ 출제년도【17.】

비상경보설비를 설치하여야 할 특정소방대상물의 기준 중 옳은 것은? (단, 지하구, 모래·석대 등 불연재료 창고 및 위험물 저장·처리 시설 중 가스시설은 제외한다.)

① 지하층 또는 무창층의 바닥면적이 150m² (공연장의 경우 100m²) 이상인 것
② 연면적 500m²(지하가 중 터널 또는 사람이 거주하지 않거나 벽이 없는 축사 등 동·식물관련시설은 제외) 이상인 것
③ 30명 이상의 근로자가 작업하는 옥내 작업장
④ 지하가 중 터널로서 길이가 1000m 이상인 것

해설 비상경보설비의 설치대상

연면적	400m² 이상은 모든층
지하층 또는 무창층의 바닥면적	150m²(공연장의 경우 100m²) 이상인 것은 모든층
지하가 중 터널	길이가 500m 이상
50명 이상의 근로자가 작업하는 옥내 작업장	

02 ★★★ 출제년도【18.】

비상경보설비를 설치하여야 하는 특정소방대상물의 기준으로 옳은 것은? (단, 지하구, 모래·석재 등 불연재료 창고 및 위험물 저장·처리 시설 중 가스시설은 제외한다.)

① 공연장의 경우 지하층 또는 무창층의 바닥면적이 100 m² 이상인 것
② 지하층을 제외한 층수가 11층 이상인 것
③ 지하층의 층수가 3층 이상인 것
④ 30명 이상의 근로자가 작업하는 옥내작업장

해설 비상경보설비 설치 특정소방대상물
① 연면적 400 m² 이상이거나 지하층 또는 무창층의 바닥면적이 150 m²(**공연장의 경우 100 m²**)이상인 것은 모든층
② 지하가 중 터널로서 길이가 500 m 이상인 것
③ 50명 이상의 근로자가 작업하는 옥내 작업장

03 ★★★ 출제년도【18.】

비상경보설비를 설치하여야 하는 특정소방대상물의 기준 중 옳은 것은? (단, 지하구, 모래·석재 등 불연재료 창고 및 위험물 저장·처리 시설 중 가스시설은 제외한다.)

① 지하층 또는 무창층의 바닥면적이 150m² 이상인 것
② 공연장으로서 지하층 또는 무창층의 바닥면적이 200m² 이상인 것
③ 지하가 중 터널로서 길이가 400m 이상인 것
④ 30명 이상의 근로자가 작업하는 옥내작업장

해설 비상경보설비 설치 특정소방대상물
① 지하층 또는 무창층의 바닥면적이 150m² 이상인 것은 모든층
② 공연장으로서 지하층 또는 무창층의 바닥면적이 100m² 이상인 것은 모든층
③ 지하가 중 터널로서 길이가 500m 이상인 것
④ 50명 이상의 근로자가 작업하는 옥내작업장

정답 01. ① 02. ① 03. ①

04 ★★★ 출제년도 【19.】
비상경보설비를 설치하여야 할 특정소방대상물로 옳은 것은? (단, 지하구, 모래·석재 등 불연재료 창고 및 위험물 저장·처리 시설 중 가스시설은 제외한다.)

① 지하가 중 터널로서 길이가 400m 이상인 것
② 30명 이상의 근로자가 작업하는 옥내 작업장
③ 지하층 또는 무창층의 바닥면적이 150m² (공연장의 경우 100m²) 이상인 것
④ 연면적 300m²(지하가 중 터널 또는 사람이 거주하지 않거나 벽이 없는 축사 등 동·식물 관련시설은 제외) 이상인 것

해설 비상경보설비 설치대상
① 연면적 400m² 이상이거나 지하층 또는 무창층의 바닥면적이 150m² (공연장의 경우 100m²) 이상인 것은 모든 층
② 지하가 중 터널로서 길이가 500m 이상인 것
③ 50명 이상의 근로자가 작업하는 옥내작업장

05 ★★★ 출제년도 【17.】
단독경보형감지기를 설치하여야 하는 특정소방대상물의 기준 중 옳은 것은?

① 연면적 400m² 미만의 유치원
② 연면적 2000m² 미만의 기숙사
③ 교육연구시설 또는 수련시설 내에 있는 합숙소 또는 기숙사로서 연면적 1000m² 미만인 것
④ 연면적 1000m² 미만의 숙박시설

해설 단독경보형감지기 설치대상

공동주택 중 연립주택 및 다세대주택	
교육연구시설 또는 수련시설 내에 있는 합숙소 또는 기숙사	연면적 2천m² 미만
수련시설(숙박시설이 있는 것만 해당)	
유치원	연면적 400m² 미만

06 ★ 출제년도 【13.】
비상경보설비의 화재안전기술기준에서 사용하는 용어의 정의로 옳지 않은 것은?

① 발신기란 화재발생 신호를 자동으로 발신하는 장치를 말한다.
② 비상벨 설비란 화재발생 상황을 경종으로 경보하는 설비를 말한다.
③ 자동식사이렌 설비란 화재발생 상황을 사이렌으로 경보하는 설비를 말한다.
④ 단독경보형감지기란 화재발생 상황을 단독으로 감지하여 자체에 내장된 음향장치로 경보하는 감지기를 말한다.

해설 **발신기**는 화재 발생신호를 수신기에 **수동으로 발신**하는 장치를 말한다.

07 ★ 출제년도 【14.】
화재발생 상황을 경종으로 경보하는 설비는?

① 비상벨설비
② 자동식사이렌설비
③ 비상방송설비
④ 자동화재속보설비

해설 비상벨 설비라 함은 화재 발생 상황을 경종으로 경보하는 설비를 말한다.

08 ★ 출제년도 【20.】
비상경보설비 및 단독경보형감지기의 화재안전기술기준(NFTC 201)에 따라 화재신호 및 상태신호 등을 송수신하는 방식으로 옳은 것은?

① 자동식
② 수동식
③ 반자동식
④ 유·무선식

정답 04. ③ 05. ① 06. ① 07. ① 08. ④

해설 신호처리방식
1. "유선식"은 화재신호 등을 배선으로 송·수신하는 방식의 것
2. "무선식"은 화재신호 등을 전파에 의해 송·수신하는 방식의 것
3. "유·무선식"은 유선식과 무선식을 겸용으로 사용하는 방식의 것

09 ★★ 출제년도【14.】
비상벨설비 또는 자동사이렌설비의 지구음향장치는 특정소방대상물의 층마다 설치하되, 해당 특정소방대상물의 각 부분으로부터 하나의 음향장치까지의 수평거리가 몇 m 이하가 되도록 하여야 하는가?

① 25[m] 이하
② 30[m] 이하
③ 40[m] 이하
④ 50[m] 이하

해설 지구음향장치는 소방대상물의 층마다 설치하되, 당해 소방대상물의 각 부분으로부터 하나의 음향장치까지의 수평거리가 25[m] 이하가 되도록 하고, 당해 층의 각 부분에 유효하게 경보를 발할 수 있도록 설치할 것

10 ★★★ 출제년도【17.】
비상벨설비 또는 자동사이렌설비의 지구음향 장치는 특정소방대상물의 층마다 설치하되, 해당 특정소방대상물의 각 부분으로부터 하나의 음향장치까지의 수평거리가 몇 m 이하가 되도록 하여야 하는가?

① 15
② 25
③ 40
④ 50

해설 지구음향장치는 소방대상물의 층마다 설치하되, 당해 소방대상물의 각 부분으로부터 하나의 음향장치까지의 수평거리가 25m 이하가 되도록 하고, 당해 층의 각 부분에 유효하게 경보를 발할 수 있도록 설치할 것

11 ★★★ 출제년도【20.】
비상경보설비 및 단독경보형감지기의 화재안전기술기준(NFTC 201)에 따라 비상경보설비의 발신기 설치 시 복도 또는 별도로 구획된 실로서 보행거리가 몇 m 이상일 경우에는 추가로 설치하여야 하는가?

① 25
② 30
③ 40
④ 50

해설 비상경보설비의 발신기 설치기준
발신기는 다음 각 호의 기준에 따라 설치하여야 한다. 다만, 지하구의 경우에는 발신기를 설치하지 아니할 수 있다.
1. 조작이 쉬운 장소에 설치하고, 조작스위치는 바닥으로부터 0.8m 이상 1.5m 이하의 높이에 설치할 것
2. 특정소방대상물의 층마다 설치하되, 해당 특정소방대상물의 각 부분으로부터 하나의 발신기까지의 수평거리가 25m 이하가 되도록 할 것. 다만, **복도 또는 별도로 구획된 실로서 보행거리가 40m 이상일 경우에는 추가로 설치**하여야 한다.
3. 발신기의 위치표시등은 함의 상부에 설치하되, 그 불빛은 부착 면으로부터 15° 이상의 범위 안에서 부착지점으로부터 10m 이내의 어느 곳에서도 쉽게 식별할 수 있는 적색등으로 할 것

12 ★★★ 출제년도【20.】
비상경보설비 및 단독경보형감지기의 화재안전기술기준(NFTC 201)에 따른 발신기의 시설기준에 대한 내용이다. 다음 ( )에 들어갈 내용으로 옳은 것은?

> 조작이 쉬운 장소에 설치하고, 조작스위치는 바닥으로부터 (ⓐ)m 이상 (ⓑ)m 이하의 높이에 설치할 것

① ⓐ 0.6 ⓑ 1.2
② ⓐ 0.8 ⓑ 1.5
③ ⓐ 1.0 ⓑ 1.8
④ ⓐ 1.2 ⓑ 2.0

정답 09. ① 10. ② 11. ③ 12. ②

해설 발신기 설치기준
① 조작이 쉬운 장소에 설치하고, 조작스위치는 바닥으로부터 **0.8m 이상 1.5m 이하**의 높이에 설치할 것
② 특정소방대상물의 **층마다** 설치하되, 해당 특정소방대상물의 각 부분으로부터 하나의 발신기까지의 수평거리가 **25m 이하**가 되도록 할 것. 다만, 복도 또는 별도로 구획된 실로서 보행거리가 **40m 이상**일 경우에는 추가로 설치하여야 한다.
③ 발신기의 위치표시등은 **함의 상부**에 설치하되, 그 불빛은 부착 면으로부터 **15° 이상**의 범위 안에서 부착지점으로부터 **10m 이내**의 어느 곳에서도 쉽게 식별할 수 있는 적색등으로 할 것

13 ★ 출제년도 【15.】
비상경보설비의 함 상부에 설치하는 발신기 위치표시등의 불빛은 부착지점으로부터 몇 [m] 이내 떨어진 위치에서도 쉽게 식별할 수 있어야 하는가?

① 5 ② 10
③ 15 ④ 20

해설 발신기 위치표시등 : 함의 상부에 설치, 불빛은 부착면으로부터 15° 이상, 10[m] 이내의 어느 곳에서도 쉽게 식별할 수 있는 적색등으로 할 것

14 ★★★ 출제년도 【20.】
비상경보설비 및 단독경보형감지기의 화재안전기술기준(NFTC 201)에 따른 발신기의 시설기준으로 틀린 것은?

① 발신기의 위치표시등은 함의 하부에 설치한다.
② 조작스위치는 바닥으로부터 0.8m 이상 1.5m 이하의 높이에 설치할 것
③ 복도 또는 별도로 구획된 실로서 보행거리가 40m 이상일 경우에는 추가로 설치하여야 한다.
④ 특정소방대상물의 층마다 설치하되, 해당 특정소방대상물의 각 부분으로부터 하나의 발신기까지의 수평거리가 25m 이하가 되도록 할 것

해설 발신기 설치기준
① 조작이 쉬운 장소에 설치하고, 조작스위치는 바닥으로부터 0.8m 이상 1.5m 이하의 높이에 설치할 것
② 특정소방대상물의 층마다 설치하되, 해당 특정소방대상물의 각 부분으로부터 하나의 발신기까지의 수평거리가 25m 이하가 되도록 할 것. 다만, 복도 또는 별도로 구획된 실로서 보행거리가 40m 이상일 경우에는 추가로 설치하여야 한다.
③ 발신기의 위치표시등은 **함의 상부**에 설치하되, 그 불빛은 부착 면으로부터 15° 이상의 범위 안에서 부착지점으로부터 10m 이내의 어느 곳에서도 쉽게 식별할 수 있는 적색등으로 할 것

15 ★★★ 출제년도 【21.】
비상경보설비 및 단독경보형감지기의 화재안전기술기준(NFTC 201)에 따른 비상벨설비에 대한 설명으로 옳은 것은?

① 비상벨설비는 화재발생 상황을 사이렌으로 경보하는 설비를 말한다.
② 비상벨설비는 부식성가스 또는 습기 등으로 인하여 부식의 우려가 없는 장소에 설치하여야 한다.
③ 음향장치의 음량은 부착된 음향장치의 중심으로부터 1 m 떨어진 위치에서 60 dB 이상이 되는 것으로 하여야 한다.
④ 특정소방대상물의 층마다 설치하되, 해당 특정소방대상물의 각 부분으로부터 하나의 발신기까지의 수평거리가 30 m 이하가 되도록 하여야 한다.

해설 보기설명
① 비상벨설비"란 화재발생 상황을 경종으로 경보하는 설비
③ 음향장치의 음량은 부착된 음향장치의 중심으로부터 1m 떨어진 위치에서 90dB 이상이 되는 것으로 하여야 한다.
④ 특정소방대상물의 층마다 설치하되, 해당 특정소방대상물의 각 부분으로부터 하나의 발신기까지의 수평거리가 25m 이하가 되도록 할 것

정답 13. ② 14. ① 15. ②

16 비상벨설비 또는 자동식사이렌설비에 사용하는 벨 등의 음향장치의 설치기준이 틀린 것은?

① 음향장치용 전원은 교류전압의 옥내간선으로 하고 배선은 다른 설비와 겸용으로 할 것
② 음향장치는 정격전압의 80[%] 전압에서 음향을 발할 수 있도록 할 것
③ 음향장치의 음량은 부착된 음향장치의 중심으로부터 1[m] 떨어진 위치에서 90[dB] 이상일 것
④ 지구음향장치는 특정소방대상물의 층마다 설치하되, 해당 특정소방대상물의 각 부분으로부터 하나의 음향장치까지의 수평거리가 25[m] 이하가 되도록 할 것

해설 비상벨설비 또는 자동식사이렌설비의 전원 **축전지, 전기저장장치**(외부 전기에너지를 저장해 두었다가 필요한 때 전기를 공급하는 장치) 또는 교류전압의 **옥내 간선**으로 하고, 전원까지의 배선은 **전용**으로 할 것

17 비상벨설비 음향장치의 음량은 부착된 음향장치의 중심으로부터 1 m 떨어진 위치에서 몇 dB 이상이 되는 것으로 하여야 하는가?

① 90　　② 80
③ 70　　④ 60

해설 음향장치의 음량 : 부착된 음향장치의 중심으로부터 1 m 떨어진 위치에서 90 dB 이상

18 비상경보설비 및 단독경보형감지기의 화재안전기술기준(NFTC 201)에 따라 비상벨설비의 음향장치의 음량은 부착된 음향장치의 중심으로부터 1m 떨어진 위치에서 몇 dB 이상이 되는 것으로 하여야 하는가?

① 60　　② 70
③ 80　　④ 90

해설 음향장치의 음량은 부착된 음향장치의 중심으로부터 1m 떨어진 위치에서 90dB 이상이 되는 것으로 하여야 한다.

19 연면적 2,000m² 미만의 교육연구시설 내에 있는 합숙소 또는 기숙사에 설치하는 단독경보형감지기 설치기준으로 틀린 것은?

① 각 실마다 설치하되, 바닥면적이 150m²를 초과하는 경우에는 150m²마다 1개 이상 설치 할 것
② 외기가 상통하는 최상층의 계단실의 천장에 설치할 것
③ 건전지를 주전원을 사용하는 단독경보형감지기는 정상적인 작동상태를 유지할 수 있도록 건전지를 교환할 것
④ 상용전원을 주전원으로 사용하는 단독경보형감지기의 2차전지는 제품검사에 합격한 것을 사용할 것

해설 최상층의 계단실의 천장(외기가 상통하는 계단실의 경우를 제외)에 설치할 것

20 단독경보형감지기의 설치기준 중 다음 (　) 안에 알맞은 것은?

> 이웃하는 실내의 바닥면적이 각각 (　) m² 미만이고 벽체의 상부의 전부 또는 일부가 개방되어 이웃하는 실내와 공기가 상호 유통되는 경우에는 이를 1개의 실로 본다.

① 30　　② 50
③ 100　　④ 150

정답 16. ①　17. ①　18. ④　19. ②　20. ①

해설 각 실(이웃하는 실내의 바닥면적이 각각 30m² 미만이고 벽체의 상부의 전부 또는 일부가 개방되어 이웃하는 실내와 공기가 상호 유통되는 경우에는 이를 1개의 실로 본다)마다 설치하되, 바닥면적이 150m²를 초과하는 경우에는 150m²마다 1개 이상 설치할 것

21 ★★ 출제년도【16.】
각 실별 실내의 바닥면적이 25[m²]인 4개의 실에 단독경보형감지기를 설치 시 몇 개의 실로 보아야 하는가?(단, 각 실은 이웃하고 있으며, 벽체 상부가 일부 개방되어 이웃하는 실내와 공기가 상호 유통되는 경우이다.)

① 1
② 2
③ 3
④ 4

해설 ① 각 실(이웃하는 실내의 바닥면적이 각각 30[m²] 미만이고 벽체의 상부의 부분 또는 일부가 개방되어 이웃하는 실내와 공기가 상호 유통되는 경우에는 이를 1개의 실로 본다)마다 설치하되, 바닥면적이 150[m²]를 초과하는 경우에는 150[m²] 마다 1개 이상 설치할 것
② 이웃하는 실내의 바닥면적이 각각 25[m²]로서 30[m²] 미만이고 벽체의 상부의 부분 또는 일부가 개방되어 이웃하는 실내와 공기가 상호 유통되는 경우에는 이를 1개의 실로 본다.

22 ★★★ 출제년도【21.】
비상경보설비 및 단독경보형감지기의 화재안전기술기준(NFTC 201)에 따른 단독경보형감지기의 시설기준에 대한 내용이다. 다음 ( )에 들어갈 내용으로 옳은 것은?

> 단독경보형감지기는 바닥면적이 (㉠)m²를 초과하는 경우에는 (㉡)m²마다 1개 이상을 설치하여야 한다.

① ㉠ 100 ㉡ 100
② ㉠ 100 ㉡ 150
③ ㉠ 150 ㉡ 150
④ ㉠ 150 ㉡ 200

해설 단독경보형감지기
1. 각 실(이웃하는 실내의 바닥면적이 각각 30 m² 미만이고 벽체의 상부의 전부 또는 일부가 개방되어 이웃하는 실내와 공기가 상호유통되는 경우에는 이를 1개의 실로 본다)마다 설치하되, 바닥면적이 150 m²를 초과하는 경우에는 150 m²마다 1개 이상 설치할 것

23 ★★★ 출제년도【12.】
단독경보형감지기를 설치하는 경우 바닥면적이 150[m²]를 초과하는 경우 몇 [m²]마다 1개 이상 설치하여야 하는가?

① 50[m²]
② 100[m²]
③ 150[m²]
④ 200[m²]

해설 단독경보형 감지기
1) 단독경보형 감지기란 화재발생 상황을 단독으로 감지하여 자체에 내장된 음향장치로 경보하는 감지기를 말한다.
2) 설치기준
① 각 실마다 설치하되, 바닥면적이 150[m²]를 초과하는 경우에는 150[m²]마다 1개 이상 설치할 것
② 최상층 계단실의 천장(외기가 상통하는 계단실의 경우를 제외한다)에 설치할 것
③ 건전지를 주전원으로 사용하는 단독경보형 감지기는 정상적인 작동상태를 유지할 수 있도록 건전지를 교환할 것

24 ★★★ 출제년도【11.16,20.】
바닥면적이 450[m²]일 경우 단독경보형감지기의 최소 설치개수는?

① 1개
② 2개
③ 3개
④ 4개

해설 ① 각 실(이웃하는 실내의 바닥면적이 각각 30[m²] 미만이고 벽체의 상부의 부분 또는 일부가 개방되어 이웃하는 실내와 공기가 상호 유통되는 경우에는 이를 1개의 실로 본다)마다 설치하되, 바닥면적이 150[m²]를 초과하는 경우에는 150[m²] 마다 1개 이상 설치할 것
② 설치개수 = 450[m²]/150[m²]= 3개

정답 21. ① 22. ③ 23. ③ 24. ③

25
거실이 4개인 특정소방대상물에 단독경보형 감지기를 설치하려고 한다. 거실의 면적은 각각 A실 28[m²], B실 310[m²], C실 35[m²], D실 155[m²]이다. 단독경보형 감지기는 몇 개 이상 설치하여야 하는가?

① 4개 ② 5개
③ 6개 ④ 7개

해설 단독경보형감지기는 각 실마다 설치하되, 바닥면적이 150[m²]를 초과하는 경우에는 150[m²]마다 1개 이상 설치해야 하므로,

A실 : 1개, B실 : $\frac{310}{150}$ = 2.07 ≒ 3개,

C실 : 1개, D실 : $\frac{155}{150}$ = 1.03 ≒ 2개

따라서, A실+B실+C실+D실 = 1+3+1+2 = 7개

26
다음 (㉠), (㉡)에 들어갈 내용으로 옳지 않은 것은?

> 비상경보설비의 비상벨설비는 그 설비에 대한 감시상태를 (㉠)간 지속한 후 유효하게 (㉡) 이상 경보할 수 있는 축전지 설비를 설치하여야 한다.

① ㉠ 30분 ㉡ 30분
② ㉠ 60분 ㉡ 20분
③ ㉠ 60분 ㉡ 60분
④ ㉠ 60분 ㉡ 10분

해설 비상경보설비의 비상벨설비는 그 설비에 대한 감시상태를 60분간 지속한 후 유효하게 10분 이상 경보할 수 있는 축전지 설비를 설치하여야 한다.

27
비상벨설비의 설치기준 중 다음 ( ) 안에 알맞은 것은?

> 비상벨설비에는 그 설비에 대한 감시 상태를 (㉠)분간 지속한 후 유효하게 (㉡)분 이상 경보할 수 있는 축전지 설비 또는 전기저장장치를 설치하여야 한다.

① ㉠ 30, ㉡ 10
② ㉠ 10, ㉡ 30
③ ㉠ 60, ㉡ 10
④ ㉠ 10, ㉡ 60

해설 비상벨설비에는 그 설비에 대한 감시 상태를 60분간 지속한 후 유효하게 10분 이상 경보할 수 있는 축전지 설비 또는 전기저장장치를 설치

28
비상경보설비 및 단독경보형감지기의 화재안전기술기준(NFTC 201)에 따른 비상벨설비 또는 자동식 사이렌설비에 대한 설명이다. 다음 ( )의 ㉠, ㉡에 들어갈 내용으로 옳은 것은?

> 비상벨설비 또는 자동식 사이렌설비에는 그 설비에 대한 감시상태를 (㉠)분간 지속한 후 유효하게 (㉡)분 이상 경보할 수 있는 축전지설비(수신기에 내장하는 경우를 포함한다) 또는 전기저장장치(외부 전기에너지를 저장해 두었다가 필요한 때 전기를 공급하는 장치)를 설치하여야 한다.

① ㉠ 30, ㉡ 10 ② ㉠ 60, ㉡ 10
③ ㉠ 30, ㉡ 20 ④ ㉠ 60, ㉡ 20

해설 비상벨설비 또는 자동식사이렌설비에는 그 설비에 대한 감시상태를 60분간 지속한 후 유효하게 10분 이상 경보할 수 있는 축전지설비(수신기에 내장하는 경우를 포함한다) 또는 전기저장장치(외부 전기에너지를 저장해 두었다가 필요한 때 전기를 공급하는 장치)를 설치하여야 한다. 다만, 상용전원이 축전지설비인 경우 또는 건전지를 주전원으로 사용하는 무선식 설비인 경우에는 그러하지 아니하다.

정답 25. ④ 26. ④ 27. ③ 28. ②

29 비상벨설비 또는 자동식사이렌설비의 설치 기준 중 틀린 것은?

① 전원은 전기가 정상적으로 공급되는 축전지, 전기저장장치 또는 교류전압의 옥내 간선으로 하고, 전원까지의 배선은 전용으로 설치하여야 한다.
② 비상벨설비 또는 자동식사이렌설비에는 그 설비에 대한 감시상태를 60분간 지속한 후 유효하게 10분 이상 경보할 수 있는 축전지 설비 (수신기에 내장하는 경우를 포함) 또는 전기저장장치를 설치하여야 한다.
③ 특정소방대상물의 층마다 설치하되, 해당 특정소방대상물의 각 부분으로부터 하나의 발신기까지의 수평거리가 25m 이하가 되도록 할 것. 다만, 복도 또는 별도로 구획된 실로서 보행거리가 40m 이상일 경우에는 추가로 설치하여야 한다.
④ 발신기의 위치표시등은 함의 상부에 설치하되, 그 불빛은 부착 면으로부터 45°이상의 범위 안에서 부착지점으로부터 10m 이내의 어느 곳에서도 쉽게 식별할 수 있는 적색등으로 설치하여야 한다.

해설 발신기의 위치표시등은 함의 상부에 설치하되, 그 불빛은 부착 면으로부터 **15° 이상**의 범위 안에서 부착지점으로부터 **10m 이내**의 어느 곳에서도 쉽게 식별할 수 있는 적색등으로 설치하여야 한다.

30 비상경보설비의 축전지의 전원 전압변동 범위로 알맞은 것은?

① 정격전압의 ±5[%]
② 정격전압의 ±10[%]
③ 정격전압의 ±15[%]
④ 정격전압의 ±20[%]

해설 비상경보설비의 축전지의 성능인증 및 제품검사의 기술기준 제7조(전원전압변동시의 기능)
축전지설비는 전원에 **정격전압의 90% 및 110%**의 전압을 인가하는 경우 정상적인 기능을 발휘하여야 한다. → 정격전압의 ±10[%]

31 특정소방대상물에서 비상경보설비의 설치 면제 기준으로 옳은 것은?

① 물분무소화설비 또는 미분무소화설비를 화재안전기술기준에 적합하게 설치한 경우
② 음향을 발하는 장치를 부설한 방송설비를 화재안전기술기준에 적합하게 설치한 경우
③ 단독경보형 감지기를 2개 이상의 단독경보형 감지기와 연동하여 설치하는 경우
④ 피난유도등 또는 통로유도등을 화재안전기술기준에 적합하게 설치한 경우

해설 비상경보설비를 설치하여야 할 특정소방대상물에 단독경보형 감지기를 2개 이상의 단독경보형 감지기와 연동하여 설치하는 경우에는 그 설비의 유효범위에서 설치가 면제된다.

32 비상벨설비 또는 자동식사이렌설비에는 그 설비에 대한 감시상태를 몇 시간 지속한 후 유효하게 10분 이상 경보할 수 있는 축전지 설비(수신기에 내장하는 경우를 포함한다.)를 설치하여야 하는가?

① 1시간
② 2시간
③ 4시간
④ 6시간

해설 비상전원 설치
설비에 대한 감시상태를 60분간 지속한 후 유효하게 10분 이상 경보할 수 있는 축전지설비(수신기에 내장하는 경우를 포함한다) 또는 전기저장장치(외부 전기에너지를 저장해 두었다가 필요한 때 전기를 공급하는 장치)를 설치하여야 한다. 다만, 상용전원이 축전지설비인 경우 또는 건전지를 주전원으로 사용하는 무선식 설비인 경우는 그러하지 아니하다.

정답 29. ④ 30. ② 31. ③ 32. ①

33 ★ 출제년도 【21.】

감지기의 형식승인 및 제품검사의 기술기준에 따라 단독경보형감지기를 스위치 조작에 의하여 화재경보를 정지시킬 경우 화재경보 정지 후 몇 분 이내에 화재경보 정지기능이 자동적으로 해제되어 정상상태로 복귀되어야 하는가?

① 3
② 5
③ 10
④ 15

해설 단독경보형감지기에는 스위치 조작에 의하여 화재경보를 정지 시킬 수 있는 기능을 설치할 수 있으며, 화재경보 정지 후 **15분 이내**에 화재경보 정지기능이 자동적으로 해제되어 단독경보형감지기가 정상상태로 복귀되어야 한다.

정답 33. ④

03 비상방송설비 (NFTC 202)

1. 설치대상 ★★★

1) 연면적 **3천5백 m² 이상**인 것
2) 지하층을 제외한 층수가 **11층 이상**인 것
3) 지하층의 층수가 3개층 이상인 것

2. 면제기준

자동화재탐지설비 또는 비상경보설비와 같은 수준 이상의 음향을 발하는 장치를 부설한 방송설비를 화재안전기준에 적합하게 설치한 경우

3. 용어정의 ★★

용어	정의
확성기	소리를 크게 하여 멀리까지 전달될 수 있도록 하는 장치로써 일명 스피커를 말한다.
음량조절기	**가변저항을 이용하여 전류를 변화시켜 음량을 크게 하거나 작게 조절할 수 있는 장치**
증폭기	전압전류의 진폭을 늘려 감도를 좋게 하고 미약한 음성전류를 커다란 음성전류로 변화시켜 소리를 크게 하는 장치
기동장치	화재감지기, 발신기 등의 상태변화를 전송하는 장치
약전류회로	전신선, 전화선 등에 사용하는 전선이나 케이블, 인터폰, 확성기의 음성 회로, 라디오·텔레비전의 시청회로 등을 포함하는 약전류가 통전되는 회로
전원회로	전기·통신, 기타 전기를 이용하는 장치 등에 전력을 공급하기 위하여 필요한 기기로 이루어지는 전기회로
절연저항	전류가 도체에서 절연물을 통하여 다른 충전부나 기기로 누설되는 경우 그 누설 경로의 저항
절연효력	전기가 불필요한 부분으로 흐르지 않도록 절연하는 성능을 나타내는 것
정격전압	전기기계기구, 선로 등의 정상적인 동작을 유지시키기 위해 공급해 주어야 하는 기준 전압
조작부	기기를 제어할 수 있도록 조작스위치, 지시계, 표시등 등을 집결시킨 부분
풀박스	장거리 케이블 포설을 용이하게 하기 위해 전선관 중간에 설치하는 상자형 구조물 등

4. 비상방송설비 구성요소 ★★★

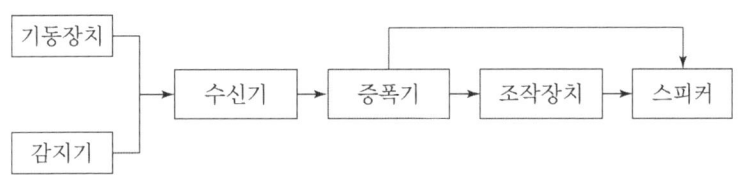

5. 증폭기의 종류 및 특징

1) 이동형 ★

종류	특징
휴대형	출력이 5~15W 정도로 소화활동시 안내방송에 사용 마이크, 증폭기, 확성기를 일체화하여 소형 경량이다.
탁상형	출력이 10~60W 정도로 소규모 방송설비에 사용 입력장치-라디오, 사이렌, 마이크 등

2) 고정형

종류	특징
Desk 형	출력이 30~180W 정도로 책상식의 형태
Rack 형	출력이 200W 이상으로 유니트화 되어 교체, 철거, 신설이 쉽다.

6. 음향장치 ★★★

엘리베이터 내부에는 별도의 음향장치를 설치할 수 있다.

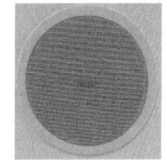

[그림] 확성기 실내용

1. 확성기의 음성입력 ★★★
    1) 실외 : 3W 이상
    2) 실내 : 1W 이상
    3) 확성기의 종류
        ① 콘(Cone)형 : 사무실 등의 천장 매입형으로 설치, 옥내용, 출력 3W
        ② 혼(Horn)형 : 지하 주차장 등의 벽이나 기둥에 설치, 옥외용, 출력 5W
2. 각층마다 설치, 하나의 확성기까지의 **수평거리가 25m 이하**

3. **음량조정기의 배선 : 3선식 ★★★**
   1) 공통선 1선
   2) 업무용(일반용) 1선
   3) 긴급용(소방용, 비상용) 1선
4. 조작부의 조작스위치 : 바닥으로부터 **0.8m 이상 1.5m 이하**
5. 층수가 **11층**(공동주택인 경우 16층 이상) 특정소방대상물 → 우선경보방식

발화 층	경보방식
2층 이상의 층	발화층 및 그 직상 4개층에 경보
1층에서 발화	발화층·그 직상 4개층 및 지하층에 경보
지하층에서 발화	발화층·그 직상층 및 기타의 지하층에 경보

6. 화재신고를 수신한 후 필요한 음량으로 화재발생 상황 및 피난에 유효한 방송이 자동으로 개시될 때까지의 **소요시간은 10초 이하**로 할 것
7. **음향장치의 구조 및 성능 ★★★**
   1) 정격전압의 **80% 전압**에서 음향을 발할 수 있는 것을 할 것
   2) **자동화재탐지설비의 작동과 연동**하여 작동할 수 있는 것으로 할 것
8. 다른 방송설비와 공용하는 것에 있어서는 화재 시 비상경보 외의 방송을 차단할 수 있는 구조로 할 것
9. 다른 전기회로에 따라 유도장애가 생기지 않도록 할 것
10. 하나의 특정소방대상물에 2 이상의 조작부가 설치되어 있는 때에는 각각의 조작부가 있는 장소 상호 간에 동시 통화가 가능한 설비를 설치하고, 어느 조작부에서도 해당 특정소방대상물의 전 구역에 방송을 할 수 있도록 할 것

7. 배선 ★★★

1. 화재로 인하여 하나의 층의 확성기 또는 배선이 단락 또는 단선되어도 다른 층의 화재 통보에 지장이 없도록 할 것
2. 전원회로의 배선은 **내화배선**, 그 밖의 배선은 내화배선 또는 내열배선
3. 부속회로의 전로와 대지 사이 및 배선 상호간의 절연저항은 1경계구역마다 **직류 250V**의 절연저항측정기를 사용하여 측정한 절연저항이 **0.1MΩ 이상**
4. 비상방송설비의 배선은 **다른 전선과 별도의 관·덕트**(절연효력이 있는 것으로 구획한 때에는 그 구획된 부분은 별개의 덕트로 본다) **몰드 또는 풀박스 등에 설치**할 것. 다만, **60 V 미만**의 약전류회로에 사용하는 전선으로서 각각의 전압이 같을 때는 그렇지 않다.

8. 전원 ★★

1. 상용전원은 전기가 정상적으로 공급되는 **축전지설비, 전기저장장치**(외부 전기에너지를 저장해 두었다가 필요한 때 전기를 공급하는 장치) 또는 **교류전압의 옥내 간선**으로 하고, 전원까지의 배선은 전용으로 할 것
2. 개폐기에는 "비상방송설비용"이라고 표시한 표지를 할 것
3. 비상방송설비에는 그 설비에 대한 **감시상태를 60분간 지속한 후 유효하게 10분 이상 경보**할 수 있는 비상전원으로서 **축전지설비**(수신기에 내장하는 경우를 포함한다) 또는 **전기저장장치**(외부 전기에너지를 저장해 두었다가 필요한 때 전기를 공급하는 장치)를 설치해야 한다.

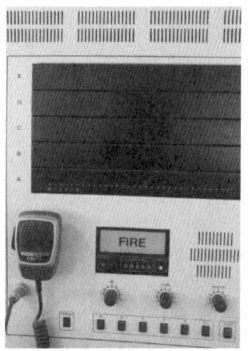

[그림] 비상방송설비

9. 창고시설의 비상방송설비 ★★

1. 확성기의 음성입력 : **3 W**(실내에 설치하는 것 포함) 이상
2. 발화 시 전 층에 경보
3. 설비에 대한 감시상태를 **60분간** 지속한 후 **30분** 이상 경보할 수 있는 축전지설비(수신기에 내장하는 경우 포함) 또는 전기저장장치를 설치

03 출제예상문제

비상방송설비

01 ★★★ 출제년도 【17.】

비상방송설비를 설치하여야 하는 특정소방대상물의 기준 중 틀린 것은? (단, 위험물 저장 및 처리 시설 중 가스시설, 사람이 거주하지 않는 동물 및 식물 관련시설, 지하가 중 터널, 축사 및 지하구는 제외한다.)

① 연면적 3500m² 이상인 것
② 지하층을 제외한 층수가 11층 이상인 것
③ 지하층의 층수가 3층 이상인 것
④ 50명 이상의 근로자가 작업하는 옥내 작업장

해설 50명 이상의 근로자가 작업하는 옥내 작업장은 비상경보설비 설치대상이다.
비상방송설비의 설치대상

연면적	3천5백m² 이상
지하층을 제외한 층수	11층 이상
지하층의 층수	3층 이상

02 ★★★ 출제년도 【13.】

다음은 비상방송설비의 음향장치에 관한 설치기준이다. ( ) 안의 알맞은 내용으로 옳은 것은?

> 확성기의 음성입력은 (㉮) 실내에 설치하는 것에 있어서는 (㉯) 이상으로 한다.

① ㉮ 3[W] ㉯ 1[W]
② ㉮ 4[W] ㉯ 2[W]
③ ㉮ 1[W] ㉯ 3[W]
④ ㉮ 2[W] ㉯ 4[W]

해설 비상방송설비의 설치기준
1) 확성기의 음성입력
① 실외 : 3[W] 이상
② 실내 : 1[W] 이상
2) 확성기는 각 층 마다 설치하고 그 층의 각 부분으로부터 하나의 확성기까지의 수평거리가 25[m] 이하가 되도록 하여야 한다.
3) 음량조정기를 설치하는 경우 음량조정기의 배선은 3선식으로 하여야 한다.
4) 조작부의 조작스위치는 바닥으로부터 0.8[m] 이상 1.5[m] 이하의 높이에 설치한다.
5) 기동장치에 의한 화재신고를 수신한 후 필요한 음량으로 방송이 개시될 때까지의 소요시간은 10초 이하로 하여야 한다.
6) 1경계구역마다 직류 250[V] 절연저항계로 측정한 저항이 0.1[MΩ] 이상이 되어야 한다.

03 ★★★ 출제년도 【96. 01. 03. 04. 12.】

지하 2층, 지상 6층이고, 연면적 3,500[m²]인 건물의 1층에서 화재가 발생된 경우 경보를 발하여야 하는 층을 모두 나열한 것은?

① 지하2층, 지하1층, 1층
② 지하2층, 지하1층, 1층, 2층
③ 1층, 2층
④ 전층

해설 일제경보방식에 해당하므로 전층(모든층)에 경보
※ 화재발생 시 비상방송설비의 경보대상물
1) 일제경보방식 : 11층(공동주택의 경우 16층) 미만
2) 우선경보방식 : 11층(공동주택의 경우 16층) 이상

발화층	경보방식(우선 경보할 층)
2층 이상	발화층, 그 직상 4개층
1층	발화층, 그 직상 4개층 및 지하층
지하층	발화층, 그 직상층 및 기타 지하층

정답 01. ④ 02. ① 03. ④

04
★★★ 출제년도【13.】

건축 연면적이 5,000[m^2] 이고 지하 4층, 지상 11층인 특정소방대상물에 비상방송설비를 설치하였다. 지하 2층에서 화재가 발생한 경우 우선적으로 경보를 하여야 하는 층은?

① 건물 내 모든 층에 동시경보
② 지하 1, 2, 3, 4층
③ 지하 1층, 지상 1층
④ 지하 1, 2층

해설 우선경보방식에 해당하므로 지하 모든층에 경보
※ 화재발생 시 비상방송설비의 경보대상물
1) 일제경보방식 : 11층(공동주택의 경우 16층) 미만
2) 우선경보방식 : 11층(공동주택의 경우 16층) 이상

발화층	경보방식(우선 경보할 층)
2층 이상	발화층, 그 직상 4개층
1층	발화층, 그 직상 4개층 및 지하층
지하층	발화층, 그 직상층 및 기타 지하층

05
★★★ 출제년도【18.】

비상방송설비 음향장치 설치기준 중 층수가 5층 이상으로서 연면적 3000 m^{2}를 초과하는 특정소방대상물의 1층에서 발화한 때의 경보기준으로 옳은 것은?

① 발화층에 경보를 발할 것
② 발화층 및 그 직상층에 경보를 발할 것
③ 발화층·그 직상층 및 기타의 지하층에 경보를 발할 것
④ 모든 층에 경보를 발할 것

해설 일제경보방식에 해당하므로 전층(모든층)에 경보
※ 화재발생 시 비상방송설비의 경보대상물
1) 일제경보방식 : 11층(공동주택의 경우 16층) 미만
2) 우선경보방식 : 11층(공동주택의 경우 16층) 이상

발화층	경보방식(우선 경보할 층)
2층 이상	발화층, 그 직상 4개층
1층	발화층, 그 직상 4개층 및 지하층
지하층	발화층, 그 직상층 및 기타 지하층

06
★★ 출제년도【15.】

연면적 15,000m^2, 지하3층 지상 20층인 소방대상물의 1층에서 화재가 발생한 경우 비상방송설비에서 경보를 발하여야 하는 층은?

① 지상 1층
② 지하 전층, 지상 1층, 지상 2층, 지상 3층, 지상 4층, 지상 5층
③ 지상 1층, 지상 2층
④ 지하 전층, 지상 1층

해설 ※ 화재발생 시 비상방송설비의 경보대상물
1) 일제경보방식 : 11층(공동주택의 경우 16층) 미만
2) 우선경보방식 : 11층(공동주택의 경우 16층) 이상

발화층	경보방식(우선 경보할 층)
2층 이상	발화층, 그 직상 4개층
1층	발화층, 그 직상 4개층 및 지하층
지하층	발화층, 그 직상층 및 기타 지하층

07
★★★ 출제년도【17.】

비상방송설비의 음향장치의 설치기준 중 다음 ( ) 안에 알맞은 것으로 연결된 것은?

> 층수가 11층 이상인 특정소방대상물의 (㉠) 이상의 층에서 발화한 때에는 발화층 및 그 직상 4개층에, (㉡)에서 발화한 때에는 발화층·그 직상 4개층 및 지하층에, (㉢)에서 발화한 때에는 발화층·그 직상층 및 기타의 지하층에 경보를 발할 것

① ㉠ 2층, ㉡ 1층, ㉢ 지하층
② ㉠ 1층, ㉡ 2층, ㉢ 지하층
③ ㉠ 2층, ㉡ 지하층, ㉢ 1층
④ ㉠ 2층, ㉡ 1층, ㉢ 모든층

해설 화재발생 시 비상방송설비의 경보대상물
1) 일제경보방식 : 11층(공동주택의 경우 16층) 미만
2) 우선경보방식 : 11층(공동주택의 경우 16층) 이상

정답 04. ② 05. ④ 06. ② 07. ①

발화층	경보방식(우선 경보할 층)
2층 이상	발화층, 그 직상 4개층
1층	발화층, 그 직상 4개층 및 지하층
지하층	발화층, 그 직상층 및 기타 지하층

08 비상방송설비에서 층수가 몇 층 이상인 경우 우선경보방식을 적용할 수 있는가? (단, 공동주택이 아님)

① 2층
② 3층
③ 4층
④ 11층

해설 ※ 화재발생 시 비상방송설비의 경보대상물
1) 일제경보방식 : 11층(공동주택의 경우 16층) 미만
2) 우선경보방식 : 11층(공동주택의 경우 16층) 이상

09 비상방송설비의 화재안전기술기준(NFTC 202)에 따른 정의에서 가변저항을 이용하여 전류를 변화시켜 음량을 크게 하거나 작게 조절할 수 있는 장치를 말하는 것은?

① 증폭기
② 변류기
③ 중계기
④ 음량조절기

해설 용어정의
1. "**확성기**"란 소리를 크게 하여 멀리까지 전달될 수 있도록 하는 장치로써 일명 **스피커**를 말한다.
2. "**음량조절기**"란 가변저항을 이용하여 전류를 변화시켜 음량을 크게 하거나 작게 조절할 수 있는 장치를 말한다.
3. "증폭기"란 전압전류의 진폭을 늘려 감도를 좋게 하고 미약한 음성전류를 커다란 음성전류로 변화시켜 소리를 크게 하는 장치를 말한다.

10 비상방송설비에서 기동장치에 따른 화재신고를 수신한 후 필요한 음량으로 화재발생 상황 및 피난에 유효한 방송이 자동으로 개시될 때까지의 소요시간은 몇 초 이하로 하여야 하는가?

① 5초 이하
② 10초 이하
③ 20초 이하
④ 30초 이하

해설 비상방송설비의 설치기준
1) 확성기의 음성입력
   ① 실외 : 3[W] 이상
   ② 실내 : 1[W] 이상
2) 확성기는 각 층 마다 설치하고 그 층의 각 부분으로부터 하나의 확성기까지의 수평거리가 25[m] 이하가 되도록 하여야 한다.
3) 음량조정기를 설치하는 경우 음량조정기의 배선은 **3선식**으로 하여야 한다.
4) 조작부의 조작스위치는 바닥으로부터 0.8[m] 이상 1.5[m] 이하의 높이에 설치한다.
5) 기동장치에 의한 화재신고를 수신한 후 필요한 음량으로 방송이 개시될 때 가지의 소요시간은 **10초** 이하로 하여야 한다.
6) 1경계구역마다 직류 250[V] 절연저항계로 측정한 저항이 0.1[MΩ] 이상이 되어야 한다.

11 비상방송설비에서 기동장치에 의한 화재신고를 수신한 후 방송이 개시될 때까지의 소요시간은 몇 초 이내여야 하는가?

① 5초
② 10초
③ 15초
④ 20초

해설 **비상방송설비**의 설치기준
1) 확성기의 음성입력
   ① 실외 : 3[W] 이상
   ② 실내 : 1[W] 이상
2) 확성기는 각 층 마다 설치하고 그 층의 각 부분으로부터 하나의 확성기까지의 수평거리가 25[m] 이하가 되도록 하여야 한다.
3) 음량조정기를 설치하는 경우 음량조정기의 배선은 3선식으로 하여야 한다.

정답 08. ④ 09. ④ 10. ② 11. ②

4) 조작부의 조작스위치는 바닥으로부터 0.8[m] 이상 1.5[m] 이하의 높이에 설치한다.
5) **기동장치에 의한 화재신고를 수신한 후 필요한 음량으로 방송이 개시될 때 까지의 소요시간은 10초 이하**로 하여야 한다.
6) 1경계구역마다 직류 250[V] 절연저항계로 측정한 저항이 0.1[MΩ] 이상이 되어야 한다.

12 비상방송설비의 설치기준 중 기동장치에 따른 화재신고를 수신한 후 필요한 음량으로 화재발생 상황 및 피난에 유효한 방송이 자동으로 개시될 때까지의 소요시간은 몇 초 이하로 하여야 하는가?

① 10   ② 15
③ 20   ④ 25

해설 비상방송설비의 음향장치(NFTC 202 제4조)
기동장치에 따른 화재신고를 수신한 후 필요한 음량으로 화재발생 상황 및 피난에 유효한 방송이 자동으로 개시될 때까지의 소요시간은 **10초 이하**로 할 것

13 다음 ( )에 알맞은 내용은?

> 비상방송설비에 사용되는 확성기는 각층마다 설치하되, 그 층의 각 부분으로부터 하나의 확성기까지의 ( )가 25[m] 이하가 되도록 하여야 하고, 해당 층의 각 부분에 유효하게 경보를 발할 수 있도록 설치할 것

① 수평거리
② 수직거리
③ 직통거리
④ 보행거리

해설 비상방송설비의 설치기준
1) 확성기의 음성입력
① 실외 : 3[W] 이상
② 실내 : 1[W] 이상
2) 확성기는 각 층마다 설치하고 그 층의 각 부분으로부터 하나의 확성기까지의 **수평거리**가 25[m] 이하가 되도록 하여야 한다.
3) 음량조정기를 설치하는 경우 음량조정기의 배선은 3선식으로 하여야 한다.
4) 조작부의 조작스위치는 바닥으로부터 0.8[m] 이상 1.5[m] 이하의 높이에 설치한다.
5) 기동장치에 의한 화재신고를 수신한 후 필요한 음량으로 방송이 개시될 때 까지의 소요시간은 10초 이하로 하여야 한다.
6) 1경계구역마다 직류 250[V] 절연저항계로 측정한 저항이 0.1[MΩ] 이상이 되어야 한다.

14 비상방송설비에 사용되는 확성기는 각층마다 설치하되, 그 층의 각 부분으로부터 하나의 확성기까지의 수평거리는 최대 몇 m 이하인가?

① 15   ② 20
③ 25   ④ 30

해설 확성기는 각층마다 설치하되, 그 층의 각 부분으로부터 하나의 확성기까지의 수평거리가 **25m 이하**

15 비상방송설비의 설치기준에 대한 설명으로 옳은 것은?

① 다른 전기회로에 따라 유도장애가 발생할 수 있을 것
② 다른 방송설비와 공용할 경우 화재 시 비상경보외의 방송을 차단할 수 있을 것
③ 화재신고를 수신한 후 20초 이내에 방송이 자동으로 개시될 것
④ 음량조정기를 설치하는 경우 음량조정기의 배선은 2선식으로 할 것

정답 12. ① 13. ① 14. ③ 15. ②

[해설] 비상방송설비의 설치기준
1) 음량조정기를 설치하는 경우 **음량조정기의 배선은 3선식으로 할 것**
2) 다른 방송설비와 공용하는 것에 있어서는 화재 시 비상경보외의 방송을 차단할 수 있는 구조로 할 것
3) 다른 전기회로에 따라 **유도장애가 생기지 아니하도록** 할 것
4) 기동장치에 따른 **화재신고를 수신한 후** 필요한 음량으로 화재발생 상황 및 피난에 유효한 **방송이 자동으로 개시될 때까지의 소요시간은 10초 이하로 할 것**

16. 비상방송설비의 설치기준에 대한 설명으로 옳지 않는 것은?

① 실외에 설치하는 확성기의 음성입력은 3[W] 이상일 것
② 확성기는 각 층마다 설치하되, 그 층의 각 부분으로부터 하나의 확성기까지의 수평거리는 25[m] 이하가 되도록 할 것
③ 음향장치는 정격전압의 70[%] 전압에서 음향을 발할 수 있는 것으로 할 것
④ 음향장치는 자동화재탐지설비의 작동과 연동하여 작동 할 수 있는 것으로 할 것

[해설] 음향장치 기준
1) 확성기의 음성입력은 3[W](실내에 설치하는 것에 있어서는 1[W]) 이상일 것
2) 확성기는 각층마다 설치하되, 그 층의 각 부분으로부터 하나의 확성기까지의 수평거리가 25[m] 이하가 되도록 하고, 당해층의 각 부분에 유효하게 경보를 발할 수 있도록 설치할 것
3) **정격전압의 80[%] 전압에서 음향을 발할 수 있는 것**을 할 것
4) 자동화재탐지설비의 작동과 연동하여 작동할 수 있는 것으로 할 것

17. 비상방송설비의 설치기준으로 틀린 것은?

① 확성기의 음성입력은 1W(실내에 설치하는 것에 있어서는 3W) 이상일 것
② 확성기는 각층마다 설치하되, 그 층의 각 부분으로부터 하나의 확성기까지의 수평거리가 25m 이하가 되도록하고, 해당층의 각 부분에 유효하게 경보를 발할 수 있도록 설치할 것
③ 음량조정기를 설치하는 경우 음량조정기의 배선은 3선식으로 할 것
④ 기동장치에 의한 화재신호를 수신한 후 필요한 음량으로 피난에 유효한 방송이 자동으로 개시될 때까지의 소요시간은 10초 이하로 할 것

[해설] 비상방송설비의 설치기준
1) 확성기의 음성입력
   ① 실외 : 3[W] 이상
   ② 실내 : 1[W] 이상
2) 확성기는 각 층 마다 설치하고 그 층의 각 부분으로부터 하나의 확성기까지의 수평거리가 25[m] 이하가 되도록 하여야 한다.
3) 음량조정기를 설치하는 경우 음량조정기의 배선은 3선식으로 하여야 한다.
4) 조작부의 조작스위치는 바닥으로부터 0.8[m] 이상 1.5[m] 이하의 높이에 설치한다.
5) 기동장치에 의한 화재신고를 수신한 후 필요한 음량으로 방송이 개시될 때까지의 소요시간은 10초 이하로 하여야 한다.
6) 1경계구역마다 직류 250[V] 절연저항계로 측정한 저항이 0.1[MΩ] 이상이 되어야 한다.

정답 16. ③ 17. ①

18 ★★★ 출제년도【18.】
비상방송설비 음향장치의 설치기준 중 다음 ( ) 안에 알맞은 것은?

- 음량조정기를 설치하는 경우 음량 조정기의 배선은 (㉠)선식으로 할 것
- 확성기는 각층마다 설치하되, 그 층의 각 부분으로부터 하나의 확성기까지의 수평거리가 (㉡) m 이하가 되도록 하고, 해당층의 각 부분에 유효하게 경보를 말할 수 있도록 설치할 것

① ㉠ 2, ㉡ 15   ② ㉠ 2, ㉡ 25
③ ㉠ 3, ㉡ 15   ④ ㉠ 3, ㉡ 25

[해설] ① 음량조정기를 설치하는 경우 음량 조정기의 배선은 **3선식**으로 할 것
② 확성기는 각층마다 설치하되, 그 층의 각 부분으로부터 하나의 확성기까지의 **수평거리가 25m 이하**가 되도록 하고, 해당층의 각 부분에 유효하게 경보를 말할 수 있도록 설치할 것

19 ★★★ 출제년도【15.】
비상방송설비의 음향장치 설치기준으로 옳은 것은?

① 음량조정기의 배선은 2선식으로 할 것
② 5층 건물 중 2층에서 화재발생시 1층, 2층, 3층에서 경보를 발할 수 있을 것
③ 기동 장치에 의한 화재신고 수신 후 피난에 유효한 방송이 자동으로 개시될 때까지의 소요시간 10초 이하로 할 것
④ 음향장치는 자동화재탐지설비의 작동과 별도로 작동하는 방식의 성능으로 할 것

[해설] 비상방송설비의 설치기준
1) 확성기의 음성입력
  ① 실외 : 3[W] 이상
  ② 실내 : 1[W] 이상
2) 확성기는 각 층마다 설치하고 그 층의 각 부분으로부터 하나의 확성기까지의 수평거리가 25[m] 이하가 되도록 하여야 한다.
3) 음량조정기를 설치하는 경우 음량조정기의 배선은 3선식으로 하여야 한다.
4) 조작부의 조작스위치는 바닥으로부터 0.8[m] 이상 1.5[m] 이하의 높이에 설치한다.
5) 기동장치에 의한 화재신고를 수신한 후 필요한 음량으로 방송이 개시될 때 가지의 소요시간은 **10초 이하**로 하여야 한다.
6) 음향장치는 자동화재탐지설비의 작동과 연동하여 작동할 수 있는 것으로 할 것

20 ★★★ 출제년도【14.】
비상방송설비의 음향장치 설치기준으로 옳지 않은 것은?

① 음량조정기를 설치하는 경우 음량조정기의 배선은 3선식으로 할 것
② 다른 방송설비와 공용하는 것에 있어서는 화재 시 비상경보외의 방송을 차단할 수 있는 구조로 할 것
③ 기동장치에 따른 화재신고를 수신한 후 필요한 음량으로 화재발생 상황 및 피난에 유효한 방송이 자동으로 개시 될 때까지의 소요시간은 20초 이하로 할 것
④ 조작부는 기동장치의 작동과 연동하여 당해 기동장치가 작동한 층 또는 구역을 표시할 수 있는 것으로 할 것

[해설] 화재신고를 수신한 후 필요한 음량으로 화재발생 상황 및 피난에 유효한 방송이 자동으로 개시될 때까지의 **소요시간은 10초 이하**로 할 것

21 ★★★ 출제년도【14.】
비상방송설비의 음향장치 설비기준으로 틀린 것은?

① 실내에 설치하지 않는 확성기의 음성입력은 3[W](실내는 1[W]) 이상일 것
② 음량조정기를 설치하는 경우 음량조정기의 배선은 3선식으로 할 것

정답 18. ④ 19. ③ 20. ③ 21. ③

③ 조작부의 조작스위치는 바닥으로부터 0.5[m] 이상 1.0[m] 이하로 할 것
④ 확성기는 각 층마다 설치하되 그 층의 각 부분으로부터 하나의 확성기까지의 수평거리가 25[m] 이하가 되도록 할 것

해설 비상방송설비의 설치기준 중 조작부의 조작스위치는 바닥으로부터 **0.8[m] 이상 1.5[m] 이하**의 높이에 설치한다.

22 ★★★ 출제년도【18.】
비상방송설비 음향장치의 설치기준 중 옳은 것은?

① 확성기는 각층마다 설치하되, 그 층의 각 부분으로부터 하나의 확성기까지의 수평거리가 15m 이하가 되도록 하고, 해당층의 각 부분에 유효하게 경보를 발할 수 있도록 설치할 것
② 층수가 5층 이상으로서 연면적이 3000m²를 초과하는 특정소방대상물의 지하층에서 발화한 때에는 직상층에만 경보를 발할 것
③ 음향장치는 자동화재탐지설비의 작동과 연동하여 작동할 수 있는 것으로 할 것
④ 음향장치는 정격전압의 60% 전압에서 음향을 발할 수 있는 것으로 할 것

해설 ① 확성기는 각층마다 설치하되, 하나의 확성기까지의 수평거리가 **25m 이하**, 해당층의 각 부분에 유효하게 경보를 발할 수 있도록 설치할 것
② 층수가 5층 이상으로서 연면적이 3000 m²를 초과하는 특정소방대상물의 지하층에서 발화한 때에는 모든층에 경보를 발할 것.(층수가 11층 미만이므로)
③ 음향장치는 자동화재탐지설비의 작동과 연동하여 작동할 수 있는 것으로 할 것
④ 음향장치는 정격전압의 **80% 전압**에서 음향을 발할 수 있는 것으로 할 것.

23 ★★★ 출제년도【16.】
비상방송설비의 특징에 대한 설명으로 옳지 않은 것은?

① 다른 방송설비와 공용하는 경우에는 화재 시 비상경보외의 방송을 차단할 수 있는 구조로 하여야 한다.
② 비상방송설비의 축전지는 감시상태를 10분간 지속한 후 유효하게 60분 이상 경보할 수 있어야 한다.
③ 확성기의 음성입력은 실외에 설치한 경우 3W 이상이어야 한다.
④ 음량조정기의 배선은 3선식으로 한다.

해설 비상방송설비 전원기준
1) 비상방송설비의 상용전원 기준
   ① 전원은 전기가 정상적으로 공급되는 **축전지, 전기저장장치**(외부 전기에너지를 저장해 두었다가 필요한 때 전기를 공급하는 장치) 또는 교류전압의 옥내 간선으로 하고, 전원까지의 배선은 전용으로 할 것
   ② 개폐기에는 "비상방송설비용"이라고 표시한 표지를 할 것
2) 비상방송설비에는 그 설비에 대한 감시상태를 60분간 지속한 후 유효하게 **10분 이상** 경보할 수 있는 **축전지설비**(수신기에 내장하는 경우를 포함한다) 또는 **전기저장장치**(외부 전기에너지를 저장해 두었다가 필요한 때 전기를 공급하는 장치)를 설치하여야 한다.

24 ★★ 출제년도【16.】
아파트형 공장의 지하 주차장에 설치된 비상방송용 스피커의 음량조정기 배선방식은?

① 단선식
② 2선식
③ 3선식
④ 복합식

해설 음량조정기의 배선 : **3선식**
공통선, 업무용선(일반용선), 긴급용선(소방용선)

정답 22. ③ 23. ② 24. ③

25. 비상방송설비 음향장치의 구조 및 성능 기준 중 다음 ( ) 안에 알맞은 것은?

- 정격전압의 (㉠)% 전압에서 음향을 발할 수 있는 것을 할 것
- (㉡)의 작동과 연동하여 작동할 수 있는 것으로 할 것

① ㉠ 65, ㉡ 자동화재탐지설비
② ㉠ 80, ㉡ 자동화재탐지설비
③ ㉠ 65, ㉡ 단독경보형감지기
④ ㉠ 80, ㉡ 단독경보형감지기

해설 비상방송설비 음향장치 구조 및 성능기준
① 정격전압의 **80% 전압**에서 음향을 발할 수 있는 것을 할 것
② **자동화재탐지설비**의 작동과 연동하여 작동할 수 있는 것으로 할 것

26. 비상방송설비의 음향장치는 정격전압의 몇 % 전압에서 음향을 발할 수 있는 것으로 하여야 하는가?

① 80 ② 90
③ 100 ④ 110

해설 음향장치의 구조 및 성능
1) 정격전압의 80% 전압에서 음향을 발할 수 있는 것
2) 자동화재탐지설비의 작동과 연동하여 작동할 수 있는 것

27. 비상방송설비의 화재안전기술기준(NFTC 202)에 따라 비상방송설비 음향장치의 정격전압이 220 V인 경우 최소 몇 V 이상에서 음향을 발할 수 있어야 하는가?

① 165 ② 176
③ 187 ④ 198

해설 음향장치의 구조 및 성능
1. 정격전압의 80% 전압에서 음향을 발할 수 있는 것을 할 것
2. 자동화재탐지설비의 작동과 연동하여 작동할 수 있는 것으로 할 것
220 V × 0.8 = 176 V

28. 비상방송설비의 배선에 대한 설치기준으로 옳지 않은 것은?

① 배선은 다른 전선과 동일한 관, 덕트, 몰드 또는 풀박스 등에 설치할 것
② 전원회로의 배선은 화재안전기술기준에 따른 내화배선을 설치할 것
③ 화재로 인하여 하나의 층의 확성기 또는 배선이 단락 또는 단선되어도 다른 층의 화재통보에 지장이 없도록 할 것
④ 부속회로의 전로와 대지사이 및 배선상호 간의 절연저항은 1 경계구역마다 직류 250[V]의 절연저항측정기를 사용하여 측정한 절연저항이 0.1[MΩ] 이상이 되도록 할 것

해설 비상방송설비의 배선은 다른 전선과 별도의 관·덕트(절연효력이 있는 것으로 구획한 때에는 그 구획된 부분은 별개의 덕트로 본다) 몰드 또는 풀박스 등에 설치할 것. 다만, 60[V] 미만의 약전류회로에 사용하는 전선으로서 각각의 전압이 같을 때에는 그러하지 아니하다.

29. 비상방송설비의 배선의 설치기준 중 부속회로의 전로와 대지 사이 및 배선상호간의 절연저항은 1경계구역마다 직류 250V의 절연저항측정기를 사용하여 측정한 절연저항이 몇 MΩ 이상이 되도록 해야 하는가?

① 0.1 ② 0.2
③ 10 ④ 20

정답 25. ② 26. ① 27. ② 28. ① 29. ①

해설 부속회로의 전로와 대지 사이 및 배선 상호간의 절연저항은 1경계구역마다 직류 250 [V]의 절연저항측정기로 측정할 때 **0.1[MΩ] 이상**으로 한다.

30 비상방송설비의 배선에 대한 설치기준으로 틀린 것은? ★ 출제년도 【16.】

① 배선은 다른 용도의 전선과 동일한 관, 덕트, 몰드 또는 풀박스 등에 설치할 것
② 전원회로의 배선은 옥내소화전설비의 화재안전기술기준에 따른 내화배선을 설치할 것
③ 화재로 인하여 하나의 층의 확성기 또는 배선이 단락 또는 단선되어도 다른 층의 화재통보에 지장이 없도록 할 것
④ 부속회로의 전로와 대지 사이 및 배선상호간의 절연저항은 1경계구역마다 직류 250V의 절연저항측정기를 사용하여 측정한 절연저항이 0.1[MΩ] 이상이 되도록 할 것

해설 비상방송설비의 화재안전기술기준 제5조(배선)
비상방송설비의 배선은 **다른 전선과 별도**의 관·덕트(절연효력이 있는 것으로 구획한 때에는 그 구획된 부분은 별개의 덕트로 본다) 몰드 또는 풀박스 등에 설치할 것. 다만, 60[V] 미만의 약전류회로에 사용하는 전선으로서 각각의 전압이 같을 때에는 그러하지 아니하다.

31 비상방송설비의 배선과 전원에 관한 설치기준 중 옳은 것은? ★★ 출제년도 【18.】

① 부속회로의 전로와 대지 사이 및 배선 상호간의 절연저항은 1 경계구역마다 직류 110V의 절연저항측정기를 사용하여 측정한 절연저항이 1MΩ 이상이 되도록 한다.
② 전원은 전기가 정상적으로 공급되는 축전지 또는 교류전압의 옥내 간선으로 하고, 전원까지의 배선은 전용이 아니어도 무방하다.
③ 비상방송설비에는 그 설비에 대한 감시상태를 30 분간 지속한 후 유효하게 10 분 이상 경보할 수 있는 축전지설비를 설치하여야 한다.
④ 비상방송설비의 배선은 다른 전선과 별도의 관·덕트 몰드 또는 풀박스 등에 설치하되 60V 미만의 약전류회로에 사용하는 전선으로서 각각의 전압이 같을 때에는 그러하지 아니하다.

해설 ① 부속회로의 전로와 대지 사이 및 배선 상호간의 절연저항은 1 경계구역마다 직류 250 V의 절연저항측정기를 사용하여 측정한 절연저항이 0.1 MΩ 이상이 되도록 한다.
② 전원은 전기가 정상적으로 공급되는 축전지, 전기저장장치(외부 전기에너지를 저장해 두었다가 필요한 때 전기를 공급하는 장치) 또는 교류전압의 옥내 간선으로 하고, 전원까지의 배선은 전용으로 할 것
③ 비상방송설비에는 그 설비에 대한 감시상태를 60 분간 지속한 후 유효하게 10분 이상 경보할 수 있는 축전지설비(수신기에 내장하는 경우를 포함한다) 또는 전기저장장치(외부 전기에너지를 저장해 두었다가 필요한 때 전기를 공급하는 장치)를 설치하여야 한다.

32 비상방송설비의 축전지설비에 대한 설명 중 옳은 것은? (단, 수신기에 내장하는 경우도 포함하여, 30층 미만인 경우이다.) ★★★ 출제년도 【13.】

① 감시상태를 60분간 지속한 후 유효하게 10분 이상 경보할 수 있어야 한다.
② 감시상태를 60분간 지속한 후 유효하게 20분 이상 경보할 수 있어야 한다.

정답 30. ① 31. ④ 32. ①

③ 감시상태를 30분간 지속한 후 유효하게 10분 이상 경보할 수 있어야 한다.
④ 감시상태를 30분간 지속한 후 유효하게 20분 이상 경보할 수 있어야 한다.

해설 1) 설비별 비상전원 용량

설비의 종류	비상전원용량
• 자동화재탐지설비 • 비상방송설비	60분간 감시상태 지속 후 10분 이상 경보(30층 이상이면 30분) 이상 경보

2) 비상전원의 용량 : 축전지설비, 전기저장장치

33 ★★ 출제년도【18.】
특정소방대상물의 비상방송설비 설치의 면제 기준 중 다음 ( ) 안에 알맞은 것은?

> 비상방송설비를 설치하여야 하는 특정소방대상물에 ( )또는 비상경보설비와 같은 수준 이상의 음향을 발하는 장치를 부설한 방송설비를 화재안전기술기준에 적합하게 설치한 경우에는 그 설비의 유효범위에서 설치가 면제된다.

① 자동화재속보설비
② 시각경보기
③ 단독경보형 감지기
④ 자동화재탐지설비

해설 소방시설법 시행령 [별표6] 특정소방대상물의 소방시설 설치의 면제기준
비상방송설비를 설치하여야 하는 특정소방대상물에 **자동화재탐지설비** 또는 **비상경보설비**와 같은 수준 이상의 음향을 발하는 장치를 부설한 방송설비를 화재안전기술기준에 적합하게 설치한 경우에는 그 설비의 유효범위에서 설치가 면제된다.

34 ★★ 출제년도【19.】
소화활동 시 안내방송에 사용하는 증폭기의 종류로 옳은 것은?

① 탁상형 ② 휴대형
③ Desk형 ④ Rack형

해설 비상방송설비의 증폭기의 종류
1. 이동형(가반형)
   ① 휴대형 : 정격출력 15~25W 정도, 휴대를 주목적으로 제작, 소화활동 시의 안내방송 등에 이용
   ② 탁상형 : 정격출력 10~60W 정도, 소규모 방송설비가 필요한 곳에 이용
2. 고정형(거치형)
   ① 데스크형 : 정격출력 30~180W 정도, 책상식 형태
   ② 랙형 : 정격출력 200W 이상, 신설 용이, 용량의 제한이 없다.

35 ★ 출제년도【21.】
일반적인 비상방송설비의 계통도이다. 다음의 ( )에 들어갈 내용으로 옳은 것은?

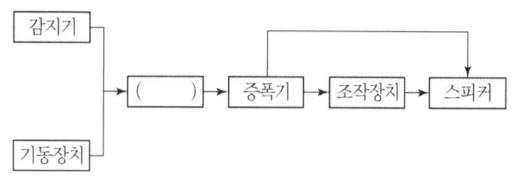

① 변류기 ② 발신기
③ 수신기 ④ 음향장치

해설
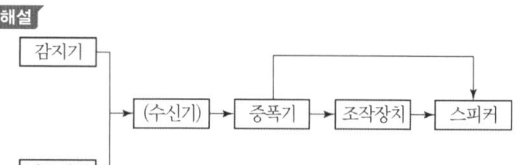

정답 33. ④ 34. ② 35. ③

04 자동화재탐지설비 및 시각경보장치 (NFTC 203)

1. 설치대상 ★★★

특정소방대상물	비고
근린생활시설(목욕장은 제외), 의료시설(정신의료기관 또는 요양병원은 제외한다), 위락시설, 장례시설 및 복합건축물	연면적 600m² 이상인 경우에는 모든 층
근린생활시설 중 목욕장, **문화 및 집회시설, 종교시설, 판매시설, 운수시설, 운동시설, 업무시설, 공장, 창고시설**, 위험물 저장 및 처리 시설, 항공기 및 자동차 관련 시설, 교정 및 군사시설 중 국방·군사시설, 방송통신시설, 발전시설, 관광 휴게시설, **지하가(터널은 제외한다)**	연면적 1천m² 이상인 경우에는 모든층
교육연구시설(교육시설 내에 있는 기숙사 및 합숙소를 포함), 수련시설(수련시설 내에 있는 기숙사 및 합숙소를 포함, 숙박시설이 있는 수련시설은 제외), 동물 및 식물 관련 시설(기둥과 지붕만으로 구성되어 외부와 기류가 통하는 장소는 제외), 자원순환 관련시설, 교정 및 군사시설(국방·군사시설은 제외) 또는 묘지 관련 시설	연면적 2천m² 이상인 경우에는 모든 층
지하가 중 터널	길이가 **1천m 이상**
지하구, 판매시설 중 전통시장, 조산원 및 산후조리원, 발전시설 중 전기저장시설	-
연면적 400m² 이상인 노유자시설 및 숙박시설이 있는 수련시설	수용인원 100명 이상인 경우에는 모든 층
공장 및 창고시설	지정수량의 500배 이상의 특수가연물을 저장·취급
의료시설 중 정신의료기관 또는 요양병원	가) 요양병원(의료재활시설은 제외한다) 나) 정신의료기관 또는 의료재활시설로 사용되는 바닥면적의 합계가 300m² 이상인 시설 다) 정신의료기관 또는 의료재활시설로 사용되는 바닥면적의 합계가 300m² 미만이고, 창살이 설치된 시설
공동주택 중 아파트등·기숙사 및 숙박시설의 경우에는 모든 층	
층수가 6층 이상인 건축물의 경우에는 모든 층	
노유자 생활시설의 경우에는 모든 층	

2. 용어정의 ★★

용어	정의
경계구역	특정소방대상물 중 화재신호를 발신하고 그 신호를 수신 및 유효하게 제어할 수 있는 구역
수신기	감지기나 발신기에서 발하는 화재신호를 직접 수신하거나 중계기를 통하여 수신하여 화재의 발생을 표시 및 경보하여 주는 장치
중계기	감지기·발신기 또는 전기적 접점 등의 작동에 따른 신호를 받아 이를 수신기의 제어반에 전송하는 장치
감지기	화재 시 발생하는 열, 연기, 불꽃 또는 연소생성물을 자동적으로 감지하여 수신기에 화재신호 등을 발신하는 장치
발신기	화재발생 신호를 수신기에 수동으로 발신하는 장치
시각경보장치	자동화재탐지설비에서 발하는 화재신호를 시각경보기에 전달하여 청각장애인에게 점멸형태의 시각경보를 하는 것
신호처리방식	화재신호 및 상태신호 등(이하 "화재신호 등"이라 한다)을 송수신하는 방식으로서 다음의 방식 ① "유선식"은 화재신호 등을 배선으로 송·수신하는 방식의 것 ② "무선식"은 화재신호 등을 전파에 의해 송·수신하는 방식의 것 ③ "유·무선식"은 유선식과 무선식을 겸용으로 사용하는 방식의 것

3. 경계구역

1. 경계구역 설정기준 ★★★

1) 하나의 경계구역이 2개 이상의 건축물에 미치지 아니하도록 할 것
2) 하나의 경계구역이 2개 이상의 층에 미치지 아니하도록 할 것. 다만, **500m² 이하**의 범위 안에서는 **2개의 층**을 하나의 경계구역으로 할 수 있다.
3) 하나의 경계구역의 면적은 **600m² 이하**, 한변의 길이는 **50m 이하**. 다만, 해당 특정소방대상물의 주된 출입구에서 그 내부 전체가 보이는 것에 있어서는 한 변의 길이가 **50m**의 범위 내에서 **1,000m² 이하**

2. 계단·경사로(에스컬레이터경사로 포함)·엘리베이터 승강로(권상기실이 있는 경우에는 권상기실)·린넨슈트·파이프 피트 및 덕트는 별도로 경계구역을 설정하되, 하나의 경계구역은 **높이 45m 이하(계단 및 경사로에 한한다)**, 지하층의 계단 및 경사로(지하층의 층수가 1일 경우는 제외한다)는 별도로 하나의 경계구역으로 할 것

3. 외기에 면하여 상시 개방된 부분이 있는 **차고·주차장·창고** 등에 있어서는 외기에 면하는 각 부분으로부터 **5m 미만**의 범위 안에 있는 부분은 경계구역의 면적에 산입하지 아니한다.

차고·주차장·창고	← 경계구역
외기에 면하는 부분	← 경계구역 제외부분

4. **스프링클러설비·물분무등소화설비 또는 제연설비**의 화재감지장치로서 화재감지기를 설치한 경우의 경계구역은 해당 소화설비의 방호구역 또는 제연구역과 동일하게 설정할 수 있다.

4. 수신기

1. 자동화재탐지설비의 수신기 적합기준

1) 해당 특정소방대상물의 경계구역을 각각 표시할 수 있는 회선수 이상의 수신기를 설치할 것
2) 해당 특정소방대상물에 가스누설탐지설비가 설치된 경우에는 가스누설탐지설비로부터 가스누설신호를 수신하여 가스누설경보를 할 수 있는 수신기를 설치할 것(가스누설탐지설비의 수신부를 별도로 설치한 경우에는 제외한다)

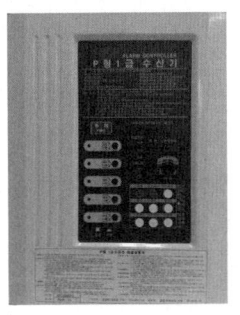 

[그림] P형 수신기와 R형 수신기

2. 자동화재탐지설비의 수신기 ★★

특정소방대상물 또는 그 부분이 **지하층·무창층 등으로서 환기가 잘되지 아니하거나 실내면적이 40 m² 미만인 장소, 감지기의 부착면과 실내 바닥과의 거리가 2.3 m 이하인 장소로서 일시적으로 발생한 열·연기 또는 먼지 등으로 인하여 감지기가 화재신호를 발신할 우려가 있는 때**에는 축적기능 등이 있는 것(축적형감지기가 설치된 장소에는 감지기회로의 감시전류를 단속적으로 차단시켜 화재를 판단하는 방식 외의 것을 말한다)으로 설치해야 한다.

> 〈다음 각 호의 감지기를 설치한 경우에는 제외〉
> (1) 불꽃감지기   (2) 정온식감지선형감지기
> (3) 분포형감지기   (4) 복합형감지기
> (5) 광전식분리형감지기 (6) 아날로그방식의 감지기
> (7) 다신호방식의 감지기 (8) 축적방식의 감지기

3. 수신기 설치기준

1) 수위실 등 상시 사람이 근무하는 장소에 설치할 것. 다만, 사람이 상시 근무하는 장소가 없는 경우에는 관계인이 쉽게 접근할 수 있고 관리가 용이한 장소에 설치할 수 있다.
2) 수신기가 설치된 장소에는 **경계구역 일람도**를 비치할 것. 다만, 모든 수신기와 연결되어 각 수신기의 상황을 감시하고 제어할 수 있는 수신기(이하 "주수신기"라 한다)를 설치하는 경우에는 주수신기를 제외한 기타 수신기는 그렇지 않다.
3) 수신기의 음향기구는 그 음량 및 음색이 다른 기기의 소음 등과 명확히 구별될 수 있는 것으로 할 것
4) 수신기는 **감지기·중계기 또는 발신기**가 작동하는 경계구역을 표시할 수 있는 것으로 할 것
5) 화재·가스 전기등에 대한 종합방재반을 설치한 경우에는 해당 조작반에 수신기의 작동과 연동하여 감지기·중계기 또는 발신기가 작동하는 경계구역을 표시할 수 있는 것으로 할 것
6) 하나의 경계구역은 **하나의 표시등 또는 하나의 문자**로 표시되도록 할 것
7) 수신기의 조작 스위치는 바닥으로부터의 높이가 **0.8 m 이상 1.5 m 이하**인 장소에 설치할 것
8) 하나의 특정소방대상물에 2 이상의 수신기를 설치하는 경우에는 수신기를 상호 간 연동하여 화재발생 상황을 각 수신기마다 확인할 수 있도록 할 것
9) 화재로 인하여 하나의 층의 지구음향장치 또는 배선이 단락되어도 다른 층의 화재통보에 지장이 없도록 각 층 배선 상에 유효한 조치를 할 것

5. 중계기

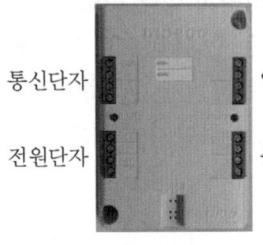

통신단자   입력단자   입력신호 : 감지기, 발신기
전원단자   출력단자   출력신호 : 지구경종, 시각경보기

[그림] 중계기

1. 수신기에서 직접 감지기회로의 도통시험을 행하지 아니하는 것에 있어서는 **수신기와 감지기 사이**에 설치할 것

   감지기 —— 중계기 —— 수신기

2. 조작 및 점검에 편리하고 화재 및 침수 등의 재해로 인한 피해를 받을 우려가 없는 장소에 설치할 것
3. 수신기에 따라 감시되지 아니하는 배선을 통하여 전력을 공급받는 것에 있어서는 전원입력측의 배선에 **과전류 차단기**를 설치하고 해당 전원의 정전이 즉시 수신기에 표시되는 것으로 하며, **상용전원 및 예비전원**의 시험을 할 수 있도록 할 것

6. 감지기

자동화재탐지설비의 감지기는 부착 높이에 따라 다음 [표]에 따른 감지기를 설치해야 한다. 다만, 지하층·무창층 등으로서 환기가 잘되지 아니하거나 실내면적이 40 m^2 미만인 장소, 감지기의 부착면과 실내 바닥과의 거리가 2.3 m 이하인 곳으로서 일시적으로 발생한 열·연기 또는 먼지 등으로 인하여 화재신호를 발신할 우려가 있는 장소에는 다음의 기준에서 정한 감지기 중 적응성이 있는 감지기를 설치해야 한다.

〈다음의 기준에서 정한 감지기〉
(1) 불꽃감지기   (2) 정온식감지선형감지기
(3) 분포형감지기   (4) 복합형감지기
(5) 광전식분리형감지기   (6) 아날로그방식의 감지기
(7) 다신호방식의 감지기   (8) 축적방식의 감지기

1. 부착높이에 따른 감지기의 종류 ★★★

부착높이	감지기의 종류
4m 미만	차동식 (스포트형, 분포형) 보상식 스포트형 정온식 (스포트형, 감지선형) 이온화식 또는 광전식 (스포트형, 분리형, 공기흡입형) 열복합형 연기복합형 열연기복합형 불꽃감지기
4m 이상 8m 미만	차동식 (스포트형, 분포형) 보상식 스포트형 정온식 (스포트형, 감지선형) 특종 또는 1종 이온화식 1종 또는 2종 광전식(스포트형, 분리형, 공기흡입형) 1종 또는 2종 열복합형 연기복합형 열연기복합형 불꽃감지기
8m 이상 15m 미만	**차동식 분포형** 이온화식 1종 또는 2종 광전식(스포트형, 분리형, 공기흡입형) 1종 또는 2종 연기복합형 불꽃감지기
15m 이상 20m 미만	이온화식 1종 광전식(스포트형, 분리형, 공기흡입형) 1종 연기복합형 불꽃감지기
20m 이상	**불꽃감지기** **광전식(분리형, 공기흡입형)중 아나로그방식**

[비고] 1. 감지기별 부착 높이 등에 대하여 별도로 형식승인을 받은 경우에는 그 성능인정 범위 내에서 사용할 수 있다.
   2. 부착 높이 20 m 이상에 설치되는 광전식 중 아날로그방식의 감지기는 공칭 감지농도 하한값이 **감광율 5 %/m 미만**인 것으로 한다.

2. 연기감지기 설치장소 ★★★

1) 계단·경사로 및 에스컬레이터 경사로
2) **복도(30m 미만의 것을 제외)**
3) 엘리베이터 승강로(권상기실이 있는 경우에는 권상기실)·린넨슈트·파이프 피트 및 덕트 기타 이와 유사한 장소
4) 천장 또는 반자의 높이가 **15m 이상 20m 미만**의 장소

5) 다음 각 목의 어느 하나에 해당하는 특정소방대상물의 취침·숙박·입원 등 이와 유사한 용도로 사용되는 거실
① 공동주택·오피스텔·숙박시설·노유자시설·수련시설
② 교육연구시설 중 합숙소
③ 의료시설, 근린생활시설 중 입원실이 있는 의원·조산원
④ 교정 및 군사시설
⑤ 근린생활시설 중 고시원

3. 감지기 설치기준 ★★★

축적기능이 없는 것으로 설치하여야 하는 경우
① 교차회로방식에 사용되는 감지기
② 급속한 연소 확대가 우려되는 장소에 사용되는 감지기
③ 축적기능이 있는 수신기에 연결하여 사용하는 감지기

1) 감지기(차동식분포형의 것을 제외)는 실내로의 공기유입구로부터 **1.5m 이상** 떨어진 위치에 설치할 것
2) 감지기는 천장 또는 반자의 옥내에 면하는 부분에 설치할 것
3) 보상식스포트형감지기는 정온점이 감지기 주위의 평상시 최고온도보다 **20℃ 이상** 높은 것으로 설치할 것
4) 정온식감지기는 **주방·보일러실** 등으로서 다량의 화기를 취급하는 장소에 설치하되, 공칭작동온도가 최고주위온도보다 **20℃ 이상** 높은 것

[그림] 정온식스포트형 감지기

5) 부착 높이 및 특정소방대상물에 따라 다음 표에 따른 바닥면적(m^2)마다 1개 이상을 설치할 것 ★★★

부착높이 및 특정소방대상물의 구분		감지기의 종류						
		차동식 스포트형		보상식 스포트형		정온식 스포트형		
		1종	2종	1종	2종	특종	1종	2종
4m미만	주요구조부를 내화구조로 한 특정소방대상물 또는 그 부분	90	70	90	70	70	60	20
	기타 구조의 특정소방대상물 또는 그 부분	50	40	50	40	40	30	15
4m 이상 8m 미만	주요구조부를 내화구조로 한 특정소방대상물 또는 그 부분	45	35	45	35	35	30	-
	기타 구조의 특정소방대상물 또는 그 부분	30	25	30	25	25	15	-

6) 스포트형감지기는 **45° 이상** 경사되지 아니하도록 부착할 것
7) 공기관식 차동식분포형감지기 기준 ★★★

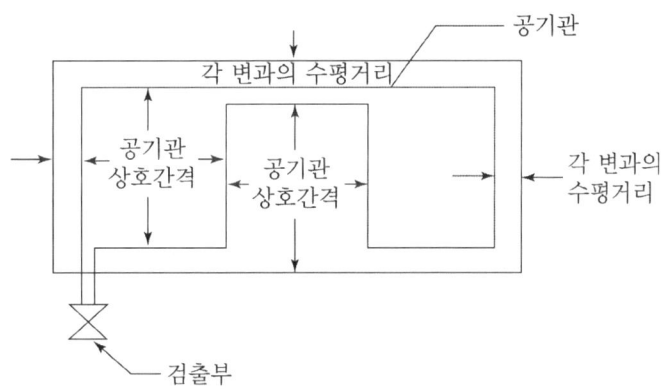

① 공기관의 노출부분은 감지구역마다 **20m 이상**

② 공기관과 감지구역의 각 변과의 수평거리는 **1.5m 이하**, 공기관 상호간의 거리는 **6m**(주요구조부가 **내화구조**는 **9m**) 이하
③ 공기관은 도중에서 분기하지 아니하도록 할 것

④ 하나의 검출부분에 접속하는 공기관의 길이는 **100m 이하**
⑤ 검출부는 **5° 이상** 경사되지 아니하도록 부착할 것
⑥ 검출부는 바닥으로부터 **0.8m 이상 1.5m 이하의 위치**

8) 열전대식 차동식분포형감지기 기준 ★★★
  ① 열전대부는 감지구역의 바닥면적 **18m²**(주요구조부가 내화구조는 **22m²**)마다 1개 이상으로 할 것. 다만, 바닥면적이 72m²(주요구조부가 내화구조는 88m²) 이하인 특정소방대상물에 있어서는 **4개 이상**
  ② 하나의 검출부에 접속하는 열전대부는 **20개 이하**

9) 열반도체식 차동식분포형감지기 기준 ★★★
  ① 감지부는 그 부착높이 및 특정소방대상물에 따라 다음 표에 따른 바닥면적마다 1개 이상으로 할 것. 다만, 바닥면적이 다음 표에 따른 면적의 2배 이하인 경우에는 2개(부착높이가 8m 미만이고, 바닥면적이 다음 표에 따른 면적 이하인 경우에는 1개) 이상

부착높이 및 특정소방대상물의 구분		감지기의 종류	
		1종	2종
8m 미만	주요구조부가 **내화구조**로 된 특정소방대상물 또는 그 구분	65m²	36m²
	기타 구조의 특정소방대상물 또는 그 부분	40m²	23m²
8m 이상 15m 미만	주요구조부가 내화구조로 된 특정소방대상물 또는 그 부분	50m²	36m²
	기타 구조의 특정소방대상물 또는 그 부분	30m²	23m²

  ② 하나의 검출기에 접속하는 감지부는 **2개 이상 15개 이하**가 되도록 할 것.

10) 연기감지기 설치기준 ★★★
  ① 감지기의 부착높이에 따라 다음 표에 따른 바닥면적(m^2)마다 1개 이상으로 할 것

부 착 높 이	감지기의 종류	
	1종 및 2종	3종
4m 미만	150	50
4m 이상 20m 미만	75	

  ② 감지기는 복도 및 통로에 있어서는 **보행거리 30m(3종에 있어서는 20m)**마다, 계단 및 경사로에 있어서는 **수직거리 15m(3종에 있어서는 10m)**마다 1개 이상으로 할 것
  ③ 천장 또는 반자가 낮은 실내 또는 좁은 실내에 있어서는 **출입구의 가까운 부분**에 설치할 것

④ 천장 또는 반자부근에 배기구가 있는 경우에는 그 부근에 설치할 것
⑤ 감지기는 벽 또는 보로부터 **0.6m 이상** 떨어진 곳에 설치할 것

11) 정온식감지선형감지기 기준 ★★

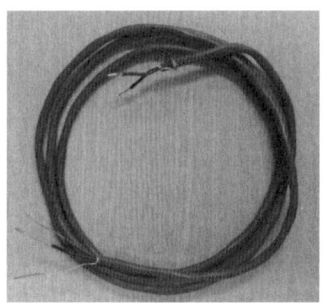

[그림] 정온식 감지선형감지기

① 보조선이나 고정금구를 사용하여 감지선이 늘어지지 않도록 설치할 것
② 단자부와 마감 고정금구와의 설치간격은 **10cm 이내**로 설치할 것
③ 감지선형 감지기의 굴곡반경은 **5cm 이상**으로 할 것

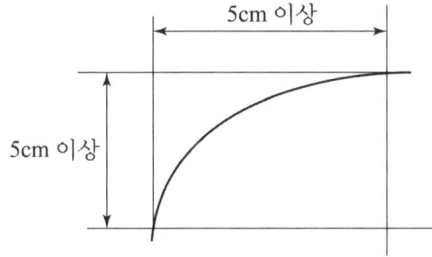

④ 감지기와 감지구역의 각 부분과의 수평거리가 **내화구조의 경우 1종 4.5m 이하, 2종 3m 이하**로 할 것. 기타 구조의 경우 1종 3m 이하, 2종 1m 이하로 할 것
⑤ 케이블트레이에 감지기를 설치하는 경우에는 케이블트레이 받침대에 마감금구를 사용하여 설치할 것

⑥ 지하구나 창고의 천장 등에 지지물이 적당하지 않는 장소에서는 보조선을 설치하고 그 보조선에 설치할 것
⑦ 분전반 내부에 설치하는 경우 **접착제**를 이용하여 돌기를 바닥에 고정시키고 그 곳에 감지기를 설치할 것

색상	공칭작동온도
백색	80℃ 미만
청색	80℃ 이상 120℃ 미만
적색	120℃ 이상

12) 불꽃감지기 설치기준
① 공칭감시거리 및 공칭시야각은 형식승인 내용에 따를 것
② 감지기는 공칭감시거리와 공칭시야각을 기준으로 감시구역이 모두 포용될 수 있도록 설치할 것
③ 감지기는 화재감지를 유효하게 감지할 수 있는 **모서리 또는 벽** 등에 설치
④ 감지기를 천장에 설치하는 경우에는 감지기는 바닥을 향하여 설치할 것
⑤ 수분이 많이 발생할 우려가 있는 장소에는 방수형으로 설치할 것

 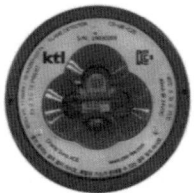

[불꽃감지기]

13) 광전식분리형감지기 설치기준 ★★★
① 감지기의 수광면은 햇빛을 직접 받지 않도록 설치할 것
② 광축(송광면과 수광면의 중심을 연결한 선)은 나란한 벽으로부터 **0.6m이상** 이격하여 설치할 것
③ 감지기의 송광부와 수광부는 설치된 뒷벽으로부터 **1m이내** 위치에 설치할 것
④ 광축의 높이는 천장 등(천장의 실내에 면한 부분 또는 상층의 바닥 하부면을 말한다) 높이의 **80% 이상**일 것
⑤ 감지기의 광축의 길이는 공칭감시거리 범위이내일 것

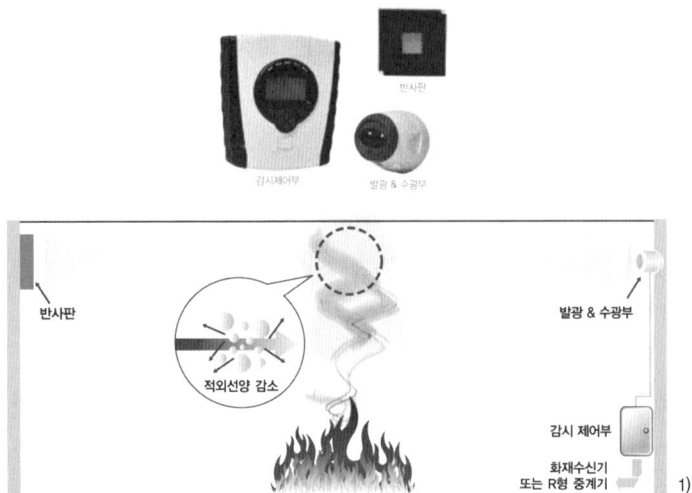

4. 감지기 특례기준

1) 화학공장·격납고·제련소등 : 광전식분리형감지기 또는 불꽃감지기
2) 전산실 또는 반도체 공장등 : 광전식공기흡입형감지기

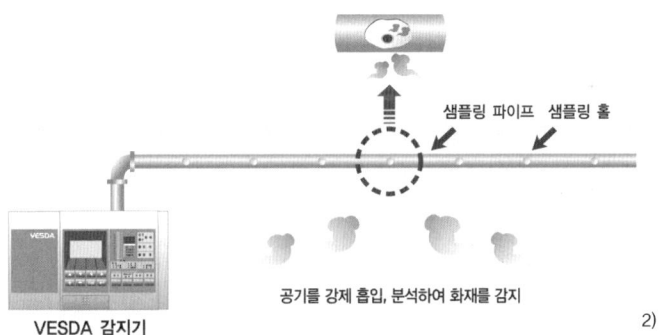

5. 감지기 설치제외 장소기준 ★

1) 천장 또는 반자의 높이가 **20m 이상**인 장소. 다만, 부착높이에 따라 적응성이 있는 장소는 제외한다.
2) 헛간 등 외부와 기류가 통하는 장소로서 감지기에 따라 화재발생을 유효하게 감지할 수 없는 장소
3) 부식성가스가 체류하고 있는 장소
4) 고온도 및 저온도로서 감지기의 기능이 정지되기 쉽거나 감지기의 유지관리가

---

1) 출처 : 존슨콘트롤즈인터내셔널코리아 카탈로그, 광전식분리형감지기
2) 출처 : 존슨콘트롤즈인터내셔널코리아 카탈로그, 광전식공기흡입형감지기

어려운 장소

5) **목욕실·욕조나 샤워시설이 있는 화장실·기타** 이와 유사한 장소
6) 파이프덕트 등 그 밖의 이와 비슷한 것으로서 2개층 마다 방화구획된 것이나 수평단면적이 **5m² 이하**인 것
7) 먼지·가루 또는 수증기가 다량으로 체류하는 장소 또는 주방 등 평시에 연기가 발생하는 장소(연기감지기에 한한다)
8) 프레스공장·주조공장 등 화재발생의 위험이 적은 장소로서 감지기의 유지관리가 어려운 장소

6. 설치장소별 감지기의 적응성(연기감지기를 설치할 수 없는 경우 적용)

설치장소		적응 열감지기								비고
환경상태	적응장소	차동식스포트형		차동식분포형		보상식스포트형		정온식		열아날로그식	불꽃감지기	
		1종	2종	1종	2종	1종	2종	특종	1종			
1. 먼지 또는 미분 등이 다량으로 체류하는 장소	쓰레기장, 하역장, 도장실, 섬유·목재·석재 등 가공 공장	○	○	○	○	○	○	○	○	○	○	1. 불꽃감지기에 따라 감시가 곤란한 장소는 적응성이 있는 열감지기를 설치할 것 2. 차동식분포형감지기를 설치하는 경우에는 검출부에 먼지, 미분 등이 침입하지 않도록 조치할 것 3. 차동식스포트형감지기 또는 보상식스포트형감지기를 설치하는 경우에는 검출부에 먼지, 미분 등이 침입하지 않도록 조치할 것 4. 섬유, 목재가공 공장 등 화재확대가 급속하게 진행될 우려가 있는 장소에 설치하는 경우 정온식감지기는 특종으로 설치할 것. 공칭작동 온도 75℃ 이하, 열아날로그식스포트형 감지기는 화재표시 설정은 80℃ 이하가 되도록 할 것
2. 수증기가 다량으로 머무는 장소	증기세정실, 탕비실, 소독실 등	×	×	×	○	×	○	○	○	○	○	1. 차동식분포형감지기 또는 보상식스포트형감지기는 급격한 온도변화가 없는 장소에 한하여 사용할 것 2. 차동식분포형감지기를 설치하는 경우에는 검출부에 수증기가 침입하지 않도록 조치할 것 3. 보상식스포트형감지기, 정온식감지기 또는 열아날로그식감지기를 설치하는 경우에는 방수형으로 설치할 것

설치장소		적응 열감지기								불꽃감지기	비고
환경상태	적응장소	차동식스포트형		차동식분포형		보상식스포트형		정온식		열아날로그식	
		1종	2종	1종	2종	1종	2종	특종	1종		
											4. 불꽃감지기를 설치할 경우 방수형으로 할 것
3. 부식성가스가 발생할 우려가 있는 장소	도금공장, 축전지실, 오수처리장 등	×	×	○	○	○	○	○	○	○	1. 차동식분포형감지기를 설치하는 경우에는 감지부가 피복되어 있고 검출부가 부식성가스에 영향을 받지 않는 것 또는 검출부에 부식성가스가 침입하지 않도록 조치할 것 2. 보상식스포트형감지기, 정온식감지기 또는 열아날로그식스포트형감지기를 설치하는 경우에는 부식성가스의 성상에 반응하지 않는 내산형 또는 내알칼리형으로 설치할 것
4. 주방, 기타 평상시에 연기가 체류하는 장소	주방, 조리실, 용접작업장 등	×	×	×	×	×	×	○	○	○	1. 주방, 조리실 등 습도가 많은 장소에는 방수형 감지기를 설치할 것 2. 불꽃감지기는 UV/IR형을 설치할 것
5. 현저하게 고온으로 되는 장소	건조실, 살균실, 보일러실, 주조실, 영사실, 스튜디오	×	×	×	×	×	×	○	○	○	×	-
6. 배기가스가 다량으로 체류하는 장소	주차장, 차고, 화물취급소 차로, 자가발전실, 트럭터미널, 엔진시험실	○	○	○	○	○	○	×	×	○	1. 불꽃감지기에 따라 감시가 곤란한 장소는 적응성이 있는 열감지기를 설치할 것 2. 열아날로그식스포트형감지기는 화재표시 설정이 60℃ 이하가 바람직하다.
7. 연기가 다량으로 유입할 우려가 있는 장소	음식물배급실, 주방전실, 주방내 식품저장실, 음식물 운반용 엘리베이터, 주방 주변의 복도 및 통로, 식당 등	○	○	○	○	○	○	○	○	○	×	1. 고체연료 등 가연물이 수납되어 있는 음식물배급실, 주방전실에 설치하는 정온식감지기는 특종으로 설치할 것 2. 주방 주변의 복도 및 통로, 식당 등에는 정온식감지기를 설치하지 않을 것 3. 제1호 및 제2호의 장소에 열아날로그식스포트형감지기를 설치하는 경우에는 화재표시 설정을 60℃ 이하로 할 것
8. 물방울이 발생하는 장소	스레트 또는 철판으로 설치한 지붕 창고·공장, 패키지형냉각기전용수납	×	×	○	○	○	○	○	○	○	1. 보상식스포트형감지기, 정온식감지기 또는 열아날로그식 스포트형감지기를 설치하는 경우에는 방수형으로 설치할 것

설치장소		적응 열감지기								불꽃감지기	비고
환경상태	적응장소	차동식스포트형		차동식분포형		보상식스포트형		정온식	열아날로그식		
		1종	2종	1종	2종	1종	2종	특종	1종		
	실, 밀폐된 지하창고, 냉동실 주변 등										2. 보상식스포트형감지기는 급격한 온도 변화가 없는 장소에 한하여 설치할 것 3. 불꽃감지기를 설치하는 경우에는 방수형으로 설치할 것
9. 불을 사용하는 설비로서 불꽃이 노출되는 장소	유리공장, 용선로가 있는장소, 용접실, 주방, 작업장, 주조실 등	×	×	×	×	×	×	○	○	○	×	–

[비고] 1. "○"는 당해 설치장소에 적응하는 것을 표시, "×"는 당해 설치장소에 적응하지 않는 것을 표시
2. 차동식스포트형, 차동식분포형 및 보상식스포트형 1종은 감도가 예민하기 때문에 비화재보 발생은 2종에 비해 불리한 조건이라는 것을 유의할 것
3. 차동식분포형 3종 및 정온식 2종은 소화설비와 연동하는 경우에 한해서 사용할 것
4. 다신호식감지기는 그 감지기가 가지고 있는 종별, 공칭작동온도별로 따르지 말고 상기 표에 따른 적응성이 있는 감지기로 할 것

7. 설치장소별 감지기의 적응성

설치장소		적응 열감지기					적응 연기감지기						불꽃감지기	비고
환경상태	적응장소	차동식스포트형	차동식분포형	보상식스포트형	정온식	열아날로그식	이온화식스포트형	광전식스포트형	이온아날로그식스포트형	광전아날로그식스포트형	광전식분리형	광전아날로그식분리형		
1. 흡연에 의해 연기가 체류하며 환기가 되지 않는 장소	회의실, 응접실, 휴게실, 노래연습실, 오락실, 다방, 음식점, 대합실, 카바레 등의 객실, 집회장, 연회장 등	○	○	○	–	–	–	◎	–	◎	○	◎	–	
2. 취침시설로 사용하는 장소	호텔 객실, 여관, 수면실 등	–	–	–	–	–	◎	◎	◎	◎	○	◎	–	
3. 연기 이외의 미분이 떠다니는 장소	복도, 통로 등	–	–	–	–	–	◎	◎	◎	◎	○	○	○	
4. 바람에 영향을 받기 쉬운 장소	로비, 교회, 관람장, 옥탑에 있는 기계실	–	○	–	–	–	◎	–	◎	○	○	○		

설치장소		적응 열감지기					적응 연기감지기					불꽃감지기	비고
환경 상태	적응 장소	차동식스포트형	차동식분포형	보상식스포트형	정온식	열아날로그식	이온화식스포트형	광전식스포트형	이온아날로그식스포트형	광전아날로그식스포트형	광전식분리형	광전아날로그식분리형		
5. 연기가 멀리 이동해서 감지기에 도달하는 장소	계단, 경사로	-	-	-	-	-	○	-	○	○	○			광전식스포트형감지기 또는 광전아날로그식스포트형감지기를 설치하는 경우에는 당해 감지기회로에 축적기능을 갖지 않는 것으로 할 것
6. 훈소화재의 우려가 있는 장소	전화기기실, 통신기기실, 전산실, 기계제어실	-	-	-	-	-	○	-	○	○	○		-	
7. 넓은 공간으로 천장이 높아 열 및 연기가 확산하는 장소	체육관, 항공기 격납고, 높은 천장의 창고·공장, 관람석 상부 등 감지기 부착 높이가 8m 이상의 장소	-	○	-	-	-	-	-	-	-	○	○	○	

[비고] 1. "○"는 당해 설치장소에 적응하는 것을 표시
2. "◎" 당해 설치장소에 연기감지기를 설치하는 경우에는 당해 감지회로에 축적기능을 갖는 것을 표시
3. 차동식스포트형, 차동식분포형, 보상식스포트형 및 연기식(당해 감지기회로에 축적기능을 갖지 않는 것) 1종은 감도가 예민하기 때문에 비화재보 발생은 2종에 비해 불리한 조건이라는 것을 유의할 것
4. 차동식분포형 3종 및 정온식 2종은 소화설비와 연동하는 경우에 한해서 사용할 것
5. 광전식분리형감지기는 평상시 연기가 발생하는 장소 또는 공간이 협소한 경우에는 적응성이 없음
6. 넓은 공간으로 천장이 높아 열 및 연기가 확산하는 장소로서 차동식분포형 또는 광전식분리형 2종을 설치하는 경우에는 제조사의 사양에 따를 것
7. 다신호식감지기는 그 감지기가 가지고 있는 종별, 공칭작동온도별로 따르고 표에 따른 적응성이 있는 감지기로 할 것
8. 축적형감지기 또는 축적형중계기 혹은 축적형수신기를 설치하는 경우에는 2.4에 따를 것

7. 음향장치 및 시각경보장치

1. 음향장치 설치기준 ★★★

1) 주음향장치는 수신기의 내부 또는 그 직근에 설치할 것
2) 층수가 **11층(공동주택의 경우에는 16층) 이상**의 특정소방대상물은 다음의 기준에 따라 경보를 발할 수 있도록 할 것

발화 층	경보방식
2층 이상의 층	발화층 및 그 직상 4개 층에 경보
1층에서 발화	발화층 · 그 직상 4개 층 및 지하층에 경보
지하층에서 발화	발화층 · 그 직상층 및 기타의 지하층에 경보

3) 지구음향장치는 특정소방대상물의 **층마다** 설치, 해당 특정소방대상물의 각 부분으로부터 하나의 음향장치까지의 수평거리가 **25m 이하**가 되도록 하고, 해당층의 각 부분에 유효하게 경보를 발할 수 있도록 설치할 것.

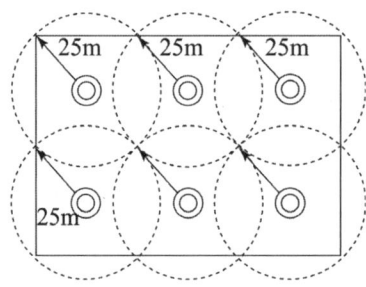

4) 음향장치의 구조 및 성능
   ① 정격전압의 **80%** 전압에서 음향을 발할 수 있는 것으로 할 것. 다만, 건전지를 주전원으로 사용하는 음향장치는 그러하지 아니하다.
   ② 음량은 부착된 음향장치의 중심으로부터 1m 떨어진 위치에서 **90dB 이상**이 되는 것으로 할 것
   ③ 감지기 및 발신기의 작동과 연동하여 작동할 수 있는 것으로 할 것

2. 청각장애인용 시각경보장치 설치기준 ★★★

[그림] 시각경보장치

1) 복도 · 통로 · 청각장애인용 객실 및 공용으로 사용하는 거실(로비, 회의실, 강의실, 식당, 휴게실, 오락실, 대기실, 체력단련실, 접객실, 안내실, 전시실, 기타 이와 유사한 장소를 말한다)에 설치하며, 각 부분으로부터 유효하게 경보를 발할 수 있는 위치에 설치할 것
2) 공연장 · 집회장 · 관람장 또는 이와 유사한 장소에 설치하는 경우에는 시선이 집중되는 **무대부 부분** 등에 설치할 것
3) 설치높이 : 바닥으로부터 **2m 이상 2.5m 이하**의 장소. 다만, 천장의 높이가 **2m 이하**인 경우에는 천장으로부터 **0.15m 이내**의 장소에 설치하여야 한다.
4) 시각경보장치의 광원 : 전용의 **축전지설비 또는 전기저장장치**에 의하여 점등

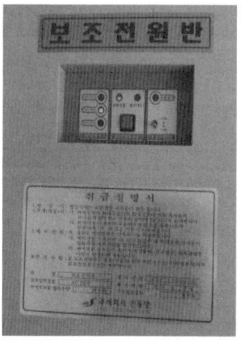

[그림] 시각경보기 보조전원

3. 하나의 특정소방대상물에 2 이상의 수신기가 설치된 경우 어느 수신기에서도 지구음향장치 및 시각경보장치를 작동할 수 있도록 해야 한다.

8. 발신기

1. 발신기 설치 기준 ★★★

1) 조작스위치 : 바닥으로부터 **0.8m 이상 1.5m 이하**
2) 특정소방대상물의 층마다 설치하되, 해당 특정소방대상물의 각 부분으로부터 하나의 발신기까지의 **수평거리가 25m 이하**가 되도록 할 것. 다만, 복도 또는 별도로 구획된 실로서 보행거리가 40m 이상일 경우에는 추가로 설치하여야 한다.

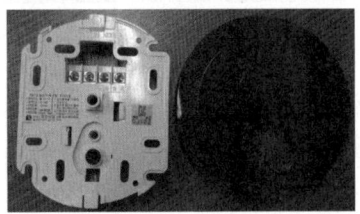

[그림] 발신기

3) 발신기 접속단자 : **발신기(응답)선, 회로공통선, 회로선, 전화선**
   ※ 전화선은 간선에서 삭제

2. 발신기 위치 표시등 ★★★

함의 상부에 설치하되, 그 불빛은 부착 면으로부터 **15°이상**의 범위 안에서 부착지점으로부터 **10m 이내**의 어느 곳에서도 쉽게 식별할 수 있는 **적색등**으로 하여야 한다.

9. 전원

1. 자동화재탐지설비의 상용전원 기준
   1) 전원은 전기가 정상적으로 공급되는 **축전지설비, 전기저장장치**(외부 전기에너지를 저장해 두었다가 필요한 때 전기를 공급하는 장치) 또는 교류전압의 옥내 간선으로 하고, 전원까지의 배선은 전용으로 할 것
   2) 개폐기에는 "자동화재탐지설비용"이라고 표시한 표지를 할 것
2. 자동화재탐지설비에는 그 설비에 대한 감시상태를 60분간 지속한 후 유효하게 10분 이상 경보할 수 있는 비상전원으로서 **축전지설비**(수신기에 내장하는 경우를 포함한다) 또는 **전기저장장치**(외부 전기에너지를 저장해 두었다가 필요한 때 전기를 공급하는 장치)를 설치해야 한다. 다만, 상용전원이 축전지설비인 경우 또는 건전지를

주전원으로 사용하는 무선식 설비인 경우에는 그렇지 않다. ★★★

10. 배선 ★★★

1. 전원회로의 배선은 **내화배선**, 그 밖의 배선(감지기 상호간 또는 감지기로부터 수신기에 이르는 감지기회로의 배선을 제외한다)은 내화배선 또는 내열배선에 따라 설치할 것
2. 감지기 상호간 또는 감지기로부터 수신기에 이르는 감지기회로의 배선 ★★★
    1) **아날로그식, 다신호식 감지기나 R형수신기용**으로 사용되는 것은 전자파 방해를 받지 아니하는 **쉴드선** 등을 사용하여야 하며, 광케이블의 경우에는 전자파 방해를 받지 아니하고 내열성능이 있는 경우 사용할 수 있다. 다만, 전자파 방해를 받지 아니하는 방식의 경우에는 그러하지 아니하다.
    2) 일반배선을 사용할 때는 내화배선 또는 내열배선으로 사용할 것
3. **감지기회로의 도통시험**을 위한 종단저항 기준 ★★★
    1) 점검 및 관리가 쉬운 장소에 설치할 것
    2) 전용함을 설치하는 경우 그 설치 높이는 바닥으로부터 **1.5m 이내**
    3) 감지기 회로의 끝부분에 설치하며, 종단감지기에 설치할 경우에는 구별이 쉽도록 해당감지기의 기판 및 감지기 외부 등에 별도의 표시를 할 것
4. 감지기 사이의 회로의 배선은 **송배선식**으로 할 것

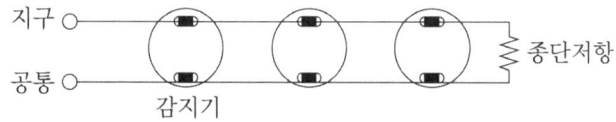

5. 감지기회로 및 부속회로의 전로와 대지 사이 및 배선 상호간의 절연저항은 1경계구역마다 **직류 250V**의 절연저항측정기를 사용하여 측정한 절연저항이 **0.1MΩ 이상**이 되도록 할 것 ★★★
6. 피(P)형 수신기 및 지피(G.P.)형 수신기의 감지기 회로의 배선에 있어서 하나의 공통선에 접속할 수 있는 경계구역은 **7개 이하**로 할 것 ★★★
7. 자동화재탐지설비의 감지기회로의 전로저항은 **50Ω 이하**가 되도록 하여야 하며, 수신기의 각 회로별 종단에 설치되는 감지기에 접속되는 배선의 전압은 감지기 정격전압의 **80% 이상**이어야 할 것
8. 자동화재탐지설비의 배선은 다른 전선과 별도의 관·덕트(절연효력이 있는 것으로 구획한 때에는 그 구획된 부분은 별개의 덕트로 본다)·몰드 또는 풀박스 등에 설치

할 것. 다만, 60 V 미만의 약 전류회로에 사용하는 전선으로서 각각의 전압이 같을 때에는 그렇지 않다.

11. 도로터널 자동화재탐지설비 ★★★

1. 터널에 설치할 수 있는 감지기의 종류

1) 차동식분포형감지기
2) 정온식감지선형감지기(아날로그식에 한한다.)
3) 중앙기술심의위원회의 심의를 거쳐 터널화재에 적응성이 있다고 인정된 감지기

2. 하나의 경계구역의 길이 : 100m 이하

$$경계구역의 \ 수 = \frac{터널의 \ 길이(m)}{100m} \ (소수점 \ 이하 \ 절상)$$

12. 비화재보

1. 개념

설비자체의 결함이나 오동작에 따른 화재경보

2. 비화재보의 종류

종류	내용
False alarm	설비자체의 기능상 결함, 설비의 유지관리 불량에 따른 화재경보
일과성 비화재보 (Nuisance alarm)	주위 상황이 순간적으로 화재와 같은 상태가 되었다가 정상상태로 복귀하는 경우

3. 비화재보 발생원인

종류	내용
인위적 원인	조리에 의한 열, 연기발생, 흡연, 자동차 배기가스 공사중 발생하는 분진, 선로의 단락 또는 단선, 감지기 소손 등 비화재보 원인의 60% 정도

종류	내용
기능상 원인	모래 등 먼지, 수증기, 결로, 벌레 등의 침입 자동화재탐지설비의 부품, 회로불량, 경년열화에 따른 감도변화
환경적 원인	빛, 연기, 먼지, 분진, 습기 등의 이상변화 압력, 온도 등의 이상변화
유지관리상 원인	누수, 주기적인 청소 등 관리 불량
설치상 원인	감지기 설치 후 환경변화, 감지기 선정오류, 배선접속 불량 등

13. 감지기의 형식승인 및 제품검사의 기술기준

1. 열감지기의 구분

(가) **차동식스포트형** ★★★

주위온도가 일정 상승률 이상이 되는 경우에 작동하는 것으로서 일국소에서의 열 효과에 의하여 작동되는 것을 말한다.

(나) **차동식분포형** ★★★

주위온도가 일정 상승률 이상이 되는 경우에 작동하는 것으로서 넓은 범위 내에서의 열 효과의 누적에 의하여 작동되는 것을 말한다.

(다) **정온식감지선형** ★★★

일국소의 주위온도가 일정한 온도 이상이 되는 경우에 작동하는 것으로서 외관이 전선으로 되어 있는 것을 말한다.

(라) **정온식스포트형**

일국소의 주위온도가 일정한 온도 이상이 되는 경우에 작동하는 것으로서 외관이 전선으로 되어 있지 아니한 것을 말한다.

(마) **보상식스포트형**

(가)목과 (라)목 성능을 겸한 것으로서 가목의 성능 또는 (라)목의 성능 중 어느 한 기능이 작동되면 작동신호를 발하는 것을 말한다.

2. 연기감지기 구분

(가) **이온화식스포트형** ★★★

주위의 공기가 일정한 농도의 연기를 포함하게 되는 경우에 작동하는 것으로서 일국소의 연기에 의하여 이온전류가 변화하여 작동하는 것을 말한다.

⑷ 광전식스포트형

주위의 공기가 일정한 농도의 연기를 포함하게 되는 경우에 작동하는 것으로서 일국소의 연기에 의하여 광전소자에 접하는 광량의 변화로 작동하는 것을 말한다.

⑸ 광전식분리형 ★★★

발광부와 수광부로 구성된 구조로 발광부와 수광부 사이의 공간에 일정한 농도의 연기를 포함하게 되는 경우에 작동하는 것을 말한다.

⑹ 공기흡입식

감지기 내부에 장착된 공기흡입장치로 감지하고자 하는 위치의 공기를 흡입하고 흡입된 공기에 일정한 농도의 연기가 포함된 경우 작동하는 것을 말한다.

3. 불꽃감지기 구분

⑴ 불꽃 자외선식

불꽃에서 방사되는 자외선의 변화가 일정량 이상 되었을 때 작동하는 것으로서 일국소의 자외선에 의하여 수광소자의 수광량 변화에 의해 작동하는 것

⑵ 불꽃 적외선식

불꽃에서 방사되는 적외선의 변화가 일정량 이상 되었을 때 작동하는 것으로서 일국소의 적외선에 의하여 수광소자의 수광량 변화에 의해 작동하는 것

⑶ 불꽃 자외선·적외선겸용식

불꽃에서 방사되는 불꽃의 변화가 일정량 이상 되었을 때 작동하는 것으로서 자외선 또는 적외선에 의한 수광소자의 수광량 변화에 의하여 1개의 화재신호를 발신하는 것

⑷ 불꽃 영상분석식

불꽃의 실시간 영상이미지를 자동 분석하여 화재신호를 발신하는 것

4. 감지기의 형식(제4조)

1) 단신호식 ★★★

가. 각 서로 다른 종별 또는 감도 등의 기능을 갖춘 것으로서 일정시간 간격을 두고 각각 다른 2개 이상의 화재신호를 발하는 감지기

나. 동일 종별 또는 감도를 갖는 2개이상의 센서를 통해 감지하여 화재신호를 각각 발신하는 감지기

2) 방폭형

폭발성가스가 용기내부에서 폭발하였을 때 용기가 그 압력에 견디거나 또는 외부의 폭발성가스에 인화될 우려가 없도록 만들어진 형태의 감지기

3) 방수형

그 구조가 방수구조로 되어 있는 감지기

4) 재용형

다시 사용할 수 있는 성능을 가진 감지기

(5) **축적형** ★★★

일정농도·온도 이상의 연기 또는 온도가 일정 시간(공칭축적시간) 연속하는 것을 전기적으로 검출함으로써 작동하는 감지기(다만, 단순히 작동시간만을 지연시키는 것은 제외한다)

(6) **아날로그식** ★★★

주위의 온도 또는 연기의 양의 변화에 따른 화재정보신호값을 출력하는 방식의 감지기

구분	종류
식별신호 발신 유무	주소형, 비주소형
연기 감도 보정 기능 유무	보정식, 비보정식
방수형 유무	방수형 및 비방수형
내식성 유무	내산형, 내알카리형 및 보통형
재용성 유무	재용형 및 비재용형
연기의 축적	축적형 및 비축적형
방폭구조 여부	방폭형 및 비방폭형
화재신호의 발신방법	단신호식, 다신호식 또는 아날로그식
불꽃감지기(설치장소 구분)	옥내형, 옥내·옥외형, 도로형

(7) **보정식**

일정농도 이상의 연기가 일정시간 이상 연속하는 것을 전기적으로 검출하여 작동 감도를 자동적으로 보정하는 방식의 감지기

(8) **주소형**

감지기의 식별정보가 있어 감지기의 작동 시 설치지점의 감지기 식별신호를 발신하는 것

5. 구조 및 기능(제5조) ★★★

1) 차동식분포형감지기(공기관식)

① 공기관은 하나의 길이(이음매가 없는 것)가 **20m 이상**
② 공기관의 **두께는 0.3 mm 이상, 바깥지름은 1.9 mm 이상**

2) 작동표시장치를 설치하지 않아도 되는 감지기의 종류
① 방폭구조인 감지기
② 수신기에 그 감지기가 작동한 내용이 표시되는 감지기(무선식 감지기는 제외)
③ 차동식분포형감지기
④ 정온식감지선형감지기

6. 제5조의2(단독경보형감지기의 일반기능) ★★★

1) 전원의 정상상태를 표시하는 전원표시등의 섬광주기는 1초 이내의 점등과 30초에서 60초 이내의 소등으로 이루어져야 한다.
2) **화재경보음**은 감지기로부터 1m 떨어진 위치에서 **85dB** 이상으로 10분 이상 계속하여 경보할 수 있어야 한다.
3) 건전지를 주전원으로 사용하는 감지기는 건전지의 성능이 저하되어 건전지의 교체가 필요한 경우에는 음성안내를 포함한 음향 및 표시등에 의하여 72시간 이상 경보할 수 있어야 한다. 이 경우 음향경보는 1m 떨어진 거리에서 **70dB(음성안내는 60dB) 이상**이어야 한다.

7. 부품의 구조 및 기능(제6조)

1) 스위치
① 각 접점의 최대사용전압으로 최대사용전류의 200 %인 전류를 저항부하를 통하여 흘리는 작동을 **1만회(전원스위치의 경우에는 5천회)반복**하는 경우 그 구조 또는 기능에 이상이 생기지 아니하여야 한다.

2) 표시등
① 전구는 사용전압의 **130%**인 교류전압을 **20시간** 연속하여 가하는 경우 단선, 현저한 광속변화, 흑화, 전류의 저하 등이 발생하지 아니하여야 한다.
② 전구는 2개 이상을 병렬로 접속하여야 한다. 다만, **방전등 또는 발광다이오드**의 경우에는 그러하지 아니하다.

3) 감지기에 내장하는 음향(음성 제외)장치 ★
① 사용전압의 80%인 전압에서 소리를 내어야 한다.
② 사용전압에서의 음압은 무향실내에서 정위치에 부착된 음향장치의 중심으로부터 1m 떨어진 지점에서 **70dB 이상**이어야 한다. 다만, **단독경보형의 화재경보용**으로 사용되는 음향장치는 1m 떨어진 거리에서 **85dB 이상**이어야 한다.

4) 변압기
① 정격 1차전압은 **300V 이하**로 한다.

② 변압기의 외함에는 접지단자를 설치하여야 한다. 다만, 단독경보형감지기의 경우에는 접지단자를 설치하지 아니할 수 있다.

8. 제8조(비화재보방지) ★

1) 주위온도 (23±2)℃인 조건을 유지하며 상대습도 (20±5)%에서 (90±5)%인 상태로 급격하게 **3회** 변경 투입을 반복하는 경우
2) 감지기를 분당 **6회**의 비율로 순간적인 감지기 공급전원의 차단을 반복하는 경우

9. 제19조의2(불꽃감지기의 유효감지거리의 구분, 감도시험, 시야각) ★★★

1) 유효감지거리 범위는 **20m 미만은 1m 간격**으로, **20m 이상은 5m 간격**으로 설정하여야 하며, 단일 유효감시거리, 복수 유효감지거리, 단일 유효감지거리 범위 또는 복수 유효감시거리 범위로 설정할 수 있다.
2) 시야각은 **5°간격**으로 설정한다.

10. 절연저항시험(제35조) ★★★

감지기의 절연된 단지간의 절연저항 및 단자와 외함간의 절연저항은 **직류 500V의 절연저항계**로 측정한 값이 **50MΩ**(정온식감지선형감지기는 선간에서 1m당 1,000 MΩ) **이상**이어야 한다.

11. 스포트형인 감지기의 표시등

1) 작동표시장치의 표시등 : 적색
2) 전원표시등(해당되는 경우에 한함) : 녹색 또는 백색
3) 고장표시등(보정식에 한함) : 황색

14. 수신기 형식승인 및 제품검사의 기술기준

1. 제2조(용어의 정의)

1) P형(Proprietary type)수신기 ★★★
감지기 또는 발신기로부터 발하여지는 신호를 직접 또는 중계기를 통하여 **공통신호**로서 수신하여 화재의 발생을 당해 소방대상물의 관계자에게 경보하여 주는 것

2) R형(Record type)수신기 ★★★
감지기 또는 발신기로부터 발하여지는 신호를 직접 또는 중계기를 통하여 **고유신**

호로서 수신하여 화재의 발생을 당해 소방대상물의 관계자에게 경보하여 주는 것

3) GP형수신기 ★★

P형수신기의 기능과 가스누설경보기의 수신부 기능을 겸한 것

4) GR형수신기 ★★

R형수신기의 기능과 가스누설경보기의 수신부 기능을 겸한 것

5) P형복합식수신기

감지기 또는 발신기등으로부터 발하여지는 신호를 직접 또는 중계기를 통하여 공통신호로서 수신하여 화재의 발생을 당해 소방대상물의 관계자에게 경보하여 주고 자동 또는 수동으로 옥내·외소화전설비, 스프링클러설비, 물분무소화설비, 포소화설비, 이산화탄소소화설비, 할로겐화물소화설비, 분말소화설비, 배연설비 등의 가압송수장치 또는 기동장치 등을 제어하는(이하 "제어기능"이라 한다) 것

6) R형복합식수신기

감지기 또는 발신기 등으로부터 발하여지는 신호를 직접 또는 중계기를 통하여 고유신호로서 수신하여 화재의 발생을 당해 소방대상물의 관계자에게 경보하여 주고 제어기능을 수행하는 것

2. 제3조(구조 및 일반기능)

1) 정격전압이 **60V**를 넘는 기구의 금속제 외함에는 접지단자를 설치
2) 수신기(1회선용은 제외한다)는 2회선이 동시에 작동하여도 화재표시가 되어야 하며, 감지기의 감지 또는 발신기의 발신개시로부터 P형, P형복합식, GP형 GP형복합식, R형, R형복합식, GR형 또는 GR형복합식 수신기의 수신완료까지의 소요시간은 **5초(축적형의 경우에는 60초) 이내**
3) 화재신호를 수신하는 경우 P형, P형복합식, GP형, GP형복합식, R형, R형복합식, GR형 또는 GR형복합식의 수신기에 있어서는 2이상의 지구표시장치에 의하여 각각 화재를 표시
4) 수신기의 외부배선 연결용 단자에 있어서 공통신호선용 단자는 **7개 회로마다 1개 이상** 설치
5) 수신기의 예비전원 : **원통밀폐형 니켈카드뮴축전지** 또는 **무보수밀폐형 연축전지**

3. 수신기 절연저항시험(제19조) ★

(1) 수신기의 **절연된 충전부와 외함간의 절연저항**은 직류 500V의 절연저항계로 측정한 값이 5MΩ(**교류입력측과 외함간에는 20MΩ**) **이상**이어야 한다. 다만, P형,

P형복합식, GP형 및 GP형복합식의 수신기로서 접속되는 회선수가 10이상인 것. R형, R형복합식, GR형 및 GR형복합식의 수신기로서 접속되는 중계기가 10이상인 것은 교류입력측과 외함간을 제외하고 1회선당 50MΩ 이상이어야 한다.

(2) **절연된 선로간의 절연저항**은 직류 500V의 절연저항계로 측정한 값이 **20MΩ 이상**이어야 한다.

15. 발신기의 형식승인 및 제품검사의 기술기준

1. 발신기의 구분(제3조)
 1) 설치장소 : 옥외형과 옥내형
 2) 방폭구조 여부 : 방폭형 및 비방폭형
 3) 방수성 유무 : 방수형 및 비방수형

2. 전원전압변동시의 기능(제6조)
전원전압이 정격전압의 **±20%** 범위 안에서 변동을 하는 경우 기능에 이상이 없을 것

3. 반복시험(제10조)
정격전류를 흘려 **5,000회**의 작동 반복시험을 하는 경우 그 구조 기능에 이상이 없을 것

4. 절연저항시험(제15조)
발신기의 절연된 단자간의 절연저항 및 단자와 외함(누름스위치의 머리부분 포함)간의 절연저항은 직류 500V의 절연저항계로 측정하는 경우 **20MΩ 이상**

16. 시각경보장치의 성능인증 및 제품검사의 기술기준

1. 제4조(기능) ★★★
 1) 신호장치에서 작동신호를 보내어 약 1분간 점멸회수를 측정하는 경우 점멸주기는 매 **초당 1회 이상 3회 이내**이어야 한다.
 2) 일반용 AA급의 조도계로 광도측정 위치(광원으로부터 수평거리 6m)에서 조도를 측정하는 경우 측정위치에 따른 유효광도(cd)

광도 측정위치	광도 기준
0°(전면)	15 cd 이상
45°	11.25 cd 이상
90°(측면)	3.75 cd 이상

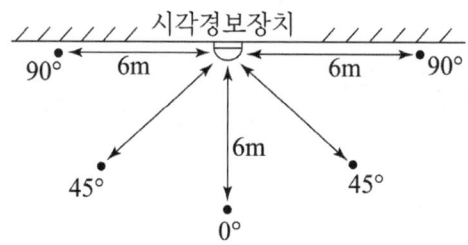

3) 광원은 투명 또는 흰색, **1,000 cd 이하**
4) 동작신호를 받고 **3초 이내** 경보, 정지신호를 받았을 경우에는 3초 이내 정지

2. 제10조(절연저항시험)

시각경보장치의 전원부 양단자 또는 양선을 단락시킨 부분과 비충전부를 DC 500 V의 절연저항계로 측정하는 경우 **절연저항이 5MΩ 이상**

04 출제예상문제

자동화재탐지설비 및 시각경보장치

01 ★★★ 출제년도【14.】
자동화재탐지설비를 설치하여야 하는 특정소방대상물에 대한 설명 중 옳은 것은?

① 위락시설, 숙박시설, 의료시설로서 연면적 $500[m^2]$ 이상인 것
② 근린생활 시설 중 목욕장, 문화 및 집회시설, 운동시설, 통신촬영시설로 연면적 $600\ [m^2]$ 이상인 것
③ 지하구
④ 길이 $500[m]$ 이상의 터널

해설 자동화재 탐지설비를 설치하여야 하는 장소
1) 근린생활시설(목욕장 제외), 의료시설, 위락시설, 장례시설 및 복합건축물로서 연면적 **600제곱미터** 이상인 경우에는 모든 층
2) **목욕장, 문화 및 집회시설, 운동시설,** 지하가, 판매시설 및 영업시설, 업무시설, 공장 및 창고 시설로서 연면적 **1천 제곱미터** 이상인 경우에는 모든 층
3) 교육연구시설, 교정 및 군사시설로서 연면적 2천 제곱미터 이상인 경우에는 모든 층
4) **지하구**
5) 길이 **1천미터** 이상의 터널
6) 연면적 400제곱미터 이상인 노유자시설 및 숙박시설이 있는 수련시설로서 수용인원이 100[인] 이상인 경우에는 모든 층

02 ★★★ 출제년도【14.】
자동화재탐지설비의 화재안전기술기준에서 사용하는 용어의 정의를 설명한 것이다. 다음 중 옳지 않은 것은?

① "경계구역"이란 소방대상물 중 화재신호를 발신하고 그 신호를 수신 및 유효하게 제어할 수 있는 구역을 말한다.
② "중계기"란 감지기, 발신기 또는 전기적 접점 등의 작동에 따른 신호를 받아 이를 수신기의 제어반에 전송하는 장치를 말한다.
③ "감지기"란 화재 시 발생하는 열, 연기, 불꽃 또는 연소생성물을 자동적으로 감지하여 수신기에 발신하는 장치를 말한다.
④ "시각경보장치"란 자동화재탐지설비에서 발하는 화재신호를 시각경보기에 전달하여 시각장애인에게 경보를 하는 것을 말한다.

해설 시각경보장치
자동화재탐지설비에서 발하는 화재신호를 시각경보기에 전달하여 청각장애인에게 점멸형태의 시각경보를 하는 것

03 ★ 출제년도【19.】
자동화재탐지설비의 화재안전기술기준에서 사용하는 용어가 아닌 것은?

① 중계기
② 경계구역
③ 시각경보장치
④ 단독경보형 감지기

해설 단독경보형 감지기는 비상경보설비 및 단독경보형감지기의 화재안전기술기준에서 사용하는 용어이다.

용어	정의
경계구역	특정소방대상물 중 화재신호를 발신하고 그 신호를 수신 및 유효하게 제어할 수 있는 구역
수신기	감지기나 발신기에서 발하는 화재신호를 직접 수신하거나 중계기를 통하여 수신하여 화재의 발생을 표시 및 경보하여 주는 장치

정답 01. ③ 02. ④ 03. ④

용어	정의
중계기	감지기·발신기 또는 전기적 접점 등의 작동에 따른 신호를 받아 이를 수신기의 제어반에 전송하는 장치
발신기	화재발생 신호를 수신기에 수동으로 발신하는 장치
시각 경보장치	자동화재 탐지설비에서 발하는 화재신호를 시각경보기에 전달하여 청각장애인에게 점멸형태의 시각경보를 하는 것

04 ★★★ 출제년도【21.】
자동화재탐지설비 및 시각경보장치의 화재안전기술기준(NFTC 203)에 따라 특정소방대상물 중 화재신호를 발신하고 그 신호를 수신 및 유효하게 제어할 수 있는 구역을 무엇이라 하는가?

① 방호구역
② 방수구역
③ 경계구역
④ 화재구역

해설 경계구역 : 화재신호를 발신하고 그 신호를 수신 및 유효하게 제어할 수 있는 구역

05 ★★★ 출제년도【06. 11. 13.】
자동화재탐지설비의 경계구역 설정기준으로 옳지 않은 것은?

① 하나의 경계구역이 2개 이상의 건축물에 미치지 않을 것
② 하나의 경계구역이 2개 이상의 층에 미치지 않을 것
③ 하나의 경계구역의 면적은 500[m^2] 이하로 할 것
④ 한 변의 길이는 50[m] 이하로 할 것

해설 경계구역
하나의 경계구역의 면적은 600[m^2] 이하로 하고 한 변의 길이는 50[m] 이하로 한다. (단, 당해 소방대상물의 주된 출입구에서 그 내부 전체가 보이는 것에 있어서는 1,000[m^2] 이하로 할 수 있다.)

06 ★★★ 출제년도【16.】
경계구역에 관한 다음 내용 중 ( )안에 맞는 것은?

> 외기에 면하여 상시 개방된 부분이 있는 차고, 주차장, 창고 등에 있어서는 외기에 면하는 각 부분으로부터 최대 ( )m 미만의 범위 안에 있는 부분은 자동화재탐지설비 경계구역의 면적에 산입하지 아니한다.

① 3
② 5
③ 7
④ 10

해설 외기에 면하여 상시 개방된 부분이 있는 **차고·주차장·창고** 등에 있어서는 외기에 면하는 각 부분으로부터 **5m 미만**의 범위 안에 있는 부분은 경계구역의 면적에 산입하지 아니한다.

07 ★★★ 출제년도【20.】
자동화재탐지설비 및 시각경보장치의 화재안전기술기준(NFTC 203)에 따라 외기에 면하여 상시 개방된 부분이 있는 차고·주차장·창고 등에 있어서는 외기에 면하는 각 부분으로부터 몇 m 미만의 범위 안에 있는 부분은 경계구역의 면적에 산입하지 아니 하는가?

① 1
② 3
③ 5
④ 10

해설 자동화재탐지설비 및 시각경보장치의 화재안전기술기준(NFTC 203) 제4조제3항
외기에 면하여 상시 개방된 부분이 있는 **차고·주차장·창고** 등에 있어서는 외기에 면하는 각 부분으로부터 **5m 미만**의 범위 안에 있는 부분은 경계구역의 면적에 산입하지 아니한다.

정답 04. ③ 05. ③ 06. ② 07. ③

08 ★★★ 출제년도【06. 11. 12.】
자동화재탐지설비의 경계구역 설정에 대한 설명으로 옳지 않은 것은?

① 하나의 경계구역이 2개 이상의 건축물에 미치지 아니하도록 할 것
② 하나의 경계구역이 2개 이상의 층에 미치지 아니하도록 할 것(2개의 층이 500[m²] 이하인 경우 제외)
③ 하나의 경계구역 면적은 600[m²] 이하로 하고 한 변의 길이는 50[m] 이하로 할 것
④ 지하구의 경우 하나의 경계구역의 길이는 600[m] 이하로 할 것

해설 경계구역의 설정
1) 하나의 경계구역이 2개 이상의 건축물에 미치지 아니 하여야한다.
2) 하나의 경계구역이 2개 이상의 층에 미치지 아니 하여야한다. 단, 500[m²] 이하의 범위 안에서는 2개의 층을 하나의 경계구역으로 할 수 있다.
3) 하나의 경계구역의 면적은 600[m²] 이하로 하고 한 변의 길이는 50[m] 이하로 한다. 단, 해당 특정소방대상물의 주된 출입구에서 그 내부 전체가 보이는 것에 있어서는 1,000[m²] 이하로 할 수 있다.

09 ★★★ 출제년도【99. 06. 12.】
자동화재탐지설비의 경계구역에 대한 설명 중 맞는 것은?

① 하나의 경계구역이 2개 이상의 건축물에 미치지 아니하도록 하여야 한다.
② 600[m²] 이하의 범위 안에서는 2개의 층을 하나의 경계구역으로 할 수 있다.
③ 하나의 경계구역의 면적은 600[m²], 한 변의 길이는 30[m] 이하로 한다.
④ 지하구에 있어서는 경계구역의 길이는 500[m] 이하로 한다.

해설 경계구역의 설정
1) 하나의 경계구역이 2개 이상의 건축물에 미치지 아니하도록 할 것

2) 하나의 경계구역이 2개 이상의 층에 미치지 아니하도록 할 것. 단, 500[m²] 이하의 범위 안에서는 2개의 층을 하나의 경계구역으로 할 수 있다.
3) 하나의 경계구역의 면적은 600[m²] 이하로 하고 한 변의 길이는 50[m] 이하로 한다. 단, 해당 특정소방대상물의 주된 출입구에서 그 내부 전체가 보이는 것에 있어서는 1,000[m²] 이하로 할 수 있다.

10 ★★★ 출제년도【06. 11. 12. 13.】
자동화재탐지설비의 경계구역에 대한 기준이다. 옳지 않은 것은?

① 지하구의 경우 하나의 경계구역의 길이는 800[m] 이하로 할 것
② 하나의 경계구역이 2개 이상의 층에 미치지 아니하도록 할 것
③ 하나의 경계구역의 면적은 600[m²] 이하로 하고 한 변의 길이는 50[m] 이하로 할 것
④ 하나의 경계구역이 2개 이상의 건축물에 미치지 아니하도록 할 것

해설 경계구역의 설정
1) 하나의 경계구역이 2개 이상의 건축물에 미치지 아니 하여야한다.
2) 하나의 경계구역이 2개 이상의 층에 미치지 아니 하여야한다. 단, 500[m²] 이하의 범위 안에서는 2개의 층을 하나의 경계구역으로 할 수 있다.
3) 하나의 경계구역의 면적은 600[m²] 이하로 하고 한 변의 길이는 50[m] 이하로 한다. 단, 해당 특정소방대상물의 주된 출입구에서 그 내부 전체가 보이는 것에 있어서는 1,000[m²] 이하로 할 수 있다.

11 ★★★ 출제년도【14.】
자동화재탐지설비의 경계구역에 대한 설명 중 옳은 것은?

① 1000[m²] 이하의 범위 내에서는 2개의 층을 하나의 경계구역으로 할 수 있다.
② 하나의 경계구역의 면적은 600[m²] 이하로 하고 한 변의 길이는 50[m] 이하로 한다.

정답 08. ④ 09. ① 10. ① 11. ②

③ 당해 소방대상물의 주된 출입구에서 그 내부 전체가 보이는 경우에는 경계구역의 면적은 1200[m²] 이하로 할 수 있다.
④ 지하구의 경우 하나의 경계구역의 길이는 1000[m] 이하로 한다.

해설 경계구역의 설정
1) 하나의 경계구역이 2개 이상의 건축물에 미치지 아니 하여야한다.
2) 하나의 경계구역이 2개 이상의 층에 미치지 아니 하여야한다. 단, 500[m²] 이하의 범위 안에서는 2개의 층을 하나의 경계구역으로 할 수 있다.
3) 하나의 경계구역의 면적은 600[m²] 이하로 하고 한 변의 길이는 50[m] 이하로 한다. 단, 해당 특정 소방대상물의 주된 출입구에서 그 내부 전체가 보이는 것에 있어서는 한변의 길이가 50[m] 범위내에 있어서 1,000[m²] 이하로 할 수 있다.
4) 지하구의 경우 하나의 경계구역의 길이는 700[m] 이하로 할 것(2021.1.15. 기준개정으로 삭제)

12 ★ 출제년도【13.】
각 층의 면적이 200[m²]인 15층 건축물 2개 동이 서로 인접 할 때 자동화재탐지설비를 설치하려고 한다. 화재안전기술기준에 맞게 경계구역을 설정한 것은?
① 각각의 건물에서 2개 층마다 묶어 하나의 경계구역으로 설정하였다.
② 각각의 건물에서 3개 층마다 묶어 하나의 경계구역으로 설정하였다.
③ 인접한 건물 2개 동의 같은 층을 연결하여 하나의 경계구역으로 하였다.
④ 각각의 건물에서 전 층을 하나의 경계구역으로 묶어서 자동화재 탐지설비를 설치하였다.

해설 자동화재탐지설비의 경계구역
1) 2개 층의 면적합계가 400m²로 500m² 이하의 범위에서는 하나의 경계구역으로 설정할 수 있다.
2) 하나의 경계구역이 2개 이상의 층에 미치지 아니 하도록 할 것. 다만, 500m² 이하의 범위안에서는 2개의 층을 하나의 경계구역으로 할 수 있다.

13 ★★★ 출제년도【96, 98, 00, 05, 06, 13.】
자동화재탐지설비의 수신기의 설치기준으로 옳지 않은 것은?
① 수위실 등 상시 사람이 근무하고 있는 장소에 설치할 것
② 수신기가 설치된 장소에는 경계구역 일람도를 비치할 것
③ 하나의 경계구역은 하나의 표시등 또는 하나의 문자로 표시되도록 할 것
④ 수신기의 조작스위치는 바닥으로부터 높이 1.0[m] 이상 1.8[m] 이하에 설치할 것

해설 수신기의 설치기준
1) 수위실 등 상시 사람이 근무하고 있는 장소에 설치하고 그 장소에는 **경계구역 일람도**를 비치할 것
2) 수신기의 음향기구는 그 음량 및 음색이 다른 기기의 소음 등과 명확하게 구별될 수 있는 것으로 할 것
3) 하나의 경계구역은 하나의 표시등 또는 하나의 문자로 표시되도록 할 것
4) 수신기의 **조작스위치는 바닥으로부터 0.8[m] 이상 1.5[m] 이하인 장소**에 설치할 것
5) 하나의 소방대상물에 2 이상의 수신기를 설치하는 경우에는 수신기가 설치된 장소 상호간에 동시 통화가 가능한 설비를 할 것

14 ★ 출제년도【21.】
자동화재탐지설비 및 시각경보장치의 화재안전기술기준(NFTC 203)에 따라 자동화재탐지설비의 주음향장치의 설치 장소로 옳은 것은?
① 발신기의 내부
② 수신기의 내부
③ 누전경보기의 내부
④ 자동화재속보설비의 내부

해설 주음향장치는 수신기의 내부 또는 그 직근에 설치할 것

정답 12. ① 13. ④ 14. ②

15 자동화재탐지설비의 중계기의 설치기준에 대한 설명 중 옳지 않은 것은?

① 수신기에서 직접 감지기회로의 도통시험을 행하지 아니하는 것에 있어서는 수신기와 감지기 사이에 설치할 것
② 조작 및 점검에 편리하고 화재 및 침수 등의 재해로 인한 피해를 받을 우려가 없는 장소에 설치할 것
③ 수신기에 따라 감시되지 않는 배선을 통하여 전력을 공급받는 것에 있어서는 전원 입력측의 배선에 스위치를 설치할 것
④ 전원의 정전 즉시 수신기에 표시되는 것으로 하며 상용전원 및 예비전원의 시험을 할 수 있도록 할 것

해설 중계기 설치기준
1) 수신기에서 직접 감지기회로의 도통시험을 행하지 아니하는 것에 있어서는 수신기와 감지기 사이에 설치할 것
2) 상용전원 및 예비전원의 시험을 할 수 있도록 할 것
3) 중계기에는 회로도통시험을 할 수 있는 장치를 설치하여야 한다.
4) 수신기에 의하여 감시되지 않는 배선을 통하여 전력을 공급받는 것에 있어서는 **전원 입력측의 배선에 과전류차단기를 설치할 것**

16 자동화재탐지설비의 중계기 설치기준에 대한 설명으로 옳지 않은 것은?

① 조작 및 점검에 편리한 곳에 설치한다.
② 수신기에서 직접 감지기회로의 도통시험을 행하지 아니하는 것에 있어서는 수신기와 감지기 사이에 설치한다.
③ 수신기에 따라 감시되지 아니하는 배선을 통하여 전력을 공급받는 것에 있어서는 전원입력측의 배선에 누전차단기를 설치한다.
④ 화재 및 침수 등의 재해로 인한 피해를 받을 우려가 없는 장소에 설치한다.

해설 중계기 설치기준
1) 수신기에서 직접 감지기회로의 도통시험을 행하지 아니하는 것에 있어서는 수신기와 감지기 사이에 설치할 것
2) 상용전원 및 예비전원의 시험을 할 수 있도록 할 것
3) 중계기에는 회로도통시험을 할 수 있는 장치를 설치하여야 한다.
4) 수신기에 의하여 감시되지 않는 배선을 통하여 전력을 공급받는 것에 있어서는 **전원 입력측의 배선에 과전류차단기를 설치할 것**

17 자동화재탐지설비 중계기에 예비전원을 사용하는 경우 구조 및 기능 중 다음 ( )안에 알맞은 것은?

> 축전지의 충전시험 및 방전시험은 방전종지 전압을 기준하여 시작한다. 이 경우 방전종지 전압이라 함은 원통형니켈카드뮴축전지는 셀당 (㉠) V의 상태를, 무보수밀폐형연축전지는 단전지당 (㉡) V의 상태를 말한다.

① ㉠ 1.0, ㉡ 1.5
② ㉠ 1.0, ㉡ 1.75
③ ㉠ 1.6, ㉡ 1.5
④ ㉠ 1.6, ㉡ 1.75

해설 중계기의 형식승인 및 제품검사의 기술기준 제4조 (부품의 구조 및 기능)
축전지의 충전시험 및 방전시험은 방전종지전압을 기준하여 시작한다. 이 경우 방전종지전압이라 함은 원통형니켈카드뮴축전지는 셀당 1.0 V의 상태를, 무보수밀폐형연축전지는 단전지당 1.75 V의 상태를 말한다.

정답 15. ③ 16. ③ 17. ②

18 감지기의 설치기준으로 부적당한 것은?

① 감지기(차동식분포형 제외)는 실내 공기 유입구로부터 1.5[m]이상 떨어진 곳에 설치할 것
② 보상식 스포트형 감지기는 정온점이 감지기 주위의 평상시 최고온도보다 30[℃] 이상 높은 것으로 설치할 것
③ 정온식 감지기는 주방, 보일러실 등 다량의 화기를 취급하는 장소에 설치하되 공칭작동온도가 최고주위온도 보다 20[℃] 이상 높은 것으로 설치할 것
④ 스포트형 감지기는 45° 이상 경사되지 아니하도록 부착할 것

해설 감지기의 설치기준 (자동화재탐지설비 및 시각경보장치의 화재안전기술기준 참조)
1) **보상식 스포트형 감지기는** 정온점이 감지기 주위의 평상시 최고온도보다 **섭씨 20[℃] 이상** 높은 것으로 설치하여야 할 것
2) 스포트형 감지기는 45도 이상 경사되지 아니하도록 부착할 것
3) 감지기는 천장 또는 반자의 옥내에 면하는 부분에 설치할 것
4) 감지기는 실내로 공기 유입구로부터 1.5[m] 이상 떨어진 위치에 설치할 것

19 다음 중 복합형감지기의 종류에 속하지 않는 것은?

① 연복합형
② 열복합형
③ 열·연기복합형
④ 열·연기·가스복합형

해설 복합형감지기 : 연복합형, 열복합형, 열·연기복합형, 불꽃복합형, 열·불꽃복합형, 열·연기·불꽃복합형

20 감지기의 형식승인 및 제품검사의 기술기준에 따른 연기감지기의 종류로 옳은 것은?

① 연복합형
② 공기흡입형
③ 차동식스포트형
④ 보상식스포트형

해설 ① 열감지기의 종류 : 차동식스포트형, 차동식분포형, 정온식스포트형, 정온식감지선형, 보상식스포트형
② 연기감지기의 종류 : 이온화식스포트형, 광전식스포트형, 광전식분리형, 공기흡입형
③ 복합형감지기의 종류 : 열복합형, 연복합형, 불꽃복합형, 열·불꽃 복합형, 열·연기복합형, 연기·불꽃 복합형, 열·연기·불꽃 복합형

21 부착높이가 15m 이상 20m 미만일 경우 적응성이 없는 감지기는?

① 차동식 분포형
② 이온화식 1종
③ 광전식(스포트형) 1종
④ 불꽃감지기

해설 부착높이에 따른 감지기 종류

부착높이	감지기의 종류
15[m] 이상 20[m] 미만	• 이온화식 1종 • 광전식(스포트형, 분리형, 공기흡입형) 1종 • 연기복합형 • 불꽃감지기

22 부착 높이에 따른 감지기의 종류로서 옳지 않는 것은?

① 4m 미만 : 차동식 스포트형
② 4m 이상 8m 미만 : 보상식 스포트형
③ 8m 이상 15m 미만 : 열복합형
④ 15m 이상 20m 미만 : 연기복합형

정답 18. ② 19. ④ 20. ② 21. ① 22. ③

해설 감지기의 설치기준

부착높이	감지기의 종류
8[m] 이상 15[m] 미만	• 차동식 분포형 • 이온화식 1종 또는 2종 • 광전식(스포트형, 분리형, 공기흡입형) 1종 또는 2종 • 연기복합형 • 불꽃감지기

※ 부착높이가 8m이상 15m미만인 곳에는 열복합형 감지기를 설치할 수 없다.

23 ★★★ 출제년도 【15.】

부착높이가 15m이상 20m 미만에 적응성이 있는 감지기가 아닌 것은?

① 이온화식 1종 감지기
② 연기복합형 감지기
③ 불꽃감지기
④ 차동식분포형 감지기

해설 부착높이에 따른 감지기 종류

부착높이	감지기의 종류
15[m] 이상 20[m] 미만	• 이온화식 1종 • 광전식(스포트형, 분리형, 공기흡입형) 1종 • 연기복합형 • 불꽃감지기

24 ★★★ 출제년도 【16.】

자동화재탐지설비의 연기복합형 감지기를 설치할 수 없는 부착높이는?

① 4[m] 이상 8[m] 미만
② 8[m] 이상 15[m] 미만
③ 15[m] 이상 20[m] 미만
④ 20[m] 이상

해설 부착높이에 따른 감지기의 종류

부착높이	감지기의 종류
20[m] 이상	• 불꽃감지기 • 광전식(분리형, 공기흡입형)중 아나로그방식

25 ★★★ 출제년도 【19.】

부착높이가 11 m인 장소에 적응성 있는 감지기는?

① 차동식분포형
② 정온식스포트형
③ 차동식스포트형
④ 정온식감지선형

해설 부착높이에 따른 감지기의 종류

부착높이	감지기의 종류
8m 이상 15m 미만	차동식 분포형 이온화식 1종 또는 2종 광전식(스포트형, 분리형, 공기흡입형) 1종 또는 2종 연기복합형 불꽃감지기
15m 이상 20m 미만	이온화식 1종 광전식(스포트형, 분리형, 공기흡입형) 1종 연기복합형 불꽃감지기
20m 이상	불꽃감지기 광전식(분리형, 공기흡입형)중 아나로그방식

26 ★★★ 출제년도 【21.】

자동화재탐지설비 및 시각경보장치의 화재안전기술기준(NFTC 203)에 따라 자동화재탐지설비의 감지기 설치에 있어서 부착높이가 20 m 이상일 때 적합한 감지기 종류는?

① 불꽃감지기
② 연기복합형
③ 차동식분포형
④ 이온화식 1종

해설 자동화재탐지설비 및 시각경보장치의 화재안전기술기준(NFTC 203) 제7조(감지기)제1항
부착높이가 20 m 이상일 때 적합한 감지기 종류
① 불꽃감지기
② 광전식(분리형, 공기흡입형) 중 아나로그방식

정답 23. ④ 24. ④ 25. ① 26. ①

27. ★★ 출제년도【10. 12.】
자동화재탐지설비의 감지기의 형식별 특성에서 주위의 온도 또는 연기의 양의 변화에 따른 화재정보신호값을 출력하는 방식의 감지기는?

① 디지털식 ② 아날로그식
③ 다신호식 ④ 분산신호식

해설 감지기의 형식승인 및 제품검사의 기술기준 (감지기의 형식)
1) 단신호식
   가. 각 서로 다른 종별 또는 감도 등의 기능을 갖춘 것으로서 일정시간 간격을 두고 각각 다른 2개 이상의 화재신호를 발하는 감지기
   나. 동일 종별 또는 감도를 갖는 2개이상의 센서를 통해 감지하여 화재신호를 각각 발신하는 감지기
2) 아날로그식
   주위의 온도 또는 연기의 양의 변화에 따른 화재정보신호값을 출력하는 방식의 감지기

28. ★★★ 출제년도【14.】
감지기 중 주위의 온도 또는 연기의 양의 변화에 따른 화재정보신호값을 출력하는 방식은?

① 다신호식 ② 아날로그식
③ 2신호식   ④ 디지털식

해설 아날로그식 : 주위의 온도 또는 연기의 양의 변화에 따른 화재정보신호값을 출력하는 방식의 감지기

29. ★★★ 출제년도【11. 13.】
다음 중 감지기의 종별에 관한 설명으로 옳지 않은 것은?

① 보상식 스포트형 감지기는 차동식스포트형 감지기와 정온식스포트형 감지기의 성능을 겸한 것이다.
② 보상식 스포트형 감지기는 차동식스포트형 감지기 또는 정온식스포트형 감지기의 성능 중 어느 한 기능이 작동되면 작동신호를 발하는 것이다.
③ 이온화식 감지기는 주위의 공기가 일정한 온도이상 되는 경우에 작동하는 것이다.
④ 이온화식 감지기는 일국소의 연기에 의하여 이온전류가 변화하여 작동하는 것이다.

해설 이온화식 연기 감지기의 동작원리
이온화식 감지기는 공기가 자유롭게 유통할 수 있는 외부 이온실과 외기로부터 독립된 밀폐된 내부 이온실이 있으며 각 이온실에는 미량의 방사선원(아메리슘[Am^{241}])이 있고 이 방사선원에 의해 알파선이 조사되면 이온실 내부의 공기가 이온화되어 **이온전류가 발생하여 화재를 감지**한다.

30. ★★★ 출제년도【19.】
정온식감지선형감지기에 관한 설명으로 옳은 것은?

① 일국소의 주위온도 변화에 따라서 차동 및 정온식의 성능을 갖는 것을 말한다.
② 일국소의 주위온도가 일정한 온도 이상이 되었을 때 작동하는 것으로서 외관이 전선으로 되어 있는 것을 말한다.
③ 그 주위온도가 일정한 온도상승률 이상이 되었을 때 작동하는 것으로서 일국소의 열효과에 의해서 동작하는 것을 말한다.
④ 그 주위온도가 일정한 온도상승률 이상이 되었을 때 작동하는 것으로서 광범위한 열효과의 누적에 의하여 동작하는 것을 말한다.

해설 보기설명
① 보상식스포트형 : 일국소의 주위온도 변화에 따라서 차동 및 정온식의 성능을 갖는 것을 말한다.
② 정온식감지선형 : 일국소의 주위온도가 일정한 온도 이상이 되었을 때 작동하는 것으로서 외관이 전선으로 되어 있는 것을 말한다.
③ 차동식스포트형 : 그 주위온도가 일정한 온도상승률 이상이 되었을 때 작동하는 것으로서 일국소의 열효과에 의해서 동작하는 것을 말한다.

정답 27. ② 28. ② 29. ③ 30. ②

④ 차동식분포형 : 그 주위온도가 일정한 온도상승률 이상이 되었을 때 작동하는 것으로서 광범위한 열효과의 누적에 의하여 동작하는 것을 말한다.

31 ★★ 출제년도【19.】
일국소의 주위온도가 일정한 온도 이상이 되는 경우에 작동하는 것으로서 외관이 전선으로 되어 있는 감지기는 어떤 것인가?

① 공기흡입형
② 광전식분리형
③ 차동식스포트형
④ 정온식감지선형

해설 보기설명
① 공기흡입형 : 감지기 내부에 장착된 공기흡입장치로 감지하고자 하는 위치의 공기를 흡입하고 흡입된 공기에 일정한 농도의 연기가 포함된 경우 작동하는 것
② 광전식분리형 : 발광부와 수광부로 구성된 구조로 발광부와 수광부 사이의 공간에 일정한 농도의 연기를 포함하게 되는 경우에 작동하는 것
③ 차동식스포트형 : 주위온도가 일정 상승률 이상이 되는 경우에 작동하는 것으로서 일국소에서의 열효과에 의하여 작동되는 것
④ 정온식감지선형 : 일국소의 주위온도가 일정한 온도 이상이 되는 경우에 작동하는 것으로서 외관이 전선으로 되어 있는 것

32 ★★★ 출제년도【17.】
지하층·무창층 등으로서 환기가 잘되지 아니하거나 실내면적이 40m² 미만인 장소에 설치하여야 하는 적응성이 있는 감지기가 아닌 것은?

① 정온식스포트형감지기
② 불꽃감지기
③ 광전식분리형감지기
④ 아날로그방식의 감지기

해설 지하층·무창층 등으로서 환기가 잘되지 아니하거나 실내면적이 40m² 미만인 장소, 감지기의 부착면과 실내바닥과의 거리가 2.3m 이하인 곳으로서 일시적으로 발생한 열·연기 또는 먼지 등으로 인하여 화재신호를 발신할 우려가 있는 장소에 적응성 있는 감지기
① 불꽃감지기
② 정온식감지선형감지기
③ 분포형감지기
④ 복합형감지기
⑤ 광전식분리형감지기
⑥ 아날로그방식의 감지기
⑦ 다신호방식의 감지기
⑧ 축적방식의 감지기

33 ★★★ 출제년도【17.】
감지기의 부착면과 실내 바닥과의 거리가 2.3m 이하인 곳으로서 일시적으로 발생한 열·연기 또는 먼지 등으로 인하여 화재신호를 발신할 우려가 있는 장소에 적응성이 있는 감지기가 아닌 것은?

① 불꽃감지기
② 축적방식의 감지기
③ 정온식 감지선형 감지기
④ 광전식 스포트형 감지기

해설 감지기의 부착면과 실내 바닥과의 거리가 2.3m 이하인 곳으로서 일시적으로 발생한 열·연기 또는 먼지 등으로 인하여 화재신호를 발신할 우려가 있는 장소에 적응성이 있는 감지기
① 불꽃감지기
② 정온식감지선형감지기
③ 분포형감지기
④ 복합형감지기
⑤ 광전식분리형감지기
⑥ 아날로그방식의 감지기
⑦ 다신호방식의 감지기
⑧ 축적방식의 감지기

34 ★★★ 출제년도【19.】
정온식감지기의 설치 시 공칭작동온도가 최고주위온도보다 최소 몇 ℃ 이상 높은 것으로 설치하여야 하나?

① 10
② 20
③ 30
④ 40

정답 31. ④ 32. ① 33. ④ 34. ②

해설 정온식감지기는 주방·보일러실 등으로서 다량의 화기를 취급하는 장소에 설치하되, 공칭작동온도가 최고주위온도보다 20℃ 이상 높은 것

35. ★★★ 출제년도 [16.]
부착높이가 6[m]이고, 주요구조부를 내화구조로 한 특정소방대상물 또는 그 부분에 정온식 스포트형감지기 특종을 설치하고자 하는 경우 바닥면적 몇 [m²]마다 1개 이상 설치해야 하는가?

① 15 ② 25
③ 35 ④ 45

해설

부착높이 및 특정소방대상물의 구분		감지기의 종류					
		차동식 스포트형		보상식 스포트형		정온식 스포트형	
		1종	2종	1종	2종	특종	1종	2종
4[m] 미만	주요구조부를 내화구조로 한 특정소방대상물 또는 그 부분	90	70	90	70	70	60	20
	기타 구조의 특정소방대상물 또는 그 부분	50	40	50	40	40	30	15
4[m] 이상 8[m] 미만	주요구조부를 내화구조로 한 특정소방대상물 또는 그 부분	45	35	45	35	35	30	–
	기타 구조의 특정소방대상물 또는 그 부분	30	25	30	25	25	15	–

36. ★★ 출제년도 [17.]
주요구조부를 내화구조로 한 특정소방대상물의 바닥면적이 370m²인 부분에 설치해야 하는 감지기의 최소 수량은? (단, 감지기 부착높이는 바닥으로부터 4.5m이고, 보상식 스포트형 1종을 설치한다.)

① 6개
② 7개
③ 8개
④ 9개

해설 부착 높이 및 특정소방대상물에 따라 다음 표에 따른 바닥면적(m²)마다 1개 이상을 설치할 것

부착높이 및 특정소방대상물의 구분		감지기의 종류					
		차동식 스포트형		보상식 스포트형		정온식 스포트형	
		1종	2종	1종	2종	특종	1종	2종
4m 미만	주요구조부를 내화구조로 한 특정소방대상물 또는 그 부분	90	70	90	70	70	60	20
	기타 구조의 특정소방대상물 또는 그 부분	50	40	50	40	40	30	15
4m 이상 8m 미만	주요구조부를 내화구조로 한 특정소방대상물 또는 그 부분	45	35	45	35	35	30	–
	기타 구조의 특정소방대상물 또는 그 부분	30	25	30	25	25	15	–

보상식스포트형 1종 감지기의 수량
= 370m²/45m² = 8.22 ≒ 9개

37. ★★ 출제년도 [17.]
감지기의 설치기준 중 옳은 것은?

① 보상식 스포트형 감지기는 정온점이 감지기 주위의 평상 시 최고 온도보다 20℃ 이상 높은 것으로 설치할 것
② 정온식 감지기는 주방·보일러실 등으로서 다량의 화기를 취급하는 장소에 설치하되, 공칭작동온도가 최고주위온도보다 30℃ 이상 높은 것으로 설치할 것
③ 스포트형 감지기는 15°이상 경사되지 아니하도록 부착할 것
④ 공기관식 차동식분포형 감지기의 검출부는 45°이상 경사되지 아니하도록 부착할 것

해설 보기설명
1) 정온식 감지기는 주방·보일러실 등으로서 다량의 화기를 취급하는 장소에 설치하되, 공칭작동온도가 최고주위온도보다 **20℃ 이상** 높은 것으로 설치할 것
2) 스포트형 감지기는 **45도 이상** 경사되지 아니하도록 부착할 것

정답 35. ③ 36. ④ 37. ①

3) 감지기는 천장 또는 반자의 옥내에 면하는 부분에 설치할 것
4) 공기관식 차동식분포형 감지기의 검출부는 **5°이상** 경사되지 아니하도록 부착할 것

6) 검출부는 바닥으로부터 0.8[m] 이상 1.5[m] 이하의 위치에 설치할 것

38 차동식분포형감지기의 동작방식이 아닌 것은?
★ 출제년도【19.】

① 공기관식 ② 열전대식
③ 열반도체식 ④ 불꽃 자외선식

해설 차동식분포형감지기의 종류
① 공기관식
② 열전대식
③ 열반도체식

39 공기관식 차동식분포형 감지기의 설치기준으로 옳지 않는 것은?
★★★ 출제년도【12.】

① 공기관의 노출부분은 감지구역마다 20[m] 이상이 되도록 할 것
② 하나의 검출부분에 접속하는 공기관의 길이는 200[m] 이하로 할 것
③ 검출부는 5° 이상 경사되지 아니하도록 부착할 것
④ 검출부는 바닥으로부터 0.8[m] 이상 1.5[m] 이하의 위치에 설치할 것

해설 공기관식 차동식 분포형 감지기는 다음의 기준에 따를 것
1) 공기관의 노출부분은 감지구역마다 20[m] 이상이 되도록 할 것
2) 공기관과 감지구역의 각 변과의 수평거리는 1.5[m] 이하가 되도록 하고, 공기관 상호간의 거리는 6[m](주요 구조부를 내화구조로 한 소방대상물 또는 그 부분에 있어서는 9[m]) 이하가 되도록 할 것
3) 공기관은 도중에서 분기하지 아니하도록 할 것
4) 하나의 검출부분에 접속하는 공기관의 길이는 **100[m] 이하**로 할 것
5) 검출부는 5° 이상 경사되지 아니하도록 부착할 것

40 자동화재탐지설비 및 시각경보장치의 화재안전기술기준(NFTC 203)에 따른 공기관식 차동식분포형 감지기의 설치기준으로 틀린 것은?
★★★ 출제년도【20.】

① 검출부는 3° 이상 경사되지 아니하도록 부착할 것
② 공기관의 노출부분은 감지구역마다 20m 이상이 되도록 할 것
③ 하나의 검출부분에 접속하는 공기관의 길이는 100m 이하로 할 것
④ 공기관과 감지구역의 각 변과의 수평거리는 1.5m 이하가 되도록 할 것

해설 공기관식 차동식분포형감지기 설치기준
가. 공기관의 노출부분은 감지구역마다 20m 이상이 되도록 할 것
나. 공기관과 감지구역의 각 변과의 수평거리는 1.5m 이하가 되도록 하고, 공기관 상호간의 거리는 6m(주요 구조부를 내화구조로 한 특정소방대상물 또는 그 부분에 있어서는 9m) 이하가 되도록 할 것
다. 공기관은 도중에서 분기하지 아니하도록 할 것
라. 하나의 검출부분에 접속하는 공기관의 길이는 100m 이하로 할 것
마. 검출부는 5° 이상 경사되지 아니하도록 부착할 것
바. 검출부는 바닥으로부터 0.8m 이상 1.5m 이하의 위치에 설치할 것

41 공기관식 차동식분포형감지기의 설치기준으로 틀린 것은?
★★★ 출제년도【15.】

① 공기관의 노출부분은 감지구역마다 20m 이상이 되도록 할 것
② 하나의 검출부분에 접속하는 공기관의 길이는 100m 이하로 할 것

정답 38. ④ 39. ② 40. ① 41. ③

③ 검출부는 15°이상 경사되지 아니하도록 부착할 것
④ 검출부는 바닥으로부터 0.8m이상 1.5m 이하의 위치에 설치할 것

해설 공기관식 차동식 분포형 감지기의 설치기준
① 공기관의 **노출부분**은 감지구역마다 **20[m] 이상**이 되도록 할 것
② 공기관과 감지구역의 각변과의 수평거리는 1.5[m] 이하가 되도록 하고, 공기관 상호간의 거리는 6[m](주요 구조부를 내화구조로 한 소방대상물 또는 그 부분에 있어서는 9[m]) 이하가 되도록 할 것
③ 공기관은 도중에서 분기하지 아니하도록 할 것
④ 하나의 검출부분에 접속하는 공기관의 길이는 **100[m] 이하**로 할 것
⑤ 검출부는 **5[°] 이상** 경사되지 아니하도록 부착할 것
⑥ 검출부는 바닥으로부터 **0.8[m] 이상 1.5[m] 이하**의 위치에 설치할 것

42 ★★★ 출제년도【17.】
공기관식 차동식분포형 감지기의 구조 및 기능기준 중 다음 ( )안에 알맞은 것은?

> • 공기관은 하나의 길이(이음매가 없는 것)가 (㉠)m 이상의 것으로 안지름 및 관의 두께가 일정하고 홈, 갈라짐 및 변형이 없어야 하며 부식되지 아니하여야 한다.
> • 공기관의 두께는 (㉡) mm 이상, 바깥지름은 (㉢) mm 이상이어야 한다.

① ㉠ 10, ㉡ 0.5, ㉢ 1.5
② ㉠ 20, ㉡ 0.3, ㉢ 1.9
③ ㉠ 10, ㉡ 0.3, ㉢ 1.9
④ ㉠ 20, ㉡ 0.5, ㉢ 1.5

해설 감지기의 형식승인 및 제품검사의 기술기준 제5조(구조 및 기능)
① 공기관은 하나의 길이(이음매가 없는 것)가 20m 이상의 것으로 안지름 및 관의 두께가 일정하고 홈, 갈라짐 및 변형이 없어야 하며 부식되지 아니하여야 한다.
② 공기관의 **두께는 0.3 mm 이상, 바깥지름은 1.9 mm 이상**이어야 한다.

43 ★★★ 출제년도【06. 13.】
다음 중 단자부와 마감 고정금구와의 설치간격을 10[cm] 이내로 설치하고, 굴곡반경은 5[cm] 이상으로 하여야 하는 감지기는?

① 차동식스포트형 감지기
② 불꽃 감지기
③ 광전식스포트형 감지기
④ 정온식감지선형 감지기

해설 정온식 감지선형 감지기의 설치기준
1) 보조선이나 고정금구를 사용하여 감지선이 늘어지지 않도록 설치할 것
2) 단자부와 마감 고정금구와의 **설치간격은 10[cm] 이내**로 할 것
3) 감지기와 감지구역의 각 부분과의 수평거리는 다음과 같이 설치할 것

구 조	1종	2종
내화구조	4.5[m] 이하	3[m] 이하
기타구조	3 [m] 이하	1[m] 이하

4) 감지선형 감지기의 **굴곡반경은 5[cm] 이상**으로 할 것

44 ★★★ 출제년도【06. 13.】
광전식 분리형 감지기의 설치기준으로 옳은 것은?

① 광축은 나란한 벽으로부터 1[m] 이상 이격하여 설치할 것
② 광축의 높이는 천장 등(천장의 실내에 면한 부분) 높이의 80[%] 이상일 것
③ 감지기의 송광부와 수광부는 설치된 뒷벽으로부터 0.6[m] 이내 위치에 설치할 것
④ 감지기의 수광면은 햇빛을 직접 받는 곳에 설치할 것

해설 **광전식분리형감지기**는 다음의 기준에 따라 설치할 것
1) 감지기의 수광면은 햇빛을 직접 받지 않도록 설치할 것
2) 광축(송광면과 수광면의 중심을 연결한 선)은 나란한 벽으로부터 0.6[m] 이상 이격하여 설치할 것
3) 감지기의 송광부와 수광부는 설치된 뒷벽으로부터 1[m] 이내 위치에 설치할 것

정답 42. ② 43. ④ 44. ②

4) 광축의 높이는 천장 등(천장의 실내에 면한 부분 또는 상층의 바닥하부면을 말한다) 높이의 80[%] 이상일 것

45 광전식 분리형감지기의 설치기준 중 틀린 것은?

① 감지기의 광축의 길이는 공칭감시거리 범위이내 일 것
② 감지기의 송광부와 수광부는 설치된 뒷벽으로부터 1[m] 이내 위치에 설치할 것
③ 광축의 높이는 천장 등(천장의 실내에 면한부분 또는 상층의 바닥하부면) 높이의 80[%] 이상일 것
④ 광축은 나란한 벽으로부터 0.5[m] 이상 이격하여 설치할 것

해설 광전식분리형감지기 설치기준
① 감지기의 수광면은 햇빛을 직접 받지 않도록 설치
② 광축(송광면과 수광면의 중심을 연결한 선)은 나란한 벽으로부터 **0.6[m] 이상** 이격하여 설치할 것
③ 감지기의 송광부와 수광부는 설치된 뒷벽으로부터 **1[m] 이내** 위치에 설치할 것
④ 광축의 높이는 천장 등(천장의 실내에 면한 부분 또는 상층의 바닥 하부면을 말한다) 높이의 **80[%] 이상**일 것
⑤ 감지기의 광축의 길이는 공칭감시거리 범위이내 일 것

46 광전식 분리형 감지기의 설치기준 중 옳은 것은?

① 감지기의 수광면은 햇빛을 직접 받도록 설치할 것
② 광축(송광면과 수광면의 중심을 연결한 선)은 나란한 벽으로부터 1.5 m 이상 이격하여 설치할 것
③ 감지기의 송광부와 수광부는 설치된 뒷벽으로부터 0.6 m 이내 위치에 설치할 것
④ 광축의 높이는 천장 등(천장의 실내에 면한 부분 또는 상층의 바닥 하부면) 높이의 80% 이상일 것

해설 광전식분리형감지기의 설치기준
① 감지기의 수광면은 햇빛을 직접 받지 않도록 설치할 것
② 광축(송광면과 수광면의 중심을 연결한 선)은 나란한 벽으로부터 **0.6 m 이상** 이격하여 설치할 것
③ 감지기의 송광부와 수광부는 설치된 뒷벽으로부터 **1 m이내** 위치에 설치할 것
④ 광축의 높이는 천장 등(천장의 실내에 면한 부분 또는 상층의 바닥 하부면을 말한다) 높이의 **80 % 이상**일 것
⑤ 감지기의 광축의 길이는 공칭감시거리 범위이내 일 것

47 광전식 분리형 감지기의 설치기준 중 틀린 것은?

① 감지기의 수광면은 햇빛을 직접 받지 않도록 설치할 것
② 광축은 나란한 벽으로부터 0.6 m 이상 이격하여 설치할 것
③ 감지기의 송광부와 수광부는 설치된 뒷벽으로부터 0.5 m 이내 위치에 설치할 것
④ 광축의 높이는 천장 등 높이의 80% 이상일 것

해설 광전식 분리형 감지기 설치기준
① 감지기의 수광면은 햇빛을 직접 받지 않도록 설치할 것
② 광축(송광면과 수광면의 중심을 연결한 선)은 나란한 벽으로부터 **0.6 m 이상** 이격하여 설치할 것
③ 감지기의 송광부와 수광부는 설치된 뒷벽으로부터 **1 m 이내** 위치에 설치할 것
④ 광축의 높이는 천장 등(천장의 실내에 면한 부분 또는 상층의 바닥하부면을 말한다) 높이의 **80 % 이상**일 것
⑤ 감지기의 광축의 길이는 공칭감시거리 범위이내 일 것

정답 45. ④ 46. ④ 47. ③

48 광전식 분리형 감지기의 설치기준 중 광축은 나란한 벽으로부터 몇 m 이상 이격하여 설치 하여야 하는가?

① 0.6
② 0.8
③ 1
④ 1.5

[해설] 광전식 분리형 감지기 설치기준
① 감지기의 수광면은 햇빛을 직접 받지 않도록 설치
② 광축(송광면과 수광면의 중심을 연결한 선)은 나란한 벽으로부터 0.6m이상 이격하여 설치할 것
③ 감지기의 송광부와 수광부는 설치된 뒷벽으로부터 1m이내 위치에 설치할 것
④ 광축의 높이는 천장 등(천장의 실내에 면한 부분 또는 상층의 바닥 하부면을 말한다) 높이의 80% 이상일 것
⑤ 감지기의 광축의 길이는 공칭감시거리 범위이내일 것

49 광전식 분리형 감지기의 광축의 높이는 천장 등 높이의 몇 [%] 이상이어야 하는가?

① 30[%]
② 50[%]
③ 70[%]
④ 80[%]

[해설] 광전식 분리형 감지기는 다음의 기준에 따라 설치할 것
1) 감지기의 수광면은 햇빛을 직접 받지 않도록 설치할 것
2) 광축(송광면과 수광면의 중심을 연결한 선)은 나란한 벽으로부터 0.6[m] 이상 이격하여 설치할 것
3) 감지기의 송광부와 수광부는 설치된 뒷벽으로부터 1[m] 이내 위치에 설치할 것
4) **광축의 높이는 천장** 등(천장의 실내에 면한 부분 또는 상층의 바닥 하부면을 말한다) **높이의 80[%] 이상일 것**

50 감지구역의 바닥면적이 50[m²]의 특정소방대상물에 열전대식 차동식분포형감지기를 설치하는 경우 열전대부는 몇 개 이상으로 하여야 하는가?

① 1개
② 3개
③ 4개
④ 10개

[해설] 1) 열전대식 차동식 분포형 감지기 설치기준
① 열전대부는 감지구역의 바닥면적 18[m²](주요 구조부가 내화구조로 된 특정소방대상물에 있어서는 22[m²])마다 1개 이상 설치
② 바닥면적이 72[m²] (주요구조부가 내화구조로 된 특정소방대상물에 있어서는 88[m²]) 이하인 특정소방대상물에 있어서는 **4개 이상** 설치
③ 하나의 검출부에 접속하는 열전대부는 20개 이하로 하여야 한다.

2) 열전대부 1개당 바닥면적은 18[m²] 이므로

열전대부 개수 = $\frac{50[m^2]}{18[m^2]}$ = 2.78개 = 3개

따라서, 3개이나 **바닥면적이 72[m²] 이하이므로 4개 이상** 설치한다.

51 주요구조부가 내화구조가 아닌 특정소방대상물에 있어서 열전대식 차동식 분포형 감지기의 열전대부는 감지구역의 바닥면적 및 [m²] 마다 1개 이상으로 하여야 하는가?

① 18[m²]
② 22[m²]
③ 50[m²]
④ 72[m²]

[해설] 열전대식 차동식 분포형 감지기 설치기준
1) **열전대부는 감지구역의 바닥면적 18[m²]**(주요구조부가 내화구조로 된 특정소방대상물에 있어서는 22 [m²])마다 1개 이상 설치
2) 바닥면적이 72[m²] (주요구조부가 내화구조로 된 특정소방대상물에 있어서는 88[m²]) 이하인 특정소방대상물에 있어서는 4개 이상 설치
3) 하나의 검출부에 접속하는 열전대부는 20개 이하로 하여야 한다.

정답 48. ① 49. ④ 50. ③ 51. ①

chapter 04. 자동화재탐지설비 및 시각경보장치 출제예상문제

52 ★★★ 출제년도【17.】
주요구조부가 내화구조인 특정소방대상물에 자동화재탐지설비의 감지기를 열전대식 차동식 분포형으로 설치하려고 한다. 바닥면적이 256m²일 경우 열전대부와 검출부는 각각 최소 몇 개이상으로 설치하여야 하는가?

① 열전대부 11개, 검출부 1개
② 열전대부 12개, 검출부 1개
③ 열전대부 11개, 검출부 2개
④ 열전대부 12개, 검출부 2개

해설 열전대식 차동식 분포형 감지기 설치기준
① 열전대부는 감지구역의 바닥면적 18[m²](주요구조부가 내화구조로 된 특정소방대상물에 있어서는 22[m²])마다 1개 이상 설치하여야 하므로 열전대부의 수량 = 256m²/22m² = 11.6 = 12개
② 하나의 검출부에 접속하는 열전대부는 20개 이하로 하여야 하므로 검출부는 1개

53 ★★ 출제년도【13.】
열반도체식 차동식분포형감지기 설치기준으로 옳은 것은?

① 부착높이가 8[m] 미만인 장소로 주요 구조부가 내화구조로 된 특정소방대상물은 감지기 1종은 40[m²], 2종은 23[m²]이다.
② 부착높이가 8[m] 미만인 장소로 기타 구조의 특정소방대상물 또는 그 부분은 감지기 1종은 30[m²], 2종은 23[m²]이다.
③ 부착높이가 8[m] 이상 15[m] 미만인 장소로 주요 구조부가 내화구조로 된 특정소방대상물은 감지기 1종은 50[m²], 2종은 36[m²]이다.
④ 하나의 검출기에 접속하는 감지부는 2개 이상 10개 이하가 되도록 하여야 한다.

해설 열반도체식 차동식 분포형감지기 설치기준
(단위 : [m²])

부착높이 및 특정소방대상물의 구분		감지기의 종류	
		1종	2종
8[m] 미만	주요구조부가 내화구조로된 특정소방대상물 또는 그 구분	65	36
	기타 구조의 특정소방대상물 또는 그 부분	40	23
8[m] 이상 15[m] 미만	주요구조부가 내화구조로 된 특정소방대상물 또는 그 부분	50	36
	기타 구조의 특정소방대상물 또는 그 부분	30	23

54 ★★★ 출제년도【14.】
열반도체식 차동식분포형감지기의 설치개수를 결정하는 기준 바닥면적으로 적합한 것은?

① 부착높이가 8m 미만인 장소로 주요 구조부가 내화구조로 된 소방대상물인 경우 감지기 1종은 40m², 2종은 23m²이다.
② 부착높이가 8m 미만인 장소로 주요 구조부가 내화구조가 아닌 소방대상물인 경우 감지기 1종은 30m², 2종은 23m²이다.
③ 부착높이가 8m 이상 15m 미만인 장소로 주요 구조부가 내화구조로 된 소방대상물인 경우 감지기 1종은 50m², 2종은 36m²이다.
④ 부착높이가 8m 이상 15m 미만인 장소로 주요 구조부가 내화구조가 아닌 소방대상물인 경우 감지기 1종은 40m², 2종은 18m²이다.

정답 52. ② 53. ③ 54. ③

해설 (단위 : m²)

부착높이 및 특정소방대상물의 구분		감지기의 종류	
		1종	2종
8[m] 미만	주요구조부가 **내화구조**로된 특정소방대상물 또는 그 구분	65[m²]	36[m²]
	기타 구조의 특정소방대상물 또는 그 부분	40[m²]	23[m²]
8[m] 이상 15[m] 미만	주요구조부가 내화구조로 된 특정소방대상물 또는 그 부분	50[m²]	36[m²]
	기타 구조의 특정소방대상물 또는 그 부분	30[m²]	23[m²]

★ 출제년도 【19.】

55 부착높이 3 m, 바닥면적 50 m²인 주요구조부를 내화구조로한 특정소방대상물에 1종 열반도체식 차동식분포형감지기를 설치하고자 할 때 감지부의 최소 설치개수는?

① 1개 ② 2개
③ 3개 ④ 4개

해설 열반도체식 차동식분포형감지기 기준
1. 감지부는 그 부착높이 및 특정소방대상물에 따라 다음 표에 따른 바닥면적마다 1개 이상으로 할 것. 다만, 바닥면적이 다음 표에 따른 면적의 2배 이하인 경우에는 2개(**부착높이가 8m 미만이고, 바닥면적이 다음 표에 따른 면적 이하인 경우에는 1개**) 이상으로 하여야 한다.

단위 : m²

부착높이 및 특정소방대상물의 구분		감지기의 종류	
		1종	2종
8m 미만	주요구조부가 내화구조로된 특정소방대상물 또는 그 구분	65	36
	기타 구조의 특정소방대상물 또는 그 부분	40	23
8m 이상 15m 미만	주요구조부가 내화구조로 된 특정소방대상물 또는 그 부분	50	36
	기타 구조의 특정소방대상물 또는 그 부분	30	23

2. 하나의 검출기에 접속하는 감지부는 **2개 이상 15개 이하**가 되도록 할 것. 다만, 각각의 감지부에 대한 작동여부를 검출기에서 표시할 수 있는 것(주소형)은 형식승인 받은 성능인정범위내의 수량으로 설치할 수 있다.

★★ 출제년도 【13.】

56 출입구 부근에 연기감지기를 설치하는 경우는?

① 감지기의 유효면적이 충분한 경우
② 부착할 반자 또는 천장이 목조 건물인 경우
③ 반자가 높은 실내 또는 넓은 실내의 경우
④ 반자가 낮은 실내 또는 좁은 실내의 경우

해설 연기감지기는 다음의 기준에 따라 설치할 것
1) 감지기는 복도 및 통로에 있어서는 보행거리 30[m](3종에 있어서는 20[m])마다, 계단 및 경사로에 있어서는 수직거리 15[m](3종에 있어서는 10[m])마다 1개 이상으로 할 것
2) 천장 또는 반자가 낮은 실내 또는 좁은 실내에 있어서는 출입구의 가까운 부분에 설치할 것
3) 천장 또는 반자부근에 배기구가 있는 경우에는 그 부근에 설치할 것
4) 감지기는 벽 또는 보로부터 0.6[m] 이상 떨어진 곳에 설치할 것

★★★ 출제년도 【16.】

57 연기감지기 설치 시 천장 또는 반자부근에 배기구가 있는 경우에 감지기의 설치위치로 옳은 것은?

① 배기구가 있는 그 부근
② 배기구로부터 가장 먼 곳
③ 배기구로부터 0.6[m] 이상 떨어진 곳
④ 배기구로부터 1.5[m] 이상 떨어진 곳

해설 연기감지기 설치기준
① 감지기의 부착높이에 따라 다음 표에 따른 바닥면적(m²)마다 1개 이상으로 할 것

부착 높이	감지기의 종류	
	1종 및 2종	3종
4m 미만	150	50
4m 이상 20m 미만	75	

② 감지기는 복도 및 통로에 있어서는 **보행거리 30 m**(3종에 있어서는 20m)마다, 계단 및 경사로에 있어서는 **수직거리 15[m]**(3종에 있어서는 10 [m])마다 1개 이상으로 할 것

정답 55. ① 56. ④ 57. ①

③ 천장 또는 반자가 낮은 실내 또는 좁은 실내에 있어서는 출입구의 가까운 부분에 설치할 것
④ 천장 또는 반자부근에 배기구가 있는 경우에는 그 부근에 설치할 것
⑤ 감지기는 벽 또는 보로부터 0.6[m] 이상 떨어진 곳에 설치할 것

58 ★ 출제년도 [14.]
부착 높이가 4m 미만으로 연기감지기 3종을 설치할 때 바닥면적 몇 m² 마다 1개 이상 설치하여야 하는가?

① 150m²
② 100m²
③ 75m²
④ 50m²

[해설] 감지기의 부착높이에 따라 다음 표에 따른 바닥면적마다 1개 이상으로 할 것

부착 높이	감지기의 종류	
	1종 및 2종	3종
4[m] 미만	150[m²]	50[m²]
4[m] 이상 20[m] 미만	75[m²]	

59 ★★★ 출제년도 [21.]
자동화재탐지설비 및 시각경보장치의 화재안전기술기준(NFTC 203)에 따라 제2종 연기감지기를 부착높이가 4m 미만인 장소에 설치 시 기준 바닥면적은?

① 30 m² ② 50 m²
③ 75 m² ④ 150 m²

[해설] 감지기의 부착높이에 따라 다음 표에 따른 바닥면적(m²)마다 1개 이상으로 할 것

부착 높이	감지기의 종류	
	1종 및 2종	3종
4[m] 미만	150	50
4[m] 이상 20[m] 미만	75	

60 ★★★ 출제년도 [16.]
3종 연기감지기의 설치기준 중 다음 ( ) 안에 알맞은 것으로 연결된 것은?

3종 연기감지기는 복도 및 통로에 있어서 보행거리 (㉠)[m]마다, 계단 및 경사로에 있어서는 수직거리 (㉡)[m]마다 1개 이상으로 설치해야 한다.

① ㉠ 15, ㉡ 10   ② ㉠ 20, ㉡ 10
③ ㉠ 30, ㉡ 15   ④ ㉠ 30, ㉡ 20

[해설] 연기감지기 설치기준 중 일부
감지기는 복도 및 통로에 있어서는 **보행거리 30[m]**(3종에 있어서는 20[m])마다, 계단 및 경사로에 있어서는 **수직거리 15[m]**(3종에 있어서는 10[m])마다 1개 이상으로 할 것

61 ★★★ 출제년도 [15.]
연기감지기를 설치하지 않아도 되는 장소는?

① 계단 및 경사로
② 엘리베이터 승강로
③ 파이프 피트 및 덕트
④ 20m 복도

[해설] 연기감지기 설치장소
1) **계단·경사로** 및 에스컬레이터 경사로
2) **복도(30m 미만의 것을 제외**한다)
3) 엘리베이터 승강로(권상기실이 있는 경우에는 권상기실)·린넨슈트·파이프 피트 및 덕트 기타 이와 유사한 장소
4) 천장 또는 반자의 높이가 15m 이상 20m 미만의 장소

62 ★★★ 출제년도 [18.]
연기감지기의 설치기준 중 틀린 것은?

① 부착높이 4m 이상 20m 미만에는 3종 감지기를 설치할 수 없다.
② 복도 및 통로에 있어서 보행거리 30m 마다 설치한다.

정답 58. ④ 59. ④ 60. ② 61. ④ 62. ④

③ 계단 및 경사로에 있어서 3종은 수직거리 10m 마다 설치한다.
④ 감지기는 벽이나 보로부터 1.5m 이상 떨어진 곳에 설치하여야 한다.

해설 연기감지기의 설치기준
① 부착높이에 따른 감지기의 종류

부착높이	감지기의 종류	
	1종 및 2종	3종
4m 미만	150 m²	50 m²
4m 이상 20m 미만	75 m²	–

② 감지기는 **복도 및 통로**에 있어서는 보행거리 **30m(3종에 있어서는 20m)**마다, **계단 및 경사로**에 있어서는 **수직거리 15m(3종에 있어서는 10m)**마다 1개 이상으로 할 것
③ 천장 또는 반자가 낮은 실내 또는 좁은 실내에 있어서는 출입구의 가까운 부분에 설치할 것
④ 천장 또는 반자부근에 배기구가 있는 경우에는 그 부근에 설치할 것
⑤ 감지기는 벽 또는 보로부터 **0.6m 이상** 떨어진 곳에 설치할 것

63 ★★ 출제년도【15, 16.】
부착높이 20m 이상에 설치하는 광전식 중 아날로그방식의 감지기 공칭감지농도 하한값의 기준은?

① 감광률 5%/m 미만
② 감광률 10%/m 미만
③ 감광률 15%/m 미만
④ 감광률 20%/m 미만

해설 부착높이 20m 이상에 설치되는 광전식 중 아나로그방식의 감지기는 공칭감지 농도 하한값이 **감광률 5%/m 미만**인 것으로 한다.

64 ★ 출제년도【15.】
감지기의 설치기준 중 틀린 것은?

① 감지기는 천장 또는 반자의 옥내에 면하는 부분에 설치할 것
② 차동식분포형의 것을 제외하고 감지기는 실내로의 공기유입구로부터 1.5m 이상 떨어진 위치에 설치할 것
③ 정온식 감지기는 주방 보일러실 등으로서 다량의 화기를 취급하는 장소에 설치하되, 공칭작동온도가 주위 온도가 주위온도보다 10℃ 이상 높은 것으로 설치할 것
④ 스포트형감지기는 45°이상 경사되지 아니하도록 부착할 것

해설 정온식감지기는 주방·보일러실 등으로서 다량의 화기를 취급하는 장소에 설치하되, 공칭작동온도가 최고주위온도보다 **20℃ 이상** 높은 것

65 ★★ 출제년도【19.】
불꽃감지기의 설치기준으로 틀린 것은?

① 수분이 많이 발생할 우려가 있는 장소에는 방수형으로 설치할 것
② 감지기를 천장에 설치하는 경우에는 감지기는 천장에 향하여 설치할 것
③ 감지기는 화재감지를 유효하게 감지할 수 있는 모서리 또는 벽 등에 설치할 것
④ 감지기는 공칭가시거리와 공칭시야각을 기준으로 감시구역이 모두 포용될 수 있도록 설치할 것

해설 불꽃감지기 설치기준
① 공칭감시거리 및 공칭시야각은 형식승인 내용에 따를 것
② 감지기는 공칭감시거리와 공칭시야각을 기준으로 감시구역이 모두 포용될 수 있도록 설치할 것
③ 감지기는 화재감지를 유효하게 감지할 수 있는 모서리 또는 벽 등에 설치
④ 감지기를 천장에 설치하는 경우에는 감지기는 바닥을 향하여 설치할 것
⑤ 수분이 많이 발생할 우려가 있는 장소에는 방수형으로 설치할 것

66 ★★★ 출제년도 [13.]
감지기를 설치하지 않는 기준으로 틀린 것은?

① 천장 및 반자의 높이가 20[m] 이하인 장소
② 부식성 가스가 체류하고 있는 장소
③ 목욕실·욕조나 샤워시설이 있는 화장실과 같은 장소
④ 프레스공장·주조공장 등 화재의 발생 우려가 적은 장소로서 감지기의 유지관리가 어려운 장소

해설 감지기 설치 제외 장소
1) 프레스공장·주조공장 등 화재의 발생 우려가 적은 장소로서 감지기의 유지관리가 어려운 장소
2) 파이프 덕트 등 그 밖의 이와 비슷한 것으로서 2개 층마다 방화구획된 것이나 수평 단면적이 5[m^2] 이하인 장소
3) **천장 또는 반자의 높이가 20[m] 이상인 장소**
4) 외부의 기류가 통하는 장소로 감지기에 의하여 화재발생을 유효하게 감지할 수 없는 장소
5) 목욕실, 욕조나 샤워시설이 있는 화장실 기타 이와 유사한 장소
6) 부식성가스가 체류하는 장소
7) 먼지·가루 또는 수증기가 다량으로 체류하는 장소 또는 주방 등 평시에 연기가 발생하는 장소(연기감지기에 한한다)
8) 고온도 및 저온도로서 감지기의 기능이 정지되기 쉽거나 감지기의 유지관리가 어려운 장소

67 ★ 출제년도 [21.]
자동화재탐지설비 및 시각경보장치의 화재안전기술기준(NFTC 203)에 따른 감지기의 설치 제외 장소가 아닌 것은?

① 실내의 용적이 20 m^3 이하인 장소
② 부식성가스가 체류하고 있는 장소
③ 목욕실·욕조나 샤워시설이 있는 화장실·기타 이와 유사한 장소
④ 고온도 및 저온도로서 감지기의 기능이 정지되기 쉽거나 감지기의 유지관리가 어려운 장소

해설 감지기 설치제외 장소기준
1) 천장 또는 반자의 높이가 20 m 이상인 장소. 다만, 부착높이에 따라 적응성이 있는 장소는 제외한다.
2) 헛간 등 외부와 기류가 통하는 장소로서 감지기에 따라 화재발생을 유효하게 감지할 수 없는 장소
3) **부식성가스가 체류하고 있는 장소**
4) **고온도 및 저온도로서 감지기의 기능이 정지되기 쉽거나 감지기의 유지관리가 어려운 장소**
5) **목욕실·욕조나 샤워시설이 있는 화장실·기타 이와 유사한 장소**
6) 파이프덕트 등 그 밖의 이와 비슷한 것으로서 2개 층 마다 방화구획된 것이나 수평단면적이 5 m^2 이하인 것
7) 먼지·가루 또는 수증기가 다량으로 체류하는 장소 또는 주방 등 평시에 연기가 발생하는 장소(연기감지기에 한한다)
8) 프레스공장·주조공장 등 화재발생의 위험이 적은 장소로서 감지기의 유지관리가 어려운 장소

68 ★★★ 출제년도
자동화재탐지설비의 음향장치는 층수가 11층 이상인 특정소방대상물에 있어서 지하층에서 발화한 경우 경보를 발할 수 있도록 하여야 하는 층은?

① 발화층, 그 직상층 및 그 밖의 지하층
② 발화층 및 최상층
③ 발화층 및 그 직상층
④ 발화층, 그 직상층 및 최상층

해설 층수가 11층(공동주택의 경우에는 16층) 이상의 특정소방대상물은 다음 각 목에 따라 경보를 발할 수 있도록 하여야 한다. 〈시행 2023. 2. 9.〉

발화층	경보층
2층 이상의 층에서 발화	발화층 및 그 직상 4개층
1층에서 발화	발화층·그 직상 4개층 및 지하층
지하층에서 발화	발화층·그 직상층 및 그 밖의 지하층

69 자동화재탐지설비의 음향장치 설치기준 중 옳은 것은?

① 지구음향장치는 당해 소방대상물의 각 부분으로부터 하나의 음향장치까지의 수평거리가 30m 이하가 되도록 한다.
② 정격전압의 80% 전압에서 음향을 발할 수 있어야 한다.
③ 음량은 부착된 음향장치의 중심으로부터 1m 떨어진 위치에서 80dB 이상이 되도록 하여야 한다.
④ 8층으로서 연면적이 3000m^2를 초과하는 소방대상물에 있어서는 2층 이상의 층에서 발화시 발화층 및 직하층에 경보를 발하여야 한다.

해설 자동화재탐지설비의 음향장치 설치기준
1) **층수가 11층(공동주택의 경우에는 16층) 이상**의 특정소방대상물은 다음 각 목에 따라 경보를 발할 수 있도록 하여야 한다. 〈시행 2023. 2. 9.〉

발화층	경보층
2층 이상의 층에서 발화	발화층 및 그 직상 4개층
1층에서 발화	발화층·그 직상 4개층 및 지하층
지하층에서 발화	발화층·그 직상층 및 그 밖의 지하층

2) 지구음향장치는 특정소방대상물의 층마다 설치하되, 해당 특정소방대상물의 각 부분으로부터 하나의 음향장치까지의 **수평거리가 25m이하**가 되도록 하고, 해당층의 각 부분에 유효하게 경보를 발할 수 있도록 설치할 것.
3) 음향장치의 구조 및 성능
   ① 정격전압의 **80% 전압**에서 음향을 발할 수 있는 것으로 할 것
   ② 음량은 부착된 음향장치의 중심으로부터 1m 떨어진 위치에서 **90dB 이상**이 되는 것으로 할 것

70 특정소방대상물 각 부분에서 하나의 발신기까지의 수평거리는 몇 m이며, 복도 또는 별도로 구획된 실에 발신기를 설치하는 경우에는 보행거리를 몇 m로 해야 하는가?

① 수평거리 15m 이하, 보행거리 30m 이상
② 수평거리 25m 이하, 보행거리 30m 이상
③ 수평거리 15m 이하, 보행거리 40m 이상
④ 수평거리 25m 이하, 보행거리 40m 이상

해설 소방대상물의 층마다 설치하되, 당해 소방대상물의 각 부분으로부터 하나의 발신기까지의 **수평거리가 25[m] 이하**가 되도록 할 것. 다만, 복도 또는 별도로 구획된 실로서 **보행거리가 40[m] 이상**일 경우에는 추가로 설치하여야 한다.

71 자동화재탐지설비의 발신기는 건축물의 각 부분으로부터 하나의 발신기까지 수평거리는 최대 몇 [m] 이하인가?

① 25[m] ② 50[m]
③ 100[m] ④ 150[m]

해설 특정소방대상물의 층마다 설치하되, 해당 특정소방대상물의 각 부분으로부터 하나의 발신기까지의 수평거리가 25[m] 이하가 되도록 할 것. 다만, 복도 또는 별도로 구획된 실로서 보행거리가 40[m] 이상일 경우에는 추가로 설치하여야 한다.

72 자동화재탐지설비 및 시각경보장치의 화재안전기술기준(NFTC 203)에 따른 발신기의 시설기준에 대한 내용이다. 다음 ( )에 들어갈 내용으로 옳은 것은?

발신기의 위치에 표시하는 표시등은 함의 상부에 설치하되, 그 불빛은 부착면으로부터 (㉠)° 이상의 범위 안에서 부착지점으로부터 (㉡)m 이내에 어느 곳에서도 쉽게 식별할 수 있는 적색등으로 하여야 한다.

정답 69. ② 70. ④ 71. ① 72. ②

① ㉠ 10 ㉡ 10   ② ㉠ 15 ㉡ 10
③ ㉠ 25 ㉡ 15   ④ ㉠ 25 ㉡ 20

[해설] 발신기의 위치를 표시하는 표시등은 함의 상부에 설치하되, 그 불빛은 부착면으로부터 15° 이상의 범위 안에서 부착지점으로부터 10 m 이내의 어느 곳에서도 쉽게 식별할 수 있는 적색등으로 하여야 한다.

73 ★★★ 출제년도 【07, 08, 11, 12.】
자동화재탐지설비의 감지기회로에 설치하는 종단저항의 설치기준으로 옳지 않은 것은?

① 점검 및 관리가 쉬운 장소에 설치하여야 한다.
② 감지기회로 끝부분에 설치한다.
③ 전용함에 설치하는 경우 그 설치높이는 바닥으로부터 0.8[m] 이내에 설치하여야 한다.
④ 종단감지기에 설치하는 경우 구별이 쉽도록 해당 감지기의 기판 등에 별도의 표시를 하여야 한다.

[해설] 감지기회로의 도통시험을 위한 종단저항은 다음의 기준에 따를 것
1) 점검 및 관리가 쉬운 장소에 설치할 것
2) **전용함을 설치하는 경우** 그 설치 높이는 **바닥으로부터 1.5[m] 이내로 할 것**
3) 감지기 회로의 끝부분에 설치하며, 종단감지기에 설치할 경우에는 구별이 쉽도록 해당 감지기의 기판 등에 별도의 표시를 할 것
4) 자동화재탐지설비의 감지기 회로의 전로저항은 50[Ω] 이하

74 ★★★ 출제년도 【07, 08, 11, 13.】
감지기 회로의 도통시험을 위한 종단저항의 설치기준으로 옳지 않은 것은?

① 점검 및 관리가 쉬운 장소에 설치할 것
② 동일층 발신기함 외부에 설치할 것
③ 전용함을 설치하는 경우 그 설치 높이는 바닥으로부터 1.5[m] 이내로 할 것
④ 종단 감지기에 설치하는 경우에는 구별이 쉽도록 해당 감지기의 기판 등에 별도의 표시를 할 것

[해설] 감지기회로의 도통시험을 위한 종단저항은 다음의 기준에 따를 것
1) **점검 및 관리가 쉬운 장소에 설치할 것**
2) 전용함을 설치하는 경우 그 설치 높이는 바닥으로부터 1.5[m] 이내로 할 것
3) 감지기 회로의 끝부분에 설치하며, **종단감지기에 설치할 경우에는 구별이 쉽도록 해당감지기의 기판 등에 별도의 표시를 할 것**

75 ★★★ 출제년도 【19.】
자동화재탐지설비의 감지기회로에 설치하는 종단저항의 설치기준으로 틀린 것은?

① 감지기회로 끝부분에 설치한다.
② 점검 및 관리가 쉬운 장소에 설치하여야 한다.
③ 전용함에 설치하는 경우 그 설치 높이는 바닥으로부터 0.8m 이내에 설치하여야 한다.
④ 종단감지기에 설치할 경우에는 구별이 쉽도록 해당감지기의 기판 및 감지기 외부 등에 별도의 표시를 하여야 한다.

[해설] 감지기회로의 도통시험을 위한 종단저항은 다음의 기준에 따를 것
① 점검 및 관리가 쉬운 장소에 설치할 것
② 전용함을 설치하는 경우 그 설치 높이는 바닥으로부터 1.5m 이내로 할 것
③ 감지기 회로의 끝부분에 설치하며, 종단감지기에 설치할 경우에는 구별이 쉽도록 해당감지기의 기판 및 감지기 외부 등에 별도의 표시를 할 것

76 ★★★ 출제년도 【05, 11.】
천장 높이가 5[m]인 경우 청각장애인용 시각경보장치의 설치 높이로 알맞은 것은?

① 바닥으로부터 0.3[m] 이상 0.8[m] 이하의 장소

정답 73. ③ 74. ② 75. ③ 76. ③

② 바닥으로부터 0.8[m] 이상 1.2[m] 이하의 장소
③ 바닥으로부터 2.0[m] 이상 2.5[m] 이하의 장소
④ 천장으로부터 0.15[m] 이내의 장소

해설 청각장애인용 시각경보장치 설치기준
설치높이는 바닥으로부터 **2m 이상 2.5m 이하**의 장소에 설치할 것 다만, 천장의 높이가 2 m 이하인 경우에는 천장으로부터 0.15 m 이내의 장소에 설치하여야 한다.

77 ★★★ 출제년도【 08. 09. 10. 16. 18.】
청각장애인용 시각경보장치는 천장의 높이가 2[m] 이하인 경우 천장으로부터 몇 [m] 이내의 장소에 설치해야 하는가?

① 0.1
② 0.15
③ 2.0
④ 2.5

해설 설치높이는 바닥으로부터 2[m] 이상 2.5[m] 이하의 장소에 설치할 것 다만, 천장의 높이가 2[m] 이하인 경우에는 천장으로부터 **0.15[m] 이내**의 장소에 설치하여야 한다.

78 ★★★ 출제년도【 08. 09. 10. 16. 17. 18.】
청각장애인용 시각경보장치의 설치기준 중 천장의 높이가 2m 이하인 경우에는 천장으로부터 몇 m 이내의 장소에 설치하여야 하는가?

① 0.15
② 0.3
③ 0.5
④ 0.7

해설 시각경보장치의 설치높이는 바닥으로부터 2 [m] 이상 2.5 [m] 이하의 장소에 설치할 것. 다만, 천장의 높이가 2 [m] 이하인 경우에는 천장으로부터 0.15 [m] 이내의 장소에 설치하여야 한다.

79 ★★★ 출제년도【 05. 06. 12.】
자동화재탐지설비의 청각장애인용 시각경보장치의 설치기준으로 옳지 않는 것은?

① 복도・통로・청각장애인용 객실 및 공용으로 사용하는 거실에 설치
② 공연장 등에 설치하는 경우 인식이 용이하도록 객석 부분 등에 설치
③ 설치높이는 바닥으로부터 2[m] 이상 2.5[m] 이하의 장소에 설치
④ 시각경보장치의 광원은 전용의 축전지설비에 의하여 점등되도록 할 것

해설 청각장애인용 시각경보장치 설치기준
1) 복도・통로・청각장애인용 객실 및 공용으로 사용하는 거실(로비, 회의실, 강의실, 식당, 휴게실 등을 말한다)에 설치하며, 각 부분으로부터 유효하게 경보를 발할 수 있는 위치에 설치할 것
2) 공연장・집회장・관람장 또는 이와 유사한 장소에 설치하는 경우에는 시선이 집중되는 **무대부** 부분 등에 설치할 것
3) 설치높이는 바닥으로부터 2[m] 이상 2.5[m] 이하의 장소에 설치할 것
4) 시각경보장치의 광원은 전용의 축전지설비 또는 전기저장장치에 의하여 점등되도록 할 것. 다만, 시각경보기에 작동전원을 공급할 수 있도록 형식승인을 얻은 수신기를 설치 한 경우에는 그러하지 아니하다.

80 ★★★ 출제년도【 14】
청각장애인용 시각경보장치의 설치기준으로 옳지 않은 것은?

① 공연장, 집회장, 관람장의 경우 시선이 집중되는 무대부 부분 등에 설치할 것
② 복도・통로・청각장애인용 객실 및 공용으로 사용하는 거실에 설치하며, 각 부분으로부터 유효하게 경보를 발할 수 있는 위치에 설치할 것
③ 시각경보장치의 광원은 상용전원에 의하여 점등되도록 할 것
④ 설치높이는 바닥으로부터 2m이상 2.5m 이하의 장소에 설치할 것

정답 77. ② 78. ① 79. ② 80. ③

해설 청각장애인용 시각경보장치 설치기준
1) 복도·통로·청각장애인용 객실 및 공용으로 사용하는 거실(로비, 회의실, 강의실, 식당, 휴게실 등을 말한다)에 설치하며, 각 부분으로부터 유효하게 경보를 발할 수 있는 위치에 설치할 것
2) 공연장·집회장·관람장 또는 이와 유사한 장소에 설치하는 경우에는 시선이 집중되는 무대부 부분 등에 설치할 것
3) 설치높이는 바닥으로부터 2[m] 이상 2.5[m] 이하의 장소에 설치할 것. 다만, 천장의 높이가 2m 이하인 경우에는 천장으로부터 0.15m 이내의 장소에 설치할 수 있다.
4) 시각경보장치의 광원은 전용의 축전지설비 또는 전기저장장치에 의하여 점등되도록 할 것

81 ★★★ 출제년도【14.】
자동화재탐지설비에서 특정배선은 전자파 방해를 방지하기 위하여 쉴드선을 사용해야 한다. 그 대상이 아닌 것은?

① R형 수신기
② 복합형 감지기
③ 다신호식 감지기
④ 아날로그식 감지기

해설 아날로그식, 다신호식 감지기나 R형수신기용으로 사용되는 것은 전자파 방해를 방지하기 위하여 쉴드선 등을 사용할 것

82 ★★ 출제년도【14.】
자동화재탐지설비 전원회로의 전로와 대지 사이 및 배선상호간의 절연저항 기준은?

① DC 250[V], 0.1[MΩ] 이상
② DC 250[V], 0.2[MΩ] 이상
③ DC 500[V], 0.1[MΩ] 이상
④ DC 500[V], 0.2[MΩ] 이상

해설 전로와 대지 사이 및 배선 상호간의 절연저항은 1경계구역 마다 **직류 250[V]**의 절연저항측정기를 사용하여 측정한 절연저항이 **0.1[MΩ] 이상**이 되도록 할 것

83 ★★ 출제년도【14.】
자동화재탐지설비에는 그 설비에 대한 감시상태를 위하여 축전지설비를 설치하여야 한다. 다음 중 그 기준으로 옳은 것은? (단, 지상 15층인 소방대상물로서 상용전원이 축전지 설비가 아닌 경우이다.)

① 자동화재탐지설비에는 그 설비에 대한 감시상태를 20분간 지속한 후 유효하게 5분 이상 경보할 수 있는 축전지설비를 설치하여야 한다.
② 자동화재탐지설비에는 그 설비에 대한 감시상태를 30분간 지속한 후 유효하게 15분 이상 경보할 수 있는 축전지설비를 설치하여야 한다.
③ 자동화재탐지설비에는 그 설비에 대한 감시상태를 50분간 지속한 후 유효하게 20분 이상 경보할 수 있는 축전지설비를 설치하여야 한다.
④ 자동화재탐지설비에는 그 설비에 대한 감시상태를 60분간 지속한 후 유효하게 10분 이상 경보할 수 있는 축전지설비를 설치하여야 한다.

해설 자동화재탐지설비에는 그 설비에 대한 감시상태를 **60분간** 지속한 후 유효하게 **10분 이상** 경보할 수 있는 **축전지설비**(수신기에 내장하는 경우를 포함한다) 또는 **전기저장장치**(외부 전기에너지를 저장해 두었다가 필요한 때 전기를 공급하는 장치)를 설치하여야한다. 다만, 상용전원이 축전지설비인 경우에는 그러하지 아니하다.

84 ★★★ 출제년도【14.19.】
자동화재탐지설비 수신기의 각 회로별 종단에 설치되는 감지기에 접속되는 배선의 전압은 감지기 정격전압의 몇 [%] 이상이어야 하는가?

① 50   ② 60
③ 70   ④ 80

정답 81. ② 82. ① 83. ④ 84. ④

해설 자동화재탐지설비의 감지기회로의 전로저항은 50[Ω] 이하가 되도록 하여야 하며, 수신기의 각 회로별 종단에 설치되는 감지기에 접속되는 배선의 전압은 감지기 정격전압의 80[%] 이상이어야 할 것

85 ★ 출제년도 【16.】
자동화재탐지설비의 GP형 수신기에 감지기 회로의 배선을 접속하려고 할 때 경계구역이 15개인 경우 필요한 공통선의 최소 개수는?

① 1 ② 2
③ 3 ④ 4

해설 공통선의 수량
1) 피(P)형 수신기 및 지피(G.P.)형 수신기의 감지기 회로의 배선에 있어서 하나의 공통선에 접속할 수 있는 경계구역은 **7개 이하**로 할 것
2) 공통선의 수량: $\frac{15}{7} = 2.14 = 3$

86 ★★★ 출제년도 【16.】
자동화재탐지설비 배선의 설치기준 중 다음 ( )안에 알맞은 것은?

자동화재탐지설비 감지기회로의 전로저항은 (㉠)이(가) 되도록 하여야 하며, 수신기 각 회로별 종단에 설치되는 감지기에 접속되는 배선의 전압은 감지기 정격전압의 (㉡)[%] 이상이어야 한다.

① ㉠ 50[Ω] 이상, ㉡ 70
② ㉠ 50[Ω] 이하, ㉡ 80
③ ㉠ 40[Ω] 이상, ㉡ 70
④ ㉠ 40[Ω] 이하, ㉡ 80

해설 자동화재탐지설비 감지기회로의 전로저항은 50[Ω] 이하가 되도록 하여야 하며, 수신기 각 회로별 종단에 설치되는 감지기에 접속되는 배선의 전압은 감지기 정격전압의 80[%] 이상이어야 한다.

87 ★★ 출제년도 【17.】
자동화재탐지설비 배선의 설치기준 중 틀린 것은?

① 감지기 사이의 회로의 배선은 송배선식으로 할 것
② 감지기회로의 도통시험을 위한 종단저항은 전용함을 설치하는 경우 그 설치 높이는 바닥으로부터 1.5m 이내로 할 것
③ 감지기회로 및 부속회로의 전로와 대지 사이 및 배선 상호간의 절연저항은 1경계구역마다 직류 250V의 절연저항측정기를 사용하여 측정한 절연저항이 0.1MΩ 이상이 되도록 할 것
④ 피(P)형 수신기 및 지피(G.P.)형 수신기의 감지기 회로의 배선에 있어서 하나의 공통선에 접속할 수 있는 경계구역은 9개 이하로 할 것

해설 자동화재탐지설비의 배선(NFTC 203 제11조)
피(P)형 수신기 및 지피(G.P.)형 수신기의 감지기 회로의 배선에 있어서 하나의 공통선에 접속할 수 있는 경계구역은 **7개 이하**로 할 것

88 ★★★ 출제년도 【18.】
자동화재탐지설비 배선의 설치기준 중 옳은 것은?

① 감지기 사이의 회로의 배선은 교차회로 방식으로 설치하여야 한다.
② 피(P)형 수신기 및 지피(G.P.)형 수신기의 감지기 회로의 배선에 있어서 하나의 공통선에 접속할 수 있는 경계구역은 10개 이하로 설치하여야 한다.
③ 자동화재탐지설비의 감지기회로의 전로저항은 80Ω 이하가 되도록 하여야 하며, 수신기의 각 회로별 종단에 설치되는 감지기에 접속되는 배선의 전압은 감지기 정격전압의 50% 이상이어야 한다.

정답 85. ③ 86. ② 87. ④ 88. ④

④ 자동화재탐지설비의 배선은 다른 전선과 별도의 관·덕트·몰드 또는 풀박스 등에 설치할 것, 다만 60 V 미만의 약전류회로에 사용하는 전선으로서 각각의 전압이 같을 때에는 그러지 아니하다.

해설 배선 설치기준
① 감지기 사이의 회로의 배선은 송배전식으로 할 것
② 피(P)형 수신기 및 지피(G.P.)형 수신기의 감지기회로의 배선에 있어서 하나의 공통선에 접속할 수 있는 경계구역은 7개 이하로 할 것
③ 자동화재탐지설비의 감지기회로의 전로저항은 50Ω 이하, 수신기의 각 회로별 종단에 설치되는 감지기에 접속되는 배선의 전압은 감지기 정격전압의 80% 이상이어야 할 것

89 ★★ 출제년도 【14.】
배기가스가 다량으로 체류하는 장소인 차고에 적응성이 없는 감지기는?

① 차동식 스포트형 1종 감지기
② 차동식 스포트형 2종 감지기
③ 차동식 분포형 1종 감지기
④ 정온식 1종 감지기

해설 배기가스가 다량으로 체류하는 장소에 적응성이 없는 열 감지기
① 정온식 특종 감지기
② 정온식 1종 감지기

90 ★★ 출제년도 【13.16.】
설치장소가 현저하게 고온으로 되는 건조실, 살균실 등인 경우 적응성이 없는 감지기는?

① 정온식 특종 감지기
② 정온식 1종 감지기
③ 차동식 분포형 1종 감지기
④ 열아날로그식 감지기

해설 현저하게 고온으로 되는 장소(건조실, 살균실, 보일러실, 영사실 등)에 적용가능한 감지기 종류
1) 정온식 특종
2) 정온식 1종
3) 열아날로그식

91 ★ 출제년도 【18.】
일시적으로 발생한 열·연기 또는 먼지 등으로 인하여 화재신호를 발신할 우려가 있는 장소의 설치장소별 감지기 적응성 기준 중 항공기 격납고, 높은 천장의 창고 등 감지기 부착 높이가 8m 이상의 장소에 적응성을 갖는 감지기가 아닌 것은?(단, 연기감지기를 설치할 수 있는 장소이며, 설치장소는 넓은 공간으로 천장이 높아 열 및 연기가 확산하는 환경상태이다.)

① 광전식 스포트형 감지기
② 차동식 분포형 감지기
③ 광전식 분리형 감지기
④ 불꽃감지기

해설 자동화재탐지설비 및 시각경보장치 화재안전기술기준 [별표]

설치장소		적응열감지기					적응연기감지기					불꽃감지기
환경상태	적응장소	차동식스포트형	차동식분포형	보상식스포트형	정온식	열아날로그식	이온화식스포트형	광전식스포트형	이온아날로그식스포트형	광전아날로그식스포트형	광전식분리형	광전아날로그식분리형	
7. 넓은 공간으로 천장이 높아 열 및 연기가 확산하는 장소	체육관, 항공기 격납고, 높은 천장의 창고·공장, 관람석 상부 등 감지기 부착 높이가 8m 이상의 장소		○								○	○	○

정답 89. ④ 90. ③ 91. ①

92 열전대식 감지기의 구성요소가 아닌 것은?
① 열전대 ② 미터릴레이
③ 접속전선 ④ 공기관

해설 열전대식 구조
열전대부, 미터 릴레이(meter relay), 검출부

93 열반도체 감지기의 구성 부분이 아닌 것은?
① 수열판
② 미터릴레이
③ 열반도체 소자
④ 열전대

해설 열반도체 구성요소
① 감열부 : 열반도체소자, 수열판
② 검출부 : 미터릴레이

94 불꽃감지기 중 도로형의 최대시야각 기준으로 옳은 것은?
① 30° 이상 ② 45° 이상
③ 90° 이상 ④ 180° 이상

해설 감지기의 형식승인 및 제품검사의 기술기준 제19조2(불꽃감지기의 유효감지거리의 구분, 감도시험, 시야각)제1항 및 제3항
1. 유효감지거리 범위는 **20m 미만은 1m 간격으로, 20m 이상은 5m 간격으로** 설정하여야 하며, 단일 유효감시거리, 복수 유효감지거리, 단일 유효감지거리 범위 또는 복수 유효감시거리 범위로 설정할 수 있다.
2. 시야각은 **5° 간격으로** 설정
3. 불꽃감지기중 도로형은 최대시야각이 **180° 이상**

95 정온식 스포트형 감지기의 구조 및 작동원리에 대한 형식이 아닌 것은?
① 가용절연물을 이용한 방식
② 줄열을 이용한 방식
③ 바이메탈의 반전을 이용한 방식
④ 금속의 팽창계수차를 이용한 방식

해설 작동방식(종류)
① 바이메탈의 활곡을 이용한 방식
② 바이메탈의 반전을 이용한 방식
③ 금속의 팽창계수차를 이용한 방식
④ 액체의 팽창을 이용한 방식
⑤ 가용절연물을 이용한 방식.

96 수신기를 나타내는 소방시설 도시기호로 옳은 것은?

해설 ① 수신기 ③ 부수신기 ④ 중계기

97 수신기를 나타내는 소방시설 도시기호로 옳은 것은?

해설

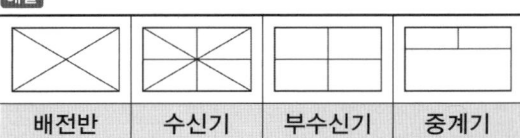

| 배전반 | 수신기 | 부수신기 | 중계기 |

정답 92.④ 93.④ 94.④ 95.② 96.① 97.②

98. P형 1급 발신기에 사용하는 회선의 종류는?

① 회로선, 공통선, 소화선, 전화선
② 회로선, 공통선, 발신기선, 전화선
③ 회로선, 공통선, 발신기선, 응답선
④ 신호선, 공통선, 발신기선, 응답선

해설 P형 1급 수신기와 발신기와의 회선의 종류 :
회로선(지구선), 공통선, 발신기선(응답선),
전화선 → 2022.5.9. 기준이 삭제되어 현재기준에서는 전화선이 간선내역에서 삭제됨.

99. P형 1급 발신기에 연결해야 하는 회선은?

① 지구선, 공통선, 소화선, 전화선
② 지구선, 공통선, 응답선, 전화선
③ 지구선, 공통선, 발신기선, 응답선
④ 신호선, 공통선, 발신기선, 응답선

해설 P형 1급 발신기 회선
회로선(지구선, 표시선), 공통선, 발신기선(발신기 응답선)
전화선 → 2022.5.9. 기준이 삭제되어 현재 기준에서는 전화선이 간선 내역에서 삭제됨.

100. P형1급 발신기의 구성요소가 아닌 것은?

① 보호판   ② 누름버튼스위치
③ 전화잭   ④ 위치표시등

해설 P형 1급 발신기
1) 용도 : P형 1급 수신기 또는 R형 수신기에 접속하여 사용
2) 구성
  ① 누름버튼 스위치
  ② 응답확인램프 : 발신자가 발신한 신호를 수신기가 수신한 것을 확인할 수 있는 표시등
  ③ 전화잭 : 수신기와 발신기간 상호 연락할 수 있는 전화 장치인 전화잭
  ④ 보호판

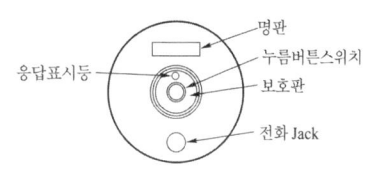

101. 액체 기둥의 높이에 의하여 압력 또는 압력차를 측정하는 기구로서, 공기 관의 공기누설을 측정하는 기구는 어느 것인가?

① 회로 시험기   ② 메가
③ 비중계   ④ 마노미터

해설 마노미터는 액체기둥의 높이차에 의하여 압력 또는 압력차를 측정 하는 기구로서, 이를 이용하여 공기관식 검지기의 공기누설 여부를 측정할 수 있다.

102. 차동식감지기에 리크구멍을 이용하는 목적으로 가장 적합한 것은?

① 비화재보를 방지하기 위하여
② 완만한 온도 상승을 감지하기 위해서
③ 감지기의 감도를 예민하게 하기 위해서
④ 급격한 전류변화를 방지하기 위해서

해설 리크구멍
① 미세한 열의 축적으로 인한 완만한 온도 상승시 (비화재시) 오동작 방지
② 리크구멍이 막히면 미세한 열에도 감지기가 동작되어 비화재보의 원인

103. 공기관식 차동식 분포형감지기의 기능시험을 하였더니 검출기의 접점수고치가 규정 이상으로 되어 있었다. 이때 발생되는 장애로 볼 수 있는 것은?

① 작동이 늦어진다.
② 장애는 발생되지 않는다.
③ 동작이 전혀 되지 않는다.
④ 화재도 아닌데 작동하는 일이 있다.

정답 98. ③ 99. ② 100. ④ 101. ④ 102. ① 103. ①

해설
- 접점수고치가 규정 이상 : 작동이 늦어진다.
  (실보 또는 지연보)
- 접점수고치가 규정 미만 : 작동이 빨라진다.
  (비화재보)

104 ★ 출제년도【13.】
P형 수신기에 구성되어 있는 표시장치를 나열한 것이다. 옳지 않은 것은?

① 도통시험 스위치등 · 주경종등
② 화재등 · 지구표시등
③ 주전원등 · 예비전원 감시등
④ 발신기등 · 스위치 주의등

해설 P형 수신기 표시장치
① 화재등   ② 문자표시등
③ 지구표시등   ④ 주전원등
⑤ 예비전원등   ⑥ 예비전원 감시등
⑦ 발신기등   ⑧ 스위치주의등
⑨ 지구경보등

105 ★ 출제년도【14.】
다음 ( ) 안에 공통으로 들어갈 내용으로 옳은 것은?

> P형 1급 수신기의 비상전원시험은 ( )이(가) 정전되었을 때 자동적으로 예비전원(비상전원 전용수전설비제외)으로 절환되며, 정전 복구 시에는 자동적으로 ( )(으)로 절환 되는지 확인하는 시험이다.

① 감지기
② 표시기전원
③ 충전전원
④ 상용전원

해설 **상용전원**이 사고 등으로 정전된 경우, 자동적으로 예비전원으로 절환되며, 또한 정전복구시에 자동적으로 **상용전원**으로 절환되는지의 여부를 확인한다.

106 ★★ 출제년도【10.18.】
자동화재탐지설비의 감지기 중 연기를 감지하는 감지기는 감시챔버로 몇 mm 크기의 물체가 침입할 수 없는 구조이어야 하는가?

① (1.3 ± 0.05)
② (1.5 ± 0.05)
③ (1.8 ± 0.05)
④ (2.0 ± 0.05)

해설 감지기 형식승인 및 제품검사의 기술기준 제5조(구조 및 기능)제28호
연기를 감지하는 감지기는 **감시챔버로 (1.3 ± 0.05) mm 크기**의 물체가 침입할 수 없는 구조이어야 한다.

107 ★ 출제년도【16.】
자동화재탐지설비 감지기의 구조 및 기능에 대한 설명으로 틀린 것은?

① 차동식분포형감지기는 그 기판면을 부착한 정위치로부터 45°를 경사시킨 경우 그 기능에 이상이 생기지 않아야 한다.
② 연기를 감지하는 감지기는 감시챔버로 1.3 ± 0.05[mm] 크기의 물체가 침입할 수 없는 구조이어야 한다.
③ 방사성물질을 사용하는 감지기는 그 방사성물질을 밀봉선원으로 하여 외부에서 직접 접촉할 수 없도록 하여야 한다.
④ 차동식분포형 감지기로서 공기관식 공기관의 두께는 0.3[mm] 이상, 바깥지름은 1.9[mm] 이상이어야 한다.

해설 감지기의 형식승인 및 제품검사의 기술기준 제5조 (구조 및 기능)
감지기는 그 기판면을 부착한 정 위치로부터 45°(**차동식분포형감지기는 5°**)를 각각 경사 시킨 경우 그 기능에 이상이 생기지 아니하여야 한다.

108.

자동화재탐지설비 발신기의 작동기능 기준 중 다음 ( )안에 알맞은 것은? (단, 이 경우 누름판이 있는 구조로서 손끝으로 눌러 작동하는 방식의 작동스위치는 누름판을 포함한다.)

> 발신기의 조작부는 작동스위치의 동작방향으로 가하는 힘이 (㉠)kg을 초과하고 (㉡) kg 이하인 범위에서 확실하게 동작되어야 하며, (㉠)kg 힘을 가하는 경우 동작되지 아니하여야 한다.

① ㉠ 2, ㉡ 8
② ㉠ 3, ㉡ 7
③ ㉠ 2, ㉡ 7
④ ㉠ 3, ㉡ 8

해설 발신기의 형식승인 및 제품검사의 기술기준 제4조의2(발신기의 작동기능)
발신기의 조작부는 작동스위치의 동작방향으로 가하는 힘이 2 kg을 초과하고 8 kg이하인 범위에서 확실하게 동작되어야 하며, 2 kg의 힘을 가하는 경우 동작되지 아니하여야 한다. 이 경우 누름판이 있는 구조로서 손끝으로 눌러 작동하는 방식의 작동스위치는 누름판을 포함한다.

109.

발신기의 외함을 합성수지를 사용하는 경우 외함의 최소 두께는 몇 mm 이상이어야 하는가?

① 5
② 3
③ 1.6
④ 1.2

해설 발신기의 형식승인 및 제품검사의 기술기준 제4조(구조 및 일반기능)
발신기의 외함에 강판을 사용하는 경우에는 다음에 기재된 두께이상의 강판을 사용하여야 한다. 다만, **합성수지를 사용하는 경우에는 강판의 2.5배 이상의** 두께이어야 한다.
① 외함 1.2mm 이상
② 직접 벽면에 접하여 벽속에 매립되는 외함의 부분은 1.6mm 이상
※ 합성수지 사용하는 경우이므로 외함의 두께는 1.2×2.5배 = 3mm 이상

110.

자동화재탐지설비 수신기의 구조기준 중 정격전압이 몇 V를 넘는 기구의 금속제 외함에는 접지단자를 설치하여야 하는가?

① 30
② 60
③ 100
④ 300

해설 수신기의 형식승인기준 제3조(구조 및 일반기능)
정격전압이 60V를 넘는 기구의 금속제 외함에는 접지단자를 설치하여야 한다.

111.

수신기의 구조 및 일반기능에 대한 설명 중 틀린 것은? (단, 간이형수신기는 제외한다.)

① 수신기 (1회선용은 제외한다)는 2회선이 동시에 작동하여도 화재표시가 되어야 하며, 감지기의 감지 또는 발신기의 발신 개시로부터 P형, P형 복합식, GP형, GP형복합식, R형, R형복합식, GR형 또는 GR형복합식 수신기의 수신완료까지의 소요시간은 5초 (축적형의 경우에는 60초)이내이어야 한다.
② 수신기의 외부배선 연결용 단자에 있어서 공통신호선용 단자는 10개 회로마다 1개 이상 설치하여야 한다.
③ 화재신호를 수신하는 경우 P형, P형 복합식, GP형, GP형복합식, R형, R형복합식, GR형 또는 GR형복합식의 수신기에 있어서는 2 이상의 지구표시장치에 의하여 각각 화재를 표시할 수 있어야 한다.
④ 정격전압이 60V를 넘는 기구의 금속제 외함에는 접지단자를 설치하여야 한다.

해설 수신기의 형식승인 및 제품검사의 기술기준 **제29조 (수신부의 구조 및 기능 등)**제7호
지구경보부를 설치할 수 있으며 수신부의 외부배선의 연결을 위한 공통신호선용 단자는 **7개회로마다 1개 이상** 설치하여야 한다.

정답 108. ① 109. ② 110. ② 111. ②

112 아래 그림은 자동화재탐지설비의 배선도이다. 추가로 구획된 공간이 생겨 가, 나, 다, 라 감지기를 증설했을 경우, 자동화재탐지설비 및 시각경보장치의 화재안전기술기준(NFTC 203)에 적합하게 설치한 것은?

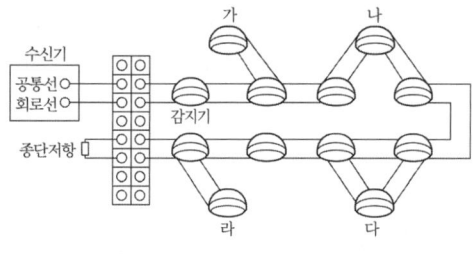

① 가 ② 나
③ 다 ④ 라

해설 감지기 사이의 회로의 배선은 송배전식으로 설치하여야 하므로 "나"가 적당하다.
"가, 다, 라"의 경우에는 단선 또는 감지기가 탈거 되더라도 수신기에서는 정상으로 표시되므로 감지기를 증설하는 경우에는 "나"와 같이 설치해야 한다.

정답 112. ②

05 자동화재속보설비 (NFTC 204)

1. 설치대상 ★★★

다만, 방재실등 화재 수신기가 설치된 장소에 24시간 화재를 감시할 수 있는 사람이 근무하고 있는 경우에는 설치제외 가능

특정소방대상물	비고
노유자 생활시설, 판매시설 중 전통시장	
노유자시설	바닥면적이 500m² 이상인 층이 있는 것.
수련시설(숙박시설이 있는 건축물만 해당한다)	
보물 또는 국보로 지정된 목조건축물	
의료시설 중 다음의 어느 하나에 해당하는 것	가) 종합병원, 병원, 치과병원, 한방병원 및 요양병원(의료재활시설은 제외한다) 나) 정신병원 및 의료재활시설로 사용되는 바닥면적의 합계가 500m² 이상인 층이 있는 것
근린생활시설 중 다음의 어느 하나에 해당하는 시설 가) 의원, 치과의원 및 한의원으로서 입원실이 있는 시설 나) 조산원 및 산후조리원	

2. 용어정의

용어	정의
속보기	화재신호를 통신망을 통하여 음성 등의 방법으로 소방관서에 통보하는 장치
통신망	유선이나 무선 또는 유무선 겸용 방식을 구성하여 음성 또는 데이터 등을 전송할 수 있는 집합체
데이터 전송방식	전기·통신매체를 통해서 전송되는 신호에 의하여 어떤 지점에서 다른 수신 지점에 데이터를 보내는 방식
코드전송 방식	신호를 표본화하고 양자화하여, 코드화한 후에 펄스 혹은 주파수의 조합으로 전송하는 방식

3. 설치기준

1. **자동화재탐지설비**와 연동으로 작동하여 자동적으로 화재발생 상황을 소방관서에 전달되는 것으로 할 것. 이 경우 부가적으로 특정소방대상물의 관계인에게 화재발생 상황을 전달되도록 할 수 있다.
2. 조작스위치 : 바닥으로부터 **0.8m 이상 1.5m 이하**의 높이에 설치
3. 속보기는 소방관서에 통신망으로 통보하도록 하며, 데이터 또는 코드전송방식을 부가적으로 설치
4. 문화재에 설치하는 자동화재속보설비는 속보기에 감지기를 직접 연결하는 방식(자동화재탐지설비 1개의 경계구역에 한한다)

4. 속보기의 성능인증 및 제품검사의 기술기준

1. 속보기의 구조(제3조) ★

1) 외부에서 쉽게 사람이 접촉할 우려가 있는 충전부는 충분히 보호되어야 하며 정격전압이 60V를 넘고 금속제 외함을 사용하는 경우에는 외함에 접지단자를 설치하여야 한다.
2) 표시등에 전구를 사용하는 경우에는 2개를 병렬로 설치하여야 한다. 다만, **발광다이오드**의 경우에는 그러하지 아니하다.
3) 내부에는 예비전원(**알칼리계 또는 리튬계 2차축전지, 무보수밀폐형축전지**)을 설치하여야 한다.

2. 속보기 기능(제5조) ★★★

1) **20초 이내에 소방관서에 통보, 3회 이상 속보**
2) 예비전원은 자동적으로 충전되어야 하며 자동과충전방지장치가 있어야 한다.
3) 화재신호를 수신하거나 속보기를 수동으로 동작시키는 경우 자동적으로 **적색 화재표시등**이 점등되고 음향장치로 화재를 경보하여야 하며 화재표시 및 경보는 수동으로 복구 및 정지시키지 않는 한 지속되어야 한다.
4) 예비전원을 병렬로 접속하는 경우에는 역충전 방지등의 조치를 하여야 한다.
5) 예비전원은 감시상태를 **60분간** 지속한후 **10분 이상** 동작(화재속보후 화재표시 및 경보를 10분간 유지하는 것을 말한다)이 지속될 수 있는 용량이어야 한다.

6) 속보기는 연동 또는 수동 작동에 의한 다이얼링 후 소방관서와 전화접속이 이루어지지 않는 경우에는 최초 다이얼링을 포함하여 **10회 이상** 반복적으로 접속을 위한 다이얼링이 이루어져야 한다. 이 경우 매회 다이얼링 완료 후 호출은 **30초 이상** 지속되어야 한다.

3. 전원전압변동시의 기능(제7조)

속보기는 전원에 정격전압의 **80% 및 120%**의 전압을 인가하는 경우 정상적인 기능

4. 반복시험(제9조)

속보기는 정격전압에서 **1,000회**의 화재작동을 반복 실시하는 경우 그 구조 또는 기능에 이상이 생기지 아니하여야 한다.

5. 절연저항시험(제10조) ★

1) 절연된 충전부와 외함간의 절연저항은 **직류 500V**의 절연저항계로 측정한 값이 **5MΩ(교류입력측과 외함간에는 20MΩ) 이상**이어야 한다.
2) 절연된 선로간의 절연저항은 **직류 500V**의 절연저항계로 측정한 값이 **20MΩ 이상**이어야 한다.

5. 속보기의 종류

A형	B형
• 지구등이 없다. • P형, R형, GP형, GR형 또는 복합형 수신기로부터 발하는 신호를 수신하여 20초 이내 3회이상 소방관서에 통보	• A형 속보기와 P형, R형 수신기의 기능을 통합한 것 • **지구등이 있다.** • 단락 및 단선 시험장치가 있다. • 감지기, 발신기, 중계기를 통해 송신된 화재신호를 수신하여 특정소방대상물의 관계인에게 경보, 20초 이내 3회 이상 소방관서에 통보

05 출제예상문제

자동화재속보설비

01 ★★★ 출제년도 【17.】
자동화재속보설비를 설치하여야 하는 특정소방대상물의 기준 중 다음 ( ) 안에 알맞은 것은?

> 의료시설 중 정신병원 및 의료재활시설로 사용되는 바닥면적의 합계가 ( )m² 이상인 층이 있는 것

① 300 ② 500
③ 1000 ④ 1500

해설 자동화재속보설비 설치대상
의료시설 중 다음의 어느 하나에 해당하는 것
가) 종합병원, 병원, 치과병원, 한방병원 및 요양병원 (의료재활시설은 제외)
나) 정신병원 및 의료재활시설로 사용되는 바닥면적의 합계가 500 m² 이상인 층

02 ★★ 출제예상
자동화재속보설비를 설치하여야 하는 특정소방대상물의 기준 중 틀린 것은? (단, 사람이 24시간 상시 근무하고 있는 경우는 제외한다.)

① 판매시설 중 전통시장
② 지하가 중 터널로서 길이가 1000 m 이상인 것
③ 수련시설(숙박시설이 있는 건축물만 해당)로서 바닥면적이 500 m² 이상인 층이 있는 것
④ 근린생활시설 중 조산원 및 산후조리원

해설 자동화재속보설비 설치 특정소방대상물
1) 근린생활시설 중 다음의 어느 하나에 해당하는 시설
 가) 의원, 치과의원 및 한의원으로서 입원실이 있는 시설
 나) 조산원 및 산후조리원
2) 노유자 생활시설
3) 2)에 해당하지 않는 노유자시설로서 바닥면적이 500 m² 이상인 층이 있는 것.
4) 수련시설(숙박시설이 있는 건축물만 해당한다)로서 바닥면적이 500 m² 이상인 층이 있는 것.
5) 보물 또는 국보로 지정된 목조건축물.
6) 의료시설 중 다음의 어느 하나에 해당하는 것
 가) 종합병원, 병원, 치과병원, 한방병원 및 요양병원(의료재활시설은 제외한다)
 나) 정신병원 및 의료재활시설로 사용되는 바닥면적의 합계가 500 m² 이상인 층이 있는 것
7) 판매시설 중 전통시장

03 ★★ 출제년도【 예상 】
자동화재속보설비 설치기준으로 틀린 것은?

① 화재 시 자동으로 소방관서에 연락되는 설비여야 한다.
② 자동화재탐지설비와 연동되어야 한다.
③ 스위치는 바닥으로부터 0.8m 이상 1.5m 이하의 높이에 설치한다.
④ 화재수신기가 설치된 장소에 24시간 화재를 감시할 수 있는 사람이 근무하고 있는 경우에도 자동화재속보설비를 설치해야 한다.

해설 자동화재속보설비 설치기준
1) 자동 화재탐지설비와 연동으로 작동하여 소방관서에 전달되는 것으로 할 것
2) 스위치는 바닥으로부터 0.8[m] 이상 1.5[m] 이하의 높이에 설치하고, 보기 쉬운 곳에 스위치임을 표시한 표지를 할 것
3) 화재수신기가 설치된 장소에 24시간 화재를 감시할 수 있는 사람이 근무하고 있는 경우에는 자동화재속보설비 설치제외 가능

정답 01. ② 02. ② 03. ④

04 ★ 출제년도【20.】
자동화재속보설비의 속보기의 성능인증 및 제품검사의 기술기준에 따라 자동화재속보설비의 속보기가 소방관서에 자동적으로 통신망을 통해 통보하는 신호의 내용으로 옳은 것은?

① 당해 소방대상물의 위치 및 규모
② 당해 소방대상물의 위치 및 용도
③ 당해 화재발생 및 당해 소방대상물의 위치
④ 당해 고장발생 및 당해 소방대상물의 위치

해설 자동화재속보설비의속보기(이하 이 기준에서 "속보기"라 한다)"란 수동작동 및 자동화재탐지설비 수신기의 화재신호와 연동으로 작동하여 관계인에게 화재발생을 경보함과 동시에 소방관서에 자동적으로 통신망을 통한 **당해 화재발생 및 당해 소방대상물의 위치** 등을 음성으로 통보하여 주는 것을 말한다.

05 ★ 출제년도【12.】
다음 중 자동화재속보설비의 스위치 설치기준으로 옳은 것은?

① 바닥으로부터 0.5[m] 이상 1.5[m] 이하의 높이에 설치한다.
② 바닥으로부터 0.5[m] 이상 1.8[m] 이하의 높이에 설치한다.
③ 바닥으로부터 0.8[m] 이상 1.5[m] 이하의 높이에 설치한다.
④ 바닥으로부터 0.8[m] 이상 1.8[m] 이하의 높이에 설치한다.

해설 자동화재속보기의 기능
1) 작동신호를 수신하거나 수동으로 동작시키는 경우 20초 이내에 소방관서에 자동적으로 신호를 발하여 통보하되 3회 이상 속보할 수 있어야 한다.
2) 속보기의 정격 1차 전압은 300[V] 이하로 하여야 한다.
3) 자동화재속보설비의 스위치 설치위치 : 0.8[m] 이상 1.5[m] 이하

06 ★★ 출제년도【19.】
자동화재속보설비의 설치기준으로 틀린 것은?

① 조작스위치는 바닥으로부터 1m 이상 1.5m 이하의 높이에 설치할 것
② 속보기는 소방관서에 통신망으로 통보하도록 하며, 데이터 또는 코드전송방식을 부가적으로 설치할 수 있다.
③ 자동화재탐지설비와 연동으로 작동하여 자동적으로 화재발생 상황을 소방관서에 전달되는 것으로 할 것
④ 속보기는 소방청장이 정하여 고시한 자동화재속보설비의 속보기의 성능인증 및 제품검사의 기술기준에 적합한 것으로 설치하여야 한다.

해설 자동화재 속보설비 설치기준
1) 자동화재 탐지설비와 연동으로 작동하여 자동적으로 화재발생 상황을 소방관서에 전달되는 것으로 할 것. 이 경우 부가적으로 특정소방대상물의 관계인에게 화재 발생상황을 전달되도록 할 수 있다.
2) 조작스위치 : 바닥으로부터 0.8m 이상 1.5m 이하의 높이에 설치
3) 속보기는 소방관서에 통신망으로 통보하도록 하며, 데이터 또는 코드전송방식을 부가적으로 설치
4) 문화재에 설치하는 자동화재속보설비는 속보기에 감지기를 직접 연결하는 방식(자동화재 탐지설비 1개의 경계구역에 한한다.)

07 ★★★ 출제년도【13.】
소방관서에 통보하는 자동화재속보설비에 관한 설명으로 옳지 않은 것은?

① 스위치는 바닥으로부터 0.8[m] 이상 1.5[m] 이하에 설치하여야 한다.
② 자동화재탐지설비와 연동으로 작동하여 자동으로 화재발생 상황을 소방관서에 전달되도록 한다.
③ 속보기는 소방관서에 통신망을 통하여 통보하도록 한다.

정답 04. ③ 05. ③ 06. ① 07. ④

④ 관계인이 24시간 상시 근무하고 있는 경우에도 자동화재속보설비를 설치하여야 한다.

해설 자동화재속보설비
관계인이 24시간 상시근무하고 있는 경우에는 자동화재속보설비를 설치하지 아니할 수 있다. 다만, 노유자 생활시설과 층수가 30층 이상, 요양병원의 특정소방대상물에 있어서는 그러지 아니한다.

08 ★★★ 출제년도【14.】
자동화재속보설비의 속보기는 자동화재탐지설비로부터 작동신호를 수신하거나 수동으로 동작시키는 경우 20초 이내에 소방관서에 자동적으로 신호를 발하여 통보하되, 몇 회 이상 속보할 수 있어야 하는가?

① 2회   ② 3회
③ 4회   ④ 5회

해설 작동신호를 수신하거나 수동으로 동작시키는 경우 20초 이내에 소방관서에 자동적으로 신호를 발하여 통보하되 3회 이상 속보할 수 있어야 한다.

09 ★★★ 출제년도【17.】
자동화재속보설비의 속보기는 연동 또는 수동 작동에 의한 다이얼링 후 소방관서와 전화접속이 이루어지지 않는 경우에는 최초 다이얼링을 포함하여 몇 회 이상 반복적으로 접속을 위한 다이얼링이 이루어져야 하는가? (단, 이 경우 매회 다이얼링 완료 후 호출은 30초 이상 지속한다.)

① 3회   ② 5회
③ 10회   ④ 20회

해설 자동화재속보설비 속보기의 기능
속보기는 연동 또는 수동 작동에 의한 다이얼링 후 소방관서와 전화접속이 이루어지지 않는 경우에는 최초 다이얼링을 포함하여 **10회 이상 반복**적으로 접속을 위한 다이얼링이 이루어져야 한다. 이 경우 매회 다이얼링 완료 후 **호출은 30초 이상** 지속되어야 한다.

10 ★ 출제년도【09, 13.】
자동화재속보설비의 속보기의 기능에 대한 설명으로 틀린 것은?

① 자동 또는 수동으로 소방관서에 속보하는 경우 송수화기로 직접 통보할 수 있어야 한다.
② 주전원이 정지한 후 정상상태로 복귀한 경우에는 화재표시 및 경보는 자동으로 복구 되어야 한다.
③ 자동화재탐지설비로부터 화재신호를 수신하는 경우 자동적으로 적색 화재표시등이 점등되고 음향장치로 화재를 경보하여야 한다.
④ 수동으로 동작시키는 경우 20초 이내에 소방관서에 자동적으로 신호를 발하여 통보하되, 3회 이상 속보할 수 있어야 한다.

해설 자동화재속보설비의 속보기 성능시험
주전원이 정지한 경우에는 자동적으로 예비전원으로 전환되고, **주전원이 정상상태로 복귀한 경우에는 자동적으로 예비전원에서 주전원으로 전환**되어야 한다.

11 ★ 출제년도【16.】
자동화재속보설비 속보기의 예비전원을 병렬로 접속하는 경우 필요한 조치는?

① 역충전 방지 조치
② 자동 직류전환 조치
③ 계속충전 유지조치
④ 접지 조치

해설 속보기의 성능인증 및 제품검사의 기술기준 중 속보기 기능(제5조)
1) **20초 이내**에 소방관서에 통보, **3회 이상** 속보
2) 예비전원은 자동적으로 충전되어야 하며 자동 과충전 방지장치가 있어야 한다.
3) 화재신호를 수신하거나 속보기를 수동으로 동작시키는 경우 자동적으로 **적색 화재표시등이 점등**되고 음향장치로 화재를 경보하여야 하며 화재표시 및 경보는 수동으로 복구 및 정지시키지 않는 한 지속되어야 한다.

정답 08. ② 09. ③ 10. ② 11. ①

4) 예비전원을 병렬로 접속하는 경우에는 **역충전 방지 등의 조치**를 하여야 한다.

12 ★★★ 출제년도【20.】
자동화재속보설비의 속보기의 성능인증 및 제품검사의 기술기준에 따라 교류입력측과 외함 간의 절연저항은 직류 500 V의 절연저항계로 측정한 값이 몇 MΩ 이상이어야 하는가?

① 5　　② 10
③ 20　　④ 50

[해설] 제10조(절연저항시험)
① 절연된 충전부와 외함간의 절연저항은 직류 500 V의 절연저항계로 측정한 값이 5 MΩ(**교류입력측과 외함간에는 20 MΩ**) 이상이어야 한다.
② 절연된 선로간의 절연저항은 직류 500 V의 절연저항계로 측정한 값이 20 MΩ 이상이어야 한다.

13 ★★ 출제년도【14,18.】
자동화재속보설비 속보기 예비전원의 주위온도 충·방전시험 기준 중 다음 ( ) 안에 알맞은 것은?

> 무보수 밀폐형 연축전지는 방전종지전압 상태에서 0.1 C로 48 시간 충전한 다음 1 시간 방치 후 0.05 C로 방전시킬 때 정격용량의 95 % 용량을 지속하는 시간이 ( )분 이상이어야 하며, 외관이 부풀어 오르거나 누액 등이 생기지 아니하여야 한다.

① 10　　② 25
③ 30　　④ 40

[해설] 자동화재속보설비의 성능인증 및 제품검사의 기술기준 제6조(부품의 구조 및 기능)제3호의 나(3) 무보수 밀폐형 연축전지는 방전종지전압 상태에서 0.1C로 48 시간 충전한 다음 1시간 방치하여 0.05C로 방전시킬 때 정격용량의 95% 용량을 지속하는 시간이 30분 이상이어야 하며, 외관이 부풀어 오르거나 누액 등이 생기지 아니하여야 한다.

14 ★ 출제년도【15.】
자동화재속보설비 속보기의 예비전원에 대한 안전장치시험을 할 경우 1/5 C 이상 1 C 이하의 전류로 역충전하는 경우 안전장치가 작동해야 하는 시간의 기준은?

① 1분 이내　　② 2분 이내
③ 3분 이내　　④ 5분 이내

[해설] 예비전원의 안전장치시험은 1/5 C 이상 1 C 이하의 전류로 역 충전하는 경우 **5분 이내**에 안전장치가 작동하여야 하며 외관이 부풀어 오르거나 누액 등이 없어야 한다.

15 ★ 출제년도【14】
자동화재속보설비 속보기의 표시사항이 아닌 것은?

① 품명 및 제품승인번호
② 제조사의 상호·주소·전화번호
③ 주전원의 정격전류용량
④ 예비전원의 종류·정격전류용량·정격전압

[해설] 제13조(표시) 속보기 표시사항
1. 품명 및 성능인증번호
2. 제조년도 및 제조번호
3. 제조자 상호·주소·전화번호
4. 주전원의 정격전압
5. 예비전원의 종류·정격전류용량·정격전압

16 ★★★ 출제년도【16.】
노유자시설로서 바닥면적이 몇 m² 이상인 층이 있는 경우에 자동화재속보설비를 설치하는가?

① 200　　② 300
③ 500　　④ 600

[해설] 자동화재속보설비 설치대상물 중 **노유자시설로서 바닥면적이 500 m² 이상**인 층이 있는 것. 다만, 사람이 24시간 상시 근무하고 있는 경우에는 자동화재속보설비를 설치하지 않을 수 있다.

정답　12. ②　13. ③　14. ④　15. ③　16. ③

17 자동화재속보설비 속보기의 구조에 대한 설명 중 틀린 것은?

① 수동통화용 송수화장치를 설치하여야 한다.
② 접지전극에 직류전류를 통하는 회로방식을 사용하여야 한다.
③ 작동 시 그 작동시간과 작동회수를 표시할 수 있는 장치를 하여야 한다.
④ 부식에 의한 기계적 기능에 영향을 초래할 우려가 있는 부분은 기계식 내식가공을 하거나 방청가공을 하여야 한다.

해설 자동화재속보설비의 속보기의 성능인증 및 제품검사의 기술기준 제3조(구조)
속보기는 다음 각 호의 회로방식을 사용하지 말 것
가. **접지전극에 직류전류를 통하는 회로방식**
나. 수신기에 접속되는 외부배선과 다른 설비(화재신호의 전달에 영향을 미치지 아니하는 것은 제외한다)의 외부배선을 공용으로 하는 회로방식

18 자동화재속보설비 속보기의 기능 기준 중 옳은 것은?

① 작동신호를 수신하거나 수동으로 동작시키는 경우 10초 이내에 소방관서에 자동적으로 신호를 발하여 통보하되, 3회 이상 속보할 수 있어야 한다.
② 예비전원을 병렬로 접속하는 경우에는 역충전방지 등의 조치를 하여야 한다.
③ 예비전원은 감시상태를 30분간 지속한 후 10분 이상 동작이 지속될 수 잇는 용량이어야 한다.
④ 속보기는 연동 또는 수동 작동에 의한 다이얼링 후 소방관서와 전화접속이 이루어지지 않는 경우에는 최초 다이얼링을 포함하여 20회 이상 반복적으로 접속을 위한 다이얼링이 이루어져야 한다. 이 경우 매회 다이얼링 완료 후 호출은 30초 이상 지속되어야 한다.

해설 자동화재속보설비의 성능인증 및 제품검사의 기술기준 제5조(속보기 기능)
① **20초 이내에 소방관서에 통보, 3회 이상 속보**
② 예비전원은 자동적으로 충전되어야 하며 자동과 충전방지장치가 있어야 한다.
③ 화재신호를 수신하거나 속보기를 수동으로 동작시키는 경우 자동적으로 적색 화재표시등이 점등되고 음향장치로 화재를 경보하여야 하며 화재표시 및 경보는 수동으로 복구 및 정지시키지 않는 한 지속되어야 한다.
④ 예비전원을 **병렬로 접속**하는 경우에는 **역충전방지** 등의 조치를 하여야 한다.
⑤ 예비전원은 감시상태를 **60분간** 지속한후 **10분 이상** 동작(화재속보 후 화재표시 및 경보를 10분간 유지하는 것을 말한다)이 지속될 수 있는 용량이어야 한다.
⑥ 속보기는 연동 또는 수동 작동에 의한 다이얼링 후 소방관서와 전화접속이 이루어지지 않는 경우에는 최초 다이얼링을 포함하여 **10회 이상** 반복적으로 접속을 위한 다이얼링이 이루어져야 한다. 이 경우 매회 다이얼링 완료 후 호출은 **30초 이상** 지속되어야 한다.

19 자동화재속보설비 속보기의 기능에 대한 기준 중 틀린 것은?

① 작동신호를 수신하거나 수동으로 동작시키는 경우 30초 이내에 소방관서에 자동적으로 신호를 발하여 통보하되, 3회 이상 속보할 수 있어야 한다.
② 예비전원을 병렬로 접속하는 경우에는 역충전 방지 등의 조치를 하여야 한다.
③ 연동 또는 수동으로 소방관서에 화재발생 음성정보를 속보중인 경우에도 송수화장치를 이용한 통화가 우선적으로 가능하여야 한다.
④ 속보기의 송수화장치가 정상위치가 아닌 경우에도 연동 또는 수동으로 속보가 가능하여야 한다.

정답 17. ② 18. ② 19. ①

해설 자동화재속보설비의 속보기의 성능인증 및 제품검사의 기술기준 제5조(기능) 1호
작동신호를 수신하거나 수동으로 동작시키는 경우 **20초** 이내에 소방서에 자동적으로 신호를 발하여 통보하되, **3회 이상** 속보할 수 있어야 한다.

20 ★ 출제년도 [19.]
자동화재속보설비의 속보기의 성능인증 및 제품검사의 기술기준에 따라 자동화재속보설비의 속보기의 외함에 합성수지를 사용할 경우 외함의 최소 두께(mm)는?

① 1.2
② 3
③ 6.4
④ 7

해설 제4조(외함) 속보기의 외함은 다음에 적합하여야 한다.
1. 외함의 두께
   가. 강판 외함 : 1.2 mm 이상
   나. 합성수지 외함 : **3 mm 이상**

21 ★★★ 출제년도 [20.]
자동화재속보설비의 속보기의 성능인증 및 제품검사의 기술기준에 따른 자동화재속보설비의 속보기에 대한 설명이다. 다음 ( )의 ㉠, ㉡에 들어갈 내용으로 옳은 것은?

> 작동신호를 수신하거나 수동으로 동작시키는 경우 (㉠)초 이내에 소방관서에 자동적으로 신호를 발하여 통보하되, (㉡)회 이상 속보할 수 있어야 한다.

① ㉠ 20, ㉡ 3
② ㉠ 20, ㉡ 4
③ ㉠ 30, ㉡ 3
④ ㉠ 30, ㉡ 4

해설 작동신호를 수신하거나 수동으로 동작시키는 경우 20초 이내에 소방관서에 자동적으로 신호를 발하여 통보하되, 3회 이상 속보할 수 있어야 한다.

22 ★ 출제년도 [21.]
자동화재속보설비의 속보기의 성능인증 및 제품검사의 기술기준에서 정하는 데이터 및 코드전송방식 신고부분 프로토콜 정의서에 대한 내용이다. 다음의 ( )에 들어갈 내용으로 옳은 것은?

> 119 서버로부터 처리결과 메시지를 (㉠)초 이내 수신받지 못할 경우에는 (㉡)회 이상 재전송 할 수 있어야 한다.

① ㉠ 10 ㉡ 5
② ㉠ 10 ㉡ 10
③ ㉠ 20 ㉡ 10
④ ㉠ 20 ㉡ 20

해설 [별표1] 데이터 및 코드전송방식 신고부분 프로토콜 정의서(제5조 제12호 관련)
가. 통신방식별 전송규칙
4. 기타 공통사항 1) 재전송 규약
   - 119서버로부터 처리결과 메시지를 20초 이내 수신 받지 못할 경우에는 10회 이상 재전송 할 수 있어야 한다.

정답 20. ② 21. ① 22. ③

06 누전경보기 (NFTC 205)

1. 설치대상 ★★★

계약전류용량(같은 건축물에 계약 종류가 다른 전기가 공급되는 경우에는 그 중 최대 계약전류용량을 말한다)이 **100암페어를 초과**하는 특정소방대상물(내화구조가 아닌 건축물로서 벽·바닥 또는 반자의 전부나 일부를 불연재료 또는 준불연재료가 아닌 재료에 철망을 넣어 만든 것만 해당한다)에 설치하여야 한다. 다만, 위험물 저장 및 처리 시설 중 가스시설, 지하가 중 터널 또는 지하구의 경우에는 그러하지 아니하다.

2. 용어정의

용어	정의
누전경보기	내화구조가 아닌 건축물로서 벽, 바닥 또는 천장의 전부나 일부를 불연재료 또는 준불연재료가 아닌 재료에 철망을 넣어 만든 건물의 전기설비로부터 누설전류를 탐지하여 경보를 발하는 기기로서, 변류기와 수신부로 구성된 것
수신부 ★★★	변류기로부터 검출된 신호를 수신하여 누전의 발생을 해당 특정소방대상물의 관계인에게 경보하여 주는 것(차단기구를 갖는 것을 포함한다)
변류기 ★★★	경계전로의 누설전류를 자동적으로 검출하여 이를 누전경보기의 수신부에 송신하는 것
경계전로	누전경보기가 누설전류를 검출하는 대상 전선로
분전반	배전반으로부터 전력을 공급받아 부하에 전력을 공급해주는 것
인입선	배전선로에서 갈라져서 직접 수용장소의 인입구에 이르는 부분의 전선
정격전류	전기기기의 정격출력 상태에서 흐르는 전류

3. 누전경보기의 수신기 구성도

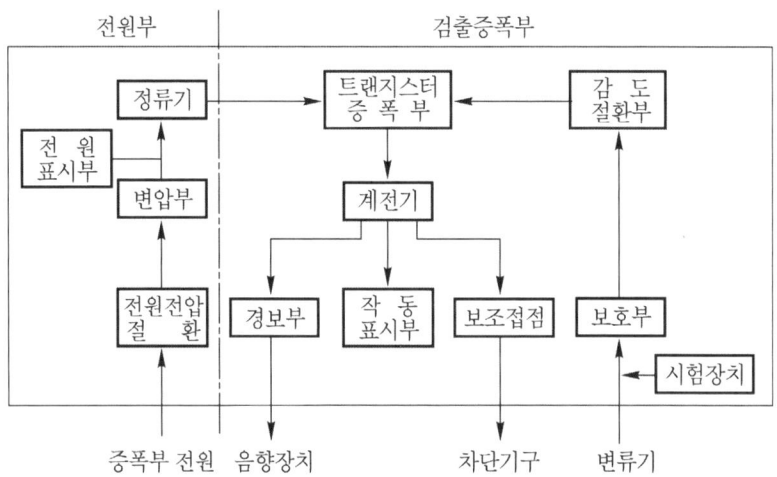

4. 설치방법 등 ★★★

1. 누전경보기의 종류

경계전로의 정격전류가 60A를 초과	1급 누전경보기
경계전로의 정격전류가 60A 이하	1급 또는 2급 누전경보기

다만, 정격전류가 60 A를 초과하는 경계전로가 분기되어 각 분기회로의 정격전류가 60 A 이하로 되는 경우 당해 분기회로마다 2급 누전경보기를 설치한 때에는 당해 경계전로에 1급 누전경보기를 설치한 것으로 본다.

2. 변류기는 특정소방대상물의 형태, 인입선의 시설방법 등에 따라 **옥외 인입선의 제1지점의 부하측 또는 제2종 접지선측의 점검이 쉬운 위치**에 설치. 다만, 인입선의 형태 또는 특정소방대상물의 구조상 부득이한 경우에는 인입구에 근접한 옥내에 설치할 수 있다.

3. 변류기를 옥외의 설치하는 경우 : 옥외형

5. 수신부 ★★★

1. 누전경보기의 수신부는 옥내의 점검에 편리한 장소에 설치하되, 가연성의 증기·먼지 등이 체류할 우려가 있는 장소의 전기회로에는 해당 부분의 **전기회로를 차단할 수 있는 차단기구를 가진 수신부를 설치**해야 한다. 이 경우 차단기구의 부분은 해당 장소 외의 안전한 장소에 설치해야 한다.
2. 누전경보기의 수신부 설치제외
   누전경보기의 수신부는 다음의 장소 이외의 장소에 설치해야 한다. 다만, 해당 누전경보기에 대하여 방폭·방식·방습·방온·방진 및 정전기 차폐 등의 방호조치를 한 것은 그렇지 않다.
   1) 가연성의 증기·먼지·가스 등이나 부식성의 증기·가스 등이 다량으로 체류하는 장소
   2) 화약류를 제조하거나 저장 또는 취급하는 장소
   3) 습도가 높은 장소
   4) 온도의 변화가 급격한 장소
   5) 대전류회로·고주파 발생회로 등에 따른 영향을 받을 우려가 있는 장소
3. 음향장치는 수위실 등 **상시 사람이 근무하는 장소**에 설치해야 하며, 그 음량 및 음색은 다른 기기의 소음 등과 명확히 구별할 수 있는 것으로 해야 한다.

6. 전원 ★★

1. 전원은 분전반으로부터 전용회로로 하고, 각 극에 개폐기 및 **15 A 이하의 과전류차단기(배선용 차단기에 있어서는 20 A 이하**의 것으로 각 극을 개폐할 수 있는 것)를 설치할 것
2. 전원을 분기할 때는 다른 차단기에 따라 전원이 차단되지 않도록 할 것
3. 전원의 개폐기에는 "누전경보기용"이라고 표시한 표지를 할 것

7. 누전경보기의 형식승인 및 제품검사의 기술기준

1. 부품의 구조 및 기능(제4조) ★★

1) 표시등
   ① 전구는 사용전압의 **130%인 교류전압을 20시간** 연속하여 가하는 경우 단선,

현저한 광속변화, 흑화, 전류의 저하 등이 발생하지 아니하여야 한다.
② 전구는 2개 이상을 병렬로 접속하여야 한다. 다만, 방전등 또는 발광다이오드의 경우에는 그러하지 아니한다.
③ 누전화재의 발생을 표시하는 표시등(이하 "**누전등**"이라 한다)이 설치된 것은 등이 켜질 때 **적색**으로 표시되어야 하며, 누전화재가 발생한 경계전로의 위치를 표시하는 표시등(이하 "지구등"이라 한다)과 기타의 표시등은 다음과 같아야 한다.
  ㉠ **지구등은 적색**으로 표시되어야 한다.
  ㉡ 기타의 표시등은 적색외의 색으로 표시되어야 한다. 다만, 누전등 및 지구등과 쉽게 구별할 수 있도록 부착된 기타의 표시등은 적색으로도 표시할 수 있다.
④ 주위의 밝기가 300 lx인 장소에서 측정하여 앞면으로부터 3m 떨어진 곳에서 켜진 등이 확실히 식별되어야 한다.

2) 경보기구에 내장하는 음향장치 ★★★
① 사용전압의 **80%**인 전압에서 소리를 내어야 한다.
② 사용전압에서의 음압은 무향실내에서 정위치에 부착된 음향장치의 중심으로부터 1m 떨어진 지점에서 누전경보기는 **70dB 이상**이어야 한다. 다만, 고장표시장치용 등의 음압은 **60dB 이상**이어야 한다.

2. 공칭작동전류치(제7조) ★★★
누전경보기의 공칭작동전류치는 **200mA 이하**

3. 감도조정장치(제8조) ★★★
감도조정장치의 조정범위는 **최대치가 1A**

4. 변류기 절연저항시험(제19조) ★★★
DC 500V의 절연저항계로 시험을 하는 경우 **5MΩ 이상**
1) 절연된 1차권선과 2차권선간의 절연저항
2) 절연된 1차권선과 외부금속부간의 절연저항
3) 절연된 2차권선과 외부금속부간의 절연저항

5. 수신부 절연저항시험(제35조) ★
수신부는 절연된 충전부와 외함간 및 차단기구의 개폐부의 절연저항을 DC 500V의 절연저항계로 측정하는 경우 **5MΩ 이상**

06 출제예상문제

누전경보기

01 ★ 출제년도 【15.】
다음 ( )에 들어갈 내용으로 옳은 것은?

> 누전경보기란 ( ) 이하인 경계전로의 누설전류 또는 지락전류를 검출하여 해당 특정소방대상물의 관계인에게 경보를 발하는 설비로서 변류기와 수신부로 구성된 것을 말한다.

① 사용전압 220V
② 사용전압 380V
③ 사용전압 600V
④ 사용전압 750V

해설 누전경보기란 사용전압 600V 이하인 경계전로의 누설전류 또는 지락전류를 검출하여 해당 특정소방대상물의 관계인에게 경보를 발하는 설비로서 변류기와 수신부로 구성된 것을 말한다.

02 ★★★ 출제년도 【18.】
누전경보기를 설치하여야 하는 특정소방대상물의 기준 중 다음 ( ) 안에 알맞은 것은? (단, 위험물 저장 및 처리 시설 중 가스시설, 지하가 중 터널 또는 지하구의 경우는 제외한다.)

> 누전경보기는 계약전류용량이 ( ) A를 초과하는 특정소방대상물(내화구조가 아닌 건축물로서 벽·바닥 또는 반자의 전부나 일부를 불연재료 또는 준불연재료가 아닌 재료에 철망을 넣어 만든 것만 해당)에 설치하여야 한다.

① 60
② 100
③ 200
④ 300

해설 누전 경보기
① 설치대상 : 계약전류용량이 100암페어를 초과하는 특정소방대상물
② 용어정의 : 사용전압 600 V 이하인 경계전로의 누설전류를 검출하여 해당 특정소방대상물의 관계자에게 경보를 발하는 설비로서 변류기와 수신부로 구성된 것

03 ★★★ 출제년도 【15】
경계전로의 누설전류를 자동적으로 검출하여 이를 누전경보기의 수신부에 송신하는 것은?

① 변류기
② 중계기
③ 검지기
④ 발신기

해설 변류기
경계전로의 누설전류를 자동적으로 검출하여 이를 누전경보기의 수신부에 송신하는 것

04 ★★ 출제년도 【19.】
경계전로의 누설전류를 자동적으로 검출하여 이를 누전경보기의 수신부에 송신하는 것을 무엇이라고 하는가?

① 수신부
② 확성기
③ 변류기
④ 증폭기

해설
1. 누전경보기 : 내화구조가 아닌 건축물로서 벽, 바닥 또는 천장의 전부나 일부를 불연재료 또는 준불연재료가 아닌 재료에 철망을 넣어 만든 건물의 전기설비로부터 누설전류를 탐지하여 경보를 발하며 변류기와 수신부로 구성된 것
2. 수신부 : 변류기로부터 검출된 신호를 수신하여 누전의 발생을 당해 소방대상물의 관계인에게 경보하여 주는 것(차단기구를 갖는 것을 포함한다)
3. 변류기 : 경계전로의 누설전류를 자동적으로 검출하여 이를 누전경보기의 수신부에 송신하는 것

정답 01. ③ 02. ② 03. ① 04. ③

05 ★ 출제년도 [19.]
누전경보기의 화재안전기술기준(NFTC 205)의 용어 정의에 따라 변류기로부터 검출된 신호를 수신하여 누전의 발생을 해당 특정소방대상물의 관계인에게 경보하여 주는 것은?

① 축전지　　② 수신부
③ 경보기　　④ 음향장치

해설 1. "누전경보기"란 내화구조가 아닌 건축물로서 벽, 바닥 또는 천장의 전부나 일부를 불연재료 또는 준불연재료가 아닌 재료에 철망을 넣어 만든 건물의 전기설비로부터 누설전류를 탐지하여 경보를 발하며 변류기와 수신부로 구성된 것을 말한다.
2. **수신부**란 변류기로부터 검출된 신호를 수신하여 누전의 발생을 해당 특정소방대상물의 관계인에게 경보하여 주는 것(차단기구를 갖는 것을 포함한다)을 말한다.
3. **변류기**란 경계전로의 누설전류를 자동적으로 검출하여 이를 누전경보기의 수신부에 송신하는 것을 말한다.

06 ★★★ 출제년도 [13.]
누전경보기는 계약전류 용량이 몇 [A]를 초과할 때 설치하여야 하는가?

① 100[A]　　② 150[A]
③ 200[A]　　④ 300[A]

해설 소방시설 설치 및 관리법 시행령 별표5
누전경보기는 계약전류용량이 100[A]를 초과하는 특정소방대상물에 설치한다.

07 ★★★ 출제년도 [13.]
누전경보기는 계약전류용량이 얼마를 초과하는 특정소방대상물에 설치하여야 하는가? (단, 특정소방대상물은 내화구조가 아닌 건축물로서 벽·바닥 또는 반자의 전부나 일부를 불연재료 또는 준불연재료가 아닌 재료에 철망을 넣어 만든 것에 한한다.)

① 60[A] 초과　　② 80[A] 초과
③ 100[A] 초과　　④ 120[A] 초과

해설 누전경보기는 계약전류용량(동일 건축물에 계약종별이 다른 전기가 공급되는 경우에는 그 중 최대계약전류 용량을 말한다.)이 100[A]를 초과하는 특정소방대상물(내화구조가 아닌 건축물로서 벽, 바닥 또는 반자의 전부나 일부를 불연재료 또는 준불연재료가 아닌 재료에 철망을 넣어 만든 것에 한한다.)에 설치하여야 한다. 다만, 가스시설, 지하구 또는 지하가 중 터널의 경우에는 그러하지 아니하다.

08 ★★★ 출제년도 [14]
누전경보기의 변류기의 설치 위치는?

① 옥외인입선 제1지점 부하측의 점검이 쉬운 위치
② 옥내인입선 제1지점 부하측의 점검이 쉬운 위치
③ 옥외인입선 제1종 접지선측의 점검이 쉬운 위치
④ 옥내인입선 제1종 접지선측의 점검이 쉬운 위치

해설 변류기는 소방대상물의 형태, 인입선의 시설방법 등에 따라 옥외 인입선의 제1지점의 부하측 또는 제2종의 접지선측의 점검이 쉬운 위치에 설치

09 ★★ 출제년도 [15.]
누전경보기의 화재안전기술기준에서 변류기의 설치위치 기준으로 옳은 것은?

① 제1종 접지선측의 점검이 쉬운 위치에 설치
② 옥외 인입선의 제1지점의 부하측에 설치
③ 인입구에 근접한 옥외에 설치
④ 제3종 접지선측이 점검이 쉬운 위치에 설치

해설 변류기는 소방대상물의 형태, 인입선의 시설방법 등에 따라 옥외 인입선의 제1지점의 부하측 또는 제2종의 접지선측의 점검이 쉬운 위치에 설치

정답 05. ②　06. ①　07. ③　08. ①　09. ②

10 누전경보기에서 옥내형과 옥외형의 차이점은?

① 증폭기의 설치장소
② 정전압회로
③ 방수구조
④ 변류기의 절연저항

해설 누전경보기 옥내형과 옥외형의 차이점
옥내형은 방수기능이 크게 상관없으나, 옥외형은 반드시 방수기능을 보유하여야 한다.

11 누전경보기 전원의 설치기준 중 다음 ( ) 안에 알맞은 것은?

> 전원은 분전반으로부터 전용회로로 하고, 각극에 개폐기 및 (㉠) A 이하의 과전류차단기(배선용 차단기에 있어서는 (㉡) A 이하의 것으로 각 극을 개폐할 수 있는 것)를 설치할 것

① ㉠ 15, ㉡ 30   ② ㉠ 15, ㉡ 20
③ ㉠ 10, ㉡ 30   ④ ㉠ 10, ㉡ 20

해설 전원은 분전반으로부터 전용회로로 하고, 각 극에 개폐기 및 15A 이하의 과전류차단기(배선용 차단기에 있어서는 20A 이하의 것으로 각 극을 개폐할 수 있는 것)를 설치 할 것

12 경계전로의 정격전류는 최대 몇 A를 초과할 때 1급 누전경보기를 설치해야 하는가?

① 30   ② 60
③ 90   ④ 120

해설 경계전로의 정격전류가 60[A]를 초과하는 전로 : 1급 누전경보기

13 누전경보기의 전원은 분전반으로부터 전용회로로 하고 각 극에 개폐기와 몇 [A] 이하의 과전류차단기를 설치하여야 하는가?

① 15[A]
② 20[A]
③ 25[A]
④ 30[A]

해설 누전경보기의 전원은 분전반으로부터 전용회로로 하고 각 극에 개폐기 및 15[A] 이하의 과전류차단기(배선용차단기는 20[A] 이하)를 설치한다.

14 누전경보기의 전원은 배선용 차단기에 있어서는 몇 A 이하의 것으로 각 극을 개폐할 수 있어야 하는가?

① 10[A]
② 20[A]
③ 30[A]
④ 40[A]

해설 누전경보기의 전원은 분전반으로부터 전용회로로 하고 각 극에 개폐기 및 15[A] 이하의 과전류 차단기(배선용 차단기는 20[A] 이하)를 설치한다.

15 누전경보기의 전원은 배선용 차단기에 있어서는 몇 A 이하의 것으로 각 극을 개폐할 수 있는 것을 설치하여야 하는가?

① 10   ② 15
③ 20   ④ 30

해설 누전경보기의 전원(NFTC 205 제6조)
전원은 분전반으로부터 전용회로, 각 극에 **개폐기 및 15A 이하의 과전류차단기**(배선용 차단기에 있어서는 **20A 이하**의 것으로 각 극을 개폐할 수 있는 것)를 설치 할 것

정답 10. ③ 11. ② 12. ② 13. ① 14. ② 15. ③

16 누전경보기의 전원의 기준으로 틀린 것은?

① 전원은 분전반으로부터 전용회로로 할 것
② 전원의 개폐기에는 누전경보기용임을 표시한 표지를 할 것
③ 전원을 분기할 때에는 다른 차단기에 따라 전원이 차단되지 아니하도록 할 것
④ 각 극에 개폐기 또는 15A 이하의 배선용 차단기를 설치할 것

해설 누전경보기 전원 설치기준
1. 전원은 분전반으로부터 전용회로로 하고, 각극에 개폐기 및 15A 이하의 과전류차단기(배선용 차단기에 있어서는 20A 이하의 것으로 각극을 개폐할 수 있는 것)를 설치 할 것
2. 전원을 분기할 때에는 다른 차단기에 따라 전원이 차단되지 아니하도록 할 것
3. 전원의 개폐기에는 누전경보기용임을 표시한 표지를 할 것

17 누전경보기의 화재안전기술기준에서 규정한 용어, 설치방법, 전원 등에 관한 설명으로 틀린 것은?

① 경계전로의 정격전류가 60[A]를 초과하는 전로에 있어서는 1급 누전경보기를 설치한다.
② 변류기는 옥외 인입선 제1지점의 전원측에 설치한다.
③ 누전경보기의 전원은 분전반으로부터 전용으로 하고, 각 극에 개폐기 및 15[A]이하의 과전류차단기를 설치한다.
④ 누전경보기는 변류기와 수신부로 구성되어 있다.

해설 누전경보기의 설치방법 등
1) 누전경보기의 종류

경계전로의 정격전류가 60A를 초과	1급 누전경보기
경계전로의 정격전류가 60A 이하	1급 또는 2급 누전경보기

2) 변류기는 특정소방대상물의 형태, 인입선의 시설방법 등에 따라 옥외 인입선의 제1지점의 부하측 또는 제2종 접지선측의 점검이 쉬운 위치에 설치
3) 변류기를 옥외의 전로에 설치하는 경우에는 **옥외형**으로 설치할 것

18 누전경보기의 음향장치의 설치위치로 옳은 것은?

① 옥내의 점검에 편리한 장소
② 옥외 인입선의 제1지점의 부하측의 점검이 쉬운 위치
③ 수위실 등 상시 사람이 근무하는 장소
④ 옥외인입선의 제2종 접지선측의 점검이 쉬운 위치

해설 음향장치는 **수위실 등 상시 사람이 근무하는 장소**에 설치하여야 하며, 그 음량 및 음색은 다른 기기의 소음 등과 명확히 구별할 수 있는 것으로 하여야 한다.

19 누전경보기 수신부의 설치로 적당한 곳은?

① 옥내에 점검이 편리한 건조한 장소
② 부식성의 증기 등이 다량 체류하는 장소
③ 습도가 높은 장소
④ 온도의 변화가 급격한 장소

해설 누전경보기의 수신부
옥내의 점검에 편리한 장소에 설치하되, 가연성의 증기, 먼지 등이 체류할 우려가 있는 장소의 전기회로에는 해당부분의 전기회로를 차단할 수 있는 차단기구를 가진 수신부를 설치하여야 한다.

20 누전경보기의 수신부를 당해 부분의 전기회로를 차단 할 수 있는 차단기구를 가진 수신부로 설치하여야 하는 장소로 알맞은 것은?

정답 16. ④ 17. ② 18. ③ 19. ① 20. ②

① 화약류를 제조하거나 저장 또는 취급하는 장소
② 가연성의 증기·먼지 등이 체류할 우려가 있는 장소
③ 온도의 변화가 급격한 장소나 습도가 높은 장소
④ 대전류회로·고주파발생회로 등에 따른 영향을 받을 우려가 있는 장소

③ 가연성 증기, 가스, 먼지 등이나 부식성의 증기, 가스 등이 다량으로 체류하는 장소
④ 방폭, 방온, 방습, 방진 및 정전기차폐 등의 방호조치를 한 장소

[해설] 수신부는 옥내의 점검이 편리한 장소에 설치하되, 가연선의 증기·먼지 등이 체류할 우려가 있는 장소의 전기회로에는 해당 부분의 전기회로를 차단할 수 있는 차단기구를 가진 수신부로 설치하여야 한다.

[해설] 누전경보기를 설치하면 안되는 장소
1) 가연성의 증기, 먼지, 가스등이나 부식성의 증기, 가스등이 다량으로 체류하는 장소
2) 화약류를 제조하거나 저장 또는 취급하는 장소
3) 습도가 높은 장소
4) 온도의 변화가 급격한 장소
5) 대전류 회로, 고주파 발생회로 등에 의한 영향을 받을 우려가 있는 장소

21. ★★★ 출제년도 【96, 02, 04, 05, 11, 12.】
누전경보기의 수신부 설치장소로 적당한 곳은?

① 화약류를 제조하는 장소
② 습도가 높은 장소
③ 온도의 변화가 급격한 장소
④ 고주파 등의 발생 우려가 없는 장소

[해설] 누전경보기는 다음 각호의 장소 외의 장소에 설치하여야 한다.
1) 가연성의 증기, 먼지, 가스 등이나 부식성의 증기, 가스등이 다량으로 체류하는 장소
2) 화약류를 제조하거나 저장 또는 취급하는 장소
3) 습도가 높은 장소
4) 온도의 변화가 급격한 장소
5) 대전류 회로, 고주파 발생회로 등에 의한 영향을 받을 우려가 있는 장소

22. ★ 출제년도 【14.】
누전경보기의 수신부 설치 제외 장소가 아닌 것은?

① 온도의 변화가 급격한 장소
② 대전류회로·고주파 발생회로 등에 의한 영향을 받을 우려가 있는 장소

23. ★★★ 출제년도 【13.】
누전경보기의 구성요소에 해당하지 않는 것은?

① 차단기   ② 영상변류기(ZCT)
③ 발신기   ④ 음향장치

[해설] 누전경보기의 구성요소
: 영상변류기(ZCT), 수신기, 차단기, 음향장치

24. ★★★ 출제년도 【14.】
누전경보기의 주요 구성요소로 옳은 것은?

① 변류기, 감지기, 수신기, 차단기
② 음향장치, 변류기, 수신기, 차단기
③ 발신기, 변류기, 수신기, 음향장치
④ 수신기, 감지기, 증폭기, 음향장치

[해설] 누전경보기의 주요구성요소
음향장치, 변류기, 수신기, 차단기

25. ★★★ 출제년도 【17.】
누전경보기의 구성요소에 해당하지 않는 것은?

① 차단기   ② 영상변류기(ZCT)
③ 음향장치   ④ 발신기

정답 21. ④ 22. ④ 23. ③ 24. ② 25. ④

[해설] 누전경보기의 구성요소

영상변류기	누설전류를 검출하여 수신기에 송신
수신기	누설전류를 증폭
음향장치	누설전류가 흐를 때 경보
차단 릴레이	누설전류가 흐를 때 전원을 자동으로 차단

26 ★ 출제년도 【13, 20.】
누전경보기 수신부의 기능검사 항목이 아닌 것은?

① 충격시험
② 진공가압시험
③ 과입력전압시험
④ 전원전압변동시험

[해설] 수신부의 기능검사 항목 : **전원전압변동시험**, 온도특성시험, **과입력전압시험**, 개폐기의 조작시험, 반복시험, 진동시험, **충격시험**, 방수시험, 절연저항시험, 절연내력시험, 충격파내전압시험

27 ★ 출제년도 【13.】
누전경보기에서 변류기의 기능검사 항목이 아닌 것은?

① 진동시험
② 단락전류강도시험
③ 충격파내전압시험
④ 과전류시험

[해설] 변류기의 기능검사 항목
: 진동시험, 단락전류강도시험, 충격파내전압시험

28 ★★★ 출제년도 【96, 97, 98, 99, 01, 03, 10, 12, 16.】
누전경보기에서 감도조정장치의 조정범위는 최대 몇 [mA]인가?

① 1   ② 20
③ 1,000   ④ 1,500

[해설] 누전경보기의 형식승인기준
1) 공칭작동전류치(제7조)
   누전경보기의 공칭작동전류치는 200[mA] 이하
2) 감도조정장치(제8조)
   감도조정장치의 조정범위는 최대치가 1[A]

29 ★★★ 출제년도 【15.】
감도조정장치를 갖는 누전경보기에 있어서 감도조정장치의 조정범위는 최대치가 몇 A 이어야 하는가?

① 0.2
② 1.0
③ 1.5
④ 2.0

[해설] 누전경보기
① 감도조정장치의 조정범위는 최대 1[A]
② 공칭작동전류치: 200mA 이하

30 ★ 출제년도 【12.】
다음 (   )안에 들어갈 용어로 알맞은 것은?

> 누전경보기의 수신부는 변류기로부터 송신된 신호를 수신하는 경우 (㉠) 및 (㉡)에 의하여 누전을 자동적으로 표시할 수 있어야 한다.

① ㉠ 적색표시, ㉡ 음향신호
② ㉠ 황색표시, ㉡ 음향신호
③ ㉠ 적색표시, ㉡ 시각장치신호
④ ㉠ 황색표시, ㉡ 시각장치신호

[해설] 누전경보기의 수신부는 변류기로부터 송신된 신호를 수신하는 경우 **적색표시** 및 **음향신호**에 의하여 누전을 자동적으로 표시 할 수 있어야 하며, 이 경우 차단기구가 있는 것은 차단 후에도 누전되고 있음을 적색표시로 계속 표시되는 것일 것

정답   26. ②   27. ④   28. ③   29. ②   30. ①

31 누전경보기의 변류기(ZCT)는 경계전로에 정격전류를 흘리는 경우 그 경계전로의 전압강하는 몇 [V] 이하이어야 하는가? (단, 경계전로의 전선을 그 변류기에 관통시키는 것은 제외한다.)

① 0.3[V]   ② 0.5[V]
③ 1.0[V]   ④ 3.0[V]

해설 누전경보기의 형식승인 및 제품검사의 기술기준 제22조 (전압강하방지시험)
변류기는 경계전로에 정격전류를 흘리는 경우, 그 경계전로의 **전압강하는 0.5[V] 이하**이어야 한다.

32 누전경보기에 사용하는 변압기의 정격 1차 전압은 몇 V 이하인가?

① 100   ② 200
③ 300   ④ 400

해설 누전경보기에 사용하는 변압기의 정격1차 전압은 **300V 이하**이다.

33 누전경보기 부품의 구조 및 기능 기준 중 누전경보기에 변압기를 사용하는 경우 변압기의 정격 1차 전압은 몇 V 이하로 하는가?

① 100   ② 200
③ 300   ④ 400

해설 누전경보기 수신기에 설치하는 변압기
① 정격 1차 전압은 300V 이하
② 외함은 접지단자 설치

34 누전경보기 수신부의 절연된 충전부와 외함간의 절연저항은 최소 몇 MΩ 이상 이어야 하는가?

① 5[MΩ]   ② 3[MΩ]
③ 1[MΩ]   ④ 0.2[MΩ]

해설 수신부는 절연된 충전부와 외함간 및 차단기구의 개폐부(열린 상태에서는 같은 극의 전원단자와 부하측 단자와의 사이, 닫힌 상태에서는 충전부와 손잡이 사이)의 절연저항을 DC 500[V]의 절연저항계로 측정하는 경우 **5[MΩ] 이상**이어야 한다.

35 누전경보기의 수신부의 절연된 충전부와 외함간의 절연저항은 DC 500[V]의 절연저항계로 측정하는 경우 몇 [MΩ] 이상이어야 하는가?

① 0.5   ② 5
③ 10   ④ 20

해설 누전경보기의 형식승인 및 제품검사의 기술기준 수신부 절연저항시험(제35조)
수신부는 절연된 충전부와 외함간 및 차단기구의 개폐부의 절연저항을 DC 500[V]의 절연저항계로 측정하는 경우 **5[MΩ] 이상**

36 절연저항시험에 관한 기준에서 ( )에 알맞은 것은?

> 누전경보기 수신부의 절연된 충전부와 외함간 및 차단기구의 개폐부 절연저항은 직류 500[V]의 절연저항계로 측정하여 최소 ( )[MΩ] 이상이어야 한다.

① 0.1   ② 3
③ 5   ④ 10

해설 수신부 절연저항시험(제35조)
수신부는 절연된 충전부와 외함간 및 차단기구의 개폐부(열린 상태에서는 같은 극의 전원단자와 부하측 단자와의 사이, 닫힌 상태에서는 충전부와 손잡이 사이)의 절연저항을 DC 500[V]의 절연저항계로 측정하는 경우 **5[MΩ] 이상**이어야 한다.

정답 31. ② 32. ③ 33. ③ 34. ① 35. ② 36. ③

37 ★★★ 출제년도 [97. 99. 00. 02. 13.]

누전경보기의 변류기는 직류 500[V]의 절연저항계로 절연된 1차 권선과 2차 권선 간을 절연저항시험을 할 때 몇 [MΩ] 이상이어야 하는가?

① 1 ② 5
③ 10 ④ 100

해설 변류기는 직류 500[V]의 절연저항계로 다음 각호에 의한 시험을 하는 경우 그 **절연저항이 5[MΩ] 이상**이 되어야 한다.
1) 절연된 1차 권선과 2차 권선간의 절연저항
2) 절연된 1차 권선과 외부금속부간의 절연저항
3) 절연된 2차 권선과 외부금속부간의 절연저항

38 ★★★ 출제년도 [13.]

누전경보기의 영상변류기(ZCT) 절연저항시험 부위로서 옳지 않은 것은?

① 절연된 1차권선과 외부금속부 사이
② 절연된 1차권선과 단자판 사이
③ 절연된 2차권선과 외부금속부 사이
④ 절연된 1차권선과 2차권선 사이

해설 누전경보기의 형식승인 및 제품검사의 기술기준 제19조(절연저항시험)
변류기는 DC 500[V]의 절연저항계로 다음 각호에 의한 시험을 하는 경우 5[MΩ] 이상이어야 한다.
1) **절연된 1차권선과 2차권선간**의 절연저항
2) **절연된 1차권선과 외부금속부간**의 절연저항
3) **절연된 2차권선과 외부금속부간**의 절연저항

39 ★★★ 출제년도 [18.]

누전경보기 변류기의 절연저항시험 부위가 아닌 것은?

① 절연된 1차권선과 단자판 사이
② 절연된 1차권선과 외부금속부 사이
③ 절연된 1차권선과 2차권선 사이
④ 절연된 2차권선과 외부금속부 사이

해설 누전경보기의 형식승인 및 제품검사의 기술기준 제19조(절연저항시험)
변류기는 DC 500 V의 절연저항계로 다음 각 호에 의한 시험을 하는 경우 5 MΩ 이상
① 절연된 1차권선과 2차권선간의 절연저항
② 절연된 1차권선과 외부금속부간의 절연저항
③ 절연된 2차권선과 외부금속부간의 절연저항

40 ★ 출제년도 [15.]

누전경보기의 수신부는 그 정격전압에서 최소 몇 회의 누전작동 반복시험을 실시하는 경우 구조 및 기능에 이상이 생기지 않아야 하는가?

① 1만회 ② 2만회
③ 3만회 ④ 5만회

해설 수신부는 그 정격전압에서 1만회의 누전작동시험을 실시하는 경우 그 구조 또는 기능에 이상이 생기지 아니하여야 한다.

41 ★ 출제년도 [16.]

누전경보기의 정격전압이 몇 [V]를 넘는 기구의 금속제 외함에는 접지단자를 설치해야 하는가?

① 30[V] ② 60[V]
③ 70[V] ④ 100[V]

해설 누전경보기의 형식승인 및 제품검사의 기술기준 제3조(구조 및 기능)
정격전압이 60[V]를 넘는 기구의 금속제 외함에는 접지단자를 설치하여야 한다.

42 ★ 출제년도 [17.]

누전경보기 수신부의 구조 기준 중 틀린 것은?

① 2급 수신부에는 전원 입력측의 회로에 단락이 생기는 경우에 유효하게 보호되는 조치를 강구하여야 한다.

정답 37. ② 38. ② 39. ① 40. ① 41. ② 42. ①

② 주전원의 양극을 동시에 개폐할 수 있는 전원스위치를 설치하여야 한다. 다만, 보수시에 전원공급이 자동적으로 중단되는 방식은 그러지 아니하다.
③ 감도조정장치를 제외하고 감도조정부는 외함의 바깥쪽에 노출되지 아니하여야 한다.
④ 전원입력측의 양선(1회선용은 1선 이상) 및 외부부하에 직접 전원을 송출하도록 구성된 회로에는 퓨즈 또는 브레이커 등을 설치하여야 한다.

해설 누전경보기의 형식승인 및 제품검사의 기술기준 제23조(수신부의 구조)
수신부는 다음 회로로 **단락이 생기는 경우**에는 유효하게 보호되는 조치를 강구하여야 한다.
전원 입력측의 회로(다만, **2급 수신부에는 적용하지 아니한다**)
수신부에서 외부의 음향장치와 표시등에 대하여 직접 전력을 공급하도록 구성된 외부회로

② 전원을 표시하는 장치를 설치하여야 한다. 다만, **2급에서는 그러하지 아니하다.**
③ 수신부는 다음 회로에 단락이 생기는 경우에는 유효하게 보호되는 조치를 강구하여야 한다.
  가. 전원 입력측의 회로(다만, **2급수신부에는 적용하지 아니한다.**)
  나. 수신부에서 외부의 음향장치와 표시등에 대하여 직접 전력을 공급하도록 구성된 외부회로
④ 전원입력 및 외부부하에 직접 전원을 송출하도록 구성된 회로에는 퓨즈 또는 브레이커 등을 설치하여야 한다.

43 ★ 출제년도【18.】
누전경보기 수신부의 구조 기준 중 옳은 것은?

① 감도조정장치와 감도조정부는 외함의 바깥쪽에 노출되지 아니하여야 한다.
② 2급 수신부는 전원을 표시하는 장치를 설치하여야 한다.
③ 전원입력 및 외부부하에 직접 전원을 송출하도록 구성된 회로에는 퓨즈 또는 브레이커 등을 설치하여야 한다.
④ 2급 수신부에는 전원 입력측의 회로에 단락이 생기는 경우에는 유효하게 보호되는 조치를 강구하여야 한다.

해설 누전경보기의 형식승인 및 제품검사의 기술기준 제23조(수신부의 구조)
① **감도조정장치를 제외**하고 감도조정부는 외함의 바깥쪽에 노출되지 아니하여야 한다.

44 ★★ 출제년도【19.】
누전경보기의 형식승인 및 제품검사의 기술기준에 따라 누전경보기의 경보기구에 내장하는 음향장치는 사용전압의 몇 %인 전압에서 소리를 내어야 하는가?

① 40 ② 60
③ 80 ④ 100

해설 제4조(부품의 구조 및 기능)
경보기구에 내장하는 음향장치
1. 사용전압의 **80%**인 전압에서 소리를 내어야 한다.
2. 사용전압에서의 음압은 무향실내에서 정위치에 부착된 음향장치의 중심으로부터 1 m 떨어진 지점에서 누전경보기는 **70dB 이상**이어야 한다. 다만, **고장표시장치용** 등의 음압은 **60dB 이상**이어야 한다.

45 ★ 출제년도【18,20.】
누전경보기의 형식승인 및 제품검사의 기술기준에 따라 누전경보기의 수신부는 그 정격전압에서 몇 회의 누전작동시험을 실시하는가?

① 1,000회 ② 5,000회
③ 10,000회 ④ 20,000회

해설 31조(반복시험)
수신부는 그 정격전압에서 1만회의 누전작동시험을 실시하는 경우 그 구조 또는 기능에 이상이 생기지 아니하여야 한다.

정답 43. ③ 44. ③ 45. ③

46 누전경보기의 형식승인 및 제품검사의 기술기준에 따라 누전경보기에서 사용되는 표시등에 대한 설명으로 틀린 것은?

① 지구등은 녹색으로 표시되어야 한다.
② 소켓은 접촉이 확실하여야 하며 쉽게 전구를 교체할 수 있도록 부착하여야 한다.
③ 주위의 밝기가 300 lx인 장소에서 측정하여 앞면으로부터 3 m 떨어진 곳에서 켜진 등이 확실히 식별되어야 한다.
④ 전구는 사용전압의 130 %인 교류전압을 20시간 연속하여 가하는 경우 단선, 현저한 광속변화, 흑화, 전류의 저하 등이 발생하지 아니하여야 한다.

해설 누전화재의 발생을 표시하는 표시등(이하 "누전등"이라 한다)이 설치된 것은 등이 켜질 때 적색으로 표시되어야 하며, 누전화재가 발생한 경계전로의 위치를 표시하는 표시등(이하 "지구등"이라 한다)과 기타의 표시등은 다음과 같아야 한다.
1) 지구등은 **적색**으로 표시되어야 한다. 이 경우 누전등이 설치된 수신부의 지구등은 적색외의 색으로도 표시할 수 있다.
2) 기타의 표시등은 적색외의 색으로 표시되어야 한다. 다만, 누전등 및 지구등과 쉽게 구별할 수 있도록 부착된 기타의 표시등은 적색으로도 표시할 수 있다.

47 누전경보기의 형식승인 및 제품검사의 기술기준에 따라 누전경보기에 사용되는 표시등의 구조 및 기능에 대한 설명으로 틀린 것은?

① 누전등이 설치된 수신부의 지구등은 적색외의 색으로도 표시할 수 있다.
② 방전등 또는 발광다이오드의 경우 전구는 2개 이상을 병렬로 접속하여야 한다.
③ 소켓은 접촉이 확실하여야 하며 쉽게 전구를 교체할 수 있도록 부착하여야 한다.
④ 누전등 및 지구등과 쉽게 구별할 수 있도록 부착된 기타의 표시등은 적색으로도 표시할 수 있다.

해설 전구는 2개 이상을 병렬로 접속하여야 한다. 다만, 방전등 또는 발광다이오드의 경우에는 그러하지 아니한다.

48 누전경보기의 형식승인 및 제품검사의 기술기준에 따라 외함은 불연성 또는 난연성 재질로 만들어져야 하며, 누전경보기 외함의 두께는 몇 mm 이상이어야 하는가? (단, 직접 벽면에 접하여 벽속에 매립되는 외함의 부분은 제외한다.)

① 1
② 1.2
③ 2.5
④ 3

해설 제3조(구조 및 기능)
4. 외함은 불연성 또는 난연성 재질로 만들어져야 하며 다음과 같아야 한다.
　가. 외함은 다음에 기재된 두께 이상이어야 한다.
　　1) 누전경보기의 외함은 1.0 mm 이상
　　2) 직접 벽면에 접하여 벽속에 매립되는 외함의 부분은 1.6 mm 이상

정답 46. ① 47. ② 48. ①

07 유도등 및 유도표지 (NFTC 303)

1. 용어정의 ★★★

용어	정의	비고
유도등	화재 시에 피난을 유도하기 위한 등으로서 정상상태에서는 상용전원에 따라 켜지고 상용전원이 정전되는 경우에는 비상전원으로 자동전환되어 켜지는 등	
피난구 유도등	피난구 또는 피난경로로 사용되는 출입구를 표시하여 피난을 유도하는 등	
통로유도등	피난통로를 안내하기 위한 유도등으로 복도통로유도등, 거실통로유도등, 계단통로유도등	
복도통로 유도등	피난통로가 되는 복도에 설치하는 통로유도등으로서 피난구의 방향을 명시하는 것	
거실통로 유도등	거주, 집무, 작업, 집회, 오락 그 밖에 이와 유사한 목적을 위하여 계속적으로 사용하는 거실, 주차장 등 개방된 통로에 설치하는 유도등으로 피난의 방향을 명시하는 것	
계단통로 유도등	피난통로가 되는 계단이나 경사로에 설치하는 통로유도등으로 바닥면 및 디딤 바닥면을 비추는 것	
객석 유도등	객석의 통로, 바닥 또는 벽에 설치하는 유도등	
피난구 유도표지	피난구 또는 피난경로로 사용되는 출입구를 표시하여 피난을 유도하는 표지	
통로 유도표지	피난통로가 되는 복도, 계단등에 설치하는 것으로서 피난구의 방향을 표시하는 유도표지	
피난유도선	햇빛이나 전등불에 따라 축광(이하 "축광방식"이라 한다)하거나 전류에 따라 빛을 발하는(이하 "광원점등방식"이라 한다) 유도체로서 어두운 상태에서 피난을 유도할 수 있도록 띠 형태로 설치되는 피난유도시설	
입체형	유도등 표시면을 2면 이상으로 하고 각 면마다 피난유도표시가 있는 것	
3선식배선	평상시에는 유도등을 소등 상태로 유도등의 비상전원을 충전하고, 화재 등 비상시 점등신호를 받아 유도등을 자동으로 점등되도록 하는 방식의 배선	

2. 유도등 및 유도표지의 종류 ★★★

설 치 장 소	유도등 및 유도표지의 종류
1. 공연장·집회장(종교집회장 포함)·관람장·운동시설	• 대형피난구유도등 • 통로유도등 • 객석유도등
2. 유흥주점영업시설(「식품위생법 시행령」 제21조 제8호라목의 유흥주점영업 중 손님이 춤을 출 수 있는 무대가 설치된 카바레, 나이트클럽 또는 그 밖에 이와 비슷한 영업시설만 해당한다)	
3. 위락시설·판매시설·운수시설·관광숙박업·의료시설·장례식장·방송통신시설·전시장·지하상가·지하철역사	• 대형피난구유도등 • 통로유도등
4. 숙박시설(관광숙박업 외의 것)·오피스텔	• 중형피난구유도등 • 통로유도등
5. 지하층·무창층 또는 층수가 11층 이상인 특정소방대상물	
6. 근린생활시설·노유자시설·업무시설·발전시설·종교시설(집회장 용도로 사용하는 부분 제외)·교육연구시설·수련시설·공장·교정 및 군사시설(국방·군사시설 제외)·기숙사·자동차정비공장·운전학원 및 정비학원·다중이용업소·복합건축물	• 소형피난구유도등 • 통로유도등

3. 피난구유도등

1. 피난구유도등 설치 장소

1) 옥내로부터 직접 지상으로 통하는 출입구 및 그 부속실의 출입구

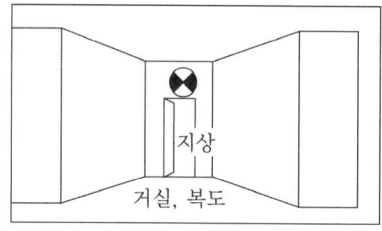 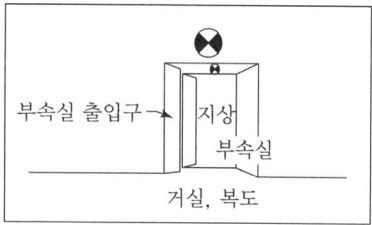

2) 직통계단·직통계단의 계단실 및 그 부속실의 출입구

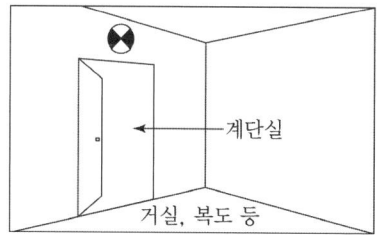 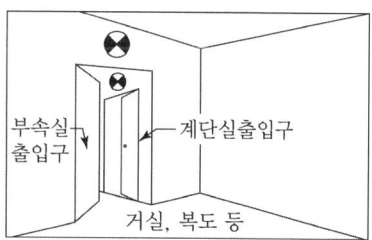

3) 출입구에 이르는 복도 또는 통로로 통하는 출입구

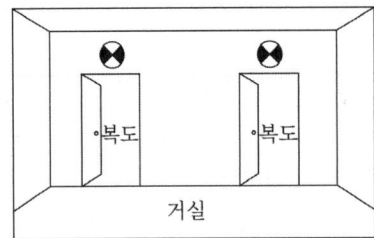
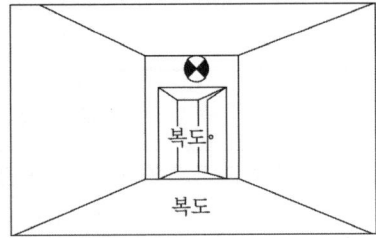

4) 안전구획된 거실로 통하는 출입구

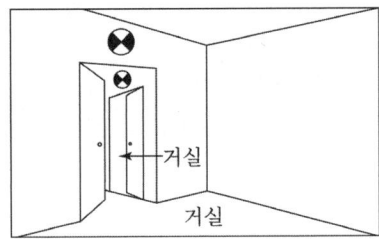

2. 피난구유도등은 피난구의 바닥으로부터 높이 1.5m 이상으로서 출입구에 인접하도록 설치해야 한다. ★★★
3. 피난층으로 향하는 피난구의 위치를 안내할 수 있도록 출입구 인근 천장에 피난구유도등의 면과 수직이 되도록 피난구유도등을 추가로 설치해야 한다. 다만, 설치된 피난구유도등이 입체형인 경우에는 그렇지 않다.

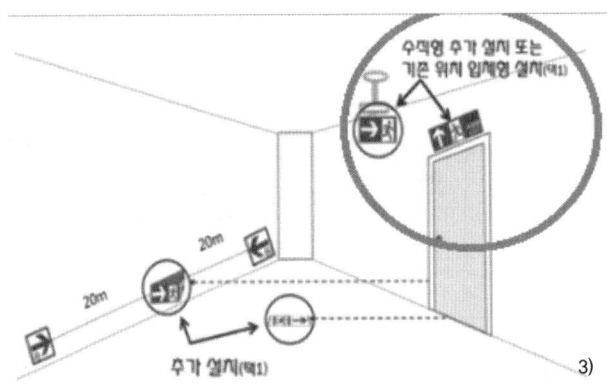

---

3) 출처 : 소방청 보도자료

4. 통로유도등 설치기준

1. 복도통로유도등

1) 복도에 설치하되 피난구유도등이 설치된 출입구 맞은편 복도에는 입체형으로 설치하거나 바닥에 설치할 것

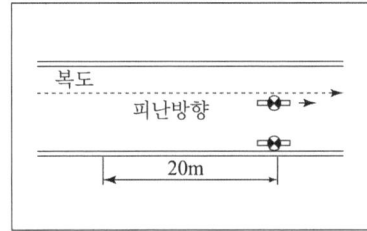
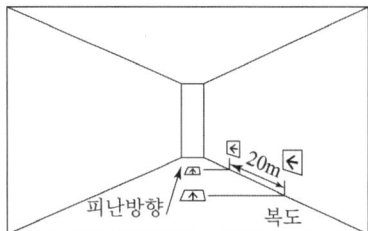

2) 구부러진 모퉁이 및 설치된 통로유도등을 기점으로 보행거리 20m마다 설치할 것

$$수량 = 구부러진\ 모퉁이 + \left(\frac{보행거리(m)}{20m} - 1\right) (소수점\ 이하\ 절상)$$

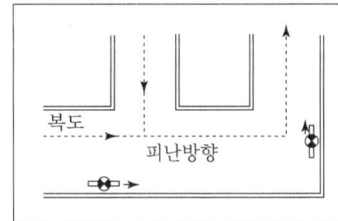
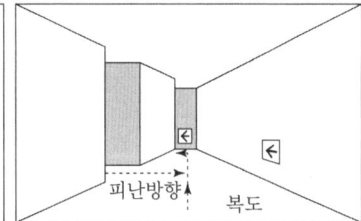

3) 바닥으로부터 **높이 1m 이하**의 위치에 설치할 것. 다만, 지하층 또는 무창층의 용도가 도매시장·소매시장·여객자동차터미널·지하역사 또는 지하상가인 경우에는 복도·통로 중앙부분의 바닥에 설치하여야 한다.
4) 바닥에 설치하는 통로유도등은 하중에 따라 파괴되지 않는 강도의 것으로 할 것

2. 거실통로유도등

1) 거실의 통로에 설치. 다만, 거실의 통로가 벽체 등으로 구획된 경우에는 복도통로유도등을 설치

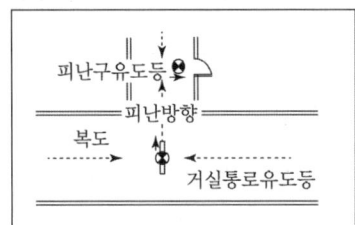
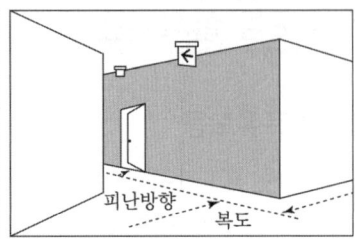

2) 구부러진 모퉁이 및 보행거리 **20m 마다** 설치 ★★★

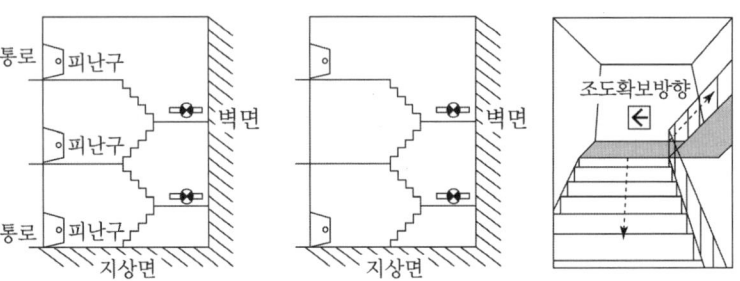

$$수량 = 구부러진\ 모퉁이 + \left(\frac{보행거리(m)}{20m} - 1\right)\ (소수점\ 이하\ 절상)$$

3) 바닥으로부터 **높이 1.5m 이상**의 위치에 설치. 다만, 거실통로에 기둥이 설치된 경우에는 기둥부분의 바닥으로부터 높이 1.5m 이하의 위치 ★★

3. 계단통로유도등

1) 각층의 **경사로 참 또는 계단참마다**(1개층에 경사로 참 또는 계단참이 2 이상 있는 경우에는 **2개의 계단참마다**) 설치

2) 바닥으로부터 **높이 1m 이하**의 위치에 설치 ★★

4. 통행에 지장이 없도록 설치
5. 주위에 이와 유사한 등화광고물·게시물 등을 설치하지 아니할 것

5. 객석유도등 설치기준 ★★★

1. 객석유도등은 객석의 **통로, 바닥 또는 벽**에 설치
2. 설치수량 계산(소수점 이하의 수는 1로 본다)
   객석 내의 통로가 경사로 또는 수평로로 되어 있는 부분

$$\text{설치개수} = \frac{\text{객석 통로의 직선부분 길이(m)}}{4} - 1$$

3. 객석 내의 통로가 옥외 또는 이와 유사한 부분에 있는 경우에는 해당 통로 전체에 미칠 수 있는 개수의 유도등을 설치해야 한다.

6. 유도표지 설치기준

1. 유도표지 설치기준 ★★

1) 계단에 설치하는 것을 제외하고는 각층마다 복도 및 통로의 각 부분으로 부터 하나의 유도표지까지의 **보행거리가 15m 이하**가 되는 곳과 구부러진 모퉁이의 벽에 설치
2) 피난구 유도표지는 **출입구 상단**에 설치하고, 통로유도표지는 바닥으로부터 **높이 1m 이하**의 위치에 설치
3) 주위에는 이와 유사한 등화·광고물·게시물 등을 설치하지 않을 것
4) 유도표지는 부착판 등을 사용하여 쉽게 떨어지지 않도록 설치할 것
5) 축광방식의 유도표지는 외광 또는 조명장치에 의하여 상시 조명이 제공되거나 비상조명등에 의한 조명이 제공되도록 설치할 것

7. 피난유도선 설치기준

1. 축광방식의 피난유도선 기준 ★★★

1) 구획된 각 실로부터 주출입구 또는 비상구까지 설치
2) 바닥으로부터 **높이 50cm 이하**의 위치 또는 바닥 면에 설치
3) 피난유도 표시부는 **50cm 이내**의 간격으로 연속되도록 설치
4) 부착대에 의하여 견고하게 설치할 것
5) 외부의 **빛 또는 조명장치**에 의하여 상시 조명이 제공되거나 **비상조명등**에 의한 조명이 제공되도록 설치 할 것

2. 광원점등방식의 피난유도선 기준 ★★★

1) 구획된 각 실로부터 주출입구 또는 비상구까지 설치
2) 피난유도 표시부는 바닥으로부터 **높이 1m 이하**의 위치 또는 바닥 면에 설치

3) 피난유도 표시부는 **50cm 이내**의 간격으로 연속되도록 설치하되 실내장식물 등으로 설치가 곤란할 경우 **1m 이내**
4) 수신기로부터의 화재신호 및 수동조작에 의하여 광원이 점등되도록 설치할 것
5) 비상전원이 상시 충전상태를 유지하도록 설치할 것
6) 바닥에 설치되는 피난유도 표시부는 매립하는 방식을 사용할 것
7) 피난유도 제어부는 조작 및 관리가 용이하도록 바닥으로부터 **0.8 m 이상 1.5 m 이하**의 높이에 설치할 것

8. 유도등의 전원 ★★★

1. 전원

유도등의 상용전원은 전기가 정상적으로 공급되는 **축전지설비, 전기저장장치**(외부 전기에너지를 저장해 두었다가 필요한 때 전기를 공급하는 장치) **또는 교류전압의 옥내간선**으로 하고, 전원까지의 배선은 전용

> [유도등 인입선의 색상]
> **백색 : 공통선, 흑색 : 충전선, 적색 : 점등선**

2. 비상전원은 다음 각 호의 기준에 적합하게 설치

1) **축전지**로 할 것
2) 유도등을 **20분** 이상 유효하게 작동시킬 수 있는 용량

> 〈60분 이상 유효하게 작동시킬 수 있는 용량〉
> ① **지하층을 제외한 층수가 11층 이상의 층**
> ② **지하층 또는 무창층으로서 용도가 도매시장·소매시장·여객자동차터미널·지하역사 또는 지하상가**

3. 배선기준

1) 유도등의 인입선과 옥내배선은 직접 연결할 것
2) 유도등은 전기회로에 점멸기를 설치하지 아니하고 **항상 점등상태**를 유지할 것. 다만, 특정소방대상물 또는 그 부분에 사람이 없거나 다음 각 목의 어느 하나에 해당하는 장소로서 **3선식 배선**에 따라 상시 충전되는 구조인 경우에는 그러하지 아니하다. ★★

① 외부의 빛에 의해 피난구 또는 피난방향을 쉽게 식별할 수 있는 장소
② 공연장, 암실(暗室) 등으로서 어두어야 할 필요가 있는 장소
③ 특정소방대상물의 관계인 또는 종사원이 주로 사용하는 장소

3) 3선식 배선은 내화배선 또는 내열배선으로 사용할 것

4. 3선식 배선에 따라 상시 충전되는 유도등의 전기회로에 점멸기를 설치하는 경우에는 자동으로 점등 ★★

① 자동화재탐지설비의 감지기 또는 발신기가 작동되는 때
② 비상경보설비의 발신기가 작동되는 때
③ 상용전원이 정전되거나 전원선이 단선되는 때
④ 방재업무를 통제하는 곳 또는 전기실의 배전반에서 수동으로 점등하는 때
⑤ 자동소화설비가 작동되는 때

9. 유도등 및 유도표지의 제외

1. 피난구유도등 설치제외 ★★

1) 바닥 면적이 **1,000m² 미만**인 층으로서 옥내로부터 직접 지상으로 통하는 출입구 (외부의 식별이 용이한 경우에 한한다)
2) 대각선 길이가 **15m 이내**인 구획된 실의 출입구
3) 거실 각 부분으로부터 하나의 출입구에 이르는 보행거리가 **20m 이하**이고 비상조명등과 유도표지가 설치된 거실의 출입구
4) 출입구가 **3 이상** 있는 거실로서 그 거실 각 부분으로부터 하나의 출입구에 이르는 보행거리가 **30m 이하**인 경우에는 주된 출입구 2개소 외의 출입구(유도표지가 부착된 출입구) 다만, 공연장·집회장·관람장·전시장·판매시설·운수시설·숙박시설·노유자시설·의료시설·장례식장의 경우에는 그렇지 않다.

2. 통로유도등 설치제외 ★★★

1) 구부러지지 아니한 복도 또는 통로로서 길이가 **30m 미만**인 복도 또는 통로
2) 복도 또는 통로로서 보행거리가 **20m 미만**이고 그 복도 또는 통로와 연결된 출입구 또는 그 부속실의 출입구에 피난구유도등이 설치된 복도 또는 통로

3. 객석유도등을 설치제외 ★★★

1) 주간에만 사용하는 장소로서 채광이 충분한 객석
2) 거실 등의 각 부분으로부터 하나의 거실출입구에 이르는 보행거리가 **20m 이하**인 객석의 통로로서 그 통로에 통로유도등이 설치된 객석

10. 유도등의 형식승인 및 제품검사의 기술기준

1. 제3조(일반구조)
1) 유도등의 예비전원 ★
   ① 축전지 : 알카리계, 리튬계 2차 축전지
   ② 축전기 : 콘덴서
2) 전선의 굵기
   ① 인출선 : 0.75mm² 이상 ★★★
   ② 인출선외 : 0.5mm² 이상
3) 인출선의 길이 : 150mm 이상

2. 제9조(피난유도표시 방법 등) ★★★
1) 유도등의 표시면은 색상 : **피난구유도등인 경우 녹색바탕에 백색문자**로, 통로유도등인 경우는 백색바탕에 녹색문자를 사용

3. 절연저항시험(제14조) ★
유도등의 **교류입력측과 외함 사이**, **교류입력측과 충전부 사이** 및 **절연된 충전부와 외함 사이**의 각 절연저항의 DC 500 V의 절연저항계로 측정한 값이 **5MΩ 이상**

4. 제16조(식별도 및 시야각 시험) ★★★
1) **피난구유도등 및 거실통로유도등**은 상용전원으로 등을 켜는 경우에는 직선거리 **30m**의 위치에서, 비상전원으로 등을 켜는 경우에는 직선거리 **20m**의 위치에서 각기 보통시력으로 피난유도표시에 대한 식별이 가능
2) **복도통로유도등**에 있어서 상용전원으로 등을 켜는 경우에는 직선거리 **20m**의 위치에서, 비상전원으로 등을 켜는 경우에는 직선거리 **15m**의 위치에서 보통시력에 의하여 표시면의 화살표가 쉽게 식별

07 출제예상문제

유도등 및 유도표지

01 ★ 출제년도 [21.]

유도등의 형식승인 및 제품검사의 기술기준에 따른 용어의 정의에서 "유도등에 있어서 표시면외 조명에 사용되는 면"을 말하는 것은?

① 조사면　　② 피난면
③ 조도면　　④ 광속면

해설 조사면"이란 유도등에 있어서 표시면외 조명에 사용되는 면을 말한다.

02 ★ 출제년도 [15.]

피난통로가 되는 계단이나 경사로에 설치하는 통로유도등으로 바닥면 및 디딤 바닥면을 비추어 주는 유도등은?

① 계단통로유도등　　② 피난통로유도등
③ 복도통로유도등　　④ 바닥통로유도등

해설 계단통로유도등 - 피난통로가 되는 계단이나 경사로에 설치하는 통로유도등으로 바닥면 및 디딤 바닥면을 비추어 주는 유도등

03 ★★★ 출제년도 [12.]

지하철역사에 설치되는 피난구유도등의 종류로 옳은 것은?

① 특형피난구유도등
② 대형피난구유도등
③ 중형피난구유도등
④ 소형피난구유도등

해설

설치장소	유도등 및 유도표지의 종류
위락시설·판매시설·운수시설·관광숙박업·의료시설·장례식장·방송통신시설·전시장·지하상가·**지하철역사**	• 대형피난유도등 • 통로유도등

04 ★ 출제년도 [14.]

공연장 및 집회장에 설치하여야 할 유도등의 종류로 옳은 것은?

① 대형피난구유도등, 통로유도등, 객석유도등
② 중형피난구유도등, 통로유도등
③ 소형피난구유도등, 통로유도등
④ 피난구유도표지, 통로유도표지

해설 공연장, 집회장, 관람장, 운동시설, 유흥주점영업시설 - 대형피난구유도등, 통로유도등, 객석유도등

05 ★★ 출제년도 [16.]

대형피난구유도등의 설치장소가 아닌 것은?

① 위락시설　　② 판매시설
③ 지하철역사　④ 아파트

해설 설치장소에 따른 유도등 및 유도표지의 종류

설치장소	유도등 및 유도표지의 종류
1. 공연장·집회장(종교집회장 포함)·관람장·운동시설	• 대형피난유도등 • 통로유도등 • 객석유도등
2. 유흥주점영업시설(카바레, 나이트클럽)	
3. **위락시설·판매시설**·운수시설·관광숙박업·의료시설·장례식장·방송통신시설·전시장·지하상가·**지하철역사**	• 대형피난유도등 • 통로유도등

※ 아파트에는 소형피난구유도등을 설치할 것

정답 01. ①　02. ①　03. ②　04. ①　05. ④

06 ★★★ 출제년도 【15.】
다음 중 객석유도등을 설치하여야 할 장소는?
① 위락시설　　　② 근린생활시설
③ 의료시설　　　④ 운동시설

해설　객석유도등 설치 장소
① 유흥주점영업시설(유흥주점영업 중 손님이 춤을 출 수 있는 무대가 설치된 카바레, 나이트클럽 또는 그 밖에 이와 비슷한 영업시설만 해당한다)
② 문화 및 집회시설
③ 종교시설
④ 운동시설

07 ★★★ 출제년도 【17.】
객석유도등을 설치하여야 하는 특정소방대상물의 대상으로 옳은 것은?
① 운수시설　　　② 운동시설
③ 의료시설　　　④ 근린생활시설

해설　객석유도등 설치장소
공연장, 집회장(종교집회장 포함), 관람장, 운동시설, 유흥주점영업시설(카바레, 나이트클럽 등)

08 ★★★ 출제년도 【20.】
유도등 및 유도표지의 화재안전기술기준(NFTC 303)에 따른 피난구유도등의 설치장소로 틀린 것은?
① 직통계단
② 직통계단의 계단실
③ 안전구획된 거실로 통하는 출입구
④ 옥외로부터 직접 지하로 통하는 출입구

해설　피난구유도등의 설치장소
1. 옥내로부터 직접 지상으로 통하는 출입구 및 그 부속실의 출입구
2. 직통계단·직통계단의 계단실 및 그 부속실의 출입구
3. 제1호와 제2호에 따른 출입구에 이르는 복도 또는 통로로 통하는 출입구
4. 안전구획된 거실로 통하는 출입구

09 ★★ 출제년도 【12.】
복도, 거실통로유도등의 설치높이에 대한 기준을 옳게 나타낸 것은? (단, 거실통로에 기둥 등이 설치되지 아니한 경우이다.)
① 거실통로유도등 : 바닥으로부터 1.5[m] 이상
　복도통로유도등 : 바닥으로부터 1.0[m] 이하
② 거실통로유도등 : 바닥으로부터 1.0[m] 이상
　복도통로유도등 : 바닥으로부터 1.5[m] 이하
③ 거실통로유도등 : 바닥으로부터 1.5[m] 이하
　복도통로유도등 : 바닥으로부터 1.0[m] 이상
④ 거실통로유도등 : 바닥으로부터 1.0[m] 이하
　복도통로유도등 : 바닥으로부터 1.5[m] 이하

해설　1) **거실통로유도등**은 바닥으로부터 높이 **1.5[m] 이상**의 위치에 설치할 것(다만, 거실통로에 기둥이 설치된 경우에는 기둥부분의 바닥으로부터 높이 1.5[m] 이하의 위치에 설치할 수 있다.)
2) **복도통로유도등**은 바닥으로부터 높이 **1[m] 이하**의 위치에 설치할 것(다만, 지하층 또는 무창층의 용도가 도매시장·소매시장·여객자동차터미널·지하역사 또는 지하상가인 경우에는 복도·통로 중앙부분의 바닥에 설치하여야 한다.)
3) 계단통로유도등은 바닥으로부터 높이 1[m] 이하의 위치에 설치할 것

10 ★★★ 출제년도 【16.】
통로유도등의 설치기준 중 틀린 것은?
① 거실의 통로가 벽체 등으로 구획된 경우에는 거실통로유도등을 설치한다.
② 거실통로유도등은 거실통로에 기둥이 설치된 경우에는 기둥부분의 바닥으로부터 높이 1.5[m] 이하의 위치에 설치할 수 있다.
③ 복도통로유도등은 구부러진 모퉁이 및 보행거리 20[m]마다 설치한다.
④ 계단통로유도등은 바닥으로부터 높이 1[m] 이하의 위치에 설치한다.

해설　거실통로유도등
1) 거실의 통로에 설치. 다만, 거실의 통로가 벽체 등

정답　06. ④　07. ②　08. ④　09. ①　10. ①

으로 구획된 경우에는 **복도통로유도등**을 설치
2) 구부러진 모퉁이 및 보행거리 20[m]마다 설치

   수량 = 구부러진 모퉁이 + $\left(\dfrac{보행거리[m]}{20[m]} - 1\right)$

   (소수점 이하 절상)
3) 바닥으로부터 **높이 1.5[m] 이상**의 위치에 설치. 다만, 거실통로에 기둥이 설치된 경우에는 기둥부분의 바닥으로부터 높이 1.5[m] 이하의 위치

11 복도통로유도등의 설치기준으로 옳지 않은 것은?

① 복도에 설치할 것
② 구부러진 모퉁이 및 보행거리 15m마다 설치할 것
③ 바닥으로부터 높이 1m 이하의 위치에 설치할 것
④ 바닥에 설치하는 통로유도등은 하중에 따라 파괴되지 아니하는 강도의 것으로 할 것

해설 구부러진 모퉁이 및 보행거리 **20m마다** 설치할 것

12 복도통로유도등의 설치기준으로 틀린 것은?

① 바닥으로부터 높이 1.5m 이하의 위치에 설치할 것
② 구부러진 모퉁이 및 보행거리 20m 마다 설치할 것
③ 지하역사, 지하상가인 경우에는 복도·통로 중앙부분의 바닥에 설치할 것
④ 바닥에 설치하는 통로유도등은 하중에 따라 파괴되지 아니하는 강도의 것으로 할 것

해설 복도통로유도등 설치기준
① 복도에 설치할 것
② 구부러진 모퉁이 및 보행거리 20[m]마다 설치할 것
③ 바닥으로부터 높이 1[m] 이하의 위치에 설치할 것
④ 바닥에 설치하는 통로유도등은 하중에 따라 파괴되지 아니하는 강도의 것으로 할 것

13 복도통로유도등의 설치기준으로 틀린 것은?

① 구부러진 모퉁이 및 보행거리 20[m]마다 설치할 것
② 바닥으로부터 높이 1.5[m] 이하의 위치에 설치할 것
③ 지하역사 및 지하상가인 경우에는 복도, 통로 중앙부분의 바닥에 설치할 것
④ 바닥에 설치하는 통로유도등은 하중에 따라 파괴되지 아니하는 강도의 것으로 할 것

해설 복도통로유도등 설치기준
① 복도에 설치할 것
② 구부러진 모퉁이 및 보행거리 **20[m]마다 설치**할 것
③ 바닥으로부터 **높이 1[m] 이하**의 위치에 설치할 것
④ 바닥에 설치하는 통로유도등은 하중에 따라 파괴되지 아니하는 강도의 것으로 할 것

14 1개 층에 계단참이 4개 있을 경우 계단통로유도등은 최소 몇 개 이상 설치해야 하는가?

① 1 ② 2
③ 3 ④ 4

해설 ① 계단통로유도등은 각층의 경사로 참 또는 계단참마다(1개층에 경사로 참 또는 계단참이 2 이상 있는 경우에는 2개의 계단참마다) 설치
② 계단참이 4개 있을 경우 2개의 계단참마다 설치하여야 하므로 2개를 설치한다.

정답 11. ② 12. ① 13. ② 14. ②

15
계단통로유도등은 각층의 경사로 참 또는 계단참마다 설치하도록 하고 있는데 1개층에 경사로 참 또는 계단참이 2 이상 있는 경우에는 몇 개의 계단참마다 계단통로유도등을 설치하여야 하는가?

① 2개
② 3개
③ 4개
④ 5개

해설 계단통로유도등 설치기준
1. 각층의 경사로 참 또는 계단참마다(1개층에 경사로 참 또는 계단참이 2 이상 있는 경우에는 2개의 계단참마다) 설치
2. 바닥으로부터 높이 1m 이하의 위치에 설치

16
유도표지의 설치기준으로 옳지 않은 것은?

① 각층마다 복도 및 통로의 구부러진 모퉁이의 벽에 설치한다.
② 피난구 유도표지는 출입구 상단에 설치한다.
③ 통로유도표지는 바닥으로부터 1[m] 이하의 위치에 설치한다.
④ 피난구 유도표지는 가로 250[mm] 이상, 세로 85[mm] 이상 크기로 설치하여야 한다.

해설 통로유도등 설치기준
1) 계단에 설치하는 것을 제외하고는 **각층마다 복도 및 통로**의 각 부분으로부터 하나의 유도표지까지의 보행거리가 15[m] 이하가 되는 곳과 **구부러진 모퉁이의 벽에 설치**할 것
2) **피난구유도표지는 출입구 상단에 설치하고, 통로유도표지는 바닥으로부터 높이 1[m] 이하의 위치에 설치**할 것

17
유도표지의 설치기준 중 틀린 것은?

① 계단에 설치하는 것을 제외하고는 각 층마다 복도 및 통로의 각 부분으로부터 하나의 유도표지까지의 보행거리 15m 이하가 되는 곳에 설치한다.
② 피난구유도표지는 출입구 상단에 설치한다.
③ 통로유도표지는 바닥으로부터 높이 1.5m 이하의 위치에 설치한다.
④ 주위에는 이와 유사한 등화 광고물, 게시물 등을 설치하지 않는다.

해설 유도표지 설치기준
① 계단에 설치하는 것을 제외하고는 각층마다 복도 및 통로의 각 부분으로부터 하나의 유도표지까지의 보행거리가 15[m] 이하가 되는 곳과 구부러진 모퉁이의 벽에 설치할 것
② 피난구유도표지는 출입구 상단에 설치하고, 통로유도표지는 바닥으로부터 높이 1[m] 이하의 위치에 설치할 것
③ 주위에는 이와 유사한 등화·광고물·게시물 등을 설치하지 아니할 것

18
유도표지는 계단에 설치하는 것을 제외하고는 각 층마다 복도 및 통로의 각 부분으로부터 하나의 유도표지까지의 보행거리 몇 [m] 이하마다 설치하여야 하는가?

① 10[m]
② 15[m]
③ 20[m]
④ 25[m]

해설 유도표지 설치기준
1) 계단에 설치하는 것을 제외하고는 각층마다 복도 및 통로의 각 부분으로부터 하나의 유도표지까지**의 보행거리가 15[m] 이하**가 되는 곳과 구부러진 모퉁이의 벽에 설치할 것
2) 피난구유도표지는 출입구 상단에 설치하고, 통로유도표지는 바닥으로부터 **높이 1[m] 이하**의 위치에 설치할 것

정답 15. ① 16. ④ 17. ③ 18. ②

19 ★★ 출제년도 【13, 21.】

유도등 및 유도표지의 화재안전기준(NFSC 303)에 따라 설치하는 유도표지는 계단에 설치하는 것을 제외하고는 각층마다 복도 및 통로의 각 부분으로부터 하나의 유도표지까지의 보행거리가 몇 m 이하가 되는 곳과 구부러진 모퉁이의 벽에 설치하여야 하는가?

① 10
② 15
③ 20
④ 25

해설 유도표지 설치기준
1) 계단에 설치하는 것을 제외하고는 각층마다 복도 및 통로의 각 부분으로부터 하나의 유도표지까지의 보행거리가 15[m] 이하가 되는 곳과 구부러진 모퉁이의 벽에 설치할 것
2) 피난구유도표지는 출입구 상단에 설치하고, 통로유도표지는 바닥으로부터 높이 1[m] 이하의 위치에 설치할 것

20 ★★★ 출제년도 【11, 21.】

유도등 및 유도표지의 화재안전기준(NFSC 303)에 따라 유도표지는 각층마다 복도 및 통로의 각 부분으로부터 하나의 유도표지까지의 보행거리가 몇 m 이하가 되는 곳과 구부러진 모퉁이의 벽에 설치하여야 하는가? (단, 계단에 설치하는 것은 제외한다.)

① 5
② 10
③ 15
④ 25

해설 유도표지 설치기준
1. 계단에 설치하는 것을 제외하고는 각층마다 복도 및 통로의 각 부분으로부터 하나의 유도표지까지의 보행거리가 15 m 이하가 되는 곳과 구부러진 모퉁이의 벽에 설치할 것

21 ★★★ 출제년도 【07, 12.】

유도등은 전기회로에 점멸기를 설치하지 아니하고 항상 점등상태를 유지하여야 한다. 다만 3선식 배선에 따라 상시 충전되는 구조인 경우에는 그렇지 않아도 되는데 그 설치장소로 적당하지 않은 것은?

① 민방위훈련 등으로 야간등화관제가 필요한 장소
② 특정소방대상물의 관계인 또는 종사원이 주로 사용하는 장소
③ 공연장, 암실(暗室) 등으로서 어두워야 할 필요가 있는 장소
④ 외부광(光)에 따라 피난구 또는 피난방향을 쉽게 식별할 수 있는 장소

해설 유도등은 전기회로에 점멸기를 설치하지 아니하고 항상 점등상태를 유지할 것
다만, 다음의 1에 해당하는 장소로서 3선식 배선에 따라 상시 충전되는 구조인 경우에는 그러하지 아니하다.
1) 외부광(光)에 따라 피난구 또는 **피난방향을 쉽게 식별할 수 있는 장소**
2) 공연장, 암실(暗室) 등으로서 **어두워야 할 필요가 있는 장소**
3) 특정소방대상물의 관계인 또는 **종사원이 주로 사용하는 장소**

22 ★★★ 출제년도 【16.】

유도등의 전기회로에 점멸기를 설치할 수 있는 장소에 해당되지 않는 것은? (단, 유도등은 3선식 배선에 따라 상시 충전되는 구조이다.)

① 공연장으로서 어두워야 할 필요가 있는 장소
② 특정소방대상물의 관계인이 주로 사용하는 장소
③ 외부광에 따라 피난구 또는 피난방향을 쉽게 식별할 수 있는 장소
④ 지하층을 제외한 층수가 11층 이상의 장소

정답 19. ② 20. ③ 21. ① 22. ④

[해설] 유도등의 전기회로에 점멸기를 설치할 수 있는 장소
① 외부광(光)에 따라 피난구 또는 피난방향을 쉽게 식별할 수 있는 장소
② 공연장, 암실(暗室) 등으로서 어두워야 할 필요가 있는 장소
③ 특정소방대상물의 관계인 또는 종사원이 주로 사용하는 장소

23 ★★★ 출제년도 【14, 18.】
객석유도등의 설치 개수를 산출하는 공식으로 옳은 것은?

① $\dfrac{\text{객석통로의 직선부분의 길이 (m)}}{3} - 1$

② $\dfrac{\text{객석통로의 직선부분의 길이 (m)}}{4} - 1$

③ $\dfrac{\text{객석통로의 넓이 (m}^2\text{)}}{3} - 1$

④ $\dfrac{\text{객석통로의 넓이 (m}^2\text{)}}{4} - 1$

[해설] 객석유도등 설치개수

설치수량 $= \dfrac{\text{객석 통로의 직선 부분의 길이}}{4} - 1$

24 ★★ 출제년도 【14】
객석 통로에서 직선부분의 길이가 20[m]인 경우 객석유도등의 설치개수는?

① 3개   ② 4개
③ 5개   ④ 6개

[해설] 객석유도등 설치개수

설치수량 $= \dfrac{\text{객석 통로의 직선 부분의 길이}}{4} - 1$

$= \dfrac{20}{4} - 1 = 4$

25 ★★★ 출제년도 【17.】
객석 통로의 직선부분의 길이가 25m인 영화의 통로에 객석유도등을 설치하는 경우 최소 설치개수는?

① 5   ② 6
③ 7   ④ 8

[해설] 객석유도등
유도등의 설치개수 N

$N \geq \dfrac{\text{객석통로의 직선부분의 길이 [m]}}{4} - 1$

단, 소수점 이하는 절상

$\therefore N = \dfrac{25}{4} - 1 = 5.25 \Rightarrow 6개$

26 ★★★ 출제년도 【96, 97, 99, 04, 05, 07, 12.】
통로의 직선부분의 길이가 30[m]인 극장 통로바닥에 설치하여야 하는 객석유도등의 설치개수는?

① 3개   ② 4개
③ 7개   ④ 17개

[해설] 객석유도등 : 유도등의 설치개수 N

$N \geq \dfrac{\text{객석통로의 직선부분의 길이[m]}}{4} - 1$

단, 소수점 이하는 절상

$\therefore N = \dfrac{30}{4} - 1 = 6.5 \Rightarrow 7개$

27 ★★★ 출제년도 【96, 97, 99, 04, 05, 06, 13.】
객석내의 통로의 직선부분의 길이가 85[m]이다. 객석유도등을 몇 개 설치하여야 하는가?

① 17개   ② 19개
③ 21개   ④ 22개

[해설] 객석유도등
1) 객석유도등은 객석의 통로, 바닥 또는 벽에 설치하여야 한다.
2) 유도등의 설치개수 N

$N \geq \dfrac{\text{객석통로의 직선부분의 길이[m]}}{4} - 1$

단, 소수점 이하는 절상

$N = \dfrac{85}{4} - 1 = 20.25 \Rightarrow 21개$

정답 23. ② 24. ② 25. ② 26. ③ 27. ③

28 ★★★ 출제년도【20.】

유도등 및 유도표지의 화재안전기준(NFSC 303)에 따라 객석유도등을 설치하여야 하는 장소로 틀린 것은?

① 벽　　② 천장
③ 바닥　④ 통로

해설) 객석유도등 : 객석의 통로, 바닥 또는 벽에 설치하는 유도등

29 ★★★ 출제년도【21.】

유도등 및 유도표지의 화재안전기준(NFSC 303)에 따른 객석유도등의 설치기준이다. 다음 ( )에 들어갈 내용으로 옳은 것은?

> 객석유도등은 객석의 (㉠), (㉡) 또는 (㉢)에 설치하여야 한다.

① ㉠ 통로　㉡ 바닥　㉢ 벽
② ㉠ 바닥　㉡ 천장　㉢ 벽
③ ㉠ 통로　㉡ 바닥　㉢ 천장
④ ㉠ 바닥　㉡ 통로　㉢ 출입구

해설) 유도등 및 유도표지의 화재안전기준(NFSC 303) 제3조(정의)
"객석유도등"이란 객석의 통로, 바닥 또는 벽에 설치하는 유도등을 말한다.

30 ★★★ 출제년도【14.】

3선식 배선으로 상시 충전되는 유도등의 전기회로에 점멸기를 설치하는 경우 점등되어야 하는 조건으로 틀린 것은?

① 옥외소화전설비의 펌프가 작동되는 때
② 자동화재탐지설비의 감지기 또는 발신기가 작동하는 때
③ 방재업무를 통제하는 곳에서 수동으로 점등하는 때
④ 상용전원이 정전되거나 전원선이 단선되는 때

해설) 3선식 배선에 따라 상시 충전되는 유도등의 전기회로에 점멸기를 설치하는 경우에는 점등되어야 되는 때
① 자동화재탐지설비의 감지기 또는 발신기가 작동되는 때
② 비상경보설비의 발신기가 작동되는 때
③ 상용전원이 정전되거나 전원선이 단선되는 때
④ 방재업무를 통제하는 곳 또는 전기실의 배전반에서 수동으로 점등하는 때
⑤ 자동소화설비가 작동되는 때

31 ★★★ 출제년도【19.】

3선식 배선에 따라 상시 충전되는 유도등의 전기회로에 점멸기를 설치하는 경우 유도등이 점등되어야 할 경우로 관계없는 것은?

① 제연설비가 작동한 때
② 자동소화설비가 작동한 때
③ 비상경보설비의 발신기가 작동한 때
④ 자동화재탐지설비의 감지기가 작동한 때

해설) 3선식 배선에 따라 상시 충전되는 유도등의 전기회로에 점멸기를 설치하는 경우 점등되어야 되는 때
① 자동 화재 탐지 설비의 감지기 또는 발신기가 작동되는 때
② 비상경보설비의 발신기가 작동되는 때
③ 상용전원이 정전되거나 전원선이 단선되는 때
④ 방재업무를 통제하는 곳 또는 전기실의 배전반에서 수동으로 점등하는 때
⑤ 자동소화설비가 작동되는 때

32 ★★★ 출제년도【13.】

다중이용업소의 영업장 안에 통로 또는 복도가 있는 경우 피난유도선을 설치하여야 한다. 다음 중 피난유도선의 설명으로 옳은 것은?

① 통로나 복도에 피난시 활용하도록 홈이 있는 선을 그어 놓아 유사시 피난을 유도할 수 있는 시설을 말한다.
② 햇빛이나 전등불에 따라 축광하거나 전류를 따라 빛을 발하는 유도체로서 어두운

정답 28. ② 29. ① 30. ① 31. ① 32. ②

상태에서 피난을 유도할 수 있도록 띠 형태로 설치된 시설을 말한다.
③ 피난구가 되는 복도나 통로에 설치하는 유도등으로서 유사시 피난구의 방향을 명시하는 시설을 말한다.
④ 벽에 손잡이 등을 설치하여 유사시 어두운 상태에서 피난을 유도할 수 있는 시설을 말한다.

해설 유도등 및 유도표지의 화재안전기준 제3조 (용어의 정의)
피난유도선이란 햇빛이나 전등불에 따라 축광하거나 전류에 따라 빛을 발하는 유도체로서 어두운 상태에서 피난을 유도할 수 있도록 띠 형태로 설치되는 피난유도시설을 말한다.

---

33 ★★★ 출제년도 [06. 08. 12.]
축광방식의 피난유도선의 피난유도 표시부는 바닥 면에 설치하지 않는 경우 바닥으로부터 높이 몇 [cm] 이하의 위치에 설치하여야 하는가?

① 100[cm] 이하
② 80[cm] 이하
③ 50[cm] 이하
④ 30[cm] 이하

해설 축광방식의 피난유도선은 다음 각호의 기준에 따라 설치하여야 한다.
① 구획된 각 실로부터 주출입구 또는 비상구까지 설치할 것
② 바닥으로부터 높이 50[cm] 이하의 위치 또는 바닥 면에 설치할 것
③ 피난유도 표시부는 50[cm] 이내의 간격으로 연속되도록 설치
④ 부착대에 의하여 견고하게 설치할 것
⑤ 외광 또는 조명장치에 의하여 상시 조명이 제공되거나 비상조명등에 의한 조명이 제공되도록 설치할 것

---

34 ★★ 출제년도 [18.]
축광방식의 피난유도선 설치기준 중 다음 ( ) 안에 알맞은 것은?

- 바닥으로부터 높이 (㉠)cm 이하의 위치 또는 바닥 면에 설치할 것
- 피난유도 표시부는 (㉡)cm 이내의 간격으로 연속되도록 설치할 것

① ㉠ 50, ㉡ 50   ② ㉠ 50, ㉡ 100
③ ㉠ 100, ㉡ 50   ④ ㉠ 100, ㉡ 100

해설 축광방식의 피난유도선 설치기준
① 바닥으로부터 높이 50 cm 이하의 위치 또는 바닥 면에 설치할 것
② 피난유도 표시부는 50 cm 이내의 간격으로 연속되도록 설치할 것
③ 구획된 각 실로부터 주출입구 또는 비상구까지 설치할 것
④ 외광 또는 조명장치에 의하여 상시 조명이 제공되거나 비상조명등에 의한 조명이 제공되도록 할 것

---

35 ★★ 출제년도 [17.]
광원점등방식 피난유도선의 설치기준 중 틀린 것은?

① 피난유도 표시부는 50cm 이내의 간격으로 연속되도록 설치하되 실내장식물 등으로 설치가 곤란할 경우 2m 이내로 설치할 것
② 피난유도 표시부는 바닥으로부터 높이 1m 이하의 위치 또는 바닥 면에 설치할 것
③ 피난유도 제어부는 조작 및 관리가 용이하도록 바닥으로부터 0.8m 이상 1.5m 이하의 높이에 설치할 것
④ 구획된 각 실로부터 주출입구 또는 비상구까지 설치할 것

해설 광원점등방식의 피난유도선 기준
1) 구획된 각 실로부터 주출입구 또는 비상구까지 설치

정답 33. ③ 34. ① 35. ①

2) 피난유도 표시부는 바닥으로부터 높이 1m 이하의 위치 또는 바닥 면에 설치

3) 피난유도 표시부는 50cm 이내의 간격으로 연속되도록 설치하되 실내장식물 등으로 설치가 곤란할 경우 1m 이내

4) 피난유도 제어부는 조작 및 관리가 용이하도록 바닥으로부터 0.8m 이상 1.5m 이하의 높이에 설치

36 ★★ 출제년도 【19.】

유도등 및 유도표지의 화재안전기술기준(NFTC 303)에 따라 광원점등방식 피난유도선의 설치기준으로 틀린 것은?

① 구획된 각 실로부터 주출입구 또는 비상구까지 설치할 것

② 피난유도 표시부는 바닥으로부터 높이 1m 이하의 위치 또는 바닥 면에 설치할 것

③ 피난유도 제어부는 조작 및 관리가 용이하도록 바닥으로부터 0.8 m 이상 1.5 m 이하의 높이에 설치할 것

④ 피난유도 표시부는 50 cm 이내의 간격으로 연속되도록 설치하되 실내장식물 등으로 설치가 곤란할 경우 2 m 이내로 설치할 것

해설 광원점등방식의 피난유도선 설치기준
1. 구획된 각 실로부터 주출입구 또는 비상구까지 설치할 것
2. 피난유도 표시부는 바닥으로부터 높이 1m 이하의 위치 또는 바닥 면에 설치할 것
3. 피난유도 표시부는 **50cm 이내**의 간격으로 연속되도록 설치하되 실내장식물 등으로 설치가 곤란할 경우 **1m 이내**로 설치할 것
4. 수신기로부터의 화재신호 및 수동조작에 의하여 광원이 점등되도록 설치할 것
5. 비상전원이 상시 충전상태를 유지하도록 설치할 것
6. 바닥에 설치되는 피난유도 표시부는 매립하는 방식을 사용할 것
7. 피난유도 제어부는 조작 및 관리가 용이하도록 바닥으로부터 0.8m 이상 1.5m 이하의 높이에 설치할 것

37 ★★★ 출제년도 【17.】

피난구유도등의 설치제외 기준 중 틀린 것은?

① 거실 각 부분으로부터 하나의 출입구에 이르는 보행거리가 20m 이하이고 비상조명등과 유도표지가 설치된 거실의 출입구

② 바닥면적이 500m² 미만인 층으로서 옥내로부터 직접 지상으로 통하는 출입구(외부의 식별이 용이하지 않은 경우에 한함)

③ 출입구가 3이상 있는 거실로서 그 거실 각 부분으로부터 하나의 출입구에 이르는 보행거리가 30m 이하인 경우에는 주된 출입구 2개소외의 출입구(유도표지가 부착된 출입구)

④ 대각선 길이가 15m 이내인 구획된 실의 출입구

해설 피난구유도등 설치제외
① 바닥면적이 **1,000[m²]** 미만인 층으로서 옥내로부터 직접 지상으로 통하는 출입구(외부의 식별이 용이한 경우에 한한다)
② 대각선 길이가 15m 이내인 구획된 실의 출입구 〈시행 2021.7.8.〉
③ 거실 각 부분으로부터 하나의 출입구에 이르는 보행거리가 20[m] 이하이고 비상조명등과 유도표지가 설치된 거실의 출입구
④ 출입구가 3 이상 있는 거실로서 그 거실 각 부분으로부터 하나의 출입구에 이르는 보행거리가 30m 이하인 경우에는 주된 출입구 2개소 외의 출입구(유도표지가 부착된 출입구를 말한다). 다만, 공연장·집회장·관람장·전시장·판매시설 및 영업시설·숙박시설·노유자시설·의료시설의 경우에는 그러하지 아니하다.

정답 36. ④ 37. ②

38

유도등을 설치하지 아니하는 경우의 기준 중 다음 ( ) 안에 알맞은 것은?

> 거실 등의 각 부분으로부터 하나의 거실 출입구에 이르는 보행거리가 ( )m 이하인 객석의 통로로서 그 통로에 통로유도등이 설치된 객석

① 15　　② 20
③ 30　　④ 50

해설 유도등 및 유도표지의 화재안전기술기준(유도등 및 유도표지의 제외)
① 피난구유도등 설치제외
  1. 바닥면적이 1,000 m² 미만인 층으로서 옥내로부터 직접 지상으로 통하는 출입구(외부의 식별이 용이한 경우에 한한다)
  2. **대각선 길이가 15 m 이내인 구획된 실의 출입구**
  3. 거실 각 부분으로부터 하나의 출입구에 이르는 보행거리가 **20 m 이하**이고 비상조명등과 유도표지가 설치된 거실의 출입구
  4. 출입구가 3 이상 있는 **거실**로서 그 거실 각 부분으로부터 하나의 출입구에 이르는 보행거리가 **30 m 이하**인 경우에는 주된 출입구 2개소외의 출입구(유도표지가 부착된 출입구를 말한다). 다만, 공연장·집회장·관람장·전시장·판매시설·운수시설·숙박시설·노유자시설·의료시설·장례식장의 경우에는 그러하지 아니하다.
② 통로유도등 설치제외
  1. 구부러지지 아니한 복도 또는 통로로서 길이가 **30 m 미만**인 복도 또는 통로
  2. 제1호에 해당하지 않는 복도 또는 통로로서 보행거리가 **20 m 미만**이고 그 복도 또는 통로와 연결된 출입구 또는 그 부속실의 출입구에 피난구유도등이 설치된 복도 또는 통로
③ 객석유도등 설치제외
  1. 주간에만 사용하는 장소로서 채광이 충분한 객석
  2. 거실 등의 각 부분으로부터 하나의 거실출입구에 이르는 **보행거리가 20 m 이하**인 객석의 통로로서 그 통로에 통로유도등이 설치된 객석

39

통로유도등 표지면의 색상으로 맞는 것은?

① 녹색바탕에 백색문자
② 녹색바탕에 황색문자
③ 백색바탕에 녹색문자
④ 백색바탕에 청색문자

해설 표지면의 색상
통로유도등 : 백색바탕에 녹색문자
피난구유도등 : 녹색바탕에 백색문자

40

통로유도등은 어떤 색상으로 표시하여야 하는가?(단, 계단에 설치하는 것은 제외한다.)

① 백색바탕에 녹색으로 피난방향 표시
② 백색바탕에 적색으로 피난방향 표시
③ 녹색바탕에 백색으로 피난방향 표시
④ 적색바탕에 백색으로 피난방향 표시

해설 통로유도등은 백색바탕에 녹색으로 피난방향을 표시한 등으로 하여야 한다. 다만, 계단에 설치하는 것에 있어서는 피난의 방향을 표시하지 아니할 수 있다.

41

유도등 및 유도표지의 화재안전기준(NFSC 303)에 따른 통로유도등의 설치기준에 대한 설명으로 틀린 것은?

① 복도·거실통로유도등은 구부러진 모퉁이 및 보행거리 20 m 마다 설치
② 복도·계단통로유도등은 바닥으로부터 높이 1 m 이하의 위치에 설치
③ 통로유도등은 녹색바탕에 백색으로 피난방향을 표시한 등으로 할 것
④ 거실통로유도등은 바닥으로부터 높이 1.5 m 이상의 위치에 설치

해설 제6조(통로유도등 설치기준)
1. 복도통로유도등

정답 38. ② 39. ③ 40. ① 41. ③

① 구부러진 모퉁이 및 보행거리 20m마다 설치할 것
② 바닥으로부터 높이 1m 이하의 위치에 설치할 것

2. 거실통로유도등
① 구부러진 모퉁이 및 보행거리 20m마다 설치할 것
② 바닥으로부터 높이 1.5m 이상의 위치에 설치할 것. 다만, 거실통로에 기둥이 설치된 경우에는 기둥부분의 바닥으로부터 높이 1.5m 이하의 위치에 설치할 수 있다

3. 계단통로유도등
① 각층의 경사로 참 또는 계단참마다(1개층에 경사로 참 또는 계단참이 2 이상 있는 경우에는 2개의 계단참마다)설치할 것
② 바닥으로부터 높이 1m 이하의 위치에 설치할 것

42 ★★★ 출제년도【18.】
복도통로유도등의 식별도 기준 중 다음 ( ) 안에 알맞은 것은?

> 복도통로유도등에 있어서 사용전원으로 등을 켜는 경우에는 직선거리 (㉠) m의 위치에서, 비상전원으로 등을 켜는 경우에는 직선거리 (㉡) m의 위치에서 보통시력에 의하여 표시면의 화살표가 쉽게 식별되어야 한다.

① ㉠ 15, ㉡ 20
② ㉠ 20, ㉡ 15
③ ㉠ 30, ㉡ 20
④ ㉠ 20, ㉡ 30

해설 유도등 형식승인 및 제품검사의 기술기준 제16조(식별도 및 시야각시험)
복도통로유도등에 있어서 사용전원으로 등을 켜는 경우에는 직선거리 20 m의 위치에서, 비상전원으로 등을 켜는 경우에는 직선거리 15 m의 위치에서 보통시력에 의하여 표시면의 화살표가 쉽게 식별되어야 한다.

43 ★★ 출제년도【12,18.】
유도등 예비전원의 종류로 옳은 것은?

① 알카리계 2차축전지
② 리튬계 1차축전지
③ 리튬-이온계 2차축전지
④ 수은계 1차축전지

해설 유도등의 예비전원(유도등의 형식승인 기준 제3조 (일반구조))
① 축전지 : 알카리계, 리튬계 2차 축전지
② 축전기 : 콘덴서

44 ★ 출제년도【13.】
유도등의 전선의 굵기는 인출선인 경우 단면적이 몇 [mm²] 이상이어야 하는가?

① 0.25[mm²]   ② 0.5[mm²]
③ 0.75[mm²]   ④ 1.25[mm²]

해설 전선의 굵기가 **인출선인 경우에는 단면적이 0.75[mm²] 이상**, 인출선외의 경우에는 단면적이 0.5[mm²] 이상이어야 한다.

45 ★★★ 출제년도【20.】
유도등의 우수품질인증 기술기준에 따른 유도등의 일반구조에 대한 내용이다. 다음 ( )에 들어갈 내용으로 옳은 것은?

> 전선의 굵기는 인출선인 경우에는 단면적이 (ⓐ) mm² 이상, 인출선 외의 경우에는 면적이 (ⓑ)mm² 이상이어야 한다.

① ⓐ 0.75 ⓑ 0.5
② ⓐ 0.75 ⓑ 0.75
③ ⓐ 1.5   ⓑ 0.75
④ ⓐ 2.5   ⓑ 1.5

해설 전선의 굵기는 인출선인 경우에는 단면적이 0.75 mm² 이상, 인출선 외의 경우에는 면적이 0.5 mm² 이상이어야 한다.

46 축광유도표지의 표지면의 휘도는 주위조도 0[lx]에서 몇 분간 발광 후 몇 [mcd/m²] 이상이어야 하는가?

① 30분, 20[mcd/m²]
② 30분, 7[mcd/m²]
③ 60분, 20[mcd/m²]
④ 60분, 7[mcd/m²]

해설 축광표지의 성능인증 및 제품검사 기술기준 제9조(휘도시험)
60분간 발광시킨 후의 휘도는 1m²당 7mcd 이상이어야 한다.

47 축광표지의 식별도시험에 관련한 기준에서 ( )에 알맞은 것은?

> 축광유도표지는 200[lx] 밝기의 광원으로 20분간 조사시킨 상태에서 다시 주위조도를 0[lx]로 하여 60분간 발광시킨 후 직선거리 ( )[m] 떨어진 위치에서 유도표지가 있다는 것이 식별되어야 한다.

① 3 ② 5
③ 10 ④ 20

해설 축광표지의 식별도시험
축광유도표지는 200[lx] 밝기의 광원으로 20분간 조사시킨 상태에서 다시 주위조도를 0[lx]로 하여 60분간 발광시킨 후 직선거리 20[m] 떨어진 위치에서 유도표지가 있다는 것이 식별되어야 한다.

48 유도등의 형식승인 및 제품검사의 기술기준에 따른 유도등의 일반구조에 대한 설명으로 틀린 것은?

① 축전지에 배선 등을 직접 납땜하지 아니하여야 한다.
② 충전부가 노출되지 아니한 것은 300V를 초과할 수 있다.
③ 예비전원을 직렬로 접속하는 경우는 역충전 방지 등의 조치를 강구하여야 한다.
④ 유도등에는 점멸, 음성 또는 이와 유사한 방식 등에 의한 유도장치를 설치할 수 있다.

해설 예비전원을 **병렬로 접속하는 경우**는 역충전 방지등의 조치를 강구하여야 한다.

49 유도등의 형식승인 및 제품검사의 기술기준에 따라 영상표시소자(LED, LCD 및 PDP 등)를 이용하여 피난유도표시 형상을 영상으로 구현하는 방식은?

① 투광식 ② 패널식
③ 방폭형 ④ 방수형

해설
- 투광식 : 광원의 빛이 통과하는 투과면에 피난유도표시 형상을 인쇄하는 방식
- 패널식 : 영상표시소자(LED, LCD 및 PDP 등)를 이용하여 피난유도표시 형상을 영상으로 구현하는 방식

50 유도등의 형식승인 및 제품검사의 기술기준에 따라 객석유도등은 바닥면 또는 디딤바닥면에서 높이 0.5 m의 위치에 설치하고 그 유도등의 바로 밑에서 0.3 m 떨어진 위치에서의 수평조도가 몇 lx 이상이어야 하는가?

① 0.1 ② 0.2
③ 0.5 ④ 1

해설 객석유도등은 바닥면 또는 디딤 바닥면에서 높이 0.5 m의 위치에 설치하고 그 유도등의 바로 밑에서 0.3 m 떨어진 위치에서의 수평조도가 0.2 lx 이상이어야 한다.

정답 46. ④ 47. ④ 48. ③ 49. ② 50. ②

08 비상조명등 설비 (NFTC 304)

1. 설치대상

1. 비상조명등 ★★
1) 지하층을 포함하는 층수가 5층 이상인 건축물로서 연면적 3천m^2 이상
2) 지하층 또는 무창층의 바닥면적이 450m^2 이상인 경우에는 해당 층
3) 지하가 중 터널로서 그 길이가 500m 이상인 것

2. 휴대용비상조명등 ★★
1) 숙박시설
2) 수용인원 **100명** 이상의 영화상영관, 판매시설 중 대규모점포, 철도 및 도시철도 시설 중 지하역사, 지하가 중 지하상가

2. 용어정의

용어	정의	비고
비상조명등	화재발생 등에 따른 정전 시 안전하고 원활한 피난활동을 할 수 있도록 거실 및 피난통로 등에 설치되어 자동 점등되는 조명등	
휴대용 비상조명등	화재발생 등으로 정전 시 안전하고 원활한 피난을 위하여 피난자가 휴대할 수 있는 조명등	

3. 비상조명등 설치기준 ★★★

1. 각 **거실**과 그로부터 지상에 이르는 **복도·계단** 및 그 밖의 **통로**에 설치할 것
2. 조도는 비상조명등이 설치된 장소의 각 부분의 바닥에서 **1 lx 이상**이 되도록 할 것
3. 예비전원을 내장하는 비상조명등에는 평상시 점등 여부를 확인할 수 있는 점검스위치를 설치하고 해당 조명등을 유효하게 작동시킬 수 있는 용량의 축전지와 예비전원 충전장치를 내장할 것
4. 예비전원을 내장하지 아니하는 비상조명등의 비상전원 : **자가발전설비, 축전지설비** 또는 **전기저장장치**(외부 전기에너지를 저장해 두었다가 필요한 때 전기를 공급하는 장치)
   1) 점검에 편리하고 화재 및 침수 등의 재해로 인한 피해를 받을 우려가 없는 곳에 설치할 것
   2) 상용전원으로부터 전력의 공급이 중단된 때에는 자동으로 비상전원으로부터 전력을 공급받을 수 있도록 할 것
   3) 비상전원의 설치장소는 다른 장소와 방화구획 할 것. 이 경우 그 장소에는 비상전원의 공급에 필요한 기구나 설비 외의 것(열병합발전설비에 필요한 기구나 설비는 제외한다)을 두어서는 아니 된다.
   4) 비상전원을 실내에 설치하는 때에는 그 실내에 **비상조명등**을 설치할 것
5. 비상전원 : 비상조명등을 **20분 이상** 유효하게 작동시킬 수 있는 용량

> **60분 이상** 유효하게 작동시킬 수 있는 용량
> 1) 지하층을 제외한 층수가 11층 이상의 층
> 2) 지하층 또는 무창층으로서 용도가 도매시장·소매시장· 여객자동차터미널·지하역사 또는 지하상가

4. 휴대용비상조명등 설치기준 ★★★

1. 다음 각목의 장소에 설치할 것
   1) 숙박시설 또는 다중이용업소에는 객실 또는 영업장안의 구획된 실마다 잘 보이는 곳(외부에 설치 시 출입문 손잡이로부터 **1m 이내** 부분)에 1개 이상 설치
   2) 대규모점포(지하상가 및 지하 역사 제외)와 영화상영관에는 보행거리 **50m 이내**마다 **3개 이상** 설치

3) 지하상가 및 지하역사에는 보행거리 **25m 이내 마다 3개 이상** 설치
2. 설치높이는 바닥으로부터 **0.8m 이상 1.5m 이하**의 높이에 설치할 것
3. 어둠속에서 위치를 확인할 수 있도록 할 것
4. 사용 시 자동으로 점등되는 구조일 것
5. 외함은 난연성능이 있을 것
6. 건전지 및 충전식 배터리의 용량은 **20분** 이상 유효하게 사용할 수 있는 것으로 할 것
7. 건전지를 사용하는 경우에는 방전 방지조치를 해야 하고, 충전식 배터리의 경우에는 상시 충전되도록 할 것

5. 비상조명등의 제외

1. 비상조명등 설치제외 ★
1) 거실의 각 부분으로부터 하나의 출입구에 이르는 보행거리가 **15m이내**인 부분
2) **의원 · 경기장 · 공동주택 · 의료시설 · 학교**의 거실

2. 지상1층 또는 피난층으로서 복도 · 통로 또는 창문 등의 개구부를 통하여 피난이 용이한 경우 또는 숙박시설로서 복도에 비상조명등을 설치한 경우에는 휴대용비상조명등을 설치하지 아니할 수 있다.

6. 도로터널 비상조명등 기준 ★★★

1. 상시 조명이 소등된 상태에서 비상조명등이 점등되는 경우 터널 안의 차도 및 보도의 바닥면의 조도는 10 lx **이상**, 그 외 모든 지점의 조도는 1 lx **이상**이 될 수 있도록 설치할 것
2. 비상조명등의 비상전원은 상용전원이 차단되는 경우 자동으로 비상조명등을 유효하게 **60분 이상** 작동할 수 있어야 할 것
3. 비상조명등에 내장된 예비전원이나 축전지설비는 상용전원의 공급에 의하여 상시 충전상태를 유지할 수 있도록 설치할 것

7. 비상조명등의 형식승인 및 제품검사의 기술기준

1. 제3조(일반구조)

1) 상용전원전압의 **110% 범위** 안에서는 비상조명등 내부의 온도상승이 그 기능에 지장을 주거나 위해를 발생시킬 염려가 없어야 한다.
2) 사용전압은 **300V 이하**이어야 한다. 다만, 충전부가 노출되지 아니한 것은 300V를 초과할 수 있다.
3) 전선의 굵기가 인출선인 경우에는 **단면적이 0.75mm² 이상**, 인출선 외의 경우에는 **단면적이 0.5mm² 이상**이어야 한다.
4) 인출선의 길이는 전선인출 부분으로부터 **150mm 이상**이어야 한다.
5) 유효점등시간은 **20분 이상**으로 하며 20분 단위로 제조사가 설정한다.

2. 제18조(절연저항시험)

비상조명등의 교류입력측과 외함 사이, 절연된 교류입력측과 충전부사이 및 절연된 충전부의 외함 사이의 각각 절연저항은 직류 500V의 절연저항계로 측정한 값이 **5MΩ 이상**이어야 한다.

08 출제예상문제

비상조명등 설비

01 ★★★ 출제년도 【13.】
복도에 비상조명등을 설치한 경우 휴대용 비상조명등의 설치를 제외할 수 있는 시설로서 옳은 것은?

① 숙박시설　　② 근린생활시설
③ 아파트　　　④ 다중이용업소

해설 비상조명등의 제외
1) 다음 각 호의 어느 하나에 해당하는 경우에는 비상조명등을 설치하지 아니한다.
　① 거실의 각 부분으로부터 하나의 출입구에 이르는 보행거리가 15[m] 이내인 부분
　② 의원·경기장·공동주택·의료시설·학교의 거실
2) 지상1층 또는 피난층으로서 복도·통로 또는 창문 등의 개구부를 통하여 피난이 용이한 경우 또는 **숙박시설**로서 **복도에 비상조명등을 설치 한 경우**에는 **휴대용비상조명등을 설치하지 아니할 수 있다.**

02 ★ 출제년도 【09. 12.】
비상조명등의 조도에 대한 설치기준으로 옳은 것은?

① 비상조명등이 설치된 장소로부터 30[m] 떨어진 곳의 바닥에서 1[lx] 이상이 되어야 한다.
② 비상조명등이 설치된 장소로부터 10[m] 떨어진 곳의 바닥에서 1[lx] 이상이 되어야 한다.
③ 비상조명등이 설치된 장소로부터 20[m] 떨어진 곳의 바닥에서 1[lx] 이상이 되어야 한다.
④ 비상조명등이 설치된 장소의 각 부분의 바닥에서 1[lx] 이상이 되어야 한다.

해설 비상조명등은 다음 각호의 기준에 따라 설치하여야 한다.
1) 조도는 비상조명등이 설치된 장소의 각 부분의 바닥에서 1[lx] 이상이 되도록 할 것
2) 예비전원을 내장하는 비상조명등에는 평상시 점등여부를 확인할 수 있는 점검스위치를 설치하고 당해 조명등을 유효하게 작동시킬 수 있는 용량의 축전지와 예비전원 충전장치를 내장할 것

03 ★★ 출제년도 【09. 13.】
비상조명등 조도는 비상조명등이 설치된 장소의 각 부분의 바닥에서 얼마 이상이 되어야 하는가?

① 1[lx] 이상　　② 2[lx] 이상
③ 3[lx] 이상　　④ 0.5[lx] 이상

해설 비상조명등의 설치기준
1) 소방대상물의 각 거실과 그로부터 지상에 이르는 복도·계단 및 그 밖의 통로에 설치할 것
2) 조도는 비상조명등이 설치된 장소의 각 부분의 바닥에서 **1[lx] 이상이 되도록 할 것**

04 ★★★ 출제년도 【20.】
비상조명등의 화재안전기술기준(NFTC 304)에 따라 조도는 비상조명등이 설치된 장소의 각 부분의 바닥에서 몇 lx 이상이 되도록 하여야 하는가?

① 1　　② 3
③ 5　　④ 10

해설 조도는 비상조명등이 설치된 장소의 각 부분의 바닥에서 **1 lx 이상이 되도록 할 것**

정답 01. ① 02. ④ 03. ① 04. ①

05 ★★★ 출제년도【12.】
예비전원을 내장하지 아니하는 비상조명등의 비상전원은 자가발전설비 및 축전지설비를 설치하여야 한다. 설치기준으로 옳지 않은 것은?

① 비상전원을 실내에 설치하는 때에는 그 실내에는 비상조명등을 설치하지 않아도 된다.
② 점검이 편리하고 화재 및 침수 등의 재해로 인한 피해를 받을 우려가 없는 곳에 설치한다.
③ 비상전원의 설치장소는 다른 장소와의 방화구획을 하여야 한다.
④ 상용전원으로부터 전력의 공급이 중단된 때에는 자동으로 비상전원으로부터 전력을 공급받는 장치를 설치하여야 한다.

해설 예비전원을 내장하지 아니하는 비상조명등의 비상전원은 자가발전설비, 전기저장장치(외부 전기에너지를 저장해 두었다가 필요한 때 전기를 공급하는 장치) 또는 축전지설비를 설치하여야 하며, **비상전원을 실내에 설치하는 때에는 그 실내에 비상조명등을 설치하여야 한다.**

06 ★★ 출제년도【13.】
비상조명등에 관한 설치기준으로 옳은 것은?

① 조도는 1[lx] 이고 예비전원의 축전지용량은 10분 이상 비상조명을 작동시킬 수 있어야 한다.
② 예비전원을 내장하는 비상조명등에는 축전지와 예비전원 충전장치를 내장하여야 한다.
③ 비상조명등에는 점검스위치를 설치하여서는 아니 된다.
④ 예비전원을 내장하지 않는 비상조명기구는 사용할 수 없다.

해설 비상조명등은 다음 각호의 기준에 따라 설치하여야 한다.
1) 조도는 비상조명등이 설치된 장소의 각 부분의 바닥에서 1[lx] 이상이 되도록 하고, 예비전원의 축전지용량은 **20분 이상** 비상조명을 작동시킬 수 있어야 한다.
2) **예비전원을 내장하는 비상조명등에는** 평상시 점등 여부를 확인할 수 있는 **점검스위치**를 설치하고 당해 조명등을 유효하게 작동시킬 수 있는 용량의 **축전지와 예비전원 충전장치를 내장할 것**

07 ★★★ 출제년도【05, 13.】
휴대용 비상조명등의 건전지 및 충전식 배터리는 몇 분 이상 유효하게 사용할 수 있어야 하는가?

① 10분　　② 20분
③ 30분　　④ 40분

해설 휴대용 비상조명등
1) 건전지를 사용하는 경우에는 방전방지조치를 하여야 하고, 충전식 배터리의 경우에는 상시 충전되도록 할 것
2) 건전지 및 충전식 배터리의 용량은 **20분 이상** 유효하게 사용할 수 있는 것으로 할 것

08 ★★★ 출제년도【10, 12.】
지하상가 및 지하역사의 경우 휴대용비상조명등의 설치기준으로 알맞은 것은?

① 보행거리 25[m] 이내마다 5개 이상 설치
② 보행거리 50[m] 이내마다 5개 이상 설치
③ 보행거리 25[m] 이내마다 3개 이상 설치
④ 보행거리 50[m] 이내마다 3개 이상 설치

해설 휴대용 비상조명등 설치기준
1) 숙박시설 또는 다중이용업소에는 객실 또는 영업장안의 구획된 실마다 잘 보이는 곳(외부에 설치시 출입문 손잡이로부터 1[m] 이내 부분)에 1개 이상 설치
2) 대규모 점포 및 영화상영관에는 보행거리 50[m] 이내마다 3개 이상 설치
3) **지하상가 및 지하역사에는 보행거리 25[m] 이내마다 3개 이상 설치**

정답 05. ① 06. ② 07. ② 08. ③

4) 설치높이는 바닥으로부터 0.8[m] 이상 1.5[m] 이하의 높이에 설치할 것

해설 휴대용비상조명등의 설치기준
1) 숙박시설 또는 다중이용업소에는 객실 또는 영업장안의 구획된 실마다 잘 보이는 곳(외부에 설치 시 출입문 손잡이로부터 1[m] 이내 부분)에 1개 이상 설치
2) 대규모 점포 및 영화상영관에는 보행거리 50[m] 이내마다 3개 이상 설치
3) 지하상가 및 지하역사에는 보행거리 25[m] 이내마다 3개 이상 설치
4) 설치높이는 바닥으로부터 0.8[m] 이상 1.5[m] 이하의 높이에 설치할 것
5) 건전지 및 충전식 배터리의 용량은 20분 이상 유효하게 사용할 수 있는 것으로 할 것

09 ★★★ 출제년도【06, 07, 11, 12.】
휴대용 비상조명등을 설치한 경우이다. 화재안전기준에 적합하지 않는 경우는?

① 다중이용업소의 객실마다 잘 보이는 곳에 1개 이상 설치하였다.
② 대규모 점포에 보행거리 50[m] 이내마다 5개씩 설치되었다.
③ 지하상가에 보행거리 25[m] 이내마다 4개씩 설치되었다.
④ 지하역사에 보행거리 50[m] 이내마다 3개씩 설치하였다.

해설 휴대용비상조명등의 설치기준
1) 숙박시설 또는 다중이용업소에는 객실 또는 영업장안의 구획된 실마다 잘 보이는 곳(외부에 설치 시 출입문 손잡이로부터 1[m] 이내 부분)에 1개 이상 설치
2) 대규모 점포 및 영화상영관에는 보행거리 50[m] 이내마다 3개 이상 설치
3) 지하상가 및 <U>지하역사에는 보행거리 25[m] 이내마다 3개 이상 설치</U>

11 ★★★ 출제년도【17, 20.】
휴대용비상조명등의 설치기준 중 다음 ( )안에 알맞은 것은?

지하상가 및 지하역사에는 보행거리 (㉠)m 이내마다 (㉡)개 이상 설치할 것

① ㉠ 25, ㉡ 1
② ㉠ 25, ㉡ 3
③ ㉠ 50, ㉡ 1
④ ㉠ 50, ㉡ 3

해설 휴대용비상조명등의 설치기준
① 숙박시설 또는 다중이용업소에는 객실 또는 영업장안의 구획된 실마다 잘 보이는 곳(외부에 설치 시 출입문 손잡이로부터 1[m] 이내 부분)에 1개 이상 설치
② 대규모 점포 및 영화상영관에는 보행거리 50[m] 이내 마다 3개 이상 설치
③ 지하상가 및 지하역사에는 보행거리 25[m] 이내마다 3개 이상 설치
④ 설치높이는 바닥으로부터 0.8[m] 이상 1.5[m] 이하의 높이에 설치할 것

10 ★★★ 출제년도【15.】
휴대용비상조명등의 설치기준으로 옳지 않은 것은?

① 숙박시설 또는 다중이용업소에는 객실 또는 영업장 안의 구획된 실마다 잘 보이는 곳에 1개 이상 설치
② 대규모점포에는 보행거리 30[m] 이내마다 2개 이상 설치
③ 영화상영관에는 보행거리 50[m] 이내마다 3개 이상 설치
④ 지하역사에는 보행거리 25[m] 이내마다 3개 이상 설치

12 ★★★ 출제년도【14.】
휴대용 비상조명등의 설치높이는 바닥으로부터 몇 [m] 이상 몇 [m] 이하인가?

① 0.5[m] 이상 1.0[m] 이하
② 0.8[m] 이상 1.5[m] 이하
③ 0.8[m] 이상 2.0[m] 이하
④ 1.0[m] 이상 2.5[m] 이하

정답 09. ④ 10. ② 11. ② 12. ②

해설 설치높이는 바닥으로부터 0.8[m] 이상 1.5[m] 이하의 높이에 설치할 것

13 휴대용비상조명등 설치 높이는?

① 0.8m~1.0m   ② 0.8m~1.5m
③ 1.0m~1.5m   ④ 1.0m~1.8m

해설 휴대용비상조명등 설치기준
1. 다음 각목의 장소에 설치할 것
   1) 숙박시설 또는 다중이용 업소에는 객실 또는 영업장안의 구획된 실마다 잘 보이는 곳(외부에 설치 시 출입문 손잡이로부터 1m 이내 부분)에 1개 이상 설치
   2) 대규모점포(지하상가 및 지하 역사 제외)와 영화상영관에는 보행거리 50m 이내마다 3개 이상 설치
   3) 지하상가 및 지하역사에는 보행거리 25m 이내마다 3개 이상 설치
2. 설치높이는 바닥으로부터 **0.8m 이상 1.5m 이하**의 높이에 설치할 것
3. 어둠속에서 위치를 확인할 수 있도록 할 것
4. 사용 시 자동으로 점등되는 구조일 것
5. 외함은 난연성능이 있을 것
6. 건전지 및 충전식 배터리의 용량은 20분 이상 유효하게 사용할 수 있는 것으로 할 것

14 휴대용 비상조명등의 적합한 기준이 아닌 것은?

① 설치높이는 바닥으로부터 0.8[m] 이상 1.5[m] 이하의 높이에 설치할 것
② 사용 시 자동으로 점등되는 구조일 것
③ 외함은 난연성능이 있을 것
④ 충전식 배터리의 용량은 10분 이상 유효하게 사용할 수 있는 것으로 할 것

해설 휴대용 비상조명등의 설치기준
1. 설치높이는 바닥으로부터 **0.8[m] 이상 1.5[m] 이하**의 높이에 설치할 것
2. 어둠속에서 위치를 확인할 수 있도록 할 것
3. 사용 시 자동으로 점등되는 구조일 것
4. 외함은 난연성능이 있을 것
5. **건전지 및 충전식 배터리의 용량은 20분 이상** 유효하게 사용할 수 있는 것으로 할 것

15 휴대용비상조명등의 설치기준 중 틀린 것은?

① 영화상영관에는 보행거리 50m 이내마다 3개 이상 설치할 것
② 지하상가 및 지하역사에는 보행거리 30m 이내마다 3개 이상 설치할 것
③ 숙박시설 또는 다중이용업소에는 객실 또는 영업장안의 구획된 실마다 잘 보이는 곳에 1개 이상 설치할 것
④ 건전지 및 충전식 밧데리의 용량은 20분 이상 유효하게 사용할 수 있는 것으로 할 것

해설 휴대용비상조명등의 설치기준
① 숙박시설 또는 다중이용업소에는 객실 또는 영업장안의 구획된 실마다 잘 보이는 곳(외부에 설치 시 출입문 손잡이로부터 1 [m] 이내 부분)에 1개 이상 설치
② 대규모 점포 및 영화상영관에는 보행거리 50 [m] 이내 마다 3개 이상 설치
③ **지하상가 및 지하역사에는 보행거리 25[m] 이내 마다 3개 이상 설치**
④ 설치높이는 바닥으로부터 0.8 [m] 이상 1.5 [m] 이하의 높이에 설치할 것

16 휴대용비상조명등의 설치기준 중 틀린 것은?

① 대규모점포(지하상가 및 지하역사는 제외)와 영화상영관에는 보행거리 50 m 이내마다 3개 이상 설치할 것
② 사용 시 수동으로 점등되는 구조일 것
③ 건전지 및 충전식 밧데리의 용량은 20분 이상 유효하게 사용할 수 있는 것으로 할 것

정답 13. ② 14. ④ 15. ② 16. ②

④ 지하상가 및 지하역사에는 보행거리 25 m 이내마다 3개 이상 설치할 것

해설 비상조명등의 화재안전기술기준
1. 다음 각 목의 장소에 설치할 것
   가. 숙박시설 또는 다중이용업소에는 객실 또는 영업장안의 구획된 실마다 잘 보이는 곳(외부에 설치시 출입문 손잡이로부터 1m 이내 부분)에 1개 이상 설치
   나. 대규모점포(지하상가 및 지하역사는 제외한다)와 영화상영관에는 보행거리 **50 m 이내마다 3개 이상** 설치
   다. 지하상가 및 지하역사에는 보행거리 **25 m 이내마다 3개 이상** 설치
2. 설치높이는 바닥으로부터 **0.8 m 이상 1.5 m 이하**의 높이에 설치할 것
3. 어둠속에서 위치를 확인할 수 있도록 할 것
4. 사용 시 **자동**으로 점등되는 구조일 것
5. 외함은 **난연성능**이 있을 것
6. 건전지를 사용하는 경우에는 방전방지조치를 하여야 하고, 충전식 밧데리의 경우에는 상시 충전되도록 할 것
7. 건전지 및 충전식 밧데리의 용량은 20 분 이상 유효하게 사용할 수 있는 것으로 할 것

17
휴대용비상조명등을 설치하여야 하는 특정소방대상물에 해당하는 것은?
① 종합병원 ② 숙박시설
③ 노유자시설 ④ 집회장

해설 휴대용비상조명등 설치대상
1) 숙박시설
2) 수용인원 100명 이상의 영화상영관
3) 대규모점포
4) 지하역사
5) 지하상가

18
비상조명등을 60분 이상 유효하게 작동시킬 수 있는 용량의 비상전원을 확보하여야 하는 장소가 아닌 것은?
① 지하층을 제외한 층수가 11층 이상의 층
② 지하층으로 용도가 도매시장·소매시장인 경우
③ 무창층으로 용도가 무도장인 경우
④ 지하층으로 용도가 지하역사 또는 지하상가인 경우

해설 비상조명등을 60분 이상 유효하게 작동시킬 수 있는 용량
① 지하층을 제외한 층수가 11층 이상의 층
② 지하층 또는 무창층으로서 용도가 도매시장·소매시장·여객자동차터미널·지하역사 또는 지하상가

19
비상전원이 비상조명등을 60분 이상 유효하게 작동시킬 수 있는 용량으로 하지 않아도 되는 특정소방대상물은?
① 지하상가
② 숙박시설
③ 무창층으로서 용도가 소매시장
④ 지하층을 제외한 층수가 11층 이상의 층

해설 비상조명등을 60분 이상 유효하게 작동시킬 수 있는 용량으로 하여야 하는 특정소방대상물
① 지하층을 제외한 층수가 11층 이상의 층
② 지하층 또는 무창층으로서 용도가 도매시장·소매시장·여객자동차터미널·지하역사 또는 지하상가

20
특정소방대상물의 그 부분에서 피난층에 이르는 부분의 비상조명등을 60분 이상 유효하게 작동시킬 수 있는 용량으로 하여야 하는 경우가 아닌 것은?
① 지하층을 제외한 층수가 11층 이상의 층
② 지하층 또는 무창층으로서 용도가 도매시장·소매시장
③ 지하층 또는 무창층으로서 용도가 여객자동차터미널·지하역사 또는 지하상가
④ 지하가 중 터널로서 길이 500m 이상

해설 지하가 중 터널로서 길이 500m 이상은 비상경보설비 설치대상이다.
① 비상조명등을 60분 이상 유효하게 작동시킬 수 있는 용량
② 지하층을 제외한 층수가 11층 이상의 층
③ 지하층 또는 무창층으로서 용도가 도매시장·소매시장·여객자동차터미널·지하역사 또는 지하상가

21 ★★★ 출제년도 【14.】
비상조명등의 설치기준에 대한 설명으로 틀린 것은?

① 지하층을 제외한 층수가 11층 이상의 층의 비상전원은 30분 이상이 용량으로 할 것
② 예비전원 비내장 비상조명등의 비상전원은 자가발전기설비, 축전지설비 또는 전기저장장치를 설치할 것
③ 비상전원을 실내에 설치하는 때에는 그 실내에 비상조명등을 설치할 것
④ 비상조명등의 조도는 설치된 장소의 각 부분 바닥에서 1 lx 이상이 되도록 할 것

해설 1) 예비전원을 내장하지 아니하는 비상조명등의 비상전원은 **자가발전설비, 축전지설비 또는 전기저장장치**(외부 전기에너지를 저장해 두었다가 필요한 때 전기를 공급하는 장치)
2) 비상전원은 비상조명등을 20분 이상 유효하게 작동시킬 수 있는 용량으로 할 것. 다만, 다음 특정소방대상물의 경우에는 그 부분에서 피난 층에 이르는 부분의 비상조명등을 **60분 이상** 유효하게 작동시킬 수 있는 용량으로 하여야 한다.
① 지하층을 제외한 층수가 11층 이상의 층
② 지하층 또는 무창층으로서 용도가 도매시장·소매시장·여객자동차터미널·지하역사 또는 지하상가

22 ★★ 출제년도 【16.】
무창층의 도매시장에 설치하는 비상조명등용 비상전원은 당해 비상조명등을 몇 분 이상 유효하게 작동시킬 수 있는 용량으로 하여야 하는가?

① 10분
② 20분
③ 30분
④ 60분

해설 비상전원은 비상조명등을 20분 이상 유효하게 작동시킬 수 있는 용량으로 할 것. 다만, 다음 각 목의 특정소방대상물의 경우에는 그 부분에서 피난에 이르는 부분의 비상조명등을 **60분 이상** 유효하게 작동시킬 수 있는 용량으로 하여야 한다.

23 ★★★ 출제년도 【13.】
비상조명등의 설치제외 장소가 아닌 것은?

① 백화점
② 의원, 의료시설
③ 경기장
④ 공동주택

해설 **비상조명등의 제외**
1) 거실의 각 부분으로부터 하나의 출입구에 이르는 보행거리가 15[m] 이내인 부분
2) **의원·경기장·공동주택·의료시설·학교의 거실**

24 ★★★ 출제년도 【16.】
비상조명등의 설치제외 장소가 아닌 것은?

① 의원의 거실
② 경기장의 거실
③ 의료시설의 거실
④ 종교시설의 거실

해설 비상조명등 설치제외
1) 거실의 각 부분으로부터 하나의 출입구에 이르는 보행거리가 15[m] 이내인 부분
2) **의원·경기장·공동주택·의료시설·학교의 거실**

정답 21. ① 22. ④ 23. ① 24. ④

25. 비상조명등의 설치제외 기준 중 다음 ( ) 안에 알맞은 것은?

> 거실의 각 부분으로부터 하나의 출입구에 이르는 보행거리가 ( )m 이내인 부분

① 2　　② 5
③ 15　　④ 25

해설 비상조명등의 설치제외
① 거실의 각 부분으로부터 하나의 출입구에 이르는 보행거리가 15m이내인 부분
② 의원·경기장·공동주택·의료시설·학교의 거실

26. 지하층을 제외한 층수가 11층 이상의 층에서 피난층에 이르는 부분의 소방시설에 있어 비상전원을 60분 이상 유효하게 작동시킬 수 있는 용량으로 하여야 하는 설비들로 옳게 나열된 것은?

① 비상조명등설비, 유도등설비
② 비상조명등설비, 비상경보설비
③ 비상방송설비, 유도등설비
④ 비상방송설비, 비상경보설비

해설 **비상조명등설비, 유도등설비**의 비상전원을 60분 이상 유효하게 작동시킬 수 있는 용량으로 하여야 하는 대상
① 지하층을 제외한 층수가 11층 이상의 층
② 지하층 또는 무창층으로서 용도가 도매시장·소매시장·여객자동차터미널·지하역사 또는 지하상가

27. 비상조명등의 비상전원은 지하층 또는 무창층으로서 용도가 도매시장·소매시장·여객자동차터미널·지하역사 또는 지하상가인 경우 그 부분에서 피난층에 이르는 부분의 비상조명등을 몇 분 이상 유효하게 작동시킬 수 있는 용량으로 하여야 하는가?

① 10　　② 20
③ 30　　④ 60

해설 비상전원의 용량
① 비상전원은 비상조명등을 **20분 이상** 유효하게 작동시킬 수 있는 용량으로 할 것
② 다만, 다음 각 목의 특정소방대상물의 경우에는 그 부분에서 피난층에 이르는 부분의 비상조명등을 **60분 이상** 유효하게 작동시킬 수 있는 용량으로 할 것
  가. 지하층을 제외한 층수가 11층 이상의 층
  나. 지하층 또는 무창층으로서 용도가 도매시장·소매시장·여객자동차터미널·지하역사 또는 지하상가

28. 비상조명등의 외함 재질의 기준으로 적합하지 않은 것은?

① 두께 0.5[mm] 이상의 방청가공된 금속판
② 두께 3[mm] 이상의 내열성 강화유리
③ 두께 5[mm] 이상의 내열성 세라믹
④ 난연재료 또는 방염성능이 있는 두께 3[mm] 이상의 합성수지

해설 비상조명등의 형식승인 및 제품검사의 기술기준 제7조(외함의 재질)
1. 두께 0.5mm 이상의 방청가공된 금속판.
2. 두께 3mm이상의 내열성 강화유리
3. 난연재료 또는 방염성능이 있는 두께 3 mm 이상의 합성수지

정답 25. ② 26. ① 27. ④ 28. ③

29 비상조명등 비상점등 회로의 보호를 위한 기준 중 다음 ( )안에 알맞은 것은?

> 비상조명등은 비상점등을 위하여 비상전원으로 전환되는 경우 비상점등 회로로 정격전류의 (㉠)배 이상의 전류가 흐르거나 램프가 없는 경우에는 (㉡)초 이내에 예비전원으로부터 비상전원 공급을 차단해야 한다.

① ㉠ 2, ㉡ 1
② ㉠ 1.2, ㉡ 3
③ ㉠ 3, ㉡ 1
④ ㉠ 2.1, ㉡ 5

해설 비상조명등의 형식승인 및 제품검사의 기술기준 제5조의2(비상점등 회로의 보호)
비상조명등은 비상점등을 위하여 비상전원으로 전환되는 경우 비상점등 회로로 정격전류의 **1.2배 이상**의 전류가 흐르거나 램프가 없는 경우에는 **3초 이내**에 예비전원으로부터의 비상전원 공급을 차단하여야 한다.

30 비상조명등의 일반구조 기준 중 틀린 것은?

① 상용전원전압의 130 % 범위 안에서는 비상조명등 내부의 온도상승이 그 기능에 지장을 주거나 위해를 발생시킬 염려가 없어야 한다.
② 사용전압은 300 V 이하이어야 한다. 다만, 충전부가 노출되지 아니한 것은 300 V를 초과할 수 있다.
③ 전선의 굵기가 인출선인 경우에는 단면적이 0.75 mm² 이상, 인출선외의 경우에는 단면적이 0.5 mm² 이상이어야 한다.
④ 인출선의 길이는 전선인출 부분으로부터 150 mm 이상이어야 한다. 다만, 인출선으로 하지 아니할 경우에는 풀어지지 아니하는 방법으로 전선을 쉽고 확실하게 부착할 수 있도록 접속단자를 설치하여야 한다.

해설 비상조명등의 형식승인 및 제품검사의 기술기준 제3조(일반구조)제1호
상용전원전압의 **110 % 범위** 안에서는 비상조명등 내부의 온도상승이 그 기능에 지장을 주거나 위해를 발생시킬 염려가 없어야 한다.

31 비상조명등의 형식승인 및 제품검사의 기술기준에 따라 비상조명등의 일반구조로 광원과 전원부를 별도로 수납하는 구조에 대한 설명으로 틀린 것은?

① 전원함은 방폭구조로 할 것
② 배선은 충분히 견고한 것을 사용할 것
③ 광원과 전원부 사이의 배선길이는 1m 이하로 할 것
④ 전원함은 불연재료 또는 난연재료의 재질을 사용할 것

해설 광원과 전원부를 별도로 수납하는 구조인 것을 다음 각목에 적합하여야 한다.
가. 전원함은 **불연재료 또는 난연재료**의 재질을 사용할 것
나. 광원과 전원부 사이의 배선길이는 1 m 이하로 할 것
다. 배선은 충분히 견고한 것을 사용할 것

32 비상조명등의 우수품질인증 기술기준에 따라 인출선인 경우 전선의 굵기는 몇 mm² 이상이어야 하는가?

① 0.5
② 0.75
③ 1.5
④ 2.5

해설 전선의 굵기는 인출선인 경우에는 단면적이 0.75 mm² 이상, 인출선 외의 경우에는 면적이 0.5 mm² 이상이어야 한다.

정답 29. ② 30. ① 31. ① 32. ②

09 비상콘센트설비 (NFTC 504)

1. 설치대상 ★★★

1) 층수가 11층 이상인 특정소방대상물의 경우에는 **11층 이상의 층**
2) 지하층의 층수가 **3층 이상**이고 지하층의 바닥면적의 합계가 **1천m² 이상**인 것은 지하층의 모든 층
3) 지하가 중 **터널**로서 길이가 **500m 이상**인 것

2. 용어정의 ★★★

용어	정의
저 압	직류는 1.5 kV 이하, 교류는 1 kV 이하
고 압	직류는 1.5 kV를, 교류는 1 kV를 초과하고, 7 kV 이하
특고압	7 kV를 넘는 것
비상전원	상용전원으로부터 전력의 공급이 중단된 때에는 자동으로 공급되는 전원
비상콘센트설비	화재 시 소화활동 등에 필요한 전원을 전용회선으로 공급하는 설비

3. 전원 및 콘센트 등

1. 비상콘센트설비 전원기준

1) 상용전원회로의 배선 ★★

저압수전인 경우	인입개폐기의 직후에서 분기하여 전용배선
고압수전 또는 특고압수전인 경우	전력용변압기 2차측의 주차단기 1차측 또는 2차측에서 분기하여 전용배선

2) 비상전원의 종류 ★★

자가발전설비, 비상전원수전설비, 축전지설비 또는 전기저장장치(외부 전기에너

지를 저장해 두었다가 필요한 때 전기를 공급하는 장치를 말한다). 다만, 2 이상의 변전소에서 전력을 동시에 공급받을 수 있거나 하나의 변전소로부터 전력의 공급이 중단되는 때에는 자동으로 다른 변전소로부터 전력을 공급받을 수 있도록 상용전원을 설치한 경우에는 비상전원을 설치하지 않을 수 있다.

3) 비상전원의 설치대상 ★★★

지하층을 제외한 층수가 **7층 이상**으로서 연면적이 **2,000 m² 이상**이거나 지하층의 바닥면적의 합계가 **3,000 m² 이상**인 특정소방대상물

4) 비상전원 중 자가발전설비, 축전지설비 또는 전기저장장치 설치기준

① 점검에 편리하고 화재 및 침수 등의 재해로 인한 피해를 받을 우려가 없는 곳에 설치할 것
② 비상콘센트설비를 유효하게 20분 이상 작동시킬 수 있는 용량으로 할 것
③ 상용전원으로부터 전력의 공급이 중단된 때에는 자동으로 비상전원으로부터 전력을 공급받을 수 있도록 할 것
④ 비상전원의 설치장소는 다른 장소와 방화구획 할 것. 이 경우 그 장소에는 비상전원의 공급에 필요한 기구나 설비 외의 것(열병합발전설비에 필요한 기구나 설비는 제외한다)을 두어서는 안 된다.
⑤ 비상전원을 실내에 설치하는 때에는 그 실내에 비상조명등을 설치할 것

2. 비상콘센트설비의 전원회로 기준 ★★★

1) 전원회로는 **단상교류 220V**, 그 공급용량은 **1.5kVA 이상**인 것

 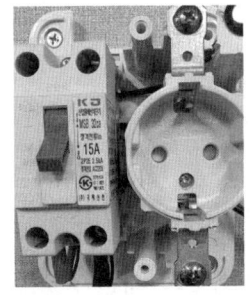

[그림] 비상콘센트

2) 전원회로는 각층에 있어서 **2 이상**이 되도록 설치할 것. 다만, 설치하여야할 층의 비상콘센트가 1개인 때에는 하나의 회로로 할 수 있다.
3) 전원회로는 주배전반에서 전용회로로 할 것. 다만, 다른 설비회로의 사고에 따른 영향을 받지 않도록 되어 있는 것은 그렇지 않다.

4) 전원으로부터 각층의 비상콘센트에 분기되는 경우에는 **분기배선용 차단기**를 보호함안에 설치할 것
5) 콘센트마다 **배선용 차단기**(KS C 8321)를 설치, 충전부가 노출되지 않도록 할 것
6) 비상콘센트용의 **풀박스** 등은 방청도장을 한 것으로서, 두께 **1.6mm 이상**의 철판으로 할 것
7) 하나의 전용회로에 설치하는 비상콘센트는 **10개 이하**로 할 것. 이 경우 전선의 용량은 각 비상콘센트(비상콘센트가 3개 이상인 경우에는 3개)의 공급용량을 합한 용량 이상의 것

$$전선의 용량\ I = \frac{1.5\text{kVA} \times 수량(3개 이상은\ 3개)}{220\text{V}} [A]$$

3. 비상콘센트의 플러그접속기는 **접지형 2극** 플러그접속기(KS C 8305)를 사용할 것

4. 비상콘센트의 플러그접속기의 칼받이의 접지극에는 접지공사를 할 것

5. 비상콘센트 설치기준 ★

1) 바닥으로부터 높이 **0.8m 이상 1.5m 이하**의 위치에 설치할 것
2) 비상콘센트의 배치는 바닥면적이 **1,000m² 미만**인 층에 있어서는 계단의 출입구(계단의 부속실을 포함하며 계단이 2개 이상 있는 경우에는 그중 1개의 계단을 말한다)로부터 **5m 이내**에, 바닥면적 1,000m² 이상인 층에 있어서는 각 계단의 출입구 또는 계단부속실의 출입구(계단의 부속실을 포함하며 계단이 3개 이상 있는 층의 경우에는 그중 2개의 계단을 말한다)로부터 5m 이내에 설치할 것

〈비상콘센트 추가 설치〉
① 지하상가 또는 지하층의 바닥면적의 합계가 3,000m² 이상인 것은 **수평거리 25m**
② ①목에 해당하지 아니하는 것은 수평거리 50m

6. 전원부와 외함 사이의 절연저항 및 절연내력 ★★

1) 절연저항은 전원부와 외함 사이를 500V 절연저항계로 측정할 때 **20MΩ 이상**
2) 절연내력(전원부와 외함 사이)

① 정격전압이 150V 이하인 경우 : 1,000V의 실효전압
② 정격전압이 150V 이상인 경우 : 그 정격전압×2+1,000V의 실효전압을 가하는 시험에서 1분 이상 견디는 것

4. 보호함 ★★

1) 보호함에는 쉽게 개폐할 수 있는 **문**을 설치할 것
2) 보호함 표면에 "비상콘센트"라고 표시한 표지를 할 것
3) 보호함 상부에 **적색**의 표시등을 설치할 것. 다만, 비상콘센트의 보호함을 **옥내소화전함** 등과 접속하여 설치하는 경우에는 **옥내소화전함** 등의 표시등과 겸용할 수 있다.

5. 배선

전원회로의 배선은 **내화배선**으로, 그 밖의 배선은 내화배선 또는 내열배선으로 할 것

6. 도로터널 비상콘센트설비 기준 ★★★

1. 비상콘센트설비의 전원회로는 **단상교류 220V**, 그 공급용량은 **1.5kVA 이상**
2. 전원회로는 주배전반에서 전용회로로 할 것. 다만, 다른 설비의 회로 사고에 따른 영향을 받지 않도록 되어 있는 것은 그렇지 않다.
3. 콘센트마다 배선용 차단기를 설치, 충전부가 노출되지 않도록 할 것
4. 주행차로의 우측 측벽에 **50m 이내**의 간격으로 바닥으로부터 **0.8m 이상 1.5m 이하**의 높이에 설치할 것

$$\text{비상콘센트 수량} = \frac{\text{터널의 길이(m)}}{50\text{m}} \text{ (소수점 이하 절상)}$$

09 출제예상문제

비상콘센트 설비

01 ★★★ 출제년도 [17.]
비상콘센트설비를 설치하여야 하는 특정소방대상물의 기준으로 옳은 것은? (단, 위험물 저장 및 처리시설 중 가스시설 또는 지하구는 제외한다.)

① 지하가(터널은 제외)로서 연면적 1,000m² 이상인 것
② 층수가 11층 이상인 특정소방대상물의 경우에는 11층 이상의 층
③ 지하층의 층수가 3층 이상이고 지하층의 바닥면적의 합계가 1,500m² 이상인 것은 지하층의 모든 층
④ 창고시설 중 물류터미널로서 해당 용도로 사용되는 부분의 바닥면적의 합계가 1,000m² 이상인 것

해설 비상콘센트설비 설치대상

층수가 11층 이상인 특정소방대상물	11층 이상의 층
지하층의 층수가 3층 이상이고 지하층의 바닥면적의 합계가 1천m² 이상	지하층의 모든 층
지하가 중 터널	길이가 500m 이상

02 ★★★ 출제년도 [98. 03. 06. 13.]
비상콘센트설비의 전원회로 설치기준에 대한 설명으로 틀린 것은?

① 비상콘센트설비의 공급용량은 단상 교류의 경우 1.5[kVA] 이상인 것으로 할 것
② 전원회로는 각 층에 있어서 2 이상이 되도록 설치할 것
③ 콘센트마다 배선용 차단기를 설치하며, 충전부는 점검이 용이하도록 노출시킬 것
④ 비상용콘센트용 풀박스 등은 방청도장을 하며 두께 1.6[mm] 이상의 철판으로 할 것

해설 비상콘센트
1)

종류	전압	용량	플러그
단상교류	220[V]	1.5[kVA] 이상	접지형 2극 플러그

2) 비상콘센트 설비의 전원부와 외함 사이의 절연 저항은 **500[V] 절연저항계**로 측정할 때 그 **절연저항값이 20[MΩ] 이상**이 되어야 한다.
3) 풀박스는 방청도장을 한 두께 1.6[mm] 이상의 철판을 사용
4) **전원회로**는 각 층에 있어서 **전압별로 2이상**이 되도록 설치할 것
5) 콘센트마다 배선용 차단기를 설치하여야 하며, 충전부가 노출되지 아니하도록 할 것

03 ★★★ 출제년도 [12.]
비상콘센트설비에서 저압의 범위는?

① 직류 1000[V] 이하, 교류 1500[V] 이하
② 직류 1500[V] 이하, 교류 1000[V] 이하
③ 직류 1500[V] 이하, 교류 1500[V] 이하
④ 직류 1000[V] 이하, 교류 1000[V] 이하

해설 전압의 구분

구분	전압의 범위
저압	직류는 1.5kV 이하, 교류는 1kV 이하
고압	직류는 1.5kV를, 교류는 1kV를 초과하고, 7kV 이하
특별고압	7kV를 넘는 것

정답 01. ② 02. ③ 03. ②

04. 비상콘센트설비에서 사용되는 용어의 정의 중 "특별고압"이라 함은?

① 직류 750[V] 이하, 교류 600[V] 이하인 것
② 교류 600[V]를 넘고, 10,000[V] 이하인 것
③ 7,000[V]를 초과하는 것
④ 10,000[V]를 초과하는 것

해설 전압의 구분

구분	전압의 범위
저압	직류는 1.5kV 이하, 교류는 1kV 이하
고압	직류는 1.5kV를, 교류는 1kV를 초과하고, 7kV 이하
특별고압	7kV를 넘는 것

05. 비상콘센트설비의 화재안전기술기준에 따른 용어의 정의 중 옳은 것은?

① "저압"이란 직류는 1500V 이하, 교류 1000V 이하인 것을 말한다.
② "저압"이란 직류는 700V 이하, 교류는 600V 이하인 것을 말한다.
③ "고압"이란 직류는 700V를, 교류는 600V를 초과하는 것을 말한다.
④ "특고압"이란 8kV를 초과하는 것을 말한다.

해설 전압의 구분

구분	전압의 범위
저압	직류는 1.5kV 이하, 교류는 1kV 이하
고압	직류는 1.5kV를, 교류는 1kV를 초과하고, 7kV 이하
특별고압	7kV를 넘는 것

06. 비상콘센트설비에서 하나의 전용회로에 설치하는 비상콘센트는 몇 개 이하로 하여야 하는가?

① 2개 이하
② 3개 이하
③ 10개 이하
④ 100개 이하

해설 비상콘센트
1) **하나의 전용회로**에 설치하는 비상콘센트는 **10개 이하**로 할 것
2) 비상콘센트 설비의 전원부와 외함사이의 절연 저항은 500[V] 절연저항계로 측정할 때 그 절연저항값이 20[MΩ] 이상이 되어야 한다.
3) 전원회로는 각 층에 있어서 전압별로 2이상이 되도록 설치할 것

07. 비상콘센트설비의 전원회로에서 하나의 전용회로에 설치하는 비상콘센트는 최대 몇 개 이하로 하여야 하는가?

① 2 ② 3
③ 10 ④ 20

해설 하나의 전용회로에 설치하는 비상콘센트는 **10개 이하**로 할 것. 이 경우 전선의 용량은 각 비상콘센트(비상콘센트가 3개 이상인 경우에는 3개)의 공급용량을 합한 용량 이상의 것

08. 비상콘센트설비의 전원회로의 공급용량은 최소 몇 [kVA] 이상인 것으로 설치해야 하는가?

① 1.5 ② 2
③ 2.5 ④ 3

해설 전원회로는 **단상교류 220[V]**, 그 공급용량은 **1.5 [kVA] 이상**인 것

정답 04. ③ 05. ① 06. ③ 07. ③ 08. ①

chapter 09. 비상콘센트 설비 출제예상문제

09 ★★★ 출제년도【03, 04, 11, 12.】
비상콘센트설비의 전원회로에 대한 전압과 공급용량을 바르게 나타낸 것은?

① 단상 교류 : 110[V] 1.5[kVA] 이상
② 단상 교류 : 220[V] 1.5[kVA] 이상
③ 단상 교류 : 220[V] 3.0[kVA] 이상
④ 단상 교류 : 110[V] 3.0[kVA] 이상

해설 비상콘센트 설비〈현 기준에 맞추어 문제를 일부 수정함〉

종류	전압	용량	플러그
단상교류	220[V]	1.5[kVA] 이상	접지형 2극 플러그

10 ★★★ 출제년도【18.】
비상콘센트설비 전원회로의 설치기준 중 틀린 것은?

① 전원회로는 3상 교류 380 V인 것으로서, 그 공급용량은 3 kVA 이상인 것으로 하여야 한다.
② 전원회로는 각층에 2 이상이 되도록 설치할 것. 다만, 설치하여야 할 층의 비상콘센트가 1개인 때에는 하나의 회로로 할 수 있다.
③ 비상콘센트용의 풀박스 등은 방청도장을 한 것으로서, 두께 1.6 mm 이상의 철판으로 하여야 한다.
④ 하나의 전용회로에 설치하는 비상콘센트는 10개 이하로 할 것. 이 경우 전선의 용량은 각 비상콘센트(비상콘센트가 3개 이상인 경우에는 3개)의 공급용량을 합한 용량 이상의 것으로 하여야 한다.

해설 비상콘센트설비의 전원회로
전원회로는 단상교류 220 V인 것으로서, 그 공급용량은 1.5 kVA 이상

11 ★★★ 출제년도【15.】
비상콘센트설비의 전원공급회로의 설치기준으로 옳지 않은 것은?

① 전원회로는 단상 교류 220[V]인 것으로 한다.
② 전원회로의 공급용량은 1.5[kVA] 이상의 것으로 한다.
③ 전원회로는 주배전반에서 전용회로로 한다.
④ 하나의 전용회로에 설치하는 비상콘센트는 10개 이상으로 한다.

해설 비상콘센트설비의 전원회로 기준
1) 비상콘센트설비의 전원회로는 단상교류 220[V], 그 공급용량은 1.5[kVA] 이상인 것
2) 비상콘센트용의 풀박스 등은 방청도장을 한 것으로서, 두께 1.6[mm] 이상의 철판으로 할 것
3) 하나의 전용회로에 설치하는 비상콘센트는 10개 이하로 할 것. 이 경우 전선의 용량은 각 비상콘센트(비상콘센트가 3개 이상인 경우에는 3개)의 공급용량을 합한 용량 이상의 것

12 ★★★ 출제년도【14, 21.】
비상콘센트설비의 화재안전기술기준(NFTC 504)에 따라 하나의 전용회로에 단상 교류 비상콘센트 6개를 연결하는 경우, 전선의 용량은 몇 kVA 이상이어야 하는가?

① 1.5 ② 3
③ 4.5 ④ 9

해설 ① 전선의 용량 : 1.5[kVA]×3개=4.5[kVA] 이상
② 비상콘센트설비의 전원회로는 단상교류 220[V], 그 공급용량은 1.5[kVA] 이상인 것
③ 하나의 전용회로에 설치하는 비상콘센트는 10개 이하로 할 것. 이 경우 전선의 용량은 각 비상콘센트(비상콘센트가 3개 이상인 경우에는 3개)의 공급용량을 합한 용량 이상의 것

정답 09. ② 10. ① 11. ④ 12. ③

13 비상콘센트의 플러그접속기는 접지형 몇 극 플러그 접속기를 사용해야 하는가?

① 1극 ② 2극
③ 3극 ④ 4극

해설 비상콘센트의 플러그접속기는 접지형 **2극** 플러그 접속기(KS C 8305)를 사용하여야 한다.

14 비상콘센트용의 풀박스 등은 방청도장을 한 것으로서 두께는 몇 [mm] 이상의 철판으로 하는가?

① 1.0 ② 1.2
③ 1.5 ④ 1.6

해설 비상콘센트용의 풀박스 등은 방청도장을 한 것으로서, 두께 1.6[mm] 이상의 철판으로 할 것

15 비상콘센트설비 상용전원회로의 배선이 고압수전 또는 특고압수전인 경우의 설치기준은?

① 인입개폐기의 직전에서 분기하여 전용배선으로 할 것
② 인입개폐기의 직후에서 분기하여 전용배선으로 할 것
③ 전력용변압기 1차측의 주차단기 2차측에서 분기하여 전용배선으로 할 것
④ 전력용변압기 2차측의 주차단기 1차측 또는 2차측에서 분기하여 전용배선으로 할 것

해설 상용전원회로의 배선은 저압수전인 경우에는 인입개폐기의 직후에서, 고압수전 또는 특고압수전인 경우에는 **전력용변압기 2차측의 주차단기 1차측 또는 2차측에서 분기하여 전용배선**으로 할 것

16 비상콘센트설비의 전원 설치기준 등에 대한 설명으로 옳지 않은 것은?

① 상용전원으로부터 전력의 공급이 중단된 때에는 자동으로 비상전원으로부터 전력을 공급 받을 수 있도록 할 것
② 전원회로는 각 층에 있어서 하나의 회로만 설치할 것
③ 비상콘센트설비의 비상전원의 용량은 20분 이상으로 할 것
④ 비상전원의 설치장소는 다른 장소와 방화구획할 것

해설 전원회로는 각 층에 있어서 전압별로 2 이상이 되도록 설치할 것

17 비상콘센트설비에 자가발전설비를 비상전원으로 설치할 때의 기준으로 틀린 것은?

① 상용전원으로부터 전력의 공급이 중단된 때에는 자동으로 비상전원으로부터 전력을 공급받도록 할 것
② 비상콘센트설비를 유효하게 10분 이상 작동시킬 수 있는 용량으로 할 것
③ 점검이 편리하고 화재 및 침수 등의 재해로 인한 피해를 받을 우려가 없는 곳에 설치할 것
④ 비상전원을 실내에 설치하는 때에는 그 실내에 비상조명등을 설치할 것

해설 비상전원 중 자가발전설비는 비상콘센트 설비를 유효하게 20분 이상 작동시킬 수 있는 용량으로 한다.

18 비상콘센트설비의 설치기준으로 옳지 않은 것은?

① 비상콘센트는 지하층 및 지상 8층 이상의 전층에 설치할 것

정답 13. ② 14. ④ 15. ④ 16. ② 17. ② 18. ①

② 비상콘센트는 바닥으로부터 높이 0.8[m] 이상 1.5[m] 이하의 위치에 설치할 것
③ 비상콘센트설비의 전원부와 외함 사이의 절연저항은 500[V] 절연저항계로 측정할 때 20[MΩ] 이상일 것
④ 전원으로부터 각 층의 비상콘센트에 분기되는 경우에는 분기배선용 차단기를 보호함 안에 설치할 것

해설 비상콘센트는 지하층을 제외한 층수가 11층 이상의 각 층마다 설치하여야 한다.

19 ★★ 출제년도 【13.】
비상콘센트설비의 정격전압이 220[V]인 경우 가하는 절연내력 실효전압은?

① 220[V]   ② 500[V]
③ 1000[V] ④ 1440[V]

해설 절연내력 실효전압

구분	150[V] 이하	150[V] 초과
실효전압	1000[V]	$E = V_n \times 2 + 1000$

따라서, $220 \times 2 + 1000 = 1440[V]$

20 ★★★ 출제년도 【17.】
비상콘센트설비의 전원회로의 설치기준 중 틀린 것은?

① 비상콘센트용의 풀박스 등은 방청도장을 한 것으로서, 두께 1.6mm 이상의 철판으로 할 것
② 하나의 전용회로에 설치하는 비상콘센트는 10개 이하로 할 것
③ 콘센트마다 배선용 차단기(KS C 8321)를 설치하여야 하며, 충전부가 노출되지 아니하도록 할 것
④ 전원회로는 단상교류 220V인 것으로서, 그 공급용량은 3kVA 이상인 것으로 할 것

해설 비상콘센트 설비의 전원회로 기준
① 전원회로는 단상 교류 : 220 [V], **공급용량 1.5 [kVA] 이상**
② 하나의 전용회로에 설치하는 비상콘센트는 10개 이하로 할 것. 이 경우 전선의 용량은 각 비상콘센트(비상콘센트가 3개 이상인 경우에는 3개)의 공급용량을 합한 용량 이상의 것

21 ★★★ 출제년도 【20.】
비상콘센트설비의 화재안전기술기준(NFTC 504)에 따른 비상콘센트설비의 전원회로(비상콘센트에 전력을 공급하는 회로를 말한다)의 시설기준으로 옳은 것은?

① 하나의 전용회로에 설치하는 비상콘센트는 12개 이하로 할 것
② 비상콘센트설비의 전원회로는 단상교류 220V인 것으로서, 그 공급용량은 10kVA 이상인 것으로 할 것
③ 비상콘센트용의 풀박스 등은 방청도장을 한 것으로서, 두께 1.2 mm 이상의 철판으로 할 것
④ 전원으로부터 각 층의 비상콘센트에 분기되는 경우에는 분기배선용 차단기를 보호함 안에 설치할 것

해설 보기설명
① 하나의 전용회로에 설치하는 비상콘센트는 **10개 이하**로 할 것. 이 경우 전선의 용량은 각 비상콘센트(비상콘센트가 3개 이상인 경우에는 3개)의 공급용량을 합한 용량 이상의 것으로 하여야 한다.
② 비상콘센트설비의 전원회로는 단상교류 220 V인 것으로서, 그 공급용량은 **1.5 kVA 이상**인 것으로 할 것
③ 비상콘센트용의 풀박스 등은 방청도장을 한 것으로서, 두께 **1.6 mm 이상**의 철판으로 할 것

정답 19. ④ 20. ④ 21. ④

22. 비상콘센트설비 전원회로의 설치기준 중 옳은 것은?

① 전원회로는 단상교류 220V 인 것으로서, 그 공급용량은 3.0kVA 이상인 것으로 할 것
② 비상콘센트용의 풀박스 등은 방청도장을 한 것으로서, 두께 2.0mm 이상의 철판으로 할 것
③ 하나의 전용회로에 설치하는 비상콘센트는 8개 이하로 할 것
④ 전원으로부터 각 층의 비상콘센트에 분기되는 경우에는 분기배선용 차단기를 보호함안에 설치할 것

해설 비상콘센트설비의 전원회로 기준
① 비상콘센트설비의 전원회로는 단상교류 220V, 그 공급용량은 1.5kVA 이상인 것
② 전원으로부터 각층의 비상콘센트에 분기되는 경우에는 분기배선용 차단기를 보호함안에 설치할 것
③ 비상콘센트용의 풀박스 등은 방청도장을 한 것으로, 두께 1.6mm 이상의 철판으로 할 것
④ 하나의 전용회로에 설치하는 비상콘센트는 10개 이하로 할 것. 이 경우 전선의 용량은 각 비상콘센트(비상콘센트가 3개 이상인 경우에는 3개)의 공급용량을 합한 용량 이상의 것

23. 비상콘센트보호함의 설치기준으로 틀린 것은?

① 보호함 상부에 적색의 표시등을 설치하여야 한다.
② 보호함에는 쉽게 개폐할 수 있는 문을 설치하여야 한다.
③ 보호함 표면에 "비상 콘센트"라고 표시한 표지를 하여야 한다.
④ 비상콘센트의 보호함을 옥내소화전함 등과 접속하여 설치하는 경우에는 옥내소화전함의 표시등과 분리하여야 한다.

해설 비상콘센트보호함 설치기준
1) 보호함에는 쉽게 개폐할 수 있는 문을 설치할 것
2) 보호함 표면에 "비상콘센트"라고 표시한 표지를 할 것
3) 보호함 상부에 적색의 표시등을 설치할 것. 다만, 비상콘센트의 보호함을 옥내소화전함 등과 접속하여 설치하는 경우에는 옥내소화전함 등의 표시등과 겸용할 수 있다.

24. 비상콘센트를 보호하기 위한 비상콘센트 보호함의 설치기준으로 틀린 것은?

① 비상콘센트 보호함에는 쉽게 개폐할 수 있는 문을 설치하여야 한다.
② 비상콘센트 보호함 상부에 적색의 표시등을 설치하여야 한다.
③ 비상콘센트 보호함에는 그 내부에 "비상콘센트"라고 표시한 표식을 하여야 한다.
④ 비상콘센트 보호함을 옥내소화전함 등과 접속하여 설치하는 경우에는 옥내소화전함 등의 표시등과 겸용할 수 있다.

해설 제5조(보호함) 기준
1. 보호함에는 쉽게 개폐할 수 있는 문을 설치할 것
2. 보호함 표면에 "비상콘센트"라고 표시한 표지를 할 것
3. 보호함 상부에 적색의 표시등을 설치할 것. 다만, 비상콘센트의 보호함을 옥내소화전함 등과 접속하여 설치하는 경우에는 옥내소화전함 등의 표시등과 겸용할 수 있다.

25. 비상콘센트설비의 비상전원을 자가발전설비 또는 비상전원수전설비로 설치하여야하는 소방대상물로 옳은 것은?

① 지하층을 제외한 층수가 4층 이상으로 연면적 $600[m^2]$ 이상인 소방대상물
② 지하층을 제외한 층수가 5층 이상으로 연면적 $1000[m^2]$ 이상인 소방대상물

정답 22. ④ 23. ④ 24. ③ 25. ④

③ 지하층을 제외한 층수가 6층 이상으로 연면적 1500[m²] 이상인 소방대상물
④ 지하층을 제외한 층수가 7층 이상으로 연면적 2000[m²] 이상인 소방대상물

① 10
② 8
③ 5
④ 3

해설 비상콘센트설비의 화재안전기술기준 (전원 및 콘센트 등)
지하층을 제외한 층수가 7층 이상으로서 연면적이 2,000m² 이상이거나 **지하층의 바닥면적의 합계가 3,000m² 이상**인 특정소방대상물의 비상콘센트설비에는 **자가발전설비, 비상전원수전설비, 축전지설비** 또는 **전기저장장치**(외부 전기에너지를 저장해 두었다가 필요한 때 전기를 공급하는 장치)를 **비상전원으로 설치**할 것.

해설 비상콘센트의 배치는 아파트 또는 바닥면적이 1,000[m²] 미만인 층에 있어서는 계단의 출입구(계단의 부속실을 포함, 계단이 2 이상 있는 경우에는 그중 1개의 계단을 말한다)로부터 5[m] 이내에, 바닥면적 1,000[m²] 이상인 층(아파트를 제외)에 있어서는 각 계단의 출입구 또는 계단부속실의 출입구(계단의 부속실을 포함하며 계단이 3 이상 있는 층의 경우에는 그중 2개의 계단을 말한다)로부터 5[m] 이내에 설치할 것
① 지하상가 또는 지하층의 바닥면적의 합계가 3,000[m²] 이상인 것은 **수평거리 25[m]**
② ①목에 해당하지 아니하는 것은 수평거리 50[m]

26 ★★★ 출제년도【14.】
비상콘센트설비 설치 시 자가발전설비 또는 비상전원수전설비를 비상전원으로 설치하여야 하는 것은?
① 지하층을 포함한 층수가 7층인 특정소방대상물
② 지하층의 바닥면적의 합계가 3000m²인 특정소방대상물
③ 지하층의 층수가 3층인 특정소방대상물
④ 지하층을 제외한 층수가 5층으로 연면적이 1000m²인 특정소방대상물

해설 비상콘센트설비의 화재안전기술기준 비상전원 설치대상
지하층을 제외한 층수가 **7층 이상**으로서 연면적이 **2,000m² 이상**이거나 지하층의 **바닥면적의 합계가 3,000m² 이상**인 특정소방대상물

28 ★★ 출제년도【17.】
비상콘센트의 배치기준 중 바닥면적이 1000m² 미만인 층은 계단의 출입구로부터 몇 m 이내에 설치하여야 하는가?
① 1.5
② 5
③ 7
④ 10

해설 비상콘센트의 배치
① 아파트 또는 바닥면적이 1,000[m²] 미만인 층에 있어서는 계단의 출입구(계단의 부속실을 포함하며 계단이 2 이상 있는 경우에는 그중 1개의 계단을 말한다)로부터 5[m]이내에 설치
② 바닥면적 1,000[m²] 이상인 층(아파트를 제외한다)에 있어서는 각 계단의 출입구 또는 계단부속실의 출입구(계단의 부속실을 포함하며 계단이 3 이상 있는 층의 경우에는 그중 2개의 계단을 말한다)로부터 5[m] 이내에 설치

27 ★★★ 출제년도【11. 16.】
비상콘센트의 배치는 아파트 또는 바닥면적이 1000[m²] 미만인 층은 계단의 출입구로부터 몇 [m] 이내에 설치해야 하는가?(단, 계단의 부속실을 포함하며 계단이 2 이상 있는 경우에는 그 중 1개의 계단을 말한다.)

정답 26. ② 27. ③ 28. ②

29 ★★★ 출제년도 【18.】
비상콘센트설비의 전원부와 외함 사이의 절연 내력 기준 중 다음( ) 안에 알맞은 것은?

> 전원부와 외함 사이에 정격전압이 150V 이상인 경우에는 그 정격전압에 (㉠)을/를 곱하여 (㉡)을 더한 실효전압을 가하는 시험에서 1분 이상 견디는 것으로 할 것

① ㉠ 2, ㉡ 1500
② ㉠ 3, ㉡ 1500
③ ㉠ 2, ㉡ 1000
④ ㉠ 3, ㉡ 1000

해설 비상콘센트설비의 전원부와 외함 사이의 절연저항 및 절연내력
1. 절연저항은 전원부와 외함 사이를 500 V 절연저항계로 측정할 때 20 MΩ 이상일 것
2. 절연내력은 전원부와 외함 사이에 정격전압이 150 V 이하인 경우에는 1,000 V의 실효전압을, 정격전압이 150 V 이상인 경우에는 그 정격전압에 2를 곱하여 1,000을 더한 실효전압을 가하는 시험에서 1분 이상 견디는 것으로 할 것

30 ★★★ 출제년도 【18.】
비상콘센트설비의 전원부와 외함 사이의 절연 내력 기준 중 다음 ( ) 안에 알맞은 것은?

> 절연내력은 전원부와 외함사이에 정격 전압이 150 V 이하인 경우에는 (㉠) V의 실효전압을, 정격전압이 150 V 이상인 경우에는 그 정격전압에 (㉡)를 곱하여 1000을 더한 실효전압을 가하는 시험에서 1분 이상 견디는 것으로 할 것

① ㉠ 500, ㉡ 2
② ㉠ 500, ㉡ 3
③ ㉠ 1000, ㉡ 2
④ ㉠ 1000, ㉡ 3

해설 절연내력은 전원부와 외함사이에 정격 전압이 150V 이하인 경우에는 1,000V의 실효전압을, 정격전압이 150V 이상인 경우에는 그 정격전압에 2를 곱하여 1000을 더한 실효전압을 가하는 시험에서 1분 이상 견디는 것으로 할 것

31 ★★★ 출제년도 【15,17,20.】
비상콘센트설비의 화재안전기술기준(NFTC 504)에 따라 비상콘센트설비의 전원부와 외함 사이의 절연저항은 전원부와 외함 사이를 500V 절연저항계로 측정할 때 몇 MΩ 이상이어야 하는가?

① 20
② 30
③ 40
④ 50

해설 비상콘센트설비의 전원부와 외함 사이의 절연저항 및 절연내력
1. 절연저항은 전원부와 외함 사이를 500V 절연저항계로 측정할 때 20MΩ 이상일 것
2. 절연내력은 전원부와 외함 사이에 정격전압이 150V 이하인 경우에는 1,000V의 실효전압을, 정격전압이 150V 이상인 경우에는 그 정격전압에 2를 곱하여 1,000을 더한 실효전압을 가하는 시험에서 1분 이상 견디는 것으로 할 것

32 ★ 출제년도 【21.】
비상콘센트의 배치와 설치에 대한 현장 사항이 비상콘센트설비의 화재안전기술기준(NFTC 504)에 적합하지 않은 것은?

① 전원회로의 배선은 내화배선으로 되어 있다.
② 보호함에는 쉽게 개폐할 수 있는 문을 설치하였다.
③ 보호함 표면에 "비상콘센트"라고 표시한 표지를 붙였다.
④ 3상 교류 200볼트 전원회로에 대해 비접지형 3극 플러그 접속기를 사용하였다.

해설 단상 교류 220볼트 전원회로에 대해 접지형 2극 플러그 접속기를 사용하였다.

33 ★ 출제년도 【13.】
비상콘센트를 터널에 설치하고자 할 경우 설치기준으로 옳은 것은?

① 주행방향의 보행거리 50[m] 이내의 간격

으로 설치
② 주행방향의 직선거리 50[m] 이내의 간격으로 설치
③ 주행방향의 수평거리 50[m] 이내의 간격으로 설치
④ 주행차로의 우측 측벽에 50[m] 이내의 간격으로 설치

해설 주행차로의 우측 측벽에 50[m] 이내의 간격으로 바닥으로부터 0.8[m] 이상, 1.5[m] 이하의 높이에 설치할 것

34 ★★★ 출제년도【13.】
터널 내에 비상콘센트를 설치하는 경우 주행차로의 우측 측벽에 얼마 이내의 간격으로 설치하여야 하는가?

① 30[m]　　　② 50[m]
③ 70[m]　　　④ 100[m]

해설 도로터널의 화재안전기술기준(비상콘센트설비)
1) 비상콘센트설비의 전원회로는 단상교류 220[V]인 것으로서, 그 공급용량은 1.5[kVA] 이상인 것으로 할 것
2) **주행차로의 우측 측벽에 50[m] 이내의 간격으로** 바닥으로부터 0.8[m] 이상 1.5[m] 이하의 높이에 설치할 것

35 ★★★ 출제년도【18.】
비상콘센트설비의 설치기준 중 다음 ( ) 안에 알맞은 것은?

> 도로터널의 비상콘센트설비는 주행차로의 우측 측벽에 ( )m 이내의 간격으로 바닥으로부터 0.8 m 이상 1.5 m 이하의 높이에 설치할 것

① 15　　　② 25
③ 30　　　④ 50

해설 도로터널의 화재안전기술기준
① 비상콘센트설비의 전원회로는 단상교류 220 V인 것으로서 그 공급용량은 1.5kVA 이상인 것으로 할 것
② 전원회로는 주배전반에서 전용회로로 할 것. 다만, 다른 설비의 회로의 사고에 따른 영향을 받지 아니하도록 되어 있는 것은 그러하지 아니하다.
③ 콘센트마다 배선용 차단기(KS C 8321)를 설치하여야 하며, 충전부가 노출되지 아니하도록 할 것
④ 주행차로의 우측 측벽에 **50m 이내**의 간격으로 바닥으로부터 0.8m 이상 1.5m 이하의 높이에 설치할 것

36 ★★★ 출제년도【21.】
비상콘센트설비의 성능인증 및 제품검사의 기술기준에 따른 표시등의 구조 및 기능에 대한 내용이다. 다음 ( )에 들어갈 내용으로 옳은 것은?

> 적색으로 표시되어야 하며 주위의 밝기가 (ⓐ) lx 이상인 장소에서 측정하여 앞면으로부터 (ⓑ)m 떨어진 곳에서 켜진 등이 확실히 식별되어야 한다.

① ⓐ 100　ⓑ 1
② ⓐ 300　ⓑ 3
③ ⓐ 500　ⓑ 5
④ ⓐ 1,000　ⓑ 10

해설 제4조(부품의 구조 및 기능)
적색으로 표시되어야 하며 주위의 밝기가 300 lx 이상인 장소에서 측정하여 앞면으로부터 3 m 떨어진 곳에서 켜진등이 확실히 식별되어야 한다.

정답 34. ②　35. ④　36. ②

10 무선통신보조설비 (NFTC 505)

1. 설치대상 ★★★

1) 지하가(터널은 제외한다)로서 연면적 1천 m^2 이상인 것
2) 지하층의 바닥면적의 합계가 3천 m^2 이상인 것 또는 지하층의 층수가 3층 이상이고 지하층의 바닥면적의 합계가 1천 m^2 이상인 것은 지하층의 모든 층
3) 지하가 중 터널로서 길이가 500m 이상인 것
4) 공동구
5) 층수가 30층 이상인 것으로서 16층 이상 부분의 모든 층

2. 제3조(용어정의) ★★★

용어	정의
누설동축케이블	동축케이블의 외부도체에 가느다란 홈을 만들어서 전파가 외부로 새어나갈 수 있도록 한 케이블
분배기	신호의 전송로가 분기되는 장소에 설치하는 것으로 **임피던스 매칭(Matching)과 신호 균등분배를 위해 사용**하는 장치
분파기	서로 다른 주파수의 합성된 신호를 분리하기 위해서 사용하는 장치
혼합기	두개 이상의 입력신호를 원하는 비율로 조합한 출력이 발생하도록 하는 장치
증폭기	신호 전송 시 신호가 약해져 수신이 불가능해지는 것을 방지하기 위해서 증폭하는 장치
무선중계기	안테나를 통하여 수신된 무전기 신호를 증폭한 후 음영지역에 재방사하여 무전기 상호 간 송수신이 가능하도록 하는 장치
옥외안테나	감시제어반 등에 설치된 무선중계기의 입력과 출력포트에 연결되어 송수신 신호를 원활하게 방사·수신하기 위해 옥외에 설치하는 장치
임피던스	교류 회로에 전압이 가해졌을 때 전류의 흐름을 방해하는 값으로서 교류 회로에서의 전류에 대한 전압의 비

3. 설치제외 기준 ★★★

지하층으로서 특정소방대상물의 바닥부분 **2면** 이상이 지표면과 동일하거나 지표면으로부터의 깊이가 **1m 이하**인 경우

4. 누설동축케이블 등 ★★★

1. 누설동축케이블 등 설치기준

1) 소방전용주파수대에서 전파의 전송 또는 복사에 적합한 것으로서 소방전용의 것으로 할 것. 다만, 소방대 상호간의 무선 연락에 지장이 없는 경우에는 다른 용도와 겸용할 수 있다.
2) 누설동축케이블과 이에 접속하는 안테나 또는 동축케이블과 이에 접속하는 안테나로 구성할 것
3) 누설동축케이블 및 동축케이블은 **불연 또는 난연성**의 것으로서 습기 등의 환경조건에 따라 전기의 특성이 변질되지 아니하는 것으로 하고, 노출하여 설치한 경우에는 피난 및 통행에 장애가 없도록 할 것
4) 누설동축케이블 및 동축케이블은 화재에 따라 해당 케이블의 피복이 소실된 경우에 케이블 본체가 떨어지지 않도록 **4 m 이내**마다 금속제 또는 자기제 등의 지지금구로 벽·천장·기둥 등에 견고하게 고정할 것. 다만, **불연재료로 구획된 반자 안에 설치하는 경우**에는 그렇지 않다.
5) 누설동축케이블 및 안테나는 금속판 등에 따라 전파의 복사 또는 특성이 현저하게 저하되지 아니하는 위치에 설치할 것
6) 누설동축케이블 및 안테나는 고압의 전로로부터 **1.5 m 이상** 떨어진 위치에 설치할 것. 다만, 해당 전로에 정전기 차폐장치를 유효하게 설치한 경우에는 그렇지 않다.
7) 누설동축케이블의 끝부분에는 **무반사 종단저항**을 견고하게 설치할 것

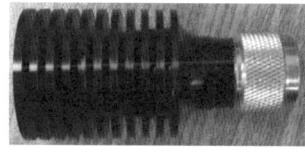

[그림] 무반사종단저항

2. 누설동축케이블 및 동축케이블의 임피던스는 50 Ω으로 하고, 이에 접속하는 안테나 · 분배기 기타의 장치는 해당 임피던스에 적합한 것으로 해야 한다.

3. 무선통신보조설비 설치기준
    1) 누설동축케이블 또는 동축케이블과 이에 접속하는 안테나가 설치된 층은 모든 부분(계단실, 승강기, 별도 구획된 실 포함)에서 유효하게 통신이 가능할 것
    2) 옥외안테나와 연결된 무전기와 건축물 내부에 존재하는 무전기 간의 상호통신, 건축물 내부에 존재하는 무전기 간의 상호통신, 옥외안테나와 연결된 무전기와 방재실 또는 건축물 내부에 존재하는 무전기와 방재실 간의 상호통신이 가능할 것

5. 옥외안테나 ★★★

1. **건축물, 지하가, 터널** 또는 **공동구의 출입구** 및 출입구 인근에서 통신이 가능한 장소에 설치할 것
2. 다른 용도로 사용되는 안테나로 인한 통신장애가 발생하지 않도록 설치할 것
3. 옥외안테나는 견고하게 설치하며 파손의 우려가 없는 곳에 설치하고 그 가까운 곳의 보기 쉬운 곳에 "무선통신보조설비 안테나"라는 표시와 함께 통신 가능거리를 표시한 표지를 설치할 것
4. 수신기가 설치된 장소 등 사람이 상시 근무하는 장소에는 옥외 안테나의 위치가 모두 표시된 **옥외안테나 위치표시도**를 비치할 것

6. 분배기 · 분파기 및 혼합기 설치기준 ★

1. 먼지 · 습기 및 부식 등에 따라 기능에 이상을 가져오지 아니하도록 할 것
2. **임피던스는 50Ω**의 것으로 할 것
3. 점검에 편리하고 화재 등의 재해로 인한 피해의 우려가 없는 장소에 설치할 것

7. 증폭기 및 무선중계기 설치기준 ★★★

1. 상용전원은 전기가 정상적으로 공급되는 **축전지설비, 전기저장장치**(외부 전기에너지를 저장해 두었다가 필요한 때 전기를 공급하는 장치) 또는 **교류전압의 옥내 간선**으로 하고, 전원까지의 배선은 전용으로 할 것
2. 증폭기의 전면에는 주 회로 전원의 정상 여부를 표시할 수 있는 **표시등 및 전압계**를 설치할 것
3. 증폭기에는 비상전원이 부착된 것으로 하고 해당 비상전원 용량은 무선통신보조설비를 유효하게 **30분 이상** 작동시킬 수 있는 것으로 할 것
4. 증폭기 및 무선중계기를 설치하는 경우에는 「전파법」에 따른 적합성평가를 받은 제품으로 설치하고 임의로 변경하지 않도록 할 것
5. 디지털 방식의 무전기를 사용하는데 지장이 없도록 설치할 것

8. 무선통신 보조설비의 종류

1) 누설동축케이블 방식
2) 안테나 방식
3) 누설동축케이블과 안테나를 혼합한 방식

9. 도로터널의 무선통신보조설비

1. 무선통신보조설비의 옥외안테나는 방재실 인근과 터널의 입구 및 출구, 피난연결통로 등에 설치해야 한다.
2. 라디오 재방송설비가 설치되는 터널의 경우에는 무선통신보조설비와 겸용으로 설치할 수 있다.

10 출제예상문제

무선통신보조설비

01 ★★★ 출제년도 [18.]
무선통신보조설비를 설치하여야 할 특정소방대상물의 기준 중 다음 ( ) 안에 알맞은 것은?

> 층수가 30층 이상인 것으로서 ( )층 이상 부분의 모든 층

① 11　　② 15
③ 16　　④ 20

해설 무선통신보조설비의 설치대상
① 지하가(터널은 제외)로서 연면적 1천 m² 이상
② 지하층의 바닥면적의 합계가 3천 m² 이상 또는 지하층의 층수가 3층 이상이고 지하층 바닥면적의 합계가 1천 m² 이상인 것은 지하층의 모든 층
③ 지하가 중 터널로서 길이가 500 m 이상인 것
④ 공동구
⑤ 층수가 30층 이상인 것으로서 **16층 이상** 부분의 모든 층

02 ★★★ 출제년도 [17.]
무선통신보조설비를 설치하여야 하는 특정소방대상물의 기준 중 옳은 것은? (단, 위험물 저장 및 처리 시설 중 가스시설은 제외한다.)

① 지하가(터널은 제외)로서 연면적 500m² 이상인 것
② 지하가 중 터널로서 길이가 1000m 이상인 것
③ 층수가 30층 이상인 것으로서 15층 이상 부분의 모든 층
④ 지하층의 층수가 3층 이상이고 지하층의 바닥면적의 합계가 1000m² 이상인 것은 지하층의 모든 층

해설 무선통신보조설비의 설치대상

지하가(터널은 제외한다)	연면적 1천m² 이상	
지하층의 바닥면적의 합계	3천m² 이상	지하 모든층
지하층의 층수가 3층 이상이고 지하층의 바닥면적의 합계	1천m² 이상	
층수가 30층 이상	16층 이상 부분	
지하가 중 터널	길이가 500m 이상	
공동구		

03 ★★★ 출제년도 [21.]
무선통신보조설비의 화재안전기술기준(NFTC 505)에 따른 용어의 정의 중 감시제어반 등에 설치된 무선중계기의 입력과 출력포트에 연결되어 송수신 신호를 원활하게 방사·수신하기 위해 옥외에 설치하는 장치를 말하는 것은?

① 혼합기　　② 분파기
③ 증폭기　　④ 옥외안테나

해설 옥외안테나 : 감시제어반 등에 설치된 무선중계기의 입력과 출력포트에 연결되어 송수신 신호를 원활하게 방사·수신하기 위해 옥외에 설치하는 장치

04 ★★★ 출제년도 [16.]
무선통신보조설비의 화재안전기술기준에서 사용하는 용어의 정의로 옳은 것은?

① 혼합기는 신호의 전송로가 분기되는 장소에 설치하는 장치를 말한다.

정답 01. ③　02. ④　03. ④　04. ④

② 분배기는 서로 다른 주파수의 합성된 신호를 분리하기 위해서 사용하는 장치를 말한다.
③ 증폭기는 두 개 이상의 입력 신호를 원하는 비율로 조합한 출력이 발생되도록 하는 장치를 말한다.
④ 누설동축케이블은 동축케이블 외부도체에 가느다란 홈을 만들어서 전파가 외부로 새어나갈 수 있도록 한 케이블을 말한다.

해설 무선통신보조설비의 용어정의

용어	정의
누설동축케이블	동축케이블의 외부도체에 가느다란 홈을 만들어서 전파가 외부로 새어나갈 수 있도록 한 케이블
분배기	신호의 전송로가 분기되는 장소에 설치하는 것으로 임피던스 매칭(Matching)과 신호 균등분배를 위해 사용하는 장치
분파기	서로 다른 주파수의 합성된 신호를 분리하기 위해서 사용하는 장치
혼합기	두개 이상의 입력신호를 원하는 비율로 조합한 출력이 발생하도록 하는 장치
증폭기	신호 전송 시 신호가 약해져 수신이 불가능해지는 것을 방지하기 위해서 증폭하는 장치

05 ★★★ 출제년도【16,19.】
신호의 전송로가 분기되는 장소에 설치하는 것으로 임피던스 매칭과 신호 균등분배를 위해 사용되는 장치는?

① 혼합기　　　② 분배기
③ 증폭기　　　④ 분파기

해설 무선통신보조설비 용어 정의
① 누설동축케이블 : 동축케이블의 외부도체에 가느다란 홈을 만들어서 전파가 외부로 새어나갈 수 있도록 한 케이블
② 분배기 : 신호의 전송로가 분기되는 장소에 설치하는 것으로 **임피던스 매칭(Matching)과 신호 균등분배**를 위해 사용하는 장치
③ 분파기 : 서로 다른 주파수의 합성된 신호를 분리하기 위해서 사용하는 장치

④ 혼합기 : 두 개 이상의 입력신호를 원하는 비율로 조합한 출력이 발생하도록 하는 장치

06 ★★★ 출제년도【20.】
무선통신보조설비의 화재안전기술기준(NFTC 505)에 따라 서로 다른 주파수의 합성된 신호를 분리하기 위하여 사용하는 장치는?

① 분배기　　　② 혼합기
③ 증폭기　　　④ 분파기

해설 제2조(정의)

용어	정의
누설동축케이블	동축케이블의 외부도체에 가느다란 홈을 만들어서 전파가 외부로 새어나갈 수 있도록 한 케이블
분배기	신호의 전송로가 분기되는 장소에 설치하는 것으로 임피던스 매칭(Matching)과 신호 균등분배를 위해 사용하는 장치
분파기	서로 다른 주파수의 합성된 신호를 분리하기 위해서 사용하는 장치
혼합기	두개 이상의 입력신호를 원하는 비율로 조합한 출력이 발생하도록 하는 장치
증폭기	신호 전송 시 신호가 약해져 수신이 불가능해지는 것을 방지하기 위해서 증폭하는 장치

07 ★★★ 출제년도【19,21.】
무선통신보조설비의 화재안전기술기준(NFTC 505)에 따라 지표면으로부터의 깊이가 몇 m 이하인 경우에는 해당층에 한하여 무선통신보조설비를 설치하지 아니할 수 있는가?

① 0.5　　　　② 1
③ 1.5　　　　④ 2

해설 지하층으로서 특정소방대상물의 바닥부분 2면 이상이 지표면과 동일하거나 지표면으로부터의 깊이가 1[m] 이하인 경우에는 해당층에 한하여 무선통신보조설비를 설치하지 아니할 수 있다.

정답 05. ②　06. ④　07. ②

08 ★★★ 출제년도 【14. 17.】
무선통신보조설비의 설치제외 기준 중 다음 ( ) 안에 알맞은 것으로 연결된 것은?

> 지하층으로서 특정소방대상물의 바닥부분 (㉠)면 이상이 지표면과 동일하거나 지표면으로부터의 깊이가 (㉡)m 이하인 경우에는 해당층에 한하여 무선통신보설비를 설치하지 아니할 수 있다.

① ㉠ 2, ㉡ 1
② ㉠ 2, ㉡ 2
③ ㉠ 3, ㉡ 1
④ ㉠ 3, ㉡ 2

해설 지하층으로서 특정소방대상물의 바닥부분 **2면 이상**이 지표면과 동일하거나 지표면으로부터의 깊이가 **1m 이하**인 경우에는 해당층에 한하여 무선통신보조설비를 설치하지 아니할 수 있다.

09 ★★★ 출제년도 【18.】
무선통신보조설비를 설치하지 아니할 수 있는 기준 중 다음 ( ) 안에 알맞은 것은?

> (㉠)으로서 특정소방대상물의 바닥부분 2면 이상이 지표면과 동일하거나 지표면으로부터의 깊이가 (㉡) m 이하인 경우에는 해당층에 한하여 무선통신보조설비를 설치하지 아니할 수 있다.

① ㉠ 지하층, ㉡ 1
② ㉠ 지하층, ㉡ 2
③ ㉠ 무창층, ㉡ 1
④ ㉠ 무창층, ㉡ 2

해설 **지하층**으로서 특정소방대상물의 바닥부분 2면 이상이 지표면과 동일하거나 지표면으로부터의 깊이가 **1m 이하**인 경우에는 해당층에 한하여 무선통신보조설비를 설치하지 아니할 수 있다.

10 ★★ 출제년도 【16.】
지하층으로서 특정소방대상물의 바닥부분 중 최소 몇 면이 지표면과 동일한 경우에 무선통신보조설비의 설치를 제외할 수 있는가?

① 1면 이상
② 2면 이상
③ 3면 이상
④ 4면 이상

해설 지하층으로서 특정소방대상물의 바닥부분 **2면 이상**이 지표면과 동일하거나 지표면으로부터의 깊이가 **1[m] 이하**인 경우에는 해당층에 한하여 무선통신보조설비를 설치하지 아니할 수 있다.

11 ★★ 출제년도 【15.】
무선통신보조설비의 누설동축케이블 및 안테나는 고압의 전로로부터 몇 [m] 이상 떨어진 위치에 설치해야 하는가?

① 1.5
② 4.0
③ 100
④ 300

해설 누설동축케이블 및 안테나는 고압의 전로로부터 1.5[m] 이상 떨어진 위치에 설치할 것. 다만, 해당 전로에 정전기 차폐장치를 유효하게 설치한 경우에는 그러하지 아니하다.

12 ★★★ 출제년도 【14. 21.】
무선통신보조설비의 화재안전기술기준(NFTC 505)에 따라 무선통신보조설비의 누설동축케이블 및 안테나는 고압의 전로로부터 1.5 m 이상 떨어진 위치에 설치해야 하나 그렇게 하지 않아도 되는 경우는?

① 끝부분에 무반사 종단저항을 설치한 경우
② 불연재료로 구획된 반자 안에 설치한 경우
③ 해당 전로에 정전기 차폐장치를 유효하게 설치한 경우
④ 금속제 등의 지지금구로 일정한 간격으로 고정한 경우

정답 08. ① 09. ① 10. ② 11. ① 12. ③

해설 누설동축케이블 및 안테나는 고압의 전로로부터 1.5 m 이상 떨어진 위치에 설치할 것. 다만, 해당 전로에 정전기 차폐장치를 유효하게 설치한 경우에는 그러하지 아니하다.

13 ★★★ 출제년도 [20.]
무선통신보조설비의 화재안전기술기준(NFTC 505)에 따라 금속제 지지금구를 사용하여 무선통신 보조설비의 누설동축케이블을 벽에 고정시키고자 하는 경우 몇 m 이내마다 고정시켜야 하는가? (단, 불연재료로 구획된 반자 안에 설치하는 경우는 제외한다.)

① 2
② 3
③ 4
④ 5

해설 누설동축케이블 및 동축케이블은 화재에 따라 해당 케이블의 피복이 소실된 경우에 케이블 본체가 떨어지지 아니하도록 **4m이내마다 금속제 또는 자기제**등의 지지금구로 벽·천장·기둥 등에 견고하게 고정시킬 것. 다만, **불연재료로 구획된 반자 안에 설치하는 경우**에는 그러하지 아니하다.

14 ★ 출제년도 [07, 09, 12.]
무선통신보조설비에서 2개 이상의 입력신호를 원하는 비율로 조합한 출력이 발생하도록 하는 장치는?

① 분배기
② 동조기
③ 복합기
④ 혼합기

해설 무선통신보조설비의 구성요소
1) 분배기 : 임피던스 매칭과 신호의 균등분배를 위해 사용하는 장치로 신호의 전송로가 분기되는 장소에 설치된다.
2) 분파기 : 주파수가 서로 다른 합성된 신호를 분리하기 위하여 사용되는 장치
3) 증폭기 : 신호 전송시 신호가 약해서 수신이 불가능해지는 것을 방지하기 위해서 증폭하는 장치를 말한다.
4) **혼합기** : 두 개 이상의 입력신호를 수신하여 원하는 비율로 혼합하여 출력하는 장치

15 ★★★ 출제년도 [16.]
무선통신보조설비의 누설동축케이블 및 안테나는 고압의 전로로부터 1.5[m] 이상 떨어진 위치에 설치해야 하나 그렇게 하지 않아도 되는 경우는?

① 해당 전로에 정전기 차폐장치를 유효하게 설치한 경우
② 금속제 등의 지지금구로 일정한 간격으로 고정한 경우
③ 끝부분에 무반사 종단저항을 설치한 경우
④ 불연재료로 구획된 반자 안에 설치한 경우

해설 누설동축케이블 및 안테나는 고압의 전로로부터 **1.5[m] 이상** 떨어진 위치에 설치할 것. 다만, 해당 전로에 **정전기 차폐장치**를 유효하게 설치한 경우에는 그러하지 아니하다.

16 ★★ 출제년도 [00, 01, 10, 12.]
무선통신보조설비의 누설동축케이블을 설치하고자 한다. 다음 설치기준 중 옳지 않은 것은?

① 누설동축케이블의 끝부분에는 무반사 종단저항을 설치할 것
② 소방전용주파수대에서 전파의 전송 또는 복사에 적합한 것으로 소방전용의 것으로 할 것
③ 누설동축케이블은 불연성 또는 난연성의 재질을 갖출 것
④ 누설동축케이블은 고압의 전로로부터 1[m]이상 이격하여 설치할 것

해설 누설동축케이블등 설치기준
1) 소방전용 주파수대에서 소방전용의 것을 사용할 것(단, 소방대 상호간의 무선연락에 지장이 없는 경우에는 다른 용도와 겸용 가능)
2) 누설동축케이블 및 동축케이블은 불연 또는 난연성의 것으로서 습기에 의해 전기적 특성이 변질되지 아니하는 것으로 할 것

정답 13. ③ 14. ④ 15. ① 16. ④

3) 누설동축케이블 및 안테나는 고압의 전로로부터 1.5[m] 이상 떨어진 위치에 설치 할 것
4) 누설동축케이블의 끝부분에는 무반사 종단저항을 견고하게 설치할 것
5) 동축케이블의 임피던스는 50[Ω]으로 할 것
6) 4[m] 이내마다 금속제 또는 자기제 등의 지지금구로 벽, 천정, 기둥 등에 견고하게 고정시켜야 한다.

17 ★★★ 출제년도 [19.]
무선통신보조설비의 누설동축케이블의 설치기준으로 틀린 것은?

① 끝부분에는 반사 종단저항을 견고하게 설치할 것
② 고압의 전로로부터 1.5m 이상 떨어진 위치에 설치할 것
③ 금속판 등에 따라 전파의 복사 또는 특성이 현저하게 저하되지 아니하는 위치에 설치할 것
④ 불연 또는 난연성의 것으로서 습기에 따라 전기의 특성이 변질되지 아니하는 것으로 설치할 것

해설 누설동축케이블 등
1. 누설동축케이블 및 동축케이블은 불연 또는 난연성의 것
2. 누설동축케이블 및 동축케이블은 화재에 따라 해당 케이블의 피복이 소실된 경우에 케이블 본체가 떨어지지 아니하도록 4m 이내마다 금속제 또는 자기제등의 지지금구로 벽·천장·기둥 등에 견고하게 고정시킬 것. 다만, 불연재료로 구획된 반자 안에 설치하는 경우에는 그러하지 아니하다.
3. 누설동축케이블 및 안테나는 금속판 등에 따라 전파의 복사 또는 특성이 현저하게 저하되지 아니하는 위치에 설치할 것
4. 누설동축케이블 및 안테나는 고압의 전로로부터 1.5m 이상 떨어진 위치에 설치할 것. 다만, 해당 전로에 정전기 차폐장치를 유효하게 설치한 경우에는 그러하지 아니하다.
5. 누설동축케이블의 끝부분에는 무반사 종단저항을 견고하게 설치할 것
6. 누설동축케이블 또는 동축케이블의 임피던스는 50Ω으로 하고, 이에 접속하는 안테나·분배기 기타의 장치는 해당 임피던스에 적합한 것

18 ★★ 출제년도 [15]
무선통신보조설비의 주요 구성요소가 아닌 것은?

① 누설동축케이블 ② 증폭기
③ 음향장치   ④ 분배기

해설 무선통신보조설비의 구성요소
1) **분배기** : 임피던스 매칭과 신호의 균등분배를 위해 사용하는 장치로 신호의 전송로가 분기되는 장소에 설치된다.
2) **분파기** : 주파수가 서로 다른 합성된 신호를 분리하기 위하여 사용되는 장치
3) **증폭기** : 신호 전송시 신호가 약해서 수신이 불가능해지는 것을 방지하기 위해서 증폭하는 장치를 말한다.
4) **혼합기** : 두 개 이상의 입력신호를 수신하여 원하는 비율로 혼합하여 출력하는 장치
5) **누설동축케이블**

19 ★ 출제년도 [96. 04. 07. 11. 12.]
무선통신보조설비의 주요 구성요소가 아닌 것은?

① 전송장치(안테나 등)
② 증폭기
③ 음향장치
④ 분배기

해설 무선통신보조설비의 구성요소
1) 누설동축케이블 (또는 동축케이블, **안테나**)
2) 옥외안테나
3) **분배기**
4) **증폭기**

20 ★★★ 출제년도 [06.13.19.]
무선통신보조설비의 증폭기에는 비상전원이 부착된 것으로 하고 비상전원의 용량은 무선통신보조설비를 유효하게 몇 분 이상 작동시킬 수 있는 것이어야 하는가?

① 10분   ② 20분
③ 30분   ④ 40분

정답 17. ① 18. ③ 19. ③ 20. ③

해설 증폭기 및 무선중계기 설치기준
1. 전원은 전기가 정상적으로 공급되는 축전지, 전기저장장치(외부 전기에너지를 저장해 두었다가 필요한 때 전기를 공급하는 장치) 또는 교류전압 옥내간선으로 하고, 전원까지의 배선은 전용으로 할 것
2. 증폭기의 전면에는 주 회로의 전원이 정상인지의 여부를 표시할 수 있는 표시등 및 전압계를 설치할 것
3. 증폭기에는 비상전원이 부착된 것으로 하고 해당 비상전원 용량은 무선통신보조설비를 유효하게 30분 이상 작동시킬 수 있는 것으로 할 것
4. 디지털 방식의 무전기를 사용하는데 지장이 없도록 설치할 것

21 ★★★ 출제년도 【18.】
무선통신보조설비 증폭기의 비상전원 용량은 무선통신보조설비를 유효하게 몇 분 이상 작동시킬 수 있는 것으로 설치하여야 하는가?

① 10 ② 20
③ 30 ④ 60

해설 증폭기 및 무선중계기 설치기준
① 전원은 전기가 정상적으로 공급되는 **축전지, 전기저장장치**(외부 전기에너지를 저장해 두었다가 필요한 때 전기를 공급하는 장치) 또는 **교류전압 옥내간선**으로 하고, 전원까지의 배선은 전용으로 할 것
② 증폭기의 전면에는 주 회로의 전원이 정상인지의 여부를 표시할 수 있는 **표시등 및 전압계**를 설치할 것
③ 증폭기에는 비상전원이 부착된 것으로 하고 해당 비상전원 용량은 무선통신보조설비를 유효하게 **30분 이상** 작동시킬 수 있는 것으로 할 것

22 ★★★ 출제년도 【16.】
무선통신보조설비 증폭기의 설치기준으로 틀린 것은?

① 증폭기는 비상전원이 부착된 것으로 한다.
② 증폭기의 전면에는 표시등 및 전류계를 설치한다.
③ 전원은 전기가 정상적으로 공급되는 축전지 또는 교류전압 옥내간선으로 하고 전원까지의 배선은 전용으로 한다.
④ 증폭기의 비상전원용량은 무선통신보조설비를 유효하게 30분 이상 작동시킬 수 있는 것으로 한다.

해설 증폭기 및 무선중계기 설치기준
1. 전원은 축전지 또는 교류전압 옥내간선으로 하고, 전원까지의 배선은 전용
2. 증폭기의 전면에는 **표시등 및 전압계**를 설치할 것
3. 증폭기 비상전원 용량은 무선통신보조설비를 유효하게 **30분 이상** 작동시킬 수 있는 것으로 할 것

23 ★★★ 출제년도 【17.】
무선통신보조설비 증폭기 및 무선중계기를 설치하는 경우의 설치기준으로 틀린 것은?

① 전원은 전기가 정상적으로 공급되는 축전지, 전기저장장치 또는 교류전압 옥내간선으로 하고, 전원까지의 배선은 전용으로 할 것
② 증폭기의 전면에는 주 회로의 전원이 정상인지의 여부를 표시 할 수 있는 표시등 및 전류계를 설치할 것
③ 증폭기에는 비상전원이 부착된 것으로 하고 해당 비상전원 용량은 무선통신보조설비를 유효하게 30분 이상 작동시킬 수 있는 것으로 할 것
④ 무선중계기를 설치하는 경우에는 「전파법」의 규정에 따른 적합성평가를 받은 제품으로 설치할 것

해설 증폭기 및 무선중계기 설치기준
① 전원은 전기가 정상적으로 공급되는 축전지, 전기저장장치(외부 전기에너지를 저장해 두었다가 필요한 때 전기를 공급하는 장치) 또는 교류전압 옥내간선으로 하고, 전원까지의 배선은 전용으로 할 것
② 증폭기의 전면에는 주 회로의 전원이 정상인지의 여부를 표시할 수 있는 표시등 및 전압계를 설치할 것

정답 21. ③ 22. ② 23. ②

③ 증폭기에는 비상전원이 부착된 것으로 하고 해당 비상전원 용량은 무선통신보조설비를 유효하게 30분 이상 작동시킬 수 있는 것으로 할 것
④ 증폭기 및 무선중계기를 설치하는 경우에는 「전파법」 제58조의2에 따른 적합성평가를 받은 제품으로 설치하고 임의로 변경하지 않도록 할 것

지 아니하는 것으로 할 것
③ 누설동축케이블 및 안테나는 고압의 전로로부터 1.5 [m] 이상 떨어진 위치에 설치 할 것
④ 누설동축케이블의 끝부분에는 무반사 종단저항을 견고하게 설치할 것
⑤ 동축케이블의 임피던스는 50 [Ω]으로 할 것

24 ★★★ 출제년도 【96. 00. 02. 05. 07. 13. 】
무선통신보조설비의 누설동축케이블 또는 동축케이블의 임피던스는 몇 [Ω]으로 하는가?
① 10 [Ω] ② 30 [Ω]
③ 50 [Ω] ④ 100 [Ω]

해설 누설동축케이블등 설치기준
1) 소방전용 주파수대에서 소방전용의 것을 사용할 것(단, 소방대 상호간의 무선연락에 지장이 없는 경우에는 다른 용도와 겸용 가능)
2) 누설동축케이블 및 동축케이블은 불연 또는 난연성의 것으로서 습기에 의해 전기적 특성이 변질되지 아니하는 것으로 할 것
3) 누설동축케이블 및 안테나는 고압의 전로로부터 1.5 [m] 이상 떨어진 위치에 설치할 것
4) 누설동축케이블의 끝부분에는 무반사 종단저항을 견고하게 설치할 것
5) **동축케이블의 임피던스는 50 [Ω]으로 할 것**
6) 4 [m] 이내마다 금속제 또는 자기제 등의 지지금구로 벽, 천정, 기둥 등에 견고하게 고정시켜야 한다.

25 ★★★ 출제년도 【17. 】
무선통신보조설비의 누설동축케이블 또는 동축케이블의 임피던스는 몇 Ω으로 하여야 하는가?
① 5 Ω ② 10 Ω
③ 50 Ω ④ 100 Ω

해설 누설동축케이블등 설치기준
① 소방전용 주파수대에서 소방전용의 것을 사용할 것
② 누설동축케이블 및 동축케이블은 불연 또는 난연성의 것으로서 습기에 의해 전기적 특성이 변질되

26 ★★★ 출제년도 【17. 】
무선통신보조설비의 증폭기 전면에 주회로의 전원이 정상인지의 여부를 표시할 수 있도록 설치하는 것으로 옳은 것은?
① 전력계 및 전류계
② 전류계 및 전압계
③ 표시등 및 전압계
④ 표시등 및 전력계

해설 무선통신보조설비의 증폭기 전면에는 주회로의 전원이 정상인지의 여부를 표시할 수 있는 **표시등 및 전압계**를 설치한다.

27 ★★★ 출제년도 【05. 07. 09. 11. 13. 】
무선통신보조설비 증폭기의 전면에는 주회로의 전원이 정상인지의 여부를 표시할 수 있는 표시등 및 무엇을 설치하여야 하는가?
① 전압계 ② 전류계
③ 역률계 ④ 전력계

해설 증폭기의 전면에는 주회로의 전원이 정상인지의 여부를 표시할 수 있는 **표시등 및 전압계**를 설치한다.

28 ★ 출제년도 【14. 】
무선통신보조설비의 누설동축케이블 및 안테나는 고압의 전로로부터 일정한 간격을 유지하여야 하나 그렇게 하지 않아도 되는 경우는?
① 정전기 차폐장치를 유효하게 설치한 경우
② 금속제 등의 지지금구로 일정한 간격으로

정답 24. ③ 25. ③ 26. ③ 27. ① 28. ①

고정한 경우
③ 끝부분에 무반사 종단저항을 설치한 경우
④ 불연재료로 구획된 반자 안에 설치한 경우

해설 누설동축케이블 및 안테나는 고압의 전로로부터 1.5[m] 이상 떨어진 위치에 설치할 것. 다만, 해당 전로에 **정전기 차폐장치**를 유효하게 설치한 경우에는 그러하지 아니하다.

29 ★★★ 출제년도 [16.]
무선통신보조설비의 누설동축케이블 및 안테나는 고압의 전로로부터 1.5[m] 이상 떨어진 위치에 설치해야 하나 그렇게 하지 않아도 되는 경우는?

① 해당 전로에 정전기 차폐장치를 유효하게 설치한 경우
② 금속제 등의 지지금구로 일정한 간격으로 고정한 경우
③ 끝부분에 무반사 종단저항을 설치한 경우
④ 불연재료로 구획된 반자 안에 설치한 경우

해설 누설동축케이블 및 안테나는 고압의 전로로부터 **1.5[m] 이상** 떨어진 위치에 설치할 것. 다만, 해당 전로에 **정전기 차폐장치**를 유효하게 설치한 경우에는 그러하지 아니하다.

30 ★★★ 출제년도 [17.]
무선통신보조설비 증폭기 무선중계기를 설치하는 경우의 설치기준으로 틀린 것은?

① 전원은 전기가 정상적으로 공급되는 축전지, 전기저장장치 또는 교류전압 옥내간선으로 하고, 전원까지의 배선은 전용으로 할 것
② 증폭기의 전면에는 주 회로의 전원이 정상인지의 여부를 표시 할 수 있는 표시등 및 전류계를 설치할 것
③ 증폭기에는 비상전원이 부착된 것으로 하고 해당 비상전원 용량은 무선통신보조설비를 유효하게 30분 이상 작동시킬 수 있는 것으로 할 것
④ 무선중계기를 설치하는 경우에는 「전파법」의 규정에 따른 적합성평가를 받은 제품으로 설치할 것

해설 증폭기등
① 전원은 전기가 정상적으로 공급되는 축전지, 전기저장장치(외부 전기에너지를 저장해 두었다가 필요한 때 전기를 공급하는 장치) 또는 교류전압 옥내간선으로 하고, 전원까지의 배선은 전용으로 할 것
② 증폭기의 전면에는 주 회로의 전원이 정상인지의 여부를 표시할 수 있는 표시등 및 전압계를 설치할 것
③ 증폭기에는 비상전원이 부착된 것으로 하고 해당 비상전원 용량은 무선통신보조설비를 유효하게 30분 이상 작동시킬 수 있는 것으로 할 것

31 ★★★ 출제년도 [18.]
무선통신보조설비의 분배기·분파기 및 혼합기의 설치기준 중 틀린 것은?

① 먼지·습기 및 부식 등에 따라 기능에 이상을 가져오지 아니하도록 할 것
② 임피던스는 50Ω의 것으로 할 것
③ 전원은 전기가 정상적으로 공급되는 축전지, 전기저장장치 또는 교류전압 옥내간선으로 하고, 전원까지의 배선은 전용으로 할 것
④ 점검에 편리하고 화재 등의 재해로 인한 피해의 우려가 없는 장소에 설치할 것

해설 분배기·분파기 및 혼합기의 설치기준
① 먼지·습기 및 부식 등에 따라 기능에 이상을 가져오지 아니하도록 할 것
② 임피던스는 50Ω의 것으로 할 것
③ 점검에 편리하고 화재 등의 재해로 인한 피해의 우려가 없는 장소에 설치할 것

정답 29. ① 30. ② 31. ③

32. 무선통신보조설비에 대한 설명으로 옳지 않은 것은?

① 소화활동설비이다.
② 누설동축케이블 또는 동축케이블의 임피던스는 100[Ω]의 것으로 한다.
③ 증폭기에는 비상전원이 부착된 것으로 하고, 비상전원의 용량은 30분 이상이다.
④ 누설동축케이블의 끝부분에는 무반사 종단저항을 부착한다.

해설 누설동축케이블 또는 동축케이블의 임피던스는 50[Ω]으로 하고, 이에 접속하는 안테나·분배기 기타의 장치는 해당 임피던스에 적합한 것

33. 다음의 무선통신보조설비 그림에서 ⓐ에 해당하는 것은?

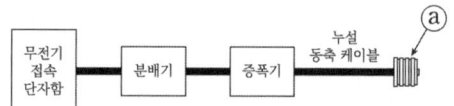

① 혼합기
② 옥외안테나
③ 무선중계기
④ 무반사종단저항

해설 누설동축케이블의 끝부분에는 무반사 종단저항을 견고하게 설치할 것

정답 32. ② 33. ④

11 기타 소방전기시설

1. 가스누설경보기(NFTC 206)

1. 용어 정의

구분	정의	
가연성가스 경보기	보일러 등 가스연소기에서 액화석유가스(LPG), 액화천연가스(LNG) 등의 가연성가스가 새는 것을 탐지하여 관계자나 이용자에게 경보하여 주는 것을 말한다. 다만, 탐지소자 외의 방법에 의하여 가스가 새는 것을 탐지하는 것, 점검용으로 만들어진 휴대용탐지기 또는 연동기기에 의하여 경보를 발하는 것은 제외	
일산화탄소 경보기	일산화탄소가 새는 것을 탐지하여 관계자나 이용자에게 경보하여 주는 것을 말한다. 다만, 탐지소자 외의 방법에 의하여 가스가 새는 것을 탐지하는 것, 점검용으로 만들어진 휴대용탐지기 또는 연동기기에 의하여 경보를 발하는 것은 제외	
탐지부	가스누설경보기(이하"경보기"라 한다) 중 가스누설을 탐지하여 중계기 또는 수신부에 가스누설 신호를 발신하는 부분	
수신부	경보기 중 탐지부에서 발하여진 가스누설 신호를 직접 또는 중계기를 통하여 수신하고 이를 관계자에게 음향으로서 경보하여 주는 것	
분리형	탐지부와 수신부가 분리되어 있는 형태의 경보기	
단독형	탐지부와 수신부가 일체로 되어있는 형태의 경보기	
가스연소기	가스레인지 또는 가스보일러 등 가연성가스를 이용하여 불꽃을 발생하는 장치	

2. 가연성가스 경보기

1) 가연성가스를 사용하는 가스연소기가 있는 경우 : 가연성가스(액화석유가스(LPG), 액화천연가스(LNG) 등)의 종류에 적합한 경보기를 가스연소기 주변에 설치

2) 분리형 경보기의 수신부 ★★★
　① 가스연소기 주위의 **경보기의 상태 확인 및 유지 관리에 용이한 위치**에 설치
　② 가스누설 경보음향의 **음량과 음색**이 다른 기기의 소음 등과 명확히 구별
　③ 가스누설 경보음향의 크기 : 수신부로부터 **1m 떨어진 위치에서 음압이 70dB 이상**
　④ 수신부의 조작 스위치 : 바닥으로부터의 **높이가 0.8m 이상 1.5m 이하**인 장소에 설치
　⑤ 수신부가 설치된 장소에는 **비상연락번호를 기재한 표**를 비치

3) 분리형 경보기의 탐지부 ★★★
　① 탐지부는 가스연소기의 중심으로부터 **직선거리 8m(공기보다 무거운 가스를 사용하는 경우에는 4m) 이내**에 1개 이상 설치
　② 탐지부는 천정으로부터 탐지부 하단까지의 거리가 **0.3m 이하**. 다만, 공기보다 **무거운 가스를 사용하는 경우**에는 바닥면으로부터 탐지부 상단까지의 거리는 **0.3m 이하**

4) 단독형 경보기
　① 가스연소기 주위의 경보기의 **상태 확인 및 유지 관리에 용이한 위치**
　② 가스누설 **경보음향의 음량과 음색**이 다른 기기의 소음 등과 명확히 구별
　③ 가스누설 경보음향장치는 수신부로부터 **1m 떨어진 위치에서 음압이 70dB 이상**
　④ 단독형 경보기는 가스연소기의 중심으로부터 **직선거리 8m(공기보다 무거운 가스를 사용하는 경우에는 4m) 이내에 1개 이상**.
　⑤ 단독형 경보기는 천장으로부터 경보기 하단까지의 거리가 **0.3m 이하**. 다만, 공기보다 무거운 가스를 사용하는 경우에는 바닥면으로부터 단독형 경보기 상단까지의 거리는 0.3m 이하.
　⑥ 경보기가 설치된 장소에는 관계자 등에게 신속히 연락할 수 있도록 **비상연락번호를 기재한 표**를 비치

3. 일산화탄소 경보기

1) 분리형 경보기의 수신부
① 가스누설 경보음향의 음량과 음색이 다른 기기의 소음 등과 명확히 구별
② 가스누설 경보음향의 크기는 수신부로부터 1m 떨어진 위치에서 음압이 70dB 이상
③ 수신부의 조작 스위치는 바닥으로부터의 높이가 0.8m 이상 1.5m 이하
④ 수신부가 설치된 장소에는 관계자 등에게 신속히 연락할 수 있도록 비상연락 번호를 기재한 표를 비치

2) **분리형 경보기의 탐지부**는 천정으로부터 탐지부 하단까지의 거리가 **0.3m 이하**

3) **단독형 경보기**
① 가스누설 경보**음향의 음량과 음색**이 다른 기기의 소음 등과 명확히 구별
② 가스누설 경보음향장치는 수신부로부터 1m **떨어진 위치에서 음압이 70dB 이상**
③ 단독형 경보기는 천장으로부터 경보기 하단까지의 거리가 **0.3m 이하**
④ 경보기가 설치된 장소에는 관계자 등에게 신속히 연락할 수 있도록 **비상연락 번호를 기재한 표**를 비치

4. 설치 제외장소)
1) **출입구 부근** 등으로서 외부의 기류가 통하는 곳
2) **환기구 등** 공기가 들어오는 곳으로부터 **1.5m 이내**인 곳
3) **연소기의 폐가스**에 접촉하기 쉬운 곳
4) **가구·보·설비** 등에 가려져 누설가스의 유통이 원활하지 못한 곳
5) **수증기, 기름 섞인 연기** 등이 직접 접촉될 우려가 있는 곳

5. 전원
경보기는 **건전지 또는 교류전압의 옥내간선**을 사용하여 상시 전원이 공급

2. 가스누설경보기의 형식승인 및 제품검사의 기술기준

1. 용어의 정의(제2조)

1) 가스누설경보기

   가연성가스 또는 불완전연소가스가 새는 것을 탐지하여 관계자나 이용자에게 경보하여 주는 것을 말한다. 다만, 탐지소자외의 방법에 의하여 가스가 새는 것을 탐지하는 것, 점검용으로 만들어진 휴대용검지기 또는 연동기기에 의하여 경보를 발하는 것은 제외

2) 탐지부

   가스누설경보기(이하 "경보기"라 한다)중 가스누설을 검지하여 중계기 또는 수신부에 가스누설의 신호를 발신하는 부분 또는 가스누설을 검지하여 이를 음향으로 경보하고 동시에 중계기 또는 수신부에 가스누설의 신호를 발신하는 부분

3) 수신부

   경보기중 탐지부에서 발하여진 가스누설신호를 직접 또는 중계기를 통하여 수신하고 이를 관계자에게 음향으로서 경보하여 주는 것

4) 지구경보부

   경보기의 수신부로부터 발하여진 신호를 받아 경보음을 발하는 것으로서 경보기에 추가로 부착하여 사용되는 부분

5) 분리형

   탐지부와 수신부가 분리되어 있는 형태의 경보기

6) 단독형

   탐지부와 수신부가 1개의 상자에 넣어 일체로 되어있는 형태의 경보기

2. 경보기의 분류(제3조) ★★★

구조에 따라 **단독형과 분리형**, 용도에 따라 **단독형은 가정용, 분리형은 영업용과 공업용**으로 구분한다. 이 경우 영업용은 1회로용으로 하며 공업용은 1회로 이상의 용도로 한다.

3. 부품의 구조 및 기능(제8조)

1) 표시등 ★★

   ① 전구는 사용전압의 **130%**인 교류전압을 **20시간** 연속하여 가하는 경우 단선, 현저한 광속변화, 흑화, 전류의 저하 등이 발생하지 아니하여야 한다.

② 주위의 밝기가 300lx인 장소에서 측정하여 앞면으로부터 3 m 떨어진 곳에서 켜진등이 확실히 식별되어야 한다.
③ 전구는 **2개 이상**을 병렬로 접속하여야 한다. 다만, 방전등 또는 발광다이오드의 경우에는 그러하지 아니하다.
④ 가스의 누설을 표시하는 표시등(이하 이 기준에서 "**누설등**"이라 한다) 및 가스가 누설된 경계구역의 위치를 표시하는 표시등(이하 이 기준에서 "지구등"이라 한다)은 등이 켜질 때 **황색**으로 표시

2) 음향장치 ★★★
① 사용전압의 **80%**인 전압에서 음향을 발하여야 한다.
② 사용전압에서의 음압은 음향장치의 중심으로부터 1m 떨어진 지점에서 **주음향장치용의 것은 90dB(단, 단독형 및 분리형중 영업용인 경우에는 70dB) 이상**이어야 한다. 다만, **고장표시용 등의 음압은 60dB 이상**이어야 한다.
③ **충전부와 비충전부 사이의 절연저항**은 DC 500V의 절연저항계로 측정하는 경우 **20MΩ 이상**이어야 한다.

3) 변압기
정격 1차전압은 **300V 이하**

4. 음량시험(제24조)

경보기의 경보음량은 무향실에서 측정하는 경우 음향장치의 중심으로부터 1m 떨어진 위치에서 **90dB(단독형 및 분리형중 영업용인 경우에는 70dB) 이상**이어야 한다. 다만, **고장표시용의 음압은 60dB 이상**

5. 절연저항시험(제27조) ★★

1) 경보기의 **절연된 충전부와 외함간의 절연저항**은 DC 500V의 절연저항계로 측정한 값이 **5MΩ(교류입력측과 외함간에는 20MΩ) 이상**. 다만, 회선수가 **10 이상**인 것 또는 접속되는 중계기가 10 이상인 것은 교류입력측과 외함간을 제외하고는 **1회선당 50MΩ 이상**
2) **절연된 선로간의 절연저항**은 DC 500V의 절연저항계로 측정한 값이 **20MΩ 이상**

3. 소방시설용비상전원수전설비(NFTC 602)

1. 용어정의 ★★★

용어	정의
방화구획형	수전설비를 다른 부분과 건축법상 방화구획을 하여 화재 시 이를 보호하도록 조치하는 방식
변전설비	전력용변압기 및 그 부속장치
배전반	전력생산시설 등으로부터 직접 전력을 공급받아 분전반에 전력을 공급해주는 것 ① 공용배전반 : 소방회로 및 일반회로 겸용의 것으로서 개폐기, 과전류차단기, 계기와 그 밖의 배선용기기 및 배선을 금속제 외함에 수납한 것 ② 전용배전반 : 소방회로 전용의 것으로서 개폐기, 과전류차단기, 계기와 그 밖의 배선용기기 및 배선을 금속제 외함에 수납한 것
분전반	배전반으로부터 전력을 공급받아 부하에 전력을 공급해주는 것 ① 공용분전반 : 소방회로 및 일반회로 겸용의 것으로서 분기개폐기, 분기과전류차단기와 그 밖의 배선용기기 및 배선을 금속제 외함에 수납한 것을 말한다. ② 전용분전반 : 소방회로 전용의 것으로서 분기 개폐기, 분기과전류차단기와 그 밖의 배선용기기 및 배선을 금속제 외함에 수납한 것을 말한다.
비상전원 수전설비	화재 시 상용전원이 공급되는 시점까지만 비상전원으로 적용이 가능한 설비로서 상용전원의 안전성과 내화성능을 향상시킨 설비
소방회로	소방부하에 전원을 공급하는 전기회로
수전설비	전력수급용 계기용변성기·주차단장치 및 그 부속기기
옥외개방형	건물의 옥외 또는 건물의 옥상에 울타리를 설치하고 그 내부에 수전설비를 설치하는 방식
인입구배선	인입선의 연결점으로부터 특정소방대상물내에 시설하는 인입개폐기에 이르는 배선
큐비클	수전설비를 큐비클 내에 수납하여 설치하는 방식으로서 다음의 형식을 말한다. ① 공용큐비클식 : 소방회로 및 일반회로 겸용의 것으로서 수전설비, 변전설비와 그 밖의 기기 및 배선을 금속제 외함에 수납한 것을 말한다. ② 전용큐비클식 : 소방회로용의 것으로 수전설비, 변전설비와 그 밖의 기기 및 배선을 금속제 외함에 수납한 것을 말한다.

2. 인입선 및 인입구 배선의 시설 ★

1) 인입선은 특정소방대상물에 화재가 발생할 경우에도 화재로 인한 손상을 받지 않도록 설치해야 한다.
2) 인입구 배선은 내화배선

3. 특별고압 또는 고압으로 수전하는 경우 ★

1) 종류 : 방화구획형, 옥외개방형 또는 큐비클(Cubicle)형
① 전용의 방화구획 내에 설치할 것
② 소방회로배선은 일반회로배선과 불연성 벽으로 구획할 것. 다만, 소방회로배선과 일반회로배선을 **15cm 이상** 떨어져 설치한 경우는 그러하지 아니한다.

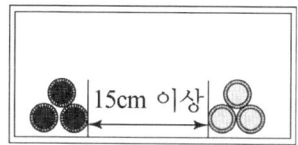

2) 특별고압 또는 고압으로 수전 전기회로

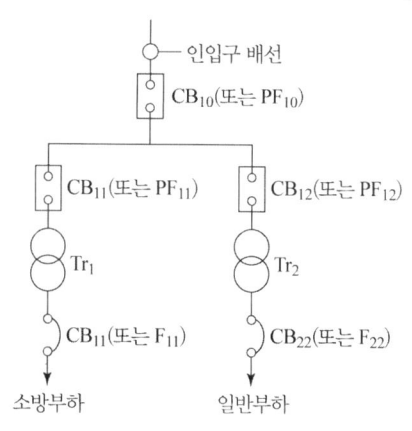 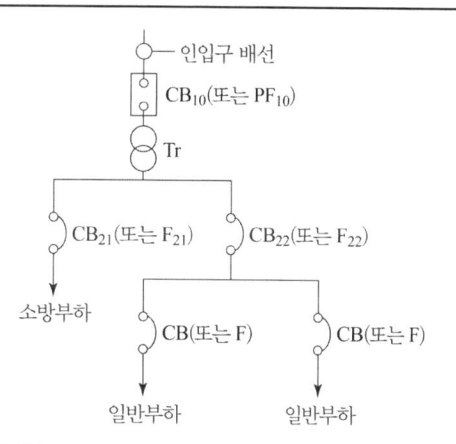

1. 전용의 전력용변압기에서 소방부하에 전원을 공급하는 경우	2. 공용의 전력용변압기에서 소방부하에 전원을 공급하는 경우
가. 일반회로의 과부하 또는 단락 사고 시에 CB_{10}(또는 PF_{10})이 CB_{12}(또는 PF_{12}) 및 CB_{22}(또는 F_{22})보다 먼저 차단되어서는 안 된다. 나. CB_{11}(또는 PF_{11})은 CB_{12}(또는 PF_{12})와 동등 이상의 차단용량일 것	가. 일반회로의 과부하 또는 단락 사고 시에 CB_{10}(또는 PF_{10})이 CB_{22}(또는 F_{22}) 및 CB(또는 F)보다 먼저 차단되어서는 안 된다. 나. CB_{21}(또는 PF_{21})은 CB_{22}(또는 F_{22})와 동등 이상의 차단용량일 것

약호	명칭	약호	명칭
CB	전력차단기	CB	전력차단기
PF	전력퓨즈(고압 또는 특별고압용)	PF	전력퓨즈(고압 또는 특별고압용)
F	퓨즈(저압용)	F	퓨즈(저압용)
Tr	전력용변압기	Tr	전력용변압기

3) 큐비클형 설치기준
① 전용큐비클 또는 공용큐비클식으로 설치할 것
② 외함은 두께 **2.3 mm 이상**의 강판과 이와 동등 이상의 강도와 내화성능이 있는 것으로 제작해야 하며, 개구부에는 60분+ 방화문, 60분 방화문 또는 30분 방화문으로 설치할 것

4. 저압으로 수전하는 경우

1) 종류 ★★
① **전용배전반(1·2종)**
② **전용분전반(1·2종)**
③ **공용분전반(1·2종)**

2) 제1종 배전반 및 제1종 분전반 설치기준 ★
① 외함은 두께 **1.6 mm(전면판 및 문은 2.3 mm) 이상**의 강판과 이와 동등 이상의 강도와 내화성능이 있는 것으로 제작할 것
② 외함의 내부는 외부의 열에 의해 영향을 받지 않도록 내열성 및 단열성이 있는 재료를 사용하여 단열할 것. 이 경우 단열부분은 열 또는 진동에 따라 쉽게 변형되지 않아야 한다.

3) 저압수전 전기회로

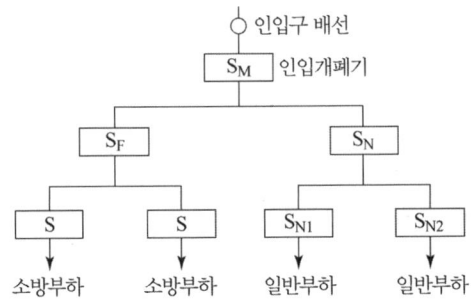

① 일반회로의 과부하 또는 단락 사고 시 S_M이 S_N, S_{N1} 및 S_{N2}보다 먼저 차단되어서는 안 된다.
② S_F는 S_N과 동등 이상의 차단용량일 것

약호	명칭
S	저압용개폐기 및 과전류차단기

4. 설비별 필요한 비상전원 용량 ★★★

1. 비상전원 용량

설비의 종류	비상전원의 종류	비상전원용량
옥내소화전	자가발전설비, 축전지설비, 전기저장장치	29층 이하 : 20분 이상 30층~49층 이하 : 40분 이상 50층 이상 : 60분 이상
스프링클러설비	자가발전설비, 축전지설비, 전기저장장치, **비상전원수전설비**	
화재조기진압용 스프링클러설비	자가발전설비, 축전지설비, 전기저장장치	20분 이상
포소화설비	자가발전설비, 축전지설비, 전기저장장치, **비상전원수전설비**	20분 이상
물분무등소화설비	자가발전설비, 축전지설비, 전기저장장치	20분 이상
자동화재탐지설비, 비상방송설비	축전지설비, 전기저장장치	30층 미만 : 60분 감시 10분 이상 경보 30층 이상 : 60분 감시 30분 이상 경보
비상경보설비	축전지설비, 전기저장장치	60분 감시 10분 이상 경보
유도등	축전지	20분 이상(11층 이상, 지지하층 또는 무창층으로서 용도가 도매시장ㆍ소매시장ㆍ여객자동차터미널ㆍ지하역사 또는 지하상가 60분 이상)
비상조명등	자가발전설비, 축전지설비, 전기저장장치	
제연설비	자가발전설비, 축전지설비, 전기저장장치	20분 이상
연결송수관설비	자가발전설비, 축전지설비, 전기저장장치	20분 이상
비상콘센트설비	자가발전설비, 축전지설비, 전기저장장치, **비상전원수전설비**	20분 이상
무선통신보조설비	축전지설비, 전기저장장치	30분 이상

2. 옥내소화전설비의 비상전원 설치대상

1) 층수가 7층 이상으로서 연면적 2,000 m² 이상인 것
2) 1)에 해당하지 않는 것으로 지하층의 바닥면적 합계가 3,000 m² 이상인 것

3. 비상콘센트설비 비상전원 설치대상

지하층을 제외한 층수가 7층 이상으로서 연면적이 2,000 m² 이상이거나 지하층의 바닥면적의 합계가 3,000 m² 이상인 특정소방대상물

5. 부동충전 ★★★

축전지의 자기 방전을 보충함과 동시에 상용 부하에 대한 전력 공급은 충전기가 부담하도록 하되 충전기가 부담하기 어려운 일시적인 대 전류 부하는 축전지로 하여금 부담하게 하는 방식이다.

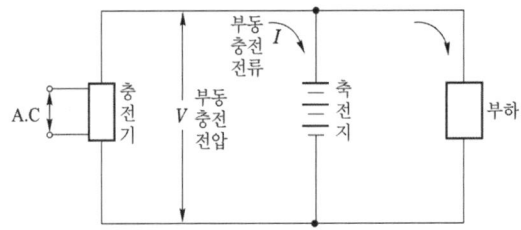

$$\text{충전기 2차 충전 전류 [A]} = \frac{\text{축전지 용량 [Ah]}}{\text{방전시간율 [h]}} + \frac{\text{상시 부하 용량 [VA]}}{\text{표준 전압 [V]}}$$

방전시간율(연축전지 10h, 알칼리축전지 5h)

6. 축전지 용량 산정 ★★★

$$C = \frac{1}{L} KI \, [\text{Ah}]$$

C : 축전지 용량 [Ah],　L : 보수율 (경년용량 저하율, 0.8)
K : 용량환산시간계수,　I : 방전전류

7. 연 축전지와 알칼리 축전지와의 특성 비교 ★★★

종 별	연 축 전 지		알 칼 리 축 전 지	
형 식 형	클래드식 (CS형)	페이스트식 (HS형)	포켓식 (AL, AM, AMH, AH형)	소결식 (AH, AHH형)
기전력	2.05~2.08 [V]		1.32 [V]	
공칭전압	2.0 [V]		1.2 [V]	
방전시간율	10시간 [h]		5시간 [h]	1시간 [h]
방전특성	보통	고율방전에 우수	보통	고율 방전에 우수
수 명	길다	약간 짧은 편	길다	길다
자기방전	보통		약간 적은 편임	

8. 전기설비의 시설기준

1. 전압의 범위 ★★★

구 분	전압의 범위
저 압	직류는 1.5 kV 이하, 교류는 1 kV 이하
고 압	직류는 1.5 kV를, 교류는 1 kV를 초과하고, 7 kV 이하
특별고압	7 kV를 넘는 것

2. 전선의 굵기를 결정하는 요소

① 허용전류
② 전압강하
③ 기계적 강도
④ 전력손실
⑤ 경제성

3. 전선을 접속할 때 주의사항 3가지

① 전선의 세기를 20 [%] 이상 감소시키지 아니할 것
② 접속부분은 접속관, 기타의 기구를 사용하거나 납땜을 할 것
③ 전선의 전기적 저항을 증가시키지 아니하도록 할 것

4. 소방시설 도시기호 ★★

명 칭	도시기호	명 칭	도시기호
차동식스포트형감지기		이온화식감지기 (스포트형)	S I
보상식스포트형감지기		광전식연기감지기 (아나로그)	S A
정온식스포트형감지기		광전식연기감지기 (스포트형)	S P
연기감지기	S	제어반	
감지선		표시반	
통로유도등	→	회로시험기	⊙
열전대		화재경보벨	B
열반도체	∞	시각경보기 (스트로브)	
차동식분포형 감지기의 검출기		수신기	
발신기셋트 단독형	PBL	부수신기	
발신기셋트 옥내소화전내장형	PBL	중계기	
경보부저	BZ	비상콘센트	
피난구유도등	⊗	비상분전반	

5. 전선의 색상 ★★

상(문자)	색상
L1	갈색
L2	흑색
L3	회색
N	청색
보호도체	녹색-노란색

6. 전선의 공칭단면적(mm²)

| 1.5, 2.5, 4, 6, 10, 16, 25, 35, 50, 70, 95, 120, 150, 185, 240, 300, 400, 500 |

7. 배선용 심벌 ★

명 칭	그림 기호
천장 은폐 배선	―――――
바닥 은폐 배선	― ― ― ―
노출 배선	‥‥‥‥‥

9. 전로의 절연저항 ★

1. 저압전로의 절연성능(전기설비기술기준 제52조)

전로의 사용전압 (V)	DC시험전압 (V)	절연저항 (MΩ)
SELV 및 PELV	250	0.5
FELV, 500V 이하	500	1.0
500V 초과	1,000	1.0

[주] 특별저압(ELV, Extra Low Voltage : 2차 전압이 AC 50V, DC 120V 이하)으로 SELV (Safety Extra Low Voltage, 비접지회로 구성) 및 PELV(Protective Extra Low Voltage, 접지회로 구성)은 1차와 2차가 전기적으로 절연된 회로, FELV는 1차와 2차가 전기적으로 절연되지 않은 회로

1) SELV : 안전 특별저압
2) PELV : 보호 특별저압
3) FELV : 기능적 특별저압

2. 사용전압이 저압인 전로에서 정전이 어려운 경우 등 절연저항 측정이 곤란한 경우에는 저항 성분의 누설전류를 **1 mA 이하**로 유지

10. 전압강하와 전압변동률 계산 ★★★

1. 전압강하

송전단 전압과 수전단 전압의 차이

전기방식	전압강하	비고
단상 2선식, 직류 2선식	$e = \dfrac{35.6LI}{1,000A}$	L : 선로길이[m] I : 부하전류[A] e : 선로의 전압강하[V] A : 전선 단면적[mm^2]
3상 3선식	$e = \dfrac{30.8LI}{1,000A}$	
3상 4선식	$e = \dfrac{17.8LI}{1,000A}$	

2. 전압강하율

전압강하에 대한 수전단 전압의 비를 백분율로 나타낸 것

$$e = \frac{V_s - V_r}{V_r} \times 100 (\%)$$

여기서, V_s : 송전단 전압[V]
V_r : 수전단 전압[V]

3. 전압변동률

무부하시 단자전압과 부하시 단자전압의 차이를 백분율로 나타낸 것

$$\varepsilon = \frac{V_{ro} - V_r}{V_r} \times 100 (\%)$$

여기서, V_{ro} : 무부하시 단자전압[V]
V_r : 부하시 단자전압[V]

11. 감시전류와 작동전류 ★★★

1. 등가 회로도

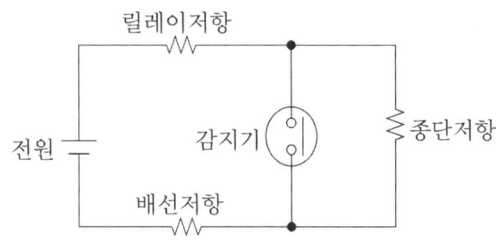

2. 감시전류 = $\dfrac{\text{회로전압}}{\text{배선회로저항} + \text{종단저항} + \text{릴레이저항}}$

3. 작동전류 = $\dfrac{\text{회로전압}}{\text{배선회로저항} + \text{릴레이저항}}$

12. 내화배선 시공방법 ★★★

사용전선의 종류	공 사 방 법
1. 450/750 V 저독성 난연 가교 폴리올레핀 절연 전선 → HFIX 2. 0.6/1 kV 가교 폴리에틸렌 절연 저독성 난연 폴리올레핀 시스 전력 케이블 3. 6/10 kV 가교 폴리에틸렌 절연 저독성 난연 폴리올레핀 시스 전력용 케이블 4. 가교 폴리에틸렌 절연 비닐시스 트레이용 난연 전력 케이블 5. 0.6/1 kV EP 고무절연 클로로프렌 시스 케이블 6. 300/500 V 내열성 실리콘 고무 절연전선 (180 ℃) 7. 내열성 에틸렌-비닐 아세테이트 고무절연 케이블 8. 버스덕트(Bus Duct)	금속관·2종 금속제 가요전선관 또는 합성수지관에 수납하여 내화구조로 된 벽 또는 바닥 등에 벽 또는 바닥의 표면으로부터 **25mm 이상**의 깊이로 매설하여야 한다. 다만 다음 각목의 기준에 적합하게 설치하는 경우에는 그러하지 아니하다. 가. 배선을 내화성능을 갖는 배선전용실 또는 배선용 샤프트·피트·덕트 등에 설치하는 경우 나. 배선전용실 또는 배선용 샤프트·피트·덕트 등에 다른 설비의 배선이 있는 경우에는 이로부터 **15cm 이상** 떨어지게 하거나 소화설비의 배선과 이웃하는 다른 설비의 배선사이에 배선지름(배선의 지름이 다른 경우에는 가장 큰 것을 기준으로 한다)의 **1.5배 이상**의 높이의 불연성 격벽을 설치 하는 경우
내화전선	케이블공사의 방법에 따라 설치하여야 한다.

[비고] 내화전선의 내화성능은 KS C IEC 60331-1과 2(**온도 830 ℃ / 가열시간 120분**) 표준 이상을 충족하고 **난연성능** 확보를 위해 KS C IEC 60332-3-24 성능 이상을 충족할 것

13. 내열배선 시공방법 ★★

사용전선의 종류	공 사 방 법
1. 450/750 V 저독성 난연 가교 폴리올레핀 절연 전선 2. 0.6/1 kV 가교 폴리에틸렌 절연 저독성 난연 폴리올레핀 시스 전력 케이블 3. 6/10 kV 가교 폴리에틸렌 절연 저독성 난연 폴리올레핀 시스 전력용 케이블 4. 가교 폴리에틸렌 절연 비닐시스 트레이용 난연 전력 케이블 5. 0.6/1 kV EP 고무절연 클로로프렌 시스 케이블 6. 300/500 V 내열성 실리콘 고무 절연전선 (180 ℃) 7. 내열성 에틸렌-비닐 아세테이트 고무절연 케이블 8. 버스덕트(Bus Duct)	**금속관 · 금속제가요전선관 · 금속덕트 또는 케이블**(불연성덕트에 설치하는 경우에 한한다.) 공사방법에 따라야 한다. 다만, 다음 각목의 기준에 적합하게 설치하는 경우에는 그러하지 아니하다. 가. 배선을 내화성능을 갖는 배선전용실 또는 배선용 샤프트 · 피트 · 덕트 등에 설치하는 경우 나. 배선전용실 또는 배선용 샤프트 · 피트 · 덕트 등에 다른 설비의 배선이 있는 경우에는 이로부터 **15cm 이상** 떨어지게 하거나 소화설비의 배선과 이웃하는 다른 설비의 배선사이에 배선지름(배선의 지름이 다른 경우에는 지름이 가장 큰 것을 기준으로 한다)의 **1.5배 이상**의 높이의 불연성 격벽을 설치하는 경우
내화전선	케이블공사의 방법에 따라 설치하여야 한다.

11 출제예상문제

기타 소방전기시설

01 ★★ 출제년도 【12.】
가스누설경보기의 분리형수신부의 기능에서 수신개시로부터 가스누설표시까지의 소요시간은 몇 초 이내이어야 하는가?
① 5초　② 10초
③ 30초　④ 60초

해설 가스누설경보기의 형식승인 및 제품검사의 기술기준 제6조 (분리형수신부의 기능)
수신개시부터 가스누설표시까지 소요시간은 60초 이내이어야 한다.

02 ★ 출제년도 【14.】
가스누설경보기의 예비전원 설치와 관련한 설명으로 옳지 않은 것은?
① 앞면에는 예비전원의 상태를 감시할 수 있는 장치를 하여야 한다.
② 예비전원을 경보기의 주 전원으로 사용한다.
③ 축전지를 병렬로 접속하는 경우에는 역충전 방지 등의 조치를 강구하여야 한다.
④ 예비전원을 단락사고 등으로부터 보호하기 위한 퓨즈 또는 과전류 보호장치를 설치하여야 한다.

해설 예비전원을 경보기의 주전원으로 사용하여서는 아니된다. 주전원이 정지한 경우에는 자동적으로 예비전원으로 전환되고, 주전원이 정상상태로 복귀한 경우에는 자동적으로 예비전원으로부터 주전원으로 전환되어야 한다.

03 ★ 출제년도 【21.】
소방시설용 비상전원수전설비의 화재안전기술기준(NFTC 602)에 따른 용어의 정의에서 소방부하에 전원을 공급하는 전기회로를 말하는 것은?
① 수전설비　② 일반회로
③ 소방회로　④ 변전설비

해설 소방회로 : 소방부하에 전원을 공급하는 전기회로를 말한다.

04 ★★★ 출제년도 【08. 10. 11. 12. 15. 18.】
소방시설용 비상전원수전설비에서 전력수급용 계기용 변성기·주차단장치 및 그 부속기기로 정의되는 것은?
① 큐비클설비　② 배전반설비
③ 수전설비　④ 변전설비

해설 1) **수전설비** : 전력수급용 계기용 변성기, 주차단장치 및 그 부속기기
2) 변전설비 : 전력용 변압기 및 그 부속장치
3) 큐비클설비 : 수전설비, 변전설비, 그 밖의 기기 및 배선을 금속제 외함에 수납한 것
4) 배전반설비 : 개폐기, 과전류차단기, 계기, 그 밖의 배선용기기 및 배선을 금속제 외함에 수납한 것

05 ★★★ 출제년도 【15.】
소방회로용으로 수전설비, 변전설비, 그 밖의 기기 및 배선을 금속제 외함에 수납한 것은?
① 전용분전반　② 공용분전반
③ 전용큐비클식　④ 공용큐비클식

해설 전용큐비클식
소방회로용의 것으로 수전설비, 변전설비 그 밖의 기기 및 배선을 금속제 외함에 수납한 것

정답 01. ④　02. ②　03. ③　04. ③　05. ③

06 ★★★ 출제년도【19.】
소방회로용의 것으로 수전설비, 변전설비 그 밖의 기기 및 배선을 금속제 외함에 수납한 것으로 정의되는 것은?

① 전용분전반 ② 공용분전반
③ 공용큐비클식 ④ 전용큐비클식

해설 소방시설용 비상전원수전설비 용어정의
① 전용큐비클식 : 소방회로용의 것으로 수전설비, 변전설비 그 밖의 기기 및 배선을 금속제 외함에 수납한 것을 말한다.
② 공용큐비클식 : 소방회로 및 일반회로 겸용의 것으로서 수전설비, 변전설비 그 밖의 기기 및 배선을 금속제 외함에 수납한 것을 말한다.
③ 전용배전반 : 소방회로 전용의 것으로서 개폐기, 과전류차단기, 계기 그 밖의 배선용기기 및 배선을 금속제 외함에 수납한 것을 말한다.
④ 공용배전반 : 소방회로 및 일반회로 겸용의 것으로서 개폐기, 과전류차단기, 계기 그 밖의 배선용기기 및 배선을 금속제 외함에 수납한 것을 말한다.
⑤ 전용분전반 : 소방회로 전용의 것으로서 분기 개폐기, 분기과전류차단기 그 밖의 배선용기기 및 배선을 금속제 외함에 수납한 것을 말한다.
⑥ 공용분전반 : 소방회로 및 일반회로 겸용의 것으로서 분기개폐기, 분기과전류차단기 그 밖의 배선용기기 및 배선을 금속제 외함에 수납한 것을 말한다.

07 ★★★ 출제년도【20.】
소방시설용 비상전원수전설비의 화재안전기술기준(NFTC 602)에 따라 소방시설용 비상전원수전설비에서 소방회로 및 일반회로 겸용의 것으로서 수전설비, 변전설비 그 밖의 기기 및 배선을 금속제 외함에 수납한 것은?

① 공용분전반 ② 전용배전반
③ 공용큐비클식 ④ 전용큐비클식

해설

전용 큐비클식	소방회로용의 것으로 수전설비, 변전설비 그 밖의 기기 및 배선을 금속제 외함에 수납한 것
공용 큐비클식	소방회로 및 일반회로 겸용의 것으로서 수전설비, 변전설비 그 밖의 기기 및 배선을 금속제 외함에 수납한 것

08 ★★ 출제년도【15.】
일반전기사업자로부터 특별고압 또는 고압으로 수전하는 비상전원수전설비의 형식 중 틀린 것은?

① 큐비클(Cubicle)
② 옥내개방형
③ 옥외개방형
④ 방화구획형

해설 특별고압 또는 고압으로 수전하는 경우: 큐비클형, 옥외개방형, 방화구획형

09 ★★★ 출제년도【21.】
소방시설용 비상전원수전설비의 화재안전기술기준(NFTC 602)에 따라 일반전기사업자로부터 특별고압 또는 고압으로 수전하는 비상전원 수전설비의 종류에 해당하지 않는 것은?

① 큐비클형 ② 축전지형
③ 방화구획형 ④ 옥외개방형

해설 특별고압 또는 고압으로 수전하는 비상전원 수전설비의 종류
① 방화구획형
② 옥외개방형
③ 큐비클형

10 ★★ 출제년도【17.】
전기사업자로부터 저압으로 수전하는 경우 비상전원설비로 옳은 것은?

① 방화구획형
② 전용배전반(1·2종)
③ 큐비클형
④ 옥외개방형

해설 소방시설용비상전원수전설비의 화재안전기술기준
1) 저압으로 수전하는 경우 : 전용배전반(1·2종), 전용분전반(1·2종) 또는 공용분전반(1·2종)
2) 고압으로 수전하는 경우 : 방화구획형, 옥외개방형, 큐비클형

정답 06. ④ 07. ③ 08. ② 09. ② 10. ②

11 일반전기사업자로부터 특고압 또는 고압으로 수전하는 비상전원 수전설비의 경우에 있어 소방회로배선과 일반회로 배선을 몇 cm 이상 떨어져 설치하는 경우 불연성 벽으로 구획하지 않을 수 있는가?

① 5[cm] ② 10[cm]
③ 15[cm] ④ 20[cm]

해설 소방회로배선은 일반회로배선과 불연성 벽으로 구획할 것. 다만, 소방회로배선과 일반회로배선을 15[cm] 이상 떨어져 설치한 경우는 그러하지 아니한다.

12 소방시설용 비상전원수전설비의 화재안전기술기준(NFTC 602)에 따라 일반전기사업자로부터 특고압 또는 고압으로 수전하는 비상전원 수전설비의 경우에 있어 소방회로배선과 일반회로배선을 몇 cm 이상 떨어져 설치하는 경우 불연성 벽으로 구획하지 않을 수 있는가?

① 5 ② 10
③ 15 ④ 20

해설 제5조(특별고압 또는 고압으로 수전하는 경우) 소방회로배선은 일반회로배선과 불연성 벽으로 구획할 것. 다만, 소방회로배선과 일반회로배선을 15cm 이상 떨어져 설치한 경우는 그러하지 아니한다.

13 일반전기사업자로부터 특별고압으로 수전하는 소방시설용 비상전원 수전설비를 방화구획형, 옥외개방형 또는 큐비클형으로 하여야 하는데 설치기준으로 옳지 않은 것은?

① 전용의 방화구획 내에 설치할 것
② 소방회로배선은 일반회로배선과 불연성 벽으로 구획할 것
③ 일반회로에서 과부하, 지락사고 또는 단락사고가 발생한 경우에는 즉시 자가발전설비가 작동되도록 할 것
④ 소방회로용 개폐기 및 과전류차단기에는 "소방시설용"이라 표시할 것

해설 특별고압 또는 고압으로 수전하는 경우
일반전기사업자로부터 특별고압 또는 고압으로 수전하는 비상전원 수전설비는 방화구획형, 옥외개방형 또는 큐비클(Cubicle)형으로 하여야 한다.
1) 전용의 방화구획 내에 설치할 것
2) 소방회로배선은 일반회로배선과 불연성 벽으로 구획할 것. (다만, 소방회로배선과 일반회로배선을 15[cm] 이상 떨어져 설치한 경우는 그러하지 아니한다.)
3) 일반회로에서 과부하, 지락사고 또는 단락사고가 발생한 경우에도 이에 영향을 받지 아니하고 계속하여 소방회로에 전원을 공급시켜 줄 수 있어야 할 것
4) 소방회로용 개폐기 및 과전류차단기에는 "소방시설용"이라 표시할 것

14 소방시설용 비상전원수전설비의 화재안전기술기준(NFTC 602)에 따라 저압으로 수전하는 제1종 배전반 및 분전반의 외함 두께와 전면판(또는 문) 두께에 대한 설치기준으로 옳은 것은?

① 외함 : 1.0mm 이상, 전면판(또는 문) : 1.2mm 이상
② 외함 : 1.2mm 이상, 전면판(또는 문) : 1.5mm 이상
③ 외함 : 1.5mm 이상, 전면판(또는 문) : 2.0mm 이상
④ 외함 : 1.6mm 이상, 전면판(또는 문) : 2.3mm 이상

해설 제1종 배전반 및 제1종 분전반
외함은 두께 1.6 mm(전면판 및 문은 2.3mm) 이상의 강판과 이와 동등 이상의 강도와 내화성능이 있는 것으로 제작할 것

정답 11. ③ 12. ③ 13. ③ 14. ④

15 소방시설용 비상전원수전설비의 화재안전기술기준(NFTC 602)에 따라 큐비클형의 시설기준으로 틀린 것은?

① 전용큐비클 또는 공용큐비클식으로 설치할 것
② 외함은 건축물의 바닥 등에 견고하게 고정할 것
③ 자연환기구에 따라 충분히 환기할 수 없는 경우에는 환기설비를 설치할 것
④ 공용큐비클식의 소방회로와 일반회로에 사용되는 배선 및 배선용기기는 난연재료로 구획할 것

해설 공용큐비클식의 소방회로와 일반회로에 사용되는 배선 및 배선용기기는 **불연재료**로 구획할 것

16 소방시설용 비상전원수전설비의 화재안전기술기준(NFTC 602) 용어의 정의에 따라 수용장소의 조영물(토지에 정착한 시설물 중 지붕 및 기둥 또는 벽이 있는 시설물을 말한다.)의 옆면 등에 시설하는 전선으로서 그 수용장소의 인입구에 이르는 부분의 전선은 무엇인가?

① 인입선   ② 내화배선
③ 열화배선   ④ 인입구배선

해설 인입선 : 수용장소의 조영물(토지에 정착한 시설물 중 지붕 및 기둥 또는 벽이 있는 시설물을 말한다.)의 옆면 등에 시설하는 전선으로서 그 수용장소의 인입구에 이르는 부분의 전선

17 소방시설용 비상전원수전설비의 화재안전기술기준(NFTC 602)에 따라 소방시설용 비상전원 수전설비의 인입구배선은 「옥내소화전설비의 화재안전기술기준(NFTC 102)」별표 1에 따른 어떤 배선으로 하여야 하는가?

① 나전선   ② 내열배선
③ 내화배선   ④ 차폐배선

해설 제4조(인입선 및 인입구 배선의 시설)
① 인입선은 특정소방대상물에 화재가 발생할 경우에도 화재로 인한 손상을 받지 않도록 설치하여야 한다.
② 인입구배선은 「옥내소화전설비의 화재안전기술기준(NFTC 102)」별표 1에 따른 **내화배선**으로 하여야 한다.

18 각종 소방설비에 사용하는 비상전원으로 옳지 않은 것은?

① 자동화재탐지설비 : 축전지설비
② 유도등 : 축전지
③ 비상조명등 : 자가발전설비, 축전지설비
④ 비상콘센트 : 축전지설비, 비상전원수전설비

해설 비상콘센트 설비의 비상전원 : 자가발전설비, 전기저장장치, 비상전원수전설비

19 옥내소화전설비로서 비상전원을 설치하는 경우, 자가발전설비 또는 축전지설비는 정해진 기준에 따라 설치하여야 한다. 이 기준에 적합하지 않는 것은?

① 점검에 편리하고 화재 및 침수 등의 재해로 인한 피해를 받을 우려가 없는 곳에 설치한다.
② 옥내소화전설비를 유효하게 30분 이상 작동할 수 있도록 설치한다.
③ 상용전원으로부터 전력의 공급이 중단된 때에는 자동으로 비상전원으로부터 전력을 공급 받을 수 있도록 설치한다.

정답 15. ④ 16. ① 17. ③ 18. ④ 19. ②

④ 비상전원의 설치장소는 다른 장소와 방화구획을 하여 설치한다.

해설 설비별 필요한 비상전원 용량

설비의 종류	비상전원용량
• 비상콘센트설비 • 제연설비 • 옥내소화전 설비 • 연결송수관설비 • 스프링클러설비	20분 이상

20 ★★★ 출제년도 【15.】
다음 비상전원 및 배터리 중 최소용량이 가장 큰 것은?

① 지하층을 제외한 11층 미만의 유도등 비상전원
② 비상조명등의 비상전원
③ 휴대용비상조명등의 충전식 배터리용량
④ 무선통신보조설비 증폭기의 비상전원

해설 유도등, 비상조명등, 휴대용비상조명등 : 20분 이상
증폭기 비상전원 용량 : 무선 통신보조설비를 유효하게 30분 이상 작동

21 ★★ 출제년도 【13.】
전압의 종별을 구분할 때 저압의 기준으로 옳은 것은?

① 직류 1000[V] 이하, 교류 1000[V] 이하
② 직류 1500[V] 이하, 교류 1500[V] 이하
③ 직류 1500[V] 이하, 교류 1000[V] 이하
④ 직류 1000[V] 이하, 교류 1500[V] 이하

해설 전압의 구분

구분	전압의 범위
저압	직류는 1.5kV 이하, 교류는 1kV 이하
고압	직류는 1.5kV를, 교류는 1kV를 초과하고, 7kV 이하
특별고압	7kV를 넘는 것

22 ★★★ 출제년도 【15.】
다음 ( ) 에 들어갈 내용으로 옳은 것은?

> 고압이라 함은 직류는 (①)[V]를, 교류는 (②)[V]를 초과하고 (③)[kV] 이하인 것을 말한다.

① ① 1500, ② 1000, ③ 7
② ① 1000, ② 1500, ③ 7
③ ① 600, ② 700, ③ 10
④ ① 700, ② 600, ③ 10

해설 전압의 구분

구분	전압의 범위
저압	직류는 1.5kV 이하, 교류는 1kV 이하
고압	직류는 1.5kV를, 교류는 1kV를 초과하고, 7kV 이하
특별고압	7kV를 넘는 것

23 ★★ 출제년도 【16.】
상용전원이 서로 다른 소방시설은?

① 옥내소화전설비
② 비상방송설비
③ 비상콘센트설비
④ 스프링클러설비

해설 상용전원 기준
1) 비상방송설비의 상용전원 기준
전원은 전기가 정상적으로 공급되는 축전지, 전기저장장치 또는 교류전압의 옥내 간선으로 하고, 전원까지의 배선은 전용으로 할 것
2) 옥내소화전설비, 비상콘센트설비, 스프링클러설비의 상용전원 기준

저압수전인 경우	인입개폐기의 직후에서 분기하여 전용배선
고압수전 또는 특고압수전인 경우	전력용변압기 2차측의 주차단기 1차측 또는 2차측에서 분기하여 전용배선

정답 20. ④ 21. ③ 22. ① 23. ②

24 각 설비와 비상전원의 최소용량 연결이 틀린 것은?

① 비상콘센트설비-20분 이상
② 제연설비 - 20분 이상
③ 비상경보설비 - 20분 이상
④ 무선통신보조설비의 증폭기 - 30분 이상

해설

설비의 종류	비상전원용량
• 자동화재탐지설비 • 비상경보설비 • 자동화재속보설비	60분간 감시상태 지속 후 10분 이상 경보

25 각 소방설비별 비상전원의 종류와 비상전원 최소용량의 연결이 틀린 것은? (단, 소방설비-비상전원의 종류-비상전원 최소용량 순서이다.)

① 자동화재탐지설비 – 축전지설비 – 20분
② 비상조명등설비 – 축전지설비 또는 자가발전설비 – 20분
③ 할로겐화합물 및 불활성기체소화설비 – 축전지설비 또는 자가발전설비 – 20분
④ 유도등 – 축전지설비 – 20분

해설 ① 자동화재탐지설비-축전지설비, 전기저장장치 – 10분
② 비상조명등설비-축전지설비, 전기저장장치 또는 자가발전설비 – 20분
③ 할로겐화합물 및 불활성기체소화설비 – 전기저장장치, 축전지설비 또는 자가발전설비 – 20분
④ 유도등 – 전기저장장치, 축전지설비 – 20분

26 축전지의 자기방전을 보충함과 동시에 상용부하에 대한 전력공급은 충전기가 부담하도록 하되 충전기가 부담하기 어려운 일시적인 대전류 부하는 축전지로 하여금 부담하게 하는 충전방식은?

① 과충전방식
② 균등충전방식
③ 부동충전방식
④ 세류충전방식

해설 ① 축전지의 자기 방전을 보충함과 동시에 상용 부하에 대한 전력 공급은 충전기가 부담하도록 하되 충전기가 부담하기 어려운 일시적인 대 전류 부하는 축전지로 하여금 부담하게 하는 방식이다.

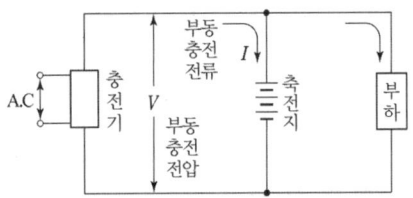

② 충전기 2차 충전전류
$= \dfrac{축전지 용량[Ah]}{방전시간율[h]} + \dfrac{상시 부하용량[VA]}{표준전압[V]}$

27 예비전원의 성능인증 및 제품검사의 기술기준에 따라 다음의 (   )에 들어갈 내용으로 옳은 것은?

> 예비전원은 1/5C 이상 1C 이하의 전류로 역충전하는 경우 (   )시간 이내에 안전장치가 작동하여야 하며, 외관이 부풀어 오르거나 누액 등이 없어야 한다.

① 1
② 3
③ 5
④ 10

해설 제8조(안전장치시험)
예비전원은 1/5C이상 1C이하의 전류로 역충전하는 경우 **5시간** 이내에 안전 장치가 작동하여야 하며, 외관이 부풀어 오르거나 누액 등이 없어야 한다.

정답 24. ③ 25. ① 26. ③ 27. ③

28 ★★ 출제년도 【20.】
예비전원의 성능인증 및 제품검사의 기술기준에서 정의하는 "예비전원"에 해당하지 않는 것은?

① 리튬계 2차 축전지
② 알카리계 2차 축전지
③ 용융염 전해질 연료전지
④ 무보수 밀폐형 연축전지

해설 예비전원 : 소방용품에 사용되는 알카리계 2차 축전지, 리튬계 2차 축전지 및 무보수 밀폐형 연축전지

정답 28. ③

Engineer Fire Protection System - Electrical

2016~2025

과년도 출제문제 및 CBT 복원문제

1회 2016년 소방설비기사

1과목 소방원론

01 ★★★ 출제년도 【16.】
일반적인 자연발화의 방지법으로 옳지 않은 것은?

① 습도를 높일 것
② 저장실의 온도를 낮출 것
③ 정촉매 작용을 하는 물질을 피할 것
④ 통풍을 원활하게 하여 열축적을 방지할 것

해설 자연발화 방지법
① 습도를 낮출 것
② 저장실의 온도를 낮출 것
③ 정촉매 작용을 하는 물질을 피할 것
④ 통풍을 원활하게 하여 열축적을 방지할 것

02 ★ 출제년도 【10. 16.】
위험물안전관리법령상 제4류 위험물의 화재에 적응성이 있는 것으로 옳은 것은?

① 옥내소화전설비
② 봉상수소화기
③ 옥외소화전설비
④ 물분무소화설비

해설 제4류 위험물에 적응성 있는 소화설비 : 포소화설비, **물분무소화설비**, 이산화탄소소화설비, 할로겐화합물소화설비, 분말소화설비

03 ★★★ 출제년도 【16.】
화학적 소화방법에 해당하는 것은?

① 모닥불을 모래로 덮어 소화
② 모닥불에 물을 뿌려 소화
③ 유류화재를 할론 1301로 소화
④ 지하실 화재를 이산화탄소로 소화

해설 물리적 소화와 화학적 소화
1) 물리적소화 : 질식, 냉각, 제거소화
2) 화학적소화 : 부촉매(억제) 소화
3) 보기설명
  ① 모닥불을 모래로 덮어 소화 : 질식소화
  ② 모닥불에 물을 뿌려 소화 : 냉각소화
  ③ 유류화재를 할론 1301로 소화 : 부촉매(억제) 소화
  ④ 지하실 화재를 이산화탄소로 소화 : 질식소화

04 ★ 출제년도 【16.】
목조건축물에서 발생하는 옥외출화 시기를 나타낸 것으로 옳은 것은?

① 창, 출입구 등에 발염 착화한 때
② 천장 속, 벽 속 등에서 발염 착화한 때
③ 불연천장인 경우 실내의 그 뒷면에 발염 착화한 때
④ 가옥구조에서는 천장면에 발염 착화한 때

해설 옥내출화와 옥외출화
1) 옥내출화
  ① 가옥 구조 시 천장 면에 발염착화한 때
  ② 불연천장인 경우 실내의 그 뒷면 판에 발염착화한 때
  ③ 천장 속, 벽 속 등에서 발염착화한 때
2) 옥외출화
  ① 가옥의 벽, 지붕, 추녀 밑에 발염착화한 때
  ② 창, 출입구 등에 발염착화한 때

정답 1. ① 2. ④ 3. ③ 4. ①

05. 무창층 여부를 판단하는 개구부로서 갖추어야 할 조건으로 옳은 것은?

① 해당층의 바닥면으로부터 개구부 밑 부분까지의 높이가 1.5m인 것
② 개구부 크기가 지름 30cm의 원이 내접할 수 있는 것
③ 내부 또는 외부에서 쉽게 파괴 또는 개방할 수 있을 것
④ 창에 방범을 위하여 40cm 간격으로 창살을 설치할 것

해설 무창층(無窓層)
지상층 중 다음 각 목의 요건을 모두 갖춘 개구부(건축물에서 채광·환기·통풍 또는 출입 등을 위하여 만든 창·출입구)의 면적의 합계가 해당 층의 바닥면적의 30분의 1 이하가 되는 층을 말한다.
가. 크기는 지름 50센티미터 이상의 원이 내접(內接)할 수 있는 크기일 것
나. 해당 층의 바닥면으로부터 개구부 밑 부분까지의 높이가 1.2미터 이내일 것
다. 도로 또는 차량이 진입할 수 있는 빈터를 향할 것
라. 화재 시 건축물로부터 쉽게 피난할 수 있도록 창살이나 그 밖의 장애물이 설치되지 아니할 것
마. 내부 또는 외부에서 쉽게 부수거나 열 수 있을 것

06. 건축물의 화재 시 패닉(panic)의 발생원인과 직접적인 관계가 없는 것은?

① 유독가스에 의한 호흡 장애
② 연기에 의한 시계 제한
③ 외부와 단절되어 고립
④ 불연 내장재의 사용

해설 패닉의 발생원인
① 유독가스에 의한 호흡 장애
② 연기에 의한 시계 제한
③ 외부와 단절되어 고립

07. 화재발생 시 주수소화가 적합하지 않은 물질은?

① 유황
② 마그네슘 분말
③ 과염소산칼륨
④ 적린

해설 제2류 위험물 중 마그네슘분말에 주수소화(물을 방사)하면 수소가 발생되어 폭발하므로 마른모래, 팽창질석, 팽창진주암 또는 금속화재용 소화약제를 사용하여 질식소화하여야 한다.

08. 공기 중에서 수소의 연소범위는?

① 0.4~4 vol.%
② 1~12.5 vol.%
③ 4~75 vol.%
④ 67~92 vol.%

해설 수소
1) 연소범위 : 4~75 vol.%
2) 위험도 : $H = \dfrac{UFL - LFL}{LFL} = \dfrac{75-4}{4} = 17.75$

09. 가연성의 가스나 산소의 농도를 낮추어 소화하는 방법을 무엇이라 하는가?

① 질식소화
② 제거소화
③ 냉각소화
④ 억제소화

해설 소화방법

연소의 4요소	소화원리	소화방법	비고
가연물	가연물의 제거	제거소화	물리적 소화
산소	산소의 희석, 차단	질식소화	
점화원	연소점 이하로 냉각	냉각소화	
순조로운 연쇄반응	연쇄반응의 억제	부촉매 효과	화학적 소화

정답 5. ③ 6. ④ 7. ② 8. ③ 9. ①

10. 이산화탄소(CO_2)에 대한 설명으로 옳지 않은 것은?

① 임계온도는 97.5℃이다.
② 불연성가스로 공기보다 무겁다.
③ 상온, 상압에서 기체상태로 존재한다.
④ 고체의 형태로 존재할 수 있다.

해설 이산화탄소의 물성
① 무색, 무취의 기체이며 불연성이다.
② 상온에서 가압하면 쉽게 액화하여 액체 상태로 저장, 운반할 수 있다.
③ 액화이산화탄소를 냉각시키거나 급격히 기화시키면 드라이아이스를 얻을 수 있다.

구분	비고
분자량	44
증기비중	1.52
삼중점	-56.3℃
임계온도	31.3℃
임계압력	72.9atm
승화점	-78.5℃

11. 분말소화약제 중 A급, B급, C급 화재에 모두 사용할 수 있는 것은?

① $KHCO_3$
② $NH_4H_2PO_4$
③ Na_2CO_3
④ $NaHCO_3$

해설 분말소화약제

종별	주성분	화학식	착색	적응화재
제1종	탄산수소나트륨 (중탄산나트륨)	$NaHCO_3$	백색	BC급
제2종	탄산수소칼륨 (중탄산칼륨)	$KHCO_3$	담자색	BC급
제3종	인산염 (제일인산암모늄)	$NH_4H_2PO_4$	담홍색	ABC급

12. 증기비중의 정의로 옳은 것은?(단, 보기에서 분자, 분모의 단위는 모두 g/mol이다.)

① $\dfrac{분자량}{100}$
② $\dfrac{분자량}{29}$
③ $\dfrac{분자량}{44.8}$
④ $\dfrac{분자량}{22.4}$

해설 증기비중 : $\dfrac{분자량}{29}$

13. 화재발생 시 건축물의 화재를 확대시키는 주요인이 아닌 것은?

① 복사열
② 비화
③ 화염의 접촉(접염)
④ 흡착열에 의한 발화

해설 화재를 확대시키는 주요인
1) 복사열
2) 비화
3) 화염의 접촉(접염)

14. 위험물안전관리법령상 위험물 유별에 따른 성질이 잘못 연결된 것은?

① 제1류 위험물 - 산화성 고체
② 제2류 위험물 - 가연성 고체
③ 제4류 위험물 - 인화성 액체
④ 제6류 위험물 - 자기반응성 물질

해설 위험물의 유별 성질
(1) 제1류 위험물 : 산화성고체(산소공급원)
(2) 제2류 위험물 : 가연성고체(가연물)
(3) 제3류 위험물 : 자연발화성 및 금수성 물질(가연물)
(4) 제4류 위험물 : 인화성액체(가연물)
(5) 제5류 위험물 : 자기반응성물질(가연물+산소공급원)
(6) 제6류 위험물 : 산화성액체(산소공급원)

정답 10. ① 11. ② 12. ② 13. ④ 14. ④

15 가연성의 가스가 아닌 것은?
① 프로판 ② 수소
③ 일산화탄소 ④ 아르곤

해설 아르곤은 불활성가스이다.

16 황린의 보관 방법으로 옳은 것은?
① 물속에 보관
② 수산화칼륨 속에 보관
③ 이황화탄소 속에 보관
④ 통풍이 잘 되는 공기 중에 보관

해설 황린은 제3류 위험물로서 자연발화성물질이므로 물속에 보관한다.

17 화재 최성기 때의 농도로 유도등이 보이지 않을 정도의 연기농도로 옳은 것은?(단, 감광계수로 나타낸다)
① $0.1\ m^{-1}$ ② $1\ m^{-1}$
③ $10\ m^{-1}$ ④ $30\ m^{-1}$

해설 감광계수

감광계수	가시거리	상황
0.1	20~30	연기감지기의 작동농도 건물 내 미숙지자의 피난 한계농도
0.3	5	건물 내 숙지자의 피난한계농도
0.5	3	어두침침함을 느낄 정도의 농도
1	1~2	거의 앞이 보이지 않을 정도의 농도
10	0.2~0.5	화재 최성기 때의 연기농도
30	–	출화실에서 연기가 분출할 때의 연기농도

18 공기 중 산소의 농도는 약 몇 vol.% 인가?
① 10 ② 13
③ 18 ④ 21

해설 공기의 조성 :

구분	질소 (N_2)	산소 (O_2)	아르곤 (Ar)	이산화탄소 (CO_2)
체적(V)%	78.03	20.99	0.95	0.03

19 제거소화의 예에 해당하지 않는 것은?
① 유류화재 시 다량의 포를 방사한다.
② 가연성가스 화재 시 가스의 밸브를 닫는다.
③ 전기화재 시 신속하게 전원을 차단한다.
④ 산림화재 시 확산을 막기 위하여 산림의 일부를 벌목한다.

해설 유류화재 시 다량의 포를 방사하는 것은 질식소화방법이다.

20 제2종 분말 소화약제가 열분해되었을 때 생성되는 물질에 해당하지 않는 것은?
① H_2O ② CO_2
③ H_3PO_4 ④ K_2CO_3

해설 제2종 분말의 열분해반응식
① 1차 열분해반응식(190℃) :
$2KHCO_3 \rightarrow K_2CO_3 + CO_2 + H_2O$
② 2차 열분해반응식(890℃) :
$2KHCO_3 \rightarrow K_2O + 2CO_2 + H_2O$

2과목 소방전기일반

21 저항 6[Ω]과 유도리액턴스 8[Ω]이 직렬로 접속된 회로에 100[V]의 교류전압을 가할 때 흐르는 전류의 크기는 몇 [A]인가?
① 10 ② 30 ③ 50 ④ 80

정답 15. ④ 16. ① 17. ③ 18. ④ 19. ① 20. ③ 21. ①

해설 전류
$$I = \frac{V}{Z} = \frac{V}{\sqrt{R^2 + X_L^2}} = \frac{100}{\sqrt{6^2 + 8^2}} = 10[A]$$

22. 다음과 같은 블록선도의 전달함수는?

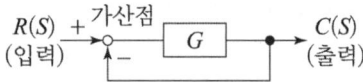

① $\dfrac{G}{1+G}$ ② $\dfrac{G}{1-G}$

③ $1+G$ ④ $1-G$

해설 전달함수
$$\frac{\text{전향경로의 합}}{1-\text{루프이득의 합}} = \frac{G}{1-(-G)} = \frac{G}{1+G}$$

23. 콘덴서와 정전유도에 관한 설명으로 틀린 것은?

① 콘덴서에서 전압을 가하는 순간 콘덴서 단락상태가 된다.
② 정전용량이란 콘덴서가 전하를 축적하는 능력을 말한다.
③ 같은 부호의 전하끼리는 반발력이 생긴다.
④ 정전유도에 의하여 작용하는 힘은 반발력이다.

해설 정전유도에 의하여 작용하는 힘은 흡인력(인력)이다.

24. 그림과 같은 브리지 회로의 평형조건은?

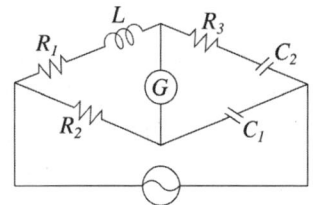

① $R_1C_1 = R_2C_2$, $R_2R_3 = C_1L$
② $R_1C_1 = R_2C_2$, $R_2R_3C_1 = L$
③ $R_1C_2 = R_2C_1$, $R_2R_3 = C_1L$
④ $R_1C_2 = R_2C_1$, $L = R_2R_3C_1$

해설 브리지회로의 평형조건
$$R_2 \times (R_3 + \frac{1}{jwC_2}) = (R_1 + jwL) \times \frac{1}{jwC_1}$$

$$R_2R_3 + \frac{R_2}{jwC_2} = \frac{R_1}{jwC_1} + \frac{L}{C_1} \text{에서}$$

실수부와 허수부는 각각 같아야 하므로
$$R_2R_3 = \frac{L}{C_1},\ C_1R_2R_3 = L$$

$$\frac{R_2}{jwC_2} = \frac{R_1}{jwC_1}\ ,\ R_1C_2 = R_2C_1$$

25. 작동 신호를 조작량으로 변환하는 요소이며, 조절부와 조작부로 이루어진 것은?

① 제어요소 ② 제어대상
③ 기준입력요소 ④ 피드백요소

해설 제어요소
1) 동작신호를 조작량으로 변환하는 요소
2) 조절부와 조작부로 구성

26. 어떤 측정계기의 참값을 T, 지시값을 M이라 할 때 보정률과 오차율이 옳은 것은?

① 보정률 = $\dfrac{T-M}{T}$, 오차율 = $\dfrac{M-T}{M}$

② 보정률 = $\dfrac{M-T}{M}$, 오차율 = $\dfrac{T-M}{T}$

③ 보정률 = $\dfrac{T-M}{M}$, 오차율 = $\dfrac{M-T}{T}$

④ 보정률 = $\dfrac{M-T}{T}$, 오차율 = $\dfrac{T-M}{M}$

해설 보정률과 오차율
보정률 = $\dfrac{T-M}{M} \times 100(\%)$, 오차율 = $\dfrac{M-T}{T} \times 100(\%)$

정답 22.① 23.④ 24.④ 25.① 26.③

27 $R = 9[\Omega]$, $X_L = 10[\Omega]$, $X_C = 5[\Omega]$인 직렬부하회로에 220[V]의 정현파 전압을 인가시켰을 때의 유효전력은 약 몇 [kW]인가?

① 4.1 ② 2.77
③ 2.41 ④ 1.98

해설 유효전력

전류 $I = \dfrac{V}{Z} = \dfrac{V}{\sqrt{R^2 + (X_L - X_C)^2}}$

$= \dfrac{220}{\sqrt{9^2 + (10-5)^2}} = 21.37[A]$

유효전력
$P = I^2 R = 21.37^2 \times 9 = 4{,}110[W] = 4.11[kW]$

28 논리식을 간략화한 것 중 그 값이 다른 것은?

① $AB + A\overline{B}$
② $A(\overline{A} + B)$
③ $A(A + B)$
④ $(A+B)(A+\overline{B})$

해설 논리식을 간략화
① $AB + A\overline{B} = A(B + \overline{B}) = A$
② $A(\overline{A} + B) = A\overline{A} + AB = AB$
③ $A(A + B) = A + AB = A(1 + B) = A$
④ $(A+B)(A+\overline{B}) = A + A\overline{B} + AB + B\overline{B}$
$= A(1 + \overline{B} + B) = A$

29 금속이나 반도체에 압력이 가해진 경우 전기저항이 변화하는 성질을 이용한 압력센서는 무엇인가?

① 가변저항기 ② 벨로우즈
③ 다이어프램 ④ 스트레인 게이지

해설 스트레인 게이지
1) 구조물 등에 하중이 작용할 때 발생하는 국부적인 인장, 압축 등을 측정하는 계기로 변형계라고도 한다.
2) 스트레인 게이지에 외부로부터 힘 또는 열을 가하면 전기 저항이 변화하며, 소자로는 저항 변화가 매우 큰 금속 또는 반도체를 주로 사용한다.

30 변압기의 내부고장 보호에 사용되는 계전기는 다음 중 어느 것인가?

① 저전압 계전기 ② 고전압 계전기
③ 비율차동 계전기 ④ 압력 계전기

해설 비율차동 계전기 : 변압기의 내부고장 보호용

31 알칼리 축전지의 음극 재료는?

① 연 ② 카드뮴
③ 수산화니켈 ④ 이산화연

해설 알칼리 축전지의 반응식
2NiO(OH)(양극) + 2H$_2$O (전해액) + Cd (음극)
⇌ 2Ni(OH)$_2$ + Cd(OH)$_2$ (음극)

32 PNPN 4층 구조로 되어 있는 사이리스터 소자가 아닌 것은?

① SCR ② TRIAC
③ Diode ④ GTO

해설 Diode는 PN접합구조로 되어 있으며 정류작용을 한다.

33 미지의 임의 시간적 변화를 하는 목표값에 제어량을 추종시키는 것을 목적으로 하는 제어는?

① 추종제어 ② 프로그래밍제어
③ 비율제어 ④ 정치제어

정답 27. ① 28. ② 29. ④ 30. ③ 31. ② 32. ③ 33. ①

해설 목표값에 의한 분류
① 정치제어 : 목표 값이 시간에 관계없이 일정. (프로세스제어, 자동조정)
② 추종제어 : 목표 값이 임의의 시간변화를 하는 경우 제어량을 그 값에 추종시켜 제어하는 방식
③ 프로그램제어 : 목표 값이 미리 정해진 시간변화
④ 비율제어 : 목표 값이 일정한 비율을 가지고 변화한다.

34 ★★★ 출제년도 【16. 18. 21.】
무한장 솔레노이드 자계의 세기에 대한 설명으로 옳지 않은 것은?

① 코일의 권수에 비례한다.
② 전류의 세기에 비례한다.
③ 솔레노이드 내부에서의 자계의 세기는 위치에 관계없이 일정한 평등자계이다.
④ 자계의 방향과 암페어 경로 간에 서로 수직인 경우 자계의 세기가 최고이다.

해설 무한장 솔레노이드
자계의 세기 $H = \dfrac{NI}{l}$ [AT/m]
I : 전류[A], N : 권수, l : 길이[m]
① 코일의 권수에 비례한다.
② 전류의 세기에 비례한다.
③ 솔레노이드 내부에서의 자계의 세기는 평등자계이다.

35 ★★★ 출제년도 【16.】
저항 R_1, R_2와 인덕턴스 L이 직렬로 연결된 회로에서 시정수[s]는?

① $\dfrac{R_1 - R_2}{2L}$ ② $\dfrac{R_1 + R_2}{2L}$
③ $\dfrac{L}{R_1 - R_2}$ ④ $\dfrac{L}{R_1 + R_2}$

해설 시정수 $\dfrac{L}{R_1 + R_2}$

36 ★ 출제년도 【16.】
아날로그와 디지털 통신에서 데시벨의 단위로 나타내는 SN비를 올바르게 풀어 쓴 것은?

① SIGN TO NUMBER RATING
② SIGNAL TO NOISE RATIO
③ SOURCE NULL RESISTANCE
④ SOURCE NETWORK RANGE

해설 SN비 : 신호 대 잡음비 (SIGNAL TO NOISE RATIO)
1) 신호 대 잡음의 상대적인 크기
2) SN비 : $20\log_{10}\dfrac{V_2}{V_1}$[dB]
   V_1 : 들어오는 신호의 세기[μV]
   V_2 : 잡음의 세기[μV]

37 ★★★ 출제년도 【16, 21.】
분류기를 써서 배율을 9로 하기 위한 분류기의 저항은 전류계 내부저항의 몇 배인가?

① $\dfrac{1}{8}$ ② $\dfrac{1}{9}$
③ 8   ④ 9

해설 분류기
1) 전류의 측정범위를 확대시키기 위해 전류계와 병렬로 접속한 저항
2) 분류기 저항 $R_s = \dfrac{r_a}{(m-1)}$
   m : 배율, r_a : 전류계 내부저항
   $R_s = \dfrac{r_a}{(m-1)} = \dfrac{r_a}{(9-1)} = \dfrac{1}{8}r_a$

38 ★★★ 출제년도 【16, 22.】
축전지의 자기 방전을 보충함과 동시에 상용부하에 대한 전력 공급은 충전기가 부담하도록 하되, 충전기가 부담하기 어려운 일시적인 대전류 부하는 축전지로 하여금 부담하게 하는 충전방식은?

① 균등충전   ② 급속충전
③ 부동충전   ④ 세류충전

정답 34. ④ 35. ④ 36. ② 37. ① 38. ③

해설 **부동충전**
축전지의 자기 방전을 보충함과 동시에 상용 부하에 대한 전력 공급은 충전기가 부담하도록 하되 충전기가 부담하기 어려운 일시적인 대 전류 부하는 축전지로 하여금 부담하게 하는 방식

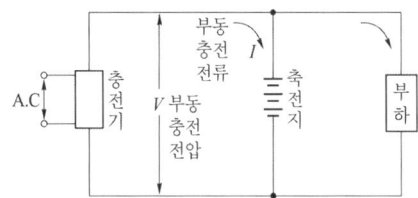

39 그림과 같은 R-C 필터회로에서 리플 함유율을 가장 효과적으로 줄일 수 있는 방법은?

① R을 크게 한다.
② C를 크게 한다.
③ C와 R을 크게 한다.
④ C와 R을 작게 한다.

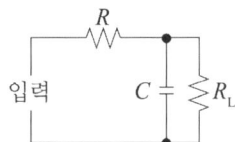

해설 1) 리플 함유율 : 직류분에 대해 맥동분이 어느 정도의 비로 포함되어 있는지를 나타내는 것
2) RC 필터는 저주파 통과 필터로 교류 입력전압을 평활한 직류전압으로 변환할 수 있으며, 시정수(RC)가 클수록 리플 함유율을 크게 감소시킬 수 있다.

40 그림과 같은 릴레이 시퀀스회로의 출력식을 간략화한 것은?

① $\overline{AB}$
② $\overline{A+B}$
③ AB
④ $A+B$

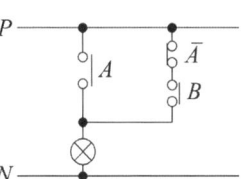

해설 출력식 $X = A + \overline{A}B = A(B+\overline{B}) + \overline{A}B$
$= AB + A\overline{B} + \overline{A}B$
$= A(B+\overline{B}) + B(\overline{A}+A) = A+B$

3과목 소방관계법규

41 특정소방대상물의 관계인이 소방안전관리자를 해임한 경우 재선임 신고를 하여야 하는 기준은?(단, 해임한 날부터를 기준일로 한다.)

① 10일 이내   ② 20일 이내
③ 30일 이내   ④ 60일 이내

해설 특정소방대상물의 관계인은 소방안전관리자를 해임한 날부터 30일 이내에 선임하여야 한다.

42 시·도지사가 설치하고 유지·관리하여야 하는 소방용수시설이 아닌 것은?

① 소화전   ② 상수도
③ 저수조   ④ 급수탑

해설 소방용수시설 : 소화전, 저수조, 급수탑

43 ( ) 안의 내용으로 알맞은 것은?

다량의 위험물을 저장·취급하는 제조소등으로서 ( ) 위험물을 취급하는 제조소 또는 일반취급소가 있는 동일한 사업소에서 지정수량의 3천배 이상의 위험물을 저장 또는 취급하는 경우 당해 사업소의 관계인은 대통령령이 정하는 바에 따라 당해 사업소에 자체소방대를 설치하여야 한다.

① 제1류   ② 제2류
③ 제3류   ④ 제4류

해설 다량의 위험물을 저장·취급하는 제조소등으로서 **제4류 위험물**을 취급하는 제조소 또는 일반취급소가 있는 동일한 사업소에서 지정수량의 **3천배 이상**의 위험물을 저장 또는 취급하는 경우 당해 사업소의 관계인은 대통령령이 정하는 바에 따라 당해 사업소에 자체소방대를 설치하여야 한다.

44. 소방시설공사업자의 시공능력평가 방법에 대한 설명 중 옳지 않은 것은?

① 시공능력평가액은 실적평가액+자본금평가액+기술력평가액+경력평가액±신인도평가액으로 산출한다.
② 신인도평가액 산정 시 최근 1년간 국가기관으로부터 우수시공업자로 선정된 경우에는 3% 가산한다.
③ 신인도평가액 산정 시 최근 1년간 부도가 발생된 사실이 있는 경우에는 2%를 감산한다.
④ 실적평가액은 최근 5년간의 연평균 공사실적액을 의미한다.

해설 시공능력의 평가(소방시설공사업법 시행규칙 제23조)
1) 시공능력평가액=실적평가액+자본금평가액+기술력평가액+경력평가액±신인도평가액
2) **실적평가액=연평균공사실적액**
   ① 공사실적액(발주자가 공급하는 자재비를 제외한다)은 해당 업체의 수급금액중 하수급금액은 포함하고 하도급금액은 제외한다.
   ② 공사업을 한 기간이 산정일을 기준으로 **3년 이상인 경우에는 최근 3년간의 공사실적을 합산하여 3으로 나눈 금액**을 연평균공사실적액으로 한다.
   ③ 공사업을 한 기간이 산정일을 기준으로 1년 이상 3년 미만인 경우에는 그 기간의 공사실적을 합산한 금액을 그 기간의 개월수로 나눈 금액에 12를 곱한 금액을 연평균공사실적액으로 한다.
   ④ 공사업을 한 기간이 산정일을 기준으로 1년 미만인 경우에는 그 기간의 공사실적액을 연평균공사실적액으로 한다.

45. 소방시설의 자체점검에 관한 설명으로 옳지 않은 것은?

① 작동기능점검은 소방시설 등을 인위적으로 조작하여 정상적으로 작동하는 것을 점검하는 것이다.
② 종합정밀점검은 설비별 주요 구성부품의 구조기준이 화재안전기술기준 및 관련 법령에 적합한지 여부를 점검하는 것이다.
③ 종합정밀점검에는 작동기능점검 사항이 해당되지 않는다.
④ 종합정밀점검은 소방시설관리사가 참여한 경우 소방시설관리업자 또는 소방안전관리자로 선임된 소방시설관리사·소방기술사 1명 이상을 점검자로 한다.

해설 소방시설등의 자체점검의 구분
1) 작동기능점검 : 소방시설등을 인위적으로 조작하여 정상적으로 작동하는지를 점검하는 것
2) 종합정밀점검 : 소방시설등의 **작동기능점검을 포함**하여 소방시설등의 설비별 주요 구성 부품의 구조기준이 소방청장이 정하여 고시하는 화재안전기술기준 및 「건축법」등 관련 법령에서 정하는 기준에 적합한지 여부를 점검하는 것

46. 소방시설공사의 착공신고 시 첨부서류가 아닌 것은?

① 해당 소방시설을 설계한 기술인력자의 기술자격증 사본
② 공사업자의 소방시설공사업 등록수첩 사본
③ 공사업자의 소방시설공사업 등록증 사본
④ 해당 소방시설공사의 책임시공 및 기술관리를 하는 기술인력의 기술등급을 증명하는 서류

해설 착공신고 시 첨부서류
1) 공사업자의 소방시설업 등록증 사본 1부 및 등록수

정답 44. ④ 45. ③ 46. ①

첩 사본 1부
2) 해당 소방시설공사의 책임시공 및 기술관리를 하는 기술인력의 기술등급을 증명하는 서류 사본 1부
3) 소방시설공사 계약서 사본 1부
4) 설계도서
5) 소방시설공사 하도급통지서 사본(소방시설공사를 하도급하는 경우에만 첨부한다) 1부

47. ★★★ 출제년도 [16.]
시·도의 조례가 정하는 바에 따라 지정수량 이상의 위험물을 임시로 저장·취급할 수 있는 기간(㉠)과 임시저장 승인권자(㉡)는?

① ㉠ 30일 이내, ㉡ 시·도지사
② ㉠ 60일 이내, ㉡ 소방본부장
③ ㉠ 90일 이내, ㉡ 관할소방서장
④ ㉠ 120일 이내, ㉡ 국민안전처장관

해설 제조소등이 아닌 장소에서 지정수량 이상의 위험물을 취급할 수 있다. 이 경우 임시로 저장 또는 취급하는 장소에서의 저장 또는 취급의 기준과 임시로 저장 또는 취급하는 장소의 위치·구조 및 설비의 기준은 **시·도의 조례**로 정한다.
1) 시·도의 조례가 정하는 바에 따라 **관할소방서장**의 승인을 받아 지정수량 이상의 위험물을 **90일** 이내의 기간동안 임시로 저장 또는 취급하는 경우
2) 군부대가 지정수량 이상의 위험물을 군사목적으로 임시로 저장 또는 취급하는 경우

48. ★★★ 출제년도 [16.]
연면적이 500[m²] 이상인 위험물 제조소 및 일반취급소에 설치하여야 하는 경보설비는?

① 자동화재탐지설비
② 확성장치
③ 비상경보설비
④ 비상방송설비

해설 경보설비로 자동화재탐지설비를 설치하여야 하는 제조소 등

제조소 등의 구분	제조소등의 규모, 저장 또는 취급하는 위험물의 종류 및 최대수량 등
제조소 및 일반취급소	① 연면적 500m² 이상인 것 ② 옥내에서 **지정수량의 100배 이상**을 취급하는 것 ③ 일반취급소로 사용되는 부분 외의 부분이 있는 건축물에 설치된 일반취급소
옥내저장소	① **지정수량의 100배 이상**을 저장 또는 취급하는 것 ② **저장창고의 연면적이 150m²를 초과**하는 것 ③ **처마높이가 6m 이상**인 단층건물의 것 ④ 옥내저장소로 사용되는 부분 외의 부분이 있는 건축물에 설치된 옥내저장소
옥내탱크 저장소	① 단층 건물 외의 건축물에 설치된 옥내탱크 저장소로서 **소화난이도등급** Ⅰ에 해당하는 것
주유취급소	옥내주유취급소

49. ★★★ 출제년도 [16.]
소방서의 종합상황실 실장이 서면 모사전송 또는 컴퓨터통신 등으로 소방본부의 종합상황실에 보고하여야 하는 화재가 아닌 것은?

① 이재민이 100인 발생한 화재
② 사상자가 10인 발생한 화재
③ 관공서·학교·정부미도정공장의 화재
④ 재산피해액이 10억원 발생한 일반화재

해설 종합상황실의 실장 보고사항
1) 다음 각목의 1에 해당하는 화재
 가. 사망자가 5인 이상 발생하거나 사상자가 10인 이상 발생한 화재
 나. 이재민이 100인 이상 발생한 화재
 다. 재산피해액이 50억원 이상 발생한 화재
 라. 관공서·학교·정부미도정공장·문화재·지하철 또는 지하구의 화재
 마. 관광호텔, 층수가 11층 이상인 건축물, 지하상가, 시장, 백화점, 지정수량의 3천배 이상의 위험물의 제조소·저장소·취급소, 층수가 5층 이상이거나 객실이 30실 이상인 숙박시설, 층수가 5층 이상이거나 병상이 30개 이상인 종합병원·정신병원·한방병원·요양소, 연면적 1만5천제곱미터 이상인 공장 또는 소방기본법

정답 47. ③ 48. ① 49. ④

시행령(이하 "영"이라 한다) 제4조제1항 각 목에 따른 화재경계지구에서 발생한 화재
바. 철도차량, 항구에 매어둔 총 톤수가 1천톤 이상인 선박, 항공기, 발전소 또는 변전소에서 발생한 화재
사. 가스 및 화약류의 폭발에 의한 화재
아. 다중이용업소의 화재
2) 통제단장의 현장지휘가 필요한 재난상황
3) 언론에 보도된 재난상황

50. 소방시설업의 등록권자로 옳은 것은? ★★★ 출제년도【16.】

① 시 · 도지사
② 행정안전부장관
③ 소방서장
④ 한국소방안전협회장

해설 소방시설업의 등록
① 특정소방대상물의 소방시설공사등을 하려는 자는 시 · 도지사에게 소방시설업을 등록하여야 한다.
② 소방시설업의 업종별 영업범위는 대통령령

51. 제3류 위험물 중 금수성 물품에 적응성이 있는 소화약제는? ★★ 출제년도【16.】

① 물
② 인산염류분말
③ 팽창질석
④ 강화액

해설 금수성 물품에 적응성이 있는 소화약제 : 팽창질석, 팽창진주암

52. 소방시설관리업의 등록을 반드시 취소해야 하는 사유에 해당하지 않는 것은? ★★ 출제년도【16.】

① 등록기준에 미달하게 된 경우
② 거짓으로 등록을 한 경우
③ 등록의 결격사유에 해당하게 된 경우
④ 다른 사람에게 등록증을 빌려준 경우

해설 등록의 취소와 영업정지 등

등록취소	1. 거짓이나 그 밖의 부정한 방법으로 등록을 한 경우 2. 등록의 결격사유에 해당하게 된 경우. 다만, 법인으로서 결격사유에 해당하게 된 날부터 2개월 이내에 그 임원을 결격사유가 없는 임원으로 바꾸어 선임한 경우는 제외한다. 3. 다른 자에게 등록증이나 등록수첩을 빌려준 경우
6개월 이내 기간을 정하여 시정 또는 영업정지	1. 점검을 하지 아니하거나 점검 결과를 거짓으로 보고한 경우 2. 등록기준에 미달하게 된 경우

53. 가연성가스를 저장 · 취급하는 시설로서 1급 소방안전관리대상물의 가연성가스 저장 · 취급 기준으로 옳은 것은? ★★★ 출제년도【16.】

① 100톤 미만
② 100톤 이상~1,000톤 미만
③ 500톤 이상~1,000톤 미만
④ 1,000톤 이상

해설 1급 소방안전관리 특정소방대상물
동 · 식물원, 철강 등 불연성 물품을 저장 · 취급하는 창고, 위험물제조소등, 지하구 제외
① 연면적 15,000제곱미터 이상
② 층수가 11층 이상(아파트 제외)
③ 가연성가스 1,000톤 이상 저장, 취급하는 시설
④ 30층 이상(지하층 제외)이거나 지상으로부터 높이가 120m 이상인 아파트

54. 소방기본법상 소방용수시설 · 소화기구 및 설비 등의 설치명령을 위반한 자의 과태료는? ★ 출제년도【16.】

① 100만원 이하
② 200만원 이하
③ 300만원 이하
④ 500만원 이하

해설 200만원 이하의 과태료
1) 소방용수시설, 소화기구 및 설비 등의 설치 명령을 위반한 자

정답 50. ① 51. ③ 52. ① 53. ④ 54. ②

55 방염처리업의 종류가 아닌 것은?

① 섬유류 방염업
② 합성수지류 방염업
③ 실내장식물류 방염업
④ 합판·목재류 방염업

해설 방염처리업의 종류
1) 섬유류 방염업
2) 합성수지류 방염업
3) 합판·목재류 방염업

56 자동화재탐지설비를 설치하여야 하는 특정소방대상물의 기준으로 틀린 것은?

① 복합건축물로서 연면적 600[m²] 이상인 것
② 지하가 중 터널로서 길이가 700[m] 이상인 것
③ 교정시설로서 연면적 2,000[m²] 이상인 것
④ 지하구

해설 자동화재탐지설비를 설치하여야 하는 특정소방대상물
1) 근린생활시설(목욕장은 제외한다), 의료시설(정신의료기관 또는 요양병원은 제외한다), 숙박시설, 위락시설, 장례식장 및 **복합건축물**로서 연면적 **600m² 이상**인 것
2) 공동주택, 근린생활시설 중 **목욕장**, 문화 및 집회시설, 종교시설, 판매시설, 운수시설, 운동시설, **업무시설**, 공장, 창고시설, 위험물 저장 및 처리 시설, 항공기 및 자동차 관련 시설, 교정 및 군사시설 중 국방·군사시설, 방송통신시설, 발전시설, 관광 휴게시설, 지하가(터널은 제외한다)로서 연면적 **1천m² 이상**인 것
3) 교육연구시설(교육시설 내에 있는 기숙사 및 합숙소를 포함한다), 수련시설(수련시설 내에 있는 기숙사 및 합숙소를 포함하며, 숙박시설이 있는 수련시설은 제외한다), 동물 및 식물 관련 시설(기둥과 지붕만으로 구성되어 외부와 기류가 통하는 장소는 제외한다), 분뇨 및 쓰레기 처리시설, **교정 및 군사시설**(국방·군사시설은 제외한다) 또는 묘지 관련 시설로서 연면적 **2천m² 이상**인 것
4) 지하구
5) 지하가 중 **터널**로서 길이가 **1천m 이상**인 것
6) 노유자 생활시설

57 소방용수시설 중 저수조의 설치기준으로 옳지 않은 것은?

① 흡수관의 투입구가 원형의 경우에는 지름이 60cm 이상일 것
② 흡수관의 투입구가 사각형의 경우에는 한 변의 길이가 60cm 이상일 것
③ 흡수부분의 수심이 0.3m 이상일 것
④ 지면으로부터의 낙차가 4.5m 이하일 것

해설 저수조의 설치기준
1) 지면으로부터의 낙차가 **4.5미터 이하**일 것
2) 흡수부분의 수심이 **0.5미터 이상**일 것
3) 소방펌프자동차가 쉽게 접근할 수 있도록 할 것
4) 흡수에 지장이 없도록 토사 및 쓰레기 등을 제거할 수 있는 설비를 갖출 것
5) 흡수관의 투입구가 사각형의 경우에는 한 변의 길이가 **60센티미터 이상**, 원형의 경우에는 지름이 **60센티미터 이상**일 것
6) 저수조에 물을 공급하는 방법은 상수도에 연결하여 자동으로 급수되는 구조일 것

58 화재현장에서의 피난 등을 체험할 수 있는 소방체험관의 설립·운영권자는?

① 시·도지사
② 한국소방안전원장
③ 소방청장
④ 소방본부장 또는 소방서장

해설 소방의 역사와 안전문화를 발전시키고 국민의 안전

정답 55. ③ 56. ② 57. ③ 58. ①

의식을 높이기 위하여 소방청장은 소방박물관을, 시·도지사는 소방체험관을 설립하여 운영할 수 있다.

59. 공동 소방안전관리자를 선임하여야 할 특정소방대상물의 기준으로 옳지 않은 것은?

① 판매시설 중 도매시장 또는 소매시장
② 복합건축물로서 층수가 5층 이상인 것
③ 지하층을 포함한 층수가 11층 이상의 건축물
④ 지하가

해설 공동소방안전관리자 선임 특정소방대상물
1) 고층 건축물(지하층을 제외한 층수가 11층 이상인 건축물만 해당한다)
2) 지하가(지하의 인공구조물 안에 설치된 상점 및 사무실, 그 밖에 이와 비슷한 시설이 연속하여 지하도에 접하여 설치된 것과 그 지하도를 합한 것을 말한다)
3) 그 밖에 대통령령으로 정하는 특정소방대상물
   ① 복합건축물로서 연면적이 5천제곱미터 이상인 것 또는 층수가 5층 이상인 것
   ② 판매시설 중 도매시장 및 소매시장
   ③ 특정소방대상물 중 소방본부장 또는 소방서장이 지정하는 것

60. 종합정밀점검의 경우 점검인력 1단위가 하루동안 점검할 수 있는 특정소방대상물의 연면적 기준으로 옳은 것은?

① 6,000[m^2]
② 8,000[m^2]
③ 10,000[m^2]
④ 12,000[m^2]

해설 소방시설 등의 자체점검 시 점검인력 배치기준
1) 점검인력 1단위가 하루 동안 점검할 수 있는 특정소방대상물의 연면적(이하 "점검한도 면적"이라 한다)은 다음 각 목과 같다.
   ① 종합정밀점검 : 10,000[m^2]
   ② 작동기능점검 : 12,000[m^2](소규모점검의 경우에는 3,500[m^2])
2) 점검인력 1단위가 하루 동안 점검할 수 있는 아파트의 세대수(이하 "점검한도 세대수"라 한다)는 다음과 같다.
   ① 종합정밀점검 : 300세대
   ② 작동기능점검 : 350세대(소규모점검의 경우에는 90세대)

4과목 소방전기설비의 구조 및 원리

61. 비상방송설비의 특징에 대한 설명으로 옳지 않은 것은?

① 다른 방송설비와 공용하는 경우에는 화재 시 비상경보외의 방송을 차단할 수 있는 구조로 하여야 한다.
② 비상방송설비의 축전지는 감시상태를 10분간 지속한 후 유효하게 60분 이상 경보할 수 있어야 한다.
③ 확성기의 음성입력은 실외에 설치한 경우 3W 이상이어야 한다.
④ 음량조정기의 배선은 3선식으로 한다.

해설 비상방송설비 전원기준
1) 비상방송설비의 상용전원 기준
   ① 전원은 전기가 정상적으로 공급되는 **축전지, 전기저장장치**(외부 전기에너지를 저장해 두었다가 필요한 때 전기를 공급하는 장치) 또는 교류전압의 옥내 간선으로 하고, 전원까지의 배선은 전용으로 할 것
   ② 개폐기에는 "비상방송설비용"이라고 표시한 표지를 할 것
2) 비상방송설비에는 그 설비에 대한 감시상태를 60분간 지속한 후 유효하게 **10분 이상** 경보할 수 있는 **축전지설비**(수신기에 내장하는 경우를 포함한다) 또는 **전기저장장치**(외부 전기에너지를 저장해 두었다가 필요한 때 전기를 공급하는 장치)를 설치하여야 한다.

정답 59. ③ 60. ③ 61. ②

62 ★★ 출제년도 【05, 07, 09, 11, 16.】
자동화재탐지설비의 수신기 설치기준에 관한 사항 중, 최소 몇 층 이상의 특정소방대상물에는 발신기와 전화통화가 가능한 수신기를 설치하여야 하는가?

① 3 ② 4 ③ 5 ④ 6

해설 자동화재탐지설비 및 시각경보장치의 화재안전기술기준 제5조(수신기) 제1항제2호가 〈2022. 5. 9.〉 삭제됨에 따라 현재 기준에는 맞지 않습니다.

63 ★★★ 출제년도 【16.】
지하층을 제외한 층수가 11층 이상의 층에서 피난층에 이르는 부분의 소방시설에 있어 비상전원을 60분 이상 유효하게 작동시킬 수 있는 용량으로 하여야 하는 설비들로 옳게 나열된 것은?

① 비상조명등설비, 유도등설비
② 비상조명등설비, 비상경보설비
③ 비상방송설비, 유도등설비
④ 비상방송설비, 비상경보설비

해설 비상조명등설비, 유도등설비의 비상전원을 60분 이상 유효하게 작동시킬 수 있는 용량으로 하여야 하는 대상
① 지하층을 제외한 층수가 11층 이상의 층
② 지하층 또는 무창층으로서 용도가 도매시장·소매시장·여객자동차터미널·지하역사 또는 지하상가

64 ★★★ 출제년도 【08, 09, 16.】
화재안전기술기준에서 정하고 있는 연기감지기를 설치하지 않아도 되는 장소는?

① 에스컬레이터 경사로
② 길이가 15[m]인 복도
③ 엘리베이터 권상기실
④ 천장의 높이가 15[m] 이상 20[m] 미만의 장소

해설 연기감지기 설치장소
1) 계단·경사로 및 에스컬레이터 경사로
2) 복도(30m 미만의 것을 제외한다)
3) 엘리베이터 승강로(권상기실이 있는 경우에는 권상기실)·린넨슈트·파이프 피트 및 덕트 기타 이와 유사한 장소
4) 천장 또는 반자의 높이가 15m 이상 20m 미만의 장소

65 ★★★ 출제년도 【16.】
누전경보기의 수신부 설치 제외장소로서 틀린 것은?

① 습도가 높은 장소
② 온도의 변화가 급격한 장소
③ 부식성의 증기·가스 등이 체류하지 않는 장소
④ 고주파 발생회로 등에 따른 영향을 받을 우려가 있는 장소

해설 누전경보기의 수신부 설치제외장소
1) 가연성의 증기·먼지·가스 등이나 부식성의 증기·가스 등이 다량으로 체류하는 장소
2) 화약류를 제조하거나 저장 또는 취급하는 장소
3) 습도가 높은 장소
4) 온도의 변화가 급격한 장소
5) 대전류회로·고주파 발생회로 등에 따른 영향을 받을 우려가 있는 장소

66 ★★ 출제년도 【16.】
상용전원이 서로 다른 소방시설은?

① 옥내소화전설비
② 비상방송설비
③ 비상콘센트설비
④ 스프링클러설비

해설 상용전원 기준
1) 비상방송설비의 상용전원 기준
  전원은 전기가 정상적으로 공급되는 축전지, 전기저장장치 또는 교류전압의 옥내 간선으로 하고, 전원까지의 배선은 전용으로 할 것
2) 옥내소화전설비, 비상콘센트설비, 스프링클러설비의 상용전원 기준

정답 62. ② 63. ① 64. ② 65. ③ 66. ②

저압수전인 경우	인입개폐기의 직후에서 분기하여 전용배선
고압수전 또는 특고압수전인 경우	전력용변압기 2차측의 주차단기 1차측 또는 2차측에서 분기하여 전용배선

67 노유자시설로서 바닥면적이 몇 m² 이상인 층이 있는 경우에 자동화재속보설비를 설치하는가?

① 200 ② 300
③ 500 ④ 600

해설 자동화재속보설비 설치대상물 중 **노유자시설로서 바닥면적이 500m² 이상**인 층이 있는 것. 다만, 사람이 24시간 상시 근무하고 있는 경우에는 자동화재속보설비를 설치하지 않을 수 있다.

68 경계구역에 관한 다음 내용 중 ( )안에 맞는 것은?

> 외기에 면하여 상시 개방된 부분이 있는 차고, 주차장, 창고 등에 있어서는 외기에 면하는 각 부분으로부터 최대 ( )m 미만의 범위 안에 있는 부분은 자동화재탐지설비 경계구역의 면적에 산입하지 아니한다.

① 3 ② 5
③ 7 ④ 10

해설 외기에 면하여 상시 개방된 부분이 있는 **차고·주차장·창고** 등에 있어서는 외기에 면하는 각 부분으로부터 **5m 미만**의 범위 안에 있는 부분은 경계구역의 면적에 산입하지 아니한다.

69 절연저항시험에 관한 기준에서 ( )에 알맞은 것은?

> 누전경보기 수신부의 절연된 충전부와 외함간 및 차단기구의 개폐부 절연저항은 직류 500[V]의 절연저항계로 측정하여 최소 ( )[MΩ] 이상이어야 한다.

① 0.1 ② 3
③ 5   ④ 10

해설 수신부 절연저항시험(제35조)
수신부는 절연된 충전부와 외함간 및 차단기구의 개폐부(열린 상태에서는 같은 극의 전원단자와 부하측 단자와의 사이, 닫힌 상태에서는 충전부와 손잡이 사이)의 절연저항을 DC 500[V]의 절연저항계로 측정하는 경우 **5[MΩ] 이상**이어야 한다.

70 축광표지의 식별도시험에 관련한 기준에서 ( )에 알맞은 것은?

> 축광유도표지는 200[lx] 밝기의 광원으로 20분간 조사시킨 상태에서 다시 주위조도를 0[lx]로 하여 60분간 발광시킨 후 직선거리 ( )[m] 떨어진 위치에서 유도표지가 있다는 것이 식별되어야 한다.

① 3   ② 5
③ 10 ④ 20

해설 축광표지의 식별도시험
축광유도표지는 200[lx] 밝기의 광원으로 20분간 조사시킨 상태에서 다시 주위조도를 0[lx]로 하여 60분간 발광시킨 후 직선거리 **20[m]** 떨어진 위치에서 유도표지가 있다는 것이 식별되어야 한다.

71 환경상태가 현저하게 고온으로 되어 연기감지기를 설치할 수 없는 건조실 또는 살균실 등에 적응성 있는 열감지기가 아닌 것은?

① 정온식 특종 ② 정온식 1종
③ 열아날로그식 ④ 보상식 스포트형 1종

정답 67. ③ 68. ② 69. ③ 70. ④ 71. ④

해설 현저하게 고온으로 되는 장소(건조실, 살균실, 보일러실, 주조실, 영사실, 스튜디오)
1) 정온식 특종
2) 정온식 1종
3) 열아날로그식

해설 누전경보기의 형식승인기준
1) 공칭작동전류치(제7조)
   누전경보기의 공칭작동전류치는 200[mA] 이하
2) 감도조정장치(제8조)
   감도조정장치의 조정범위는 최대치가 1[A]

72. 누전경보기의 화재안전기술기준에서 규정한 용어, 설치방법, 전원 등에 관한 설명으로 틀린 것은?

① 경계전로의 정격전류가 60[A]를 초과하는 전로에 있어서는 1급 누전경보기를 설치한다.
② 변류기는 옥외 인입선 제1지점의 전원측에 설치한다.
③ 누전경보기의 전원은 분전반으로부터 전용으로 하고, 각 극에 개폐기 및 15[A] 이하의 과전류차단기를 설치한다.
④ 누전경보기는 변류기와 수신부로 구성되어 있다.

해설 누전경보기의 설치방법 등
1) 누전경보기의 종류

| 경계전로의 정격전류가 60A를 초과 | 1급 누전경보기 |
| 경계전로의 정격전류가 60A 이하 | 1급 또는 2급 누전경보기 |

2) 변류기는 특정소방대상물의 형태, 인입선의 시설방법 등에 따라 옥외 인입선의 제1지점의 부하측 또는 제2종 접지선측의 점검이 쉬운 위치에 설치
3) 변류기를 옥외의 전로에 설치하는 경우에는 **옥외형**으로 설치할 것

73. 누전경보기에서 감도조정장치의 조정범위는 최대 몇 [mA]인가?

① 1   ② 20
③ 1,000 ④ 1,500

74. 자동화재탐지설비의 GP형 수신기에 감지기 회로의 배선을 접속하려고 할 때 경계구역이 15개인 경우 필요한 공통선의 최소 개수는?

① 1   ② 2
③ 3   ④ 4

해설 공통선의 수량
1) 피(P)형 수신기 및 지피(G.P.)형 수신기의 감지기 회로의 배선에 있어서 하나의 공통선에 접속할 수 있는 경계구역은 **7개 이하**로 할 것
2) 공통선의 수량 : $\frac{15}{7} = 2.14 ≒ 3$

75. 무선통신보조설비에 대한 설명으로 옳지 않은 것은?

① 소화활동설비이다.
② 누설동축케이블 또는 동축케이블의 임피던스는 100[Ω]의 것으로 한다.
③ 증폭기에는 비상전원이 부착된 것으로 하고, 비상전원의 용량은 30분 이상이다.
④ 누설동축케이블의 끝부분에는 무반사 종단저항을 부착한다.

해설 누설동축케이블 또는 동축케이블의 임피던스는 **50[Ω]**으로 하고, 이에 접속하는 안테나·분배기 기타의 장치는 해당 임피던스에 적합한 것

정답 72. ② 73. ③ 74. ③ 75. ②

76
★★★ 출제년도 【04, 05, 06, 07, 08, 09, 10, 16.】
비상방송설비가 기동장치에 의한 화재신고를 수신한 후 필요한 음량으로 화재발생 상황 및 피난에 유효한 방송이 자동으로 개시될 때까지의 소요시간은 최대 몇 초 이하인가?

① 5 ② 10
③ 20 ④ 30

해설 화재신고를 수신한 후 필요한 음량으로 화재발생 상황 및 피난에 유효한 방송이 자동으로 개시될 때까지의 소요시간은 **10초** 이하로 할 것

77
★★ 출제년도 【16.】
지하층으로서 특정소방대상물의 바닥부분 중 최소 몇 면이 지표면과 동일한 경우에 무선통신보조설비의 설치를 제외할 수 있는가?

① 1면 이상 ② 2면 이상
③ 3면 이상 ④ 4면 이상

해설 제4조(설치제외 기준)
지하층으로서 특정소방대상물의 바닥부분 **2면 이상**이 지표면과 동일하거나 지표면으로부터의 깊이가 **1[m] 이하**인 경우에는 해당층에 한하여 무선통신보조설비를 설치하지 아니할 수 있다.

78
★★ 출제년도 【16.】
무창층의 도매시장에 설치하는 비상조명등용 비상전원은 당해 비상조명등을 몇 분 이상 유효하게 작동시킬 수 있는 용량으로 하여야 하는가?

① 10분 ② 20분
③ 30분 ④ 60분

해설 비상전원은 비상조명등을 20분 이상 유효하게 작동시킬 수 있는 용량으로 할 것. 다만, 다음 각 목의 특정소방대상물의 경우에는 그 부분에서 피난층에 이르는 부분의 비상조명등을 **60분 이상** 유효하게 작동시킬 수 있는 용량으로 하여야 한다.

1) 지하층을 제외한 층수가 11층 이상의 층
2) 지하층 또는 무창층으로서 용도가 도매시장·소매시장·여객자동차터미널·지하역사 또는 지하상가

79
★★★ 출제년도 【08, 09, 10, 16, 18.】
청각장애인용 시각경보장치는 천장의 높이가 2[m] 이하인 경우 천장으로부터 몇 [m] 이내의 장소에 설치해야 하는가?

① 0.1 ② 0.15
③ 2.0 ④ 2.5

해설 설치높이는 바닥으로부터 2[m] 이상 2.5[m] 이하의 장소에 설치할 것 다만, 천장의 높이가 2[m] 이하인 경우에는 천장으로부터 **0.15[m]** 이내의 장소에 설치하여야 한다.

80
★★★ 출제년도 【16, 19.】
신호의 전송로가 분기되는 장소에 설치하는 것으로 임피던스 매칭과 신호 균등분배를 위해 사용되는 장치는?

① 혼합기 ② 분배기
③ 증폭기 ④ 분파기

해설 용어정의

용어	정의
누설동축케이블	동축케이블의 외부도체에 가느다란 홈을 만들어서 전파가 외부로 새어나갈 수 있도록 한 케이블
분배기	신호의 전송로가 분기되는 장소에 설치하는 것으로 **임피던스 매칭(Matching)과 신호 균등분배를 위해 사용**하는 장치
분파기	서로 다른 주파수의 **합성된 신호를 분리**하기 위해서 사용하는 장치
혼합기	두개 이상의 입력신호를 원하는 비율로 조합한 출력이 발생하도록 하는 장치
증폭기	신호 전송 시 신호가 약해져 수신이 불가능해지는 것을 방지하기 위해서 증폭하는 장치

정답 76. ② 77. ② 78. ④ 79. ② 80. ②

2회 2016년 소방설비기사

1과목 소방원론

01 위험물안전관리법상 위험물의 지정수량이 틀린 것은?

① 과산화나트륨 - 50kg
② 적린 - 100kg
③ 트리니트로톨루엔 - 200kg
④ 탄화알루미늄 - 400kg

해설 보기설명
① 과산화나트륨 : 제1류 위험물, 무기과산화물(알칼리금속의 과산화물), 지정수량 50kg
② 적린 : 제2류 위험물, 지정수량 100kg
③ 트리니트로톨루엔 : 제5류 위험물, 니트로화합물, 지정수량 200kg
④ 탄화알루미늄 : 제3류 위험물, 알루미늄의 탄화물, 지정수량 300kg

02 블레비(BLEVE) 현상과 관계가 없는 것은?

① 핵분열
② 가연성액체
③ 화구(Fire ball)의 형성
④ 복사열의 대량 방출

해설 블레비(BLEVE) 현상
① 비등액체 팽창 증기폭발
② 가연성 액화가스(가연성 액체)의 용기가 과열로 파손되어 가스가 분출된 후 불이 붙어 폭발하는 현상으로 Fire ball의 형성 및 복사열을 대량으로 방출한다.

03 화재 발생 시 인간의 피난 특성으로 틀린 것은?

① 본능적으로 평상시 사용하는 출입구를 사용한다.
② 최초로 행동을 개시한 사람을 따라서 움직인다.
③ 공포감으로 인해서 빛을 피하여 어두운 곳으로 몸을 숨긴다.
④ 무의식중에 발화 장소의 반대쪽으로 이동한다.

해설 피난계획시 고려해야 할 인간의 본능

구분	내용
추종본능	피난 시에는 군중이 한 사람의 리더를 추종하려는 경향
귀소본능	피난 시 늘 사용하는 경로에 의해 탈출을 도모한다.
퇴피본능	화재 발생장소에서 벗어나려는 경향
좌회본능	막다른 길에서 오른손잡이인 경우 왼쪽으로 가려는 경향
지광본능	주위가 어두워지면 밝은 곳으로 피난하려는 경향

04 에스테르가 알칼리의 작용으로 가수분해 되어 알코올과 산의 알칼리염이 생성되는 반응은?

① 수소화 분해반응
② 탄화 반응
③ 비누화 반응
④ 할로겐화 반응

해설 비누화반응(가수분해 반응)식
① $RCOOR'$(에스테르)$+H_2O$(물)
   $\rightarrow R'OH$(알코올)$+RCOOH$(카르복시산)
② R' : 알킬기(C_nH_{2n+1})

05 ★★ 출제년도 [10.12.16.]
건축물의 내화구조 바닥이 철근콘크리트조 또는 철골철근콘크리트조인 경우 두께가 몇 [cm] 이상이어야 하는가?

① 4 ② 5
③ 7 ④ 10

해설 내화구조 기준
1) 바닥 : 철근콘크리트조 또는 철골철근콘크리트조로서 두께가 **10센티미터 이상**인 것
2) 벽 :
   ① 철근콘크리트조 또는 철골철근 콘크리트조로서 두께가 **10센티미터 이상**인 것
   ② 벽돌조로서 두께가 **19센티미터 이상**인 것
   ③ 고온·고압의 증기로 양생된 경량기포 콘크리트패널 또는 경량기포 콘크리트블록조로서 두께가 **10센티미터 이상**인 것

06 ★★★ 출제년도 [16.]
스테판-볼쯔만의 법칙에 의해 복사열과 절대온도와의 관계를 옳게 설명한 것은?

① 복사열은 절대온도의 제곱에 비례한다.
② 복사열은 절대온도의 4제곱에 비례한다.
③ 복사열은 절대온도의 제곱에 반비례한다.
④ 복사열은 절대온도의 4제곱에 반비례한다.

해설 스테판-볼츠만의 복사법칙
열복사량은 **절대온도의 4승에 비례**하고 열전달면적에 비례한다.

$q = \phi \varepsilon A \sigma (T_1^4 - T_2^4)$

여기서, q : 복사열[W], A : 단면적[m^2]
ϕ : 배치계수(형태계수), ε : 복사능
T_1, T_2 : 절대온도[K]=℃+273
σ : 스테판-볼쯔만 상수
$(\sigma = 5.67 \times 10^{-8} W/m^2 \cdot K^4)$

07 ★★★ 출제년도 [16.]
물을 사용하여 소화가 가능한 물질은?

① 트리메틸알루미늄 ② 나트륨
③ 칼륨 ④ 적린

해설
① 트리메틸알루미늄 : 물과 반응하여 메탄(CH_4)을 발생, 폭발하므로 팽창질석, 팽창진주암 등을 이용하여 질식소화
② 나트륨 : 물과 반응시 수소를 발생하여 폭발
③ 칼륨 : 물과 반응시 수소를 발생하여 폭발
④ 적린 : 물을 사용하여 냉각소화

08 ★★ 출제년도 [16.]
연쇄반응을 차단하여 소화하는 약제는?

① 물 ② 포
③ 할론 1301 ④ 이산화탄소

해설 주된 소화작용
① 물 : 냉각소화
② 포 : 질식소화, 냉각소화, 희석소화
③ 할론 1301 : 부촉매소화(화학적소화)
④ 이산화탄소 : 질식소화, 냉각소화, 피복소화

09 ★★★ 출제년도 [16.]
화재의 종류에 따른 표시 색 연결이 틀린 것은?

① 일반화재 - 백색
② 전기화재 - 청색
③ 금속화재 - 흑색
④ 유류화재 - 황색

해설 가연물의 종류에 따른 화재의 분류

구 분	명 칭	가연물의 종류	표시
A급화재	일반화재	종이, 목재, 섬유류 등의 일반 가연물	백색
B급화재	유류화재	유류(가연성 액체 포함)	황색
C급화재	전기화재	통전중인 전기설비	청색
D급화재	금속화재	칼륨, 나트륨 등의 가연성금속	무색
E급화재	가스화재	가연성가스(폭발 하한계가 10% 이하, 연소범위 또는 폭발범위가 20% 이상인 것)	황색
K(F)급화재	식용유화재	식용유	-

정답 5.④ 6.② 7.④ 8.③ 9.③

10 제4류 위험물의 화재 시 사용되는 주된 소화방법은?

① 물을 뿌려 냉각한다.
② 연소물을 제거한다.
③ 포를 사용하여 질식 소화한다.
④ 인화점 이하로 냉각한다.

해설 제4류 위험물 소화방법

성질	인화성 액체	
종류	• 특수인화물류 • 제1, 제2, 제3, 제4석유류 • 알코올류 • 동식물유류	인화성물질
성상	1. 인화의 위험이 높다. 2. 증기는 공기보다 무겁다.	
소화방법	포(포말), CO_2, 할로겐화합물, 분말에 의한 질식소화(수용성 액체는 내알코올형포로 소화)	

11 화씨 95도를 켈빈(Kelvin)온도로 나타내면 몇 K인가?

① 178 ② 252
③ 308 ④ 368

해설 ① 화씨 °F=1.8℃+32의 관계에서
95°F=1.8℃+32, ℃ = $\frac{95-32}{1.8}$ = 35
② 절대온도=℃+273=35+273=308K

12 소화기구는 바닥으로부터 높이 몇 [m] 이하의 곳에 비치하여야 하는가? (단, 자동소화장치를 제외한다.)

① 0.5 ② 1.0
③ 1.5 ④ 2.0

해설 소화기구는 바닥으로부터 높이 1.5[m] 이하의 곳에 비치하여야 한다.

13 증발잠열을 이용하여 가연물의 온도를 떨어뜨려 화재를 진압하는 소화방법은?

① 제거소화
② 억제소화
③ 질식소화
④ 냉각소화

해설 소화원리

연소의 4요소	소화원리	소화방법	비고
가 연 물	가연물의 제거	제거소화	물리적 소화
산 소	산소의 희석, 차단	질식소화	
점 화 원	연소점 이하로 냉각 (증발잠열 이용)	냉각소화	
순조로운 연쇄반응	연쇄반응의 억제	억제소화 (부촉매 효과)	화학적 소화

14 폭굉(Detonation)에 관한 설명으로 틀린 것은?

① 연소속도가 음속보다 느릴 때 나타난다.
② 온도의 상승은 충격파의 압력에 기인한다.
③ 압력상승은 폭연의 경우보다 크다.
④ 폭굉의 유도거리는 배관의 지름과 관계가 있다.

해설 폭연(Deflagration)과 폭굉(Detonation)
① 폭연(Deflagration) : 화염전파속도가 음속 미만(아음속)
② 폭굉(Detonation) : 화염전파속도가 음속보다 빠른 것(초음속)으로 1,000~3,500 [m/s] 정도
③ 폭연과 폭굉의 비교

구 분	폭연(Deflagration)	폭굉(Detonation)
발생속도	① 음속 미만(아음속) ② 0.1~10m/s	① 음속 이상(초음속) ② 1,000~3,500m/s
온도상승	열전달 (전도, 대류, 복사)	충격파

정답 10. ③ 11. ③ 12. ③ 13. ④ 14. ①

15. 제1종 분말 소화약제의 열분해 반응식으로 옳은 것은?

① $2NaHCO_3 \rightarrow Na_2CO_3 + CO_2 + H_2O$
② $2KHCO_3 \rightarrow K_2CO_3 + CO_2 + H_2O$
③ $2NaHCO_3 \rightarrow Na_2CO_3 + 2CO_2 + H_2O$
④ $2KHCO_3 \rightarrow K_2CO_3 + 2CO_2 + H_2O$

해설 제1종 분말 소화약제의 열분해 반응식
① 1차 열분해반응식(270℃):
$2NaHCO_3 \rightarrow Na_2CO_3 + CO_2 + H_2O$
② 2차 열분해반응식(850℃):
$2NaHCO_3 \rightarrow Na_2O + 2CO_2 + H_2O$

16. 굴뚝효과에 관한 설명으로 틀린 것은?

① 건물 내·외부의 온도차에 따른 공기의 흐름현상이다.
② 굴뚝효과는 고층건물에서는 잘 나타나지 않고 저층건물에서 주로 나타난다.
③ 평상시 건물 내의 기류분포를 지배하는 중요요소이며 화재 시 연기의 이동에 큰 영향을 미친다.
④ 건물외부의 온도가 내부의 온도보다 높은 경우 저층부에서는 내부에서 외부로 공기의 흐름이 생긴다.

해설 굴뚝효과(연돌효과)
① 건물 내·외부의 온도차에 따른 공기의 흐름현상
② 굴뚝효과는 주로 고층건물에서는 잘 나타난다.
③ 연기의 유동을 일으키는 요인 및 연돌효과(Stack effect) 영향인자

연기의 유동을 일으키는 요인	연돌효과 영향인자
① 온도상승에 의한 가스팽창 ② 굴뚝(연돌) 효과 ③ 외부 풍압의 영향 ④ 건물 내·외의 온도차 ⑤ 비중차 ⑥ 공조 설비에 의한 강제적인 공기이동 ⑦ 부력	① **건물의 높이** ② 건물 내·외의 온도차 ③ 화재실의 온도 ④ 외벽의 기밀도 ⑤ 각 층간의 공기누설

17. 분말소화약제 중 담홍색 또는 황색으로 착색하여 사용하는 것은?

① 탄산수소나트륨
② 탄산수소칼륨
③ 제1인산암모늄
④ 탄산수소칼륨과 요소와의 반응물

해설 분말소화약제의 성상

종 별	주성분	화학식	착색	적응화재
제1종	탄산수소나트륨 (중탄산나트륨)	$NaHCO_3$	백색	BC급
제2종	탄산수소칼륨 (중탄산칼륨)	$KHCO_3$	담자색	BC급
제3종	인산염 (제일인산암모늄)	$NH_4H_2PO_4$	담홍색	ABC급
제4종	탄산수소칼륨 +요소	$KHCO_3 +$ $(NH_2)_2CO$	회색	BC급

18. 화재 및 폭발에 관한 설명으로 틀린 것은?

① 메탄가스는 공기보다 무거우므로 가스탐지부는 가스기구의 직하부에 설치한다.
② 옥외저장탱크의 방유제는 화재 시 화재의 확대를 방지하기 위한 것이다.
③ 가연성 분진이 공기 중에 부유하면 폭발할 수도 있다.
④ 마그네슘의 화재 시 주수 소화는 화재를 확대할 수 있다.

해설 메탄가스는 공기보다 가벼우므로 가스탐지부는 가스기구의 직상부(천장으로부터 30[cm] 이하)에 설치한다.

정답 15. ① 16. ② 17. ③ 18. ①

19 위험물에 관한 설명으로 틀린 것은?

① 유기금속화합물인 사에틸납은 물로 소화할 수 없다.
② 황린은 자연발화를 막기 위해 통상 물속에 저장한다.
③ 칼륨, 나트륨은 등유 속에 보관한다.
④ 유황은 자연발화를 일으킬 가능성이 없다.

해설
- 사에틸납(테트라에틸 납)
대다수의 3류 위험물은 금수성물질이므로 물을 사용할 수 없으나 사에틸납은 알코올포 또는 물분무를 이용하여 소화가 가능하므로 물을 사용할 수 있다.
① 유기금속화합물로서 제3류 위험물에 해당한다.
② 직사광선을 피하고 환기가 잘되는 서늘한 곳에 밀폐하여 보관한다.
③ 화재시 알코올포, 이산화탄소, 물분무를 이용하여 소화한다.

20 알킬알루미늄 화재에 적합한 소화약제는?

① 물
② 이산화탄소
③ 팽창질석
④ 할로겐화합물

해설 알킬알루미늄은 제3류 위험물로서 자연발화성 및 금수성 물질에 해당하므로 팽창질석, 팽창진주암을 사용하여 질식소화 하여야 한다.

2과목 소방전기일반

21 제어계가 부정확하고 신뢰성은 없으나 출력과 입력이 서로 독립인 제어계는?

① 자동 제어계
② 개회로 제어계
③ 폐회로 제어계
④ 피드백 제어계

해설 ① 개회로 제어계 : 제어계가 부정확하고 신뢰성은 없으나 출력과 입력이 서로 독립인 제어계로 구조가 간단하고, 복잡하지 않지만 오차가 발생하며 이를 정정할 수 없는 단점이 있다.
② 피드백 제어계(폐회로 제어계)
 (1) 입력과 출력을 비교하는 장치가 필요하다.
 (2) 대역폭이 증가하고, 정확성이 증가한다.
 (3) 비용이 증가한다.
 (4) 계의 특성변화에 대한 전체이득(입력 대 출력비의 감도)가 감소한다.

22 제어량을 어떤 일정한 목표값으로 유지하는 것을 목적으로 하는 제어방식은?

① 정치 제어
② 추종 제어
③ 프로그램 제어
④ 비율 제어

해설 제어 목적에 의한 분류
① 정치제어 : 목표 값이 시간에 관계없이 일정. (프로세스제어, 자동조정)
② 추종제어 : 목표 값이 임의의 시간변화를 하는 경우 제어량을 그 값에 추종시켜 제어하는 방식
③ 프로그램제어 : 목표 값이 미리 정해진 시간변화
④ 비율제어 : 목표 값이 일정한 비율을 가지고 변화한다.

정답 19. ① 20. ③ 21. ② 22. ①

23
서로 다른 두 개의 금속도선 양 끝을 연결하여 폐회로를 구성한 후, 양단에 온도차를 주었을 때 두 접점 사이에서 기전력이 발생하는 효과는?

① 톰슨 효과 ② 제어백 효과
③ 펠티에 효과 ④ 핀치 효과

해설
① 제어백(seebeck) 효과 : **두 종류의 금속**을 접속하여 폐회로를 만들고 두 접속점에 **온도의 차이**를 주면 기전력이 발생하여 전류가 흐르는 현상
② 펠티에(peltier) 효과 : **두 종류의 금속**의 접속점에 **전류**를 흘리면 열의 흡수 또는 발생이 나타나는 현상
③ 핀치(pinch)효과 : 직류전압을 인가하면 전류는 도선의 중심 쪽으로 흐르려고 하는 현상

24
일정전압의 직류전원에 저항을 접속하고 전류를 흘릴 때 전류의 값을 20% 감소시키기 위한 저항값은 처음의 몇 배인가?

① 0.05 ② 0.83
③ 1.25 ④ 1.5

해설 저항 $R = \dfrac{V}{I}$ 의 관계에서

$R = \dfrac{V}{(1-0.2)I} = 1.25 \dfrac{V}{I}$

25
제어량을 조절하기 위하여 제어 대상에 주어지는 양으로 제어부의 출력이 되는 것은?

① 제어량 ② 주 피드백신호
③ 기준입력 ④ 조작량

해설 조작량 : 제어요소가 제어 대상에 주는 제어 신호

26
변압기의 내부회로 고장검출용으로 사용되는 계전기는?

① 비율차동계전기 ② 과전류계전기
③ 온도계전기 ④ 접지계전기

해설 변압기 내부고장 검출용
① **비율 차동 계전기 : 내부 고장 보호용**
   변압기의 내부 고장 발생 시에 CT 2차측의 억제코일에 흐르는 전류차가 일정비율 이상이 되었을 때 동작
② 브흐홀쯔 계전기
   절연유의 온도상승으로 인해 발생하는 유증기를 검출하여 경보

27
단상 반파 정류회로에서 출력되는 전력은?

① 입력전압의 제곱에 비례한다.
② 입력전압에 비례한다.
③ 부하저항에 비례한다.
④ 부하임피던스에 비례한다.

해설 출력 $P = E_d \times I_d = E_d \times \dfrac{E_d}{R} = \dfrac{E_d^2}{R}$

여기서, E_d : 직류전압[V], I_d : 직류전류[A]
직류전압 $E_d = 0.45E$의 관계에 있으므로 대입하면
$P = \dfrac{(0.45E)^2}{R} = 0.2025 \dfrac{E^2}{R}$

여기서, E는 교류전압(입력전압)이므로 출력은 입력전압의 제곱에 비례한다.

28
100Ω인 저항 3개를 같은 전원에 △결선으로 접속할 때와 Y 결선으로 접속할 때, 선전류의 크기의 비는?

① 3 ② $\dfrac{1}{3}$
③ $\sqrt{3}$ ④ $\dfrac{1}{\sqrt{3}}$

정답 23. ② 24. ③ 25. ④ 26. ① 27. ① 28. ①

해설 ① Y결선시의 선전류 $I_Y = \dfrac{V_\ell}{\sqrt{3} \times Z}$

② △결선시의 선전류 $I_\triangle = \sqrt{3} \times \dfrac{V_\ell}{Z}$

③ 선전류의 비 $\dfrac{I_Y}{I_\triangle} = \dfrac{\frac{V_\ell}{\sqrt{3} \times Z}}{\sqrt{3} \times \frac{V_\ell}{Z}} = \dfrac{1}{(\sqrt{3})^2} = \dfrac{1}{3}$

∴ $I_\triangle = 3 I_Y$

29 한 조각의 실리콘 속에 많은 트랜지스터, 다이오드, 저항 등을 넣고 상호 배선을 하여 하나의 회로에서의 기능을 갖게 한 것은?

① 포토 트랜지스터
② 서미스터
③ 바리스터
④ IC

해설 집적회로(IC : Integrated Circuit) : 한 조각의 실리콘 속에 많은 트랜지스터, 다이오드, 저항 등을 넣고 상호 배선을 하여 하나의 회로에서의 기능을 갖게 한 것

30 변류기에 결선된 전류계가 고장이 나서 교환하는 경우 옳은 방법은?

① 변류기의 2차를 개방시키고 한다.
② 변류기의 2차를 단락시키고 한다.
③ 변류기의 2차를 접지시키고 한다.
④ 변류기에 피뢰기를 달고 한다.

해설 계기용 변류기(CT : Current Transformer)
① 2차측 정격전류 : 5[A]
② 2차측 점검 시 CT 2차측을 단락하는 이유 : 2차측 절연보호
③ 심벌 : ⧖
④ 용도 : 대전류를 소전류로 변환

31 단상변압기 권수비 $a = 8$이고, 1차 교류전압은 110[V]이다. 변압기 2차 전압을 단상 반파정류회로를 이용하여 정류했을 때 발생하는 직류전압의 평균치는 약 몇 [V]인가?

① 6.19
② 6.29
③ 6.39
④ 6.88

해설 ① 2차 교류전압
$E_2 = \dfrac{E_1}{a} = \dfrac{110}{8} = 13.75[\text{V}]$

② 직류전압
$E_d = 0.45 E_2 = 0.45 \times 13.75 = 6.1875 = 6.19[\text{V}]$

32 전류에 의한 자계의 세기를 구하는 법칙은?

① 쿨롱의 법칙
② 패러데이의 법칙
③ 비오사바르의 법칙
④ 렌츠의 법칙

해설 ① 비오-사바르의 법칙 : 전류에 의해 발생하는 **자계의 크기**를 결정
② 패러데이의 법칙 : **유도기전력의 크기**를 결정
③ 렌츠의 법칙 : 전자유도 현상에서 코일에 생기는 **유도기전력의 방향**을 결정

33 공기 중에 1×10^{-7}[C]의 (+)전하가 있을 때, 이 전하로부터 15[cm]의 거리에 있는 점의 전장의 세기는 몇 [V/m]인가?

① 1×10^4
② 2×10^4
③ 3×10^4
④ 4×10^4

해설 전장의 세기
$E = 9 \times 10^9 \times \dfrac{Q}{r^2} = 9 \times 10^9 \times \dfrac{1 \times 10^{-7}}{(0.15\text{m})^2} = 4 \times 10^4$

정답 29. ④ 30. ② 31. ① 32. ③ 33. ④

34 선간전압 E[V]의 3상 평형전원에 대칭 3상 저항부하 R[Ω]이 그림과 같이 접속되었을 때 a, b 두 상간에 접속된 전력계의 지시값이 W[W]라면 C상의 전류는 몇 [A]인가?

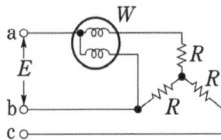

① $\dfrac{2W}{\sqrt{3}E}$ ② $\dfrac{3W}{\sqrt{3}E}$

③ $\dfrac{W}{\sqrt{3}E}$ ④ $\dfrac{\sqrt{3}W}{\sqrt{E}}$

해설 전력계의 지시값 $2W=\sqrt{3}EI$의 관계에서
전류 $I=\dfrac{2W}{\sqrt{3}E}$

35 그림과 같은 회로에서 2[Ω]에 흐르는 전류는 몇 [A]인가? (단, 저항의 단위는 모두 [Ω]이다.)

① 0.8
② 1.0
③ 1.2
④ 2.0

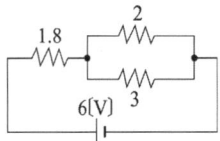

해설 ① 합성저항 $R=1.8+\dfrac{1}{\dfrac{1}{2}+\dfrac{1}{3}}=3$[Ω]

② 전전류 $I=\dfrac{V}{R}=\dfrac{6}{3}=2$[A]

③ 2[Ω]에 흐르는 전류 $I=\dfrac{3}{2+3}\times2=1.2$[A]

36 논리식 $X\cdot(X+Y)$를 간략화 하면?

① X ② Y
③ $X+Y$ ④ $X\cdot Y$

해설 $X\cdot(X+Y)=XX+XY=X+XY$
$=X(1+Y)=X\cdot 1=X$

37 단상 변압기 3대를 △결선하여 부하에 전력을 공급하고 있는데, 변압기 1대의 고장으로 V결선을 한 경우 고장 전의 몇 [%] 출력을 낼 수 있는가?

① 51.6 ② 53.6
③ 55.7 ④ 57.7

해설 V결선의 주요 특성
① V결선 시의 출력 $P_v=\sqrt{3}\times P=\sqrt{3}\,VI$[VA]

② V결선 시의 이용률 $\dfrac{\sqrt{3}P}{2P}=0.866$

③ V결선 시 고장전의 출력비 $\dfrac{\sqrt{3}P}{3P}=0.577=\dfrac{1}{\sqrt{3}}$

38 그림과 같은 다이오드 논리회로의 명칭은?

① NOT 회로
② AND 회로
③ OR 회로
④ NAND 회로

해설 논리곱 회로(AND 회로)
① 논리식(출력식) $X=A\cdot B$
② 주요특성

유접점	무접점
(A, B 직렬, X램프)	D_1, D_2 다이오드 회로

논리회로	진리표
$X=A\cdot B$	A B X / 0 0 0 / 0 1 0 / 1 0 0 / 1 1 1

정답 34. ① 35. ③ 36. ① 37. ④ 38. ②

39 $i = 50\sin\omega t$인 교류전류의 평균값은 약 몇 [A]인가?

① 25 ② 31.8
③ 35.9 ④ 50

해설) 평균값 $I_a = \dfrac{2}{\pi} \times I_m = \dfrac{2}{\pi} \times 50 = 31.83[A]$

40 그림과 같은 계전기 접점회로를 논리식으로 나타내면?

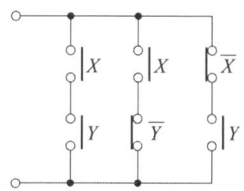

① $XY + X\overline{Y} + \overline{X}Y$
② $(XY) + (X\overline{Y})(\overline{X}Y)$
③ $(X+Y)(X+\overline{Y})(\overline{X}+Y)$
④ $(X+Y) + (X+\overline{Y}) + (\overline{X}+Y)$

해설) 그림의 왼쪽부터 X와 Y는 직렬이므로 XY, X와 $\overline{Y}$는 직렬이므로 $X\overline{Y}$, $\overline{X}$와 Y는 직렬이므로 $\overline{X}Y$이고, 각각의 회로가 병렬로 연결되어 있으므로 논리식은 $XY + X\overline{Y} + \overline{X}Y$

3과목 소방관계법규

41 연소 우려가 있는 건축물의 구조에 대한 기준 중 다음 보기 (㉠), (㉡)에 들어갈 수치로 알맞은 것은?

건축물 대장의 건축물 현황도에 표시된 대지 경계선 안에 2이상의 건축물이 있는 경우로서 각각의 건축물이 다른 건축물의 외벽으로부터 수평거리가 1층에 있어서는 (㉠)[m] 이하, 2층 이상의 층에 있어서는 (㉡)[m] 이하이고 개구부가 다른 건축물을 향하여 설치된 구조를 말한다.

① ㉠ 5, ㉡ 10
② ㉠ 6, ㉡ 10
③ ㉠ 10, ㉡ 5
④ ㉠ 10, ㉡ 6

해설) 건축물 대장의 건축물 현황도에 표시된 대지경계선 안에 2 이상의 건축물이 있는 경우로서 각각의 건축물이 다른 건축물의 외벽으로부터 수평거리가 1층에 있어서는 6[m] 이하, 2층 이상의 층에 있어서는 10[m] 이하이고 개구부가 다른 건축물을 향하여 설치된 구조를 말한다.

42 위험물 제조소에서 저장 또는 취급하는 위험물에 따른 주의사항을 표시한 게시판 중 화기엄금을 표시하는 게시판의 바탕색은?

① 청색 ② 적색
③ 흑색 ④ 백색

해설) 게시판 주의사항을 표시
(1) 물기엄금
　① 제1류 위험물 중 알칼리금속의 과산화물
　② 제3류 위험물 중 금수성 물질
　③ 표시색상 : 청색바탕에 백색문자
(2) 화기주의
　① 제2류 위험물(인화성고체는 제외)
　② 표시색상 : 적색바탕에 백색문자
(3) 화기엄금
　① 제2류 위험물 중 인화성고체
　② 제3류 위험물 중 자연발화성 물질
　③ 제4류 위험물
　④ 제5류 위험물
　⑤ 표시색상 : 적색바탕에 백색문자

정답 39. ②　40. ①　41. ②　42. ②

43 다음 중 자동화재탐지설비를 설치해야 하는 특정소방대상물은?

① 길이가 1.3[km]인 지하가 중 터널
② 연면적 600[m²]인 볼링장
③ 연면적 500[m²]인 산후조리원
④ 지정수량 100배의 특수가연물을 저장하는 창고

해설 보기설명
① 터널의 길이가 1000m 이상이면 설치대상이다.
② 연면적이 600m²인 볼링장은 운동시설로서 연면적이 1000m² 이상이어야 설치대상이다.
③ 산후조리원은 근린생활시설로 연면적 600m² 이상이어야 설치대상이다.
④ 지정수량의 500배 이상의 특수가연물을 저장·취급하는 공장·창고가 설치대상이다.

44 소방용수시설 중 저수조 설치 시 지면으로부터 낙차 기준은?

① 2.5[m] 이하 ② 3.5[m] 이하
③ 4.5[m] 이하 ④ 5.5[m] 이하

해설 소방기본법 시행규칙 제6조(소방용수시설의 설치기준) 중 저수조의 설치기준
① 지면으로부터의 낙차가 **4.5미터 이하**일 것
② 흡수부분의 수심이 0.5미터 이상일 것
③ 흡수관의 투입구가 사각형의 경우에는 한 변의 길이가 60센티미터 이상, 원형의 경우에는 지름이 60센티미터 이상일 것

45 소방시설업 등록사항의 변경신고 사항이 아닌 것은?

① 상호   ② 대표자
③ 보유설비   ④ 기술인력

해설 소방시설공사업법 시행규칙 제5조(등록사항의 변경신고사항)

1. 상호(명칭) 또는 영업소 소재지
2. 대표자
3. 기술인력

46 다음 중 그 성질이 자연발화성 물질 중 금수성 물질인 제3류 위험물에 속하지 않는 것은?

① 황린   ② 황화린
③ 칼륨   ④ 나트륨

해설 황화린은 제2류 위험물이다.
위험물안전관리법 시행령 제3조(위험물의 지정수량)

유별	성질	품명	지정수량
제3류	자연발화성 물질 및 금수성 물질	1. 칼륨	10kg
		2. 나트륨	10kg
		3. 알킬알루미늄	10kg
		4. 알킬리튬	10kg
		5. 황린	20kg
		6. 알칼리금속(칼륨 및 나트륨을 제외한다) 및 알칼리토금속	50kg
		7. 유기금속화합물(알킬알루미늄 및 알킬리튬을 제외한다)	50kg
		8. 금속의 수소화물	300kg
		9. 금속의 인화물	300kg
		10. 칼슘 또는 알루미늄의 탄화물	300kg

47 옥내주유취급소에 있어서 당해 사무소 등의 출입구 및 피난구와 당해 피난구로 통하는 통로·계단 및 출입구에 설치해야 하는 피난설비는?

① 유도등   ② 구조대
③ 피난사다리 ④ 완강기

해설 옥내주유취급소에 있어서 당해 사무소 등의 출입구 및 피난구와 당해 피난구로 통하는 통로·계단 및 출입구에 설치해야 하는 피난설비 : 유도등

정답 43. ① 44. ③ 45. ③ 46. ② 47. ①

48 완공된 소방시설 등의 성능시험을 수행하는 자는?

① 소방시설공사업자
② 소방공사감리업자
③ 소방시설설계업자
④ 소방기구제조업자

해설 ① 소방공사감리업자 : 완공된 소방시설 등의 성능시험을 수행하는 자
② 소방시설업의 종류
　가. 소방시설설계업: 소방시설공사에 기본이 되는 공사계획, 설계도면, 설계 설명서, 기술계산서 및 이와 관련된 서류를 작성하는 영업
　나. 소방시설공사업: 설계도서에 따라 소방시설을 신설, 증설, 개설, 이전 및 정비하는 영업
　다. 소방공사감리업: 소방시설공사에 관한 발주자의 권한을 대행하여 소방시설공사가 설계도서와 관계 법령에 따라 적법하게 시공되는지를 확인하고, 품질·시공 관리에 대한 기술지도를 하는 영업
　라. 방염처리업: 방염대상물품에 대하여 방염처리하는 영업

49 소방본부장 또는 소방서장이 소방특별조사를 하고자 하는 때에는 며칠 전에 관계인에게 서면으로 알려야 하는가?

① 1일　　② 3일
③ 5일　　④ 7일

해설 소방청장, 소방본부장 또는 소방서장은 소방특별조사를 하려면 **7일 전**에 관계인에게 조사대상, 조사기간 및 조사사유 등을 서면으로 알려야 한다.

50 소방시설공사업자가 소방시설공사를 하고자 하는 경우 소방시설공사 착공신고서를 누구에게 제출해야 하는가?

① 시·도지사
② 소방청장
③ 한국소방시설협회장
④ 소방본부장 또는 소방서장

해설 공사업자는 소방본부장이나 소방서장에게 착공신고

51 소방의 역사와 안전문화를 발전시키고 국민의 안전의식을 높이기 위하여 ㉠ 소방박물관과 ㉡ 소방체험관을 설립 및 운영할 수 있는 사람은?

① ㉠ : 소방청장, ㉡ : 소방청장
② ㉠ : 소방청장, ㉡ : 시·도지사
③ ㉠ : 시·도지사, ㉡ : 시·도지사
④ ㉠ : 소방본부장, ㉡ : 시·도지사

해설 소방기본법 제5조(소방박물관 등의 설립과 운영)
① 소방청장은 소방박물관을, 시·도지사는 소방체험관을 설립하여 운영
② 소방박물관의 설립과 운영에 필요한 사항은 행정안전부령, 소방체험관의 설립과 운영에 필요한 사항은 시·도의 조례

52 다음 중 위험물별 성질로서 틀린 것은?

① 제1류 : 산화성 고체
② 제2류 : 가연성 고체
③ 제4류 : 인화성 액체
④ 제6류 : 인화성 고체

해설 위험물의 유별 성질

구분	내용
제1류 위험물	산화성고체(산소공급원)
제2류 위험물	가연성고체(가연물)
제3류 위험물	자연발화성 및 금수성 물질(가연물)
제4류 위험물	인화액체(가연물)
제5류 위험물	자기반응성물질(가연물+산소공급원)
제6류 위험물	산화성액체(산소공급원)

정답 48. ② 49. ④ 50. ④ 51. ② 52. ④

53
도시의 건물 밀집지역 등 화재가 발생할 우려가 높거나 화재가 발생하는 경우 그로 인하여 피해가 클 것으로 예상되는 일정한 구역을 화재경계지구로 지정할 수 있는 권한을 가진 사람은?

① 시·도지사 ② 소방청장
③ 소방서장 ④ 소방본부장

해설 시·도지사 : 화재경계지구(火災警戒地區) 지정

54
1급 소방안전관리대상물의 소방안전관리에 관한 시험응시 자격자의 기준으로 옳은 것은?

① 1급 소방안전관리대상물의 소방안전관리에 관한 강습교육을 수료한 후 1년이 경과되지 아니한 사람
② 1급 소방안전관리대상물의 소방안전관리에 관한 강습교육을 수료한 후 1년 6개월이 경과되지 아니한 사람
③ 1급 소방안전관리대상물의 소방안전관리에 관한 강습교육을 수료한 사람
④ 1급 소방안전관리대상물의 소방안전관리에 관한 강습교육을 수료한 후 3년이 경과되지 아니한 사람

해설 1급 소방안전관리자 응시자격
① 대학에서 소방안전관리학과를 전공하고 졸업한 사람 + 2급 소방안전관리자 2년 이상 또는 3급 소방안전관리자 2년 이상 실무경력
② 3년 이상 2급 소방안전관리자 또는 3급 소방안전관리자 실무경력
③ 소방행정학 또는 소방안전공학 분야·석사 학위 이상 취득
④ 5년 이상 2급 소방안전관리자 실무경력
⑤ 특급 또는 1급 소방안전관리자 강습교육을 수료한 사람
⑥ 특급 또는 1급 소방안전관리보조자로 5년이상 실무경력

55
화재예방, 소방시설 설치·유지 및 안전관리에 관한 법률상 소방시설 등에 대한 자체점검 중 종합정밀점검 대상기준으로 옳지 않은 것은?

① 제연설비가 설치된 터널
② 노래연습장으로서 연면적이 2000[m²] 이상인 것
③ 아파트는 연면적 5000[m²] 이상이고 16층 이상인 것
④ 소방대가 근무하지 않는 국공립학교 중 연면적이 1000[m²] 이상인 것으로서 자동화재탐지설비가 설치된 것

해설 종합정밀점검의 대상
1) **스프링클러설비 또는 물분무등소화설비**가 설치된 **연면적 5,000[m²] 이상**인 특정소방대상물(위험물제조소등은 제외한다). 다만, **아파트**는 연면적 **5,000[m²] 이상**이고 **11층 이상**인 것만 해당한다.
2) 다중이용업의 영업장이 설치된 특정소방대상물로서 연면적이 2,000[m²] 이상인 것
3) 제연설비가 설치된 터널
4) 공공기관 중 **연면적이 1,000[m²] 이상**인 것으로서 옥내소화전설비 또는 자동화재탐지설비가 설치된 것. 다만, 소방대가 근무하는 공공기관은 제외한다.

56
보일러 등의 위치·구조 및 관리와 화재예방을 위하여 불의 사용에 있어서 지켜야 하는 사항 중 보일러에 경유·등유 등 액체연료를 사용하는 경우에 연료탱크는 보일러 본체로부터 수평거리 최소 몇 [m] 이상의 간격을 두어 설치해야 하는가?

① 0.5 ② 0.6
③ 1   ④ 2

정답 53. ① 54. ③ 55. ③ 56. ③

해설

종류	내용
보일러	1. 경유·등유 등 액체연료를 사용하는 경우 　가. 연료탱크는 보일러 본체로부터 수평거리 1미터 이상의 간격을 두어 설치 　나. 개폐밸브를 연료탱크로부터 0.5미터 이내에 설치 2. 기체연료를 사용하는 경우 　가. 화재 등 긴급 시 연료를 차단할 수 있는 개폐밸브를 연료용기 등으로부터 0.5미터 이내 　라. 보일러가 설치된 장소에는 가스누설경보기를 설치 3. 보일러와 벽·천장 사이의 거리는 0.6미터 이상

57 ★ 출제년도【16.】
위력을 사용하여 출동한 소방대의 화재진압·인명구조 또는 구급활동을 방해하는 행위를 한 자에 대한 벌칙 기준은?

① 200만원 이하의 벌금
② 300만원 이하의 벌금
③ 3년 이하의 징역 또는 3000만원 이하의 벌금
④ 5년 이하의 징역 또는 5000만원 이하의 벌금

해설 5년 이하의 징역 또는 5천만원 이하의 벌금
1. 제16조제2항을 위반하여 다음 각 목의 어느 하나에 해당하는 행위를 한 사람
　가. 위력(威力)을 사용하여 출동한 소방대의 화재진압·인명구조 또는 구급활동을 방해하는 행위
　나. 소방대가 화재진압·인명구조 또는 구급활동을 위하여 현장에 출동하거나 현장에 출입하는 것을 고의로 방해하는 행위
　다. 출동한 소방대원에게 폭행 또는 협박을 행사하여 화재진압·인명구조 또는 구급활동을 방해하는 행위
　라. 출동한 소방대의 소방장비를 파손하거나 그 효용을 해하여 화재진압·인명구조 또는 구급활동을 방해하는 행위
2. 소방자동차의 출동을 방해한 사람
3. 사람을 구출하는 일 또는 불을 끄거나 불이 번지지 아니하도록 하는 일을 방해한 사람

4. 정당한 사유 없이 소방용수시설 또는 비상소화장치를 사용하거나 소방용수시설 또는 비상소화장치의 효용을 해치거나 그 정당한 사용을 방해한 사람

58 ★★★ 출제년도【16.】
형식승인을 얻어야 할 소방용품이 아닌 것은?

① 감지기
② 휴대용 비상조명등
③ 소화기
④ 방염액

해설 소방용품의 종류

구분	종류
소화설비	가. **소화기구**(소화약제 외의 것을 이용한 간이소화용구는 제외) 나. 자동소화장치 다. 소화설비를 구성하는 소화전, 송수구, 관창(菅槍), 소방호스, 스프링클러헤드, 기동용 수압개폐장치, 유수제어밸브 및 가스관선택밸브
경보설비	가. 누전경보기 및 가스누설경보기 나. 경보설비를 구성하는 발신기, 수신기, 중계기, **감지기** 및 음향장치(경종만 해당)
피난구조설비	가. 피난사다리, 구조대, 완강기(간이완강기 및 지지대를 포함) 나. 공기호흡기(충전기를 포함한다) 다. 피난구유도등, 통로유도등, 객석유도등 및 예비 전원이 내장된 비상조명등
소화용으로 사용하는 제품 또는 기기	가. 소화약제(자동소화장치와 소화설비용만 해당) 나. 방염제(**방염액**·방염도료 및 방염성 물질)

※ 휴대용 비상조명등은 형식승인대상 소방용품이 아니다.

59 ★★ 출제년도【16.】
특정소방대상물의 근린생활시설에 해당되는 것은?

① 전시장
② 기숙사
③ 유치원
④ 의원

해설 ① 전시장 : 문화 및 집회시설
② 기숙사 : 공동주택
③ 유치원 : 노유자 시설
④ 의원 : 특정소방대상물 중 근린생활시설

정답 57. ④ 58. ② 59. ④

60 신축·증축·개축·재축·대수선 또는 용도변경으로 해당 특정소방대상물의 소방안전관리자를 신규로 선임하는 경우 해당 특정소방대상물의 관계인은 특정소방대상물의 완공일로부터 며칠 이내에 소방안전관리자를 선임하여야 하는가?

① 7일　　② 14일
③ 30일　　④ 60일

해설 특정소방대상물의 관계인은 소방안전관리자를 다음 각 호의 어느 하나에 해당하는 날부터 **30일 이내**에 선임
1. 신축·증축·개축·재축·대수선 또는 용도변경으로 해당 특정소방대상물의 소방안전관리자를 신규로 선임하여야 하는 경우 : 해당 특정소방대상물의 완공일
2. 증축 또는 용도변경으로 인하여 특급 소방안전관리대상물, 1급 소방안전관리대상물 또는 2급 소방안전관리대상물로 된 경우 : 증축공사의 완공일 또는 용도변경 사실을 건축물관리대장에 기재한 날
3. 특정소방대상물을 양수하거나 경매, 환가, 압류재산의 매각 그 밖에 이에 준하는 절차에 의하여 관계인의 권리를 취득한 경우 : 해당 권리를 취득한 날 또는 관할 소방서장으로부터 소방안전관리자 선임 안내를 받은 날
4. 소방본부장 또는 소방서장이 공동 소방안전관리대상으로 지정한 날
5. 소방안전관리자를 해임한 경우 : 소방안전관리자를 해임한 날
6. 소방안전관리업무를 대행하는 자를 감독하는 자를 소방안전관리자로 선임한 경우로서 그 업무대행 계약이 해지 또는 종료된 경우: 소방안전관리업무 대행이 끝난 날

4과목 소방전기설비의 구조 및 원리

61 무선통신보조설비의 화재안전기술기준에서 사용하는 용어의 정의로 옳은 것은?

① 혼합기는 신호의 전송로가 분기되는 장소에 설치하는 장치를 말한다.
② 분배기는 서로 다른 주파수의 합성된 신호를 분리하기 위해서 사용하는 장치를 말한다.
③ 증폭기는 두 개 이상의 입력 신호를 원하는 비율로 조합한 출력이 발생되도록 하는 장치를 말한다.
④ 누설동축케이블은 동축케이블 외부도체에 가느다란 홈을 만들어서 전파가 외부로 새어나갈 수 있도록 한 케이블을 말한다.

해설 무선통신보조설비의 용어정의

용어	정의
누설동축케이블	동축케이블의 외부도체에 가느다란 홈을 만들어서 전파가 외부로 새어나갈 수 있도록 한 케이블
분배기	신호의 전송로가 분기되는 장소에 설치하는 것으로 임피던스 매칭(Matching)과 신호 균등분배를 위해 사용하는 장치
분파기	서로 다른 주파수의 합성된 신호를 분리하기 위해서 사용하는 장치
혼합기	두개 이상의 입력신호를 원하는 비율로 조합한 출력이 발생하도록 하는 장치
증폭기	신호 전송 시 신호가 약해져 수신이 불가능해지는 것을 방지하기 위해서 증폭하는 장치

62 자동화재속보설비 속보기의 예비전원을 병렬로 접속하는 경우 필요한 조치는?

① 역충전 방지 조치
② 자동 직류전환 조치
③ 계속충전 유지조치
④ 접지 조치

해설 속보기의 성능인증 및 제품검사의 기술기준 중 속보기 기능(제5조)
1) **20초 이내**에 소방관서에 통보, **3회 이상** 속보
2) 예비전원은 자동적으로 충전되어야 하며 자동 과충전 방지장치가 있어야 한다.
3) 화재신호를 수신하거나 속보기를 수동으로 동작시키는 경우 자동적으로 **적색 화재표시등이 점등**되

정답　60.③　61.④　62.①

고 음향장치로 화재를 경보하여야 하며 화재표시 및 경보는 수동으로 복구 및 정지시키지 않는 한 지속되어야 한다.
4) 예비전원을 병렬로 접속하는 경우에는 **역충전 방지 등의 조치**를 하여야 한다.

63 ★★ 출제년도【16.】
비상벨설비 또는 자동식사이렌설비에 사용하는 벨 등의 음향장치의 설치기준이 틀린 것은?

① 음향장치용 전원은 교류전압의 옥내간선으로 하고 배선은 다른 설비와 겸용으로 할 것
② 음향장치는 정격전압의 80[%] 전압에서 음향을 발할 수 있도록 할 것
③ 음향장치의 음량은 부착된 음향장치의 중심으로부터 1[m] 떨어진 위치에서 90[dB] 이상일 것
④ 지구음향장치는 특정소방대상물의 층마다 설치하되, 해당 특정소방대상물의 각 부분으로부터 하나의 음향장치까지의 수평거리가 25[m] 이하가 되도록 할 것

해설 비상벨설비 또는 자동식사이렌설비의 전원 **축전지, 전기저장장치**(외부 전기에너지를 저장해 두었다가 필요한 때 전기를 공급하는 장치) 또는 교류전압의 **옥내 간선**으로 하고, 전원까지의 배선은 **전용**으로 할 것

64 ★★★ 출제년도【16.】
비상콘센트설비의 화재안전기술기준에서 정하고 있는 저압의 정의는?

① 직류는 1500[V] 이하, 교류는 1000[V] 이하인 것
② 직류는 750[V] 이하, 교류는 380[V] 이하인 것
③ 직류는 750[V]를, 교류는 600[V]를 넘고 7000[V] 이하인 것
④ 직류는 750[V]를, 교류는 380[V]를 넘고 7000[V] 이하인 것

해설 전압의 범위

구 분	전압의 범위
저 압	직류는 1.5kV 이하, 교류는 1kV 이하
고 압	직류는 1.5kV를, 교류는 1kV를 초과하고, 7kV 이하
특별고압	7kV를 넘는 것

65 ★★★ 출제년도【16.】
부착높이가 6[m]이고, 주요구조부를 내화구조로 한 특정소방대상물 또는 그 부분에 정온식 스포트형감지기 특종을 설치하고자 하는 경우 바닥면적 몇 [m²]마다 1개 이상 설치해야 하는가?

① 15 ② 25
③ 35 ④ 45

해설

부착높이 및 특정소방대상물의 구분		감지기의 종류					
		차동식 스포트형		보상식 스포트형		정온식 스포트형	
		1종	2종	1종	2종	특종	1종	2종
4[m] 미만	주요구조부를 내화구조로 한 특정소방대상물 또는 그 부분	90	70	90	70	70	60	20
	기타 구조의 특정소방대상물 또는 그 부분	50	40	50	40	40	30	15
4[m] 이상 8[m] 미만	주요구조부를 **내화구조**로 한 특정소방대상물 또는 그 부분	45	35	45	35	**35**	30	-
	기타 구조의 특정소방대상물 또는 그 부분	30	25	30	25	25	15	-

66 ★★★ 출제년도【16.】
누전경보기의 수신부의 설치 장소로서 옳은 것은?

① 습도가 높은 장소
② 온도의 변화가 급격한 장소
③ 고주파 발생회로 등에 따른 영향을 받을 우려가 있는 장소
④ 부식성의 증기·가스 등이 체류하지 않는 장소

해설 누전경보기의 화재안전기술기준 제5조(수신부)
1) 누전경보기의 수신부는 옥내의 점검에 편리한 장소에 설치
2) 누전경보기의 수신부 설치제외
   ① 가연성의 증기·먼지·가스 등이나 부식성의 증기·가스 등이 다량으로 체류하는 장소
   ② 화약류를 제조하거나 저장 또는 취급하는 장소
   ③ 습도가 높은 장소
   ④ 온도의 변화가 급격한 장소
   ⑤ 대전류회로·고주파 발생회로 등에 따른 영향을 받을 우려가 있는 장소

67 ★★★ 출제년도 [15, 16.]
비상방송설비는 기동장치에 의한 화재신고를 수신한 후 필요한 음량으로 화재발생상황 및 피난에 유효한 방송이 자동으로 개시될 때까지의 소요시간은 몇 초 이하가 되도록 하여야 하는가?

① 5   ② 10   ③ 20   ④ 30

해설 화재신고를 수신한 후 필요한 음량으로 화재발생 상황 및 피난에 유효한 방송이 자동으로 개시될 때까지의 소요시간은 **10초 이하**로 할 것

68 ★ 출제년도 [16.]
자동화재탐지설비 감지기의 구조 및 기능에 대한 설명으로 틀린 것은?

① 차동식분포형감지기는 그 기판면을 부착한 정위치로부터 45°를 경사시킨 경우 그 기능에 이상이 생기지 않아야 한다.
② 연기를 감지하는 감지기는 감시챔버로 1.3±0.05[mm] 크기의 물체가 침입할 수 없는 구조이어야 한다.
③ 방사성물질을 사용하는 감지기는 그 방사성물질을 밀봉선원으로 하여 외부에서 직접 접촉할 수 없도록 하여야 한다.
④ 차동식분포형 감지기로서 공기관식 공기관의 두께는 0.3[mm] 이상, 바깥지름은 1.9[mm] 이상이어야 한다.

해설 감지기의 형식승인 및 제품검사의 기술기준 제5조 (구조 및 기능)
감지기는 그 기판면을 부착한 정 위치로부터 45°(**차동식분포형감지기는 5°**)를 각각 경사 시킨 경우 그 기능에 이상이 생기지 아니하여야 한다.

69 ★★★ 출제년도 [16.]
자동화재탐지설비의 연기복합형 감지기를 설치할 수 없는 부착높이는?

① 4[m] 이상 8[m] 미만
② 8[m] 이상 15[m] 미만
③ 15[m] 이상 20[m] 미만
④ 20[m] 이상

해설 부착높이에 따른 감지기의 종류

부착높이	감지기의 종류
20[m] 이상	불꽃감지기 광전식(분리형, 공기흡입형)중 아나로그방식

70 ★★★ 출제년도 [16.]
3종 연기감지기의 설치기준 중 다음 ( ) 안에 알맞은 것으로 연결된 것은?

3종 연기감지기는 복도 및 통로에 있어서 보행거리 (㉠)[m]마다, 계단 및 경사로에 있어서는 수직거리 (㉡)[m]마다 1개 이상으로 설치해야 한다.

① ㉠ 15, ㉡ 10
② ㉠ 20, ㉡ 10
③ ㉠ 30, ㉡ 15
④ ㉠ 30, ㉡ 20

해설 연기감지기 설치기준 중 일부
감지기는 복도 및 통로에 있어서는 **보행거리 30[m]**(3종에 있어서는 20[m])마다, 계단 및 경사로에 있어서는 **수직거리 15[m]**(3종에 있어서는 10[m])마다 1개 이상으로 할 것

정답 67. ② 68. ① 69. ④ 70. ②

71 비상방송설비의 배선에 대한 설치기준으로 틀린 것은?

① 배선은 다른 용도의 전선과 동일한 관, 덕트, 몰드 또는 풀박스 등에 설치할 것
② 전원회로의 배선은 옥내소화전설비의 화재안전기술기준에 따른 내화배선을 설치할 것
③ 화재로 인하여 하나의 층의 확성기 또는 배선이 단락 또는 단선되어도 다른 층의 화재통보에 지장이 없도록 할 것
④ 부속회로의 전로와 대지 사이 및 배선상호간의 절연저항은 1경계구역마다 직류 250V의 절연저항측정기를 사용하여 측정한 절연저항이 0.1[MΩ] 이상이 되도록 할 것

해설 비상방송설비의 화재안전기술기준 [배선]
비상방송설비의 배선은 **다른 전선과 별도**의 관·덕트(절연효력이 있는 것으로 구획한 때에는 그 구획된 부분은 별개의 덕트로 본다) 몰드 또는 풀박스 등에 설치할 것. 다만, 60[V] 미만의 약전류회로에 사용하는 전선으로서 각각의 전압이 같을 때에는 그러하지 아니하다.

72 무선통신보조설비의 설치기준으로 틀린 것은?

① 누설동축케이블 또는 동축케이블의 임피던스는 50[Ω]으로 한다.
② 누설동축케이블 및 안테나는 고압의 전로로부터 0.5[m] 이상 떨어진 위치에 설치한다.
③ 무선기기 접속단자 중 지상에 설치하는 접속단자는 보행거리 300[m] 이내마다 설치한다.
④ 누설동축케이블의 끝부분에는 무반사 종단저항을 견고하게 설치한다.

해설 누설동축케이블 및 안테나는 고압의 전로로부터 1.5[m] 이상 떨어진 위치에 설치할 것. 다만, 해당 전로에 **정전기 차폐장치**를 유효하게 설치한 경우에는 그러하지 아니하다.
보기③ 무선기기접속단자 관련 기준은 2021.3.25. 개정되어 현재 기준에는 맞지 않습니다.

73 누전경보기의 수신부의 절연된 충전부와 외함간의 절연저항은 DC 500[V]의 절연저항계로 측정하는 경우 몇 [MΩ] 이상이어야 하는가?

① 0.5 ② 5
③ 10 ④ 20

해설 누전경보기의 형식승인 및 제품검사의 기술기준 수신부 절연저항시험(제35조)
수신부는 절연된 충전부와 외함간 및 차단기구의 개폐부의 절연저항을 DC 500[V]의 절연저항계로 측정하는 경우 5[MΩ] 이상

74 지상 4층인 교육연구시설에 적응성이 없는 피난기구는?

① 완강기 ② 구조대
③ 피난교 ④ 미끄럼대

해설 피난기구의 화재안전기술기준 [별표1]

설치 장소별 구분	2층	3층	4층 이상 10층 이하
그 밖의 것 중 교육연구시설		미끄럼대·피난사다리·구조대·완강기·피난교·피난용트랩·간이완강기·공기안전매트·다수인피난장비·승강식피난기	피난사다리·구조대·완강기·피난교·간이완강기·공기안전매트·다수인피난장비·승강식피난기

정답 71. ① 72. ② 73. ② 74. ④

75 대형피난구유도등의 설치장소가 아닌 것은?

① 위락시설 ② 판매시설
③ 지하철역사 ④ 아파트

해설 유도등의 화재안전기술기준 제4조

설 치 장 소	유도등 및 유도표지의 종류
1. 공연장·집회장(종교집회장 포함)·관람장·운동시설	• 대형피난구유도등 • 통로유도등 • 객석유도등
2. 유흥주점영업시설(카바레, 나이트클럽)	
3. **위락시설**·**판매시설**·운수시설·관광숙박업·의료시설·장례식장·방송통신시설·전시장·지하상가·**지하철역사**	• 대형피난구유도등 • 통로유도등

※ 아파트에는 소형피난구유도등을 설치할 것

76 비상콘센트설비의 전원회로에서 하나의 전용회로에 설치하는 비상콘센트는 최대 몇 개 이하로 하여야 하는가?

① 2 ② 3
③ 10 ④ 20

해설 하나의 전용회로에 설치하는 비상콘센트는 **10개 이하**로 할 것. 이 경우 전선의 용량은 각 비상콘센트(비상콘센트가 3개 이상인 경우에는 3개)의 공급용량을 합한 용량 이상의 것

77 비상조명등의 설치제외 장소가 아닌 것은?

① 의원의 거실
② 경기장의 거실
③ 의료시설의 거실
④ 종교시설의 거실

해설 비상조명등 설치제외
1) 거실의 각 부분으로부터 하나의 출입구에 이르는 보행거리가 15[m] 이내인 부분
2) 의원·경기장·공동주택·의료시설·학교의 거실

78 1개 층에 계단참이 4개 있을 경우 계단통로유도등은 최소 몇 개 이상 설치해야 하는가?

① 1 ② 2
③ 3 ④ 4

해설 ① 계단통로유도등은 각층의 경사로 참 또는 계단참마다(1개층에 경사로 참 또는 계단참이 2 이상 있는 경우에는 2개의 계단참마다) 설치
② 계단참이 4개 있을 경우 2개의 계단참마다 설치하여야 하므로 2개를 설치한다.

79 바닥면적이 450[m²]일 경우 단독경보형감지기의 최소 설치개수는?

① 1개 ② 2개
③ 3개 ④ 4개

해설 ① 각 실(이웃하는 실내의 바닥면적이 각각 30[m²] 미만이고 벽체의 상부의 부분 또는 일부가 개방되어 이웃하는 실내와 공기가 상호 유통되는 경우에는 이를 1개의 실로 본다)마다 설치하되, 바닥면적이 150[m²]를 초과하는 경우에는 150[m²] 마다 1개 이상 설치할 것
② 설치개수 = 450[m²]/150[m²]= 3개

80 누전경보기의 정격전압이 몇 [V]를 넘는 기구의 금속제 외함에는 접지단자를 설치해야 하는가?

① 30[V] ② 60[V]
③ 70[V] ④ 100[V]

해설 누전경보기의 형식승인 및 제품검사의 기술기준 제3조(구조 및 기능)
정격전압이 60[V]를 넘는 기구의 금속제 외함에는 접지단자를 설치하여야 한다.

정답 75. ④ 76. ③ 77. ④ 78. ② 79. ③ 80. ②

4회 2016년 소방설비기사

1과목 소방원론

01 물의 물리·화학적 성질로 틀린 것은?

① 증발잠열은 539.6[cal/g]으로 다른 물질에 비해 매우 큰 편이다.
② 대기압 하에서 100[℃]의 물이 액체에서 수증기로 바뀌면 체적은 약 1603배 정도 증가한다.
③ 수소 1분자와 산소 1/2분자로 이루어져 있으며 이들 사이의 화학결합은 극성 공유결합이다.
④ 분자간의 결합은 쌍극자-쌍극자 상호작용의 일종인 산소결합에 의해 이루어진다.

해설 물의 화학적 특성

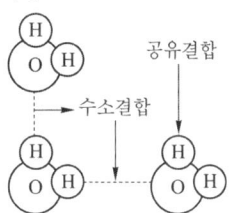

(1) 수소와 산소의 화합물이다.
(2) **극성 공유결합**이며, **수소결합**이다.
(3) 화학적으로 매우 안정적이다. 공유결합으로서 결합력이 대단히 크다.

02 니트로셀룰로오스에 대한 설명으로 틀린 것은?

① 질화도가 낮을수록 위험성이 크다.
② 물을 첨가하여 습윤시켜 운반한다.
③ 화약의 원료로 쓰인다.
④ 고체이다.

해설 ① **질화도**(니트로셀룰로오스 중 질소의 함유율)**가 클수록** 폭발성이 강하다.
② 물(20%) 또는 알코올(30%)을 첨가 습윤 시켜 냉암소에 저장
③ 화재 시 다량의 물을 이용하여 주수소화
④ 제5류 위험물 중 질산에스테르류에 해당한다.

03 조연성가스로만 나열되어 있는 것은?

① 질소, 불소, 수증기
② 산소, 불소, 염소
③ 산소, 이산화탄소, 오존
④ 질소, 이산화탄소, 염소

해설 ① 조연성 가스 : **자신은 연소하지 않고 연소를 도와주는 가스**
② 종류 : **산소**, 공기, 염소, 오존, 불소 등

04 건축물의 화재성상 중 내화 건축물의 화재성상으로 옳은 것은?

① 저온 장기형   ② 고온 단기형
③ 고온 장기형   ④ 저온 단기형

해설 ① 내화 건축물의 화재성상 : 저온 장기형
② 목조 건축물의 화재성상 : 고온 단기형

05 자연발화의 예방을 위한 대책이 아닌 것은?

① 열의 축적을 방지한다.
② 주위 온도를 낮게 유지한다.
③ 열전도성을 나쁘게 한다.
④ 산소와의 접촉을 차단한다.

정답 1.④ 2.① 3.② 4.① 5.③

해설 자연발화 방지대책
① 통풍이나 환기 방법을 고려하여 열의 축적을 방지
② 황린은 물속에서 보관
③ 저장실 및 주위의 온도를 낮게 유지
④ 공기와의 접촉면적을 작게 유지
⑤ 습도가 높은 곳을 피할 것

06 ★★★ 출제년도 [06. 10. 16.]
제1종 분말소화약제인 탄산수소나트륨은 어떤 색으로 착색되어 있는가?
① 담회색 ② 담홍색
③ 회색   ④ 백색

해설 분말소화약제의 화재성상

종별	주성분	화학식	착색	적응화재
제1종	탄산수소나트륨 (중탄산나트륨)	$NaHCO_3$	백색	BC급
제2종	탄산수소칼륨 (중탄산칼륨)	$KHCO_3$	담자색	BC급
제3종	인산염 (제일인산암모늄)	$NH_4H_2PO_4$	담홍색	ABC급
제4종	탄산수소칼륨 +요소	$KHCO_3 + (NH_2)_2CO$	회색	BC급

07 ★★ 출제년도 [16.]
다음 중 제거소화 방법과 무관한 것은?
① 산불의 확산방지를 위하여 산림의 일부를 벌채한다.
② 화학반응기의 화재 시 원료 공급관의 밸브를 잠근다.
③ 유류화재 시 가연물을 포로 덮는다.
④ 유류탱크 화재 시 주변에 있는 유류탱크의 유류를 다른 곳으로 이동시킨다.

해설 1) 유류화재 시 가연물을 포로 덮는 것은 질식소화이다.
2) 제거소화의 방법
  ① 촛불의 화염을 입김으로 불어 날려 보냄
  ② 유전 화재 시 질소폭탄을 이용하여 증기를 날려 보냄
  ③ 전기화재시 전원을 차단하여 전기공급 중단
  ④ 산불화재 시 화재 진행방향의 나무를 제거
  ⑤ 가스화재시 가스 공급 밸브를 닫아 가스 공급을 중지
  ⑥ 수용성 가연물에 물을 혼합하여 농도를 희석시켜 연소범위 하한계 이하로 내림
  ⑦ 가연성 액체의 농도를 저하 시키는 방법은 가연물 제거로 본다.

08 ★★★ 출제년도 [16.]
할로겐 화합물 소화설비에서 Halon 1211 약제의 분자식은?
① CBr_2ClF ② CF_2BrCl
③ CCl_2BrF ④ BrC_2ClF

해설

할로겐화합물	화학식	C	F	Cl	Br
Halon 1301	CF_3Br	1	3	0	1
Halon 1211	CF_2ClBr	1	2	1	1
Halon 2402	$C_2F_4Br_2$	2	4	0	2
Halon 104	CCl_4	1	0	4	-

09 ★★ 출제년도 [13. 16.]
위험물안전관리법상 위험물의 적재 시 혼재기준 중 혼재가 가능한 위험물로 짝지어진 것은? (단, 각 위험물은 지정수량의 10배로 가정한다.)
① 질산칼륨과 가솔린
② 과산화수소와 황린
③ 철분과 유기과산화물
④ 등유와 과염소산

해설 ① 질산칼륨(제1류 위험물)과 가솔린(휘발유, 제4류 위험물) : 혼재 불가능
② 과산화수소(제6류 위험물)와 황린(제3류 위험물) : 혼재 불가능
③ 철분(제2류 위험물)과 유기과산화물(제5류 위험물) : 혼재 가능
④ 등유(제4류 위험물)와 과염소산(제6류 위험물) : 혼재 불가능

정답 6. ④ 7. ③ 8. ② 9. ③

위험물의 혼재기준(○ : 혼재가능)

위험물의 구분	제1류	제2류	제3류	제4류	제5류	제6류
제1류		×	×	×	×	○
제2류	×		×	○	○	×
제3류	×	×		○	×	×
제4류	×	○	○		○	×
제5류	×	○	×	○		×
제6류	○	×	×	×	×	

소화약제	설계 농도(%)	화학식
하이드로클로로 플루오로카본혼화제 (HCFC BLEND A)	10	HCFC-123($CHCl_2CF_3$) : 4.75% HCFC-22($CHClF_2$) : 82% HCFC-124($CHClFCF_3$) : 9.5% $C_{10}H_{16}$: 3.75%

10 ★★★ 출제년도 【11, 12, 16.】

분말소화약제의 열분해 반응식 중 다음 ( )안에 알맞은 화학식은?

$$2NaHCO_3 \rightarrow Na_2CO_3 + H_2O + (\ )$$

① CO
② CO_2
③ Na
④ Na_2

해설 제1종 분말 소화약제
① 1차 열분해반응식(270℃) :
  $2NaHCO_3 \rightarrow Na_2CO_3 + CO_2 + H_2O$
② 2차 열분해반응식(850℃) :
  $2NaHCO_3 \rightarrow Na_2O + 2CO_2 + H_2O$

11 ★ 출제년도 【16.】

정전기에 의한 발화과정으로 옳은 것은?

① 방전→전하의 축적→전하의 발생→발화
② 전하의 발생→전하의 축적→방전→발화
③ 전하의 발생→방전→전하의 축적→발화
④ 전하의 축적→방전→전하의 발생→발화

해설 정전기에 의한 발화과정 :
전하의 발생→전하의 축적→방전→발화

12 ★★★ 출제년도 【16.】

할로겐화합물소화약제 중 HCFC-22를 82% 포함하고 있는 것은?

① IG-541
② HFC-227ea
③ IG-55
④ HCFC BLEND A

13 ★★★ 출제년도 【13, 16.】

실내에서 화재가 발생하여 실내의 온도가 21℃에서 650℃로 되었다면, 공기의 팽창은 처음의 약 몇 배가 되는가?(단, 대기압은 공기가 유동하여 화재 전후가 같다고 가정한다.)

① 3.14
② 4.27
③ 5.69
④ 6.01

해설 샤를의 법칙 $\dfrac{V_1}{T_1} = \dfrac{V_2}{T_2}$

여기서, T_1, T_2 : 절대온도[K=273+℃]
  V_1, V_2 : 부피[m^3]

$\dfrac{V_1}{T_1} = \dfrac{V_2}{T_2}, \ \dfrac{V_1}{(21+273)} = \dfrac{V_2}{(650+273)}$

$V_2 = \dfrac{(650+273)}{(21+273)} \times V_1 = 3.14 V_1$

14 ★★★ 출제년도 【11, 14, 16.】

피난계획의 일반원칙 중 Fool proof 원칙에 해당하는 것은?

① 저지능인 상태에서도 쉽게 식별이 가능하도록 그림이나 색채를 이용하는 원칙
② 피난설비를 반드시 이동식으로 하는 원칙
③ 한 가지 피난기구가 고장이 나도 다른 수단을 이용할 수 있도록 고려하는 원칙
④ 피난설비를 첨단화된 전자식으로 하는 원칙

해설 Fool proof 원칙 : 저지능인 상태에서도 쉽게 식별이 가능하도록 그림이나 색채를 이용하는 원칙

정답 10. ② 11. ② 12. ④ 13. ① 14. ①

15 보일 오버(Boil over) 현상에 대한 설명으로 옳은 것은?

① 아래층에서 발생한 화재가 위층으로 급격히 옮겨 가는 현상
② 연소유의 표면이 급격히 증발하는 현상
③ 기름이 뜨거운 물표면 아래에서 끓는 현상
④ 탱크 저부의 물이 급격히 증발하여 기름이 탱크 밖으로 화재를 동반하여 방출하는 현상

해설 보일오버(Boil Over)
① 탱크 저부의 물이 급격히 증발하여 기름이 탱크 밖으로 화재를 동반하여 방출하는 현상
② 유류 저장탱크의 화재 시 유면에서 발생한 열이 서서히 탱크 아래쪽으로 전파하여 탱크 하부의 물이 급격히 증발함으로써 상층의 유류를 밀어 올려 거대한 화염을 불러일으키며 다량의 기름을 탱크 밖으로 불이 붙은 채로 방출하는 현상

16 연기에 의한 감광계수가 0.1[m^{-1}], 가시거리가 20~30[m]일 때의 상황을 옳게 설명한 것은?

① 건물 내부에 익숙한 사람이 피난에 지장을 느낄 정도
② 연기감지기가 작동할 정도
③ 어두운 것을 느낄 정도
④ 앞이 거의 보이지 않을 정도

해설

감광계수	가시거리	상황
0.1	20~30	연기감지기의 작동농도 건물 내 **미숙지자**의 피난 한계농도
0.3	5	건물 내 **숙지자**의 피난한계농도
0.5	3	어두침침함을 느낄 정도의 농도
1	1~2	거의 앞이 보이지 않을 정도의 농도
10	0.2~0.5	**화재 최성기** 때의 연기농도
30	-	출화실에서 연기가 분출할 때의 연기농도

17 밀폐된 내화건물의 실내에 화재가 발생했을 때 그 실내의 환경변화에 대한 설명 중 틀린 것은?

① 기압이 강하한다.
② 산소가 감소한다.
③ 일산화탄소가 증가한다.
④ 이산화탄소가 증가한다.

해설 밀폐된 내화건물의 실내에 화재시 실내의 환경변화
① 기압이 상승한다.
② 산소가 감소한다.
③ 일산화탄소가 증가한다.
④ 이산화탄소가 증가한다.

18 화재실 혹은 화재공간의 단위바닥면적에 대한 등가가연물량의 값을 화재하중이라 하며 식으로 표시할 경우에는 $Q = \dfrac{\sum(Gt \cdot Ht)}{H \cdot A}$와 같이 표현할 수 있다. 여기에서 H는 무엇을 나타내는가?

① 목재의 단위발열량
② 가연물의 단위발열량
③ 화재실내 가연물의 전체 발열량
④ 목재의 단위발열량과 가연물의 단위발열량을 합한 것

해설 화재하중
$$Q = \dfrac{\sum(G \times H)}{H_0 \cdot A} = \dfrac{\sum(G \times H)}{4,500A} [\text{kg/m}^2]$$

여기서, Q : 화재하중 [kg/m^2]
G : 가연물중량 [kg]
H : 가연물의 단위발열량 [kcal/kg]
H_0 : 목재의 단위발열량 [=4,500kcal/kg]
A : 화재구획의 바닥면적 [m^2]

정답 15. ④ 16. ② 17. ① 18. ①

19 칼륨에 화재가 발생할 경우에 주수를 하면 안 되는 이유로 가장 옳은 것은?

① 산소가 발생하기 때문에
② 질소가 발생하기 때문에
③ 수소가 발생하기 때문에
④ 수증기가 발생하기 때문에

해설 ① 칼륨과 물의 화학반응식 :
$2K + 2H_2O \rightarrow 2KOH + H_2$
② 칼륨화재에 물을 방사하면 수소가 발생하여 폭발한다.

20 다음 중 증기비중이 가장 큰 것은?

① 이산화탄소 ② 할론 1301
③ 할론 1211 ④ 할론 2402

해설 ① 이산화탄소 : $44/29 = 1.52$
② 할론 1301(CF_3Br) : $148.9/29 = 5.13$
③ 할론 1211(CF_2ClBr) : $165.4/29 = 5.7$
④ 할론 2402($C_2F_4Br_2$) : $259.8/29 = 8.96$

2과목 소방전기일반

21 전원과 부하가 다같이 △결선된 3상 평형회로가 있다. 전원전압이 200[V], 부하 1상의 임피던스가 $4+j3[\Omega]$인 경우 선전류는 몇 [A]인가?

① $\dfrac{40}{\sqrt{3}}$ ② $\dfrac{40}{3}$
③ 40 ④ $40\sqrt{3}$

해설
$$I_l = \sqrt{3} \times \dfrac{V_l}{Z} = \sqrt{3} \times \dfrac{200}{4+j3}$$
$$= \sqrt{3} \times \dfrac{200}{\sqrt{4^2+3^2}} = 40\sqrt{3}$$

22 $V = 141\sin 377t$[V]인 정현파 전압의 주파수는 몇 [Hz]인가?

① 50 ② 55
③ 60 ④ 65

해설 각주파수 $w = 2\pi f$에서 $f = \dfrac{w}{2\pi} = \dfrac{377}{2\pi} = 60$[Hz]

23 국제 표준 연동 고유저항은 몇 $[\Omega \cdot m]$인가?

① 1.7241×10^{-9} ② 1.7241×10^{-8}
③ 1.7241×10^{-7} ④ 1.7241×10^{-6}

해설 국제 표준 연동 고유저항
$$\rho = \dfrac{1}{58} \times 10^{-6} = 1.7241 \times 10^{-8} [\Omega \cdot m]$$

24 4단자 정수 $A = \dfrac{5}{3}$, $B = 800$, $C = \dfrac{1}{450}$, $D = \dfrac{5}{3}$일 때 영상 임피던스 Z_{01}과 Z_{02}는 각각 몇 [Ω]인가?

① $Z_{01}=300$, $Z_{02}=300$
② $Z_{01}=600$, $Z_{02}=600$
③ $Z_{01}=800$, $Z_{02}=800$
④ $Z_{01}=1000$, $Z_{02}=1000$

해설
$$Z_{01} = \sqrt{\dfrac{AB}{CD}} = \sqrt{\dfrac{\dfrac{5}{3} \times 800}{\dfrac{1}{450} \times \dfrac{5}{3}}} = 600$$

정답 19. ③ 20. ④ 21. ④ 22. ③ 23. ② 24. ②

$$Z_{02} = \sqrt{\frac{BD}{AC}} = \sqrt{\frac{800 \times \frac{5}{3}}{\frac{5}{3} \times \frac{1}{450}}} = 600$$

25 자기인덕턴스 L_1, L_2가 각각 4[mH], 9[mH]인 두 코일이 이상적인 결합이 되었다면 상호인덕턴스는 몇 [mH]인가?(단, 결합계수는 1이다.)

① 6 ② 12
③ 24 ④ 36

해설 상호인덕턴스
$M = k\sqrt{L_1 \times L_2} = 1 \times \sqrt{4 \times 9} = 6$[mH]
k : 결합계수, L_1, L_2 : 자기 인덕턴스

26 200[Ω]의 저항을 가진 경종 10개와 50[Ω]의 저항을 가진 표시등 3개가 있다. 이들을 모두 직렬로 접속할 때의 합성저항은 몇 [Ω]인가?

① 250 ② 1250
③ 1750 ④ 2150

해설 합성저항 R = 200[Ω]×10개+50[Ω]×3개
= 2150[Ω]

27 SCR의 양극 전류가 10[A]일 때 게이트 전류를 반으로 줄이면 양극 전류는 몇 [A]인가?

① 20 ② 10
③ 5 ④ 0.1

해설 SCR은 도통상태에 이르면 게이트 전류를 조정해도 양극 전류는 변하지 않으므로 게이트 전류를 반으로 줄여도 10[A]가 그대로 흐른다.

28 그림과 같은 무접점회로는 어떤 논리회로인가?

① NOR
② OR
③ NAND
④ AND

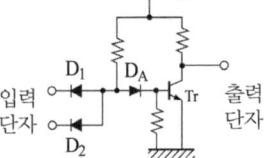

해설 NAND회로
① 논리식(출력식) $X = \overline{A \cdot B} = \overline{A} + \overline{B}$
② 주요특성

유접점	무접점
A, B 직렬, X-b	트랜지스터 회로

논리회로	진리표
$X = \overline{A \cdot B}$	A B X / 0 0 1 / 0 1 1 / 1 0 1 / 1 1 0

29 어떤 측정계기의 지시값을 M, 참값을 T라 할 때 보정률은?

① $\frac{T-M}{M} \times 100\%$

② $\frac{M}{M-T} \times 100\%$

③ $\frac{T-M}{T} \times 100\%$

④ $\frac{T}{M-T} \times 100\%$

해설 보정률 : $\frac{T-M}{M} \times 100\%$

오차율 : $\frac{M-T}{T} \times 100\%$

정답 25. ① 26. ④ 27. ② 28. ③ 29. ①

30 온도 측정을 위하여 사용하는 소자로서 온도-저항 부특성을 가지는 일반적인 소자는?

① 노즐플래퍼
② 서미스터
③ 앰플리다인
④ 트랜지스터

해설 서미스터(thermistor)
① 온도에 의해 저항 값이 변화하는 반도체로 온도보상용, 온도 계측용으로 사용.
② 아주 작은 온도의 변화로 전기 저항이 대폭으로 변하는 반도체의 성질을 이용한 소자

31 그림과 같은 트랜지스터를 사용한 정전압 회로에서 Q_1의 역할로서 옳은 것은?

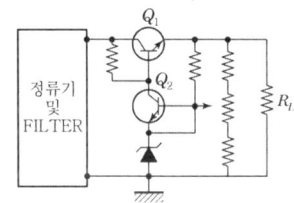

① 증폭용
② 비교부용
③ 제어용
④ 기준부용

해설 Q_1 : 전압제어용 트랜지스터
Q_2 : 증폭트랜지스터

32 히스테리시스 곡선의 종축과 횡축은?

① 종축 : 자속밀도, 횡축 : 투자율
② 종축 : 자계의 세기, 횡축 : 투자율
③ 종축 : 자계의 세기, 횡축 : 자속밀도
④ 종축 : 자속밀도, 횡축 : 자계의 세기

해설 히스테리시스 곡선

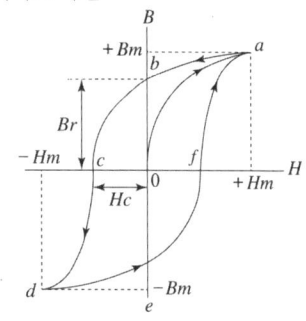

B : 자속밀도[Wb/m²], H : 자계의 세기[AT/m](횡축)
Br : 잔류자기(종축), Hc : 보자력

① 영구자석의 구비조건
• 잔류자기 및 보자력이 클 것
• 히스테리면적이 클 것
② 전자석의 구비조건
• 잔류자기가 클 것
• 보자력 및 히스테리면적이 작을 것

33 자기장 내에 있는 도체에 전류를 흘리면 힘이 작용한다. 이 힘을 무엇이라고 하는가?

① 자속력
② 기전력
③ 전기력
④ 전자력

해설 전자력 $F = IBl\sin\theta$[N]
여기서, I : 전류[A], l : 도체의 길이[m]
B : 자속밀도[Wb/m²]

34 다음 중 쌍방향성 사이리스터인 것은?

① 브리지 정류기
② SCR
③ IGBT
④ TRIAC

해설 TRIAC(trielectrode AC switch)
① 쌍방향성 3단자 소자
② 2개의 SCR을 역병렬 접속한 구조
③ 용도 : 조광장치, 교류 전력의 제어용
④ 심벌

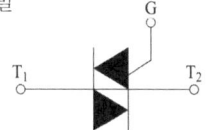

정답 30. ② 31. ③ 32. ④ 33. ④ 34. ④

35 자동제어계를 제어목적에 의해 분류한 경우를 설명한 것 중 틀린 것은?

① 정치제어 : 제어량을 주어진 일정목표로 유지시키기 위한 제어
② 추종제어 : 목표치가 시간에 따라 일정한 변화를 하는 제어
③ 프로그램제어 : 목표치가 프로그램대로 변하는 제어
④ 서보제어 : 선박의 방향제어계인 서보제어는 정치제어와 같은 성질

해설 제어목적에 의한 분류
① 정치제어 : 목표 값이 시간에 관계없이 일정. (프로세스제어, 자동조정)
② 추종제어 : 목표 값이 임의의 시간변화를 하는 경우 제어량을 그 값에 추종시켜 제어하는 방식
③ 프로그램제어 : 목표 값이 미리 정해진 시간변화
④ 비율제어 : 목표 값이 일정한 비율을 가지고 변화한다.

36 변압기의 철심구조를 여러 겹으로 성층시켜 사용하는 이유는 무엇인가?

① 와전류로 인한 전력손실을 감소시키기 위해
② 전력공급 능력을 높이기 위해
③ 변압비를 크게 하기 위해
④ 변압기의 중량을 적게 하기 위해

해설 ① 성층철심 사용 : 와전류로 인한 전력손실을 감소시키기 위해
② 규소강판 사용 : 히스테리시스손실을 감소시키기 위해

37 그림과 같은 정류회로에서 부하 R에 흐르는 직류전류의 크기는 약 몇 [A]인가?
(단, $V = 200$[V], $R = 20\sqrt{2}$[Ω]이며, 이상적인 다이오드이다.)

① 3.2
② 3.8
③ 4.4
④ 5.2

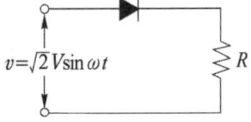

해설 직류전류 $I_d = 0.45\dfrac{E}{R} = 0.45 \times \dfrac{200}{20\sqrt{2}} = 3.18$[A]

38 도너(donor)와 억셉터(acceptor)의 설명 중 틀린 것은?

① 반도체 결정에서 Ge이나 Si에 넣는 5가의 불순물을 도너라고 한다.
② 반도체 결정에서 Ge이나 Si에 넣는 3가의 불순물에는 In, Ga, B 등이 있다.
③ 진성반도체는 불순물이 전혀 섞이지 않은 반도체이다.
④ N형 반도체의 불순물이 억셉터이고, P형 반도체의 불순물이 도너이다.

해설 ① P형 반도체를 만들기 위해서 사용되는 불순물이 **억셉터(acceptor)**
② N형 반도체를 만들기 위해서 사용되는 불순물이 **도너(donor)**

39 지시계기에 대한 동작원리가 틀린 것은?

① 열전형 계기-대전된 도체 사이에 작용하는 정전력을 이용
② 가동 철편형 계기-전류에 의한 자기장이 연철편에 작용하는 힘을 이용
③ 전류력계형 계기-전류 상호간에 작용하는 힘을 이용
④ 유도형 계기-회전 자기장 또는 이동 자기장과 이것에 의한 유도전류와의 상호 작용을 이용

해설 ① 열전형 : 다른 종류의 금속체 사이에 발생되는 기전력을 이용, 직·교류에 사용한다.

정답 35. ④ 36. ① 37. ① 38. ④ 39. ①

② 계기별 측정 가능한 전압의 종류 및 지시값

구분	전압의 종류	지시값
가동코일형	직류	평균값
정전형, 열전형	직류, 교류	평균값, 실효값
유도형	교류	실효값

40 계단변화에 대하여 잔류편차가 없는 것이 장점이며, 간헐현상이 있는 제어계는?

① 비례제어계
② 비례미분제어계
③ 비례적분제어계
④ 비례적분미분제어계

해설 조절부의 동작에 의한 분류

구분	약호	특징
비례동작	P	잔류편차 발생
적분동작	I	잔류편차 제거
미분동작	D	오차가 커지는 것을 미리 방지
비례적분동작	PI	**잔류편차 제거**, 정상특성 개선
비례미분동작	PD	응답 속응성의 개선
비례적분 미분동작	PID	잔류편차 제거, 응답 속응성의 개선 응답의 오버슈트 감소, 최적제어

3과목 소방관계법규

41 위험물안전관리법상 행정처분을 하고자 하는 경우 청문을 실시해야 하는 것은?

① 제조소 등 설치허가의 취소
② 제조소 등 영업정지 처분
③ 탱크시험자의 영업정지
④ 과징금 부과처분

해설 ① 청문 실시권자 : 시·도지사, 소방본부장 또는 소방서장
② 청문을 실시하여야 하는 것
 1. 제조소 등 설치허가의 취소
 2. 탱크시험자의 등록취소

42 소방기본법상의 벌칙으로 5년 이하의 징역 또는 5000만원 이하의 벌금에 해당하지 않는 것은?

① 소방자동차가 화재진압 및 구조·구급활동을 위하여 출동할 때 그 출동을 방해한 자
② 사람을 구출하거나 불이 번지는 것을 막기 위하여 불이 번질 우려가 있는 소방대상물의 사용제한의 강제처분을 방해한 자
③ 출동한 소방대의 소방장비를 파손하거나 그 효용을 해하여 화재진압·인명구조 또는 구급활동을 방해한 자
④ 정당한 사유없이 소방용수시설의 효용을 해치거나 그 정당한 사용을 방해한 자

해설 3년 이하의 징역 또는 3천만원 이하의 벌금 : 사람을 구출하거나 불이 번지는 것을 막기 위하여 불이 번질 우려가 있는 소방대상물의 사용제한의 강제처분을 방해한 자

43 고형알코올 그 밖에 1기압 상태에서 인화점이 40[℃] 미만인 고체에 해당하는 것은?

① 가연성고체
② 산화성고체
③ 인화성고체
④ 자연발화성물질

해설 인화성고체 : 고형알코올 그 밖에 1기압 상태에서 인화점이 40[℃] 미만인 고체

정답 40. ③ 41. ① 42. ② 43. ③

44 ★★★ 출제년도【16. 18.】
소화난이도등급 I의 제조소 등에 설치해야 하는 소화설비기준 중 유황만을 저장·취급하는 옥내탱크저장소에 설치해야 하는 소화설비는?

① 옥내소화전설비
② 옥외소화전설비
③ 물분무소화설비
④ 고정식 포소화설비

해설 소화난이도 I 등급인 옥내탱크저장소의 소화설비
① **유황만 저장취급 : 물분무소화설비**
② 인화점 70℃ 이상 제4류 위험물 : 물분무소화설비, 고정식 포소화설비, 이동식 외의 CO_2 및 할로겐화합 및 분말소화설비
③ 그 밖의 것 : 고정식포소화설비, 이동식 외의 CO_2 및 할로겐화합물 및 분말소화설비

45 ★★ 출제년도【16.】
정기점검의 대상인 제조소등에 해당하지 않는 것은?

① 이송취급소
② 이동탱크저장소
③ 암반탱크저장소
④ 판매취급소

해설 제16조(정기점검의 대상인 제조소 등)
1. 관계인이 예방규정을 정하여야 하는 제조소 등
    ① 지정수량의 10배 이상의 위험물을 취급하는 제조소
    ② 지정수량의 100배 이상의 위험물을 저장하는 옥외저장소
    ③ 지정수량의 150배 이상의 위험물을 저장하는 옥내저장소
    ④ 지정수량의 200배 이상의 위험물을 저장하는 옥외탱크저장소
    ⑤ 암반탱크저장소
    ⑥ 이송취급소
    ⑦ 지정수량의 10배 이상의 위험물을 취급하는 일반취급소
2. 지하탱크저장소
3. 이동탱크저장소
4. 위험물을 취급하는 탱크로서 지하에 매설된 탱크가 있는 제조소·주유취급소 또는 일반취급소

46 ★★★ 출제년도【16.】
화재예방, 소방시설 설치·유지 및 안전관리에 관한 법률에 따른 소방안전관리 업무를 하지 아니한 특정소방대상물의 관계인에게는 몇 만원 이하의 과태료를 부과하는가?

① 100
② 200
③ 300
④ 400

해설 200만원 이하의 과태료
① **소방안전관리 업무를 수행하지 아니한 자**
② 소방안전관리 업무를 하지 아니한 특정소방대상물의 관계인 또는 소방안전관리대상물의 소방안전관리자
③ 피난유도 안내정보를 제공하지 아니한 자
④ 소방훈련 및 교육을 하지 아니한 자
⑤ 소방시설등의 점검결과를 보고하지 아니한 자 또는 거짓으로 보고한 자
⑥ 지위승계, 행정처분 또는 휴업·폐업의 사실을 특정소방대상물의 관계인에게 알리지 아니하거나 거짓으로 알린 관리업자
⑦ 기술인력의 참여 없이 자체점검을 한 자

47 ★★★ 출제년도【16.】
소방체험관의 설립·운영권자는?

① 행정안전부장관
② 소방청장
③ 시·도지사
④ 소방본부장 및 소방서장

해설 소방박물관 등의 설립과 운영
① 소방청장은 소방박물관을, 시·도지사는 소방체험관을 설립하여 운영
② 소방박물관의 설립과 운영에 필요한 사항은 행정안전부령, 소방체험관의 설립과 운영에 필요한 사항은 시·도의 조례로 정한다.

정답 44. ③ 45. ④ 46. ② 47. ③

48 특정소방대상물 중 의료시설에 해당되지 않는 것은?

① 노숙인 재활시설
② 장애인 의료재활시설
③ 정신의료기관
④ 마약진료소

해설 ① 노숙인 재활시설은 노유자시설이다.
② 의료시설
  가. 병원 : 종합병원, 병원, 치과병원, 한방병원, 요양병원
  나. 격리병원 : 전염병원, 마약진료소, 그 밖에 이와 비슷한 것
  다. 정신의료기관
  라. 장애인 의료재활시설

49 교육연구시설 중 학교 지하층은 바닥면적의 합계가 몇 [m²] 이상인 경우 연결살수설비를 설치해야 하는가?

① 500   ② 600
③ 700   ④ 1000

해설 연결살수설비를 설치하여야 하는 특정소방대상물 (지하구는 제외)
1) 판매시설, 운수시설, 창고시설 중 물류터미널로서 해당 용도로 사용되는 부분의 바닥면적의 합계가 1천[m²] 이상인 것
2) 지하층(피난층으로 주된 출입구가 도로와 접한 경우는 제외한다)으로서 바닥면적의 합계가 150[m²] 이상인 것. 다만, 국민주택규모 이하인 아파트 등의 지하층(대피시설로 사용하는 것만 해당한다)과 **교육연구시설 중 학교의 지하층의 경우에는 700 [m²] 이상**인 것으로 한다.
3) 가스시설 중 지상에 노출된 탱크의 용량이 30톤 이상인 탱크시설
4) 1) 및 2)의 특정소방대상물에 부속된 연결통로

50 소방장비 등에 대한 국고보조 대상사업의 범위와 기준보조율은 무엇으로 정하는가?

① 행정안전부령
② 대통령령
③ 시·도의 조례
④ 국토교통부령

해설 소방장비 등에 대한 국고 보조 대상사업의 범위와 기준보조율은 대통령령으로 정한다.

51 제2류 위험물의 품명에 따른 지정수량의 연결이 틀린 것은?

① 황화린 – 100kg
② 유황 – 300kg
③ 철분 – 500kg
④ 인화성고체 – 1000kg

해설 위험물의 지정수량

위험물			지정수량
유별	성질	품명	
제2류	가연성고체	1. 황화린	100킬로그램
		2. 적린	100킬로그램
		3. 유황	**100킬로그램**
		4. 철분	500킬로그램
		5. 금속분	500킬로그램
		6. 마그네슘	500킬로그램
		7. 인화성고체	1,000킬로그램

52 소방기본법상 소방용수시설의 저수조는 지면으로부터 낙차가 몇 [m] 이하가 되어야 하는가?

① 3.5   ② 4
③ 4.5   ④ 6

해설 소방용수시설의 설치기준 중 저수조의 설치기준
1) 지면으로부터의 낙차가 **4.5미터 이하**일 것

정답 48. ① 49. ③ 50. ② 51. ② 52. ③

2) 흡수부분의 수심이 0.5미터 이상일 것
3) 흡수관의 투입구가 사각형의 경우에는 한 변의 길이가 60센티미터 이상, 원형의 경우에는 지름이 60센티미터 이상일 것

53. 위험물 제조소 게시판의 바탕 및 문자의 색으로 올바르게 연결된 것은?

① 바탕-백색, 문자-청색
② 바탕-청색, 문자-흑색
③ 바탕-흑색, 문자-백색
④ 바탕-백색, 문자-흑색

해설
① 위험물 제조소 게시판 : 바탕-백색, 문자-흑색
② 화기엄금 표시 : 바탕-적색, 문자-백색
③ 물기엄금 표시 : 바탕-청색, 문자-백색

54. 작동기능점검을 실시한 자는 작동기능점검 실시 결과 보고서를 며칠 이내에 소방본부장 또는 소방서장에게 제출해야 하는가?

① 7
② 10
③ 20
④ 30

해설 점검결과보고서의 제출(시행 2020.8.14)
① 소방안전관리대상물 및 소방안전관리자를 선임하여야 하는 공공기관에 대하여 작동기능점검을 실시한 자는 **7일 이내**에 작동기능점검 실시 결과 보고서를 **소방본부장 또는 소방서장**에게 제출
② 종합정밀점검을 실시한 자는 **7일 이내**에 그 결과를 적은 소방시설 등 종합정밀점검 실시 결과 보고서에 소방청장이 정하여 고시하는 소방시설등점검표를 첨부하여 소방본부장 또는 소방서장에게 제출
③ 작동기능점검을 실시한 자는 그 점검결과를 2년간 자체 보관

55. 소방용수시설 중 소화전과 급수탑의 설치기준으로 틀린 것은?

① 소화전은 상수도와 연결하여 지하식 또는 지상식의 구조로 할 것
② 소방용호스와 연결하는 소화전의 연결금속구의 구경은 65[mm]로 할 것
③ 급수탑 급수배관의 구경은 100[mm] 이상으로 할 것
④ 급수탑의 개폐밸브는 지상에서 1.5[m] 이상 1.8[m] 이하의 위치에 설치할 것

해설 소방용수시설별 설치기준
가. 소화전의 설치기준 : 상수도와 연결하여 지하식 또는 지상식의 구조로 하고, 소방용호스와 연결하는 소화전의 연결금속구의 구경은 65밀리미터로 할 것
나. 급수탑의 설치기준 : 급수배관의 구경은 100밀리미터 이상으로 하고, 개폐밸브는 지상에서 **1.5미터 이상 1.7미터 이하**의 위치에 설치하도록 할 것

56. 하자보수 대상 소방시설 중 하자보수 보증기간이 2년이 아닌 것은?

① 유도표지
② 비상경보설비
③ 무선통신보조설비
④ 자동화재탐지설비

해설 하자보수 대상 소방시설과 하자보수 보증기간

2년	피난기구, 유도등, 유도표지, 비상경보설비, 비상조명등, 비상방송설비 및 무선통신보조설비
3년	자동소화장치, 옥내소화전설비, 스프링클러설비, 간이스프링클러설비, 물분무등소화설비, 옥외소화전설비, 자동화재탐지설비, 상수도소화용수설비 및 소화활동설비(무선통신보조설비는 제외한다)

정답 53.④ 54.① 55.④ 56.④

57
소방시설공사업법상 소방시설업 등록신청 신청서 및 첨부서류에 기재되어야 할 내용이 명확하지 아니한 경우 서류의 보완 기간은 며칠 이내인가?

① 14 ② 10
③ 7   ④ 5

해설 10일 이내의 기간을 정하여 이를 보완
1. 첨부서류(전자문서를 포함한다)가 첨부되지 아니한 경우
2. 신청서(전자문서로 된 소방시설업 등록신청서를 포함) 및 첨부서류(전자문서를 포함)에 기재되어야 할 내용이 기재되어 있지 아니하거나 명확하지 아니한 경우

58
일반 소방시설 설계업(기계분야)의 영업범위는 공장의 경우 연면적 몇 [m²] 미만의 특정소방대상물에 설치되는 기계분야 소방시설의 설계에 한하는가? (단, 제연설비가 설치되는 특정소방대상물은 제외한다.)

① 10,000 ② 20,000
③ 30,000 ④ 40,000

해설 소방시설설계업의 영업범위

항목 업종별	기술인력	영업범위
전문 소방시설 설계업	가. 주된 기술인력: 소방기술사1명 이상 나. 보조기술인력: 1명 이상	모든 특정소방대상물에 설치되는 소방시설의 설계
일반 소방 시설 설계 업	기계 분야	가. 주된 기술인력: 소방기술사 또는 기계분야 소방설비기사 1명 이상 나. 보조기술인력: 1명 이상	가. 아파트에 설치되는 기계분야 소방시설(제연설비는 제외한다)의 설계 나. 연면적 3만제곱미터(공장의 경우에는 1만제곱미터) 미만의 특정소방대상물(제연설비가 설치되는 특정소방대상물은 제외한다)에 설치되는 기계분야 소방시설의 설계 다. 위험물제조소등에 설치되는 기계분야 소방시설의 설계
	전기 분야	가. 주된 기술인력: 소방기술사 또는 전기분야 소방설비기사 1명 이상 나. 보조기술인력: 1명 이상	가. 아파트에 설치되는 전기분야 소방시설의 설계 나. 연면적 3만제곱미터(공장의 경우에는 1만제곱미터) 미만의 특정소방대상물에 설치되는 전기분야 소방시설의 설계 다. 위험물제조소등에 설치되는 전기분야 소방시설의 설계

59
소방용품의 형식승인을 반드시 취소하여야 하는 경우가 아닌 것은?

① 거짓 또는 부정한 방법으로 형식승인을 받은 경우
② 시험시설의 시설기준에 미달되는 경우
③ 거짓 또는 부정한 방법으로 형식승인을 받은 경우
④ 변경승인을 받지 아니한 경우

해설 형식승인의 취소
① 거짓이나 그 밖의 부정한 방법으로 형식 승인을 받은 경우
② 거짓이나 그 밖의 부정한 방법으로 제품검사를 받은 경우
③ 변경승인을 받지 아니하거나 거짓이나 그 밖의 부정한 방법으로 변경승인을 받은 경우

60
소방본부장이 소방특별조사위원회 위원으로 임명하거나 위촉될 수 있는 사람이 아닌 것은?

① 소방시설관리사
② 과장급 직위 이상의 소방공무원
③ 소방 관련 분야의 석사학위 이상을 취득한 사람
④ 소방 관련 법인 또는 단체에서 소방관련 업무에 3년 이상 종사한 사람

정답 57. ② 58. ① 59. ② 60. ④

해설 소방특별조사위원회의 위원
1. 과장급 직위 이상의 소방공무원
2. 소방기술사
3. 소방시설관리사
4. 소방 관련 분야의 석사학위 이상을 취득한 사람
5. 소방 관련 법인 또는 단체에서 소방 관련 업무에 **5년 이상** 종사한 사람
6. 소방공무원 교육기관, 학교 또는 연구소에서 소방과 관련한 교육 또는 연구에 5년 이상 종사한 사람

부착 높이	감지기의 종류	
	1종 및 2종	3종
4m 미만	150	50
4m 이상 20m 미만	75	

② 감지기는 복도 및 통로에 있어서는 **보행거리 30m** (3종에 있어서는 20m)마다, 계단 및 경사로에 있어서는 **수직거리 15[m]**(3종에 있어서는 10 [m])마다 1개 이상으로 할 것
③ 천장 또는 반자가 낮은 실내 또는 좁은 실내에 있어서는 **출입구의 가까운 부분**에 설치할 것
④ 천장 또는 반자부근에 배기구가 있는 경우에는 그 부근에 설치할 것
⑤ 감지기는 벽 또는 보로부터 0.6[m] 이상 떨어진 곳에 설치할 것

4과목 소방전기설비의 구조 및 원리

61 비상콘센트설비의 전원회로의 공급용량은 최소 몇 [kVA] 이상인 것으로 설치해야 하는가?

① 1.5   ② 2
③ 2.5   ④ 3

해설 전원회로는 **단상교류 220[V]**, 그 공급용량은 1.5 [kVA] 이상인 것

62 연기감지기 설치 시 천장 또는 반자부근에 배기구가 있는 경우에 감지기의 설치위치로 옳은 것은?

① 배기구가 있는 그 부근
② 배기구로부터 가장 먼 곳
③ 배기구로부터 0.6[m] 이상 떨어진 곳
④ 배기구로부터 1.5[m] 이상 떨어진 곳

해설 연기감지기 설치기준
① 감지기의 부착높이에 따라 다음 표에 따른 바닥면적(m^2)마다 1개 이상으로 할 것

63 무선통신보조설비 증폭기의 설치기준으로 틀린 것은?

① 증폭기는 비상전원이 부착된 것으로 한다.
② 증폭기의 전면에는 표시등 및 전류계를 설치한다.
③ 전원은 전기가 정상적으로 공급되는 축전지 또는 교류전압 옥내간선으로 하고 전원까지의 배선은 전용으로 한다.
④ 증폭기의 비상전원용량은 무선통신보조설비를 유효하게 30분 이상 작동시킬 수 있는 것으로 한다.

해설 증폭기 및 무선중계기 설치기준
1. 전원은 축전지 또는 교류전압 옥내간선으로 하고, 전원까지의 배선은 전용
2. 증폭기의 전면에는 **표시등 및 전압계**를 설치할 것
3. 증폭기 비상전원 용량은 무선통신보조설비를 유효하게 **30분 이상** 작동시킬 수 있는 것으로 할 것

64. 통로유도등의 설치기준 중 틀린 것은?

① 거실의 통로가 벽체 등으로 구획된 경우에는 거실통로유도등을 설치한다.
② 거실통로유도등은 거실통로에 기둥이 설치된 경우에는 기둥부분의 바닥으로부터 높이 1.5[m] 이하의 위치에 설치할 수 있다.
③ 복도통로유도등은 구부러진 모퉁이 및 보행거리 20[m]마다 설치한다.
④ 계단통로유도등은 바닥으로부터 높이 1[m] 이하의 위치에 설치한다.

해설 거실통로유도등
1) 거실의 통로에 설치. 다만, 거실의 통로가 벽체 등으로 구획된 경우에는 **복도통로유도등**을 설치
2) 구부러진 모퉁이 및 보행거리 20[m]마다 설치

$$수량 = 구부러진\ 모퉁이 + \left(\frac{보행거리[m]}{20[m]} - 1\right)$$

(소수점 이하 절상)

3) 바닥으로부터 높이 1.5[m] 이상의 위치에 설치. 다만, 거실통로에 기둥이 설치된 경우에는 기둥부분의 바닥으로부터 높이 1.5[m] 이하의 위치

65. 광전식 분리형감지기의 설치기준 중 틀린 것은?

① 감지기의 광축의 길이는 공칭감시거리 범위이내 일 것
② 감지기의 송광부와 수광부는 설치된 뒷벽으로부터 1[m] 이내 위치에 설치할 것
③ 광축의 높이는 천장 등(천장의 실내에 면한부분 또는 상층의 바닥하부면) 높이의 80[%] 이상일 것
④ 광축은 나란한 벽으로부터 0.5[m] 이상 이격하여 설치할 것

해설 광전식분리형감지기 설치기준
① 감지기의 수광면은 햇빛을 직접 받지 않도록 설치
② 광축(송광면과 수광면의 중심을 연결한 선)은 나란한 벽으로부터 0.6[m] 이상 이격하여 설치할 것
③ 감지기의 송광부와 수광부는 설치된 뒷벽으로부터 1[m] 이내 위치에 설치할 것
④ 광축의 높이는 천장 등(천장의 실내에 면한 부분 또는 상층의 바닥 하부면을 말한다) 높이의 80[%] 이상일 것
⑤ 감지기의 광축의 길이는 공칭감시거리 범위이내 일 것

66. 감지기의 설치기준 중 부착높이 20[m] 이상에 설치되는 광전식 중 아날로그방식의 감지기는 공칭감지농도 하한값이 감광률 몇 [%/m] 미만인 것으로 하는가?

① 3
② 5
③ 7
④ 10

해설 부착높이 20[m] 이상에 설치되는 광전식 중 아날로그방식의 감지기는 공칭감지농도 하한값이 감광률 5[%/m] 미만인 것으로 한다.

67. 각 실별 실내의 바닥면적이 25[m²]인 4개의 실에 단독경보형감지기를 설치 시 몇 개의 실로 보아야 하는가?(단, 각 실은 이웃하고 있으며, 벽체 상부가 일부 개방되어 이웃하는 실내와 공기가 상호 유통되는 경우이다.)

① 1
② 2
③ 3
④ 4

해설 ① 각 실(이웃하는 실내의 바닥면적이 각각 30[m²] 미만이고 벽체의 상부의 부분 또는 일부가 개방되어 이웃하는 실내와 공기가 상호 유통되는 경우에는 이를 1개의 실로 본다)마다 설치하되, 바닥면적이 150[m²]를 초과하는 경우에는 150[m²] 마다 1개 이상 설치할 것
② 이웃하는 실내의 바닥면적이 각각 25[m²]로서 30[m²] 미만이고 벽체의 상부의 부분 또는 일부가 개방되어 이웃하는 실내와 공기가 상호 유통되는 경우에는 이를 1개의 실로 본다.

정답 64. ① 65. ④ 66. ② 67. ①

68 아파트의 4층 이상 10층 이하에 적응성이 있는 피난기구는?(단, 아파트는 공동 주택법 시행령 제2조의 규정에 해당하는 공통주택이다.)

① 간이완강기 ② 피난용트랩
③ 미끄럼대   ④ 공기안전매트

해설 공기안전매트의 적응성은 공동주택에 한한다.

69 비상방송설비는 기동장치에 따른 화재신고를 수신한 후 필요한 음량으로 화재발생 상황 및 피난에 유효한 방송이 자동으로 개시될 때까지의 소요시간은 몇 초 이하여야 하는가?

① 5   ② 10
③ 30 ④ 60

해설 화재신고를 수신한 후 필요한 음량으로 화재발생 상황 및 피난에 유효한 방송이 자동으로 개시될 때까지의 소요시간은 **10초 이하**로 할 것

70 누전경보기의 음향장치의 설치위치로 옳은 것은?

① 옥내의 점검에 편리한 장소
② 옥외 인입선의 제1지점의 부하측의 점검이 쉬운 위치
③ 수위실 등 상시 사람이 근무하는 장소
④ 옥외인입선의 제2종 접지선측의 점검이 쉬운 위치

해설 음향장치는 **수위실 등 상시 사람이 근무하는 장소**에 설치하여야 하며, 그 음량 및 음색은 다른 기기의 소음 등과 명확히 구별할 수 있는 것으로 하여야 한다.

71 누전경보기 수신부의 기능검사 항목이 아닌 것은?

① 충격시험   ② 절연저항시험
③ 내식성시험   ④ 전원전압 변동시험

해설 누전경보기 수신부의 기능검사 항목
① 방수시험   ② **절연저항시험**
③ **충격시험**   ④ **전원전압 변동시험**
⑤ 충격파내전압시험 ⑥ 진동시험
⑦ 반복시험   ⑧ 개폐기의 조작시험
⑨ 과입력전압시험 ⑩ 온도특성시험
⑪ 절연내력시험

72 무선통신보조설비의 누설동축케이블 및 안테나는 고압의 전로로부터 1.5[m] 이상 떨어진 위치에 설치해야 하나 그렇게 하지 않아도 되는 경우는?

① 해당 전로에 정전기 차폐장치를 유효하게 설치한 경우
② 금속제 등의 지지금구로 일정한 간격으로 고정한 경우
③ 끝부분에 무반사 종단저항을 설치한 경우
④ 불연재료로 구획된 반자 안에 설치한 경우

해설 누설동축케이블 및 안테나는 고압의 전로로부터 **1.5[m] 이상** 떨어진 위치에 설치할 것. 다만, 해당 전로에 **정전기 차폐장치**를 유효하게 설치한 경우에는 그러하지 아니하다.

73 아파트형 공장의 지하 주차장에 설치된 비상방송용 스피커의 음량조정기 배선방식은?

① 단선식   ② 2선식
③ 3선식   ④ 복합식

해설 음량조정기의 배선 : **3선식**
공통선, 업무용선, 긴급용선(소방용선)

정답 68. ④ 69. ② 70. ③ 71. ① 72. ① 73. ③

74. 자동화재탐지설비 배선의 설치기준 중 다음 ( )안에 알맞은 것은?

자동화재탐지설비 감지기회로의 전로저항은 (㉠)이(가) 되도록 하여야 하며, 수신기 각 회로별 종단에 설치되는 감지기에 접속되는 배선의 전압은 감지기 정격전압의 (㉡)[%] 이상이어야 한다.

① ㉠ 50[Ω] 이상, ㉡ 70
② ㉠ 50[Ω] 이하, ㉡ 80
③ ㉠ 40[Ω] 이상, ㉡ 70
④ ㉠ 40[Ω] 이하, ㉡ 80

해설 자동화재탐지설비 감지기회로의 전로저항은 50[Ω] 이하가 되도록 하여야 하며, 수신기 각 회로별 종단에 설치되는 감지기에 접속되는 배선의 전압은 감지기 정격전압의 80[%] 이상이어야 한다.

75. 비상조명등 비상점등 회로의 보호를 위한 기준 중 다음 ( )안에 알맞은 것은?

비상조명등은 비상점등을 위하여 비상전원으로 전환되는 경우 비상점등 회로로 정격전류의 (㉠)배 이상의 전류가 흐르거나 램프가 없는 경우에는 (㉡)초 이내에 예비전원으로부터 비상전원 공급을 차단해야 한다.

① ㉠ 2, ㉡ 1
② ㉠ 1.2, ㉡ 3
③ ㉠ 3, ㉡ 1
④ ㉠ 2.1, ㉡ 5

해설 비상조명등의 형식승인 및 제품검사의 기술기준 제5조의2(비상점등 회로의 보호)
비상조명등은 비상점등을 위하여 비상전원으로 전환되는 경우 비상점등 회로로 정격전류의 **1.2배 이상의** 전류가 흐르거나 램프가 없는 경우에는 **3초 이내에** 예비전원으로부터의 비상전원 공급을 차단하여야 한다.

76. 피난기구 중 다수인 피난장비의 설치기준 중 틀린 것은?

① 사용 시에 보관실 외측 문이 먼저 열리고 탑승기가 외측으로 자동으로 전개될 것
② 하강 시에 탑승기가 건물 외벽이나 돌출물에 충돌하지 않도록 설치할 것
③ 상·하층에 설치할 경우에는 탑승기의 하강경로가 중첩되도록 할 것
④ 보관실은 건물 외측보다 돌출되지 아니하고, 빗물·먼지 등으로부터 장비를 보호할 수 있는 구조일 것

해설 상·하층에 설치할 경우에는 탑승기의 하강경로가 중첩되지 않도록 할 것

77. 자동화재속보설비 속보기의 구조에 대한 설명 중 틀린 것은?

① 수동통화용 송수화장치를 설치하여야 한다.
② 접지전극에 직류전류를 통하는 회로방식을 사용하여야 한다.
③ 작동 시 그 작동시간과 작동회수를 표시할 수 있는 장치를 하여야 한다.
④ 부식에 의한 기계적 기능에 영향을 초래할 우려가 있는 부분은 기계식 내식가공을 하거나 방청가공을 하여야 한다.

해설 자동화재속보설비의 속보기의 성능인증 및 제품검사의 기술기준 제3조(구조)
속보기는 다음 각 호의 회로방식을 사용하지 말 것
가. **접지전극에 직류전류를 통하는 회로방식**
나. 수신기에 접속되는 외부배선과 다른 설비(화재신호의 전달에 영향을 미치지 아니하는 것은 제외한다)의 외부배선을 공용으로 하는 회로방식

정답 74. ② 75. ② 76. ③ 77. ②

78
비상콘센트의 배치는 아파트 또는 바닥면적이 1000[m²] 미만인 층은 계단의 출입구로부터 몇 [m] 이내에 설치해야 하는가?(단, 계단의 부속실을 포함하며 계단이 2 이상 있는 경우에는 그 중 1개의 계단을 말한다.)

① 10　　② 8
③ 5　　　④ 3

해설 비상콘센트의 배치는 아파트 또는 바닥면적이 1,000[m²] 미만인 층에 있어서는 계단의 출입구(계단의 부속실을 포함, 계단이 2 이상 있는 경우에는 그중 1개의 계단을 말한다)로부터 **5[m] 이내**에, 바닥면적 1,000[m²] 이상인 층(아파트를 제외)에 있어서는 각 계단의 출입구 또는 계단부속실의 출입구(계단의 부속실을 포함하며 계단이 3 이상 있는 층의 경우에는 그중 2개의 계단을 말한다)로부터 **5[m] 이내**에 설치할 것
① 지하상가 또는 지하층의 바닥면적의 합계가 3,000[m²] 이상인 것은 **수평거리 25[m]**
② ①목에 해당하지 아니하는 것은 수평거리 50[m]

79
유도등의 전기회로에 점멸기를 설치할 수 있는 장소에 해당되지 않는 것은? (단, 유도등은 3선식 배선에 따라 상시 충전되는 구조이다.)

① 공연장으로서 어두워야 할 필요가 있는 장소
② 특정소방대상물의 관계인이 주로 사용하는 장소
③ 외부광에 따라 피난구 또는 피난방향을 쉽게 식별할 수 있는 장소
④ 지하층을 제외한 층수가 11층 이상의 장소

해설 유도등의 전기회로에 점멸기를 설치할 수 있는 장소
① 외부광(光)에 따라 피난구 또는 피난방향을 쉽게 식별할 수 있는 장소
② 공연장, 암실(暗室) 등으로서 어두워야 할 필요가 있는 장소
③ 특정소방대상물의 관계인 또는 종사원이 주로 사용하는 장소

80
누전경보기의 변류기는 경계전로에 정격전류를 흘리는 경우 그 경계전로의 전압강하는 몇 [V] 이하여야 하는가? (단, 경계전로의 전선을 그 변류기에 관통시키는 것은 제외한다.)

① 0.3　　② 0.5
③ 1.0　　④ 3.0

해설 누전경보기의 형식승인 및 제품검사의 기술기준 제22조(전압강하방지시험)
변류기(경계전로의 전선을 그 변류기에 관통시키는 것은 제외한다)는 경계전로에 정격전류를 흘리는 경우, 그 경계전로의 전압강하는 **0.5[V] 이하**이어야 한다.

1회 2017년 소방설비기사

1과목 소방원론

01 ★★★ 출제년도【17.】
B급 화재 시 사용할 수 없는 소화방법은?

① CO_2 소화약제로 소화한다.
② 봉상 주수로 소화한다.
③ 3종 분말약제로 소화한다.
④ 단백포로 소화한다.

해설 B급화재 - 유류화재
봉상 주수는 다량의 물을 방사하여 소화하는 방법으로서 유류화재시 물을 방사하면 화재 확대의 가능성이 높기 때문에 사용해서는 안 된다.

02 ★ 출제년도【12.17.】
섭씨 30도는 랭킨(Rankine) 온도로 나타내면 몇 도인가?

① 546도   ② 515도
③ 498도   ④ 463도

해설 섭씨 → 화씨 : °F = ℃×1.8+32,
F = 30×1.8+32 = 86
화씨 → 랭킨 : °R = °F+460, °R = 86+460 = 546

03 ★★★ 출제년도【17.】
소화약제의 방출수단에 대한 설명으로 가장 옳은 것은?

① 액체 화학반응을 이용하여 발생되는 열로 방출한다.
② 기체의 압력으로 폭발, 기화작용 등을 이용하여 방출한다.
③ 외기의 온도, 습도, 기압 등을 이용하여 방출한다.
④ 가스압력, 동력, 사람의 손 등에 의하여 방출한다.

해설 소화약제 방출수단
1) 가스압력 : 이산화탄소, 분말, 청정, 할로겐화합물 등
2) 동력 : 옥내외 소화전, 스프링클러, 물분무 및 미분무 등
3) 사람의 손 : 수동식 소화기 등

04 ★★★ 출제년도【17.】
건축물의 화재 시 피난자들의 집중으로 패닉(panaic) 현상이 일어날 수 있는 피난방향은?

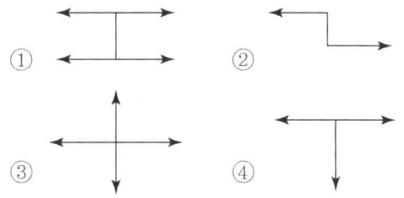

해설 피난방법을 고려한 시설계획

구분		피난방향의 종류
피난방향 명확	가장 확실	X형
		Y형
	양호	T형
		I형
		Z형
패닉 발생 우려		H형
		CO형

정답 1.② 2.① 3.④ 4.①

05. 고층 건축물 내 연기거동 중 굴뚝효과에 영향을 미치는 요소가 아닌 것은?

① 건물 내·외의 온도차
② 화재실의 온도
③ 건물의 높이
④ 층의 면적

해설 굴뚝효과(연돌효과)
1) 정의 : 건축물 내·외부 온도차에 의한 압력의 차이로 건축물 내부의 기류가 상승 또는 하강하는 현상
2) 굴뚝효과에 영향을 미치는 요소
   ① 건물의 높이
   ② 건물 내·외의 온도차
   ③ 화재실의 온도
   ④ 외벽의 기밀도
   ⑤ 각 층간의 공기누설

06. 물질의 연소범위와 화재 위험도에 대한 설명으로 틀린 것은?

① 연소범위의 폭이 클수록 화재 위험이 높다.
② 연소범위의 하한계가 낮을수록 화재 위험이 높다.
③ 연소범위의 상한계가 높을수록 화재 위험이 높다.
④ 연소범위의 하한계가 높을수록 화재 위험이 높다.

해설 화재 위험도는 연소범위의 하한계가 낮을수록, 연소범위가 클수록 화재 위험이 높다.

위험도 $H = \dfrac{UFL - LFL}{LFL} = \dfrac{연소범위}{연소 하한계}$

여기서, UFL : 연소상한계, LFL : 연소하한계

07. 인화성 액체의 연소점, 인화점, 발화점을 온도가 높은 것부터 옳게 나열한 것은?

① 발화점 > 연소점 > 인화점
② 연소점 > 인화점 > 발화점
③ 인화점 > 발화점 > 연소점
④ 인화점 > 연소점 > 발화점

해설 인화점, 연소점, 발화점
1) 인화점 : 점화원의 존재하에 연소가 시작되는 최저온도
2) 연소점 : 가연성 액체가 개방된 상태에서 증기를 계속 발생하면서 연소가 지속될 수 있는 최저온도로서 외부 점화원을 제거하여도 연쇄반응을 지속시킬 수 있는 온도
3) 발화점 : 점화원이 존재하지 않아도 연소를 시작하는 최저온도
4) 온도 : 인화점 < 연소점 < 발화점

08. 다음 중 착화온도가 가장 낮은 것은?

① 에틸알코올
② 톨루엔
③ 등유
④ 가솔린

해설 착화온도

구분	에틸알코올	톨루엔	등유	가솔린
착화온도	363℃	480℃	254℃	280~470℃ (약 300℃)

09. A급, B급, C급 화재에 사용이 가능한 제3종 분말 소화약제의 분자식은?

① $NaHCO_3$
② $KHCO_3$
③ $NH_4H_2PO_4$
④ Na_2CO_3

해설 분말소화약제

종별	주성분	화학식	착색	적응화재
제1종	탄산수소나트륨 (중탄산나트륨)	$NaHCO_3$	백색	BC급
제2종	탄산수소칼륨 (중탄산칼륨)	$KHCO_3$	담자색	BC급
제3종	인산염 (제일인산암모늄)	$NH_4H_2PO_4$	담홍색	ABC급
제4종	탄산수소칼륨 + 요소	$KHCO_3 + (NH_2)_2CO$	회색	BC급

정답 5.④ 6.④ 7.① 8.③ 9.③

10. 유류 저장탱크의 화재에서 일어날 수 있는 현상이 아닌 것은?

① 플래시 오버(Flash Over)
② 보일오버(Boil Over)
③ 슬롭 오버(Slop Over)
④ 후로스 오버(Froth Over)

해설 플래시오버(Flash Over) :
건축물 내부에서 발생하는 것으로 순간적 또는 폭발적인 연소 확대현상으로 고온의 복사열에 의해 바닥의 가연물이 동시에 열 분해되어 동시에 실내 전체가 화염에 휩싸이는 현상

11. 건축방화계획에서 건축구조 및 재료를 불연화하여 화재를 미연에 방지하고자 하는 공간적 대응방법은?

① 회피성 대응
② 도피성 대응
③ 대항성 대응
④ 설비적 대응

해설 공간적 대응(수동적 방화)

구분	내 용
대항성	건축물의 내화성능, 방화구획 성능, 화재방어 대응성, 방연성능, 배연성능, 초기소화 대응력
회피성	난연화, 불연화, 내장제 제한, 방화훈련 등 화재예방 방안
도피성	피난, 부지 및 도로 등

12. 위험물의 저장 방법으로 틀린 것은?

① 금속나트륨 - 석유류에 저장
② 이황화탄소 - 수조 물탱크에 저장
③ 알킬 알루미늄 - 벤젠액에 희석하여 저장
④ 산화프로필렌 - 구리 용기에 넣고 불연성 가스를 봉입하여 저장

해설 산화프로필렌은 구리, 은, 마그네슘 등의 금속과 접촉을 피하여야 하고 용기에 수납할 때에는 질소 등 불연성가스 채워 두어야 한다.

13. 소화효과를 고려하였을 경우 화재 시 사용할 수 있는 물질이 아닌 것은?

① 이산화탄소
② 아세틸렌
③ Halon 1211
④ Halon 1301

해설 아세틸렌(C_2H_2)
1) 가연성 가스
2) 연소범위 : 2.5~81%

14. 연기의 감광계수(m^{-1})에 대한 설명으로 옳은 것은?

① 0.5는 거의 앞이 보이지 않을 정도이다.
② 10은 화재 최성기 때의 농도이다.
③ 0.5는 가시거리가 20~30m 정도이다.
④ 10은 연기감지기가 작동하기 직전의 농도이다.

해설 연기의 감광계수

감광계수	가시거리	상 황
0.1	20~30	연기감지기의 작동농도 건물 내 미숙지자의 피난 한계농도
0.3	5	건물 내 숙지자의 피난한계농도
0.5	3	어두침침함을 느낄 정도의 농도
1	1~2	거의 앞이 보이지 않을 정도의 농도
10	0.2~0.5	화재 최성기 때의 연기농도
30	-	출화실에서 연기가 분출할 때의 연기농도

15. 1기압, 100℃에서의 물 1g의 기화잠열은 약 몇 cal인가?

① 425
② 539
④ 647
④ 734

해설 물의 기화잠열 및 융해잠열
1) 기화잠열 539cal/g
2) 융해잠열 80cal/g

정답 10. ① 11. ① 12. ④ 13. ② 14. ② 15. ②

16
분말소화약제 중 탄산수소칼륨(KHCO₃)과 요소(CO(NH₂)₂)와의 반응물을 주성분으로 하는 소화약제는?

① 제1종 분말
② 제2종 분말
③ 제3종 분말
④ 제4종 분말

해설 분말소화약제

종별	주성분	화학식	착색	적응화재
제1종	탄산수소나트륨 (중탄산나트륨)	$NaHCO_3$	백색	BC급
제2종	탄산수소칼륨 (중탄산칼륨)	$KHCO_3$	담자색	BC급
제3종	인산염 (제일인산암모늄)	$NH_4H_2PO_4$	담홍색	ABC급
제4종	탄산수소칼륨 + 요소	$KHCO_3$ $+(NH_2)_2CO$	회색	BC급

17
할론 가스 45kg과 함께 기동가스로 질소 2kg을 충전하였다. 이때 질소가스의 몰분율은? (단, 할론가스의 분자량은 149이다.)

① 0.19 ② 0.24
③ 0.31 ④ 0.39

해설 mol 수 = $\dfrac{질량[kg]}{분자량[kg/mol]}$ 이므로,

1) 할론 가스 mol 수 = $\dfrac{45}{149}$ = 0.302

2) 질소 가스 mol 수 = $\dfrac{2}{28}$ = 0.071

∴ 질소가스의 몰분율 = $\dfrac{질소\ mol수}{전체\ mol수}$

= $\dfrac{0.071}{0.071+0.302}$ = 0.19

18
가연물의 제거와 가장 관련이 없는 소화방법은?

① 촛불을 입김으로 불어서 끈다.
② 산불 화재 시 나무를 잘라 없앤다.
③ 팽창 진주암을 사용하여 진화한다.
④ 가스화재 시 중간밸브를 잠근다.

해설 팽창진주암은 질식소화가 주 소화방법이다. 천연유리를 조각으로 분쇄한 것으로 화재시에 열에 의하여 체적이 약 15~20배 정도 팽창하는 특성이 있다.

19
다음 중 가연성 가스가 아닌 것은?

① 일산화탄소 ② 프로판
③ 아르곤   ④ 수소

해설 아르곤은 불활성가스이다.

20
할론(Halon) 1301의 분자식은?

① CH_3Cl ② CH_3Br
③ CF_3Cl ④ CF_3Br

해설

	분자식	C	F	Cl	Br
Halon 1301	CF_3Br	1	3	0	1
Halon 1211	CF_2ClBr	1	2	1	1
Halon 2402	$C_2F_4Br_2$	2	4	0	2
Halon 104	CCl_4	1	0	4	—

정답 16. ④ 17. ① 18. ③ 19. ③ 20. ④

2과목 소방전기일반

21 ★★★ 출제년도 【14.17.】

그림과 같은 유접점 회로의 논리식은?

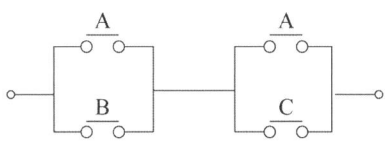

① A + BC   ② AB + C
③ B + AC   ④ AB + BC

해설 논리식
A와 B는 병렬연결, A와 C가 병렬연결이고 직렬로 연결되어 있으므로
= (A+B)(A+C) = A+AC+AB+BC
= A(1+C+B)+BC = A+BC

22 ★★ 출제년도 【17.】

그림과 같은 반파정류회로에 스위치 A를 사용하여 부하 저항 R_L을 떼어 냈을 경우, 콘덴서 C의 충전전압은 몇 V인가?

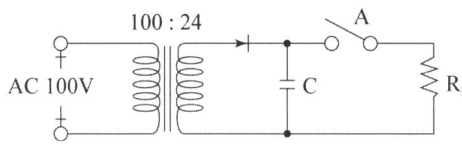

① 12π   ② 24π   ③ $12\sqrt{2}$ ④ $24\sqrt{2}$

해설 저항을 분리하였으므로 콘덴서에 충전된 전압은 방전되지 않고 전압의 최대치가 콘덴서에 충전된 상태로 유지하게 된다.
콘덴서에 충전된 전압 = $\sqrt{2}E = 24\sqrt{2}$ [V]

23 ★ 출제년도 【17.】

길이 1m의 철심(비투자율 $\mu_s = 700$) 자기회로에 2mm의 공극이 생겼다면 자기저항은 몇 배 증가하는가? (단, 각 부의 단면적은 일정하다.)

① 1.4   ② 1.7   ③ 2.4   ④ 2.7

해설 공극이 없을 때의 자기저항
$$R_m = \frac{l}{\mu S} = \frac{l}{\mu_0 \mu_s S}$$

공극이 있을 때의 자기저항
$$R_g = R_m + R_0 = \frac{l}{\mu_0 \mu_s S} + \frac{l_g}{\mu_0 S}$$

자기저항의 비
$$\frac{R_g}{R_m} = \frac{R_m + R_o}{R_m} = 1 + \frac{R_0}{R_m}$$
$$= 1 + \frac{\frac{l_g}{\mu_0 S}}{\frac{l}{\mu_0 \mu_s S}} = 1 + \mu_s \frac{l_g}{l}$$
$$= 1 + 700 \times \frac{2 \times 10^{-3} m}{1m} = 2.4$$

여기서, l_g : 공극의 길이(m), l : 전체 길이(m)

24 ★★★ 출제년도 【17.20.】

동기발전기의 병렬조건으로 틀린 것은?

① 기전력의 크기가 같을 것
② 기전력의 위상이 같을 것
③ 기전력의 주파수가 같을 것
④ 극수가 같을 것

해설 동기 발전기의 병렬 운전 조건
① 기전력의 크기가 같을 것
② 기전력의 위상이 같을 것
③ 기전력의 주파수가 같을 것
④ 기전력의 파형이 같을 것
⑤ 상회전 방향이 같을 것

25 ★★ 출제년도 【14.17.】

빛이 닿으면 전류가 흐르는 다이오드로 광량의 변화를 전류값으로 대치하므로 광센서에 주로 사용하는 다이오드는?

① 제너다이오드
② 터널다이오드
③ 발광다이오드
④ 포토다이오드

정답 21. ① 22. ④ 23. ③ 24. ④ 25. ④

해설 포토다이오드
빛에너지를 전기에너지로 변환하는 광센서의 일종으로서 PN 접합부에 광검출 기능을 추가한 다이오드

26 ★ 출제년도【17.】
20℃의 물 2L를 64℃가 되도록 가열하기 위해 400W의 온수기를 20분 사용하였을 때 이 온수기의 효율은 약 몇 %인가?

① 27 ② 59
③ 77 ④ 89

해설 효율
$$\eta = \frac{mc\Delta t}{0.24Pt} = \frac{2{,}000 \times 1 \times (64-20)}{0.24 \times 400 \times 20\text{분} \times 60\text{초}}$$
$$= 0.7638 = 76.38\%$$
(질량 $m = 2L = 2{,}000ml = 2{,}000g$)
여기서, m : 질량(g 또는 ml)
  c : 비열(cal/g · ℃)
  Δt : 온도차(℃)
  P : 전력(W), t : 시간(초)

27 ★★★ 출제년도【17.】
폐루프 제어의 특징에 대한 설명으로 옳은 것은?

① 외부의 변화에 대한 영향을 증가시킬 수 있다.
② 제어기 부품의 성능 차이에 따라 영향을 많이 받는다.
③ 대역폭이 증가한다.
④ 정확도와 전체 이득이 증가한다.

해설 피드백 제어(폐회로 제어, 폐루프 제어)
입력과 출력을 비교하는 장치가 필요하다.
대역폭이 증가하고, 정확성이 증가한다.
비용이 증가한다.
계의 특성변화에 대한 전체이득(입력 대 출력비의 감도)가 감소한다.
비선형성과 외형에 대한 효과의 감소

28 ★★★ 출제년도【17.】
최대눈금이 70V인 직류전압계에 5kΩ의 배율기를 접속하여 전압의 최대측정치가 350V라면 내부 저항은 몇 kΩ인가?

① 0.8 ② 1
③ 1.25 ④ 20

해설 배율기의 저항
$$R_m = (m-1)r_v = (\frac{V}{V_a} - 1)r_v$$
m : 배율, V : 확대전압[V], V_a : 지시전압[V]
r_v : 전압계 내부저항[Ω]
$$r_v = \frac{R_m}{(\frac{V}{V_a}-1)} = \frac{5 \times 10^3}{(\frac{350}{70}-1)} = 1250[\Omega] = 1.25[k\Omega]$$

29 ★★★ 출제년도【17.】
정현파 전압의 평균값과 최댓값과의 관계식 중 옳은 것은?

① $V_{av} = 0.707 V_m$ ② $V_{av} = 0.840 V_m$
③ $V_{av} = 0.637 V_m$ ④ $V_{av} = 0.956 V_m$

해설

파 형	정현파	정현반파	삼각파	구형반파	구형파
실효값	$\frac{I_m}{\sqrt{2}}$	$\frac{I_m}{2}$	$\frac{I_m}{\sqrt{3}}$	$\frac{I_m}{\sqrt{2}}$	I_m
평균값	$\frac{2I_m}{\pi}$	$\frac{I_m}{\pi}$	$\frac{I_m}{2}$	$\frac{I_m}{2}$	I_m

정현파의 평균값 $V_{av} = \frac{2I_m}{\pi}$, $V_{av} = 0.637 I_m$
여기서, V_{av} : 전압의 평균값 [V],
  V_m : 전압의 최댓값 [V]

30 ★ 출제년도【17.】
열팽창식 온도계가 아닌 것은?

① 열전대 온도계
② 유리 온도계
③ 바이메탈 온도계
④ 압력식 온도계

해설 열전(대) 온도계는 접촉식으로 열기전력을 이용한 온도계이다.
• 열팽창식 온도계의 종류 : 바이메탈 온도계, 기체팽창 온도계, 유리제 온도계, 액체 충만 압력식 온도계 등이 있다.

31 인덕턴스가 0.5H인 코일의 리액턴스가 753.6Ω 일 때 주파수는 약 몇 Hz 인가?

① 120　　② 240
③ 360　　④ 480

해설 유도성 리액턴스 $X_L = 2\pi fL$의 관계에서,

주파수 $f = \dfrac{X_L}{2\pi L} = \dfrac{753.6}{2 \times \pi \times 0.5} = 240$

32 그림과 같은 교류브리지의 평형조건으로 옳은 것은?

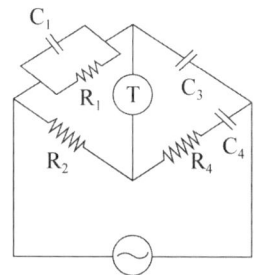

① $R_2C_4 = R_1C_3$, $R_2C_1 = R_4C_3$
② $R_1C_1 = R_4C_4$, $R_2C_3 = R_1C_1$
③ $R_2C_4 = R_4C_3$, $R_1C_3 = R_2C_1$
④ $R_1C_1 = R_4C_4$, $R_2C_3 = R_1C_4$

해설 C_1, R_1의 합성 임피던스 Z_1은

$$Z_1 = \dfrac{1}{\dfrac{1}{R_1} + j\omega C_1} = \dfrac{R_1}{1 + j\omega C_1 R_1}$$

브리지의 평형조건을 적용하면

$$\dfrac{R_1}{1 + j\omega C_1 R_1} \cdot \left(R_4 + \dfrac{1}{j\omega C_4}\right) = R_2 \cdot \dfrac{1}{j\omega C_3}$$

$$R_1 R_4 \cdot (j\omega)^2 C_3 C_4 + R_1 \cdot j\omega C_3$$

$$= R_1 R_2 \cdot (j\omega)^2 C_1 C_4 + R_2 \cdot j\omega C_4$$
$$\quad - \omega^2 R_1 R_4 \cdot C_3 C_4 + j\omega R_1 \cdot C_3$$
$$= -\omega^2 R_1 R_2 \cdot C_1 C_4 + j\omega R_2 \cdot C_4$$

① 실수는 같아야 하므로
$-\omega^2 R_1 R_4 \cdot C_3 C_4 = -\omega^2 R_1 R_2 \cdot C_1 C_4$ 에서
$R_2 C_1 = R_4 C_3$

② 허수는 같아야 하므로
$j\omega R_1 \cdot C_3 = j\omega R_2 \cdot C_4$ 에서
$R_2 C_4 = R_1 C_3$

33 다음의 논리식들 중 틀린 것은?

① $(\overline{A} + B) \cdot (A + B) = B$
② $(A + B) \cdot \overline{B} = A\overline{B}$
③ $\overline{AB + AC} + \overline{A} = \overline{A} + \overline{B}C$
④ $\overline{(\overline{A} + B) + CD} = A\overline{B}(C + D)$

해설 논리식의 간소화

① $(\overline{A} + B) \cdot (A + B) = \overline{A}A + \overline{A}B + AB + B$
$= B(\overline{A} + A + 1) = B$

② $(A + B) \cdot \overline{B} = A\overline{B} + B\overline{B} = A\overline{B}$

③ $\overline{AB + AC} + \overline{A} = \overline{AB} \cdot \overline{AC} + \overline{A}$
$= (\overline{A} + \overline{B}) \cdot (\overline{A} + \overline{C}) + \overline{A}$
$= \overline{A} + \overline{A}\overline{C} + \overline{A}\overline{B} + \overline{B}\overline{C} + \overline{A} = \overline{A}(1 + \overline{C} + \overline{B}) + \overline{B}\overline{C}$
$= \overline{A} + \overline{B}\overline{C}$

④ $\overline{(\overline{A} + B) + CD} = \overline{(\overline{A} + B)} \cdot \overline{CD} = \overline{\overline{A}} \cdot \overline{B} \cdot (\overline{C} + \overline{D})$
$= A \cdot \overline{B} \cdot (\overline{C} + \overline{D})$

※ 보충설명 $A \cdot \overline{A} = 0$, $A + \overline{A} = 1$, $\overline{\overline{A}} = A$

34 피드백제어계에서 제어요소에 대한 설명 중 옳은 것은?

① 조작부와 검출부로 구성되어 있다.
② 조절부와 변환부로 구성되어 있다.
③ 동작신호를 조작량으로 변환시키는 요소이다.
④ 목표값에 비례하는 신호를 발생하는 요소이다.

정답 31. ② 32. ① 33. ④ 34. ③

해설 제어요소는 조절부와 조작부로 구성되며 동작신호를 받아 조작량으로 변환하여 제어대상에 공급한다.

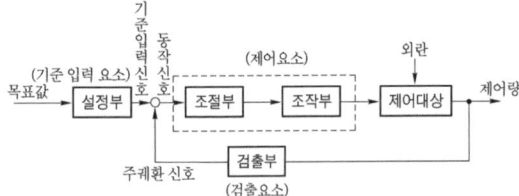

35. 균등 눈금을 사용하며 소비전력이 적게 소요되고 정확도가 높은 지시계기는?

① 가동 코일형 계기 ② 전류력계형 계기
③ 정전형 계기   ④ 열전형 계기

해설 가동 코일형 계기의 특징
① 감도와 정확성이 높다.
② 구동 토크가 크다.
③ 소비 전력이 적게 소요된다.
④ 균등 눈금을 사용, 측정 범위를 간단히 변경시킬 수 있다.

36. 50kW의 전력이 안테나에서 사방으로 균일하게 방사될 때, 안테나에서 1km 거리에 있는 점에서의 전계의 실효값은 약 몇 V/m 인가?

① 0.87 ② 1.22
③ 1.73 ④ 3.98

해설 단위면적당의 전력

$P = \dfrac{P_s}{S} = \dfrac{P_s}{4\pi r^2}$ 에서

$P = \dfrac{50 \times 10^3}{4 \times 3.14 \times (10^3)^2} = 3.98 \times 10^{-3} \ \text{W/m}^2$

$P = E \times H = \dfrac{E^2}{377}$ 에서

$E = \sqrt{377 \times P} = \sqrt{377 \times 3.98 \times 10^{-3}} = 1.22 \ \text{V/m}$

37. 3상 직권 정류자 전동기에서 중간 변압기를 사용하는 이유 중 틀린 것은?

① 경부하시 속도의 이상 상승 방지
② 실효 권수비 선정 조정
③ 전원전압의 크기에 관계없이, 정류에 알맞은 회전자 전압 선택
④ 회전자 상수의 감소

해설 중간변압기(또는 직렬변압기) : 고정자 권선과 회전자 권선 사이에 직렬로 접속되어 있다.
중간변압기의 사용목적
① 회전자 상수의 증가
② 경부하시 속도의 이상 상승 방지
③ 실효 권수비의 조정
④ 정류자 전압의 조정

38. PD(비례 미분) 제어 동작의 특징으로 옳은 것은?

① 잔류편차 제거   ② 간헐현상 제거
③ 불연속 제어   ④ 응답 속응성 개선

해설 조절부의 동작에 의한 분류

구분	약호	특징
비례동작	P	잔류편차 발생
적분동작	I	잔류편차 제거
미분동작	D	오차가 커지는 것을 미리 방지
비례적분동작	PI	① 잔류편차 제거 ② 제어계의 정상특성 개선 ③ 제어동작 중 가장 정밀한 제어 ④ 지상요소 ⑤ 잔류편차와 사이클링이 없어 널리 사용
비례미분동작	PD	**응답 속응성의 개선**
비례적분 미분동작	PID	① 잔류편차 제거 ② 응답선의 개선 ③ 응답의 오버슈트 감소 ④ 가장 이상적인 제어

정답 35. ① 36. ② 37. ④ 38. ④

39. MOSFET(금속-산화물 반도체 전계효과 트랜지스터)의 특성으로 틀린 것은?

① 2차 항복이 없다.
② 집적도가 낮다.
③ 소전력으로 작동한다.
④ 큰 입력저항으로 게이트 전류가 거의 흐르지 않는다.

해설 MOSFET
1) 구성 : gate, oxide(산화물), source, drain
2) 동작원리 : 게이트에 적정전압을 걸면 산화물 아래의 반도체 부분에 (-) 전하가 모여서 source와 drain 사이에 전류가 흐르게 된다.
3) 주요특성
  ① 게이트(gate)가 전압으로 구동됨으로 소요전력이 낮다.
  ② 접합형 트랜지스터에 비해 **고밀도 집적이 가능**하므로 많이 사용한다.
  ③ 양방향 소자
    (전류가 source ↔ drain, 양방향 가능)
  ④ 큰 입력저항으로 게이트 전류가 거의 흐르지 않는다.

40. 발전기에서 유도기전력의 방향을 나타내는 법칙은?

① 페러데이의 전자유도법칙
② 플레밍의 오른손법칙
③ 암페어의 오른나사법칙
④ 플레밍의 왼손법칙

해설 보기설명
1) 패러데이의 전자유도법칙 : 자속변화에 의한 **유기기전력의 크기를 결정**하는 법칙
2) 암페어의 오른나사법칙 : 전류가 흐를 때 자기장의 방향은 오른나사의 진행방향과 같다는 법칙
3) 플레밍의 오른손 법칙 : 평등자계내 도체를 회전시키면 유도기전력이 발생하는 현상으로 도체의 운동에 따른 **기전력의 방향을 결정, 발전기의 원리**
4) 플레밍의 왼손법칙 : 평등자계내 도체에 전류를 흘리면 전류의 출입방향에 따라 정반대의 전자력이 발생하여 회전력(토크)이 발생한다. 전동기의 원리

3과목 소방관계법규

41. 소방시설업에 대한 행정처분 기준 중 1차 처분이 영업정지 3개월이 아닌 경우는?

① 국가, 지방자치단체 또는 공공기관이 발주하는 소방시설의 설계·감리업자 선정에 따른 사업수행능력 평가에 관한 서류를 위조하거나 변조하는 등 거짓이나 그 밖의 부정한 방법으로 입찰에 참여한 경우
② 소방시설업의 감독을 위하여 필요한 보고나 자료제출 명령을 위반하여 보고 또는 자료 제출을 한 경우
③ 정당한 사유없이 출입 또는 검사·조사를 거부·방해 또는 기피한 경우
④ 감리업자의 감리 시 소방시설공사가 설계도서에 맞지 아니하여 공사업자에게 공사의 시정 또는 보완 등의 요구를 하였으나 따르지 아니한 경우

해설 관련법 : 소방시설공사업법 시행규칙 [별표1] 소방시설업의 행정처분

위반사항	행정처분 기준		
	1차	2차	3차
사업수행능력 평가에 관한 서류를 위조하거나 변조하는 등 거짓이나 그 밖의 부정한 방법으로 입찰에 참여한 경우	영업정지 3개월	영업정지 6개월	등록취소
명령을 위반하여 보고 또는 자료 제출을 하지 아니하거나 거짓으로 보고 또는 자료 제출을 한 경우	영업정지 3개월	영업정지 6개월	등록취소
정당한 사유 없이 관계 공무원의 출입 또는 검사·조사를 거부·방해 또는 기피한 경우	영업정지 3개월	영업정지 6개월	등록취소

보기 ④는 영업정지 1개월에 해당한다.

정답 39. ② 40. ② 41. ④

42
다음 조건을 참고하여 숙박시설이 있는 특정소방대상물의 수용인원 산정 수로 옳은 것은?

> 침대가 있는 숙박시설로서 1인용 침대의 수는 20개이고, 2인용 침대의 수는 10개이며, 종업원의 수는 3명이다.

① 33 ② 40
③ 43 ④ 46

해설 침대가 있는 숙박시설의 수용인원의 산정
수용인원 = 종사자수 + 침대의 수
(2인용 침대는 2인으로 산정)
= 3+20+2인용×10=43명

43
소화난이도등급 Ⅲ인 지하탱크저장소에 설치하여야 하는 소화설비의 설치기준으로 옳은 것은?

① 능력단위 수치가 3이상의 소형 수동식소화기등 1개 이상
② 능력단위 수치가 3이상의 소형 수동식소화기등 2개 이상
③ 능력단위 수치가 2 이상의 소형 수동식소화기등 1개 이상
④ 능력단위 수치가 2 이상의 소형 수동식소화기등 2개 이상

해설 소화난이도 등급Ⅲ의 제조소등에 설치하여야 하는 소화설비

제조소등의 구분	소화설비	설치기준	
지하탱크저장소	소형 수동식 소화기등	능력단위의 수치가 3 이상	2개 이상

44
특정소방대상물이 증축되는 경우 기존 부분에 대해서 증축 당시의 소방시설의 설치에 관한 대통령령 또는 화재안전기술기준을 적용하지 않는 경우가 아닌 것은?

① 증축으로 인하여 천장·바닥·벽 등에 고정되어 있는 가연성 물질의 양이 줄어드는 경우
② 자동차 생산공장 등 화재 위험이 낮은 특정소방대상물 내부에 연면적 33m² 이하의 직원 휴게실을 증축하는 경우
③ 기존 부분과 증축 부분이 갑종 방화문(국토교통부장관이 정하는 기준에 적합한 자동방화셔터를 포함)으로 구획되어 있는 경우
④ 자동차 생산공장 등 화재 위험이 낮은 특정소방대상물에 캐노피(3면 이상에 벽이 없는 구조의 캐노피)를 설치하는 경우

해설 제17조(특정소방대상물의 증축 또는 용도변경 시의 소방시설기준 적용의 특례) 제2항
특정소방대상물 전체에 대하여 용도변경 전에 해당 특정소방대상물에 적용되던 소방시설의 설치에 관한 대통령령 또는 화재안전기술기준을 적용하는 경우
1) 특정소방대상물의 구조·설비가 화재연소 확대 요인이 적어지거나 피난 또는 화재진압활동이 쉬워지도록 변경되는 경우
2) 문화 및 집회시설 중 공연장·집회장·관람장, 판매시설, 운수시설, 창고시설 중 물류터미널이 불특정 다수인이 이용하는 것이 아닌 일정한 근무자가 이용하는 용도로 변경되는 경우
3) **용도변경으로 인하여 천장·바닥·벽 등에 고정되어 있는 가연성 물질의 양이 줄어드는 경우**
4) 다중이용업소, 문화 및 집회시설, 종교시설, 판매시설, 운수시설, 의료시설, 노유자시설, 수련시설, 운동시설, 숙박시설, 위락시설, 창고시설 중 물류터미널, 위험물 저장 및 처리 시설 중 가스시설, 장례식장이 각각 이 호에 규정된 시설 외의 용도로 변경되는 경우

정답 42. ③ 43. ② 44. ①

45 소방청장, 소방본부장 또는 소방서장이 소방특별조사 조치명령서를 해당 소방대상물의 관계인에게 발급하는 경우가 아닌 것은?

① 소방대상물의 신축
② 소방대상물의 개수
③ 소방대상물의 이전
④ 소방대상물의 제거

해설 제2조(소방특별조사에 따른 조치명령 등의 절차) 소방청장, 소방본부장 또는 소방서장은 소방대상물의 **개수(改修)·이전·제거**, 사용의 금지 또는 제한, 사용폐쇄, 공사의 정지 또는 중지, 그 밖의 필요한 조치를 명할 때에는 소방특별조사 조치명령서를 해당 소방대상물의 관계인에게 발급하고, 소방특별조사 조치명령대장에 이를 기록하여 관리하여야 한다.

46 관계인이 예방규정을 정하여야 하는 제조소 등의 기준이 아닌 것은?

① 지정수량의 10배 이상의 위험물을 취급하는 제조소
② 지정수량의 50배 이상의 위험물을 저장하는 옥외저장소
③ 지정수량의 150배 이상의 위험물을 저장하는 옥내저장소
④ 지정수량의 200배 이상의 위험물을 저장하는 옥외탱크저장소

해설 관련법 : 위험물안전관리법 시행령 제15조 (관계인이 예방규정을 정하여야 하는 제조소 등)

배수	배수 없음	10배 이상	100배 이상	150배 이상	200배 이상
제조·저장·취급소	• 이송취급소 • 암반탱크저장소	• 제조소 • 일반취급소	**옥외저장소**	옥내저장소	옥외탱크저장소

47 화재예방, 소방시설 설치·유지 및 안전관리에 관한 법률상 특정소방대상물 중 오피스텔이 해당하는 것은?

① 숙박시설
② 업무시설
③ 공동주택
④ 근린생활시설

해설 오피스텔은 업무시설이다.

48 성능위주설계를 실시하여야 하는 특정소방대상물의 범위 기준으로 틀린 것은?

① 연면적 200,000m² 이상인 특정소방대상물(아파트등은 제외)
② 지하층을 포함한 층수가 30층 이상인 특정소방대상물(아파트등은 제외)
③ 건축물의 높이가 100m 이상인 특정소방대상물(아파트등은 제외)
④ 하나의 건축물에 영화상영관이 5개 이상인 특정소방대상물

해설 성능위주설계를 하여야 하는 특정소방대상물의 범위
1) 연면적 20만제곱미터 이상인 특정소방대상물. 다만, 공동주택 중 주택으로 쓰이는 층수가 5층 이상인 주택(이하 이 조에서 "아파트등"이라 한다)은 제외한다.
2) 다음 각 목의 어느 하나에 해당하는 특정소방대상물. 다만, 아파트등은 제외한다.
  가. 건축물의 높이가 100미터 이상인 특정소방대상물
  나. 지하층을 포함한 층수가 30층 이상인 특정소방대상물
3) 연면적 3만제곱미터 이상인 특정소방대상물로서 다음 각 목의 어느 하나에 해당하는 특정소방대상물
  가. 철도 및 도시철도 시설
  나. 공항시설
4) 하나의 건축물에 **영화상영관이 10개 이상**인 특정소방대상물

정답 45. ① 46. ② 47. ② 48. ④

49. 소방본부장 또는 소방서장은 건축허가등의 동의요구서류를 접수한 날부터 최대 며칠 이내에 건축허가등의 동의여부를 회신하여야 하는가? (단, 허가 신청한 건축물은 지상으로부터 높이가 200m인 아파트이다.)

① 5일   ② 7일
③ 10일   ④ 15일

해설 관련법 : 화재예방, 소방시설설치유지 및 안전관리에 관한 법률 시행규칙 제4조(건축허가 등의 동의 요구)
동의요구를 받은 소방본부장 또는 소방서장은 건축허가 등의 동의요구서류를 접수한 날부터 5일(특급 소방안전관리대상물에 해당하는 경우에는 10일) 이내에 건축허가 등의 동의여부를 회신하여야 한다.
※ 보충설명

특급 소방안전관리 대상물	1. 50층 이상(지하층은 제외)이거나 지상으로부터 높이가 200미터 이상인 아파트 2. 30층 이상(지하층을 포함한다)이거나 지상으로부터 높이가 120미터 이상인 특정소방대상물(아파트는 제외) 3. 연면적이 20만제곱미터 이상인 특정소방대상물(아파트는 제외)

50. 지정수량 미만인 위험물의 저장 또는 취급에 관한 기술상의 기준은 무엇으로 정하는가?

① 대통령령
② 행정안전부령
③ 소방청장령
④ 시·도의 조례

해설 관련법 : 위험물안전관리법 제4조(지정수량 미만인 위험물의 저장·취급)
지정수량 미만인 위험물의 저장 또는 취급에 관한 기술상의 기준 : 시·도의 조례

51. 옥내저장소의 위치·구조 및 설비의 기준 중 지정수량의 몇 배 이상의 저장창고(제6류 위험물의 저장창고 제외)에 피뢰침을 설치해야 하는가? (단, 저장창고 주위의 상황이 안전상 지장이 없는 경우는 제외한다.)

① 10배   ② 20배
③ 30배   ④ 40배

해설 지정수량 10배 이상의 위험물을 취급하는 제조소에는 피뢰설비(피뢰침)을 설치하여야 한다.(제6류 위험물은 제외)

52. 소방용수시설 급수탑 개폐밸브의 설치기준으로 옳은 것은?

① 지상에서 1.0m 이상 1.5m 이하
② 지상에서 1.5m 이상 1.7m 이하
③ 지상에서 1.2m 이상 1.8m 이하
④ 지상에서 1.5m 이상 2.0m 이하

해설 관련법 : 소방기본법 소방용수시설별 설치기준
1) 소화전 연결금속구의 구경 : 65mm
2) 급수탑 설치기준
    ① 급수배관의 구경 : 100mm이상
    ② 개폐밸브 : 지상에서 1.5~1.7m 이하
3) 저수조 설치기준
    ① 지면으로부터 낙차가 4.5m 이하
    ② 흡수부분의 수심 : 0.5m 이상

53. 출동한 소방대의 화재진압 및 인명구조·구급 등 소방 활동 방해에 따른 벌칙이 5년 이하의 징역 또는 5000만원 이하의 벌금에 처하는 행위가 아닌 것은?

① 위력을 사용하여 출동한 소방대의 구급활동을 방해하는 행위
② 화재진압을 마치고 소방서로 복귀 중인 소방자동차의 통행을 고의로 방해하는 행위

정답 49. ③   50. ④   51. ①   52. ②   53. ②

③ 출동한 소방대원에게 협박을 행사하여 구급활동을 방해하는 행위
④ 출동한 소방대의 소방장비를 파손하거나 그 효용을 해하여 구급활동을 방해하는 행위

해설 관련법 : 소방기본법 제50조(벌칙)
1) 출동한 소방대의 화재진압 및 인명구조·구급 등 소방 활동 방해를 한 사람은 5년 이하의 징역 또는 5000만원 이하의 벌금에 처한다.
① 위력(威力)을 사용하여 출동한 소방대의 화재진압·인명구조 또는 구급활동을 방해하는 행위
② 소방대가 화재진압·인명구조 또는 구급활동을 위하여 현장에 출동하거나 현장에 출입하는 것을 고의로 방해하는 행위
③ 출동한 소방대원에게 폭행 또는 협박을 행사하여 화재진압·인명구조 또는 구급활동을 방해하는 행위
④ 출동한 소방대의 소방장비를 파손하거나 그 효용을 해하여 화재진압·인명구조 또는 구급활동을 방해하는 행위
2) 소방자동차가 화재진압 및 구조·구급 활동을 위하여 출동을 한 때 소방자동차의 출동을 방해한 사람은 5년 이하의 징역 또는 5천만원 이하의 벌금

54 ★★★ 출제년도【17.】
대통령령 또는 화재안전기술기준이 변경되어 그 기준이 강화되는 경우에 기존 특정소방대상물의 소방시설에 대하여 변경으로 강화된 기준을 적용하여야 하는 소방시설은?
① 비상경보설비 ② 비상콘센트설비
③ 비상방송설비 ④ 옥내소화전설비

해설 관련법 : 화재예방, 소방시설 설치·유지 및 안전관리에 관한 법률
제11조(소방시설기준 적용의 특례) 강화된 기준 적용
① 다음 소방시설 중 대통령령으로 정하는 것
  가. 소화기구
  나. **비상경보설비**
  다. **자동화재속보설비**
  라. **피난구조설비**
② 다음 각 목의 지하구에 설치하여야 하는 소방시설
  가. 공동구
  나. 전력 또는 통신사업용 지하구

③ 노유자(老幼者)시설, 의료시설

노유자시설	간이스프링클러설비, 자동화재탐지설비 및 단독경보형감지기
의료시설	스프링클러설비, 간이스프링클러설비, 자동화재탐지설비 및 자동화재속보설비

55 ★★★ 출제년도【17.】
소방특별조사의 연기를 신청하려는 자는 소방특별조사 시작 며칠 전까지 소방청장, 소방본부장 또는 소방서장에게 소방특별조사 연기신청서에 증명서류를 첨부하여 제출해야 하는가? (단, 천재지변 및 그 밖에 대통령령으로 정하는 사유로 소방특별조사를 받기 곤란한 경우이다.)
① 3 ② 5
③ 7 ④ 10

해설 제1조의2(소방특별조사의 연기신청 등)
소방특별조사의 연기를 신청하려는 자는 소방특별조사 시작 **3일** 전까지 소방특별조사 연기신청서(전자문서로 된 신청서를 포함)에 소방특별조사를 받기가 곤란함을 증명할 수 있는 서류(전자문서로 된 서류를 포함)를 첨부하여 **소방청장, 소방본부장** 또는 **소방서장**에게 제출하여야 한다.

56 ★★ 출제년도【17.】
행정안전부령으로 정하는 고급감리원 이상의 소방공사감리원의 소방시설공사 배치 현장기준으로 옳은 것은?
① 연면적 5,000m² 이상 30,000m² 미만인 특정소방대상물의 공사 현장
② 연면적 30,000m² 이상 200,000m² 미만인 아파트의 공사 현장
③ 연면적 30,000m² 이상 200,000m² 미만인 특정소방대상물(아파트 제외)의 공사 현장
④ 연면적 200,000m² 이상인 특정소방대상물의 공사 현장

정답 54. ① 55. ① 56. ②

해설 소방공사감리원 배치기준

감리원의 배치기준		소방시설공사 현장의 기준
책임감리원	보조감리원	
고급감리원 이상의 소방공사 감리원 (기계분야 및 전기분야)	초급감리원 이상의 소방공사 감리원 (기계분야 및 전기분야)	① 물분무등소화설비(호스릴 방식의 소화설비는 제외한다) 또는 제연설비가 설치되는 특정소방대상물의 공사 현장 ② 연면적 3만제곱미터 이상 20만제곱미터 미만인 아파트의 공사 현장

해설 완공검사를 위한 현장확인 대상
1. 문화 및 집회시설, 종교시설, 판매시설, 노유자(老幼者)시설, 수련시설, 운동시설, 숙박시설, 창고시설, 지하상가 및 다중이용업소
2. 가스계(이산화탄소·할로겐화합물·청정소화약제)소화설비(호스릴소화설비는 제외)가 설치되는 것
3. 연면적 1만제곱미터 이상이거나 11층 이상인 특정소방대상물(아파트는 제외)
4. 가연성가스를 제조·저장 또는 취급하는 시설 중 지상에 노출된 가연성가스탱크의 저장용량 합계가 1천톤 이상인 시설

57 ★★★ 출제년도【17.】
시장지역에서 화재로 오인할 만한 우려가 있는 불을 피우거나 연막소독을 하려는 자가 소방본부장 또는 소방서장에게 신고를 하지 아니하여 소방자동차를 출동하게 한 자에 대한 과태료 부과금액 기준으로 옳은 것은?

① 20만원 이하 ② 50만원 이하
③ 100만원 이하 ④ 200만원 이하

해설 관련법 : 소방기본법 제57조(벌칙)

20만원 이하의 과태료	① 화재로 오인할 만한 우려가 있는 불을 피우거나 연막(煙幕) 소독을 하려는 자가 신고를 하지 아니하여 **소방자동차를 출동**하게 한 자 ② **소방본부장 또는 소방서장**이 부과·징수

58 ★★★ 출제년도【17.】
대통령령으로 정하는 특정소방대상물 소방시설공사의 완공검사를 위하여 소방본부장이나 소방서장의 현장확인 대상 범위가 아닌 것은?

① 문화 및 집회시설
② 수계 소화설비가 설치되는 것
③ 연면적 10000m² 이상이거나 11층 이상인 특정소방대상물(아파트는 제외)
④ 가연성가스를 제조·저장 또는 취급하는 시설 중 지상에 노출된 가연성가스탱크의 저장용량 합계가 1000톤 이상인 시설

59 ★★★ 출제년도【17. 18.】
우수품질인증을 받지 아니한 제품에 우수품질인증 표시를 하거나 우수품질인증 표시를 위조 또는 변조하여 사용한 자에 대한 벌칙 기준은?

① 100만원 이하의 벌금
② 200만원 이하의 벌금
③ 1000만원 이하의 벌금
④ 500만원 이하의 벌금

해설 관련법 : 화재예방, 소방시설 설치유지 및 안전관리에 관한 법률 제50조(벌칙)

1년 이하의 징역 또는 1,000만원 이하의 벌금	우수품질인증을 받지 아니한 제품에 우수품질인증 표시를 하거나 우수품질인증 표시를 위조하거나 변조하여 사용한 자

60 ★★★ 출제년도【17.】
소방시설기준 적용의 특례 중 특정소방대상물의 관계인이 소방시설을 갖추어야 함에도 불구하고 관련 소방시설을 설치하지 아니할 수 있는 소방시설의 범위로 옳은 것은?
(단, 화재 위험도가 낮은 특정소방대상물로서 석재, 불연성금속, 불연성 건축재료 등의 가공공장·기계조립공장·주물공장 또는 불연성 물품을 저장하는 창고이다.)

정답 57. ① 58. ② 59. ③ 60. ①

① 옥외소화전 및 연결살수설비
② 연결송수관설비 및 연결살수설비
③ 자동화재탐지설비, 상수도소화용수설비 및 연결살수설비
④ 스프링클러설비, 상수도소화용수설비 및 연결살수설비

해설

구분	특정소방대상물	소방시설
화재 위험도가 낮은 특정소방 대상물	석재, 불연성금속, 불연성 건축재료 등의 **가공공장·기계 조립공장·주물공장 또는 불연성 물품**을 저장하는 창고	옥외소화전 및 연결살수설비
	소방대(消防隊)가 조직되어 24시간 근무하고 있는 청사 및 차고	옥내소화전설비, 스프링클러설비, 물분무등소화설비, 비상방송설비, 피난기구, 소화용수설비, 연결송수관설비, 연결살수설비

4과목 소방전기설비의 구조 및 원리

61 ★★ 출제년도【17.】
전기사업자로부터 저압으로 수전하는 경우 비상전원설비로 옳은 것은?

① 방화구획형
② 전용배전반(1·2종)
③ 큐비클형
④ 옥외개방형

해설 소방시설용비상전원수전설비의 화재안전기술기준
1) 저압으로 수전하는 경우 : 전용배전반(1·2종), 전용분전반(1·2종) 또는 공용분전반(1·2종)
2) 고압으로 수전하는 경우 : 방화구획형, 옥외개방형, 큐비클형

62 ★★ 출제년도【17.】
광원점등방식 피난유도선의 설치기준 중 틀린 것은?

① 피난유도 표시부는 50cm 이내의 간격으로 연속되도록 설치하되 실내장식물 등으로 설치가 곤란할 경우 2m 이내로 설치할 것
② 피난유도 표시부는 바닥으로부터 높이 1m 이하의 위치 또는 바닥 면에 설치할 것
③ 피난유도 제어부는 조작 및 관리가 용이하도록 바닥으로부터 0.8m 이상 1.5m 이하의 높이에 설치할 것
④ 구획된 각 실로부터 주출입구 또는 비상구까지 설치할 것

해설 광원점등방식의 피난유도선 기준
1) 구획된 각 실로부터 주출입구 또는 비상구까지 설치
2) 피난유도 표시부는 바닥으로부터 **높이 1m 이하**의 위치 또는 바닥 면에 설치
3) 피난유도 표시부는 **50cm 이내**의 간격으로 연속되도록 설치하되 실내장식물 등으로 설치가 곤란할 경우 **1m** 이내
4) 피난유도 제어부는 조작 및 관리가 용이하도록 바닥으로부터 **0.8m 이상 1.5m 이하**의 높이에 설치

63 ★★★ 출제년도【17.】
무선통신보조설비의 설치제외 기준 중 다음 ( ) 안에 알맞은 것으로 연결된 것은?

지하층으로서 특정소방대상물의 바닥부분 (㉠)면 이상이 지표면과 동일하거나 지표면으로부터의 깊이가 (㉡)m 이하인 경우에는 해당층에 한하여 무선통신보조설비를 설치하지 아니할 수 있다.

① ㉠ 2, ㉡ 1
② ㉠ 2, ㉡ 2
③ ㉠ 3, ㉡ 1
④ ㉠ 3, ㉡ 2

정답 61. ② 62. ① 63. ①

해설 지하층으로서 특정소방대상물의 바닥부분 **2면 이상**이 지표면과 동일하거나 지표면으로부터의 깊이가 **1m 이하**인 경우에는 해당층에 한하여 무선통신보조설비를 설치하지 아니할 수 있다.

64. 비상방송설비의 배선의 설치기준 중 부속회로의 전로와 대지 사이 및 배선상호간의 절연저항은 1경계구역마다 직류 250V의 절연저항측정기를 사용하여 측정한 절연저항이 몇 MΩ 이상이 되도록 해야 하는가?

① 0.1 ② 0.2
③ 10 ④ 20

해설 부속회로의 전로와 대지 사이 및 배선 상호간의 절연저항은 1경계구역마다 직류 250 [V]의 절연저항측정기로 측정할 때 **0.1[MΩ] 이상**으로 한다.

65. 무선통신보조설비의 증폭기 전면에 주회로의 전원이 정상 인지의 여부를 표시할 수 있도록 설치하는 것으로 옳은 것은?

① 전력계 및 전류계
② 전류계 및 전압계
③ 표시등 및 전압계
④ 표시등 및 전력계

해설 무선통신보조설비의 증폭기 전면에는 주회로의 전원이 정상인지의 여부를 표시할 수 있는 **표시등 및 전압계**를 설치한다.

66. 각 설비와 비상전원의 최소용량 연결이 틀린 것은?

① 비상콘센트설비 – 20분 이상
② 제연설비 – 20분 이상
③ 비상경보설비 – 20분 이상
④ 무선통신보조설비의 증폭기 – 30분 이상

해설

설비의 종류	비상전원용량
• 자동화재탐지설비 • 비상경보설비 • 자동화재속보설비	60분간 감시상태 지속 후 10분 이상 경보

67. 비상방송설비의 음향장치의 설치기준 중 다음 ( ) 안에 알맞은 것으로 연결된 것은?

> 층수가 5층 이상으로서 연면적이 3000m²를 초과하는 특정소방대상물의 (㉠) 이상의 층에서 발화한 때에는 발화층 및 그 직상층에, (㉡)에서 발화한 때에는 발화층·그 직상층 및 지하층에, (㉢)에서 발화한 때에는 발화층·그 직상층 및 기타의 지하층에 경보를 발할 것

① ㉠ 2층, ㉡ 1층, ㉢ 지하층
② ㉠ 1층, ㉡ 2층, ㉢ 지하층
③ ㉠ 2층, ㉡ 지하층, ㉢ 1층
④ ㉠ 2층, ㉡ 1층, ㉢ 모든층

해설 발화층 및 그 직상층 우선경보방식
1) 대상 : 층수가 5층 이상으로서 연면적이 3,000m²를 초과하는 특정소방대상물
2) 경보방식

발화층	경보방식
2층 이상의 층	발화층 및 그 직상층
1층에서 발화	발화층·그 직상층 및 지하층
지하층에서 발화	발화층·그 직상층 및 기타의 지하층

정답 64. ① 65. ③ 66. ③ 67. ①

68. 감지기의 설치기준 중 옳은 것은?

① 보상식 스포트형 감지기는 정온점이 감지기 주위의 평상 시 최고 온도보다 20℃ 이상 높은 것으로 설치할 것
② 정온식 감지기는 주방·보일러실 등으로서 다량의 화기를 취급하는 장소에 설치하되, 공칭작동온도가 최고주위온도보다 30℃ 이상 높은 것으로 설치할 것
③ 스포트형 감지기는 15° 이상 경사되지 아니하도록 부착할 것
④ 공기관식 차동식분포형 감지기의 검출부는 45° 이상 경사되지 아니하도록 부착할 것

해설 보기설명
1) 정온식 감지기는 주방·보일러실 등으로서 다량의 화기를 취급하는 장소에 설치하되, 공칭작동온도가 최고주위온도보다 **20℃ 이상** 높은 것으로 설치할 것
2) 스포트형 감지기는 **45도 이상** 경사되지 아니하도록 부착할 것
3) 감지기는 천장 또는 반자의 옥내에 면하는 부분에 설치할 것
4) 공기관식 차동식분포형 감지기의 검출부는 **5° 이상** 경사되지 아니하도록 부착할 것

69. 주요구조부를 내화구조로 한 특정소방대상물의 바닥면적이 370m²인 부분에 설치해야 하는 감지기의 최소 수량은? (단, 감지기 부착높이는 바닥으로부터 4.5m이고, 보상식 스포트형 1종을 설치한다.)

① 6개
② 7개
③ 8개
④ 9개

해설 부착 높이 및 특정소방대상물에 따라 다음 표에 따른 바닥면적(m²)마다 1개 이상을 설치할 것

부착높이 및 특정소방대상물의 구분		감지기의 종류						
		차동식 스포트형		보상식 스포트형		정온식 스포트형		
		1종	2종	1종	2종	특종	1종	2종
4m 미만	주요구조부를 내화구조로 한 특정 소방대상물 또는 그 부분	90	70	90	70	70	60	20
	기타 구조의 특정 소방대상물 또는 그 부분	50	40	50	40	40	30	15
4m 이상 8m 미만	주요구조부를 **내화구조**로 한 특정소방대상물 또는 그 부분	45	35	**45**	35	35	30	–
	기타 구조의 특정 소방대상물 또는 그 부분	30	25	30	25	25	15	–

보상식스포트형 1종 감지기의 수량 = 370m² / 45m² = 8.22 = 9개

70. 자동화재탐지설비의 경계구역 설정 기준으로 옳은 것은?

① 하나의 경계구역이 3개 이상의 건축물에 미치지 아니하도록 하여야 한다.
② 하나의 경계구역의 면적은 500m² 이하로 하고 한 변의 길이는 60m 이하로 하여야 한다.
③ 지하구의 경우 하나의 경계구역의 길이는 700m 이하로 하여야 한다.
④ 특정소방대상물의 주된 출입구에서 그 내부 전체가 보이는 것에 있어서는 한 변의 길이가 100m의 범위 내에서 1500m² 이하로 할 수 있다.

해설 경계구역
1) 하나의 경계구역이 **2개 이상**의 건축물에 미치지 아니하도록 할 것
2) 하나의 경계구역의 면적은 **600[m²] 이하**로 하고 한 변의 길이는 **50[m] 이하**로 한다. 다만, 해당 특정소방대상물의 주된 출입구에서 그 내부 전체가

정답 68. ① 69. ④ 70. ③

보이는 것에 있어서는 한변의 길이가 50[m]의 범위 내에서 1,000[m²] 이하로 할 수 있다.
3) 지하구에 있어서 하나의 경계구역의 길이는 700[m] 이하로 할 것 (2021.1.15. 삭제되어 현재 기준에는 맞지 않습니다)

해설 자동화재속보설비 속보기의 기능
속보기는 연동 또는 수동 작동에 의한 다이얼링 후 소방관서와 전화접속이 이루어지지 않는 경우에는 최초 다이얼링을 포함하여 **10회 이상** 반복적으로 접속을 위한 다이얼링이 이루어져야 한다. 이 경우 매회 다이얼링 완료 후 호출은 30초 이상 지속되어야 한다.

71 ★★★ 출제년도【17.】
감지기의 부착면과 실내 바닥과의 거리가 2.3m 이하인 곳으로서 일시적으로 발생한 열·연기 또는 먼지 등으로 인하여 화재신호를 발신할 우려가 있는 장소에 적응성이 있는 감지기가 아닌 것은?

① 불꽃감지기
② 축적방식의 감지기
③ 정온식 감지선형 감지기
④ 광전식 스포트형 감지기

해설 감지기의 부착면과 실내 바닥과의 거리가 2.3m 이하인 곳으로서 일시적으로 발생한 열·연기 또는 먼지 등으로 인하여 화재신호를 발신할 우려가 있는 장소에 적응성이 있는 감지기
① 불꽃감지기
② 정온식감지선형감지기
③ 분포형감지기
④ 복합형감지기
⑤ 광전식분리형감지기
⑥ 아날로그방식의 감지기
⑦ 다신호방식의 감지기
⑧ 축적방식의 감지기

73 ★★★ 출제년도【17.】
특정소방대상물의 그 부분에서 피난층에 이르는 부분의 비상조명등을 60분 이상 유효하게 작동시킬 수 있는 용량으로 하여야 하는 경우가 아닌 것은?

① 지하층을 제외한 층수가 11층 이상의 층
② 지하층 또는 무창층으로서 용도가 도매시장·소매시장
③ 지하층 또는 무창층으로서 용도가 여객자동차터미널·지하역사 또는 지하상가
④ 지하가 중 터널로서 길이 500m 이상

해설 지하가 중 터널로서 길이 500m 이상은 비상경보설비 설치대상이다.
① 비상조명등을 60분 이상 유효하게 작동시킬 수 있는 용량
② 지하층을 제외한 층수가 11층 이상의 층
③ 지하층 또는 무창층으로서 용도가 도매시장·소매시장·여객자동차터미널·지하역사 또는 지하상가

74 출제년도【17.】
피난기구의 설치개수 기준 중 틀린 것은?

① 설치한 피난기구 외에 공동주택의 경우에는 하나의 관리주체가 관리하는 공동주택 구역마다 공기안전매트 1개 이상을 추가로 설치할 것
② 휴양콘도미니엄을 제외한 숙박시설의 경우에는 추가로 객실마다 완강기 또는 1개 이상의 간이완강기를 설치할 것
③ 층마다 설치하되, 숙박시설·노유자시설 및 의료시설로 사용되는 층에 있어서

72 ★★★ 출제년도【17.】
자동화재속보설비의 속보기는 연동 또는 수동 작동에 의한 다이얼링 후 소방관서와 전화접속이 이루어지지 않는 경우에는 최초 다이얼링을 포함하여 몇 회 이상 반복적으로 접속을 위한 다이얼링이 이루어져야 하는가? (단, 이 경우 매회 다이얼링 완료 후 호출은 30초 이상 지속한다.)

① 3회　　② 5회
③ 10회　　④ 20회

정답 71. ④　72. ③　73. ④　74. ②

는 그 층의 바닥면적 500m²마다 1개 이상 설치할 것
④ 층마다 설치하되, 위락시설·문화집회 및 운동시설·판매시설로 사용되는 층 또는 복합용도의 층에 있어서는 그 층의 바닥면적 800m²마다 1개 이상 설치할 것

해설 피난기구의 설치개수
① 층마다 설치하되, 숙박시설·노유자시설 및 의료시설로 사용되는 층에 있어서는 그 층의 바닥면적 500m²마다, 위락시설·문화 및 집회시설·운동시설·판매시설로 사용되는 층 또는 복합용도의 층에 있어서는 그 층의 바닥면적 800m² 마다, 계단실형 아파트에 있어서는 각 세대마다. 그 밖의 용도의 층에 있어서는 그 층의 바닥면적 1,000m²마다 1개 이상 설치
② 숙박시설(휴양콘도미니엄을 제외한다)의 경우에는 추가로 객실마다 **완강기 또는 둘 이상의 간이완강기**를 설치할 것
③ 공동주택의 경우에는 하나의 관리주체가 관리하는 공동주택 구역마다 공기안전매트 1개 이상을 추가로 설치할 것.

---

75 출제년도【17.】
경사강하식 구조대의 구조 기준 중 틀린 것은?

① 손잡이는 출구 부근에 좌우 각 3개 이상 균일한 간격으로 견고하게 부착하여야 한다.
② 입구틀 및 취부틀의 입구는 지름 30cm 이상의 구체가 통과할 수 있어야 한다.
③ 구조대 본체의 활강부는 낙하방지를 위해 포를 2중 구조로 하거나 또는 망목의 변의 길이가 8cm 이하인 망을 설치하여야 한다.
④ 구조대본체의 끝부분에는 길이 4m 이상, 지름 4mm 이상의 유도선을 부착하여야 하며, 유도선 끝에는 중량 3N(300g) 이상의 모래 주머니 등을 설치하여야 한다.

해설 구조대의 형식승인 및 제품검사의 기술기준 제3조 (구조) 제2호 입구틀 및 취부틀의 입구는 지름 **50cm 이상**의 구체가 통과 할 수 있어야 한다.

---

76 ★★★ 출제년도【17.】
휴대용비상조명등의 설치기준 중 틀린 것은?

① 영화상영관에는 보행거리 50m 이내마다 3개 이상 설치할 것
② 지하상가 및 지하역사에는 보행거리 30m 이내마다 3개 이상 설치할 것
③ 숙박시설 또는 다중이용업소에는 객실 또는 영업장안의 구획된 실마다 잘 보이는 곳에 1개 이상 설치할 것
④ 건전지 및 충전식 밧데리의 용량은 20분 이상 유효하게 사용할 수 있는 것으로 할 것

해설 휴대용비상조명등의 설치기준
① 숙박시설 또는 다중이용업소에는 객실 또는 영업장안의 구획된 실마다 잘 보이는 곳(외부에 설치 시 출입문 손잡이로부터 1[m] 이내 부분)에 1개 이상 설치
② 대규모 점포 및 영화상영관에는 보행거리 50[m] 이내 마다 3개 이상 설치
③ **지하상가 및 지하역사에는 보행거리 25[m] 이내 마다 3개 이상 설치**
④ 설치높이는 바닥으로부터 0.8[m] 이상 1.5[m] 이하의 높이에 설치할 것

---

77 ★★★ 출제년도【17.】
피난구유도등의 설치제외 기준 중 틀린 것은?

① 거실 각 부분으로부터 하나의 출입구에 이르는 보행거리가 20m 이하이고 비상조명등과 유도표지가 설치된 거실의 출입구
② 바닥면적이 500m² 미만인 층으로서 옥내로부터 직접 지상으로 통하는 출입구(외

정답 75. ② 76. ② 77. ②

부의 식별이 용이하지 않은 경우에 한함)
③ 출입구가 3 이상 있는 거실로서 그 거실 각 부분으로부터 하나의 출입구에 이르는 보행거리가 30m 이하인 경우에는 주된 출입구 2개소외의 출입구(유도표지가 부착된 출입구)
④ 대각선 길이가 15m 이내인 구획된 실의 출입구

해설 피난구유도등 설치제외
① 바닥면적이 **1,000[m²] 미만**인 층으로서 옥내로부터 직접 지상으로 통하는 출입구(외부의 식별이 용이한 경우에 한한다)
② 대각선 길이가 15m 이내인 구획된 실의 출입구 〈시행 2021.7.8.〉
③ 거실 각 부분으로부터 하나의 출입구에 이르는 보행거리가 20[m] 이하이고 비상조명등과 유도표지가 설치된 거실의 출입구
④ 출입구가 3 이상 있는 거실로서 그 거실 각 부분으로부터 하나의 출입구에 이르는 보행거리가 30m 이하인 경우에는 주된 출입구 2개소 외의 출입구(유도표지가 부착된 출입구를 말한다. 다만, 공연장·집회장·관람장·전시장·판매시설 및 영업시설·숙박시설·노유자시설·의료시설의 경우에는 그러하지 아니하다.

---

78 ★★ 출제년도 【17.】
비상콘센트의 배치기준 중 바닥면적이 1000 m² 미만인 층은 계단의 출입구로부터 몇 m 이내에 설치하여야 하는가?

① 1.5 ② 5
③ 7   ④ 10

해설 비상콘센트의 배치
① 아파트 또는 바닥면적이 1,000[m²] 미만인 층에 있어서는 계단의 출입구(계단의 부속실을 포함하며 계단이 2 이상 있는 경우에는 그중 1개의 계단을 말한다)로부터 **5[m] 이내**에 설치
② 바닥면적 1,000[m²] 이상인 층(아파트를 제외한다)에 있어서는 각 계단의 출입구 또는 계단부속실의 출입구(계단의 부속실을 포함하며 계단이 3 이상 있는 층의 경우에는 그중 2개의 계단을 말한다)로부터 5[m] 이내에 설치

---

79 ★★★ 출제년도 【17.】
비상콘센트설비의 전원회로의 설치기준 중 틀린 것은?

① 비상콘센트용의 풀박스 등은 방청도장을 한 것으로서, 두께 1.6mm 이상의 철판으로 할 것
② 하나의 전용회로에 설치하는 비상콘센트는 10개 이하로 할 것
③ 콘센트마다 배선용 차단기(KS C 8321)를 설치하여야 하며, 충전부가 노출되지 아니하도록 할 것
④ 전원회로는 단상교류 220V인 것으로서, 그 공급용량은 3kVA 이상인 것으로 할 것

해설 비상콘센트 설비의 전원회로 기준
① 전원회로는 단상 교류 : 220 [V], **공급용량 1.5 [kVA] 이상**
② 하나의 전용회로에 설치하는 비상콘센트는 10개 이하로 할 것. 이 경우 전선의 용량은 각 비상콘센트(비상콘센트가 3개 이상인 경우에는 3개)의 공급용량을 합한 용량 이상의 것

---

80 ★ 출제년도 【17.】
5~10회로까지 사용할 수 있는 누전경보기의 집합형 수신기 내부결선도에서 그 구성요소가 아닌 것은?

① 제어부
② 조작부
③ 증폭부
④ 도통시험 및 동작시험부

해설 집합형 누전경보기의 수신부
① 정의 : 2개이상의 변류기를 연결하여 사용하는 수신부로서 하나의 전원장치 및 음향장치 등으로 구성된 것을 말한다.
② 구성요소 : 제어부, 증폭부, 도통시험 및 동작시험부, 전원부, 회로접합부, 자동입력절환부

정답 78. ② 79. ④ 80. ②

2회 2017년 소방설비기사

1과목 소방원론

01 ★★★ 출제년도 [17.]
화재 시 이산화탄소를 사용하여 화재를 진압 하려고 할 때 산소의 농도를 13vol%로 낮추어 화재를 진압하려면 공기 중 이산화탄소의 농도는 약 몇 vol.%가 되어야 하는가?

① 18.1 ② 28.1
③ 38.1 ④ 48.1

해설 $CO_2 = \dfrac{21-13}{21} \times 100(\%) = 38.095 = 38.1(\%)$

이산화탄소의 농도
$CO_2 = \dfrac{21-O_2}{21} \times 100(\%)$
여기에서, O_2 : 산소의 농도(%)

02 ★★★ 출제년도 [17. 22.]
건물화재의 표준시간-온도곡선에서 화재 발생 후 1시간이 경과할 경우 내부온도는 약 몇 ℃ 정도 되는가?

① 225 ② 625
③ 840 ④ 925

해설 표준시간-온도곡선 상 내화시간

시간	30분	1시간	2시간	3시간
온도(℃)	840	925	1,010	1,050

03 ★★★ 출제년도 [17.]
프로판 50vol%, 부탄 40vol%, 프로필렌 10vol%로 된 혼합가스의 폭발하한계는 약 몇vol%인가?(단, 각 가스의 폭발하한계는 프로판은 2.2vol%, 부탄은 1.9vol%, 프로필렌은 2.4vol%이다.)

① 0.83 ② 2.09
③ 5.05 ④ 9.44

해설 폭발하한계(연소하한계)
$L = \dfrac{100}{\dfrac{V_1}{L_1} + \dfrac{V_2}{L_2} + \dfrac{V_3}{L_3}} = \dfrac{100}{\dfrac{50}{2.2} + \dfrac{40}{1.9} + \dfrac{10}{2.4}} = 2.09\%$

혼합가스의 연소범위(르샤틀리에 공식)

$$L = \dfrac{100}{\dfrac{V_1}{L_1} + \dfrac{V_2}{L_2} + \dfrac{V_3}{L_3} + \cdots}$$

(단, $V_1 + V_2 + V_3 + \cdots + V_n = 100$)
① L : 혼합가스의 연소하한계(%)
② $L_1, L_2, L_3, \cdots$: 각 성분의 연소하한계(%)
③ $V_1, V_2, V_3, \cdots$: 각 성분의 체적(%)

04 ★★★ 출제년도 [17.]
유류탱크 화재 시 발생하는 슬롭 오버(Slop over) 현상에 관한 설명으로 틀린 것은?

① 소화 시 외부에서 방사하는 포에 의해 발생한다.
② 연소유가 비산되어 탱크 외부까지 화재가 확산된다.
③ 탱크의 바닥에 고인 물의 비등 팽창에 의해 발생한다.
④ 연소면의 온도가 100℃ 이상일 때 물을 주수하면 발생한다.

해설 탱크의 바닥에 고인 물의 비등 팽창에 의해 발생하는 현상은 보일오버(Boil Over)이다.

정답 1. ③ 2. ④ 3. ② 4. ③

슬롭오버(Slop Over)
① 유류탱크 화재 시 기름 표면에 물을 살수하면 기름이 탱크 밖으로 비산하여 화재가 확대되는 현상
② 중질유와 같이 점성이 큰 유류에 화재가 발생하면 유류의 액 표면 온도가 물의 비점이상으로 올라가게 되는데 이때 소화용수가 뜨거운 액 표면에 유입되게 되면 물이 수증기로 변화면서 갑작스런 부피팽창에 의하여 유류가 탱크 외부로 분출하게 되는 현상

05 ★★ 출제년도【17.】
에테르, 케톤, 에스테르, 카르복실산, 아민 등과 같은 가연성인 수용성 용매에 유효한 포 소화약제는?

① 단백포 ② 수성막포
③ 불화단백포 ④ 내알콜포

해설 에테르, 케톤, 에스테르, 카르복실산, 아민 등과 같은 가연성의 수용성 액체는 내알콜포로 희석 소화하여야 한다.

06 ★★★ 출제년도【17.】
화재의 소화원리에 따른 소화방법의 적용으로 틀린 것은?

① 냉각소화 : 스프링클러설비
② 질식소화 : 이산화탄소 소화설비
③ 제거소화 : 포소화설비
④ 억제소화 : 할로겐화합물 소화설비

해설 포소화설비는 주된 소화작용이 질식소화이다.
소화약제에 따른 주요 소화방법

소화약제	주요 소화작용
물	냉각소화
이산화탄소 분말, 포	질식소화
할로겐화합물	억제소화(부촉매 소화)

07 ★★★ 출제년도【17. 22.】
동식물유류에서 "요오드값이 크다"라는 의미를 옳게 설명한 것은?

① 불포화도가 높다
② 불건성유이다.
③ 자연발화성이 낮다.
④ 산소와의 결합이 어렵다.

해설 ① 동식물유류 : 동물의 지육 등 또는 식물의 종자나 과육으로부터 추출한 것으로서 1기압에서 인화점이 섭씨 250도 미만인 것
② 요오드값 : 유지 100g당 포함되어 있는 요오드의 g 수
③ 요오드값이 클수록 불포화도가 높고, 자연발화가 쉬워진다.

08 ★★ 출제년도【17.】
다음 중 연소 시 아황산가스를 발생시키는 것은?

① 적린 ② 유황
③ 트리에틸알루미늄 ④ 황린

해설 보기설명
① 적린 : 제2류 위험물, 연소시 흰색의 오산화인(P_2O_5)을 발생
② 유황 : 제2류 위험물, 연소시 이산화황(또는 아황산가스 ; SO_2)를 발생
③ 트리에틸알루미늄 : 제3류 위험물, 물 또는 염산과 반응하여 에탄을 발생, 공기 중 자연발화의 가능성
④ 황린 : 제3류 위험물, 발화온도가 약 34℃, 연소시 오산화인(P_2O_5)을 발생

09 ★★★ 출제년도【17.】
탄화칼슘이 물과 반응할 때 발생되는 기체는?

① 일산화탄소 ② 아세틸렌
③ 황화수소 ④ 수소

해설 탄화칼슘(CaC_2) : 제3류 위험물, 물과 반응하여 아세틸렌(C_2H_2)을 발생
반응식 : $CaC_2 + 2H_2O \rightarrow Ca(OH)_2 + C_2H_2$

정답 5. ④ 6. ③ 7. ① 8. ② 9. ②

10 주성분이 인산염류인 제 3종 분말소화약제가 다른 분말소화약제와 다르게 A급 화재에 적용할 수 있는 이유는?

① 열분해 생성물이 CO_2가 열을 흡수하므로 냉각에 의하여 소화된다.
② 열분해 생성물인 수증기가 산소를 차단하여 탈수작용을 한다.
③ 열분해 생성물인 메타인산(HPO_3)이 산소의 차단 역할을 하므로 소화가 된다.
④ 열분해 생성물인 암모니아가 부촉매작용을 하므로 소화가 된다.

해설 제3종 분말이 A급 화재에 적용할 수 있는 이유는 열분해생성물인 메타인산(HPO_3)과 올토인산(H_2PO_4)이 발생하여 산소공급을 차단하는 역할을 하기 때문이다.

11 표면온도가 300℃에서 안전하게 작동하도록 설계된 히터의 표면온도가 360℃로 상승하면 300℃에 비하여 약 몇 배의 열을 방출할 수 있는가?

① 1.1배   ② 1.5배
③ 2.0배   ④ 2.5배

해설 복사열은 절대온도의 4승에 비례하므로

$$q \alpha T^4 = \frac{(360+273)^4}{(300+273)^4} = 1.49$$

(절대온도=℃+273)

12 화재를 소화하는 방법 중 물리적 방법에 의한 소화가 아닌 것은?

① 억제소화   ② 제거소화
③ 질식소화   ④ 냉각소화

해설

연소의 4요소	소화원리	소화방법	비고
가연물	가연물의 제거	제거소화	물리적 소화
산소	산소희석, 산소차단	질식소화	
점화원	연소점 이하로 냉각	냉각소화	
순조로운 연쇄반응	연쇄반응의 억제	억제소화 (부촉매 소화)	화학적 소화

13 위험물의 유별 성질이 자연발화성 및 금수성 물질은 몇 류 위험물인가?

① 제1류 위험물   ② 제2류 위험물
③ 제3류 위험물   ④ 제4류 위험물

해설 위험물의 유별 성질

구분	내용
제1류 위험물	산화성고체 (산소공급원)
제2류 위험물	가연성고체 (가연물)
제3류 위험물	**자연발화성 및 금수성 물질 (가연물)**
제4류 위험물	인화성액체 (가연물)
제5류 위험물	자기반응성물질 (가연물+산소공급원)
제6류 위험물	산화성액체 (산소공급원)

14 다음 중 열전도율이 가장 작은 것은?

① 알루미늄   ② 철재
③ 은   ④ 암면(광물섬유)

해설 열전도율 (W/m·k)

구분	알루미늄	철재	은	암면(광물섬유)
열전도율	1.95	0.79	4.12	0.037~0.038

※ 암면 : 단열재, 흡음재 및 방화재로 사용

15 건축물의 피난동선에 대한 설명으로 틀린 것은?

① 피난동선은 가급적 단순한 형태가 좋다.
② 피난동선은 가급적 상호 반대방향으로 다수의 출구와 연결되는 것이 좋다.

③ 피난동선은 수평동선과 수직동선으로 구분된다.
④ 피난동선은 복도, 계단을 제외한 엘리베이터와 같은 피난전용의 통행구조를 말한다.

해설 피난동선은 피난전용의 통행구조로서 복도, 엘리베이터, 통로 및 계단 등이 포함된다.
※ 피난동선의 구비조건
① 가급적 단순형태가 좋다.
② 어느 곳에서도 2개 이상의 방향으로 피난할 수 있어야 한다.
③ 피난동선의 말단은 화재로부터 안전한 장소이어야 한다.
④ 수평동선(복도)과 수직 동선(계단, 엘리베이터 등)으로 구분된다.
⑤ 피난동선은 가급적 상호 반대 방향으로 다수의 출구와 연결되는 것이 좋다.
⑥ 피난동선은 일상생활의 동선과 일치시킨다. 피난동선에는 비상의 통로, 계단을 이용하도록 한다.

16 ★★★ 출제년도 【12. 17.】
공기와 할론 1301의 혼합기체에 할론 1301에 비해 공기의 확산속도는 약 몇 배 인가? (단, 공기의 평균분자량은 29, 할론 1301의 분자량은 149이다.)
① 2.27배 ② 3.85배
③ 5.17배 ④ 6.46배

해설 그레이엄의 확산속도 법칙
$$\frac{V_A}{V_B} = \sqrt{\frac{M_B}{M_A}}$$
즉, 확산속도는 분자량 제곱근에 반비례 하므로
공기의 확산속도 = $\sqrt{\frac{149}{29}}$ × 할론 1301의 확산속도
= 2.27 × 할론 1301의 확산속도

17 ★ 출제년도 【17.】
내화구조의 기준 중 벽의 경우 벽돌조로서 두께가 최소 몇 cm이상이어야 하는가?
① 5   ② 10
③ 12 ④ 19

해설 내력벽의 내화구조 기준
① 철근콘크리트조 또는 철골철근콘크리트조로서 두께가 **10센티미터 이상**인 것
② 벽돌조로서 두께가 **19센티미터 이상**인 것
③ 고온·고압의 증기로 양생된 경량기포 콘크리트패널 또는 경량기포 콘크리트블록조로서 두께가 **10센티미터 이상**인 것

18 ★★★ 출제년도 【17.】
가연물이 연소가 잘 되기 위한 구비조건으로 틀린 것은?
① 열전도율이 클 것
② 산소와 화학적으로 친화력이 클 것
③ 표면적이 클 것
④ 활성화 에너지가 작을 것

해설 가연물의 구비조건
① **열전도율이 작을 것**
② 활성화 에너지가 작을 것
③ 발열량이 클 것
④ 열의 축척이 용이할 것
⑤ 가연물의 표면적이 커야 한다.(산소와의 접촉 면적이 클 것)

19 ★★ 출제년도 【17.】
질식소화 시 공기 중의 산소농도는 일반적으로 몇 vol% 이하로 하여야 하는가?
① 25 ② 21
③ 19 ④ 15

해설 질식소화법 : 공기 중의 산소농도(21[%])를 연소한계농도(15[%]) 이하로 떨어뜨려 소화하는 방법으로 일반적으로 10~15 [%] 이하로 하여 질식 소화한다.

20 ★★★ 출제년도 【12.17.】
다음 원소 중 수소와의 결합력이 가장 큰 것은?
① F   ② Cl
③ Br ④ I

정답 16. ① 17. ④ 18. ① 19. ④ 20. ①

해설 할로겐원소의 특성
① 수소와의 결합력은 전기음성도가 클수록 크며, 전기 음성도의 크기 : F > Cl > Br > I
② 소화능력 : F < Cl < Br < I 가 된다.

2과목 소방전기일반

21 ★★★ 출제년도【13.17.】

다음과 같은 회로에서 a-b간의 합성저항은 몇 Ω인가?

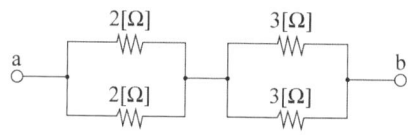

① 2.5
② 5
③ 7.5
④ 10

해설 합성저항 계산

$R_t = \dfrac{2 \times 2}{2+2} + \dfrac{3 \times 3}{3+3} = 2.5[\Omega]$

※ 별해
두 개의 동일한 저항을 병렬연결하면 하나일 때의 1/2배가 되므로,
합성저항 $R_0 = 2 \times \dfrac{1}{2} + 3 \times \dfrac{1}{2} = 2.5\ [\Omega]$

22 ★★ 출제년도【01. 05. 11. 17.】

그림은 개루프 제어계의 신호전달 계통도이다. 다음 ( )안에 알맞은 제어계의 동작요소는?

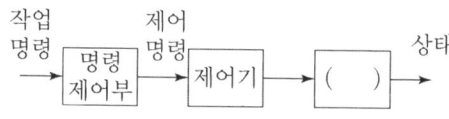

① 제어량
② 제어대상
③ 제어장치
④ 제어요소

해설
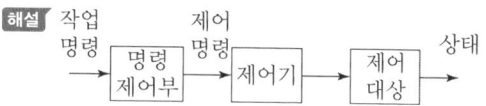

23 ★★★ 출제년도【17.】

3상 농형유도전동기의 기동방식으로 옳은 것은?

① 분상기동형
② 콘덴서기동형
③ 기동보상기법
④ 셰이딩코일형

해설 농형유도전동기의 기동법
1) 3상 농형유도전동기
　① 직입(전전압)기동　② Y-△ 기동
　③ 리액터 기동　　　④ 기동보상기법
2) 단상유도전동기
　① 반발기동형, 반발유도형　② 콘덴서기동형
　③ 분상기동형　　　　　　　④ 셰이딩코일형

24 ★★★ 출제년도【17.】

제어기기 및 전자회로에서 반도체소자별 용도에 대한 설명 중 틀린 것은?

① 서미스트 : 온도 보상용으로 사용
② 사이리스터 : 전기신호를 빛으로 변환
③ 제너다이오드 : 정전압소자(전원전압을 일정하게 유지)
④ 바리스터 : 계전기 접점에서 발생하는 불꽃소거에 사용

해설

종류	특성	적용
서미스터	온도의 변화에 따라 저항값이 변화하는 반도체로 부온도특성이 있다.	온도보상용, 온도계측용
LED	전기신호를 빛으로 변환	비상조명등, 유도등, 시각경보기 등
바리스터	서지전압에 대한 보호용	스위치 및 계전기의 접점 개폐시, 불꽃제어용
제너다이오드	정전압 소자	전원전압을 일정하게 유지

정답 21. ① 22. ② 23. ③ 24. ②

25. 2차계에서 무제동으로 무한 진동이 일어나는 감소율(damping ratio) δ 는 어떤 경우인가?

① δ = 0
② δ > 1
③ δ = 1
④ 0 < δ < 1

해설 제동비
① δ=0 : 무제동
② δ>1 : 과제동
③ δ=1 : 임계제동
④ δ<1 : 부족제동

26. R-L-C 회로의 전압과 전류 파형의 위상차에 대한 설명으로 틀린 것은?

① R-L 병렬회로 : 전압과 전류는 동상이다.
② R-L 직렬회로 : 전압이 전류보다 θ만큼 앞선다.
③ R-C 병렬회로 : 전류가 전압보다 θ만큼 앞선다.
④ R-C 직렬회로 : 전류가 전압보다 θ만큼 앞선다.

해설 전압과 전류는 동상인 것은 저항만의 회로이다.

회로의 종류	위상관계
R-L 병렬회로	전류가 전압보다 θ만큼 뒤진다.
R-L 직렬회로	전압이 전류보다 θ만큼 앞선다. (전류가 전압보다 θ만큼 뒤진다.)
R-C 병렬회로	전류가 전압보다 θ만큼 앞선다.
R-C 직렬회로	전류가 전압보다 θ만큼 앞선다.

27. 지름 8mm의 경동선 1km의 저항을 측정 하였더니 0.63536Ω 이었다. 같은 재료로 지름 2mm, 길이 500m의 경동선의 저항은 약 몇 Ω인가?

① 2.8
② 5.1
③ 10.2
④ 20.4

해설 전기저항
$R = \rho \dfrac{l}{S} = \rho \dfrac{l}{\dfrac{\pi D^2}{4}}$ 의 관계에서 전기저항은 길이(l)에 비례하고, 지름(D)의 제곱에 반비례한다. 문제에서 지름은 8mm에서 2mm로 1/4배 감소, 길이는 1km에서 500m로 1/2배 감소하였으므로 비례식을 이용하면

전기저항 $R = 0.63536 \times \dfrac{\dfrac{1}{2}}{\left(\dfrac{1}{4}\right)^2} = 5.08 = 5.1\,\Omega$

28. 정현파교류의 최댓값이 100V인 경우 평균값은 몇 V인가?

① 45.04
② 50.64
③ 63.69
④ 68.34

해설 정현파 교류의 실효값과 평균값

구분	파형	실효값	평균값
정현파		$\dfrac{최댓값}{\sqrt{2}}$	$\dfrac{2}{\pi} \times 최댓값$

평균값 : $\dfrac{2}{\pi} \times 최댓값 = \dfrac{2}{\pi} \times 100 = 63.69\,V$

실효값 : $\dfrac{최댓값}{\sqrt{2}} = \dfrac{100}{\sqrt{2}} = 70.71\,V$

29. 자동제어 중 플랜트나 생산 공정 중의 상태량을 제어량으로 하는 제어방법은?

① 정치제어
② 추종제어
③ 비율제어
④ 프로세스제어

해설 프로세스(공정)제어
제어량이 온도, 유량, 압력, 액위, 농도, 밀도 등의 플랜트나 생산 공정 중의 상태량을 제어량으로 하는 제어로서 프로세스에 가해지는 외란의 억제를 주목적으로 한다.

정답 25. ① 26. ① 27. ② 28. ③ 29. ④

30 자동화재탐지설비의 감지기 회로의 길이가 500m이고, 종단에 8kΩ의 저항이 연결되어 있는 회로에 24V의 전압이 가해졌을 경우 도통 시험 시 전류는 약 몇 mA인가? (단, 동선의 저항률은 $1.69 \times 10^{-8} \Omega \cdot m$이며, 동선의 단면적은 $1.5 \ mm^2$이고, 접촉저항등은 없다고 본다.)

① 2.4   ② 3.0
③ 4.8   ④ 6.0

해설 선로의 저항 $R = \rho \dfrac{l}{S}$

여기서, ρ : 고유저항
l : 전선의 길이
S : 전선의 단면적

$R = \rho \dfrac{l}{S} = 1.69 \times 10^{-8} \times \dfrac{500}{1.5 \times 10^{-6}} = 5.63 \ [\Omega]$

도통 시험시 전류
$I = \dfrac{수신기의\ 전압}{선로의\ 저항 + 릴레이\ 저항 + 종단저항}$
$= \dfrac{24}{5.63 + 0 + 8{,}000} = 2.997 \times 10^{-3} ≒ 3 [mA]$

(수신기의 전압은 일반적으로 직류 24V, 종단저항은 $8k\Omega = 8{,}000\Omega$, 릴레이저항은 주어지지 않았으므로 무시한다.)

31 그림과 같은 회로의 A,B 양단에 전압을 인가하여 서서히 상승시킬 때 제일 먼저 파괴되는 콘덴서는?(단, 유전체의 재질 및 두께는 동일한 것으로 한다.)

$1C [\mu F] \quad 2C [\mu F] \quad 3C [\mu F]$
A — || — || — || — B

① 1C   ② 2C
③ 3C   ④ 모두

해설 $V_1 = \dfrac{Q}{C_1}, \ V_2 = \dfrac{Q}{C_2}, \ V_3 = \dfrac{Q}{C_3}$

내전압이 같은 콘덴서를 직렬로 연결한 경우 각 콘덴서 양단간에 걸리는 전압은 정전용량에 반비례하므로 용량이 제일 작은 $1[\mu F]$의 콘덴서가 제일 먼저 파괴된다.

32 정현파 교류회로에서 최댓값은 V_m, 평균값은 V_{av}일 때 실효값(V)은?

① $\dfrac{\pi}{\sqrt{2}} V_m$ ② $\dfrac{\pi}{2\sqrt{2}} V_{av}$
③ $\dfrac{\pi}{2\sqrt{2}} V_m$ ④ $\dfrac{1}{\pi} V_m$

해설 실효값 V, 최댓값 V_m, 평균값 V_{av}라 하면 정현파 교류의

$V = \dfrac{V_m}{\sqrt{2}}, \quad V_{av} = \dfrac{2}{\pi} V_m, \quad V_m = \dfrac{\pi}{2} V_{av}$

$V = \dfrac{V_m}{\sqrt{2}} = \dfrac{1}{\sqrt{2}} \times \dfrac{\pi}{2} V_{av} = \dfrac{\pi}{2\sqrt{2}} V_{av}$

33 직류 전압계의 내부저항이 500Ω, 최대 눈금이 50V라면, 이 전압계에 3kΩ의 배율기를 접속하여 전압을 측정할 때 최대 측정치는 몇 V인가?

① 250   ② 300
③ 350   ④ 500

해설 배율기 저항
$R_m = (m-1)r_v = \left(\dfrac{V}{V_a} - 1 \right) r_v$

m : 배율, r_v : 전압계 내부저항[Ω],
V_a : 측정전압[V], V : 확대전압[V]

최대전압 $V = \left(1 + \dfrac{R_m}{r_v} \right) \times V_a$
$= \left(1 + \dfrac{R_m}{r_v} \right) \times V_a = \left(1 + \dfrac{3 \times 10^3}{500} \right) \times 50$
$= 350$

정답 30. ② 31. ① 32. ② 33. ③

34 저항 R_1, R_2와 인덕턴스 L의 직렬회로가 있다. 이 회로의 시정수는?

① $-\dfrac{R_1+R_2}{L}$ ② $\dfrac{R_1+R_2}{L}$

③ $-\dfrac{L}{R_1+R_2}$ ④ $\dfrac{L}{R_1+R_2}$

해설 $R-L$ 직렬 회로의 시정수 $\tau=\dfrac{L}{R}$[s]에서 합성저항값을 대입하면,

$\therefore \tau=\dfrac{L}{R}=\dfrac{L}{R_1+R_2}$

35 화재 시 온도상승으로 인해 저항값이 감소하는 반도체 소자는?

① 서미스터(NTC)
② 서미스터(PTC)
③ 서미스터(CTR)
④ 바리스터

해설 서미스터(NTC ; negative temperature coefficient thermistor)
반도체의 저항이 온도상승에 따라 감소하는 특성을 갖는다. 저항이 감소하는 이유는 전기전도에 관여하는 자유전자의 수가 온도상승과 함께 증가하기 때문이다.

36 $Y-\triangle$ 기동방식으로 운전하는 3상 농형유도전동기의 Y결선의 기동전류($I_\triangle$)의 관계로 옳은 것은?

① $I_Y=\dfrac{1}{3}I_\triangle$ ② $I_Y=\sqrt{3}I_\triangle$

③ $I_Y=\dfrac{1}{\sqrt{3}}I_\triangle$ ④ $I_Y=\dfrac{\sqrt{3}}{2}I_\triangle$

해설 $Y-\triangle$ 기동전류의 비교

$\dfrac{I_Y}{I_\triangle}=\dfrac{\dfrac{V}{\sqrt{3}Z}}{\sqrt{3}\dfrac{V}{Z}}=\dfrac{1}{(\sqrt{3})^2}=\dfrac{1}{3}$, $I_Y=\dfrac{1}{3}I_\triangle$

37 그림과 같은 회로에 전압 $v=\sqrt{2}\,V\sin wt$[V]를 인가하였을 때 옳은 것은?

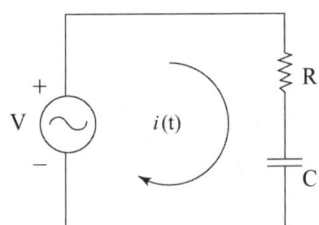

① 역률 : $\cos\theta=\dfrac{R}{\sqrt{R^2+wC^2}}$

② i의 실효값 : $I=\dfrac{V}{\sqrt{R^2+wC^2}}$

③ 전압과 전류의 위상차 : $\theta=\tan^{-1}\dfrac{R}{wC}$

④ 전압평형방정식 : $Ri+\dfrac{1}{C}\int i dt=\sqrt{2}\,V\sin wt$

해설 RC 직렬회로

임피던스 $Z=R+\dfrac{1}{jwC}=R-j\dfrac{1}{wC}$,

크기 $Z=\sqrt{R^2+\left(\dfrac{1}{wC}\right)^2}$

① 역률 : $\cos\theta=\dfrac{R}{\sqrt{R^2+\left(\dfrac{1}{wC}\right)^2}}$

② i의 실효값 : $I=\dfrac{V}{Z}=\dfrac{V}{\sqrt{R^2+\left(\dfrac{1}{wC}\right)^2}}$

③ 위상차 : $\theta=-\tan^{-1}\dfrac{\dfrac{1}{wC}}{R}=-\tan^{-1}\dfrac{1}{wCR}$

정답 34.④ 35.① 36.① 37.④

38 다음 무접점회로의 논리식(X)은?

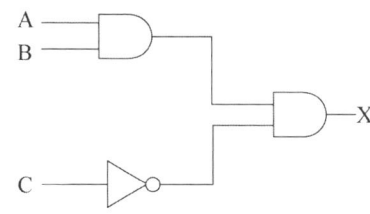

① $A \cdot B + \overline{C}$
② $A + B + \overline{C}$
③ $(A+B) \cdot \overline{C}$
④ $A \cdot B \cdot \overline{C}$

해설 입력 A와 B는 AND, $\overline{C}$와는 AND이므로 논리식 X= $A \cdot B \cdot \overline{C}$

39 동선의 저항이 20℃일 때 0.8Ω이라 하면 60℃일 때의 저항은 약 몇 Ω인가? (단, 동선의 20℃의 온도계수는 0.0039이다.)

① 0.034
② 0.925
③ 0.644
④ 2.4

해설 온도변화시 저항값
$R_T = R_t[1 + \alpha_t(T-t)]$
$= 0.8 \times [1 + 0.0039(60-20)] = 0.9248$
여기서, R_t : 처음저항, α_t : 저항온도계수,
T : 나중온도, t : 처음온도

40 어떤 전지의 부하로 6Ω을 사용하니 3A의 전류가 흐르고, 이 부하에 직렬로 4Ω을 연결했더니 2A가 흘렀다. 이 전지의 기전력은 몇 V인가?

① 8
② 16
③ 24
④ 32

해설 기전력 $E = I(R+r)$의 관계에서,
$E = 3 \times (6+r) = 2 \times (6+4+r)$
$18 + 3r = 20 + 2r, \ r = 2\Omega$
기전력 $E = 3 \times (6+2) = 24V$

3과목 소방관계법규

41 화재예방, 소방시설 설치·유지 및 안전관리에 관한 법상 특정소방대상물의 관계인이 소방시설에 폐쇄(잠금을 포함)·차단 등의 행위를 하여서 사람을 상해에 이르게 한 때에 대한 벌칙기준으로 옳은 것은?

① 10년 이하의 징역 또는 1억원 이하의 벌금
② 7년 이하의 징역 또는 7000만원 이하의 벌금
③ 5년 이하의 징역 또는 5000만원 이하의 벌금
④ 3년 이하의 징역 또는 3000만원 이하의 벌금

해설 소방시설 폐쇄 및 차단 등의 행위를 한 자는 5년 이하의 징역 또는 5천만원 이하의 벌금을 처하고 이 행위로 사람을 상해에 이르게 한 때는 7년 이하의 징역 또는 7천만원 이하의 벌금, 사망에 이르게 한 때는 10년 이하의 징역 또는 1억원 이하의 벌금에 처한다.

42 소방기본법령상 불꽃을 사용하는 용접·용단 기구의 용접 또는 용단 작업장에서 지켜야 하는 사항 중 다음 ( )안에 알맞은 것은?

- 용접 또는 용단 작업자로부터 반경 (㉠)m 이내에 소화기를 갖추어 둘 것
- 용접 또는 용단 작업장 주변 반경 (㉡)m 이내에는 가연물을 쌓아두거나 놓아두지 말 것. 다만, 가연물의 제거가 곤란하여 방지포 등으로 방호조치를 한 경우는 제외한다.

① ㉠ 3, ㉡ 5
② ㉠ 5, ㉡ 3
③ ㉠ 5, ㉡ 10
④ ㉠ 10, ㉡ 5

해설 불꽃을 사용하는 용접·용단 기구의 용접 또는 용단 작업장에서 지켜야 하는 사항

정답 38. ④ 39. ② 40. ③ 41. ② 42. ③

① 용접 또는 용단 작업자로부터 반경 5m 이내에 소화기를 갖추어 둘 것
② 용접 또는 용단 작업장 주변 반경 10m 이내에는 가연물을 쌓아두거나 놓아두지 말 것. 다만, 가연물의 제거가 곤란하여 방지포 등으로 방호조치를 한 경우는 제외한다.

43 화재위험도가 낮은 특정소방대상물 중 소방대가 조직되어 24시간 근무하고 있는 청사 및 차고에 설치하지 아니할 수 있는 소방시설이 아닌 것은?

① 자동화재탐지설비   ② 연결송수관설비
③ 피난기구   ④ 비상방송설비

해설 관련법 : 화재예방, 소방시설설치유지 및 안전관리에 관한 법률 시행령[별표7]

구분	특정소방대상물	소방시설
1. 화재 위험도가 낮은 특정 소방대상물	석재, 불연성금속, 불연성 건축재료 등의 가공공장·기계조립공장·주물공장 또는 불연성 물품을 저장하는 창고	옥외소화전 및 연결살수설비
	소방대(消防隊)가 조직되어 24시간 근무하고 있는 청사 및 차고	옥내소화전설비, 스프링클러설비, 물분무등소화설비, **비상방송설비, 피난기구**, 소화용수설비, **연결송수관설비**, 연결살수설비

44 화재예방, 소방시설 설치·유지 및 안전관리에 관한 법령상 시·도지사가 실시하는 방염성능 검사 대상으로 옳은 것은?

① 설치 현장에서 방염처리를 하는 합판·목재
② 제조 또는 가공 공정에서 방염처리를 한 카펫
③ 제조 또는 가공 공정에서 방염처리를 한 창문에 설치하는 블라인드
④ 설치 현장에서 방염처리를 하는 암막·무대막

해설 시·도지사가 실시하는 방염성능 검사 대상 : 설치 현장에서 방염처리를 하는 합판·목재

45 제조소등의 위치·구조 및 설비의 기준 중 위험물을 취급하는 건축물의 환기설비 설치기준으로 다음 ( ) 안에 알맞은 것은?

> 급기구는 당해 급기구가 설치된 실의 바닥면적 (㉠)m²마다 1개 이상으로 하되, 급기구의 크기는 (㉡)cm² 이상으로 할 것

① ㉠ 100, ㉡ 800
② ㉠ 150, ㉡ 800
③ ㉠ 100, ㉡ 1000
④ ㉠ 150, ㉡ 1000

해설 위험물 제조소 환기설비 급기구는 당해 급기구가 설치된 실의 바닥면적 150m²마다 1개 이상으로 하되, 급기구의 크기는 800cm² 이상으로 할 것

46 위험물안전관리법상 위험물시설의 변경 기준 중 다음 ( ) 안에 알맞은 것은?

> 제조소등의 위치·구조 또는 설비의 변경 없이 당해 제조소등에서 저장하거나 취급하는 위험물의 품명·수량 또는 지정수량의 배수를 변경하고자 하는 자는 변경하고자 하는 날의 (㉠)일 전까지 행정안전부령이 정하는 바에 따라 (㉡)에게 신고하여야 한다.

① ㉠ 1, ㉡ 소방본부장 또는 소방서장
② ㉠ 1, ㉡ 시·도지사
③ ㉠ 7, ㉡ 소방본부장 또는 소방서장
④ ㉠ 7, ㉡ 시·도지사

정답 43. ① 44. ① 45. ② 46. ②

해설 관련법 : 위험물안전관리법 제6조
제조소등의 위치·구조 또는 설비의 변경없이 당해 제조소등에서 저장하거나 취급하는 위험물의 품명·수량 또는 지정수량의 배수를 변경하고자 하는 자는 변경하고자 하는 날의 **1일** 전까지 **행정안전부령**이 정하는 바에 따라 시·도지사에게 신고하여야 한다.

47. 소방기본법상 관계인의 소방활동을 위반하여 정당한 사유 없이 소방대가 현장에 도착할 때까지 사람을 구출하는 조치 또는 불을 끄거나 불이 번지지 아니하도록 하는 조치를 하지 아니한 자에 대한 벌칙 기준으로 옳은 것은?

① 100만원 이하의 벌금
② 200만원 이하의 벌금
③ 300만원 이하의 벌금
④ 400만원 이하의 벌금

해설 100만원 이하의 벌금
① 화재경계지구 안의 소방대상물에 대한 소방특별조사를 거부·방해 또는 기피한 자
② 정당한 사유 없이 소방대의 생활안전활동을 방해한 자
③ 정당한 사유 없이 소방대가 현장에 도착할 때까지 사람을 구출하는 조치 또는 불을 끄거나 불이 번지지 아니하도록 하는 조치를 하지 아니한 사람
④ 피난 명령을 위반한 사람
⑤ 정당한 사유 없이 물의 사용이나 수도의 개폐장치의 사용 또는 조작을 하지 못하게 하거나 방해한 자

48. 소방기본법상 소방대장의 권한이 아닌 것은?

① 화재가 발생하였을 때에는 화재의 원인 및 피해 등에 대한 조사
② 화재, 재난·재해, 그 밖의 위급한 상황이 발생한 현장에 소방활동구역을 정하여 소방활동에 필요한 사람으로서 대통령으로 정하는 사람 외에는 그 구역에 출입하는 것을 제한
③ 사람을 구출하거나 불이 번지는 것을 막기 위하여 필요할 때에는 화재가 발생하거나 불이 번질 우려가 있는 소방대상물 및 토지를 일시적으로 사용하거나 그 사용의 제한 또는 소방활동에 필요한 처분
④ 화재 진압 등 소방활동을 위하여 필요할 때에는 소방용수 외에 댐·저수지 또는 수영장 등의 물을 사용하거나 수도의 개폐장치 등을 조작

해설 소방청장, 소방본부장 또는 소방서장 : 화재가 발생하였을 때에는 화재의 원인 및 피해 등에 대한 조사

49. 시장지역에서 화재가 오인할 만한 우려가 있는 불을 피우거나 연막소독을 하려는 자가 신고를 하지 아니하여 소방자동차를 출동하게 한 자에 대한 과태료 부과·징수권자는?

① 행정안전부장관   ② 소방청장
③ 시·도지사   ④ 소방서장

해설 관련법 : 소방기본법 제57조(과태료)
① 시장지역에서 화재가 오인할 만한 우려가 있는 불을 피우거나 연막소독을 하려는 자에 따른 신고를 하지 아니하여 소방자동차를 출동하게 한 자에게는 20만원 이하의 과태료를 부과한다.
② 과태료는 조례로 정하는 바에 따라 관할 소방본부장 또는 소방서장이 부과·징수한다.

50. 위험물안전관리법령상 제조소등의 완공검사 신청시기 기준으로 틀린 것은?

① 지하탱크가 있는 제조소등의 경우에는 당해 지하탱크를 매설하기 전
② 이동탱크저장소의 경우에는 이동저장탱크를 완공하고 상치장소를 확보한 후
③ 이송취급소의 경우에는 이송배관 공사의 전체 또는 일부 완료한 후

정답 47. ① 48. ① 49. ④ 50. ④

④ 배관을 지하에 설치하는 경우에는 소방서장이 지정하는 부분을 매몰하고 난 직후

해설 전체 공사가 완료된 후에는 완공검사를 실시하기 곤란한 경우
① 위험물설비 또는 배관의 설치가 완료되어 기밀시험 또는 내압시험을 실시하는 시기
② 배관을 지하에 설치하는 경우에는 시·도지사, 소방서장 또는 기술원이 지정하는 부분을 매몰하기 직전
④ 기술원이 지정하는 부분의 비파괴시험을 실시하는 시기

51 ★★★ 출제년도【17.】
소방시설공사업법령상 하자를 보수하여야 하는 소방시설과 소방시설별 하자보수 보증기간으로 옳은 것은?

① 유도등 : 1년
② 자동소화장치 : 3년
③ 자동화재탐지설비 : 2년
④ 상수도소화용수설비 : 2년

해설 관련법 : 소방시설공사업법 시행령
제6조(하자보수대상 소방시설과 하자보수보증기간)

소화설비	보수 기간
피난기구, 유도등, 유도표지, 비상경보설비, 비상조명등, 비상방송설비, 무선통신보조설비	2년
자동소화장치, 옥내·옥외소화전설비, 스프링클러설비, 간이스프링클러설비, 물분무등소화설비, 자동화재탐지설비, 상수도소화용수설비, 소화활동설비(무선통신보조설비 제외)	3년

52 ★★★ 출제년도【17.】
위험물안전관리법령상 제조소 또는 일반 취급소에서 취급하는 제4류 위험물의 최대수량의 합이 지정수량의 24만배 이상 48만배 미만인 사업소의 관계인이 두어야 하는 화학소방차와 자체소방대원의 수의 기준으로 옳은 것은?(단, 화재 그 밖의 재난발생시 다른 사업소 등과 상호응원에 관한 협정을 체결하고 있는 사업소는 제외한다.)

① 화학소방자동차–2대, 자체소방대원의 수–10인
② 화학소방자동차–3대, 자체소방대원의 수–10인
③ 화학소방자동차–3대, 자체소방대원의 수–15인
④ 화학소방자동차–4대, 자체소방대원의 수–20인

해설 관련법 : 위험물 안전관리법 시행령 별표 8
(자체소방대에 두는 화학소방자동차 및 인원)

사업소의 구분 (제조소 또는 일반취급소에서 취급하는 제4류 위험물의 최대수량의 합이 지정수량의)	화학소방 자동차	자체 소방대원 의 수
12만배 미만인 사업소	1대	5인
12만배 이상 24만배 미만인 사업소	2대	10인
24만배 이상 48만배 미만인 사업소	**3대**	**15인**
48만배 이상인 사업소	4대	20인

53 ★★★ 출제년도【17.】
소방기본법령상 소방서 종합상황실의 실장이 서면·모사전송 또는 컴퓨터통신 등으로 소방본부의 종합상황실에 지체 없이 보고하여야 하는 기준으로 틀린 것은?

① 사망자가 5인 이상 발생하거나 사상자가 10인 이상 발생한 화재
② 층수가 11층 이상인 건축물에서 발생한 화재
③ 이재민이 50인 이상 발생한 화재
④ 재산피해액이 50억원 이상 발생한 화재

해설 종합상황실의 실장 보고사항
1) 다음 각목의 1에 해당하는 화재
가. 사망자가 5인 이상 발생하거나 사상자가 10인 이상 발생한 화재

정답 51. ② 52. ③ 53. ③

나. 이재민이 100인 이상 발생한 화재
다. 재산피해액이 50억원 이상 발생한 화재
라. 관공서·학교·정부미도정공장·문화재·지하철 또는 지하구의 화재
마. 관광호텔, 층수가 11층 이상인 건축물, 지하상가, 시장, 백화점, 지정수량의 3천배 이상의 위험물의 제조소·저장소·취급소
바. 철도차량, 항구에 매어둔 총 톤수가 1천톤 이상인 선박, 항공기, 발전소 또는 변전소에서 발생한 화재
사. 가스 및 화약류의 폭발에 의한 화재
아. 다중이용업소의 화재
2) 통제단장의 현장지휘가 필요한 재난상황
3) 언론에 보도된 재난상황

54.

지하층을 포함한 층수가 16층 이상 40층 미만인 특정소방대상물의 소방시설 공사현장에 배치하여야 할 소방공사 책임감리원의 배치기준으로 옳은 것은?

① 행정안전부령으로 정하는 특급감리원 중 소방기술사
② 행정안전부령으로 정하는 특급감리원 이상의 소방공사 감리원(기계분야 및 전기분야)
③ 행정안전부령으로 정하는 고급감리원 이상의 소방공사 감리원(기계분야 및 전기분야)
④ 행정안전부령으로 정하는 중급감리원 이상의 소방공사 감리원(기계분야 및 전기분야)

해설 관련법 : 소방시설공사업법 시행령 별표4
(소방공사 감리원의 배치기준)

감리원의 배치기준		소방시설공사 현장의 기준
책임감리원	보조감리원	
1. 특급감리원 중 소방기술사	초급감리원 이상의 소방공사 감리원(기계분야 및 전기분야)	가. 연면적 20만제곱미터 이상인 특정소방대상물의 공사 현장 나. 지하층을 포함한 층수가 40층 이상인 특정소방대상물의 공사 현장
2. 특급감리원 이상의 소방공사 감리원(기계분야 및 전기분야)	초급감리원 이상의 소방공사 감리원(기계분야 및 전기분야)	가. 연면적 3만제곱미터 이상 20만제곱미터 미만인 특정소방대상물(아파트는 제외한다)의 공사 현장 나. 지하층을 포함한 층수가 **16층 이상 40층 미만**인 특정소방대상물의 공사 현장
3. 고급감리원 이상의 소방공사 감리원(기계분야 및 전기분야)	초급감리원 이상의 소방공사 감리원(기계분야 및 전기분야)	가. 물분무등소화설비(호스릴 방식의 소화설비는 제외한다) 또는 제연설비가 설치되는 특정소방대상물의 공사 현장 나. 연면적 3만제곱미터 이상 20만제곱미터 미만인 아파트의 공사 현장
4. 중급감리원 이상의 소방공사 감리원(기계분야 및 전기분야)		연면적 5천제곱미터 이상 3만제곱미터미만인 특정소방대상물의 공사 현장
5. 초급감리원 이상의 소방공사 감리원(기계분야 및 전기분야)		가. 연면적 5천제곱미터 미만인 특정소방대상물의 공사 현장 나. 지하구의 공사 현장

55.

특정소방대상물에서 사용하는 방염대상물품의 방염성능검사 방법과 검사 결과에 따른 합격표시 등에 필요한 사항은 무엇으로 정하는가?

① 대통령령
② 행정안전부령
③ 소방청장령
④ 시·도의 조례

해설 방염성능검사의 방법과 검사 결과에 따른 합격 표시 등에 필요한 사항은 행정안전부령으로 정한다.

정답 54. ② 55. ②

56 화재예방, 소방시설 설치·유지 및 안전관리에 관한 법령상 자동화재탐지설비를 설치하여야 하는 특정소방대상물의 기준으로 틀린 것은?

① 문화 및 집회시설로서 연면적이 1000m² 이상인 것
② 지하가(터널은 제외)로서 연면적 1000m² 이상인 것
③ 의료시설(정신의료기관 또는 요양병원은 제외)로서 연면적 1000m² 이상인 것
④ 지하가 중 터널로서 길이가 1000m 이상인 것

해설 자동화재탐지설비를 설치하여야 하는 특정소방대상물 기준 중 의료시설 중 정신의료기관 또는 요양병원으로서 다음의 어느 하나에 해당하는 시설
① 요양병원(정신병과 의료재활시설은 제외한다)
② 정신의료기관 또는 의료재활시설로 사용되는 바닥면적의 합계가 300m² 이상인 시설
③ 정신의료기관 또는 의료재활시설로 사용되는 바닥적의 합계가 300m² 미만이고, 창살이 설치된 시설
※ 의료시설(정신의료기관 또는 요양병원은 제외)로서 연면적 600m² 이상인 것

57 화재예방, 소방시설 설치·유지 및 안전관리에 관한 법상 시·도지사는 관리업자에게 영업정지를 명하는 경우로서 그 영업정지가 국민에게 심한 불편을 주거나 그 밖에 공익을 해칠 우려가 있을 때에는 영업정지처분을 갈음하여 얼마 이하의 과징금을 부과할 수 있는가?

① 1000만원   ② 2000만원
③ 3000만원   ④ 5000만원

해설 시·도지사 : 영업정지처분을 갈음하여 3천만원 이하의 과징금을 부과할 수 있다.

58 소방기본법령상 소방용수시설에 대한 설명으로 틀린 것은?

① 시·도지사는 소방활동에 필요한 소방용수시설을 설치하고 유지·관리하여야 한다.
② 수도법의 규정에 따라 설치된 소화전도 시·도지사가 유지·관리하여야 한다.
③ 소방본부장 또는 소방서장은 원활한 소방활동을 위하여 소방용수시설에 대한 조사를 월 1회 이상 실시하여야 한다.
④ 소방용수시설 조사의 결과는 2년간 보관하여야 한다.

해설 수도법 제45조에 따라 소화전을 설치하는 일반수도사업자는 관할 소방서장과 사전협의를 거친 후 소화전을 설치하여야 하며, 설치 사실을 관할 소방서장에게 통지하고, 그 소화전을 유지·관리하여야 한다.

59 소방시설공사업 법령상 특정소방대상물에 설치된 소방시설등을 구성하는 것의 전부 또는 일부를 개설, 이전 또는 정비하는 공사의 경우 소방시설공사의 착공신고 대상이 아닌 것은?(단, 고장 또는 파손 등으로 인하여 작동시킬 수 없는 소방시설을 긴급히 교체하거나 보수하여야 하는 경우는 제외한다.)

① 수신반
② 소화펌프
③ 동력(감시)제어반
④ 압력챔버

해설 착공신고 대상
특정소방대상물에 설치된 소방시설등을 구성하는 다음 각 목의 어느 하나에 해당하는 것의 전부 또는 일부를 개설(改設), 이전(移轉) 또는 정비(整備)하는 공사. (다만, 고장 또는 파손 등으로 인하여 작동시킬 수 없는 소방시설을 긴급히 교체하거나 보수하여야 하는 경우에는 신고하지 않을 수 있다.)
① 수신반(受信盤)
② 소화펌프
③ 동력(감시)제어반

정답 56. ③ 57. ③ 58. ② 59. ④

60 화재예방, 소방시설 설치·유지 및 안전관리에 관한 법령상 건축허가 등의 동의를 요구 하는 때 동의 요구서에 첨부하여야 하는 설계도서가 아닌 것은?(단, 소방시설공사 착공신고대상에 해당하는 경우이다.)

① 창호도
② 실내 전개도
③ 건축물의 단면도
④ 건축물의 주단면 상세도(내장재료를 명시한 것)

해설 건축허가 등의 동의 요구 시 첨부서류
1) 건축허가신청서 및 건축허가서 또는 건축·대수선·용도변경신고서 등 건축허가등을 확인할 수 있는 서류의 사본.
2) 다음 각 목의 설계도서.
   ① 건축물의 단면도 및 주단면 상세도(내장재료를 명시한 것)
   ② 소방시설의 층별 평면도 및 층별 계통도(시설별 계산서를 포함)
   ③ 창호도
3) 소방시설 설치계획표
4) 임시소방시설 설치계획서
5) 소방시설설계업등록증과 소방시설을 설계한 기술인력자의 기술자격증 사본

4과목 소방전기설비의 구조 및 원리

61 비상방송설비는 기동장치에 따른 화재신고를 수신한 후 필요한 음량으로 화재발생 상황 및 피난에 유효한 방송이 자동으로 개시될 때까지의 소요시간은 몇 초 이하로 하여야 하는가?

① 5   ② 10
③ 20   ④ 30

해설 기동장치에 의한 화재신고를 수신한 후 필요한 음량으로 방송이 개시될 때까지의 소요시간은 10초 이하로 하여야 한다.

62 비상콘센트설비 전원회로의 설치기준 중 옳은 것은?

① 전원회로는 단상교류 220V 인 것으로서, 그 공급용량은 3.0kVA 이상인 것으로 할 것
② 비상콘센트용의 풀박스 등은 방청도장을 한 것으로서, 두께 2.0mm 이상의 철판으로 할 것
③ 하나의 전용회로에 설치하는 비상콘센트는 8개 이하로 할 것
④ 전원으로부터 각 층의 비상콘센트에 분기되는 경우에는 분기배선용 차단기를 보호함안에 설치할 것

해설 비상콘센트설비의 전원회로 기준
① 비상콘센트설비의 전원회로는 단상교류 220V, 그 공급용량은 1.5kVA 이상인 것
② 전원으로부터 각층의 비상콘센트에 분기되는 경우에는 분기배선용 차단기를 보호함안에 설치할 것
③ 비상콘센트용의 풀박스 등은 방청도장을 한 것으로서, 두께 1.6mm 이상의 철판으로 할 것
④ 하나의 전용회로에 설치하는 비상콘센트는 10개 이하로 할 것. 이 경우 전선의 용량은 각 비상콘센트(비상콘센트가 3개 이상인 경우에는 3개)의 공급용량을 합한 용량 이상의 것

63 비상벨설비 또는 자동사이렌설비의 지구음향 장치는 특정소방대상물의 층마다 설치하되, 해당 특정소방대상물의 각 부분으로부터 하나의 음향장치까지의 수평거리가 몇 m 이하가 되도록 하여야 하는가?

① 15   ② 25
③ 40   ④ 50

정답 60. ② 61. ② 62. ④ 63. ②

해설 지구음향장치는 소방대상물의 층마다 설치하되, 당해 소방대상물의 각 부분으로부터 하나의 음향장치까지의 수평거리가 25m 이하가 되도록 하고, 당해 층의 각 부분에 유효하게 경보를 발할 수 있도록 설치할 것

해설 전압의 구분

구 분	전압의 범위
저 압	직류는 1.5kV 이하, 교류는 1kV 이하
고 압	직류는 1.5kV를, 교류는 1kV를 초과하고, 7kV 이하
특별고압	7kV를 넘는 것

64 ★ 출제년도【17.】
자동화재탐지설비 중계기에 예비전원을 사용하는 경우 구조 및 기능 중 다음 ( )안에 알맞은 것은?

> 축전지의 충전시험 및 방전시험은 방전종지 전압을 기준하여 시작한다. 이 경우 방전종지 전압이라 함은 원통형니켈카드뮴축전지는 셀당 (㉠) V의 상태를, 무보수밀폐형연축전지는 단전지당 (㉡) V의 상태를 말한다.

① ㉠ 1.0, ㉡ 1.5   ② ㉠ 1.0, ㉡ 1.75
③ ㉠ 1.6, ㉡ 1.5   ④ ㉠ 1.6, ㉡ 1.75

해설 중계기의 형식승인 및 제품검사의 기술기준 제4조 (부품의 구조 및 기능)
축전지의 충전시험 및 방전시험은 방전종지전압을 기준하여 시작한다. 이 경우 방전종지전압이라 함은 원통형 니켈 카드뮴축전지는 셀당 1.0 V의 상태를, 무보수 밀폐형 연축전지는 단전지당 1.75 V의 상태를 말한다.

65 ★★★ 출제년도【17.】
비상콘센트설비의 화재안전기술기준에 따른 용어의 정의 중 옳은 것은?

① "저압"이란 직류는 1,500V 이하, 교류 1,000V 이하인 것을 말한다.
② "저압"이란 직류는 700V 이하, 교류는 600V 이하인 것을 말한다.
③ "고압"이란 직류는 700V를, 교류는 600V를 초과하는 것을 말한다.
④ "특고압"이란 8kV를 초과하는 것을 말한다.

66 ★★★ 출제년도【17.】
자동화재속보설비 속보기의 기능 기준 중 옳은 것은?

① 작동신호를 수신하거나 수동으로 동작시키는 경우 10초 이내에 소방관서에 자동적으로 신호를 발하여 통보하되, 3회 이상 속보할 수 있어야 한다.
② 예비전원을 병렬로 접속하는 경우에는 역충전방지 등의 조치를 하여야 한다.
③ 예비전원은 감시상태를 30분간 지속한 후 10분 이상 동작이 지속될 수 있는 용량이어야 한다.
④ 속보기는 연동 또는 수동 작동에 의한 다이얼링 후 소방관서와 전화접속이 이루어지지 않는 경우에는 최초 다이얼링을 포함하여 20회 이상 반복적으로 접속을 위한 다이얼링이 이루어져야 한다. 이 경우 매회 다이얼링 완료 후 호출은 30초 이상 지속되어야 한다.

해설 자동화재속보설비의 성능인증 및 제품검사의 기술기준 제5조(속보기 기능)
① **20초 이내**에 소방관서에 통보, **3회 이상** 속보
② 예비전원은 자동적으로 충전되어야 하며 자동과 충전방지장치가 있어야 한다.
③ 화재신호를 수신하거나 속보기를 수동으로 동작시키는 경우 자동적으로 적색 화재표시등이 점등되고 음향장치로 화재를 경보하여야 하며 화재표시 및 경보는 수동으로 복구 및 정지시키지 않는 한 지속되어야 한다.
④ 예비전원을 **병렬로 접속**하는 경우에는 **역충전방지** 등의 조치를 하여야 한다.
⑤ 예비전원은 감시상태를 **60분간** 지속한후 **10분 이상** 동작(화재속보 후 화재표시 및 경보를 10분간

정답 64. ② 65. ① 66. ②

유지하는 것을 말한다)이 지속될 수 있는 용량이어야 한다.
⑥ 속보기는 연동 또는 수동 작동에 의한 다이얼링 후 소방관서와 전화접속이 이루어지지 않는 경우에는 최초 다이얼링을 포함하여 **10회 이상** 반복적으로 접속을 위한 다이얼링이 이루어져야 한다. 이 경우 매회 다이얼링 완료 후 호출은 **30초 이상** 지속되어야 한다.

② 누설동축케이블 및 동축케이블은 불연 또는 난연성의 것으로서 습기에 의해 전기적 특성이 변질되지 아니하는 것으로 할 것
③ 누설동축케이블 및 안테나는 고압의 전로로부터 1.5 [m] 이상 떨어진 위치에 설치 할 것
④ 누설동축케이블의 끝부분에는 무반사 종단저항을 견고하게 설치할 것
⑤ 동축케이블의 임피던스는 50 [Ω]으로 할 것

67 ★★★ 출제년도【17.】
휴대용비상조명등의 설치기준 중 다음 ( )안에 알맞은 것은?

> 지하상가 및 지하역사에는 보행거리 (㉠)m 이내마다 (㉡)개 이상 설치할 것

① ㉠ 25, ㉡ 1
② ㉠ 25, ㉡ 3
③ ㉠ 50, ㉡ 1
④ ㉠ 50, ㉡ 3

해설 휴대용비상조명등의 설치기준
① 숙박시설 또는 다중이용업소에는 객실 또는 영업장안의 구획된 실마다 잘 보이는 곳(외부에 설치 시 출입문 손잡이로부터 1 [m] 이내 부분)에 1개 이상 설치
② 대규모 점포 및 영화상영관에는 보행거리 50 [m] 이내 마다 3개 이상 설치
③ 지하상가 및 지하역사에는 보행거리 25 [m] 이내 마다 3개 이상 설치
④ 설치높이는 바닥으로부터 0.8 [m] 이상 1.5 [m] 이하의 높이에 설치할 것

68 ★★★ 출제년도【17.】
무선통신보조설비의 누설동축케이블 또는 동축케이블의 임피던스는 몇 Ω으로 하여야 하는가?

① 5 Ω
② 10 Ω
③ 50 Ω
④ 100 Ω

해설 누설동축케이블등 설치기준
① 소방전용 주파수대에서 소방전용의 것을 사용할 것

69 ★★★ 출제년도【17.】
무선통신보조설비 증폭기 무선중계기를 설치하는 경우의 설치기준으로 틀린 것은?

① 전원은 전기가 정상적으로 공급되는 축전지, 전기저장장치 또는 교류전압 옥내간선으로 하고, 전원까지의 배선은 전용으로 할 것
② 증폭기의 전면에는 주 회로의 전원이 정상인지의 여부를 표시할 수 있는 표시등 및 전류계를 설치할 것
③ 증폭기에는 비상전원이 부착된 것으로 하고 해당 비상전원 용량은 무선통신보조설비를 유효하게 30분 이상 작동시킬 수 있는 것으로 할 것
④ 무선중계기를 설치하는 경우에는 「전파법」의 규정에 따른 적합성평가를 받은 제품으로 설치할 것

해설 증폭기 및 무선중계기 설치기준
① 전원은 전기가 정상적으로 공급되는 축전지, 전기저장장치(외부 전기에너지를 저장해 두었다가 필요한 때 전기를 공급하는 장치) 또는 교류전압 옥내간선으로 하고, 전원까지의 배선은 전용으로 할 것
② 증폭기의 전면에는 주 회로의 전원이 정상인지의 여부를 표시할 수 있는 표시등 및 전압계를 설치할 것
③ 증폭기에는 비상전원이 부착된 것으로 하고 해당 비상전원 용량은 무선통신보조설비를 유효하게 30분 이상 작동시킬 수 있는 것으로 할 것
④ 증폭기 및 무선중계기를 설치하는 경우에는 「전파법」 제58조의2에 따른 적합성평가를 받은 제품으로 설치하고 임의로 변경하지 않도록 할 것

정답 67. ② 68. ③ 69. ②

70 피난설비의 설치면제 요건의 규정에 따라 옥상의 면적이 몇 m² 이상이어야 그 옥상의 직하층 또는 직상층(관람집회 및 운동시설 또는 판매시설 제외) 그 부분에 피난기구를 설치하지 아니할 수 있는가?(단, 숙박시설[휴양콘도미니엄을 제외]에 설치되는 완강기 및 간이완강기의 경우는 제외한다.)

① 500
② 800
③ 1000
④ 1500

해설 설치제외
다음 각 목의 기준에 적합한 소방대상물 중 그 옥상의 직하층 또는 최상층(관람집회 및 운동시설 또는 판매시설을 제외)
① 주요구조부가 내화구조로 되어 있어야 할 것
② 옥상의 면적이 1,500m² 이상이어야 할 것
③ 옥상으로 쉽게 통할 수 있는 창 또는 출입구가 설치되어 있어야 할 것
④ 옥상이 소방사다리차가 쉽게 통행할 수 있는 도로(폭 6m 이상) 또는 공지(공원 또는 광장 등)에 면하여 설치되어 있거나 옥상으로부터 피난층 또는 지상으로 통하는 2 이상의 피난계단 또는 특별피난계단이 적합하게 설치되어 있어야 할 것

71 청각장애인용 시각경보장치의 설치기준 중 천장의 높이가 2m 이하인 경우에는 천장으로부터 몇 m 이내의 장소에 설치하여야 하는가?

① 0.15   ② 0.3
③ 0.5   ④ 0.7

해설 시각경보장치의 설치높이는 바닥으로부터 2 [m] 이상 2.5 [m] 이하의 장소에 설치할 것. 다만, 천장의 높이가 2 [m] 이하인 경우에는 천장으로부터 0.15 [m] 이내의 장소에 설치하여야 한다.

72 주요구조부가 내화구조인 특정소방대상물에 자동화재탐지설비의 감지기를 열전대식 차동식 분포형으로 설치하려고 한다. 바닥면적이 256m²일 경우 열전대부와 검출부는 각각 최소 몇 개이상으로 설치하여야 하는가?

① 열전대부 11개, 검출부 1개
② 열전대부 12개, 검출부 1개
③ 열전대부 11개, 검출부 2개
④ 열전대부 12개, 검출부 2개

해설 열전대식 차동식 분포형 감지기 설치기준
① 열전대부는 감지구역의 바닥면적 18[m²](주요구조부가 내화구조로 된 소방대상물에 있어서는 22[m²])마다 1개 이상 설치하여야 하므로 열전대부의 수량은 256m²/22m²=11.6=12개
② 하나의 검출부에 접속하는 열전대부는 20개 이하로 하여야 하므로 검출부는 1개

73 자동화재탐지설비 발신기의 작동기능 기준 중 다음 ( )안에 알맞은 것은? (단, 이 경우 누름판이 있는 구조로서 손끝으로 눌러 작동하는 방식의 작동스위치는 누름판을 포함한다.)

> 발신기의 조작부는 작동스위치의 동작방향으로 가하는 힘이 (㉠)kg을 초과하고 (㉡)kg 이하인 범위에서 확실하게 동작되어야 하며, (㉠)kg 힘을 가하는 경우 동작되지 아니하여야 한다.

① ㉠ 2, ㉡ 8   ② ㉠ 3, ㉡ 7
③ ㉠ 2, ㉡ 7   ④ ㉠ 3, ㉡ 8

해설 발신기의 형식승인 및 제품검사의 기술기준 제4조의2(발신기의 작동기능)
발신기의 조작부는 작동스위치의 동작방향으로 가하는 힘이 2 kg을 초과하고 8 kg이하인 범위에서 확실하게 동작되어야 하며, 2 kg의 힘을 가하는 경우

정답 70. ④ 71. ① 72. ② 73. ①

동작되지 아니하여야 한다. 이 경우 누름판이 있는 구조로서 손끝으로 눌러 작동하는 방식의 작동스위치는 누름판을 포함한다.

74. ★★★ 출제년도 【17.】
객석 통로의 직선부분의 길이가 25m인 영화의 통로에 객석유도등을 설치하는 경우 최소 설치개수는?

① 5
② 6
③ 7
④ 8

해설 객석유도등
유도등의 설치개수 N

$$N \geq \frac{객석통로의 \; 직선부분의 \; 길이[m]}{4} - 1$$

단, 소수점 이하는 절상

$$\therefore N = \frac{25}{4} - 1 = 5.25 \Rightarrow 6개$$

75. ★★★ 출제년도 【17.】
공기관식 차동식분포형 감지기의 구조 및 기능기준 중 다음 ( )안에 알맞은 것은?

- 공기관은 하나의 길이(이음매가 없는 것)가 (㉠)m 이상의 것으로 안지름 및 관의 두께가 일정하고 홈, 갈라짐 및 변형이 없어야 하며 부식되지 아니하여야 한다.
- 공기관의 두께는 (㉡) mm 이상, 바깥지름은 (㉢) mm 이상이어야 한다.

① ㉠ 10, ㉡ 0.5, ㉢ 1.5
② ㉠ 20, ㉡ 0.3, ㉢ 1.9
③ ㉠ 10, ㉡ 0.3, ㉢ 1.9
④ ㉠ 20, ㉡ 0.5, ㉢ 1.5

해설 감지기의 형식승인 및 제품검사의 기술기준 제5조(구조 및 기능)
① 공기관은 하나의 길이(이음매가 없는 것)가 20m 이상의 것으로 안지름 및 관의 두께가 일정하고 홈, 갈라짐 및 변형이 없어야 하며 부식되지 아니하여야 한다.

② 공기관의 두께는 0.3 mm 이상, 바깥지름은 1.9 mm 이상이어야 한다.

76. ★★★ 출제년도 【17.】
광전식분리형감지기의 설치기준 중 광축은 나란한 벽으로부터 몇 m 이상 이격하여 설치 하여야 하는가?

① 0.6
② 0.8
③ 1
④ 1.5

해설 광전식분리형감지기 설치기준
① 감지기의 수광면은 햇빛을 직접 받지 않도록 설치
② 광축(송광면과 수광면의 중심을 연결한 선)은 나란한 벽으로부터 0.6m이상 이격하여 설치할 것
③ 감지기의 송광부와 수광부는 설치된 뒷벽으로부터 1m이내 위치에 설치할 것
④ 광축의 높이는 천장 등(천장의 실내에 면한 부분 또는 상층의 바닥 하부면을 말한다) 높이의 80% 이상일 것
⑤ 감지기의 광축의 길이는 공칭감시거리 범위내일 것

77. 출제년도 【17.】
근린생활시설 중 입원실이 있는 의원 지하층에 적응성을 가진 피난기구는?

① 피난용트랩
② 피난사다리
③ 피난교
④ 구조대

해설

설치 장소별구분	층별 2층	3층	4층 이상 10층 이하
의료시설, 근린생활시설중 입원실이 있는 의원·접골원·조산원		미끄럼대·구조대·피난교·피난용트랩·다수인 피난장비·승강식피난기	구조대·피난교·피난용트랩·다수인 피난장비·승강식피난기

정답 74. ② 75. ② 76. ① 77. ①

78. ★★ 출제년도 【17.】
누전경보기 부품의 구조 및 기능 기준 중 누전경보기에 변압기를 사용하는 경우 변압기의 정격 1차 전압은 몇 V 이하로 하는가?

① 100 ② 200
③ 300 ④ 400

해설 누전경보기 수신기에 설치하는 변압기
① 정격 1차 전압은 300V 이하
② 외함은 접지단자 설치

79. ★ 출제년도 【17.】
누전경보기 수신부의 구조 기준 중 틀린 것은?

① 2급 수신부에는 전원 입력측의 회로에 단락이 생기는 경우에 유효하게 보호되는 조치를 강구하여야 한다.
② 주전원의 양극을 동시에 개폐할 수 있는 전원스위치를 설치하여야 한다. 다만, 보수시에 전원공급이 자동적으로 중단되는 방식은 그러지 아니하다.
③ 감도조정장치를 제외하고 감도조정부는 외함의 바깥쪽에 노출되지 아니하여야 한다.
④ 전원입력측의 양선(1회선용은 1선 이상) 및 외부부하에 직접 전원을 송출하도록 구성된 회로에는 퓨즈 또는 브레이커 등을 설치하여야 한다.

해설 누전경보기의 형식승인 및 제품검사의 기술기준 제23조(수신부의 구조)
수신부는 다음 회로에 **단락이 생기는 경우**에는 유효하게 보호되는 조치를 강구하여야 한다.
전원 입력측의 회로(다만, **2급 수신부에는 적용하지 아니한다**)
수신부에서 외부의 음향장치와 표시등에 대하여 직접 전력을 공급하도록 구성된 외부회로

80. ★ 출제년도 【17.】
발신기의 외함을 합성수지를 사용하는 경우 외함의 최소 두께는 몇 mm이상이어야 하는가?

① 5 ② 3
③ 1.6 ④ 1.2

해설 발신기의 형식승인 및 제품검사의 기술기준 제4조(구조 및 일반기능)
발신기의 외함에 강판을 사용하는 경우에는 다음에 기재된 두께이상의 강판을 사용하여야 한다. 다만, **합성수지**를 사용하는 경우에는 **강판의 2.5배 이상**의 두께이어야 한다.
① 외함 1.2mm 이상
② 직접 벽면에 접하여 벽속에 매립되는 외함의 부분은 1.6mm 이상
※ 합성수지 사용하는 경우이므로 외함의 두께는 1.2×2.5배 = 3mm 이상

정답 78. ③ 79. ① 80. ②

4회 2017년 소방설비기사

1과목 소방원론

01 목재 화재 시 다량의 물을 뿌려 소화할 경우 기대되는 주된 소화효과는?

① 제거효과　　② 냉각효과
③ 부촉매효과　④ 희석효과

해설 다량의 물을 뿌려 소화할 경우에는 냉각효과를 기대할 수 있다.

소화원리에 따른 소화방법

연소의 4요소	소화원리	소화방법	비고
가연물	가연물의 제거	제거소화	물리적 소화
산소	산소희석, 산소차단	질식소화	
점화원	연소점 이하로 냉각	냉각소화	
순조로운 연쇄반응	연쇄반응의 억제	억제소화 (부촉매 소화)	화학적 소화

02 포소화약제 중 고팽창포로 사용할 수 있는 것은?

① 단백포
② 불화단백포
③ 내알코올포
④ 합성계면활성제포

해설 합성계면활성제포는 저팽창포와 고팽창포를 사용할 수 있다.

구분	소화약제의 농도
저팽창포	3%, 6%
고팽창포	1%, 1.5%, 2%

03 FM200 이라는 상품명을 가지며 오존파괴지수(ODP)가 0인 할론 대체 소화약제는 무슨 계열인가?

① HFC 계열　　② HCFC 계열
③ FC 계열　　　④ Blend 계열

해설 FM200
HFC 계열로 할로겐화합물 청정소화약제의 한 종류인 'HFC-227ea'(헵타플루오로프로판)라는 소화약제를 말한다. 분자식은 CF_3CHFCF_3, 최대허용설계농도는 10.5%이다.

04 화재 시 소화에 관한 설명으로 틀린 것은?

① 내알코올포 소화약제는 수용성용제의 화재에 적합하다.
② 물은 불에 닿을 때 증발하면서 다량의 열을 흡수하여 소화한다.
③ 제3종 분말소화약제는 식용유화재에 적합하다.
④ 할로겐화합물 소화약제는 연쇄반응을 억제하여 소화한다.

해설 제1종 분말소화약제는 비누화 반응을 일으켜 질식작용을 하므로 식용유화재에 적합하다.

분말소화약제의 종류

종별	주성분	화학식	착색	적응화재
제1종	탄산수소나트륨 (중탄산나트륨)	$NaHCO_3$	백색	BC급
제2종	탄산수소칼륨 (중탄산칼륨)	$KHCO_3$	담자색	BC급
제3종	인산염 (인산암모늄)	$NH_4H_2PO_4$	담홍색	ABC급
제4종	탄산수소칼륨 +요소	$KHCO_3 + (NH_2)_2CO$	회색	BC급

정답 1. ② 2. ④ 3. ① 4. ③

05 화재의 종류에 따른 분류가 틀린 것은?

① A급 : 일반화재
② B급 : 유류화재
③ C급 : 가스화재
④ D급 : 금속화재

해설 가연물의 종류에 따른 화재의 분류

구분	명칭	가연물의 종류	표시
A급화재	일반화재	종이, 목재, 섬유류 등의 일반 가연물	백색
B급화재	유류화재	유류(가연성 액체 포함)	황색
C급화재	전기화재	통전중인 전기설비	청색
D급화재	금속화재	칼륨, 나트륨 등의 가연성금속	무색
E급화재	가스화재	가연성가스(폭발 하한계가 10%이하, 연소범위 또는 폭발범위가 20% 이상인 것)	황색
K(F)급 화재	식용유 화재	식용유	-

06 휘발유의 위험성에 관한 설명으로 틀린 것은?

① 일반적인 고체 가연물에 비해 인화점이 낮다.
② 상온에서 가연성 증기가 발생한다.
③ 증기는 공기보다 무거워 낮은 곳에 체류한다.
④ 물보다 무거워 화재발생 시 물분무소화는 효과가 없다.

해설 휘발유는 물보다 가벼워 화재발생 시 물을 분무하면 화재면이 확대되어 위험하므로 물을 사용해서는 안 되며 포소화약제등을 이용하여 질식소화 하여야 한다.

07 질소 79.2vol%, 산소 20.8vol%로 이루어진 공기의 평균분자량은?

① 15.44
② 20.21
③ 28.83
④ 36.00

해설 질소(N_2) : 79.2vol%, 산소(O_2) : 20.8vol%이므로 공기의 평균분자량은
$14 \times 2 \times 0.792 + 16 \times 2 \times 0.208 = 28.83$

08 고비점 유류의 탱크화재 시 열유층에 의해 탱크아래의 물이 비등·팽창하여 유류를 탱크 외부로 분출시며 화재를 확대시키는 현상은?

① 보일 오버(Boil over)
② 롤 오버(Roll over)
③ 백 드래프트(Back draft)
④ 플래시 오버(Flash over)

해설 유류저장탱크의 연소 시 나타나는 현상
① **보일오버**(Boil Over)
탱크 저부(아랫부분)의 물이 급격히 증발하여 기름이 탱크 밖으로 화재를 동반하여 방출하는 현상
② **슬롭오버**(Slop Over)
유류탱크 화재 시 기름 표면에 물을 살수하면 기름이 탱크 밖으로 비산하여 화재가 확대되는 현상
③ **블레비**(Bleve) 현상
비등액체 팽창 증기폭발, 가연성 액화가스의 용기가 과열로 파손되어 가스가 분출된 후 불이 붙어 폭발하는 현상

09 전기불꽃, 아크 등이 발생하는 부분을 기름 속에 넣어 폭발을 방지하는 방폭구조는?

① 내압방폭구조
② 유입방폭구조
③ 안전증방폭구조
④ 특수방폭구조

해설 방폭구조의 종류
1) 내압 방폭구조(d, 耐壓)
점화원이 될 우려가 있는 부분을 **전폐구조**에 넣어 내부에서 폭발이 발생하여도 외부로 화염이 방출되지 않도록 한 구조

정답 5. ③ 6. ④ 7. ③ 8. ① 9. ②

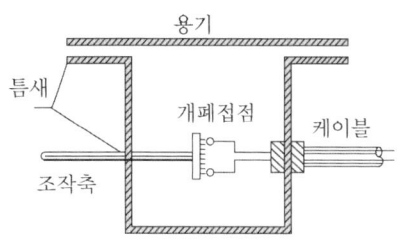

2) 압력 방폭구조(p)
점화원(전기불꽃, 아크 등)이 될 우려가 있는 부분을 용기 안에 넣고 **공기** 또는 **불활성 가스**를 주입하여 외부의 폭발성 가스가 용기 내로 침입하지 못하도록 한 구조

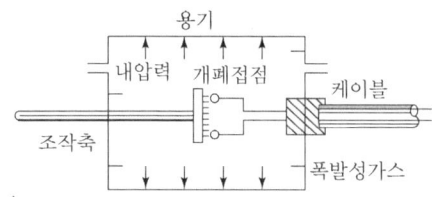

3) 유입 방폭구조(o)
점화원이 될 우려가 있는 부분을 **절연유** 속에 넣어 폭발성가스와 접촉하지 않도록 한 구조

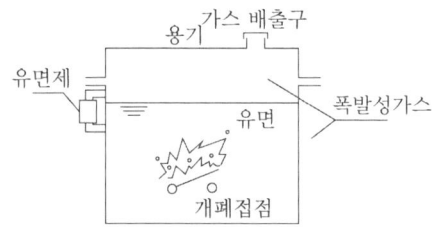

4) 안전증방폭구조(e)
정상운전 시 불꽃, 아크, 열 등이 발생하지 않도록 안전도를 증가시킨 구조

10 ★★★ 출제년도 【17.】
할로겐원소의 소화효과가 큰 순서대로 배열된 것은?

① I > Br > Cl > F
② Br > I > F > Cl
③ Cl > F > I > Br
④ F > Cl > Br > I

해설 할로겐원소
① 전기음성도(산소와의 친화력) : F > Cl > Br > I
② 소화효과 : I > Br > Cl > F 또는 F < Cl < Br < I

11 ★★★ 출제년도 【17.】
이산화탄소 20 g은 몇 mol 인가?

① 0.23   ② 0.45
③ 2.2   ④ 4.4

해설 이산화탄소(CO_2)의 분자량 : 44g

몰(mol) 수 : $\dfrac{질량(g)}{분자량(g)} = \dfrac{20g}{44g} = 0.45$

12 ★★★ 출제년도 【17.】
공기 중에서 연소범위가 가장 넓은 물질은?

① 수소   ② 이황화탄소
③ 아세틸렌   ④ 에테르

해설 연소범위

명칭	분자식	연소범위(%) 하한계	상한계
아세틸렌	C_2H_2	2.5	81
수소	H_2	4	75
(디에틸)에테르	$C_2H_5OC_2H_5$	1.9	48
이황화탄소	CS_2	1.2	44

13 ★★★ 출제년도 【17.】
건축물에 설치하는 방화벽의 구조에 대한 기준 중 틀린 것은?

① 내화구조로서 홀로 설 수 있는 구조이어야 한다.
② 방화벽의 양쪽 끝은 지붕면으로부터 0.2 m 이상 튀어 나오게 하여야 한다.
③ 방화벽의 위쪽 끝은 지붕면으로부터 0.5 m 이상 튀어 나오게 하여야 한다.
④ 방화벽에 설치한 출입문은 너비 및 높이가 각각 2.5m 이하인 갑종방화문을 설치하여야 한다.

해설 방화벽의 구조기준
① 내화구조로서 홀로 설 수 있는 구조일 것.
② 방화벽의 양쪽 끝과 윗쪽 끝을 건축물의 외벽면 및 지붕면으로부터 **0.5m 이상** 튀어나오게 할 것.
③ 방화벽에 설치하는 출입문의 너비 및 높이는 각각

2.5m 이하로 하고, 당해 출입문에는 60분+방화문 또는 60분 방화문을 설치할 것.

14 분말소화약제에 관한 설명 중 틀린 것은?
① 제1종 분말은 담홍색 또는 황색으로 착색되어 있다.
② 분말의 고화를 방지하기 위하여 실리콘수지 등으로 방습처리 한다.
③ 일반화재에도 사용할 수 있는 분말소화약제는 제3종 분말이다.
④ 제2종 분말의 열분해식은 $2KHCO_3 \to K_2CO_3 + CO_2 + H_2O$이다.

해설 제1종 분말은 **백색**으로 착색되어 있으며, 담홍색 또는 황색으로 착색되어 있는 것은 제3종 분말이다.

15 공기 중에서 자연발화 위험성이 높은 물질은?
① 벤젠　② 톨루엔
③ 이황화탄소　④ 트리에틸알루미늄

해설 보기설명
① 벤젠 : 제4류 위험물 중 제1석유류(인화성 액체)
② 톨루엔 : 제4류 위험물 중 제1석유류(인화성 액체)
③ 이황화탄소 : 제4류 위험물 중 특수인화물(인화성 액체)
④ 트리에틸알루미늄 : 제3류 위험물 중 알킬알루미늄에 해당하며, 자연발화성 및 금수성 물질이다.

16 제3류 위험물로서 자연발화성만 있고 금수성이 없기 때문에 물속에 보관하는 물질은?
① 염소산암모늄　② 황린
③ 칼륨　④ 질산

해설 보기설명
① 염소산암모늄 : 제1류 위험물
② 황린 : 제3류 위험물 중 자연발화성 물질, 물속에 보관
③ 칼륨 : 제3류 위험물 중 금수성물질
④ 질산 : 제6류 위험물

17 건물의 주요구조부에 해당되지 않는 것은?
① 바닥　② 천장
③ 기둥　④ 주계단

해설 주요구조부 : 내력벽, 기둥, 보, 지붕틀, 바닥, 주계단

18 폭발의 형태 중 화학적 폭발이 아닌 것은?
① 분해폭발　② 가스폭발
③ 수증기폭발　④ 분진폭발

해설 폭발의 형태

화학적 폭발	가스폭발, 분진폭발, 산화폭발, 중합폭발, 분해폭발 등
물리적 폭발	수증기폭발, 전선폭발, 상전이 폭발 등

19 연소확대 방지를 위한 방화구획과 관계없는 것은?
① 일반 승강기의 승강장 구획
② 층 또는 면적별 구획
③ 용도별 구획
④ 방화댐퍼

해설 연소확대 방지를 위한 방화구획
① 층 또는 면적별 구획
② 승강기의 **승강로 구획**
③ 위험용도별 구획
④ 방화 댐퍼 설치

정답 14. ①　15. ④　16. ②　17. ②　18. ③　19. ①

20. 피난층에 대한 정의로 옳은 것은?

① 지상으로 통하는 피난계단이 있는 층
② 비상용 승강기의 승강장이 있는 층
③ 비상용 출입구가 설치되어 있는 층
④ 직접 지상으로 통하는 출입구가 있는 층

해설 피난층 : 직접 지상으로 통하는 출입구가 있는 층

2과목 소방전기일반

21. 그림과 같은 회로에서 a, b 단자에 흐르는 전류 I가 인가전압 E와 동위상이 되었다. 이 때 L값은?

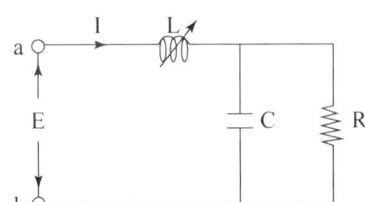

① $\dfrac{R}{1+\omega CR}$
② $\dfrac{R^2}{1+(\omega CR)^2}$
③ $\dfrac{CR^2}{1+\omega CR}$
④ $\dfrac{CR^2}{1+(\omega CR)^2}$

해설 합성임피던스

$$Z = jwL + \dfrac{\dfrac{R}{jwC}}{R+\dfrac{1}{jwC}} = jwL + \dfrac{R}{1+jwCR}$$

$$= jwL + \dfrac{R(1-jwCR)}{(1+jwCR)(1-jwCR)}$$

$$= jwL + \dfrac{R}{1+(wCR)^2} - \dfrac{jwCR^2}{1+(wCR)^2}$$

$$= \dfrac{R}{1+(wCR)^2} + j\left(wL - \dfrac{jwCR^2}{1+(wCR)^2}\right)$$

임피던스의 허수부가 0인 조건이므로

$$\left(wL - \dfrac{wCR^2}{1+(wCR)^2}\right) = 0$$

$$wL = \dfrac{wCR^2}{1+(wCR)^2}$$

$$L = \dfrac{CR^2}{1+(wCR)^2}$$

22. 그림과 같은 회로에서 단자 a, b 사이에 주파수 f (Hz)의 정현파 전압을 가했을 때 전류계 A1, A2의 값이 같았다. 이 경우 f, L, C 사이의 관계로 옳은 것은?

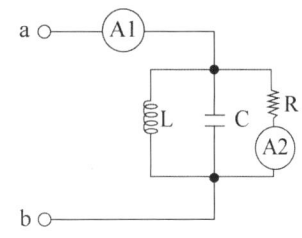

① $f = \dfrac{1}{2\pi^2 LC}$
② $f = \dfrac{1}{4\pi\sqrt{LC}}$
③ $f = \dfrac{1}{\sqrt{2\pi^2 LC}}$
④ $f = \dfrac{1}{2\pi\sqrt{LC}}$

해설 전류계 A_1과 A_2에 흐르는 전류가 같은 경우는 병렬 공진의 경우이다.

즉, $Y_0 = \dfrac{1}{R} + j\left(\dfrac{1}{X_C} - \dfrac{1}{X_L}\right)$에서 허수부가 0이어야 하므로

$\dfrac{1}{X_C} = \dfrac{1}{X_L}$, $\omega C = \dfrac{1}{\omega L}$, $\omega^2 LC = 1$

∴ $f = \dfrac{1}{2\pi\sqrt{LC}}$ [Hz]

정답 20. ④ 21. ④ 22. ④

23. 추종제어에 대한 설명으로 가장 옳은 것은?

① 제어량의 종류에 의하여 분류한 자동제어의 일종
② 목표값이 시간에 따라 임의로 변하는 제어
③ 제어량이 공업 프로세스의 상태량일 경우의 제어
④ 정치제어의 일종으로 주로 유량, 위치, 주파수, 전압 등을 제어

해설 추종 제어 : 미지의 임의 시간적 변화를 하는 목표값에 제어량을 추종시키는 것을 목적으로 하는 제어법

24. 다음 그림과 같은 논리회로로 옳은 것은?

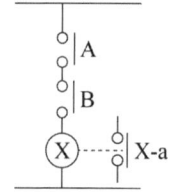

① OR회로　② AND회로
③ NOT회로　④ NOR회로

해설 AND회로 : 입력단자 A, B중 모두 ON되어야 출력이 ON되고 그 중 어느 한 단자라도 OFF되면 출력이 OFF되는 회로로 **논리식(출력식) X = A · B** 이다.

Loggic 회로	(AND gate: A, B → X)
무접점 회로	(트랜지스터 회로: +V, R, A, B)
유접점 회로	(접점 A, B, X, X-a)

진리표

A	B	X
0	0	0
0	1	0
1	0	0
1	1	1

25. 진공 중에 놓인 $5\mu C$의 점전하에서 2m 되는 점의 전계는 몇 V/m인가?

① 11.25×10^3
② 16.25×10^3
③ 22.25×10^3
④ 28.25×10^3

해설 전계의 세기

$$E = \frac{F}{Q} = \frac{Q}{4\pi\varepsilon_0 r^2} = 9 \times 10^9 \times \frac{Q}{r^2} [\text{V/m}]$$

$$= 9 \times 10^9 \times \frac{5 \times 10^{-6}}{2^2} = 11,250 [\text{V/m}]$$

$$= 11.25 \times 10^3 [\text{V/m}]$$

(전하 $Q = 5[\mu C] = 5 \times 10^{-6}[C]$)
여기서, Q : 전하[C], r : 거리[m],
ε_0 : 진공(공기)중의 유전율($= 8.855 \times 10^{-12}[\text{F/m}]$)

26. 전류 측정 범위를 확대시키기 위하여 전류계와 병렬로 연결해야만 되는 것은?

① 배율기　② 분류기
③ 중계기　④ CT

해설 배율기와 분류기
① 배율기 : 전압의 측정 범위를 확대시키기 위하여 전압계와 직렬로 연결
② 분류기 : 전류의 측정 범위를 확대시키기 위하여 전류계와 병렬로 연결

정답 23. ② 24. ② 25. ① 26. ②

27 100V, 500W의 전열선 2개를 같은 전압에서 직렬로 접속한 경우와 병렬로 접속한 경우의 전력은 각각 몇 W 인가?

① 직렬: 250, 병렬: 500
② 직렬: 250, 병렬: 1000
③ 직렬: 500, 병렬: 500
④ 직렬: 500, 병렬: 1000

해설 저항의 계산 $R = \dfrac{V^2}{P} = \dfrac{100^2}{500} = 20\,\Omega$

직렬로 접속한 경우 합성저항 : $20+20=40\,\Omega$

병렬로 접속한 경우 합성저항 : $\dfrac{20\times 20}{20+20}=10\,\Omega$

직렬로 접속한 경우 전력 : $P=\dfrac{V^2}{R}=\dfrac{100^2}{40}=250\,W$

병렬로 접속한 경우 전력 : $P=\dfrac{V^2}{R}=\dfrac{100^2}{10}=1{,}000\,W$

28 정속도 운전의 직류발전기로 작은 전력의 변화를 큰 전력의 변화로 증폭하는 발전기는?

① 앰플리다인
② 로젠베르그발전기
③ 솔레노이드
④ 서보전동기

해설 증폭특성을 이용한 발전기 : 앰플리다인, 로토트롤, HT 다이너모

29 전압 및 전류측정방법에 대한 설명 중 틀린 것은?

① 전압계를 저항 양단에 병렬로 접속한다.
② 전류계는 저항에 직렬로 접속한다.
③ 전압계의 측정범위를 확대하기 위하여 배율기는 전압계와 직렬로 접속한다.
④ 전류계의 측정범위를 확대하기 위하여 저항분류기는 전류계와 직렬로 접속한다.

해설 전류계의 측정범위를 확대하기 위하여 분류기는 전류계와 **병렬**로 접속한다.

30 공진작용과 관계가 없는 것은?

① C급 증폭회로
② 발진회로
③ LC 병렬회로
④ 변조회로

해설 공진
① 회로의 리액턴스(또는 허수부)가 0이 될 때 발생하는 것으로, 기본적인 공진조건은
$\omega_r L = \dfrac{1}{\omega_r C}$ 공진주파수 $f_r = \dfrac{1}{2\pi\sqrt{LC}}$ [Hz]
② 공진특성을 이용한 회로 : C급 증폭회로, 발진회로, LC 병렬회로

31 다음 그림과 같은 회로에서 전달함수로 옳은 것은?

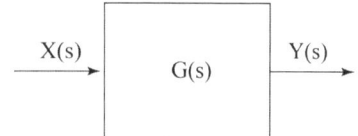

① $X(s)+Y(s)$
② $X(s)\,Y(s)$
③ $Y(s)/X(s)$
④ $X(s)/Y(s)$

해설 전달함수
입력($X(s)$)에 대한 출력($Y(s)$)의 비
전달함수 $G(s)=\dfrac{Y(s)}{X(s)}$

32 0.5kVA 의 수신기용 변압기가 있다. 변압기의 철손이 7.5W, 전부하동손이 16W이다. 화재가 발생하여 처음 2시간은 전부하 운전되고, 다음 2시간은 $\dfrac{1}{2}$의 부하가 걸렸다고 한다. 4시간에 걸친 전손실 전력량은 약 몇 Wh 인가?

① 65
② 70
③ 75
④ 80

해설 ① 철손 전력량=철손×시간=7.5W×4h=30Wh

정답 27. ② 28. ① 29. ④ 30. ④ 31. ③ 32. ②

② 동손 전력량 = 전부하시 동손 전력량
$+\frac{1}{2}$ 부하시 동손 전력량
$= 16W \times 2h + 16W \times 2h \times (\frac{1}{2})^2$
$= 40Wh$
③ 전손실 전력량 = 30 + 40 = 70Wh

33 ★★★ 출제년도 [17.]
지름 1.2m, 저항 7.6Ω의 동선에서 이 동선의 저항률을 0.0172Ω·m라고 하면 동선의 길이는 약 몇 m 인가?
① 200
② 300
③ 400
④ 500

해설 전기저항 $R = \rho \frac{l}{S} = \rho \frac{l}{\frac{\pi D^2}{4}}$ 의 관계에서

동선의 길이 $l = \frac{\pi D^2}{4\rho} \times R = \frac{\pi \times 1.2^2}{4 \times 0.0172} \times 7.6$
$= 499.73m$
여기서, D : 지름(또는 직경)(m),
ρ : 고유저항(Ω·m)
R : 저항(Ω)

34 ★★★ 출제년도 [17.]
제어 목표에 의한 분류 중 미지의 임의 시간적 변화를 하는 목표값에 제어량을 추종시키는 것을 목적으로 하는 제어법은?
① 정치 제어
② 비율 제어
③ 추종 제어
④ 프로그램 제어

해설 제어목적에 의한 분류
① 정치제어 : 목표 값이 시간에 관계없이 일정. (프로세스제어, 자동조정)
② 추종제어 : 목표 값이 임의의 시간변화를 하는 경우 제어량을 그 값에 추종시켜 제어
③ 프로그램제어 : 목표 값이 미리 정해진 시간변화
④ 비율제어 : 목표 값이 일정한 비율을 가지고 변화

35 ★★★ 출제년도 [07. 13. 17.]
논리식 $X = \overline{A \cdot B}$ 와 같은 것은?
① $X = \overline{A} + \overline{B}$
② $X = A + B$
③ $X = \overline{A} \cdot \overline{B}$
④ $X = A \cdot B$

해설 드모르간의 정리
① $X = \overline{A \cdot B} = \overline{A} + \overline{B}$
② $X = \overline{A + B} = \overline{A} \cdot \overline{B}$

36 ★★★ 출제년도 [14. 17.]
다이오드를 여러 개 병렬로 접속하는 경우에 대한 설명으로 옳은 것은?
① 과전류로부터 보호할 수 있다.
② 과전압으로부터 보호할 수 있다.
③ 부하측의 맥동률을 감소시킬 수 있다.
④ 정류기의 역방향 전류를 감소시킬 수 있다.

해설 ① 다이오드를 병렬로 연결 : 과전류로부터 보호
② 다이오드를 직렬로 연결 : 과전압으로부터 보호

37 ★ 출제년도 [17.]
이상적인 트랜지스터의 α 값은? (단, α는 베이스접지 증폭기의 전류 증폭률이다.)
① 0
② 1
③ 100
④ ∞

해설 베이스접지 전류 증폭률
$\alpha = h_{FB} = \frac{I_C}{I_E}$
여기서, I_C : 콜렉터(Collector)전류,
I_E : 이미터(Emitter)전류
이상적인 트랜지스터는 이미터전류와 콜렉터전류는 같으므로
전류 증폭률 $\alpha = 1$

정답 33. ④ 34. ③ 35. ① 36. ① 37. ②

38 저항이 R, 유도리액턴스가 X_L, 용량리액턴스가 X_C인 R-L-C 직렬회로에서의 $\dot{Z}$와 Z 값으로 옳은 것은?

① $\dot{Z} = R + j(X_L - X_C)$,
   $Z = \sqrt{R^2 + (X_L - X_C)^2}$
② $\dot{Z} = R + j(X_L + X_C)$,
   $Z = \sqrt{R + (X_L + X_C)^2}$
③ $\dot{Z} = R + j(X_C - X_L)$,
   $Z = \sqrt{R^2 + (X_C - X_L)^2}$
④ $\dot{Z} = R + j(X_C + X_L)$,
   $Z = \sqrt{R^2 + (X_C + X_L)^2}$

해설 R-L-C 직렬회로
합성임피던스 $Z = R + j(X_L - X_c)$
$= R + j(\omega L - \frac{1}{\omega C})[\Omega]$
크기 $Z = \sqrt{R^2 + (X_L - X_c)^2}[\Omega]$

39 3상 유도전동기의 기동법이 아닌 것은?

① Y-△ 기동법
② 기동 보상기법
③ 1차 저항 기동법
④ 전전압 기동법

해설 3상유도전동기의 기동법
1) 권선형 유도전동기
   ① **2차 저항 기동법** : 비례추이를 이용하여 기동하는 방법
   ② 비례추이 : 2차 저항을 조절하여 기동토크를 증가, 기동전류를 감소시키는 방법
2) 농형 유도전동기
   ① 직입기동(전전압 기동)법 : 5.5[kW]이하
   ② Y-△기동법
      보통 5~15[kW] 전동기에 적용, 기동전류 및 기동토크를 1/3로 감소
   ③ 리액터기동
   ④ 기동보상기 기동법

40 조작기기는 직접 제어대상에 작용하는 장치이고 빠른 응답이 요구된다. 다음 중 전기식 조작기기가 아닌 것은?

① 서보 전동기 ② 전동 밸브
③ 다이어프램 밸브 ④ 전자 밸브

해설 조작기기의 종류

전기식	기계식
전자 밸브, 전동 밸브, 2상 서보 전동기, 직류 서보 전동기, 펄스 전동기	클러치, 다이어프램 밸브, 밸브 포지셔너, 유압식 조작기(안내 밸브, 조작 실린더, 조작 피스톤, 분사관)

3과목 소방관계법규

41 위험물안전관리자로 선임할 수 있는 위험물취급자격자가 취급할 수 있는 위험물 기준으로 틀린 것은?

① 위험물기능장 자격 취득자 : 모든 위험물
② 안전관리자 교육이수자 : 위험물 중 제4류 위험물
③ 소방공무원으로 근무한 경력이 3년 이상인 자 : 위험물 중 제4류 위험물
④ 위험물산업기사 자격 취득자 : 위험물 중 제4류 위험물

해설 위험물안전관리법 시행령 [별표5] 위험물취급자의 자격

정답 38.① 39.③ 40.③ 41.④

위험물취급자격자의 구분	취급할 수 있는 위험물
1. 위험물기능장, 위험물산업기사, 위험물기능사의 자격을 취득한 사람	모든 위험물
2. 안전관리자교육이수자	위험물 중 제4류 위험물
3. 소방공무원 경력자 (소방공무원으로 근무한 경력이 3년 이상인 자)	위험물 중 제4류 위험물

42 소방용수시설의 설치기준 중 주거지역·상업지역 및 공업지역에 설치한 경우 소방대상물과의 수평거리는 최대 몇 m 이하 인가?

① 50　　② 100
③ 150　　④ 200

해설 소방용수시설별 설치기준 중 공통기준(수평거리)
1) 주거지역, 상업지역, 공업지역 : 100미터 이하
2) 기타 : 140미터 이하

43 정기점검의 대상이 되는 제조소등이 아닌 것은?

① 옥내탱크저장소　② 지하탱크저장소
③ 이동탱크저장소　④ 이송취급소

해설 정기점검의 대상이 되는 제조소등은 관계인이 예방규정을 정하여야 하는 제조소등이 해당되므로 제조소, 일반취급소, 옥외저장소, 옥내저장소, **옥외탱크저장소**, 암반탱크저장소, 이송취급소를 말한다.

44 1급 소방안전관리대상물에 대한 기준이 아닌 것은? (단, 동·식물원, 철강 등 불연성 물품을 저장·취급하는 창고, 위험물 저장 및 처리시설 중 위험물 제조소등, 지하구를 제외한 것이다.)

① 연면적 15,000m² 이상인 특정대상물 (아파트는 제외)

② 150세대 이상으로서 승강기가 설치된 공동주택
③ 가연성가스를 1,000톤 이상 저장·취급하는 시설
④ 30층 이상(지하층은 제외)이거나 지상으로부터 높이가 120m 이상인 아파트

해설 1급 소방안전관리대상물
1. 30층 이상(지하층은 제외한다)이거나 지상으로부터 높이가 120미터 이상인 아파트
2. **연면적 1만5천제곱미터 이상인 특정소방대상물(아파트는 제외한다)**
3. 층수가 **11층 이상**인 특정소방대상물(아파트는 제외한다)
4. 가연성 가스를 **1천톤 이상** 저장·취급하는 시설

45 대통령령으로 정하는 특정소방대상물의 소방시설 중 내진설계 대상이 아닌 것은?

① 옥내소화전설비　② 스프링클러설비
③ 미분무소화설비　④ 연결살수설비

해설 내진설계를 적용하는 소방설비
옥내소화전설비, 스프링클러설비, 물분무등소화설비

46 건축물의 공사 현장에 설치하여야 하는 임시소방시설과 기능 및 성능이 유사하여 임시소방시설을 설치한 것으로 보는 소방시설로 연결이 틀린 것은? (단, 임시소방시설-임시소방시설을 설치한 것으로 보는 소방시설 순이다.)

① 간이소화장치-옥내소화전
② 간이피난유도선-유도표지
③ 비상경보장치-비상방송설비
④ 비상경보장치-자동화재탐지설비

해설 임시소방시설과 기능 및 성능이 유사한 소방시설로서 임시소방시설을 설치한 것으로 보는 소방시설
① 간이소화장치를 설치한 것으로 보는 소방시설: 옥내소화전 또는 소방청장이 정하여 고시하는 기준에 맞는 소화기

정답 42. ②　43. ①　44. ②　45. ④　46. ②

② 비상경보장치를 설치한 것으로 보는 소방시설: 비상방송설비 또는 자동화재탐지설비
③ 간이피난유도선을 설치한 것으로 보는 소방시설: 피난유도선, 피난구유도등, 통로유도등 또는 비상조명등

① 자동화재탐지설비
② 스프링클러설비
③ 비상조명등
④ 무선통신보조설비

해설

설치가 면제되는 소방시설	설치면제 기준
비상경보설비 또는 단독경보형 감지기	자동화재탐지설비

47 ★★ 출제년도【17.】
행정안전부령으로 정하는 연소 우려가 있는 구조에 대한 기준 중 다음 ( ) 안에 알맞은 것은?

> 건축물대장의 건축물 현황도에 표시된 대지 경계선 안에 2이상의 건축물이 있는 경우로서 각각의 건축물이 다른 건축물의 외벽으로부터 수평거리가 1층의 경우에는 (㉠) m 이하, 2층 이상의 층의 경우에는 (㉡) m 이하이고 개구부가 다른 건축물을 향하여 설치된 구조를 말한다.

① ㉠ 3, ㉡ 5
② ㉠ 5, ㉡ 8
③ ㉠ 6, ㉡ 8
④ ㉠ 6, ㉡ 10

해설 연소 우려가 있는 구조
건축물대장의 건축물 현황도에 표시된 대지 경계선 안에 2 이상의 건축물이 있는 경우로서 각각의 건축물이 다른 건축물의 외벽으로부터 수평거리가 1층의 경우에는 (6) m 이하, 2층 이상의 층의 경우에는 (10) m 이하이고 개구부가 다른 건축물을 향하여 설치된 구조를 말한다.

48 ★★★ 출제년도【17.】
특정소방대상물의 소방시설 설치의 면제기준 중 다음 ( ) 안에 알맞은 것은?

> 비상경보설비 또는 단독경보형 감지기를 설치하여야 하는 특정소방대상물에 ( )를 화재안전기술기준에 적합하게 설치한 경우에는 그 설비의 유효범위에서 설치가 면제된다.

49 ★★★ 출제년도【17.】
위험물로서 제1석유류에 속하는 것은?

① 중유
② 휘발유
③ 실린더유
④ 등유

해설 보기설명
① 중유 : 제3석유류
② 휘발유 : 제1석유류
③ 실린더유 : 제4석유류
④ 등유 : 제2석유류
※ 보충설명 : 제4류위험물

특수인화물	이황화탄소, 다이에틸에터 그 밖에 1기압에서 발화점이 섭씨 100도 이하인 것 또는 인화점이 섭씨 영하 20도 이하이고 비점이 섭씨 40도 이하
제1석유류	아세톤, 휘발유 그 밖에 1기압에서 인화점이 섭씨 21도 미만
알코올류	1분자를 구성하는 탄소원자의 수가 1개부터 3개까지인 포화1가 알코올(변성알코올을 포함)
제2석유류	등유, 경유 그 밖에 1기압에서 인화점이 섭씨 21도 이상 70도 미만
제3석유류	중유, 크레오소트유 그 밖에 1기압에서 인화점이 섭씨 70도 이상 섭씨 200도 미만
제4석유류	기어유, 실린더유 그 밖에 1기압에서 인화점이 섭씨 200도 이상 섭씨 250도 미만
동식물유류	동물의 지육 등 또는 식물의 종자나 과육으로부터 추출한 것으로서 1기압에서 인화점이 섭씨 250도 미만

정답 47. ④ 48. ① 49. ②

50 ★★★ 출제년도【17. 22.】
건축허가 등을 함에 있어서 미리 소방본부장 또는 소방서장의 동의를 받아야 하는 건축물 등의 범위기준이 아닌 것은?

① 노유자시설 및 수련시설로서 연면적 100m² 이상인 건축물
② 지하층 또는 무창층이 있는 건축물로서 바닥면적이 150m² 이상인 층이 있는 것
③ 차고·주차장으로 사용되는 바닥면적이 200m² 이상인 층이 있는 건축물이나 주차시설
④ 장애인 의료재활시설로서 연면적 300m² 이상인 건축물

해설 건축허가등의 동의대상물의 범위
① 연면적이 400제곱미터 이상
   가. 학교시설: 100제곱미터 이상
   나. **노유자시설(老幼者施設) 및 수련시설 : 200제곱미터 이상**
   다. 정신의료기관(입원실이 없는 정신건강의학과 의원은 제외): 300제곱미터 이상
   라. 장애인 의료재활시설(이하 "의료재활시설"이라 한다): 300제곱미터 이상
② 차고·주차장 또는 주차용도로 사용되는 시설로서 다음 각 목의 어느 하나에 해당하는 것
   가. **차고·주차장**으로 사용되는 바닥면적이 **200제곱미터** 이상인 층이 있는 건축물이나 주차시설
   나. 승강기 등 기계장치에 의한 주차시설로서 자동차 20대 이상을 주차할 수 있는 시설
③ **항공기격납고, 관망탑, 항공관제탑, 방송용 송수신탑**
④ **지하층 또는 무창층**이 있는 건축물로서 바닥면적이 **150제곱미터(공연장의 경우에는 100제곱미터)** 이상인 층이 있는 것
⑤ 위험물 저장 및 처리 시설, 지하구
⑥ 층수가 6층 이상인 건축물

51 ★★★ 출제년도【17.】
스프링클러설비가 설치된 소방시설 등의 자체점검에서 종합정밀점검을 받아야 하는 아파트의 기준으로 옳은 것은?

① 연면적이 3000m² 이상이고 층수가 11층 이상인 것만 해당
② 연면적이 3000m² 이상이고 층수가 16층 이상인 것만 해당
③ 연면적이 5000m² 이상이고 층수가 11층 이상인 것만 해당
④ 연면적이 5000m² 이상이고 층수가 16층 이상인 것만 해당

해설 2021.7.13. 개정에 따라 현 기준에는 맞지 않습니다.
종합정밀점검의 대상(소방시설법 시행규칙)
1) 스프링클러설비가 설치된 특정소방대상물
2) 물분무등소화설비[호스릴(Hose Reel) 방식의 물분무등소화설비만을 설치한 경우는 제외한다]가 설치된 연면적 5,000m² 이상인 특정소방대상물(위험물 제조소등은 제외한다)
3) 다중이용업의 영업장(단란주점영업, 유흥주점영업, 영화상영관, 비디오물감상실업, 복합영상물제공업, 노래연습장업, 산후조리업, 고시원업, 안마시술소)이 설치된 특정소방대상물로서 연면적이 2,000m² 이상인 것
4) 제연설비가 설치된 터널
5) 공공기관 중 연면적(터널·지하구의 경우 그 길이와 평균폭을 곱하여 계산된 값을 말한다)이 1,000m² 이상인 것으로서 옥내소화전설비 또는 자동화재탐지설비가 설치된 것. 다만, 소방대가 근무하는 공공기관은 제외한다.

52 ★★★ 출제년도【17.】
방염성능기준 이상의 실내장식물 등을 설치해야 하는 특정소방대상물이 아닌 것은?

① 건축물 옥내에 있는 종교시설
② 방송통신시설 중 방송국 및 촬영소
③ 층수가 11층 이상인 아파트
④ 숙박이 가능한 수련시설

해설 관련법 : 화재예방, 소방시설설치유지 및 안전관리에 관한 법률 시행령 제19조(**방염성능기준 이상의 실내장식물** 등을 설치하여야 하는 특정소방대상물)
1) 근린생활시설 중 의원, 조산원, 산후조리원, 체력단련장, 공연장 및 종교집회장
2) 건축물의 옥내에 있는 시설로서 다음 각 목의 시설
   ① 문화 및 집회시설
   ② 종교시설
   ③ 운동시설(수영장은 제외)

정답 50. ① 51. ③ 52. ③

3) 의료시설
4) 교육연구시설 중 합숙소
5) 노유자시설
6) 숙박이 가능한 수련시설
7) 숙박시설
8) 방송국 및 촬영소
9) 다중이용업소
10) 층수가 11층 이상인 것(아파트는 제외한다)

53 ★ 출제년도 [17.]
화재의 예방조치 등과 관련하여 불장난, 모닥불, 흡연, 화기 취급, 그 밖에 화재예방상 위험하다고 인정되는 행위의 금지 또는 제한의 명령을 할 수 있는 자는?

① 시·도지사 ② 행정안전부장관
③ 소방청장   ④ 소방본부장

해설 소방본부장 또는 소방서장 : 화재의 예방조치 등과 관련하여 불장난, 모닥불, 흡연, 화기 취급, 그 밖에 화재예방상 위험하다고 인정되는 행위의 금지 또는 제한의 명령을 할 수 있는 자

위험물 또는 물건을 보관하는 경우 게시판에 공고하는 기간	14일
게시판에 공고하는 기간의 종료일 다음 날부터 보관기간	7일
매각되거나 폐기된 위험물 또는 물건의 소유자가 보상을 요구하는 경우 보상권자	소방본부장 또는 소방서장

54 ★ 출제년도 [17.]
2급 소방안전관리대상물의 소방안전관리자 선임 기준으로 틀린 것은?

① 전기공사산업기사 자격을 가진 자
② 소방공무원으로 3년 이상 근무한 경력이 있는 자
③ 의용소방대원으로 2년 이상 근무한 경력이 있는 자
④ 위험물산업기사 자격을 가진 자

해설 2급 소방안전관리자 선임자격
① 건축사·산업안전기사·산업안전산업기사·건축기사·건축산업기사·일반기계기사·전기기능장·전기기사·전기산업기사·전기공사기사 또는 전기공사산업기사 자격을 가진 사람
② 위험물기능장·위험물산업기사 또는 위험물기능사 자격을 가진 사람
③ 광산보안기사 또는 광산보안산업기사 자격을 가진 사람으로서 광산안전관리직원(안전관리자 또는 안전감독자만 해당한다)으로 선임된 사람
④ 소방공무원으로 3년 이상 근무한 경력이 있는 사람
⑤ 2급 소방안전관리대상물의 소방안전관리에 관한 시험에 합격한 사람

55 ★★★ 출제년도 [17.]
경보설비 중 단독경보형 감지기를 설치해야 하는 특정소방대상물의 기준으로 틀린 것은?

① 연면적 $600m^2$ 미만의 숙박시설
② 연면적 $1000m^2$ 미만의 아파트등
③ 연면적 $1000m^2$ 미만의 기숙사
④ 교육연구시설 내에 있는 연면적 $3000m^2$ 미만의 합숙소

해설 단독경보형 감지기

아파트등, 기숙사	연면적 1천m^2 미만
교육연구시설 또는 수련시설 내에 있는 합숙소 또는 기숙사	연면적 2천m^2 미만
숙박시설	연면적 600m^2 미만

56 ★ 출제년도 [17.]
다음 중 과태료 대상이 아닌 것은?

① 소방안전관리대상물의 소방안전관리자를 선임하지 아니한 자
② 소방안전관리 업무를 수행하지 아니한 자
③ 특정소방대상물의 근무자 및 거주자에 대한 소방훈련 및 교육을 하지 아니한 자
④ 특정소방대상물 소방시설 등의 점검결과를 보고하지 아니한 자

해설 ① 소방안전관리대상물의 소방안전관리자를 선임하지 아니한 자 : 300만원 이하의 벌금

정답 53. ④ 54. ③ 55. ④ 56. ①

② 소방안전관리 업무를 수행하지 아니한 자 : 200만 원 이하의 과태료
③ 특정소방대상물의 근무자 및 거주자에 대한 소방훈련 및 교육을 하지 아니한 자 : 200만원 이하의 과태료
④ 특정소방대상물 소방시설 등의 점검결과를 보고하지 아니한 자 : 200만원 이하의 과태료

57 시·도지사가 소방시설업의 영업정지처분에 갈음하여 부과할 수 있는 최대 과징금의 범위로 옳은 것은?

① 1000만원 이하
② 2000만원 이하
③ 3000만원 이하
④ 5000만원 이하

해설 시·도지사 : 소방시설업의 영업정지처분에 갈음하여 3천만원 이하의 과징금을 부과

58 화재경계지구의 지정대상이 아닌 것은?

① 공장·창고가 밀집한 지역
② 목조건물이 밀집한 지역
③ 농촌지역
④ 시장지역

해설 화재경계지구의 지정

지정권자	시·도지사
화재 경계지구의 지정	① **시장**지역 ② **공장·창고**가 밀집한 지역 ③ **목조건물**이 밀집한 지역 ④ 위험물의 저장 및 처리 시설이 밀집한 지역 ⑤ 석유화학제품을 생산하는 공장이 있는 지역 ⑥ 산업단지 ⑦ 소방시설·소방용수시설 또는 소방출동로가 없는 지역

59 소방시설업의 반드시 등록 취소에 해당하는 경우는?

① 거짓이나 그 밖의 부정한 방법으로 등록한 경우
② 다른 자에게 등록증 또는 등록수첩을 빌려준 경우
③ 소속 소방기술자를 공사현장에 배치하지 아니하거나 거짓으로 한 경우
④ 등록을 한 후 정당한 사유 없이 1년이 지날 때까지 영업을 시작하지 아니하거나 계속하여 1년 이상 휴업한 경우

해설 소방시설업의 등록취소
① 거짓이나 그 밖의 부정한 방법으로 등록한 경우
② 등록 결격사유에 해당하게 된 경우
③ 영업정지 기간 중에 소방시설공사등을 한 경우

60 자동화재탐지설비의 일반 공사감리기간으로 포함시켜 산정할 수 있는 항목은?

① 고정금속구를 설치하는 기간
② 전선관의 매립을 하는 공사기간
③ 공기유입구의 설치기간
④ 소화약제 저장용기 설치기간

해설 소방시설공사업법 시행규칙 [별표3]
일반 공사감리기간
자동화재탐지설비·시각경보기·비상경보설비·비상방송설비·통합감시시설·유도등·비상콘센트설비 및 무선통신보조설비의 경우: **전선관의 매립**, 감지기·유도등·조명등 및 비상콘센트의 설치, 증폭기의 접속, 누설동축케이블 등의 부설, 무선기기의 접속단자·분배기·증폭기의 설치 및 동력전원의 접속공사를 하는 기간

정답 57. ③ 58. ③ 59. ① 60. ②

4과목 소방전기설비의 구조 및 원리

61 ★★★ 출제년도 【17.】
자동화재속보설비를 설치하여야 하는 특정소방대상물의 기준 중 다음 ( ) 안에 알맞은 것은?

> 의료시설 중 정신병원 및 의료재활시설로 사용되는 바닥면적의 합계가 ( )m² 이상인 층이 있는 것

① 300 ② 500
③ 1000 ④ 1500

해설 자동화재속보설비 설치대상

업무시설, 공장, 창고시설, 교정 및 군사시설 중 국방·군사시설, 발전시설 ※ 사람이 24시간 상시 근무하고 있는 경우 설치 제외	바닥면적이 1천5백m² 이상인 층
노유자 생활시설, 판매시설 중 전통시장	
노유자시설 ※ 사람이 24시간 상시 근무하고 있는 경우 설치 제외	바닥면적이 500m² 이상인 층
수련시설(숙박시설이 있는 건축물만 해당한다) ※ 사람이 24시간 상시 근무하고 있는 경우 설치 제외	바닥면적이 500m² 이상인 층
보물 또는 국보로 지정된 목조건축물. ※ 사람이 24시간 상시 근무하고 있는 경우 설치 제외	
층수가 30층 이상	
의료시설 중 다음의 어느 하나에 해당하는 것 가) 종합병원, 병원, 치과병원, 한방병원 및 요양병원(정신병원과 의료재활시설은 제외) 나) 정신병원 및 의료재활시설로 사용되는 바닥면적의 합계가 **500m² 이상**인 층	
근린생활시설 중 의원, 치과의원 및 한의원으로서 입원실이 있는 시설	

62 ★★★ 출제년도 【17.】
무선통신보조설비 무선기기 접속단자의 설치기준 중 다음 ( ) 안에 알맞은 것은?

> 지상에 설치하는 접속단자는 보행거리 (㉠) m 이내마다 설치하고, 다른 용도로 사용되는 접속단자에서 (㉡) m 이상의 거리를 둘 것

① ㉠ 500, ㉡ 5   ② ㉠ 500, ㉡ 3
③ ㉠ 300, ㉡ 5   ④ ㉠ 300, ㉡ 3

해설 2021.3.25. 제6조(무선기기접속단자)가 제6조(옥외안테나)로 개정됨에 따라 현재 기준에는 맞지 않습니다.

63 ★★★ 출제년도 【17.】
객석유도등을 설치하여야 하는 특정소방대상물의 대상으로 옳은 것은?

① 운수시설
② 운동시설
③ 의료시설
④ 근린생활시설

해설 객석유도등 설치장소
공연장, 집회장(종교집회장 포함), 관람장, 운동시설, 유흥주점영업시설(카바레, 나이트클럽 등)

64 ★★★ 출제년도 【17.】
누전경보기의 구성요소에 해당하지 않는 것은?

① 차단기   ② 영상변류기(ZCT)
③ 음향장치 ④ 발신기

해설 누전경보기의 구성요소

영상변류기	누설전류를 검출하여 수신기에 송신
수신기	누설전류를 증폭
음향장치	누설전류가 흐를 때 경보
차단 릴레이	누설전류가 흐를 때 전원을 자동으로 차단

정답 61. ② 62. ③ 63. ② 64. ④

65. 자동화재탐지설비 수신기의 설치기준 중 다음 ( ) 안에 알맞은 것은?

> ( )층 이상의 특정소방대상물에는 발신기와 전화통화가 가능한 수신기를 설치할 것

① 2 ② 4 ③ 6 ④ 11

해설 자동화재탐지설비의 수신기 적합기준이 개정, 해당 기준이 삭제〈2022. 5. 9.〉됨에 따라 현재 기준에는 맞지 않는 문제입니다.

66. 피난기구 용어의 정의 중 다음 ( ) 안에 알맞은 것은?

> ( )란 사용자의 몸무게와 따라 자동적으로 내려올 수 있는 기구 중 사용자가 연속적으로 사용할 수 없는 것을 말한다.

① 간이완강기 ② 공기안전매트
③ 완강기 ④ 승강식 피난기

해설 피난기구의 용어정의

완강기	사용자의 몸무게에 따라 자동적으로 내려올 수 있는 기구중 사용자가 교대하여 **연속적으로 사용할 수 있는 것**
간이완강기	사용자의 몸무게에 따라 자동적으로 내려올 수 있는 기구중 사용자가 **연속적으로 사용할 수 없는 것**
구조대	포지 등을 사용하여 자루형태로 만든 것으로서 화재시 사용자가 그 내부에 들어가서 내려옴으로써 대피할 수 있는 것
공기안전매트	화재 발생시 사람이 건축물 내에서 외부로 긴급히 뛰어 내릴 때 충격을 흡수하여 안전하게 지상에 도달할 수 있도록 포지에 공기 등을 주입하는 구조로 되어 있는 것
다수인피난장비	화재 시 2인 이상의 피난자가 동시에 해당층에서 지상 또는 피난층으로 하강하는 피난기구
승강식 피난기	사용자의 몸무게에 의하여 자동으로 하강하고 내려서면 스스로 상승하여 연속적으로 사용할 수 있는 무동력 승강식피난기

67. 무선통신보조설비를 설치하여야 하는 특정소방대상물의 기준 중 옳은 것은? (단, 위험물 저장 및 처리 시설 중 가스시설은 제외한다.)

① 지하가(터널은 제외)로서 연면적 $500m^2$ 이상인 것
② 지하가 중 터널로서 길이가 1000m 이상인 것
③ 층수가 30층 이상인 것으로서 15층 이상 부분의 모든 층
④ 지하층의 층수가 3층 이상이고 지하층의 바닥면적의 합계가 $1000m^2$ 이상인 것은 지하층의 모든 층

해설 무선통신보조설비의 설치대상

지하가(터널은 제외한다)	연면적 1천m^2 이상	
지하층의 바닥면적의 합계	3천m^2 이상	지하 모든층
지하층의 층수가 3층 이상이고 지하층의 바닥면적의 합계	1천m^2 이상	
층수가 30층 이상	16층 이상 부분	
지하가 중 터널	길이가 500m 이상	
공동구		

68. 피난기구의 종류가 아닌 것은?

① 미끄럼대
② 공기호흡기
③ 승강식 피난기
④ 공기안전매트

해설 피난기구와 인명구조기구

구분	종류
피난기구	미끄럼대, 피난용트랩, 피난사다리, 구조대, 완강기, 간이완강기, 피난교, 다수인피난장비, 승강식피난기, 공기안전매트
인명구조기구	방열복 또는 방화복, **공기호흡기**, 인공소생기

정답 65. ② 66. ① 67. ④ 68. ②

69 ★★★ 출제년도 [17.]

누전경보기의 전원은 배선용 차단기에 있어서는 몇 A 이하의 것으로 각 극을 개폐할 수 있는 것을 설치하여야 하는가?

① 10　　② 15
③ 20　　④ 30

해설 누전경보기의 전원
전원은 분전반으로부터 전용회로, 각 극에 **개폐기 및 15A 이하의 과전류차단기**(배선용 차단기에 있어서는 **20A 이하**의 것으로 각 극을 개폐할 수 있는 것)를 설치할 것

70 ★★ 출제년도 [17.]

자동화재탐지설비 배선의 설치기준 중 틀린 것은?

① 감지기 사이의 회로의 배선은 송배전식으로 할 것
② 감지기회로의 도통시험을 위한 종단저항은 전용함을 설치하는 경우 그 설치 높이는 바닥으로부터 1.5m 이내로 할 것
③ 감지기회로 및 부속회로의 전로와 대지 사이 및 배선 상호간의 절연저항은 1경계구역마다 직류 250V의 절연저항측정기를 사용하여 측정한 절연저항이 0.1MΩ 이상이 되도록 할 것
④ 피(P)형 수신기 및 지피(G.P.)형 수신기의 감지기 회로의 배선에 있어서 하나의 공통선에 접속할 수 있는 경계구역은 9개 이하로 할 것

해설 자동화재탐지설비의 배선
피(P)형 수신기 및 지피(G.P.)형 수신기의 감지기 회로의 배선에 있어서 하나의 공통선에 접속할 수 있는 경계구역은 **7개 이하**로 할 것

71 ★★ 출제년도 [17.]

비상경보설비를 설치하여야 할 특정소방대상물의 기준 중 옳은 것은? (단, 지하구, 모래·석대 등 불연재료 창고 및 위험물 저장·처리 시설 중 가스시설은 제외한다.)

① 지하층 또는 무창층의 바닥면적이 150m² (공연장의 경우 100m²) 이상인 것
② 연면적 500m²(지하가 중 터널 또는 사람이 거주하지 않거나 벽이 없는 축사 등 동·식물관련시설은 제외) 이상인 것
③ 30명 이상의 근로자가 작업하는 옥내 작업장
④ 지하가 중 터널로서 길이가 1000m 이상인 것

해설 비상경보설비의 설치대상

연면적	400m² 이상
지하층 또는 무창층의 바닥면적	150m²(공연장의 경우 100m²) 이상
지하가 중 터널	길이가 500m 이상
50명 이상의 근로자가 작업하는 옥내 작업장	

72 ★★★ 출제년도 [17.]

단독경보형감지기를 설치하여야 하는 특정소방대상물의 기준 중 옳은 것은?

① 연면적 1000m² 미만의 아파트등
② 연면적 2000m² 미만의 기숙사
③ 교육연구시설 또는 수련시설 내에 있는 합숙소 또는 기숙사로서 연면적 1000m² 미만인 것
④ 연면적 1000m² 미만의 숙박시설

해설 단독경보형감지기 설치대상

아파트등, 기숙사	연면적 1천m² 미만
교육연구시설 또는 수련시설 내에 있는 합숙소 또는 기숙사	연면적 2천m² 미만
숙박시설	연면적 600m² 미만
유치원	연면적 400m² 미만

정답　69. ③　70. ④　71. ①　72. ①

73 비상방송설비의 설치기준 중 기동장치에 따른 화재신고를 수신한 후 필요한 음량으로 화재발생 상황 및 피난에 유효한 방송이 자동으로 개시될 때까지의 소요시간은 몇 초 이하로 하여야 하는가?

① 10
② 15
③ 20
④ 25

해설 비상방송설비의 음향장치
기동장치에 따른 화재신고를 수신한 후 필요한 음량으로 화재발생 상황 및 피난에 유효한 방송이 자동으로 개시될 때까지의 소요시간은 **10초 이하**로 할 것

74 비상방송설비를 설치하여야 하는 특정소방 대상물의 기준 중 틀린 것은? (단, 위험물 저장 및 처리 시설 중 가스시설, 사람이 거주하지 않는 동물 및 식물 관련시설, 지하가 중 터널, 축사 및 지하구는 제외한다.)

① 연면적 3500m² 이상인 것
② 지하층을 제외한 층수가 11층 이상인 것
③ 지하층의 층수가 3층 이상인 것
④ 50명 이상의 근로자가 작업하는 옥내 작업장

해설 50명 이상의 근로자가 작업하는 옥내 작업장은 비상경보설비 설치대상이다.
비상방송설비의 설치대상

연면적	3천5백m² 이상
지하층을 제외한 층수	11층 이상
지하층의 층수	3층 이상

75 지하층·무창층 등으로서 환기가 잘되지 아니하거나 실내면적이 40m² 미만인 장소에 설치하여야 하는 적응성이 있는 감지기가 아닌 것은?

① 정온식스포트형감지기
② 불꽃감지기
③ 광전식분리형감지기
④ 아날로그방식의 감지기

해설 자동화재탐지설비의 감지기
지하층·무창층 등으로서 환기가 잘되지 아니하거나 실내면적이 40m² 미만인 장소, 감지기의 부착면과 실내바닥과의 거리가 2.3m 이하인 곳으로서 일시적으로 발생한 열·연기 또는 먼지 등으로 인하여 화재신호를 발신할 우려가 있는 장소에 적응성 있는 감지기
① 불꽃감지기
② 정온식감지선형감지기
③ 분포형감지기
④ 복합형감지기
⑤ 광전식분리형감지기
⑥ 아날로그방식의 감지기
⑦ 다신호방식의 감지기
⑧ 축적방식의 감지기

76 단독경보형감지기의 설치기준 중 다음 (   ) 안에 알맞은 것은?

이웃하는 실내의 바닥면적이 각각 (   ) m² 미만이고 벽체의 상부의 전부 또는 일부가 개방되어 이웃하는 실내와 공기가 상호 유통되는 경우에는 이를 1개의 실로 본다.

① 30
② 50
③ 100
④ 150

해설 각 실(이웃하는 실내의 바닥면적이 각각 30m² 미만이고 벽체의 상부의 전부 또는 일부가 개방되어 이웃하는 실내와 공기가 상호 유통되는 경우에는 이를 1개의 실로 본다)마다 설치하되, 바닥면적이 150m²를 초과하는 경우에는 150m²마다 1개 이상 설치할 것

정답 73. ① 74. ④ 75. ① 76. ①

77 비상콘센트설비의 전원부와 외함 사이의 절연저항은 전원부와 외함 사이를 500V 절연저항계로 측정할 때 몇 MΩ 이상이어야 하는가?

① 10　　② 15
③ 20　　④ 25

해설 비상콘센트설비의 전원부와 외함 사이의 절연저항 및 절연내력
절연저항은 전원부와 외함 사이를 500V 절연저항계로 측정할 때 20MΩ 이상일 것
절연내력은 전원부와 외함 사이에 정격전압이 150V 이하인 경우에는 1,000V의 실효전압을, 정격전압이 150V 이상인 경우에는 그 정격전압에 2를 곱하여 1,000을 더한 실효전압을 가하는 시험에서 1분 이상 견디는 것으로 할 것

78 비상콘센트설비를 설치하여야 하는 특정소방대상물의 기준으로 옳은 것은? (단, 위험물 저장 및 처리시설 중 가스시설 또는 지하구는 제외한다.)

① 지하가(터널은 제외)로서 연면적 1,000m² 이상인 것
② 층수가 11층 이상인 특정소방대상물의 경우에는 11층 이상의 층
③ 지하층의 층수가 3층 이상이고 지하층의 바닥면적의 합계가 1,500m² 이상인 것은 지하층의 모든 층
④ 창고시설 중 물류터미널로서 해당 용도로 사용되는 부분의 바닥면적의 합계가 1,000m² 이상인 것

해설 비상콘센트설비 설치대상

층수가 11층 이상인 특정소방대상물	11층 이상의 층
지하층의 층수가 3층 이상이고 지하층의 바닥면적의 합계가 1천m² 이상	지하층의 모든 층
지하가 중 터널	길이가 500m 이상

79 비상조명등의 설치제외 기준 중 다음 ( ) 안에 알맞은 것은?

거실의 각 부분으로부터 하나의 출입구에 이르는 보행거리가 ( )m 이내인 부분

① 2　　② 5
③ 15　　④ 25

해설 비상조명등의 설치제외
① 거실의 각 부분으로부터 하나의 출입구에 이르는 보행거리가 15m이내인 부분
② 의원·경기장·공동주택·의료시설·학교의 거실

80 자동화재탐지설비 수신기의 구조기준 중 정격전압이 몇 V를 넘는 기구의 금속제 외함에는 접지단자를 설치하여야 하는가?

① 30　　② 60
③ 100　　④ 300

해설 수신기의 형식승인기준 제3조(구조 및 일반기능)
정격전압이 60V를 넘는 기구의 금속제 외함에는 접지단자를 설치하여야 한다.

정답 77. ③　78. ②　79. ③　80. ②

1회 2018년 소방설비기사

1과목 소방원론

01 ★★★ 출제년도【18.】
pH 9 정도의 물을 보호액으로 하여 보호액 속에 저장하는 물질은?
① 나트륨   ② 탄화칼슘
③ 칼륨   ④ 황린

해설 황린
① 제3류 위험물
② 자연발화성물질로서 물속에 저장한다.
③ 발화온도 : 34℃
※ 나트륨, 칼륨 : 물과 반응 시 수소 폭발하므로 석유(등유)속에 저장

02 ★★★ 출제년도【96.10.18.】
고분자 재료와 열적 특성의 연결이 옳은 것은?
① 폴리염화비닐 수지 – 열가소성
② 페놀 수지 – 열가소성
③ 폴리에틸렌 수지 – 열경화성
④ 멜라민 수지 – 열가소성

해설 ① 폴리염화비닐 수지(PVC) – 열가소성
② 페놀 수지 – 열경화성
③ 폴리에틸렌 수지 – 열가소성
④ 멜라민 수지 – 열경화성

03 ★★★ 출제년도【18.】
소화약제로 물을 사용하는 주된 이유는?
① 촉매역할을 하기 때문에
② 증발잠열이 크기 때문에
③ 연소작용을 하기 때문에
④ 제거작용을 하기 때문에

해설 물은 극성공유결합과 수소결합을 하고 있어 증발잠열이 크고 냉각능력이 우수하다.

04 ★★ 출제년도【18.】
대두유가 침적된 기름걸레를 쓰레기통에 장시간 방치한 결과 자연발화에 의하여 화재가 발생한 경우 그 이유로 옳은 것은?
① 분해열 축적   ② 산화열 축적
③ 흡착열 축적   ④ 발효열 축적

해설 대두유(콩기름)는 동식물유류 중 반건성유에 해당하는 물질로 기름걸레를 장기간 방치할 경우 산화열 축적에 의해 화재발생 가능성이 있다.

05 ★★★ 출제년도【15.18.】
다음 그림에서 목조 건물의 표준 화재 온도-시간 곡선으로 옳은 것은?
① a
② b
③ c
④ d

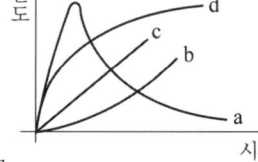

해설 ① a : 목조건축물
② d : 내화구조 건축물

06 ★★ 출제년도【18.】
포소화약제가 갖추어야 할 조건이 아닌 것은?
① 부착성이 있을 것
② 유동성과 내열성이 있을 것
③ 응집성과 안정성이 있을 것
④ 소포성이 있고 기화가 용이할 것

해설 소포성이란 포의 거품이 사라져 원래의 포 수용액으로 돌아가는 성질로서 포의 거품이 사라지면 포의 주된 소화작용인 질식소화 성능이 사라지게 된다.

정답 01. ④ 02. ① 03. ② 04. ② 05. ① 06. ④

07 탄화칼슘이 물과 반응 시 발생하는 가연성 가스는?

① 메탄 ② 포스핀
③ 아세틸렌 ④ 수소

해설 물과의 반응
① 탄화칼슘 : 아세틸렌(C_2H_2)
② 인화칼슘 : 포스핀(인화수소, PH_3)

08 건축물의 바깥쪽에 설치하는 피난계단의 구조 기준 중 계단의 유효너비는 몇 m 이상으로 하여야 하는가?

① 0.6 ② 0.7
③ 0.8 ④ 0.9

해설 옥외 피난계단의 유효너비는 0.9m 이상

09 0℃ 1atm 상태에서 부탄(C_4H_{10}) 1 mol을 완전 연소시키기 위해 필요한 산소의 mol 수는?

① 2 ② 4
③ 5.5 ④ 6.5

해설 미정계수법
$$C_mH_n + (m + \frac{n}{4})O_2 \rightarrow mCO_2 + \frac{n}{2}H_2O$$
에 대입하면 m=4, n=10이므로
$$C_4H_{10} + (4 + \frac{10}{4})O_2 \rightarrow 4CO_2 + \frac{10}{2}H_2O$$
$C_4H_{10} + 6.5O_2 \rightarrow 4CO_2 + 5H_2O$에서 산소의 몰수는 6.5mol이 된다.
※ 표준상태(0℃, 1atm 상태), atm(대기압) : atmospheric pressure

10 상온, 상압에서 액체인 물질은?

① CO_2 ② Halon 1301
③ Halon 1211 ④ Halon 2402

해설 상온, 상압(20 ± 5℃, 1기압)에서의 상태
① CO_2 : 기체
② Halon 1301 : 기체
③ Halon 1211 : 기체
④ Halon 2402 : 액체

11 MOC (Minimum Oxygen Concentration : 최소 산소 농도)가 가장 작은 물질은?

① 메탄 ② 에탄
③ 프로판 ④ 부탄

해설 최소산소농도(MOC)
1. 정의 : 화염전파를 하기 위하여 필요한 최소한의 산소농도
$$MOC = LFL \times \frac{O_2(mol)}{Fuel(mol)}$$
2. 보기계산
① 메탄 : 연소범위 5~15%
완전연소 반응식 : $CH_4 + 2O_2 \rightarrow CO_2 + 2H_2O$
$MOC : LFL \times \frac{O_2(mol)}{Fuel(mol)} = 5\% \times \frac{2}{1} = 10\%$
② 에탄 : 연소범위 3~12.4%
완전연소 반응식 : $C_2H_6 + 3.5O_2 \rightarrow 2CO_2 + 3H_2O$
$MOC : LFL \times \frac{O_2(mol)}{Fuel(mol)} = 3\% \times \frac{3.5}{1} = 10.5\%$
③ 프로판 : 연소범위 2.1~9.5%
완전연소 반응식 : $C_3H_8 + 5O_2 \rightarrow 3CO_2 + 4H_2O$
$MOC : LFL \times \frac{O_2(mol)}{Fuel(mol)} = 2.1\% \times \frac{5}{1} = 10.5\%$
④ 부탄 : 연소범위 1.8~8.4%
완전연소 반응식 : $C_4H_{10} + 6.5O_2 \rightarrow 4CO_2 + 5H_2O$
$MOC : LFL \times \frac{O_2(mol)}{Fuel(mol)} = 1.8\% \times \frac{6.5}{1} = 11.7\%$

12 분진폭발의 위험성이 가장 낮은 것은?

① 알루미늄분 ② 유황
③ 팽창질석 ④ 소맥분

해설 팽창질석은 간이소화용구의 한 종류로서 소화약제로 사용된다.
분진폭발을 일으키지 않는 물질 : 시멘트, 생석회, 석회석, 탄산칼슘

정답 07. ③ 08. ④ 09. ④ 10. ④ 11. ① 12. ③

13 소화의 방법으로 틀린 것은?
① 가연성 물질을 제거한다.
② 불연성 가스의 공기 중 농도를 높인다.
③ 산소의 공급을 원활히 한다.
④ 가연성 물질을 냉각시킨다.

해설
① 질식소화 : 가연성 물질을 제거한다.
② 제거소화 : 불연성 가스의 공기 중 농도를 높인다.
③ 질식소화 : 산소의 공급을 차단한다.
④ 냉각소화 : 가연성 물질을 냉각시킨다.

14 수성막포 소화약제의 특성에 대한 설명으로 틀린 것은?
① 내열성이 우수하여 고온에서 수성막의 형성이 용이하다.
② 기름에 의한 오염이 적다.
③ 다른 소화약제와 병용하여 사용이 가능하다.
④ 불소계 계면활성제가 주성분이다.

해설 수성막포는 내열성이 약하여 고온에서 수성막의 형성이 어려워 윤화(ring fire)현상이 발생한다.

15 1기압 상태에서 100℃ 물 1 g이 모두 기체로 변할 때 필요한 열량은 몇 cal인가?
① 429　② 499
③ 539　④ 639

해설 100℃ 물 1 g이 모두 기체로 변할 때 필요한 열량을 기화 또는 증발잠열이라 하고 539 cal가 필요하다.

16 다음 중 발화점이 가장 낮은 물질은?
① 휘발유　② 이황화탄소
③ 적린　　④ 황린

해설 보기설명
① 휘발유 : 300℃
② 이황화탄소 : 100℃
③ 적린 : 260℃
④ 황린 : 34℃

17 위험물안전관리법령에서 정하는 위험물의 한계에 대한 정의로 틀린 것은?
① 유황은 순도가 60 중량퍼센트 이상인 것
② 인화성고체는 고형알코올 그 밖에 1기압에서 인화점이 섭씨 40도 미만인 고체
③ 과산화수소는 그 농도가 35 중량퍼센트 이상인 것
④ 제1석유류는 아세톤, 휘발유 그 밖에 1기압에서 인화점이 섭씨 21도 미만인 것

해설 과산화수소는 그 농도가 36 중량퍼센트 이상인 것

18 건축물 내 방화벽에 설치하는 출입문의 너비 및 높이의 기준은 각각 몇 m 이하인가?
① 2.5　② 3.0
③ 3.5　④ 4.0

해설 방화벽
① 내화구조로 홀로 설 수 있는 구조
② 방화벽의 양쪽 끝과 위쪽 끝을 건축물의 외벽면 및 지붕면으로부터 0.5 m 이상 튀어나오게 할 것
③ 방화벽에 설치하는 출입문의 너비 및 높이는 각각 2.5 m 이하, 출입문에는 60분+방화문 또는 60분 방화문을 설치할 것

19 Fourier법칙(전도)에 대한 설명으로 틀린 것은?
① 이동열량은 전열체의 단면적에 비례한다.
② 이동열량은 전열체의 두께에 비례한다.
③ 이동열량은 전열체의 열전도도에 비례한다.
④ 이동열량은 전열체 내·외부의 온도차에 비례한다.

정답 13. ③ 14. ① 15. ③ 16. ④ 17. ③ 18. ① 19. ②

해설 푸리에의 전도법칙

① 열량 $q = \dfrac{\lambda}{l} A \triangle T$ [W]

(λ : 열전도도(열전도율), l : 두께, A : 단면적, $\triangle T$: 온도차)

② 열량은 열전도도, 단면적 및 온도차에 비례하고, 두께에 반비례한다.

20 ★★★ 출제년도【18.】

다음의 가연성 물질 중 위험도가 가장 높은 것은?

① 수소 ② 에틸렌
③ 아세틸렌 ④ 이황화탄소

해설

구분	연소범위	위험도
① 수소	4~75%	$H = \dfrac{75-4}{4} = 17.75$
② 에틸렌	3.1~32%	$H = \dfrac{32-3.1}{3.1} = 9.32$
③ 아세틸렌	2.5~81%	$H = \dfrac{81-2.5}{2.5} = 31.4$
④ 이황화탄소	1.2~44%	$H = \dfrac{44-1.2}{1.2} = 35.67$

2과목 소방전기일반

21 ★★★ 출제년도【18.】

다음과 같은 결합회로의 합성인덕턴스로 옳은 것은?

① $L_1 + L_2 + 2M$ ② $L_1 + L_2 - 2M$
③ $L_1 + L_2 - M$ ④ $L_1 + L_2 + M$

해설 인덕턴스의 직렬접속시 합성인덕턴스

① 가동결합시 $L = L_1 + L_2 + 2M$

② 차동결합시 $L = L_1 + L_2 - 2M$

22 ★★★ 출제년도【18.】

그림과 같이 전압계 V_1, V_2, V_3와 5 Ω의 저항 R을 접속하였다. 전압계의 지시가 $V_1 = 20$ V, $V_2 = 40$ V, $V_3 = 50$ V 라면 부하전력은 몇 W인가?

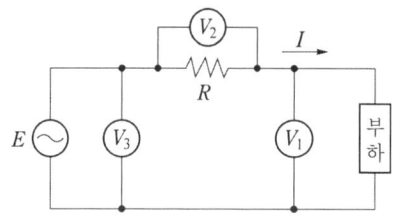

① 50 ② 100
③ 150 ④ 200

해설 전력 $P = \dfrac{1}{2R}(V_3^2 - V_2^2 - V_1^2)$ [W]

$= \dfrac{1}{2 \times 50}(50^2 - 40^2 - 20^2) = 50$ [W]

여기에서, R : 저항[Ω], V_3, V_2, V_1 : 전압[V]

23 ★★ 출제년도【18.】

권선수가 100회인 코일을 200회로 늘리면 코일에 유기되는 유도기전력은 어떻게 변화하는가?

① $\dfrac{1}{2}$로 감소 ② $\dfrac{1}{4}$로 감소
③ 2배로 증가 ④ 4배로 증가

해설 일반적인 경우에는 유도기전력 $e = -N\dfrac{d\phi}{dt}$ 의 관계에서 권수(N)에 비례하여 2배로 증가하게 되나 확정답안이 ④번이므로 아래와 같이 풀어야 합니다.

정답 20.④ 21.① 22.① 23.④

① 인덕턴스 $L = \dfrac{\mu A N^2}{l}$ 의 관계에서
   인덕턴스 L은 N^2(권수의 제곱)에 비례
② 유도기전력 $e = -L\dfrac{di}{dt}$ 의 관계에서
   e는 인덕턴스(L)에 비례
③ 유도기전력 e는 N^2(권수의 제곱)에 비례하므로 대입하면
④ $e = (\dfrac{N_2}{N_1})^2 = (\dfrac{200}{100})^2 = 4$, 4배로 증가한다.

24 회로의 전압과 전류를 측정하기 위한 계측기의 연결방법으로 옳은 것은?

① 전압계: 부하와 직렬, 전류계: 부하와 병렬
② 전압계: 부하와 직렬, 전류계: 부하와 직렬
③ 전압계: 부하와 병렬, 전류계: 부하와 병렬
④ 전압계: 부하와 병렬, 전류계: 부하와 직렬

해설 ① 전압계 : 부하와 병렬연결
② 전류계 : 부하와 직렬연결

25 3상유도전동기 Y-△ 기동회로의 제어요소가 아닌 것은?

① MCCB   ② THR
③ MC   ④ ZCT

해설 영상변류기(ZCT)는 누전차단기의 내부 또는 누전경보기에 설치되어 누설전류를 검출하는 장치이다.
① MCCB : 배선용차단기
② THR : 열동계전기
③ MC : 전자접촉기
④ ZCT : 영상변류기

26 제어동작에 따른 제어계의 분류에 대한 설명 중 틀린 것은?

① 미분동작: D동작 또는 rate동작이라고 부르며, 동작신호의 기울기에 비례한 조작신호를 만든다.
② 적분동작: I동작 또는 리셋동작이라고 부르며, 적분값의 크기에 비례하여 조절신호를 만든다.
③ 2위치제어: on/off 동작이라고도 하며, 제어량이 목표값보다 작은지 큰지에 따라 조작량으로 on 또는 off의 두가지 값의 조절신호를 발생한다.
④ 비례동작: P동작이라고도 부르며, 제어동작신호에 반비례하는 조절신호를 만드는 제어동작이다.

해설 비례동작(P동작)
검출값 편차의 크기에 비례하여 조작부를 제어하는 동작으로 잔류편차가 발생하는 단점이 있다.

27 용량 0.02 μF 콘덴서 2개와 0.01 μF 콘덴서 1개를 병렬로 접속하여 24 V의 전압을 가하였다. 합성용량은 몇 μF이며, 0.01 μF 콘덴서에 축적되는 전하량은 몇 C인가?

① 0.05, 0.12×10^{-6}
② 0.05, 0.24×10^{-6}
③ 0.03, 0.12×10^{-6}
④ 0.03, 0.24×10^{-6}

해설 ① 합성정전용량 : 병렬연결이므로 합산하면 된다.
$C_T = 0.02 \times 2개 + 0.01 \times 1개 = 0.05 \mu F$
② 충전되는 전기량
$Q = CV = 0.01 \times 10^{-6} \times 24 = 0.24 \times 10^{-6} C$

28 불대수의 기본정리에 관한 설명으로 틀린 것은?

① $A + A = A$ ② $A + 1 = 1$
③ $A \cdot 0 = 1$ ④ $A + 0 = A$

정답 24.④ 25.④ 26.④ 27.② 28.③

해설 ① · : 직렬연결을 의미, + : 병렬연결을 의미
② 0 : 개방상태, 1 : 단락상태
③ A · 0 = 0

29 ★★★ 출제년도 【14,18.】
RLC 직렬공진회로에서 제 n고조파의 공진주파수(f_n)는?

① $\dfrac{1}{2\pi n \sqrt{LC}}$ ② $\dfrac{1}{\pi n \sqrt{LC}}$
③ $\dfrac{1}{2\pi \sqrt{nLC}}$ ④ $\dfrac{n}{2\pi \sqrt{LC}}$

해설 n고조파 RLC 직렬공진회로의 임피던스
$$Z_n = R + j\left(nwL - \dfrac{1}{nwC}\right)$$
의 관계에서 공진발생조건은 임피던스의 허수부가 0일 때이므로
$$nwL - \dfrac{1}{nwC} = 0, \ nwL = \dfrac{1}{nwC}$$
$$w^2 = \dfrac{1}{n^2 LC}, \ (2\pi f_n)^2 = \dfrac{1}{n^2 LC}$$
공진주파수 $f_n = \dfrac{1}{2\pi n \sqrt{LC}}$
여기에서, n : 고조파 차수, L : 인덕턴스[H]
C : 정전용량[F]

30 ★★★ 출제년도 【18.】
대칭 3상 Y부하에서 각 상의 임피던스는 20Ω이고, 부하 전류가 8 A일 때 부하의 선간전압은 약 몇 V인가?

① 160   ② 226
③ 277   ④ 480

해설 Y결선시 선간전압
$V_l = \sqrt{3}\, V_P = \sqrt{3}\, I_P Z$
여기에서, V_P : 상전압[V], I_P : 상전류[A], Z : 임피던스[Ω]
$= \sqrt{3} \times 8 \times 20 = 160\sqrt{3} = 277.13$[V]
※ △ 결선시 선간전압
$V_l = V_P = I_P Z$

31 ★ 출제년도 【18.】
$R = 10\,\Omega$, $\omega L = 20\,\Omega$인 직렬회로에 220 V의 전압을 가하는 경우 전류와 전압과 전류의 위상각은 각각 어떻게 되는가?

① 24.5A, 26.5°
② 9.8A, 63.4°
③ 12.2A, 13.2°
④ 73.6A, 79.6°

해설 ① 전류의 크기 $I = \dfrac{V}{Z} = \dfrac{220}{\sqrt{10^2 + 20^2}} = 9.84$ A
② 위상각 $\theta = \tan^{-1}\dfrac{wL}{R} = \tan^{-1}\dfrac{20}{10} = 63.43°$

32 ★★★ 출제년도 【18.】
터널다이오드를 사용하는 목적이 아닌 것은?

① 스위칭작용
② 증폭작용
③ 발진작용
④ 정전압 정류작용

해설 ① 터널다이오드 : 스위칭작용, 증폭작용, 발진작용
② 제너다이오드 : 정전압 정류작용

33 ★★ 출제년도 【18.】
집적회로(IC)의 특징으로 옳은 것은?

① 시스템이 대형화된다.
② 신뢰성이 높으나, 부품의 교체가 어렵다.
③ 열에 강하다.
④ 마찰에 의한 정전기 영향에 주의해야 한다.

해설 집적회로(IC)의 특징
① 시스템이 소형화(회로의 소형화)
② 신뢰성이 높으나, 부품의 교체가 쉽다.
③ 열에 약하다.(납땜 시 주의를 요한다.)
④ 마찰에 의한 정전기 영향에 주의해야 한다.

정답 29. ① 30. ③ 31. ② 32. ④ 33. ④

34 PB-on 스위치와 병렬로 접속된 보조접점 X-a의 역할은?

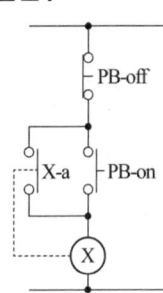

① 인터록 회로 ② 자기유지회로
③ 전원차단회로 ④ 램프점등회로

해설 PB-on을 누르면 릴레이 X가 여자(전원이 공급되는 상태)되어 보조점점인 X-a 접점이 닫히고 손을 떼어도 자기 유지되어 릴레이 X가 여자 상태를 유지한다. 이 때 PB-off를 누르면 릴레이 X는 소자(전원공급이 차단된 상태)된다.

35 1차 권선수 10회, 2차 권선수 300회인 변압기에서 2차 단자전압 1500 V가 유도되기 위한 1차 단자전압은 몇 V 인가?

① 30 ② 50
③ 120 ④ 150

해설 권수비(권선비)
$$a = \frac{N_1}{N_2} = \frac{V_1}{V_2}$$
N_1, N_2 : 1, 2차 권수
V_1, V_2 : 1, 2차 전압
$$\frac{10}{300} = \frac{V_1}{1500}$$
1차 단자전압
$$V_1 = \frac{10}{300} \times 1500 = 50\text{V}$$

36 교류에서 파형의 개략적인 모습을 알기 위해 사용하는 파고율과 파형률에 대한 설명으로 옳은 것은?

① 파고율 = $\frac{실효값}{평균값}$, 파형률 = $\frac{평균값}{실효값}$

② 파고율 = $\frac{최댓값}{실효값}$, 파형률 = $\frac{실효값}{평균값}$

③ 파고율 = $\frac{실효값}{최댓값}$, 파형률 = $\frac{평균값}{실효값}$

④ 파고율 = $\frac{최댓값}{평균값}$, 파형률 = $\frac{평균값}{실효값}$

해설 파고율 = $\frac{최댓값}{실효값}$, 파형률 = $\frac{실효값}{평균값}$

37 배전선에 6000 V의 전압을 가하였더니 2 mA의 누설전류가 흘렀다. 이 배전선의 절연저항은 몇 MΩ 인가?

① 3 ② 6
③ 8 ④ 12

해설 절연저항 $R = \frac{V}{I} = \frac{6000}{2 \times 10^{-3}} = 3 \times 10^6 \Omega = 3\text{M}\Omega$

여기에서, I : 전류[A], V : 전압[V]

38 자동화재탐지설비의 수신기에서 교류 220 V를 직류 24 V로 정류 시 필요한 구성요소가 아닌 것은?

① 변압기 ② 트랜지스터
③ 정류 다이오드 ④ 평활 콘덴서

해설 정류시 필요한 구성요소
① 변압기 : 220V를 24V로 변환하는 역할
② 정류 다이오드 : 교류를 직류로 변환하는 역할
③ 평활 콘덴서 : 정류 다이오드에서 변환된 맥류를 직류로 하기 위한 평활 회로에 사용되는 콘덴서

정답 34. ② 35. ② 36. ② 37. ① 38. ②

39 다음 그림과 같은 계통의 전달함수는?

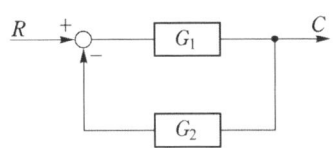

① $\dfrac{G_1}{1+G_2}$ ② $\dfrac{G_2}{1+G_1}$

③ $\dfrac{G_2}{1+G_1G_2}$ ④ $\dfrac{G_1}{1+G_1G_2}$

해설 종합전달함수

$$\dfrac{\text{전향경로의 합}}{1-\text{루프이득의 합}} = \dfrac{G_1}{1-(-G_1G_2)} = \dfrac{G_1}{1+G_1G_2}$$

40 단상 유도전동기의 Slip은 5.5%, 회전자의 속도가 1700 r/min인 경우 동기속도(N_s)는?

① 3090 r/min ② 9350 r/min
③ 1799 r/min ④ 1750 r/min

해설 회전자 속도 $N=(1-s)N_s$
여기에서, s : 슬립, N_s : 동기속도[r/min]
$1700 = (1-\dfrac{5.5}{100}) \times N_s$
$N_s = 1798.94$ r/min

3과목 소방관계법규

41 소방시설공사업법령상 소방시설공사 완공검사를 위한 현장 확인 대상 특정소방대상물의 범위가 아닌 것은?

① 위락시설 ② 판매시설
③ 운동시설 ④ 창고시설

해설 완공검사를 위한 현장 확인 대상
1. 문화 및 집회시설, 종교시설, 판매시설, 노유자(老幼者)시설, 수련시설, 운동시설, 숙박시설, 창고시설, 지하상가 및 「다중이용업소의 안전관리에 관한 특별법」에 따른 다중이용업소
2. 다음 각 목의 어느 하나에 해당하는 설비가 설치되는 특정소방대상물
   가. 스프링클러설비등
   나. 물분무등소화설비(호스릴 방식의 소화설비는 제외한다)
3. 연면적 1만제곱미터 이상이거나 11층 이상인 특정소방대상물(아파트는 제외한다)
4. 가연성가스를 제조·저장 또는 취급하는 시설 중 지상에 노출된 가연성가스탱크의 저장용량 합계가 1천톤 이상인 시설

42 소방기본법령상 특수가연물의 저장 및 취급의 기준 중 다음 ( ) 안에 알맞은 것은? (단, 석탄·목탄류를 발전용으로 저장하는 경우는 제외한다.)

[보기]
살수설비를 설치하거나, 방사능력범위에 해당 특수가연물이 포함되도록 대형수동식소화기를 설치하는 경우에는 쌓는 높이를 (㉠) m 이하, 석탄·목탄류의 경우에는 쌓는 부분의 바닥면적을 (㉡) m² 이하로 할 수 있다.

① ㉠ 10, ㉡ 50
② ㉠ 10, ㉡ 200
③ ㉠ 15, ㉡ 200
④ ㉠ 15, ㉡ 300

해설 관련법 : 소방기본법→화재의 예방 및 안전관리에 관한 법률로 이관됨(2022.12.1.)
특수가연물의 저장 및 취급기준
① 쌓는 높이 10 m 이하, 쌓는 부분 바닥면적 50 m² (석탄·목탄류는 200 m²) 이하
② 살수설비를 설치하거나, 대형수동식소화기를 설치하는 경우에는 쌓는 높이를 15m 이하, 쌓는 부분의 바닥면적 200 m²(석탄·목탄류의 경우에는 300 m²) 이하로 할 수 있다.

정답 39. ④ 40. ③ 41. ① 42. ④

43 위험물안전관리법상 시·도지사의 허가를 받지 아니하고 당해 제조소등을 설치할 수 있는 기준 중 다음 ( ) 안에 알맞은 것은?

[보기]
농예용·축산용 또는 수산용으로 필요한 난방시설 또는 건조시설을 위한 지정수량 ( )배 이하의 저장소.

① 20 ② 30
③ 40 ④ 50

해설 위험물안전관리법상 시·도지사의 허가를 받지 아니하고 당해 제조소등을 설치할 수 있거나 그 위치 구조 또는 설비를 변경할 수 있으며 신고를 하지 않고 위험물의 품명 수량 또는 지정수량의 배수를 변경할 수 있는 경우
① 주택의 난방시설(**공동주택의 중앙난방시설을 제외**)을 위한 저장소 또는 취급소
② **농예용·축산용 또는 수산용**으로 필요한 **난방시설 또는 건조시설**을 위한 지정수량 **20배** 이하의 저장소

44 소방시설 설치 및 관리에 관한 법령상 단독경보형감지기를 설치하여야 하는 특정소방대상물의 기준 중 옳은 것은?

① 연면적 600 m² 미만의 아파트 등
② 연면적 1000 m² 미만의 기숙사
③ 연면적 1000 m² 미만의 숙박시설
④ 교육연구시설 또는 수련시설 내에 있는 합숙소 또는 기숙사로서 연면적 1000 m² 미만인 것

해설 단독경보형감지기 설치 특정소방대상물
① 연면적 1000 m² 미만의 아파트 등
② 연면적 1000 m² 미만의 기숙사
③ 연면적 600 m² 미만의 숙박시설
④ 교육연구시설 또는 수련시설 내에 있는 합숙소 또는 기숙사로서 연면적 2000 m² 미만인 것
⑤ 연면적 400 m² 미만의 유치원

45 소방기본법령상 일반음식점에서 조리를 위하여 불을 사용하는 설비를 설치하는 경우 지켜야 하는 사항 중 다음 ( ) 안에 알맞은 것은?

• 주방설비에 부속된 배출덕트는 (㉠)mm 이상의 아연도금강판 또는 이와 동등 이상의 내식성 불연재료로 설치할 것
• 열을 발생하는 조리기구로부터 (㉡)m 이내의 거리에 있는 가연성 주요구조부는 석면판 또는 단열성이 있는 불연재료로 덮어 씌울 것

① ㉠ 0.5, ㉡ 0.15 ② ㉠ 0.5, ㉡ 0.6
③ ㉠ 0.6, ㉡ 0.15 ④ ㉠ 0.6, ㉡ 0.5

해설 [관련법] 소방기본법→화재의 예방 및 안전관리에 관한 법률로 이관됨(2022.12.1.)
가. 주방설비에 부속된 배출덕트(공기 배출통로)는 **0.5밀리미터 이상**의 아연도금강판 또는 이와 동등 이상의 내식성 불연재료로 설치할 것
나. 주방시설에는 동물 또는 식물의 기름을 제거할 수 있는 필터 등을 설치할 것
다. 열을 발생하는 조리기구는 반자 또는 선반으로부터 **0.6미터 이상** 떨어지게 할 것
라. 열을 발생하는 조리기구로부터 **0.15미터 이내**의 거리에 있는 가연성 주요구조부는 석면판 또는 단열성이 있는 불연재료로 덮어 씌울 것

46 소방기본법령상 특수가연물의 품명별 수량 기준으로 틀린 것은?

① 합성수지류 (발포시킨 것): 20 m³ 이상
② 가연성 액체류: 2 m³ 이상
③ 넝마 및 종이부스러기: 400 kg 이상
④ 볏짚류: 1000 kg 이상

해설 [관련법] 소방기본법→화재의 예방 및 안전관리에 관한 법률로 이관됨(2022.12.1.)
넝마 및 종이부스러기: 1000 kg 이상

정답 43. ① 44. ② 45. ① 46. ③

47 소방시설 설치 및 관리에 관한 법령상 용어의 정의 중 다음 ( )안에 알맞은 것은?

> 특정소방대상물이란 소방시설을 설치하여야 하는 소방대상물로서 ( )으로 정하는 것을 말한다.

① 행정안전부령   ② 국토교통부령
③ 고용노동부령   ④ 대통령령

해설 특정소방대상물이란 소방시설을 설치하여야 하는 소방대상물로서 대통령령으로 정하는 것을 말한다.

48 소방시설공사업법상 특정소방대상물의 관계인 또는 발주자가 해당 도급계약의 수급인을 도급계약 해지할 수 있는 경우의 기준 중 틀린 것은?

① 하도급계약의 적정성 심사 결과 하수급인 또는 하도급계약 내용의 변경 요구에 정당한 사유 없이 따르지 아니하는 경우
② 정당한 사유 없이 15일 이상 소방시설공사를 계속하지 아니하는 경우
③ 소방시설업이 등록취소되거나 영업정지된 경우
④ 소방시설업을 휴업하거나 폐업한 경우

해설 도급계약의 해지(소방시설공사업법 제23조)
① 소방시설업이 등록취소되거나 영업정지된 경우
② 소방시설업을 휴업하거나 폐업한 경우
③ 정당한 사유 없이 30일 이상 소방시설공사를 계속하지 아니하는 경우
④ 제22조의2제2항에 따른 요구에 정당한 사유 없이 따르지 아니하는 경우

49 위험물안전관리법령상 인화성액체위험물(이황화탄소를 제외)의 옥외탱크저장소의 탱크 주위에 설치하여야 하는 방유제의 설치 기준 중 틀린 것은?

① 방유제 내의 면적은 60000 m² 이하로 하여야 한다.
② 방유제는 높이 0.5 m 이상 3 m 이하, 두께 0.2 m 이상, 지하매설깊이 1 m 이상으로 할 것. 다만, 방유제와 옥외저장탱크 사이의 지반면 아래에 불침윤성 구조물을 설치하는 경우에는 지하매설깊이를 해당 불침윤성 구조물까지로 할 수 있다.
③ 방유제의 용량은 방유제안에 설치된 탱크가 하나인 때에는 그 탱크 용량의 110% 이상, 2기 이상인 때에는 그 탱크 중 용량이 최대인 것의 용량의 110% 이상으로 하여야 한다.
④ 방유제는 철근콘크리트로 하고, 방유제와 옥외저장탱크 사이의 지표면은 불연성과 불침윤성이 있는 구조 (철근콘크리트 등)로 할 것. 다만, 누출된 위험물을 수용할 수 있는 전용유조 및 펌프 등의 설비를 갖춘 경우에는 방유제와 옥외저장탱크 사이의 지표면을 흙으로 할 수 있다.

해설 방유제 내의 면적은 80,000 m² 이하

50 화재의 예방 및 안전관리에 관한 법률상 시·도지사가 화재예방강화지구로 지정할 필요가 있는 지역을 화재예방강화지구로 지정하지 아니하는 경우 해당 시·도지사에게 해당 지역의 화재예방강화지구 지정을 요청할 수 있는 자는?

① 행정안전부장관   ② 소방청장
③ 소방본부장   ④ 소방서장

정답 47. ④ 48. ② 49. ① 50. ②

해설 소방기본법에서 화재의 예방 및 안전관리에 관한 법률로 이관됨(2022.12.1.)
화재예방강화지구의 지정
시·도지사가 화재예방강화지구로 지정할 필요가 있는 지역을 화재예방강화지구로 지정하지 아니하는 경우 소방청장은 해당 시·도지사에게 해당 지역의 화재예방강화지구 지정을 요청할 수 있다.

51 ★★★ 출제년도【18.】
화재의 예방 및 안전관리에 관한 법률상 소방안전 특별관리시설물의 대상기준 중 틀린 것은?

① 수련시설
② 항만시설
③ 전력용 및 통신용 지하구
④ 지정문화재인 시설 (시설이 아닌 지정문화재를 보호하거나 소장하고 있는 시설을 포함)

해설 소방안전 특별관리시설물의 안전관리
1. 공항시설
2. 철도시설
3. 도시철도시설
4. 항만시설
5. 지정문화재인 시설(시설이 아닌 지정문화재를 보호하거나 소장하고 있는 시설을 포함한다)
6. 산업기술단지
7. 산업단지
8. 초고층 건축물 및 지하연계 복합건축물
9. 영화상영관 중 수용인원 1천명 이상인 영화상영관
10. 전력용 및 통신용 지하구
11. 석유비축시설
12. 천연가스 인수기지 및 공급망
13. 전통시장으로서 대통령령으로 정하는 전통시장 (점포가 500개 이상)
14. 그 밖에 대통령령으로 정하는 시설물

52 ★★★ 출제년도【18.】
소방기본법령상 소방용수시설별 설치기준 중 옳은 것은?

① 저수조는 지면으로부터의 낙차가 4.5 m 이상일 것
② 소화전은 상수도와 연결하여 지하식 또는 지상식의 구조로 하고, 소방용호스와 연결하는 소화전의 연결금속구의 구경은 50 mm로 할 것
③ 저수조 흡수관의 투입구가 사각형의 경우에는 한 변의 길이가 60 cm 이상일 것
④ 급수탑 급수배관의 구경은 65 mm 이상으로 하고, 개폐밸브는 지상에서 0.8 m 이상 1.5 m 이하의 위치에 설치하도록 할 것

해설 ① 저수조는 지면으로부터의 낙차가 4.5m 이하일 것
② 소화전은 상수도와 연결하여 지하식 또는 지상식의 구조로 하고, 소방용호스와 연결하는 소화전의 연결금속구의 구경은 65 mm로 할 것
③ 저수조 흡수관의 투입구가 사각형의 경우에는 한 변의 길이가 60 cm 이상일 것
④ 급수탑 급수배관의 구경은 100 mm 이상으로 하고, 개폐밸브는 지상에서 1.5 m 이상 1.7 m 이하의 위치에 설치하도록 할 것

53 ★★★ 출제년도【18.】
위험물안전관리법상 업무상 과실로 제조소 등에서 위험물을 유출·방출 또는 확산시켜 사람의 생명·신체 또는 재산에 대하여 위험을 발생시킨 자에 대한 벌칙 기준으로 옳은 것은?

① 10년 이하의 징역 또는 금고나 1억원 이하의 벌금
② 7년 이하의 금고 또는 7천만원 이하의 벌금
③ 5년 이하의 징역 또는 1억원 이하의 벌금
④ 3년 이하의 징역 또는 3천만원 이하의 벌금

해설 업무상 과실로 제조소등에서 위험물을 유출·방출 또는 확산시켰을 경우
① 사람의 생명·신체 또는 재산에 대하여 위험을 발생시킨 자 : 7년 이하의 금고 또는 7천만원 이하의 벌금
② 사람을 사상에 이르게 한 자 : 10년 이하의 징역 또는 금고나 1억원 이하의 벌금

정답 51. ① 52. ③ 53. ②

54 소방시설 설치 및 관리에 관한 법률상 중앙소방기술심의위원회의 심의사항이 아닌 것은?

① 화재안전기술기준에 관한 사항
② 소방시설의 설계 및 공사감리의 방법에 관한 사항
③ 소방시설에 하자가 있는지의 판단에 관한 사항
④ 소방시설공사의 하자를 판단하는 기준에 관한 사항

해설 중앙소방기술심의위원회의 심의사항
① 화재안전기술기준에 관한 사항
② 소방시설의 설계 및 공사감리의 방법에 관한 사항
③ **소방시설공사의 하자를 판단하는 기준에 관한 사항**
④ 연면적 10만제곱미터 이상의 특정소방대상물에 설치된 소방시설의 설계 시공 감리의 하자 유무에 관한 사항
⑤ 새로운 소방시설과 소방용품 등의 도입 여부에 관한 사항
⑥ 소방시설의 구조 및 원리에서 공법이 특수한 설계 및 시공에 관한 사항

55 위험물안전관리법령상 제조소의 위치·구조 및 설비의 기준 중 위험물을 취급하는 건축물 그 밖의 시설의 주위에는 그 취급하는 위험물의 최대수량이 지정수량의 10배 이하인 경우 보유하여야 할 공지의 너비는 몇 m 이상이어야 하는가?

① 3   ② 5
③ 8   ④ 10

해설 보유공지

취급하는 위험물의 최대수량	공지의 너비
지정수량의 10배 이하	3m 이상
지정수량의 10배 초과	5m 이상

56 소방시설 설치 및 관리에 관한 법령상 종합정밀점검 실시 대상이 되는 특정소방대상물의 기준 중 다음 ( ) 안에 알맞은 것은?

- 스프링클러설비 또는 물분무등소화설비[호스릴방식의 물분무등소화설비만을 설치한 경우는 제외]가 설치된 연면적(㉠)[m²] 이상인 특정소방대상물 (위험물제조소등은 제외)
- 아파트는 연면적 (㉠)[m²] 이상이고, (㉡) 층 이상인 것만 해당

① ㉠ 2000, ㉡ 7   ② ㉠ 2000, ㉡ 11
③ ㉠ 5000, ㉡ 7   ④ ㉠ 5000, ㉡ 11

해설 2021.7.13. 개정에 따라 현 기준에는 맞지 않습니다.
종합정밀점검의 대상(소방시설법 시행규칙)
1) 스프링클러설비가 설치된 특정소방대상물
2) 물분무등소화설비[호스릴(Hose Reel) 방식의 물분무등소화설비만을 설치한 경우는 제외한다]가 설치된 연면적 5,000m² 이상인 특정소방대상물 (위험물 제조소등은 제외한다)
3) 다중이용업의 영업장(단란주점영업, 유흥주점영업, 영화상영관, 비디오물감상실업, 복합영상물제공업, 노래연습장업, 산후조리업, 고시원업, 안마시술소)이 설치된 특정소방대상물로서 연면적이 2,000m² 이상인 것
4) 제연설비가 설치된 터널
5) 공공기관 중 연면적(터널·지하구의 경우 그 길이와 평균폭을 곱하여 계산된 값을 말한다)이 1,000m² 이상인 것으로서 옥내소화전설비 또는 자동화재탐지설비가 설치된 것. 다만, 소방대가 근무하는 공공기관은 제외한다.

57 소방시설 설치 및 관리에 관한 법령상 화재안전기술기준을 달리 적용하여야 하는 특수한 용도 또는 구조를 가진 특정소방대상물인 원자력발전소에 설치하지 아니할 수 있는 소방시설은?

① 물분무등소화설비
② 스프링클러설비
③ 상수도소화용수설비
④ 연결살수설비

정답 54. ③ 55. ① 56. ④ 57. ④

해설 소방시설을 설치하지 아니하는 특정소방대상물의 범위

특정소방대상물	소방시설
펄프공장의 작업장, 음료수 공장의 세정 또는 충전을 하는 작업장, 그 밖에 이와 비슷한 용도로 사용하는 것	스프링클러설비, 상수도소화용수설비 및 연결살수설비
정수장, 수영장, 목욕장, 농예·축산·어류양식용 시설, 그 밖에 이와 비슷한 용도로 사용되는 것	자동화재탐지설비, 상수도소화용수설비 및 연결살수설비
원자력발전소, 핵폐기물처리시설	연결송수관설비 및 연결살수설비

58. 소방기본법상 소방업무의 응원에 대한 설명 중 틀린 것은?

① 소방본부장이나 소방서장은 소방활동을 할 때에 긴급한 경우에는 이웃한 소방본부장 또는 소방서장에게 소방업무의 응원을 요청할 수 있다.
② 소방업무의 응원 요청을 받은 소방본부장 또는 소방서장은 정당한 사유 없이 그 요청을 거절하여서는 아니 된다.
③ 소방업무의 응원을 위하여 파견된 소방대원은 응원을 요청한 소방본부장 또는 소방서장의 지휘에 따라야 한다.
④ 시·도지사는 소방업무의 응원을 요청하는 경우를 대비하여 출동 대상지역 및 규모와 필요한 경비의 부담 등에 관하여 필요한 사항을 대통령령으로 정하는 바에 따라 이웃하는 시·도지사와 협의하여 미리 규약으로 정하여야 한다.

해설 시·도지사는 소방업무의 응원을 요청하는 경우를 대비하여 출동 대상지역 및 규모와 필요한 경비의 부담 등에 관하여 필요한 사항을 행정안전부령으로 정하는 바에 따라 이웃하는 시·도지사와 협의하여 미리 규약으로 정하여야 한다.

59. 화재예방, 소방시설의 설치·유지 및 안전관리에 관한 법령상 소방안전관리대상물의 소방안전관리자가 소방훈련 및 교육을 하지 않은 경우 1차 위반 시 과태료 금액 기준 중 옳은 것은?

① 200만원 ② 100만원
③ 50만원   ④ 30만원

해설 소방안전관리대상물의 소방안전관리자가 소방훈련 및 교육을 하지 않은 경우
① 1차 위반 : 50만원
② 2차 위반 : 100만원
③ 3차 위반 : 200만원

60. 화재의 예방 및 안전관리에 관한 법률상 공동 소방안전관리자 선임대상 특정소방대상물의 기준 중 틀린 것은?

① 판매시설 중 상점
② 고층 건축물 (지하층을 제외한 층수가 11층 이상인 건축물만 해당)
③ 지하가 (지하의 인공구조물 안에 설치된 상점 및 사무실, 그 밖에 이와 비슷한 시설이 연속하여 지하도에 접하여 설치된 것과 그 지하도를 합한 것)
④ 복합건축물로서 연면적이 5000 m² 이상인 것 또는 층수가 5층 이상인 것

해설 관리의 권원이 분리된 특정소방대상물의 소방안전관리[(구) 공동소방안전관리]
1. 복합건축물(지하층을 제외한 층수가 11층 이상 또는 연면적 3만제곱미터 이상인 건축물)
2. 지하가(지하의 인공구조물 안에 설치된 상점 및 사무실, 그 밖에 이와 비슷한 시설이 연속하여 지하도에 접하여 설치된 것과 그 지하도를 합한 것을 말한다)
3. 그 밖에 대통령령으로 정하는 특정소방대상물
  가. **복합건축물로서 연면적이 5천제곱미터 이상인 것 또는 층수가 5층 이상인 것**
  나. 도매시장, 소매시장 및 전통시장
  다. 소방본부장 또는 소방서장이 지정하는 것

정답 58. ④ 59. ③ 60. ①

4과목 소방전기설비의 구조 및 원리

61 누전경보기를 설치하여야 하는 특정소방대상물의 기준 중 다음 ( ) 안에 알맞은 것은? (단, 위험물 저장 및 처리 시설 중 가스시설, 지하가 중 터널 또는 지하구의 경우는 제외한다.)

> 누전경보기는 계약전류용량이 ( ) A를 초과하는 특정소방대상물(내화구조가 아닌 건축물로서 벽·바닥 또는 반자의 전부나 일부를 불연재료 또는 준불연재료가 아닌 재료에 철망을 넣어 만든 것만 해당)에 설치하여야 한다.

① 60
② 100
③ 200
④ 300

해설 누전 경보기
① 설치대상 : 계약전류용량이 **100암페어**를 초과하는 특정소방대상물
② 용어정의 : 사용전압 **600 V 이하**인 경계전로의 누설전류를 검출하여 당해 소방 대상물의 관계자에게 경보를 발하는 설비로서 변류기와 수신부로 구성된 것

62 복도통로유도등의 식별도 기준 중 다음 ( ) 안에 알맞은 것은?

> 복도통로유도등에 있어서 사용전원으로 등을 켜는 경우에는 직선거리 (㉠) m의 위치에서, 비상전원으로 등을 켜는 경우에는 직선거리 (㉡) m의 위치에서 보통시력에 의하여 표시면의 화살표가 쉽게 식별되어야 한다.

① ㉠ 15, ㉡ 20
② ㉠ 20, ㉡ 15
③ ㉠ 30, ㉡ 20
④ ㉠ 20, ㉡ 30

해설 유도등 형식승인 및 제품검사의 기술기준 **제16조(식별도 및 시야각시험)**
복도통로유도등에 있어서 사용전원으로 등을 켜는 경우에는 직선거리 20 m의 위치에서, 비상전원으로 등을 켜는 경우에는 직선거리 15 m의 위치에서 보통시력에 의하여 표시면의 화살표가 쉽게 식별되어야 한다.

63 지하층을 제외한 층수가 7층 이상으로서 연면적이 2000 m² 이상이거나 지하층의 바닥면적의 합계가 3000 m² 이상인 특정소방대상물의 비상콘센트 설비에 설치하여야 할 비상전원의 종류가 아닌 것은?

① 비상전원수전설비
② 자가발전설비
③ 전기저장장치
④ 축전지설비

해설 비상콘센트의 비상 전원 : **자가 발전설비, 비상전원수전설비, 축전지설비 또는 전기저장장치**
→ 2022.12.01. 기준이 개정됨에 따라 현재 기준에는 맞지 않는 문제입니다.

64 수신기의 구조 및 일반기능에 대한 설명 중 틀린 것은? (단, 간이형수신기는 제외한다.)

① 수신기 (1회선용은 제외한다)는 2회선이 동시에 작동하여도 화재표시가 되어야 하며, 감지기의 감지 또는 발신기의 발신개시로부터 P형, P형 복합식, GP형, GP형복합식, R형, R형복합식, GR형 또는 GR형복합식 수신기의 수신완료까지의 소요시간은 5초 (축적형의 경우에는 60초)이내이어야 한다.

정답 61. ② 62. ② 63. ④ 64. ②

② 수신기의 외부배선 연결용 단자에 있어서 공통신호선용 단자는 10개 회로마다 1개 이상 설치하여야 한다.
③ 화재신호를 수신하는 경우 P형, P형 복합식, GP형, GP형복합식, R형, R형복합식, GR형 또는 GR형복합식의 수신기에 있어서는 2이상의 지구표시장치에 의하여 각각 화재를 표시할 수 있어야 한다.
④ 정격전압이 60V를 넘는 기구의 금속제 외함에는 접지단자를 설치하여야 한다.

해설 수신기의 형식승인 및 제품검사의 기술기준 제29조 (수신부의 구조 및 기능 등)제7호
지구경보부를 설치할 수 있으며 수신부의 외부배선의 연결을 위한 공통신호선용 단자는 **7개회로마다 1개 이상** 설치하여야 한다.

65 ★★ 출제년도【18.】
비상벨설비 또는 자동식사이렌설비의 설치기준 중 틀린 것은?

① 전원은 전기가 정상적으로 공급되는 축전지, 전기저장장치 또는 교류전압의 옥내간선으로 하고, 전원까지의 배선은 전용으로 설치하여야 한다.
② 비상벨설비 또는 자동식사이렌설비에는 그 설비에 대한 감시상태를 60분간 지속한 후 유효하게 10분 이상 경보할 수 있는 축전지 설비 (수신기에 내장하는 경우를 포함) 또는 전기저장장치를 설치하여야 한다.
③ 특정소방대상물의 층마다 설치하되, 해당 특정소방대상물의 각 부분으로부터 하나의 발신기까지의 수평거리가 25m 이하가 되도록 할 것. 다만, 복도 또는 별도로 구획된 실로서 보행거리가 40m 이상일 경우에는 추가로 설치하여야 한다.

④ 발신기의 위치표시등은 함의 상부에 설치하되, 그 불빛은 부착 면으로부터 45°이상의 범위 안에서 부착지점으로부터 10m 이내의 어느 곳에서도 쉽게 식별할 수 있는 적색등으로 설치하여야 한다.

해설 발신기의 위치표시등은 함의 상부에 설치하되, 그 불빛은 부착 면으로부터 **15° 이상**의 범위 안에서 부착지점으로부터 **10m 이내**의 어느 곳에서도 쉽게 식별할 수 있는 적색등으로 설치하여야 한다.

66 ★★★ 출제년도【18.】
비상방송설비 음향장치의 설치기준 중 옳은 것은?

① 확성기는 각층마다 설치하되, 그 층의 각 부분으로부터 하나의 확성기까지의 수평거리가 15m 이하가 되도록 하고, 해당층의 각 부분에 유효하게 경보를 발할 수 있도록 설치할 것
② 층수가 5층 이상으로서 연면적이 3000m^{2}를 초과하는 특정소방대상물의 지하층에서 발화한 때에는 직상층에만 경보를 발할 것
③ 음향장치는 자동화재탐지설비의 작동과 연동하여 작동할 수 있는 것으로 할 것
④ 음향장치는 정격전압의 60% 전압에서 음향을 발할 수 있는 것으로 할 것

해설 ① 확성기는 각층마다 설치하되, 하나의 확성기까지의 수평거리가 **25m 이하**, 해당층의 각 부분에 유효하게 경보를 발할 수 있도록 설치할 것
② 층수가 5층 이상으로서 연면적이 3000 m^{2}를 초과하는 특정소방대상물의 지하층에서 발화한 때에는 발화층, 그 직상층 및 기타의 지하층에 경보를 발할 것.
③ 음향장치는 자동화재탐지설비의 작동과 연동하여 작동할 수 있는 것으로 할 것
④ 음향장치는 정격전압의 **80% 전압**에서 음향을 발할 수 있는 것으로 할 것.

67 자동화재속보설비 속보기의 기능에 대한 기준 중 틀린 것은?

① 작동신호를 수신하거나 수동으로 동작시키는 경우 30초 이내에 소방관서에 자동적으로 신호를 발하여 통보하되, 3회 이상 속보할 수 있어야 한다.
② 예비전원을 병렬로 접속하는 경우에는 역충전 방지 등의 조치를 하여야 한다.
③ 연동 또는 수동으로 소방관서에 화재발생 음성정보를 속보중인 경우에도 송수화장치를 이용한 통화가 우선적으로 가능하여야 한다.
④ 속보기의 송수화장치가 정상위치가 아닌 경우에도 연동 또는 수동으로 속보가 가능하여야 한다.

해설 자동화재속보설비의 속보기의 성능인증 및 제품검사의 기술기준 제5조(기능) 1호
작동신호를 수신하거나 수동으로 동작시키는 경우 **20초 이내**에 소방관서에 자동적으로 신호를 발하여 통보하되, **3회 이상** 속보할 수 있어야 한다.

68 피난기구 설치 개수의 기준 중 다음 ( ) 안에 알맞은 것은?

> 층마다 설치하되, 숙박시설·노유자시설 및 의료시설로 사용되는 층에 있어서는 그 층의 바닥면적 (㉠) m²마다, 위락시설·판매시설로 사용되는 층 또는 복합용도의 층에 있어서는 그 층의 바닥면적 (㉡) m²마다, 계단실형 아파트에 있어서는 각 세대마다, 그 밖의 용도의 층에 있어서는 그 층의 바닥면적 (㉢) m² 마다 1개 이상 설치할 것

① ㉠ 300, ㉡ 500, ㉢ 1000
② ㉠ 500, ㉡ 800, ㉢ 1000
③ ㉠ 300, ㉡ 500, ㉢ 1500
④ ㉠ 500, ㉡ 800, ㉢ 1500

해설 층마다 설치하되, **숙박시설·노유자시설 및 의료시설**로 사용되는 층에 있어서는 그 층의 바닥면적 **500 m² 마다**, **위락시설·문화 및 집회시설·운동시설·판매시설**로 사용되는 층 또는 복합용도의 층에 있어서는 그 층의 바닥면적 **800 m² 마다**, 계단실형 아파트에 있어서는 **각 세대마다**, 그 밖의 용도의 층에 있어서는 그 층의 바닥면적 **1,000 m² 마다** 1개 이상 설치할 것

69 비상조명등의 비상전원은 지하층 또는 무창층으로서 용도가 도매시장·소매시장·여객자동차터미널·지하역사 또는 지하상가인 경우 그 부분에서 피난층에 이르는 부분의 비상조명등을 몇 분 이상 유효하게 작동시킬 수 있는 용량으로 하여야 하는가?

① 10 ② 20
③ 30 ④ 60

해설 비상조명등 설치기준
① 비상전원은 비상조명등을 **20분 이상** 유효하게 작동시킬 수 있는 용량으로 할 것
② 다만, 다음 각 목의 특정소방대상물의 경우에는 그 부분에서 피난층에 이르는 부분의 비상조명등을 **60분 이상** 유효하게 작동시킬 수 있는 용량으로 할 것
 가. 지하층을 제외한 층수가 11층 이상의 층
 나. 지하층 또는 무창층으로서 용도가 도매시장·소매시장·여객자동차터미널·지하역사 또는 지하상가

정답 67. ① 68. ② 69. ④

70 무선통신보조설비를 설치하지 아니할 수 있는 기준 중 다음 ( ) 안에 알맞은 것은?

> (㉠)으로서 특정소방대상물의 바닥부분 2면 이상이 지표면과 동일하거나 지표면으로부터의 깊이가 (㉡)m 이하인 경우에는 해당 층에 한하여 무선통신보조설비를 설치하지 아니할 수 있다.

① ㉠ 지하층, ㉡ 1
② ㉠ 지하층, ㉡ 2
③ ㉠ 무창층, ㉡ 1
④ ㉠ 무창층, ㉡ 2

해설 무선통신보조설비 화재안전기술기준 중 설치제외
지하층으로서 특정소방대상물의 바닥부분 2면 이상이 지표면과 동일하거나 지표면으로부터의 깊이가 **1m 이하**인 경우에는 해당층에 한하여 무선통신보조설비를 설치하지 아니할 수 있다.

71 일시적으로 발생한 열·연기 또는 먼지 등으로 인하여 화재신호를 발신할 우려가 있는 장소의 설치장소별 감지기 적응성 기준 중 항공기 격납고, 높은 천장의 창고 등 감지기 부착 높이가 8m 이상의 장소에 적응성을 갖는 감지기가 아닌 것은?(단, 연기감지기를 설치할 수 있는 장소이며, 설치장소는 넓은 공간으로 천장이 높아 열 및 연기가 확산하는 환경상태이다.)

① 광전식 스포트형 감지기
② 차동식 분포형 감지기
③ 광전식 분리형 감지기
④ 불꽃감지기

해설 자동화재탐지설비 및 시각경보장치의 화재안전기술기준 [별표]

설치장소		적응열감지기					적응연기감지기					불꽃감지기
환경상태	적응장소	차동식 스포트형	차동식 분포형	보상식 스포트형	정온식	열아날로그식	이온화식 스포트형	광전식 스포트형	이온아날로그식 스포트형	광전아날로그식 스포트형	광전식 분리형	광전아날로그식 분리형	
7. 넓은 공간으로 천장이 높아 열 및 연기가 확산하는 장소	체육관, 항공기 격납고, 높은 천장의 창고·공장, 관람석 상부 등 감지기 부착 높이가 8m 이상의 장소		○								○	○	○

72 비상벨설비 음향장치의 음량은 부착된 음향장치의 중심으로부터 1 m 떨어진 위치에서 몇 dB 이상이 되는 것으로 하여야 하는가?

① 90
② 80
③ 70
④ 60

해설 비상경보설비 및 단독경보형감지기의 화재안전기술기준 (비상벨설비 또는 자동식사이렌설비)
음향장치의 음량 : 부착된 음향장치의 중심으로부터 1 m 떨어진 위치에서 90 dB 이상

73 특정소방대상물의 설치장소별 피난기구의 적응성 기준 중 다음 ( ) 안에 알맞은 것은?

> 간이완강기의 적응성은 숙박시설의 (㉠)층 이상에 있는 객실에, 공기안전매트의 적응성은 (㉡)에 한한다.

정답 70. ① 71. ① 72. ① 73. ①

① ㉠ 3, ㉡ 공동주택
② ㉠ 4, ㉡ 공동주택
③ ㉠ 3, ㉡ 단독주택
④ ㉠ 4, ㉡ 단독주택

[해설] 피난기구의 화재안전기술기준 [별표1]
간이완강기의 적응성은 숙박시설의 3층 이상에 있는 객실에, 공기안전매트의 적응성은 공동주택에 한한다.

74 ★ 출제년도 【18.】
승강식피난기 및 하향식 피난구용 내림식 사다리의 설치기준 중 틀린 것은?

① 착지점과 하강구는 상호 수평거리 15 cm 이상의 간격을 두어야 한다.
② 대피실 출입문이 개방되거나, 피난기구 작동 시 해당층 및 직상층 거실에 설치된 표시등 및 경보장치가 작동되고, 감시 제어반에서는 피난기구의 작동을 확인할 수 있어야 한다.
③ 하강구 내측에는 기구의 연결 금속구 등이 없어야 하며 전개된 피난기구는 하강구 수평투영면적 공간 내의 범위를 침범하지 않는 구조이어야 할 것, 단, 직경 60 cm 크기의 범위를 벗어난 경우이거나, 직하층의 바닥 면으로부터 높이 50 cm 이하의 범위는 제외한다.
④ 대피실 내에는 비상조명등을 설치하여야 한다.

[해설] 대피실 출입문이 개방되거나, 피난기구 작동 시 해당**층 및 직하층 거실**에 설치된 표시등 및 경보장치가 작동되고, 감시 제어반에서는 피난기구의 작동을 확인할 수 있어야 할 것

75 ★★★ 출제년도 【18.】
비상콘센트설비의 전원부와 외함 사이의 절연 내력 기준 중 다음( ) 안에 알맞은 것은?

전원부와 외함 사이에 정격전압이 150V 이상인 경우에는 그 정격전압에 (㉠)을/를 곱하여 (㉡)을 더한 실효전압을 가하는 시험에서 1분 이상 견디는 것으로 할 것

① ㉠ 2, ㉡ 1500
② ㉠ 3, ㉡ 1500
③ ㉠ 2, ㉡ 1000
④ ㉠ 3, ㉡ 1000

[해설] 비상콘센트설비의 화재안전기술기준
1. 절연저항은 전원부와 외함 사이를 500 V 절연저항계로 측정할 때 20 MΩ 이상일 것
2. 절연내력은 전원부와 외함 사이에 정격전압이 150 V 이하인 경우에는 1,000 V의 실효전압을, 정격전압이 150 V 이상인 경우에는 그 정격전압에 2를 곱하여 1,000을 더한 실효전압을 가하는 시험에서 1분 이상 견디는 것으로 할 것

76 ★ 출제년도 【18.】
누전경보기 수신부의 구조 기준 중 옳은 것은?

① 감도조정장치와 감도조정부는 외함의 바깥쪽에 노출되지 아니하여야 한다.
② 2급 수신부는 전원을 표시하는 장치를 설치하여야 한다.
③ 전원입력 및 외부부하에 직접 전원을 송출하도록 구성된 회로에는 퓨즈 또는 브레이커 등을 설치하여야 한다.
④ 2급 수신부에는 전원 입력측의 회로에 단락이 생기는 경우에는 유효하게 보호되는 조치를 강구하여야 한다.

정답 74. ② 75. ③ 76. ③

해설 누전경보기의 형식승인 및 제품검사의 기술기준 제23조(수신부의 구조)
① **감도조정장치를 제외**하고 감도조정부는 외함의 바깥쪽에 노출되지 아니하여야 한다.
② 전원을 표시하는 장치를 설치하여야 한다. 다만, **2급에서는 그러하지 아니하다.**
③ 수신부는 다음 회로에 단락이 생기는 경우에는 유효하게 보호되는 조치를 강구하여야 한다.
   가. 전원 입력측의 회로(다만, **2급수신부에는 적용하지 아니한다.**)
   나. 수신부에서 외부의 음향장치와 표시등에 대하여 직접 전력을 공급하도록 구성된 외부회로
④ 전원입력 및 외부부하에 직접 전원을 송출하도록 구성된 회로에는 퓨즈 또는 브레이커 등을 설치하여야 한다.

77. 특정소방대상물의 비상방송설비 설치의 면제 기준 중 다음 ( ) 안에 알맞은 것은?

> 비상방송설비를 설치하여야 하는 특정소방대상물에 ( )또는 비상경보설비와 같은 수준 이상의 음향을 발하는 장치를 부설한 방송설비를 화재안전기술기준에 적합하게 설치한 경우에는 그 설비의 유효범위에서 설치가 면제된다.

① 자동화재속보설비
② 시각경보기
③ 단독경보형 감지기
④ 자동화재탐지설비

해설 소방시설법 시행령 [별표6] 특정소방대상물의 소방시설 설치의 면제기준
비상방송설비를 설치하여야 하는 특정소방대상물에 **자동화재탐지설비** 또는 **비상경보설비**와 같은 수준 이상의 음향을 발하는 장치를 부설한 방송설비를 화재안전기술기준에 적합하게 설치한 경우에는 그 설비의 유효범위에서 설치가 면제된다.

78. 비상조명등의 일반구조 기준 중 틀린 것은?

① 상용전원전압의 130 % 범위 안에서는 비상조명등 내부의 온도상승이 그 기능에 지장을 주거나 위해를 발생시킬 염려가 없어야 한다.
② 사용전압은 300 V 이하이어야 한다. 다만, 충전부가 노출되지 아니한 것은 300 V를 초과할 수 있다.
③ 전선의 굵기가 인출선인 경우에는 단면적이 $0.75\ mm^2$ 이상, 인출선외의 경우에는 단면적이 $0.5\ mm^2$ 이상이어야 한다.
④ 인출선의 길이는 전선인출 부분으로부터 150 mm 이상이어야 한다. 다만, 인출선으로 하지 아니할 경우에는 풀어지지 아니하는 방법으로 전선을 쉽고 확실하게 부착할 수 있도록 접속단자를 설치하여야 한다.

해설 비상조명등의 형식승인 및 제품검사의 기술기준 제3조(일반구조)제1호
상용전원전압의 **110 % 범위** 안에서는 비상조명등 내부의 온도상승이 그 기능에 지장을 주거나 위해를 발생시킬 염려가 없어야 한다.

79. 광전식분리형감지기의 설치기준 중 틀린 것은?

① 감지기의 수광면은 햇빛을 직접 받지 않도록 설치할 것
② 광축은 나란한 벽으로부터 0.6 m 이상 이격하여 설치할 것
③ 감지기의 송광부와 수광부는 설치된 뒷벽으로부터 0.5 m 이내 위치에 설치할 것
④ 광축의 높이는 천장 등 높이의 80 % 이상일 것

정답 77. ④   78. ①   79. ③

해설 자동화재탐지설비 및 시각경보장치의 화재안전기술기준
① 감지기의 수광면은 햇빛을 직접 받지 않도록 설치할 것
② 광축(송광면과 수광면의 중심을 연결한 선)은 나란한 벽으로부터 **0.6 m 이상** 이격하여 설치할 것
③ 감지기의 송광부와 수광부는 설치된 뒷벽으로부터 **1 m 이내** 위치에 설치할 것
④ 광축의 높이는 천장 등(천장의 실내에 면한 부분 또는 상층의 바닥하부면을 말한다) 높이의 **80 % 이상**일 것
⑤ 감지기의 광축의 길이는 공칭감시거리 범위이내일 것

③ 자동화재탐지설비의 감지기회로의 전로저항은 **50Ω 이하**, 수신기의 각 회로별 종단에 설치되는 감지기에 접속되는 배선의 전압은 감지기 정격전압의 80% 이상이어야 할 것

80 자동화재탐지설비 배선의 설치기준 중 옳은 것은?

① 감지기 사이의 회로의 배선은 교차회로 방식으로 설치하여야 한다.
② 피(P)형 수신기 및 지피(G.P.)형 수신기의 감지기 회로의 배선에 있어서 하나의 공통선에 접속할 수 있는 경계구역은 10개 이하로 설치하여야 한다.
③ 자동화재탐지설비의 감지기회로의 전로저항은 80 Ω 이하가 되도록 하여야 하며, 수신기의 각 회로별 종단에 설치되는 감지기에 접속되는 배선의 전압은 감지기 정격전압의 50 % 이상이어야 한다.
④ 자동화재탐지설비의 배선은 다른 전선과 별도의 관·덕트·몰드 또는 풀박스 등에 설치할 것. 다만 60 V 미만의 약전류회로에 사용하는 전선으로서 각각의 전압이 같을 때에는 그러지 아니하다.

해설 자동화재탐지설비 및 시각경보장치의 화재안전기술기준
① 감지기 사이의 회로의 배선은 송배전식으로 할 것
② 피(P)형 수신기 및 지피(G.P.)형 수신기의 감지기 회로의 배선에 있어서 하나의 공통선에 접속할 수 있는 경계구역은 7개 이하로 할 것

정답 80. ④

2회 2018년 소방설비기사

1과목 소방원론

01 ★★★ 출제년도 【18.】
화재발생 시 발생하는 연기에 대한 설명으로 틀린 것은?
① 연기의 유동속도는 수평방향이 수직방향보다 빠르다.
② 동일한 가연물에 있어 환기지배형 화재가 연료지배형 화재에 비하여 연기발생량이 많다.
③ 고온상태의 연기는 유동확산이 빨라 화재전파의 원인이 되기도 한다.
④ 연기는 일반적으로 불완전 연소시에 발생한 고체, 액체, 기체 생성물의 집합체이다.

[해설] 연기의 이동속도
① 수평방향 : 0.5~1m/s
② 수직방향 : 2~3m/s
③ 계단, 승강로 : 3~5m/s

02 ★★ 출제년도 【18.】
위험물안전관리법령상 지정된 동식물유류의 성질에 대한 설명으로 틀린 것은?
① 요오드가가 작을수록 자연발화의 위험성이 크다.
② 상온에서 모두 액체이다.
③ 물에는 불용성이지만 에테르 및 벤젠 등의 유기용매에는 잘 녹는다.
④ 인화점은 1기압하에서 250℃ 미만이다.

[해설] ① 요오드가가 클수록 자연발화의 위험성이 크다.
② 요오드가 : 유지 100g에 포함되어 있는 요오드의 g수

03 ★★★ 출제년도 【18.】
물체의 표면온도가 250℃에서 650℃로 상승하면 열 복사량은 약 몇 배 정도 상승하는가?
① 2.5
② 5.7
③ 7.5
④ 9.7

[해설] ① 복사열량은 절대온도의 4승에 비례하므로
② 복사열량 $q = \dfrac{(273+650)^4}{(273+250)^4} = 9.7$
※ 절대온도 = ℃ + 273

04 ★★★ 출제년도 【18.】
건축물에 설치하는 방화구획의 설치기준 중 스프링클러설비를 설치한 11층 이상의 층은 바닥면적 몇 m² 이내마다 방화구획을 하여야 하는가? (단, 벽 및 반자의 실내에 접하는 부분의 마감은 불연재료가 아닌 경우이다.)
① 200
② 600
③ 1000
④ 3000

[해설] 방화구획 적합기준

10층 이하의 층	바닥면적 1,000m²(스프링클러설비 설치시 3,000m²) 이내마다 구획
11층 이상의 층	바닥면적 200m²(스프링클러설비 설치시 600m²) 이내마다 구획. 다만, 마감을 불연재료로 한 경우 500m²(스프링클러설비 설치시 1,500m²) 이내마다 구획

정답 01. ① 02. ① 03. ④ 04. ②

05 포소화약제의 적응성이 있는 것은?

① 칼륨 화재
② 알킬리튬 화재
③ 가솔린 화재
④ 인화알루미늄 화재

해설 포소화약제의 적응성 : 가솔린 등의 유류화재에 적응성이 있다.

06 액화석유가스(LPG)에 대한 성질로 틀린 것은?

① 주성분은 프로판, 부탄이다.
② 천연고무를 잘 녹인다.
③ 물에 녹지 않으나 유기용매에 용해된다.
④ 공기보다 1.5배 가볍다.

해설 주성분은 프로판(C_3H_8), 부탄(C_4H_{10})으로 공기보다 1.5배 무겁다.

07 물리적 폭발에 해당하는 것은?

① 분해 폭발
② 분진 폭발
③ 증기운 폭발
④ 수증기 폭발

해설
① 물리적 폭발(응상폭발) : 수증기 폭발, 증기 폭발, 전선 폭발 등
② 화학적 폭발(기상폭발) : 분해 폭발, 중합 폭발, 분진 폭발, 증기운(UVCE) 폭발, 연소 폭발 등

08 주수소화 시 가연물에 따라 발생하는 가연성 가스의 연결이 틀린 것은?

① 탄화칼슘 – 아세틸렌
② 탄화알루미늄 – 프로판
③ 인화칼슘 – 포스핀
④ 수소화리튬 – 수소

해설 탄화알루미늄과 물과의 반응식
$Al_4C_3 + 12H_2O \rightarrow 4Al(OH)_3 + 3CH_4$에서 메탄($CH_4$)이 발생한다.

09 산림화재 시 소화효과를 증대시키기 위해 물에 첨가하는 증점제로서 적합한 것은?

① Ethylene Glycol
② Potassium Carbonate
③ Ammonium Phosphate
④ Sodium Carboxy Methyl Cellulose

해설 Sodium Carboxy Methyl Cellulose은 CMC 소화약제라고도 하며 산림화재시 사용하는 증점제이다.

10 조연성 가스에 해당하는 것은?

① 일산화탄소
② 산소
③ 수소
④ 부탄

해설
① 가연성 가스 : 일산화탄소(연소범위 12.5~74%), 수소(연소범위 4~75%), 부탄(연소범위 1.8~8.4%)
② 조연성 가스 : 산소

11 물과 반응하여 가연성 기체를 발생하지 않는 것은?

① 칼륨
② 인화아연
③ 산화칼슘
④ 탄화알루미늄

해설
① 산화칼슘은 생석회라고도 하며 물과 반응하여 수산화칼슘(소석회)를 만든다.
② 칼륨 : 수소가스 발생
③ 인화아연 : 인화수소(포스핀) 발생
④ 탄화알루미늄 : 메탄가스 발생

정답 05. ③ 06. ④ 07. ④ 08. ② 09. ④ 10. ② 11. ③

12 인화점이 낮은 것부터 높은 순서로 옳게 나열된 것은?

① 에틸알코올 < 이황화탄소 < 아세톤
② 이황화탄소 < 에틸알코올 < 아세톤
③ 에틸알코올 < 아세톤 < 이황화탄소
④ 이황화탄소 < 아세톤 < 에틸알코올

[해설] 이황화탄소(-30℃) < 아세톤(-18℃) < 에틸알코올(13℃)

13 제2류 위험물에 해당하는 것은?

① 유황 ② 질산칼륨
③ 칼륨 ④ 톨루엔

[해설]
① 유황 – 제2류 위험물
② 질산칼륨 – 제1류 위험물
③ 칼륨 – 제3류 위험물
④ 톨루엔 – 제4류 위험물

14 건축물의 화재발생 시 인간의 피난 특성으로 틀린 것은?

① 평상 시 사용하는 출입구나 통로를 사용하는 경향이 있다.
② 화재의 공포감으로 인하여 빛을 피해 어두운 곳으로 몸을 숨기는 경향이 있다.
③ 화염, 연기에 대한 공포감으로 발화지점의 반대방향으로 이동하는 경향이 있다.
④ 화재 시 최초로 행동을 개시한 사람을 따라 전체가 움직이는 경향이 있다.

[해설] 화재의 공포감으로 인하여 어둠을 피해 밝은 곳으로 피난하려는 경향이 있다.

15 피난계획의 일반원칙 중 Fool Proof 원칙에 대한 설명으로 옳은 것은?

① 1가지가 고장이 나도 다른 수단을 이용하는 원칙
② 2방향의 피난동선을 항상 확보하는 원칙
③ 피난수단을 이동식 시설로 하는 원칙
④ 피난수단을 조작이 간편한 원시적 방법으로 하는 원칙

[해설]
① Fool Proof 원칙 : 피난수단을 조작이 간편한 원시적 방법으로 하는 원칙
② Fail Safe 원칙 : 1가지가 고장이 나도 다른 수단을 이용하는 원칙, 2방향의 피난동선을 항상 확보하는 원칙

16 다음의 소화약제 중 오존 파괴 지수(ODP)가 가장 큰 것은?

① 할론 104
② 할론 1301
③ 할론 1211
④ 할론 2402

[해설] 오존파괴지수가 큰 순서
할론 1301 > 할론 1211 > 할론 2402 > 할론 104

17 자연발화 방지대책에 대한 설명 중 틀린 것은?

① 저장실의 온도를 낮게 유지한다.
② 저장실의 환기를 원활히 시킨다.
③ 촉매물질과의 접촉을 피한다.
④ 저장실의 습도를 높게 유지한다.

[해설] 저장실의 습도를 낮게 유지한다.

정답 12. ④ 13. ① 14. ② 15. ④ 16. ② 17. ④

18 과산화칼륨이 물과 접촉하였을 때 발생하는 것은?

① 산소   ② 수소
③ 메탄   ④ 아세틸렌

해설 과산화칼륨
① 제1류 위험물 중 알칼리금속의 과산화물에 해당하며 물과 접촉시 산소를 발생한다.
② 반응식 : $2K_2O_2 + 4H_2O \rightarrow 4KOH + O_2$

19 소화방법 중 제거소화에 해당되지 않는 것은?

① 산불이 발생하면 화재의 진행방향을 앞질러 벌목한다.
② 방안에서 화재가 발생하면 이불이나 담요로 덮는다.
③ 가스 화재 시 밸브를 잠궈 가스흐름을 차단한다.
④ 불타고 있는 장작더미 속에서 아직 타지 않은 것을 안전한 곳으로 운반한다.

해설 방안에서 화재가 발생하면 이불이나 담요로 덮는다. : 질식소화

20 분말소화약제로서 ABC급 화재에 적응성이 있는 소화약제의 종류는?

① $NH_4H_2PO_4$
② $NaHCO_3$
③ Na_2CO_3
④ $KHCO_3$

해설 ① 제1종 분말($NaHCO_3$, 탄산수소나트륨)
② 제2종 분말($KHCO_3$, 탄산수소칼륨)
③ 제3종 분말($NH_4H_2PO_4$, 제1인산암모늄) : ABC급 화재에 적응성

2과목 소방전기일반

21 측정기의 측정범위 확대를 위한 방법의 설명으로 틀린 것은?

① 전류의 측정범위 확대를 위하여 분류기를 사용하고, 전압의 측정범위 확대를 위하여 배율기를 사용한다.
② 분류기는 계기에 직렬로 배율기는 병렬로 접속한다.
③ 측정기 내부 저항을 R_a, 분류기 저항을 R_s라고 할 때, 분류기의 배율은 $1 + \dfrac{R_a}{R_s}$로 표시된다.
④ 측정기 내부 저항을 R_v, 배율기 저항을 R_m라고 할 때, 배율기의 배율은 $1 + \dfrac{R_m}{R_v}$로 표시된다.

해설 분류기는 전류계와 병렬로 배율기는 전압계와 직렬로 접속한다.

22 논리식 $X = AB\overline{C} + \overline{A}BC + \overline{A}B\overline{C}$을 가장 간소화하면?

① $B(\overline{A} + \overline{C})$
② $B(\overline{A} + A\overline{C})$
③ $B(\overline{A}C + \overline{C})$
④ $B(A + C)$

해설 $X = AB\overline{C} + \overline{A}BC + \overline{A}B\overline{C}$
$= AB\overline{C} + \overline{A}BC + \overline{A}B\overline{C} + \overline{A}BC$
$= B\overline{C}(A + \overline{A}) + \overline{A}B(C + \overline{C})$
$= B\overline{C} + \overline{A}B = B(\overline{A} + \overline{C})$

23 다음 그림과 같은 브리지 회로의 평형조건은?

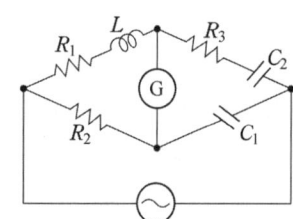

① $R_1C_1 = R_2C_2$, $R_2R_3 = C_1L$
② $R_1C_1 = R_2C_2$, $R_2R_3C_1 = L$
③ $R_1C_2 = R_2C_1$, $R_2R_3 = C_1L$
④ $R_1C_2 = R_2C_1$, $R_2R_3C_1 = L$

해설 브리지 평형

$R_2 \times (R_3 + \dfrac{1}{jwC_2}) = (R_1 + jwL) \times \dfrac{1}{jwC_1}$

$R_2R_3 + \dfrac{R_2}{jwC_2} = \dfrac{R_1}{jwC_1} + \dfrac{L}{C_1}$ 에서

실수부와 허수부는 각각 같아야 하므로

$R_2R_3 = \dfrac{L}{C_1}$, $C_1R_2R_3 = L$

$\dfrac{R_2}{jwC_2} = \dfrac{R_1}{jwC_1}$, $R_1C_2 = R_2C_1$

24 저항 6 Ω과 유도리액턴스 8 Ω이 직렬로 접속된 회로에 100 V의 교류전압을 가할 때 흐르는 전류의 크기는 몇 A인가?

① 10 ② 20
③ 50 ④ 80

해설 전류 $I = \dfrac{V}{Z} = \dfrac{100}{\sqrt{6^2 + 8^2}} = 10$ A

25 R-L 직렬 회로의 설명으로 옳은 것은?

① v, i는 각 다른 주파수를 가지는 정현파이다.
② v는 i보다 위상이 $\theta = \tan^{-1}\left(\dfrac{wL}{R}\right)$만큼 앞선다.
③ v와 i의 최댓값과 실효값의 비는 $\sqrt{R^2 + \left(\dfrac{1}{X_L}\right)^2}$이다.
④ 용량성 회로이다.

해설 R-L 직렬 회로
① 유도성 회로 : 전압이 전류보다 θ만큼 앞선다.
② 임피던스 $Z = R + jX_L = \sqrt{R^2 + X_L^2}$
③ 위상차 $\theta = \tan^{-1}\dfrac{X_L}{R} = \tan^{-1}\dfrac{wL}{R}$

26 삼각파의 파형률 및 파고율은?

① 1.0, 1.0
② 1.04, 1.226
③ 1.11, 1.414
④ 1.155, 1.732

해설 삼각파
① 파형률 = $\dfrac{\text{실효값}}{\text{평균값}}$: 1.155
② 파고율 = $\dfrac{\text{최댓값}}{\text{실효값}}$: 1.732

27 P형 반도체에 첨가되는 불순물에 대한 설명으로 옳은 것은?

① 5개의 가전자를 갖는다.
② 억셉터 불순물이라 한다.
③ 과잉전자를 만든다.
④ 게르마늄에는 첨가할 수 있으나 실리콘에는 첨가가 되지 않는다.

정답 23. ④ 24. ① 25. ② 26. ④ 27. ②

해설 ① P형 반도체에 첨가되는 불순물(갈륨, 인듐, 붕소, 알루미늄) : 억셉터
② 3개의 가전자를 갖는다.
③ 게르마늄 및 실리콘에 첨가할 수 있다.

28 ★ 출제년도【18.】
R-C 직렬 회로에서 저항 R을 고정시키고 X_C를 0에서 ∞까지 변화시킬 때 어드미턴스 궤적은?

① 1사분면 내의 반원이다.
② 1사분면 내의 직선이다.
③ 4사분면 내의 반원이다.
④ 4사분면 내의 직선이다.

해설 ① $R-C$ 직렬 회로에서 저항 R을 고정시키고 X_C를 0에서 ∞까지 변화
② 임피던스 궤적 : 4사분면 내의 직선
③ 어드미턴스 궤적 : 1사분면 내의 반원

29 ★★ 출제년도【18.】
비투자율 $\mu_s = 500$, 평균 자로의 길이 1 m의 환상 철심 자기회로에 2 mm의 공극을 내면 전체의 자기저항은 공극이 없을 때의 약 몇 배가 되는가?

① 5   ② 2.5
③ 2   ④ 0.5

해설 ① 공극이 없을 때의 자기저항
$$R_m = \frac{l}{\mu S} = \frac{l}{\mu_0 \mu_s S}$$
② 공극이 있을 때의 자기저항
$$R_g = R_m + R_0 = \frac{l}{\mu_0 \mu_s S} + \frac{l_g}{\mu_0 S}$$
③ 자기저항의 비
$$\frac{R_g}{R_m} = \frac{R_m + R_0}{R_m} = 1 + \frac{R_0}{R_m} = 1 + \frac{\frac{l_g}{\mu_0 S}}{\frac{l}{\mu_0 \mu_s S}}$$

$$= 1 + \mu_s \frac{l_g}{l} = 1 + 500 \times \frac{2 \times 10^{-3} m}{1 m} = 2$$

여기서, l_g : 공극의 길이[m], l : 전체 길이(m)

30 ★★★ 출제년도【18.】
두 개의 코일 L_1과 L_2를 동일방향으로 직렬 접속하였을 때 합성인덕턴스가 140 mH이고, 반대방향으로 접속 하였더니 합성 인덕턴스가 20 mH이었다. 이때, $L_1 = 40$ mH 이면 결합계수 K는?

① 0.38   ② 0.5
③ 0.75   ④ 1.3

해설 ① 동일방향 접속 140mH= $L_1 + L_2 + 2M$ → ①
② 반대방향 접속 20mH= $L_1 + L_2 - 2M$ → ②
③ 상호인덕턴스의 계산 ①-② :
140mH − 20mH = $2M - (-2M)$
④ 120mH = $4M$, $M = 30$mH
⑤ L_2 계산 :
140mH = 40mH + L_2 + 2×30mH 에서
$L_2 = 40$mH
⑥ 결합계수 $k = \frac{M}{\sqrt{L_1 \times L_2}} = \frac{30}{\sqrt{40 \times 40}} = 0.75$

31 ★ 출제년도【18.】
백열전등의 점등스위치로는 다음 중 어떤 스위치를 사용하는 것이 적합한가?

① 복귀형 a접점 스위치
② 복귀형 b접점 스위치
③ 유지형 스위치
④ 전자 접촉기

해설 백열전등의 점등스위치 : 일반적으로 텀블러스위치를 사용하며 유지형 스위치의 한 종류이다.

정답 28. ① 29. ③ 30. ③ 31. ③

32 어떤 계를 표시하는 미분 방정식이
$5\dfrac{d^2}{dt^2}y(t)+3\dfrac{d}{dt}y(t)-2y(t)=x(t)$라 고 한다. $x(t)$는 입력신호, $y(t)$는 출력신호라고 하면 이계의 전달 함수는?

① $\dfrac{1}{(s+1)(s-5)}$ ② $\dfrac{1}{(s-1)(s+5)}$
③ $\dfrac{1}{(5s-1)(s+2)}$ ④ $\dfrac{1}{(5s-2)(s+1)}$

해설 보기 ④를 수정하여 답안을 작성하였습니다.
미분방정식을 라플라스 변환하면
$5s^2 Y(s)+3sY(s)-2Y(s)=X(s)$
전달함수 $G(s)=\dfrac{Y(s)}{X(s)}=\dfrac{1}{5s^2+3s-2}$
$=\dfrac{1}{(5s-2)(s+1)}$

33 어떤 코일의 임피던스를 측정하고자 직류전압 30 V를 가했더니 300 W가 소비되고, 교류전압 100 V를 가했더니 1200 W가 소비되었다. 이 코일의 리액턴스는 몇 Ω인가?

① 2　② 4
③ 6　④ 8

해설
① 저항 $R=\dfrac{V^2}{P}=\dfrac{30^2}{300}=3\,\Omega$
② 소비전력 $P=I^2R$의 관계에서
③ $1200=I^2\times 3$, 전류 $I=\sqrt{\dfrac{P}{R}}=\sqrt{\dfrac{1200}{3}}=20\,\text{A}$
④ 임피던스 $Z=\dfrac{V}{I}=\dfrac{100}{20}=\sqrt{3^2+X^2}$
⑤ 리액턴스 $X=4\,\Omega$

34 무한장 솔레노이드 자계의 세기에 대한 설명으로 틀린 것은?
① 전류의 세기에 비례한다.
② 코일의 권수에 비례한다.
③ 솔레노이드 내부에서의 자계의 세기는 위치에 관계없이 일정한 평등자계이다.
④ 자계의 방향과 암페어 경로 간에 서로 수직인 경우 자계의 세기가 최고이다.

해설 무한장 솔레노이드 자계의 세기
$H=\dfrac{NI}{l}\,[\text{AT/m}]$
① 전류의 세기(I)에 비례한다.
② 코일의 권수(N)에 비례한다.
③ 솔레노이드 내부에서의 자계의 세기는 위치에 관계없이 일정한 평등자계이다.

35 피드백 제어계에 대한 설명 중 틀린 것은?
① 감대역 폭이 증가한다.
② 정확성이 있다.
③ 비선형에 대한 효과가 증대된다.
④ 발진을 일으키는 경향이 있다.

해설 피드백(되먹임) 제어계
① 대역폭이 증가한다.
② 정확성이 증가한다.
③ 입력과 출력을 비교하는 장치가 필요하다.
④ 계의 특성변화에 대한 전체이득(입력 대 출력비의 감도)가 감소한다.
⑤ 발진을 일으키는 경향이 있다.

36 $L-C$ 직렬 회로에서 직류전압 E를 $t=0$에서 인가할 때 흐르는 전류는?

① $\dfrac{E}{\sqrt{L/C}}\cos\dfrac{1}{\sqrt{LC}}t$
② $\dfrac{E}{\sqrt{L/C}}\sin\dfrac{1}{\sqrt{LC}}t$
③ $\dfrac{E}{\sqrt{C/L}}\cos\dfrac{1}{\sqrt{LC}}t$
④ $\dfrac{E}{\sqrt{C/L}}\sin\dfrac{1}{\sqrt{LC}}t$

정답 32. ④　33. ②　34. ④　35. ③　36. ②

해설 $L-C$ 직렬 회로

전류 $i(t) = \dfrac{E}{\sqrt{L/C}} \sin \dfrac{1}{\sqrt{LC}} t$

37 ★★★ 출제년도 【14.18.】
1개의 용량이 25 W인 객석유도등 10개가 연결되어 있다. 이 회로에 흐르는 전류는 약 몇 A 인가? (단, 전원 전압은 220 V 이고, 기타 선로손실 등은 무시한다.)

① 0.88 A ② 1.14 A
③ 1.25 A ④ 1.36 A

해설 전류 $I = \dfrac{P}{V} = \dfrac{25W \times 10개}{220V} = 1.136 ≒ 1.14A$

여기에서, I : 전류[A], V : 전압[V], P : 전력[W]

38 ★★ 출제년도 【18.】
원형 단면적이 S [m²], 평균자로의 길이가 l [m], 1 m당 권선수가 N회인 공심 환상솔레노이드에 I[A]의 전류를 흘릴 때 철심 내의 자속은?

① $\dfrac{NI}{l}$ ② $\dfrac{\mu_0 SNI}{l}$

③ $\mu_0 SNI$ ④ $\dfrac{\mu_0 SN^2 I}{l}$

해설 자속 $\phi = \dfrac{F}{R_m} = \dfrac{NI}{\frac{l}{\mu S}} = \dfrac{\mu SNI}{l}$ 의 관계에서

공심일 때 투자율 $\mu = \mu_0 \mu_s = \mu_0$
(공심일 때 비투자율 $\mu_s = 1$),
1 m당 권선수가 N회이므로
자속 $\phi = \mu_0 SNI$

39 ★★★ 출제년도 【18.】
분류기를 써서 배율을 9로 하기 위한 분류기의 저항은 전류계 내부저항의 몇 배인가?

① $\dfrac{1}{8}$ ② $\dfrac{1}{9}$
③ 8   ④ 9

해설 분류기 저항

$R_s = \dfrac{1}{(m-1)} r_a = \dfrac{1}{(9-1)} r_a = \dfrac{1}{8} r_a$

여기에서, m : 배율, r_a : 전류계 내부저항[Ω]

40 ★★★ 출제년도 【05.08.10.18.】
그림과 같은 게이트의 명칭은?

① AND
② OR
③ NOR
④ NAND

해설 OR 게이트
① 출력식(논리식) : A+B
② 입력 A, B 중 어느 하나라도 ON이 되면 출력이 발생하는 회로

3과목 소방관계법규

41 ★ 출제년도 【18.】
소방시설 설치 및 관리에 관한 법령상 소방안전관리대상물의 소방계획서에 포함되어야 하는 사항이 아닌 것은?

① 예방규정을 정하는 제조소 등의 위험물 저장·취급에 관한 사항
② 소방시설·피난시설 및 방화시설의 점검·정비계획
③ 특정소방대상물의 근무자 및 거주자의 자위소방대 조직과 대원의 임무에 관한 사항
④ 방화구획, 제연구획, 건축물의 내부 마감재료(불연재료·준불연재료 또는 난연재료로 사용된 것) 및 방염물품의 사용현황과 그 밖의 방화구조 및 설비의 유지·관리계획

정답 37. ② 38. ③ 39. ① 40. ② 41. ①

해설 소방안전관리대상물의 소방계획서에 포함되어야 하는 사항(소방시설법 시행령)
1. 소방안전관리대상물의 위치·구조·연면적·용도 및 수용인원 등 일반 현황
2. 소방안전관리대상물에 설치한 소방시설·방화시설(防火施設), 전기시설·가스시설 및 위험물시설의 현황
3. 화재 예방을 위한 자체점검계획 및 진압대책
4. 소방시설·피난시설 및 방화시설의 점검·정비계획
5. 피난층 및 피난시설의 위치와 피난경로의 설정, 장애인 및 노약자의 피난계획 등을 포함한 피난계획
6. 방화구획, 제연구획, 건축물의 내부 마감재료(불연재료·준불연재료 또는 난연재료로 사용된 것을 말한다) 및 방염물품의 사용현황과 그 밖의 방화구조 및 설비의 유지·관리계획
7. 소방훈련 및 교육에 관한 계획
8. 특정소방대상물의 근무자 및 거주자의 자위소방대 조직과 대원의 임무(장애인 및 노약자의 피난 보조 임무를 포함한다)에 관한 사항
9. 증축·개축·재축·이전·대수선 중인 특정소방대상물의 공사장 소방안전관리에 관한 사항
10. 공동 및 분임 소방안전관리에 관한 사항
11. 소화와 연소 방지에 관한 사항
12. 위험물의 저장·취급에 관한 사항(**예방규정을 정하는 제조소등은 제외**한다)

42 ★★★ 출제년도 【18.】
소방기본법상 소방활동구역의 설정권자로 옳은 것은?

① 소방본부장
② 소방서장
③ 소방대장
④ 시·도지사

해설 소방활동구역의 설정권자 : 소방대장

43 ★★★ 출제년도 【18.】
화재의 예방 및 안전관리에 관한 법률상 소방안전관리대상물의 소방안전관리자 업무가 아닌 것은?

① 소방훈련 및 교육
② 자위소방대 및 초기대응체계의 구성·운영·교육
③ 피난시설, 방화구획 및 방화시설의 유지·관리
④ 피난계획에 관한 사항과 대통령령으로 정하는 사항이 포함된 소방계획서의 작성 및 시행

해설 1. 피난계획에 관한 사항과 대통령령으로 정하는 사항이 포함된 소방계획서의 작성 및 시행
2. 자위소방대(自衛消防隊) 및 초기대응체계의 구성, 운영 및 교육
3. 소방훈련 및 교육
4. 행정안전부령으로 정하는 바에 따른 소방안전관리에 관한 업무수행에 관한 기록·유지(제3호·제4호 및 제6호의 업무를 말한다)

44 ★★★ 출제년도 【18.】
소방시설공사업법령상 상주 공사감리 대상 기준 중 다음 ( ) 안에 알맞은 것은?

> 연면적 (㉠) m² 이상의 특정소방 대상물(아파트는 제외)에 대한 소방시설의 공사
> 지하층을 포함한 총수가 (㉡)층 이상으로서 (㉢)세대 이상인 아파트에 대한 소방시설의 공사

① ㉠ 10000, ㉡ 11, ㉢ 600
② ㉠ 10000, ㉡ 16, ㉢ 500
③ ㉠ 30000, ㉡ 11, ㉢ 600
④ ㉠ 30000, ㉡ 16, ㉢ 500

해설 상주 공사감리 대상
① 연면적 3만 m² 이상의 특정소방 대상물(아파트는 제외)에 대한 소방시설의 공사
② 지하층을 포함한 총수가 16층 이상으로서 500세대 이상인 아파트에 대한 소방시설의 공사

45. 소방시설 설치 및 관리에 관한 법령상 소방용품이 아닌 것은?

① 소화약제 외의 것을 이용한 간이소화용구
② 자동소화장치
③ 가스누설경보기
④ 소화용으로 사용하는 방염제

해설 소방용품
1. 소화설비를 구성하는 제품 또는 기기
   가. 별표 1 제1호가목의 소화기구(**소화약제 외의 것을 이용한 간이소화용구는 제외**한다)
   나. 별표 1 제1호나목의 자동소화장치
   다. 소화설비를 구성하는 소화전, 관창(管槍), 소방호스, 스프링클러헤드, 기동용 수압개폐장치, 유수제어밸브 및 가스관선택밸브
2. 경보설비를 구성하는 제품 또는 기기
   가. 누전경보기 및 가스누설경보기
   나. 경보설비를 구성하는 발신기, 수신기, 중계기, 감지기 및 음향장치(경종만 해당한다)
3. 피난구조설비를 구성하는 제품 또는 기기
   가. 피난사다리, 구조대, 완강기(간이완강기 및 지지대를 포함한다)
   나. 공기호흡기(충전기를 포함한다)
   다. 피난구유도등, 통로유도등, 객석유도등 및 예비 전원이 내장된 비상조명등
4. 소화용으로 사용하는 제품 또는 기기
   가. 소화약제(별표 1 제1호나목2)와 3)의 자동소화장치와 같은 호 마목3)부터 8)까지의 소화설비용만 해당한다)
   나. 방염제(방염액·방염도료 및 방염성물질을 말한다)

46. 소방공사업법령상 공사감리자 지정대상 특정 소방대상물의 범위가 아닌 것은?

① 캐비닛형 간이스프링클러설비를 신설·개설하거나 방호·방수 구역을 증설할 때
② 물분무등소화설비(호스릴 방식의 소화설비는 제외)를 신설·개설하거나 방호·방수 구역을 증설할 때
③ 제연설비를 신설·개설하거나 제연구역을 증설할 때
④ 연소방지설비를 신설·개설하거나 살수구역을 증설할 때

해설 소방시설공사업법 시행령 제10조(공사감리자 지정 특정소방대상물의 범위)
1. 옥내소화전설비를 신설·개설 또는 증설할 때
2. 스프링클러설비등(**캐비닛형 간이스프링클러설비는 제외**한다)을 신설·개설하거나 방호·방수 구역을 증설할 때
3. 물분무등소화설비(**호스릴 방식의 소화설비는 제외**한다)를 신설·개설하거나 방호·방수 구역을 증설할 때
4. 옥외소화전설비를 신설·개설 또는 증설할 때
5. 자동화재탐지설비를 신설·개설하거나 경계구역을 증설할 때
6. 통합감시시설을 신설 또는 개설할 때
7. 소화용수설비를 신설 또는 개설할 때
8. 다음 각 목에 따른 소화활동설비에 대하여 각 목에 따른 시공을 할 때
   가. 제연설비를 신설·개설하거나 제연구역을 증설할 때
   나. 연결송수관설비를 신설 또는 개설할 때
   다. 연결살수설비를 신설·개설하거나 송수구역을 증설할 때
   라. 비상콘센트설비를 신설·개설하거나 전용회로를 증설할 때
   마. 무선통신보조설비를 신설 또는 개설할 때
   바. 연소방지설비를 신설·개설하거나 살수구역을 증설할 때

47. 소방시설 설치 및 관리에 관한 법상 특정소방대상물에 소방시설이 화재안전기술기준에 따라 설치 또는 유지·관리되어 있지 아니할 때 해당 특정소방대상물의 관계인에게 필요한 조치를 명할 수 있는 자는?

① 소방본부장
② 소방청장
③ 시·도지사
④ 행정안전부장관

해설 **소방본부장이나 소방서장**은 소방시설이 화재안전기술기준에 따라 설치 또는 유지·관리되어 있지 아니할 때에는 해당 특정소방대상물의 관계인에게 필요한 조치를 명할 수 있다.

정답 45. ① 46. ① 47. ①

48 소방시설 설치 및 관리에 관한 법상 특정소방대상물의 피난시설, 방화구획 또는 방화시설의 폐쇄·훼손·변경 등의 행위를 한 자에 대한 과태료 기준으로 옳은 것은?

① 200만원 이하의 과태료
② 300만원 이하의 과태료
③ 500만원 이하의 과태료
④ 600만원 이하의 과태료

해설 300만원 이하의 과태료
특정소방대상물의 피난시설, 방화구획 또는 방화시설의 폐쇄·훼손·변경 등의 행위를 한 자

49 위험물안전관리법상 업무상 과실로 제조소 등에서 위험물을 유출·방출 또는 확산시켜 사람의 생명·신체 또는 재산에 대하여 위험을 발생시킨 자에 대한 벌칙 기준으로 옳은 것은?

① 5년 이하의 금고 또는 2000만원 이하의 벌금
② 5년 이하의 금고 또는 7000만원 이하의 벌금
③ 7년 이하의 금고 또는 2000만원 이하의 벌금
④ 7년 이하의 금고 또는 7000만원 이하의 벌금

해설 위험물안전관리법 제34조(벌칙)
① 7년 이하의 금고 또는 7천만원 이하의 벌금 : 업무상 과실로 제조소등에서 위험물을 유출·방출 또는 확산시켜 사람의 생명·신체 또는 재산에 대하여 위험을 발생시킨 자
② 10년 이하의 징역 또는 금고나 1억원 이하의 벌금 : 업무상 과실로 제조소등에서 위험물을 유출·방출 또는 확산시켜 사람을 사상(死傷)에 이르게 한 자

50 소방기본법상 소방본부장, 소방서장 또는 소방대장의 권한이 아닌 것은?

① 화재, 재난·재해, 그 밖의 위급한 상황이 발생한 현장에서 소방활동을 위하여 필요할 때에는 그 관할구역에 사는 사람 또는 그 현장에 있는 사람으로 하여금 사람을 구출하는 일 또는 불을 끄거나 불이 번지지 아니하도록 하는 일을 하게 할 수 있다.
② 소방활동을 할 때에 긴급한 경우에는 이웃한 소방본부장 또는 소방서장에게 소방업무의 응원을 요청할 수 있다.
③ 사람을 구출하거나 불이 번지는 것을 막기 위하여 필요할 때에는 화재가 발생하거나 불이 번질 우려가 있는 소방대상물 및 토지를 일시적으로 사용하거나 그 사용의 제한 또는 소방활동에 필요한 처분을 할 수 있다.
④ 소방활동을 위하여 긴급하게 출동할 때에는 소방자동차의 통행과 소방활동에 방해가 되는 주차 또는 정차된 차량 및 물건 등을 제거하거나 이동시킬 수 있다.

해설 소방기본법 제11조(소방업무의 응원) 제1항
소방본부장이나 소방서장은 소방활동을 할 때에 긴급한 경우에는 이웃한 소방본부장 또는 소방서장에게 소방업무의 응원(應援)을 요청할 수 있다. 따라서, 소방대장의 권한에는 해당하지 않는다.

51 위험물안전관리법상 지정수량 미만인 위험물의 저장 또는 취급에 관한 기술상의 기준은 무엇으로 정하는가?

① 대통령령
② 국무총리령
③ 시·도의 조례
④ 행정안전부령

정답 48. ② 49. ④ 50. ② 51. ③

해설 지정수량 미만인 위험물의 저장 또는 취급에 관한 기술상의 기준 : 시·도의 조례

52. 위험물안전관리법상 위험물시설의 설치 및 변경 등에 관한 기준 중 다음 ( ) 안에 알맞은 것은?

> 제조소등의 위치·구조 또는 설비의 변경 없이 당해 제조소등에서 저장하거나 취급하는 위험물의 품명·수량 또는 지정수량의 배수를 변경하고자 하는 자는 변경하고자 하는 날의 (㉠)일 전까지 (㉡)이 정하는 바에 따라 (㉢)에게 신고하여야 한다.

① ㉠ 1, ㉡ 행정안전부령, ㉢ 시·도지사
② ㉠ 1, ㉡ 대통령령, ㉢ 소방본부장·소방서장
③ ㉠ 14, ㉡ 행정안전부령, ㉢ 시·도지사
④ ㉠ 14, ㉡ 대통령령, ㉢ 소방본부장·소방서장

해설 위험물안전관리법 제6조(위험물시설의 설치 및 변경 등) 제2항
제조소등의 위치·구조 또는 설비의 변경없이 당해 제조소등에서 저장하거나 취급하는 위험물의 품명·수량 또는 지정수량의 배수를 변경하고자 하는 자는 변경하고자 하는 날의 1일 전까지 행정안전부령이 정하는 바에 따라 시·도지사에게 신고하여야 한다.

53. 소방시설 설치 및 관리에 관한 법령상 비상경보설비를 설치하여야 할 특정소방대상물의 기준 중 옳은 것은? (단, 지하구, 모래·석재 등 불연재료 창고 및 위험물 저장·처리시설 중 가스시설은 제외한다.)

① 지하층 또는 무창층의 바닥면적이 50 m² 이상인 것
② 연면적 400 m² 이상인 것
③ 지하가 중 터널로서 길이가 300 m 이상인 것
④ 30명 이상의 근로자가 작업하는 옥내 사업장

해설 비상경보설비를 설치하여야 할 특정소방대상물의 기준
① 지하층 또는 무창층의 바닥면적이 150 m² 이상(공연장의 경우 100 m² 이상)인 것
② 연면적 400 m² 이상인 것
③ 지하가 중 터널로서 길이가 500 m 이상인 것
④ 50명 이상의 근로자가 작업하는 옥내 사업장

54. 화재의 예방 및 안전관리에 관한 법률상 특수가연물의 저장 및 취급 기준 중 다음 ( ) 안에 알맞은 것은? (단, 석탄·목탄류를 발전용으로 저장하는 경우는 제외한다.)

> 살수설비를 설치하거나, 방사능력 범위에 해당 특수가연물이 포함되도록 대형수동식 소화기를 설치하는 경우에는 쌓는 높이를 (㉠) m 이하, 쌓는 부분의 바닥면적을 (㉡) m² 이하로 할 수 있다.

① ㉠ 10, ㉡ 30
② ㉠ 10, ㉡ 50
③ ㉠ 15, ㉡ 100
④ ㉠ 15, ㉡ 200

해설 특수가연물의 저장 및 취급의 기준
1. 특수가연물을 저장 또는 취급하는 장소에는 품명·최대수량 및 화기취급의 금지표지를 설치할 것
2. 다음 각 목의 기준에 따라 쌓아 저장할 것. 다만, 석탄·목탄류를 발전(發電)용으로 저장하는 경우에는 그러하지 아니하다.
   가. 품명별로 구분하여 쌓을 것
   나. 쌓는 높이는 10 미터 이하가 되도록 하고, 쌓는 부분의 바닥면적은 50 제곱미터(석탄·목탄류의 경우에는 200 제곱미터) 이하가 되도록 할 것. 다만, 살수설비를 설치하거나, 방사능력 범위에 해당 특수가연물이 포함되도록 대형수동식소화기를 설치하는 경우에는 쌓는

정답 52. ① 53. ② 54. ④

높이를 15 미터 이하, 쌓는 부분의 바닥면적을 200제곱미터(석탄·목탄류의 경우에는 300제곱미터) 이하로 할 수 있다.
다. 쌓는 부분의 바닥면적 사이는 1 미터 이상이 되도록 할 것

55 ★★★ 출제년도 [18.]
소방시설 설치 및 관리에 관한 법령상 스프링클러설비를 설치하여야 하는 특정소방대상물의 기준 중 틀린 것은? (단, 위험물 저장 및 처리 시설 중 가스시설 또는 지하구는 제외한다.)

① 숙박이 가능한 수련시설 용도로 사용되는 시설의 바닥면적의 합계가 600 m^2 이상인 것은 모든 층
② 창고시설(물류터미널은 제외)로서 바닥면적 합계가 5000 m^2 이상인 경우에는 모든 층
③ 판매시설, 운수시설 및 창고시설(물류터미널에 한정)로서 바닥면적의 합계가 5000 m^2 이상이거나 수용인원이 500 명 이상인 경우에는 모든 층
④ 복합건축물로서 연면적이 3000 m^2 이상인 경우에는 모든 층

해설 스프링클러설비 설치 특정소방대상물
① 기숙사(교육연구시설·수련시설 내에 있는 학생 수용을 위한 것) 또는 복합건축물로서 연면적이 5000 m^2 이상인 경우에는 모든 층
② 층수가 6층 이상인 특정소방대상물의 경우에는 모든 층
③ 판매시설, 운수시설 및 창고시설(물류터미널에 한정)로서 바닥면적의 합계가 5천 m^2 이상이거나 수용인원이 500 명 이상인 경우에는 모든 층

56 ★★★ 출제년도 [18.]
소방기본법령상 소방용수시설별 설치기준 중 틀린 것은?

① 급수탑 개폐밸브는 지상에서 1.5m 이상 1.7m 이하의 위치에 설치하도록 할 것
② 소화전은 상수도와 연결하여 지하식 또는 지상식의 구조로 하고, 소방용호스와 연결하는 소화전의 연결금속구의 구경은 100mm로 할 것
③ 저수조 흡수관의 투입구가 사각형의 경우에는 한변의 길이가 60cm 이상, 원형의 경우에는 지름이 60cm 이상일 것
④ 저수조는 지면으로부터의 낙차가 4.5m 이하일 것

해설 소방기본법 시행규칙 [별표3] 소방용수시설별 설치기준
가. 소화전의 설치기준 : 상수도와 연결하여 지하식 또는 지상식의 구조, 소방용호스와 연결하는 소화전의 연결금속구의 구경은 **65 밀리미터**로 할 것
나. 급수탑의 설치기준 : 급수배관의 구경은 100 밀리미터 이상, 개폐밸브는 지상에서 1.5 미터 이상 1.7 미터 이하의 위치에 설치
다. 저수조의 설치기준
 (1) 지면으로부터의 낙차가 4.5 미터 이하
 (2) 흡수부분의 수심이 0.5 미터 이상
 (3) 소방펌프자동차가 쉽게 접근
 (4) 흡수에 지장이 없도록 토사 및 쓰레기 등을 제거할 수 있는 설비
 (5) 흡수관의 투입구가 사각형의 경우 한 변의 길이가 60 센티미터 이상, 원형의 경우 지름이 60 센티미터 이상
 (6) 저수조에 물을 공급하는 방법은 상수도에 연결하여 자동으로 급수되는 구조

57 ★★★ 출제년도 [10,18.]
소방시설 설치 및 관리에 관한 법률상 소방시설 등에 대한 자체점검을 하지 아니하거나 관리업자 등으로 하여금 정기적으로 점검하게 하지 아니한 자에 대한 벌칙 기준으로 옳은 것은?

① 6개월 이하의 징역 또는 1000만원 이하의 벌금
② 1년 이하의 징역 또는 1000만원 이하의 벌금

정답 55. ④ 56. ② 57. ②

③ 3년 이하의 징역 또는 1500만원 이하의 벌금
④ 3년 이하의 징역 또는 3000만원 이하의 벌금

해설 1년 이하의 징역 또는 1000만원 이하의 벌금 : 소방시설등에 대한 자체점검을 하지 아니하거나 관리업자 등으로 하여금 정기적으로 점검하게 하지 아니한 자

58 ★★ 출제년도 [18.]
위험물안전관리법령상 위험물의 안전관리와 관련된 업무를 수행하는 자로서 소방청장이 실시하는 안전교육대상자가 아닌 것은?

① 안전관리자로 선임된 자
② 탱크시험자의 기술인력으로 종사하는 자
③ 위험물운송자로 종사하는 자
④ 제조소등의 관계인

해설 위험물안전관리법 시행령 안전교육대상자
1. 안전관리자로 선임된 자
2. 탱크시험자의 기술인력으로 종사하는 자
3. 위험물운반자로 종사하는 자
4. 위험물운송자로 종사하는 자

59 ★★★ 출제년도 [18.]
소방기본법령상 위험물 또는 물건의 보관기간은 소방본부 또는 소방서의 게시판에 공고하는 기간의 종료일 다음 날부터 며칠로 하는가?

① 3　　　　② 4
③ 5　　　　④ 7

해설 화재의 예방조치
[관련법] 소방기본법에서 화재의 예방 및 안전관리에 관한 법률로 이관됨

위험물 또는 물건을 보관하는 경우 게시판에 공고하는 기간	14일
게시판에 공고하는 기간의 종료일 다음 날부터 보관기간	7일

매각되거나 폐기된 위험물 또는 물건의 소유자가 보상을 요구하는 경우 보상권자	소방본부장 또는 소방서장

60 ★★★ 출제년도 [18.]
소방기본법령상 소방본부 종합상황실 실장이 소방청의 종합상황실에 서면·모사전송 또는 컴퓨터통신 등으로 보고하여야 하는 화재의 기준 중 틀린 것은?

① 항구에 매어둔 총 톤수가 1000 톤 이상인 선박에서 발생한 화재
② 층수가 5층 이상이거나 병상이 30개 이상인 종합병원·정신병원·한방병원·요양소에서 발생한 화재
③ 지정수량의 1000 배 이상의 위험물의 제조소·저장소·취급소에서 발생한 화재
④ 연면적 15000 m² 이상인 공장 또는 화재경계지구에서 발생한 화재

해설 소방기본법 시행규칙(종합상황실의 실장의 업무 등)
1. 다음 각목의 1에 해당하는 화재
　가. 사망자가 5 인 이상 발생하거나 사상자가 10 인 이상 발생한 화재
　나. 이재민이 100 인 이상 발생한 화재
　다. 재산피해액이 50 억원 이상 발생한 화재
　라. 관공서·학교·정부미도정공장·문화재·지하철 또는 지하구의 화재
　마. 관광호텔, 층수가 11층 이상인 건축물, 지하상가, 시장, 백화점, 지정수량의 3천배 이상의 위험물의 제조소·저장소·취급소, 층수가 5층 이상이거나 객실이 30실 이상인 숙박시설, 층수가 5층 이상이거나 병상이 30개 이상인 종합병원·정신병원·한방병원·요양소, 연면적 1만5천 제곱미터 이상인 공장 또는 화재경계지구에서 발생한 화재
　바. 철도차량, 항구에 매어둔 총 톤수가 1천톤 이상인 선박, 항공기, 발전소 또는 변전소에서 발생한 화재
　사. 가스 및 화약류의 폭발에 의한 화재
　아. 다중이용업소의 화재
2. 통제단장의 현장지휘가 필요한 재난상황
3. 언론에 보도된 재난상황

4과목 소방전기설비의 구조 및 원리

61 ★★★ 출제년도【18.】
무선통신보조설비를 설치하여야 할 특정소방대상물의 기준 중 다음 ( ) 안에 알맞은 것은?

> 층수가 30층 이상인 것으로서 ( )층 이상 부분의 모든 층

① 11　　② 15
③ 16　　④ 20

해설 무선통신보조설비의 설치대상
① 지하가(터널은 제외)로서 연면적 1천 m² 이상
② 지하층의 바닥면적의 합계가 3천 m² 이상 또는 지하층의 층수가 3층 이상이고 지하층 바닥면적의 합계가 1천 m² 이상인 것은 지하층의 모든 층
③ 지하가 중 터널로서 길이가 500 m 이상인 것
④ 공동구
⑤ 층수가 30층 이상인 것으로서 **16층 이상** 부분의 모든 층

62 ★★★ 출제년도【18.】
비상콘센트설비 전원회로의 설치기준 중 틀린 것은?

① 전원회로는 3상 교류 380 V인 것으로서, 그 공급용량은 3 kVA 이상인 것으로 하여야 한다.
② 전원회로는 각층에 2 이상이 되도록 설치할 것. 다만, 설치하여야 할 층의 비상콘센트가 1개인 때에는 하나의 회로로 할 수 있다.
③ 비상콘센트용의 풀박스 등은 방청도장을 한 것으로서, 두께 1.6 mm 이상의 철판으로 하여야 한다.
④ 하나의 전용회로에 설치하는 비상콘센트는 10개 이하로 할 것. 이 경우 전선의 용량은 각 비상콘센트(비상콘센트가 3개 이상인 경우에는 3개)의 공급용량을 합한 용량 이상의 것으로 하여야 한다.

해설 비상콘센트설비의 전원회로
전원회로는 단상교류 220 V인 것으로서, 그 공급용량은 1.5 kVA 이상

63 ★★★ 출제년도【18.】
비상방송설비 음향장치의 구조 및 성능 기준 중 다음 ( ) 안에 알맞은 것은?

> • 정격전압의 (㉠)% 전압에서 음향을 발할 수 있는 것을 할 것
> • (㉡)의 작동과 연동하여 작동할 수 있는 것으로 할 것

① ㉠ 65, ㉡ 자동화재탐지설비
② ㉠ 80, ㉡ 자동화재탐지설비
③ ㉠ 65, ㉡ 단독경보형감지기
④ ㉠ 80, ㉡ 단독경보형감지기

해설 비상방송설비 음향장치 구조 및 성능기준
① 정격전압의 **80% 전압**에서 음향을 발할 수 있는 것을 할 것
② **자동화재탐지설비**의 작동과 연동하여 작동할 수 있는 것으로 할 것

64 ★★★ 출제년도【18.】
비상벨설비의 설치기준 중 다음 ( ) 안에 알맞은 것은?

> 비상벨설비에는 그 설비에 대한 감시 상태를 (㉠)분간 지속한 후 유효하게 (㉡)분 이상 경보할 수 있는 축전지 설비 또는 전기저장장치를 설치하여야 한다.

정답 61. ③　62. ①　63. ②　64. ③

① ㉠ 30, ㉡ 10　　② ㉠ 10, ㉡ 30
③ ㉠ 60, ㉡ 10　　④ ㉠ 10, ㉡ 60

해설 비상벨설비에는 그 설비에 대한 감시 상태를 60분간 지속한 후 유효하게 10분 이상 경보할 수 있는 축전지설비 또는 전기저장장치를 설치

③ 절연된 1차권선과 2차권선 사이
④ 절연된 2차권선과 외부금속부 사이

해설 누전경보기의 형식승인 및 제품검사의 기술기준 제19조(절연저항시험)
변류기는 DC 500 V의 절연저항계로 다음 각 호에 의한 시험을 하는 경우 5 MΩ 이상
① 절연된 1차권선과 2차권선간의 절연저항
② 절연된 1차권선과 외부금속부간의 절연저항
③ 절연된 2차권선과 외부금속부간의 절연저항

65. 광전식 분리형 감지기의 설치기준 중 옳은 것은?

① 감지기의 수광면은 햇빛을 직접 받도록 설치할 것
② 광축(송광면과 수광면의 중심을 연결한 선)은 나란한 벽으로부터 1.5 m 이상 이격하여 설치할 것
③ 감지기의 송광부와 수광부는 설치된 뒷벽으로부터 0.6 m 이내 위치에 설치할 것
④ 광축의 높이는 천장 등(천장의 실내에 면한 부분 또는 상층의 바닥 하부면) 높이의 80% 이상일 것

해설 광전식분리형감지기의 설치기준
① 감지기의 수광면은 햇빛을 직접 받지 않도록 설치할 것
② 광축(송광면과 수광면의 중심을 연결한 선)은 나란한 벽으로부터 **0.6 m 이상** 이격하여 설치할 것
③ 감지기의 송광부와 수광부는 설치된 뒷벽으로부터 **1 m 이내** 위치에 설치할 것
④ 광축의 높이는 천장 등(천장의 실내에 면한 부분 또는 상층의 바닥 하부면을 말한다) 높이의 **80 % 이상**일 것
⑤ 감지기의 광축의 길이는 공칭감시거리 범위내일 것

66. 누전경보기 변류기의 절연저항시험 부위가 아닌 것은?

① 절연된 1차권선과 단자판 사이
② 절연된 1차권선과 외부금속부 사이

67. 자동화재탐지설비의 감지기 중 연기를 감지하는 감지기는 감시챔버로 몇 mm 크기의 물체가 침입할 수 없는 구조이어야 하는가?

① (1.3 ± 0.05)　　② (1.5 ± 0.05)
③ (1.8 ± 0.05)　　④ (2.0 ± 0.05)

해설 감지기 형식승인 및 제품검사의 기술기준 제5조(구조 및 기능)제28호
연기를 감지하는 감지기는 **감시챔버로 (1.3±0.05) mm 크기**의 물체가 침입할 수 없는 구조이어야 한다.

68. 자동화재속보설비 속보기 예비전원의 주위온도 충·방전시험 기준 중 다음 (　) 안에 알맞은 것은?

> 무보수 밀폐형 연축전지는 방전종지전압 상태에서 0.1 C로 48시간 충전한 다음 1시간 방치 후 0.05 C로 방전시킬 때 정격용량의 95 % 용량을 지속하는 시간이 (　)분 이상 이어야 하며, 외관이 부풀어 오르거나 누액 등이 생기지 아니하여야 한다.

① 10　　② 25
③ 30　　④ 40

해설 자동화재속보설비의 성능인증 및 제품검사의 기술기준 제6조(부품의 구조 및 기능)제3호의 나 (3)

정답 65. ④　66. ①　67. ①　68. ③

무보수 밀폐형 연축전지는 방전종지전압 상태에서 0.1C로 48시간 충전한 다음 1시간 방치하여 0.05C로 방전시킬 때 정격용량의 95% 용량을 지속하는 시간이 30분 이상이어야 하며, 외관이 부풀어 오르거나 누액 등이 생기지 아니하여야 한다.

69. 피난기구의 설치기준 중 틀린 것은?

① 피난기구를 설치하는 개구부는 서로 동일 직선상이 아닌 위치에 있을 것. 다만, 피난교·피난 용트랩·간이완강기·아파트에 설치되는 피난기구(다수인 피난장비는 제외) 기타 피난상 지장이 없는 것에 있어서는 그러하지 아니하다.
② 4층 이상의 층에 하향식 피난구용 내림식 사다리를 설치하는 경우에는 금속성 고정 사다리를 설치하고, 당해 고정사다리에는 쉽게 피난할 수 있는 구조의 노대를 설치하여야 한다.
③ 다수인피난장비 보관실은 건물 외측보다 돌출되지 아니하고, 빗물·먼지 등으로부터 장비를 보호할 수 있는 구조이어야 한다.
④ 승강식피난기 및 하향식 피난구용 내림식 사다리의 착지점과 하강구는 상호 수평거리 15 cm 이상의 간격을 두어야 한다.

해설 4층 이상의 층에 피난사다리(**하향식 피난구용 내림식 사다리는 제외**한다)를 설치하는 경우에는 금속성 고정사다리를 설치하고, 당해 고정사다리에는 쉽게 피난할 수 있는 구조의 노대를 설치할 것

70. 무선통신보조설비 증폭기의 비상전원 용량은 무선통신보조설비를 유효하게 몇 분 이상 작동시킬 수 있는 것으로 설치하여야 하는가?

① 10 ② 20
③ 30 ④ 60

해설 증폭기 및 무선중계기 설치기준
① 전원은 전기가 정상적으로 공급되는 **축전지, 전기저장장치**(외부 전기에너지를 저장해 두었다가 필요한 때 전기를 공급하는 장치) 또는 **교류전압 옥내간선**으로 하고, 전원까지의 배선은 전용으로 할 것
② 증폭기의 전면에는 주 회로의 전원이 정상인지의 여부를 표시할 수 있는 **표시등 및 전압계**를 설치할 것
③ 증폭기에는 비상전원이 부착된 것으로 하고 해당 비상전원 용량은 무선통신보조설비를 유효하게 **30분 이상** 작동시킬 수 있는 것으로 할 것

71. 자동화재탐지설비 수신기의 설치기준 중 다음 ( ) 안에 알맞은 것은?

4층 이상의 특정소방대상물에는 ( )와 전화통화가 가능한 수신기를 설치할 것

① 감지기 ② 발신기
③ 중계기 ④ 시각경보기

해설 해당 기준이 삭제〈2022.5.9.〉됨에 따라 현재 기준에는 맞지 않는 문제입니다.

72. 비상콘센트설비의 설치기준 중 다음 ( ) 안에 알맞은 것은?

도로터널의 비상콘센트설비는 주행차로의 우측 측벽에 ( )m 이내의 간격으로 바닥으로부터 0.8 m 이상 1.5 m 이하의 높이에 설치할 것

① 15 ② 25
③ 30 ④ 50

해설 도로터널의 비상콘센트설비
① 비상콘센트설비의 전원회로는 단상교류 220 V인 것으로서 그 공급용량은 1.5kVA 이상인 것으로 할 것

정답 69. ② 70. ③ 71. ② 72. ④

② 전원회로는 주배전반에서 전용회로로 할 것. 다만, 다른 설비의 회로의 사고에 따른 영향을 받지 아니하도록 되어 있는 것은 그러하지 아니하다.
③ 콘센트마다 배선용 차단기(KS C 8321)를 설치하여야 하며, 충전부가 노출되지 아니하도록 할 것
④ 주행차로의 우측 측벽에 **50m 이내**의 간격으로 바닥으로부터 0.8m 이상 1.5m 이하의 높이에 설치할 것

73 ★★★ 출제년도 [18.]

비상방송설비 음향장치 설치기준 중 층수가 5층 이상으로서 연면적 3000 m²를 초과하는 특정소방대상물의 1층에서 발화한 때의 경보기준으로 옳은 것은?

① 발화층에 경보를 발할 것
② 발화층 및 그 직상층에 경보를 발할 것
③ 발화층·그 직상층 및 기타의 지하층에 경보를 발할 것
④ 발화층·그 직상층 및 지하층에 경보를 발할 것

해설 층수가 5층 이상으로서 연면적이 3000 m²를 초과하는 특정소방대상물은 다음 각 목에 따라 경보를 발할 수 있도록 하여야 한다.

2층 이상의 층에서 발화한 때	발화층 및 그 직상층에 경보
1층에서 발화한 때	발화층·그 직상층 및 지하층에 경보
지하층에서 발화한 때	발화층·그 직상층 및 기타의 지하층에 경보

74 ★★★ 출제년도 [18.]

비상경보설비를 설치하여야 하는 특정소방대상물의 기준으로 옳은 것은? (단, 지하구, 모래·석재 등 불연재료 창고 및 위험물 저장·처리 시설 중 가스시설은 제외한다.)

① 공연장의 경우 지하층 또는 무창층의 바닥면적이 100 m² 이상인 것
② 지하층을 제외한 층수가 11층 이상인 것

③ 지하층의 층수가 3층 이상인 것
④ 30명 이상의 근로자가 작업하는 옥내작업장

해설 비상경보설비 설치 특정소방대상물
① 연면적 400 m²(지하가 중 터널 또는 사람이 거주하지 않거나 벽이 없는 축사는 제외한다) 이상이거나 지하층 또는 무창층의 바닥면적이 150 m² (공연장의 경우 100 m²)이상인 것
② 지하가 중 터널로서 길이가 500 m 이상인 것
③ 50명 이상의 근로자가 작업하는 옥내 작업장

75 ★★ 출제년도 [15.18.]

불꽃감지기 중 도로형의 최대시야각 기준으로 옳은 것은?

① 30°이상 ② 45°이상
③ 90°이상 ④ 180°이상

해설 감지기의 형식승인 및 제품검사의 기술기준 제19조 2(불꽃감지기의 유효감지거리의 구분, 감도시험, 시야각)제1항 및 제3항
1. 유효감지거리 범위는 **20m 미만은 1m 간격**으로, **20m 이상은 5m 간격**으로 설정하여야 하며, 단일 유효감지거리, 복수 유효감지거리, 단일 유효감지거리 범위 또는 복수 유효감시거리 범위로 설정할 수 있다.
2. 시야각은 **5°간격**으로 설정
3. 불꽃감지기중 도로형은 최대시야각이 **180°이상**

76 ★★★ 출제년도 [14.18.]

객석내의 통로가 경사로 또는 수평로로 되어 있는 부분에 설치하여야 하는 객석유도등의 설치개수 산출 공식으로 옳은 것은?

① $\dfrac{\text{객석통로의 직선부분의 길이[m]}}{3} - 1$

② $\dfrac{\text{객석통로의 직선부분의 길이[m]}}{4} - 1$

③ $\dfrac{\text{객석통로의 넓이[m}^2\text{]}}{3} - 1$

④ $\dfrac{\text{객석통로의 넓이[m}^2\text{]}}{4} - 1$

정답 73. ④ 74. ① 75. ④ 76. ②

해설 객석유도등 설치기준
① 객석유도등은 객석의 통로, 바닥 또는 벽에 설치하여야 한다.
② 객석내의 통로가 경사로 또는 수평로로 되어 있는 부분은 다음의 식에 따라 산출한 수(소수점 이하의 수는 1로 본다)의 유도등을 설치하여야 한다.
$$\frac{객석통로의\ 직선부분의\ 길이[m]}{4} - 1$$

77 ★★ 출제년도 【18.】
유도등을 설치하지 아니하는 경우의 기준 중 다음 ( ) 안에 알맞은 것은?

> 거실 등의 각 부분으로부터 하나의 거실 출입구에 이르는 보행거리가 ( )m 이하인 객석의 통로로서 그 통로에 통로유도등이 설치된 객석

① 15 ② 20
③ 30 ④ 50

해설 유도등 및 유도표지의 제외
① 피난구유도등 설치제외
 1. 바닥면적이 1,000 m^2 미만인 층으로서 옥내로부터 직접 지상으로 통하는 출입구(외부의 식별이 용이한 경우에 한한다)
 2. 대각선 길이가 15 m 이내인 구획된 실의 출입구
 3. 거실 각 부분으로부터 하나의 출입구에 이르는 보행거리가 20 m 이하이고 비상조명등과 유도표지가 설치된 거실의 출입구
 4. 출입구가 3 이상 있는 거실로서 그 거실 각 부분으로부터 하나의 출입구에 이르는 보행거리가 30 m 이하인 경우에는 주된 출입구 2개소외의 출입구(유도표지가 부착된 출입구를 말한다). 다만, 공연장·집회장·관람장·전시장·판매시설·운수시설·숙박시설·노유자시설·의료시설·장례식장의 경우에는 그러하지 아니하다.
② 통로유도등 설치제외
 1. 구부러지지 아니한 복도 또는 통로로서 길이가 30 m 미만인 복도 또는 통로
 2. 제1호에 해당하지 않는 복도 또는 통로로서 보행거리가 20 m 미만이고 그 복도 또는 통로와 연결된 출입구 또는 그 부속실의 출입구에 피난구유도등이 설치된 복도 또는 통로
③ 객석유도등 설치제외
 1. 주간에만 사용하는 장소로서 채광이 충분한 객석
 2. 거실 등의 각 부분으로부터 하나의 거실출입구에 이르는 보행거리가 20 m 이하인 객석의 통로로서 그 통로에 통로유도등이 설치된 객석

78 ★ 출제년도 【18.】
노유자 시설 지하층에 적응성을 가진 피난기구는?

① 미끄럼대 ② 다수인피난장비
③ 피난교 ④ 피난용트랩

해설 피난기구의 화재안전기술기준이 2022.12.1. 개정됨에 따라 지하층에 대한 피난기구 설치가 삭제되었습니다. 현재 기준에는 맞지 않는 문제입니다.

설치장소별 구분	1층	2층	3층	4층 이상 10층 이하
1. 노유자시설	미끄럼대·구조대·피난교·다수인피난장비·승강식피난기	미끄럼대·구조대·피난교·다수인피난장비·승강식피난기	미끄럼대·구조대·피난교·다수인피난장비·승강식피난기	구조대·피난교·다수인피난장비·승강식피난기
2. 의료시설·근린생활시설 중 입원실이 있는 의원·접골원·조산원			미끄럼대·구조대·피난교·피난용트랩·다수인피난장비·승강식피난기	구조대·피난교·피난용트랩·다수인피난장비·승강식피난기
3.「다중이용업소의 안전관리에 관한 특별법 시행령」제2조에 따른 다중이용업소로서 영업장의 위치가 4층 이하인 다중이용업소		미끄럼대·피난사다리·구조대·완강기·다수인피난장비·승강식피난기	미끄럼대·피난사다리·구조대·완강기·다수인피난장비·승강식피난기	미끄럼대·피난사다리·구조대·완강기·다수인피난장비·승강식피난기

정답 77. ② 78. ④

79 ★★★ 출제년도 [08.10.11.18.]

소방시설용 비상전원수전설비에서 전력수급용 계기용변성기·주 차단장치 및 그 부속기기로 정의되는 것은?

① 큐비클설비   ② 배전반설비
③ 수전설비   ④ 변전설비

해설 소방시설용 비상전원수전설비
① 수전설비 : 전력수급용 계기용변성기·주차단장치 및 그 부속기기
② 변전설비 : 전력용변압기 및 그 부속장치
③ 전용큐비클식 : 소방회로용의 것으로 수전설비, 변전설비 그 밖의 기기 및 배선을 금속제 외함에 수납한 것
④ 공용큐비클식 : 소방회로 및 일반회로 겸용의 것으로서 수전설비, 변전설비 그 밖의 기기 및 배선을 금속제 외함에 수납한 것

80 ★★★ 출제년도 [18.]

휴대용비상조명등의 설치기준 중 틀린 것은?

① 대규모점포(지하상가 및 지하역사는 제외)와 영화상영관에는 보행거리 50 m 이내마다 3개 이상 설치할 것
② 사용 시 수동으로 점등되는 구조일 것
③ 건전지 및 충전식 밧데리의 용량은 20분 이상 유효하게 사용할 수 있는 것으로 할 것
④ 지하상가 및 지하역사에는 보행거리 25 m 이내마다 3개 이상 설치할 것

해설 휴대용비상조명등의 설치기준
1. 다음 각 목의 장소에 설치할 것
   가. 숙박시설 또는 다중이용업소에는 객실 또는 영업장안의 구획된 실마다 잘 보이는 곳(외부에 설치시 출입문 손잡이로부터 1m 이내 부분)에 1개 이상 설치
   나. 대규모점포(지하상가 및 지하역사는 제외한다)와 영화상영관에는 보행거리 **50 m 이내마다 3개 이상** 설치
   다. 지하상가 및 지하역사에는 보행거리 **25 m 이내마다 3개 이상** 설치
2. 설치높이는 바닥으로부터 **0.8 m 이상 1.5 m 이하**의 높이에 설치할 것
3. 어둠속에서 위치를 확인할 수 있도록 할 것
4. 사용 시 **자동**으로 점등되는 구조일 것
5. 외함은 **난연성능**이 있을 것
6. 건전지를 사용하는 경우에는 방전방지조치를 하여야 하고, 충전식 밧데리의 경우에는 상시 충전되도록 할 것
7. 건전지 및 충전식 밧데리의 용량은 20 분 이상 유효하게 사용할 수 있는 것으로 할 것

4회 2018년 소방설비기사

1과목 소방원론

01 ★★★ 출제년도【14.18.】
경유화재가 발생했을 때 주수소화가 오히려 위험할 수 있는 이유는?

① 경유는 물과 반응하여 유독가스를 발생하므로
② 경유의 연소열로 인하여 산소가 방출되어 연소를 돕기 때문에
③ 경유는 물보다 비중이 가벼워 화재면의 확대 우려가 있으므로
④ 경유가 연소할 때 수소가스를 발생하여 연소를 돕기 때문에

해설 주수소화시 유류는 물보다 비중이 가벼워 연소면(화재면)의 확대 우려가 있으므로 포소화약제 등을 이용하여 질식소화하여야 한다.
※ 주수소화 : 물을 뿌려 소화하는 방법

02 ★★★ 출제년도【18.】
할론계 소화약제의 주된 소화효과 및 방법에 대한 설명으로 옳은 것은?

① 소화약제의 증발잠열에 의한 소화방법이다.
② 산소의 농도를 15% 이하로 낮게 하는 소화방법이다.
③ 소화약제의 열분해에 의해 발생하는 이산화탄소에 의한 소화방법이다.
④ 자유활성기(free radical)의 생성을 억제하는 소화방법이다.

해설 할론계 소화약제의 주된 소화효과 : 부촉매 소화(화학적 소화, 억제소화)

03 ★ 출제년도【18.】
내화구조에 해당하지 않는 것은?

① 철근콘크리트조로 두께가 10 cm 이상인 벽
② 철근콘크리트조로 두께가 5 cm 이상인 외벽 중 비 내력벽
③ 벽돌조로서 두께가 19 cm 이상인 벽
④ 철골철근콘크리트조로서 두께가 10 cm 이상인 벽

해설 외벽 중 비내력벽의 내화구조
① 철근콘크리트조 또는 철골철근콘크리트조로서 두께가 7 센티미터 이상인 것
② 골구를 철골조로 하고 그 양면을 두께 3센티미터 이상의 철망모르타르 또는 두께 4 센티미터 이상의 콘크리트블록·벽돌 또는 석재로 덮은 것
③ 철재로 보강된 콘크리트블록조·벽돌조 또는 석조로서 철재에 덮은 콘크리트블록등의 두께가 4 센티미터 이상인 것
④ 무근콘크리트조·콘크리트블록조·벽돌조 또는 석조로서 그 두께가 7 센티미터 이상인 것

04 ★★★ 출제년도【18.】
제3종 분말소화약제에 대한 설명으로 틀린 것은?

① A, B, C급 화재에 모두 적용한다.
② 주성분은 탄산수소칼륨과 요소이다.
③ 열분해시 발생되는 불연성 가스에 의한 질식효과가 있다.
④ 분말운무에 의한 열방사를 차단하는 효과가 있다.

해설 제3종 분말소화약제의 주성분 : 인산암모늄($NH_4H_2PO_4$)

정답 01. ③ 02. ④ 03. ② 04. ②

05 피난로의 안전구획 중 2차 안전구획에 속하는 것은?

① 복도
② 계단부속실(계단전실)
③ 계단
④ 피난층에서 외부와 직면한 현관

해설 안전구획
1차 : 복도, 2차 : 계단부속실(계단전실)
3차 : 계단

06 제4류 위험물의 물리·화학적 특성에 대한 설명으로 틀린 것은?

① 증기비중은 공기보다 크다.
② 정전기에 의한 화재발생위험이 있다.
③ 인화성 액체이다.
④ 인화점이 높을수록 증기발생이 용이하다.

해설 인화점은 가연성의 혼합기체를 만드는 최저의 온도로서 인화점이 낮을수록 증기발생이 쉽다.

07 소화약제로 사용할 수 없는 것은?

① $KHCO_3$ ② $NaHCO_3$
③ CO_2 ④ NH_3

해설 보기설명
① $KHCO_3$: 탄산소소칼륨
② $NaHCO_3$: 탄산수소나트륨
③ CO_2 : 이산화탄소
④ NH_3 : 암모니아로서 소화약제가 아니다.

08 연소의 4요소 중 자유활성기(free radical)의 생성을 저하시켜 연쇄반응을 중지시키는 소화방법은?

① 제거소화   ② 냉각소화
③ 질식소화   ④ 억제소화

해설 억제소화(부촉매소화) : 자유활성기(free radical)의 생성을 저하시켜 연쇄반응을 중지시키는 소화

09 갑종방화문과 을종방화문의 비차열 성능은 각각 최소 몇 분 이상이어야 하는가?

① 갑종 : 90분, 을종 : 40분
② 갑종 : 60분, 을종 : 30분
③ 갑종 : 45분, 을종 : 20분
④ 갑종 : 30분, 을종 : 10분

해설 방화문
① 갑종방화문 : 비차열 60분 이상, 차열 30분 이상
② 을종방화문 : 비차열 30분 이상

10 소방시설 중 피난설비에 해당하지 않는 것은?

① 무선통신보조설비
② 완강기
③ 구조대
④ 공기안전매트

해설 무선통신보조설비는 소화활동설비

11 TLV(Threshold Limit Value)가 가장 높은 가스는?

① 시안화수소   ② 포스겐
③ 일산화탄소   ④ 이산화탄소

해설 TLV(Threshold Limit Value) : 허용한계농도, 최대허용농도
독성물질의 섭취량과 사람에 대한 반응정도를 나타내는 관계에서 손상을 입히지 않는 농도
① 시안화수소 : 10ppm

정답 05. ② 06. ④ 07. ④ 08. ④ 09. ② 10. ① 11. ④

② 포스겐 : 0.1ppm
③ 일산화탄소 : 50ppm
④ 이산화탄소 : 5000ppm

12 ★ 출제년도 【18.】
염소산염류, 과염소산염류, 알카리 금속의 과산화물, 질산염류, 과망간산염류의 특징과 화재 시 소화방법에 대한 설명 중 틀린 것은?

① 가열 등에 의해 분해하여 산소를 발생하고 화재 시 산소의 공급원 역할을 한다.
② 가연물, 유기물, 기타 산화하기 쉬운 물질과 혼합물은 가열, 충격, 마찰 등에 의해 폭발하는 수도 있다.
③ 알카리금속의 과산화물을 제외하고 다량의 물로 냉각소화한다.
④ 그 자체가 가연성이며 폭발성을 지니고 있어 화약류 취급 시와 같이 주의를 요한다.

해설 염소산염류, 과염소산염류, 알카리 금속의 과산화물, 질산염류, 과망간산염은 제1류 위험물에 해당하며 자체적으로 불연성 물질이다.

13 ★★★ 출제년도 【11.18.】
건축물의 피난·방화구조 등의 기준에 관한 규칙에 따른 철망모르타르로서 그 바름두께가 최소 몇 cm 이상인 것을 방화구조로 규정하는가?

① 2 ② 2.5
③ 3 ④ 3.5

해설 방화구조

철망모르타르	바름 두께가 2센티미터 이상인 것
• 석고판 위에 시멘트모르타르 또는 회반죽을 바른 것 • 시멘트모르타르 위에 타일을 붙인 것	두께의 합계가 2.5센티미터 이상인 것
심벽에 흙으로 맞벽치기한 것	

14 ★★★ 출제년도 【18.】
화재예방, 소방시설 설치·유지 및 안전관리에 관한 법령에 따른 개구부의 기준으로 틀린 것은?

① 해당 층의 바닥면으로부터 개구부 밑부분까지의 높이가 1.5 m 이내일 것
② 크기는 지름 50 cm 이상의 원이 내접할 수 있는 크기일 것
③ 도로 또는 차량이 진입할 수 있는 빈터를 향할 것
④ 내부 또는 외부에서 쉽게 부수거나 열 수 있을 것

해설 해당 층의 바닥면으로부터 개구부 밑부분까지의 높이가 1.2 m 이내일 것

15 ★★★ 출제년도 【18.】
폭연에서 폭굉으로 전이되기 위한 조건에 대한 설명으로 틀린 것은?

① 정상연소속도가 작은 가스일수록 폭굉으로 전이가 용이하다.
② 배관내에 장애물이 존재할 경우 폭굉으로 전이가 용이하다.
③ 배관의 관경이 가늘수록 폭굉으로 전이가 용이하다.
④ 배관내 압력이 높을수록 폭굉으로 전이가 용이하다.

해설 정상연소속도가 큰 가스일수록 폭굉으로 전이가 용이하다.

16 ★★ 출제년도 【18.】
비열이 가장 큰 물질은?

① 구리 ② 수은
③ 물   ④ 철

해설 비열 : 물질 1kg의 온도를 1℃ 높이는데 필요한 열량 (kcal)

정답 12. ④ 13. ① 14. ① 15. ① 16. ③

① 구리 : 0.092   ② 수은 : 0.033
③ 물 : 1   ④ 철 : 0.113

17 ★★★ 출제년도【97,06,12,14,18.】
어떤 기체가 0℃, 1기압에서 부피가 11.2 L, 기체질량이 22 g 이었다면 이 기체의 분자량은? (단, 이상기체로 가정한다.)

① 22   ② 35
③ 44   ④ 56

해설 이상기체상태방정식
$PV = nRT = \frac{W}{M}RT$ 에서
분자량 $M = \frac{W}{PV}RT = \frac{22 \times 0.082 \times (273+0)}{1 \times 11.2} = 44$

18 ★★★ 출제년도【18, 22.】
다음 중 분진 폭발의 위험성이 가장 낮은 것은?

① 소석회   ② 알루미늄분
③ 석탄분말   ④ 밀가루

해설 분진폭발

분진폭발을 일으키는 물질	분진폭발을 일으키지 않는 물질
① 금속분 (알루미늄, 마그네슘, 아연분말)	① 시멘트
② 플라스틱	② 생석회(CaO), 소석회(Ca(OH)$_2$)
③ 농산물, 석탄분말	③ 석회석
④ 황	④ 탄산칼슘(CaCO$_3$)

19 ★ 출제년도【18.】
어떤 유기화합물을 원소 분석한 결과 중량 백분율이 C : 39.9 %, H : 6.7 %, O : 53.4 % 인 경우 이 화합물의 분자식은? (단, 원자량은 C = 12, O = 16, H = 1 이다.)

① $C_3H_8O_2$ ② $C_2H_4O_2$
③ C_2H_4O ④ $C_2H_6O_2$

해설
중량백분율 = $\frac{성분중량}{전체중량} \times 100(\%)$

$C_2H_4O_2$(아세트산)의 분자량 :
$12 \times 2 + 1 \times 4 + 16 \times 2 = 60$

탄소의 중량백분율 : $\frac{12 \times 2}{60} \times 100 = 40\%$

수소의 중량백분율 : $\frac{1 \times 4}{60} \times 100 = 6.7\%$

산소의 중량백분율 : $\frac{16 \times 2}{60} \times 100 = 53.3\%$

20 ★★★ 출제년도【14,18.】
유류 탱크의 화재 시 탱크 저부의 물이 뜨거운 열류층에 의하여 수증기로 변하면서 급작스런 부피 팽창을 일으켜 유류가 탱크 외부로 분출하는 현상은?

① 슬롭 오버(Slop Over)
② 블레비(BLEVE)
③ 보일 오버(Boil Over)
④ 파이어 볼(Fire Ball)

해설 보일오버
① 탱크 저부의 물이 급격히 증발하여 기름이 탱크 밖으로 화재를 동반하여 방출하는 현상
② 유류 저장탱크의 화재 시 유면에서 발생한 열이 서서히 탱크 아래쪽으로 전파하여 탱크 하부의 물이 급격히 증발함으로써 상층의 유류를 밀어 올려 거대한 화염을 불러일으키며 다량의 기름을 탱크 밖으로 불이 붙은 채로 방출하는 현상

2과목 소방전기일반

21 ★★ 출제년도【18.】
전지의 내부 저항이나 전해액의 도전율 측정에 사용되는 것은?

① 접지저항계
② 캘빈 더블 브리지법
③ 콜라우시 브리지법
④ 메거

정답 17. ③ 18. ① 19. ② 20. ③ 21. ③

[해설] 측정
① 굵은 나전선의 저항 : 캘빈더블 브리지
② 가는 전선의 저항, 검류계의 내부저항 : 휘트스톤 브리지
③ 전지의 내부저항, 전해액의 도전율 측정 : 코올라시 브리지
④ 절연저항 : 메거(megger)

22 ★★ 출제년도 【13.18.】
입력신호와 출력신호가 모두 직류(DC)로서 출력이 최대 5 kW까지로 견고성이 좋고 토크가 에너지원이 되는 전기식 증폭기기는?
① 계전기
② SCR
③ 자기증폭기
④ 앰플리다인

[해설]
- 앰플리다인(amplidyne) : 직류발전기로 작은 전력의 변화를 큰 전력의 변화로 증폭하는 발전기
- 증폭특성 이용 : 로토트롤, 앰플리다인, HT 다이너모

23 ★★★ 출제년도 【18.】
그림과 같은 회로에서 전압계 3개로 단상 전력을 측정하고자 할 때의 유효전력은?

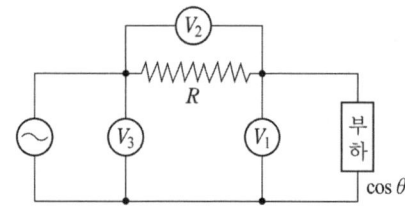

① $P = \dfrac{R}{2}(V_3^2 - V_1^2 - V_2^2)$
② $P = \dfrac{1}{2R}(V_3^2 - V_1^2 - V_2^2)$
③ $P = \dfrac{R}{2}(V_3^2 + V_1^2 + V_2^2)$
④ $P = \dfrac{1}{2R}(V_3^2 + V_1^2 + V_2^2)$

[해설] 3전압계법
① 역률 $\cos\theta = \dfrac{V_3^2 - V_1^2 - V_2^2}{2V_1 V_2}$

② 소비전력 $P = V_1 I \cos\theta = \dfrac{1}{2R}(V_3^2 - V_1^2 - V_2^2)$

24 ★★★ 출제년도 【18.】
어느 도선의 길이를 2배로 하고 전기 저항을 5배로 하려면 도선의 단면적은 몇 배로 되는가?
① 10배
② 0.4배
③ 2배
④ 2.5배

[해설] 전기저항 $R = \rho \dfrac{l}{S}$ 의 관계식에서
단면적 $S = \rho \dfrac{l}{R}$ 이므로 조건을 대입하면
$S = \rho \dfrac{l}{R} = \rho \dfrac{2l}{5R} = 0.4 \rho \dfrac{l}{S}$

25 ★★★ 출제년도 【03.11.13.18.】
시퀀스제어에 관한 설명 중 틀린 것은?
① 기계적 계전기접점이 사용된다.
② 논리회로가 조합 사용된다.
③ 시간 지연요소가 사용된다.
④ 전체시스템에 연결된 접점들이 일시에 동작할 수 있다.

[해설] 시퀀스제어
(1) 정해진 순서에 따라 동작신호를 가했을 때 원하는 출력이 발생하는 회로
(2) 회로를 구성하는 성분이 일시에 동작할 수 없다.
(3) 미리 정해 놓은 순서에 따라서 각 단계가 순차적으로 진행되는 제어방식

26 ★★★ 출제년도 【18.】
반도체에 빛을 쬐이면 전자가 방출되는 현상은?
① 홀효과
② 광전효과
③ 펠티어효과
④ 압전기효과

[해설] 광전효과 : 반도체에 빛을 쬐이면 전자가 방출되는 현상

27
그림과 같은 다이오드 게이트 회로에서 출력전압은? (단, 다이오드내의 전압강하는 무시한다.)

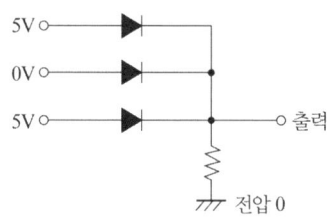

① 10 V
② 5 V
③ 1 V
④ 0 V

해설 OR 게이트 회로이므로 출력전압은 5V가 된다.

28
용량 10kVA의 단권 변압기를 그림과 같이 접속하면 역률 80%의 부하에 몇 kW의 전력을 공급할 수 있는가?

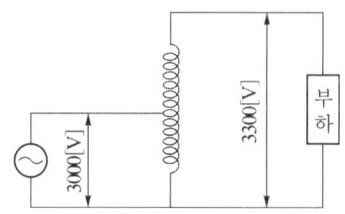

① 8
② 54
③ 80
④ 88

해설 부하용량
$$W = \frac{V_h}{V_h - V_l} \times w = \frac{3300}{3300 - 3000} \times 10 = 110 \text{kVA}$$
부하전력 $P = W \times \cos\theta = 110 \times 0.8 = 88\text{kW}$

29
전자유도현상에서 코일에 생기는 유도기전력의 방향을 정의한 법칙은?

① 플레밍의 오른손법칙
② 플레밍의 왼손법칙
③ 렌츠의 법칙
④ 패러데이의 법칙

해설 보기설명
① 플레밍의 오른손법칙 : 발전기의 원리
② 플레밍의 왼손법칙 : 전동기의 원리
③ 렌츠의 법칙 : 전자유도 현상에서 코일에 생기는 **유도기전력의 방향**을 결정
④ 패러데이의 법칙 : **유도기전력의 크기**를 결정

30
입력 $r(t)$, 출력 $c(t)$인 제어시스템에서 전달함수 $G(s)$는? (단, 초기값은 0이다.)

$$\frac{d^2c(t)}{dt^2} + 3\frac{dc(t)}{dt} + 2c(t) = \frac{dr(t)}{dt} + 3r(t)$$

① $\dfrac{3s+1}{2s^2+3s+1}$
② $\dfrac{s^2+3s+2}{s+3}$
③ $\dfrac{s+1}{s^2+3s+2}$
④ $\dfrac{s+3}{s^2+3s+2}$

해설 $s^2C(s) + 3sC(s) + 2C(s) = sR(s) + 3R(s)$
전달함수 $G(s) = \dfrac{C(s)}{R(s)} = \dfrac{s+3}{s^2+3s+2}$

※ $s^3 = \dfrac{d^3}{dt^3}$, $s^2 = \dfrac{d^2}{dt^2}$, $s = \dfrac{d}{dt}$

31
다음 소자 중에서 온도 보상용으로 쓰이는 것은?

① 서미스터
② 바리스터
③ 제너다이오드
④ 터널다이오드

해설 서미스터 : 온도 보상용
① 바리스터 : 전기접점의 불꽃을 소거하거나 반도체 정류기 등을 서지전압으로부터 보호하는데 사용
② 제너다이오드 : 정전압 정류작용, 전원전압을 일정하게 유지
③ 터널다이오드 : 증폭작용, 발진작용, 개폐(스위칭)작용

정답 27. ② 28. ④ 29. ③ 30. ④ 31. ①

32 한 상의 임피던스가 $Z = 16 + j12\,\Omega$인 Y결선 부하에 대칭 3상 선간전압 380 V를 가할 때 유효전력은 약 몇 kW인가?

① 5.8 ② 7.2
③ 17.3 ④ 21.6

해설 상전류 계산
$$I_p = \frac{V_l}{\sqrt{3}\,Z} = \frac{380}{\sqrt{3} \times \sqrt{16^2 + 12^2}} = \frac{19\sqrt{3}}{3}$$
유효전력 $P = 3I_p^2 R = 3 \times \left(\frac{19\sqrt{3}}{3}\right)^2 \times 16$
$= 5776\,\text{W} = 5.78\,\text{kW}$

33 그림과 같은 계전기 접점회로의 논리식은?

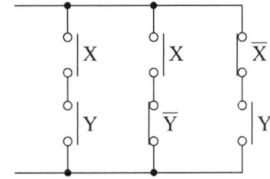

① $(X+Y)(X+\overline{Y})(\overline{X}+Y)$
② $(X+Y)+(X+\overline{Y})+(\overline{X}+Y)$
③ $(XY)+(X\overline{Y})+(\overline{X}Y)$
④ $(XY)(X\overline{Y})(\overline{X}Y)$

해설 왼쪽 X와 Y는 직렬이므로 XY,
중간 X와 $\overline{Y}$는 직렬이므로 $X\overline{Y}$,
오른쪽 $\overline{X}$와 Y는 직렬이므로 $\overline{X}Y$,
병렬로 연결되어 있으므로 $(XY)+(X\overline{Y})+(\overline{X}Y)$

34 1 cm의 간격을 둔 평행 왕복전선에 25 A의 전류가 흐른다면 전선 사이에 작용하는 전자력은 몇 N/m이며, 이것은 어떤 힘인가?

① 2.5×10^{-2}, 반발력
② 1.25×10^{-2}, 반발력
③ 2.5×10^{-2}, 흡인력
④ 1.25×10^{-2}, 흡인력

해설 전자력
① 계산 $F = \frac{2I_1 \times I_2}{r} \times 10^{-7} = \frac{2 \times 25 \times 25}{0.01} \times 10^{-7}$
$= 0.0125 = 1.25 \times 10^{-2}$
② 평행전선 : 흡인력 작용, 평행 왕복전선 : 반발력 작용

35 다음 단상 유도전동기 중 기동토크가 가장 큰 것은?

① 셰이딩 코일형
② 콘덴서 기동형
③ 분상 기동형
④ 반발 기동형

해설 기동토크가 큰 순서
반발기동형 > 반발유도형 > 콘덴서기동형 > 분상기동형 > 셰이딩코일형

36 정현파 전압의 평균값이 150 V이면 최댓값은 약 몇 V인가?

① 235.6 ② 212.1
③ 106.1 ④ 95.5

해설 평균값 $= \frac{2}{\pi} \times$ 최댓값
최댓값 $= \frac{\pi}{2} \times 150 = 235.62\,\text{V}$

37 각 전류의 대칭분 I_0, I_1, I_2가 모두 같게 되는 고장의 종류는?

① 1선 지락 ② 2선 지락
③ 2선 단락 ④ 3선 단락

해설 ① 1선 지락 : 각 전류의 대칭분 I_0, I_1, I_2가 모두 같게 되는 고장을 말한다.
② 2선 지락 : 각 전압의 대칭분 V_0, V_1, V_2가 모두 같게 되는 고장을 말한다.

정답 32. ① 33. ③ 34. ② 35. ④ 36. ① 37. ①

38
10 μF인 콘덴서를 60 Hz 전원에 사용할 때 용량 리액턴스는 약 몇 Ω인가?

① 250.5 ② 265.3
③ 350.5 ④ 465.3

해설 용량 리액턴스
$$X_C = \frac{1}{wC} = \frac{1}{2\pi f C} = \frac{1}{2\pi \times 60 \times 10 \times 10^{-6}} = 265.26\ \Omega$$
여기에서, f : 주파수[Hz], C : 정전용량[F], $1\mu F = 10^{-6} F$

39
$X = A\overline{B}C + \overline{A}BC + \overline{A}\overline{B}\overline{C} + \overline{A}BC + A\overline{B}\overline{C}$ 를 가장 간소화한 것은?

① $\overline{A}BC + \overline{B}$ ② $B + \overline{A}C$
③ $\overline{B} + \overline{A}C$ ④ $\overline{A}\overline{B}C + B$

해설 카르노 맵으로 해석

A\BC	00	01	11	10
0	1	1	1		$\overline{A}C$
1	1	1		

$\overline{B}$

별해 $X = A\overline{B}C + \overline{A}BC + \overline{A}\overline{B}\overline{C} + \overline{A}BC + A\overline{B}\overline{C}$
$= \overline{A}C(B+\overline{B}) + \overline{B}C(A+\overline{A})$
$\quad + \overline{A}\overline{B}(\overline{C}+C) + \overline{B}\overline{C}(\overline{A}+A)$
$= \overline{A}C + \overline{B}C + \overline{A}\overline{B} + \overline{B}\overline{C}$
$= \overline{A}C + \overline{B}(C+\overline{B}+\overline{C}) = \overline{A}C + \overline{B}$

40
변위를 압력으로 변환하는 소자로 옳은 것은?

① 다이어프램
② 가변 저항기
③ 벨로우즈
④ 노즐 플래퍼

해설 변환요소

변환량	변환요소
압력 → 변위	다이어프램, 벨로우즈 등
변위 → 압력	**유압분사관, 노즐 플래퍼 등**
전압 → 변위	차동변압기, 포텐셔미터, 전위차계
온도 → 임피던스	**정온식감지선형 감지기**, 측온 저항(열선, 서미스터)
온도 → 전압	**열전대**

3과목 소방관계법규

41
소방시설 설치 및 관리에 관한 법령에 따른 특정소방대상물의 수용인원의 산정방법 기준 중 틀린 것은?

① 침대가 있는 숙박시설의 경우는 해당 특정소방대상물의 종사자 수에 침대 수(2인용 침대는 2인으로 산정)를 합한 수
② 침대가 없는 숙박시설의 경우는 해당 특정소방대상물의 종사자 수에 숙박시설 바닥면적의 합계를 3 m²로 나누어 얻은 수를 합한 수
③ 강의실 용도로 쓰이는 특정소방대상물의 경우는 해당 용도로 사용하는 바닥면적의 합계를 1.9 m²로 나누어 얻은 수
④ 문화 및 집회시설의 경우는 해당 용도로 사용하는 바닥면적의 합계를 2.6 m²로 나누어 얻은 수

정답 38. ② 39. ③ 40. ④ 41. ④

해설 수용인원 산정방법

숙박시설이 있는 특정소방대상물	침대가 있는 숙박시설	종사자 수+침대 수(2인용 침대는 2개로 산정)
	침대가 없는 숙박시설	종사자 수+ $\dfrac{\text{바닥면적의 합계}(m^2)}{3m^2}$
기타	강의실·교무실·상담실·실습실·휴게실 용도	$\dfrac{\text{바닥면적의 합계}(m^2)}{1.9m^2}$
	강당, 문화 및 집회시설, 운동시설, 종교시설	① $\dfrac{\text{바닥면적의 합계}(m^2)}{4.6m^2}$ ② 관람석이 있는 경우 : 고정식 의자 수 또는 긴의자의 정면너비÷0.45m
	그 밖의 특정소방대상물	$\dfrac{\text{바닥면적의 합계}(m^2)}{3m^2}$
비고	1. 바닥면적 산정시 제외 : **복도, 계단 및 화장실**의 바닥면적 2. 계산결과 소수점 이하 반올림 할 것	

42 ★★★ 출제년도【18.】

화재의 예방 및 안전관리에 관한 법령에 따른 소방안전 특별관리시설물의 안전관리 대상 전통시장의 기준 중 다음 ( ) 안에 알맞은 것은?

> 전통시장으로서 대통령령으로 정하는 전통시장 : 점포가 ( )개 이상인 전통시장

① 100 ② 300
③ 500 ④ 600

해설 전통시장으로서 대통령령으로 정하는 전통시장 : 점포가 500개 이상인 전통시장

43 ★★★ 출제년도【17. 18.】

소방시설공사업법령에 따른 소방시설공사 중 특정소방대상물에 설치된 소방시설등을 구성하는 것의 전부 또는 일부를 개설, 이전 또는 정비하는 공사의 착공신고 대상이 아닌 것은?

① 수신반
② 소화펌프
③ 동력(감시)제어반
④ 제연설비의 제연구역

해설 착공신고 대상
특정소방대상물에 설치된 소방시설등을 구성하는 다음 각 목의 어느 하나에 해당하는 것의 전부 또는 일부를 개설(改設), 이전(移轉) 또는 정비(整備)하는 공사. 다만, 고장 또는 파손 등으로 인하여 작동시킬 수 없는 소방시설을 긴급히 교체하거나 보수하여야 하는 경우에는 신고하지 않을 수 있다.
가. **수신반(受信盤)**
나. **소화펌프**
다. **동력(감시)제어반**

44 ★★★ 출제년도【18.】

소방기본법에 따른 벌칙의 기준이 다른 것은?

① 정당한 사유 없이 불장난, 모닥불, 흡연, 화기 취급, 풍등 등 소형 열기구 날리기, 그 밖에 화재예방상 위험하다고 인정되는 행위의 금지 또는 제한에 따른 명령에 따르지 아니하거나 이를 방해한 사람
② 소방활동 종사 명령에 따른 사람을 구출하는 일 또는 불을 끄거나 불이 번지지 아니하도록 하는 일을 방해한 사람
③ 정당한 사유 없이 소방용수시설 또는 비상소화장치를 사용하거나 소방용수시설 또는 비상소화장치의 효용을 해치거나 그 정당한 사용을 방해한 사람
④ 출동한 소방대의 소방장비를 파손하거나 그 효용을 해하여 화재진압·인명구조 또는 구급활동을 방해하는 행위를 한 사람

해설 보기 ②~④는 5년 이하의 징역 또는 5천만원 이하의 벌금에 해당한다.

정답 42. ③ 43. ④ 44. ①

45 피난시설, 방화구획 또는 방화시설을 폐쇄·훼손·변경 등의 행위를 3차 이상 위반한 경우에 대한 과태료 부과기준으로 옳은 것은?

① 200만원 ② 300만원
③ 500만원 ④ 1000만원

해설 소방시설법 시행령 [별표10] 과태료의 부과기준

위반행위	과태료 금액(단위: 만원)		
	1차 위반	2차 위반	3차 이상 위반
법 제10조제1항을 위반하여 피난시설, 방화구획 또는 방화시설을 폐쇄·훼손·변경하는 등의 행위를 한 경우	100	200	300

46 화재의 예방 및 안전관리에 관한 법률에 따른 화재예방강화지구의 관리기준 중 다음 ( ) 안에 알맞은 것은?

- 소방본부장 또는 소방서장은 화재예방강화지구 안의 소방대상물의 위치·구조 및 설비 등에 대한 화재안전조사를 (㉠)회 이상 실시하여야 한다.
- 소방본부장 또는 소방서장은 소방상 필요한 훈련 및 교육을 실시하고자 하는 때에는 화재예방강화지구 안의 관계인에게 훈련 또는 교육 (㉡)일 전까지 그 사실을 통보하여야 한다.

① ㉠ 월 1, ㉡ 7 ② ㉠ 월 1, ㉡ 10
③ ㉠ 연 1, ㉡ 7 ④ ㉠ 연 1, ㉡ 10

해설 화재안전조사([구] 소방특별조사)
① 조사권자 : 소방청장, 소방본부장 또는 소방서장
② 실시 : 년 1회 이상 실시
③ 화재안전조사 시 관계인에게 서면통보 : 7일 전
④ 화재안전조사의 연기기한 : 화재안전조사 시작 3일 전까지

47 소방시설 설치 및 관리에 관한 법령에 따른 임시소방시설 중 간이소화 장치를 설치하여야 하는 공사의 작업현장의 규모의 기준 중 다음 ( ) 안에 알맞은 것은?

- 연면적 (㉠)m² 이상
- 지하층, 무창층 또는 (㉡)층 이상의 층 이 경우 해당 층의 바닥면적이 (㉢)m² 이상인 경우만 해당

① ㉠ 1000, ㉡ 6, ㉢ 150
② ㉠ 1000, ㉡ 6, ㉢ 600
③ ㉠ 3000, ㉡ 4, ㉢ 150
④ ㉠ 3000, ㉡ 4, ㉢ 600

해설 간이소화장치: 다음의 어느 하나에 해당하는 공사의 작업현장
1) 연면적 3천 m² 이상
2) 지하층, 무창층 또는 4층 이상의 층. 이 경우 해당 층의 바닥면적이 600 m² 이상인 경우만 해당

48 소방시설 설치 및 관리에 관한 법령에 따른 소방안전관리대상물의 관계인 및 소방안전관리자를 선임하여야 하는 공공기관의 장은 작동기능점검을 실시한 경우 며칠 이내에 소방시설등 작동기능점검 실시 결과 보고서를 소방본부장 또는 소방서장에게 제출하여야 하는가?

① 7일 ② 15일
③ 30일 ④ 60일

해설 점검결과보고서의 제출(시행 2020.8.14)
① 작동기능점검 : 7일 이내, 2년간 자체 보관
② 종합정밀점검 : 7일 이내

정답 45. ② 46. ④ 47. ④ 48. ①

49. 화재의 예방 및 안전관리에 관한 법령에 따른 관리의 권원이 분리되어 있는 특정소방대상물의 경우 소방안전관리자를 선임하여야 하는 특정소방대상물 중 복합 건축물은 지하층을 제외한 층수가 몇 층 이상인 건축물만 해당되는가?

① 6층 ② 11층
③ 20층 ④ 30층

해설 관리의 권원이 분리된 특정소방대상물의 소방안전관리 ★★★
1. 복합건축물(지하층을 제외한 층수가 11층 이상 또는 연면적 3만제곱미터 이상인 건축물)
2. 지하가(지하의 인공구조물 안에 설치된 상점 및 사무실, 그 밖에 이와 비슷한 시설이 연속하여 지하도에 접하여 설치된 것과 그 지하도를 합한 것을 말한다)
3. 그 밖에 대통령령으로 정하는 특정소방대상물
   가. **복합건축물로서 연면적이 5천제곱미터 이상인 것** 또는 층수가 **5층 이상**인 것
   나. 도매시장, 소매시장 및 전통시장
   다. 소방본부장 또는 소방서장이 지정하는 것

50. 소방시설공사업법령에 따른 성능위주설계를 할 수 있는 자의 설계범위 기준 중 틀린 것은?

① 연면적 30000 m^2 이상인 특정소방대상물로서 공항시설
② 연면적 100000 m^2 이상인 특정소방대상물 (단, 아파트 등은 제외)
③ 지하층을 포함한 층수가 30 층 이상인 특정소방대상물 (단, 아파트 등은 제외)
④ 하나의 건축물에 영화상영관이 10 개 이상인 특정소방대상물

해설 성능위주설계를 하여야 하는 특정소방대상물의 범위
1. 연면적 **20만제곱미터 이상**인 특정소방대상물. 다만, 공동주택 중 주택으로 쓰이는 층수가 5층 이상인 주택(이하 이 조에서 "아파트등"이라 한다)은 제외한다.
2. 다음 각 목의 어느 하나에 해당하는 특정소방대상물.
   가. 50층 이상(지하층 제외)이거나 지상으로부터 높이가 200미터 이상인 아파트등
   나. 30층 이상(지하층 제외)이거나 지상으로부터 높이가 120미터 이상인 특정소방대상물(아파트등은 제외)
3. **연면적 3만제곱미터 이상**인 특정소방대상물로서 다음 각 목의 어느 하나에 해당하는 특정소방대상물
   가. 철도 및 도시철도 시설
   나. 공항시설
4. 하나의 건축물에 **영화상영관이 10개 이상**인 특정소방대상물
5. 「초고층 및 지하연계 복합건축물 재난관리에 관한 특별법」 제2조제2호에 따른 지하연계 복합건축물에 해당하는 특정소방대상물

51. 화재의 예방 및 안전관리에 관한 법률에 따른 용접 또는 용단 작업장에서 불꽃을 사용하는 용접·용단기구 사용에 있어서 작업자로부터 반경 몇 m 이내에 소화기를 갖추어야 하는가? (단, 산업안전보건법에 따른 안전조치의 적용을 받는 사업장의 경우는 제외한다.)

① 1 ② 3
③ 5 ④ 7

해설 불꽃을 사용하는 용접·용단기구
용접 또는 용단 작업장에서는 다음 각 호의 사항을 지켜야 한다. 다만, 「산업안전보건법」의 적용을 받는 사업장의 경우에는 적용하지 아니한다.
1. 용접 또는 용단 작업자로부터 반경 **5m 이내**에 소화기를 갖추어 둘 것
2. 용접 또는 용단 작업장 주변 반경 **10m 이내**에는 가연물을 쌓아두거나 놓아두지 말 것. 다만, 가연물의 제거가 곤란하여 방지포 등으로 방호조치를 한 경우는 제외한다.

정답 49. ② 50. ② 51. ③

52
소방기본법령에 따른 소방대원에게 실시할 교육·훈련 횟수 및 기간의 기준 중 다음 ( ) 안에 알맞은 것은?

횟수	기간
(㉠)년마다 1회	(㉡)주 이상

① ㉠ 2, ㉡ 2
② ㉠ 2, ㉡ 4
③ ㉠ 1, ㉡ 2
④ ㉠ 1, ㉡ 4

해설 교육·훈련횟수 및 기간

횟수	기간
2년마다 1회	2주 이상

53
소방기본법에 따른 소방력의 기준에 따라 관할구역의 소방력을 확충하기 위하여 필요한 계획을 수립하여 시행하여야 하는 자는?

① 소방서장
② 소방본부장
③ 시·도지사
④ 행정안전부장관

해설 시·도지사 : 소방력의 기준에 따라 관할구역의 소방력을 확충하기 위하여 필요한 계획을 수립하여 시행하여야 하는 자

54
위험물안전관리법령에 따른 인화성액체 위험물(이황화탄소를 제외)의 옥외탱크 저장소의 탱크 주위에 설치하는 방유제의 설치 기준 중 옳은 것은?

① 방유제의 높이는 0.5 m 이상 2.0 m 이하로 할 것
② 방유제내의 면적은 100000m^2 이하로 할 것
③ 방유제의 용량은 방유제안에 설치된 탱크가 2기 이상인 때에는 그 탱크 중 용량이 최대인 것의 용량의 120% 이상으로 할 것
④ 높이가 1 m를 넘는 방유제 및 간막이 둑의 안팎에는 방유제내에 출입하기 위한 계단 또는 경사로를 약 50m마다 설치할 것

해설 방유제

대상	인화성액체위험물(이황화탄소를 제외)의 옥외탱크저장소의 탱크 주위
용량	1. 설치된 탱크가 하나인 때에는 그 **탱크 용량의 110% 이상** 2. 2기 이상인 때에는 그 탱크 중 용량이 최대인 것의 용량의 110% 이상
구조	높이 0.5m 이상 3m 이하, 두께 0.2m 이상, 지하매설깊이 1m 이상
면적	8만 m^2 이하
방유제 내 옥외저장탱크의 수	10 이하

55
소방시설 설치 및 관리에 관한 법령에 따른 화재안전기술기준을 달리 적용하여야 하는 특수한 용도 또는 구조를 가진 특정소방대상물 중 핵폐기물처리시설에 설치하지 아니할 수 있는 소방시설은?

① 소화용수설비
② 옥외소화전설비
③ 물분무등소화설비
④ 연결송수관설비 및 연결살수설비

해설 소방시설을 설치하지 아니하는 특정소방대상물의 범위

구분	특정소방대상물	소방시설
화재안전기술기준을 적용하기 어려운 특정소방대상물	펄프공장의 작업장, 음료수 공장의 세정 또는 충전을 하는 작업장	스프링클러설비, 상수도소화용수설비 및 연결살수설비
	정수장, 수영장, 목장, 농예·축산·어류양식용 시설	자동화재탐지설비, 상수도소화용수설비 및 연결살수설비
화재안전기술기준을 달리 적용하여야 하는 특수한 용도 또는 구조를 가진 특정소방대상물	원자력발전소, 핵폐기물처리시설	연결송수관설비 및 연결살수설비

정답 52. ① 53. ③ 54. ④ 55. ④

56
★★ 출제년도 [18.]
위험물안전관리법령에 따른 정기점검의 대상인 제조소 등의 기준 중 틀린 것은?

① 암반탱크저장소
② 지하탱크저장소
③ 이동탱크저장소
④ 지정수량의 150배 이상의 위험물을 저장하는 옥외탱크저장소

해설 지정수량의 **200배** 이상의 위험물을 저장하는 **옥외탱크저장소**

57
★★★ 출제년도 [18.]
위험물안전관리법령에 따른 위험물제조소의 옥외에 있는 위험물취급탱크 용량이 100 m³ 및 180m³인 2개의 취급탱크 주위에 하나의 방유제를 설치하는 경우 방유제의 최소 용량은 몇 m³이어야 하는가?

① 100
② 140
③ 180
④ 280

해설 위험물 취급탱크 방유제
방유제의 용량 : 180 m³ × 0.5 + 100m³ × 0.1 = 100m³
방유제의 용량 : 당해 탱크용량의 50% 이상, 2 이상의 취급탱크 주위에 하나의 방유제를 설치하는 경우 그 방유제의 용량은 당해 탱크 중 용량이 최대인 것 × 50% + 나머지 탱크용량 합계 × 10% 이상

58
★★★ 출제년도 [18.]
소방시설 설치 및 관리에 관한 법령에 따른 방염성능기준 이상의 실내장식물 등을 설치하여야 하는 특정소방대상물의 기준 중 틀린 것은?

① 건축물의 옥내에 있는 시설로서 종교시설
② 층수가 11층 이상인 아파트
③ 의료시설
④ 노유자시설

해설 방염성능기준 이상의 실내장식물 등을 설치하여야 하는 특정소방대상물
① 근린생활시설 중 의원, 조산원, 산후조리원, 체력단련장, 공연장 및 종교집회장
② 건축물의 옥내에 있는 시설로서 다음 각 목의 시설
　가. 문화 및 집회시설
　나. 종교시설
　다. **운동시설**(수영장은 제외한다)
③ 의료시설　　　④ 노유자시설
⑤ 다중이용업소
⑥ **층수가 11층 이상인 것**(아파트는 제외한다)
⑦ 교육연구시설 중 합숙소
⑧ 숙박이 가능한 수련시설
⑨ 방송통신시설 중 방송국 및 촬영소
⑩ 숙박시설

59
★★★ 출제년도 [16, 18.]
위험물 안전관리법령에 따른 소화난이도등급 I의 옥내탱크저장소에서 유황만을 저장·취급할 경우 설치하여야 하는 소화설비로 옳은 것은?

① 물분무소화설비　② 스프링클러설비
③ 포소화설비　　　④ 옥내소화전설비

해설 소화난이도등급 I의 옥내탱크저장소
① 유황만 저장취급 : 물분무소화설비
② 인화점 70℃ 이상 제4류 위험물 : 물분무소화설비, 고정식 포소화설비, 이동식 외의 CO_2 및 할로겐화합물 및 분말소화설비

60
★★★ 출제년도 [18.]
소방시설 설치 및 관리에 관한 법령에 다른 특정소방대상물 중 의료시설에 해당하지 않는 것은?

① 요양병원　　　② 마약진료소
③ 한방병원　　　④ 노인의료복지시설

해설 의료시설
① 병원: 종합병원, 병원, 치과병원, 한방병원, 요양병원
② 격리병원: 전염병원, 마약진료소, 그 밖에 이와 비슷한 것
③ 정신의료기관

정답 56. ④　57. ①　58. ②　59. ①　60. ④

④ 장애인 의료재활시설
※ 노인의료복지시설은 노인 관련 시설로 노유자시설에 해당한다.

4과목 소방전기설비의 구조 및 원리

61 비상콘센트설비의 전원부와 외함 사이의 절연 내력 기준 중 다음 ( ) 안에 알맞은 것은?

> 절연내력은 전원부와 외함사이에 정격 전압이 150 V 이하인 경우에는 (㉠)V의 실효전압을, 정격전압이 150 V 이상인 경우에는 그 정격전압에 (㉡)를 곱하여 1000을 더한 실효전압을 가하는 시험에서 1분 이상 견디는 것으로 할 것

① ㉠ 500, ㉡ 2   ② ㉠ 500, ㉡ 3
③ ㉠ 1000, ㉡ 2   ④ ㉠ 1000, ㉡ 3

[해설] 절연내력은 전원부와 외함사이에 정격 전압이 150V 이하인 경우에는 1,000V의 실효전압을, 정격전압이 150V 이상인 경우에는 그 정격전압에 2를 곱하여 1000을 더한 실효전압을 가하는 시험에서 1분 이상 견디는 것으로 할 것

62 누전경보기 전원의 설치기준 중 다음 ( ) 안에 알맞은 것은?

> 전원은 분전반으로부터 전용회로로 하고, 각 극에 개폐기 및 (㉠) A 이하의 과전류차단기(배선용 차단기에 있어서는 (㉡) A 이하의 것으로 각 극을 개폐할 수 있는 것)를 설치 할 것

① ㉠ 15, ㉡ 30   ② ㉠ 15, ㉡ 20
③ ㉠ 10, ㉡ 30   ④ ㉠ 10, ㉡ 20

[해설] 전원은 분전반으로부터 전용회로로 하고, 각 극에 개폐기 및 15A 이하의 과전류차단기(배선용 차단기에 있어서는 20A 이하의 것으로 각 극을 개폐할 수 있는 것)를 설치 할 것

63 비상경보설비를 설치하여야 하는 특정소방대상물의 기준 중 옳은 것은? (단, 지하구, 모래·석재 등 불연재료 창고 및 위험물 저장·처리 시설 중 가스시설은 제외한다.)

① 지하층 또는 무창층의 바닥면적이 150m^2 이상인 것
② 공연장으로서 지하층 또는 무창층의 바닥면적이 200m^2 이상인 것
③ 지하가 중 터널로서 길이가 400m 이상인 것
④ 30명 이상의 근로자가 작업하는 옥내작업장

[해설] 비상경보설비 설치 특정소방대상물
① 지하층 또는 무창층의 바닥면적이 150m^2 이상인 것
② 공연장으로서 지하층 또는 무창층의 바닥면적이 100m^2 이상인 것
③ 지하가 중 터널로서 길이가 500m 이상인 것
④ 50명 이상의 근로자가 작업하는 옥내작업장

64 무선통신보조설비 무선기기 접속단자의 설치 기준 중 다음 ( ) 안에 알맞은 것은?

> 무선통신보조설비의 무선기기 접속단자를 지상에 설치하는 경우 접속단자는 보행 거리 (㉠)m 이내마다 설치하고, 다른 용도로 사용되는 접속단자에서 (㉡)m 이상의 거리를 둘 것

정답 61. ③ 62. ② 63. ① 64. ②

① ㉠ 400, ㉡ 5   ② ㉠ 300, ㉡ 5
③ ㉠ 400, ㉡ 3   ④ ㉠ 300, ㉡ 3

해설 2021.3.25. 제6조(무선기기접속단자)가 제6조(옥외안테나)로 개정됨에 따라 현재 기준에는 맞지 않습니다.

65 ★★★ 출제년도 【08.10.17.18.】
비상조명등의 설치 제외 기준 중 다음 ( ) 안에 알맞은 것은?

> 거실의 각 부분으로부터 하나의 출입구에 이르는 보행거리가 ( )m 이내인 부분

① 2   ② 5
③ 15   ④ 25

해설 비상조명등의 설치제외
① 거실의 각 부분으로부터 하나의 출입구에 이르는 보행거리가 **15m 이내**인 부분
② 의원·경기장·공동주택·의료시설·학교의 거실

66 ★★★ 출제년도 【18.】
자동화재탐지설비의 경계구역에 대한 설정기준 중 틀린 것은?

① 지하구의 경우 하나의 경계구역의 길이는 800m 이하로 할 것
② 하나의 경계구역이 2개 이상의 층에 미치지 아니하도록 할 것
③ 하나의 경계구역의 면적은 600m² 이하로 하고 한 변의 길이는 50m 이하로 할 것
④ 하나의 경계구역이 2개 이상의 건축물에 미치지 아니하도록 할 것

해설 경계구역 설정기준
① 지하구의 경우 하나의 경계구역의 길이는 700m 이하로 할 것(2021.1.15. 기준이 삭제되어 현재에는 맞지 않습니다)
② 하나의 경계구역이 2개 이상의 층에 미치지 아니하도록 할 것
③ 하나의 경계구역의 면적은 **600m² 이하**로 하고 한 변의 길이는 **50m 이하**로 할 것
④ 하나의 경계구역이 2개 이상의 건축물에 미치지 아니하도록 할 것

67 ★★★ 출제년도 【18.】
무선통신보조설비의 분배기·분파기 및 혼합기의 설치기준 중 틀린 것은?

① 먼지·습기 및 부식 등에 따라 기능에 이상을 가져오지 아니하도록 할 것
② 임피던스는 50Ω의 것으로 할 것
③ 전원은 전기가 정상적으로 공급되는 축전지, 전기저장장치 또는 교류전압 옥내간선으로 하고, 전원까지의 배선은 전용으로 할 것
④ 점검에 편리하고 화재 등의 재해로 인한 피해의 우려가 없는 장소에 설치할 것

해설 분배기·분파기 및 혼합기의 설치기준
① 먼지·습기 및 부식 등에 따라 기능에 이상을 가져오지 아니하도록 할 것
② 임피던스는 50Ω의 것으로 할 것
③ 점검에 편리하고 화재 등의 재해로 인한 피해의 우려가 없는 장소에 설치할 것

68 ★★★ 출제년도 【18.】
비상방송설비의 음향장치 구조 및 성능기준 중 다음 ( ) 안에 알맞은 것은?

> • 정격전압의 (㉠)% 전압에서 음향을 발할 수 있는 것을 할 것
> • (㉡)의 작동과 연동하여 작동할 수 있는 것으로 할 것

① ㉠ 65, ㉡ 단독경보형감지기
② ㉠ 65, ㉡ 자동화재탐지설비
③ ㉠ 80, ㉡ 단독경보형감지기
④ ㉠ 80, ㉡ 자동화재탐지설비

정답 65. ③ 66. ① 67. ③ 68. ④

[해설] 음향장치 구조 및 성능기준
① 정격전압의 **80% 전압**에서 음향을 발할 수 있는 것을 할 것
② **자동화재탐지설비**의 작동과 연동하여 작동할 수 있는 것으로 할 것

69. ★★ 출제년도 [18.]
축광방식의 피난유도선 설치기준 중 다음 ( ) 안에 알맞은 것은?

> • 바닥으로부터 높이 (㉠)cm 이하의 위치 또는 바닥 면에 설치할 것
> • 피난유도 표시부는 (㉡)cm 이내의 간격으로 연속되도록 설치할 것

① ㉠ 50, ㉡ 50
② ㉠ 50, ㉡ 100
③ ㉠ 100, ㉡ 50
④ ㉠ 100, ㉡ 100

[해설] 축광방식의 피난유도선 설치기준
① 바닥으로부터 높이 50 cm 이하의 위치 또는 바닥 면에 설치할 것
② 피난유도 표시부는 50 cm 이내의 간격으로 연속되도록 설치할 것
③ 구획된 각 실로부터 주출입구 또는 비상구까지 설치할 것
④ 외광 또는 조명장치에 의하여 상시 조명이 제공되거나 비상조명등에 의한 조명이 제공되도록 할 것

70. ★★★ 출제년도 [12, 15, 16, 18, 22]
비상콘센트용의 풀박스 등은 방청도장을 한 것으로서 두께는 최소 몇 mm 이상의 철판으로 하여야 하는가?

① 1.0
② 1.2
③ 1.5
④ 1.6

[해설] 비상콘센트용의 풀박스 등은 방청도장을 한 것으로서 두께 **1.6 mm** 이상의 철판으로 할 것

71. ★★ 출제년도 [12, 18.]
유도등 예비전원의 종류로 옳은 것은?

① 알카리계 2차축전지
② 리튬계 1차축전지
③ 리튬-이온계 2차축전지
④ 수은계 1차축전지

[해설] 유도등의 예비전원(유도등의 형식승인 기준 제3조 (일반구조))
① 축전지 : 알카리계, 리튬계 2차 축전지
② 축전기 : 콘덴서

72. ★★ 출제년도 [18.]
비상방송설비의 배선과 전원에 관한 설치기준 중 옳은 것은?

① 부속회로의 전로와 대지 사이 및 배선 상호간의 절연저항은 1 경계구역마다 직류 110V의 절연저항측정기를 사용하여 측정한 절연저항이 1MΩ 이상이 되도록 한다.
② 전원은 전기가 정상적으로 공급되는 축전지 또는 교류전압의 옥내 간선으로 하고, 전원까지의 배선은 전용이 아니어도 무방하다.
③ 비상방송설비에는 그 설비에 대한 감시상태를 30 분간 지속한 후 유효하게 10 분 이상 경보할 수 있는 축전지설비를 설치하여야 한다.
④ 비상방송설비의 배선은 다른 전선과 별도의 관·덕트 몰드 또는 풀박스 등에 설치하되 60V 미만의 약전류회로에 사용하는 전선으로서 각각의 전압이 같을 때에는 그러하지 아니하다.

정답 69. ① 70. ④ 71. ① 72. ④

해설
① 부속회로의 전로와 대지 사이 및 배선 상호간의 절연저항은 1 경계구역마다 직류 250 V의 절연저항 측정기를 사용하여 측정한 절연저항이 0.1 MΩ 이상이 되도록 한다.
② 전원은 전기가 정상적으로 공급되는 축전지, 전기저장장치(외부 전기에너지를 저장해 두었다가 필요한 때 전기를 공급하는 장치) 또는 교류전압의 옥내 간선으로 하고, 전원까지의 배선은 전용으로 할 것
③ 비상방송설비에는 그 설비에 대한 감시상태를 60분간 지속한 후 유효하게 10분 이상 경보할 수 있는 축전지설비(수신기에 내장하는 경우를 포함한다) 또는 전기저장장치(외부 전기에너지를 저장해 두었다가 필요한 때 전기를 공급하는 장치)를 설치하여야 한다.

73 ★★★ 출제년도【18.】
자동화재탐지설비의 연기복합형 감지기를 설치할 수 없는 부착높이는?

① 4m 이상 8m 미만
② 8m 이상 15m 미만
③ 15m 이상 20m 미만
④ 20m 이상

해설 20m 이상에 설치가능한 감지기의 종류
① 불꽃 감지기
② 광전식(분리형, 공기흡입형) 중 아나로그방식

74 ★ 출제년도【18.】
7층인 의료시설에 적응성을 갖는 피난기구가 아닌 것은?

① 구조대   ② 피난교
③ 피난용트랩 ④ 미끄럼대

해설 설치장소별 피난기구의 적응성

설치장소별 구분 \ 층별	1층	2층	3층	4층 이상 10층 이하
1. 노유자시설	미끄럼대·구조대·피난교·다수인피난장비·승강식피난기	미끄럼대·구조대·피난교·다수인피난장비·승강식피난기	미끄럼대·구조대·피난교·다수인피난장비·승강식피난기	피난교·다수인피난장비·승강식피난기
2. 의료시설·근린생활 시설 중 입원실이 있는 의원·접골원·조산원			미끄럼대·구조대·피난교·피난용트랩·다수인피난장비·승강식피난기	구조대·피난교·피난용트랩·다수인피난장비·승강식피난기

75 ★★★ 출제년도【08.09.10.16.17.18.】
청각장애인용 시각경보장치는 천장의 높이가 2m 이하인 경우에는 천장으로부터 몇 m 이내의 장소에 설치하여야 하는가?

① 0.1   ② 0.15
③ 1.0   ④ 1.5

해설 청각장애인용 시각경보장치의 설치높이
바닥으로부터 2m 이상 2.5m 이하의 장소에 설치할 것 다만, 천장의 높이가 2m 이하인 경우에는 천장으로부터 0.15m 이내의 장소에 설치하여야 한다.

76 ★ 출제년도【18.】
각 소방설비별 비상전원의 종류와 비상전원 최소용량의 연결이 틀린 것은? (단, 소방설비-비상전원의 종류-비상전원 최소용량 순서이다.)

① 자동화재탐지설비 – 축전지설비 – 20분
② 비상조명등설비 – 축전지설비 또는 자가발전설비 – 20분
③ 청정소화약제소화설비(할로겐화합물 및 불활성기체소화설비) – 축전지설비 또는 자가발전설비 – 20분
④ 유도등 – 축전지설비 – 20분

정답 73. ④ 74. ④ 75. ② 76. ①

해설 ① 자동화재탐지설비 - 축전지설비, 전기저장장치 - 10분
② 비상조명등설비 - 축전지설비, 전기저장장치 또는 자가발전설비 - 20분
③ 청정소화약제소화설비(할로겐화합물 및 불활성기체소화설비) - 전기저장장치, 축전지설비 또는 자가발전설비 - 20분
④ 유도등 - 전기저장장치, 축전지설비 - 20분

77. ★★★ 출제년도【18.】
비상방송설비 음향장치의 설치기준 중 다음 ( ) 안에 알맞은 것은?

- 음량조정기를 설치하는 경우 음량 조정기의 배선은 (㉠)선식으로 할 것
- 확성기는 각층마다 설치하되, 그 층의 각 부분으로부터 하나의 확성기까지의 수평거리가 (㉡) m 이하가 되도록 하고, 해당층의 각 부분에 유효하게 경보를 말할 수 있도록 설치할 것

① ㉠ 2, ㉡ 15
② ㉠ 2, ㉡ 25
③ ㉠ 3, ㉡ 15
④ ㉠ 3, ㉡ 25

해설 ① 음량조정기를 설치하는 경우 음량 조정기의 배선은 **3선식**으로 할 것
② 확성기는 각층마다 설치하되, 그 층의 각 부분으로부터 하나의 확성기까지의 **수평거리가 25m 이하**가 되도록 하고, 해당층의 각 부분에 유효하게 경보를 말할 수 있도록 설치할 것

78. ★★★ 출제년도【18.】
연기감지기의 설치기준 중 틀린 것은?

① 부착높이 4m 이상 20m 미만에는 3 종 감지기를 설치할 수 없다.
② 복도 및 통로에 있어서 보행거리 30m 마다 설치한다.
③ 계단 및 경사로에 있어서 3종은 수직거리 10m 마다 설치한다.
④ 감지기는 벽이나 보로부터 1.5m 이상 떨어진 곳에 설치하여야 한다.

해설 연기감지기의 설치기준
① 부착높이에 따른 감지기의 종류

부착높이	감지기의 종류	
	1종 및 2종	3종
4m 미만	150 m²	50 m²
4m 이상 20m 미만	75 m²	-

② 감지기는 복도 및 통로에 있어서는 보행거리 30m(3종에 있어서는 20m)마다, 계단 및 경사로에 있어서는 수직거리 15m(3종에 있어서는 10m)마다 1개 이상으로 할 것
③ 천장 또는 반자가 낮은 실내 또는 좁은 실내에 있어서는 출입구의 가까운 부분에 설치할 것
④ 천장 또는 반자부근에 배기구가 있는 경우에는 그 부근에 설치할 것
⑤ 감지기는 벽 또는 보로부터 0.6m 이상 떨어진 곳에 설치할 것

79. ★★ 출제년도【18.】
자동화재속보설비를 설치하여야 하는 특정소방대상물의 기준 중 틀린 것은? (단, 사람이 24시간 상시 근무하고 있는 경우는 제외한다.)

① 판매시설 중 전통시장
② 지하가 중 터널로서 길이가 1000 m 이상인 것
③ 수련시설(숙박시설이 있는 건축물만 해당)로서 바닥면적이 500 m² 이상인 층이 있는 것
④ 업무시설, 공장, 창고시설, 교정 및 군사시설 중 국방·군사시설, 발전시설(사람이 근무하지 않는 시간에는 무인경비시스템으로 관리하는 시설만 해당)로서 바닥면적이 1500 m² 이상인 층이 있는 것

해설 자동화재속보설비 설치 특정소방대상물
1) 업무시설, 공장, 창고시설, 교정 및 군사시설 중 국방·군사시설, 발전시설(사람이 근무하지 않는 시간에는 무인경비시스템으로 관리하는 시설만 해당한다)로서 바닥면적이 1천5백 m² 이상인 층이 있는 것. 다만, 사람이 24 시간 상시 근무하고 있는 경우에는 자동화재속보설비를 설치하지 않

정답 77. ④ 78. ④ 79. ②

을 수 있다.
2) 노유자 생활시설
3) 2)에 해당하지 않는 노유자시설로서 바닥면적이 500 m² 이상인 층이 있는 것. 다만, 사람이 24시간 상시 근무하고 있는 경우에는 자동화재속보설비를 설치하지 않을 수 있다.
4) 수련시설(숙박시설이 있는 건축물만 해당한다)로서 바닥면적이 500 m² 이상인 층이 있는 것. 다만, 사람이 24 시간 상시 근무하고 있는 경우에는 자동화재속보설비를 설치하지 않을 수 있다.
5) 보물 또는 국보로 지정된 목조건축물. 다만, 사람이 24시간 상시 근무하고 있는 경우에는 자동화재속보설비를 설치하지 않을 수 있다.
6) 층수가 30층 이상인 것
7) 의료시설 중 다음의 어느 하나에 해당하는 것
   가) 종합병원, 병원, 치과병원, 한방병원 및 요양병원(정신병원과 의료재활시설은 제외한다)
   나) 정신병원 및 의료재활시설로 사용되는 바닥면적의 합계가 500 m² 이상인 층이 있는 것
8) 판매시설 중 전통시장
9) 근린생활시설 중 의원, 치과의원 및 한의원으로서 입원실이 있는 시설

해설 피난기구의 화재안전기술기준 용어정의

구 분	용어정의
완강기	사용자의 몸무게에 따라 자동적으로 내려올 수 있는 기구중 사용자가 교대하여 연속적으로 사용할 수 있는 것
간이완강기	사용자의 몸무게에 따라 자동적으로 내려올 수 있는 기구중 사용자가 연속적으로 사용할 수 없는 것
구조대	포지 등을 사용하여 자루형태로 만든 것으로서 화재시 사용자가 그 내부에 들어가서 내려옴으로써 대피할 수 있는 것
다수인피난장비	화재 시 2인 이상의 피난자가 동시에 해당층에서 지상 또는 피난층으로 하강하는 피난기구
승강식피난기	사용자의 몸무게에 의하여 자동으로 하강하고 내려서면 스스로 상승하여 연속적으로 사용할 수 있는 무동력 승강식피난기

80 피난기구의 용어의 정의 중 다음 ( ) 안에 알맞은 것은?

( )란 사용자의 몸무게에 따라 자동적으로 내려올 수 있는 기구 중 사용자가 연속적으로 사용할 수 없는 것을 말한다.

① 구조대　　② 완강기
③ 간이완강기　④ 다수인피난장비

정답 80. ③

1회 2019년 소방설비기사

1과목 소방원론

01 ★ 출제년도 【19.】

불활성가스에 해당하는 것은?

① 수증기 ② 일산화탄소
③ 아르곤 ④ 아세틸렌

해설
① 불활성 가스(기체)의 종류 : 헬륨(He), 네온(Ne), 아르곤(Ar), 크립톤(Kr), 제논(Xe), 라돈(Rn)
② 일산화탄소 : 가연성가스로서 연소범위 12.5~74%
③ 아세틸렌 : 가연성가스로서 연소범위 2.5~81%
④ 수증기(Vapor 또는 steam) : 물이 증발하여 기체 상태로 존재하는 것

02 ★★★ 출제년도 【19. 22.】

이산화탄소 소화약제의 임계온도로 옳은 것은?

① 24.4℃ ② 31.4℃
③ 56.4℃ ④ 78.2℃

해설 이산화탄소의 물성

구분	비고
분자량	44
증기비중	1.52
삼중점	−56.3℃
임계온도	31.35℃
임계압력	72.9atm
승화점	−78.5℃

03 ★★★ 출제년도 【19.】

분말 소화약제 중 A급, B급, C급 화재에 모두 사용할 수 있는 것은?

① Na_2CO_3 ② $NH_4H_2PO_4$
③ $KHCO_3$ ④ $NaHCO_3$

해설 분말소화약제의 종류

종 별	주성분	화학식	착색	적응화재
제1종	탄산수소나트륨 (중탄산나트륨)	$NaHCO_3$	백색	BC급
제2종	탄산수소칼륨 (중탄산칼륨)	$KHCO_3$	담자색	BC급
제3종	인산염 (제일인산암모늄)	$NH_4H_2PO_4$	담홍색	ABC급
제4종	탄산수소칼륨 + 요소	$KHCO_3+(NH_2)_2CO$	회색	BC급

04 ★★★ 출제년도 【19.】

방화구획의 설치기준 중 스프링클러 기타 이와 유사한 자동식소화설비를 설치한 10층 이하의 층은 몇 m² 이내마다 구획하여야 하는가?

① 1,000 ② 1,500
③ 2,000 ④ 3,000

해설 방화구획 적합기준

10층 이하의 층	바닥면적 1천제곱미터(스프링클러를 설치한 경우에는 바닥면적 3천제곱미터)이내마다 구획
매 층마다 구획할 것. 다만, 지하 1층에서 지상으로 직접 연결하는 경사로 부위는 제외	
11층 이상의 층	바닥면적 200제곱미터(스프링클러를 설치한 경우에는 600제곱미터)이내마다 구획할 것. 다만, 마감을 **불연재료**로 한 경우에는 바닥면적 500제곱미터(스프링클러를 설치한 경우에는 1천500제곱미터)이내마다 구획

정답 01. ③ 02. ② 03. ② 04. ④

05. 탄화칼슘의 화재 시 물을 주수하였을 때 발생하는 가스로 옳은 것은?

① C_2H_2
② H_2
③ O_2
④ C_2H_6

해설 탄화칼슘(CaC_2)과 물과의 반응식
$CaC_2 + 2H_2O \rightarrow Ca(OH)_2 + C_2H_2$
$Ca(OH)_2$: 소석회, C_2H_2 : 아세틸렌

06. 이산화탄소의 질식 및 냉각 효과에 대한 설명 중 틀린 것은?

① 이산화탄소의 증기비중이 산소보다 크기 때문에 가연물과 산소의 접촉을 방해한다.
② 액체 이산화탄소가 기화되는 과정에서 열을 흡수한다.
③ 이산화탄소는 불연성 가스로서 가연물의 연소반응을 방해한다.
④ 이산화탄소는 산소와 반응하며 이 과정에서 발생한 연소열을 흡수하므로 냉각효과를 나타낸다.

해설 이산화탄소는 완전연소 시 생성되는 물질로서 더 이상 산소와 반응하지 않는다.

07. 증기비중의 정의로 옳은 것은?(단, 분자, 분모의 단위는 모두 g/mol 이다.)

① $\dfrac{분자량}{22.4}$
② $\dfrac{분자량}{29}$
③ $\dfrac{분자량}{44.8}$
④ $\dfrac{분자량}{100}$

해설 증기(기체)비중 : $\dfrac{분자량}{29}$

08. 화재의 분류방법 중 유류화재를 나타낸 것은?

① A급 화재
② B급 화재
③ C급 화재
④ D급 화재

해설 가연물 종류에 따른 화재의 분류

구 분	명 칭	표 시
A급화재	일반화재	백색
B급화재	유류화재	황색
C급화재	전기화재	청색
D급화재	금속화재	무색
E급화재	가스화재	황색
K(F)급화재	주방(식용유)화재	-

09. 공기와 접촉되었을 때 위험도(H)가 가장 큰 것은?

① 에테르
② 수소
③ 에틸렌
④ 부탄

해설 위험도 $H = \dfrac{UFL - LFL}{LFL}$
(UFL : 연소 상한계, LFL : 연소 하한계)

① 에테르 : $\dfrac{48 - 1.9}{1.9} = 24.26$
② 수소 : $\dfrac{75 - 4}{4} = 17.75$
③ 에틸렌 : $\dfrac{32 - 3.1}{3.1} = 9.32$
④ 부탄 : $\dfrac{8.4 - 1.8}{1.8} = 3.67$

10. 제2류 위험물에 해당하지 않는 것은?

① 유황
② 황화린
③ 적린
④ 황린

해설 제2류 위험물 : 황화린, 적린, 유황, 철분, 금속분, 마그네슘, 인화성고체
황린은 제3류 위험물이다.

정답 05. ① 06. ④ 07. ② 08. ② 09. ① 10. ④

11
주요구조부가 내화구조로된 건축물에서 거실 각 부분으로부터 하나의 직통계단에 이르는 보행거리는 피난자의 안전상 몇 m 이하이어야 하는가?

① 50
② 60
③ 70
④ 80

해설 직통계단 설치기준

구 분	기 준
일반 건축물	보행거리 30m 이하
내화구조 또는 불연재료로 된 건축물	보행거리 50m 이하
16층 이상의 공동주택	보행거리 40m 이하

12
분말 소화약제 분말입도의 소화성능에 관한 설명으로 옳은 것은?

① 미세할수록 소화성능이 우수하다.
② 입도가 클수록 소화성능이 우수하다.
③ 입도와 소화성능과는 관련이 없다.
④ 입도가 너무 미세하거나 너무 커도 소화성능은 저하된다.

해설 분말입도의 소화성능
분말소화약제의 입도가 너무 작거나 너무 커도 소화성능은 저하되며, 적당한 입도는 20~25μm 이다.

13
마그네슘의 화재에 주수하였을 때 물과 마그네슘의 반응으로 인하여 생성되는 가스는?

① 산소
② 수소
③ 일산화탄소
④ 이산화탄소

해설 마그네슘(Mg)은 물과 반응하면 수소가스(H_2)를 발생하여 위험하다.
$Mg + 2H_2O \rightarrow Mg(OH)_2 + H_2 \uparrow$

14
물질의 취급 또는 위험성에 대한 설명 중 틀린 것은?

① 융해열은 점화원이다.
② 질산은 물과 반응시 발열 반응하므로 주의를 해야한다.
③ 네온, 이산화탄소, 질소는 불연성 물질로 취급한다.
④ 암모니아를 충전하는 공업용 용기의 색상은 백색이다.

해설 융해열은 고체가 액체로 될 때 필요한 잠열로 점화원이 될 수 없다.
물의 융해열은 약 80kcal/kg

15
화재에 관련된 국제적인 규정을 제정하는 단체는?

① IMO(International Matritime Organization)
② SFPE(Society of Fire Protection Engineers)
③ NFPA(Nation Fire Protection Association)
④ ISO(International Organization for Standardization) TC 92

해설
① IMO(International Matritime Organization) : 국제해사기구
② SFPE(Society of Fire Protection Engineers) : 미국소방기술사회
③ NFPA(Nation Fire Protection Association) : 미국방화협회
④ ISO(International Organization for Standardization) TC 92 : 국제표준화기구 화재안전기술위원회

16
위험물안전관리법령상 위험물의 지정수량이 틀린 것은?

① 과산화나트륨 - 50kg

정답 11. ① 12. ④ 13. ② 14. ① 15. ④ 16. ④

② 적린 - 100kg
③ 트리니트로톨루엔 - 200kg
④ 탄화알루미늄 - 400kg

해설
① 과산화나트륨 - 제1류 위험물 중 무기과산화물, 지정수량 50kg
② 적린 - 제2류 위험물, 지정수량 100kg
③ 트리니트로톨루엔 - 제5류 위험물 중 니트로화합물, 지정수량 200kg
④ 탄화알루미늄 - 제3류 위험물 중 알루미늄의 탄화물, **지정수량 300kg**

17 ★★ 출제년도【19.】
연면적이 1000m² 이상인 목조건축물은 그 외벽 및 처마 밑의 연소할 우려가 있는 부분을 방화구조로 하여야 하는데 이 때 연소우려가 있는 부분은?
(단, 동일한 대지 안에 2동 이상의 건물이 있는 경우이며, 공원·광장·하천의 공지나 수면 또는 내화구조의 벽 기타 이와 유사한 것에 접하는 부분을 제외한다.)

① 상호의 외벽 간 중심선으로부터 1층은 3m 이내의 부분
② 상호의 외벽 간 중심선으로부터 2층은 7m 이내의 부분
③ 상호의 외벽 간 중심선으로부터 3층은 11m 이내의 부분
④ 상호의 외벽 간 중심선으로부터 4층은 13m 이내의 부분

해설
1. 연소할 우려가 있는 부분(건축물의 피난 방화구조 등의 기준에 관한 규칙)
① 연면적이 1천제곱미터 이상인 목조의 건축물은 그 외벽 및 처마밑의 연소할 우려가 있는 부분을 방화구조로 하되, 그 지붕은 불연재료
② 인접대지경계선·도로중심선 또는 동일한 대지안에 있는 2동 이상의 건축물(연면적의 합계가 500제곱미터 이하인 건축물은 이를 하나의 건축물로 본다) 상호의 외벽간의 중심선으로부터 1층에 있어서는 3미터 이내, 2층 이상에 있어서는 5미터 이내의 거리에 있는 건축물의 각 부분을 말한다. 다만, 공원·광장·하천의 공지나 수면 또는 내화구조의 벽 기타 이와 유사한 것에 접하는 부분을 제외한다.

18 ★★★ 출제년도【14,19.】
물의 기화열이 539.6cal/g 인 것은 어떤 의미인가?

① 0℃의 물 1g이 얼음으로 변화하는데 539.6cal의 열량이 필요하다.
② 0℃의 얼음 1g이 물로 변화하는데 539.6cal의 열량이 필요하다.
③ 0℃의 물 1g이 100℃의 물로 변화하는데 539.6cal의 열량이 필요하다.
④ 100℃의 물 1g이 수증기로 변화하는데 539.6cal의 열량이 필요하다.

해설 물의 특징

구 분	열 량
기화(증발)잠열	539 cal/g
융해잠열	80 cal/g
100℃의 물 1g이 100℃의 수증기로 되는데 필요한 열량	539 cal/g
0℃의 물 1g이 100℃의 수증기로 되는데 필요한 열량	639 cal/g

19 ★★ 출제년도【19.】
인화점이 40℃ 이하인 위험물을 저장, 취급하는 장소에 설치하는 전기설비는 방폭구조로 설치하는데, 용기의 내부에 기체를 압입하여 압력을 유지하도록 함으로써 폭발성가스가 침입하는 것을 방지하는 구조는?

① 압력 방폭구조
② 유입 방폭구조
③ 안전증 방폭구조
④ 본질안전 방폭구조

해설 방폭구조의 종류
① 내압 방폭구조 : 점화원이 될 우려가 있는 부분을

전폐구조에 넣어 내부에서 폭발이 발생하여도 외부로 화염이 방출되지 않도록 한 구조
② 압력 방폭구조 : 용기의 내부에 기체를 압입하여 **압력을 유지**하도록 함으로써 폭발성가스가 침입하는 것을 방지하는 구조
③ 유입 방폭구조 : 점화원이 될 우려가 있는 부분을 **절연유** 속에 넣어 폭발성가스와 접촉하지 않도록 한 구조
④ 안전증 방폭구조 : 정상운전 시 불꽃, 아크, 열 등이 발생하지 않도록 안전도를 증가시킨 구조
⑤ 본질안전방폭구조 : 폭발성 가스를 착화시킬 수 있는 에너지보다 작은 전류를 사용하여 **본질적으로 폭발성 가스를 착화시키지 않도록** 한 구조

20. 화재하중에 대한 설명 중 틀린 것은?

① 화재하중이 크면 단위면적당의 발열량이 크다.
② 화재하중이 크다는 것은 화재구획의 공간이 넓다는 것이다.
③ 화재하중이 같더라도 물질의 상태에 따라 가혹도는 달라진다.
④ 화재하중은 화재구획실내의 가연물 총량을 목재 중량당비로 환산하여 면적으로 나눈 수치이다.

해설 화재하중
① 화재구획에서의 단위 면적당 등가 가연물량 kg/m²

$$Q = \frac{\sum(G \times H)}{H_0 \cdot A} = \frac{\sum(G \times H)}{4{,}500 A} \text{ kg/m}^2$$

여기서, Q : 화재하중 kg/m²
G : 가연물중량 kg
H : 가연물의 단위발열량 kcal/kg
H_0 : 목재의 단위발열량 =4,500kcal/kg
A : 화재구획의 바닥면적 m²

② 화재하중이 크면 단위면적당의 발열량이 크다.
③ 화재하중이 크다는 것은 화재구획의 공간이 좁다는 것이다.
④ 화재하중이 같더라도 물질의 상태에 따라 가혹도는 달라진다.
⑤ 화재하중은 화재구획실내의 가연물 총량을 목재 중량당비로 환산하여 면적으로 나눈 수치이다.

2과목 소방전기일반

21. $R = 10\,\Omega$, $C = 33\,\mu F$, $L = 20\text{mH}$인 RLC 직렬회로의 공진주파수는 약 몇 Hz 인가?

① 169 ② 176
③ 196 ④ 206

해설 공진주파수

$$f = \frac{1}{2\pi\sqrt{LC}} = \frac{1}{2\pi\sqrt{33 \times 10^{-6} \times 20 \times 10^{-3}}}$$
$$= 195.9\text{Hz}$$

여기서, L : 인덕턴스[H], C : 정전용량[F]

22. PNPN 4층 구조로 되어 있는 소자가 아닌 것은?

① SCR ② TRIAC
③ Diode ④ GTO

해설 ① SCR : 실리콘제어정류기, 단방향성 3단자, PNPN 4층 구조
② TRIAC : 트라이액, 쌍방향성 3단자, SCR 2개를 역병렬로 접속한 구조, PNPN 4층 구조
③ Diode : PN 접합구조, 정류기능
④ GTO : 단방향성 3단자, 자기 소호기능, PNPN 4층 구조

23. 역률 80%, 유효전력 80kW일 때, 무효전력 kVar은?

① 10 ② 16
③ 60 ④ 64

해설 피상전력 $P_a = \sqrt{P^2 + P_r^2} = \dfrac{P}{\cos\theta} = \dfrac{80}{0.8} = 100\text{kVA}$
무효전력 $P_r = \sqrt{P_a^2 - P^2} = \sqrt{100^2 - 80^2} = 60\text{kVar}$

별해 무효전력 $P_r = P \times \dfrac{\sin\theta}{\cos\theta} = 80 \times \dfrac{\sqrt{1-0.8^2}}{0.8} = 60\,\text{kVar}$

24 전자회로에서 온도보상용으로 많이 사용되고 있는 소자는?

① 저항 ② 리액터
③ 콘덴서 ④ 서미스터

해설 서미스터(thermistor)
일반적인 금속과는 달리, 온도가 높아지면 저항값이 감소하는 부저항온도계수(負抵抗溫度係數)의 특성을 가지고 있다.
① 온도에 의해 저항값이 변화하는 반도체로 **온도보상용**, 온도 계측용으로 사용.
② 아주 작은 온도의 변화로 전기저항이 대폭으로 변하는 반도체의 성질을 이용한 소자

25 서보전동기는 제어기기의 어디에 속하는가?

① 검출부 ② 조절부
③ 증폭부 ④ 조작부

해설 서보전동기는 제어기기의 조작부에 해당되며 주요 특징은 다음과 같다.
① 기동토크가 클 것
② 정지 및 역전의 운전이 가능할 것
③ 속응성이 충분히 높을 것

26 자동제어계를 제어목적에 의해 분류한 경우, 틀린 것은?

① 정치제어 : 제어량을 주어진 일정목표로 유지시키기 위한 제거
② 추종제어 : 목표치가 시간에 따라 변화하는 제어
③ 프로그램제어 : 목표치가 프로그램대로 변하는 제어
④ 서보제어 : 선박의 방향제어계인 서보제어는 정치제어와 같은 성질

해설 1. 제어목적에 의한 분류
① **정치제어** : 목표 값이 시간에 관계없이 일정. (프로세스제어, 자동조정)
② **추종제어** : 목표 값이 임의의 시간변화를 하는 경우 제어량을 그 값에 추종시켜 제어하는 방식
③ **프로그램제어** : 목표 값이 미리 정해진 시간변화
④ **비율제어** : 목표 값이 일정한 비율을 가지고 변화한다.
2. 제어량에 의한 분류
① **프로세스(공정) 제어** : 제어량이 온도, 유량, 압력 등으로서 프로세스에 가해지는 외란의 억제를 주목적으로 한다.
② **서보 기구** : 물체의 위치, 방위, 자세 등의 기계적 변위를 제어량으로 해서 목표값의 임의의 변화에 추종하도록 구성된 제어계
③ **자동 조정** : 전압, 전류, 주파수, 회전 속도, 힘 등 전기적, 기계적 양을 주로 제어하는 것으로써, 응답 속도가 대단히 빠르다.

27 그림의 논리기호를 표시한 것으로 옳은 식은?

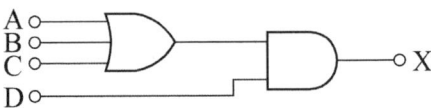

① $X = (A \cdot B \cdot C) \cdot D$
② $X = (A + B + C) \cdot D$
③ $X = (A \cdot B \cdot C) + D$
④ $X = A + B + C + D$

해설 A, B, C는 3입력 OR회로로서 논리식은 A+B+C로 표현할 수 있다. 또한, D와는 2입력 AND회로로 연결되어 있으므로 논리식은 다음과 같다.
출력 $X = (A+B+C) \cdot D$

정답 24. ④ 25. ④ 26. ④ 27. ②

28 20Ω과 40Ω의 병렬회로에서 20Ω에 흐르는 전류가 10A라면, 이 회로에 흐르는 총 전류는 몇 A인가?

① 5 ② 10
③ 15 ④ 20

해설 병렬회로의 경우에는 저항에 걸리는 전압이 같아야 한다.
20Ω에 걸리는 전압 $V = 10A \times 20\Omega = 200V$
40Ω에 흐르는 전류 $I = \dfrac{V}{R} = \dfrac{200}{40} = 5A$
총 전류 = 10A + 5A = 15A

29 3상 유도전동기가 중부하로 운전되던 중 1선이 절단되면 어떻게 되는가?

① 전류가 감소한 상태에서 회전이 계속된다.
② 전류가 증가한 상태에서 회전이 계속된다.
③ 속도가 증가하고 부하전류가 급상승한다.
④ 속도가 감소하고 부하전류가 급상승한다.

해설 경부하로 운전 중 1선이 절단되면 전류가 증가한 상태에서 회전이 계속되며, 중부하로 운전 중 1선이 절단되면 속도가 감소하고 부하전류가 급상승하게 되고 전동기가 소손될 수 있다.

30 SCR의 양극 전류가 10A일 때 게이트 전류를 반으로 줄이면 양극 전류는 몇 A인가?

① 20 ② 10
③ 5 ④ 0.1

해설 SCR은 도통상태에 이르면 게이트 전류를 조정해도 양극 전류는 변하지 않으므로 게이트 전류를 반으로 줄여도 10A가 그대로 흐른다.

31 비례 + 적분 + 미분동작(PID 동작)식을 바르게 나타낸 것은?

① $x_0 = K_p(x_i + \dfrac{1}{T_I}\int x_i dt + T_D \dfrac{dx_i}{dt})$

② $x_0 = K_p(x_i - \dfrac{1}{T_I}\int x_i dt - T_D \dfrac{dx_i}{dt})$

③ $x_0 = K_p(x_i + \dfrac{1}{T_I}\int x_i dt + T_D \dfrac{dt}{dx_i})$

④ $x_0 = K_p(x_i - \dfrac{1}{T_I}\int x_i dt - T_D \dfrac{dt}{dx_i})$

해설 비례적분미분동작
$x_0 = K_p(x_i + \dfrac{1}{T_I}\int x_i dt + T_D \dfrac{dx_i}{dt})$
K_p : 비례이득, T_I : 적분시간
T_D : 미분시간(rate 시간)

32 그림과 같은 회로에서 분류기의 배율은? (단, 전류계 A의 내부저항은 R_A이며, R_S는 분류기 저항이다.)

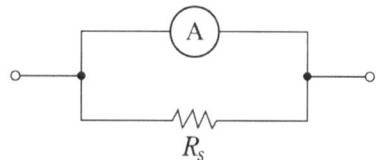

① $\dfrac{R_A}{R_A + R_S}$ ② $\dfrac{R_S}{R_A + R_S}$

③ $\dfrac{R_A + R_S}{R_S}$ ④ $\dfrac{R_A + R_S}{R_A}$

해설 분류기 저항 $R_s = \dfrac{1}{(m-1)} r_a$ Ω
여기서, m : 배율, r_a : 전류계 내부저항
배율 $m = 1 + \dfrac{r_a}{R_s} = 1 + \dfrac{R_A}{R_S} = \dfrac{R_S + R_A}{R_S}$

33 어떤 옥내배선에 380V의 전압을 가하였더니 0.2mA의 누설전류가 흘렀다. 이 배선의 절연저항은 몇 MΩ인가?

① 0.2　　② 1.9
③ 3.8　　④ 7.6

해설 절연저항
$$R = \frac{V}{I} = \frac{380}{0.2 \times 10^{-3}} \times 10^{-6} = 1.9 \text{M}\Omega \ (1\text{M}\Omega = 10^6 \Omega)$$

34 변류기에 결선된 전류계가 고장이 나서 교체하는 경우 옳은 방법은?

① 변류기의 2차를 개방시키고 전류계를 교체한다.
② 변류기의 2차를 단락시키고 전류계를 교체한다.
③ 변류기의 2차를 접지시키고 전류계를 교체한다.
④ 변류기에 피뢰기를 연결하고 전류계를 교체한다.

해설 계기용 변류기(CT : Current Transformer)
① 2차측 정격전류 : 5[A]
② 2차측 점검 시 : CT 2차측을 단락 → 2차측 절연보호
③ 심벌 : ⟊
④ 용도 : 대전류를 소전류로 변환
⑤ 전류계 교체 시 : CT의 2차를 단락시키고 전류계를 교체

35 두 콘덴서 C_1, C_2를 병렬로 접속하고 전압을 인가하였더니, 전체 전하량이 $Q(C)$이었다. C_2에 충전된 전하량은?

① $\frac{C_1}{C_1+C_2}Q$　　② $\frac{C_1+C_2}{C_1}Q$
③ $\frac{C_1+C_2}{C_2}Q$　　④ $\frac{C_2}{C_1+C_2}Q$

해설 C_1에 충전된 전하량
$$Q_1 = C_1 V = C_1 \times \frac{Q}{C_T} = C_1 \times \frac{Q}{C_1+C_2} = \frac{C_1}{C_1+C_2}Q$$

C_2에 충전된 전하량
$$Q_2 = C_2 V = C_2 \times \frac{Q}{C_T} = C_2 \times \frac{Q}{C_1+C_2} = \frac{C_2}{C_1+C_2}Q$$

36 논리식 $\overline{X}+XY$를 간략화한 것은?

① $\overline{X}+Y$　　② $X+\overline{Y}$
③ $\overline{X}Y$　　④ $X\overline{Y}$

해설
$$\overline{X}+XY = \overline{X}(Y+\overline{Y})+XY = \overline{X}Y+\overline{X}\overline{Y}+XY$$
$$= \overline{X}Y+\overline{X}\overline{Y}+XY+\overline{X}Y$$
$$= \overline{X}(Y+\overline{Y})+Y(X+\overline{X}) = \overline{X}+Y$$

37 전기화재의 원인이 되는 누전전류를 검출하기 위해 사용되는 것은?

① 접지계전기　　② 영상변류기
③ 계기용변압기　　④ 과전류계전기

해설
① 접지계전기(지락계전기) : 지락사고 시 지락 고장을 검출
② 영상변류기 : 누전전류(누설전류)를 검출
③ 계기용변압기 : 고전압을 소전압으로 변환
④ 과전류계전기 : 설정값 이상의 전류가 흐를 때 작동, 과전류로부터 보호

38 공기 중에 2m의 거리에 10μC, 20μC의 두 점전하가 존재할 때 이 두 전하 사이에 작용하는 정전력은 약 몇 N인가?

① 0.45　　② 0.9
③ 1.8　　④ 3.6

해설 쿨롱의 법칙 : 두 전하사이에 작용하는 힘
$$F = 9 \times 10^9 \times \frac{Q_1 Q_2}{r^2}$$

정답 33. ②　34. ②　35. ④　36. ①　37. ②　38. ①

$$= 9 \times 10^9 \times \frac{10 \times 10^{-6} \times 20 \times 10^{-6}}{2^2} = 0.45 \text{ N}$$

(Q_1, Q_2 : 전하 C, r : 거리 m, 1 μC = 10^{-6} C)

39 100V, 1kW의 니크롬선을 3/4의 길이로 잘라서 사용할 때 소비전력은 약 몇 W인가?

① 1000
② 1333
③ 1430
④ 2000

해설 소비전력 $P = \frac{V^2}{R}$, 저항 $R = \rho \frac{l}{A}$ 의 관계에서

$$P = \frac{V^2}{R} = \frac{V^2}{\rho \frac{l}{A}} = \frac{AV^2}{\rho l}$$

(여기서, A : 단면적 m², l : 길이 m, V : 전압 V, ρ : 고유저항 Ω·m)

소비전력 P는 길이 l에 반비례하므로 비례식을 적용한다.

$$P' = P \times \frac{l}{l'} = 1000 \times \frac{1}{\frac{3}{4}} = 1000 \times \frac{4}{3} = 1333.33 \text{ W}$$

40 줄의 법칙에 관한 수식으로 틀린 것은?

① $H = I^2 Rt$ J
② $H = 0.24 I^2 Rt$ cal
③ $H = 0.12 VIt$ J
④ $H = \frac{1}{4.2} I^2 Rt$ cal

해설 줄의 법칙

$$H = VIt = I^2 Rt = \frac{V^2}{R} t \text{ J}$$

(V : 전압 V, I : 전류 A, R : 저항 Ω, t : 시간 s)

$$H = 0.24 VIt = 0.24 I^2 Rt = 0.24 \frac{V^2}{R} t \text{ cal}$$

$$1 \text{ J} = \frac{1}{4.2} = 0.24 \text{ cal, } 1 \text{ cal} = 4.2 \text{ J}$$

3과목 소방관계법규

41 아파트로 층수가 20층인 특정소방대상물에서 스프링클러 설비를 하여야 하는 층수는? (단, 아파트는 신축을 실시하는 경우이다.)

① 전층
② 15층 이상
③ 11층 이상
④ 6층 이상

해설 스프링클러설비를 설치하여야 하는 특정소방대상물 중 층수가 **6층 이상**인 특정소방대상물의 경우에는 모든 층에 설치하여야 한다.

42 1급 소방안전관리대상물이 아닌 것은?

① 15층인 특정소방대상물(아파트는 제외)
② 가연성가스를 2,000톤 저장·취급하는 시설
③ 21층인 아파트로서 300세대인 것
④ 연면적 20,000m²인 문화 및 집회시설, 운동시설

해설 1급 소방안전관리대상물
동·식물원, 철강 등 불연성 물품을 저장·취급하는 창고, 위험물 저장 및 처리 시설 중 위험물 제조소등, 지하구를 제외
① 30층 이상(지하층은 제외한다)이거나 지상으로부터 높이가 120미터 이상인 아파트
② 연면적 15,000제곱미터 이상(아파트 제외)
③ 층수가 11층 이상
④ 가연성가스 **1,000톤** 이상 저장, 취급하는 시설

43 다음 중 중급기술자의 학력·경력자에 대한 기준으로 옳은 것은?
(단, "학력·경력자"란 고등학교·대학 또는 이와 같은 수준 이상의 교육기관의 소방관련학과의 정해진 교육과정을 이수하고 졸

정답 39. ② 40. ③ 41. ① 42. ③ 43. ②

업하거나 그 밖의 관계법령에 따라 국내 또는 외국에서 이와 같은 수준 이상의 학력이 있다고 인정되는 사람을 말한다.)

① 고등학교를 졸업 후 10년 이상 소방 관련 업무를 수행한 자
② 학사학위를 취득한 후 6년 이상 소방 관련 업무를 수행한 자
③ 석사학위를 취득한 후 2년 이상 소방 관련 업무를 수행한 자
④ 박사학위를 취득한 후 1년 이상 소방 관련 업무를 수행한 자

해설 소방기술과 관련된 자격·학력 및 경력의 인정 범위 (소방시설공사업법 시행규칙 별표4의2)

등급	학력·경력자
중급 기술자	• 박사학위를 취득한 사람 • 석사학위를 취득한 후 3년 이상 소방 관련 업무를 수행한 사람 • **학사학위를 취득한 후 6년 이상** 소방 관련 업무를 수행한 사람 • 전문학사학위를 취득한 후 9년 이상 소방 관련 업무를 수행한 사람 • 고등학교를 졸업한 후 12년 이상 소방 관련 업무를 수행한 사람

44 출제년도【19.】
소방특별조사 결과에 따른 조치명령으로 손실을 입어 손실을 보상하는 경우 그 손실을 입은 자는 누구와 손실보상을 협의하여야 하는가?

① 소방서장 ② 시·도지사
③ 소방본부장 ④ 행정안전부장관

해설 관련법의 개정(2022.12.1.)으로 현재 기준에는 맞지 않습니다.
소방특별조사 결과에 따른 조치명령(소방시설법 제5조)
① **소방청장, 소방본부장 또는 소방서장**은 소방특별조사 결과 소방대상물의 위치·구조·설비 또는 관리의 상황이 화재나 재난·재해 예방을 위하여 보완될 필요가 있거나 화재가 발생하면 인명 또는 재산의 피해가 클 것으로 예상되는 때에는 행정안전부령으로 정하는 바에 따라 관계인에게 그 소방대상물의 개수(改修)·이전·제거, 사용의 금지 또는 제한, 사용폐쇄, 공사의 정지 또는 중지, 그 밖의 필요한 조치를 명할 수 있다.
② 시·도지사가 손실을 보상하는 경우에는 시가(時價)로 보상
③ 손실 보상에 관하여는 **시·도지사**와 손실을 입은 자가 협의

45 ★★★ 출제년도【19.】
화재의 예방 및 안전관리에 관한 법률상 특수가연물의 저장 및 취급 기준 중 석탄·목탄류를 발전용으로 저장하지 않는 경우 쌓는 부분의 바닥면적은 몇 m² 이하인가? (단, 살수설비를 설치하거나, 방사능력 범위에 해당 특수가연물이 포함되도록 대형수동식소화기를 설치하는 경우이다.)

① 200 ② 250
③ 300 ④ 350

해설 특수가연물의 저장 및 취급의 기준
1. 특수가연물을 저장 또는 취급하는 장소에는 품명·최대수량 및 화기취급의 금지표지를 설치할 것
2. 다음 각 목의 기준에 따라 쌓아 저장할 것. 다만, 석탄·목탄류를 발전(發電)용으로 저장하는 경우에는 그러하지 아니하다.
   가. 품명별로 구분하여 쌓을 것
   나. 쌓는 높이는 10미터 이하, 쌓는 부분의 바닥면적은 50제곱미터(석탄·목탄류의 경우에는 200제곱미터) 이하. 다만, 살수설비를 설치하거나, 방사능력 범위에 해당 특수가연물이 포함되도록 대형수동식소화기를 설치하는 경우에는 쌓는 높이를 15미터 이하, 쌓는 부분의 바닥면적을 200제곱미터(**석탄·목탄류의 경우에는 300제곱미터**) 이하
   다. 쌓는 부분의 바닥면적 사이는 1미터 이상

46 ★ 출제년도【19.】
소방기본법상 명령권자가 소방본부장, 소방서장 또는 소방대장에게 있는 사항은?

① 소방 활동을 할 때에 긴급한 경우에는 이웃한 소방본부장 또는 소방서장에게 소방업무의 응원을 요청할 수 있다.

정답 44. ② 45. ③ 46. ②

② 화재, 재난·재해, 그 밖의 위급한 상황이 발생한 현장에서 소방활동을 위하여 필요할 때에는 그 관할구역에 사는 사람 또는 그 현장에 있는 사람으로 하여금 사람을 구출하는 일 또는 불을 끄거나 불이 번지지 아니하도록 하는 일을 하게 할 수 있다.

③ 수사기관이 방화 또는 실화의 혐의가 있어서 이미 피의자를 체포하였거나 증거물을 압수하였을 때에 화재조사를 위하여 필요한 경우에는 수사에 지장을 주지 아니하는 범위에서 그 피의자 또는 압수된 증거물에 대한 조사를 할 수 있다.

④ 화재, 재난·재해, 그 밖의 위급한 상황이 발생하였을 때에는 소방대를 현장에 신속하게 출동시켜 화재진압과 인명구조·구급 등 소방에 필요한 활동을 하게 하여야 한다.

해설 보기설명
① 소방업무의 응원요청 : 소방본부장 또는 소방서장
② 소방활동 종사명령 : 소방본부장, 소방서장 또는 소방대장
③ 수사기관에 체포된 사람에 대한 조사 : 소방청장, 소방본부장, 소방서장
④ 소방활동 : 소방청장, 소방본부장, 소방서장

---

47 ★★ 출제년도【19.】
경유의 저장량이 2,000리터, 중유의 저장량이 4,000리터, 등유의 저장량이 2,000리터인 저장소에 있어서 지정수량의 배수는?

① 동일 ② 6배
③ 3배 ④ 2배

해설 경유의 지정수량이 1000리터, 중유의 지정수량이 2000리터, 등유의 지정수량이 1000리터이므로 지정수량의 배수를 산출하면
$= \frac{2000}{1000} + \frac{4000}{2000} + \frac{2000}{1000} = 6배$

---

48 ★★★ 출제년도【19.】
소방용수시설 중 소화전과 급수탑의 설치기준으로 틀린 것은?

① 급수탑 급수배관의 구경은 100mm이상으로 할 것
② 소화전은 상수도와 연결하여 지하식 또는 지상식으로 할 것
③ 소방용호스와 연결하는 소화전의 연결금속구의 구경은 65mm로 할 것
④ 급수탑의 개폐밸브는 지상에서 1.5m이상 1.8m이하의 위치에 설치할 것

해설 소방용수시설의 설치기준
① 소화전의 설치기준 : 상수도와 연결하여 지하식 또는 지상식의 구조로 하고, 소방용호스와 연결하는 소화전의 연결금속구의 구경은 65밀리미터로 할 것
② 급수탑의 설치기준 : 급수배관의 구경은 100밀리미터 이상으로 하고, 개폐밸브는 지상에서 **1.5미터 이상 1.7미터 이하**의 위치에 설치하도록 할 것

---

49 ★★ 출제년도【19.】
특정소방대상물의 관계인이 소방안전관리자를 해임한 경우 재선임 신고를 해야 하는 기준은? (단, 해임한 날부터를 기준일로 한다.)

① 10일 이내 ② 20일 이내
③ 30일 이내 ④ 40일 이내

해설 소방안전관리자의 선임신고 등
특정소방대상물의 관계인은 소방안전관리자를 다음 각 호의 어느 하나에 해당하는 날부터 **30일 이내**에 선임
1. 신축·증축·개축·재축·대수선 또는 용도변경으로 해당 특정소방대상물의 소방안전관리자를 신규로 선임하여야 하는 경우 : 해당 특정소방대상물의 완공일
2. 증축 또는 용도변경으로 인하여 특급 소방안전관리대상물, 1급 소방안전관리대상물 또는 2급 소방안전관리대상물로 된 경우 : 증축공사의 완공일 또는 용도변경 사실을 건축물관리대장에 기재한 날

정답 47. ② 48. ④ 49. ③

3. 특정소방대상물을 양수하거나 경매, 환가, 압류재산의 매각 그 밖에 이에 준하는 절차에 의하여 관계인의 권리를 취득한 경우 : 해당 권리를 취득한 날 또는 관할 소방서장으로부터 소방안전관리자 선임 안내를 받은 날.
4. 소방본부장 또는 소방서장이 공동 소방안전관리 대상으로 지정한 날
5. **소방안전관리자를 해임한 경우 : 소방안전관리자를 해임한 날**
6. 소방안전관리업무를 대행하는 자를 감독하는 자를 소방안전관리자로 선임한 경우로서 그 업무대행 계약이 해지 또는 종료된 경우: 소방안전관리업무 대행이 끝난 날

50 ★★★ 출제년도 【19.】
화재의 예방 및 안전관리에 관한 법률상 소방안전관리대상물의 소방안전관리자 업무가 아닌 것은?

① 소방훈련 및 교육
② 피난시설, 방화구획 및 방화시설의 유지 · 관리
③ 자위소방대 및 초기대응체계의 구성 · 운영 · 교육
④ 피난계획에 관한 사항과 대통령령으로 정하는 사항이 포함된 소방계획서의 작성 및 시행

해설

소방안전관리 대상물의 소방안전관리자의 업무	1. 피난계획에 관한 사항과 대통령령으로 정하는 사항이 포함된 소방계획서의 작성 및 시행 2. 자위소방대(自衛消防隊) 및 초기대응체계의 구성, 운영 및 교육 3. 소방훈련 및 교육 4. 행정안전부령으로 정하는 바에 따른 소방안전관리에 관한 업무수행에 관한 기록·유지(제3호·제4호 및 제6호의 업무를 말한다)

51 ★★★ 출제년도 【19.】
문화재보호법의 규정에 의한 유형문화재와 지정문화재에 있어서는 제조소 등과의 수평거리를 몇 m 이상 유지하여야 하는가?

① 20
② 30
③ 50
④ 70

해설 제조소의 위치 · 구조 및 설비의 기준 중 안전거리

주거용	10m 이상
학교 · 병원 · 극장 그 밖에 다수인을 수용하는 시설 1) 학교 2) 병원급 의료기관 3) 공연장, 영화상영관 : 3백명 이상 4) 아동복지시설, 노인복지시설, 장애인복지시설, 한부모가족복지시설, 어린이집, 성매매피해자등을 위한 지원시설, 정신보건시설 : 20명 이상	30m 이상
유형문화재와 기념물 중 지정문화재	50m 이상
고압가스, 액화석유가스 또는 도시가스를 저장 또는 취급하는 시설	20m 이상
사용전압이 7,000V 초과 35,000V 이하 특고압가공전선	3m 이상
사용전압이 35,000V를 초과 특고압가공전선	5m 이상

52 ★★★ 출제년도 【19.】
소방시설 설치 및 관리에 관한 법상 소방시설 등에 대한 스스로 점검을 하지 아니하거나 관리업자 등으로 하여금 정기적으로 점검하게 하지 아니한 자에 대한 벌칙 기준으로 옳은 것은?

① 1년 이하의 징역 또는 1000만원 이하의 벌금
② 3년 이하의 징역 또는 1500만원 이하의 벌금
③ 3년 이하의 징역 또는 3000만원 이하의 벌금
④ 6개월 이하의 징역 또는 1000만원 이하의 벌금

해설 1년 이하의 징역 또는 1천만원 이하의 벌금(소방시설법)

1. 제22조제1항을 위반하여 **소방시설등에 대하여 스스로 점검을 하지 아니하거나 관리업자등으로 하여금 정기적으로 점검하게 하지 아니한 자**
2. 제25조제7항을 위반하여 **소방시설관리사증을 다른 사람에게 빌려주거나 빌리거나 이를 알선한 자**
3. 제25조제8항을 위반하여 **동시에 둘 이상의 업체에 취업한 자**
4. 제28조에 따라 자격정지처분을 받고 그 자격정지기간 중에 관리사의 업무를 한 자
5. 제33조제2항을 위반하여 관리업의 등록증이나 등록수첩을 다른 자에게 빌려주거나 빌리거나 이를 알선한 자
6. 제35조제1항에 따라 영업정지처분을 받고 그 영업정지기간 중에 관리업의 업무를 한 자
7. 제37조제3항에 따른 제품검사에 합격하지 아니한 제품에 합격표시를 하거나 합격표시를 위조 또는 변조하여 사용한 자
8. 제38조제1항을 위반하여 형식승인의 변경승인을 받지 아니한 자
9. 제40조제5항을 위반하여 제품검사에 합격하지 아니한 소방용품에 성능인증을 받았다는 표시 또는 제품검사에 합격하였다는 표시를 하거나 성능인증을 받았다는 표시 또는 제품검사에 합격하였다는 표시를 위조 또는 변조하여 사용한 자
10. 제41조제1항을 위반하여 성능인증의 변경인증을 받지 아니한 자
11. 제43조제1항에 따른 우수품질인증을 받지 아니한 제품에 우수품질인증 표시를 하거나 우수품질인증 표시를 위조하거나 변조하여 사용한 자
12. 제52조제3항을 위반하여 관계인의 정당한 업무를 방해하거나 출입·검사 업무를 수행하면서 알게 된 비밀을 다른 사람에게 누설한 자

53 ★★★ 출제년도 【19.】
소방기본법령상 소방본부 종합상황실 실장이 소방청의 종합상황실에 서면·모사전송 또는 컴퓨터통신 등으로 보고하여야 하는 화재의 기준에 해당하지 않는 것은?

① 항구에 매어둔 총 톤수가 1,000톤 이상인 선박에서 발생한 화재
② 연면적 15,000m² 이상인 공장 또는 화재경계지구에서 발생한 화재
③ 지정수량의 1,000배 이상의 위험물의 제조소·저장소·취급소에서 발생한 화재
④ 층수가 5층 이상이거나 병상이 30개 이상인 종합병원·정신병원·한방병원·요양소에서 발생한 화재

해설 종합상황실 실장의 업무 보고사항(소방기본법 시행규칙 제3조)
1. 다음 각목의 1에 해당하는 화재
   가. 사망자가 5인 이상 발생하거나 사상자가 10인 이상 발생한 화재
   나. 이재민이 100인 이상 발생한 화재
   다. 재산피해액이 50억원 이상 발생한 화재
   라. 관공서·학교·정부미도정공장·문화재·지하철 또는 지하구의 화재
   마. 관광호텔, 층수가 11층 이상인 건축물, 지하상가, 시장, 백화점, 지정수량의 **3천배 이상**의 위험물의 제조소·저장소·취급소, 층수가 5층 이상이거나 객실이 30실 이상인 숙박시설, 층수가 5층 이상이거나 병상이 30개 이상인 종합병원·정신병원·한방병원·요양소, 연면적 1만5천제곱미터 이상인 공장 또는 화재경계지구에서 발생한 화재
   바. 철도차량, 항구에 매어둔 총 톤수가 1천톤 이상인 선박, 항공기, 발전소 또는 변전소에서 발생한 화재
   사. 가스 및 화약류의 폭발에 의한 화재
   아. 다중이용업소의 화재
2. 통제단장의 현장지휘가 필요한 재난상황
3. 언론에 보도된 재난상황
4. 그 밖에 소방청장이 정하는 재난상황

54 ★★ 출제년도 【19.】
소방시설공사업법령상 상주 공사감리 대상 기준 중 다음 ㉠, ㉡, ㉢에 알맞은 것은?

- 연면적 (㉠)m² 이상의 특정소방대상물(아파트 제외)에 대한 소방시설의 공사
- 지하층을 포함한 층수가 (㉡)층 이상으로서 (㉢)세대 이상인 아파트에 대한 소방시설의 공사

① ㉠ 10,000, ㉡ 11, ㉢ 600
② ㉠ 10,000, ㉡ 16, ㉢ 500

정답 53. ③ 54. ④

③ ㉠ 30,000, ㉡ 11, ㉢ 600
④ ㉠ 30,000, ㉡ 16, ㉢ 500

해설 상주공사감리대상(소방시설공사업법 시행령 별표3)
1. 연면적 3만제곱미터 이상의 특정소방대상물(아파트는 제외한다)에 대한 소방시설의 공사
2. 지하층을 포함한 층수가 16층 이상으로서 500세대 이상인 아파트에 대한 소방시설의 공사

55 ★ 출제년도【19.】
화재의 예방 및 안전관리에 관한 법령상 화재안전조사위원회의 위원에 해당하지 아니하는 사람은?

① 소방기술사
② 소방시설관리사
③ 소방 관련 분야의 석사학위 이상을 취득한 사람
④ 소방 관련 법인 또는 단체에서 소방 관련 업무에 3년 이상 종사한 사람

해설 화재안전조사위원회의 구성
1. 과장급 직위 이상의 소방공무원
2. 소방기술사
3. 소방시설관리사
4. 소방 관련 분야의 석사학위 이상을 취득한 사람
5. 소방 관련 법인 또는 단체에서 소방 관련 업무에 5년 이상 종사한 사람
6. 소방공무원 교육기관, 「고등교육법」 제2조의 학교 또는 연구소에서 소방과 관련한 교육 또는 연구에 5년 이상 종사한 사람

56 ★★ 출제년도【19.】
제3류 위험물 중 금수성 물품에 적응성이 있는 소화약제는?

① 물　　　　　　② 강화액
③ 팽창질석　　　④ 인산염류분말

해설 소화설비의 적응성(위험물안전관리법 시행규칙 별표17)
① 분말소화설비(탄산수소나트륨, 탄산수소칼륨)
② 건조사
③ 팽창질석 또는 팽창진주암

57 ★★★ 출제년도【19.】
화재가 발생하는 경우 인명 또는 재산의 피해가 클 것으로 예상되는 때 소방대상물의 개수·이전·제거, 사용금지 등의 필요한 조치를 명할 수 있는 자는?

① 시·도지사
② 의용소방대장
③ 기초자치단체장
④ 소방관서장

해설 화재안전조사 결과에 따른 조치명령
① **소방관서장**은 화재안전조사 결과에 따른 소방대상물의 위치·구조·설비 또는 관리의 상황이 화재예방을 위하여 보완될 필요가 있거나 화재가 발생하면 인명 또는 재산의 피해가 클 것으로 예상되는 때에는 행정안전부령으로 정하는 바에 따라 관계인에게 그 소방대상물의 개수(改修)·이전·제거, 사용의 금지 또는 제한, 사용폐쇄, 공사의 정지 또는 중지, 그 밖에 필요한 조치를 명할 수 있다.
② **소방관서장**은 화재안전조사 결과 소방대상물이 법령을 위반하여 건축 또는 설비되었거나 소방시설등, 피난시설·방화구획, 방화시설 등이 법령에 적합하게 설치 또는 관리되고 있지 아니한 경우에는 관계인에게 제1항에 따른 조치를 명하거나 관계 행정기관의 장에게 필요한 조치를 하여 줄 것을 요청할 수 있다.

58 ★★ 출제년도【19.】
화재의 예방 및 안전관리에 관한 법률상 소방본부장 또는 소방서장은 소방상 필요한 훈련 및 교육을 실시하고자 하는 때에는 화재경계지구 안의 관계인에게 훈련 또는 교육 며칠 전까지 그 사실을 통보하여야 하는가?

① 5　　　　　　② 7
③ 10　　　　　④ 14

해설 화재예방강화지구의 관리
1. 소방본부장 또는 소방서장은 화재예방강화지구 안의 소방대상물의 위치·구조 및 설비 등에 대한 화재안전조사를 연 1회 이상 실시하여야 한다.
2. 소방본부장 또는 소방서장은 화재예방강화지구 안의 관계인에 대하여 소방상 필요한 훈련 및 교육을 연 1회 이상 실시할 수 있다.

정답 55. ④　56. ③　57. ④　58. ③

3. 소방본부장 또는 소방서장은 소방상 필요한 훈련 및 교육을 실시하고자 하는 때에는 화재예방강화지구 안의 관계인에게 훈련 또는 교육 10일 전까지 그 사실을 통보하여야 한다.

급할 수 있는 국가기술자격자 또는 안전교육을 받은 자이어야 한다.

② 대통령령이 정하는 위험물의 운송에 있어서는 운송책임자(위험물 운송의 감독 또는 지원을 하는 자를 말한다. 이하 같다)의 감독 또는 지원을 받아 이를 운송하여야 한다. 운송책임자의 범위, 감독 또는 지원의 방법 등에 관한 구체적인 기준은 행정안전부령으로 정한다.

59 ★★★ 출제년도【19.】
소방기본법상 보일러, 난로, 건조설비, 가스·전기시설, 그 밖에 화재 발생 우려가 있는 설비 또는 기구 등의 위치·구조 및 관리와 화재 예방을 위하여 불을 사용할 때 지켜야 하는 사항은 무엇으로 정하는가?

① 소방청 고시 ② 대통령령
③ 시·도 조례 ④ 행정안전부령

해설 불을 사용하는 설비 등의 관리와 특수가연물의 저장·취급 → 화재의 예방 및 안전관리에 관한 법률로 이관됨(2022.12.1.)
① 보일러, 난로, 건조설비, 가스·전기시설, 그 밖에 화재 발생 우려가 있는 설비 또는 기구 등의 위치·구조 및 관리와 화재 예방을 위하여 불을 사용할 때 지켜야 하는 사항은 **대통령령**으로 정한다.
② 화재가 발생하는 경우 불길이 빠르게 번지는 고무류·면화류·석탄 및 목탄 등 대통령령으로 정하는 특수가연물(特殊可燃物)의 저장 및 취급 기준은 **대통령령**으로 정한다.

60 ★★ 출제년도【19.】
위험물운송자 자격을 취득하지 아니한 자가 위험물 이동탱크저장소 운전 시의 벌칙으로 옳은 것은?

① 100만원 이하의 벌금
② 300만원 이하의 벌금
③ 500만원 이하의 벌금
④ 1000만원 이하의 벌금

해설 제21조 제1항 또는 제2항의 규정을 위반한 위험물운송자 : 1천만원 이하의 벌금
위험물안전관리법 제21조(위험물의 운송)
① 이동탱크저장소에 의하여 위험물을 운송하는 자(운송책임자 및 **이동탱크저장소운전자**를 말하며, 이하 "위험물운송자"라 한다)는 당해 위험물을 취

4과목 소방전기설비의 구조 및 원리

61 ★★ 출제년도【19.】
경계전로의 누설전류를 자동적으로 검출하여 이를 누전경보기의 수신부에 송신하는 것을 무엇이라고 하는가?

① 수신부 ② 확성기
③ 변류기 ④ 증폭기

해설
1. 누전경보기 : 내화구조가 아닌 건축물로서 벽, 바닥 또는 천장의 전부나 일부를 불연재료 또는 준불연재료가 아닌 재료에 철망을 넣어 만든 건물의 전기설비로부터 누설전류를 탐지하여 경보를 발하며 변류기와 수신부로 구성된 것
2. 수신부 : 변류기로부터 검출된 신호를 수신하여 누전의 발생을 당해 소방대상물의 관계인에게 경보하여 주는 것(차단기구를 갖는 것을 포함한다)
3. 변류기 : 경계전로의 누설전류를 자동적으로 검출하여 이를 누전경보기의 수신부에 송신하는 것

62 ★ 출제년도【17. 19.】
누전경보기의 5~10회로까지 사용할 수 있는 집합형 수신기 내부결선도에서 구성요소가 아닌 것은?

① 제어부
② 증폭부
③ 조작부
④ 자동입력 절환부

정답 59. ② 60. ④ 61. ③ 62. ③

해설 집합형 수신기 내부결선도 상 구성요소
① 자동입력 절환부
② 증폭부
③ 전원부
④ 도통시험 및 동작시험부
⑤ 제어부
⑥ 회로접합부

63 ★★★ 출제년도 【19.】
비상콘센트설비의 화재안전기술기준에서 정하고 있는 저압의 정의는?

① 직류는 1,500V 이하, 교류는 1,000V 이하인 것
② 직류는 750V 이하, 교류는 380V 이하인 것
③ 직류는 750V 를, 교류는 600V 를 넘고 7000V 이하인 것
④ 직류는 750V 를, 교류는 380V 를 넘고 7000V 이하인 것

해설 전압의 범위

구 분	전압의 범위
저 압	직류는 1.5kV 이하, 교류는 1kV 이하
고 압	직류는 1.5kV를, 교류는 1kV를 초과하고, 7kV 이하
특별고압	7kV를 넘는 것

64 ★★★ 출제년도 【19. 22.】
비상방송설비의 음향장치는 정격전압의 몇 % 전압에서 음향을 발할 수 있는 것으로 하여야 하는가?

① 80   ② 90
③ 100   ④ 110

해설 비상방송설비의 음향장치 설치기준
1. 확성기의 음성입력
   1) 실외 : 3W 이상
   2) 실내 : 1W 이상
2. 확성기는 각층마다 설치하되, 그 층의 각 부분으로부터 하나의 확성기까지의 **수평거리가 25m 이하**
3. **음량조정기의 배선 : 3선식**
4. 조작부의 조작스위치 : 바닥으로부터 **0.8m 이상 1.5m 이하**
5. 우선경보방식 : 층수가 5층 이상으로서 연면적이 3,000m²를 초과하는 특정소방대상물

발화 층	경보방식
2층 이상의 층	발화 층 및 그 직상층에 경보
1층에서 발화	발화 층, 그 직상층 및 지하층에 경보
지하층에서 발화	발화 층, 그 직상층 및 기타의 지하층에 경보

6. 화재신고를 수신한 후 필요한 음량으로 화재발생 상황 및 피난에 유효한 방송이 자동으로 개시될 때까지의 소요시간은 **10초 이하**
7. 음향장치의 구조 및 성능
   1) **정격전압의 80% 전압에서 음향을 발할 수 있는 것**
   2) 자동화재탐지설비의 작동과 연동하여 작동할 수 있는 것

65 ★ 출제년도 【19.】
자가발전설비, 비상전원수전설비 또는 전기저장장치(외부 전기에너지를 저장해두었다가 필요한 때 전기를 공급하는 장치)를 비상콘센트설비의 비상전원으로 설치하여야 하는 특정소방대상물로 옳은 것은?

① 지하층을 제외한 층수가 4층 이상으로서 연면적 600m² 이상인 특정소방대상물
② 지하층을 제외한 층수가 5층 이상으로서 연면적 1000m² 이상인 특정소방대상물
③ 지하층을 제외한 층수가 6층 이상으로서 연면적 1500m² 이상인 특정소방대상물
④ 지하층을 제외한 층수가 7층 이상으로서 연면적 2000m² 이상인 특정소방대상물

해설 1. 비상전원의 종류
   자가발전설비, 비상전원수전설비 또는 전기저장장치(외부 전기에너지를 저장해 두었다가 필요한 때 전기를 공급하는 장치)
2. 비상전원의 설치대상
   지하층을 제외한 층수가 7층 이상으로서 연면적이 2,000m² 이상이거나 지하층의 바닥면적의 합계가 3,000m² 이상인 특정소방대상물

정답 63. ①　64. ①　65. ④　66. ②

66 불꽃감지기의 설치기준으로 틀린 것은?

① 수분이 많이 발생할 우려가 있는 장소에는 방수형으로 설치할 것
② 감지기를 천장에 설치하는 경우에는 감지기는 천장에 향하여 설치할 것
③ 감지기는 화재감지를 유효하게 감지할 수 있는 모서리 또는 벽 등에 설치할 것
④ 감지기는 공칭감시거리와 공칭시야각을 기준으로 감시구역이 모두 포용될 수 있도록 설치할 것

해설 불꽃감지기 설치기준
① 공칭감시거리 및 공칭시야각은 형식승인 내용에 따를 것
② 감지기는 공칭감시거리와 공칭시야각을 기준으로 감시구역이 모두 포용될 수 있도록 설치할 것
③ 감지기는 화재감지를 유효하게 감지할 수 있는 모서리 또는 벽 등에 설치
④ 감지기를 천장에 설치하는 경우에는 감지기는 바닥을 향하여 설치할 것
⑤ 수분이 많이 발생할 우려가 있는 장소에는 방수형으로 설치할 것

67 무선통신보조설비의 무선기기 접속단자 중 지상에 설치하는 접속단자는 보행거리 최대 몇 m 이내마다 설치하여야 하는가?

① 5   ② 50
③ 150   ④ 300

해설 2021.3.25. 제6조(무선기기접속단자)가 제6조(옥외안테나)로 개정됨에 따라 현재 기준에는 맞지 않습니다.

68 정온식감지선형감지기에 관한 설명으로 옳은 것은?

① 일국소의 주위온도 변화에 따라서 차동 및 정온식의 성능을 갖는 것을 말한다.
② 일국소의 주위온도가 일정한 온도 이상이 되었을 때 작동하는 것으로서 외관이 전선으로 되어 있는 것을 말한다.
③ 그 주위온도가 일정한 온도상승률 이상이 되었을 때 작동하는 것으로서 일국소의 열효과에 의해서 동작하는 것을 말한다.
④ 그 주위온도가 일정한 온도상승률 이상이 되었을 때 작동하는 것으로서 광범위한 열효과의 누적에 의하여 동작하는 것을 말한다.

해설 보기설명
① 보상식스포트형 : 일국소의 주위온도 변화에 따라서 차동 및 정온식의 성능을 갖는 것을 말한다.
② 정온식감지선형 : 일국소의 주위온도가 일정한 온도 이상이 되었을 때 작동하는 것으로서 외관이 전선으로 되어 있는 것을 말한다.
③ 차동식스포트형 : 그 주위온도가 일정한 온도상승률 이상이 되었을 때 작동하는 것으로서 일국소의 열효과에 의해서 동작하는 것을 말한다.
④ 차동식분포형 : 그 주위온도가 일정한 온도상승률 이상이 되었을 때 작동하는 것으로서 광범위한 열효과의 누적에 의하여 동작하는 것을 말한다.

69 축전지의 자기방전을 보충함과 동시에 상용부하에 대한 전력공급은 충전기가 부담하도록 하되 충전기가 부담하기 어려운 일시적인 대전류 부하는 축전지로 하여금 부담하게 하는 충전방식은?

① 과충전방식
② 균등충전방식
③ 부동충전방식
④ 세류충전방식

해설 ① 축전지의 자기 방전을 보충함과 동시에 상용 부하에 대한 전력 공급은 충전기가 부담하도록 하되 충전기가 부담하기 어려운 일시적인 대 전류 부하는 축전지로 하여금 부담하게 하는 방식이다.

정답 67. ④ 68. ② 69. ③

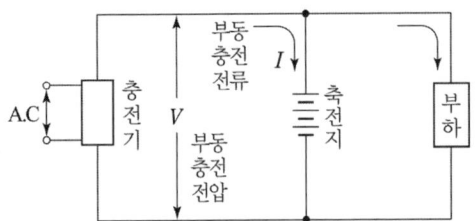

② 충전기 2차 충전전류
$= \dfrac{축전지용량[Ah]}{방전시간율[h]} + \dfrac{상시부하용량[VA]}{표준전압[V]}$

70 단독경보형 감지기 중 연동식감지기의 무선기능에 대한 설명으로 옳은 것은?

① 화재신호를 수신한 단독경보형 감지기는 60초 이내에 경보를 발해야 한다.
② 무선통신 점검은 단독경보형 감지기가 서로 송수신하는 방식으로 한다.
③ 작동한 단독경보형 감지기는 화재경보가 정지하기 전까지 100초 이내 주기마다 화재신호를 발신해야 한다.
④ 무선통신 점검은 168시간 이내에 자동으로 실시하고 이때 300초 이내에 통신이상 상태의 단독경보형 감지기를 확인할 수 있도록 표시 및 경보를 해야 한다.

해설 감지기의 형식승인 및 제품검사의 기술기준 제5조의 4(무선식감지기의 기능)
① 단독경보형감지기 중 연동식감지기의 무선기능
  1. 화재신호는 다음 각 목에 적합하여야 한다.
    가. 작동한 단독경보형감지기는 화재경보가 정지하기 전까지 **60초 이내 주기마다** 화재신호를 발신하여야 한다.
    나. 화재신호를 수신한 단독경보형감지기는 **10초 이내**에 경보를 발하여야 한다.
  2. 화재신호의 발신을 쉽게 확인할 수 있는 장치를 설치하여야 하고 화재신호를 수신하면 내장된 음향장치에 의하여 제5조의2제4호의 화재경보를 하여야 한다.
  3. 통신점검기능이 있어야 하며 다음 각 목에 적합하여야 한다.
    가. 무선통신 점검은 168시간 이내에 자동으로 실시하고 이때 통신이상이 발생하는 경우에는 **200초 이내**에 통신이상 상태의 단독경보형감지기를 확인할 수 있도록 표시 및 경보를 하여야 한다.
    나. 무선통신 점검은 **단독경보형감지기가 서로 송수신하는 방식**으로 한다.

71 정온식감지기의 설치 시 공칭작동온도가 최고주위온도보다 최소 몇 ℃ 이상 높은 것으로 설치하여야 하나?

① 10   ② 20
③ 30   ④ 40

해설 정온식감지기는 주방·보일러실 등으로서 다량의 화기를 취급하는 장소에 설치하되, 공칭작동온도가 최고주위온도보다 20℃ 이상 높은 것

72 무선통신보조설비의 누설동축케이블의 설치기준으로 틀린 것은?

① 끝부분에는 반사 종단저항을 견고하게 설치할 것
② 고압의 전로로부터 1.5m 이상 떨어진 위치에 설치할 것
③ 금속판 등에 따라 전파의 복사 또는 특성이 현저하게 저하되지 아니하는 위치에 설치할 것
④ 불연 또는 난연성의 것으로서 습기에 따라 전기의 특성이 변질되지 아니하는 것으로 설치할 것

해설 누설동축케이블 등 설치기준
1. 누설동축케이블 및 동축케이블은 불연 또는 난연성의 것
2. 누설동축케이블 및 동축케이블은 화재에 따라 해당 케이블의 피복이 소실된 경우에 케이블 본체가 떨어지지 아니하도록 4m 이내마다 금속제 또는 자기제등의 지지금구로 벽·천장·기둥 등에 견

정답 70. ② 71. ② 72. ①

고하게 고정시킬 것. 다만, 불연재료로 구획된 반자 안에 설치하는 경우에는 그러하지 아니하다.
3. 누설동축케이블 및 안테나는 금속판 등에 따라 전파의 복사 또는 특성이 현저하게 저하되지 아니하는 위치에 설치할 것
4. 누설동축케이블 및 안테나는 고압의 전로로부터 1.5m 이상 떨어진 위치에 설치할 것. 다만, 해당 전로에 정전기 차폐장치를 유효하게 설치한 경우에는 그러하지 아니하다.
5. 누설동축케이블의 끝부분에는 무반사 종단저항을 견고하게 설치할 것
6. 누설동축케이블 또는 동축케이블의 임피던스는 50Ω으로 하고, 이에 접속하는 안테나·분배기 기타의 장치는 해당 임피던스에 적합한 것

73 ★★ 출제년도【19.】
소화활동 시 안내방송에 사용하는 증폭기의 종류로 옳은 것은?
① 탁상형 ② 휴대형
③ Desk형 ④ Rack형

해설 비상방송설비의 증폭기의 종류
1. 이동형(가반형)
   ① 휴대형 : 정격출력 15W 정도, 휴대를 주 목적으로 제작, 소화활동 시의 안내방송 등에 이용
   ② 탁상형 : 정격출력 10~60W 정도, 소규모 방송설비가 필요한 곳에 이용
2. 고정형(거치형)
   ① 데스크형 : 정격출력 30~180W 정도, 책상식 형태
   ② 랙형 : 정격출력 200W 이상, 신설 용이, 용량의 제한이 없다.

74 ★★★ 출제년도【19.】
계단통로유도등은 각층의 경사로 참 또는 계단참마다 설치하도록 하고 있는데 1개층에 경사로 참 또는 계단참이 2 이상 있는 경우에는 몇 개의 계단참마다 계단통로유도등을 설치하여야 하는가?
① 2개 ② 3개
③ 4개 ④ 5개

해설 계단통로유도등 설치기준
1. 각층의 경사로 참 또는 계단참마다(1개층에 경사로 참 또는 계단참이 2 이상 있는 경우에는 2개의 계단참마다) 설치
2. 바닥으로부터 높이 1m 이하의 위치에 설치

75 ★★★ 출제년도【14.19.】
자동화재탐지설비의 수신기의 각 회로별 종단에 설치되는 감지기에 접속되는 배선의 전압은 감지기 정격전압의 최소 몇 % 이상이어야 하는가?
① 50 ② 60
③ 70 ④ 80

해설 자동화재탐지설비의 감지기회로의 전로저항은 50Ω 이하가 되도록 하여야 하며, 수신기의 각 회로별 종단에 설치되는 감지기에 접속되는 배선의 전압은 감지기 정격전압의 80% 이상이어야 할 것

76 ★ 출제년도【19.】
비상벨설비 또는 자동식사이렌설비에는 그 설비에 대한 감시상태를 몇 시간 지속한 후 유효하게 10분 이상 경보할 수 있는 축전지설비(수신기에 내장하는 경우를 포함한다.)를 설치하여야 하는가?
① 1시간
② 2시간
③ 4시간
④ 6시간

해설 비상전원 설치
설비에 대한 감시상태를 60분간 지속한 후 유효하게 10분 이상 경보할 수 있는 축전지설비(수신기에 내장하는 경우를 포함한다) 또는 전기저장장치(외부 전기에너지를 저장해 두었다가 필요한 때 전기를 공급하는 장치)를 설치하여야 한다. 다만, 상용전원이 축전지설비인 경우 또는 건전지를 주전원으로 사용하는 무선식 설비인 경우는 그러하지 아니하다.

정답 73. ② 74. ① 75. ④ 76. ①

77 자동화재속보설비의 설치기준으로 틀린 것은?

① 조작스위치는 바닥으로부터 1m 이상 1.5m 이하의 높이에 설치할 것
② 속보기는 소방관서에 통신망으로 통보하도록 하며, 데이터 또는 코드전송방식을 부가적으로 설치할 수 있다.
③ 자동화재탐지설비와 연동으로 작동하여 자동적으로 화재발생 상황을 소방관서에 전달되는 것으로 할 것
④ 속보기는 소방청장이 정하여 고시한 자동화재속보설비의 속보기의 성능인증 및 제품검사의 기술기준에 적합한 것으로 설치하여야 한다.

해설 자동화재 속보설비 설치기준
1) 자동화재 탐지설비와 연동으로 작동하여 자동적으로 화재발생 상황을 소방관서에 전달되는 것으로 할 것. 이 경우 부가적으로 특정소방대상물의 관계인에게 화재 발생상황을 전달되도록 할 수 있다.
2) 조작스위치 : 바닥으로부터 0.8m 이상 1.5m 이하의 높이에 설치
3) 속보기는 소방관서에 통신망으로 통보하도록 하며, 데이터 또는 코드전송방식을 부가적으로 설치
4) 문화재에 설치하는 자동화재속보설비는 속보기에 감지기를 직접 연결하는 방식(자동화재탐지설비 1개의 경계구역에 한한다.)

78 휴대용비상조명등 설치 높이는?

① 0.8m~1.0m
② 0.8m~1.5m
③ 1.0m~1.5m
④ 1.0m~1.8m

해설 제4조(휴대용비상조명등 설치기준)
1. 다음 각목의 장소에 설치할 것
   1) 숙박시설 또는 다중이용 업소에는 객실 또는 영업장안의 구획된 실마다 잘 보이는 곳(외부에 설치 시 출입문 손잡이로부터 1m 이내 부분)에 1개 이상 설치
   2) 대규모점포(지하상가 및 지하 역사 제외)와 영화상영관에는 보행거리 50m 이내마다 3개 이상 설치
   3) 지하상가 및 지하역사에는 보행거리 25m 이내마다 3개 이상 설치
2. 설치높이는 바닥으로부터 **0.8m 이상 1.5m 이하**의 높이에 설치할 것
3. 어둠속에서 위치를 확인할 수 있도록 할 것
4. 사용 시 자동으로 점등되는 구조일 것
5. 외함은 난연성능이 있을 것
6. 건전지 및 충전식 배터리의 용량은 20분 이상 유효하게 사용할 수 있는 것으로 할 것

79 자동화재탐지설비의 화재안전기술기준에서 사용하는 용어가 아닌 것은?

① 중계기
② 경계구역
③ 시각경보장치
④ 단독경보형 감지기

해설 단독경보형 감지기는 비상경보설비 및 단독경보형감지기의 화재안전기술기준에서 사용하는 용어이다.

용어	정의
경계구역	특정소방대상물 중 화재신호를 발신하고 그 신호를 수신 및 유효하게 제어할 수 있는 구역
수신기	감지기나 발신기에서 발하는 화재신호를 직접 수신하거나 중계기를 통하여 수신하여 화재의 발생을 표시 및 경보하여 주는 장치
중계기	감지기·발신기 또는 전기적 접점 등의 작동에 따른 신호를 받아 이를 수신기의 제어반에 전송하는 장치
발신기	화재발생 신호를 수신기에 수동으로 발신하는 장치
시각경보장치	자동화재 탐지설비에서 발하는 화재신호를 시각경보기에 전달하여 청각장애인에게 점멸형태의 시각경보를 하는 것

정답 77. ① 78. ② 79. ④

80 비상경보설비를 설치하여야 할 특정소방대상물로 옳은 것은? (단, 지하구, 모래·석재 등 불연재료 창고 및 위험물 저장·처리 시설 중 가스시설은 제외한다.)

① 지하가 중 터널로서 길이가 400m 이상인 것
② 30명 이상의 근로자가 작업하는 옥내 작업장
③ 지하층 또는 무창층의 바닥면적이 150m² (공연장의 경우 100m²) 이상인 것
④ 연면적 300m²(지하가 중 터널 또는 사람이 거주하지 않거나 벽이 없는 축사 등 동·식물 관련시설은 제외) 이상인 것

해설 비상경보설비 설치대상
① 연면적 400m² (지하가 중 터널 또는 사람이 거주하지 않거나 벽이 없는 축사는 제외한다) 이상이거나 지하층 또는 무창층의 바닥면적이 150m² (공연장의 경우 100m²) 이상인 것
② 지하가 중 터널로서 길이가 500m 이상인 것
③ 50명 이상의 근로자가 작업하는 옥내작업장

정답 80. ③

2회 2019년 소방설비기사

1과목 소방원론

01 목조건축물의 화재 진행상황에 관한 설명으로 옳은 것은?
① 화원 – 발염착화 – 무염착화 – 출화 – 최성기 – 소화
② 화원 – 발염착화 – 무염착화 – 소화 – 연소낙하
③ 화원 – 무염착화 – 발염착화 – 출화 – 최성기–소화
④ 화원 – 무염착화 – 출화 – 발염착화 – 최성기–소화

해설 목조건축물의 화재 진행
1. 진행과정 : 화원 – 무염착화 – 발염착화 – 발화(출화) – 성장기 – 최성기 – 연소낙하 – 소화
2. 고온단기형 화재 양상

02 연면적이 1000m² 이상인 건축물에 설치하는 방화벽이 갖추어야 할 기준으로 틀린 것은?
① 내화구조로서 홀로 설 수 있는 구조일 것
② 방화벽의 양쪽 끝과 윗쪽 끝을 건축물의 외벽면 및 지붕면으로부터 0.1m 이상 튀어나오게 할 것
③ 방화벽에 설치하는 출입문의 너비는 2.5m 이하로 할 것
④ 방화벽에 설치하는 출입문의 높이는 2.5m 이하로 할 것

해설 방화벽의 구조
① 내화구조로서 홀로 설 수 있는 구조일 것.
② 방화벽의 양쪽 끝과 윗쪽 끝을 건축물의 외벽면 및 지붕면으로부터 0.5m 이상 튀어나오게 할 것.
③ 방화벽에 설치하는 출입문의 너비 및 높이는 각각 2.5m 이하로 하고, 당해 출입문에는 60분+방화문 또는 60분 방화문을 설치할 것.

03 화재의 일반적 특성으로 틀린 것은?
① 확대성 ② 정형성
③ 우발성 ④ 불안정성

해설 화재의 일반적 특성 :
확대성, 우발성, 비정형성, 불안정성

04 공기의 부피 비율이 질소 79%, 산소 21%인 전기실에 화재가 발생하여 이산화탄소 소화약제를 방출하여 소화하였다. 이때 산소의 부피농도가 14%이었다면 이 혼합 공기의 분자량은 약 얼마인가?
(단, 화재시 발생한 연소가스는 무시한다.)
① 28.9   ② 30.9
③ 33.9   ④ 35.9

해설 이산화탄소의 농도
$$CO_2 = \frac{21-O_2}{21} \times 100 = \frac{21-14}{21} \times 100 = 33.33\%$$
혼합공기의 분자량 계산
질소 52.67%, 산소 14%, 이산화탄소 33.33%가 되므로
$28 \times 0.5267 + 32 \times 0.14 + 44 \times 0.3333 = 33.89$
(질소의 부피=100-(산소의 부피+이산화탄소의 부피)
=100-(14+33.33)
=52.67%)

정답 01. ③ 02. ② 03. ② 04. ③

05 다음 가연성 기체 1몰이 완전연소하는데 필요한 이론공기량으로 틀린 것은?
(단, 체적비로 계산하며 공기 중 산소의 농도를 21 vol.%로 한다.)

① 수소 - 약 2.38몰
② 메탄 - 약 9.52몰
③ 아세틸렌 - 약 16.91몰
④ 프로판 - 약 23.81몰

해설 보기설명

구분	완전연소반응식	이론공기량
① 수소	$2H_2 + O_2 \rightarrow 2H_2O$, $H_2 + \frac{1}{2}O_2 \rightarrow H_2O$	$\frac{\frac{1}{2}}{0.21} = 2.38$몰
② 메탄	$CH_2 + 2O_2 \rightarrow CO_2 + 2H_2O$	$\frac{2}{0.21} = 9.52$몰
③ 아세틸렌	$C_2H_2 + 2.5O_2 \rightarrow 2CO_2 + H_2O$	$\frac{2.5}{0.21} = 11.9$몰
④ 프로판	$C_3H_8 + 5O_2 \rightarrow 3CO_2 + 4H_2O$	$\frac{5}{0.21} = 23.81$몰

06 물의 소화능력에 관한 설명 중 틀린 것은?

① 다른 물질보다 비열이 크다.
② 다른 물질보다 융해잠열이 작다.
③ 다른 물질보다 증발잠열이 크다.
④ 밀폐된 장소에서 증발가열되면 산소희석 작용을 한다.

해설 물의 소화능력
① 다른 물질보다 비열이 크다.
② 다른 물질보다 융해잠열이 크다.(80kcal/kg)
③ 다른 물질보다 증발잠열이 크다.(539kcal/kg)
④ 밀폐된 장소에서 증발 가열되면 산소 희석작용을 한다.

07 화재실의 연기를 옥외로 배출시키는 제연방식으로 효과가 가장 적은 것은?

① 자연 제연방식
② 스모크 타워 제연방식
③ 기계식 제연방식
④ 냉난방설비를 이용한 제연방식

해설 제연방식
① 자연 제연방식
② 스모크 타워 제연방식
③ 기계식 제연방식(제1종 : 송풍기 및 배출기, 제2종 : 송풍기, 제3종 : 배출기)

08 분말 소화약제의 취급시 주의사항으로 틀린 것은?

① 습도가 높은 공기 중에 노출되면 고화되므로 항상 주의를 기울인다.
② 충진시 다른 소화약제와 혼합을 피하기 위하여 종별로 각각 다른 색으로 착색되어 있다.
③ 실내에서 다량 방사하는 경우 분말을 흡입하지 않도록 한다.
④ 분말 소화약제와 수성막포를 함께 사용할 경우 포의 소포 현상을 발생시키므로 병용해서는 안 된다.

해설 분말 소화약제와 수성막포를 함께 사용할 경우 분말 소화약제의 빠르게 화재를 진압하는 속소성과 수성막포의 재연소 방지 효과를 볼 수 있다. 병용해서 사용하는 경우 소화효과를 향상시킬 수 있다.

09 건축물의 화재를 확산시키는 요인이라 볼 수 없는 것은?

① 비화(飛火)
② 복사열(輻射熱)
③ 자연발화(自然發火)
④ 접염(接炎)

정답 05. ③ 06. ② 07. ④ 08. ④ 09. ③

해설 화재를 확산시키는 요인

접염	목조건축물에 화염이 직접 접촉하는 경우에 발생한다.
비화	불꽃 등이 먼 거리까지 날아가서 발화하는 현상으로 바람이 강하고 습도가 낮을수록 비화에 의한 발화가능성이 크다.
복사열	목조건축물 주변에서 화재가 발생하여 생긴 복사열에 의해 화재가 발생한다. 복사열은 온도가 높을수록, 화염의 크기가 클수록 커진다. 복사열은 **절대온도의 4승에 비례**한다.

10 ★★★ 출제년도【19.】
석유, 고무, 동물의 털, 가죽 등과 같이 황성분을 함유하고 있는 물질이 불완전연소될 때 발생하는 연소가스로 계란 썩는 듯한 냄새가 나는 기체는?

① 아황산가스
② 시안화수소
③ 황화수소
④ 암모니아

해설 황화수소(H_2S)
① 허용농도 10ppm
② 달걀 썩은 냄새, 신경계통에 영향
③ 가연성가스이면서 독성가스

11 ★★ 출제년도【14,19.】
다음 중 동일한 조건에서 증발잠열(kJ/kg)이 가장 큰 것은?

① 질소
② 할론 1301
③ 이산화탄소
④ 물

해설 증발잠열
① 질소 : 47.8 cal/g, 200.1 kJ/kg
② 할론 1301 : 28 cal/g, 117.2 kJ/kg
③ 이산화탄소 : 56.1 cal/g, 234.8 kJ/kg
④ 물 : 539 cal/g, 2256 kJ/kg

12 ★★★ 출제년도【19.】
탱크화재 시 발생되는 보일오버(Boil Over)의 방지방법으로 틀린 것은?

① 탱크 내용물의 기계적 교반
② 물의 배출
③ 과열방지
④ 위험물 탱크내의 하부에 냉각수 저장

해설 보일오버
1. 개념 : 탱크 저부의 물이 급격히 증발하여 기름이 탱크 밖으로 화재를 동반하여 방출하는 현상
2. 방지방법
① 탱크 내용물의 기계적 교반
② 물의 배출
③ 과열방지

13 ★★★ 출제년도【19.】
화재 시 CO_2를 방사하여 산소농도를 11vol.%로 낮추어 소화하려면 공기 중 CO_2의 농도는 약 몇 vol.%가 되어야 하는가?

① 47.6
② 42.9
③ 37.9
④ 34.5

해설 이산화탄소의 농도
$$CO_2 = \frac{21-O_2}{21} \times 100 = \frac{21-11}{21} \times 100 = 47.6\%$$

14 ★★ 출제년도【19.】
물 소화약제를 어떠한 상태로 주수할 경우 전기화재의 진압에서도 소화능력을 발휘할 수 있는가?

① 물에 의한 봉상주수
② 물에 의한 적상주수
③ 물에 의한 무상주수
④ 어떤 상태의 주수에 의해서도 효과가 없다.

해설 무상주수 : 안개처럼 분무형태로 방사하여 소화하는 방법으로 주된 소화효과는 질식소화이다.

정답 10. ③ 11. ④ 12. ④ 13. ① 14. ③

소화설비	소화효과	적응화재
물 소화설비	냉각효과	A급 일반화재
물분무 소화설비 (무상주수)	냉각효과 질식효과 희석효과 유화효과	A급 일반화재 B급 유류화재 C급 전기화재

② 화재가혹도=화재강도×화재하중
③ 화재강도 : 최고온도, 화재하중 : 최고온도의 지속시간

15. 도장작업 공정에서의 위험도를 설명한 것으로 틀린 것은?

① 도장작업 그 자체 못지않게 건조공정도 위험하다.
② 도장작업에서는 인화성 용제가 쓰이지 않으므로 폭발의 위험이 없다.
③ 도장작업장은 폭발시를 대비하여 지붕을 시공한다.
④ 도장실의 환기덕트를 주기적으로 청소하여 도료가 덕트 내에 부착되지 않게 한다.

해설 도장작업 공정시 주의사항
① 도장작업 그 자체 못지않게 건조공정도 위험하다.
② 도장작업에서는 인화성 용제가 쓰이므로 폭발의 위험이 있다.
③ 도장작업장은 폭발시를 대비하여 지붕을 시공한다.
④ 도장실의 환기덕트를 주기적으로 청소하여 도료가 덕트 내에 부착되지 않게 한다.

16. 방호공간 안에서 화재의 세기를 나타내고 화재가 진행되는 과정에서 온도에 따라 변하는 것으로 온도-시간 곡선으로 표시할 수 있는 것은?

① 화재저항 ② 화재가혹도
③ 화재하중 ④ 화재플럼

해설 화재가혹도(화재심도)
① 방호공간 안에서 화재의 세기를 나타내고 화재가 진행되는 과정에서 온도에 따라 변하는 것으로 온도-시간 곡선으로 표시

17. 다음 위험물 중 특수인화물이 아닌 것은?

① 아세톤
② 다이에틸에터
③ 산화프로필렌
④ 아세트알데하이드

해설 특수인화물의 종류 : 아세트알데하이드, 다이에틸에터, 산화프로필렌, 이황화탄소
아세톤은 제1 석유류에 해당한다.

18. 다음 중 가연물의 제거를 통한 소화 방법과 무관한 것은?

① 산불의 확산방지를 위하여 산림의 일부를 벌채한다.
② 화학반응기의 화재 시 원료 공급관의 밸브를 잠근다.
③ 전기실 화재시 IG-541 약제를 방출한다.
④ 유류탱크 화재 시 주변에 있는 유류탱크의 유류를 다른 곳으로 이동시킨다.

해설 전기실 화재시 IG-541 약제를 방출하는 것은 질식소화이다.

19. 화재 표면온도(절대온도)가 2배로 되면 복사에너지는 몇 배로 증가 되는가?

① 2   ② 4
③ 8   ④ 16

해설 복사에너지는 절대온도의 4승에 비례하므로
$2^4 = 16$배

정답 15. ② 16. ② 17. ① 18. ③ 19. ④

20. 산불화재의 형태로 틀린 것은?

① 지중화 형태 ② 수평화 형태
③ 지표화 형태 ④ 수관화 형태

해설 산불화재의 형태
① 지중화 : 나무가 썩어서 그 유기물이 타는 것
② 지표화 : 나무 주위에 떨어져 있는 낙엽 등이 타는 것
③ 수간화 : 나무기둥부터 타는 것
④ 수관화 : 나뭇가지부터 타는 것

2과목 소방전기일반

21. 그림과 같은 회로에서 A-B 단자에 나타나는 전압은 몇 V 인가?

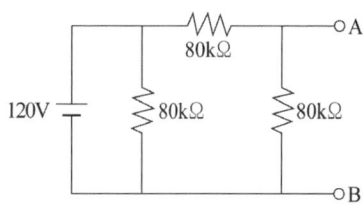

① 20 ② 40
③ 60 ④ 80

해설 그림을 등가 변환하면

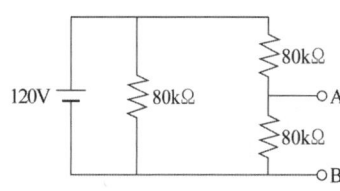

$$V_{AB} = \frac{80}{80+80} \times 120 = 60V$$

22. 부궤환 증폭기의 장점에 해당되는 것은?

① 전력이 절약된다.
② 안정도가 증진된다.
③ 증폭도가 증가된다.
④ 능률이 증대된다.

해설 부궤환증폭기(Negative Feedback Amp)
동작상태를 안정화시켜 안정도가 증진된다.

23. 전기기기에서 생기는 손실 중 권선의 저항에 의하여 생기는 손실은?

① 철손
② 동손
③ 표유부하손
④ 히스테리시스손

해설 동손(저항손) : 권선의 저항에 의하여 생기는 손실

24. 그림과 같은 무접점회로는 어떤 논리회로인가?

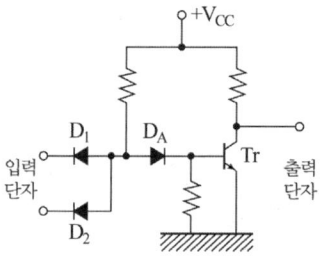

① NOR ② OR
③ NAND ④ AND

해설 NAND 회로
① 입력신호 A, B 중 어느 하나가 OFF일 때 출력이 발생하는 회로
② 논리식(출력식) $X = \overline{A \cdot B} = \overline{A} + \overline{B}$

③ 진리표

A	B	X
0	0	1
0	1	1
1	0	1
1	1	0

25 ★★★ 출제년도 【19.】
열감지기의 온도감지용으로 사용하는 소자는?

① 서미스터　　② 바리스터
③ 제너다이오드　④ 발광다이오드

[해설] 서미스터
① 온도가 높아지면 저항값이 감소하는 특성을 갖는 반도체
② 부저항온도계수의 특성
③ 온도보상용, 온도감지용, 온도 계측용으로 사용

26 ★ 출제년도 【19.】
그림과 같은 회로에서 각 계기의 지시값이 Ⓥ는 180V, Ⓐ는 5A, W는 720W라면 이 회로의 무효전력(Var)은?

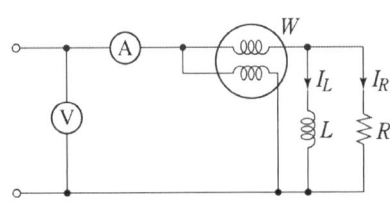

① 480　　② 540
③ 960　　④ 1200

[해설] ① 피상전력 $P_a = VI = 180 \times 5 = 900$ VA
② 유효전력 $P = 720$ W
③ 무효전력 $P_r = \sqrt{900^2 - 720^2} = 540$ Var

27 ★ 출제년도 【19.】
정현파 신호 sint의 전달함수는?

① $\dfrac{1}{s^2+1}$　　② $\dfrac{1}{s^2-1}$

③ $\dfrac{s}{s^2+1}$　　④ $\dfrac{s}{s^2-1}$

[해설] 전달함수 $\mathcal{L}[\sin t] = \dfrac{1}{s^2+1^2} = \dfrac{1}{s^2+1}$

$\sin wt$의 라플라스 변환 값 : $\dfrac{w}{s^2+w^2}$

28 ★★★ 출제년도 【19.】
제어량이 압력, 온도 및 유량 등과 같은 공업량일 경우의 제어는?

① 시퀀스제어　　② 프로세스제어
③ 추종제어　　　④ 프로그램제어

[해설] 제어량의 종류에 의한 분류
① 프로세스(공정) 제어 : 제어량이 온도, 유량, 압력 등으로서 프로세스에 가해지는 외란의 억제를 주 목적으로 한다.
② 서보 기구 : 물체의 위치, 방위, 자세 등의 기계적 변위를 제어량으로 해서 목표값의 임의의 변화에 추종하도록 구성된 제어계
③ 자동 조정 : 전압, 전류, 주파수, 회전 속도, 힘 등 전기적, 기계적 양을 주로 제어하는 것으로서, 응답속도가 대단히 빠르다.

29 ★★ 출제년도 【19.】
SCR를 턴온시킨 후 게이트 전류를 0으로 하여도 온(ON)상태를 유지하기 위한 최소의 애노드 전류를 무엇이라 하는가?

① 래칭전류　　② 스텐드온전류
③ 최대전류　　④ 순시전류

[해설] 래칭전류
① SCR이 ON이 되기 위해 애노드에서 캐소드로 흘려야 할 최소의 전류
② SCR를 턴온시킨 후 게이트 전류를 0으로 하여도 온(ON)상태를 유지하기 위한 최소의 애노드 전류

정답　25. ①　26. ②　27. ①　28. ②　29. ①

30 인덕턴스가 1 H인 코일과 정전용량이 0.2 μF인 콘덴서를 직렬로 접속할 때 이 회로의 공진주파수는 약 몇 Hz인가?

① 89 ② 178
③ 267 ④ 356

해설 공진주파수
$$f_r = \frac{1}{2\pi\sqrt{LC}} = \frac{1}{2\pi\sqrt{1 \times 0.2 \times 10^{-6}}} = 355.88$$
여기에서, L : 인덕턴스 H, C : 정전용량 F

31 단상 반파 정류회로에서 교류 실효값 220V를 정류하면 직류 평균전압은 약 몇 V인가? (단, 정류기의 전압강하는 무시한다.)

① 58 ② 73
③ 88 ④ 99

해설 단상 반파정류
$$E_d = 0.45 E_a - e = 0.45 \times 220 - 0 = 99 \text{ V}$$
여기서, E_a : 교류전압 V, e : 전압강하 V

32 논리식 $X + \overline{X}Y$를 간단히 하면?

① X ② $X\overline{Y}$
③ $\overline{X}Y$ ④ X + Y

해설
$X + \overline{X}Y = X(Y + \overline{Y}) + \overline{X}Y = XY + X\overline{Y} + \overline{X}Y$
$= XY + XY + X\overline{Y} + \overline{X}Y$
$= X(Y + \overline{Y}) + Y(X + \overline{X})$
$= X + Y$

33 온도 t ℃에서 저항이 R_1, R_2이고 저항의 온도계수가 각각 α_1, α_2인 두 개의 저항을 직렬로 접속했을 때 합성저항 온도계수는?

① $\dfrac{R_1\alpha_2 + R_2\alpha_1}{R_1 + R_2}$ ② $\dfrac{R_1\alpha_1 + R_2\alpha_2}{R_1 R_2}$

③ $\dfrac{R_1\alpha_1 + R_2\alpha_2}{R_1 + R_2}$ ④ $\dfrac{R_1\alpha_2 + R_2\alpha_1}{R_1 R_2}$

해설 합성저항 온도계수 : $\dfrac{R_1\alpha_1 + R_2\alpha_2}{R_1 + R_2}$

34 단상전력을 간접적으로 측정하기 위해 3전압계법을 사용하는 경우 단상 교류전력 P(W)는?

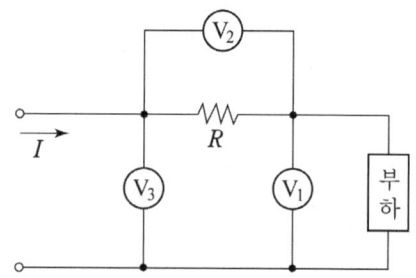

① $P = \dfrac{1}{2R}(V_3 - V_2 - V_1)^2$

② $P = \dfrac{1}{R}(V_3^2 - V_1^2 - V_2^2)$

③ $P = \dfrac{1}{2R}(V_3^2 - V_1^2 - V_2^2)$

④ $P = V_3 I \cos\theta$

해설 3전압계법
① 역률 $\cos\theta = \dfrac{V_3^2 - V_2^2 - V_1^2}{2V_1 V_2}$
② 소비전력 $P = \dfrac{1}{2R}(V_3^2 - V_1^2 - V_2^2)$

35 그림과 같은 RL 직렬회로에서 소비되는 전력은 몇 W인가?

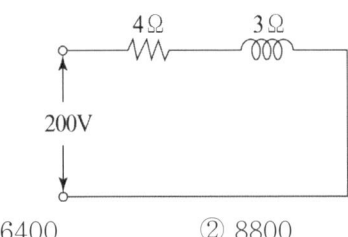

① 6400
② 8800
③ 10000
④ 12000

[해설] 소비전력
$$P = I^2 R = \frac{V^2}{R^2+X^2} R = \frac{200^2}{4^2+3^2} \times 4 = 6400 \text{W}$$

36 선간전압 E V의 3상 평형전원에 대칭 3상 저항부하 R Ω이 그림과 같이 접속되었을 때, a, b 두 상간에 접속된 전력계의 지시값이 W W라면 C상의 전류는?

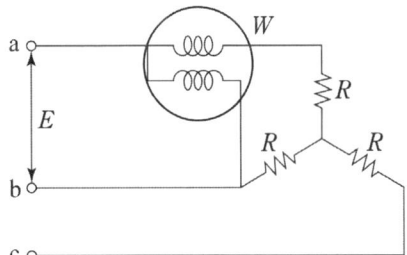

① $\dfrac{2W}{\sqrt{3}E}$
② $\dfrac{3W}{\sqrt{3}E}$
③ $\dfrac{W}{\sqrt{3}E}$
④ $\dfrac{\sqrt{3}W}{\sqrt{E}}$

[해설] 전류 $I = \dfrac{2W}{\sqrt{3}E}$
여기서, W : 전력계 지시값 W
E : 선간전압 V

37 교류전력변환장치로 사용되는 인버터회로에 대한 설명으로 옳지 않은 것은?
① 직류 전력을 교류 전력으로 변환하는 장치를 인버터라고 한다.
② 전류형 인버터와 전압형 인버터로 구분할 수 있다.
③ 전류방식에 따라서 타려식과 자려식으로 구분할 수 있다.
④ 인버터의 부하장치에는 직류직권전동기를 사용할 수 있다.

[해설] 인버터회로
① 직류 전력을 교류 전력으로 변환하는 장치를 인버터라고 한다.
② 전류형 인버터와 전압형 인버터로 구분할 수 있다.
③ 전류방식에 따라서 타려식과 자려식으로 구분할 수 있다.
④ 인버터의 부하장치에는 유도전동기를 사용할 수 있다.

38 다이오드를 사용한 정류회로에서 과전압방지를 위한 대책으로 가장 알맞은 것은?
① 다이오드를 직렬로 추가한다.
② 다이오드를 병렬로 추가한다.
③ 다이오드의 양단에 적당한 값의 저항을 추가한다.
④ 다이오드의 양단에 적당한 값의 콘덴서를 추가한다.

[해설]

직렬연결	과전압으로부터 보호
병렬연결	과전류로부터 보호

정답 35. ① 36. ① 37. ④ 38. ①

39 이미터 전류를 1 mA 증가시켰더니 컬렉터 전류는 0.98mA 증가되었다. 이 트랜지스터의 증폭률 β는?

① 4.9
② 9.8
③ 49.0
④ 98.0

해설 증폭률 $\beta = \dfrac{I_C}{I_B} = \dfrac{I_C}{I_E - I_C} = \dfrac{0.98}{1 - 0.98} = 49$

여기서, I_C : 컬렉터 전류, I_E : 이미터 전류
I_B : 베이스 전류

40 저항이 4 Ω 인덕턴스가 8 mH인 코일을 직렬로 연결하고 100 V, 60 Hz인 전압을 공급할 때 유효전력은 약 몇 kW인가?

① 0.8
② 1.2
③ 1.6
④ 2.0

해설 유효전력 $P = I^2 R = \dfrac{V^2}{R^2 + X_L^2} R$

$= \dfrac{100^2}{4^2 + (2\pi \times 60 \times 8 \times 10^{-3})^2} \times 4$

$= 1593.89 \text{ W} = 1.59 \text{kW}$

3과목 소방관계법규

41 소방본부장 또는 소방서장은 건축허가등의 동의요구 서류를 접수한 날부터 최대 며칠 이내에 건축허가등의 동의여부를 회신하여야 하는가?(단, 허가 신청한 건축물은 지상으로부터 높이가 200m인 아파트이다.)

① 5일
② 7일
③ 10일
④ 15일

해설 건축허가 등의 동의

건축허가 등의 동의요구	소방본부장 또는 소방서장
건축허가동의 신청시 첨부서류	① 건축허가신청서 및 건축허가서 또는 건축·대수선·용도변경신고서 등 건축허가 등을 확인할 수 있는 서류의 사본. ② 다음 각 목의 설계도서. 　가. 건축물의 **단면도 및 주단면 상세도**(내장재료를 명시한 것에 한한다) 　나. **소방시설**(기계·전기분야의 시설을 말한다)의 **층별 평면도 및 층별 계통도**(시설별 계산서를 포함한다) 　다. **창호도** ③ 소방시설 설치계획표 ④ 임시소방시설 설치계획서(설치 시기·위치·종류·방법 등 임시소방시설의 설치와 관련한 세부사항을 포함한다) ⑤ 소방시설설계업등록증 사본과 소방시설을 설계한 기술인력자의 기술자격증 사본
건축허가등의 동의여부 회신기한	5일(특급소방안전관리대상물의 경우에는 10일) 이내
동의 요구서 및 첨부서류의 보완기한	4일 이내
건축허가등의 취소시 통보기한	7일 이내

42 소방기본법령상 소방활동구역의 출입자에 해당되지 않는 자는?

① 소방활동구역 안에 있는 소방대상물의 소유자·관리자 또는 점유자
② 전기·가스·수도·통신·교통의 업무에 종사하는 사람으로서 원활한 소방활동을 위하여 필요한자
③ 화재건물과 관련 있는 부동산업자
④ 취재인력 등 보도업무에 종사하는 자

해설 소방활동구역의 출입자
1. 소방활동구역 안에 있는 소방대상물의 소유자·관리자 또는 점유자
2. **전기**·**가스**·**수도**·**통신**·**교통**의 업무에 종사하는 사람으로서 원활한 소방활동을 위하여 필요한 사람

정답 39. ③　40. ③　41. ③　42. ③

3. 의사·간호사 그 밖의 구조·구급업무에 종사하는 사람
4. 취재인력 등 보도업무에 종사하는 사람
5. 수사업무에 종사하는 사람
6. 그 밖에 소방대장이 소방활동을 위하여 출입을 허가한 사람

43 소방기본법상 화재 현장에서의 피난 등을 체험할 수 있는 소방체험관의 설립·운영권자는?

① 시·도지사
② 행정안전부장관
③ 소방본부장 또는 소방서장
④ 소방청장

해설 소방박물관 등의 설립과 운영

구분	소방박물관	소방체험관
설립운영	소방청장	시·도지사
관련규정	행정안전부령	시·도의 조례

44 산화성고체인 제1류 위험물에 해당되는 것은?

① 질산염류 ② 특수인화물
③ 과염소산 ④ 유기과산화물

해설 보기설명
① 질산염류 : 제1류 위험물, 산화성고체
② 특수인화물 : 제4류 위험물, 인화성고체
③ 과염소산 : 제6류 위험물, 산화성액체
④ 유기과산화물 : 제5류 위험물, 자기연소성 물질

45 소방시설관리업자가 기술인력을 변경하는 경우, 시·도지사에게 제출하여야 하는 서류로 틀린 것은?

① 소방시설관리업 등록수첩
② 변경된 기술인력의 기술자격증(자격수첩)
③ 기술인력 연명부
④ 사업자등록증 사본

해설 소방시설법 시행규칙(소방시설관리업자의 등록사항의 변경신고)
1. 명칭·상호 또는 영업소소재지를 변경하는 경우 : 소방시설관리업등록증 및 등록수첩
2. 대표자를 변경하는 경우 : 소방시설관리업등록증 및 등록수첩
3. 기술인력을 변경하는 경우
   가. 소방시설관리업등록수첩
   나. 변경된 기술인력의 기술자격증(자격수첩)
   다. 기술인력연명부

46 소방대라 함은 화재를 진압하고 화재, 재난·재해 그 밖의 위급한 상황에서 구조·구급 활동 등을 하기 위하여 구성된 조직체를 말한다. 소방대의 구성원으로 틀린 것은?

① 소방공무원   ② 소방안전관리원
③ 의무소방원   ④ 의용소방대원

해설 소방대의 구성원
① 소방공무원
② 의용소방대원
③ 의무소방원

47 소방기본법령상 인접하고 있는 시·도간 소방업무의 상호응원협정을 체결하고자 할 때, 포함되어야 하는 사항으로 틀린 것은?

① 소방교육·훈련의 종류에 관한 사항
② 화재의 경계·진압활동에 관한 사항
③ 출동대원의 수당·식사 및 피복의 수선의 소요경비의 부담에 관한 사항
④ 화재조사활동에 관한 사항

해설 [소방기본법 시행규칙] 소방업무의 상호응원협정 체결시 포함되어야 하는 사항

정답 43. ① 44. ① 45. ④ 46. ② 47. ①

1. 다음 각목의 소방활동에 관한 사항
   가. 화재의 경계·진압활동
   나. 구조·구급업무의 지원
   다. 화재조사활동
2. 응원출동대상지역 및 규모
3. 다음 각목의 소요경비의 부담에 관한 사항
   가. 출동대원의 수당·식사 및 피복의 수선
   나. 소방장비 및 기구의 정비와 연료의 보급
   다. 그 밖의 경비
4. 응원출동의 요청방법
5. 응원출동훈련 및 평가

48 ★★★ 출제년도 【19.】
소방시설 설치 및 관리에 관한 법령상 건축허가등의 동의를 요구한 기관이 그 건축허가등을 취소하였을 때, 취소한 날부터 최대 며칠 이내에 건축물 등의 시공지 또는 소재지를 관할하는 소방본부장 또는 소방서장에게 그 사실을 통보하여야 하는가?

① 3일　　② 4일
③ 7일　　④ 10일

해설 건축허가 등의 동의

건축허가 등의 동의요구	소방본부장 또는 소방서장
건축허가등의 동의여부 회신기한	5일(특급소방안전관리대상물의 경우에는 10일) 이내
동의 요구서 및 첨부서류의 보완기한	4일 이내
건축허가등의 취소시 통보기한	7일 이내

49 ★ 출제년도 【19.】
다음 중 300만원 이하의 벌금에 해당되지 않는 것은?

① 등록수첩을 다른 자에게 빌려준 자
② 소방시설공사의 완공검사를 받지 아니한 자
③ 소방기술자가 동시에 둘 이상의 업체에 취업한 사람
④ 소방시설공사 현장에 감리원을 배치하지 아니한 자

해설 1. 소방시설공사의 완공검사를 받지 아니한 자는 200만원 이하의 과태료

※ 소방시설공사업법 : 300만원 이하의 벌금
① 등록수첩을 다른 자에게 빌려준 자
② 소방기술자가 동시에 둘 이상의 업체에 취업한 사람
③ 소방시설공사 현장에 감리원을 배치하지 아니한 자
④ 자격수첩 또는 경력수첩을 빌려준 사람
⑤ 관계인의 정당한 업무를 방해하거나 업무상 알게 된 비밀을 누설한 사람
⑥ 관계인은 감리업자가 소방본부장이나 소방서장에게 보고한 것을 이유로 공사감리계약을 해지하거나 대가지급을 거부하거나 지연시키거나 불이익을 준 자

2. 소방시설 설치 및 관리에 관한 법률 : 관리업의 등록증이나 등록수첩을 다른 자에게 빌려준 자는 1년 이하의 징역 또는 1천만원 이하의 벌금

50 ★★ 출제년도 【19.】
소방시설 설치 및 관리에 관한 법령상 특정소방대상물 중 오피스텔은 어느 시설에 해당하는가?

① 숙박시설　　② 일반업무시설
③ 공동주택　　④ 근린생활시설

해설 ① 숙박시설 : 일반형 숙박시설, 생활형 숙박시설
② 일반업무시설 : 금융업소, 사무소, 신문사, 오피스텔
③ 공동주택 : 아파트등, 기숙사
④ 근린생활시설

51 ★★★ 출제년도 【19.】
소방시설 설치 및 관리에 관한 법령상, 종사자 수가 5명이고, 숙박시설이 모두 2인용 침대이며 침대수량은 50개인 청소년 시설에서 수용인원은 몇 명인가?

① 55　　② 75
③ 85　　④ 105

해설 수용인원 = 종사자 수 + 침대수(2인용은 2명)
= 5명 + 50개 × 2인 = 105명

정답 48. ③　49. ①, ②　50. ②　51. ④

52. 다음 중 고급기술자에 해당하는 학력·경력 기준으로 옳은 것은?

① 박사학위를 취득한 후 2년 이상 소방 관련 업무를 수행한 사람
② 석사학위를 취득한 후 6년 이상 소방 관련 업무를 수행한 사람
③ 학사학위를 취득한 후 8년 이상 소방 관련 업무를 수행한 사람
④ 고등학교를 졸업 후 10년 이상 소방 관련 업무를 수행한 사람

해설 소방시설공사업법 시행규칙 [별표4의2]
소방기술과 관련된 자격·학력 및 경력의 인정 범위 (제24조 관련)

등 급	학력·경력자
특급 기술자	• 박사학위를 취득한 후 3년 이상 소방 관련 업무를 수행한 사람 • 석사학위를 취득한 후 9년 이상 소방 관련 업무를 수행한 사람 • 학사학위를 취득한 후 12년 이상 소방 관련 업무를 수행한 사람 • 전문학사학위를 취득한 후 15년 이상 소방 관련 업무를 수행한 사람
고급 기술자	• 박사학위를 취득한 후 1년 이상 소방 관련 업무를 수행한 사람 • 석사학위를 취득한 후 6년 이상 소방 관련 업무를 수행한 사람 • 학사학위를 취득한 후 9년 이상 소방 관련 업무를 수행한 사람 • 전문학사학위를 취득한 후 12년 이상 소방 관련 업무를 수행한 사람 • 고등학교를 졸업한 후 15년 이상 소방 관련 업무를 수행한 사람
중급 기술자	• 박사학위를 취득한 사람 • 석사학위를 취득한 후 3년 이상 소방 관련 업무를 수행한 사람 • 학사학위를 취득한 후 6년 이상 소방 관련 업무를 수행한 사람 • 전문학사학위를 취득한 후 9년 이상 소방 관련 업무를 수행한 사람 • 고등학교를 졸업한 후 12년 이상 소방 관련 업무를 수행한 사람

53. 지정수량의 최소 몇 배 이상의 위험물을 취급하는 제조소에는 피뢰침을 설치해야 하는가? (단, 제6류 위험물을 취급하는 위험물제조소는 제외하고, 제조소 주위의 상황에 따라 안전상 지장이 없는 경우도 제외한다.)

① 5배　　② 10배
③ 50배　　④ 100배

해설 피뢰설비
지정수량의 10배 이상의 위험물을 취급하는 제조소(제6류 위험물을 취급하는 위험물제조소를 제외한다)에는 피뢰침을 설치하여야 한다. 다만, 제조소의 주위의 상황에 따라 안전상 지장이 없는 경우에는 피뢰침을 설치하지 아니할 수 있다.

54. 화재안전조사 결과 소방대상물의 위치·구조·설비 또는 관리의 상황이 화재나 재난·재해 예방을 위하여 보완될 필요가 있거나 화재가 발생하면 인명 또는 재산의 피해가 클 것으로 예상되는 때에 관계인에게 그 소방대상물의 개수·이전·제거, 사용의 금지 또는 제한, 사용 폐쇄, 공사의 정지 또는 중지, 그 밖의 필요한 조치를 명할 수 있는 자로 틀린 것은?

① 시·도지사　　② 소방서장
③ 소방청장　　④ 소방본부장

해설 화재안전조사 조사권자, 화재안전조사 결과에 따른 조치명령 : 소방관서장

55. 다음 중 품질이 우수하다고 인정되는 소방용품에 대하여 우수품질인증을 할 수 있는 자는?

① 산업통상자원부장관
② 시·도지사
③ 소방청장
④ 소방본부장 또는 소방서장

정답 52. ②　53. ②　54. ①　55. ③

해설: 우수품질인증권자 : 소방청장

56. 소방기본법령상 위험물 또는 물건의 보관기간은 소방본부 또는 소방서의 게시판에 공고하는 기간의 종료일 다음 날부터 며칠로 하는가?

① 3일 ② 5일
③ 7일 ④ 14일

해설 화재의 예방조치

위험물 또는 물건을 보관하는 경우 게시판에 공고하는 기간	14일
게시판에 공고하는 기간의 종료일 다음 날부터 보관기간	7일
매각되거나 폐기된 위험물 또는 물건의 소유자가 보상을 요구하는 경우 보상권자	소방본부장 또는 소방서장

57. 소방시설 설치 및 관리에 관한 법령상 둘 이상의 특정소방대상물이 내화구조로 된 연결통로가 벽이 없는 구조로서 그 길이가 몇 m 이하인 경우 하나의 소방대상물로 보는가?

① 6 ② 9
③ 10 ④ 12

해설 둘 이상의 특정소방대상물이 다음 각 목의 어느 하나에 해당되는 구조의 복도 또는 통로(이하 "연결통로"라 한다)로 연결된 경우에는 이를 하나의 소방대상물로 본다.
가. 내화구조로 된 연결통로가 다음의 어느 하나에 해당되는 경우
  1) 벽이 없는 구조로서 그 길이가 6m 이하인 경우
  2) 벽이 있는 구조로서 그 길이가 10m 이하인 경우. 다만, 벽 높이가 바닥에서 천장까지의 높이의 2분의 1 이상인 경우에는 벽이 있는 구조로 보고, 벽 높이가 바닥에서 천장까지의 높이의 2분의 1 미만인 경우에는 벽이 없는 구조로 본다.

58. 제4류 위험물을 저장·취급하는 제조소에 "화기엄금"이란 주의사항을 표시하는 게시판을 설치할 경우 게시판의 색상은?

① 청색바탕에 백색문자
② 적색바탕에 백색문자
③ 백색바탕에 적색문자
④ 백색바탕에 흑색문자

해설 ① 화기엄금 : 적색바탕에 백색문자
② 물기엄금 : 청색바탕에 백색문자

59. 소방시설을 구분하는 경우 소화설비에 해당되지 않는 것은?

① 스프링클러설비 ② 제연설비
③ 자동확산소화기 ④ 옥외소화전설비

해설 제연설비는 소화활동설비이다.

60. 위험물안전관리법상 청문을 실시하여 처분해야 하는 것은?

① 제조소등 설치허가의 취소
② 제조소등 영업정지 처분
③ 탱크시험자의 영업정지 처분
④ 과징금 부과 처분

해설 위험물안전관리법 제29조(청문)
① 실시권자 : 시·도지사, 소방본부장 또는 소방서장
② 사유
  1. 제조소등 설치허가의 취소
  2. 탱크시험자의 등록취소

정답 56. ③ 57. ① 58. ② 59. ② 60. ①

4과목 소방전기설비의 구조 및 원리

61 무선통신보조설비의 증폭기에는 비상전원이 부착된 것으로 하고 비상전원의 용량은 무선통신보조설비를 유효하게 몇 분 이상 작동시킬 수 있는 것이어야 하는가?

① 10분 ② 20분
③ 30분 ④ 40분

해설 증폭기 및 무선중계기 설치기준
1. 전원은 전기가 정상적으로 공급되는 축전지, 전기저장장치(외부 전기에너지를 저장해 두었다가 필요한 때 전기를 공급하는 장치) 또는 교류전압 옥내간선으로 하고, 전원까지의 배선은 전용으로 할 것
2. 증폭기의 전면에는 주 회로의 전원이 정상인지의 여부를 표시할 수 있는 표시등 및 전압계를 설치할 것
3. 증폭기에는 비상전원이 부착된 것으로 하고 해당 비상전원 용량은 무선통신보조설비를 유효하게 30분 이상 작동시킬 수 있는 것으로 할 것
4. 디지털 방식의 무전기를 사용하는데 지장이 없도록 설치할 것

62 비상방송설비의 배선에 대한 설치기준으로 틀린 것은?

① 배선은 다른 용도의 전선과 동일한 관, 덕트, 몰드 또는 풀박스 등에 설치할 것
② 전원회로의 배선은 옥내소화전설비의 화재안전기술기준에 따른 내화배선으로 설치할 것
③ 화재로 인하여 하나의 층의 확성기 또는 배선이 단락 또는 단선되어도 다른 층의 화재통보에 지장이 없도록 할 것
④ 부속회로의 전로와 대지 사이 및 배선 상호간의 절연저항은 1경계구역마다 직류 250V의 절연저항측정기를 사용하여 측정한 절연저항이 0.1MΩ 이상이 되도록 할 것

해설
1. 화재로 인하여 하나의 층의 확성기 또는 배선이 단락 또는 단선되어도 다른 층의 화재통보에 지장이 없도록 할 것
2. 전원회로의 전로와 대지 사이 및 배선상호간의 절연저항은 「전기사업법」 제67조에 따른 기술기준이 정하는 바에 따르고, 부속회로의 전로와 대지 사이 및 배선 상호간의 절연저항은 **1경계구역마다 직류 250V의 절연저항측정기를 사용하여 측정한 절연저항이 0.1MΩ 이상**이 되도록 할 것
3. 비상방송설비의 배선은 다른 전선과 **별도의 관·덕트**(절연효력이 있는 것으로 구획한 때에는 그 구획된 부분은 별개의 덕트로 본다) **몰드 또는 풀박스 등에 설치**할 것. 다만, 60V 미만의 약전류회로에 사용하는 전선으로서 각각의 전압이 같을 때에는 그러하지 아니하다.

63 비상콘센트설비의 설치기준으로 틀린 것은?

① 개폐기에는 "비상콘센트"라고 표시한 표지를 할 것
② 하나의 전용회로에 설치하는 비상콘센트는 10개 이하로 할 것
③ 비상전원을 실내에 설치하는 때에는 그 실내에 비상조명등을 설치할 것
④ 비상전원은 비상콘센트설비를 유효하게 10분 이상 작동시킬 수 있는 용량으로 할 것

해설 비상전원 중 자가발전설비 설치기준
① 점검에 편리하고 화재 및 침수 등의 재해로 인한 피해를 받을 우려가 없는 곳에 설치할 것
② 비상콘센트설비를 유효하게 **20분 이상** 작동시킬 수 있는 용량으로 할 것
③ 상용전원으로부터 전력의 공급이 중단된 때에는 자동으로 비상전원으로부터 전력을 공급받을 수 있도록 할 것
④ 비상전원의 설치장소는 다른 장소와 방화구획 할 것. 이 경우 그 장소에는 비상전원의 공급에 필요한 기구나 설비외의 것(열병합발전설비에 필요한

기구나 설비는 제외한다)을 두어서는 아니 된다.
⑤ 비상전원을 실내에 설치하는 때에는 그 실내에 비상조명등을 설치할 것

64 ★★ 출제년도 [19.]
비상전원이 비상조명등을 60분 이상 유효하게 작동시킬 수 있는 용량으로 하지 않아도 되는 특정소방대상물은?

① 지하상가
② 숙박시설
③ 무창층으로서 용도가 소매시장
④ 지하층을 제외한 층수가 11층 이상의 층

해설 비상조명등을 60분 이상 유효하게 작동시킬 수 있는 용량으로 하여야 하는 특정소방대상물
① 지하층을 제외한 층수가 11층 이상의 층
② 지하층 또는 무창층으로서 용도가 도매시장·소매시장·여객자동차터미널·지하역사 또는 지하상가

65 ★★ 출제년도 [19.]
일국소의 주위온도가 일정한 온도 이상이 되는 경우에 작동하는 것으로서 외관이 전선으로 되어 있는 감지기는 어떤 것인가?

① 공기흡입형
② 광전식분리형
③ 차동식스포트형
④ 정온식감지선형

해설 보기설명
① 공기흡입형 : 감지기 내부에 장착된 공기흡입장치로 감지하고자 하는 위치의 공기를 흡입하고 흡입된 공기에 일정한 농도의 연기가 포함된 경우 작동하는 것
② 광전식분리형 : 발광부와 수광부로 구성된 구조로 발광부와 수광부 사이의 공간에 일정한 농도의 연기를 포함하게 되는 경우에 작동하는 것
③ 차동식스포트형 : 주위온도가 일정 상승률 이상이 되는 경우에 작동하는 것으로서 일국소에서의 열효과에 의하여 작동되는 것
④ 정온식감지선형 : 일국소의 주위온도가 일정한 온도 이상이 되는 경우에 작동하는 것으로서 외관이 전선으로 되어 있는 것

66 ★★★ 출제년도 [19.]
비상콘센트를 보호하기 위한 비상콘센트 보호함의 설치기준으로 틀린 것은?

① 비상콘센트 보호함에는 쉽게 개폐할 수 있는 문을 설치하여야 한다.
② 비상콘센트 보호함 상부에 적색의 표시등을 설치하여야 한다.
③ 비상콘센트 보호함에는 그 내부에 "비상콘센트"라고 표시한 표식을 하여야 한다.
④ 비상콘센트 보호함을 옥내소화전함 등과 접속하여 설치하는 경우에는 옥내소화전함 등의 표시등과 겸용할 수 있다.

해설 보호함 기준
1. 보호함에는 쉽게 개폐할 수 있는 문을 설치할 것
2. 보호함 표면에 "비상콘센트"라고 표시한 표지를 할 것
3. 보호함 상부에 적색의 표시등을 설치할 것. 다만, 비상콘센트의 보호함을 옥내소화전함 등과 접속하여 설치하는 경우에는 옥내소화전함 등의 표시등과 겸용할 수 있다.

67 ★★★ 출제년도 [19.]
소방회로용의 것으로 수전설비, 변전설비 그 밖의 기기 및 배선을 금속제 외함에 수납한 것으로 정의되는 것은?

① 전용분전반
② 공용분전반
③ 공용큐비클식
④ 전용큐비클식

해설 소방시설용 비상전원수전설비 용어정의
① 전용큐비클식 : 소방회로용의 것으로 수전설비, 변전설비 그 밖의 기기 및 배선을 금속제 외함에 수납한 것을 말한다.
② 공용큐비클식 : 소방회로 및 일반회로 겸용의 것으로서 수전설비, 변전설비 그 밖의 기기 및 배선을 금속제 외함에 수납한 것을 말한다.
③ 전용배전반 : 소방회로 전용의 것으로서 개폐기, 과전류차단기, 계기 그 밖의 배선용기기 및 배선을 금속제 외함에 수납한 것을 말한다.
④ 공용배전반 : 소방회로 및 일반회로 겸용의 것으로서 개폐기, 과전류차단기, 계기 그 밖의 배선용기기 및 배선을 금속제 외함에 수납한 것을 말한다.

정답 64. ② 65. ④ 66. ③ 67. ④

⑤ 전용분전반 : 소방회로 전용의 것으로서 분기 개폐기, 분기과전류차단기 그 밖의 배선용기기 및 배선을 금속제 외함에 수납한 것을 말한다.
⑥ 공용분전반 : 소방회로 및 일반회로 겸용의 것으로서 분기개폐기, 분기과전류차단기 그 밖의 배선용기기 및 배선을 금속제 외함에 수납한 것을 말한다.

68 ★★★ 출제년도 [19.]
비상방송설비 음향장치에 대한 설치기준으로 옳은 것은?

① 다른 전기회로에 따라 유도장애가 생기지 않도록 한다.
② 음량 조정기를 설치하는 경우 음량조정기의 배선은 2선식으로 한다.
③ 다른 방송설비와 공용하는 것에 있어서는 화재 시 비상경보 외의 방송을 차단되는 구조가 아니어야 한다.
④ 기동장치에 따른 화재신고를 수신한 후 필요한 음량으로 화재발생 상황 및 피난에 유효한 방송이 자동으로 개시될 때까지의 소요시간은 60초 이하로 한다.

해설 보기설명
① 다른 전기회로에 따라 유도장애가 생기지 아니하도록 할 것
② 음량조정기를 설치하는 경우 음량조정기의 배선은 **3선식**으로 할 것
③ 다른 방송설비와 공용하는 것에 있어서는 화재 시 비상경보외의 방송을 **차단할 수 있는 구조**로 할 것
④ 기동장치에 따른 화재신고를 수신한 후 필요한 음량으로 화재발생 상황 및 피난에 유효한 방송이 자동으로 개시될 때까지의 소요시간은 **10초 이하로** 할 것

69 ★★★ 출제년도 [19.]
객석 내의 통로의 직선부분의 길이가 85m이다. 객석유도등을 몇 개 설치하여야 하는가?

① 17개   ② 19개
③ 21개   ④ 22개

해설 설치수량 계산
$$설치개수 = \frac{객석의\ 통로의\ 직선부분의\ 길이}{4} - 1$$
$$= \frac{85m}{4} - 1 = 20.25 = 21$$

70 ★★★ 출제년도 [19.]
자동화재탐지설비의 감지기회로에 설치하는 종단저항의 설치기준으로 틀린 것은?

① 감지기회로 끝부분에 설치한다.
② 점검 및 관리가 쉬운 장소에 설치하여야 한다.
③ 전용함에 설치하는 경우 그 설치 높이는 바닥으로부터 0.8m 이내에 설치하여야 한다.
④ 종단감지기에 설치할 경우에는 구별이 쉽도록 해당감지기의 기판 및 감지기 외부 등에 별도의 표시를 하여야 한다.

해설 감지기회로의 도통시험을 위한 종단저항은 다음의 기준에 따를 것
① 점검 및 관리가 쉬운 장소에 설치할 것
② 전용함을 설치하는 경우 그 설치 높이는 바닥으로부터 1.5m 이내로 할 것
③ 감지기 회로의 끝부분에 설치하며, 종단감지기에 설치할 경우에는 구별이 쉽도록 해당감지기의 기판 및 감지기 외부 등에 별도의 표시를 할 것

71 ★ 출제년도 [19.]
비상경보설비의 축전지설비의 구조에 대한 설명으로 틀린 것은?

① 예비전원을 병렬로 접속하는 경우에는 역충전 방지 등의 조치를 하여야 한다.
② 내부에 주전원의 양극을 동시에 개폐할 수 있는 전원스위치를 설치하여야 한다.
③ 축전지설비는 접지전극에 교류전류를 통하는 회로방식을 사용하여서는 아니된다.
④ 예비전원은 축전지설비용 예비전원과 외부부하 공급용 예비전원을 별도로 설치하여야 한다.

정답 68. ① 69. ③ 70. ③ 71. ③

해설 비상경보설비의 축전지의 성능인증 및 제품검사의 기술기준
① 예비전원은 축전지설비용 예비전원과 외부부하 공급용 예비전원을 별도로 설치하여야 한다.
② 내부에 주전원의 양극을 동시에 개폐할 수 있는 전원스위치를 설치하여야 한다.
③ 예비전원을 병렬로 접속하는 경우에는 역충전 방지 등의 조치를 하여야 한다.
④ 축전지설비는 접지전극에 **직류전류**를 통하는 회로방식을 사용하여서는 아니된다.

72 신호의 전송로가 분기되는 장소에 설치하는 것으로 임피던스 매칭과 신호 균등분배를 위해 사용되는 장치는?

① 혼합기 ② 분배기
③ 증폭기 ④ 분파기

해설 무선통신보조설비 용어 정의
① 누설동축케이블 : 동축케이블의 외부도체에 가느다란 홈을 만들어서 전파가 외부로 새어나갈 수 있도록 한 케이블
② 분배기 : 신호의 전송로가 분기되는 장소에 설치하는 것으로 **임피던스 매칭(Matching)과 신호 균등분배**를 위해 사용하는 장치
③ 분파기 : 서로 다른 주파수의 합성된 신호를 분리하기 위해서 사용하는 장치
④ 혼합기 : 두 개 이상의 입력신호를 원하는 비율로 조합한 출력이 발생하도록 하는 장치
⑤ 증폭기 : 신호 전송 시 신호가 약해져 수신이 불가능해지는 것을 방지하기 위해서 증폭하는 장치

73 부착높이 3 m, 바닥면적 50 m²인 주요구조부를 내화구조로한 소방대상물에 1종 열반도체식 차동식분포형감지기를 설치하고자 할 때 감지부의 최소 설치개수는?

① 1개
② 2개
③ 3개
④ 4개

해설 열반도체식 차동식분포형감지기 기준
1. 감지부는 그 부착높이 및 특정소방대상물에 따라 다음 표에 따른 바닥면적마다 1개 이상으로 할 것. 다만, 바닥면적이 다음 표에 따른 면적의 2배 이하인 경우에는 2개(**부착높이가 8m 미만이고, 바닥면적이 다음 표에 따른 면적 이하인 경우에는 1개**) 이상으로 하여야 한다.

단위 : m²

부착높이 및 특정소방대상물의 구분		감지기의 종류	
		1종	2종
8m 미만	주요구조부가 내화구조로된 특정소방대상물 또는 그 구분	65	36
	기타 구조의 특정소방대상물 또는 그 부분	40	23
8m 이상 15m 미만	주요구조부가 내화구조로 된 특정소방대상물 또는 그 부분	50	36
	기타 구조의 특정소방대상물 또는 그 부분	30	23

2. 하나의 검출기에 접속하는 감지부는 **2개 이상 15개 이하**가 되도록 할 것. 다만, 각각의 감지부에 대한 작동여부를 검출기에서 표시할 수 있는 것(주소형)은 형식승인 받은 성능인정범위내의 수량으로 설치할 수 있다.

74 3선식 배선에 따라 상시 충전되는 유도등의 전기회로에 점멸기를 설치하는 경우 유도등이 점등되어야 할 경우로 관계없는 것은?

① 제연설비가 작동한 때
② 자동소화설비가 작동한 때
③ 비상경보설비의 발신기가 작동한 때
④ 자동화재탐지설비의 감지기가 작동한 때

해설 3선식 배선에 따라 상시 충전되는 유도등의 전기회로에 점멸기를 설치하는 경우 점등되어야 되는 때
① 자동 화재 탐지 설비의 감지기 또는 발신기가 작동되는 때
② 비상경보설비의 발신기가 작동되는 때
③ 상용전원이 정전되거나 전원선이 단선되는 때
④ 방재업무를 통제하는 곳 또는 전기실의 배전반에서 수동으로 점등하는 때
⑤ 자동소화설비가 작동되는 때

정답 72. ② 73. ① 74. ①

75 누전경보기의 전원은 분전반으로부터 전용회로로 하고 각 극에 개폐기와 몇 A 이하의 과전류차단기를 설치하여야 하는가?

① 15　　② 20
③ 25　　④ 30

해설 누전경보기의 화재안전기술기준 제6조(전원)
1. 전원은 분전반으로부터 전용회로로 하고, 각 극에 개폐기 및 **15A 이하의 과전류차단기**(배선용 차단기에 있어서는 **20A 이하**의 것으로 각 극을 개폐할 수 있는 것)를 설치할 것
2. 전원을 분기할 때에는 다른 차단기에 따라 전원이 차단되지 아니하도록 할 것
3. 전원의 개폐기에는 누전경보기용임을 표시한 표지를 할 것

76 자동화재속보설비의 설치기준으로 틀린 것은?

① 조작스위치는 바닥으로부터 0.8 m 이상 1.5m 이하의 높이에 설치한다.
② 비상경보설비와 연동으로 작동하여 자동적으로 화재발생 상황을 소방관서에 전달하도록 한다.
③ 속보기는 소방관서에 통신망으로 통보하도록 하며, 데이터 또는 코드전송방식을 부가적으로 설치할 수 있다.
④ 속보기는 소방청장이 정하여 고시한 「자동화재속보설비의 속보기의 성능인증 및 제품검사의 기술기준」에 적합한 것으로 설치하여야 한다.

해설 자동화재탐지설비와 연동으로 작동하여 자동적으로 화재발생 상황을 소방관서에 전달되는 것으로 할 것. 이 경우 부가적으로 특정소방대상물의 관계인에게 화재발생상황을 전달되도록 할 수 있다.

77 다음 비상경보설비 및 비상방송설비에 사용되는 용어 설명 중 틀린 것은?

① 비상벨설비라 함은 화재발생 상황을 경종으로 경보하는 설비를 말한다.
② 증폭기라 함은 전압전류의 주파수를 늘려 감도를 좋게 하고 소리를 크게 하는 장치를 말한다.
③ 확성기라 함은 소리를 크게 하여 멀리까지 전달될 수 있도록 하는 장치로써 일명 스피커를 말한다.
④ 음량조절기라 함은 가변저항을 이용하여 전류를 변화시켜 음량을 크게 하거나 작게 조절할 수 있는 장치를 말한다.

해설
1. "확성기"란 소리를 크게 하여 멀리까지 전달될 수 있도록 하는 장치로써 일명 스피커를 말한다.
2. "음량조절기"란 가변저항을 이용하여 전류를 변화시켜 음량을 크게 하거나 작게 조절할 수 있는 장치를 말한다.
3. "증폭기"란 전압전류의 진폭을 늘려 감도를 좋게 하고 미약한 음성전류를 커다란 음성전류로 변화시켜 소리를 크게 하는 장치를 말한다.

78 다음 ( )에 들어갈 내용으로 옳은 것은?

> 누전경보기란 ( ) 이하인 경계전로의 누설전류 또는 지락전류를 검출하여 당해 소방대상물의 관계인에게 경보를 발하는 설비로서 변류기와 수신부로 구성된 것을 말한다.

① 사용전압 220 V
② 사용전압 380 V
③ 사용전압 600 V
④ 사용전압 750 V

해설 누전경보기의 형식승인 및 제품검사의 기술기준 제2조(용어의 정의)

정답 75. ①　76. ②　77. ②　78. ③

1. "누전경보기"란 사용전압 600V 이하인 경계전로의 누설전류를 검출하여 당해 소방대상물의 관계자에게 경보를 발하는 설비로서 변류기와 수신부로 구성된 것을 말한다.
2. "누전경보기의 수신부"(이하 "수신부"라 한다)란 변류기로부터 검출된 신호를 수신하여 누전의 발생을 당해 소방대상물의 관계자에게 경보하여 주는 것(차단기구를 갖는 것은 이를 포함한다)을 말한다.
3. "집합형 누전경보기의 수신부"란 2개 이상의 변류기를 연결하여 사용하는 수신부로서 하나의 전원장치 및 음향장치 등으로 구성된 것을 말한다.
4. "누전경보기의 차단기구"란 경계전로에 누설전류가 흐르는 경우 이를 수신하여 그 경계전로의 전원을 자동적으로 차단하는 장치를 말한다.
5. "누전경보기의 변류기"(이하 "변류기"라 한다)란 경계전로의 누설전류를 자동적으로 검출하여 이를 누전경보기의 수신부에 송신하는 것을 말한다.

79
부착높이가 11 m인 장소에 적응성 있는 감지기는?

① 차동식분포형
② 정온식스포트형
③ 차동식스포트형
④ 정온식감지선형

해설 부착높이에 따른 감지기의 종류

부착높이	감지기의 종류
8m 이상 15m 미만	**차동식 분포형** 이온화식 1종 또는 2종 광전식(스포트형, 분리형, 공기흡입형) 1종 또는 2종 연기복합형 불꽃감지기
15m 이상 20m 미만	이온화식 1종 광전식(스포트형, 분리형, 공기흡입형) 1종 연기복합형 불꽃감지기
20m 이상	**불꽃감지기** **광전식(분리형, 공기흡입형)중 아나로그방식**

80
비상콘센트설비 상용전원회로의 배선이 고압수전 또는 특고압수전인 경우의 설치기준은?

① 인입개폐기의 직전에서 분기하여 전용배선으로 할 것
② 인입개폐기의 직후에서 분기하여 전용배선으로 할 것
③ 전력용변압기 1차측의 주차단기 2차측에서 분기하여 전용배선으로 할 것
④ 전력용변압기 2차측의 주차단기 1차측 또는 2차측에서 분기하여 전용배선으로 할 것

해설 상용전원회로의 배선은 저압수전인 경우에는 인입개폐기의 직후에서, 고압수전 또는 특고압수전인 경우에는 **전력용변압기 2차측의 주차단기 1차측 또는 2차측에서 분기하여 전용배선**으로 할 것

정답 79. ① 80. ④

4회 2019년 소방설비기사

1과목 소방원론

01 ★★★ 출제년도【12.19.】
프로판가스의 연소범위(vol%)에 가장 가까운 것은?

① 9.8~28.4 ② 2.5~81
③ 4.0~75 ④ 2.1~9.5

해설 프로판(프로페인) 가스
화학식(분자식) : C_3H_8
연소(폭발)범위 : 2.1~9.5

02 ★★★ 출제년도【19.】
화재의 지속시간 및 온도에 따라 목재건물과 내화건물을 비교했을 때, 목재건물의 화재성상으로 가장 적합한 것은?

① 저온장기형이다. ② 저온단기형이다.
③ 고온장기형이다. ④ 고온단기형이다.

해설 화재성상
목재건축물 : 고온단기형
내화건축물 : 저온장기형

03 ★★ 출제년도【19.】
특정소방대상물(소방안전관리대상물은 제외)의 관계인과 소방안전관리대상물의 소방안전관리자의 업무가 아닌 것은?

① 화기 취급의 감독
② 자체소방대의 운용
③ 소방 관련 시설의 유지·관리
④ 피난시설, 방화구획 및 방화시설의 유지·관리

해설 특정소방대상물(소방안전관리대상물은 제외)의 관계인과 소방안전관리대상물의 소방안전관리자의 업무
1. 피난계획에 관한 사항과 대통령령으로 정하는 사항이 포함된 소방계획서의 작성 및 시행
2. 자위소방대(自衛消防隊) 및 초기대응체계의 구성·운영·교육
3. 피난시설, 방화구획 및 방화시설의 유지·관리
4. 소방훈련 및 교육
5. 소방시설이나 그 밖의 소방 관련 시설의 유지·관리
6. 화기(火氣) 취급의 감독
7. 그 밖에 소방안전관리에 필요한 업무

04 ★★★ 출제년도【19.】
가연물의 제거와 가장 관련이 없는 소화방법은?

① 유류화재 시 유류공급 밸브를 잠근다.
② 산불화재 시 나무를 잘라 없앤다.
③ 팽창 진주암을 사용하여 진화한다.
④ 가스화재 시 중간밸브를 잠근다.

해설 보기설명
제거소화 : 유류화재 시 유류공급 밸브를 잠근다.
제거소화 : 산불화재 시 나무를 잘라 없앤다.
질식소화 : 팽창 진주암을 사용하여 진화한다.
제거소화 : 가스화재 시 중간밸브를 잠근다.

05 ★★★ 출제년도【19.】
화재의 유형별 특성에 관한 설명으로 옳은 것은?

① A급 화재는 무색으로 표시하며, 감전의 위험이 있으므로 주수소화를 엄금한다.
② B급 화재는 황색으로 표시하며, 질식소화를 통해 화재를 진압한다.
③ C급 화재는 백색으로 표시하며, 가연성이 강한 금속의 화재이다.
④ D급 화재는 청색으로 표시하며, 연소 후에 재를 남긴다.

정답 01. ④ 02. ④ 03. ② 04. ③ 05. ②

해설 화재의 분류

구분	명칭	가연물의 종류	표시
A급화재	일반화재	종이, 목재, 섬유류 등의 일반 가연물	백색
B급화재	유류화재	유류(가연성 액체 포함)	황색
C급화재	전기화재	통전중인 전기설비	청색
D급화재	금속화재	칼륨, 나트륨 등의 가연성금속	무색
E급화재	가스화재	가연성가스(폭발 하한계가 10% 이하, 연소범위 또는 폭발범위가 20% 이상인 것)	황색
K(F)급 화재	식용유 화재	식용유	-

06 ★★ 출제년도【19.】
다음 중 인명구조기구에 속하지 않는 것은?
① 방열복
② 공기안전매트
③ 공기호흡기
④ 인공소생기

해설 인명구조기구의 종류
① 방열복 또는 방화복
② 공기호흡기
③ 인공소생기

07 ★★ 출제년도【19.】
다음 중 전산실, 통신 기기실 등에서의 소화에 가장 적합한 것은?
① 스프링클러설비
② 옥내소화전설비
③ 분말소화설비
④ 할로겐화합물 및 불활성기체 소화설비

해설 할로겐화합물 및 불활성기체 소화설비
전산실, 통신 기기실 등에서의 소화에 가장 적합하다.

08 ★★★ 출제년도【19.】
화재강도(Fire Intensity)와 관계가 없는 것은?
① 가연물의 비표면적
② 발화원의 온도
③ 화재실의 구조
④ 가연물의 발열량

해설 ① 화재가혹도 : 화재발생으로 인한 건축물 내 수용재산 및 건축물 자체에 손상을 입히는 정도
② 화재가혹도=화재강도×화재하중
③ 화재강도(Fire Intensity) : 최고온도를 뜻하며, 주수율을 결정하는 인자로 가연물의 비표면적, 화재실의 구조, 가연물의 발열량, 개구부의 위치 및 크기등이 영향을 준다.
④ 화재하중 : 최고온도의 지속시간을 뜻하며, 주수시간을 결정하는 인자

09 ★★★ 출제년도【19.】
방화벽의 구조 기준 중 다음 ( ) 안에 알맞은 것은?

- 방화벽의 양쪽 끝과 윗쪽 끝을 건축물의 외벽면 및 지붕면으로부터 (㉠)m 이상 튀어 나오게 할 것
- 방화벽에 설치하는 출입문의 너비 및 높이는 각각 (㉡)m 이하로 하고, 해당 출입문에는 갑종방화문을 설치할 것

① ㉠ 0.3, ㉡ 2.5
② ㉠ 0.3, ㉡ 3.0
③ ㉠ 0.5, ㉡ 2.5
④ ㉠ 0.5, ㉡ 3.0

해설 방화벽의 구조(건축물의 피난·방화구조 등의 기준에 관한 규칙 제21조)
① 내화구조로서 홀로 설 수 있는 구조일 것.
② 방화벽의 양쪽 끝과 윗쪽 끝을 건축물의 외벽면 및 지붕면으로부터 0.5m 이상 튀어나오게 할 것.
③ 방화벽에 설치하는 출입문의 너비 및 높이는 각각 2.5m 이하로 하고, 당해 출입문에는 60분+방화문 또는 60분 방화문을 설치할 것.

정답 06. ② 07. ④ 08. ② 09. ③

10. BLEVE 현상을 설명한 것으로 가장 옳은 것은?

① 물이 뜨거운 기름표면 아래에서 끓을 때 화재를 수반하지 않고 over flow 되는 현상
② 물이 연소유의 뜨거운 표면에 들어갈 때 발생되는 over flow 현상
③ 탱크 바닥에 물과 기름의 에멀젼이 섞여 있을 때 물의 비등으로 인하여 급격하게 over flow 되는 현상
④ 탱크 주위 화재로 탱크 내 인화성 액체가 비등하고 가스부분의 압력이 상승하여 탱크가 파괴되고 폭발을 일으키는 현상

해설 보기설명
① 프로스 오버 : 물이 뜨거운 기름표면 아래에서 끓을 때 화재를 수반하지 않고 over flow 되는 현상
② 슬롭 오버 : 물이 연소유의 뜨거운 표면에 들어갈 때 발생되는 over flow 현상
③ 보일 오버 : 탱크 바닥에 물과 기름의 에멀젼이 섞여있을 때 물의 비등으로 인하여 급격하게 over flow 되는 현상
④ 블레비(BLEVE) 현상 : 비등액체 팽창 증기폭발을 말하며, 탱크 주위 화재로 탱크 내 인화성 액체가 비등하고 가스부분의 압력이 상승하여 탱크가 파괴되고 폭발을 일으키는 현상

11. 화재발생 시 인명피해 방지를 위한 건물로 적합한 것은?

① 피난설비가 없는 건물
② 특별피난계단의 구조로 된 건물
③ 피난기구가 관리되고 있지 않은 건물
④ 피난구 폐쇄 및 피난구유도등이 미비되어 있는 건물

해설 화재발생 시 인명피해 방지를 위한 건물
① 피난설비가 있는 건물
② 특별피난계단의 구조로 된 건물
③ 피난기구가 관리되고 있는 건물
④ 피난구 개방 및 피난구유도등이 설치되어 있는 건물

12. 다음 중 인화점이 가장 낮은 물질은?

① 산화프로필렌
② 이황화탄소
③ 메틸알코올
④ 등유

해설 1) 인화점의 정의
① 점화원의 존재 하에 연소가 시작되는 최저의 온도
② 가연성의 혼합기체를 형성할 수 있는 최저의 온도
2) 보기설명
① 산화프로필렌 : $-37\,°C$
② 이황화탄소 : $-30\,°C$
③ 메틸알코올 : $11\,°C$
④ 등유 : $30 \sim 60\,°C$

13. 소화원리에 대한 설명으로 틀린 것은?

① 냉각소화 : 물의 증발잠열에 의해서 가연물의 온도를 저하시키는 소화방법
② 제거소화 : 가연성 가스의 분출화재 시 연료공급을 차단시키는 소화방법
③ 질식소화 : 포소화약제 또는 불연성가스를 이용해서 공기 중의 산소공급을 차단하여 소화하는 방법
④ 억제소화 : 불활성기체를 방출하여 연소범위 이하로 낮추어 소화하는 방법

해설 질식소화 : 불활성기체를 방출하여 연소범위 이하로 낮추어 소화하는 방법

14. CF_3Br 소화약제의 명칭을 옳게 나타낸 것은?

① 하론 1011
② 하론 1211
③ 하론 1301
④ 하론 2402

정답 10. ④ 11. ② 12. ① 13. ④ 14. ③

해설 하론 소화약제의 종류

종 류	분 자 식	상온·상압에서 상태
하론 1301	CF_3Br	기체상태
하론 1211	CF_2ClBr	
하론 2402	$C_2F_4Br_2$	액체상태

15 에테르, 케톤, 에스테르, 알데히드, 카르복실산, 아민 등과 같은 가연성인 수용성 용매에 유효한 포소화약제는?

① 단백포
② 수성막포
③ 불화단백포
④ 내알코올포

해설 알콜형포소화약제(내알코올포)
단백질 가수분해물이나 합성계면활성제중에 지방산금속염이나 타계통의 합성계면활성제 또는 고분자겔 생성물 등을 첨가한 포소화약제로서 알콜류, 에테르류, 에스테르류, 케톤류, 알데히드류, 아민류, 니트릴류 및 유기산이(이하 "알콜류"등이라 한다)수용성용제의 소화에 사용하는 약제

16 독성이 매우 높은 가스로서 석유제품, 유지(油脂) 등이 연소할 때 생성되는 알데히드 계통의 가스는?

① 시안화수소
② 암모니아
③ 포스겐
④ 아크롤레인

해설

가스	주요특징	연소물질
아크로레인 (CH_2CHCHO)	① 허용농도 0.1ppm ② 맹독성 가스로 인체에 치명적	석유제품, 유지류 (기름성분)
포스겐 ($COCl_2$)	① 허용농도 0.1ppm ② CO와 염소가 반응하여 생성된다. ③ 염소화합물, 사염화탄소와 화염접촉 시 생성된다.	PVC, 수지류, 염소계화합물
시안화수소 (HCN)	① 허용농도 10ppm ② 맹독성 가스로 0.3%의 농도에서 즉사	질소 함유물질
암모니아 (NH_3)	① 허용농도 10ppm ② 혈액 중에 흡수되어 순환계통 장애 ③ 피부나 점막에 자극성 및 부식성	질소 함유물질

17 물의 소화력을 증대시키기 위하여 첨가하는 첨가제 중 물의 유실을 방지하고 건물, 임야 등의 입체 면에 오랫동안 잔류하게 하기 위한 것은?

① 증점제
② 강화액
③ 침투제
④ 유화제

해설 증점제
물의 소화력을 증대시키기 위하여 첨가하는 첨가제 중 물의 유실을 방지하고 건물, 임야 등의 입체 면에 오랫동안 잔류하게 하기 위한 것

18 화재 시 이산화탄소를 방출하여 산소농도를 13 vol%로 낮추어 소화하기 위한 공기 중 이산화탄소의 농도는 약 몇 vol%인가?

① 9.5
② 25.8
③ 38.1
④ 61.5

해설 이산화탄소의 농도
$$CO_2[\%] = \frac{21-O_2}{21} \times 100[\%]$$
$$= \frac{21-13}{21} \times 100[\%]$$
$$= 38.09[\%]$$

정답 15. ④ 16. ④ 17. ① 18. ③

19. 할로겐화합물 소화약제는 일반적으로 열을 받으면 할로겐족이 분해되어 가연물질의 연소 과정에서 발생하는 활성종과 화합하여 연소의 연쇄반응을 차단한다. 연쇄반응의 차단과 가장 거리가 먼 소화약제는?

① FC-3-1-10
② HFC-125
③ IG-541
④ FIC-13I1

해설 IG-541은 불활성기체 소화약제로서 주된 소화작용은 질식작용이다.

20. 불포화 섬유지나 석탄에 자연발화를 일으키는 원인은?

① 분해열 ② 산화열
③ 발효열 ④ 중합열

해설 자연발화성 물질
① 분해열 : 니트로셀룰로오스, 셀룰로이드류, 니트로글리세린 등
② 산화열 : 건성유 및 반건성유, 원면, 석탄, 금속분, 고무조각 등
③ 발효열(미생물열) : 퇴비, 먼지, 건초 등
④ 흡착열 : 목탄, 활성탄, 유연탄 등
⑤ 중합열 : 시안화수소, 아크릴로니트릴, 스티렌, 초산비닐, 산화에틸렌 등

2과목 소방전기일반

21. 다음 논리식 중 틀린 것은?

① $X + X = X$ ② $X \cdot X = X$
③ $X + \overline{X} = 1$ ④ $X \cdot \overline{X} = 1$

해설
① $X \cdot \overline{X} = 0$
② $X + 1 = 1$
③ $X \cdot 1 = X$
④ $X + XY = X$

22. 다음과 같은 블록선도의 전체 전달함수는?

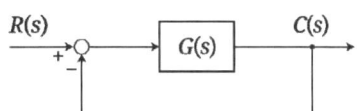

① $\dfrac{C(s)}{R(s)} = \dfrac{G(s)}{1 + G(s)}$

② $\dfrac{C(s)}{R(s)} = \dfrac{G(s)}{1 - G(s)}$

③ $\dfrac{C(s)}{R(s)} = 1 + G(s)$

④ $\dfrac{C(s)}{R(s)} = 1 - G(s)$

해설 종합전달함수 = $\dfrac{\text{전향경로의 합계}}{1 - \text{루프이득의합계}}$

$= \dfrac{G(s)}{1 - (-G(s))} = \dfrac{G(s)}{1 + G(s)}$

23. 바리스터(varistor)의 용도는?

① 정전류 제어용
② 정전압 제어용
③ 과도한 전류로부터 회로보호
④ 과도한 전압으로부터 회로보호

해설 바리스터(varistor)
① 전압에 따라 저항 값이 현저하게 비직선형으로 변화하는 2극 반도체
② 서지 전압을 흡수하여 전자회로를 보호
③ 전기접점의 불꽃을 소거하거나 반도체 정류기 등을 서지전압으로부터 보호하는데 사용

24. SCR(silicon-controlled rectifier)에 대한 설명으로 틀린 것은?

① PNPN 소자이다.
② 스위칭 반도체 소자이다.
③ 양방향 사이리스터이다.
④ 교류의 전력제어용으로 사용된다.

해설 SCR(silicon-controlled rectifier)
단방향 사이리스터(역저지 3극 사이리스터), 단방향성 3단자 소자이다.

25. 변압기의 내부 보호에 사용되는 계전기는?

① 비율 차동 계전기
② 부족 전압 계전기
③ 역전류 계전기
④ 온도 계전기

해설 비율 차동 계전기
① 내부고장 보호용
② 변압기의 내부고장 발생 시에 CT(변류기) 2차측의 억제코일에 흐르는 전류차가 일정비율 이상이 되었을 때 동작

26. 직류회로에서 도체를 균일한 체적으로 길이를 10배 늘이면 도체의 저항은 몇 배가 되는가?(단, 도체의 전체 체적은 변함이 없다.)

① 10   ② 20
③ 100 ④ 1000

해설 전기저항 $R = \rho \dfrac{l}{A}$ 의 관계에서 체적의 변함이 없으므로 체적 $V = A \times l = A' \times l' = \dfrac{A}{10} \times 10l$ 이 된다.

$R' = \rho \dfrac{l'}{A'} = \rho \dfrac{10l}{\frac{A}{10}} = 100\rho \dfrac{l}{A} = 100R$

27. 1 W·s 와 같은 것은?

① 1 J   ② 1 kg·m
③ 1 kWh   ④ 860 kcal

해설 전력량(에너지) $W = P \times t$ = 전력×시간 [W·s][J]

28. 가동철편형 계기의 구조 형태가 아닌 것은?

① 흡인형   ② 회전자장형
③ 반발형   ④ 반발흡인형

해설 가동철편형 계기
① 고정코일과 가동철편 사이의 전자력을 이용
② 구조 형태 : 흡인형, 반발형, 반발흡인형

29. 교류전압계의 지침이 지시하는 전압은 다음 중 어느 것인가?

① 실효값   ② 평균값
③ 최댓값   ④ 순시값

해설 교류전압계의 지시값 : 실효값

30. 내부저항이 200 Ω이며 직류 120 mA인 전류계를 6 A까지 측정할 수 있는 전류계로 사용하고자 한다. 어떻게 하면 되겠는가?

① 24 Ω의 저항을 전류계와 직렬로 연결한다.
② 12 Ω의 저항을 전류계와 병렬로 연결한다.
③ 약 6.24 Ω의 저항을 전류계와 직렬로 연결한다.
④ 약 4.08 Ω의 저항을 전류계와 병렬로 연결한다.

해설 분류기 : 전류의 측정범위를 확대하기 위해 전류계와 병렬로 접속한 저항

정답 24. ③ 25. ① 26. ③ 27. ① 28. ② 29. ① 30. ④

분류기의 저항
$$R_s = \frac{r}{m-1} = \frac{200}{\frac{6}{120 \times 10^{-3}} - 1} = 4.08[\Omega]$$

여기에서, r : 내부저항[Ω], m : 배율($\frac{I}{I_a}$)

31 ★ 출제년도 【19.】

상순이 a, b, c 인 경우 V_a, V_b, V_c를 3상 불평형 전압이라 하면 정상분 전압은?

(단, $\alpha = e^{j2\pi/3} = 1 \angle 120°$)

① $\frac{1}{3}(V_a + V_b + V_c)$
② $\frac{1}{3}(V_a + \alpha V_b + \alpha^2 V_c)$
③ $\frac{1}{3}(V_a + \alpha^2 V_b + \alpha V_c)$
④ $\frac{1}{3}(V_a + \alpha V_b + \alpha V_c)$

해설 대칭좌표법

① 영상분 전압 : $\frac{1}{3}(V_a + V_b + V_c)$
② 정상분 전압 : $\frac{1}{3}(V_a + \alpha V_b + \alpha^2 V_c)$
③ 역상분 전압 : $\frac{1}{3}(V_a + \alpha^2 V_b + \alpha V_c)$

32 ★ 출제년도 【19.】

수신기에 내장된 축전지의 용량이 6 Ah인 경우 0.4 A의 부하전류로는 몇 시간 동안 사용할 수 있는가?

① 2.4 시간   ② 15 시간
③ 24 시간   ④ 30 시간

해설 축전지 용량 $C = I \times t$[Ah]

시간 $t = \frac{6Ah}{0.4A} = 15h$

33 ★ 출제년도 【19.】

변압기의 임피던스 전압을 구하기 위하여 행하는 시험은?

① 단락시험
② 유도저항시험
③ 무부하 통전시험
④ 무극성시험

해설
- 단락시험 : 임피던스 전압, 임피던스 와트(동손), 단락전류
- 무부하시험 : 철손, 무부하전류, 여자전류, 여자어드미턴스

34 ★ 출제년도 【19.】

어떤 회로에 $v(t) = 150 \sin wt$ [V]의 전압을 가하니 $i(t) = 6 \sin(wt - 30°)$[A]의 전류가 흘렀다. 이 회로의 소비전력(유효전력)은 약 몇 W 인가?

① 390   ② 450
③ 780   ④ 900

해설 소비전력

$$P = VI\cos\theta = \frac{1}{2}V_m I_m \cos\theta$$

$$= \frac{1}{2} \times 150 \times 6 \times \cos 30° = 389.7W$$

여기서, V, I : 전압, 전류의 실효값
V_m, I_m : 전압, 전류의 최댓값
θ : 전압, 전류의 위상차

35 ★★★ 출제년도 【19.】

배선의 절연저항은 어떤 측정기를 사용하여 측정하는가?

① 전압계
② 전류계
③ 메거
④ 서미스터

해설 메거(절연저항계) : 배선의 절연저항 측정

정답 31. ② 32. ② 33. ① 34. ① 35. ③

36
★★★ 출제년도 【19.】
50F의 콘덴서 2개를 직렬로 연결하면 합성 정전용량은 몇 F 인가?

① 25　　② 50
③ 100　　④ 1000

해설 합성 정전용량
1. 직렬연결 : $\dfrac{1}{\dfrac{1}{50}+\dfrac{1}{50}} = 25\text{F}$
2. 병렬연결 : $50+50 = 100\text{F}$

37
★★★ 출제년도 【19.】
반파 정류회로를 통해 정현파를 정류하여 얻은 반파정류파의 최댓값이 1일 때, 실효값과 평균값은?

① $\dfrac{1}{\sqrt{2}}, \dfrac{2}{\pi}$　　② $\dfrac{1}{2}, \dfrac{\pi}{2}$

③ $\dfrac{1}{\sqrt{2}}, \dfrac{\pi}{2\sqrt{2}}$　　④ $\dfrac{1}{2}, \dfrac{1}{\pi}$

해설

구분	파형	실효값	평균값
정현파		$\dfrac{최댓값}{\sqrt{2}}$	$\dfrac{2}{\pi} \times 최댓값$
반파정류		$\dfrac{최댓값}{2}$	$\dfrac{1}{\pi} \times 최댓값$
구형파		최댓값	최댓값
구형반파		$\dfrac{최댓값}{\sqrt{2}}$	$\dfrac{최댓값}{2}$
삼각파		$\dfrac{최댓값}{\sqrt{3}}$	$\dfrac{최댓값}{2}$

38
★★ 출제년도 【19.】
제연용으로 사용되는 3상 유도전동기를 Y-△ 기동 방식으로 하는 경우, 기동을 위해 제어회로에서 사용되는 것과 거리가 먼 것은?

① 타이머　　② 영상변류기
③ 전자접촉기　　④ 열동계전기

해설 Y-△ 기동 방식으로 하는 경우 사용하는 것
타이머, 전자접촉기(MC), 릴레이, 열동계전기(THR) 또는 전자식과 전류계전기(EOCR) 등

39
★★★ 출제년도 【19.】
제어요소의 구성으로 옳은 것은?

① 조절부와 조작부
② 비교부와 검출부
③ 설정부와 검출부
④ 설정부와 비교부

해설 제어요소
조절부와 조작부로 구성, 동작신호를 받아 조작량으로 변환
① 조절부 : 제어계가 작용을 하는데 필요한 신호를 만든다.
② 조작부 : 조절부로 받은 신호를 조작량으로 변환한다.

40
★★★ 출제년도 【19.】
논리식 $X \cdot (X+Y)$ 를 간략화하면?

① X　　② Y
③ X+Y　　④ X·Y

해설 $X \cdot (X+Y) = XX + XY = X + XY = X(1+Y) = X$

정답 36. ①　37. ④　38. ②　39. ①　40. ①

3과목 소방관계법규

41 소방기본법상 소방대의 구성원에 속하지 않는 자는?

① 소방공무원법에 따른 소방공무원
② 의용소방대 설치 및 운영에 관한 법률에 따른 의용소방대원
③ 위험물안전관리법에 따른 자체소방대원
④ 의무소방대설치법에 따라 임용된 의무소방원

해설 소방대(소방기본법)
화재를 진압하고 화재, 재난·재해, 그 밖의 위급한 상황에서 구조·구급 활동 등을 하기 위하여 구성된 조직체 : **소방공무원, 의무소방원, 의용소방대원**

42 소방안전관리자 및 소방안전관리보조자에 대한 실무교육의 교육대상, 교육일정 등 실무교육에 필요한 계획을 수립하여 매년 누구의 승인을 얻어 교육을 실시하는가?

① 한국소방안전원장 ② 소방본부장
③ 소방청장 ④ 시·도지사

해설 소방시설법 시행규칙
① 안전원장은 소방안전관리자 및 소방안전관리보조자에 대한 실무교육의 교육대상, 교육일정 등 실무교육에 필요한 계획을 수립하여 매년 **소방청장**의 승인을 얻어 교육실시 30일 전까지 교육대상자에게 통보하여야 한다.

43 다음 중 화재원인조사의 종류에 해당하지 않는 것은?

① 발화원인 조사 ② 피난상황 조사
③ 인명피해 조사 ④ 연소상황 조사

해설 화재원인조사(소방기본법)

종류	조사범위
가. 발화원인 조사	화재가 발생한 과정, 화재가 발생한 지점 및 불이 붙기 시작한 물질
나. 발견·통보 및 초기 소화상황 조사	화재의 발견·통보 및 초기소화 등 일련의 과정
다. 연소상황 조사	화재의 연소경로 및 확대원인 등의 상황
라. 피난상황 조사	피난경로, 피난상의 장애요인 등의 상황
마. 소방시설 등 조사	소방시설의 사용 또는 작동 등의 상황

44 항공기격납고는 특정소방대상물 중 어느 시설에 해당하는가?

① 위험물 저장 및 처리 시설
② 항공기 및 자동차 관련 시설
③ 창고시설
④ 업무시설

해설 항공기 및 자동차 관련 시설
가. 항공기격납고
나. 차고, 주차용 건축물, 철골 조립식 주차시설(바닥면이 조립식이 아닌 것을 포함한다) 및 기계장치에 의한 주차시설
다. 세차장 라. 폐차장
마. 자동차 검사장 바. 자동차 매매장
사. 자동차 정비공장 아. **운전학원·정비학원**
자. 주차장 차. 차고 및 주기장(駐機場)

45 소방대상물의 방염 등과 관련하여 방염성능기준은 무엇으로 정하는가?

① 대통령령 ② 행정안전부령
③ 소방청훈령 ④ 소방청예규

해설 소방시설법
① 대통령령으로 정하는 특정소방대상물에 실내장식 등의 목적으로 설치 또는 부착하는 물품으로서 대통령령으로 정하는 물품(이하 "방염대상물품"이라 한다)은 방염성능기준 이상의 것으로 설치하여야 한다.

정답 41. ③ 42. ③ 43. ③ 44. ② 45. ①

② **소방본부장이나 소방서장**은 방염대상물품이 제1항에 따른 방염성능기준에 미치지 못하거나 제13조 제1항에 따른 방염성능검사를 받지 아니한 것이면 소방대상물의 관계인에게 방염대상물품을 제거하도록 하거나 방염성능검사를 받도록 하는 등 필요한 조치를 명할 수 있다.
③ 제1항에 따른 **방염성능기준은 대통령령**으로 정한다.

46 ★★ 출제년도【19.】
위험물안전관리법령상 제조소등의 관계인은 위험물의 안전관리에 관한 직무를 수행하게 하기 위하여 제조소등마다 위험물의 취급에 관한 자격이 있는 자를 위험물안전관리자로 선임하여야 한다. 이 경우 제조소등의 관계인이 지켜야 할 기준으로 틀린 것은?

① 제조소등의 관계인은 안전관리자를 해임하거나 안전관리자가 퇴직한 때에는 해임하거나 퇴직한 날부터 15일 이내에 다시 안전관리자를 선임하여야 한다.
② 제조소등의 관계인이 안전관리자를 선임한 경우에는 선임한 날부터 14일 이내에 소방본부장 또는 소방서장에게 신고하여야 한다.
③ 제조소등의 관계인은 안전관리자가 여행·질병 그 밖의 사유로 인하여 일시적으로 직무를 수행할 수 없는 경우에는 국가기술자격법에 따른 위험물의 취급에 관한 자격취득자 또는 위험물안전에 관한 기본지식과 경험이 있는 자를 대리자로 지정하여 그 직무를 대행하게 하여야 한다. 이 경우 대행하는 기간은 30일을 초과할 수 없다.
④ 안전관리자는 위험물을 취급하는 작업을 하는 때에는 작업자에게 안전관리에 관한 필요한 지시를 하는 등 위험물의 취급에 관한 안전관리와 감독을 하여야 하고, 제조소등의 관계인은 안전관리자의 위험물 안전관리에 관한 의견을 존중하고 그 권고에 따라야 한다.

해설 위험물안전관리자(위험물안전관리법)

안전관리자를 해임하거나 안전관리자가 퇴직한 때 재선임	기한 : 30일 이내
안전관리자를 선임한 경우 선임신고	기한 : 14일 이내 신고 : 소방본부장 또는 소방서장
대리자가 안전관리자의 직무를 대행하는 기간	30일 초과 불가
안전교육 대상자	1. 안전관리자로 선임된 자 2. 탱크시험자의 기술인력으로 종사하는 자 3. 위험물운송자로 종사하는 자

47 ★★★ 출제년도【19.】
다음 중 상주 공사감리를 하여야 할 대상의 기준으로 옳은 것은?

① 지하층을 포함한 층수가 16층 이상으로서 300세대 이상인 아파트에 대한 소방시설의 공사
② 지하층을 포함한 층수가 16층 이상으로서 500세대 이상인 아파트에 대한 소방시설의 공사
③ 지하층을 포함하지 않은 층수가 16층 이상으로서 300세대 이상인 아파트에 대한 소방시설의 공사
④ 지하층을 포함하지 않은 층수가 16층 이상으로서 500세대 이상인 아파트에 대한 소방시설의 공사

해설 상주 공사감리 대상(소방시설공사업법)

종류	대상
상주 공사감리	1. **연면적 3만제곱미터 이상**의 특정소방대상물(아파트는 제외)에 대한 소방시설의 공사 2. **지하층을 포함한 층수가 16층 이상으로서 500세대 이상인 아파트**에 대한 소방시설의 공사

정답 46. ① 47. ②

48 ★ 출제년도 [19.]
소방시설 설치 및 관리에 관한 법령상 소방대상물의 개수·이전·제거, 사용의 금지 또는 제한, 사용폐쇄, 공사의 정지 또는 중지, 그 밖의 필요한 조치로 인하여 손실을 받은 자가 손실보상청구서에 첨부하여야 하는 서류로 틀린 것은?

① 손실보상합의서
② 손실을 증명할 수 있는 사진
③ 손실을 증명할 수 있는 증빙자료
④ 소방대상물의 관계인임을 증명할 수 있는 서류(건축물대장은 제외)

해설 소방시설법 시행규칙
손실보상청구서(전자문서로 된 청구서를 포함한다)에 다음 각 호의 서류(전자문서를 포함한다)를 첨부하여 특별시장·광역시장·특별자치시장·도지사 또는 특별자치도지사(이하 "시·도지사"라 한다)에게 제출하여야 한다.
1. 소방대상물의 관계인임을 증명할 수 있는 서류(건축물대장은 제외한다)
2. 손실을 증명할 수 있는 사진 그 밖의 증빙자료

49 ★★★ 출제년도 [19.]
제6류 위험물에 속하지 않는 것은?

① 질산
② 과산화수소
③ 과염소산
④ 과염소산염류

해설 과염소산염류는 제1류 위험물이다.

위험물			지정수량
유별	성질	품명	
제6류	산화성액체	1. 과염소산	300킬로그램
		2. 과산화수소	300킬로그램
		3. 질산	300킬로그램

50 ★★ 출제년도 [19.]
화재의 예방 및 안전관리에 관한 법령상 소방청장, 소방본부장 또는 소방서장은 관할 구역에 있는 소방대상물에 대하여 화재안전조사를 실시할 수 있다. 화재안전조사 대상과 거리가 먼 것은?
(단, 개인 주거에 대하여는 관계인의 승낙을 득한 경우이다.)

① 화재예방강화지구에 대한 화재안전조사 등 다른 법률에서 화재안전조사를 실시하도록 한 경우
② 관계인이 법령에 따라 실시하는 소방시설 등, 방화시설, 피난시설 등에 대한 자체점검 등이 불성실하거나 불완전하다고 인정되는 경우
③ 화재가 발생할 우려는 없으나 소방대상물의 정기점검이 필요한 경우
④ 국가적 행사 등 주요 행사가 개최되는 장소에 대하여 소방안전관리 실태를 점검할 필요가 있는 경우

해설 화재안전조사를 실시하는 경우
① 관계인이 이 법 또는 다른 법령에 따라 실시하는 소방시설등, 방화시설, 피난시설 등에 대한 자체점검 등이 불성실하거나 불완전하다고 인정되는 경우
② 화재예방강화지구에 대한 화재안전조사 등 다른 법률에서 화재안전조사를 실시하도록 한 경우
③ 국가적 행사 등 주요 행사가 개최되는 장소 및 그 주변의 관계 지역에 대하여 소방안전관리 실태를 점검할 필요가 있는 경우
④ 화재가 자주 발생하였거나 발생할 우려가 뚜렷한 곳에 대한 점검이 필요한 경우
⑤ 재난예측정보, 기상예보 등을 분석한 결과 소방대상물에 화재, 재난·재해의 발생 위험이 높다고 판단되는 경우
⑥ 화재, 재난·재해, 그 밖의 긴급한 상황이 발생할 경우 인명 또는 재산 피해의 우려가 현저하다고 판단되는 경우

정답 48. ① 49. ④ 50. ③

51 소방본부장 또는 소방서장은 화재예방강화지구 안의 관계인에 대하여 소방상 필요한 훈련 및 교육은 연 몇 회 이상 실시할 수 있는가?

① 1 ② 2
③ 3 ④ 4

해설 화재예방강화지구의 관리
① 소방본부장 또는 소방서장은 화재예방강화지구 안의 소방대상물의 위치·구조 및 설비 등에 대한 소방특별조사를 **연 1회 이상** 실시하여야 한다.
② 소방본부장 또는 소방서장은 화재예방강화지구 안의 관계인에 대하여 소방상 필요한 훈련 및 교육을 **연 1회 이상** 실시할 수 있다.
③ 소방본부장 또는 소방서장은 소방상 필요한 훈련 및 교육을 실시하고자 하는 때에는 화재예방강화지구 안의 관계인에게 훈련 또는 **교육 10일 전**까지 그 사실을 통보하여야 한다.

52 소방시설 설치 및 관리에 관한 법령상 소방시설 등의 자체점검 시 점검인력 배치기준 중 종합정밀점검에 대한 점검인력 1단위가 하루 동안 점검할 수 있는 특정소방대상물의 연면적 기준으로 옳은 것은? (단, 보조 인력을 추가하는 경우는 제외한다.)

① 3500 m² ② 7000 m²
③ 10000 m² ④ 12000 m²

해설 점검한도면적
① 종합정밀점검 : 10,000 m²
② 작동기능점검 : 12,000 m²
    (소규모점검의 경우에는 3,500 m²)

53 다음 중 한국소방안전원의 업무에 해당하지 않는 것은?

① 소방용 기계·기구의 형식승인
② 소방업무에 관하여 행정기관이 위탁하는 업무
③ 화재 예방과 안전관리의식 고취를 위한 대국민 홍보
④ 소방기술과 안전관리에 관한 교육, 조사·연구 및 각종 간행물 발간

해설 소방용 기계·기구의 형식승인은 한국소방산업기술원의 업무이다.
한국소방산업기술원의 업무
1. 방염성능검사 중 대통령령으로 정하는 검사
2. **소방용품의 형식승인**
3. 형식승인의 변경승인, 형식승인의 취소
4. 성능인증 및 성능인증의 취소
5. 성능인증의 변경인증
6. 우수품질인증 및 그 취소

54 소방기본법령상 국고보조 대상사업의 범위 중 소방활동장비와 설비에 해당하지 않는 것은?

① 소방자동차
② 소방헬리콥터 및 소방정
③ 소화용수설비 및 피난구조설비
④ 방화복 등 소방활동에 필요한 소방장비

해설 국고보조 대상사업의 범위(소방기본법 시행령)
1. 다음 각 목의 소방활동장비와 설비의 구입 및 설치
  가. 소방자동차
  나. 소방헬리콥터 및 소방정
  다. 소방전용통신설비 및 전산설비
  라. 그 밖에 방화복 등 소방활동에 필요한 소방장비
2. 소방관서용 청사의 건축(「건축법」 제2조제1항제8호에 따른 건축을 말한다)

55 소방시설 설치 및 관리에 관한 법령상 간이스프링클러설비를 설치하여야 하는 특정소방대상물의 기준으로 옳은 것은?

① 근린생활시설로 사용하는 부분의 바닥면적 합계가 1000 m² 이상인 것은 모든 층

정답 51. ① 52. ③ 53. ① 54. ③ 55. ①

② 교육연구시설 내에 있는 합숙소로서 연면적 500 m² 이상인 것
③ 정신병원과 의료재활시설을 제외한 요양병원으로 사용되는 바닥면적의 합계가 300 m² 이상 600 m² 미만인 시설
④ 정신의료기관 또는 의료재활시설로 사용되는 바닥면적의 합계가 600 m² 미만인 시설

해설 간이스프링클러설비 설치 특정소방대상물(소방시설법 시행령 별표5) 중 일부
1) 근린생활시설 중 다음의 어느 하나에 해당하는 것
 가) 근린생활시설로 사용하는 부분의 바닥면적 합계가 1천 m² 이상인 것은 모든 층
 나) 의원, 치과의원 및 한의원으로서 입원실이 있는 시설
2) **교육연구시설 내에 합숙소로서 연면적 100 m² 이상인 것**
3) 의료시설 중 다음의 어느 하나에 해당하는 시설
 가) 종합병원, 병원, 치과병원, 한방병원 및 요양병원(정신병원과 의료재활시설은 제외한다)으로 사용되는 **바닥면적의 합계가 600m² 미만인 시설**
 나) 정신의료기관 또는 의료재활시설로 사용되는 바닥면적의 합계가 300m² 이상 600m² 미만인 시설
 다) 정신의료기관 또는 의료재활시설로 사용되는 바닥면적의 합계가 300m² 미만이고, 창살(철재·플라스틱 또는 목재 등으로 사람의 탈출 등을 막기 위하여 설치한 것을 말하며, 화재시 자동으로 열리는 구조로 되어 있는 창살은 제외한다)이 설치된 시설

56 ★★★ 출제년도【19.】
제조소등의 위치·구조 또는 설비의 변경없이 당해 제조소등에서 저장하거나 취급하는 위험물의 품명·수량 또는 지정수량의 배수를 변경하고자 할 때는 누구에게 신고해야 하는가?
① 국무총리　　② 시·도지사
③ 관할소방서장　④ 행정안전부장관

해설

제조소등을 설치하고자 하는 자	시·도지사의 허가
제조소등의 위치·구조 또는 설비의 변경없이 당해 제조소등에서 저장하거나 취급하는 위험물의 품명·수량 또는 **지정수량의 배수를 변경**하고자 하는 자	행정안전부령으로 정하는 바에 따라 변경하고자 하는 날의 **1일** 전까지 **시·도지사**에게 신고

57 ★★★ 출제년도【19.】
화재예방강화지구로 지정할 수 있는 대상이 아닌 것은?
① 시장지역
② 소방출동로가 있는 지역
③ 공장·창고가 밀집한 지역
④ 목조건물이 밀집한 지역

해설 화재예방강화지구의 지정

지정권자	시·도지사
화재예방 강화지구의 지정	1. 시장지역 2. 공장·창고가 밀집한 지역 3. 목조건물이 밀집한 지역 4. 노후·불량건축물이 밀집한 지역 5. 위험물의 저장 및 처리 시설이 밀집한 지역 6. 석유화학제품을 생산하는 공장이 있는 지역 7. 「산업입지 및 개발에 관한 법률」제2조제8호에 따른 산업단지 8. 소방시설·소방용수시설 또는 소방출동로가 없는 지역 9. 그 밖에 제1호부터 제8호까지에 준하는 지역으로서 소방관서장이 화재예방강화지구로 지정할 필요가 있다고 인정하는 지역

58 ★★★ 출제년도【19.】
다음 조건을 참고하여 숙박시설이 있는 특정소방대상물의 수용인원 산정 수로 옳은 것은?

> 침대가 있는 숙박시설로서 1인용 침대의 수는 20개이고, 2인용 침대의 수는 10개이며, 종업원의 수는 3명이다.

① 33명　② 40명　③ 43명　④ 46명

정답 56. ②　57. ②　58. ③

해설 수용인원의 산정
수용인원=종사자 수+침대수(2인용은 2명)
=3명+1인용 20개+2인용×10개=43명

숙박시설이 있는 특정 소방대상물	침대가 있는 숙박시설	종사자 수+침대 수 (2인용 침대는 2개로 산정)
	침대가 없는 숙박시설	종사자 수+ $\dfrac{\text{바닥면적의 합계}(m^2)}{3m^2}$

59 ★ 출제년도 【19.】

화재의 예방 및 안전관리에 관한 법령상 정당한 사유 없이 화재안전조사 결과에 따른 조치명령을 위반한 자에 대한 벌칙으로 옳은 것은?

① 100만원 이하의 벌금
② 300만원 이하의 벌금
③ 1년 이하의 징역 또는 1천만원 이하의 벌금
④ 3년 이하의 징역 또는 3천만원 이하의 벌금

해설 3년 이하의 징역 또는 3천만원 이하의 벌금
1. 제14조제1항 및 제2항(화재안전조사 결과에 따른 조치명령)에 따른 조치명령을 정당한 사유 없이 위반한 자
2. 제28조제1항 및 제2항(소방안전관리자 선임명령)에 따른 명령을 정당한 사유 없이 위반한 자
3. 제41조제5항(화재예방안전진단)에 따른 보수·보강 등의 조치명령을 정당한 사유 없이 위반한 자
4. 거짓이나 그 밖의 부정한 방법으로 제42조제1항(화재예방안전진단기관)에 따른 진단기관으로 지정을 받은 자

60 ★★★ 출제년도 【19.】

위험물안전관리법령상 제조소등이 아닌 장소에서 지정수량 이상의 위험물을 취급할 수 있는 기준 중 다음 ( ) 안에 알맞은 것은?

시·도의 조례가 정하는 바에 따라 관할 소방서장의 승인을 받아 지정수량 이상의 위험물을 ( )일 이내의 기간 동안 임시로 저장 또는 취급하는 경우

① 15
② 30
③ 60
④ 90

해설

지정수량 미만인 위험물의 저장·취급	시·도의 조례
임시로 저장 또는 취급하는 장소에서의 저장 또는 취급의 기준과 임시로 저장 또는 취급하는 장소의 위치·구조 및 설비의 기준 1. **관할소방서장**의 승인을 받아 지정수량 이상의 위험물을 **90일** 이내의 기간 동안 임시로 저장 또는 취급하는 경우 2. 군부대가 지정수량 이상의 위험물을 군사목적으로 임시로 저장 또는 취급하는 경우	시·도의 조례

4과목 소방전기설비의 구조 및 원리

61 ★★★ 출제년도 【19.】

자동화재탐지설비 및 시각경보장치의 화재안전기술기준(NFTC 203)에 따른 경계구역에 관한 기준이다. 다음 ( )에 들어갈 내용으로 옳은 것은?

하나의 경계구역의 면적은 (㉮) 이하로 하고 한 변의 길이는 (㉯) 이하로 하여야 한다.

① ㉮ 600 m²   ㉯ 50 m
② ㉮ 600 m²   ㉯ 100 m
③ ㉮ 1200 m² ㉯ 50 m
④ ㉮ 1200 m² ㉯ 100 m

해설 자동화재탐지설비의 경계구역 설정기준
1. 하나의 경계구역이 2개 이상의 건축물에 미치지 아니하도록 할 것
2. 하나의 경계구역이 2개 이상의 층에 미치지 아니하도록 할 것. 다만, 500m² 이하의 범위 안에서는 2개의 층을 하나의 경계구역으로 할 수 있다

정답 59. ④ 60. ④ 61. ①

3. 하나의 경계구역의 면적은 600m² 이하로 하고 한 변의 길이는 50m 이하로 할 것. 다만, 해당 특정소방대상물의 주된 출입구에서 그 내부 전체가 보이는 것에 있어서는 한 변의 길이가 50m의 범위 내에서 1,000m² 이하로 할 수 있다.

62. 차동식분포형감지기의 동작방식이 아닌 것은?

① 공기관식
② 열전대식
③ 열반도체식
④ 불꽃 자외선식

해설 차동식분포형감지기의 종류
① 공기관식
② 열전대식
③ 열반도체식

63. 비상방송설비의 화재안전기술기준(NFTC 202)에 따라 다음 ( )의 ㉠, ㉡에 들어갈 내용으로 옳은 것은?

> 비상방송설비에는 그 설비에 대한 감시상태를 (㉠)분간 지속한 후 유효하게 (㉡)분 이상 경보할 수 있는 축전지설비(수신기에 내장하는 경우를 포함한다.)를 설치하여야 한다

① ㉠ 30, ㉡ 5
② ㉠ 30, ㉡ 10
③ ㉠ 60, ㉡ 5
④ ㉠ 60, ㉡ 10

해설 전원
① 비상방송설비의 상용전원은 다음 각 호의 기준에 따라 설치하여야 한다.
 1. 전원은 전기가 정상적으로 공급되는 축전지, 전기저장장치(외부 전기에너지를 저장해 두었다가 필요한 때 전기를 공급하는 장치) 또는 교류전압의 옥내 간선으로 하고, 전원까지의 배선은 전용으로 할 것
 2. 개폐기에는 "비상방송설비용"이라고 표시한 표지를 할 것
② 비상방송설비에는 그 설비에 대한 감시상태를 60분간 지속한 후 유효하게 10분 이상 경보할 수 있는 축전지설비(수신기에 내장하는 경우를 포함한다) 또는 전기저장장치(외부 전기에너지를 저장해 두었다가 필요한 때 전기를 공급하는 장치)를 설치하여야 한다.

64. 누전경보기의 형식승인 및 제품검사의 기술기준에 따라 누전경보기의 경보기구에 내장하는 음향장치는 사용전압의 몇 %인 전압에서 소리를 내어야 하는가?

① 40
② 60
③ 80
④ 100

해설 제4조(부품의 구조 및 기능)
경보기구에 내장하는 음향장치
1. 사용전압의 80%인 전압에서 소리를 내어야 한다.
2. 사용전압에서의 음압은 무향실내에서 정위치에 부착된 음향장치의 중심으로부터 1m 떨어진 지점에서 누전경보기는 70dB 이상이어야 한다. 다만, 고장표시장치용 등의 음압은 60dB 이상이어야 한다.

65. 자동화재속보설비의 속보기의 성능인증 및 제품검사의 기술기준에 따라 자동화재속보설비의 속보기의 외함에 합성수지를 사용할 경우 외함의 최소 두께(mm)는?

① 1.2
② 3
③ 6.4
④ 7

해설 제4조(외함) 속보기의 외함은 다음에 적합하여야 한다.
1. 외함의 두께
 가. 강판 외함 : 1.2 mm 이상
 나. 합성수지 외함 : 3 mm 이상

정답 62. ④ 63. ④ 64. ③ 65. ②

66 소방시설용 비상전원수전설비의 화재안전기술기준(NFTC 602)에 따라 일반전기사업자로부터 특고압 또는 고압으로 수전하는 비상전원 수전설비의 경우에 있어 소방회로배선과 일반회로배선을 몇 cm 이상 떨어져 설치하는 경우 불연성 벽으로 구획하지 않을 수 있는가?

① 5
② 10
③ 15
④ 20

해설 특별고압 또는 고압으로 수전하는 경우 소방회로배선은 일반회로배선과 불연성 벽으로 구획할 것. 다만, 소방회로배선과 일반회로배선을 **15cm 이상** 떨어져 설치한 경우는 그러하지 아니한다.

67 비상콘센트설비의 화재안전기술기준(NFTC 504)에 따라 비상콘센트설비의 전원회로(비상콘센트에 전력을 공급하는 회로를 말한다.)에 대한 전압과 공급용량으로 옳은 것은?

① 전압 : 단상교류 110 V, 공급용량 : 1.5 kVA 이상
② 전압 : 단상교류 220 V, 공급용량 : 1.5 kVA 이상
③ 전압 : 단상교류 110 V, 공급용량 : 3 kVA 이상
④ 전압 : 단상교류 220 V, 공급용량 : 3 kVA 이상

해설 비상콘센트설비의 전원회로(비상콘센트에 전력을 공급하는 회로를 말한다)는 다음 각 호의 기준에 따라 설치하여야 한다.
1. 비상콘센트설비의 전원회로는 **단상교류 220 V**인 것으로서, 그 **공급용량은 1.5 kVA 이상**인 것으로 할 것.
2. 전원회로는 각층에 2 이상이 되도록 설치할 것. 다만, 설치하여야 할 층의 비상콘센트가 1개인 때에는 하나의 회로로 할 수 있다.
3. 전원회로는 주배전반에서 전용회로로 할 것. 다만, 다른 설비의 회로의 사고에 따른 영향을 받지 아니하도록 되어 있는 것은 그러하지 아니하다.
4. 전원으로부터 각 층의 비상콘센트에 분기되는 경우에는 **분기배선용 차단기**를 보호함안에 설치할 것
5. 콘센트마다 **배선용 차단기**(KS C 8321)를 설치하여야 하며, 충전부가 노출되지 아니하도록 할 것
6. 개폐기에는 "비상콘센트"라고 표시한 표지를 할 것
7. 비상콘센트용의 풀박스 등은 방청도장을 한 것으로서, **두께 1.6mm 이상**의 철판으로 할 것
8. 하나의 전용회로에 설치하는 비상콘센트는 **10개 이하**로 할 것. 이 경우 전선의 용량은 각 비상콘센트(비상콘센트가 3개 이상인 경우에는 3개)의 공급용량을 합한 용량 이상의 것으로 하여야 한다.

68 비상콘센트설비의 화재안전기술기준(NFTC 504)에 따른 용어의 정의 중 옳은 것은?

① "저압"이란 직류는 750 V 이하, 교류는 600 V 이하인 것을 말한다.
② "저압"이란 직류는 700 V 이하, 교류는 600 V 이하인 것을 말한다.
③ "고압"이란 직류는 700 V를, 교류는 600 V를 초과하는 것을 말한다.
④ "고압"이란 직류는 750 V를, 교류는 600 V를 초과하는 것을 말한다.

해설 정의
1. "저압"이란 직류는 750 V 이하, 교류는 600 V 이하인 것
2. "고압"이란 직류는 750 V를, 교류는 600 V를 초과하고, 7 kV 이하인 것
3. "특고압"이란 7 kV를 초과하는 것

69 유도등 및 유도표지의 화재안전기술기준(NFTC 303)에 따른 통로유도등의 설치기준에 대한 설명으로 틀린 것은?

① 복도·거실통로유도등은 구부러진 모퉁이 및 보행거리 20 m 마다 설치
② 복도·계단통로유도등은 바닥으로부터

정답 66. ③ 67. ② 68. ① 69. ③

높이 1 m 이하의 위치에 설치
③ 통로유도등은 녹색바탕에 백색으로 피난방향을 표시한 등으로 할 것
④ 거실통로유도등은 바닥으로부터 높이 1.5 m 이상의 위치에 설치

해설 통로유도등 설치기준
1. 복도통로유도등
   ① 구부러진 모퉁이 및 보행거리 20m마다 설치할 것
   ② 바닥으로부터 높이 1m 이하의 위치에 설치할 것
2. 거실통로유도등
   ① 구부러진 모퉁이 및 보행거리 20m마다 설치할 것
   ② 바닥으로부터 높이 1.5m 이상의 위치에 설치할 것. 다만, 거실통로에 기둥이 설치된 경우에는 기둥부분의 바닥으로부터 높이 1.5m 이하의 위치에 설치할 수 있다
3. 계단통로유도등
   ① 각층의 경사로 참 또는 계단참마다(1개층에 경사로 참 또는 계단참이 2 이상 있는 경우에는 2개의 계단참마다)설치할 것
   ② 바닥으로부터 높이 1m 이하의 위치에 설치할 것

70 ★★★ 출제년도 【19.】
유도등 및 유도표지의 화재안전기술기준(NFTC 303)에 따라 운동시설에 설치하지 아니할 수 있는 유도등은?

① 통로유도등
② 객석유도등
③ 대형피난구유도등
④ 중형피난구유도등

해설 유도등 및 유도표지의 종류

설 치 장 소	유도등 및 유도표지의 종류
1. 공연장·집회장(종교집회장 포함)·관람장·운동시설	• 대형피난구유도등 • 통로유도등 • 객석유도등
2. 유흥주점영업시설(카바레, 나이트클럽)	

71 ★★★ 출제년도 【19.】
자동화재탐지설비 및 시각경보장치의 화재안전기술기준(NFTC 203)에 따른 감지기의 설치기준으로 틀린 것은?

① 스포트형감지기는 45° 이상 경사되지 아니하도록 부착할 것
② 감지기(차동식분포형의 것을 제외한다.)는 실내로의 공기유입구로부터 1.5m 이상 떨어진 위치에 설치할 것
③ 보상식스포트형 감지기는 정온점이 감지기 주위의 평상시 최고온도보다 10℃ 이상 높은 것으로 설치할 것
④ 정온식감지기는 주방·보일러실 등으로서 다량의 화기를 취급하는 장소에 설치하되 공칭작동온도가 최고주위 온도보다 20℃ 이상 높은 것으로 설치할 것

해설 보상식스포트형감지기는 정온점이 감지기 주위의 평상시 최고온도보다 20℃ 이상 높은 것으로 설치할 것

72 ★★★ 출제년도 【19.】
무선통신보조설비의 화재안전기술기준(NFTC 505)에 따라 무선통신보조설비의 누설동축케이블의 설치기준으로 틀린 것은?

① 누설동축케이블은 불연 또는 난연성으로 할 것
② 누설동축케이블의 중간 부분에는 무반사 종단저항을 견고하게 설치할 것
③ 누설동축케이블 및 안테나는 고압의 전로로부터 1.5m 이상 떨어진 위치에 설치할 것
④ 누설동축케이블과 이에 접속하는 안테나 또는 동축케이블과 이에 접속하는 안테나로 구성할 것

해설 누설동축케이블 등 설치기준
① 누설동축케이블의 **끝부분에는 무반사 종단저항**을

견고하게 설치할 것
② 누설동축케이블 및 동축케이블은 화재에 따라 해당 케이블의 피복이 소실된 경우에 케이블 본체가 떨어지지 아니하도록 **4m이내마다** 금속제 또는 자기제등의 지지금구로 벽·천장·기둥 등에 견고하게 고정시킬 것. 다만, 불연재료로 구획된 반자 안에 설치하는 경우에는 그러하지 아니하다.
③ 누설동축케이블 또는 동축케이블의 임피던스는 50Ω으로 하고, 이에 접속하는 안테나·분배기 기타의 장치는 해당 임피던스에 적합한 것으로 하여야 한다.

73 ★ 출제년도 【19.】
누전경보기의 화재안전기술기준(NFTC 205)의 용어 정의에 따라 변류기로부터 검출된 신호를 수신하여 누전의 발생을 해당 특정소방대상물의 관계인에게 경보하여 주는 것은?

① 축전지 ② 수신부
③ 경보기 ④ 음향장치

해설 정의
1. "누전경보기"란 내화구조가 아닌 건축물로서 벽, 바닥 또는 천장의 전부나 일부를 불연재료 또는 준불연재료가 아닌 재료에 철망을 넣어 만든 건물의 전기설비로부터 누설전류를 탐지하여 경보를 발하며 변류기와 수신부로 구성된 것을 말한다.
2. **"수신부"**란 변류기로부터 검출된 신호를 수신하여 누전의 발생을 해당 특정소방대상물의 관계인에게 경보하여 주는 것(차단기구를 갖는 것을 포함한다)을 말한다.
3. **"변류기"**란 경계전로의 누설전류를 자동적으로 검출하여 이를 누전경보기의 수신부에 송신하는 것을 말한다.

74 ★★★ 출제년도 【19.】
비상조명등의 화재안전기술기준(NFTC 304)에 따라 비상조명등의 비상전원을 설치하는데 있어서 어떤 특정소방대상물의 경우에는 그 부분에서 피난층에 이르는 부분의 비상조명등을 60분 이상 유효하게 작동시킬 수 있는 용량으로 하여야 한다. 이 특정소방대상물에 해당하지 않는 것은?

① 무창층인 지하역사
② 무창층인 소매시장
③ 지하층인 관람시설
④ 지하층을 제외한 층수가 11층 이상의 층

해설 설치기준
다음 각 목의 특정소방대상물의 경우에는 그 부분에서 피난층에 이르는 부분의 비상조명등을 60분 이상 유효하게 작동시킬 수 있는 용량으로 하여야 한다.
1. 지하층을 제외한 층수가 11층 이상의 층
2. 지하층 또는 무창층으로서 용도가 도매시장·소매시장·여객자동차터미널·지하역사 또는 지하상가

75 ★ 출제년도 【19.】
자동화재탐지설비 및 시각경보장치의 화재안전기술기준(NFTC 203)에 따른 자동화재탐지설비의 수신기 설치기준에 관한 사항 중, 최소 몇 층 이상의 특정소방대상물에는 발신기와 전화통화가 가능한 수신기를 설치하여야 하는가?

① 3 ② 4
③ 5 ④ 7

해설 수신기
1. 해당 특정소방대상물의 경계구역을 각각 표시할 수 있는 회선수 이상의 수신기를 설치할 것
2. **4층 이상의 특정소방대상물에는 발신기와 전화통화가 가능한 수신기를 설치할 것**〈삭제 2022.5.9.〉
→ 현재 기준에 맞지 않는 문제입니다.
3. 해당 특정소방대상물에 가스누설탐지설비가 설치된 경우에는 가스누설탐지설비로부터 가스누설 신호를 수신하여 가스누설경보를 할 수 있는 수신기를 설치할 것(가스누설탐지설비의 수신부를 별도로 설치한 경우에는 제외한다)

76 ★★★ 출제년도 【19.】
비상방송설비의 화재안전기술기준(NFTC 202)에 따라 비상방송설비 음향장치의 정격전압이 220 V인 경우 최소 몇 V 이상에서 음향을 발할 수 있어야 하는가?

① 165 ② 176
③ 187 ④ 198

정답 73. ② 74. ③ 75. ② 76. ②

[해설] 음향장치는 다음 각 목의 기준에 따른 구조 및 성능의 것으로 하여야 한다.
1. 정격전압의 80% 전압에서 음향을 발할 수 있는 것을 할 것
2. 자동화재탐지설비의 작동과 연동하여 작동할 수 있는 것으로 할 것
220 V × 0.8 = 176 V

77 ★★ 출제년도【19.】
유도등 및 유도표지의 화재안전기술기준(NFTC 303)에 따라 광원점등방식 피난유도선의 설치기준으로 틀린 것은?

① 구획된 각 실로부터 주출입구 또는 비상구까지 설치할 것
② 피난유도 표시부는 바닥으로부터 높이 1m 이하의 위치 또는 바닥 면에 설치할 것
③ 피난유도 제어부는 조작 및 관리가 용이하도록 바닥으로부터 0.8 m 이상 1.5 m 이하의 높이에 설치할 것
④ 피난유도 표시부는 50 cm 이내의 간격으로 연속되도록 설치하되 실내장식물 등으로 설치가 곤란할 경우 2 m 이내로 설치할 것

[해설] 광원점등방식의 피난유도선 설치기준
1. 구획된 각 실로부터 주출입구 또는 비상구까지 설치할 것
2. 피난유도 표시부는 바닥으로부터 높이 1m 이하의 위치 또는 바닥 면에 설치할 것
3. 피난유도 표시부는 **50cm 이내**의 간격으로 연속되도록 설치하되 실내장식물 등으로 설치가 곤란할 경우 **1m 이내**로 설치할 것
4. 수신기로부터의 화재신호 및 수동조작에 의하여 광원이 점등되도록 설치할 것
5. 비상전원이 상시 충전상태를 유지하도록 설치할 것
6. 바닥에 설치되는 피난유도 표시부는 매립하는 방식을 사용할 것
7. 피난유도 제어부는 조작 및 관리가 용이하도록 바닥으로부터 0.8m이상 1.5m이하의 높이에 설치할 것

78 ★ 출제년도【19.】
예비전원의 성능인증 및 제품검사의 기술기준에 따라 다음의 (   )에 들어갈 내용으로 옳은 것은?

> 예비전원은 1/5C 이상 1C 이하의 전류로 역충전하는 경우 (   )시간 이내에 안전장치가 작동하여야 하며, 외관이 부풀어 오르거나 누액 등이 없어야 한다.

① 1 ② 3
③ 5 ④ 10

[해설] 제8조(안전장치시험)
예비전원은 1/5C이상 1C이하의 전류로 역충전하는 경우 **5시간** 이내에 안전 장치가 작동하여야 하며, 외관이 부풀어 오르거나 누액 등이 없어야 한다.

79 ★★ 출제년도【19.】
비상경보설비 및 단독경보형감지기의 화재안전기술기준(NFTC 201)에 따라 비상벨설비 또는 자동식사이렌설비의 지구음향장치는 특정소방대상물의 층마다 설치하되, 해당 특정소방대상물의 각 부분으로부터 하나의 음향장치까지의 수평거리가 몇 m 이하가 되도록 하여야 하는가?

① 15 ② 25
③ 40 ④ 50

[해설] 비상벨설비 또는 자동식사이렌설비
지구음향장치는 특정소방대상물의 층마다 설치하되, 해당 특정소방대상물의 각 부분으로부터 하나의 음향장치까지의 수평거리가 **25m 이하**가 되도록 하고, 해당층의 각 부분에 유효하게 경보를 발할 수 있도록 설치하여야 한다.

정답 77. ④ 78. ③ 79. ②

80 무선통신보조설비의 화재안전기술기준 (NFTC 505)에 따라 지하층으로서 특정소방대상물의 바닥부분 2면 이상이 지표면과 동일하거나 지표면으로부터의 깊이가 몇 m 이하인 경우에는 해당 층에 한하여 무선통신보조설비를 설치하지 않을 수 있는가?

① 0.5
② 1.0
③ 1.5
④ 2.0

해설 지하층으로서 특정소방대상물의 바닥부분 2면 이상이 지표면과 동일하거나 지표면으로부터의 깊이가 **1m 이하**인 경우에는 해당층에 한하여 무선통신보조설비를 설치하지 아니할 수 있다.

정답 80. ②

2020년 소방설비기사

1과목 소방원론

01 ★★★ 출제년도 【11,18,20.】

이산화탄소에 대한 설명으로 틀린 것은?

① 임계온도는 97.5℃이다.
② 고체의 형태로 존재할 수 있다.
③ 불연성가스로 공기보다 무겁다.
④ 드라이아이스와 분자식이 동일하다.

해설 이산화탄소(CO_2)의 물성
① 무색, 무취의 기체이며 불연성이다.
② 상온(기체상태)에서 가압하면 쉽게 액화하여 액체 상태로 저장, 운반할 수 있다.

구분	비고
분자량	44
증기비중	1.52
삼중점	-56.3℃
임계온도	31.35℃
임계압력	72.9atm
승화점	-78.5℃

02 ★★★ 출제년도 【20.】

물질의 화재 위험성에 대한 설명으로 틀린 것은?

① 인화점 및 착화점이 낮을수록 위험
② 착화에너지가 작을수록 위험
③ 비점 및 융점이 높을수록 위험
④ 연소범위가 넓을수록 위험

해설 비점 및 융점이 낮을수록 위험하다.
가연물의 특성과 화재위험도와의 관계는 다음과 같다.

항 목	위험도
온도, 압력	높을수록 위험
인화점, 융점, 비등점, 착화점	낮을수록 위험
연소범위	넓을수록 위험
하한계	낮을수록 위험
비중, 점성	낮을수록 위험

03 ★★★ 출제년도 【20.】

다음 중 연소범위를 근거로 계산한 위험도 값이 가장 큰 물질은?

① 이황화탄소 ② 메탄
③ 수소   ④ 일산화탄소

해설 위험도 $H = \dfrac{UFL - LFL}{LFL}$

(UFL : 연소 상한계, LFL : 연소 하한계)

① 이황화탄소 : 연소범위 1.2~44%,

위험도 $H = \dfrac{44 - 1.2}{1.2} = 35.67$

② 메탄 : 연소범위 5~15%,

위험도 $H = \dfrac{15 - 5}{5} = 2$

③ 수소 : 연소범위 4~75%,

위험도 $H = \dfrac{75 - 4}{4} = 17.75$

④ 일산화탄소 : 연소범위 12.5~74%,

위험도 $H = \dfrac{74 - 12.5}{12.5} = 4.92$

04 ★★★ 출제년도 【20.】

위험물안전관리법령상 제2석유류에 해당하는 것으로만 나열된 것은?

① 아세톤, 벤젠
② 중유, 아닐린
③ 에테르, 이황화탄소
④ 아세트산, 아크릴산

정답 1. ① 2. ③ 3. ① 4. ④

해설 제4류 위험물(인화성액체)의 분류

품 명	물 질
특수인화물	다이에틸에터(에틸에테르), 산화프로필렌, 아세트알데하이드, 이황화탄소
제1석유류	아세톤, 휘발유(가솔린), 벤젠, 톨루엔, 메틸에틸케톤, 피리딘, 초산에스테르류
제2석유류	초산(아세트산), 아크릴산, 등유, 의산(포름산), 경유, 테레핀유, 크실렌, 스틸렌, 장뇌유, 클로로벤젠
제3석유류	중유, 크레오소트유, 글리세린, 에틸렌글리콜, 나이트로벤젠, 아닐린
제4석유류	기어유, 실린더유

05 ★★★ 출제년도【20.】
종이, 나무, 섬유류 등에 의한 화재에 해당하는 것은?

① A급 화재 ② B급 화재
③ C급 화재 ④ D급 화재

해설 가연물 종류에 따른 화재의 분류

구 분	명 칭	가연물의 종류	표시
A급 화재	일반화재	종이, 목재, 섬유류 등의 일반 가연물	백색
B급 화재	유류화재	유류(가연성 액체 포함)	황색
C급 화재	전기화재	통전중인 전기설비	청색
D급 화재	금속화재	칼륨, 나트륨 등의 가연성금속	무색
F급 화재	식용유 화재	식용유에 의한 화재	–
K급 화재	주방화재	주방에서 동식물유를 취급하는 조리기구에서 일어나는 화재	

06 ★★ 출제년도【20.】
0℃, 1기압에서 44.8m³의 용적을 가진 이산화탄소를 액화하여 얻을 수 있는 액화탄산가스의 무게는 약 몇 kg인가?

① 88 ② 44
③ 22 ④ 11

해설 이상기체상태방정식

$PV = nRT = \dfrac{W}{M}RT$ 에서

무게 $W = \dfrac{PVM}{RT}$

$= \dfrac{1\text{atm} \times 44.8\text{m}^3 \times 44\text{kg/kmol}}{0.082\text{atm} \cdot \text{m}^3/\text{kmol} \cdot \text{K} \times (273+0)\text{K}}$

$= 88.06\text{kg}$

P : 절대압력(atm), V : 체적(m³),

n : 몰수 $\left(\dfrac{질량(W)}{분자량(M)}\right)$,

T : 절대온도 [K](=℃+273),

R : 기체상수(0.082 atm·m³/kmol·K)

07 ★★★ 출제년도【17, 20.】
가연물이 연소가 잘 되기 위한 구비조건으로 틀린 것은?

① 열전도율이 클 것
② 산소와 화학적으로 친화력이 클 것
③ 표면적이 클 것
④ 활성화 에너지가 작을 것

해설 연소가 잘 되기 위한 구비조건
① 열전도율이 작을 것
② 산소와 화학적으로 친화력이 클 것
③ 표면적이 클 것
④ 활성화 에너지가 작을 것

08 ★ 출제년도【20.】
다음 중 소화에 필요한 이산화탄소 소화약제의 최소 설계농도 값이 가장 높은 물질은?

① 메탄
② 에틸렌
③ 천연가스
④ 아세틸렌

해설 가연성 액체 또는 가연성 가스의 소화에 필요한 설계농도(NFTC 106)

정답 5. ① 6. ① 7. ① 8. ④

방호대상물	설계농도(%)
수소(Hydrogen)	75
아세틸렌(Acetylene)	66
일산화탄소(Carbon Monoxide)	64
산화에틸렌(Ethylene Oxide)	53
에틸렌(Ethylene)	49
에탄(Ethane)	40
석탄가스, 천연가스(Coal, Natural gas)	37
사이크로 프로판(Cyclo Propane)	37
이소부탄(Iso Butane)	36
프로판(Propane)	36
부탄(Butane)	34
메탄(Methane)	34

09 이산화탄소의 증기비중은 약 얼마인가? (단, 공기의 분자량은 29이다.)

① 0.81
② 1.52
③ 2.02
④ 2.51

해설 이산화탄소의 증기비중 :
$$\frac{분자량}{29} = \frac{44}{29} = 1.52$$

10 유류탱크 화재 시 기름 표면에 물을 살수하면 기름이 탱크 밖으로 비산하여 화재가 확대되는 현상은?

① 슬롭 오버(Slop over)
② 플래시 오버(Flash over)
③ 프로스 오버(Froth over)
④ 블레비(BLEVE)

해설
① 슬롭 오버(Slop over) : 유류탱크 화재 시 기름 표면에 물을 살수하면 기름이 탱크 밖으로 비산하여 화재가 확대되는 현상
② 플래시 오버(Flash over) : 순간적 또는 폭발적인 연소 확대현상으로 고온의 복사열에 의해 바닥의 가연물이 동시에 열 분해되어 동시에 실내 전체가 화염에 휩싸이는 현상
③ 프로스 오버(Froth over) : 저장탱크 속의 물이 점성을 가진 뜨거운 기름의 표면 아래에서 끓을 때 화재를 수반하지 않고 기름이 넘쳐흐르는 현상
④ 블레비(BLEVE) : 가연성 액화가스의 용기가 과열로 파손되어 가스가 분출된 후 불이 붙어 폭발하는 현상

11 실내 화재 시 발생한 연기로 인한 감광계수(m^{-1})와 가시거리에 대한 설명 중 틀린 것은?

① 감광계수가 0.1일 때 가시거리는 20~30m이다.
② 감광계수가 0.3일 때 가시거리는 15~20m이다.
③ 감광계수가 1.0일 때 가시거리는 1~2m이다.
④ 감광계수가 10일 때 가시거리는 0.2~0.5m이다.

해설 감광계수

감광계수	가시거리	상황
0.1	20~30	연기감지기의 작동농도 건물 내 **미숙지자**의 피난 한계농도
0.3	5	건물 내 **숙지자**의 피난한계농도
0.5	3	어두침침함을 느낄 정도의 농도
1	1~2	거의 앞이 보이지 않을 정도의 농도
10	0.2~0.5	화재 **최성기** 때의 연기농도
30	–	출화실에서 연기가 분출할 때의 연기농도

12 $NH_4H_2PO_4$를 주성분으로 한 분말소화약제는 제 몇 종 분말소화약제인가?

① 제1종
② 제2종
③ 제3종
④ 제4종

해설 분말소화약제의 성상

종별	주성분	화학식	색	적용화재
제1종	탄산수소나트륨 (중탄산나트륨)	$NaHCO_3$	백색	BC급
제2종	탄산수소칼륨 (중탄산칼륨)	$KHCO_3$	담자색	BC급
제3종	인산염 (제일인산암모늄)	$NH_4H_2PO_4$	담홍색	ABC급
제4종	탄산수소칼륨+요소	$KHCO_3+(NH_2)_2CO$	회색	BC급

13 다음 물질 중 연소하였을 때 시안화수소를 가장 많이 발생시키는 물질은?

① Polyethylene
② Polyurethane
③ Polyvinyl chloride
④ Polystyrene

해설 Polyurethane(폴리우레탄)
① 매트리스, 전기절연체, 구조체 등에 사용
② 연소하였을 때 시안화수소를 가장 많이 발생시키는 물질

14 다음 물질의 저장창고에서 화재가 발생하였을 때 주수소화를 할 수 없는 물질은?

① 부틸리튬
② 질산에틸
③ 니트로셀룰로오스
④ 적린

해설 부틸리튬은 알킬리튬에 해당하며, 제3류 위험물로 물 또는 공기와 접촉시 폭발의 우려가 있다.

15 다음 중 상온 · 상압에서 액체인 것은?

① 탄산가스   ② 할론 1301
③ 할론 2402   ④ 할론 1211

해설 ① 탄산가스 : 상온 · 상압에서 기체
② 할론 1301 : 상온 · 상압에서 기체
③ 할론 2402 : 상온 · 상압에서 액체
④ 할론 1211 : 상온 · 상압에서 기체

16 밀폐된 내화건물의 실내에 화재가 발생했을 때 그 실내의 환경변화에 대한 설명 중 틀린 것은?

① 기압이 급강하한다.
② 산소가 감소된다.
③ 일산화탄소가 증가한다.
④ 이산화탄소가 증가한다.

해설 ① 기압이 상승한다.
② 산소가 감소된다.
③ 일산화탄소가 증가한다.
④ 이산화탄소가 증가한다.

17 제거소화의 예에 해당하지 않는 것은?

① 밀폐 공간에서의 화재 시 공기를 제거한다.
② 가연성가스 화재 시 가스의 밸브를 닫는다.
③ 산림화재 시 확산을 막기 위하여 산림의 일부를 벌목한다.
④ 유류탱크 화재 시 연소되지 않은 기름을 다른 탱크로 이동시킨다.

해설 밀폐 공간에서의 화재 시 공기를 제거하는 것은 질식소화이다.

18 화재 시 나타나는 인간의 피난특성으로 볼 수 없는 것은?

① 어두운 곳으로 대피한다.
② 최초로 행동한 사람을 따른다.
③ 발화지점의 반대방향으로 이동한다.
④ 평소에 사용하던 문, 통로를 사용한다.

정답 13. ② 14. ① 15. ③ 16. ① 17. ① 18. ①

해설 피난특성(피난계획시 고려해야 할 인간의 본능)

구분	내용
추종본능	피난 시에는 군중이 한 사람의 리더를 추종하려는 경향
귀소본능	피난 시 늘 사용하는 경로에 의해 탈출을 도모한다.
퇴피본능	화재 발생장소에서 벗어나려는 경향
좌회본능	막다른 길에서 오른손잡이인 경우 왼쪽으로 가려는 경향
지광본능	주위가 어두워지면 밝은 곳으로 피난하려는 경향

19 ★★★ 출제년도 【18,20.】
산소의 농도를 낮추어 소화하는 방법은?

① 냉각소화　　② 질식소화
③ 제거소화　　④ 억제소화

해설 소화원리

연소의 4요소	소화원리	소화방법	비고
가연물	가연물의 제거	제거소화	물리적 소화
산소	산소의 희석, 차단	질식소화	
점화원	연소점 이하로 냉각	냉각소화	
순조로운 연쇄반응	연쇄반응의 억제	억제소화 (부촉매 효과)	화학적 소화

20 ★★ 출제년도 【20.】
인화알루미늄의 화재 시 주수소화하면 발생하는 물질은?

① 수소
② 메탄
③ 포스핀
④ 아세틸렌

해설 인화알루미늄의 화재 시 주수소화하면 발생하는 물질 : 포스핀(인화수소)

2과목 소방전기일반

21 ★★★ 출제년도 【17,20.】
인덕턴스가 0.5 H인 코일의 리액턴스가 753.6 Ω일 때 주파수는 약 몇 Hz인가?

① 120　　② 240
③ 360　　④ 480

해설 주파수 $f = \dfrac{X_L}{2\pi L} = \dfrac{753.6}{2\pi \times 0.5} = 239.88 \text{Hz}$

여기에서, X_L : 유도성리액턴스(Ω),
　　　　　L : 인덕턴스(H)

22 ★★★ 출제년도 【20.】
최고 눈금 50 mV, 내부 저항이 100 Ω인 직류 전압계에 1.2 MΩ의 배율기를 접속하면 측정할 수 있는 최대 전압은 약 몇 V인가?

① 3　　② 60
③ 600　　④ 1200

해설 배율기 저항 $R_m = (m-1)r_v$,

$R_m = \left(\dfrac{V}{V_a} - 1\right)r_v$에 대입하면

$1.2 \times 10^6 = \left(\dfrac{V}{50 \times 10^{-3}} - 1\right) \times 100$,

$V = 600.05$ V

여기에서, m : 배율$\left(= \dfrac{\text{확대하고자 하는 전압}}{\text{전압계 지시값}}\right)$

23. 그림과 같은 블록선도에서 출력 $C(s)$는?

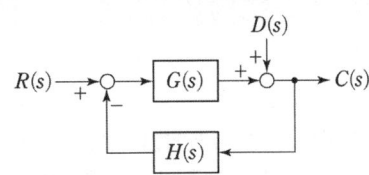

① $\dfrac{G(s)}{1+G(s)H(s)}R(s) + \dfrac{G(s)}{1+G(s)H(s)}D(s)$

② $\dfrac{1}{1+G(s)H(s)}R(s) + \dfrac{1}{1+G(s)H(s)}D(s)$

③ $\dfrac{G(s)}{1+G(s)H(s)}R(s) + \dfrac{1}{1+G(s)H(s)}D(s)$

④ $\dfrac{1}{1+G(s)H(s)}R(s) + \dfrac{G(s)}{1+G(s)H(s)}D(s)$

해설 출력 $C(s) = D(s) + R(s)G(s) - C(s)H(s)G(s)$
$C(s) + C(s)H(s)G(s) = D(s) + R(s)G(s)$
$C(s)(1+H(s)G(s)) = D(s) + R(s)G(s)$
$C(s) = \dfrac{D(s)}{1+H(s)G(s)} + \dfrac{R(s)G(s)}{1+H(s)G(s)}$

24. 변위를 전압으로 변환시키는 장치가 아닌 것은?

① 포텐셔미터
② 차동변압기
③ 전위차계
④ 측온저항체

해설 변환요소

변환량	변환요소
압력 → 변위	다이어프램, 벨로우즈, 스프링
변위 → 압력	**유압분사관**, 노즐 플래퍼, 스프링
변위 → 전압	차동변압기, 포텐셔미터, 전위차계
온도 → 임피던스	**정온식감지선형 감지기**, 측온 저항(열선, 서미스터)
온도 → 전압	**열전대**

25. 단상변압기의 권수비가 $a=8$이고, 1차 교류전압의 실효치는 110 V 이다. 변압기 2차 전압을 단상 반파 정류회로를 이용하여 정류했을 때 발생하는 직류 전압의 평균치는 약 몇 V인가?

① 6.19 ② 6.29
③ 6.39 ④ 6.88

해설 직류전압
$E_d = 0.45E = 0.45 \times \dfrac{110}{8} = 6.1875 = 6.19 \text{ V}$

여기서, E는 2차 전압이므로 $\dfrac{1차전압}{권수비}$ 이 된다.

26. 그림과 같은 유접점 회로의 논리식은?

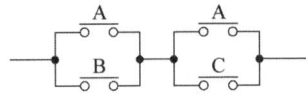

① $A + B \cdot C$ ② $A \cdot B + C$
③ $B + A \cdot C$ ④ $A \cdot B + B \cdot C$

해설 AB 병렬(OR)회로, AC 병렬(OR)회로가 직렬(AND)로 접속되어 있으므로
$(A+B) \cdot (A+C) = A + AC + AB + BC$
$= A(1+C+B) + BC$
$= A + BC$

27. 평형 3상 부하의 선간전압이 200 V, 전류가 10 A, 역률이 70.7 %일 때 무효전력은 약 몇 Var인가?

① 2880 ② 2450
③ 2000 ④ 1410

해설 무효전력 $P_r = \sqrt{3}\,VI\sin\theta$
$= \sqrt{3} \times 200 \times 10 \times \sqrt{1-0.707^2}$
$= 2,449.86 \text{ Var}$

여기서, V : 선간전압[V], I : 전류[A], $\sin\theta$: 무효율

28 제어 대상에서 제어량을 측정하고 검출하여 주궤환 신호를 만드는 것은?

① 조작부　② 출력부
③ 검출부　④ 제어부

해설 검출부 : 제어 대상에서 제어량을 측정하고 검출하여 주궤환 신호를 만드는 것

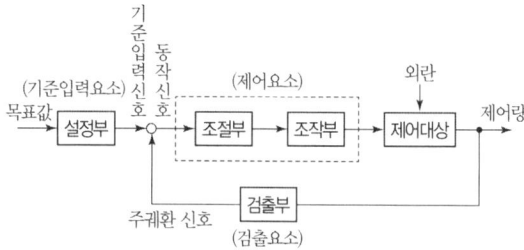

29 복소수로 표시된 전압 $10-j$ V를 어떤 회로에 가하는 경우 $5+j$ A의 전류가 흘렀다면 이 회로의 저항은 약 몇 Ω인가?

① 1.88　② 3.6
③ 4.5　④ 5.46

해설 임피던스 $Z=\dfrac{V}{I}=\dfrac{10-j}{5+j}=1.88-j0.58$
여기서, 저항은 1.88 Ω, 리액턴스는 0.58 Ω이 된다.

30 다음 중 직류전동기의 제동법이 아닌 것은?

① 회생제동　② 정상제동
③ 발전제동　④ 역전제동

해설 직류전동기의 제동법
① 회생제동 : 위치에너지를 이용하여 발전기로 구동시켜 발생 전력을 전원에 되돌려 제동
② 역전제동(역상제동, pluuging) : 전동기를 역회전시켜 급제동
③ 발전제동 : 저항 내에서 열에너지(줄열)를 발생시켜 제동

31 자동화재탐지설비의 감지기 회로의 길이가 500 m이고, 종단에 8 kΩ의 저항이 연결되어 있는 회로에 24 V의 전압이 가해졌을 경우 도통 시험 시 전류는 약 몇 mA인가? (단, 동선의 저항률은 1.69×10^{-8} Ω·m이며, 동선의 단면적은 2.5 mm²이고, 접촉저항 등은 없다고 본다.)

① 2.4　② 3.0
③ 4.8　④ 6.0

해설 배선저항
$R=\rho\dfrac{l}{A}=1.69\times10^{-8}\ \Omega\cdot m\times\dfrac{500\,m}{2.5\times10^{-6}\,m^2}$
$=3.38\ \Omega$
도통시험시 전류
$I=\dfrac{V}{R}=\dfrac{24}{3.38+8\times10^3}=3\times10^{-3}=3\ mA$

32 다음 회로에서 출력전압은 몇 V인가? (단, A = 5 V, B = 0 V인 경우이다.)

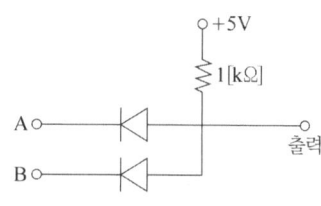

① 0　② 5
③ 10　④ 15

해설 그림의 다이오드 게이트 회로는 AND 게이트 회로로서, 입력이 모두 1이면, 출력이 1인 회로이다. 따라서 입력이 A=5 V, B=0 V이므로 출력은 0V가 된다.

33 평행한 왕복 전선에 10 A의 전류가 흐를 때 전선 사이에 작용하는 전자력(N/m)은? (단, 전선의 간격은 40 cm이다.)

① 5×10^{-5} N/m, 서로 반발하는 힘
② 5×10^{-5} N/m, 서로 흡인하는 힘
③ 7×10^{-5} N/m, 서로 반발하는 힘
④ 7×10^{-5} N/m, 서로 흡인하는 힘

해설 전선 사이에 작용하는 전자력
$$F = \frac{2I_1I_2}{r} \times 10^{-7} = \frac{2 \times 10 \times 10}{0.4} \times 10^{-7}$$
$$= 5 \times 10^{-5} \text{ N/m}$$
왕복도선에는 서로 반발하는 힘(반발력, 척력), 평행도선에는 서로 흡인하는 힘(흡인력, 인력)이 작용하다.

34 수정, 전기석 등의 결정에 압력을 가하여 변형을 주면 변형에 비례하여 전압이 발생하는 현상을 무엇이라 하는가?

① 국부작용 ② 전기분해
③ 압전현상 ④ 성극작용

해설 ① 압전현상 : 수정, 전기석 등의 결정에 압력을 가하여 변형을 주면 변형에 비례하여 전압이 발생하는 현상
② 국부작용 : 장기간 보관시 기전력이 감소하는 현상
③ 성극작용(분극작용) : 전지를 사용하면서 기전력이 감소하는 현상

35 그림과 같이 전류계 A_1, A_2를 접속할 경우 A_1은 25 A, A_2는 5 A를 지시하였다. 전류계 A_2의 내부저항은 몇 Ω인가?

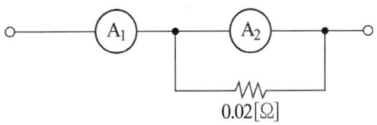

① 0.05 ② 0.08
③ 0.12 ④ 0.15

해설 그림과 같이 저항 0.02 Ω에는 20 A가 흐르게 되므로 0.02 Ω에 걸리는 전압은
  20 A × 0.02 Ω = 0.4 V
전류계 A_2에도 0.4 V의 전압이 걸리게 된다. 따라서, A_2의 저항을 구하면 $\frac{0.4 \text{ V}}{5 \text{ A}} = 0.08$ Ω이 된다.

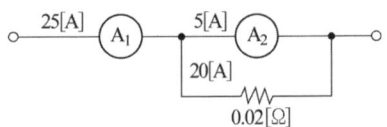

36 반지름 20 cm, 권수 50회인 원형코일에 2A의 전류를 흘려주었을 때 코일 중심에서 자계(자기장)의 세기(AT/m)는?

① 70   ② 100
③ 125   ④ 250

해설 원형코일 중심의 자계
$$H = \frac{NI}{2a} = \frac{50 \times 2}{2 \times 0.2} = 250 \text{ AT/m}$$
여기에서, N : 권수, I : 전류(A), a : 반지름(m)

37 그림과 같은 무접점회로의 논리식(Y)은?

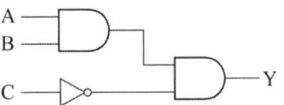

① $A \cdot B + \overline{C}$
② $A + B + \overline{C}$
③ $(A + B) \cdot \overline{C}$
④ $A \cdot B \cdot \overline{C}$

해설 A와 B는 AND 회로, $\overline{C}$와 AND 회로이므로 논리식은 $A \cdot B \cdot \overline{C}$ 이 된다.

38. 전원 전압을 일정하게 유지하기 위하여 사용하는 다이오드는?

① 쇼트키다이오드
② 터널다이오드
③ 제너다이오드
④ 버랙터다이오드

해설
① 쇼트키다이오드 : 반도체+금속의 구조, 저전압 대전류 정류, 고속정류 가능
② 터널다이오드 : 증폭작용, 발진작용, 개폐(스위칭)작용
③ 제너다이오드 : 정전압 다이오드, 전원 전압을 일정하게 유지
④ 버랙터다이오드 : 가변용량 다이오드

39. 동기발전기의 병렬운전 조건으로 틀린 것은?

① 기전력의 크기가 같을 것
② 기전력의 위상이 같을 것
③ 기전력의 주파수가 같을 것
④ 극수가 같을 것

해설 동기발전기의 병렬운전 조건
① 기전력의 크기가 같을 것
② 기전력의 위상이 같을 것
③ 기전력의 주파수가 같을 것
④ 기전력의 파형이 같을 것
⑤ 상회전 방향이 같을 것

40. 메거(megger)는 어떤 저항을 측정하기 위한 장치인가?

① 절연저항
② 접지저항
③ 전지의 내부저항
④ 궤조저항

해설 메거(megger) : 절연저항을 측정하는 장치

3과목 소방관계법규

41. 소방시설공사업법령에 따른 소방시설업 등록이 가능한 사람은?

① 피성년후견인
② 위험물안전관리법에 따른 금고 이상의 형의 집행유예를 선고받고 그 유예기간 중에 있는 사람
③ 등록하려는 소방시설업 등록이 취소된 날부터 3년이 지난 사람
④ 소방기본법에 따른 금고 이상의 실형을 선고받고 그 집행이 면제된 날부터 1년이 지난 사람

해설 등록의 결격사유
1. 피성년후견인
2. 삭제 〈2015. 7. 20.〉
3. 이 법, 「소방기본법」, 「화재의 예방 및 안전관리에 관한 법률」, 「소방시설 설치 및 관리에 관한 법률」 또는 「위험물안전관리법」에 따른 금고 이상의 실형을 선고받고 그 집행이 끝나거나(집행이 끝난 것으로 보는 경우를 포함한다) 면제된 날부터 2년이 지나지 아니한 사람
4. 이 법, 「소방기본법」, 「화재의 예방 및 안전관리에 관한 법률」, 「소방시설 설치 및 관리에 관한 법률」 또는 「위험물안전관리법」에 따른 금고 이상의 형의 집행유예를 선고받고 그 유예기간 중에 있는 사람
5. 등록하려는 소방시설업 등록이 취소(제1호에 해당하여 등록이 취소된 경우는 제외한다)된 날부터 2년이 지나지 아니한 자
6. 법인의 대표자가 제1호부터 제5호까지의 규정에 해당하는 경우 그 법인
7. 법인의 임원이 제3호부터 제5호까지의 규정에 해당하는 경우 그 법인

정답 38. ③ 39. ④ 40. ① 41. ③

42 소방시설 설치 및 관리에 관한 법률상 방염성능기준 이상의 실내장식물 등을 설치해야 하는 특정소방대상물이 아닌 것은?

① 숙박이 가능한 수련시설
② 층수가 11층 이상인 아파트
③ 건축물 옥내에 있는 종교시설
④ 방송통신시설 중 방송국 및 촬영소

해설 방염성능기준 이상의 실내장식물 등을 설치해야 하는 특정소방대상물
1. 근린생활시설 중 의원, 조산원, 산후조리원, 체력단련장, 공연장 및 종교집회장
2. 건축물의 옥내에 있는 시설로서 다음 각 목의 시설
   가. 문화 및 집회시설
   나. 종교시설
   다. 운동시설(수영장은 제외한다)
3. 의료시설
4. 교육연구시설 중 합숙소
5. 노유자시설
6. 숙박이 가능한 수련시설
7. 숙박시설
8. 방송통신시설 중 방송국 및 촬영소
9. 다중이용업소
10. 층수가 11층 이상인 것(아파트는 제외한다)

43 소방시설공사업법령상 소방공사감리를 실시함에 있어 용도와 구조에서 특별히 안전성과 보안성이 요구되는 소방대상물로서 소방시설물에 대한 감리를 감리업자가 아닌 자가 감리할 수 있는 장소는?

① 정보기관의 청사
② 교도소 등 교정관련시설
③ 국방 관계시설 설치장소
④ 원자력안전법상 관계시설이 설치되는 장소

해설 감리업자가 아닌 자가 감리할 수 있는 보안성 등이 요구되는 소방대상물의 시공 장소
원자력안전법상 관계시설이 설치되는 장소

44 위험물안전관리법령상 다음의 규정을 위반하여 위험물의 운송에 관한 기준을 따르지 아니한 자에 대한 과태료 기준은?

> 위험물운송자는 이동탱크저장소에 의하여 위험물을 운송하는 때에는 행정안전부령으로 정하는 기준을 준수하는 등 당해 위험물의 안전확보를 위하여 세심한 주의를 기울여야 한다.

① 50만원 이하
② 100만원 이하
③ 200만원 이하
④ 300만원 이하

해설 제21조3항의 규정을 위반하여 위험물의 운송에 관한 기준을 따르지 아니한 자는 200만원 이하의 과태료에 처한다.
제21조3항 : 위험물운송자는 이동탱크저장소에 의하여 위험물을 운송하는 때에는 행정안전부령으로 정하는 기준을 준수하는 등 당해 위험물의 안전확보를 위하여 세심한 주의를 기울여야 한다.

45 다음 소방시설 중 경보설비가 아닌 것은?

① 통합감시시설
② 가스누설경보기
③ 비상콘센트설비
④ 자동화재속보설비

해설 비상콘센트설비는 소화활동설비이다.

46 소방기본법령에 따라 주거지역·상업지역 및 공업지역에 소방용수시설을 설치하는 경우 소방대상물과의 수평거리를 몇 m 이하가 되도록 해야 하는가?

① 50
② 100
③ 150
④ 200

정답 42. ② 43. ④ 44. ③ 45. ③ 46. ②

해설 소방용수시설의 설치기준 중 공통기준
가. 주거지역·상업지역 및 공업지역에 설치하는 경우 : 소방대상물과의 수평거리를 100미터 이하
나. 가목 외의 지역에 설치하는 경우 : 소방대상물과의 수평거리를 140미터 이하

47 ★ 출제년도 【20.】
소방기본법령상 정당한 사유 없이 화재의 예방조치에 관한 명령에 따르지 아니한 경우에 대한 벌칙은?

① 100만 원 이하의 벌금
② 200만 원 이하의 벌금
③ 300만 원 이하의 벌금
④ 500만 원 이하의 벌금

해설 300만원 이하의 벌금
제17조제2항(화재의 예방조치) 각 호의 어느 하나에 따른 명령을 정당한 사유 없이 따르지 아니하거나 방해한 자

48 ★★★ 출제년도 【17,20.】
화재의 예방 및 안전관리에 관한 법령상 불꽃을 사용하는 용접·용단 기구의 용접 또는 용단 작업장에서 지켜야 하는 사항 중 다음 ( ) 안에 알맞은 것은?

- 용접 또는 용단 작업자로부터 반경 (㉠) m 이내에 소화기를 갖추어 둘 것
- 용접 또는 용단 작업장 주변 반경 (㉡) m 이내에는 가연물을 쌓아두거나 놓아두지 말 것. 다만, 가연물의 제거가 곤란하여 방지포 등으로 방호조치를 한 경우는 제외한다.

① ㉠ 3, ㉡ 5
② ㉠ 5, ㉡ 3
③ ㉠ 5, ㉡ 10
④ ㉠ 10, ㉡ 5

해설 불꽃을 사용하는 용접·용단기구
1. 용접 또는 용단 작업자로부터 반경 5 m 이내에 소화기를 갖추어 둘 것
2. 용접 또는 용단 작업장 주변 반경 10 m 이내에는 가연물을 쌓아두거나 놓아두지 말 것. 다만, 가연물의 제거가 곤란하여 방지포 등으로 방호조치를 한 경우는 제외한다.

49 ★★★ 출제년도 【19,20.】
소방기본법령상 소방업무 상호응원협정 체결 시 포함되어야 하는 사항이 아닌 것은?

① 응원출동의 요청방법
② 응원출동훈련 및 평가
③ 응원출동대상지역 및 규모
④ 응원출동 시 현장지휘에 관한 사항

해설 소방업무의 상호응원 협정
1. 다음 각목의 소방활동에 관한 사항
   가. 화재의 경계·진압활동
   나. 구조·구급업무의 지원
   다. 화재조사활동
2. 응원출동대상지역 및 규모
3. 다음 각목의 소요경비의 부담에 관한 사항
   가. 출동대원의 수당·식사 및 피복의 수선
   나. 소방장비 및 기구의 정비와 연료의 보급
   다. 그 밖의 경비
4. 응원출동의 요청방법

50 ★ 출제년도 【20.】
위험물안전관리법령상 제조소등의 경보설비 설치기준에 대한 설명으로 틀린 것은?

① 제조소 및 일반취급소의 연면적이 500 m^2 이상인 것에는 자동화재탐지설비를 설치한다.
② 자동신호장치를 갖춘 스프링클러설비 또는 물분무등소화설비를 설치한 제조소등에 있어서는 자동화재탐지설비를 설치한 것으로 본다.
③ 경보설비는 자동화재탐지설비·비상경보설비(비상벨장치 또는 경종 포함)·확성장치(휴대용확성기 포함) 및 비상방송설비로 구분한다.

④ 지정수량의 10배 이상의 위험물을 저장 또는 취급하는 제조소등(이동탱크저장소를 포함한다)에는 화재발생시 이를 알릴 수 있는 경보설비를 설치하여야 한다.

해설 위험물안전관리법 시행규칙 제42조(경보설비의 기준) 제1항
지정수량의 10배 이상의 위험물을 저장 또는 취급하는 제조소등(이동탱크저장소를 제외한다)에는 화재발생시 이를 알릴 수 있는 경보설비를 설치하여야 한다.

51 ★★★ 출제년도【20.】
위험물안전관리법령에 따라 위험물안전관리자를 해임하거나 퇴직한 때에는 해임하거나 퇴직한 날부터 며칠 이내에 다시 안전관리자를 선임하여야 하는가?

① 30일 ② 35일
③ 40일 ④ 55일

해설 위험물안전관리자
1. 안전관리자를 선임한 제조소등의 관계인은 그 안전관리자를 해임하거나 안전관리자가 퇴직한 때에는 해임하거나 퇴직한 날부터 30일 이내에 다시 안전관리자를 선임하여야 한다.
2. 제조소등의 관계인은 안전관리자를 선임한 경우에는 선임한 날부터 14일 이내에 행정안전부령으로 정하는 바에 따라 소방본부장 또는 소방서장에게 신고하여야 한다.

52 ★★★ 출제년도【18,20.】
소방시설공사업법령에 따른 소방시설업의 등록권자는?

① 국무총리
② 소방서장
③ 시·도지사
④ 한국소방안전협회장

해설 특정소방대상물의 소방시설공사등을 하려는 자는 업종별로 자본금(개인인 경우에는 자산 평가액을 말한다), 기술인력 등 대통령령으로 정하는 요건을 갖추어 특별시장·광역시장·특별자치시장·도지사 또는 특별자치도지사(이하 "시·도지사"라 한다)에게 소방시설업을 등록하여야 한다.

53 ★★★ 출제년도【17,20.】
소방기본법령에 따른 소방용수시설 급수탑 개폐밸브의 설치기준으로 맞는 것은?

① 지상에서 1.0m 이상 1.5m 이하
② 지상에서 1.2m 이상 1.8m 이하
③ 지상에서 1.5m 이상 1.7m 이하
④ 지상에서 1.5m 이상 2.0m 이하

해설 급수탑의 설치기준 : 급수배관의 구경은 100밀리미터 이상으로 하고, 개폐밸브는 지상에서 1.5미터 이상 1.7미터 이하의 위치에 설치하도록 할 것

54 ★★ 출제년도【20.】
위험물안전관리법령상 정기검사를 받아야 하는 특정·준특정옥외탱크저장소의 관계인은 특정·준특정옥외탱크저장소의 설치허가에 따른 완공검사필증을 발급받은 날부터 몇 년 이내에 정기검사를 받아야 하는가?

① 9   ② 10
③ 11 ④ 12

해설 특정·준특정옥외탱크저장소(저장 또는 취급 위험물 최대수량 50만리터 이상)은 정기점검외 구조안전점검을 1회이상 실시
1. 특정·준특정옥외탱크저장소의 설치허가에 따른 완공검사합격확인증을 발급받은 날부터 12년
2. 최근의 정밀정기검사를 받은 날부터 11년
3. 특정·준특정옥외저장탱크에 안전조치를 한 후 구조안전점검시기 연장신청을 하여 해당 안전조치가 적정한 것으로 인정받은 경우에는 최근의 정밀정기검사를 받은 날부터 13년

정답 51. ① 52. ③ 53. ③ 54. ④

55 ★★ 출제년도 [20.]
화재예방, 소방시설 설치·유지 및 안전관리에 관한 법률상 소방시설 등에 대한 자체점검 중 종합정밀점검 대상인 것은?

① 제연설비가 설치되지 않은 터널
② 스프링클러설비가 설치된 연면적이 5000 m²이고, 12층인 아파트
③ 물분무등소화설비가 설치된 연면적이 5000 m²인 위험물 제조소
④ 호스릴 방식의 물분무등소화설비만을 설치한 연면적 3000m²인 특정소방대상물

해설 종합정밀점검 대상
1) 스프링클러설비가 설치된 특정소방대상물
2) 물분무등소화설비[호스릴(Hose Reel) 방식의 물분무등소화설비만을 설치한 경우는 제외]가 설치된 연면적 5,000m² 이상인 특정소방대상물(위험물 제조소등은 제외)
3) 영화상영관, 비디오물감상실업, 단란주점영업, 유흥주점영업, 복합영상물제공업, 노래연습장업, 산후조리업, 고시원업, 안마시술소의 다중이용업의 영업장이 설치된 특정소방대상물로서 연면적이 2,000m² 이상인 것
4) 제연설비가 설치된 터널
5) 공공기관 중 연면적이 1,000m² 이상인 것으로서 옥내소화전설비 또는 자동화재탐지설비가 설치된 것. 다만, 소방대가 근무하는 공공기관은 제외한다.

56 ★★ 출제년도 [97,07,11,20.]
소방시설 설치 및 관리에 관한 법률상 소방용품의 형식승인을 받지 아니하고 소방용품을 제조하거나 수입한 자에 대한 벌칙 기준은?

① 100만 원 이하의 벌금
② 300만 원 이하의 벌금
③ 1년 이하의 징역 또는 1천만 원 이하의 벌금
④ 3년 이하의 징역 또는 3천만 원 이하의 벌금

해설 3년 이하의 징역 또는 3천만원 이하의 벌금
소방용품의 형식승인을 받지 아니하고 소방용품을 제조하거나 수입한 자 또는 거짓이나 그 밖의 부정한 방법으로 형식승인을 받은 자.

57 ★★★ 출제년도 [20.]
화재의 예방 및 안전관리에 관한 법률상 소방안전관리대상물의 소방 안전관리자의 업무가 아닌 것은?

① 소방시설 공사
② 소방훈련 및 교육
③ 소방계획서의 작성 및 시행
④ 자위소방대의 구성·운영·교육

해설 소방안전관리대상물의 소방안전관리자의 업무
1. 피난계획에 관한 사항과 대통령령으로 정하는 사항이 포함된 소방계획서의 작성 및 시행
2. 자위소방대(自衛消防隊) 및 초기대응체계의 구성, 운영 및 교육
3. 소방훈련 및 교육
4. 행정안전부령으로 정하는 바에 따른 소방안전관리에 관한 업무수행에 관한 기록·유지(제3호·제4호 및 제6호의 업무를 말한다)

58 ★★★ 출제년도 [20.]
소방기본법에 따라 화재 등 그 밖의 위급한 상황이 발생한 현장에서 소방활동을 위하여 필요한 때에는 그 관할구역에 사는 사람 또는 그 현장에 있는 사람으로 하여금 사람을 구출하는 일 또는 불을 끄는 등의 일을 하도록 명령할 수 있는 권한이 없는 사람은?

① 소방서장 ② 소방대장
③ 시·도지사 ④ 소방본부장

해설 소방본부장, 소방서장 또는 소방대장은 화재, 재난·재해, 그 밖의 위급한 상황이 발생한 현장에서 소방활동을 위하여 필요할 때에는 그 관할구역에 사는 사람 또는 그 현장에 있는 사람으로 하여금 사람을 구출하는 일 또는 불을 끄거나 불이 번지지 아니하도록 하는 일을 하게 할 수 있다. 이 경우 소방본부장, 소방서장 또는 소방대장은 소방활동에 필요한 보호장구를 지급하는 등 안전을 위한 조치를 하여야 한다.

정답 55. ② 56. ④ 57. ① 58. ③

59 소방시설 설치 및 관리에 관한 법률상 화재 위험도가 낮은 특정소방대상물 중 소방대가 조직되어 24시간 근무하고 있는 청사 및 차고에 설치하지 아니할 수 있는 소방시설이 아닌 것은?

① 피난기구
② 비상방송설비
③ 연결송수관설비
④ 자동화재탐지설비

해설

구분	특정소방대상물	소방시설
화재 위험도가 낮은 특정소방대상물	석재, 불연성금속, 불연성 건축재료 등의 가공공장·기계조립공장·주물공장 또는 불연성 물품을 저장하는 창고	옥외소화전 및 연결살수설비
	소방대(消防隊)가 조직되어 24시간 근무하고 있는 청사 및 차고	옥내소화전설비, 스프링클러설비, 물분무등소화설비, 비상방송설비, 피난기구, 소화용수설비, 연결송수관설비, 연결살수설비

60 소방시설 설치 및 관리에 관한 법률상 건축허가 등의 동의대상물이 아닌 것은?

① 항공기 격납고
② 연면적이 300m²인 공연장
③ 바닥면적이 300m²인 차고
④ 연면적이 300m²인 노유자 시설

해설 건축허가등의 동의대상물의 범위
1. 연면적이 400제곱미터 이상
  가. 학교시설: 100제곱미터 이상
  나. **노유자시설(老幼者施設) 및 수련시설: 200제곱미터** 이상
  다. 정신의료기관(입원실이 없는 정신건강의학과 의원은 제외): 300제곱미터 이상
  라. 장애인 의료재활시설(이하 "의료재활시설"이라 한다): 300제곱미터 이상
1의2. 층수가 6층이상인 건축물
2. 차고·주차장 또는 주차용도로 사용되는 시설로서 다음 각 목의 어느 하나에 해당하는 것
  가. **차고·주차장**으로 사용되는 바닥면적이 **200제곱미터** 이상인 층이 있는 건축물이나 주차시설
  나. 승강기 등 기계장치에 의한 주차시설로서 자동차 20대 이상을 주차할 수 있는 시설
3. 항공기격납고, 관망탑, 항공관제탑, 방송용 송수신탑
4. **지하층 또는 무창층**이 있는 건축물로서 바닥면적이 **150제곱미터(공연장의 경우에는 100제곱미터)** 이상인 층이 있는 것
5. **조산원, 산후조리원**, 위험물 저장 및 처리시설, 발전시설 중 **전기저장시설**, 지하구
6. **요양병원**. 다만, 정신병원과 의료재활시설은 제외한다.

4과목 소방전기설비의 구조 및 원리

61 소방시설용 비상전원수전설비의 화재안전기술기준(NFTC 602)에 따라 소방시설용 비상전원수전설비에서 소방회로 및 일반회로 겸용의 것으로서 수전설비, 변전설비 그 밖의 기기 및 배선을 금속제 외함에 수납한 것은?

① 공용분전반
② 전용배전반
③ 공용큐비클식
④ 전용큐비클식

해설

전용큐비클식	소방회로용의 것으로 수전설비, 변전설비 그 밖의 기기 및 배선을 금속제 외함에 수납한 것
공용큐비클식	소방회로 및 일반회로 겸용의 것으로서 수전설비, 변전설비 그 밖의 기기 및 배선을 금속제 외함에 수납한 것

정답 59. ④ 60. ② 61. ③

전용배전반	소방회로 전용의 것으로서 개폐기, 과전류차단기, 계기 그 밖의 배선용기기 및 배선을 금속제 외함에 수납한 것
공용배전반	소방회로 및 일반회로 겸용의 것으로서 개폐기, 과전류차단기, 계기 그 밖의 배선용기기 및 배선을 금속제 외함에 수납한 것
전용분전반	소방회로 전용의 것으로서 분기 개폐기, 분기과전류차단기 그 밖의 배선용기기 및 배선을 금속제 외함에 수납한 것
공용분전반	소방회로 및 일반회로 겸용의 것으로서 분기개폐기, 분기과전류차단기 그 밖의 배선용기기 및 배선을 금속제 외함에 수납한 것

62 ★★ 출제년도【20.】
비상조명등의 화재안전기술기준(NFTC 304)에 따른 비상조명등의 시설기준에 적합하지 않은 것은?

① 조도는 비상조명등이 설치된 장소의 각 부분의 바닥에서 0.5 lx가 되도록 하였다.
② 특정소방대상물의 각 거실과 그로부터 지상에 이르는 복도·계단 및 그 밖의 통로에 설치하였다.
③ 예비전원을 내장하는 비상조명등에 평상시 점등여부를 확인할 수 있는 점검스위치를 설치하였다.
④ 예비전원을 내장하는 비상조명등에 해당 조명등을 유효하게 작동시킬 수 있는 용량의 축전지와 예비전원 충전장치를 내장하도록 하였다.

해설 비상조명등의 화재안전기술기준 중 일부
1. 특정소방대상물의 각 거실과 그로부터 지상에 이르는 복도·계단 및 그 밖의 통로에 설치할 것
2. 조도는 비상조명등이 설치된 장소의 각 부분의 바닥에서 1 lx 이상이 되도록 할 것
3. 예비전원을 내장하는 비상조명등에는 평상시 점등여부를 확인할 수 있는 점검스위치를 설치하고 해당 조명등을 유효하게 작동시킬 수 있는 용량의 축전지와 예비전원 충전장치를 내장할 것.

63 ★★★ 출제년도【20.】
자동화재탐지설비 및 시각경보장치의 화재안전기술기준(NFTC 203)에 따른 공기관식 차동식분포형 감지기의 설치기준으로 틀린 것은?

① 검출부는 3°이상 경사되지 아니하도록 부착할 것
② 공기관의 노출부분은 감지구역마다 20m 이상이 되도록 할 것
③ 하나의 검출부분에 접속하는 공기관의 길이는 100m 이하로 할 것
④ 공기관과 감지구역의 각 변과의 수평거리는 1.5m 이하가 되도록 할 것

해설 공기관식 차동식분포형감지기 설치기준
가. 공기관의 노출부분은 감지구역마다 20m 이상이 되도록 할 것
나. 공기관과 감지구역의 각 변과의 수평거리는 1.5m 이하가 되도록 하고, 공기관 상호 간의 거리는 6m(주요 구조부를 내화구조로 한 특정소방대상물 또는 그 부분에 있어서는 9m) 이하가 되도록 할 것
다. 공기관은 도중에서 분기하지 아니하도록 할 것
라. 하나의 검출부분에 접속하는 공기관의 길이는 100m 이하로 할 것
마. 검출부는 5° 이상 경사되지 아니하도록 부착할 것
바. 검출부는 바닥으로부터 0.8m 이상 1.5m 이하의 위치에 설치할 것

64 ★★★ 출제년도【05,07,09,11,20.】
무선통신보조설비의 화재안전기술기준(NFTC 505)에 따라 무선통신보조설비의 주회로 전원이 정상인지 여부를 확인하기 위해 증폭기의 전면에 설치하는 것은?

① 상순계
② 전류계
③ 전압계 및 전류계
④ 표시등 및 전압계

정답 62. ① 63. ① 64. ④

해설 증폭기 및 무선중계기 설치기준
1. 전원은 전기가 정상적으로 공급되는 축전지, 전기저장장치(외부 전기에너지를 저장해 두었다가 필요한 때 전기를 공급하는 장치) 또는 교류전압 옥내간선으로 하고, 전원까지의 배선은 전용으로 할 것
2. 증폭기의 전면에는 주 회로의 전원이 정상인지의 여부를 표시할 수 있는 표시등 및 전압계를 설치할 것
3. 증폭기에는 비상전원이 부착된 것으로 하고 해당 비상전원 용량은 무선통신보조설비를 유효하게 30분 이상 작동시킬 수 있는 것으로 할 것

65 ★★★ 출제년도【11.20.】
유도등 및 유도표지의 화재안전기술기준(NFTC 303)에 따라 지하층을 제외한 층수가 11층 이상인 특정소방대상물의 유도등의 비상전원을 축전지로 설치한다면 피난층에 이르는 부분의 유도등을 몇 분 이상 유효하게 작동시킬 수 있는 용량으로 하여야 하는가?
① 10　② 20
③ 50　④ 60

해설 유도등의 비상전원 적합설치기준
1. 축전지로 할 것
2. 유도등을 20분 이상 유효하게 작동시킬 수 있는 용량으로 할 것. 다만, 다음 각 목의 특정소방대상물의 경우에는 그 부분에서 피난층에 이르는 부분의 유도등을 60분 이상 유효하게 작동시킬 수 있는 용량으로 하여야 한다.
　가. 지하층을 제외한 층수가 11층 이상의 층
　나. 지하층 또는 무창층으로서 용도가 도매시장·소매시장·여객자동차터미널·지하역사 또는 지하상가

66 ★★★ 출제년도【11.16.20.】
비상경보설비 및 단독경보형감지기의 화재안전기술기준(NFTC 201)에 따라 바닥면적이 450m²일 경우 단독경보형감지기의 최소 설치개수는?
① 1개　② 2개
③ 3개　④ 4개

해설 각 실(이웃하는 실내의 바닥면적이 각각 30m² 미만이고 벽체의 상부의 전부 또는 일부가 개방되어 이웃하는 실내와 공기가 상호유통되는 경우에는 이를 1개의 실로 본다)마다 설치하되, 바닥면적이 150m²를 초과하는 경우에는 150m²마다 1개 이상 설치하여야 하므로 수량은
$\dfrac{450\,m^2}{150\,m^2} = 3$개

67 ★ 출제년도【20.】
비상방송설비의 배선공사 종류 중 합성수지관공사에 대한 설명으로 틀린 것은?
① 금속관 공사에 비해 중량이 가벼워 시공이 용이하다.
② 절연성이 있어 누전의 우려가 없기 때문에 접지공사가 필요치 않다.
③ 열에 약하며, 기계적 충격 및 중량물에 의한 압력 등 외력에 약하다.
④ 내식성이 있어 부식성 가스가 체류하는 화학공장 등에 적합하며, 금속관과 비교하여 가격이 비싸다.

해설 합성 수지관 공사
① 금속관 공사에 비해 중량이 가벼워 시공이 용이하다.
② 열에 약하며, 기계적 충격 및 중량물에 의한 압력 등 외력에 약하다.
③ 접지공사를 하여야 한다.
④ 내식성이 있어 부식성 가스가 체류하는 화학공장 등에 적합하다.
⑤ 금속관과 비교하여 가격이 싸다.

68 ★ 출제년도【03.04.11.13.20.】
자동화재탐지설비 및 시각경보장치의 화재안전기술기준(NFTC 203)에 따라 자동화재탐지설비에서 4층 이상의 특정소방대상물에는 어떤 기기와 전화통화가 가능한 수신기를 설치하여야 하는가?
① 발신기　② 감지기
③ 중계기　④ 시각경보장치

정답 65. ④　66. ③　67. ②,④　68. ①

해설 제5조(수신기)제1항 수신기 적합기준
① 자동화재탐지설비의 수신기는 다음 각 호의 기준에 적합한 것으로 설치하여야 한다.
  1. 해당 특정소방대상물의 경계구역을 각각 표시할 수 있는 회선수 이상의 수신기를 설치할 것
  2. **4층 이상의 특정소방대상물에는 발신기와 전화통화가 가능한 수신기를 설치할 것**〈삭제 2022.5.9.〉→ 현재 기준에 맞지 않는 문제입니다.
  3. 해당 특정소방대상물에 가스누설탐지설비가 설치된 경우에는 가스누설탐지설비로부터 가스누설신호를 수신하여 가스누설경보를 할 수 있는 수신기를 설치할 것(가스누설탐지설비의 수신부를 별도로 설치한 경우에는 제외한다)

69 ★★★ 출제년도 [20.]
비상경보설비 및 단독경보형감지기의 화재안전기술기준(NFTC 201)에 따라 비상경보설비의 발신기 설치 시 복도 또는 별도로 구획된 실로서 보행거리가 몇 m 이상일 경우에는 추가로 설치하여야 하는가?

① 25
② 30
③ 40
④ 50

해설 비상경보설비의 발신기 설치기준
발신기는 다음 각 호의 기준에 따라 설치하여야 한다. 다만, 지하구의 경우에는 발신기를 설치하지 아니할 수 있다.
1. 조작이 쉬운 장소에 설치하고, 조작스위치는 바닥으로부터 0.8m 이상 1.5m 이하의 높이에 설치할 것
2. 특정소방대상물의 층마다 설치하되, 해당 특정소방대상물의 각 부분으로부터 하나의 발신기까지의 수평거리가 25m 이하가 되도록 할 것. 다만, **복도 또는 별도로 구획된 실로서 보행거리가 40m 이상일 경우에는 추가로 설치**하여야 한다.
3. 발신기의 위치표시등은 함의 상부에 설치하되, 그 불빛은 부착 면으로부터 15° 이상의 범위 안에서 부착지점으로부터 10m 이내의 어느 곳에서도 쉽게 식별할 수 있는 적색등으로 할 것

70 ★★★ 출제년도 [04,05,06,07,08,09,10,11,12,20.]
비상방송설비의 화재안전기술기준(NFTC 202)에 따라 비상방송설비에서 기동장치에 따른 화재신고를 수신한 후 필요한 음량으로 화재 발생 상황 및 피난에 유효한 방송이 자동으로 개시될 때까지의 소요시간은 몇 초 이하로 하여야 하는가?

① 5
② 10
③ 15
④ 20

해설 기동장치에 따른 화재신고를 수신한 후 필요한 음량으로 화재발생 상황 및 피난에 유효한 방송이 자동으로 개시될 때까지의 소요시간은 10초 이하로 할 것

71 ★★★ 출제년도 [20.]
비상콘센트설비의 화재안전기술기준(NFTC 504)에 따른 비상콘센트의 시설기준에 적합하지 않은 것은?

① 바닥으로부터 높이 1.45m에 움직이지 않게 고정시켜 설치된 경우
② 바닥면적이 800m²인 층의 계단의 출입구로부터 4m에 설치된 경우
③ 바닥면적의 합계가 12,000m²인 지하상가의 수평거리 30m마다 추가 설치된 경우
④ 바닥면적의 합계가 2,500m²인 지하층의 수평거리 40m마다 추가로 설치한 경우

해설 비상콘센트 설치기준
① 바닥으로부터 **높이 0.8m 이상 1.5m 이하**의 위치에 설치할 것
② 비상콘센트의 배치는 아파트 또는 **바닥면적이 1,000m² 미만인 층은 계단의 출입구**(계단의 부속실을 포함하며 계단이 2 이상 있는 경우에는 그중 1개의 계단을 말한다)로부터 5m 이내에, 바닥면적 1,000m² 이상인 층(아파트를 제외한다)은 각 계단의 출입구 또는 계단부속실의 출입구(계단의 부속실을 포함하며 계단이 3 이상 있는 층의 경우에는 그중 2개의 계단을 말한다)로부터 5m 이내에 설치하되, 그 비상콘센트로부터 그 층의 각 부분까지의 거리가 다음 각 목의 기준을 초과하는 경우에는 그 기준 이하가 되도록 비상콘센트를 추가하여 설치할 것

가. 지하상가 또는 지하층의 바닥면적의 합계가 3,000m² 이상인 것은 수평거리 25m
나. 가목에 해당하지 아니하는 것은 수평거리 50m

72. 누전경보기의 형식승인 및 제품검사의 기술기준에 따라 누전경보기의 수신부는 그 정격전압에서 몇 회의 누전작동시험을 실시하는가?

① 1,000회　② 5,000회
③ 10,000회　④ 20,000회

해설 31조(반복시험)
수신부는 그 정격전압에서 1만회의 누전작동시험을 실시하는 경우 그 구조 또는 기능에 이상이 생기지 아니하여야 한다.

73. 무선통신보조설비의 화재안전기술기준(NFTC 505)에 따라 서로 다른 주파수의 합성된 신호를 분리하기 위하여 사용하는 장치는?

① 분배기　② 혼합기
③ 증폭기　④ 분파기

해설 정의

용어	정의
누설동축케이블	동축케이블의 외부도체에 가느다란 홈을 만들어서 전파가 외부로 새어나갈 수 있도록 한 케이블
분배기	신호의 전송로가 분기되는 장소에 설치하는 것으로 임피던스 매칭(Matching)과 신호 균등분배를 위해 사용하는 장치
분파기	서로 다른 주파수의 합성된 신호를 분리하기 위해서 사용하는 장치
혼합기	두개 이상의 입력신호를 원하는 비율로 조합한 출력이 발생하도록 하는 장치
증폭기	신호 전송 시 신호가 약해져 수신이 불가능해지는 것을 방지하기 위해서 증폭하는 장치

74. 비상콘센트설비의 화재안전기술기준(NFTC 504)에 따라 비상콘센트설비의 전원부와 외함 사이의 절연저항은 전원부와 외함 사이를 500V 절연저항계로 측정할 때 몇 MΩ 이상이어야 하는가?

① 20　② 30
③ 40　④ 50

해설 비상콘센트설비의 전원부와 외함 사이의 절연저항 및 절연내력
1. 절연저항은 전원부와 외함 사이를 500V 절연저항계로 측정할 때 20MΩ 이상일 것
2. 절연내력은 전원부와 외함 사이에 정격전압이 150V 이하인 경우에는 1,000V의 실효전압을, 정격전압이 150V 이상인 경우에는 그 정격전압에 2를 곱하여 1,000을 더한 실효전압을 가하는 시험에서 1분 이상 견디는 것으로 할 것

75. 비상경보설비의 구성요소로 옳은 것은?

① 기동장치, 경종, 화재표시등, 전원
② 전원, 경종, 기동장치, 위치표시등
③ 위치표시등, 경종, 화재표시등, 전원
④ 경종, 기동장치, 화재표시등, 위치표시등

해설 비상경보설비의 구성요소
1. 수신기 : 전원, 주음향장치(주경종), 화재표시등, 지구화재표시등
2. 발신기 셋트 단독형 : 지구음향장치(지구경종), 위치표시등, 발신기(기동장치)

76. 수신기를 나타내는 소방시설 도시기호로 옳은 것은?

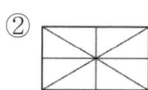

해설

| 배전반 | 수신기 | 부수신기 | 중계기 |

77 ★★★ 출제년도【20.】

비상경보설비 및 단독경보형감지기의 화재안전기술기준(NFTC 201)에 따른 비상벨설비 또는 자동식 사이렌설비에 대한 설명이다. 다음 ( )의 ㉠, ㉡에 들어갈 내용으로 옳은 것은?

> 비상벨설비 또는 자동식 사이렌설비에는 그 설비에 대한 감시상태를 (㉠)분간 지속한 후 유효하게 (㉡)분 이상 경보할 수 있는 축전지설비(수신기에 내장하는 경우를 포함한다) 또는 전기저장장치(외부 전기에너지를 저장해 두었다가 필요한 때 전기를 공급하는 장치)를 설치하여야 한다.

① ㉠ 30, ㉡ 10   ② ㉠ 60, ㉡ 10
③ ㉠ 30, ㉡ 20   ④ ㉠ 60, ㉡ 20

해설 비상벨설비 또는 자동식사이렌설비에는 그 설비에 대한 감시상태를 60분간 지속한 후 유효하게 10분 이상 경보할 수 있는 축전지설비(수신기에 내장하는 경우를 포함한다) 또는 전기저장장치(외부 전기에너지를 저장해 두었다가 필요한 때 전기를 공급하는 장치)를 설치하여야 한다. 다만, 상용전원이 축전지설비인 경우 또는 건전지를 주전원으로 사용하는 무선식 설비인 경우에는 그러하지 아니하다.

78 ★ 출제년도【20.】

비상경보설비 및 단독경보형감지기의 화재안전기술기준(NFTC 201)에 따라 비상벨설비 또는 자동식 사이렌설비의 전원회로 배선 중 내열배선에 사용하는 전선의 종류가 아닌 것은?

① 버스덕트(Bus Duct)
② 600V 1종 비닐절연전선
③ 0.6/1kV EP 고무절연 클로로프렌 시스 케이블
④ 450/750V 저독성 난연 가교 폴리올레핀 절연전선

해설 내열배선에 사용하는 전선의 종류
1. 450/750V 저독성 난연 가교 폴리올레핀 절연 전선
2. 0.6/1 kV 가교 폴리에틸렌 절연 저독성 난연 폴리올레핀 시스 전력 케이블
3. 6/10 kV 가교 폴리에틸렌 절연 저독성 난연 폴리올레핀 시스 전력용 케이블
4. 가교 폴리에틸렌 절연 비닐시스 트레이용 난연 전력 케이블
5. 0.6/1 kV EP 고무절연 클로로프렌 시스 케이블
6. 300/500 V 내열성 실리콘 고무 절연전선(180℃)
7. 내열성 에틸렌-비닐아세테이트 고무 절연케이블
8. 버스덕트(Bus Duct)

79 ★★★ 출제년도【07.08.11.13.20.】

자동화재탐지설비 및 시각경보장치의 화재안전기술기준(NFTC 203)에 따라 감지기회로의 도통시험을 위한 종단저항의 설치기준으로 틀린 것은?

① 동일층 발신기함 외부에 설치할 것
② 점검 및 관리가 쉬운 장소에 설치할 것
③ 전용함을 설치하는 경우 그 설치 높이는 바닥으로부터 1.5m 이내로 할 것
④ 종단감지기에 설치할 경우에는 구별이 쉽도록 해당 감지기의 기판 등에 별도의 표시를 할 것

해설 감지기회로의 도통시험을 위한 종단저항 기준
가. 점검 및 관리가 쉬운 장소에 설치할 것
나. 전용함을 설치하는 경우 그 설치 높이는 바닥으로부터 1.5m 이내로 할 것
다. 감지기 회로의 끝부분에 설치하며, 종단감지기에 설치할 경우에는 구별이 쉽도록 해당감지기의 기판 및 감지기 외부 등에 별도의 표시를 할 것

정답 77. ② 78. ② 79. ①

80 자동화재속보설비의 속보기의 성능인증 및 제품검사의 기술기준에 따른 자동화재속보설비의 속보기에 대한 설명이다. 다음 ( )의 ㉠, ㉡에 들어갈 내용으로 옳은 것은?

> 작동신호를 수신하거나 수동으로 동작시키는 경우 (㉠)초 이내에 소방관서에 자동적으로 신호를 발하여 통보하되, (㉡)회 이상 속보할 수 있어야 한다.

① ㉠ 20, ㉡ 3
② ㉠ 20, ㉡ 4
③ ㉠ 30, ㉡ 3
④ ㉠ 30, ㉡ 4

해설 작동신호를 수신하거나 수동으로 동작시키는 경우 20초 이내에 소방관서에 자동적으로 신호를 발하여 통보하되, 3회 이상 속보할 수 있어야 한다.

정답 80. ①

3회 2020년 소방설비기사

1과목 소방원론

01 공기의 평균 분자량이 29일 때 이산화탄소 기체의 증기비중은 얼마인가?
① 1.44　② 1.52
③ 2.88　④ 3.24

해설 증기비중(기체비중) :
$\dfrac{분자량}{29} = \dfrac{44}{29} = 1.52$

02 밀폐된 공간에 이산화탄소를 방사하여 산소의 체적 농도를 12% 되게 하려면 상대적으로 방사된 이산화탄소의 농도는 얼마가 되어야 하는가?
① 25.40%　② 28.70%
③ 38.35%　④ 42.86%

해설 이산화탄소의 농도
$CO_2 = \dfrac{21 - O_2}{21} \times 100 = \dfrac{21 - 12}{21} \times 100 = 42.86\%$

03 다음 중 고체 가연물이 덩어리보다 가루일 때 연소되기 쉬운 이유로 가장 적합한 것은?
① 발열량이 작아지기 때문이다.
② 공기와 접촉면이 커지기 때문이다.
③ 열전도율이 커지기 때문이다.
④ 활성에너지가 커지기 때문이다.

해설 ① 고체 가연물이 덩어리보다 가루일 때 연소되기 쉬운 이유는 공기와 접촉면이 커지기 때문이다.
② 표면적의 크기 : 고체 < 액체 < 기체

04 다음 중 발화점이 가장 낮은 물질은?
① 휘발유　② 이황화탄소
③ 적린　④ 황린

해설 ① 휘발유 : 300℃
② 이황화탄소 : 100℃
③ 적린 : 260℃
④ 황린 : 34℃

05 질식소화 시 공기 중의 산소농도는 일반적으로 약 몇 vol% 이하로 하여야 하는가?
① 25　② 21
③ 19　④ 15

해설 질식소화 시 공기 중의 산소농도 : 15% 이하

06 화재하중의 단위로 옳은 것은?
① kg/m^2　② $℃/m^2$
③ $kg \cdot L/m^3$　④ $℃ \cdot L/m^3$

해설 화재하중
① 단위면적당 등가 가연물량
② 화재하중 $Q = \dfrac{\Sigma(G \times H)}{4,500A}$ [kg/m^2]
여기에서, G : 가연물 중량[kg]
H : 가연물의 단위 발열량[kcal/kg]
A : 화재구획 바닥면적[m^2]

정답 1.②　2.④　3.②　4.④　5.④　6.①

07 제1종 분말소화약제의 주성분으로 옳은 것은?

① $KHCO_3$
② $NaHCO_3$
③ $NH_4H_2PO_4$
④ $Al_2(SO_4)_3$

해설 분말소화약제의 성상

종별	주성분	화학식	색	적용화재
제1종	탄산수소나트륨 (중탄산나트륨)	$NaHCO_3$	백색	BC급
제2종	탄산수소칼륨 (중탄산칼륨)	$KHCO_3$	담자색	BC급
제3종	인산염 (제일인산암모늄)	$NH_4H_2PO_4$	담홍색	ABC급
제4종	탄산수소칼륨 +요소	$KHCO_3+(NH_2)_2CO$	회색	BC급

08 소화약제인 IG-541의 성분이 아닌 것은?

① 질소
② 아르곤
③ 헬륨
④ 이산화탄소

해설 IG-541의 성분
질소 N_2 : 52%, 아르곤 Ar : 40%,
이산화탄소 CO_2 : 8%

09 다음 중 연소와 가장 관련 있는 화학반응은?

① 중화반응
② 치환반응
③ 환원반응
④ 산화반응

해설 연소 : 빛과 열을 수반하는 급격한 **산화반응**

10 위험물과 위험물안전관리법령에서 정한 지정수량을 옳게 연결한 것은?

① 무기과산화물 - 300kg
② 황화린 - 500kg
③ 황린 - 20kg
④ 질산에스테르류 - 200kg

해설 보기설명
① 무기과산화물 - 50kg
② 황화린 - 100kg
③ 황린 - 20kg
④ 질산에스테르류 - 10kg

11 화재의 종류에 따른 분류가 틀린 것은?

① A급 : 일반화재
② B급 : 유류화재
③ C급 : 가스화재
④ D급 : 금속화재

해설 화재의 종류

구 분	명 칭	표시
A급화재	일반화재	백색
B급화재	유류화재	황색
C급화재	전기화재	청색
D급화재	금속화재	무색
E급화재	가스화재	황색
K(F)급화재	주방(식용유)화재	-

12 이산화탄소 소화약제 저장용기의 설치장소에 대한 설명 중 옳지 않은 것은?

① 반드시 방호구역 내의 장소에 설치한다.
② 온도의 변화가 적은 곳에 설치한다.
③ 방화문으로 구획된 실에 설치한다.
④ 해당 용기가 설치된 곳임을 표시하는 표지를 한다.

해설 방호구역외의 장소에 설치할 것. 다만, 방호구역내에 설치할 경우에는 피난 및 조작이 용이하도록 피난구 부근에 설치하여야 한다.

정답 7. ② 8. ③ 9. ④ 10. ③ 11. ③ 12. ①

13. 화재의 소화원리에 따른 소화방법의 적용으로 틀린 것은?

① 냉각소화 : 스프링클러설비
② 질식소화 : 이산화탄소 소화설비
③ 제거소화 : 포소화설비
④ 억제소화 : 할로겐화합물 소화설비

해설 포소화설비 : 질식소화 작용, 냉각소화 작용, 유화소화 작용, 희석소화 작용

14. Halon 1301의 분자식은?

① CH_3Cl
② CH_3Br
③ CF_3Cl
④ CF_3Br

해설 할론 소화약제

종류	분자식	상온·상압에서 상태
하론 1301	CF_3Br	기체상태
하론 1211	CF_2ClBr	기체상태
하론 2402	$C_2F_4Br_2$	액체상태
하론 101	CH_2ClBr	액체상태

15. 소화효과를 고려하였을 경우 화재 시 사용할 수 있는 물질이 아닌 것은?

① 이산화탄소
② 아세틸렌
③ Halon 1211
④ Halon 1301

해설 아세틸렌(C_2H_2)은 가연물로 연소범위 : 2.5~81%

16. 탄화칼슘이 물과 반응 시 발생하는 가연성 가스는?

① 메탄
② 포스핀
③ 아세틸렌
④ 수소

해설 탄화칼슘(CaC_2)과 물의 반응식
$CaC_2 + 2H_2O \rightarrow Ca(OH)_2 + C_2H_2$
$Ca(OH)_2$: 소석회, C_2H_2 : 아세틸렌

17. 다음 원소 중 전기 음성도가 가장 큰 것은?

① F
② Br
③ Cl
④ I

해설 전기 음성도
① 원자가 전자를 공유할 때 끌어당기는 힘을 말한다.
② 전기 음성도의 크기 : F > Cl > Br > I

18. 건축물의 내화구조에서 바닥의 경우에는 철근콘크리트의 두께가 몇 cm 이상이어야 하는가?

① 7
② 10
③ 12
④ 15

해설 건축물의 내화구조 : 바닥의 경우
① 철근콘크리트조 또는 철골철근콘크리트조로서 두께가 **10센티미터** 이상인 것
② 철재로 보강된 콘크리트블록조·벽돌조 또는 석조로서 철재에 덮은 콘크리트블록등의 두께가 5센티미터 이상인 것
③ 철재의 양면을 두께 5센티미터 이상의 철망모르타르 또는 콘크리트로 덮은 것

19. 화재 시 발생하는 연소가스 중 인체에서 헤모글로빈과 결합하여 혈액의 산소운반을 저해하고 두통, 근육조절의 장애를 일으키는 것은?

① CO_2
② CO
③ HCN
④ H_2S

정답 13. ③ 14. ④ 15. ② 16. ③ 17. ① 18. ② 19. ②

해설 보기설명

가스	주요특징	연소물질
CO_2 (이산화탄소)	① 무색, 무미, 무취의 불연성 기체 ② 다량 존재 시 호흡속도 증가	탄소성분 함유 물질
CO (일산화탄소)	① 허용농도 10ppm ② 무색, 무미, 무취의 환원성 기체 ③ 헤모글로빈과 결합하여 산소운반기능 저하 ④ 염소와 반응하여 포스겐 생성	탄소성분 함유 물질
HCN (시안화수소)	① 허용농도 10ppm ② 맹독성 가스로 0.3% 농도에서 즉사	질소 함유 물질
H_2S (황화수소)	① 허용농도 10ppm ② 달걀 썩은 냄새, 신경계통에 영향 ③ 가연성가스이면서 독성가스	석유, 고무, 동물의 털, 가죽 등과 같이 황성분을 함유 물질

20 인화점이 20℃인 액체 위험물을 보관하는 창고의 인화 위험성에 대한 설명 중 옳은 것은?

① 여름철에 창고 안이 더워질수록 인화의 위험성이 커진다.
② 겨울철에 창고 안이 추워질수록 인화의 위험성이 커진다.
③ 20℃에서 가장 안전하고 20℃ 보다 높아지거나 낮아질수록 인화의 위험성이 커진다.
④ 인화의 위험성은 계절의 온도와는 상관없다.

해설 여름철에 창고 안이 더워질수록 인화의 위험성이 커진다.

2과목 소방전기일반

21 최대눈금이 200 mA, 내부저항이 0.8 Ω인 전류계가 있다. 8 mΩ의 분류기를 사용하여 전류계의 측정범위를 넓히면 몇 A까지 측정할 수 있는가?

① 19.6 ② 20.2
③ 21.4 ④ 22.8

해설 배율 계산:
$$m = 1 + \frac{r_a}{R_s} = 1 + \frac{0.8}{8 \times 10^{-3}} = 101$$
측정 가능한 전류:
$$I = m \times I_a = 101 \times 200 \times 10^{-3} = 20.2A$$

22 5Ω의 저항과 2Ω의 유도성 리액턴스를 직렬로 접속한 회로에 5A의 전류를 흘렸을 때 이 회로의 복소전력(VA)은?

① $25 + j10$ ② $10 + j25$
③ $125 + j50$ ④ $50 + j125$

해설 전압 $V = IZ = 5 \times (5 + j2) = 25 + j10$
복소전력 $P_a = VI = (25 + j10) \times 5 = 125 + j50$

23 그림과 같은 회로에서 전압계 Ⓥ가 10V일 때 단자 A-B 간의 전압은 몇 V 인가?

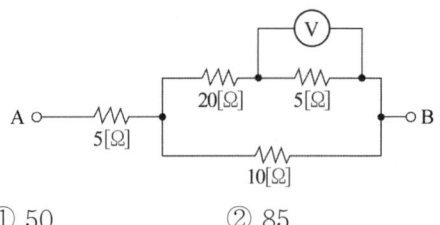

① 50   ② 85
③ 100 ④ 135

해설 전압계 Ⓥ에 흐르는 전류 : $\frac{10}{5}=2A$

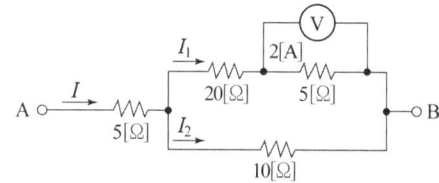

$I_1 = 2A$,
(20+5)Ω에 걸리는 전압 = $2A \times (20+5)\Omega = 50V$
병렬이므로 10Ω에 걸리는 전압도 50V가 된다.
따라서, 전류를 계산하면 $I_2 = \frac{50}{10} = 5A$
전 전류 $I = I_1 + I_2 = 2+5 = 7A$,
5Ω에 걸리는 전압 = $7A \times 5\Omega = 35V$
A–B 간의 전압 : $35V + 50V = 85V$

24 ★★★ 출제년도【20.】
50Hz의 3상 전압을 전파 정류하였을 때 리플(맥동) 주파수(Hz)는?

① 50　　② 100
③ 150　　④ 300

해설

구분	단상반파	단상전파	3상반파	3상전파
맥동주파수	f	$2f$	$3f$	$6f$
50Hz인 경우	50	100	150	300
60Hz인 경우	60	120	180	360

25 ★★★ 출제년도【20.】
개루프 제어와 비교하여 폐루프 제어에서 반드시 필요한 장치는?

① 안정도를 좋게 하는 장치
② 제어대상을 조작하는 장치
③ 동작신호를 조절하는 장치
④ 기준입력신호와 주궤환 신호를 비교하는 장치

해설 기준입력신호와 주궤환 신호를 비교하는 장치가 반드시 필요하다.

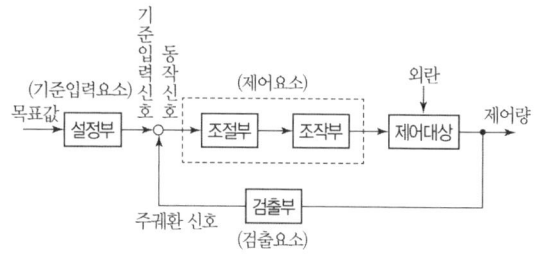

26 ★★★ 출제년도【20.】
그림의 시퀀스 회로와 등가인 논리 게이트는?

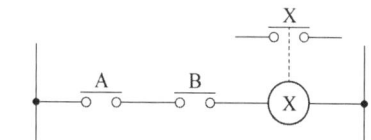

① OR 게이트　　② AND 게이트
③ NOT 게이트　　④ NOR 게이트

해설 AND 게이트

회로	유접점	무접점	논리회로	진리표
AND 회로			$X=A\cdot B$	A B X 0 0 0 0 1 0 1 0 0 1 1 1

27 ★ 출제년도【20.】
전압이득이 60dB인 증폭기와 궤환율(β)이 0.01인 궤환회로를 부궤환 증폭기로 구성하였을 때 전체 이득은 약 몇 dB인가?

① 20　　② 40
③ 60　　④ 80

해설 부궤환 증폭기(Feedback Amplifier) : 동작상태를 안정화
① 전압이득 $60dB = 20\log_{10}10^3 = 20\log_{10}A$, $A = 1000$
② 궤환이득 $A_f = \frac{A}{1+A\beta} = \frac{1000}{1+1000\times0.01} = 100$
③ 전체이득 $g = 20\log_{10}|A_f| = 20\log_{10}|100| = 40dB$

28 지하 1층, 지상 2층, 연면적이 1,500m²인 기숙사에서 지상 2층에 설치된 차동식 스포트형감지기가 작동하였을 때 전 층의 지구경종이 동작되었다. 각 층 지구경종의 정격전류가 60mA이고, 24V가 인가되고 있을 때 모든 지구경종에서 소비되는 총 전력(W)는?

① 4.23 ② 4.32
③ 5.67 ④ 5.76

해설 경종의 동작전류
$I = 60\text{mA} \times 3\text{개층} = 180\text{mA} = 0.18\text{A}$
총 전력 $P = VI = 24 \times 0.18 = 4.32\text{W}$

29 진공 중에 놓인 5μC의 점전하에서 2m되는 점에서의 전계는 몇 V/m 인가?

① 11.25×10^3 ② 16.25×10^3
③ 22.25×10^3 ④ 28.25×10^3

해설 전계의 세기
$E = 9 \times 10^9 \times \dfrac{Q}{r^2} = 9 \times 10^9 \times \dfrac{5 \times 10^{-6}}{2^2}$
$= 11.25 \times 10^3 \text{ V/m}$

30 열팽창식 온도계가 아닌 것은?

① 열전대 온도계
② 유리 온도계
③ 바이메탈 온도계
④ 압력식 온도계

해설 열팽창식 온도계
① 물체의 부피가 온도에 따라 변하는 성질을 이용한 온도계
② 종류 : 액체 팽창 온도계, 기체 팽창 온도계, 고체 온도계, 바이메탈 온도계, 유리 온도계 등

31 3상 유도전동기를 Y결선으로 기동할 때 전류의 크기($|I_Y|$)와 △결선으로 기동할 때 전류의 크기($|I_\triangle|$)의 관계로 옳은 것은?

① $|I_Y| = \dfrac{1}{3}|I_\triangle|$

② $|I_Y| = \sqrt{3}|I_\triangle|$

③ $|I_Y| = \dfrac{1}{\sqrt{3}}|I_\triangle|$

④ $|I_Y| = \dfrac{\sqrt{3}}{2}|I_\triangle|$

해설 $\dfrac{I_Y}{I_\triangle} = \dfrac{\dfrac{V}{\sqrt{3}Z}}{\sqrt{3}\dfrac{V}{Z}} = \dfrac{1}{(\sqrt{3})^2} = \dfrac{1}{3}$

$I_Y = \dfrac{1}{3}I_\triangle$

32 역률 0.8인 전동기에 200V의 교류전압을 가하였더니 10A의 전류가 흘렀다. 피상전력은 몇 VA인가?

① 1000 ② 1200
③ 1600 ④ 2000

해설 ① 피상전력 $P_a = VI = 200 \times 10 = 2000\text{VA}$
② 유효전력 $P = VI\cos\theta = 200 \times 10 \times 0.8 = 1600\text{W}$
③ 무효전력 $P_r = VI\sin\theta = 200 \times 10 \times 0.6 = 1200\text{Var}$

33 다음 중 강자성체에 속하지 않는 것은?

① 니켈
② 알루미늄
③ 코발트
④ 철

해설 ① 강자성체 : 철, 니켈, 코발트, 망간
② 상자성체 : 백금, 알루미늄, 공기, 산소

34. 프로세스 제어의 제어량이 아닌 것은?

① 액위   ② 유량
③ 온도   ④ 자세

해설 ① 프로세스(공정) 제어 : 온도, 유량, 압력, 액위 등
② 서보기구 : 위치, 방위, 자세, 각도 등
③ 자동조정 : 전압, 전류, 주파수, 회전속도 등

35. 3상 농형 유도전동기의 기동법이 아닌 것은?

① Y-△ 기동법
② 기동 보상기법
③ 2차 저항 기동법
④ 리액터 기동법

해설

농형 유도전동기	권선형 유도전동기
• 직입(전전압) 기동법 • Y-△기동법 • 리액터기동법 • 기동보상기 기동법 • 콘돌퍼 기동법	2차 저항기동

36. 100V, 500W의 전열선 2개를 같은 전압에서 직렬로 접속한 경우와 병렬로 접속한 경우에 각 전열선에서 소비되는 전력은 각각 몇 W인가?

① 직렬 : 250, 병렬 : 500
② 직렬 : 250, 병렬 : 1000
③ 직렬 : 500, 병렬 : 500
④ 직렬 : 500, 병렬 : 1000

해설 전열선의 저항
$R = \dfrac{V^2}{P} = \dfrac{100^2}{500} = 20\,\Omega$
직렬로 접속한 경우 소비전력
$P = \dfrac{V^2}{R} = \dfrac{100^2}{(20+20)} = 250\,\text{W}$
병렬로 접속한 경우 소비전력
$P = \dfrac{V^2}{R} = \dfrac{100^2}{\left(\dfrac{20 \times 20}{20+20}\right)} = 1000\,\text{W}$

37. 그림과 같은 논리회로의 출력 Y는?

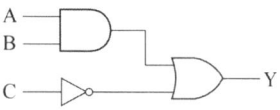

① $AB + \overline{C}$ ② $A + B + \overline{C}$
③ $(A+B)\overline{C}$ ④ $AB\overline{C}$

해설 A와 B는 AND회로,
$\overline{C}$와는 OR회로이므로 출력 $Y = AB + \overline{C}$

38. 단상변압기 3대를 △결선하여 부하에 전력을 공급하고 있는 중 변압기 1대가 고장 나서 V결선으로 바꾼 경우에 고장 전과 비교하여 몇 % 출력을 낼 수 있는가?

① 50   ② 57.7
③ 70.7   ④ 86.6

해설 V결선
① 변압기 이용률 : $\dfrac{\sqrt{3}P}{2P} = 0.866$
② 변압기 출력비 : $\dfrac{\sqrt{3}P}{3P} = \dfrac{1}{\sqrt{3}} = 0.577$

39. 대칭 n상의 환상결선에서 선전류와 상전류(환상전류) 사이의 위상차는?

① $\dfrac{n}{2}\left(1 - \dfrac{2}{\pi}\right)$ ② $\dfrac{n}{2}\left(1 - \dfrac{\pi}{2}\right)$
③ $\dfrac{\pi}{2}\left(1 - \dfrac{2}{n}\right)$ ④ $\dfrac{\pi}{2}\left(1 - \dfrac{n}{2}\right)$

정답 34. ④ 35. ③ 36. ② 37. ① 38. ② 39. ③

해설 대칭 n상 위상차
$$\theta = \left(\frac{\pi}{2} - \frac{\pi}{n}\right) = \frac{\pi}{2}\left(1 - \frac{2}{n}\right)$$

40 ★★★ 출제년도 【17.20.】
공기 중에서 50kW 방사 전력이 안테나에서 사방으로 균일하게 방사될 때, 안테나에서 1km 거리에 있는 점에서의 전계의 실효값은 약 몇 V/m 인가?

① 0.87　② 1.22
③ 1.73　④ 3.98

해설 단위면적당의 전력
$$P = \frac{P_s}{S} = \frac{P_s}{4\pi r^2} \text{에서}$$
$$P = \frac{50 \times 10^3}{4 \times 3.14 \times (10^3)^2} = 3.98 \times 10^{-3} \text{ W/m}^2$$
$$P = E \times H = \frac{E^2}{377} \text{에서}$$
$$E = \sqrt{377 \times P} = \sqrt{377 \times 3.98 \times 10^{-3}} = 1.22 \text{ V/m}$$

3과목 소방관계법규

41 출제년도 【20.】
소방기본법령상 화재피해조사 중 재산피해조사의 조사범위에 해당하지 않는 것은?

① 소화활동 중 사용된 물로 인한 피해
② 열에 의한 탄화, 용융, 파손 등의 피해
③ 소방활동 중 발생한 사망자 및 부상자
④ 연기, 물품반출, 화재로 인한 폭발 등에 의한 피해

해설 화재피해조사→소방의 화재조사에 관한 법률로 이관되어 소방기본법에서 삭제됨

종류	조사범위
가. 인명피해 조사	(1) 소방활동중 발생한 사망자 및 부상자 (2) 그 밖에 화재로 인한 사망자 및 부상자
나. 재산피해 조사	(1) 열에 의한 탄화, 용융, 파손 등의 피해 (2) 소화활동중 사용된 물로 인한 피해 (3) 그 밖에 연기, 물품반출, 화재로 인한 폭발 등에 의한 피해

42 ★★ 출제년도 【20.】
위험물안전관리법령상 제조소의 기준에 따라 건축물의 외벽 또는 이에 상당하는 공작물의 외측으로부터 제조소의 외벽 또는 이에 상당하는 공작물의 외측까지의 안전거리 기준으로 틀린 것은? (단, 제6류 위험물을 취급하는 제조소를 제외하고, 건축물에 불연재료로 된 방화상 유효한 담 또는 벽을 설치하지 않은 경우이다.)

① 의료법에 의한 종합병원에 있어서는 30m 이상
② 도시가스사업법에 의한 가스공급시설에 있어서는 20m 이상
③ 사용전압 35,000V를 초과하는 특고압가공전선에 있어서는 5m 이상
④ 문화재보호법에 의한 유형문화재와 기념물 중 지정문화재에 있어서는 30m 이상

정답 40. ② 41. ③ 42. ④

해설 안전거리

주거용	10m 이상
학교·병원·극장 그 밖에 다수인을 수용하는 시설 1) 학교 2) 병원급 의료기관 3) 공연장, 영화상영관 : 3백명 이상 4) 아동복지시설, 노인복지시설, 장애인복지시설, 한부모가족복지시설, 어린이집, 성매매피해자등을 위한 지원시설, 정신보건시설 : 20명 이상	30m 이상
유형문화재와 기념물 중 지정문화재	50m 이상
고압가스, 액화석유가스 또는 도시가스를 저장 또는 취급하는 시설	20m 이상
사용전압이 7,000V 초과 **35,000V 이하** 특고압가공전선	3m 이상
사용전압이 35,000V를 초과 특고압가공전선	5m 이상

43 ★★★ 출제년도【20.】
위험물안전관리법령상 허가를 받지 아니하고 당해 제조소등을 설치하거나 그 위치·구조 또는 설비를 변경할 수 있으며, 신고를 하지 아니하고 위험물의 품명·수량 또는 지정수량의 배수를 변경할 수 있는 기준으로 옳은 것은?

① 축산용으로 필요한 건조시설을 위한 지정수량 40배 이하의 저장소
② 수산용으로 필요한 건조시설을 위한 지정수량 30배 이하의 저장소
③ 농예용으로 필요한 난방시설을 위한 지정수량 40배 이하의 저장소
④ 주택의 난방시설(공동주택의 중앙난방시설 제외)을 위한 저장소

해설 위험물안전관리법 제6조(위험물 시설의 설치 및 변경 등)
다음 각호의 1에 해당하는 제조소 등의 경우에는 허가를 받지 아니하고 당해 제조소 등을 설치하거나 그 위치·구조 또는 설비를 변경할 수 있으며, 신고를 하지 아니하고 위험물의 품명·수량 또는 지정수량의 배수를 변경할 수 있다.

1) 주택의 난방시설(공동주택의 중앙난방시설을 제외한다)을 위한 저장소 또는 취급소
2) 농예용·축산용 또는 수산용으로 필요한 난방시설 또는 건조시설을 위한 지정수량 20배 이하의 저장소

44 ★ 출제년도【20.】
소방시설공사업법령상 공사감리자 지정대상 특정소방대상물의 범위가 아닌 것은?

① 제연설비를 신설·개설하거나 제연구역을 증설할 때
② 연소방지설비를 신설·개설하거나 살수구역을 증설할 때
③ 캐비닛형 간이스프링클러설비를 신설·개설하거나 방호·방수 구역을 증설할 때
④ 물분무등소화설비(호스릴 방식의 소화설비 제외)를 신설·개설하거나 방호·방수 구역을 증설할 때

해설 소방시설공사업법 시행령 제10조(공사감리자 지정 특정소방대상물의 범위)
1. 옥내소화전설비를 신설·개설 또는 증설할 때
2. 스프링클러설비등(**캐비닛형 간이스프링클러설비는 제외**한다)을 신설·개설하거나 방호·방수 구역을 증설할 때
3. 물분무등소화설비(호스릴 방식의 소화설비는 제외한다)를 신설·개설하거나 방호·방수 구역을 증설할 때
4. 옥외소화전설비를 신설·개설 또는 증설할 때
5. 자동화재탐지설비를 신설·개설할 때
6. 통합감시시설을 신설 또는 개설할 때
7. 소화용수설비를 신설 또는 개설할 때
8. 다음 각 목에 따른 소화활동설비에 대하여 각 목에 따른 시공을 할 때
   가. 제연설비를 신설·개설하거나 제연구역을 증설할 때
   나. 연결송수관설비를 신설 또는 개설할 때
   다. 연결살수설비를 신설·개설하거나 송수구역을 증설할 때
   라. 비상콘센트설비를 신설·개설하거나 전용회로를 증설할 때

정답 43. ④ 44. ③

마. 무선통신보조설비를 신설 또는 개설할 때
바. 연소방지설비를 신설·개설하거나 살수구역을 증설할 때

45. 다음 중 화재의 예방 및 안전관리에 관한 법령상 특수가연물에 해당하는 품명별 기준수량으로 틀린 것은?

① 사류 1,000 kg 이상
② 면화류 200 kg 이상
③ 나무껍질 및 대팻밥 400 kg 이상
④ 넝마 및 종이부스러기 500 kg 이상

해설 넝마 및 종이부스러기 : 1,000 kg 이상

46. 소방기본법령상 소방대장의 권한이 아닌 것은?

① 화재 현장에 대통령령으로 정하는 사람외에는 그 구역에 출입하는 것을 제한할 수 있다.
② 화재 진압 등 소방활동을 위하여 필요할 때에는 소방용수 외에 댐·저수지 등의 물을 사용할 수 있다.
③ 국민의 안전의식을 높이기 위하여 소방박물관 및 소방체험관을 설립하여 운영할 수 있다.
④ 불이 번지는 것을 막기 위하여 필요할 때에는 불이 번질 우려가 있는 소방대상물 및 토지를 일시적으로 사용할 수 있다.

해설 소방박물관 등의 설립과 운영

구분	소방박물관	소방체험관
설립운영	소방청장	시·도지사
관련규정	행정안전부령	시·도의 조례

47. 소방시설 설치 및 관리에 관한 법령상 단독경보형 감지기를 설치하여야 하는 특정소방대상물의 기준으로 틀린 것은?

① 연면적 600m² 미만의 기숙사
② 연면적 600m² 미만의 숙박시설
③ 연면적 1000m² 미만의 아파트등
④ 교육연구시설 또는 수련시설 내에 있는 합숙소 또는 기숙사로서 연면적 2000m² 미만인 것

해설 단독경보형 감지기 설치대상

아파트등, 기숙사	연면적 1천m² 미만
교육연구시설 또는 수련시설 내에 있는 합숙소 또는 기숙사	연면적 2천m² 미만
숙박시설	연면적 600m² 미만
유치원	연면적 400m² 미만

48. 소방기본법령상 시장지역에서 화재로 오인할 만한 우려가 있는 불을 피우거나 연막소독을 하려는 자가 신고를 하지 아니하여 소방자동차를 출동하게 한 자에 대한 과태료 부과·징수권자는?

① 국무총리
② 시·도지사
③ 행정안전부 장관
④ 소방본부장 또는 소방서장

해설 소방기본법
① 화재로 오인할 만한 우려가 있는 불을 피우거나 연막(煙幕) 소독을 하려는 자가 신고를 하지 아니하여 소방자동차를 출동하게 한 자
② 소방본부장 또는 소방서장이 부과·징수
③ 20만원 이하의 과태료

정답 45. ④ 46. ③ 47. ① 48. ④

49 화재의 예방 및 안전관리에 관한 법령상 1급 소방안전관리 대상물에 해당하는 건축물은?

① 지하구
② 층수가 15층인 공공업무시설
③ 연면적 15000m² 이상인 동물원
④ 층수가 20층이고, 지상으로부터 높이가 100미터인 아파트

해설
1. 층수가 15층인 공공업무시설은 층수가 11층 이상인 특정소방대상물에 해당하므로 1급 소방안전관리 대상물이다.
2. 1급 소방안전관리대상물
   ① 30층 이상(지하층은 제외한다)이거나 지상으로부터 높이가 120미터 이상인 아파트
   ② 연면적 1만 5천제곱미터 이상인 특정소방대상물(아파트는 제외한다)
   ③ 층수가 11층 이상인 특정소방대상물(아파트는 제외한다)
   ④ 가연성 가스를 1천톤 이상 저장·취급하는 시설

50 소방시설 설치 및 관리에 관한 법령상 수용인원 산정 방법 중 침대가 없는 숙박시설로서 해당 특정소방대상물의 종사자의 수는 5명, 복도, 계단 및 화장실의 바닥면적을 제외한 바닥 면적이 158m² 인 경우의 수용인원은 약 몇 명인가?

① 37 ② 45
③ 58 ④ 84

해설 수용인원 = 5명 + $\frac{158\,m^2}{3\,m^2}$ = 57.67 = 58명

51 화재의 예방 및 안전관리에 관한 법령상 화재안전조사 결과 소방대상물의 위치 상황이 화재 예방을 위하여 보완될 필요가 있을 것으로 예상되는 때에 소방대상물의 개수·이전·제거, 그 밖의 필요한 조치를 관계인에게 명령할 수 있는 사람은?

① 소방관서장 ② 경찰청장
③ 시·도지사 ④ 해당구청장

해설 화재안전조사 결과에 따른 조치 명령
소방관서장은 화재안전조사 결과에 따른 소방대상물의 위치·구조·설비 또는 관리의 상황이 화재예방을 위하여 보완될 필요가 있거나 화재가 발생하면 인명 또는 재산의 피해가 클 것으로 예상되는 때에는 행정안전부령으로 정하는 바에 따라 관계인에게 그 소방대상물의 개수(改修)·이전·제거, 사용의 금지 또는 제한, 사용폐쇄, 공사의 정지 또는 중지, 그 밖에 필요한 조치를 명할 수 있다.

52 소방시설 설치 및 관리에 관한 법령상 지하가 중 터널로서 길이가 1천미터일 때 설치하지 않아도 되는 소방시설은?

① 인명구조기구
② 옥내소화전설비
③ 연결송수관설비
④ 무선통신보조설비

해설
① 옥내소화전설비, 연결송수관설비, 자동화재탐지설비 : 터널의 길이가 1,000m 이상
② 무선통신보조설비, 비상경보설비, 비상콘센트설비 : 터널의 길이가 500m 이상

53 소방시설공사업법령상 소방시설공사의 하자보수 보증기간이 3년이 아닌 것은?

① 자동소화장치
② 무선통신보조설비
③ 자동화재탐지설비
④ 간이스프링클러설비

해설 관련법 : 소방시설공사업법 시행령(하자보수대상 소방시설과 하자보수보증기간)

정답 49. ② 50. ③ 51. ① 52. ① 53. ②

소화설비	보수기간
피난기구, 유도등, 유도표지, 비상경보설비, 비상조명등, 비상방송설비, **무선통신보조설비**	2년
자동소화장치, 옥내·옥외소화전설비, 스프링클러설비, 간이스프링클러설비, 물분무등소화설비, 자동화재탐지설비, 상수도소화용수설비, 소화활동설비(무선통신보조설비 제외)	3년

54 ★ 출제년도 【20.】
소방시설 설치 및 관리에 관한 법령상 스프링클러설비를 설치하여야 하는 특정소방대상물의 기준으로 틀린 것은? (단, 위험물 저장 및 처리 시설 중 가스시설 또는 지하구는 제외한다.)

① 복합건축물로서 연면적 3500m^2 이상인 경우에는 모든 층
② 창고시설(물류터미널은 제외)로서 바닥면적 합계가 5000m^2 이상인 경우에는 모든 층
③ 숙박이 가능한 수련시설 용도로 사용되는 시설의 바닥면적의 합계가 600m^2 이상인 것은 모든 층
④ 판매시설, 운수시설 및 창고시설(물류터미널에 한정)로서 바닥면적의 합계가 5000m^2 이상이거나 수용인원이 500명 이상인 경우에는 모든 층

해설 관련법 소방시설법 시행령 [별표5]
기숙사(교육연구시설·수련시설 내에 있는 학생 수용을 위한 것을 말한다) 또는 **복합건축물로서 연면적 5천m^2 이상인 경우에는 모든 층**

55 ★ 출제년도 【20.】
국민의 안전의식과 화재에 대한 경각심을 높이고 안전문화를 정착시키기 위한 소방의 날은 몇 월 며칠인가?

① 1월 19일　② 10월 9일
③ 11월 9일　④ 12월 19일

해설 소방기본법(소방의 날 제정과 운영 등)
국민의 안전의식과 화재에 대한 경각심을 높이고 안전문화를 정착시키기 위하여 매년 **11월 9일**을 소방의 날로 정하여 기념행사를 한다.

56 ★★★ 출제년도 【17,20.】
위험물안전관리법령상 위험물시설의 설치 및 변경 등에 관한 기준 중 다음 ( ) 안에 들어갈 내용으로 옳은 것은?

> 제조소등의 위치·구조 또는 설비의 변경 없이 당해 제조소등에서 저장하거나 취급하는 위험물의 품명·수량 또는 지정수량의 배수를 변경하고자 하는 자는 변경하고자 하는 날의 (㉠)일 전까지 (㉡)이 정하는 바에 따라 (㉢)에게 신고하여야 한다.

① ㉠ : 1, ㉡ : 대통령령, ㉢ : 소방본부장
② ㉠ : 1, ㉡ : 행정안전부령, ㉢ : 시·도지사
③ ㉠ : 14, ㉡ : 대통령령, ㉢ : 소방서장
④ ㉠ : 14, ㉡ : 행정안전부령, ㉢ : 시·도지사

해설 제조소등의 위치·구조 또는 설비의 변경없이 당해 제조소등에서 저장하거나 취급하는 위험물의 품명·수량 또는 지정수량의 배수를 변경하고자 하는 자는 변경하고자 하는 날의 1일 전까지 행정안전부령이 정하는 바에 따라 시·도지사에게 신고하여야 한다.

57 ★ 출제년도 【20.】
위험물안전관리법령상 위험물취급소의 구분에 해당하지 않는 것은?

① 이송취급소　② 관리취급소
③ 판매취급소　④ 일반취급소

해설 관련법 ; 위험물안전관리법
① 취급소 : 지정수량 이상의 위험물을 제조외의 목적으로 취급하기 위한 대통령령이 정하는 장소로서 규정에 따른 허가를 받은 장소를 말한다.
② 종류 : 주유취급소, 판매취급소, 이송취급소, 일반취급소

정답 54. ①　55. ③　56. ②　57. ②

58
소방기본법령상 화재가 발생하였을 때 화재의 원인 및 피해 등에 대한 조사를 하여야 하는 자는?

① 시·도지사 또는 소방본부장
② 소방청장·소방본부장 또는 소방서장
③ 시·도지사·소방서장 또는 소방파출소장
④ 행정안전부장관·소방본부장 또는 소방파출소장

해설 소방의 화재조사에 관한 법률로 이관됨에 따라 소방기본법에서 삭제되었습니다.

59
소방시설 설치 및 관리에 관한 법령상 1년 이하의 징역 또는 1천만원 이하의 벌금 기준에 해당하는 경우는?

① 소방용품의 형식승인을 받지 아니하고 소방용품을 제조하거나 수입한 자
② 형식승인을 받은 소방용품에 대하여 제품검사를 받지 아니한 자
③ 거짓이나 그 밖의 부정한 방법으로 제품검사 전문기관으로 지정을 받은 자
④ 소방용품에 대하여 형상 등의 일부를 변경한 후 형식승인의 변경승인을 받지 아니한 자

해설 보기 ①, ②, ③은 3년 이하의 징역 또는 3천만원 이하의 벌금에 해당한다.

60
다음 중 소방시설 설치 및 관리에 관한 법령상 소방시설관리업을 등록할 수 있는 자는?

① 피성년후견인
② 소방시설관리업의 등록이 취소된 날부터 2년이 경과된 자
③ 금고 이상의 형의 집행유예를 선고받고 그 유예기간 중에 있는 자
④ 금고 이상의 실형을 선고받고 그 집행이 면제된 날부터 2년이 지나지 아니한 자

해설 소방시설관리업의 등록이 취소된 날부터 2년이 경과된 자는 소방시설관리업을 등록할 수 있다.

4과목 소방전기설비의 구조 및 원리

61
자동화재속보설비의 속보기의 성능인증 및 제품검사의 기술기준에 따라 교류입력측과 외함 간의 절연저항은 직류 500V의 절연저항계로 측정한 값이 몇 MΩ 이상이어야 하는가?

① 5
② 10
③ 20
④ 50

해설 제10조(절연저항시험)
① 절연된 충전부와 외함 간의 절연저항은 직류 500 V의 절연저항계로 측정한 값이 5 MΩ (**교류입력측과 외함간에는 20 MΩ**) 이상이어야 한다.
② 절연된 선로간의 절연저항은 직류 500 V의 절연저항계로 측정한 값이 20 MΩ 이상이어야 한다.

62
무선통신보조설비의 화재안전기술기준(NFTC 505)에 따라 금속제 지지금구를 사용하여 무선통신 보조설비의 누설동축케이블을 벽에 고정시키고자 하는 경우 몇 m 이내마다 고정시켜야 하는가? (단, 불연재료로 구획된 반자 안에 설치하는 경우는 제외한다.)

① 2
② 3
③ 4
④ 5

정답 58. ② 59. ④ 60. ② 61. ③ 62. ③

해설 누설동축케이블 및 동축케이블은 화재에 따라 해당 케이블의 피복이 소실된 경우에 케이블 본체가 떨어지지 아니하도록 **4m이내마다** 금속제 또는 자기제등의 지지금구로 벽·천장·기둥 등에 견고하게 고정시킬 것. 다만, **불연재료로 구획된 반자 안에 설치하는 경우**에는 그러하지 아니하다.

63. ★★★ 출제년도【20.】
비상경보설비 및 단독경보형감지기의 화재안전기술기준(NFTC 201)에 따라 비상벨설비의 음향장치의 음량은 부착된 음향장치의 중심으로부터 1m 떨어진 위치에서 몇 dB 이상이 되는 것으로 하여야 하는가?

① 60 　② 70
③ 80 　④ 90

해설 음향장치의 음량은 부착된 음향장치의 중심으로부터 1m 떨어진 위치에서 **90dB 이상**이 되는 것으로 하여야 한다.

64. ★★★ 출제년도【20.】
자동화재탐지설비 및 시각경보장치의 화재안전기술기준(NFTC 203)에 따라 외기에 면하여 상시 개방된 부분이 있는 차고·주차장·창고 등에 있어서는 외기에 면하는 각 부분으로부터 몇 m 미만의 범위 안에 있는 부분은 경계구역의 면적에 산입하지 아니 하는가?

① 1 　② 3
③ 5 　④ 10

해설 외기에 면하여 상시 개방된 부분이 있는 **차고·주차장·창고** 등에 있어서는 외기에 면하는 각 부분으로부터 **5m 미만**의 범위 안에 있는 부분은 경계구역의 면적에 산입하지 아니한다.

65. ★ 출제년도【13,20.】
누전경보기의 형식승인 및 제품검사의 기술기준에 따른 누전경보기 수신부의 기능검사 항목이 아닌 것은?

① 충격시험
② 진공가압시험
③ 과입력전압시험
④ 전원전압변동시험

해설 누전경보기 수신부의 기능검사 항목
방수시험, 절연저항시험, **충격시험**, **전원전압 변동시험**, 충격파내전압시험, 진동시험, 반복시험, 개폐기의 조작시험, **과입력전압시험**, 온도특성시험, 절연내력시험

66. ★★★ 출제년도【20.】
비상방송설비의 화재안전기술기준(NFTC 202)에 따른 음향장치의 구조 및 성능에 대한 기준이다. 다음 (　)에 들어갈 내용으로 옳은 것은?

> 가. 정격전압의 (㉠)% 전압에서 음향을 발할 수 있는 것을 할 것
> 나. (㉡)의 작동과 연동하여 작동할 수 있는 것으로 할 것

① ㉠ 65, ㉡ 자동화재탐지설비
② ㉠ 80, ㉡ 자동화재탐지설비
③ ㉠ 65, ㉡ 단독경보형감지기
④ ㉠ 80, ㉡ 단독경보형감지기

해설 음향장치는 다음 각 목의 기준에 따른 구조 및 성능의 것으로 하여야 한다.
가. 정격전압의 **80% 전압**에서 음향을 발할 수 있는 것을 할 것
나. **자동화재탐지설비**의 작동과 연동하여 작동할 수 있는 것으로 할 것

67. ★★★ 출제년도【20.】
비상조명등의 화재안전기술기준(NFTC 304)에 따라 조도는 비상조명등이 설치된 장소의 각 부분의 바닥에서 몇 lx 이상이 되도록 하여야 하는가?

① 1 　② 3 　③ 5 　④ 10

정답　63. ④　64. ③　65. ②　66. ②　67. ①

해설 조도는 비상조명등이 설치된 장소의 각 부분의 바닥에서 1 lx 이상이 되도록 할 것

68. 출제년도 【20.】

비상방송설비의 화재안전기술기준(NFTC 202)에 따른 용어의 정의에서 소리를 크게 하여 멀리까지 전달될 수 있도록 하는 장치로써 일명 "스피커"를 말하는 것은?

① 확성기 ② 증폭기
③ 사이렌 ④ 음량조절기

해설
1. "확성기"란 소리를 크게 하여 멀리까지 전달될 수 있도록 하는 장치로써 일명 스피커를 말한다.
2. "음량조절기"란 가변저항을 이용하여 전류를 변화시켜 음량을 크게 하거나 작게 조절할 수 있는 장치를 말한다.
3. "증폭기"란 전압전류의 진폭을 늘려 감도를 좋게 하고 미약한 음성전류를 커다란 음성전류로 변화시켜 소리를 크게 하는 장치를 말한다.

69. ★★ 출제년도 【20.】

자동화재탐지설비 및 시각경보장치의 화재안전기술기준(NFTC 203)에 따른 중계기에 대한 시설기준으로 틀린 것은?

① 조작 및 점검에 편리하고 화재 및 침수 등의 재해로 인한 피해를 받을 우려가 없는 장소에 설치할 것
② 수신기에서 직접 감지기회로의 도통시험을 행하지 아니하는 것에 있어서는 수신기와 발신기 사이에 설치할 것
③ 수신기에 따라 감시되지 아니하는 배선을 통하여 전력을 공급받는 것에 있어서는 전원입력측에 배선에 과전류 차단기를 설치할 것
④ 수신기에 따라 감시되는 아니하는 배선을 통하여 전력을 공급받는 것에 있어서는 해당 전원의 정전이 즉시 수신기에 표시되는 것으로 할 것

해설 중계기 설치기준
① 수신기에서 직접 감지기회로의 도통시험을 행하지 아니하는 것에 있어서는 수신기와 감지기 사이에 설치할 것
② 조작 및 점검에 편리하고 화재 및 침수의 재해로 인한 피해를 받을 우려가 없는 장소에 설치할 것
③ 수신기에 따라 감시되지 아니하는 배선을 통하여 전력을 공급받는 것에 있어서는 전원입력측의 배선에 과전류 차단기를 설치하고 해당 전원의 정전이 즉시 수신기에 표시되는 것으로 하며, 상용전원 및 예비전원의 시험을 할 수 있도록 할 것

70. ★★★ 출제년도 【20.】

비상콘센트설비의 화재안전기술기준(NFTC 504)에 따라 비상콘센트용의 풀박스 등은 방청도장을 한 것으로서, 두께 몇 mm 이상의 철판으로 하여야 하는가?

① 1.2 ② 1.6
③ 2.0 ④ 2.4

해설 비상콘센트설비의 화재안전기술기준(NFTC 504) 제4조제2항제7호
비상콘센트용의 풀박스 등은 방청도장을 한 것으로서, 두께 1.6mm 이상의 철판으로 할 것

71. ★★ 출제년도 【20.】

누전경보기의 형식승인 및 제품검사의 기술기준에 따라 누전경보기의 변류기는 경계전로에 정격전류를 흘리는 경우, 그 경계전로의 전압강하는 몇 V 이하이어야 하는가? (단, 경계전로의 전선을 그 변류기에 관통시키는 것은 제외한다.)

① 0.3 ② 0.5
③ 1.0 ④ 3.0

해설 제22조(전압강하방지시험)
변류기(경계전로의 전선을 그 변류기에 관통시키는 것은 제외한다)는 경계전로에 정격전류를 흘리는 경우, 그 경계전로의 전압강하는 0.5V이하이어야 한다.

정답 68. ① 69. ② 70. ② 71. ②

72 자동화재탐지설비 및 시각경보장치의 화재안전기술기준(NFTC 203)에 따른 배선의 시설기준으로 틀린 것은?

① 감지기 사이의 회로의 배선은 송배전식으로 할 것
② 자동화재탐지설비의 감지기 회로의 전로저항은 50Ω 이하가 되도록 할 것
③ 수신기의 각 회로별 종단에 설치되는 감지기에 접속되는 배선의 전압은 감지기 정격전압의 80% 이상이어야 할 것
④ 피(P)형 수신기 및 지피(G.P.)형 수신기의 감지기 회로의 배선에 있어서 하나의 공통선에 접속할 수 있는 경계구역은 10개 이하로 할 것

해설 피(P)형 수신기 및 지피(G.P.)형 수신기의 감지기 회로의 배선에 있어서 하나의 공통선에 접속할 수 있는 경계구역은 7개 이하로 할 것

73 예비전원의 성능인증 및 제품검사의 기술기준에 따른 예비전원의 구조 및 성능에 대한 설명으로 틀린 것은?

① 예비전원을 병렬로 접속하는 경우에는 역충전방지 등의 조치를 강구하여야 한다.
② 배선은 충분한 전류 용량을 갖는 것으로서 배선의 접속이 적합하여야 한다.
③ 예비전원에 연결되는 배선의 경우 양극은 청색, 음극은 적색으로 오접속방지 조치를 하여야 한다.
④ 축전지를 직렬 또는 병렬로 사용하는 경우에는 용량(전압, 전류)이 균일한 축전지를 사용하여야 한다.

해설 제4조(구조 및 성능)
예비전원에 연결되는 배선의 경우 **양극은 적색, 음극은 청색 또는 흑색**으로 오접속방지 조치를 하여야 한다.

74 비상콘센트설비의 성능인증 및 제품검사의 기술기준에 따라 비상콘센트설비에 사용되는 부품에 대한 설명으로 틀린 것은?

① 진공차단기는 KS C 8321(진공차단기)에 적합하여야 한다.
② 접속기는 KS C 8305(배선용 꽂음 접속기)에 적합하여야 한다.
③ 표시등의 소켓은 접속이 확실하여야 하며 쉽게 전구를 교체할 수 있도록 부착하여야 한다.
④ 단자는 충분한 전류용량을 갖는 것으로 하여야 하며 단자의 접속이 정확하고 확실하여야 한다.

해설 제4조(부품의 구조 및 기능)
1. 배선용 차단기는 KS C 8321(배선용차단기)에 적합하여야 한다.
2. 접속기는 KS C 8305(배선용 꽂음 접속기)에 적합하여야 한다.
3. 표시등의 구조 및 기능은 다음과 같아야 한다.
　가. 전구는 사용전압의 **130%**인 교류전압을 20시간 연속하여 가하는 경우 단선, 현저한 광속변화, 흑화, 전류의 저하등이 발생하지 아니하여야 한다.
　나. 소켓은 접속이 확실하여야 하며 쉽게 전구를 교체할 수 있도록 부착하여야 한다.
　다. 전구에는 적당한 보호카바를 설치하여야 한다. 다만, 발광다이오드의 경우에는 그러하지 아니하다.
　라. 적색으로 표시되어야 하며 주위의 밝기가 **300lx 이상**인 장소에서 측정하여 앞면으로부터 **3m** 떨어진 곳에서 켜진등이 확실히 식별되어야 한다.

75 소방시설용 비상전원수전설비의 화재안전기술기준(NFTC 602)에 따른 제1종 배전반 및 제1종 분전반의 시설기준으로 틀린 것은?

① 전선의 인입구 및 입출구는 외함에 누출하여 설치하면 아니 된다.

② 외함의 문은 2.3mm 이상의 강판과 이와 동등 이상의 강도와 내화성능이 있는 것으로 제작하여야 한다.
③ 공용배전판 및 공용분전판의 경우 소방회로와 일반회로에 사용하는 배선 및 배선용 기기는 불연재료로 구획되어야 한다.
④ 외함은 금속관 또는 금속제 가요전선관을 쉽게 접속할 수 있도록 하고, 당해 접속부분에는 단열조치를 하여야 한다.

해설 ① 제1종 배전반 및 제1종 분전반은 다음 각 호에 적합하게 설치하여야 한다.
1. 외함은 두께 1.6 mm(전면판 및 문은 2.3mm) 이상의 강판과 이와 동등 이상의 강도와 내화성능이 있는 것으로 제작할 것
2. 외함의 내부는 외부의 열에 의해 영향을 받지 않도록 내열성 및 단열성이 있는 재료를 사용하여 단열할 것. 이 경우 단열부분은 열 또는 진동에 따라 쉽게 변형되지 아니하여야 한다.
3. 다음 각 목에 해당하는 것은 **외함에 노출하여 설치할 수 있다.**
   가. 표시등(불연성 또는 난연성재료로 덮개를 설치한 것에 한한다)
   나. **전선의 인입구 및 입출구**
4. 외함은 금속관 또는 금속제 가요전선관을 쉽게 접속할 수 있도록 하고, 당해 접속부분에는 단열조치를 할 것
5. 공용배전판 및 공용분전판의 경우 소방회로와 일반회로에 사용하는 배선 및 배선용 기기는 불연재료로 구획되어야 할 것

76 ★★★ 출제년도【20.】
비상경보설비 및 단독경보형감지기의 화재안전기술기준(NFTC 201)에 따른 발신기의 시설기준으로 틀린 것은?

① 발신기의 위치표시등은 함의 하부에 설치한다.
② 조작스위치는 바닥으로부터 0.8m 이상 1.5m 이하의 높이에 설치할 것
③ 복도 또는 별도로 구획된 실로서 보행거리가 40m 이상일 경우에는 추가로 설치하여야 한다.
④ 특정소방대상물의 층마다 설치하되, 해당 특정소방대상물의 각 부분으로부터 하나의 발신기까지의 수평거리가 25m 이하가 되도록 할 것

해설 발신기 설치기준
① 조작이 쉬운 장소에 설치하고, 조작스위치는 바닥으로부터 0.8m 이상 1.5m 이하의 높이에 설치할 것
② 특정소방대상물의 층마다 설치하되, 해당 특정소방대상물의 각 부분으로부터 하나의 발신기까지의 수평거리가 25m 이하가 되도록 할 것. 다만, 복도 또는 별도로 구획된 실로서 보행거리가 40m 이상일 경우에는 추가로 설치하여야 한다.
③ 발신기의 위치표시등은 **함의 상부**에 설치하되, 그 불빛은 부착 면으로부터 15° 이상의 범위 안에서 부착지점으로부터 10m 이내의 어느 곳에서도 쉽게 식별할 수 있는 적색등으로 할 것

77 ★ 출제년도【20.】
유도등의 형식승인 및 제품검사의 기술기준에 따른 유도등의 일반구조에 대한 설명으로 틀린 것은?

① 축전지에 배선 등을 직접 납땜하지 아니하여야 한다.
② 충전부가 노출되지 아니한 것은 300V를 초과할 수 있다.
③ 예비전원을 직렬로 접속하는 경우는 역충전 방지 등의 조치를 강구하여야 한다.
④ 유도등에는 점멸, 음성 또는 이와 유사한 방식 등에 의한 유도장치를 설치할 수 있다.

해설 예비전원을 **병렬로 접속하는 경우**는 역충전 방지등의 조치를 강구하여야 한다.

정답 76. ① 77. ③

78
자동화재탐지설비 및 시각경보장치의 화재안전기술기준(NFTC 203)에 따라 지하층·무창층 등으로서 환기가 잘되지 아니하거나 실내 면적이 40m² 미만인 장소에 설치하여야 하는 적응성이 있는 감지기가 아닌 것은?

① 불꽃감지기
② 광전식분리형감지기
③ 정온식스포트형감지기
④ 아날로그방식의 감지기

해설 지하층·무창층 등으로서 환기가 잘되지 아니하거나 실내 면적이 40m² 미만인 장소에 설치하여야 하는 적응성이 있는 감지기
① 불꽃감지기
② 정온식감지선형감지기
③ 분포형감지기
④ 복합형감지기
⑤ 광전식분리형감지기
⑥ 아날로그방식의 감지기
⑦ 다신호방식의 감지기
⑧ 축적방식의 감지기

79
무선통신보조설비의 화재안전기술기준(NFTC 505)에 따른 무선기기의 접속단자에 대한 시설기준이다. 다음 (　)에 들어갈 내용으로 옳은 것은?

> 지상에 설치하는 접속단자는 보행거리 (㉠)m 이내마다 설치하고, 다른 용도로 사용되는 접속단자에서 (㉡)m 이상의 거리를 둘 것

① ㉠ 300, ㉡ 3
② ㉠ 300, ㉡ 5
③ ㉠ 500, ㉡ 3
④ ㉠ 500, ㉡ 5

해설 2021.3.25. 제6조(무선기기접속단자)가 제6조(옥외안테나)로 개정됨에 따라 현재 기준에는 맞지 않습니다.

80
유도등 및 유도표지의 화재안전기술기준(NFTC 303)에 따른 피난구유도등의 설치장소로 틀린 것은?

① 직통계단
② 직통계단의 계단실
③ 안전구획된 거실로 통하는 출입구
④ 옥외로부터 직접 지하로 통하는 출입구

해설 피난구유도등의 설치장소
1. 옥내로부터 직접 지상으로 통하는 출입구 및 그 부속실의 출입구
2. 직통계단·직통계단의 계단실 및 그 부속실의 출입구
3. 제1호와 제2호에 따른 출입구에 이르는 복도 또는 통로로 통하는 출입구
4. 안전구획된 거실로 통하는 출입구

정답 78. ③　79. ②　80. ④

4회 2020년 소방설비기사

1과목 소방원론

01 ★★★ 출제년도【20.】

피난 시 하나의 수단이 고장 등으로 사용이 불가능하더라도 다른 수단 및 방법을 통해서 피난할 수 있도록 하는 것으로 2방향 이상의 피난통로를 확보하는 피난대책의 일반원칙은?

① Risk-down 원칙
② Feed-back 원칙
③ Fool-proof 원칙
④ Fail-safe 원칙

해설 Fail-safe
피난 시 하나의 수단이 고장 등으로 사용이 불가능하더라도 다른 수단 및 방법을 통해서 피난할 수 있도록 하는 것으로 2방향 이상의 피난통로를 확보하는 피난대책

02 ★ 출제년도【20.】

열분해에 의해 가연물 표면에 유리상의 메타인산 피막을 형성하여 연소에 필요한 산소의 유입을 차단하는 분말약제는?

① 요소
② 탄산수소칼륨
③ 제1인산암모늄
④ 탄산수소나트륨

해설 제1인산암모늄(인산염)
① 제3종분말 소화약제
② 주성분 : $NH_4H_2PO_4$
③ 적응화재 : A급화재, B급화재, C급화재
④ 열분해에 의해 메타인산(HPO_3), 올토인산(H_3PO_4) 및 피로인산($H_4P_2O_7$)을 발생시킨다.

03 ★★★ 출제년도【20.】

공기 중의 산소의 농도는 약 몇 vol% 인가?

① 10
② 13
③ 17
④ 21

해설 공기의 구성

구분	질소(N_2)	산소(O_2)	아르곤(Ar)	이산화탄소(CO_2)
체적(V)%	78.03	20.99	0.95	0.03

04 ★★ 출제년도【20.】

일반적인 플라스틱 분류상 열경화성 플라스틱에 해당하는 것은?

① 폴리에틸렌
② 폴리염화비닐
③ 페놀수지
④ 폴리스티렌

해설 열가소성, 열경화성

구분	열가소성 합성수지류	열경화성 합성수지류
개념	열을 가하면 용융하고, 냉각시키면 경화되는 것으로 재성형이 가능하다.	열을 가하면 경화되며, 재성형이 불가능하다.
종류	메틸펜텐 폴리머 나일론(포리아미드) 폴리카보네이트 폴리에틸렌, 폴리이미드 폴리페닐렌 옥시드 폴리프로필렌, 폴리스티렌 폴리술폰, 염화비닐리덴 수지 폴리염화비닐 수지(PVC)	우레아 수지 멜라민 수지 에폭시 수지 페놀 수지 불포화 폴리에스텔 수지 실리콘 수지 폴리우레탄

05 ★★★ 출제년도【20.】

자연발화 방지대책에 대한 설명 중 틀린 것은?

① 저장실의 온도를 낮게 유지한다.
② 저장실의 환기를 원활히 시킨다.
③ 촉매물질과의 접촉을 피한다.
④ 저장실의 습도를 높게 유지한다.

정답 1.④ 2.③ 3.④ 4.③ 5.④

해설 자연발화 방지대책
① 저장실의 온도를 낮게 유지한다.
② 저장실의 환기를 원활히 시킨다.
③ 촉매물질과의 접촉을 피한다.
④ 저장실의 습도를 **낮게** 유지한다.

06 공기 중에서 수소의 연소범위로 옳은 것은?

① 0.4~4 vol%
② 1~12.5 vol%
③ 4~75 vol%
④ 67~92 vol%

해설 수소(H_2)
① 연소범위 : 4~75%
② 위험도 : $H = \dfrac{75-4}{4} = 17.75$

07 탄산수소나트륨이 주성분인 분말 소화약제는?

① 제1종 분말
② 제2종 분말
③ 제3종 분말
④ 제4종 분말

해설 분말소화약제

종별	주성분	색	색	적용화재
제1종	탄산수소나트륨 (중탄산나트륨)	$NaHCO_3$	백색	BC급
제2종	탄산수소칼륨 (중탄산칼륨)	$KHCO_3$	담자색	BC급
제3종	인산염 (제일인산암모늄)	$NH_4H_2PO_4$	담홍색	ABC급
제4종	탄산수소칼륨 +요소	$KHCO_3+(NH_2)_2CO$	회색	BC급

08 불연성 기체나 고체 등으로 연소물을 감싸 산소공급을 차단하는 소화방법은?

① 질식소화
② 냉각소화
③ 연쇄반응차단소화
④ 제거소화

해설
① 질식 소화법 : 공기 중의 산소농도(21[%])를 연소한계농도(15[%]) 이하로 떨어뜨려 소화하는 방법
② 희석 소화법 : 기체, 액체, 고체에서 나오는 분해 가스의 농도를 낮추어 연소를 중지시키는 방법
③ 제거 소화법 : 연소물이나 화원을 제거하여 소화하는 방법
④ 냉각 소화법 : 소화제(물을 포함한다)의 냉각효과에 의하여 연소물을 냉각시키고 그 온도를 발화점 이하로 내려 소화하는 방법
⑤ 억제소화(부촉매소화) : 불꽃연소에 한하여 사용할 수 있는 방법으로 연쇄반응을 억제시켜 소화하는 방법

09 증발잠열을 이용하여 가연물의 온도를 떨어뜨려 화재를 진압하는 소화방법은?

① 제거소화
② 억제소화
③ 질식소화
④ 냉각소화

해설 냉각 소화법
① 증발잠열을 이용하여 가연물의 온도를 떨어뜨려 화재를 진압하는 소화방법
② 소화제(물을 포함한다)의 냉각효과에 의하여 연소물을 냉각시키고 그 온도를 발화점 이하로 내려 소화하는 방법

10 화재 발생 시 인간의 피난 특성으로 틀린 것은?

① 본능적으로 평상 시 사용하는 출입구를 사용한다.
② 최초로 행동을 개시한 사람을 따라서 움직인다.
③ 공포감으로 인해서 빛을 피하여 어두운 곳으로 몸을 숨긴다.
④ 무의식 중에 발화 장소의 반대쪽으로 이동한다.

해설 보기설명
① 본능적으로 평상 시 사용하는 출입구를 사용한다.
→ 귀소본능

정답 6. ③ 7. ① 8. ① 9. ④ 10. ③

② 최초로 행동을 개시한 사람을 따라서 움직인다.
→ 추종본능
③ 무의식 중에 발화 장소의 반대쪽으로 이동한다.
→ 퇴피본능

11 ★★★ 출제년도 【12,17,20.】
공기와 할론 1301의 혼합기체에서 할론 1301에 비해 공기의 확산속도는 약 몇 배인가?(단, 공기의 평균분자량은 29, 할론 1301의 분자량은 149이다.)

① 2.27배　　② 3.85배
③ 5.17배　　④ 6.46배

해설 공기의 확산속도

$$V_{공기} = \frac{\sqrt{M_{할론1301}}}{\sqrt{M_{공기}}} \times V_{할론1301}$$
$$= \frac{\sqrt{149}}{\sqrt{29}} \times V_{할론1301}$$
$$= 2.27 V_{할론1301}$$

12 ★★★ 출제년도 【20.】
다음 원소 중 할로겐족 원소인 것은?

① Ne　　② Ar
③ Cl　　④ Xe

해설 할로겐족 원소 : F, Cl, Br, I

13 ★★★ 출제년도 【14,20.】
건물 내 피난동선의 조건으로 옳지 않은 것은?

① 2개 이상의 방향으로 피난할 수 있어야 한다.
② 가급적 단순한 형태로 한다.
③ 통로의 말단은 안전한 장소이어야 한다.
④ 수직동선은 금하고 수평동선만 고려한다.

해설 피난동선의 구비조건
1) 가급적 단순형태가 좋다.
2) 어느 곳에서도 2개 이상의 방향으로 피난할 수 있어야 한다.
3) 피난동선의 말단은 화재로부터 안전한 장소이어야 한다.
4) 수평동선(복도)과 수직 동선(계단)으로 구분된다.
5) 피난동선은 가급적 상호 반대 방향으로 다수의 출구와 연결되는 것이 좋다.
6) 피난동선은 일상생활의 동선과 일치시킨다. 피난동선에는 비상의 통로, 계단을 이용하도록 한다.

14 ★★★ 출제년도 【20.】
실내화재에서 화재의 최성기에 돌입하기 전에 다량의 가연성 가스가 동시에 연소되면서 급격한 온도상승을 유발하는 현상은?

① 패닉(Panic)현상
② 스택(Stack)현상
③ 화이어 볼(Fire Ball)현상
④ 플래쉬 오버(Flash Over)현상

해설 플래시오버(Flash Over : F.O)
① Flash-Over 현상은 발화 후 5~6분 경과 후 화재 성장과정에서 발생하는 것으로 화재로 생긴 가연성 가스가 일시에 인화하여 화염이 충만해지는 과정을 말하는 것으로 폭발적인 착화현상과 폭발적인 화재확대 현상을 일으킨다.
② 플래시오버(F·O) 시점에서의 실내온도는 실내의 가연물질에 따라 달라지지만 보통 800℃~900℃ 정도이다.

15 ★ 출제년도 【20.】
과산화수소와 과염소산의 공통성질이 아닌 것은?

① 산화성 액체이다.
② 유기화합물이다.
③ 불연성 물질이다.
④ 비중이 1보다 크다.

정답 11. ① 12. ③ 13. ④ 14. ④ 15. ②

[해설] 과산화수소와 과염소산의 공통성질
① 산화성 액체이다.(제6류 위험물)
② 불연성 물질이다.
③ 비중이 1보다 크다.
④ 모두 무기화합물이다.

16 ★★★ 출제년도【20.】
화재를 소화하는 방법 중 물리적 방법에 의한 소화가 아닌 것은?

① 억제소화 ② 제거소화
③ 질식소화 ④ 냉각소화

[해설]

물리적 소화방법	화학적 소화방법
질식소화 냉각소화 제거소화	억제소화 (부촉매소화)

17 ★★★ 출제년도【05.08.13.20.】
물과 반응하여 가연성 기체를 발생하지 않는 것은?

① 칼륨   ② 인화아연
③ 산화칼슘 ④ 탄화알루미늄

[해설] 물과의 반응식
① 칼륨 : $2K + 2H_2O \rightarrow 2KOH + H_2$,
   수소(H_2)발생
② 인화아연 : $Zn_3P_2 + 6H_2O \rightarrow 3Zn(OH)_2 + 2PH_3$,
   포스핀(PH_3) 발생
③ 탄화알루미늄 : $Al_4C_3 + 12H_2O$
   $\rightarrow 4Al(OH)_3 + 3CH_4$, 메탄($CH_4$) 발생

18 ★ 출제년도【99.01.11.20.】
목재건축물의 화재 진행과정을 순서대로 나열한 것은?

① 무염착화-발염착화-발화-최성기
② 무염착화-최성기-발염착화-발화
③ 발염착화-발화-최성기-무염착
④ 발염착화-최성기-무염착화-발화

[해설] 목재건축물의 화재 진행과정
화재원인-무염착화-발염착화-발화(출화)-성장기-최성기-연소낙하-진화

19 ★★★ 출제년도【20.】
다음 물질을 저장하고 있는 장소에서 화재가 발생하였을 때 주수소화가 적합하지 않은 것은?

① 적린
② 마그네슘 분말
③ 과염소산칼륨
④ 유황

[해설] 마그네슘 분말에 주수소화를 하면 수소가 발생되어 폭발의 가능성이 있다.
마그네슘과 물과의 반응식 :
$2Mg + 2H_2O \rightarrow 2MgOH + H_2$

20 ★★★ 출제년도【20.】
다음 중 가연성 가스가 아닌 것은?

① 일산화탄소 ② 프로판
③ 아르곤   ④ 메탄

[해설] ① 일산화탄소 : 연소범위 12.5~74%
② 프로판 : 연소범위 2.1~9.5%
③ 메탄 : 연소범위 5~15%

2과목 소방전기일반

21 ★★★ 출제년도【20.】
다음 중 쌍방향성 전력용 반도체 소자인 것은?

① SCR   ② IGBT
③ TRIAC ④ DIODE

정답 16. ① 17. ③ 18. ① 19. ② 20. ③ 21. ③

해설 ① 단방향 전류 소자 : Diode, SCR(실리콘 정류기, 단방향성 3단자), GTO(단방향성 3단자), BJT, MOSFET, IGBT, SCS(단방향성 4단자)
② 쌍방향 전류 소자 : DIAC(다이액, 쌍방향성 2단자), TRIAC(트라이액, 쌍방향성 3단자)

22 그림의 시퀀스(계전기 접점)회로를 논리식으로 표현하면?

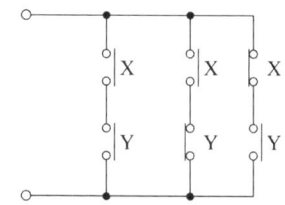

① $X + Y$
② $(XY) + (X\overline{Y})(\overline{X}Y)$
③ $(X+Y)(X+\overline{Y})(\overline{X}+Y)$
④ $(X+Y) + (X+\overline{Y}) + (\overline{X}+Y)$

해설 논리식 $= XY + X\overline{Y} + \overline{X}Y$
$= X(Y+\overline{Y}) + Y(X+\overline{X}) = X+Y$

23 그림의 블록선도와 같이 표현되는 제어시스템의 전달함수 $G(s)$는?

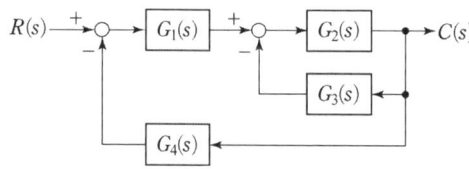

① $\dfrac{G_1(s)G_2(s)}{1+G_2(s)G_3(s)+G_1(s)G_2(s)G_4(s)}$

② $\dfrac{G_3(s)G_4(s)}{1+G_2(s)G_3(s)+G_1(s)G_2(s)G_4(s)}$

③ $\dfrac{G_1(s)G_2(s)}{1+G_1(s)G_2(s)+G_1(s)G_2(s)G_3(s)}$

④ $\dfrac{G_3(s)G_4(s)}{1+G_1(s)G_2(s)+G_1(s)G_2(s)G_3(s)}$

해설 루프이득의 합 : $-G_2(s)G_3(s) - G_1(s)G_2(s)G_4(s)$
전향경로의 합 : $G_1(s)G_2(s)$

전달함수 $G(s) = \dfrac{\text{전향경로의 합}}{1-\text{루프이득의 합}}$
$= \dfrac{G_1(s)G_2(s)}{1-[-G_2(s)G_3(s)-G_1(s)G_2(s)G_4(s)]}$
$= \dfrac{G_1(s)G_2(s)}{1+G_2(s)G_3(s)+G_1(s)G_2(s)G_4(s)}$

24 조작기기는 직접 제어대상에 작용하는 장치이고 빠른 응답이 요구된다. 다음 중 전기식 조작기기가 아닌 것은?

① 서보 전동기
② 전동 밸브
③ 다이어프램 밸브
④ 전자 밸브

해설 조작기기의 종류

전기식	기계식
전자 밸브, 전동 밸브, 2상 서보 전동기, 직류 서보 전동기, 펄스 전동기	클러치, 다이어프램 밸브, 밸브 포지셔너, 유압식 조작기(안내 밸브, 조작 실린더, 조작 피스톤, 분사관)

25 전기자 제어 직류 서보 전동기에 대한 설명으로 옳은 것은?

① 교류 서보 전동기에 비하여 구조가 간단하여 소형이고 출력이 비교적 낮다.
② 제어 권선과 콘덴서가 부착된 여자권선으로 구성된다.
③ 전기적 신호를 계자 권선의 입력전압으로 한다.
④ 계자 권선의 전류가 일정하다.

정답 22. ① 23. ① 24. ③ 25. ④

해설 서보 전동기의 비교

교류(BLDC)	직류(DC)
회전 계자형	회전 전기자형
제어가 쉽다.	제어가 편리하다.
전기 및 기계적 소음이 없다.	전기 및 기계적 소음이 생긴다.
고속운전이 쉽다.	고속운전이 어렵다.
출력밀도가 높다.	출력 밀도가 낮다.
소형화 가능하다.	소형화 어렵다.
수명이 길다.	브러시 마모로 수명이 짧다.

26 절연저항을 측정할 때 사용하는 계기는?

① 전류계   ② 전위차계
③ 메거   ④ 휘트스톤브리지

해설 메거(megger) : 절연저항을 측정할 때 사용

27 $R=10\Omega$, $\omega L=20\Omega$인 직렬회로에 $220\angle 0°$ V의 교류 전압을 가하는 경우 이 회로에 흐르는 전류는 약 몇 A인가?

① $24.5\angle -26.5°$ ② $9.8\angle -63.4°$
③ $12.2\angle -13.2°$ ④ $73.6\angle -79.6°$

해설 ① 임피던스의 크기 $Z=\sqrt{10^2+20^2}=10\sqrt{5}$

② 위상 $\theta=\tan^{-1}\dfrac{X_L}{R}=\tan^{-1}\dfrac{20}{10}=63.43°$

③ 전류 $I=\dfrac{V}{Z}=\dfrac{220\angle 0°}{10\sqrt{5}\angle 63.43°}=9.84\angle -63.43°$

28 다음의 논리식 중 틀린 것은?

① $(\overline{A}+B)(A+B)=B$
② $(A+B)\cdot\overline{B}=A\overline{B}$
③ $\overline{AB+AC}+\overline{A}=\overline{A}+\overline{BC}$
④ $\overline{(\overline{A}+B)+CD}=A\overline{B}(C+D)$

해설 보기설명

① $(\overline{A}+B)(A+B)=\overline{A}A+\overline{A}B+BA+B$
$=0+(\overline{A}+A+1)B=B$

② $(A+B)\cdot\overline{B}=A\overline{B}+B\overline{B}=A\overline{B}+0=A\overline{B}$

③ $\overline{AB+AC}+\overline{A}=\overline{AB}\cdot\overline{AC}+\overline{A}$
$=(\overline{A}+\overline{B})\cdot(\overline{A}+\overline{C})+\overline{A}$
$=\overline{A}+\overline{A}\overline{C}+\overline{A}\overline{B}+\overline{B}\overline{C}+\overline{A}$
$=\overline{A}(1+\overline{C}+\overline{B})+\overline{B}\overline{C}=\overline{A}+\overline{B}\overline{C}$

④ $\overline{(\overline{A}+B)+CD}=\overline{(\overline{A}+B)}\cdot\overline{CD}=\overline{\overline{A}}\cdot\overline{B}\cdot(\overline{C}+\overline{D})$
$=A\overline{B}(\overline{C}+\overline{D})$

29 $R=4\Omega$, $\dfrac{1}{\omega C}=9\Omega$인 RC 직렬회로에 전압 $e(t)$를 인가할 때, 제3고조파 전류의 실효값의 크기는 몇 A인가?

(단, $e(t)=50+10\sqrt{2}\sin\omega t+120\sqrt{2}\sin 3\omega t$ [V])

① 4.4   ② 12.2
③ 24   ④ 34

해설 ① 제3고조파 임피던스
$Z_3=R-j\dfrac{1}{3\omega C}=4-j\dfrac{9}{3}=4-j3[\Omega]$

② 제3고조파 전류
$I_3=\dfrac{V_3}{Z_3}=\dfrac{120\sqrt{2}/\sqrt{2}}{4-j3}=\dfrac{120}{\sqrt{4^2+3^2}}=24[A]$

30 분류기를 사용하여 전류를 측정하는 경우에 전류계의 내부저항이 0.28Ω이고 분류기의 저항이 0.07Ω이라면, 이 분류기의 배율은?

① 4   ② 5
③ 6   ④ 7

해설 배율 $m=1+\dfrac{r_a}{R_s}=1+\dfrac{0.28}{0.07}=5$

여기서, R_s : 분류기 저항[Ω]
r_a : 전류계 내부저항[Ω]

정답 26. ③ 27. ② 28. ④ 29. ③ 30. ②

31 옴의 법칙에 대한 설명으로 옳은 것은?

① 전압은 저항에 반비례한다.
② 전압은 전류에 비례한다.
③ 전압은 전류에 반비례한다.
④ 전압은 전류의 제곱에 비례한다.

해설 옴의 법칙
전류 $I = \dfrac{V}{R}$, 전압 $V = IR$의 관계에서 전압은 전류(I)에 비례하고, 저항(R)에 비례한다.

32 3상 직권 정류자 전동기에서 고정자 권선과 회전자 권선 사이에 중간 변압기를 사용하는 주된 이유가 아닌 것은?

① 경부하 시 속도의 이상 상승 방지
② 철심을 포화시켜 회전자 상수를 감소
③ 중간 변압기의 권수비를 바꾸어서 전동기 특성을 조정
④ 전원전압의 크기에 관계없이 정류에 알맞은 회전자전압 선택

해설 중간변압기(또는 직렬변압기) : 고정자 권선과 회전자 권선 사이에 직렬로 접속되어 있다.
중간변압기의 사용목적
① 회전자 상수의 증가
② 경부하시 속도의 이상 상승 방지
③ 실효 권수비의 조정
④ 정류자 전압의 조정

33 공기 중에 10 μC과 20 μC인 두 개의 점전하를 1 m 간격으로 놓았을 때 발생되는 정전기력은 몇 N인가?

① 1.2
② 1.8
③ 2.4
④ 3.0

해설 정전기력(쿨롱의 힘)
$$F = 9 \times 10^9 \times \dfrac{Q_1 Q_2}{r^2}$$
$$= 9 \times 10^9 \times \dfrac{10 \times 10^{-6} \times 20 \times 10^{-6}}{1^2} = 1.8 [N]$$

34 교류 회로에 연결되어 있는 부하의 역률을 측정하는 경우 필요한 계측기의 구성은?

① 전압계, 전력계, 회계계
② 상순계, 전력계, 전류계
③ 전압계, 전류계, 전력계
④ 전류계, 전압계, 주파수계

해설 역률은 $\dfrac{유효전력}{전압 \times 전류}$이므로 이를 측정하려면 전력계와 전압계, 전류계가 필요하다.

35 평형 3상 회로에서 측정된 선간전압과 전류의 실효값이 각각 28.87V, 10A이고 역률이 0.8일 때 3상 무효전력의 크기는 약 몇 Var인가?

① 400
② 300
③ 231
④ 173

해설 무효전력 $P_r = \sqrt{3} VI \sin\theta$
$= \sqrt{3} \times 28.87 \times 10 \times \sqrt{1 - 0.8^2}$
$= 300.03 [Var]$

36 회로에서 a, b 사이의 합성저항은 몇 Ω인가?

① 2.5
② 5
③ 7.5
④ 10

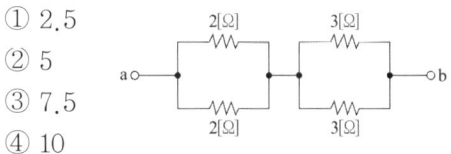

정답 31. ② 32. ② 33. ② 34. ③ 35. ② 36. ①

해설 합성저항 $R_{ab} = \dfrac{2\times 2}{2+2} + \dfrac{3\times 3}{3+3} = 2.5[\Omega]$

37 ★★★ 출제년도 [20.]
60Hz의 3상 전압을 전파 정류하였을 때 맥동주파수(Hz)는?

① 120　　② 180
③ 360　　④ 720

해설

구분	단상반파	단상전파	3상반파	3상전파
맥동주파수	f	$2f$	$3f$	$6f$
50Hz인 경우	50	100	150	300
60Hz인 경우	60	120	180	**360**

38 ★★★ 출제년도 [20.]
두 개의 입력신호 중 한 개의 입력만이 1일 때 출력신호가 1이 되는 논리게이트는?

① EXCLUSIVE NOR
② NAND
③ EXCLUSIVE OR
④ AND

해설 배타적 논리합 회로(EXCLUSIVE OR Gate)

유접점 회로	진리표	논리식(출력식)
(회로도)	A B X 0 0 0 0 1 1 1 0 1 1 1 0	$X = A\overline{B} + \overline{A}B$

39 ★ 출제년도 [20.]
진공 중 대전된 도체의 표면에 면전하밀도 $\sigma(C/m^2)$가 균일하게 분포되어 있을 때, 이 도체 표면에서의 전계의 세기 $E(V/m)$는? (단, ϵ_0는 진공의 유전율이다.)

① $E = \dfrac{\sigma}{\epsilon_0}$　　② $E = \dfrac{\sigma}{2\epsilon_0}$

③ $E = \dfrac{\sigma}{2\pi\epsilon_0}$　　④ $E = \dfrac{\sigma}{4\pi\epsilon_0}$

해설 도체 표면에서의 전계의 세기
$$E = \dfrac{\sigma}{\epsilon_0}[V/m]$$
여기에서 σ : 면전하밀도[C/m^2]
ϵ_0 : 진공의 유전율[F/m]

40 ★ 출제년도 [20.]
3상 유도 전동기의 출력이 25HP, 전압이 220V, 효율이 85%일 때, 이 전동기로 흐르는 전류는 약 몇 A인가?
(단, 1 HP = 0.746 kW)

① 40　　② 45
③ 68　　④ 70

해설 전류
$$I = \dfrac{P}{\sqrt{3}\,VI\cos\theta\eta} = \dfrac{25\times 0.746\times 10^3}{\sqrt{3}\times 220\times 0.85\times 0.85}$$
$= 67.74[A]$

3과목 소방관계법규

41 ★★★ 출제년도 [20.]
위험물안전관리법령상 위험물 중 제1석유류에 속하는 것은?

① 경유　　② 등유
③ 중유　　④ 아세톤

정답 37. ③　38. ③　39. ①　40. ③　41. ④

해설
- 경유 : 제2석유류
- 중유 : 제3석유류
- 등유 : 제2석유류
- 아세톤 : 제1석유류

42. ★★ 출제년도 【20.】
소방시설 설치 및 관리에 관한 법령상 소방시설등의 자체점검 중 종합정밀점검을 받아야 하는 특정소방대상물 대상 기준으로 틀린 것은?

① 제연설비가 설치된 터널
② 스프링클러설비가 설치된 특정소방대상물
③ 공공기관 중 연면적이 1000m² 이상인 것으로서 옥내소화전설비 또는 자동화재탐지설비가 설치된 것(단, 소방대가 근무하는 공공기관은 제외한다.)
④ 호스릴 방식의 물분무등소화설비만이 설치된 연면적 5000 이상인 특정소방대상물(단, 위험물 제조소등은 제외한다.)

해설 종합정밀점검 대상
① **스프링클러설비가 설치된 특정소방대상물**
② **물분무등소화설비**[호스릴(Hose Reel) 방식의 물분무등소화설비만을 설치한 경우는 제외]가 설치된 연면적 **5,000m² 이상**인 특정소방대상물(위험물 제조소등은 제외)
③ 제연설비가 설치된 터널
④ 공공기관 중 **연면적이 1,000m² 이상**인 것으로서 **옥내소화전설비 또는 자동화재탐지설비**가 설치된 것. 다만, 소방대가 근무하는 공공기관은 제외
⑤ 영화상영관, 비디오물감상실업, 복합영상물제공업, 노래연습장업, 산후조리업, 고시원업, 안마시술소의 영업장이 설치된 특정소방대상물로 연면적이 2,000m² 이상

43. ★ 출제년도 【20.】
소방시설 설치 및 관리에 관한 법령상 소방시설이 아닌 것은?

① 소화설비
② 경보설비
③ 방화설비
④ 소화활동설비

해설 소방시설의 종류
소화설비, 경보설비, 피난구조설비, 소화활동설비, 소화용수설비

44. ★★★ 출제년도 【20.】
소방기본법상 소방대장의 권한이 아닌 것은?

① 소방활동을 할 때에 긴급한 경우에는 이웃한 소방본부장 또는 소방서장에게 소방업무의 응원을 요청할 수 있다.
② 화재, 재난·재해, 그 밖의 위급한 상황이 발생한 현장에서 소방활동을 위하여 필요한 때에는 그 관할구역에 사는 사람 또는 그 현장에 있는 사람으로 하여금 사람을 구출하는 일 또는 불을 끄거나 불이 번지지 아니하도록 하는 일을 하게 할 수 있다.
③ 사람을 구출하거나 불이 번지는 것을 막기 위하여 필요할 때에는 화재가 발생하거나 불이 번질 우려가 있는 소방대상물 및 토지를 일시적으로 사용하거나 그 사용의 제한 또는 소방활동에 필요한 처분을 할 수 있다.
④ 소방활동을 위하여 긴급하게 출동할 때에는 소방자동차의 통행과 소방활동에 방해가 되는 주차 또는 정차된 차량 및 물건 등을 제거하거나 이동시킬 수 있다.

해설 **소방본부장이나 소방서장**은 소방활동을 할 때에 긴급한 경우에는 이웃한 소방본부장 또는 소방서장에게 소방업무의 응원(應援)을 요청할 수 있다.

45 위험물안전관리법령상 제조소등이 아닌 장소에서 지정수량 이상의 위험물을 취급할 수 있는 경우에 대한 기준으로 맞는 것은? (단, 시·도의 조례가 정하는 바에 따른다.)

① 관할 소방서장의 승인을 받아 지정수량 이상의 위험물을 60일 이내의 기간 동안 임시로 저장 또는 취급하는 경우
② 관할 소방대장의 승인을 받아 지정수량 이상의 위험물을 60일 이내의 기간 동안 임시로 저장 또는 취급하는 경우
③ 관할 소방서장의 승인을 받아 지정수량 이상의 위험물을 90일 이내의 기간 동안 임시로 저장 또는 취급하는 경우
④ 관할 소방대장의 승인을 받아 지정수량 이상의 위험물을 90일 이내의 기간 동안 임시로 저장 또는 취급하는 경우

해설 다음 각 호의 어느 하나에 해당하는 경우에는 제조소등이 아닌 장소에서 지정수량 이상의 위험물을 취급할 수 있다. 이 경우 임시로 저장 또는 취급하는 장소에서의 저장 또는 취급의 기준과 임시로 저장 또는 취급하는 장소의 위치·구조 및 설비의 기준은 시·도의 조례로 정한다.
1. 시·도의 조례가 정하는 바에 따라 관할소방서장의 승인을 받아 지정수량 이상의 위험물을 **90일 이내의** 기간동안 임시로 저장 또는 취급하는 경우
2. 군부대가 지정수량 이상의 위험물을 군사목적으로 임시로 저장 또는 취급하는 경우

46 위험물안전관리법령상 제4류 위험물별 지정수량 기준의 연결이 틀린 것은?

① 특수인화물-50리터
② 알코올류-400리터
③ 동식물유류-1000리터
④ 제4석유류-6000리터

해설 제4류 위험물별 지정수량 기준

위험물			지정수량
유별	성질	품명	
제4류	인화성 액체	1. 특수인화물	50리터
		2. 제1석유류 — 비수용성액체	200리터
		수용성액체	400리터
		3. 알코올류	400리터
		4. 제2석유류 — 비수용성액체	1,000리터
		수용성액체	2,000리터
		5. 제3석유류 — 비수용성액체	2,000리터
		수용성액체	4,000리터
		6. 제4석유류	6,000리터
		7. 동식물유류	10,000리터

47 화재의 예방 및 안전관리에 관한 법률상 화재예방강화지구의 지정권자는?

① 소방서장
② 시·도지사
③ 소방본부장
④ 행정자치부장관

해설 화재예방강화지구의 지정
1) 시·도지사는 화재의 발생 우려가 높거나 화재 발생시 그 피해가 클 것으로 예상되는 일정한 구역을 화재예방강화지구로 지정할 수 있다.
2) 소방본부장이나 소방서장은 화재예방강화지구안의 소방대상물의 위치, 구조 및 설비 등에 대해 화재안전조사를 하여야 한다.

48 위험물안전관리법령상 관계인이 예방규정을 정하여야 하는 위험물을 취급하는 제조소의 지정수량 기준으로 옳은 것은?

① 지정수량의 10배 이상
② 지정수량의 100배 이상
③ 지정수량의 150배 이상
④ 지정수량의 200배 이상

정답 45. ③ 46. ③ 47. ② 48. ①

해설 관련법 : 위험물안전관리법 시행령
(관계인이 예방규정을 정하여야 하는 제조소 등)

배수	배수 없음	10배 이상	100배 이상	150배 이상	200배 이상
제조·저장·취급소	• 이송취급소 • 암반탱크 저장소	• 제조소 • 일반취급소	옥외 저장소	옥내 저장소	옥외탱크 저장소

49 ★ 출제년도 [20.]
소방시설 설치·유지 및 관리에 관한 법령상 주택의 소유자가 소방시설을 설치하여야 하는 대상이 아닌 것은?

① 아파트　　② 연립주택
③ 다세대주택　④ 다가구주택

해설 주택의 소유자가 소방시설을 설치하여야 하는 대상
: 연립주택, 다세대주택, 다가구주택

50 ★ 출제년도 [20.]
소방시설공사업법령상 정의된 업종 중 소방시설업의 종류에 해당되지 않는 것은?

① 소방시설설계업　② 소방시설공사업
③ 소방시설정비업　④ 소방공사감리업

해설 소방시설업의 종류

소방시설설계업	소방시설공사에 기본이 되는 공사계획, 설계도면, 설계 설명서, 기술계산서 및 이와 관련된 서류(이하 "설계도서"라 한다)를 작성(이하 "설계"라 한다)하는 영업
소방시설공사업	설계도서에 따라 소방시설을 신설, 증설, 개설, 이전 및 정비(이하 "시공"이라 한다)하는 영업
소방공사감리업	소방시설공사에 관한 발주자의 권한을 대행하여 소방시설공사가 설계도서와 관계 법령에 따라 적법하게 시공되는지를 확인하고, 품질·시공 관리에 대한 기술지도를 하는(이하 "감리"라 한다) 영업
방염처리업	방염대상물품에 대하여 방염처리(이하 "방염"이라 한다)하는 영업

51 ★ 출제년도 [20.]
소방시설 설치 및 관리에 관한 법령상 특정소방대상물로서 숙박시설에 해당되지 않는 것은?

① 오피스텔
② 일반형 숙박시설
③ 생활형 숙박시설
④ 근린생활시설에 해당하지 않는 고시원

해설 오피스텔은 업무시설이다.

52 ★ 출제년도 [20.]
화재의 예방 및 안전관리에 관한 법령상 특수가연물의 저장 및 취급기준을 2회 위반한 경우 과태료 부과기준은?

① 50만원　　② 100만원
③ 150만　　④ 200만원

해설 특수가연물의 저장 및 취급기준 위반시 과태료

위반횟수	1회	2회	3회	4회이상
과태료	20만원	50만원	100만원	100만원

53 ★★ 출제년도 [20.]
소방시설 설치 및 관리에 관한 법령상 수용인원 산정 방법 중 다음과 같은 시설의 수용인원 산정 방법 중 다음과 같은 시설의 수용인원은 몇 명인가?

> 숙박시설이 있는 특정소방대상물로서 종사자수는 5명, 숙박시설은 모두 2인용 침대이며 침대수량은 50개이다.

① 55　　② 75
③ 85　　④ 105

해설 수용·인원 : 종사자 수+침대수량(2인용은 2명)
　　　　　　 = 5명 + 50개 × 2명 = 105명

정답 49. ① 50. ③ 51. ① 52. ① 53. ④

54 소방시설 설치 및 관리에 관한 법령상 소방시설등에 대하여 스스로 점검을 하지 아니하거나 관리업자 등으로 하여금 정기적으로 점검하게 하지 아니한 자에 대한 벌칙 기준으로 옳은 것은?

① 6개월 이하의 징역 또는 1000만원 이하의 벌금
② 1년 이하의 징역 또는 1000만원 이하의 벌금
③ 3년 이하의 징역 또는 1500만원 이하의 벌금
④ 3년 이하의 징역 또는 3000만원 이하의 벌금

해설 소방시설등에 대하여 스스로 점검을 하지 아니하거나 관리업자 등으로 하여금 정기적으로 점검하게 하지 아니한 자 : 1년 이하의 징역 또는 1천만원 이하의 벌금

55 화재의 예방 및 안전관리에 관한 법상 화재예방강화지구의 지정대상이 아닌 것은?(단, 소방청장·소방본부장 또는 소방서장이 화재예방강화지구로 지정할 필요가 있다고 인정하는 지역은 제외한다.)

① 시장지역
② 농촌지역
③ 목조건물이 밀집한 지역
④ 공장·창고가 밀집한 지역

해설 화재예방강화지구의 지정

지정권자	시·도지사
화재예방강화지구의 지정	1. 시장지역 2. 공장·창고가 밀집한 지역 3. 목조건물이 밀집한 지역 4. 노후·불량건축물이 밀집한 지역 5. 위험물의 저장 및 처리 시설이 밀집한 지역 6. 석유화학제품을 생산하는 공장이 있는 지역 7. 산업단지 8. 소방시설·소방용수시설 또는 소방출동로가 없는 지역

56 화재의 예방 및 안전관리에 관한 법령상 특수가연물의 품명과 지정수량 기준의 연결이 틀린 것은?

① 사류-1000kg 이상
② 볏짚류-3000kg 이상
③ 석탄·목탄류-10000kg 이상
④ 합성수지류 중 발포시킨 것-20m³ 이상

해설 특수가연물의 품명 및 지정수량

품명	수량
면화류	200킬로그램 이상
나무껍질 및 대팻밥	400킬로그램 이상
넝마 및 종이부스러기	1,000킬로그램 이상
사류(絲類)	1,000킬로그램 이상
볏짚류	**1,000킬로그램 이상**
가연성고체류	3,000킬로그램 이상
석탄·목탄류	10,000킬로그램 이상
가연성액체류	2세제곱미터 이상
목재가공품 및 나무부스러기	10세제곱미터 이상
합성수지류 발포시킨 것	20세제곱미터 이상
합성수지류 그 밖의 것	3,000킬로그램 이상

57 소방기본법령상 소방안전교육사의 배치대상별 배치기준으로 틀린 것은?

① 소방청 : 2명 이상 배치
② 소방서 : 1명 이상 배치
③ 소방본부 : 2명 이상 배치
④ 한국소방안전협회(본회) : 1명 이상 배치

해설 소방안전교육사 배치대상별 배치기준

배치대상	배치기준(단위 : 명)
1. 소방청	2이상
2. 소방본부	2이상
3. 소방서	1이상
4. 한국소방안전협회	본회 : 2이상 시·도지부 : 1이상
5. 한국소방산업기술원	2 이상

정답 54. ② 55. ② 56. ② 57. ④

66 자동화재탐지설비 및 시각경보장치의 화재안전기술기준(NFTC 203)에 따른 자동화재탐지설비의 중계기의 시설기준으로 틀린 것은?

① 조작 및 점검에 편리하고 화재 및 침수등의 재해로 인한 피해를 받을 우려가 없는 장소에 설치할 것
② 수신기에서 직접 감지기회로의 도통시험을 행하지 아니하는 것에 있어서는 수신기와 감지기 사이에 설치할 것
③ 감시되지 아니하는 배선을 통하여 전력을 공급받는 것에 있어서는 전원입력측의 배선에 누전경보기를 설치할 것
④ 수신기에 따라 감시되지 아니하는 배선을 통하여 전력을 공급받는 것에 있어서는 해당 전원의 정전이 즉시 수신기에 표시되는 것으로 하며, 상용전원 및 예비전원의 시험을 할 수 있도록 할 것

[해설] 중계기 설치기준
① 수신기에서 직접 감지기회로의 도통시험을 행하지 아니하는 것에 있어서는 **수신기와 감지기 사이**에 설치할 것
② 조작 및 점검에 편리하고 화재 및 침수등의 재해로 인한 피해를 받을 우려가 없는 장소에 설치할 것
③ 수신기에 따라 감시되지 아니하는 배선을 통하여 전력을 공급받는 것에 있어서는 전원입력측의 배선에 **과전류 차단기**를 설치하고 해당 전원의 정전이 즉시 수신기에 표시되는 것으로 하며, **상용전원 및 예비전원의 시험**을 할 수 있도록 할 것

67 자동화재탐지설비 및 시각경보장치의 화재안전기술기준(NFTC 203)에 따라 부착높이 8m 이상 15m 미만에 설치 가능한 감지기가 아닌 것은?

① 불꽃감지기
② 보상식 분포형감지기
③ 차동식 분포형감지기
④ 광전식 분리형 1종 감지기

[해설]

| 8m 이상 15m 미만 | • 차동식 분포형
• 이온화식 1종 또는 2종
• 광전식(스포트형, 분리형, 공기흡입형) 1종 또는 2종
• 연기복합형
• 불꽃감지기 |

68 예비전원의 성능인증 및 제품검사의 기술기준에서 정의하는 "예비전원"에 해당하지 않는 것은?

① 리튬계 2차 축전지
② 알카리계 2차 축전지
③ 용융염 전해질 연료전지
④ 무보수 밀폐형 연축전지

[해설] 예비전원 : 소방용품에 사용되는 알카리계 2차 축전지, 리튬계 2차 축전지 및 무보수 밀폐형 연축전지

69 누전경보기의 형식승인 및 제품검사의 기술기준에 따라 누전경보기에서 사용되는 표시등에 대한 설명으로 틀린 것은?

① 지구등은 녹색으로 표시되어야 한다.
② 소켓은 접촉이 확실하여야 하며 쉽게 전구를 교체할 수 있도록 부착하여야 한다.
③ 주위의 밝기가 300 lx인 장소에서 측정하여 앞면으로부터 3 m 떨어진 곳에서 켜진 등이 확실히 식별되어야 한다.
④ 전구는 사용전압의 130 %인 교류전압을 20시간 연속하여 가하는 경우 단선, 현저한 광속변화, 흑화, 전류의 저하 등이 발생하지 아니하여야 한다.

정답 66. ③ 67. ② 68. ③ 69. ①

해설 누전화재의 발생을 표시하는 표시등(이하 "누전등"이라 한다)이 설치된 것은 등이 켜질 때 적색으로 표시되어야 하며, 누전화재가 발생한 경계전로의 위치를 표시하는 표시등(이하 "지구등"이라 한다)과 기타의 표시등은 다음과 같아야 한다.
1) 지구등은 **적색**으로 표시되어야 한다. 이 경우 누전등이 설치된 수신부의 지구등은 적색외의 색으로도 표시할 수 있다.
2) 기타의 표시등은 적색외의 색으로 표시되어야 한다. 다만, 누전등 및 지구등과 쉽게 구별할 수 있도록 부착된 기타의 표시등은 적색으로도 표시할 수 있다.

70 ★★ 출제년도 【20.】
비상콘센트설비의 화재안전기술기준(NFTC 504)에 따라 아파트 또는 바닥면적이 1000 m² 미만인 층은 비상콘센트를 계단의 출입구로부터 몇 m 이내에 설치해야 하는가? (단, 계단의 부속실을 포함하며 계단이 2 이상 있는 경우에는 그 중 1개의 계단을 말한다.)

① 10　② 8
③ 5　④ 3

해설 비상콘센트의 배치는 **아파트 또는 바닥면적이 1,000 m² 미만인 층은 계단의 출입구(계단의 부속실을 포함하며 계단이 2 이상 있는 경우에는 그중 1개의 계단을 말한다)로부터 5m이내**에, 바닥면적 1,000m² 이상인 층(아파트를 제외한다)은 각 계단의 출입구 또는 계단부속실의 출입구(계단의 부속실을 포함하며 계단이 3 이상 있는 층의 경우에는 그중 2개의 계단을 말한다)로부터 5m이내에 설치하되, 그 비상콘센트로부터 그 층의 각 부분까지의 거리가 다음 각 목의 기준을 초과하는 경우에는 그 기준 이하가 되도록 비상콘센트를 추가하여 설치할 것
가. 지하상가 또는 지하층의 바닥면적의 합계가 3,000m² 이상인 것은 수평거리 25m
나. 가목에 해당하지 아니하는 것은 수평거리 50m

71 ★★★ 출제년도 【20.】
무선통신보조설비의 화재안전기술기준(NFTC 505)에 따른 설치제외에 대한 내용이다. 다음 ( )에 들어갈 내용으로 옳은 것은?

(ⓐ)으로서 특정소방대상물의 바닥부분 2면 이상이 지표면과 동일하거나 지표면으로부터의 깊이가 (ⓑ)m 이하인 경우에는 해당층에 한하여 무선통신보조설비를 설치하지 아니할 수 있다.

① ⓐ 지하층　ⓑ 1
② ⓐ 지하층　ⓑ 2
③ ⓐ 무창층　ⓑ 1
④ ⓐ 무창층　ⓑ 2

해설 지하층으로서 특정소방대상물의 바닥부분 2면 이상이 지표면과 동일하거나 지표면으로부터의 깊이가 1m 이하인 경우에는 해당층에 한하여 무선통신보조설비를 설치하지 아니할 수 있다.

72 ★★★ 출제년도 【20.】
비상방송설비의 화재안전기술기준(NFTC 202)에 따른 정의에서 가변저항을 이용하여 전류를 변화시켜 음량을 크게 하거나 작게 조절할 수 있는 장치를 말하는 것은?

① 증폭기　② 변류기
③ 중계기　④ 음량조절기

해설 용어정의
1. "확성기"란 소리를 크게 하여 멀리까지 전달될 수 있도록 하는 장치로써 일명 **스피커**를 말한다.
2. "**음량조절기**"란 가변저항을 이용하여 전류를 변화시켜 음량을 크게 하거나 작게 조절할 수 있는 장치를 말한다.
3. "증폭기"란 전압전류의 진폭을 늘려 감도를 좋게 하고 미약한 음성전류를 커다란 음성전류로 변화시켜 소리를 크게 하는 장치를 말한다.

정답 70. ③　71. ①　72. ④

73 소방시설용 비상전원수전설비의 화재안전기술기준(NFTC 602)에 따라 큐비클형의 시설기준으로 틀린 것은?

① 전용큐비클 또는 공용큐비클식으로 설치할 것
② 외함은 건축물의 바닥 등에 견고하게 고정할 것
③ 자연환기구에 따라 충분히 환기할 수 없는 경우에는 환기설비를 설치할 것
④ 공용큐비클식의 소방회로와 일반회로에 사용되는 배선 및 배선용기기는 난연재료로 구획할 것

[해설] 공용큐비클식의 소방회로와 일반회로에 사용되는 배선 및 배선용기기는 **불연재료**로 구획할 것

74 비상경보설비 및 단독경보형감지기의 화재안전기술기준(NFTC 201)에 따른 발신기의 시설기준에 대한 내용이다. 다음 ( )에 들어갈 내용으로 옳은 것은?

> 조작이 쉬운 장소에 설치하고, 조작스위치는 바닥으로부터 (ⓐ)m 이상 (ⓑ)m 이하의 높이에 설치할 것

① ⓐ 0.6 ⓑ 1.2
② ⓐ 0.8 ⓑ 1.5
③ ⓐ 1.0 ⓑ 1.8
④ ⓐ 1.2 ⓑ 2.0

[해설] 발신기 설치기준
① 조작이 쉬운 장소에 설치하고, 조작스위치는 바닥으로부터 **0.8m 이상 1.5m 이하**의 높이에 설치할 것
② 특정소방대상물의 **층마다** 설치하되, 해당 특정소방대상물의 각 부분으로부터 하나의 발신기까지의 수평거리가 **25m 이하**가 되도록 할 것. 다만, 복도 또는 별도로 구획된 실로서 보행거리가 40m 이상일 경우에는 추가로 설치하여야 한다.
③ 발신기의 위치표시등은 **함의 상부**에 설치하되, 그 불빛은 부착 면으로부터 **15° 이상**의 범위 안에서 부착지점으로부터 **10m 이내**의 어느 곳에서도 쉽게 식별할 수 있는 적색등으로 할 것

75 누전경보기의 형식승인 및 제품검사의 기술기준에 따라 누전경보기에 차단기구를 설치하는 경우 차단기구에 대한 설명으로 틀린 것은?

① 개폐부는 정지점이 명확하여야 한다.
② 개폐부는 원활하고 확실하게 작동하여야 한다.
③ 개폐부는 KS C 8321(배선용차단기)에 적합한 것이어야 한다.
④ 개폐부는 수동으로 개폐되어야 하며 자동적으로 복귀하지 아니하여야 한다.

[해설] 누전경보기에 차단기구를 설치하는 경우에는 다음에 적합하여야 한다.
가. 개폐부는 원활하고 확실하게 작동하여야 하며 정지점이 명확하여야 한다.
나. 개폐부는 수동으로 개폐되어야 하며 자동적으로 복귀하지 아니하여야 한다.
다. 개폐부는 KS C 4613(**누전차단기**)에 적합한 것이어야 한다.

76 감지기의 형식승인 및 제품검사의 기술기준에 따른 단독경보형감지기(주전원이 교류전원 또는 건전지인 것을 포함한다)의 일반기능에 대한 설명으로 틀린 것은?

① 작동되는 경우 작동표시등에 의하여 화재의 발생을 표시할 수 있는 기능이 있어야 한다.

[정답] 73. ④ 74. ② 75. ③ 76. ③

② 작동되는 경우 내장된 음향장치의 명동에 의하여 화재경보음을 발할 수 있는 기능이 있어야 한다.
③ 전원의 정상상태를 표시하는 전원표시등의 섬광주기는 3초 이내의 점등과 60초 이내의 소등으로 이루어져야 한다.
④ 자동복귀형 스위치(자동적으로 정위치에 복귀될 수 있는 스위치를 말한다)에 의하여 수동으로 작동시험을 할 수 있는 기능이 있어야 한다.

해설 주기적으로 섬광하는 전원표시등에 의하여 전원의 정상 여부를 감시할 수 있는 기능이 있어야 하며, 전원의 정상상태를 표시하는 전원표시등의 섬광주기는 **1초 이내의 점등**과 **30초 에서 60초 이내의 소등**으로 이루어져야 한다.

77 ★ 출제년도 【20.】
자동화재속보설비의 속보기의 성능인증 및 제품검사의 기술기준에 따라 자동화재속보설비의 속보기가 소방관서에 자동적으로 통신망을 통해 통보하는 신호의 내용으로 옳은 것은?
① 당해 소방대상물의 위치 및 규모
② 당해 소방대상물의 위치 및 용도
③ 당해 화재발생 및 당해 소방대상물의 위치
④ 당해 고장발생 및 당해 소방대상물의 위치

해설 자동화재속보설비의속보기(이하 이 기준에서 "속보기"라 한다)"란 수동작동 및 자동화재탐지설비 수신기의 화재신호와 연동으로 작동하여 관계인에게 화재발생을 경보함과 동시에 소방관서에 자동적으로 통신망을 통한 **당해 화재발생 및 당해 소방대상물의 위치** 등을 음성으로 통보하여 주는 것을 말한다.

78 ★★★ 출제년도 【20.】
유도등의 우수품질인증 기술기준에 따른 유도등의 일반구조에 대한 내용이다. 다음 ( )에 들어갈 내용으로 옳은 것은?

> 전선의 굵기는 인출선인 경우에는 단면적이 (ⓐ) mm² 이상, 인출선 외의 경우에는 면적이 (ⓑ)mm² 이상이어야 한다.

① ⓐ 0.75 ⓑ 0.5
② ⓐ 0.75 ⓑ 0.75
③ ⓐ 1.5   ⓑ 0.75
④ ⓐ 2.5   ⓑ 1.5

해설 전선의 굵기는 인출선인 경우에는 단면적이 0.75 mm² 이상, 인출선 외의 경우에는 면적이 0.5 mm² 이상이어야 한다.

79 ★★★ 출제년도 【20.】
유도등 및 유도표지의 화재안전기술기준(NFTC 303)에 따라 객석유도등을 설치하여야 하는 장소로 틀린 것은?
① 벽   ② 천장
③ 바닥   ④ 통로

해설 객석유도등 : 객석의 통로, 바닥 또는 벽에 설치하는 유도등

80 ★★★ 출제년도 【20.】
무선통신보조설비의 화재안전기술기준(NFTC 505)에 따라 누설동축케이블 또는 동축케이블의 임피던스는 몇 Ω인가?
① 5   ② 10
③ 30   ④ 50

해설 누설동축케이블 또는 동축케이블의 임피던스는 50 Ω으로 하고, 이에 접속하는 안테나·분배기 기타의 장치는 해당 임피던스에 적합한 것으로 하여야 한다.

정답 77. ③ 78. ① 79. ② 80. ④

1회 2021년 소방설비기사

1과목 소방원론

01 건축법령상 내력벽, 기둥, 바닥, 보, 지붕틀 및 주계단을 무엇이라 하는가?
① 내진구조부 ② 건축설비부
③ 보조구조부 ④ 주요구조부

해설 주요구조부 : 내력벽, 기둥, 바닥, 보, 지붕틀 및 주계단

02 이산화탄소의 물성으로 옳은 것은?
① 임계온도 : 31.35℃, 증기비중 : 0.529
② 임계온도 : 31.35℃, 증기비중 : 1.529
③ 임계온도 : 0.35℃, 증기비중 : 1.529
④ 임계온도 : 0.35℃, 증기비중 : 0.529

해설 이산화탄소의 물성

구 분	물 성
분자량	44
비 중	1.52
삼중점	−56.3[℃]
임계온도	31.35[℃]
비 점	−78.5[℃]

03 소화약제로 사용하는 물의 증발잠열로 기대할 수 있는 소화효과는?
① 냉각소화 ② 질식소화
③ 제거소화 ④ 촉매소화

해설 냉각소화
① 증발잠열을 이용하여 가연물의 온도를 떨어뜨려 화재를 진압하는 소화방법
② 소화제(물을 포함한다)의 냉각효과에 의하여 연소물을 냉각시키고 그 온도를 발화점 이하로 내려 소화하는 방법

04 블레비(BLEVE) 현상과 관계가 없는 것은?
① 핵분열
② 가연성액체
③ 화구(Fire ball)의 형성
④ 복사열의 대량 방출

해설 블레비(BLEVE) 현상
① 비등액체 팽창 증기폭발
② 가연성 액화가스(가연성 액체)의 용기가 과열로 파손되어 가스가 분출된 후 불이 붙어 폭발하는 현상으로 Fire ball의 형성 및 복사열을 대량으로 방출한다.

05 할로겐화합물 소화약제에 관한 설명으로 옳지 않은 것은?
① 연쇄반응을 차단하여 소화한다.
② 할로겐족 원소가 사용된다.
③ 전기에 도체이므로 전기화재에 효과가 있다.
④ 소화약제의 변질 분해 위험성이 낮다.

해설 할로겐화합물 소화약제는 전기에 비도전성(부도체)이므로 전기화재에 효과가 있다.

정답 1.④ 2.② 3.① 4.① 5.③

06 ★★★ 출제년도【16, 21.】
스테판-볼쯔만의 법칙에 의해 복사열과 절대온도와의 관계를 옳게 설명한 것은?

① 복사열은 절대온도의 제곱에 비례한다.
② 복사열은 절대온도의 4제곱에 비례한다.
③ 복사열은 절대온도의 제곱에 반비례한다.
④ 복사열은 절대온도의 4제곱에 반비례한다.

해설 스테판-볼츠만의 복사법칙
열복사량은 절대온도의 4승에 비례하고 열전달면적에 비례한다.

07 ★★★ 출제년도【21.】
분자식이 CF_2BrCl 인 할로겐화합물 소화약제는?

① Halon 1301   ② Halon 1211
③ Halon 2402   ④ Halon 2021

해설 할론 소화약제의 종류

분자식	C	F	Cl	Br
Halon 1301	CF_3Br	1	3	0	1
Halon 1211	CF_2ClBr	1	2	1	1
Halon 2402	$C_2F_4Br_2$	2	4	0	2

08 ★★★ 출제년도【18, 21.】
대두유가 침적된 기름 걸레를 쓰레기통에 장시간 방치한 결과 자연발화에 의하여 화재가 발생한 경우 그 이유로 옳은 것은?

① 융해열 축적
② 산화열 축적
③ 증발열 축적
④ 발효열 축적

해설 대두유(콩기름)는 동식물유류 중 반건성유에 해당하는 물질로 기름걸레를 장기간 방치할 경우 산화열 축적에 의해 화재발생 가능성이 있다.

09 ★★★ 출제년도【18, 21.】
조연성 가스에 해당하는 것은?

① 일산화탄소   ② 산소
③ 수소   ④ 부탄

해설 ① 가연성 가스 : 일산화탄소(연소범위 12.5~74%),
수소(연소범위 4~75%),
부탄(연소범위 1.8~8.4%)
② 조연성 가스 : 산소

10 ★★★ 출제년도【21.】
물에 저장하는 것이 안전한 물질은?

① 나트륨   ② 수소화칼슘
③ 이황화탄소   ④ 탄화칼슘

해설 위험물질별 보관방법

보관방법	종류
물속	황린(P_4), 이황화탄소(CS_2)
알코올 속	니트로셀룰로오스
석유류(등유) 속	칼륨(K), 나트륨(Na), 리튬(Li)

수소화칼슘은 물과 반응하여 수소를, 탄화칼슘은 물과 반응하여 아세틸렌을 만든다.

11 ★★★ 출제년도【21.】
다음 각 물질과 물이 반응하였을 때 발생하는 가스의 연결이 틀린 것은?

① 탄화칼슘 - 아세틸렌
② 탄화알루미늄 - 이산화황
③ 인화칼슘 - 포스핀
④ 수소화리튬 - 수소

해설 탄화알루미늄 - 메탄

12 ★★★ 출제년도【17, 21.】
건축물의 화재 시 피난자들의 집중으로 패닉(panic) 현상이 일어날 수 있는 피난방향은?

정답 6. ② 7. ② 8. ② 9. ② 10. ③ 11. ② 12. ①

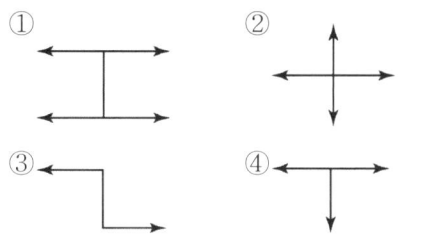

해설 피난방법을 고려한 시설계획

구분		피난방향의 종류
피난 방향 명확	가장 확실	X형
		Y형
	양호	T형
		I형
		Z형
패닉 발생 우려		H형
		CO형

13 위험물별 저장방법에 대한 설명 중 틀린 것은?

① 유황은 정전기가 축적되지 않도록 하여 저장한다.
② 적린은 화기로부터 격리하여 저장한다.
③ 마그네슘은 건조하면 부유하여 분진폭발의 위험이 있으므로 물에 적시어 보관한다.
④ 황화린은 산화제와 격리하여 저장한다.

해설 마그네슘은 물과 반응하여 수소가스를 발생, 폭발하므로 물과의 접촉을 피해야 한다.

14 전기화재의 원인으로 거리가 먼 것은?

① 단락　② 과전류
③ 누전　④ 절연 과다

해설 전기화재의 발생원인
① **누전**(절연저항 감소)에 의한 발화
② **과전류**(과부하)에 의한 발화
③ **단락**에 의한 발화
④ 불꽃방전(스파크)에 의한 발화
⑤ 도체 접속부 과열에 의한 발화
⑥ 지락에 의한 발화
⑦ 용접 불꽃에 의한 발화

15 인화점이 낮은 것부터 높은 순서로 옳게 나열된 것은?

① 에틸알코올 < 이황화탄소 < 아세톤
② 이황화탄소 < 에틸알코올 < 아세톤
③ 에틸알코올 < 아세톤 < 이황화탄소
④ 이황화탄소 < 아세톤 < 에틸알코올

해설 주요물질의 인화점

물질	인화점(℃)	물질	인화점(℃)
다이에틸에터	-45	메틸알코올	11
휘발유	-43~-20	에틸알코올	13
아세트알데하이드	-38	등유	30~60
산화프로필렌	-37	중유	60~150
이황화탄소	-30	크레오소트유	74
아세톤, 시안화수소	-18	나이트로벤젠	87.8
초산에틸	-4	글리세린	160
톨루엔	4.5	방청유	200

16 가연성 가스이면서도 독성 가스인 것은?
① 질소 ② 수소
③ 염소 ④ 황화수소

해설 황화수소(H_2S)
① 허용농도 10ppm
② 달걀 썩은 냄새, 신경계통에 영향
③ 가연성 가스이면서 독성가스

17 1기압 상태에서, 100℃ 물 1g이 모두 기체로 변할 때 필요한 열량은 몇 cal인가?
① 429 ② 499
③ 539 ④ 639

해설 100℃ 물 1g이 모두 기체로 변할 때 필요한 열량을 기화 또는 증발잠열이라 하고 539 cal가 필요하다.

18 다음 물질 중 연소범위를 통해 산출한 위험도 값이 가장 높은 것은?
① 수소 ② 에틸렌
③ 메탄 ④ 이황화탄소

해설 위험도 $H = \dfrac{UFL - LFL}{LFL}$
(UFL : 연소 상한계, LFL : 연소 하한계)
① 이황화탄소 : 연소범위 1.2~44%,
위험도 $H = \dfrac{44 - 1.2}{1.2} = 35.67$
② 메탄 : 연소범위 5~15%,
위험도 $H = \dfrac{15 - 5}{5} = 2$
③ 수소 : 연소범위 4~75%,
위험도 $H = \dfrac{75 - 4}{4} = 17.75$
④ 일산화탄소 : 연소범위 12.5~74%,
위험도 $H = \dfrac{74 - 12.5}{12.5} = 4.92$

19 일반적으로 공기 중 산소농도를 몇 vol% 이하로 감소시키면 연소속도의 감소 및 질식소화가 가능한가?
① 15 ② 21
③ 25 ④ 31

해설 질식소화법 : 공기 중의 산소농도(21[%])를 연소한계 농도(15[%]) 이하로 떨어뜨려 소화하는 방법으로 일반적으로 10~15[%] 이하로 하여 질식 소화한다.

20 가연물질의 구비조건으로 옳지 않은 것은?
① 화학적 활성이 클 것
② 열의 축적이 용이할 것
③ 활성화 에너지가 작을 것
④ 산소와 결합할 때 발열량이 작을 것

해설 가연물의 구비조건
① 열전도율이 낮을 것(열전도율이 낮을수록 열의 축적으로 인해 가연물의 분해가 빨라진다)
② 활성화 에너지가(점화에너지) 작을 것
③ **발열량이 클 것**
④ 열의 축적이 용이할 것
⑤ 가연물의 표면적이 커야 한다. (산소와의 접촉 면적이 클 것)

2과목 소방전기일반

21 논리식 $(X+Y)(X+\overline{Y})$을 간단히 하면?
① 1 ② XY
③ X ④ Y

해설 $(X+Y)(X+\overline{Y}) = XX + X\overline{Y} + XY + Y\overline{Y}$
$= X(1 + \overline{Y} + Y) = X$

22. 어떤 측정계기의 지시값을 M, 참값을 T라 할 때 보정률(%)은?

① $\dfrac{T-M}{M} \times 100\%$ ② $\dfrac{M}{M-T} \times 100\%$

③ $\dfrac{T-M}{T} \times 100\%$ ④ $\dfrac{T}{M-T} \times 100\%$

해설 보정률 : $\dfrac{T-M}{M} \times 100\%$

오차율 : $\dfrac{M-T}{T} \times 100\%$

23. 그림과 같이 반지름 r[m]인 원의 원주상 임의의 2점 a, b 사이에 전류 I[A]가 흐른다. 원의 중심에서의 자계의 세기는 몇 [A/m]인가?

① $\dfrac{I\theta}{4\pi r}$

② $\dfrac{I\theta}{4\pi r^2}$

③ $\dfrac{I\theta}{2\pi r}$

④ $\dfrac{I\theta}{4\pi r^2}$

해설 자계의 세기 $H = \dfrac{I}{2r} \times \dfrac{\theta}{2\pi} = \dfrac{I\theta}{4\pi r}$

24. 회로에서 a, b간의 합성저항[Ω]은? (단, $R_1 = 3$[Ω], $R_2 = 9$[Ω]이다.)

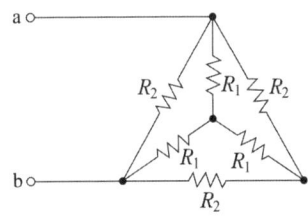

① 3 ② 4
③ 5 ④ 6

해설 Y결선을 △결선으로 변환하면 저항이 3배로 증가하므로 $R_1 = 3 \times 3 = 9$[Ω]

R_1과 R_2가 병렬연결이므로 $\dfrac{9 \times 9}{9+9} = 4.5$[Ω]

a, b간의 합성저항(Ω) $R_{ab} = \dfrac{4.5 \times (4.5+4.5)}{4.5+(4.5+4.5)} = 3$

25. 2차 제어시스템에서 무제동으로 무한 진동이 일어나는 감쇠율(damping ratio) ζ는?

① $\zeta = 0$ ② $\zeta > 1$
③ $\zeta = 1$ ④ $0 < \zeta < 1$

해설 무제동으로 무한 진동이 일어나는 감쇠율(damping ratio) $\zeta = 0$

$R^2 > 4\dfrac{L}{C}$, $\zeta > 1$: 과제동(비진동)

$R^2 = 4\dfrac{L}{C}$, $\zeta = 1$: 임계제동(임계진동)

$R^2 < 4\dfrac{L}{C}$, $\zeta < 1$: 부족제동(진동)

26. 블록선도의 전달함수 $\left(\dfrac{C(s)}{R(s)}\right)$는?

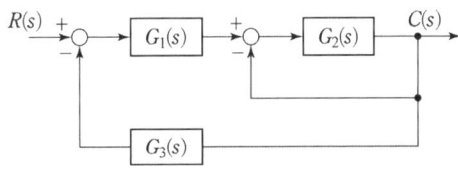

① $\dfrac{G_1(s)G_2(s)}{1+G_1(s)G_2(s)G_3(s)}$

② $\dfrac{G_1(s)G_2(s)}{1+G_1(s)+G_1(s)G_2(s)G_3(s)}$

③ $\dfrac{G_1(s)G_2(s)}{1+G_2(s)+G_1(s)G_2(s)G_3(s)}$

④ $\dfrac{G_1(s)G_2(s)}{1+G_3(s)+G_1(s)G_2(s)G_3(s)}$

정답 22. ① 23. ① 24. ① 25. ① 26. ③

해설 전달함수
$$\frac{C(s)}{R(s)} = \frac{\text{전향경로의 합}}{1 - \text{루프이득의 합}}$$
$$= \frac{G_1(s)G_2(s)}{1-(-G_1(s)G_2(s)G_3(s)-G_2(s))}$$
$$= \frac{G_1(s)G_2(s)}{1+G_2(s)+G_1(s)G_2(s)G_3(s)}$$

27 ★★★ 출제년도 [21.]
3상 유도전동기의 특성에서 토크, 2차 입력, 동기속도의 관계로 옳은 것은?

① 토크는 2차 입력과 동기속도에 비례한다.
② 토크는 2차 입력에 비례하고 동기속도에 반비례한다.
③ 토크는 2차 입력에 반비례하고 동기속도에 비례한다.
④ 토크는 2차 입력의 제곱에 비례하고 동기속도의 제곱에 반비례한다.

해설 토크 $T = 0.975 \frac{P_2}{N_s} [\text{kg}\cdot\text{m}]$에서 2차입력($P_2$)에 비례, 동기속도($N_s$)에 반비례

28 ★★★ 출제년도 [21.]
어떤 회로에 $v(t) = 150\sin\omega t$ [V]의 전압을 가하니 $i(t) = 12\sin(\omega t - 30°)$[A]의 전류가 흘렀다. 이 회로의 소비전력(유효전력)은 약 몇 [W]인가?

① 390 ② 450
③ 780 ④ 900

해설 소비전력
$P = VI\cos\theta = \frac{150}{\sqrt{2}} \times \frac{12}{\sqrt{2}} \times \cos 30° = 779.42 [\text{W}]$

29 ★★★ 출제년도 [21.]
평행한 두 도선 사이의 거리가 r이고 각 도선에 흐르는 전류에 의해 두 도선 간의 작용력이 F_1일 때, 두 도선 사이의 거리를 $2r$로 하면 두 도선 간의 작용력 F_2는?

① $F_2 = \frac{1}{4}F_1$ ② $F_2 = \frac{1}{2}F_1$
③ $F_2 = 2F_1$ ④ $F_2 = 4F_1$

해설 두 도선간의 작용력 $F = \frac{2I_1I_2}{r} \times 10^{-7} [\text{N/m}]$를 이용하여 정리하면
$F_1 : \frac{1}{r} = F_2 : \frac{1}{2r}$, $\frac{F_2}{r} = \frac{F_1}{2r}$, $F_2 = \frac{1}{2}F_1$

30 ★ 출제년도 [21.]
200[V]의 교류전압에서 30[A]의 전류가 흐르는 부하가 4.8[kW]의 유효전력을 소비하고 있을 때 이 부하의 리액턴스[Ω]는?

① 6.6 ② 5.3
③ 4.0 ④ 3.3

해설 피상전력 $P_a = VI = 200 \times 30 = 6,000 [\text{VA}]$
유효전력 $P = 4.8 [\text{kW}] = 4,800 [\text{W}]$
무효전력 $P_r = \sqrt{P_a^2 - P^2} = \sqrt{6,000^2 - 4,800^2}$
$= 3,600 [\text{Var}]$
리액턴스 $X = \frac{P_r}{I^2} = \frac{3,600}{30^2} = 4 [\Omega]$

31 ★★★ 출제년도 [21.]
정전용량이 0.02[μF]인 커패시터 2개와 정전용량이 0.01[μF]인 커패시터 1개를 모두 병렬로 접속하여 24[V]의 전압을 가하였다. 이 병렬회로의 합성 정전용량[μF]과, 0.01 μF의 커패시터에 축적되는 전하량[C]은?

① 0.05, 0.12×10^{-6}
② 0.05, 0.24×10^{-6}
③ 0.03, 0.12×10^{-6}
④ 0.03, 0.24×10^{-6}

정답 27. ② 28. ③ 29. ② 30. ③ 31. ②

해설 합성 정전용량(μF)
$= 0.02[\mu F] \times 2개 + 0.01[\mu F] = 0.05[\mu F]$
전기량 $Q = CV = 0.01 \times 10^{-6} \times 24 = 0.24 \times 10^{-6}[C]$

32 ★★★ 출제년도【11,13,18,21.】
그림과 같은 다이오드 회로에서 출력전압 V_o는? (단, 다이오드의 전압강하는 무시한다.)

① 10V
② 5V
③ 1V
④ 0V

해설 그림의 다이오드 게이트 회로는 OR게이트 회로로서, 입력의 어느 하나가 1이면, 출력도 1인 회로이다. 따라서, 입력이 5[V]이므로, 출력도 5[V]이다.

33 ★★★ 출제년도【21.】
테브난의 정리를 이용하여 그림 (a)의 회로를 그림 (b)와 같은 등가회로로 만들고자 할 때 $V_{th}[V]$와 $R_{th}[\Omega]$은?

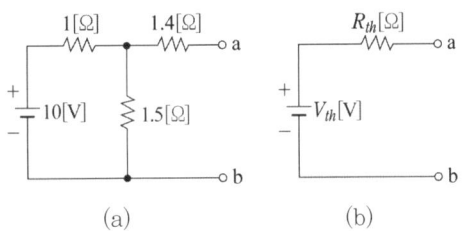

(a)　　　　　　(b)

① 5[V], 2[Ω]　　② 5[V], 3[Ω]
③ 6[V], 2[Ω]　　④ 6[V], 3[Ω]

해설 $V_{th} = \dfrac{1.5}{1+1.5} \times 10 = 6[V]$

$R_{th} = 1.4 + \dfrac{1 \times 1.5}{1+1.5} = 2[\Omega]$

34 ★ 출제년도【21.】
LC 직렬회로에 직류전압 E를 $t=0(s)$에 인가했을 때 흐르는 전류 $i(t)$는?

① $\dfrac{E}{\sqrt{L/C}} \cos \dfrac{1}{\sqrt{LC}} t$

② $\dfrac{E}{\sqrt{L/C}} \sin \dfrac{1}{\sqrt{LC}} t$

③ $\dfrac{E}{\sqrt{C/L}} \cos \dfrac{1}{\sqrt{LC}} t$

④ $\dfrac{E}{\sqrt{C/L}} \sin \dfrac{1}{\sqrt{LC}} t$

해설 전압 $E = E_L + E_C = L\dfrac{di(t)}{dt} + \dfrac{1}{C}\int i(t) dt$

전류 $i(t) = \dfrac{E}{\sqrt{\dfrac{L}{C}}} \sin \dfrac{1}{\sqrt{LC}} t$

35 ★★★ 출제년도【00,01,02,12,18,21.】
다음 소자 중에서 온도 보상용으로 쓰이는 것은?

① 서미스터　　② 바리스터
③ 제너다이오드　　④ 터널다이오드

해설
• 서미스터 : 온도의 변화에 따라 저항값이 변화하는 반도체, 온도 보상용
• 바리스터 : 서지전압에 대한 회로보호용
• 제너다이오드 : 정전압 정류작용(전원 전압을 일정하게 유지)

36 ★★★ 출제년도【18,21.】
변위를 압력으로 변환하는 장치로 옳은 것은?

① 다이어프램　　② 가변 저항기
③ 벨로우즈　　④ 노즐 플래퍼

해설 변환요소

변환량	변환요소
압력 → 변위	다이어프램, 벨로우즈, 스프링
변위 → 압력	유압분사관, 노즐 플래퍼, 스프링
변위 → 전압	차동변압기, 포텐셔미터, 전위차계
온도 → 임피던스	정온식감지선형 감지기, 측온 저항(열선, 서미스터)
온도 → 전압	열전대

정답 32. ② 33. ③ 34. ② 35. ① 36. ④

37 저항 $R_1[\Omega]$, 저항 $R_2[\Omega]$, 인덕턴스 $L[H]$의 직렬회로가 있다. 이 회로의 시정수(s)는?

① $-\dfrac{R_1+R_2}{L}$ ② $\dfrac{R_1+R_2}{L}$
③ $-\dfrac{L}{R_1+R_2}$ ④ $\dfrac{L}{R_1+R_2}$

해설 $R-L$ 직렬 회로의 시정수 $\tau=\dfrac{L}{R}[s]$에서 합성저항값을 대입하면,
시정수 $\tau=\dfrac{L}{R_1+R_2}$

38 자기 인덕턴스 L_1, L_2가 각각 4[mH], 9[mH]인 두 코일이 이상적인 결합이 되었다면 상호 인덕턴스는 몇 [mH]인가? (단, 결합계수는 1이다.)

① 6 ② 12
③ 24 ④ 36

해설 상호 인덕턴스
$M=k\times\sqrt{L_1\times L_2}=1\times\sqrt{4\times 9}=6\,\text{mH}$
k : 결합계수, L_1, L_2 : 자기 인덕턴스

39 분류기를 사용하여 내부 저항이 R_A인 전류계의 배율을 9로 하기 위한 분류기의 저항 $R_S[\Omega]$은?

① $R_S=\dfrac{1}{8}R_A$ ② $R_S=\dfrac{1}{9}R_A$
③ $R_S=8R_A$ ④ $R_S=9R_A$

해설 분류기의 저항
$R_s=\dfrac{1}{m-1}r=\dfrac{1}{9-1}\times r=\dfrac{r}{8}$
여기에서, m : 배율, r : 전류계의 내부저항

40 그림의 논리회로와 등가인 논리 게이트는?

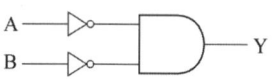

① NOR ② NAND
③ NOT ④ OR

해설 NOR(부정 논리합) 회로
논리식 $Y=\overline{A}\cdot\overline{B}=\overline{A+B}$

3과목 소방관계법규

41 소방기본법령상 저수조의 설치기준으로 틀린 것은?

① 지면으로부터의 낙차가 4.5[m] 이상일 것
② 흡수부분의 수심이 0.5[m] 이상일 것
③ 흡수에 지장이 없도록 토사 및 쓰레기 등을 제거할 수 있는 설비를 갖출 것
④ 흡수관의 투입구가 사각형의 경우에는 한 변의 길이가 60[cm] 이상, 원형의 경우에는 지름이 60[cm] 이상일 것

해설 관련법 : 소방기본법 시행규칙 별표3
(소방용수시설의 설치기준)
저수조의 설치기준
1) 지면으로부터의 낙차가 4.5[m] 이하일 것
2) 흡수부분의 수심이 0.5[m] 이상일 것
3) 소방펌프 자동차가 쉽게 접근할 수 있도록 할 것
4) 흡수에 지장이 없도록 토사 및 쓰레기 등을 제거할 수 있는 설비를 갖출 것
5) 흡수관의 투입구가 사각형의 경우 한 변의 길이가 60[cm] 이상, 원형의 경우에는 지름이 60[cm] 이상일 것
6) 저수조에 물을 공급하는 방법은 상수도에 연결하여 자동으로 급수되는 구조일 것

정답 37. ④ 38. ① 39. ① 40. ① 41. ①

42
출제년도 [21, 22.]

소방시설공사업법령상 소방시설업 등록을 하지 아니하고 영업을 한 자에 대한 벌칙은?

① 500만원 이하의 벌금
② 1년 이하의 징역 또는 1,000만원 이하의 벌금
③ 3년 이하의 징역 또는 3,000만원 이하의 벌금
④ 5년 이하의 징역

해설 제4조제1항을 위반하여 소방시설업 등록을 하지 아니하고 영업을 한 자 : 3년 이하의 징역 또는 3천만원 이하의 벌금

43
출제년도 [17, 21.]

소방시설 설치 및 관리에 관한 법령상 대통령령 또는 화재안전기술기준이 변경되어 그 기준이 강화되는 경우 기존 특정소방대상물의 소방시설 중 강화된 기준을 적용하여야 하는 소방시설은?

① 비상경보설비   ② 비상방송설비
③ 비상콘센트설비   ④ 옥내소화전설비

해설 강화된 기준을 적용해야 하는 소방시설
1. 다음 소방시설 중 대통령령으로 정하는 것
   가. 소화기구
   나. 비상경보설비
   다. 자동화재속보설비
   라. 피난구조설비
2. 다음 각 목의 지하구에 설치하여야 하는 소방시설
   가. 공동구
   나. 전력 또는 통신사업용 지하구
3. 노유자(老幼者)시설, 의료시설에 설치하여야 하는 소방시설 중 대통령령으로 정하는 것
   〈대통령령으로 정하는 것〉
   1. 노유자(老幼者)시설에 설치하는 간이스프링클러설비 및 자동화재탐지설비 및 단독경보형감지기
   2. 의료시설에 설치하는 스프링클러설비, 간이스프링클러설비, 자동화재탐지설비 및 자동화재속보설비

44
출제년도 [19, 21.]

소방기본법령상 화재조사의 종류 중 화재원인조사에 해당하지 않는 것은?

① 발화원인 조사
② 인명피해 조사
③ 연소상황 조사
④ 소방시설 등 조사

해설 소방의 화재조사에 관한 법률로 이관됨에 따라 소방기본법에서 삭제되었음

종류	조사범위
가. 발화원인 조사	화재가 발생한 과정, 화재가 발생한 지점 및 불이 붙기 시작한 물질
나. 발견·통보 및 초기 소화상황 조사	화재의 발견·통보 및 초기소화 등 일련의 과정
다. 연소상황 조사	화재의 연소경로 및 확대원인 등의 상황
라. 피난상황 조사	피난경로, 피난상의 장애요인 등의 상황
마. 소방시설 등 조사	소방시설의 사용 또는 작동 등의 상황

45
출제년도 [21.]

소방기본법령상 소방신호의 방법으로 틀린 것은?

① 타종에 의한 훈련신호는 연 3타 반복
② 싸이렌에 의한 발화신호는 5초 간격을 두고 10초씩 3회
③ 타종에 의한 해제신호는 상당한 간격을 두고 1타씩 반복
④ 싸이렌에 의한 경계신호는 5초 간격을 두고 30초씩 3회

해설 소방신호의 방법

신호방법 종별	타종신호	싸이렌신호
경계신호	1타와 연2타를 반복	5초 간격을 두고 30초씩 3회
발화신호	난타	5초 간격을 두고 5초씩 3회
해제신호	상당한 간격을 두고 1타씩 반복	1분간 1회
훈련신호	연3타 반복	10초 간격을 두고 1분씩 3회

정답 42. ③ 43. ① 44. ② 45. ②

46 화재의 예방 및 안전관리에 관한 법령상 특정소방대상물의 관계인이 수행하여야 하는 소방안전관리 업무가 아닌 것은?

① 소방훈련의 지도·감독
② 화기(火氣) 취급의 감독
③ 피난시설, 방화구획 및 방화시설의 유지·관리
④ 소방시설이나 그 밖의 소방 관련 시설의 유지·관리

해설 특정소방대상물의 관계인의 소방안전관리자의 업무
1. 제36조에 따른 피난계획에 관한 사항과 대통령령으로 정하는 사항이 포함된 소방계획서의 작성 및 시행
2. 자위소방대(自衛消防隊) 및 초기대응체계의 구성, 운영 및 교육
3. 「소방시설 설치 및 관리에 관한 법률」제16조에 따른 피난시설, 방화구획 및 방화시설의 관리
4. 소방시설이나 그 밖의 소방 관련 시설의 관리
5. 제37조에 따른 소방훈련 및 교육
6. 화기(火氣) 취급의 감독
7. 행정안전부령으로 정하는 바에 따른 소방안전관리에 관한 업무수행에 관한 기록·유지(제3호·제4호 및 제6호의 업무를 말한다)
8. 화재발생 시 초기대응
9. 그 밖에 소방안전관리에 필요한 업무

47 소방기본법에서 정의하는 소방대의 조직구성원이 아닌 것은?

① 의무소방원
② 소방공무원
③ 의용소방대원
④ 공항소방대원

해설 화재를 진압하고 화재, 재난·재해, 그 밖의 위급한 상황에서 구조·구급 활동 등을 하기 위하여 구성된 조직체 : 소방공무원, 의무소방원, 의용소방대원

48 위험물안전관리법령상 인화성액체위험물(이황화탄소를 제외)의 옥외탱크저장소의 탱크 주위에 설치하여야 하는 방유제의 기준 중 틀린 것은?

① 방유제의 용량은 방유제안에 설치된 탱크가 하나인 때에는 그 탱크 용량의 110% 이상으로 할 것
② 방유제의 용량은 방유제안에 설치된 탱크가 2기 이상인 때에는 그 탱크 중 용량이 최대인 것의 용량의 110% 이상으로 할 것
③ 방유제는 높이 1m 이상 2m 이하, 두께 0.2m 이상, 지하매설깊이 0.5m 이상으로 할 것
④ 방유제내의 면적은 80,000m^2 이하로 할 것

해설 방유제의 높이 0.5m 이상 3m 이하, 두께 0.2m 이상, 지하매설깊이 1m 이상

49 위험물안전관리법상 시·도지사의 허가를 받지 아니하고 당해 제조소등을 설치할 수 있는 기준 중 다음 ( )안에 알맞은 것은?

> 농예용·축산용 또는 수산용으로 필요한 난방시설 또는 건조시설을 위한 지정수량 ( )배 이하의 저장소

① 20　　② 30
③ 40　　④ 50

해설 위험물안전관리법상 시·도지사의 허가를 받지 아니하고 당해 제조소등을 설치할 수 있거나 그 위치 구조 또는 설비를 변경할 수 있으며 신고를 하지 않고 위험물의 품명 수량 또는 지정수량의 배수를 변경할 수 있는 경우
① 주택의 난방시설(공동주택의 중앙난방시설을 제외)을 위한 저장소 또는 취급소

정답 46.① 47.④ 48.③ 49.①

② 농예용·축산용 또는 수산용으로 필요한 난방시설 또는 건조시설을 위한 지정수량 20배 이하의 저장소

50 ★★★ 출제년도【21.】
소방시설 설치 및 관리에 관한 법령상 건축허가등의 동의대상물의 범위 기준 중 틀린 것은?

① 건축등을 하려는 학교시설 : 연면적 200 m^2 이상
② 노유자시설 : 연면적 200 m^2 이상
③ 정신의료기관(입원실이 없는 정신건강의학과 의원은 제외) : 연면적 300 m^2 이상
④ 장애인 의료재활시설 : 연면적 300 m^2 이상

해설 건축허가등의 동의대상물의 범위
1. 연면적이 400제곱미터 이상
  가. 학교시설: 100제곱미터 이상
  나. **노유자시설(老幼者施設) 및 수련시설: 200제곱미터** 이상
  다. 정신의료기관(입원실이 없는 정신건강의학과 의원은 제외): 300제곱미터 이상
  라. 장애인 의료재활시설(이하 "의료재활시설"이라 한다): 300제곱미터 이상
1의2. 층수가 6층이상인 건축물
2. 차고·주차장 또는 주차용도로 사용되는 시설로서 다음 각 목의 어느 하나에 해당하는 것
  가. **차고·주차장**으로 사용되는 바닥면적이 **200제곱미터** 이상인 층이 있는 건축물이나 주차시설
  나. 승강기 등 기계장치에 의한 주차시설로서 자동차 20대 이상을 주차할 수 있는 시설
3. 항공기격납고, 관망탑, 항공관제탑, 방송용 송수신탑
4. **지하층** 또는 **무창층**이 있는 건축물로서 바닥면적이 **150제곱미터(공연장의 경우에는 100제곱미터)** 이상인 층이 있는 것
5. **조산원**, **산후조리원**, 위험물 저장 및 처리시설, 발전시설 중 **전기저장시설**, 지하구
6. **요양병원**. 다만, 정신병원과 의료재활시설은 제외한다.

51 ★★ 출제년도【21.】
소방시설 설치 및 관리에 관한 법령상 지하가는 연면적이 최소 몇 m^2 이상이어야 스프링클러설비를 설치하여야 하는 특정소방대상물에 해당하는가? (단, 터널은 제외한다.)

① 100　② 200
③ 1,000　④ 2,000

해설 지하가는 연면적이 1,000 m^2 이상

52 ★ 출제년도【21.】
소방시설 설치 및 관리에 관한 법령상 소방안전관리대상물의 소방계획서에 포함되어야 하는 사항이 아닌 것은?

① 소방시설·피난시설 및 방화시설의 점검·정비계획
② 위험물안전관리법에 따라 예방규정을 정하는 제조소등의 위험물 저장·취급에 관한 사항
③ 특정소방대상물의 근무자 및 거주자의 자위소방대 조직과 대원의 임무에 관한 사항
④ 방화구획, 제연구획, 건축물의 내부 마감재료(불연재료·준불연재료 또는 난연재료로 사용된 것) 및 방염물품의 사용현황과 그 밖의 방화구조 및 설비의 유지·관리계획

해설 소방안전관리대상물의 소방계획서에 포함되어야 하는 사항
1. 소방안전관리대상물의 위치·구조·연면적·용도 및 수용인원 등 일반 현황
2. 소방안전관리대상물에 설치한 소방시설·방화시설(防火施設), 전기시설·가스시설 및 위험물시설의 현황
3. 화재 예방을 위한 자체점검계획 및 진압대책
4. 소방시설·피난시설 및 방화시설의 점검·정비계획

정답　50. ①　51. ③　52. ②

5. 피난층 및 피난시설의 위치와 피난경로의 설정, 장애인 및 노약자의 피난계획 등을 포함한 피난계획
6. 방화구획, 제연구획, 건축물의 내부 마감재료(불연재료·준불연재료 또는 난연재료로 사용된 것을 말한다) 및 방염물품의 사용현황과 그 밖의 방화구조 및 설비의 유지·관리계획
7. 소방훈련 및 교육에 관한 계획
8. 특정소방대상물의 근무자 및 거주자의 자위소방대 조직과 대원의 임무(장애인 및 노약자의 피난보조 임무를 포함한다)에 관한 사항
9. 증축·개축·재축·이전·대수선 중인 특정소방대상물의 공사장 소방안전관리에 관한 사항
10. 공동 및 분임 소방안전관리에 관한 사항
11. 소화와 연소 방지에 관한 사항
12. 위험물의 저장·취급에 관한 사항(예방규정을 정하는 제조소등은 제외한다)

53 ★★★ 출제년도 【18, 21.】
위험물안전관리법상 업무상 과실로 제조소 등에서 위험물을 유출·방출 또는 확산시켜 사람의 생명·신체 또는 재산에 대하여 위험을 발생시킨 자에 대한 벌칙 기준은?

① 5년 이하의 금고 또는 2,000만원 이하의 벌금
② 5년 이하의 금고 또는 7,000만원 이하의 벌금
③ 7년 이하의 금고 또는 2,000만원 이하의 벌금
④ 7년 이하의 금고 또는 7,000만원 이하의 벌금

해설 업무상 과실로 제조소등에서 위험물을 유출·방출 또는 확산시켰을 경우
① 사람의 생명·신체 또는 재산에 대하여 위험을 발생시킨 자 : 7년 이하의 금고 또는 7천만원 이하의 벌금
② 사람을 사상에 이르게 한 자 : 10년 이하의 징역 또는 금고나 1억원 이하의 벌금

54 ★★★ 출제년도 【21.】
소방기본법령상 소방용수시설의 설치기준 중 급수탑의 급수배관의 구경은 최소 몇 mm 이상이어야 하는가?

① 100
② 150
③ 200
④ 250

해설 소방용수시설의 설치기준
① 소화전의 설치기준 : 상수도와 연결하여 지하식 또는 지상식의 구조로 하고, 소방용호스와 연결하는 소화전의 연결금속구의 구경은 65밀리미터로 할 것
② 급수탑의 설치기준 : **급수배관의 구경은 100밀리미터 이상**으로 하고, 개폐밸브는 지상에서 1.5미터 이상 1.7미터 이하의 위치에 설치하도록 할 것

55 ★★ 출제년도 【20, 21.】
소방시설공사업법령상 공사감리자 지정대상 특정소방대상물의 범위가 아닌 것은?

① 물분무등소화설비(호스릴 방식의 소화설비는 제외)를 신설·개설하거나 방호·방수 구역을 증설할 때
② 제연설비를 신설·개설하거나 제연구역을 증설할 때
③ 연소방지설비를 신설·개설하거나 살수 구역을 증설할 때
④ 캐비닛형 간이스프링클러설비를 신설·개설 하거나 방호·방수 구역을 증설할 때

해설 특정소방대상물의 범위)
1. 옥내소화전설비를 신설·개설 또는 증설할 때
2. 스프링클러설비등(**캐비닛형 간이스프링클러설비는 제외**한다)을 신설·개설하거나 방호·방수 구역을 증설할 때
3. 물분무등소화설비(호스릴 방식의 소화설비는 제외한다)를 신설·개설하거나 방호·방수 구역을 증설할 때
4. 옥외소화전설비를 신설·개설 또는 증설할 때
5. 자동화재탐지설비를 신설·개설할 때
6. 통합감시시설을 신설 또는 개설할 때

정답 53. ④ 54. ① 55. ④

7. 소화용수설비를 신설 또는 개설할 때
8. 다음 각 목에 따른 소화활동설비에 대하여 각 목에 따른 시공을 할 때
   가. 제연설비를 신설·개설하거나 제연구역을 증설할 때
   나. 연결송수관설비를 신설 또는 개설할 때
   다. 연결살수설비를 신설·개설하거나 송수구역을 증설할 때
   라. 비상콘센트설비를 신설·개설하거나 전용회로를 증설할 때

56. ★★★ 출제년도 【21.】
소방시설 설치 및 관리에 관한 법령상 자동화재탐지설비를 설치하여야 하는 특정소방대상물에 대한 기준 중 ( )에 알맞은 것은?

> 근린생활시설(목욕장 제외), 의료시설(정신의료기관 또는 요양병원 제외), 숙박시설, 위락시설, 장례시설 및 복합건축물로서 연면적 ( )m² 이상인 것

① 400　　② 600
③ 1,000　　④ 3,500

해설 근린생활시설(목욕장은 제외), 의료시설(정신의료기관 또는 요양병원은 제외), 숙박시설, 위락시설, 장례식장 및 복합건축물 : 연면적 600 m² 이상

57. ★ 출제년도 【21.】
화재예방, 소방시설 설치·유지 및 안전관리에 관한 법령상 형식승인을 받지 아니한 소방용품을 판매하거나 판매 목적으로 진열하거나 소방시설공사에 사용한 자에 대한 벌칙 기준은?

① 3년 이하의 징역 또는 3,000만원 이하의 벌금
② 2년 이하의 징역 또는 1,500만원 이하의 벌금
③ 1년 이하의 징역 또는 1,000만원 이하의 벌금
④ 1년 이하의 징역 또는 500만원 이하의 벌금

해설 형식승인을 받지 아니한 소방용품을 판매하거나 판매 목적으로 진열하거나 소방시설공사에 사용한 자에 대한 벌칙 : 3년 이하의 징역 또는 3,000만원 이하의 벌금

58. ★★★ 출제년도 【96, 97, 98, 00, 01, 05, 08, 12, 13, 15, 21.】
소방기본법에서 정의하는 소방대상물에 해당되지 않는 것은?

① 산림　　② 차량
③ 건축물　　④ 항해 중인 선박

해설 관련법 : 소방기본법 제2조(정의)
소방대상물이라 함은 건축물, 차량, 선박(항구 안에 매어둔 선박에 한한다.), 선박건조구조물, 산림 그 밖의 인공구조물 또는 물건을 말한다.

59. ★★ 출제년도 【21.】
소방시설 설치 및 관리에 관한 법령상 특정소방대상물의 소방시설 설치의 면제기준 중 다음 ( )안에 알맞은 것은?

> 물분무등소화설비를 설치하여야 하는 차고·주차장에 ( )를 화재안전기술기준에 적합하게 설치한 경우에는 그 설비의 유효범위에서 설치가 면제된다.

① 옥내소화전설비
② 스프링클러설비
③ 간이스프링클러설비
④ 청정소화약제소화설비

해설 물분무등소화설비를 설치하여야 하는 차고·주차장에 (스프링클러설비)를 화재안전기술기준에 적합하게 설치한 경우에는 그 설비의 유효범위에서 설치가 면제된다.

정답 56. ②　57. ①　58. ④　59. ②

60 위험물안전관리법령상 위험물의 유별 저장·취급의 공통기준 중 다음 ( )안에 알맞은 것은?

> ( ) 위험물은 산화제와의 접촉·혼합이나 불티·불꽃·고온체와의 접근 또는 과열을 피하는 한편, 철분·금속분·마그네슘 및 이를 함유한 것에 있어서는 물이나 산과의 접촉을 피하고 인화성 고체에 있어서는 함부로 증기를 발생시키지 아니하여야 한다.

① 제1류 ② 제2류
③ 제3류 ④ 제4류

해설 (제2류) 위험물은 산화제와의 접촉·혼합이나 불티·불꽃·고온체와의 접근 또는 과열을 피하는 한편, 철분·금속분·마그네슘 및 이를 함유한 것에 있어서는 물이나 산과의 접촉을 피하고 인화성 고체에 있어서는 함부로 증기를 발생시키지 아니하여야 한다.

4과목 소방전기설비의 구조 및 원리

61 비상콘센트설비의 화재안전기술기준(NFTC 504)에 따라 하나의 전용회로에 단상 교류 비상콘센트 6개를 연결하는 경우, 전선의 용량은 몇 kVA 이상이어야 하는가?

① 1.5 ② 3
③ 4.5 ④ 9

해설 ① 전선의 용량 : 1.5[kVA]×3개=4.5[kVA] 이상
② 비상콘센트설비의 전원회로는 단상교류 220[V], 그 공급용량은 1.5[kVA] 이상인 것
③ 하나의 전용회로에 설치하는 비상콘센트는 10개 이하로 할 것. 이 경우 전선의 용량은 각 비상콘센트(비상콘센트가 3개 이상인 경우에는 3개)의 공급용량을 합한 용량 이상의 것

62 무선통신보조설비의 화재안전기술기준(NFTC 505)에 따라 지표면으로부터의 깊이가 몇 m 이하인 경우에는 해당층에 한하여 무선통신보조설비를 설치하지 아니할 수 있는가?

① 0.5
② 1
③ 1.5
④ 2

해설 지하층으로서 특정소방대상물의 바닥부분 2면 이상이 지표면과 동일하거나 지표면으로부터의 깊이가 1[m] 이하인 경우에는 해당층에 한하여 무선통신보조설비를 설치하지 아니할 수 있다.

63 자동화재속보설비의 속보기의 성능인증 및 제품검사의 기술기준에 따른 속보기의 구조에 대한 설명으로 틀린 것은?

① 수동통화용 송수화장치를 설치하여야 한다.
② 접지전극에 직류전류를 통하는 회로방식을 사용하여야 한다.
③ 작동 시 그 작동시간과 작동회수를 표시할 수 있는 장치를 하여야 한다.
④ 예비전원회로에는 단락사고 등을 방지하기 위한 퓨즈, 차단기 등과 같은 보호장치를 하여야 한다.

해설 자동화재속보설비의 속보기의 성능인증 및 제품검사의 기술기준 제3조(구조)
속보기는 다음 각 호의 회로방식을 사용하지 말 것
가. 접지전극에 직류전류를 통하는 회로방식
나. 수신기에 접속되는 외부배선과 다른 설비(화재신호의 전달에 영향을 미치지 아니하는 것은 제외한다)의 외부배선을 공용으로 하는 회로방식

정답 60. ② 61. ③ 62. ② 63. ②

64 공기관식 차동식 분포형감지기의 기능시험을 하였더니 검출기의 접점수고치가 규정 이상으로 되어 있었다. 이때 발생되는 장애로 볼 수 있는 것은?

① 작동이 늦어진다.
② 장애는 발생되지 않는다.
③ 동작이 전혀 되지 않는다.
④ 화재도 아닌데 작동하는 일이 있다.

해설
- 접점수고치가 규정 이상 : 작동이 늦어진다.(실보 또는 지연보)
- 접점수고치가 규정 미만 : 작동이 빨라진다.(비화재보)

65 경종의 형식승인 및 제품검사의 기술기준에 따라 경종은 전원전압이 정격전압의 ± 몇 % 범위에서 변동하는 경우 기능에 이상이 생기지 아니하여야 하는가?

① 5   ② 10
③ 20 ④ 30

해설 제4조(전원전압변동시의 기능)
경종은 전원전압이 정격전압의 ±20 % 범위에서 변동하는 경우 기능에 이상이 생기지 아니하여야 한다.

66 누전경보기의 화재안전기술기준(NFTC 205)에 따라 누전경보기의 수신부를 설치할 수 있는 장소는?(단, 해당 누전경보기에 대하여 방폭·방식·방습·방온·방진 및 정전기 차폐 등의 방호조치를 하지 않은 경우이다.)

① 습도가 낮은 장소
② 온도의 변화가 급격한 장소
③ 화약류를 제조하거나 저장 또는 취급하는 장소
④ 부식성의 증기·가스 등이 다량으로 체류하는 장소

해설 누전경보기는 다음 각호의 장소 외의 장소에 설치하여야 한다.
1) 가연성의 증기, 먼지, 가스 등이나 부식성의 증기, 가스등이 다량으로 체류하는 장소
2) 화약류를 제조하거나 저장 또는 취급하는 장소
3) **습도가 높은 장소**
4) 온도의 변화가 급격한 장소
5) 대전류 회로, 고주파 발생회로 등에 의한 영향을 받을 우려가 있는 장소

67 자동화재탐지설비 및 시각경보장치의 화재안전기술기준(NFTC 203)에 따라 특정소방대상물 중 화재신호를 발신하고 그 신호를 수신 및 유효하게 제어할 수 있는 구역을 무엇이라 하는가?

① 방호구역   ② 방수구역
③ 경계구역   ④ 화재구역

해설 경계구역 : 화재신호를 발신하고 그 신호를 수신 및 유효하게 제어할 수 있는 구역

68 소방시설용 비상전원수전설비의 화재안전기술기준(NFTC 602) 용어의 정의에 따라 수용장소의 조영물(토지에 정착한 시설물 중 지붕 및 기둥 또는 벽이 있는 시설물을 말한다.)의 옆면 등에 시설하는 전선으로서 그 수용장소의 인입구에 이르는 부분의 전선은 무엇인가?

① 인입선
② 내화배선
③ 열화배선
④ 인입구배선

해설 인입선 : 수용장소의 조영물(토지에 정착한 시설물 중 지붕 및 기둥 또는 벽이 있는 시설물을 말한다.)의 옆면 등에 시설하는 전선으로서 그 수용장소의 인입구에 이르는 부분의 전선

정답 64. ① 65. ③ 66. ① 67. ③ 68. ①

69 비상콘센트설비의 성능인증 및 제품검사의 기술기준에 따른 표시등의 구조 및 기능에 대한 내용이다. 다음 ( )에 들어갈 내용으로 옳은 것은?

> 적색으로 표시되어야 하며 주위의 밝기가 (ⓐ) lx 이상인 장소에서 측정하여 앞면으로부터 (ⓑ) m 떨어진 곳에서 켜진 등이 확실히 식별되어야 한다.

① ⓐ 100 ⓑ 1
② ⓐ 300 ⓑ 3
③ ⓐ 500 ⓑ 5
④ ⓐ 1,000 ⓑ 10

해설 제4조(부품의 구조 및 기능)
적색으로 표시되어야 하며 주위의 밝기가 300 lx 이상인 장소에서 측정하여 앞면으로부터 3 m 떨어진 곳에서 켜진등이 확실히 식별되어야 한다.

70 감지기의 형식승인 및 제품검사의 기술기준에 따라 단독경보형감지기의 일반기능에 대한 내용이다. 다음 ( )에 들어갈 내용으로 옳은 것은?

> 주기적으로 섬광하는 전원표시등에 의하여 전원의 정상 여부를 감시할 수 있는 기능이 있어야 하며, 전원의 정상상태를 표시하는 전원표시등의 섬광주기는 (ⓐ)초 이내의 점등과 (ⓑ)초에서 (ⓒ)초 이내의 소등으로 이루어져야 한다.

① ⓐ 1 ⓑ 15 ⓒ 60
② ⓐ 1 ⓑ 30 ⓒ 60
③ ⓐ 2 ⓑ 15 ⓒ 60
④ ⓐ 2 ⓑ 30 ⓒ 60

해설 주기적으로 섬광하는 전원표시등에 의하여 전원의 정상 여부를 감시할 수 있는 기능이 있어야 하며, 전원의 정상상태를 표시하는 전원표시등의 섬광주기는 1초 이내의 점등과 30초에서 60초 이내의 소등으로 이루어져야 한다.

71 일반적인 비상방송설비의 계통도이다. 다음의 ( )에 들어갈 내용으로 옳은 것은?

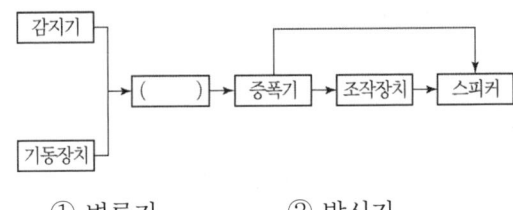

① 변류기
② 발신기
③ 수신기
④ 음향장치

해설

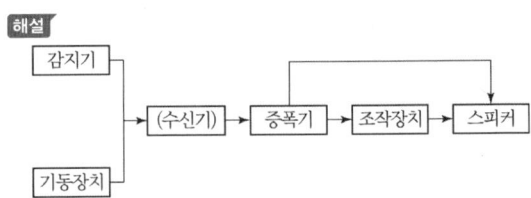

72 자동화재탐지설비 및 시각경보장치의 화재안전기술기준(NFTC 203)에 따라 자동화재탐지설비의 주음향장치의 설치 장소로 옳은 것은?

① 발신기의 내부
② 수신기의 내부
③ 누전경보기의 내부
④ 자동화재속보설비의 내부

해설 주음향장치는 수신기의 내부 또는 그 직근에 설치할 것

정답 69. ② 70. ② 71. ③ 72. ②

73
비상조명등의 형식승인 및 제품검사의 기술기준에 따라 비상조명등의 일반구조로 광원과 전원부를 별도로 수납하는 구조에 대한 설명으로 틀린 것은?

① 전원함은 방폭구조로 할 것
② 배선은 충분히 견고한 것을 사용할 것
③ 광원과 전원부 사이의 배선길이는 1m 이하로 할 것
④ 전원함은 불연재료 또는 난연재료의 재질을 사용할 것

해설 광원과 전원부를 별도로 수납하는 구조인 것은 다음 각 목에 적합하여야 한다.
가. 전원함은 **불연재료 또는 난연재료**의 재질을 사용할 것
나. 광원과 전원부 사이의 배선길이는 1 m 이하로 할 것
다. 배선은 충분히 견고한 것을 사용할 것

74
누전경보기의 형식승인 및 제품검사의 기술기준에 따라 누전경보기에 사용되는 표시등의 구조 및 기능에 대한 설명으로 틀린 것은?

① 누전등이 설치된 수신부의 지구등은 적색 외의 색으로도 표시할 수 있다.
② 방전등 또는 발광다이오드의 경우 전구는 2개 이상을 병렬로 접속하여야 한다.
③ 소켓은 접촉이 확실하여야 하며 쉽게 전구를 교체할 수 있도록 부착하여야 한다.
④ 누전등 및 지구등과 쉽게 구별할 수 있도록 부착된 기타의 표시등은 적색으로도 표시할 수 있다.

해설 전구는 2개 이상을 병렬로 접속하여야 한다. 다만, 방전등 또는 발광다이오드의 경우에는 그러하지 아니한다.

75
유도등의 형식승인 및 제품검사의 기술기준에 따라 영상표시소자(LED, LCD 및 PDP 등)를 이용하여 피난유도표시 형상을 영상으로 구현하는 방식은?

① 투광식   ② 패널식
③ 방폭형   ④ 방수형

해설
- 투광식 : 광원의 빛이 통과하는 투과면에 피난유도표시 형상을 인쇄하는 방식
- 패널식 : 영상표시소자(LED, LCD 및 PDP 등)를 이용하여 피난유도표시 형상을 영상으로 구현하는 방식

76
발신기의 형식승인 및 제품검사의 기술기준에 따른 발신기의 작동기능에 대한 내용이다. 다음 ( )에 들어갈 내용으로 옳은 것은?

> 발신기의 조작부는 작동스위치의 동작방향으로 가하는 힘이 (ⓐ)kg을 초과하고 (ⓑ) kg 이하인 범위에서 확실하게 동작되어야 하며, (ⓐ)kg의 힘을 가하는 경우 동작되지 아니하여야 한다. 이 경우 누름판이 있는 구조로서 손끝으로 눌러 작동하는 방식의 작동스위치는 누름판을 포함한다.

① ⓐ 2 ⓑ 8
② ⓐ 3 ⓑ 7
③ ⓐ 2 ⓑ 7
④ ⓐ 3 ⓑ 8

해설 발신기의 형식승인 및 제품검사의 기술기준 제4조의2(발신기의 작동기능)
발신기의 조작부는 작동스위치의 동작방향으로 가하는 힘이 **2 kg을 초과하고 8 kg 이하인 범위**에서 확실하게 동작되어야 하며, **2 kg**의 힘을 가하는 경우 동작되지 아니하여야 한다. 이 경우 누름판이 있는 구조로서 손끝으로 눌러 작동하는 방식의 작동스위치는 누름판을 포함한다.

77 유도등의 형식승인 및 제품검사의 기술기준에 따라 객석유도등은 바닥면 또는 디딤바닥면에서 높이 0.5 m의 위치에 설치하고 그 유도등의 바로 밑에서 0.3 m 떨어진 위치에서의 수평조도가 몇 lx 이상이어야 하는가?

① 0.1　　② 0.2
③ 0.5　　④ 1

해설 객석유도등은 바닥면 또는 디딤 바닥면에서 높이 0.5 m의 위치에 설치하고 그 유도등의 바로 밑에서 0.3 m 떨어진 위치에서의 수평조도가 0.2 lx 이상이어야 한다.

78 무선통신보조설비의 화재안전기술기준(NFTC 505)에 따라 무선통신보조설비의 주요 구성요소가 아닌 것은?

① 증폭기
② 분배기
③ 음향장치
④ 누설동축케이블

해설 주요 구성요소 : 증폭기, 분배기, 분파기, 혼합기, 누설동축케이블, 무선중계기, 옥외안테나

79 소방시설용 비상전원수전설비의 화재안전기술기준(NFTC 602)에 따라 일반전기사업자로부터 특별고압 또는 고압으로 수전하는 비상전원 수전설비로 큐비클형을 사용하는 경우의 시설기준으로 틀린 것은? (단, 옥내에 설치하는 경우이다.)

① 외함은 내화성능이 있는 것으로 제작할 것
② 전용큐비클 또는 공용큐비클식으로 설치할 것
③ 개구부에는 갑종방화문 또는 병종방화문을 설치할 것
④ 외함은 두께 2.3 mm 이상의 강판과 이와 동등 이상의 강도를 가질 것

해설 큐비클형 설치기준
1) 외함은 두께 2.3 mm 이상의 강판과 이와 동등 이상의 강도와 내화성능이 있는 것으로 제작하여야 하며, 개구부에는 **갑종방화문 또는 을종방화문**을 설치할 것
2) 전선 인입구 및 인출구에는 금속관 또는 금속제 가요전선관을 쉽게 접속할 수 있도록 할 것

80 비상방송설비의 화재안전기술기준에 따른 비상방송설비의 음향장치에 대한 내용이다. 다음 (　)에 들어갈 내용으로 옳은 것은?

> 확성기는 각층마다 설치하되, 그 층의 각 부분으로부터 하나의 확성기까지의 수평거리가 (　)m 이하가 되도록 하고, 해당층의 각 부분에 유효하게 경보를 발할 수 있도록 설치할 것

① 10　　② 15
③ 20　　④ 25

해설 비상방송설비에 사용되는 확성기는 각층마다 설치하되, 그 층의 각 부분으로부터 하나의 확성기까지의 수평거리가 25 m 이하가 되도록 하여야 하고, 해당층의 각 부분에 유효하게 경보를 발할 수 있도록 설치할 것

2회 2021년 소방설비기사

1과목 소방원론

01 제3종 분말소화약제의 주성분은?

① 인산암모늄
② 탄산수소칼륨
③ 탄산수소나트륨
④ 탄산수소칼륨과 요소

해설 분말소화약제의 성상

종별	주성분	화학식	착색	적응화재
제1종	탄산수소나트륨 (중탄산나트륨)	$NaHCO_3$	백색	BC급
제2종	탄산수소칼륨 (중탄산칼륨)	$KHCO_3$	담자색	BC급
제3종	인산염(제일인산암모늄)	$NH_4H_2PO_4$	담홍색	ABC급
제4종	탄산수소칼륨 + 요소	$KHCO_3 + (NH_2)_2CO$	회색	BC급

02 화재발생 시 피난기구로 직접 활용할 수 없는 것은?

① 완강기
② 무선통신보조설비
③ 피난사다리
④ 구조대

해설 무선통신보조설비는 소화활동설비이다.
피난기구의 종류 : 완강기, 간이완강기, 피난사다리, 구조대, 미끄럼대, 피난용승강기, 다수인피난장비, 공기안전매트, 피난교, 피난용트랩

03 소화약제 중 HFC-125의 화학식으로 옳은 것은?

① CHF_2CF_3
② CHF_3
③ CF_3CHFCF_3
④ CF_3I

해설 펜타플루오로에탄(HFC-125)
화학식 : CHF_2CF_3
설계농도 : 11.5%

04 위험물안전관리법령상 제6류 위험물을 수납하는 운반용기의 외부에 주의사항을 표시하여야 할 경우, 어떤 내용을 표시하여야 하는가?

① 물기엄금
② 화기엄금
③ 화기주의 · 충격주의
④ 가연물접촉주의

해설 수납하는 위험물에 따른 주의사항

제1류 위험물	알칼리금속의 과산화물	화기 · 충격주의, 물기엄금 및 가연물접촉주의
	그 밖	화기 · 충격주의 및 가연물접촉주의
제2류 위험물	철분 · 금속분 · 마그네슘	화기주의 및 물기엄금
	인화성고체	화기엄금
	그 밖	화기주의
제3류 위험물	자연발화성물질	화기엄금 및 공기접촉엄금
	금수성물질	물기엄금
제4류 위험물		화기엄금
제5류 위험물		화기엄금, 충격주의
제6류 위험물		가연물접촉주의

정답 1.① 2.② 3.① 4.④

05. 분말소화약제 중 A급, B급, C급 화재에 모두 사용할 수 있는 것은?

① 제1종 분말
② 제2종 분말
③ 제3종 분말
④ 제4종 분말

해설 A급, B급, C급 화재에 모두 사용할 수 있는 것은 제3종 분말이다.

분말소화약제의 성상

종별	주성분	화학식	착색	적응화재
제1종	탄산수소나트륨 (중탄산나트륨)	$NaHCO_3$	백색	BC급
제2종	탄산수소칼륨 (중탄산칼륨)	$KHCO_3$	담자색	BC급
제3종	인산염(제일 인산암모늄)	$NH_4H_2PO_4$	담홍색	ABC급
제4종	탄산수소칼륨 + 요소	$KHCO_3 + (NH_2)_2CO$	회색	BC급

06. 열전도도(thermal conductivity)를 표시하는 단위에 해당하는 것은?

① $J/m^2 \cdot h$
② $kcal/h \cdot ℃^2$
③ $W/m \cdot K$
④ $J \cdot K/m^3$

해설 전도열류 $q = \dfrac{k}{l} A \triangle T [W]$ 에서

열전도도 $k = \dfrac{q \times l}{A \times \triangle T} \left[\dfrac{W \times m}{m^2 \times ℃} = \dfrac{W}{m \times ℃} \right]$

온도의 단위를 섭씨온도(℃)에서 절대온도(K)로 바꾸면
$[W/m \cdot ℃] = [W/m \cdot K]$

07. 알킬알루미늄 화재에 적합한 소화약제는?

① 물
② 이산화탄소
③ 팽창질석
④ 할로겐화합물

해설 알킬알루미늄
제3류 위험물(자연발화성 및 금수성 물질)로서 마른 모래, 팽창질석, 팽창 진주암 등을 이용한 질식 소화하여야 한다.
물과 반응시 가연성 가스를 발생
트리메틸알루미늄 : 메탄(Methane, CH_4) 발생
트리에틸알루미늄 : 에탄(Ethane, C_2H_6) 발생

08. 가연물질의 종류에 따라 화재를 분류하였을 때 섬유류 화재가 속하는 것은?

① A급 화재
② B급 화재
③ C급 화재
④ D급 화재

해설 가연물 종류에 따른 화재의 분류

구분	명칭	가연물의 종류	표시
A급 화재	일반화재	종이, 목재, 섬유류 등의 일반 가연물	백색
B급 화재	유류화재	유류(가연성 액체 포함)	황색
C급 화재	전기화재	통전중인 전기설비	청색
D급 화재	금속화재	칼륨, 나트륨 등의 가연성 금속	무색
F급 화재	식용유 화재	식용유에 의한 화재	–
K급 화재	주방화재	주방에서 동식물유를 취급하는 조리기구에서 일어나는 화재	

09. 다음 연소생성물 중 인체에 독성이 가장 높은 것은?

① 이산화탄소
② 일산화탄소
③ 수증기
④ 포스겐

해설 보기설명

가스	주요특징	연소물질
CO_2 (이산화탄소)	① 무색, 무미, 무취의 불연성 기체 ② 다량 존재 시 호흡속도 증가	탄소성분 함유 물질

정답 5.③ 6.③ 7.③ 8.① 9.④

가스	주요특징	연소물질
CO (일산화탄소)	① 허용농도 10ppm ② 무색, 무미, 무취의 환원성 기체 ③ 헤모글로빈과 결합하여 산소운반기능 저하 ④ 염소와 반응하여 포스겐 생성	탄소성분 함유 물질
COCl₂ (포스겐)	① 허용농도 0.1ppm ② CO와 염소가 반응하여 생성 ③ 염소화합물, 사염화탄소와 화염접촉시 생성	PVC, 수지류, 염소계화합물

10 ★★★ 출제년도 [21.]
내화건축물과 비교한 목조건축물 화재의 일반적인 특징을 옳게 나타낸 것은?

① 고온, 단시간형
② 저온, 단시간형
③ 고온, 장시간형
④ 저온, 장시간형

해설
- 목조건축물 화재 : 고온 단기형
- 내화건축물 화재 : 저온 장기형

11 ★★★ 출제년도 [16. 21.]
정전기에 의한 발화과정으로 옳은 것은?

① 방전 → 전하의 축적 → 전하의 발생 → 발화
② 전하의 발생 → 전하의 축적 → 방전 → 발화
③ 전하의 발생 → 방전 → 전하의 축적 → 발화
④ 전하의 축적 → 방전 → 전하의 발생 → 발화

해설 정전기에 의한 발화과정 : 전하의 발생 → 전하의 축적 → 방전 → 발화

12 ★★★ 출제년도 [21.]
물리적 소화방법이 아닌 것은?

① 산소공급원 차단
② 연쇄반응 차단
③ 온도 냉각
④ 가연물 제거

해설 소화방법

연소의 4요소	소화원리	소화방법	비고
가연물	가연물의 제거	제거소화	물리적 소화
산소	산소희석, 산소공급원 차단	질식소화	
점화원	연소점 이하로 냉각 (온도냉각)	냉각소화	
순조로운 연쇄반응	연쇄반응의 억제(차단)	억제소화 (부촉매 소화)	화학적 소화

13 ★★★ 출제년도 [21.]
이산화탄소 소화기의 일반적인 성질에서 단점이 아닌 것은?

① 밀폐된 공간에서 사용 시 질식의 위험성이 있다.
② 인체에 직접 방출 시 동상의 위험성이 있다.
③ 소화약제의 방사 시 소음이 크다.
④ 전기가 잘 통하기 때문에 전기설비에 사용할 수 없다.

해설 이산화탄소는 비전도성(전기가 통하지 않음)이라서 전기설비에 사용할 수 있다.

14 ★★ 출제년도 [21.]
위험물안전관리법령상 위험물에 대한 설명으로 옳은 것은?

① 과염소산은 위험물이 아니다.
② 황린은 제2류 위험물이다.
③ 황화린의 지정수량은 100kg이다.
④ 산화성고체는 제6류 위험물의 성질이다.

정답 10. ① 11. ② 12. ② 13. ④ 14. ③

해설 보기설명
① 과염소산 : 제6류 위험물(산화성 액체), 지정수량은 300kg이다.
② 황린 : 제3류 위험물 중 자연발화성 물질, 지정수량은 20kg이다.
③ 황화린 : 제2류 위험물(가연성 고체), 지정수량은 100kg이다.
④ 산화성고체 : 제1류 위험물의 성질이다.

15. 탄화칼슘이 물과 반응할 때 발생되는 기체는?

① 일산화탄소 ② 아세틸렌
③ 황화수소   ④ 수소

해설 탄화칼슘(CaC_2)과 물과의 반응식
$$CaC_2 + 2H_2O \rightarrow Ca(OH)_2 + C_2H_2$$
$Ca(OH)_2$: 소석회, C_2H_2 : 아세틸렌

16. 다음 중 증기 비중이 가장 큰 것은?

① Halon 1301
② Halon 2402
③ Halon 1211
④ Halon 104

해설 할론 소화약제의 종류

종류	분자식	증기비중	상온·상압에서 상태
하론 1301	CF_3Br	$\frac{148.9}{29} = 5.13$	기체상태
하론 1211	CF_2ClBr	$\frac{165.4}{29} = 5.7$	
하론 2402	$C_2F_4Br_2$	$\frac{259.8}{29} = 8.96$	액체상태
하론 101	CH_2ClBr	$\frac{129.4}{29} = 4.46$	

17. 분자 내부에 니트로기를 갖고 있는 TNT, 니트로셀룰로오스 등과 같은 제5류 위험물의 연소형태는?

① 분해연소 ② 자기연소
③ 증발연소 ④ 표면연소

해설 자기연소
① 공기 중의 산소를 필요로 하지 않는 연소로 폭발적인 연소를 하며, 연소속도가 빠르다.
② TNT, 니트로셀룰로오스 등과 같은 제5류 위험물의 연소형태

18. IG-541이 15℃에서 내용적 50리터 압력용기에 155 kgf/cm² 으로 충전되어 있다. 온도가 30℃가 되었다면 IG-541 압력은 약 몇 kgf/cm² 가 되겠는가? (단, 용기의 팽창은 없다고 가정한다.)

① 78   ② 155
③ 163   ④ 310

해설 보일-샤를의 법칙
$$\frac{P_1 V_1}{T_1} = \frac{P_2 V_2}{T_2}, \quad \frac{155 \times 50}{273 + 15} = \frac{P_2 \times 50}{273 + 30}$$
$P_2 = 163.07 \text{ kgf/cm}^2$

19. 프로판 50vol%, 부탄 40vol%, 프로필렌 10vol%로 된 혼합가스의 폭발하한계는 약 몇 vol%인가?(단, 각 가스의 폭발하한계는 프로판은 2.2vol%, 부탄은 1.9vol%, 프로필렌은 2.4vol%이다.)

① 0.83   ② 2.09
③ 5.05   ④ 9.44

해설 폭발하한계
$$L = \frac{100}{\frac{V_1}{L_1} + \frac{V_2}{L_2} + \frac{V_3}{L_3}} = \frac{100}{\frac{50}{2.2} + \frac{40}{1.9} + \frac{10}{2.4}} = 2.09\%$$

정답 15. ② 16. ② 17. ② 18. ③ 19. ②

20. 조연성 가스에 해당하는 것은?

① 수소　　② 일산화탄소
③ 산소　　④ 에탄

해설
- 조연성 가스 : 연소를 도와주는 가스로 산소가 이에 해당한다.
- 수소 : 연소범위 4~75 %의 가연성가스
- 일산화탄소 : 연소범위 12.5~74 %의 가연성가스
- 에탄 : 연소범위 3~12.5 %의 가연성가스

2과목 소방전기일반

21. 제어요소는 동작신호를 무엇으로 변환하는 요소인가?

① 제어량　　② 비교량
③ 검출량　　④ 조작량

해설 제어요소 : 조절부 + 조작부로 구성, 동작신호를 조작량으로 변환하는 요소

22. 빛이 닿으면 전류가 흐르는 다이오드로서 들어온 빛에 대해 직선적으로 전류가 증가하는 다이오드는?

① 제너다이오드　　② 터널다이오드
③ 발광다이오드　　④ 포토다이오드

해설
① 포토다이오드 : 빛이 닿으면 전류가 흐르는 다이오드로서 들어온 빛에 대해 직선적으로 전류가 증가하는 다이오드
② 터널다이오드 : 증폭작용, 발진작용, 개폐(스위칭)작용
③ 제너다이오드 : 정전압 정류작용, 전원전압을 일정하게 유지
④ 발광다이오드 : PN접합에서 P층을 얇게 만들어 순방향 전압을 가하면 발광하는 특성 이용

23. 그림과 같이 접속된 회로에서 a, b 사이의 합성저항은 몇 Ω인가?

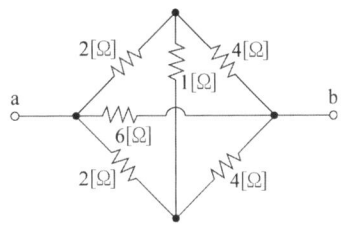

① 1　　② 2
③ 3　　④ 4

해설 휘스톤브리지 평형조건에 의해 1Ω을 무시하면

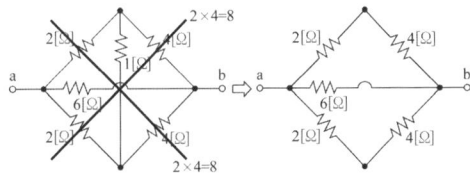

a, b 사이의 합성저항은 (2Ω+4Ω), 6Ω, (2Ω+4Ω)이 병렬 연결이므로

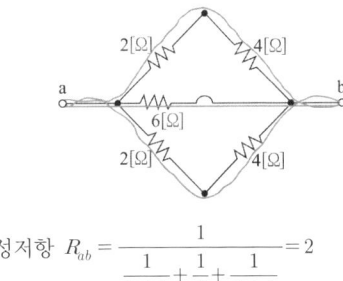

합성저항 $R_{ab} = \dfrac{1}{\dfrac{1}{2+4}+\dfrac{1}{6}+\dfrac{1}{2+4}} = 2$

24. 회로에서 저항 5 Ω의 양단 전압 V_R(V)은?

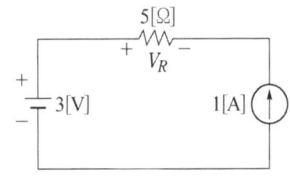

① -5　　② -2
③ 3　　④ 8

정답 20. ③　21. ④　22. ④　23. ②　24. ①

해설 중첩의 원리 적용
- 전압원 단락시 5 Ω에 흐르는 전류 : -1 A
  (처음에 정한 방향과 반대 방향이므로)
- 전류원 개방시 5 Ω에 흐르는 전류 : 0 A

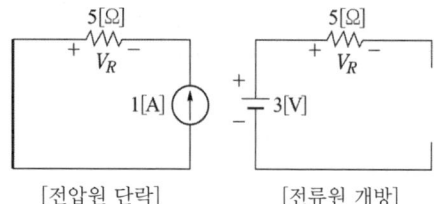

[전압원 단락]   [전류원 개방]

5Ω에 흐르는 전류의 합 : -1 A + 0 A = -1 A
5Ω양단의 전압 : -1 A × 5 = -5 V

25 ★★★ 출제년도【21.】
그림과 같은 회로에 평형 3상 전압 200 V를 인가한 경우 소비된 유효전력(kW)은?
(단, $R = 20\ \Omega$, $X = 10\ \Omega$)

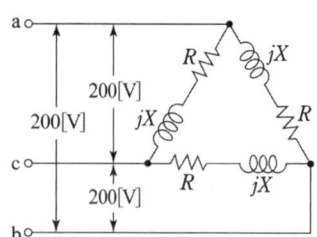

① 1.6 ② 2.4
③ 2.8 ④ 4.8

해설 유효전력

$$P = 3I_p^2 R = 3 \times \frac{V_p^2}{R^2 + X^2} \times R$$

$$= 3 \times \frac{200^2}{20^2 + 10^2} \times 20 = 4800[\text{W}] = 4.8[\text{kW}]$$

26 ★★★ 출제년도【18, 21.】
자기용량이 10 kVA인 단권변압기를 그림과 같이 접속하였을 때 역률 80 %의 부하에 몇 kW의 전력을 공급할 수 있는가?

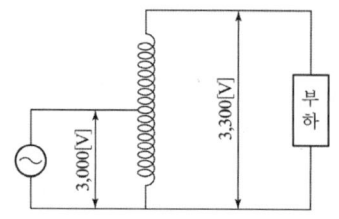

① 8   ② 54
③ 80 ④ 88

해설 부하용량

$$W = \frac{V_h}{V_h - V_l} \times w = \frac{3300}{3300 - 3000} \times 10 = 110[\text{kVA}]$$

부하전력 : 110[kVA] × 0.8 = 88[kW]

27 ★★★ 출제년도【21.】
그림의 논리회로와 등가인 논리게이트는?

① NOR
② NAND
③ NOT
④ OR

해설 NAND 게이트

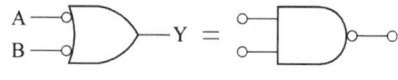

논리식(출력식) $Y = \overline{A} + \overline{B} = \overline{A \cdot B}$

28 ★★★ 출제년도【21.】
정현파 교류전압의 최댓값이 V_m(V)이고, 평균값이 V_{av}(V)일 때 이 전압의 실효값 V_{rms}(V)는?

① $V_{rms} = \dfrac{\pi}{\sqrt{2}} V_m$

② $V_{rms} = \dfrac{\pi}{2\sqrt{2}} V_{av}$

③ $V_{rms} = \dfrac{\pi}{2\sqrt{2}} V_m$

④ $V_{rms} = \dfrac{1}{\pi} V_m$

정답 25. ④ 26. ④ 27. ② 28. ②

해설 전압의 평균값 $V_{av} = \dfrac{2V_m}{\pi}$

전압의 실효값 $V_{rms} = \dfrac{V_m}{\sqrt{2}} = \dfrac{\dfrac{\pi V_{av}}{2}}{\sqrt{2}} = \dfrac{\pi}{2\sqrt{2}} V_{av}$

해설 밀만의 정리
$$V_{ab} = \dfrac{\dfrac{V_1}{R_1} + \dfrac{V_2}{R_2}}{\dfrac{1}{R_1} + \dfrac{1}{R_2}}, \quad V_{ab} = \dfrac{\dfrac{10}{20} + \dfrac{30}{5}}{\dfrac{1}{20} + \dfrac{1}{5}} = 26$$

29 그림 (a)와 그림 (b)의 각 블록선도가 등가인 경우 전달함수 G(s)는?

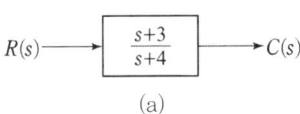
(a)

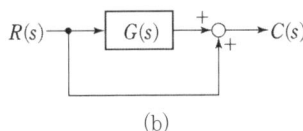
(b)

① $\dfrac{1}{s+4}$ ② $\dfrac{2}{s+4}$

③ $\dfrac{-1}{s+4}$ ④ $\dfrac{-2}{s+4}$

해설 (a)의 전달함수 : $\dfrac{s+3}{s+4}$
(b)의 전달함수 : $G(s)+1$
$\dfrac{s+3}{s+4} = G(s)+1$,
$G(s) = \dfrac{s+3}{s+4} - 1 = \dfrac{s+3}{s+4} - \dfrac{s+4}{s+4} = \dfrac{-1}{s+4}$

30 회로에서 a와 b 사이에 나타나는 전압 V_{ab} (V)는?

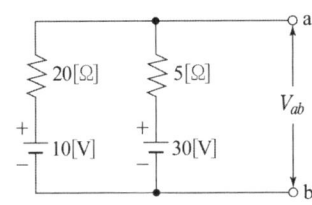

① 20 ② 23
③ 26 ④ 28

31 단방향 대전류의 전력용 스위칭 소자로서 교류의 위상 제어용으로 사용되는 정류소자는?

① 서미스터 ② SCR
③ 제너다이오드 ④ UJT

해설 ① 서미스터 : 온도에 의해 저항값이 변화하는 반도체로 온도 보상용, 온도 계측용으로 사용
② SCR : 실리콘 제어정류기, 단방향 대전류의 전력용 스위칭 소자로서 교류의 위상 제어용
③ 제너다이오드 : 정전압 정류작용
④ UJT : 단접합 트랜지스터

32 입력이 $r(t)$이고, 출력이 $c(t)$인 제어시스템이 다음의 식과 같이 표현될 때 이 제어시스템의 전달함수($G(s) = \dfrac{C(s)}{R(s)}$)는? (단, 초기값은 0이다.)

$$2\dfrac{d^2c(t)}{dt^2} + 3\dfrac{dc(t)}{dt} + c(t) = 3\dfrac{dr(t)}{dt} + r(t)$$

① $\dfrac{3s+1}{2s^2+3s+1}$ ② $\dfrac{2s^2+3s+1}{s+3}$

③ $\dfrac{3s+1}{s^2+3s+2}$ ④ $\dfrac{s+3}{s^2+3s+2}$

해설 $2\dfrac{d^2c(t)}{dt^2} + 3\dfrac{dc(t)}{dt} + c(t) = 3\dfrac{dr(t)}{dt} + r(t)$
$2s^2C(s) + 3sC(s) + C(s) = 3sR(s) + R(s)$
$\dfrac{C(s)}{R(s)} = \dfrac{3s+1}{2s^2+3s+1}$

정답 29. ③ 30. ③ 31. ② 32. ①

33 직류전원이 연결된 코일에 10 A의 전류가 흐르고 있다. 이 코일에 연결된 전원을 제거하는 즉시 저항을 연결하여 폐회로를 구성하였을 때 저항에서 소비된 열량이 24 cal이었다. 이 코일의 인덕턴스는 약 몇 H인가?

① 0.1 ② 0.5
③ 2.0 ④ 24

해설 코일에 축적되는 에너지
$$W = \frac{1}{2}LI^2 [J]$$
$$L = \frac{2W}{I^2} = \frac{2 \times 24[cal] \times 4.2[J/cal]}{10^2} = 2.016[H]$$
1[J]=0.24[cal], 1[cal]=4.2[J]

34 60 Hz, 4극의 3상 유도전동기가 정격 출력일 때 슬립이 2 %이다. 이 전동기의 동기속도(rpm)은?

① 1200 ② 1764
③ 1800 ④ 1836

해설 동기속도 $N_s = \frac{120f}{P} = \frac{120 \times 60}{4} = 1800[rpm]$
전동기의 회전속도
$N = (1-s)N_s = (1-0.02) \times 1800 = 1764[rpm]$

35 논리식 A · (A + B)를 간단히 표현하면?

① A
② B
③ A · B
④ A + B

해설 A · (A+B) = AA + AB = A(1+B) = A · 1 = A
AA = A와 같다.

36 0 ℃에서 저항이 10 Ω이고, 저항의 온도계수가 0.0043인 전선이 있다. 30 ℃에서 이 전선의 저항은 약 몇 Ω인가?

① 0.013 ② 0.68
③ 1.4 ④ 11.3

해설 저항
$$R_T = R_t [1 + \alpha_t (T-t)]$$
$$= 10[1 + 0.0043(30-0)] = 11.29[\Omega]$$

37 길이 1 cm마다 감은 권선수가 50회인 무한장 솔레노이드에 500 mA의 전류를 흘릴 때 솔레노이드 내부에서의 자계의 세기는 몇 AT/m인가?

① 1250 ② 2500
③ 12500 ④ 25000

해설 자계의 세기
$$H = \frac{NI}{l} = \frac{50 \times 500 \times 10^{-3}}{0.01} = 2500[AT/m]$$

38 회로의 전압과 전류를 측정하기 위한 계측기의 연결방법으로 옳은 것은?

① 전압계 : 부하와 직렬, 전류계 : 부하와 직렬
② 전압계 : 부하와 직렬, 전류계 : 부하와 병렬
③ 전압계 : 부하와 병렬, 전류계 : 부하와 직렬
④ 전압계 : 부하와 병렬, 전류계 : 부하와 병렬

해설 • 전압계 : 부하와 병렬
• 전류계 : 부하와 직렬

정답 33. ③ 34. ③ 35. ① 36. ④ 37. ② 38. ③

39 최대 눈금이 150 V이고, 내부저항이 30 kΩ인 전압계가 있다. 이 전압계로 750 V까지 측정하기 위해 필요한 배율기의 저항(kΩ)은?

① 120
② 150
③ 300
④ 800

해설 배율기의 저항

$$R_m = (m-1)r_v = \left(\frac{750}{150}-1\right)\times 30 = 120[\text{k}\Omega]$$

배율 $m = \dfrac{V}{V_a}$

(V_a: 전압계 눈금 또는 지시값,
V: 확대하고자 하는 전압)

40 내압이 1.0 kV이고 정전용량이 각각 0.01 μF, 0.02 μF, 0.04 μF인 3개의 커패시터를 직렬로 연결했을 때 전체 내압은 몇 V인가?

① 1500
② 1750
③ 2000
④ 2200

해설 전압 $V = \dfrac{Q}{C}$에서 정전용량(C)에 반비례하므로
각 콘덴서에 가해지는 전압

$$V_1 : V_2 : V_3 = \frac{1}{0.01} : \frac{1}{0.02} : \frac{1}{0.04}$$
$$= 10 : 5 : 2.5$$

전체 내압은 정전용량이 가장 작은 콘덴서를 기준으로 하므로

$$V_1 = \frac{10}{17.5} \times V_{\max}$$

$$1000 = \frac{10}{17.5} \times V_{\max}$$

$$V_{\max} = \frac{17.5}{10} \times 1000 = 1750[\text{V}]$$

3과목 소방관계법규

41 소방시설공사업법령에 따른 완공검사를 위한 현장확인 대상 특정소방대상물의 범위 기준으로 틀린 것은?

① 연면적 1만제곱미터 이상이거나 11층 이상인 특정소방대상물(아파트는 제외)
② 가연성가스를 제조·저장 또는 취급하는 시설 중 지상에 노출된 가연성가스탱크의 저장용량 합계가 1천톤 이상인 시설
③ 호스릴 방식의 소화설비가 설치되는 특정소방대상물
④ 문화 및 집회시설, 종교시설, 판매시설, 노유자시설, 수련시설, 운동시설, 숙박시설, 창고시설, 지하상가

해설 완공검사를 위한 현장확인 대상 특정소방대상물의 범위
1. 문화 및 집회시설, 종교시설, 판매시설, 노유자(老幼者)시설, 수련시설, 운동시설, 숙박시설, 창고시설, 지하상가 및 「다중이용업소의 안전관리에 관한 특별법」에 따른 다중이용업소
2. 다음 각 목의 어느 하나에 해당하는 설비가 설치되는 특정소방대상물
   가. 스프링클러설비등
   나. **물분무등소화설비(호스릴 방식의 소화설비는 제외**한다)
3. 연면적 1만제곱미터 이상이거나 11층 이상인 특정소방대상물(아파트는 제외한다)
4. 가연성가스를 제조·저장 또는 취급하는 시설 중 지상에 노출된 가연성가스탱크의 저장용량 합계가 1천톤 이상인 시설

정답 39. ① 40. ② 41. ③

42 화재의 예방 및 안전관리에 관한 법령에 따른 특수가연물의 기준 중 다음 ( ) 안에 알맞은 것은?

품 명	수 량
나무껍질 및 대팻밥	(㉠) kg 이상
면화류	(㉡) kg 이상

① ㉠ 200, ㉡ 400
② ㉠ 200, ㉡ 1000
③ ㉠ 400, ㉡ 200
④ ㉠ 400, ㉡ 1000

해설

품 명	수 량
나무껍질 및 대팻밥	(400) kg 이상
면화류	(200) kg 이상

43 소방시설 설치 및 관리에 관한 법령상 스프링클러설비를 설치하여야 할 특정소방대상물에 다음 중 어떤 소방시설을 화재안전기술기준에 적합하게 설치하면 면제 받을 수 있는가?

① 포소화설비
② 물분무등소화설비
③ 간이스프링클러설비
④ 이산화탄소소화설비

해설 소방시설법 시행령 [별표6] 특정소방대상물의 소방시설 설치의 면제기준

설치가 면제되는 소방시설	설치면제 기준
1. 스프링클러설비	스프링클러설비를 설치하여야 하는 특정소방대상물에 **물분무등소화설비**를 화재안전기술기준에 적합하게 설치한 경우에는 그 설비의 유효범위(해당 소방시설이 화재를 감지·소화 또는 경보할 수 있는 부분을 말한다. 이하 같다)에서 설치가 면제된다.

44 소방기본법령상 출동한 소방대원에게 폭행 또는 협박을 행사하여 화재진압·인명구조 또는 구급활동을 방해한 사람에 대한 벌칙기준은?

① 500만원 이하의 과태료
② 1년 이하의 징역 또는 1000만원 이하의 벌금
③ 3년 이하의 징역 또는 3000만원 이하의 벌금
④ 5년 이하의 징역 또는 5000만원 이하의 벌금

해설 5년 이하의 징역 또는 5천만원 이하의 벌금
1. 제16조제2항을 위반하여 다음 각 목의 어느 하나에 해당하는 행위를 한 사람
   가. 위력(威力)을 사용하여 출동한 소방대의 화재진압·인명구조 또는 구급활동을 방해하는 행위
   나. 소방대가 화재진압·인명구조 또는 구급활동을 위하여 현장에 출동하거나 현장에 출입하는 것을 고의로 방해하는 행위
   다. 출동한 소방대원에게 폭행 또는 협박을 행사하여 화재진압·인명구조 또는 구급활동을 방해하는 행위
   라. 출동한 소방대의 소방장비를 파손하거나 그 효용을 해하여 화재진압·인명구조 또는 구급활동을 방해하는 행위

45 위험물안전관리법령상 제조소 또는 일반취급소에서 취급하는 제4류 위험물의 최대 수량의 합이 지정수량의 48만배 이상인 사업소의 자체소방대에 두는 화학소방자동차 및 인원기준으로 다음 ( ) 안에 알맞은 것은?

화학소방자동차	자체소방대원의 수
(㉠)	(㉡)

① ㉠ 1대, ㉡ 5인
② ㉠ 2대, ㉡ 10인
③ ㉠ 3대, ㉡ 15인
④ ㉠ 4대, ㉡ 20인

정답 42. ③ 43. ② 44. ④ 45. ④

해설 자체소방대에 두는 화학소방자동차 및 인원

사업소의 구분	화학소방 자동차	자체소방 대원의 수
1. 제조소 또는 일반취급소에서 취급하는 제4류 위험물의 최대 수량의 합이 지정수량의 3천배 이상 12만배 미만인 사업소	1대	5인
2. 제조소 또는 일반취급소에서 취급하는 제4류 위험물의 최대 수량의 합이 지정수량의 12만배 이상 24만배 미만인 사업소	2대	10인
3. 제조소 또는 일반취급소에서 취급하는 제4류 위험물의 최대 수량의 합이 지정수량의 24만배 이상 48만배 미만인 사업소	3대	15인
4. 제조소 또는 일반취급소에서 취급하는 제4류 위험물의 최대 수량의 합이 **지정수량의 48만배 이상**인 사업소	4대	20인
5. 옥외탱크저장소에 저장하는 **제4류 위험물의 최대수량**이 지정수량의 **50만배 이상**인 사업소	2대	10인

2. 화재안전기술 기준을 적용하기 어려운 특정소방대상물	펄프공장의 작업장, 음료수 공장의 세정 또는 충전을 하는 작업장, 그 밖에 이와 비슷한 용도로 사용하는 것	스프링클러설비, 상수도소화용수설비 및 연결살수설비
	정수장, 수영장, 목욕장, 농예·축산·어류양식용 시설, 그 밖에 이와 비슷한 용도로 사용되는 것	자동화재탐지설비, 상수도소화용수설비 및 연결살수설비

46 ★★★ 출제년도【21.】
소방시설 설치 및 관리에 관한 법령상 펄프공장의 작업장, 음료수 공장의 충전을 하는 작업장 등과 같이 화재 안전기준을 적용하기 어려운 특정소방대상물에 설치하지 아니할 수 있는 소방시설의 종류가 아닌 것은?

① 상수도소화용수설비
② 스프링클러설비
③ 연결송수관설비
④ 연결살수설비

해설 소방시설법 시행령 [별표7] 소방시설을 설치하지 아니할 수 있는 특정소방대상물 및 소방시설의 범위

47 ★★★ 출제년도【21.】
소방기본법의 정의상 소방대상물의 관계인이 아닌 자는?

① 감리자
② 관리자
③ 점유자
④ 소유자

해설 소방대상물의 관계인 : 점유자, 관리자, 소유자

48 ★★★ 출제년도【07. 12. 21.】
위험물안전관리법령상 위험물별 성질로서 틀린 것은?

① 제1류 : 산화성 고체
② 제2류 : 가연성 고체
③ 제4류 : 인화성 액체
④ 제6류 : 인화성 고체

해설 위험물 류별 성질

류별	성질
제1류	산화성 고체
제2류	가연성 고체
제3류	자연발화성 및 금수성 물질
제4류	인화성 액체
제5류	자기반응성 물질
제6류	산화성 액체

정답 46. ③ 47. ① 48. ④

49 소방시설 설치 및 관리에 관한 법령상 시·도지사가 소방시설등의 자체점검을 하지 아니한 관리업자에게 영업정지를 명할 수 있으나, 이로 인해 국민에게 심한 불편을 줄 때에는 영업정지 처분을 갈음하여 과징금 처분을 한다. 과징금의 기준은?

① 1000만원 이하 ② 2000만원 이하
③ 3000만원 이하 ④ 5000만원 이하

해설 시·도지사는 영업정지를 명하는 경우로서 그 영업정지가 국민에게 심한 불편을 주거나 그 밖에 공익을 해칠 우려가 있을 때에는 영업정지처분을 갈음하여 **3천만원 이하**의 과징금을 부과할 수 있다.

50 소방기본법령상 소방대장은 화재, 재난·재해 그 밖의 위급한 상황이 발생한 현장에 소방활동구역을 정하여 소방활동에 필요한 자로서 대통령령으로 정하는 사람 외에는 그 구역에의 출입을 제한할 수 있다. 다음 중 소방활동구역에 출입할 수 없는 사람은?

① 소방활동구역 안에 있는 소방대상물의 소유자·관리자 또는 점유자
② 전기·가스·수도·통신·교통의 업무에 종사하는 사람으로서 원활한 소방활동을 위하여 필요한 사람
③ 시·도지사가 소방활동을 위하여 출입을 허가한 사람
④ 의사·간호사 그 밖의 구조·구급업무에 종사하는 사람

해설 소방활동구역의 출입자
1. 소방활동구역 안에 있는 소방대상물의 소유자·관리자 또는 점유자
2. 전기·가스·수도·통신·교통의 업무에 종사하는 사람으로서 원활한 소방활동을 위하여 필요한 사람
3. 의사·간호사 그 밖의 구조·구급업무에 종사하는 사람
4. 취재인력 등 보도업무에 종사하는 사람
5. 수사업무에 종사하는 사람
6. 그 밖에 소방대장이 소방활동을 위하여 출입을 허가한 사람

51 위험물안전관리법령상 취급하는 위험물의 최대수량이 지정수량의 10배 이하인 경우 공지의 너비 기준은?

① 2 m 이하 ② 2 m 이상
③ 3 m 이하 ④ 3 m 이상

해설

취급하는 위험물의 최대수량	공지의 너비
지정수량의 10배 이하	3 m 이상
지정수량의 10배 초과	5 m 이상

52 화재의 예방 및 안전관리에 관한 법령상 화재안전조사위원회의 위원에 해당하지 아니하는 사람은?

① 소방기술사
② 소방시설관리사
③ 소방 관련 분야의 석사학위 이상을 취득한 사람
④ 소방 관련 법인 또는 단체에서 소방 관련 업무에 3년 이상 종사한 사람

해설 화재안전조사위원회의 위원
1. 과장급 직위 이상의 소방공무원
2. 소방기술사
3. 소방시설관리사
4. 소방 관련 분야의 석사학위 이상을 취득한 사람
5. 소방 관련 법인 또는 단체에서 소방 관련 업무에 5년 이상 종사한 사람
6. 소방공무원 교육기관, 「고등교육법」 제2조의 학교 또는 연구소에서 소방과 관련한 교육 또는 연구에 5년 이상 종사한 사람

정답 49. ③ 50. ③ 51. ④ 52. ④

53. 화재의 예방 및 안전관리에 관한 법령상 특수가연물의 저장 및 취급기준이 아닌 것은? (단, 석탄·목탄류를 발전용으로 저장하는 경우는 제외)

① 품명별로 구분하여 쌓는다.
② 쌓는 높이는 20 m 이하가 되도록 한다.
③ 쌓는 부분의 바닥면적 사이는 1 m 이상이 되도록 한다.
④ 특수가연물을 저장 또는 취급하는 장소에는 품명·최대수량 및 화기취급의 금지표지를 설치해야 한다.

해설 특수가연물의 저장 및 취급의 기준
1. 특수가연물을 저장 또는 취급하는 장소에는 **품명·최대수량 및 화기취급의 금지표지**를 설치할 것
2. 다음 각 목의 기준에 따라 쌓아 저장할 것. 다만, 석탄·목탄류를 발전(發電)용으로 저장하는 경우에는 그러하지 아니하다.
   가. 품명별로 구분하여 쌓을 것
   나. 쌓는 높이는 **10미터 이하**가 되도록 하고, 쌓는 부분의 바닥면적은 50제곱미터(석탄·목탄류의 경우에는 200제곱미터) 이하가 되도록 할 것. 다만, 살수설비를 설치하거나, 방사능력 범위에 해당 특수가연물이 포함되도록 대형수동식소화기를 설치하는 경우에는 쌓는 높이를 15미터 이하, 쌓는 부분의 바닥면적을 200제곱미터(석탄·목탄류의 경우에는 300제곱미터) 이하로 할 수 있다.
   다. 쌓는 부분의 바닥면적 사이는 1미터 이상이 되도록 할 것

54. 소방시설 설치 및 관리에 관한 법령상 소화설비를 구성하는 제품 또는 기기에 해당하지 않는 것은?

① 가스누설경보기
② 소방호스
③ 스프링클러헤드
④ 분말자동소화장치

해설 소방시설법 시행령 [별표3] 소방용품 기준 중 일부
1. 소화설비를 구성하는 제품 또는 기기
   가. 소화기구(소화약제 외의 것을 이용한 간이소화용구는 제외한다)
   나. 자동소화장치
   다. 소화설비를 구성하는 소화전, 관창(菅槍), 소방호스, 스프링클러헤드, 기동용 수압개폐장치, 유수제어밸브 및 가스관선택밸브
2. 경보설비를 구성하는 제품 또는 기기
   가. **누전경보기 및 가스누설경보기**
   나. 경보설비를 구성하는 발신기, 수신기, 중계기, 감지기 및 음향장치(경종만 해당한다)

55. 소방시설공사업법령상 하자보수를 하여야 하는 소방시설 중 하자보수 보증기간이 3년이 아닌 것은?

① 자동소화장치
② 비상방송설비
③ 스프링클러설비
④ 상수도소화용수설비

해설 하자보수 대상과 보증기간

2년	피난기구, 유도등, 유도표지, 비상경보설비, 비상조명등, **비상방송설비** 및 무선통신보조설비
3년	자동소화장치, 옥내소화전설비, 스프링클러설비, 간이스프링클러설비, 물분무등소화설비, 옥외소화전설비, 자동화재탐지설비, 상수도소화용수설비 및 소화활동설비(무선통신보조설비는 제외한다)

56. 위험물안전관리법령상 소화난이도등급 I의 옥내탱크저장소에서 유황만을 저장·취급할 경우 설치하여야 하는 소화설비로 옳은 것은?

① 물분무소화설비
② 스프링클러설비
③ 포소화설비
④ 옥내소화전설비

정답 53. ② 54. ① 55. ② 56. ①

해설

옥내 탱크 저장소	유황만을 저장취급하는 것	물분무소화설비
	인화점 70℃ 이상의 제4류 위험물만을 저장취급하는 것	물분무소화설비, 고정식 포소화설비, 이동식 이외의 불활성가스소화설비, 이동식 이외의 할로겐화합물소화설비 또는 이동식 이외의 분말소화설비
	그 밖의 것	고정식 포소화설비, 이동식 이외의 불활성가스소화설비, 이동식 이외의 할로겐화합물소화설비 또는 이동식 이외의 분말소화설비

노유자(老幼者)시설	간이스프링클러설비, 자동화재탐지설비 및 단독경보형 감지기
의료시설	스프링클러설비, 간이스프링클러설비, 자동화재탐지설비 및 자동화재속보설비

57 ★★★ 출제년도 【21.】
소방시설 설치 및 관리에 관한 법령상 대통령령 또는 화재안전기준이 변경되어 그 기준이 강화되는 경우 기존 특정소방대상물의 소방시설 중 강화된 기준을 설치장소와 관계없이 항상 적용하여야 하는 것은? (단, 건축물의 신축 · 개축 · 재축 · 이전 및 대수선 중인 특정소방대상물을 포함한다.)

① 제연설비
② 비상경보설비
③ 옥내소화전설비
④ 화재조기진압용 스프링클러설비

해설 강화된 기준을 적용
1. 다음 각 목의 소방시설 중 대통령령 또는 화재안전기준으로 정하는 것
   가. 소화기구
   나. 비상경보설비
   다. 자동화재탐지설비
   라. 자동화재속보설비
   마. 피난구조설비
2. 다음 각 목의 특정소방대상물에 설치하는 소방시설 중 대통령령 또는 화재안전기준으로 정하는 것
   가. 공동구
   나. 전력 및 통신사업용 지하구
   다. 노유자(老幼者) 시설
   라. 의료시설

58 ★★★ 출제년도 【21. 22.】
소방시설 설치 및 관리에 관한 법령상 소방시설등의 종합정밀점검 대상 기준에 맞게 ( )에 들어갈 내용으로 옳은 것은?

물분무등소화설비[호스릴 방식의 물분무등소화설비만을 설치한 경우는 제외]가 설치된 연면적 ( )m² 이상인 특정소방대상물(위험물 제조소등은 제외)

① 2000
② 3000
③ 4000
④ 5000

해설 종합정밀점검 대상
1) 스프링클러설비가 설치된 특정소방대상물
2) 물분무등소화설비[**호스릴(Hose Reel) 방식**의 물분무등소화설비만을 설치한 경우는 **제외**한다]가 설치된 **연면적 5,000 m² 이상**인 특정소방대상물(위험물 제조소등은 제외한다)
3) 단란주점영업과 유흥주점영업, 영화상영관 · 비디오물감상실업 · 복합영상물제공업(비디오물소극장업은 제외한다) · 노래연습장업 · 산후조리업 · 고시원업 및 안마시술소의 다중이용업의 영업장이 설치된 특정소방대상물로서 연면적이 2,000 m² 이상인 것
4) 제연설비가 설치된 터널
5) 공공기관 중 연면적(터널 · 지하구의 경우 그 길이와 평균폭을 곱하여 계산된 값을 말한다)이 1,000 m² 이상인 것으로서 옥내소화전설비 또는 자동화재탐지설비가 설치된 것. 다만, 소방대가 근무하는 공공기관은 제외한다.

59. 소방시설 설치 및 관리에 관한 법령상 건축허가등의 동의대상물의 범위로 틀린 것은?

① 항공기 격납고
② 방송용 송·수신탑
③ 연면적이 400제곱미터 이상인 건축물
④ 지하층 또는 무창층이 있는 건축물로서 바닥면적이 50제곱미터 이상인 층이 있는 것

해설 건축허가등의 동의 대상물의 범위
1. 연면적이 400제곱미터 이상인 건축물.
   - 가. 학교시설: 100제곱미터
   - 나. 노유자시설(老幼者施設) 및 수련시설: 200제곱미터
   - 다. 정신의료기관(입원실이 없는 정신건강의학과 의원은 제외): 300제곱미터
   - 라. 장애인 의료재활시설: 300제곱미터
1의2. 층수가 6층 이상인 건축물
2. 차고·주차장 또는 주차용도로 사용되는 시설로서 다음 각 목의 어느 하나에 해당하는 것
   - 가. 차고·주차장으로 사용되는 바닥면적이 200제곱미터 이상인 층이 있는 건축물이나 주차시설
   - 나. 승강기 등 기계장치에 의한 주차시설로서 자동차 20대 이상을 주차할 수 있는 시설
3. 항공기격납고, 관망탑, 항공관제탑, 방송용 송수신탑
4. **지하층 또는 무창층이 있는 건축물로서 바닥면적이 150제곱미터(공연장의 경우에는 100제곱미터) 이상인 층이 있는 것**
5. 조리원, 산후조리원, 위험물 저장 및 처리 시설, 전기저장시설, 지하구
6. 노유자시설 중 다음 각 목의 어느 하나에 해당하는 시설.
   - 가. 노인 관련 시설 중 다음의 어느 하나에 해당하는 시설
     1) 노인주거복지시설·노인의료복지시설 및 재가노인복지시설
     2) 학대피해노인 전용쉼터
   - 나. 아동복지시설(아동상담소, 아동전용시설 및 지역아동센터는 제외한다)
   - 다. 장애인 거주시설
   - 라. 정신질환자 관련 시설(공동생활가정을 제외한 재활훈련시설과 종합시설 중 24시간 주거를 제공하지 아니하는 시설은 제외한다)
   - 마. 노숙인 관련 시설 중 노숙인자활시설, 노숙인재활시설 및 노숙인요양시설
   - 바. 결핵환자나 한센인이 24시간 생활하는 노유자시설
7. 요양병원. 다만, 정신의료기관 중 정신병원과 의료재활시설은 제외한다.

60. 화재의 예방 및 안전관리에 관한 법령상 화재의 예방상 위험하다고 인정되는 행위를 하는 사람에게 행위의 금지 또는 제한 명령을 할 수 있는 사람은?

① 소방관서장
② 시·도지사
③ 의용소방대원
④ 소방대상물의 관리자

해설 화재안전조사 결과에 따른 조치명령
① **소방관서장**은 화재안전조사 결과에 따른 소방대상물의 위치·구조·설비 또는 관리의 상황이 화재예방을 위하여 보완될 필요가 있거나 화재가 발생하면 인명 또는 재산의 피해가 클 것으로 예상되는 때에는 행정안전부령으로 정하는 바에 따라 관계인에게 그 소방대상물의 개수(改修)·이전·제거, 사용의 금지 또는 제한, 사용폐쇄, 공사의 정지 또는 중지, 그 밖에 필요한 조치를 명할 수 있다.

정답 59. ④ 60. ①

4과목 소방전기설비의 구조 및 원리

61 소방시설용 비상전원수전설비의 화재안전기술기준(NFTC 602)에 따라 일반전기사업자로부터 특별고압 또는 고압으로 수전하는 비상전원 수전설비의 종류에 해당하지 않는 것은?

① 큐비클형
② 축전지형
③ 방화구획형
④ 옥외개방형

해설 특별고압 또는 고압으로 수전하는 비상전원 수전설비의 종류
① 방화구획형
② 옥외개방형
③ 큐비클형

62 비상콘센트설비의 성능인증 및 제품검사의 기술기준에 따른 비상콘센트설비 표시등의 구조 및 기능에 대한 설명으로 틀린 것은?

① 발광다이오드에는 적당한 보호카바를 설치하여야 한다.
② 소켓은 접속이 확실하여야 하며 쉽게 전구를 교체할 수 있도록 부착하여야 한다.
③ 적색으로 표시되어야 하며 주위의 밝기가 300lx 이상인 장소에서 측정하여 앞면으로부터 3m 떨어진 곳에서 켜진 등이 확실히 식별되어야 한다.
④ 전구는 사용전압이 130%인 교류전압을 20시간 연속하여 가하는 경우, 단선, 현저한 광속변화, 흑화, 전류의 저하 등이 발생하지 아니하여야 한다.

해설 제4조(부품의 구조 및 기능) 제3호. 표시등의 구조 및 기능
다. 전구에는 적당한 보호카바를 설치하여야 한다. 다만, 발광다이오드의 경우에는 그러하지 아니하다.

63 비상방송설비의 화재안전기술기준(NFTC 202)에 따라 부속회로의 전로와 대지 사이 및 배선 상호 간의 절연저항은 1경계구역마다 직류 250 V의 절연저항측정기를 사용하여 측정한 절연저항이 몇 MΩ 이상이 되도록 하여야 하는가?

① 0.1
② 0.2
③ 10
④ 20

해설 전원회로의 전로와 대지 사이 및 배선상호간의 절연저항은 「전기사업법」 제67조에 따른 기술기준이 정하는 바에 따르고, 부속회로의 전로와 대지 사이 및 배선 상호간의 절연저항은 1경계구역마다 직류 250V의 절연저항측정기를 사용하여 측정한 절연저항이 0.1 MΩ 이상이 되도록 할 것

64 자동화재탐지설비 및 시각경보장치의 화재안전기술기준(NFTC 203)에 따라 환경상태가 현저하게 고온으로 되어 연기감지기를 설치할 수 없는 건조실 또는 살균실 등에 적응성 있는 열감지기가 아닌 것은?

① 정온식 1종
② 정온식 특종
③ 열아날로그식
④ 보상식 스포트형 1종

해설 자동화재탐지설비 및 시각경보장치의 화재안전기술기준(NFTC 203) [별표]

정답 61. ② 62. ① 63. ① 64. ④

설치장소		적응열감지기							
환경상태	적응장소	차동식 스포트형		차동식분포형		보상식 스포트형		정온식	열아날로그식	불꽃감지기
		1종	2종	1종	2종	1종	2종	특종	1종	
현저하게 고온으로 되는 장소	건조실, 살균실, 보일러실, 주조실, 영사실, 스튜디오	×	×	×	×	×	×	○	○	○	×

65 자동화재속보설비의 속보기의 성능인증 및 제품검사의 기술기준에서 정하는 데이터 및 코드전송방식 신고부분 프로토콜 정의서에 대한 내용이다. 다음의 ( )에 들어갈 내용으로 옳은 것은?

> 119서버로부터 처리결과 메시지를 (㉠)초 이내 수신 받지 못할 경우에는 (㉡)회 이상 재전송 할 수 있어야 한다.

① ㉠ 10 ㉡ 5
② ㉠ 10 ㉡ 10
③ ㉠ 20 ㉡ 10
④ ㉠ 20 ㉡ 20

해설 [별표1] 데이터 및 코드전송방식 신고부분 프로토콜 정의서(제5조 제12호 관련)
가. 통신방식별 전송규칙
4. 기타 공통사항 1) 재전송 규약
 – 119서버로부터 처리결과 메시지를 20초 이내 수신 받지 못할 경우에는 10회 이상 재전송 할 수 있어야한다.

66 유도등 및 유도표지의 화재안전기술기준(NFTC 303)에 따른 객석유도등의 설치기준이다. 다음 ( )에 들어갈 내용으로 옳은 것은?

> 객석유도등은 객석의 (㉠), (㉡) 또는 (㉢)에 설치하여야 한다.

① ㉠ 통로 ㉡ 바닥 ㉢ 벽
② ㉠ 바닥 ㉡ 천장 ㉢ 벽
③ ㉠ 통로 ㉡ 바닥 ㉢ 천장
④ ㉠ 바닥 ㉡ 통로 ㉢ 출입구

해설 "객석유도등"이란 객석의 통로, 바닥 또는 벽에 설치하는 유도등을 말한다.

67 누전경보기의 형식승인 및 제품검사의 기술기준에 따라 외함은 불연성 또는 난연성 재질로 만들어져야 하며, 누전경보기 외함의 두께는 몇 mm 이상이어야 하는가? (단, 직접 벽면에 접하여 벽속에 매립되는 외함의 부분은 제외한다.)

① 1
② 1.2
③ 2.5
④ 3

해설 제3조(구조 및 기능)
4. 외함은 불연성 또는 난연성 재질로 만들어져야 하며 다음과 같아야 한다.
 가. 외함은 다음에 기재된 두께 이상이어야 한다.
  1) 누전경보기의 외함은 1.0 mm 이상
  2) 직접 벽면에 접하여 벽속에 매립되는 외함의 부분은 1.6 mm 이상

68 비상콘센트설비의 화재안전기술기준(NFTC 504)에 따라 비상콘센트설비의 전원부와 외함 사이의 절연저항은 전원부와 외함 사이를 500 V 절연저항계로 측정할 때 몇 MΩ 이상이어야 하는가?

① 10
② 20
③ 30
④ 50

해설 비상콘센트설비의 전원부와 외함 사이의 절연저항 및 절연내력
1. 절연저항은 전원부와 외함 사이를 500 V 절연저항계로 측정할 때 20 MΩ 이상일 것

정답 65. ③ 66. ① 67. ① 68. ②

69 자동화재탐지설비 및 시각경보장치의 화재안전기술기준(NFTC 203)에 따라 자동화재탐지설비의 감지기 설치에 있어서 부착높이가 20 m 이상일 때 적합한 감지기 종류는?

① 불꽃감지기
② 연기복합형
③ 차동식분포형
④ 이온화식 1종

해설 부착높이가 20 m 이상일 때 적합한 감지기 종류
① 불꽃감지기
② 광전식(분리형, 공기흡입형) 중 아나로그방식

70 비상경보설비 및 단독경보형감지기의 화재안전기술기준(NFTC 201)에 따른 비상벨설비에 대한 설명으로 옳은 것은?

① 비상벨설비는 화재발생 상황을 사이렌으로 경보하는 설비를 말한다.
② 비상벨설비는 부식성가스 또는 습기 등으로 인하여 부식의 우려가 없는 장소에 설치하여야 한다.
③ 음향장치의 음량은 부착된 음향장치의 중심으로부터 1 m 떨어진 위치에서 60 dB 이상이 되는 것으로 하여야 한다.
④ 특정소방대상물의 층마다 설치하되, 해당 특정소방대상물의 각 부분으로부터 하나의 발신기까지의 수평거리가 30 m 이하가 되도록 하여야 한다.

해설 보기설명
① 비상벨설비"란 화재발생 상황을 경종으로 경보하는 설비
③ 음향장치의 음량은 부착된 음향장치의 중심으로부터 1m 떨어진 위치에서 90dB 이상이 되는 것으로 하여야 한다.
④ 특정소방대상물의 층마다 설치하되, 해당 특정소방대상물의 각 부분으로부터 하나의 발신기까지의 수평거리가 25m 이하가 되도록 할 것

71 비상방송설비의 화재안전기술기준(NFTC 202)에 따라 비상방송설비가 기동장치에 따른 화재신고를 수신한 후 필요한 음량으로 화재발생 상황 및 피난에 유효한 방송이 자동으로 개시될 때까지의 소요시간은 몇 초 이하로 하여야 하는가?

① 5
② 10
③ 20
④ 30

해설 비상방송설비의 화재안전기술기준(NFTC 202) 제4조(음향장치)제11호
기동장치에 따른 화재신고를 수신한 후 필요한 음량으로 화재발생 상황 및 피난에 유효한 방송이 자동으로 개시될 때까지의 소요시간은 10초 이하로 할 것

72 누전경보기의 형식승인 및 제품검사의 기술기준에 따라 감도조정장치를 갖는 누전경보기에 있어서 감도조정장치의 조정범위는 최대치가 몇 A이어야 하는가?

① 0.2
② 1.0
③ 1.5
④ 2.0

해설 제8조(감도조정장치)
감도조정장치를 갖는 누전경보기에 있어서 감도조정장치의 조정범위는 최대치가 1 [A]이어야 한다.

73 ★★★ 출제년도 【21.】
자동화재탐지설비 및 시각경보장치의 화재안전기술기준(NFTC 203)에 따른 배선의 시설기준으로 틀린 것은?

① 감지기 사이의 회로의 배선은 송배전식으로 할 것
② 감지기회로의 도통시험을 위한 종단저항은 감지기 회로의 끝부분에 설치할 것
③ 피(P)형 수신기의 감지기 회로의 배선에 있어서 하나의 공통선에 접속할 수 있는 경계구역은 5개 이하로 할 것
④ 수신기의 각 회로별 종단에 설치되는 감지기에 접속되는 배선의 전압은 감지기 정격전압의 80 % 이상이어야 할 것

해설 피(P)형 수신기 및 지피(G.P.)형 수신기의 감지기 회로의 배선에 있어서 하나의 공통선에 접속할 수 있는 경계구역은 7개 이하로 할 것

74 ★★★ 출제년도 【21.】
무선통신보조설비의 화재안전기술기준(NFTC 505)에 따른 용어의 정의로 옳은 것은?

① "혼합기"는 신호의 전송로가 분기되는 장소에 설치하는 장치를 말한다.
② "분배기"는 서로 다른 주파수의 합성된 신호를 분리하기 위해서 사용하는 장치를 말한다.
③ "증폭기"는 두 개 이상의 입력신호를 원하는 비율로 조합한 출력이 발생되도록 하는 장치를 말한다.
④ "누설동축케이블"은 동축케이블의 외부 도체에 가느다란 홈을 만들어서 전파가 외부로 새어나갈 수 있도록 한 케이블을 말한다.

해설 보기설명
① "분배기"란 신호의 전송로가 분기되는 장소에 설치하는 것으로 임피던스 매칭(Matching)과 신호 균등분배를 위해 사용하는 장치를 말한다.
② "분파기"는 서로 다른 주파수의 합성된 신호를 분리하기 위해서 사용하는 장치를 말한다.
③ "혼합기"는 두 개 이상의 입력신호를 원하는 비율로 조합한 출력이 발생되도록 하는 장치를 말한다.

75 ★★★ 출제년도 【21.】
비상조명등의 화재안전기술기준(NFTC 304)에 따라 비상조명등의 조도는 비상조명등이 설치된 장소의 각 부분의 바닥에서 몇 lx 이상이 되도록 하여야 하는가?

① 1 ② 3
③ 5 ④ 10

해설 조도는 비상조명등이 설치된 장소의 각 부분의 바닥에서 1 lx 이상이 되도록 할 것

76 ★★ 출제년도 【21.】
화재안전기술기준(NFTC)에 따른 비상전원 및 건전지의 유효 사용시간에 대한 최소 기준이 가장 긴 것은?

① 휴대용비상조명등의 건전지 용량
② 무선통신보조설비 증폭기의 비상전원
③ 지하층을 제외한 층수가 11층 미만의 층인 특정소방대상물에 설치되는 유도등의 비상전원
④ 지하층을 제외한 층수가 11층 미만의 층인 특정소방대상물에 설치되는 비상조명등의 비상전원

해설 ① 휴대용비상조명등의 건전지 용량 : 20분 이상
② 무선통신보조설비 증폭기의 비상전원 : 30분 이상
③ 지하층을 제외한 층수가 11층 미만의 층인 특정소방대상물에 설치되는 유도등의 비상전원 : 20분 이상
④ 지하층을 제외한 층수가 11층 미만의 층인 특정소방대상물에 설치되는 비상조명등의 비상전원 : 20분 이상

정답 73. ③ 74. ④ 75. ① 76. ②

77 비상경보설비 및 단독경보형감지기의 화재안전기술기준(NFTC 201)에 따른 단독경보형감지기의 시설기준에 대한 내용이다. 다음 ( )에 들어갈 내용으로 옳은 것은?

> 단독경보형감지기는 바닥면적이 (㉠) m²를 초과하는 경우에는 (㉡) m²마다 1개 이상을 설치하여야 한다.

① ㉠ 100 ㉡ 100
② ㉠ 100 ㉡ 150
③ ㉠ 150 ㉡ 150
④ ㉠ 150 ㉡ 200

해설 단독경보형감지기
1. 각 실(이웃하는 실내의 바닥면적이 각각 30 m² 미만이고 벽체의 상부의 전부 또는 일부가 개방되어 이웃하는 실내와 공기가 상호유통되는 경우에는 이를 1개의 실로 본다)마다 설치하되, 바닥면적이 150 m²를 초과하는 경우에는 150 m²마다 1개 이상 설치할 것

78 무선통신보조설비의 화재안전기술기준(NFTC 505)에 따라 무선통신보조설비의 누설동축케이블 및 안테나는 고압의 전로로부터 1.5 m 이상 떨어진 위치에 설치해야 하나 그렇게 하지 않아도 되는 경우는?

① 끝부분에 무반사 종단저항을 설치한 경우
② 불연재료로 구획된 반자 안에 설치한 경우
③ 해당 전로에 정전기 차폐장치를 유효하게 설치한 경우
④ 금속제 등의 지지금구로 일정한 간격으로 고정한 경우

해설 누설동축케이블 및 안테나는 고압의 전로로부터 1.5 m 이상 떨어진 위치에 설치할 것. 다만, 해당 전로에 정전기 차폐장치를 유효하게 설치한 경우에는 그러하지 아니하다.

79 유도등 및 유도표지의 화재안전기술기준(NFTC 303)에 따라 유도표지는 각층마다 복도 및 통로의 각 부분으로부터 하나의 유도표지까지의 보행거리가 몇 m 이하가 되는 곳과 구부러진 모퉁이의 벽에 설치하여야 하는가? (단, 계단에 설치하는 것은 제외한다.)

① 5
② 10
③ 15
④ 25

해설 1. 계단에 설치하는 것을 제외하고는 각층마다 복도 및 통로의 각 부분으로부터 하나의 유도표지까지의 보행거리가 15 m 이하가 되는 곳과 구부러진 모퉁이의 벽에 설치할 것

80 자동화재탐지설비 및 시각경보장치의 화재안전기술기준(NFTC 203)에 따른 발신기의 시설기준에 대한 내용이다. 다음 ( )에 들어갈 내용으로 옳은 것은?

> 발신기의 위치에 표시하는 표시등은 함의 상부에 설치하되, 그 불빛은 부착면으로부터 (㉠)° 이상의 범위 안에서 부착지점으로부터 (㉡)m 이내에 어느 곳에서도 쉽게 식별할 수 있는 적색등으로 하여야 한다.

① ㉠ 10 ㉡ 10
② ㉠ 15 ㉡ 10
③ ㉠ 25 ㉡ 15
④ ㉠ 25 ㉡ 20

해설 발신기의 위치를 표시하는 표시등은 함의 상부에 설치하되, 그 불빛은 부착면으로부터 15° 이상의 범위 안에서 부착지점으로부터 10 m 이내의 어느 곳에서도 쉽게 식별할 수 있는 적색등으로 하여야 한다.

정답 77. ③ 78. ③ 79. ③ 80. ②

4회 2021년 소방설비기사

1과목 소방원론

01 ★★★ 출제년도 【05. 12. 21.】
다음 중 피난자의 집중으로 패닉현상이 일어날 우려가 가장 큰 형태는?
① T형　② X형
③ Z형　④ H형

해설 피난방향을 고려한 시설계획

구분		피난방향
가장 확실	X형	← → ↑ ↓
	Y형	↙ ↘ ↓
양호	T형	← →
	I형	→
	Z형	⌐⌐
패닉 발생 우려	H형	
	CO형	→ □ ←

02 ★★★ 출제년도 【06. 12. 21.】
연기감지기가 작동할 정도이고 가시거리가 20~30 m에 해당하는 감광계수는 얼마인가?
① $0.1\ m^{-1}$　② $1.0\ m^{-1}$
③ $2.0\ m^{-1}$　④ $10\ m^{-1}$

해설 연기의 농도와 가시거리

감광계수	가시거리 [m]	상황
0.1	20~30	연기 감지기가 작동할 정도
0.3	5	건물내부에 익숙한 사람이 피난에 지장을 느낄 정도의 농도
0.5	3	어두침침한 것을 느낄 정도의 농도
1.0	1~2	거의 앞이 보이지 않을 정도의 농도
10	0.2~0.5	최성기 때의 연기농도로 유도등이 보이지 않는 정도의 농도
30		출화실에서 연기가 분출될 때의 연기농도

03 ★★★ 출제년도 【15. 21.】
소화에 필요한 CO_2의 이론 소화농도가 공기 중에서 37 vol% 일 때 한계산소농도는 약 몇 vol% 인가?
① 13.2　② 14.5
③ 15.5　④ 16.5

해설 $CO_2[\%] = \dfrac{21-O_2}{21} \times 100[\%] = 37[\%]$

$O_2 = 13.23[\%]$

04 ★★★ 출제년도 【98. 01. 04. 11. 16. 21.】
건물화재 시 패닉(panic)의 발생원인과 직접적인 관계가 없는 것은?
① 연기에 의한 시계 제한
② 유독가스에 의한 호흡 장애
③ 외부와 단절되어 고립
④ 불연내장재의 사용

해설 패닉의 발생원인
① 유독가스에 의한 호흡 장애
② 연기에 의한 시계 제한
③ 외부와 단절되어 고립

정답 1.④ 2.① 3.① 4.①

05 소화기구 및 자동소화장치의 화재안전기술기준에 따르면 소화기구(자동확산소화기는 제외)는 거주자 등이 손쉽게 사용할 수 있는 장소에 바닥으로부터 높이 몇 m 이하의 곳에 비치하여야 하는가?

① 0.5
② 1.0
③ 1.5
④ 2.0

해설 소화기구는 바닥으로부터 높이 1.5[m] 이하의 곳에 비치하여야 한다.

06 물리적 폭발에 해당하는 것은?

① 분해 폭발
② 분진 폭발
③ 중합 폭발
④ 수증기 폭발

해설 폭발의 형태

화학적 폭발	가스폭발, 분진폭발, 산화폭발, 중합폭발, 분해폭발 등
물리적 폭발	수증기폭발, 전선폭발, 상전이 폭발 등

07 소화약제로 사용되는 이산화탄소에 대한 설명으로 옳은 것은?

① 산소와 반응 시 흡열반응을 일으킨다.
② 산소와 반응하여 불연성 물질을 발생시킨다.
③ 산화하지 않으나 산소와는 반응한다.
④ 산소와 반응하지 않는다.

해설 이산화탄소는 완전연소 시 생성되는 물질로서 더 이상 산소와 반응하지 않는다.

08 Halon 1211의 화학식에 해당하는 것은?

① CH_2BrCl
② CF_2ClBr
③ CH_2BrF
④ CF_2HBr

해설 하론 소화설비

	분자식	C	F	Cl	Br
Halon 1301	CF_3Br	1	3	0	1
Halon 1211	CF_2ClBr	1	2	1	1
Halon 2402	$C_2F_4Br_2$	2	4	0	2
Halon 104	CCl_4	1	0	4	-

09 건축물 화재에서 플래시 오버(Flash over) 현상이 일어나는 시기는?

① 초기에서 성장기로 넘어가는 시기
② 성장기에서 최성기로 넘어가는 시기
③ 최성기에서 감쇠기로 넘어가는 시기
④ 감쇠기에서 종기로 넘어가는 시기

해설 플래시오버 : 성장기와 최성기 사이에 발생
백드래프트 : 최성기와 감쇠기 사이에 발생

10 인화칼슘과 물이 반응할 때 생성되는 가스는?

① 아세틸렌
② 황화수소
③ 황산
④ 포스핀

해설 인화칼슘과 물과의 반응식
$Ca_3P_2 + 6H_2O \rightarrow 3Ca(OH)_2 + 2PH_3$
(수산화칼슘 + 포스핀)

11 위험물안전관리법령상 자기반응성물질의 품명에 해당하지 않는 것은?

① 니트로화합물
② 할로겐간화합물
③ 질산에스테르류
④ 히드록실아민염류

해설 자기반응성물질은 제5류 위험물이다.
할로겐간화합물은 제6류 위험물(산화성 액체)에 해당한다.

12 ★★★ 출제년도 【12, 21.】
마그네슘의 화재에 주수하였을 때 물과 마그네슘의 반응으로 인하여 생성되는 가스는?

① 산소　　② 수소
③ 일산화탄소　　④ 이산화탄소

해설 마그네슘(Mg)은 물과 반응하면 수소가스를 발생하므로 주수소화하면 위험하다.
반응식 : $Mg + 2H_2O \rightarrow Mg(OH)_2 + H_2$(수소)

13 ★★★ 출제년도 【21.】
제2종 분말소화약제의 주성분으로 옳은 것은?

① NaH_2PO_4　　② KH_2PO_4
③ $NaHCO_3$　　④ $KHCO_3$

해설

종별	주성분	화학식	착색	적응화재
제1종	탄산수소나트륨(중탄산나트륨)	$NaHCO_3$	백색	BC급
제2종	탄산수소칼륨(중탄산칼륨)	$KHCO_3$	담자색	BC급
제3종	인산염(제일인산암모늄)	$NH_4H_2PO_4$	담홍색	ABC급
제4종	탄산수소칼륨+요소	$KHCO_3 + (NH_2)_2CO$	회색	BC급

14 ★★★ 출제년도 【21.】
물과 반응하였을 때 가연성 가스를 발생하여 화재의 위험성이 증가하는 것은?

① 과산화칼슘　　② 메탄올
③ 칼륨　　④ 과산화수소

해설 칼륨과 물과의 반응식 :
$2K + 2H_2O \rightarrow 2KOH + H_2$(수소)

15 ★★★ 출제년도 【15, 21.】
물리적 소화방법이 아닌 것은?

① 연쇄반응의 억제에 의한 방법
② 냉각에 의한 방법
③ 공기와의 접촉 차단에 의한 방법
④ 가연물 제거에 의한 방법

해설 연쇄반응의 억제에 의한 방법은 화학적(억제)소화 방법이다.

16 ★★★ 출제년도 【12, 21.】
다음 중 착화온도가 가장 낮은 것은?

① 아세톤　　② 휘발유
③ 이황화탄소　　④ 벤젠

해설 착화온도 : 공기 중에서 서서히 가열하면 직접 화기를 근접시키지 않아도 불을 일으키기 시작하는 최저온도
① 아세톤 : 538　　② 휘발유 : 300
③ 이황화탄소 : 100　　④ 벤젠 : 562

17 ★★★ 출제년도 【99, 04, 12, 21.】
화재의 분류방법 중 유류화재를 나타낸 것은?

① A급 화재　　② B급 화재
③ C급 화재　　④ D급 화재

해설 화재의 분류

구분\등급	A급	B급	C급	D급	K급
화재 종류	일반화재	유류화재	전기화재	금속화재	주방화재
표시 색상	백색	황색	청색	무색	–

18 ★★ 출제년도 【21.】
소화약제로 사용되는 물에 관한 소화성능 및 물성에 대한 설명으로 틀린 것은?

① 비열과 증발잠열이 커서 냉각소화 효과가 우수하다.

정답 12. ② 13. ④ 14. ③ 15. ① 16. ③ 17. ② 18. ③

② 물(15℃)의 비열은 약 1 cal/g·℃
③ 물(100℃)의 증발잠열은 439.6 cal/g 이다.
④ 물의 기화에 의한 팽창된 수증기는 질식소화 작용을 할 수 있다.

해설 물(100℃)의 증발잠열은 539.6cal/g(일반적으로 539 cal/g을 사용함)이다.

19. 다음 중 공기에서의 연소범위를 기준으로 했을 때 위험도(H) 값이 가장 큰 것은?

① 다이에틸에터 ② 수소
③ 에틸렌 ④ 부탄

해설
① 다이에틸에터 : 연소범위 1.9~48%,
위험도 $H = \dfrac{48-1.9}{1.9} = 24.26$

② 수소 : 연소범위 4~75%,
위험도 $H = \dfrac{75-4}{4} = 17.75$

③ 에틸렌 : 연소범위 3.1~32%,
위험도 $H = \dfrac{32-3.1}{3.1} = 9.32$

④ 부탄 : 연소범위 1.8~8.4%,
위험도 $H = \dfrac{8.4-1.8}{1.8} = 3.67$

20. 조연성가스로만 나열되어 있는 것은?

① 질소, 불소, 수증기
② 산소, 불소, 염소
③ 산소, 이산화탄소, 오존
④ 질소, 이산화탄소, 염소

해설 불연성 가스 : 질소, 이산화탄소
조연성 가스 : 산소, 불소, 염소, 오존 등

2과목 소방전기일반

21. 단상 반파 정류회로를 통해 평균 26 V의 직류 전압을 출력하는 경우, 정류 다이오드에 인가되는 역방향 최대 전압은 약 몇 V인가? (단, 직류 측에 평활회로(필터)가 없는 정류회로이고, 다이오드의 순방향 전압은 무시한다.)

① 26 ② 37
③ 58 ④ 82

해설 단상 반파 정류회로의 역방향 최대 전압
$PIV = \sqrt{2}E = \pi \times E_d = \pi \times 26 = 81.68[V]$
여기에서, E : 실효값(교류), E_d : 직류전압의 평균값

22. 시퀀스회로를 논리식으로 표현하면?

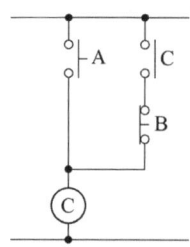

① $C = A + \overline{B} \cdot C$
② $C = A + \overline{B} + C$
③ $C = A \cdot C + \overline{B}$
④ $C = A \cdot C + \overline{B} \cdot C$

해설 논리식 $C = A + \overline{B} \cdot C$
푸시버튼 A를 눌렀다 놓으면 릴레이 C가 여자되고, 푸시버튼 B를 눌렀다 놓으면 릴레이 C는 소자된다.

정답 19. ① 20. ② 21. ④ 22. ①

23 제어량에 따른 제어방식의 분류 중 온도, 유량, 압력 등의 공업 프로세스의 상태량을 제어량으로 하는 제어계로서 외란의 억제를 주목적으로 하는 제어방식은?

① 서보기구
② 자동조정
③ 추종제어
④ 프로세스제어

해설 프로세스 제어 : 온도, 유량, 압력 등의 공업 프로세스의 상태량을 제어량으로 하는 제어

24 반도체를 이용한 화재감지기 중 서미스터(thermistor)는 무엇을 측정하기 위한 반도체 소자인가?

① 온도
② 연기 농도
③ 가스 농도
④ 불꽃의 스펙트럼 강도

해설 서미스터 : 온도의 변화에 따라 저항값이 변화하는 반도체로 부 온도특성이 있으며, 온도보상용과 온도계 측용으로 사용된다.

25 회로에서 a와 b 사이의 합성저항(Ω)은?

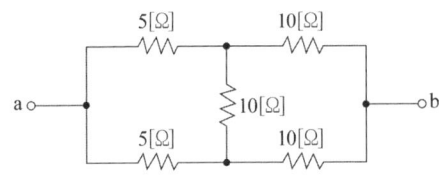

① 5
② 7.5
③ 15
④ 30

해설 휘스톤 브리지 평형조건을 만족하므로
$(5 \times 10 = 5 \times 10 = 50[\Omega])$

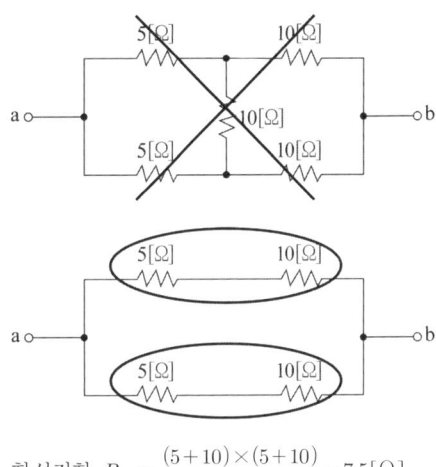

합성저항 $R_{ab} = \dfrac{(5+10) \times (5+10)}{(5+10)+(5+10)} = 7.5[\Omega]$

26 1개의 용량이 25W인 객석유도등 10개가 설치되어 있다. 이 회로에 흐르는 전류는 약 몇 A인가? (단, 전원 전압은 220V이고, 기타 선로손실 등은 무시한다.)

① 0.88
② 1.14
③ 1.25
④ 1.36

해설 전류 $I = \dfrac{P}{V} = \dfrac{25\text{W} \times 10\text{개}}{220\text{V}} = 1.14\text{A}$

27 PD(비례 미분) 제어 동작의 특징으로 옳은 것은?

① 잔류편차 제거
② 간헐현상 제거
③ 불연속 제어
④ 속응성 개선

정답 23. ④ 24. ① 25. ② 26. ② 27. ④

해설 조절부 동작에 의한 분류

구분	약호	특징
비례동작	P	잔류편차 발생, 응답속도 지연
미분동작	D	오차가 커지는 것을 미리 방지
적분동작	I	잔류편차 제거, 정상특성 개선
비례미분동작	PD	응답성(속응성) 개선
비례적분동작	PI	① 잔류편차 제거 ② 제어계의 정상특성 개선에 많이 사용 ③ 제어동작 중 가장 정밀한 제어 ④ 지상요소 ⑤ 잔류편차와 사이클링이 없어 널리 사용
비례적분 미분동작	PID	잔류편차 제거, 응답성의 개선, 가장 이상적인 제어

28 회로에서 저항 20[Ω]에 흐르는 전류[A]는?

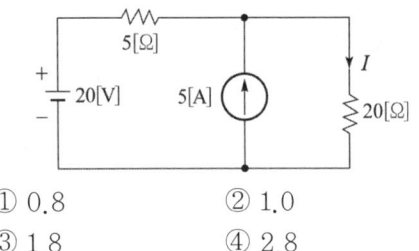

① 0.8   ② 1.0
③ 1.8   ④ 2.8

해설 중첩의 원리
① 전압원 단락 $I_1 = \dfrac{5}{5+20} \times 5 = 1[A]$
② 전류원 개방 $I_2 = \dfrac{20}{5+20} = 0.8[A]$
③ 합성전류 : $1 + 0.8 = 1.8[A]$

29 1 cm의 간격을 둔 평생 왕복전선에 25 A의 전류가 흐른다면 전선 사이에 작용하는 단위 길이당 힘(N/m)은?

① 2.5×10^{-2} N/m(반발력)
② 1.25×10^{-2} N/m(반발력)
③ 2.5×10^{-2} N/m(흡인력)
④ 1.25×10^{-2} N/m(흡인력)

해설 전자력
① 계산 : $F = \dfrac{2I_1 \times I_2}{r} \times 10^{-7} = \dfrac{2 \times 25 \times 25}{0.01} \times 10^{-7}$
$= 0.0125 = 1.25 \times 10^{-2}$
② 평행전선 : 흡인력 작용, 평행 왕복전선 : 반발력 작용

30 0.5 kVA의 수신기용 변압기가 있다. 이 변압기의 철손은 7.5 W이고, 전부하동손은 16 W이다. 화재가 발생하여 처음 2시간은 전부하로 운전되고, 다음 2시간은 1/2의 부하로 운전되었다고 한다. 4시간에 걸친 이 변압기의 전손실 전력량은 몇 Wh인가?

① 62   ② 70
③ 78   ④ 94

해설 전손실 = 철손 + 동손
$= T \times P_i + T \times \left(\dfrac{1}{m}\right)^2 P_c$
$= 7.5 \times 4 + \left\{16 + \left(\dfrac{1}{2}\right)^2 \times 16\right\} \times 2$
$= 70[Wh]$
(여기서, T : 시간, P_i : 철손, P_c : 동손)

31 테브난의 정리를 이용하여 그림 (a)의 회로를 그림 (b)와 같은 등가회로로 만들고자 할 때 $V_{th}(V)$와 $R_{th}(\Omega)$은?

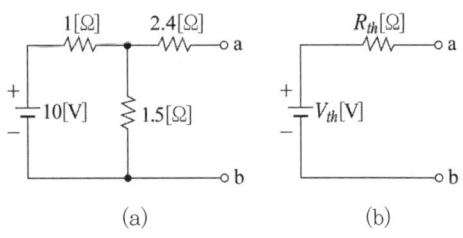

① 5 V, 2 Ω   ② 5 V, 3 Ω
③ 6 V, 2 Ω   ④ 6 V, 3 Ω

정답 28. ③ 29. ② 30. ② 31. ④

해설 $V_{th} = \dfrac{1.5}{1.5+1} \times 10 = 6$ V
(V_{th}는 1.5 Ω에 걸리는 전압의 크기와 같다.)
$R_{th} = 2.4 + \dfrac{1 \times 1.5}{1+1.5} = 3$ Ω
(R_{th}는 전압원을 단락시키고 a, b양단에서 전원측으로 바라본 합성 저항의 크기와 같다.)

해설 합성 임피던스
$Z = 8 + j4 - j10 = 8 - j6 = \sqrt{8^2 + 6^2} = 10$ Ω
전류 $I = \dfrac{V}{Z} = \dfrac{100}{10} = 10$ A
전압계 ⓥ가 지시하는 전압의 크기
$V = 10 \times (-j10) = -j100$ V

32

★ 출제년도 【21.】

블록선도에서 외란 $D(s)$의 입력에 대한 출력 $C(s)$의 전달함수 $\left(\dfrac{C(s)}{D(s)}\right)$는?

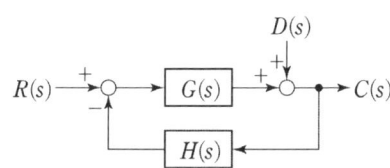

① $\dfrac{G(s)}{H(s)}$
② $\dfrac{1}{1+G(s)H(s)}$
③ $\dfrac{H(s)}{G(s)}$
④ $\dfrac{G(s)}{1+G(s)H(s)}$

해설 출력 $C(s) = D(s) - C(s)G(s)H(s)$
$C(s) + C(s)G(s)H(s) = D(s)$
$C(s)[1 + G(s)H(s)] = D(s)$
$\dfrac{C(s)}{D(s)} = \dfrac{1}{[1+G(s)H(s)]}$

34

★★★ 출제년도 【14.21.】

지시계기에 대한 동작원리가 아닌 것은?

① 열전형 계기 : 대전된 도체 사이에 작용하는 정전력을 이용
② 가동 철편형 계기 : 전류에 의한 자기장에서 고정 철편과 가동 철편 사이에 작용하는 힘을 이용
③ 전류력계형 계기 : 고정 코일에 흐르는 전류에 의한 자기장과 가동 코일에 흐르는 전류 사이에 작용하는 힘을 이용
④ 유도형 계기 : 회전 자기장 또는 이동 자기장과 이것에 의한 유도 전류와의 상호작용을 이용

해설 열전형 계기 - 종류가 다른 금속의 접합점에서의 온도차에 따른 열기전력을 이용

33

★★ 출제년도 【21.】

회로에서 전압계 ⓥ가 지시하는 전압의 크기는 몇 V인가?

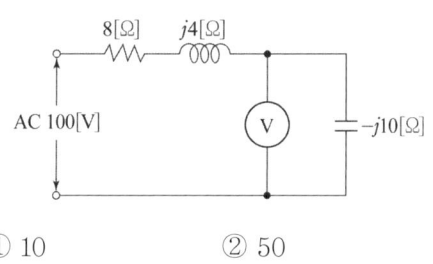

① 10
② 50
③ 80
④ 100

35

★★★ 출제년도 【21.】

선간전압의 크기가 $100\sqrt{3}$ [V]인 대칭 3상 전원에 각 상의 임피던스가 $Z = 30 + j40$ [Ω]인 Y결선의 부하가 연결되었을 때 이 부하로 흐르는 선전류[A]의 크기는?

① 2
② $2\sqrt{3}$
③ 5
④ $5\sqrt{3}$

해설 Y결선시 선전류
$I_l = \dfrac{V}{\sqrt{3}Z} = \dfrac{100\sqrt{3}}{\sqrt{3} \times \sqrt{30^2 + 40^2}} = 2$ [A]

정답 32. ② 33. ④ 34. ① 35. ①

36 자유공간에서 무한히 넓은 평면에 면전하밀도 σ(C/m²)가 균일하게 분포되어 있는 경우 전계의 세기(E)는 몇 V/m인가?
(단, ϵ_0는 진공의 유전율이다.)

① $E = \dfrac{\sigma}{\epsilon_0}$ ② $E = \dfrac{\sigma}{2\epsilon_0}$

③ $E = \dfrac{\sigma}{2\pi\epsilon_0}$ ④ $E = \dfrac{\sigma}{4\pi\epsilon_0}$

해설 무한평면(무한평판) 전계의 세기 $E = \dfrac{\sigma}{2\epsilon_0}$

도체 표면에서의 전계의 세기 $E = \dfrac{\sigma}{\epsilon_0}$

37 50Hz의 주파수에서 유도성 리액턴스가 1 Ω인 커패시터와 4 Ω의 저항이 모두 직렬로 연결되어 있다. 이 회로에 100 V, 50 Hz의 교류전압을 인가했을 때 무효전력(Var)은?

① 1,000 ② 1,200
③ 1,400 ④ 1,600

해설 합성임피던스
$Z = R + jX_L - jX_C$
$= 4 + j4 - j1 = 4 + j3\,[\Omega]$
$= \sqrt{4^2 + 3^2} = 5\,[\Omega]$
전류 $I = \dfrac{V}{Z} = \dfrac{100}{5} = 20\,[A]$
무효전력 $P_r = I^2 X = 20^2 \times 3 = 1,200\,[\text{Var}]$

38 다음의 단상 유도전동기 중 기동 토크가 가장 큰 것은?

① 세이딩 코일형
② 콘덴서 기동형
③ 분상 기동형
④ 반발 기동형

해설 단상 유도전동기의 기동토크가 큰 순서
반발기동형 > 반발유도형 > 콘덴서기동형 > 분상기동형 > 세이딩코일형

39 무한장 솔레노이드에서 자계의 세기에 대한 설명으로 틀린 것은?

① 솔레노이드 내부에서의 자계의 세기는 전류의 세기에 비례한다.
② 솔레노이드 내부에서의 자계의 세기는 코일의 권수에 비례한다.
③ 솔레노이드 내부에서의 자계의 세기는 위치에 관계없이 일정한 평등 자계이다.
④ 자계의 방향과 암페어 적분 경로가 서로 수직인 경우 자계의 세기가 최대이다.

해설 무한장 솔레노이드
자계의 세기 $H = \dfrac{NI}{l}\,[\text{AT/m}]$
I : 전류[A], N : 권수, l : 길이[m]
① 코일의 권수에 비례한다.
② 전류의 세기에 비례한다.
③ 솔레노이드 내부에서의 자계의 세기는 평등자계이다.

40 다음의 논리식을 간소화하면?

$$Y = \overline{(\overline{A} + B) \cdot \overline{B}}$$

① $Y = A + B$ ② $Y = \overline{A} + B$
③ $Y = A + \overline{B}$ ④ $Y = \overline{A} + \overline{B}$

해설 $Y = \overline{(\overline{A}+B) \cdot \overline{B}} = \overline{(\overline{A}+B)} + \overline{\overline{B}}$
$= \overline{\overline{A}} \cdot \overline{B} + B = A \cdot \overline{B} + B$
$= A \cdot \overline{B} + B(A + \overline{A})$
$= A \cdot \overline{B} + A \cdot B + \overline{A} \cdot B$
$= A(B + \overline{B}) + B(A + \overline{A})$
$= A + B$

정답 36. ② 37. ② 38. ④ 39. ④ 40. ①

3과목 소방관계법규

41 다음 위험물안전관리법령의 자체소방대 기준에 대한 설명으로 틀린 것은?

> 다량의 위험물을 저장·취급하는 제조소등으로서 **대통령령이 정하는 제조소등**이 있는 동일한 사업소에서 **대통령령이 정하는 수량 이상의 위험물**을 저장 또는 취급하는 경우 당해 사업소의 관계인은 대통령령이 정하는 바에 따라 당해 사업소에 자체소방대를 설치하여야 한다.

① "대통령령이 정하는 제조소등"은 제4류 위험물을 취급하는 제조소를 포함한다.
② "대통령령이 정하는 제조소등"은 제4류 위험물을 취급하는 일반취급소를 포함한다.
③ "대통령령이 정하는 수량 이상의 위험물"은 제4류 위험물의 최대수량의 합이 지정수량의 3천배 이상인 것을 포함한다.
④ "대통령령이 정하는 제조소등"은 보일러로 위험물을 소비하는 일반취급소를 포함한다.

해설 대통령령이 정하는 제조소등
1. 제4류 위험물을 취급하는 제조소 또는 일반취급소. 다만, 보일러로 위험물을 소비하는 일반취급소 등 행정안전부령으로 정하는 일반취급소는 제외한다.
2. 제4류 위험물을 저장하는 옥외탱크저장소

42 위험물안전관리법령상 제조소등에 설치하여야 할 자동화재탐지설비의 설치기준 중 ( ) 안에 알맞은 내용은? (단, 광전식분리형 감지기 설치는 제외한다.)

> 하나의 경계구역의 면적은 (㉠)m² 이하로 하고 그 한 변의 길이는 (㉡)m 이하로 할 것. 다만, 당해 건축물 그 밖의 공작물의 주요한 출입구에서 그 내부의 전체를 볼 수 있는 경우에 있어서는 그 면적은 1,000 m² 이하로 할 수 있다.

① ㉠ 300, ㉡ 20
② ㉠ 400, ㉡ 30
③ ㉠ 500, ㉡ 40
④ ㉠ 600, ㉡ 50

해설 관련법 : 위험물안전관리법 시행규칙 별표 17(소화설비, 경보설비 및 피난설비의 기준)
자동화재탐지설비의 설치기준
하나의 경계구역의 면적은 600 m² 이하로 하고 그 한 변의 길이는 50 m(광전식분리형 감지기를 설치할 경우에는 100 m)이하로 할 것. 다만, 당해 건축물 그 밖의 공작물의 주요한 출입구에서 그 내부의 전체를 볼 수 있는 경우에 있어서는 그 면적을 1,000 m² 이하로 할 수 있다.

43 소방시설공사업법령상 전문 소방시설공사업의 등록기준 및 영업범위의 기준에 대한 설명으로 틀린 것은?

① 법인인 경우 자본금은 최소 1억원 이상이다.
② 개인인 경우 자산평가액은 최소 1억원 이상이다.
③ 주된 기술인력 최소 1명 이상, 보조기술인력 최소 3명 이상을 둔다.
④ 영업범위는 특정소방대상물에 설치되는 기계분야 및 전기분야 소방시설의 공사·개설·이전 및 정비이다.

해설 관련법 : 소방시설공사업법 시행령 별표1(소방시설업의 업종별 등록기준 및 영업범위)

정답 41. ④ 42. ④ 43. ③

업종별	기술인력	자본금
전문 소방시설 공사업	1) 주된기술인력 : 소방기술사 또는 기계분야와 전기분야의 소방설비기사 각 1명 이상 2) 보조기술인력 : 2명 이상	• 법인 : 자본금 1억원 이상 • 개인 : 자산평가액 1억원 이상

44 소방시설 설치 및 관리에 관한 법령상 특정소방대상물의 관계인이 특정소방대상물의 규모·용도 및 수용인원 등을 고려하여 갖추어야 하는 소방시설의 종류에 대한 기준 중 다음 ( ) 안에 알맞은 것은?

> 화재안전기준에 따라 소화기구를 설치하여야 하는 특정소방대상물은 연면적 (㉠)m² 이상인 것. 다만, 노유자시설의 경우에는 투척용 소화용구 등을 화재안전기술기준에 따라 산정된 소화기 수량의 (㉡) 이상으로 설치할 수 있다.

① ㉠ 33, ㉡ $\frac{1}{2}$
② ㉠ 33, ㉡ $\frac{1}{5}$
③ ㉠ 50, ㉡ $\frac{1}{2}$
④ ㉠ 50, ㉡ $\frac{1}{5}$

해설 화재안전기준에 따라 소화기구를 설치하여야 하는 특정소방대상물은 연면적 (33) m² 이상인 것. 다만, 노유자시설의 경우에는 투척용 소화용구 등을 화재안전기술기준에 따라 산정된 소화기 수량의 ($\frac{1}{2}$) 이상으로 설치할 수 있다.

45 화재의 예방 및 안전관리에 관한 법령상 천재지변 및 그 밖에 대통령령으로 정하는 사유로 화재안전조사를 받기 곤란하여 화재안전조사의 연기를 신청하려는 자는 화재안전조사 시작 최대 며칠 전까지 연기신청서 및 증명서류를 제출해야 하는가?

① 3   ② 5
③ 7   ④ 10

해설 화재안전조사의 연기신청
화재안전조사의 연기를 신청하려는 자는 화재안전조사 시작 3일 전까지 화재안전조사 연기신청서(전자문서로 된 신청서를 포함)에 화재안전조사를 받기가 곤란함을 증명할 수 있는 서류(전자문서로 된 서류를 포함)를 첨부하여 소방청장, 소방본부장 또는 소방서장에게 제출하여야 한다.

46 위험물안전관리법령상 정기점검의 대상인 제조소등의 기준으로 틀린 것은?

① 지하탱크저장소
② 이동탱크저장소
③ 지정수량의 10배 이상의 위험물을 취급하는 제조소
④ 지정수량의 20배 이상의 위험물을 저장하는 옥외탱크저장소

해설 제16조(정기점검의 대상인 제조소 등)
1. 관계인이 예방규정을 정하여야 하는 제조소 등
   ① 지정수량의 10배 이상의 위험물을 취급하는 제조소
   ② 지정수량의 100배 이상의 위험물을 저장하는 옥외저장소
   ③ 지정수량의 150배 이상의 위험물을 저장하는 옥내저장소
   ④ 지정수량의 **200배 이상**의 위험물을 저장하는 **옥외탱크저장소**
   ⑤ 암반탱크저장소
   ⑥ 이송취급소
   ⑦ 지정수량의 10배 이상의 위험물을 취급하는 일반취급소
2. 지하탱크저장소
3. 이동탱크저장소
4. 위험물을 취급하는 탱크로서 지하에 매설된 탱크가 있는 제조소·주유취급소 또는 일반취급소

정답 44. ① 45. ① 46. ④

47 위험물안전관리법령상 제4류 위험물 중 경유의 지정수량은 몇 리터인가?

① 500
② 1,000
③ 1,500
④ 2,000

[해설] 경유는 제4류 위험물 중 제2석유류(비수용성)에 해당하며 지정수량은 1,000리터 이다.

48 화재의 예방 및 안전관리에 관한 법령상 1급 소방안전관리대상물의 소방안전관리자 선임대상 기준 중 ( ) 안에 알맞은 내용은?

> 산업안전기사 또는 산업안전산업기사의 자격을 취득한 후 ( ) 2급 소방안전관리대상물 또는 3급 소방안전관리대상물의 소방안전관리자로 근무한 실무경력이 있는 사람

① 1년 이상
② 2년 이상
③ 3년 이상
④ 5년 이상

[해설] 산업안전기사 또는 산업안전산업기사의 자격을 취득한 후 (2년 이상) 2급 소방안전관리대상물 또는 3급 소방안전관리대상물의 소방안전관리자로 근무한 실무경력이 있는 사람

49 소방시설 설치 및 관리에 관한 법령상 용어의 정의 중 ( ) 안에 알맞은 것은?

> 특정소방대상물이란 소방시설을 설치하여야 하는 소방대상물로서 ( )으로 정하는 것을 말한다.

① 대통령령
② 국토교통부령
③ 행정안전부령
④ 고용노동부령

[해설] 특정소방대상물이란 소방시설을 설치하여야 하는 소방대상물로서 (대통령령)으로 정하는 것을 말한다.

50 소방기본법 제1장 총칙에서 정하는 목적의 내용으로 거리가 먼 것은?

① 구조, 구급 활동 등을 통하여 공공의 안녕 및 질서 유지
② 풍수해의 예방, 경계, 진압에 관한 계획, 예산 지원 활동
③ 구조, 구급 활동 등을 통하여 국민의 생명, 신체, 재산 보호
④ 화재, 재난, 재해 그 밖의 위급한 상황에서의 구조, 구급 활동

[해설] 소방기본법의 목적

소방기본법	① 화재 예방, 경계하거나 진압 ② 구조, 구급활동 등을 통하여 국민의 생명, 신체 및 재산의 보호 ③ 공공의 안녕 및 질서 유지와 복리증진에 이바지

51 소방기본법령상 소방본부 종합상황실의 실장이 서면·팩스 또는 컴퓨터통신 등으로 소방청 종합상황실에 보고하여야 하는 화재의 기준이 아닌 것은?

① 이재민이 100인 이상 발생한 화재
② 재산피해액이 50억원 이상 발생한 화재
③ 사망자가 3인 이상 발생하거나 사상자가 5인 이상 발생한 화재
④ 층수가 5층 이상이거나 병상이 30개 이상인 종합병원에서 발생한 화재

[해설] 종합상황실 실장의 보고업무
1. 다음 각목의 1에 해당하는 화재
   가. **사망자가 5인 이상 발생하거나 사상자가 10인 이상 발생한 화재**
   나. 이재민이 100인 이상 발생한 화재
   다. 재산피해액이 50억원 이상 발생한 화재
   라. 관공서·학교·정부미도정공장·문화재·지하철 또는 지하구의 화재

정답 47. ② 48. ② 49. ① 50. ② 51. ③

마. 관광호텔, 층수가 11층 이상인 건축물, 지하상가, 시장, 백화점, 지정수량의 3천배 이상의 위험물의 제조소·저장소·취급소, 층수가 5층 이상이거나 객실이 30실 이상인 숙박시설, 층수가 5층 이상이거나 병상이 30개 이상인 종합병원·정신병원·한방병원·요양소, 연면적 1만5천제곱미터 이상인 공장 또는 화재경계지구에서 발생한 화재
　바. 철도차량, 항구에 매어둔 총 톤수가 1천톤 이상인 선박, 항공기, 발전소 또는 변전소에서 발생한 화재
　사. 가스 및 화약류의 폭발에 의한 화재
　아. 다중이용업소의 화재
2. 통제단장의 현장지휘가 필요한 재난상황
3. 언론에 보도된 재난상황
4. 그 밖에 소방청장이 정하는 재난상황

52
★ 출제년도 [21.]

소방시설 설치 및 관리에 관한 법령상 관리업자가 소방시설등의 점검을 마친 후 점검기록표에 기록하고 이를 해당 특정소방대상물에 부착하여야 하나 이를 위반하고 점검기록표를 거짓으로 작성하거나 해당 특정소방대상물에 부착하지 아니하였을 경우 벌칙 기준은?

① 100만원 이하의 벌금
② 200만원 이하의 벌금
③ 300만원 이하의 벌금
④ 500만원 이하의 벌금

해설 300만원 이하의 벌금 : 점검기록표를 거짓으로 작성하거나 해당 특정소방대상물에 부착하지 아니한 자

53
★★★ 출제년도 [21.]

소방시설 설치 및 관리에 관한 법령상 분말형태의 소화약제를 사용하는 소화기의 내용연수로 옳은 것은?
(단, 소방용품의 성능을 확인받아 그 사용기한을 연장하는 경우는 제외한다.)

① 3년　　　② 5년
③ 7년　　　④ 10년

해설 10년 : 분말형태의 소화약제를 사용하는 소화기의 내용연수

54
★★ 출제년도 [21.]

소방시설공사업법령상 소방시설공사업자가 소속 소방기술자를 소방시설공사 현장에 배치하지 않았을 경우의 과태료 기준은?

① 100만원 이하　　② 200만원 이하
③ 300만원 이하　　④ 400만원 이하

해설 200만원 이하의 과태료 : 소속 소방기술자를 소방시설공사 현장에 배치하지 아니한 자

55
★★★ 출제년도 [18.21.]

화재의 예방 및 안전관리에 관한 법령상 위험물 또는 물건의 보관기간은 소방본부 또는 소방서의 게시판에 공고하는 기간의 종료일 다음 날부터 며칠로 하는가?

① 3　　　② 4
③ 5　　　④ 7

해설 화재의 예방조치

위험물 또는 물건을 보관하는 경우 게시판에 공고하는 기간	14일
게시판에 공고하는 기간의 종료일 다음 날부터 보관기간	7일
매각되거나 폐기된 위험물 또는 물건의 소유자가 보상을 요구하는 경우 보상권자	소방본부장 또는 소방서장

56
★★★ 출제년도 [14.21.]

소방기본법령상 소방활동장비와 설비의 구입 및 설치 시 국고보조의 대상이 아닌 것은?

정답 52. ③　53. ④　54. ②　55. ④　56. ②

① 소방자동차
② 사무용 집기
③ 소방헬리콥터 및 소방정
④ 소방전용통신설비 및 전산설비

해설 국고보조 대상사업의 범위(소방기본법 시행령)
1. 다음 각 목의 소방활동장비와 설비의 구입 및 설치
  가. 소방자동차
  나. 소방헬리콥터 및 소방정
  다. 소방전용통신설비 및 전산설비
  라. 그 밖에 방화복 등 소방활동에 필요한 소방장비
2. 소방관서용 청사의 건축(「건축법」제2조제1항제8호에 따른 건축을 말한다)

57 ★ 출제년도【21.】

화재의 예방 및 안전관리에 관한 법령상 특정소방대상물의 관계인은 소방안전관리자를 기준일로부터 30일 이내에 선임하여야 한다. 다음 중 기준일로 틀린 것은?

① 소방안전관리자를 해임한 경우 : 소방안전관리자를 해임한 날
② 특정소방대상물을 양수하여 관계인의 권리를 취득한 경우 : 해당 권리를 취득한 날
③ 신축으로 해당 특정소방대상물의 소방안전관리자를 신규로 선임하여야 하는 경우 : 해당 특정소방대상물의 완공일
④ 증축으로 인하여 특정소방대상물이 소방안전관리대상물로 된 경우 : 증축공사의 개시일

해설 특정소방대상물의 관계인은 소방안전관리자를 다음 각 호의 어느 하나에 해당하는 날부터 30일 이내에 선임
1. 신축·증축·개축·재축·대수선 또는 용도변경으로 해당 특정소방대상물의 소방안전관리자를 신규로 선임하여야 하는 경우 : 해당 특정소방대상물의 완공일
2. 증축 또는 용도변경으로 인하여 특급 소방안전관리대상물, 1급 소방안전관리대상물 또는 2급 소방안전관리대상물로 된 경우 : **증축공사의 완공일 또는 용도변경 사실을 건축물관리대장에 기재한 날**
3. 특정소방대상물을 양수하거나 경매, 환가, 압류재산의 매각 그 밖에 이에 준하는 절차에 의하여 관계인의 권리를 취득한 경우 : 해당 권리를 취득한 날 또는 관할 소방서장으로부터 소방안전관리자 선임 안내를 받은 날
4. 소방본부장 또는 소방서장이 공동 소방안전관리 대상으로 지정한 날
5. 소방안전관리자를 해임한 경우 : 소방안전관리자를 해임한 날
6. 소방안전관리업무를 대행하는 자를 감독하는 자를 소방안전관리자로 선임한 경우로서 그 업무대행 계약이 해지 또는 종료된 경우: 소방안전관리업무 대행이 끝난 날

58 ★★★ 출제년도【21.】

위험물안전관리법령상 위험물을 취급함에 있어서 정전기가 발생할 우려가 있는 설비에 설치할 수 있는 정전기 제거설비 방법이 아닌 것은?

① 접지에 의한 방법
② 공기를 이온화하는 방법
③ 자동적으로 압력의 상승을 정지시키는 방법
④ 공기 중의 상대습도를 70% 이상으로 하는 방법

해설 정전기 제거설비
1) 접지에 의한 방법
2) 공기 중의 상대습도를 70% 이상으로 하는 방법
3) 공기를 이온화하는 방법

59 ★★★ 출제년도【21.】

화재의 예방 및 안전관리에 관한 법령상 특수가연물의 수량 기준으로 옳은 것은?

① 면화류 : 200kg 이상
② 가연성고체류 : 500kg 이상
③ 나무껍질 및 대팻밥 : 300kg 이상
④ 넝마 및 종이부스러기 : 400kg 이상

해설 보기설명
② 가연성고체류 : 3,000kg 이상
③ 나무껍질 및 대팻밥 : 400kg 이상
④ 넝마 및 종이부스러기 : 1,000kg 이상

60 ★★★ 출제년도 【21.】
화재의 예방 및 안전관리에 관한 법령상 소방관서장이 화재안전조사를 하려면 관계인에게 조사대상, 조사기간 및 조사사유 등을 최대 며칠 전에 서면으로 알려야 하는가? (단, 긴급하게 조사할 필요가 있는 경우와 사전에 통지하면 조사목적을 달성할 수 없다고 인정되는 경우는 제외한다.)

① 7 ② 10
③ 12 ④ 14

해설 ① 소방관서장은 화재안전조사를 하려면 **7일 전**에 관계인에게 조사대상, 조사기간 및 조사사유 등을 서면으로 알려야 한다. 다만, 다음 각 호의 어느 하나에 해당하는 경우에는 그러하지 아니하다.
1. 화재, 재난·재해가 발생할 우려가 뚜렷하여 긴급하게 조사할 필요가 있는 경우
2. 화재안전조사의 실시를 사전에 통지하면 조사목적을 달성할 수 없다고 인정되는 경우

4과목 소방전기설비의 구조 및 원리

61 ★ 출제년도 [21.]
감지기의 형식승인 및 제품검사의 기술기준에 따라 단독경보형감지기를 스위치 조작에 의하여 화재경보를 정지시킬 경우 화재경보 정지 후 몇 분 이내에 화재경보 정지기능이 자동적으로 해제되어 정상상태로 복귀되어야 하는가?

① 3 ② 5
③ 10 ④ 15

해설 단독경보형감지기에는 스위치 조작에 의하여 화재경보를 정지 시킬 수 있는 기능을 설치할 수 있으며, 화재경보 정지 후 **15분 이내**에 화재경보 정지기능이 자동적으로 해제되어 단독경보형감지기가 정상상태로 복귀되어야 한다.

62 ★★★ 출제년도 【96. 99. 06. 12.21.】
비상콘센트설비의 화재안전기술기준(NFTC 504)에 따라 하나의 전용회로에 설치하는 비상콘센트는 몇 개 이하로 하여야 하는가?

① 2 ② 3
③ 10 ④ 20

해설 하나의 전용회로에 설치하는 비상콘센트는 10개 이하로 할 것

63 ★★★ 출제년도 【14.21.】
자동화재속보설비의 속보기의 성능인증 및 제품검사의 기술기준에 따라 속보기는 작동신호를 수신하거나 수동으로 동작시키는 경우 20초 이내에 소방관서에 자동적으로 신호를 발하여 통보하되, 몇 회 이상 속보할 수 있어야 하는가?

① 1 ② 2
③ 3 ④ 4

해설 작동신호를 수신하거나 수동으로 동작시키는 경우 20초 이내에 소방관서에 자동적으로 신호를 발하여 통보하되 3회 이상 속보할 수 있어야 한다.

64 ★ 출제년도 [21.]
자동화재탐지설비 및 시각경보장치의 화재안전기술기준(NFTC 203)에 따른 감지기의 설치 제외 장소가 아닌 것은?

① 실내의 용적이 $20 m^3$ 이하인 장소
② 부식성가스가 체류하고 있는 장소
③ 목욕실·욕조나 샤워시설이 있는 화장실·기타 이와 유사한 장소

정답 60.① 61.④ 62.③ 63.③ 64.①

④ 고온도 및 저온도로서 감지기의 기능이 정지되기 쉽거나 감지기의 유지관리가 어려운 장소

해설 감지기 설치제외 장소기준
1) 천장 또는 반자의 높이가 20 m 이상인 장소. 다만, 부착높이에 따라 적응성이 있는 장소는 제외한다.
2) 헛간 등 외부와 기류가 통하는 장소로서 감지기에 따라 화재발생을 유효하게 감지할 수 없는 장소
3) 부식성가스가 체류하고 있는 장소
4) 고온도 및 저온도로서 감지기의 기능이 정지되기 쉽거나 감지기의 유지관리가 어려운 장소
5) 목욕실·욕조나 샤워시설이 있는 화장실·기타 이와 유사한 장소
6) 파이프덕트 등 그 밖의 이와 비슷한 것으로서 2개 층 마다 방화구획된 것이나 수평단면적이 5 m² 이하인 것
7) 먼지·가루 또는 수증기가 다량으로 체류하는 장소 또는 주방 등 평시에 연기가 발생하는 장소(연기감지기에 한한다)
8) 프레스공장·주조공장 등 화재발생의 위험이 적은 장소로서 감지기의 유지관리가 어려운 장소

65 비상콘센트의 배치와 설치에 대한 현장 사항이 비상콘센트설비의 화재안전기술기준(NFTC 504)에 적합하지 않은 것은?

① 전원회로의 배선은 내화배선으로 되어 있다.
② 보호함에는 쉽게 개폐할 수 있는 문을 설치하였다.
③ 보호함 표면에 "비상콘센트"라고 표시한 표지를 붙였다.
④ 3상 교류 200볼트 전원회로에 대해 비접지형 3극 플러그 접속기를 사용하였다.

해설 단상 교류 220볼트 전원회로에 대해 접지형 2극 플러그 접속기를 사용하였다.

66 자동화재탐지설비 및 시각경보장치의 화재안전기술기준(NFTC 203)에 따라 제2종 연기감지기를 부착높이가 4m 미만인 장소에 설치 시 기준 바닥면적은?

① 30 m²
② 50 m²
③ 75 m²
④ 150 m²

해설 감지기의 부착높이에 따라 다음 표에 따른 바닥면적(m²)마다 1개 이상으로 할 것

부착 높이	감지기의 종류	
	1종 및 2종	3종
4[m] 미만	150	50
4[m] 이상 20[m] 미만	75	

67 아래 그림은 자동화재탐지설비의 배선도이다. 추가로 구획된 공간이 생겨 가, 나, 다, 라 감지기를 증설했을 경우, 자동화재탐지설비 및 시각경보장치의 화재안전기술기준(NFTC 203)에 적합하게 설치한 것은?

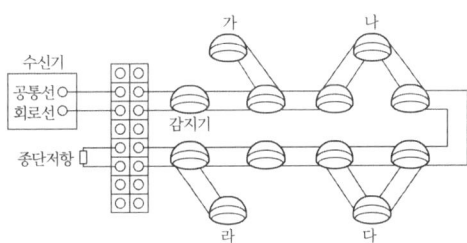

① 가
② 나
③ 다
④ 라

해설 감지기 사이의 회로의 배선은 송배전식으로 설치하여야 하므로 "나"가 적당하다.
"가, 다, 라"의 경우에는 단선 또는 감지기가 탈거 되더라도 수신기에서는 정상으로 표시되므로 감지기를 증설하는 경우에는 "나"와 같이 설치해야 한다.

68 비상방송설비의 화재안전기술기준(NFTC 202)에 따라 비상방송설비 음향장치의 설치기준 중 다음 ( )에 들어갈 내용으로 옳은 것은?

> 층수가 (㉠)층 이상으로서 연면적이 (㉡) m²를 초과하는 특정소방대상물의 1층에서 발화한 때에는 발화층·그 직상층 및 지하층에 경보를 발할 수 있도록 하여야 한다.

① ㉠ 2 ㉡ 3,500
② ㉠ 3 ㉡ 5,000
③ ㉠ 5 ㉡ 3,000
④ ㉠ 6 ㉡ 1,500

해설 층수가 (5)층 이상으로서 연면적이 (3,000)m²를 초과하는 특정소방대상물의 1층에서 발화한 때에는 발화층·그 직상층 및 지하층에 경보를 발할 수 있도록 하여야 한다.

69 유도등의 형식승인 및 제품검사의 기술기준에 따른 용어의 정의에서 "유도등에 있어서 표시면외 조명에 사용되는 면"을 말하는 것은?

① 조사면　② 피난면
③ 조도면　④ 광속면

해설 조사면"이란 유도등에 있어서 표시면외 조명에 사용되는 면을 말한다.

70 자동화재탐지설비 및 시각경보장치의 화재안전기술기준(NFTC 203)에 따라 부착높이 20 m 이상에 설치되는 광전식 중 아날로그방식의 감지기는 공칭감지농도 하한값이 감광률 몇 %/m 미만인 것으로 하는가?

① 3　② 5
③ 7　④ 10

해설 부착높이 20 m 이상에 설치되는 광전식 중 아나로그방식의 감지기는 공칭감지 농도 하한값이 감광률 5 %/m 미만인 것으로 한다.

71 비상조명등의 우수품질인증 기술기준에 따라 인출선인 경우 전선의 굵기는 몇 mm² 이상이어야 하는가?

① 0.5　② 0.75
③ 1.5　④ 2.5

해설 전선의 굵기는 인출선인 경우에는 단면적이 0.75 mm² 이상, 인출선 외의 경우에는 면적이 0.5 mm² 이상이어야 한다.

72 누전경보기의 형식승인 및 제품검사의 기술기준에 따른 과누전시험에 대한 내용이다. 다음 ( )에 들어갈 내용으로 옳은 것은?

> 변류기는 1개의 전선을 변류기에 부착시킨 회로를 설치하고 출력단자에 부하저항을 접속한 상태로 당해 1개의 전선에 변류기의 정격전압의 (㉠)%에 해당하는 수치의 전류를 (㉡)분간 흘리는 경우 그 구조 또는 기능에 이상이 생기지 아니하여야 한다.

① ㉠ 20 ㉡ 5
② ㉠ 30 ㉡ 10
③ ㉠ 50 ㉡ 15
④ ㉠ 80 ㉡ 20

해설 제14조(과누전시험)
변류기는 1개의 전선을 변류기에 부착시킨 회로를 설치하고 출력단자에 부하저항을 접속한 상태로 당해 1개의 전선에 변류기의 정격전압의 20 %에 해당하는 수치의 전류를 5분간 흘리는 경우 그 구조 또는 기능에 이상이 생기지 아니하여야 한다.

정답 68. ③　69. ①　70. ②　71. ②　72. ①

73
비상방송설비의 화재안전기술기준(NFTC 202)에 따른 비상방송설비의 음향장치에 대한 설치기준으로 틀린 것은?

① 다른 전기회로에 따라 유도장애가 생기지 아니하도록 할 것
② 음향장치는 자동화재속보설비의 작동과 연동하여 작동할 수 있는 것으로 할 것
③ 다른 방송설비와 공용하는 것에 있어서는 화재 시 비상경보외의 방송을 차단할 수 있는 구조로 할 것
④ 증폭기 및 조작부는 수위실 등 상시 사람이 근무하는 장소로서 점검이 편리하고 방화상 유효한 곳에 설치할 것

해설 음향장치는 다음 각 목의 기준에 따른 구조 및 성능의 것으로 하여야 한다.
가. 정격전압의 80% 전압에서 음향을 발할 수 있는 것을 할 것
나. **자동화재탐지설비의 작동과 연동**하여 작동할 수 있는 것으로 할 것

74
무선통신보조설비의 화재안전기술기준(NFTC 505)에 따른 용어의 정의 중 감시제어반 등에 설치된 무선중계기의 입력과 출력포트에 연결되어 송수신 신호를 원활하게 방사·수신하기 위해 옥외에 설치하는 장치를 말하는 것은?

① 혼합기
② 분파기
③ 증폭기
④ 옥외안테나

해설 옥외안테나 : 감시제어반 등에 설치된 무선중계기의 입력과 출력포트에 연결되어 송수신 신호를 원활하게 방사·수신하기 위해 옥외에 설치하는 장치

75
무선통신보조설비의 화재안전기술기준(NFTC 505)에 따라 무선통신보조설비의 누설동축케이블 또는 동축케이블의 임피던스는 몇 Ω으로 하여야 하는가?

① 5
② 10
③ 50
④ 100

해설 누설동축케이블 또는 동축케이블의 임피던스는 50Ω으로 하고, 이에 접속하는 안테나·분배기 기타의 장치는 해당 임피던스에 적합한 것으로 하여야 한다.

76
비상경보설비 및 단독경보형감지기의 화재안전기술기준(NFTC 201)에 따른 단독경보형감지기에 대한 내용이다. 다음 ( )에 들어갈 내용으로 옳은 것은?

> 이웃하는 실내의 바닥면적이 각각 ( )m² 미만이고 벽체의 상부의 전부 또는 일부가 개방되어 이웃하는 실내와 공기가 상호 유통되는 경우에는 이를 1개의 실로 본다.

① 30
② 50
③ 100
④ 150

해설 각 실(이웃하는 실내의 바닥면적이 각각 **30m²** 미만이고 벽체의 상부의 부분 또는 일부가 개방되어 이웃하는 실내와 공기가 상호 유통되는 경우에는 이를 1개의 실로 본다)마다 설치하되, 바닥면적이 150m²를 초과하는 경우에는 150m² 마다 1개 이상 설치할 것

77
소방시설용 비상전원수전설비의 화재안전기술기준(NFTC 602)에 따른 용어의 정의에서 소방부하에 전원을 공급하는 전기회로를 말하는 것은?

① 수전설비
② 일반회로
③ 소방회로
④ 변전설비

해설 소방회로 : 소방부하에 전원을 공급하는 전기회로를 말한다.

78 ★★★ 출제년도 【97. 99. 00. 02. 13. 21.】
누전경보기의 형식승인 및 제품검사의 기술기준에 따라 누전경보기의 변류기는 직류 500V의 절연저항계로 절연된 1차권선과 2차권선 간의 절연저항 시험을 할 때 몇 MΩ 이상이어야 하는가?

① 0.1　　② 5
③ 10　　④ 20

해설 변류기는 직류 500[V]의 절연저항계로 다음 각호에 의한 시험을 하는 경우 그 절연저항이 5[MΩ] 이상이 되어야 한다.
1) 절연된 1차 권선과 2차 권선간의 절연저항
2) 절연된 1차 권선과 외부금속부간의 절연저항
3) 절연된 2차 권선과 외부금속부간의 절연저항

79 ★★ 출제년도 【21.】
소방시설용 비상전원수전설비의 화재안전기술기준(NFTC 602)에 따라 소방시설용 비상전원 수전설비의 인입구배선은 「옥내소화전설비의 화재안전기술기준(NFTC 102)」 별표 1에 따른 어떤 배선으로 하여야 하는가?

① 나전선　　② 내열배선
③ 내화배선　　④ 차폐배선

해설 인입선 및 인입구 배선의 시설
① 인입선은 특정소방대상물에 화재가 발생할 경우에도 화재로 인한 손상을 받지 않도록 설치하여야 한다.
② 인입구배선은 「옥내소화전설비의 화재안전기술기준(NFTC 102)」 [별표]에 따른 **내화배선**으로 하여야 한다.

80 ★★ 출제년도 【13. 21.】
유도등 및 유도표지의 화재안전기술기준(NFTC 303)에 따라 설치하는 유도표지는 계단에 설치하는 것을 제외하고는 각층마다 복도 및 통로의 각 부분으로부터 하나의 유도표지까지의 보행거리가 몇 m 이하가 되는 곳과 구부러진 모퉁이의 벽에 설치하여야 하는가?

① 10　　② 15
③ 20　　④ 25

해설 유도표지 설치기준
1) 계단에 설치하는 것을 제외하고는 각층마다 복도 및 통로의 각 부분으로부터 하나의 유도표지까지의 보행거리가 15[m] 이하가 되는 곳과 구부러진 모퉁이의 벽에 설치할 것
2) 피난구유도표지는 출입구 상단에 설치하고, 통로유도표지는 바닥으로부터 높이 1[m] 이하의 위치에 설치할 것

정답 78. ② 79. ③ 80. ②

1회 2022년 소방설비기사

1과목 소방원론

01 ★★ 출제년도 [22.]

소화원리에 대한 설명으로 틀린 것은?

① 억제소화 : 불활성기체를 방출하여 연소범위 이하로 낮추어 소화하는 방법
② 냉각소화 : 물의 증발잠열을 이용하여 가연물의 온도를 낮추는 소화방법
③ 제거소화 : 가연성 가스의 분출화재 시 연료공급을 차단시키는 소화방법
④ 질식소화 : 포소화약제 또는 불연성기체를 이용해서 공기 중의 산소공급을 차단하여 소화하는 방법

[해설] ① 불활성기체를 방출하여 연소범위 이하로 낮추어 소화하는 방법 : 질식소화
② 억제소화 : 화학적 소화, 부촉매 소화방법으로 연쇄반응을 차단

02 ★★★ 출제년도 [22.]

위험물의 유별에 따른 분류가 잘못된 것은?

① 제1류 위험물 : 산화성 고체
② 제3류 위험물 : 자연발화성 물질 및 금수성 물질
③ 제4류 위험물 : 인화성 액체
④ 제6류 위험물 : 가연성 액체

[해설] 위험물의 류별 성질

류별	성질
제1류	산화성 고체
제2류	가연성 고체
제3류	자연발화성 및 금수성 물질
제4류	인화성 액체
제5류	자기반응성 물질
제6류	산화성 액체

03 ★★★ 출제년도 [17, 22.]

고층 건축물 내 연기거동 중 굴뚝효과에 영향을 미치는 요소가 아닌 것은?

① 건물 내·외의 온도차
② 화재실의 온도
③ 건물의 높이
④ 층의 면적

[해설] 굴뚝효과(연돌효과)
1) 정의 : 건축물 내·외부 온도차에 의한 압력의 차이로 건축물 내부의 기류가 상승 또는 하강하는 현상
2) 굴뚝효과에 영향을 미치는 요소
① 건물의 높이
② 건물 내·외의 온도차
③ 화재실의 온도
④ 외벽의 기밀도
⑤ 각 층간의 공기누설

04 ★★★ 출제년도 [19, 22.]

화재에 관련된 국제적인 규정을 제정하는 단체는?

① IMO(International Maritime Organization)
② SFPE(Society of Fire Protection Engineers)
③ NFPA(Nation Fire Protection Association)
④ ISO(International Organization for Standardization) TC 92

[해설] ① IMO(International Matritime Organization) : 국제해사기구
② SFPE(Society of Fire Protection Engineers) : 미국소방기술사회

정답 1.① 2.④ 3.④ 4.④

③ NFPA(Nation Fire Protection Association) : 미국방화협회
④ ISO(International Organization for Standardization) TC 92 : 국제표준화기구 화재안전기술위원회

05 ★★★ 출제년도【22.】
제연설비의 화재안전기술기준상 예상제연구역에 공기가 유입되는 순간의 풍속은 몇 m/s 이하가 되도록 하여야 하는가?

① 2 ② 3
③ 4 ④ 5

해설 예상제연구역에 공기가 유입되는 순간의 풍속은 5m/s 이하가 되도록 하고, 유입구의 구조는 유입공기를 하향 60° 이내로 분출할 수 있도록 하여야 한다.

06 ★ 출제년도【22.】
화재의 정의로 옳은 것은?

① 가연성물질과 산소와의 격렬한 산화반응이다.
② 사람의 과실로 인한 실화나 고의에 의한 방화로 발생하는 연소현상으로서 소화할 필요성이 있는 연소현상이다.
③ 가연물과 공기와의 혼합물이 어떤 점화원에 의하여 활성화되어 열과 빛을 발하면서 일으키는 격렬한 발열반응이다.
④ 인류의 문화와 문명의 발달을 가져오게 한 근본 존재로서 인간의 제어수단에 의하여 컨트롤 할 수 있는 연소현상이다.

해설 ① 가연성물질과 산소와의 격렬한 산화반응이다. → 연소
③ 가연물과 공기와의 혼합물이 어떤 점화원에 의하여 활성화되어 열과 빛을 발하면서 일으키는 격렬한 발열반응이다. → 연소
④ 인류의 문화와 문명의 발달을 가져오게 한 근본 존재로서 인간의 제어수단에 의하여 컨트롤 할 수 있는 연소현상이다. → 불

07 ★★ 출제년도【22.】
물에 황산을 넣어 묽은 황산을 만들 때 발생되는 열은?

① 연소열 ② 분해열
③ 용해열 ④ 자연발열

해설 ① 연소열 : 물질이 완전 산화되는 과정에서 발생하는 열
② 분해열 : 화합물질이 분해될 때 발생하는 열
③ 자연발열 : 가연물이 외부에서 열을 공급받지 않고 축적된 열에 의해 발화점 이상으로 온도상승 시 발열

08 ★★★ 출제년도【19, 22.】
이산화탄소 소화약제의 임계온도는 약 몇 °C인가?

① 24.4 ② 31.4
③ 56.4 ④ 78.4

해설 이산화탄소의 물성

구 분	물 성
분자량	44
비 중	1.52
삼 중 점	-56.3[℃]
임계온도	31.35[℃]
비 점	-78.5[℃]

09 ★★★ 출제년도【22.】
상온·상압의 공기중에서 탄화수소류의 가연물을 소화하기 위한 이산화탄소 소화약제의 농도는 약 몇 %인가? (단, 탄화수소류는 산소농도가 10%일 때 소화된다고 가정한다.)

① 28.57 ② 35.48
③ 49.56 ④ 52.38

해설 $CO_2 = \dfrac{21-O_2}{21} \times 100 = \dfrac{21-10}{21} \times 100 = 52.38\%$

10. 과산화수소 위험물의 특성이 아닌 것은?

① 비수용성이다.
② 무기화합물이다.
③ 불연성 물질이다.
④ 비중은 물보다 무겁다.

해설 과산화수소 위험물
제6류 위험물, 지정수량 : 300kg
무기화합물로서 비중은 물보다 무겁다.(1보다 크다)
불연성 물질, 수용성(물에 잘 녹는다), 강산화제

11. 건축물의 피난·방화구조 등의 기준에 관한 규칙상 방화구획의 설치기준 중 스프링클러를 설치한 10층 이하의 층은 바닥면적 몇 m^2 이내마다 방화구획을 구획하여야 하는가?

① 1,000
② 1,500
③ 2,000
④ 3,000

해설 방화구획 적합기준

10층 이하의 층	바닥면적 1,000m^2(스프링클러설비 설치 시 3,000m^2) 이내마다 구획
11층 이상의 층	바닥면적 200m^2(스프링클러설비 설치 시 600m^2) 이내마다 구획. 다만, 마감을 불연재료로 한 경우 500m^2(스프링클러설비 설치시 1,500m^2) 이내마다 구획

12. 다음 중 분진 폭발의 위험성이 가장 낮은 것은?

① 시멘트가루
② 알루미늄분
③ 석탄분말
④ 밀가루

해설

분진폭발을 일으키는 물질	분진폭발을 일으키지 않는 물질
① 금속분 (알루미늄, 마그네슘, 아연분말)	① 시멘트
② 플라스틱	② 생석회(CaO), 소석회(Ca(OH)$_2$)
③ 농산물, 석탄분말	③ 석회석
④ 황	④ 탄산칼슘(CaCO$_3$)

13. 백열전구가 발열하는 원인이 되는 열은?

① 아크열
② 유도열
③ 저항열
④ 정전기열

해설
① 아크열 : 스위치 개폐(on, off)에 따른 아크 때문에 발생하는 열
② 유도열 : 도체 주위에 자장이 존재할 때 전류가 흘러 발생하는 열
③ 저항열 : 저항을 갖는 도체에 전류가 흐를 때 발생하는 열
④ 정전기열 : 정전기가 방전할 때 발생하는 열

14. 동식물유류에서 "요오드값이 크다"라는 의미를 옳게 설명한 것은?

① 불포화도가 높다.
② 불건성유이다.
③ 자연발화성이 낮다.
④ 산소와의 결합이 어렵다.

해설
① 동식물유류 : 동물의 지육 등 또는 식물의 종자나 과육으로부터 추출한 것으로서 1기압에서 인화점이 섭씨 250도 미만인 것
② 요오드값 : 유지 100g당 포함되어 있는 요오드의 g 수
③ 요오드값이 클수록 불포화도가 높고, 자연발화가 쉬워진다.

정답 10. ① 11. ④ 12. ① 13. ③ 14. ①

15. 단백포 소화약제의 특징이 아닌 것은?

① 내열성이 우수하다.
② 유류에 대한 유동성이 나쁘다.
③ 유류를 오염시킬 수 있다.
④ 변질의 우려가 없어 저장 유효기간의 제한이 없다.

해설 단백포
① 주성분 : 동물성 가수분해 단백질+기포안정제
② 사용농도 : 3%, 6%
③ 변질의 우려가 있어 저장 유효기간이 짧다.

16. 이산화탄소 소화약제의 주된 소화효과는?

① 제거소화
② 억제소화
③ 질식소화
④ 냉각소화

해설 소화약제의 주된 소화 작용

소화약제	주된 소화 작용
물	냉각효과
포, 분말, 이산화탄소	질식효과
할로겐화합물	부촉매 효과, 화염억제작용

17. 전기불꽃, 아크 등이 발생하는 부분을 기름 속에 넣어 폭발을 방지하는 방폭구조는?

① 내압방폭구조
② 유입방폭구조
③ 안전증방폭구조
④ 특수방폭구조

해설 유입 방폭구조(o)
점화원이 될 우려가 있는 부분을 **절연유** 속에 넣어 폭발성가스와 접촉하지 않도록 한 구조

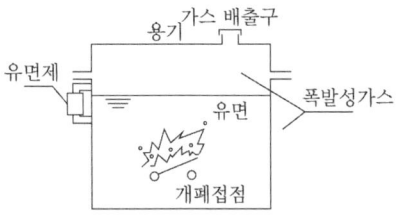

18. 자연발화의 방지방법이 아닌 것은?

① 통풍이 잘 되도록 한다.
② 퇴적 및 수납 시 열이 쌓이지 않게 한다.
③ 높은 습도를 유지한다.
④ 저장실의 온도를 낮게 한다.

해설 자연발화 방지법
① 습도를 낮출 것
② 저장실의 온도를 낮출 것
③ 정촉매 작용을 하는 물질을 피할 것
④ 통풍을 원활하게 하여 열축적을 방지할 것

19. 소화약제의 형식승인 및 제품검사의 기술기준상 강화액 소화약제의 응고점은 몇 ℃ 이하이어야 하는가?

① 0
② -20
③ -25
④ -30

해설 강화액 소화약제
① 알카리 금속염류의 수용액인 경우에는 알카리성 반응을 나타내어야 한다.
② 강화액소화약제의 응고점은 -20℃ 이하이어야 한다.

20. 상온에서 무색의 기체로서 암모니아와 유사한 냄새를 가지는 물질은?

① 에틸벤젠
② 에틸아민
③ 산화프로필렌
④ 사이클로프로판

해설 에틸아민($C_2H_5NH_2$)
① 제4류 위험물 중 특수인화물에 속한다.
② 강한 암모니아와 같은 냄새를 가진 무색의 화합물

2과목 소방전기일반

21 그림과 같은 회로에서 단자 a, b 사이에 주파수 f(Hz)의 정현파 전압을 가했을 때 전류계 A_1, A_2의 값이 같았다. 이 경우 f, L, C 사이의 관계로 옳은 것은?

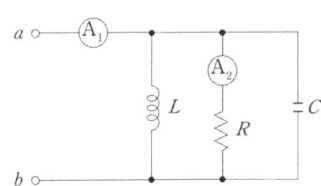

① $f = \dfrac{1}{LC}$ ② $f = \dfrac{1}{2\pi\sqrt{LC}}$

③ $f = \dfrac{1}{4\pi\sqrt{LC}}$ ④ $f = \dfrac{1}{\sqrt{2\pi^2 LC}}$

[해설] 전류계 A_1과 A_2에 흐르는 전류가 같은 경우는 병렬공진의 경우이다.

즉, $Y_0 = \dfrac{1}{R} + j\left(\dfrac{1}{X_C} - \dfrac{1}{X_L}\right)$에서 허수부가 0이어야 하므로

$\dfrac{1}{X_C} = \dfrac{1}{X_L}$, $\omega C = \dfrac{1}{\omega L}$, $\omega^2 LC = 1$

$\therefore f = \dfrac{1}{2\pi\sqrt{LC}}$ [Hz]

22 논리식 $Y = \overline{A}\overline{B}C + A\overline{B}\overline{C} + A\overline{B}C$를 간단히 표현한 것은?

① $\overline{A} \cdot (B + C)$ ② $\overline{B} \cdot (A + C)$
③ $\overline{C} \cdot (A + B)$ ④ $C \cdot (A + \overline{B})$

[해설] $Y = \overline{A}\overline{B}C + A\overline{B}\overline{C} + A\overline{B}C$
$= \overline{A}\overline{B}C + A\overline{B}\overline{C} + A\overline{B}C + A\overline{B}C$
$= \overline{B}C(A + \overline{A}) + A\overline{B}(C + \overline{C})$
$= \overline{B}C + A\overline{B} = \overline{B}(A + C)$

23 회로에서 전류 I는 약 몇 A인가?

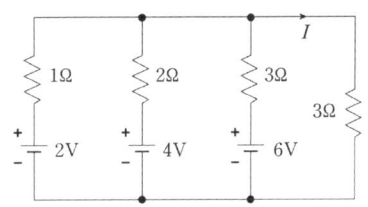

① 0.92 ② 1.125
③ 1.29 ④ 1.38

[해설] 3Ω 양단에 걸리는 전압

$V = \dfrac{\dfrac{2}{1} + \dfrac{4}{2} + \dfrac{6}{3}}{\dfrac{1}{1} + \dfrac{1}{2} + \dfrac{1}{3} + \dfrac{1}{3}} = 2.77\text{V}$

전류 $I = \dfrac{2.77}{3} = 0.92\text{A}$

24 절연저항 시험에서 "전로의 사용전압이 500V 이하인 경우 1.0 MΩ 이상"이란 뜻으로 가장 알맞은 것은?

① 누설전류가 0.5mA 이하이다.
② 누설전류가 5mA 이하이다.
③ 누설전류가 15mA 이하이다.
④ 누설전류가 30mA 이하이다.

[해설] 누설전류 $I = \dfrac{V}{R} = \dfrac{500}{1 \times 10^6} = 5 \times 10^{-4} A = 0.5\text{mA}$

25 권선수가 100회인 코일에 유도되는 기전력의 크기가 e_1이다. 이 코일의 권선수를 200회로 늘렸을 때 유도되는 기전력의 크기(e_2)는?

① $e_2 = \dfrac{1}{4}e_1$ ② $e_2 = \dfrac{1}{2}e_1$

③ $e_2 = 2e_1$ ④ $e_2 = 4e_1$

해설 ① 인덕턴스 $L = \dfrac{\mu A N^2}{l}$ 의 관계에서 인덕턴스 L은 N^2(권수의 제곱)에 비례

② 유도기전력 $e = -L\dfrac{di}{dt}$ 의 관계에서 e는 인덕턴스 (L)에 비례

③ 유도기전력 e는 N^2(권수의 제곱)에 비례하므로

④ $e_2 = \left(\dfrac{N_2}{N_1}\right)^2 \times e_1 = \left(\dfrac{200}{100}\right)^2 \times e_1 = 4e_1$

26 동일한 전류가 흐르는 두 평행 도선 사이에 작용하는 힘이 F_1이다. 두 도선 사이의 거리를 2.5배로 늘였을 때 두 도선 사이 작용하는 힘 F_2는?

① $F_2 = \dfrac{1}{2.5}F_1$ ② $F_2 = \dfrac{1}{2.5^2}F_1$

③ $F_2 = 2.5F_1$ ④ $F_2 = 6.25F_1$

해설 두 평행 도선 사이에 작용하는 힘

$F = \dfrac{\mu_0 I_1 I_2}{2\pi r} \propto \dfrac{1}{r}$ 이므로

힘 $F_2 = \dfrac{\frac{1}{2.5r}}{\frac{1}{r}} \times F_1 = \dfrac{1}{2.5} \times F_1$

27 그림의 회로에서 a와 c 사이의 합성 저항은?

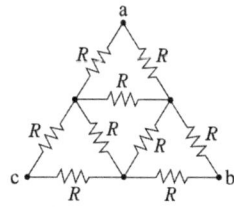

① $\dfrac{9}{10}R$ ② $\dfrac{10}{9}R$

③ $\dfrac{7}{10}R$ ④ $\dfrac{10}{7}R$

해설 델타(△)결선된 저항을 성형(Y)결선으로 변환하면 저항값은 1/3배가 되므로

1) △결선된 ①, ②, ③을 Y로 변환하면

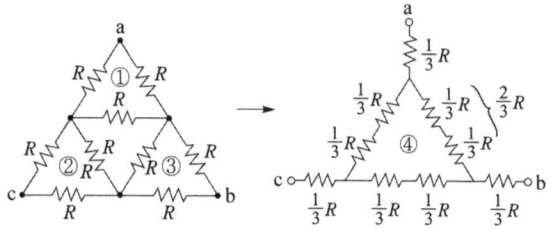

2) △결선된 ④를 Y로 변환하면

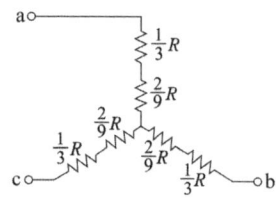

따라서, ac 사이의 합성저항

$R_{ac} = \dfrac{1}{3}R + \dfrac{2}{9}R + \dfrac{2}{9}R + \dfrac{1}{3}R = \dfrac{10}{9}R$

28 잔류편차가 있는 제어 동작은?

① 비례 제어
② 적분 제어
③ 비례 적분 제어
④ 비례 적분 미분 제어

해설 조절부의 동작에 의한 분류

구분	약호	특징
비례동작	P	잔류편차 발생
적분동작	I	잔류편차 제거
미분동작	D	오차가 커지는 것을 미리 방지
비례적분동작	PI	**잔류편차 제거**, 정상특성 개선
비례미분동작	PD	응답 속응성의 개선
비례적분 미분동작	PID	잔류편차 제거, 응답 속응성의 개선 응답의 오버슈트 감소, 최적제어

29 그림과 같은 정류회로에서 R에 걸리는 전압의 최대값은 몇 V인가?
(단, $v_2(t) = 20\sqrt{2}\sin\omega t$ 이다.)

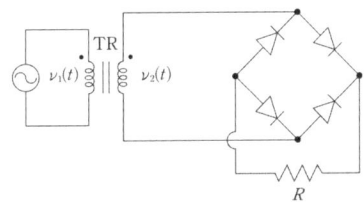

① 20
② $20\sqrt{2}$
③ 40
④ $40\sqrt{2}$

해설 브리지 정류회로에서 최대역전압
$PIV = \sqrt{2}E = \sqrt{2} \times \dfrac{20\sqrt{2}}{\sqrt{2}} = 20\sqrt{2}$

30 회로에서 저항 20Ω에 흐르는 전류(A)는?

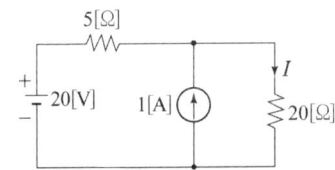

① 0.8
② 1.0
③ 1.8
④ 2.8

해설 중첩의 원리
① 전압원 단락 $I_1 = \dfrac{5}{5+20} \times 1 = 0.2[A]$
② 전류원 개방 $I_2 = \dfrac{20}{5+20} = 0.8[A]$
③ 합성전류 : $0.2 + 0.8 = 1.0[A]$

31 다음의 내용이 설명하는 것으로 가장 알맞은 것은?

회로망 내 임의의 폐회로(closed circuit)에서, 그 폐회로를 따라 한 방향으로 일주하면서 생기는 전압강하의 합은 그 폐회로 내에 포함되어 있는 기전력의 합과 같다.

① 노튼의 정리
② 중첩의 원리
③ 키르히호프의 전압법칙
④ 패러데이의 법칙

해설 키르히호프의 제2법칙(전압법칙)
회로망 내 임의의 폐회로(closed circuit)에서, 그 폐회로를 따라 한 방향으로 일주하면서 생기는 전압강하의 합은 그 폐회로 내에 포함되어 있는 기전력의 합과 같다.
$\sum E = \sum IR$

32 그림과 같은 논리회로의 출력 Y는?

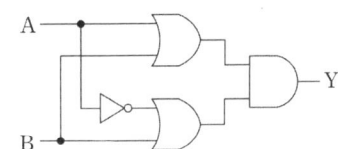

① AB
② A + B
③ A
④ B

해설 출력 $Y = (A+B) \cdot (\overline{A}+B)$
$= A\overline{A} + AB + \overline{A}B + B$
$= B(A + \overline{B} + 1) = B$
$A\overline{A} = 0$, $A + \overline{B} + 1 = 1$

33 3상 농형 유도전동기를 Y-△ 기동방식으로 기동할 때 전류 I_1(A)과 △ 결선으로 직입(전전압) 기동할 때 전류 I_2(A)의 관계는?

① $I_1 = \dfrac{1}{\sqrt{3}}I_2$
② $I_1 = \dfrac{1}{3}I_2$
③ $I_1 = \sqrt{3}I_2$
④ $I_1 = 3I_2$

해설 Y-△ 기동방식으로 기동할 때 전류 I_1

$$\frac{I_Y}{I_\Delta} = \frac{\frac{V}{\sqrt{3}Z}}{\frac{V}{\sqrt{3}Z}} = \frac{1}{3}, \ I_Y = \frac{1}{3}I_\Delta$$

△ 결선으로 직입기동할 때 전류 I_2,

$$I_1 = \frac{1}{3}I_2$$

34 ★★★ 출제년도【22.】
유도전동기의 슬립이 5.6%이고 회전자 속도가 1700rpm일 때, 이 유도전동기의 동기속도는 약 몇 rpm인가?

① 1000　② 1200
③ 1500　④ 1800

해설 회전자 속도 $N=(1-s)N_s$ 에서
동기속도 $N_s = \frac{N}{1-s} = \frac{1,700}{1-0.056} = 1,800.85 \text{rpm}$

35 ★★ 출제년도【22.】
목표값이 다른 양과 일정한 비율 관계를 가지고 변화하는 제어방식은?

① 정치제어　② 추종제어
③ 프로그램제어　④ 비율제어

해설 목표값에 의한 분류
① 정치제어 : 목표 값이 시간에 관계없이 일정. (프로세스제어, 자동조정)
② 추종제어 : 목표 값이 임의의 시간변화를 하는 경우 제어량을 그 값에 추종시켜 제어하는 방식
③ 프로그램제어 : 목표 값이 미리 정해진 시간변화
④ 비율제어 : 목표 값이 일정한 비율을 가지고 변화한다.

36 ★★★ 출제년도【16. 22.】
축전지의 자기 방전을 보충함과 동시에 일반부하로 공급하는 전력은 충전기가 부담하고, 충전기가 부담하기 어려운 일시적인 대전류는 축전지가 부담하는 충전방식은?

① 급속충전　② 부동충전
③ 균등충전　④ 세류충전

해설 부동충전
축전지의 자기 방전을 보충함과 동시에 상용 부하에 대한 전력 공급은 충전기가 부담하도록 하되 충전기가 부담하기 어려운 일시적인 대 전류 부하는 축전지로 하여금 부담하게 하는 방식

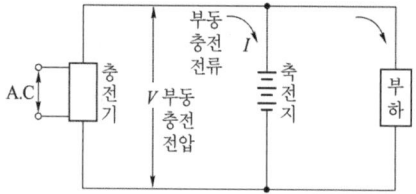

37 ★★★ 출제년도【22.】
각 상의 임피던스가 $Z = 6+j8[\Omega]$인 △ 결선의 평형 3상 부하에 선간전압이 220V인 대칭 3상 전압을 가했을 때 이 부하로 흐르는 선전류의 크기는 약 몇 A인가?

① 13　② 22
③ 38　④ 66

해설 △결선시 선전류
$$I_l = \sqrt{3} \times \frac{V}{Z} = \sqrt{3} \times \frac{220}{\sqrt{6^2+8^2}} = 22\sqrt{3} = 38.1[A]$$

38 ★★ 출제년도【22.】
전기화재의 원인 중 하나의 누설전류를 검출하기 위해 사용되는 것은?

① 부족전압계전기
② 영상변류기
③ 계기용변압기
④ 과전류계전기

해설 ① 부족전압계전기 : 전압이 정정값 이하로 떨어지면 동작하는 계전기
② 영상변류기 : 지락사고시 흐르는 영상전류(지락전류)를 검출
③ 계기용변압기 : 고전압을 저전압으로 변성시키는

장치
④ 과전류계전기 : 정정값 이상의 전류에서 동작하는 계전기

39 그림의 블록선도에서 $\dfrac{C(s)}{R(s)}$을 구하면?

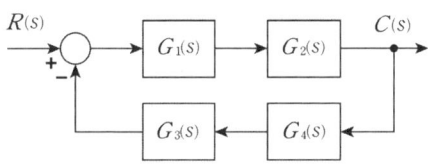

① $\dfrac{G_1(s) + G_2(s)}{1 + G_1(s)G_2(s) + G_3(s)G_4(s)}$

② $\dfrac{G_1(s)G_2(s)}{1 + G_1(s)G_2(s)G_3(s)G_4(s)}$

③ $\dfrac{G_3(s)G_4(s)}{1 + G_1(s)G_2(s)G_3(s)G_4(s)}$

④ $\dfrac{G_1(s)G_2(s)}{1 + G_1(s)G_2(s) + G_3(s)G_4(s)}$

해설 $\dfrac{C(s)}{R(s)} = \dfrac{전향경로의\ 합}{1 - 루프이득의\ 합}$
$= \dfrac{G_1(s)G_2(s)}{1 - [-G_1(s)G_2(s)G_3(s)G_4(s)]}$
$= \dfrac{G_1(s)G_2(s)}{1 + G_1(s)G_2(s)G_3(s)G_4(s)}$

40 한 변의 길이가 150mm인 정방형 회로에 1A의 전류가 흐를 때 회로 중심에서의 자계의 세기는 약 몇 AT/m인가?

① 5 ② 6
③ 9 ④ 21

해설 ① 정방형(정사각형) 중심에서의 자계의 세기
$H = \dfrac{2\sqrt{2}\,I}{\pi l} = \dfrac{2\sqrt{2} \times 1}{\pi \times 0.15} = 6\ \text{AT/m}$

② 정삼각형 중심에서의 자계의 세기 : $H = \dfrac{9I}{2\pi l}$

③ 정육각형 중심에서의 자계의 세기 : $H = \dfrac{\sqrt{3}\,I}{\pi l}$

3과목 소방관계법규

41 소방시설 설치 및 관리에 관한 법령상 건축허가등을 할 때 미리 소방본부장 또는 소방서장의 동의를 받아야 하는 건축물 등의 범위가 아닌 것은?

① 연면적 200m² 이상인 노유자시설 및 수련시설
② 항공기격납고, 관망탑
③ 차고·주차장으로 사용되는 바닥면적이 100m² 이상인 층이 있는 건축물
④ 지하층 또는 무창층이 있는 건축물로서 바닥면적이 150m² 이상인 층이 있는 것

해설 건축허가등의 동의대상물의 범위
① 연면적이 400제곱미터 이상
  가. 학교시설: 100제곱미터 이상
  나. **노유자시설(老幼者施設) 및 수련시설 : 200제곱미터** 이상
  다. 정신의료기관(입원실이 없는 정신건강의학과 의원은 제외): 300제곱미터 이상
  라. 장애인 의료재활시설(이하 "의료재활시설"이라 한다): 300제곱미터 이상
② 차고·주차장 또는 주차용도로 사용되는 시설로서 다음 각 목의 어느 하나에 해당하는 것
  가. **차고·주차장**으로 사용되는 바닥면적이 **200제곱미터** 이상인 층이 있는 건축물이나 주차시설
  나. 승강기 등 기계장치에 의한 주차시설로서 자동차 20대 이상을 주차할 수 있는 시설
③ **항공기격납고, 관망탑, 항공관제탑, 방송용 송수신탑**
④ **지하층** 또는 **무창층**이 있는 건축물로서 바닥면적이

정답 39. ② 40. ② 41. ③

150제곱미터(공연장의 경우에는 100제곱미터) 이상인 층이 있는 것
⑤ 위험물 저장 및 처리 시설, 지하구
⑥ 층수가 6층 이상인 건축물

42 화재의 예방 및 안전관리에 관한 법령상 일반음식점에서 음식조리를 위해 불을 사용하는 설비를 설치하는 경우 지켜야 하는 사항으로 틀린 것은?

① 주방시설에는 동물 또는 식물의 기름을 제거할 수 있는 필터 등을 설치할 것
② 열을 발생하는 조리기구는 반자 또는 선반으로부터 0.6미터 이상 떨어지게 할 것
③ 주방설비에 부속된 배출덕트는 0.2밀리미터 이상의 아연도금강판으로로 설치할 것
④ 열을 발생하는 조리기구로부터 0.15미터 이내의 거리에 있는 가연성 주요구조부는 석면판 또는 단열성이 있는 불연재료로 덮어 씌울 것

해설 음식조리를 위하여 설치하는 설비
가. 주방설비에 부속된 배출덕트(공기 배출통로)는 **0.5밀리미터 이상**의 아연도금강판 또는 이와 동등 이상의 내식성 불연재료로 설치할 것
나. 주방시설에는 동물 또는 식물의 기름을 제거할 수 있는 필터 등을 설치할 것
다. 열을 발생하는 조리기구는 반자 또는 선반으로부터 **0.6미터 이상** 떨어지게 할 것
라. 열을 발생하는 조리기구로부터 **0.15미터 이내**의 거리에 있는 가연성 주요구조부는 석면판 또는 단열성이 있는 불연재료로 덮어 씌울 것

43 소방시설공사업법령상 소방시설업의 감독을 위하여 필요할 때에 소방시설업자나 관계인에게 필요한 보고나 자료 제출을 명할 수 있는 사람이 아닌 것은?

① 시·도지사 ② 119안전센터장
③ 소방서장 ④ 소방본부장

해설 시·도지사, 소방본부장 또는 소방서장은 소방시설업의 감독을 위하여 필요할 때에는 소방시설업자나 관계인에게 필요한 보고나 자료 제출을 명할 수 있고, 관계 공무원으로 하여금 소방시설업체나 특정소방대상물에 출입하여 관계 서류와 시설 등을 검사하거나 소방시설업자 및 관계인에게 질문하게 할 수 있다.

44 화재의 예방 및 안전관리에 관한 법령상 화재가 발생할 우려가 높거나 화재가 발생하는 경우 그로 인하여 피해가 클 것으로 예상되는 지역을 화재예방강화지구로 지정할 수 있는 자는?

① 한국소방안전협회장
② 소방시설관리사
③ 소방본부장
④ 시·도지사

해설 화재예방강화지구의 지정
1) 시·도지사는 화재의 발생 우려가 높거나 화재 발생시 그 피해가 클 것으로 예상되는 일정한 구역을 화재경계지구로 지정할 수 있다.
2) 소방본부장이나 소방서장은 화재예방강화지구안의 소방대상물의 위치, 구조 및 설비 등에 대해 화재안전조사를 하여야 한다.

45 소방시설공사업법령상 소방시설업에 대한 행정처분기준에서 1차 행정처분 사항으로 등록취소에 해당하는 것은?

① 거짓이나 그 밖의 부정한 방법으로 등록한 경우
② 소방시설업자의 지위를 승계한 사실을 소방시설공사등을 맡긴 특정소방대상물의 관계인에게 통지를 하지 아니한 경우
③ 화재안전기술기준 등에 적합하게 설계·

정답 42. ③ 43. ② 44. ④ 45. ①

시공을 하지 아니하거나, 법에 따라 적합하게 감리를 하지 아니한 경우
④ 등록을 한 후 정당한 사유 없이 1년이 지날 때까지 영업을 시작하지 아니하거나 계속하여 1년 이상 휴업한 때

해설 ③ 화재안전기술기준 등에 적합하게 설계·시공을 하지 아니하거나, 법에 따라 적합하게 감리를 하지 아니한 경우 → 영업정지 1개월
④ 등록을 한 후 정당한 사유 없이 1년이 지날 때까지 영업을 시작하지 아니하거나 계속하여 1년 이상 휴업한 때 → 경고(시정명령)

46 ★★★ 출제년도 【22.】
소방시설공사업법령상 소방시설업자가 소방시설공사등을 맡긴 특정소방대상물의 관계인에게 지체 없이 그 사실을 알려야 하는 경우가 아닌 것은?

① 소방시설업자의 지위를 승계한 경우
② 소방시설업의 등록취소처분 또는 영업정지처분을 받은 경우
③ 휴업하거나 폐업한 경우
④ 소방시설업의 주소지가 변경된 경우

해설 소방시설업자는 다음 각 호의 어느 하나에 해당하는 경우에는 소방시설공사등을 맡긴 특정소방대상물의 관계인에게 지체 없이 그 사실을 알려야 한다.
1. 소방시설업자의 지위를 승계한 경우
2. 소방시설업의 등록취소처분 또는 영업정지처분을 받은 경우
3. 휴업하거나 폐업한 경우

47 ★ 출제년도 【22.】
화재의 예방 및 안전관리에 관한 법령에 따라 2급 소방안전관리대상물의 소방안전관리자 선임 기준으로 틀린 것은?

① 전기공사산업기사 자격을 가진 사람
② 소방공무원으로 3년 이상 근무한 경력이 있는 사람
③ 의용소방대원으로 5년 이상 근무한 경력이 있는 사람
④ 위험물산업기사 자격을 가진 사람

해설 2급 소방안전관리자 선임자격
① 건축사·산업안전기사·산업안전산업기사·건축기사·건축산업기사·일반기계기사·전기기능장·전기기사·전기산업기사·전기공사기사 또는 전기공사산업기사 자격을 가진 사람
② 위험물기능장·위험물산업기사 또는 위험물기능사 자격을 가진 사람
③ 광산보안기사 또는 광산보안산업기사 자격을 가진 사람으로서 광산안전관리직원(안전관리자 또는 안전감독자만 해당한다)으로 선임된 사람
④ 소방공무원으로 3년 이상 근무한 경력이 있는 사람
⑤ 2급 소방안전관리대상물의 소방안전관리에 관한 시험에 합격한 사람

48 ★ 출제년도 【22.】
소방시설공사업법령상 감리업자는 소방시설공사가 설계도서 또는 화재안전기술기준에 적합하지 아니한 때에는 가장 먼저 누구에게 알려야 하는가?

① 감리업체 대표자   ② 시공자
③ 관계인   ④ 소방서장

해설 소방시설공사업법 제19조(위반사항에 대한 조치)
① 감리업자는 감리를 할 때 소방시설공사가 설계도서나 화재안전기술기준에 맞지 아니할 때에는 **관계인**에게 알리고, 공사업자에게 그 공사의 시정 또는 보완 등을 요구하여야 한다.

49 ★★★ 출제년도 【22.】
소방시설 설치 및 관리에 관한 법령상 특정소방대상물의 수용인원 산정방법으로 옳은 것은?

① 침대가 없는 숙박시설은 해당 특정소방대상물의 종사자의 수에 숙박시설의 바닥면적의 합계를 $4.6 m^2$로 나누어 얻은 수를 합한 수로 한다.

정답 46. ④ 47. ③ 48. ③ 49. ③

② 강의실로 쓰이는 특정소방대상물은 해당 용도로 사용하는 바닥면적의 합계를 4.6 m²로 나누어 얻은 수로 한다.
③ 관람석이 없을 경우 강당, 문화 및 집회시설, 운동시설, 종교시설은 해당 용도로 사용하는 바닥면적의 합계를 4.6 m²로 나누어 얻은 수로 한다.
④ 백화점은 해당 용도로 사용하는 바닥면적의 합계를 4.6 m²로 나누어 얻은 수로 한다.

해설 수용인원 산정방법

숙박시설이 있는 특정소방대상물	침대가 있는 숙박시설	종사자 수 + 침대 수(2인용 침대는 2개로 산정)
	침대가 없는 숙박시설	종사자 수 + $\dfrac{\text{바닥면적의 합계}(m^2)}{3m^2}$
기타	강의실·교무실·상담실·실습실·휴게실 용도	$\dfrac{\text{바닥면적의 합계}(m^2)}{1.9m^2}$
	강당, 문화 및 집회시설, 운동시설, 종교시설	① $\dfrac{\text{바닥면적의 합계}(m^2)}{4.6m^2}$ ② 관람석이 있는 경우 : 고정식 의자 수 또는 긴의자의 정면너비÷0.45m
	그 밖의 특정소방대상물	$\dfrac{\text{바닥면적의 합계}(m^2)}{3m^2}$
비고	1. 바닥면적 산정시 제외 : **복도, 계단 및 화장실의 바닥면적** 2. 계산결과 소수점 이하 반올림할 것	

50 ★★★ 출제년도【22.】
위험물안전관리법령상 제조소등이 아닌 장소에서 지정수량 이상의 위험물 취급에 대한 설명으로 틀린 것은?

① 임시로 저장 또는 취급하는 장소에서의 저장 또는 취급의 기준은 시·도의 조례로 정한다.
② 필요한 승인을 받아 지정수량 이상의 위험물을 120일 이내의 기간동안 임시로 저장 또는 취급하는 경우 제조소등이 아닌 장소에서 지정수량 이상의 위험물을 취급할 수 있다.
③ 제조소등이 아닌 장소에서 지정수량 이상의 위험물을 취급할 경우 관할소방서장의 승인을 받아야 한다.
④ 군부대가 지정수량 이상의 위험물을 군사목적으로 임시로 저장 또는 취급하는 경우 제조소등이 아닌 장소에서 지정수량 이상의 위험물을 취급할 수 있다.

해설 제조소등이 아닌 장소에서 지정수량 이상의 위험물을 취급할 수 있다. 이 경우 임시로 저장 또는 취급하는 장소에서의 저장 또는 취급의 기준과 임시로 저장 또는 취급하는 장소의 위치·구조 및 설비의 기준은 **시·도의 조례**로 정한다.
1) 시·도의 조례가 정하는 바에 따라 **관할소방서장의 승인**을 받아 지정수량 이상의 위험물을 **90일** 이내의 기간동안 임시로 저장 또는 취급하는 경우
2) 군부대가 지정수량 이상의 위험물을 군사목적으로 임시로 저장 또는 취급하는 경우

51 ★ 출제년도【22.】
소방시설공사업법령상 소방시설업 등록의 결격사유에 해당되지 않는 법인은?

① 법인의 대표자가 피성년후견인인 경우
② 법인의 임원이 피성년후견인인 경우
③ 법인의 대표자가 소방시설공사업법에 따라 소방시설업 등록이 취소된 지 2년이 지나지 아니한 자인 경우
④ 법인의 임원이 소방시설공사업법에 따라 소방시설업 등록이 취소된 지 2년이 지나지 아니한 자인 경우

해설 등록의 결격사유
1. 피성년후견인
2. 삭제〈2015. 7. 20.〉
3. 이 법,「소방기본법」,「화재의 예방 및 안전관리에 관한 법률」,「소방시설 설치 및 관리에 관한 법률」또는「위험물안전관리법」에 따른 금고 이상의 실형을 선고받고 그 집행이 끝나거나(집행이 끝난

정답 50. ② 51. ②

것으로 보는 경우를 포함한다) 면제된 날부터 2년이 지나지 아니한 사람
4. 이 법, 「소방기본법」, 「화재의 예방 및 안전관리에 관한 법률」, 「소방시설 설치 및 관리에 관한 법률」 또는 「위험물안전관리법」에 따른 금고 이상의 형의 집행유예를 선고받고 그 유예기간 중에 있는 사람
5. 등록하려는 소방시설업 등록이 취소(제1호에 해당하여 등록이 취소된 경우는 제외한다)된 날부터 2년이 지나지 아니한 자
6. 법인의 대표자가 제1호부터 제5호까지의 규정에 해당하는 경우 그 법인
7. 법인의 임원이 제3호부터 제5호까지의 규정에 해당하는 경우 그 법인

52
★★★ 출제년도 【22.】

소방시설 설치 및 관리에 관한 법령상 특정소방대상물의 소방시설 설치의 면제기준에 따라 연결살수설비를 설치면제 받을 수 있는 경우는?

① 송수구를 부설한 간이스프링클러설비를 설치하였을 때
② 송수구를 부설한 옥내소화전설비를 설치하였을 때
③ 송수구를 부설한 옥외소화전설비를 설치하였을 때
④ 송수구를 부설한 연결송수관설비를 설치하였을 때

해설 연결살수설비를 설치하여야 하는 특정소방대상물에 송수구를 부설한 스프링클러설비, 간이스프링클러설비, 물분무소화설비 또는 미분무소화설비를 화재안전기술기준에 적합하게 설치한 경우 그 설비의 유효범위에서 설치가 면제된다.

53
★★ 출제년도 【22.】

소방시설공사업법령상 소방공사감리업을 등록한 자가 수행하여야 할 업무가 아닌 것은?

① 완공된 소방시설등의 성능시험
② 소방시설등 설계 변경 사항의 적합성 검토
③ 소방시설등의 설치계획표의 적법성 검토
④ 소방용품 형식승인 및 제품검사의 기술기준에 대한 적합성 검토

해설 소방공사감리업자의 업무
1. 소방시설등의 설치계획표의 적법성 검토
2. 소방시설등 설계도서의 적합성(적법성과 기술상의 합리성을 말한다. 이하 같다) 검토
3. 소방시설등 설계 변경 사항의 적합성 검토
4. 「소방시설 설치 및 관리에 관한 법률」 제2조제1항제7호의 소방용품의 위치·규격 및 사용 자재의 적합성 검토
5. 공사업자가 한 소방시설등의 시공이 설계도서와 화재안전기술기준에 맞는지에 대한 지도·감독
6. 완공된 소방시설등의 성능시험
7. 공사업자가 작성한 시공 상세 도면의 적합성 검토
8. 피난시설 및 방화시설의 적법성 검토
9. 실내장식물의 불연화(不燃化)와 방염 물품의 적법성 검토

54
★★ 출제년도 【22.】

소방기본법령상 소방업무의 응원에 대한 설명 중 틀린 것은?

① 소방본부장이나 소방서장은 소방활동을 할 때에 긴급한 경우에는 이웃한 소방본부장 또는 소방서장에게 소방업무의 응원을 요청할 수 있다.
② 소방업무의 응원 요청을 받은 소방본부장 또는 소방서장은 정당한 사유 없이 그 요청을 거절하여서는 아니 된다.
③ 소방업무의 응원을 위하여 파견된 소방대원은 응원을 요청한 소방본부장 또는 소방서장의 지휘에 따라야 한다.
④ 시·도지사는 소방업무의 응원을 요청하는 경우를 대비하여 출동 대상지역 및 규모와 필요한 경비의 부담 등에 관하여 필요한 사항을 대통령령으로 정하는 바에 따라 이웃하는 시·도지사와 협의하여 미리 규약으로 정하여야 한다.

정답 52. ① 53. ④ 54. ④

해설) 시·도지사는 제1항에 따라 소방업무의 응원을 요청하는 경우를 대비하여 출동 대상지역 및 규모와 필요한 경비의 부담 등에 관하여 필요한 사항을 **행정안전부령**으로 정하는 바에 따라 이웃하는 시·도지사와 협의하여 미리 규약(規約)으로 정하여야 한다.

55. 소방기본법령상 이웃하는 다른 시·도지사와 소방업무에 관하여 시·도지사가 체결할 상호응원협정 사항이 아닌 것은?

① 화재조사활동
② 응원출동의 요청방법
③ 소방교육 및 응원출동훈련
④ 응원출동대상지역 및 규모

해설) 소방업무의 상호응원 협정
1. 다음 각목의 소방활동에 관한 사항
   가. 화재의 경계·진압활동
   나. 구조·구급업무의 지원
   다. 화재조사활동
2. 응원출동대상지역 및 규모
3. 다음 각목의 소요경비의 부담에 관한 사항
   가. 출동대원의 수당·식사 및 피복의 수선
   나. 소방장비 및 기구의 정비와 연료의 보급
   다. 그 밖의 경비
4. 응원출동의 요청방법

56. 위험물안전관리법령상 옥내주유취급소에 있어서 당해 사무소 등의 출입구 및 피난구와 당해 피난구로 통하는 통로·계단 및 출입구에 설치해야 하는 피난설비는?

① 유도등
② 구조대
③ 피난사다리
④ 완강기

해설) 관련법 : 위험물안전관리법 시행규칙 별표 17 (소화설비, 경보설비 및 **피난설비**의 기준)
옥내주유취급소에 있어서는 당해 사무소 등의 출입구 및 피난구와 당해 피난구로 통하는 통로·계단 및 출입구에 **유도등을 설치**하여야 한다.

57. 위험물안전관리법령상 위험물 및 지정수량에 대한 기준 중 다음 ( ) 안에 알맞은 것은?

> 금속분이라 함은 알칼리금속·알칼리토류금속·철 및 마그네슘의 금속의 분말을 말하고, 구리분·니켈분 및 (㉠)마이크로미터의 체를 통과하는 것이 (㉡)중량 퍼센트 미만인 것은 제외한다.

① ㉠ 150, ㉡ 50
② ㉠ 53, ㉡ 50
③ ㉠ 50, ㉡ 150
④ ㉠ 50, ㉡ 53

해설) 금속분 : 알칼리금속·알칼리토류금속·철 및 마그네슘외의 금속의 분말을 말하고, 구리분·니켈분 및 **150마이크로미터**의 체를 통과하는 것이 **50중량퍼센트 미만**인 것은 제외한다.

58. 위험물안전관리법령상 제조소등의 관계인은 위험물의 안전관리에 관한 직무를 수행하게 하기 위하여 제조소등마다 위험물의 취급에 관한 자격이 있는 자를 위험물안전관리자로 선임하여야 한다. 이 경우 제조소등의 관계인이 지켜야 할 기준으로 틀린 것은?

① 제조소등의 관계인은 안전관리자를 해임하거나 안전관리자가 퇴직한 때에는 해임하거나 퇴직한 날부터 15일 이내에 다시 안전관리자를 선임하여야 한다.
② 제조소등의 관계인이 안전관리자를 선임한 경우에는 선임한 날부터 14일 이내에 소방본부장 또는 소방서장에게 신고하여야 한다.
③ 제조소등의 관계인은 안전관리자가 여행·질병 그 밖의 사유로 인하여 일시적으로 직무를 수행할 수 없는 경우에는 국가기술자격법에 따른 위험물의 취급에 관한

자격취득자 또는 위험물안전에 관한 기본지식과 경험이 있는 자를 대리자로 지정하여 그 직무를 대행하게 하여야 한다. 이 경우 대행하는 기간은 30일을 초과할 수 없다.
④ 안전관리자는 위험물을 취급하는 작업을 하는 때에는 작업자에게 안전관리에 관한 필요한 지시를 하는 등 위험물의 취급에 관한 안전관리와 감독을 하여야 하고, 제조소등의 관계인은 안전관리자의 위험물 안전관리에 관한 의견을 존중하고 그 권고에 따라야 한다.

해설 안전관리자를 선임한 제조소등의 관계인은 그 안전관리자를 해임하거나 안전관리자가 퇴직한 때에는 해임하거나 퇴직한 날부터 **30일 이내**에 다시 안전관리자를 선임하여야 한다.

59 ★ 출제년도【22.】
다음 중 소방기본법령상 한국소방안전원의 업무가 아닌 것은?
① 소방기술과 안전관리에 관한 교육 및 조사·연구
② 위험물탱크 성능시험
③ 소방기술과 안전관리에 관한 각종 간행물 발간
④ 화재 예방과 안전관리의식 고취를 위한 대국민 홍보

해설 안전원의 업무
1. 소방기술과 안전관리에 관한 교육 및 조사·연구
2. 소방기술과 안전관리에 관한 각종 간행물 발간
3. 화재 예방과 안전관리의식 고취를 위한 대국민 홍보
4. 소방업무에 관하여 행정기관이 위탁하는 업무
5. 소방안전에 관한 국제협력
6. 그 밖에 회원에 대한 기술지원 등 정관으로 정하는 사항

60 ★ 출제년도【22.】
화재예방, 소방시설 설치·유지 및 안전관리에 관한 법령상 소방시설의 종류에 대한 설명으로 옳은 것은?
① 소화기구, 옥외소화전설비는 소화설비에 해당 된다.
② 유도등, 비상조명등은 경보설비에 해당 된다.
③ 소화수조, 저수조는 소화활동설비에 해당 된다.
④ 연결송수관설비는 소화용수설비에 해당 된다.

해설 보기설명
② 유도등, 비상조명등은 피난구조설비에 해당된다.
③ 소화수조, 저수조는 소화용수설비에 해당된다.
④ 연결송수관설비는 소화활동설비에 해당된다.

4과목 소방전기설비의 구조 및 원리

61 ★★★ 출제년도【22.】
비상콘센트설비의 성능인증 및 제품검사의 기술기준에 따라 비상콘센트설비의 절연된 충전부와 외함간의 절연내력은 정격전압 150 V 이하인 경우 60 Hz의 정현파에 가까운 실효전압 1000 V 교류전압을 가하는 시험에서 몇 분간 견디어야 하는가?
① 1 ② 5
③ 10 ④ 30

해설 제8조(절연내력시험)
절연저항 시험부위의 절연내력은 정격전압 150 V이하의 경우 60 Hz의 정현파에 가까운 실효전압 1,000 V교류전압을 가하는 시험에서 1분간 견디는 것이어야 한다. 정격전압이 150 V를 초과하는 경우 그 정격전압에 2를 곱하여 1천을 더한 값의 교류전압을 가하는 시험에서 1분간 견디는 것이어야 한다.

정답 59. ② 60. ① 61. ①

62 누전경보기의 형식승인 및 제품검사의 기술기준에 따라 비호환성형 수신부는 신호입력회로에 공칭작동전류치의 42%에 대응하는 변류기의 설계출력전압을 가하는 경우 몇 초 이내에 작동하지 아니하여야 하는가?

① 10초   ② 20초
③ 30초   ④ 60초

해설 비호환성형 수신부는 신호입력회로에 공칭작동전류치의 42%에 대응하는 변류기의 설계출력전압을 가하는 경우 **30초 이내**에 작동하지 아니하여야 하며, 공칭작동전류치에 대응하는 변류기의 설계출력전압을 가하는 경우 1초(차단기구가 있는 것은 0.2초)이내에 작동하여야 한다.

63 자동화재탐지설비 및 시각경보장치의 화재안전기술기준(NFTC 203)에 따른 감지기의 시설기준으로 옳은 것은?

① 스포트형 감지기는 15° 이상 경사되지 아니하도록 부착할 것
② 공기관식 차동식분포형 감지기의 검출부는 45° 이상 경사되지 아니하도록 부착할 것
③ 보상식 스포트형 감지기는 정온점이 감지기 주위의 평상 시 최고 온도보다 20°C 이상 높은 것으로 설치할 것
④ 정온식 감지기는 주방·보일러실 등으로서 다량의 화기를 취급하는 장소에 설치하되, 공칭작동온도가 최고주위온도보다 30°C 이상 높은 것으로 설치할 것

해설 보기설명
① 스포트형 감지기는 45° 이상 경사되지 아니하도록 부착할 것
② 공기관식 차동식분포형 감지기의 검출부는 5° 이상 경사되지 아니하도록 부착할 것
③ 정온식 감지기는 주방·보일러실 등으로서 다량의 화기를 취급하는 장소에 설치하되, 공칭작동도가 최고주위온도보다 20°C 이상 높은 것으로 설치할 것

64 누전경보기의 화재안전기술기준(NFTC 205)에 따라 경계전로의 누설전류를 자동적으로 검출하여 이를 누전경보기의 수신부에 송신하는 것은?

① 변류기
② 변압기
③ 음향장치
④ 과전류차단기

해설 **변류기** : 경계전로의 누설전류를 자동적으로 검출하여 이를 누전경보기의 수신부에 송신하는 것을 말한다.

65 비상방송설비의 화재안전기술기준(NFTC 202)에 따라 전원회로의 배선으로 사용할 수 없는 것은?

① 450/750 V 비닐절연전선
② 0.6/1 kV EP 고무절연 클로로프렌 시스 케이블
③ 450/750 V 저독성 난연 가교 폴리올레핀 절연전선
④ 내열성 에틸렌-비닐 아세테이트 고무 절연 케이블

해설 전원회로의 배선은 내화배선으로 하고, 450/750 V 저독성 난연 가교폴리올레핀 절연전선 등을 사용해야 한다.

66 층수가 5층 이상으로서 연면적 3000m²를 초과하는 특정소방대상물의 2층에서 발화한 때의 경보 기준으로 옳은 것은?(단, 비상방송설비의 화재안전기술기준(NFTC 202)

정답 62. ③ 63. ③ 64. ① 65. ① 66. ②

에 따른다.)

① 발화층에만 경보를 발할 것
② 발화층 및 그 직상층에만 경보를 발할 것
③ 발화층·그 직상층 및 지하층에 경보를 발할 것
④ 발화층·그 직상층 및 기타의 지하층에 경보를 발할 것

해설

발화 층	경보방식
2층 이상의 층	발화층 및 그 직상층에 경보
1층에서 발화	발화층·그 직상층 및 지하층에 경보
지하층에서 발화	발화층·그 직상층 및 기타의 지하층에 경보

67 ★★★ 출제년도 【22.】
자동화재탐지설비 및 시각경보장치의 화재안전기술기준(NFTC 203)에 따라 감지기회로의 도통시험을 위한 종단저항의 설치기준으로 틀린 것은?

① 감지기회로의 끝부분에 설치할 것
② 점검 및 관리가 쉬운 장소에 설치할 것
③ 전용함을 설치하는 경우 그 설치 높이는 바닥으로부터 2.0m 이내로 할 것
④ 종단감지기에 설치할 경우에는 구별이 쉽도록 해당 감지기의 기판 등에 별도의 표시를 할 것

해설 감지기회로의 도통시험을 위한 종단저항은 다음의 기준에 따를 것
① 점검 및 관리가 쉬운 장소에 설치할 것
② 전용함을 설치하는 경우 그 설치 높이는 바닥으로부터 1.5m 이내로 할 것
③ 감지기 회로의 끝부분에 설치하며, 종단감지기에 설치할 경우에는 구별이 쉽도록 해당감지기의 기판 및 감지기 외부 등에 별도의 표시를 할 것

68 ★★★ 출제년도 【22.】
경종의 우수품질인증 기술기준에 따른 기능시험에 대한 내용이다. 다음 ( )에 들어갈 내용으로 옳은 것은?

> 경종은 정격전압을 인가하여 경종의 중심으로부터 1m 떨어진 위치에서 (ⓐ)dB 이상이어야 하며, 최소청취거리에서 (ⓑ)dB을 초과하지 아니하여야한다.

① ⓐ 90   ⓑ 110
② ⓐ 90   ⓑ 130
③ ⓐ 110 ⓑ 90
④ ⓐ 110 ⓑ 130

해설 제4조(기능시험)
1. 경종의 중심으로부터 1 m 떨어진 위치에서 90 dB 이상이어야 하며, 최소청취거리에서 110 dB을 초과하지 아니하여야 한다.
2. 경종의 소비전류는 50 mA 이하이어야 한다.

69 ★★★ 출제년도 【22.】
「유통산업발전법」 제2조 제3호에 따른 대규모점포(지하상가 및 지하역사는 제외한다)와 영화상영관에는 보행거리 몇 m이내마다 휴대용비상조명등을 3개 이상 설치하여야 하는가? (단, 비상조명등의 화재안전기술기준(NFTC 304)에 따른다.)

① 50   ② 60
③ 70   ④ 80

해설 휴대용비상조명등의 설치기준
1) 숙박시설 또는 다중이용업소에는 객실 또는 영업장안의 구획된 실마다 잘 보이는 곳(외부에 설치 시 출입문 손잡이로부터 1[m] 이내 부분)에 1개 이상 설치
2) **대규모 점포 및 영화상영관에는 보행거리 50[m] 이내마다 3개 이상 설치**
3) **지하상가 및 지하역사에는 보행거리 25[m] 이내마다 3개 이상 설치**
4) 설치높이는 바닥으로부터 0.8[m] 이상 1.5[m] 이하의 높이에 설치할 것

정답 67. ③ 68. ① 69. ①

5) 건전지 및 충전식 배터리의 용량은 20분 이상 유효하게 사용할 수 있는 것으로 할 것

70 ★★★ 출제년도 【22.】
자동화재탐지설비 및 시각경보장치의 화재안전기술기준(NFTC 203)에 따라 전화기기실, 통신기기실 등과 같은 훈소화재의 우려가 있는 장소에 적응성이 없는 감지기는?

① 광전식스포트형
② 광전아날로그식분리형
③ 광전아날로그식스포트형
④ 이온아날로그식스포트형

해설 전화기기실, 통신기기실 등과 같은 훈소화재의 우려가 있는 장소에 적응성이 있는 감지기
① 광전식스포트형
② 광전아날로그식분리형
③ 광전아날로그식스포트형
④ 광전식분리형

71 ★★★ 출제년도 【22.】
자동화재속보설비의 속보기의 성능인증 및 제품검사의 기술기준에 따른 속보기의 기능에 대한 내용이다. 다음 ( )에 들어갈 내용으로 옳은 것은?

> 작동신호를 수신하거나 수동으로 동작시키는 경우 (ⓐ)초 이내에 소방관서에 자동적으로 신호를 발하여 통보하되, (ⓑ)회 이상 속보할 수 있어야 한다.

① ⓐ 10 ⓑ 3
② ⓐ 10 ⓑ 5
③ ⓐ 20 ⓑ 3
④ ⓐ 20 ⓑ 5

해설 작동신호를 수신하거나 수동으로 동작시키는 경우 20초 이내에 소방관서에 자동적으로 신호를 발하여 통보하되 3회 이상 속보할 수 있어야 한다.

72 ★★★ 출제년도 【22.】
비상콘센트설비의 화재안전기술기준(NFTC 504)에 따른 비상콘센트설비의 전원회로(비상콘센트에 전력을 공급하는 회로를 말한다)의 설치기준으로 틀린 것은?

① 전원회로는 주배전반에서 전용회로로 할 것
② 전원회로는 각층에 1 이상이 되도록 설치할 것
③ 콘센트마다 배선용 차단기(KS C 8321)를 설치하여야 하며, 충전부가 노출되지 아니하도록 할 것
④ 비상콘센트설비의 전원회로는 단상교류 220V인 것으로서, 그 공급용량은 1.5kVA 이상인 것으로 할 것

해설 전원 및 콘센트 등 설치기준
1. 비상콘센트설비의 전원회로는 **단상교류 220 V**인 것으로서, 그 **공급용량은 1.5 kVA 이상**인 것으로 할 것.
2. 전원회로는 **각 층에 2 이상**이 되도록 설치할 것. 다만, 설치하여야 할 층의 비상콘센트가 1개인 때에는 하나의 회로로 할 수 있다.
3. 전원회로는 주배전반에서 전용회로로 할 것. 다만, 다른 설비의 회로의 사고에 따른 영향을 받지 아니하도록 되어 있는 것은 그러하지 아니하다.
4. 전원으로부터 각 층의 비상콘센트에 분기되는 경우에는 **분기배선용 차단기**를 보호함안에 설치할 것
5. 콘센트마다 **배선용 차단기**(KS C 8321)를 설치하여야 하며, 충전부가 노출되지 아니하도록 할 것
6. 개폐기에는 "비상콘센트"라고 표시한 표지를 할 것
7. 비상콘센트용의 풀박스 등은 방청도장을 한 것으로서, **두께 1.6mm 이상**의 철판으로 할 것
8. 하나의 전용회로에 설치하는 비상콘센트는 **10개 이하**로 할 것. 이 경우 전선의 용량은 각 비상콘센트(비상콘센트가 3개 이상인 경우에는 3개)의 공급용량을 합한 용량 이상의 것으로 하여야 한다.

정답 70. ④ 71. ③ 72. ②

73 무선통신보조설비의 화재안전기술기준(NFTC 505)에 따라 분배기·분파기 및 혼합기 등의 임피던스는 몇 Ω의 것으로 하여야 하는가?

① 10　　　② 20
③ 50　　　④ 75

해설 분배기·분파기 및 혼합기 등 설치기준
1. 먼지·습기 및 부식 등에 따라 기능에 이상을 가져오지 아니하도록 할 것
2. 임피던스는 50 Ω의 것으로 할 것
3. 점검에 편리하고 화재 등의 재해로 인한 피해의 우려가 없는 장소에 설치할 것

74 자동화재탐지설비 및 시각경보장치의 화재안전기술기준(NFTC 203) 따라 광전식분리형감지기의 설치기준에 대한 설명으로 틀린 것은?

① 감지기의 수광면은 햇빛을 직접 받지 않도록 설치할 것
② 감지기의 송광부와 수광부는 설치된 뒷벽으로부터 1m 이내 위치에 설치할 것
③ 광축(송광면과 수광면의 중심을 연결한 선)은 나란한 벽으로부터 0.6m 이상 이격하여 설치할 것
④ 광축의 높이는 천장 등(천장의 실내에 면한 부분 또는 상층의 바닥하부면을 말한다) 높이의 70% 이상일 것

해설 광전식 분리형 감지기 설치기준
① 감지기의 수광면은 햇빛을 직접 받지 않도록 설치할 것
② 광축(송광면과 수광면의 중심을 연결한 선)은 나란한 벽으로부터 **0.6 m 이상** 이격하여 설치할 것
③ 감지기의 송광부와 수광부는 설치된 뒷벽으로부터 **1 m 이내** 위치에 설치할 것
④ 광축의 높이는 천장 등(천장의 실내에 면한 부분 또는 상층의 바닥 하부면을 말한다) 높이의 **80 % 이상**일 것
⑤ 감지기의 광축의 길이는 공칭감시거리 범위이내일 것

75 유도등의 형식승인 및 제품검사의 기술기준에 따라 유도등의 교류입력측과 외함 사이, 교류입력측과 충전부 사이 및 절연된 충전부와 외함 사이의 각 절연저항을 DC 500 V의 절연저항계로 측정한 값이 몇 MΩ 이상이어야 하는가?

① 0.1　　　② 5
③ 20　　　④ 50

해설 제14조(절연저항시험)
유도등의 교류입력측과 외함사이, 교류입력측과 충전부사이 및 절연된 충전부와 외함사이의 각 절연저항의 DC 500 V의 절연저항계로 측정한 값이 5 MΩ 이상이어야 한다.

76 비상경보설비의 축전지의 성능인증 및 제품검사의 기술기준에 따른 축전지설비의 외함 두께는 강판인 경우 몇 mm 이상이어야 하는가?

① 0.7　　　② 1.2
③ 2.3　　　④ 3

해설 외함의 두께
① 강판 외함 : 1.2 mm 이상
② 합성수지 외함 : 3 mm 이상

77 유도등 및 유도표지의 화재안전기술기준(NFTC 303)에 따라 객석 내 통로의 직선부분 길이가 85m인 경우 객석유도등을 몇 개 설치하여야 하는가?

① 17개　　　② 19개
③ 21개　　　④ 22개

해설 객석유도등 : 유도등의 설치개수 N

$$N \geq \frac{\text{객석통로의 직선부분의 길이[m]}}{4} - 1$$

단, 소수점 이하는 절상

$$\therefore N = \frac{85}{4} - 1 = 20.25 \Rightarrow 21\text{개}$$

78 ★ 출제년도 【22.】
비상경보설비 및 단독경보형감지기의 화재안전기술기준(NFTC 201)에 따른 용어에 대한 정의로 틀린 것은?

① 비상벨설비라 함은 화재발생 상황을 경종으로 경보하는 설비를 말한다.
② 자동식사이렌설비라 함은 화재발생 상황을 사이렌으로 경보하는 설비를 말한다.
③ 수신기라 함은 발신기에서 발하는 화재신호를 간접 수신하여 화재의 발생을 표시 및 경보하여 주는 장치를 말한다.
④ 단독경보형감지기라 함은 화재발생 상황을 단독으로 감지하여 자체에 내장된 음향장치로 경보하는 감지기를 말한다.

해설 수신기 : 발신기에서 발하는 화재신호를 **직접 수신**하여 화재의 발생을 표시 및 경보하여 주는 장치를 말한다.

79 ★★★ 출제년도 【22.】
다음의 무선통신보조설비 그림에서 ⓐ에 해당하는 것은?

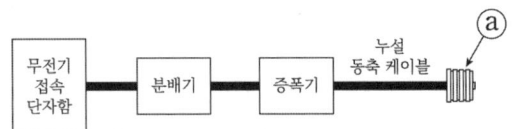

① 혼합기   ② 옥외안테나
③ 무선중계기   ④ 무반사종단저항

해설 누설동축케이블의 끝부분에는 **무반사 종단저항**을 견고하게 설치할 것

80 ★★ 출제년도 【19, 22.】
축전지의 자기방전을 보충함과 동시에 상용부하에 대한 전력공급은 충전기가 부담하도록 하되 충전기가 부담하기 어려운 일시적인 대전류 부하는 축전지로 하여금 부담하게 하는 충전방식은?

① 보통충전방식   ② 균등충전방식
③ 부동충전방식   ④ 급속충전방식

해설 ① 축전지의 자기 방전을 보충함과 동시에 상용 부하에 대한 전력 공급은 충전기가 부담하도록 하되 충전기가 부담하기 어려운 일시적인 대 전류 부하는 축전지로 하여금 부담하게 하는 방식이다.

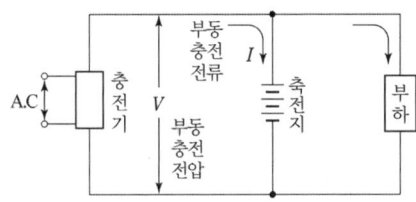

② 충전기 2차 충전전류
$$= \frac{\text{축전지용량[Ah]}}{\text{방전시간율[h]}} + \frac{\text{상시 부하용량[VA]}}{\text{표준전압[V]}}$$

2회 2022년 소방설비기사

1과목 소방원론

01 ★★ 출제년도 【22.】

정전기로 인한 화재를 줄이고 방지하기 위한 대책 중 틀린 것은?

① 공기 중 습도를 일정값 이상으로 유지한다.
② 기기의 전기 절연성을 높이기 위하여 부도체로 차단공사를 한다.
③ 공기 이온화 장치를 설치하여 가동시킨다.
④ 정전기 축적을 막기 위해 접지선을 이용하여 대지로 연결작업을 한다.

해설 정전기 제거방법
① 접지에 의한 방법
② 공기 중의 상대습도를 70% 이상으로 하는 방법
③ 공기를 이온화하는 방법

02 ★★ 출제년도 【22.】

위험물안전관리법령상 위험물로 분류되는 것은?

① 과산화수소   ② 압축산소
③ 프로판가스   ④ 포스겐

해설 과산화수소는 제6류 위험물(산화성 액체)에 해당한다.

03 ★★★ 출제년도 【17.22.】

이산화탄소 20g은 약 몇 mol 인가?

① 0.23   ② 0.45
③ 2.2   ④ 4.4

해설 이산화탄소의 분자량 : 44g/mol
몰수 : 질량/분자량 = 20g/(44g/mol) = 0.45mol

04 ★★ 출제년도 【13, 22.】

물질의 연소 시 산소 공급원이 될 수 없는 것은?

① 탄화칼슘   ② 과산화나트륨
③ 질산나트륨 ④ 압축공기

해설 탄화칼슘(CaC_2)은 제3류 위험물로서 가연물에 해당하며, 과산화나트륨과 질산나트륨은 제1류 위험물로서 산소공급원이다.

05 ★★★ 출제년도 【18.22.】

Fourier법칙(전도)에 대한 설명으로 틀린 것은?

① 이동열량은 전열체의 단면적에 비례한다.
② 이동열량은 전열체의 두께에 비례한다.
③ 이동열량은 전열체의 열전도도에 비례한다.
④ 이동열량은 전열체 내·외부의 온도차에 비례한다.

해설 푸리에의 전도법칙
① 열량 $q = \dfrac{\lambda}{l} A \Delta T [W]$
(λ : 열전도도(열전도율), l : 두께, A : 단면적, ΔT : 온도차)
② 열량은 열전도도, 단면적 및 온도차에 비례하고, 두께에 반비례한다.

06 ★★ 출제년도 【21.22】

하론 소화설비에서 Halon 1211 약제의 분자식은?

① CBr_2ClF ② CF_2BrCl
③ CCl_2BrF ④ BrC_2ClF
BrC_2ClF

정답 1.② 2.① 3.② 4.① 5.② 6.②

해설 하론 소화설비

	분자식	C	F	Cl	Br
Halon 1301	CF_3Br	1	3	0	1
Halon 1211	CF_2ClBr	1	2	1	1
Halon 2402	$C_2F_4Br_2$	2	4	0	2
Halon 104	CCl_4	1	0	4	-

07 제4류 위험물의 성질로 옳은 것은?

① 가연성 고체 ② 산화성 고체
③ 인화성 액체 ④ 자기반응성물질

해설 위험물안전관리법 : 위험물의 성질

위험물의 종류	성 질
제1류 위험물	산화성고체
제2류 위험물	가연성고체
제3류 위험물	자연발화 및 금수성 물질
제4류 위험물	인화성 액체
제5류 위험물	자기연소성물질
제6류 위험물	산화성액체

08 목재 화재 시 다량의 물을 뿌려 소화할 경우 기대되는 주된 소화효과는?

① 제거효과 ② 냉각효과
③ 부촉매효과 ④ 희석효과

해설 다량의 물을 뿌려 소화할 경우에는 냉각효과를 기대할 수 있다.
소화원리에 따른 소화방법

연소의 4요소	소화원리	소화방법	비고
가연물	가연물의 제거	제거소화	물리적 소화
산 소	산소희석, 산소차단	질식소화	
점화원	연소점 이하로 냉각	냉각소화	
순조로운 연쇄반응	연쇄반응의 억제	억제소화 (부촉매 소화)	화학적 소화

09 물이 소화 약제로써 사용되는 장점이 아닌 것은?

① 가격이 저렴하다.
② 많은 양을 구할 수 있다.
③ 증발잠열이 크다.
④ 가연물과 화학반응이 일어나지 않는다.

해설 물을 소화약제로 사용하는 이유
① 가격이 싸고 쉽게 구할 수 있다.
② 비열이 크기 때문에 가열물질에 주수하면 흡수열량이 크고
③ 기화잠열이 539[kcal/kg]으로 크며
④ 물을 증발시키면 부피가 약 1,600배로 팽창하여 산소농도의 희석, 즉 질식효과도 기대할 수 있다.

10 분말소화약제 중 탄산수소칼륨($KHCO_3$)과 요소($CO(NH_2)_2$)와의 반응물을 주성분으로 하는 소화약제는?

① 제1종 분말 ② 제2종 분말
③ 제3종 분말 ④ 제4종 분말

해설 분말소화약제의 종류

종별	주성분	색	적용화재
제1종	탄산수소나트륨($NaHCO_3$)	백색	BC급
제2종	탄산수소칼륨($KHCO_3$)	담자색	BC급
제3종	인산암모늄($NH_4H_2PO_4$)	담홍색	ABC급
제4종	탄산수소칼륨($KHCO_3$) + 요소($CO(NH_2)_2$)	회(백)색	BC급

11 다음 중 가연물의 제거를 통한 소화 방법과 무관한 것은?

① 산불의 확산방지를 위하여 산림의 일부를 벌채한다.
② 화학반응기의 화재 시 원료 공급관의 밸브를 잠근다.

정답 7. ③ 8. ② 9. ④ 10. ④ 11. ③

③ 전기실 화재 시 IG-541 약제를 방출한다.
④ 유류탱크 화재 시 주변에 있는 유류탱크의 유류를 다른 곳으로 이동시킨다.

해설 전기실 화재시 IG-541 약제를 방출하는 것은 질식소화이다.

---

12 ★★★ 출제년도 【17, 22.】
건물화재의 표준시간-온도곡선에서 화재 발생 후 1시간이 경과할 경우 내부 온도는 약 몇 ℃ 정도 되는가?

① 125
② 325
③ 640
④ 925

해설 표준시간-온도곡선 상 내화시간

시간	30분	1시간	2시간	3시간
온도(℃)	840	925	1,010	1,050

---

13 ★★★ 출제년도 【19, 22.】
물질의 취급 또는 위험성에 대한 설명 중 틀린 것은?

① 융해열은 점화원이다.
② 질산은 물과 반응 시 발열 반응하므로 주의를 해야 한다.
③ 네온, 이산화탄소, 질소는 불연성 물질로 취급한다.
④ 암모니아를 충전하는 공업용 용기의 색상은 백색이다.

해설 융해열은 고체가 액체로 될 때 필요한 잠열로 점화원이 될 수 없다.
물의 융해열은 약 80kcal/kg

---

14 ★★★ 출제년도 【16, 22.】
폭굉(detonation)에 관한 설명으로 틀린 것은?

① 연소속도가 음속보다 느릴 때 나타난다.
② 온도의 상승은 충격파의 압력에 기인한다.
③ 압력상승은 폭연의 경우보다 크다.
④ 폭굉의 유도거리는 배관의 지름과 관계가 있다.

해설 폭연(Deflagration)과 폭굉(Detonation)
① 폭연(Deflagration) : 화염전파속도가 음속 미만 (아음속)
② 폭굉(Detonation) : 화염전파속도가 음속보다 빠른 것(초음속)으로 1,000~3,500[m/s] 정도
③ 폭연과 폭굉의 비교

구분	폭연(Deflagration)	폭굉(Detonation)
발생 속도	① 음속 미만(아음속) ② 0.1~10m/s	① 음속 이상(초음속) ② 1,000~3,500m/s
온도 상승	열전달 (전도, 대류, 복사)	충격파

---

15 ★★★ 출제년도 【98, 04, 07, 12, 22.】
자연발화가 일어나기 쉬운 조건이 아닌 것은?

① 열전도율이 클 것
② 적당량의 수분이 존재할 것
③ 주위의 온도가 높을 것
④ 표면적이 넓을 것

해설 물질이 공기 중에서 발화온도 보다 낮은 온도에서 스스로 발열하여 그 열이 장기간 축적, 발화점에 도달하여 연소에 이르는 현상으로 발화점이 낮을수록 자연발화가 더 용이하게 일어난다.
자연발화의 조건은 다음과 같다.
1) 주위의 온도가 높을 것
2) 발열량이 클 것
3) **열전도율이 작을 것**
4) 표면적이 넓을 것
5) 통풍이 잘 안될 것

정답 12. ④ 13. ① 14. ① 15. ①

16 목조건축물의 화재특성으로 틀린 것은?

① 습도가 낮을수록 연소 확대가 빠르다.
② 화재진행속도는 내화건축물보다 빠르다.
③ 화재최성기의 온도는 내화건축물보다 낮다.
④ 화재성장속도는 횡방향보다 종방향이 빠르다.

해설 화재최성기의 온도는 내화건축물보다 높다.
건축물의 구조, 형태에 따른 화재진행 현상

건축물	화재성상	최고온도
목재 건축물	고온 단기형	1,300[℃]
내화 건축물	저온 장기형	900~1,000[℃]

17 다음 물질 중 공기 중에서의 연소범위가 가장 넓은 것은?

① 부탄   ② 프로판
③ 메탄   ④ 수소

해설

물질	부탄	프로판	메탄	수소
연소범위	1.8~8.4[%]	2.1~9.5[%]	5~15[%]	4~75[%]

18 플래시 오버(flash over)에 대한 설명으로 옳은 것은?

① 도시가스의 폭발적 연소를 말한다.
② 휘발유 등 가연성 액체가 넓게 흘러서 발화한 상태를 말한다.
③ 옥내화재가 서서히 진행하여 열 및 가연성 기체가 축적되었다가 일시에 연소하여 화염이 크게 발생하는 상태를 말한다.
④ 화재층의 불이 상부층으로 올라가는 현상을 말한다.

해설 Flash-over 현상은 발화 후 5~6분 경과 후 발생하는 것으로 화재로 생긴 가연성 가스가 일시에 인화하여 화염이 충만해지는 과정을 말한다.

19 연기에 의한 감광계수가 0.1 m^{-1}, 가시거리가 20~30m일 때의 상황으로 옳은 것은?

① 건물 내부에 익숙한 사람이 피난에 지장을 느낄 정도
② 연기감지기가 작동할 정도
③ 어두운 것을 느낄 정도
④ 앞이 거의 보이지 않을 정도

해설

감광계수	가시거리	상황
0.1	20~30	연기감지기의 작동농도 건물 내 미숙지자의 피난 한계농도
0.3	5	건물 내 숙지자의 피난한계농도
0.5	3	어두침침함을 느낄 정도의 농도
1	1~2	거의 앞이 보이지 않을 정도의 농도
10	0.2~0.5	화재 최성기 때의 연기농도
30	-	출화실에서 연기가 분출할 때의 연기농도

20 프로판가스의 최소점화에너지는 일반적으로 약 몇 mJ 정도 되는가?

① 0.25   ② 2.5
③ 25   ④ 250

해설 최소점화에너지(MIE)
가연성의 혼합기체를 착화(또는 발화)시킬 수 있는 최소의 에너지
최소착화에너지=최소점화에너지=최소발화에너지
수소, 아세틸렌 : 약 0.02mJ
메탄 : 0.28mJ, 에탄 : 0.24mJ,
프로판, 부탄 : 0.25mJ

정답 16. ③ 17. ④ 18. ③ 19. ② 20. ①

2과목 소방전기일반

21 정전용량이 각각 1μF, 2μF, 3μF이고, 내압이 모두 동일한 3개의 커패시터가 있다. 이 커패시터들을 직렬로 연결하여 양단에 전압을 인가한 후 전압을 상승시키면 가장 먼저 절연이 파괴되는 커패시터는? (단, 커패시터의 재질이나 형태는 동일하다.)

① 1μF
② 2μF
③ 3μF
④ 3개 모두

해설 $V_1 = \dfrac{Q}{C_1}$, $V_2 = \dfrac{Q}{C_2}$, $V_3 = \dfrac{Q}{C_3}$

내전압이 같은 콘덴서를 직렬로 연결한 경우 각 콘덴서 양단간에 걸리는 전압은 정전용량에 반비례하므로 용량이 제일 작은 1[μF]의 콘덴서가 제일 먼저 파괴된다.

22 그림과 같은 블록선도의 전달함수 $\dfrac{C(s)}{R(s)}$는?

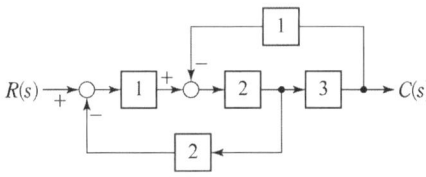

① $\dfrac{6}{23}$
② $\dfrac{6}{17}$
③ $\dfrac{6}{15}$
④ $\dfrac{6}{11}$

해설 $\dfrac{C(s)}{R(s)} = \dfrac{\text{전향경로의 합}}{1 - \text{루프이득의 합}}$

$= \dfrac{1 \times 2 \times 3}{1 - (-1 \times 2 \times 2 - 2 \times 3 \times 1)}$

$= \dfrac{6}{1-(-10)} = \dfrac{6}{11}$

23 그림의 단상 반파 정류회로에서 R에 흐르는 전류의 평균값은 약 몇 A 인가?
(단, $v(t) = 220\sqrt{2}\sin wt$ [V], $R = 16\sqrt{2}$ [V], 다이오드의 전압강하는 무시한다.)

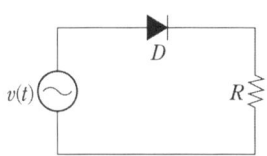

① 3.2
② 3.8
③ 4.4
④ 5.2

해설 단상 반파 정류회로
직류전류 $I_d = 0.45 \dfrac{E}{R} = 0.45 \times \dfrac{220\sqrt{2}/\sqrt{2}}{16\sqrt{2}}$
$= 4.38$ [A]

24 3상 유도 전동기를 Y 결선으로 운전했을 때 토크가 T_Y이었다. 이 전동기를 동일한 전원에서 △결선으로 운전했을 때 토크($T_\triangle$)는?

① $T_\triangle = 3T_Y$
② $T_\triangle = \sqrt{3}\,T_Y$
③ $T_\triangle = \dfrac{1}{3}T_Y$
④ $T_\triangle = \dfrac{1}{\sqrt{3}}T_Y$

해설 유도전동기의 토크는 전압의 제곱에 비례한다.
유도전동기를 Y로 기동 시 전압은 $\dfrac{1}{\sqrt{3}}$로 감소하므로 토크는 $T = \left(\dfrac{1}{\sqrt{3}}\right)^2 = \dfrac{1}{3}$, △결선 운전시 토크는 Y 기동 시보다 토크가 3배 크다.

25 제어요소가 제어 대상에 가하는 제어 신호로 제어장치의 출력인 동시에 제어 대상의 입력이 되는 것은?

① 조작량
② 제어량
③ 기준입력
④ 동작신호

해설 조작량 : 제어요소가 제어 대상에 주는 제어 신호

26 ★ 출제년도 [18. 22.]
어떤 코일의 임피던스를 측정하고자 한다. 이 코일에 30V의 직류전압을 가했을 때 300W가 소비되었고, 100V의 실효치 교류전압을 가했을 때 1,200W가 소비되었다. 이 코일의 리액턴스(Ω)는?

① 2   ② 4
③ 6   ④ 8

해설
① 저항 $R = \dfrac{V^2}{P} = \dfrac{30^2}{300} = 3\,\Omega$
② 소비전력 $P = I^2 R$의 관계에서
③ $1200 = I^2 \times 3$, 전류 $I = \sqrt{\dfrac{P}{R}} = \sqrt{\dfrac{1200}{3}} = 20\,\mathrm{A}$
④ 임피던스 $Z = \dfrac{V}{I} = \dfrac{100}{20} = \sqrt{3^2 + X^2}$
⑤ 리액턴스 $X = 4\,\Omega$

27 ★ 출제년도 [22.]
적분 시간이 3sec이고, 비례 감도가 5인 PI(비례적분) 제어 요소가 있다. 이 제어 요소의 전달함수는?

① $\dfrac{5s+5}{3s}$ ② $\dfrac{15s+5}{3s}$
③ $\dfrac{3s+3}{5s}$ ④ $\dfrac{15s+3}{5s}$

해설 비례 적분제어의 전달함수
$K_P\left(1 + \dfrac{1}{T_I s}\right) = 5\left(1 + \dfrac{1}{3s}\right) = 5\left(\dfrac{3s+1}{3s}\right) = \dfrac{15s+5}{3s}$
여기서, K_P : 비례감도, T_I : 적분시간[s]

28 ★★ 출제년도 [01. 22.]
100V에서 500W를 소비하는 전열기가 있다. 이 전열기에 90V의 전압을 인가했을 때 소비되는 전력(W)은?

① 81   ② 90
③ 405   ④ 450

해설 전력 $P = \dfrac{V^2}{R}$ 이므로
$\dfrac{P'}{P} = \dfrac{\dfrac{V'^2}{R}}{\dfrac{V^2}{R}}$ 에서 $\dfrac{P'}{500} = \dfrac{\dfrac{90^2}{R}}{\dfrac{100^2}{R}} = 0.81$
∴ $P' = 0.81 \times 500 = 405\,[\mathrm{W}]$

29 ★★ 출제년도 [11. 13. 22.]
4극 직류 발전기의 전기자 도체 수가 500개, 각 자극의 자속이 0.01Wb, 회전수가 1800rpm일 때 이 발전기의 유도 기전력(V)은? (단, 전기자 권선법은 파권이다.)

① 100   ② 200
③ 300   ④ 400

해설 파권이므로 병렬회로수 $a = 2$이다.
유기기전력 $E = \dfrac{pZ}{a}\phi\dfrac{N}{60} = \dfrac{4 \times 500}{2} \times 0.01 \times \dfrac{1800}{60} = 300\,[\mathrm{V}]$

30 ★★★ 출제년도 [22.]
진공 중에서 원점에 10^{-8} C의 전하가 있을 때 점(1, 2, 2)m에서의 전계의 세기는 약 몇 V/m 인가?

① 0.1   ② 1
③ 10   ④ 100

해설 거리벡터 $\vec{r} = i + 2j + 2k$
거리 $r = \sqrt{1^2 + 2^2 + 2^2} = 3\,\mathrm{m}$
전계의 세기 $E = 9 \times 10^9 \times \dfrac{Q}{r^2} = 9 \times 10^9 \times \dfrac{10^{-8}}{3^2} = 10\,\mathrm{V/m}$

정답 26. ② 27. ② 28. ③ 29. ③ 30. ③

31 정현파 교류전압 $e_1(t)$과 $e_2(t)$의 합 $(e_1(t)+e_2(t))$은 몇 V 인가?

$$e_1(t) = 10\sqrt{2}\sin(wt+\frac{\pi}{3})(V)$$
$$e_2(t) = 20\sqrt{2}\cos(wt-\frac{\pi}{6})(V)$$

① $30\sqrt{2}\sin(wt+\frac{\pi}{3})$
② $30\sqrt{2}\sin(wt-\frac{\pi}{3})$
③ $10\sqrt{2}\sin(wt+\frac{2\pi}{3})$
④ $10\sqrt{2}\sin(wt-\frac{2\pi}{3})$

해설
$e_1(t) = 10\sqrt{2}\sin(wt+\frac{\pi}{3}) = 10\angle\frac{\pi}{3}$
$e_2(t) = 20\sqrt{2}\cos(wt-\frac{\pi}{6})$
$= 20\sqrt{2}\sin(wt+\frac{\pi}{2}-\frac{\pi}{6})$
$= 20\angle\frac{\pi}{3}$
$e_1(t)+e_2(t) 10\angle\frac{\pi}{3}+20\angle\frac{\pi}{3}=30\angle\frac{\pi}{3}$
$= 30\sqrt{2}\sin(wt+\frac{\pi}{3})$

32 60Hz의 3상 전압을 반파 정류하였을 때 리플(맥동) 주파수(Hz)는?

① 60 ② 120
③ 180 ④ 360

해설

구분	단상반파	단상전파	3상반파	3상전파
맥동주파수	f	$2f$	$3f$	$6f$
50Hz인 경우	50	100	150	300
60Hz인 경우	60	120	180	360

33 테브난의 정리를 이용하여 그림 (a)의 회로를 그림 (b)와 같은 등가회로로 만들고자 할 때 $V_{th}(V)$와 $R_{th}(\Omega)$은?

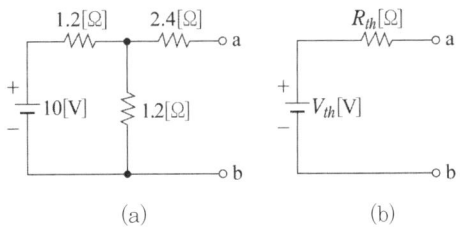

(a)　　　(b)

① 5V, 2Ω ② 5V, 3Ω
③ 6V, 2Ω ④ 6V, 3Ω

해설
$V_{th} = \frac{1.2}{1.2+1.2}\times 10 = 5V$
(V_{th}는 1.2Ω에 걸리는 전압의 크기와 같다.)
$R_{th} = 2.4 + \frac{1.2\times 1.2}{1.2+1.2} = 3\Omega$
(R_{th}는 전압원을 단락시키고 a, b양단에서 전원측으로 바라본 합성 저항의 크기와 같다.)

34 어떤 전압계의 측정 범위를 12배로 하려고 할 때 배율기의 저항은 전압계 내부저항의 몇 배로 해야 하는가?

① 9 ② 10
③ 11 ④ 12

해설 배율기 : 전압계의 측정범위를 확대하기 위해 전압계와 직렬로 연결한 저항
배율기 저항 $R_m = (m-1)r_v = (12-1)r_v = 11r_v$

35 각 상의 임피던스가 $Z=4+j3(\Omega)$인 △결선의 평형 3상 부하에 선간전압이 200V인 대칭 3상 전압을 가했을 때 이 부하로 흐르는 선전류의 크기는 몇 A 인가?

① $\dfrac{40}{3}$ ② $\dfrac{40}{\sqrt{3}}$

③ 40 ④ $40\sqrt{3}$

해설 △결선시 선전류

$I_l = \sqrt{3} \times \dfrac{V}{Z} = \sqrt{3} \times \dfrac{200}{\sqrt{4^2+3^2}} = 40\sqrt{3}\,[A]$

해설 전체전류 $I = I_{20} + I_{10} = \dfrac{100}{20} + \dfrac{100}{10} = 15\,A$

$V_{ab} = V_{ac} + V_{cd} + V_{bd}$
$= 15A \times 0.2\Omega + 100V + 15A \times 0.2\Omega$
$= 106V$

36 ★★★ 출제년도【22.】
시퀀스회로를 논리식으로 표현하면?

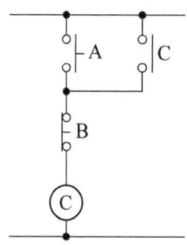

① $C = A + \overline{B} \cdot C$
② $C = A \cdot \overline{B}C$
③ $C = A \cdot C + \overline{B}$
④ $C = (A+C) \cdot \overline{B}$

해설 A와 C는 병렬연결, $\overline{B}$와는 직렬연결이므로
출력 $C = (A+C) \cdot \overline{B}$

38 ★★★ 출제년도【22.】
균일한 자기장 내에서 운동하는 도체에 유도된 기전력의 방향을 나타내는 법칙은?

① 플레밍의 왼손 법칙
② 플레밍의 오른손 법칙
③ 암페어의 오른나사 법칙
④ 패러데이의 전자유도 법칙

해설 보기설명
① 패러데이의 전자유도 법칙 : 자속변화에 의한 **유기 기전력의 크기를 결정**하는 법칙
② 암페어의 오른나사 법칙 : 전류가 흐를 때 자기장의 방향은 오른나사의 진행방향과 같다는 법칙
③ 플레밍의 오른손 법칙 : 평등자계내 도체를 회전시키면 유도기전력이 발생하는 현상으로 도체의 운동에 따른 **기전력의 방향을 결정, 발전기의 원리**
④ 플레밍의 왼손법칙 : 평등자계내 도체에 전류를 흘리면 전류의 출입방향에 따라 정반대의 전자력이 발생하여 회전력(토크)이 발생한다. 전동기의 원리

37 ★★ 출제년도【22.】
그림의 회로에서 a-b 간에 $V_{ab}(V)$를 인가했을 때 c-d 간의 전압이 100V이었다. 이때 a-b 간에 인가한 전압(V_{ab})은 몇 V인가?

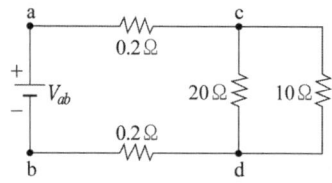

① 104 ② 106
③ 108 ④ 110

39 ★★ 출제년도【22.】
회로에서 저항 5Ω의 양단 전압 $V_R(V)$은?

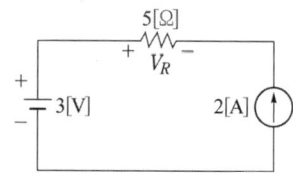

① −10 ② −7
③ 7   ④ 10

해설 중첩의 원리 적용
• 전압원 단락시 5 Ω에 흐르는 전류 : −2 A
  (처음에 정한 방향과 반대 방향이므로)

정답 36. ④ 37. ② 38. ② 39. ①

• 전류원 개방시 5 Ω에 흐르는 전류 : 0 A

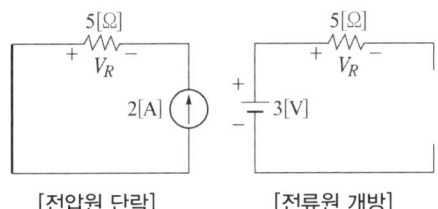

[전압원 단락]　　　[전류원 개방]

5Ω에 흐르는 전류의 합 : −2A + 0 A = −2 A
5Ω양단의 전압 : −2A × 5 = −10 V

---

40 다음의 논리식을 간단히 표현한 것은?

$$Y = \overline{A}BC + \overline{A}B\overline{C} + \overline{A}\overline{B}C$$

① $\overline{A} \cdot (B+C)$ ② $\overline{B} \cdot (A+C)$
③ $\overline{C} \cdot (A+B)$ ④ $C \cdot (A+\overline{B})$

해설
$Y = \overline{A}BC + \overline{A}B\overline{C} + \overline{A}\overline{B}C$
$ = \overline{A}BC + \overline{A}B\overline{C} + \overline{A}BC + \overline{A}\overline{B}C$
$ = \overline{A}C(\overline{B}+B) + \overline{A}B(C+\overline{C})$
$ = \overline{A}B + \overline{A}C = \overline{A}(B+C)$

3과목 소방관계법규

41 다음 중 소방기본법령에 따라 화재예방상 필요하다고 인정되거나 화재위험 경보시 발령하는 소방신호의 종류로 옳은 것은?

① 경계신호　② 발화신호
③ 경보신호　④ 훈련신호

해설 관련법 : 소방기본법 시행규칙 제10조 (**소방신호의 종류 및 방법**)
① **경계신호** : 화재예방 상 필요하다고 인정 되거나 화재위험경보 시 발령
② **발화신호** : 화재가 발생한 때 발령
③ **해제신호** : 소화활동이 필요 없다고 인정되는 때 발령
④ **훈련신호** : 훈련 상 필요하다고 인정되는 때 발령

---

42 화재의 예방 및 안전관리에 관한 법령상 보일러 등의 위치·구조 및 관리와 화재예방을 위하여 불의 사용에 있어서 지켜야 하는 사항 중 보일러에 경유·등유 등 액체연료를 사용하는 경우에 연료탱크는 보일러 본체로부터 수평거리 최소 몇 m 이상의 간격을 두어 설치해야 하는가?

① 0.5　　② 0.6
③ 1　　　④ 2

해설

종류	내용
보일러	1. 경유·등유 등 액체연료를 사용하는 경우 가. 연료탱크는 보일러 본체로부터 수평거리 **1미터 이상**의 간격을 두어 설치 나. 개폐밸브를 연료탱크로부터 **0.5미터 이내**에 설치 2. 기체연료를 사용하는 경우 가. 화재 등 긴급 시 연료를 차단할 수 있는 개폐밸브를 연료용기 등으로부터 **0.5미터 이내** 라. 보일러가 설치된 장소에는 가스누설경보기를 설치 3. 보일러와 벽·천장 사이의 거리는 **0.6미터 이상**

---

43 다음은 소방기본법령상 소방본부에 대한 설명이다. ( )에 알맞은 내용은?

> 소방업무를 수행하기 위하여 (　) 직속으로 소방본부를 둔다.

① 경찰서장　② 시·도지사
③ 행정안전부장관　④ 소방청장

정답 40. ① 41. ① 42. ③ 43. ②

[해설] 관련법 : 소방기본법 제3조(소방기관의 설치 등) 제4항
시·도에서 소방업무를 수행하기 위하여 시·도지사 직속으로 소방본부를 둔다.

44 ★ 출제년도【22.】
다음 소방기본법령상 용어 정의에 대한 설명으로 옳은 것은?

① 소방대상물이란 건축물, 차량, 선박(항구에 매어둔 선박은 제외) 등을 말한다.
② 관계인이란 소방대상물의 점유예정자를 포함한다.
③ 소방대란 소방공무원, 의무소방원, 의용소방대원으로 구성된 조직체이다.
④ 소방대장이란 화재, 재난·재해, 그 밖의 위급한 상황이 발생한 현장에서 소방대를 지휘하는 사람(소방서장은 제외)이다.

[해설]
1) 소방대상물 : 건축물, 차량, 선박(항구에 매어둔 선박만 해당한다), 선박 건조 구조물, 산림, 그 밖의 인공 구조물 또는 물건
2) 관계인 : 소방대상물의 소유자·관리자 또는 점유자
3) 소방대장(消防隊長) : 소방본부장 또는 소방서장 등 화재, 재난·재해, 그 밖의 위급한 상황이 발생한 현장에서 소방대를 지휘하는 사람

45 ★★★ 출제년도【22.】
소방기본법령상 상업지역에 소방용수시설 설치 시 소방대상물과의 수평거리 기준은 몇 m 이하인가?

① 100   ② 120
③ 140   ④ 160

[해설] 소방용수시설의 설치기준 중 공통기준
1) 주거지역·상업지역 및 공업지역에 설치하는 경우 : 소방대상물과의 수평거리를 100미터 이하
2) 1) 외의 지역에 설치하는 경우 : 소방대상물과의 수평거리를 140미터 이하

46 ★★ 출제년도【16. 22.】
소방시설공사업법령상 일반 소방시설설계업(기계분야)의 영업범위에 대한 기준 중 ( )에 알맞은 내용은? (단, 공장의 경우는 제외한다.)

> 연면적 ( )m² 미만의 특정소방대상물(제연설비가 설치되는 특정소방대상물은 제외한다)에 설치되는 기계분야 소방시설의 설계

① 10,000
② 20,000
③ 30,000
④ 50,000

[해설] 소방시설설계업의 영업범위

업종별 항목		기술인력	영업범위
전문소방시설설계업		가. 주된 기술인력: 소방기술사 1명 이상 나. **보조기술인력: 1명 이상**	모든 특정소방대상물에 설치되는 소방시설의 설계
일반소방시설설계업	기계분야	가. 주된 기술인력: 소방기술사 또는 기계분야 소방설비기사 1명 이상 나. 보조기술인력: 1명 이상	가. 아파트에 설치되는 기계분야 소방시설(**제연설비는 제외한다**)의 설계 나. 연면적 **3만제곱미터(공장의 경우에는 1만제곱미터) 미만**의 특정소방대상물(제연설비가 설치되는 특정소방대상물은 제외한다)에 설치되는 기계분야 소방시설의 설계 다. 위험물제조소등에 설치되는 기계분야 소방시설의 설계
	전기분야	가. 주된 기술인력: 소방기술사 또는 전기분야 소방설비기사 1명 이상 나. 보조기술인력: 1명 이상	가. 아파트에 설치되는 전기분야 소방시설의 설계 나. 연면적 3만제곱미터(공장의 경우에는 1만제곱미터) 미만의 특정소방대상물에 설치되는 전기분야 소방시설의 설계 다. 위험물제조소등에 설치되는 전기분야 소방시설의 설계

정답 44. ③ 45. ① 46. ③

47 소방시설공사업법령상 소방시설업의 등록을 하지 아니하고 영업을 한 자에 대한 벌칙기준으로 옳은 것은?

① 1년 이하의 징역 또는 1천만원 이하의 벌금
② 2년 이하의 징역 또는 2천만원 이하의 벌금
③ 3년 이하의 징역 또는 3천만원 이하의 벌금
④ 5년 이하의 징역 또는 5천만원 이하의 벌금

해설 제4조제1항을 위반하여 소방시설업 등록을 하지 아니하고 영업을 한 자 : 3년 이하의 징역 또는 3천만원 이하의 벌금

48 위험물안전관리법령에서 정하는 제3류 위험물에 해당하는 것은?

① 나트륨   ② 염소산염류
③ 무기과산화물   ④ 유기과산화물

해설
1) 나트륨 : 제3류 위험물
2) 염소산염류 : 제1류 위험물
3) 무기과산화물 : 제1류 위험물
4) 유기과산화물 : 제5류 위험물

49 소방시설 설치 및 관리에 관한 법령상 자동화재탐지설비를 설치하여야 하는 특정소방대상물의 기준으로 틀린 것은?

① 공장 및 창고시설로서 「소방기본법 시행령」에서 정하는 수량의 500배 이상의 특수가연물을 저장·취급하는 것
② 지하가(터널은 제외한다)로서 연면적 600m² 이상인 것
③ 숙박시설이 있는 수련시설로서 수용인원 100명 이상인 것
④ 장례시설 및 복합건축물로서 연면적 600m² 이상인 것

해설 자동화재탐지설비를 설치하여야 하는 특정소방대상물
1) 근린생활시설(목욕장은 제외한다), 의료시설(정신의료기관 또는 요양병원은 제외한다), 숙박시설, 위락시설, 장례식장 및 **복합건축물**로서 연면적 **600m² 이상**인 것
2) 공동주택, 근린생활시설 중 **목욕장**, 문화 및 집회시설, 종교시설, 판매시설, 운수시설, 운동시설, **업무시설**, 공장, 창고시설, 위험물 저장 및 처리 시설, 항공기 및 자동차 관련 시설, 교정 및 군사시설 중 국방·군사시설, 방송통신시설, 발전시설, 관광 휴게시설, **지하가(터널은 제외한다)**로서 연면적 **1천m² 이상**인 것
3) 교육연구시설(교육시설 내에 있는 기숙사 및 합숙소를 포함한다), 수련시설(수련시설 내에 있는 기숙사 및 합숙소를 포함하며, 숙박시설이 있는 수련시설은 제외한다), 동물 및 식물 관련 시설(기둥과 지붕만으로 구성되어 외부와 기류가 통하는 장소는 제외한다), 분뇨 및 쓰레기 처리시설, **교정 및 군사시설**(국방·군사시설은 제외한다) 또는 묘지 관련 시설로서 연면적 **2천m² 이상**인 것
4) 지하구
5) 지하가 중 **터널**로서 길이가 **1천m 이상**인 것

50 소방시설 설치 및 관리에 관한 법령상 종합정밀점검 실시 대상이 되는 특정소방대상물의 기준 중 다음 ( ) 안에 알맞은 것은?

> 물분무등소화설비[호스릴(Hose Reel) 방식의 물분무등소화설비만을 설치한 경우는 제외한다]가 설치된 연면적 ( )m² 이상인 특정소방대상물(위험물 제조소등은 제외한다)

① 2,000   ② 3,000
③ 4,000   ④ 5,000

해설 종합정밀점검의 대상(소방시설법 시행규칙)
1) 스프링클러설비가 설치된 특정소방대상물
2) 물분무등소화설비[호스릴(Hose Reel) 방식의 물분무등소화설비만을 설치한 경우는 제외한다]가 설치된 연면적 5,000m² 이상인 특정소방대상물(위험물 제조소등은 제외한다)
3) 다중이용업의 영업장(단란주점영업, 유흥주점영

정답 47. ③   48. ①   49. ②   50. ④

업, 영화상영관, 비디오물감상실업, 복합영상물제공업, 노래연습장업, 산후조리업, 고시원업, 안마시술소)이 설치된 특정소방대상물로서 연면적이 2,000m² 이상인 것
4) 제연설비가 설치된 터널
5) 공공기관 중 연면적(터널·지하구의 경우 그 길이와 평균폭을 곱하여 계산된 값을 말한다)이 1,000m² 이상인 것으로서 옥내소화전설비 또는 자동화재탐지설비가 설치된 것. 다만, 소방대가 근무하는 공공기관은 제외한다.

51 ★★★ 출제년도 [22.]

화재의 예방 및 안전관리에 관한 법령상 특수가연물의 저장 및 취급의 기준 중 ( )에 들어갈 내용으로 옳은 것은? (단, 석탄·목탄류의 경우는 제외 한다.)

> 쌓는 높이는 (㉠)m 이하가 되도록 하고, 쌓는 부분의 바닥면적은 (㉡)m² 이하가 되도록 할 것

① ㉠ 15, ㉡ 200
② ㉠ 15, ㉡ 300
③ ㉠ 10, ㉡ 30
④ ㉠ 10, ㉡ 50

해설 특수가연물의 저장 및 취급의 기준
1. 특수가연물을 저장 또는 취급하는 장소에는 품명·최대수량 및 화기취급의 금지표지를 설치할 것
2. 다음 각 목의 기준에 따라 쌓아 저장할 것. 다만, 석탄·목탄류를 발전(發電)용으로 저장하는 경우에는 그러하지 아니하다.
   가. 품명별로 구분하여 쌓을 것
   나. 쌓는 높이는 10 미터 이하가 되도록 하고, 쌓는 부분의 바닥면적은 50 제곱미터(석탄·목탄류의 경우에는 200 제곱미터) 이하기 되도록 할 것. 다만, 살수설비를 설치하거나, 방사능력 범위에 해당 특수가연물이 포함되도록 대형수동식소화기를 설치하는 경우에는 쌓는 높이를 15 미터 이하, 쌓는 부분의 바닥면적을 200제곱미터(석탄·목탄류의 경우에는 300 제곱미터) 이하로 할 수 있다.
   다. 쌓는 부분의 바닥면적 사이는 1 미터 이상이 되도록 할 것

52 ★★★ 출제년도 [19, 22.]

위험물안전관리법령상 제4류 위험물을 저장·취급하는 제조소에 "화기엄금"이란 주의사항을 표시하는 게시판을 설치할 경우 게시판의 색상은?

① 청색바탕에 백색문자
② 적색바탕에 백색문자
③ 백색바탕에 적색문자
④ 백색바탕에 흑색문자

해설 ① 화기엄금 : 적색바탕에 백색문자
② 물기엄금 : 청색바탕에 백색문자

53 ★★ 출제년도 [22.]

위험물안전관리법령상 유별을 달리하는 위험물을 혼재하여 저장할 수 있는 것으로 짝지어진 것은?

① 제1류-제2류
② 제2류-제3류
③ 제3류-제4류
④ 제5류-제6류

해설 유별을 달리하는 위험물의 혼재기준

위험물의 구분	제1류	제2류	제3류	제4류	제5류	제6류
제1류		×	×	×	×	○
제2류	×		×	○	○	×
제3류	×	×		○	×	×
제4류	×	○	○		○	×
제5류	×	○	×	○		×
제6류	○	×	×	×	×	

54 ★★★ 출제년도 [22.]

소방시설 설치 및 관리에 관한 법령상 방염성능기준 이상의 실내장식물 등을 설치하여야 하는 특정소방대상물이 아닌 것은?

① 방송국
② 종합병원
③ 11층 이상의 아파트
④ 숙박이 가능한 수련시설

해설 방염성능기준 이상의 실내장식물 등을 설치해야 하는 특정소방대상물
1. 근린생활시설 중 의원, 조산원, 산후조리원, 체력단련장, 공연장 및 종교집회장
2. 건축물의 옥내에 있는 시설로서 다음 각 목의 시설
   가. 문화 및 집회시설
   나. 종교시설
   다. 운동시설(수영장은 제외한다)
3. 의료시설
4. 교육연구시설 중 합숙소
5. 노유자시설
6. 숙박이 가능한 수련시설
7. 숙박시설
8. 방송통신시설 중 방송국 및 촬영소
9. 다중이용업소
10. 층수가 11층 이상인 것(아파트는 제외한다)

55 ★★★ 출제년도 【17. 22.】
소방시설 설치 및 관리에 관한 법령상 건축허가 등을 할 때 미리 소방본부장 또는 소방서장의 동의를 받아야 하는 건축물 등의 범위기준이 아닌 것은?

① 노유자시설 및 수련시설로서 연면적 100 m² 이상인 건축물
② 지하층 또는 무창층이 있는 건축물로서 바닥면적이 150 m² 이상인 층이 있는 것
③ 차고·주차장으로 사용되는 바닥면적이 200 m² 이상인 층이 있는 건축물이나 주차시설
④ 장애인 의료재활시설로서 연면적 300 m² 이상인 건축물

해설 건축허가등의 동의대상물의 범위
① 연면적이 400제곱미터 이상
   가. 학교시설: 100제곱미터 이상
   나. **노유자시설(老幼者施設) 및 수련시설: 200제곱미터 이상**
   다. 정신의료기관(입원실이 없는 정신건강의학과 의원은 제외): 300제곱미터 이상
   라. 장애인 의료재활시설(이하 "의료재활시설"이라 한다): 300제곱미터 이상

② 차고·주차장 또는 주차용도로 사용되는 시설로서 다음 각 목의 어느 하나에 해당하는 것
   가. **차고·주차장**으로 사용되는 바닥면적이 **200 제곱미터** 이상인 층이 있는 건축물이나 주차시설
   나. 승강기 등 기계장치에 의한 주차시설로서 자동차 20대 이상을 주차할 수 있는 시설
③ 항공기격납고, 관망탑, 항공관제탑, 방송용 송수신탑
④ **지하층 또는 무창층**이 있는 건축물로서 바닥면적이 **150제곱미터(공연장의 경우에는 100제곱미터) 이상**인 층이 있는 것
⑤ 위험물 저장 및 처리 시설, 지하구
⑥ 층수가 6층 이상인 건축물

56 ★ 출제년도 【22.】
위험물안전관리법령상 관계인이 예방규정을 정하여야 하는 위험물 제조소등에 해당하지 않는 것은?

① 지정수량 10배의 특수인화물을 취급하는 일반취급소
② 지정수량 20배의 휘발유를 고정된 탱크에 주입하는 일반 취급소
③ 지정수량 40배의 제3석유류를 용기에 옮겨 담는 일반취급소
④ 지정수량 15배의 알코올을 버너에 소비하는 장치로 이루어진 일반취급소

해설 예방규정을 정하여야 하는 제조소등에서 제외
제4류 위험물(특수인화물을 제외한다)만을 지정수량의 50배 이하로 취급하는 일반취급소(제1석유류·알코올류의 취급량이 지정수량의 10배 이하인 경우에 한한다)로서 다음 각목의 어느 하나에 해당하는 것을 제외한다.
가. 보일러·버너 또는 이와 비슷한 것으로서 위험물을 소비하는 장치로 이루어진 일반취급소
나. 위험물을 용기에 옮겨 담거나 차량에 고정된 탱크에 주입하는 일반취급소

정답 55. ① 56. ③

57 소방시설 설치 및 관리에 관한 법령상 제조 또는 가공 공정에서 방염처리를 한 물품 중 방염대상물품이 아닌 것은?

① 카펫
② 전시용 합판
③ 창문에 설치하는 커튼류
④ 두께가 2mm 미만인 종이벽지

[해설] 방염대상 물품
① 창문에 설치하는 커텐류(블라인드 포함)
② 카페트
③ 벽지류(두께가 2[mm] 미만인 종이벽지를 제외한다.)
④ 전시용 합판 또는 섬유판, 무대용 합판 또는 섬유판
⑤ 암막, 무대막(영화상영관에 설치하는 스크린 포함)

58 소방시설 설치 및 관리에 관한 법령상 무창층으로 판정하기 위한 개구부가 갖추어야 할 요건으로 틀린 것은?

① 크기는 반지름 30cm 이상의 원이 내접할 수 있을 것
② 해당 층의 바닥면으로부터 개구부 밑부분까지 높이가 1.2m 이내일 것
③ 도로 또는 차량이 진입할 수 있는 빈터를 향할 것
④ 화재 시 건축물로부터 쉽게 피난할 수 있도록 창살이나 그 밖의 장애물이 설치되지 아니할 것

[해설] 무창층에서 개구부로 인정되기 위한 필요조건
1) 개구부의 크기는 지름 50[cm]의 원이 내접할 수 있을 것
2) 해당 층의 바닥 면으로부터 개구부 밑부분까지의 높이가 **1.2[m]** 이내일 것
3) 내부 또는 외부에서 쉽게 부수거나 열 수 있을 것
4) 화재 시 건축물로부터 쉽게 피난할 수 있도록 창살 또는 그 밖의 장애물이 설치되지 아니할 것
5) 도로 또는 차량이 진입할 수 있는 빈터를 향할 것

59 화재의 예방 및 안전관리에 관한 법령상 관리의 권원이 분리된 특정소방대상물의 소방안전관리자를 선임하여야 하는 특정소방대상물 중 복합 건축물은 지하층을 제외한 층수가 최소 몇 층 이상인 건축물만 해당되는가?

① 6층
② 11층
③ 20층
④ 30층

[해설] 2022.12.1. 관련법의 개정에 따라 문제를 수정함
관리의 권원이 분리된 특정소방대상물의 소방안전관리 ★★★
1. 복합건축물(지하층을 제외한 층수가 11층 이상 또는 연면적 3만제곱미터 이상인 건축물)
2. 지하가(지하의 인공구조물 안에 설치된 상점 및 사무실, 그 밖에 이와 비슷한 시설이 연속하여 지하도에 접하여 설치된 것과 그 지하도를 합한 것을 말한다)
3. 그 밖에 대통령령으로 정하는 특정소방대상물
  가. 도매시장, 소매시장 및 전통시장
  나. 소방본부장 또는 소방서장이 지정하는 것

60 소방시설 설치 및 관리에 관한 법령상 "대통령령으로 정하는 특정소방대상물"의 관계인은 그 장소에 상시 근무하거나 거주하는 사람에게 소방훈련과 소방안전관리에 필요한 교육을 하여야 한다. 다음 "대통령령으로 정하는 특정소방대상물"에 대한 설명 중 ( )에 알맞은 내용은?

> 특정소방대상물 중 상시 근무하거나 거주하는 인원(숙박시설의 경우에는 상시 근무하는 인원)이 ( )명 이하인 특정소방대상물을 제외한 것을 말한다.

① 3
② 5
③ 7
④ 10

[해설] 근무자 및 거주자에게 소방훈련·교육을 실시하여야 하는 특정소방대상물

정답 57. ④ 58. ① 59. ② 60. ④

해설: 분배기·분파기 및 혼합기의 설치기준
① 먼지·습기 및 부식 등에 따라 기능에 이상을 가져오지 아니하도록 할 것
② 임피던스는 50Ω의 것으로 할 것
③ 점검에 편리하고 화재 등의 재해로 인한 피해의 우려가 없는 장소에 설치할 것

특정소방대상물 중 상시 근무하거나 거주하는 인원(숙박시설의 경우에는 상시 근무하는 인원을 말한다)이 10명 이하인 특정소방대상물을 제외한 것을 말한다.

4과목 소방전기설비의 구조 및 원리

61 소방시설용 비상전원수전설비의 화재안전기술기준(NFTC 602)에 따라 저압으로 수전하는 제1종 배전반 및 분전반의 외함 두께와 전면판(또는 문) 두께에 대한 설치기준으로 옳은 것은?

① 외함 : 1.0mm 이상, 전면판(또는 문) : 1.2mm 이상
② 외함 : 1.2mm 이상, 전면판(또는 문) : 1.5mm 이상
③ 외함 : 1.5mm 이상, 전면판(또는 문) : 2.0mm 이상
④ 외함 : 1.6mm 이상, 전면판(또는 문) : 2.3mm 이상

해설: 제1종 배전반 및 제1종 분전반
외함은 두께 1.6 mm(전면판 및 문은 2.3mm) 이상의 강판과 이와 동등 이상의 강도와 내화성능이 있는 것으로 제작할 것

62 무선통신보조설비의 화재안전기술기준(NFTC 505)에서 정하는 분배기·분파기 및 혼합기 등의 임피던스는 몇 Ω의 것으로 하여야 하는가?

① 10 ② 30
③ 50 ④ 100

63 비상콘센트설비의 성능인증 및 제품검사의 기술기준에 따라 절연저항 시험부위의 절연내력은 정격전압 150V 이하의 경우 60Hz의 정현파에 가까운 실효전압 1,000V 교류전압을 가하는 시험에서 몇 분간 견디는 것이어야 하는가?

① 1   ② 10
③ 30 ④ 60

해설: 제8조(절연내력시험)
절연저항 시험부위의 절연내력은 정격전압 150 V 이하의 경우 60 Hz의 정현파에 가까운 실효전압 1,000 V 교류전압을 가하는 시험에서 1분간 견디는 것이어야 한다. 정격전압이 150 V를 초과하는 경우 그 정격전압에 2를 곱하여 1천을 더한 값의 교류전압을 가하는 시험에서 1분간 견디는 것이어야 한다.

64 다음은 누전경보기의 형식승인 및 제품검사의 기술기준에 따른 표시등에 대한 내용이다. ( )에 들어갈 내용으로 옳은 것은?

주위의 밝기가 (ⓐ) lx인 장소에서 측정하여 앞면으로부터 (ⓑ) m 떨어진 곳에서 켜진등이 확실히 식별되어야 한다.

① ⓐ 150, ⓑ 3   ② ⓐ 300, ⓑ 3
③ ⓐ 150, ⓑ 5   ④ ⓐ 300, ⓑ 5

해설: 제4조(부품의 구조 및 기능) 2. 표시등
주위의 밝기가 300 lx인 장소에서 측정하여 앞면으로부터 3 m 떨어진 곳에서 켜진등이 확실히 식별되어야 한다.

정답 61. ④ 62. ③ 63. ① 64. ②

65 무선통신보조설비의 화재안전기술기준(NFTC 505)에 따라 무선통신보조설비의 누설동축케이블 및 동축케이블은 화재에 따라 해당 케이블의 피복이 소실된 경우에 케이블 본체가 떨어지지 아니하도록 몇 m 이내마다 금속제 또는 자기제등의 지지금구로 벽·천장·기둥 등에 견고하게 고정시켜야 하는가? (단, 불연재료로 구획된 반자 안에 설치하지 않은 경우이다.)

① 1 ② 1.5
③ 2.5 ④ 4

해설 누설동축케이블 및 동축케이블은 화재에 따라 해당 케이블의 피복이 소실된 경우에 케이블 본체가 떨어지지 아니하도록 4 m 이내마다 금속제 또는 자기제 등의 지지금구로 벽·천장·기둥 등에 견고하게 고정시킬 것. 다만, 불연재료로 구획된 반자 안에 설치하는 경우에는 그러하지 아니하다.

66 비상콘센트설비의 화재안전기술기준(NFTC 504)에 따라 비상콘센트용의 풀박스 등은 방청도장을 한 것으로서, 두께 몇 mm 이상의 철판으로 하여야 하는가?

① 1.0 ② 1.2
③ 1.5 ④ 1.6

해설 비상콘센트용의 풀박스 등은 방청도장을 한 것으로서, 두께 1.6[mm] 이상의 철판으로 할 것

67 자동화재탐지설비 및 시각경보장치의 화재안전기술기준(NFTC 203)에서 정하는 불꽃감지기의 시설기준으로 틀린 것은?

① 폭발의 우려가 있는 장소에는 방폭형으로 설치할 것
② 공칭감시거리 및 공칭시야각은 형식승인 내용에 따를 것
③ 감지기를 천장에 설치하는 경우에는 감지기는 바닥을 향하여 설치할 것
④ 감지기는 화재감지를 유효하게 감지할 수 있는 모서리 또는 벽 등에 설치할 것

해설 불꽃감지기 설치기준
① 공칭감시거리 및 공칭시야각은 형식승인 내용에 따를 것
② 감지기는 공칭감시거리와 공칭시야각을 기준으로 감시구역이 모두 포용될 수 있도록 설치할 것
③ 감지기는 화재감지를 유효하게 감지할 수 있는 모서리 또는 벽 등에 설치
④ 감지기를 천장에 설치하는 경우에는 감지기는 바닥을 향하여 설치할 것
⑤ 수분이 많이 발생할 우려가 있는 장소에는 방수형으로 설치할 것

68 다음은 비상조명등의 우수품질인증 기술기준에서 정하는 비상조명등의 상태를 자동적으로 점검하는 기능에 대한 내용이다. ( )에 들어갈 내용으로 옳은 것은?

> 자가점검시간은 (ⓐ)초 이상 (ⓑ)분 이하로 (ⓒ)일 마다 최소 한번 이상 자동으로 수행하여야 한다.

① ⓐ 15, ⓑ 15, ⓒ 15
② ⓐ 15, ⓑ 20, ⓒ 30
③ ⓐ 30, ⓑ 30, ⓒ 30
④ ⓐ 30, ⓑ 45, ⓒ 60

해설 자가점검 및 무선점검시험
자가점검시간은 30초 이상 30분 이하로 30일 마다 최소 한 번 이상 자동으로 수행하여야 한다.

정답 65. ④ 66. ④ 67. ① 68. ③

69 자동화재탐지설비 및 시각경보장치의 화재안전기술기준(NFTC 203)에 따라 부착 높이가 4m 미만으로 연기감지기 3종을 설치할 때, 바닥면적 몇 m^2 마다 1개 이상 설치하여야 하는가?

① 50
② 75
③ 100
④ 150

해설 감지기의 부착높이에 따라 다음 표에 따른 바닥면적(m^2)마다 1개 이상으로 할 것

부착 높이	감지기의 종류	
	1종 및 2종	3종
4[m] 미만	150	50
4[m] 이상 20[m] 미만	75	

70 비상방송설비와 자동화재탐지설비의 연동 시 동작 순서로 옳은 것은?

① 기동장치 → 증폭기 → 수신기 → 조작부 → 확성기
② 기동장치 → 조작부 → 증폭기 → 수신기 → 확성기
③ 기동장치 → 수신기 → 증폭기 → 조작부 → 확성기
④ 기동장치 → 증폭기 → 조작부 → 수신기 → 확성기

해설 기동장치 → 수신기 → 증폭기 → 조작부 → 확성기

71 유도등의 우수품질인증 기술기준에서 정하는 유도등의 일반구조에 적합하지 않은 것은?

① 축전지에 배선 등은 직접 납땜하여야 한다.
② 충전부가 노출되지 아니한 것은 사용전압이 300V를 초과할 수 있다.
③ 외함은 기기 내의 온도 상승에 의하여 변형, 변색 또는 변질되지 아니하여야 한다.
④ 전선의 굵기는 인출선인 경우에는 단면적이 $0.75mm^2$ 이상, 인출선 외의 경우에는 면적이 $0.5mm^2$ 이상이어야 한다.

해설 축전지에 배선 등을 직접 납땜하지 아니하여야 한다.

72 축광표지의 성능인증 및 제품검사의 기술기준에 따라 피난방향 또는 소방용품 등의 위치를 추가적으로 알려주는 보조역할을 하는 축광보조표지의 설치 위치로 틀린 것은?

① 바닥
② 천장
③ 계단
④ 벽면

해설 축광보조표지 : 피난로 등의 바닥·계단·벽면 등에 설치함으로서 피난방향 또는 소방용품 등의 위치를 추가적으로 알려주는 보조역할을 하는 표지를 말한다.

73 시각경보장치의 성능인증 및 제품검사의 기술기준에 따라 시각 경보장치의 전원부 양단자 또는 양선을 단락시킨 부분과 비충전부를 DC 500V의 절연저항계로 측정하는 경우 절연저항이 몇 MΩ 이상이어야 하는가?

① 0.1
② 5
③ 10
④ 20

해설 제10조(절연저항시험)
시각경보장치의 전원부 양단자 또는 양선을 단락시킨 부분과 비충전부를 DC 500 V의 절연저항계로 측정하는 경우 절연저항이 5 MΩ 이상이어야 한다.

74
누전경보기의 형식승인 및 제품검사의 기술기준에서 정하는 누전경보기의 공칭작동전류치(누전경보기를 작동시키기 위하여 필요한 누설전류의 값으로서 제조자에 의하여 표시된 값을 말한다.)는 몇 mA 이하이어야 하는가?

① 50
② 100
③ 150
④ 200

해설 누전경보기의 형식승인기준
1) 공칭작동전류치(제7조)
   누전경보기의 공칭작동전류치는 200[mA] 이하
2) 감도조정장치(제8조)
   감도조정장치의 조정범위는 최대치가 1[A]

75
다음은 자동화재속보설비의 속보기의 성능인증 및 제품검사의 기술기준에 따른 속보기에 대한 내용이다. ( )에 들어갈 내용으로 옳은 것은?

> 속보기는 연동 또는 수동 작동에 의한 다이얼링후 소방관서와 전화접속이 이루어지지 않는 경우에는 최초 다이얼링을 포함하여 (ⓐ)회 이상 반복적으로 접속을 위한 다이얼링 완료 후 호출은 (ⓑ)초 이상 지속되어야 한다.

① ⓐ 10, ⓑ 30
② ⓐ 15, ⓑ 30
③ ⓐ 10, ⓑ 60
④ ⓐ 15, ⓑ 60

해설 자동화재속보설비 속보기의 기능
속보기는 연동 또는 수동 작동에 의한 다이얼링 후 소방관서와 전화접속이 이루어지지 않는 경우에는 최초 다이얼링을 포함하여 **10회 이상** 반복적으로 접속을 위한 다이얼링이 이루어져야 한다. 이 경우 매회 다이얼링 완료 후 호출은 30초 이상 지속되어야 한다.

76
단독경보형감지기에 대한 설명으로 틀린 것은?

① 단독경보형감지기는 감지부, 경보장치, 전원이 개별로 구성되어 있다.
② 화재경보음은 감지기로부터 1m 떨어진 위치에서 85dB 이상으로 10분 이상 계속하여 경보할 수 있어야 한다.
③ 단독경보형감지기는 수동으로 작동시험을 하고 자동복귀형 스위치에 의하여 자동으로 정위치에 복귀하여야 한다.
④ 작동되는 감지기는 작동표시등에 의하여 화재의 발생을 표시하고, 내장된 음향장치의 명동에 의하여 화재경보음을 발하여야 한다.

해설 단독경보형 감지기 : 화재에 의해서 발생되는 열, 연기 또는 불꽃을 감지하여 작동하는 것으로서 수신기에 작동신호를 발신하지 아니하고 감지기가 단독적으로 내장된 음향장치에 의하여 경보하는 감지기를 말한다.

77
비상방송설비의 음향장치는 정격전압의 몇 % 전압에서 음향을 발할 수 있는 것으로 하여야 하는가?

① 80
② 90
③ 100
④ 110

해설 음향장치의 구조 및 성능
1) 정격전압의 80% 전압에서 음향을 발할 수 있는 것
2) 자동화재탐지설비의 작동과 연동하여 작동할 수 있는 것

정답 74. ④ 75. ① 76. ① 77. ①

78 소방시설용 비상전원수전설비의 화재안전기술기준(NFTC 602)에 따라 소방회로배선은 일반회로배선과 불연성 벽으로 구획하여야 하나, 소방회로배선과 일반회로배선을 몇 cm 이상 떨어져 설치한 경우에는 그러하지 아니하는가?

① 5
② 10
③ 15
④ 20

해설 특별고압 또는 고압으로 수전하는 경우
소방회로배선은 일반회로배선과 불연성 벽으로 구획할 것. 다만, 소방회로배선과 일반회로배선을 **15cm 이상** 떨어져 설치한 경우는 그러하지 아니한다.

79 경종의 우수품질인증 기술기준에 따라 경종에 정격전압을 인가한 경우 경종의 소비전류는 몇 mA 이하이어야 하는가?

① 10
② 30
③ 50
④ 100

해설 정격전압을 인가하는 경우 경종의 소비전류는 50 mA 이하이어야 한다.

80 자동화재탐지설비 및 시각경보장치의 화재안전기술기준(NFTC 203)에 따라 감지기 상호 간 또는 감지기로부터 수신기에 이르는 감지기회로의 배선 중 전자파 방해를 받지 아니하는 쉴드선 등을 사용하지 않아도 되는 것은?

① R형 수신기용으로 사용되는 것
② 차동식 감지기
③ 다신호식 감지기
④ 아날로그식 감지기

해설 아날로그식, 다신호식 감지기나 R형수신기용으로 사용되는 것은 전자파 방해를 방지하기 위하여 쉴드선 등을 사용할 것

정답 78. ③ 79. ③ 80. ②

4회 2022년 소방설비기사(CBT)

1과목 소방원론

01 ★★★ 출제년도【 96. 99. 01. 03. 07. 09. 16.】
증기비중의 정의로 옳은 것은?(단, 보기에서 분자, 분모의 단위는 모두 g/mol이다.)

① $\dfrac{분자량}{100}$ ② $\dfrac{분자량}{29}$

③ $\dfrac{분자량}{44.8}$ ④ $\dfrac{분자량}{22.4}$

해설 증기비중 : $\dfrac{분자량}{29}$

02 ★★★ 출제년도【 10. 12. 17.】
다음 중 착화온도가 가장 낮은 것은?

① 에틸알코올 ② 톨루엔
③ 등유 ④ 가솔린

해설 착화온도 : 공기 중에서 서서히 가열하면 직접 화기를 근접시키지 않아도 불을 일으키기 시작하는 최저온도

구분	에틸알코올	톨루엔	등유	가솔린
착화온도	363℃	480℃	254℃	280~470℃ (약 300℃)

03 ★★★ 출제년도【 19. 21.】
다음 중 공기에서의 연소범위를 기준으로 했을 때 위험도(H) 값이 가장 큰 것은?

① 다이에틸에터 ② 수소
③ 에틸렌 ④ 부탄

해설 ① 다이에틸에터 : 연소범위 1.9~48 %,
위험도 $H = \dfrac{48-1.9}{1.9} = 24.26$

② 수소 : 연소범위 4~75 %,
위험도 $H = \dfrac{75-4}{4} = 17.75$

③ 에틸렌 : 연소범위 3.1~32 %,
위험도 $H = \dfrac{32-3.1}{3.1} = 9.32$

④ 부탄 : 연소범위 1.8~8.4 %,
위험도 $H = \dfrac{8.4-1.8}{1.8} = 3.67$

04 ★★★ 출제년도【 17. 20.】
가연물이 연소가 잘 되기 위한 구비조건으로 틀린 것은?

① 열전도율이 클 것
② 산소와 화학적으로 친화력이 클 것
③ 표면적이 클 것
④ 활성화 에너지가 작을 것

해설 연소가 잘 되기 위한 구비조건
① 열전도율이 작을 것
② 산소와 화학적으로 친화력이 클 것
③ 표면적이 클 것
④ 활성화 에너지가 작을 것

05 ★★★ 출제년도【 13. 18.】
실내에서 화재가 발생하여 실내의 온도가 21[℃]에서 650[℃]로 되었다면, 공기의 팽창은 처음의 약 몇 배가 되는가? (단, 대기압은 공기가 유동하여 화재 전후가 같다고 가정한다.)

① 3.14 ② 4.27
③ 5.69 ④ 6.01

해설 샤를의 법칙 $\dfrac{V_1}{T_1} = \dfrac{V_2}{T_2}$

여기서, T_1, T_2 : 절대온도[K=273+℃]
V_1, V_2 : 부피[m³]

정답 1. ② 2. ③ 3. ① 4. ① 5. ①

$$\frac{V_1}{T_1} = \frac{V_2}{T_2}, \quad \frac{V_1}{(21+273)} = \frac{V_2}{(650+273)}$$
$$V_2 = \frac{(650+273)}{(21+273)} \times V_1 = 3.14\,V_1$$

③ 폭연과 폭굉의 비교

구분	폭연(Deflagration)	폭굉(Detonation)
발생속도	① 음속 미만(아음속) ② 0.1~10m/s	① 음속 이상(초음속) ② 1,000~3,500m/s
온도상승	열전달 (전도, 대류, 복사)	충격파

06 ★★★ 출제년도 【06. 12.】
연기감지기가 작동할 정도이고 가시거리가 20~30[m]에 해당하는 감광계수는 얼마인가?

① 0.1[m⁻¹]   ② 1.0[m⁻¹]
③ 2.0[m⁻¹]   ④ 10[m⁻¹]

해설 연기의 농도와 가시거리

감광계수	가시거리 [m]	상황
0.1	20~30	연기 감지기가 작동할 정도
0.3	5	건물내부에 익숙한 사람이 피난에 지장을 느낄 정도의 농도
0.5	3	어두침침한 것을 느낄 정도의 농도
1.0	1~2	거의 앞이 보이지 않을 정도의 농도
10	0.2~0.5	최성기 때의 연기농도로 유도등이 보이지 않는 정도의 농도
30		출화실에서 연기가 분출될 때의 연기농도

07 ★★★ 출제년도 【16. 22.】
폭굉(Detonation)에 관한 설명으로 틀린 것은?

① 연소속도가 음속보다 느릴 때 나타난다.
② 온도의 상승은 충격파의 압력에 기인한다.
③ 압력상승은 폭연의 경우보다 크다.
④ 폭굉의 유도거리는 배관의 지름과 관계가 있다.

해설 폭연(Deflagration)과 폭굉(Detonation)
① 폭연(Deflagration) : 화염전파속도가 음속 미만(아음속)
② 폭굉(Detonation) : 화염전파속도가 음속보다 빠른 것(초음속)으로 1,000~3,500 [m/s] 정도

08 ★★★ 출제년도 【18. 22.】
다음 중 분진폭발의 위험성이 가장 낮은 것은?

① 소석회
② 알루미늄분
③ 석탄분말
④ 밀가루

해설 분진폭발

분진폭발을 일으키는 물질	분진폭발을 일으키지 않는 물질
① 금속분 (알루미늄, 마그네슘, 아연분말)	① 시멘트
② 플라스틱	② 생석회(CaO), 소석회(Ca(OH)₂)
③ 농산물, 석탄분말	③ 석회석
④ 황	④ 탄산칼슘(CaCO₃)

09 ★★★ 출제년도 【99. 04. 12.】
화재의 분류방법 중 유류화재를 나타내는 것은?

① A급 화재
② B급 화재
③ C급 화재
④ D급 화재

해설 화재의 분류

구분 등급	A급	B급	C급	D급	E급
화재 종류	일반화재	유류화재	전기화재	금속화재	가스화재
표시 색상	백색	황색	청색	무색	황색

정답 6. ① 7. ① 8. ① 9. ②

10. 물리적 폭발에 해당하는 것은?

① 분해 폭발
② 분진 폭발
③ 중합 폭발
④ 수증기 폭발

해설 폭발의 형태

화학적 폭발	가스폭발, 분진폭발, 산화폭발, 중합폭발, 분해폭발 등
물리적 폭발	수증기폭발, 전선폭발, 상전이 폭발 등

11. BLEVE 현상을 설명한 것으로 가장 옳은 것은?

① 물이 뜨거운 기름표면 아래에서 끓을 때 화재를 수반하지 않고 over flow 되는 현상
② 물이 연소유의 뜨거운 표면에 들어갈 때 발생되는 over flow 현상
③ 탱크 바닥에 물과 기름의 에멀젼이 섞여 있을 때 물의 비등으로 인하여 급격하게 over flow 되는 현상
④ 탱크 주위 화재로 탱크 내 인화성 액체가 비등하고 가스부분의 압력이 상승하여 탱크가 파괴되고 폭발을 일으키는 현상

해설 보기설명
① 프로스 오버 : 물이 뜨거운 기름표면 아래에서 끓을 때 화재를 수반하지 않고 over flow 되는 현상
② 슬롭 오버 : 물이 연소유의 뜨거운 표면에 들어갈 때 발생되는 over flow 현상
③ 보일 오버 : 탱크 바닥에 물과 기름의 에멀젼이 섞여있을 때 물의 비등으로 인하여 급격하게 over flow 되는 현상
④ 블레비(BLEVE) 현상 : 비등액체 팽창 증기폭발을 말하며, 탱크 주위 화재로 탱크 내 인화성 액체가 비등하고 가스부분의 압력이 상승하여 탱크가 파괴되고 폭발을 일으키는 현상

12. 인화점이 40℃ 이하인 위험물을 저장, 취급하는 장소에 설치하는 전기설비는 방폭구조로 설치하는데, 용기의 내부에 기체를 압입하여 압력을 유지하도록 함으로써 폭발성가스가 침입하는 것을 방지하는 구조는?

① 압력 방폭구조
② 유입 방폭구조
③ 안전증 방폭구조
④ 본질안전 방폭구조

해설 방폭구조의 종류
① 내압 방폭구조 : 점화원이 될 우려가 있는 부분을 **전폐구조**에 넣어 내부에서 폭발이 발생하여도 외부로 화염이 방출되지 않도록 한 구조
② 압력 방폭구조 : 용기의 내부에 기체를 압입하여 **압력을 유지**하도록 함으로써 폭발성가스가 침입하는 것을 방지하는 구조
③ 유입 방폭구조 : 점화원이 될 우려가 있는 부분을 **절연유** 속에 넣어 폭발성가스와 접촉하지 않도록 한 구조
④ 안전증 방폭구조 : 정상운전 시 불꽃, 아크, 열 등이 발생하지 않도록 안전도를 증가시킨 구조
⑤ 본질안전방폭구조 : 폭발성 가스를 착화시킬 수 있는 에너지보다 작은 전류를 사용하여 **본질적으로 폭발성 가스를 착화시키지 않도록** 한 구조

13. 피난계획의 일반원칙 중 fool proof 원칙에 해당하는 것은?

① 저지능인 상태에서도 쉽게 식별이 가능하도록 그림이나 색체를 이용하는 원칙
② 피난설비를 반드시 이동식으로 하는 원칙
③ 한 가지 피난기구가 고장이 나도 다른 수단을 이용할 수 있도록 고려하는 원칙
④ 피난설비를 첨단화된 전자식으로 하는 원칙

해설 fool proof 원칙 : 저지능인 상태에서도 쉽게 식별이 가능하도록 그림이나 색채를 이용하는 것을 말한다.

정답 10. ④ 11. ④ 12. ① 13. ①

14 다음 중 피난자의 집중으로 패닉현상이 일어날 우려가 가장 큰 형태는?

① T형　　② X형
③ Z형　　④ H형

해설 피난방향을 고려한 시설계획

구분		피난방향
가장 확실	X형	←↑→↓
	Y형	↖↑↗
양호	T형	←↑→
	I형	→→
	Z형	⌐→⌐
패닉 발생 우려	H형	→□←
	CO형	→□←

15 건물의 피난동선에 대한 설명으로 옳지 않은 것은?

① 피난동선은 가급적 단순한 형태가 좋다.
② 피난동선은 가급적 상호 반대방향으로 다수의 출구와 연결되는 것이 좋다.
③ 피난동선은 수평동선과 수직동선으로 구분된다.
④ 피난동선은 복도, 계단을 제외한 엘리베이터와 같은 피난전용의 통행구조를 말한다.

해설 피난동선은 피난전용의 통행구조로서 복도, 통로 및 계단 등이 포함되며 엘리베이터는 포함되지 않는다.
피난동선의 구비조건
1) 가급적 단순형태가 좋다.
2) 어느 곳에서도 2개 이상의 방향으로 피난할 수 있어야 한다.
3) 피난동선의 말단은 화재로부터 안전한 장소이어야 한다.
4) 수평동선(복도)과 수직 동선(계단)으로 구분된다.
5) 피난동선은 가급적 상호 반대 방향으로 다수의 출구와 연결되는 것이 좋다.

16 탄화칼슘의 화재 시 물을 주수하였을 때 발생하는 가스로 옳은 것은?

① C_2H_2　　② H_2
③ O_2　　④ C_2H_6

해설 탄화칼슘(CaC_2)과 물과의 반응식
$CaC_2 + 2H_2O \rightarrow Ca(OH)_2 + C_2H_2$
$Ca(OH)_2$: 소석회, C_2H_2 : 아세틸렌

17 마그네슘의 화재에 주수하였을 때 물과 마그네슘의 반응으로 인하여 생성되는 가스는?

① 일산화탄소　　② 이산화탄소
③ 수소　　④ 산소

해설 마그네슘(Mg)은 물과 반응하면 수소가스를 발생하므로 주수소화하면 위험하다.
$Mg + 2H_2O \rightarrow Mg(OH)_2 + H_2 \uparrow$

18 정전기로 인한 화재를 줄이고 방지하기 위한 대책 중 틀린 것은?

① 공기 중 습도를 일정값 이상으로 유지한다.
② 기기의 전기 절연성을 높이기 위하여 부도체로 차단공사를 한다.

③ 공기 이온화 장치를 설치하여 가동시킨다.
④ 정전기 축적을 막기 위해 접지선을 이용하여 대지로 연결작업을 한다.

해설 정전기 제거방법
① 접지에 의한 방법
② 공기 중의 상대습도를 70% 이상으로 하는 방법
③ 공기를 이온화하는 방법

19 ★★★ 출제년도 [17.]
화재 시 소화에 관한 설명으로 틀린 것은?
① 내알코올포 소화약제는 수용성용제의 화재에 적합하다.
② 물은 불에 닿을 때 증발하면서 다량의 열을 흡수하여 소화한다.
③ 제3종 분말소화약제는 식용유화재에 적합하다.
④ 할로겐화합물 소화약제는 연쇄반응을 억제하여 소화한다.

해설 제1종 분말소화약제는 비누화 반응을 일으켜 질식작용을 하므로 식용유화재에 적합하다.
분말소화약제의 종류

종별	주성분	화학식	착색	적응화재
제1종	탄산수소나트륨 (중탄산나트륨)	$NaHCO_3$	백색	BC급
제2종	탄산수소칼륨 (중탄산칼륨)	$KHCO_3$	담회색	BC급
제3종	인산염 (인산암모늄)	$NH_4H_2PO_4$	담홍색	ABC급
제4종	탄산수소칼륨 +요소	$KHCO_3$ $+(NH_2)_2CO$	회색	BC급

20 ★★★ 출제년도 [21.]
분자식이 CF_2BrCl 인 할로겐화합물 소화약제는?
① Halon 1301   ② Halon 1211
③ Halon 2402   ④ Halon 2021

해설 할론 소화약제의 종류

	분자식	C	F	Cl	Br
Halon 1301	CF_3Br	1	3	0	1
Halon 1211	CF_2ClBr	1	2	1	1
Halon 2402	$C_2F_4Br_2$	2	4	0	2

2과목 소방전기일반

21 ★★★ 출제년도 [96. 97. 99. 01. 02. 06. 11.]
어떤 측정계기의 지시값을 M, 참값을 T 라 할 때 보정률은 몇 [%]인가?
① $\dfrac{T-M}{M} \times 100$ ② $\dfrac{M}{M-T} \times 100$
③ $\dfrac{T-M}{T} \times 100$ ④ $\dfrac{T}{M-T} \times 100$

해설 오차율 $= \dfrac{M-T}{T} \times 100(\%)$
보정률 $= \dfrac{T-M}{M} \times 100(\%)$
여기서, M : 지시값, T : 참값

22 ★★★ 출제년도 [21.]
단방향 대전류의 전력용 스위칭 소자로서 교류의 위상 제어용으로 사용되는 정류소자는?
① 서미스터   ② SCR
③ 제너다이오드   ④ UJT

해설 ① 서미스터 : 온도에 의해 저항값이 변화하는 반도체로 온도 보상용, 온도 계측용으로 사용
② SCR : 실리콘 제어정류기, 단방향 대전류의 전력용 스위칭 소자로서 교류의 위상 제어용
③ 제너다이오드 : 정전압 정류작용
④ UJT : 단접합 트랜지스터

정답 19. ③ 20. ② 21. ③ 22. ②

23 다음 소자 중에서 온도 보상용으로 쓰이는 것은?

① 서미스터
② 바리스터
③ 제너다이오드
④ 터널다이오드

해설

종류	특성	적용
서미스터	온도의 변화에 따라 저항값이 변화하는 반도체로 부 온도특성이 있다.	온도보상용, 온도계측용
바리스터	서지전압에 대한 보호용	스위치 및 계전기의 접점 개폐 시, 불꽃제어용
제너 다이오드	정전압 정류작용(전원 전압을 일정하게 유지)	정전압회로용, 미터기 보호용

24 그림의 시퀀스(계전기 접점)회로를 논리식으로 표현하면?

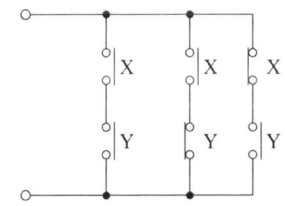

① X+Y
② (XY)+(X $\overline{Y}$)($\overline{X}$ Y)
③ (X+Y)(X+ $\overline{Y}$)($\overline{X}$ +Y)
④ (X+Y)+(X+ $\overline{Y}$)+($\overline{X}$ +Y)

해설 논리식 = XY+X$\overline{Y}$+$\overline{X}$Y
= X(Y+$\overline{Y}$)+Y(X+$\overline{X}$)
= X+Y

25 그림의 논리기호를 표시한 것으로 옳은 식은?

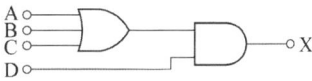

① X = (A · B · C) · D
② X = (A + B + C) · D
③ X = (A · B · C) + D
④ X = A + B + C + D

해설 A, B, C는 3입력 OR 회로로서 논리식은 A+B+C로 표현할 수 있다. 또한, D와는 2입력 AND회로로 연결되어 있으므로 논리식은 다음과 같다.
출력 X = (A+B+C) · D

26 제어요소의 구성으로 옳은 것은?

① 조절부와 조작부
② 비교부와 검출부
③ 설정부와 검출부
④ 설정부와 비교부

해설 제어요소
조절부와 조작부로 구성, 동작신호를 받아 조작량으로 변환
① 조절부 : 제어계가 작용을 하는데 필요한 신호를 만든다.
② 조작부 : 조절부로 받은 신호를 조작량으로 변환한다.

27 잔류편차가 있는 제어 동작은?

① 비례 제어
② 적분 제어
③ 비례 적분 제어
④ 비례 적분 미분 제어

해설 조절부의 동작에 의한 분류

구분	약호	특징
비례동작	P	잔류편차 발생
적분동작	I	잔류편차 제거
미분동작	D	오차가 커지는 것을 미리 방지
비례적분동작	PI	**잔류편차 제거**, 정상특성 개선
비례미분동작	PD	응답 속응성의 개선
비례적분 미분동작	PID	잔류편차 제거, 응답 속응성의 개선 응답의 오버슈트 감소, 최적제어

28 블록선도의 전달함수 $\left(\dfrac{C(s)}{R(s)}\right)$는?

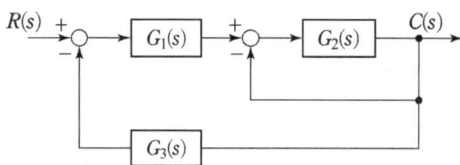

① $\dfrac{G_1(s)G_2(s)}{1+G_1(s)G_2(s)G_3(s)}$

② $\dfrac{G_1(s)G_2(s)}{1+G_1(s)+G_1(s)G_2(s)G_3(s)}$

③ $\dfrac{G_1(s)G_2(s)}{1+G_2(s)+G_1(s)G_2(s)G_3(s)}$

④ $\dfrac{G_1(s)G_2(s)}{1+G_3(s)+G_1(s)G_2(s)G_3(s)}$

해설 전달함수

$\dfrac{C(s)}{R(s)} = \dfrac{\text{전향경로의 합}}{1-\text{루프이득의 합}}$

$= \dfrac{G_1(s)G_2(s)}{1-(-G_1(s)G_2(s)G_3(s)-G_2(s))}$

$= \dfrac{G_1(s)G_2(s)}{1+G_2(s)+G_1(s)G_2(s)G_3(s)}$

29 평행한 왕복 전선에 10 A의 전류가 흐를 때 전선 사이에 작용하는 전자력(N/m)은? (단, 전선의 간격은 40 cm이다.)

① 5×10^{-5} N/m, 서로 반발하는 힘
② 5×10^{-5} N/m, 서로 흡인하는 힘
③ 7×10^{-5} N/m, 서로 반발하는 힘
④ 7×10^{-5} N/m, 서로 흡인하는 힘

해설 전선 사이에 작용하는 전자력

$F = \dfrac{2I_1I_2}{r}\times10^{-7} = \dfrac{2\times10\times10}{0.4}\times10^{-7}$

$= 5\times10^{-5}$ N/m

왕복도선에는 서로 반발하는 힘(반발력, 척력), 평행도선에는 서로 흡인하는 힘(흡인력, 인력)이 작용한다.

30 그림과 같은 회로에서 전압계 3개로 단상 전력을 측정하고자 할 때의 유효전력은?

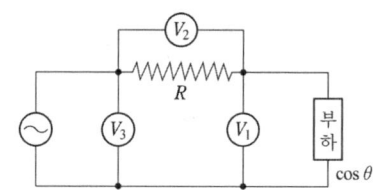

① $P = \dfrac{R}{2}(V_3^2 - V_1^2 - V_2^2)$

② $P = \dfrac{1}{2R}(V_3^2 - V_1^2 - V_2^2)$

③ $P = \dfrac{R}{2}(V_3^2 + V_1^2 + V_2^2)$

④ $P = \dfrac{1}{2R}(V_3^2 + V_1^2 + V_2^2)$

해설 3전압계법

① 역률 $\cos\theta = \dfrac{V_3^2 - V_1^2 - V_2^2}{2V_1V_2}$

② 소비전력 $P = V_1 I\cos\theta = \dfrac{1}{2R}(V_3^2 - V_1^2 - V_2^2)$

정답 28. ③ 29. ① 30. ②

31 분류기를 사용하여 내부 저항이 R_A인 전류계의 배율을 9로 하기 위한 분류기의 저항 $R_S[\Omega]$은?

① $R_S = \dfrac{1}{8}R_A$ ② $R_S = \dfrac{1}{9}R_A$
③ $R_S = 8R_A$ ④ $R_S = 9R_A$

해설 분류기의 저항
$$R_s = \dfrac{1}{m-1}r = \dfrac{1}{9-1} \times r = \dfrac{r}{8}$$
여기에서, m : 배율, r : 전류계의 내부저항

32 다음 중 직류전동기의 제동법이 아닌 것은?
① 회생제동 ② 정상제동
③ 발전제동 ④ 역전제동

해설 직류전동기의 제동법
① 회생제동 : 위치에너지를 이용하여 발전기로 구동시켜 발생 전력을 전원에 되돌려 제동
② 역전제동(역상제동, pluuging) : 전동기를 역회전시켜 급제동
③ 발전제동 : 저항 내에서 열에너지(줄열)를 발생시켜 제동

33 자기용량이 10 kVA인 단권변압기를 그림과 같이 접속하였을 때 역률 80 %의 부하에 몇 kW의 전력을 공급할 수 있는가?

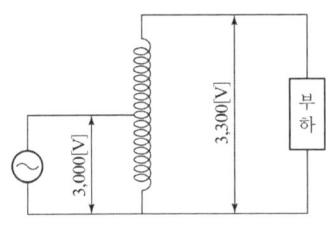

① 8   ② 54
③ 80 ④ 88

해설 부하용량
$$W = \dfrac{V_h}{V_h - V_l} \times w = \dfrac{3300}{3300-3000} \times 10 = 110[\text{kVA}]$$
부하전력 : $110[\text{kVA}] \times 0.8 = 88[\text{kW}]$

34 회로에서 a와 b 사이에 나타나는 전압 V_{ab} (V)는?

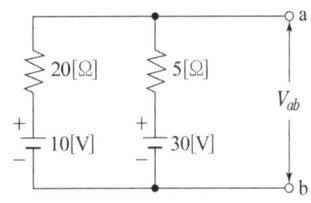

① 20 ② 23
③ 26 ④ 28

해설 밀만의 정리
$$V_{ab} = \dfrac{\dfrac{V_1}{R_1} + \dfrac{V_2}{R_2}}{\dfrac{1}{R_1} + \dfrac{1}{R_2}}, \quad V_{ab} = \dfrac{\dfrac{10}{20} + \dfrac{30}{5}}{\dfrac{1}{20} + \dfrac{1}{5}} = 26$$

35 테브난의 정리를 이용하여 그림 (a)의 회로를 그림 (b)와 같은 등가회로로 만들고자 할 때 $V_{th}[\text{V}]$와 $R_{th}[\Omega]$은?

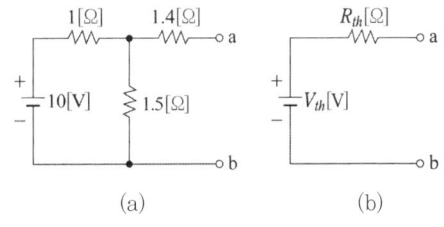

① 5[V], 2[Ω]   ② 5[V], 3[Ω]
③ 6[V], 2[Ω]   ④ 6[V], 3[Ω]

해설 $V_{th} = \dfrac{1.5}{1+1.5} \times 10 = 6[\text{V}]$
$R_{th} = 1.4 + \dfrac{1 \times 1.5}{1+1.5} = 2[\Omega]$

정답 31. ① 32. ② 33. ④ 34. ③ 35. ③

36
그림과 같은 회로에 평형 3상 전압 200 V를 인가한 경우 소비된 유효전력(kW)은?
(단, $R = 20\ \Omega$, $X = 10\ \Omega$)

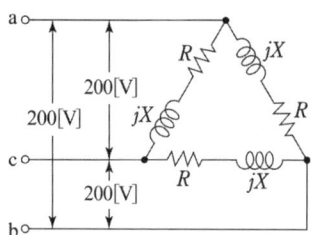

① 1.6 ② 2.4
③ 2.8 ④ 4.8

해설 유효전력
$$P = 3I_p^2 R = 3 \times \frac{V_p^2}{R^2 + X^2} \times R$$
$$= 3 \times \frac{200^2}{20^2 + 10^2} \times 20 = 4800[\text{W}] = 4.8[\text{kW}]$$

37
그림과 같은 회로에서 a-b간의 합성저항은?

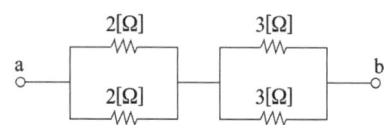

① 2.5[Ω] ② 5[Ω]
③ 7.5[Ω] ④ 10[Ω]

해설 합성저항 계산
$$R_t = \frac{2 \times 2}{2+2} + \frac{3 \times 3}{3+3} = 2.5[\Omega]$$

별해 두 개의 동일한 저항을 병렬연결하면 하나일 때의 1/2배가 되므로,
합성저항 $R_0 = 2 \times \frac{1}{2} + 3 \times \frac{1}{2} = 2.5\ [\Omega]$

38
교류에서 파형의 개략적인 모습을 알기 위해 사용하는 파고율과 파형률에 대한 설명으로 옳은 것은?

① 파고율 = $\dfrac{실효값}{평균값}$, 파형률 = $\dfrac{평균값}{실효값}$

② 파고율 = $\dfrac{최댓값}{실효값}$, 파형률 = $\dfrac{실효값}{평균값}$

③ 파고율 = $\dfrac{실효값}{최댓값}$, 파형률 = $\dfrac{평균값}{실효값}$

④ 파고율 = $\dfrac{최댓값}{평균값}$, 파형률 = $\dfrac{평균값}{실효값}$

해설 파고율 = $\dfrac{최댓값}{실효값}$, 파형률 = $\dfrac{실효값}{평균값}$

39
공기 중에서 50kW 방사 전력이 안테나에서 사방으로 균일하게 방사될 때, 안테나에서 1km 거리에 있는 점에서의 전계의 실효값은 약 몇 V/m인가?

① 0.87 ② 1.22
③ 1.73 ④ 3.98

해설 단위면적당의 전력(포인팅 벡터)
$$P = \frac{P_s}{S} = \frac{P_s}{4\pi r^2} \text{에서}$$
$$P = \frac{50 \times 10^3}{4 \times 3.14 \times (10^3)^2} = 3.98 \times 10^{-3}\ \text{W/m}^2$$
$$P = E \times H = \frac{E^2}{377} \text{에서}$$
$$E = \sqrt{377 \times P} = \sqrt{377 \times 3.98 \times 10^{-3}} = 1.22\ \text{V/m}$$

40
진공 중 대전된 도체의 표면에 면전하밀도 σ(C/m²)가 균일하게 분포되어 있을 때, 이 도체 표면에서의 전계의 세기 E(V/m)는?
(단, ϵ_0는 진공의 유전율이다.)

정답 36. ④ 37. ① 38. ② 39. ② 40. ①

① $E = \dfrac{\sigma}{\epsilon_0}$　　② $E = \dfrac{\sigma}{2\epsilon_0}$

③ $E = \dfrac{\sigma}{2\pi\epsilon_0}$　　④ $E = \dfrac{\sigma}{4\pi\epsilon_0}$

해설 도체 표면에서의 전계의 세기

$$E = \dfrac{\sigma}{\epsilon_0}\,[\text{V/m}]$$

여기에서 σ : 면 전하밀도[C/m²]
　　　　 ϵ_0 : 진공의 유전율[F/m]

3과목 소방관계법규

41 ★★★ 출제년도 [96, 97, 98, 00, 01, 05, 08, 12, 13, 15, 21.]

소방기본법에서 정의하는 소방대상물에 해당되지 않는 것은?

① 산림
② 차량
③ 건축물
④ 항해 중인 선박

해설 관련법 : 소방기본법 제2조(정의)
소방대상물이라 함은 건축물, 차량, 선박(항구 안에 매어둔 선박에 한한다.), 선박건조구조물, 산림 그 밖의 인공구조물 또는 물건을 말한다.

42 ★★★ 출제년도 [18, 21.]

위험물안전관리법상 업무상 과실로 제조소등에서 위험물을 유출·방출 또는 확산시켜 사람의 생명·신체 또는 재산에 대하여 위험을 발생시킨 자에 대한 벌칙 기준은?

① 5년 이하의 금고 또는 2,000만원 이하의 벌금
② 5년 이하의 금고 또는 7,000만원 이하의 벌금
③ 7년 이하의 금고 또는 2,000만원 이하의 벌금
④ 7년 이하의 금고 또는 7,000만원 이하의 벌금

해설 업무상 과실로 제조소등에서 위험물을 유출·방출 또는 확산시켰을 경우
① 사람의 생명·신체 또는 재산에 대하여 위험을 발생시킨 자 : 7년 이하의 금고 또는 7천만원 이하의 벌금
② 사람을 사상에 이르게 한 자 : 10년 이하의 징역 또는 금고나 1억원 이하의 벌금

43 ★★★ 출제년도 [21.]

소방시설 설치 및 관리에 관한 법령상 용어의 정의 중 ( ) 안에 알맞은 것은?

특정소방대상물이란 소방시설을 설치하여야 하는 소방대상물로서 ( )으로 정하는 것을 말한다.

① 대통령령
② 국토교통부령
③ 행정안전부령
④ 고용노동부령

해설 특정소방대상물이란 소방시설을 설치하여야 하는 소방대상물로서 (대통령령)으로 정하는 것을 말한다.

44 ★★★ 출제년도 [21.]

소방기본법령상 소방대장은 화재, 재난·재해 그 밖의 위급한 상황이 발생한 현장에 소방활동구역을 정하여 소방활동에 필요한 자로서 대통령령으로 정하는 사람 외에는 그 구역에의 출입을 제한할 수 있다. 다음 중 소방활동구역에 출입할 수 없는 사람은?

① 소방활동구역 안에 있는 소방대상물의 소유자·관리자 또는 점유자

정답 41. ④　42. ④　43. ①　44. ③

② 전기·가스·수도·통신·교통의 업무에 종사하는 사람으로서 원활한 소방활동을 위하여 필요한 사람
③ 시·도지사가 소방활동을 위하여 출입을 허가한 사람
④ 의사·간호사 그 밖의 구조·구급업무에 종사하는 사람

해설 소방활동구역의 출입자
1. 소방활동구역 안에 있는 소방대상물의 소유자·관리자 또는 점유자
2. 전기·가스·수도·통신·교통의 업무에 종사하는 사람으로서 원활한 소방활동을 위하여 필요한 사람
3. 의사·간호사 그 밖의 구조·구급업무에 종사하는 사람
4. 취재인력 등 보도업무에 종사하는 사람
5. 수사업무에 종사하는 사람
6. 그 밖에 **소방대장이 소방활동을 위하여 출입을 허가한 사람**

45. ★★★ 출제년도 【19.】
소방용수시설 중 소화전과 급수탑의 설치기준으로 틀린 것은?

① 급수탑 급수배관의 구경은 100mm이상으로 할 것
② 소화전은 상수도와 연결하여 지하식 또는 지상식으로 할 것
③ 소방용호스와 연결하는 소화전의 연결금속구의 구경은 65mm로 할 것
④ 급수탑의 개폐밸브는 지상에서 1.5m이상 1.8m이하의 위치에 설치할 것

해설 소방용수시설의 설치기준
① 소화전의 설치기준 : 상수도와 연결하여 지하식 또는 지상식의 구조로 하고, 소방용호스와 연결하는 소화전의 연결금속구의 구경은 65밀리미터로 할 것
② 급수탑의 설치기준 : 급수배관의 구경은 100밀리미터 이상으로 하고, 개폐밸브는 지상에서 **1.5미터 이상 1.7미터 이하**의 위치에 설치하도록 할 것

46. ★★★ 출제년도 【21.】
소방기본법령상 소방신호의 방법으로 틀린 것은?

① 타종에 의한 훈련신호는 연 3타 반복
② 싸이렌에 의한 발화신호는 5초 간격을 두고 10초씩 3회
③ 타종에 의한 해제신호는 상당한 간격을 두고 1타씩 반복
④ 싸이렌에 의한 경계신호는 5초 간격을 두고 30초씩 3회

해설 소방신호의 방법

종별\신호방법	타종신호	싸이렌신호
경계신호	1타와 연2타를 반복	5초 간격을 두고 30초식 3회
발화신호	난타	5초 간격을 두고 5초식 3회
해제신호	상당한 간격을 두고 1타씩 반복	1분간 1회
훈련신호	연3타 반복	10초 간격을 두고 1분씩 3회

47. ★★★ 출제년도 【17.20.】
화재의 예방 및 안전관리에 관한 법령상 불꽃을 사용하는 용접·용단 기구의 용접 또는 용단 작업장에서 지켜야 하는 사항 중 다음 ( ) 안에 알맞은 것은?

- 용접 또는 용단 작업자로부터 반경 (㉠) m 이내에 소화기를 갖추어 둘 것
- 용접 또는 용단 작업장 주변 반경 (㉡) m 이내에는 가연물을 쌓아두거나 놓아두지 말 것. 다만, 가연물의 제거가 곤란하여 방지포 등으로 방호조치를 한 경우는 제외한다.

① ㉠ 3, ㉡ 5   ② ㉠ 5, ㉡ 3
③ ㉠ 5, ㉡ 10 ④ ㉠ 10, ㉡ 5

해설 불꽃을 사용하는 용접·용단기구
1. 용접 또는 용단 작업자로부터 반경 5 m 이내에 소화기를 갖추어 둘 것
2. 용접 또는 용단 작업장 주변 반경 10 m 이내에는 가연물을 쌓아두거나 놓아두지 말 것. 다만, 가연

정답 45. ④ 46. ② 47. ③

물의 제거가 곤란하여 방지포 등으로 방호조치를 한 경우는 제외한다.

48 화재의 예방 및 안전관리에 관한 법령상 특수가연물의 품명과 지정수량 기준의 연결이 틀린 것은?

① 사류-1000kg 이상
② 볏짚류-3000kg 이상
③ 석탄·목탄류-10000kg 이상
④ 합성수지류 중 발포시킨 것-20m³ 이상

해설 특수가연물의 품명 및 지정수량

품명		수량
면화류		200킬로그램 이상
나무껍질 및 대팻밥		400킬로그램 이상
넝마 및 종이부스러기		1,000킬로그램 이상
사류(絲類)		1,000킬로그램 이상
볏짚류		**1,000킬로그램 이상**
가연성고체류		3,000킬로그램 이상
석탄·목탄류		10,000킬로그램 이상
가연성액체류		2세제곱미터 이상
목재가공품 및 나무부스러기		10세제곱미터 이상
합성수지류	발포시킨 것	20세제곱미터 이상
	그 밖의 것	3,000킬로그램 이상

49 소방시설 설치 및 관리에 관한 법률상 화재위험도가 낮은 특정소방대상물 중 소방대가 조직되어 24시간 근무하고 있는 청사 및 차고에 설치하지 아니할 수 있는 소방시설이 아닌 것은?

① 피난기구
② 비상방송설비
③ 연결송수관설비
④ 자동화재탐지설비

해설

구분	특정소방대상물	소방시설
화재 위험도가 낮은 특정소방대상물	석재, 불연성금속, 불연성 건축재료 등의 가공공장·기계조립공장·주물공장 또는 불연성 물품을 저장하는 창고	옥외소화전 및 연결살수설비
	소방대(消防隊)가 조직되어 24시간 근무하고 있는 청사 및 차고	옥내소화전설비, 스프링클러설비, 물분무등소화설비, 비상방송설비, 피난기구, 소화용수설비, 연결송수관설비, 연결살수설비

50 소방시설 설치 및 관리에 관한 법령상 시·도지사가 소방시설등의 자체점검을 하지 아니한 관리업자에게 영업정지를 명할 수 있으나, 이로 인해 국민에게 심한 불편을 줄 때에는 영업정지 처분을 갈음하여 과징금 처분을 한다. 과징금의 기준은?

① 1000만원 이하
② 2000만원 이하
③ 3000만원 이하
④ 5000만원 이하

해설 시·도지사는 영업정지를 명하는 경우로서 그 영업정지가 국민에게 심한 불편을 주거나 그 밖에 공익을 해칠 우려가 있을 때에는 영업정지처분을 갈음하여 **3천만원 이하**의 과징금을 부과할 수 있다.

51 소방시설 설치 및 관리에 관한 법령상 특정소방대상물의 소방시설 설치의 면제기준 중 다음 ( )안에 알맞은 것은?

물분무등소화설비를 설치하여야 하는 차고·주차장에 ( )를 화재안전기술기준에 적합하게 설치한 경우에는 그 설비의 유효범위에서 설치가 면제된다.

① 옥내소화전설비
② 스프링클러설비
③ 간이스프링클러설비
④ 청정소화약제소화설비

해설 물분무등소화설비를 설치하여야 하는 차고·주차장에 (스프링클러설비)를 화재안전기술기준에 적합하게 설치한 경우에는 그 설비의 유효범위에서 설치가 면제된다.

52 ★★★ 출제년도 [21.]
소방시설 설치 및 관리에 관한 법령상 대통령령 또는 화재안전기준이 변경되어 그 기준이 강화되는 경우 기존 특정소방대상물의 소방시설 중 강화된 기준을 설치장소와 관계없이 항상 적용하여야 하는 것은? (단, 건축물의 신축·개축·재축·이전 및 대수선 중인 특정소방대상물을 포함한다.)

① 제연설비
② 비상경보설비
③ 옥내소화전설비
④ 화재조기진압용 스프링클러설비

해설 강화된 기준을 적용
1. 다음 각 목의 소방시설 중 대통령령 또는 화재안전기준으로 정하는 것
   가. 소화기구
   나. 비상경보설비
   다. 자동화재탐지설비
   라. 자동화재속보설비
   마. 피난구조설비
2. 다음 각 목의 특정소방대상물에 설치하는 소방시설 중 대통령령 또는 화재안전기준으로 정하는 것
   가. 공동구
   나. 전력 및 통신사업용 지하구
   다. 노유자(老幼者) 시설
   라. 의료시설

노유자(老幼者)시설	간이스프링클러설비, 자동화재탐지설비 및 단독경보형 감지기
의료시설	스프링클러설비, 간이스프링클러설비, 자동화재탐지설비 및 자동화재속보설비

53 ★★★ 출제년도 [06. 10. 12.]
소방청의 중앙소방기술심의위원회의 심의 사항에 해당 하지 않는 것은?

① 소방시설공사의 하자를 판단하는 기준에 관한 사항
② 소방시설에 하자가 있는지의 판단에 관한 사항
③ 소방시설의 설계 및 공사감리의 방법에 관한 사항
④ 소방시설의 구조와 원리 등에서 공법이 특수한 설계 및 시공에 관한 사항

해설 관련법 : 소방시설설치 및 관리에 관한 법률 (소방기술심의 위원회)
[중앙소방기술심의위원회 심의사항]
1) 화재안전기술기준에 관한 사항
2) 소방시설의 구조와 원리 등에서 공법이 특수한 설계 및 시공에 관한 사항
3) 소방시설의 설계 및 공사감리의 방법에 관한 사항
4) 소방시설공사의 하자를 판단하는 기준에 관한 사항

[지방소방기술심의위원회 심의사항]
1) 소방시설에 하자가 있는지의 판단에 관한 사항
2) 그 밖에 소방기술 등에 관하여 대통령령으로 정하는 사항

54 ★★★ 출제년도 [19.]
소방시설 설치 및 관리에 관한 법령상 소방시설 등의 자체점검 시 점검인력 배치기준 중 종합정밀점검에 대한 점검인력 1단위가 하루 동안 점검할 수 있는 특정소방대상물의 연면적 기준으로 옳은 것은? (단, 보조 인력을 추가하는 경우는 제외한다.)

① 3500 m²   ② 7000 m²
③ 10000 m²   ④ 12000 m²

해설 점검한도면적
① 종합정밀점검 : 10,000 m²
② 작동기능점검 : 12,000 m²
   (소규모점검의 경우에는 3,500 m²)
※ 2024.12.1. 이후 점검한도면적
   ① 종합점검 : 8,000 m²
   ② 작동점검 : 10,000 m²

정답 52. ② 53. ② 54. ③

55
★★★ 출제년도 【19.】

다음 조건을 참고하여 숙박시설이 있는 특정소방대상물의 수용인원 산정 수로 옳은 것은?

> 침대가 있는 숙박시설로서 1인용 침대의 수는 20개이고, 2인용 침대의 수는 10개이며, 종업원의 수는 3명이다.

① 33명
② 40명
③ 43명
④ 46명

해설 수용인원의 산정
수용인원 = 종사자 수 + 침대수(2인용은 2명)
= 3명 + 1인용 20개 + 2인용 × 10개
= 43명

숙박시설이 있는 특정 소방대상물	침대가 있는 숙박시설	종사자 수 + 침대 수 (2인용 침대는 2개로 산정)
	침대가 없는 숙박시설	종사자 수 + $\dfrac{\text{바닥면적의 합계}(m^2)}{3m^2}$

56
★★ 출제년도 【22.】

소방시설공사업법령상 소방공사감리업을 등록한 자가 수행하여야 할 업무가 아닌 것은?

① 완공된 소방시설등의 성능시험
② 소방시설등 설계 변경 사항의 적합성 검토
③ 소방시설등의 설치계획표의 적법성 검토
④ 소방용품 형식승인 및 제품검사의 기술기준에 대한 적합성 검토

해설 소방공사감리업자의 업무
1. 소방시설등의 설치계획표의 적법성 검토
2. 소방시설등 설계도서의 적합성(적법성과 기술상의 합리성을 말한다. 이하 같다) 검토
3. 소방시설등 설계 변경 사항의 적합성 검토
4. 「소방시설 설치 및 관리에 관한 법률」 제2조제1항 제7호의 소방용품의 위치·규격 및 사용 자재의 적합성 검토
5. 공사업자가 한 소방시설등의 시공이 설계도서와 화재안전기술기준에 맞는지에 대한 지도·감독

6. 완공된 소방시설등의 성능시험
7. 공사업자가 작성한 시공 상세 도면의 적합성 검토
8. 피난시설 및 방화시설의 적법성 검토
9. 실내장식물의 불연화(不燃化)와 방염 물품의 적법성 검토

57
★★★ 출제년도 【18,20.】

소방시설공사업법령에 따른 소방시설업의 등록권자는?

① 국무총리
② 소방서장
③ 시·도지사
④ 한국소방안전협회장

해설 특정소방대상물의 소방시설공사등을 하려는 자는 업종별로 자본금(개인인 경우에는 자산 평가액을 말한다), 기술인력 등 대통령령으로 정하는 요건을 갖추어 특별시장·광역시장·특별자치시장·도지사 또는 특별자치도지사(이하 "시·도지사"라 한다)에게 소방시설업을 등록하여야 한다.

58
★★★ 출제년도 【17, 18.】

소방시설공사업법령에 따른 소방시설공사 중 특정소방대상물에 설치된 소방시설등을 구성하는 것의 전부 또는 일부를 개설, 이전 또는 정비하는 공사의 착공신고 대상이 아닌 것은?

① 수신반
② 소화펌프
③ 동력(감시)제어반
④ 제연설비의 제연구역

해설 착공신고 대상
특정소방대상물에 설치된 소방시설등을 구성하는 다음 각 목의 어느 하나에 해당하는 것의 전부 또는 일부를 개설(改設), 이전(移轉) 또는 정비(整備)하는 공사. 다만, 고장 또는 파손 등으로 인하여 작동시킬 수 없는 소방시설을 긴급히 교체하거나 보수하여야 하는 경우에는 신고하지 않을 수 있다.

정답 55. ③ 56. ④ 57. ③ 58. ④

가. 수신반(受信盤)
나. 소화펌프
다. 동력(감시)제어반

59 ★★★ 출제년도 [21.]

위험물안전관리법령상 제조소 또는 일반 취급소에서 취급하는 제4류 위험물의 최대 수량의 합이 지정수량의 48만배 이상인 사업소의 자체소방대에 두는 화학소방자동차 및 인원기준으로 다음 ( ) 안에 알맞은 것은?

화학소방자동차	자체소방대원의 수
(㉠)	(㉡)

① ㉠ 1대, ㉡ 5인
② ㉠ 2대, ㉡ 10인
③ ㉠ 3대, ㉡ 15인
④ ㉠ 4대, ㉡ 20인

해설 자체소방대에 두는 화학소방자동차 및 인원

사업소의 구분	화학소방 자동차	자체소방 대원의 수
1. 제조소 또는 일반취급소에서 취급하는 제4류 위험물의 최대 수량의 합이 지정수량의 3천배 이상 12만배 미만인 사업소	1대	5인
2. 제조소 또는 일반취급소에서 취급하는 제4류 위험물의 최대 수량의 합이 지정수량의 12만배 이상 24만배 미만인 사업소	2대	10인
3. 제조소 또는 일반취급소에서 취급하는 제4류 위험물의 최대 수량의 합이 지정수량의 24만배 이상 48만배 미만인 사업소	3대	15인
4. 제조소 또는 일반취급소에서 취급하는 제4류 위험물의 최대 수량의 합이 **지정수량의 48만배 이상인 사업소**	4대	20인
5. 옥외탱크저장소에 저장하는 **제4류 위험물의 최대수량이 지정수량의 50만배 이상인 사업소**	2대	10인

60 ★★★ 출제년도 [21.]

위험물안전관리법령상 인화성액체위험물(이황화탄소를 제외)의 옥외탱크저장소의 탱크 주위에 설치하여야 하는 방유제의 기준 중 틀린 것은?

① 방유제의 용량은 방유제안에 설치된 탱크가 하나인 때에는 그 탱크 용량의 110% 이상으로 할 것
② 방유제의 용량은 방유제안에 설치된 탱크가 2기 이상인 때에는 그 탱크 중 용량이 최대인 것의 용량의 110% 이상으로 할 것
③ 방유제는 높이 1m 이상 2m 이하, 두께 0.2m 이상, 지하매설깊이 0.5m 이상으로 할 것
④ 방유제내의 면적은 80,000m^2 이하로 할 것

해설 방유제의 높이 0.5m 이상 3m 이하, 두께 0.2m 이상, 지하매설깊이 1m 이상

4과목 소방전기설비의 구조 및 원리

61 ★★★ 출제년도 [08. 10. 11. 12. 15. 18.]

소방시설용 비상전원수전설비에서 전력수급용 계기용 변성기·주차단장치 및 그 부속기기로 정의되는 것은?

① 큐비클설비
② 배전반설비
③ 수전설비
④ 변전설비

해설
1) **수전설비** : 전력수급용 계기용 변성기, 주차단장치 및 그 부속기기
2) **변전설비** : 전력용 변압기 및 그 부속장치
3) **큐비클설비** : 수전설비, 변전설비, 그 밖의 기기 및 배선을 금속제 외함에 수납한 것
4) **배전반설비** : 개폐기, 과전류차단기, 계기, 그 밖의 배선용기기 및 배선을 금속제 외함에 수납한 것

62 축전지의 자기방전을 보충함과 동시에 상용 부하에 대한 전력공급은 충전기가 부담하도록 하되 충전기가 부담하기 어려운 일시적인 대전류 부하는 축전지로 하여금 부담하게 하는 충전방식은?

① 과충전방식 ② 균등충전방식
③ 부동충전방식 ④ 세류충전방식

해설 ① 축전지의 자기 방전을 보충함과 동시에 상용 부하에 대한 전력 공급은 충전기가 부담하도록 하되 충전기가 부담하기 어려운 일시적인 대 전류 부하는 축전지로 하여금 부담하게 하는 방식이다.

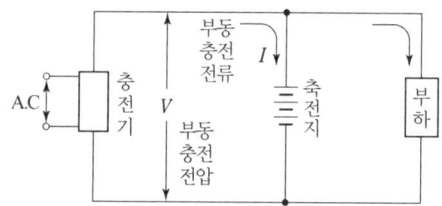

② 충전기 2차 충전전류
$= \dfrac{축전지용량[Ah]}{방전시간율[h]} + \dfrac{상시 부하용량[VA]}{표준전압[V]}$

63 신호의 전송로가 분기되는 장소에 설치하는 것으로 임피던스 매칭과 신호 균등분배를 위해 사용되는 장치는?

① 혼합기 ② 분배기
③ 증폭기 ④ 분파기

해설 무선통신보조설비 용어 정의
① 누설동축케이블 : 동축케이블의 외부도체에 가느다란 홈을 만들어서 전파가 외부로 새어나갈 수 있도록 한 케이블
② 분배기 : 신호의 전송로가 분기되는 장소에 설치하는 것으로 **임피던스 매칭(Matching)과 신호 균등분배**를 위해 사용하는 장치
③ 분파기 : 서로 다른 주파수의 합성된 신호를 분리하기 위해서 사용하는 장치
④ 혼합기 : 두 개 이상의 입력신호를 원하는 비율로 조합한 출력이 발생하도록 하는 장치

64 무선통신보조설비의 설치제외 기준 중 다음 ( ) 안에 알맞은 것으로 연결된 것은?

지하층으로서 특정소방대상물의 바닥부분 (㉠)면 이상이 지표면과 동일하거나 지표면으로부터의 깊이가 (㉡)m 이하인 경우에는 해당층에 한하여 무선통신보설비를 설치하지 아니할 수 있다.

① ㉠ 2, ㉡ 1 ② ㉠ 2, ㉡ 2
③ ㉠ 3, ㉡ 1 ④ ㉠ 3, ㉡ 2

해설 지하층으로서 특정소방대상물의 바닥부분 **2면 이상**이 지표면과 동일하거나 지표면으로부터의 깊이가 **1m 이하**인 경우에는 해당층에 한하여 무선통신보조설비를 설치하지 아니할 수 있다.

65 비상콘센트설비에서 하나의 전용회로에 설치하는 비상콘센트는 몇 개 이하로 하여야 하는가?

① 2개 이하 ② 3개 이하
③ 10개 이하 ④ 100개 이하

해설 비상콘센트
1) 하나의 전용회로에 설치하는 비상콘센트는 **10개 이하**로 할 것
2) 비상콘센트 설비의 전원부와 외함사이의 절연 저항은 500[V] 절연저항계로 측정할 때 그 절연저항 값이 20[MΩ] 이상이 되어야 한다.
3) 전원회로는 각 층에 있어서 전압별로 2이상이 되도록 설치할 것

66 비상콘센트용의 풀박스 등은 방청도장을 한 것으로서 두께는 몇 [mm] 이상의 철판으로 하는가?

① 1.0 ② 1.2
③ 1.5 ④ 1.6

해설 비상콘센트용의 풀박스 등은 방청도장을 한 것으로서, 두께 1.6[mm] 이상의 철판으로 할 것

67. 휴대용비상조명등의 설치기준 중 다음 ( )안에 알맞은 것은?
[출제년도 17, 20.]

지하상가 및 지하역사에는 보행거리 (㉠)m 이내마다 (㉡)개 이상 설치할 것

① ㉠ 25, ㉡ 1
② ㉠ 25, ㉡ 3
③ ㉠ 50, ㉡ 1
④ ㉠ 50, ㉡ 3

해설 휴대용비상조명등의 설치기준
① 숙박시설 또는 다중이용업소에는 객실 또는 영업장안의 구획된 실마다 잘 보이는 곳(외부에 설치 시 출입문 손잡이로부터 1 [m] 이내 부분)에 1개 이상 설치
② 대규모 점포 및 영화상영관에는 보행거리 50 [m] 이내 마다 3개 이상 설치
③ 지하상가 및 지하역사에는 보행거리 25 [m] 이내 마다 3개 이상 설치
④ 설치높이는 바닥으로부터 0.8 [m] 이상 1.5 [m] 이하의 높이에 설치할 것

68. 객석유도등을 설치하여야 하는 특정소방대상물의 대상으로 옳은 것은?
[출제년도 17.]

① 운수시설
② 운동시설
③ 의료시설
④ 근린생활시설

해설 객석유도등 설치장소
공연장, 집회장(종교집회장 포함), 관람장, 운동시설, 유흥주점영업시설(카바레, 나이트클럽 등)

69. 유도등 및 유도표지의 화재안전기준(NFSC 303)에 따라 유도표지는 각층마다 복도 및 통로의 각 부분으로부터 하나의 유도표지까지의 보행거리가 몇 m 이하가 되는 곳과 구부러진 모퉁이의 벽에 설치하여야 하는가? (단, 계단에 설치하는 것은 제외한다.)
[출제년도 11, 21.]

① 5
② 10
③ 15
④ 25

해설 유도표지 설치기준
1. 계단에 설치하는 것을 제외하고는 각층마다 복도 및 통로의 각 부분으로부터 하나의 유도표지까지의 보행거리가 15 m 이하가 되는 곳과 구부러진 모퉁이의 벽에 설치할 것

70. 누전경보기를 설치하여야 하는 특정소방대상물의 기준 중 다음 ( ) 안에 알맞은 것은? (단, 위험물 저장 및 처리 시설 중 가스시설, 지하가 중 터널 또는 지하구의 경우는 제외한다.)
[출제년도 18.]

누전경보기는 계약전류용량이 ( ) A를 초과하는 특정소방대상물(내화구조가 아닌 건축물로서 벽·바닥 또는 반자의 전부나 일부를 불연재료 또는 준불연재료가 아닌 재료에 철망을 넣어 만든 것만 해당)에 설치하여야 한다.

① 60
② 100
③ 200
④ 300

해설 누전 경보기
① 설치대상 : 계약전류용량이 100암페어를 초과하는 특정소방대상물
② 용어정의 : 사용전압 600 V 이하인 경계전로의 누설전류를 검출하여 해당 소방대상물의 관계자에게 경보를 발하는 설비로서 변류기와 수신부로 구성된 것

정답 67. ② 68. ② 69. ③ 70. ②

71 누전경보기 전원의 설치기준 중 다음 ( ) 안에 알맞은 것은?

> 전원은 분전반으로부터 전용회로로 하고, 각극에 개폐기 및 (㉠) A 이하의 과전류차단기(배선용 차단기에 있어서는 (㉡) A 이하의 것으로 각 극을 개폐할 수 있는 것)를 설치 할 것

① ㉠ 15, ㉡ 30
② ㉠ 15, ㉡ 20
③ ㉠ 10, ㉡ 30
④ ㉠ 10, ㉡ 20

해설 전원은 분전반으로부터 전용회로로 하고, 각 극에 개폐기 및 **15A** 이하의 과전류차단기(배선용 차단기에 있어서는 **20A** 이하의 것으로 각 극을 개폐할 수 있는 것)를 설치할 것

72 자동화재속보설비의 속보기는 연동 또는 수동 작동에 의한 다이얼링 후 소방관서와 전화접속이 이루어지지 않는 경우에는 최초 다이얼링을 포함하여 몇 회 이상 반복적으로 접속을 위한 다이얼링이 이루어져야 하는가? (단, 이 경우 매회 다이얼링 완료 후 호출은 30초 이상 지속한다.)

① 3회 ② 5회
③ 10회 ④ 20회

해설 자동화재속보설비 속보기의 기능
속보기는 연동 또는 수동 작동에 의한 다이얼링 후 소방관서와 전화접속이 이루어지지 않는 경우에는 최초 다이얼링을 포함하여 **10회 이상 반복**적으로 접속을 위한 다이얼링이 이루어져야 한다. 이 경우 매회 다이얼링 완료 후 **호출은 30초 이상** 지속되어야 한다.

73 비상경보설비를 설치하여야 하는 특정소방대상물의 기준 중 옳은 것은? (단, 지하구, 모래·석재 등 불연재료 창고 및 위험물 저장·처리 시설 중 가스시설은 제외한다.)

① 지하층 또는 무창층의 바닥면적이 $150m^2$ 이상인 것
② 공연장으로서 지하층 또는 무창층의 바닥면적이 $200m^2$ 이상인 것
③ 지하가 중 터널로서 길이가 400m 이상인 것
④ 30명 이상의 근로자가 작업하는 옥내작업장

해설 비상경보설비 설치 특정소방대상물
① 지하층 또는 무창층의 바닥면적이 $150m^2$ 이상인 것
② 공연장으로서 지하층 또는 무창층의 바닥면적이 $100m^2$ 이상인 것
③ 지하가 중 터널로서 길이가 500m 이상인 것
④ 50명 이상의 근로자가 작업하는 옥내작업장

74 비상방송설비를 설치하여야 하는 특정소방대상물의 기준 중 틀린 것은? (단, 위험물 저장 및 처리 시설 중 가스시설, 사람이 거주하지 않는 동물 및 식물 관련시설, 지하가 중 터널, 축사 및 지하구는 제외한다.)

① 연면적 $3500m^2$ 이상인 것
② 지하층을 제외한 층수가 11층 이상인 것
③ 지하층의 층수가 3층 이상인 것
④ 50명 이상의 근로자가 작업하는 옥내 작업장

해설 50명 이상의 근로자가 작업하는 옥내 작업장은 비상경보설비 설치대상이다.
비상방송설비의 설치대상

연면적	3천5백m^2 이상
지하층을 제외한 층수	11층 이상
지하층의 층수	3층 이상

정답 71. ② 72. ③ 73. ① 74. ④

75
비상방송설비 음향장치의 설치기준 중 다음 ( ) 안에 알맞은 것은?

- 음량조정기를 설치하는 경우 음량 조정기의 배선은 (㉠)선식으로 할 것
- 확성기는 각층마다 설치하되, 그 층의 각 부분으로부터 하나의 확성기까지의 수평거리가 (㉡)m 이하가 되도록 하고, 해당층의 각 부분에 유효하게 경보를 말할 수 있도록 설치할 것

① ㉠ 2, ㉡ 15
② ㉠ 2, ㉡ 25
③ ㉠ 3, ㉡ 15
④ ㉠ 3, ㉡ 25

해설
① 음량조정기를 설치하는 경우 음량 조정기의 배선은 **3선식**으로 할 것
② 확성기는 각층마다 설치하되, 그 층의 각 부분으로부터 하나의 확성기까지의 **수평거리가 25m 이하**가 되도록 하고, 해당층의 각 부분에 유효하게 경보를 말할 수 있도록 설치할 것

76
자동화재탐지설비 및 시각경보장치의 화재안전기술기준(NFTC 203)에 따라 특정소방대상물 중 화재신호를 발신하고 그 신호를 수신 및 유효하게 제어할 수 있는 구역을 무엇이라 하는가?

① 방호구역
② 방수구역
③ 경계구역
④ 화재구역

해설 경계구역 : 화재신호를 발신하고 그 신호를 수신 및 유효하게 제어할 수 있는 구역

77
자동화재탐지설비의 경계구역에 대한 설명 중 맞는 것은?

① 하나의 경계구역이 2개 이상의 건축물에 미치지 아니하도록 하여야 한다.
② 600[m²] 이하의 범위 안에서는 2개의 층을 하나의 경계구역으로 할 수 있다.
③ 하나의 경계구역의 면적은 600[m²], 한 변의 길이는 30[m] 이하로 한다.
④ 지하구에 있어서는 경계구역의 길이는 500[m] 이하로 한다.

해설 경계구역의 설정
1) 하나의 경계구역이 2개 이상의 건축물에 미치지 아니하도록 할 것
2) 하나의 경계구역이 2개 이상의 층에 미치지 아니하도록 할 것. 단, 500[m²] 이하의 범위 안에서는 2개의 층을 하나의 경계구역으로 할 수 있다.
3) 하나의 경계구역의 면적은 600[m²] 이하로 하고 한 변의 길이는 50[m] 이하로 한다. 단, 당해 소방대상물의 주된 출입구에서 그 내부 전체가 보이는 것에 있어서는 1,000[m²] 이하로 할 수 있다.

78
자동화재탐지설비 및 시각경보장치의 화재안전기술기준(NFTC 203)에 따라 자동화재탐지설비의 감지기 설치에 있어서 부착높이가 20 m 이상일 때 적합한 감지기 종류는?

① 불꽃감지기
② 연기복합형
③ 차동식분포형
④ 이온화식 1종

해설 자동화재탐지설비 및 시각경보장치의 화재안전기술기준(NFTC 203) 제7조(감지기)제1항
부착높이가 20 m 이상일 때 적합한 감지기 종류
① 불꽃감지기
② 광전식(분리형, 공기흡입형) 중 아나로그방식

정답 75. ④ 76. ③ 77. ① 78. ①

79 ★★★ 출제년도【20.】

자동화재탐지설비 및 시각경보장치의 화재안전기술기준(NFTC 203)에 따른 공기관식 차동식분포형 감지기의 설치기준으로 틀린 것은?

① 검출부는 3° 이상 경사되지 아니하도록 부착할 것
② 공기관의 노출부분은 감지구역마다 20m 이상이 되도록 할 것
③ 하나의 검출부분에 접속하는 공기관의 길이는 100m 이하로 할 것
④ 공기관과 감지구역의 각 변과의 수평거리는 1.5m 이하가 되도록 할 것

해설 공기관식 차동식분포형감지기 설치기준
가. 공기관의 노출부분은 감지구역마다 20m 이상이 되도록 할 것
나. 공기관과 감지구역의 각 변과의 수평거리는 1.5m 이하가 되도록 하고, 공기관 상호간의 거리는 6m(주요 구조부를 내화구조로 한 특정소방대상물 또는 그 부분에 있어서는 9m) 이하가 되도록 할 것
다. 공기관은 도중에서 분기하지 아니하도록 할 것
라. 하나의 검출부분에 접속하는 공기관의 길이는 100m 이하로 할 것
마. 검출부는 5° 이상 경사되지 아니하도록 부착할 것
바. 검출부는 바닥으로부터 0.8m 이상 1.5m 이하의 위치에 설치할 것

80 ★★★ 출제년도【18.】

광전식 분리형 감지기의 설치기준 중 틀린 것은?

① 감지기의 수광면은 햇빛을 직접 받지 않도록 설치할 것
② 광축은 나란한 벽으로부터 0.6 m 이상 이격하여 설치할 것
③ 감지기의 송광부와 수광부는 설치된 뒷벽으로부터 0.5 m 이내 위치에 설치할 것
④ 광축의 높이는 천장 등 높이의 80 % 이상일 것

해설 광전식 분리형 감지기 설치기준
① 감지기의 수광면은 햇빛을 직접 받지 않도록 설치할 것
② 광축(송광면과 수광면의 중심을 연결한 선)은 나란한 벽으로부터 **0.6 m 이상** 이격하여 설치할 것
③ 감지기의 송광부와 수광부는 설치된 뒷벽으로부터 **1 m 이내** 위치에 설치할 것
④ 광축의 높이는 천장 등(천장의 실내에 면한 부분 또는 상층의 바닥하부면을 말한다) 높이의 **80 % 이상**일 것
⑤ 감지기의 광축의 길이는 공칭감시거리 범위이내일 것

정답 79. ① 80. ③

1회 2023년 소방설비기사(CBT)

1과목 소방원론

01 ★★★ 출제년도【13. 18. 23.】
실내에서 화재가 발생하여 실내의 온도가 21[℃]에서 650[℃]로 되었다면, 공기의 팽창은 처음의 약 몇 배가 되는가? (단, 대기압은 공기가 유동하여 화재 전후가 같다고 가정한다.)

① 3.14　　② 4.27
③ 5.69　　④ 6.01

해설 샤를의 법칙 $\dfrac{V_1}{T_1}=\dfrac{V_2}{T_2}$

여기서, T_1, T_2 : 절대온도[K=273+℃]
V_1, V_2 : 부피[m³]

$\dfrac{V_1}{T_1}=\dfrac{V_2}{T_2}$, $\dfrac{V_1}{(21+273)}=\dfrac{V_2}{(650+273)}$

$V_2=\dfrac{(650+273)}{(21+273)}\times V_1=3.14\,V_1$

02 ★★★ 출제년도【20. 23.】
다음 중 고체 가연물이 덩어리보다 가루일 때 연소되기 쉬운 이유로 가장 적합한 것은?

① 발열량이 작아지기 때문이다.
② 공기와 접촉면이 커지기 때문이다.
③ 열전도율이 커지기 때문이다.
④ 활성에너지가 커지기 때문이다.

해설 ① 고체 가연물이 덩어리보다 가루일 때 연소되기 쉬운 이유는 공기와 접촉면이 커지기 때문이다.
② 표면적의 크기 : 고체 < 액체 < 기체

03 ★★★ 출제년도【16. 20. 23.】
증발잠열을 이용하여 가연물의 온도를 떨어뜨려 화재를 진압하는 소화방법은?

① 제거소화　　② 억제소화
③ 질식소화　　④ 냉각소화

해설 소화원리

연소의 4요소	소화원리	소화방법	비고
가연물	가연물의 제거	제거소화	물리적 소화
산소	산소의 희석, 차단	질식소화	
점화원	연소점 이하로 냉각 (증발잠열 이용)	냉각소화	
순조로운 연쇄반응	연쇄반응의 억제	억제소화 (부촉매 효과)	화학적 소화

04 ★★★ 출제년도【04. 06. 07. 09. 10. 23.】
정전기로 인한 피해발생의 방지대책이 아닌 것은?

① 접지실시
② 공기의 이온화
③ 부도체 사용
④ 70[%] 이상의 상대습도 유지

해설 정전기로 인한 피해발생의 방지대책
① 공기 중의 상대습도를 70[%] 이상으로 유지한다.
② 접지 또는 본딩에 의한 대전방지
③ 공기를 이온화한다.
④ 제전기에 의한 대전방지
⑤ 인체의 대전방지

05 ★★★ 출제년도【97. 02. 04. 08. 11. 21. 23.】
일반적으로 공기 중 산소농도를 몇 vol% 이하로 감소시키면 연소속도의 감소 및 질식소화가 가능한가?

① 15　　② 21
③ 25　　④ 31

정답 1. ①　2. ②　3. ④　4. ③　5. ①

해설 질식소화법 : 공기 중의 산소농도(21[%])를 연소한계 농도(15[%]) 이하로 떨어뜨려 소화하는 방법으로 일반적으로 10~15[%] 이하로 하여 질식 소화한다.

06 ★★★ 출제년도【14. 19. 23.】
물의 기화열이 539cal인 것은 어떤 의미인가?

① 0℃의 물 1g이 얼음으로 변화하는데 539cal의 열량이 필요하다.
② 0℃의 얼음 1g이 물로 변화하는데 539cal의 열량이 필요하다.
③ 0℃의 물 1g이 100℃의 물로 변화하는데 539cal의 열량이 필요하다.
④ 100℃의 물 1g이 수증기로 변화하는데 539cal의 열량이 필요하다.

해설 물의 특징

구 분	열 량
기화(증발)잠열	539 cal/g
융해잠열	80 cal/g
100℃의 물 1g이 100℃의 수증기로 되는데 필요한 열량	539 cal/g
0℃의 물 1g이 100℃의 수증기로 되는데 필요한 열량	639 cal/g

07 ★★ 출제년도【18. 23.】
산림화재 시 소화효과를 증대시키기 위해 물에 첨가하는 증점제로서 적합한 것은?

① Ethylene Glycol
② Potassium Carbonate
③ Ammonium Phosphate
④ Sodium Carboxy Methyl Cellulose

해설 Sodium Carboxy Methyl Cellulose은 CMC 소화약제라고도 하며 산림화재시 사용하는 증점제이다.

08 ★★ 출제년도【16. 23.】
다음 중 증기비중이 가장 큰 것은?

① 이산화탄소   ② 할론 1301
③ 할론 1211   ④ 할론 2402

해설 ① 이산화탄소 : 44/29 = 1.52
② 할론 1301(CF_3Br) : 148.9/29 = 5.13
③ 할론 1211(CF_2ClBr) : 165.4/29 = 5.7
④ 할론 2402($C_2F_4Br_2$) : 259.8/29 = 8.96

09 ★★★ 출제년도【19. 22. 23.】
물질의 취급 또는 위험성에 대한 설명 중 틀린 것은?

① 융해열은 점화원이다.
② 질산은 물과 반응 시 발열 반응하므로 주의를 해야 한다.
③ 네온, 이산화탄소, 질소는 불연성 물질로 취급한다.
④ 암모니아를 충전하는 공업용 용기의 색상은 백색이다.

해설 융해열은 고체가 액체로 될 때 필요한 잠열로 점화원이 될 수 없다.
① 물의 융해열은 약 80 kcal/kg

10 ★★★ 출제년도【17. 23.】
건축방화계획에서 건축구조 및 재료를 불연화하여 화재를 미연에 방지하고자 하는 공간적 대응방법은?

① 회피성 대응   ② 도피성 대응
③ 대항성 대응   ④ 설비적 대응

해설 공간적 대응(수동적 방화)

구분	내 용
대항성	건축물의 내화성능, 방화구획 성능, 화재방어 대응성, 방연성능, 배연성능, 초기소화 대응력
회피성	난연화, 불연화, 내장제 제한, 방화훈련 등 화재예방 방안
도피성	피난, 부지 및 도로 등

11. 화재하중의 단위로 옳은 것은?

① kg/m² ② ℃/m²
③ kg·L/m³ ④ ℃·L/m³

[해설] 화재하중
① 단위면적당 등가 가연물량
② 화재하중 $Q = \dfrac{\Sigma(G \times H)}{4,500A}$ [kg/m²]

여기에서, G : 가연물 중량[kg]
H : 가연물의 단위 발열량[kcal/kg]
A : 화재구획 바닥면적[m²]

12. 니트로셀룰로오스에 대한 설명으로 잘못된 것은?

① 질화도가 낮을수록 위험성이 크다.
② 물을 첨가하여 습윤시켜 운반한다.
③ 화약의 원료로 쓰인다.
④ 고체이다.

[해설] 나이트로셀룰로스의 특성
① **질화도**(나이트로셀룰로스 중 질소의 함유율)가 **클수록 폭발성이 강하다.**
② **물(20%) 또는 알코올(30%)을 첨가 습윤** 시켜 냉암소에 저장
③ 화재 시 다량의 물을 이용하여 주수소화
④ 제5류 위험물 중 질산에스터류에 해당한다.

13. 피난 시 하나의 수단이 고장 등으로 사용이 불가능하더라도 다른 수단 및 방법을 통해서 피난할 수 있도록 하는 것으로 2방향 이상의 피난통로를 확보하는 피난대책의 일반원칙은?

① Risk-down 원칙
② Feed-back 원칙
③ Fool-proof 원칙
④ Fail-safe 원칙

[해설] Fail-safe
피난 시 하나의 수단이 고장 등으로 사용이 불가능하더라도 다른 수단 및 방법을 통해서 피난할 수 있도록 하는 것으로 2방향 이상의 피난통로를 확보하는 피난대책

14. 방화구획의 설치기준 중 스프링클러 기타 이와 유사한 자동식소화설비를 설치한 10층 이하의 층은 몇 m² 이내마다 구획하여야 하는가?

① 1,000 ② 1,500
③ 2,000 ④ 3,000

[해설] 방화구획 적합기준

10층 이하의 층	바닥면적 1천제곱미터(스프링클러를 설치한 경우에는 바닥면적 3천제곱미터) 이내마다 구획
매 층마다 구획할 것. 다만, 지하 1층에서 지상으로 직접 연결하는 경사로 부위는 제외	
11층 이상의 층	바닥면적 200제곱미터(스프링클러를 설치한 경우에는 600제곱미터)이내마다 구획할 것. 다만, 마감을 **불연재료**로 한 경우에는 바닥면적 500제곱미터(스프링클러를 설치한 경우에는 1천500제곱미터)이내마다 구획

15. 건물의 주요구조부에 해당되지 않는 것은?

① 바닥 ② 천장
③ 기둥 ④ 주계단

[해설] 1) 주요구조부
① 내력벽 ② 지붕틀 ③ **주 계단**
④ 보 ⑤ **바닥** ⑥ 기둥
2) 주요구조부 제외부분
① 사이기둥 ② 최하층의 바닥
③ 작은 보 ④ 차양
⑤ 옥외계단

정답 11. ① 12. ① 13. ④ 14. ④ 15. ②

16 ★★★ 출제년도 【13, 22, 23.】
다음 중 플래시 오버(flash over)를 가장 옳게 설명한 것은?

① 도시가스의 폭발적 연소를 말한다.
② 휘발유 등 가연성 액체가 넓게 흘러서 발화한 상태를 말한다.
③ 옥내화재가 서서히 진행하여 열 및 가연성 기체가 축적되었다가 일시에 연소하여 화염이 크게 발생하는 상태를 말한다.
④ 화재층의 불이 상부층으로 올라가는 현상을 말한다.

해설 Flash-over 현상은 발화 후 5~6분 경과 후 발생하는 것으로 화재로 생긴 **가연성 가스가 일시에 인화하여 화염이 충만해지는 과정**을 말한다.

17 ★★★ 출제년도 【19, 23.】
BLEVE 현상을 설명한 것으로 가장 옳은 것은?

① 물이 뜨거운 기름표면 아래에서 끓을 때 화재를 수반하지 않고 over flow 되는 현상
② 물이 연소유의 뜨거운 표면에 들어갈 때 발생되는 over flow 현상
③ 탱크 바닥에 물과 기름의 에멀전이 섞여 있을 때 물의 비등으로 인하여 급격하게 over flow 되는 현상
④ 탱크 주위 화재로 탱크 내 인화성 액체가 비등하고 가스부분의 압력이 상승하여 탱크가 파괴되고 폭발을 일으키는 현상

해설 보기설명
① 프로스 오버 : 물이 뜨거운 기름표면 아래에서 끓을 때 화재를 수반하지 않고 over flow 되는 현상
② 슬롭 오버 : 물이 연소유의 뜨거운 표면에 들어갈 때 발생되는 over flow 현상
③ 보일 오버 : 탱크 바닥에 물과 기름의 에멀전이 섞여있을 때 물의 비등으로 인하여 급격하게 over flow 되는 현상
④ 블레비(BLEVE) 현상 : 비등액체 팽창 증기폭발을 말하며, 탱크 주위 화재로 탱크 내 인화성 액체가 비등하고 가스부분의 압력이 상승하여 탱크가 파괴되고 폭발을 일으키는 현상

18 ★★★ 출제년도 【16, 22, 23.】
폭굉(Detonation)에 관한 설명으로 틀린 것은?

① 연소속도가 음속보다 느릴 때 나타난다.
② 온도의 상승은 충격파의 압력에 기인한다.
③ 압력상승은 폭연의 경우보다 크다.
④ 폭굉의 유도거리는 배관의 지름과 관계가 있다.

해설 폭연(Deflagration)과 폭굉(Detonation)
① 폭연(Deflagration) : 화염전파속도가 음속 미만(아음속)
② 폭굉(Detonation) : 화염전파속도가 음속보다 빠른 것(초음속)으로 1,000~3,500[m/s] 정도
③ 폭연과 폭굉의 비교

구 분	폭연(Deflagration)	폭굉(Detonation)
발생속도	① 음속 미만(아음속) ② 0.1~10m/s	① 음속 이상(초음속) ② 1,000~3,500m/s
온도상승	열전달 (전도, 대류, 복사)	충격파

19 ★ 출제년도 【22, 23.】
상온에서 무색의 기체로서 암모니아와 유사한 냄새를 가지는 물질은?

① 에틸벤젠
② 에틸아민
③ 산화프로필렌
④ 사이클로프로판

해설 에틸아민($C_2H_5NH_2$)
① 제4류 위험물 중 특수인화물에 속한다.
② 강한 암모니아와 같은 냄새를 가진 무색의 화합물

정답 16. ③ 17. ④ 18. ① 19. ②

20 조연성가스로만 나열되어 있는 것은?

① 질소, 불소, 수증기
② 산소, 불소, 염소
③ 산소, 이산화탄소, 오존
④ 질소, 이산화탄소, 염소

해설 ① 조연성 가스 : 자신은 연소하지 않고 연소를 도와주는 가스
② 종류 : 산소, 공기, 염소, 오존, 불소 등
※ 불연성 가스 : 질소, 이산화탄소

2과목 소방전기일반

21 0 ℃에서 저항이 10 Ω이고, 저항의 온도계수가 0.0043인 전선이 있다. 30 ℃에서 이 전선의 저항은 약 몇 Ω인가?

① 0.013 ② 0.68
③ 1.4   ④ 11.3

해설 저항
$R_T = R_t [1 + \alpha_t (T-t)]$
$= 10[1+0.0043(30-0)] = 11.29 [\Omega]$

22 권선수가 100회인 코일에 유도되는 기전력의 크기가 e_1이다. 이 코일의 권선수를 200회로 늘렸을 때 유도되는 기전력의 크기(e_2)는?

① $e_2 = \frac{1}{4}e_1$ ② $e_2 = \frac{1}{2}e_1$
③ $e_2 = 2e_1$ ④ $e_2 = 4e_1$

해설 ① 인덕턴스 $L = \frac{\mu A N^2}{l}$의 관계에서 인덕턴스 L은 N^2(권수의 제곱)에 비례

② 유도기전력 $e = -L\frac{di}{dt}$의 관계에서 e는 인덕턴스 (L)에 비례
③ 유도기전력 e는 N^2(권수의 제곱)에 비례하므로
④ $e_2 = (\frac{N_2}{N_1})^2 \times e_1 = (\frac{200}{100})^2 \times e_1 = 4e_1$

23 용량 0.02 μF 콘덴서 2개와 0.01 μF 콘덴서 1개를 병렬로 접속하여 24 V 의 전압을 가하였다. 합성용량은 몇 μF이며, 0.01 μF 콘덴서에 축적되는 전하량은 몇 C인가?

① 0.05, 0.12×10^{-6}
② 0.05, 0.24×10^{-6}
③ 0.03, 0.12×10^{-6}
④ 0.03, 0.24×10^{-6}

해설 ① 합성정전용량 : 병렬연결이므로 합산하면 된다.
$C_T = 0.02 \times 2개 + 0.01 \times 1개 = 0.05 \mu F$
② 충전되는 전기량
$Q = CV = 0.01 \times 10^{-6} \times 24 = 0.24 \times 10^{-6} C$

24 그림과 같은 회로에 평형 3상 전압 200 V를 인가한 경우 소비된 유효전력(kW)은?
(단, $R=20 \Omega$, $X=10 \Omega$)

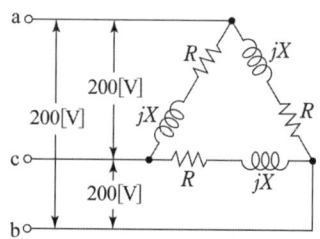

① 1.6 ② 2.4
③ 2.8 ④ 4.8

해설 유효전력
$P = 3I_p^2 R = 3 \times \frac{V_p^2}{R^2+X^2} \times R$

$$= 3 \times \frac{200^2}{20^2 + 10^2} \times 20 = 4800[W] = 4.8[kW]$$

25 정현파 전압의 평균값과 최댓값과의 관계식 중 옳은 것은?

① $V_{av} = 0.707 V_m$ ② $V_{av} = 0.840 V_m$
③ $V_{av} = 0.637 V_m$ ④ $V_{av} = 0.956 V_m$

해설

파 형	정현파	정현반파	삼각파	구형반파	구형파
실효값	$\frac{I_m}{\sqrt{2}}$	$\frac{I_m}{2}$	$\frac{I_m}{\sqrt{3}}$	$\frac{I_m}{\sqrt{2}}$	I_m
평균값	$\frac{2I_m}{\pi}$	$\frac{I_m}{\pi}$	$\frac{I_m}{2}$	$\frac{I_m}{2}$	I_m

정현파의 평균값 $V_{av} = \frac{2I_m}{\pi}$, $V_{av} = 0.637 I_m$

여기서, V_{av} : 전압의 평균값 [V],
V_m : 전압의 최댓값 [V]

26 저항 6[Ω]과 유도리액턴스 8[Ω]이 직렬로 접속된 회로에 100[V]의 교류전압을 가할 때 흐르는 전류의 크기는 몇 [A]인가?

① 10 ② 30
③ 50 ④ 80

해설 전류 $I = \frac{V}{Z} = \frac{V}{\sqrt{R^2 + X_L^2}} = \frac{100}{\sqrt{6^2 + 8^2}} = 10[A]$

27 단상 반파 정류회로에서 교류 실효값 220V를 정류하면 직류 평균전압은 약 몇 V인가? (단, 정류기의 전압강하는 무시한다.)

① 58 ② 73
③ 88 ④ 99

해설 단상 반파정류
$E_d = 0.45 E_a - e = 0.45 \times 220 - 0 = 99$ V
여기서, E_a : 교류전압 V
e : 전압강하 V

28 직류 발전기의 자극수 4, 전기자 도체 수 500, 각 자극의 유효자속 수 0.01[Wb], 회전수 1800[rpm]인 경우 유기기전력은 얼마인가? (단, 전기자 권선은 파권이다.)

① 100[V] ② 150[V]
③ 200[V] ④ 300[V]

해설 파권이므로 병렬회로수 $a = 2$이다.
∴ $E = \frac{pZ}{a} \phi \frac{N}{60} = \frac{4 \times 500}{2} \times 0.01 \times \frac{1800}{60} = 300[V]$

29 자기용량이 10 kVA인 단권변압기를 그림과 같이 접속하였을 때 역률 80 %의 부하에 몇 kW의 전력을 공급할 수 있는가?

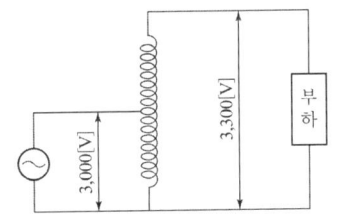

① 8 ② 54
③ 80 ④ 88

해설 부하용량
$W = \frac{V_h}{V_h - V_l} \times w = \frac{3300}{3300 - 3000} \times 10 = 110[kVA]$
부하전력 : $110[kVA] \times 0.8 = 88[kW]$

정답 25. ③ 26. ① 27. ④ 28. ④ 29. ④

30 분류기를 사용하여 내부 저항이 R_A인 전류계의 배율을 9로 하기 위한 분류기의 저항 $R_S[\Omega]$은?

① $R_S = \dfrac{1}{8}R_A$ ② $R_S = \dfrac{1}{9}R_A$
③ $R_S = 8R_A$ ④ $R_S = 9R_A$

해설 분류기의 저항
$$R_s = \dfrac{1}{m-1}r = \dfrac{1}{9-1} \times r = \dfrac{r}{8}$$
여기에서, m: 배율, r: 전류계의 내부저항

31 블록선도의 전달함수 $\left(\dfrac{C(s)}{R(s)}\right)$는?

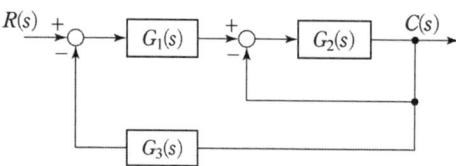

① $\dfrac{G_1(s)G_2(s)}{1+G_1(s)G_2(s)G_3(s)}$

② $\dfrac{G_1(s)G_2(s)}{1+G_1(s)+G_1(s)G_2(s)G_3(s)}$

③ $\dfrac{G_1(s)G_2(s)}{1+G_2(s)+G_1(s)G_2(s)G_3(s)}$

④ $\dfrac{G_1(s)G_2(s)}{1+G_3(s)+G_1(s)G_2(s)G_3(s)}$

해설 전달함수
$$\dfrac{C(s)}{R(s)} = \dfrac{\text{전향경로의 합}}{1-\text{루프이득의 합}}$$
$$= \dfrac{G_1(s)G_2(s)}{1-(-G_1(s)G_2(s)G_3(s)-G_2(s))}$$
$$= \dfrac{G_1(s)G_2(s)}{1+G_2(s)+G_1(s)G_2(s)G_3(s)}$$

32 다이오드를 여러 개 병렬로 접속하는 경우에 대한 설명으로 옳은 것은?

① 과전류로부터 보호할 수 있다.
② 과전압으로부터 보호할 수 있다.
③ 부하측의 맥동률을 감소시킬 수 있다.
④ 정류기의 역방향 전류를 감소시킬 수 있다.

해설 다이오드의 연결
직렬연결 : 과전압으로부터 보호
병렬연결 : 과전류로부터 보호

33 그림과 같은 다이오드 게이트 회로에서 출력전압은? (단, 다이오드내의 전압강하는 무시한다.)

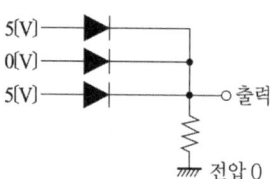

① 10[V] ② 5[V]
③ 1[V] ④ 0[V]

해설 그림의 다이오드 게이트 회로는 OR게이트 회로로서, 입력의 어느 하나가 1이면, 출력도 1인 회로이다. 따라서, 입력이 5[V]이므로, 출력도 5[V]이다.

34 그림의 논리회로와 등가인 논리 게이트는?

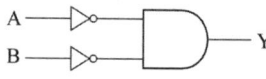

① NOR ② NAND
③ NOT ④ OR

정답 30. ① 31. ③ 32. ① 33. ② 34. ①

[해설] NOR(부정 논리합) 회로
논리식 $Y = \overline{A} \cdot \overline{B} = \overline{A+B}$

35 ★★★ 출제년도【03. 11. 13. 18. 23.】
시퀀스제어에 관한 설명 중 옳지 않은 것은?

① 기계적 계전기접점이 사용된다.
② 논리회로가 조합 사용된다.
③ 시간 지연요소가 사용된다.
④ 전체시스템에 연결된 접점들이 일시에 동작할 수 있다.

[해설] 시퀀스란「현상이 일어나는 순서」를 말하며, 또한 시퀀스 제어란「미리 정해 놓은 순서 또는 일정한 논리에 의하여 정해진 순서에 따라 제어의 각 단계를 순서적으로 진행하는 제어」로 되어 있다. 즉, **전체 시스템에 연결된 접점들이 일시에 동작할 수 없다.**

36 ★★★ 출제년도【15. 23.】
한 코일의 전류가 매초 150 A의 비율로 변화할 때 다른 코일에 10 V의 기전력이 발생하였다면 두 코일의 상호 인덕턴스(H)는?

① 1/3 ② 1/5
③ 1/10 ④ 1/15

[해설] 기전력 $e = M\dfrac{di}{dt}$ 에서 $10[V] = M \times 150[A/s]$

상호인덕턴스 $M = \dfrac{10}{150} = \dfrac{1}{15}$

여기서, di : 전류의 변화량(A)
dt : 시간의 변화(s)

37 ★★ 출제년도【18. 23.】
비투자율 $\mu_s = 500$, 평균 자로의 길이 1 m의 환상 철심 자기회로에 2 mm의 공극을 내면 전체의 자기저항은 공극이 없을 때의 약 몇 배가 되는가?

① 5 ② 2.5
③ 2 ④ 0.5

[해설] ① 공극이 없을 때의 자기저항
$$R_m = \dfrac{l}{\mu S} = \dfrac{l}{\mu_0 \mu_s S}$$

② 공극이 있을 때의 자기저항
$$R_g = R_m + R_0 = \dfrac{l}{\mu_0 \mu_s S} + \dfrac{l_g}{\mu_0 S}$$

③ 자기저항의 비
$$\dfrac{R_g}{R_m} = \dfrac{R_m + R_o}{R_m} = 1 + \dfrac{R_0}{R_m} = 1 + \dfrac{\dfrac{l_g}{\mu_0 S}}{\dfrac{l}{\mu_0 \mu_s S}}$$

$$= 1 + \mu_s \dfrac{l_g}{l} = 1 + 500 \times \dfrac{2 \times 10^{-3} m}{1 m} = 2$$

여기서, l_g : 공극의 길이[m], l : 전체 길이(m)

38 ★★★ 출제년도【22. 23.】
한 변의 길이가 150 mm인 정방형 회로에 1 A의 전류가 흐를 때 회로 중심에서의 자계의 세기는 약 몇 AT/m인가?

① 5 ② 6
③ 9 ④ 21

[해설] 정방형(정사각형) 중심에서의 자계의 세기
$$H = \dfrac{2\sqrt{2}I}{\pi l} = \dfrac{2\sqrt{2} \times 1}{\pi \times 0.15} = 6 \text{AT/m}$$

정삼각형 중심에서의 자계의 세기 : $H = \dfrac{9I}{2\pi l}$

정육각형 중심에서의 자계의 세기 : $H = \dfrac{\sqrt{3}I}{\pi l}$

39 ★★★ 출제년도【21. 23.】
길이 1 cm마다 감은 권선수가 50회인 무한장 솔레노이드에 500 mA의 전류를 흘릴 때 솔레노이드 내부에서의 자계의 세기는 몇 AT/m인가?

① 1250 ② 2500
③ 12500 ④ 25000

[해설] 자계의 세기
$$H = \dfrac{NI}{l} = \dfrac{50 \times 500 \times 10^{-3}}{0.01} = 2500[\text{AT/m}]$$

정답 35. ④ 36. ④ 37. ③ 38. ② 39. ②

40 히스테리시스 곡선의 종축과 횡축은?

① 종축 : 자속밀도, 횡축 : 투자율
② 종축 : 자계의 세기, 횡축 : 투자율
③ 종축 : 자계의 세기, 횡축 : 자속밀도
④ 종축 : 자속밀도, 횡축 : 자계의 세기

해설 히스테리시스 곡선

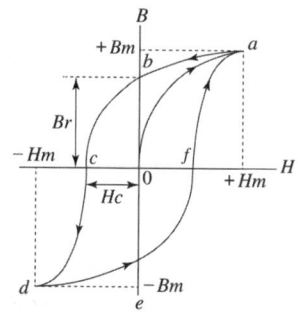

B : 자속밀도[Wb/m²]
H : 자계의 세기[AT/m](횡축)
Br : 잔류자기(종축), Hc : 보자력

① 영구자석의 구비조건
  • 잔류자기 및 보자력이 클 것
  • 히스테리면적이 클 것
② 전자석의 구비조건
  • 잔류자기가 클 것
  • 보자력 및 히스테리면적이 작을 것

3과목 소방관계법규

41 소방기본법령상 출동한 소방대원에게 폭행 또는 협박을 행사하여 화재진압·인명구조 또는 구급활동을 방해한 사람에 대한 벌칙 기준은?

① 500만원 이하의 과태료
② 1년 이하의 징역 또는 1000만원 이하의 벌금
③ 3년 이하의 징역 또는 3000만원 이하의 벌금
④ 5년 이하의 징역 또는 5000만원 이하의 벌금

해설 5년 이하의 징역 또는 5천만원 이하의 벌금
1. 제16조제2항을 위반하여 다음 각 목의 어느 하나에 해당하는 행위를 한 사람
  가. 위력(威力)을 사용하여 출동한 소방대의 화재진압·인명구조 또는 구급활동을 방해하는 행위
  나. 소방대가 화재진압·인명구조 또는 구급활동을 위하여 현장에 출동하거나 현장에 출입하는 것을 고의로 방해하는 행위
  다. 출동한 소방대원에게 폭행 또는 협박을 행사하여 화재진압·인명구조 또는 구급활동을 방해하는 행위
  라. 출동한 소방대의 소방장비를 파손하거나 그 효용을 해하여 화재진압·인명구조 또는 구급활동을 방해하는 행위

42 소방신호의 종류가 아닌 것은?

① 진화신호   ② 발화신호
③ 경계신호   ④ 해제신호

해설 관련법 : 소방기본법 시행규칙
(소방신호의 종류 및 방법)

정답 40. ④ 41. ④ 42. ①

1) **경계신호** : 화재예방 상 필요하다고 인정 되거나 화재위험경보 시 발령
2) **발화신호** : 화재가 발생한 때 발령
3) **해제신호** : 소화활동이 필요 없다고 인정되는 때 발령
4) **훈련신호** : 훈련 상 필요하다고 인정되는 때 발령

43. 출제년도 【98, 03, 04, 10, 20, 23.】

소방기본법령에 따라 주거지역 · 상업지역 및 공업지역에 소방용수시설을 설치하는 경우 소방대상물과의 수평거리를 몇 m 이하가 되도록 해야 하는가?

① 50
② 100
③ 150
④ 200

해설 소방용수시설의 설치기준 중 공통기준
가. 주거지역 · 상업지역 및 공업지역에 설치하는 경우 : 소방대상물과의 수평거리를 100미터 이하
나. 가목 외의 지역에 설치하는 경우 : 소방대상물과의 수평거리를 140미터 이하

44. 출제년도 【19, 23.】

소방용수시설 중 소화전과 급수탑의 설치기준으로 틀린 것은?

① 급수탑 급수배관의 구경은 100 mm이상으로 할 것
② 소화전은 상수도와 연결하여 지하식 또는 지상식으로 할 것
③ 소방용호스와 연결하는 소화전의 연결금속구의 구경은 65 mm로 할 것
④ 급수탑의 개폐밸브는 지상에서 1.5 m이상 1.8 m이하의 위치에 설치할 것

해설 소방용수시설의 설치기준
① 소화전의 설치기준 : 상수도와 연결하여 지하식 또는 지상식의 구조로 하고, 소방용호스와 연결하는 소화전의 연결금속구의 구경은 65밀리미터로 할 것
② 급수탑의 설치기준 : 급수배관의 구경은 100밀리미터 이상으로 하고, 개폐밸브는 지상에서 **1.5미터 이상 1.7미터 이하**의 위치에 설치하도록 할 것

45. 출제년도 【20, 23.】

화재의 예방 및 안전관리에 관한 법령상 특수가연물의 품명과 지정수량 기준의 연결이 틀린 것은?

① 사류−1000 kg 이상
② 볏짚류−3000 kg 이상
③ 석탄·목탄류−10000 kg 이상
④ 합성수지류 중 발포시킨 것−20 m³ 이상

해설 특수가연물의 품명 및 지정수량

품명		수량
면화류		200킬로그램 이상
나무껍질 및 대팻밥		400킬로그램 이상
넝마 및 종이부스러기		1,000킬로그램 이상
사류(絲類)		1,000킬로그램 이상
볏짚류		**1,000킬로그램 이상**
가연성고체류		3,000킬로그램 이상
석탄 · 목탄류		10,000킬로그램 이상
가연성액체류		2세제곱미터 이상
목재가공품 및 나무부스러기		10세제곱미터 이상
합성수지류	발포시킨 것	20세제곱미터 이상
	그 밖의 것	3,000킬로그램 이상

46. 출제년도 【21, 23.】

화재의 예방 및 안전관리에 관한 법령상 특정소방대상물의 관계인이 수행하여야 하는 소방안전관리 업무가 아닌 것은?

① 소방훈련의 지도 · 감독
② 화기(火氣) 취급의 감독
③ 피난시설, 방화구획 및 방화시설의 유지 · 관리
④ 소방시설이나 그 밖의 소방 관련 시설의 유지 · 관리

해설 특정소방대상물의 관계인의 소방안전관리자의 업무
1. 제36조에 따른 피난계획에 관한 사항과 대통령령으로 정하는 사항이 포함된 소방계획서의 작성 및 시행
2. 자위소방대(自衛消防隊) 및 초기대응체계의 구성, 운영 및 교육

정답 43. ② 44. ④ 45. ② 46. ①

3. 「소방시설 설치 및 관리에 관한 법률」 제16조에 따른 피난시설, 방화구획 및 방화시설의 관리
4. 소방시설이나 그 밖의 소방 관련 시설의 관리
5. 제37조에 따른 소방훈련 및 교육
6. 화기(火氣) 취급의 감독
7. 행정안전부령으로 정하는 바에 따른 소방안전관리에 관한 업무수행에 관한 기록·유지(제3호·제4호 및 제6호의 업무를 말한다)
8. 화재발생 시 초기대응
9. 그 밖에 소방안전관리에 필요한 업무

47 ★★★ 출제년도 【18, 23.】
소방기본법령상 일반음식점에서 조리를 위하여 불을 사용하는 설비를 설치하는 경우 지켜야 하는 사항 중 다음 ( ) 안에 알맞은 것은?

- 주방설비에 부속된 배출덕트는 (㉠)mm 이상의 아연도금강판 또는 이와 동등 이상의 내식성 불연재료로 설치할 것
- 열을 발생하는 조리기구로부터 (㉡)m 이내의 거리에 있는 가연성 주요구조부는 석면판 또는 단열성이 있는 불연재료로 덮어 씌울 것

① ㉠ 0.5, ㉡ 0.15
② ㉠ 0.5, ㉡ 0.6
③ ㉠ 0.6, ㉡ 0.15
④ ㉠ 0.6, ㉡ 0.5

해설
가. 주방설비에 부속된 배출덕트(공기 배출통로)는 **0.5밀리미터 이상**의 아연도금강판 또는 이와 동등 이상의 내식성 불연재료로 설치할 것
나. 주방시설에는 동물 또는 식물의 기름을 제거할 수 있는 필터 등을 설치할 것
다. 열을 발생하는 조리기구는 반자 또는 선반으로부터 **0.6미터 이상** 떨어지게 할 것
라. 열을 발생하는 조리기구로부터 **0.15미터 이내의** 거리에 있는 가연성 주요구조부는 석면판 또는 단열성이 있는 불연재료로 덮어 씌울 것

48 ★★★ 출제년도 【21, 23.】
화재의 예방 및 안전관리에 관한 법령상 소방관서장이 화재안전조사를 하려면 관계인에게 조사대상, 조사기간 및 조사사유 등을 최대 며칠 전에 서면으로 알려야 하는가? (단, 긴급하게 조사할 필요가 있는 경우와 사전에 통지하면 조사목적을 달성할 수 없다고 인정되는 경우는 제외한다.)

① 7
② 10
③ 12
④ 14

해설 ① 소방관서장은 화재안전조사를 하려면 **7일 전**에 관계인에게 조사대상, 조사기간 및 조사사유 등을 서면으로 알려야 한다. 다만, 다음 각 호의 어느 하나에 해당하는 경우에는 그러하지 아니하다.
1. 화재, 재난·재해가 발생할 우려가 뚜렷하여 긴급하게 조사할 필요가 있는 경우
2. 화재안전조사의 실시를 사전에 통지하면 조사목적을 달성할 수 없다고 인정되는 경우

49 ★★★ 출제년도 【12, 23.】
특정소방대상물에 설치하는 소방시설등의 유지·관리 등에 있어 대통령령 또는 화재안전기술기준의 변경으로 그 기준이 강화되는 경우 변경전의 대통령령 또는 화재안전기준이 적용되지 않고 강화된 기준이 적용되는 것은?

① 자동화재속보설비
② 옥내소화전설비
③ 간이스프링클러설비
④ 옥외소화전설비

해설
1. 다음 각 목의 소방시설 중 대통령령 또는 화재안전기준으로 정하는 것
   가. 소화기구
   나. 비상경보설비
   다. 자동화재탐지설비
   라. 자동화재속보설비
   마. 피난구조설비
2. 다음 각 목의 특정소방대상물에 설치하는 소방시설 중 대통령령 또는 화재안전기준으로 정하는 것

정답 47. ① 48. ① 49. ①

가. 공동구
나. 전력 및 통신사업용 지하구
다. 노유자(老幼者) 시설
라. 의료시설

노유자 (老幼者)시설	간이스프링클러설비, 자동화재탐지설비 및 단독경보형 감지기
의료시설	스프링클러설비, 간이스프링클러설비, 자동화재탐지설비 및 자동화재속보설비

50. 특정소방대상물의 방염 등에 있어 방염대상물품에 해당되지 않는 것은?

① 목재 책상
② 카펫
③ 창문에 설치하는 커튼류
④ 전시용 합판

해설 관련법 : 소방시설 설치 및 관리에 관한 법률 시행령 제20조(방염대상물품 및 방염성능기준)
방염대상 물품
1) 창문에 설치하는 커튼류(블라인드 포함)
2) 카펫
3) 벽지류(두께가 2밀리미터 미만인 종이벽지는 제외한다)
4) 전시용 합판 또는 섬유판, 무대용 합판 또는 섬유판
5) 암막, 무대막(영화상영관에 설치하는 스크린 포함)
※ 가구류와 10 cm 이하의 반자돌림대는 방염대상물품에서 제외

51. 소방시설 설치 및 관리에 관한 법률상 중앙소방기술심의위원회의 심의사항이 아닌 것은?

① 화재안전기술기준에 관한 사항
② 소방시설의 설계 및 공사감리의 방법에 관한 사항
③ 소방시설에 하자가 있는지의 판단에 관한 사항
④ 소방시설공사의 하자를 판단하는 기준에 관한 사항

해설 중앙소방기술심의위원회의 심의사항
① 화재안전기술기준에 관한 사항
② 소방시설의 설계 및 공사감리의 방법에 관한 사항
③ **소방시설공사의 하자를 판단하는 기준에 관한 사항**
④ 연면적 10만제곱미터 이상의 특정소방대상물에 설치된 소방시설의 설계 시공 감리의 하자 유무에 관한 사항
⑤ 새로운 소방시설과 소방용품 등의 도입 여부에 관한 사항
⑥ 소방시설의 구조 및 원리에서 공법이 특수한 설계 및 시공에 관한 사항

52. 소방시설 설치 및 관리에 관한 법령상 화재안전기술기준을 달리 적용하여야 하는 특수한 용도 또는 구조를 가진 특정소방대상물인 원자력발전소에 설치하지 아니할 수 있는 소방시설은?

① 물분무등소화설비
② 스프링클러설비
③ 상수도소화용수설비
④ 연결살수설비

해설 소방시설을 설치하지 아니하는 특정소방대상물의 범위

특정소방대상물	소방시설
펄프공장의 작업장, 음료수 공장의 세정 또는 충전을 하는 작업장, 그 밖에 이와 비슷한 용도로 사용하는 것	스프링클러설비, 상수도소화용수설비 및 연결살수설비
정수장, 수영장, 목욕장, 농예·축산·어류양식용 시설, 그 밖에 이와 비슷한 용도로 사용되는 것	자동화재탐지설비, 상수도소화용수설비 및 연결살수설비
원자력발전소, 핵폐기물처리시설	연결송수관설비 및 연결살수설비

정답 50. ① 51. ③ 52. ④

53 소방시설 설치 및 관리에 관한 법령상 소방안전관리대상물의 소방계획서에 포함되어야 하는 사항이 아닌 것은?

① 소방시설·피난시설 및 방화시설의 점검·정비계획
② 위험물안전관리법에 따라 예방규정을 정하는 제조소등의 위험물 저장·취급에 관한 사항
③ 특정소방대상물의 근무자 및 거주자의 자위소방대 조직과 대원의 임무에 관한 사항
④ 방화구획, 제연구획, 건축물의 내부 마감재료(불연재료·준불연재료 또는 난연재료로 사용된 것) 및 방염물품의 사용현황과 그 밖의 방화구조 및 설비의 유지·관리계획

해설 소방안전관리대상물의 소방계획서에 포함되어야 하는 사항
1. 소방안전관리대상물의 위치·구조·연면적·용도 및 수용인원 등 일반 현황
2. 소방안전관리대상물에 설치한 소방시설·방화시설(防火施設), 전기시설·가스시설 및 위험물시설의 현황
3. 화재 예방을 위한 자체점검계획 및 진압대책
4. 소방시설·피난시설 및 방화시설의 점검·정비계획
5. 피난층 및 피난시설의 위치와 피난경로의 설정, 장애인 및 노약자의 피난계획 등을 포함한 피난계획
6. 방화구획, 제연구획, 건축물의 내부 마감재료(불연재료·준불연재료 또는 난연재료로 사용된 것을 말한다) 및 방염물품의 사용현황과 그 밖의 방화구조 및 설비의 유지·관리계획
7. 소방훈련 및 교육에 관한 계획
8. 특정소방대상물의 근무자 및 거주자의 자위소방대 조직과 대원의 임무(장애인 및 노약자의 피난 보조 임무를 포함한다)에 관한 사항
9. 증축·개축·재축·이전·대수선 중인 특정소방대상물의 공사장 소방안전관리에 관한 사항
10. 공동 및 분임 소방안전관리에 관한 사항
11. 소화와 연소 방지에 관한 사항
12. **위험물의 저장·취급에 관한 사항(예방규정을 정하는 제조소등은 제외한다)**

54 소방시설 설치 및 관리에 관한 법령상 수용인원 산정 방법 중 침대가 없는 숙박시설로서 해당 특정소방대상물의 종사자의 수는 5명, 복도, 계단 및 화장실의 바닥면적을 제외한 바닥 면적이 158 m²인 경우의 수용인원은 약 몇 명인가?

① 37   ② 45
③ 58   ④ 84

해설 수용인원 $= 5명 + \dfrac{158 m^2}{3 m^2} = 57.67 = 58명$

55 소방시설공사업법령에 따른 소방시설공사 중 특정소방대상물에 설치된 소방시설등을 구성하는 것의 전부 또는 일부를 개설, 이전 또는 정비하는 공사의 착공신고 대상이 아닌 것은?

① 수신반
② 소화펌프
③ 동력(감시)제어반
④ 제연설비의 제연구역

해설 착공신고 대상
특정소방대상물에 설치된 소방시설등을 구성하는 다음 각 목의 어느 하나에 해당하는 것의 전부 또는 일부를 개설(改設), 이전(移轉) 또는 정비(整備)하는 공사. 다만, 고장 또는 파손 등으로 인하여 작동시킬 수 없는 소방시설을 긴급히 교체하거나 보수하여야 하는 경우에는 신고하지 않을 수 있다.
가. 수신반(受信盤)
나. 소화펌프
다. 동력(감시)제어반

56 소방시설공사업법령에 따른 성능위주설계를 할 수 있는 자의 설계범위 기준 중 틀린 것은?

① 연면적 30000 m² 이상인 특정소방대상물로서 공항시설
② 연면적 100000 m² 이상인 특정소방대상물 (단, 아파트 등은 제외)
③ 지하층을 포함한 층수가 30층 이상인 특정소방대상물 (단, 아파트 등은 제외)
④ 하나의 건축물에 영화상영관이 10개 이상인 특정소방대상물

해설 성능위주설계를 하여야 하는 특정소방대상물의 범위
1. 연면적 **20만제곱미터 이상**인 특정소방대상물. 다만, 공동주택 중 주택으로 쓰이는 층수가 5층 이상인 주택(이하 이 조에서 "아파트 등"이라 한다)은 제외한다.
2. 다음 각 목의 어느 하나에 해당하는 특정소방대상물.
   가. **50층 이상(지하층 제외)**이거나 지상으로부터 높이가 200미터 이상인 아파트 등
   나. 30층 이상(지하층 제외)이거나 지상으로부터 높이가 120미터 이상인 특정소방대상물(아파트등은 제외)
3. **연면적 3만제곱미터 이상**인 특정소방대상물로서 다음 각 목의 어느 하나에 해당하는 특정소방대상물
   가. 철도 및 도시철도 시설
   나. 공항시설
4. 하나의 건축물에 **영화상영관이 10개 이상**인 특정소방대상물
5. 「초고층 및 지하연계 복합건축물 재난관리에 관한 특별법」 제2조 제2호에 따른 지하연계 복합건축물에 해당하는 특정소방대상물

57 소방시설공사업법령상 하자보수를 하여야 하는 소방시설 중 하자보수 보증기간이 3년이 아닌 것은?

① 자동소화장치
② 비상방송설비
③ 스프링클러설비
④ 상수도소화용수설비

해설 하자보수 대상과 보증기간

2년	피난기구, 유도등, 유도표지, 비상경보설비, 비상조명등, **비상방송설비** 및 무선통신보조설비
3년	자동소화장치, 옥내소화전설비, 스프링클러설비, 간이스프링클러설비, 물분무등소화설비, 옥외소화전설비, 자동화재탐지설비, 상수도소화용수설비 및 소화활동설비 (무선통신보조설비는 제외한다)

58 위험물안전관리법령상 위험물의 유별 저장·취급의 공통기준 중 다음 ( )안에 알맞은 것은?

( ) 위험물은 산화제와의 접촉·혼합이나 불티·불꽃·고온체와의 접근 또는 과열을 피하는 한편, 철분·금속분·마그네슘 및 이를 함유한 것에 있어서는 물이나 산과의 접촉을 피하고 인화성 고체에 있어서는 함부로 증기를 발생시키지 아니하여야 한다.

① 제1류 ② 제2류
③ 제3류 ④ 제4류

해설 (제2류) 위험물은 산화제와의 접촉·혼합이나 불티·불꽃·고온체와의 접근 또는 과열을 피하는 한편, 철분·금속분·마그네슘 및 이를 함유한 것에 있어서는 물이나 산과의 접촉을 피하고 인화성 고체에 있어서는 함부로 증기를 발생시키지 아니하여야 한다.

59 위험물안전관리법령상 위험물시설의 설치 및 변경 등에 관한 기준 중 다음 ( )안에 들어갈 내용으로 옳은 것은?

정답 56. ② 57. ② 58. ② 59. ②

제조소등의 위치·구조 또는 설비의 변경 없이 당해 제조소등에서 저장하거나 취급하는 위험물의 품명·수량 또는 지정수량의 배수를 변경하고자 하는 자는 변경하고자 하는 날의 (㉠)일 전까지 (㉡)이 정하는 바에 따라 (㉢)에게 신고하여야 한다.

① ㉠ : 1, ㉡ : 대통령령, ㉢ : 소방본부장
② ㉠ : 1, ㉡ : 행정안전부령, ㉢ : 시·도지사
③ ㉠ : 14, ㉡ : 대통령령, ㉢ : 소방서장
④ ㉠ : 14, ㉡ : 행정안전부령, ㉢ : 시·도지사

해설 제조소등의 위치·구조 또는 설비의 변경없이 당해 제조소등에서 저장하거나 취급하는 위험물의 품명·수량 또는 지정수량의 배수를 변경하고자 하는 자는 변경하고자 하는 날의 1일 전까지 행정안전부령이 정하는 바에 따라 시·도지사에게 신고하여야 한다.

60 ★★★ 출제년도【12. 20. 23.】
제4류 위험물의 지정수량을 나타낸 것으로 잘못된 것은?

① 특수인화물 – 50리터
② 알코올류 – 400리터
③ 동식물유류 – 1000리터
④ 제4석유류 – 6000리터

해설 관련법 : 위험물안전관리법 시행령 별표1 (위험물 및 지정수량)

위험물				지정 수량
유별	성질	품명		
제4류	인화성 액체	1. 특수인화물		50 리터
		2. 제1석유류	비수용성 액체	200 리터
			수용성 액체	400 리터
		3. 알코올류		400 리터
		4. 제2석유류	비수용성 액체	1000 리터
			수용성 액체	2000 리터
		5. 제3석유류	비수용성 액체	2000 리터
			수용성 액체	4000 리터
		6. 제4석유류		6000 리터
		7. 동식물유류		10000 리터

4과목 소방전기설비의 구조 및 원리

61 ★★★ 출제년도【17. 23.】
단독경보형감지기의 설치기준 중 다음 ( ) 안에 알맞은 것은?

이웃하는 실내의 바닥면적이 각각 ( ) m² 미만이고 벽체의 상부의 전부 또는 일부가 개방되어 이웃하는 실내와 공기가 상호 유통되는 경우에는 이를 1개의 실로 본다.

① 30 ② 50
③ 100 ④ 150

해설 각 실(이웃하는 실내의 바닥면적이 각각 30 m² 미만이고 벽체의 상부의 전부 또는 일부가 개방되어 이웃하는 실내와 공기가 상호 유통되는 경우에는 이를 1개의 실로 본다)마다 설치하되, 바닥면적이 150 m²를 초과하는 경우에는 150 m²마다 1개 이상 설치할 것

62 ★★★ 출제년도【11. 16. 20. 23.】
바닥면적이 450[m²]일 경우 단독경보형감지기의 최소 설치개수는?

① 1개 ② 2개
③ 3개 ④ 4개

해설 ① 각 실(이웃하는 실내의 바닥면적이 각각 30[m²] 미만이고 벽체의 상부의 부분 또는 일부가 개방되어 이웃하는 실내와 공기가 상호 유통되는 경우에는 이를 1개의 실로 본다)마다 설치하되, 바닥면적이 150[m²]를 초과하는 경우에는 150[m²] 마다 1개 이상 설치할 것
② 설치개수 = 450[m²]/150[m²] = 3개

정답 60. ③ 61. ① 62. ③

63 비상방송설비의 음향장치 설비기준으로 틀린 것은?

① 실내에 설치하지 않는 확성기의 음성입력은 3[W](실내는 1[W]) 이상일 것
② 음량조정기를 설치하는 경우 음량조정기의 배선은 3선식으로 할 것
③ 조작부의 조작스위치는 바닥으로부터 0.5[m] 이상 1.0[m] 이하로 할 것
④ 확성기는 각 층마다 설치하되 그 층의 각 부분으로부터 하나의 확성기까지의 수평거리가 25[m] 이하가 되도록 할 것

해설 비상방송설비의 설치기준 중 조작부의 조작스위치는 바닥으로부터 **0.8[m] 이상 1.5[m] 이하**의 높이에 설치한다.

64 비상방송설비 음향장치의 설치기준 중 다음 ( ) 안에 알맞은 것은?

- 음량조정기를 설치하는 경우 음량 조정기의 배선은 (㉠)선식으로 할 것
- 확성기는 각층마다 설치하되, 그 층의 각 부분으로부터 하나의 확성기까지의 수평거리가 (㉡) m 이하가 되도록 하고, 해당층의 각 부분에 유효하게 경보를 발할 수 있도록 설치할 것

① ㉠ 2, ㉡ 15
② ㉠ 2, ㉡ 25
③ ㉠ 3, ㉡ 15
④ ㉠ 3, ㉡ 25

해설 ① 음량조정기를 설치하는 경우 음량 조정기의 배선은 **3선식**으로 할 것
② 확성기는 각층마다 설치하되, 그 층의 각 부분으로부터 하나의 확성기까지의 **수평거리가 25m 이하**가 되도록 하고, 해당층의 각 부분에 유효하게 경보를 발할 수 있도록 설치할 것

65 자동화재탐지설비 및 시각경보장치의 화재안전기술기준(NFTC 203)에 따른 공기관식 차동식분포형 감지기의 설치기준으로 틀린 것은?

① 검출부는 3° 이상 경사되지 아니하도록 부착할 것
② 공기관의 노출부분은 감지구역마다 20m 이상이 되도록 할 것
③ 하나의 검출부분에 접속하는 공기관의 길이는 100m 이하로 할 것
④ 공기관과 감지구역의 각 변과의 수평거리는 1.5m 이하가 되도록 할 것

해설 공기관식 차동식분포형감지기 설치기준
가. 공기관의 노출부분은 감지구역마다 20 m 이상이 되도록 할 것
나. 공기관과 감지구역의 각 변과의 수평거리는 1.5 m 이하가 되도록 하고, 공기관 상호간의 거리는 6m(주요 구조부를 내화구조로 한 특정소방대상물 또는 그 부분에 있어서는 9 m) 이하가 되도록 할 것
다. 공기관은 도중에서 분기하지 아니하도록 할 것
라. 하나의 검출부분에 접속하는 공기관의 길이는 100 m 이하로 할 것
마. 검출부는 5° 이상 경사되지 아니하도록 부착할 것
바. 검출부는 바닥으로부터 0.8 m 이상 1.5 m 이하의 위치에 설치할 것

66 광전식 분리형 감지기의 설치기준으로 옳은 것은?

① 광축은 나란한 벽으로부터 1[m] 이상 이격하여 설치할 것
② 광축의 높이는 천장 등(천장의 실내에 면한 부분) 높이의 80[%] 이상일 것
③ 감지기의 송광부와 수광부는 설치된 뒷벽으로부터 0.6[m] 이내 위치에 설치할 것
④ 감지기의 수광면은 햇빛을 직접 받는 곳에 설치할 것

정답 63. ③ 64. ④ 65. ① 66. ②

해설 **광전식분리형감지기**는 다음의 기준에 따라 설치할 것
1) 감지기의 수광면은 햇빛을 직접 받지 않도록 설치할 것
2) 광축(송광면과 수광면의 중심을 연결한 선)은 나란한 벽으로부터 0.6[m] 이상 이격하여 설치할 것
3) 감지기의 송광부와 수광부는 설치된 뒷벽으로부터 1[m] 이내 위치에 설치할 것
4) 광축의 높이는 천장 등(천장의 실내에 면한 부분 또는 상층의 바닥하부면을 말한다) **높이의 80[%] 이상일 것**

67 ★★★ 출제년도【21, 23.】
자동화재탐지설비 및 시각경보장치의 화재안전기술기준(NFTC 203)에 따라 제2종 연기감지기를 부착높이가 4m 미만인 장소에 설치 시 기준 바닥면적은?

① 30 m² ② 50 m²
③ 75 m² ④ 150 m²

해설 감지기의 부착높이에 따라 다음 표에 따른 바닥면적(m²)마다 1개 이상으로 할 것

부착 높이	감지기의 종류	
	1종 및 2종	3종
4[m] 미만	150	50
4[m] 이상 20[m] 미만	75	

68 ★★ 출제년도【15, 16, 23.】
부착높이 20 m 이상에 설치하는 광전식 중 아날로그방식의 감지기 공칭감지농도 하한값의 기준은?

① 감광률 5 %/m 미만
② 감광률 10 %/m 미만
③ 감광률 15 %/m 미만
④ 감광률 20 %/m 미만

해설 부착높이 20 m 이상에 설치되는 광전식 중 아나로그방식의 감지기는 공칭감지 농도 하한값이 **감광률 5 %/m 미만**인 것으로 한다.

69 ★★★ 출제년도【23.】
자동화재탐지설비의 음향장치는 층수가 11층 이상인 특정소방대상물에 있어서 지하층에서 발화한 경우 경보를 발할 수 있도록 하여야 하는 층은?

① 발화층, 그 직상층 및 그 밖의 지하층
② 발화층 및 최상층
③ 발화층 및 그 직상층
④ 발화층, 그 직상층 및 최상층

해설 층수가 11층(공동주택의 경우에는 16층) 이상의 특정소방대상물은 다음 각 목에 따라 경보를 발할 수 있도록 하여야 한다. 〈시행 2023. 2. 9.〉

발화층	경보층
2층 이상의 층에서 발화	발화층 및 그 직상 4개층
1층에서 발화	발화층・그 직상 4개층 및 지하층
지하층에서 발화	발화층・그 직상층 및 그 밖의 지하층

70 ★★★ 출제년도【21, 23.】
자동화재탐지설비 및 시각경보장치의 화재안전기술기준(NFTC 203)에 따른 발신기의 시설기준에 대한 내용이다. 다음 (　)에 들어갈 내용으로 옳은 것은?

> 발신기의 위치에 표시하는 표시등은 함의 상부에 설치하되, 그 불빛은 부착면으로부터 (㉠)° 이상의 범위 안에서 부착지점으로부터 (㉡)m 이내에 어느 곳에서도 쉽게 식별할 수 있는 적색등으로 하여야 한다.

① ㉠ 10　㉡ 10　　② ㉠ 15　㉡ 10
③ ㉠ 25　㉡ 15　　④ ㉠ 25　㉡ 20

해설 발신기의 위치를 표시하는 표시등은 함의 상부에 설치하되, 그 불빛은 부착면으로부터 15° 이상의 범위 안에서 부착지점으로부터 10 m 이내의 어느 곳에서도 쉽게 식별할 수 있는 적색등으로 하여야 한다.

정답 67. ④ 68. ① 69. ① 70. ②

71 청각장애인용 시각경보장치의 설치기준 중 천장의 높이가 2 m 이하인 경우에는 천장으로부터 몇 m 이내의 장소에 설치하여야 하는가?

① 0.15
② 0.3
③ 0.5
④ 0.7

해설 시각경보장치의 설치높이는 바닥으로부터 2 [m] 이상 2.5 [m] 이하의 장소에 설치할 것. 다만, 천장의 높이가 2 [m] 이하인 경우에는 천장으로부터 0.15 [m] 이내의 장소에 설치하여야 한다.

72 누전경보기 변류기의 절연저항시험 부위가 아닌 것은?

① 절연된 1차권선과 단자판 사이
② 절연된 1차권선과 외부금속부 사이
③ 절연된 1차권선과 2차권선 사이
④ 절연된 2차권선과 외부금속부 사이

해설 누전경보기의 형식승인 및 제품검사의 기술기준 제19조(절연저항시험)
변류기는 DC 500 V의 절연저항계로 다음 각 호에 의한 시험을 하는 경우 5 MΩ 이상
① 절연된 1차권선과 2차권선간의 절연저항
② 절연된 1차권선과 외부금속부간의 절연저항
③ 절연된 2차권선과 외부금속부간의 절연저항

73 누전경보기의 음향장치의 설치위치로 옳은 것은?

① 옥내의 점검에 편리한 장소
② 옥외 인입선의 제1지점의 부하측의 점검이 쉬운 위치
③ 수위실 등 상시 사람이 근무하는 장소
④ 옥외인입선의 제2종 접지선측의 점검이 쉬운 위치

해설 음향장치는 수위실 등 상시 사람이 근무하는 장소에 설치하여야 하며, 그 음량 및 음색은 다른 기기의 소음 등과 명확히 구별할 수 있는 것으로 하여야 한다.

74 유도등의 형식승인 및 제품검사의 기술기준에 따라 영상표시소자(LED, LCD 및 PDP 등)를 이용하여 피난유도표시 형상을 영상으로 구현하는 방식은?

① 투광식
② 패널식
③ 방폭형
④ 방수형

해설
- 투광식 : 광원의 빛이 통과하는 투과면에 피난유도표시 형상을 인쇄하는 방식
- 패널식 : 영상표시소자(LED, LCD 및 PDP 등)를 이용하여 피난유도표시 형상을 영상으로 구현하는 방식

75 유도등의 우수품질인증 기술기준에 따른 유도등의 일반구조에 대한 내용이다. 다음 (   )에 들어갈 내용으로 옳은 것은?

> 전선의 굵기는 인출선인 경우에는 단면적이 (ⓐ) mm² 이상, 인출선 외의 경우에는 면적이 (ⓑ) mm² 이상이어야 한다.

① ⓐ 0.75 ⓑ 0.5
② ⓐ 0.75 ⓑ 0.75
③ ⓐ 1.5   ⓑ 0.75
④ ⓐ 2.5   ⓑ 1.5

해설 전선의 굵기는 인출선인 경우에는 단면적이 0.75 mm² 이상, 인출선 외의 경우에는 면적이 0.5 mm² 이상이어야 한다.

정답 71. ① 72. ① 73. ③ 74. ② 75. ①

76. 비상조명등의 설치제외 기준 중 다음 ( ) 안에 알맞은 것은?

거실의 각 부분으로부터 하나의 출입구에 이르는 보행거리가 ( )m 이내인 부분

① 2 ② 5
③ 15 ④ 25

해설 비상조명등의 설치제외
① 거실의 각 부분으로부터 하나의 출입구에 이르는 보행거리가 15m 이내인 부분
② 의원·경기장·공동주택·의료시설·학교의 거실

77. 비상콘센트용의 풀박스 등은 방청도장을 한 것으로서 두께는 몇 [mm] 이상의 철판으로 하는가?

① 1.0 ② 1.2
③ 1.5 ④ 1.6

해설 비상콘센트용의 풀박스 등은 방청도장을 한 것으로서, 두께 1.6[mm] 이상의 철판으로 할 것

78. 비상콘센트설비의 화재안전기술기준(NFTC 504)에 따라 비상콘센트설비의 전원부와 외함 사이의 절연저항은 전원부와 외함 사이를 500V 절연저항계로 측정할 때 몇 MΩ 이상이어야 하는가?

① 20 ② 30
③ 40 ④ 50

해설 비상콘센트설비의 전원부와 외함 사이의 절연저항 및 절연내력
1. 절연저항은 전원부와 외함 사이를 500V 절연저항계로 측정할 때 20MΩ 이상일 것
2. 절연내력은 전원부와 외함 사이에 정격전압이 150V 이하인 경우에는 1,000V의 실효전압을, 정격전압이 150V 이상인 경우에는 그 정격전압에 2를 곱하여 1,000을 더한 실효전압을 가하는 시험에서 1분 이상 견디는 것으로 할 것

79. 다음의 무선통신보조설비 그림에서 ⓐ에 해당하는 것은?

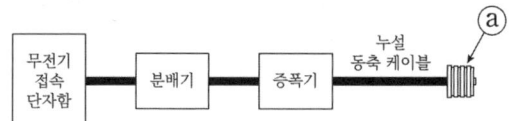

① 혼합기 ② 옥외안테나
③ 무선중계기 ④ 무반사종단저항

해설 누설동축케이블의 끝부분에는 무반사 종단저항을 견고하게 설치할 것

80. 소방시설용 비상전원수전설비의 화재안전기술기준(NFTC 602)에 따라 일반전기사업자로부터 특고압 또는 고압으로 수전하는 비상전원 수전설비의 경우에 있어 소방회로배선과 일반회로배선을 몇 cm 이상 떨어져 설치하는 경우 불연성 벽으로 구획하지 않을 수 있는가?

① 5 ② 10
③ 15 ④ 20

해설 제5조(특별고압 또는 고압으로 수전하는 경우)
소방회로배선은 일반회로배선과 불연성 벽으로 구획할 것. 다만, 소방회로배선과 일반회로배선을 **15cm 이상** 떨어져 설치한 경우는 그러하지 아니한다.

정답 76. ② 77. ④ 78. ① 79. ④ 80. ③

2회 2023년 소방설비기사(CBT)

1과목 소방원론

01 ★★★ 출제년도【16. 23.】
제거소화의 예에 해당하지 않는 것은?

① 유류화재 시 다량의 포를 방사한다.
② 가연성가스 화재 시 가스의 밸브를 닫는다.
③ 전기화재 시 신속하게 전원을 차단한다.
④ 산림화재 시 확산을 막기 위하여 산림의 일부를 벌목한다.

해설 유류화재 시 다량의 포를 방사하는 것은 질식소화 방법이다.

02 ★★★ 출제년도【11. 18. 20. 23.】
이산화탄소에 대한 설명으로 틀린 것은?

① 임계온도는 97.5℃이다.
② 고체의 형태로 존재할 수 있다.
③ 불연성가스로 공기보다 무겁다.
④ 드라이아이스와 분자식이 동일하다.

해설 이산화탄소(CO_2)의 물성
① 무색, 무취의 기체이며 불연성이다.
② 상온(기체상태)에서 가압하면 쉽게 액화하여 액체 상태로 저장, 운반할 수 있다.

구분	비고
분자량	44
증기비중	1.52
삼중점	−56.3℃
임계온도	31.35℃
임계압력	72.9atm
승화점	−78.5℃

03 ★★★ 출제년도【07. 11. 12. 23.】
이산화탄소를 방출하여 산소농도가 13[%]가 되었다면 공기 중 이산화탄소의 농도는 약 몇 [%]인가?

① 0.095[%]
② 0.3809[%]
③ 9.5[%]
④ 38.09[%]

해설
$$\text{이산화탄소의 농도} = \frac{21[\%] - O_2[\%]}{21[\%]} \times 100$$
$$= \frac{21-13}{21} \times 100 = 38.09[\%]$$

04 ★★★ 출제년도【16. 19. 23.】
위험물안전관리법상 위험물의 지정수량이 틀린 것은?

① 과산화나트륨 − 50kg
② 적린 − 100kg
③ 트리니트로톨루엔 − 200kg
④ 탄화알루미늄 − 400kg

해설 보기설명
① 과산화나트륨 : 제1류 위험물, 무기과산화물(알칼리금속의 과산화물), 지정수량 50kg
② 적린 : 제2류 위험물, 지정수량 100kg
③ 트리니트로톨루엔 : 제5류 위험물, 니트로화합물, 지정수량 200kg
④ 탄화알루미늄 : 제3류 위험물, 알루미늄의 탄화물, 지정수량 300kg

05 ★★ 출제년도【18. 23.】
포소화약제가 갖추어야 할 조건이 아닌 것은?

① 부착성이 있을 것
② 유동성과 내열성이 있을 것
③ 응집성과 안정성이 있을 것
④ 소포성이 있고 기화가 용이할 것

정답 1.① 2.① 3.④ 4.④ 5.④

[해설] 소포성이란 포의 거품이 사라져 원래의 포 수용액으로 돌아가는 성질로서 포의 거품이 사라지면 포의 주된 소화작용인 질식소화 성능이 사라지게 된다.

[해설] 열가소성, 열경화성

구분	열가소성 합성수지류	열경화성 합성수지류
개념	열을 가하면 용융하고, 냉각시키면 경화되는 것으로 재성형이 가능하다.	열을 가하면 경화되며, 재성형이 불가능하다.
종류	메틸펜텐 폴리머 나일론(포리아미드) 폴리카보네이트 폴리에틸렌, 폴리이미드 폴리페닐렌 옥시드 폴리프로필렌, 폴리스티렌 폴리술폰, 염화비닐리덴 수지 폴리염화비닐 수지(PVC)	우레아 수지 멜라민 수지 에폭시 수지 페놀 수지 불포화 폴리에스텔 수지 실리콘 수지 폴리우레탄

06. 무창층 여부를 판단하는 개구부로서 갖추어야 할 조건으로 옳은 것은?

① 해당층의 바닥면으로부터 개구부 밑 부분까지의 높이가 1.5 m인 것
② 개구부 크기가 지름 30 cm의 원이 내접할 수 있는 것
③ 내부 또는 외부에서 쉽게 파괴 또는 개방할 수 있을 것
④ 창에 방범을 위하여 40 cm 간격으로 창살을 설치할 것

[해설] 무창층(無窓層)
지상층 중 다음 각 목의 요건을 모두 갖춘 개구부(건축물에서 채광·환기·통풍 또는 출입 등을 위하여 만든 창·출입구)의 면적의 합계가 해당 층의 바닥면적의 30분의 1 이하가 되는 층을 말한다.
가. 크기는 지름 50센티미터 이상의 원이 내접(內接)할 수 있는 크기일 것
나. 해당 층의 바닥면으로부터 개구부 밑 부분까지의 높이가 1.2미터 이내일 것
다. 도로 또는 차량이 진입할 수 있는 빈터를 향할 것
라. 화재 시 건축물로부터 쉽게 피난할 수 있도록 창살이나 그 밖의 장애물이 설치되지 아니할 것
마. 내부 또는 외부에서 쉽게 부수거나 열 수 있을 것

07. 일반적인 플라스틱 분류상 열경화성 플라스틱에 해당하는 것은?

① 폴리에틸렌
② 폴리염화비닐
③ 페놀수지
④ 폴리스티렌

08. 위험물안전관리법령상 제6류 위험물을 수납하는 운반용기의 외부에 주의사항을 표시하여야 할 경우, 어떤 내용을 표시하여야 하는가?

① 물기엄금
② 화기엄금
③ 화기주의·충격주의
④ 가연물접촉주의

[해설] 수납하는 위험물에 따른 주의사항

제1류 위험물	알칼리금속의 과산화물	화기·충격주의, 물기엄금 및 가연물접촉주의
	그 밖	화기·충격주의 및 가연물접촉주의
제2류 위험물	철분·금속분·마그네슘	화기주의 및 물기엄금
	인화성고체	화기엄금
	그 밖	화기주의
제3류 위험물	자연발화성물질	화기엄금 및 공기접촉엄금
	금수성물질	물기엄금
제4류 위험물		화기엄금
제5류 위험물		화기엄금, 충격주의
제6류 위험물		가연물접촉주의

정답 6. ③ 7. ③ 8. ④

09 유류탱크 화재 시 기름 표면에 물을 살수하면 기름이 탱크 밖으로 비산하여 화재가 확대되는 현상은?

① 슬롭 오버(Slop over)
② 플래시 오버(Flash over)
③ 프로스 오버(Froth over)
④ 블레비(BLEVE)

해설
① 슬롭 오버(Slop over) : 유류탱크 화재 시 기름 표면에 물을 살수하면 기름이 탱크 밖으로 비산하여 화재가 확대되는 현상
② 플래시 오버(Flash over) : 순간적 또는 폭발적인 연소 확대현상으로 고온의 복사열에 의해 바닥의 가연물이 동시에 열 분해되어 동시에 실내 전체가 화염에 휩싸이는 현상
③ 프로스 오버(Froth over) : 저장탱크 속의 물이 점성을 가진 뜨거운 기름의 표면 아래에서 끓을 때 화재를 수반하지 않고 기름이 넘쳐흐르는 현상
④ 블레비(BLEVE) : 가연성 액화가스의 용기가 과열로 파손되어 가스가 분출된 후 불이 붙어 폭발하는 현상

10 물과 반응하여 가연성 기체를 발생하지 않는 것은?

① 칼륨
② 인화아연
③ 산화칼슘
④ 탄화알루미늄

해설
① 산화칼슘은 생석회라고도 하며 물과 반응하여 수산화칼슘(소석회)를 만든다.
② 칼륨 : 수소가스 발생
③ 인화아연 : 인화수소(포스핀) 발생
④ 탄화알루미늄 : 메탄가스 발생

11 건축물의 화재 시 패닉(panic)의 발생원인과 직접적인 관계가 없는 것은?

① 유독가스에 의한 호흡 장애
② 연기에 의한 시계 제한
③ 외부와 단절되어 고립
④ 불연 내장재의 사용

해설 패닉의 발생원인
① 유독가스에 의한 호흡 장애
② 연기에 의한 시계 제한
③ 외부와 단절되어 고립

12 건축물 내 방화벽에 설치하는 출입문의 너비 및 높이의 기준은 각각 몇 m 이하인가?

① 2.5   ② 3.0
③ 3.5   ④ 4.0

해설 방화벽
① 내화구조로 홀로 설 수 있는 구조
② 방화벽의 양쪽 끝과 위쪽 끝을 건축물의 외벽면 및 지붕면으로부터 0.5 m 이상 튀어나오게 할 것
③ 방화벽에 설치하는 출입문의 너비 및 높이는 각각 2.5 m 이하, 출입문에는 60분+방화문 또는 60분 방화문을 설치할 것

13 내화건축물과 비교한 목조건축물 화재의 일반적인 특징을 옳게 나타낸 것은?

① 고온, 단시간형
② 저온, 단시간형
③ 고온, 장시간형
④ 저온, 장시간형

해설 건축물의 구조, 형태에 따른 화재진행 현상

건축물	화재성상	최고온도
목재 건축물	고온 단기형	1,300[℃]
내화 건축물	저온 장기형	900~1,000[℃]

정답 9. ① 10. ③ 11. ④ 12. ① 13. ①

14.
건축물에 화재가 발생하여 일정 시간이 경과하게 되면 일정 공간 안에 열과 가연성가스가 축적되고 한순간에 폭발적으로 화재가 확산되는 현상을 무엇이라 하는가?

① 보일오버현상 ② 플래시오버현상
③ 패닉현상   ④ 리프팅현상

해설 플래시오버(Flash over : F.O)
Flash-over 현상은 발화 후 5~6분 경과 후 화재 성장과정에서 발생하는 것으로 화재로 생긴 가연성 가스가 일시에 인화하여 화염이 충만해지는 과정을 말하는 것으로 폭발적인 착화현상과 폭발적인 화재확대 현상을 일으킨다.
플래시오버(F·O) 시점에서의 실내온도는 실내의 가연물질에 따라 달라지지만 보통 800[℃]~900[℃] 정도이다.

15.
물리적 폭발에 해당하는 것은?

① 분해 폭발   ② 분진 폭발
③ 중합 폭발   ④ 수증기 폭발

해설 폭발의 형태

화학적 폭발	가스폭발, 분진폭발, 산화폭발, 중합폭발, 분해폭발 등
물리적 폭발	수증기폭발, 전선폭발, 상전이 폭발 등

16.
전기불꽃, 아크 등이 발생하는 부분을 기름 속에 넣어 폭발을 방지하는 방폭구조는?

① 내압방폭구조
② 유입방폭구조
③ 안전증방폭구조
④ 특수방폭구조

해설 방폭구조의 종류
1) 내압 방폭구조(d, 耐壓)
점화원이 될 우려가 있는 부분을 **전폐구조**에 넣어 내부에서 폭발이 발생하여도 외부로 화염이 방출되지 않도록 한 구조

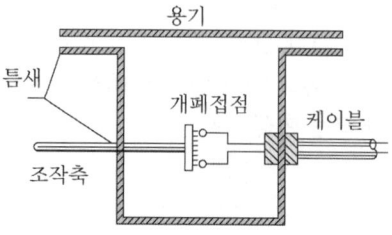

2) 압력 방폭구조(p)
점화원(전기불꽃, 아크 등)이 될 우려가 있는 부분을 용기 안에 넣고 **공기** 또는 **불활성 가스**를 주입하여 외부의 폭발성 가스가 용기 내로 침입하지 못하도록 한 구조

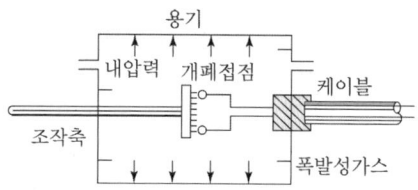

3) 유입 방폭구조(o)
점화원이 될 우려가 있는 부분을 **절연유** 속에 넣어 폭발성가스와 접촉하지 않도록 한 구조

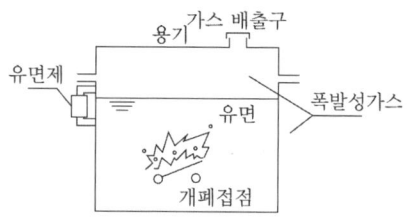

4) 안전증방폭구조(e)
정상운전 시 불꽃, 아크, 열 등이 발생하지 않도록 안전도를 증가시킨 구조

17.
가연물이 되기 쉬운 조건이 아닌 것은?

① 발열량이 커야 한다.
② 열전도율이 커야 한다.
③ 산소와 친화력이 좋아야 한다.
④ 활성화에너지가 작아야 한다.

해설 가연물의 구비조건
① 열전도율이 작을 것
② 활성화 에너지가(점화에너지) 작을 것

정답 14. ② 15. ④ 16. ② 17. ②

③ 발열량이 클 것
④ 열의 축적이 용이할 것
⑤ 가연물의 표면적이 커야 한다. (산소와의 접촉 면적이 클 것)

18 ★★★ 출제년도【96, 99, 01, 03, 07, 09, 16, 23.】

증기비중의 정의로 옳은 것은?(단, 보기에서 분자, 분모의 단위는 모두 g/mol 이다.)

① $\dfrac{분자량}{100}$ ② $\dfrac{분자량}{29}$

③ $\dfrac{분자량}{44.8}$ ④ $\dfrac{분자량}{22.4}$

해설 증기비중 : $\dfrac{분자량}{29}$

19 ★★★ 출제년도【17, 21, 23.】

프로판 50vol%, 부탄 40vol%, 프로필렌 10vol%로 된 혼합가스의 폭발하한계는 약 몇vol%인가?(단, 각 가스의 폭발하한계는 프로판은 2.2vol%, 부탄은 1.9vol%, 프로필렌은 2.4vol%이다.)

① 0.83   ② 2.09
③ 5.05   ④ 9.44

해설 폭발하한계(연소하한계)

$L = \dfrac{100}{\dfrac{V_1}{L_1} + \dfrac{V_2}{L_2} + \dfrac{V_3}{L_3}} = \dfrac{100}{\dfrac{50}{2.2} + \dfrac{40}{1.9} + \dfrac{10}{2.4}} = 2.09\%$

혼합가스의 연소범위(르샤틀리에 공식)

$L = \dfrac{100}{\dfrac{V_1}{L_1} + \dfrac{V_2}{L_2} + \dfrac{V_3}{L_3} + \cdots}$

(단, $V_1 + V_2 + V_3 + \cdots + V_n = 100$)

① L : 혼합가스의 연소하한계(%)
② $L_1, L_2, L_3, \cdots$: 각 성분의 연소하한계(%)
③ $V_1, V_2, V_3, \cdots$: 각 성분의 체적(%)

20 ★★★ 출제년도【19, 21, 23.】

다음 중 공기에서의 연소범위를 기준으로 했을 때 위험도(H) 값이 가장 큰 것은?

① 디에틸에테르
② 수소
③ 에틸렌
④ 부탄

해설 ① 디에틸에테르 : 연소범위 1.9~48%,
위험도 $H = \dfrac{48 - 1.9}{1.9} = 24.26$

② 수소 : 연소범위 4~75%,
위험도 $H = \dfrac{75 - 4}{4} = 17.75$

③ 에틸렌 : 연소범위 3.1~32%,
위험도 $H = \dfrac{32 - 3.1}{3.1} = 9.32$

④ 부탄 : 연소범위 1.8~8.4%,
위험도 $H = \dfrac{8.4 - 1.8}{1.8} = 3.67$

2과목 소방전기일반

21 ★★ 출제년도【01, 07, 09, 12, 23.】

200[V] 전원에 접속하면 1[kW]의 전력을 소비하는 저항을 100[V] 전원에 접속하면 소비전력은?

① 250[W]   ② 500[W]
③ 750[W]   ④ 900[W]

해설 전력 $P = \dfrac{V^2}{R}$ 이므로

$\dfrac{P'}{P} = \dfrac{\dfrac{V'^2}{R}}{\dfrac{V^2}{R}}$ 에서 $\dfrac{P'}{1000} = \dfrac{\dfrac{100^2}{R}}{\dfrac{200^2}{R}} = 0.25$

∴ $P' = 0.25 \times 1000 = 250[W]$

정답 18. ② 19. ② 20. ① 21. ①

22. ★★★ 출제년도 【16, 23.】

서로 다른 두 개의 금속도선 양 끝을 연결하여 폐회로를 구성한 후, 양단에 온도차를 주었을 때 두 접점 사이에서 기전력이 발생하는 효과는?

① 톰슨 효과
② 제어백 효과
③ 펠티에 효과
④ 핀치 효과

해설
① 제어백(seebeck) 효과 : **두 종류의 금속**을 접속하여 폐회로를 만들고 두 접속점에 **온도의 차이**를 주면 기전력이 발생하여 전류가 흐르는 현상
② 펠티에(peltier) 효과 : **두 종류의 금속**의 접속점에 **전류**를 흘리면 열의 흡수 또는 발생이 나타나는 현상
③ 핀치(pinch)효과 : 직류전압을 인가하면 전류는 도선의 중심 쪽으로 흐르려고 하는 현상

23. ★★★ 출제년도 【16, 22, 23.】

축전지의 자기 방전을 보충함과 동시에 상용부하에 대한 전력 공급은 충전기가 부담하도록 하되, 충전기가 부담하기 어려운 일시적인 대전류 부하는 축전지로 하여금 부담하게 하는 충전방식은?

① 균등충전
② 급속충전
③ 부동충전
④ 세류충전

해설 부동충전
축전지의 자기 방전을 보충함과 동시에 상용 부하에 대한 전력 공급은 충전기가 부담하도록 하되 충전기가 부담하기 어려운 일시적인 대 전류 부하는 축전지로 하여금 부담하게 하는 방식

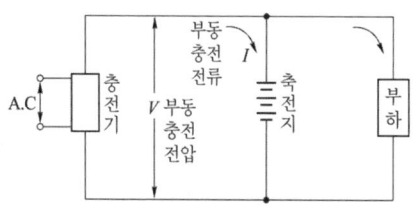

24. ★★★ 출제년도 【17, 20, 23.】

공기 중에서 50kW 방사 전력이 안테나에서 사방으로 균일하게 방사될 때, 안테나에서 1km 거리에 있는 점에서의 전계의 실효값은 약 몇 V/m 인가?

① 0.87
② 1.22
③ 1.73
④ 3.98

해설 단위면적당의 전력(포인팅 벡터)
$P = \dfrac{P_s}{S} = \dfrac{P_s}{4\pi r^2}$ 에서

$P = \dfrac{50 \times 10^3}{4 \times 3.14 \times (10^3)^2} = 3.98 \times 10^{-3} \text{ W/m}^2$

$P = E \times H = \dfrac{E^2}{377}$ 에서

$E = \sqrt{377 \times P} = \sqrt{377 \times 3.98 \times 10^{-3}} = 1.22 \text{ V/m}$

25. ★★★ 출제년도 【21, 23.】

내압이 1.0 kV이고 정전용량이 각각 0.01 μF, 0.02 μF, 0.04 μF인 3개의 커패시터를 직렬로 연결했을 때 전체 내압은 몇 V인가?

① 1500
② 1750
③ 2000
④ 2200

해설 전압 $V = \dfrac{Q}{C}$ 에서 정전용량(C)에 반비례하므로 각 콘덴서에 가해지는 전압

$V_1 : V_2 : V_3 = \dfrac{1}{0.01} : \dfrac{1}{0.02} : \dfrac{1}{0.04}$
$= 10 : 5 : 2.5$

전체 내압은 정전용량이 가장 작은 콘덴서를 기준으로 하므로

$V_1 = \dfrac{10}{17.5} \times V_{max}$

$1000 = \dfrac{10}{17.5} \times V_{max}$

$V_{max} = \dfrac{17.5}{10} \times 1000 = 1750 [V]$

정답 22. ② 23. ③ 24. ② 25. ②

26 길이 1 cm마다 감은 권선수가 50회인 무한장 솔레노이드에 500 mA의 전류를 흘릴 때 솔레노이드 내부에서의 자계의 세기는 몇 AT/m인가?

① 1250
② 2500
③ 12500
④ 25000

해설 자계의 세기
$$H = \frac{NI}{l} = \frac{50 \times 500 \times 10^{-3}}{0.01} = 2500 [\text{AT/m}]$$

27 코일을 지나가는 자속이 변화하면 코일에 기전력이 발생한다. 이때 유기되는 기전력의 방향을 결정하는 법칙은?

① 렌츠의 법칙
② 플레밍의 왼손법칙
③ 키르히호프의 제2법칙
④ 플레밍의 오른손법칙

해설
1) 렌츠의 법칙 : 자속변화에 의한 유기기전력의 방향을 결정하는 법칙
2) 플레밍의 왼손법칙 : 자계내에서 도체에 전류를 흘리면 전자력이 발생하게 되며 이때 이 전자력의 방향을 결정하는 법칙
3) 키르히호프의 제2법칙 (전압법칙) : 회로망 중에서 임의의 한 폐회로에서 기전력의 합은 전압강하의 합과 같다. 즉, 임의의 한 폐회로를 따라 존재하는 모든 전압(전압원 + 전압 강하)의 대수적 합은 0이다.
4) 플레밍의 오른손 법칙 : 자계 내에서 도체가 운동하면 유도기전력이 도체에 발생하게 되며 이때 이 유도기전력의 방향을 결정하는 법칙

28 회로에서 저항 20[Ω]에 흐르는 전류[A]는?

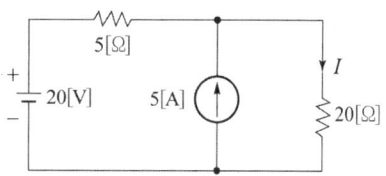

① 0.8
② 1.0
③ 1.8
④ 2.8

해설 중첩의 원리
① 전압원 단락 $I_1 = \frac{5}{5+20} \times 5 = 1[\text{A}]$
② 전류원 개방 $I_2 = \frac{20}{5+20} = 0.8[\text{A}]$
③ 합성전류 : $1 + 0.8 = 1.8[\text{A}]$

29 저항 R_1, R_2와 인덕턴스 L이 직렬로 연결된 회로에서 시정수[s]는?

① $\dfrac{R_1 + R_2}{L}$
② $-\dfrac{R_1 + R_2}{L}$
③ $\dfrac{L}{R_1 + R_2}$
④ $\dfrac{-L}{R_1 + R_2}$

해설 $R_1 + R_2$를 R이라 하면 $R-L$ 직렬 회로와 같다.
$R-L$ 직렬 회로에서 시정수 $\tau = \dfrac{L}{R}[\text{s}]$이므로,
$$\therefore \tau = \frac{L}{R} = \frac{L}{R_1 + R_2}$$

30 그림과 같은 회로에서 a, b단자에 흐르는 전류 I가 인가전압 E와 동위상이 되었다. 이때 L값은?

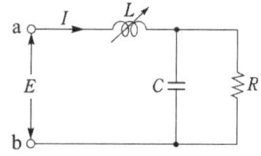

① $\dfrac{R}{1+\omega CR}$ 　　② $\dfrac{R^2}{1+(\omega CR)^2}$

③ $\dfrac{CR^2}{1+\omega CR}$ 　　④ $\dfrac{CR^2}{1+(\omega CR)^2}$

해설 합성임피던스

$$Z = jwL + \dfrac{\dfrac{R}{jwC}}{R+\dfrac{1}{jwC}} = jwL + \dfrac{R}{1+jwCR}$$

$$= jwL + \dfrac{R(1-jwCR)}{(1+jwCR)(1-jwCR)}$$

$$= jwL + \dfrac{R}{1+(wCR)^2} - \dfrac{jwCR^2}{1+(wCR)^2}$$

$$= \dfrac{R}{1+(wCR)^2} + j\left(wL - \dfrac{jwCR^2}{1+(wCR)^2}\right)$$

임피던스의 허수부가 0인 조건이므로

$$\left(wL - \dfrac{wCR^2}{1+(wCR)^2}\right) = 0$$

$$wL = \dfrac{wCR^2}{1+(wCR)^2}$$

$$L = \dfrac{CR^2}{1+(wCR)^2}$$

31 ★★★ 출제년도【05, 11, 13, 14, 17, 22, 23.】
그림과 같은 회로에서 단자 a, b 사이에 주파수 f[Hz]의 정현파 전압을 가했을 때 전류계 A_1, A_2의 값이 같았다. 이 경우 f, L, C 사이의 관계로 옳은 것은?

① $f = \dfrac{1}{2\pi^2 LC}$

② $f = \dfrac{1}{4\pi\sqrt{LC}}$

③ $f = \dfrac{1}{\sqrt{2\pi^2 LC}}$

④ $f = \dfrac{1}{2\pi\sqrt{LC}}$

해설 전류계 A_1과 A_2에 흐르는 전류가 같은 경우는 병렬공진의 경우이다.
즉, $Y_0 = \dfrac{1}{R} + j\left(\dfrac{1}{X_C} - \dfrac{1}{X_L}\right)$에서 허수부가 0이어야

하므로 $\dfrac{1}{X_C} = \dfrac{1}{X_L}$, $\omega C = \dfrac{1}{\omega L}$, $\omega^2 LC = 1$

$\therefore f = \dfrac{1}{2\pi\sqrt{LC}}$ [Hz]

32 ★ 출제년도【20, 23.】
$R = 10\,\Omega$, $\omega L = 20\,\Omega$인 직렬회로에 $220\angle 0°$ V의 교류 전압을 가하는 경우 이 회로에 흐르는 전류는 약 몇 A인가?

① $24.5\angle -26.5°$ 　② $9.8\angle -63.4°$
③ $12.2\angle -13.2°$ 　④ $73.6\angle -79.6°$

해설 ① 임피던스의 크기 $Z = \sqrt{10^2 + 20^2} = 10\sqrt{5}$

② 위상 $\theta = \tan^{-1}\dfrac{X_L}{R} = \tan^{-1}\dfrac{20}{10} = 63.43°$

③ 전류 $I = \dfrac{V}{Z} = \dfrac{220\angle 0°}{10\sqrt{5}\angle 63.43°} = 9.84\angle -63.43°$

33 ★ 출제년도【21, 23.】
단상 반파 정류회로를 통해 평균 26 V의 직류 전압을 출력하는 경우, 정류 다이오드에 인가되는 역방향 최대 전압은 약 몇 V인가? (단, 직류 측에 평활회로(필터)가 없는 정류회로이고, 다이오드의 순방향 전압은 무시한다.)

① 26 　　② 37
③ 58 　　④ 82

해설 단상 반파 정류회로의 역방향 최대 전압
$PIV = \sqrt{2}E = \pi \times E_d = \pi \times 26 = 81.68$[V]
여기에서, E : 실효값(교류), E_d : 직류전압의 평균값

34 ★★★ 출제년도【08, 12, 18, 23.】
변압기의 1차 권수가 10회, 2차 권수가 300회인 경우 2차 단자에서 1500[V]의 전압을 얻고자 하는 경우 1차 단자에서 인가하여야 할 전압은?

① 50[V] 　　② 100[V]
③ 220[V] 　　④ 380[V]

정답 31. ④ 32. ② 33. ④ 34. ①

해설 권수비(권선비)
$$a = \frac{N_1}{N_2} = \frac{V_1}{V_2}$$
N_1, N_2 : 1, 2차 권수
V_1, V_2 : 1, 2차 전압
$$\frac{10}{300} = \frac{V_1}{1500}$$
1차 단자전압 $V_1 = \frac{10}{300} \times 1500 = 50V$

35 ★★★ 출제년도 [17, 20, 23.]
동기발전기의 병렬조건으로 틀린 것은?
① 기전력의 크기가 같을 것
② 기전력의 위상이 같을 것
③ 기전력의 주파수가 같을 것
④ 극수가 같을 것

해설 동기 발전기의 병렬 운전 조건
① 기전력의 크기가 같을 것
② 기전력의 위상이 같을 것
③ 기전력의 주파수가 같을 것
④ 기전력의 파형이 같을 것
⑤ 상회전 방향이 같을 것

36 ★★★ 출제년도 [18, 19, 23.]
그림과 같은 회로에서 전압계 3개로 단상 전력을 측정하고자 할 때의 유효전력은?

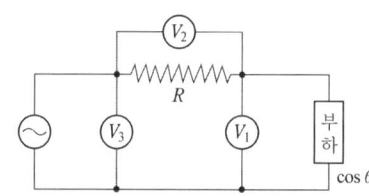

① $P = \frac{R}{2}(V_3^2 - V_1^2 - V_2^2)$
② $P = \frac{1}{2R}(V_3^2 - V_1^2 - V_2^2)$
③ $P = \frac{R}{2}(V_3^2 + V_1^2 + V_2^2)$
④ $P = \frac{1}{2R}(V_3^2 + V_1^2 + V_2^2)$

해설 3전압계법
① 역률 $\cos\theta = \frac{V_3^2 - V_1^2 - V_2^2}{2V_1V_2}$
② 소비전력 $P = V_1 I \cos\theta = \frac{1}{2R}(V_3^2 - V_1^2 - V_2^2)$

37 ★★★ 출제년도 [21, 23.]
입력이 $r(t)$이고, 출력이 $c(t)$인 제어시스템이 다음의 식과 같이 표현될 때 이 제어시스템의 전달함수$(G(s) = \frac{C(s)}{R(s)})$는?
(단, 초기값은 0이다.)

$$2\frac{d^2c(t)}{dt^2} + 3\frac{dc(t)}{dt} + c(t) = 3\frac{dr(t)}{dt} + r(t)$$

① $\frac{3s+1}{2s^2+3s+1}$ ② $\frac{2s^2+3s+1}{s+3}$
③ $\frac{3s+1}{s^2+3s+2}$ ④ $\frac{s+3}{s^2+3s+2}$

해설 $2\frac{d^2c(t)}{dt^2} + 3\frac{dc(t)}{dt} + c(t) = 3\frac{dr(t)}{dt} + r(t)$
$2s^2 C(s) + 3s C(s) + C(s) = 3s R(s) + R(s)$
$\frac{C(s)}{R(s)} = \frac{3s+1}{2s^2+3s+1}$

38 ★★★ 출제년도 [96, 99, 00, 02, 06, 10, 16, 23.]
그림과 같은 다이오드 논리회로의 명칭은?

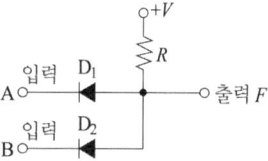

① NOT 회로   ② AND 회로
③ OR 회로   ④ NAND 회로

해설 논리곱 회로(AND 회로)
① 논리식(출력식) X = A · B

정답 35. ④ 36. ② 37. ① 38. ②

② 주요특성

유접점	무접점
(A, B 직렬, X 릴레이, L 램프)	D_1, D_2 다이오드, R, V 회로
논리회로	진리표
$X = A \cdot B$	A B X / 0 0 0 / 0 1 0 / 1 0 0 / 1 1 1

39 다음의 논리식을 간단히 표현한 것은?

$$Y = \overline{A}\overline{B}C + \overline{A}B\overline{C} + \overline{A}BC$$

① $\overline{A} \cdot (B+C)$
② $\overline{B} \cdot (A+C)$
③ $\overline{C} \cdot (A+B)$
④ $C \cdot (A+\overline{B})$

해설
$Y = \overline{A}\overline{B}C + \overline{A}B\overline{C} + \overline{A}BC$
$= \overline{A}\overline{B}C + \overline{A}B\overline{C} + \overline{A}BC + \overline{A}BC$
$= \overline{A}C(\overline{B}+B) + \overline{A}B(C+\overline{C})$
$= \overline{A}B + \overline{A}C = \overline{A}(B+C)$

40 시퀀스회로를 논리식으로 표현하면?

① $C = A + \overline{B} \cdot C$
② $C = A \cdot \overline{B}C$
③ $C = A \cdot C + \overline{B}$
④ $C = (A+C) \cdot \overline{B}$

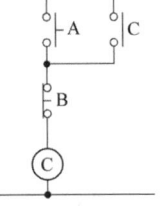

해설 A와 C는 병렬연결, $\overline{B}$와는 직렬연결이므로
출력 $C = (A+C) \cdot \overline{B}$

3과목 소방관계법규

41 소방시설 설치 및 관리에 관한 법률상 소방시설 등에 대하여 스스로 점검을 하지 아니하거나 관리업자 등으로 하여금 정기적으로 점검하게 하지 아니한 자에 대한 벌칙 기준으로 옳은 것은?

① 6개월 이하의 징역 또는 1000만원 이하의 벌금
② 1년 이하의 징역 또는 1000만원 이하의 벌금
③ 3년 이하의 징역 또는 1500만원 이하의 벌금
④ 3년 이하의 징역 또는 3000만원 이하의 벌금

해설 1년 이하의 징역 또는 1000만원 이하의 벌금 : 소방시설등에 대하여 스스로 점검을 하지 아니하거나 관리업자 등으로 하여금 정기적으로 점검하게 하지 아니한 자

42 소방기본법령상 소방활동장비와 설비의 구입 및 설치 시 국고보조의 대상이 아닌 것은?

① 소방자동차
② 사무용 집기
③ 소방헬리콥터 및 소방정
④ 소방전용통신설비 및 전산설비

해설 국고보조 대상사업의 범위(소방기본법 시행령)
1. 다음 각 목의 소방활동장비와 설비의 구입 및 설치
  가. 소방자동차
  나. 소방헬리콥터 및 소방정
  다. 소방전용통신설비 및 전산설비
  라. 그 밖에 방화복 등 소방활동에 필요한 소방장비
2. 소방관서용 청사의 건축(「건축법」 제2조제1항제8호에 따른 건축을 말한다)

정답 39. ① 40. ④ 41. ② 42. ②

43. ★★★ 출제년도 [21, 23.]

소방기본법령상 소방본부 종합상황실의 실장이 서면·팩스 또는 컴퓨터통신 등으로 소방청 종합상황실에 보고하여야 하는 화재의 기준이 아닌 것은?

① 이재민이 100인 이상 발생한 화재
② 재산피해액이 50억원 이상 발생한 화재
③ 사망자가 3인 이상 발생하거나 사상자가 5인 이상 발생한 화재
④ 층수가 5층 이상이거나 병상이 30개 이상인 종합병원에서 발생한 화재

해설 종합상황실 실장의 보고업무
1. 다음 각목의 1에 해당하는 화재
   가. **사망자가 5인 이상 발생하거나 사상자가 10인 이상 발생한 화재**
   나. 이재민이 100인 이상 발생한 화재
   다. 재산피해액이 50억원 이상 발생한 화재
   라. 관공서·학교·정부미도정공장·문화재·지하철 또는 지하구의 화재
   마. 관광호텔, 층수가 11층 이상인 건축물, 지하상가, 시장, 백화점, 지정수량의 3천배 이상의 위험물의 제조소·저장소·취급소, 층수가 5층 이상이거나 객실이 30실 이상인 숙박시설, 층수가 5층 이상이거나 병상이 30개 이상인 종합병원·정신병원·한방병원·요양소, 연면적 1만5천제곱미터 이상인 공장 또는 화재경계지구에서 발생한 화재
   바. 철도차량, 항구에 매어둔 총 톤수가 1천톤 이상인 선박, 항공기, 발전소 또는 변전소에서 발생한 화재
   사. 가스 및 화약류의 폭발에 의한 화재
   아. 다중이용업소의 화재
2. 통제단장의 현장지휘가 필요한 재난상황
3. 언론에 보도된 재난상황
4. 그 밖에 소방청장이 정하는 재난상황

44. ★★★ 출제년도 [19, 20, 23.]

소방기본법령상 소방업무 상호응원협정 체결 시 포함되어야 하는 사항이 아닌 것은?

① 응원출동의 요청방법
② 응원출동훈련 및 평가
③ 응원출동대상지역 및 규모
④ 응원출동 시 현장지휘에 관한 사항

해설 소방업무의 상호응원 협정
1. 다음 각목의 소방활동에 관한 사항
   가. 화재의 경계·진압활동
   나. 구조·구급업무의 지원
   다. 화재조사활동
2. 응원출동대상지역 및 규모
3. 다음 각목의 소요경비의 부담에 관한 사항
   가. 출동대원의 수당·식사 및 피복의 수선
   나. 소방장비 및 기구의 정비와 연료의 보급
   다. 그 밖의 경비
4. 응원출동의 요청방법

45. ★★★ 출제년도 [18, 23.]

화재의 예방 및 안전관리에 관한 법률에 따른 화재예방강화지구의 관리기준 중 다음 ( ) 안에 알맞은 것은?

> • 소방본부장 또는 소방서장은 화재예방강화지구 안의 소방대상물의 위치·구조 및 설비 등에 대한 화재안전조사를 (㉠)회 이상 실시하여야 한다.
> • 소방본부장 또는 소방서장은 소방상 필요한 훈련 및 교육을 실시하고자 하는 때에는 화재예방강화지구 안의 관계인에게 훈련 또는 교육 (㉡)일 전까지 그 사실을 통보하여야 한다.

① ㉠ 월 1, ㉡ 7
② ㉠ 월 1, ㉡ 10
③ ㉠ 연 1, ㉡ 7
④ ㉠ 연 1, ㉡ 10

해설 화재안전조사([구] 소방특별조사)
① 조사권자 : 소방관서장
② 실시 : 년 1회 이상 실시
③ 화재안전조사 시 관계인에게 서면통보 : 7일 전
④ 화재안전조사의 연기기한 : 화재안전조사 시작 3일 전까지

정답 43. ③ 44. ④ 45. ④

46 화재의 예방 및 안전관리에 관한 법률상 시·도지사가 화재예방강화지구로 지정할 필요가 있는 지역을 화재예방강화지구로 지정하지 아니하는 경우 해당 시·도지사에게 해당 지역의 화재예방강화지구 지정을 요청할 수 있는 자는?

① 행정안전부장관 ② 소방청장
③ 소방본부장 ④ 소방서장

해설 화재예방강화지구의 지정
시·도지사가 화재예방강화지구로 지정할 필요가 있는 지역을 화재예방강화지구로 지정하지 아니하는 경우 소방청장은 해당 시·도지사에게 해당 지역의 화재예방강화지구 지정을 요청할 수 있다.

47 화재의 예방 및 안전관리에 관한 법령상 특수가연물의 수량 기준으로 옳은 것은?

① 면화류 : 200 kg 이상
② 가연성고체류 : 500 kg 이상
③ 나무껍질 및 대팻밥 : 300 kg 이상
④ 넝마 및 종이부스러기 : 400 kg 이상

해설 보기설명
② 가연성고체류 : 3,000 kg 이상
③ 나무껍질 및 대팻밥 : 400 kg 이상
④ 넝마 및 종이부스러기 : 1,000 kg 이상

48 소방시설 설치 및 관리에 관한 법령상 건축허가등의 동의대상물의 범위 기준 중 틀린 것은?

① 건축등을 하려는 학교시설 : 연면적 200 m² 이상
② 노유자시설 : 연면적 200 m² 이상
③ 정신의료기관(입원실이 없는 정신건강의학과 의원은 제외) : 연면적 300 m² 이상
④ 장애인 의료재활시설 : 연면적 300 m² 이상

해설 건축허가등의 동의대상물의 범위
1. 연면적이 400제곱미터 이상
   가. 학교시설 : 100제곱미터 이상
   나. **노유자시설(老幼者施設) 및 수련시설 : 200제곱미터 이상**
   다. 정신의료기관(입원실이 없는 정신건강의학과 의원은 제외) : 300제곱미터 이상
   라. 장애인 의료재활시설(이하 "의료재활시설"이라 한다) : 300제곱미터 이상
1의2. 층수가 6층 이상인 건축물
2. 차고·주차장 또는 주차용도로 사용되는 시설로서 다음 각 목의 어느 하나에 해당하는 것
   가. **차고·주차장으로 사용되는 바닥면적이 200제곱미터** 이상인 층이 있는 건축물이나 주차시설
   나. 승강기 등 기계장치에 의한 주차시설로서 자동차 20대 이상을 주차할 수 있는 시설
3. **항공기격납고, 관망탑, 항공관제탑, 방송용 송수신탑**
4. 지하층 또는 무창층이 있는 건축물로서 바닥면적이 150제곱미터(공연장의 경우에는 100제곱미터) 이상인 층이 있는 것
5. 조산원, 산후조리원, 위험물 저장 및 처리시설, 발전시설 중 전기저장시설, 지하구
6. 요양병원. 다만, 정신병원과 의료재활시설은 제외한다.

49 소방시설 설치 및 관리에 관한 법령상 특정소방대상물의 관계인이 특정소방대상물의 규모·용도 및 수용인원 등을 고려하여 갖추어야 하는 소방시설의 종류에 대한 기준 중 다음 ( ) 안에 알맞은 것은?

화재안전기준에 따라 소화기구를 설치하여야 하는 특정소방대상물은 연면적 (㉠)m² 이상인 것. 다만, 노유자시설의 경우에는 투척용 소화용구 등을 화재안전기술기준에 따라 산정된 소화기 수량의 (㉡) 이상으로 설치할 수 있다.

① ㉠ 33, ㉡ $\frac{1}{2}$ ② ㉠ 33, ㉡ $\frac{1}{5}$
③ ㉠ 50, ㉡ $\frac{1}{2}$ ④ ㉠ 50, ㉡ $\frac{1}{5}$

정답 46. ② 47. ① 48. ① 49. ①

해설 화재안전기준에 따라 소화기구를 설치하여야 하는 특정소방대상물은 연면적 (33) m² 이상인 것. 다만, 노유자시설의 경우에는 투척용 소화용구 등을 화재안전기술기준에 따라 산정된 소화기 수량의 ($\frac{1}{2}$) 이상으로 설치할 수 있다.

50 ★★★ 출제년도 【20, 23.】
소방시설 설치 및 관리에 관한 법령상 단독경보형 감지기를 설치하여야 하는 특정소방대상물의 기준으로 옳은 것은?

① 연면적 600 m² 미만의 기숙사
② 연면적 600 m² 미만의 숙박시설
③ 연면적 1000 m² 미만의 아파트등
④ 교육연구시설 또는 수련시설 내에 있는 합숙소 또는 기숙사로서 연면적 2000 m² 미만인 것

해설 단독경보형 감지기 설치대상

교육연구시설 내에 있는 기숙사 또는 합숙소	연면적 2천 m² 미만
수련시설 내에 있는 기숙사 또는 합숙소	연면적 2천 m² 미만
수련시설(숙박시설이 있는 것만 해당)	
유치원	연면적 400 m² 미만
공동주택 중 연립주택 및 다세대주택 → 연동형으로 설치	

51 ★★★ 출제년도 【21, 23.】
소방시설 설치 및 관리에 관한 법령상 자동화재탐지설비를 설치하여야 하는 특정소방대상물에 대한 기준 중 ( )에 알맞은 것은?

> 근린생활시설(목욕장 제외), 의료시설(정신의료기관 또는 요양병원 제외), 위락시설, 장례시설 및 복합건축물로서 연면적 ( )m² 이상인 것

① 400 ② 600
③ 1,000 ④ 3,500

해설 근린생활시설(목욕장은 제외), 의료시설(정신의료기관 또는 요양병원은 제외), 위락시설, 장례시설 및 복합건축물 : 연면적 600 m² 이상

52 ★★ 출제년도 【21, 23.】
소방시설 설치 및 관리에 관한 법령상 특정소방대상물의 소방시설 설치의 면제기준 중 다음 ( )안에 알맞은 것은?

> 물분무등소화설비를 설치하여야 하는 차고·주차장에 ( )를 화재안전기술기준에 적합하게 설치한 경우에는 그 설비의 유효범위에서 설치가 면제된다.

① 옥내소화전설비
② 스프링클러설비
③ 간이스프링클러설비
④ 청정소화약제소화설비

해설 물분무등소화설비를 설치하여야 하는 차고·주차장에 (스프링클러설비)를 화재안전기술기준에 적합하게 설치한 경우에는 그 설비의 유효범위에서 설치가 면제된다.

53 ★★★ 출제년도 【22, 23.】
소방시설 설치 및 관리에 관한 법령상 특정소방대상물의 소방시설 설치의 면제기준에 따라 연결살수설비를 설치면제 받을 수 있는 경우는?

① 송수구를 부설한 간이스프링클러설비를 설치하였을 때
② 송수구를 부설한 옥내소화전설비를 설치하였을 때
③ 송수구를 부설한 옥외소화전설비를 설치하였을 때
④ 송수구를 부설한 연결송수관설비를 설치하였을 때

정답 50. ④ 51. ② 52. ② 53. ①

해설 연결살수설비를 설치하여야 하는 특정소방대상물에 송수구를 부설한 스프링클러설비, 간이스프링클러설비, 물분무소화설비 또는 미분무소화설비를 화재안전기술기준에 적합하게 설치한 경우 그 설비의 유효범위에서 설치가 면제된다.

54. 소방시설공사업법령에 따른 소방시설업의 등록권자는?

① 국무총리
② 소방서장
③ 시·도지사
④ 한국소방안전원장

해설 특정소방대상물의 소방시설공사등을 하려는 자는 업종별로 자본금(개인인 경우에는 자산 평가액을 말한다), 기술인력 등 대통령령으로 정하는 요건을 갖추어 특별시장·광역시장·특별자치시장·도지사 또는 특별자치도지사(이하 "시·도지사"라 한다)에게 소방시설업을 등록하여야 한다.

55. 다음 중 상주 공사감리를 하여야 할 대상의 기준으로 옳은 것은?

① 지하층을 포함한 층수가 16층 이상으로서 300세대 이상인 아파트에 대한 소방시설의 공사
② 지하층을 포함한 층수가 16층 이상으로서 500세대 이상인 아파트에 대한 소방시설의 공사
③ 지하층을 포함하지 않은 층수가 16층 이상으로서 300세대 이상인 아파트에 대한 소방시설의 공사
④ 지하층을 포함하지 않은 층수가 16층 이상으로서 500세대 이상인 아파트에 대한 소방시설의 공사

해설 상주 공사감리 대상(소방시설공사업법)

종류	대상
상주 공사감리	1. **연면적 3만제곱미터 이상의 특정소방대상물**(아파트는 제외)에 대한 소방시설의 공사 2. **지하층을 포함한 층수가 16층 이상으로서 500세대 이상인 아파트**에 대한 소방시설의 공사

56. 소방시설공사업법령상 상주 공사감리 대상 기준 중 다음 ㉠, ㉡, ㉢에 알맞은 것은?

- 연면적 (㉠)m² 이상의 특정소방대상물(아파트 제외)에 대한 소방시설의 공사
- 지하층을 포함한 층수가 (㉡)층 이상으로서 (㉢)세대 이상인 아파트에 대한 소방시설의 공사

① ㉠ 10,000, ㉡ 11, ㉢ 600
② ㉠ 10,000, ㉡ 16, ㉢ 500
③ ㉠ 30,000, ㉡ 11, ㉢ 600
④ ㉠ 30,000, ㉡ 16, ㉢ 500

해설 상주공사감리대상(소방시설공사업법 시행령 별표3)
1. 연면적 3만제곱미터 이상의 특정소방대상물(아파트는 제외한다)에 대한 소방시설의 공사
2. 지하층을 포함한 층수가 16층 이상으로서 500세대 이상인 아파트에 대한 소방시설의 공사

57. 위험물안전관리법령상 제조소등에 설치하여야 할 자동화재탐지설비의 설치기준 중 ( ) 안에 알맞은 내용은? (단, 광전식분리형 감지기 설치는 제외한다.)

정답 54. ③ 55. ② 56. ④ 57. ④

하나의 경계구역의 면적은 (㉠) m² 이하로 하고 그 한 변의 길이는 (㉡) m 이하로 할 것. 다만, 당해 건축물 그 밖의 공작물의 주요한 출입구에서 그 내부의 전체를 볼 수 있는 경우에 있어서는 그 면적은 1,000 m² 이하로 할 수 있다.

① ㉠ 300, ㉡ 20
② ㉠ 400, ㉡ 30
③ ㉠ 500, ㉡ 40
④ ㉠ 600, ㉡ 50

해설 관련법 : 관련법 : 위험물안전관리법 시행규칙 별표 17(소화설비, 경보설비 및 피난설비의 기준)
자동화재탐지설비의 설치기준
하나의 경계구역의 면적은 600 m² 이하로 하고 그 한 변의 길이는 50 m(광전식분리형 감지기를 설치할 경우에는 100 m)이하로 할 것. 다만, 당해 건축물 그 밖의 공작물의 주요한 출입구에서 그 내부의 전체를 볼 수 있는 경우에 있어서는 그 면적을 1,000 m² 이하로 할 수 있다.

58. 위험물안전관리법령상 정기점검의 대상인 제조소등의 기준으로 틀린 것은?

① 지하탱크저장소
② 이동탱크저장소
③ 지정수량의 10배 이상의 위험물을 취급하는 제조소
④ 지정수량의 20배 이상의 위험물을 저장하는 옥외탱크저장소

해설 제16조(정기점검의 대상인 제조소 등)
1. 관계인이 예방규정을 정하여야 하는 제조소 등
① 지정수량의 10배 이상의 위험물을 취급하는 제조소
② 지정수량의 100배 이상의 위험물을 저장하는 옥외저장소
③ 지정수량의 150배 이상의 위험물을 저장하는 옥내저장소
④ 지정수량의 **200배 이상**의 위험물을 저장하는 **옥외탱크저장소**
⑤ 암반탱크저장소
⑥ 이송취급소
⑦ 지정수량의 10배 이상의 위험물을 취급하는 일반취급소
2. 지하탱크저장소
3. 이동탱크저장소
4. 위험물을 취급하는 탱크로서 지하에 매설된 탱크가 있는 제조소·주유취급소 또는 일반취급소

59. 위험물안전관리법령상 위험물을 취급함에 있어서 정전기가 발생할 우려가 있는 설비에 설치할 수 있는 정전기 제거설비 방법이 아닌 것은?

① 접지에 의한 방법
② 공기를 이온화하는 방법
③ 자동적으로 압력의 상승을 정지시키는 방법
④ 공기 중의 상대습도를 70% 이상으로 하는 방법

해설 정전기 제거설비
1) 접지에 의한 방법
2) 공기 중의 상대습도를 70% 이상으로 하는 방법
3) 공기를 이온화하는 방법

60. 위험물안전관리법령상 제조소 또는 일반 취급소에서 취급하는 제4류 위험물의 최대 수량의 합이 지정수량의 48만배 이상인 사업소의 자체소방대에 두는 화학소방자동차 및 인원기준으로 다음 ( ) 안에 알맞은 것은?

화학소방자동차	자체소방대원의 수
(㉠)	(㉡)

① ㉠ 1대, ㉡ 5인
② ㉠ 2대, ㉡ 10인
③ ㉠ 3대, ㉡ 15인
④ ㉠ 4대, ㉡ 20인

해설 자체소방대에 두는 화학소방자동차 및 인원

사업소의 구분	화학소방 자동차	자체소방 대원의 수
1. 제조소 또는 일반취급소에서 취급하는 제4류 위험물의 최대수량의 합이 지정수량의 3천배 이상 12만배 미만인 사업소	1대	5인
2. 제조소 또는 일반취급소에서 취급하는 제4류 위험물의 최대수량의 합이 지정수량의 12만배 이상 24만배 미만인 사업소	2대	10인
3. 제조소 또는 일반취급소에서 취급하는 제4류 위험물의 최대수량의 합이 지정수량의 24만배 이상 48만배 미만인 사업소	3대	15인
4. 제조소 또는 일반취급소에서 취급하는 제4류 위험물의 최대수량의 합이 **지정수량의 48만배 이상인 사업소**	**4대**	**20인**
5. 옥외탱크저장소에 저장하는 **제4류 위험물**의 최대수량이 지정수량의 **50만배 이상인 사업소**	2대	10인

4과목 소방전기설비의 구조 및 원리

61 ★★★ 출제년도 【17. 23.】
비상벨설비 또는 자동사이렌설비의 지구음향 장치는 특정소방대상물의 층마다 설치하되, 해당 특정소방대상물의 각 부분으로부터 하나의 음향장치까지의 수평거리가 몇 m 이하가 되도록 하여야 하는가?

① 15 ② 25
③ 40 ④ 50

해설 지구음향장치는 소방대상물의 층마다 설치하되, 당해 소방대상물의 각 부분으로부터 하나의 음향장치까지의 수평거리가 25 m 이하가 되도록 하고, 당해 층의 각 부분에 유효하게 경보를 발할 수 있도록 설치할 것

62 ★★★ 출제년도 【21. 23.】
비상경보설비 및 단독경보형감지기의 화재안전기술기준(NFTC 201)에 따른 비상벨설비에 대한 설명으로 옳은 것은?

① 비상벨설비는 화재발생 상황을 사이렌으로 경보하는 설비를 말한다.
② 비상벨설비는 부식성가스 또는 습기 등으로 인하여 부식의 우려가 없는 장소에 설치하여야 한다.
③ 음향장치의 음량은 부착된 음향장치의 중심으로부터 1 m 떨어진 위치에서 60 dB 이상이 되는 것으로 하여야 한다.
④ 특정소방대상물의 층마다 설치하되, 해당 특정소방대상물의 각 부분으로부터 하나의 발신기까지의 수평거리가 30 m 이하가 되도록 하여야 한다.

해설 보기설명
① 비상벨설비"란 화재발생 상황을 경종으로 경보하는 설비
③ 음향장치의 음량은 부착된 음향장치의 중심으로부터 1m 떨어진 위치에서 90dB 이상이 되는 것으로 하여야 한다.
④ 특정소방대상물의 층마다 설치하되, 해당 특정소방대상물의 각 부분으로부터 하나의 발신기까지의 수평거리가 25m 이하가 되도록 할 것

63 ★★★ 출제년도 【18. 23.】
비상방송설비의 음향장치 구조 및 성능기준 중 다음 ( ) 안에 알맞은 것은?

- 정격전압의 (㉠)% 전압에서 음향을 발할 수 있는 것을 할 것
- (㉡)의 작동과 연동하여 작동할 수 있는 것으로 할 것

① ㉠ 65, ㉡ 단독경보형감지기
② ㉠ 65, ㉡ 자동화재탐지설비
③ ㉠ 80, ㉡ 단독경보형감지기
④ ㉠ 80, ㉡ 자동화재탐지설비

정답 61. ② 62. ② 63. ④

해설 음향장치 구조 및 성능기준
① 정격전압의 **80% 전압**에서 음향을 발할 수 있는 것을 할 것
② **자동화재탐지설비**의 작동과 연동하여 작동할 수 있는 것으로 할 것

64 아파트형 공장의 지하 주차장에 설치된 비상방송용 스피커의 음량조정기 배선방식은?

① 단선식   ② 2선식
③ 3선식   ④ 복합식

해설 음량조정기의 배선 : 3선식
공통선, 업무용선(일반용선), 긴급용선(소방용선)

65 자동화재탐지설비 및 시각경보장치의 화재안전기술기준(NFTC 203)에 따라 특정소방대상물 중 화재신호를 발신하고 그 신호를 수신 및 유효하게 제어할 수 있는 구역을 무엇이라 하는가?

① 방호구역   ② 방수구역
③ 경계구역   ④ 화재구역

해설 경계구역 : 화재신호를 발신하고 그 신호를 수신 및 유효하게 제어할 수 있는 구역

66 자동화재탐지설비의 수신기의 설치기준으로 옳지 않은 것은?

① 수위실 등 상시 사람이 근무하고 있는 장소에 설치할 것
② 수신기가 설치된 장소에는 경계구역 열람도를 비치할 것
③ 하나의 경계구역은 하나의 표시등 또는 하나의 문자로 표시되도록 할 것
④ 수신기의 조작스위치는 바닥으로부터 높이 1.0[m] 이상 1.8[m] 이하에 설치할 것

해설 수신기의 설치기준
1) 수위실 등 상시 사람이 근무하고 있는 장소에 설치하고 그 장소에는 **경계구역 일람도**를 비치할 것
2) 수신기의 음향기구는 그 음량 및 음색이 다른 기기의 소음 등과 명확하게 구별될 수 있는 것으로 할 것
3) 하나의 경계구역은 하나의 표시등 또는 하나의 문자로 표시되도록 할 것
4) 수신기의 **조작스위치**는 바닥으로부터 **0.8[m] 이상 1.5[m] 이하인 장소**에 설치할 것
5) 하나의 소방대상물에 2 이상의 수신기를 설치하는 경우에는 수신기가 설치된 장소 상호간에 동시 통화가 가능한 설비를 할 것

67 자동화재탐지설비의 중계기의 설치기준에 대한 설명 중 옳지 않은 것은?

① 수신기에서 직접 감지기회로의 도통시험을 행하지 아니하는 것에 있어서는 수신기와 감지기 사이에 설치할 것
② 조작 및 점검에 편리하고 화재 및 침수 등의 재해로 인한 피해를 받을 우려가 없는 장소에 설치할 것
③ 수신기에 따라 감시되지 않는 배선을 통하여 전력을 공급받는 것에 있어서는 전원 입력측의 배선에 스위치를 설치할 것
④ 전원의 정전 즉시 수신기에 표시되는 것으로 하며 상용전원 및 예비전원의 시험을 할 수 있도록 할 것

해설 중계기 설치기준
1) 수신기에서 직접 감지회로의 도통시험을 행하지 아니하는 것에 있어서는 수신기와 감지기 사이에 설치할 것
2) 상용전원 및 예비전원의 시험을 할 수 있도록 할 것
3) 중계기에는 회로도통시험을 할 수 있는 장치를 설치하여야 한다.

정답 64. ③ 65. ③ 66. ④ 67. ③

4) 수신기에 의하여 감시되지 않는 배선을 통하여 전력을 공급받는 것에 있어서는 **전원 입력측의 배선에 과전류차단기를 설치할 것**

68. ★★★ 출제년도 【19, 23.】
부착높이가 11 m인 장소에 적응성 있는 감지기는?

① 차동식분포형
② 정온식스포트형
③ 차동식스포트형
④ 정온식감지선형

해설 부착높이에 따른 감지기의 종류

부착높이	감지기의 종류
8m 이상 15m 미만	**차동식 분포형** 이온화식 1종 또는 2종 광전식(스포트형, 분리형, 공기흡입형) 1종 또는 2종 연기복합형 불꽃감지기
15m 이상 20m 미만	이온화식 1종 광전식(스포트형, 분리형, 공기흡입형) 1종 연기복합형 불꽃감지기
20m 이상	**불꽃감지기** **광전식(분리형, 공기흡입형)중 아나로그방식**

69. ★★★ 출제년도 【19, 23.】
정온식감지기의 설치 시 공칭작동온도가 최고주위온도보다 최소 몇 ℃ 이상 높은 것으로 설치하여야 하나?

① 10   ② 20
③ 30   ④ 40

해설 정온식감지기는 주방·보일러실 등으로서 다량의 화기를 취급하는 장소에 설치하되, 공칭작동온도가 최고주위온도보다 20℃ 이상 높은 것

70. ★ 출제년도 【16, 23.】
자동화재탐지설비의 GP형 수신기에 감지기 회로의 배선을 접속하려고 할 때 경계구역이 15개인 경우 필요한 공통선의 최소 개수는?

① 1   ② 2
③ 3   ④ 4

해설 공통선의 수량
1) 피(P)형 수신기 및 지피(G.P.)형 수신기의 감지기 회로의 배선에 있어서 하나의 공통선에 접속할 수 있는 경계구역은 **7개 이하**로 할 것
2) 공통선의 수량 : $\frac{15}{7} = 2.14 ≒ 3$

71. ★★★ 출제년도 【96, 97, 98, 99, 01, 03, 10, 12, 16, 23.】
누전경보기에서 감도조정장치의 조정범위는 최대 몇 [mA]인가?

① 1   ② 20
③ 1,000   ④ 1,500

해설 누전경보기의 형식승인기준
1) 공칭작동전류치(제7조)
    누전경보기의 공칭작동전류치는 **200[mA] 이하**
2) 감도조정장치(제8조)
    감도조정장치의 조정범위는 최대치가 1[A]

72. ★★ 출제년도 【13, 16, 20, 23.】
누전경보기의 변류기(ZCT)는 경계전로에 정격전류를 흘리는 경우 그 경계전로의 전압강하는 몇 [V] 이하이어야 하는가? (단, 경계전로의 전선을 그 변류기에 관통시키는 것은 제외한다.)

① 0.3[V]   ② 0.5[V]
③ 1.0[V]   ④ 3.0[V]

해설 누전경보기의 형식승인 및 제품검사의 기술기준 제22조(전압강하방지시험)
변류기는 경계전로에 정격전류를 흘리는 경우, 그 경계전로의 **전압강하는 0.5[V] 이하**이어야 한다.

정답 68. ① 69. ② 70. ③ 71. ③ 72. ②

73 유도등 및 유도표지의 화재안전기준(NFSC 303)에 따라 유도표지는 각층마다 복도 및 통로의 각 부분으로부터 하나의 유도표지까지의 보행거리가 몇 m 이하가 되는 곳과 구부러진 모퉁이의 벽에 설치하여야 하는가? (단, 계단에 설치하는 것은 제외한다.)

① 5 ② 10
③ 15 ④ 25

해설 유도표지 설치기준
1. 계단에 설치하는 것을 제외하고는 각층마다 복도 및 통로의 각 부분으로부터 하나의 유도표지까지의 보행거리가 15 m 이하가 되는 곳과 구부러진 모퉁이의 벽에 설치할 것

74 통로의 직선부분의 길이가 30[m]인 극장 통로바닥에 설치하여야 하는 객석유도등의 설치개수는?

① 3개 ② 4개
③ 7개 ④ 17개

해설 객석유도등 : 유도등의 설치개수 N
$$N \geq \frac{\text{객석통로의 직선부분의 길이[m]}}{4} - 1$$
단, 소수점 이하는 절상
$$\therefore N = \frac{30}{4} - 1 = 6.5 \Rightarrow 7개$$

75 휴대용 비상조명등의 건전지 및 충전식 배터리는 몇 분 이상 유효하게 사용할 수 있어야 하는가?

① 10분 ② 20분
③ 30분 ④ 40분

해설 휴대용 비상조명등
1) 건전지를 사용하는 경우에는 방전방지조치를 하여야 하고, 충전식 배터리의 경우에는 상시 충전되도록 할 것
2) 건전지 및 충전식 배터리의 용량은 20분 이상 유효하게 사용할 수 있는 것으로 할 것

76 비상콘센트설비의 전원회로에 대한 전압과 공급용량을 바르게 나타낸 것은?

① 단상 교류 : 110[V] 1.5[kVA] 이상
② 단상 교류 : 220[V] 1.5[kVA] 이상
③ 단상 교류 : 220[V] 3.0[kVA] 이상
④ 단상 교류 : 110[V] 3.0[kVA] 이상

해설

종류	전압	용량	플러그
단상교류	220[V]	1.5[kVA] 이상	접지형 2극 플러그

77 비상콘센트설비의 성능인증 및 제품검사의 기술기준에 따른 표시등의 구조 및 기능에 대한 내용이다. 다음 ( )에 들어갈 내용으로 옳은 것은?

> 적색으로 표시되어야 하며 주위의 밝기가 (ⓐ) lx 이상인 장소에서 측정하여 앞면으로부터 (ⓑ)m 떨어진 곳에서 켜진 등이 확실히 식별되어야 한다.

① ⓐ 100 ⓑ 1
② ⓐ 300 ⓑ 3
③ ⓐ 500 ⓑ 5
④ ⓐ 1,000 ⓑ 10

해설 제4조(부품의 구조 및 기능)
적색으로 표시되어야 하며 주위의 밝기가 300 lx 이상인 장소에서 측정하여 앞면으로부터 3 m 떨어진 곳에서 켜진등이 확실히 식별되어야 한다.

정답 73. ③ 74. ③ 75. ② 76. ② 77. ②

78.
신호의 전송로가 분기되는 장소에 설치하는 것으로 임피던스 매칭과 신호 균등분배를 위해 사용되는 장치는?

① 혼합기　　② 분배기
③ 증폭기　　④ 분파기

해설 무선통신보조설비 용어 정의
① 누설동축케이블 : 동축케이블의 외부도체에 가느다란 홈을 만들어서 전파가 외부로 새어나갈 수 있도록 한 케이블
② 분배기 : 신호의 전송로가 분기되는 장소에 설치하는 것으로 **임피던스 매칭(Matching)과 신호 균등분배**를 위해 사용하는 장치
③ 분파기 : 서로 다른 주파수의 합성된 신호를 분리하기 위해서 사용하는 장치
④ 혼합기 : 두 개 이상의 입력신호를 원하는 비율로 조합한 출력이 발생하도록 하는 장치

79.
무선통신보조설비의 화재안전기술기준(NFTC 505)에 따라 지표면으로부터의 깊이가 몇 m 이하인 경우에는 해당층에 한하여 무선통신보조설비를 설치하지 아니할 수 있는가?

① 0.5　　② 1
③ 1.5　　④ 2

해설 지하층으로서 특정소방대상물의 바닥부분 2면 이상이 지표면과 동일하거나 지표면으로부터의 깊이가 1[m] 이하인 경우에는 해당층에 한하여 무선통신보조설비를 설치하지 아니할 수 있다.

80.
소방시설용비상전원수전설비의 화재안전기술기준(NFTC 602) 용어의 정의에 따라 수용장소의 조영물(토지에 정착한 시설물 중 지붕 및 기둥 또는 벽이 있는 시설물을 말한다.)의 옆면 등에 시설하는 전선으로서 그 수용장소의 인입구에 이르는 부분의 전선은 무엇인가?

① 인입선　　② 내화배선
③ 열화배선　　④ 인입구배선

해설 인입선 : 수용장소의 조영물(토지에 정착한 시설물 중 지붕 및 기둥 또는 벽이 있는 시설물을 말한다.)의 옆면 등에 시설하는 전선으로서 그 수용장소의 인입구에 이르는 부분의 전선

정답 78. ②　79. ②　80. ①

4회 2023년 소방설비기사(CBT)

1과목 소방원론

01 ★ 출제년도 【20, 23.】

다음 물질 중 연소하였을 때 시안화수소를 가장 많이 발생시키는 물질은?

① Polyethylene
② Polyurethane
③ Polyvinyl chloride
④ Polystyrene

해설 Polyurethane(폴리우레탄)
① 매트리스, 전기절연체, 구조체 등에 사용
② 연소하였을 때 시안화수소를 가장 많이 발생시키는 물질

02 ★★★ 출제년도 【17, 22, 23.】

목재 화재 시 다량의 물을 뿌려 소화할 경우 기대되는 주된 소화효과는?

① 제거효과　② 냉각효과
③ 부촉매효과　④ 희석효과

해설 다량의 물을 뿌려 소화할 경우에는 냉각효과를 기대할 수 있다.

소화원리에 따른 소화방법

연소의 4요소	소화원리	소화방법	비고
가연물	가연물의 제거	제거소화	물리적 소화
산소	산소희석, 산소차단	질식소화	
점화원	연소점 이하로 냉각	냉각소화	
순조로운 연쇄반응	연쇄반응의 억제	억제소화 (부촉매 소화)	화학적 소화

03 ★★★ 출제년도 【19, 23.】

화재강도(Fire Intensity)와 관계가 없는 것은?

① 가연물의 비표면적
② 발화원의 온도
③ 화재실의 구조
④ 가연물의 발열량

해설
① 화재가혹도 : 화재발생으로 인한 건축물 내 수용재산 및 건축물 자체에 손상을 입히는 정도
② 화재가혹도＝화재강도×화재하중
③ 화재강도(Fire Intensity) : 최고온도를 뜻하며, 주수율을 결정하는 인자로 가연물의 비표면적, 화재실의 구조, 가연물의 발열량, 개구부의 위치 및 크기등이 영향을 준다.
④ 화재하중 : 최고온도의 지속시간을 뜻하며, 주수시간을 결정하는 인자

04 ★★★ 출제년도 【11, 12, 16, 23.】

다음 분말소화약제의 열분해 반응식에서 ( ) 안에 알맞은 화학식은?

$2NaHCO_3 \rightarrow Na_2CO_3 + H_2O + ($　　$)$

① CO　② CO_2
③ Na　④ Na_2

해설 제1종 분말 소화약제
① 1차 열분해반응식(270℃) :
$2NaHCO_3 \rightarrow Na_2CO_3 + CO_2 + H_2O$
② 2차 열분해반응식(850℃) :
$2NaHCO_3 \rightarrow Na_2O + 2CO_2 + H_2O$

05 ★ 출제년도 【09, 11, 21, 23.】

다음 중 증기 비중이 가장 큰 것은?

① Halon 1301　② Halon 2402
③ Halon 1211　④ Halon 104

정답 1.② 2.② 3.② 4.② 5.②

해설 할론 소화약제의 종류

종류	분자식	증기비중	상온·상압에서 상태
하론 1301	CF_3Br	$\frac{148.9}{29}=5.13$	기체상태
하론 1211	CF_2ClBr	$\frac{165.4}{29}=5.7$	
하론 2402	$C_2F_4Br_2$	$\frac{259.8}{29}=8.96$	액체상태
하론 101	CH_2ClBr	$\frac{129.4}{29}=4.46$	

06 ★ 출제년도【10, 13, 23.】
포소화설비의 국가화재안전기준에서 정한 포의 종류 중 저발포라 함은?

① 팽창비가 20 이하인 것
② 팽창비가 120 이하인 것
③ 팽창비가 250 이하인 것
④ 팽창비가 1000 이하인 것

해설

팽창비율에 따른 포의 종류	포방출구의 종류
팽창비가 20 이하인 것(저발포)	포헤드, 압축공기포헤드
팽창비가 80 이상 1,000 미만인 것 (고발포)	고발포용 고정포방출구

07 ★★★ 출제년도【14, 18, 23.】
유류 탱크의 화재 시 탱크 저부의 물이 뜨거운 열류층에 의하여 수증기로 변하면서 급작스런 부피 팽창을 일으켜 유류가 탱크 외부로 분출하는 현상은?

① 슬롭 오버(Slop Over)
② 블레비(BLEVE)
③ 보일 오버(Boil Over)
④ 파이어 볼(Fire Ball)

해설 보일오버
① 탱크 저부의 물이 급격히 증발하여 기름이 탱크 밖으로 화재를 동반하여 방출하는 현상
② 유류 저장탱크의 화재 시 유면에서 발생한 열이 서서히 탱크 아래쪽으로 전파하여 탱크 하부의 물이 급격히 증발함으로써 상층의 유류를 밀어 올려 거대한 화염을 불러일으키며 다량의 기름을 탱크 밖으로 불이 붙은 채로 방출하는 현상

08 ★★★ 출제년도【04, 05, 13, 14, 23.】
다음 중 화재하중을 나타내는 단위는?

① [kcal/kg]
② [℃/m²]
③ [kg/m²]
④ [kg/kcal]

해설 화재하중은 화재구획에서의 단위 면적당 등가 가연물량 [kg/m²]

$$Q = \frac{\Sigma(G_i \cdot H_i)}{H_0 \cdot A} [kg/m^2]$$

여기서, Q : 화재하중[kg/m²],
G_i : 가연물중량[kg],
H_i : 가연물의 단위발열량[kcal/kg],
H_0 : 목재의 단위발열량(4500[kcal/kg]),
A : 화재구획의 바닥면적[m²]

09 ★★★ 출제년도【17, 22, 23.】
동식물유류에서 "요오드값이 크다"라는 의미를 옳게 설명한 것은?

① 불포화도가 높다
② 불건성유이다.
③ 자연발화성이 낮다.
④ 산소와의 결합이 어렵다.

해설 ① 동식물유류 : 동물의 지육 등 또는 식물의 종자나 과육으로부터 추출한 것으로서 1기압에서 인화점이 섭씨 250도 미만인 것
② 요오드값 : 유지 100g당 포함되어 있는 요오드의 g 수
③ 요오드값이 클수록 불포화도가 높고, 자연발화가 쉬워진다.

정답 6. ① 7. ③ 8. ③ 9. ①

10 제4류 위험물의 성질에 해당하는 것은?

① 가연성 고체
② 산화성 고체
③ 인화성 액체
④ 자기반응성 물질

해설 위험물안전관리법 : 위험물의 성질

위험물의 종류	성 질
제1류 위험물	산화성고체
제2류 위험물	가연성고체
제3류 위험물	자연발화 및 금수성 물질
제4류 위험물	인화성액체
제5류 위험물	자기연소성물질
제6류 위험물	산화성액체

11 피난계획의 일반원칙 중 fool proof 원칙에 해당하는 것은?

① 저지능인 상태에서도 쉽게 식별이 가능하도록 그림이나 색체를 이용하는 원칙
② 피난설비를 반드시 이동식으로 하는 원칙
③ 한 가지 피난기구가 고장이 나도 다른 수단을 이용할 수 있도록 고려하는 원칙
④ 피난설비를 첨단화된 전자식으로 하는 원칙

해설 fool proof 원칙 : 저지능인 상태에서도 쉽게 식별이 가능하도록 그림이나 색채를 이용하는 것을 말한다.

12 방화구조에 대한 기준으로 틀린 것은?

① 철망모르타르로서 그 바름두께가 2[cm] 이상인 것
② 석고판 위에 시멘트모르타르를 바른 것으로서 그 두께의 합계가 2.5[cm] 이상인 것
③ 시멘트모르타르 위에 타일을 붙인 것으로서 그 두께의 합계가 2[cm] 이상인 것
④ 심벽에 흙으로 맞벽치기 한 것

해설 건축물의 방화구조

시 공 방 법	기 준
• 철망모르타르 바르기	바름 두께가 2[cm] 이상
• 석고판 위에 시멘트 모르타르 또는 회반죽을 바른 것	두께의 합계가 2.5[cm] 이상
• 시멘트모르타르 위에 타일을 붙인 것	두께의 합계가 2.5[cm] 이상
• 심벽에 흙으로 맞벽치기한 것	–

13 건축물 화재에서 플래시 오버(Flash over) 현상이 일어나는 시기는?

① 초기에서 성장기로 넘어가는 시기
② 성장기에서 최성기로 넘어가는 시기
③ 최성기에서 감쇠기로 넘어가는 시기
④ 감쇠기에서 종기로 넘어가는 시기

해설 플래시오버 : 성장기와 최성기 사이에 발생
백드래프트 : 최성기와 감쇠기 사이에 발생

14 불티가 바람에 날리거나 또는 화재 현장에서 상승하는 열기류 중심에 휩쓸려 원거리 가연물에 착화하는 현상을 무엇이라 하는가?

① 비화
② 전도
③ 대류
④ 복사

해설 비화 : 화재로 인하여 발생된 **불꽃이 먼 곳으로 날아가** 다른 건축물에 발화하는 현상

정답 10. ③ 11. ① 12. ③ 13. ② 14. ①

15 ★★ 출제년도【16, 20, 23.】
밀폐된 내화건물의 실내에 화재가 발생했을 때 그 실내의 환경변화에 대한 설명 중 틀린 것은?

① 기압이 강하한다.
② 산소가 감소한다.
③ 일산화탄소가 증가한다.
④ 이산화탄소가 증가한다.

해설 밀폐된 내화건물의 실내에 화재시 실내의 환경변화
① 기압이 상승한다.
② 산소가 감소한다.
③ 일산화탄소가 증가한다.
④ 이산화탄소가 증가한다.

16 ★★★ 출제년도【19, 22, 23.】
화재에 관련된 국제적인 규정을 제정하는 단체는?

① IMO(International Maritime Organization)
② SFPE(Society of Fire Protection Engineers)
③ NFPA(Nation Fire Protection Association)
④ ISO (International Organization for Standardization) TC 92

해설 보기설명
① IMO(International Matritime Organization) : 국제해사기구
② SFPE(Society of Fire Protection Engineers) : 미국소방기술사회
③ NFPA(Nation Fire Protection Association) : 미국방화협회
④ ISO(International Organization for Standardization) TC 92 : 국제표준화기구 화재안전기술위원회

17 ★★★ 출제년도【09, 12, 18, 23.】
분진폭발의 위험성이 가장 낮은 것은?

① 알루미늄분 ② 유황
③ 팽창질석   ④ 소맥분

해설 팽창질석은 간이소화용구의 한 종류로서 소화약제로 사용된다.
분진폭발을 일으키지 않는 물질 : 시멘트, 생석회, 석회석, 탄산칼슘

18 ★★★ 출제년도【19, 23.】
석유, 고무, 동물의 털, 가죽 등과 같이 황성분을 함유하고 있는 물질이 불완전연소될 때 발생하는 연소가스로 계란 썩는 듯한 냄새가 나는 기체는?

① 아황산가스   ② 시안화수소
③ 황화수소   ④ 암모니아

해설 황화수소(H_2S)
① 허용농도 10ppm
② 달걀 썩은 냄새, 신경계통에 영향
③ 가연성가스이면서 독성가스

19 ★★★ 출제년도【96, 98, 01, 02, 04, 06, 08, 13, 22, 23.】
다음 물질 중 공기 중에서의 연소범위가 가장 넓은 것은?

① 부탄   ② 프로판
③ 메탄   ④ 수소

해설 연소범위

물 질	부탄	프로판	메탄	수소
연소범위	1.8~8.4[%]	2.1~9.5[%]	5~15[%]	4~75[%]

20 ★★★ 출제년도【17, 22, 23.】
이산화탄소 20 g은 몇 mol인가?

① 0.23   ② 0.45
③ 2.2   ④ 4.4

해설 이산화탄소(CO_2)의 분자량 : 44g
몰(mol) 수 : $\frac{질량(g)}{분자량(g)} = \frac{20g}{44g} = 0.45$

정답 15. ① 16. ④ 17. ③ 18. ③ 19. ④ 20. ②

2과목 소방전기일반

21 ★★★ 출제년도【14, 18., 21, 23.】
1개의 용량이 25[W]인 객석유도등 10개가 연결되어 있다. 이 회로에 흐르는 전류는 약 몇 [A]인가? (단, 전원 전압은 220[V]이고, 기타 선로손실 등은 무시한다.)

① 0.88 A   ② 1.14 A
③ 1.25 A   ④ 1.36 A

해설 전류 $I = \dfrac{P}{V} = \dfrac{25\,W \times 10개}{220\,V} = 1.14$

22 ★★ 출제년도【17, 20, 23.】
100V, 500W의 전열선 2개를 같은 전압에서 직렬로 접속한 경우와 병렬로 접속한 경우의 전력은 각각 몇 W 인가?

① 직렬: 250, 병렬: 500
② 직렬: 250, 병렬: 1000
③ 직렬: 500, 병렬: 500
④ 직렬: 500, 병렬: 1000

해설 저항의 계산 $R = \dfrac{V^2}{P} = \dfrac{100^2}{500} = 20\,\Omega$

직렬로 접속한 경우 합성저항 : $20 + 20 = 40\,\Omega$

병렬로 접속한 경우 합성저항 : $\dfrac{20 \times 20}{20 + 20} = 10\,\Omega$

직렬로 접속한 경우 전력 : $P = \dfrac{V^2}{R} = \dfrac{100^2}{40} = 250\,W$

병렬로 접속한 경우 전력 : $P = \dfrac{V^2}{R} = \dfrac{100^2}{10} = 1{,}000\,W$

23 ★★★ 출제년도【06, 13, 14, 21, 23.】
자기 인덕턴스 L_1, L_2가 각각 4[mH], 9[mH]인 두 코일이 이상적인 결합이 되었다면 상호 인덕턴스는 몇 [mH]인가? (단, 결합계수는 1이다.)

① 6   ② 12
③ 24   ④ 36

해설 상호 인덕턴스
$M = k \times \sqrt{L_1 \times L_2} = 1 \times \sqrt{4 \times 9} = 6\,mH$
k : 결합계수, L_1, L_2 : 자기 인덕턴스

24 ★★★ 출제년도【22, 23.】
진공 중에서 원점에 10^{-8}C의 전하가 있을 때 점(1, 2, 2)m에서의 전계의 세기는 약 몇 V/m 인가?

① 0.1   ② 1
③ 10   ④ 100

해설 거리벡터 $\vec{r} = i + 2j + 2k$
거리 $r = \sqrt{1^2 + 2^2 + 2^2} = 3\,m$
전계의 세기 $E = 9 \times 10^9 \times \dfrac{Q}{r^2} = 9 \times 10^9 \times \dfrac{10^{-8}}{3^2}$
$= 10\ V/m$

25 ★★★ 출제년도【21, 23.】
자유공간에서 무한히 넓은 평면에 면전하밀도 σ(C/m^2)가 균일하게 분포되어 있는 경우 전계의 세기(E)는 몇 V/m인가?
(단, ϵ_0는 진공의 유전율이다.)

① $E = \dfrac{\sigma}{\epsilon_0}$ ② $E = \dfrac{\sigma}{2\epsilon_0}$

③ $E = \dfrac{\sigma}{2\pi\epsilon_0}$ ④ $E = \dfrac{\sigma}{4\pi\epsilon_0}$

해설 무한평면(무한평판) 전계의 세기 $E = \dfrac{\sigma}{2\epsilon_0}$

도체 표면에서의 전계의 세기 $E = \dfrac{\sigma}{\epsilon_0}$

26 ★ 출제년도【21, 23.】
그림과 같이 반지름 r[m]인 원의 원주상 임의의 2점 a, b 사이에 전류 I[A]가 흐른다. 원의 중심에서의 자계의 세기는 몇 [A/m]인가?

정답 21. ② 22. ② 23. ① 24. ③ 25. ② 26. ①

① $\dfrac{I\theta}{4\pi r}$

② $\dfrac{I\theta}{4\pi r^2}$

③ $\dfrac{I\theta}{2\pi r}$

④ $\dfrac{I\theta}{4\pi r^2}$

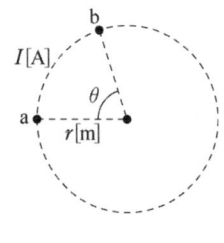

해설 자계의 세기 $H = \dfrac{I}{2r} \times \dfrac{\theta}{2\pi} = \dfrac{I\theta}{4\pi r}$

27 ★★★ 출제년도 [22, 23.]
동일한 전류가 흐르는 두 평행 도선 사이에 작용하는 힘이 F_1이다. 두 도선 사이의 거리를 2.5배로 늘였을 때 두 도선 사이 작용하는 힘 F_2는?

① $F_2 = \dfrac{1}{2.5}F_1$ ② $F_2 = \dfrac{1}{2.5^2}F_1$

③ $F_2 = 2.5F_1$ ④ $F_2 = 6.25F_1$

해설 두 평행 도선 사이에 작용하는 힘
$F = \dfrac{\mu_0 I_1 I_2}{2\pi r} \propto \dfrac{1}{r}$ 이므로

힘 $F_2 = \dfrac{\dfrac{1}{2.5r}}{\dfrac{1}{r}} \times F_1 = \dfrac{1}{2.5} \times F_1$

28 ★★★ 출제년도 [21, 23.]
테브난의 정리를 이용하여 그림 (a)의 회로를 그림 (b)와 같은 등가회로로 만들고자 할 때 V_{th}[V]와 R_{th}[Ω]은?

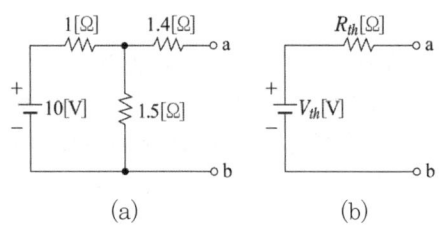

① 5[V], 2[Ω]   ② 5[V], 3[Ω]
③ 6[V], 2[Ω]   ④ 6[V], 3[Ω]

해설 $V_{th} = \dfrac{1.5}{1+1.5} \times 10 = 6$[V]

$R_{th} = 1.4 + \dfrac{1 \times 1.5}{1+1.5} = 2$[Ω]

29 ★★★ 출제년도 [21, 23.]
회로에서 a와 b 사이에 나타나는 전압 V_{ab}(V)는?

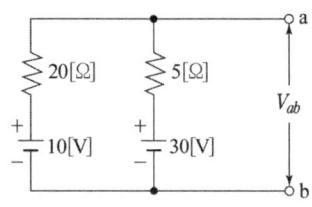

① 20   ② 23
③ 26   ④ 28

해설 밀만의 정리

$V_{ab} = \dfrac{\dfrac{V_1}{R_1} + \dfrac{V_2}{R_2}}{\dfrac{1}{R_1} + \dfrac{1}{R_2}}$

$V_{ab} = \dfrac{\dfrac{10}{20} + \dfrac{30}{5}}{\dfrac{1}{20} + \dfrac{1}{5}} = 26$

30 ★★★ 출제년도 [18, 23.]
정현파 전압의 평균값이 150 V이면 최댓값은 약 몇 V인가?

① 235.6   ② 212.1
③ 106.1   ④ 95.5

해설 평균값 $= \dfrac{2}{\pi} \times$ 최댓값

최댓값 $= \dfrac{\pi}{2} \times 150 = 235.62$ V

31 50Hz의 3상 전압을 전파 정류하였을 때 리플(맥동) 주파수(Hz)는?

① 50　　② 100
③ 150　　④ 300

해설

구분	단상반파	단상전파	3상반파	3상전파
맥동주파수	f	$2f$	$3f$	$6f$
50Hz인 경우	50	100	150	300
60Hz인 경우	60	120	180	360

32 다음 중 직류전동기의 제동법이 아닌 것은?

① 회생제동　　② 정상제동
③ 발전제동　　④ 역전제동

해설 직류전동기의 제동법
① 회생제동 : 위치에너지를 이용하여 발전기로 구동시켜 발생 전력을 전원에 되돌려 제동
② 역전제동(역상제동, pluuging) : 전동기를 역회전시켜 급제동
③ 발전제동 : 저항 내에서 열에너지(줄열)를 발생시켜 제동

33 60 Hz, 4극의 3상 유도전동기가 정격 출력일 때 슬립이 2 %이다. 이 전동기의 동기속도(rpm)은?

① 1200　　② 1764
③ 1800　　④ 1836

해설 동기속도
$$N_s = \frac{120f}{P} = \frac{120 \times 60}{4} = 1800[\text{rpm}]$$
전동기의 회전속도
$$N = (1-s)N_s = (1-0.02) \times 1800 = 1764[\text{rpm}]$$

34 선간전압 E V의 3상 평형전원에 대칭 3상 저항부하 R Ω이 그림과 같이 접속되었을 때, a, b 두 상간에 접속된 전력계의 지시값이 W W라면 C상의 전류는?

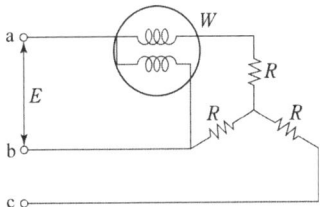

① $\dfrac{2W}{\sqrt{3}E}$　　② $\dfrac{3W}{\sqrt{3}E}$

③ $\dfrac{W}{\sqrt{3}E}$　　④ $\dfrac{\sqrt{3}W}{\sqrt{E}}$

해설 전류 $I = \dfrac{2W}{\sqrt{3}E}$

여기서, W : 전력계 지시값[W]
　　　　E : 선간전압 [V]

35 직류 전압계의 내부저항이 500 Ω, 최대 눈금이 50 V라면, 이 전압계에 3 kΩ의 배율기를 접속하여 전압을 측정할 때 최대 측정치는 몇 V인가?

① 250　　② 300
③ 350　　④ 500

해설 배율기 저항
$$R_m = (m-1)r_v = \left(\frac{V}{V_a}-1\right)r_v$$

여기서, m : 배율
　　　　r_v : 전압계 내부저항[Ω]
　　　　V_a : 측정전압[V]
　　　　V : 확대전압[V]

최대전압 $V = \left(1+\dfrac{R_m}{r_v}\right) \times V_a$

$V = \left(1+\dfrac{R_m}{r_v}\right) \times V_a = \left(1+\dfrac{3 \times 10^3}{500}\right) \times 50 = 350$

36. 변위를 압력으로 변환하는 장치로 옳은 것은?

① 다이어프램 ② 가변 저항기
③ 벨로우즈   ④ 노즐 플래퍼

해설 변환요소

변환량	변환요소
압력 → 변위	다이어프램, 벨로우즈, 스프링
변위 → 압력	유압분사관, 노즐 플래퍼, 스프링
변위 → 전압	차동변압기, 포텐셔미터, 전위차계
온도 → 임피던스	정온식감지선형 감지기, 측온 저항(열선, 서미스터)
온도 → 전압	열전대

37. 다음 중 쌍방향성 전력용 반도체 소자인 것은?

① SCR   ② IGBT
③ TRIAC   ④ DIODE

해설 ① 단방향 전류 소자 : Diode, SCR(실리콘 정류기, 단방향성 3단자), GTO(단방향성 3단자), BJT, MOSFET, IGBT, SCS(단방향성 4단자)
② 쌍방향 전류 소자 : DIAC(다이액, 쌍방향성 2단자), TRIAC(트라이액, 쌍방향성 3단자)

38. 그림과 같은 다이오드 게이트 회로에서 출력 전압은? (단, 다이오드내의 전압강하는 무시한다.)

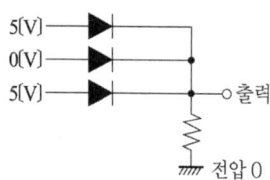

① 10[V]   ② 5[V]
③ 1[V]   ④ 0[V]

해설 그림의 다이오드 게이트 회로는 OR게이트 회로로서, 입력의 어느 하나가 1이면, 출력도 1인 회로이다. 따라서, 입력이 5[V]이므로, 출력도 5[V]이다.

39. 그림의 논리기호를 표시한 것으로 옳은 식은?

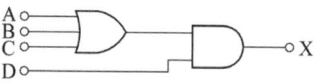

① $X = (A \cdot B \cdot C) \cdot D$
② $X = (A + B + C) \cdot D$
③ $X = (A \cdot B \cdot C) + D$
④ $X = A + B + C + D$

해설 A, B, C는 3입력 OR 회로로서 논리식은 A+B+C로 표현할 수 있다. 또한, D와는 2입력 AND회로로 연결되어 있으므로 논리식은 다음과 같다.
출력 $X = (A+B+C) \cdot D$

40. 논리식 $Y = \overline{A}BC + A\overline{B}C + AB\overline{C}$를 간단히 표현한 것은?

① $\overline{A} \cdot (B+C)$
② $\overline{B} \cdot (A+C)$
③ $\overline{C} \cdot (A+B)$
④ $C \cdot (A+\overline{B})$

해설 $Y = \overline{A}BC + A\overline{B}C + AB\overline{C}$
$= \overline{A}BC + A\overline{B}C + A\overline{B}C + AB\overline{C}$
$= BC(A+\overline{A}) + A\overline{B}(C+\overline{C})$
$= BC + A\overline{B} = \overline{B}(A+C)$

정답 36. ④ 37. ③ 38. ② 39. ② 40. ②

3과목 소방관계법규

41 ★★ 출제년도 【21, 22, 23.】
소방시설공사업법령상 소방시설업 등록을 하지 아니하고 영업을 한 자에 대한 벌칙은?

① 500만원 이하의 벌금
② 1년 이하의 징역 또는 1,000만원 이하의 벌금
③ 3년 이하의 징역 또는 3,000만원 이하의 벌금
④ 5년 이하의 징역

해설 제4조제1항을 위반하여 소방시설업 등록을 하지 아니하고 영업을 한 자 : 3년 이하의 징역 또는 3천만원 이하의 벌금

42 ★ 출제년도 【22, 23.】
다음 중 소방기본법령상 한국소방안전원의 업무가 아닌 것은?

① 소방기술과 안전관리에 관한 교육 및 조사·연구
② 위험물탱크 성능시험
③ 소방기술과 안전관리에 관한 각종 간행물 발간
④ 화재 예방과 안전관리의식 고취를 위한 대국민 홍보

해설 안전원의 업무
1. 소방기술과 안전관리에 관한 교육 및 조사·연구
2. 소방기술과 안전관리에 관한 각종 간행물 발간
3. 화재 예방과 안전관리의식 고취를 위한 대국민 홍보
4. 소방업무에 관하여 행정기관이 위탁하는 업무
5. 소방안전에 관한 국제협력
6. 그 밖에 회원에 대한 기술지원 등 정관으로 정하는 사항

43 ★★★ 출제년도 【21, 23.】
소방기본법령상 소방대장은 화재, 재난·재해 그 밖의 위급한 상황이 발생한 현장에 소방활동구역을 정하여 소방활동에 필요한 자로서 대통령령으로 정하는 사람 외에는 그 구역에의 출입을 제한할 수 있다. 다음 중 소방활동구역에 출입할 수 없는 사람은?

① 소방활동구역 안에 있는 소방대상물의 소유자·관리자 또는 점유자
② 전기·가스·수도·통신·교통의 업무에 종사하는 사람으로서 원활한 소방활동을 위하여 필요한 사람
③ 시·도지사가 소방활동을 위하여 출입을 허가한 사람
④ 의사·간호사 그 밖의 구조·구급업무에 종사하는 사람

해설 소방활동구역의 출입자
1. 소방활동구역 안에 있는 소방대상물의 소유자·관리자 또는 점유자
2. 전기·가스·수도·통신·교통의 업무에 종사하는 사람으로서 원활한 소방활동을 위하여 필요한 사람
3. 의사·간호사 그 밖의 구조·구급업무에 종사하는 사람
4. 취재인력 등 보도업무에 종사하는 사람
5. 수사업무에 종사하는 사람
6. 그 밖에 소방대장이 소방활동을 위하여 출입을 허가한 사람

44 ★★★ 출제년도 【18, 23.】
소방기본법령에 따른 소방대원에게 실시할 교육·훈련 횟수 및 기간의 기준 중 다음 ( ) 안에 알맞은 것은?

횟수	기간
(㉠)년마다 1회	(㉡)주 이상

① ㉠ 2, ㉡ 2
② ㉠ 2, ㉡ 4
③ ㉠ 1, ㉡ 2
④ ㉠ 1, ㉡ 4

정답 41. ③ 42. ② 43. ③ 44. ①

해설 교육·훈련횟수 및 기간

횟수	기간
2년마다 1회	2주 이상

45 화재의 예방 및 안전관리에 관한 법령상 위험물 또는 물건의 보관기간은 소방본부 또는 소방서의 게시판에 공고하는 기간의 종료일 다음 날부터 며칠로 하는가?

① 3　　② 4
③ 5　　④ 7

해설 화재의 예방조치

위험물 또는 물건을 보관하는 경우 게시판에 공고하는 기간	14일
게시판에 공고하는 기간의 종료일 다음 날부터 보관기간	7일

46 화재의 예방 및 안전관리에 관한 법령상 화재의 예방상 위험하다고 인정되는 행위를 하는 사람에게 행위의 금지 또는 제한 명령을 할 수 있는 사람은?

① 소방관서장
② 시·도지사
③ 의용소방대원
④ 소방대상물의 관리자

해설 화재안전조사 결과에 따른 조치명령
① **소방관서장**은 화재안전조사 결과에 따른 소방대상물의 위치·구조·설비 또는 관리의 상황이 화재예방을 위하여 보완될 필요가 있거나 화재가 발생하면 인명 또는 재산의 피해가 클 것으로 예상되는 때에는 행정안전부령으로 정하는 바에 따라 관계인에게 그 소방대상물의 개수(改修)·이전·제거, 사용의 금지 또는 제한, 사용폐쇄, 공사의 정지 또는 중지, 그 밖에 필요한 조치를 명할 수 있다.

47 화재의 예방 및 안전관리에 관한 법령상 화재안전조사위원회의 위원에 해당하지 아니하는 사람은?

① 소방기술사
② 소방시설관리사
③ 소방 관련 분야의 석사학위 이상을 취득한 사람
④ 소방 관련 법인 또는 단체에서 소방 관련 업무에 3년 이상 종사한 사람

해설 화재안전조사위원회의 위원
1. 과장급 직위 이상의 소방공무원
2. 소방기술사
3. 소방시설관리사
4. 소방 관련 분야의 석사학위 이상을 취득한 사람
5. 소방 관련 법인 또는 단체에서 소방 관련 업무에 5년 이상 종사한 사람
6. 소방공무원 교육기관, 「고등교육법」 제2조의 학교 또는 연구소에서 소방과 관련한 교육 또는 연구에 5년 이상 종사한 사람

48 화재의 예방 및 안전관리에 관한 법령상 불꽃을 사용하는 용접·용단 기구의 용접 또는 용단 작업장에서 지켜야 하는 사항 중 다음 (　) 안에 알맞은 것은?

- 용접 또는 용단 작업자로부터 반경 (㉠) m 이내에 소화기를 갖추어 둘 것
- 용접 또는 용단 작업장 주변 반경 (㉡) m 이내에는 가연물을 쌓아두거나 놓아두지 말 것. 다만, 가연물의 제거가 곤란하여 방지포 등으로 방호조치를 한 경우는 제외한다.

① ㉠ 3, ㉡ 5　　② ㉠ 5, ㉡ 3
③ ㉠ 5, ㉡ 10　　④ ㉠ 10, ㉡ 5

정답　45. ④　46. ①　47. ④　48. ③

해설 불꽃을 사용하는 용접·용단기구
1. 용접 또는 용단 작업자로부터 반경 5 m 이내에 소화기를 갖추어 둘 것
2. 용접 또는 용단 작업장 주변 반경 10 m 이내에는 가연물을 쌓아두거나 놓아두지 말 것. 다만, 가연물의 제거가 곤란하여 방지포 등으로 방호조치를 한 경우는 제외한다.

49 ★★★ 출제년도【21. 23.】
소방시설 설치 및 관리에 관한 법령상 분말형태의 소화약제를 사용하는 소화기의 내용연수로 옳은 것은? (단, 소방용품의 성능을 확인받아 그 사용기한을 연장하는 경우는 제외한다.)

① 3년 ② 5년
③ 7년 ④ 10년

해설 10년 : 분말형태의 소화약제를 사용하는 소화기의 내용연수

50 ★★★ 출제년도【19. 23.】
소방시설 설치 및 관리에 관한 법령상 둘 이상의 특정소방대상물이 내화구조로 된 연결통로가 벽이 없는 구조로서 그 길이가 몇 m 이하인 경우 하나의 소방대상물로 보는가?

① 6   ② 9
③ 10 ④ 12

해설 둘 이상의 특정소방대상물이 다음 각 목의 어느 하나에 해당되는 구조의 복도 또는 통로(이하 "연결통로"라 한다)로 연결된 경우에는 이를 하나의 소방대상물로 본다.
가. 내화구조로 된 연결통로가 다음의 어느 하나에 해당되는 경우
1) 벽이 없는 구조로서 그 길이가 6 m 이하인 경우
2) 벽이 있는 구조로서 그 길이가 10 m 이하인 경우. 다만, 벽 높이가 바닥에서 천장까지의 높이의 2분의 1 이상인 경우에는 벽이 있는 구조로 보고, 벽 높이가 바닥에서 천장까지의 높이의 2분의 1 미만인 경우에는 벽이 없는 구조로 본다.

51 ★★★ 출제년도【21. 23.】
소방시설 설치 및 관리에 관한 법령상 건축허가등의 동의대상물의 범위로 틀린 것은?

① 항공기 격납고
② 방송용 송·수신탑
③ 연면적이 400제곱미터 이상인 건축물
④ 지하층 또는 무창층이 있는 건축물로서 바닥면적이 50제곱미터 이상인 층이 있는 것

해설 건축허가등의 동의 대상물의 범위
1. 연면적이 400제곱미터 이상인 건축물
  가. 학교시설: 100제곱미터
  나. 노유자시설(老幼者施設) 및 수련시설: 200제곱미터
  다. 정신의료기관(입원실이 없는 정신건강의학과 의원은 제외): 300제곱미터
  라. 장애인 의료재활시설: 300제곱미터
1의2. 층수가 6층 이상인 건축물
2. 차고·주차장 또는 주차용도로 사용되는 시설로서 다음 각 목의 어느 하나에 해당하는 것
  가. 차고·주차장으로 사용되는 바닥면적이 200제곱미터 이상인 층이 있는 건축물이나 주차시설
  나. 승강기 등 기계장치에 의한 주차시설로서 자동차 20대 이상을 주차할 수 있는 시설
3. 항공기격납고, 관망탑, 항공관제탑, 방송용 송수신탑
4. **지하층 또는 무창층이 있는 건축물로서 바닥면적이 150제곱미터(공연장의 경우에는 100제곱미터) 이상인 층**이 있는 것
5. 조리원, 산후조리원, 위험물 저장 및 처리 시설, 전기저장시설, 지하구
6. 요양병원. 다만, 정신의료기관 중 정신병원과 의료재활시설은 제외한다.

52 ★★★ 출제년도【19. 23.】
다음 조건을 참고하여 숙박시설이 있는 특정소방대상물의 수용인원 산정 수로 옳은 것은?

정답 49. ④ 50. ① 51. ④

> 침대가 있는 숙박시설로서 1인용 침대의 수는 20개이고, 2인용 침대의 수는 10개이며, 종업원의 수는 3명이다.

① 33명　　② 40명
③ 43명　　④ 46명

해설 수용인원의 산정
수용인원 = 종사자 수 + 침대수(2인용은 2명)
= 3명 + 1인용 20개 + 2인용 × 10개
= 43명

숙박시설이 있는 특정 소방대상물	침대가 있는 숙박시설	종사자 수 + 침대 수 (2인용 침대는 2개로 산정)
	침대가 없는 숙박시설	종사자 수 + $\dfrac{\text{바닥면적의 합계}(m^2)}{3m^2}$

53. ★★★ 출제년도【19, 23.】

소방시설 설치 및 관리에 관한 법령상 소방시설 등의 자체점검 시 점검인력 배치기준 중 종합점검에 대한 점검인력 1단위가 하루 동안 점검할 수 있는 특정소방대상물의 연면적 기준으로 옳은 것은? (단, 보조 인력을 추가하는 경우는 제외한다.)

① 3500 m²　　② 7000 m²
③ 10000 m²　　④ 12000 m²

해설 점검한도면적
① 종합점검 : 10,000 m²
② 작동점검 : 12,000 m²
　(소규모점검의 경우에는 3,500 m²)
※ 2024.12.1. 이후 점검한도면적
　① 종합점검 : 8,000 m²
　② 작동점검 : 10,000 m²

54. ★ 출제년도【96, 99, 05, 07, 08, 12, 23.】

소방시설의 종류 중 경보설비에 속하지 않는 것은?

① 비상방송경보방지기
② 자동화재속보설비
③ 통합감시시설
④ 가스누설경보기

해설 관련법 : 소방시설 설치 및 관리에 관한 법률 시행령 별표1(소방시설)

구 분	시설의 종류
경보 설비	비상벨설비, 자동식사이렌설비, 단독경보형감지기, 비상방송설비, 누전경보기, 자동화재탐지설비 및 시각경보기, **자동화재속보설비, 가스누설경보기, 통합감시시설**

55. ★ 출제년도【22, 23.】

소방시설공사업법령상 감리업자는 소방시설공사가 설계도서 또는 화재안전기술기준에 적합하지 아니한 때에는 가장 먼저 누구에게 알려야 하는가?

① 감리업체 대표자
② 시공자
③ 관계인
④ 소방서장

해설 소방시설공사업법 제19조(위반사항에 대한 조치)
① 감리업자는 감리를 할 때 소방시설공사가 설계도서나 화재안전기술기준에 맞지 아니할 때에는 관계인에게 알리고, 공사업자에게 그 공사의 시정 또는 보완 등을 요구하여야 한다.

56. ★★ 출제년도【22, 23.】

소방시설공사업법령상 소방공사감리업을 등록한 자가 수행하여야 할 업무가 아닌 것은?

① 완공된 소방시설등의 성능시험
② 소방시설등 설계 변경 사항의 적합성 검토
③ 소방시설등의 설치계획표의 적법성 검토
④ 소방용품 형식승인 및 제품검사의 기술기준에 대한 적합성 검토

정답 52. ③　53. ③　54. ①　55. ③　56. ④

해설 소방공사감리업자의 업무
1. 소방시설등의 설치계획표의 적법성 검토
2. 소방시설등 설계도서의 적합성(적법성과 기술상의 합리성을 말한다. 이하 같다) 검토
3. 소방시설등 설계 변경 사항의 적합성 검토
4. 「소방시설 설치 및 관리에 관한 법률」제2조제1항 제7호의 소방용품의 위치·규격 및 사용 자재의 적합성 검토
5. 공사업자가 한 소방시설등의 시공이 설계도서와 화재안전기술기준에 맞는지에 대한 지도·감독
6. 완공된 소방시설등의 성능시험
7. 공사업자가 작성한 시공 상세 도면의 적합성 검토
8. 피난시설 및 방화시설의 적법성 검토
9. 실내장식물의 불연화(不燃化)와 방염 물품의 적법성 검토

57 ★★★ 출제년도 【21. 23.】
소방시설공사업법령에 따른 완공검사를 위한 현장확인 대상 특정소방대상물의 범위 기준으로 틀린 것은?

① 연면적 1만제곱미터 이상이거나 11층 이상인 특정소방대상물(아파트는 제외)
② 가연성가스를 제조·저장 또는 취급하는 시설 중 지상에 노출된 가연성가스탱크의 저장용량 합계가 1천톤 이상인 시설
③ 호스릴 방식의 소화설비가 설치되는 특정소방대상물
④ 문화 및 집회시설, 종교시설, 판매시설, 노유자시설, 수련시설, 운동시설, 숙박시설, 창고시설, 지하상가

해설 완공검사를 위한 현장확인 대상 특정소방대상물의 범위
1. 문화 및 집회시설, 종교시설, 판매시설, 노유자(老幼者)시설, 수련시설, 운동시설, 숙박시설, 창고시설, 지하상가 및 「다중이용업소의 안전관리에 관한 특별법」에 따른 다중이용업소
2. 다음 각 목의 어느 하나에 해당하는 설비가 설치되는 특정소방대상물
  가. 스프링클러설비등
  나. 물분무등소화설비(호스릴 방식의 소화설비는 제외한다)
3. 연면적 1만제곱미터 이상이거나 11층 이상인 특정소방대상물(아파트는 제외한다)
4. 가연성가스를 제조·저장 또는 취급하는 시설 중 지상에 노출된 가연성가스탱크의 저장용량 합계가 1천톤 이상인 시설

58 ★★ 출제년도 【22. 23.】
위험물안전관리법령상 유별을 달리하는 위험물을 혼재하여 저장할 수 있는 것으로 짝지어진 것은?

① 제1류-제2류   ② 제2류-제3류
③ 제3류-제4류   ④ 제5류-제6류

해설 유별을 달리하는 위험물의 혼재기준

위험물의 구분	제1류	제2류	제3류	제4류	제5류	제6류
제1류		×	×	×	×	○
제2류	×		×	○	○	×
제3류	×	×		○	×	×
제4류	×	○	○		○	×
제5류	×	○	×	○		×
제6류	○	×	×	×	×	

59 ★ 출제년도 【22. 23.】
위험물안전관리법령상 위험물 및 지정수량에 대한 기준 중 다음 ( ) 안에 알맞은 것은?

> 금속분이라 함은 알칼리금속·알칼리토류 금속·철 및 마그네슘의 금속의 분말을 말하고, 구리분·니켈분 및 (㉠)마이크로미터의 체를 통과하는 것이 (㉡)중량 퍼센트 미만인 것은 제외한다.

① ㉠ 150, ㉡ 50
② ㉠ 53, ㉡ 50
③ ㉠ 50, ㉡ 150
④ ㉠ 50, ㉡ 53

정답 57. ③ 58. ③ 59. ①

해설 금속분 : 알칼리금속·알칼리토류금속·철 및 마그네슘외의 금속의 분말을 말하고, 구리분·니켈분 및 150마이크로미터의 체를 통과하는 것이 50중량퍼센트 미만인 것은 제외한다.

60 ★★ 출제년도 【12, 22, 23.】
위험물안전관리법령상 옥내주유취급소에 있어서 당해 사무소 등의 출입구 및 피난구와 당해 피난구로 통하는 통로·계단 및 출입구에 설치해야 하는 피난설비는?

① 유도등 ② 구조대
③ 피난사다리 ④ 완강기

해설 관련법 : 위험물안전관리법 시행규칙 별표 17 (소화설비, 경보설비 및 **피난설비**의 기준)
옥내주유취급소에 있어서는 당해 사무소 등의 출입구 및 피난구와 당해 피난구로 통하는 통로·계단 및 출입구에 **유도등을 설치**하여야 한다.

4과목 소방전기설비의 구조 및 원리

61 ★ 출제년도 【20, 23.】
비상경보설비 및 단독경보형감지기의 화재안전기술기준(NFTC 201)에 따라 화재신호 및 상태신호 등을 송수신하는 방식으로 옳은 것은?

① 자동식 ② 수동식
③ 반자동식 ④ 유·무선식

해설 신호처리방식
1. "유선식"은 화재신호 등을 배선으로 송·수신하는 방식의 것
2. "무선식"은 화재신호 등을 전파에 의해 송·수신하는 방식의 것
3. "유·무선식"은 유선식과 무선식을 겸용으로 사용하는 방식의 것

62 ★★ 출제년도 【14, 23.】
비상벨설비 또는 자동사이렌설비의 지구음향장치는 특정소방대상물의 층마다 설치하되, 해당 특정소방대상물의 각 부분으로부터 하나의 음향장치까지의 수평거리가 몇 m 이하가 되도록 하여야 하는가?

① 25[m] 이하
② 30[m] 이하
③ 40[m] 이하
④ 50[m] 이하

해설 지구음향장치는 소방대상물의 층마다 설치하되, 당해 소방대상물의 각 부분으로부터 하나의 음향장치까지의 수평거리가 **25[m] 이하**가 되도록 하고, 당해 층의 각 부분에 유효하게 경보를 발할 수 있도록 설치할 것

63 ★ 출제년도 【21, 23.】
일반적인 비상방송설비의 계통도이다. 다음의 (   )에 들어갈 내용으로 옳은 것은?

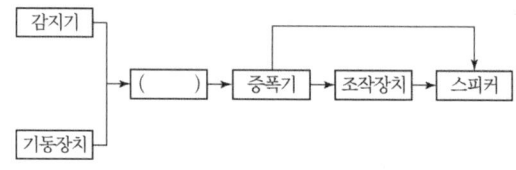

① 변류기 ② 발신기
③ 수신기 ④ 음향장치

해설
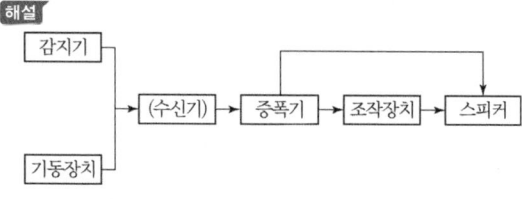

정답 60. ① 61. ④ 62. ① 63. ③

64 비상방송설비의 배선의 설치기준 중 부속회로의 전로와 대지 사이 및 배선상호간의 절연저항은 1경계구역마다 직류 250V의 절연저항측정기를 사용하여 측정한 절연저항이 몇 MΩ 이상이 되도록 해야 하는가?

① 0.1 ② 0.2
③ 10   ④ 20

해설) 부속회로의 전로와 대지 사이 및 배선 상호간의 절연저항은 1경계구역마다 직류 250 [V]의 절연저항측정기로 측정할 때 0.1[MΩ] 이상으로 한다.

65 아래 그림은 자동화재탐지설비의 배선도이다. 추가로 구획된 공간이 생겨 가, 나, 다, 라 감지기를 증설했을 경우, 자동화재탐지설비 및 시각경보장치의 화재안전기술기준(NFTC 203)에 적합하게 설치한 것은?

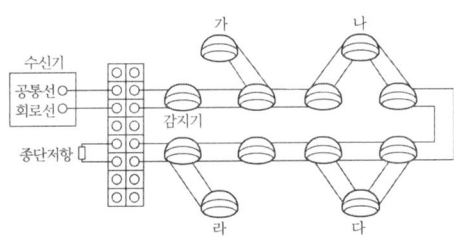

① 가   ② 나
③ 다   ④ 라

해설) 감지기 사이의 회로의 배선은 송배선식으로 설치하여야 하므로 "나"가 적당하다.
"가, 다, 라"의 경우에는 단선 또는 감지기가 탈거되더라도 수신기에서는 정상으로 표시되므로 감지기를 증설하는 경우에는 "나"와 같이 설치해야 한다.

66 자동화재탐지설비의 감지기 중 연기를 감지하는 감지기는 감시챔버로 몇 mm 크기의 물체가 침입할 수 없는 구조이어야 하는가?

① (1.3 ± 0.05)
② (1.5 ± 0.05)
③ (1.8 ± 0.05)
④ (2.0 ± 0.05)

해설) 감지기 형식승인 및 제품검사의 기술기준 제5조(구조 및 기능)제28호
연기를 감지하는 감지기는 **감시챔버로 (1.3±0.05) mm 크기**의 물체가 침입할 수 없는 구조이어야 한다.

67 수신기를 나타내는 소방시설 도시기호로 옳은 것은?

① 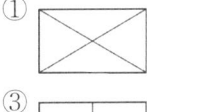   ②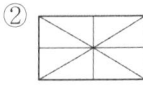
③   ④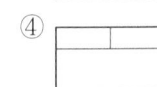

해설)
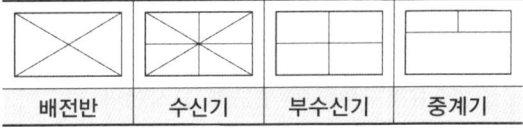

| 배전반 | 수신기 | 부수신기 | 중계기 |

68 자동화재탐지설비 배선의 설치기준 중 다음 ( )안에 알맞은 것은?

> 자동화재탐지설비 감지기회로의 전로저항은 (㉠)이(가) 되도록 하여야 하며, 수신기 각 회로별 종단에 설치되는 감지기에 접속되는 배선의 전압은 감지기 정격전압의 (㉡)[%] 이상이어야 한다.

① ㉠ 50[Ω] 이상, ㉡ 70
② ㉠ 50[Ω] 이하, ㉡ 80
③ ㉠ 40[Ω] 이상, ㉡ 70
④ ㉠ 40[Ω] 이하, ㉡ 80

정답 64.① 65.② 66.① 67.② 68.②

해설 자동화재탐지설비 감지기회로의 전로저항은 50[Ω] 이하가 되도록 하여야 하며, 수신기 각 회로별 종단에 설치되는 감지기에 접속되는 배선의 전압은 감지기 정격전압의 80[%] 이상이어야 한다.

69 ★★★ 출제년도【08. 09. 10. 16. 17. 18. 23.】
청각장애인용 시각경보장치의 설치기준 중 천장의 높이가 2m 이하인 경우에는 천장으로부터 몇 m 이내의 장소에 설치하여야 하는가?

① 0.15
② 0.3
③ 0.5
④ 0.7

해설 시각경보장치의 설치높이는 바닥으로부터 2 [m] 이상 2.5 [m] 이하의 장소에 설치할 것. 다만, 천장의 높이가 2 [m] 이하인 경우에는 천장으로부터 0.15 [m] 이내의 장소에 설치하여야 한다.

70 ★★★ 출제년도【19. 23.】
자동화재탐지설비의 감지기회로에 설치하는 종단저항의 설치기준으로 틀린 것은?

① 감지기회로 끝부분에 설치한다.
② 점검 및 관리가 쉬운 장소에 설치하여야 한다.
③ 전용함에 설치하는 경우 그 설치 높이는 바닥으로부터 0.8m 이내에 설치하여야 한다.
④ 종단감지기에 설치할 경우에는 구별이 쉽도록 해당감지기의 기판 및 감지기 외부 등에 별도의 표시를 하여야 한다.

해설 감지기회로의 도통시험을 위한 종단저항은 다음의 기준에 따를 것
① 점검 및 관리가 쉬운 장소에 설치할 것
② 전용함을 설치하는 경우 그 설치 높이는 바닥으로부터 1.5m 이내로 할 것
③ 감지기 회로의 끝부분에 설치하며, 종단감지기에 설치할 경우에는 구별이 쉽도록 해당감지기의 기판 및 감지기 외부 등에 별도의 표시를 할 것

71 ★★★ 출제년도【18. 23.】
누전경보기 전원의 설치기준 중 다음 ( ) 안에 알맞은 것은?

전원은 분전반으로부터 전용회로로 하고, 각 극에 개폐기 및 (㉠) A 이하의 과전류차단기(배선용 차단기에 있어서는 (㉡) A 이하의 것으로 각 극을 개폐할 수 있는 것)를 설치 할 것

① ㉠ 15, ㉡ 30
② ㉠ 15, ㉡ 20
③ ㉠ 10, ㉡ 30
④ ㉠ 10, ㉡ 20

해설 전원은 분전반으로부터 전용회로로 하고, 각 극에 개폐기 및 15A 이하의 과전류차단기(배선용 차단기에 있어서는 20A 이하의 것으로 각 극을 개폐할 수 있는 것)를 설치할 것

72 ★★★ 출제년도【96. 02. 04. 05. 11. 12. 23.】
누전경보기의 수신부 설치장소로 적당한 곳은?

① 화약류를 제조하는 장소
② 습도가 높은 장소
③ 온도의 변화가 급격한 장소
④ 고주파 등의 발생 우려가 없는 장소

해설 **누전경보기**는 다음 각호의 장소 **외의 장소**에 설치하여야 한다.
1) 가연성의 증기, 먼지, 가스 등이나 부식성의 증기, 가스등이 다량으로 체류하는 장소
2) **화약류를 제조**하거나 저장 또는 취급하는 장소
3) **습도가 높은 장소**
4) **온도의 변화가 급격한 장소**
5) 대전류 회로, **고주파** 발생회로 등에 의한 **영향을 받을 우려가 있는 장소**

정답 69. ① 70. ③ 71. ② 72. ④

73 객석유도등을 설치하여야 하는 특정소방대상물의 대상으로 옳은 것은?

① 운수시설
② 운동시설
③ 의료시설
④ 근린생활시설

해설 객석유도등 설치장소
공연장, 집회장(종교집회장 포함), 관람장, 운동시설, 유흥주점영업시설(카바레, 나이트클럽 등)

74 계단통로유도등은 각층의 경사로 참 또는 계단참마다 설치하도록 하고 있는데 1개층에 경사로 참 또는 계단참이 2 이상 있는 경우에는 몇 개의 계단참마다 계단통로유도등을 설치하여야 하는가?

① 2개 ② 3개
③ 4개 ④ 5개

해설 계단통로유도등 설치기준
1. 각층의 경사로 참 또는 계단참마다(1개층에 경사로 참 또는 계단참이 2 이상 있는 경우에는 2개의 계단참마다) 설치
2. 바닥으로부터 높이 1m 이하의 위치에 설치

75 비상조명등의 화재안전기술기준(NFTC 304)에 따라 조도는 비상조명등이 설치된 장소의 각 부분의 바닥에서 몇 lx 이상이 되도록 하여야 하는가?

① 1   ② 3
③ 5   ④ 10

해설 조도는 비상조명등이 설치된 장소의 각 부분의 바닥에서 **1lx 이상**이 되도록 할 것

76 비상콘센트설비의 화재안전기술기준에 따른 용어의 정의 중 옳은 것은?

① "저압"이란 직류는 1500V 이하, 교류 1000V 이하인 것을 말한다.
② "저압"이란 직류는 700V 이하, 교류는 600V 이하인 것을 말한다.
③ "고압"이란 직류는 700V를, 교류는 600V를 초과하는 것을 말한다.
④ "특고압"이란 8kV를 초과하는 것을 말한다.

해설 전압의 구분

구 분	전압의 범위
저 압	직류는 1.5 kV 이하, 교류는 1 kV 이하
고 압	직류는 1.5 kV를, 교류는 1 kV를 초과하고, 7 kV 이하
특별고압	7[kV]를 넘는 것

77 비상콘센트설비의 설치기준 중 다음 ( ) 안에 알맞은 것은?

> 도로터널의 비상콘센트설비는 주행차로의 우측 측벽에 ( ) m 이내의 간격으로 바닥으로부터 0.8 m 이상 1.5 m 이하의 높이에 설치할 것

① 15 ② 25
③ 30 ④ 50

해설 도로터널의 화재안전기술기준
① 비상콘센트설비의 전원회로는 단상교류 220 V인 것으로서 그 공급용량은 1.5kVA 이상인 것으로 할 것.
② 전원회로는 주배전반에서 전용회로로 할 것. 다만, 다른 설비의 회로의 사고에 따른 영향을 받지 아니하도록 되어 있는 것은 그러하지 아니하다.
③ 콘센트마다 배선용 차단기(KS C 8321)를 설치하여야 하며, 충전부가 노출되지 아니하도록 할 것

정답 73. ② 74. ① 75. ① 76. ① 77. ④

④ 주행차로의 우측 측벽에 **50m 이내**의 간격으로 바닥으로부터 0.8m 이상 1.5m 이하의 높이에 설치할 것

78. ★★★ 출제년도 【18, 23.】
무선통신보조설비를 설치하여야 할 특정소방대상물의 기준 중 다음 ( ) 안에 알맞은 것은?

> 층수가 30층 이상인 것으로서 ( )층 이상 부분의 모든 층

① 11 　　② 15
③ 16 　　④ 20

해설 무선통신보조설비의 설치대상
① 지하가(터널은 제외)로서 연면적 1천 m^2 이상
② 지하층의 바닥면적의 합계가 3천 m^2 이상 또는 지하층의 층수가 3층 이상이고 지하층 바닥면적의 합계가 1천 m^2 이상인 것은 지하층의 모든 층
③ 지하가 중 터널로서 길이가 500 m 이상인 것
④ 공동구
⑤ 층수가 30층 이상인 것으로서 **16층 이상** 부분의 모든 층

79. ★★★ 출제년도 【21, 23.】
무선통신보조설비의 화재안전기술기준(NFTC 505)에 따른 용어의 정의 중 감시제어반 등에 설치된 무선중계기의 입력과 출력포트에 연결되어 송수신 신호를 원활하게 방사·수신하기 위해 옥외에 설치하는 장치를 말하는 것은?

① 혼합기　　② 분파기
③ 증폭기　　④ 옥외안테나

해설 옥외안테나 : 감시제어반 등에 설치된 무선중계기의 입력과 출력포트에 연결되어 송수신 신호를 원활하게 방사·수신하기 위해 옥외에 설치하는 장치

80. ★★★ 출제년도 【08, 10, 11, 12, 15, 18, 23.】
소방시설용 비상전원수전설비에서 전력수급용 계기용 변성기·주차단장치 및 그 부속기기로 정의되는 것은?

① 큐비클설비　　② 배전반설비
③ 수전설비　　　④ 변전설비

해설
1) **수전설비** : 전력수급용 계기용 변성기, 주차단장치 및 그 부속기기
2) 변전설비 : 전력용 변압기 및 그 부속장치
3) 큐비클설비 : 수전설비, 변전설비, 그 밖의 기기 및 배선을 금속제 외함에 수납한 것
4) 배전반설비 : 개폐기, 과전류차단기, 계기, 그 밖의 배선용기기 및 배선을 금속제 외함에 수납한 것

정답 78. ③　79. ④　80. ③

1회 2024년 소방설비기사(CBT)

1과목 소방원론

01 ★ 출제년도 【20, 24.】

열분해에 의해 가연물 표면에 유리상의 메타인산 피막을 형성하여 연소에 필요한 산소의 유입을 차단하는 분말약제는?

① 요소
② 탄산수소칼륨
③ 제1인산암모늄
④ 탄산수소나트륨

해설 제1인산암모늄(인산염)
① 제3종 분말소화약제
② 주성분 : $NH_4H_2PO_4$
③ 적용화재 : A급화재, B급화재, C급화재
④ 열분해에 의해 메타인산(HPO_3), 올토인산 (H_3PO_4) 및 피로인산($H_4P_2O_7$)을 발생시킨다.

02 ★★ 출제년도 【03, 12, 24.】

연소를 위한 가연물의 조건으로 옳지 않은 것은?

① 산소와 친화력이 크고, 발열량이 클 것
② 열전도율이 작을 것
③ 연소시 흡열반응 할 것
④ 활성화에너지가 작을 것

해설 가연물의 구비조건
1) **열전도율(열전도도)이 작을 것.**
2) **활성화 에너지(점화에너지)가 작을 것.**
3) **발열량이 클 것.**
4) 열의 축적이 용이할 것.
5) 가연물의 비표면적이 커야 한다.
   (산소와의 접촉 면적이 클 것)

03 ★★★ 출제년도 【24.】

다음 중 화학적 소화방법인 것은?

① 냉각소화
② 질식소화
③ 억제소화
④ 제거소화

해설 물리적 소화와 화학적 소화

연소의 4요소	소화원리	소화방법	비고
가 연 물	가연물의 제거	제거소화	물리적 소화
산 소	산소의 희석, 차단	질식소화	
점 화 원	연소점 이하로 냉각	냉각소화	
연쇄반응	연쇄반응의 억제	억제소화 (부촉매 효과)	화학적 소화

04 ★★ 출제년도 【12, 24.】

할론 가스 45[kg]과 함께 기동가스로 질소 2[kg]을 충전하였다. 이 때 질소가스의 몰분율은 약 얼마인가? (단, 할론 가스의 분자량은 149이다.)

① 0.19
② 0.24
③ 0.31
④ 0.39

해설 mol 수 = $\dfrac{\text{질량[kg]}}{\text{분자량[kg/mol]}}$ 이므로,

1) 할론 가스 mol 수 = $\dfrac{45}{149} = 0.302$

2) 질소 가스 mol 수 = $\dfrac{2}{28} = 0.071$

∴ 질소가스의 몰분율 = $\dfrac{\text{질소의 mol수}}{\text{전체 mol수}}$
$= \dfrac{0.071}{0.071 + 0.302} = 0.19$

정답 1. ③ 2. ③ 3. ③ 4. ①

05 화재의 소화원리에 따른 소화방법의 적용이 잘못된 것은?

① 냉각소화 : 스프링클러설비
② 질식소화 : 이산화탄소소화설비
③ 제거소화 : 포소화설비
④ 억제소화 : 할로겐화합물소화설비

해설 소화약제의 주된 소화 작용

소화약제	주된 소화 작용
물	냉각효과
포, 분말, 이산화탄소	질식효과
할로겐화합물	부촉매 효과, 화염억제작용

06 이산화탄소에 대한 설명으로 틀린 것은?

① 불연성 가스로서 공기보다 무겁다.
② 임계온도는 97.5[℃]이다.
③ 고체의 형태로 존재할 수 있다.
④ 상온, 상압에서 기체 상태로 존재한다.

해설 이산화탄소의 **임계온도**는 약 31.35[℃]이다.

07 0℃, 1기압에서 11.2l의 기체질량이 22g이었다면 이 기체의 분자량은 얼마인가? (단, 이상기체를 가정한다.)

① 22
② 35
③ 44
④ 56

해설 이상기체상태방정식

$PV = nRT = \dfrac{W}{M}RT$

분자량 $M = \dfrac{WRT}{PV} = \dfrac{22[g] \times 0.082 \times 273}{1 \times 11.2[l]} = 43.97$

여기서, P : 절대압력(atm)
W : 질량(g)
V : 체적(l)
T : 절대온도(℃ + 273)
R : 기체상수(0.082atm · l/mol · k)

08 고층건축물에서 연기의 제어 및 차단은 중요한 문제이다. 연기제어의 기본방법이 아닌 것은?

① 희석
② 차단
③ 배기
④ 복사

해설 연기제어의 기본방법에는 **희석**(Dilution), **배기**(Exhaust), **차단**(Confinement)이 있으며, 보통 이 세 가지를 조합하여 적용하고 있다.

09 다음 중 소화에 필요한 이산화탄소 소화약제의 최소 설계농도 값이 가장 높은 물질은?

① 메탄
② 에틸렌
③ 천연가스
④ 아세틸렌

해설 가연성 액체 또는 가연성 가스의 소화에 필요한 설계농도(NFTC 106)

방호대상물	설계농도(%)
수소(Hydrogen)	75
아세틸렌(Acetylene)	66
일산화탄소(Carbon Monoxide)	64
산화에틸렌(Ethylene Oxide)	53
에틸렌(Ethylene)	49
에탄(Ethane)	40
석탄가스, 천연가스(Coal, Natural gas)	37
사이크로 프로판(Cyclo Propane)	37
이소부탄(Iso Butane)	36
프로판(Propane)	36
부탄(Butane)	34
메탄(Methane)	34

10 다음 연소생성물 중 인체에 가장 독성이 높은 것은?

① 이산화탄소
② 일산화탄소
③ 황화수소
④ 포스겐

정답 5. ③ 6. ② 7. ③ 8. ④ 9. ④ 10. ④

해설 석유제품, 유지 등의 연소생성물

가 스	현 상
HCN (시안화수소)	플라스틱이나 모직물이 연소할 때 생성
NH₃ (암모니아)	질소 화합물이 연소할 대 발생
COCl₂ (포스겐)	매우 독성이 강한 가스로서 연소시에는 거의 발생하지 않으나 **사염화탄소약제 사용시** 발생한다.
CH₂CHCHO (아크로레인)	석유제품이나 유지류가 연소할 때 생성

11 ★★★ 출제년도 【11. 24.】
황린에 대한 설명으로 틀린 것은?

① 발화점이 매우 낮아 자연발화의 위험이 높다.
② 자연발화 방지를 위해 강알칼리수용액에 저장한다.
③ 독성이 강하고 지정수량이 20[kg]이다.
④ 연소시 오산화인의 흰 연기를 낸다.

해설 황린은 제3류 위험물로 **물속에 저장**(34[℃]에서 자연발화)하여야 한다.

12 ★ 출제년도 【11. 24.】
제1종 분말소화약제가 요리용 기름이나 지방질 기름의 화재시 소화효과가 탁월한 이유에 대한 설명으로 가장 옳은 것은?

① 비누화 반응을 일으키기 때문이다.
② 요오드화 반응을 일으키기 때문이다.
③ 브롬화 반응을 일으키기 때문이다.
④ 질화 반응을 일으키기 때문이다.

해설 제1종 분말 소화약제는 중탄산나트륨이 주성분이므로 주방에서 사용하는 식용유 화재시에 적합하다. 이것은 중탄산나트륨의 **비누화 현상**에 의한 것으로 **질식 효과 및 재발방지 효과**가 있다.

13 ★★★ 출제년도 【99. 02. 12. 24.】
연기 농도에서 감광계수 0.1[m⁻¹]은 어떤 현상을 의미하는가?

① 출화실에서 연기가 분출될 때의 연기농도
② 화재 최성기의 연기 농도
③ 연기감지기가 작동하는 정도의 농도
④ 거의 앞이 보이지 않을 정도의 농도

해설 연기의 농도와 가시거리

감광계수	가시거리 [m]	상 황
0.1	20~30	연기 감지기가 작동할 정도
0.3	5	건물내부에 익숙한 사람이 피난에 지장을 느낄 정도의 농도
0.5	3	어두침침한 것을 느낄 정도의 농도
1.0	1~2	거의 앞이 보이지 않을 정도의 농도
10	0.2~0.5	최성기 때의 연기농도로 유도등이 보이지 않는 정도의 농도
30		출화실에서 연기가 분출될 때의 연기농도

14 ★★★ 출제년도 【96. 01. 11. 24.】
목재건물의 화재성상은 내화건물에 비하여 어떠한가?

① 저온장기형이다.
② 저온단기형이다.
③ 고온장기형이다.
④ 고온단기형이다.

해설

건축물	화재성상	최고온도
목재 건축물	고온 단기형	1,300[℃]
내화 건축물	저온 장기형	900~1,000[℃]

15 ★ 출제년도 【03. 11. 24.】
자연발화가 원인이 되는 열의 발생 형태가 다른 것은?

① 기름종이 ② 고무분말
③ 석탄   ④ 퇴비

정답 11. ② 12. ① 13. ③ 14. ④ 15. ④

해설 자연발화의 형태

발화의 종류	가 연 물
분해열에 의한 발화	셀룰로이드, 니트로셀룰로오스,
산화열에 의한 발화	석탄, 건성유(정어리유, 해바라기유, 아마인유), 고무분말, 기름종이
미생물에 의한 발화	퇴비, 먼지, 곡물
흡착열에 의한 발화	목탄, 활성탄

16. 물리적 방법에 의한 소화라고 볼 수 없는 것은? ★★★ 출제년도 [08. 11. 24.]

① 부촉매의 연쇄반응 억제작용에 의한 방법
② 냉각에 의한 방법
③ 공기와의 접촉 차단에 의한 방법
④ 가연물 제거에 의한 방법

해설 소화방법
1) **화학적인 소화** : 화재 시 가연물질을 화학적인 방법으로 제조된 소화약제를 이용해서 소화하는 것을 말한다. 즉, **연쇄반응을 억제하는 것이다.**
2) 물리적인 소화 : 화재를 냉각, 강풍으로 불어 소화시키거나 혼합기의 조성 변화에 의한 소화방법 등을 말한다.

17. 물의 물리·화학적 성질로 틀린 것은? ★ 출제년도 [16. 24.]

① 증발잠열은 539.6[cal/g]으로 다른 물질에 비해 매우 큰 편이다.
② 대기압 하에서 100[℃]의 물이 액체에서 수증기로 바뀌면 체적은 약 1603배 정도 증가한다.
③ 수소 1분자와 산소 1/2분자로 이루어져 있으며 이들 사이의 화학결합은 극성 공유결합이다.
④ 분자간의 결합은 쌍극자-쌍극자 상호작용의 일종인 산소결합에 의해 이루어진다.

해설 물의 화학적 특성

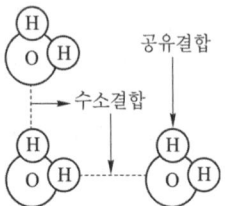

(1) 수소와 산소의 화합물이다.
(2) **극성 공유결합이며, 수소결합이다.**
(3) 화학적으로 매우 안정적이다. 공유결합으로서 결합력이 대단히 크다.

18. 건물화재시 패닉(panic)의 발생원인과 직접적인 관계가 없는 것은? ★★★ 출제년도 [98. 01. 04. 11. 24.]

① 연기에 의한 시계 제한
② 유독가스에 의한 호흡 장애
③ 외부와 단절되어 고립
④ 건물의 불연 내장재

해설 건물 화재시 **패닉 발생원인**
1) 연기에 의한 **시계제한**
2) 유독가스에 의한 **호흡장애**
3) 외부와의 단절로 인한 **고립감**으로부터 발생 할 수 있다.

19. 소화약제로서 물에 관한 설명으로 틀린 것은? ★★★ 출제년도 [15. 24.]

① 수소결합을 하므로 증발잠열이 작다.
② 가스계 소화약제에 비해 사용 후 오염이 크다.
③ 무상으로 주수하면 중질유 화재에도 사용할 수 있다.
④ 타 소화약제에 비해 비열이 크기 때문에 냉각효과가 우수하다.

해설 물은 비열 및 증발잠열이 커서 냉각능력이 우수

정답 16. ① 17. ④ 18. ④ 19. ①

20 ★★★ 출제년도 【11, 24.】

제1종 분말소화약제의 열분해 반응식으로 옳은 것은?

① $2NaHCO_3 \rightarrow Na_2CO_3 + CO_2 + H_2O$
② $2KHCO_3 \rightarrow K_2CO_3 + CO_2 + H_2O$
③ $2NaHCO_3 \rightarrow Na_2CO_3 + 2CO_2 + H_2O$
④ $2KHCO_3 \rightarrow K_2CO_3 + 2CO_2 + H_2O$

해설 분말소화약제
- 제1종(탄산수소나트륨)
  $2NaHCO_3 \rightarrow Na_2CO_3 + CO_2 + H_2O - Q[kcal]$
- 제2종(탄산수소칼륨)
  $2KHCO_3 \rightarrow K_2CO_3 + CO_2 + H_2O - Q[kcal]$
- 제3종(인산암모늄)
  $NH_4H_2PO_4 \rightarrow HPO_3 + NH_3 + H_2O - Q[kcal]$
- 제4종(탄산수소칼륨+요소)
  $2KHCO_3 + (NH_2)_2CO$
  $\rightarrow K_2CO_3 + CO_2 + 2HN_3 - Q[kcal]$

2과목 소방전기일반

21 ★★★ 출제년도 【96, 97, 99, 01, 02, 06, 11, 24.】

어떤 측정계기의 지시값을 M, 참값을 T라 할 때 보정률은 몇 [%]인가?

① $\dfrac{T-M}{M} \times 100$ ② $\dfrac{M}{M-T} \times 100$
③ $\dfrac{T-M}{T} \times 100$ ④ $\dfrac{T}{M-T} \times 100$

해설 오차율 $= \dfrac{M-T}{T} \times 100(\%)$
보정률 $= \dfrac{T-M}{M} \times 100(\%)$
여기서, M: 지시값
T: 참값

22 ★★★ 출제년도 【11, 24.】

42.5[mH]의 코일에 60[Hz], 100[V]의 교류를 가할 때 유도리액턴스[Ω]는?

① 16   ② 20
③ 32   ④ 43

해설 유도리액턴스
$X_L = \omega L = 2\pi f L = 2\pi \times 60 \times 42.5 \times 10^{-3} = 16[\Omega]$

23 ★★★ 출제년도 【24.】

일정한 저항에 가해지고 있는 전압을 4배로 하면 소비전력은?

① $\dfrac{1}{4}$ ② 4
③ 8   ④ 16

해설 $P = VI = V\dfrac{V}{R} = \dfrac{V^2}{R}$ 에서

$\dfrac{P'}{P} = \dfrac{\dfrac{(4V)^2}{R}}{\dfrac{V^2}{R}} = 16$배

24 ★★★ 출제년도 【11, 24.】

단상변압기 3대를 △결선으로 운전하는 도중에 1대의 변압기가 고장이나 V결선으로 운전하는 경우 고장 전에 비해 출력은 어떻게 되는가?

① 3   ② $\sqrt{3}$
③ $\dfrac{1}{\sqrt{3}}$ ④ 2

해설 V결선
1) 출력비 $= \dfrac{\text{고장 후 용량}}{\text{고장 전 용량}}$
   $= \dfrac{\sqrt{3}P}{3P} = \dfrac{\sqrt{3}}{3} = \dfrac{1}{\sqrt{3}} = 0.577 = 57.7[\%]$
2) 변압기 이용률 $= \dfrac{\text{V결선시 용량}}{\text{2대의 용량}}$
   $= \dfrac{\sqrt{3}P}{2P} = \dfrac{\sqrt{3}}{2} = 0.866 = 86.6[\%]$

정답 20. ① 21. ① 22. ① 23. ④ 24. ③

25 그림과 같은 논리회로의 출력 X는?

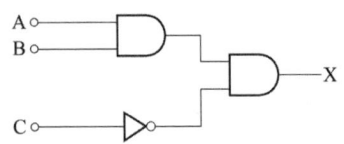

① $AB+\overline{C}$
② $A+B+\overline{C}$
③ $(A+B)\overline{C}$
④ $AB\overline{C}$

해설

회로	논리회로
AND 회로	X=A·B
OR 회로	X=A+B
NOT 회로	X=$\overline{A}$

$X = (A \cdot B) \cdot \overline{C} = AB\overline{C}$

26 코일을 지나가는 자속이 변화하면 코일에 기전력이 발생한다. 이때 유기되는 기전력의 방향을 결정하는 법칙은?

① 렌츠의 법칙
② 플레밍의 왼손법칙
③ 키르히호프의 제2법칙
④ 플레밍의 오른손법칙

해설
1) 렌츠의 법칙 : 자속변화에 의한 유기기전력의 방향을 결정하는 법칙
2) 플레밍의 왼손법칙 : 자계내에서 도체에 전류를 흘리면 전자력이 발생하게 되며 이때 이 전자력의 방향을 결정하는 법칙
3) 키르히호프의 제2법칙 (전압법칙) : 회로망 중에서 임의의 한 폐회로에서 기전력의 합은 전압강하의 합과 같다. 즉, 임의의 한 폐회로를 따라 존재하는 모든 전압(전압원 + 전압 강하)의 대수적 합은 0이다.
4) 플레밍의 오른손 법칙 : 자계 내에서 도체가 운동하면 유도기전력이 도체에 발생하게 되며 이때 이 유도기전력의 방향을 결정하는 법칙

27 유도전동기 기동 시 각 상당 임피던스가 동일한 고정자 권선의 접속을 △결선에서 Y결선으로 변환할 때의 선전류 비($\frac{I_Y}{I_\Delta}$)는?

① $\frac{1}{\sqrt{3}}$
② $\frac{1}{3}$
③ $\sqrt{3}$
④ 3

해설 선전류의 비
$$\frac{I_Y}{I_\Delta} = \frac{V/\sqrt{3}\,Z}{\sqrt{3}\,\frac{V}{Z}} = \left(\frac{1}{\sqrt{3}}\right)^2 = \frac{1}{3}$$

28 0.5[kVA]의 수신기용 변압기가 있다. 변압기의 철손이 7.5[W], 전부하동손이 16[W]이다. 화재가 발생하여 처음 2시간은 전부하 운전되고, 다음 2시간은 1/2의 부하가 걸렸다고 한다. 이 4시간에 걸친 전손실 전력량은 약 몇 [Wh]인가?

① 70
② 76
③ 82
④ 94

해설 손실 = 철손 + 동손 = $T \times P_i + T \times \left(\frac{1}{m}\right)^2 P_c$
$= 7.5 \times 4 + \left\{16 + \left(\frac{1}{2}\right)^2 \times 16\right\} \times 2$
$= 70[Wh]$
(여기서, T : 시간, P_i : 철손, P_c : 동손)

29 직류전동기 속도제어 중 전압제어방식이 아닌 것은?

① 워드 레오너드방식
② 일그너방식
③ 직병렬법
④ 정출력제어방식

정답 25.④ 26.① 27.② 28.① 29.④

해설 직류전동기 속도제어
1) 전압 제어법(정토크 제어) : 워드 레오너드 방식, 일그너 방식, 직병렬 제어법
2) 계자 제어법(정출력 제어)
3) 직렬 저항법

30 ★★★ 출제년도 【02, 03, 05, 11, 24.】
제어량이 온도, 압력, 유량 및 액면 등과 같은 일반 공업량일 때의 제어는?

① 공정제어
② 프로그램제어
③ 시퀀스제어
④ 추종제어

해설 1) 프로세스 제어 : 제어량이 온도, 유량, 압력, 액위, 농도, 밀도 등의 플랜트나 생산 공정 중의 상태량을 제어량으로 하는 제어
2) 프로그램제어 : 목표값의 변화가 단계별로 미리 정해져있어 그 정해진 대로 변화하는 제어방식
3) 시퀀스 제어 : 미리 정해진 순서에 따라 각 단계가 순차적으로 진행되는 제어방식
4) 추종제어 : 목적물의 변화에 추종하여 목표치가 변화하는 제어방식

31 ★★ 출제년도 【00, 07, 11, 24.】
그림과 같은 정류회로에서 부하 R에 흐르는 직류전류의 크기는 약 몇 [A]인가?
(단, $V = 200$[V], $R = 20\sqrt{2}$ [Ω]이다.)

① 3.2
② 3.8
③ 4.4
④ 5.2

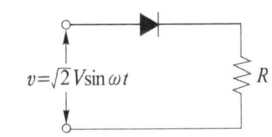

해설 반파정류의 경우 직류전압의 크기 $E = 0.45V$ 이므로
$E = 0.45 \times 200 = 90$[V]
이때 흐르는 전류
$I = \dfrac{E}{R} = \dfrac{90}{20\sqrt{2}} = 3.18$[A]

32 ★★★ 출제년도 【03, 08, 11, 24.】
역률을 개선하기 위한 진상용 콘덴서의 설치 개소로 가장 알맞은 것은?

① 수전점
② 고압모선
③ 변압기 2차측
④ 부하와 병렬

해설 역률개선용 진상 콘덴서는 부하와 병렬로 접속할 경우 개선효과가 가장 좋다.

33 ★ 출제년도 【11, 24.】
광전자 방출현상에서 방출된 에너지는 무엇에 비례하는가?

① 빛의 세기
② 빛의 파장
③ 빛의 속도
④ 빛의 이온

해설 광전자 방출현상 : 도체에 빛을 비추면 그 표면에서 전자를 방출하는 현상으로, 물질에서 방출되는 전자의 양은 광자의 양, 즉 빛의 세기에 비례한다.

34 ★★★ 출제년도 【98, 01, 02, 03, 05, 09, 11, 24.】
다이오드를 사용한 정류회로에서 과대한 부하전류에 의하여 다이오드가 파손될 우려가 있을 경우의 적당한 대책은?

① 다이오드를 직렬로 추가한다.
② 다이오드를 병렬로 추가한다.
③ 다이오드의 양단에 적당한 값의 저항을 추가한다.
④ 다이오드의 양단에 적당한 값의 콘덴서를 추가한다.

해설 1) 다이오드 직렬연결 : 과전압 방지

2) 다이오드 병렬연결 : 과전류 방지

35 변압기의 1차 권수가 10회, 2차 권수가 300회인 경우 2차 단자에서 1500[V]의 전압을 얻고자 하는 경우 1차 단자에서 인가하여야 할 전압은?

① 50[V] ② 100[V]
③ 220[V] ④ 380[V]

해설 $a = \dfrac{n_1}{n_2} = \dfrac{V_1}{V_2}$ 에서

$V_1 = \dfrac{n_1}{n_2} \times V_2 = \dfrac{10}{300} \times 1500 = 50[V]$

36 어떤 회로에 $v(t) = 150\sin\omega t$[V]의 전압을 가하니 $i(t) = 6\sin(\omega t - 30)$[A]의 전류가 흘렀다. 이 회로의 소비전력은?

① 약 390[W] ② 약 450[W]
③ 약 780[W] ④ 약 900[W]

해설 $P = VI\cos\theta = \dfrac{V_m}{\sqrt{2}} \cdot \dfrac{I_m}{\sqrt{2}} \cos\theta$ 이므로

$\therefore P = \dfrac{150}{\sqrt{2}} \times \dfrac{6}{\sqrt{2}} \times \cos 30° = 389.71[W]$

37 그림과 같은 오디오회로에서 스피커 저항이 8[Ω]이고, 증폭기 회로의 저항이 288[Ω]이다. 이 변압기의 권수비는?

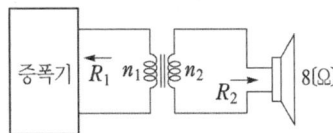

① 6 ② 7
③ 36 ④ 42

해설 이상 변압기의 권수비

$a = \sqrt{\dfrac{R_1}{R_2}} = \sqrt{\dfrac{288}{8}} = 6$

38 그림은 비상시에 대비한 예비전원의 공급회로이다. 직류 전압을 일정하게 유지하기 위하여 콘덴서를 설치한다면 그 위치로 적당한 곳은?

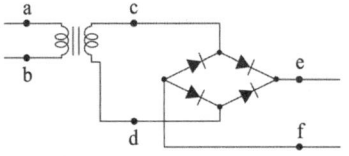

① a와 b 사이 ② c와 d 사이
③ e와 f 사이 ④ c와 e 사이

해설 콘덴서(condenser)는 Bridge 회로에서 정류된 직류전압을 평활하게 하기 위하여 정류회로의 출력단 인측, e와 f 사이에 설치한다.

39 기전력이 1.5[V]이고 내부저항이 10[Ω]인 건전지 4개를 직렬연결하고 20[Ω]의 저항 R을 접속하는 경우, 저항 R에 흐르는 ㉠ 전류 I[A]와 ㉡ 단자전압 V[V]는?

① ㉠ 0.1[A], ㉡ 2[V]
② ㉠ 0.3[A], ㉡ 6[V]
③ ㉠ 0.1[A], ㉡ 6[V]
④ ㉠ 0.3[A], ㉡ 2[V]

해설 기전력 E[V], 내부저항 r[Ω], 외부저항 R[Ω]이라 하면,

1) 전류 $I = \dfrac{nE}{nr + R} = \dfrac{4 \times 1.5}{4 \times 10 + 20} = 0.1[A]$

2) 단자전압 $V = IR = 0.1 \times 20 = 2[V]$

40 지시계기에 대한 동작원리가 옳지 않은 것은?

① 열전대형 계기 - 정전작용
② 유도형 계기 - 회전 자장 및 이동자장
③ 전류력계형 계기 - 코일의 자계
④ 열선형 계기 - 열선의 팽창

정답 35. ① 36. ① 37. ① 38. ③ 39. ① 40. ①

해설 계측기 동작원리에 따른 분류

구분	회로	비고
가동코일형	직류	자계와 전류 사이의 전자력을 이용
가동철편형	교류	① 고정코일과 가동철편 사이의 전자력을 이용 ② 흡인형, 반발형, 반발흡인형
유도형	교류	① 회전자계와 와류 사이 작용하는 전자력을 이용 ② 적산전력계 : 잠동현상 발생
정류기형	교류	① 정류기와 가동코일을 조합 ② 파형의 영향을 받기 쉽다.
전류력계형	직류·교류	고정코일과 가동코일 사이의 전자력을 이용
정전형	직류·교류	충전된 대전체 사이 **정전력**을 이용
열전형	직류·교류	**열전대**와 가동코일형을 조합

3과목 소방관계법규

41 한국소방안전원의 업무가 아닌 것은?

① 화재예방과 안전관리의식의 고취를 위한 대국민 홍보
② 소방기술과 안전관리에 관한 각종 간행물의 발간
③ 소방용 기계·기구에 대한 검정기준의 개정
④ 소방기술과 안전관리에 관한 교육 및 조사·연구

해설 소방안전원의 업무
1) 소방기술과 안전관리에 관한 **교육 및 연구, 조사**
2) 소방기술과 안전관리에 관한 **각종 간행물의 발간**
3) 화재예방과 안전관리의식의 고취를 위한 **대 국민 홍보**
4) 소방업무에 관하여 행정기관이 위탁하는 업무
5) 소방안전에 관한 국제협력

42 소방기본법령상 소방대의 소방지원활동에 해당하지 않는 것은?

① 산불에 대한 예방·진압 등 지원활동
② 자연재해에 따른 급수·배수 및 제설 등 지원활동
③ 집회·공연 등 각종 행사 시 사고에 대비한 근접대기 등 지원활동
④ 끼임, 고립 등에 따른 위험제거 및 구출 활동

해설 끼임, 고립 등에 따른 위험제거 및 구출 활동은 생활안전활동에 해당된다.

소방지원활동	생활안전활동
1. 산불에 대한 예방·진압 등 지원활동	1. 붕괴, 낙하 등이 우려되는 고드름, 나무, 위험 구조물 등의 제거활동
2. 자연재해에 따른 급수·배수 및 제설 등 지원활동	2. 위해동물, 벌 등의 포획 및 퇴치 활동
3. 집회·공연 등 각종 행사 시 사고에 대비한 근접대기 등 지원활동	3. 끼임, 고립 등에 따른 위험제거 및 구출 활동
4. 화재, 재난·재해로 인한 피해복구 지원활동	4. 단전사고 시 비상전원 또는 조명의 공급
5. 그 밖에 행정안전부령으로 정하는 활동	5. 그 밖에 방치하면 급박해질 우려가 있는 위험을 예방하기 위한 활동

43 소방시설공사업자는 소방시설공사 결과 소방시설에 하자가 있는 경우 하자보수를 하여야 한다. 다음 중 하자보수를 하여야 하는 소방시설과 소방시설별 하자보수보증기간이 잘못 나열된 것은?

① 유도등 : 2년
② 자동화재탐지설비 : 3년
③ 스프링클러설비 : 3년
④ 무선통신보조설비 : 3년

해설 무선통신보조설비는 2년이다.

정답 41. ③ 42. ④ 43. ④

관련법 : 소방시설공사업법 시행령
(하자보수대상 소방시설과 하자보수보증기간)

소화설비	보수기간
피난기구, 유도등, **유도표지, 비상경보설비**, 비상조명등, 비상방송설비, **무선통신보조설비**	2년
자동소화장치, 옥내·옥외소화전설비, 스프링클러설비, 간이스프링클러설비, 물분무등소화설비, **자동화재탐지설비**, 상수도소화용수설비, 소화활동설비(무선통신보조설비 제외)	3년

44 ★★★ 출제년도【 97. 99. 04. 05. 09. 11. 24.】
다음 중 경보설비에 해당되지 않는 것은?

① 자동화재탐지설비
② 무선통신보조설비
③ 통합감시시설
④ 누전경보기

해설 관련법 : 소방시설 설치 및 관리에 관한 법률 시행령 별표1(소방시설)

구분	시설의 종류
경보설비	비상벨설비, 자동식사이렌설비, 단독경보형감지기, 비상방송설비, 누전경보기, **자동화재탐지설비** 및 시각경보기, **자동화재속보설비**, 가스누설경보기, **통합감시시설**, 화재알림설비
소화활동설비	제연설비, 연결송수관 설비, 연결살수설비, 비상콘센트설비, **무선통신보조설비**, 연소방지설비

45 ★★★ 출제년도【 06. 11. 24.】
소화활동 및 화재조사를 원활히 수행하기 위해 화재현장에 출입을 통제하기 위하여 설정하는 것은?

① 화재경계지구 지정
② 소방활동구역 설정
③ 방화제한구역 설정
④ 화재통제구역 설정

해설 **소방 활동구역의 설정**
1) 소방대장은 화재, 재난, 재해 그 밖의 위급한 상황이 발생한 현장에 소방활동구역을 정하고 소방활동에 필요한 자로서 대통령령이 정하는 자외의 자에 대해서는 그 구역에의 출입을 제한할 수 있다.
2) 경찰공무원은 소방대장의 요청이 있을 때에는 대통령령이 정하는 자 외의 자에 대해서는 그 구역에의 출입을 제한할 수 있다.

46 ★★★ 출제년도【 09. 11. 24.】
다음 특정소방대상물 중 주방용 자동소화장치를 설치하여야 하는 것은?

① 아파트등
② 대규모점포에 입점해 있는 일반음식점
③ 집단급식소
④ 항공기 격납고

해설
1) 주거용 주방자동소화장치를 설치해야 하는 것: 아파트등 및 오피스텔의 모든 층
2) 상업용 주방자동소화장치를 설치해야 하는 것
　가) 판매시설 중 대규모점포에 입점해 있는 일반음식점
　나) 집단급식소

47 출제년도【 11. 24.】
기상현상 및 기상영향에 대한 예보·특보에 따라 화재의 발생 위험이 높다고 분석·판단되는 경우 화재에 관한 위험경보를 발령할 수 있는 자는?

① 국무총리
② 소방관서장
③ 시·도지사
④ 행정안전부장관

해설 **화재에 관한 위험경보**
소방관서장은「기상법」제13조에 따른 기상현상 및 기상영향에 대한 예보·특보에 따라 화재의 발생 위험이 높다고 분석·판단되는 경우에는 화재 위험경보를 발령하고, 보도기관을 이용하거나 정보통신망에 게재하는 등 적절한 방법을 통하여 이를 일반인에게 알려야 한다.

정답 44. ② 45. ② 46. ① 47. ②

48 ★★★ 출제년도【24.】

특별시장 · 광역시장 · 특별자치시장 · 도지사 또는 특별자치도지사(이하 "시·도지사"라 한다)가 화재발생 우려가 크거나 화재가 발생할 경우 피해가 클 것으로 예상되는 지역에 대하여 화재의 예방 및 안전관리를 강화하기 위해 지정 · 관리하는 지역을 무엇이라 하는가?

① 화재안전관리지구
② 화재예방강화지구
③ 화재방화지구
④ 화재경계지구

해설 "화재예방강화지구"란 특별시장·광역시장·특별자치시장·도지사 또는 특별자치도지사(이하 "시·도지사"라 한다)가 화재발생 우려가 크거나 화재가 발생할 경우 피해가 클 것으로 예상되는 지역에 대하여 화재의 예방 및 안전관리를 강화하기 위해 지정·관리하는 지역을 말한다.

49 ★★★ 출제년도【98, 99, 00, 01, 02, 03, 05, 11, 24.】

다음 중 시·도지사가 지정하는 화재예방강화지구의 지정대상지역에 해당되는 기준과 가장 거리가 먼 것은?

① 목조건물이 밀집한 지역
② 공장·창고가 밀집한 지역
③ 노후·불량건축물이 밀집한 지역
④ 업무시설이 밀집한 지역

해설 화재예방강화지구의 지정
1. 시장지역
2. 공장·창고가 밀집한 지역
3. 목조건물이 밀집한 지역
4. 노후·불량건축물이 밀집한 지역
5. 위험물의 저장 및 처리 시설이 밀집한 지역
6. 석유화학제품을 생산하는 공장이 있는 지역
7. 산업단지
8. 소방시설·소방용수시설 또는 소방출동로가 없는 지역
9. 물류단지
10. 그 밖에 제1호부터 제9호까지에 준하는 지역으로서 소방관서장이 화재예방강화지구로 지정할 필요가 있다고 인정하는 지역

50 ★★★ 출제년도【11, 24.】

특정소방대상물 중 근린생활시설과 가장 거리가 먼 것은?

① 안마시술소
② 찜질방
③ 한의원
④ 무도학원

해설 무도학원은 위락시설에 해당한다.
위락시설의 범위
1) 근린생활시설에 해당되지 아니하는 단란주점
2) 유흥주점
3) 카지노 영업소
4) 무도장 및 **무도학원**
5) 유원시설업의 시설

51 ★★★ 출제년도【96, 97, 98, 99, 00, 01, 03, 04, 11, 24.】

다음 중 소화활동설비가 아닌 것은?

① 제연설비
② 연결송수관설비
③ 비상방송설비
④ 연소방지설비

해설 비상방송설비는 경보설비이다.
소화활동설비의 종류

구분	시설의 종류
소화활동설비	제연설비, 연결송수관설비, **연결살수설비**, **비상콘센트설비**, 무선통신보조설비, 연소방지설비

52 ★★★ 출제년도【96, 97, 98, 00, 01, 05, 11, 24.】

다음 중 소방법상의 소방대상물이 아닌 것은?

① 산림
② 선박건조구조물
③ 항공기
④ 차량

해설 **소방대상물**이라 함은 건축물, **차량**, 선박(항구 안에 매어둔 선박에 한한다.), **선박건조구조물**, **산림** 그 밖의 인공구조물 또는 물건을 말한다.

정답 48. ② 49. ④ 50. ④ 51. ③ 52. ③

53. 방염업의 등록 결격사유에 해당하지 않는 것은?

① 피성년후견인
② 방염업의 등록이 취소된 날로부터 3년이 지난 자
③ 위험물안전관리법에 따른 금고 이상의 형의 집행유예 선고를 받고 그 유예기간 중에 있는 자
④ 위험물안전관리법에 따른 금고 이상의 실형의 선고를 받고 그 집행이 종료되거나 집행이 면제된 날로부터 2년이 지나지 아니한 자

해설 등록의 결격사유
1) 피성년후견인
2) 금고 이상의 실형을 선고받고 그 집행이 끝나거나 집행이 면제된 날부터 2년이 지나지 아니한 사람
3) 금고 이상의 형의 집행유예를 선고받고 그 유예기간 중에 있는 사람
4) **방염업의 등록이 취소된 날부터 2년이 지나지 아니한 자**

54. 다른 시·도간 소방업무에 관해 상호응원협정을 체결하고자 할 때 포함되어야 할 사항이 아닌 것은?

① 응원출동의 요청방법
② 소방신호방법의 통일
③ 소요경비의 부담에 관한 내용
④ 응원출동 대상지역 및 규모

해설 소방업무의 상호응원협정
시·도지사는 이웃하는 다른 시·도지사와 소방업무에 관하여 상호응원협정을 체결하고자 하는 경우 다음의 사항이 포함되어야 한다.
1) 소방활동에 관한 사항
2) **응원출동대상지역 및 규모**
3) 소요경비의 부담
4) **응원출동의 요청방법**
5) 응원출동훈련 및 평가

55. 소방관서에서 실시하는 화재원인조사 범위에 해당하는 것은?

① 소방활동 중 발생한 사망자 및 부상자
② 소방시설의 사용 또는 작동 등의 상황
③ 열에 의한 탄화, 용융, 파손 등의 피해
④ 소방활동 중 사용된 물로 인한 피해

해설 관련법 : 소방기본법 시행규칙 별표 5 (화재조사의 종류 및 조사의 범위)

종류	조사범위
발화원인 조사	화재가 발생한 과정, 화재가 발생한 지점 및 불이 붙기 시작한 물질
발견·통보 및 초기 소화상황 조사	화재의 발견·통보 및 초기소화 등 일련의 과정
연소상황 조사	화재의 연소경로 및 확대원인 등의 상황
피난상황 조사	피난경로, 피난상의 장애요인 등의 상황
소방시설 등 조사	소방시설의 사용 또는 작동 등의 상황

56. 특정소방대상물의 관계인은 소방안전관리자가 해임한 날부터 며칠 이내에 선임하여야 하는가?

① 10일　② 14일
③ 30일　④ 90일

해설 소방안전관리자의 선임신고
특정소방대상물의 관계인은 소방안전관리자를 해임한 경우 소방안전관리자를 **해임한 날부터 30일 이내**에 선임하여야 한다.

57. 소방안전관리대상물의 관계인이 소방안전관리자 또는 소방안전관리보조자를 선임한 경우에는 행정안전부령으로 정하는 바에 따라 선임한 날부터 14일 이내에 소방본부장 또는 소방서장에게 신고해야 하는가?

① 7일　② 14일
③ 30일　④ 60일

정답 53. ② 54. ② 55. ② 56. ③ 57. ③

해설 소방안전관리대상물의 관계인이 소방안전관리자 또는 소방안전관리보조자를 선임한 경우에는 행정안전부령으로 정하는 바에 따라 선임한 날부터 14일 이내에 소방본부장 또는 소방서장에게 신고해야 한다.

58. 제4류 위험물로서 제1석유류인 수용성 액체의 지정수량은 몇 리터인가?
출제년도 【06. 11. 24.】

① 100
② 200
③ 300
④ 400

해설 위험물 및 지정수량

위험물			지정 수량
유별	성질	품명	
제4류	인화성 액체	1. 특수인화물	50 리터
		2. 제1석유류 비수용성 액체	200 리터
		2. 제1석유류 수용성 액체	400 리터
		3. 알코올류	400 리터
		4. 제2석유류 비수용성 액체	1000 리터
		4. 제2석유류 수용성 액체	2000 리터
		5. 제3석유류 비수용성 액체	2000 리터
		5. 제3석유류 수용성 액체	4000 리터
		6. 제4석유류	6000 리터
		7. 동식물유류	10000 리터

59. 다음 중에서 소방안전관리자를 두어야 할 특정소방대상물로서 1급 소방안전관리대상물이 아닌 것은?
출제년도 【06. 11. 24.】

① 지하구
② 연면적 15,000[m²] 이상인 것
③ 건물의 층수가 11층 이상인 것
④ 1천톤 이상의 가연성가스 저장 시설

해설 1급 소방안전관리대상물
1) 연면적 15,000[m²] 이상
2) 층수가 11층 이상(아파트 제외)
3) 가연성가스 1,000톤 이상 저장·취급하는 시설
4) 30층 이상(지하층 제외)이거나 지상으로부터의 높이가 120[m] 이상인 아파트

60. 소방시설 자체점검 시 자동화재탐지설비를 점검할 때 사용해야 하는 점검장비가 아닌 것은?
출제년도 【24.】

① 공기주입시험기
② 음량계
③ 누전계
④ 열감지기시험기

해설 누전경보기-누전계

〈소방시설 점검장비〉

소방시설	점검 장비
모든 소방시설	방수압력측정계, 절연저항계(절연저항측정기), 전류전압측정계
소화기구	저울
옥내소화전설비 옥외소화전설비	소화전밸브압력계
스프링클러설비 포소화설비	헤드결합렌치(볼트, 너트, 나사 등을 죄거나 푸는 공구)
이산화탄소소화설비 분말소화설비 할론소화설비 할로겐화합물 및 불활성기체 소화설비	검량계, 기동관누설시험기, 그 밖에 소화약제의 저장량을 측정할 수 있는 점검기구
자동화재탐지설비 시각경보기	열감지기시험기, 연(煙)감지기시험기, 공기주입시험기, 감지기시험기 연결막대, 음량계
누전경보기	누전계
무선통신보조설비	무선기
제연설비	풍속풍압계, 폐쇄력측정기, 차압계(압력차 측정기)
통로유도등 비상조명등	조도계(밝기 측정기)

정답 58. ④ 59. ① 60. ③

4과목 소방전기설비의 구조 및 원리

61 ★ 출제년도【11. 24.】
다음 수신기의 일반적인 구조 및 기능 중에서 옳은 것은?

① 예비전원회로에는 단락사고 등으로부터 보호하기 위한 누전차단기를 설치하여야 한다.
② 주전원의 양극을 각각 개폐할 수 있는 전원스위치를 설치하여야 한다.
③ 외함은 단단한 가연성 재질을 사용하여 제작하여야 한다.
④ 정격전압이 60[V]를 넘는 금속제 외함에는 접지단자를 설치하여야 한다.

해설 수신기의 일반적인 구조, 기능 및 설치장소
1) 예비전원 회로에는 단락사고 등으로부터 보호하기 위한 퓨즈를 설치 할 것
2) 주전원의 양극을 동시에 개폐할 수 있는 전원스위치를 설치 할 것
3) 수신기로부터 음향장치까지의 배선 : 내열배선
4) 정격전압이 60[V]를 넘는 금속제 외함에는 접지단자를 설치 할 것

62 ★★★ 출제년도【11. 24.】
다음 중 감지기의 종별이 옳지 않은 것은?

① 보상식 스포트형 감지기는 차동식스포트형 감지기와 정온식스포트형 감지기의 성능을 겸한 것
② 보상식 스포트형 감지기는 차동식스포트형 감지기 또는 정온식스포트형 감지기의 성능 중 어느 한 기능이 작동되면 작동신호를 발하는 것
③ 이온화식 감지기는 주위의 공기가 일정한 온도를 포함하게 되는 경우에 작동하는 것
④ 이온화식 감지기는 일국소의 연기에 의하여 이온전류가 변화하여 작동하는 것

해설 관련법 : 감지기의 형식승인 및 제품검사의 기술기준 제3조(감지기의 구분)
1. "**차동식스포트형**"이란 주위온도가 일정 상승율 이상이 되는 경우에 작동하는 것으로서 일국소에서의 열 효과에 의하여 작동되는 것을 말한다.
2. "**차동식분포형**"이란 주위온도가 일정 상승율 이상이 되는 경우에 작동하는 것으로서 넓은 범위 내에서의 열 효과의 누적에 의하여 작동되는 것을 말한다.
3. "**정온식감지선형**"이란 일국소의 주위온도가 일정한 온도 이상이 되는 경우에 작동하는 것으로서 외관이 전선으로 되어 있는 것을 말한다.
4. "**정온식스포트형**"이란 일국소의 주위온도가 일정한 온도 이상이 되는 경우에 작동하는 것으로서 외관이 전선으로 되어 있지 아니한 것을 말한다.
5. "**보상식스포트형**"이란 차동식스포트형과 정온식스포트형의 성능을 겸한 것으로서 차동식스포트형의 성능 또는 정온식스포트형의 성능중 어느 한 기능이 작동되면 작동신호를 발하는 것을 말한다.
6. "**이온화식스포트형**"이란 주위의 공기가 일정한 농도의 연기를 포함하게 되는 경우에 작동하는 것으로서 일국소의 연기에 의하여 이온전류가 변화하여 작동하는 것을 말한다.

63 ★★ 출제년도【97. 99. 00. 02. 06. 09. 11. 24.】
누전경보기 수신부의 절연저항은 최소 몇 [MΩ] 이상이어야 하는가?

① 0.1
② 3
③ 5
④ 100

해설 **누전경보기의** 형식승인 및 제품검사의 기술기준 (절연저항시험)
수신부는 절연된 충전부와 외함간 및 차단기구의 개폐부(열린 상태에서는 같은 극의 전원단자와 부하측단자와의 사이, 닫힌 상태에서는 충전부와 손잡이 사이)의 절연저항을 DC 500[V]의 절연저항계로 측정하는 경우 5[MΩ] **이상이어야 한다.**

정답 61. ④ 62. ③ 63. ③

64. 다음 중 누전경보기의 설치방법으로 옳지 않은 것은?

① 경계전로의 정격전류가 60[A]를 초과하는 전로에 있어서는 1급 누전경보기를 설치할 것
② 경계전로의 정격전류가 60[A]이하의 전로에 있어서는 2급 또는 3급 누전경보기를 설치할 것
③ 변류기를 옥외의 전로에 설치하는 경우에는 옥외형의 것을 설치할 것
④ 변류기는 소방대상물의 형태, 인입선의 시설방법 등에 따라 옥외 인입선의 제1지점 부하측의 점검이 쉬운 위치에 설치할 것

해설 누전경보기는 다음 각호의 방법에 따라 설치하여야 한다.
1) 경계전로의 정격전류가 60[A]를 초과하는 전로 : 1급 누전경보기
2) 경계전로의 정격전류가 60[A] 이하의 전로 : 1급 또는 2급 누전경보기
3) 정격전류가 60[A]를 초과하는 경계전로가 분기되어 각 분기회로의 정격전류가 60[A] 이하로 되는 경우 당해 분기회로마다 2급 누전경보기를 설치한 때에는 당해 경계전로에 1급 누전경보기를 설치한 것으로 본다.

65. 다음은 무선통신보조설비의 설치제외 기준을 나타낸 것이다. ( )에 들어갈 내용으로 옳은 것은?

(㉠)으로서 특정소방대상물의 바닥부분 (㉡) 이상이 지표면과 동일하거나 지표면으로부터의 깊이가 (㉢)이하인 경우에는 해당 층에 한해 무선통신보조설비를 설치하지 아니할 수 있다.

① ㉠ 지하층, ㉡ 1면, ㉢ 1 m
② ㉠ 지하층, ㉡ 2면, ㉢ 2 m
③ ㉠ 지하층, ㉡ 2면, ㉢ 1 m
④ ㉠ 지하층, ㉡ 1면, ㉢ 2 m

해설 무선통신보조설비의 설치제외
지하층으로서 특정소방대상물의 바닥부분 2면 이상이 지표면과 동일하거나 지표면으로부터의 깊이가 1[m] 이하인 경우에는 해당 층에 한해 무선통신보조설비를 설치하지 아니할 수 있다.

66. 운동시설에 설치하지 아니할 수 있는 유도등은?

① 대형 피난구 유도등
② 중형 피난구 유도등
③ 통로 유도등
④ 객석 유도등

해설 소방대상물의 용도별로 설치하여야 할 유도등 및 유도표지

설 치 장 소	유도등 및 유도표지의 종류
공연장·집회장·관람장·운동시설	• 대형피난구유도등 • 통로유도등 • 객석유도등

67. 바닥면적이 450[m²]일 경우 단독경보형감지기의 최소 설치 개수는?

① 1개
② 2개
③ 3개
④ 4개

해설 단독경보형감지기는 각 실마다 설치하되, 바닥면적이 150[m²]를 초과하는 경우에는 150[m²]마다 1개 이상 설치해야 하므로,
$\therefore N = \dfrac{450}{150} = 3[개]$

정답 64. ② 65. ③ 66. ② 67. ③

68. 통로유도등 설치기준으로 옳지 않은 것은?

① 복도통로유도등은 구부러진 모퉁이 및 보행거리 20[m]마다 설치한다.
② 복도통로유도등을 지하상가에 설치하는 경우에는 복도·통로 중앙부분의 바닥에 설치한다.
③ 계단통로유도등은 바닥으로부터 높이 1.5[m] 이하의 위치에 설치한다.
④ 계단통로 유도등은 각층의 경사로참 또는 계단참마다 설치한다.

해설 계단통로유도등은 다음 각목의 기준에 따라 설치할 것
1) 각 층의 경사로참 또는 계단참마다 (1개 층에 경사로참 또는 계단참이 2 이상 있는 경우에는 2개의 계단참마다)설치할 것
2) **바닥으로부터 높이 1[m] 이하**의 위치에 설치할 것
3) 통행에 지장이 없도록 설치할 것
4) 주위에 이와 유사한 등화광고물·게시물 등을 설치하지 아니할 것

69. 자동화재탐지설비에 있어서 부착높이가 20[m] 이상에 설치할 수 있는 감지기는?

① 연기복합형
② 불꽃감지기
③ 차동식 분포형
④ 이온화식 1종 또는 2종

해설 설치높이에 따라 적용할 수 있는 감지기 종류

부착높이	감지기의 종류
15[m] 이상 20[m] 미만	• 이온화식 1종 • 광전식(스포트형, 분리형, 공기흡입형) 1종 • 연기복합형 • 불꽃감지기
20[m] 이상	• 불꽃감지기 • 광전식(분리형, 공기흡입형)중 아날로그 방식

70. 다음 감지기 중에서 불을 사용하는 설비의 불꽃이 노출되는 장소에 적응하는 감지기는 어느 것인가?

① 차동식분포형감지기
② 보상식스포트형감지기
③ 정온식감지기
④ 불꽃감지기

해설 불을 사용하는 설비의 불꽃이 노출되는 장소에 적응하는 감지기 : 정온식감지기 특종, 정온식감지기 1종, 열아날로그식 감지기

71. 자동화재탐지설비의 음향장치 설치기준 중 맞는 것은?

① 지구음향장치는 해당 특정소방대상물의 각 부분으로부터 하나의 음향장치까지의 수평거리가 25[m] 이하가 되도록 한다.
② 정격전압의 70[%]전압에서 음향을 발할 수 있어야 한다.
③ 음량은 부착된 음향장치의 중심으로부터 1[m] 떨어진 위치에서 80[dB] 이상이 되도록 하여야 한다.
④ 5층(지하층 제외) 이상으로서 연면적이 3000[m²]를 초과하는 소방대상물에 있어서는 2층 이상의 층에서 발화시 발화층 및 직하층에 경보를 발하여야 한다.

해설 자동화재탐지설비의 음향장치 기준
1) **지구음향장치**는 특정소방대상물의 층마다 설치하되, 해당 특정소방대상물의 각 부분으로부터 **하나의 음향장치까지의 수평거리가 25[m] 이하가 되도록 할 것**
2) 음향장치는 다음 각목의 기준에 따른 구조 및 성능의 것으로 하여야 한다.
   ① 정격전압의 **80[%] 전압**에서 음향을 발할 수 있는 것으로 할 것
   ② 음량은 부착된 음향장치의 중심으로부터 1[m] 떨어진 위치에서 **90dB 이상**이 되는 것으로 할 것

정답 68. ③ 69. ② 70. ③ 71. ①

③ 감지기 및 발신기의 작동과 연동하여 작동할 수 있는 것으로 할 것
3) 우선경보방식 : 11층(공동주택의 경우 16층) 이상

화재층	우선 경보할 층
2층 이상	발화층, 그 직상 4개층
1층	발화층, 그 직상 4개층 및 지하층
지하층	발화층, 그 직상층 및 기타지하층

72 ★★★ 출제년도 【11, 24.】
예비전원을 내장하는 비상조명등에는 평상시 점등여부를 확인할 수 있도록 반드시 설치하여야 하는 것은?

① 충전기
② 리액터
③ 점검스위치
④ 정전콘덴서

해설 예비전원을 내장하는 비상조명등에는 **평상시 점등여부를 확인할 수 있는 점검스위치를 설치**하고 당해 조명등을 유효하게 작동시킬 수 있는 용량의 축전지와 예비전원 충전장치를 내장할 것

73 ★★★ 출제년도 【24.】
자동화재탐지설비 및 시각경보장치의 화재안전기술기준에 따라 아래와 같은 경보방식을 적용하려면 공동주택인 경우 층수가 몇 층 이상이어야 하는가?

○ 2층 이상의 층에서 발화한 때에는 발화층 및 그 직상 4개 층에 경보를 발할 것
○ 1층에서 발화한 때에는 발화층·그 직상 4개 층 및 지하층에 경보를 발할 것
○ 지하층에서 발화한 때에는 발화층·그 직상층 및 기타의 지하층에 경보를 발할 것

① 11층 이상
② 5층 이상
③ 16층 이상
④ 30층 이상

해설 층수가 11층(공동주택의 경우에는 16층) 이상의 특정소방대상물은 다음의 기준에 따라 경보를 발할 수 있도록 할 것

○ 2층 이상의 층에서 발화한 때에는 발화층 및 그 직상 4개 층에 경보를 발할 것
○ 1층에서 발화한 때에는 발화층·그 직상 4개 층 및 지하층에 경보를 발할 것
○ 지하층에서 발화한 때에는 발화층·그 직상층 및 기타의 지하층에 경보를 발할 것

74 ★★★ 출제년도 【05, 07, 09, 11, 24.】
다음 중 무선통신보조설비의 주회로 전원이 정상인지 여부를 확인하기 위해 증폭기 전면에 설치하는 것은?

① 전압계 및 전류계
② 전압계 및 표시등
③ 회로시험계
④ 전류계

해설 무선통신보조설비의 증폭기 전면에는 주회로의 전원이 정상인지의 여부를 표시할 수 있는 **표시등 및 전압계를 설치**한다.

75 ★★★ 출제년도 【02, 07, 09, 11, 24.】
비상방송설비 음향장치의 음량조정기를 설치하는 경우 음량조정기의 배선은?

① 단선식
② 2선식
③ 3선식
④ 4선식

해설 비상방송설비 음향장치의 음량조정기를 설치하는 경우 **음량조정기의 배선은 3선식**으로 하여야 한다.

76 ★ 출제년도 【11, 24.】
유도표지는 각층마다 복도 및 통로의 각 부분으로부터 하나의 유도표지까지의 보행거리가 몇 [m]마다 설치하여야 하는가? (단, 계단에 설치하는 것은 제외한다.)

① 5[m] 이하
② 10[m] 이하
③ 15[m] 이하
④ 20[m] 이하

정답 72. ③ 73. ③ 74. ② 75. ③ 76. ③

해설 유도표지 설치기준
1) 계단에 설치하는 것을 제외하고는 각 층마다 복도 및 통로의 각 부분으로부터 하나의 유도표지까지의 보행거리가 15 m 이하가 되는 곳과 구부러진 모퉁이의 벽에 설치할 것
2) 피난구유도표지는 출입구 상단에 설치하고, 통로유도표지는 바닥으로부터 높이 1 m 이하의 위치에 설치할 것
3) 주위에는 이와 유사한 등화·광고물·게시물 등을 설치하지 않을 것
4) 유도표지는 부착판 등을 사용하여 쉽게 떨어지지 않도록 설치할 것
5) 축광방식의 유도표지는 외광 또는 조명장치에 의하여 상시 조명이 제공되거나 비상조명등에 의한 조명이 제공되도록 설치할 것

77 ★★★ 출제년도 [11. 24.]
자동화재탐지설비의 감지기 설치기준에 적합하지 않은 것은?

① 감지기(차동식분포형의 것 및 특수한 것은 제외한다)는 실내로의 공기유입구로부터 3[m] 이상 떨어진 위치에 설치한다.
② 감지기는 천장 또는 반자의 옥내에 면하는 부분에 설치한다.
③ 차동식스포트형 감지기는 45° 이상 경사되지 않도록 부착한다.
④ 공기관식 차동식분포형 감지기 설치시 공기관은 도중에서 분기하지 아니하도록 부착한다.

해설 감지기(차동식 분포형의 것을 제외)는 실내의 공기유입구로부터 1.5[m] 이상 떨어진 곳에 설치

78 ★★★ 출제년도 [11. 24.]
자동화재속보설비의 속보기는 자동화재 탐지설비로부터 작동신호를 수신하여 몇 초 이내에 소방관서에 자동적으로 신호를 발하여 통보하여야 하는가?

① 10초   ② 20초
③ 30초   ④ 60초

해설 자동화재속보설비의 속보기의 성능인증 및 제품검사의 기술기준 제5조(기능)
작동신호를 수신하거나 수동으로 동작시키는 경우 **20초 이내**에 소방관서에 자동적으로 신호를 발하여 통보하되, 3회 이상 속보할 수 있어야 한다.

79 ★★★ 출제년도 [06. 08. 11. 24.]
비상전원수전설비 중 큐비클형 외함의 두께는?

① 1[mm] 이상 강판
② 1.2[mm] 이상 강판
③ 2.3[mm] 이상 강판
④ 3.2[mm] 이상 강판

해설 소방시설용 비상전원수전설비의 화재안전기준 큐비클형 적합 설치기준
1. 전용큐비클 또는 공용큐비클식으로 설치할 것
2. 외함은 두께 **2.3[mm] 이상**의 강판과 이와 동등 이상의 강도와 내화성능이 있는 것으로 제작하여야 하며, 개구부(제3호에 게기하는 것은 제외한다)에는 갑종방화문 또는 을종방화문을 설치할 것

80 ★ 출제년도 [11. 24.]
다음 중 무선통신보조설비의 화재안전기술기준에서 사용하는 용어의 정의로 올바른 것은?

① "분파기"는 신호의 전송로가 분기되는 장소에 설치하는 장치를 말한다.
② "분배기"는 서로 다른 주파수의 합성된 신호를 분리하기 위해서 사용하는 장치를 말한다.
③ "누설동축케이블"은 동축케이블 외부도체에 가느다란 홈을 만들어서 전파가 외부로 새어나갈 수 있도록 한 케이블을 말한다.
④ "증폭기"는 두 개 이상의 입력 신호를 원하는 비율로 조합한 출력이 발생되도록 하는 장치를 말한다.

정답 77. ① 78. ② 79. ③ 80. ③

해설 1) 분파기 : 서로 다른 주파수의 합성된 신호를 분리하기 위해서 사용하는 장치
2) 분배기 : 신호의 전송로가 분기되는 장소에 설치하는 것으로 임피던스 매칭(Matching)과 신호 균등 분배를 위해 사용하는 장치
3) **누설동축케이블** : 동축케이블의 외부도체에 가느다란 홈을 만들어서 전파가 외부로 새어나갈 수 있도록 한 케이블
4) 증폭기 : 신호 전송시 신호가 약해져 수신이 불가능해지는 것을 방지하기 위해서 증폭하는 장치

2회 2024년 소방설비기사(CBT)

1과목 소방원론

01 ★★★ 출제년도【11, 24.】
다음 중 증발잠열 [kJ/kg]이 가장 큰 것은?

① 질소
② 할론 1301
③ 이산화탄소
④ 물

해설 증발잠열이 큰 순서
물 > 이산화탄소 > 질소 > 할론 1301

02 ★★ 출제년도【12, 24.】
프로페인 가스의 연소범위(vol%)에 가장 가까운 것은?

① 9.8 ~ 28.4
② 2.5 ~ 81
③ 4.0 ~ 75
④ 2.1 ~ 9.5

해설 주요물질의 연소범위

종류	에틸렌	프로판 (프로페인)	메탄 (메테인)	수소
연소범위 (vol%)	3.1~32	2.1~9.5	5~15	4~75

03 ★★★ 출제년도【97, 06, 12, 18, 24.】
표준상태에서 11.2[*l*]의 기체 질량이 22[g]이었다면 이 기체의 분자량은 얼마인가? (단, 이상기체를 가정한다.)

① 22
② 35
③ 44
④ 56

해설 이상기체 상태방정식 $PV = nRT$
여기서, P : 기압[atm], V : 부피[*l*]
n : 몰수 ($n = \dfrac{W(질량[kg])}{M(분자량)}$)
R : 기체상수 (0.082[atm · *l*/mol · K])
T : 절대온도[K]

$PV = \dfrac{W}{M}RT$ 에서

$M = \dfrac{WRT}{PV}$

$= \dfrac{22[g] \times 0.082[atm \cdot l/mol \cdot K] \times 273[K]}{1[atm] \times 11.2[l]}$

$= 44$

04 ★ 출제년도【97, 04, 11, 24.】
화재에 대한 설명으로 옳지 않은 것은?

① 인간이 제어하여 인류의 문화, 문명의 발달을 가져오게 한 근본적인 존재를 말한다.
② 불을 사용하는 사람의 부주의와 불안정한 상태에서 발생되는 것을 말한다.
③ 불로 인하여 사람의 신체, 생명 및 재산상의 손실을 가져다주는 재앙을 말한다.
④ 실화, 방화로 발생하는 연소현상을 말하며 사람에게 유익하지 못한 해로운 불을 말한다.

해설 "화재"라 함은 사람의 의도에 반하거나 고의에 의하여 발생하는 연소현상으로서 소화설비 또는 동등 이상의 시설을 이용하여 소화할 필요가 있는 것으로 화재는 인간에게 신체, 생명 및 재산상의 손실을 발생시킬 수 있다.

05 ★ 출제년도【09, 11, 24.】
다음 중 증기 비중이 가장 큰 것은?

① Halon 1301
② Halon 2402
③ Halon 1211
④ Halon 104

정답 1. ④ 2. ④ 3. ③ 4. ① 5. ②

해설 증기밀도(증기비중) = $\dfrac{분자량}{공기의 평균 분자량(28.8)}$

- 할론 1301 = $\dfrac{148.9}{28.8}$ = 5.17
- 할론 2402 = $\dfrac{259.9}{28.8}$ = 9.02
- 할론 1211 = $\dfrac{165.4}{28.8}$ = 5.74

06 ★★★ 출제년도 【11, 24.】
분말소화기의 소화약제로 사용하는 탄산수소나트륨이 열분해하여 발생하는 가스는?

① 일산화탄소 ② 이산화탄소
③ 사염화탄소 ④ 산소

해설 탄산수소나트륨의 열분해 반응식
$2NaHCO_3 \rightarrow Na_2CO_3 + CO_2 + H_2O - Q[kcal]$

07 ★★★ 출제년도 【07, 11, 24.】
화재시 이산화탄소를 사용하여 화재를 진압하려고 할 때 산소의 농도를 13[vol%]로 낮추어 화재를 진압하려면 공기 중 이산화탄소의 농도는 약 몇 [vol%]가 되어야 하는가?

① 18.1 ② 28.1
③ 38.1 ④ 48.1

해설 이산화탄소의 농도 = $\dfrac{21[\%] - O_2[\%]}{21[\%]} \times 100$
= $\dfrac{21-13}{21} \times 100 = 38.1$

08 ★★★ 출제년도 【99, 01, 11, 24.】
목재건축물의 화재 진행과정을 순서대로 나열한 것은?

① 무염착화 – 발염착화 – 발화 – 최성기
② 무염착화 – 최성기 – 발염착화 – 발화
③ 발염착화 – 발화 – 최성기 – 무염착화
④ 발염착화 – 최성기 – 무염착화 – 발화

해설 1) 목재 건축물의 화재 진행상황
화재원인 → 무염착화 → 발염착화 → 발화(출화) → 최성기 → 연소낙하 → 진화
2) 내화 건축물의 화재
초기 → 성장기 → 최성기 → 종기

09 ★★★ 출제년도 【02, 07, 12, 24.】
다음 중 연소속도와 가장 관계가 깊은 것은?

① 증발속도 ② 환원속도
③ 산화속도 ④ 혼합속도

해설 연소란 화학반응의 일종으로 가연물이 산소 중에서 산화반응을 하여 열과 빛을 내는 현상을 말하며 연소의 진행속도와 산화속도는 직접 관계된다.

10 ★★★ 출제년도 【07, 11, 24.】
동식물유류에서 "요오드값이 크다" 라는 의미를 옳게 설명한 것은?

① 불포화도가 높다.
② 불건성유이다.
③ 자연발화성이 낮다.
④ 산소와의 결합이 어렵다.

해설 요오드(아이오딘)값
1) 유지 100[g]이 흡수하는 요오드의 [g]수
2) 요오드값이 클수록 불포화도가 높고 자연발화의 가능성이 높아진다.

11 ★ 출제년도 【11, 24.】
버너의 불꽃을 제거한 때부터 불꽃을 올리지 아니하고 연소하는 상태가 그칠 때까지의 시간은?

① 방신시간 ② 방염시간
③ 잔신시간 ④ 잔염시간

해설
- 잔신시간 : 버너의 불꽃을 제거한 때부터 불꽃을 올리지 아니하고 연소하는 상태가 그칠 때까지의 시간(잔염이 생기는 동안의 시간은 제외한다.)
- 잔염시간 : 버너의 불꽃을 제거한 때부터 불꽃을 올리며 연소하는 상태가 그칠 때까지의 시간

정답 6. ② 7. ③ 8. ① 9. ③ 10. ① 11. ③

12. 황의 주된 연소 형태는?

① 확산연소 ② 증발연소
③ 분해연소 ④ 자기연소

해설

연소의 종류	특 징	물질의 종류
증발연소	• 가연성 증기와 공기의 혼합 상태에서 연소하는 형태	**황**, 왁스, 파라핀, 나프탈렌, 가솔린, 등유, 경유, 알코올, 아세톤
분해연소	• 열분해 반응을 일으켜 생성된 가연성 증기와 공기가 혼합하여 연소하는 형태	석탄, 종이, 고무, 목재, 플라스틱, 아스팔트
표면연소	• 가연물의 표면에서 산소와 반응하여 연소 • 불꽃이 없다.	숯, 목탄, 금속분, 코크스
자기연소 (내부연소)	• 공기 중의 산소를 필요로 하지 않는 연소 • 연소속도가 빠르다. • 폭발적인 연소	나이트로셀룰로스, TNT, 피크린산, 나이트로글리세린, 질산에스터류, 셀룰로이드류

13. 유류 저장탱크에 화재 발생시 열류층에 의해 탱크 하부에 고인 물 또는 에멀젼이 비점 이상으로 가열되어 부피가 팽창되면서 유류를 탱크 외부로 분출시켜 화재를 확대 시키는 현상은?

① 보일오버
② 롤오버
③ 백드래프트
④ 플래시오버

해설 보일오버(Boil Over)

원유나 중질유의 저장탱크에 화재가 발생되면 열류층(Heat Layer)이 형성되고 이 열류층은 화재가 진행됨에 따라 점차 탱크 바닥으로 이동하게 된다. 이때 탱크 바닥에 물 - 기름 에멀젼이 존재하면 물이 수증기로 변하면서 급작스런 부피 팽창(1,700배 이상)에 의하여 유류가 탱크 외부로 분출하게 되는 현상

14. 일반적으로 화재의 진행상황 중 플래시오버는 어느 시기에 발생하는가?

① 화재발생 초기
② 성장기에서 최성기로 넘어가는 분기점
③ 최성기에서 감쇄기로 넘어가는 분기점
④ 감쇄기 이후

해설 플래시오버(Flash over : F.O)

Flash-over 현상은 발화 후 5~6분 경과 후 화재 성장과정에서 발생하는 것으로 화재로 생긴 가연성 가스가 일시에 인화하여 화염이 충만해지는 과정을 말하는 것으로 폭발적인 착화현상과 폭발적인 화재확대 현상을 일으킨다. 플래시오버(F.O)시점에서의 실내온도는 실내의 가연물질에 따라 달라지지만 보통 800~900[℃] 정도이다.

15. 화씨 95도를 켈빈(Kelvin)온도로 나타내면 약 몇 [K]인가?

① 368 ② 308
③ 252 ④ 178

해설 화씨[°F] = 섭씨[℃]×1.8+32 이므로,

섭씨 $= \dfrac{\text{화씨}[°F] - 32}{1.8} = \dfrac{95 - 32}{1.8} = 35[℃]$

켈빈온도 = 섭씨온도 + 273
       = 35 + 273 = 308[K]

16. 가연물질이 되기 위한 구비조건 중 적합하지 않은 것은?

① 산소와 반응이 쉽게 이루어진다.
② 연쇄반응을 일으킬 수 있다.
③ 산소와의 접촉 면적이 작다.
④ 발열량이 크다.

해설 가연물의 구비조건
1) 열전도율이 작을 것
2) 활성화 에너지가 작을 것
3) 발열량이 클 것

정답 12. ② 13. ① 14. ② 15. ② 16. ③

4) 열의 축적이 용이할 것
5) 가연물의 표면적이 커야 한다(산소와의 접촉 면적이 클 것)

품명	황화인	적린	황린	황
발화점	100[℃]	260[℃]	34~35[℃]	168~188[℃]

17 ★ 출제년도【11, 24.】
이산화탄소에 대한 설명으로 틀린 것은?

① 무색, 무취의 기체이다.
② 비전도성이다.
③ 공기보다 가볍다.
④ 분자식은 CO_2 이다.

해설 이산화탄소(CO_2)의 성질
① 무색, 무취의 기체이다.
② 전기 부도체로서 C급 화재에도 적응성이 있다.
③ **공기보다 1.5배 무겁다.**
④ 액화가 용이한 불연성 가스이다.
   (임계점 : 31.35[℃])
⑤ 부식성 및 소화 후 잔사가 없어 전산실·컴퓨터실 등 고가장비에 효과적이다.

18 ★★★ 출제년도【11, 24.】
연소점에 관한 설명으로 옳은 것은?

① 점화원 없이 스스로 불이 붙는 최저온도
② 산화하면서 발생된 열이 축적되어 불이 붙는 최저 온도
③ 점화원에 의해 불이 붙는 최저 온도
④ 인화 후 일정시간 이상 연소상태를 계속 유지할 수 있는 온도

해설 **연소점** : 가연성 액체가 개방된 상태에서 증기를 계속 발생하면서 **연소가 지속될 수 있는 최저온도**

19 ★★★ 출제년도【12, 24.】
다음 중 발화점이 가장 낮은 것은?

① 황화인   ② 적린
③ 황린   ④ 황

해설 발화점 : 가연성 물질에 불꽃을 접하지 아니하였을 때 연소가 가능한 최저온도

20 ★★★ 출제년도【11, 24.】
제1종 분말소화 약제의 색상으로 옳은 것은?

① 백색   ② 담회색
③ 담홍색   ④ 청색

해설 분말소화약제

종별	구성물질	색	적용화재	비고
제1종	탄산수소나트륨	백색	BC급	식용유 및 지방질유의 화재에 적합
제2종	탄산수소칼륨	담회색	BC급	
제3종	인산암모늄	담홍색	ABC급	차고, 주차장 화재에 적합
제4종	탄산수소칼륨+요소	회색	BC급	

2과목 소방전기일반

21 ★★★ 출제년도【12, 24.】
자체 인덕턴스가 각각 160[mH], 250[mH]의 두 코일이 있다. 두 코일 사이의 상호 인덕턴스가 150[mH]이라면 결합계수는?

① 0.5   ② 0.75
③ 0.86   ④ 1.0

해설 결합계수 $k = \dfrac{M}{\sqrt{L_1 L_2}}$

여기서, k : 결합계수, M : 상호인덕턴스
L_1, L_2 : 자기인덕턴스

$\therefore k = \dfrac{M}{\sqrt{L_1 L_2}} = \dfrac{150}{\sqrt{160 \times 250}} = 0.75$

정답 17. ③ 18. ④ 19. ③ 20. ① 21. ②

22. 다음 소자 중에서 온도 보상용으로 쓰이는 것은?

① 서미스터 ② 바리스터
③ 제너다이오드 ④ 터널다이오드

해설

종류	특 성	적 용
서미스터	온도의 변화에 따라 저항값이 변화하는 반도체로 부 온도특성이 있다.	온도보상용, 온도계측용
SCR	사이리스터의 일종으로 단방향 대 전류 스위칭 소자	무접점 스위치, AVR, 전력제어용
바리스터	서지전압에 대한 보호용	스위치 및 계전기의 접점 개폐시, 불꽃 제어용
바 랙 터	가해지는 전압에 따라 용량이 변화하는 특성	AFC 회로, FM 변조회로에 적용

23. $V = 4 + j3$ [V]의 전압을 부하에 걸었더니 $I = 5 - j2$ [A]의 전류가 흘렀다. 부하에서의 소비전력은 몇 [W]인가?

① 14 ② 23
③ 26 ④ 35

해설 복소전력은 전압의 벡터나 전류의 벡터중 하나를 공액복소수를 취하여 계산한다.
복소전력 $P_a = \overline{V}I = (4-j3)(5-j2)$
$= 20 - j8 - j15 - 6$
$= 14 - j23$
여기서, 소비전력(유효전력)은 14[W]이며 무효전력은 23[Var]이다. (V^*은 V의 공액복소수이다).

24. 다음 중에서 목표값이 다른 양과 일정 비율관계를 가지고 변화하는 경우의 제어는 무슨 제어방식인가?

① 정치제어 ② 추종제어
③ 프로그램제어 ④ 비율제어

해설
1) 정치 제어 : 제어량을 어떤 일정한 목표값으로 유지하는 것을 목적으로 하는 제어법
2) 추종 제어 : 미지의 임의 시간적 변화를 하는 목표값에 제어량을 추종시키는 것을 목적으로 하는 제어법
3) 프로그램 제어 : 미리 정해진 프로그램에 따라 제어량을 변화시키는 것을 목적으로 하는 제어법
4) 비율 제어 : 목표값이 다른 것과 일정 비율 관계를 가지고 변화하는 경우의 추종 제어

25. 그림과 같은 회로에서 임피던스 상수 Z_{22}는?

① $j\omega L_1$
② $j\omega L_2$
③ $j\omega L_1 L_2$
④ $j\omega M$

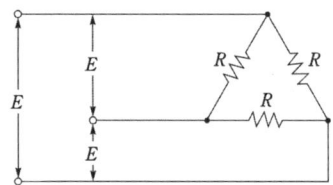

해설 $Z_{22} = \dfrac{V_2}{I_2}\bigg|_{I_1=0} = jX_2 = j\omega L_2 [\Omega]$

26. 저항 $R[\Omega]$ 3개를 △결선한 부하에 3상 전압 $E[V]$를 인가한 경우 선전류는 몇 [A]인가?

① $\dfrac{E}{3R}$ ② $\dfrac{E}{\sqrt{3}R}$
③ $\dfrac{\sqrt{3}E}{R}$ ④ $\dfrac{3E}{R}$

해설 $I_p = \dfrac{E}{R}$, $I_l = \sqrt{3}I_p$ 이므로
$I_l = \dfrac{\sqrt{3}E}{R}$

정답 22. ① 23. ① 24. ④ 25. ② 26. ③

27 $R-L-C$ 직렬회로의 공진 주파수는?

① $\dfrac{1}{2\pi\sqrt{LC}}$

② $\dfrac{2\pi}{\sqrt{LC}}$

③ $\sqrt{\dfrac{1}{LC}-\left(\dfrac{R}{2L}\right)^2}$

④ $\dfrac{1}{2\pi}\sqrt{\dfrac{1}{LC}-\left(\dfrac{R}{2L}\right)^2}$

해설

	직렬공진	병렬공진
공진 각주파수	$\omega_r=\dfrac{1}{\sqrt{LC}}$	$\omega_a=\sqrt{\dfrac{1}{LC}-\dfrac{R^2}{L^2}}$
공진 주파수	$f_r=\dfrac{1}{2\pi\sqrt{LC}}$	$f_a=\dfrac{1}{2\pi}\sqrt{\left(\dfrac{1}{LC}-\dfrac{R^2}{L^2}\right)}$

28 빛이 닿으면 전류가 흐르는 다이오드로 광량의 변화를 전류값으로 대치하므로 광센서에 주로 사용하는 다이오드는?

① 제너다이오드 ② 터널다이오드
③ 발광다이오드 ④ 포토다이오드

해설

종류	특 성	적 용
제너 다이오드	제너현상을 이용	정전압 회로용
터널 다이오드	부성저항	증폭, 발진, 개폐작용
발광 다이오드	소자의 종류에 따라 다른 색의 빛을 얻음	문자, 숫자 표시 등에 사용
포토 다이오드	빛을 감지하면 전류가 흐르는 다이오드	빛의 검출 등 계측용에 사용

29 논리식 $F=\overline{A+B}$와 같은 것은?

① $F=\overline{A}+\overline{B}$ ② $F=A+B$
③ $F=\overline{A}\cdot\overline{B}$ ④ $F=A\cdot B$

해설 드 모르간의 정리
1) $F=\overline{A+B}=\overline{A}\cdot\overline{B}$
2) $F=\overline{A\cdot B}=\overline{A}+\overline{B}$

30 발전기나 변압기의 내부회로 보호용으로 가장 적합한 것은?

① 과전류계전기
② 접지계전기
③ 비율차동계전기
④ 온도계전기

해설 1) 과전류계전기 : 과부하 및 단락사고 검출용
2) 접지계전기 : 지락사고 검출용
3) 비율차동계전기 : 발전기나 변압기의 내부고장 검출용
4) 온도계전기 : 기기의 온도검출용

31 반도체를 사용한 화재감지기 중 서미스터(Thermistor)는 무엇을 측정, 제어하기 위한 반도체 소자인가?

① 연기농도
② 온도
③ 가스농도
④ 불꽃의 스펙트럼강도

해설 서미스터 : 온도의 변화에 따라 저항값이 변화하는 반도체로 부 온도특성이 있으며, 온도보상용과 온도계측용으로 사용된다.

32 코일에 전류가 흐를 때 생기는 자력의 세기를 설명한 것 중 옳은 것은?

① 자력의 세기와 전류와는 무관하다.
② 자력의 세기와 전류는 반비례한다.
③ 자력의 세기는 전류에 비례한다.
④ 자력의 세기는 전류의 2승에 비례한다.

정답 27. ① 28. ④ 29. ③ 30. ③ 31. ② 32. ③

해설 기자력 $F=NI$[AT]
단, F : 기자력, N : 권수, I : 전류
기자력(자력의 세기)은 권수와 전류의 곱에 비례하며, 권수가 일정할 경우 **전류에 비례**한다.

33. 그림과 같은 무접점회로는 어떤 논리회로인가?

① AND
② OR
③ NOT
④ NAND

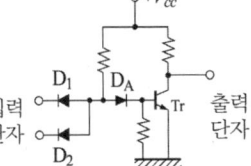

해설

회 로	유접점	무접점
NAND 회로	A, B, X-b, Ⓧ, Ⓛ	$+V_{cc}$, D_1, D_A, Tr, D_2

회 로	논리회로	진리표
NAND 회로	A B ─▷○─ X $X=\overline{A \cdot B}$	A B X 0 0 1 0 1 1 1 0 1 1 1 0

34. 회로에서 공진상태의 임피던스는 몇 [Ω]인가?

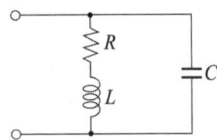

① $\dfrac{L}{CR}$
② $\dfrac{CR}{L}$
③ $\dfrac{CL}{R}$
④ $\dfrac{R}{CL}$

해설 공진상태의 임피던스
1) 합성 어드미턴스
$$Y=\frac{1}{R+jwL}+jwC$$
$$=\frac{R}{R^2+(wL)^2}+j\left\{wC-\frac{wL}{R^2+(wL)^2}\right\}$$
2) 공진 발생조건
$$wC=\frac{wL}{R^2+(wL)^2} \to R^2+(wL)^2=\frac{L}{C}$$
3) 공진상태의 임피던스
$$Z=\frac{1}{Y}=\frac{1}{\dfrac{R}{R^2+(wL)^2}}=\frac{R^2+(wL)^2}{R}$$
$$=\frac{\dfrac{L}{C}}{R}=\frac{L}{RC}$$

35. 회로에서 R_1이 2[Ω]이고, R_2가 6[Ω]일 때 전류 I_1의 값은?

① 1
② 2
③ 3
④ 4

해설 전류분배법칙에 의해
$$I_1=\frac{R_2}{R_1+R_2}I=\frac{6}{2+6}\times 4=3[A]$$

36. $i=I_m\sin\left(\omega t-\dfrac{\pi}{3}\right)$[A]와 $v=V_m\sin\left(\omega t-\dfrac{\pi}{6}\right)$[V]의 위상차는?

① $\dfrac{\pi}{6}$
② $\dfrac{\pi}{4}$
③ $\dfrac{\pi}{3}$
④ $\dfrac{\pi}{2}$

해설 위상차 $\theta=\theta_1-\theta_2=\dfrac{\pi}{3}-\dfrac{\pi}{6}=\dfrac{\pi}{6}$

정답 33. ④ 34. ① 35. ③ 36. ①

37 불연속 제어에 속하는 것은?

① ON-OFF 제어
② 비례 제어
③ 미분 제어
④ 적분 제어

해설 불연속 제어에는 on-off 제어, 간헐 제어 등이 있다.

38 교류회로에서 8[Ω]의 저항과 6[Ω]의 유도리액턴스가 병렬로 연결되었다면, 역률은?

① 0.4
② 0.5
③ 0.6
④ 0.8

해설 $R-L$ 병렬회로에서 역률

$$\cos\theta = \frac{X}{Z} = \frac{X}{\sqrt{R^2+X^2}} = \frac{6}{\sqrt{8^2+6^2}} = 0.6$$

39 내부저항이 200[Ω]이며 직류 120[mA]인 전류계를 6[A]까지 측정할 수 있는 전류계로 사용하고자 한다. 어떻게 하면 되겠는가?

① 24[Ω]의 저항을 전류계와 직렬로 연결한다.
② 12[Ω]의 저항을 전류계와 직렬로 연결한다.
③ 약 4.08[Ω]의 저항을 전류계와 병렬로 연결한다.
④ 약 0.48[Ω]의 저항을 전류계와 직렬로 연결한다.

해설 분류기 : 전류계의 측정범위의 확대를 위해 전류계와 병렬로 연결한 저항
분류기 저항

$$R_s = \frac{r}{(m-1)} = \frac{r}{(\frac{I}{I_a}-1)} = \frac{200}{(\frac{6}{120\times10^{-3}}-1)}$$
$$= 4.08[\Omega]$$

40 그림과 같은 다이오드 게이트 회로에서 출력전압은? (단, 다이오드내의 전압강하는 무시한다.)

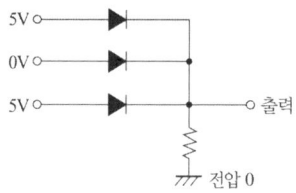

① 0[V]
② 1[V]
③ 5[V]
④ 10[V]

해설 그림의 다이오드 게이트 회로는 OR게이트 회로로서, 입력의 어느 하나가 1이면, 출력도 1인 회로이다. 따라서, 입력이 5[V]이므로, 출력도 5[V]이다.

3과목 소방관계법규

41 근린생활시설 중 목욕장인 경우 연면적 몇 [m²] 이상이면 자동화재탐지설비를 설치해야 하는가?

① 500
② 1,000
③ 1,500
④ 2,000

해설 관련법 : 소방시설 설치 및 관리에 관한 법률 시행령 별표4
자동화재탐지설비를 설치해야 하는 특정소방대상물
1) **근린생활시설**(목욕장 제외), 의료시설(정신의료기관 또는 요양병원은 제외), **위락시설**, 장례시설 및 복합건축물로서 **연면적 600제곱미터 이상**인 것
2) **근린생활시설 중 목욕장**, 문화 및 집회시설, 종교시설, 판매시설, 운수시설, 운동시설, 업무시설, 공장, 창고시설, 위험물 저장 및 처리시설, 항공기 및 자동차관련시설, 국방·군사시설, 방송통신시설, 발전시설, 관광 휴게시설, 지하가(터널은 제외)로서 **연면적 1천 제곱미터 이상**인 것

정답 37. ① 38. ③ 39. ③ 40. ③ 41. ②

3) 공동주택 중 아파트등·기숙사 및 숙박시설, 층수가 6층 이상은 건축물은 모든 층

42 ★ 출제년도 【24.】
특정소방대상물로서 의료시설에 해당되지 않는 것은?

① 전염병원
② 마약진료소
③ 장애인 의료재활시설
④ 노인의료복지시설

해설 노인의료복지시설은 노유자 시설에 해당
〈의료시설〉
가. 병원: 종합병원, 병원, 치과병원, 한방병원, 요양병원
나. 격리병원: 전염병원, 마약진료소
다. 정신의료기관
라. 장애인 의료재활시설

43 ★★★ 출제년도 【05. 11. 24.】
특정소방대상물이 공장이 아닌 경우 일반 소방시설설계업의 영업범위는 연면적 몇 제곱미터 미만인 경우인가?

① 5,000
② 10,000
③ 20,000
④ 30,000

해설 관련법 : 소방시설공사업법 시행령 별표1
(소방시설업의 업종별 등록기준)

업종별 \ 항목	기술인력	영업범위
전문 소방시설 설계업	• 주된 기술인력 : 소방기술사 1명 이상 • 보조기술인력 : 1명 이상	모든 특정소방대상물에 설치되는 소방시설의 설계
일반 소방시설 설계업	• 주된 기술인력 : 소방기술사 또는 소방설비기사 1명 이상 • 보조 기술인력 : 1명 이상	• 아파트에 설치되는 소방시설의 설계 • 연면적 3만 제곱미터 (공장의 경우 1만 제곱미터) 미만의 특정소방대상물에 설치되는 소방시설의 설계 • 위험물제조소 등에 설치되는 소방시설의 설계

44 ★★★ 출제년도 【11. 24.】
둘 이상의 위험물을 같은 장소에서 저장 또는 취급하는 경우에 있어서 당해 장소에서 저장 또는 취급하는 각 위험물의 수량을 그 위험물의 지정수량으로 각각 나누어 얻은 수의 합계가 얼마 이상인 경우 당해 위험물은 지정수량 이상의 위험물로 보는가?

① 0.5
② 1
③ 2
④ 3

해설 관련법 : 위험물 안전관리법
(위험물의 저장 및 취급의 제한)
둘 이상의 위험물을 같은 장소에서 저장 또는 취급하는 경우에 있어서 당해 장소에서 저장 또는 취급하는 각 위험물의 수량을 그 위험물의 지정수량으로 각각 나누어 얻은 수의 합계가 1 이상인 경우 당해 위험물은 지정수량 이상의 위험물로 본다.

45 ★★★ 출제년도 【11. 24.】
특수가연물의 품명과 수량기준이 바르게 짝지어진 것은?

① 면화류 − 200[kg] 이상
② 대팻밥 − 300[kg] 이상
③ 가연성고체류 − 1000[kg] 이상
④ 발포시킨 합성수지류 − 10[m³] 이상

해설 관련법 : 화재예방법 별표(특수가연물)

품명		수량
면화류		200킬로그램 이상
나무껍질 및 대팻밥		400킬로그램 이상
넝마 및 종이부스러기		1,000킬로그램 이상
사류(絲類)		1,000킬로그램 이상
볏짚류		1,000킬로그램 이상
가연성고체류		3,000킬로그램 이상
석탄·목탄류		10,000킬로그램 이상
가연성액체류		2세제곱미터 이상
목재가공품 및 나무부스러기		10세제곱미터 이상
합성수지류	발포시킨 것	20세제곱미터 이상
	그 밖의 것	3,000킬로그램 이상

정답 42. ④ 43. ④ 44. ② 45. ①

46 화재의 예방조치 등을 위한 옮긴 위험물 또는 물건의 보관기간은 규정에 따라 소방관서의 게시판에 공고한 후 어느 기간까지 보관하여야 하는가?

① 공고기간 종료일 다음날로부터 5일
② 공고기간 종료일로부터 5일
③ 공고기간 종료일 다음날로부터 7일
④ 공고기간 종료일로부터 7일

해설 옮긴 물건 등의 보관기간 및 보관기간 경과 후 처리

옮긴 물건등을 보관하는 경우 그 날부터 해당 소방관서의 홈페이지에 그 사실을 공고하는 기간	14일
옮긴 물건 등의 보관기간	공고기간 종료일 다음 날부터 7일

47 다음 중 화재를 진압하거나 인명구조 활동을 위하여 사용하는 소화활동설비에 포함되지 않는 것은?

① 비상콘센트설비
② 무선통신보조설비
③ 연소방지설비
④ 자동화재속보설비

해설 자동화재속보설비는 경보설비에 해당
소화활동설비의 종류
1) 제연설비   2) 연결송수관설비
3) 연결살수설비   4) 비상콘센트설비
5) 무선통신보조설비 6) 연소방지설비

48 소방시설공사업자가 소방시설공사를 하고자 할 때, 다음 중 옳은 것은?

① 건축허가와 동의만 받으면 된다.
② 시공 후 완공검사만 받으면 된다.
③ 소방시설 착공신고를 하여야 한다.
④ 건축허가만 받으면 된다.

해설 관련법 : 소방시설공사업법 제13조(**착공신고**)
1) 공사업자는 대통령령으로 정하는 소방시설공사를 하려면 행정안전부령으로 정하는 바에 따라 그 공사의 내용, 시공 장소, 그 밖에 필요한 사항을 소방본부장이나 소방서장에게 신고하여야 한다.
2) 소방본부장 또는 소방서장은 착공신고 또는 변경신고를 받은 날부터 2일 이내에 신고수리 여부를 신고인에게 통지하여야 한다.

49 다음의 건축물 중에서 건축허가 등을 함에 있어 미리 소방본부장 또는 소방서장의 동의를 받아야 하는 범위에 속하는 것은?

① 바닥면적 100[m²]으로 주차장 층이 있는 시설
② 연면적 100[m²]으로 수련시설이 있는 건축물
③ 바닥면적 100[m²]으로 무창층 공연장이 있는 건축물
④ 연면적 100[m²]의 노유자 시설이 있는 건축물

해설 관련법 : 소방시설 설치 및 관리에 관한 법률 시행령 제12조(**건축허가 등의 동의대상물의 범위**)
건축허가 등을 함에 있어서 소방본부장이나 소방서장의 동의를 받아야 하는 건축물의 범위
1) 연면적이 400[m²](학교시설은 100[m²], 수련시설 및 노유자시설의 경우 200[m²], 장애인 의료재활시설 및 정신의료기관 300[m²]) 이상인 건축물
2) 차고, 주차장으로 사용되는 층 중 바닥면적이 200[m²] 이상인 층이 있는 시설
3) 승강기 등 기계장치에 의한 주차시설로서 자동차 20대 이상을 주차할 수 있는 시설
4) 항공기격납고, 항공관제탑, 관망탑, 방송용 송·수신탑
5) 지하층 또는 무창층이 있는 건축물로서 바닥면적이 150[m²](공연장의 경우에는 100[m²]) 이상인 층이 있는 것
6) 요양병원
7) 층수가 6층 이상인 건축물

50. 다음 중 소방기본법 상 소방대가 아닌 것은?

① 소방공무원
② 의무소방원
③ 자위소방대원
④ 의용소방대원

해설 관련법 : 소방기본법
소방대라 함은 **소방공무원, 의무소방원** 및 **의용소방대원**으로 구성된 조직체를 말한다.

51. 소방시설공사 착공신고 후 소방시설의 종류를 변경한 경우에 조치사항으로 적정한 것은?

① 건축주는 변경일부터 30일 이내에 소방본부장 또는 소방서장에게 신고하여야 한다.
② 소방시설공사업자는 변경일부터 30일 이내에 소방본부장 또는 소방서장에게 신고하여야 한다.
③ 건축주는 변경일로부터 7일 이내에 소방본부장 또는 소방서장에게 신고하여야 한다.
④ 소방시설공사업자는 변경일로부터 7일 이내에 소방본부장 또는 소방서장에게 신고하여야 한다.

해설 관련법 : 소방시설공사업법 시행규칙 제12조 (착공신고 등)
공사업자는 다음 각 호의 어느 하나에 해당하는 사항이 변경된 경우에는 변경일부터 **30일 이내**에 소방시설공사 착공(변경)신고서[전자문서로 된 소방시설공사 착공(변경)신고서를 포함한다]에 변경된 해당 서류를 첨부하여 **소방본부장 또는 소방서장에게 신고**하여야 한다.
1. 시공자
2. 설치되는 소방시설의 종류
3. 책임시공 및 기술관리 소방기술자

52. 공공의 소방활동에 필요한 소화전·급수탑·저수조는 누가 설치하고 유지·관리하여야 하는가?

① 소방청장
② 행정안전부장관
③ 시·도지사
④ 소방본부장

해설 관련법 : 소방기본법 제10조 (소방용수시설의 설치 및 관리 등)
시·도지사는 소방활동에 필요한 소화전(消火栓)·급수탑(給水塔)·저수조(貯水槽)(이하 "소방용수시설"이라 한다)를 설치하고 유지·관리하여야 한다. 다만, 「수도법」에 따라 소화전을 설치하는 일반수도사업자는 관할 소방서장과 사전협의를 거친 후 소화전을 설치하여야 하며, 설치 사실을 관할 소방서장에게 통지하고, 그 소화전을 유지·관리하여야 한다.

53. 다음 위험물 중 자기반응성 물질은 어느 것인가?

① 황린
② 염소산염류
③ 알칼리토금속
④ 질산에스터류

해설 관련법 : 위험물안전관리법 시행령 별표1 (위험물)

분류	성질	종류
제5류	자기반응성 (내부연소성) 물질	• 유기과산화물 • **질산에스터류** • 나이트로화합물 • 나이트로소화합물 • 아조화합물 • 다이아조화합물 • 하이드라진 유도체

54. 소방시설공사가 완공되고 나면 누구에게 완공검사를 받아야 하는가?

① 소방시설 설계업자
② 소방시설 사용자
③ 소방본부장 또는 소방서장
④ 시·도지사

정답 50. ③ 51. ② 52. ③ 53. ④ 54. ③

해설 관련법 : 소방시설공사업법 제14조(**완공검사**)
① 공사업자는 소방시설공사를 완공하면 **소방본부장 또는 소방서장**의 완공검사를 받아야 한다. 다만, 공사감리자가 지정되어 있는 경우에는 공사감리 결과보고서로 완공검사를 갈음하되, 대통령령으로 정하는 특정소방대상물의 경우에는 소방본부장이나 소방서장이 소방시설공사가 공사감리 결과보고서대로 완공되었는지를 현장에서 확인할 수 있다.
② 공사업자가 소방대상물 일부분의 소방시설공사를 마친 경우로서 전체 시설이 준공되기 전에 부분적으로 사용할 필요가 있는 경우에는 그 일부분에 대하여 **소방본부장이나 소방서장**에게 완공검사(이하 "부분완공검사"라 한다)를 신청할 수 있다. 이 경우 소방본부장이나 소방서장은 그 일부분의 공사가 완공되었는지를 확인하여야 한다.
③ 소방본부장이나 소방서장은 완공검사나 부분완공검사를 하였을 때에는 완공검사증명서나 부분완공검사증명서를 발급하여야 한다.

55 ★★ 출제년도【11, 24.】
소방대장은 화재, 재난·재해 그 밖의 위급한 상황이 발생한 현장에 소방활동구역을 정하여 소방활동에 필요한 자로서 대통령령이 정하는 자 외의 자에 대하여는 그 구역에의 출입을 제한할 수 있다. 다음 중 소방활동구역에 출입할 수 없는 자는?

① 소방활동구역 안에 있는 소방대상물의 소유자·관리자 또는 점유자
② 전기·가스·수도·통신·교통의 업무에 종사하는 자로서 원활한 소방활동을 위하여 필요한 자
③ 의사·간호사 그 밖의 구조·구급업무에 종사하는 자와 취재인력 등 보도업무에 종사하는 자
④ 소방대장의 출입허가를 받지 않은 소방대상물 소유자의 친척

해설 관련법 : 소방기본법 시행령 제8조 (**소방활동구역의 출입자**)
1) 소방대상물의 소유자, 관리자, 또는 점유자
2) 전기, 가스, 수도, 통신, 교통의 업무에 종사하는 자로서 원활한 소방활동을 위하여 필요한 자
3) 의사, 간호사, 그 밖의 구조, 구급업무에 종사하는 자
4) 보도업무에 종사하는 자
5) 수사업무에 종사하는 자
6) 소방대장이 출입을 허가한 자

56 ★★★ 출제년도【11, 24.】
자동화재탐지설비 등 대통령령으로 정하는 소방시설에 하자가 있을 때, 관계인에 의해 하자발생에 관한 통보를 받은 공사업자는 며칠 이내에 이를 보수하거나 보수일정을 기록한 하자보수계획을 관계인에게 서면으로 알려야 하는가?

① 1일 ② 3일
③ 5일 ④ 7일

해설 관련법 : 소방시설공사업법 제15조 (**공사의 하자보수 보증 등**)
관계인은 공사의 하자보수 보증기간 내에 소방시설의 하자가 발생하였을 때에는 공사업자에게 그 사실을 알려야 하며, 통보를 받은 공사업자는 3일 이내에 하자를 보수하거나 보수 일정을 기록한 하자보수계획을 관계인에게 서면으로 알려야 한다.

57 ★★★ 출제년도【96, 01, 06, 11, 24.】
소방안전관리대상물의 관계인이 소방안전관리자를 선임한 날부터 소방본부장 또는 소방서장에게 신고하여야 하는 기간은?

① 7일 이내 ② 14일 이내
③ 20일 이내 ④ 30일 이내

해설 관련법 : 화재의 예방 및 안전관리에 관한 법률 제26조(**소방안전관리자 선임신고 등**)
소방안전관리대상물의 관계인이 소방안전관리자 또는 소방안전관리보조자를 선임한 경우에는 행정안전부령으로 정하는 바에 따라 선임한 날부터 14일 이내에 소방본부장 또는 소방서장에게 신고하고, 소방안전관리대상물의 출입자가 쉽게 알 수 있도록 소방안전관리자의 성명과 그 밖에 행정안전부령으로 정하는 사항을 게시하여야 한다.

정답 55. ④ 56. ② 57. ②

58 특정소방대상물의 소방안전관리자의 업무가 아닌 것은?

① 자위소방대 및 초기대응체계의 구성·운영·교육
② 화기취급의 감독
③ 피난계획에 관한 사항과 소방계획서 작성 및 시행
④ 소방훈련 및 교육

해설 ※ 화기취급의 감독은 관계인의 업무이다.
관련법 : 소방시설 설치 및 관리에 관한 법률 제24조 (특정소방대상물의 소방안전관리)
소방안전관리대상물의 소방안전관리자의 업무
① 피난계획에 관한 사항과 소방계획서 작성 및 시행
② 자위소방대 및 초기대응체계의 구성·운영·교육
③ 소방훈련 및 교육
④ 소방안전관리에 관한 업무수행에 관한 기록·유지

59 소방용수시설의 설치기준 중 저수조에 대한 내용으로 옳지 않은 것은?

① 지면으로부터의 낙차가 4.5미터 이하일 것
② 흡수관의 투입구가 사각형의 경우에는 한 변의 길이가 60센티미터 이상, 원형의 경우에는 지름이 60센티미터 이상일 것
③ 소방펌프자동차가 쉽게 접근할 수 있도록 할 것
④ 흡수부분의 수심이 0.6미터 이상일 것

해설 흡수부분의 수심이 0.5미터 이상일 것
〈저수조의 설치기준〉
(1) 지면으로부터의 낙차가 4.5미터 이하일 것
(2) 흡수부분의 수심이 0.5미터 이상일 것
(3) 소방펌프자동차가 쉽게 접근할 수 있도록 할 것
(4) 흡수에 지장이 없도록 토사 및 쓰레기 등을 제거할 수 있는 설비를 갖출 것
(5) 흡수관의 투입구가 사각형의 경우에는 한 변의 길이가 60센티미터 이상, 원형의 경우에는 지름이 60센티미터 이상일 것
(6) 저수조에 물을 공급하는 방법은 상수도에 연결하여 자동으로 급수되는 구조일 것

60 소방시설법 상 내진설계를 적용하는 소화설비가 아닌 것은?

① 옥내소화전설비
② 제연설비
③ 스프링클러설비
④ 물분무등소화설비

해설 내진설계 적용 소화설비
옥내소화전설비
스프링클러설비
물분무등소화설비

4과목 소방전기설비의 구조 및 원리

61 비상방송설비의 음향장치에 있어서 기동장치에 따른 화재신고를 수신한 후 필요한 음량으로 화재발생 상황 및 피난에 유효한 방송이 자동으로 개시될 때까지의 소요 시간은?

① 30초 이하
② 20초 이하
③ 10초 이하
④ 5초 이하

해설 비상방송설비의 설치기준
1) 확성기의 음성입력
  ① 실외 : 3[W] 이상 ② 실내 : 1[W] 이상
2) 확성기는 각 층 마다 설치하고 그 층의 각 부분으로부터 하나의 확성기까지의 수평거리가 25[m] 이하가 되도록 하여야 한다.
3) 음량조정기를 설치하는 경우 음량조정기의 배선은 3선식으로 하여야 한다.
4) 조작부의 조작스위치는 바닥으로부터 0.8[m] 이상 1.5[m] 이하의 높이에 설치한다.

정답 58. ② 59. ④ 60. ② 61. ③

5) 기동장치에 의한 화재신고를 수신한 후 필요한 음량으로 방송이 개시될 때 가지의 소요시간은 10초 이하로 하여야 한다.

62 다음 중 휴대용비상조명등의 설치기준으로 알맞은 것은?

① 영화상영관에는 수평거리 25[m] 이내마다 2개 이상 설치 할 것
② 지하역사에는 보행거리 50[m] 이내마다 3개 이상 설치할 것
③ 건전지의 용량은 20분 이상 유효하게 사용할 수 있는 것으로 할 것
④ 대규모 점포에는 수평거리 25[m] 이내마다 3개 이상 설치할 것

해설 비상조명등의 설치기준
1) 대규모 점포 및 영화상영관에는 보행거리 50[m] 이내마다 3개 이상 설치
2) 지하상가 및 지하역사에는 보행거리 25[m] 이내마다 3개 이상 설치
3) **건전지 및 충전식 배터리의 용량은 20분 이상 유효하게 사용할 수 있는 것으로 할 것**

63 비호환성형 누전경보기의 수신부는 신호입력회로에 공칭동작전류치의 42[%]에 대응하는 변류기의 설계출력전압을 인가하는 경우 몇 초 이내에 작동하지 아니하여야 하는가?

① 30초   ② 20초
③ 10초   ④ 1초

해설 비호환성형 수신부는 신호입력회로에 공칭작동전류치의 42[%]에 대응하는 변류기의 설계출력전압을 가하는 경우 30초 이내에 작동하지 아니하여야 하며, 공칭작동전류치에 대응하는 **변류기의 설계출력전압을 가하는 경우 1초**(차단기구가 있는 것은 0.2초) **이내에 작동하여야 한다.**

64 자동화재탐지설비의 감지기회로 및 부속회로의 전로와 대지사이 및 배선상호간의 절연저항은 1경계구역마다 직류 250[V]의 절연저항측정기로 측정한 절연저항이 몇 [MΩ] 이상이어야 하는가?

① 0.1   ② 0.2
③ 0.4   ④ 0.5

해설 감지기회로 및 부속회로의 전로와 대지 사이 및 배선 상호간의 **절연저항은 1경계구역마다** 직류 250[V]의 절연저항측정기를 사용하여 측정한 **절연저항이 0.1 [MΩ] 이상이 되도록 할 것**

65 비상경보설비의 설치기준으로 옳은 것은?

① 음향장치는 정격전압의 90[%] 이상의 전압에서 음향을 발할 수 있도록 할 것
② 음향장치의 음량은 부착된 음향장치의 중심으로부터 1[m] 떨어진 위치에서 80 [dB] 이상이 되는 것으로 할 것
③ 발신기는 소방대상물의 층마다 설치하되, 발신기의 수평거리가 15[m] 이하가 되도록 할 것
④ 발신기는 조작이 쉬운 장소에 설치하고 조작스위치는 바닥으로부터 0.8[m] 이상 1.5[m] 이하의 높이에 설치할 것

해설 비상경보설비의 설치기준
1) 음향장치
  ① 지구음향장치는 소방대상물의 층마다 설치하되, 당해 소방대상물의 각 부분으로부터 하나의 음향장치까지의 수평거리가 25[m] 이하가 되도록 하고, 당해층의 각부분에 유효하게 경보를 발할 수 있도록 설치하여야 한다.
  ② 정격전압의 **80[%] 전압**에서 음향을 받을 수 있는 것으로 할 것
  ③ 음량은 부착된 음향장치의 중심으로부터 1[m] 떨어진 위치에서 **90[dB] 이상**이 되는 것으로 할 것
2) 발신기

정답 62. ③ 63. ① 64. ① 65. ④

① 조작이 쉬운 장소에 설치하고, 조작스위치는 바닥으로부터 0.8[m] 이상 1.5[m] 이하의 높이에 설치할 것
② 특정소방대상물의 층마다 설치하되, 해당 특정소방대상물의 각 부분으로부터 하나의 발신기까지의 수평거리가 25[m] 이하가 되도록 할 것. 다만, 복도 또는 별도로 구획된 실로서 보행거리가 40[m] 이상일 경우에는 추가로 설치하여야 한다.

66. 자동화재탐지설비의 감지기회로에 설치하는 종단저항의 설치기준으로 옳지 않은 것은?

① 점검 및 관리가 쉬운 장소에 설치하여야 한다.
② 감지기회로 끝부분에 설치한다.
③ 전용함에 설치하는 경우 그 설치높이는 바닥으로부터 1.5[m] 이내에 설치하여야 한다.
④ 종단감지기에 설치하는 경우 별도의 표시를 하지 않아도 된다.

해설 감지기회로의 도통시험을 위한 종단저항 설치기준
1) 점검 및 관리가 쉬운 장소에 설치할 것
2) 전용함을 설치하는 경우 그 설치 높이는 바닥으로부터 **1.5 m 이내**로 할 것
3) 감지기 회로의 끝부분에 설치하며, **종단감지기에 설치할 경우**에는 구별이 쉽도록 해당 감지기의 기판 및 감지기 외부 등에 **별도의 표시**를 할 것

67. 거실로 사용되는 실의 출입구가 3개 이상 있는 경우 그 거실의 각 부분으로부터 하나의 출입구에 이르는 보행거리가 몇 [m] 이하이면 주된 출입구 2개소 외의 출입구(유도표지가 부착된 출입구)에 피난구유도등을 설치하지 않아도 되는가?

① 10[m] ② 20[m]
③ 30[m] ④ 50[m]

해설 유도등 및 유도표지의 제외
다음 각호의 어느 하나에 해당하는 경우에는 피난구유도등을 설치하지 아니한다.
1) 바닥면적이 1,000[m²] 미만인 층으로서 옥내로부터 직접 지상으로 통하는 출입구(외부의 식별이 용이한 경우에 한한다)
2) 거실 각 부분으로부터 쉽게 도달할 수 있는 출입구
3) 거실 각 부분으로부터 하나의 출입구에 이르는 보행거리가 20[m] 이하이고 비상조명등과 유도표지가 설치된 거실의 출입구
4) 출입구가 3 이상 있는 거실로서 그 거실 각 부분으로부터 하나의 출입구에 이르는 보행거리가 **30m 이하**인 경우에는 주된 출입구 2개소 외의 출입구(유도표지가 부착된 출입구를 말한다). 다만, 공연장·집회장·관람장·전시장·판매시설 및 영업시설·숙박시설·노유자시설·의료시설의 경우에는 그러하지 아니한다.

68. 비상콘센트 설비의 전원부와 외함 사이의 절연저항 및 절연내력을 확인한 결과이다. 화재 안전기준에 적합하지 않은 것은?

① 절연저항을 500[V] 절연저항계로 전원부와 외함 사이를 측정한 결과 19[MΩ]이 나타났다.
② 정격전압이 100[V]인 전원부의 절연내력을 확인하기 위해 전원부와 외함 사이에 1,000[V]의 실효전압을 가하였다.
③ 정격전압이 220[V]인 전원부의 절연내력을 확인하기 위해 전원부와 외함 사이에 1,440[V]의 실효전압을 가하였다.
④ 절연내력을 확인하기 위한 시험에서 1분 이상 견디는 것으로 나타났다.

해설 비상콘센트설비의 절연저항 및 절연내력
1) 절연저항은 전원부와 외함 사이를 500 V 절연저항계로 측정할 때 **20 MΩ 이상**일 것
2) 절연내력은 전원부와 외함 사이에 **정격전압이 150 V 이하**인 경우에는 1,000 V의 실효전압을, 정격전압이 150 V 이상인 경우에는 그 정격전압에 2를 곱하여 1,000을 더한 실효전압을 가하는 시험에서 **1분 이상** 견디는 것으로 할 것

정답 66. ④ 67. ③ 68. ①

69
★★★ 출제년도 【08. 10. 11. 18. 24.】

소방시설용 비상전원수전설비에서 전력수급용 계기용 변성기·주차단장치 및 그 부속기기로 정의되는 것은?

① 수전설비 ② 변전설비
③ 큐비클설비 ④ 배전반설비

해설
1) 수전설비 : 전력수급용 계기용 변성기, 주차단장치 및 그 부속기기
2) 변전설비 : 전력용 변압기 및 그 부속장치
3) 큐비클설비 : 수전설비, 변전설비, 그 밖의 기기 및 배선을 금속제 외함에 수납한 것
4) 배전반설비 : 개폐기, 과전류차단기, 계기, 그 밖의 배선용기기 및 배선을 금속제 외함에 수납한 것

70
★★★ 출제년도 【11. 24.】

비상조명등의 설치기준으로 옳지 않은 것은?

① 소방대상물의 각 거실로부터 지상으로 통하는 복도·계단·통로에 설치한다.
② 설치된 장소의 바닥에서 조도는 0.5[lx] 이상되어야 한다.
③ 예비전원 내장 시에는 점등여부를 확인할 수 있는 점검 스위치를 설치한다.
④ 예비전원을 내장하지 아니한 때에는 축전지 설비를 설치한다.

해설 비상조명등 설치기준
1) **조도**는 비상조명등이 설치된 장소의 각 부분의 바닥에서 **1[lx] 이상**이 되도록 할 것
2) 예비전원을 내장하는 비상조명등에는 평상시 점등여부를 확인할 수 있는 점검스위치를 설치하고 당해 조명등을 유효하게 작동시킬 수 있는 용량의 축전지와 예비전원 충전장치를 내장할 것

71
★★★ 출제년도 【11. 24.】

다음 중 대형피난구유도등을 설치하지 않아도 되는 장소는?

① 위락시설 ② 판매시설
③ 지하철역사 ④ 창고시설

해설 특정 소방대상물의 용도별로 설치하여야 할 유도등 및 유도표지

설치 장소	유도등 및 유도표지의 종류
공연장·집회장·관람장·운동시설	• 대형피난구유도등 • 통로유도등 • 객석유도등
위락시설·판매시설·운수시설·관광숙박시설·의료시설·장례식장·방송통신시설·전시장·지하상가·지하철역사	• 대형피난구유도등 • 통로유도등

※ 창고시설에는 소형피난구유도등을 설치하여야 한다.

72
★★★ 출제년도 【24.】

공동주택의 화재안전기술기준에 따라 비상방송설비를 설치하고자 한다. 아파트등의 경우 실내에 설치하는 확성기의 음성입력은 몇 W 이상이어야 하는가?

① 1W ② 4W
③ 3W ④ 2W

해설 공동주택의 비상방송설비 설치기준
1) 확성기는 각 세대마다 설치할 것
2) 아파트등의 경우 실내에 설치하는 확성기 음성입력은 2 W 이상일 것

73
★★★ 출제년도 【11. 24.】

자동화재탐지설비에서 하나의 경계구역의 기준으로 옳지 않은 것은?

① 2개 이상 건축물에 미치지 않도록 할 것
② 2개 이상 층에 미치지 않도록 할 것
③ 하나의 경계구역의 면적은 600[m²] 이하로 하고, 한 변의 길이는 50[m] 이하가 되도록 할 것
④ 지하구에 있어서는 길이 500[m] 이하로 할 것

해설 경계구역의 설정
1) 하나의 경계구역이 2개 이상의 건축물에 미치지 아니 하여야 한다.

정답 69. ① 70. ② 71. ④ 72. ④ 73. ④

2) 하나의 경계구역이 2개 이상의 층에 미치지 아니하여야한다. 단, 500[m²] 이하의 범위 안에서는 2개의 층을 하나의 경계구역으로 할 수 있다.
3) 하나의 경계구역의 면적은 600[m²] 이하로 하고 한 변의 길이는 50[m] 이하로 한다. 단, 해당 특정소방대상물의 주된 출입구에서 그 내부 전체가 보이는 것에 있어서는 1,000[m²] 이하로 할 수 있다.

74 ★★★ 출제년도【11. 24.】
지하층을 제외한 층수가 11층 이상인 특정소방대상물에 유도등의 전원 등 비상전원을 축전지로 설치하였다. 몇 분 이상 유효하게 작동 시킬 수 있는 용량으로 하여야 하는가?

① 10분 이상 ② 20분 이상
③ 30분 이상 ④ 60분 이상

해설 설비별 비상전원 용량

설비의 종류	비상전원용량
• 유도등(지하상가 및 지하층을 제외한 11층 이상) • 비상조명등(지하상가 및 지하층을 제외한 11층 이상)	60분 이상

75 ★★★ 출제년도【02. 07. 11. 24.】
비상방송설비의 음량조정기를 설치하는 경우 음량 조정기의 배선방식은?

① 5선식 ② 4선식
③ 3선식 ④ 2선식

해설 비상방송설비의 설치기준
1) 확성기의 음성입력
 ① 일반대상(실외 : 3W 이상, 실내 : 1W 이상)
 ② 아파트등의 경우 : 2W 이상
 ③ 창고시설의 경우 : 3W 이상
2) 확성기는 각 층 마다 설치하고 그 층의 각 부분으로부터 하나의 확성기까지의 수평거리가 25[m] 이하가 되도록 하여야 한다.
3) 음량조정기를 설치하는 경우 **음량조정기의 배선은 3선식**으로 하여야 한다.

76 ★★★ 출제년도【24.】
도로터널의 길이가 1500[m]인 곳에 자동화재탐지설비를 설치하고자 한다. 최소 경계구역은 몇 개로 하여야 하는가?

① 6개 ② 3개
③ 15개 ④ 30개

해설 자동화재탐지설비의 경계구역
1) 터널에 있어서 하나의 경계구역의 길이는 100[m] 이하로 할 것
2) 경계구역 수 $N \geq \dfrac{1500}{100} = 15$개

77 ★ 출제년도【11. 24.】
무선통신보조설비의 화재안전기술기준에서 사용하는 용어의 정의에 대한 설명 중 맞는 것은?

① 분파기는 신호의 전송로가 분기되는 장소에 설치하는 것이다.
② 분배기는 서로 다른 주파수의 합성된 신호를 분리하기 위해서 사용하는 장치를 말한다.
③ 누설동축케이블은 동축케이블 외부도체에 홈을 만들어서 전파가 외부로 나가도록 한 것이다.
④ 증폭기는 두 개 이상의 입력 신호를 원하는 비율로 조합한 출력이 발생되도록 하는 장치이다.

해설
1) 분파기 : 서로 다른 주파수의 합성된 신호를 분리하기 위해서 사용하는 장치를 말한다.
2) 분배기 : 신호의 전송로가 분기되는 장소에 설치하는 것으로 임피던스 매칭(Matching)과 신호 균등분배를 위해 사용하는 장치
3) **누설동축케이블** : 동축케이블의 외부도체에 가느다란 홈을 만들어서 전파가 외부로 새어나갈 수 있도록 한 케이블
4) 증폭기 : 신호 전송시 신호가 약해져 수신이 불가능해지는 것을 방지하기 위해서 증폭하는 장치

정답 74. ④ 75. ③ 76. ③ 77. ③

78
★★★ 출제년도【96, 97, 98, 99, 01, 03, 11, 24.】

감도조정장치를 갖는 누전경보기에 있어서 감도조정장치의 조정범위의 최대치는 몇 [A]이어야 하는가?

① 0.2[A] ② 0.5[A]
③ 1.0[A] ④ 2.0[A]

해설 누전감지기
1) **감도조정 범위** : 200[mA], 500[mA], 1,000[mA]
2) 공칭작동 전류치 : 200[mA] 이하

79
★★ 출제년도【11, 24.】

1급 및 2급 누전경보기를 모두 설치할 수 있는 경우 경계 전로의 정격전류는 몇 [A]인가?

① 60[A] 초과
② 60[A] 이하
③ 100[A] 초과
④ 100[A] 이하

해설 누전경보기는 다음 각호의 방법에 따라 설치하여야 한다.
1) 경계전로의 정격전류가 60[A]를 초과하는 전로 : 1급 누전경보기
2) 경계전로의 **정격전류가 60[A] 이하의 전로 : 1급 또는 2급 누전경보기**
3) 정격전류가 60[A]를 초과하는 경계전로가 분기되어 각 분기회로의 정격전류가 60[A] 이하로 되는 경우 당해 분기회로마다 2급 누전경보기를 설치한 때에는 당해 경계전로에 1급 누전경보기를 설치한 것으로 본다.

80
★★★ 출제년도【03, 04, 11, 24.】

비상콘센트설비의 전원회로에 대한 공급용량이 바르게 표기된 것은?

① 단상교류 220[V], 1.0[kVA]
② 단상교류 220[V], 1.5[kVA]
③ 단상교류 220[V], 2.0[kVA]
④ 단상교류 220[V], 3.0[kVA]

해설 비상콘센트 설비

종류	전압	용량
단상교류	220[V]	1.5[kVA] 이상

정답 78. ③ 79. ② 80. ②

3회 2024년 소방설비기사(CBT)

1과목 소방원론

01 ★★★ 출제년도【96, 98, 99, 01, 02, 03, 05, 06, 11, 24.】

제1류 위험물에 해당하는 것은?

① 염소산나트륨 ② 과염소산
③ 나트륨 ④ 황린

해설 관련법 : 위험물안전관리법 시행령 별표1
(위험물 및 지정수량)

분류	성질	종류
제1류	산화성 고체	• 염소산염류 • 과염소산염류 • 무기과산화물류 • 아염소산염류 • 브로민산염류 • 아이오딘산염류 • 질산염류 • 과망가니즈산염류 • 다이크로뮴산염류

02 ★★★ 출제년도【97, 00, 01, 03, 05, 08, 11, 24.】

다음 중 분진폭발을 일으킬 가능성이 가장 낮은 것은?

① 마그네슘 분말 ② 알루미늄 분말
③ 종이 분말 ④ 석회석 분말

해설 분진폭발 : 가연성 고체의 미분이 공기 중에 부유하고 있을 때 어떤 착화원에 의해 에너지가 주어지면 폭발하는 현상
1) 분진폭발을 일으키는 물질
① 금속분(알루미늄, 마그네슘, 아연분말)
② 플라스틱 ③ 곡물류 ④ 황
2) **분진폭발을 일으키지 않는 물질**
① 시멘트 ② 생석회(CaO)
③ **석회석** ④ 탄산칼슘($CaCO_3$)

03 ★★★ 출제년도【96, 98, 99, 00, 03, 07, 12, 24.】

0[℃]의 물 1[g]이 100[℃]의 수증기가 되려면 몇 cal의 열량이 필요한가?

① 539 ② 639
③ 719 ④ 819

해설 1) 융해잠열 : 80[kcal/kg]
2) 기화(증발)잠열 : 539[kcal/kg]
3) 0[℃]의 물 1[kg]이 100[℃]의 수증기로 되는데 필요한 열량 : 639[kcal]
4) 0[℃]의 얼음 1[kg]이 100[℃]의 수증기로 되는데 필요한 열량 : 719[kcal]

04 ★★★ 출제년도【11, 18, 24.】

탄화칼슘의 화재 시 물을 주수하였을 때 발생하는 가스로 옳은 것은?

① C_2H_2 ② H_2
③ C_2 ④ C_2H_6

해설 탄화칼슘(CaC_2)은 물과 심하게 반응하여 수산화칼슘(소석회) 및 아세틸렌(C_2H_2)을 생성한다.
$CaC_2 + 2H_2O \rightarrow Ca(OH)_2 + C_2H_2$

05 ★★★ 출제년도【11, 24.】

메탄 80[vol%], 에탄 15[vol%], 프로판 5[vol%]인 혼합가스의 공기 중 폭발하한계는 약 몇 [vol%]인가? (단, 메탄, 에탄, 프로판의 공기 중 폭발하한계는 5.0[%], 3.0[%], 2.1[%]이다.)

① 3.23 ② 3.61
③ 4.02 ④ 4.28

해설 $\dfrac{100}{L} = \dfrac{V_1}{L_1} + \dfrac{V_2}{L_2} + \dfrac{L_3}{V_3} + \cdots + \dfrac{V_n}{L_n}$

여기서, L : 혼합가스의 폭발하한계[vol%]
L_1, L_2, L_3, L_n : 가연성 가스의 폭발하한계[vol%]

정답 1.① 2.④ 3.② 4.④ 5.④

V_1, V_2, V_3, V_n : 가연성 가스의 용량[vol%]
따라서, 혼합가스의 폭발하한계는

$$L = \frac{100}{\frac{V_1}{L_1}+\frac{V_2}{L_2}+\frac{V_3}{L_3}} = \frac{100}{\frac{80}{5}+\frac{15}{3}+\frac{5}{2.1}}$$

$\fallingdotseq 4.28[vol\%]$

06 ★★★ 출제년도 [11, 24.]
탄산수소나트륨이 주성분인 분말소화약제는 몇 종인가?

① 제1종 ② 제2종
③ 제3종 ④ 제4종

해설 분말소화약제

종별	구성물질	색	적용화재	비고
제1종	탄산수소나트륨	백색	BC급	식용유 및 지방질유의 화재에 적합
제2종	탄산수소칼륨	담회색	BC급	
제3종	인산암모늄	담홍색	ABC급	차고, 주차장 화재에 적합
제4종	탄산수소칼륨+요소	회색	BC급	

07 ★★★ 출제년도 [11, 18, 24.]
건축물의 피난·방화구조 등의 기준에 관한 규칙에 따르면 철망모르타르로서 그 바름두께가 최소 몇 [cm] 이상인 것을 방화구조로 규정하는가?

① 2 ② 2.5
③ 3 ④ 3.5

해설 건축물의 방화구조

시 공 방 법	기 준
• 철망모르타르 바르기	바름 두께가 2[cm] 이상
• 석고판 위에 시멘트 모르타르 또는 회반죽을 바른 것 • 시멘트 모르타르위에 타일을 붙인 것	두께의 합계가 2.5[cm] 이상
• 심벽에 흙으로 맞벽치기한 것	모두 인정

08 ★★★ 출제년도 [11, 24.]
피난계획의 일반원칙 중 fool proof 원칙에 해당하는 것은?

① 저 지능인 상태에서도 쉽게 식별이 가능하도록 그림이나 색채를 이용하는 원칙
② 피난설비를 반드시 이동식으로 하는 원칙
③ 한 가지 피난기구가 고장이 나도 다른 피난수단을 이용할 수 있도록 고려하는 원칙
④ 피난설비를 첨단화된 전자식으로 하는 원칙

해설 fool proof 원칙이란 실수 방지 장치를 말하는 것으로서 **저 지능인 사람도 식별이 가능 하도록** 문자보다는 간단한 **그림이나 색채를 이용하는 방식**이다.
따라서 피난수단은 조작이 간편한 원시적 방법으로 하도록 하여 실수를 방지 하는 것 이 fool proof 원칙이다.

09 ★★ 출제년도 [03, 03, 09, 11, 24.]
갑작스런 화재 발생 시 인간의 피난 특성으로 틀린 것은?

① 본능적으로 평상시 사용하는 출입구를 사용한다.
② 최초로 행동을 개시한 사람을 따라서 움직인다.
③ 공포감으로 인해서 빛을 피하여 어두운 곳으로 몸을 숨긴다.
④ 무의식중에 발화장소의 반대쪽으로 이동한다.

해설 인간의 본능적 피난행동
1) 귀소본능 : 피난 시 인간은 평소에 사용하는 문, 길, 통로를 사용한다.
2) 퇴피본능 : 화세의 급격한 확대로 각자의 **공포심이 증가하면 발화지점의 반대방향으로 이동**한다.
3) 지광본능 : 화재 시 발생되는 연기 또는 정전 등으로 가시거리가 짧아져 **시야가 흐려지면** 인간은 어두운 곳에서 개구부, 조명부 등의 **밝은 불빛을 따라 행동**한다.

정답 6. ① 7. ① 8. ① 9. ③

4) 추종본능 : 판단력의 약화로 한명의 지도자에 의해 최초로 행동을 함으로서 전체가 이끌려지는 습성이다.
5) 좌회본능 : 좌측통행을 하고 시계 반대방향으로 회전하려는 본능

10. 0[℃], 1기압에서 44.8[m³]의 용적을 가진 이산화탄소를 액화하여 얻을 수 있는 액화탄산가스의 무게는 몇 [kg]인가?

① 88 ② 44
③ 22 ④ 11

해설 이상기체 상태방정식 $PV = nRT$
여기서, P : 기압[atm], V : 부피[m³]
n : mol 수 ($n = \dfrac{W(질량[kg])}{M(분자량)}$)
R : 기체상수 (0.082[atm·m³/kmol·K])
T : 절대온도[K](=273+℃)

$PV = \dfrac{W}{M}RT$ 이고,

이산화탄소의 분자량은 44이므로

$W = \dfrac{PVM}{RT}$

$= \dfrac{1[\text{atm}] \times 44.8[\text{m}^3] \times 44[\text{kg/kmol}]}{0.082[\text{atm}\cdot\text{m}^3/\text{kmol}\cdot\text{K}] \times 273[\text{K}]}$

$= 88[\text{kg}]$

11. 열에너지가 물질을 매개로 하지 않고 전자파의 형태로 옮겨지는 현상은?

① 복사 ② 대류
③ 승화 ④ 전도

해설 열전달 방법으로는 전도, 대류 및 복사가 있으며 이중 한 가지 이상의 방법으로 열은 전달된다.
1) 전도 (Conduction) : 물체를 통해서 전달되는 것
2) 대류 (Convection) : 공기 등 기체의 흐름으로 인해서 전달되는 것
3) 복사 (Radiation) : 전자파의 형태로 에너지를 전달하는 것

12. 피난계획의 기본 원칙에 대한 설명으로 옳지 않는 것은?

① 2방향의 피난로를 확보하여야 한다.
② 환자 등 신체적으로 장애가 있는 재해 약자를 고려한 계획을 하여야 한다.
③ 안전구획을 설정하여야 한다.
④ 안전구획은 화재층에서 연기전파를 방지하기 위하여 수직 관통부에서의 방화, 방연성능이 요구 된다.

해설 피난대책의 일반적인 원칙
1) 피난경로는 간단명료해야 한다.
2) 피난의 수단은 원시적 방법에 의하는 것을 원칙으로 한다.
3) 피난설비는 고정적인 시설에 의해야만 하고 이동식의 기구나 장치 등은 피난이 늦어진 소수의 사람들에 대한 극히 예외적인 보조수단으로 계획하여야 한다.
4) 2방향 이상의 피난통로를 확보하여야 한다.
5) 피난대책은 Fail-safe의 원칙을 중시해야 한다.
6) 피난동선은 일상생활의 동선과 일치시킨다. 피난동선에는 비상의 통로, 계단을 이용하도록 한다.

13. 화재 급수에 따른 화재분류가 틀린 것은?

① A급 - 일반화재 ② B급 - 유류화재
③ C급 - 주방화재 ④ D급 - 금속화재

해설 화재의 분류

구분\등급	A급	B급	C급	D급	K급
화재 종류	일반화재	유류화재	전기화재	금속화재	주방화재
표시 색상	백색	황색	청색	무색	–

14. 건축물의 주요구조부에 해당되지 않는 것은?

① 내력벽 ② 기둥
③ 주계단 ④ 작은 보

해설 주요구조부

주요구조부	① 내력벽 ② 지붕틀 ③ 주 계단 ④ 보 ⑤ 바닥 ⑥ 기둥
주요구조부 제외	사이기둥, 최하층의 바닥, 작은 보, 차양, 옥외계단

15. 금수성 물질에 해당하는 것은?

① 트리나이트로톨루엔
② 이황화탄소
③ 황린
④ 칼륨

해설 관련법 : 위험물안전관리법 시행령 별표1
(위험물 및 지정수량)

유별	성질	품명
제3류	자연발화성 물질 및 금수성물질	• 칼륨 • 나트륨 • 알킬알루미늄 • 알킬리튬 • 황린 • 금속의 수소화물

※ 황린은 물 속에 저장

16. 소화효과를 고려하였을 경우 화재 시 사용할 수 있는 물질이 아닌 것은?

① 이산화탄소   ② 아세틸렌
③ Halon 1211   ④ Halon 1301

해설 아세틸렌은 가연성가스로서 소화에 사용될 수 없다.

17. 위험물안전관리법령상 과산화수소는 그 농도가 몇 wt % 이상인 경우 위험물에 해당하는가?

① 1.49   ② 30
③ 36   ④ 60

해설 관련법 : 위험물안전관리법 시행령 별표1
(위험물 및 지정수량)

과산화수소는 그 농도가 36중량퍼센트(36 wt %) 이상인 것에 한한다.

18. 가연물이 되기 쉬운 조건으로 가장 거리가 먼 것은?

① 열전도율이 클 것
② 산소와 친화력이 좋을 것
③ 표면적이 넓을 것
④ 활성화에너지가 작을 것

해설 가연물의 구비조건
① 열전도율(열전도도)이 작을 것
② 활성화 에너지가(점화에너지) 작을 것
③ 발열량이 클 것
④ 열의 축적이 용이할 것
⑤ 가연물의 표면적이 커야 한다.
  (산소와의 접촉 면적이 클 것)

19. 일반적으로 공기 중 산소농도를 몇 [vol%] 이하로 감소시키면 연소상태의 중지 및 질식소화가 가능하겠는가?

① 15   ② 21
③ 25   ④ 31

해설 질식소화법 : 공기 중의 산소농도(21[%])를 연소한계 농도(15[%]) 이하로 떨어뜨려 소화하는 방법으로 일반적으로 10~15[%] 이하로 하여 질식 소화한다.

20. 공기의 평균분자량이 29일 때 이산화탄소의 기체비중은 얼마인가?

① 1.44   ② 1.52
③ 2.88   ④ 3.24

해설 이산화탄소(CO_2) 분자량은 44이므로

증기밀도(증기비중) = $\dfrac{\text{분자량}}{29(\text{공기의 평균 분자량})}$ 에서

이산화탄소의 기체비중 = $\dfrac{44}{29} = 1.52$

정답 15. ④ 16. ② 17. ① 18. ① 19. ① 20. ②

2과목 소방전기일반

21 ★★★ 출제년도【96, 98, 00, 01, 02, 03, 04, 05, 11, 24.】
그림과 같은 유접점회로의 논리식은?

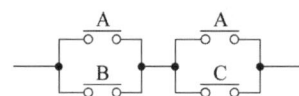

① AB + BC
② A + BC
③ AB + C
④ B + AC

해설 (A+B)(A+C) = AA + AC + AB + BC
= A + AC + AB + BC
= A(1 + C + B) + BC
= A + BC

22 ★★★ 출제년도【03, 11, 24.】
전기기기에 생기는 손실 중 권선의 저항에 의하여 생기는 손실은?

① 철손
② 표유부하손
③ 동손
④ 유전체손

해설 동손은 부하손 또는 저항손이라고도 하며, 전기 도체 즉 동선이 있는 곳에 전류가 흐를 때 발생하는 손실이다.

23 ★ 출제년도【12, 24.】
그림과 같은 회로의 역률은 얼마인가?

① 0.24
② 0.59
③ 0.8
④ 0.97

해설 회로의 임피던스 Z는

$$Z = \frac{5(4-j2)}{5+(4-j2)} = \frac{20-j10}{9-j2} = \frac{40}{17} - j\frac{10}{17}$$

$$\therefore |Z| = \sqrt{\left(\frac{40}{17}\right)^2 + \left(\frac{10}{17}\right)^2} ≒ 2.43[\Omega]$$

회로의 역률은 $\cos\theta = \frac{R}{Z} = \frac{\frac{40}{17}}{2.43} ≒ 0.97$

24 ★★★ 출제년도【03, 12, 24.】
다음 중 완전 통전상태에 있는 SCR을 차단 상태로 하기 위한 방법으로 알맞은 것은?

① 게이트 전류를 차단시킨다.
② 게이트에 역방향 바이어스를 인가한다.
③ 양극전압을 (-)로 한다.
④ 양극전압을 더 높게 한다.

해설 도통중인 SCR를 차단하기 위해서는 순방향으로 가해진 전압을 역방향으로 변경하면 된다. 즉, 애노드(양극)에 (-), 캐소드(음극)에 (+)를 가한다.

25 ★ 출제년도【11, 24.】
RC 직렬회로에서 $R=100[\Omega]$, $C=5[\mu F]$ 일 때, $e = 220\sqrt{2}\sin 377t$인 전압을 인가하면 이 회로의 위상차는 대략 얼마인가?

① 전압은 전류보다 약 79° 만큼 위상이 빠르다.
② 전압은 전류보다 약 79° 만큼 위상이 느리다.
③ 전압은 전류보다 약 43° 만큼 위상이 빠르다.
④ 전압은 전류보다 약 43° 만큼 위상이 느리다.

해설 $\omega = 377$이므로
$$X_c = \frac{1}{\omega C} = \frac{1}{377 \times 5 \times 10^{-6}} = 530.5[\Omega]$$
따라서, 위상 $\theta = \tan^{-1}\frac{X_c}{R} = \tan^{-1}\frac{530.5}{100} = 79.3°$
RC 직렬회로는 진상 전류가 흐르는 회로이므로, 전압은 전류보다 약 79° 만큼 위상이 느리다.

정답 21. ② 22. ③ 23. ④ 24. ③ 25. ②

26 다음 사항 중 직류전동기의 제동법이 아닌 것은?

① 역전제동
② 발전제동
③ 정상제동
④ 회생제동

해설 직류 전동기의 제동법
1) **발전 제동** : 전동기를 발전기로 동작시킨 후 발생된 전력을 저항에서 열로 소비시키는 방법
2) **회생 제동** : 전동기를 발전기로 동작시켜 그 발생 전력을 전원에 반환하면서 제동하는 방법
3) **플러깅(plugging) 제동** : 역방향의 토크를 발생시켜 제동하는 방법으로 급제동시 사용하며, 역전제동이라 한다.

27 3상3선식 전로에 접속하는 Y결선의 평형 저항부하가 있다. 이 부하를 △결선하여 같은 전원에 접속한 경우의 선전류는 Y결선을 한 때 보다 어떻게 되는가?

① $\frac{1}{3}$로 감소한다.
② $\frac{1}{\sqrt{3}}$로 감소한다.
③ $\sqrt{3}$배 증가한다.
④ 3배 증가한다.

해설
1) Y결선 상전류 $I_Y = \frac{V}{\sqrt{3}R}$

   Y결선 선전류 $I_{Yl} = \frac{V}{\sqrt{3}R}$

2) △결선 상전류 $I_\Delta = \frac{V}{R}$

   △결선 선전류 $I_{\Delta l} = \sqrt{3} I_\Delta = \frac{\sqrt{3}V}{R}$

   $\therefore \frac{I_{\Delta l}}{I_{Yl}} = \frac{\frac{\sqrt{3}V}{R}}{\frac{V}{\sqrt{3}R}} = 3$배

28 그림과 같은 브리지 회로가 평형이 되기 위한 Z의 값은 몇 [Ω]인가? (단, 그림의 임피던스 단위는 모두 [Ω]이다.)

① $2 - j4$
② $-2 + j4$
③ $4 + j2$
④ $4 - j2$

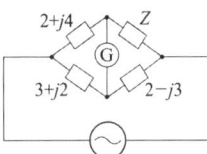

해설 브리지 평형조건에 의해
$Z(3+j2) = (2+j4)(2-j3)$이므로,
$\therefore Z = \frac{(2+j4)(2-j3)}{3+j2} = \frac{(16+j2)(3-j2)}{(3+j2)(3-j2)}$
$= 4 - j2$

29 전자유도현상에 의하여 생기는 유도기전력의 크기를 정의하는 법칙은?

① 렌츠의 법칙
② 페러데이의 법칙
③ 앙페에르의 법칙
④ 플레밍의 오른손법칙

해설 전류와 자계 사이의 작용을 나타내는 법칙
1) 렌츠의 법칙 : 자속변화에 의한 유기기전력의 방향을 결정하는 법칙
2) **패러데이의 전자유도법칙** : 자속변화에 의한 유기기전력의 **크기를 결정**하는 법칙
3) 앙페르의 법칙 : 전류의 진행방향에 대한 자력선의 방향을 결정하는 법칙
4) 플레밍의 오른손 법칙 : 자계 내에서 도체가 운동하면 유도기전력이 도체에 발생하게 되며 이때 이 유도기전력의 방향을 결정하는 법칙

30 동작신호를 조작량으로 변환하는 요소로서 조절부와 조작부로 이루어진 요소는?

① 기준입력요소   ② 동작신호요소
③ 제어요소   ④ 피드백요소

정답 26. ③ 27. ④ 28. ④ 29. ② 30. ③

해설 제어요소는 조절부와 조작부로 구성되며 동작신호를 받아 조작량으로 변환하여 제어대상에 공급한다.

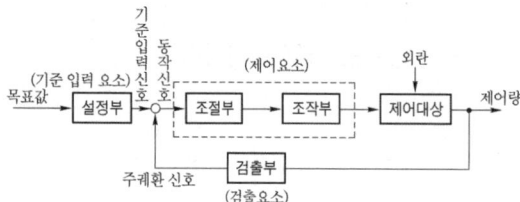

31 ★ 출제년도 【96, 05, 11, 24.】
소화설비의 기동장치에 사용하는 전자(電磁)솔레노이드에서 발생되는 자계의 세기는?

① 코일의 권수에 비례한다.
② 코일의 권수에 반비례한다.
③ 전류의 세기에 반비례한다.
④ 전압에 비례한다.

해설 솔레노이드 $H = \dfrac{NI}{l}$[AT/m]에서 **자계의 세기**는 전류와 코일의 권수에 비례한다.

32 ★★★ 출제년도 【11, 24.】
제어량을 어떤 일정한 목표값으로 유지하는 것을 목적으로 하는 제어법은?

① 추종제어
② 비례제어
③ 정치제어
④ 프로그래밍제어

해설 1) 추종 제어 : 미지의 임의 시간적 변화를 하는 목표값에 제어량을 추종시키는 것을 목적으로 하는 제어법
2) 비례 제어 : 검출값 편차의 크기에 비례하여 조작부를 제어하는 것으로 정상 오차를 수반한다.
3) **정치 제어 : 제어량을 어떤 일정한 목표값으로 유지하는 것을 목적으로 하는 제어법**
4) 프로그램 제어 : 미리 정해진 프로그램에 따라 제어량을 변화시키는 것을 목적으로 하는 제어법

33 ★★★ 출제년도 【03, 11, 18, 24.】
시퀀스제어에 관한 설명 중 옳지 않은 것은?

① 논리회로가 조합 사용된다.
② 기계적 계전기접점이 사용된다.
③ 전체시스템에 연결된 접점들이 일시에 동작할 수 있다.
④ 시간 지연요소가 사용된다.

해설 **시퀀스란**「현상이 일어나는 순서」를 말하며, 또한 시퀀스 제어란「미리 정해 놓은 순서 또는 일정한 논리에 의하여 정해진 순서에 따라 제어의 **각 단계를 순서적으로 진행**하는 제어」로 되어 있다. 즉, 전체 시스템에 연결된 접점들이 일시에 동작할 수 없다.

34 ★★★ 출제년도 【11, 24.】
전압변동률이 10[%]인 정류회로에서 무부하 전압이 24[V]인 경우 부하시 전압은 몇 [V]인가?

① 19.2[V] ② 20.3[V]
③ 21.8[V] ④ 22.6[V]

해설 전압변동율
$$\epsilon = \dfrac{V_0 - V_n}{V_n} \times 100 = \left(\dfrac{V_0}{V_n} - 1\right) \times 100$$
(단, V_0 : 무부하시 전압, V_n : 부하시 전압)
전압변동율이 10[%]라 하였으므로,
$$V_n = \dfrac{V_0}{1 + \dfrac{\epsilon}{100}} = \dfrac{24}{1 + \dfrac{10}{100}} = 21.82[V]$$

35 ★★★ 출제년도 【12, 24.】
동일한 전류가 흐르는 두 개의 평행도체가 있다. 도체간의 거리를 $\dfrac{1}{2}$로 하면 그 작용하는 힘은 몇 배로 되는가?

① 2 ② 4
③ 8 ④ 16

정답 31. ① 32. ③ 33. ③ 34. ③ 35. ①

해설 간격(거리)을 r[m]라 할 때, 평행도선 단위길이당 작용하는 힘 $F = \dfrac{\mu_0 I_1 I_2}{2\pi r} \propto \dfrac{1}{r}$ 이므로 도체간의 거리를 $\dfrac{1}{2}$로 하면 그 작용하는 힘은 2배로 된다.

해설
$$\phi = \dfrac{NI}{R_m} = \dfrac{NI}{\dfrac{l}{\mu_0 S}} = \dfrac{\mu_0 SNI}{l}$$
$$= \dfrac{4\pi \times 10^{-7} \times 20 \times 10^{-4} \times 1250 \times 1}{50 \times 10^{-2}}$$
$$= 2\pi \times 10^{-6} [\text{Wb}]$$

36 ★★★ 출제년도 [05. 11. 24.]

그림과 같은 회로에서 단자 a, b 사이에 주파수 f[Hz]의 정현파 전압을 가했을 때 전류계 A_1, A_2의 값이 같았다. 이 경우 f, L, C 사이의 관계로 옳은 것은?

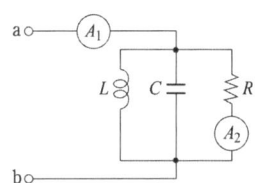

① $f = \dfrac{1}{2\pi LC}$[Hz] ② $f = \dfrac{1}{\sqrt{2\pi LC}}$[Hz]

③ $f = \dfrac{1}{2\pi\sqrt{LC}}$[Hz] ④ $f = \dfrac{1}{\sqrt{LC}}$[Hz]

해설 전류계 A_1과 A_2에 흐르는 전류가 같은 경우는 병렬공진의 경우이다.
즉, $Y_0 = \dfrac{1}{R} + j\left(\dfrac{1}{X_C} - \dfrac{1}{X_L}\right)$에서 허수부가 0이어야 하므로
$\dfrac{1}{X_C} = \dfrac{1}{X_L}, \quad \omega C = \dfrac{1}{\omega L}, \quad \omega^2 LC = 1$
$\therefore f = \dfrac{1}{2\pi\sqrt{LC}}$[Hz]

37 ★ 출제년도 [13. 24.]

코일의 권수가 1,250회인 공심 환상솔레노이드의 평균길이가 50[cm]이며, 단면적이 20[cm²]이고, 코일에 흐르는 전류가 1[A]일 때 솔레노이드의 내부 자속은?

① $2\pi \times 10^{-6}$[Wb] ② $2\pi \times 10^{-8}$[Wb]
③ $\pi \times 10^{-6}$[Wb] ④ $\pi \times 10^{-8}$[Wb]

38 ★★★ 출제년도 [11. 24.]

어떤 회로 소자에 전압을 가하였더니 흐르는 전류가 전압에 비해 $\dfrac{\pi}{2}$만큼 위상이 느리다면 사용한 회로소자는 무엇인가?

① 커패시턴스 ② 인덕턴스
③ 저항 ④ 컨덕턴스

해설

회로 소자	전 류	위 상
저항(R)	$i = I_m \sin\omega t$	전압과 전류가 동상이다.
인덕턴스(L)	$i = I_m \sin\left(\omega t - \dfrac{\pi}{2}\right)$	전류가 전압보다 90° 늦다.
커패시턴스(C)	$i = I_m \sin\left(\omega t + \dfrac{\pi}{2}\right)$	전류가 전압보다 90° 빠르다.

39 ★ 출제년도 [11. 24.]

그림과 같은 회로에서 흐르는 전류 I는 몇 [A]인가?

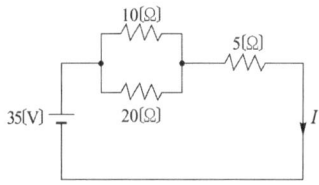

① 1 ② 2
③ 3 ④ 4

해설 합성저항 $R = \dfrac{10 \times 20}{10 + 20} + 5 = 11.67 [\Omega]$

따라서, 전전류 $I = \dfrac{V}{R} = \dfrac{35}{11.67} ≒ 3$[A]

40 변압기 결선에서 제3고조파가 발생하여 통신선에 영향을 주는 결선은?

① Y-△
② △-△
③ Y-Y
④ V-V

해설 Y-Y결선은 제3고조파 전류의 통로가 없으므로 기전력의 파형이 제3고조파를 포함한 왜형파가 된다.

3과목 소방관계법규

41 형식승인의 대상이 되는 소방용품 중 품질이 우수하다고 인정하는 소방용품에 대하여 우수품질인증을 할 수 있는 사람은?

① 소방청장
② 한국소방안전원장
③ 소방본부장이나 소방서장
④ 시·도지사

해설 관련법 : 소방시설 설치 및 관리에 관한 법률 제43조(우수품질 제품에 대한 인증)
① 소방청장은 형식승인의 대상이 되는 소방용품 중 품질이 우수하다고 인정하는 소방용품에 대하여 인증(이하 "우수품질인증"이라 한다)을 할 수 있다.
② 우수품질인증을 받으려는 자는 행정안전부령으로 정하는 바에 따라 소방청장에게 신청하여야 한다.
③ 우수품질인증을 받은 소방용품에는 우수품질인증 표시를 할 수 있다.
④ 우수품질인증의 유효기간은 5년의 범위에서 행정안전부령으로 정한다.

42 한국소방안전원의 업무와 거리가 먼 것은?

① 소방기술과 안전관리에 관한 각종 간행물의 발간
② 소방기술과 안전관리에 관한 교육 및 조사·연구
③ 화재보험 가입에 관한 업무
④ 화재예방과 안전관리의식의 고취를 위한 대국민 홍보

해설 관련법 : 소방기본법 제41조(안전원의 업무)
1. 소방기술과 안전관리에 관한 교육 및 조사·연구
2. 소방기술과 안전관리에 관한 각종 간행물 발간
3. 화재 예방과 안전관리의식 고취를 위한 대국민 홍보
4. 소방업무에 관하여 행정기관이 위탁하는 업무
5. 소방안전에 관한 국제협력
6. 그 밖에 회원에 대한 기술지원 등 정관으로 정하는 사항

43 무창층(無窓層)에 대한 설명으로 옳지 않은 것은?

① 크기는 지름 50센티미터 이상의 원이 통과할 수 있을 것
② 해당 층의 바닥면으로부터 개구부 밑부분까지의 높이가 1.0미터 이내일 것
③ 도로 또는 차량이 진입할 수 있는 빈터를 향할 것
④ 내부 또는 외부에서 쉽게 부수거나 열 수 있을 것

해설 "무창층"(無窓層)이란 지상층 중 다음 각 목의 요건을 모두 갖춘 개구부(건축물에서 채광·환기·통풍 또는 출입 등을 위하여 만든 창·출입구, 그 밖에 이와 비슷한 것을 말한다. 이하 같다)의 면적의 합계가 해당 층의 바닥면적의 **30분의 1 이하**가 되는 층을 말한다.
가. 크기는 지름 50센티미터 이상의 원이 통과할 수 있을 것
나. 해당 층의 바닥면으로부터 개구부 밑부분까지의 높이가 **1.2미터** 이내일 것

정답 40. ③ 41. ① 42. ③ 43. ②

다. 도로 또는 차량이 진입할 수 있는 빈터를 향할 것
라. 화재 시 건축물로부터 쉽게 피난할 수 있도록 창살이나 그 밖의 장애물이 설치되지 않을 것
마. 내부 또는 외부에서 쉽게 부수거나 열 수 있을 것

44. 연면적 5,000[m²] 미만의 특정소방대상물에 대한 소방공사감리원의 배치 기준은?

① 특급 소방감리원 1인 이상
② 초급이상 소방감리원 1인 이상
③ 중급이상 소방감리원 1인 이상
④ 고급이상 소방감리원 1인 이상

해설 관련법 : 소방시설공사업법 시행령 (소방공사 감리원의 배치기준)

구분	시설의 종류
소방기술사 자격을 취득한 특급소방감리원 1명 이상	연면적 20만제곱미터 이상 특정소방대상물 또는 지하층을 포함한 층수 40층 이상인 공사현장
특급소방감리원 1명 이상	연면적 3만제곱미터 이상 20만제곱미터 미만인 특정소방대상물 또는 지하층을 포함한 층수 16층 이상 40층 미만인 특정소방대상물 공사현장
고급소방감리원 1명 이상	물분무등소화설비 또는 제연설비가 설치되는 특정소방대상물 또는 연면적 3만제곱미터 이상 20만제곱미터 미만인 아파트의 공사현장
중급소방감리원 1명 이상	연면적 5천제곱미터 이상 3만제곱미터 미만
초급소방감리원 1명 이상	연면적 **5천제곱미터 미만**인 특정소방대상물 또는 지하구

45. 소방안전관리대상물의 관계인은 소방훈련과 교육을 실시 한 때에는 그 실시결과를 소방훈련·교육실시결과기록부에 기재하고 이를 몇 년간 보관하여야 하는가?

① 1년 ② 2년
③ 3년 ④ 4년

해설 소방안전관리대상물의 관계인은 소방훈련과 교육을 실시한 때에는 그 실시결과를 소방훈련·교육실시결과기록부에 기재하고, 이를 **2년간 보관**하여야 한다.

46. 제4류 위험물을 저장하는 위험물제조소의 주의사항을 표시한 게시판의 내용으로 적합한 것은?

① 화기엄금 ② 물기엄금
③ 화기주의 ④ 물기주의

해설 주의사항을 표시한 게시판

류 별	색 상	문 구
제2류 위험물(인화성 고체) 제3류 위험물(자연발화성 물질) **제4류 위험물** 제5류 위험물	적색바탕에 백색문자	화기엄금
제2류 위험물(인화성 고체 제외)	적색바탕에 백색문자	화기주의
제1류 위험물 (알칼리금속의 과산화물) 제3류 위험물(금수성 물질)	청색바탕에 백색문자	물기엄금

47. 위험물안전관리법령상 제조소의 위치·구조 및 설비의 기준 중 위험물을 취급하는 건축물 그 밖의 시설의 주위에는 그 취급하는 위험물의 최대수량이 지정수량의 10배 이하인 경우 보유하여야 할 공지의 너비는 몇 m 이상이어야 하는가?

① 3 ② 5
③ 8 ④ 10

해설 보유공지

취급하는 위험물의 최대수량	공지의 너비
지정수량의 10배 이하	3 m 이상
지정수량의 10배 초과	5 m 이상

정답 44. ② 45. ② 46. ① 47. ①

48 위험물안전관리법령상 위험물의 안전관리와 관련된 업무를 수행하는 자로서 소방청장이 실시하는 안전교육대상자가 아닌 것은?

① 제조소등의 관계인
② 안전관리자로 선임된 자
③ 탱크시험자의 기술인력으로 종사하는 자
④ 위험물운송자로 종사하는 자

해설 안전교육대상자
① 위험물운반자로 종사하는 자
② 안전관리자로 선임된 자
③ 탱크시험자의 기술인력으로 종사하는 자
④ 위험물운송자로 종사하는 자

49 위험물 제조소에는 보기 쉬운 곳에 기준에 따라 "위험물제조소"라는 표시를 한 표지를 설치하여야 하는데 다음 중 표지의 기준으로 적합한 것은?

① 표지는 한 변의 길이가 0.3[m] 이상, 다른 한 변의 길이가 0.6[m] 이상인 직사각형으로 하되 표지의 바탕은 백색으로 문자는 흑색으로 한다.
② 표지는 한 변의 길이가 0.2[m] 이상, 다른 한 변의 길이가 0.4[m] 이상인 직사각형으로 하되 표지의 바탕은 백색으로 문자는 흑색으로 한다.
③ 표지는 한 변의 길이가 0.2[m] 이상, 다른 한 변의 길이가 0.4[m] 이상인 직사각형으로 하되 표지의 바탕은 흑색으로 문자는 백색으로 한다.
④ 표지는 한 변의 길이가 0.3[m] 이상, 다른 한 변의 길이가 0.6[m] 이상인 직사각형으로 하되 표지의 바탕은 흑색으로 문자는 백색으로 한다.

해설 위험물 제조소에는 보기 쉬운 곳에 다음 각목의 기준에 따라 필요한 사항을 게시한 게시판을 설치하여야 한다.
1) 게시판은 한 변의 길이가 0.3[m] 이상, 다른 한 변의 길이가 0.6[m] 이상인 직사각형으로 할 것
2) 게시판에는 저장 또는 취급하는 위험물의 유별, 품명, 저장최대수량, 취급최대수량, 지정수량의 배수 및 안전관리자의 성명 또는 직명을 기재 할 것
3) 게시판의 바탕은 백색으로 문자는 흑색으로 할 것

50 특수가연물에 해당되지 않는 물품은?

① 볏집류(1000[kg] 이상)
② 나무껍질(400[kg] 이상)
③ 목재가공품($10[m^3]$ 이상)
④ 가연성기체류($2[m^3]$ 이상)

해설 특수가연물

품 명	수 량
면 화 류	200[kg] 이상
나무껍질 및 대팻밥	400[kg] 이상
넝마 및 종이부스러기	1,000[kg] 이상
사류(絲類)	1,000[kg] 이상
볏짚류	1,000킬로그램 이상
가연성고체류	3,000킬로그램 이상
석탄·목탄류	10,000킬로그램 이상
가연성액체류	2세제곱미터 이상
목재가공품 및 나무부스러기	10세제곱미터 이상
합성수지류 발포시킨 것	20세제곱미터 이상
합성수지류 그 밖의 것	3,000킬로그램 이상

51 종합상황실의 업무와 직접적으로 관련이 없는 것은?

① 재난상황의 전파 및 보고
② 재난상황의 발생 신고접수
③ 재난상황이 발생한 현장에 대한 지휘 및 피해조사
④ 재난상황의 수습에 필요한 정보수집 및 제공

정답 48. ① 49. ① 50. ④ 51. ③

해설 종합상황실의 실장의 업무 등
1) 화재, 재난·재해 그 밖에 구조·구급이 필요한 상황(이하 "재난상황"이라 한다)의 발생의 신고접수
2) 접수된 재난상황을 검토하여 가까운 소방서에 인력 및 장비의 동원을 요청하는 등의 사고수습
3) 하급소방기관에 대한 출동지령 또는 동급 이상의 소방기관 및 유관기관에 대한 지원요청
4) 재난상황의 전파 및 보고
5) **재난상황이 발생한 현장에 대한 지휘 및 피해현황의 파악**
6) 재난상황의 수습에 필요한 정보수집 및 제공

---

52 ★★★ 출제년도 [11. 24.]

특정소방대상물이 증축되는 경우 소방시설 기준 적용에 관한 설명 중 옳은 것은?

① 기존부분을 포함한 특정소방대상물의 전체에 대하여 증축 당시의 화재안전기준을 적용한다.
② 기존부분을 포함한 특정소방대상물의 전체에 대하여 증축 전에 화재안전기준을 적용한다.
③ 특정소방대상물의 기존부분은 증축 전에 적용되던 화재안전기준을 적용하고 증축부분은 증축 당시의 화재안전기준을 적용한다.
④ 특정소방대상물의 증축부분은 증축 전에 적용되던 화재안전기준을 적용하고 기존부분은 증축 당시의 화재안전기준을 적용한다.

해설 특정소방대상물의 증축 또는 용도변경시의 소방시설기준 적용의 특례
1) 특정소방대상물이 **증축되는 경우에는 기존부분을 포함한 특정소방대상물의 전체에 대하여 증축 당시의 소방시설등의 설치에 관한 대통령령 또는 화재안전기준을 적용**하여야 한다.
2) 특정소방대상물이 용도변경되는 경우에는 용도변경되는 부분에 한하여 용도변경 당시의 소방시설등의 설치에 관한 대통령령 또는 화재안전기준을 적용한다.

---

53 ★ 출제년도 [11. 24.]

소방기본법에 의하여 5년 이하의 징역 또는 5천만원이하의 벌금에 해당하는 위반사항이 아닌 것은?

① 불이 번질 우려가 있는 특정소방대상물 및 토지를 일시적으로 사용하거나 그 사용의 제한 또는 소방활동에 필요한 처분을 방해한 사람
② 정당한 사유 없이 소방용수시설을 사용하거나 소방용수시설의 효용을 해치거나 그 정당한 사용을 방해한 사람
③ 화재현장에서 사람을 구출하는 일 또는 불을 끄거나 불이 번지지 아니하도록 하는 일을 방해한 사람
④ 화재진압을 위하여 출동하는 소방자동차의 출동을 방해한 자

해설 5년 이하의 징역 또는 5천만원 이하의 벌금
1) 소방자동차의 출동을 방해한 자
2) 사람을 구출하는 일 또는 불을 끄거나 불이 번지지 아니하도록 하는 일을 방해한 자
3) 정당한 사유없이 소방용수시설 또는 비상소화장치를 사용하거나 소방용수시설 또는 비상소화장치의 효용을 해치거나 그 정당한 사용을 방해한 자

---

54 ★★★ 출제년도 [06. 07. 11. 24.]

제조소 등의 위치·구조 또는 설비의 변경 없이 당해 제조소 등에서 저장하거나 취급하는 위험물의 품명·수량 또는 지정수량의 배수를 변경하고자 할 때에는 누구에게 신고하여야 하는가?

① 소방청장
② 시·도지사
③ 관할소방협회장
④ 관할 소방서장

해설 제조소등의 위치·구조 또는 설비의 변경없이 당해 제조소등에서 저장하거나 취급하는 위험물의 품명·수량 또는 지정수량의 배수를 변경하고자 하는 자는 변경하고자 하는 날의 **1일 전**까지 **행정안전부령**이 정하는 바에 따라 **시·도지사**에게 신고하여야 한다.

정답 52. ① 53. ① 54. ②

55
위험물안전관리법에 의하여 자체소방대를 두는 제조소로서 옥외탱크저장소에 저장하는 제4류 위험물의 최대수량이 지정수량의 50만배 이상인 사업소인 경우 보유하여야 할 화학소방차와 자체 소방대원의 기준으로 옳은 것은?

① 2대, 10인
② 3대, 10인
③ 3대, 15인
④ 4대, 20인

해설 자체소방대에 두는 화학소방자동차 및 인원

사업소의 구분	화학소방 자동차	자체 소방 대원의수
제조소 또는 일반취급소에서 취급하는 제4류 위험물의 최대수량의 합이 지정수량의 12만배 미만인 사업소	1대	5인
제조소 또는 일반취급소에서 취급하는 제4류 위험물의 최대수량의 합이 지정수량의 12만배 이상 24만배 미만인 사업소	2대	10인
제조소 또는 일반취급소에서 취급하는 제4류 위험물의 최대수량의 합이 지정수량의 24만배 이상 48만배 미만인 사업소	3대	15인
제조소 또는 일반취급소에서 취급하는 제4류 위험물의 최대수량의 합이 지정수량의 48만배 이상인 사업소	4대	20인
옥외탱크저장소에 저장하는 제4류 위험물의 최대수량이 지정수량의 50만배 이상인 사업소	2대	10인

56
형식승인을 받지 아니하고 소방용품을 판매할 목적으로 진열했을 때 벌칙으로 옳은 것은?

① 3년 이하의 징역 또는 3000만원 이하의 벌금
② 2년 이하의 징역 또는 1500만원 이하의 벌금
③ 1년 이하의 징역 또는 1000만원 이하의 벌금
④ 1년 이하의 징역 또는 500만원 이하의 벌금

해설 관련법: 소방시설 설치 및 관리에 관한 법률

벌 칙	위 반 사 항
3년 이하의 징역 또는 3,000만원 이하의 벌금	① 관리업의 등록을 하지 않고 영업을 한 자 ② 소방용품의 형식승인을 받지 아니하고 소방용품을 제조하거나 수입한 자 또는 거짓이나 그 밖의 부정한 방법으로 형식승인을 받은 자 ③ 제37조제6항을 위반하여 **소방용품을 판매·진열하거나 소방시설공사에 사용한 자** ④ 제품검사를 받지 아니하거나 합격표시를 하지 아니한 소방용품을 판매·진열하거나 소방시설공사에 사용한 자

57
스프링클러설비가 설치된 특정소방대상물 또는 물분무등소화설비가 설치된 연면적 5000[m²] 이상인 특정소방대상물(제조소 등은 제외)에 대한 종합점검을 할 수 있는 자격자로서 옳지 않은 것은?

① 관리업에 등록된 소방시설관리사
② 소방안전관리자로 선임된 소방기술사
③ 소방안전관리자로 선임된 소방시설관리사
④ 관리업에 등록된 특급점검자

해설 종합점검을 할 수 있는 기술인력
1) 관리업에 등록된 소방시설관리사
2) 소방안전관리자로 선임된 소방시설관리사 및 소방기술사

58
제4류 위험물 제조소의 경우 사용전압이 22[kV]인 특고압 가공전선이 지나갈 때 제조소의 외벽과 가공전선 사이의 수평거리(안전거리)는 몇 [m] 이상이어야 하는가?

① 2[m]
② 3[m]
③ 5[m]
④ 10[m]

정답 55. ① 56. ① 57. ④ 58. ②

해설 제조소(제6류 위험물을 취급하는 제조소는 제외한다)와 타 건축물 및 설비와의 이격거리

안전거리	해당 대상물
50[m] 이상	유형문화재, 기념물 중 지정문화재
30[m] 이상	1. 학교, 극장 2. 종합병원, 병원, 치과병원, 한방병원, 요양병원 3. 공연장, 영화상영관, 유사한 시설로서 300명 이상 수용할 수 있는 것 4. 아동복지시설, 노인복지시설, 장애인복지시설, 한부모가족복지시설, 보육시설, 정신보건시설, 보호시설로서 20명 이상의 인원을 수용할 수 있는 것
20[m] 이상	고압가스, 액화석유가스, 도시가스를 저장 또는 취급하는 시설
10[m] 이상	주거 용도에 사용되는 것
5[m] 이상	사용전압 35[kV] 초과하는 특고압가공전선
3[m] 이상	사용전압 7[kV] 초과 35[kV] 이하의 특고압가공전선

59 ★★★ 출제년도【07, 09, 11, 24.】

소방본부장이나 소방서장은 건축허가 등의 동의 요구서류를 접수한 날부터 며칠 이내에 건축허가 등의 동의 여부를 회신하여야 하는가? (단, 허가 신청한 건축물 등이 특급소방안전관리대상물인 경우)

① 5일   ② 10일
③ 14일 ④ 30일

해설 건축허가등의 동의 요구
① 동의 요구를 받은 소방본부장 또는 소방서장은 건축허가등의 동의 요구서류를 접수한 날부터 5일 (허가를 신청한 건축물 등이 특급소방안전관리대상물에 해당하는 경우에는 10일) 이내에 건축허가 등의 동의 여부를 회신해야 한다.
② 소방본부장 또는 소방서장은 동의요구서 및 첨부서류의 보완이 필요한 경우에는 4일 이내의 기간을 정하여 보완을 요구할 수 있다.
③ 건축허가등의 동의를 요구한 기관이 그 건축허가등을 취소했을 때에는 취소한 날부터 7일 이내에 건축물 등의 시공지 또는 소재지를 관할하는 소방본부장 또는 소방서장에게 그 사실을 통보해야 한다.

※ 특급소방안전관리대상물
1) 50층 이상(지하층은 제외한다)이거나 지상으로부터 높이가 200미터 이상인 아파트
2) 30층 이상(지하층을 포함한다)이거나 지상으로부터 높이가 120미터 이상인 특정소방대상물(아파트는 제외한다)
3) 2)에 해당하지 않는 특정소방대상물로서 연면적이 10만제곱미터 이상인 특정소방대상물(아파트는 제외한다)

60 ★★★ 출제년도【11, 24.】

방염성능기준 이상의 실내장식물을 설치하여야 하는 대상물로서 틀린 것은?

① 다중이용업소
② 숙박이 가능한 수련시설
③ 운동시설(수영장 포함)
④ 근린생활시설 중 체력단련장

해설 방염성능기준 이상의 실내장식물 등을 설치해야 하는 특정소방대상물
1. 근린생활시설 중 의원, 조산원, 산후조리원, 체력단련장, 공연장 및 종교집회장
2. 건축물의 옥내에 있는 다음 각 목의 시설
   가. 문화 및 집회시설
   나. 종교시설
   다. 운동시설(수영장은 제외한다)
3. 의료시설
4. 교육연구시설 중 합숙소
5. 노유자 시설
6. 숙박이 가능한 수련시설
7. 숙박시설
8. 방송통신시설 중 방송국 및 촬영소
9. 다중이용업소
10. 층수가 11층 이상인 것(아파트등은 제외한다)

정답 59. ② 60. ③

4과목 소방전기설비의 구조 및 원리

61 비상방송설비의 배선과 관련해서 부속회로의 전로와 대지사이 및 배선 상호간의 절연저항은? (단, 1경계구역마다 직류 250[V]의 절연저항측정기를 사용하여 측정)

① 0.1[MΩ] 이상
② 0.2[MΩ] 이상
③ 0.3[MΩ] 이상
④ 0.5[MΩ] 이상

해설 부속회로의 전로와 대지 사이 및 배선 상호간의 절연저항은 1경계구역마다 직류 250[V]의 절연저항측정기로 측정할 때 **0.1[MΩ] 이상**으로 한다.

62 소방시설용 비상전원수전설비에서 소방회로 및 일반회로 겸용의 것으로서 수전설비, 변전설비 그 밖의 배선을 금속제 외함에 수납한 것을 무엇이라 하는가?

① 공용분전반
② 전용배전반
③ 공용큐비클식
④ 전용큐비클식

해설 소방시설용 비상전원 수전설비의 정의
1) 전용큐비클식 : 소방회로용의 것으로 수전설비, 변전설비 그밖의 기기 및 배선을 금속제 외함에 수납한 것을 말한다.
2) **공용큐비클식** : 소방회로 및 일반회로 겸용의 것으로서 수전설비, 변전설비 그 밖의 기기 및 배선을 금속제 외함에 수납한 것을 말한다.
3) 전용분전반 : 소방회로 전용의 것으로서 분기 개폐기, 분기과전류차단기 그 밖의 배선용기기 및 배선을 금속제 외함에 수납한 것을 말한다.
4) 공용분전반 : 소방회로 및 일반회로 겸용의 것으로서 분기개폐기, 분기과전류차단기 그 밖의 배선용기기 및 배선을 금속제 외함에 수납한 것을 말한다.

63 축광식 위치표지는 주위 조도 0[lx]에서 60분간 발광 후 직선거리 몇 [m] 떨어진 위치에서 보통 시력으로 표시면의 문자 또는 화살표 등을 쉽게 식별할 수 있는 것으로 하여야 하는가?

① 1
② 3
③ 4
④ 10

해설 축광표지의 성능인증 및 제품검사의 기술기준 제8조(식별도시험)
축광유도표지 및 축광위치표지는 200[lx] 밝기의 광원으로 20분간 조사시킨 상태에서 다시 주위조도를 0[lx]로 하여 60분간 발광시킨 후 **직선거리 20[m](축광위치표지의 경우 10[m])** 떨어진 위치에서 유도표지 또는 위치표지가 있다는 것이 식별되어야 하고, 유도표지는 직선거리 3[m]의 거리에서 표시면의 표시중 주체가 되는 문자 또는 주체가 되는 화살표등이 쉽게 식별되어야 한다.

64 비상콘센트의 배치는 바닥면적이 1,000[m²] 미만인 층에 있어서 계단의 출입구(계단의 부속실을 포함하여 계단이 2 이상 있는 경우에는 그 중 1개의 계단을 말한다.)로부터 몇 [m] 이내에 설치하여야 하는가?

① 1
② 2
③ 3
④ 5

해설 비상콘센트의 배치
1) 바닥면적이 1,000[m²] 미만인 층에 있어서는 계단의 출입구(계단의 부속실을 포함하며 계단이 2 이상 있는 경우에는 그중 1개의 계단을 말한다)로부터 **5[m] 이내에 설치**
2) 바닥면적 1,000[m²] 이상인 층(아파트를 제외한다)에 있어서는 각 계단의 출입구 또는 계단부속실의 출입구(계단의 부속실을 포함하며 계단이 3 이상 있는 층의 경우에는 그중 2개의 계단을 말한다)로부터 5[m] 이내에 설치

정답 61. ① 62. ③ 63. ④ 64. ④

65. 누전경보기의 수신부를 설치할 수 있는 장소는?

① 부식성의 증기·가스 등이 다량으로 체류하는 장소
② 화약류의 제조 또는 저장, 취급하는 장소
③ 온도의 변화가 급격한 장소
④ 습도가 낮은 장소

해설 누전경보기는 다음 각호의 장소 외의 장소에 설치하여야 한다.
1) 가연성의 증기, 먼지, 가스 등이나 부식성의 증기, 가스등이 다량으로 체류하는 장소
2) 화약류를 제조하거나 저장 또는 취급하는 장소
3) **습도가 높은 장소**
4) 온도의 변화가 급격한 장소
5) 대전류 회로, 고주파 발생회로 등에 의한 영향을 받을 우려가 있는 장소

66. 휴대용비상조명등의 설치기준에 적합하지 않은 것은?

① 다중이용업소에는 구획된 실마다 잘 보이는 곳마다 설치
② 사용 시 수동·자동 겸용으로 점등되는 구조일 것
③ 외함은 난연성능이 있을 것
④ 지하상가에는 보행거리 25[m] 이내마다 3개 이상 설치

해설 휴대용비상조명등의 설치기준
1) 숙박시설 또는 **다중이용업소에는** 객실 또는 영업장 안의 **구획된 실마다 잘 보이는 곳**(외부에 설치시 출입문 손잡이로부터 1[m] 이내 부분)에 1개 이상 설치
2) 대규모 점포 및 영화상영관에는 보행거리 50[m] 이내마다 3개 이상 설치
3) **지하상가 및 지하역사에는 보행거리 25[m] 이내마다 3개 이상 설치**
4) 설치높이는 바닥으로부터 0.8[m] 이상 1.5[m] 이하의 높이에 설치할 것
5) 어둠 속에서 위치를 확인할 수 있도록 할 것

6) 사용시 자동으로 점등되는 구조일 것
7) 외함은 난연성능이 있을 것

67. 다음 중 비상콘센트설비의 전원공급회로의 설치기준으로 틀린 것은?

① 전원회로는 단상 교류 220[V]로 한다.
② 전원회로의 공급용량은 단상 교류의 경우 1.5[kVA] 이상의 것으로 한다.
③ 전원회로는 주배전반에서 전용회로로 한다.
④ 전원으로부터 각 층의 비상콘센트에 분기하는 경우 분기배선용 차단기를 보호함 밖에 설치한다.

해설 비상콘센트 설비의 전원회로 기준
1) 전원회로는 단상 교류 220[V], 공급용량 1.5[kVA] 이상
2) 전원회로는 주배전반에서 전용회로로 하여야 한다.
3) 전원으로부터 각층의 비상콘센트에 분기되는 경우에는 분기배선용 **차단기를 보호함 안에 설치**하여야 한다.
4) 하나의 전용회로에 설치하는 비상콘센트는 10개 이하로 할 것. 이 경우 전선의 용량은 각 비상콘센트(비상콘센트가 3개 이상인 경우에는 3개)의 공급용량을 합한 용량 이상의 것

68. 자동화재탐지설비의 경계구역설정 기준으로 옳은 것은?

① 하나의 경계구역이 3개 이상의 건축물에 미치지 아니할 것
② 하나의 경계구역의 면적은 400[m^2] 이하로 하고 한 변의 길이는 60[m] 이하로 할 것
③ 도로터널의 경우 하나의 경계구역의 길이는 100[m] 이하로 할 것
④ 하나의 경계구역이 4개 이상의 층에 미치지 아니할 것

정답 65. ④ 66. ② 67. ④ 68. ③

해설 경계구역
1) 하나의 경계구역이 **2개 이상의 건축물**에 미치지 아니하도록 할 것
2) 하나의 경계구역이 **2개 이상의 층**에 미치지 아니하도록 할 것. 단, **500[m²] 이하**의 범위 안에서는 2개의 층을 하나의 경계구역으로 할 수 있다.
3) 하나의 경계구역의 면적은 **600[m²] 이하**로 하고 한 변의 길이는 **50[m] 이하**로 한다. 단, 해당 특정소방대상물의 주된 출입구에서 그 내부 전체가 보이는 것에 있어서는 1,000[m²] 이하로 할 수 있다.
4) 도로터널에 있어서 하나의 경계구역의 길이는 100[m] 이하로 할 것

69. 누전경보기의 음향장치의 설치 위치는?

① 옥외인입선의 제1지점의 부하측의 점검이 쉬운 위치
② 수위실 등 상시 사람이 근무하는 장소
③ 옥외인입선의 제2종 접지선측의 점검이 쉬운 위치
④ 옥내의 점검에 편리한 장소

해설 누전경보기의 음향장치는 **수위실 등 상시 사람이 근무하는 장소에 설치**하여야 하며, 그 음량 및 음색은 다른 기기의 소음 등과 명확히 구별할 수 있는 것으로 하여야 한다.

70. 지하 2층, 지상 25층인 공동주택의 1층에서 화재 발생시 경보를 발해야 하는 층으로 옳은 것은?

① 지상 1층~지상 5층
② 지하 모든층, 지상 모든층
③ 지하 모든층, 지상 1층~지상 5층
④ 지하 모든층, 지상 1층~지상 2층

해설 층수가 11층(공동주택의 경우에는 16층) 이상의 특정소방대상물은 다음의 기준에 따라 경보를 발할 수 있도록 해야 한다.

1) 2층 이상의 층에서 발화한 때에는 발화층 및 그 직상 4개층에 경보를 발할 것
2) **1층에서 발화한 때에는 발화층·그 직상 4개층 및 지하층에 경보를 발할 것**
3) 지하층에서 발화한 때에는 발화층·그 직상층 및 기타의 지하층에 경보를 발할 것

71. 누전경보기의 화재안전기술기준에서 변류기의 설치위치로 옳은 것은?

① 옥외인입선의 제1지점의 부하측에 설치
② 제1종 접지선측의 점검이 쉬운 위치에 설치
③ 옥내인입선의 제1지점의 부하측에 설치
④ 제3종 접지선측의 점검이 쉬운 위치에 설치

해설
1) 변류기의 설치위치 : 구조상 부득이한 경우 인입구에 근접한 옥내에 설치
2) 변류기는 소방대상물의 형태, 인입선의 시설방법 등에 따라 **옥외 인입선의 제1지점의 부하측** 또는 제2종의 접지선측의 점검이 쉬운 위치에 설치

72. 피난구유도등에 관한 설명으로 옳지 않은 것은?

① 피난구의 바닥으로부터 높이 1.5[m] 이상의 곳에 설치하여야 한다.
② 조명도는 피난구로부터 20[m]의 거리에서 문자 및 색채를 쉽게 식별할 수 있는 것으로 하여야 한다.
③ 직통계단의 계단실 및 그 부속실의 출입구에 설치한다.
④ 안전구획된 거실로 통하는 출입구에 설치한다.

해설 유도등의 형식승인 및 제품검사의 기술기준(식별도 시험)

정답 69. ② 70. ③ 71. ① 72. ②

피난구유도등 및 거실통로유도등은 **상용전원으로 등을 켜는 경우에는 직선거리 30[m]의 위치**에서, **비상전원으로 등을 켜는 경우에는 직선거리 20[m]의 위치에서 각기 보통시력 쉽게 식별**되어야 한다.

73. ★★★ 출제년도 [08. 11. 24.]
천장의 높이가 2[m] 이하인 경우에 청각장애인용 시각경보장치는 다음 중 어떤 위치에 설치해야 하는가?

① 천장으로부터 0.15[m] 이내
② 천장으로부터 0.2[m] 이내
③ 천장으로부터 0.25[m] 이내
④ 천장으로부터 0.3[m] 이내

해설 청각장애인용 시각경보장치
설치높이는 바닥으로부터 2[m] 이상 2.5[m] 이하의 장소에 설치할 것(단, 천장의 높이가 2[m] 이하인 경우에는 천장으로부터 0.15[m] 이내의 장소에 설치)

74. ★★ 출제년도 [11. 24.]
정온식감지선형 감지기의 감지선이 늘어지지 않도록 하기 위하여 사용하는 것은?

① 보조선, 고정금구
② 케이블트레이 받침대
③ 접착제
④ 단자대

해설 정온식 감지선형 감지기의 설치기준
1) **보조선이나 고정금구를 사용하여 감지선이 늘어지지 않도록 설치할 것**
2) 단자부와 마감 고정금구와의 설치간격은 10[cm] 이내로 할 것
3) 감지기와 감지구역의 각 부분과의 수평거리는 다음과 같이 설치할 것

구 조	1종	2종
내화구조	4.5[m] 이하	3[m] 이하
기타구조	3[m] 이하	1[m] 이하

4) 감지선형 감지기의 굴곡반경은 5[cm] 이상으로 할 것

75. ★ 출제년도 [11. 24.]
무선통신보조설비에 대한 설명으로 잘못된 것은?

① 소화활동설비이다.
② 비상전원의 용량은 30분 이상이다.
③ 누설동축케이블의 끝부분에는 무반사 종단저항을 부착한다.
④ 누설동축케이블 또는 동축케이블의 임피던스는 100[Ω]의 것으로 한다.

해설 누설동축케이블 및 동축케이블의 임피던스는 50 Ω으로 하고, 이에 접속하는 안테나·분배기 기타의 장치는 해당 임피던스에 적합한 것으로 해야 한다.

76. ★ 출제년도 [11. 24.]
다음 비상방송설비의 설치 및 시공 내용 중 적법하지 않은 것은?

① 비상전원의 용량을 감시상태 60분 지속 및 유효하게 10분 이상 경보할 수 있는 축전지설비를 설치하였다.
② 비상방송용 배선과 비상콘센트 배선을 동일한 전선관내에 삽입 시공하였다.
③ 비상방송설비의 전원 개폐기에 "비상방송설비용"이라고 표지하였다.
④ 비상방송의 전원회로를 내화배선으로 시공하였다.

해설 비상방송설비의 배선은 **다른 전선과 별도의 관·덕트, 몰드 또는 풀박스 등에 설치할 것**

77. ★★★ 출제년도 [11. 24.]
원칙적으로 집회장에 설치하지 않아도 되는 유도등은?

① 대형피난구 유도등
② 중형피난구 유도등
③ 통로 유도등
④ 객석 유도등

정답 73. ① 74. ① 75. ④ 76. ② 77. ②

해설 특정소방대상물의 용도별로 설치하여야 할 유도등 및 유도표지

설치 장소	유도등 및 유도표지의 종류
공연장·집회장·관람장·운동시설	• 대형피난구유도등 • 통로유도등 • 객석유도등

78 다음 중 자동화재속보설비의 예비전원 시험방법으로 알맞은 것은?

① 저항시험과 내구성시험
② 전압안정시험과 충격시험
③ 충·방전시험과 안전장치시험
④ 최대사용전압시험과 전류량측정시험

해설 자동화재속보설비의 예비전원 시험방법
① 상온 충방전시험
② 주위온도 충방전시험
③ 안전장치시험

79 다음은 거실통로유도등 설치기준의 일부를 나타낸 것이다. ( )에 들어갈 내용으로 옳은 것은?

○ 구부러진 모퉁이 및 보행거리 (㉠) m마다 설치할 것
○ 바닥으로부터 높이 (㉡) m 이상의 위치에 설치할 것. 다만, 거실통로에 기둥이 설치된 경우에는 기둥 부분의 바닥으로부터 높이 (㉢) m 이하의 위치에 설치할 수 있다.

① ㉠ 15, ㉡ 1.5, ㉢ 2.0
② ㉠ 20, ㉡ 1.5, ㉢ 1.5
③ ㉠ 15, ㉡ 2.0, ㉢ 1.5
④ ㉠ 20, ㉡ 1.5, ㉢ 2.0

해설 거실통로유도등은 다음의 기준에 따라 설치할 것
1) 거실의 통로에 설치할 것. 다만, 거실의 통로가 벽체 등으로 구획된 경우에는 복도통로유도등을 설치할 것
2) 구부러진 모퉁이 및 보행거리 20 m마다 설치할 것
3) 바닥으로부터 높이 1.5 m 이상의 위치에 설치할 것. 다만, 거실통로에 기둥이 설치된 경우에는 기둥 부분의 바닥으로부터 높이 1.5 m 이하의 위치에 설치할 수 있다.

80 분말소화설비의 비상전원의 기준으로 옳지 않은 것은?

① 자가발전설비 또는 축전지설비로 하여야 한다.
② 유효하게 20분 이상 설비를 작동할 수 있어야 한다.
③ 상용전원으로부터 전원의 공급이 중단되는 때에는 자동으로 비상전원으로부터 전력을 공급받을 수 있어야 한다.
④ 비상전원의 설치장소에는 열병합발전설비 등에 필요한 설비 등을 두어서는 아니 된다.

해설 분말소화설비의 비상전원은 자가발전설비, 전기저장장치 또는 축전지설비로서 다음 각호의 기준에 따라 설치하여야 한다.
① 점검에 편리하고 화재 및 침수 등의 재해로 인한 피해를 받을 우려가 없는 곳에 설치할 것
② 분말소화설비를 유효하게 **20분 이상** 작동할 수 있어야 할 것
③ 상용전원으로부터 전력의 공급이 중단된 때에는 자동으로 비상전원으로부터 전력을 공급받을 수 있도록 할 것
④ 비상전원의 설치장소는 다른 장소와 **방화구획** 할 것. 이 경우 그 장소에는 비상전원의 공급에 필요한 기구나 설비외의 것(**열병합발전설비에 필요한 기구나 설비는 제외한다**)을 두어서는 안된다.
⑤ 비상전원을 실내에 설치하는 때에는 그 실내에 비상조명등을 설치할 것

정답 78. ③ 79. ② 80. ④

1회 2025년 소방설비기사(CBT)

1과목 소방원론

01 ★★★ 출제년도 【13, 18, 23, 25.】

실내에서 화재가 발생하여 실내의 온도가 21[℃]에서 650[℃]로 되었다면, 공기의 팽창은 처음의 약 몇 배가 되는가? (단, 대기압은 공기가 유동하여 화재 전후가 같다고 가정한다.)

① 3.14 ② 4.27
③ 5.69 ④ 6.01

해설 샤를의 법칙 $\dfrac{V_1}{T_1} = \dfrac{V_2}{T_2}$

여기서, T_1, T_2 : 절대온도[K=273+℃]
V_1, V_2 : 부피[m³]

$\dfrac{V_1}{T_1} = \dfrac{V_2}{T_2}$, $\dfrac{V_1}{(21+273)} = \dfrac{V_2}{(650+273)}$

$V_2 = \dfrac{(650+273)}{(21+273)} \times V_1 = 3.14\, V_1$

02 ★ 출제년도 【12, 25.】

일반적인 방폭구조의 종류에 해당하지 않는 것은?

① 내압방폭구조 ② 유입방폭구조
③ 내화방폭구조 ④ 안전증방폭구조

해설 방폭구조의 기호

구 분		기 호
방폭구조의 종류	내압 방폭구조	d
	유입 방폭구조	o
	압력 방폭구조	p
	안전증 방폭구조	e
	본질안전 방폭구조	ia, ib
	특수 방폭구조	s

03 ★★★ 출제년도 【12, 25.】

다음 원소 중 수소와의 결합력이 가장 큰 것은?

① F ② Cl
③ Br ④ I

해설
- 전기 음성도의 크기 : F > Cl > Br > I
- 결합력은 전기음성도가 클수록 크다
따라서, 결합력의 크기는 F > Cl > Br > I 가 된다.

04 ★★★ 출제년도 【25.】

화재의 분류방법 중 주방화재를 나타내는 것은?

① A급 화재
② B급 화재
③ C급 화재
④ K급 화재

해설 화재의 분류

등급 구분	A급	B급	C급	D급	K급
화재 종류	일반화재	유류화재	전기화재	금속화재	주방화재
표시 색상	백색	황색	청색	–	–

05 ★★★ 출제년도 【20, 23, 25.】

다음 중 고체 가연물이 덩어리보다 가루일 때 연소되기 쉬운 이유로 가장 적합한 것은?

① 발열량이 작아지기 때문이다.
② 공기와 접촉면이 커지기 때문이다.
③ 열전도율이 커지기 때문이다.
④ 활성에너지가 커지기 때문이다.

해설 ① 고체 가연물이 덩어리보다 가루일 때 연소되기 쉬운 이유는 공기와 접촉면이 커지기 때문이다.
② 표면적의 크기 : 고체 < 액체 < 기체

정답 1. ① 2. ③ 3. ① 4. ④ 5. ②

06. 다음 중 피난자의 집중으로 패닉현상이 일어날 우려가 가장 큰 형태는?

① T형
② X형
③ Z형
④ H형

해설 피난로의 유형 및 특징

구 분	특 징
·X형 ·Y형	확실한 피난 로가 보장된다.
·T형 ·I형	방향이 확실하여 분간하기 쉽다.
·Z형 ·ZZ형	중앙복도형에서 중앙 core식 중 양호하다.
·H형 ·CO형	중앙 core식으로 피난자들의 집중으로 패닉현상이 일어날 우려가 있다.

07. 방화벽에 설치하는 출입문의 너비 및 높이는 각각 얼마 이하로 해야 하는가?

① 2.0[m]
② 2.5[m]
③ 3.0[m]
④ 3.5[m]

해설 방화벽의 구조
1) 내화구조로서 홀로 설 수 있는 구조일 것
2) 방화벽의 양쪽 끝과 윗쪽 끝을 건축물의 외벽면 및 지붕면으로부터 0.5미터 이상 튀어 나오게 할 것
3) 방화벽에 설치하는 출입문의 너비 및 높이는 각각 2.5미터 이하로 하고, 해당 출입문에는 60분+ 방화문 또는 60분 방화문을 설치할 것

08. 물의 기화열이 539 cal인 것은 어떤 의미인가?

① 0℃의 물 1g이 얼음으로 변화하는데 539 cal의 열량이 필요하다.
② 0℃의 얼음 1g이 물로 변화하는데 539 cal의 열량이 필요하다.
③ 0℃의 물 1g이 100℃의 물로 변화하는데 539cal의 열량이 필요하다.
④ 100℃의 물 1g이 수증기로 변화하는데 539cal의 열량이 필요하다.

해설 물의 특징

구 분	열량
기화(증발)잠열	539 cal/g
융해잠열	80 cal/g
100℃의 물 1g이 100℃의 수증기로 되는데 필요한 열량	539 cal/g
0℃의 물 1g이 100℃의 수증기로 되는데 필요한 열량	639 cal/g

09. 연기 농도에서 감광계수 0.1 [m^{-1}]은 어떤 현상을 의미하는가?

① 출화실에서 연기가 분출될 때의 연기농도
② 화재 최성기의 연기 농도
③ 연기감지기가 작동하는 정도의 농도
④ 거의 앞이 보이지 않을 정도의 농도

해설 연기의 농도와 가시거리

감광계수	가시거리[m]	상 황
0.1	20~30	연기 감지기가 작동할 정도
0.3	5	건물내부에 익숙한 사람이 피난에 지장을 느낄 정도의 농도
0.5	3	어두침침한 것을 느낄 정도의 농도
1.0	1~2	거의 앞이 보이지 않을 정도의 농도
10	0.2~0.5	최성기 때의 연기농도로 유도등이 보이지 않는 정도의 농도
30		출화실에서 연기가 분출될 때의 연기농도

10. 연소를 위한 가연물의 조건으로 옳지 않은 것은?

① 산소와 친화력이 크고, 발열량이 클 것
② 열전도율이 작을 것
③ 연소시 흡열반응 할 것
④ 활성화 에너지가 작을 것

해설 가연물의 구비조건
1) 열전도율이 적을 것.
2) 활성화 에너지(점화에너지)가 작을 것.
3) 발열량이 클 것.
4) 열의 축적이 용이할 것.
5) 가연물의 표면적이 커야 한다.
　　(산소와의 접촉 면적이 클 것)

11 ★ 출제년도 【12, 25.】
포소화설비의 주된 소화작용은?

① 질식작용　　② 희석작용
③ 유화작용　　④ 촉매작용

해설 소화약제의 주된 소화 작용

소화약제	주된 소화 작용
물	냉각효과
포, 분말, 이산화탄소	질식효과
할로젠화합물	부촉매 효과, 화염억제작용

12 ★★ 출제년도 【12, 25.】
프로페인(propane)가스의 연소범위(vol%)에 가장 가까운 것은?

① 9.8 ~ 28.4　　② 2.5 ~ 81
③ 4.0 ~ 75　　④ 2.1 ~ 9.5

해설 주요 물질의 연소범위

종 류	에틸렌	프로페인	메테인	수소
연소범위(vol%)	3.1~32	2.1~9.5	5~15	4~75

13 ★ 출제년도 【12, 25.】
할론 가스 45[kg]과 함께 기동가스로 질소 2[kg]을 충전하였다. 이 때 질소가스의 몰분율은 약 얼마인가? (단, 할론 가스의 분자량은 149이다.)

① 0.19　　② 0.24
③ 0.31　　④ 0.39

해설 mol 수 = $\dfrac{\text{질량[kg]}}{\text{분자량[kg/mol]}}$ 이므로,

1) 할론 가스 mol 수 = $\dfrac{45}{149}$ = 0.302
2) 질소 가스 mol 수 = $\dfrac{2}{28}$ = 0.071

∴ 질소가스의 몰분율 = $\dfrac{\text{질소의 mol수}}{\text{전체 mol수}}$
= $\dfrac{0.071}{0.071+0.302}$ = 0.19

14 ★★★ 출제년도 【11, 12, 25.】
다음 분말소화약제의 열분해 반응식에서 ( ) 안에 알맞은 화학식은?

$$2NaHCO_3 \rightarrow Na_2CO_3 + H_2O + (\quad)$$

① CO　　② CO_2
③ Na　　④ Na_2

해설 분말소화약제인 탄산수소나트륨의 열분해 반응식
$2NaHCO_3 \rightarrow Na_2CO_3 + CO_2 + H_2O - Q[kcal]$

15 ★★ 출제년도 【18, 23, 25.】
산림화재 시 소화효과를 증대시키기 위해 물에 첨가하는 증점제로서 적합한 것은?

① Ethylene Glycol
② Potassium Carbonate
③ Ammonium Phosphate
④ Sodium Carboxy Methyl Cellulose

해설 Sodium Carboxy Methyl Cellulose은 CMC 소화약제라고도 하며 산림화재시 사용하는 증점제이다.

16 ★★★ 출제년도 【12, 25.】
분말소화약제 중 A급, B급, C급에 모두 사용할 수 있는 것은?

① 제1종 분말　　② 제2종 분말
③ 제3종 분말　　④ 제4종 분말

정답 11. ①　12. ④　13. ①　14. ②　15. ④　16. ③

해설 분말소화약제

종별	구성물질	색	적용화재
제1종	탄산수소나트륨 (중탄산나트륨)	백색	BC급
제2종	탄산수소칼륨 (중탄산칼륨)	담회색	BC급
제3종	제1인산암모늄	담홍색 (또는 황색)	ABC급
제4종	탄산수소칼륨+요소	회(백)색	BC급

17 ★★★ 출제년도【17. 23. 25.】
건축방화계획에서 건축구조 및 재료를 불연화하여 화재를 미연에 방지하고자 하는 공간적 대응방법은?

① 회피성 대응   ② 도피성 대응
③ 대항성 대응   ④ 설비적 대응

해설 공간적 대응(수동적 방화)

구분	내 용
대항성	건축물의 내화성능, 방화구획 성능, 화재방어 대응성, 방연성능, 배연성능, 초기소화 대응력
회피성	난연화, 불연화, 내장제 제한, 방화훈련 등 화재예방 방안
도피성	피난, 부지 및 도로 등

18 ★ 출제년도【12. 25.】
CO_2 소화약제의 장점으로 가장 거리가 먼 것은?

① 한냉지에서도 사용이 가능하다.
② 자체 압력으로도 방사가 가능하다.
③ 전기적으로 비전도성이다.
④ 인체에 무해하고 GWP가 0이다.

해설 지구온난화지수(Global Warming Potential ; GWP)는 각각의 온실가스가 지구온난화에 기여하는 정도를 이산화탄소를 기준(GWP=1)으로 수치화 한 것이다.

19 ★★★ 출제년도【97. 06. 12. 25.】
표준상태에서 11.2[l]의 기체 질량이 22[g]이었다면 이 기체의 분자량은 얼마인가? (단, 이상기체를 가정한다.)

① 22   ② 35
③ 44   ④ 56

해설 이상기체 상태방정식 $PV=nRT$
여기서, P : 기압 [atm], V : 부피 [l]
n : 몰수 ($n = \dfrac{W(질량[kg])}{M(분자량)}$)
R : 기체상수 (0.082 [atm·l/mol·K])
T : 절대온도[K]

$PV = \dfrac{W}{M} RT$에서

$M = \dfrac{WRT}{PV}$

$= \dfrac{22[g] \times 0.082[atm \cdot l/mol \cdot K] \times 273[K]}{1[atm] \times 11.2[l]}$

$= 44$

20 ★★★ 출제년도【02. 07. 12. 25.】
다음 중 연소속도와 가장 관계가 깊은 것은?

① 증발속도   ② 환원속도
③ 산화속도   ④ 혼합속도

해설 연소란 화학반응의 일종으로 가연물이 산소 중에서 산화반응을 하여 열과 빛을 내는 현상을 말하며 연소의 진행속도와 산화속도는 직접 관계된다.

2과목 소방전기일반

21 ★★★ 출제년도【17. 20. 25.】
인덕턴스가 0.5[H]인 코일의 리액턴스가 753.6[Ω]일 때 주파수는 약 몇 [Hz]인가?

① 120   ② 240
③ 360   ④ 480

정답 17. ① 18. ④ 19. ③ 20. ③ 21. ②

해설 주파수 $f = \dfrac{X_L}{2\pi L} = \dfrac{753.6}{2\pi \times 0.5} = 239.88[\text{Hz}]$
여기에서, X_L : 유도성리액턴스[Ω]
L : 인덕턴스[H]

22 ★★ 출제년도 [08, 12, 25.]

그림과 같은 오디오회로에서 스피커 저항이 8[Ω]이고, 증폭기 회로의 저항이 288[Ω]이다. 이 변압기의 권수비는?

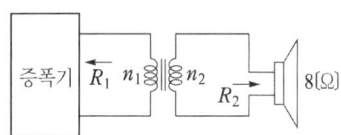

① 6
② 7
③ 36
④ 42

해설 이상 변압기의 권수비
$a = \sqrt{\dfrac{R_1}{R_2}} = \sqrt{\dfrac{288}{8}} = 6$

23 ★★★ 출제년도 [20, 25.]

최고 눈금 50[mV], 내부 저항이 100[Ω]인 직류 전압계에 1.2[MΩ]의 배율기를 접속하면 측정할 수 있는 최대 전압은 약 몇 [V]인가?

① 3
② 60
③ 600
④ 1200

해설 배율기 저항 $R_s = (m-1)r_v$
$R_s = (\dfrac{V}{V_a} - 1)r_v$ 에 대입하면
$1.2 \times 10^6 = (\dfrac{V}{50 \times 10^{-3}} - 1) \times 100$
$V = 600.05[\text{V}]$
여기서, m : 배율($= \dfrac{\text{확대하고자 하는 전압}}{\text{전압계 지시값}}$)

24 ★★★ 출제년도 [12, 25.]

농형 유도 전동기의 속도 제어방법이 아닌 것은?

① 주파수를 변경하는 방법
② 극수를 변경하는 방법
③ 2차 저항을 제어하는 방법
④ 전원 전압을 바꾸는 방법

해설 2차 저항을 제어하는 방법은 권선형 유도 전동기에 사용되는 것으로, 2차 저항이 증가하면 토크 곡선 등이 슬립이 증가하는 방향으로 2차 저항에 비례하며 이동한다. 이를 비례 추이라 한다.

25 ★★★ 출제년도 [08, 12, 25.]

다음 그림과 같은 회로에서 $R = 16[\Omega]$, $L = 180[\text{mH}]$, $\omega = 100[\text{rad/s}]$일 때 합성 임피던스는?

① 약 3[Ω]
② 약 5[Ω]
③ 약 24[Ω]
④ 약 34[Ω]

해설 임피던스 $Z = R + j\omega L[\Omega]$에서
$Z = 16 + j100 \times 180 \times 10^{-3} = 16 + j18$
$= \sqrt{16^2 + 18^2} \fallingdotseq 24[\Omega]$ 이 된다.

26 ★★ 출제년도 [04, 05, 09, 12, 25.]

60[Hz]의 3상 전압을 전파정류하면 맥동주파수는?

① 120[Hz]
② 240[Hz]
③ 360[Hz]
④ 720[Hz]

해설

	단상 반파	단상 전파	3상 반파	3상 전파
맥동주파수 [Hz]	f	$2f$	$3f$	$6f$
맥동률[%]	121	48	17.7	4.04

3상 전파의 경우 맥동주파수는 $6f$이므로 $6 \times 60 = 360[\text{Hz}]$가 된다.

27. 200[V] 전원에 접속하면 1[kW]의 전력을 소비하는 저항을 100[V] 전원에 접속하면 소비전력은?

① 250[W] ② 500[W]
③ 750[W] ④ 900[W]

해설 전력 $P = \dfrac{V^2}{R}$ 이므로

$$\dfrac{P'}{P} = \dfrac{\dfrac{V'^2}{R}}{\dfrac{V^2}{R}} \text{에서} \quad \dfrac{P'}{1000} = \dfrac{\dfrac{100^2}{R}}{\dfrac{200^2}{R}} = 0.25$$

∴ $P' = 0.25 \times 1000 = 250[\text{W}]$

28. 그림과 같은 논리회로의 출력 X는?

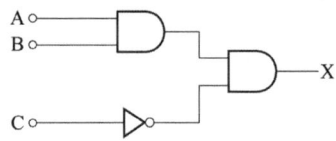

① $AB + \overline{C}$ ② $A + B + \overline{C}$
③ $(A+B)\overline{C}$ ④ $AB\overline{C}$

해설

회로	논리회로
AND 회로	A─┐ B─┘─○X X=A·B
OR 회로	A─┐ B─┘─○X X=A+B
NOT 회로	A─▷○─X X=$\overline{A}$

$X = (A \cdot B) \cdot \overline{C} = AB\overline{C}$

29. 변위를 전압으로 변환시키는 장치가 아닌 것은?

① 포텐셔미터 ② 차동변압기
③ 전위차계   ④ 측온저항체

해설 변환요소

변환량	변환요소
압력 → 변위	다이어프램, 벨로우즈, 스프링
변위 → 압력	유압분사관, 노즐 플래퍼, 스프링
변위 → 전압	차동변압기, 포텐셔미터, 전위차계
온도 → 임피던스	정온식감지선형 감지기, 측온 저항(열선, 서미스터)
온도 → 전압	열전대

30. 그림은 비상시에 대비한 예비전원의 공급회로이다. 직류 전압을 일정하게 유지하기 위하여 콘덴서를 설치한다면 그 위치로 적당한 곳은?

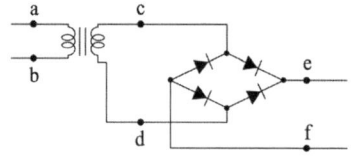

① a와 b 사이 ② c와 d 사이
③ e와 f 사이 ④ c와 e 사이

해설 콘덴서(condenser)는 Bridge 회로에서 정류된 직류전압을 평활하게 하기 위하여 정류회로의 출력 단, 즉 e와 f 사이에 설치한다.

31. 단상변압기의 권수비가 $a=8$이고, 1차 교류 전압의 실효치는 110[V]이다. 변압기 2차 전압을 단상 반파 정류회로를 이용하여 정류했을 때 발생하는 직류 전압의 평균치는 약 몇 [V]인가?

① 6.19 ② 6.29
③ 6.39 ④ 6.88

해설 직류전압

$$E_d = 0.45E = 0.45 \times \dfrac{110}{8} = 6.1875 = 6.19[\text{V}]$$

여기서, E는 2차 전압이므로 $\dfrac{1차전압}{권수비}$ 이 된다.

정답 27. ① 28. ④ 29. ④ 30. ③ 31. ①

32 어떤 회로에 $v(t) = 150\sin\omega t$[V]의 전압을 가하니 $i(t) = 6\sin(\omega t - 30)$[A]의 전류가 흘렀다. 이 회로의 소비전력은?

① 약 390[W] ② 약 450[W]
③ 약 780[W] ④ 약 900[W]

해설 $P = VI\cos\theta = \dfrac{V_m}{\sqrt{2}} \cdot \dfrac{I_m}{\sqrt{2}} \cos\theta$ 이므로

$\therefore P = \dfrac{150}{\sqrt{2}} \times \dfrac{6}{\sqrt{2}} \times \cos 30° = 389.71[W]$

33 다음 소자 중에서 온도 보상용으로 쓰이는 것은?

① 서미스터 ② 바리스터
③ 제너다이오드 ④ 터널다이오드

해설

종류	특 성	적 용
서미스터	온도의 변화에 따라 저항값이 변화하는 반도체로 부 온도특성이 있다.	온도보상용, 온도계측용
SCR	사이리스터의 일종으로 단방향 대 전류 스위칭 소자	무접점스위치, AVR, 전력제어용
바리스터	서지전압에 대한 보호용	스위치 및 계전기의 접점 개폐시, 불꽃제어용
바랙터	가해지는 전압에 따라 용량이 변화하는 특성	AFC 회로, FM 변조회로에 적용

34 다음 중 직류전동기의 제동법이 아닌 것은?

① 회생제동 ② 정상제동
③ 발전제동 ④ 역전제동

해설 직류전동기의 제동법
① 회생제동 : 위치에너지를 이용하여 발전기로 구동시켜 발생 전력을 전원에 되돌려 제동
② 역전제동(역상제동, pluuging) : 전동기를 역회전시켜 급제동
③ 발전제동 : 저항 내에서 열에너지(줄열)를 발생시켜 제동

35 변압기의 1차 권수가 10회, 2차 권수가 300회인 경우 2차 단자에서 1500[V]의 전압을 얻고자 하는 경우 1차 단자에서 인가하여야 할 전압은?

① 50[V] ② 100[V]
③ 220[V] ④ 380[V]

해설 $a = \dfrac{n_1}{n_2} = \dfrac{V_1}{V_2}$ 에서

$V_1 = \dfrac{n_1}{n_2} \times V_2 = \dfrac{10}{300} \times 1500 = 50[V]$

36 자체 인덕턴스가 각각 160[mH], 250[mH]의 두 코일이 있다. 두 코일 사이의 상호 인덕턴스가 150[mH] 이라면 결합계수는?

① 0.5 ② 0.75
③ 0.86 ④ 1.0

해설 결합계수 $k = \dfrac{M}{\sqrt{L_1 L_2}}$

여기서, k : 결합계수, M : 상호인덕턴스,
L_1, L_2 : 자기인덕턴스

$\therefore k = \dfrac{M}{\sqrt{L_1 L_2}} = \dfrac{150}{\sqrt{160 \times 250}} = 0.75$

37 작동 신호를 조작량으로 변환하는 요소이며, 조절부와 조작부로 이루어진 것은?

① 제어요소 ② 제어대상
③ 피드백요소 ④ 기준입력요소

해설

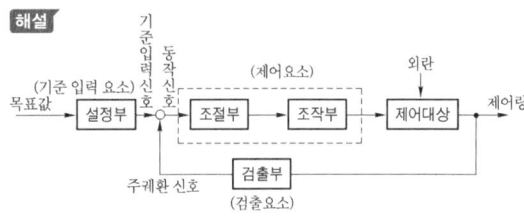

제어요소는 조절부와 조작부로 구성되며 동작신호를 받아 조작량으로 변환하여 제어대상에 공급한다.

38 ★★ 출제년도【99, 00, 03, 12, 25.】
그림과 같은 회로에서 전압계 Ⓥ의 지시값은?

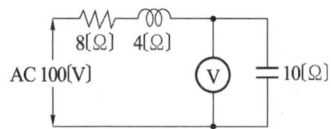

① 10[V] ② 50[V]
③ 80[V] ④ 100[V]

해설 전체전류
$$I = \frac{V}{Z} = \frac{V}{\sqrt{R^2 + (X_C - X_L)^2}} = \frac{100}{\sqrt{8^2 + (10-4)^2}}$$
$$= 10[A]$$
전압계 Ⓥ의 지시값
$$V = IX_C = 10 \times 10 = 100[V]$$

---

39 ★ 출제년도【12, 25.】
한쪽 극판의 면적이 0.01[m²], 극판간격이 1.5[mm]인 공기 콘덴서의 정전용량은?

① 약 59[pF]
② 약 118[pF]
③ 약 344[pF]
④ 약 1334[pF]

해설 $C = \dfrac{\epsilon_0 S}{d} = \dfrac{8.855 \times 10^{-12} \times 0.01}{1.5 \times 10^{-3}}$
$\fallingdotseq 59 \times 10^{-12}[F] = 59[pF]$

---

40 ★ 출제년도【20, 25.】
자동화재탐지설비의 감지기 회로의 길이가 500[m]이고, 종단에 8[kΩ]의 저항이 연결되어 있는 회로에 24[V]의 전압이 가해졌을 경우 도통 시험 시 전류는 약 몇 [mA]인가? (단, 동선의 저항률은 $1.69 \times 10^{-8}[\Omega \cdot m]$이며, 동선의 단면적은 2.5[mm²]이고, 접촉저항 등은 없다고 본다.)

① 2.4 ② 3.0
③ 4.8 ④ 6.0

해설 배선저항
$$R = \rho \frac{l}{A}$$
$$= 1.69 \times 10^{-8}[\Omega \cdot m] \times \frac{500[m]}{2.5 \times 10^{-6}[m^2]}$$
$$= 3.38[\Omega]$$
도통시험시 전류
$$I = \frac{V}{R} = \frac{24}{3.38 + 8 \times 10^3} = 3 \times 10^{-3} = 3[mA]$$

3과목 소방관계법규

41 ★★★ 출제년도【11, 24, 25.】
소방시설공사업자는 소방시설공사 결과 소방시설에 하자가 있는 경우 하자보수를 하여야 한다. 다음 중 하자보수를 하여야 하는 소방시설과 소방시설별 하자보수보증기간이 잘못 나열된 것은?

① 유도등 : 2년
② 자동화재탐지설비 : 3년
③ 스프링클러설비 : 3년
④ 무선통신보조설비 : 3년

해설 무선통신보조설비는 2년이다.
관련법 : 소방시설공사업법 시행령
(하자보수대상 소방시설과 하자보수보증기간)

소화설비	보수기간
피난기구, 유도등, **유도표지**, 비상경보설비, 비상조명등, 비상방송설비, **무선통신보조설비**	2년
자동소화장치, 옥내소화전설비, 옥외소화전설비, 스프링클러설비, 간이스프링클러설비, 물분무등소화설비, **자동화재탐지설비**, 상수도소화용수설비, 소화활동설비(무선통신보조설비 제외)	3년

정답 38. ④ 39. ① 40. ② 41. ④

42

출제년도 [96, 98, 00, 01, 02, 05, 12, 25.]

다음 ( )안에 들어갈 숫자로 알맞은 것은?

"인명구조기구는 지하층을 포함하는 층수가 (㉠)층 이상인 관광호텔 및 (㉡)층 이상인 병원에 설치하여야 한다."

① ㉠ 11, ㉡ 7
② ㉠ 7, ㉡ 7
③ ㉠ 7, ㉡ 5
④ ㉠ 5, ㉡ 5

해설 관련법 : 소방시설설치 및 관리에 관한 법률 시행령
인명구조기구는 지하층을 포함하는 층수가 7층 이상인 관광호텔 및 5층 이상인 병원에 설치하여야 한다.

43

출제년도 [07, 12, 25.]

다음 중 위험물별 성질로서 옳지 않은 것은?

① 제1류 : 산화성 고체
② 제2류 : 가연성 고체
③ 제4류 : 인화성 액체
④ 제6류 : 인화성 고체

해설 관련법 : 위험물안전관리법 시행령 별표1 (위험물 및 지정수량)

유 별	성 질
제1류	산화성 고체
제2류	가연성 고체
제3류	자연발화성 물질 및 금수성물질
제4류	인화성 액체
제5류	자기반응성 물질
제6류	산화성 액체

44

출제년도 [12, 25.]

특정소방대상물의 방염 등에 있어 방염대상물품에 해당되지 않는 것은?

① 목재 책상
② 카펫
③ 창문에 설치하는 커튼류
④ 전시용 합판

해설 관련법 : 소방시설 설치 및 관리에 관한 법률 시행령 제31조(방염대상물품 및 방염성능기준)
제조 또는 가공 공정에서 방염처리를 한 다음 각 목의 물품
1) 창문에 설치하는 커튼류(블라인드 포함)
2) 카펫
3) 벽지류(두께가 2[mm] 미만인 종이벽지는 제외)
4) 전시용 합판·목재 또는 섬유판, 무대용 합판·목재 또는 섬유판
5) 암막, 무대막 (영화상영관에 설치하는 스크린과 가상체험 체육시설업에 설치하는 스크린을 포함)

45

출제년도 [12, 25.]

화재의 예방 및 안전관리에 관한 법령상 특수가연물로서 가연성고체류에 대한 설명으로 틀린 것은?

① 고체로서 인화점이 40[℃] 이상 100[℃] 미만인 것
② 고체로서 인화점이 100[℃] 이상 200[℃] 미만이고, 연소 열량이 1[g] 당 8[kcal] 이상인 것
③ 고체로서 인화점이 200[℃] 이상이고, 연소열량이 1[g] 당 8[kcal] 이상인 것으로서 융점이 200[℃] 미만인 것
④ 1기압과 20[℃] 초과 40[℃] 이하에서 액상인 것으로서 인화점이 70[℃] 이상 200[℃] 미만인 것

해설 관련법 : 화재예방법 시행령 별표2(특수가연물)
"가연성고체류"라 함은 고체로서 다음 각목의 것을 말한다.
가. 인화점이 섭씨 40도 이상 100도 미만인 것
나. 인화점이 섭씨 100도 이상 200도 미만이고, 연소열량이 1그램당 8킬로칼로리 이상인 것
다. 인화점이 섭씨 200도 이상이고 연소열량이 1그램당 8킬로칼로리 이상인 것으로서 녹는점(융점)이 100도 미만인 것
라. 1기압과 섭씨 20도 초과 40도 이하에서 액상인 것으로서 인화점이 섭씨 70도 이상 섭씨 200도 미만이거나 나목 또는 다목에 해당하는 것

정답 42. ③ 43. ④ 44. ① 45. ③

46 다음 중 경보설비에 해당되지 않는 것은?

① 자동화재탐지설비
② 무선통신보조설비
③ 통합감시시설
④ 누전경보기

해설 관련법 : 관련법 : 소방시설 설치 및 관리에 관한 법률 시행령 별표1(소방시설)

구분	시설의 종류
경보설비	비상벨설비, 자동식사이렌설비, 단독경보형감지기, 비상방송설비, 누전경보기, **자동화재탐지설비 및 시각경보기**, **자동화재속보설비**, 가스누설경보기, **통합감시시설, 화재알림설비**
소화활동설비	제연설비, 연결송수관 설비, 연결살수설비, 비상콘센트설비, **무선통신보조설비**, 연소방지설비

47 소방신호의 종류가 아닌 것은?

① 진화신호
② 발화신호
③ 경계신호
④ 해제신호

해설 관련법 : 소방기본법 시행규칙 제10조 (소방신호의 종류 및 방법)
1) 경계신호 : 화재예방 상 필요하다고 인정되거나 화재위험경보 시 발령
2) 발화신호 : 화재가 발생한 때 발령
3) 해제신호 : 소화활동이 필요 없다고 인정되는 때 발령
4) 훈련신호 : 훈련 상 필요하다고 인정되는 때 발령

48 방염처리업의 종류에 속하지 않는 것은?

① 섬유류 방염업
② 위험물류 방염업
③ 합판 목재류 방염업
④ 합성수지류 방염업

해설 관련법 : 소방시설공사업법 시행령 별표1
(소방시설업의 업종별 등록기준 및 영업범위, 방염처리업의 방염처리시설 및 시험기기 기준)
1) 섬유류 방염업
2) 합성수지류 방염업
3) 합판·목재류 방염업

49 다음 특정소방대상물 중 주방용 자동소화장치를 설치하여야 하는 것은?

① 아파트등
② 대규모점포에 입점해 있는 일반음식점
③ 집단급식소
④ 항공기 격납고

해설
1) 주거용 주방자동소화장치를 설치해야 하는 것: 아파트등 및 오피스텔의 모든 층
2) 상업용 주방자동소화장치를 설치해야 하는 것
   가) 판매시설 중 대규모점포에 입점해 있는 일반음식점
   나) 집단급식소

50 제4류 위험물의 지정수량을 나타낸 것으로 잘못된 것은?

① 특수인화물 - 50리터
② 알코올류 - 400리터
③ 동식물유류 - 1000리터
④ 제4석유류 - 6000리터

해설 관련법 : 위험물안전관리법 시행령 별표1
(위험물 및 지정수량)

위험물				지정 수량
유별	성질	품명		
제4류	인화성 액체	1. 특수인화물		50 리터
		2. 제1석유류	비수용성 액체	200 리터
			수용성 액체	400 리터
		3. 알코올류		400 리터
		4. 제2석유류	비수용성 액체	1000 리터
			수용성 액체	2000 리터
		5. 제3석유류	비수용성 액체	2000 리터
			수용성 액체	4000 리터
		6. 제4석유류		6000 리터
		7. 동식물유류		10000 리터

정답 46. ② 47. ① 48. ② 49. ① 50. ③

51 ★★★ 출제년도 【12, 25.】

특정소방대상물에 설치하는 소방시설등의 유지·관리 등에 있어 대통령령 또는 화재안전기준의 변경으로 그 기준이 강화되는 경우 변경전의 대통령령 또는 화재안전기준이 적용되지 않고 강화된 기준이 적용되는 것은?

① 자동화재속보설비
② 옥내소화전설비
③ 간이스프링클러설비
④ 옥외소화전설비

해설 관련법 : 소방시설 설치 및 관리에 관한 법률 제13조 (소방시설기준 적용의 특례)
1. 다음 각 목의 소방시설 중 대통령령 또는 화재안전기준으로 정하는 것
   가. 소화기구
   나. 비상경보설비
   다. 자동화재탐지설비
   라. 자동화재속보설비
   마. 피난구조설비
2. 다음 각 목의 특정소방대상물에 설치하는 소방시설 중 대통령령 또는 화재안전기준으로 정하는 것

공동구, 전력 및 통신사업용 지하구	소화기, 자동소화장치, 자동화재탐지설비, 통합감시시설, 유도등 및 연소방지설비
노유자 시설	간이스프링클러설비, 자동화재탐지설비, 단독경보형 감지기
의료시설	스프링클러설비, 간이스프링클러설비, 자동화재탐지설비 및 자동화재속보설비

52 ★★ 출제년도 【12, 25.】

옥내주유취급소에 있어서 당해 사무소 등의 출입구 및 피난구와 당해 피난구로 통하는 통로·계단 및 출입구에 설치하여야 하는 피난설비는?

① 유도등
② 자동식사이렌설비
③ 제연설비
④ 수동식소화기

해설 관련법 : 위험물안전관리법 시행규칙 별표 17 (소화설비, 경보설비 및 피난설비의 기준)
옥내주유취급소에 있어서는 당해 사무소 등의 출입구 및 피난구와 당해 피난구로 통하는 통로·계단 및 출입구에 유도등을 설치하여야 한다.

53 ★★★ 출제년도 【11, 24, 25.】

기상현상 및 기상영향에 대한 예보·특보에 따라 화재의 발생 위험이 높다고 분석·판단되는 경우 화재에 관한 위험경보를 발령할 수 있는 자는?

① 국무총리
② 소방관서장
③ 시·도지사
④ 행정안전부장관

해설 화재에 관한 위험경보
소방관서장은 「기상법」 제13조에 따른 기상현상 및 기상영향에 대한 예보·특보에 따라 화재의 발생 위험이 높다고 분석·판단되는 경우에는 화재 위험경보를 발령하고, 보도기관을 이용하거나 정보통신망에 게재하는 등 적절한 방법을 통하여 이를 일반인에게 알려야 한다.

54 ★★★ 출제년도 【12, 25.】

특정소방대상물의 관계인은 그 특정소방대상물에 대하여 소방안전관리 업무를 수행하여야 한다. 그 업무에 속하지 않는 것은?

① 피난시설·방화구획 및 방화시설의 유지·관리
② 화재에 관한 위험 경보
③ 화기취급의 감독
④ 소방시설이나 그 밖의 소방 관련 시설의 유지·관리

해설 관련법 : 화재의 예방 및 안전관리에 관한 법률 제24조 (특정소방대상물의 소방안전관리)
특정소방대상물의 관계인과 소방안전관리대상물의 소방안전관리자의 업무는 다음 각 호와 같다. 다만, 제1호·제2호·제5호 및 제7호의 업무는 소방안전관리대상물의 경우에만 해당
1. 피난계획서에 관한 사항과 소방계획서의 작성 및 시행

정답 51. ① 52. ① 53. ② 54. ②

2. 자위소방대(自衛消防隊) 및 초기대응체계의 구성·
   운영·교육
3. 피난시설, 방화구획 및 방화시설의 유지·관리
4. 소방시설이나 그 밖의 소방 관련 시설의 유지·관리
5. **소방훈련 및 교육**
6. 화기(火氣) 취급의 감독
7. **소방안전관리에 관한 업무수행에 관한 기록·유지**
8. 화재발생 시 초기대응
9. 그 밖에 소방안전관리에 필요한 업무

55. 다음 중 시·도지사가 지정하는 화재예방강화지구의 지정대상지역에 해당되는 기준과 가장 거리가 먼 것은?

출제년도 【98, 99, 00, 01, 02, 03, 05, 11, 24, 25】

① 목조건물이 밀집한 지역
② 공장·창고가 밀집한 지역
③ 노후·불량건축물이 밀집한 지역
④ 업무시설이 밀집한 지역

해설 화재예방강화지구의 지정
1. 시장지역
2. 공장·창고가 밀집한 지역
3. 목조건물이 밀집한 지역
4. 노후·불량건축물이 밀집한 지역
5. 위험물의 저장 및 처리 시설이 밀집한 지역
6. 석유화학제품을 생산하는 공장이 있는 지역
7. 산업단지
8. 소방시설·소방용수시설 또는 소방출동로가 없는 지역
9. 물류단지
10. 그 밖에 제1호부터 제9호까지에 준하는 지역으로서 소방관서장이 화재예방강화지구로 지정할 필요가 있다고 인정하는 지역

56. 위험물안전관리법령상 위험물을 저장하기 위한 저장소 구분에 해당하지 않는 것은?

출제년도 【12, 25】

① 일반저장소
② 이동탱크저장소
③ 간이탱크저장소
④ 옥외저장소

해설 관련법 : 위험물안전관리법 시행령 별표2 (지정수량 이상의 위험물을 저장하기 위한 장소와 그에 따른 저장소의 구분)
저장소는 지정수량 이상의 위험물을 저장하기 위한 대통령령이 정하는 장소로서 옥내저장소, 옥외탱크저장소, 옥내탱크저장소, 지하탱크저장소, 간이탱크저장소, 이동탱크저장소, 옥외저장소, 암반탱크저장소가 있다.

57. 특정소방대상물 중 근린생활시설과 가장 거리가 먼 것은?

출제년도 【11, 24, 25】

① 안마시술소
② 찜질방
③ 한의원
④ 무도학원

해설 무도학원은 위락시설에 해당한다.
위락시설의 범위
1) 근린생활시설에 해당되지 아니하는 단란주점
2) 유흥주점
3) 카지노 영업소
4) 무도장 및 **무도학원**
5) 유원시설업의 시설

58. 다른 시·도간 소방업무에 관해 상호응원협정을 체결하고자 할 때 포함되어야 할 사항이 아닌 것은?

출제년도 【12, 25】

① 응원출동의 요청방법
② 소방신호방법의 통일
③ 소요경비의 부담에 관한 내용
④ 응원출동 대상지역 및 규모

해설 소방기본법 시행규칙 제8조(소방업무의 상호응원협정)
시·도지사는 이웃하는 다른 시·도지사와 소방업무에 관하여 상호응원협정을 체결하고자 하는 경우 다음 각 호의 사항이 포함되도록 해야 한다.
1) 다음 각 목의 소방활동에 관한 사항
   가. 화재의 경계·진압활동
   나. 구조·구급업무의 지원
   다. 화재조사활동
2) 응원출동대상지역 및 규모
3) 다음 각 목의 소요경비의 부담에 관한 사항

정답 55. ④ 56. ① 57. ④ 58. ②

가. 출동대원의 수당·식사 및 의복의 수선
나. 소방장비 및 기구의 정비와 연료의 보급
다. 그 밖의 경비
4) 응원출동의 요청방법
5) 응원출동훈련 및 평가

59. 위험물 제조소 등의 용도를 폐지한 때에는 용도를 폐지한 날부터 며칠 이내에 시·도지사에게 신고하여야 하는가?

① 7일   ② 14일
③ 21일 ④ 30일

해설 관련법 : 위험물안전관리법 제11조(제조소 등의 폐지) 제조소 등의 관계인(소유자·점유자 또는 관리자를 말한다. 이하 같다)은 당해 제조소 등의 용도를 폐지(장래에 대하여 위험물시설로서의 기능을 완전히 상실시키는 것을 말한다)한 때에는 행정안전부령이 정하는 바에 따라 제조소 등의 용도를 폐지한 날부터 14일 이내에 시·도지사에게 신고하여야 한다.

60. 다음 중 소방법상의 소방대상물이 아닌 것은?

① 산림
② 선박건조구조물
③ 항공기
④ 차량

해설 **소방대상물**이라 함은 건축물, **차량**, 선박(항구 안에 매어둔 선박에 한한다.), **선박건조구조물**, **산림** 그 밖의 인공구조물 또는 물건을 말한다.

4과목 소방전기설비의 구조 및 원리

61. 지하상가 및 지하역사의 경우 휴대용비상조명등의 설치기준으로 알맞은 것은?

① 수평거리 25[m] 이내마다 5개 이상 설치
② 수평거리 50[m] 이내마다 5개 이상 설치
③ 수평거리 25[m] 이내마다 3개 이상 설치
④ 수평거리 50[m] 이내마다 3개 이상 설치

해설 비상조명등의 화재안전기술기준
1) 숙박시설 또는 다중이용소에는 객실 또는 영업장안의 구획된 실마다 잘 보이는 곳(외부에 설치 시 출입문 손잡이로부터 1[m] 이내 부분)에 1개 이상 설치
2) 대규모 점포 및 영화상영관에는 보행거리 50[m] 이내 마다 3개 이상 설치
3) 지하상가 및 지하역사에는 보행거리 25[m] 이내 마다 3개 이상 설치
4) 설치높이는 바닥으로부터 0.8[m] 이상 1.5[m] 이하의 높이에 설치할 것

62. 누전경보기에서 감도조정장치의 조정범위는 최대 몇 [mA]인가?

① 1[mA]   ② 20[mA]
③ 1000[mA] ④ 1500[mA]

해설 누전감지기
1) 감도조정 범위 : 200[mA], 500[mA], 1,000[mA]
2) 공칭작동 전류치 : 200[mA] 이하

63. 통로의 직선부분의 길이가 30[m]인 극장 통로바닥에 설치하여야하는 객석유도등의 설치개수는?

① 3개   ② 4개
③ 7개   ④ 17개

정답 59. ② 60. ③ 61. ③ 62. ③ 63. ③

해설 객석유도등
유도등의 설치개수 N

$$N \geq \frac{객석통로의\ 직선부분의\ 길이[m]}{4} - 1$$

단, 소수점 이하는 절상

∴ $N = \frac{30}{4} - 1 = 6.5 \Rightarrow 7개$

---

64 ★ 출제년도 【12, 25.】

다음 ( )안에 들어갈 용어로 알맞은 것은?

> "누전경보기의 수신부는 변류기로부터 송신된 신호를 수신하는 경우 (㉠) 및 (㉡)에 의하여 누전을 자동적으로 표시할 수 있어야 한다."

① ㉠ 적색표시, ㉡ 음향신호
② ㉠ 황색표시, ㉡ 음향신호
③ ㉠ 적색표시, ㉡ 시각장치신호
④ ㉠ 황색표시, ㉡ 시각장치신호

해설 누전경보기의 형식승인 및 제품검사의 기술기준 제25조(누전표시)
수신부는 변류기로부터 송신된 신호를 수신하는 경우 적색표시 및 음향신호에 의하여 누전을 자동적으로 표시할 수 있어야 하며, 이 경우 차단기구가 있는 것은 차단후에도 누전되고 있음을 적색표시로 계속 표시되는 것이어야 한다.

---

65 ★★ 출제년도 【20, 25.】

소방시설용 비상전원수전설비의 화재안전성능기준(NFPC 602)에 따라 소방시설용 비상전원수전설비에서 소방회로 및 일반회로 겸용의 것으로서 수전설비, 변전설비와 그 밖의 기기 및 배선을 금속제 외함에 수납한 것은?

① 공용분전반 ② 전용배전반
③ 공용큐비클식 ④ 전용큐비클식

해설

전용큐비클식	소방회로용의 것으로 수전설비, 변전설비와 그 밖의 기기 및 배선을 금속제 외함에 수납한 것
공용큐비클식	소방회로 및 일반회로 겸용의 것으로서 수전설비, 변전설비와 그 밖의 기기 및 배선을 금속제 외함에 수납한 것
전용배전반	소방회로 전용의 것으로서 개폐기, 과전류차단기, 계기와 그 밖의 배선용기기 및 배선을 금속제 외함에 수납한 것
공용배전반	소방회로 및 일반회로 겸용의 것으로서 개폐기, 과전류차단기, 계기와 그 밖의 배선용기기 및 배선을 금속제 외함에 수납한 것
전용분전반	소방회로 전용의 것으로서 분기 개폐기, 분기과전류차단기와 그 밖의 배선용기기 및 배선을 금속제 외함에 수납한 것
공용분전반	소방회로 및 일반회로 겸용의 것으로서 분기개폐기, 분기과전류차단기와 그 밖의 배선용기기 및 배선을 금속제 외함에 수납한 것

---

66 ★★★ 출제년도 【04, 05, 06, 07, 12.】

비상방송설비에서 기동장치에 따른 화재신고를 수신한 후 필요한 음량으로 화재발생 상황 및 피난에 유효한 방송이 자동으로 개시될 때까지의 소요시간은 몇 초 이하로 하여야 하는가?

① 5초 이하 ② 10초 이하
③ 20초 이하 ④ 30초 이하

해설 비상방송설비의 설치기준
1) 확성기의 음성입력
  ① 실외 : 3[W] 이상
  ② 실내 : 1[W] 이상
2) 확성기는 각 층 마다 설치하고 그 층의 각 부분으로부터 하나의 확성기까지의 수평거리가 25[m] 이하
3) 음량조정기를 설치하는 경우 음량조정기의 배선은 3선식
4) 조작부의 조작스위치는 바닥으로부터 0.8[m] 이상 1.5[m] 이하의 높이에 설치
5) 기동장치에 의한 화재신고를 수신한 후 필요한 음량으로 방송이 개시될 때 가지의 소요시간은 10초 이하
6) 1경계구역마다 직류 250[V] 절연저항계로 측정한 저항이 0.1[MΩ] 이상

정답 64. ① 65. ③ 66. ②

67. 다음 ( )에 들어갈 내용으로 옳은 것은?

계단(직통계단외의 것에 있어서는 떨어져 있는 상하계단의 상호간의 수평거리가 (㉠)미터 이하로서 서로 간에 구획되지 아니한 것에 한한다. 이하 같다)·경사로(에스컬레이터 경사로 포함)·엘리베이터 승강로(권상기실이 있는 경우에는 권상기실)·린넨슈트·파이프 피트 및 덕트 기타 이와 유사한 부분에 대하여는 별도로 경계구역을 설정하되, 하나의 경계구역은 높이 (㉡)미터 이하(계단 및 경사로에 한한다)로 하고, 지하층의 계단 및 경사로(지하층의 층수가 1일 경우는 제외한다)는 별도로 하나의 경계구역으로 하여야 한다.

① ㉠ 5, ㉡ 40
② ㉠ 3, ㉡ 40
③ ㉠ 5, ㉡ 45
④ ㉠ 3, ㉡ 45

해설 계단(직통계단외의 것에 있어서는 떨어져 있는 상하계단의 상호간의 수평거리가 5미터 이하로서 서로 간에 구획되지 아니한 것에 한한다. 이하 같다)·경사로(에스컬레이터경사로 포함)·엘리베이터 승강로(권상기실이 있는 경우에는 권상기실)·린넨슈트·파이프 피트 및 덕트 기타 이와 유사한 부분에 대하여는 별도로 경계구역을 설정하되, 하나의 경계구역은 높이 45미터 이하(계단 및 경사로에 한한다)로 하고, 지하층의 계단 및 경사로(지하층의 층수가 1일 경우는 제외한다)는 별도로 하나의 경계구역으로 하여야 한다.

68. 비상콘센트 설비에서 하나의 전용회로에 설치하는 비상콘센트는 몇 개 이하로 하여야 하는가?

① 2개 이하
② 3개 이하
③ 10개 이하
④ 100개 이하

해설 하나의 전용회로에 설치하는 비상콘센트는 10개 이하로 할 것. 이 경우 전선의 용량은 각 비상콘센트(비상콘센트가 3개 이상인 경우에는 3개)의 공급용량을 합한 용량 이상의 것으로 해야 한다.

69. 천장 높이가 5[m]인 경우 청각장애인용 시각경보장치의 설치 높이로 알맞은 것은?

① 바닥으로부터 0.3[m] 이상 0.8[m] 이하의 장소
② 바닥으로부터 0.8[m] 이상 1.2[m] 이하의 장소
③ 바닥으로부터 2.0[m] 이상 2.5[m] 이하의 장소
④ 천장으로부터 0.15[m] 이내의 장소

해설 자동화재탐지설비 및 시각경보장치의 화재안전성능기준 제8조
청각장애인용 시각경보장치 설치기준
1. 복도·통로·청각장애인용 객실 및 공용으로 사용하는 거실(로비, 회의실, 강의실, 식당, 휴게실, 오락실, 대기실, 체력단련실, 접객실, 안내실, 전시실, 기타 이와 유사한 장소를 말한다)에 설치하며, 각 부분으로부터 유효하게 경보를 발할 수 있는 위치에 설치할 것
2. 공연장·집회장·관람장 또는 이와 유사한 장소에 설치하는 경우에는 시선이 집중되는 무대부 부분 등에 설치할 것
3. 설치높이는 바닥으로부터 2미터 이상 2.5미터 이하의 장소에 설치할 것. 다만, 천장의 높이가 2미터 이하인 경우에는 천장으로부터 0.15미터 이내의 장소에 설치해야 한다.
4. 시각경보장치의 광원은 전용의 축전지설비 또는 전기저장장치(외부 전기에너지를 저장해 두었다가 필요한 때 전기를 공급하는 장치)에 의하여 점등되도록 할 것. 다만, 시각경보기에 작동전원을 공급할 수 있도록 형식승인을 얻은 수신기를 설치한 경우에는 그렇지 않다.

70. 무선통신보조설비에서 2개 이상의 입력신호를 원하는 비율로 조합한 출력이 발생하도록 하는 장치는?

① 분배기
② 동조기
③ 복합기
④ 혼합기

해설 무선통신보조설비의 화재안전성능기준 제3조(정의)

정답 67. ③ 68. ③ 69. ③ 70. ④

1. "누설동축케이블"이란 동축케이블의 외부도체에 가느다란 홈을 만들어서 전파가 외부로 새어나 갈 수 있도록 한 케이블을 말한다.
2. "분배기"란 신호의 전송로가 분기되는 장소에 설치하는 것으로 임피던스 매칭(Matching)과 신호 균등분배를 위해 사용하는 장치를 말한다.
3. "분파기"란 서로 다른 주파수의 합성된 신호를 분리하기 위해서 사용하는 장치를 말한다.
4. "혼합기"란 둘 이상의 입력신호를 원하는 비율로 조합한 출력이 발생하도록 하는 장치를 말한다.
5. "증폭기"란 전압·전류의 진폭을 늘려 감도 등을 개선하는 장치를 말한다.
6. "무선중계기"란 안테나를 통하여 수신된 무전기 신호를 증폭한 후 음영지역에 재방사하여 무전기 상호 간 송수신이 가능하도록 하는 장치를 말한다.
7. "옥외안테나"란 감시제어반 등에 설치된 무선중계기의 입력과 출력포트에 연결되어 송수신 신호를 원활하게 방사·수신하기 위해 옥외에 설치하는 장치를 말한다.

71. 감지구역의 바닥면적이 50[m²]의 특정소방대상물에 열전대식 차동식분포형감지기를 설치하는 경우 열전대부는 몇 개 이상으로 하여야 하는가?

① 1개　　② 3개
③ 4개　　④ 10개

해설
1) 열전대식 차동식 분포형 감지기 설치기준
   ① 열전대부는 감지구역의 바닥면적 18[m²](주요구조부가 내화구조로 된 특정소방대상물에 있어서는 22[m²])마다 1개 이상 설치
   ② 바닥면적이 72[m²](주요구조부가 내화구조로 된 소방대상물에 있어서는 88[m²]) 이하인 특정소방대상물에 있어서는 4개 이상 설치
   ③ 하나의 검출부에 접속하는 열전대부는 20개 이하로 하여야 한다.
2) 열전대부 1개당 바닥면적은 18[m²]이므로
   열전대부 개수 = $\dfrac{50[m^2]}{18[m^2]}$ = 2.78개
   따라서, 3개나 바닥면적이 72[m²] 이하이므로 4개 이상 설치한다.

72. 비상경보설비 및 단독경보형감지기의 화재안전기술기준(NFTC 201)에 따라 바닥면적이 450[m²]일 경우 단독경보형감지기의 최소 설치개수는?

① 1개　　② 2개
③ 3개　　④ 4개

해설 각 실(이웃하는 실내의 바닥면적이 각각 30[m²] 미만이고 벽체의 상부의 전부 또는 일부가 개방되어 이웃하는 실내와 공기가 상호유통되는 경우에는 이를 1개의 실로 본다)마다 설치하되, 바닥면적이 150[m²]를 초과하는 경우에는 150[m²]마다 1개 이상 설치하여야 하므로 수량은
$\dfrac{450[m^2]}{150[m^2]} = 3$개

73. 유도등 및 유도표지의 화재안전기술기준(NFTC 303)에 따라 지하층을 제외한 층수가 11층 이상인 특정소방대상물의 유도등의 비상전원을 축전지로 설치한다면 피난층에 이르는 부분의 유도등을 몇 분 이상 유효하게 작동시킬 수 있는 용량으로 하여야 하는가?

① 10　　② 20
③ 50　　④ 60

해설 유도등의 비상전원 적합설치기준
1. 축전지로 할 것
2. 유도등을 20분 이상 유효하게 작동시킬 수 있는 용량으로 할 것. 다만, 다음 각 목의 특정소방대상물의 경우에는 그 부분에서 피난층에 이르는 부분의 유도등을 60분 이상 유효하게 작동시킬 수 있는 용량으로 하여야 한다.
   가. 지하층을 제외한 층수가 11층 이상의 층
   나. 지하층 또는 무창층으로서 용도가 도매시장·소매시장·여객자동차터미널·지하역사 또는 지하상가

74. 비상콘센트설비의 화재안전기술기준(NFTC 504)에 따라 비상콘센트설비의 전원부와 외함 사이의 절연저항은 전원부와 외함 사이를 500V 절연저항계로 측정할 때 몇 MΩ 이상이어야 하는가?

① 20　　② 30
③ 40　　④ 50

해설 비상콘센트설비의 전원부와 외함 사이의 절연저항 및 절연내력
1. 절연저항은 전원부와 외함 사이를 500[V] 절연저항계로 측정할 때 20[MΩ] 이상일 것
2. 절연내력은 전원부와 외함 사이에 정격전압이 150[V] 이하인 경우에는 1,000[V]의 실효전압을, 정격전압이 150[V] 초과인 경우에는 그 정격전압에 2를 곱하여 1,000을 더한 실효전압을 가하는 시험에서 1분 이상 견디는 것으로 할 것

75. 자동화재탐지설비의 감지기의 형식별 특성에서 각 서로 다른 종별 또는 감도 등의 기능을 갖춘 것으로서 일정시간 간격을 두고 각각 다른 2개 이상의 화재신호를 발하는 감지기는?

① 디지털식
② 아날로그식
③ 다신호식
④ 분산신호식

해설 감지기의 형식승인 및 제품검사의 기술기준 (감지기의 형식)
1. "다(多)신호식"이란 1개의 감지기 내에서 다음 각 목과 같다.
　가. 각 서로 다른 종별 또는 감도 등의 기능을 갖춘 것으로서 일정시간 간격을 두고 각각 다른 2개 이상의 화재신호를 발하는 감지기를 말한다.
　나. 동일 종별 또는 감도를 갖는 2개이상의 센서를 통해 감지하여 화재신호를 각각 발신하는 감지기를 말한다.
2. "축적형"이란 일정농도·온도 이상의 연기 또는 온도가 일정 시간(공칭축적시간) 연속하는 것을 전기적으로 검출함으로써 작동하는 감지기(다만, 단순히 작동시간만을 지연시키는 것은 제외한다)를 말한다.
3. "아날로그식"이란 주위의 온도 또는 연기의 양의 변화에 따른 화재정보신호값을 출력하는 방식의 감지기를 말한다.

76. 자동화재탐지설비의 수신기 구조에서 정격전압이 몇 [V]를 넘는 기구의 금속제 외함에는 접지단자를 설치하여야 하는가?

① 30[V]　　② 60[V]
③ 100[V]　　④ 300[V]

해설 수신기의 형식승인 및 제품검사의 기술기준 (제3조) 구조 및 일반기능
1) 정격전압이 60 V를 넘는 기구의 금속제 외함에는 접지단자를 설치하여야 한다.
2) 수신기(1회선용은 제외한다)는 2회선이 동시에 작동해도 화재표시가 되어야 하며, 감지기의 감지 또는 발신기의 발신개시로부터 P형, P형복합식, GP형 GP형복합식, R형, R형복합식, GR형 또는 GR형복합식 수신기의 수신완료까지의 소요시간은 5초 이내이어야 한다.

77. 비상조명등은 비상점등을 위하여 비상전원으로 전환되는 경우 비상점등 회로로 정격전류의 1.2배 이상의 전류가 흐르거나 램프가 없는 경우에는 비상점등 회로의 보호를 위하여 몇 초 이내에 예비전원으로부터 비상전원 공급을 차단하여야 하는가?

① 1초　　② 3초
③ 30초　　④ 60초

해설 비상조명등의 형식승인 및 제품검사의 기술기준 제5조의2 (비상점등 회로의 보호)
비상조명등은 비상점등을 위하여 비상전원으로 전환되는 경우 비상점등 회로로 정격전류의 1.2배 이상의 전류가 흐르거나 램프가 없는 경우에는 3초 이내에 예비전원으로부터의 비상전원 공급을 차단하여야 한다.

정답 74. ①　75. ③　76. ②　77. ②

78
비상콘센트설비의 전원회로에 대한 전압과 공급용량을 바르게 나타낸 것은?

① 단상 교류 : 110[V] 1.5[kVA] 이상
② 단상 교류 : 220[V] 1.5[kVA] 이상
③ 단상 교류 : 220[V] 3.0[kVA] 이상
④ 단상 교류 : 110[V] 3.0[kVA] 이상

해설 비상콘센트 설비

종류	전압	용량	플러그접속기
단상교류	220[V]	1.5[kVA] 이상	접지형 2극

79
축광방식의 피난유도선의 피난유도 표시부는 바닥 면에 설치하지 않는 경우 바닥으로부터 높이 몇 [cm] 이하의 위치에 설치하여야 하는가?

① 100[cm] 이하
② 80[cm] 이하
③ 50[cm] 이하
④ 30[cm] 이하

해설 축광방식의 피난유도선
① 구획된 각 실로부터 주출입구 또는 비상구까지 설치할 것
② 바닥으로부터 높이 50[cm] 이하의 위치 또는 바닥 면에 설치할 것
③ 피난유도 표시부는 50[cm] 이내의 간격으로 연속되도록 설치
④ 부착대에 의하여 견고하게 설치할 것
⑤ 외광 또는 조명장치에 의하여 상시 조명이 제공되거나 비상조명등에 의한 조명이 제공되도록 설치할 것

80
공기관식 차동식분포형 감지기의 설치기준으로 옳지 않은 것은?

① 공기관의 노출부분은 감지구역마다 20[m] 이상이 되도록 할 것
② 하나의 검출부분에 접속하는 공기관의 길이는 200[m] 이하로 할 것
③ 검출부는 5° 이상 경사되지 아니하도록 부착할 것
④ 검출부는 바닥으로부터 0.8[m] 이상 1.5[m] 이하의 위치에 설치할 것

해설 공기관식 차동식 분포형 감지기
1) 공기관의 노출부분은 감지구역마다 20[m] 이상이 되도록 할 것
2) 공기관과 감지구역의 각 변과의 수평거리는 1.5[m] 이하가 되도록 하고, 공기관 상호간의 거리는 6[m](주요구조부를 내화구조로 한 특정소방대상물 또는 그 부분에 있어서는 9[m]) 이하가 되도록 할 것
3) 공기관은 도중에서 분기하지 아니하도록 할 것
4) 하나의 검출부분에 접속하는 공기관의 길이는 100[m] 이하로 할 것
5) 검출부는 5° 이상 경사되지 아니하도록 부착할 것
6) 검출부는 바닥으로부터 0.8[m] 이상 1.5[m] 이하의 위치에 설치할 것

정답 78. ② 79. ③ 80. ②

2회 2025년 소방설비기사(CBT)

1과목 소방원론

01 ★★★ 출제년도 【12, 25.】
다음 중 발화점이 가장 낮은 것은?
① 황화인 ② 적린
③ 황린   ④ 황

해설 발화점 : 가연성 물질에 불꽃을 접하지 아니하였을 때 연소가 가능한 최저온도

품명	황화인	적린	황린	황
발화점	100[℃]	260[℃]	30~50[℃]	168~188[℃]

02 ★★ 출제년도 【12, 25.】
1[kcal]의 열은 약 몇 [kJ]에 해당하는가?
① 5.262   ② 4.186
③ 3.943   ④ 3.330

해설 1[J]≒0.24[cal]로 1[kcal]는 4.186[kJ]이다.

03 ★★★ 출제년도 【25.】
할론 1211의 화학식에 해당하는 것은?
① CF_3Br
② CF_2ClBr
③ $C_2F_4Br_2$
④ $CBrClF_3$

해설 할로겐화합물의 종류

구분	화학식	C	F	Cl	Br
1301	CF_3Br	1	3	0	1
1211	CF_2ClBr	1	2	1	1
2402	$C_2F_4Br_2$	2	4	0	2

04 ★★ 출제년도 【98, 04, 07, 12, 25.】
자연발화가 일어나기 쉬운 조건이 아닌 것은?
① 열전도율이 클 것
② 적당량의 수분이 존재할 것
③ 주위의 온도가 높을 것
④ 표면적이 넓을 것

해설 물질이 공기 중에서 발화온도 보다 낮은 온도에서 스스로 발열하여 그 열이 장기간 축적, 발화점에 도달하여 연소에 이르는 현상으로 발화점이 낮을수록 자연발화가 더 용이하게 일어난다. 자연발화의 조건은 다음과 같다.
1) 주위의 온도가 높을 것
2) 발열량이 클 것
3) 열전도율이 작을 것
4) 표면적이 넓을 것
5) 통풍이 잘 안될 것

05 ★★★ 출제년도 【12, 25.】
피난 시 하나의 수단이 고장 등으로 사용이 불가능하더라도 다른 수단 및 방법을 통해서 피난할 수 있도록 하는 것으로 2방향 이상의 피난통로를 확보하는 피난대책의 일반 원칙은?
① Risk-down 원칙
② Feed-back 원칙
③ Fool-proof 원칙
④ Fail-safe 원칙

해설 Fail-safe
피난 시 하나의 수단이 고장 등으로 사용이 불가능하더라도 다른 수단 및 방법을 통해서 피난할 수 있도록 하는 것으로 2방향 이상의 피난통로를 확보하는 피난대책

정답 1. ③ 2. ② 3. ② 4. ① 5. ④

06
0[℃]의 물 1[g]이 100[℃]의 수증기가 되려면 몇 cal의 열량이 필요한가?

① 539
② 639
③ 719
④ 819

해설
1) 융해잠열 : 80[kcal/kg]
2) 기화(증발)잠열 : 539[kcal/kg]
3) 0[℃]의 물 1[kg]이 100[℃]의 수증기로 되는데 필요한 열량 : 639[kcal]
4) 0[℃]의 얼음 1[kg]이 100[℃]의 수증기로 되는데 필요한 열량 : 719[kcal]

07
방화구획의 설치기준 중 스프링클러 기타 이와 유사한 자동식소화설비를 설치한 10층 이하의 층은 몇 [m²] 이내마다 구획하여야 하는가?

① 1,000
② 1,500
③ 2,000
④ 3,000

해설 방화구획 적합기준

10층 이하의 층	바닥면적 1천제곱미터(스프링클러를 설치한 경우에는 바닥면적 3천제곱미터) 이내마다 구획
매 층마다 구획할 것. 다만, 지하 1층에서 지상으로 직접 연결하는 경사로 부위는 제외	
11층 이상의 층	바닥면적 200제곱미터(스프링클러를 설치한 경우에는 600제곱미터)이내마다 구획할 것. 다만, 마감을 불연재료로 한 경우에는 바닥면적 500제곱미터(스프링클러를 설치한 경우에는 1천500제곱미터) 이내마다 구획

08
표면온도가 300[℃]에서 안전하게 작동하도록 설계된 히터의 표면온도가 400[℃]로 상승하면 300[℃]대 방출하는 복사열에 비해 약 몇 배의 복사열을 방출하는가?

① 1.2
② 1.5
③ 1.9
④ 3.2

해설 스테판-볼츠만의 법칙 : 열복사량은 절대온도의 4승에 비례하고 열전달면적에 비례한다.
- 절대온도 [K] = 섭씨온도 [℃] + 273
- 온도 상승 후 복사열 = $\left(\dfrac{273+400}{273+300}\right)^4$ = 1.9배

09
지하층이라 함은 건축물의 바닥이 지표면 아래에 있는 층으로서 바닥에서 지표면까지의 평균높이가 해당 층 높이의 얼마 이상인 것을 말하는가?

① $\dfrac{1}{2}$
② $\dfrac{1}{3}$
③ $\dfrac{1}{4}$
④ $\dfrac{1}{5}$

해설 지하층 : 건축물의 바닥이 지표면 아래 있는 층으로서 그 바닥으로부터 지표면까지의 평균 높이가 당해 층 높이의 1/2 이상인 것을 말한다.

10
건물의 주요구조부에 해당되지 않는 것은?

① 바닥
② 천장
③ 기둥
④ 주계단

해설
1) **주요구조부**
  ① 내력벽 ② 지붕틀 ③ **주 계단** ④ 보
  ⑤ **바닥** ⑥ **기둥**
2) 주요구조부 제외부분
  ① 사이기둥 ② 최하층의 바닥 ③ 작은 보
  ④ 차양 ⑤ 옥외계단

11
상온에서 무색의 기체로서 암모니아와 유사한 냄새를 가지는 물질은?

① 에틸벤젠
② 에틸아민
③ 산화프로필렌
④ 사이클로프로판

해설 에틸아민($C_2H_5NH_2$)
① 제4류 위험물 중 특수인화물에 속한다.
② 강한 암모니아와 같은 냄새를 가진 무색의 화합물

12. 다음 중 플래시 오버(flash over)를 가장 옳게 설명한 것은?

① 도시가스의 폭발적 연소를 말한다.
② 휘발유 등 가연성 액체가 넓게 흘러서 발화한 상태를 말한다.
③ 옥내화재가 서서히 진행하여 열 및 가연성 기체가 축적되었다가 일시에 연소하여 화염이 크게 발생하는 상태를 말한다.
④ 화재층의 불이 상부층으로 올라가는 현상을 말한다.

해설 Flash-over 현상은 발화 후 5~6분 경과 후 발생하는 것으로 화재로 생긴 **가연성 가스가 일시에 인화하여 화염이 충만해지는 과정**을 말한다.

13. 주된 연소 형태가 표면연소인 가연물로만 나열된 것은?

① 숯, 목탄
② 석탄, 종이
③ 나프탈렌, 파라핀
④ 니트로셀룰로오스, 질화면

해설

연소의 종류	특징	물질의 종류
표면연소	가연물의 표면에서 산소와 반응하여 연소하는 현상으로 휘발성분이 없어 가연성 증기증발도 없고 열분해 반응도 없기 때문에 불꽃이 없는 것이 특징이다.	숯, 목탄, 금속분, 코크스

14. 이산화탄소를 방출하여 산소농도가 10[%]되었다면 공기 중 이산화탄소의 농도는 약 몇 [%]인가?

① 0.3809[%]
② 0.5238[%]
③ 38.09[%]
④ 52.38[%]

해설 이산화탄소의 농도 $= \dfrac{21[\%] - O_2[\%]}{21[\%]} \times 100$

$= \dfrac{21-10}{21} \times 100 = 52.38[\%]$

15. 피난계획의 일반원칙 중 fool proof 원칙이란 무엇인가?

① 1가지가 고장이 나도 다른 수단을 이용하는 원칙
② 2방향의 피난동선을 항상 확보하는 원칙
③ 피난수단을 이동식 시설로 하는 원칙
④ 피난수단을 조작이 간편한 원시적 방법으로 하는 원칙

해설 fool proof 원칙이란 실수 방지 장치를 말하는 것으로서 저 지능인 사람도 식별이 가능 하도록 문자보다는 간단한 그림이나 색체를 이용하는 방식이다. 따라서 피난수단은 조작이 간편한 원시적 방법으로 하도록 하여 실수를 방지하는 것이 fool proof 원칙이다.

16. 건축물의 화재발생시 인간의 피난 특성으로 틀린 것은?

① 평상시 사용하는 출입구나 통로를 사용하는 경향이 있다.
② 화재의 공포감으로 인하여 빛을 피해 어두운 곳으로 몸을 숨기는 경향이 있다.
③ 화염, 연기에 대한 공포감으로 발화지점의 반대방향으로 이동하는 경향이 있다.
④ 화재시 최초로 행동을 개시한 사람을 따라 전체가 움직이는 경향이 있다.

해설 인간의 본능적 피난행동
1) 귀소본능 : 피난 시 인간은 평소에 사용하는 문, 길, 통로를 사용한다.
2) 퇴피본능 : 화세의 급격한 확대로 각자의 공포심이 증가하면 발화지점의 반대방향으로 이동한다.
3) 지광본능 : 화재 시 발생되는 연기 또는 정전 등으로 가시거리가 짧아져 시야가 흐려지면 인간은 어

정답 12. ③ 13. ① 14. ④ 15. ④ 16. ②

두운 곳에서 개구부, 조명부 등의 밝은 불빛을 따라 행동한다.
4) 추종본능 : 판단력의 약화로 한명의 지도자에 의해 최초로 행동을 함으로서 전체가 이끌려지는 습성이다.
5) 좌회본능 : 좌측통행을 하고 시계 반대방향으로 회전하려는 본능

17 ★ 출제년도【12. 25.】
인화점이 20[℃]인 액체위험물을 보관하는 창고의 인화 위험성에 대한 설명 중 옳은 것은?

① 여름철에 창고 안이 더워질수록 인화의 위험성이 커진다.
② 겨울철에 창고 안이 추워질수록 인화의 위험성이 커진다.
③ 20[℃]에서 가장 안전하고 20[℃]보다 높아지거나 낮아질수록 인화의 위험성이 커진다.
④ 인화의 위험성은 계절의 온도와는 상관없다.

해설 위험물과 화재와의 상호관계

항 목	위 험 도
온도, 압력	높을수록 위험
인화점, 융점, 비등점, 착화점	낮을수록 위험
연소범위	넓을수록 위험
비중, 점성	낮을수록 위험

18 ★★★ 출제년도【12. 25.】
알칼리금속의 과산화물을 취급할 때 주의사항으로 옳지 않은 것은?

① 충격·마찰을 피한다.
② 가연물질과의 접촉을 피한다.
③ 분진 발생을 방지하기 위해 분무상의 물을 뿌려준다.
④ 강한 산성류와의 접촉을 피한다.

해설 관련법 : 위험물안전관리법 시행규칙 별표4

류 별	색 상	문 구
제1류 위험물(알칼리금속의 과산화물) 제3류 위험물(금수성 물품)	청색바탕에 백색문자	물기엄금
제2류 위험물(인화성 고체 제외)	적색바탕에 백색문자	화기주의
제2류 위험물(인화성 고체) 제3류 위험물(자연발화성 물질) 제4류 위험물 제5류 위험물	적색바탕에 백색문자	화기엄금

【답】

19 ★★★ 출제년도【10. 12. 25.】
위험물의 유별 성질이 가연성 고체인 위험물은 제 몇 류 위험물인가?

① 제1류 위험물 ② 제2류 위험물
③ 제3류 위험물 ④ 제4류 위험물

해설

유 별	성 질
제1류	산화성 고체
제2류	가연성 고체
제3류	자연발화성 물질 및 금수성 물질
제4류	인화성 액체
제5류	자기반응성 물질
제6류	산화성 액체

20 ★★★ 출제년도【16. 22. 23. 25.】
폭굉(Detonation)에 관한 설명으로 틀린 것은?

① 연소속도가 음속보다 느릴 때 나타난다.
② 온도의 상승은 충격파의 압력에 기인한다.
③ 압력상승은 폭연의 경우보다 크다.
④ 폭굉의 유도거리는 배관의 지름과 관계가 있다.

해설 폭연(Deflagration)과 폭굉(Detonation)
① 폭연(Deflagration) : 화염전파속도가 음속 미만 (아음속)

정답 17. ① 18. ③ 19. ② 20. ①

② 폭굉(Detonation) : 화염전파속도가 음속보다 빠른 것(초음속)으로 1,000~3,500[m/s] 정도
③ 폭연과 폭굉의 비교

구분	폭연(Deflagration)	폭굉(Detonation)
발생 속도	① 음속 미만(아음속) ② 0.1~10[m/s]	① 음속 이상(초음속) ② 1,000~3,500[m/s]
온도 상승	열전달 (전도, 대류, 복사)	충격파

2과목 소방전기일반

21 키르히호프의 법칙을 이용하여 방정식을 세우는 방법으로 옳지 않은 것은?

① 도선의 접속점에서 키르히호프 제1법칙을 적용한다.
② 각 폐회로에서 키르히호프 제2법칙을 적용한다.
③ 계산 결과 전류가 +로 표시된 것은 처음에 정한 방향과 반대방향임을 나타낸다.
④ 각 회로의 전류를 문자로 나타내고 방향을 가정한다.

해설 키르히호프의 법칙
1) 전류법칙
"회로망 중에서 임의의 한점에서 들어오는 전류의 합은 나가는 전류의 합과 같다. 즉, 임의의 한점에서 전류의 총합은 0이 된다."
$i_1 + i_2 + i_3 - i_4 - i_5 = 0$
여기서, - 부호는 처음에 가정했던 전류의 방향과 반대임을 의미한다.
2) 전압법칙
"회로망 중에서 임의의 한 폐회로에서 기전력의 합은 전압강하의 합과 같다. 즉, 임의의 한 폐회로를 따라 존재하는 모든 전압(전압원 + 전압 강하)의 대수적 합은 0이다."

22 저항 R [Ω] 3개를 △결선한 부하에 3상 전압 E [V]를 인가한 경우 선전류는 몇 [A]인가?

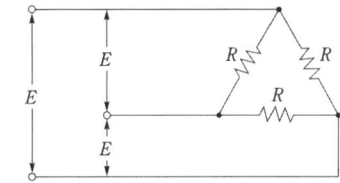

① $\dfrac{E}{3R}$ ② $\dfrac{E}{\sqrt{3}R}$

③ $\dfrac{\sqrt{3}E}{R}$ ④ $\dfrac{3E}{R}$

해설 $I_p = \dfrac{E}{R}$, $I_l = \sqrt{3}\,I_p$ 이므로 $I_l = \dfrac{\sqrt{3}E}{R}$

23 그림과 같은 회로에서 전원의 주파수를 2배로 할 때, 소비전력은 몇 [W]인가?

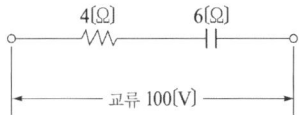

① 250 [W] ② 769 [W]
③ 816 [W] ④ 1600 [W]

해설 용량성 리액턴스 $X_c = \dfrac{1}{\omega C} = \dfrac{1}{2\pi fC} \propto \dfrac{1}{f}$ 이므로, 주파수를 2배로 하면 용량성 리액턴스는 $\dfrac{1}{2}$배가 된다. 그러므로, 주파수를 2배로 할 때 용량성 리액턴스 $= \dfrac{6}{2} = 3$ [Ω]이다.

또한 $I = \dfrac{V}{\sqrt{R^2 + X^2}} = \dfrac{100}{\sqrt{3^2 + 4^2}} = 20$ [A] 이므로, 소비전력 $P = I^2 R = 20^2 \times 4 = 1600$ [W]

24 평행한 왕복 전선에 10[A]의 전류가 흐를 때 전선 사이에 작용하는 전자력[N/m]은? (단, 전선의 간격은 40[cm] 이다.)

① 5×10^{-5}[N/m], 서로 반발하는 힘
② 5×10^{-5}[N/m], 서로 흡인하는 힘
③ 7×10^{-5}[N/m], 서로 반발하는 힘
④ 7×10^{-5}[N/m], 서로 흡인하는 힘

[해설] 전선사이에 작용하는 전자력
$$F = \frac{2I_1 I_2}{r} \times 10^{-7} = \frac{2 \times 10 \times 10}{0.4} \times 10^{-7}$$
$$= 5 \times 10^{-5}[\text{N/m}]$$
왕복도선에는 서로 반발하는 힘(반발력, 척력), 평행도선에는 서로 흡인하는 힘(흡인력, 인력)이 작용한다.

25 반지름 20[cm], 권수 50회인 원형코일에 2[A]의 전류를 흘려주었을 때 코일 중심에서 자계(자기장)의 세기[AT/m]는?

① 70   ② 100
③ 125 ④ 250

[해설] 원형코일 중심의 자계
$$H = \frac{NI}{2a} = \frac{50 \times 2}{2 \times 0.2} = 250[\text{AT/m}]$$
여기에서, N : 권수, I : 전류[A], a : 반지름[m]

26 그림과 같이 전류계 A_1, A_2를 접속할 경우 A_1은 25[A], A_2는 5[A]를 지시하였다. 전류계 A_2의 내부저항은 몇 [Ω]인가?

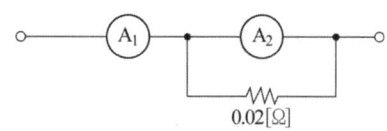

① 0.05   ② 0.08
③ 0.12   ④ 0.15

[해설] 그림과 같이 저항 0.02[Ω]에는 20[A]가 흐르게 되므로 0.02[Ω]에 걸리는 전압은
$20[\text{A}] \times 0.02[\Omega] = 0.4[\text{V}]$
전류계 A_2에도 0.4[V]의 전압이 걸리게 된다. 따라서, A_2의 저항을 구하면 $\frac{0.4[\text{V}]}{5[\text{A}]} = 0.08[\Omega]$이 된다.

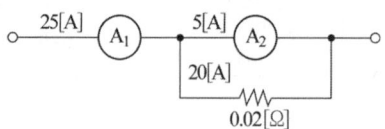

27 그림과 같은 1[kΩ]의 저항과 실리콘다이오드의 직렬회로에서 양단간의 전압 V_D는 약 몇 [V]인가?

① 0   ② 0.2
③ 12   ④ 24

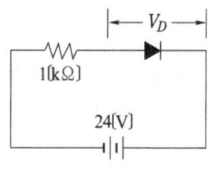

[해설] 그림은 다이오드(Diode)에 역방향 바이어스 전압이 가해진 상태(비도통 상태)이므로 다이오드의 양단에는 입력전압과 같은 전압이 나타난다.(개방단 전압)

28 피드백 제어계에서 제어요소에 관한 설명 중 옳은 것은?

① 목표값에 비례하는 신호를 발생하는 요소
② 조작부와 검출부로 구성
③ 조절부와 검출부로 구성
④ 동작신호를 조작량으로 변화시키는 요소

[해설]

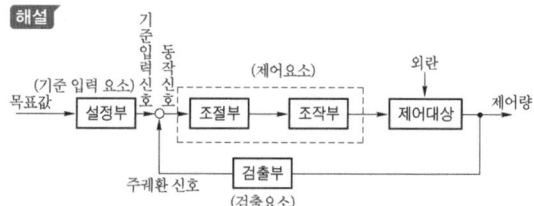

제어요소는 조절부와 조작부로 구성되며 동작신호를 받아 조작량으로 변환하여 제어대상에 공급한다.

정답 24. ① 25. ④ 26. ② 27. ④ 28. ④

29. 발전기나 변압기의 내부회로 보호용으로 가장 적합한 것은?

① 과전류계전기　② 접지계전기
③ 비율차동계전기　④ 온도계전기

해설
1) 과전류계전기 : 과부하 및 단락사고 검출용
2) 접지계전기 : 지락사고 검출용
3) 비율차동계전기 : 발전기나 변압기의 내부고장 검출용
4) 온도계전기 : 기기의 온도검출용

30. 동일 금속에 온도 구배가 있을 경우 여기에 전류를 흘리면 열을 흡수 또는 발생하는 현상을 무엇이라 하는가?

① 제벡 효과　② 톰슨 효과
③ 펠티에 효과　④ 홀 효과

해설
1) 제벡 효과(Seebeck effect) : 두 종류의 금속 접속면에 온도차가 있으면 기전력이 발생하는 효과
2) 톰슨 효과(Thomson effect) : 동일한 금속 도선의 두 점간에 온도차를 주고 고온쪽에서 저온쪽으로 전류를 흘리면 도선 속에서 열이 발생되거나 흡수가 일어나는 현상
3) 펠티에 효과(Peltier effect) : 두 종류의 금속 접속면에 전류를 흘리면 접속점에서 열의 흡수, 발생이 일어나는 효과
4) 홀 효과(Hall effect) : 전류가 흐르고 있는 도체에 자계를 가하면 플레밍의 왼손 법칙에 의하여 도체 내부의 전하가 횡방향으로 힘을 모아 도체 측면에 (+), (−)의 전하가 나타나는 현상

31. 코일에 전류가 흐를 때 생기는 자력의 세기를 설명한 것 중 옳은 것은?

① 자력의 세기와 전류와는 무관하다.
② 자력의 세기와 전류는 반비례한다.
③ 자력의 세기는 전류에 비례한다.
④ 자력의 세기는 전류의 2승에 비례한다.

해설
기자력 $F = NI$ [AT]
단, F : 기자력, N : 권수, I : 전류
기자력(자력의 세기)은 권수와 전류의 곱에 비례하며, 권수가 일정할 경우 전류에 비례한다.

32. 무효전력 $P_r = Q$ 일 때 역률이 0.6이면 피상전력은?

① $0.6Q$　② $0.8Q$
③ $1.25Q$　④ $1.67Q$

해설 $P_r = P_a \sin\theta$ 이므로,
$$\therefore P_a = \frac{P_r}{\sin\theta} = \frac{P_r}{\sqrt{1-\cos^2\theta}} = \frac{Q}{\sqrt{1-0.6^2}} = 1.25Q$$

33. 서미스터는 온도가 증가할 때 그 저항은 어떻게 되는가?

① 감소한다.
② 증가한다.
③ 임의로 변화한다.
④ 변화 없다.

해설 서미스터는 온도의 변화에 따라 저항값이 변화하는 반도체로 부(−) 온도특성이 있으므로, 온도가 증가할 때 그 저항은 감소한다.

34. 그림과 같은 무접점회로의 논리식(Y)은?

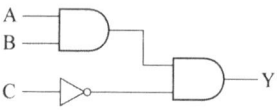

① $A \cdot B + \overline{C}$　② $A + B + \overline{C}$
③ $(A+B) \cdot \overline{C}$　④ $A \cdot B \cdot \overline{C}$

해설 A와 B는 AND 회로, $\overline{C}$와 AND 회로이므로 논리식은 $A \cdot B \cdot \overline{C}$ 이 된다.

35 회로에서 공진상태의 임피던스는 몇 [Ω]인가?

① $\dfrac{L}{CR}$ ② $\dfrac{CR}{L}$

③ $\dfrac{CL}{R}$ ④ $\dfrac{R}{CL}$

해설 공진상태의 임피던스
1) 합성 어드미턴스
$$Y = \dfrac{1}{R+jwL} + jwC$$
$$= \dfrac{R}{R^2+(wL)^2} + j\left\{wC - \dfrac{wL}{R^2+(wL)^2}\right\}$$
2) 공진 발생조건
$$wC = \dfrac{wL}{R^2+(wL)^2} \rightarrow R^2+(wL)^2 = \dfrac{L}{C}$$
3) 공진상태의 임피던스
$$Z = \dfrac{1}{Y} = \dfrac{1}{\dfrac{R}{R^2+(wL)^2}} = \dfrac{R^2+(wL)^2}{R}$$
$$= \dfrac{\dfrac{L}{C}}{R} = \dfrac{L}{RC}$$

36 $10+j20$[V]의 전압이 $16+j9$[Ω]의 임피던스에 인가되면 유효전력은 약 몇 [W]인가?

① 6.25[W]
② 17.17[W]
③ 23.74[W]
④ 31.25[W]

해설 전압 $V = \sqrt{10^2+20^2} = 22.36$[V]
전류 $I = \dfrac{V}{\sqrt{R^2+X^2}} = \dfrac{22.36}{\sqrt{16^2+9^2}} = 1.218$[A]
유효전력 $P = 1.218^2 \times 16 = 23.74$[W]

37 교류회로에서 8[Ω]의 저항과 6[Ω]의 유도리액턴스가 병렬로 연결되었다면, 역률은?

① 0.4 ② 0.5
③ 0.6 ④ 0.8

해설 $R-L$ 직렬회로에서 역률
$$\cos\theta = \dfrac{X}{Z} = \dfrac{X}{\sqrt{R^2+X^2}} = \dfrac{6}{\sqrt{8^2+6^2}} = 0.6$$

38 단상교류회로에 연결되어 있는 부하의 역률을 측정하고자 한다. 이 때 필요한 계측기의 구성으로 옳은 것은?

① 전압계, 전력계, 회전계
② 상순계, 전력계, 전류계
③ 전압계, 전류계, 전력계
④ 전류계, 전압계, 주파수계

해설 역률 $= \dfrac{\text{유효전력}}{\text{전압} \times \text{전류}}$ 이므로 이를 측정하려면 전력계와 전압계, 전류계가 필요하다.

39 동기발전기의 병렬운전 조건으로 틀린 것은?

① 기전력의 크기가 같을 것
② 기전력의 위상이 같을 것
③ 기전력의 주파수가 같을 것
④ 극수가 같을 것

해설 동기발전기의 병렬운전 조건
① 기전력의 크기가 같을 것
② 기전력의 위상이 같을 것
③ 기전력의 주파수가 같을 것
④ 기전력의 파형이 같을 것
⑤ 상회전 방향이 같을 것

정답 35. ① 36. ③ 37. ③ 38. ③ 39. ④

40 출제년도 [98, 00, 02, 04, 12, 25.]

입력신호 A, B가 동시에 "0"이거나 "1"일 때만 출력신호 X가 "1"이 되는 게이트의 명칭은?

① EXCLUSIVE NOR
② EXCLUSIVE OR
③ NAND
④ AND

해설

회로명	기능	논리식	논리기호
EXCLUSIVE NOR 회로 (일치회로)	입력신호 X_1, X_2가 동시에 0이거나 1일 때만 출력 Y가 1이 된다.	$Y = X_1 X_2 + \overline{X_1}\,\overline{X_2}$	X_1 X_2 ⟶ Y

3과목 소방관계법규

41 출제년도 [25.]

특정소방대상물의 소방시설 자체점검에 관한 설명 중 종합점검 대상이 아닌 항목은?

① 스프링클러설비가 설치된 특정소방대상물
② 옥내소화전설비가 설치된 연면적 5000[m²] 이상인 특정소방대상물
③ 물분무소화설비가 설치된 연면적 5000[m²] 이상인 특정소방대상물
④ 연면적 1000[m²] 이상이고 옥내소화전설비가 설치된 공공기관

해설 관련법 : 소방시설 설치 및 관리에 관한 법률 시행규칙 별표 3(소방시설 등 자체점검의 구분 및 대상, 점검자의 자격, 점검장비, 점검 방법 및 횟수 등 자체점검 시 준수해야할 사항)
[종합점검 대상]
1) 최초점검에 해당하는 특정소방대상물
2) 스프링클러설비가 설치된 특정소방대상물
3) 물분무등소화설비(호스릴 방식의 물분무등소화설비만을 설치한 경우는 제외)가 설치된 연면적 5,000[m²] 이상인 특정소방대상물(위험물 제조소등은 제외한다).
4) 다중이용업(단란주점영업, 유흥주점영업, 영화상영관, 비디오물감상실업, 복합영상물제공업, 노래연습장업, 산후조리업, 고시원업, 안마시술소)의 영업장이 설치된 특정소방대상물로서 연면적이 2,000[m²] 이상인 것
5) 제연설비가 설치된 터널
6) 공공기관 중 연면적(터널·지하구의 경우 그 길이와 평균폭을 곱하여 계산한 값을 말한다)이 1,000[m²] 이상인 것으로서 옥내소화전설비 또는 자동화재탐지설비가 설치된 것. 다만, 소방대가 근무하는 공공기관은 제외한다.

42 출제년도 [05, 07, 12, 25.]

다음 중 그 성질이 자연발화성 물질 및 금수성 물질인 제3류 위험물에 속하지 않는 것은?

① 황린   ② 칼륨
③ 나트륨   ④ 황화인

해설 황화인은 제2류 위험물에 해당한다.

유 별	성 질	품 명
제3류	자연발화성 물질 및 금수성물질	칼륨
		나트륨
		알킬알루미늄
		알킬리튬
		금속의 수소화물
		황린

43 출제년도 [24, 25.]

소방안전관리대상물의 관계인이 소방안전관리자 또는 소방안전관리보조자를 선임한 경우에는 행정안전부령으로 정하는 바에 따라 선임한 날부터 며칠 이내에 소방본부장 또는 소방서장에게 신고해야 하는가?

① 7일   ② 14일
③ 30일   ④ 60일

정답 40. ① 41. ② 42. ④ 43. ②

해설 소방안전관리대상물의 관계인이 소방안전관리자 또는 소방안전관리보조자를 선임한 경우에는 행정안전부령으로 정하는 바에 따라 선임한 날부터 14일 이내에 소방본부장 또는 소방서장에게 신고해야 한다.

44. 자동화재탐지설비의 화재안전기준을 적용하기 어려운 특정소방대상물로 볼 수 없는 경우는?

① 정수장
② 수영장
③ 어류양식용 시설
④ 펄프공장의 작업장

해설 관련법 : 소방시설 설치 및 관리에 관한 법률 시행령 별표6 (소방시설을 설치하지 않을 수 있는 특정소방대상물 및 소방시설의 범위)

구분	특정소방대상물	소방시설
화재안전기준을 적용하기가 어려운 특정소방대상물	**펄프공장의 작업장**·음료수 공장의 세정 또는 충전하는 작업장 그 밖에 이와 비슷한 용도로 사용하는 것	스프링클러설비, 상수도소화용수설비 및 연결살수설비
	정수장, 수영장, 목욕장, 농예·축산·어류양식용 시설 그 밖에 이와 비슷한 용도로 사용되는 것	자동화재탐지설비, 상수도소화용수설비 및 연결살수설비

45. 위험물의 제조소 등을 설치하고자 하는 자는 누구의 허가를 받아야 하는가?

① 시·도지사
② 소방산업기술원장
③ 소방본부장 또는 소방서장
④ 행정안전부장관

해설 관련법 : 위험물안전관리법 제6조
(위험물 시설의 설치 및 변경 등)
제조소 등을 설치하고자 하는 자는 대통령령이 정하는 바에 따라 그 설치장소를 관할하는 특별시장·광역시장 또는 도지사(이하 "시·도지사"라 한다)의 허가를 받아야 한다. 제조소 등의 위치·구조 또는 설비 가운데 행정안전부령이 정하는 사항을 변경하고자 하는 때에도 또한 같다.

46. 다음 중에서 소방안전관리자를 두어야 할 특정소방대상물로서 1급 소방안전관리대상물이 아닌 것은?

① 지하구
② 연면적 15,000[m^2] 이상인 것
③ 건물의 층수가 11층 이상인 것
④ 1천톤 이상의 가연성가스 저장 시설

해설 1급 소방안전관리대상물
1) 연면적 15,000[m^2] 이상(아파트 및 연립주택은 제외)
2) 지상층의 층수가 11층 이상(아파트 제외)
3) 가연성가스 1천톤 이상 저장·취급하는 시설
4) 30층 이상(지하층 제외)이거나 지상으로부터의 높이가 120[m] 이상인 아파트

47. 다음 (①), (②)에 들어갈 내용으로 알맞은 것은?

> "이동탱크저장소에는 차량의 전면 및 후면의 보기 쉬운 곳에 사각형의 (①) 바탕에 (②)의 반사도료 그 밖의 반사성이 있는 재료로 '위험물'이라고 표시한 표지를 설치하여야 한다."

① ① 흑색, ② 황색
② ① 황색, ② 흑색
③ ① 백색, ② 적색
④ ① 적색, ② 백색

해설 관련법 : 위험물안전관리법 시행규칙 별표10
(이동탱크저장소의 위치·구조 및 설비의 기준)

[표지 및 게시판]
이동탱크저장소에는 차량의 전면 및 후면의 보기 쉬운 곳에 사각형(한변의 길이가 0.6[m] 이상, 다른 한 변의 길이가 0.3[m] 이상)의 그 밖의 반사성이 있는 재료로 "위험물"이라고 표시흑색바탕에 황색의 반사 도료한 표지를 설치하여야 한다.

48 ★★★ 출제년도【96, 97, 98, 00, 01, 05, 08, 12, 25.】
소방기본법에 따른 소방대상물에 해당되지 않는 것은?

① 건축물 ② 항해중인 화물선
③ 차량   ④ 산림

해설 관련법 : 소방기본법 제2조(정의)
소방대상물이라 함은 건축물, 차량, 선박(항구 안에 매어둔 선박에 한한다.), 선박건조구조물, 산림 그 밖의 인공구조물 또는 물건을 말한다.

49 ★★★ 출제년도【06, 10, 12, 25.】
다음 중 중앙 소방기술 심의위원회의 심의를 받아야 하는 사항으로 옳지 못한 것은?

① 연면적 5만[m²] 이상의 특정소방대상물에 설치된 소방시설의 설계·시공·감리의 하자여부에 관한 사항
② 화재안전기준에 관한 사항
③ 소방시설의 설계 및 공사감리의 방법에 관한 사항
④ 소방시설의 구조 및 원리 등에 있어서 공법이 특수한 설계 및 시공에 관한 사항

해설 관련법 : 소방시설 설치 및 관리에 관한 법률 제11조의2 (소방기술심의 위원회)
[중앙소방기술심의위원회 심의사항]
1) 화재안전기준에 관한 사항
2) 소방시설의 구조 및 원리 등에서 공법이 특수한 설계 및 시공에 관한 사항
3) 소방시설의 설계 및 공사감리의 방법에 관한 사항
4) 소방시설공사의 하자를 판단하는 기준에 관한 사항
5) 신기술·신공법 등 검토·평가에 고도의 기술이 필요한 경우로서 중앙위원회에 심의를 요청한 사항
6) 그 밖에 소방기술 등에 관하여 대통령령으로 정하는 사항
① 연면적 10만 제곱미터 이상의 특정소방대상물에 설치된 소방시설의 설계·시공·감리의 하자 유무에 관한 사항
② 새로운 소방기술과 소방용품 등의 도입 여부에 관한 사항

[지방소방기술심의위원회 심의사항]
1) 소방시설에 하자가 있는지의 판단에 관한 사항
2) 그 밖에 소방기술 등에 관하여 대통령령으로 정하는 사항
① 연면적 10만 제곱미터 미만의 특정소방대상물에 설치된 소방시설의 설계·시공·감리의 하자 유무에 관한 사항
② 소방본부장 또는 소방서장이「위험물안전관리법」제2조제1항제6호에 따른 제조소등(이하 "제조소등"이라 한다)의 시설기준 또는 화재안전기준의 적용에 관하여 기술검토를 요청하는 사항
③ 그 밖에 소방기술과 관련하여 특별시장·광역시장·특별자치시장·도지사 또는 특별자치도지사(이하 "시·도지사"라 한다)가 소방기술심의위원회의 심의에 부치는 사항

50 ★★ 출제년도【25.】
우수품질 인증을 받지 아니한 소방용품에 우수품질 인증표시를 하거나 우수품질 인증표시를 위조 또는 변조하여 사용한 자에 대한 벌칙은?

① 5년 이하의 징역 또는 5천만원 이하의 벌금
② 3년 이하의 징역 또는 1천만원 이하의 벌금
③ 1년 이하의 징역 또는 1천만원 이하의 벌금
④ 300만원 이하의 벌금

해설 관련법 : 소방시설 설치 및 관리에 관한 법률 제58조 (벌칙)
1년 이하의 징역 또는 1천만원 이하의 벌금
우수품질인증을 받지 아니한 제품에 우수품질인증 표시를 하거나 우수품질인증 표시를 위조하거나 변조하여 사용한 자

정답 48. ② 49. ① 50. ③

51 다음 중 소화활동설비에 해당하는 것은?

① 옥내소화전설비 ② 무선통신보조설비
③ 통합감시시설   ④ 비상방송설비

해설 관련법 : 소방시설 설치 및 관리에 관한 법률 시행령 [별표1](소방시설)

구분	시설의 종류
소화활동설비	제연설비, 연결송수관설비, 연결살수설비, 비상콘센트설비, 무선통신보조설비, 연소방지설비

52 소방기본법령에 따라 주거지역·상업지역 및 공업지역에 소방용수시설을 설치하는 경우 소방대상물과의 수평거리를 몇 [m] 이하가 되도록 해야 하는가?

① 50   ② 100
③ 150 ④ 200

해설 소방용수시설의 설치기준 중 공통기준
가. 주거지역·상업지역 및 공업지역에 설치하는 경우 : 소방대상물과의 수평거리를 100미터 이하
나. 가목 외의 지역에 설치하는 경우 : 소방대상물과의 수평거리를 140미터 이하

53 화재의 예방 및 안전관리에 관한 법률 시행령상 불꽃을 사용하는 용접·용단 기구의 용접 또는 용단 작업장에서 지켜야 하는 사항 중 다음 ( ) 안에 알맞은 것은?

- 용접 또는 용단 작업자로부터 반경 (㉠)m 이내에 소화기를 갖추어 둘 것
- 용접 또는 용단 작업장 주변 반경 (㉡)m 이내에는 가연물을 쌓아두거나 놓아두지 말 것. 다만, 가연물의 제거가 곤란하여 방지포 등으로 방호조치를 한 경우는 제외한다.

① ㉠ 3, ㉡ 5   ② ㉠ 5, ㉡ 3
③ ㉠ 5, ㉡ 10   ④ ㉠ 10, ㉡ 5

해설 불꽃을 사용하는 용접·용단기구
1. 용접 또는 용단 작업자로부터 반경 5m 이내에 소화기를 갖추어 둘 것
2. 용접 또는 용단 작업장 주변 반경 10m 이내에는 가연물을 쌓아두거나 놓아두지 말 것. 다만, 가연물의 제거가 곤란하여 방지포 등으로 방호조치를 한 경우는 제외한다.

54 소방관서장의 화재안전조사를 정당한 사유 없이 거부·방해 또는 기피한 자에 대한 벌칙사항은?

① 100만원 이하의 벌금
② 300만원 이하의 벌금
③ 1년 이하의 징역 또는 1000만원 이하의 벌금
④ 3년 이하의 징역 또는 1500만원 이하의 벌금

해설 관련법 : 화재의 예방 및 안전관리에 관한 법률 제49조(벌칙)
화재안전조사를 정당한 사유 없이 거부·방해 또는 기피한 자는 300만원 이하의 벌금에 처한다.

55 소방관계법에서 피난층의 정의를 가장 올바르게 설명한 것은?

① 지상 1층을 말한다.
② 2층 이하로 쉽게 피난할 수 있는 층을 말한다.
③ 지상으로 통하는 계단이 있는 층을 말한다.
④ 곧바로 지상으로 갈 수 있는 출입구가 있는 층을 말한다.

해설 관련법 : 소방시설 설치 및 관리에 관한 법률 시행령 제2조(정의)
"피난층"이란 곧바로 지상으로 갈 수 있는 출입구가 있는 층

정답 51. ② 52. ② 53. ③ 54. ② 55. ④

56. 위험물안전관리법령상 제조소등의 경보설비 설치기준에 대한 설명으로 틀린 것은?

① 제조소 및 일반취급소의 연면적이 500[m²] 이상인 것에는 자동화재탐지설비를 설치한다.
② 자동신호장치를 갖춘 스프링클러설비 또는 물분무등소화설비를 설치한 제조소등에 있어서는 자동화재탐지설비를 설치한 것으로 본다.
③ 경보설비는 자동화재탐지설비·비상경보설비(비상벨장치 또는 경종 포함)·확성장치(휴대용확성기 포함) 및 비상방송설비로 구분한다.
④ 지정수량의 10배 이상의 위험물을 저장 또는 취급하는 제조소등(이동탱크저장소를 포함한다)에는 화재발생시 이를 알릴 수 있는 경보설비를 설치하여야 한다.

해설 위험물안전관리법 시행규칙 제42조(경보설비의 기준) 제1항
지정수량의 10배 이상의 위험물을 저장 또는 취급하는 제조소등(이동탱크저장소를 제외한다)에는 화재발생시 이를 알릴 수 있는 경보설비를 설치하여야 한다.

57. 비상경보설비를 설치해야 할 특정소방대상물이 아닌 것은?

① 지하가 중 터널로서 길이가 500[m] 이상인 것
② 사람이 거주하고 있는 연면적 400[m²] 이상인 건축물
③ 지하층의 바닥면적이 100[m²] 이상으로 공연장인 건축물
④ 35명의 근로자가 작업하는 옥내작업장

해설 비상경보설비를 설치해야 하는 특정소방대상물(모래·석재 등 불연재료 공장 및 창고시설, 위험물 저장 및 처리 시설 중 가스시설, 사람이 거주하지 않거나 벽이 없는 축사 등 동물 및 식물 관련 시설 및 지하구는 제외한다)은 다음의 어느 하나에 해당하는 것으로 한다.
1) 연면적 400[m²] 이상인 것은 모든 층
2) 지하층 또는 무창층의 바닥면적이 150[m²](공연장의 경우 100[m²]) 이상인 것은 모든 층
3) 터널로서 길이가 500[m] 이상인 것
4) 50명 이상의 근로자가 작업하는 옥내 작업장

58. 소방기관이 소방업무를 수행하는데 필요한 인력과 장비 등에 관한 기준은 다음 중 어느 것으로 정하는가?

① 대통령령
② 행정안전부령
③ 시·도의 조례
④ 소방청 고시

해설 관련법 : 소방기본법 제8조(소방력의 기준 등)
소방기관이 소방업무를 수행하는 데에 필요한 인력과 장비 등[이하 "소방력"(消防力)이라 한다]에 관한 기준은 행정안전부령으로 정한다.

59. 하자보수를 해야 하는 소방시설과 소방시설별 하자보수 보증기간이 알맞은 것은?

① 비상경보설비 : 3년
② 옥내소화전설비 : 2년
③ 스프링클러설비 : 3년
④ 자동화재탐지설비 : 2년

해설 관련법 : 소방시설공사업법 시행령 제6조
(하자보수대상 소방시설과 하자보수보증기간)

소화설비	보수기간
피난기구, 유도등, 유도표지, 비상경보설비, 비상조명등, 비상방송설비, 무선통신보조설비	2년
자동소화장치, 옥내소화전설비, 옥외소화전설비, 스프링클러설비, 간이스프링클러설비, 물분무등소화설비, 자동화재탐지설비, 상수도소화용수설비, 소화활동설비	3년

정답 56. ④ 57. ④ 58. ② 59. ③

60. 다음 중 특수가연물의 종류에 해당하지 않는 것은?

① 목탄류
② 석유류
③ 면화류
④ 볏짚류

해설 관련법 : 화재의 예방 및 안전관리에 관한 법률 시행령 별표2 (특수가연물)

품명		수량
면화류		200킬로그램 이상
나무껍질 및 대팻밥		400킬로그램 이상
넝마 및 종이부스러기		1,000킬로그램 이상
사류(絲類)		1,000킬로그램 이상
볏짚류		1,000킬로그램 이상
가연성 고체류		3,000킬로그램 이상
석탄·목탄류		10,000킬로그램 이상
가연성 액체류		2세제곱미터 이상
목재가공품 및 나무부스러기		10세제곱미터 이상
고무류·플라스틱류	발포시킨 것	20세제곱미터 이상
	그 밖의 것	3,000킬로그램 이상

4과목 소방전기설비의 구조 및 원리

61. 거실이 4개인 특정소방대상물에 단독경보형 감지기를 설치하려고 한다. 거실의 면적은 각각 A실 28[m²], B실 310[m²], C실 35[m²], D실 155[m²]이다. 단독경보형 감지기는 몇 개 이상 설치하여야 하는가?

① 4개
② 5개
③ 6개
④ 7개

해설 단독경보형감지기는 각 실마다 설치하되, 바닥면적이 150[m²]를 초과하는 경우에는 150[m²]마다 1개 이상 설치해야 하므로,
A실 : 1개
B실 : $\frac{310}{150}=2.07 ≒ 3$개
C실 : 1개
D실 : $\frac{155}{150}=1.03 ≒ 2$개
따라서, A실+B실+C실+D실 = 1+3+1+2 = 7개

62. 공동주택의 화재안전성능기준(NFPC 608)상 아파트등의 경우 실내에 설치하는 확성기 음성입력은 몇 와트 이상이어야 하는가?

① 1와트
② 2와트
③ 3와트
④ 4와트

해설 제12조(비상방송설비) 설치기준
1. 확성기는 각 세대마다 설치할 것
2. 아파트등의 경우 실내에 설치하는 확성기 음성입력은 2와트 이상일 것

63. 휴대용 비상조명등을 설치한 경우이다. 화재안전기준에 적합하지 않는 경우는?

① 다중이용업소의 객실마다 잘 보이는 곳에 1개 이상 설치하였다.
② 대규모 점포에 보행거리 50[m] 이내마다 5개씩 설치되었다.
③ 지하상가에 보행거리 25[m] 이내마다 4개씩 설치되었다.
④ 지하역사에 보행거리 50[m] 이내마다 3개씩 설치하였다.

해설 휴대용비상조명등의 설치장소 기준
1) 숙박시설 또는 다중이용업소에는 객실 또는 영업장안의 구획된 실마다 잘 보이는 곳(외부에 설치 시 출입문 손잡이로부터 1미터 이내 부분)에 1개 이상 설치
2) 대규모점포(지하상가 및 지하역사는 제외한다)와 영화상영관에는 보행거리 50미터 이내마다 3개 이상 설치
3) 지하상가 및 지하역사에는 보행거리 25미터 이내마다 3개 이상 설치

정답 60. ② 61. ④ 62. ② 63. ④

64 다음은 비상조명등의 화재안전성능기준에 따른 비상조명등의 제외 기준 일부를 나타낸 것이다. ( )에 들어갈 내용으로 옳은 것은?

> 거실의 각 부분으로부터 하나의 출입구에 이르는 보행거리가 ( )미터 이내인 부분 또는 의원·경기장·공동주택·의료시설·학교의 거실 등의 경우에는 비상조명등을 설치하지 않을 수 있다.

① 5　　　　② 10
③ 15　　　④ 25

해설 제5조(비상조명등의 제외)
① 거실의 각 부분으로부터 하나의 출입구에 이르는 보행거리가 15미터 이내인 부분 또는 의원·경기장·공동주택·의료시설·학교의 거실 등의 경우에는 비상조명등을 설치하지 않을 수 있다.
② 지상 1층 또는 피난층으로서 복도나 통로 또는 창문 등의 개구부를 통하여 피난이 용이한 경우와 숙박시설로서 복도에 비상조명등을 설치한 경우에는 휴대용비상조명등을 설치하지 않을 수 있다.

65 감지기의 설치기준으로 부적당한 것은?

① 감지기(차동식분포형 제외)는 실내 공기 유입구로부터 1.5[m] 이상 떨어진 곳에 설치할 것
② 보상식 스포트형 감지기는 정온점이 감지기 주위의 평상시 최고온도보다 30[℃] 이상 높은 것으로 설치할 것
③ 정온식 감지기는 주방, 보일러실 등 다량의 화기를 취급하는 장소에 설치하되 공칭작동온도가 최고주위온도 보다 20[℃] 이상 높은 것으로 설치할 것
④ 스포트형 감지기는 45° 이상 경사되지 아니하도록 부착할 것

해설 감지기의 설치기준 (자동화재탐지설비 및 시각경보장치의 화재안전기준 참조)
1) 보상식스포트형감지기는 정온점이 감지기 주위의 평상시 최고온도보다 20[℃] 이상 높은 것으로 설치할 것
2) 스포트형 감지기는 45도 이상 경사되지 않도록 부착할 것
3) 감지기는 천장 또는 반자의 옥내에 면하는 부분에 설치할 것
4) 감지기(차동식분포형의 것을 제외한다)는 실내로의 공기유입구로부터 1.5[m] 이상 떨어진 위치에 설치할 것
5) 정온식감지기는 주방·보일러실 등으로서 다량의 화기를 취급하는 장소에 설치하되, 공칭작동온도가 최고주위온도보다 20[℃] 이상 높은 것으로 설치할 것

66 비상콘센트의 풀박스 등은 두께 몇 [mm] 이상의 철판을 사용하여야 하는가?

① 1.2[mm]　　② 1.6[mm]
③ 2.6[mm]　　④ 3.2[mm]

해설 비상콘센트설비의 화재안전성능기준 제4조(전원 및 콘센트 등)
비상콘센트용의 풀박스 등은 방청도장을 한 것으로서, 두께 1.6밀리미터 이상의 철판으로 할 것

67 주요구조부가 내화구조가 아닌 특정소방대상물에 있어서 열전대식 차동식분포형감지기의 열전대부는 감지구역의 바닥면적 및 [m²] 마다 1개 이상으로 하여야 하는가?

① 18[m²]　　② 22[m²]
③ 50[m²]　　④ 72[m²]

해설 열전대식 차동식 분포형 감지기 설치기준
1) 열전대부는 감지구역의 바닥면적 18[m²](주요구조부가 내화구조로 된 특정소방대상물에 있어서는 22[m²])마다 1개 이상 설치
2) 바닥면적이 72[m²] (주요구조부가 내화구조로 된 특정소방대상물에 있어서는 88[m²]) 이하인 특정소방대상물에 있어서는 4개 이상 설치

정답 64. ③　65. ②　66. ②　67. ①

3) 하나의 검출부에 접속하는 열전대부는 20개 이하로 하여야 한다.

68. 자동화재탐지설비의 중계기의 설치기준에 대한 설명 중 옳지 않은 것은?

① 수신기에서 직접 감지기회로의 도통시험을 행하지 아니하는 것에 있어서는 수신기와 감지기 사이에 설치할 것
② 조작 및 점검에 편리하고 화재 및 침수 등의 재해로 인한 피해를 받을 우려가 없는 장소에 설치할 것
③ 수신기에 따라 감시되지 않는 배선을 통하여 전력을 공급받는 것에 있어서는 전원 입력측의 배선에 스위치를 설치할 것
④ 전원의 정전 즉시 수신기에 표시되는 것으로 하며 상용전원 및 예비전원의 시험을 할 수 있도록 할 것

해설 중계기 설치기준
1) 수신기에서 직접 감지기회로의 도통시험을 하지 않는 것에 있어서는 수신기와 감지기 사이에 설치할 것
2) 조작 및 점검에 편리하고 화재 및 침수 등의 재해로 인한 피해를 받을 우려가 없는 장소에 설치할 것
3) 수신기에 따라 감시되지 않는 배선을 통하여 전력을 공급받는 것에 있어서는 전원입력측의 배선에 과전류차단기를 설치하고 해당 전원의 정전이 즉시 수신기에 표시되는 것으로 하며, 상용전원 및 예비전원의 시험을 할 수 있도록 할 것

69. 도로터널의 화재안전기술기준(NFTC 603)에 따른 비상조명등은 상시 조명이 소등된 상태에서 비상조명등이 점등되는 경우 터널 안의 차도 및 보도의 바닥면의 조도는 몇 lx 이상이어야 하는가?

① 1[lx] ② 3[lx]
③ 5[lx] ④ 10[lx]

해설 상시 조명이 소등된 상태에서 비상조명등이 점등되는 경우 터널 안의 차도 및 보도의 바닥면의 조도는 10[lx] 이상, 그 외 모든 지점의 조도는 1[lx] 이상이 될 수 있도록 설치할 것

70. 비상조명등의 조도에 대한 설치기준으로 옳은 것은?

① 비상조명등이 설치된 장소로부터 30[m] 떨어진 곳의 바닥에서 1[lx] 이상이 되어야 한다.
② 비상조명등이 설치된 장소로부터 10[m] 떨어진 곳의 바닥에서 1[lx] 이상이 되어야 한다.
③ 비상조명등이 설치된 장소로부터 20[m] 떨어진 곳의 바닥에서 1[lx] 이상이 되어야 한다.
④ 비상조명등이 설치된 장소의 각 부분의 바닥에서 1[lx] 이상이 되어야 한다.

해설 조도는 비상조명등이 설치된 장소의 각 부분의 바닥에서 1[lx] 이상이 되도록 할 것

71. 무선통신보조설비의 무선기기 접속단자의 설치기준에 대한 설명으로 옳지 않은 것은?

① 수위실 등 상시 사람이 근무하고 있는 장소에 설치
② 단자는 바닥으로부터 높이 0.8[m] 이상 1.5[m] 이하의 위치에 설치
③ 지상에 설치하는 접속단자는 보행거리 350[m] 이내마다 설치
④ 단자의 보호함 표면에 "무선기 접속단자"라고 표시한 표지를 할 것

해설 무선통신보조설비의 무선기기 접속단자
1) 단자의 보호함의 표면에 "무선기 접속단자"라고 표시한 표지를 할 것

정답 68. ③ 69. ④ 70. ④ 71. ③

2) 지상에서 유효하게 소방활동을 할 수 있는 장소 또는 수위실 등 상시 사람이 근무하고 있는 장소에 설치할 것
3) 단자는 바닥으로부터 높이 0.8[m] 이상 1.5[m] 이하의 위치에 설치할 것
4) 지상에 설치하는 접속단자는 보행거리 300[m] 이내마다 설치하고, 다른 용도로 사용되는 접속단자에서 5[m] 이상의 거리를 둘 것

72. 자동화재탐지설비 및 시각경보장치의 화재안전기술기준(NFTC 203)에 따른 자동화재탐지설비의 경계구역 설정에 대한 기준으로 옳지 않은 것은?

① 하나의 경계구역이 2개 이상의 건축물에 미치지 않도록 할 것
② 하나의 경계구역이 2개 이상의 층에 미치지 아니하도록 할 것(2개의 층이 500[m²] 이하인 경우 제외)
③ 하나의 경계구역 면적은 600[m²] 이하로 하고 한 변의 길이는 50[m] 이하로 할 것
④ 외기에 면하여 상시 개방된 부분이 있는 차고·주차장·창고 등에 있어서는 외기에 면하는 각 부분으로부터 10[m] 미만의 범위 안에 있는 부분은 경계구역의 면적에 산입하지 않는다.

해설 경계구역
1) 하나의 경계구역이 2 이상의 건축물에 미치지 않도록 할 것
2) 하나의 경계구역이 2 이상의 층에 미치지 않도록 할 것. 다만, 500[m²] 이하의 범위 안에서는 2개의 층을 하나의 경계구역으로 할 수 있다.
3) 하나의 경계구역의 면적은 600[m²] 이하로 하고 한 변의 길이는 50[m] 이하로 할 것. 다만, 해당 특정소방대상물의 주된 출입구에서 그 내부 전체가 보이는 것에 있어서는 한 변의 길이가 50[m]의 범위 내에서 1,000[m²] 이하로 할 수 있다.
4) 외기에 면하여 상시 개방된 부분이 있는 차고·주차장·창고 등에 있어서는 외기에 면하는 각 부분으로부터 5[m] 미만의 범위 안에 있는 부분은 경계구역의 면적에 산입하지 않는다.

73. 다음 중 자동화재속보설비의 조작스위치 설치기준으로 옳은 것은?

① 바닥으로부터 0.5[m] 이상 1.5[m] 이하의 높이에 설치한다.
② 바닥으로부터 0.5[m] 이상 1.8[m] 이하의 높이에 설치한다.
③ 바닥으로부터 0.8[m] 이상 1.5[m] 이하의 높이에 설치한다.
④ 바닥으로부터 0.8[m] 이상 1.8[m] 이하의 높이에 설치한다.

해설 조작스위치는 바닥으로부터 0.8[m] 이상 1.5[m] 이하의 높이에 설치할 것

74. 누전경보기의 전원은 분전반으로부터 전용회로로 하고 각 극에 개폐기와 몇 [A] 이하의 과전류 차단기를 설치하여야 하는가?

① 15[A]
② 20[A]
③ 25[A]
④ 30[A]

해설 누전경보기의 전원은 분전반으로부터 전용회로로 하고 각 극에 개폐기 및 15[A] 이하의 과전류 차단기(배선용 차단기는 20[A] 이하)를 설치한다.

75. 유도등의 표시면 색상은 통로유도등인 경우 어떤 것을 사용해야 하는가?

① 녹색바탕에 백색문자
② 녹색바탕에 황색문자
③ 백색바탕에 녹색문자
④ 백색바탕에 청색문자

해설 유도등의 표시면 색상은 피난구유도등인 경우 녹색바탕에 백색문자로, 통로유도등인 경우는 백색바탕에 녹색문자를 사용하여야 한다.

정답 72. ④ 73. ③ 74. ① 75. ③

76
누전경보기의 수신부는 옥내의 점검에 편리한 장소에 설치하되, 해당 부분의 전기회로를 차단 할 수 있는 차단기구를 가진 수신부로 설치하여야 하는 장소로 알맞은 것은?

① 화약류를 제조하거나 저장 또는 취급하는 장소
② 가연성의 증기·먼지 등이 체류할 우려가 있는 장소
③ 온도의 변화가 급격한 장소나 습도가 높은 장소
④ 대전류회로·고주파발생회로 등에 따른 영향을 받을 우려가 있는 장소

해설 누전경보기의 수신부는 옥내의 점검에 편리한 장소에 설치하되, 가연성의 증기·먼지 등이 체류할 우려가 있는 장소의 전기회로에는 해당 부분의 전기회로를 차단할 수 있는 차단기구를 가진 수신부를 설치해야 한다. 이 경우 차단기구의 부분은 해당 장소 외의 안전한 장소에 설치해야 한다.

77
유도등은 전기회로에 점멸기를 설치하지 아니하고 항상 점등상태를 유지하여야 한다. 다만 3선식 배선에 따라 상시 충전되는 구조인 경우에는 그렇지 않아도 되는데 그 설치 장소로 적당하지 않은 것은?

① 소방훈련 등으로 야간등화 관제가 필요한 장소
② 특정소방대상물의 관계인 또는 종사원이 주로 사용하는 장소
③ 공연장, 암실(暗室) 등으로서 어두워야 할 필요가 있는 장소
④ 외부광(光)에 따라 피난구 또는 피난방향을 쉽게 식별할 수 있는 장소

해설 유도등은 전기회로에 점멸기를 설치하지 않고 항상 점등 상태를 유지할 것. 다만, 특정소방대상물 또는 그 부분에 사람이 없거나 다음의 어느 하나에 해당하는 장소로서 3선식 배선에 따라 상시 충전되는 구조인 경우에는 그렇지 않다.
1) 외부광(光)에 따라 피난구 또는 피난방향을 쉽게 식별할 수 있는 장소
2) 공연장, 암실(暗室) 등으로서 어두워야 할 필요가 있는 장소
3) 특정소방대상물의 관계인 또는 종사원이 주로 사용하는 장소

78
무선통신보조설비의 누설동축케이블을 설치하고자 한다. 다음 설치기준 중 옳지 않은 것은?

① 누설동축케이블의 끝부분에는 무반사 종단저항을 견고하게 설치할 것
② 소방전용주파수대에서 전파의 전송 또는 복사에 적합한 것으로서 소방전용의 것으로 할 것. 다만, 소방대 상호간의 무선연락에 지장이 없는 경우에는 다른 용도와 겸용할 수 있다.
③ 누설동축케이블 및 동축케이블은 불연 또는 난연성의 것으로서 습기 등의 환경조건에 따라 전기의 특성이 변질되지 않는 것으로 하고, 노출하여 설치한 경우에는 피난 및 통행에 장애가 없도록 할 것
④ 누설동축케이블 및 안테나는 고압의 전로로부터 4[m] 이상 떨어진 위치에 설치할 것. 다만, 해당 전로에 정전기 차폐장치를 유효하게 설치한 경우에는 그렇지 않다.

해설 누설동축케이블 및 안테나는 고압의 전로로부터 1.5m 이상 떨어진 위치에 설치할 것. 다만, 해당 전로에 정전기 차폐장치를 유효하게 설치한 경우에는 그렇지 않다.

정답 76. ② 77. ① 78. ④

79
★★ 출제년도 【12. 25.】

비상방송설비의 배선에 대한 설치기준으로 옳지 않은 것은?

① 배선은 다른 전선과 동일한 관, 덕트, 몰드 또는 풀박스 등에 설치할 것
② 전원회로의 배선은 화재안전기술기준에 따른 내화배선을 설치할 것
③ 화재로 인하여 하나의 층의 확성기 또는 배선이 단락 또는 단선되어도 다른 층의 화재 통보에 지장이 없도록 할 것
④ 부속회로의 전로와 대지 사이 및 배선 상호 간의 절연저항은 1경계구역마다 직류 250[V]의 절연저항측정기를 사용하여 측정한 절연저항이 0.1[MΩ] 이상이 되도록 할 것

해설 비상방송설비의 배선은 다른 전선과 별도의 관·덕트(절연효력이 있는 것으로 구획한 때에는 그 구획된 부분은 별개의 덕트로 본다) 몰드 또는 풀박스 등에 설치할 것. 다만, 60[V] 미만의 약전류회로에 사용하는 전선으로서 각각의 전압이 같을 때는 그렇지 아니하다.

80
★★★ 출제년도 【25.】

노유자시설로서 바닥면적이 몇 [m²] 이상인 층이 있는 특정소방대상물에는 자동화재속보설비를 설치해야 하는가?

① 500[m²] 이상
② 1000[m²] 이상
③ 1500[m²] 이상
④ 2000[m²] 이상

해설 자동화재속보설비를 설치하여야 하는 특정소방대상물
1) 노유자 생활시설
2) 노유자 시설로서 바닥면적이 500[m²] 이상인 층이 있는 것
3) 수련시설(숙박시설이 있는 것만 해당한다)로서 바닥면적이 500[m²] 이상인 층이 있는 것
4) 문화유산 중 보물 또는 국보로 지정된 목조건축물
5) 근린생활시설 중 다음의 어느 하나에 해당하는 시설
  가) 의원, 치과의원 및 한의원으로서 입원실이 있는 시설
  나) 조산원 및 산후조리원
6) 의료시설 중 다음의 어느 하나에 해당하는 것
  가) 종합병원, 병원, 치과병원, 한방병원 및 요양병원(의료재활시설은 제외한다)
  나) 정신병원 및 의료재활시설로 사용되는 바닥면적의 합계가 500[m²] 이상인 층이 있는 것
7) 판매시설 중 전통시장

정답 79. ① 80. ①

3회 2025년 소방설비기사(CBT)

1과목 소방원론

01 ★★★ 출제년도 【96, 99, 01, 03, 07, 12, 25.】
공기를 기준으로 한 CO_2가스 비중은 약 얼마인가?

① 0.81
② 1.52
③ 2.02
④ 2.51

해설 증기밀도(증기비중) = $\dfrac{분자량}{29}$

증기비중 = $\dfrac{44}{29}$ = 1.52 ($\because CO_2$ 분자량 : 44)

02 ★★★ 출제년도 【96, 97, 98, 00, 02, 09, 12, 25.】
무창층 여부를 판단하는 개구부로서 갖추어야 할 조건으로 옳은 것은?

① 해당층의 바닥면으로부터 개구부 밑 부분까지의 높이가 1.5[m]인 것
② 개구부 크기가 지름 30[cm]의 원이 내접할 수 있는 것
③ 내부 또는 외부에서 쉽게 파괴 또는 개방할 수 있을 것
④ 창에 방범을 위하여 40[cm] 간격으로 창살을 설치할 것

해설 무창층(無窓層)
지상층 중 다음 각 목의 요건을 모두 갖춘 개구부(건축물에서 채광·환기·통풍 또는 출입 등을 위하여 만든 창·출입구)의 면적의 합계가 해당 층의 바닥면적의 30분의 1 이하가 되는 층을 말한다.
가. 크기는 지름 50센티미터 이상의 원이 내접(內接)할 수 있는 크기일 것
나. 해당 층의 바닥면으로부터 개구부 밑 부분까지의 높이가 1.2미터 이내일 것
다. 도로 또는 차량이 진입할 수 있는 빈터를 향할 것
라. 화재 시 건축물로부터 쉽게 피난할 수 있도록 창살이나 그 밖의 장애물이 설치되지 아니할 것
마. 내부 또는 외부에서 쉽게 부수거나 열 수 있을 것

03 ★★★ 출제년도 【15, 20, 23, 25.】
유류탱크 화재 시 기름 표면에 물을 살수하면 기름이 탱크 밖으로 비산하여 화재가 확대되는 현상은?

① 슬롭 오버(Slop over)
② 플래시 오버(Flash over)
③ 프로스 오버(Froth over)
④ 블레비(BLEVE)

해설
① 슬롭 오버(Slop over) : 유류탱크 화재 시 기름 표면에 물을 살수하면 기름이 탱크 밖으로 비산하여 화재가 확대되는 현상
② 플래시 오버(Flash over) : 순간적 또는 폭발적인 연소 확대현상으로 고온의 복사열에 의해 바닥의 가연물이 동시에 열 분해되어 동시에 실내 전체가 화염에 휩싸이는 현상
③ 프로스 오버(Froth over) : 저장탱크 속의 물이 점성을 가진 뜨거운 기름의 표면 아래에서 끓을 때 화재를 수반하지 않고 기름이 넘쳐흐르는 현상
④ 블레비(BLEVE) : 가연성 액화가스의 용기가 과열로 파손되어 가스가 분출된 후 불이 붙어 폭발하는 현상

04 ★★ 출제년도 【12, 25.】
휘발유 화재시 물을 사용하여 소화할 수 없는 이유로 가장 옳은 것은?

① 인화점이 물보다 낮기 때문이다.
② 비중이 물보다 작아 연소면을 확대되기 때문이다.
③ 수용성이므로 물에 녹아 폭발이 일어나기 때문이다.
④ 물과 반응하여 수소가스를 발생하기 때문이다.

정답 1. ② 2. ③ 3. ① 4. ②

해설 주수소화 시 위험한 물질

종 류	위험한 이유
무기과산화물류	산소발생
금속분류·마그네슘	수소발생
가연성 액체의 유류화재 (알코올은 제외)	연소면 확대로 화재확대
전기화재	감전의 위험 및 피해확대

05 ★ 출제년도【10, 12, 25.】

「건축물의 피난 · 방화구조 등의 기준에 관한 규칙」에 따른 바닥의 내화구조 기준으로 ( )에 알맞은 수치는?

철근콘크리트조 또는 철골철근콘크리트조로서 두께가 ( )[cm] 이상인 것

① 4　　　　　② 5
③ 7　　　　　④ 10

해설 건축물의 내화구조

구조부분	내화 구조의 기준
바닥	• 철근콘크리트조로 두께 10[cm] 이상인 것 • 철재의 양면을 두께 5[cm] 이상의 철망모르타르 또는 콘크리트로 덮은 것
보	• 철골을 두께 6[cm] 이상의 철망 모르타르 또는 두께 5[cm] 이상의 콘크리트로 덮은 것

06 ★★★ 출제년도【10, 12, 25.】

마그네슘의 화재시 이산화탄소소화약제를 사용하면 안 되는 주된 이유는?

① 마그네슘과 이산화탄소가 반응하여 흡열반응을 일으키기 때문이다.
② 마그네슘과 이산화탄소가 반응하여 가연성의 탄소가 생성되기 때문이다.
③ 마그네슘이 이산화탄소에 녹기 때문이다.
④ 이산화탄소에 의한 질식의 우려가 있기 때문이다.

해설 마그네슘은 이산화탄소와 반응하여 산화마그네슘과 가연성의 탄소를 생성시킨다.
$2Mg + CO_2 \rightarrow 2MgO + C$

07 ★★★ 출제년도【12, 25.】

다음 할로겐원소 중 원자번호가 가장 작은 것은?

① F　　　　　② Cl
③ Br　　　　 ④ I

해설

할로겐원소	F	Cl	Br	I
원자번호	9	17	35	53

08 ★★★ 출제년도【06, 12, 25.】

연기감지기가 작동할 정도이고 가시거리가 20~30[m]에 해당하는 감광계수는 얼마인가?

① $0.1[m^{-1}]$　　　② $1.0[m^{-1}]$
③ $2.0[m^{-1}]$　　　④ $10[m^{-1}]$

해설 연기의 농도와 가시거리

감광계수	가시거리[m]	상 황
0.1	20~30	연기 감지기가 작동할 정도
0.3	5	건물내부에 익숙한 사람이 피난에 지장을 느낄 정도의 농도
0.5	3	어두침침한 것을 느낄 정도의 농도
1.0	1~2	거의 앞이 보이지 않을 정도의 농도
10	0.2~0.5	최성기 때의 연기농도로 유도등이 보이지 않는 정도의 농도
30		출화실에서 연기가 분출될 때의 연기농도

09 ★★★ 출제년도【25.】

할론소화설비에서 Halon 2402 약제의 분자식은?

① CF_2BrCl　　　② CBr_2ClF
③ $C_2F_4Br_2$　　　④ BrC_2ClF

정답 5. ④　6. ②　7. ①　8. ①　9. ③

해설

	분자식	C	F	Cl	Br
Halon 1301	CF_3Br	1	3	0	1
Halon 1211	CF_2ClBr	1	2	1	1
Halon 2402	$C_2F_4Br_2$	2	4	0	2
Halon 104	CCl_4	1	0	4	–

10 ★ 출제년도 【01. 08. 12. 25.】

다음 중 비열이 가장 큰 것은?

① 물 ② 금
③ 수은 ④ 철

해설 물질의 비열

물질의 종류	비열[kcal/kg·℃]
물	1
금	0.031
수은	0.033
철	0.113

11 ★ 출제년도 【05. 08. 13. 18. 23. 25.】

물과 반응하여 가연성 기체를 발생하지 않는 것은?

① 칼륨 ② 인화아연
③ 산화칼슘 ④ 탄화알루미늄

해설
① 산화칼슘은 생석회라고도 하며 물과 반응하여 수산화칼슘(소석회)를 만든다.
② 칼륨 : 수소가스 발생
③ 인화아연 : 인화수소(포스핀) 발생
④ 탄화알루미늄 : 메탄가스 발생

12 ★ 출제년도 【12. 25.】

피난동선에 대한 계획으로 옳지 않은 것은?

① 피난동선은 가급적 일상 동선과 다르게 계획한다.
② 피난동선은 적어도 2개소의 안전장소를 확보한다.
③ 피난동선의 말단은 안전장소이어야 한다.
④ 피난동선은 간단명료해야 한다.

해설 피난동선은 피난전용의 통행구조로서 복도, 통로 및 계단 등이 포함되며 엘리베이터는 포함되지 않는다.
피난동선의 구비조건
1) 가급적 단순형태가 좋다.
2) 어느 곳에서도 2개 이상의 방향으로 피난할 수 있어야 한다.
3) 피난동선의 말단은 화재로부터 안전한 장소이어야 한다.
4) 수평동선(복도)과 수직 동선(계단)으로 구분된다.
5) 피난동선은 가급적 상호 반대 방향으로 다수의 출구와 연결되는 것이 좋다.
6) 피난동선은 일상생활의 동선과 일치시킨다. 피난동선에는 비상의 통로, 계단을 이용하도록 한다.

13 ★★ 출제년도 【12. 25.】

22[℃]의 물 1톤을 소화약제로 사용하여 모두 증발시켰을 때 얻을 수 있는 냉각효과는 몇 [kcal] 인가?

① 539 ② 617
③ 539,000 ④ 617,000

해설 100[℃]의 물 1[kg]이 100[℃]의 수증기로 되는데 필요한 열량이 539[kcal], 1톤=1,000[kg]이므로
열량 $Q = mC\Delta T + mr$
$= 1,000[kg] \times 1[kcal/kg \cdot ℃] \times (100-22)[℃]$
$+ 1,000[kg] \times 539[kcal/kg]$
$= 617,000[kcal]$

14 ★★★ 출제년도 【96. 98. 99. 03. 08. 12. 25.】

목재 화재시 다량의 물을 뿌려 소화하고자 한다. 이때 가장 큰 소화효과는?

① 제거소화효과
② 냉각소화효과
③ 부촉매소화효과
④ 희석소화효과

해설 목재 화재 시 다량의 물을 뿌려 소화하는 것은 질식효과도 기대 할 수 있지만 무엇보다도 점화원의 온도를 발화점 이하로 낮추어 소화하는 냉각소화 효과가 제일 크다.

15 다음 중 분진폭발의 위험성이 가장 낮은 것은?

① 알루미늄분 ② 유황
③ 팽창질석 ④ 소맥분

해설 팽창질석(Vermiculite) : 운모가 풍화 또는 변질되어 생성된 것으로 함유하고 있는 수분이 탈수되면 팽창하여 늘어나는 성질을 가지고 있고, 내화성(내화온도 1400도 정도)이 우수하여 자연발화성 및 금수성 물질인 제3류 위험물의 소화에 활용하고 있다.

16 공기와 할론 1301의 혼합기체에서 할론 1301에 비해 공기의 확산속도는 약 몇 배 인가? (단, 공기의 평균분자량은 29, 할론 1301의 분자량은 149이다.)

① 2.27배 ② 3.85배
③ 5.17배 ④ 6.46배

해설 그레이엄의 확산속도 법칙

$$\frac{V_A}{V_B} = \sqrt{\frac{M_B}{M_A}}$$

즉, 확산속도는 분자량 제곱근에 반비례 하므로

공기의 확산속도 $= \sqrt{\frac{149}{29}} \times$ 할론 1301의 확산속도
$= 2.27 \times$ 할론 1301의 확산속도

17 메테인(methane)이 완전 연소할 때의 연소 생성물을 옳게 나열한 것은?

① H_2O, HCl
② SO_2, CO_2
③ SO_2, HCl
④ CO_2, H_2O

해설 메테인의 완전 연소반응식
$CH_4 + 2O_2 \rightarrow CO_2 + 2H_2O$

18 주된 연소의 형태가 분해연소인 물질은?

① 코크스 ② 알코올
③ 목재 ④ 나프탈렌

해설

연소의 종류	특 징	물질의 종류
분해연소	열분해 반응을 일으켜 생성된 가연성 증기와 공기가 혼합하여 연소하는 형태	석탄, 종이, 고무, 목재, 플라스틱, 아스팔트

19 제2류 위험물에 해당하지 않는 것은?

① 황 ② 황화인
③ 적린 ④ 황린

해설

유별	성 질	품 명
제2류	가연성 고체 (환원성 물질)	황화인
		적린
		황
		철분
		마그네슘
		금속분류

황린은 제3류 위험물에 해당한다.

20 물과 반응하여 가연성 기체를 발생하지 않는 것은?

① 칼륨
② 인화아연
③ 산화칼슘
④ 탄화알루미늄

해설
① 산화칼슘은 생석회라고도 하며 물과 반응하여 수산화칼슘(소석회)를 만든다.
② 칼륨 : 수소가스 발생
③ 인화아연 : 인화수소(포스핀) 발생
④ 탄화알루미늄 : 메탄가스 발생

정답 15. ③ 16. ① 17. ④ 18. ③ 19. ④ 20. ③

2과목 소방전기일반

21 ★ 출제년도 【12, 25.】

그림과 같은 회로의 역률은 얼마인가?

① 0.24 ② 0.59
③ 0.8   ④ 0.97

해설 회로의 임피던스 Z는

$$Z = \frac{5(4-j2)}{5+(4-j2)} = \frac{20-j10}{9-j2} = \frac{40}{17} - j\frac{10}{17}$$

$$\therefore |Z| = \sqrt{\left(\frac{40}{17}\right)^2 + \left(\frac{10}{17}\right)^2} \fallingdotseq 2.43[\Omega]$$

회로의 역률은 $\cos\theta = \dfrac{R}{Z} = \dfrac{\frac{40}{17}}{2.43} \fallingdotseq 0.97$

22 ★★★ 출제년도 【20, 25.】

최대눈금이 200[mA], 내부저항이 0.8[Ω]인 전류계가 있다. 8[mΩ]의 분류기를 사용하여 전류계의 측정범위를 넓히면 몇 [A]까지 측정할 수 있는가?

① 19.6 ② 20.2
③ 21.4 ④ 22.8

해설 배율 계산 : $m = 1 + \dfrac{r_a}{R_s} = 1 + \dfrac{0.8}{8 \times 10^{-3}} = 101$

측정 가능한 전류 :
$I = m \times I_a = 101 \times 200 \times 10^{-3} = 20.2[A]$

23 ★ 출제년도 【12, 25.】

다음 변환요소의 종류 중 변위를 임피던스로 변환하여 주는 것은?

① 벨로우즈   ② 노즐 플래퍼
③ 가변 저항기   ④ 전자 코일

해설

변환량	변환요소
압력 → 변위	벨로우즈, 다이어프램, 스프링
변위 → 압력	노즐 플래퍼, 유압 분사관, 스프링
변위 → 임피던스	가변 저항기, 용량형 변환기, 가변 저항 스프링
변위 → 전압	포텐셔미터, 차동 변압기, 전위차계
전압 → 변위	전자석, 전자 코일

24 ★★ 출제년도 【20, 25.】

5[Ω]의 저항과 2[Ω]의 유도성 리액턴스를 직렬로 접속한 회로에 5[A]의 전류를 흘렸을 때 이 회로의 복소전력[VA]은?

① 25 + j10   ② 10 + j25
③ 125 + j50   ④ 50 + j12

해설 전압 $V = IZ = 5 \times (5+j2) = 25+j10$
복소전력 $P_a = VI = (25+j10) \times 5 = 125+j50$

25 ★ 출제년도 【12, 25.】

3상 평형부하가 있다. 선간전압 3000[V], 선전류 30[A], 역률 0.9(뒤짐)이다. 부하가 Y결선일 때 한 상의 저항은 몇 [Ω]인가?

① 90[Ω]   ② 51.96[Ω]
③ 173.20[Ω]   ④ 4676.53[Ω]

해설 한 상의 임피던스 $Z = \dfrac{E}{I} = \dfrac{3000/\sqrt{3}}{30} = \dfrac{100}{\sqrt{3}}[\Omega]$

한 상의 저항 $R = Z\cos\theta = \dfrac{100}{\sqrt{3}} \times 0.9 = 51.96[\Omega]$

26 ★★★ 출제년도 【05, 10, 12, 25.】

다음과 같은 특성을 갖는 제어계는?

- 발진을 일으키고 불안정한 상태로 되어가는 경향성을 보인다.
- 정확성과 감대폭이 증가한다.
- 계의 특성변화에 대한 입력 대 출력비의 감도가 감소한다.

① 프로세스제어 ② 피드백제어
③ 프로그램제어 ④ 추종제어

정답 21. ④ 22. ② 23. ③ 24. ③ 25. ② 26. ②

해설 피드백 제어의 특징
1) 입력과 출력을 비교하는 장치가 반드시 있어야 한다.
2) 정확성이 증가한다.
3) 시스템이 복잡하고 설치비용이 높다.
4) 발진을 일으키고 불안정한 상태로 되어가는 경향성을 보인다.
5) 감대폭이 증가한다.
6) 계의 특성변화에 대한 입력 대 출력비의 감도가 감소한다.

27 ★ 출제년도【25.】
지하 1층, 지상 2층, 연면적이 1,500[m²]인 기숙사에서 지상 2층에 설치된 차동식 스포트형감지기가 작동하였을 때 전 층의 지구경종이 동작되었다. 각 층 지구경종의 정격전류가 60[mA]이고, 24[V]가 인가되고 있을 때 모든 지구경종에서 소비되는 총 전력[W]는?

① 4.23　② 4.32
③ 5.67　④ 5.76

해설 경종의 동작전류
$I = 60[mA] \times 3개층 = 180[mA] = 0.18[A]$
총 전력 $P = VI = 24 \times 0.18 = 4.32[W]$

28 ★★ 출제년도【20. 25.】
그림과 같은 회로에서 전압계 Ⓥ가 10[V]일 때 단자 A-B 간의 전압은 몇 [V]인가?

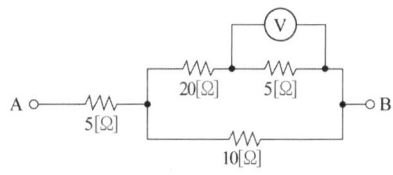

① 50　② 85
③ 100　④ 135

해설 전압계 Ⓥ에 흐르는 전류 : $\frac{10}{5} = 2[A]$

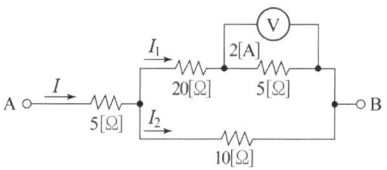

$I_1 = 2[A]$,
(20+5)[Ω]에 걸리는 전압 $= 2[A] \times (20+5)[\Omega]$
$= 50[V]$
병렬이므로 10[Ω]에 걸리는 전압도 50[V]가 된다.
따라서, 전류를 계산하면 $I_2 = \frac{50}{10} = 5[A]$
전 전류 $I = I_1 + I_2 = 2 + 5 = 7[A]$,
5Ω에 걸리는 전압 = $7[A] \times 5[\Omega] = 35[V]$
A-B 간의 전압 : $35[V] + 50[V] = 85[V]$

29 ★★ 출제년도【20. 25.】
그림의 시퀀스 회로와 등가인 논리 게이트는?

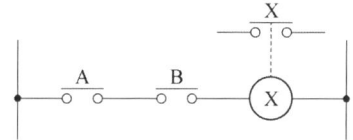

① OR 게이트　② AND 게이트
③ NOT 게이트　④ NOR 게이트

해설 AND 게이트

회로	유접점	무접점	논리회로	진리표
AND 회로	(A, B 직렬, R-a, R, L)	(D₁, D₂, R, V)	$X = A \cdot B$	A B X / 0 0 0 / 0 1 0 / 1 0 0 / 1 1 1

30 ★★★ 출제년도【12. 25.】
동일한 전류가 흐르는 두 개의 평행도체가 있다. 도체간의 거리를 1/2로 하면 그 작용하는 힘은 몇 배로 되는가?

① 2　② 4
③ 8　④ 16

정답 27. ②　28. ②　29. ②　30. ①

해설 간격(거리)을 r [m]라 할 때, 평행도선 단위길이당 작용하는 힘 $F = \dfrac{\mu_0 I_1 I_2}{2\pi r} \propto \dfrac{1}{r}$ 이므로 도체간의 거리를 $\dfrac{1}{2}$로 하면 그 작용하는 힘은 2배로 된다.

31 ★★★ 출제년도 【12. 25.】
그림과 같은 회로의 AB 사이의 합성저항은?

① $\dfrac{9}{10}R$
② $\dfrac{7}{10}R$
③ $\dfrac{10}{7}R$
④ $\dfrac{10}{9}R$

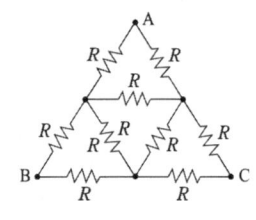

해설 △결선된 저항을 Y결선으로 변환하면 저항값은 $\dfrac{1}{3}$배가 되므로

1) △결선된 ①, ②, ③을 Y로 변환하면

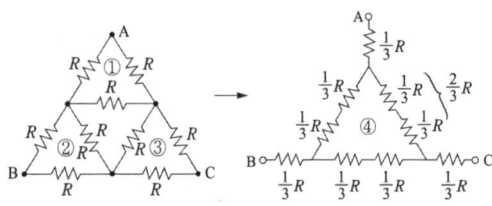

2) △결선된 ④를 Y로 변환하면

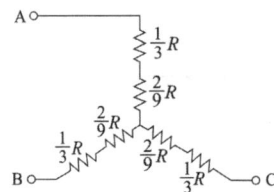

따라서, AB 사이의 합성저항
$R_{AB} = \dfrac{1}{3}R + \dfrac{2}{9}R + \dfrac{2}{9}R + \dfrac{1}{3}R = \dfrac{10}{9}R$

32 ★★★ 출제년도 【03. 04. 05. 07. 12. 25.】
피드백제어계 중 물체의 위치, 방위, 자세 등의 기계적 변위를 제어량으로 하는 것은?

① 서보기구 ② 프로세스제어
③ 자동조정 ④ 프로그램제어

해설
1) 서보 기구 : 물체의 위치, 방위, 자세 등의 기계적 변위를 제어량으로 해서 목표값의 임의의 변화에 추종하도록 구성된 제어계
2) 프로세스 제어 : 제어량이 온도, 유량, 압력, 액위, 농도, 밀도 등의 플랜트나 생산 공정 중의 상태량을 제어량으로 하는 제어
3) 자동 조정 : 전압, 전류, 주파수, 회전 속도, 힘 등 전기적, 기계적 양을 주로 제어하는 것으로써, 응답 속도가 대단히 빨라야 하는 것이 특징이며 정전압 장치, 발전기의 조속기 제어 등이 이에 속한다.
4) 프로그램제어 : 목표값의 변화가 단계별로 미리 정해져있어 그 정해진 대로 변화하는 제어방식

33 ★★★ 출제년도 【12. 25.】
저항 R_1, R_2와 인덕턴스 L이 직렬로 연결된 회로에서 시정수[s]는?

① $\dfrac{R_1 + R_2}{L}$
② $-\dfrac{R_1 + R_2}{L}$
③ $\dfrac{L}{R_1 + R_2}$
④ $\dfrac{-L}{R_1 + R_2}$

해설 $R_1 + R_2$를 R이라 하면 $R-L$ 직렬 회로와 같다.
$R-L$ 직렬 회로에서 시정수 $\tau = \dfrac{L}{R}$[s]이므로,
∴ $\tau = \dfrac{L}{R} = \dfrac{L}{R_1 + R_2}$

34 ★ 출제년도 【20. 25.】
진공 중에 놓인 5[μC]의 점전하에서 2[m] 되는 점에서의 전계는 몇 [V/m]인가?

① 11.25×10^3
② 16.25×10^3
③ 22.25×10^3
④ 28.25×10^3

정답 31. ④ 32. ① 33. ③ 34. ①

해설 전계의 세기
$$E = 9 \times 10^9 \times \frac{Q}{r^2} = 9 \times 10^9 \times \frac{5 \times 10^{-6}}{2^2}$$
$$= 11.25 \times 10^3 [V/m]$$

35 ★★★ 출제년도 【99, 02, 12, 25.】
어떤 회로에 $V = 100 + j20$[V]인 전압을 가했을 때 $I = 8 + j6$[A]인 전류가 흘렀다. 이 회로의 소비전력은 몇 [W]인가?

① 800[W]   ② 920[W]
③ 1200[W]   ④ 1400[W]

해설 복소전력은 전압의 벡터나 전류의 벡터중 하나를 공액복소수를 취하여 계산한다.
복소전력 $P_a = V^* I = (100 - j20)(8 + j6)$
$$= 800 + j600 - j160 + 120$$
$$= 920 + j440$$
여기서, 소비전력(유효전력)은 920[W]이며 무효전력은 440[Var]이다. (V^*은 V의 공액복소수이다).

36 ★★ 출제년도 【12, 25.】
길이 l의 도체로 원형코일을 만들어 일정한 전류를 흘릴 때 M회 감았을 때의 중심의 자계는 N회 감았을 때의 중심의 자계의 몇 배인가?

① $\frac{M}{N}$ ② $\frac{M^2}{N^2}$
③ $\frac{N}{M}$ ④ $\frac{N^2}{M^2}$

해설 전체 길이는 동일하므로
$l = M(2\pi a_M) = N(2\pi a_N)$
$a_M = \frac{l}{2\pi M}$, $a_N = \frac{l}{2\pi N}$
$H_M = \frac{M \cdot I}{2a_M} = \frac{M \cdot I}{2 \cdot \frac{l}{2\pi M}} = \frac{\pi M^2 I}{l}$
$H_N = \frac{N \cdot I}{2a_N} = \frac{N \cdot I}{2 \cdot \frac{l}{2\pi N}} = \frac{\pi N^2 I}{l}$

$$\therefore \frac{H_M}{H_N} = \frac{\frac{\pi M^2 I}{l}}{\frac{\pi N^2 I}{l}} = \frac{M^2}{N^2}$$

37 ★ 출제년도 【12, 25.】
이상적인 전압원 및 전류원에 대한 설명이 옳은 것은?

① 전압원의 내부저항은 ∞이고, 전류원은 0이다.
② 전압원의 내부저항은 0이고, 전류원은 ∞이다.
③ 전압원이나 전류원의 내부저항은 흐르는 전류에 따라 변한다.
④ 전압원의 내부 저항은 일정하고, 전류원의 내부저항은 일정하지 않다.

해설 ① 이상적인 전압원은 내부저항이 적을수록 좋다.
    ⇒ 내부저항이 적을수록 내부전압강하가 적어진다.
② 이상적인 전류원의 내부저항은 클수록 좋다.
    ⇒ 내부저항이 클수록 내부저항에 흐르는 전류가 적어진다.

38 ★★ 출제년도 【12, 25.】
3상 유도전동기를 Y결선으로 기동할 때 전류의 크기($|I_Y|$)와 △결선으로 기동할 때 전류의 크기($|I_\triangle|$)의 관계로 옳은 것은?

① $|I_Y| = \frac{1}{3}|I_\triangle|$
② $|I_Y| = \sqrt{3}|I_\triangle|$
③ $|I_Y| = \frac{1}{\sqrt{3}}|I_\triangle|$
④ $|I_Y| = \frac{\sqrt{3}}{2}|I_\triangle|$

해설 $\frac{I_Y}{I_\triangle} = \frac{\frac{V}{\sqrt{3}Z}}{\sqrt{3}\frac{V}{Z}} = \frac{1}{(\sqrt{3})^2} = \frac{1}{3}$, $I_Y = \frac{1}{3}I_\triangle$

정답 35. ② 36. ② 37. ② 38. ①

39 단상 200[V]의 교류전압을 회로에 인가할 때 $\frac{\pi}{6}$[rad]만큼 위상이 뒤진 10[A]의 전류가 흐른다고 한다. 이 회로의 역률은 몇 [%]인가?

① 86.6
② 89.6
③ 92.6
④ 95.6

[해설] 역률 $\cos\theta = \cos\frac{\pi}{6} = \cos\frac{180°}{6} = \cos30°$
$= 0.866 = 86.6[\%]$

40 변압기의 내부고장 보호에 사용되는 계전기는 다음 중 어느 것인가?

① 차동 계전기
② 저전압 계전기
③ 고전압 계전기
④ 압력 계전기

[해설] 발전기나 변압기의 내부고장 검출용으로는 비율차동계전기가 사용된다.

3과목 소방관계법규

41 지정수량의 몇 배 이상의 위험물을 저장하는 옥내저장소에는 화재예방을 위한 예방규정을 정하여야 하는가?

① 10배
② 100배
③ 150배
④ 200배

[해설] 관련법 : 위험물안전관리법 시행령 제15조
(관계인이 예방규정을 정하여야 하는 제조소 등)
화재예방을 위한 예방규정을 정해야 하는 제조소 등

배수	배수 없음	10배 이상	100배 이상	150배 이상	200배 이상
제조·저장·취급소	·이송취급소 ·암반탱크저장소	·제조소 ·일반취급소	옥외저장소	옥내저장소	옥외탱크저장소

42 위험물안전관리법령상 제조소의 기준에 따라 건축물의 외벽 또는 이에 상당하는 공작물의 외측으로부터 제조소의 외벽 또는 이에 상당하는 공작물의 외측까지의 안전거리 기준으로 틀린 것은? (단, 제6류 위험물을 취급하는 제조소를 제외하고, 건축물에 불연재료로 된 방화상 유효한 담 또는 벽을 설치하지 않은 경우이다.)

① 의료법에 의한 종합병원에 있어서는 30[m] 이상
② 도시가스사업법에 의한 가스공급시설에 있어서는 20[m] 이상
③ 사용전압 35,000[V]를 초과하는 특고압 가공전선에 있어서는 5[m] 이상
④ 문화재보호법에 의한 유형문화재와 기념물 중 지정문화재에 있어서는 30[m] 이상

[해설] 안전거리

	주거용	10m 이상
학교·병원·극장 그 밖에 다수인을 수용하는 시설 1) 학교 2) 병원급 의료기관 3) 공연장, 영화상영관 : 3백명 이상 4) 아동복지시설, 노인복지시설, 장애인복지시설, 한부모가족복지시설, 어린이집, 성매매피해자등을 위한 지원시설, 정신보건시설 : 20명 이상		30[m] 이상
유형문화재와 기념물 중 지정문화재		50[m] 이상
고압가스, 액화석유가스 또는 도시가스를 저장 또는 취급하는 시설		20[m] 이상
사용전압이 7,000[V] 초과 35,000[V] 이하 특고압가공전선		3[m] 이상
사용전압이 35,000[V]를 초과 특고압가공전선		5[m] 이상

정답 39. ① 40. ① 41. ③ 42. ④

43. 다음 중 소방시설관리업의 등록이 불가능한 자는?

① 관리업 등록이 취소된 날부터 1년이 지난 사람
② 소방기본법의 위반으로 실형을 선고받고 그 집행이 끝난 후 3년이 지난 사람
③ 소방시설공사업법 위반으로 금고형의 실형을 선고받고 그 집행이 면제된 날부터 2년이 지난 사람
④ 위험물안전관리법 위반으로 집해유예를 선고받고 집행유예기간이 끝난 날부터 6개월이 지난 사람

해설 소방시설 설치 및 관리에 관한 법률 제30조 (등록의 결격사유)
1. 피성년후견인
2. 이 법, 「소방기본법」, 「화재의 예방 및 안전관리에 관한 법률」, 「소방시설공사업법」 또는 「위험물안전관리법」을 위반하여 금고 이상의 실형을 선고받고 그 집행이 끝나거나(집행이 끝난 것으로 보는 경우를 포함한다) 집행이 면제된 날부터 2년이 지나지 아니한 사람
3. 이 법, 「소방기본법」, 「화재의 예방 및 안전관리에 관한 법률」, 「소방시설공사업법」 또는 「위험물안전관리법」을 위반하여 금고 이상의 형의 집행유예를 선고받고 그 유예기간 중에 있는 사람
4. 제35조제1항에 따라 관리업의 등록이 취소(제1호에 해당하여 등록이 취소된 경우는 제외한다)된 날부터 2년이 지나지 아니한 자
5. 임원 중에 제1호부터 제4호까지의 어느 하나에 해당하는 사람이 있는 법인

44. 소방시설공사업법령상 공사감리자 지정대상 특정소방대상물의 범위가 아닌 것은?

① 제연설비를 신설·개설하거나 제연구역을 증설할 때
② 연소방지설비를 신설·개설하거나 살수구역을 증설할 때
③ 캐비닛형 간이스프링클러설비를 신설·개설하거나 방호·방수 구역을 증설할 때
④ 물분무등소화설비(호스릴 방식의 소화설비 제외)를 신설·개설하거나 방호·방수 구역을 증설할 때

해설 소방시설공사업법 시행령 제10조(공사감리자 지정 특정소방대상물의 범위)
1. 옥내소화전설비를 신설·개설 또는 증설할 때
2. 스프링클러설비등(캐비닛형 간이스프링클러설비는 제외한다)을 신설·개설하거나 방호·방수 구역을 증설할 때
3. 물분무등소화설비(호스릴 방식의 소화설비는 제외한다)를 신설·개설하거나 방호·방수 구역을 증설할 때
4. 옥외소화전설비를 신설·개설 또는 증설할 때
5. 자동화재탐지설비를 신설·개설하거나 경계구역을 증설할 때
6. 통합감시시설을 신설 또는 개설할 때
7. 소화용수설비를 신설 또는 개설할 때
8. 다음 각 목에 따른 소화활동설비에 대하여 각 목에 따른 시공을 할 때
   가. 제연설비를 신설·개설하거나 제연구역을 증설할 때
   나. 연결송수관설비를 신설 또는 개설할 때
   다. 연결살수설비를 신설·개설하거나 송수구역을 증설할 때
   라. 비상콘센트설비를 신설·개설하거나 전용회로를 증설할 때
   마. 무선통신보조설비를 신설 또는 개설할 때
   바. 연소방지설비를 신설·개설하거나 살수구역을 증설할 때

45. 소방시설을 구분하는 경우 소화설비에 해당되지 않는 것은?

① 옥내소화전설비
② 제연설비
③ 소화약제에 의한 간이소화용구
④ 소화기

해설 관련법 : 소방시설 설치 및 관리에 관한 법률 시행령 [별표1](소방시설)

정답 43. ① 44. ③ 45. ②

구분	시설의 종류
소화설비	소화기구, 자동소화장치, 옥내소화전설비(호스릴옥내소화전 포함), 스프링클러설비등(스프링클러설비, 간이스프링클러설비, 화재조기진압용스프링클러설비), 물분무등소화설비(물분무, 미분무, 이산화탄소, 할론, 할로젠화합물 및 불활성기체, 분말, 강화액), 옥외소화전설비
소화활동설비	제연설비, 연결송수관설비, 연결살수설비, 비상콘센트설비, 무선통신보조설비, 연소방지설비

46. ★★★ 출제년도【96, 99, 05, 07, 12, 25.】

1급 소방안전관리대상물의 관계인이 소방안전관리자를 선임하고자 한다. 다음 중 1급 소방안전관리대상물의 소방안전관리자로 선임될 수 없는 사람은?(단, 소방안전관리자 자격증을 발급받은 사람임)

① 소방설비기사 또는 소방설비산업기사의 자격이 있는 사람
② 소방청장이 실시하는 1급 소방안전관리대상물의 소방안전관리에 관한 시험에 합격한 사람
③ 소방공무원으로 7년 이상 근무한 경력이 있는 사람
④ 위험물기능장·위험물산업기사 또는 위험물기능사 자격이 있는 사람

해설 위험물기능장·위험물산업기사 또는 위험물기능사 자격이 있는 사람은 2급 소방안전관리자의 자격이다.
1급 소방안전관리대상물에 선임해야 하는 소방안전관리자의 자격
다음의 어느 하나에 해당하는 사람으로서 1급 소방안전관리자 자격증을 발급받은 사람 또는 특급 소방안전관리대상물의 소방안전관리자 자격증을 발급받은 사람
1) 소방설비기사 또는 소방설비산업기사의 자격이 있는 사람
2) 소방공무원으로 7년 이상 근무한 경력이 있는 사람
3) 소방청장이 실시하는 1급 소방안전관리대상물의 소방안전관리에 관한 시험에 합격한 사람

47. ★★ 출제년도【12, 25.】

다음 ( )안의 알맞은 내용을 바르게 나타낸 것은?

> 위험물 제조소 등의 설치자의 지위를 승계한 자는 (㉠)이 정하는 바에 따라 승계한 날로부터 (㉡) 이내에 (㉢)에게 신고하여야 한다.

① ㉠ 대통령령 ㉡ 14일 ㉢ 시·도지사
② ㉠ 대통령령 ㉡ 30일 ㉢ 소방본부장·소방서장
③ ㉠ 행정안전부령 ㉡ 14일 ㉢ 소방본부장·소방서장
④ ㉠ 행정안전부령 ㉡ 30일 ㉢ 시·도지사

해설 관련법 : 위험물안전관리법 제10조
(제조소 등 설치자의 지위승계)
제조소등의 설치자의 지위를 승계한 자는 행정안전부령이 정하는 바에 따라 승계한 날부터 30일 이내에 시·도지사에게 그 사실을 신고하여야 한다.

48. ★★★ 출제년도【12, 25.】

함부로 버려두거나 그냥 둔 위험물의 물건의 소유자, 관리자 또는 점유자를 알 수 없는 경우 필요한 명령을 할 수 없는 때에 소방관서장이 취하여야 하는 조치로 맞는 것은?

① 시·도지사에게 보고하여야 한다.
② 경찰서장에게 통보하여 위험물을 처리하도록 하여야한다.
③ 소속공무원으로 하여금 그 위험물을 옮기거나 치우게 할 수 있다.
④ 소유자가 나타날 때까지 기다린다.

해설 소방관서장은 화재 발생 위험이 크거나 소화 활동에 지장을 줄 수 있다고 인정되는 행위나 물건에 대하여 행위 당사자나 그 물건의 소유자, 관리자 또는 점유자에게 다음 각 호의 명령을 할 수 있다. 다만, 제2호 및 제3호에 해당하는 물건의 소유자, 관리자 또는 점유자를 알 수 없는 경우 소속 공무원으로 하여금 그 물건을 옮기거나 보관하는 등 필요한 조치를 하게 할 수 있다.

정답 46. ④ 47. ④ 48. ③

1. 각 호의 어느 하나에 해당하는 행위의 금지 또는 제한
   1) 모닥불, 흡연 등 화기의 취급
   2) 풍등 등 소형열기구 날리기
   3) 용접·용단 등 불꽃을 발생시키는 행위
   4) 그 밖에 대통령령으로 정하는 화재 발생 위험이 있는 행위
2. 목재, 플라스틱 등 가연성이 큰 물건의 제거, 이격, 적재 금지 등
3. 소방차량의 통행이나 소화 활동에 지장을 줄 수 있는 물건의 이동

49. ★★★ 출제년도 【12, 25.】

소방안전관리자에 대한 강습교육을 실시하고자 할 때 소방청장은 강습교육 실시 며칠 전까지 일시·장소, 그 밖에 강습교육 실시에 필요한 사항을 공고해야 하는가?

① 14일
② 20일
③ 30일
④ 45일

[해설] 소방청장은 강습교육을 실시하려는 경우에는 강습교육 실시 20일 전까지 일시·장소, 그 밖에 강습교육 실시에 필요한 사항을 인터넷 홈페이지에 공고해야 한다.

50. ★★★ 출제년도 【12, 25.】

시·도의 화재 예방·경계·진압 및 조사, 소방안전교육·홍보와 화재, 재난·재해, 그 밖의 위급한 상황에서의 구조·구급 등의 소방업무를 수행하는 소방기관의 설치에 필요한 사항은 어떻게 정하는가?

① 시·도지사가 정한다.
② 행정안전부령으로 정한다.
③ 소방청장이 정한다.
④ 대통령령으로 정한다.

[해설] 관련법 : 소방기본법 제3조(소방기관의 설치 등)
시·도의 화재 예방·경계·진압 및 조사, 소방안전교육·홍보와 화재, 재난·재해, 그 밖의 위급한 상황에서의 구조·구급 등의 업무(이하 "소방업무"라 한다)를 수행하는 소방기관의 설치에 필요한 사항은 대통령령으로 정한다.

51. ★★★ 출제년도 【25.】

화재가 발생하는 경우 화재의 확대가 빠른 특수가연물의 저장 및 취급 기준을 설명한 것 중 옳지 않은 것은?(다만, 석탄·목탄류를 발전용(發電用)으로 저장하는 경우는 제외)

① 특수가연물을 저장 또는 취급하는 장소에는 품명, 최대저장수량, 단위부피당 질량 또는 단위체적당 질량, 관리책임자 성명·직책, 연락처 및 화기취급의 금지표시가 포함된 특수가연물 표지를 설치해야 한다.
② 품명별로 구분하여 쌓을 것
③ 살수설비를 설치하거나 방사능력 범위에 해당 특수가연물이 포함되도록 대형수동식소화기를 설치하는 경우 쌓는 부분의 바닥면적은 50제곱미터(석탄·목탄류의 경우에는 200제곱미터) 이하로 할 것
④ 쌓는 부분 바닥면적의 사이는 실내의 경우 1.2미터 또는 쌓는 높이의 1/2 중 큰 값 이상으로 간격을 두어야 하며, 실외의 경우 3미터 또는 쌓는 높이 중 큰 값 이상으로 간격을 둘 것

[해설] 관련법 : 화재의 예방 및 안전관리에 관한 법률 시행령 [별표 3]
특수가연물은 다음 각 목의 기준에 따라 쌓아 저장해야 한다. 다만, 석탄·목탄류를 발전용(發電用)으로 저장하는 경우는 제외한다.
가. 품명별로 구분하여 쌓을 것
나. 다음의 기준에 맞게 쌓을 것

구분	살수설비를 설치하거나 방사능력 범위에 해당 특수가연물이 포함되도록 대형수동식소화기를 설치하는 경우	그 밖의 경우
높이	15미터 이하	10미터 이하
쌓는 부분의 바닥면적	200제곱미터(석탄·목탄류의 경우에는 300제곱미터) 이하	50제곱미터(석탄·목탄류의 경우에는 200제곱미터) 이하

정답 49. ② 50. ④ 51. ③

52. ★★ 출제년도 【10, 12, 25.】

위험물을 취급함에 있어서 정전기가 발생할 우려가 있는 설비에는 정전기를 유효하게 제거할 수 있는 설비를 설치하여야 한다. 다음 중 정전기를 제거하는 방법에 속하지 않는 것은?

① 공기 중의 상대습도를 70[%] 이상으로 하는 방법
② 절연도가 높은 플라스틱을 사용하는 방법
③ 접지에 의한 방법
④ 공기를 이온화하는 방법

해설 관련법 : 위험물안전관리법 별표4
(정전기 제거설비)
가. 접지에 의한 방법
나. 공기 중의 상대습도를 70[%] 이상으로 하는 방법
다. 공기를 이온화하는 방법

53. ★★★ 출제년도 【97, 98, 02, 07, 12, 25.】

특정소방대상물에 설치하는 물품 중 방염처리 대상이 아닌 것은?

① 창문에 설치하는 블라인드
② 두께가 2[mm] 미만인 종이벽지
③ 무대용 합판·목재 또는 섬유판
④ 영화상영관에 설치된 스크린

해설 소방시설 설치 및 관리에 관한 법률 시행령 제31조
(방염대상물품 및 방염성능기준)
〈방염대상 물품〉
1. 제조 또는 가공 공정에서 방염처리를 한 다음 각 목의 물품
  가. 창문에 설치하는 커튼류(블라인드를 포함한다)
  나. 카펫
  다. 벽지류(두께가 2밀리미터 미만인 종이벽지는 제외한다)
  라. 전시용 합판·목재 또는 섬유판, 무대용 합판·목재 또는 섬유판(합판·목재류의 경우 불가피하게 설치 현장에서 방염처리한 것을 포함한다)
  마. 암막·무대막(영화상영관에 설치하는 스크린과 가상체험 체육시설업에 설치하는 스크린을 포함한다)
  바. 섬유류 또는 합성수지류 등을 원료로 하여 제작된 소파·의자(단란주점영업, 유흥주점영업 및 노래연습장업의 영업장에 설치하는 것으로 한정한다)
2. 건축물 내부의 천장이나 벽에 부착하거나 설치하는 다음 각 목의 것. 다만, 가구류(옷장, 찬장, 식탁, 식탁용 의자, 사무용 책상, 사무용 의자, 계산대, 그 밖에 이와 비슷한 것을 말한다. 이하 이 조에서 같다)와 너비 10센티미터 이하인 반자돌림대 등과 내부 마감재료는 제외한다.
  가. 종이류(두께 2밀리미터 이상인 것을 말한다)·합성수지류 또는 섬유류를 주원료로 한 물품
  나. 합판이나 목재
  다. 공간을 구획하기 위하여 설치하는 간이 칸막이(접이식 등 이동 가능한 벽체나 천장 또는 반자가 실내에 접하는 부분까지 구획하지 않는 벽체를 말한다)
  라. 흡음(吸音)을 위하여 설치하는 흡음재(흡음용 커튼을 포함한다)
  마. 방음(防音)을 위하여 설치하는 방음재(방음용 커튼을 포함한다)

54. ★ 출제년도 【12, 25.】

위험물안전관리법에서 정하는 위험물질에 대한 설명으로 다음 중 옳은 것은?

① 철분이라 함은 철의 분말로서 53[μm]의 표준체를 통과하는 것이 60중량퍼센트 미만인 것은 제외한다.
② 인화성고체라 함은 고형알코올 그 밖에 1기압에서 인화점이 21[℃] 미만인 고체를 말한다.
③ 황은 순도가 60중량퍼센트 이상인 것을 말한다.
④ 과산화수소는 그 농도가 36중량퍼센트 이하인 것에 한한다.

해설 관련법 : 위험물안전관리법 시행령 별표1
(위험물 및 지정수량)
위험물질의 기준
1) "철분"이라 함은 철의 분말로서 53[μm]의 표준체를 통과하는 것이 50중량퍼센트 미만인 것은 제외한다.

정답 52. ② 53. ② 54. ③

2) "인화성고체"라 함은 고형알코올 그 밖에 1기압에서 인화점이 40[℃] 미만인 고체를 말한다.
3) 유황은 순도가 60중량퍼센트 이상인 것을 말한다.
4) 과산화수소는 그 농도가 36중량퍼센트 이상인 것에 한한다.

55 ★★★ 출제년도【12, 25.】
피난시설, 방화구획 및 방화시설의 유지·관리에 대한 관계인의 잘못된 행위가 아닌 것은?

① 피난시설·방화시설을 수리하는 행위
② 방화시설을 폐쇄하는 행위
③ 피난시설, 방화구획 및 방화시설을 변경하는 행위
④ 방화시설 주위에 물건을 쌓아두는 행위

해설 관련법 : 소방시설 설치 및 관리에 관한 법률 제16조(피난시설, 방화구획 및 방화시설의 관리)
① 특정소방대상물의 관계인은 피난시설, 방화구획 및 방화시설에 대하여 정당한 사유가 없는 한 다음 각 호의 행위를 하여서는 아니 된다.
  1. 피난시설, 방화구획 및 방화시설을 폐쇄하거나 훼손하는 등의 행위
  2. 피난시설, 방화구획 및 방화시설의 주위에 물건을 쌓아두거나 장애물을 설치하는 행위
  3. 피난시설, 방화구획 및 방화시설의 용도에 장애를 주거나 「소방기본법」 제16조에 따른 소방활동에 지장을 주는 행위
  4. 그 밖에 피난시설, 방화구획 및 방화시설을 변경하는 행위
② 소방본부장이나 소방서장은 특정소방대상물의 관계인이 제1항 각 호의 어느 하나에 해당하는 행위를 할 경우에는 피난시설, 방화구획 및 방화시설의 관리를 위하여 필요한 조치를 명할 수 있다.

56 ★★★ 출제년도【96, 99, 00, 01, 12, 25.】
소방시설공사업의 등록사항 변경신고는 변경이 있는 날로부터 며칠 이내에 하여야 하는가?

① 7일   ② 15일
③ 30일 ④ 3개월

해설 관련법 : 소방시설공사업법 시행규칙 제6조(등록사항의 변경신고 등)
소방시설업자는 등록사항의 변경된 경우에는 변경일로부터 30일 이내에 첨부서류를 구비하여 시·도지사에게 제출하여야 한다.

57 ★★★ 출제년도【98, 03, 07, 12, 25.】
화재예방강화지구 안의 소방대상물에 대한 화재안전조사를 정당한 사유없이 거부·방해 또는 기피한자에 대한 벌칙은?

① 100만원 이하의 벌금
② 200만원 이하의 벌금
③ 300만원 이하의 벌금
④ 500만원 이하의 벌금

해설 관련법 : 화재의 예방 및 안전관리에 관한 법률 제50조

벌칙	위반 사항
300만원 이하의 벌금	1. 제7조제1항에 따른 화재안전조사를 정당한 사유 없이 거부·방해 또는 기피한 자 2. 제24조제1항·제3항, 제29조제1항 및 제35조제1항·제2항을 위반하여 소방안전관리자, 총괄소방안전관리자 또는 소방안전관리보조자를 선임하지 아니한 자 3. 제27조제3항을 위반하여 소방시설·피난시설·방화시설 및 방화구획 등이 법령에 위반된 것을 발견하였음에도 필요한 조치를 할 것을 요구하지 아니한 소방안전관리자 4. 제27조제4항을 위반하여 소방안전관리자에게 불이익한 처우를 한 관계인 5. 제41조제6항 및 제48조제3항을 위반하여 업무를 수행하면서 알게 된 비밀을 이 법에서 정한 목적 외의 용도로 사용하거나 다른 사람 또는 기관에 제공하거나 누설한 자

정답 55. ① 56. ③ 57. ③

58. 성능위주설계를 할 수 있는 자가 보유하여야 하는 기술인력의 기준은?

① 소방기술사 2인 이상
② 소방기술사 1인 및 소방설비기사 2인(기계 및 전기분야 각 1인)이상
③ 소방분야 공학박사 2인 이상
④ 소방기술사 1인 및 소방분야 공학박사 1인 이상

해설 관련법 : 소방시설 공사업법 시행령 별표 1의 2(성능위주 설계를 할 수 있는 자의 자격·기술인력)
성능위주설계를 할 수 있는 자가 보유하여야 하는 기술인력 : 소방기술사 2명 이상

59. 건축허가 등을 함에 있어서 소방본부장 또는 소방서장의 동의를 받아야 하는 건축물 등의 범위가 아닌 것은?

① 차고·주차장으로 사용되는 층 중 바닥면적이 150[m²] 이상인 층이 있는 건축물이나 주차시설
② 항공기격납고, 관망탑, 항공관제탑, 방송용 송수신탑
③ 지하층 또는 무창층이 있는 건축물로서 바닥면적이 150[m²] 이상인 층이 있는 것
④ 승강기 등 기계장치에 의한 주차시설로서 자동차 20대 이상을 주차할 수 있는 시설

해설 건축허가 등을 함에 있어서 소방본부장이나 소방서장의 동의를 받아야 하는 건축물의 범위
1. 연면적이 400제곱미터 이상인 건축물이나 시설. 다만, 다음 각 목의 어느 하나에 해당하는 건축물이나 시설은 해당 목에서 정한 기준 이상인 건축물이나 시설로 한다.
   가. 학교시설: 100제곱미터
   나. 노유자(老幼者) 시설 및 수련시설: 200제곱미터
   다. 정신의료기관(입원실이 없는 정신건강의학과 의원은 제외): 300제곱미터
   라. 장애인 의료재활시설: 300제곱미터
2. 지하층 또는 무창층이 있는 건축물로서 바닥면적이 150제곱미터(공연장의 경우에는 100제곱미터) 이상인 층이 있는 것
3. 차고·주차장 또는 주차 용도로 사용되는 시설로서 다음 각 목의 어느 하나에 해당하는 것
   가. 차고·주차장으로 사용되는 바닥면적이 200제곱미터 이상인 층이 있는 건축물이나 주차시설
   나. 승강기 등 기계장치에 의한 주차시설로서 자동차 20대 이상을 주차할 수 있는 시설
4. 층수가 6층 이상인 건축물
5. 항공기 격납고, 관망탑, 항공관제탑, 방송용 송수신탑
6. 공동주택, 의원(입원실 또는 인공신장실이 있는 것으로 한정)·조산원·산후조리원, 숙박시설, 위험물 저장 및 처리 시설, 발전시설 중 풍력발전소·전기저장시설, 지하구(地下溝)
7. 노유자 시설 중 다음 각 목의 어느 하나에 해당하는 시설. 다만, 가목2) 및 나목부터 바목까지의 시설 중 「건축법 시행령」 별표 1의 단독주택 또는 공동주택에 설치되는 시설은 제외한다.
   가. 노인 관련 시설 중 다음의 어느 하나에 해당하는 시설
      1) 노인주거복지시설, 같은 조 제2호에 따른 노인의료복지시설 및 같은 조 제4호에 따른 재가노인복지시설
      2) 학대피해노인 전용쉼터
   나. 아동복지시설(아동상담소, 아동전용시설 및 지역아동센터는 제외한다)
   다. 장애인 거주시설
   라. 정신질환자 관련 시설(공동생활가정을 제외한 재활훈련시설과 종합시설 중 24시간 주거를 제공하지 않는 시설은 제외한다)
   마. 노숙인자활시설, 노숙인재활시설 및 노숙인요양시설
   바. 결핵환자나 한센인이 24시간 생활하는 노유자 시설
8. 요양병원. 다만, 의료재활시설은 제외한다.
9. 공장 또는 창고시설로서 지정수량의 750배 이상의 특수가연물을 저장·취급하는 것
10. 가스시설로서 지상에 노출된 탱크의 저장용량의 합계가 100톤 이상인 것

60 ★★★ 출제년도 【25.】

소화활동설비에서 제연설비를 설치하여야 하는 특정소방대상물의 기준으로 틀린 것은?

① 문화 및 집회시설, 종교시설, 운동시설 중 무대부의 바닥면적이 200[m²] 이상인 경우에는 해당 무대부
② 문화 및 집회시설 중 영화상영관으로서 수용인원 100명 이상인 경우에는 해당 영화상영관
③ 지하상가로서 연면적 1천[m²] 이상인 것
④ 지하층이나 무창층에 설치된 근린생활시설, 판매시설, 운수시설, 숙박시설, 위락시설, 의료시설, 노유자 시설 또는 창고시설(물류터미널로 한정한다)로서 해당 용도로 사용되는 바닥면적의 합계가 1천[m²] 이상인 경우 모든 층

해설 제연설비를 설치하여야 하는 특정소방대상물은 다음의 어느 하나와 같다.
1) 문화 및 집회시설, 종교시설, 운동시설 중 무대부의 바닥면적이 200[m²] 이상인 경우에는 해당 무대부
2) 문화 및 집회시설 중 영화상영관으로서 수용인원 100명 이상인 경우에는 해당 영화상영관
3) 지하층이나 무창층에 설치된 근린생활시설, 판매시설, 운수시설, 숙박시설, 위락시설, 의료시설, 노유자 시설 또는 창고시설(물류터미널로 한정한다)로서 해당 용도로 사용되는 바닥면적의 합계가 1천[m²] 이상인 경우 해당 부분
4) 운수시설 중 시외버스정류장, 철도 및 도시철도 시설, 공항시설 및 항만시설의 대기실 또는 휴게시설로서 지하층 또는 무창층의 바닥면적이 1천[m²] 이상인 경우에는 모든 층
5) 지하상가로서 연면적 1천[m²] 이상인 것
6) 예상 교통량, 경사도 등 터널의 특성을 고려하여 행정안전부령으로 정하는 터널
7) 특정소방대상물(갓복도형 아파트등은 제외한다)에 부설된 특별피난계단, 비상용 승강기의 승강장 또는 피난용 승강기의 승강장

4과목 소방전기설비의 구조 및 원리

61 ★ 출제년도 【25.】

비상콘센트설비 표시등의 구조 및 기능에 대한 일부의 내용이다. ( )에 들어갈 내용으로 옳은 것은?

> 적색으로 표시되어야 하며 주위의 밝기가 300[lx] 이상인 장소에서 측정하여 앞면으로부터 ( )[m] 떨어진 곳에서 켜진등이 확실히 식별되어야 한다.

① 1   ② 2
③ 3   ④ 4

해설 제4조(부품의 구조 및 기능)
적색으로 표시되어야 하며 주위의 밝기가 300[lx] 이상인 장소에서 측정하여 앞면으로부터 3[m] 떨어진 곳에서 켜진등이 확실히 식별되어야 한다.

62 ★★★ 출제년도 【05. 06. 12. 25.】

자동화재탐지설비의 청각장애인용 시각경보장치의 설치기준으로 옳지 않은 것은?

① 복도·통로·청각장애인용 객실 및 공용으로 사용하는 거실에 설치
② 공연장 등에 설치하는 경우 인식이 용이하도록 객석 부분 등에 설치
③ 설치높이는 바닥으로부터 2[m] 이상 2.5[m] 이하의 장소에 설치
④ 시각경보장치의 광원은 전용의 축전지설비에 의하여 점등되도록 할 것

해설 청각장애인용 시각경보장치 설치기준
1) 복도·통로·청각장애인용 객실 및 공용으로 사용하는 거실(로비, 회의실, 강의실, 식당, 휴게실 등을 말한다)에 설치하며, 각 부분으로부터 유효하게 경보를 발할 수 있는 위치에 설치할 것

정답 60. ④ 61. ③ 62. ②

2) 공연장·집회장·관람장 또는 이와 유사한 장소에 설치하는 경우에는 시선이 집중되는 무대부 부분 등에 설치할 것
3) 설치높이는 바닥으로부터 2[m] 이상 2.5[m] 이하의 장소에 설치할 것
4) 시각경보장치의 광원은 전용의 축전지설비 또는 전기저장장치에 의하여 점등되도록 할 것. 다만, 시각경보기에 작동전원을 공급할 수 있도록 형식승인을 얻은 수신기를 설치 한 경우에는 그러하지 아니하다.

63 다음 ( )에 알맞은 내용은?

"비상방송설비에 사용되는 확성기는 각층마다 설치하되, 그 층의 각 부분으로부터 하나의 확성기까지의 ( )가 25[m] 이하가 되도록 하여야 하고, 해당 층의 각 부분에 유효하게 경보를 발할 수 있도록 설치할 것"

① 수평거리 ② 수직거리
③ 직통거리 ④ 보행거리

해설 확성기는 각 층마다 설치하되, 그 층의 각 부분으로부터 하나의 확성기까지의 수평거리가 25[m] 이하가 되도록 하고, 해당 층의 각 부분에 유효하게 경보를 발할 수 있도록 설치할 것

64 자동화재탐지설비의 경계구역에 대한 설명 중 맞는 것은?

① 하나의 경계구역이 2 이상의 건축물에 미치지 않도록 할 것
② 600[m²] 이하의 범위 안에서는 2개의 층을 하나의 경계구역으로 할 수 있다.
③ 하나의 경계구역의 면적은 600[m²], 한 변의 길이는 45[m] 이하로 한다.
④ 외기에 면하여 상시 개방된 부분이 있는 차고·주차장·창고 등에 있어서는 외기에 면하는 각 부분으로부터 3[m] 미만의 범위 안에 있는 부분은 경계구역의 면적에 산입하지 않는다.

해설 보기설명
② 하나의 경계구역이 2 이상의 층에 미치지 않도록 할 것. 다만, 500[m²] 이하의 범위 안에서는 2개의 층을 하나의 경계구역으로 할 수 있다.
③ 하나의 경계구역의 면적은 600[m²] 이하로 하고 한 변의 길이는 50[m] 이하로 할 것. 다만, 해당 특정소방대상물의 주된 출입구에서 그 내부 전체가 보이는 것에 있어서는 한 변의 길이가 50[m]의 범위 내에서 1,000[m²] 이하로 할 수 있다.
④ 외기에 면하여 상시 개방된 부분이 있는 차고·주차장·창고 등에 있어서는 외기에 면하는 각 부분으로부터 5[m] 미만의 범위 안에 있는 부분은 경계구역의 면적에 산입하지 않는다.

65 다음 중 부착 높이가 8[m] 이상 15[m] 미만에 설치할 수 있는 감지기가 아닌 것은?

① 불꽃감지기 ② 열복합형
③ 연기복합형 ④ 차동식분포형

해설 8[m] 이상 15[m] 미만에 설치할 수 있는 감지기의 종류
- 차동식 분포형
- 이온화식 1종 또는 2종
- 광전식(스포트형, 분리형, 공기흡입형) 1종 또는 2종
- 연기복합형
- 불꽃감지기

66 누전경보기의 수신부 설치장소로 적당한 곳은?

① 화약류를 제조하는 장소
② 습도가 높은 장소
③ 온도의 변화가 급격한 장소
④ 고주파 발생회로 등에 의한 영향을 받을 우려가 없는 장소

해설 누전경보기 설치제외 장소

정답 63. ① 64. ① 65. ② 66. ④

1) 가연성의 증기, 먼지, 가스 등이나 부식성의 증기, 가스등이 다량으로 체류하는 장소
2) 화약류를 제조하거나 저장 또는 취급하는 장소
3) 습도가 높은 장소
4) 온도의 변화가 급격한 장소
5) 대전류 회로, 고주파 발생회로 등에 의한 영향을 받을 우려가 있는 장소

해설 전압의 구분

구 분	전압의 범위
저 압	직류는 1.5[kV] 이하, 교류는 1[kV] 이하
고 압	직류는 1.5[kV]를, 교류는 1[kV]를 초과하고, 7[kV] 이하
특고압	7[kV]를 넘는 것

67 ★★ 출제년도【12, 25.】
다음 중 유도등의 예비전원은 어떠한 축전지로 설치해야 하는가?

① 알칼리계 2차축전지
② 리튬계 1차축전지
③ 리튬-이온계 2차축전지
④ 수은계 1차축전지

해설 유도등의 예비전원은 알카리계, 리튬계 2차 축전지(이하 "축전지"라 한다) 또는 콘덴서(이하 "축전기"라 한다)이어야 한다.

68 ★★★ 출제년도【25.】
연기감지기(2종)는 복도 및 통로에 있어서는 보행거리 몇 [m] 마다 1개 이상으로 설치해야 하는가?

① 10[m]   ② 15[m]
③ 20[m]   ④ 30[m]

해설 감지기는 복도 및 통로에 있어서는 보행거리 30[m](3종에 있어서는 20[m])마다, 계단 및 경사로에 있어서는 수직거리 15[m](3종에 있어서는 10[m])마다 1개 이상으로 할 것

69 ★★★ 출제년도【25.】
비상콘센트설비에서 저압의 범위는?

① 직류 600[V] 이하, 교류 750[V] 이하
② 직류는 1.5[kV] 이하, 교류는 1[kV] 이하
③ 직류 750[V] 이하, 교류 600[V] 이하
④ 직류는 1[kV] 이하, 교류는 1.5[kV] 이하

70 ★★★ 출제년도【08, 10, 11, 12, 25.】
소방시설용 비상전원수전설비에서 전력수급용 계기용 변성기·주차단장치 및 그 부속기기로 정의되는 것은?

① 큐비클형   ② 배전반
③ 수전설비   ④ 변전설비

해설
1) 수전설비 : 전력수급용 계기용변성기·주차단장치 및 그 부속기기
2) 변전설비 : 전력용변압기 및 그 부속장치
3) 큐비클형 : 수전설비를 큐비클 내에 수납하여 설치하는 방식으로서 다음의 형식
4) 배전반 : 전력생산시설 등으로부터 직접 전력을 공급받아 분전반에 전력을 공급해주는 것
5) 분전반 : 배전반으로부터 전력을 공급받아 부하에 전력을 공급해주는 것

71 ★★ 출제년도【12, 25.】
복도, 거실통로유도등의 설치높이에 대한 기준을 옳게 나타낸 것은? (단, 거실통로에 기둥 등이 설치되지 않은 경우이다.)

① 거실통로유도등 : 바닥으로부터 1.5[m] 이상
   복도통로유도등 : 바닥으로부터 1.0[m] 이하
② 거실통로유도등 : 바닥으로부터 1.0[m] 이상
   복도통로유도등 : 바닥으로부터 1.5[m] 이하
③ 거실통로유도등 : 바닥으로부터 1.5[m] 이상
   복도통로유도등 : 바닥으로부터 1.0[m] 이상
④ 거실통로유도등 : 바닥으로부터 1.0[m] 이하
   복도통로유도등 : 바닥으로부터 1.5[m] 이하

해설 1) 거실통로유도등은 바닥으로부터 높이 1.5[m] 이상의 위치에 설치할 것. 다만, 거실통로에 기둥이 설치된 경우에는 기둥 부분의 바닥으로부터 높이

정답 67. ① 68. ④ 69. ② 70. ③ 71. ①

1.5[m] 이하의 위치에 설치할 수 있다.
2) 복도통로유도등은 바닥으로부터 높이 1[m] 이하의 위치에 설치할 것. 다만, 지하층 또는 무창층의 용도가 도매시장·소매시장·여객자동차터미널·지하역사 또는 지하상가인 경우에는 복도·통로 중앙부분의 바닥에 설치해야 한다.
3) 계단통로유도등은 바닥으로부터 높이 1[m] 이하의 위치에 설치할 것

72. 무선통신보조설비에서 분배기 등의 임피던스는 몇 [Ω]의 것으로 하는가?
① 10[Ω] ② 20[Ω]
③ 50[Ω] ④ 100[Ω]

해설 분배기·분파기 및 혼합기 등의 설치기준
1) 먼지·습기 및 부식 등에 따라 기능에 이상을 가져오지 않도록 할 것
2) 임피던스는 50[Ω]의 것으로 할 것
3) 점검에 편리하고 화재 등의 재해로 인한 피해의 우려가 없는 장소에 설치할 것

73. 비상방송설비의 설치기준에 대한 설명으로 옳은 것은?
① 다른 전기회로에 따라 유도장애가 발생할 수 있을 것
② 다른 방송설비와 공용할 경우 화재 시 비상경보외의 방송을 차단할 수 있을 것
③ 화재신고를 수신한 후 20초 이내에 방송이 자동으로 개시될 것
④ 음량조정기를 설치하는 경우 음량조정기의 배선은 2선식으로 할 것

해설 비상방송설비의 설치기준
1) 음량조정기를 설치하는 경우 음량조정기의 배선은 3선식으로 할 것
2) 다른 방송설비와 공용하는 것에 있어서는 화재 시 비상경보외의 방송을 차단할 수 있는 구조로 할 것
3) 다른 전기회로에 따라 유도장애가 생기지 아니하도록 할 것

4) 기동장치에 따른 화재신고를 수신한 후 필요한 음량으로 화재발생 상황 및 피난에 유효한 방송이 자동으로 개시될 때까지의 소요시간은 10초 이하로 할 것

74. 단독경보형감지기를 설치하는 경우 바닥면적이 150[m²]를 초과하는 경우 몇 [m²]마다 1개 이상 설치하여야 하는가?
① 50[m²] ② 100[m²]
③ 150[m²] ④ 200[m²]

해설 각 실(이웃하는 실내의 바닥면적이 각각 30[m²] 미만이고 벽체의 상부의 전부 또는 일부가 개방되어 이웃하는 실내와 공기가 상호 유통되는 경우에는 이를 1개의 실로 본다)마다 설치하되, 바닥면적이 150[m²]를 초과하는 경우에는 150[m²]마다 1개 이상 설치할 것

75. 비상콘센트설비의 비상전원을 자가발전설비, 비상전원수전설비, 축전지설비 또는 전기저장장치로 설치해야 하는 특정소방대상물로 옳은 것은?
① 지하층을 제외한 층수가 4층 이상으로 연면적 600[m²] 이상인 특정소방대상물
② 지하층을 제외한 층수가 5층 이상으로 연면적 1000[m²] 이상인 특정소방대상물
③ 지하층을 제외한 층수가 6층 이상으로 연면적 1500[m²] 이상인 특정소방대상물
④ 지하층을 제외한 층수가 7층 이상으로 연면적 2000[m²] 이상인 특정소방대상물

해설 지하층을 제외한 층수가 7층 이상으로서 연면적이 2,000[m²] 이상이거나 지하층의 바닥면적의 합계가 3,000[m²] 이상인 특정소방대상물의 비상콘센트설비에는 자가발전설비, 비상전원수전설비, 축전지설비 또는 전기저장장치(외부 전기에너지를 저장해 두었다가 필요한 때 전기를 공급하는 장치를 말한다)를 비상전원으로 설치할 것. 다만, 2 이상의 변전소에서

정답 72. ③ 73. ② 74. ③ 75. ④

전력을 동시에 공급받을 수 있거나 하나의 변전소로부터 전력의 공급이 중단되는 때에는 자동으로 다른 변전소로부터 전력을 공급받을 수 있도록 상용전원을 설치한 경우에는 비상전원을 설치하지 않을 수 있다.

76 ★★★ 출제년도 [25.]
다음은 비상콘센트설비의 절연내력에 대한 기준을 나타낸 것이다. ( )에 들어갈 내용으로 옳은 것은?

> 절연내력은 전원부와 외함 사이에 정격전압이 150[V] 이하인 경우에는 1,000[V]의 실효전압을, 정격전압이 150[V] 초과인 경우에는 그 정격전압에 (㉠)를 곱하여 1,000을 더한 실효전압을 가하는 시험에서 (㉡)분 이상 견디는 것으로 할 것

① ㉠ 1, ㉡ 2 ② ㉠ 2, ㉡ 1
③ ㉠ 3, ㉡ 2 ④ ㉠ 3, ㉡ 1

해설 절연내력은 전원부와 외함 사이에 정격전압이 150[V] 이하인 경우에는 1,000[V]의 실효전압을, 정격전압이 150[V] 초과인 경우에는 그 정격전압에 2를 곱하여 1,000을 더한 실효전압을 가하는 시험에서 1분 이상 견디는 것으로 할 것

77 ★ 출제년도 [96. 04. 07. 11. 12. 25.]
무선통신보조설비의 주요 구성요소가 아닌 것은?

① 옥외안테나   ② 증폭기
③ 음향장치   ④ 분배기

해설 무선통신보조설비의 구성요소
1) 누설동축케이블 (또는 동축케이블)
2) 옥외안테나
3) 분배기
4) 증폭기
5) 혼합기

78 ★★★ 출제년도 [07. 08. 11. 12. 25.]
자동화재탐지설비의 감지기회로에 설치하는 종단저항의 설치기준으로 옳지 않은 것은?

① 점검 및 관리가 쉬운 장소에 설치할 것
② 감지기회로 끝부분에 설치한다.
③ 전용함에 설치하는 경우 그 설치높이는 바닥으로부터 0.8[m] 이내에 설치하여야 한다.
④ 종단감지기에 설치하는 경우 구별이 쉽도록 해당 감지기의 기판 등에 별도의 표시를 할 것

해설 감지기회로의 도통시험을 위한 종단저항 설치기준
1) 점검 및 관리가 쉬운 장소에 설치할 것
2) 전용함을 설치하는 경우 그 설치 높이는 바닥으로부터 1.5[m] 이내로 할 것
3) 감지기 회로의 끝부분에 설치하며, 종단감지기에 설치할 경우에는 구별이 쉽도록 해당 감지기의 기판 및 감지기 외부 등에 별도의 표시를 할 것

79 ★★★ 출제년도 [25.]
지하 3층, 지상 15층인 특정소방대상물의 지상 1층에서 발화한 경우 비상방송설비 우선경보 해당층의 기준으로 옳은 것은?

① 발화층, 그 직상 4개 층
② 발화층, 그 직상층 및 지하층
③ 발화층, 그 직상층 및 기타의 지하층
④ 발화층, 그 직상 4개 층 및 지하층

해설 우선경보 적용 특정소방대상물 및 우선 경보해야 할 층
1) 층수가 11층(공동주택의 경우에는 16층) 이상의 특정소방대상물
2) 화재 발생시 화재 층에 따른 경보 층

발화층	우선 경보할 층
2층 이상	발화층 및 그 직상 4개 층
1층	발화층·그 직상 4개 층 및 지하층
지하층	발화층·그 직상층 및 기타의 지하층

정답 76. ② 77. ③ 78. ③ 79. ④

80 예비전원을 내장하지 아니하는 비상조명등의 비상전원은 자가발전설비, 축전지설비 또는 전기저장장치를 설치해야 한다. 설치기준으로 옳지 않은 것은?

① 비상전원을 실내에 설치하는 때에는 그 실내에는 비상조명등을 설치하지 않아도 된다.
② 점검에 편리하고 화재 및 침수 등의 재해로 인한 피해를 받을 우려가 없는 곳에 설치한다.
③ 비상전원의 설치장소는 다른 장소와의 방화구획을 할 것
④ 상용전원으로부터 전력의 공급이 중단된 때에는 자동으로 비상전원으로부터 전력을 공급받을 수 있도록 할 것

해설 예비전원을 내장하지 않은 비상조명등의 비상전원은 자가발전설비, 축전지설비 또는 전기저장장치(외부 전기에너지를 저장해 두었다가 필요한 때 전기를 공급하는 장치)를 다음의 기준에 따라 설치해야 한다.
1) 점검에 편리하고 화재 및 침수 등의 재해로 인한 피해를 받을 우려가 없는 곳에 설치할 것
2) 상용전원으로부터 전력의 공급이 중단된 때에는 자동으로 비상전원으로부터 전력을 공급받을 수 있도록 할 것
3) 비상전원의 설치장소는 다른 장소와 방화구획 할 것. 이 경우 그 장소에는 비상전원의 공급에 필요한 기구나 설비 외의 것(열병합발전설비에 필요한 기구나 설비는 제외한다)을 두어서는 아니 된다.
4) 비상전원을 실내에 설치하는 때에는 그 실내에 비상조명등을 설치할 것

정답 80. ①

Non-Stop High-Pass
소방설비기사필기 (전기분야)

발 행	/ 2025년 11월 10일
저 자	/ 김 상 현
펴 낸 이	/ 정 창 희
펴 낸 곳	/ 동일출판사
주 소	/ 서울시 강서구 곰달래로31길7 (2층)
전 화	/ 02) 2608-8250
팩 스	/ 02) 2608-8265
등록번호	/ 제109-90-92166호

판권소유

ISBN 978-89-381-1745-8 13530
값 / 34,000원

이 책은 저작권법에 의해 저작권이 보호됩니다. 동일출판사 발행인의 승인자료 없이 무단 전재하거나 복제하는 행위는 저작권법 제136조에 의해 5년 이하의 징역 또는 5,000만원 이하의 벌금에 처하거나 이를 병과(倂科)할 수 있습니다.